工程建设标准规范分类汇编

工程设计防火规范

（2000 年版）

本 社 编

中国建筑工业出版社

图书在版编目（CIP）数据

工程设计防火规范：2000年版/中国建筑工业出版社编．—北京：中国建筑工业出版社，2000

（工程建设标准规范分类汇编）

ISBN 7-112-04103-1

Ⅰ．工… Ⅱ．中… Ⅲ．防火系统-设计-规范-汇编-中国 Ⅳ．TBU892-65

中国版本图书馆CIP数据核字（1999）第55323号

工程建设标准规范分类汇编

工程设计防火规范

（2000年版）

本 社 编

*

中国建筑工业出版社出版、发行（北京西郊百万庄）

新 华 书 店 经 销

有色曙光印刷厂印刷

*

开本：787×1092毫米 1/16 印张：$70^{3}/_{4}$ 插页：1 字数：1571千字

2000年2月第一版 2002年6月第四次印刷

印数：7,001—8,500册 定价：**128.00**元

ISBN 7-112-04103-1

TU・3219(9553)

出 版 说 明

"工程建设标准规范分类汇编"共35分册，自1996年出版以来，方便了广大工程建设专业读者的使用，并以其"分类科学、内容全面、准确"的特点受到了社会好评。这些标准、规范、规程是广大工程建设者必须遵循的准则和规定，对提高工程建设科学管理水平，保证工程质量和工程安全，降低工程造价，缩短工期，节约建筑材料和能源，促进技术进步等方面起到了显著的作用。随着我国基本建设的蓬勃发展和工程技术的不断进步，近年来国务院有关部委组织全国各方面的专家陆续制订、修订并颁发了一批新标准、新规范、新规程。为了及时反映近几年国家新制定标准、修订标准和标准局部修订的情况，有必要对工程建设标准规范分类汇编中内容变动较大者进行修订。本次计划修订其中的15册，分别为：

《混凝土结构规范》

《建筑工程质量标准》

《工程设计防火规范》

《建筑施工安全技术规范》

《建筑材料应用技术规范》

《建筑给水排水工程规范》

《建筑工程施工及验收规范》

《电气装置工程施工及验收规范》

《安装工程施工及验收规范》

《建筑结构抗震规范》

《地基与基础规范》

《测量规范》

《室外给水工程规范》

《室外排水工程规范》

《暖通空调规范》

本次修订的原则及方法如下：

(1) 该分册中内容变动较大者：

(2) 该分册中主要标准、规范内容有变动者；

(3) "▲"代表新修订的规范；

(4) "●"代表新增加的规范；

(5) "局部修订条文"附在该规范后，不改动原规范相应条文。

修订的2000年版汇编本分别将相近专业内容的标准、规范、规程汇编于一册，便于对照查阅；各册收编的均为现行的标准、规范、规程，大部分为近几年出版实施的，有很强的实用性；为了使读者更深刻地理解、掌握标准、规范、规程的内容，该类汇编还收入了已公开出版过的有关条文说明；该类汇编单本定价，方便各专业读者购买。

该类汇编是广大工程设计、施工、科研、管理等有关人员必备的工具书。

关于工程建设标准规范的出版、发行，我们诚恳地希望广大读者提出宝贵意见，便于今后不断改进标准规范的出版工作。

中国建筑工业出版社

目　录

4. 爆炸和火灾危险环境电力装置设计规范

▲5. 汽车库、修车库、停车场设计防火规范

▲8. 人民防空工程设计防火规范（GB50098—98）

9. 卤代烷1211灭火系统设计规范（GBJ110—87）

●22. 火力发电厂与变电所设计防火规范 (GB50229—96)

中华人民共和国国家标准

建筑设计防火规范

GBJ 16-87

（1997年版）

主编部门：中华人民共和国公安部
批准部门：中华人民共和国国家计划委员会
施行日期：1995年11月1日

工程建设国家标准局部修订公告

第7号

国家标准《建筑设计防火规范》GBJ16-87，由公安部天津消防科研所会同有关单位进行了局部修订，已经有关部门会审，现批准局部修订的条文，自1997年9月1日起施行，该规范中相应的条文规定同时废止。现予公告。

中华人民共和国建设部
1997年6月24日

工程建设国家标准局部修订公告

第4号

国家标准《建筑设计防火规范》GBJ16—87由公安部消防局会同有关单位进行了局部修订，已经有关部门会审，现批准局部修订的条文，自1995年11月1日起施行，该规范中相应条文的规定同时废止。现予公告。

中华人民共和国建设部

1995年8月21日

关于发布《建筑设计防火规范》的通知

计标［1987］1447号

根据原国家建委（81）建发设字第546号文的通知，由公安部会同有关部门共同修订的《建筑设计防火规范》TJ16—74，已经有关部门会审。现批准修订后的《建筑设计防火规范》GBJ16—87为国家标准，自1988年5月1日起施行，原《建筑设计防火规范》TJ16—74同时废止。

本规范只规定了建筑设计的通用性防火要求，国务院各有关部门和各省、自治区、直辖市在施行中，必要时可根据本规范规定的原则，结合本部门、本地区的具体情况制订补充规定，并报国家计委和公安部备案。

本规范由设计单位和建设单位贯彻实施。公安机关负责检查督促。对没有专门防火规定的，或按本规范设计确有困难时，应在地方基建综合主管部门主持下，由设计单位、建设单位和当地公安机关协商解决。

本规范由公安部负责管理，具体解释等工作由公安部七局负责。出版发行由我委基本建设标准定额研究所负责组织。

中华人民共和国国家计划委员会

1987年8月26日

修订说明

本规范是根据原国家建委（81）建发设字第546号文的通知，由我部消防局会同机械工业部设计研究总院、纺织工业部纺织设计院等10个单位共同修订的。

在修订过程中，遵照国家基本建设的有关方针、政策和“预防为主，防消结合”的消防工作方针，调查了27个大中城市的200余个各类工厂、仓库和民用建筑的防火设计现状，总结了最近10多年来的建筑防火设计方面的经验教训，吸收国外符合我国实际情况的建筑防火先进技术成果。并征求了全国有关单位的意见，最后经有关部门共同审查定稿。

本规范共分十章和五个附录。其主要内容有：总则，建筑物的耐火等级，厂房，仓库，民用建筑，消防车道和进厂房的铁路线，建筑构造，消防给水和固定灭火装置，采暖、通风和空气调节，电气等。

鉴于本规范是综合性的防火技术规范，政策性和技术性强，涉及面广，希望各单位在执行过程中，结合工程实践和科学研究，认真总结经验，注意积累资料，如发现需要修改和补充之处，请将意见和有关资料寄交我部消防局，以便今后修改时参考。

中华人民共和国公安部

1987年5月

第一章 总 则

第1.0.1条 为了保卫社会主义建设和公民生命财产的安全，在城镇规划和建筑设计中贯彻“预防为主，防消结合”的方针，采取防火措施，防止和减少火灾危害，特制定本规范。

第1.0.2条 建筑防火设计，必须遵循国家的有关方针政策，从全局出发，统筹兼顾，正确处理生产和安全、重点和一般的关系，积极采用行之有效的先进防火技术，做到促进生产，保障安全，方便使用，经济合理。

第1.0.3条 本规范适用于下列新建、扩建和改建的工业与民用建筑：

一、九层及九层以下的住宅（包括底层设置商业服务网点的住宅）和建筑高度不超过24m的其他民用建筑以及建筑高度超过24m的单层公共建筑；

二、单层、多层和高层工业建筑。

本规范不适用于炸药厂（库）、花炮厂（库）、无窗厂房、地下建筑、炼油厂和石油化工厂的生产区。

注：建筑高度为建筑物室外地面到其女儿墙顶部或檐口的高度。屋顶上的瞭望塔、冷却塔、水箱间、微波天线间、电梯机房、排风和排烟机房以及楼梯出口小间等不计入建筑高度和层数内，建筑物的地下室、半地下室的顶板面高出室外地面不超过1.5m者，不计入层数内。

第1.0.4条 建筑防火设计，除执行本规范的规定外，并应符合国家现行的有关标准、规范的要求。

第二章　建筑物的耐火等级

第 2.0.1 条　建筑物的耐火等级分为四级，其构件的燃烧性能和耐火极限不应低于表 2.0.1 的规定(本规范另有规定者除外)。

建筑物构件的燃烧性能和耐火极限　　**表 2.0.1**

构件名称 \ 燃烧性能和耐火极限(h) \ 耐火等级		一级	二级	三级	四级
墙	防火墙	非燃烧体 4.00	非燃烧体 4.00	非燃烧体 4.00	非燃烧体 4.00
墙	承重墙、楼梯间、电梯井的墙	非燃烧体 3.00	非燃烧体 2.50	非燃烧体 2.50	难燃烧体 0.50
墙	非承重外墙、疏散走道两侧的隔墙	非燃烧体 1.00	非燃烧体 1.00	非燃烧体 0.50	难燃烧体 0.25
墙	房间隔墙	非燃烧体 0.75	非燃烧体 0.50	难燃烧体 0.50	难燃烧体 0.25
柱	支承多层的柱	非燃烧体 3.00	非燃烧体 2.50	非燃烧体 2.50	难燃烧体 0.50
柱	支承单层的柱	非燃烧体 2.50	非燃烧体 2.00	非燃烧体 2.00	燃烧体
梁		非燃烧体 2.00	非燃烧体 1.50	非燃烧体 1.00	难燃烧体 0.50
楼板		非燃烧体 1.50	非燃烧体 1.00	非燃烧体 0.50	难燃烧体 0.25
屋顶承重构件		非燃烧体 1.50	非燃烧体 0.50	燃烧体	燃烧体
疏散楼梯		非燃烧体 1.50	非燃烧体 1.00	非燃烧体 1.00	燃烧体
吊顶（包括吊顶搁栅）		非燃烧体 0.25	难燃烧体 0.25	难燃烧体 0.15	燃烧体

注：①以木柱承重且以非燃烧材料作为墙体的建筑物，其耐火等级应按四级确定。
②高层工业建筑的预制钢筋混凝土装配式结构，其节缝隙点或金属承重构件节点的外露部位，应做防火保护层，其耐火极限不应低于本表相应构件的规定。
③二级耐火等级的建筑物吊顶，如采用非燃烧体时，其耐火极限不限。
④在二级耐火等级的建筑中，面积不超过 100m² 的房间隔墙，如执行本表的规定有困难时，可采用耐火极限不低于 0.3h 的非燃烧体。
⑤一、二级耐火等级民用建筑疏散走道两侧的隔墙，按本表规定执行有困难时，可采用 0.75h 非燃烧体。
⑥建筑构件的燃烧性能和耐火极限，可按附录二确定。

第 2.0.2 条　二级耐火等级的多层和高层工业建筑内存放可燃物的平均重量超过 200kg/m² 的房间，其梁、楼板的耐火极限应符合一级耐火等级的要求，但设有自动灭火设备时，其梁、楼板的耐火极限仍可按二级耐火等级的要求。

第 2.0.3 条　承重构件为非燃烧体的工业建筑（甲、乙类库房和高层库房除外），其非承重外墙为非燃烧体时，其耐火极限可降低到 0.25h，为难燃烧体时，可降低到 0.5h。

第 2.0.4 条　二级耐火等级建筑的楼板（高层工业建筑的楼板除外）如耐火极限达到 1h 有困难时，可降低到 0.5h。

上人的二级耐火等级建筑的平屋顶，其屋面板的耐火极限不应低于 1h。

第 2.0.5 条　二级耐火等级建筑的屋顶如采用耐火极限不低于 0.5h 的承重构件有困难时，可采用无保护层的金属构件。但甲、乙、丙类液体火焰能烧到的部位，应采取防火保护措施。

第 2.0.6 条　建筑物的屋面面层，应采用不燃烧体，但一、二级耐火等级的建筑物，其不燃烧体屋面基层上可采用可燃卷材防水层。

第 2.0.7 条　下列建筑或部位的室内装修，宜采用非燃烧材料或难燃烧材料：

一、高级旅馆的客房及公共活动用房；

二、演播室、录音室及电化教室；

三、大型、中型电子计算机机房。

第三章　厂　房

第一节　生产的火灾危险性分类

第3.1.1条　生产的火灾危险性，可按表3.1.1分为五类。

生产的火灾危险性分类　　表3.1.1

生产类别	火灾危险性特征
甲	使用或产生下列物质的生产： 1. 闪点<28℃的液体 2. 爆炸下限<10%的气体 3. 常温下能自行分解或在空气中氧化即能导致迅速自燃或爆炸的物质 4. 常温下受到水或空气中水蒸汽的作用，能产生可燃气体并引起燃烧或爆炸的物质 5. 遇酸、受热、撞击、摩擦、催化以及遇有机物或硫磺等易燃的无机物，极易引起燃烧或爆炸的强氧化剂 6. 受撞击、摩擦或与氧化剂、有机物接触时能引起燃烧或爆炸的物质 7. 在密闭设备内操作温度等于或超过物质本身自燃点的生产
乙	使用或产生下列物质的生产： 1. 闪点≥28℃至<60℃的液体 2. 爆炸下限≥10%的气体 3. 不属于甲类的氧化剂 4. 不属于甲类的化学易燃危险固体 5. 助燃气体 6. 能与空气形成爆炸性混合物的浮游状态的粉尘、纤维、闪点≥60℃的液体雾滴
丙	使用或产生下列物质的生产： 1. 闪点≥60℃的液体 2. 可燃固体
丁	具有下列情况的生产： 1. 对非燃烧物质进行加工，并在高热或熔化状态下经常产生强辐射热、火花或火焰的生产 2. 利用气体、液体、固体作为燃料或将气体、液体进行燃烧作其它用的各种生产 3. 常温下使用或加工难燃烧物质的生产
戊	常温下使用或加工非燃烧物质的生产

注：①在生产过程中，如使用或产生易燃、可燃物质的量较少，不足以构成爆炸或火灾危险时，可以按实际情况确定其火灾危险性的类别。

②一座厂房内或防火分区内有不同性质的生产时，其分类应按火灾危险性较大的部分确定，但火灾危险性大的部分占本层或本防火分区面积的比例小于5%（丁、戊类生产厂房的油漆工段小于10%），且发生事故时不足以蔓延到其他部位，或采取防火措施能防止火灾蔓延时，可按火灾危险性较小的部分确定。

丁、戊类生产厂房的油漆工段，当采用封闭喷漆工艺时，封闭喷漆空间内保持负压、且油漆工段设置可燃气体浓度报警系统或自动抑爆系统时，油漆工段占其所在防火分区面积的比例不应超过20%。

③生产的火灾危险性分类举例见附录三。

第二节　厂房的耐火等级、层数和占地面积

第3.2.1条　各类厂房的耐火等级、层数和占地面积应符合表3.2.1的要求（本规范另有规定者除外）。

厂房的耐火等级、层数和占地面积　　表3.2.1

生产类别	耐火等级	最多允许层数	防火分区最大允许占地面积（m^2）			
			单层厂房	多层厂房	高层厂房	厂房的地下室和半地下室
甲	一级 二级	除生产必须采用多层者外，宜采用单层	4000 3000	3000 2000	— —	— —
乙	一级 二级	不限 6	5000 4000	4000 3000	2000 1500	— —
丙	一级 二级 三级	不限 不限 2	不限 8000 3000	6000 4000 2000	3000 2000 —	500 500 —
丁	一、二级 三级 四级	不限 3 1	不限 4000 1000	不限 2000 —	4000 — —	1000 — —
戊	一、二级 三级 四级	不限 3 1	不限 5000 1500	不限 3000 —	6000 — —	1000 — —

注：①防火分区间应用防火墙分隔。一、二级耐火等级的单层厂房（甲类厂房除

外）如面积超过本表规定，设置防火墙有困难时，可用防火水幕带或防火卷帘加水幕分隔。

②一级耐火等级的多层及二级耐火等级的单层、多层纺织厂房（麻纺厂除外）可按本表的规定增加50%，但上述厂房的原棉开包、清花车间均应设防火墙分隔。

③一、二级耐火等级的单层、多层造纸生产联合厂房，其防火分区最大允许占地面积可按本表的规定增加1.5倍。

④甲、乙、丙类厂房装有自动灭火设备时，防火分区最大允许占地面积可按本表的规定增加一倍；丁戊类厂房装设自动灭火设备时，其占地面积不限。局部设置时，增加面积可按该局部面积的一倍计算。

⑤一、二级耐火等级的谷物筒仓工作塔，且每层人数不超过2人时，最多允许层数可不受本表限制。

⑥邮政楼的邮件处理中心可按丙类厂房确定。

第3.2.2条 特殊贵重的机器、仪表、仪器等应设在一级耐火等级的建筑内。

第3.2.3条 在小型企业中，面积不超过300m²独立的甲、乙类厂房，可采用三级耐火等级的单层建筑。

第3.2.4条 使用或产生丙类液体的厂房和有火花、赤热表面、明火的丁类厂房均应采用一、二级耐火等级的建筑，但上述丙类厂房面积不超过500m²，丁类厂房面积不超过1000m²，也可采用三级耐火等级的单层建筑。

第3.2.5条 锅炉房应为一、二级耐火等级的建筑，但每小时锅炉的总蒸发量不超过4t的燃煤锅炉房可采用三级耐火等级的建筑。

第3.2.6条 可燃油油浸电力变压器室、高压配电装置室的耐火等级不应低于二级。

注：其他防火要求应按国家现行的有关电力设计防火规范执行。

第3.2.7条 变电所、配电所不应设在有爆炸危险的甲、乙类厂房内或贴邻建造，但供上述甲、乙类专用的10kV及以下的变电所、配电所，当采用无门窗洞口的防火墙隔开时，可一面贴邻建造。

乙类厂房的配电所必须在防火墙上开窗时，应设非燃烧体的密封固定窗。

第3.2.8条 多功能的多层或高层厂房内，可设丙、丁、戊类物品库房，但必须采用耐火极限不低于3h非燃烧体墙和1.5h的非燃烧体楼板与厂房隔开，库房的耐火等级和面积应符合本规范第4.2.1条的规定。

第3.2.9条 甲、乙类生产不应设在建筑物的地下室或半地下室内。

第3.2.10条 厂房内设置甲、乙类物品的中间仓库时，其储量不宜超过一昼夜的需要量。

中间仓库应靠外墙布置，并应采用耐火极限不低于3h的非燃烧体墙和1.5h的非燃烧体楼板与其他部分隔开。

第3.2.11条 总储量不大于15m³的丙类液体储罐，当直埋于厂房外墙附近，且面向储罐一面的外墙为防火墙时，其防火间距可不限。

中间罐的容积不应大于1.00m³，并应设在耐火等级不低于二级的单独房间内，该房间的门应采用甲级防火门。

第三节　厂房的防火间距

第3.3.1条 厂房之间的防火间距不应小于表3.3.1的规定（本规范另有规定者除外）。

第3.3.2条 一座凵形、山形厂房，其两翼之间的防火间距不宜小于本规范表3.3.1规定。如该厂房的占地面积不超过本规范第3.2.1条规定的防火分区最大允许占地面积（面积不限者，不应超过10000m²），其两翼之间的间距可为6m。

第3.3.3条 厂房附设有化学易燃物品的室外设备时，其室外设备外壁与相邻厂房室外附设设备外壁之间的距离，不应小于10m。与相邻厂房外墙之间的防火间距，不应小于本规范第3.3.1条的规定（非燃烧体的室外设备按一、二级耐火等级建筑确定）。

厂房的防火间距　　表 3.3.1

防火间距(m) 耐火等级 / 耐火等级	一、二级	三　级	四　级
一、二级	10	12	14
三　级	12	14	16
四　级	14	16	18

注：①防火间距应按相邻建筑物外墙的最近距离计算，如外墙有凸出的燃烧构件，则应从其凸出部分外缘算起（以后有关条文均同此规定）。
②甲类厂房之间及其与其他厂房之间的防火间距，应按本表增加 2m，戊类厂房之间的防火间距，可按本表减少 2m。
③高层厂房之间及其与其他厂房之间的防火间距，应按本表增加 3m。
④两座厂房相邻较高一面的外墙为防火墙时，其防火间距不限，但甲类厂房之间不应小于 4m。
⑤两座一、二级耐火等级厂房，当相邻较低一面外墙为防火墙且较低一座厂房的屋盖耐火极限不低于 1h 时，其防火间距可适当减少，但甲、乙类厂房不应小于 6m；丙、丁、戊类厂房不应小于 4m。
⑥两座一、二级耐火等级厂房，当相邻较高一面外墙的门窗等开口部位设有防火门窗或防火卷帘和水幕时，其防火间距可适当减少，但甲、乙类厂房不应小于 6m；丙、丁、戊类厂房不应小于 4m。
⑦两座丙、丁、戊类厂房相邻两面的外墙均为非燃烧体，如无外露的燃烧体屋檐，当每面外墙上的门窗洞口面积之和各不超过该外墙面积的 5%，且门窗洞口不正对开设时，其防火间距可按本表减少 25%。
⑧耐火等级低于四级的原有厂房，其防火间距可按四级确定。

第 3.3.4 条　数座厂房（高层厂房和甲类厂房除外）的占地面积总和不超过本规范第 3.2.1 条的规定的防火分区最大允许占地面积时，可成组布置，但允许占地面积应综合考虑组内各个厂房的耐火等级、层数和生产类别，按其中允许占地面积较小的一座确定（面积不限者，不应超过 10000m²）。组内厂房之间的间距：当厂房高度不超过 7m 时，不应小于 4m；超过 7m 时，不应小于 6m。

组与组或组与相邻建筑之间的防火间距，应符合本规范第 3.3.1 条的规定（按相邻两座耐火等级最低的建筑物确定）。

第 3.3.5 条　厂房与甲类物品库房之间的防火间距，不应小于本规范第 4.3.4 条的规定，但高层厂房与甲类物品库房的间距不应小于 13m。

第 3.3.6 条　高层工业建筑、甲类厂房与甲、乙、丙类液体储罐，可燃、助燃气体储罐，液化石油气储罐，易燃、可燃材料堆场的防火间距，应符合本规范第四章有关条文的规定，但高层工业建筑与上述储罐、堆场（煤和焦炭场除外）的防火间距不应小于 13m。

第 3.3.7 条　屋顶承重构件和非承重外墙均为非燃烧体的厂房，当耐火极限达不到本规范表 2.0.1 中二级耐火等级要求时，其防火间距应按三级耐火等级建筑的要求确定，但上述丁、戊类厂房，其防火间距仍可按二级耐火等级建筑的要求确定。

第 3.3.8 条　丙、丁、戊类厂房与民用建筑之间的防火间距，不应小于本规范第 3.3.1 条的规定，但单层、多层戊类厂房与民用建筑之间的防火间距，可按本规范第 5.2.1 条的规定执行；甲、乙类厂房与民用建筑之间的防火间距，不应小于 25m，距重要的公共建筑不宜小于 50m。

注：为丙、丁、戊类厂房服务而单独设立的生活室与所属厂房之间的防火间距，可适当减少，但不应小于 6.00m。

第 3.3.9 条　散发可燃气体、可燃蒸汽的甲类厂房与下述地点的防火间距不应小于下列规定：

明火或散发火花的地点——30m；
厂外铁路线（中心线）——30m；
厂内铁路线（中心线）——20m；
厂外道路（路边）——15m；
厂内主要道路（路边）——10m；
厂内次要道路（路边）——5m。

注：①散发比空气轻的可燃气体、可燃蒸汽的甲类厂房与电力牵引机车的厂外铁

路线的防火间距可减为 20m。

②上述甲类厂房所属厂内铁路装卸线如有安全措施，可不受限制。

第 3.3.10 条 室外变、配电站与建筑物、堆场、储罐之间的防火间距不应小于表 3.3.10 的规定。

室外变、配电站与建筑物、堆场、储罐的防火间距 **表 3.3.10**

防火间距（m） 建筑物、堆场、储罐名称		变压器总油量（t）	5～10	>10～50	>50
民用建筑	耐火等级	一、二级	15	20	25
		三 级	20	25	30
		四 级	25	30	35
丙、丁、戊类厂房及库房	耐火等级	一、二级	12	15	20
		三 级	15	20	25
		四 级	20	25	30
甲、乙类厂房				25	
甲、乙类库房	储量不超过 10t 的甲类 1、2、5、6 项物品和乙类物品			25	
	储量不超过 5t 的甲类 3、4 项物品和储量超过 10t 的甲类 1、2、5、6 项物品			30	
	储量超过 5t 的甲类 3、4 项物品			40	
稻草、麦秸、芦苇等易燃材料堆场				50	
甲、乙类液体储罐	总储量（m^3）	1～50		25	
		51～200		30	
		201～1000		40	
		1001～5000		50	
丙类液体储罐	总储量（m^3）	5～250		25	
		251～1000		30	
		1001～5000		40	
		5001～25000		50	
液化石油气储罐	总储量（m^3）	<10		35	
		10～30		40	
		31～200		50	
		201～1000		60	
		1001～2500		70	
		2501～5000		80	
湿式可燃气体储罐	总储量（m^3）	≤1000		25	
		1001～10000		30	
		10001～50000		35	
		>50000		40	
湿式氧化储罐	总储量（m^3）	≤1000		25	
		1001～50000		30	
		>50000		35	

注：①防火间距应从距建筑物、堆场、储罐最近的变压器外壁算起，但室外变、配电构架距堆场、储罐和甲、乙类的厂房不宜小于 25m，距其他建筑物不宜小于 10m。

②本条的室外变、配电站，是指电力系统电压为 35～500kV，且每台变压器容量在 10000kVA 以上的室外变、配电站，以及工业企业的变压器总油量超过 5t 的室外总降压变电站。

③发电厂内的主变压器，其油量可按单台确定。

④干式可燃气体储罐的防火间距应按本表湿式可燃气体储罐增加 25%。

第 3.3.11 条 城市汽车加油站的加油机、地下油罐与建筑物、铁路、道路之间的防火间距，不应小于表 3.3.11 的规定。

汽车加油机、地下油罐与建筑物、铁路、道路的防火间距 **表 3.3.11**

名 称	防火间距（m）
民用建筑、明火或散发火花的地点	25
独立的加油机管理室距地下油罐	5
靠地下油罐一面墙上无门窗的独立加油机管理室距地下油罐	不限
独立的加油机管理室距加油机	不限

续表 3.3.11

名称			防火间距 (m)
其他建筑（本规范另规定较大间距者除外）	耐火等级	一、二级	10
		三级	12
		四级	14
厂外铁路线（中心线）			30
厂内铁路线（中心线）			20
道路（路边）			5

注：①汽车加油站的油罐应采用地下卧式油罐，并宜直接埋设。甲类液体总储量不应超过 $60m^3$，单罐容量不应超过 $20m^3$，当总储量超过时，其与建筑物的防火间距应按本规范第 4.4.2 条的规定执行。

②储罐上应设有直径不小于 38mm 并带有阻火器的放散管，其高度距地面不应小于 4m，且高出管理室屋面不小于 50cm。

③汽车加油机、地下油罐与民用建筑之间如设有高度不低于 2.2m 的非燃烧体实体围墙隔开，其防火间距可适当减少。

第 3.3.12 条 厂区围墙与厂内建筑的间距不宜小于 5m，围墙两侧建筑物之间应满足防火间距要求。

第四节 厂房的防爆

第 3.4.1 条 有爆炸危险的甲、乙类厂房宜独立设置，并宜采用敞开或半敞开式的厂房。

有爆炸危险的甲、乙类厂房，宜采用钢筋混凝土柱、钢柱承重的框架或排架结构，钢柱宜采用防火保护层。

第 3.4.2 条 有爆炸危险的甲、乙类厂房，应设置必要的泄压设施，泄压设施宜采用轻质屋盖作为泄压面积，易于泄压的门、窗、轻质墙体也可作为泄压面积。

作为泄压面积的轻质屋盖和轻质墙体的每平方米重量不宜超过 120kg。

第 3.4.3 条 泄压面积与厂房体积的比值（m^2/m^3）宜采用 0.05～0.22。爆炸介质威力较强或爆炸压力上升速度较快的厂房，应尽量加大比值。

体积超过 $1000m^3$ 的建筑，如采用上述比值有困难时，可适当降低，但不宜小于 0.03。

第 3.4.4 条 泄压面积的设置应避开人员集中的场所和主要交通道路，并宜靠近容易发生爆炸的部位。

第 3.4.5 条 散发较空气轻的可燃气体、可燃蒸汽的甲类厂房，宜采用全部或局部轻质屋盖作为泄压设施。顶棚应尽量平整避免死角，厂房上部空间要通风良好。

第 3.4.6 条 散发较空气重的可燃气体、可燃蒸汽的甲类厂房以及有粉尘、纤维爆炸危险的乙类厂房，应采用不发生火花的地面。如采用绝缘材料作整体面层时，应采取防静电措施。地面下不宜设地沟，如必须设置时，其盖板应严密，并应采用非燃烧材料紧密填实；与相邻厂房连通处，应采用非燃烧材料密封。

散发可燃粉尘、纤维的厂房内表面应平整、光滑，并易于清扫。

第 3.4.7 条 有爆炸危险的甲、乙类生产部位，宜设在单层厂房靠外墙或多层厂房的最上一层靠外墙处。

有爆炸危险的设备应尽量避开厂房的梁、柱等承重构件布置。

第 3.4.8 条 有爆炸危险的甲、乙类厂房内不应设置办公室、休息室。如必须贴邻本厂房设置时，应采用一、二级耐火等级建筑，并应采用耐火极限不低于 3h 的非燃烧体防护墙隔开和设置直通室外或疏散楼梯的安全出口。

第 3.4.9 条 有爆炸危险的甲、乙类厂房总控制室应独立设置，其分控制室可毗邻外墙设置，并应用耐火极限不低于 3h 的非燃烧体墙与其他部分隔开。

第 3.4.10 条 使用和生产甲、乙、丙类液体的厂房管、沟不应和相邻厂房的管、沟相通，该厂房的下水道应设有隔油设施。

第五节　厂房的安全疏散

第 3.5.1 条　厂房安全出口的数目，不应少于两个。但符合下列要求的可设一个：

一、甲类厂房，每层建筑面积不超过 100m² 且同一时间的生产人数不超过 5 人；

二、乙类厂房，每层建筑面积不超过 150m² 且同一时间的生产人数不超过 10 人；

三、丙类厂房，每层建筑面积不超过 250m² 且同一时间的生产人数不超过 20 人；

四、丁、戊类厂房，每层建筑面积不超过 400m² 且同一时间的生产人数不超过 30 人。

注：本条和本规范有关条文规定的每层面积均指每层建筑面积。

第 3.5.2 条　厂房的地下室、半地下室的安全出口的数目，不应少于两个。但使用面积不超过 50m² 且人数不超过 15 人时可设一个。

地下室、半地下室如用防火墙隔成几个防火分区时，每个防火分区可利用防火墙上通向相邻分区的防火门作为第二安全出口，但每个防火分区必须有一个直通室外的安全出口。

第 3.5.3 条　厂房内最远工作地点到外部出口或楼梯的距离，不应超过表 3.5.3 的规定。

厂房安全疏散距离（m）　　表 3.5.3

生产类别	耐火等级	单层厂房	多层厂房	高层厂房	厂房的地下室、半地下室
甲	一、二级	30	25	—	—
乙	一、二级	75	50	30	—
丙	一、二级 三　级	80 60	60 40	40 —	30 —
丁	一、二级 三　级 四　级	不限 60 50	不限 50 —	50 — —	45 — —
戊	一、二级 三　级 四　级	不限 100 60	不限 75 —	75 — —	60 — —

第 3.5.4 条　厂房每层的疏散楼梯、走道、门的各自总宽度，应按表 3.5.4 的规定计算。当各层人数不相等时，其楼梯总宽度应分层计算，下层楼梯总宽度按其上层人数最多的一层人数计算，但楼梯最小宽度不宜小于 1.10m。

底层外门的总宽度，应按该层或该层以上人数最多的一层人数计算，但疏散门的最小宽度不宜小于 0.90m；疏散走道的宽度不宜小于 1.40m。

厂房疏散楼梯、走道和门的宽度指标　　表 3.5.4

厂房层数	一、二层	三层	≥四层
宽度指标（m/百人）	0.60	0.80	1.00

注：①当使用人数少于 50 人时，楼梯、走道和门的最小宽度，可适当减少；但门的最小宽度，不应小于 0.80m。
②本条和本规范有关条文中规定的宽度均指净宽度。

第 3.5.5 条　甲、乙、丙类厂房和高层厂房的疏散楼梯应采用封闭楼梯间，高度超过 32m 的且每层人数超过 10 人的高层厂房，宜采用防烟楼梯间或室外楼梯。

防烟楼梯间及其前室的要求应按《高层民用建筑设计防火规范》的有关规定执行。

第 3.5.6 条　高度超过 32m 的设有电梯的高层厂房，每个防火分区内应设一台消防电梯（可与客、货梯兼用），并应符合下列条件：

一、消防电梯间应设前室，其面积不应小于 6.00m²，与防烟楼梯间合用的前室，其面积不应小于 10.00m²；

二、消防电梯间前室宜靠外墙，在底层应设直通室外的出口，或经过长度不超过 30m 的通道通向室外；

三、消防电梯井、机房与相邻电梯井、机房之间，应采用耐火极限不低于 2.50h 的墙隔开；当在隔墙上开门时，应设甲级防火门；

四、消防电梯间前室，应采用乙级防火门或防火卷帘；

五、消防电梯，应设电话和消防队专用的操纵按钮；

六、消防电梯的井底，应设排水设施。

注：①高度超过 32m 的设有电梯的高层塔架，当每层工作平台人数不超过 2 人时，可不设消防电梯。

②丁、戊类厂房，当局部建筑高度超过 32m 且局部升起部分的每层建筑面积不超过 50m² 时，可不设消防电梯。

第四章　仓　　库

第一节　储存物品的火灾危险性分类

第 4.1.1 条　储存物品的火灾危险性可按表 4.1.1 分为五类。

储存物品的火灾危险性分类　　表 4.1.1

储存物品类别	火灾危险性的特征
甲	1. 闪点<28℃的液体 2. 爆炸下限<10%的气体，以及受到水或空气中水蒸汽的作用，能产生爆炸下限<10%气体的固体物质 3. 常温下能自行分解或在空气中氧化即能导致迅速自燃或爆炸的物质 4. 常温下受到水或空气中水蒸汽的作用能产生可燃气体并引起燃烧或爆炸的物质 5. 遇酸、受热、撞击、摩擦以及遇有机物或硫磺等易燃的无机物，极易引起燃烧或爆炸的强氧化剂 6. 受撞击、摩擦或与氧化剂、有机物接触时能引起燃烧或爆炸的物质
乙	1. 闪点≥28℃至<60℃的液体 2. 爆炸下限≥10%的气体 3. 不属于甲类的氧化剂 4. 不属于甲类的化学易燃危险固体 5. 助燃气体 6. 常温下与空气接触能缓慢氧化，积热不散引起自燃的物品
丙	1. 闪点≥60℃的液体 2. 可燃固体
丁	难燃烧物品
戊	非燃烧物品

注：① 储存物品的火灾危险性分类举例见附录四。

② 难燃物品、非燃物品的可燃包装重量超过物品本身重量 1/4 时，其火灾危险性应为丙类。

第二节　库房的耐火等级、层数、占地面积和安全疏散

第 4.2.1 条　库房的耐火等级、层数和建筑面积应符合表 4.2.1 的要求。

第 4.2.2 条　一、二级耐火等级的冷库，每座库房的最大允许占地面积和防火分隔面积，可按《冷库设计规范》有关规定执行。

第 4.2.3 条　在同一座库房或同一个防火墙间内，如储存数种火灾危险性不同的物品时，其库房或隔间的最低耐火等级、最多允许层数和最大允许占地面积，应按其中火灾危险性最大的物品确定。

第 4.2.4 条　甲、乙类物品库房不应设在建筑物的地下室、半地下室。50 度以上的白酒库房不宜超过三层。

第 4.2.5 条　甲、乙、丙类液体库房，应设置防止液体流散的设施。遇水燃烧爆炸的物品库房，应设有防止水浸渍损失的设施。

第 4.2.6 条　有粉尘爆炸危险的筒仓，其顶部盖板应设置必要的泄压面积。粮食筒仓的工作塔、上通廊的泄压面积应按本规范第 3.4.2 条的规定执行。

第 4.2.7 条　库房或每个防火隔间（冷库除外）的安全出口数目不宜少于两个。但一座多层库房的占地面积不超过 300m² 时，可设一个疏散楼梯，面积不超过 100m² 的防火隔间，可设置一个门。

高层库房应采用封闭楼梯间。

第 4.2.8 条　库房（冷库除外）的地下室、半地下室的安全出口数目不应少于两个，但面积不超过 100m² 时可设一个。

表 4.2.1

库房的耐火等级、层数和建筑面积

储存物品类别		耐火等级	最多允许层数	最大允许建筑面积(m²)							
				单层库房		多层库房		高层库房		库房地下室半地下室
				每座库房	防火墙间	每座库房	防火墙间	每座库房	防火墙间	防火墙间
甲	3,4 项	一级	1	180	60	—	—	—	—	—
	1,2,5,6 项	一、二级	1	750	250	—	—	—	—	—
乙	1,3,4 项	一、二级	3	2000	500	900	300	—	—	—
		三级	1	500	250	—	—	—	—	—
	2,5,6 项	一、二级	5	2800	700	1500	500	—	—	—
		三级	1	900	300	—	—	—	—	—
丙	1 项	一、二级	5	4000	1000	2800	700	—	—	150
		三级	1	1200	400	—	—	—	—	—
	2 项	一、二级	不限	6000	1500	4800	1200	4000	1000	300
		三级	3	2100	700	1200	400	—	—	—
丁		一、二级	不限	不限	3000	不限	1500	4800	1200	500
		三级	3	3000	1000	1500	500	—	—	—
		四级	1	2100	700	—	—	—	—	—
戊		一、二级	不限	不限	不限	不限	2000	6000	1500	1000
		三级	3	3000	1000	2100	700	—	—	—
		四级	1	2100	700	—	—	—	—	—

注：①高层库房、高架仓库和筒仓的耐火等级不应低于二级；二级耐火等级的筒仓可采用钢板仓。储存特殊贵重物品的库房，其耐火等级宜为一级。

②独立建造的硝酸铵库房、电石库房、聚乙烯库房、尿素库房、配煤库房以及车站、码头、机场内的中转仓库，其建筑面积可按本表的规定增加 1.00 倍，但耐火等级不应低于二级。

③装有自动灭火设备的库房，其建筑面积可按本表及注②的规定增加 1.00 倍。

④石油库内桶装油品库房面积可按现行的国家标准《石油库设计规范》执行。

⑤煤均化库防火分区最大允许建筑面积可为 12000m²，但耐火等级不应低于二级。

⑥本条和本规范有关条文中规定的"占地面积"均指建筑面积。

第 4.2.9 条 除一、二级耐火等级的戊类多层库房外，供垂直运输物品的升降机，宜设在库房外。当必须设在库房内时，应设在耐火极限不低于 2.00h 的井筒内，井筒壁上的门，应采用乙级防火门。

第 4.2.10 条 库房、筒仓的室外金属梯可作为疏散楼梯，但其净宽度不应小于 60cm，倾斜度不应大于 60°角。栏杆扶手的高度不应小于 0.8m。

第 4.2.11 条 高度超过 32m 的高层库房应设有符合本规范第 3.5.6 条要求的消防电梯。

注：设在库房连廊、冷库穿堂或谷物筒仓工作塔内的消防电梯，可不设前室。

第 4.2.12 条 甲、乙类库房内不应设置办公室、休息室。

设在丙、丁类库房内的办公室、休息室，应采用耐火极限不低于 2.50h 的不燃烧体隔墙和 1.00h 的楼板分隔开，其出口应直通室外或疏散走道。

第三节 库房的防火间距

第 4.3.1 条 乙、丙、丁、戊类物品库房之间的防火间距不应小于表 4.3.1 的规定。

乙、丙、丁、戊类物品库房的防火间距　　表 4.3.1

防火间距（m）		耐火等级		
		一、二级	三级	四级
耐火等级	一、二级	10	12	14
	三　级	12	14	16
	四　级	14	16	18

注：①两座库房相邻较高一面外墙为防火墙，且总建筑面积不超过本规范第4.2.1条一座库房的面积规定时，其防火间距不限。

②高层库房之间以及高层库房与其他建筑之间的防火间距应按本表增加 3.00m。

③单层、多层戊类库房之间的防火间距可按本表减少 2.00m。

第 4.3.2 条 乙、丙、丁、戊类物品库房与其他建筑之间的防火间距，应按本规范第 4.3.1 条规定执行；与甲类物品库房之间的防火间距，应按本规范第 4.3.4 条规定执行；与甲类厂房之间的防火间距，应按 4.3.1 条的规定增加 2m。

乙类物品库房（乙类 6 项物品除外）与重要公共建筑之间防火间距不宜小于 30m，与其他民用建筑不宜小于 25m。

第 4.3.3 条 屋顶承重构件和非承重外墙均为非燃烧体的库房，当耐火极限达不到本规范表 2.0.1 的二级耐火等级要求时，其防火间距应按三级耐火等级建筑确定。

第 4.3.4 条 甲类物品库房与其他建筑物的防火间距不应小于表 4.3.4 的规定

甲类物品库房与建筑物的防火间距　　表 4.3.4

防火间距（m）/ 储存物品类别 / 储量（t）/ 建筑物名称			甲类			
			3、4 项		1、2、5、6 项	
			≤5	>5	≤10	>10
民用建筑、明火或散发火花地点			30	40	25	30
其他建筑	耐火等级	一、二级	15	20	12	15
		三　级	20	25	15	20
		四　级	25	30	20	25

注：① 甲类物品库房之间的防火间距不应小于 20m，但本表第 3、4 项物品储量不超过 2t，第 1、2、5、6 项物品储量不超过 5t 时，可减为 12m。

② 甲类库房与重要的公共建筑的防火间距不应小于 50m。

第 4.3.5 条 库区的围墙与库区内建筑的距离不宜小于 5m，并应满足围墙两侧建筑物之间的防火距离要求。

第四节 甲、乙、丙类液体储罐、堆场的布置和防火间距

第 4.4.1 条 甲、乙、丙类液体储罐宜布置在地势较低的地带，如采取安全防护设施，也可布置在地势较高的地带。

桶装、瓶装甲类液体不应露天布置。

第 4.4.2 条 甲、乙、丙类液体的储罐区和乙、丙类液体的桶罐堆场与建筑物的防火间距，不应小于表 4.4.2 的规定。

储罐、堆场与建筑物的防火间距　　表 4.4.2

名称	一个罐区或堆场的总储量(m^3) ／ 防火间距(m) ／ 耐火等级	一、二级	三级	四级
甲、乙类液体	1～50	12	15	20
	51～200	15	20	25
	201～1000	20	25	30
	1001～5000	25	30	40
丙类液体	5～250	12	15	20
	251～1000	15	20	25
	1001～5000	20	25	30
	5001～25000	25	30	40

注：① 防火间距应从建筑物最近的储罐外壁、堆垛外缘算起。但储罐防火堤外侧基脚线至建筑物的距离不应小于 10m。

② 甲、乙、丙类液体的固定顶储罐区、半露天堆场和乙、丙类液体堆场与甲类厂（库）房以及民用建筑的防火间距，应按本表的规定增加 25%。但甲、乙类液体储罐区、半露天堆场和乙、丙类液体堆场与上述建筑物的防火间距不应小于 25m，与明火或散发火花地点的防火间距，应按本表四级建筑的规定增加 25%。

③ 浮顶储罐或闪点大于 120℃的液体储罐与建筑物的防火间距，可按本表的规定减少 25%。

④ 一个单位如有几个储罐区时，储罐区之间的防火间距不应小于本表相应储量储罐与四级建筑的较大值。

⑤ 石油库的储罐与建筑物、构筑物的防火间距可按《石油库设计规范》的有关规定执行。

第 4.4.3 条 计算一个储罐区的总储量时，$1m^3$ 的甲、乙类液体按 $5m^3$ 的丙类液体折算。

第 4.4.4 条 甲、乙、丙类液体储罐之间的防火间距，不应小于表 4.4.4 的规定。

甲、乙、丙类液体储罐之间的防火间距　　表 4.4.4

液体类别	单罐容量(m^3) ／ 间距 ／ 储罐形式	固定顶罐 地上式	固定顶罐 半地下式	固定顶罐 地下式	浮顶储罐	卧式储罐
甲、乙类	≤1000	0.75D	0.5D	0.4D	0.4D	不小于 0.8m
	>1000	0.6D				
丙类	不论容量大小	0.4D	不限	不限	—	

注：① D 为相邻立式储罐中较大罐的直径（m）；矩形储罐的直径为长边与短边之和的一半。

② 不同液体，不同形式储罐之间的防火间距，应采用本表规定的较大值。

③ 两排卧罐间的防火间距不应小于 3m。

④ 设有充氮保护设备的液体储罐之间的防火间距，可按浮顶储罐的间距确定。

⑤ 单罐容量不超过 $1000m^3$ 的甲、乙类液体的地上式固定储罐之间的防火间距，如采用固定冷却消防方式时，其防火间距可不小于 0.6D。

⑥ 同时装有液下喷射泡沫灭火设备、固定冷却水设备和扑救防火堤内液体火灾的泡沫灭火设备时，储罐之间的间距可适当减少，但地上储罐不宜小于 0.4D。

⑦ 闪点超过 120℃的液体，且储罐容量大于 $1000m^3$ 时，其储罐之间的防火间距可为 5m；小于 $1000m^3$ 时，其储罐之间的防火间距可为 2m。

第 4.4.5 条 甲、乙、丙类液体储罐成组布置时应符合下列要求：

一、甲、乙、丙类液体储罐的储量不超过表 4.4.5 的规定时可成组布置；

液体储罐成组布置的限量　　表 4.4.5

储罐名称	单罐最大储量（m^3）	一级最大储量（m^3）
甲、乙类液体	200	1000
丙类液体	500	3000

二、组内储罐的布置不应超过两行。甲、乙类液体储罐之间的间距，立式储罐不应小于 2m，丙类液体的储罐之间的间距不限。

卧式储罐不应小于 0.8m；

三、储罐组之间的距离，应按储罐组储罐的形式和总储量相同的标准单罐确定，按本规范第 4.4.4 条的规定执行。

注：石油库内的油罐布置和防火间距，可按《石油库设计规范》有关规定执行。

第 4.4.6 条 甲、乙、丙类液体的地上、半地下储罐或储罐组，应设置非燃烧材料的防火堤，并应符合下列要求：

一、防火堤内储罐的布置不宜超过两行，但单罐容量不超过 $1000m^3$ 且闪点超过 120℃的液体储罐，可不超过四行；

二、防火堤内的有效容量不应小于最大罐的容量，但浮顶罐可不小于最大储罐容量的一半；

三、防火堤内侧基脚线至立式储罐外壁的距离，不应小于罐壁高的一半。卧式储罐至防火堤内基脚线的水平距离不应小于 3m；

四、防火堤的高度宜为 1～1.6m，其实际高度应比计算高度高出 0.2m；

五、沸溢性液体地上、半地下储罐，每个储罐应设一个防火堤或防火隔堤；

六、含油污水排水管在出防火堤处应设水封设施，雨水排水管应设置阀门等封闭装置。

第 4.4.7 条 下列情况之一的储罐、堆场，如有防止液体流散的设施，可不设防火堤：

一、闪点超过 120℃的液体储罐、储罐区；

二、桶装的乙、丙类液体堆场；

三、甲类液体半露天堆场。

第 4.4.8 条 地上、半地下储罐的每个防火堤分隔范围内，宜布置同类火灾危险性的储罐。沸溢性与非沸溢性液体储罐或地下储罐与地上、半地下储罐，不应布置在同一防火堤范围内。

第 4.4.9 条 甲、乙、丙类液体储罐与其泵房、装卸鹤管的防火间距，不应小于表 4.4.9 的规定。

液体储罐与泵房、装卸鹤管的防火间距　　表 4.4.9

储罐名称 \ 防火间距（m） \ 项别		泵　房	铁路装卸鹤管	汽车装卸鹤管
甲、乙类液体	拱顶罐	15	20	15
	浮顶罐	15	15	15
丙类液体		10	12	10

注：① 总储量不超过 $1000m^3$ 的甲、乙类液体储罐和总储量不超过 $5000m^3$ 的丙类液体储罐的防火间距，可按本表的规定减少 25%。石油库区内油罐与泵房、装卸鹤管的防火间距，可按《石油库设计规范》执行。

② 泵房、装卸鹤管与储罐防火堤外侧基脚线的距离不应小于 5m。

③ 厂内铁路线与装卸鹤管的防火间距，对于甲、乙类液体不应小于 20m，对于丙类液体不应小于 10m。

④ 泵房与鹤管的距离不应小于 8m。

第 4.4.10 条 甲、乙、丙类液体装卸鹤管与建筑物的防火间距不应小于表 4.4.10 的规定。

液体装卸鹤管与建筑物的防火间距　　表 4.4.10

名称 \ 防火间距（m） \ 建筑物的耐火等级	一、二级	三　级	四　级
甲、乙类液体装卸鹤管	14	16	18
丙类液体装卸鹤管	10	12	14

第 4.4.11 条 零位罐与所属铁路作业线的距离不应小于 6m。

第五节　可燃、助燃气体储罐的防火间距

第 4.5.1 条 湿式可燃气体储罐或罐区与建筑物、堆场的防火间距，不应小于表 4.5.1 的规定。

第 4.5.2 条 可燃气体储罐或罐区之间的防火间距应符合下

列要求：

一、湿式储罐之间的防火间距，不应小于相邻较大罐的半径；

二、干式或卧式储罐之间的防火间距，不应小于相邻较大罐直径的 2/3，球形罐之间的防火间距不应小于相邻较大罐的直径；

三、卧式、球形储罐与湿式储罐或干式储罐之间的防火间距，应按其中较大者确定；

四、一组卧式或球形储罐的总容积不应超过 30000m³。组与组的防火间距、卧式储罐不应小于相邻较大罐长度的一半；球形储罐不应小于相邻较大罐的直径，且不应小于 10m。

储气罐或罐区与建筑物、储罐、堆场的防火间距　　表 4.5.1

名称 ＼ 防火间距（m） ＼ 总容积（m³）			≤1000	1001～10000	10001～50000	>50000
明火或散发火花的地点，民用建筑，甲、乙、丙类液体储罐，易燃材料堆场，甲类物品库房			25	30	35	40
其他建筑	耐火等级	一、二级	12	15	20	25
		三　级	15	20	25	30
		四　级	20	25	30	35

注：① 固定容积的可燃气体储罐与建筑物、堆场的防火间距应按本表的规定执行。总容积按其水容量（m³）和工作压力（绝对压力，1kgf/cm²＝9.8×10⁴Pa）的乘积计算。

② 干式可燃气体储罐与建筑物、堆场的防火间距应按本表增加 25%。

③ 容积不超过 20m³ 的可燃气体储罐与所属厂房的防火间距不限。

第 4.5.3 条　液氢储罐与建筑物、储罐、堆场的防火间距可按本规范第 4.6.2 条相应储量的液化石油气储罐的防火间距离减少 25%。

第 4.5.4 条　湿式氧气罐或罐区与建筑物、储罐、堆场的防火间距，不应小于表 4.5.4 的规定。

湿式氧气储罐或罐区与建筑物、储罐、堆场的防火间距　　表 4.5.4

名称 ＼ 防火间距（m） ＼ 总容积（m³）			≤1000	1001～50000	>50000
民用建筑，甲、乙、丙类液体储罐，易燃材料堆场，甲类物品库房			25	30	35
其它建筑	耐火等级	一、二级	10	12	14
		三　级	12	14	16
		四　级	14	16	18

注：① 固定容积的氧气储罐，与建筑物、储罐、堆场的防火间距应按本表的规定执行，其容积按水容量（m³）和工作压力（绝对压力，1kgf/cm²＝9.8×10⁴Pa）的乘积计算。

② 氧气储罐与其制氧厂房的间距，可按工艺布置要求确定。

③ 容积不超过 50m³ 的氧气储罐与所属使用厂房的防火间距不限。

第 4.5.5 条　氧气储罐之间的防火间距，不应小于相邻较大罐的半径。氧气储罐与可燃气体储罐之间的防火间距不应小于相邻较大罐的直径。

第 4.5.6 条　液氧储罐与建筑物、储罐、堆场的防火间距，按本规范第 4.5.4 条相应储量的氧气储罐的防火间距执行。液氧储罐与其泵房的间距不宜小于 3m。

设在一、二级耐火等级库房内，且容积不超过 3m³ 的液氧储罐，与所属使用建筑的防火间距不应小于 10m。

注：1m³ 液氧折合 800m³ 标准状态气氧计算。

第 4.5.7 条　液氧储罐周围 5m 范围内不应有可燃物和设置沥青路面。

第六节　液化石油气储罐的布置和防火间距

第 4.6.1 条　液化石油气储罐区宜布置在本单位或本地区全

年最小频率风向的上风侧，并选择通风良好的地点单独设置。储罐区宜设置高度为1m的非燃烧体实体防护墙。

第4.6.2条 液化石油气储罐或罐区与建筑物、堆场的防火间距，不应小于表4.6.2的规定。

液化石油气储罐或罐区与建筑物、堆场的防火间距　表4.6.2

名称 \ 防火间距(m) \ 总容积(m^3) / 单罐容积(m^3)			≤10	11～30	31～200	201～1000	1001～2500	2501～5000
				≤10	≤50	≤100	≤400	≤1000
明火或散发火花地点			35	40	50	60	70	80
民用建筑，甲、乙类液体储罐，甲类物品库房，易燃材料堆场			30	35	45	55	65	75
丙类液体储罐，可燃气体储罐			25	30	35	45	55	65
助燃气体储罐，可燃材料堆场			20	25	30	40	50	60
其他建筑	耐火等级	一、二级	12	18	20	25	30	40
		三级	15	20	25	30	40	50
		四级	20	25	30	40	50	60

注：① 容积超过1000m^3的液化石油气单罐或总储量超过5000m^3的罐区。与明火或散发火花地点和民用建筑的防火间距不应小于120m，与其他建筑的防火间距应按本表的规定增加25%。

② 防火间距应按本表总容积或单罐容积较大者确定。

第4.6.3条 位于居民区内的液化石油气气化站、混气站，其储罐与重要公共建筑和其他民用建筑、道路之间的防火间距，可按现行的《城市煤气设计规范》的有关规定执行，但与明火或散发火花地点的防火间距不应小于30m。

上述储罐的单罐容积超过10m^3或总容积超过30m^3时，与建筑物、储罐、堆场的防火间距均应按本规范第4.6.2条的规定执行。

第4.6.4条 总容积不超过10m^3的工业企业内的液化石油气气化站、混气站储罐，如设置在专用的独立建筑物内时，其外墙与相邻厂房及其附属设备之间的防火间距，按甲类厂房的防火间距执行。

当上述储罐设置在露天时，与建筑物、储罐、堆场的防火间距应按本规范第4.6.2条的规定执行。

第4.6.5条 液化石油气储罐之间的防火间距，不宜小于相邻较大罐的直径。

数个储罐的总容积超过3000m^3时，应分组布置。组内储罐宜采用单排布置，组与组之间的防火间距不宜小于20m。

注：总容积不超过3000m^3，且单罐容积不超过1000m^3的液化石油气储罐组，可采用双排布置。

第4.6.6条 城市液化石油气供应站的气瓶库，其四周宜设置非燃烧体的实体围墙。其防火间距应符合下列要求：

一、液化石油气气瓶库的总储量不超过10m^3时，与建筑物的防火间距（管理室除外），不应小于10m；超过10m^3时，不应小于15m；

二、液化石油气气瓶库与主要道路的间距不应小于10m，与次要道路不应小于5m，距重要的公共建筑不应小于25m。

第4.6.7条 液化石油气储罐与所属泵房的距离不应小于15m。

第七节　易燃、可燃材料的露天、半露天堆场的布置和防火间距

第4.7.1条 易燃材料的露天堆场宜设置在天然水源充足的地方，并宜布置在本单位或本地区全年最小频率风向的上风侧。

第4.7.2条 易燃、可燃材料的露天、半露天堆场与建筑物的防火间距，不应小于表4.7.2的规定。

露天、半露天堆场与建筑物的防火间距　　表 4.7.2

名称		一个堆场的总储量 \ 防火间距(m) \ 耐火等级	一、二级	三级	四级
粮食(t)	筒仓、土圆仓	500～10000	10	15	20
		10001～20000	15	20	25
		20001～40000	20	25	30
粮食(t)	席茓囤	10～5000	15	20	25
		5001～20000	20	25	30
棉、麻、毛、化纤、百货(t)		10～500	10	15	20
		501～1000	15	20	25
		1001～5000	20	25	30
稻草、麦秸、芦苇等易燃烧材料(t)		10～5000	15	20	25
		5001～10000	20	25	30
		10001～20000	25	30	40
木材等可燃材料(m^3)		50～1000	10	15	20
		1001～10000	15	20	25
		10001～25000	20	25	30
煤和焦炭(t)		100～5000	6	8	10
		＞5000	8	10	12

注：① 一个堆场的总储量如超过本表的规定，宜分设堆场。堆场之间的防火间距，不应小于较大堆场与四级建筑的间距。

② 不同性质物品堆场之间的防火间距，不应小于本表相应储量堆场与四级建筑间距的较大值。

③ 易燃材料露天、半露天堆场与甲类生产厂房、甲类物品库房以及民用建筑的防火间距，应按本表的规定增加25%，且不应小于25m。

④ 易燃材料露天、半露天堆场与明火或散发火花地点的防火间距，应按本表四级建筑的规定增加25%。

⑤ 易燃、可燃材料堆场与甲、乙、丙类液体储罐的防火间距，不应小于本表和本规范表4.4.2中相应储量堆场与四级建筑间距的较大值。

⑥ 粮食总储量为20001～40000t一栏，仅适用于筒仓；木材等可燃材料总储量为10001～25000m^3一栏，仅适用于圆木堆场。

第八节　仓库、储罐区、堆场的布置及与铁路、道路的防火间距

第4.8.1条　液化石油气储配站的站址应根据储量大小，宜设置在远离居住区、村镇、工业企业和影剧院、体育馆等重要公共建筑的地区。

第4.8.2条　甲、乙类物品专用仓库，甲、乙、丙类液体储罐区、易燃材料堆场等，宜设置在市区边缘的安全地带。

城市煤气储罐宜分散布置在用户集中的安全地段。

第4.8.3条　库房、储罐、堆场与铁路、道路的防火间距，不应小于表4.8.3的规定。

库房、储罐、堆场与铁路、道路的防火间距　　表 4.8.3

名称 \ 防火间距(m)	铁路、道路				
	厂外铁路线中心线	厂内铁路线中心线	厂外道路路边	厂内道路路边	
				主要	次要
液化石油气储罐	45	35	25	15	10
甲类物品库房	40	30	20	10	5
甲、乙类液体储罐	35	25	20	15	10
丙类液体储罐易燃材料堆场	30	20	15	10	5
可燃、助燃气体储罐	25	20	15	10	5

注：①厂内铁路装卸线与设有装卸站台的甲类物品库房的防火间距，可不受本表规定的限制。

②未列入本表的堆场、储罐、库房与铁路、道路的防火间距，可根据储存物品的火灾危险性适当减少。

第五章　民用建筑

第一节　民用建筑的耐火等级、层数、长度和面积

第 5.1.1 条　民用建筑的耐火等级、层数、长度和面积，应符合表 5.1.1 的要求。

民用建筑的耐火等级、层数、长度和面积　表 5.1.1

耐火等级	最多允许层数	防火分区间		备　注
		最大允许长度（m）	每层最大允许建筑面积（m^2）	
一、二级	按本规范第 1.0.3 条的规定	150	2500	1. 体育馆、剧院等的长度和面积可以放宽 2. 托儿所、幼儿园的儿童用房不应设在四层及四层以上
三级	5 层	100	1200	1. 托儿所、幼儿园的儿童用房不应设在三层及三层以上 2. 电影院、剧院、礼堂、食堂不应超过二层 3. 医院、疗养院不应超过三层
四级	2 层	60	600	学校、食堂、菜市场、托儿所、幼儿园、医院等不应超过一层

注：①重要的公共建筑应采用一、二级耐火等级的建筑。商店、学校、食堂、菜市场如采用一、二级耐火等级的建筑有困难，可采用三级耐火等级的建筑。
②建筑物的长度，系指建筑物各分段中线长度的总和。如遇有不规则的平面而有各种不同量法时，应采用较大值。
③建筑内设有自动灭火设备时，每层最大允许建筑面积可按本表增加一倍。局部设置时，增加面积可按该局部面积一倍计算。
④防火分区间应采用防火墙分隔，如有困难时，可采用防火卷帘和水幕分隔。

第 5.1.2 条　建筑物内如设有上下层相连通的走马廊、自动扶梯等开口部位时，应按上、下连通层作为一个防火分区，其建筑面积之和不宜超过本规范第 5.1.1 条的规定。

注：多层建筑的中庭，当房间、走道与中庭相通的开口部位，设有可自行关闭的乙级防火门或防火卷帘；与中庭相通的过厅、通道等处，设有乙级防火门或防火卷帘；中庭每层回廊设有火灾自动报警系统和自动喷水灭火系统；以及封闭屋盖设有自动排烟设施时，可不受本条规定限制。

第 5.1.3 条　建筑物的地下室、半地下室应采用防火墙分隔成面积不超过 $500m^2$ 的防火分区。

第二节　民用建筑的防火间距

第 5.2.1 条　民用建筑之间的防火间距，不应小于表 5.2.1 的规定。

民用建筑的防火间距　表 5.2.1

防火间距（m）　耐火等级 ╲ 耐火等级	一、二级	三　级	四　级
一、二级	6	7	9
三　级	7	8	10
四　级	9	10	12

注：①两座建筑相邻较高的一面的外墙为防火墙时，其防火间距不限。
②相邻的两座建筑物，较低一座的耐火等级不低于二级、屋顶不设天窗、屋顶承重构件的耐火极限不低于 1h，且相邻的较低一面外墙为防火墙时，其防火间距可适当减少，但不应小于 3.5m。
③相邻的两座建筑物，较低一座的耐火等级不低于二级，当相邻较高一面外墙的开口部位设有防火门窗或防火卷帘和水幕时，其防火间距可适当减少，但不应小于 3.5m。
④两座建筑相邻两面的外墙为非燃烧体如无外露的燃烧体屋檐，当每面外墙上的门窗洞口面积之和不超过该外墙面积的 5%，且门窗口不正对开设时，其防火间距可按本表减少 25%。
⑤耐火等级低于四级的原有建筑物，其防火间距可按四级确定。

第 5.2.2 条　民用建筑与所属单独建造的终端变电所、燃煤锅炉房（单台蒸发量不超过 4t 且总蒸发量不超过 12t）的防火间距

可按本规范第 5.2.1 条执行。

第 5.2.3 条 燃油、燃气锅炉房及蒸发量超过上述规定的燃煤锅炉房，其防火间距应按本规范第 3.3.1 条规定执行。

第 5.2.4 条 数座一、二级耐火等级且不超过六层的住宅，如占地面积的总和不超过 2500m² 时，可成组布置，但组内建筑之间的间距不宜小于 4m。

组与组或组与相邻建筑之间的防火间距仍不应小于本规范第 5.2.1 条的规定。

第三节 民用建筑的安全疏散

第 5.3.1 条 公共建筑和通廊式居住建筑安全出口的数目不应少于两个，但符合下列要求的可设一个：

一、一个房间的面积不超过 60m²，且人数不超过 50 人时，可设一个门；位于走道尽端的房间（托儿所、幼儿园除外）内由最远一点到房门口的直线距离不超过 14m，且人数不超过 80 人时，也可设一个向外开启的门，但门的净宽不应小于 1.40m。

二、二、三层的建筑（医院、疗养院、托儿所、幼儿园除外）符合表 5.3.1 的要求时，可设一个疏散楼梯。

设置一个疏散楼梯的条件　　表 5.3.1

耐火等级	层数	每层最大建筑面积（m²）	人　数
一、二级	二、三层	500	第二层和第三层人数之和不超过 100 人
三级	二、三层	200	第二层和第三层人数之和不超过 50 人
四级	二层	200	第二层人数不超过 30 人

三、单层公共建筑（托儿所、幼儿园除外）如面积不超过 200m² 且人数不超过 50 人时，可设一个直通室外的安全出口。

四、设有不少于两个疏散楼梯的一、二级耐火等级的公共建筑，如顶层局部升高时，其高出部分的层数不超过两层，每层面积不超过 200m²，人数之和不超过 50 人时，可设一个楼梯，但应另设一个直通平屋面的安全出口。

第 5.3.2 条 九层及九层以下，建筑面积不超过 500m² 的塔式住宅，可设一个楼梯。

九层及九层以下的每层建筑面积不超过 300m²、且每层人数不超过 30 人的单元式宿舍，可设一个楼梯。

第 5.3.3 条 超过六层的组合式单元住宅和宿舍，各单元的楼梯间均应通至平屋顶，如户门采用乙级防火门时，可不通至屋顶。

第 5.3.4 条 剧院、电影院、礼堂的观众厅安全出口的数目均不应少于两个，且每个安全出口的平均疏散人数不应超过 250 人。容纳人数超过 2000 人时，其超过 2000 人的部分，每个安全出口的平均疏散人数不应超过 400 人。

第 5.3.5 条 体育馆观众厅安全出口的数目不应小于两个，且每个安全出口的平均疏散人数不宜超过 400～700 人。

注：设计时，规模较小的观众厅，宜采用接近下限值；规模较大的观众厅，宜采用接近上限值。

第 5.3.6 条 地下室、半地下室每个防火分区的安全出口数目不应少于两个。但面积不超过 50m²，且人数不超过 10 人时可设一个。

地下室、半地下室有两个或两个以上防火分区时，每个防火分区可利用防火墙上一个通向相邻分区的防火门作为第二安全出口，但每个防火分区必须有一个直通室外的安全出口。

人数不超过 30 人且面积不超过 500m² 的地下室、半地下室，其垂直金属梯可作为第二安全出口。

注：地下室、半地下室与地上层共用楼梯间时，在底层的地下室或半地下室入口处，应采用耐火极限不低于 1.5h 的非燃烧体隔墙和乙级防火门与其他部位隔开，并应设有明显标志。

第 5.3.7 条 公共建筑的室内疏散楼梯宜设置楼梯间。医院、疗养院的病房楼，设有空气调节系统的多层旅馆和超过五层的其他公共建筑的室内疏散楼梯均应设置封闭楼梯间（包括底层扩大封闭楼梯间）。

注：①超过六层的塔式住宅应设封闭楼梯间，如户门采用乙级防火门时，可不设。

②公共建筑门厅的主楼梯如不计入总疏散宽度，可不设楼梯间。

第 5.3.8 条 民用建筑的安全疏散距离，应符合下列要求：

一、直接通向公共走道的房间门至最近的外部出口或封闭楼梯间的距离，应符合表 5.3.8 的要求。

安 全 疏 散 距 离　　表 5.3.8

名称	房门至外部出口或封闭楼梯间的最大距离（m）					
	位于两个外部出口或楼梯间之间的房间			位于袋形走道两侧或尽端的房间		
	耐火等级			耐火等级		
	一、二级	三级	四级	一、二级	三级	四级
托儿所、幼儿园	25	20	—	20	15	—
医院、疗养院	35	30	—	20	15	—
学校	35	30	—	22	20	—
其他民用建筑	40	35	25	22	20	15

注：①敞开式外廊建筑的房间门至外部出口或楼梯间的最大距离可按本表增加 5.00m。

②设有自动喷水灭火系统的建筑物，其安全疏散距离可按本表规定增加 25%。

二、房间的门至最近的非封闭楼梯间的距离，如房间位于两个楼梯间之间时，应按表 5.3.8 减少 5.00m；如房间位于袋形走道或尽端时，应按表 5.3.8 减少 2.00m。

楼梯间的首层应设置直接对外的出口，当层数不超过四层时，可将对外出口设置在离楼梯间不超过 15m 处。

三、不论采用何种形式的楼梯间，房间内最远一点到房门的距离，不应超过表 5.3.8 中规定的袋形走道两侧或尽端的房间从房门到外部出口或楼梯间的最大距离。

第 5.3.9 条 剧院、电影院、礼堂、体育馆等人员密集的公共场所，其观众厅内的疏散走道宽度应按其通过人数每 100 人不小于 0.6m 计算，但最小净宽度不应小于 1.0m，边走道不宜小于 0.8m。

在布置疏散走道时，横走道之间的座位排数不宜超过 20 排。纵走道之间的座位数，剧院、电影院、礼堂等每排不超过 22 个，体育馆每排不宜超过 26 个，但前后排座椅的排距不小于 90cm 时，可增至 50 个，仅一侧有纵走道时座位减半。

第 5.3.10 条 剧院、电影院、礼堂等人员密集的公共场所观众厅的疏散内门和观众厅外的疏散外门、楼梯和走道各自总宽度，均应按不小于表 5.3.10 的规定计算。

疏散宽度指标　　表 5.3.10

疏散部位 \ 宽度指标（m/百人） \ 观众厅座位数（个） / 耐火等级		≤2500	≤1200
		一、二级	三级
门和走道	平坡地面	0.65	0.85
	阶梯地面	0.75	1.00
楼梯		0.75	1.00

注：有等场需要的入场门，不应作为观众厅的疏散门。

第 5.3.11 条 体育馆观众厅的疏散门以及疏散外门，楼梯和走道各自宽度，均应按不小于表 5.3.11 的规定计算。

疏散宽度指标　　表 5.3.11

疏散部位 \ 宽度指标（m/百人） \ 观众厅座位数（个） / 耐火等级		3000～5000	5001～10000	10001～20000
		一、二级	一、二级	一、二级
门和走道	平坡地面	0.43	0.37	0.32
	阶梯地面	0.50	0.43	0.37
楼梯		0.50	0.43	0.37

注：表中较大座位数档次按规定指标计算出来的疏散总宽度，不应小于相邻较小座位数档次按其最多座位数计算出来的疏散总宽度。

第 5.3.12 条 学校、商店、办公楼、候车室等民用建筑底层疏散外门、楼梯、走道的各自总宽度，应通过计算确定，疏散宽度指标不应小于表 5.3.12 的规定。

楼梯门和走道的宽度指标 **表 5.3.12**

宽度指标（m/百人）　耐火等级 层数	一、二级	三级	四级
一、二层	0.65	0.75	1.00
三 层	0.75	1.00	—
≥四层	1.00	1.25	—

注：①每层疏散楼梯的总宽度应按本表规定计算。当每层人数不等时，其总宽度可分层计算，下层楼梯的总宽度按其上层人数最多一层的人数计算。
②每层疏散门和走道的总宽度应按本表规定计算。
③底层外门的总宽度应按该层或该层以上人数最多的一层人数计算，不供楼上人员疏散的外门，可按本层人数计算。

第 5.3.13 条 疏散走道和楼梯的最小宽度不应小于 1.1m，不超过六层的单元式住宅中一边设有栏杆的疏散楼梯，其最小宽度可不小于 1m。

第 5.3.14 条 人员密集的公共场所、观众厅的入场门、太平门不应设置门槛，其宽度不应小于 1.40m，紧靠门口 1.40m 内不应设置踏步。

太平门应为推闩式外开门。

人员密集的公共场所的室外疏散小巷，其宽度不应小于 3.00m。

第四节 民用建筑中设置燃油、燃气锅炉房、油浸电力变压器室和商店的规定

第 5.4.1 条 总蒸发量不超过 6t、单台蒸发量不超过 2t 的锅炉，总额定容量不超过 1260kVA、单台额定容量不超过 630kVA 的可燃油油浸电力变压器以及充有可燃油的高压电容器和多油开关等，可贴邻民用建筑（除观众厅、教室等人员密集的房间和病房外）布置，但必须采用防火墙隔开。

上述房间不宜布置在主体建筑内。如受条件限制必须布置时，应采取下列防火措施：

一、不应布置在人员密集的场所的上面、下面或贴邻，并应采用无门窗洞口的耐火极限不低于 3.00h 的隔墙（包括变压器室之间的隔墙）和 1.50h 的楼板与其他部位隔开；当必须开门时，应设甲级防火门。

变压器室与配电室之间的隔墙，应设防火墙。

二、锅炉房、变压器室应设置在首层靠外墙的部位，并应在外墙上开门。首层外墙开口部位的上方应设置宽度不小于 1.00m 的防火挑檐或高度不小于 1.20m 的窗间墙。

三、变压器下面应有储存变压器全部油量的事故储油设施。多油开关、高压电容器室均应设有防止油品流散的设施。

第 5.4.2 条 存放和使用化学易燃易爆物品的商店、作坊和储藏间，严禁附设在民用建筑内。

住宅建筑的底层如设有商业服务网点时，应采用耐火极限不低于 3h 的隔墙和耐火极限不低于 1h 的非燃烧体楼板与住宅分隔开。

商业服务网点的安全出口必须与住宅部分隔开。

第六章　消防车道和进厂房的铁路线

第 6.0.1 条　街区内的道路应考虑消防车的通行，其道路中心线间距不宜超过 160m。当建筑物的沿街部分长度超过 150m 或总长度超过 220m 时，均应设置穿过建筑物的消防车道。

第 6.0.2 条　消防车道穿过建筑物的门洞时，其净高和净宽不应小于 4m；门垛之间的净宽不应小于 3.5m。

第 6.0.3 条　沿街建筑应设连通街道和内院的人行通道（可利用楼梯间），其间距不宜超过 80m。

第 6.0.4 条　工厂、仓库应设置消防车道。一座甲、乙、丙类厂房的占地面积超过 3000m² 或一座乙、丙类库房的占地面积超过 1500m² 时，宜设置环形消防车道，如有困难，可沿其两个长边设置消防车道或设置可供消防车通行的且宽度不小于 6m 的平坦空地。

第 6.0.5 条　易燃、可燃材料露天堆场区，液化石油气储罐区，甲、乙、丙类液体储罐区，应设消防车道或可供消防车通行的且宽度不小于 6m 的平坦空地。

一个堆场、储罐区的总储量超过表 6.0.5 的规定时，宜设置环形消防车道，或四周设置宽度不小于 6m 且能供消防车通行的平坦空地。

第 6.0.6 条　超过 3000 个座位的体育馆、超过 2000 个座位的会堂和占地面积超过 3000m² 的展览馆等公共建筑，宜设环形消防车道。

第 6.0.7 条　建筑物的封闭内院，如其短边长度超过 24m 时，宜设有进入内院的消防车道。

第 6.0.8 条　供消防车取水的天然水源和消防水池，应设置消防车道。

堆场、储罐区的总储量　　表 6.0.5

堆场、储罐名称	棉、麻毛、化纤(t)	稻草、麦秸、芦苇(t)	木材(m^3)	甲、乙、丙类液体储罐(m^3)	液化石油气储罐(m^3)	可燃气体储罐(m^3)
总储量	1000	5000	5000	1500	500	30000

注：一个易燃材料堆场占地面积超过 25000m² 或一个可燃材料堆场占地面积超过 40000m² 时，宜增设与环形消防车道相通的中间纵、横消防车道，其间距不宜超过 150m。

第 6.0.9 条　消除车道的宽度不应小于 3.5m，道路上空遇有管架、栈桥等障碍物时，其净高不应小于 4m。

第 6.0.10 条　环形消防车道至少应有两处与其他车道连通。尽头式消防车道应设回车道或面积不小于 12m×12m 的回车场。供大型消防车使用的回车场面积不应小于 15m×15m。

消防车道下的管道和暗沟应能承受大型消防车的压力。

消防车道可利用交通道路。

第 6.0.11 条　消防车道应尽量短捷，并宜避免与铁路平交。如必须平交，应设备用车道，两车道之间的间距不应小于一列火车的长度。

第 6.0.12 条　甲、乙类厂房和库房内不应设有铁路线。

蒸汽机车和内燃机车进入丙、丁、戊类厂房和库房时，其屋顶应采用非燃烧体结构或其他有效防火措施。

第七章 建筑构造

第一节 防火墙

第7.1.1条 防火墙应直接设置在基础上或钢筋混凝土的框架上。

防火墙应截断燃烧体或难燃烧体的屋顶结构，且应高出非燃烧体屋面不小于40cm，高出燃烧体或难燃烧体屋面不小于50cm。

当建筑物的屋盖为耐火极限不低于0.5h的非燃烧体时，高层工业建筑屋盖为耐火极限不低于1h的非燃烧体时，防火墙（包括纵向防火墙）可砌至屋面基层的底部，不高出屋面。

第7.1.2条 防火墙中心距天窗端面的水平距离小于4m，且天窗端面为燃烧体时，应采取防止火势蔓延的设施。

第7.1.3条 建筑物的外墙如为难燃烧体时，防火墙应突出难燃烧体墙的外表面40cm；防火带的宽度，从防火墙中心线起每侧不应小于2m。

第7.1.4条 防火墙内不应设置排气道，民用建筑如必须设置时，其两侧的墙身截面厚度均不应小于12cm。

防火墙上不应开门窗洞口，如必须开设时，应采用甲级防火门窗，并应能自行关闭。

可燃气体和甲、乙、丙类液体管道不应穿过防火墙。其他管道如必须穿过时，应用非燃烧材料将缝隙紧密填塞。

第7.1.5条 建筑物内的防火墙不应设在转角处。如设在转角附近，内转角两侧上的门窗洞口之间最近的水平距离不应小于4m。

紧靠防火墙两侧的门窗洞口之间最近的水平距离不应小于2m，如装有耐火极限不低于0.9h的非燃烧体固定窗扇的采光窗（包括转角墙上的窗洞），可不受距离的限制。

第7.1.6条 设计防火墙时，应考虑防火墙一侧的屋架、梁、楼板等受到火灾的影响而破坏时，不致使防火墙倒塌。

第二节 建筑构件和管道井

第7.2.1条 在单元式住宅中，单元之间的墙应为耐火极限不低于1.5h的非燃烧体，并应砌至屋面板底部。

第7.2.2条 剧院等建筑的舞台与观众厅之间的隔墙，应采用耐火极限不低于3.5h的非燃烧体。

舞台口上部与观众厅闷顶之间的隔墙，可采用耐火极限不低于1.5h的非燃烧体，隔墙上的门应采用乙级防火门。

电影放映室（包括卷片室）应用耐火极限不低于1h的非燃烧体与其他部分隔开。观察孔和放映孔应设阻火闸门。

第7.2.3条 医院中的手术室，居住建筑中的托儿所、幼儿园，应用耐火极限不低于1h的非燃烧体与其他部分隔开。

第7.2.4条 下列建筑或部位的隔墙，应采用耐火极限不低于1.5h的非燃烧体：

一、甲、乙类厂房和使用丙类液体的厂房；

二、有明火和高温的厂房；

三、剧院后台的辅助用房；

四、一、二、三级耐火等级建筑的门厅；

五、建筑内的厨房。

第7.2.5条 三级耐火等级的下列建筑或部位的吊顶，应采用耐火极限不低于0.25h的难燃烧体。

一、医院、疗养院、托儿所、幼儿园；

二、三层及三层以上建筑内的楼梯间、门厅、走道。

第7.2.6条 舞台下面的灯光操作室和可燃物储藏室，应用耐火极限不低于1h的非燃烧体墙与其他部位隔开。

第7.2.7条 电梯井和电梯机房的墙壁等均应采用耐火极限

不低于 1h 的非燃烧体。高层工业建筑的室内电梯井和电梯机房的墙壁应采用耐火极限不低于 2.5h 的非燃烧体。

第 7.2.8 条 二级耐火等级的丁、戊类厂（库）房的柱、梁均可采用无保护层的金属结构，但使用甲、乙、丙类液体或可燃气体的部位，应采取防火保护设施。

第 7.2.9 条 建筑物内的管道井、电缆井应每隔 2～3 层在楼板处用耐火极限不低于 0.50h 的不燃烧体封隔，其井壁应采用耐火极限不低于 1.00h 的不燃烧体。井壁上的检查门应采用丙级防火门。

第 7.2.10 条 冷库采用稻壳、泡沫塑料等可燃烧材料作墙体内的隔热层时，宜采用非燃烧隔热材料做水平防火带。防火带宜设置在每层楼板水平处。

冷库阁楼层和墙体的可燃保温层宜用非燃烧体墙分隔开。

第 7.2.11 条 附设在建筑物内的消防控制室、固定灭火装置的设备室（如钢瓶间、泡沫液间）、通风空气调节机房，应采用耐火极限不低于 2.5h 的隔墙和 1.5h 的楼板与其他部位隔开。隔墙上的门应采用乙级防火门。

设在丁、戊类厂房中的通风机房，应采用耐火极限不低于 1h 的隔墙和 0.5h 的楼板与其他部位隔开。

第三节　屋顶和屋面

第 7.3.1 条 闷顶内采用锯末等可燃材料作保温层的三、四级耐火等级建筑的屋顶，不应采用冷摊瓦。

闷顶内的非金属烟囱周围 50cm、金属烟囱 70cm 范围内，不应采用可燃材料作保温层。

第 7.3.2 条 舞台的屋顶应设置便于开启的排烟气窗或在侧墙上设置便于开启的高侧窗，其总面积不宜少于舞台（不包括侧台）地面面积的 5%。

第 7.3.3 条 超过二层有闷顶的三级耐火等级建筑，在每个防火隔断范围内应设置老虎窗，其间距不宜超过 50m。

第 7.3.4 条 闷顶内有可燃物的建筑，在每个防火隔断范围内应设有不小于 70cm×70cm 的闷顶入口，但公共建筑的每个防火隔断范围内的闷顶入口不宜小于两个。闷顶入口宜布置在走廊中靠近楼梯间的地方。

第四节　疏散用的楼梯间、楼梯和门

第 7.4.1 条 疏散用的楼梯间应符合下列要求：

一、防烟楼梯间前室和封闭楼梯间的内墙上，除在同层开设通向公共走道的疏散门外，不应开设其他的房间门窗；

二、楼梯间及其前室内不应附设烧水间，可燃材料储藏室，非封闭的电梯井，可燃气体管道，甲、乙、丙类液体管道等；

三、楼梯间内宜有天然采光，并不应有影响疏散的凸出物；

四、在住宅内，可燃气体管道如必须局部水平穿过楼梯间时，应采取可靠的保护设施。

注：电梯不能作为疏散用楼梯。

第 7.4.2 条 需设防烟楼梯间的建筑，其室外楼梯可为辅助防烟楼梯，但其净宽不应小于 90cm，倾斜度不应大于 45°。栏杆扶手的高度不应小于 1.1m。其他建筑的室外疏散楼梯，其倾斜角可不大于 60°，净宽可不小于 80cm。

室外疏散楼梯和每层出口处平台，均应采取非燃烧材料制作。平台的耐火极限不应低于 1h，楼梯段的耐火极限应不低于 0.25h。在楼梯周围 2m 内的墙面上，除疏散门外，不应设其他门窗洞口。疏散门不应正对楼梯段。

第 7.4.3 条 作为丁、戊类厂房内的第二安全出口的楼梯，可采用净宽不小于 80cm 的金属梯。

丁、戊类高层厂房，当每层工作平台人数不超过 2 人，且各层工作平台上同时生产人数总和不超过 10 人时，可采用敞开楼梯，或采用净宽不小于 0.80m、坡度不大于 60°的金属梯兼作疏散梯。

第7.4.4条 疏散用楼梯和疏散通道上的阶梯，不应采用螺旋楼梯和扇形踏步，但踏步上下两级所形成的平面角度不超过10°，且每级离扶手25cm处的踏步深度超过22cm时可不受此限。

第7.4.5条 公共建筑的疏散楼梯两段之间的水平净距，不宜小于15cm。

第7.4.6条 高度超过10m的三级耐火等级建筑，应设有通至屋顶的室外消防梯，但不应面对老虎窗，并宜离地面3m设置宽度不应小于50cm。

第7.4.7条 民用建筑及厂房的疏散用门应向疏散方向开启。人数不超过60人的房间且每樘门的平均疏散人数不超过30人时（甲、乙类生产房间除外），其门的开启方向不限。

疏散用的门不应采用侧拉门（库房除外），严禁采用转门。

第7.4.8条 库房门应向外开或靠墙的外侧设推拉门，但甲类物品库房不应采用侧拉门。

第五节 天桥、栈桥和管沟

第7.5.1条 天桥、跨越房屋的栈桥，以及供输送可燃气体、可燃粉料和甲、乙、丙类液体的栈桥，均应采用非燃烧体。

第7.5.2条 运输有火灾、爆炸危险的物资的栈桥，不应兼作疏散用的通道。

第7.5.3条 封闭天桥、栈桥与建筑物连接处的门洞以及甲、乙、丙类液体管道的封闭管沟（廊），均宜设有防止火势蔓延的保护设施。

第八章 消防给水和灭火设备

第一节 一般规定

第8.1.1条 在进行城镇、居住区、企事业单位规划和建筑设计时，必须同时设计消防给水系统。消防用水可由给水管网、天然水源或消防水池供给。利用天然水源时，应确保枯水期最低水位时消防用水的可靠性，且应设置可靠的取水设施。

注：耐火等级不低于二级，且体积不超过3000m³的戊类厂房或居住区人数不超过500人，且建筑物不超过二层的居住小区，可不设消防给水。

第8.1.2条 消防给水宜与生产、生活给水管道系统合并，如合并不经济或技术上不可能，可采用独立的消防给水管道系统。

高层工业建筑室内消防给水，宜采用独立的消防给水管道。

第8.1.3条 室外消防给水可采用高压或临时高压给水系统或低压给水系统，如采用高压或临时高压给水系统，管道的压力应保证用水总量达到最大且水枪在任何建筑物的最高处时，水枪的充实水柱仍不小于10m；如采用低压给水系统，管道的压力应保证灭火时最不利点消火栓的水压不小于10m水柱（从地面算起）。

注：①在计算水压时，应采用喷嘴口径19mm的水枪和直径65mm、长度120m的麻质水带，每支水枪的计算流量不应小于5l/s。

②高层工业建筑的高压或临时高压给水系统的压力，应满足室内最不利点消防设备水压的要求。

③消火栓给水管道设计流速不宜超过2.5m/s。

第二节 室外消防用水量

第8.2.1条 城镇、居住区室外消防用水量，应按同一时间内的火灾次数和一次灭火用水量确定。同一时间内的火灾次数和一次灭火用水量，不应小于表 8.2.1 的规定。

城镇、居住区室外消防用水量　　表 8.2.1

人数（万人）	同一时间内的火灾次数（次）	一次灭火用水量（l/s）
≤1.0	1	10
≤2.5	1	15
≤5.0	2	25
≤10.0	2	35
≤20.0	2	45
≤30.0	2	55
≤40.0	2	65
≤50.0	3	75
≤60.0	3	85
≤70.0	3	90
≤80.0	3	95
≤100	3	100

注：城镇的室外消防用水量应包括居住区、工厂、仓库（含堆场、储罐）和民用建筑的室外消火栓用水量。当工厂、仓库和民用建筑的室外消火栓用水量按表 8.2.2－2 计算，其值与按本表计算不一致时，应取其较大值。

第 8.2.2 条　工厂、仓库和民用建筑的室外消防用水量，应按同一时间内的火灾次数和一次灭火用水量确定。

一、工厂、仓库和民用建筑在同一时间内的火灾次数不应小于表 8.2.2－1 的规定；

同一时间内的火灾次数表　　表 8.2.2－1

名　称	基地面积（ha）	附有居住区人数（万人）	同一时间内的火灾次数	备　　注
工厂	≤100	≤1.5	1	按需水量最大的一座建筑物（或堆场、储罐）计算
工厂	≤100	>1.5	2	工厂、居住区各一次
工厂	>100	不限	2	按需水量最大的两座建筑物（或堆场、储罐）计算
仓库民用建筑	不限	不限	1	按需水量最大的一座建筑物（或堆场、储罐）计算

注：采矿、选矿等工业企业、如各分散基地有单独的消防给水系统时，可分别计算。

二、建筑物的室外消火栓用水量，不应小于表 8.2.2－2 的规定；

三、一个单位内有泡沫设备、带架水枪、自动喷水灭火设备，以及其他消防用水设备时，其消防用水量，应将上述设备所需的全部消防用水量加上表 8.2.2－2 规定的室外消火栓用水量的 50%，但采用的水量不应小于表 8.2.2－2 的规定。

建筑物的室外消火栓用水量　　表 8.2.2－2

耐火等级	建筑物名称及类别		一次灭火用水量（l/s）／建筑物体积（m^3） ≤1500	1501～3000	3001～5000	5001～20000	20001～50000	>50000
一、二级	厂房	甲、乙	10	15	20	25	30	35
一、二级	厂房	丙	10	15	20	25	30	40
一、二级	厂房	丁、戊	10	10	10	15	15	20
一、二级	库房	甲、乙	15	15	25	25	—	—
一、二级	库房	丙	15	15	25	25	35	45
一、二级	库房	丁、戊	10	10	10	15	15	20
一、二级	民用建筑		10	15	15	20	25	30
三级	厂房或库房	乙、丙	15	20	30	40	45	—
三级	厂房或库房	丁、戊	10	10	15	20	25	35
三级	民用建筑		10	15	20	25	30	—
四级	丁、戊类厂房或库房		10	15	20	25	—	—
四级	民用建筑		10	15	20	25	—	—

注：① 室外消火栓用水量应按消防需水量最大的一座建筑物或一个防火分区计算。成组布置的建筑物应按消防需水量较大的相邻两座计算。

② 火车站、码头和机场的中转库房，其室外消火栓用水量应按相应耐火等级的丙类物品库房确定。

③ 国家级文物保护单位的重点砖木、木结构的建筑物室外消防用水量，按三级耐火等级民用建筑物消防用水量确定。

第 8.2.3 条　易燃、可燃材料露天、半露天堆场，可燃气体储罐或储罐区的室外消火栓用水量，不应小于表 8.2.3 的规定。

堆场、储罐的室外消火栓用水量　　表 8.2.3

名称		总储量或总容量	消防用水量 (l/s)
粮食 (t)	圆筒仓土圆囤	30～500	15
		501～5000	25
		5001～20000	40
		20001～40000	45
	席茓囤	30～500	20
		501～5000	35
		5001～20000	50
棉、麻、毛、化纤百货 (t)		10～500	20
		501～1000	35
		1001～5000	50
稻草、麦秸、芦苇等易燃材料 (t)		50～500	20
		501～5000	35
		5001～10000	50
		10001～20000	60
木材等可燃材料 (m^3)		50～1000	20
		1001～5000	30
		5001～10000	45
		10001～25000	55
煤和焦炭 (t)		100～5000	15
		>5000	20
可燃气体储罐或储罐区 (m^3)	湿式	501～10000	20
		10001～50000	25
		>50000	30
		≤10000	20
		10001～50000	30
		>50000	40

第 8.2.4 条　当可燃油油浸电力变压器需设水喷雾灭火系统保护时，其灭火用水量应按现行的国家标准《水喷雾灭火系统设计规范》经计算确定。

第 8.2.5 条　甲、乙、丙类液体储罐区的消防用水量，应按灭火用水量和冷却用水量之和计算。

一、灭火用水量应按罐区内最大罐配置泡沫的用水量和泡沫管枪配置泡沫的用水量之和确定，并应按现行的国家标准《低倍数泡沫灭火系统设计规范》有关规定计算。

二、储罐区的冷却用水量，应按一次灭火最大需水量计算。距着火罐罐壁 1.50 倍直径范围内的相邻储罐应进行冷却，其冷却水的供应范围和供给强度不应小于表 8.2.5 的规定。

冷却水的供给范围和供给强度　　表 8.2.5

设备类型		储罐名称		供给范围	供给强度
移动式水枪	着火罐	固定顶立式罐（包括保温罐）		罐周长	0.60 (l/s·m)
		浮顶罐（包括保温罐）		罐周长	0.45 (l/s·m)
		卧式罐		罐表面积	0.10 (l/s·m^2)
		地下立式罐、半地下和地下卧式罐		无覆土的表面积	0.10 (l/s·m^2)
	相邻罐	固定顶立式罐	非保温罐	罐周长的一半	0.35 (l/s·m)
			保温罐		0.20 (l/s·m)
		卧式罐		罐表面积的一半	0.10 (l/s·m^2)
		半地下、地下罐		无覆土罐表面积的一半	0.10 (l/s·m^2)
固定式设备	着火罐	立式罐		罐周长	0.50 (l/s·m)
		卧式罐		罐表面积	0.10 (l/s·m^2)
	相邻罐	立式罐		罐周长的一半	0.50 (l/s·m)
		卧式罐		罐表面积的一半	0.10 (l/s·m^2)

注：①冷却水的供给强度，还应根据实地灭火战术所使用的消防设备进行校核。
②当相邻罐采用不燃烧材料进行保温时，其冷却水供给强度可按本表减少 50%。
③储罐可采用移动式水枪或固定式设备进行冷却。当采用移动式水枪进行冷却时，无覆土保护的卧式罐、地下掩蔽室内立式罐的消防用水量，如计算出的水量小于 15l/s 时，仍应采用 15l/s。
④地上储罐的高度超过 15m 时，宜采用固定式冷却水设备。
⑤当相邻储罐超过 4 个时，冷却用水量可按 4 个计算。

三、覆土保护的地下油罐应设有冷却用水。冷却用水量应按最大着火罐罐顶的表面积（卧式罐按投影面积）计算，其供给强度不应小于 0.10l/s·m²。当计算出来的水量小于 15l/s 时，仍应采用 15l/s。

第 8.2.6 条 甲、乙、丙类液体储罐冷却水延续时间，应符合下列要求：

一、浮顶罐、地下和半地下固定顶立式罐、覆土储罐和直径不超过 20m 的地上固定顶立式罐，其冷却水延续时间按 4h 计算；

二、直径超过 20m 的地上固定顶立式罐冷却水延续时间按 6h 计算。

第 8.2.7 条 液化石油气储罐区消防用水量应按储罐固定冷却设备用水量和水枪用水量之和计算，其设计应符合下列要求：

一、总容积超过 50m³ 的储罐区和单罐容积超过 20m³ 的储罐应设置固定喷淋装置。喷淋装置的供水强度不应小于 0.15l/s·m²，着火储罐的保护面积按其全表面积计算；距着火罐直径（卧式罐按罐直径和长度之和的一半）1.5 倍范围内的相邻储罐按其表面积的一半计算。

二、水枪用水量，不应小于表 8.2.7 的规定。

水 枪 用 水 量　　表 8.2.7

总容积（m³）	<500	501～2500	>2500
单罐容积（m³）	≤100	≤400	>400
水枪用水量（l/s）	20	30	45

注：①水枪用水量应按本表总容积和单罐容积较大者确定。

②总容积<50m³ 或单罐容积≤20m³ 的储罐区或储罐，可单独设置固定喷淋装置或移动式水枪。其消防用水量应按水枪用水量计算。

三、液化石油气的火灾延续时间，应按 6.00h 计算。

第 8.2.8 条 消防用水与生产、生活用水合并的给水系统，当生产、生活用水达到最大小时用水量时（淋浴用水量可按 15%计算，浇洒及洗刷用水量可不计算在内），仍应保证消防用水量（包括室内消防用水量）。

注：低压消防给水系统，如不引起生产事故，生产用水可作为消防用水。但生产用水转为消防用水的阀门不应超过两个，开启阀门的时间不应超过 5min。

第三节　室外消防给水管道、室外消火栓和消防水池

第 8.3.1 条 室外消防给水管道的布置应符合下列要求：

一、室外消防给水管网应布置成环状，但在建设初期或室外消防用水量不超过 15l/s 时，可布置成枝状；

二、环状管网的输水干管及向环状管网输水的输水管均不应少于两条，当其中一条发生故障时，其余的干管应仍能通过消防用水总量；

三、环状管道应用阀门分成若干独立段，每段内消火栓的数量不宜超过 5 个；

四、室外消防给水管道的最小直径不应小于 100mm。

第 8.3.2 条 室外消火栓的布置应符合下列要求：

一、室外消火栓应沿道路设置，道路宽度超过 60m 时，宜在道路两边设置消火栓，并宜靠近十字路口；

二、甲、乙、丙类液体储罐区和液化石油气罐罐区的消火栓，应设在防火堤外。但距罐壁 15m 范围内的消火栓，不应计算在该罐可使用的数量内。

消火栓距路边不应超过 2m，距房屋外墙不宜小于 5m；

三、室外消火栓的间距不应超过 120m；

四、室外消火栓的保护半径不应超过 150m；在市政消火栓保护半径 150m 以内，如消防用水量不超过 15l/s 时，可不设室外消火栓；

五、室外消火栓的数量应按室外消防用水量计算决定，每个室外消火栓的用水量应按 10～15l/s 计算；

六、室外地上式消火栓应有一个直径为 150mm 或 100mm 和两个直径为 65mm 的栓口；

七、室外地下式消火栓应有直径为 100mm 和 65mm 的栓口

各一个，并有明显的标志。

第 8.3.3 条 具有下列情况之一者应设消防水池：

一、当生产、生活用水量达到最大时，市政给水管道、进水管或天然水源不能满足室内外消防用水量；

二、市政给水管道为枝状或只有一条进水管，且消防用水量之和超过 25l/s。

第 8.3.4 条 消防水池应符合下列要求：

一、消防水池的容量应满足在火灾延续时间内室内外消防用水总量的要求。

居住区、工厂和丁、戊类仓库的火灾延续时间应按 2h 计算；甲、乙、丙类物品仓库、可燃气体储罐和煤、焦炭露天堆场的火灾延续时间应按 3h 计算；易燃、可燃材料露天、半露天堆场（不包括煤、焦炭露天堆场）应按 6h 计算；甲、乙、丙类液体储罐火灾延续时间应按本规范第 8.2.6 条的规定确定；液化石油气储罐的火灾延续时间应按本规范第 8.2.7 条的规定确定；自动喷水灭火延续时间按 1h 计算；

二、在火灾情况下能保证连续补水时，消防水池的容量可减去火灾延续时间内补充的水量。

消防水池容量如超过 $1000m^3$ 时，应分设成两个；

三、消防水池的补水时间不宜超过 48h，但缺水地区或独立的石油库区可延长到 96h；

四、供消防车取水的消防水池，保护半径不应大于 150m；

五、供消防车取水的消防水池应设取水口，其取水口与建筑物（水泵房除外）的距离不宜小于 15m；与甲、乙、丙类液体储罐的距离不宜小于 40m；与液化石油气储罐的距离不宜小于 60m。若有防止辐射热的保护设施时，可减为 40m。

供消防车取水的消防水池应保证消防车的吸水高度不超过 6m；

六、消防用水与生产、生活用水合并的水池，应有确保消防用水不作他用的技术设施；

七、寒冷地区的消防水池应有防冻设施。

第四节 室内消防给水

第 8.4.1 条 下列建筑物应设室内消防给水：

一、厂房、库房、高度不超过 24m 的科研楼（存有与水接触能引起燃烧爆炸的物品除外）；

二、超过 800 个座位的剧院、电影院、俱乐部和超过 1200 个座位的礼堂、体育馆；

三、体积超过 $5000m^3$ 的车站、码头、机场建筑物以及展览馆、商店、病房楼、门诊楼、图书馆、书库等；

四、超过七层的单元式住宅，超过六层的塔式住宅、通廊式住宅、底层设有商业网点的单元式住宅；

五、超过五层或体积超过 $10000m^3$ 的教学楼等其他民用建筑；

六、国家级文物保护单位的重点砖木或木结构的古建筑。

注：在一座一、二级耐火等级的厂房内，如有生产性质不同的部位时，可根据各部位的特点确定设置或不设置室内消防给水。

第 8.4.2 条 下列建筑物可不设室内消防给水：

一、耐火等级为一、二级且可燃物较少的丁、戊类厂房和库房（高层工业建筑除外）；耐火等级为三、四级且建筑体积不超过 $3000m^3$ 的丁类厂房和建筑体积不超过 $5000m^3$ 的戊类厂房；

二、室内没有生产、生活给水管道，室外消防用水取自储水池且建筑体积不超过 $5000m^3$ 的建筑物。

第五节 室内消防用水量

第 8.5.1 条 建筑物内设有消火栓、自动喷水灭火设备时，其室内消防用水量应按需要同时开启的上述设备用水量之和计算。

室内消火栓用水量　　　　表 8.5.2

建筑物名称	高度、层数、体积或座位数	消火栓用水量（l/s）	同时使用水枪数量（支）	每支水枪最小流量（l/s）	每根竖管最小流量（l/s）
厂　房	高度≤24m、体积≤10000m³	5	2	2.5	5
	高度≤24m、体积>10000m³	10	2	5	10
	高度>24m 至 50m	25	5	5	15
	高度>50m	30	6	5	15
科研楼、试验楼	高度≤24m、体积≤10000m³	10	2	5	10
	高度≤24m、体积>10000m³	15	3	5	10
库　房	高度≤24、体积≤5000m³	5	1	5	5
	高度≤24m、体积>5000m³	10	2	5	10
	高度>24m 至 50m	30	6	5	15
	高度>50m	40	8	5	15
车站、码头、机场建筑物和展览馆等	5001～25000m³	10	2	5	10
	25001～50000m³	15	3	5	10
	>50000m³	20	4	5	15
商店、病房楼、教学楼等	5001～10000m³	5	2	2.5	5
	10001～25000m³	10	2	5	10
	>25000m³	15	3	5	10
剧院、电影院、俱乐部、礼堂、体育馆等	801～1200 个	10	2	5	10
	1201～5000 个	15	3	5	10
	5001～10000 个	20	4	5	15
	>10000 个	30	6	5	15
住　宅	7～9 层	5	2	2.5	5
其他建筑	≥6 层或体积≥10000m³	15	3	5	10
国家级文物保护单位的重点砖木、木结构的古建筑	体积≤10000m³	20	4	5	10
	体积>10000m³	25	5	5	15

注：①丁、戊类高层工业建筑室内消火栓的用水量可按本表减少 10l/s，同时使用水枪数量可按本表减少 2 支。

②增设消防水喉设备，可不计入消防用水量。

第 8.5.2 条　室内消火栓用水量应根据同时使用水枪数量和充实水柱长度，由计算决定，但不应小于表 8.5.2 的规定。

第 8.5.3 条　室内油浸电力变压器水喷雾灭火设备的用水量应按本规范第 8.2.4 条规定执行。

第 8.5.4 条　自动喷水灭火设备的水量应按现行的《自动喷水灭火系统设计规范》确定。

注：舞台上闭式自动喷水灭火设备与雨淋喷水灭火设备用水量可不按同时开启计算，但应按其中用水量较大者确定。

第六节　室内消防给水管道、室内消火栓和室内消防水箱

第 8.6.1 条　室内消防给水管道，应符合下列要求：

一、室内消火栓超过 10 个且室内消防用水量大于 15l/s 时，室内消防给水管道至少应有两条进水管与室外环状管网连接，并应将室内管道连成环状或将进水管与室外管道连成环状。当环状管网的一条进水管发生事故时，其余的进水管应仍能供应全部用水量。

注：①七至九层的单元住宅和不超过 8 户的通廊式住宅，其室内消防给水管道可为枝状，进水管可采用一条。

②进水管上设置的计量设备不应降低进水管的过水能力。

二、超过六层的塔式（采用双出口消火栓者除外）和通廊式住宅、超过五层或体积超过 10000m³ 的其他民用建筑、超过四层的厂房和库房，如室内消防竖管为两条或两条以上时，应至少每两根竖管相连组成环状管道。每条竖管直径应按最不利点消火栓出水，并根据本规范表 8.5.2 规定的流量确定。

三、高层工业建筑室内消防竖管应成环状，且管道的直径不应小于 100mm。

四、超过四层的厂房和库房、高层工业建筑、设有消防管网的住宅及超过五层的其他民用建筑，其室内消防管网应设消防水

泵接合器。距接合器15～40m内，应设室外消火栓或消防水池。接合器的数量，应按室内消防用水量计算确定，每个接合器的流量按10～15l/s计算。

五、室内消防给水管道应用阀门分成若干独立段，当某段损坏时，停止使用的消火栓在一层中不应超过5个。高层工业建筑室内消防给水管道上阀门的布置，应保证检修管道时关闭的竖管不超过一条，超过三条竖管时，可关闭两条。阀门应经常开启，并应有明显的启闭标志。

六、消防用水与其他用水合并的室内管道，当其他用水达到最大秒流量时，应仍能供应全部消防用水量。淋浴用水量可按计算用水量的15%计算，洗刷用水量可不计算在内。

七、当生产、生活用水量达到最大、且市政给水管道仍能满足室内外消防用水量时，室内消防泵进水管宜直接从市政管道取水。

八、室内消火栓给水管网与自动喷水灭火设备的管网，宜分开设置；如有困难，应在报警阀前分开设置。

九、严寒地区非采暖的厂房、库房的室内消火栓，可采用干式系统，但在进水管上应设快速启闭装置，管道最高处应设排气阀。

第8.6.2条 室内消火栓应符合下列要求：

一、设有消防给水的建筑物，其各层（无可燃物的设备层除外）均应设置消火栓；

二、室内消火栓的布置，应保证有两支水枪的充实水柱同时到达室内任何部位。建筑高度小于或等于24m时，且体积小于或等于5000m^{3}的库房，可采用1支水枪充实水柱到达室内任何部位。水枪的充实水柱长度应由计算确定，一般不应小于7m，但甲、乙类厂房、超过六层的民用建筑、超过四层的厂房和库房内，不应小于10m；高层工业建筑、高架库房内，水枪的充实水柱不应小于13m水柱；

三、室内消火栓栓口处的静水压力应不超过80m水柱，如超过80m水柱时，应采用分区给水系统。消火栓栓口处的出水压力超过50m水柱时，应有减压设施；

四、消防电梯前室应设室内消火栓；

五、室内消火栓应设在明显易于取用地点。栓口离地面高度为1.1m，其出水方向宜向下或与设置消火栓的墙面成90°角；

六、冷库的室内消火栓应设在常温穿堂或楼梯间内；

七、室内消火栓的间距应由计算确定。高层工业建筑，高架库房，甲、乙类厂房，室内消火栓的间距不应超过30m；其他单层和多层建筑室内消火栓的间距不应超过50m。

同一建筑物内应采用统一规格的消火栓、水枪和水带。每根水带的长度不应超过25m；

八、设有室内消火栓的建筑，如为平屋顶时，宜在平屋顶上设置试验和检查用的消火栓；

九、高层工业建筑和水箱不能满足最不利点消火栓水压要求的其他建筑，应在每个室内消火栓处设置直接启动消防水泵的按钮，并应有保护设施。

注：设有空气调节系统的旅馆、办公楼，以及超过1500个座位的剧院、会堂，其闷顶内安装有面灯部位的马道处，宜增设消防水喉设备。

第8.6.3条 设置常高压给水系统的建筑物，如能保证最不利点消火栓和自动喷水灭火设备等的水量和水压时，可不设消防水箱。

设置临时高压给水系统的建筑物，应设消防水箱或气压水罐、水塔，并应符合下列要求：

一、应在建筑物的最高部位设置重力自流的消防水箱；

二、室内消防水箱（包括气压水罐、水塔、分区给水系统的分区水箱），应储存10min的消防用水量。当室内消防用水量不超过25l/s，经计算水箱消防储水量超过12m^{3}时，仍可采用12m^3；当室内消防用水量超过25l/s，经计算水箱消防储水量超过18m^3，仍

可采用 $18m^3$；

三、消防用水与其他用水合并的水箱，应有消防用水不作他用的技术设施；

四、发生火灾后由消防水泵供给的消防用水，不应进入消防水箱。

第七节　灭火设备

第 8.7.1 条　下列部位应设置闭式自动喷水灭火设备：

一、等于或大于 50000 纱锭的棉纺厂的开包、清花车间；等于或大于 5000 锭的麻纺厂的分级、梳麻车间；服装、针织高层厂房；面积超过 $1500m^2$ 的木器厂房；火柴厂的烤梗、筛选部位；泡沫塑料厂的预发、成型、切片、压花部位；

二、每座占地面积超过 $1000m^2$ 的棉、毛、丝、麻、化纤、毛皮及其制品库房；每座占地面积超过 $600m^2$ 的火柴库房；建筑面积超过 $500m^2$ 的可燃物品的地下库房；可燃、难燃物品的高架库房和高层库房（冷库、高层卷烟成品库房除外）；省级以上或藏书量超过 100 万册图书馆的书库；

三、超过 1500 个座位的剧院观众厅、舞台上部（屋顶采用金属构件时）、化妆室、道具室、储藏室、贵宾室；超过 2000 个座位的会堂或礼堂的观念厅、舞台上部、储藏室、贵宾室；超过 3000 个座位的体育馆、观众厅的吊顶上部、贵宾室、器材间、运动员休息室；

四、省级邮政楼的邮袋库；

五、每层面积超过 $3000m^2$ 或建筑面积超过 $9000m^2$ 的百货商场、展览大厅；

六、设有空气调节系统的旅馆和综合办公楼内的走道、办公室、餐厅、商店、库房和无楼层服务员的客房；

七、飞机发动机试验台的准备部位；

八、国家级文物保护单位的重点砖木或木结构建筑。

第 8.7.2 条　下列部位应设水幕设备：

一、超过 1500 个座位的剧院和超过 2000 个座位的会堂、礼堂的舞台口，以及与舞台相连的侧台、后台的门窗洞口；

二、应设防火墙等防火分隔物而无法设置的开口部位；

三、防火卷帘或防火幕的上部。

第 8.7.3 条　下列部分应设雨淋喷水灭火设备：

一、火柴厂的氯酸钾压碾厂房，建筑面积超过 $100m^2$ 生产、使用硝化棉、喷漆棉、火胶棉、赛璐珞胶片、硝化纤维的厂房；

二、建筑面积超过 $60m^2$ 或储存量超过 2t 的硝化棉、喷漆棉、火胶棉、赛璐珞胶片、硝化纤维库房；

三、日装瓶数量超过 3000 瓶的液化石油气储配站的灌瓶间、实瓶库；

四、超过 1500 个座位的剧院和超过 2000 个座位的会堂舞台的葡萄架下部；

五、建筑面积超过 $400m^2$ 的演播室，建筑面积超过 $500m^2$ 的电影摄影棚；

六、乒乓球厂的轧坯、切片、磨球、分球检验部位。

第 8.7.4 条　下列部位应设置水喷雾灭火系统：

一、单台容量在 40MW 及以上的厂矿企业可燃油油浸电力变压器、单台容量在 90MW 及以上可燃油油浸电厂电力变压器或单台容量在 125MW 及以上的独立变电所可燃油油浸电力变压器；

注：①当设置在缺水或严寒地区时，应采用其他灭火系统；

②当设置在室（洞）内时，亦可采用二氧化碳等气体灭火系统。

二、飞机发动机试车台的试车部位。

第 8.7.5 条　下列部位应设置气体灭火系统：

一、省级或超过 100 万人口城市广播电视发射塔楼内的微波机房、分米波机房、米波机房、变配电室和不间断电源（UPS）室；

二、国际电信局、大区中心、省中心和一万路以上的地区中心的长途程控交换机房、控制室和信令转接点室；

三、二万线以上的市话汇接局和六万门以上的市话端局程控交换机房、控制室和信令转接点室；

四、中央及省级治安、防灾和网局级及以上的电力等调度指挥中心的通信机房和控制室；

五、主机房的建筑面积不小于 140m² 的电子计算机房中的主机房和基本工作间的已记录磁（纸）介质库；

六、其他特殊重要设备室。

注：当有备用主机和备用已记录磁（纸）介质，且设置在不同建筑内或同一建筑内的不同防火分区内时，本条第五款规定的部位亦可采用预作用自动喷水灭火系统。

第 8.7.5A 条 下列部位应设置二氧化碳等气体灭火系统，但不得采用卤代烷 1211、1301 灭火系统：

一、省级或藏书量超过 100 万册的图书馆的特藏库；

二、中央和省级的档案馆中的珍藏库和非纸质档案库；

三、大、中型博物馆中的珍品库房；

四、一级纸绢质文物的陈列室；

五、中央和省级广播电视中心内，建筑面积不小于 120m² 的音像制品库房。

第 8.7.6 条 下列部位宜设蒸汽灭火系统：

一、使用蒸汽的甲、乙类厂房和操作温度等于或超过本身自燃点的丙类液体厂房；

二、单台锅炉蒸发量超过 2t/h 的燃油、燃气锅炉房；

三、火柴厂的火柴生产联合机部位；

四、有条件并适用蒸汽灭火系统设置的场所。

第 8.7.7 条 建筑灭火器配置应按现行国家标准《建筑灭火器配置设计规范》的有关规定执行。

第八节 消防水泵房

第 8.8.1 条 消防水泵房应采用一、二级耐火等级的建筑。附设在建筑内的消防水泵房。应用耐火极限不低于 1h 的非燃烧体墙和楼板与其他部位隔开。

消防水泵房应设直通室外的出口。设在楼层上的消防水泵房应靠近安全出口。

第 8.8.2 条 一组消防水泵的吸水管不应少于两条。当其中一条损坏时，其余的吸水管应仍能通过全部用水量。

高压和临时高压消防给水系统，其每台工作消防水泵应有独立的吸水管。

消防水泵宜采用自灌式引水。

第 8.8.3 条 消防水泵房应有不少于两条的出水管直接与环状管网连接。当其中一条出水管检修时，其余的出水管应仍能供应全部用水量。

注：出水管上宜设检查用的放水阀门。

第 8.8.4 条 固定消防水泵应设有备用泵，其工作能力不应小于一台主要泵。但符合下列条件之一时，可不设备用泵：

一、室外消防用水量不超过 25l/s 的工厂、仓库；

二、七层至九层的单元式住宅。

第 8.8.5 条 消防水泵应保证在火警后 5min 内开始工作，并在火场断电时仍能正常运转。

设有备用泵的消防泵站或泵房，应设备用动力，若采用双电源或双回路供电有困难时，可采用内燃机作动力。

消防水泵与动力机械应直接连接。

第 8.8.6 条 消防水泵房宜设有与本单位消防队直接联络的通讯设备。

第九章　采暖、通风和空气调节

第一节　一般规定

第 9.1.1 条　甲、乙类厂房中的空气，不应循环使用。丙类生产厂房中的空气，如含有燃烧危险的粉尘、纤维，应经过处理后，再循环使用。

第 9.1.2 条　甲、乙类厂房用的送风设备和排风设备不应布置在同一通风机房内，且排风设备不应和其他房间的送、排风设备布置在同一通风机房内。

第 9.1.3 条　民用建筑内存有容易起火或爆炸物质的单独房间，如设有排风系统时，其排风系统应独立设置。

第 9.1.4 条　排除含有比空气轻的可燃气体与空气的混合物时，其排风水平管全长应顺气流方向的向上坡度敷设。

第 9.1.5 条　可燃气体管道和甲、乙、丙类液体管道不应穿过通风管道和通风机房，也不应沿风管的外壁敷设。

第二节　采　　暖

第 9.2.1 条　在散发可燃粉尘、纤维的厂房内，散热器采暖的热媒温度不应过高，热水采暖不应超过 130℃。蒸汽采暖不应超过 110℃，但输煤廊的蒸汽采暖可增至 130℃。

甲、乙类厂房严禁采用明火采暖。

第 9.2.2 条　下列厂房应采用不循环使用的热风采暖：

一、生产过程中散发的可燃气体、蒸气、粉尘与采暖管道，散热器表面接触能引起燃烧的厂房；

二、生产过程中散发的粉尘受到水、水蒸汽的作用能引起自燃、爆炸以及受到水、水蒸汽的作用能产生爆炸性气体的厂房。

第 9.2.3 条　房间内有与采暖管道接触能引起燃烧爆炸的气体、蒸汽或粉尘时，不应穿过采暖管道，如必须穿过时，应用非燃烧材料隔热。

第 9.2.4 条　温度不超过 100℃的采暖管道如通过可燃构件时，应与可燃构件保持不小于 5cm 的距离，温度超过 100℃的采暖管道，应保持不小于 10cm 的距离或采用非燃烧材料隔热。

第 9.2.5 条　甲、乙类的厂房、库房。高层工业建筑以及影剧院、体育馆等公共建筑的采暖管道和设备，其保温材料应采用非燃烧材料。

第三节　通风和空气调节

第 9.3.1 条　空气中含有容易起火或爆炸危险物质的房间，其送、排风系统应采用防爆型的通风设备。送风机如设在单独隔开的通风机房内且送风干管上设有止回阀门，可采用普通型的通风设备。

第 9.3.2 条　排除有燃烧和爆炸危险的粉尘的空气，在进入排风机前应进行净化。对于空气中含有容易爆炸的铝、镁等粉尘，应采用不产生火花的除尘器；如粉尘与水接触能形成爆炸性混合物，不应采用湿式除尘器。

第 9.3.3 条　有爆炸危险的粉尘的排风机、除尘器，宜分组布置，并应与其他一般风机、除尘器分开设置。

第 9.3.4 条　净化有爆炸危险的粉尘的干式除尘器和过滤器，宜布置在生产厂房之外的独立建筑内，且与所属厂房的防火间距不应小于 10m。但符合下列条件之一的干式除尘器和过滤器，可布置在生产厂房的单独间内：

一、有连续清灰设备；

二、风量不超过 15000m³/h、且集尘斗的储尘量小于 60kg 的定期清灰的除尘器和过滤器。

第 9.3.5 条　有爆炸危险的粉尘和碎屑的除尘器、过滤器、管道，均应按现行的国家标准《采暖通风与空气调节设计规范》的有关规定设置泄压装置。

净化有爆炸危险的粉尘的干式除尘器和过滤器，应布置在系统的负压段上。

第 9.3.6 条 排除、输送有燃烧或爆炸危险的气体、蒸气和粉尘的排风系统，应设有导除静电的接地装置，其排风设备不应布置在建筑物的地下室、半地下室内。

第 9.3.7 条 甲、乙、丙类生产厂房的送、排风道宜分层设置，但进入生产厂房的水平或垂直送风管设有防火阀时，各层的水平或垂直送风管可合用一个送风系统。

第 9.3.8 条 排除有爆炸或燃烧危险的气体、蒸汽和粉尘的排风管不应暗设，并应直接通到室外的安全处。

第 9.3.9 条 排除和输送温度超过 80℃的空气或其他气体以及容易起火的碎屑的管道与燃烧或难燃构件之间的填塞物，应用非燃烧的隔热材料。

第 9.3.10 条 下列情况之一的通风、空气调节系统的送、回风管，应设防火阀：

一、送、回风总管穿过机房的隔墙和楼板处；

二、通过贵重设备或火灾危险性大的房间隔墙和楼板处的送、回风管道；

三、多层建筑和高层工业建筑的每层送、回风水平风管与垂直总管的交接处的水平管段上。

注：多层建筑和高层工业建筑各层的每个防火分区，当其通风、空气调节系统均系独立设置时，则被保护防火分区内的送、回风水平风管与总管的交接处可不设防火阀。

第 9.3.11 条 防火阀的易熔片或其他感温、感烟等控制设备一经作用，应能顺气流方向自行严密关闭，并应设有单独支吊架等防止风管变形而影响关闭的措施。

易熔片及其他感温元件应装在容易感温的部位，其作用温度应较通风系统在正常工作时的最高温度约高 25℃，一般可采用 72℃。

第 9.3.12 条 通风、空气调节系统的风管应采用不燃烧材料制作，但接触腐蚀性介质的风管和柔性接头，可采用难燃烧材料制作。

公共建筑的厨房、浴室、厕所的机械或自然垂直排风管道，应设有防止回流设施。

第 9.3.13 条 风管和设备的保温材料、消声材料及其粘结剂，应采用非燃烧材料或难燃烧材料。

风管内设有电加热器时，电加热器的开关与通风机开关应连锁控制。电加热器前后各 80cm 范围内的风管和穿过设有火源等容易起火房间的风管，均应采用非燃烧保温材料。

第 9.3.14 条 通风管道不宜穿过防火墙和非燃烧体楼板等防火分隔物。如必须穿过时，应在穿过处设防火阀。穿过防火墙两侧各 2m 范围内的风管保温材料应采用非燃烧材料，穿过处的空隙应用非燃烧材料填塞。

注：有爆炸危险的厂房，其排风管道不应穿过防火墙和车间隔墙。

第十章　电　　气

第一节　消防电源及其配电

第 10.1.1 条　建筑物、储罐、堆场的消防用电设备，其电源应符合下列要求：

一、建筑高度超过 50m 的乙、丙类厂房和丙类库房，其消防用电设备应按一级负荷供电；

二、下列建筑物、储罐和堆场的消防用电，应按二级负荷供电：

1. 室外消防用水量超过 30l/s 的工厂、仓库；

2. 室外消防用水量超过 35l/s 的易燃材料堆场、甲类和乙类液体储罐或储罐区、可燃气体储罐或储罐区；

3. 超过 1500 个座位的影剧院、超过 3000 个座位的体育馆、每层面积超过 $3000m^2$ 的百货楼、展览楼和室外消防用水量超过 25l/s 的其他公共建筑。

三、按一级负荷供电的建筑物，当供电不能满足要求时，应设自备发电设备；

四、除一、二款外的民用建筑物、储罐（区）和露天堆场等的消防用电设备，可采用三级负荷供电。

第 10.1.2 条　火灾事故照明和疏散指示标志可采用蓄电池作备用电源，但连续供电时间不应少于 20min。

第 10.1.3 条　消防用电设备应采用单独的供电回路，并当发生火灾切断生产、生活用电时，应仍能保证消防用电，其配电设备应有明显标志。

第 10.1.4 条　消防用电设备的配电线路应穿管保护。当暗敷时应敷设在非燃烧体结构内，其保护层厚度不应小于 3cm，明敷时必须穿金属管，并采取防火保护措施。采用绝缘和护套为非延燃性材料的电缆时，可不采取穿金属管保护，但应敷设在电缆井沟内。

第二节　输配电线路、灯具、火灾事故照明和疏散指示标志

第 10.2.1 条　甲类厂房、库房，易燃材料堆垛，甲、乙类液体储罐、液化石油气储罐，可燃、助燃气体储罐与电力架空线的最近水平距离不应小于电杆（塔）高度的 1.5 倍，丙类液体储罐不应小于 1.2 倍。但 35kV 以上的电力架空线与储量超过 $200\ m^3$ 的液化石油气单罐的水平距离不应小于 40m。

第 10.2.2 条　电力电缆不应和输送甲、乙、丙类液体管道、可燃气体管道、热力管道敷设在同一管沟内。

配电线路不得穿越风管内腔或敷设在风管外壁上，穿金属管保护的配电线路可紧贴风管外壁敷设。

第 10.2.3 条　闷顶内有可燃物时，其配电线路应采取穿金属管保护。

第 10.2.4 条　照明器表面的高温部位靠近可燃物时，应采取隔热、散热等防火保护措施。

卤钨灯和额定功率为 100W 及 100W 以上的白炽灯泡的吸顶灯、槽灯、嵌入式灯的引入线应采用瓷管、石棉、玻璃丝等非燃烧材料作隔热保护。

第 10.2.5 条　超过 60W 的白炽灯、卤钨灯、荧光高压汞灯（包括镇流器）等不应直接安装在可燃装修或可燃构件上。

可燃物品库房不应设置卤钨灯等高温照明器。

第 10.2.6 条　公共建筑和乙、丙类高层厂房的下列部位，应设火灾事故照明：

一、封闭楼梯间、防烟楼梯间及其前室，消防电梯前室；

二、消防控制室、自动发电机房、消防水泵房；

三、观众厅，每层面积超过 $1500m^2$ 的展览厅、营业厅，建筑

面积超过 $200m^2$ 的演播室，人员密集且建筑面积超过 $300m^2$ 的地下室；

四、按规定应设封闭楼梯间或防烟楼梯间建筑的疏散走道。

第 10.2.7 条 疏散用的事故照明，其最低照度不应低于 0.5lx。消防控制室，消防水泵房，自备发电机房的照明支线，应接在消防配电线路上。

第 10.2.8 条 影剧院、体育馆、多功能礼堂、医院的病房等，其疏散走道和疏散门，均宜设置灯光疏散指示标志。

第 10.2.9 条 事故照明灯宜设在墙面或顶棚上。

疏散指示标志宜放在太平门的顶部或疏散走道及其转角处距地面高度一米以下的墙面上，走道上的指示标志间距不宜大于 20m。

事故照明灯和疏散指示标志，应设玻璃或其他非燃烧材料制作的保护罩。

第 10.2.10 条 爆炸和火灾危险环境电力装置的设计，应按现行的国家标准《爆炸和火灾危险环境电力装置设计规范》的有关规定执行。

第三节 火灾自动报警装置和消防控制室

第 10.3.1 条 建筑物的下列部位应设火灾自动报警装置：

一、大中型电子计算机房，特殊贵重的机器、仪表、仪器设备室、贵重物品库房，每座占地面积超过 $1000m^2$ 的棉、毛、丝、麻、化纤及其织物库房，设有卤代烷、二氧化碳等固定灭火装置的其他房间，广播、电信楼的重要机房，火灾危险性大的重要实验室；

二、图书、文物珍藏库，每座藏书超过 100 万册的书库，重要的档案、资料库，占地面积超过 $500m^2$ 或总建筑面积超过 $1000m^2$ 的卷烟库房；

三、超过 3000 个座位的体育馆观众厅，有可燃物的吊顶内及其电信设备室，每层建筑面积超过 $3000m^2$ 的百货楼、展览楼和高级旅馆等。

注：设有火灾自动报警装置的建筑，应在适当部位增设手动报警装置。

第 10.3.2 条 散发可燃气体、可燃蒸汽的甲类厂房和场所，应设置可燃气体浓度检漏报警装置。

第 10.3.3 条 设有火灾自动报警装置和自动灭火装置的建筑，宜设消防控制室。

独立设置的消防控制室，其耐火等级不应低于二级。附设在建筑物内的消防控制室，宜设在建筑物内的底层或地下一层，应采用耐火极限分别不低于 3h 的隔墙和 2h 的楼板，并与其他部位隔开和设置直通室外的安全出口。

第 10.3.4 条 消防控制室应有下列功能：

一、接受火灾报警，发出火灾的声、光信号，事故广播和安全疏散指令等；

二、控制消防水泵，固定灭火装置，通风空调系统，电动的防火门、阀门、防火卷帘、防烟排烟设施；

三、显示电源、消防电梯运行情况等。

附录一 名词解释

名词	曾用名词	说明
耐火极限		对任一建筑构件按时间—温度标准曲线进行耐火试验，从受到火的作用时起，到失去支持能力或完整性被破坏或失去隔火作用时为止的这段时间，用小时表示
非燃烧体		用非燃烧材料做成的构件。非燃烧材料系指在空气中受到火烧或高温作用时不起火、不微燃、不炭化的材料。如建筑中采用的金属材料和天然或人工的无机矿物材料
难燃烧体		用难燃烧材料做成的构件或用燃烧材料做成而用非燃烧材料做保护层的构件。难燃烧材料系指在空气中受到火烧或高温作用时难起火、难微燃、难炭化，当火源移走后燃烧或微燃立即停止的材料。如沥青混凝土，经过防火处理的木材，用有机物填充的混凝土和水泥刨花板等
燃烧体		用燃烧材料做成的构件。燃烧材料系指在空气中受到火烧或高温作用时立即起火或微燃，且火源移走后仍继续燃烧或微燃的材料。如木材等
闪点		液体挥发的蒸气与空气形成混合物遇火源能够闪燃的最低温度（采用闭杯法测定）
爆炸下限		可燃蒸汽、气体或粉尘与空气组成的混合物遇火源即能发生爆炸的最低浓度（可燃蒸汽、气体的浓度，按体积比计算）
甲类液体	易燃液体	闪点＜28℃的液体
乙类液体	可燃液体	闪点≥28℃至＜60℃的液体
丙类液体	可燃液体	闪点≥60℃的液体
沸溢性油品		含水率在0.3%～4.0%的原油、渣油、重油等
甲级防火门		耐火极限不低于1.2h的防火门
乙级防火门		耐火极限不低于0.9h的防火门

续表

名词	曾用名词	说明
丙级防火门		耐火极限不低于0.6h的防火门
地下室		房间地坪面低于室外地坪面的高度超过该房间净高一半者
半地下室		房间地坪面低于室外地坪面高度超过该房间净高1/3，且不超过1/2者
高层工业建筑		高度超过24m的两层及两层以上的厂房、库房
高架仓库		货架高度超过7m的机械化操作或自动化控制的货架库房
重要的公共建筑		性质重要、人员密集、发生火灾后损失大、影响大、伤亡大的公共建筑物。如省、市级以上的机关办公楼，电子计算机中心，通讯中心以及体育馆、影剧院、百货楼等
商业服务网点		建筑面积不超过300m²的百货店、副食店及粮店、邮政所、储蓄所、饮食店、理发店、小修门市部等公共服务用房
明火地点		室内外有外露火焰或赤热表面的固定地点
散发火花地点		有飞火的烟囱或室外的砂轮、电焊、气焊（割）、非防爆的电气开关等固定地点
厂外铁路线		工厂（或分厂）、仓库区域外与全国铁路网，其他企业或原料基地衔接的铁路
厂内铁路线		工厂（或分厂）、仓库内部的铁路走行线、码头线、货场装卸线以及露天采矿场、储木场等地区内的永久铁路
地下液体储罐		罐内最高液面低于附近地面（距储罐4m范围内的地面）最低标高0.2m者
半地下液体储罐		罐底埋入地下深度不小于罐高的一半，且罐内的液面不高于附近地面（距储罐4m范围内的地面）最低标高2m者
零位罐		用作自流卸放槽车内液体的缓冲罐
安全出口		凡符合本规范规定的疏散楼梯或直通室外地平面的门
闷顶		吊顶与屋面板或上部楼板之间的空间

续表

名词	曾用名词	说明
封闭楼梯间		设有能阻挡烟气的双向弹簧门的楼梯间。高层工业建筑的封闭楼梯间的门应为乙级防火门
防烟楼梯间		在楼梯间入口处设有前室（面积不小于 6m²，并设有防排烟设施）或设专供排烟用的阳台、凹廊等，且通向前室和楼梯间的门均为乙级防火门的楼梯间
天桥		主要供人员通行的架空桥
栈桥		主要用于输送物料的架空桥
充实水柱		由水枪喷嘴起到射流 90%水柱水量穿过直径 38cm 圆圈处的一段射流长度
防火水幕带		能起防火分隔作用的水幕，其有效宽度不应小于 6m，供水强度不应小于 2l/s·m，喷头布置不应少于 3 排，且在其上部和下部不应有可燃构件和可燃物
消防水喉		装在消防竖管上带小水枪及消防胶管卷盘的灭火设备
消防用电设备		一般包括消防水泵、消防电梯、防烟排烟设备、火灾自动报警、自动灭火装置、火灾事故照明、疏散指示标志和电动的防火门、卷帘、阀门及消防控制室的各种控制装置等的用电设备

附录二　建筑构件的燃烧性能和耐火极限

序号	构件名称	结构厚度或截面最小尺寸(cm)	耐火极限(h)	燃烧性能
一	承重墙			
1	普通粘土砖、硅酸盐砖，混凝土、钢筋混凝土实心墙	12.0	2.50	非燃烧体
		18.0	3.50	非燃烧体
		24.0	5.50	非燃烧体
		37.0	10.50	非燃烧体
2	加气混凝土砌块墙	10.0	2.00	非燃烧体
3	轻质混凝土砌块、天然石料的墙	12.0	1.50	非燃烧体
		24.0	3.50	非燃烧体
		37.0	5.50	非燃烧体
二	非承重墙			
1	普通粘土砖墙			
	(1) 不包括双面抹灰	6.0	1.50	非燃烧体
	(2) 不包括双面抹灰	12.0	3.00	非燃烧体
	(3) 包括双面抹灰	18.0	5.00	非燃烧体
	(4) 包括双面抹灰	24.0	8.00	非燃烧体
2	粘土空心砖墙			
	(1) 七孔砖墙（不包括墙中空 12cm）	12.0	8.00	非燃烧体
	(2) 双面抹灰七孔粘土砖墙（不包括墙中空 12cm）	14.0	9.00	非燃烧体
3	粉煤灰硅酸盐砌块墙	20.0	4.00	非燃烧体
4	轻质混凝土墙			
	(1) 加气混凝土砌块墙	7.5	2.50	非燃烧体
	(2) 钢筋加气混凝土垂直墙板墙	15.0	3.00	非燃烧体
	(3) 粉煤灰加气混凝土砌块墙	10.0	3.40	非燃烧体

续表

序号	构件名称	结构厚度或截面最小尺寸(cm)	耐火极限(h)	燃烧性能
4	(4) 加气混凝土砌块墙	10.0	6.00	非燃烧体
		20.0	8.00	非燃烧体
	(5) 充气混凝土砌块墙	15.0	7.50	非燃烧体
5	木龙骨两面钉下列材料的隔墙 (1) 钢丝网(板)抹灰，其构造、厚度(cm)为： 1.5+5(空)+1.5	—	0.85	难燃烧体
	(2) 石膏板，其构造厚度为： 1.2+5(空)+1.2	—	0.30	难燃烧体
	(3) 板条抹灰，其构造厚度为： 1.5+5(空)+1.5	—	0.85	难燃烧体
	(4) 水泥刨花板，其构造厚度为： 1.5+5(空)+1.5	—	0.30	难燃烧体
	(5) 板条抹隔热灰浆，其构造厚度为： 2+5(空)+2	—	1.25	难燃烧体
	(6) 苇箔抹灰，其构造厚度为： 1.5+7+1.5	—	0.85	难燃烧体
6	轻质复合隔墙 (1) 菱苦土板夹纸蜂窝隔墙，其构造厚度(cm)为： 0.25+5(纸蜂窝)+2.5	— —	0.33	难燃烧体
	(2) 水泥刨花复合板隔墙，总厚度8cm(内空层6cm)	—	0.75	难燃烧体
	(3) 水泥刨花板龙骨水泥板隔墙，其构造厚度为： 1.2+8.6(空)+1.2	—	0.50	难燃烧体
	(4) 钢龙骨水泥刨花板隔墙，其构造厚度为： 1.2+7.6(空)+1.2	—	0.45	难燃烧体

续表

序号	构件名称	结构厚度或截面最小尺寸(cm)	耐火极限(h)	燃烧性能
6	(5) 钢龙骨石棉水泥板隔墙，其构造厚度为： 1.2+7.5(空)+0.6	—	0.30	难燃烧体
	(6) 石棉水泥龙骨石棉水泥板隔墙，其构造厚度为： 0.5+8(空)+6	—	0.45	非燃烧体
7	石膏板隔墙 (1) 钢龙骨纸面石膏板，其构造厚度(cm)为： 1.2+4.6(空)+1.2		0.33	非燃烧体
	2×1.2+7(空)+3×1.2	—	1.25	非燃烧体
	2×1.2(填矿棉)+2×1.2		1.20	非燃烧体
	(2) 钢龙骨双层普通石膏板隔墙，其构造厚度为： 2×1.2+7.5(空)+2×1.2	—	1.10	非燃烧体
	(3) 钢龙骨双层防火石膏板隔墙，其构造厚度为： 2×1.2+7.5(空)+2×1.2	—	1.50	非燃烧体
	(4) 钢龙骨双层防火石膏隔板隔墙，其构造厚度为： 2×1.2+7.5(岩棉4cm)+2×1.2	—	1.50	非燃烧体
	(5) 钢龙骨复合纸面石膏板隔墙，其构造厚度为： 1.5+7.5(空)+0.15+0.95	—	1.10	非燃烧体
	(6) 钢龙骨石膏板隔墙，其构造厚度为： 1.2+9(空)+1.2	—	1.20	非燃烧体
	(7) 钢龙骨双层石膏板隔墙，其构造厚度为： 2×1.2+7.5(填岩棉)+1.2×2	—	2.10	非燃烧体

续表

序号	构 件 名 称	结构厚度或截面最小尺寸（cm）	耐火极限（h）	燃烧性能
7	（8）钢龙骨单层石膏板隔墙，其构造厚度为：			
	1.2×7.5（填 5cm 岩棉）+1.2	—	1.20	非燃烧体
	（9）钢龙骨单层石膏板隔墙，其构造厚度为：			
	1.2+7.5（空）+1.2	—	0.50	非燃烧体
	（10）钢龙骨双层石膏板隔墙，其构造厚度为：			
	2×1.2+7.5（空）+2×1.2	—	1.35	非燃烧体
	（11）钢龙骨双层石膏板隔墙，其构造厚度为：			
	1.8+7（空）+1.8	—	1.35	非燃烧体
	（12）石膏龙骨纤维石膏板隔墙，其构造厚度为：			
	0.85+10.3（填矿棉）+0.85	—	11	非燃烧体
	1+6.4（空）+1	—	1.35	非燃烧体
	（13）石膏龙骨纸面石膏板隔墙，其构造厚度为：			
	1.1+2.8（空）+1.1+6.5（空）+1.1+2.8+1.1	—	1.50	非燃烧体
	0.9+1.2+12.8（空）+1.2+0.9	—	1.20	非燃烧体
	2.5+13.4（空）+1.20.0）		1.50	非燃烧体
	（14）石膏龙骨纸面石膏板隔墙，其构造厚度为：			
	1.2+8（空）+1.2+8（空）+1.2	—	1.00	非燃烧体
	1.2+8（空）+1.2	—	0.33	非燃烧体
	（15）钢龙骨复合纸面石膏板隔墙，其构造厚度为：			
	1.0+5.5（空）+1.0	—	0.60	非燃烧体
	（16）石膏珍珠岩空心条板隔墙（容重 50～80kg/m²）	6.0	1.50	非燃烧体

续表

序号	构 件 名 称	结构厚度或截面最小尺寸（cm）	耐火极限（h）	燃烧性能
7	（17）石膏珍珠岩空心条板隔墙（容重 60～120kg/m²）	6.0	1.20	非燃烧体
	（18）石膏珍珠岩塑料网空心条板隔墙（珍珠岩容重 60～120kg/m²）	6.0	1.30	非燃烧体
	（19）石膏珍珠岩空心条板隔墙	9.0	2.20	非燃烧体
	（20）石膏粉煤灰空心条板隔墙	9.0	2.25	非燃烧体
	（21）石膏珍珠岩双层空心条板隔墙，其构造厚度为：			
	6+5（空）+6	—	3.25	非燃烧体
8	碳化石灰圆孔空心条板隔墙	9.0	1.75	非燃烧体
9	菱苦土珍珠岩圆孔空心条板隔墙	8.0	1.30	非燃烧体
10	钢筋混凝土大板墙（C20 混凝土）	6.0	1.00	非燃烧体
		12.0	2.60	非燃烧体
三	柱			
1	钢筋混凝土柱	18×24	1.20	非燃烧体
		20×20	1.40	非燃烧体
		24×24	2.00	非燃烧体
		30×30	3.00	非燃烧体
		20×40	2.70	非燃烧体
		20×50	3.00	非燃烧体
		30×50	3.50	非燃烧体
		37×37	5.00	非燃烧体
2	普通粘土柱	37×37	5.00	非燃烧体
3	钢筋混凝土圆柱	直径 30	3.00	非燃烧体
		直径 45	4.00	非燃烧体
4	无保护层的钢柱	—	0.25	非燃烧体

续表

序号	构件名称	结构厚度或截面最小尺寸 (cm)	耐火极限 (h)	燃烧性能
5	有保护层的钢柱			
	(1) 金属网抹 M5 砂浆保护	2.5	0.80	非燃烧体
	(2) 用加气混凝土作保护层	5.0	1.35	非燃烧体
		4.0	1.00	非燃烧体
		5.0	1.40	非燃烧体
		7.0	2.00	非燃烧体
		8.0	2.33	非燃烧体
	(3) 用 C20 混凝土作保护层	2.5	0.80	非燃烧体
		5.0	2.00	非燃烧体
		10.0	2.85	非燃烧体
	(4) 用普通粘土砖作保护层	12.0	2.85	非燃烧体
	(5) 用陶粒混凝土作保护层	8.0	3.00	非燃烧体
四	梁			
1	简支的钢筋混凝土梁			
	(1) 非预应力钢筋，保护层厚度 (cm) 为：			
	1.0	—	1.20	非燃烧体
	2.0	—	1.75	非燃烧体
	2.5	—	2.00	非燃烧体
	3.0	—	2.30	非燃烧体
	4.0	—	2.90	非燃烧体
	5.0	—	3.50	非燃烧体
	(2) 预应力钢筋或高强度钢丝，保护层厚度 (cm) 为：			
	2.5	—	1.00	非燃烧体
	3.0	—	1.20	非燃烧体
	4.0	—	1.50	非燃烧体
	5.0	—	2.00	非燃烧体
	(3) 有保护层的钢梁，保护层厚度为：			
	用 LG 防火隔热涂料，保护层厚度 1.5cm	—	1.50	非燃烧体
	用 LY 防火隔热涂料，保护层厚度 2cm	—	2.30	非燃烧体

续表

序号	构件名称	结构厚度或截面最小尺寸 (cm)	耐火极限 (h)	燃烧性能
五	板和屋顶承重构件			
1	简支的钢筋混凝土圆孔空心楼板：			
	(1) 非预应力钢筋，保护层厚度 (cm) 为：			
	1.0	—	0.90	非燃烧体
	2.0	—	1.25	非燃烧体
	3.0	—	1.50	非燃烧体
	(2) 预应力钢筋混凝土圆孔楼板，保护层厚度 (cm) 为：			
	1.0	—	0.40	非燃烧体
	2.0	—	0.70	非燃烧体
	3.0	—	0.85	非燃烧体
2	四边简支的钢筋混凝土楼板，保护层厚度 (cm) 为：			
	1.0	7.0	1.40	非燃烧体
	1.5	8.0	1.45	非燃烧体
	2.0	8.0	1.50	非燃烧体
	3.0	9.0	1.85	非燃烧体
3	现浇的整体式梁板，保护层厚度 (cm) 为：			
	1.0	8.0	1.40	非燃烧体
	1.5	8.0	1.45	非燃烧体
	2.0	8.0	1.50	非燃烧体
	1.0	9.0	1.75	非燃烧体
	2.0	9.0	1.85	非燃烧体
	1.0	10.0	2.00	非燃烧体
	1.5	10.0	2.00	非燃烧体
	2.0	10.0	2.10	非燃烧体
	3.0	10.0	2.15	非燃烧体
	1.0	11.0	2.25	非燃烧体
	1.5	11.0	2.30	非燃烧体

续表

序号	构 件 名 称	结构厚度或截面最小尺寸(cm)	耐火极限(h)	燃烧性能
	2.0	11.0	2.30	非燃烧体
3	3.0	11.0	2.40	非燃烧体
	1.0	12.0	2.50	非燃烧体
	2.0	12.0	2.65	非燃烧体
	钢梁、钢屋架			
	(1) 无保护层的钢梁、屋架		0.25	非燃烧体
	(2) 钢丝网抹灰粉刷的钢梁，保护层厚度			
4	(cm) 为：			
	1.0	—	0.50	非燃烧体
	2.0	—	1.00	非燃烧体
	3.0	—	1.25	非燃烧体
	屋面板			
	(1) 钢筋加气混凝土屋面板，保护层厚度 1cm	—	1.25	非燃烧体
	(2) 钢筋充气混凝土屋面板，保护层厚度 1cm	—	1.60	非燃烧体
5	(3) 钢筋混凝土方孔屋面板，保护层厚度 1cm	—	1.20	非燃烧体
	(4) 预应力钢筋混凝土槽形屋面板，保护层厚度 1cm		0.50	非燃烧体
	(5) 预应力钢筋混凝土槽瓦，保护层厚度 1cm		0.50	非燃烧体
	(6) 轻型纤维石膏板屋面板		0.60	非燃烧体
六	吊 顶			
	木吊顶搁栅			
	(1) 钢丝网抹灰 (厚 1.5cm)		0.25	难燃烧体
1	(2) 板条抹灰 (厚 1.5cm)		0.25	难燃烧体
	(3)钢丝网抹灰(1∶4 水泥石棉浆,厚 2cm)		0.50	难燃烧体
	(4)板条抹灰(1∶4 水泥石棉灰浆,厚 2cm)		0.50	难燃烧体

续表

序号	构 件 名 称	结构厚度或截面最小尺寸(cm)	耐火极限(h)	燃烧性能
	(5) 钉氧化镁锯末复合板 (厚 1.3cm)		0.25	难燃烧体
	(6) 钉石膏装饰板 (厚 1cm)		0.25	难燃烧体
	(7) 钉平面石膏板 (厚 1.2cm)		0.30	难燃烧体
	(8) 钉纸面石膏板 (厚 0.95cm)		0.25	难燃烧体
1	(9) 钉双层石膏板 (各厚 0.8cm)		0.45	难燃烧体
	(10) 钉珍珠岩复合石膏板 (穿孔板和吸声板各厚 1.5cm)	—	0.30	难燃烧体
	(11) 钉矿棉吸声板 (厚 2cm)	—	0.15	难燃烧体
	(12) 钉硬质木屑板 (厚 1cm)	—	0.20	难燃烧体
	钢吊顶搁栅			
	(1) 钢丝网 (板) 抹灰 (厚 1.5cm)	—	0.25	非燃烧体
	(2) 钉石棉板 (厚 1cm)	—	0.85	非燃烧体
2	(3) 钉双层石膏板 (厚 1cm)	—	0.30	非燃烧体
	(4) 挂石棉型硅酸钙板 (厚 1cm)	—	0.30	非燃烧体
	(5) 挂薄钢板 (内填陶瓷棉复合板)，其构造厚度为：			
	0.05＋3.9 (陶瓷棉) ＋0.05	—	0.40	非燃烧体
七	防 火 门			
	木板内填充非燃烧材料的门			
	(1) 门扇内填充岩棉	4.1	0.60	难燃烧体
	(2) 门扇内填充硅酸铝纤维	4.1	0.60	难燃烧体
1	(3) 门扇内填充硅酸铝纤维	4.7	0.90	难燃烧体
	(4) 门扇内填充矿棉板	4.7	0.90	难燃烧体
	(5) 门扇内填充无机轻体板	4.7	0.90	难燃烧体

续表

序号	构件名称	结构厚度或截面最小尺寸(cm)	耐火极限(h)	燃烧性能
2	木板铁皮门			
	(1) 木板铁皮门，外包镀锌铁皮	4.1	1.20	难燃烧体
	(2) 双层木板，单面包石棉板，外包镀锌铁皮	4.6	1.60	难燃烧体
	(3) 双层木板，中间夹石棉板外包镀锌铁皮	4.5	1.50	难燃烧体
	(4) 双层木板，双层石棉板，外包镀锌铁皮	5.1	2.10	难燃烧体
3	骨架填充门			
	(1) 木骨架，内填矿棉，外包镀锌铁皮	5.0	0.90	难燃烧体
	(2) 薄壁型钢骨架、内填矿棉外包薄钢板	6.0	1.50	非燃烧体
4	型钢金属门			
	(1) 型钢门框，外包 1mm 厚的薄钢板，内填充硅酸铝纤维或岩棉	4.7	0.60	非燃烧体
	(2) 型钢门框，外包 1mm 厚的薄钢板，内填充硅酸钙和硅酸铝	4.6	1.20	非燃烧体
	(3) 型钢门框，外包 1mm 厚的薄钢板，内填充硅酸铝纤维	4.6	0.90	非燃烧体
	(4) 型钢门框，外包 1mm 厚的薄钢板，内填充硅酸铝纤维和岩棉	4.6	0.90	非燃烧体
	(5) 薄壁型钢骨架，外包薄钢板	6.0	0.60	非燃烧体
八	防　火　窗			
1	单层的钢窗或钢筋混凝土窗均装有用铁销销牢的铅丝玻璃	—	0.79	非燃烧体
2	同上，但用角铁加固窗扇上的铅丝玻璃	—	0.90	非燃烧体
3	双层钢窗装有用铁销销牢的铅丝玻璃	—	1.20	非燃烧体

注：①确定墙的耐火极限不考虑墙上有无洞孔。

②墙的总厚度包括抹灰粉刷层。

③中间尺寸的构件，其耐火极限可按插入法计算。

④计算保护层时，应包括抹灰粉刷层在内。

⑤现浇的无梁楼板按简支板的数据采用。

⑥人孔盖板的耐火极限可参照防火门确定。

附录三　生产的火灾危险性分类举例

生产类别	举　　例
甲	1. 闪点＜28℃的油品和有机溶剂的提炼、回收或洗涤部位及其泵房，橡胶制品的涂胶和胶浆部位，二硫化碳的粗馏、精馏工段及其应用部位，青霉素提炼部位，原料药厂的非纳西汀车间的烃化、回收及电感精馏部位，皂素车间的抽提、结晶及过滤部位，冰片精制部位，农药厂乐果厂房，敌敌畏的合成厂房、磺化法糖精厂房，氯乙醇厂房，环氧乙烷、环氧丙烷工段，苯酚厂房的磺化、蒸馏部位，焦化厂吡啶工段，胶片厂片基厂房，汽油加铅室，甲醇、乙醇、丙酮、丁酮异丙醇、醋酸乙酯、苯等的合成或精制厂房，集成电路工厂的化学清洗间（使用闪点＜28℃的液体），植物油加工厂的浸出厂房 2. 乙炔站，氢气站，石油气体分馏（或分离）厂房，氯乙烯厂房，乙烯聚合厂房，天然气、石油伴生气、矿井气、水煤气或焦炉煤气的净化（如脱硫）厂房压缩机室及鼓风机室，液化石油气灌瓶间，丁二烯及其聚合厂房，醋酸乙烯厂房，电解水或电解食盐厂房，环己酮厂房，乙基苯和苯乙烯厂房，化肥厂的氢氮气压缩厂房，半导体材料厂使用氢气的拉晶间，硅烷热分解室 3. 硝化棉厂房及其应用部位，赛璐珞厂房，黄磷制备厂房及其应用部位，三乙基铝厂房，染化厂某些能自行分解的重氮化合物生产，甲胺厂房，丙烯腈厂房。 4. 金属钠、钾加工厂房及其应用部位，聚乙烯厂房的一氯二乙基铝部位、三氯化磷厂房，多晶硅车间三氯氢硅部位，五氧化磷厂房 5. 氯酸钠、氯酸钾厂房及其应用部位，过氧化氢厂房，过氧化钠、过氧化钾厂房，次氯酸钙厂房 6. 赤磷制备厂房及其应用部位，五硫化二磷厂房及其应用部位 7. 洗涤剂厂房石蜡裂解部位，冰醋酸裂解厂房
乙	1. 闪点≥28℃至＜60℃的油品和有机溶剂的提炼、回收、洗涤部位及其泵房，松节油或松香蒸馏厂房及其应用部位，醋酸酐精馏厂房，己内酰胺厂房，甲酚厂房，氯丙醇厂房，樟脑油提取部位，环氧氯丙烷厂房，松针油精制部位，煤油灌桶间 2. 一氧化碳压缩机室及净化部位，发生炉煤气或鼓风炉煤气净化部位，氨压缩机房

续表

生产类别	举　　例
乙	3. 发烟硫酸或发烟硝酸浓缩部位，高锰酸钾厂房，重铬酸钠（红钒钠）厂房 4. 樟脑或松香提炼厂房，硫磺回收厂房，焦化厂精萘厂房 5. 氧气站，空分厂房 6. 铝粉或镁粉厂房，金属制品抛光部位，煤粉厂房、面粉厂的碾磨部位、活性炭制造及再生厂房，谷物筒仓工作塔，亚麻厂的除尘器和过滤器室
丙	1. 闪点≥60℃的油品和有机液体的提炼、回收工段及其抽送泵房，香料厂的松油醇部位和乙酸松油脂部位，苯甲酸厂房，苯乙酮厂房，焦化厂焦油厂房，甘油、桐油的制备厂房，油浸变压器室，机器油或变压油灌桶间，柴油灌桶间，润滑油再生部位，配电室（每台装油量＞60kg 的设备），沥青加工厂房，植物油加工厂的精炼部位 2. 煤、焦炭、油母页岩的筛分、转运工段和栈桥或储仓，木工厂房，竹、藤加工厂房，橡胶制品的压延、成型和硫化厂房，针织品厂房，纺织、印染、化纤生产的干燥部位，服装加工厂房，棉花加工和打包厂房，造纸厂备料、干燥厂房，印染厂成品厂房，麻纺厂粗加工厂房，谷物加工房，卷烟厂的切丝、卷制、包装厂房，印刷厂的印刷厂房，毛涤厂选毛厂房，电视机、收音机装配厂房，显像管厂装配工段烧枪间，磁带装配厂房，集成电路工厂的氧化扩散间、光刻间，泡沫塑料厂的发泡、成型、印片压花部位，饲料加工厂房
丁	1. 金属冶炼、锻造、铆焊、热轧、铸造、热处理厂房 2. 锅炉房，玻璃原料熔化厂房，灯丝烧拉部位，保温瓶胆厂房，陶瓷制品的烘干、烧成厂房，蒸汽机车库，石灰焙烧厂房，电石炉部位，耐火材料烧成部位，转炉厂房，硫酸车间焙烧部位，电极锻烧工段配电室（每台装油量≤60kg 的设备） 3. 铝塑材料的加工厂房，酚醛泡沫塑料的加工厂房，印染厂的漂炼部位，化纤厂后加工润湿部位
戊	制砖车间，石棉加工车间，卷扬机室，不燃液体的泵房和阀门室，不燃液体的净化处理工段，金属（镁合金除外）冷加工车间，电动车库，钙镁磷肥车间（焙烧炉除外），造纸厂或化学纤维厂的浆粕蒸煮工段，仪表、器械或车辆装配车间，氟里昂厂房，水泥厂的轮窑厂房，加气混凝土厂的材料准备、构件制作厂房

附录四　储存物品的火灾危险性分类举例

储存物品类别	举　　例
甲	1. 己烷、戊烷，石脑油，环戊烷，二硫化碳，苯，甲苯，甲醇，乙醇，乙醚，蚁酸甲酯、醋酸甲酯、硝酸乙酯，汽油，丙酮，丙烯，乙醚，60度以上的白酒 2. 乙炔，氢，甲烷，乙烯，丙烯，丁二烯，环氧乙烷，水煤气，硫化氢，氯乙烯，液化石油气，电石，碳化铝 3. 硝化棉，硝化纤维胶片，喷漆棉，火胶棉，赛璐珞棉，黄磷 4. 金属钾，钠，锂，钙，锶，氢化锂，四氢化锂铝，氢化钠 5. 氯酸钾，氯酸钠，过氧化钾，过氧化钠，硝酸铵 6. 赤磷，五硫化磷，三硫化磷
乙	1. 煤油，松节油，丁烯醇，异戊醇，丁醚，醋酸丁酯，硝酸戊酯，乙酰丙酮，环已胺，溶剂油，冰醋酸，樟脑油，蚁酸 2. 氨气、液氯 3. 硝酸铜，铬酸，亚硝酸钾，重铬酸钠，铬酸钾，硝酸，硝酸汞，硝酸钴，发烟硫酸，漂白粉 4. 硫磺，镁粉，铝粉，赛璐珞板（片），樟脑，萘，生松香，硝化纤维漆布，硝化纤维色片 5. 氧气，氟气 6. 漆布及其制品，油布及其制品，油纸及其制品，油绸及其制品
丙	1. 动物油，植物油，沥青，蜡，润滑油，机油，重油，闪点≥60℃的柴油，糖醛，>50度至<60度的白酒 2. 化学、人造纤维及其织物，纸张，棉、毛、丝、麻及其织物，谷物，面粉，天然橡胶及其制品，竹、木及其制品，中药材，电视机、收录机等电子产品，计算机房已录数据的磁盘储存间，冷库中的鱼、肉间
丁	自熄性塑料及其制品，酚醛泡沫塑料及其制品，水泥刨花板
戊	钢材，铝材，玻璃及其制品，搪瓷制品，陶瓷制品，不燃气体，玻璃棉，岩棉，陶瓷棉，硅酸铝纤维，矿棉，石膏及其无纸制品，水泥，石，膨胀珍珠岩

附录五　本规范用词说明

（一）执行本规范条文时，要求严格程度的用词，说明如下，以便在执行中区别对待。

1. 表示很严格，非这样作不可的用词：

正面词采用"必须"；

反面词采用"严禁"。

2. 表示严格，在正常情况下均这样作的用词：

正面词采用"应"；

反面词采用"不应"，或"不得"。

3. 表示允许稍有选择，在条件许可时首先应这样作的用词：

正面词采用"宜"或"可"；

反面词采用"不宜"。

（二）条文中指明必须按有关的标准、规范或规定执行的写法为"应按……执行"或"应符合……要求或规定"。非必须按所指的标准、规范或其他规定执行的写法为"可参照……执行"。

附加说明

本规范主编单位、参编单位和主要起草人名单

主编单位： 公安部消防局

参编单位： 机械委设计研究院
纺织工业部纺织设计院
中国人民武装警察部队技术学院
杭州市公安局消防支队
北京市建筑设计院
天津市建筑设计院
中国市政工程华北设计院
北京市公安局消防总队
化工部寰球化学工程公司

主要起草人： 张永胜　蒋永琨　潘　丽　沈章焰
朱嘉福　朱吕通　潘左阳　冯民基
庄敬仪　冯长海　赵克伟　郑铁一

中华人民共和国国家标准

建筑设计防火规范

GBJ 16—87

条文说明

前　言

根据原国家建委(81)建发设字第546号文的通知，由我部七局会同机械委设计研究总院、纺织部设计院、北京市建筑设计院、天津市建筑设计院、中国市政工程华北设计院、化工部寰球化学工程公司、北京市公安局、杭州市公安局、中国人民武装警察部队技术学院等单位共同修订的《建筑设计防火规范》GBJ16-87(简称《建规》)，经国家计委1987年8月26日以计标〔1987〕1447号文批准发布。

为便于广大设计、施工、科研、学校和公安消防部门等有关人员在使用本规范时能正确理解和执行条文规定，《建规》编制组根据国家计委关于编制标准规范条文说明的要求，按《规范》的章、节、条顺序，编制了《条文说明》供有关人员参考。在使用中如发现《条文说明》有欠妥之处，请将意见直接函寄公安部七局。

本条文说明系内部文件，由原国家计委基本建设标准定额研究所组织出版、发行。

1987年8月

目　录

第一章　总　　则

第 1.0.1～1.0.2 条　本规范是在《建筑设计防火规范》TJ16—74（以下简称“原规定”）的基础上修订的。为了说明本规范的制订目的、方针和原则，特作本条规定。规定明确了城镇规划时应按本规范有关规定进行合理规划，在建筑防火设计中，必须遵循国家的有关方针政策，从全局出发，针对不同建筑的火灾特点，结合实际情况，搞好建筑防火设计。

条文规定，在建筑设计中要认真贯彻“预防为主，防消结合”的消防工作方针，要求设计、建设和消防监督部门的人员密切配合，在工程设计中积极采用先进的防火技术，正确处理好生产与安全的关系，合理设计与经济的关系，做到“防患于未然”，从积极的方面预防火灾的发生及其蔓延。这对减少火灾损失、保障人民生命财产安全、保卫四化建设的顺利进行，具有极其重大的意义。

第 1.0.3 条　本条规定了本规范适用和不适用的范围。本条主要根据国家经委和公安部颁发《高层民用建筑设计防火规范》通知中有关规范适用范围的规定，将高层民用建筑中未包括的部分内容和原建筑设计防火规范未包括的部分内容均包括在本规范的范围内。如七、八、九层非单元式住宅，层数超过六层且建筑高度不超过 24m 的其他民用建筑，以及高度超过 24m 的工业建筑的防火设计要求。这样就解决了在内容上与《高层民用建筑设计防火规范》的衔接问题。

另外，结合我国目前各地建筑现状及消防设备的水平而作出以下规定：

一、住宅建筑以层划分，主要考虑到我国各地区住宅建设的层高，一般在 2.7～3.0m 之间，9 层住宅的建筑高度一般在 24.3～26m。据调查，重庆、广州、武汉等城市，已经建成或正在设计施工的一批不设电梯的 8～9 层的一般住宅属低标准住宅，如果不按层数而一律以 24m 作为划分界线，则住宅建筑需要设置消防设施的量就大了，势必增加建设投资，从目前我国经济和技术条件考虑，尚有一定困难，为了顾及这一现实情况，同时考虑单元式住宅防火隔断的条件较好，故将高度虽超过 24m 的九层住宅包括在本规范的适用范围内，这是合理的。

二、关于超过 24m 的单层公共建筑，如体育馆、大会堂等建筑，这类建筑空间大而高，容纳人数多而密集，如×市人民大会堂，全场容纳人数 4200 人，建筑高度最高点达 67m，又如表 1.0.3-1 列举的几个实例，它们高度虽超过 24m，但消防设施的配备上又不能同于高层建筑要求。故将类似这样的一些单层公共建筑列入本规范的适用范围中（见下表 1.0.3-a）。

部分体育馆、会堂规模指标　　表 1.0.3-a

建筑名称	建筑面积（平方米）	容纳人数（人）	建筑高度（米）
某某省体育馆	12631	7500	25.80
某某省体育馆	19750	10359	35.00
某某市体育馆	31016	18000	33.60
某某市体育馆	6000	10000	31.00
某某市大会堂	171800	10000	46.50
某某市大会堂	—	4200	67.00
某某市会堂	42000	2050	33.00

三、据调查，近几年来，高层工业建筑发展很快，如北京、上海、广州、杭州等地，相继建造了一批高层工业建筑，从表 1.0.3-b 举例可以看出，有的高达 50 多米。可以预料，随着四化建设的不断发展，今后各地将兴建更多的高层工业建筑。像这类建筑，如果在设计中对消防设施缺乏考虑，一旦发生火灾，往往造成严重人身伤亡和经济损失，带来各种不良影响，因此，对于高层工业建筑要求设计中采取消防技术措施，设置必要的消防设施，这一问题已引起消防和设计部门的重视。被提到了议事日程，所以本规范对此作了有关规定。

高层工业建筑高度举例　　表 1.0.3-b

建筑名称	建筑面积（平方米）	全厂人数（人）	建筑高度（米）
某电子管厂	16905	592	54.00（9 层）
某手表厂	7000	1500	37.00（7～9 层）
某制药厂	11300	286	52.63（8～11 层）
某童装厂	4200	630	32.00（6～8 层）
某电子有限公司	10000	750	43.00（9～9.5 层）
某手表厂	9432	1697	28.00（6 层）
某面粉厂	4600	100	27.00（6 层）

四、关于火药、炸药厂（库）、无窗厂房、地下建筑、炼油、化工厂的露天生产装置，它们专业性强，防火要求特殊，与一般建筑设计有所不同，且有的已有专门规范，故本规范均未包括在内。本条生产区不包括储存区和生产辅助区。

第 1.0.4 条　建筑设计防火规范虽涉及面广，但不能把各类建筑、设备防火内容全部包括进来，只能对其一般防火问题作出规定。而对涉及到专业性强的规范，如《高层民用建筑设计防火规范》、《城市煤气设计规范》、《工业与民用供电系统设计规范》、《乙炔站设计规范》、《氧气站设计规范》、《汽车库设计防火规范》等在建筑设计中，除执行本规范的规定以外，尚应符合上述国家规范等的有关规定。

第二章　建筑物的耐火等级

第 2.0.1 条　说明如下：

一、关于建筑物耐火等级的划分，我们作了一些调查研究，征求了有关设计和消防部门的意见，认为对新建、改建、扩建的建筑物，将其耐火等级划分为四级是合适的。因此，建筑物的耐火等级仍按四级划分。

二、规范表 2.0.1 中的构件名称一栏，这次作了适当调整和进一步明确划分，将原定框架填充墙归入非承重墙一栏中，为了方便执行，并对墙、柱进行归并、划分。

三、规范表 2.0.1 中关于建筑构件的燃烧性能和最低耐火等级的说明。

1. 各种构件的最低耐火极限不超过 4h，其根据如下：

（1）火灾延续时间 90％以上在 2h 以内（见下表 2.0.1-a）。

火灾延续时间所占比例　　　　**表 2.0.1-a**

地区	连续统计年份	火灾次数	延续时间在 2 小时以下的占火灾总数的百分比（％）
北京	8	2353	95.10
上海	5	1035	92.90
沈阳	16		97.20
天津	12 （其中前 8 年与后 4 年不连续）		95.00

从表中可以看出，90％以上的火灾延续时间在两小时以内，但考虑了一定的安全系数，规范表 2.0.1 中个别构件耐火极限定为 4h 或 3h，其余构件略高于或低于 2h。

（2）苏联、美国、日本等国家的有关规定（详见表 2.0.1-b～2.0.1-d），其建筑物构件的耐火极限均不超过 4h。

综上所述，规范表 2.0.1 中将防火墙的耐火极限定为 4h。一级建筑物的承重墙、楼梯间墙和支承多层的柱，其耐火极限规定为 3h。其余构件的耐火极限均不超过 3h。

2. 一级建筑物的支承单层的柱，其最低耐火极限应比支承多层柱的最低耐火极限略为降低要求，即规定为 2.5h，是根据火灾案例确定的。如某地某化工厂硝酸库失火，该库房为一级单层建筑，当火烧 2.5h 后，300×300mm 截面的钢筋混凝土柱未被烧坏。由此可见，一级单层建筑物的柱，其耐火极限规定 2.5h 是较合适的。

二、三级建筑物的支承柱，其最低的耐火极限又比一级建筑物的支承柱的最低耐火极限略为降低要求。是根据我国现有建筑物的状况，我们在这次修订过程中重复查阅过去的有关规定和资料，并经过分析，认为砖柱或钢筋混凝土柱的截面尺寸为 200×200mm 时，其耐火极限为 2h。因此现将二、三级建筑物支承单层的柱，其耐火极限仍保留原规定为 2h，而支承多层的柱，因其截面尺寸相应增大，因此耐火极限维持原来的 2.5h 也是合适的。

四级建筑物的支承柱，也有采用木柱承重且以非燃烧材料作覆面保护的，对于这类建筑物的支承多层的柱，我们参考苏联 1962 年颁布的防火标准，其耐火极限为 0.5h，故规定 0.5h 是由此而来的。

3. **楼板**：根据建筑火灾统计资料，火灾延续时间在 1.5h 以内的占 88％，在 1h 以内的占 80％。因此，将一级建筑物楼板的耐火极限定为 1.5h，二级建筑物定为 1h，这样，大部分一、二级建筑物不会被烧垮。当然，建筑构件的耐火极限定得越高，发生火灾时烧垮的可能性就越小，但建筑的造价要增加，如规定过低，则火烧时影响大，损失也大。我国二级耐火等级建筑占多数，通常采用的钢筋混凝土楼板的保护层是 1.5cm 厚，其耐火极限为 1h。故从这一实际情况出发，将二级建筑物楼板的最低耐火极限定为 1h。

至于预应力钢筋混凝土楼板，其耐火极限较低，但目前采用得较普遍，为适应实际情况的需要，有利于采用不同品种构件的发展，故在本规范第 7.2.9 条中作了适当放宽。

三级建筑物的楼板，从调查情况看，通常为钢筋混凝土结构，故为非燃烧体，其耐火极限定为 0.5h，一般都能满足这一要求。

4. 屋顶：一级建筑物的屋顶，其最低耐火极限仍维持原规定的要求，即为 1.5h。如某化工厂“666”车间发生火灾，其屋顶（系钢筋混凝土梁和平板结构）火烧 1h 就坏了，可见要求 1.5h 较为合适。

二级建筑物的屋顶原规定为 0.5h 的非燃烧体，这次修订中没有变动。但从防火角度看，采用这种屋架，发生火灾时在较短时间内就塌落。如某地化工厂某车间的钢屋架，火烧不到 0.5h 就塌落；某地某厂的钢制油罐在 20min 内变形而损坏。据某市消防大队的同志介绍，某地职工俱乐部、某地预制品厂、某厂的皮带走廊、某厂的油罐等钢屋架或钢结构在火烧时都很快变形塌落，大多 15min 左右就落架。根据美国、日本等国的有关资料介绍，也说到钢结构的耐火极限是很低的，所以，提高二级建筑物屋顶的耐火极限是必要的。但目前建筑结构正朝着轻质、大跨度方向发展，为此，耐火极限如果定得过高，难以达到要求，故把二级建筑物屋顶的耐火极限定为 0.5h。又考虑到目前我国采用钢屋架比较普遍，而耐火极限一律要求符合上述规定尚有困难，所以在第 7.3.1 条中作了放宽。

5. 吊顶：吊顶有别于其他的承重构件，火灾时并不直接危及建筑物的主体结构，对吊顶耐火极限的要求，主要是考虑在火灾时要保证一定的疏散时间。根据火灾教训和公共场所疏散时间的测定，以及参考国外资料，并从目前我国建筑材料的现状出发，规范表 2.0.1 对吊顶作了一般性规定。至于有些建筑物和部位需要提高的，在第七章中另有规定。

6. 三级建筑物的间隔墙有一部分可能采用板条抹灰，其耐火极限为 0.85h。考虑到有的抹灰厚度不均匀，并适当加点安全系数，故将该项耐火极限定为 0.5h。

7. 三级建筑物疏散用的楼梯的耐火极限仍保留原规定表中为 1h，是根据我国钢筋混凝土楼梯的梁保护层通常为 2.5cm，板保护层为 1.5cm。经查阅有关资料，其耐火极限为 1h。四级建筑因限制为单层，故四级建筑物不必规定楼梯的耐火极限了。

四、原规范的表注部分，内容太简单，不能满足要求。这次修改中，根据需要，作了必要的补充。

苏联建筑物耐火等级分类表　　**表 2.0.1-b**

燃烧性能和最低耐火极限（小时）＼建筑物的耐火等级 建筑物构件的名称	一级	二级	三级	四级	五级
承重墙、自承重墙、楼梯间墙、柱	非燃烧体 3.00	非燃烧体 2.50	非燃烧体 2.00	难燃烧体 0.50	燃烧体 /
楼板及顶棚	非燃烧体 1.50	非燃烧体 1.00	难燃烧体 0.75	难燃烧体 0.25	燃烧体
无闷顶的屋顶	非燃烧体 1.00	非燃烧体 0.25	燃烧体 /	燃烧体 /	燃烧体 /
骨架墙的填充材料和墙板	非燃烧体 1.00	非燃烧体 0.25	非燃烧体 0.25	难燃烧体 0.25	燃烧体 /
间隔墙（不承重）	非燃烧体 1.00	非燃烧体 0.25	难燃烧体 0.25	难燃烧体 0.25	燃烧体 /
防火墙	非燃烧体 4.00	非燃烧体 4.00	非燃烧体 4.00	非燃烧体 4.00	非燃烧体 4.00

注：译自 1962 年《苏联防火规定》

注：① 外露的金属结构在工厂中可优先采用（见（nNH 11-M2-16《工厂的设计规定》），在公共建筑中当跨度大于或等于12m时，允许采用外露的金属屋架。

② 框架房子的自承重墙表2中，指标可降低50%。

③ 二、三级耐火等级的骨架填充墙可以用难燃烧体，但其两侧要求用非燃烧体保护（如水泥及相类似的材料）。

对规范表2.0.1注解分别简要解释如下：

注①：按原规范的规定。

注②：由于现代建筑中大量采用装配式钢筋混凝土结构和钢结构，而这两种结构形式在构件的节点缝隙和露明钢支承构件部位一般是构件的防火薄弱环节，故要求加设保护层，使其耐火极限不低于本表相应构件的规定。

注③：考虑我国现有的吊顶材料类型，符合规范要求且又便于施工的难燃材料缺乏，故对二级耐火等级的吊顶要求作适当放宽。

注④：作为框架结构填补墙的楼梯间墙，有的采用钢筋混凝土板材或其他形式的板材，耐火极限要求在2.5h以上有困难，故对此作放宽将其耐火极限降为2h。

注⑤：一、二级耐火等级民用建筑疏散走道两侧隔墙如采用轻质板材，则要求达到1h耐火极限有困难，因此作了放宽，即可采用耐火极限为0.75h的非燃烧体。

美国建筑物的抗火要求表　　表 2.0.1-c

用小时来表达各种构件的抗火性能	分级	
	3小时	2小时
1. 承重墙 （在受到火的作用下这种墙和隔板必须是相当稳定的）	4	3
2. 非承重墙 （墙上有电线穿过或作为居住房间的墙）	非燃烧体	非燃烧体
3. 支承一层楼板或单独屋顶的主要承重构件 （包括柱、主梁、次梁、屋架）	3	2
4. 支承二层及二层以上楼板或单独屋顶的主要承重构件 （包括柱、主梁、次梁、屋架）	4	3
5. 不影响建筑物稳定的支承楼板的次要构件 （如次梁、楼板、搁栅）	3	2

续表 2.0.1-c

用小时来表达各种构件的抗火性能	分级	
	3小时	2小时
6. 不影响建筑物稳定的支承屋面的次要构件 （如次梁、屋面板、檩条）	2	1.5
7. 封闭楼梯间的壁板和穿过楼板孔洞的四周壁板	2 （在某种情况下此壁板可为1小时的非燃烧体）	2

注：译自1970～1972年美国《防火规范》

日本在建筑标准法规中关于耐火结构方面的规定表　　表 2.0.1-d

建筑的层数（上部层数）	房盖	梁	楼板	柱	非承重的外墙		承重墙	间隔墙
					有延烧危险的部分	其他部分		
4以内	0.5	1	1	1	1	0.5	1	1
5～14	0.5	2	2	2	1	0.5	2	2
15以上	0.5	3	2	3	1	0.5	2	2

注：译自1964年日本《建筑材料学》。

根据1959年美国《防止建筑物遭受损失的手册》按照建筑物的抗火性能分为五个等级：

Ⅰ、耐火建筑　　分耐火3h和2h两种。

Ⅱ、非燃烧建筑　　用非燃烧体的构件建成，当火灾时，其无保护层的钢结构部分一般几分钟内就不行了。

Ⅲ、构件截面加大的木结构　　当3吋厚楼板时，火灾时能抗45min。

Ⅳ、一般建筑	由砖墙、木楼板、木望板、木檩条、木搁栅等组成，属于可燃建筑。如 2 层 1 吋厚的木楼板耐火时间为 0.25h。
Ⅴ、木结构	整个建筑由木构件组成。外墙材料为木板、薄砖、石棉板等。比一般建筑更快燃烧。

第 2.0.2 条 说明如下：

一、据调查，上海、广州、北京、沈阳、深圳、厦门等市，已经建成和正在设计一些综合楼。楼内既有生产车间，又有仓库；有的还设有办公、客房等；有的一层或二、三层作仓库，有的在顶层作仓库；有的在一层中若干间作资料、档案贮藏间等。其单位重量不尽相等，一般为 200～250kg/m^2，最高在 500kg/m^2 以上。

二、根据每平方米地板面积上的可燃物（火灾荷载）愈多，则燃烧时间愈长的道理，需要适当提高耐火极限。

可燃物与燃烧时间的关系，如下表 2.0.2-a（引自 1978 年美国国家防火协会编的《防火手册》）。

火灾荷载与燃烧时间的关系　　表 2.0.2-a

可燃物数量 磅/呎^2（公斤/平方米）	热　量 （英热量单位/平方英尺）	燃烧时间相当标准温度 曲线的时间（小时）
5（24）	40000	0.50
10（49）	80000	1.00
15（73）	120000	1.50
20（98）	160000	2.00
30（147）	240000	3.00
40（195）	320000	4.50
50（244）	380000	7.00
60（293）	432000	8.00
70（342）	500000	9.00

注：英热量单位＝252 卡。

从表 2.0.2-a 可以看出，根据不同可燃物数量对建筑构件分别提出不同耐火极限要求是合理的。但考虑到目前国内缺乏这方面的调查资料，加之房间内的可燃物数量是不会长久不变的，分得太细也无必要，故在本条中规定可燃物超过 200kg/m^2 的房间，其梁、楼板、隔墙的耐火极限比本规范第 2.0.2 条的规定提高 0.50h。但考虑到装有自动灭火装置的房间或建筑，扑灭初起火灾的效果好、不容易酿成大火，所以不予提高。

三、根据国外有关资料介绍，可燃物单位发热量，以木材的单位发热量为标准折算。为了便于执行，现列出部分可燃材料单位发热量数值，如下表 2.0.2-b。

部分可燃材料的单位发热量　　表 2.0.2-b

材　料	发热量（千卡/公斤）	材　料	发热量（千卡/公斤）
木　材	4500	汽　油	10500
纸	4000	石　油	10500
软质胶合板	4000	氯乙烯	4100
硬质胶合板	4500	酚　醛	6700
羊毛、织物	5000	聚　酯	7500
油毡、漆布	4000～5000	聚酰胺	8000
沥　青	95000	聚苯乙烯	9500
橡　胶	9000	聚 乙 烯	10400
挥发油	10500		

第 2.0.3 条

一、据了解，我国一些重点产棉地区，为了解决少占地、多存棉的问题，正在建设一批承重构件（如柱、梁、屋架等），采用型钢构件，而外墙、屋面采用铝板或其他金属板。在某些工业厂房如发电厂的主厂房，机械装配加工厂房等也开始采用这种结构的建筑。由于这种结构具有投资较省、施工期限短的优点，在今后将会有较大的发展。为了适应这一新形势发展的需要，故提出了本条规定。

二、试验和火灾实例都证明，金属板的耐火极限为15min左右，外包铁皮的难燃烧体，耐火极限为0.5～0.6h。如果一律要求按本规范表2.0.1的规定，达到1.00h是不易行通的，故作了放宽。

第2.0.4条 本条是对原规范第92条的修改补充。

二级耐火等级建筑的楼板，按本规范第2.0.1条的规定，应为耐火极限1.00h以上的非燃烧体，但考虑到预应力楼板的耐火极限达不到1.00h的要求，试验证明，只能达到0.50h甚至更低。但预应力构件（包括楼板），由于省材料，经济意义大，目前各种建筑物中广泛采用。为了适应这种情况的发展需要，又顾及必要防火安全，可降低到0.50h。如仍达不到，则要采取加厚保护层或其他防火措施，使其达到规定的防火要求。

对于建筑物的上人屋面板和高层工业建筑除外。这是考虑到上人屋面在火灾发生后，可做为临时的避难场所，又是安全疏散通道之一；作为高层工业建筑，因为发生火灾后扑救困难，扑救所需的时间也较长，故这两者耐火极限均不能降低。

第2.0.5条 本条是对本规范第2.0.1条的放宽。第2.0.1条规定二级耐火等级的屋顶承重构件（一般是指屋架），其耐火极限如一律要求达到0.50h，就必须采用钢筋混凝土屋架，钢屋架就不好用了。但在实际执行上也有困难，因此，允许采用钢屋架。

考虑到安全需要，如果有甲、乙、丙类液体火焰能烧到的部位，要采取防火保护措施，如喷涂防火材料等。公安部四川消防科研所已研制成功此种防火喷涂材料。据了解，北京长城饭店、西苑饭店大餐厅的钢屋架，均喷涂了防火材料，耐火极限能达到1.00h。

第2.0.6条 保留了原规范第99条的内容。

本条所指屋面基层，系指钢筋混凝土屋面板或其他非燃烧屋面板，在这种屋面上可铺设油毡等可燃卷材防水层。

原条文的屋面层实质上是指屋面面层，为避免误解为屋面各层，所以修订为“屋面面层”。

第2.0.7条 演播室，录音室，电化教室，大、中型电子计算机房及高级旅馆的客房，公共活动用房内的室内装修，采用了大量的可燃材料（如木材、纸制品、高分子复合材料等），增加了火灾危险性，也给火灾扑救造成困难。例如：1982年9月北京某学院电化教室在施工过程中起火，将室内刚安装好的木龙骨、吸声材料等引燃，由于可燃物多、建筑平面布置特殊（只有一个门和一个天窗），火势蔓延迅速、燃烧猛烈，消防队到火场无法进入展开扑救，造成较大的损失。故增加本条，就是要限制上述建筑的室内装修的可燃物量，以便减少火灾损失。

第三章　厂　　房

第一节　生产的火灾危险性分类

第 3.1.1 条　说明如下：

一、为了与有关规范协调，将原规范中的易燃、可燃液体改为“甲、乙、丙”类液体，以利执行。

二、关于甲、乙、丙类液体划分的闪点基准问题。

为了比较切合实际的确定划分闪点基准，对 596 种甲、乙、丙类液体的闪点进行了统计和分析，情况如下：

1. 常见易燃液体的闪点多数为<28℃；

2. 国产煤油的闪点在 28～40℃；

3. 国产 16 种规格的柴油闪点大多数为 60～90℃（其中仅“－35 号”柴油闪点为 50℃）；

4. 闪点在 60～120℃的 73 个品种的丙类液体，绝大多数危险性不大；

5. 常见的煤焦油闪点为 65～100℃。

我们认为凡是在一般室温下遇火源能引起闪燃的液体属于易燃液体，可列入甲类火灾危险性范围。我国南方城市的最热月平均气温在 28℃左右，而厂房的设计温度在冬季一般采用 12～25℃。

根据上述情况，将甲类火灾危险性的液体闪点基准定为<28℃，乙类定为>28℃至<60℃，丙类定为>60℃。这样划分甲、乙、丙类是以汽油、煤油、柴油的闪点为基准的，这样既排除了煤油升为甲类的可能性，也排除了柴油升为乙类的可能性，有利于节约和消防安全。

三、关于气体爆炸下限分类的基准问题。

由于绝大多数可燃气体的爆炸下限均<10%，一旦设备泄漏，在空气中很容易达到爆炸浓度而造成危险，所以将爆炸下限<10%的气体划为甲类；少数气体的爆炸下限>10%，在空气中较难达到爆炸浓度，所以将爆炸下限≥10%的气体划为乙类。多年来的实践证明基本上是可行的，因此本规范仍采用此数值。

四、关于火灾危险性分类。

为了使用本规范者正确理解、掌握、执行条文，现将生产火灾危险性分类中须注意的几个问题及各项生产特性简述如下：

生产的火灾危险性分类要看整个生产过程中的每个环节，是否有引起火灾的可能性（生产的火灾危险性分类按其中最危险的物质确定）主要考虑以下几个方面：

1. 生产中使用的全部原材料的性质；

2. 生产中操作条件的变化是否会改变物质的性质；

3. 生产中产生的全部中间产物的性质；

4. 生产中最终产品及副产物的性质。

许多产品可能有若干种工艺生产方法，其中使用的原材料各不相同，所以火灾危险性也各不相同，分类时应注意区别对待。

各项生产特性如下：

（一）甲类

1. “甲类”第 1 项和第 2 项前面已有说明，在此不重述。

2. “甲类”第 3 项的生产特性是生产中的物质在常温下可以逐渐分解，释放出大量的可燃气体并且迅速放热引起燃烧，或者物质与空气接触后能发生猛烈的氧化作用，同时放出大量的热，而温度越高其氧化反应速度越快，产生的热越多使温度升高越快，如此互为因果而引起燃烧或爆炸。如硝化棉、赛璐珞、黄磷生产等。

3. “甲类”第 4 项的生产特性是生产中的物质遇水或空气中的水蒸汽发生剧烈的反应，产生氢气或其他可燃气体，同时产生热量引起燃烧或爆炸。该种物质遇酸或氧化剂也能发生剧烈反应，发生燃烧爆炸的危险性比遇水或水蒸汽时更大。如金属钾、钠、氧化钠、氢化钙、碳化钙、磷化钙等的生产。

4．“甲类”第5项的生产特性是生产中的物质有较强的夺取电子的能力，即强氧化性。有些过氧化物中含有过氧基（—O—O—）性质极不稳定，易放出氧原子，具有强烈的氧化性，促使其他物质迅速氧化，放出大量的热量而发生燃烧爆炸的危险。该类物质对于酸、碱、热，撞击、摩擦、催化或与易燃品、还原剂等接触后能发生迅速分解，极易发生燃烧或爆炸。如氯酸钠、氯酸钾、过氧化氢、过氧化钠生产等。

5．“甲类”第6项的生产特性是生产中的物质燃点较低易燃烧、受热、撞击、摩擦或与氧化剂接触能引起剧烈燃烧或爆炸，燃烧速度快，燃烧产物毒性大。如赤磷、三硫化磷生产等。

6．“甲类”第7项的生产特性是生产中操作温度较高，物质被加热到自燃温度以上，此类生产必须是在密闭设备内进行，因设备内没有助燃气体，所以设备内的物质不能燃烧。但是，一旦设备或管道泄漏，没有其他的火源，该物质就会在空气中立即起火燃烧。这类生产在化工、炼油、医药等企业中很多，火灾的事故也不少，不应忽视。

原规范中是“在压力容器内”。我们考虑到有些生产不一定都是在压力容器内进行，故改写为“在密闭设备内”。

（二）乙类

1．“乙类”第1项和第2项前面已有说明，在此不重复。

2．“乙类”第3项中所指的不属于甲类的氧化剂是二级氧化剂，即非强氧化剂。这类生产的特性是比甲类第5项的性质稳定些，其物质遇热、还原剂、酸、碱等也能分解产生高热，遇其他氧化剂也能分解发生燃烧甚至爆炸。如过二硫酸钠、高碘酸、重铬酸钠、过醋酸等类的生产。

3．“乙类”第4项的生产特性是生产中的物质燃点较低、较易燃烧或爆炸，燃烧性能比甲类易燃固体差，燃烧速度较慢，同时也可放出有毒气体。如硫磺、樟脑或松香等类的生产。

4．“乙类”第5项的生产特性是生产中的助燃气体虽然本身不能燃烧（如氧气），在有火源的情况下，如遇可燃物会加速燃烧，甚至有些含碳的难燃或不燃固体也会迅速燃烧。如1983年上海某化工厂，在打开一个氧气瓶的不锈钢阀门时，由于静电打火，使该氧气瓶的阀门迅速燃烧，阀心全部烧毁（据分析是不锈钢中含碳原子）。因此，这类生产亦属危险性较大的生产。

5．“乙类”第6项的生产特性是生产中可燃物质的粉尘、纤维、雾滴悬浮在空气中与空气混合，当达到一定浓度时，遇火源立即引起爆炸。这些细小的物质表面吸附包围了氧气。当温度提高时，便加速了它的氧化反应，反应中放出的热促使它燃烧。这些细小的可燃物质比原来块状固体或较大量的液体具有较低的自燃点，在适当的条件下，着火后以爆炸的速度燃烧。如某港口粮食筒仓，由于风焊作业使管道内的粉尘发生爆炸，引起21个小麦筒仓爆炸，损失达30多万元。另外，有些金属如铝、锌等在块状时并不燃烧，但在粉尘状态时则能够爆炸燃烧。如某厂磨光车间通风吸尘设备的风机制造不良，叶轮不平衡，使叶轮上的螺母与进风管摩擦发生火花，引起吸尘管道内的铝粉发生猛烈爆炸，炸坏车间及邻近的厂房并造成伤亡。

另外，本规范在条文中加入了“丙类液体的雾滴”。因从《石油化工生产防火手册》、《可燃性气体和蒸汽的安全技术参数手册》和《爆炸事故分析》等资料中查到，可燃液体的雾滴可以引起爆炸。如1966年11月7日，日本群马县最北部利根河上游的水利发电厂的建筑物内发生了猛烈的雾状油爆炸事故。据爆炸后分析，该建筑物内有一个为调整输出8万kW的水利发电机进水阀用的压油缸。以前该缸是在大约18kg/cm^{2}的压力下使用，而发生事故时是第一次采用70kg/cm^{2}的压力。据计算空气从常压绝热压缩到70kg/cm^{2}时，其瞬时温度上升可达700℃以上，而该缸内油的自燃温度是235℃，且缸内的高压空气中的氧密度是相当高的，故此使缸内的油着火。由于着火使缸内压力异常上升，人孔法兰盖的垫片被冲开，雾状油从这个间隙喷到外面，当达到爆炸浓度后，浮游状态的油雾滴在空气中发生了猛烈爆炸，当场炸死 3 人，其余人被冲击波推出去发生骨折或烧伤。

（三）丙类

1．“丙类”第 1 项在前面已有说明，在此不重述。

2．“丙类”第 2 项的生产特性是生产中的物质燃点较高，在空气中受到火烧或高温作用时能够起火或微燃，当火源移走后仍能持续燃烧或微燃。如对木料、橡胶、棉花加工等类的生产。

（四）丁类

1.“丁类”第 1 项的生产特性是生产中被加工的物质不燃烧，而且建筑物内很少有可燃物。所以生产中虽有赤热表面、火花、火焰也不易引起火灾。如炼钢、炼铁、热轧或制造玻璃制品等类的生产。

2．“丁类”第 2 项的生产特性是虽然利用气体、液体或固体为原料进行燃烧，是明火生产，但均在固定设备内燃烧，不易造成火灾，虽然也有一些爆炸事故，但一般多属于物理性爆炸。这类生产如锅炉、石灰焙烧、高炉车间等。

3．“丁类”第 3 项的生产特性是生产中使用或加工的物质（原料、成品）在空气中受到火烧或高温作用时难起火、难微燃、难碳化，当火源移走后燃烧或微燃立即停止。而且厂房内是常温，设备通常是敞开的。一般热压成型的生产，如铝塑材料、酚醛泡沫塑料的加工等类型的生产。

（五）戊类

“戊类”生产的特性是生产中使用或加工的液体或固体物质在空气中受到火烧时，不起火、不微燃、不碳化，不会因使用的原料或成品引起火灾，而且厂房内是常温的。如制砖、石棉加工、机械装配等类型的生产。

五、附注

（一）注①中指的是生产过程中虽然使用或产生易燃、可燃物质，但是数量很少，当气体全部放出或可燃液体全部气化也不能在整个厂房内达到爆炸极限，可燃物全部燃烧也不能使建筑物起火，造成灾害。如机械修配厂或修理车间，虽然使用少量的汽油等甲类溶剂清洗零件，但不会因此而产生爆炸，所以该厂房不能按甲类厂房处理，仍应按戊类考虑。

不按物质火灾危险特性

确定生产火灾危险性类别的最大允许量　　表 3.1.1

火灾危险性类别	火灾危险性的特征		物质名称举例	最大允许量	
				每立方米房间体积允许量	总量
甲类	1	闪点<28℃的液体	汽油、丙酮乙醚	0.004l/m³	100l
	2	爆炸下限<10%的气体	乙炔、氢、甲烷、乙烯、硫化氢	11/m³（标准状态）	25m³（标准状态）
	3	常温下能自行分解导致迅速自燃爆炸的物质	硝化棉、硝化纤维胶片、喷漆棉、火胶棉、赛璐珞棉	0.003kg/m³	10kg
		在空气中氧化即能导致迅速自燃的物质	黄磷	0.006kg/m³	20kg
	4	常温下受到水或空气中水蒸汽的作用能产生可燃气体并能燃烧或爆炸的物质	金属钾、钠、锂	0.002kg/m³	5kg
	5	遇酸、受热、撞击、摩擦、催化以及遇有机物或硫磺等易燃的无机物能引起爆炸的强氧化剂	硝酸胍、高氯酸铵	0.006kg/m³	20kg
		遇酸、受热、撞击、摩擦、催化以及遇有机物或硫磺等极易分解引起燃烧的强氧化剂	氯酸钾、氯酸钠、过氧化钾	0.015kg/m³	50kg

续表 3.1.1

火灾危险性类别		火灾危险性的特征	物质名称举例	最大允许量	
				每平方米房间体积允许量	总量
甲类	6	与氧化剂、有机物接触时能引起燃烧或爆炸的物质	赤磷、五硫化磷	0.015kg/m³	50kg
甲类	7	受到水或空气中水蒸汽的作用能产生爆炸下限<10%的气体的固体物质	电石	0.075kg/m³	100kg
乙类	1	闪点≥28℃至60℃的液体	煤油、松节油	0.02l/m³	200 l
乙类	2	爆炸下限≥10%的气体	氨	5l/m³（标准状态）	50m³（标准状态）
乙类	3	助燃气体	氧、氟	5l/m³（标准状态）	50m³（标准状态）
乙类	3	不属甲类的氧化剂	硝酸、硝酸铜、铬酸、发烟硫酸、铬酸钾	0.025kg/m³	80kg
乙类	4	不属于甲类的化学易燃危险固体	赛璐珞板、硝化纤维色片、镁粉、铝粉	0.015kg/m³	50kg
乙类	4	不属于甲类的化学易燃危险固体	硫磺、生松香	0.075kg/m³	100kg

表 3.1.1 列出了部分生产中常见的甲、乙类危险品的最大允许量。现将其计算方法和数值确定的原则及应用本表应注意的事项说明如下：

1. 厂房或实验室内单位容积的最大允许量

单位容积的最大允许量，是非甲、乙类生产厂房或实验室内使用甲、乙类物品的两个控制指标之一。厂房或实验室内使用甲、乙类物品的总量同其室内容积之比，应小于此值。即：

$$\frac{\text{甲、乙类物品的总量（kg）}}{\text{厂房或实验室的容积（}m^3\text{）}} < \text{单位容积的最大允许量}$$

下面按甲、乙类危险物品的气、液、固态三种情况分别说明其数值的确定。

（1）对于气态甲、乙类危险性物品。

当生产厂房及实验室内使用的可燃气体同空气所形成的混合性气体低于爆炸下限的5%，则可不按甲、乙类火灾危险性予以确定。这是考虑一般可燃气体浓度报警器的控制指标是爆炸下限的25%。当达到这个值时就发出报警，也就认为是不安全的。我们这里采用5%这个数值是考虑在一个较大的厂房及实验室内，可燃气体的扩散是不均匀的，可能会形成局部爆炸的危险。拟定这个局部占整个空间的20%，则有：

$$25\% \times 20\% = 5\%$$

另外5%这个数值的确定，也参考了苏联有关建筑设计的消防法规的规定。

由于生产中使用或产生的甲、乙类可燃气体的种类较多，在本附录表中不可能全部列出，对于爆炸下限<10%的甲类可燃气体取1L/m³为单位容积最大允许量是采取了几种甲类可燃气体计算结果的平均值（如，乙炔的计算结果是0.75L/m³，甲烷的计算结果为2.5L/m³）。同理，对于爆炸下限>10%的乙类可燃气体取5L/m³为单位容积最大允许量。

对于助燃气体（如氧气、氯气、氟气等）单位容积的最大允许限量的数值确定，是参考了苏联、日本等国家有关消防法规确定的。

（2）对于液态甲、乙类危险性物品

在厂房或实验室内少量使用易燃易爆甲、乙类危险性物品，要考虑其全部挥发后弥漫在整个厂房或实验室内，同空气的混合比是否低于爆炸下限的5%。低者则可不按甲、乙类火灾危险性进行确定。对于任何一种甲、乙类液体，其单位体积（升）全部挥发后的气体体积可按下式进行计算：

$$V=829.52\frac{B}{M} \quad (1)$$

式中 V ——气体体积（l）；

B ——液体比重（g/ml）；

M ——挥发性气体的气体密度。

此公式引自《美国防火手册》，原公式为每加仑液体产生的挥发气体体积。

$$V=\frac{8.33\times（液体比重）}{0.075\times（挥发性气体密度）} \quad (2)$$

公式中液体的比重，以水的比重为1。挥发气气体密度，以空气的密度为1。符号V表示挥发气气体体积，单位为立方英尺。换算为公制单位后公式（2）变为公式（1）。

对于液态的强氯化剂等甲、乙类物品的数值的确定，是参照了苏联、日本等国的有关法规确定的。

（3）关于固态（包括粉状）甲、乙类危险性物品

对于金属钾，金属钠，黄磷、赤磷、赛璐珞板等固态甲、乙类危险物品和镁粉、铝粉等乙类危险物品的单位容积的最大允许量也是参照了国外有关消防法规确定的。

2. 厂房或实验室内最多允许存放的总量

对于容积较大的厂房或实验室，单凭着房间内“单位容积的最大允许量”一个指标来控制是不够的。因为在这些厂房或实验室尽管单位容积最大允许量这个指标不超过规定，也会相对集中放置较大量的甲、乙类危险物品，而这些危险品发生火灾后是难以控制的。在本附录表中规定了最大允许存在甲、乙类危险品总量的指标，这些数值的确定是参照了美国、日本及苏联等国的有关消防法规的规定，并结合我国消防设备的灭火能力确定的。例如表中关于汽油、丙酮、乙醚等闪点低于28℃的甲类液体，最大允许总量确定为100升，就是参照了国家标准《手提式灭火器通用技术条件》中一支灭火器（18B）灭火试验所能控制的汽油量确定的。这个数据同国外有关消防规范规定的数据基本吻合。在美国的防火手册中，还规定扑救这类火灾时灭火器的能力不应小于40B（B为灭火器性能的级别），并安放在9m的范围以内。这些同我们平时所要求的，两支消火栓控制火灾的最基本原则也是协调一致的。

3. 注意事项

在应用本附录进行计算时，如厂房或实验室内的危险物品种类在两种或两种以上，原则上只要求以火灾危险较大，两项控制指标要求较严格的危险物品进行计算、确定。

（二）注②所说的是在一栋厂房中或防火墙间如有甲、乙类生产时，如果甲类生产在发生事故时，可燃物质足以构成爆炸或燃烧危险，那么该建筑物中的生产类别应按甲类处理。但如果一栋很大的厂房内，甲类生产所占用的面积比例很小时，而且即使发生火灾也不能蔓延到其他地方，该厂房可按火灾危险性较小的确定。如在一栋防火分区最大允许占地面积不限的戊类汽车总装厂房中，喷漆工段占总装厂房的面积比例不足10%时，其生产类别仍属戊类。近年来，喷漆工艺有了很大的改进和提高，并采取了一些行之有效的防护措施，生产过程中的火灾危害减少，同时参照了一些引进工程同类生产厂房喷漆工段所占面积的比例，补充规定了在同时满足注②三个条件的前提下，其面积比例不应超过20%。

第二节　厂房的耐火等级、层数和占地面积

第3.2.1条　根据不同的生产火灾危险性类别，正确选择厂房的耐火等级，分别对厂房的层数和占地面积作出规定，是防止火灾发生和蔓延扩大的有效措施之一。

一、高层厂房

原规范厂房只有单层、多层之分，对厂房的高度没有明确的限制。据调查，为节约建设用地，我国在70年代以来，轻工、医药、电子、仪表等行业建成了许多高层厂房。如：某电子管二厂束管大楼为9层，高达54m；某电子有限公司主厂房为9层，高43m。为保障消防安全，本次修订增加了高层厂房的内容，即将高度大于24m、二层及二层以上的厂房划为高层厂房；高度等于或小于24m，二层及二层以上的厂房划为多层厂房。这样便于针对厂房高度的不同，在耐火等级、防火间距、防火分区、安全疏散、消防给水等方面分别提出不同的要求。

高层厂房以高度24m为起算高度，是根据下列情况提出的：

（一）登高消防器材

我国目前不少城市尚无登高消防车，只有少数城市（如北京、上海等）配备了为数不多的登高消防车，其中引进的曲臂登高消防车，工作高度为24m左右，我国定型生产的CQ28型曲臂登高消防车，其最大高度为23m，24m以下的厂房尚能利用此种登高消防车进行扑救，再高一些的厂房就不能满足需要了。

（二）消防供水能力

目前我国城市消防队大多是配备解放牌消防车，这种消防车在最不利情况下直接吸水扑救火灾的最大高度约为24m左右。

（三）消防队员的登高能力

根据1980年6月在高层住宅楼进行一次消防队员登高能力测试表明，登高层之后要能够进行扑救战斗，其能力是有限的。登高八层、九层对多数队员来说还是可以的，其登高高度约为23m。

（四）与《高层民用建筑设计防火规范》中规定的起始高度一致起来，该规范规定以高度大于24m为高层，故本规范也以24m为划分高层与多层的界限。

至于单层厂房有的高度虽然超过24m（如机械工厂的装配厂房、钢铁厂的炼钢厂房等），因厂房空间大，耐火等级又多为一、二级，产生火灾危险性较小，故仍按单层厂房对待。高度超过24m的单层厂房内的局部生产操作平台，如炼钢厂房的加料操作平台，仍可算为单层厂房。

二、厂房的耐火等级

从火灾实例分析，三、四级耐火等级的厂房，采用燃烧体的屋顶承重构件，容易着火蔓延，扑救也较困难，成灾几率和火灾损失远较一、二级耐火等级大。由于厂房的耐火等级与生产火灾危险性类别不相适应而造成的火灾事故是比较多的。如某服装厂，属于丙类生产，厂房的耐火等级为四级，发生火灾后仅十几分钟内就将500m^{2}的厂房全部烧光，设备烧毁；又如某市乒乓球厂生产厂房属甲、乙类生产，厂房耐火等级除部分为二级、烘房有防火分隔外，大部分为三级耐火等级，工序之间的连通孔洞没有防火分隔，1983年6月因电机粉尘积聚过厚（最厚达3cm），粉尘受热起火成灾，烧毁轧胚、包装等6个车间（面积达2700m^2），烧毁、烧损专用设备25台，损失33万元。

按火灾危险性不同，提出厂房的不同耐火等级要求，对容易失火、蔓延快、扑救困难的厂房提出较高的耐火等级要求是必要的。本条对甲、乙类厂房，要求采用一、二级耐火等级，将丙类厂房最低耐火等级限为三级，丁、戊类厂房限为四级。

据上海、广州、深圳等地调查，已建成的高层厂房均为钢筋混凝土结构，基本符合一、二级耐火等级的要求，同时考虑高层建筑火灾蔓延快、扑救困难的特点，为适应消防需要，规定高层厂房的耐火等级应为一、二级。

三、层数和占地面积

根据火灾危险性和厂房耐火等级规定，相应的允许建筑层数和每个防火分区最大允许占地面积。是考虑发生火灾时，安全疏散的可能性，也是为了把火灾危险性控制在一定范围内，阻止火势蔓延，减少火灾危害。

本次修订将原规范“防火墙间最大允许占地面积”改为“防

火分区最大允许占地面积”。这是为适应生产发展，需要建设大面积厂房时，每个防火分区除采用防火墙分隔外，对一、二级耐火等级的单层厂房（甲类厂房除外）也可采用防火水幕带，或防火卷帘和水幕代替防火墙作为防火分隔。

表中“最大允许占地面积”是指每层允许最大建筑面积。

（一）甲类生产性质属易燃易爆，既容易发生火灾事故，火势蔓延又快，疏散和抢救物资困难，层数多就更难扑救的情况。因此，本条规定甲类厂房除因生产工艺需要外，宜为单层建筑。如乙炔站设单层建筑可以满足生产工艺要求，就不应建多层建筑。但其他类型的工厂如染料厂、制药原料厂的某些产品生产需要建多层者，可适当放宽。据调查，甲类生产厂房的占地面积多数在 $3500m^2$ 以下，其高度一般不超过 24m，故面积指标只列到多层厂房一栏。

（二）丙类厂房产生或使用可燃物多，发生火灾较难控制。如某针织厂主厂房为一层多跨锯齿形三级建筑，其占地面积近 $5000m^2$，厂房内无防火分隔墙，1966 年失火就烧掉了厂房的四分之一和大量设备，故本条将丙类三级单层厂房面积限为 $3000m^2$。据消防部门反映，丙类一级耐火等级的单层厂房，当不设自动灭火设备时，其占地面积本应有所控制，本次修订考虑安全与节约关系仍维持不限。

（三）丁、戊类厂房虽然火灾危险性较小，但三、四级耐火等级的厂房发生火灾事故还是有的。如某电机厂 1965 年失火烧毁多跨砖木结构的厂房一座，其面积达 $9000m^2$，厂房无防火分区，失火火势难以控制；又如某市汽车制造厂齿轮厂厂房为三级建筑，1983 年 9 月由于厂房附近油毡工棚着火蔓延到主厂房，烧毁厂房面积 $7000m^2$ 和 160 多台设备，损失折款 157 万元。可见对三、四级建筑的丁、戊类厂房面积作出规定是必要的。

（四）高层厂房的允许占地面积是新订的。据对上海、北京、深圳、杭州等地调查和搜集到的 26 个高层厂房资料分析：厂房均为钢筋混凝土结构，厂房高度最高的为 54m（4 个）；41～50m（7 个）；32～40m（4 个）；24～31m（11 个）。层数为 6～9 层，厂房柱距一般为 6m，进深最大为 28m，多数为 15～24m。厂房占地面积因受采光和结构上的限制，绝大多数在 $2000m^2$ 以下，只有一个达到 $3000m^2$。有关我国现有高层厂房情况见表 3.2.1。

高层民用建筑设计防火规范，参考了国外资料和结合国内高层建筑建设实践，规定了防火分区的面积，即一类高层建筑定为 $1000m^2$，二类高层建筑定为 $1500m^2$。

考虑到高层厂房与高层民用建筑比较有以下特点：

1. 高层厂房内职工工作岗位比较固定，熟悉厂房内疏散路线和消防设施，熟悉厂房周围环境。可以组织义务消防队，便于消防管理，不像公共建筑那样，人员流动性大，老人小孩都有，环境不熟悉，疏散要困难些，防火管理比较复杂；

2. 厂房外形比较规整，厂房内可燃装修、管道竖井比民用建筑少，但用电设备比民用建筑多；

3. 厂房楼板荷重多数为 1000～1500kg/m^2，比民用建筑楼板荷重大，使得楼板的耐火极限要高些；

4. 高层厂房生产类别多样性，有乙、丙、丁、戊四类，民用建筑如参照生产类别划分，一般可划为丙类。从目前已有高层厂房看，大多数是丙、丁、戊类；

5. 由于生产工艺需要，厂房房间隔断比民用建筑少，层高比民用建筑大，因而每个房间空间体积比民用建筑大，较易发现火情，较易疏散和扑救，但火灾蔓延也快。

综合上述特点，高层厂房防火一般说比民用建筑有利，故其防火分区允许占地面积不能和民用建筑同等对待。既要考虑防火安全，消防扑救的要求，又要顾及生产实际需要以及节省投资，按照生产类别分别作出规定。由于对高层厂房的消防实践经验不多，在本次修订规范中，参考了国内已有高层厂房的情况，以丙类生产高层厂房为基准，比照高层民用建筑的防火分区面积大一倍；比丙类多层厂房的防火分区面积减少 50%，确定了丙类高层厂房的防火分区面积：丙类一级为 3000m²，丙类二级为 2000m²。据此综合确定各生产类别的防火分区面积，见条文表 3.2.1。

（五）地下室、半地下室采光差，其出入口的楼梯既是疏散口又是排烟口，同时还是消防抢救口，不仅造成疏散和扑救困难，而且威胁地上厂房的安全。本规范规定甲、乙类厂房不应设在地下室、半地下室内，对丙、丁、戊类厂房的允许面积也要严格些，丙类限为 500m²，丁、戊类限为 1000m²。

（六）本条对丙类厂房的防火分区面积作出了规定，但鉴于有些行业生产上需要建大面积的联合厂房，工艺上又不宜设防火分隔，有的虽同划为丙类厂房，但火灾危险性大小也不尽相同。为解决执行上的困难，注②、注③对纺织厂房（麻纺厂除外），造纸生产联合厂房专门予以放宽。麻纺厂因为有粉尘爆炸的危险性，所以不予放宽。

某纺织印染厂新建 5 万纱锭纺织厂房，面积为 44000m² 的二级耐火等级建筑，其中织布车间面积 9600m²，超过 8000m² 的规定。考虑到织布车间比之原棉开包、清花车间火灾危险性相对小些，并根据纺织工业部设计院来函说明情况和要求，注②对一级耐火等级的多层及二级耐火等级的单层、多层纺织厂房作了放宽，可按规定的面积增加 50%，但对纺织厂房内火灾危险性较大的原棉开包、清花车间均应用防火墙分隔。

造纸生产联合厂房为多层建筑，一般由打浆、抄纸、完成三个工段组成，其中火灾危险性属于丙类的占 1/3～1/2。由于各种管道、运输设备及人流来往密切，并设有连贯三个工段的桥式吊车，难以设防火分隔。几个已建成的造纸联合生产厂房，其面积为 6880～8350m²。根据轻工业部设计院来函要求，注③对一、二级耐火等级的单层、多层造纸生产联合厂房的防火分区最大允许占地面积可按条文表 3.2.1 的规定增加 1.5 倍，即二级耐火等级的多层造纸厂房由 4000m² 增加到 10000m²。

高层厂房概况表 表 3.2.1

厂 名	层 数	面积(平方米)		房 高 (米)		电梯数	楼梯数
		底层面积	总建筑面积	每层高	总高度		
某电子管二厂束管大楼	9(另地下室1层)	1630	16905(包括地下室1630)	6	54(屋顶水池顶标高为56.86)	3	2
某制药厂制剂大楼	8(部分为9层另地下室1层)	1120	10440(另地下室1130)	6+4.5×6+6	39(8层) 43.5(9层) 52.63(机房顶标高)	3	2
某广播器材厂彩色电视车间	9(另地下室1层)	1184	10394(另地下室913)	5.4+3.9×8	36.6	2	2
某手表二厂主厂房	7(部分为9层，另地下室1层)	1000	7000(另地下室964)	5+4.5×5+4	31.5(机房顶标高为37)	2	2
某无线电18厂装配大楼	6	3002	18438	6+4.7×5	29.5	2	3
某童装厂童装车间	6(部分为8层)	600多	4200	4	24(部分为32)	1	2
某电子有限公司主厂房	9	900多	～10000		43	2	2
某手表厂主厂房	6	1614	9432	5.5+4.5×4+5	28.5	2	3
某汽车减震器厂金工装配联合厂房	4	1658	6632	6	24	3	2
某手表厂3号大楼	9	1516	～14000	5.4+4.8×7+5.7	44.7(屋顶水箱机房顶48.7)	3	2

此外，大型火力发电厂主厂房高度超过 24m，其面积也超过条文表 3.2.1 条的规定，可根据实际情况予以放宽。

（七）在防火分区内设有自动灭火设备时，能及时控制和扑灭初期火灾，有效地控制火势蔓延，使厂房安全程度大为提高，自动灭火设备为世界上许多国家广泛应用，也为国内一些实践所证实。例如 50 年代建设的哈尔滨亚麻厂梳麻车间数次着火，厂房内的自动喷水灭火设备都及时喷水扑灭了火灾。近几年我国对自动灭火设备的研制应用又有很大的发展，故本条增加了注④的规定，设有自动灭火设备的厂房，每个防火分区的占地面积可以增加，甲、乙、丙类厂房比条文表 3.2.1 规定的面积增加一倍，纺织厂房、造纸生产联合厂房可在注③、注④的基础上再增加一倍，丁、戊类厂房不限。如局部设置，增加的面积只能按该局部面积的一倍计算。

（八）规范表 3.2.1 中注有“—”符号者，表示不允许。

（九）邮政楼由于工艺流程的需要，一般采用低层大平面设计。邮件处理中心设有机械分拣传送带，实质是个大车间，所以按丙类厂房确定防火分区和其他防火措施比较合适。

第 3.2.2 条 本条“特殊贵重”一词是指：

一、设备价格昂贵、火灾损失大。如中型以上电子计算机每台价值 100 万元以上；某手表厂进口一种检验设备，每台价值 50 万美元，全国才进口两台，有一台被烧毁，损失就很大。一台设备或连同其配套设备的价值之和超过 100 万元，可认为是“特殊贵重”的。

二、影响工厂或地区生产全局的关键设施，如发电厂、化工厂的主控室，失火后影响大、损失大，也可认为是“特殊贵重”的。

总之，“特殊贵重”是指价格昂贵、稀缺设备或影响生产全局的设施，应单建或建在厂房内单独隔开的房间里，并应是一级耐火等级的。

第 3.2.3 条 小型企业由于受投资或建筑材料的限制，在发生火灾事故后造成的损失不大并不致于波及周围的企业、居民建筑的条件下，甲类生产厂房允许采用独立的三级耐火等级单层建筑，但建筑面积不应超过 $300m^2$。

第 3.2.4 条 使用或产生丙类液体的厂房；丁类生产中如炼钢炉出钢水喷发出钢火花；从加热炉内取出赤热钢件进行锻打；在热处理油池中钢件淬火，使油池内油温升高而可能着火。某船厂热处理车间淬火油池体积为 9m（长）×6m（宽）×3.5m（深），内储热处理油 80t（闪点 140～160℃），大件淬火时，消防车就停在厂房外待命扑救，经多次淬火发现屋架受高温火焰烘烤，安全受到严重威胁，投产后已在油池附近开间的几榀钢筋混凝土屋架包裹了石棉隔热层，柱子包了耐火砖，以防构件受高温影响使用寿命，现正计划增设 1211 灭火系统。显然，三级耐火等级建筑的屋顶承重构件是难以承受经常的高温烘烤，一旦着火蔓延也快，这些厂房虽属丙、丁类生产，也应严格要求设在一、二级建筑内。只有丙类面积不超过 $500m^2$，丁类不超过 $1000m^2$ 的小厂房，当为独立建筑或与其他生产部位有防火分隔时，方可采用三级耐火等级建筑。

第 3.2.5 条 锅炉房属丁类明火生产。据 54 个锅炉房事故案例分析，其中汽包爆炸 32 起，这是属于锅炉物理性燃烧，与火灾危险无关；火灾 8 起，炉膛爆炸 14 起，这 22 起与火灾危险性有密切关系。

火灾和炉膛爆炸 22 起事故中，燃煤锅炉占 7 起，燃油锅炉占 8 起，燃气锅炉占 7 起，可见燃油燃气锅炉房的事故比燃煤的多，损失的也严重。所发生的事故中绝大多数是三级耐火等级建筑，故本条规定锅炉房应采用一、二级耐火等级建筑。但每小时总蒸发量不超过 4t 的燃煤锅炉房，一般属于规模不大的企业或非采暖地区的工厂，专为厂房生产用汽而设的规模较小的锅炉房，其面积一般为 350～$400m^2$，可放宽采用三级耐火等级，燃油、燃气锅炉房仍应采用一、二级耐火等级。

第 3.2.6 条 油浸变压器是一种多油电器设备。当它长期过负荷或发生故障产生电弧时，油温过高会起火或电弧使油剧烈气化，可能使变压器外壳爆裂酿成火灾，因此运行中的变压器存在有燃烧或爆裂的可能。

二级耐火等级建筑的屋顶承重构件耐火极限为 0.5h，而在第 7.3.1 条中还允许放宽采用无保护的金属结构，其耐火极限仅 0.25h，从变压器的燃烧实例来看这时间是不够的。

有一变压器室是砖墙、混凝土楼板、铁门的一级耐火等级建筑，变压器烧了 2h，火没有蔓延出去，建筑未受破坏，因此规定变压器室应为一级耐火等级建筑。对于干式或非燃液体的变压器，因其火灾危险性小，不易发生爆炸，故未作限制。

当几台变压器安装在一个房间内，如一台变压器发生故障或爆裂时，将要波及其余的变压器，使灾情扩大。如某变电所，两台 1000kVA 的变压器安装在一个房间内，其中一台变压器内部发生故障，喷油燃烧，将另一台正常运行的变压器烧着起火，结果两台变压器全部烧毁。故在条件允许时，对大型变压器宜作防火分隔。

原条文规定油浸电力变压器室应采用一级耐火等级的建筑，有的工程设计单位反映，为了满足楼板等个别建筑构件的耐火极限，致使施工复杂，所以作了降低和调整。

第 3.2.7 条 甲、乙类生产厂房属易燃易爆场所，运行中的变压器又存在燃烧或爆裂的可能性，不应将变电所、配电所设在有爆炸危险的甲、乙类厂房内或贴邻建造，以提高厂房的安全程度。如果生产上确有需要，可以放宽，允许专为一个甲类或乙类厂房服务的 10kV 及以下的变电所、配电所在厂房的一面外墙贴邻建造，并用无门窗洞口的防火墙隔开。这里强调“专用”，就是指其他厂房不依靠这个变电所、配电所供电。

对乙类厂房的配电所，如氨压缩机房的配电所为观察设备、仪表运转情况，需要设观察窗，故放宽允许在配电所的防火墙上设置非燃烧体的密封固定窗。

除执行本条的规定外，其余的防爆防火要求，尚应符合《爆炸和火灾危险场所电力装置设计规范》的有关规定。

第 3.2.8 条 为节约用地和因生产工艺流程的连续性要求，常常在高层、多层厂房内设置库房。如某市童装厂主厂房 6 层，底层为原料、成品库房，某市制药厂主厂房 9 层，底层为纸箱、成品库，这在一些轻型厂房是难以避免的。本条对在高层、多层厂房内设库房作出规定，库房内允许储存丙、丁、戊类物品，为便于扑救和疏散物资，库房宜设在底层或二、三层内，这和生产工艺的要求也是相符的。库房的耐火等级和面积应符合规范表 4.2.1 的规定，且库房和厂房的占地面积总和不应超过一座厂房的允许占地面积，例如丙类二级多层厂房内附设丙类 2 项物品库房，厂房允许占地面积为 $6000m^2$，每座库房允许占地面积为 $3000m^2$，防火墙间允许占地面积为 $1000m^2$，则该厂房和库房允许占地面积总和仍为 $6000m^2$。假定在一层布置库房，只能在 $6000m^2$ 面积中划出 $3000m^2$ 作为库房，库房内还要设三个防火隔间才能符合要求。当设自动灭火设备时，占地面积可按第 3.2.1、第 4.2.1 条的规定予以放宽。

在同一建筑内，库房和厂房的耐火等级应当一致，其耐火等级应按要求较高的一方确定。库房与厂房都应用耐火极限不低于 3.00h 的非燃烧墙和 1.50h 的非燃烧体楼板隔开，当库房面积达到规定的防火墙间允许占地面积时，与厂房的隔墙尚应做成防火墙。

甲、乙类物品库房火灾危险性大，不允许设在高层、多层厂房内，至于生产必须使用的甲、乙类物品，只能做为中间仓库储存并符合第 3.2.10 条的规定。

第 3.2.9 条 见第 3.2.1 条说明。

第 3.2.10 条 为满足厂房日常生产需要，往往需要从仓库或上道工序的厂房取得一定数量的原材料、半成品、辅助材料存放在厂房内，存放上述物品的场所叫做中间仓库。对于易燃、易爆的甲、乙类物品如不隔开单独存放，在发生火灾时，就互相影响，造成不应有的损失。如某塑料厂，将酒精、丙酮等桶装易燃液体放在厂房内，没有砖墙或其他非燃材料与其他部位隔开，由于赛璐珞自燃爆炸起火，赛璐珞与酒精、丙酮一起燃烧，火焰蔓延迅速，数十分钟内厂房全部烧毁。本条对厂房内存放甲、乙类物品的中间仓库专门作出规定，控制储量不宜超过一昼夜的需用量，由于工厂规模不同、产品不同，一昼夜需用量的绝对值有大有小，难以规定一个具体的限量数据，当需用量较少的厂房，如有的手表厂用于清洗的汽油，每昼夜需量只有20kg，则可适当放宽存放1～2昼夜的用量，如一昼夜需用量较大，则应严格控制为1昼夜用量。本条还规定了中间仓库的布置和分隔构造要求，中间库最好有直通室外的出口。

第3.2.11条 中间罐常放在厂房外墙附近，为安全起见，对外墙作了限制规定，同时对小型储罐提倡直接埋地设置，故增加了此条内容。

第三节 厂房的防火间距

第3.3.1条 说明如下：

一、防火间距的确定

本条主要是综合考虑满足火灾时消防扑救需要，防止火势向邻近建筑蔓延扩大以及节约用地等因素确定的。

影响防火间距因素较多，条件也不同，从火灾蔓延角度看，主要有“飞火”、“热对流”和“热辐射”等。“飞火”又与风力有关，在大风情况下，从火场飞出的“火团”可达数十米、数百米，显然要考虑飞火因素，要求距离太大，难以做到。至于“热对流”，主要是热气流喷出窗口后就向上升腾，对相邻建筑的火灾蔓延影响较“热辐射”为小，可以不考虑。考虑防火间隔因素主要是“热辐射”强度。

影响“热辐射”强度与消防扑救力量、火灾延续时间、可燃物的性质和数量、外墙开口面积的大小、建筑物的长度和高度以及气象条件等有关。国外虽有按“热辐射”强度理论计算防火间距的公式，但没有把影响“热辐射”的一些主要因素（如发现和扑救火灾早晚，火灾持续时间）考虑进去，计算数据往往偏大，国内还缺乏这方面的研究成果。因此本条规定防火间距主要根据当前消防扑救力量，结合火灾实例和消防灭火的实际经验确定的。

据调查，一、二级耐火等级建筑之间，在初期火灾时有10m左右的间距，三、四级耐火等级建筑有14～18m的距离，一般能满足扑救需要和控制火势蔓延。如某木材厂板材车间为单层三级耐火等级建筑，着火后，消防队在起火初期就赶到现场，距该车间10m处有一座食堂，也为单层三级耐火等级建筑，在水枪保护下没有蔓延，但木封檐被烤碳化。又如某木材厂板材车间为单层三级建筑，相邻车间也属三级建筑，相距8m，该车间着火时，虽有水枪保护，由于距离较近，消防队员被辐射热烤得影响正常扑救活动，其相邻部分被蔓延着火。再如，某油脂化工厂油脂车间为一级耐火等级建筑，该车间着火后，距10m处有一座二层的三级耐火等级建筑，在水枪保护下没有被蔓延。还有某钢厂金属钛车间为单层二级耐火等级建筑，着火后距10.5m处的二级耐火建筑的空压站，在水枪保护下没有受到影响。火灾蔓延与很多条件有关系，本条规定的基本数据，只是考虑一般情况，基本能防止初期火灾的蔓延。

二、规范表3.3.1是指厂房防火间距的基本数据，由于厂房生产类别、高度的不同，具体执行应有所区别；还考虑到老厂改、扩建执行防火间距有困难，当采取措施后可以减少间距。为此本条增加了一系列附注。

（一）注①主要是为考虑厂房之间的防火间距有一个统一的计算标准。

（二）注②甲类厂房易燃、易爆，防火间距要求高，应按规范中表3.3.1规定的数据增加2m。对于甲、乙类厂房凡有专门规范规定的间距大于本条规定的，尚应按专门规范执行。如乙炔站与氧气站的间距还应符合《氧气站设计规范》的规定。

戊类厂房是在常温下使用或加工非燃烧物质的生产，火灾危险性较小。为节约用地，戊类厂房之间的防火间距可比表列数据减小2m。但戊类厂房与其他生产类别的厂房防火间距仍应执行规范中表3.3.1的规定。

（三）注③扑救高层厂房火灾除使用普通消防车外，还使用曲臂、云梯等登高消防车辆。目前国内使用的CQ23型曲臂登高消防车最大回转半径为12m；CT28型云梯消防车的最大工作半径为13m，为满足这些消防车灭火操作的需要，并考虑与其他三、四级的厂房，因耐火等级较低，本注规定高层厂房之间及其与其他厂房之间的防火间距应按规范中表3.3.1的数据增加3m。

要指出：注②、注③是独立执行的，没有相互累加或累减的关系。例如，高层厂房与甲类厂房的防火间距是13m（不是10m加2m后再加3m）；同样的高层厂房与一、二级耐火等级戊类厂房的防火间距也是13m（不是10m减2m之后再加3m）。

（四）注④、⑤、⑥、⑦、⑧是指允许减少防火间距的措施，不同措施有不同的减少数据。每个注都是独立执行的，与其他注没有累加或累减的关系。

注④两座厂房相邻较高一面的外墙为防火墙，防火间距不限，但甲类厂房与甲类厂房之间还应有限，至少保持4m的间距。

如两座相邻的外墙为等高时，当一面外墙为防火墙时，防火间距怎么定？遇有此种情况，除设防火墙外，当相邻两侧厂房的屋盖耐火极限均不低于1.00h时，可执行注④的规定，否则就要按注⑤的规定执行。

（五）注⑤、注⑥规定的措施和间距值对高层厂房同样适用。注⑥所指防火门窗、防火卷帘应当有自动关闭的措施。

（六）注⑦对高层厂房同样适用，当符合注⑦的规定，高层厂房与一、二级丙、丁、戊厂房的间距可减为7.5m。

第3.3.2条 对于山、凵形厂房如图3.3.2，其两翼相当于两座厂房，为便于扑救火灾减少蔓延，两翼之间防火间距l应按规范表3.3.1规定执行，但整个厂房占地面积不超过规范表3.2.1的规定，表中规定面积为不限者，最大按10000m²确定，其两翼之间的防火间距l值可减为6m。

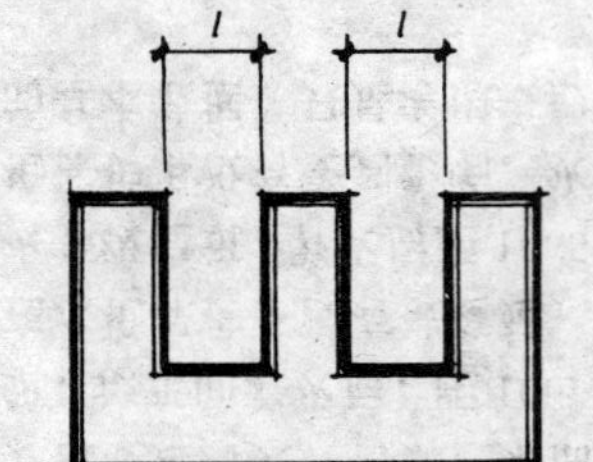

图3.3.2 山形厂房

第3.3.3条 本条主要是指厂房外设有化学易燃物品的设备时，与相邻厂房、设备之间的防火间距确定方法（如图3.3.3）。

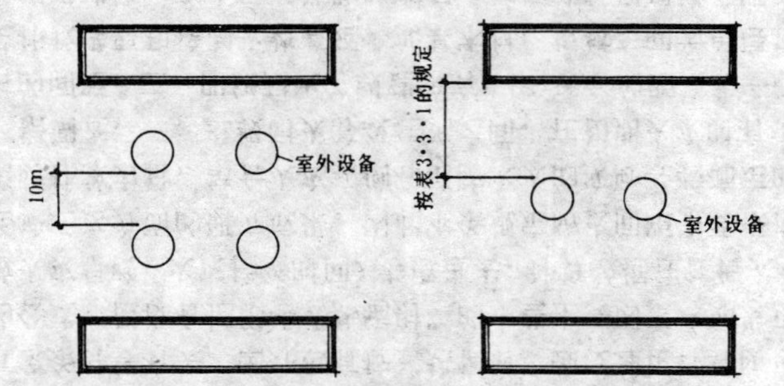

图3.3.3 有室外设备时的防火间距

装有化学易燃物品的室外设备，其设备本身是不燃材料，所以设备本身按相当于一、二级耐火等级建筑考虑。

室外设备外壁与相邻厂房室外设备之间的距离，不应小于10m；其与相邻厂房外墙之间的防火间距，不应小于规范表3.3.1的规定，即：室外设备内装有甲类物品时，与相邻厂房的间距为12m；装有乙类物品时，与相邻厂房的间距为10m。

如厂房附设的是不燃物品室外设备时，则两相对厂房之间的防火间距可按规范表3.3.1执行。

至于化学易燃物品的室外设备与所属厂房的间距主要按工艺要求确定，本条不作具体规定。

第3.3.4条 改、扩建厂受已有场地限制或因建设用地紧张，当数座厂房面积之和不超过第3.2.1条规定的防火分区最大允许占地面积时，可以成组布置。面积不限者，不应超过$10000m^2$。

举例如图3.3.4所示，设有三座二级耐火等级的丙、丁、戊厂房，其中丙类火灾危险性最高（查规范表3.2.1），丙类二级最大允许占地面积为$7000m^2$，则三座厂房面积之和应控制在$7000m^2$以内。由于丁类厂房高度超过7m，则丁类厂房与丙、戊类厂房间距不应小于6m。丙、戊类厂房高度均不超过7m，则丙、戊类厂房间距不应小于4m。

组与组或组与相邻厂房之间的防火间距则应符合规范表3.3.1的规定。

高层厂房扑救困难，甲类厂房危险性大，是不允许搞成组布置的。

组内厂房之间最小间距4m是一个消防车道的要求，也是考虑消防扑救的需要。当厂房高度为7m时，假定消防队员手提水枪往上成60°角，就得有4m的水平间距才能喷射到7m的高度。故以高度7m为划分的界线，当超过7m时，则应有6m的水平间距。

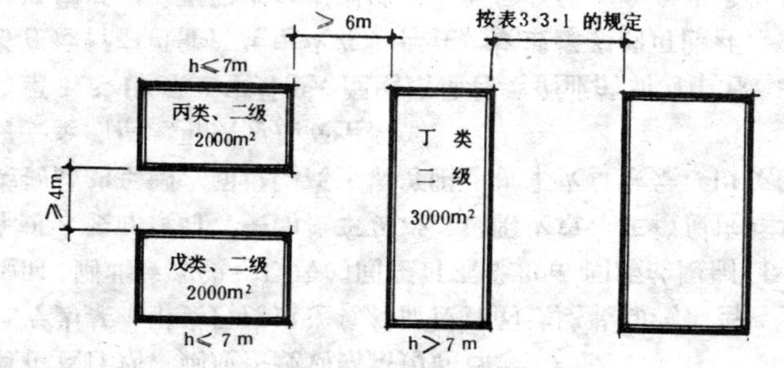

图3.3.4 成组厂房布置示意

第3.3.5条 厂房与甲类物品库房的防火间距按表4.3.4的其他建筑一栏的数据执行，但高层厂房与甲类物品库房的防火间距，凡表中小于13m者应按13m执行，大于13m者仍按表列数据执行。

第3.3.6条 本条规定了高层厂房、高层库房、甲类厂房与各类贮罐、堆场之间防火间距的确定方法。

上述建筑与甲、乙、丙类液体贮罐的间距按第4.4.2条规定执行；与甲、乙、丙类液体装卸鹤管间距按第4.4.9条规定执行；与湿式可燃气体储罐或罐区的间距按规范中表4.5.1“其他建筑”一档及表注的规定执行；与湿式氧气储罐或罐区的间距按规范中表4.5.4“其他建筑”一栏执行；与液化石油气储罐或罐区的间距按规范中表4.6.2“其他建筑”一栏及表注的规定执行；与易燃、可燃材料堆场的间距按规范中表4.7.2及表注的规定执行。但甲类厂房与上述贮罐、堆场的间距，凡表列及表注的数据小于12m者，应按12m执行（与煤、焦炭堆场的间距可仍按规范中表4.7.2规定执行）；高层厂房、库房与上述储罐、堆场的间距，凡小于13m者，应按13m执行（与煤、焦炭堆场的间距可仍按规范表4.7.2

规定执行)。

第 3.3.7 条 按二级耐火等级建筑要求，屋顶承重构件以及外墙均应采用非燃烧体材料并应符合各自耐火极限的要求。但在一些国外引进建筑项目中，如辽阳化工厂裂解车间压缩机厂房为甲类防爆厂房，该厂房为钢屋架石棉瓦屋面，外墙为瓦楞铁皮墙，外墙上部四周设有水喷雾保护，上述构件均为非燃材料并符合防爆泄压要求。就是耐火极限达不到二级的要求，近几年，一些部门为加速厂房、库房建设也采用了钢屋架和金属外墙，例如，棉花丰收了，露天存放损失很大，商业部门建造了一批钢屋架、铁皮作围护墙的棉花仓库，同样的耐火极限达不到二级的要求。这类建筑耐火性能比二级耐火等级建筑要差些，因此，本条针对此类建筑按其火灾危险性的不同提出不同的防火间距要求，即甲、乙、丙类厂房的防火间距执行规范中表 3.3.1 三级耐火等级建筑的要求，丁、戊类厂房执行二级耐火等级建筑的要求。例如，上述丙类厂房与一、二级厂房的间距定为 12m，丁类厂房与一、二级厂房的间距可按 10m 执行。

第 3.3.8 条 民用建筑内人员比较密集，其与厂房的防火间距，不应比厂房与厂房之间的间距小，为此本条根据厂房生产类别的不同分别作出不同的规定。

本条所指的民用建筑也包括设在厂区内独立的公共建筑（如办公楼、研究所、食堂、浴室等），其防火间距应执行第 3.3.1 条的规定。为厂房服务而专设的生活间，有的与厂房合并组成一座建筑，有的为满足通风采光需要，将生活间与厂房脱开布置，为方便生产工作联系和节约用地，丁、戊类厂房与其所属的生活间的防火间距可减小为 6m，生活间是指车间办公室、工人更衣休息室、浴室（不包括锅炉间）、就餐室（不包括厨房）等。

第 3.3.9 条 散发可燃气体、可燃蒸汽的甲类厂房附近，如有明火或散发火花地点，或距离铁路和道路过近时，容易引起燃烧或爆炸事故，因此二者要保持一定的距离。

锅炉房烟囱飞火引起火灾的案例是不少的。据调查资料和国外的一些资料分析，锅炉房烟囱飞火距离一般在 30m 左右，如烟囱高度超过 30m 或设有除尘器时，距离可小些，综合各类明火或散发火花地点的火源情况，与散发可燃气体、可燃蒸汽的甲类厂房防火间距不小于 30m。

与铁路的间距，一是考虑机车飞火对厂房的影响，二是考虑发生火灾爆炸事故时，对机车正常运行的影响。据日本对蒸汽机车做的火星飞火试验资料，距铁路中心 20m 处飞火的影响较少，故将距厂内铁路线的距离定为 20m，厂外线机车来往多，影响大，定为 30m。汽车排气管喷出的火星距离比机车飞火距离小些，远者一般为 8～10m，近者 3～4m，所以对厂内外道路分别作出不同的规定。

内燃机车当燃油雾化不好，排气管仍会喷出火星，故和蒸汽机车一样对待不减少间距。

应当指出本条所谓“厂外铁路”是指工业企业与全国铁路网、其他企业或原料基地衔接的铁路。当与国家铁路干线相邻时，其防火间距除执行本条规定外，尚应符合铁道部和有关专业规范的规定。

厂处道路如道路已成型不会再扩宽，则按现有路的路边起算，如有扩宽计划，则应按规划路路边起算。

专为某一甲类厂房运送物料而设计的铁路装卸线，当有安全措施时，则此装卸线与厂房的间距可不受 20m 间距的限制。例如：机车进入装卸线时，关闭机车灰箱，设阻火罩，车箱顶进并与装甲类物品的车辆之间设隔离车辆等阻止机车火星散发，以免影响厂房安全的措施可认为是安全措施。

第 3.3.10 条 室外变、配电站是各类企业的动力中心，电气设备在运行中可能产生电火花，存在燃烧或爆裂的可能性，万一发生燃烧事故，不但本身遭到破坏，而且会使一个企业或由其供电的所有企业导致生产停顿。某水电站的变压器爆炸，将厂房炸坏，油火顺过道、管沟、电缆架蔓延，从一楼烧到地下室，又从二楼烧到主控制室，将整个控制室全部烧毁，造成重大损失。为贯彻保卫重点精神，屋外变、配电站与其他建筑、堆场、贮罐的防火间距要求比一般厂房严些。

本条的室外变、配电站，是指电力系统电压为35～500kV且每台变压器容量在10000kVA以上的室外变、配电站，工业企业的变压器总油量超过5t的总降压变电站也应符合本条的规定。

表3.3.10按变压器总油量分为三档。35kV铝线电力变压器，每台额定容量为5000kVA的，其油量为2.52t，设2台总油量为5.04t；每台额定容量为10000kVA的，其油量为4.3t，设2台总油量为8.6t，110kV双卷铝线电力变压器，每台额定容量为10000kVA的，其油量为5.05t，设2台总油量为10.1t。表中第一档总油量定为5～10t，基本相当于设2台5000～10000kVA变压器的规模。但由于变压器的油量与变压器的电压、制造厂家、外形尺寸的不同，同样容量的变压器，油量也不尽相同，故分档仍以总油量多少来区分。大于10000kVA变压器的油量可参看第8.2.4条说明。

室外变、配电站区域内，变压器与主控室、配电室、值班室的间距由工艺要求确定，与变、配电站内其他附属建筑（不包括产生明火或散发火花的建筑）的防火间距，可按规范中表3.3.1的规定执行（变压器按一、二级耐火等级建筑考虑）。

第3.3.11条 汽车加油站是由加油机、地下油罐、加油站管理室等组成。城市汽车加油站适用本条规定。地下油罐灌装闪点小于28℃汽油属于甲类生产，起火或爆炸危险性较大，而城市加油站又多受到道路以及周围建筑物的限制，较难布置，综合这些因素规定了规范表3.3.11的防火间距值和附注。

汽车加油站的防火间距是以加油机、油罐的外壁起算。

规范表3.3.11中其他建筑一栏的防火间距，当为高层工业建筑、甲类厂房时，应分别按表列数据各增加3m、2m。

厂外铁路线当行驶电力机车时，与加油机、地下油罐的防火间距可减为20m。

表3.3.11的道路，包括厂外和厂内的道路。

对本条注解的说明：

注①为便于加油，企业内汽车加油站一般设在汽车库附近，城市加油站设在城市道路一侧，周围建筑密集，防火的环境条件比较差，对一个加油站的总油量和单罐容量应当控制。本条规定甲类液体总储量不应超过60m³，单罐容量不宜超过20m³，由于采用油罐图纸系列的不同或受油罐产品规格的限制，单罐容量由原来15m³放宽至20m³。当总储量超过60m³时，其防火间距应按第4.4.2条的规定执行。

油罐储存柴油车用的柴油，当闪点等于或大于60℃时，属于丙类液体，则总储量可按1立方甲类液体折算为2立方丙类液体确定，以策安全。

注③是考虑到城市加油站受周围条件的限制，与民用建筑的间距采用25m有困难时，在两者之间设有高度不低于2.2m实体围墙时，其防火间距可以放宽。

第3.3.12条 厂房与本厂区围墙的间距不宜小于5m，是考虑本厂区与相邻单位的建筑物之间基本防火间距的要求，厂房之间最小防火间距是10m，每方各留出一半即为5m，同时也符合一个消防车道的要求。但具体执行时尚应结合工程情况合理确定，故条文中用了“不宜”的措词。

一、如靠近相邻单位，本厂拟建甲类厂（库）房，甲、乙、丙类液体贮罐，可燃气体贮罐、液化石油气贮罐等火灾危险性较大的建（构）筑物时，则应使两相邻单位的建（构）筑物之间的防火间距符合本规范各有关条文的规定。故本条文又规定了在不宜小于5m的前提下，“并应满足围墙两侧建筑物之间防火间距要求”。

当围墙外是空地，相邻单位拟建何类建（构）筑物尚不明了时，则可按上述建（构）筑物与一、二级厂房应有防火间距的一半确定其与本厂区围墙的距离，其余部分由相邻单位在以后兴建工程时考虑。例如甲类厂房与一、二级厂房的防火间距为12m，则其与本厂区围墙的间距应定为6m。

二、工厂建设如因用地紧张，在满足与相邻单位建筑物之间防火间距的前提下，丙、丁、戊类厂房可不受距围墙5m间距的限制。例如厂区围墙外隔有城市道路，街区的建筑红线宽度已能满足防火间距的需要，则厂房与本厂区围墙的间距可以不限。但甲、乙类厂（库）房及火灾危险性较大的贮罐，堆场不得沿围墙建筑，仍应执行5m间距的规定。

第四节　厂房的防爆

第3.4.1条　有爆炸危险的厂房，设有足够的泄压面积，一旦发生爆炸时，就可大大减轻爆炸时的破坏强度，不致因主体结构遭受破坏而造成人员重大伤亡。因此防爆厂房要求有较大的泄压面积和较好的抗爆性能。

框架或排架结构形式便于墙面开大面积的门窗洞口作为泄压面积，为厂房作成敞开式、半敞开式的建筑形式提供了有利条件，同时框架或排架的结构整体性强，较之砖墙承重结构的抗爆性能好。从一些爆炸事故看也可说明这一点，如某煤气车间其一端为砖墙承重结构，另一端为钢筋混凝土框架结构，发生爆炸后砖墙一端倒塌严重，而框架部分破坏轻微，很快修复投产。所以此条提出易爆厂房宜采用敞开、半敞开式厂房，并且宜采用钢筋混凝土柱，钢柱承重的框架或排架结构。

第3.4.2条　一般情况下，同样等量的爆炸介质在密闭的小空间里和在开敞的空地上爆炸，其爆炸威力不一样，破坏强度不一样。在密闭的空间里爆炸破坏力大的多，因此易爆厂房应设置必要的泄压设施。泄压设施可为轻质屋盖、轻质墙体和易于泄压的门窗，但宜优先采用轻质屋盖。

易于泄压的门窗、轻质墙体、轻质屋盖是指门窗重量轻、玻璃较薄、墙体屋盖材料比重较小、门窗选用的小五金断面较小、构造节点的处理上要求易摧毁、脱落等。如：用于泄压的门窗可采用楔形木块固定，门窗上用的金属百页、插销等可选用断面小一些的，门窗的开启方向选择向外开。这样一旦发生爆炸时，因室内压力大，原关着的门窗上的小五金可能遭冲击波破坏，门窗则自动打开或自行掉落以达到泄压的目的。轻质屋盖和轻质墙体的每平方米重量规定不超过120kg，其依据一是参照苏联规范，二是根据国内结构材料情况所定。在南方屋顶保温层薄，甚至有的不做保温层，重量可以不超过120kg，而在北方，尤其是严寒地区，屋顶保温层厚，屋盖每平方米的重量一般超过120kg，因此在实际工程中要根据具体情况予以适当放宽。此外在材料的选择上除了要求自重轻以外，最好具有在爆炸时易破碎成碎块的特点以便于泄压和减小对人的危害。

第3.4.3条　有爆炸危险的甲、乙类厂房应设置必要的泄压面积，这样一旦发生爆炸事故时，易于通过泄压面积泄压，减少对支承结构的作用力，保护主体结构并能减少人员的伤亡和设备的破坏。如某小型乙炔站，某厂房体积为$50m^3$，而泄压面积（玻璃窗加石棉瓦屋顶）比值达45%，发生爆炸事故后，顶盖全部掀掉，墙体未被破坏，现仍继续使用，而某铝制品厂磨光车间，也是砖墙承重结构，体积为$525m^3$左右，泄压面积比值仅为2.75%，发生爆炸后砖墙倒塌，大型屋面板顶盖塌下，造成严重伤亡事故。原规范规定泄压面积比值为0.05～0.10，而根据实际需要，泄压面积是愈大愈好，同时现今建筑设计、施工、材料等各方面的条件也完全有可能做到较大泄压面积。再则参照国外的有关规定，如美国、日本均按爆炸介质的强弱规定必要的泄压面积比值。因此我们规定泄压面积比值一般应为0.05～0.22。

厂房爆炸危险等级与泄压比值表（美国） 表 3.4.3-a

厂房爆炸危险等级	泄压比值（平方米/立方米）
弱级（颗粒粉尘）	0.0332
中级（煤粉、合成树脂、锌粉）	0.0650
强级（在干燥室内漆料、溶剂的蒸汽、铝粉、镁粉等）	0.2200
特级（丙酮、天然汽油、甲醇、乙炔、氢）	尽可能大

厂房爆炸危险等级与泄压比值表（日本） 表 3.4.3-b

厂房爆炸危险等级	泄压比值（平方米/立方米）
弱级（谷物、纸、皮革、铅、铬、铜等粉末醋酸蒸汽）	0.0334
中级（木屑、炭屑、煤粉、锑、锡等粉尘、乙烯树脂、尿素、合成树脂粉尘）	0.0667
强级（油漆干燥或热处理室、醋酸纤维、苯酚树脂粉尘、铝、镁、锆等粉尘）	0.2000
特级（丙酮、汽油、甲醇、乙炔、氢）	>0.2

考虑一些体积较大厂房要求设计较大的泄压面积比值有困难，同时厂房体积大时，危险设备所占的比率一般会降低。使厂房整个空间内达到爆炸浓度的可能性也会小些，因此规定超过1000m^3 体积的厂房在采用规定的一般泄压比值有困难时，可适当降低，故放宽至 0.03。

第 3.4.4 条 有爆炸危险的甲、乙类厂房一旦发生爆炸，用于泄压的门窗、轻质墙体、轻质屋盖就被摧毁，大量的高压气流夹杂爆炸物碎片从泄压面冲出，如邻近人员集中的场所、主要交通道路就可能造成人员大量伤亡和交通道路堵塞，所以作出避开人员集中场所和主要交通道路的规定。同时要求泄压面设置最好靠近易发生爆炸部位，是为了保证泄压顺利，便于气流冲击，减少损失。

第 3.4.5 条 散发比空气轻的可燃气体、可燃蒸汽的甲类厂房，可燃气体容易积聚在厂房上部，爆炸部位易发生在厂房上部，故厂房上部采取泄压措施较合适。并以采用轻质屋盖效果为好。采用轻质屋盖泄压有如下的优点：1. 爆炸时屋盖被掀掉可不影响房屋的梁柱承重构件；2. 泄压面积较大。

当爆炸介质比空气轻时，为防止气流向上在死角处积聚，排不出去，导致气体达到爆炸浓度，故规定顶棚应尽量平整，避免死角，厂房上部空间要求通风良好。从一些爆炸事故也可证明这一点，如：某地化工厂单晶硅还原炉车间为砖木结构，部分为旧钢屋架均为石棉瓦屋面，由于氢气净化设备漏气，晚上工人开灯因开关产生电火花而引起氢气爆炸。像这样的事故只要设备不是大量漏气，屋架上部空间通风良好，氢气可由上部开口处跑出，有时事故是可以避免的，所以作此条规定。

第 3.4.6 条 散发较空气重的可燃气体、可燃蒸气的甲类生产厂房以及有可燃粉尘、纤维有可能发生爆炸的乙类厂房，因为比重关系，这些气体或粉尘常常积聚在房间下部空间靠近地面。为防止地坪因摩擦打出火花和避免车间地面、墙面因为凹凸不平积聚粉尘，故对地面、墙面、地沟、盖板的敷设等提出了要求。

第 3.4.7 条 单层厂房中如某一部分为有爆炸危险的甲、乙类生产，为防止或减少爆炸事故对其他生产部分的破坏、减少人员伤亡，故要求甲、乙类生产部位靠外墙设置。多层厂房中某一部分或某一层为有爆炸危险的甲、乙类生产时，为避免因设底层，爆炸时结构破坏严重影响上层建筑结构的安全，故提出设在最上一层靠外墙的要求。

第 3.4.8 条 此条是为保证人身安全提出用防护墙隔断生产部位和休息、办公室。因为有爆炸危险的甲、乙类生产发生爆炸事故时，冲击波有很大的摧毁力，用普通的砖墙因不能抗御爆炸

事故时，冲击波有很大的摧毁力，用普通的砖墙因不能抗御爆炸强度而遭受破坏，即使原来墙体耐火极限再高，也会因墙体破坏失去性能，故提出用有一定抗爆强度的防护墙隔断。防护墙的做法有几种：①钢筋混凝土墙；②砖墙配筋；③夹砂钢木板。防爆厂房如若发生爆炸，在泄压墙面或其他泄压设施还未来得及泄压以前，而在千分之几秒内，其他各墙已承受了内部压力。室内结构强度应可以承受 2～5 磅/吋^2 的压力，则防护墙的结构抗爆强度可按此类推。

第 3.4.9 条 因为总控制室设备仪表较多，价值高，人员也较多。为了保障人员、设备仪表的安全，国内外许多工厂的中心控制室，一般是单独建造的，本条故提出应和有爆炸危险的甲、乙类厂房分开独立设置。同时考虑有些分控制室常常和其厂房紧邻，甚至设在其中；有的要求能直观厂房中的设备；如分开设则要增加控制系统，增加建筑用地，增加造价，还给使用带来不便。所以本条提出分控制室可与厂房毗邻建造，但必须靠外墙设置。

第 3.4.10 条 使用和生产甲、乙、丙类液体的厂房，发生生产事故时易造成液体在地面流淌或滴漏至地下管沟里，万一遇火源即会引起燃烧爆炸事故，为避免殃及相邻厂房，故规定地面管沟不应与相邻厂房相通。并考虑到甲、乙、丙类液体通过下水道流失也易造成事故，故规定下水道需设水封设施。例如 1985 年重庆市的下水管沟爆炸事故的发生，殃及很大一片街区，造成××人伤亡即是因为汽油及其蒸汽顺下水道泄漏造成。所以规定管沟要有隔油措施。

第五节 厂房的安全疏散

第 3.5.1 条 足够数量的安全出口，对保证人和物资的安全疏散极为重要。火灾实例中常有因出口设计不当或在实际使用中将部分出口堵住，造成人员无法疏散而伤亡惨重的事实。如某无线电元件厂，砖木结构，由于化验室用电炉加热丙酮，丙酮沸腾撒在地板上引起火灾并很快蔓延至二楼，烟气充满厂房，恒温室只有一个门又被火阻挡，数名女工中毒死亡，三楼楼梯烧着，数名工人下不来烧死在楼梯口，抢救人员中也有××名中毒，这次事故造成数十人伤亡。再如某地儿童服装厂，修理电灯开关时短路，打火花落在工作台上引燃棉花起火，扑救不当迅速蔓延，起火后因通路狭窄阻挡，后部门窗又全部钉死，只剩下前面一门，人员不能及时疏散，造成烧死数人，伤××人，并将大部分半成品、机械和厂房烧毁。故要求一般厂房应有两个出口。但所有建筑不论面积大小、人数多少一概要求两个出口有一定的困难，也不符合实际情况。对面积小、人员少的厂房作了放宽，对允许一个出口的条件，分别按类分档，对危险性大的厂房因火势蔓延快，要求严格些，对火灾危险性小的作适当放宽。同时根据各地来函意见，有些认为乙类厂房应区别于甲类，丙类厂房一般规模较大，建议作适当放宽。故在面积规定上甲类厂房仍沿用原规定标准，将乙类和丙、丁、戊类厂房作了适当调整，在原来的基础上分别放宽了 $50m^2$ 或 $100m^2$。在人数的限制上，对乙、丙、丁、戊类厂房分别增加了 5 人。

第 3.5.2 条 厂房的地下、半地下室因为不能直接采光通风，排烟有很大困难，而疏散只能通过楼梯间；为保证安全，避免万一出口被堵住就无法疏散的情况，故要求两个出口。但考虑到如果每个防火分区均要求两个直通室外的出口有困难，所以规定必须有一个直通室外，另一个可通向相邻防火分区。

在“面积”前冠以“使用”两字，改为“使用面积”更加准确明了。10 人改为 15 人，是与现行的国家标准《高层民用建筑设计防火规范》一致的。

第 3.5.3 条 厂房疏散以安全到达安全出口，即认为到达安全地带为前提。安全出口包括直接通向室外的出口和安全疏散楼梯间。考虑单层、多层、高层厂房设计中实际情况，对甲、乙、丙、丁、戊类厂房分别作了不同的规定。将甲类厂房定为 30m、25m 是以人流米/秒的疏散速度也即疏散时间需30s、25s。从火灾实例中看，当发生事故时以极快速度跑出，上述值尚能满足要求。而乙、丙类厂房较甲类厂房危险性少，蔓延速度慢些，同时甲、乙类厂房一般人员不多，疏散较快，故乙类厂房参照国外规范定为75m。这次修改规范中，考虑纺织厂房一般占地面积大的特点，吸取纺织系统设计单位的意见对丙类单层和多层厂房的疏散距离分别放宽了5m和10m。丙类厂房中人较多，疏散时间按人流密度0.5m²/人，行动速度办公室按60m/min，学校按22m/min，纺织厂如取其两者的中间速度则为$\frac{60+22}{2}$m/min即41m/min，则80m的距离疏散时间也只要2min就行了。丁、戊类厂房一般面积大、空间大，火灾危险性小，人的安全疏散可以得到较多的时间。从我国的消防水平、消防站布局标准中规定，一般城镇消防站要求在5min内赶到现场，丁、戊类厂房如是一、二级建筑，在人员不是太集中的情况下行动速度按60m/min在5min内可走300m。一般厂房布置出入口时，疏散距离不可能超过300m。因此，此条对一、二级耐火等级的丁、戊类厂房的安全疏散距离未作规定，三级耐火等级的丁、戊类厂房，因建筑耐火等级低，安全疏散距离限在100m。四级耐火等级的丁、戊类厂房，由于火灾危险性大，和丙、丁类的三级耐火等级厂房相同，将安全疏散距离定在60m。

第3.5.4条 厂房的疏散走道、楼梯、门的总宽度计算按原规范的规定，原规定是参照国外规范，并在多年的执行过程中认为还能符合目前国内的条件，故未作改动。考虑在面积小、人员少、产品零件小的厂房中门的实际宽度及门窗标准化情况。根据城乡建设部颁布的门窗标准图，考虑规定的门洞尺寸应符合门窗的模数，将门洞最小宽度定为1.0m，则门的净宽则在90cm左右。故规定门最小宽度≮90cm。走道最小宽度同于公共场所的门的最小宽度取≮1.4m。

第3.5.5条 因为甲、乙、丙类厂房和高层厂房火灾危险性较大，高层建筑发生火灾时，其高层部分的人员不可能靠一般电梯或云梯车等作为主要疏散通道和抢救手段，因为一般客用电梯无防烟、防火等措施，故火灾时必须停止使用，云梯车等也只能作为消防队员扑救时专用，这时唯有依靠楼梯间作为主要的人员疏散通道，因此楼梯间必须安全可靠。高层建筑中的敞开楼梯，火灾时犹如烟囱一样，起拔烟抽火作用，烟在垂直方向的流动速度每秒钟可达3～4m，因此很快就能通过敞开楼梯间向上扩散并充满整幢建筑物，给安全疏散造成威胁。同时随着烟的流动也大大加快了火势蔓延。如某高层宾馆的火灾，当底层起火后烟火很快从敞开楼梯灌入楼上靠近楼梯的客房，几个旅客无法疏散，被迫从窗口跳出造成伤亡事故。因此根据火灾危险性类别和建筑高度规定必须设置封闭楼梯间和防烟楼梯间。

鉴于厂房建筑不同于民用建筑，层高较高，四、五层楼即可达24m高，而楼梯的习惯做法是敞开式，同时考虑到有的厂房虽高，但人员不多，同时厂房建筑可燃装修少，故对设置防烟楼梯间的条件作了放宽，要求高度大于32m，人数超过10人时才设置防烟楼梯间。此高度（32m）同于高层民用建筑设计防火规范中需设置防烟楼梯的二类建筑的高度，如果高度＜32m的厂房，人数不足10人或只有10人时可仅设置封闭楼梯间。另外，当厂房开敞时也可不作封闭楼梯间。但如厂房内人员较多，为保证人员疏散，有条件还是以设置封闭楼梯间为好。

高层厂房的防烟楼梯前室面积和防排烟要求因为和高层民用建筑的相同，所以不另行再作规定，按高层民用建筑设计防火规范的规定执行。

第3.5.6条 高层建筑发生火灾时，消防队员若靠攀登楼梯进入高层部分扑救，一是耗费体力大，队员会因体力不及而造成运送器材和抢救伤员的困难，影响战斗力。二是耗费时间多，影响火灾的早期扑救。1980年6月曾在北京对15名消防队员的登高能力进行了测试。测试的结果表明：登住宅楼上到8层后平均有67.5%的人处于正常范围。登上9层后平均只有50%的人有战斗力，攀登到11层后，心率和呼吸属正常者已无一人。而火场和运动场是大不相同的，但目前尚无更好的对比资料可参考，只好参照运动场上的允许数值进行分析，由于火场环境恶劣，条件艰难，按运动场上规定的运动后允许的正常数值，在火场人可能就难以继续工作，所以消防队员从楼梯攀登的登高能力是有限的，其登高高度为23m左右。

普通电梯在火灾时往往因切断电源而停止使用，因此在进行高层建筑防火设计时，要为消防队员登高创造有利条件，宜设置消防电梯。考虑厂房层高一般较高，人员不太密集，如按24m为限，则5、6层的厂房均要设消防电梯似乎面广了些，和现实状况相差较大，因而作适当放宽，按设置防烟楼梯间的标准，将高度定在32m。即高度超过32m的设有电梯的高层厂房每个防火分区应设一台消防电梯。

消防电梯的设置要求同于《高层民用建筑设计防火规范》中的规定，对于独立设置在建（构）筑物旁的消防电梯，因为它直通室外有良好的通风排烟条件，可不设置电梯前室。

注①高层塔架设有检修用的电梯，每层塔架的同时生产人数只有1～2人，不设消防电梯亦可满足在发生火灾事故时的人员疏散。

②洗衣粉厂丁类生产（丙类生产除外）的喷粉厂房的喷粉工段，其建筑布局多属条文规定的情况，局部每层建筑面积不大，升起高度多在20m以下，建筑总高度在50m以下，可不设消防电梯。

第四章　仓　　库

第一节　贮存物品的火灾危险性分类

第4.1.1条

一、将生产和贮存的火灾危险性分类分别列出，是因为生产和贮存的火灾危险性有相同之处，也有不同之处。如甲、乙、丙类液体在高温、高压下进行生产时，其温度往往超过液体本身的自燃点，当其设备或管道损坏时，液体喷出就会起火。有些生产的原料、成品都不危险，但生产中的条件变了或经化学反应后产生了中间产物，而就增加了火灾危险性。例如，可燃粉尘静止时不危险，但生产时，粉尘悬浮在空中与空气形成爆炸性混合物，遇火源后则能爆炸起火。而贮存这类物品就不存在这种情况。与此相反，桐油织物及其制品，在贮存中火灾危险性较大，因为这类物品堆放在通风不良地点，受到一定温度作用时，能缓慢氧化、积热不散会导致自燃起火，而在生产过程中不存在此种情况，故将生产和贮存的火灾危险性分类分别列出。

贮存物品的分类方法，主要是根据物品本身的火灾危险性，参照本规范生产火灾危险性分类办法，并吸收仓库贮存管理经验和参考《危险货物运输规则》划分的。

甲类。主要依据《危险货物运输规则》中一级易燃固体、一级易燃液体、一级氧化剂、一级自燃物品、一级遇水燃烧物品和可燃气体的特性划分的。这类物品易燃、易爆，燃烧时还放出大量有害气体。有的遇水发生剧烈反应，产生氢气或其它可燃气体，遇火燃烧爆炸。有的具有强烈的氧化性能，遇有机物或无机物极易燃烧爆炸。有的因受热、撞击、催化或气体膨胀而可能发生爆炸，或与空气混合容易达到爆炸浓度，遇火而发生爆炸。

乙类。主要是根据《危险货物运输规则》中二级易燃固体、二级易燃液体、二级氧化剂、助燃气体、二级自燃物品的特性划分的，这类物品的火灾危险性仅次于甲类。

丙、丁、戊类。主要是根据40多个仓库和其他一些企、事业单位贮存保管情况划分的。

丙类。包括闪点在60℃或60℃以上的可燃液体和可燃固体物质。这类物品的特性是液体闪点较高、不易挥发，火灾危险性比甲、乙类液体要小些。可燃固体在空气中受到火烧或高温作用时能立即起火，即使火源拿走，仍能继续燃烧。

丁类。指难燃烧物品。这类物品的特性是在空气中受到火烧或高温作用时，难起火、难燃或微燃，将火源拿走，燃烧即可停止。

戊类。指不燃物品。这类物品的特性是在空气中受到火烧或高温作用时，不起火、不微燃、不碳化。

丁、戊类物品本身虽然是难燃烧或不燃烧的，但其包装很多是可燃的（如木箱、纸盒等），据调查一些单位，多者每平方米库房面积的可燃包装物在100～300kg，少者在30～50kg。现举例如下：

天津某厂	电灯泡	100～110kg
上海某仓库	机电设备	100～130kg
湖南某厂	瓷　器	40～60kg
福州某厂	保温瓶	50～60kg
沈阳某仓库	搪　瓷	30～50kg

因此，这两类物品仓库，除考虑物品本身的燃烧性能外，还要考虑可燃包装的数量，在防火要求上应较丁、戊类厂房严一些。所以作了注②的规定。

第二节　库房的耐火等级、层数、面积和安全疏散

第4.2.1条　本条是对原规范第30条的修改补充。

一、据调查，仓库的不利因素在于：一是物资贮存比较集中，而且有许多仓库超量贮存现象严重。如有的物资仓库，不仅库内超量贮存，而且库房之间防火间距堆存大量物资，一旦失火，给疏散物品和扑救火灾带来很大困难；二是库房的耐火等级一般偏低。据了解，原有的老库房属一、二级的居少数，三级的居多数，四级和四级以下的库房也还占一定比例，一旦起火，疏散和扑救起来困难大，常常造成严重损失；三是库区内水源不足、消防设备缺乏，一旦起火，损失大。

二、确定库房的耐火等级层数和面积，考虑了以下情况：

（一）库房的耐火等级、层数和面积均严于厂房和民用建筑。主要是库房贮存物资集中，价值高，危险性大，疏散扑救困难等。据调查，一些商业、外贸等系统的仓库，每平方米地板面积贮存物品的价值一般是数千元，多者达数万元，如某市一货运车站起火，一把火烧掉数栋外贸库房，烧掉大批外贸出口物资，损失近2000万元；又如某省一个地区百货仓库起火，损失250余万元；再如某市一文化用品仓库起火，损失290余万元，等等。类似例子很多，不胜枚举。

（二）仓库火灾实例教训。贮存甲、乙类物品库房的火灾，爆炸危险大。因为这类物品起火后，燃速快，火势猛烈，其中有不少物品还会发生爆炸。如某市某危险品库房，硝化废影片库房为半地堡式钢筋混凝土结构。因硝化废影片受热分解，爆炸起火，12t废影片仅仅在10min左右全部着光，火焰喷出50余米远，把可燃物堆垛烧着；又如某市某赛璐珞库房，其建筑为砖混结构，总面积约400m^2，用24厚砖墙分成四个防火隔间，最大隔间约120m^2，最小隔间约为80m^2，爆炸起火后，其中三个隔间的内外墙及现浇

钢筋混凝土楼板被炸坏，大梁炸成数截，库内赛璐珞和其他物品全部烧毁，损失巨大；再如某市某厂的赛璐珞库房为砖木结构，约为 200m²，分成三个防火间隔，燃烧起火后，在十几分钟内库房和物品全部烧光。从以上火灾实例说明，甲类物品库房，其耐火等级，一般不应低于二级，宜为单层，这样做有利于控制火势蔓延，便于扑救，以达到减少损失的目的。

（三）根据各地各类库房采用的耐火等级、层数、面积，现分别举例如下：

1. 甲、乙类物品库房如下表 4.2.1-a。

甲、乙类物品库房　　表 4.2.1-a

贮存物品名称	每栋库房总面积（平方米）	防火墙间面积（平方米）
甲醇、乙醚等液体	120	120
甲苯、丙酮等液体	240	120
亚硫酸铁等	16	16
乙醚等醚类	44	44
金属钾、钠等	50	50
火柴等	820	410

2. 丙类物品库房如表 4.2.1-b。

（四）高层库房，目前在不少地方已经开始建设，如冷库、商业仓库、外贸仓库等。据调查，一般为 6～7 层，最高为 9 层，高度 25～27m，最高达 40m，每层面积一般在 1500～2500m² 之间，最多达 2800m²。因为高层库房储存物品量大、集中、价值高，且疏散扑救困难，故分隔要求比多层严些。

至于高层与多层库房的划分界限和理由，在高层厂房都已说明了，这里不再重述。

丙类物品库房　　表 4.2.1-b

贮存物品名称	耐火等级	层数	每座库房占地面积（平方米）	每个防火隔间面积（平方米）	备　注
纺织品、针织品	一、二级	4	1980	890	
同上	一、二级	3	3370	756～1260	用防火墙分隔
日用百货	一、二级	2	1440	720	
植物油	一、二级	2	1240	620	桶装植物油
化纤、棉布等	一、二级	5	1020	1020	
糖、色酒	一、二级	1	980	980	低浓度色酒
棉　花	三级	1	750	750	
香　烟	三级	1	780	780	
棉　花	三级	1	1200	600	中转仓库
棉　花	三级	1	1000	500	
棉　花	二级	1	1000	1000	
纸　张	三级	1	1000	500	
毛织品	二级	2	1000	500	

（五）地下室、半地下室的出口，发生火灾时，是疏散出口，又是扑救的进入口，也是排烟排热口。由于火灾时温度高，浓度大，烟气毒性大，而且威胁上部库房的安全。因此，要求严些，甲、乙类物品库不准附设在建筑物的地下室和半地下室，丙类 1 项、2 项分别限制在 150m²，300m²；丁、戊类分别限制在 500m²、1000m²。

（六）规范中表 4.2.1 中的“注”解：

1. 注①高层库房（建筑高度超过 24m 的两层及两层以上的库房）、高架仓库（高度在 7m 以上的机械操作和自动控制的货架仓库）。这两类仓库共同特点是，贮存物品比单层库房多得多，疏散抢救困难。为了保障在火灾时不致很快倒塌，并为扑救赢得时间，大大减少损失，故要求其耐火等级不低于二级。国内已建的此类库房，其耐火等级均能达到本“注”的要求，因此是可行的。

特殊贵重物品（如货币、金银、邮票、重要文物、资料、档案库以及价值特高的其他物品库等）是消防保卫的重点部位，一旦起火，容易造成巨大损失，因此，要求这类库房必须是一级耐火等级建筑。

2. 注②主要是指硝酸铵、电石、尿素聚乙烯、配煤库房以及车站、码头、机场内的中转仓库，机械化装卸程度比较高、容量大和后者周转快等特点，照顾到实际需要，故作了放宽。

3. 注③根据自动灭火设备的控火、灭火效果好的特点，故装有自动灭火设备的库房，其最大允许占地面积可按规范中表4.2.1的规定，相应增加一倍。

第 4.2.2 条　本条为了与现行的《冷库设计规范》的有关规范协调一致，以利执行而提出的。《冷库设计规范》规定的每座冷库占地面积如下表 4.2.2。

冷库最大允许占地面积（平方米）　　表 4.2.2

库房的耐火等级	最多允许层数	单层		多层	
		每座库房	防火墙间隔	每座库房	防火墙间隔
一、二级	不限	6000	3000	4000	2000
三级	3	2100	700	1200	400

第 4.2.3 条　本条系原规范表 11 注⑤的规定改写。

一、从有利于安全和便于管理看，同一座库房或同一个防火墙间内，最好贮存一种物品，如这样办有困难、允许将数种物品（但性质相互抵触或灭火方法不同的物品不允许）存放在一座库房或同一个防火墙内。

二、数种火灾危险性不同的物品存放在一起时，其耐火等级、允许层数和允许面积，均应从严要求。如同一座库房存放有甲、乙、丙三类物品，其库房应采用单层，耐火等级应为一、二级，每座库房最大允许占地面积为 180～850m^2。

三、火灾实例证明，这样要求是合理的。如某厂一座仓库，库房内存放了多种火灾危险性不同的物品，既有一级化学易燃固体，又有氢气、氧气瓶，还有大量劳保服装、擦洗机器用的油棉纱等，化学易燃固体燃烧猛烈，氧气、氢气瓶烤爆，给疏散物资、扑救火灾造成很大困难，造成颇大损失。

第 4.2.4 条　本条基本上保留了原规范第 31 条的规定，其作用在于减少爆炸的危害。

许多火灾爆炸实例说明，有爆炸危险的甲、乙类物品，一旦发生爆炸，其威力相当大，破坏是很大的。如某市某办公楼的地下室，存放大量桶装车用汽油，正是酷热天，一位司机打开油桶抽油，抽完后，未将盖盖上，致使大量汽油蒸汽挥发出来，达到爆炸浓度，当天夜里另一位司机打开电开关（普通开关），溅出电火花，引起爆炸。该地下室的隔墙、钢筋混凝土顶板遭到严重破坏，地下室以上一、二、三、四层的钢筋混凝土楼板也被炸塌，造成很大损失；又如某市一所大学教学楼地下室，存放丙酮、乙醚、汽油等易燃液体，因容器破损，漏出的液体挥发成可燃蒸汽，达到爆炸浓度，遇明火，发生爆炸，除地下室的梁、顶板和隔墙遭到很大破坏以外，该地下室上部一、二层也遭到较大破坏。故提出本条要求。

不少白酒库火灾证明，二层以下为好，三层次之，再多层的危害就大了，故对层数作了适当限制。

第 4.2.5 条　本条基本保留原规范第 32 条的规定。规定本条的目的是：

一、火灾实例说明，甲、乙、丙类液体（如汽油、苯、甲苯、甲醇、乙醇、丙酮、煤油、柴油、重油等）一般是桶装存放在库房内，一旦起火，特别上述桶装液体爆炸，容易流淌在库内地面，如未设置防止液体流散的设施，还会流散到库房外，扩大蔓延，造成更大损失。如某市某厂一个桶装汽油、丙酮、苯库房发生火灾，因扑救不得力，大火将桶烤爆，大量液体飞溅出来，很快流散到室外（未考虑防止液体流散设施），将相邻库房和堆放的物品烧着，造成严重损失。

二、液体流散设施的作法基本有两种：一是在桶装库房门修筑慢坡，一般高为15～30cm；二是在库门口砌高15～30cm的门坎，再在门坎两边填沙土，形成慢坡，便于装卸。

三、遇水燃烧爆炸的物品（如金属钾、钠、锂、钙、锶、氯化锂等）的库房。规定设有防止水浸渍的设施，如室内地面高出室外地面；库房屋面严密遮盖，防止渗漏雨水；装卸这类物品的库房栈台，有防雨水的遮挡等措施。

第4.2.6条 本条是新增加的。提出本条要求的主要依据是：

一、谷物粉尘爆炸事故屡有发生。据不完全统计，世界上每天约有一起谷物粉尘爆炸事故，而在每年400～500起的爆炸事故中，约有十来次是相当严重的。例如，1977年美国的一次谷物粉尘爆炸，死亡65人，受伤84人；1979年，德国不莱梅发生一起谷物粉尘爆炸，死亡12人，损失达50万马克；1982年，法国梅茨一个麦芽厂的粮食筒仓发生爆炸，7座大型筒仓有4座被毁，死亡8人，4人受伤。

我国南方某港口粮食筒仓，因焊接管道，引起小麦粉尘爆炸，21个钢筋混凝土筒仓顶盖和上通廊顶盖大部掀掉，仓内电气、传动装置以及附属设备等，遭到严重破坏，造成很大损失。

谷物粉尘爆炸，必须具备一定浓度、助燃氧气和火源三个条件。如表4.2.6例举谷物粉尘特性。

二、粮食筒仓的顶部设置必要的泄压面积是十分需要的。本条未规定泄压面积与粮食筒仓容积比值的具体数值，这是因为从国外的试验资料与国外规范的规定数值相差较大，而国内尚未进行这方面试验研究。故根据筒仓爆炸案例分析和国内某些粮食筒仓设计的实例，推荐采用0.008～0.010。并建议粮食、轻工、医药、港口等部门进一步总结这方面的实践经验和试验研究，尽快得出一个科学数据。

粮食粉尘爆炸特性 **表4.2.6**

物质名称	最低着火温度（℃）	最低爆炸浓度（克/立方米）	最大爆炸压力（公斤/平方厘米）
谷物粉尘	430	55	6.68
面粉粉尘	380	50	6.68
小麦粉尘	380	70	7.38
大豆粉尘	520	35	7.03
咖啡粉尘	360	85	2.66
麦芽粉尘	400	55	6.75
米粉尘	440	45	6.68

第4.2.7条和第4.2.8条 本条是对原规范第33条的修改补充。规定本条的作用是：

一、火灾实例说明，有些火灾就发生在出口附近，常常被烟火封住，阻挡人们疏散，如果有了2个或2个以上的安全出口，1个被烟火封住，另1个还可供人们紧急疏散。故原则上一座库房或其每个防火隔间的安全出口数目不宜少于2个。

考虑到仓库建筑平时工作人员少，对面积较少（如占地面积不超过300m^2的多层库房）和面积不超过100m^2的防火隔间，可设置1个楼梯或1个门的条件作了放宽。

高层库房内虽经常停留人数不多，但垂直疏散距离较长，如采用敞开式楼梯间不利于疏散和扑救，也不利于控制烟火向上蔓延，因此，必须设置封闭楼梯间。

库房门的开启方式主要是参考各地实际作法提出的。实践证明，这样的开启方式，既方便平时使用，又有利于紧急时的安全疏散。

二、库房的地下室、半地下室的安全出口数目不应少于2个和设置1个出口的条件，其道理同本条一款。

第4.2.9条 本条是新增加的。其作用在于阻止火势向上蔓延，扩大灾情。提出本条的依据如下：

一、新设计建造的不少多层仓库，供垂直运输物品的升降机（包括货梯）多设在库房外，如北京一商局储运公司仓库、北京百货大楼仓库、北京五金交电公司仓库、上海服装进出口公司仓库等均紧贴库房外墙设置电梯或升降机等。这样设置既利于平时使用，又有利于安全疏散，应予以提倡采用。

二、据调查，有少数多层库房，将升降机（货梯）设在库房内，又不设在升降机竖井内，是敞开的。这样设置，一旦起火，火焰通过升降机的楼板孔洞向上蔓延，很不安全，在设计中应予以避免，但因戊类库房的火灾危险性小，且建筑类别属一、二类的，抗火灾能力强，故升降机可以设在库房内。

第 4.2.10 条和第 4.2.11 条 这两条是新增加的。设置消防电梯（可与货梯合用）在于火灾时供消防人员输送器材和人员用。并应符合第 3.5.6 条对消防电梯的要求。

设在库房连廊内和冷库穿堂内的消防电梯，考虑连廊和穿堂，通风排烟条件较好，故可不设电梯前室。

根据一些筒仓、库房的设计做法，提出了第 4.2.10 条的规定。

第 4.2.12 条 新增加的条文。甲、乙类库房发生爆炸事故时，冲击波有很大的摧毁力，所以规定甲、乙类库房内不应设办公室、休息室。

许多库房火灾实例说明，管理人员用火不慎是引起库房火灾的主要原因，为确保库存物资安全，便于人员安全疏散，提出补充规定。

第三节 库房的防火间距

第 4.3.1 条 确定本条防火间距，主要是满足消防扑救、防止初期火灾（20min 内）向邻近建筑蔓延扩大以及节约用地三个因素。

一、防止初期火灾蔓延扩大。主要是考虑“热辐射”。而“热辐射”强度与消防扑救力量、火灾延续时间、可燃物的性质和数量、外墙开口面积的大小、建筑物的长度和高度以及气象条件等因素有关。国外虽有按“热辐射”强度理论计算防火间距的公式，但没有把影响“热辐射”的一些主要因素（如发现和扑救火灾的早晚等）考虑进去，而计算出来的数据常常偏大。在国内，还缺乏这方面的研究成果。因此，本条防火间距主要根据火灾实例、消防扑救力量和灭火实践经验等确定。

二、仓库火灾实例说明，在二、三级风的情况下，原规范规定的防火间距基本上是可行的、有效的。如某市物资仓库，除小部分是露天货物外，大多是砖木结构的单层库房，相距 13～14m，因雷击起火，一幢库房很快烧穿屋顶，火光通天，在 8min 内消防车达到现场进行扑救，除本库房烧毁外，其他相邻库房有部分木屋檐被烤炭化外，其余均未受影响。

相反，某市百货仓库，露天货垛距三级耐火等级库房约为 12m，因棉花堆垛自燃起火，由于发现起火较晚，报警迟，消防队达到时，棉花堆垛已燃起 18～20m 的火焰，将三级耐火等级的库房屋檐烤着，库房很快烧毁，可是相距另一幢库房，其防火间距约为 4.5m，在消防队用水枪保护下，未受影响。

三、据北京、天津、沈阳、鞍山、丹东、吉林、哈尔滨、西安、重庆、武汉等市的消防支队或大队的同志反映，原规范规定的防火间距，从满足扑救要求来说是需要的。他们认为，一、二级等级之间的防火间距为 10m，三级之间为 14m，如小于这个距离，也会给扑救上带来困难。如有次火灾，两幢一、二级耐火等级的工厂建筑，其相互之间的防火间距为 8m，一些消防队员在另一些消防队员用喷雾水枪的保护下，脸上还烤起泡了，如果有了 10m 间距，也就不会出现这种情况。

四、关于高层库房之间以及高层库房与其他建筑之间的防火间距，按规范中表 4.3.1 的规定增加 3m，主要考虑火灾时使用云梯车、登高曲臂车等举高消防车的操作需要。

由于戊类库房储存的物品均为不燃烧体，火灾危险性很小，可以减少防火间距以节约用地。

第 4.3.2 条 本条明确乙、丙、丁、戊类物品与其他建筑之间的防火间距。即上述物品库房与乙、丙、丁、戊类厂房之间的防火间距，按本规范第 4.3.1 条规定的防火间距执行，火灾实例说明，这样规定是可行的。

从最不利情况考虑，与甲类物品库房、厂房的间距，则应按本规范第 4.3.4 条的规定执行（甲类按 4.3.1 条的规定增加 2m），火灾实例和扑救实践经验证明，这样规定是符合实际需要的。

有不少乙类物品不仅火灾危险性大，燃速快，燃烧猛烈，而且有爆炸危险性。为了保障民用建筑特别是重要的公共建筑的安全，故规定分别不小于 25m、50m 的防火间距。

火灾实例说明，乙类 6 项物品，主要是桐油漆布及其制品、油纸油绸及其制品、浸油的豆饼、浸油金属屑等。这些物品在常温下与空气接触能够慢慢地氧化，如果积蓄的热量不能散发出来，就会引起自燃，但燃速不快，也不爆燃，故这些物品库房与民用建筑的防火间距可不增大。

第 4.3.3 条 目前，国内有些仓库的库房，其梁、柱、屋顶均采用型钢构件，外墙挂金属板，这样的库房，达不到二级耐火等级的要求，为了适应新的建筑结构和围护结构发展的需要，故作了本条规定。

第 4.3.4 条 提出本条防火间距主要考虑了如下情况：

一、硝化棉、硝化纤维胶片、喷漆棉、火胶棉、赛璐珞和金属钾、钠、锂、氯化锂、氢化钠等甲类易燃易爆物品，一旦发生事故，燃速快，燃烧猛烈，祸及范围远等。如某市某厂赛璐珞库房，贮量为 5t，发生爆炸起火后，火焰高达 30m，周围 15m 范围内的地上苇草全部烤着起火；又如某市某仓库，一座存放硝酸纤维废影片库房，共约 10t，爆炸起火后，周围 30～70m 范围内的建筑物和其他可燃物烧着，造成很大损失；再如某市某赛璐珞仓库，共约贮存 30t 赛璐珞，发生爆炸后，其周围 30～40m 范围的建筑物均被烧着起火，造成严重损失。

二、据调查，目前各地建设的专门危险物品仓库（其中大多为甲类物品，少数为乙类物品）。除了库址选择在城市边界较安全地带外，库区内的库房之间的距离，小的在 20m，大的在 35m 以上，现举例如表 4.3.4。

甲类物品库房之间的防火间距举例　　表 4.3.4

贮存物品名称	每座库房占地面积（平方米）	库房之间的防火间距（米）
赛璐珞	36～46	28
金属钾、钠等	50～56	30
醚类液体	44	25
酮类液体	56	20
亚硫酸铁等	50	22

三、按甲类物品不同贮存量，分别提出防火要求，主要是贮量大，发生爆炸起火后，爆炸威力大，热辐射强，危及范围大，反之，贮量小，相对地说，爆炸威力小些，危及范围也会小些，故分成两档，分别提出防火间距要求。

四、本条注②的防火间距，主要考虑甲类物品为易燃易爆，燃烧猛烈，影响范围大，为了保护人民生命的安全，故比其他建筑的防火间距要求严些。

第 4.3.5 条 本条是根据各地实际作法提出的。

据调查，吉林、辽宁、陕西、江苏、山东等省的一些地方，为了解决两个不同单位合理留出空地问题，通常做到了库房与本单位的围墙距离不小于 5m，并且要满足围墙两侧建筑物之间的防火间距要求。后者的要求是，如相邻单位的建筑物距围墙为 5m，而要求围墙两侧建筑物之间的防火间距为 15m 时，则另一侧建筑距围墙的距离必须保证10m。其余类推。

第四节 甲、乙、丙类液体贮罐、堆场的布置和防火间距

第4.4.1条 甲、乙、丙类液体贮罐布置是根据下列情况提出的：

一、不少甲、乙、丙类液体（原叫易燃、可燃液体）贮罐爆炸起火时，往往是罐体大破裂，油品流淌到哪里，就烧到哪里，祸及范围很大。如某发电厂的一个4000m^3复土地下钢筋混凝土原油罐，因焊接火花引起汽油蒸气爆炸起火，预制钢筋混凝土罐壁大部分被炸倒（向外倒），钢筋混凝土预制盖板碎块或整块掉落在油罐内，油流散100～200m远，大火燃烧了3天3夜才基本扑灭，造成巨大损失；又如某厂地下原油池因灯火引起原油蒸气爆炸起火，燃烧10多分钟后，油品突然沸腾，危及范围大，损失很大，从上述油罐爆炸事故危害情况看，甲、乙、丙类液体贮罐应尽量布置在地势较低的地带。

为了照顾到某些单位的具体情况，如采取加强防火堤或另外增设防护墙等可靠的防护措施，也可布置在地势较高的地带。

二、桶装、瓶装甲类液体（指闪点低于28℃的液体，如汽油、苯、甲醇、乙醇、乙醚、丙酮等）。这些液体存放在露天，在夏季炎热天中因超压爆炸起火的事故累有发生，故不应露天布置。

第4.4.2条 本条规定是根据以下情况提出的：

一、将易燃、可燃液体改为甲、乙、丙类液体。甲类液体系指闪点小于28℃的液体（如汽油、苯、甲醇、丙酮、乙醚、石脑油等）；乙类液体系指闪点等于或大于28℃至小于60℃的液体（如煤油、松节油、丁烯醇、丁醚、溶剂油、樟脑油、蚁酸、糠醛等）；丙类液体系指闪点等于或大于60℃的液体（如豆油、芝麻油、桐油、鱼油、菜籽油、润滑油、机油、重油和闪点等于和大于60℃的柴油等）。

二、提出甲、乙、丙类液体贮罐区的贮量和乙、丙类液体堆场的贮量，是基本依照一些工厂、仓库等的实际贮量提出的，举例如下表4.4.2。

某些工厂贮存甲类液体举例 **表4.4.2**

单位名称	液体名称	总贮量（立方米）	备注
某焦化厂	苯	5100	露天贮罐
某焦化厂	苯	4900	同上
某酒精厂	酒精	2500	同上
某酒厂	酒精	4500	同上
某化工厂	丙酮、乙醚	450	桶装半露存放
某造纸厂	酒精	1200	露天贮罐
某制糖厂	酒精	1600	同上

三、规范表4.4.2防火间距主要是指根据火灾实例、基本满足扑救要求和某些单位实际作法提出的。

（一）火灾实例

某厂1500m^3的地下原油贮槽，发生爆炸起火，大火燃烧近10个小时，从爆炸和辐射热的影响看，距着火部位30m的一幢砖木结构小房，木屋檐部分被烤着，大部分碳化，距40m的砖木结构厂房未碳化。

某厂120m^3的苯罐爆炸起火，相距19.5m，三级耐火等级建筑，其屋檐被烤着起火，将该建筑烧毁。

某厂一个30m^3的地上卧式油罐爆炸起火，相距15m范围的门窗玻璃被震碎，辐射热烤着12m远的可燃物，引起较大火灾。

（二）实际作法

据黑龙江、吉林、山东、陕西、四川等地的调查，不少贮存甲、乙、丙类的单位，对消防安全问题比较重视，一般都布置在本单位区域内或单独的地段，距建筑的距离较远。

如某酒厂一个1200m³的酒精罐区，距一、二级耐火等级建筑30m左右，距三级耐火等级建筑约为35m以上。

某焦化厂苯罐区，总贮量4200m³，距一、二级耐火等级建筑约28m，距三级耐火等级建筑约40m左右。

（三）据一些市的消防队同志扑救油罐火灾实践经验看，由于油罐（池）着火时燃烧猛烈，辐射热强，小罐着火至少应有12～15m的距离，较大罐着火至少应有15～20m的距离，才能满足扑救需要。

第4.4.3条 本条明确一个贮罐区可能同时存放甲、乙、丙类液体时，应经过折算（可折算成甲、乙类液体，也可折算成丙类液体）后，其防火间距按本规范表4.4.2规定执行。1∶5折算办法，是最早沿用国外规范的规定，实践证明是可行的，故保留原规范的规定。

第4.4.4条 油罐之间防火间距说明如下：

一、满足扑救火灾操作的需要。油罐发生火灾，必须要由消防队来扑救，要扑救必须有个扑救和冷却的操作场所。消防操作包括两种情况：一是消防人员用水枪冷却油罐，水枪喷射的仰角一般为45°～60°，故需考虑水枪操作人员到被冷却油罐的距离；二是油罐上的固定或半固定泡沫管线被破坏，消防人员要向着火油罐上挂泡沫钩管的操作场地。据沈阳、大连、天津、石家庄、上海等市消防人员实际操作情况看，一般需要0.65～0.75D（直径）才能满足消防操作要求。

二、火灾实例。不少油罐爆炸火灾实例说明，凡在一个罐组内的数个油罐，如其中有个油罐爆炸起火，顶盖飞出虽然居多数，而罐底或罐壁从焊缝处拉裂情况也屡有出现，导致大量油品流出，形成一片火海，火焰将相邻贮油引燃起火或引起爆炸起火，造成大面积火灾，如某炼油厂添加剂车间一个贮罐起火，罐底破裂，使油品大量流出，油品流到哪里，火就烧到哪里，在较长时间燎烤下，将相邻贮罐引燃起火；又如某石油化工厂，因违章焊接，引起渣油罐（在罐区外）爆炸起火，将两个容积各为2000m³的油罐烤爆起火，大量油品流出罐外，油流到哪里烧到哪里，在5000m²的油库区形成一片火海，炸死烧死16人，伤6人，直接经济损失近50余万元。

从上述实例危及情况，贮罐之间留出一定安全间距是完全必要的。

三、据调查，我国过去大多数的专业油库（如商业、交通、物资等）和工厂内的附属性的油库（炼油厂、石油化工厂、焦化厂，酒精厂、植物油厂、溶剂厂等），地上贮罐之间的间距大多为一个D或大于一个D，少数有少于一个D的，如0.7～0.9D。我们认为这样布置间距是有一定道理的，这对于防止一个贮罐起火殃及到另一个贮罐，为扑救创造条件是必要的。但为了节约用地，基本满足扑救操作需要，一个D的间距可以缩小些，故作了放宽。

四、从国外有关规范看，近年来一些国家的规范，把贮罐间距作了不同程度的缩小。如苏联的规范原来是一个直径（D），现改为0.75D等。

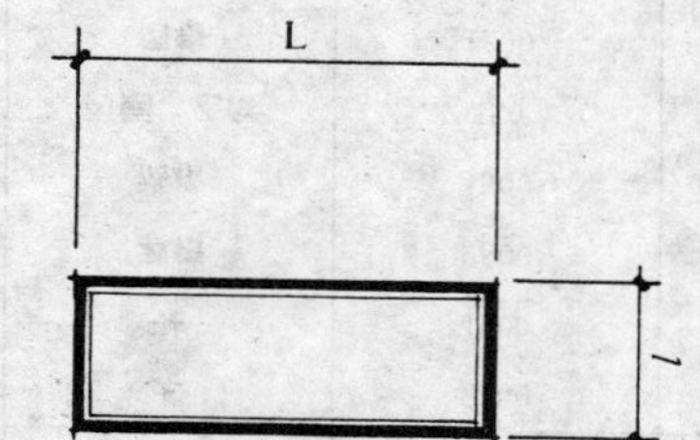

五、对本条某些注的解释：

（一）注②主要明确不同的液体（甲类、乙类、丙类）不同形式贮罐（立式罐、卧式罐；地上罐、半地下罐、地下罐等）布置在一起时，防火间距按其中较大者确定，以利安全。

（二）矩形贮罐的当量直径为长边与短边之和的一半。如上图。

设当量直径为D，即

$$D=\frac{L+l}{2}$$

（三）注③的规定，主要考虑一排卧式贮罐中的某个罐起火，不致很快蔓延到另一排卧式贮罐，并为扑救操作创造条件。

（四）注④是放宽要求，考虑闪点高的液体或设有充氮保护设备的液体贮罐，比较安全，故其间距可按浮顶油罐间距确定。

（五）注⑤是放宽要求，即容量小于或等于1000m³的甲、乙类液体的地上固定顶油罐，由于采用固定冷却水设备，不需动用人员用水枪进行冷却保护，故油罐之间的防火间距可减少些。

（六）注⑥基于下列三点考虑：一是装有液下喷射泡沫灭火设备，不需用泡沫钩管（枪）；二是设有固定消防冷却水设备时，不需用水枪进行冷却（一般情况下）；三是在防火堤内如设有泡沫灭火设备（如固定泡沫产生器等），能够及时扑灭流散液体火灾，其贮罐间防火间距均可减少到0.4D。

第4.4.5条

一、本条是对原规范第37条的修改。放宽本条的目的，在于更好地体现节约用地、节约输油管线，并方便操作管理。

二、据调查，有的专业油库和企业内的小型甲、乙、丙类液体库，将容量较小油罐成组布置，火灾实践证明，小容量的贮罐发生火灾时，在一般情况下易于控制和扑救，也不象大罐那样，需要较大的操作场地。

三、国外有关规范也有类似的规定。如苏联《石油和石油制品仓库设计规范》第3.4条注①中规定：容量小于和等于200m³的油罐可成组布置，其总容量不超过4000m³。在贮罐群内的贮罐之间的距离不限。

四、组内贮罐的布置不应多于两行，目的在于发生火灾时，方便扑救，以便减少损失。

五、从基本保障安全，为防止火势蔓延扩大，有利扑救出发，贮罐组之间的距离，可按贮罐的形式（地上式、半地下式、地下式等）和总贮量相同的标准单罐确定。如一组甲、乙类液体贮量为950m³，其中100m³单罐2个，150m³单罐5个，则组与组的防火间距，按小于或等于1000m³的单罐0.75D确定。

第4.4.6条　本条对设置防火堤提出了要求。

为了防止甲、乙、丙类液体贮罐在引起爆炸失火时液体到处流散，造成火灾蔓延扩大，设置防火堤和作出一些具体规定是必要的。如某地某厂3000m³的液体贮罐爆炸起火，由于有防火堤保护，未使燃烧的液体流散，只是在围堤内燃烧，给消防扑救创造了有利条件，避免了邻近建筑遭受火灾的危害；与此相反，某市某厂4000m³的液体贮罐爆炸起火，由于没有设置防火堤，致使液体向四周流散，猛烈燃烧，形成一片大火，造成了很大的损失。

从国外有关甲、乙、丙类液体防火技术规范，都有设置防火堤的规定，如苏联、美国、英国、日本等国就有这类具体的规定。至于对一个围堤内液体贮罐的布置和容量作出规定，其目的是在于一旦发生火灾，不致出现大面积火灾，造成严重火灾损失。

防火堤应符合下面要求：

一、贮罐布置不超过两行，主要考虑贮罐失火时方便扑救，因为布置超过两行，当中间一行油罐发生爆炸起火时，其他贮罐将给扑救工作带来一定障碍，可能导致火灾的扩大。

鉴于容量较小（小于1000m³）且闪点较高（大于120℃）的液体贮罐，如一律限制不超过两行，势必占地多，从消防扑救来说，因其体形较小，高度有限，中间一行贮罐发生火灾，也可进行扑救，故作了放宽。

二、防火堤内空间容积不应小于贮罐地上部分总贮量的一半，且不小于最大罐的地上部分贮量。主要考虑在一个防火堤内一个罐爆炸起火，油品流出罐外，油品流到哪里就烧到哪里，有可能将相邻贮罐燃爆起火，油品又流出罐外，继续蔓延扩大。但贮罐爆炸实例说明，爆炸的贮罐的油品不会全部流出，从既保障安全，又利于节约投资出发，本款规定是合适的。考虑到浮顶罐爆炸几率甚少，故可不小于最大数容量的一半。

三、本款规定，主要考虑贮罐爆炸起火时，罐体破裂，油品大量向外流，不致流散到防火堤外，并避免液体静压力冲击防火堤，以策安全。

四、要求防火堤的高度为1～1.6m。有两点考虑：一是太矮占地面积太大，故最低1m以上；二是1.6m以下，主要是为了方便消防人员扑救和观察防火堤内的火灾燃烧情况，以便针对火势发展具体情况，采取对策。

五、沸溢性液体（含水率在0.3%～4.0%的原油、渣油、重油等）贮罐要求每个贮罐设一个防火堤。因为这种液体在火灾情况下，会沸腾，四处流散，如两个或几个罐共用一个防火堤，易扩大蔓延，造成不应有的损失。

第4.4.7条 从基本保障安全，又能节约投资出发，对闪点高（大于120℃）的液体贮罐或贮罐区，以及桶装、瓶装的乙、丙类液体堆场，甲类液体半露天堆场（有盖无墙的棚房），可以不设置防火堤，但都要设置粘土、砖石等非燃烧材料的简易围堤，以防止液体流散，扩大灾情。如某酒库，在半露天堆场上堆存大量瓶装高浓度白酒，因坏人放火，发生火灾，瓶装酒在火焰燎烤下，一个个破碎，大量酒流散，由于未考虑液体流散设施，流体流到哪里，火烧到哪里，将存放的酒全部烧光，损失二、三百万元。

第4.4.8条 规定本条有以下考虑：

一、把火灾危险性相同或接近的油罐布置在一个防火堤分隔范围内，既有利于消防设计统一考虑，油罐之间也能互相调配，又可节省输油管线和消防管线，并便于管理。

二、沸溢性液体与非沸溢性液体如布置在同一防火堤内，一旦沸溢性液体起火，液体很快沸腾，四处外溢，危及非沸溢性液体的安全。

三、地上油罐与地下、半地下油罐布置在一起，一旦地下油罐起火或半地下油罐起火成灾，火焰会直接燎烤地上油罐，容易将地上油罐引燃，扩大灾情。

基于以上考虑，故提出了本条规定。

第4.4.9条 本条对贮罐与泵房、装卸鹤管的防火间距作了规定。考虑的主要情况是：

一、火灾实例。如某3000m³甲、乙类液体贮罐，距装卸站台约15m，距泵房约13m。当贮罐爆炸起火后，泵房被烧掉，槽车也烧了三节；某3000m³丙类液体贮罐，距泵房约11m，贮罐起火后，在消防队用水枪保护的情况下，燃烧约2.5h，对泵房没有影响。

二、据山东、安徽、上海、江西、湖南的一些工厂、仓库的贮罐区，甲、乙类液体油罐距油泵房的距离一般为14～20m之间，距铁路装卸设备一般在18～23m之间。

三、在修改过程，我们与有关管理、消防单位的有关同志座谈，他们认为，从保障安全出发，泵房、装卸设备与贮罐保持一定的防火间距是十分必要的，前者宜为10～15m，后者宜分别为12～20m，10～15m。

四、对几个注的说明：

（一）考虑到贮量小的贮罐区（甲、乙类液体贮罐总贮量小于1000m³，丙类液体小于5000m³），其油泵房和铁路、汽车装卸鹤管，使用时间不会多，贮罐着火后危及范围可能小些，故可适当减少距离。

（二）规定泵房、装卸鹤管设在距防火堤外侧一定距离范围，主要防止贮罐着火时很快烧毁泵房和装卸设备，并为扑救创造条件。

（三）厂内铁路与装卸设备，分别保持10～20m的防火间距，主要防止装卸设备一旦发生火灾，危及厂内铁路线。

（四）泵房与鹤管的距离，需要保持8m，主要考虑万一发生火灾时，不致互相影响。

第 4.4.10 条

一、规定本条是防止火灾时相互影响。如某苯罐区泵房起火，将相距 10.5m 的三级耐火等级建筑烧着起火，大部分被烧毁；又如某化工厂的厂房爆炸起火，相距 12m 的油泵房引起火灾使泵房及设备大部分烧毁。

二、据对黑龙江、吉林、辽宁、北京、山东、山西、四川等地一些贮罐区的调查，装卸装备与建筑物的防火间距，绝大多数符合本条的要求，即甲、乙类液体装卸鹤管，与一、二、三级耐火等级建筑一般为 13～18m。经访问仓库管理人员和安全人员，认为装卸设备离外单位建筑要远一些，以策安全。

第 4.4.11 条 零位罐是用作自流卸放油槽车内液体的缓冲罐，即油槽车向零位罐卸油的同时，用油泵向大贮罐送油，它起缓冲作用。

要求零位罐与所属装卸铁路线保持 6m 的距离，一旦起火，在消防扑救的情况下，减少相互间的威胁。

第五节 可燃、助燃气体贮罐的防火间距

第 4.5.1 条 说明如下：

一、所谓可燃气贮罐系指盛装氢气、甲烷、乙烷、乙烯、氨气、天然气、油田伴生气、水煤气、半水煤气、发生炉煤气、高炉煤气、焦炉煤气、伍德炉煤气、矿井煤气等可燃气体的贮罐。

二、根据表 4.5.1（a、b、c）所列湿式可燃气体贮罐规格，按总容积大小分为四档。

第一档，贮罐总容积≤1000m^3，一般包括小氮肥厂、小化工厂和其他小型工业企业的可燃气体贮罐。

第二档：贮罐总容积 100～10000m^3，包括小城镇的煤气储配站、中型氮肥厂、化工厂和其他中小型工业企业的可燃气体贮罐。

小型湿式可燃气贮罐主要外形尺寸及参数　　表 4.5.1-a

项目 \ 主要尺寸及参数 \ 型号		GL 100	GL 200	GL 300	GL 400	GL 600
公称容积（立方米）		100	200	300	400	600
有效容积（立方米）			227	298	425.5	630
直径	水槽（米）	6.10	8.40	9.30	10.00	11.48
	钟罩（米）	5.50	7.60	8.50	9.20	10.68
高度	水槽（米）	5.30	5.90	5.92	6.60	7.40
	钟罩（米）	5.00	5.60	5.71	6.40	7.14
总高度（米）		11.00	10.70	12.42	12.40	14.50
压力（毫米水柱）			550/200	400/110	400	196
备注		直立导轨钢水槽	直立导轨 RC 水槽	直立导轨钢水槽	螺旋导轨钢水槽	直立导轨 RC 水槽

第三档：贮罐总容积为 1000～50000m^3，包括中小城市的煤气储配站、大型氮肥厂、化工厂和其他大中型工业企业的可燃气体贮罐。

第四档：贮罐总容积＞50000m^3，包括大中城市的煤气储配站、焦化厂、钢铁厂和其他大型工业企业的可燃气体贮罐。

三、湿式可燃气体贮罐和罐区与建筑物、堆场的防火间距主要考虑贮罐本身的危险性，贮罐或建筑物、堆场发生事故时，相互危及的范围，破坏威力，施工安装和检修所需的距离以及便于消防扑救等因素，同时参考国内外有关规范。

低压水槽式螺旋导轨可燃气体贮罐主要外形尺寸及参数　表 4.5.1-b

项目 \ 外形尺寸及参数 \ 型号		GL5000-78	GL10000-78
公称容积 V_g（立方米）		5000	10000
几何容积 V_0（立方米）		5153	10150
有效容积 V_c（立方米）		4770	9800
水槽直径 D_0（立方米）		22.00	26.40
钟罩直径 $D_5/D_4/D_3/D_2/D_1$		20.20/21.10	23.70/24.60/25.50
高度	水槽（米）	8.00	8.00
	筒体（米）	7.70	7.70
	钟罩（米）	9.05	9.38
总高度（米）		23.55	30.67
压力（毫米汞柱）	设计	158/235	166/260/317
	有配重	338/400	261/348/400
径高比 D/H		$\frac{21.10}{23.55}=0.90$	$\frac{25.05}{30.67}=0.815$
备注			

续表 4.5.1-b

项目 \ 外形尺寸及参数 \ 型号		GL20000-75	GL30000-82
公称容积 V_g（立方米）		20000	30000
几何容积 V_0（立方米）		24000	31200
有效容积 V_c（立方米）		22000	29220
水槽直径 D_0（立方米）		39.00	42.00
钟罩直径 $D_5/D_4/D_3/D_2/D_1$		36.40/37.30/38.20	39.00/40.00/40.00
高度	水槽（米）	8.00	8.60
	筒体（米）	7.70	8.30
	钟罩（米）	10.20	10.90
总高度（米）		31.15	34.45
压力（毫米汞柱）	设计	100/153/200	115/175/220
	有配重	210/260/300	
径高比 D/H		$\frac{37.75}{31.15}=1.23$	$\frac{40.25}{34.45}=1.18$
备注			

续表 4.5.1-b

项目 \ 外形尺寸及参数 \ 型号		GL50000-76	GL100000-80
公称容积 V_g（立方米）		50000	100000
几何容积 V_0（立方米）		56650	114400
有效容积 V_c（立方米）		54200	106110
水槽直径 D_0（立方米）		46.00	64.00
钟罩直径 $D_5/D_4/D_3/D_2/D_1$		42.00/43.00/44.00/45.00	60.00/61.00/62.00/63.00
高度	水槽（米）	9.08	9.80
	筒体（米）	9.70	9.50
	钟罩（米）	13.20	14.50
总高度（米）		49.68	50.30
压力（毫米汞柱）	设计 有配重	118/178/236/298	118/162/204/240
径高比 D/H		$\frac{44.00}{49.68}=0.89$	$\frac{62.00}{50.30}=1.23$
备注			

续表 4.5.1-b

项目 \ 外形尺寸及参数 \ 型号		GL150000	GL200000
公称容积 V_g（立方米）		150000	200000
几何容积 V_0（立方米）		176000	222790
有效容积 V_c（立方米）		166000	206750
水槽直径 D_0（立方米）		67.00	80.00
钟罩直径 $D_5/D_4/D_3/D_2/D_1$		62.00/63.00/64.00/65.00/66.00	75.00/76.00/77.00/78.00/79.00
高度	水槽（米）	11.78	9.80
	筒体（米）	11.00	9.50
	钟罩（米）	16.00	15.75
总高度（米）		68.03	60.425
压力（毫米汞柱）	设计 有配重	106/153/200/245/280	120/158/196/233/264
径高比 D/H		$\frac{64.50}{68.03}=0.95$	$\frac{77.20}{60.425}=1.28$
备注			

国内部分湿式可燃气贮罐（直立导轨）情况　表 4.5.1-c

公称容积（立方米）	水槽方案	总高（米）	直径（米）	备注
2400	钢	20.00	17.50	解放前建
2840	钢	20.00	19.40	解放前建
4300	钢	19.20	20.00	解放前建
4300	钢	23.00	21.50	解放前建
4250	钢	26.50	23.40	解放前建
4200	钢筋混凝土	21.00	21.00	解放前建
4250	钢	24.00	24.00	解放前建
4300	钢	21.00	19.70	解放前建
5700	钢	24.30	22.60	解放前建
9900	钢	26.30	24.50	解放前建
10000	钢	28.30	26.50	解放前建
10000	钢	25.20	29.90	解放前建
14200	钢	31.90	30.00	解放前建
14200	钢	31.90	30.20	解放前建
22000	钢	35.00	37.60	解放前建
22000	钢	35.00	37.60	解放前建
28000	钢	34.00	42.00	解放前建
28300	钢	32.00	42.00	解放前建
28400	钢	34.50	42.20	解放前建
42500	钢	41.00	44.00	解放前建

1. 湿式可燃气体贮罐工作压力很低。一般在 400 毫米水柱以下；介质比重一般较空气轻，漏气时易扩散，所以贮罐处于工作状态时不易发生事故。万一发生事故也易于扑救。例如：①东北某煤气厂的 14300m^3 的湿式煤气贮罐，因罐壁穿孔，带气补焊而引起贮罐着火，消防人员用湿棉被将火扑灭，没有酿成更大事故。②1984 年 2 月 8 日南方某煤气厂 10000m^3 水槽式煤气贮罐，用耐火纸堵塞裂缝后进行补焊，因耐火纸脱落发生火灾，火焰高达 5～6m，经 2h 扑救将火扑灭。

2. 湿式可燃气体贮罐或建筑物、堆场发生火灾爆炸事故时，相互危及范围近者 10 多米，远者 100～200m，一般在 20～40m。例如：①某市某厂一座 800m^3 的氨气贮罐，检修未排除罐内余气，动火焊接而引起爆炸事故。爆炸后罐顶碎片飞出 25m，砸伤数人。②某厂 8m^3 氢气贮罐，检修动火发生爆炸事故，大碎片飞出 20 多米，小碎片飞出 40 多米。③某市某煤气厂的 14300m^3 湿式煤气贮罐，检修动火发生爆炸，钟罩顶爆成数块，其中约 8m^2 的钢板飞出 20 多米，40m 以内门窗玻璃被震碎。④某厂 1000m^3 氢气贮罐，检修时动火引起爆炸，约 1m^2 钢板飞出 200 多米，50m 以内门窗玻璃大部震碎，部分窗框被冲击波冲下。

从上述事故实例可以看出，湿式可燃气体贮罐，在工作时，一般不会发生爆炸事故，只有在检修时，因处理不当或违章焊接才引起爆炸。但这种贮罐爆炸一般不会发生连续火灾或二次爆炸事故，因而也不会引起很大的伤亡和损失，只是碎片飞出伤人或砸坏建筑物。从危及范围来看，其防火间距如表 4.5.1 的规定是合适的。

3. 考虑施工安装的需要，大中型可燃气体贮罐施工安装所需的距离一般为 20～25m。

4. 据沈阳市公安消防部门的同志谈，扑灭气罐特别是大贮气罐的火灾，至少要保持 15～20m 的间距。他们介绍该市一个 28000m^3 的煤气贮罐，罐壁年久失修，腐蚀严重，穿孔跑出大量煤气，遇到明火引起燃烧，火焰面积约 3～4m^2，火苗高度约为 5～6m，附近 10m 以内不能站人，参加灭火战斗的人员只能在 10～15m 以内进行扑救，因此，要满足扑救需要，要保持 15～20m 的距离才行。

5. 参考国外有关规范规定的湿式可燃气体贮罐与建筑物、堆场的防火间距列于下表 4.5.1-d。

从下表可以看出，规范中表 4.5.1 的规定与国内有关规范的规定相近，与德国规范相差稍大。

有关规范规定的防火间距　　　　表 4.5.1-d

规范名称 / 防火间距（米） / 项目	气田设计防火规定	炼油设计防火规定（炼油篇）	炼油设计防火规定（石油化工篇）	德国规范 DVGW G430 1964
明火或散发火花的地点	40	35	25	非本企业建筑、住宅为25
易燃、可燃液体贮罐	容积 ≤ 1000m³ 时，为20 容积 100 ～ 5000m³ 时为25	顶距为15 固定顶距为20	同左	距木材仓库和其他可能突然发生火灾的易燃品仓库为50
液化石油气贮罐	容积≤200m³ 时，为30 容积 201～500m³ 时，为35	相邻较大距的半径	40	
压缩机室	4	35	30	
全厂性重要设施	40	35	30	
备　注	当贮罐容积≤10000m³ 时，减25%；当贮罐容积＞50000m³ 时加25%		当贮罐容积≤10000m³时减 25%；当贮罐容积＞50000m³时，加25%	与本企业建筑物的距离应考虑施工运行的需要自行确定

四、注①的说明，固定式可燃气体贮罐比水槽式可燃气体贮罐压力高，易漏气，漏失气体的速度快，量也大，危险性也大，所以其防火间距按贮罐的水容积与其工作压力（绝压）乘积折算，如表 4.5.1 的规定。

五、注②的说明，干式可燃气体贮罐工作压力较高，最高可达 1000 毫米水柱；活塞与罐壁间靠油密封，密封部分漏气时，其漏失的气体向活塞上部空气泄漏，然后经排气孔排至大气，因而不如湿式贮罐易扩散。危险性较湿式贮罐为大，故防火间距按表 4.5.1 增加 25%。

六、注③的说明，对于小于 20m³ 的可燃气体贮罐，因其量小，危险小，故与所属厂房的防火间距不限。

第 4.5.2 条　可燃气体贮罐或罐区之间的防火距离主要考虑发生事故时减少相互间的干扰和便于消防扑救，以及施工安装和检修所需的距离。

第一款：湿式贮罐之间的防火间距不应小于相邻较大罐的半径，主要考虑消防扑救和保证施工安装的需要。

第二款：本款所讲的干式贮气罐，是指罐体高、直径较少（与湿式贮罐相比），用活塞上下滑动的贮气罐。这种罐按活塞油封方式分，有油环式、填料式和布帘式三种。卧式罐是固定容积的，贮存压力较高，容易漏气。因干式贮气罐虽为低压贮气罐，但均用油封，用油量较大，同样容积的贮罐，比湿式贮罐直径约少 1/3 左右，故干式或卧式贮罐之间的防火间距，不应小于相邻较大罐直径的 2/3。

球形罐是固定容积贮罐的另一种，目前北京等地已开始采用，是受压贮存，容易漏气，危险大，扑救难度也较大，故应不小于相邻较大罐的直径。

第三款：卧式贮罐、球形贮罐与湿式贮罐或干式贮罐之间的防火间距，按其中较大者确定，主要是考虑消防扑救和施工安装的需要。

第四款：原规定一组固定容积或贮罐总容积不应超过 5000m^3 偏小。在一般情况下，城市煤气输配系统采用固定式贮罐储存时，其供气规模都比较大，气源多来自天然气加工厂，高压气化制气厂以及其他大型气源厂，而且远离城市，输送压力较高，采用高压贮气方式最经济（贮存压力 8～16kgf/cm^2），因此本款将贮罐总容积改为不应超过 30000m^3（相当于设置与设计压力为 16kgf/cm^3，公称容积为 400m^3 的球形贮罐）。

固定式可燃气体贮罐，均在较高压力下贮存，危险性较大，但较液化石油气贮罐小，故规定组与组间距，对卧式罐不应小于最长罐长度之半，对球形贮罐不应小于较大罐的直径，且不应小于 10m。

第 4.5.3 条 鉴于目前国内生产、使用液氢的单位是个别的，以往无这方面的规定，实际经验也缺乏，但从液氢燃烧爆炸情况看，液氢爆炸燃烧的速度、猛烈程度和破坏威力等较气氢为大，则其防火间距应比气氢大些，并参考国外规范的有关规定，本条提出液氢贮罐与建筑物、贮罐、堆场的防火间距，原则上按液化石油气相应贮量的贮罐的防火间距，减少 25%。

第 4.5.4 条

一、湿式氧气贮罐分成三档。第一档贮量小于或等于 1000m^3，一般包括小型企业和一些使用氧气的事业单位；第二档贮量为 1001～50000m^3，一般包括大型机械工厂和中型钢铁企业，第三档贮量大于 50000m^3，主要是大型钢铁企业。

二、氧气贮罐或贮罐区与建筑物、贮罐、堆场的防火间距，主要考虑了以下因素：

1. 因氧气为助燃气体，属乙类火灾危险性，存放钢罐内。把氧气罐可视为一、二级耐火等级建筑，与其他建筑物的距离原则按厂房之间的防火间距考虑。

2. 与民用建筑，甲、乙、丙类液体贮罐，易燃材料堆场的防火间距，主要考虑火灾时相互影响和扑救火灾的需要。经与有关设计、科研和消防的同志座谈，他们认为规范中表 4.5.4 规定的防火间距是合适的、可行的。

三、几个注的说明：注①同规范表 4.5.1 注①的说明；注②是从实际出发，为了既满足工艺布置要求，同时又利于节约用地；注③从基本保障安全，结合实际需要而提出。

第 4.5.5 条 规定氧气贮罐之间的防火间距，不小于相邻较大贮罐的半径，主要考虑火灾时扑救操作的需要。

氧气贮罐与可燃气体贮罐之间的防火间距，不小于相邻较大罐的直径，主要考虑可燃气体爆炸起火时危及氧气贮罐和发生火灾时扑救操作的需要。

第 4.5.6 条 新增条文

一、国外液氧贮罐使用较早，有较成熟的安全管理经验，我国有些企业（钢铁企业居多数）引进液氧贮罐，有的制氧厂（如北京制氧厂）也采用液氧贮罐，但这方面没有规定，故本条补充了这一条。

二、根据国外资料，1m^3 液氧折合 800m^3 标准状态气氧计算。其贮罐与建筑物、贮罐、堆场的防火间距，按第 4.5.4 条的规定执行。如某厂有个 100m^3 液氧贮罐，折合成气氧为 $800\times100=80000m^3$，按第 4.5.4 条第三档规定的防火间距执行，其余类推。

液氧贮罐与其泵房的间隔宜离开稍远一些，但不要小于 3m，这是根据国外有关规范和国内有些工程的实际作法提出的。

第 4.5.7 条 液氧贮罐周围 5m 范围内不应有可燃物和设置沥青路面，主要考虑液氧为助燃气体，当它与稻草、刨花、纸屑以及溶化的沥青接触，一遇火源容易引起猛烈燃烧，发生火灾，因此作了本规定。

第六节 液化石油气贮罐的贮罐布置和防火间距

第 4.6.1 条 将液化石油气贮罐或罐区布置在单位或本地区

全年最小频率风向的上风侧，并选择在通风良好的地区单独布置。主要考虑贮罐及其附属设备漏气时易扩散，发生事故时避免和减少对其他建筑物的危害。

关于罐区是否设置防护墙，有两种意见，一种意见是不设防护墙，以防贮罐发生漏气时，使液化石油气窝存，发生爆炸事故。另一种意见是设防护墙，但其高度为1m，这种做法，通风较好，不会窝气，而且当贮罐漏液时，不致外流而危及其他建筑物。目前国内除炼油厂的液化石油气贮罐不做防护墙外，其余大部分设防护墙。美国、苏联是设置防护墙的，《炼规》石油化工局也规定设防护墙。我们认为液化石油气罐区设置1m高的防护墙是合适的。但贮罐距防护墙的距离，卧式贮罐应为长度的一半，球形贮罐为贮罐直径的一半。日本各液化石油气罐区和每个储罐均设置防火堤。

第4.6.2条 本条规定考虑了以下情况：

一、液化石油气的基本特性：

液化石油气以丙烷、丙烯、丁烷、丁烯等低碳氢化合物为主要成份的混合物。通常以液态形式在常温压力下贮存，一旦漏气十分危险。当贮罐或管道破裂时，1立方米液态液化石油气可转变成250～300m^3的气态液化石油气；液化石油气的爆炸极限范围为2%～9%（体积比），即1立方米液态液化石油气漏失在大气中，将会变成3000～15000m^3的爆炸性气体；液化石油气着火能量很低（3～4×10^{-4}焦耳），如手电筒的火花即可成为燃烧爆炸的火源，火焰扑灭后很易复燃；液态液化石油气的比重为0.5～0.6，着火后用水很难扑灭；气态液化石油气的比重为1.5～2.0，漏气后易在低洼或通风不良处窝存，易酿成爆炸事故；此外，液化石油气闪点很低（－45℃以下）。

二、规范表4.6.2中的总容积和最大允许单罐容积的大小分为六档，以提出不同的防火间距要求：

第一、二档包括居住小区和小型工业用户的气化站、灌气站的贮罐。

第三、四、五、六档是按储配站的规模划分的。

第三档包括小型灌瓶站、居住区、城市煤气调峰气源和大、中型工业用户气化站、灌气站的贮罐。

第四档包括中、小型灌瓶站和城市煤气调峰气源的气化站、灌气站的贮罐。

第五档包括大、中型灌瓶站和中型炼油厂的贮罐。

第六档包括大型、特大型灌瓶站、储配站、贮存站和大型炼油厂的贮罐。

三、规范表4.6.2所规定的防火间距主要考虑下列因素：

（一）事故调查表明，液化石油气贮罐发生爆炸事故时，危及范围与贮罐容积有关，一般为100～300m。例如：①1979年12月18日某市液化石油气储配站400m^3球罐突然破裂，在1min之内下风向200m范围内形成爆炸性气体，遇到明火发生爆炸，当场死亡32人，烧伤54人，4h后相邻的一个400m^3球罐又发生爆炸，4块7～8t重25mm钢板飞出150m远，附近500～800m建筑物门窗玻璃震碎，造成直接损失600多万元。②1978年7月11日，西班牙某高速公路上一辆容积43m^3充装28t的液化石油气汽车槽车突然爆炸，车体飞出140多米远，16mm厚的钢板碎片飞出300多米远，此时半径为200m的地面上瞬时升起30多米高的烟云，公路上100多辆汽车被烧毁，死亡150多人，伤120多人。

（二）目前国内现有液化石油气储配站大都设置在市区边缘，远离居住区、村镇、公共建筑和工业企业。个别距离较近者也均采取相应的防护措施，如居民搬迁、建筑物改变用途等，无疑这些作法对安全有利。

（三）参考国内外有关规范。

国内有关规范规定的液化石油气贮罐或具有同类危险的厂、站与居住区、村镇、重要公共建筑或工业企业的防火间距列于下表4.6.2。

国　　内　　　　表 4.6.2

项目 ＼ 防火间距（米）＼ 规范名称及内容	油田建设设计防火规定厂、站的甲乙类生产区	炼油化工企业设计防火规定（炼油篇）	炼油化工企业设计防火规定（油化工篇）
居住区、村镇、重要公共建筑	100	120	100
相邻企业	70	85	生产性质相同企业 91 生产性质不同企业 112
备　注	自生产区厂界算起		从贮罐外壁算起

（2）国外有关规范规定的液化石油气贮罐与站外建筑物的防火间距如下：

苏联建筑法规《CHиП—Ⅱ—Г12—65》规定的液化石油气贮罐至站外建筑物的防火间距列于下表。

苏　　联　　　　表 4.6.2-a

总容积（立方米）	单罐最大容积（立方米）	防火间距（米）	
		地上贮罐	地下贮罐
<200	25	100	50
201～500	50	200	100
501～1000	100	300	150
1001～2000	100	400	150
2001～8000	≥400	500	200

日本液化石油气设备协会《JLPA001 一般标准》规定：第一种居住区严禁设置液化石油气贮罐，其他区域对贮罐容量作了严格限制，如下表 4.6.2-b 所列。

日本不同区域贮罐容量的限制　　　　表 4.6.2-b

所在区域	一般居住区	商业区	准工业区	工业区或其他专用区
储存量（吨）	3.5	7.0	35	不限

在此基础上规定了与站外建筑物的防火间距按下式计算确定。

$$L=0.12\sqrt{X+10000}$$

式中　L——贮罐与建筑物的防火间距（m）；

X——贮罐总容量（kg）。

在日本液化石油气储配站储存量一般都很小，当上式计算结果超过 30m 时，可取不小于 30m。

美国国家防火协会《NFPA NO59-1968》规定的非冷冻液化石油气贮罐与建筑物的防火间距列于表 4.6.2-c。

美　　国　　　　表 4.6.2-c

贮罐充水容积　美加仑（立方米）	贮罐距重要建筑物，或不与液化气装置相连的建筑，或可供建筑的相邻地界　英尺（米）
2001～30000（7.6～113.7）	50（15.24）
30001～70000（113.7～265.3）	75（22.86）
70001～125000（265.3～473.8）	100（30.48）
125001～200000（473.8～758）	200（60.96）
200001～1000000（758～3790）	300（91.63）
1000001 或更大（>3790）	400（121.95）

注：（1）贮罐间距应大于相邻两罐直径之和的 1/4；

（2）当单罐或罐组充水容量>180000 美加仑（682.2m^3）或更大时，其最小间距为 25 英尺（7.62m）；

（3）当单罐或罐组充水容量>125000 美加仑（473.8m^3）时，与液化气连接的用于生产、压缩或净化人工煤气的建筑物、天然气加压站建筑或这些建筑中的设备运行维修工作必要的室外装置，充装站应位于 100 英尺（30.48m）以外；

（4）上述单罐或罐组和充装站应离开可燃液体的地上贮罐和任何在发生火灾或爆炸事故时会构成对容器实质上危险的建筑物 100 英尺（30、48m）以上；

（5）1 美加仑＝0.00379m^3。

英国石油学会《液化石油气安全规范 1967》规定的炼油厂及大型企业的压力贮罐与其他建筑物的防火间距列于下表 4.6.2-d。

英国石油学会液化气安全规范规定炼油厂及大型企业的压力贮罐及其他建、构筑物的安全距离　表 4.6.2-d

名称　英加仑（立方米）	间距　英尺（米）	备　注
至其他企业的厂界或固定火源，当贮罐水容量 <30000（136.2）	50（15.24）	
＞30000～125000（136.2～567.50）	75（22.86）	
＞125000 时（＞567.5）	100（30.48）	
有危险性的建筑物，如灌装间、仓库等	50（15.24）	
甲、乙级油品贮罐	50（15.24）	自甲、乙级油品的贮罐的围堤顶部算起
至低温冷冻液化石油气贮罐	最大低温罐直径，但不小于 100（30.48）	
压力液化石油气贮罐之间	相邻贮罐直径之和的 1/4	

注：1 英加仑＝0.00454m^3。

从上述各表可以看出，日、美、英各国液化石油气贮罐与建筑物的防火间距较小，这是因为这些国家的技术装备、管理以及消防设施等水平较高，目前我国在这些方面尚有较大差距，故本条采用较大的防火间距，其主要目的限制液化石油气站选址时应远离居住区、村镇、重要公共建筑和相邻企业。

第 4.6.3 条　本条是新增加的。液化石油气气化站、混气站设置在居住区内，其贮罐与建筑物的防火间距若按表 4.6.2 规定建站难以实现。考虑既保证安全，又切实可行，故按贮罐或罐组容量大小区别对待，即小容量者放宽，大容量者从严。上述液化石油站的爆炸起火事故表明，这类站多因卸槽车时，胶管脱落或断裂而发生燃烧爆炸事故，其危及范围一般在 20m 左右。但单罐或总罐容积较大的罐区发生爆炸事故时，其危及范围一般为 40～50m 左右。因此，本条规定，当单罐容积不超 10m^3 和总容积不超 30m^3 时，与民用建筑、重要公共建筑或通路间的距离按《城市煤气设计规范》的规定执行，超量容积者（包括单罐的总容积）按规范中表 4.6.2 的规定执行，即单罐容积超过 10m^3 或总容积超过 30m^3 时，必须按规范中表 4.6.2 的规定执行。

第 4.6.4 条　本条是新增加的。目前工业企业建立的液化石油气气化站、混气站较多，其贮罐容积一般都在 50～60m^3 以下。本条规定的贮罐与建筑物的防火间距也是根据发生爆炸事故的危及范围，按贮罐容积不同加以区别。当小容积贮罐设置在室内时，发生燃烧爆炸事故时，危及范围较小，其防火间距按《城市煤气设计规范》的有关规定执行是合适的。贮罐设置在露天时，应按本规范第 4.6.2 条的规定执行。

第 4.6.5 条　液化石油气贮罐或罐组之间防火间距的确定主要考虑下列因素：

一、当一个贮罐发生事故时，减少对相邻贮罐的威胁，并避免二次灾害发生。同时便于消防扑救，并保证有一支水枪的充实水柱达到任一贮罐的任何部位。罐组之间的距离应保证消防车畅通，便于进行消防扑救。同时满足施工安装、日常操作和检修所需的距离。

二、根据目前国内的实际作法，不论卧式贮罐或球形贮罐都采用相邻较大罐直径，从火灾爆炸事故危及范围看，十分必要。如北京云岗液化石油气贮存站采用 1000m^3 球罐，间距大于直径；南京液化石油气贮存站采用 400m^3 球罐，间距为一个球罐直径。组间距一般均为 20m 以上。

第 4.6.6 条 说明如下：

一、城市液化石油气供应站瓶库的容量（按实瓶计）分为二档，分别提出不同的防火间距，按 15kg 钢瓶计，第一档可容纳 250 个钢瓶，第二档相当于 250～500 个钢瓶。按一天的最大日供应量计算，可分别供应 5000～7000 户和 7000～15000 户。

二、液化石油气供应站一般设置在居住区之内，为便于安全管理和减少对外干扰，四周设实体围墙。

三、瓶库与建筑物间的防火间距主要考虑下列因素：

瓶库应是一、二级耐火等级的建筑，且有足够的泄压面积，钢瓶发生爆炸事故时，建筑物不会倒塌，其危及范围较小，一般不超过 10m。例如：某市三级耐火等级的瓶库，因倒残液发生爆炸事故，瓶库本身烧毁，相距 8m 的被烧毁；又如某起重设备厂内有一瓶库，倒残液时距 18m 处有明火而引起爆炸，瓶库屋盖是钢架石棉瓦顶，泄压好，房屋没有倒塌，中间隔墙起了防火墙的作用，距 6m 处的民房没有受到损失。

第 4.6.7 条 液化石油气贮罐与所属泵房的防火间距不小于 15m，主要考虑贮罐爆炸起火危及泵房。本条是参考油泵房与油罐的防火间距提出的。

第七节 易燃、可燃材料的露天、半露天堆场的布置和防火间距

第 4.7.1 条

一、易燃材料的露天堆场，一般包括稻草、麦秸、芦苇、烟叶、草药、麻、甘蔗渣等。这些物品，一旦起火，燃烧速度快，辐射热强，难以扑救，容易造成很大损失。如某制药厂草药堆垛因电线短路，打出火花，引着草药堆垛，因草药堆场只有两个消火栓（一个埋在草药垛下面），一个由于水龙带破裂漏水，无法使用，只能靠运水救火，不能有效控制火势蔓延扩大，致大火烧了 36 多个小时，火场面积达 13000 多平方米，烧毁麻黄、川地龙等草药共 450 万余斤，损失 240 余万元；又如某造纸厂原料场起火，因水源不足，扑救不力，大火烧了 10 多个小时，烧毁芦苇等几万吨，损失数百万元。类似火灾例子很多，不胜枚举，因此强调易燃材料堆场设置在水源充足的地方，是十分必要的。

从火灾实例看，稻草、芦苇等易燃材料堆场，一旦起火，如遇大风天，飞火情况十分严重，如果布置在本单位或本地区全年最小频率风向的上风侧，对于防止飞火殃及其他建筑物或可燃物堆垛等是有好处的。

二、有的易燃材料堆场在布置时考虑了充足的水源，收到较好的实效。如某造纸厂原料堆场，堆有大量芦苇等易燃材料，发生火灾，由于堆场四周设置了大水沟，先后调集数十辆消防车进行救火，由于水量充足，凡到火场的消防车都能抽水救火，虽然火势猛，辐射热强，火焰高达一、二十米，却比较快地控制了火势蔓延，保住了堆场的大批原料，就是个很好的例证。故根据以上情况，作了本条规定。

第 4.7.2 条

一、参照原规定内容，结合调查情况，新增加了圆筒仓的贮量规定。近年来，随着国民经济的迅速发展，在各地相继建成粮食筒仓，且总贮量均比较大，现举例如下表 4.7.2-a。

粮食贮量举例 表 4.7.2-a

单位名称	筒仓数（个）	高 度（米）	总贮量（吨）	贮存品种	投产日期
×市×粮库	27	24	15000	小麦	1980
×市×粮库	5	14.0	1250	小麦	
×市×粮库	45	30.0	40000	小麦	
×市×粮库	30	34.8	30000	小麦、大米	1978
×港口粮库	16	39.0	30000	散粮	1979
×港口粮库	21	38.5	27300	小麦	1978.4
×粮食加工厂粮库	16	17.0	8000	小麦 面粉	1982.10

从以上情况来看，筒仓总贮量一般均在2～3万吨左右，有的筒仓已达4万吨，故本规定最高贮量定为4万吨。

关于粮食筒仓与建筑物的防火间距，是根据一些火灾实例而定的。

如某市某港粮食筒仓，在1981年12月10日发生爆炸着火燃烧，仓顶盖被掀开，附近建筑的玻璃窗全部震碎，爆炸碎片飞出100m远，损失重大。但考虑用地紧张，故筒仓至建筑物的防火间距最大为30m。

据调查，粮食囤垛堆场的总贮量是比较大的，且粮食囤垛比较易燃，火灾损失大，影响大。所以将粮食囤垛堆场的最大贮量定为20000t。

据调查的情况，不少粮食囤垛是利用稻草、竹杆等可燃材料建造，这种材料容易燃烧，一旦发生火灾，损失较大。例如，某市某粮库，粮食囤垛起火造成××万斤的粮食损失。这类事故过去发生过不少。所以本条对粮食囤垛提出了防火规定。

囤垛至建筑物的防火间距，是根据一些火灾例子提出的。如某市粮食囤垛起火，火焰越过约20m宽的马路延烧到另一侧的囤垛，距火场约8m远的砖木结构建筑，木质门、窗被烤着。根据这些情况，我们将粮食囤垛至建筑物的防火间距最小定为15m。最大定为30m。

二、棉花麻皮、毛、化纤、百货堆场。据调查，我国不少地区的棉花、百货均是露天堆放。为了确保物资的安全，特作此项规定。从调查的情况看，棉花、百货物品堆场的贮量是比较大的。且这类物品比较贵重，是人民生活的必需物资，发生火灾时，不仅使国家财产受到损失，影响也大。棉花堆场贮量举例如表4.7.2-b。

棉花最大限量的规定，是根据各棉花露天堆场实际情况进行修改的。现举例如下表。

棉花堆场举例 **表4.7.2-b**

单位名称	总贮量（吨）	每个堆垛（吨）	每垛尺寸（长×宽×高）（米）
×市棉麻公司仓库	8000	4000	20×4×5
×地区棉麻公司仓库	19200	4800	24×4×7
×地区棉麻仓库	17500	5800	25×4.2×7
×棉花仓库	8500	4250	25×4.2×7
×棉花仓库	5500	5500	24×4.1×7

棉花、百货堆场至建筑物的防火间距，我们参照可燃物堆场的火灾实例和我国现有堆场的实际情况而提出最小的防火间距。同时考虑到棉花、百货堆场的贮罐虽然比可燃物堆场的贮罐小，但它比较贵重，所以也将棉花、百货堆场至建筑物的最小防火间距按贮量大小定为10～30m。

三、稻草、芦苇、亚麻等易燃物的总贮量，根据调查的情况，其堆场的总贮量都比较大。现举例如下表4.7.2-c。

易燃材料堆场贮量举例 **表4.7.2-c**

单位名称	材料品种	一个堆场的总贮量（吨）
天津某厂	芦苇等	20000
辽宁某厂	稻草	20000
哈尔滨某厂	亚麻	18000
宣化某厂	麦秸、芦苇	70000
汉阳某厂	芦苇等	30000

从上表情况说明，易燃材料的堆场，有的已超出20000t，但比较少，故易燃材料堆场的最大贮量定为20000t。

易燃材料堆场至建筑物的防火间距，根据一些火灾实例和调查一些易燃材料堆场的实际情况，易燃材料堆场至建筑物的防火间距，同原规定没有改变。如某地某厂 $3000m^3$ 的芦苇堆场起火后，位于侧风向相距 20m 的机修车间（砖木结构）没有受到损失；又如，某地区某厂亚麻堆垛距生产车间 20m，堆垛起火后，生产车间基本上没有受很大损失；再如，某地某厂易燃物堆场起火，位于侧风向相距 30m 的四级耐火建筑被辐射热烤着。

依据以上情况，为了有效地防止火灾蔓延扩大，有利于火灾的扑救，将易燃材料堆场至建筑物的最小间距定为 15～40m。

四、对木材堆场新增加了一档，是在这次修订过程中作了几次调查而确定的。

在调查过程中发现有些木材堆场统堆较多，堆垛又很高的不合理。有几个典型的堆场，已远远超出了原规定的总贮量要求，故本项新增一档是合理的。

五、煤和焦炭堆场，在调查中没有发现什么问题，基本上保留了原规定的要求。

六、对注解的说明。根据调查，我国大部分中、小型企业内的易燃、可燃材料的堆场的总贮量基本符合规范表 4.7.2 的规定。但有些大型企业内的易燃、可燃材料堆场的总贮量是比较大的。对于这类堆场的总贮量，如超过规范表 4.7.2 的规定时，应按生产主管部门的专门规定执行。如无专门规定时，也可采取分散贮存的办法，设置两个或几个堆场。堆场之间要保持足够的防火间距。这样规定，主要是根据一些易燃、可燃材料堆场发生事故的经验教训提出的。基本出发点在于有利于防止火灾蔓延扩大，有利于迅速扑灭火灾，减少火灾损失。天津某厂可燃物堆场，采取分散贮存的办法是值得仿效的。

第八节　仓库、贮罐区、堆场的布置及与铁路、道路的防火间距

第 4.8.1 条　本条是新增加的。

一、目前我国液化石油气主要来源于炼油厂，受其检修天数的限制，贮配站内必须设置足够数量的贮罐以保证连续供气。例如：一座年供应量为 5000 吨/年的液化石油气贮配站需设置 8～10 台容积为 $100m^3$ 的卧式贮罐；年供应量为 20000 吨/年的石油气贮配站需设 8～10 台容积为 $400m^3$ 的球形贮罐。随着贮配站规模的增大，贮存容积的增加，危险性也增大，一旦发生火灾爆炸事故，其后果不堪设想。因此，在进行液化石油气贮配站站址选择时，必须按其规模大小，远离居民区、村镇、工业企业和重要公共建筑，以防万一发生火灾爆炸事故造成重大伤亡和损失。

二、目前我国现有的百余座液化石油气贮配站站址大都位于市区边缘，远离居民区、村镇、工业企业和重要公共建筑。例如，某市一个液化石油气贮罐站，距市区 40 多公里，站内设置 8 个 $1000m^3$ 球形贮罐，该站曾 2 次发生严重漏气事故，未造成灾害；又如某市贮罐站的贮罐总容积为 $7600m^3$，该站距市区 50 多公里，附近无居住区和公共建筑，距相邻的石化厂也很远。

近年来新建液化石油气贮配站选址更得到有关部门的重视，从城市规划角度也尽量远离居民区、村镇、工业企业和重要公共建筑。

三、液化石油气贮配站的事故实例表明，其站址选在城市边缘，远离居民区、村镇、工业企业和重要公共建筑，对确保安全是十分必要的。例如：①1979 年 12 月 28 日某市液化石油气贮配站 $400m^3$ 球形贮罐突然破裂发生火灾爆炸，4h 后产生二次爆炸，站内部分建筑物破坏，下风向 200～300m 范围内 390 万株树苗被烧毁，35 千伏高压线被烧断迫使 29 家工厂停产 24～36h，直接损失 600 多万元。该站距居民区 800m，附近无其他建筑物，否则损失将更惨重。②1984 年 1 月 6 日某市液化石油气贮配站 $1000m^3$ 球形贮罐排污阀漏气，顺风扩散距离达 800m，因距油库、村庄较远，并及时熄灭危险区内的一切火源，采取有效措施，避免了一场恶性事故。③1979 年 3 月 4 日某县化肥厂，因液化石油气汽车

槽车将10t贮罐阀门拉断，大量液化石油气泄漏至17m处的锅炉房遇明火发生爆炸。40min后相邻的2t残液罐发生破裂造成二次灾害。这次事故死伤61人，70m范围内计7086m²的建筑物遭到不同程度的破坏，其中一幢混合结构的三层楼和两幢砖木结构的厂房倒塌，200～300m范围内的建筑物门窗被震坏，3000m处的商店玻璃部分震碎，这次火灾直接损失150多万元。

四、从本规范第4.6.2条说明也可以看出，国内外有关规范均规定液化石油气贮罐或罐区应远离居民区、村镇、工业企业和重要公共建筑。

第4.8.2条 本条是新增加的。

一、本条对甲、乙类工厂、仓库，甲、乙、丙液体贮罐区，易燃材料堆场等的布置，提出了原则要求，目的在于保障城市、居住区的安全。上述工厂、仓库和贮罐区、堆场一旦发生火灾危害是十分大的。如某县城关镇，将一鞭炮作坊，布置在商业繁华地段，发生爆炸起火，将主要街道两边的建筑物烧毁，炸死烧死数10人；又如某市将小型化工厂布置在居住区附近，因动火焊接反应釜、管道，引起爆炸起火，不仅本厂的大部分建筑和设备炸毁烧毁，而且殃及相邻单位和建筑线，烧房千余间，受灾500余户，造成很大损失。

二、据调查，有的在布置上述工厂、仓库由于较好的选择安全地点和注意风向，收到了良好的效果，如某市一造纸厂布置在城市的下风向，而该厂的稻草、芦苇等易燃材料堆场又布置在生产区的建筑物约60m以外的下风向，发生火灾时，正刮五、六级大风，堆场浓烟翻滚，火焰高达二、三十米、堆垛飞火风起云涌，将相距270余米下风向的另一个堆场烧着了，由于缺水，虽两个堆场的数万吨稻草、芦苇烧得精光，但城市和厂区建筑均未受到损害。

三、据了解，北京、上海、哈尔滨、长春、沈阳、大连、成都、重庆等市区内的上述工厂、仓库和贮罐区、堆场，在市区内一般作了迁移，或改变其他使用性质，由不安全转变为安全。我们认为，这样做是十分正确的，但以往的规范中无依据，引起了不少的争执，因此作此规定。

四、许多城市的煤气罐，一般都布置在用户集中的安全地带，如沈阳城市大型煤气贮罐，都分散在城市用户集中的安全地带，而且设有中心煤气压缩机站，用以调节各贮气罐的均衡性；又如鞍山、大连、上海等市的煤气贮罐都是分散布置在用户集中的安全地带，每个煤气贮罐还设有煤气放散管（ϕ150～250mm），一旦煤气发生事故，可进行紧急放散，以策安全。

第4.8.3条 说明如下：

一、甲类物品库房，露天、半露天堆场和贮罐与铁路线的防火间距，主要是考虑蒸汽机车飞火对库房、堆场、贮罐的影响。从火灾情况看，易燃和可燃材料堆场及可燃液体贮罐着火时影响范围都较大，一般在20～40m之间。故将其与铁路线的最小间距定为20m。

二、甲类物品库房，露天、半露天堆场和贮罐与道路的防火间距，主要是考虑道路的通行情况、汽车和拖拉机排气管飞火的影响以及堆场、贮罐的火灾危险性而确定的。据调查，汽车和拖拉机的排气管飞火距离远者一般为8～10m，近者为3～4m。所以厂内道路与上述库房、堆场和贮罐的防火间距，一般定为5m、10m。

三、甲类物品库房，露天、半露天堆场和贮罐至架空电力线的防火间距，主要是考虑电线在倒杆时偏移距离及其危及范围而定的。据15次倒杆断线事故调查。偏移距离在1m以内的有6次，偏移距离为2～3m的有4次，偏移距离大于杆高一倍半的有2次，偏移距离等于杆高的有2次，偏移距离为杆高一半的有1次。根据上述情况，将其与架空电力线的最小间距定为电杆高的一倍半。

本表中的架空电力线，为了与有关电力设计规范一致，其电压是指 220V 及超过 220V 的架空电力线。

原条文曾对电力牵引机车作适当放宽，但因电力牵引机车也有电火花，应和蒸汽机车同样要求，故将原注①删去。

第五章 民用建筑

第一节 民用建筑的耐火等级、层数、长度和面积

第 5.1.1 条 本条根据原规范第 53 条内容加以修订。

一、规范表 5.1.1“最多允许层数”一栏，对一、二级耐火等级的建筑，原规范为“不限”，现改为“按本规范第 1.0.3 条规定”。这是为了使本规范与《高层民用建筑设计防火规范》能紧密的衔接，说明本规范只适用于不超过九层的住宅，高度不超过 24m 的公共建筑以及高度超过 24m 的单层公共建筑。

规范表 5.1.1 纵向第三栏，原规范为“防火墙间”，本规范改为“防火分区间”。因为随着建设事业的发展，一、二级耐火等级的建筑物每层建筑面积超过 $2500m^2$ 的正日益增多。在防火分隔措施上除采用防火墙外，也可采用防火卷帘加水幕、防火水幕带等措施。“防火墙间”的提法从字眼上看显得限制太死，改为“防火分区间”显得比较确切，与《高层民用建筑设计防火规范》提法也相一致，明确每层防火分区面积为 $2500m^2$。

规范表 5.1.1 备注栏最后一行，原规范为“学校、食堂、菜市场不应超过一层”，本规范增加“托儿所、幼儿园、医院等”内容。据调查，新建的托儿所、幼儿园、医院没有采用四级耐火等级建筑的；从座谈情况来看，大家认为托儿所、幼儿园、医院发生事故后人员疏散困难，极易造成人员伤亡事故。如某市一座二层四级耐火等级的托儿所，有一天晚上在床底下寻东西，用蜡烛照明，不慎引燃被褥花絮，造成火灾，虽经保育人员努力抢救，但因一人只能抢救二名幼儿，从楼上到楼下往返时间较长，仍有四名幼儿被烧死。又如某市个体户在三间平房内开办托儿所，由于蚊香引燃被褥起火，抢救不及，烧死幼儿 8 名，二名工作人员也

被烧伤。故本条作此补充规定，但考虑到我国地区广大，部分边远地区或山区采用一、二级或三级耐火等级的建筑有困难，允许设在单层的四级耐火等级建筑内。

二、规范中表5.1.1注①，原规范为“重要的民用建筑应……。居住建筑、商店、学校、食堂、菜市场如采用一、二、三级耐火等级的建筑有困难，可采用四级耐火等级建筑”。本规范改为“重要的公共建筑应……。商店、学校、食堂、菜市场如采用一、二级耐火等级的建筑有困难，可采用三级耐火等级的建筑”。

民用建筑包含公共建筑和居住建筑两大部分，居住建筑火灾危险性小，火灾事故也较少，发生事故造成的经济损失、人员伤亡也较小，故居住建筑可以放宽。本规范把居住建筑删去，不受此限制，作了放宽。至于商店、学校、食堂、菜市场的耐火等级从四级提高到三级，考虑到这些公共建筑人员多，发生火灾容易造成较大的伤亡，故要求应略高一些，另外各地木材供应也很紧张，城镇新建的建筑，大都是一、二级的，三级的很少，从实际发展情况来看四级耐火等级在城镇，今后将愈来愈少，故作此变更认为是合适的。

三、原规范③对“顶板底部高出室外地面2m以上的地下室，应计入建筑层数内”。考虑在此关系不密切，且本规范在总则第1.0.3条注中已有明确规定，本条为了避免重复，故予取消。

四、本规范的注③是新增加的。据调查，有些城市的百货楼、展览馆、火车站、商场等的占地面积和每层建筑面积超过2500m²。为适应建设发展的需要，也为与《高层民用建筑设计防火规范》取得一致，增加了“……如设有自动灭火设备时，其最大允许建筑面积可按本表增加一倍”的内容。

五、本规范的注④也是新增加的。当一座建筑物占地面积超过2500m²或多层建筑每层面积超过2500m²时要采取防火分隔措施。最简单可靠的做法就是用防火墙分隔，但考虑有些地方还需要连通或开口时，可采取其他防火措施，如防火卷帘加水幕的做法来代替防火墙等。

第5.1.2条 这是新增加的条文。从已建的一些建筑物来看，如茶厅、四季厅都是几层楼高，厅的四周与建筑物楼层的廊道相连接；自动扶梯也这样，使上下两层相连通。这些部位开口大，发生火灾时易于蔓延扩大，因为烟和热气流的上升速度为3～4米/秒，起火后很快从开口部位侵入上层建筑物内，对上层人员的疏散，消防扑救会带来一系列的困难。为此，应采取上下数层面积叠加不超过2500m²的形式加以限制。

考虑到实际设计中会遇到一定的困难，在注内提出了当采取了有关防火措施，防火分区不加限制，使设计更加灵活，同时，与现行的国家标准《高层民用建筑设计防火规范》进行了协调。

第5.1.3条 这是新增加的条文。从各地建设情况来看，建筑物建有地下室、半地下室的日益增多。但地下、半地下室发生火灾时，人员不易疏散，消防人员扑救困难。如某市一旅馆在半地下室内存放被褥等物品，由于小孩玩火引燃了棉花和棉布，烟雾弥漫，一时找不到火源，消防人员进入扑救也很困难。又如有所大学，在教学楼的地下室内擅自存放化学试剂，由于电气设备不符合防爆要求，电气火花引燃积聚的易燃蒸汽，管理人员被炸死，地下室顶板被炸裂破损。故对地下及半地下室的防火分区应控制得严一些，考虑与“高层民用建筑设计防火规范”相协调，本条规定地下、半地下室的每个防火分区面积不超过500m²。

第二节 民用建筑的防火间距

第5.2.1条 对规范表5.2.1规定的防火间距，在调查和座谈中一致认为目前城市内新建的民用建筑绝大多数是一、二级耐火等级的。一、二级耐火等级之间的防火间距定为6m，比卫生、日照等要求都低，实际工作中可以行得通。从消防角度来看，6m的防火间距是必要的，故规范表5.2.1未予更动。但考虑到旧城市在改建和扩建过程中，不可避免的会遇到一些具体的困难，因此也作了一些放宽，主要是：

一、本条注②和注③是新增加的。当二座一、二级耐火等级的建筑，较低一面的外墙为防火墙时，且屋盖的耐火极限不低于1h，防火间距允许减少到3.5m。因为发生火灾时，通常火焰都是从下向上蔓延，考虑较低的建筑物起火时，火焰不致迅速蔓延到较高的建筑物，采取防火墙和耐火的屋盖是合理的。

由于“屋盖”通常是指除屋架的全部构件。考虑“屋盖”全部达到耐火极限不低于1h有时有困难；采用钢屋架时，假如屋盖能达到1h的耐火极限，但钢屋架的耐火极限仅为0.25h左右，故在规范表5.2.1规定的防火间距中，其屋盖和屋架的耐火极限均能达到1h以上，其余部分可按一、二级耐火等级要求考虑。

至于较高建筑物设置防火门、窗或卷帘和水幕等防火设施，能缩小防火间距是考虑较高一面建筑物起火时，火焰不至向较低一面建筑物窜出和落下。

防火间距不应小于3.5m，主要是考虑消防车通道的需要。

二、本条文注④较原规范作了适当的放宽。考虑有的建筑物防火间距不足，而全部不开设宽洞又有困难，允许每一面外墙开设门宽洞面积之和不超过该外墙全部面积的5%，其防火间距可缩小25%。下面举例说明：

［例］甲建筑物山墙的高度为10m，宽度为10m，乙建筑物高度为12米；宽为12m，各墙面允许开启窗、门洞孔为若干平方米？其防火间距为多少？（设甲、乙建筑物均为二级耐火等级）

甲建筑允许开启门窗洞孔$\leqslant\frac{5}{100}\times10\times10=5m^2$

乙建筑允许开启门窗洞孔$\leqslant\frac{5}{100}\times12\times12=7.2m^2$

防火间距为$\frac{3}{4}\times6=4.5m$

考虑到门窗洞口的面积仍然较大，故要求门窗洞口不应直对，而应错开，以防起火时热辐射热对流。

第5.2.2条 目前北方地区新建的住宅区大都采取集中供暖的形式，需要在住宅区内设置锅炉房。据调查，在民用建筑中使用的锅炉其蒸发量大都在4t/h以下，从消防安全和节约用地兼顾考虑，确定总蒸发量不超过12t/h的燃煤锅炉房可按民用建筑防火间距要求执行。当单台锅炉蒸发量超过4t/h时，考虑规模较大，基本属于工业用的锅炉房，且对环境卫生、噪声等也带来较多问题，故要求按工厂防火间距执行。至于燃油、燃气锅炉房，因火灾危险性较大，还涉及到贮罐等问题，故亦应要求严一些，按工厂防火间距执行。

民用建筑与所属单独建造的终端变电所，通常是指10kV降压至380V的最末一级变电所，这些变电所的变压器一般都不大，大致在630～1000kVA之间，从消防安全的前提下节约用地，可以按民用建筑防火间距执行。

第5.2.4条 目前城市用地很紧，新建住宅一、二层的不多，不少单位希望对六层以下的住宅能有所放宽，主要提出是当二座住宅建筑占地面积仅为数百平方米时，合并在一起不要防火间距，分开后却要6m间距，不够合理。现在，允许占地面积在2500m²内的住宅建筑可以成组布置就比较合理。对组内住宅建筑之间的间距不宜小于4m，这是考虑必要的消防车道和卫生、安全等要求，也是最低的间距要求。至于组与组、组与周围相邻建筑的间距则仍应按民用建筑防火间距要求执行。

第三节　民用建筑的安全疏散

第5.3.1条 本条是在原规范第56条规定内容的基础上修改的，这一条的规定内容主要是针对公共建筑和通廊式居住建筑提出的。

一、在这一条中首先强调建筑或房间至少设两个安全出口的原则要求，这是因为不少的火灾实例说明，在人员较多的建筑物或房间如果仅有一个出口，一旦发生火灾出口被火封住所造成的伤亡事故是严重的。如某地某一俱乐部，在一次演出时，因小孩燃放花炮，引起火灾，全场近1000人都向唯一的出口处拥挤，造成出口堵塞，致使699人被烧死的惨痛事故。又如某市的一座三层砖木结构的办公楼，虽有2个大楼梯，但三层作为职工宿舍，作了分隔处理，三层仅有1个楼梯。因为精神病患者用火不慎在夜间失火成灾，由于三楼仅1个出口，造成4户12人全被烧死的重大伤亡事故。

二、在本条第一款中，对原规范允许房间设一个安全出口的条件要求做了适当的修改和必要的补充：

1. 首先把一般位于两个安全出口之间的房间与位于走道尽端房间有关允许设一个安全出口的条件分开来写了，这样可以看得更加清楚些。

2. 将走道尽端房间允许设一个安全出口的人数由原规定的50人改为80人。其理由是：原规定房间内最远一点到房门口的距离不超过14m，而此距离是按房间内最远一点至房门口的直线距离计算的。如图5.3.1。这样计算房间内的面积约为200多平方米，在这样一个比较大的房间内如果限制其不超过50人是不现实的，所以调整为80人是比较适合的。

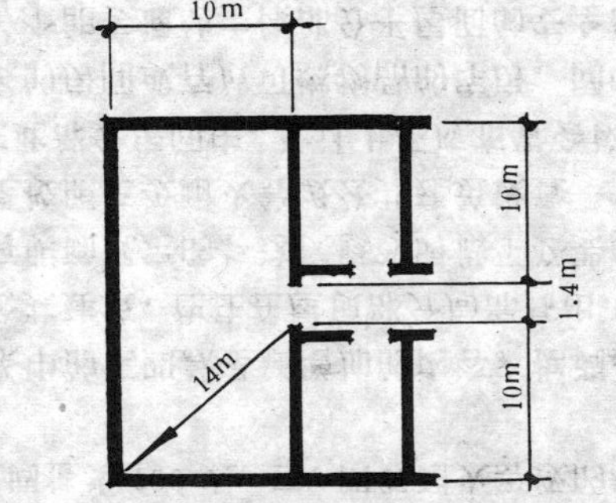

房间的面积约为：10×（10+1.4+10）=214m²

图5.3.1　位于尽端房间示意图

3. 为了保证安全疏散，在这一款里还对走道尽端房间的门宽和开启方向作了具体的规定。

4. 考虑到幼儿在事故情况下不能自行疏散，要依靠大人帮助，而成人每次最多只能背抱二名幼儿，当房间位于袋形走道两侧时因仅一个疏散出口，若疏散时间长极易造成伤亡，故幼儿用房不应布置在袋形走道两侧及走道尽端。

三、在本条第二款中，对原规定有关允许设一个疏散楼梯的条件要求做了适当修改。

1. 建筑物使用性质的限制。规范规定中明确：医院、疗养院、托儿所和幼儿园建筑是不允许设一个疏散楼梯的。因为病人、产妇和婴幼儿都需要别人护理，一旦发生火灾事故，他们的疏散速度和秩序是与一般人不一样的，所以疏散条件就应该要求的严一些。设两个疏散楼梯有利于确保上述使用者的安全。

这条中所提到的医院，主要是指医院中的门诊、病房楼等病人聚集多和流量较大的医院用房，包括城市卫生院中的门诊病房楼。这里所提的疗养院是指医疗性的疗养院，其疗养者基本上都是慢性病人。如天津柳林的结核病疗养院；杭州望江山的肝炎疗养院等均属于此种类型的疗养院。而对于那种休养性的疗养院，如北戴河疗养院等则不包括在此范围之内了。另外这里提到的托儿所其中也包括哺乳室在内。

2. 层数限制。根据我国目前的消防装备条件，当发生火灾时，消防队员可以用来救人的三节楼梯长只有10.5m左右。当建筑物层较低，楼梯口被火封死还可以用三节梯抢救未及疏散出来的人员，所以层数限制在三层是比较合适的。

3. 根据建筑物耐火等级的不同，对每层最大面积应有所限制。从调查情况来看，民用建筑的火灾绝大部分发生在三、四级建筑，一、二级建筑也有火灾发生，但为数较少，因而把一、二级和三、四级耐火等级的建筑物加以区别，做到严宽分明是很必要的。上次修改将一、二级耐火等级的面积限制由原来的380m²

放宽到 $400m^2$，现又放宽至 $500m^2$，这对于一般小型办公楼等公共建筑来说是比较现实可行的。同时，将人数限制也相应地由原来规定的 80 人调整为 100 人。三、四级耐火等级的有关规定这次未做修改。

四、本条中的第四款是新增加的内容。据调查，有些办公楼或科研楼等公共建筑，往往在屋顶部分局部高出 1～2 层。对此原规范中是没有明确规定的。这次修改时做了必要的规定，其要求内容基本上是按照三级耐火等级公共建筑设置一个疏散楼梯的条件制定的。在此部分房间中，设计上不应布置会议室等面积较大、容纳人数较多的房间或存放可燃物品的库房。同时在高出部分的底层，应设一个能多通的主体部分平屋面的安全出口，以利在发生火灾事故的情况下，上部人员可以疏散到屋顶上临时避难或安全转移。

本条对公共建筑作规定的同时，提出了通廊式居住建筑，是因为它与公共建筑的情况类似，均采用通长公用走道，疏散路线明显通顺。

第 5.3.2 条 这一条是新增加的。据调查全国各城市中建造多层塔式住宅的情况是比较普遍的，这类塔式住宅一般为 5～7 层，每层多为 3～8 户。根据国家住宅设计标准规定：一般的二室户住宅每户建筑面积不超过 $50m^2$；三室户住宅每户建筑面积不超过 $70m^2$。这次增加本条规定内容，主要是根据上述标准和参照《高层民用建筑设计防火规范》、《宿舍建筑设计规范》的有关规定制订的。故将原 $400m^2$ 调整到 $500m^2$。

第 5.3.3 条 这一条是在原规范规定中第 59 条内容的基础上加以修改的。

一、取消了原条文中关于超过六层单元式住宅从第七层相邻单元宜连通阳台或凹邻的规定内容，其理由是：

1. 多层单元式住宅之间设凹邻是有困难的，在技术上和经济上需要进一步研究。

2. 多层组合式单元住宅之间设连通阳台，既要考虑平时居民住户使用上的安全，又要确实保证火灾时做为安全疏散设施的可靠性。有的住户为了自己使用上的方便和自家的安全，往往用东西将通路堵死，真到发生火灾时，就会造成连而不通的现象，达不到预期的效果。

3. 强调相邻单元之间设置连通阳台，就会给控制住宅标准和处理立面设计等带来一些新的问题。

二、增加了单元式宿舍，因为它与单元式住宅功能类似，所以同样要求。

第 5.3.4 条 这一条是对原规范第 57 条的修改，变动较大，主要是把剧院、电影院、礼堂的观众厅的安全出口数目和体育馆观众厅的安全出口数目的有关要求，由原来统一规定改为分别提出要求，包括后面一些条文中有关观众厅中的座位排列和疏散宽度指标等规定内容也照此作了相应的修改。

一、将剧院、电影院、礼堂的观众厅等有关安全疏散设计方面的要求与体育馆的要求加以区分，其理由主要有以下几点：

（一）剧院、电影院、礼堂的观众厅，其室内空间的体积比较小，而体育馆室内空间体积则比较大，一旦发生火灾事故时，其火场温度上升的速度和烟雾浓度增加的速度，前者要比后者来得快，造成对人的炙烤和窒息的时间和作用程度也是前者比后者要急、要大，因此迫使人员离开火场的时间也是前者比后者要短。

（二）剧院、电影院、礼堂的观众厅，其内部装修用的可燃材料一般要比体育馆多，尤其是剧院和多功能使用的礼堂均设有正式演出的舞台，舞台上面的布幕、布景、道具以及木地板等可燃物较多，而且各种用电设备也很多而复杂，所以引起火灾的危险性要比体育馆大。

（三）剧院、电影院、礼堂的观众厅内容纳人数比较少，而体育馆的容纳人数则比较多，往往是前者的几倍或十几倍，而在安全疏散设计上，由于受平面的座位排列和走道布置等技术和经济因素的制约，所以相对来说，观众厅每个安全出口所平均担负的疏散人数，体育馆的就要比剧院和电影院的多。同时由于体育馆观众厅的面积规模比较大，所以观众厅内最远处座位至最近安全出口的距离，一般也都比剧院、电影院的要大，再加上体育馆观众厅的地面形式多为阶梯地面，疏散速度要慢，所以整个疏散时间就需要长一些。

（四）从设计的可行性来看，根据调查一般观众厅容纳人数为1000～2000人的剧院、电影院的疏散设计，采用原规范规定的安全出口数目和疏散宽度指标等要求基本上是可行的。如一座容纳观众为1500人的影剧院，其池座和楼座的总安全出口的数目多在6～10个之间，而每个安全出口的宽度多在1.50～1.80m左右，这样，无论是安全出口的数目还是安全出口的总宽度均符合原规定的有关要求，设计人员对此基本上是赞同的。而对体育馆来说，执行原规范规定的困难则是比较大的，而且容纳人数越多规模越大越困难。如容纳人数为6200人的福建体育馆，按原规定要求需要设18个安全出口，其出口总宽度需要43m，而实际只设计了14个安全出口，出口的总宽度也只有27.8m。而规模更大的首都体育馆，容纳人数为18000人，按原规定推算要设48个安全出口，出口的总宽度要120m，而实际只设计了22个出口，出口的总宽度也只有58.6m。又如与首都体育馆同样容量规模的上海体育馆，也只有24个安全出口，其总宽度也只有66m，都与原规定相差较大。在这次修改规范的调研过程中，设计人员对此提出的意见和要求也是比较普遍和强烈的。

二、将安全出口数目的规定与控制疏散时间密切地联系起来。

安全出口数目与控制疏散时间的关系在疏散设计中主要体现在两个方面：一是疏散设计中实际确定的安全出口总宽度，必须大于根据控制疏散时间而规定出的宽度指标即计算出来的需要总宽度，这是必要的但是并不充分；二是设计中的安全出口数量，一定要满足每个安全出口中平均疏散人数的规定要求，同时根据此疏散人数所计算出来的疏散时间，还必须小于控制疏散时间的规定要求。在这方面原规范没有明确规定和说明，因此在实际工程设计中，往往出现一些设计不合理现象。如有的工程设计虽然安全出口的总宽度符合规范要求，但每个安全出口的实际疏散时间却超过了应该控制的疏散时间。

三、将安全出口数目的规定要求与安全出口的设计宽度有机地协调起来。

在疏散设计中安全出口的数目与安全出口的宽度之间是有着相互协调，相互配合的密切关系的。而且这也是认真控制疏散时间，合理执行疏散宽度指标所必须充分注意和精心设计的一个重要环节。在这方面要求设计人在确定观众厅安全出口的宽度时，必须考虑通过人流股数的多少和宽度，如单股人流的宽度为55cm，两股人流的宽度为1.10m，三股人流的宽度为1.65m。这就象设计门窗洞口要考虑建筑模数一样，只有设计的合理，才能更好地发挥安全出口的疏散功能和经济效益。

基于对上述原因的调研与分析，决定在本条文中只规定对剧院、电影院和礼堂的观众厅安全出口数目的有关要求。现对其条文内容作如下说明：

1. 对上述建筑安全出口数目规定要求的基点是：一、二级耐火等级建筑出观众厅的控制疏散时间是按2min考虑的。据调查，一般剧院、电影院等观众厅的疏散门宽度多在1.65m以上，即可通过三股疏散人流。这样，一座容纳人数不超过2000人的剧院或电影院，如果池座和楼座的每股人流每分钟通过能力按40人计算（池座平坡地面按43人，楼座阶梯地面按37人），则250人需要的疏散时间为250/（3×40）＝2.08min，与规定的控制疏散时间基本上是吻合的。同理，如果剧院或电影院的容纳人数超过了2000人，则超过2000人的部分，每个安全出口的平均人数可按不超过400人考虑，这样对整个观众厅来说，每个安全出口的平均疏散人数就超过了250人，因此每个安全出口的宽度也要相应的加以调整，在这里设计人员仍要注意掌握和合理确定每个安全出口的人流通行股数和控制疏散时间的协调关系。如一座容纳人数为2400人的剧院，按规定需要设计的安全出口数目为：2000/250＋400/400＝9个，这样每个安全出口的平均疏散人数约：2400/9＝267，按2min控制疏散时间计算出来的每个安全出口所需通过人流的股数为：267/（2×40）＝3.3股，在这种情况下一般宜按4股通行能力来考虑设计安全出口的宽度，也即采用4×0.55＝2.20m是较为适当的。

2. 对于三级耐火等级的剧院、电影院等观众厅的控制疏散时间是按1.5min考虑的，在具体设计时，可按上述办法根据每个安全出口平均担负的疏散人数，对每个安全出口的宽度进行必要的校核和调整。

第5.3.5条 这是一条专门对体育馆观众厅安全出口数目提出的规定要求。对于体育馆观众厅每个安全出口的平均疏散人数提出不宜超过400～700人这一规定要求，现作如下说明：

1. 一、二级耐火等级的体育馆出观众厅的控制疏散时间，是根据容量规模的不同按3～4min考虑的，这主要是以国内一部分已建成的体育馆调查资料为依据的。如下表5.3.5-a。

部分体育馆观众厅疏散时间　　表5.3.5-a

名　称	座位总数（个）	疏散时间（分钟）	名　称	座位总数（个）	疏散时间（分钟）
首都体育馆	18000	4.6	天津体育馆	5300	4.0
上海体育馆	18000	4.0	福建体育馆	6200	3.0
辽宁体育馆	12000	3.3	河南体育馆	4900	4.1
南京体育馆	10000	3.2	无锡体育馆	5043	5.7
河北体育馆	10000	3.2	浙江体育馆	5420	3.2
山东体育馆	8600	4.2	广东韶关体育馆	5000	5.9
内蒙古体育馆	5300	3.0	景德镇体育馆	3400	4.2

另据对部分体育馆的实测结果是：2000～5000座的观众厅其平均疏散时间为3.17min；5000～20000座的观众厅其平均疏散时间为4min。所以这次修订规范时，决定将一、二级耐火等级体育馆出观众厅的控制疏散时间定为3～4min，作为安全疏散设计的一个基本依据。

2. 因为体育馆观众厅容纳人数的规模变化幅度是比较大的，由三、四千人到一、两万人，所以观众厅每个安全出口平均担负的疏散人数也相应地有个变化的幅度，而这个变化又是和观众厅安全出口的设计宽度密切相关的。目前我国部分城市已建成的体育馆观众厅安全出口的设计情况如下表5.3.5-b。

体育馆观众厅安全出口的设计情况　　表5.3.5-b

名　称	观众厅人数（人）	出口数目（个）	出口总宽度（米）	每个出口的平均设计宽度（米）
首都体育馆	18000	22	58.6	2.66
上海体育馆	18000	24	66.0	2.75
辽宁体育馆	12000	24	54.4	2.27
南京体育馆	10000	24	46.0	1.91
北京工人体育馆	15000	32	70.8	2.21
河北体育馆	10000	20	46.0	2.30
山东体育馆	8600	16	30.8	1.93
福建体育馆	6200	14	27.8	1.99
内蒙古体育馆	5300	10	27.0	2.70
河南体育馆	4900	8	17.6	2.20
广东韶关体育馆	5000	5	12.5	2.50
景德镇体育馆	3500	6	12.0	2.00

从上表来看，体育馆观众厅安全出口的平均宽度最小约为1.91m；最大约为2.75m。根据这样一种宽度和规定出观众厅的控

制疏散时间所概算出来的每个安全出口的平均疏散人数分别为：（1.91/0.55）×37×3＝385 人和（2.75/0.55）×37×4＝740 人。所以这次修订规范时，决定将一、二级耐火等级体育馆观众厅安全出口平均疏散的人数定为 400～700 人。在具体工程的疏散设计中，设计人员可以按照上述计算的方法，根据不同的容量规模，合理地确定观众厅安全出口的数目、宽度，以满足规定的控制疏散时间的要求。如一座容量规模为 8600 人的一、二级耐火等级的体育馆，如果观众厅的安全出口设计是 14 个，则每个出口的平均疏散人数为 8600/14＝614 人，假如每个出口的宽度定为 2.20m（即四股人流），则每个安全出口需要的疏散时间为 614/（4×37）＝4.15min，超过 3.5min，不符合规范要求。因此应考虑增加安全出口的数目或加大安全出口的宽度。如果采取增加出口的数目的办法，将安全出口数目增加到 18 个，则每个安全出口的平均疏散人数为 8600/18＝478 人，每个安全出口需要的疏散时间则缩短为 478/（4×37）＝3.22min，不超过 3.5min 是符合规范要求的了。又如，容量规模为 20000 人的一座一、二级耐火等级的体育馆，如果观众厅的安全出口数目设计为 30 个，则每个安全出口的平均疏散人数为 20000/30＝667 人，如每个出口的宽度定为 2.20m，则每个出口需要的疏散时间为 667/（4×37）＝4.50min，超过了 4min，不符合规范要求。如把每个出口的宽度加大为 2.75m（即五股人流），则每个安全出口的疏散时间为 667/（5×37）＝3.60min，小于 4min 是符合规范要求的了。

3. 体育馆的疏散设计中，要注意将观众厅安全出口的数目与观众席位的连续排数和每排的连续座位数联系起来加以综合考虑。在这方面原规范规定中是有所要求的，但是没有能够把两者之间的关系串通在一起，这样设计往往使人容易知其然而不知其所以然，在设计中就难免出现顾此失彼的现象。如图 5.3.5 所示一个观众席位区，观众通过两侧的两个出口进行疏散，其间共有可供四股人流通行的疏散走道，若规定出观众厅的控制疏散时间为 3.5min，则该席位区最多容纳的观众席位数为 4×37×3.5＝518 人。在这种情况下，安全出口的宽度就不应小于 2.20m；而观众席位区的连续排数如定为 20 排，则每一排的连续座位就不宜超过 518/20＝26 个。如果一定要增加连续座位数，就必须相应加大疏散走道和安全出口的宽度，否则就会违反“来去相等”的设计原则了。

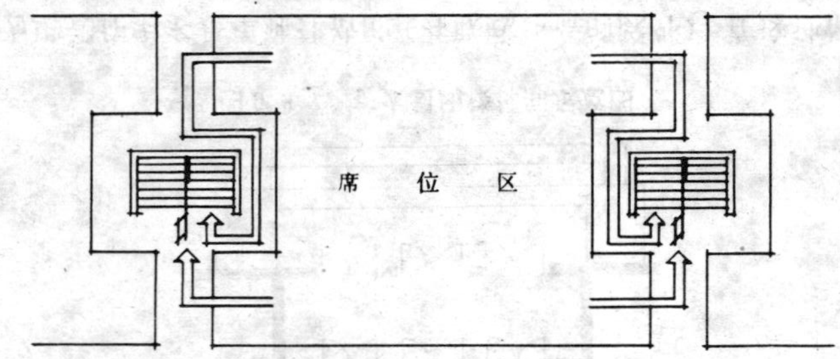

图 5.3.5　席位区示意图

第 5.3.6 条　这一条是在原规范规定第 60 条的基础上加以补充的。

一、对于面积不超过 $50m^2$，且人数不超过 10 人的地下室，半地下室允许设一个安全出口。据调查一般公共建筑的地下室或半地下室多作为车库、泵房等附属房间使用，除半地下室尚可有一部分通风、采光外，地下室一般均类似无窗厂房，发生火灾时容易充满烟气，给安全疏散和消防扑救等带来很大的困难。因此对地下室和半地下室的防火设计要求应严于地面以上的部分。

二、地下室、半地下室每个防火分区的安全出口不应少于两个。考虑到相邻防火分区同时起火的可能性较小，所以相邻分区之间防火墙上的防火门可作为第二安全出口，但每个防火分区必须有一个直通室外的安全出口（包括通过符合规范要求的底层楼梯间再到达室外的安全出口）。

三、把原规定的这条中的“注”改写成条文，以示强调内容的重要性。为防止烟气和火焰蔓延到其它部位，规定在底层楼梯间通地下室、半地下室的入口处，应用耐火极限不低于1.50h的非燃烧体隔墙和乙级防火门与其它部位分隔开。当地下室、半地下室与底层共用一个楼梯间作为安全出口时，为防止在发生火灾时，上面人员在疏散过程中误入地下室而造成混乱以至伤亡现象，故规定在底层楼梯间处应设有分隔设施和明显的疏导性标志。

第5.3.7条 这一条是在原规范规定第61条的基础上作了以下修改和补充：

一、将原规定中要求剧院、电影院、礼堂、体育馆的室内疏散楼梯应设置封闭楼梯间的内容取消了。其理由是：

1. 上述公共建筑多是人员密集的场所，楼梯间的人流通行量较大，如果设置封闭楼梯间，不仅会影响使用安全，而且人员出入频繁也难以起到封闭的作用。

2. 上述公共建筑多是人员密集的场所，其使用者当中有很大一部分是对建筑物内部的环境不大熟悉的，而封闭楼梯间则比一般楼梯间隐蔽而不易发现，一旦发生火灾事故，很容易造成室内人员找不到疏散出口的混乱现象。

3. 上述公共建筑的层数一般都不太多，因此适当放宽要求是可行的。另外在这次修改中，对容量规模较大的上述公共建筑，规定了设置固定灭火装置的有关要求，提高了这类建筑的防护能力。

二、对应设置封闭楼梯间的建筑，其底层楼梯间可以适当扩大封闭范围，这是规范中体现原则性与灵活性相结合的一个例证。所谓扩大封闭楼梯间，顾名思义就是将楼梯间的封闭范围扩大。如图5.3.7所示，因为一般公共建筑首层入口处的楼梯往往作的比较宽大开敞，而且和门厅的空间混成一体，这样就将楼梯间的封闭范围扩大了，这种情况是允许的，因为它基本上是一种量的调整，而不是一种质的变化。

三、在这一条的注①中新增加了对多层塔式住宅的规定内容。

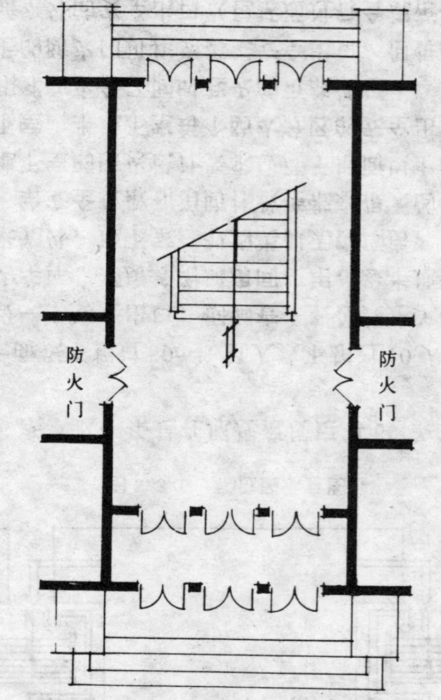

图5.3.7 扩大封闭楼梯间示意图

因为塔式住宅多是单独建造的（并联式建造的除外），在这种情况下规范是不要求楼梯通至平屋顶的，所以一旦发生火灾，内部人员是无法通过顶楼梯转移到相邻单元的安全地带去的，因此就应该对塔式住宅提出新的设计要求，故在这次修改中规定：超过六层的塔式住宅应设封闭楼梯间，如每层每户通向楼梯间的门应采用乙级防火门，则可不设封闭楼梯间。

四、在这一条注②中增加了新的内容，对于设在公共建筑首层门厅内的主楼梯，如不计入疏散设计的需要总宽度之内，则可不设楼梯间。这对于适应实际需要和保证使用安全来说可以做到统筹兼顾。

第 5.3.8 条 这一条基本上保留了原规范第 62 条规定的内容只在局部作了补充和改动。

1. 规范表 5.3.8 中规定的至外部出口或封闭楼梯间的最大距离的房门，是指直通公共走道的房门或直接开向楼梯间的分户门，而不是指套间里的隔间门或分户门内的居室门。

2. 规范表 5.3.8 的注①，对于敞开式外廊建筑的有关要求作了适当放宽。理由是外廊式建筑一旦发生火灾时，因为外廊是敞开的，所以通风排烟、采光降温等方面的情况一般均比内廊式建筑要有利于安全疏散，所以适当增加了规定的距离以示区别。

3. 规范表 5.3.8 后的注②，对设有自动喷水灭火系统的建筑物，其安全疏散距离可按规定增加 25%，作为在加强设防条件情况下，允许适当调整的一种措施，从而给设计以一定灵活的可能。

4. 为和《高层民用建筑设计防火规范》协调一致，将出口和楼梯间的距离最远不超过 14m 调整为 15m。

第 5.3.9 条 这一条是在原规范规定第 63 条的基础上略加修改的。

1. 观众厅走道宽度维持原规定净宽不小于 1.0m 的理由是：疏散每股人流上身肩部宽按 0.55m 计算，同时走 2 股人流需 1.1m，而考虑观众厅坐椅高度在行人的身体下部，上部空间可利用，坐椅不妨碍人体最宽处的通过，故 1 米宽度能保证 2 股人流顺利通行。

2. 增加了观众厅边走道宽度的规定。观众厅内设有边走道对于疏散是有利的。同时它还能起到协调安全出口和疏散走道的通行能力的作用，从而充分发挥安全出口的疏散功能。

3. 对于剧院、电影院、礼堂等观众厅中的 2 条纵走道之间每排座位数的规定，由原来的 18 个改为了 22 个，以求与《高层民用建筑设计防火规范》(GBJ45-82) 中的有关规定相协调。但这里规定的最大连续排数和连续座位数，在具体工程设计中，应与疏散走道和安全出口的设计宽度联系起来进行综合考虑合理设计。

4. 对于体育馆观众厅中纵走道之间的座位数由原来规定的 18 个改为 26 个。这主要是因为体育馆观众厅内的总容纳人数和每个席位分区内所包容的座位数都比剧院、电影院的多，所以用同一规定数据是不现实的，但是又不能因此而任意加大每个席位分区中的连续排数、连续座位数，而是要与观众厅内的疏散走道和安全出口的设计相呼应、相协调的。现在规定的连续 20 排和每排连续 26 个座位，是基于出观众厅的控制疏散时间按不超过 3.5min 和每个安全出口的宽度按 2.20m 的条件考虑的。也就是说，连续 20 排，每排连续 26 个座位作为一个席位分区，则其间的包容座位数为 20×26＝520 人，这样通过能容 4 股人流宽度的走道和 2.20m 宽的安全出口疏散出去所需要的时间为 520/（4×37）＝3.51min，基本上是符合规范要求的。对于体育馆观众厅平面中呈梯形或扇形布置的席位区，其纵走道之间的座位数，按最多一排和最少一排的平均座位数计算。另外，在本条中保留了原规定的“前后排座椅的排距不小于 90cm 时，可增至 50 个”的内容，但在具体设计时，也应按上述道理认真考虑妥善处理。

5. 在这一条中还增加了观众席位布置仅一侧有纵走道时的座位数的规定。这对于采取这种布置时，限制超量布置座位和防止延误疏散时间是完全必要的。

第 5.3.10 条 这一条是在原规范第 64 条的规定内容中分解出来的，是专门对剧院、电影院、礼堂等公共建筑安全疏散设计出来的宽度指标要求。对此做以下几点说明：

1. 本条规定的疏散宽度指标是根据一、二级耐火等级建筑出观众厅的疏散时间控制在 2min；三级耐火等级建筑出观众厅的疏散时间控制在 1.5min 这一基本条件来确定的。这样按照计算安全出口宽度指标公式所算出来一、二级耐火等级建筑的观众厅中每 100 人所需要的疏散宽度为：

门和平坡地面：B＝100×0.55/2×43＝0.639m 取 0.65m

阶梯地面和楼梯：B＝100×0.55/2×37＝0.743m 取 0.75m

三级耐火等级建筑的观众厅中每 100 人所需要的疏散宽度为：

门和平坡地面：B＝100×0.55/1.5×43＝0.85m

阶梯地面和楼梯：B＝100×0.55/1.5×37＝0.99m 取 1.00m。

2. 根据规定的疏散宽度指标计算出来的安全出口总宽度，只是实际需要设计的最小宽度，在最后具体确定安全出口的设计宽度时，还需要对每个安全出口的疏散时间作核算，进行细致的校核和必要的调整。

如：一座容量规模为 1500 人的影剧院，耐火等级分二级，其中池座部分为 1000 人，楼座部分为 500 人。按上述规定疏散宽度指标计算出来的安全出口总宽度分别为：

池座：10×0.65＝6.5m

楼座：5×0.75＝3.75m

在具体确定安全出口时，如果池座部分开设 4 个，每个宽度为 1.65m 的安全出口，则每个出口平均担负的疏散人数为1000/4＝250 人，每个出口所需要的疏散时间为 250/（3×43）＝1.94min＜2min 是可行的；如果楼座部分也开设 2 个，每个宽度为 1.65m 的安全出口，则每个出口所需要的疏散时间为 250/（3×37）＝2.25min＞2min，按严格要求来说应该增加出口数目或加大出口宽度。如采取增加出口数目的办法改开 3 个出口，每个出口平均担负的疏散人数为 500/3＝167 人，其所需要的疏散时间为 167/（3×37）＝1.5min，因为小于 2min 是可行的。这样算出来的观众厅的实际需要总安全出口宽度则为 4×1.65＋3×1.65＝11.55m，反算出来的疏散宽度指标则为（11.5/1500）×100＝0.77 米/百人，如采取加大楼座出口宽度的办法，将两个出口的宽度改为 2.2m，则每个出口所需要的疏散时间为 250/（4×37）＝1.69min 也是可行的。这样观众厅实际需要的安全出口总宽度则为 4×1.65＋2.2＝11m，反算出来的疏散宽度指标则为(11/1500)×100＝0.73 米/百人。

3. 关于本条内容的适用范围，对一、二级耐火等级的建筑容量规模不应超过 2500 人，对三级耐火等级的建筑容量规模不应超过 1200 人，其理由已在前面第 5.3.4 条中加以说明，故在此不再重复。

据调查了解国内有些较大的会堂，其容量规模是超过 2500 人的。如四川重庆的人民会堂和河南郑州的会堂，其容量规模都在 4000人以上，北京市的人民大会堂的容量规模则多达10000人，类似这样较大会堂的观众厅，其内部均设有多层楼座。如重庆人民会堂观众厅内设有四层楼座，北京的人大会堂设有二层楼座。而楼座部分的观众人数往往占整个观众厅容纳总人数的多半数。如北京市人大会堂中底层的人数为 3674 人，头层挑台楼座的人数为 3468 人，二层挑台楼座的人数为 2628 人，这样楼座部分的人数则占总人数的 62.4%。这和一般剧院、电影院、礼堂的池座人数比例相反的，而楼座部分又都是以阶梯式地面疏散为主的，其疏散情况与体育馆的情况有些类似，所以在本条内容中没有明确规定，设计时可以根据工程的具体情况研究确定。

第 5.3.11 条 这一条是专门对体育馆建筑安全疏散设计提出来的宽度指标要求。

一、在这一条中将体育馆观众厅容量规模的最低限数定为 3000 人。其理由主要有以下两点：

1. 根据调查了解，国内各大中城市早些时候建的或近年来新建的体育馆，其容量规模多在 3000 人以上，甚至有些大城市中的区段体育馆、大型企业的体育馆也都在 3000 人以上，如上海市的静安馆（3200 人）、卢湾馆（3200 人）、辽阳石油化工厂总厂体育馆（4000 人）等。

2. 在这次修改中决定把剧院、电影院的观众厅与体育馆的观众厅在疏散宽度指标上分别规定的一个重要原因，就是考虑到两者之间在容量规模和室内空间方面的差异，所以在规定容量规模的适用范围时，理应拉开距离防止交叉现象，以免给设计人员带来无所适从的难处。

二、将体育馆观众厅容量规模的最高限数由原规范规定的6000人扩大到了20000人，这主要基于以下几个原因：

1. 国内各大、中城市近年来陆续建成使用的体育馆有不少容量规模超过了6000人。如首都体育馆、上海体育馆、辽宁体育馆、南京体育馆、山东体育馆、福建体育馆等，而且据了解目前尚有一些省会所在的城市，也正在进行容量规模为6000～10000人体育馆的设计与建设，如陕西西安、甘肃兰州、四川成都、湖北武汉等城市都在进行。同时今后随着形势的发展，国内的全运会将会在更多的城市中轮流举行；更多规模更大的国际性体育比赛（如规模盛大的亚运会等）也将在我国举行。为此，一些新的、规模较大的体育馆还是要设计和建设的，所以规范作上述改动是很有必要的。

2. 从国内体育馆建设的实践证明：容量规模大的体育馆普遍存在着投资少、建设周期长、使用率和生产率低、经营管理费用大等问题。如上海体育馆的总投资达3200万元，建成投入使用以后，除了特别精彩的国际比赛能满座外，一般的国际比赛的上座率只有60%～70%。擦一次玻璃窗就要用1500元，天棚上的108根装饰金属格片油漆一次要用11万元，经常的全年维修费则多达20万元。大型体育馆的观赏质量、观赏效果都不如中、小型体育馆，同时由于比赛场地与观众席位距离较远，运动员的情绪与观众不易发生共鸣，也影响着竞技水平的发挥。

从国外的情况来看，目前多已不倾向建设大型馆了，尤其是电视广播事业发达的国家。从最近18～22届（1964～1980）的五届国际奥运会所使用的体育馆规模来看，绝大多数都是中、小型馆。只有19届奥运会建了一个容量规模超过20000人的体育馆。所以这次修改规范时将容量规模的上限定到20000人是较为合适的。

三、本条规定中的疏散宽度指标，按照观众厅容量规模的大小分为三档：3000～5000人一档；5001～10000人一档；10001～20000人一档。其每个档次中所规定的宽度指标（米/百人），是根据出观众厅的疏散时间分别控制在3min、3.5min和4min这一基本要求来确定的。这样按照计算公式：

$$百人指标=\frac{单股人流宽度\times 100}{疏散时间\times 每分钟每股人流通过人数}$$

计算出来的一、二级耐火等级建筑观众厅中每百人所需要的疏散宽度为：

平坡地面：$B_1=0.55\times100/3\times43=0.426$ 取0.43

$B_2=0.55\times100/3.5\times43=0.365$ 取0.37

$B_3=0.55\times100/4\times43=0.319$ 取0.32

阶梯地面：$B_1=0.55\times100/3\times37=0.495$ 取0.50

$B_2=0.55\times100/3.5\times37=0.424$ 取0.43

$B_3=0.55\times100/4\times37=0.371$ 取0.37

四、根据规定的疏散宽度指标计算出来的安全出口总宽度，只是实际需要设计的概算宽度，在最后具体确定安全出口的设计宽度时，还需要对每个安全出口进行细致的核算和必要的调整，如一座容量规模为10000人的体育馆，耐火等级为二级。按上述规定疏散宽度指标计算出来的安全出口总宽度为100×0.43=43m。在具体确定安全出口时，如果设计16个安全出口，则每个出口的平均疏散人数为625人，每个出口的平均宽度为43/16=2.68m。如果每个出口的宽度采用2.68m，那就只能通过4股人流，这样计算出来的疏散时间为：625/（4×37）=4.22min，因为大于3.5min，是不符合规范要求的，如果将每个出口的设计宽度调整为2.75m，那就能够通过5股人流了，这样计算出来的疏散时间则是：625/（5×37）=3.38min<3.5min，是符合规范要求的了。

但是这样反算出来的宽度指标则是 16×2.75/100＝0.44 米/百人，比原指标调高了 2%。

五、规范表 5.3.12 后面增加一条“注”，明确了采用指标进行计算和选定疏散宽度时的一条原则：即容量规模大的所计算出来的需要宽度，不应小于容量规模小的所计算出来的需要宽度。如果前者小于后者，应按最大者数据采用。如一座容量规模为 5400 人的体育馆，按规定指标计算出来的疏散宽度为 54×0.43＝23.22m，而一座容量规模为 5000 人的体育馆，按规定指标计算出来的疏散宽度则为 50×0.50＝25m，在这种情况下就明确采用后者数据为准。

六、体育馆观众厅内纵横走道的布置是疏散设计中的一个重要内容，在工程设计中应注意以下几点：

1. 观众席位中的纵走道担负着把全部观众疏散到安全出口的重要功能，因此在观众席位中不设横走道的情况下，其通向安全出口的纵走道设计总宽度应与观众厅安全出口的设计总宽度相等。

2. 观众席位中的横走道可以起到调剂安全出口人流密度和加大出口疏散流通能力的作用，所以一般容量规模超过 6000 人或每个安全出口设计的通过人流股数超过四股时，宜在观众席位中设置横走道。

3. 经过观众席中的纵横走道通向安全出口的设计人流股数与安全出口设计的通行股数，应符合“来去相等”的原则。如安全出口设计的宽度为 2.2m，那么经过纵、横走道通向安全出口的人流股数不宜大于 4 股，超过了就会造成出口处堵塞以致延误了疏散时间。反之，如果经纵横走道通向安全出口的人流股数小于安全出口的设计通行股数，则不能充分发挥安全出口的疏散作用，在一定程度上造成浪费现象。

第 5.3.12 条　本条基本上保留了原规范第 65 条的规定内容，只在局部做了修改和补充。

一、本条规定内容也基本上适用于火车、汽车站内的候车室，轮船码头的候船室以及民航机场的候机厅等公共建筑的安全疏散设计。据调查，上述建筑的使用性质和人员密集程度等与商店基本相接近，设计中采用本条中规定的疏散宽度指标是可行的。

二、本条规定的“注”略加补充：

在多层民用建筑中，由于各层的使用情况不同，所以每层上的使用人数也往往有所差异，如果整栋建筑物的楼梯按人数最多的一层计算，除非人数最多的一层是在顶层，否则是不尽合理的，也是不经济的。对此，本注中明确规定：每层楼梯的总宽度可按该层或该层以上人数最多的一层计算，也就是说楼梯总宽度可以分段计算，即下层楼梯总宽度按其上层人数最多的一层计算。

例如：一座耐火等级为二级的六层民用建筑，其第四层的使用人数最多为 400 人，而第五层和第六层每层的人数均为 200 人，计算该建筑的楼梯总宽度时，根据楼梯宽度指标每 100 人为 1m 的规定，第四层和第九层以下每层楼梯的总宽度为 4m；第五层和第六层每层楼梯的总宽度可为 2m。

第 5.3.13 条　这一条是对原规范第 66 条规定内容的补充。

一、对民用建筑中疏散走道的最小宽度增加了要求，其尺寸是按能通过 2 股人流的宽度考虑的，包括单元式住宅户门内部的小走道。这是保证安全疏散的一个起码条件，同时也是满足其他方面使用要求的一个最小尺度。

二、对不超过六层的单元式住宅的疏散楼梯增加了新的规定：允许在一侧设有楼梯栏杆的情况下，因为栏杆上侧有一部分空间可利用，楼梯段的最小净宽度可不小于 1m。这主要是因为：如果住宅楼梯每个梯段的净宽度要求不小于 1.1m，则整个楼梯间的开间尺寸就至少要设计为 2.7m。而如果梯段净宽可以做到不小于 1m，则整个楼梯间的开间尺寸就可能设计为 2.4m，这对于提高住宅设计的使用效益应该说是很有意义的。这在那些层数不高、楼内居住户数和人数不太多的住宅设计中是可以酌情放宽的。但梯段两侧均为实墙的情况下不作放宽，目的是为了保证安全疏散和便于搬运家具的需要。

第 5.3.14 条 这一条基本上保留了原规范中第 67 条的规定内容。现补充说明如下：

一、本条文的规定主要是为了保证安全疏散，尤其是在发生事故时的疏散。如果设计上违反上述规定，一出事故人流往外拥挤就很容易把人摔倒，后面的人也会随之被摔倒，以致造成疏散通路的堵塞，甚至造成严重伤亡的后果。

二、观众厅太平门要求装置自动门闩或装安全自动推棍。这也是一种保证安全疏散的重要措施。据各地调查中发现，有的工厂剧院、电影院等的观众厅中的太平门上是安装的普通插销或笨重的手推杠，甚至有的门经常上锁，这样万一起火就将因通道堵塞而导致严重后果。而上海市有些早年建造的剧院、电影院等公共建筑观众厅的太平门均装有安全自动推棍，只要从观众厅内部向外推挤（仅约合 6.8kg 的推力）太平门就可以自动地向疏散方向开启了。但是从外面拉是拉不开的。

安全自动推棍是一种门上用的通天插销，但扶手不是旋转式的，而是一推或一压就能使通天插销缩回的扶手，这是一种供疏散门专用的建筑五金。

三、条文中规定：人员密集的公共场所的室外疏散小巷，其宽度不应小于 3m。这是非常必要的，而且这是最小的宽度，设计时应因地制宜地尽量加大此宽度。在调查中发现在一些城市中的改建或插建工程中存在这种情况，因此，特规定了一些防范措施。

根据一些火灾案例：如上海的楼梯影剧院等工程设计中，基地面积往往是比较狭小紧张的，在这种情况下，设计人员也应积极地与城市规划、建筑管理等有关部门研究，力求能够在公共建筑周围有一个比较开阔的室外疏散条件。主要出入口临街的剧院、电影院和体育馆等公共建筑，其主体建筑应后退红线一定的距离，以保证有较大的露天候场面积和疏散缓冲用地，以免在散场的时候，密集的疏散人流拥入街道阻塞交通，同时一旦上述建筑发生火灾，建筑物周围环境宽敞对展开室外消防扑救等也是非常有利的。

原规定太平门向外开，并要求装置自动门闩，目前已成为定型产品，为了与相应的产品标准进行协调，故作了相应修改。

第四节 民用建筑中设置燃煤、燃油、燃气锅炉房，油浸电力变压器室和商店的规定

第 5.4.1 条 本条对布置在民用建筑中的燃煤、燃油、燃气锅炉房，可燃油油浸电力变压器室，充有可燃油的高压电容器，多油开关等的内容在修订规范调查基础上，对原规范作了修改及补充具体规定。其理由是：

一、近 10 余年来锅炉本身已变化，原用铸铁锅炉工作压力低，锅炉外型尺寸小，用人工往炉膛填煤，这样占用高度空间小，现经 10 余年的锅炉改革，铸铁锅炉已被淘汰，多数手烧锅炉已被快装锅炉代替。快装锅炉比铸铁锅炉体积大，在锅炉上部加煤，且用机械设备人工加煤，加煤方式不同，要求房间高度加高，以及进煤除灰问题很多。这样就给在地下室、半地下室布置锅炉房带来很多不易解决的问题。

据 1979 年 10 月天津市建筑设计院等 4 单位关于锅炉房防火专题调查总结中有关地下室锅炉房火灾案例有：哈尔滨的胜利公社办公楼，位于地下室的锅炉房爆炸，死 5 人，伤 14 人，锅炉穿过楼板屋顶飞上天的事故。快装锅炉如果出事故后，其事故后果严重性更大。从事故中看也不宜设在地下室、半地下室。故这次修订规范对在地下室、半地下室布置锅炉房不提倡也不作规定。

二、本条款对锅炉作了总蒸发量 6t，单台蒸发量 2t 的规定。

因为近 10 多年来燃油锅炉除极特殊者仍使用外，多数已改成燃煤、燃气的锅炉。故现在燃油锅炉极少。而燃煤铸铁锅炉因耗能多逐步被淘汰，为快装锅炉而代替，其危险性也较小。2t 快装

锅炉一般可供1万建筑平方米取暖应用，本款规定总蒸发量6t可供3万平方米的建筑物采暖应用，由于锅炉的改进，锅炉房体积也大大缩小了，一般受地形等条件限制的中大型建筑物即可采用非单建式锅炉房供暖。故本款对蒸发量作出具体规定。

三、原规范规定设在居住建筑内的每台油浸电力变压器容量不与超过400kVA，现改为民用建筑中设置总容量不超过1260kVA。单台容量不超过630kVA，…应设在专用房间内。原因是：现在公共建筑、民用建筑用电量都比过去大量增加，仅居住建筑中电视机、电冰箱、电风扇、洗衣机、电熨斗等家用电器的大量进入家庭，耗电量大增。故改为总容量不超过1260kVA，单台容量为630kVA。

四、本条规定：上述房间不宜布置在主体建筑内。原因是：

1. 我国目前生产的锅炉，其工作压力较高（一般为1～13kg/cm^2），蒸发量较大（1～30t/h），如产品质量差、安全保护设备失灵或操作不慎等都有导致发生爆炸的可能，特别是燃油、燃气的锅炉，容易发生燃烧爆炸事故，故不宜在民用建筑主体建筑内安装使用。

有关锅炉本身的生产、使用、安装还应按国家劳动总局制定的《蒸汽锅炉安全监察规程》和《热水锅炉安全技术监察规程》执行。

可燃油油浸电力变压器发生故障产生电弧时，将使变压器内的绝缘油迅速发生热分解，析出氢气、甲烷、乙烯等可燃气体，压力骤增，造成外壳爆裂大量喷油，或者析出的可燃气体与空气混合形成爆炸混合物，在电弧或火花的作用下引起燃烧爆炸。变压器爆裂后，高温变压器油流到哪里就会烧到哪里。致使火势蔓延。如某水电站的变压器爆炸，将厂房炸坏，油火顺过道、管沟、电缆架蔓延，从一楼烧到地下室，又从地下室烧到二楼主控制室，将整个控制室全部烧毁，造成重大损失。充有可燃油的高压电容器。多油开关等，也有较大的火灾危险性，故规定可燃油油浸电力变压器、高压电容器、多油开关等不宜布置在民用建筑的主体部位内。对于干式或非燃油浸变压器，因其火灾危险性小，不易发生爆炸，故本条文未作限制。作干式变压易升温、温度升高容易起火，应在专用房间内作好室内通风，并应有降温散热措施。

五、由于受到规划用地限制，用地紧张，基建投资等条件的制约有时必须将燃煤、燃油、燃气锅炉房，可燃油油浸电力变压器室、充有可燃油的高压电容器、多油开关等布置在主体建筑内。故本条款对此作了有条件的适当放宽，要求采取相应的安全措施。

1. 本条规定锅炉房、变压器、电容器、多油开关等房间不应布置在人员密集场所的上面、下面或相邻。其原因是：

高压锅炉爆炸性较大，不允许放在居住和公共建筑中。而低压锅炉也有爆炸的。如北京某局托儿所的锅炉及东大桥某厂取暖烧水的锅炉爆炸事故。

油浸电力变压器是一种多油的电气设备，当它长期过负荷运行时，变压器油温过高可能起火，或发生其他故障产生电弧使油剧烈气化，而造成变压器外壳爆裂酿成火灾，所以要求有防止油品流散的设施。为避免变压器发生燃烧或爆炸的事故时，而引起秩序混乱，造成不必要的伤亡事故，因此本条规定不应布置在人员密集场所的上面、下面或相邻。

2. 本条要求设1m宽防火挑檐，是针对底层以上有开口的房间而定。据国外资料规定底层开口距上层房间的开口部位的实墙体高度应大于1.20m，如图5.4.1。

根据国内火灾实例，为防止由底层开口喷出火焰卷进上层开口，其二个开口间的实墙也应大于1.20m。为了保证上层开口防火安全，并不由底层开口垂直往上卷火焰。故规定应在底层开口上方设置宽度大于1m的防火挑檐，或高度不小于1.20m的窗间墙。如图5.4.1。

第5.4.2条 本条是对原规范第69条的修改补充。本条基本保留原规范的规定，严禁在民用、居住建筑内设易燃易爆商店。根

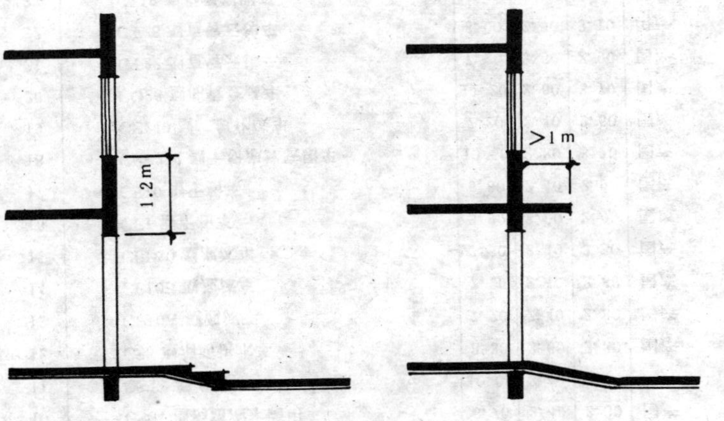

图 5.4.1　防火挑檐示意图

据近年来居住建筑下设商店的火灾实例，如：上海市南京路设在底层的红雷百货商店火灾，及设在底层的上海×××洗衣店对衣物使用汽油进行干洗不慎引起火灾，造成楼上居民的死亡事故。又如上海一设在一层的锦纶毛线店起火，楼梯烧断，楼上居民下不来，楼上住有某校教师听到消防车来到，从窗子往外扔东西，使消防队员得知楼上还有人没下来，从而得到了营救。故本条规定商业、服务网点的疏散出路必须与住宅部分隔开，底层的商店必须用耐火极限不低于 3.00h 的隔墙和耐火极限不低于 1.50h 的非燃烧体楼板，与住宅部分隔开，是为了保证居民的防火安全。

第六章　消防车道和进厂房的铁路线

第 6.0.1 条　本条基本保留了原规范第 70 条内容。消防车道的距离定为 160m，主要是因为室外消火栓的保护半径在 150m 左右，室外消火栓一般应在道路两旁。

沿街建筑，有不少是 U 形、L 形的，从目前发展的趋势，其形状较复杂、且总长度和沿街的长度过长，必然给消防人员扑救火灾和内部区域人员疏散带来不便，延误了灭火时机，造成重大损失。U 形、L 形建筑物是多种多样的，这是实际的情况。我们考虑在满足消防扑救和疏散要求的前提下，对两翼长度不加限制，而对总长度作了必要的防火规定。因此，规定当建筑物的总长度超过 220m 时，应设置穿过建筑物的消防车道。

据调查，一般沿街的部分建筑的总长度较长的为 80～150m 左右，但也有少数建筑是超过 150m。因此本条文规定“不宜超过 150m”。

第 6.0.2 条　本条基本保留原规范第 71 条的内容。规定穿过建筑物的消防车道其净高和净宽不应小于 4m 的根据，主要是依照国内生产和使用的各种消防车辆外形尺寸而确定的。其次是考虑消防车速一般较快，穿过建筑物时宽度上应有一定的安全系数便于车辆快速通行。

目前，我国各城市使用的消防车辆（尺寸见表 6.0.2）宽度有的已超过 3m，且车辆的高度超过 3m 和 3.5m 以上的也在增多。因此，为了使各种消防车辆无阻挡的畅通，能迅速的到达扑救火灾现场，顺利地投入战斗，特作此条规定。

穿过建筑物的门垛时，其净宽要求不小于一般消防车道宽度，同时考虑了建筑模数，我国民用建筑开间尺寸一般在 4m 以下，如要求门垛处净宽 4m，门洞的净宽则在 4.2m 左右，开间尺寸则要在 4.5m 以上，对于大多数民用建筑来说是不适用的，因此对此作适当放宽。将门垛处的净宽定在 3.5m，保证消防车能通过就行。

国内使用的各种消防车外形尺寸　　　表 6.0.2

序号	外形尺寸（米） 消防车名称	长度	宽度	高度	备注
	1	2	3	4	5
1	“火星”登高消防车	15.70	2.45	3.65	进口
2	CG18/30A 型水罐泵浦车	7.20	2.40	2.80	国产
3	CG25/30A 型水罐泵浦车	7.20	2.40	2.70	国产
4	CGG36/42 型水罐泵浦车	7.20	2.50	2.70	国产
5	CGG40/42 型水罐泵浦车	7.20	2.40	2.60	国产
6	CG60/50 型水罐泵浦车	7.60	2.60	3.10	国产
7	CG70/60 型水罐泵浦车	8.40	2.60	3.30	国产
8	CS3 型消防供水车	6.70	2.40	2.50	国产
9	CS4 型消防供水车	6.50	2.30	2.30	国产
10	CSS4 型消防洒水两用车	6.70	2.40	2.30	国产
11	CST7 型水罐拖车	10.04	2.40	2.40	国产
12	CS8 型消防供水车	8.30	2.60	2.80	国产
13	CP10A 型泡沫车	7.20	2.40	2.80	国产
14	CP10B 型泡沫车	7.20	2.40	2.80	国产
15	CPP30 型泡沫车	7.60	2.40	3.30	国产
16	CF1 型干粉车	3.90	2.00	2.00	国产
17	CF10 型干粉车	6.80	2.40	2.90	国产
18	CFP2/2 型干粉泡沫联用车	10.50	2.80	3.70	国产
19	CE240 型二氧化碳车	7.20	2.40	2.60	国产
20	CQ23 型曲臂登高车	11.20	2.60	3.70	国产
21	CT22 型直臂云梯车	7.20	2.50	2.90	国产
22	CT28 型直臂云梯车	8.00	2.50	3.10	国产
23	CZ15 型火场照明车	6.60	3.20	2.40	国产
24	CX10 型消防通讯指挥车	5.85	1.95	2.35	国产

第 6.0.3 条　本条保留了原规范第 72 条的内容。

据实践经验，建筑物超过长度 80m 时，如没有连通街道和内院的人行通道，当发生火灾时也会妨碍消防扑救工作。为了街区内疏散和消防施救方便，沿街长度每不超过 80m 设有一个从街道经过建筑物的公共楼梯间通向院落的人行道是需要的。

第 6.0.4 条　本条对原规范第 73 条部分内容的修改。

工厂、仓库设置消防车道的目的在于扑救火灾创造方便条件，但据各地消防部门在灾场实践中反映，碰到较大面积的工厂、仓库扑救火灾时，延续时间较长，往往有消防供水车等回车进出的战斗可能，如果没有消防环形车道和平坦空地，必然造成各种消防车辆只进不出，势必造成堵塞，使消防车靠不近扑救火灾现场，或车辆增多了而不能全部发挥战斗作用，造成不应有的损失。

第 6.0.5 条　本条是新增的。

在这次修订本规范的专题调查中，我们发现有的甲、乙、丙液体，可燃气体的贮罐区的消防道路设置不当，道路狭窄简陋，路面坡度大，车辆进入后回转困难，这对确保罐区安全和一旦发生火灾时进行扑救极不利。

根据近几年来贮罐区重大火灾扑救经验证明，消防道路是环形的火灾时消防车可以顺利通行，有利于消防扑救，所以作此条规定。

关于易燃、可燃物品的堆场区，本条对面积大的堆场，还须放置纵、横消防车道的具体规定，这些数据是根据几次实地调查而得出的。如以木材堆场（如表 6.0.5）为例，几个典型的堆场面积远远超出了本条规定，而且长形堆较多，堆高多在 10～15m 的实际的情况。

露天、半露天堆场一旦着火，燃烧极快，火势猛烈，辐射热又强。一个大面积堆场，如果没有分区，四周无消防车道，车辆开不进去，消防人员就无法扑救，造成巨大损失的实例和教训是不少。因此，本条作出了应设置消防车道或可供消防车道通行的宽度不少于 6m 的平坦空地的规定。对于堆场、贮罐的总贮量超过本表规定的量时，则要求设环型的消防车道，当一个易燃材料堆场占地面积超过 2500m² 或一个不可燃材料堆场占地面积超过 40000m² 时，则宜在堆场中增设与四环形车道相通的纵横中间消防车道，其间距不易超过 150m（如下表 6.0.5）。

木材堆场面积及消防道路现状　　表 6.0.5

名　称	贮木堆场面积（平方米）	堆垛高度（米）	最高贮量	消防道路现状
某木材厂	东区 11200 西区 12600		东区：27000m³	堆场没有分区，无消防通道
某胶合板厂	16000	6～8	15000m³	无防火间隔，道路极狭，消防车进不去
某木材加工厂	9000×2	9～10		道路较紧小，无分区
某木材加工厂	47000	10～15	全年 160000m³	
某木材加工厂	47000 成材 20000	12		制材北侧材料堆积如山，运不出去，阻塞道路
某水解厂	25000	10		堆场 150m×150m 一个分区，设有环形道路，能通消防车
某造纸厂	100000	>10 以上	60000m³	有分区和消防通道
某造纸厂	320000	8		分二个大区堆场，有 6 条通道，每条约 6m 宽

第 6.0.6 条　对于大型公共建筑，因为建筑体积大、占地面积大、人员多而密集。为了火灾时便于扑救和人员疏散，所以要求增设环形消防车道。

第 6.0.7 条　当建筑内院较大时，要考虑消防车在火灾时进入内院进行扑救操作，同时考虑消防车的回车需要，再则内院太小时消防车也施展不开，所以规定短边长度大于 24m 时宜设置消防车道。

第 6.0.8 条　本条是新增加的。

据调查，有的工厂、仓库和易燃、可燃材料堆场，其水池距离较远，又没设置消防车道（可用河、湖等天然水源取水灭火的情况则更为突出），当发生火灾时，有水而消防车到不了取水池跟前，延误取水时间，往往扩大灾情。可是，有些工厂、仓库的消防水池，设有消防车道或可供消防车通行的平坦空地，发生火灾时，消防车能顺利到达取水地点，对于及时控制火势蔓延扩大，起了很好作用。

以上情况说明，供消防车取水的天然水源和消防水池，设置消防车道是十分必要的。

第 6.0.9 条　本条保留原规范第 74 条的部分内容。

消防车道定为不小于 3.5m，是按照单车道考虑的。其净高不应小于 4m 的规定，是按目前国内外所使用的各种消防车辆外形尺寸而确定的。

第 6.0.10 条　本条是对原规范第 74 条部分内容修改补充。规定 12m×12m 的回车场，是根据一般消防车的最小转弯半径而确定的（如表 6.0.10）。

有些大型消防车和特种消防车，由于车身长度和最小转弯半径已有 12m 左右，故设置 12m×12m 回车场就明显行不通了，需设置更大面积的回车场才能满足使用要求。在某些城市已使用的少数消防车，其车身全长有 15.7m，而 15m×15m 的回车场可能又满足不了使用要求，因此，如遇这种情况，其回车场应按当地实际配备的大型消防车确定。

几种消防车的重量、转弯半径数据　　表 6.0.10

消防车名称	车重量　（吨）				最小转弯半径（米）	附注
	满载重量	前轴	中桥	后桥		
1	2	3	4	5	6	7
"火星" 登高消防车	30.00	10.00		20.00		进口
CG18/30A 型水罐泵浦车	7.60	2.00		5.50		国产
CG25/30A 型水罐泵浦车	8.40	2.10		6.30		国产
CGG36/42 型水罐泵浦车	10.00	2.80		7.20		国产
CGG40/42 型水罐泵浦车	10.50	2.80		7.70		国产
CG60/50 型水罐泵浦车	15.00	4.10		10.90		国产
CG70/60 型水罐泵浦车	17.00	6.40		10.60		国产
CS3 型消防供水车	8.00	2.00		6.00		国产
CS4 型消防供水车	8.50	2.20		6.40		国产
CSS4 型消防洒水两用车	8.80	2.20		6.60		国产
CST7 型水罐拖车	14.00	2.20		6.10	9.20	国产
CS8 型消防供水车	16.00	5.70		10.30		国产
CP10A 型泡沫车	7.80	1.80		6.10		国产
CP10B 型泡沫车	8.00	2.00		6.00		国产
CPP30 型泡沫车	14.45	4.90		5.90		国产
CF1 型干粉车	2.10	0.92		1.20		国产
CF10 型干粉车	7.90	1.90		6.00		国产
CFP2/2 型干粉泡沫联用车	28.70	6.30		22.40	11.50	国产
CE240 型二氧化碳车	8.00	2.00		6.00		国产
CQ23 型曲臂登高车	14.90	5.10		9.90	12.00	国产
CT22 型直臂云梯车	8.00					国产
CT28 型直臂云梯车	8.60	2.80		5.50		国产
CZ15 型火场照明车	5.50				<7.60	国产
CX10 型消防通讯指挥车	3.23	1.32		1.91	6.50	国产

在设置消防车道时，如果考虑不周，也会发生路面荷载过小，道路下面管道深埋过浅，沟渠选用了轻型盖板等情况，从而不能承受大型消防车的通行，影响扑救。为此，本条作了原则规定，并列表 6.0.10 提供各种消防车的满载（不包括消防人员）总重，以供设置消防车道路时参考。

第 6.0.11 条　本规范保留了原规范第 75 条的内容。

一、多年的实践证明，本条的规定是需要的和可行的。凡是按本条的规定执行，发生火灾时，就能保证消防车及时赶到现场，收到了良好的灭火效果。反之，则误大事，造成不应有的损失。如某市一个工厂，其交通道路与铁路平交，发生火灾时，正遇火车调车，列车阻塞交叉路口，消防车不能及时通过，延误了灭火时机，造成颇大损失。

二、规定本条的出发点，在于保证消防车在任何时候能畅通无阻。以达到消防车到达火场快、扑救及时，避免和防止或大大减少损失。

第 6.0.12 条　本条保留了原规定第 76 条的内容。

一、多年来的事实证明，本条规定是合理的，可行的。因为甲、乙类厂房、库房，其生产、贮存的物品，大多数是易燃易爆物品，有的在一定条件下要散发出可燃气体、可燃蒸汽，当其与空气混合达到一定浓度时，遇到明火，会发生燃烧爆炸，如果在这类厂房、库房内设置铁路线，车头或车箱必然进入其内，而火花则不可避免，这就无法保障消防安全，因此，作了本条规定。

二、考虑到蒸汽机车和内燃机车的烟囱常常喷出火星，如屋顶结构是可燃的，火灾危险性大，为了保障防火安全，故提出进入丙、丁、戊类厂房、库房的蒸汽机车和内燃机车，则厂房和库房的屋顶（屋架以上的全部屋顶构件），必须采用钢筋混凝土、钢等非燃烧体结构，或对可燃结构进行防火处理（如涂防火涂料等）。

第七章　建筑构造

第一节　防　火　墙

第 7.1.1 条～第 7.1.3 条　从火灾实例证明，防火墙对阻止火灾蔓延作用很大。如某地三级耐火等级的礼堂失火，屋顶全被烧毁，但与礼堂毗连的三级耐火等级的厨房，因有一道无门窗的 24cm 厚的砖墙隔开就未烧过去。反之，不设置防火墙往往使火灾蔓延扩大，造成严重损失。如某镇起火，由于房屋密集毗连，没有防火墙分隔，造成了火灾的大面积蔓延。又如某一幢长为 131m 的三层办公楼失火，由于没有设置防火墙，当吊顶内一处起火很快蔓延到整个大楼，虽经消防队和群众奋力扑救仍造成了很大损失，该单位根据火灾的实际教训，在事后将修缮后的三层三级耐火建筑增设四道防火墙，如图 7.1.1。

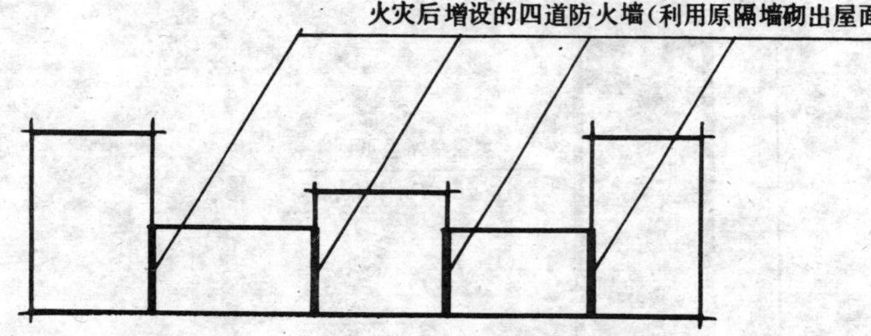

图 7.1.1　某单位办公楼火场平面示意图

第 7.1.1 条中的数值是根据实际的调查和参考一些国外资料提出的，国外的一些数值如下表 7.1.1。

表 7.1.1

屋面构造	防火墙高出屋面的尺寸（厘米）			
	中　国	日　本	美　国	苏　联
非燃烧体	40	50	45～90	30
燃烧体	50	50	45～90	60

条文中规定“当防火墙两侧各 3m 范围内屋盖的耐火极限不低于 1.00h，……可不高出屋面”。这是考虑防火墙的耐火极限为 4h，故防火墙上部的屋盖耐火极限不能太低。同时也必将整个屋盖的耐火极限提高，“防火墙两侧各 3m”基本保证了安全的需要。

第 7.1.4 条　本条是对原规范第 80 条的修改补充。

为防止建筑物内发生火灾时，不使浓烟和火焰穿过门窗洞口，蔓延扩散，而提出了本条规定。如某被服厂仓库，长 120m，宽 19m，由于中间设两道防火墙（墙上有防火门），故中间库房发生火灾后，没有向两端蔓延，保留了 2/3。如图 7.1.4-a。

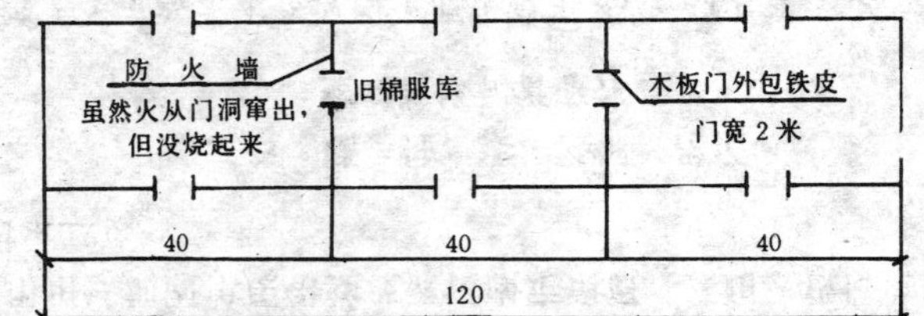

图 7.1.4-a　某仓库火灾现场平面图

反之，某木制品厂车间，三级耐火等级建筑，由于车间进户线落雷，引起配电盘起火，虽设有两道防火墙，但因工序联系的需要在防火墙上设有 2m 宽的门洞，没有设防火门，火焰就从门洞窜过去，造成较大的损失。如图 7.1.4-b。

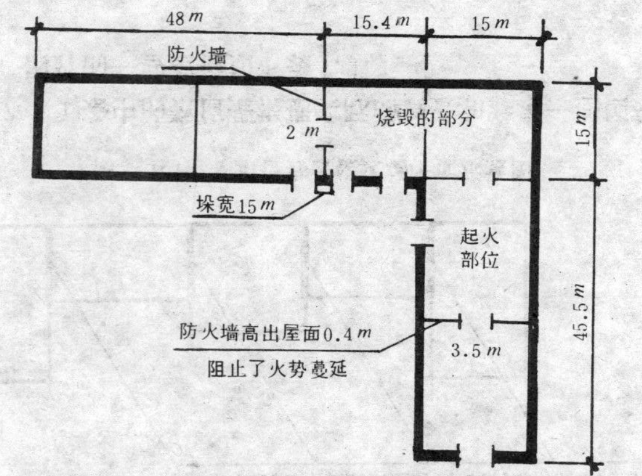

图 7.1.4-b　某木制品厂车间火灾现场平面示意图

所以，如在防火墙上必须开设时，应在开口部位设置防火门窗。从实践证明，用耐火极限为 1、2h 的甲级防火门，能基本满足控制火势的要求。

氢气、煤气、乙炔等可燃气体，以及汽油、苯、甲醇、乙醇、煤油、柴油等甲、乙、丙类液体管道，万一管道破损等，大量可燃气体或蒸汽跑出来，不仅防火墙本身不安全，而且防火墙两边的房间也会受到严重威胁，因此，上述管道绝不能穿过防火墙。

其他管道（如水管、以及输送无危险的液体管道等），如因条件限制，必须穿过防火墙时，应用水泥砂浆等非燃烧材料将管道周围的缝隙，紧密填塞，以策安全。

第 7.1.5 条　本条保留了原规范第 81 条的内容。

从火灾实例说明，防火墙设在建筑物的转角处不能防止火势蔓延，如确有困难需设在转角附近时，应按本条文规定的要求设置。条文中不应小于 4m 是根据火灾实际教训而提出的。

防火墙两侧的门窗洞口最近的水平距离规定不应小于 2m，是按一般火场案例，2m 能起一定的控制作用。个别火场实例距离虽大于 2m 造成蔓延的也有，如某地的木制品厂车间，防火墙两侧门窗洞口距离为 2.3m，且门窗处易燃物较多，火舌从窗口喷出将另一侧的门烤着，如遇有同类情况，距离可适当加大一些。

如设有耐火极限不低于 0.90h 的非燃烧体固定窗扇时，因能防止火势蔓延，可不受距离的限制。由 1.00h 改为 0.90h，主要考虑使用角铁加固单层铅丝玻璃窗固定钢窗，其耐火极限为 0.9h（如附录二）。

第二节　墙、柱、梁、楼板、吊顶、室内装修和管道井

第 7.2.1 条　本条保留了原规范第 83 条的内容。

在单元式住宅中，单元之间的墙一般都是无门窗洞口，如果此墙的耐火极限能达到一定要求就可起到防火隔断作用，从而把火灾限制在一个单元之内，防止延烧，减少损失。

单元墙的耐火极限主要考虑目前建材情况和扑救火灾的需要，当住宅采用框架结构时，单元之间的墙采用 12cm 厚的空心砖墙或其他非燃烧体的轻质隔墙，此时耐火极限为 1.5h，而一般的砖墙承重系统，如为 24cm 厚的砖墙，耐火极限可达 5.5h，超过本条要求。

不少城市的消防同志反映，单元式住宅的火灾一般能在 1h 以内扑灭。因而规定单元间的墙采用耐火极限 1.5h 并砌至屋面板以下即能有效地阻止绝大部分单元式住宅中的火灾蔓延。

第 7.2.2 条　本条保留了原规范第 84 条的内容。

剧院等建筑的舞台及后台部分，一般都使用或存放着较大量的幕布、布景、道具，可燃装修和电气设备，容易起火。另外，由于演出的需要，人为的起火因素也较多。例如：烟火效果及演员在台上吸烟等。起火后由于空间较大，可燃物多，火势发展迅速，难以控制。如果不在建筑结构方面采取有效的防火分隔措施，舞

台火灾就会很快地向观众厅部分蔓延，烧毁整栋建筑，造成较大的损失。例如：1974 年某部队的一座建筑面积 2000 多平方米，共 1300 个座位的礼堂发生火灾。起火原因是因为演出后，电工未拉掉电闸，使舞台上设置的电阻节光器长时间通电电阻元件过热所致。由于该礼堂舞台上部与观众厅之间未设防火隔墙，故当消防队接到报警，赶到现场时，火势已蔓延整个礼堂……。由于以上所述原因，故本条规定舞台与观众厅之间的隔墙应采用耐火极限不低于 2.50h 的非燃烧体。舞台口上部与观众厅闷顶之间的隔墙，可采用耐火极限不低于 1.50h 的非燃烧体，隔墙上的门应采用乙级防火门。

电影放映室有时放映旧影片（硝酸纤维片、极易燃烧），也使用易燃液体丙酮接片子，电气设备又比较多，因此，起火机会是比较多的，有必要对其外围结构提出一定的防火要求。如某地某礼堂放映室着火，由于放映室三面的墙部分是钢丝网抹灰的，部分是板条抹灰的，顶子是铁皮的，起火后火从灰板条墙蔓延到俱乐部的顶棚内。幸而放映室靠大厅一边是一道硬山墙，把火挡住了，山墙上虽有一个小门，火虽从小门处往大厅窜，但消防人员到后就把小门用水枪封住了，火没有烧到大厅来。这次火灾把放映室烧毁，损失××万元，事后该单位接受教训，在修复时把放映室的外围结构改成耐火极限超过 1.5 小时的非燃烧体。

第 7.2.3 条 本条是对原规范第 85 条的修改补充。

托儿所、幼儿园一旦发生火灾，容易造成重大伤亡。如某省某托儿所火灾，当场烧死小孩××名和炊事员×名。因此我们认为本规范应保留原规范第八十五条的内容。

对医院手术室的要求保留了原有规定的内容，这是吸收了某省某医院火灾教训而增加的。火灾时手术室中正有病人在动手术，把病人抬出去会死亡，不抬出去又怕烧死，医生护士都很尴尬……所以提出了加强防火分隔的要求。

第 7.2.4 条 本条对属于易燃、易爆或比较重要的地方和疏散的要害部位的隔墙提出了一定的防火要求。这类火灾案例较多，例如，某地某单位一幢三层钢筋混凝土建筑内，二楼由于生产需要隔成三小间，但隔断墙是木龙骨外钉木丝板，有一部分上部为三夹板或玻璃的。因煤气炉火焰喷在可燃墙体上起火，虽然二楼只烧毁隔墙等，但机器、设备和加工配件损失较大，合计损失×余万元，并且严重拖延和影响了其他兄弟单位的生产任务。该单位接受这次火灾教训后把所有可燃隔断墙都改成了耐火极限为 1.5h 以上的非燃烧体墙。

火灾发生后损失大，伤亡大，影响大的房间，是指贵重的仪器室、设备室，珍贵的图书、资料贮藏室，公共建筑内人员集中的房间、生产车间的调度控制室等等。

第 7.2.5 条 本条保留原规范第 87 条的内容。

在医院、疗养院中，病人行动困难，有的卧床不起，需要人搀扶或抬着才能脱离火场；托儿所、幼儿园的儿童需要有成年人照顾等一些特殊的要求。因此有必要为病人、儿童创造些安全疏散的条件，否则就容易造成伤亡。如某市某医院起火，就有一个病人来不及抢救出来被烧死在火场里。有关托儿所、幼儿园的火灾实例，已在第 7.1.3 条中详述，这里不作重复。我们考虑需要与可能，而把三级耐火等级建筑医院、疗养院及托儿所等的顶棚较一般建筑提高了一些防火要求。

关于楼梯间、门厅和走道等，是疏散出路的要害部位，如果不采用耐火极限较高的吊顶，一旦发生火灾很可能塌下来把这些部位封住，造成伤亡事故。例如某市某厂四层混合结构的职工宿舍（砖墙、钢筋混凝土楼板、瓦屋面、木屋架、灰板条吊顶），因雷击时吊顶起火燃烧，后在楼梯口附近塌落下来，把袋形走道封住，四楼住户两人无法逃出，在楼上呼救，幸消防队及时到达用梯子救出。根据以上情况，作了此条规定。

第 7.2.6 条 本条保留了原规范第 88 条的内容。

剧院等建筑舞台下面的灯光操纵室和存放道具，布景的储藏室容易起火，且舞台上幕布、布景等可燃物多，空间大，净空高，扑救困难，所以提出这些场所与其他部分要用耐火极限不低于1.00h 的非燃烧体墙分隔开的要求。

第 7.2.7 条 本条是对原规范第 89 条的修改补充。

电梯一般设在楼梯间内，而建筑中发生了火灾，火焰和烟往往会窜入楼梯间内，如果电梯井和电梯机房的墙壁、楼板不是耐火的就会严重威胁乘电梯的人。对于高层工业建筑室内电梯井和电梯机房，一旦烧毁，其梯井可能成为火灾蔓延的通道，为防止火灾时将梯井和电梯机房烧毁，故要求严一些。

第 7.2.8 条 本条保留了原规范第 90 条的内容。

无保护层的金属柱、梁等在建筑上用得不少。这类结构的耐火时间一般为 0.25～0.5h，是不抗烧的。如某地某厂有一间靠近高压电线塔的木棚库房着火，很快把铁塔烤红变形，幸而消防队及时到达，全力射水冷却，才避免了铁塔倒下酿成巨祸。

在某地某厂架设在钢架上的一个油罐，因钢架被流在地上燃烧着的油烧软，一时又无法冷却，致使油罐倾倒，汽油大量流散，着火面积扩大，达到×××平方米，烧死工人×名，烧伤××名，由于甲、乙、丙类液体燃速快、热量高，又不宜用水扑救，对无保护的金属柱和梁威胁较大，因此对使用甲、乙、丙类液体的厂房有所限制是必要的。

第 7.2.9 条 本条是对原规范第 93 条的修改补充。本条未提到超过五层的民用建筑，主要考虑层数多的民用建筑或高度较高的工业建筑才设管道井。层数较高的垂直管道井都是能拔烟火的通道，为了阻止火势在管井中蔓延，必须采取分隔措施。在高层建筑设计中，有的很重视垂直防火分隔，如新北京饭店和上海宾馆以及高层工业建筑的管道井，都在每层楼板处用相当于楼板耐火极限的非燃材料封隔。从实际出发，考虑到为便于管子检修更换，有些垂直管井按层分隔确有困难，故本条作了灵活性的规定，可每隔 2～3 层加以分隔。

为防止火灾时将管井烧毁，扩大灾情，特规定管道井的墙采用非燃烧材料制作，其耐火极限为 1.00 小时。同时规定井壁上的检查门应为丙级防火门。据火灾统计资料，一般的火灾延续时间在 1h 以内的占 80%，故规定 1h 是适合的。

第 7.2.10 条 本条是新增加的。

冷库防护墙采用可燃材料保温较多，量又大，冷库内所存物品大多又是可燃的，包装材料也多是易燃的。据调查，这些包装材料（如表 7.2.10 所示）的数量也是很大，因此，日常如不注意防火安全，或在施工及检修过程中，缺乏安全操作，即会造成严重火灾。

冷库储藏物品包装材料 **表 7.2.10**

名 称	包装物	货物重（公斤/立方米）	包装材料（公斤/立方米）	重量比（%）
鲜 蛋	木 箱	333.85	83.39	0.250
	篓 装	242.60	43.10	0.178
	纸 箱	299.80	30.00	0.10
苹 果	纸 箱	323.30	30.80	0.095
	篓 装	220.80	36.80	0.167
四季豆	木 箱	192.80	47.10	0.244
白 菜	木 箱	104.80	52.30	0.499
	竹 筐	222.20	22.20	0.100
洋 葱	木 箱	261.90	52.40	0.200
	篓 装	341.80	19.50	0.057
冻白条肉	滚 轮	200.00	15.00	0.075
冷 鱼	鱼盘及吊笼	300.00	190.00	0.633
冷藏白条肉	托 板	400.00	35.00	0.088
冷藏冻鱼	托 板	569.00	36.00	0.063

据1968～1982年不完全统计：上海、浙江、广东、天津、辽宁、陕西、湖北、河北等地均有冷冻库火灾案例，且人员伤亡和经济损失越来越严重。如近两年来，某省某市冷库起火，大火烧了7个小时，余火熄灭长达12个小时以上，在这次火灾中受伤和中毒有××人，经济损失达67万元以上；又如某地的冷库在1982年11月发生火灾，死亡×人，伤×人，直接经济损失达×万元左右。

在国外，冷库发生火灾更是频繁，我们收集了五个国家的有关资料作了初步统计，其中有一个国家的42个冷库，从1952～1972年共发生火灾145次；而另外四个国家的冷库，在10年时间左右，分别为55起、50起、25起和19起火灾。一次火灾损失最大的有350万元。从失火原因来看，主要是采用聚苯乙烯硬泡沫作隔热材料，其中又有软木易燃物质所引起的。因此，有些国家对冷库采用可燃塑料作隔热材料有较严格的限制，在规范中确定小于150m^{2}的冷库才允许用可燃材料隔热层，故为了防止隔热层造成火势蔓延扩大，规定应作防火带。

第7.2.11条 附设在建筑物内的消防控制室、固定灭火装置的设备室要保证该建筑发生火灾时，这些装置和设备不会受到火灾的威胁，确保灭火工作的顺利进行；通风、空调机房是通风管道汇集的地方，是火势蔓延的主要部位，基于上述考虑，故本条规定这些房间要采用2.50h的隔墙和1.50h的楼板与其它部位隔开，并规定隔墙上的门应为乙级防火门。但是对丁、戊类生产厂房中的通风机房的要求有所放宽，是考虑到这两类生产的火灾危险性较小。

第三节 屋顶和屋面

第7.3.1条 本条保留了原规范第95条的内容。

实践证明，火星通过冷摊瓦缝隙落在闷顶内引着保温锯末，往往容易造成火灾。故规定不宜采用冷摊瓦。

火星落在天棚保温锯末上引起火灾的事例很多，如某省某学校的烟囱飞火经小楞挂瓦缝落到防寒锯末上起火，将一幢三层楼房全部烧毁。某某市某大厦因火星落在天棚内的保温锯末上起火将大厦全部烧毁，损失××万元。据某某市在6年多的时间（据不完全统计）由于烟囱飞火钻进天棚内引着锯末起火的有58次。烧毁房屋××××平方米。为了保证闷顶的防火安全，提出了本条规定。

第7.3.2条 本条保留了原规范第96条的内容。实践证明是可行的。当发生火灾时，火焰、烟和热空气一般先向高处窜，如果没有给以出路则火焰和带着高温的烟、热空气窜到哪儿，火势就蔓延到哪儿。特别是舞台上可燃物多，燃烧所产生的烟、热积聚到一定程度就会使火焰、带高温的烟和热空气窜到观众厅，使火灾扩大到观众厅，影响观众安全。

有不少戏院在舞台顶上设排烟窗，火灾实例也证明这样的排烟窗是起作用的。例如某地某戏院舞台起火，由于排烟窗是起作用的，火焰、烟和热空气均向上通过排烟窗排散出去，未能向观众厅方向蔓延。所以虽然后台火烧得较历害，但观众厅没有受损失。又如某市工人俱乐部的火灾实例也说明了舞台的排烟窗是起作用的。

另外我们曾考虑过开设了排烟窗是否会增加空气供应量使火烧得更大更快的问题。我们认为排烟窗平时是关着的，遇火灾，易熔环起作用才打开，也有排烟窗的玻璃被火烧破坏而起作用的，即使排烟窗平时开着，在火灾初期，由于舞台空间大，观众厅容积也大，不加排烟窗空气供应也是充足的，不会像在密闭的小房间内一样，而类似在露天燃烧一样，故排烟窗的影响是较小的。

至于排烟窗的面积大小，原则规定的数字是采用过去上海一般戏院的设计数字。这次我们仍沿用这个数字。

第7.3.3条 本条保留原规范第98条的内容。

一、闷顶火灾一般阴燃时间比较长，不易发现，待发现之后火已着大，便很难扑救。如某某市某大楼发生火灾，早晨5点有人在闷顶内的锯末防寒层上留下火种，到下午1点20分才由邻居发现大楼屋角冒烟，并立即呼救，消防队在下午1点35分接到报警后到达火场时，火势已非常猛烈，三楼1000m²范围内已形成一片大火，大部分屋架已接近坍塌，从开始阴燃到发现屋角冒烟历时8小时20分。因此从尽快发现火灾角度看，有必要设置老虎窗。此外，阴燃开始后由于闷顶内空气供应不充足，燃烧是不完全的，如果让未完全燃烧的气体积热积聚在闷顶内，一旦吊顶突然局部塌落，氧气充分供应就会引起爆炸性的闪燃，即所谓“烟气爆炸”，为了避免这样的事故有必要设老虎窗。

二、没有设老虎窗的闷顶起火后，火焰、烟和热空气会向两旁扩散到整个闷顶去。如果设有老虎窗，则火焰、烟和热空气可以从老虎窗排出，有助于把火灾局限在老虎窗范围内。故设置老虎窗对防止火灾的扩大也是有利的。

三、闷顶起火后，闷顶内温度比较高，烟气弥漫，消防人员进入闷顶侦察火情，扑救火灾是相当困难的。设置了老虎窗，消防人员就可以从老虎窗处侦察火情，扑救火灾。

第7.3.4条 保留了原规范第99条的内容。

一、突出了有可燃物的闷顶。据调 查，有的建筑物，其屋架、吊顶和其他屋顶构件均为非燃烧材料的，闷顶内又无可燃物，像这样的闷顶，可不设闷顶入口。

二、每个隔断范围，主要是指单元式住宅，因为这种建筑用实体墙分隔。至于象教学楼、办公楼、旅馆等一类公共建筑，因每个隔断范围面积较大（一般1000m²，最大可达2000m²以上），故要求设置不小于两个闷顶入口。

三、发生火灾时，消防人员来救火，一般通过楼梯上楼救火，闷顶入口设在楼梯间附近，便于消防人员发现，迅速进入闷顶内救火。

第四节　疏散用的楼梯间、楼梯和门

第7.4.1条 本条说明主要有以下几点：

一、要保证人员在楼梯间内疏散时能有较好的光线，有条件的情况下应首先选用天然采光。因一般人工照明的暗楼梯间在火灾发生时会因为断电而一片漆黑，影响疏散故不宜采用；如果统统要求设计火灾事故照明，则很不经济也难以做到。

二、为了尽量避免在火灾发生时火焰和烟气窜入封闭楼梯间、防烟楼梯间及其前室，影响人员安全疏散，因此本条要求“除开设同层公共走道的疏散门外，不应开设其它的房间门”。

三、规定楼梯间及其前室内不应附设烧水间、可燃材料贮藏室、非封闭的电梯井、可燃气体管道，甲、乙、丙类液体管道等，是为了避免楼梯间内发生火灾，和通过楼梯间蔓延。这方面的火灾实例很多。例如：1982年某工厂职工宿舍发生火灾，死伤××人，损失××万元。其原因就是附设在楼梯间内的天然气管道漏气，遇明火爆炸起火。另外，1983年某医院三级耐火等级的病房楼在首层起火，由于该楼有一个楼梯间放置许多杂物，火势很快地顺着该楼梯向上蔓延，造成严重后果。

四、保证楼梯间的有效疏散宽度不至因凸出物而减少，并避免凸出物碰伤拥挤的人群从而保证疏散安全。

五、明确电梯不能做为火灾时疏散使用，当然也不计入疏散宽度。这是因为普通电梯在火灾发生时，会因断电停止运行；而消防电梯在火灾发生时，主要供消防队员扑救火灾使用，也不能做为疏散梯使用。

六、本条的“四”是对住宅建筑的放宽要求。但只限于“局部、水平穿过”。这里提到的可靠的“保护措施”包括可燃气体管道加套管，埋地等措施。另外管道的安装位置要避免人员通过楼梯间时对管道的碰撞。

第7.4.2条 本条是新增加的。

室外楼梯，可供人员应急疏散和消防人员直接从室外进入建筑物到达起火层扑救火灾。为了防止因楼梯倾斜度过大，楼梯过窄或栏杆扶手过低而影响安全，故本条文对此做了规定。同时对高层工业建筑和其它建筑区别对待，做出不同的要求。

为了防止火灾时火焰从门内窜出而将楼梯烧坏，故规定了楼梯的每层出口处平台的耐火极限，并规定了在楼梯周围 2m 范围内的墙上除了设有供疏散用门之外，不允许再开设其他洞口。

第 7.4.3 条 丁、戊类厂房火灾危险性小，物品一般为非燃烧体，且上下的人较少，故防火要求稍有降低。

第 7.4.4 条 本条是原规范第 103 条修改补充。

因为弧形楼梯及螺旋踏步在内侧坡度过陡，每级扇步深度过小，不能保证疏散时的安全通行，特别是在紧急情况下，更容易发生摔倒等事故。而在弧形楼梯的平面角度小于 10 度，离扶手 25cm 处的每级踏步深度大于 22cm 时，对人员疏散影响不会太大。故可不受此限。

第 7.4.5 条 本条规定主要考虑火灾发生时，消防人员进入火场能迅速进行扑救。他们步入楼梯间后，可利用两梯段之间 15cm 宽的空隙向上吊挂水带。这样不但可以节省时间，而且可以节省水带，减少水头损失，方便操作。

第 7.4.6 条 本条保留了原规范第 104 条的内容。

考虑到目前一些城市公安消防队的实际装备情况和灭火的需要，本条规定了高度超过 10m 的三级耐火等级建筑需要设室外消防梯。

在火灾情况下，楼梯间往往是疏散人员和抢救物资的主要通道，消防员从楼梯冲上去不方便，有了室外消防梯，消防员就可以利用它上屋顶或由窗口进入楼层，接近火源，控制火势，及时扑救火灾。

规定消防梯不应面对老虎窗，是为了避免闷顶起火时由老虎窗向外喷烟火，妨碍消防员上屋顶。

规定室外消防梯宜离地面 3m 设起，是为了防止小孩攀登。消防员到火场，均带有单杠梯或挂钩梯，消防梯离地面 3m 设起，不会影响消防扑救，也利于安全。

第 7.4.7 条 本条原则上保留了原规范第 105 条的内容。

为避免在发生火灾时，由于人群惊慌拥挤压紧内开门扇而使门无法开启，造成不应有的伤亡事故，在房间人数超过一定数量时疏散门均应向疏散方向开启。

侧拉门、或转门在人群拥挤的紧急疏散情况下无法保证安全迅速疏散。故不允许作为疏散门。

第 7.4.8 条 库房允许采用侧拉门，是考虑到一般库房内的人员较少，故做了放宽要求的规定。在此要求"靠墙的外侧推拉"，是考虑到发生火灾时，设在墙内侧推拉会因为倒塌的货垛压住而无法开启。这一点是有过教训的。

对于甲类物品库房，一旦发生起火，火焰温度高，蔓延非常迅速，甚至引起爆炸，故在这里强调"甲类物品库房不应采用侧拉门"。

第五节 天桥、栈桥和管沟

第 7.5.1 条 本条原则上保留了原规范第 106 条的内容。

一、天桥系指主要供人通行的架空桥。栈桥系指主要供输送物料的架空桥。

二、为了保障安全，天桥、越过建筑物的栈桥，以及供输送煤粉、石油、各种可燃气体（如煤气、氢气、乙炔气、甲烷气、天然气等）的栈桥，不允许采用木质结构，而必须采用钢筋混凝土结构或钢结构。

三、火灾实例说明，栈桥采用非燃烧材材制作是十分必要的。如某厂的输送原油管道，采用钢木混合结构（支柱是型钢的，搁置管道的板是木板，因管道破裂，原油流出遇明火，发生火灾，扑救困难，造成较大损失。

第 7.5.2 条 本条保留原规范第 107 条的内容。

制定本条的目的是为保证人员的安全。这方面是有教训的，如某石油化工厂，供输入原油的栈桥（封闭式），因管道阀门不严漏油，遇明火发生火灾，正当下班的三名工人通过栈桥，被烟火封住出口，烧死在栈桥内。

第 7.5.3 条 本条是对原规范第 109 条的修改补充。

为了防止天桥、栈桥与建筑物之间在失火时出现火势蔓延扩大的危险，应该在与建筑物连接处设置防火隔断措施。

甲、乙、丙类液体管道的封闭管沟（廊），如果没有防止液体流散的设施，则一旦管道破裂着火，就会造成严重后果。如某地某厂的油罐爆炸起火，着火原油顺着地沟流入相距 40m 的油泵房内，使油泵房及其设备烧毁，如果设计时考虑了在地沟内设挡油设施，这个泵房有可能不会被烧毁。故宜设有保护措施。

第八章　消防给水和灭火设备

第一节　一 般 规 定

第 8.1.1 条 灭火剂的种类很多，有水、泡沫、卤代烷、二氧化碳和干粉等。用水灭火，使用方便，器材简单，价格便宜，而且灭火效果好，因此，水仍是目前国内外的主要灭火剂。

消防给水系统完善与否，直接影响火灾扑救的效果。火灾统计资料说明，有成效扑救火灾的案例中，有 93%的火场消防给水条件较好；而扑救失利的火灾案例中，有 81.5%的火场缺乏消防用水。许多大火失去控制，造成严重后果，大多是消防给水不完善，火场缺水造成的。例如 1993 年 4 月 17 日哈尔滨的特大火灾，与消防水源严重不足有很大关系，消防车需到 2.5km 以外（远者达 15km）去运水灭火。致使燃烧面积达 8 万平方米，使 2800 多名居民无家可归。因此，在进行城镇、居住区、企业事业单位规划和建筑设计时，必须同时设计消防给水系统。

我国地域广阔，有些地区天然水源很丰富（例如无锡市、苏州市等），且建筑物紧靠天然水源，则该建筑物可采用天然水源作为消防给水的水源，但应采取必要的技术设施（例如在天然水源地修建消防码头、自流井、回车场等），消防车能靠近水源，且在最低水位时能吸上水（供消防车的取水深度不应大于 6m）。为避免季节性的天然水源作为消防水源（例如株洲某油库边的天然水源为水泊，平时水面积较大，但天旱时由于农田排灌抽水，水泊中无水），提出了天然水源作为消防用水时，必须常年有足够的水量，以确保消防用水的可靠性。一般情况下，城镇、居住区、企事业单位的天然水源的保证几率应按 25 年一遇计算。

在城市改建、扩建过程中，若消防用的天然水源及其取水设施被填埋时，应采取相应的措施（例如铺设管道、建立消防水池等），保证消防用水。

在寒冷地区，采用天然水源作为消防用水时，应有可靠的防冻措施，使在冰冻期内仍能供应消防用水量。

当耐火等级较高（例如一、二级），且体积很小和建筑物内无可燃物品，可不设消防给水。

第8.1.2条 城镇、居住区、企业事业单位的室外消防给水，一般均采用低压给水系统，为了维护管理方便和节约投资，消防给水管道宜与生产、生活给水管道合并使用。例如沈阳市188个有消防给水的单位中，就有146个单位的室内外消防给水管道与生产生活给水管道是合用。

高压（或临时高压）室外消防给水管道、高层工业建筑的室内消防给水管道，为确保供水安全，应与生产生活给水管道分开，设置独立的消防给水管道。

第8.1.3条 室外消防给水管道可采用高压管道、临时高压管道和低压管道。

1. 高压管道：管网内经常保持足够的压力，火场上不需使用消防车或其他移动式水泵加压，而直接由消火栓接出水带、水枪灭火。

根据火场实践，扑救建筑物室外火灾，当建筑高度小于或等于24m时，消防车可采用沿楼梯铺设水带单干线或从窗口竖直铺设水带双干线直接供水扑灭火灾。当建筑高度大于24m时，属于高层建筑，立足于室内消防设备扑救火灾。因此，当建筑高度小于或等于24m时，室外高压给水管道的压力，应保证生产、生活、消防用水量达到最大（生产、生活用水量按最大小时流量计算，消防用水量按最大秒流量计算），且水枪布置在保护范围内任何建筑物的最高处时，水枪的充实水栓不应小于10m，以保证消防人员的安全（防止辐射热的伤害）和有效地扑灭火灾。此时高压管道最不利点处消火栓的压力可按下式计算：

$$H_{栓}=H_{标}+h_{带}+h_{枪}$$

式中 $H_{栓}$——管网最不利点处消火栓应保持的压力，米水柱；

$H_{标}$——消火栓与站在最不利点水枪手的标高差，米；

$h_{带}$——6条直径65mm麻质水带的水头损失之和，米水柱；

$h_{枪}$——充实水栓不小于10m、流量不少于5l/s时，口径19mm水枪所需的压力，米水柱。

例：某一工厂采用高压消防给水系统，在工厂内离泵站最高最远的厂房高度为20m，试计算在生产、生活和消防用水量达到最大时，最不利点处室外消火栓所需保持的压力。

解：

消火栓与水枪手的标高差为：

$$H_{标}=20m;$$

水枪需要的压力为：

喷嘴口径19mm水枪，流量不少于5l/s，则水枪需要保持的充实水柱长度应采用12m。当充实水柱长度为12m时，水枪喷嘴处的压力为17m水柱，即：

$$h_{枪}=17m \text{ 水柱}$$

水带的压力损失为：

口径19mm水枪的充实水柱为12m时，水枪的流量为5.2l/s。当流量为5.2l/s时，每条直径65mm麻质水带的压力损失为2.37m水柱，则6条水带的压力损失为：

$$6\times2.37=14.22m \text{ 水柱。}$$

则最不利点消火栓处需要保持的压力为：

$$H_{栓}=H_{标}+h_{带}+h_{枪}$$
$$=20+14.22+17=51.22m \text{ 水柱。}$$

2. 临时高压管道：在临时高压给水管道内，平时水压不高，在水泵站（房）内设有高压消防水泵，当接到火警时，高压消防水泵开动后，使管网内的压力，达到高压给水管道的压力要求。

城镇、居住区、企业事业单位的室外消防给水管道，在有可能利用地势设置高位水池时，或设置集中高压水泵房，即有可能采用高压给水管道；在一般情况下，多采用临时高压消防给水系统。

当城镇、居住区或企业事业单位内有高层建筑时，一般情况下，采用室外高压或临时高压消防给水系统难以达到。因此，常采用区域（即数幢或十几幢建筑物合用泵房）或独立（即每幢建筑物设水泵房的临时高压给水系统，保证数幢建筑的室内外消火栓或室内其他消防给水设备）或一幢建筑物的室内消火栓（或室内其他消防设备）的水压要求。

区域高压或临时高压的消防给水系统，可以采用室外和室内均为高压或临时高压的消防给水系统，也可采用室内为高压或临时高压，而室外为低压消防给水系统。

室内采用高压或临时高压消防给水系统时，一般情况下，室外采用低压消防给水系统。气压给水装置只能算临时高压。

3. 低压管道：管网内平时水压较低，火场上水枪需要的压力，由消防车或其他移动式消防泵加压形成。

消防车从低压给水管网消火栓取水，一般有两种形式：一是将消防车泵的吸水管直接接在消火栓上吸水；另一种方式是将消火栓接上水带往消防车水罐内放水，消防车泵从水罐内吸水，供应火场用水。后一种取水方式，从水力条件来看最为不利，但由于消防队的取水习惯，常采用这种方式。也有由于某种情况，消防车不能接近消火栓，需要采用这种方式供水。为及时扑灭火灾，在消防给水设计时应满足这种取水方式的水压要求。在火场上一辆消防车占用一个消火栓，一辆消防车出两支水枪，每支水枪的平均流量为5l/s，两支水枪的出水量约为10l/s。当流量为10l/s、直径65mm麻质水带长度为20m时的水头损失为8.6m水柱。消火栓与消防车水罐入口的标高差约为1.5m。两者合计约为10m水柱。因此，最不利点消火栓的压力不应小于10m水柱。

注：①室外高压或临时高压管网最不利点处消火栓的压力计算，根据扑救室外火灾的要求，一般采用口径19mm水枪，为扑救人员的安全，防止辐射热对扑救人员的灼伤和有效地射及火源，水枪的充实水柱长度不应小于10m。为及时地扑灭火灾以及为扑救高度不超过24m的多层建筑物火灾的需要，采用消火栓接出的水带长度为6条。

不论高压、临时高压或低压消防给水系统，若生产、生活和消防合用一个给水系统时，均应按生产、生活用水量达到最大时，保证满足最不利点（一般为离泵站的最高、最远点）消火栓或其他消防用水设备的水压和水量的要求。

生产、生活用水量按最大日最大小时流量计算。消防用水量应按最大秒流量计算。以确保消防用水量需要。

②高层工业建筑，若采用区域高压、临时高压消防给水系统时，应保证在生产、生活和消防用水量达到最大时，仍应保证高层工业建筑物内最不利点（或储罐、露天生产装置的最高处）消防设备的水压要求。

③为防止消防用水时形成的水锤对管网的损坏（或其他用水设备的损害），对消火栓给水管网的流速作了限制。

第二节　室外消防用水量

第 8.2.1 条　城市（或居住区）的室外消防用水量为同一时间内的火灾次数和一次灭火用水量的乘积。

1. 同一时间内的火灾次数

城市或居住区的甲地发生火灾，消防队出动去甲地出水灭火，在消防队的消防车还未归队时，在乙地又发生了火灾，称为城市（或居住区）同一时间内发生2次火灾，如甲地和乙地消防队的消防车都未归队，在丙地又发生了火灾，消防队又去丙地出水灭火，称为城市（或居住区）同一时间内发生3次火灾。

根据辽宁省16个城镇火灾统计，其中7个县镇人口为2.5万人以下，4年内没有同一时间内发生2起火灾，故本规范规定人口小于2.5万人的居住区同一时间内火灾次数为1次。其中9个县镇人口在2.5～5万人，都曾同一时间内发生过2次火灾。因此，2.5～5万人口的居住区同一时间内采用2次火灾计算。

40万人口以下城市没有发现同一时间内发生过3次火灾。因此，从5万至40万人口城市同一时间内的火灾次数采用2次计算。

超过40万人口至50万人口城市，曾在同一时间内发生过3次火灾，因此，按3次火灾计算。

超过50万至100万人口的城市，大多均在同一时间内发生过3次火灾，个别有4次的，考虑到经济和安全的需要，仍采用3次。超过100万人口的城市，例如上海市同一时间内发生过4次火灾，北京市曾同一时间内发生过3次火灾；沈阳市也曾同一时间内发生过3次火灾。考虑到超过100万人口的城市，均已有给水系统，改建和扩建给水工程往往是局部性的，因此本规范对超过100万人口的城市的火灾次数，未作规定，超过100万人口的城市，可根据当地火灾统计资料，结合实际情况适当增加同一时间内的火灾次数。

2. 一次灭火用水量

城市（或居住区）一次灭火用水量，应为同时使用的水枪数量和每支水枪平均用水量的乘积。

我国大多数城市（例如上海、无锡、南京等城市）消防队第一出动力量到达火场时，常出两支口径19mm水枪扑救初期火灾，每支水枪的平均出水量在5l/s以上，因此，室外消防用水量的起点流量不应小于10l/s。

根据武汉、南京、上海、株洲等市12次大火（各种类型火灾各取一次）平均消防用量为89l/s。无锡太湖造纸厂的火场用水量达210l/s，上海锦江饭店用水量达200l/s，这样大火，其用水量很大。大型石油化工厂、液化石油气储罐区等的消防用水量也很大。若采用管网来保证其用水量，根据我国目前国民经济水平，确有困难，可采用贮水池来解决。我国高层建筑的最大消防用水量为70l/s（室外和室内消防用水量之和）。一次最大灭火用量既要满足城镇基本安全的需要，又要考虑国民经济的发展水平。因此，100万人口的城市一次灭火的最大消防用水采用100l/s。

根据火场实际用水量统计资料可以看出，城市（或居住区）的消防用水量与城市人口数量、建筑密度、建筑物的规模有关。美国、日本和苏联，均按城市人口数的增加而相应增加消防用水量。例如，美国2万人口城市消防用水量为44～63l/s，人口超过30万的城市消防用水量为170.3～568l/s；日本、苏联也是如此。

根据火场实际用水量是以水枪数量为递增的规律，以二支水枪为基数（即10l/s）即作为下限值，以100l/s作为消防用水量的上限值，确定城市（或居住区）的消防用水量，如规范表8.2.1。

我国的消防用水量比美、日的消防用水量少得多。但接近苏联的消防用水量。如下表8.2.1。

各国消防用水量比较　　表8.2.1

消防用水量(l/s) 国名 / 人口数（万人）	美　国	日　本	苏　联	中　国（本规范）
≤0.5	44～63	75	10	10
≤1.0	44～63	88	15	10
≤2.5	44～63	112	15	15
≤5.0	44～63	128	25	25
≤10.0	44～63	128	35	35
≤20.0	44～63	128	40	45
≤30.0	170.3～568	250～325	55	55
≤40.0	170.3～568	250～325	70	65
≤50.0	170.3～568	250～325	80	75
≤60.0	170.3～568	250～325	85	85
≤70.0	170.3～568	170.3～568	90	90
≤80.0	170.3～568	170.3～568	95	95
≤100.0	170.3～568	170.3～568	100	100

城市室外消防用水量包括居住区、工厂、仓库、堆场、储罐区和民用建筑的室外消防用水量。

在较小城镇内有较大的工厂、仓库、堆场、储罐区和较大的民用建筑物时，可能出现工厂、仓库、堆场、储罐区或较大民用建筑物的室外消防用水量超过表8.2.1规定的城市(或居住区)的用水量，则该给水系统的消防用水量，应按工厂、仓库、堆场、储罐区或较大民用建筑物的室外消防用水量计算。

原注的规定不够明确，经修改充实后，更加确切、明了。

第8.2.2条 工厂、仓库和民用建筑的室外消防用水量为同一时间内的火灾次数和一次灭火用水量的乘积。

1. 工厂、仓库和民用建筑的火灾次数：

根据株洲市的8个大型企业调查，基地面积在100万平方米以下，且居住区人数不超过1.5万人的工厂，在同一时间内没有发生2次火灾，因此，同一时间内的火灾次数定为1次。基地面积在100万平方米以下，但居住区人数超过1.5万人的工厂，曾在同一时间内发生过2次火灾。因此同一时间内发生火灾的次数定为2次。基地面积超过100万平方米和居住区人数超过1.5万人的工厂，没有发现同一时间内3次火灾，因此，亦采用2次火灾计算。

仓库、机关、学校、医院等民用建筑物，没有发现同时有2次火灾，同一时间内的火灾次数按1次计算。

2. 建筑物室外消防用水量与下述因素有关：

①建筑物的耐火等级：一、二级耐火等级的建筑物，可不考虑建筑物灭火用水量，而只考虑冷却用水和建筑物内易燃物资的灭火用水量；三级耐火等级的建筑物，应考虑建筑物本身的灭火用水量；四级耐火等级的建筑物比三级耐火等级的建筑物用水量应大些。

②生产类别：丁、戊类生产火灾危险性最小，甲、乙类生产火灾危险性最大。丙类生产火灾危险性介于甲、乙类和丁、戊类之间。但丙类生产可燃物较多，火场上实际消防用水量最大。

③建筑物容积：建筑物容积越大、层数越多，火灾蔓延的速度越快，燃烧的面积也大，同时使用水枪的充实水柱长度要求也大，消防用水量随之增大。

④建筑物用途：库房堆存物资较集中，一般比厂房用水量大。公共建筑物的消防用水量接近丙类生产厂房。

根据上海、无锡、南京、武汉、株洲、西安等市火灾消防用水量统计，有效地扑灭各种火灾的实际消防用水量如下表8.2.2。

有效扑救各种火灾实际消防用水量　　表8.2.2

建筑物耐火等级	建筑名称	消防用水量(升/秒)	最大一次用水量	最小一次用水量	平均用水量
一、二级	厂房	甲、乙	60	30	45
		丙			60
		丁、戊	25	10	15
	库房	甲、乙	120		
		丙			
		丁、戊			
	公共建筑				
三级	厂房	甲、乙	90	20	40
		丙	140	20	60
		丁、戊	60	20	35
	库房	甲、乙			
		丙	110	20	61
		丁、戊			
	公共建筑		100	20	38.7
四级	厂房	丙	45	30	37
		丁、戊	50	25	25
	库房	丙			
		丁、戊	65	25	40
	公共建筑				

从实际用水量表可看出，有成效扑救火灾最小用水量为10l/s，有成效扑救火灾的平均用水量为39.15l/s。各种建筑物用水量（由小到大）的顺序为：

一、二级耐火等级丁、戊类厂房和库房；

一、二级耐火等级公共建筑；

三级耐火等级丁、戊类厂房、库房；

一、二级耐火等级甲、乙类厂房；

四级耐火等级丁、戊类厂房和库房；

一、二级耐火等级丙类厂房；

一、二级耐火等级甲、乙、丙类库房；

三级耐火等级公共建筑；

三、四级耐火等级丙类厂房和库房；

为保证消防基本安全和节约投资，以10l/s为基数，采用45l/s（平均用水量加一支水枪的水重）为上限，以每支水枪平均用水量5l/s为递增单位，确定各类建筑物室外消火栓用水量，如规范表8.2.2-2。

注：①建筑物成组布置，防火间距较小，火灾实例也说明，防火间距较小时，往往形成大面积的火灾。为了保证消防基本安全和节约投资，不按成组建筑物同时起火计算消防用水量，而规定按成组建筑物中相邻两座较大建筑物计算室外消防用水量较大者之和计算用水量。

②火车站、码头、机场的中转库房，堆放货物品种变化较大，其室外消火栓用水量按储存丙类物品库房确定。

③近年来古建筑火灾较多，为加强古建筑消防保护，对砖木结构和木结构的古建筑定了必须的用水量。

3. 一个单位内设有多种用水灭火设备时，一般应为各种灭火设备的流量之和，作为设计流量。为了在某些情况下，消防投资不致过多，因此规定采用50%的消火栓用水量再加上其他灭火设备的消防用水量。但在某些情况下，消火栓用水量较大，而其他用水灭火设备用水量则较少时，可能计算出来的消防用水量少于消火栓灭火设备用水量，此时仍应采用建筑物的室外消火栓用水量（即表8.2.2-2的用水量）。

第8.2.3条 根据株洲、上海、无锡、青岛等市堆场发生火灾后，使用的消防用水量统计，最大一次堆场用水量为210l/s（无锡市太湖造纸厂堆场），最小一次为20l/s，其他16次堆场火场消防用水量均在50～55l/s（即火场采用10～11支水枪同时出水扑救）之间，平均用水量58.7l/s。因此，以20l/s为基数（最小值），以5l/s为递增率，以60l/s为最大值，确定堆场消防用水量。如规范表8.2.3。

可燃气体储罐和储罐区，按储罐的形式有二种：

湿式储气罐比干式储气罐的危险性较小，且易于控制，而干式活塞式煤气罐内的密封油在火灾爆炸后可能燃烧，扑救也较困难。因此，在条件允许时宜在罐内设置冷却和灭火设备。规范表8.2.3内可燃气体储罐或储罐区的室外消防用水量，系指消火栓给水系统的用水量，也是基本安全且用水量最少的。若设有固定冷却设备时，固定冷却设备的用水量宜再增加。

第8.2.4条 变压器起火后，需要的消防用水量与变压器的储油量有关。而变压器的储油量又与变压器的容量有关。变压器的容量越大，一般情况下，相应的变压器油量和体积也大。变压器容量与油量、体积如表8.2.4-a。

火场实践表明，使用水喷雾扑灭变压器油的火灾有良好的灭火效果。国外也常采用水喷雾灭火设备保护。通过多年的科学试验，我国也证明扑灭变压器火灾，采用固定式水喷雾灭火设备是可行的，有效的。

变压器越大（体积越大）需要设置的水喷雾喷头数量也越多，则需消防用水量也越大。每个水喷雾喷头的流量与喷头水压力的大小有关。如表8.2.4-b。

变压器规格表　　表 8.2.4-a

变压器容量（千瓦/千伏）	油　量（吨）	外壳尺寸（长×宽×高）（毫米）
SFL_1－40000/110	10.00	6300×4350×5410
SFL_1－50000/110	7.73	6300×4250×5500
SFL_1－63000/110	10.95	6690×4290×5560
SFL_1－90000/110	13.65	7660×5660×6175
SFL_1－120000/110	12.68	6760×4300×6670
SFL_1－120000/110	15.80	6950×4360×6350
SFL_1－120000/110	15.70	8215×4190×6080
SFL_1－120000/110	23.00	8080×4930×7200
$SFPSZL_1$－120000/110	41.10	10656×6355×6570
SSPL－120000/110	23.20	7530×3316×7100
SSP－260000/220	31.80	11970×3700×7360
SSP－360000/220	44.20	8570×4430×7360
SSP－360000/220	54.00	9570×4710×5910
SSPPL－360000/220	51.50	10340×4415×7300
SFPS－150000/220	41.00	12000×6000×7000
OSSPSZ－360000/330	53.00	12540×6700×8150

水喷雾喷头流量与喷头水压力的关系　　表 8.2.4-b

喷头压力（公斤力/厘米²）	4.2	5	5.8	6.5	7.5
喷头流量（升/秒）	8.6	9.3	9.8	10.6	11.1

一般情况下，水喷雾喷头的压力可采用 6.5kgf/cm²，则每个喷头的流量约 10l/s。

因为现行的国家标准《水喷雾灭火系统设计规范》对保护可燃油油浸电力变压器的所有设计参数均作出了具体规定，所以原第 8.2.4 条的规定删除，应按现行的国家标准《水喷雾灭火系统设计规范》的规定执行。

容量小于 4 万 kVA 的室外变压器或干式变压器，以及采用不燃液体的变压器，可不设置水喷雾固定灭火设备。

在设计室外变压器消防给水时，除应考虑水喷雾固定灭火设备用水量外，还应根据本规范第 8.2.2 条建筑物室外消防水量的要求，设置室外消火栓，以便火场上消防队员使用移动式消防设备（消防水枪），阻止火灾蔓延扩大。因此，室外变压器的消防用水量应为喷雾固定灭火设备用水量和室外消火栓用水量的两者之和进行计算。

第 8.2.5 条　甲、乙、丙类液体储罐，火灾危险性较大，发生火灾后，火焰高，辐射热大，还可能出现油品流散。

原油、重油、渣油、燃料油等，若含水量在 0.4%～4%之间，发生火灾后，还易出现沸溢。

储罐发生火灾，油罐变形、破裂是很危险的，因而需要用大量的水对油罐进行冷却，并应及时地组织扑救工作。因此，甲、乙、丙类液体储罐，应有冷却用水和灭火用水。

一、灭火用水量

扑救液体储罐火灾，灭火剂较多，可采用低倍数空气泡沫、氟蛋白泡沫、抗溶性泡沫和高倍数泡沫。目前最常用的是低倍数空气泡沫和氟蛋白泡沫。酒精等可溶性液体也可采用抗溶性泡沫。

灭火用水量系指配制泡沫的用水量，普通低倍数空气泡沫、氟蛋白泡沫的水液比为 94∶6（即 94 分水和 6 分泡沫液相混合）。因此灭火用水量与泡沫的混合液量有关。

固定顶立式罐，内浮顶油罐、油池的空气泡沫混合液量按罐区最大罐（或最大油池）的液面积计算。泡沫混合液的最低供给强度不应小于规范表 8.2.5-1 的规定。

实践证明，空气泡沫的供给强度与泡沫的喷射方式有很大的关系。采用固定式、半固定式灭火系统时，泡沫沿罐壁流至液面，泡沫利用效率高，灭火效果好。采用移动式灭火设备时，火场水压难于稳定，同时泡沫利用效率很低。特别是采用泡沫炮灭火时，往往由于风力、操作方法和扑救方法不同，泡沫损失很大，因此采用移动式灭火设备时应采用较大的供给强度。考虑到本规范适用全国，各地灭火力量相差很大，并考虑到目前的国家经济水平，采用了较低的供给强度。在实际工作中，若条件允许，应采用比本规范规定较高的供给强度，以策安全。

氟蛋白泡沫液下喷射灭火设备，不易遭到油罐发生爆炸时的破坏，是较为可靠的一种泡沫灭火设备。

酒精等水溶性液体，对泡沫的破坏能力很大，因为这些水溶性液体很易吸取泡沫中的水份，致使泡沫破灭，失去灭火作用，因而采用较大的供给强度。

油罐或其他液体储罐发生火灾爆炸事故时，油罐底部可能出现局部损坏，或罐壁出现裂缝，或发生沸溢，油品发生流散。例如1984年4月某市石油化工厂油罐发生爆炸，油品全部流散，形成大面积火灾。因此，除考虑油罐需要用泡沫灭火以外，还应考虑扑救流散液体火焰的泡沫管枪的泡沫混合液流量。

泡沫管线内要消耗一部分泡沫混合液（在开始时水液比不正常，扑救最后阶段泡沫管线内还积存有一部分泡沫混合液），因此在设计时应考虑一定的安全系数，以策安全。

浮顶油罐泡沫混合液按罐壁与泡沫堰板之间的环形面积计算。考虑到泡沫在环形槽内流动阻力较大，因此，在罐上安装的泡沫产生器的型号不应大于PC16，以保证灭火效果。内浮顶油罐发生爆炸，内浮顶易遭裂坏，因此其泡沫混合液量应按固定顶立式罐进行计算。

氟蛋白液下喷射灭火设备的泡沫混合液供给强度不应小于8l/min·m²，泡沫的发泡倍数较低，一般为3倍左右。

酒精等水溶性液体对泡沫的破坏力很强，且其蒸汽的穿透能力也较强，难以用普通蛋白泡沫、氟蛋白泡沫扑救，应采用抗溶性泡沫，同时应有较大的泡沫供给强度。特别是乙醚的穿透能力最强，有时其蒸汽穿过泡沫层，并在泡沫层上面燃烧。因此要求较大的泡沫供给强度。

卧式罐发生火灾，液体流散的可能性较大，因此，地上、半地下及地下无覆土的卧式罐的泡沫混合液量，应按土堤内的面积进行计算。当土堤较大时，消防队到达火场后，有可能采取适当的阻油设施（例如临时筑阻油堤等），故土堤的面积超过120m²时，仍可按120m²计算，以节约投资。

掩体内油罐发生爆炸后，掩体顶盖坍落，整个掩蔽室发生燃烧，因此泡沫混合液量应按掩蔽室的面积计算。由于掩体坍落后障碍物较多，因此要求有较高的泡沫或泡沫混合液的供给强度。

储罐发生火灾，火场情况比较复杂，可能发生意想不到的情况，例如出现油品喷溅、液体流散，或出现阻碍泡沫流散的障碍物等，往往在火场需要组织数次进攻。规定的泡沫供给强度（或泡沫混合液的供给强度）是按战术水平较高的消防队规定的。实际国内各消防队对扑救液体火灾的技术水平相差很大。因此，本规范规定泡沫混合液的供给时间，即泡沫灭火延续时间采用30min计算。

除了储罐本身需要泡沫灭火外，流散出来的液体火焰亦需要泡沫扑救。一般情况下，在扑救油罐火灾之前，首先应扑灭流散液体火焰，以利消防队开辟进攻路线；根据扑救经验，需用的泡沫枪数量如规范表8.2.5-4。扑救流散液体火焰的泡沫灭火延续时间亦应取用30min。

二、冷却用水量

储罐可设固定式冷却设备，亦可采用移动式水枪进行冷却。

采用移动式水枪冷却时，应设有较强大的消防队，足以对油罐进行冷却，但经常费用大。

采用固定式冷却设备时，应设有固定的冷却给水系统，需要一次性投资，但经常费用小。

采用移动式水枪冷却还是设置固定式冷却设备，应根据当地有无强大的消防队，且该消防队有无扑救油品的泡沫设备情况，以及油库的地势等情况而定。一般情况下，应在安全、经济、技术条件比较后确定。

冷却用水量包括着火罐冷却用水量和邻近罐冷却用水量两部分。

1. 采用移动式灭火设备时着火罐冷却用水量

着火罐的罐壁直接受火焰威胁，一般情况下，5 分钟内可使罐壁的温度上升到 500℃，使罐壁的强度降低一半；在起火后 10min 内，可使罐壁的温度达到 700℃以上，钢板的强度降低 90%以上，此时油罐将发生变形或者破裂。因此，对着火罐应在 10min 内进行冷却。

若采用移动式水枪进行冷却时，水枪的喷嘴口径不应小于 19mm，且充实水柱长度不应小于 17m。因为这种情况下水枪流量为 7.5l/s，能控制周长 8～10m。若按火场操作水平较高的消防队考虑，以 10m 计，则着火罐每米周长冷却用水量为 0.75l/s，并考虑水带接口的漏水损失等因素，则但考虑到节约投资，着火罐冷却水的供给强度不应小于 0.60l/s·m。

$2000m^3$ 以下油罐和半地下固定顶立式罐的地上部分高度较小，浮顶罐和半地下浮顶罐的燃烧强度较低，水枪的充实水柱长度可采用 15m，口径 19mm 水枪流量为 6.5l/s，按控制周长 10m 计，则供给强度可采用 $0.45l/s·m^2$ 计算，以节约投资。但应指出，油罐小每支水枪控制周长相应减少，半地下罐辐射热接近地面，对灭火人员威胁也大，因此在条件许可时，仍应采用较大的强度。

地上卧式罐的冷却供给强度，应保证着火罐不变形、不破裂，应按全部罐表面积计算，且供给强度不应小于 $0.1l/s·m^2$。

地下掩蔽室内的立式罐宜设固定的冷却设备。

设在地下、半地下凹地内的立式罐或卧式罐的冷却，应保证无覆土罐表面积均得到冷却，冷却水的供给强度不应小于 $0.1l/s·m^2$。

2. 采用移动式水枪对邻近罐的冷却用水量。

邻近罐受到火焰辐射热的威胁，因此靠近着火罐方向的邻近罐的一面，应进行冷却。邻近罐受到的辐射热威胁程度一般比着火罐小（下风方向受到火焰的直接烘烤时，亦可能与着火罐相似）。一般地说冷却水的供给强度可适当降低，采用较小口径水枪进行冷却。邻近罐的冷却范围按半个周长计算。容量大于 $1000m^3$ 固定顶立式罐不小于 0.35l/s·m，灭火实践证明，这个规定是十分必要的。

邻近卧式罐按半个罐表面积计算，为保证邻近罐的安全，其冷却水供给强度不应小于 $0.1l/s·m^2$。

邻近半地下、地下罐发生火灾，半地下罐的无覆土罐壁将受到火焰辐射热的作用；地下罐一般有二种情况，直接覆土的地下油罐发生火灾覆土可能下坍，形成坍落坑的火灾；地下掩蔽室罐发生火灾后，掩蔽室盖坍落，会形成整个掩蔽室燃烧，火焰接近地面，对四周威胁较大，特别是凹池内的油罐，接近地上罐，应按地上罐要求，其冷却用水量应按罐体无覆土的表面积一半计算。地上式掩蔽室内的卧式油罐，仍按地上罐计算。冷却水供给强度为 $0.1l/s·m^2$。

3. 固定式冷却设备的着火罐

安有固定式冷却设备立式罐的着火罐的冷却用水量按全部罐周长计算，冷却水供给强度不应小于 0.5l/s·m。

安有固定式冷却设备卧式罐的着火罐的冷却用水量按全部罐表面积计算，其冷却水的供给强度不应小于 $0.1l/s·m^2$。

4. 固定冷却设备的相邻罐

安有固定冷却设备立式罐的相邻罐的冷却用水量可按半个罐周长计算，其冷却水的供给强度不应小于 0.5l/s·m。这里必须注意的是，在设计固定冷却设备时应有可靠的技术设施，保证相邻罐能开启靠近着火罐一面的冷却喷水设备。若没有这种可靠的控制设施，在开启冷却设备后整个周长不能分段或分成若干面控制时，则应按整个周长出水计算，即应按整个罐周长计算冷却用水量。

安有固定式冷却设备卧式罐的相邻罐的冷却用水量，应按罐表面积的一半计算，其冷却水的供给强度不应小于 0.1l/s·m²。若无可靠的技术设施来保证靠近着火罐一边洒水冷却时，则应按全部罐表面积计算。

注：①校核冷却水供给强度应从满足实际灭火需要冷却用水出发，一般按 5000m³ 储罐，采用∅16～19mm 水枪充实水柱 60 度倾角射程喷水灭火为准。

②相邻罐采用不燃烧材料进行保温时，油罐壁不易迅速升高到危险程度，冷却水可适当降低，其冷却水的供给强度可按规范表 8.2.5-5 减少 50%。

③储罐应有冷却用水，可采用移动式水枪或稳定式冷却设备进行冷却。当采用移动式水枪进行冷却时，无覆土保护的卧式罐、地下立式罐的消防用水量，如计算出的水量小于 15l/s 时，为了满足消防人员。灭火进攻时的防护用水的需要，仍应采用 15l/s。

④扑救油罐火灾采用消防移动式水枪进行冷却，水枪的上倾角不应超过 60°，一般为 45°。若油罐的高度超过 15mm 时，则水枪的充实水柱长度为 17.3～21.2m，则口径 19mm 的水枪的反作用力达到 19.5～37kg。而水枪反作用力超过 15kg 时，一人就难以操作，因此，地上油罐的高度超过 15m 时，宜采用固定式冷却设备。

⑤甲、乙、丙类液体储罐着火，四邻罐受威胁很大，在成组布置时，在着火罐 1.5 倍直径范围内的相邻油罐数可达 8 个。为节约投资和保证基本安全，当相邻罐超过 4 个时应按 4 个计算。

三、覆土保护的地下油罐一般均为掩蔽室内油罐，发生火灾后掩蔽室坍落，敞开燃烧，火焰辐射热沿地面扩散，对灭火人员威胁最大，为便于消防扑救工作，应有防护冷却用水，其防护冷却用水量应按量大着火罐罐顶的表面积（卧式罐按罐的投影面积）计算。其冷却水的供给强度不小于 0.1l/s·m²，计算出来的水量少于 15l/s 时，为满足二支喷雾水枪（或开花水枪）的水量要求，仍应采用 15l/s。

原条文第 8.2.5 条第一款中的一项至七项的内容，和现行的国家标准《低倍数泡沫灭火系统设计规范》重复，故全部删去。

第 8.2.6 条 冷却水延续时间

储罐直径越大，扑救越困难，灭火准备时间也长。火灾统计资料说明，液体储罐发生火灾燃烧时间均较长，有些长达数昼夜。为节约投资和保证基本安全，浮顶罐、掩蔽室和半地下固定顶立式罐，其冷却水延续时间按 4 小时计算；直径超过 20m 的地上固定顶立式罐冷却水延续时间按 6h 计算。

第 8.2.7 条 液化石油气罐发生火灾，燃烧猛烈，辐射热大。液化石油气罐受火焰辐射热影响罐温升高，则内部压力急剧增大，会造成严重的后果。为及时冷却液化石油气罐，因此规定液化石油气储罐应设置固定冷却设备。液化石油气储罐发生火灾，除固定冷却设备进行冷却外，在燃烧区周围亦需用水枪加强保护。因此，液化石油气罐应考虑固定冷却用水量和移动式水枪用水量。

单罐容量在 400m³ 及 400m³ 以上的液化石油气罐，全部依靠手提式水枪冷却有困难，因此要求设置固定式带架水枪，并应确保一支带架水枪的充实水枪到达罐体的任何部位。

为加强和补充液化石油气罐区内管网的压力和流量，应在给水管网上设置消防水泵接合器，以便消防车利用水泵接合器向管网供水。

若采用消防水池储存消防用水，灭火延续时间应按 6h 计算。

本条的修改内容是根据现行的国家标准《城镇燃气设计规范》的规定而作相应修改的，在保证安全的前提下，使经济更趋合理。

第 8.2.8 条 城市、居住区、工业企业的室外消防给水，当采用生产、生活和消防合用一个给水系统时，应保证在生产、生活用水量达到最大小时用水量时，仍应保证室内和室外消防用水量，消防用水量按最大秒流量计算。

工业企业内生产和消防合用一个给水系统时，当生产用水转为消防用水，且不会导致二次灾害的，生产用水可作为消防用水。

但生产检修时，应能不间断供水。为及时保证消防用水，因此生产用水转换成消防用水的阀门不应超过两个，且开启阀门的时间不应超过 5min，以利于及时供应火场消防用水。若不能符合上述条件时，生产用水不得作为消防用水。

第三节　室外消防给水管道、室外消火栓和消防水池

第 8.3.1 条　提出消防给水管道的布置要求。

一、环状管网水流四通八达，供水安全可靠，因此消防给水管道应采用环状给水管道。但在建设的初期输水干管要一次形成环状管道有时有困难，允许采用枝状，但应考虑今后有形成环状的可能。当消防用水量较少，为节约投资亦可采用枝状管道。因此规定消防用水量少于 15l/s 时，可采用枝状给水管道。

二、为确保环状给水管道的水源，因此规定环状管网输水管不应少于两条。当输水管检修时，仍应能供应生产、生活和消防用水。为保证消防基本安全，本规范规定，当其中一条输水管发生故障时，其余的输水管仍应能通过消防用水总量。

工业企业内，当停止（或减少）生产用水会引起二次灾害（例如引起火灾或爆炸事故）时，输水管中一条发生故障后，其余的输水管仍应能保证 100％的生产、生活、消防用水量，不得降低供水保证率。

三、为保证环状管网的供水安全可靠，管网上应设消防分隔阀门。阀门应设在管道的三通、四通分水处，阀门的数量应按 n—1 原则设置（三通 n 为 3，四通 n 为 4）。当两阀门之间消火栓的数量超过 5 个时，在管网上应增设阀门。

四、设置消火栓的消防给水管道的直径，应由计算决定。但计算出来的管道直径小于 100mm 时，仍应采用 100mm。火场供水实践和水力试验说明，直径 100mm 的管道只能勉强供应一辆消防车用水，因此在条件许可时，宜采用较大的管径。例如上海的消防给水管道的最小直径采用 150mm。

第 8.3.2 条　提出室外消火栓的布置要求。

一、消火栓可沿道路布置，为使消防队在火场使用方便，在十字路口应设有消火栓。

道路较宽时，为扑灭火灾方便，避免水带穿越道路（影响交通或水带被车辆压破）宜在道路两边设消火栓。考虑到两边均设消火栓在某些场所可能有困难。因此提出超过 60m 时，应在道路两边设置消火栓。

甲、乙、丙类液体和液化石油气等罐区发生火灾，火焰高、辐射热大，人员很难接近，甲、乙、丙类液体还有可能出现液体流散，因此，消火栓不应设在防火堤内，应设在防火堤外的安全地点。

为保证消防车从消火栓取水方便，消火栓距路边不应超过 2m。为保证消火栓使用安全，距房屋外墙不宜小于 5m。

二、保证沿街建筑能有二个消火栓的保护（我国城市消防队一般第一出动力量多为二辆消防车，每个消防车占领一个消火栓取水灭火）。我国城市街坊内的道路间距不超过 10m，而消防干管一般沿道路设置，因此，二条消防干管之间的距离亦不超过 160m。国产消防车的供水能力（双干线最大供水距离）为 180m，火场水枪手需留机动水带长度 10m，水带在地面的铺设系数为 0.9。则消防车实际的供水距离为（180—10）×0.9＝153m，若按街坊两边道路均设有消火栓计算，则每边街坊消火栓的保护范围为 80m。则直角三角形斜边长 153m，竖边为 80m，因此，底边为 123m。故规定消火栓的间距不应超过 120m。

三、室外消火栓是供消防车使用的，因此，消防车的保护半径即为消火栓的保护半径，消防车的最大供水距离（即保护半径）为 150m，故消火栓的保护半径为 150m。

一辆消防车一般出二支口径 19mm 水枪，当充实水柱长度为 15m 时，每支水枪流量为 6.5l/s，两支水枪流量为 6.5×2＝13l/s。因此，消防用水量不超过 15l/s（一辆消防车的供水量即能满足）

时，为节约投资，本规范规定在市政消火栓保护半径150m内，当其单位（或建筑物）的室外消防用水量不超过15l/s时，可不再设室外消火栓。

四、每个室外消火栓的用水量，即是每辆消防车用水量。一般情况下，一辆消防车出两支口径19mm水枪，当水枪的充实水柱长度在10～17m时，其相应的流量在10～15l/s之间，故每个室外消火栓的用水量按10～15l/s计算。

第8.3.3条 消防水池储存消防用水安全可靠。

在下列情况之一应设消防水池：

1. 市政给水管道直径太小，不能满足消防用水量要求（即在生产、生活用水量达到最大时，不能保证消防用水量）；或进水管直径太小，不能保证消防用水量要求，均应设消防水池储存消防用水。

虽有天然水源，其水位太低、水量太少或枯水季节不能保证用水的，仍应设消防水池。

2. 市政给水管道为枝状或只有一条进水管，则在检修时可能停水，影响消防用水的安全。因此，室内外消防用水量超过20l/s，而由枝状管道供水或仅有一条进水管供水，虽能满足流量要求，为安全计，仍应设置消防水池。若室内外消防用水量小于20l/s，而由枝状管道供水或仅有一条进水管供水，当能满足流量要求，为节约投资计，可不设消防水池。因为室内外消防用水量较小，在发生火灾时停水，可由消防队解决用水（即用消防车接力供水或运水解决）。

第8.3.4条 消防水池的容量应为室内外消防用水量与火灾延续时间的乘积。消防水池储存室内和室外消防用水时，应按室内外用水量之和计算。

火灾延续时间按消防车去火场后开始出水时算起，直至火灾被基本扑灭为止的一段时间。

火灾延续时间是根据火灾统计资料、国民经济的水平以及消防力量等情况，综合权衡确定的。

根据北京市2353次火灾、上海市1035次火灾以及沈阳市、天津市等火灾统计，城市、居住区、工厂、丁戊类库房的火灾延续时间较短，绝大部分都在2h之内（北京市占95.1%；上海市占92.9%；沈阳市占97.2%），因此，城市、居住区、工厂、丁戊类仓库的火灾延续时间，本规范采用2h。

甲、乙、丙类仓库内，大多储存着易燃易爆物品，或大量可燃物品，发生火灾后，不仅需要较大的消防用水量，而且扑救也较困难，燃烧时间一般均较长，损失也较大，特别是甲、乙类仓库内起火，还需要采用专门的灭火剂（例如泡沫、干粉等），准备扑救时间较长，在准备过程中需要冷却。因此，甲、乙、丙类仓库可燃气体储罐火灾延续时间采用3h。甲、乙、丙类液体储罐发生火灾，火灾延续时间一般较长，直径较小时灭火准备时间短，也较易扑救。因此直径小于20m的甲、乙、丙类液体储罐火灾延续时间采用4h，而直径大于20m的甲、乙、丙类液体储罐和发生火灾后难以扑救的液化石油气罐的火灾延续时间采用6h。易燃、可燃材料的露天堆场起火，扑救较困难，有些堆场灭火延续数天之久。既考虑灭火需要又考虑经济上的可能性，规定火灾延续时间为6h。造纸厂的原料堆场如与厂区相邻，因为纸厂的生产用水量很大，发生火灾时可以作为消防用水，故纸厂的原料堆场的火灾延续时间可按3h计算。自动喷水灭火设备是扑救中初期火灾效果很好的灭火设备，考虑到二级建筑物的楼板耐火极限为1h，因此灭火延续时间采用1h。如果在1h内还未扑灭火灾，自动喷水灭火设备将因建筑物的倒坍而损坏，失去灭火作用。

在火灾情况下能确保连续送水时，消防水池的容量可以减去火灾延续时间内补充的水量。确保连续送水的条件为：

A. 消防水池有二条补水管，且分别从环状管网的不同管段取水。其补水量按最不利情况计算。例如有两条进水管，按管径较小的补水管计算。如果水压不同时，按补水量较小的补水管计算。

B. 若部分采用供水设备，该供水设备应设有备用泵和备用电源（或内燃机作为备用动力），能使供水设备不间断地向水池供水的输水管不少于两条时，才可减去火灾延续时间内补充的水量。在计算补水量时，仍应按最不利的补水管进行计算。

消防水池要进行检修或清池，为保证消防用水的安全，当水池容量较大时，应分设成两个，以便一个水池检修时，另一个水池仍能保存必要的应急用水。在条件许可时，一般均应分设成两个消防水池，以策安全。

消防水池的补水时间主要是考虑检修后补水或第二次扑救问题，在火灾危险性较大的高层工业建筑和重要的工厂企业单位，有可能在较短的时间内发生第二次火灾。一般情况下，补水时间可不超过 48h。在无管网的缺水区，采用深井泵补水时，可延长到 96h。

消防水池供移动式消防车用水时，消防车的保护半径（即一般消防车发挥最大供水能力时的供水距离）为 150m，故消防水池的保护半径规定为 150m。

消防水池要供应保护半径内的一切建、构筑物发生火灾时的消防用水。因此消防水池不应受到建筑物火灾的威胁，消防水池离建筑物的距离不应小于 15m。离甲、乙、丙类液体储罐的距离不宜小于 40m。

为便于消防车取水，并能充分利用消防水池的水量，消防水池的深度不应超过 6m。

消防用水与生产、生活用水合并时，为防止消防用水被生产、生活用水所占用，因此要求有可靠的技术设施（例如生产、生活用水的出水管设在消防水面之上），保证消防用水不被他用。

在寒冷地区消防水池应有防冻设施，保证消防车取水和火场用水的安全。

第四节　室内消防给水设置范围

第 8.4.1 条　本条提出了室内消防给水设施的范围和原则。

一、厂房、库房是生产和储存物资的重要建筑物，应设室内消防给水设施，有些科研楼、实验楼与生产厂房相似，因而也应设有室内消防给水设施。但建筑物内存有与水接触能引起爆炸的物质，即与水能起强烈化学反应，发生爆炸燃烧的物质（例如：电石、钾、钠等物质）时，不应在该部位设置消防给水设备。如果实验楼、科研楼内存有少数该物质，仍应设置室内消防给水设备。

二、剧院、电影院、礼堂和体育馆等公共活动场所，人员多，发生事故后伤亡大、政治影响大，应设置室内消防给水设备。为节约投资和保证基本安全，因此规定超过 800 座位的剧院、电影院、俱乐部和超过 1200 个座位的礼堂、体育馆应设室内消防给水设备。

三、车站、码头、机场、展览馆、商店、病房楼、教学楼、图书馆等，流动人员较多，发生火灾后人员伤亡大、政治影响大，因此应该设有室内消防给水设施。由于这些建筑的层高相差很大，因此以体积计算，体积超过 $5000m^3$ 时，均应设置室内消防给水设备。

四、超过七层的单元式住宅，超过六层塔式、通廊式、底层设有商业网点单元式住宅，层数较多、高度较高，发生火灾后易蔓延扩大，因此要设室内消防给水设施。

一般情况下，七层单元式住宅可不设消防给水设备。但底层设有商业网点，易引起火灾蔓延和扩大的七层住宅，仍应设置室内消防给水设施。如果一座建筑物内底层商业网点的占地面积之和不超过 $100m^2$，且用耐火极限不低于 2h 的非燃烧体的墙和楼板与其他部位隔开，七层的单元式住宅亦可不设室内消防给水设施。如果商业网点超过一层，则应按商店要求，设置室内消防给水设施。

若建筑内既有住宅、办公用房，又有商店、库房、工厂等，应按火灾危险性较大者确定是否需要设置室内消防给水设施。

五、超过五层或体积超过 10000m³ 的民用建筑，层数较多或体积较大，火灾易蔓延，应设室内消防给水设施。

六、近年来古建筑火灾极为突出，且损失很严重。古建筑是我国人民宝贵的财富，应加强防火保护。

在国外（例如日本）木结构古建筑均作为防火保护的重点，不仅在防火上采取措施，而且均设置了较完善的灭火设备。

古建筑的安全引起了我国人民的关切，特别是旅游业发展以来，不少古建筑需修复和重建，因此消防设施应尽快跟上。

我国是伟大的文明古国，古建筑遍布全国各地，要全部进行消防保护，在目前国民经济水平下，是有困难的。因此，本规范仅对有木结构的国家级文物保护单位，要求应设置消防给水设施。

本条注有两种含义：其一是单层的一、二级耐火等级的厂房内，如有生产性质不同的部位时，应根据火灾危险性，确定各部位是否设置室内消防给水设备；其二是一幢多层一、二级耐火等级的厂房内，如有生产性质不同的防火分区，若竖向用防火分隔物分隔开（例如用防火墙分开），可按各防火分区火灾危险性确定各防火分区是否设置消防给水设备。如果在一个防火分区内没有防火墙进行分隔开，而上下各层火灾危险性不同时，应按火灾危险性较大楼层确定消防给水设施。多层一、二级耐火等级的厂房内当设有消防给水设施时，则每层均应设消火栓。建筑物内不允许有些楼层设消火栓而有些楼层不设消火栓，应每层均设置消火栓，以利火场防止火灾蔓延。但自动喷水灭火设备的设置部位，应按本章第七节要求决定。

第 8.4.2 条　一、二级耐火等级的建筑物内，可燃物较少，即使发生火灾，也不会造成较大面积的火灾（例如不超过 100m²），且不会造成较大的经济损失（例如不超过 1 万元），则该建筑物不考虑消防给水设施。若丁、戊类厂房内可燃物较多（例如有淬火槽），丁、戊类库房内可燃物较多（例如有较多的可燃包装材料，木箱包装机器、纸箱包装灯泡等），仍应设置室内消防给水设施。

耐火等级为三、四级且建筑体积不超过 3000m³ 的丁类厂房，以及建筑体积不超过 5000m³ 的戊类厂房，虽然建筑物是可燃的，为节约投资，可不设室内消防给水设施，其初期火灾可由消防队扑救。

建筑体积较小（不超过 5000m³），且室内又不需要生产、生活用水的给水管道，而室外消防用水采用消防水池储存，供销防车（或手抬泵）用水。这样的建筑物的室内可不设消防给水管道，其初期火灾由消防队扑救。

第五节　室内消防用水量

第 8.5.1 条　建筑物内设有消火栓、自动喷水灭火设备、水幕设备等数种水消防设备时，应根据内部某个部位着火同时开启灭火设备用水量之和计算。例如百货楼内的营业厅设有消火栓、水幕、自动喷水，而百货楼的地下室的锅炉房内设有消火栓、水幕和泡沫设备，则应选用营业厅或地下室两者之中的用水总量较大者，作为设计用水量。但大型剧院舞台上设有闭式自动喷水和雨淋灭火设备时、考虑同时开启几率较少，可不按两者同时开启计算。

总之，凡着火后需要同时开启的消防设备的用水量，应叠加起来，作为消防设计流量，以保证灭火效果。

第 8.5.2 条　建筑物内的消防用水量与建筑物的高度、建筑的体积、建筑物内可燃物的数量、建筑物的耐火等级和建筑物的用途有关。

建筑物的高度：消防车使用室外水源（市政管网、水池或天然水源）能够扑救火灾，而室内设置的消防给水系统，仅用于扑灭初期火灾的，称为低层建筑室内消防给水系统。建筑高度超过消防车的常规供水能力，需以室内消防给水系统扑救火灾的，称为高层建筑室内消防给水系统。因此高层建筑消防给水系统和低层建筑消防给水系统的划分，主要取决于消防车供水能力。计算和试验说明，一般消防车（例如解放牌消防车）按常规供水的高度约 24m。同时国产一般云梯车的高度亦接近 24m，因此高层建筑室内消防给水系统和低层建筑室内消防给水系统的划分高度采用 24m。若一般消防车采用双干线并联的供水方法，能够达到的高度（应指出需较长时间，一般情况下，从报警至出水需 20 多分钟）约为 50m，国外进口的云梯车也达 50m，在 50m 高度内，一般消防车还能协助高层建筑灭火工作，但不能作为主要灭火力量了。

建筑物的体积：建筑物的体积越大，即建筑物的空间越大，火灾蔓延快，需要较多的灭火力量，同时需用较大口径的水枪和较大的充实水柱长度，因此需要较大的消防用水量。

建筑物内可燃物数量：建筑物内可燃物越多（例如库房），消防用水量也大。例如室内火灾荷载为 15kg/m² 作为基数，其消防用水量为 1，则火灾荷载为 50kg/m² 时消防用水量为 1.5，火灾荷载为 100kg/m² 时，消防用水量为 3。

建筑物用途：建筑物用途不同，消防用水量也各异。消防用水量的递增顺序为民用建筑、工厂、仓库。工业建筑按消防用水递增顺序为戊类、丁类、甲乙类、丙类。

综合上述因素，确定建筑物内的消火栓用水量。如规范表 8.5.2 第三项。室内消火栓用水量为同时使用水枪数量和每支水枪的用水量的乘积。

一、低层建筑室内消火栓给水系统的消防用水量。

低层建筑室内消火栓给水系统的消防用水量是扑救初期火灾的用水量，根据扑救初期火灾使用水枪数量与灭火效果统计，在火场出一支水枪灭火控制率为 40%，同时出两支水枪的火灾控制率可达 65%，可见扑救初期火灾使用的水枪数是不应少于两支。

考虑到库房内一般平时无人，着火后人员进入库房使用室内消火栓的可能性亦不很大，因此，对高度不大（例如小于 24m）、体积较小（例如小于 5000m³）的一般库房，可在库房的门口处设置室内消火栓，故采用一支水枪的消防用水量。为发挥该支水枪的灭火效能，规定水枪的用水量不小于 5l/s。而其他的库房和厂房的消防用水量应不小于两支水枪的用水量。

二、高层工业建筑室内消火栓给水系统的消防用水量。

高层工业建筑的室内消火栓给水系统，应具有较大的灭火能力，应能扑救较大的火灾。因为高层工业建筑不能依靠移动式灭火设备，而应立足于自救。

根据灭火用水量统计，有成效扑救较大火灾的平均用水量为 39.15l/s，扑救较大公共建筑物大火的平均用水量为 38.7l/s，扑救大火的平均用水量达 90l/s。根据室内可燃物的多少、建筑物的高度、体积，并考虑到发生火灾后的经济损失、人员伤亡、政治影响，以及经济投资等因素，高层厂房室内消火栓用水量为 25～30l/s，高层库房室内消火栓用水量采用 30～40l/s。

注：①高层工业建筑物内若可燃物较少，且火灾不易迅速蔓延时，消防用水量可适当减少。因此提出丁、戊类高层厂房、高层库房（如可燃包装材料较多时除外）的消火栓用水量可减少 10l/s，即同时使用水枪的数量可减少两支。这样区分后，既可节约投资，又能保证消防基本安全的要求。

②小水枪（消防水喉）设备用于扑救初起火灾，且其消防用水量较少。在设有室内消火栓的建筑物内，若设有小水枪时，服务人员或旅客一般首先使用小水枪进行灭火，因为小水枪使用方便，易于操作。若小水枪控制不了火势，动用室内消火栓进行灭火，则小水枪灭火设备已失去控制火势的能力，可以关闭不用。应该指出，此时仍可能使用或忽视关闭，仍在继续出水，可能对消火栓用水有所影响。为了节约投资，推广此种小水枪灭火设备。因此，在设计时不计算小水枪的用水量。

第 8.5.4 条 舞台发生火灾，有可能在下部，亦可能在上部，很难预测。因此，高级舞台上除设消火栓、水幕等，还设有雨淋灭火设备和闭式自动喷水灭火设备。一般舞台地板上的火灾使用雨淋灭火设备效果较好，在火灾较大时，舞台上部的自动喷水灭火设备一经使用，可不再使用雨淋灭火设备。考虑到高级舞台上设置的消防设备型式较多，若设计时均按同时开启计算消防用水量，势必消防流量很大，需要很强大的消防给水设备。为了节约投资和保证舞台的消防安全，可考虑自动喷水灭火设备与雨淋灭火设备不按同时开启计算，即选两者中较大消防用水量计算。因此，当舞台上设有消火栓、水幕、雨淋、闭式自动喷水灭火设备时，可按消火栓、水幕和雨淋消防用水量之和设计，或按消火栓、水幕和闭式自动喷水灭火设备用水量之和设计。但应选用消防用水量之和较大者，作为设计流量。

自动喷水灭火设备、水幕设备、雨淋喷水灭火设备，已开始广泛使用。因此，我国已制定了《自动喷水灭火系统设计规范》，消防用水量可按该规范的规定执行。

第六节　室内消防给水管道、室内消火栓和室内消防水箱

第 8.6.1 条　室内消防给水管道是室内消防给水系统的主要组成部分，为有效地供应消防用水，应采取必要的设施：

一、环状管网供水安全，在某段损坏时，仍能供应必要的消防用水，因此室内消防管道应采用环状管道（或环状管网）。

环状管道应有可靠的水源保证，因此规定室内环状管道至少应有两条进水管分别与室外环状管道的不同管段连结。如图 8.6.1-1。

为保证供水安全，进水管应有充分的供水能力，即任一进水管损坏时，其余进水管应仍能供应全部用水量。即生产、生活和消防合并的给水管道的进水管，应保证生产、生活用水量达到最大时，仍能满足消防用水量；若为消防专用的进水管，应仍能保证 100% 的消防用水量。

七层至九层的单元式住宅的室内消防管道成环状在实际工作中困难较多，且单元式住宅单元每间有分隔墙分隔开，火灾不易蔓延，因此作了放宽处理，允许成枝状布置。既然管道成枝状，故允许采用一条进水管。

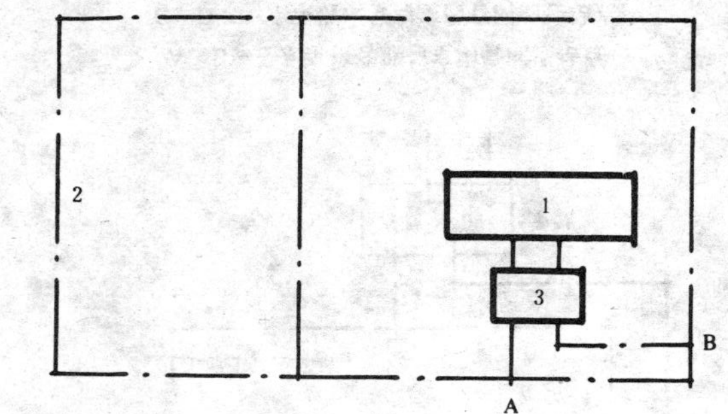

1——室内管网；2——室外环状管道；3——消防泵站；
A、B——进水管与室外环状管网的连结点

图 8.6.1-1　进水管连结方法

在实际工作中存在这样的问题，即进水管考虑了消防用水，而水表仅考虑生产、生活用水。当消防用水是较大的单位，一旦着火，就难以保证消防流量和消防水压，因此提出进水管上的计量设备（即水表结点）不应降低进水管的进水能力。为解决这个问题，可采用下列方法：

1. 进水管的水表应考虑消防流量，因为生产、生活用水量较大而消防流量相对地说较少时，完全可以做到。不会影响水表计量的准确性。要求在选用水表时，应计入消防流量在内。

2. 当生产、生活用水量较小而相对地说消防用水量较大时，应采用独立的消防管网，与生产、生活管网分开。独立的消防给水管网的进水管上可不设水表。若要设置水表时，应按消防流量进行选表。

3. 七至九层单元式住宅的枝状管网上，仅设一条进水管时，可在水表的结点处设置旁通管，旁通管上设阀门，平日阀门关闭，消防水泵启动后，应能自动开启该阀门。在有人员值班的消防泵

房，也可由值班人员开启。但此水表结点设在值班人员易于接近和便于开启的地方，且水表结点处应有明显的消防标志。

二、超过六层的塔式或通廊式住宅、超过五层或体积超过 10000m^3 的其他民用建筑、超过四层的厂房和库房等多层建筑。如室内消防竖管为两条或超过两条时，应至少每两条竖管相连组成环状管道。七层至九层的单元式住宅的消防竖管，可成枝状。

多层建筑消防竖管的直径，应按灭火时最不利处消火栓出水（最不利处一般是离水泵最远、标高最高的消火栓，但不包括屋顶消火栓）进行计算确定。每根竖管最小流量不小于 5l/s 时，按最上一层进行计算；每根竖管最小流量不小于 10l/s 时，按最上两层消火栓出水计算；每根竖管最小流量不小于 15l/s 时，应按最上三层消火栓出水计算。

三、高层厂房、高层库房的室内消防竖管的直径，应按灭火时最不利处消火栓出水进行计算确定。高层厂房、高层库房的消防竖管上的流量分配，应符合下表的要求。

消防竖管流量的分配 **表 8.6.1**

建筑物名称	建筑高度（米）	竖管流量分配不小于（升/秒）		
		最不利竖管	次不利竖管	第三竖管
高层厂房	≤50	15	10	
	>50	15	15	
高层库房	≤50	15	15	
	>50	15	15	10

当计算出来的竖管直径小于 100mm 时，仍应采用 100mm。

四、消防队员登高扑救，铺设水带需要较长时间，往往丧失有利战机。为消防队员到达火场后能及时出水扑救火灾创造条件，以减少火灾损失。因此，超过四层的厂房和库房、高层工业建筑应设有消防水泵接合器。

消防水泵接合器的数量应按室内消防用水量计算确定。若室内设有消火栓、自动喷水等灭火设备时，应按室内消防总用水量（即室内最大消防秒流量）计算。消防水泵接合器的型式可根据消防车在火场的使用以不妨碍交通，且易于寻找等原则选用。一般宜设在使用方便的地方。每个消防水泵接合器一般供一辆消防车向室内管网送水。

一般消防车能长期正常运转且能发挥消防车较大效能时的流量为 10～15l/s。因此，每个水泵接合器的流量亦为 10～15l/s。为充分发挥消防水泵接合器向室内管网输水的能力，则水泵接合器与室内管网的连结点（如图 8.6.1-2 内的 A、B 两点），应尽量远离固定消防泵输水管与室内管网的连结点（如图 8.6.1-2 内的 C、D 两点）。

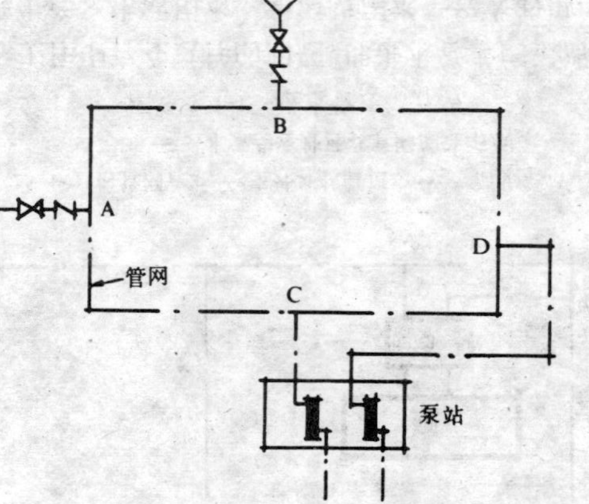

A、B—— 水泵接合器与室内管网连结点

C、D—— 水泵送水管与室内管网的连结点

图 8.6.1-2　水泵接合器的布置要求

消防水泵接合器应与室内环状管网连接。当采用分区给水时，每个分区均应按规定的数量设置消防水泵接合器。

消防水泵接合器的阀门，应能在建筑物的室外进行操作，此阀门应有保护设施，且应有明显的标志。

五、消防管道上应设有消防阀门。环状管网上的阀门布置应保证管网检修时，仍有必要的消防用水。即单层的厂房、库房的室内消防管网上的两个阀门之间的消防栓数量不应超过5个。多层、高层厂房、库房和多层民用建筑室内消防给水管网上阀门的布置，应保证其中一条竖管检修时，其余的竖管仍能供应消防用水。

六、消防用水与其他用水合并的室内管道，当其他用水达到最大秒流量时，仍应保证消防用水量。

发生火灾时，考虑到有洗澡人员处于惊慌恐惑状态，部分喷淋头未关闭就离开澡堂，这些喷淋头仍继续喷水，因此淋浴用水量按15%计算计入总用水量。

七、当市政给水管道供水能力很大，在生产、生活用水达到最大小时流量时，且市政给水管道仍能供应建筑物的室内外消防用水量，则建筑物内设置的室内消防用水泵的进水管，宜直接连接。这样做既可节约国家投资，对消防用水也无影响。否则，凡设有室内消火栓给水系统的住宅，均应设消防水池。

我国有些城市（例如上海市、沈阳市等）允许室内消防水泵直接从室外管道取水（不设调节水池）。

八、防止消火栓用水影响自动喷水灭火设备用水，或者消火栓平日漏水引起自动喷水灭火设备的误报警，因此，自动喷水灭火设备的管网与消火栓给水管网宜分别单独设置。当分开设置有困难时，为保证不产生相互影响，在自动报警阀后的管道必须与消火栓给水系统管道分开，即在报警阀后的管道上严禁设置消火栓。但可共用消防水泵。

单元住宅同短通廊住宅供水条件相近，火灾危险性相近，可同样要求。严寒地区非采暖的工业建筑，冬季极易结冰，故规定可采用干式系统，同时，为了保证火灾时消火栓能及时出水，规定在进水管上设快速启闭阀和排气阀。

第8.6.2条 室内消火栓是我国目前室内的主要灭火设备。消火栓设置合理与否，直接影响灭火效果。

一、凡设有室内消火栓的建筑物，其每层（包括有可燃物的设备层）均应设室内消火栓。

二、消火栓是室内主要灭火设备，考虑在任何情况下，均可使用室内消火栓进行灭火。因此，当相邻一个消火栓受到火灾威胁不能使用时，另一个消火栓仍能保护任何部位，故每个消火栓应按出一支水枪计算，不应使用双出口消火栓（建筑物最上一层除外）。为保证建筑物的安全，要求消火栓的布置时，保证相邻消火栓的水枪（不是双出口消火栓）充实水柱同时到达室内任何部位，如图8.6.2-a。

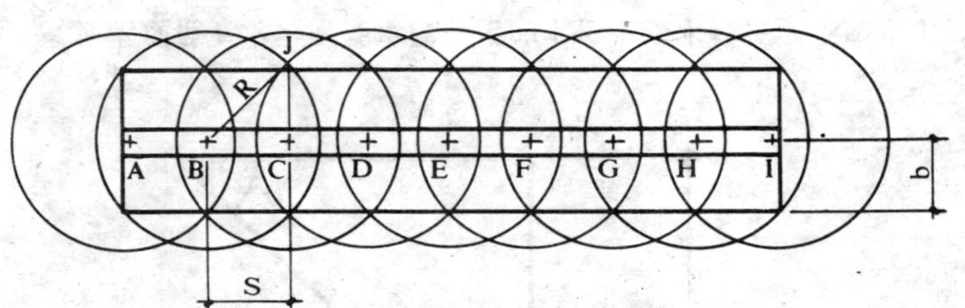

A、B、C、D、E、F、G、H、I——消火栓

图 8.6.2-a

消火栓的间距可按下式计算：

$$S=\sqrt{R^2-b^2}$$

同时使用水枪的数量为 1 支时，应保证有一支水枪的充实水柱到达室内任何部位，其消火栓的布置如图 8.6.2-b。

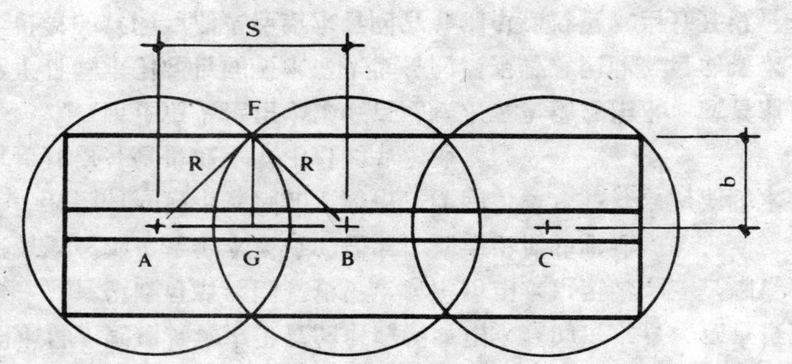

图 8.6.2-b

消火栓的间距可按下式计算：

$$S=2\sqrt{R^2-b^2}$$

水枪的充实水柱长度可按下式计算：

$$S_K=\frac{H_{层高}}{\sin\alpha}$$

式中 S_K——水枪的充实水柱长度，米；

$H_{层高}$——保护建筑物的层高，米；

$\sin\alpha$——α 为水枪的上倾角。一般可采用 45°，若有特殊困难时，亦可稍大些，考虑到消防队员的安全和扑救效果，水枪的最大上倾角不应大于 60°。

例 1：有一厂房内设有室内消火栓，该厂房的层高为 10m，试求水枪充实水柱的长度。

解：采用水枪上倾角为 45°，如图 8.6.2-c。

该厂房为单层丙类厂房。则需要的水枪充实水柱长度为：

$$S_K=\frac{10}{\sin45°}=\frac{10}{0.707}=14.1\text{m}$$

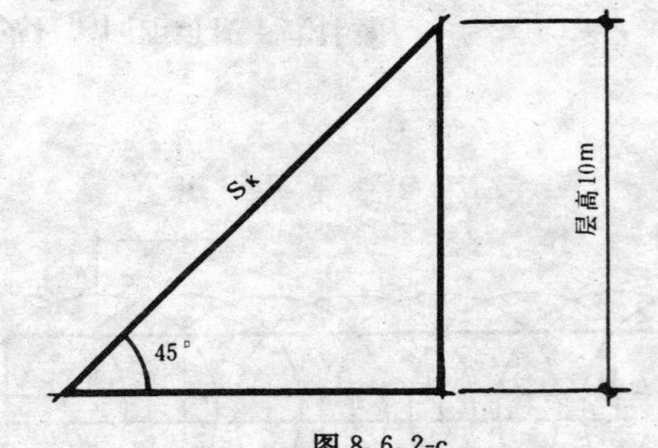

图 8.6.2-c

根据规范要求，丙类单层厂房的水枪充实水柱长度不应小于 7 米，经过计算需要采用 14.1m，因此采用 14.1m（大于 7m，符合规范要求。）

若采用水枪的上倾角为 60°，则水枪的充实水柱长度为：

$$S_K=\frac{10}{\sin60°}=\frac{10}{0.866}=11.5\text{m}$$

该厂房若采用水枪充实水柱长度 14.1m 有困难时，亦可采用 11.5m。

例 2：有一高层工业建筑，其层高为 5m，试求水枪的充实水柱长度。

解：采用水枪的上倾角为 45°。

则水枪的充实水柱长度为：

$$S_K=\frac{5}{\sin45°}=\frac{5}{0.707}=7.07\text{m}$$

计算结果，水枪的充实水柱长仅需 7.07m，但规范规定高层工业建筑的水枪充实水柱长度不应小于 13m。因此，该高层工业建筑的水枪充实水柱长度应采用 13m，而不应采用 7.07m，以保证火场消防人员的安全和有效地扑救建筑物内的火灾。

三、室内消火栓处静水压力过大，再加上扑救火灾过程中，水枪的开闭产生水锤的作用，给水系统中的设备易遭破坏，因此消火栓处的静水压力超过 80m 水柱时，应采用分区给水系统。

消火栓处的水压力超过 50m 水柱时，由于水枪的反作用力作用，难于 1 人操作，为便于有效地使用室内消火栓上的水枪扑救火灾，消火栓处的水压力超过 50m 水柱时，应采取减压设施，但为确保水枪有必要的有效射程，减压后消火栓处的压力不应小于 25m 水柱。减压措施一般为减压阀或减压孔板。

四、消防电梯前室是消防人员进入室内扑救火灾的进攻桥头堡。为使消防人员向火场发起进攻或开辟通路，在消防电梯前室应设有室内消火栓，保证火场灭火的需要。消防电梯内的室内消火栓与室内其他的消火栓一样，无特殊的要求，但不能计入总消火栓数内。

五、消火栓应设在建筑物内明显而便于灭火时取用的地方。

为了使在场人员能及时发现和使用消火栓，因此消火栓应有明显的标志。消火栓应涂红色，且不应伪装成其他东西。

为减小局部水压损失，在条件允许时，消火栓的出口宜向下或与设置消火栓的墙面成 90°角。

六、冷库内的室内消火栓为防止冻结损坏，一般应设在常温的穿堂和楼梯间内。冷库进入闷顶的人口处，应设有消火栓，便于扑救顶部保温层的火灾。

七、消火栓的间距应由计算确定。为了防止布置上的不合理，保证灭火使用的可靠性，规定了消火栓的最大间距要求。高层工业建筑、高架库房，甲、乙类厂房，设有空气调节系统的旅馆等火灾危险性大，发生火灾后损失大的建筑物室内消火栓间距不应超过 30m。其他单层和多层建筑室内消火栓的间距不应大于 50m。同一建筑物内应采用统一规格的消火栓、水带和水枪，便于管理和使用。每条消防水带的长度不应超过 25m，因为水带长度过长，在火场上使用不便，我国消防队使用的水带长度一般为 20m，但为了节约投资，减少竖管数量，有的地区将室内消防水带长度放宽到 25m。

每个消火栓处应设消防水带箱，箱内放置消火栓、水带和水枪。消防水带箱宜采用玻璃门，不应采用封闭的铁皮门。以便在万一情况下敲碎玻璃使用消火栓。

八、平屋顶上设置的屋顶消火栓，用以检查消防水泵运转状况以及消防人员检查该建筑物内消防供水设施的性能时使用。也可以使用屋顶消火栓扑救邻近建筑火灾，保护本建筑不受邻近火灾的威胁。屋顶消火栓的数量一般可采用一个。寒冷地区可设在顶层楼梯出口小间附近。

九、高层工业建筑内，每个消火栓处应设启动消防水泵的按钮，以便及时启动消防水泵，供应火场用水。其他建筑内当消防水箱不能满足最不利点消火栓的水压时，亦应在每个消火栓处，设置远距离启动消防水泵的按钮。

按钮应设有保护设施，例如放在消防水带箱内，或放在有玻璃保护的小壁龛内，防止小孩或其他人误启动消防水泵。

常高压消防给水系统能经常保持室内给水系统的压力和流量，故不设室内远距离启动消防水泵的按钮。

采用小泵（稳压泵）经常运转，当室内消防管网压力降低时能及时启动消防水泵的设备者，可不设远距离启动消防水泵的按钮。

为及时扑灭初起火灾，减少水渍损失。设有空调系统的旅馆（即设有大空调管道系统的旅馆）、办公楼，以及超过 1500 个座位的大型剧院、礼堂，发生火灾后，火灾易从通风管道迅速蔓延扩大，若不能及时地扑灭初起火灾，往往造成较大的火灾损失。因而要求此种旅馆、办公楼内及该剧院、会堂闷顶内安装面灯部位的马道处，建议增设消防水喉（即用橡胶软管及胶管头上接有小水枪的设备)，供旅馆内的服务员、旅客和工作人员扑救初起火灾使用。

旅馆、办公楼内消防水喉设在走道内，并保证有一股射流到达室内任何部位。

剧院、会堂吊顶内消防水喉应设在马道入口处，以利工作人员使用。

第 8.6.3 条 设置常高压给水系统（即设有高位水池或区域高压给水系统）的建筑物，可不设消防水箱。

设置临时高压给水系统，应设消防水箱，并应符合下列要求：

一、应在建筑物的顶部（最高部位），设置重力自流的水箱，因为重力自流的水箱供水安全可靠。

二、室内消防水箱、气压水罐、水塔以及各分区的消防水箱（或气压水罐），是储存扑救初期火灾用水量的储水设备，一般均应储存 10min 的消防用水量（即扑救初期火灾的用水量）。为节约投资，当水箱的容量很大时，可适当减少，因此规定消防流量不超过 25l/s，可采用 12m^3；超过 25l/s，可采用 18m^3。

三、消防用水与其他用水合并，可以防止水质腐败，并能及时检修。一般要求消防水箱与其他用水水箱合并。合并使用的消防水箱内的消防专用水，不应被生产、生活用水所占用，因此要求在共用的水箱内采取措施，例如将生产、生活出水管置于消防水面以上，或在消防水面处的生产、生活用水的出水管上打孔，保证消防用水安全。

消防用水的出水管应设在水箱的底部，保证供应消防用水。

四、固定消防水泵启动后，消防管路内的水不应进入水箱，以利维持管网内的消防水压。

消防水箱的补水应由生产或生活给水管道供应。严禁消防水箱采用消防水泵补水，以防火灾时消防用水进入水箱。

第七节 灭火设备

自动喷水灭火设备、水幕设备、水喷雾灭火设备、卤代烷灭火设备、二氧化碳灭火设备、蒸汽灭火设备等固定灭火装置，在厂房、库房、公共建筑内，已开始使用。为了保证消防基本安全和节约国家投资，本规范仅对重点部位作了设置固定灭火装置的规定。

第 8.7.1 条 闭式自动喷水灭火设备：

自动喷水灭火设备在国外已广泛采用，根据我国国民经济水平，仅对火灾危险性大、经济损失大、政治影响大，发生火灾后人员伤亡大的重点部位，作了设置要求。自动喷水灭火设备火灾控制率如下表 8.7.1。

自动喷水头开放数和火灾控制率（%）　　表 8.7.1

开放喷水头数（个）	充水式火灾控制率	充气式火灾控制率	火灾累计数	累计控制率
1	40.56	30.05	431	38.83
2	57.28	44.81	613	55.23
3	65.52	55.74	710	63.96
4	71.52	58.47	770	69.37
5	74.65	62.30	806	72.61
6	77.99	65.57	843	75.95
7	80.91	67.76	874	78.74
8	82.85	71.58	899	80.99
9	84.79	73.77	921	82.97
10	85.65	74.32	930	83.78
11	86.73	75.96	943	84.95
12	88.35	79.78	965	86.94

续表 8.7.1

开放喷水头数（个）	充水式火灾控制率	充气式火灾控制率	火灾累计数	累计控制率
13	88.78	80.33	970	87.39
14	89.97	81.42	983	88.56
15	90.29	84.15	991	89.28
16	90.72	85.80	998	89.91
17	91.04	87.43	1004	90.45
18	91.59	87.43	1009	90.90
19	92.02	87.98	1014	91.35
20	92.56	88.52	1020	91.89
25	93.64	91.80	1036	99.33
30	94.93	94.54	1053	94.86
35	96.01	96.17	1060	96.04
40	96.76	97.27	1066	98.85
50	97.73	97.81	1075	97.75
75	78.71	99.45	1085	98.83
100	99.03	99.45	1097	99.10
>100	100.00	100.00	1110	100.00

一般情况下，为了保证自动喷水灭火设备的灭火效果，其火灾控制率不宜小于 95%。考虑到目前国民经济水平，我们规定了一些火灾危险性大、发生火灾后损失大的重点部位应设自动喷水灭火设备。

设有空气调节系统，即设有大空调系统的高级旅馆、综合办公楼（多功能的建筑物），火源控制较复杂，一般可燃物较多，特别是建筑装修材料和家具往往可燃，且火灾容易沿着空调管道蔓延和扩大，故应在其走道、办公室、餐厅、商店、库房和无楼层服务台的客房，应设自动喷水灭火设备。在条件许可时，各楼层虽设有服务台，亦宜设置自动喷水灭火设备。有人担心在客房内设自动喷水头，若发生误开启会造成水渍损失，特别担心管道内锈水污染高级物品。实践证明，这种担心是多余的，不必要的。第一是喷头是由易熔金属或玻璃球控制的，这些喷头生产，在技术上已过关，除非用人工撞击它，或到达火灾温度后才能开启，因此，平日不会发生误喷。我国 30 年代建成的数十座设有闭式自动喷水灭火设备的经验，就证明不会发生误喷或误动作的。第二是喷出的水是锈水，会污染室内高级物品的担心，也是不必要的。因为在闭式自动喷水管道内的水，由于报警阀的分隔，管内水含氧量极微，因而管内腐蚀极少，不致形成黄色的锈水。闭式自动喷水使用经验说明，闭式自动喷水管网内的水是比较清洁的，即使由于特殊原因而漏些水，也不会严重地污染物品。在国外有许多家庭住宅内设有闭式自动喷水灭火设备，由于我国的国民经济水平，只规定这些建筑物内的重要部位设置闭式自动喷水灭火设备。

高层卷烟成品库房发生火灾事故，即使用水扑灭了，但保护下来的卷烟成品也已成为废品，其水渍损失等效于火灾损失。另外，国内至今尚未发生过高层卷烟成品库房火灾，为区别对待，降低基建投资，把高层卷烟成品库房除外。信函和包裹分拣间也是同类情况。

第 8.7.2 条 消防水幕设备的设计按照自动喷水灭火系统设计规范执行。

设置水幕的目的有的是为防止火灾向开口部位蔓延，有的是由于生产工艺需要或装饰上需要而无法设置防火分隔物时，其开口部位设置水幕保护。还有的是设在防火卷帘和防火幕的上方。因为防火卷帘和防火幕的耐火性能较低，为了提高其耐火性能，设水幕进行保护。

防火水幕带的下方不得放置可燃物。

第 8.7.3 条 雨淋喷水灭火设备是一种开式喷水头组成的灭火设备，用以扑救大面积的火灾。在火灾燃烧猛烈、蔓延快的部位使用。

雨淋喷水灭火设备应有足够的供水速度，保证其灭火效果。

在下列部位应设雨淋喷水灭火设备：

一、火灾危险性大，且发生火灾后燃烧速度快或发生爆炸性燃烧的生产厂房或部位，应设置雨淋喷水灭火设备。

二、易燃物品库房，当面积较大或储存量较大时，发生火灾后影响面较大，因此本规范规定，面积超过 60m² 硝化棉之类库房需设雨淋设备。

三、演播室、电影摄影棚内可燃物较多，且空间较大，火灾易迅速蔓延扩大，因此，本规定对面积较大的演播室、电影摄影棚提出了应设雨淋喷水灭火设备进行保护的要求。

四、乒乓球的主要原料是赛璐珞，在生产过程中还采用甲类液体溶剂，火灾危险性大，且火灾发生后，燃烧强烈、蔓延快。因此，乒乓球厂的轧坯、切片、磨球、分球检验部位，应设雨淋喷水灭火设备。

第 8.7.4 条 水喷雾灭火系统喷出的水滴粒径一般在 1mm 以下，水雾具有较大的比表面积，能吸收大量的热，起到迅速降温的作用；同时水雾能在保护设备的周围迅速形成一层水蒸气，起到窒息灭火的作用。水喷雾灭火系统对于重质油品火灾，具有良好的灭火效果，并能有效地冷却防护对象，使其免遭火灾的损害。本条规定的这些部位适于设置水喷雾灭火系统。

一、可燃油油浸大型电力变压器。此类场所发生火灾后，变压器将被烧坏。若不及时制止变压器油的流散，或及时扑灭其火灾，火灾将向四周蔓延扩大，造成更大损失。可燃变压器油的闪点一般在 120℃以上，采用水喷雾灭火系统具有良好的灭火效果。因此，室外大型电力变压器和洞室内的变压器适合采用水喷雾灭火系统进行保护。

根据变压器的火灾事故率，及我国每年投入运行的变电站数量，为节省投资，参照国外变电设施的防火情况，分档提出了不同要求。在缺水或寒冷地区时，因对系统供水较困难，适于采用其他类型的灭火系统，如气体灭火系统和干粉灭火系统。

洞、室内的可燃油油浸电力变压器在采用水喷雾灭火系统有困难时，可以采用二氧化碳、惰性气体、含氢氟烃（HFC）或卤代烷 1211、1301 气体灭火系统进行保护。由于气体灭火系统通常投资较高，且受环境温度和风等影响较大。因此，室外电力变压器不适合采用气体灭火系统进行保护。

根据《中国消防行业哈龙整体淘汰计划》，我国将于 2005 年停止生产卤代烷 1211 灭火剂，2010 年停止生产卤代烷 1301 灭火剂。因此，选择卤代烷 1211、1301 灭火系统时，需要慎重考虑。

二、飞机发动机试车台的试车部位，有燃料油管线和发动机内的润滑油，易发生火灾，且发动机的价值很高，需在试车部位设置水喷雾灭火系统，以保护试车台架和发动机免遭火灾的损害。

第 8.7.5 条 二氧化碳、惰性气体、含氢氟烃（HFC）和卤代烷 1211、1301 等气体的绝缘性能好、灭火后对保护对象不产生二次损害，是扑救电气、电子设备、贵重仪器设备火灾的良好灭火剂。故本规范作此规定。

在本条中未限制卤代烷 1211、1301 灭火系统的使用，主要考虑到在这些场所中经常有人工作，以及国内目前尚无有关惰性气体和含氢氟烃（HFC）灭火系统设计与施工的国家标准等实际情况，适当留有余地。

电子计算机房及其基本工作间按国家标准《电子计算机机房设计规范》GB50174 确定。

特殊重要设备是指设置在重要部位和场所中，发生火灾后，严重影响生产和生活的关键设备。如化工厂中的中央控制室和单台容量 300MW 机组及以上容量的发电厂的电子设备间、控制室、计算机房及继电器室等。

第 8.7.5A 条 本条系新增条文。在本条规定的场所中存放的物品都是价值昂贵的文物，或珍贵的历史文献资料，多为存放多年的纸、绢质品或胶片（带），采用气体灭火系统进行保护，安全可靠。同时，由于在这些场所中通常无人或只有1～2名管理人员。管理人员熟悉防护区内的火灾疏散通道、出口和灭火设备的位置，能处理发生的意外情况或在火灾时迅速逃生。因此在选择气体灭火系统时，可以不考虑灭火剂的毒性。

图书馆特藏库按《图书馆建筑设计规范》JGJ38确定。

档案馆中的珍藏库按《档案馆建筑设计规范》JGJ25确定。

大、中型博物馆按《博物馆建筑设计规范》JGJ66确定。

第8.7.6条 蒸汽灭火设备对扑救室内油品火灾有较好的灭火效果。当蒸汽的含量达到空间体积的35%以上时，一般火灾均能扑救。蒸汽本身具有较高的温度，扑救高温设备不会造成设备的损坏，而用水扑救高温设备就可能对设备有破坏作用。下列部位应设蒸汽灭火设备：

一、使用蒸汽灭火必须有蒸汽源，因此在生产过程中就需使用蒸汽的部位，才有可能设置蒸汽灭火设备。同时应该提出，凡与水接触能发生爆炸的部位，不应设置蒸汽灭火设备。本规范规定在生产中使用蒸汽的甲、乙类厂房，操作温度超过本身自燃点的丙类液体厂房，应设蒸汽灭火设备。

二、烧油、烧气的锅炉房容易发生油、气火灾。而蒸汽扑救重油和气体火灾有良好的灭火效果。锅炉在运转时，既使用油、气，而又生产蒸汽。因此采用蒸汽作为灭火设备，不仅经济而且实用。因此本规定单台锅炉蒸发量超过2t/h的燃油、燃气锅炉房，应设蒸汽灭火设备。

在锅炉房的油泵间可设固定筛孔管蒸汽灭火设备，在燃料油罐区可设蒸汽栓，在锅炉间可设半固定蒸汽灭火设备。

三、火柴厂的火柴生产联合机内，既有火柴，又有油品，火灾危险性很大，应加强消防保护。火柴生产联合机生产过程中使用蒸汽，因而有可能采用蒸汽灭火设备。因此，规定该部位应设蒸汽灭火设备。一般情况下，该部位可采用半固定蒸汽灭火设备进行保护。

根据蒸汽灭火系统的应用实践经验，其适用范围已经突破，且效果很好，故增加了第四款的规定

第8.7.7条 本条系新增条文。灭火器用于扑救建筑物中的初期火灾，既有效又经济。当人员发现火情时，首先考虑采用灭火器进行扑救，对于不同物质的火灾、不同场所中工作人员的特点，需要配置不同类型的灭火器。具体设计执行国家标准《建筑灭火器配置设计规范》GBJ140的有关规定。

第八节　消防水泵房

第8.8.1条 消防水泵是消防给水系统的心脏，在火灾情况下，应仍能坚持工作，不应受到火灾的威胁。因此消防水泵房应采用一、二级耐火等级的建筑物。附设在其他建筑物内的消防水泵房，应用耐火极限不低于1.00h的墙和楼板与其他房间隔开。

规定设在底层（或一层）的消防水泵应设有直通室外的安全出口，和设在楼层上的泵房，应紧靠建筑物的安全出口，均是为了便于在火灾情况下，操作人员能坚持工作并便于安全疏散。

第8.8.2条 为保证消防水泵不间断供水，一组（二台或二台以上，其中包括备用泵）消防水泵应有二条吸水管。当其中一条吸水管在检修或损坏时，其余的吸水管应仍能通过100%的用水总量。

高压消防水泵、临时高压的消防水泵，各个水泵均应有独立的吸水管，即每台工作消防泵（如一个系统，一台工作泵，一台备用泵，可共用一条吸水管）均应有独立的吸水管，从消防水池（或市政管网）直接取水，保证供应火场用水。

消防水泵应能及时启动，保证火场消防用水。因此消防水泵应经常充满水，以保证及时启动供水，因此建议采用自灌式引水方式。若采用自灌式引水有困难时，应有可靠迅速的充水设备。

第8.8.3条 为保证环状管道有可靠的水源，因此环状管道

应有二条进水管，即消防水泵房应有不少于两条出水管直接与环状管道连结。当采用二条出水管时，每条出水管均应能供应全部用水量。也就是说当其中一条出水管在检修时，其余的进水管应仍能供应全部用水量。泵房出水管与环状管网连结时，应与环状管网的不同管段连接，以便确保供水安全，如图 8.8.3。

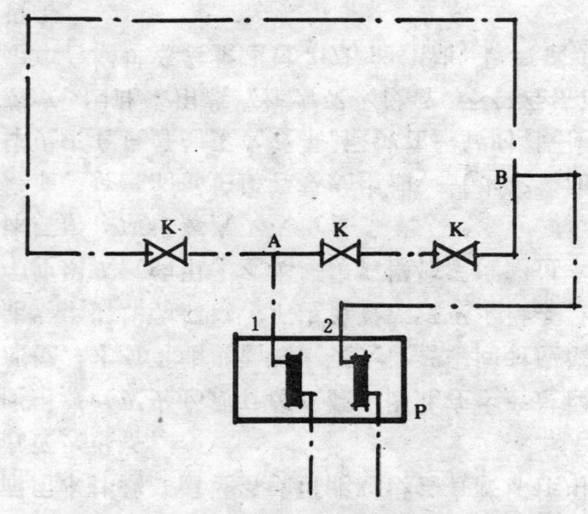

1、2——两条消防泵房的出水管；P——消防泵站；

A、B——泵房的出水管（即环状管道的进水管）与环状管道的连结点。

A、B 两点之间，应尽量远些。K——环状管网上的阀门布置。

图 8.8.3　消防泵房出水管与环状管道连结图

消防水泵应经常（或定期）进行试运转，使机件润滑，启动迅速。消防水泵启动后，常常需要测定其压力和流量，因此在水泵的出水管上应设检查和试验用的放水阀门。试验用过的水，可回水池。

第 8.8.4 条　为保证不间断地供应火场用水，消防水泵应设有备用泵。备用泵的流量和扬程应不小于消防泵站内的最大一台泵的流量和扬程。但符合下列条件之一者，可不设备用泵：

一、有些建筑物体积较小，或厂房、库房内可燃物较少，则需用消防用水量不大。一般可由消防队制订供水规划（作战方案）中解决，可不设备用泵。本规范规定室外消防用水量不超过 25l/s 的工厂、仓库或居住区，可不设消防备用泵。

二、七层至九层的单元住宅，允许采用枝状管道，且允许采用一条进水管，因此不设消防备用泵。

第 8.8.5 条　生产用水、生活用水和消防用水合用一个泵房时，可能有数台水泵共用二条或二条以上吸水管（与消防合用不应少于二条吸水管）。发生火警后，生产、生活用水转为消防用水时，可能要启闭整个阀门；当消防泵采用内燃机带动时（内燃机的储油量一般应按火灾延续时间确定），启动内燃机可能需要时间；当采用发电机来带动消防水泵时，也需要一段时间。为保证消防水泵及时启动，应采取必要的技术措施，保证消防水箱内水用完之前，消防水泵启动供水，保证火场用水不中断。消防水箱的容量较小，一般仅能供应 5～10min 的消防用水。因为消防水箱的容量是以最低消防用水量的要求计算出来的。在实际火场上可能在较低楼层内起火，水枪的出水量远远大于计算流量。因此消防水箱内的水可能在较短的时间内用完。因此，不论何种情况下，均要求消防水泵在 5min 内启动供水，保证火场不中断用水。

消防水泵应有可靠的动力供应，若采用双电源有困难时，应设内燃机作为备用动力，不设备用泵的泵站，允许采用一个电源，但消防泵的电源应与其他用电的线路分开。

为保证消防水泵能发挥负荷运转，保证火场有必要的消防用水量和水压，消防水泵与动力机械应直接偶合，不应采用平皮带，因为平皮带易打滑，影响消防水泵的供水能力。如采用三角皮带时，不应少于四条。

第 8.8.6 条　消防水泵房应有值班人员，且应经常维护和管理。为便于发生火警时能及时与消防控制中心、消防队或有关部门采取联系，消防水泵房宜设有通讯设备或电话。

第九章　采暖、通风和空气调节

第一节　一般规定

第 9.1.1 条　甲、乙类生产厂房内的甲类液体易挥发出可燃蒸气、可燃气体，会形成有爆炸危险的气体混合物，随着时间的增长，火灾危险性也越来越大。许多火灾事例说明，甲、乙类生产厂房的空气再循环，不仅卫生上不许可，而且火灾危险性很大。因此，甲、乙类生产厂房的空气，应有良好的通风，及时排出室外，不应循环使用。

丙类生产厂房中有可燃烧的纤维（如纺织厂、亚麻厂）和粉尘，易造成火灾的迅速蔓延，除及时经常的清扫外，若要循环使用空气，应在通风机前设滤尘器，对空气进行净化，才能循环使用。

第 9.1.2 条　甲、乙类生产厂房的排风设备，在通风机房内可能泄漏可燃气体，而甲、乙类厂房内应送入新鲜空气，为防止将泄漏出来的可燃气体再被送入甲、乙类厂房内。因此，甲、乙类生产厂房的送风设备和排风设备不应布置在同一通风机房内，即甲、乙类生产厂房的送风机房和排风机房应分别设置。

为防止将可燃气体送到其他生产类别的厂房内，以免引起火灾事故。因此，甲、乙类生产厂房的排风机房亦不允许与其他通风机房合用。即甲、乙类生产厂房的排风机房内不应布置其他用途房间的送、排风设备。

第 9.1.3 条　民用建筑内存有容易起火或爆炸物质的房间（例如蓄电池室易放出可燃气体氢气，或用甲类液体的小型零配件等），设置的排风设备应为独立的排风系统，以免将这些容易起火或爆炸的物质送入民用建筑的其他房间内，否则会造成严重的后果，因此要求设置独立的排风系统，并将排出的气体在安全地点泄放。

第 9.1.4 条　为排除比空气轻的可燃气体混合物，防止在管道内局部积存该气体，因此，该排风水平管道应顺气流方向的向上坡度敷设。

第 9.1.5 条　可燃气体管道，甲、乙、丙类液体管道由于某种原因，常发生火灾。为防止此种火灾沿着通风管道蔓延，因此，此种管道不应穿过通风管道、通风机房以及与通风管外壁紧贴敷设。

第二节　采　　暖

第 9.2.1 条　为防止可燃粉尘、纤维与采暖设备接触引起自燃起火，应限制采暖设备的温度。热水采暖温度比较稳定，蒸气采暖变化大，因此，本条规定采用热水采暖时不超过 130℃，而蒸汽采暖不应超过 110℃。考虑到输煤廊内的煤的粉尘在稍高温度时不易引起自燃起火，且工业厂房内很少有热水采暖，故蒸汽采暖温度放宽到 130℃。

甲、乙类厂房内有大量的易燃、易爆物质，火灾危险性很大，若遇明火就会发生火灾爆炸事故。火灾事例说明：甲、乙类生产厂房内遇明火发生严重的火灾后果，教训很深。为防止继续发生此类问题，因此，规定甲、乙生产厂房内严禁采用明火（如电热器等）采暖。

第 9.2.2 条　为防止厂房内发生火灾爆炸事故，下列厂房应采用不循环使用的热风采暖，以策安全。

一、生产过程中散发的可燃气体、蒸汽、粉尘与采暖管道、散热器表面接触，虽然采暖温度不高，也可能引起燃烧的厂房，例如二硫化碳气体、黄磷蒸气及其粉尘等。这些厂房内应采用不循环使用（一次性使用空气）的热风采暖设备。

二、生产过程中散发的粉尘受到水、水蒸气的作用，能引起自燃爆炸的厂房，例如生产和加工钾、钠、钙等物质的厂房。应采用不循环的热风采暖设施。

生产过程中散发的粉尘受到水、水蒸气的作用能产生爆炸性气体的厂房，例如电石、碳化铝、氢化钾、氢化钠、硼氢化钠等放出的可燃气体，遇水、水蒸气可能发生燃烧爆炸事故。因此，也应采用不循环的热风采暖。

第 9.2.3 条 房间内有燃烧、爆炸气体、粉尘（例如第 9.2.2 条内的物品房间）时，是不允许采用水或蒸汽采暖的。但采暖管道需穿过这样的厂房、房间时，为了防止发生火灾爆炸事故，应将穿过该厂房（房间）内的管道，采用非燃烧的隔热材料进行隔热处理。

第 9.2.4 条 采暖管道长期与可燃构件接触，会引起可燃构件炭化而起火。应采取必要的防火措施。为防止可燃构件由于长期烘烤而自燃点降低引起自燃事故，则采暖管道离可燃物件应保持一定的距离。即采暖管道的温度小于或等于 100℃时，保持 5cm 的距离；若采暖管道的温度超过 100℃时，保持的距离不应小于 10cm。若保持一定距离有困难时，可采用非燃烧材料将采暖管道包起来，进行隔热处理。

第 9.2.5 条 甲、乙类厂房、库房火灾危险性大，高层工业建筑和影剧院、体育馆等公共建筑空间大，火灾蔓延快，为限制火灾蔓延，采暖管道和设备的保温材料应采用非燃烧材料，以防火灾沿着管道的保温材料迅速蔓延到相邻房间，或整个房间，以减少火灾损失。

第三节　通风和空气调节

第 9.3.1 条 空气中含有起火或有爆炸物质，当风机停机时此种物质易从风管倒流，将这些物质带到风机内。因此，为防止风机发生火花引起燃烧爆炸事故，应采用防爆型的通风设备（即采用有色金属制造的风机叶片和防爆的电动机）。

若通风机设在单独隔开的通风机房内，且在送风干管内设有止回阀（即顺气流方向开启的单向阀），能防止危险物质倒流到风机内的设施，且通风机房发生火灾后不致蔓延到其他房间时，可采用普通型（非防爆的）通风设备。

第 9.3.2 条 含有燃烧和爆炸危险粉尘的空气，不应进入排风机，以免引起火灾爆炸事故。因此，应在进入排风机前进行净化。

为防止除尘器工作过程中产生火花引起粉尘、碎屑燃烧或爆炸事故，排风系统中应采用不产生火花的除尘器。

遇水易形成爆炸混合物的粉尘，禁止采用湿式除尘设备。

第 9.3.3 条 本条是新增加的。

一、根据发生爆炸起火的经验教训，有爆炸危险粉尘的排风机、除尘器、采取分区分组布置是十分必要的、合理的。如哈尔滨亚麻厂，十几台除尘器集中布置，而且相互连通（包括地沟），加上厂房本身结构未考虑防爆问题，致使造成了十分严重损失和伤亡事故。类似教训还不少。

二、从过去的实例中，得到的正面经验是，凡分区分组布置的，爆炸时收到了减少损失的实效。

三、从技术上是完全具备条件的，只要设计上引起重视，是较容易这样做的。

第 9.3.4 条和第 9.3.5 条 是新增加的条文。

一、规定第 9.3.4 条和第 9.3.5 条主要目的在于预防爆炸事故的发生，以及发生爆炸后如何达到减少损失的目的。

二、从国内一些用于净化有爆炸危险粉尘的干式除尘器和过滤器发生爆炸危害情况看，这些设备如果条件允许不布置在厂房内而布置在厂房之外的独立建筑内，且与所属厂房保持一定的防火安全间距，对于防止爆炸发生和减少爆炸后的损失，十分有利。

三、试验和爆炸实例都说明，用于用爆炸危险的粉尘、碎屑的除尘器、过滤器和管道，如果设有减压装置，对于减轻爆炸时的破坏力是较为有效的。

泄压面积大小应根据有爆炸危险的粉尘、纤维的危险程度，由计算确定。

四、为尽量缩短含尘管道的长度，减少管道内积尘，避免干式除尘器布置在系统的正压段上漏风而引起事故，故应布置在负压段上。

第 9.3.6 条 有燃烧或爆炸危险的气体、蒸气和粉尘的排风系统，从事故案例说明，如不设导除静电的接地装置，易形成燃烧或爆炸事故。凡排风系统设有导除静电的接地装置，还未发现产生事故的。

在地下室和半地下室内易积存有爆炸危险的物质，且建筑物地下室和半地下室发生火灾爆炸不仅扑救困难，同时影响整幢建筑物的安全，因此，排除有爆炸危险物质的排风设备，不应布置在建筑物的地下室和半地下室内。

第 9.3.7 条 送排风道是火灾蔓延的通路，为限制火灾通过风管蔓延扩大，火灾危险性较大的甲、乙、丙类生产厂房的送排风道宜分层设置。当进入生产厂房的水平或垂直风管设有防火阀，能阻止火灾从起火层向相邻层蔓延时，各层的水平或垂直送风管可共用一个系统。如图 9.3.7。

第 9.3.8 条 为防止风管内发生爆炸时，影响建筑物的安全，并便于检查维修，故排除含有爆炸、燃烧危险的气体、粉尘的排风管，不应暗设，应明敷。排气口应设在室外安全地点，一般应远离明火和人员通过或停留的地方。

第 9.3.9 条 为防止温度超过 80℃的气体管道，长期烤燃可燃或难燃构件，引起火灾；以及容易起火的碎屑的管道可能在管道内发生火灾，引燃邻近的可燃、难燃构件。因此要求排除和输送温度超过 80℃的空气或其他气体以及容易起火的碎屑的管道与可燃、难燃构件之间，应用非燃的隔热材料进行填塞。

第 9.3.10 条 通风、空气调节系统的下列部位，应设置防火阀。如图 9.3.10-a。

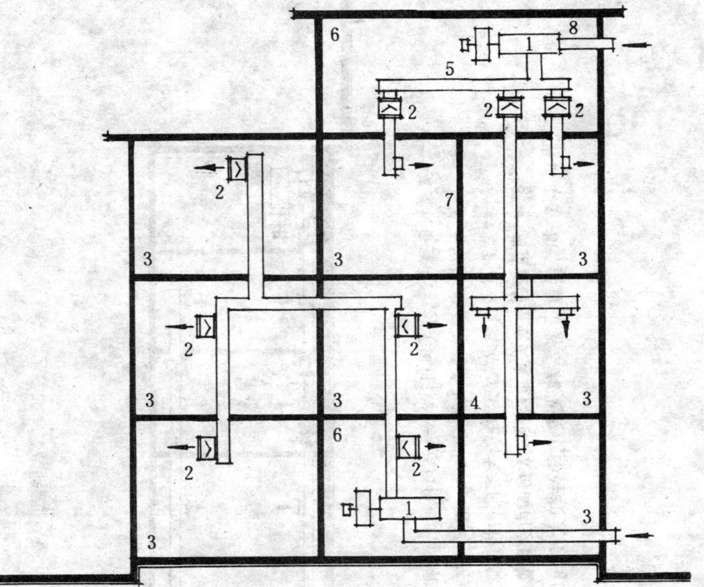

1——风机和调节器；2——自动关闭的逆止阀；
3——甲、乙、丙类生产车间；4——孔洞；5——送风总管；
6——通风机房；7——分隔墙；8——屋顶（屋盖）。

图 9.3.7 甲、乙、丙类生产通风管布置示意图

一、防止机房的火灾通过风管蔓延到建筑物的其他房间内，因此在送、回风管穿过机房隔墙处，穿过机房的楼板处，均应设置防火阀。如图 9.3.10-a。

二、防止火灾威胁贵重设备间，同样防止火灾危险性较大房间发生火灾经通风管蔓延，需在其隔墙和楼板处设防火阀。如图 9.3.10-b。

三、多层建筑和高层工业建筑的楼板，一般可视为防火分

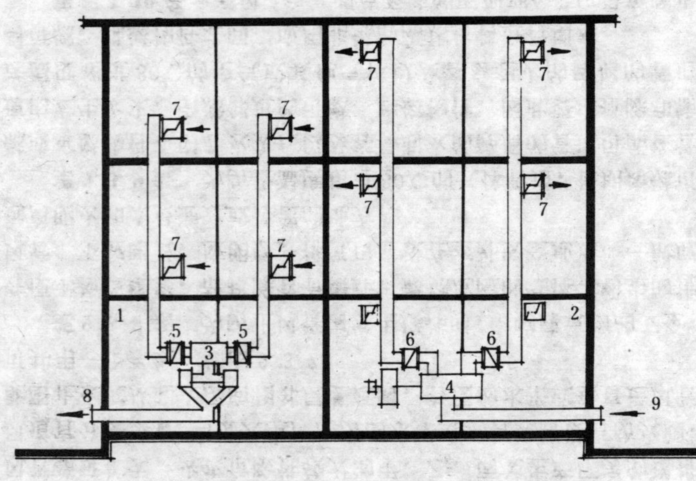

1——排风机房；2——送风机房；3——排风机；4——送风机；
5——排风总管上阀门；6——送风总管上的阀门；
7——防火阀门；8——排风口；9——进风口。

图 9.3.10-a　送回风管穿过机房隔墙和楼板时的防火阀布置示意图

隔物。为防止火灾在上下层蔓延扩大，因此每层送回风水平风管与垂直总管的交接处的水平管上，应设防火阀，如图9.3.10-c。

每个分区设置的通风、空气调节系统在送、回风总管穿越机房的隔墙和楼板处，已设置了防火阀，且多是一台风机或两台风机，同时只对一个防火分区送风，故没有必要在总管的交接处再重复设置防火阀。

第9.3.11条　为使防火阀能自行严密关闭，防火阀关闭的方向应与通风管内气流方向相一致。

设置防火阀的通风管应有一定的强度，在防火阀设置的管段处应设单独的支吊架，以免管段变形，影响防火阀关闭的严密性。

为使防火阀能及时有效地关闭，控制防火阀关闭的易熔片或

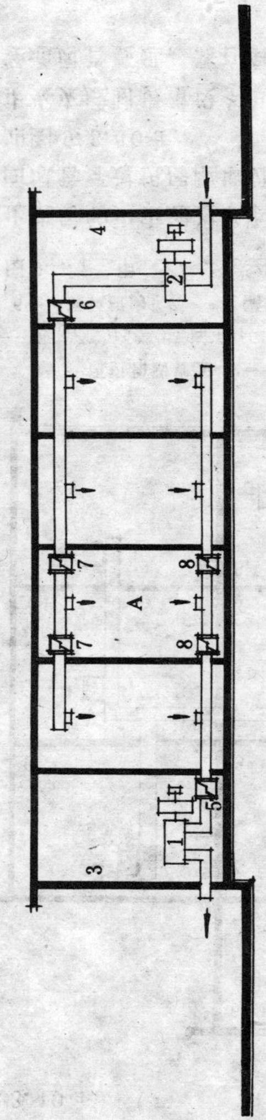

A——贵重设备室；1——排风机；2——送风机；3——排风机房；4——送风机房；
5——排风机房总管防火阀门；6——送风机房总管防火阀口；
7——贵重设备室或火灾危险性较大房间内排风管上的防火阀布置；
8——贵重设备室或火灾危险性较大房间内送风管上的防火阀布置。

图 9.3.10-b　贵重设备室和火灾危险性较大房间风管上防火阀的布置

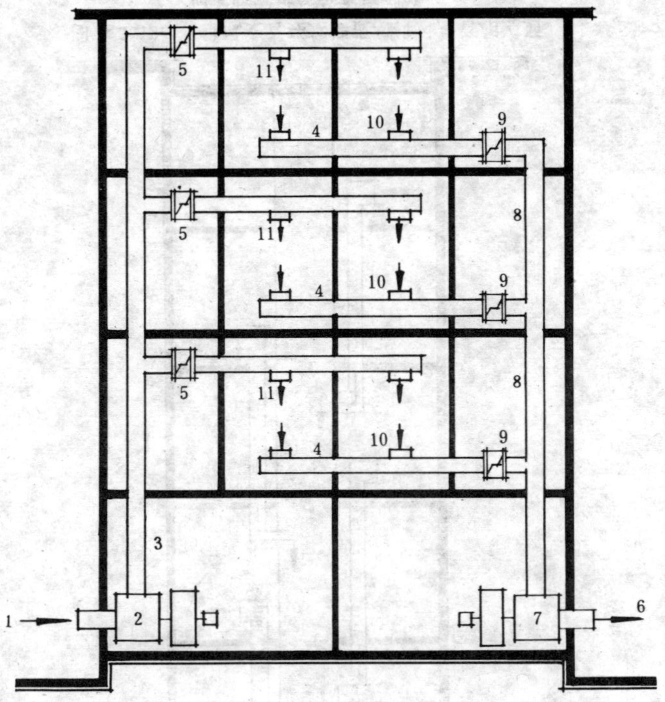

1——进风口；2——送风机；3——送风总管；4——水平风管；
5——水平风管上的防火阀；6——排气口；7——排风机；8——排风总管；
9——排风水平风管上的防火阀；10——排风管上的排风口；11——送风口

图 9.3.10-c 送、回风水平风管与垂直总管的交接处的防火阀的布置

其他感温元件应设在容易感温的部位。易熔片及其他感温元件的控制温度应比通风系统最高正常温度高出 25℃，一般情况下可采用 72℃。

第 9.3.12 条 通风、空调系统的风管是火灾蔓延的通路，例如某市一座高级宾馆，就因为通风管道是可燃材料，火灾从通风管道扩大蔓延，使整幢建筑物烧毁。因此，通风、空调系统的风管，应采用非燃烧材料制造。腐蚀性场所的风管和柔性接头，如采用不燃烧材料制作，使用寿命短，既不经济，且又需经常更换，所以允许采用难燃烧材料制作。并禁止采用非阻燃性的可燃材料。

为防止火灾通过公共建筑的厨房、浴室、厕所的通风管道蔓延。因此，机械的或自然的垂直排风管道，应设防止回流设施。例如，排风支管穿越 2 个楼层后，与排风总管相连通，如图 9.3.12-a 所示。

一般情况可将各层垂直排气管道加高二层后，再接到排气总管。

另一个做法排气竖管分成大小两个管道，即双管排气法，大管为总管，直通屋顶，高出屋面；小管分别在本层上部接入排气总管，即双管排气法，如图 9.3.12-b 所示。

第 9.3.13 条 为减少火灾从通风、空调管道蔓延，风管和设备的保温材料、消声材料及其粘结剂，应采用非燃烧材料，在采用非燃烧材料有困难时，才允许采用难燃烧材料。

为防止通风机已停而电加热继续加热，引起过热而起火，故电加热器的开关与风机的开关应进行连锁，风机停止运转，电加热器的电源亦应自动切断。为防止电加热器引起风管火灾，因此，电加热器前后各 80cm 的风管应采用非燃烧材料进行保温。同理，穿过有火源及容易起火房间的风管，亦应采用非燃烧保温材料。

目前，非燃烧保温、消声材料有矿渣棉、超细玻璃棉、玻璃纤维、膨胀珍珠岩制品、泡沫玻璃及岩棉。

难燃烧材料有自熄性聚氨酯泡沫塑料、自熄性聚苯乙烯泡沫塑料。

第 9.3.14 条 通风管道是火灾蔓延的通路。因此不应穿过防火墙和非燃烧体等防火分隔物，以免火灾蔓延和扩大。

在某些情况下，需要穿过防火墙和非燃烧体楼板时，则应在

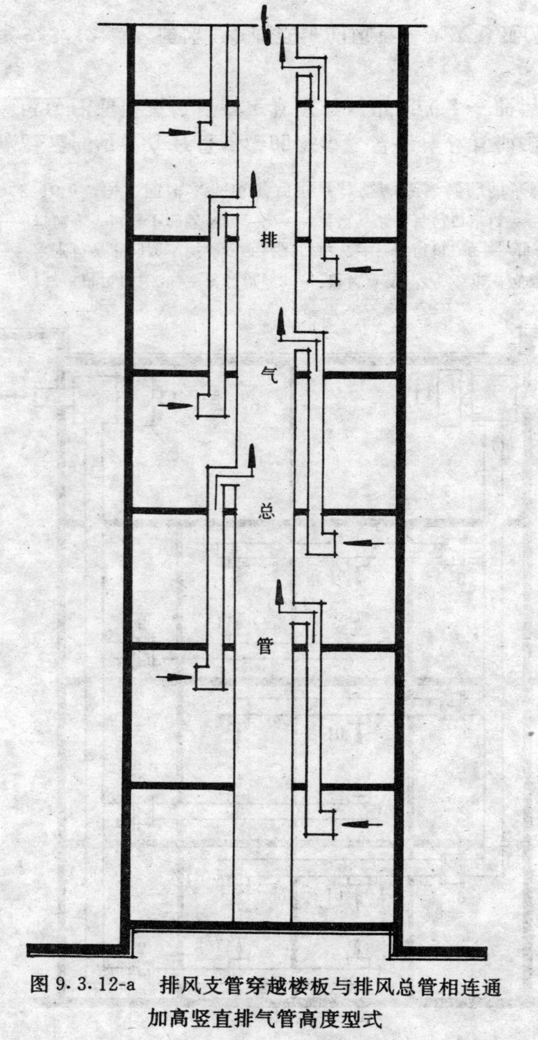

图 9.3.12-a　排风支管穿越楼板与排风总管相连通加高竖直排气管高度型式

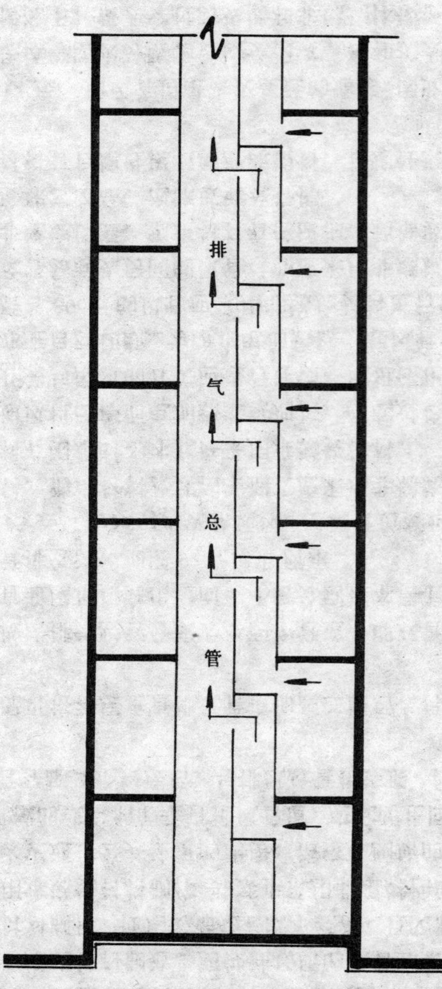

图 9.3.12-b　双管排气型式

穿过防火分隔物处设置防烟防火阀，当火灾烟雾通过防火分隔物处，该防火阀就能立即关闭，该防火阀一般采用感烟探测器进行控制（而不是采用易熔金属或易熔元件控制）。若防火墙处采用防烟防火阀有困难时，亦可采用双防火阀进行控制。防火墙上的双防火阀的布置如图 9.3.14。双防火阀可采用易熔金属进行控制。

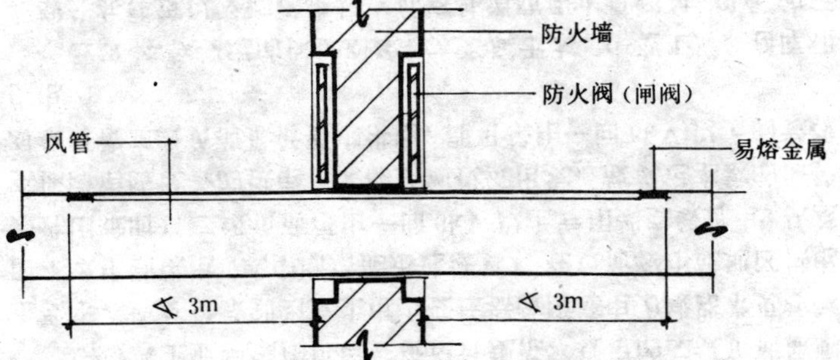

图 9.3.14　防火墙上的防火阀（闸阀）

为防止火灾蔓延，穿过防火墙两侧各 2m 范围内的风管保温材料应采用非燃烧材料，穿过处的空隙，应用非燃烧材料，进行严密的填塞。

第十章　电　　气

第一节　消防电源及其配电

第 10.1.1 条　本条原则上要求消防设备的用电要有备用电源或备用动力。分别要求如下：

一、一级负荷供电要求：

（一）《工业与民用供电系统设计规范》（GBJ52-83）规定一级负荷原则上要有两个电源供电。两个电源的要求，必须符合下列条件之一：

1. 两个电源之间无联系；

2. 两个电源之间有联系，但应符合下列要求：

（1）发生任何一种故障时，两个电源的任何部分应不致同时受到损坏；

（2）对于短时间中断供电即会生产上述规范第 2.0.1 条第一款所述后果的一级负荷，应能在发生任何一种故障且主保护装置（包括断路器）失灵时，仍有一个电源不中断供电。对于稍长时间中断供电才会产生上述规范第 2.0.1 条一款所述后果的一级负荷，应能在发生任何一种故障且保护装置动作正常时，有一个电源不中断供电；并且在发生任何一种故障且主保护装置失灵以致两电源均中断供电后，应能有人值班完成各种必要操作，迅速恢复一个电源的供电。

结合消防用电设备（包括消防控制室、消防水泵、消防电梯、防烟排烟设施、火灾报警装置、自动灭火装置、火灾事故照明、疏散指示标表和电动的防火门窗、卷帘、阀门等）的具体情况，具备下列条件之一的供电，可视为一级负荷：

1. 电源来自两个不同发电厂；

2. 电源来自两个区域变电站（电压一般在 35 千伏及 35 千伏以上）；

3. 电源来自一个区域变电站，另一个设有自备发电设备。

（二）本条规定要求一级负荷供电，主要从扑救难度和使用性质、重要性等因素来考虑的。如建筑高度超过 50m 的乙、丙类厂房和丙类库房等。

（三）据哈尔滨、吉林、沈阳、丹东、天津、北京、武汉、重庆等市的一些工厂、仓库和大型公共建筑的调查，一般都设置了两个电源（包括自备发电设备）供电，在实际火灾中发挥了作用，保证了火灾时的不间断供电，减少了火灾损失，因此，提出了本条规定。

二、二级负荷供电要求。本款对室外消防用水量较大的建筑物、贮罐、堆场的消防用电设备的供电提出了要求。主要依据如下：

（一）《工业与民用供电系统设计规范》规定的二级负荷原则上要求，应尽量做到当发生电力变压器故障或电力线路常见故障时不致中断供电（或中断后能迅速恢复）。在负荷较小或地区供电条件困难时），二级负荷可由一回 6kV 以上专用架空线进电。从基本保障消防设备的供电，又能节约投资出发，故规定本款的保护对象可按二级负荷最低要求供电，即可采用一回 6kV 以上的专线供电。

（二）本款规定的保护对象，大多属于大、中型工厂、仓库和大型公共建筑以及贮罐堆场。如室外消防用水量超过 30l/s 的厂房、库房，体积均在 50000m³ 以上；室外消防用水量超过 35l/s 易燃材料堆场，甲乙类液体贮罐、可燃气体贮罐或贮罐区，均是贮量较大的堆场、贮罐或贮罐区，其消防用电设备应有较严格的要求，以保证火场动力的可靠性，避免造成重大损失。如某市造纸厂原料堆场起火，因为一回低压线路供电，由于线路故障，消防泵不能运转，虽调集二十多辆消防车扑救，由于水源缺乏，不能有效发挥作用，原料场全部芦苇、稻草烧光，损失达 160 余万元。

三、除了本条一、二款以外的建筑物、贮罐、堆场的消防用电设备的供电要求作了规定。其依据是：

（一）据了解，现有的建筑物、贮罐或贮罐区、堆场，从保障消防用电设备的可靠性出发，满足三级负荷供电要求是最起码的要求，有条件的厂宜设两台终端变压器。如某造纸厂原料堆场，设置了两台变压器，一次发生火灾，一台变压器发生故障正在检修中，而另一台照常供电，保证消防水泵在火灾正常运转。由于充分供应灭火用水，很快扑灭了火灾，减少损失。相反，某化工厂爆燃起火，由于采取单台变压器和单回路供电方式，其变压器和配电线路均在检修，消防水泵不能运转，不能及时供水，造成很大损失。

（二）现有的一些较大的工厂、仓库（包括贮罐、堆场）和民用建筑，从保障日常生产、生活用电出发，一般都设有两台变压器（一备、一用），这样要求既不会增加投资，也提高了消防供电的可靠性。

第 10.1.2 条 本条对火灾事故照明和疏散指示标志当采用蓄电池作为备用电源时，其连续供电时间作了规定。

规定连续供电时间不少于 20min 依据是：

一、据调查，一些建筑物采用蓄电池供电的火灾事故照明和疏散指示标志均在 30min 以上，有的达到 40～45min。

二、试验和火灾实例说明，当建筑物发生火灾时，必须在 10min 以内疏散完毕，因为在一般情况下火灾时在 10min 内产生的一氧化碳尚不多，但在 10～15min 之间，则一氧化碳就大大超过对人体危害的允许浓度，而空气中的氧气含量则显著下降。在这个时间内人员如没有疏散出来，窒息死亡的可能性就大，本条规定适当打点安全系数，故规定为 20min。

三、参考国外有关资料。如日本有关规范规定，采用蓄电池作为疏散指示灯的电源时，其连续供电时间应在 20min 以上。

第 10.1.3 条 本条对消防用电设备的供电回路提出了要求，根据以下情况提出的：

一、本条规定的供电回路，一般是指从低压总配电室或分配室至消防设备（如消防水泵房、消防控制室、消防电梯等）最末级配电箱的配电线路，均应与其他配电线路分开设置。

二、据调查，消防人员到达火场进行灭火时，首先要切断电源，以防止火势沿配电线路蔓延扩大和避免触电事故。由于不少单位或建筑物的配电线路是混合敷设，分不清哪些是消防设备用电配电线路，因此，不得不全部切断电源，致使消防用电设备不能正常运行，扩大灾情的教训是很多的。为了确保消防用电设备供电的可靠性，则消防用电设备的配电线路应与其他动力、照明配电线路分开敷设。

三、有些建筑物、工厂、仓库消防用电设备的配电线路与其他动力、照明分开敷设，在实际中收到了良好效果。如某油库，消防水泵房单独敷设配电线路，一次起火，消防队员到达火场，立即切断了其他动力、照明用电，消防水泵却照常供电，使消防水泵在一分多钟内启动工作，保证消防用水的供应，及时扑灭了火。

四、为了避免误操作，影响灭火战斗，应设有紧急情况下方便操作的明显标志。

第 10.1.4 条 本条对消防用电设备的配电线路的敷设方式等提出了要求。

一、消防用电设备配电线路防火要求，在国外有较严格的要求。如日本电气规范要求，消防用电设备的配电线路，要根据不同消防设备和配电线路分别选用耐火配线或耐热配线。所谓耐火配线，系指按照规定的火灾升温标准曲线达到 840℃时，在 30min 内仍能继续有效供电的配线。所谓耐热配线，系指按照规定的火灾升温标准曲线（1/2 的曲线），升温到 380℃时，能在 15min 内仍继续供电的配线。

二、鉴于目前国内有的厂生产耐火和耐热电线，有条件的，可推广采用。

在设计中，消防用电设备配电线一般是金属管埋设在非燃烧体结构内。这是一种比较经济、安全的敷设方法。

对穿金属管保护层厚度不小于 3cm，主要是参考火灾实例和试验数据确定的。试验情况表明，3cm 厚的保护层，按照标准火灾升温曲线升温，在 15min 内，金属管的温度达 105℃；30min 时，达到 210℃；到 45min，可达 290℃。试验又说明，金属达此温度，配电线路温度约比上述温度低 1/3。在此温升范围能保证继续供电，因此，作了此规定。

从一些火灾实例得知，金属管暗设，保护层厚度如能达到 3cm 以上，能够保障继续供电。

三、考虑到钢筋混凝土装配式建筑或建筑物某些部位配电线路不能穿管暗设，必须明敷，故规定要采取防火保护措施，如在管套外面涂刷丙烯酸乳胶防火涂料等。

第二节 输配电线路、灯具、火灾事故照明和疏散指示标志

第 10.2.1 条 本条对甲类厂房，甲类库房，易燃材料堆垛，甲、乙类液体贮罐，液化石油气贮罐，可燃、助燃气体贮罐与电力架空线的水平距离作了规定。

一、本条是对原规范第 52 条表 20 注①的补充修改，多年实践证明，这样规定是需要的、可行的，在实际设计都按此规定办理。

二、规定上述厂房、库房、堆垛、贮罐与电力架空线的水平距离不小于电杆（塔）高度的 1.5 倍，主要是考虑架空电力线在倒杆断线时的危害范围。据调查，倒杆断线多在刮大风特别刮台风时发生。据 21 起倒杆、断线事故统计，倒杆后偏移距离在 1m 以内的有 6 起，偏移距离在 2～4m 的有 4 起，偏移距离半杆高的有 4 起，偏移距离一杆高的有 4 起，偏移距离 1.5 倍杆高的有 2 起，偏移距离 2 倍杆高的有 1 起。为了既保障安全，又利于节约

用地。故采用1.5倍杆高的要求。

三、贮存丙类液体的贮罐，因其闪点在60℃以上，在常温下挥发可燃蒸气甚少，因而蒸气扩散达到燃烧爆炸范围的机会极少，对此，作了适当放宽，提出不少于1.2倍电杆（塔）高的距离。

四、火灾实例说明，高压架空电力线与贮量大的液化石油气单罐，保持1.5倍杆（塔）高的水平距离，尚不能保障安全，需要适当加大。例如，某市液化石油气贮配站，由于贮罐焊接质量不符合要求，焊缝大开裂，使大量液化石油气倾泄出来，遇到明火，燃烧起火，大火烧了七、八个小时，距贮罐最近距离50m的35kV高压架空电力线，有两个杆距的电线被烧化（长约800余米），造成很大损失，因此，本条规定35kV以上的高压电力架空线与贮量超过200m³的液化石油气单罐的最近水平距离不应小于40m。

第10.2.2条 本条对电力电缆不应和输送甲、乙、丙类液体管道、热力管道敷设在同一管（沟）内作了规定。

据调查，有些厂矿企业等单位，将电力电缆与输送原油、苯、甲醇、乙醇、液化石油气、天然气、乙炔气、煤气等管道敷设在同一管（沟）内，由于上述液体或气体管道渗漏等原因，电缆绝缘老化，出现破损等情况，产生短路，引起爆炸起火，造成很大损失。如某厂的电缆与乙炔管道敷设在同一管沟内，乙炔管道接头不严密跑气，与空气混合到达爆炸浓度，因电缆短路滋火，引起爆炸，200m长的管沟盖板（混凝土盖板）爆翻，并波及到车间，使车间的窗玻璃破碎，造成较大损失。因此，作了这项规定。

火灾实例说明，低压配电线路因使用时间长了，绝缘老化，产生短路起火，扩大灾情的事故累有发生，因此，规定了配电线路不应敷设在金属风管内。考虑到保障安全，又照顾实际需要，凡穿有金属管作保护的配电线路，可紧贴风管外壁敷设。

第10.2.3条 本条是对原规范第95条的部分修改补充。

鉴于有不少电气火灾发生在可燃物的闷顶（指吊顶屋盖或上部楼板之间的空间）内，由于没采取穿金属管保护，加上电线使用年限长，绝缘老化，产生连电起火，造成了很大损失。如某干部学校教学楼，系三级耐火等级建筑，在闷顶内敷设的电线未加金属管保护，因电线短路，引着可燃物起火，将整个教学楼屋盖烧毁，损失很大，因此，作了本条规定。

第10.2.4条 本条规定了照明器表面的高温部位靠近可燃物时，应采取防火保护措施。其原因是：

一、据哈尔滨、长春、沈阳、大连、北京、上海、广州、兰州、重庆、武汉等地调查，由于照明器设计、安装位置不当而引起过许多事故。如某办公楼一只60W的灯泡，距纸糊顶棚不到5cm，经长时间燎烤，将其烤燃起火，将办公室的办公用具以及其他物品基本烧光，造成很大损失；又如某宾馆的白炽灯泡烤着可燃吊顶，引起火灾，造成了不良政治影响和较大经济损失等等。

二、据试验，不同功率的白炽灯的表面温度及其烤燃可燃物的时间、温度，如下表10.2.4。

白炽灯泡将可燃物烤至起火的时间、温度　　　表10.2.4

灯泡功率（瓦）	摆放形式	可燃物	烤至起火的时间（分钟）	烤至起火的温度（℃）	备注
75	卧式	稻草	2	360～367	埋入
100	卧式	稻草	12	342～360	紧贴
100	垂式	稻草	50	碳化	紧贴
100	卧式	稻草	2	360	埋入
100	垂式	棉絮被套	13	360～367	紧贴
100	卧式	乱纸	8	333～360	埋入
200	卧式	稻草	8	367	紧贴
200	卧式	乱稻草	4	342	紧贴
200	卧式	稻草	1	360	埋入
200	垂式	玉米秸	15	365	埋入
200	垂式	纸张	12	333	紧贴
200	垂式	多层报纸	125	333～360	紧贴
200	垂式	松木箱	57	398	紧贴
200	垂式	棉被	5	367	紧贴

三、卤钨灯（包括碘钨灯和溴钨灯）的石英玻璃表面温度很高，如1000W的灯管温度高达500～800℃，当纸、布、干木构件靠近时，很容易被烤燃，引起火灾。鉴于功率在100W及100W以上的白炽灯泡的吸顶灯、槽灯、嵌入式灯，使用时间较长时，温度也会上升到100℃以上甚至更高的温度，因此，规定上述两类灯具的引入线，应采用瓷管、石棉、玻璃丝等非燃烧材料，进行隔热保护，以策安全。

第10.2.5条 本条对超过60W的白炽灯、卤钨灯、荧光高压汞灯的安装部位作了规定。要求理由：一是因为上述灯具表面温度高，如安装在木吊顶龙骨（包括木吊顶板）、木墙裙以及其他木构件上，以免将这些可燃装修引着起火；二是有些电气火灾实例说明，由于安装不合乎安全要求，引起火灾事故累有发生，为防止和减少这类事故，作了本条规定。

要求不低于0.5勒克斯的照度，是参照《工业企业照明设计规范》有关规定提出的。

第10.2.6条 本条对公共建筑和高层厂房的某些部位，应设火灾事故照明作了规定。

一、有些俱乐部、电影院、剧院发生火灾时，造成重大的伤亡事故，其原因固然很多，而着火后由于无可靠的事故照明，人员在一片漆黑中十分恐惧是个重要原因，如某俱乐部一次演出时，因小孩燃放鞭炮，引起可燃起火，由于只有一个出口，加上无事故照明，整个观众看不清出口，人们十分惊慌恐惧，不能及时疏散出来，致使699人被烧死的惨痛教训，因此，作了本条规定。

二、据调查，许多影剧院、体育馆、旅馆、办公楼，在设计都考虑了火灾事故照明，在火灾时起了良好的作用。

三、国外强调采用蓄电池作火灾事故照明和疏散指示标志的电源。考虑到目前我国的实际情况，一律要求采用蓄电池作为电源，尚有一定困难，因此，允许使用城市电网供电。可采用220V电压。目前，北京、上海等照明器材厂等单位生产出采用镍铬电池的应急照明设备，有条件的公共建筑宜采用。

第10.2.7条 本条对消防控制室、消防水泵房、自备发电机房应设事故照明和其照度作了规定。因为上述这些部位，在火灾时都必须坚持工作，故规定应设事故照明。

这些部位的工作事故照明的照度，必须保证正常工作时的照明照度，主要是参照《工业企业照明设计规范》(TJ34-79)的有关规定提高的。如下表10.2.7所列有关数值系引自该规范。

表10.2.7

序号	车间和工作场所	视觉工作等级	最低照度（勒克斯）		
			混合照明	混合照明中的一般规定	一般照明
16	动力站： 泵　房 锅炉房、煤气站的操作层	 Ⅶ Ⅶ	 — —	 — —	 20 20
17	配、变电所 变压器室 高低压配电室	 Ⅶ Ⅶ	 — —	 — —	 20 30
18	控制室： 一般控制室 主控制室	 Ⅳ乙 Ⅰ乙	 — —	 — —	 75 150

怎么才算保证正常照明的照度呢？简单地说，就是消防控制室、消防水泵房、自备发电机房的事故照明的最低照度要与该部位平时工作面上的正常工作照明的最低照度一样。

第10.2.8条 本条对剧院、电影院、体育馆、多功能礼堂、医院的病房等的疏散走道和疏散门，宜设置灯光疏散指示标志作了规定。

设置疏散指示标志的作用是，因为火灾初期往往浓烟滚滚，会严重妨碍人们在紧急疏散时迷失方向，如设有疏散指示标志，人们就能在浓烟弥漫的情况下，沿着灯光疏散指示标志顺利疏散，避免造成伤亡事故。

据调查，近年所设置的一些剧院、电影院、体育馆、多功能礼堂、医院病房楼等，都设置疏散指示标志，有关管理人员反映，这种标志很起作用，应该设置，它利于人员正常疏散和紧急疏散。因此，做了本条规定。

第 10.2.9 条 本条对事故照明灯和疏散指示标志分别作了规定。

一、据调查，事故照明灯设置位置大致有以下几种：在楼梯间，一般设在墙面或休息平台板的下面；在走道，一般设在墙面或顶棚的下面；在厅、堂，一般设在顶棚或墙面上；在楼梯口、太平门，一般设在门口的上部。

二、据资料介绍，日本对事故照明和疏散诱导灯设置的位置，规定较为具体，其安装要求如图 10.2.9-a、b、c、d、e 所示。

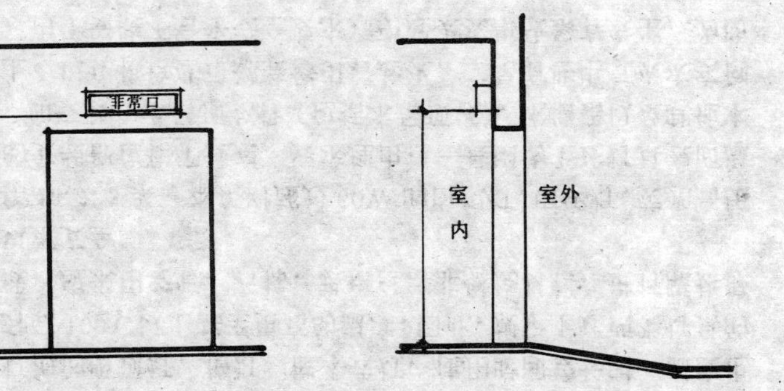

(a)

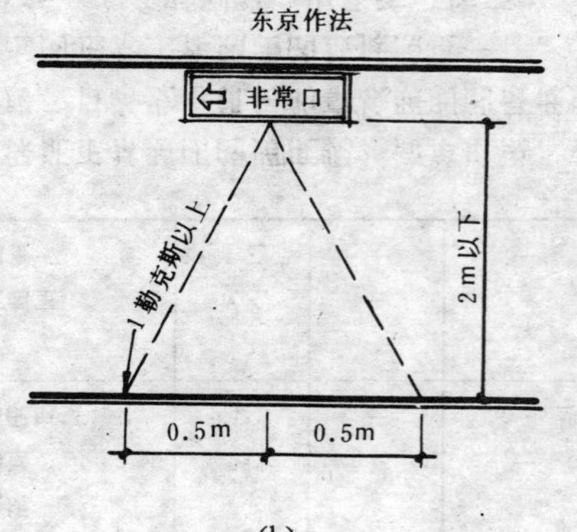

(b)

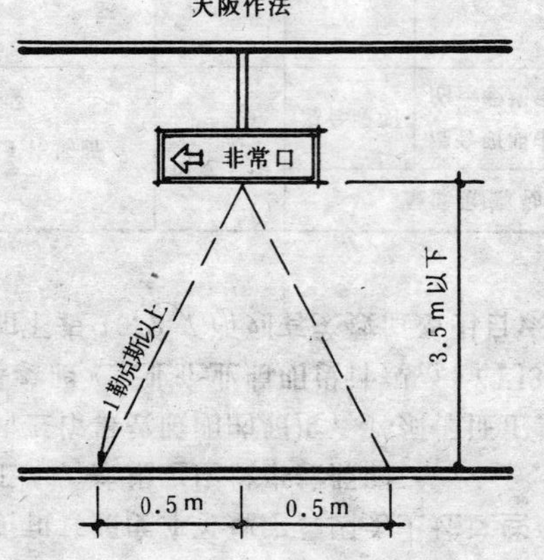

(c)

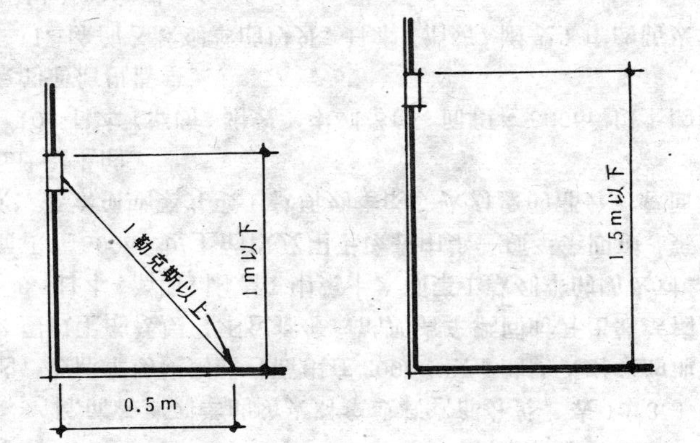

(d)

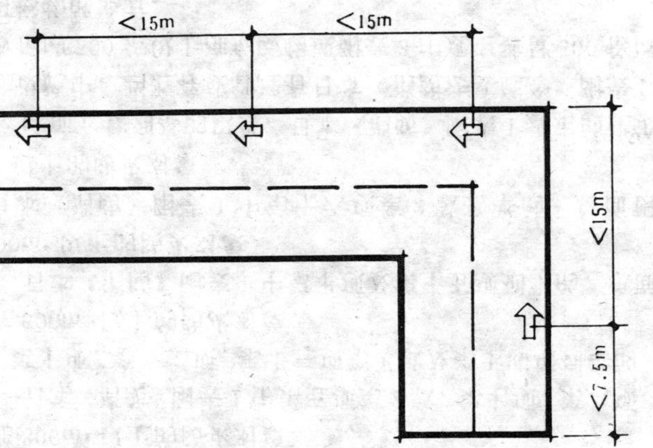

(e)

三、规定疏散指示标志宜放在太平门的顶部或疏散走道及其转角外；距地面高度1m以下的墙面上，是参照国内外一些建筑物的实际作法提出的。经走访影剧院和旅馆服务人员，他们认为这样设置是比较可行的，故作了本项规定。当然，在具体设计中，可结合实际情况，在这个范围内灵活地选定安装位置。总之，要符合一般人行走时目视前方的习惯，容易发现目标（标志）。但疏散标志不应设在吊顶上，因有被烟气遮挡的可能。

为防止火灾时迅速烧毁事故照明灯和疏散指示标志，影响安全疏散，本条还规定在事故照明灯具和疏散指示标志的外表面加设保护措施。由于我国尚未生产专用的事故照明灯和疏散指示标志，故仅考虑容易做到的简易办法。

第三节　火灾自动报警装置和消防控制室

第10.3.1条　本条对应设置火灾自动报警装置的部位作了规定。

许多火灾实例说明，火灾自动报警装置的作用是十分明显的，能起到通报火灾、及时进行扑救，为防止和减少建筑物重大火灾发生起了良好作用。如燕京石油化工总厂、上海金山石油化工总厂、北京油漆总厂和一些高级旅馆等装有火灾报警装置建筑物，都多次准确地通报过起火事故，为迅速扑救赢得了时间。

在经济、技术比较发达的国家，在各种建筑物安装火灾自动报警比较普遍。如日本、美国、英国、西德等国家已制定了火灾自动报警标准、规范，安装范围广，有的国家规定，家庭住户也应安装。现摘录日本《消防法实施令》(1977年修改公布）的第21条规定中的附表1（以下简称日本消防附表1）。

下列各款规定的防火对象或其部分，必须设置火灾自动报警设备。

1. 日本《消防》附表1中第十三项2款列举的、总面积在$200m^2$以上的防火对象。

2. 日本《消防》附表1中第九项1款列举的、总面积在 $200m^2$ 的防火对象。

3. 日本《消防》附表1中第一项至第四项、第五项列举的、总面积在 $300m^2$ 以上的防火对象。

4. 日本《消防》附表1中第五项第2款，第七项、第八项、第九项、第十项、第十二项、第十三项第1款及第十四项列举的、总面积在 $500m^2$ 以上的防火对象。

5. 日本《消防》附表1中第十项及第十五项列举的、总面积在 $1000m^2$ 以上的防火对象。

日本《消防》附表1中第十六项第2款列举的、总面积在 $300m^2$ 以上的防火对象。

6. 除前5款列举的以外，日本《消防》附表1规定的建筑物和其他设施中，当贮存或管理有日本《消防法实施令》附表2中规定数量的500倍以上准危险物或附表3中规定数量500倍以上特殊可燃物的地方。

7. 除前6款列举的防火对象外，日本《消防》附表1中列举的、地板面积在 $300m^2$ 以上的建筑物的地下层、无窗层或3层以上楼层。

8. 除前各款列举的防火对象或其它部分外，表10.3.1中列举的，做停车场使用的且面积在 $200m^2$ 以上的防火对象的地下层或2层以上的楼层（不包括停放的所有车辆同时开出的结构层）。

9. 日本《消防》附表1中第十六项第1款列举的防火对象中，总面积在 $500m^2$ 以上的以及用于该表中第一项至第四项、第五项1款、第六项或第九项1款所列举的防火对象的部分、总面积在 $300m^2$ 以上的。

10. 日本《消防》附表1中列举的、面积在 $500m^2$ 以上的防火对象的通信机器室。

11. 除前各款列举的以外，日本《消防》附表1中的防火对象11层以上的楼层。

日本《消防法实施令》第21条规定中的附表1

一	1. 剧院、电影院、艺术剧院或展览馆；2. 礼堂或集会场所
二	1. 酒楼、咖啡馆、夜总会及其它类似场；2. 游艺场、舞厅
三	1. 会客厅、饭馆及其它类似场；2. 饮食店
四	1. 百货店、商场及其它经营出售物品的店铺和陈列馆
五	1. 旅馆、旅店或招待所；2. 集体宿舍、公寓或公共住宅
六	1. 医院、门诊部或接生站； 2. 老人福利设施、收费老人公寓、救护设施，急救设施、儿童福利设施（不包括母子宿舍及儿童卫生设施）、残废人员救护设施（只限收残废者）或神经衰弱者救护设施； 3. 幼儿园、盲校、聋哑学校或保育学校
七	小学、中学、高中、中等专科学校、大学、专科学校等，各种学校和其它类似的场所
八	图书馆、博物馆、美术馆及其它类似的场所
九	1. 公共浴池中土耳其式浴池、蒸气浴及其它类似场所； 2. 一款以外的公共浴池
十	停车场、码头或机场（只限旅客候机用的建筑物）
十一	神社、寺院、教会及其它类似场所
十二	1. 工厂、作业场；2. 电影播音室、电视演播室
十三	1. 汽车库或停车场；2. 飞机库或螺旋飞机库
十四	仓库
十五	不属于前面各项的事业单位
十六之一	1. 多用途的防火对象中，其一部分是供第一项至第四项、第五项1款、第六项或第九项1款列举的防火对象用的； 2. 一款列举的防火对象以外的多用途防火对象
十六之二	地下街
十七	根据文物保护法（1950年法律第214号）的规定，被定为重要文物、重要民族色彩文物、古迹或重要的文化财产的建筑物。或根据古老重要美术品等保存法律的规定认定为重要美术品的建筑物
十八	总长50m以上的拱顶商店街
十九	市、町、村长指定的山林
二十	自治省令规定的车、船

本条规定安装范围，既总结国内安装火灾自动报警的实践经验，又适当考虑今后的发展情况提出以下六个方面：

1．大中型电子计算机房（据电子工业部电子计算机总局介绍，国内外划分大中型电子计算机尚无统一标准，一般可根据计算机的价值、运算速度、字长等条件确定。目前我国划分标准大体是：价值在100万元以上，运算速度在100万次以上，字长在32位以上，可算作大中型电子计算机房）。

2．贵重的机器、仪器、仪表设备室（主要是指性质重要、价值特高的精密机器、仪器、仪表设备室）。

3．每座占地面积超过1000m²的棉、毛、丝、麻、化纤及其织物库房，因为这样大的库房，贮量相应增大，价值高，发生火灾后损失大。

4．设有卤代烷、二氧化碳等固定灭火装置的其他房间。因为装有这些固定灭火装置的，一般为大中型电子计算机房、重要通讯机房、重要资料档案库、珍藏库等，为了达到早报警、早扑救，以减少损失的目的，故作了本款规定。

5．广播、电信楼的重要机房。因为这些建筑的重要机房，一旦发生火灾，将会对通讯、广播中断，造成重大经济损失和不良政治影响，因此，作为重点保护十分必要。

6．火灾危险大的重要实验室等。

7．图书、文物珍藏室，系指价值高的绝本图书和古代珍贵文物贮藏室；一幢书库藏书数量100万册以上，一旦发生火灾损失，需要装置火灾自动报警装置加以保护；重要的档案、资料库，一般是指人事和其他绝密、秘密的档案和资料。

8．超过4000个座位的体育馆观众，有可燃物的吊顶内及其电信设备室。这主要是有配电线路、木马道、风管可燃保温材料等物。

9．高级旅馆系指建筑物标准高、功能复杂、可燃装修、设有空气调节系统的旅馆。

第10.3.2条 本条对散发可燃气体、可燃蒸汽的甲类厂房和场所，应设置固定的可燃气体浓度检漏报警装置作了规定。

1．近十几年来，我国引进的化工生产装置和其他易燃易爆生产设备，在其装置区或某些部位，大多设有固定可燃气体、可燃蒸气检漏报警装置，如北京前进化工厂、上海石化总厂的化工一厂加氢车间、分离车间，辽阳石油化纤总厂和四川维尼纶厂的制氧、乙炔、醋酸乙烯、甲醇装置，南京烷基苯厂的压缩机房、吉林有机化工厂等，都设有这类检漏报警装置，均起了将火灾爆炸事故发现在萌芽状态作用，收到了较好的实效。现将这些安装的可燃气体检漏器列于下表10.3.2-a和表10.3.2-b。

2．我国有关科研、生产单位，正在积极研究和生产可燃气体检漏报警器，有的已安装使用。现列表如10.3.2-b。

可燃气体检漏器产品　　表10.3.2-a

序号	使用厂名称	检漏器种类	型　号	生产厂家
1	北京前进化工厂	扩散式检漏器	GD－A30	日本理研计器工业公司
2	北京前进化工厂	检漏报警显示盘	GP－840－3A30	同　上
3	上海石化总厂的化工一厂加氢车间、分离车间	扩散式检漏器	GD－A30	同　上
4	同　上	导入式检漏器	GD－D5	同　上
5	同　上	检漏报警显示盘	GP－140M	同　上
6	辽阳石油化纤总厂	检漏器		法国卜劳士公司
7	同　上	检漏报警显示盘		同　上
8	四川维尼纶厂的制氧、乙炔、醋酸乙烯、甲醇装置	固定式检漏器	FL50	法国斯贝西姆公司
9	四川维尼纶厂	便携式检漏器	608	法国斯贝西姆公司

续表 10.3.2-a

序号	使用厂名称	检漏器种类	型　号	生产厂家
10	南京烷基苯厂的压缩机房	检漏器		意大利×厂
11	山东第二化肥厂压缩机房和分析室	扩散式检漏器	GD－A30	日本××制作所
12	同　上	检漏报警显示盘	GP－830－4A30	日本××制作所

国产可燃气体检漏器一览表　　表 10.3.2-b

检漏器型号	生产单位	备　注
NQ 型气敏半导体元件	沈阳市半导体器件五厂	
RQB-2 型可燃气体检漏报警器	抚顺市仪器仪表厂	可带 10 探头
KQJ-1 型可燃气体检漏仪	锦州市消防器材厂	
BJ-2 BJ-3 BJ-4 可燃气体安全报警器	哈尔滨市通江晶体管厂	适用于检漏天然气、煤气、液化石油气、甲烷等
TEC-24 TEC-400 TEC-400A TEC-600 TEC-900A TEC-900B TEC-800	深圳通华电子有限公司	
QM308 型可燃气体检漏报警器 RH-101 可燃气体报警器	辽阳市电子技术实验厂 北京气体分析器厂	
RH-31 型可燃气体报警器	南京分析仪器厂	

第 10.3.3 条　本条对设有火灾自动报警装置和自动灭火装置（如自动喷水灭火系统、卤代烷 1211 灭火系统、卤代烷 1301 灭火系统、二氧化碳灭火系统等），要优先考虑设置消防控制室。

鉴于消防控制室是建筑物内防火、灭火设施的显示控制中心，也是火灾时的扑救指挥中心，地位十分重要。参考《高层民用建筑设计防火规范》的规定，结合一般建筑物的特点，提出了本条规定。

第 10.3.4 条　本条对消防控制室的功能作了原则规定。

最近十几年来，日本、美国、英国、法国、西德、新加坡等国家和香港地区，对大型工业企业和公共建筑等的防火技术比过去更加重视。将防火安全纳入本企业、本建筑物的自动化管理范围，使消防、防盗等一起考虑，构成统一防灾系统，并通过电子计算机和闭路电视系统等，结合设备运行和经营管理等工作，实行全自动化管理。

考虑到我国经济技术条件、消防设备情况不同，其控制功能有繁有简，重要建筑物，大致宜有下列功能：

1. 接受火灾报警；
2. 发出火灾信号和安全疏散指令（为应急疏散照明，广播、警笛等）；
3. 控制消防水泵、自动灭火设备；
4. 关闭有关防火门、电动的防火卷帘门等；
5. 切断有关通风空调系统；
6. 起动排烟风机、排烟阀门等装置；
7. 切断有关电源；
8. 平时显示电源运行情况；
9. 电视安全监视系统；
10. 消防电梯运行情况等。

图 10.3.4 为日本大型建筑的消防控制中心的功能。

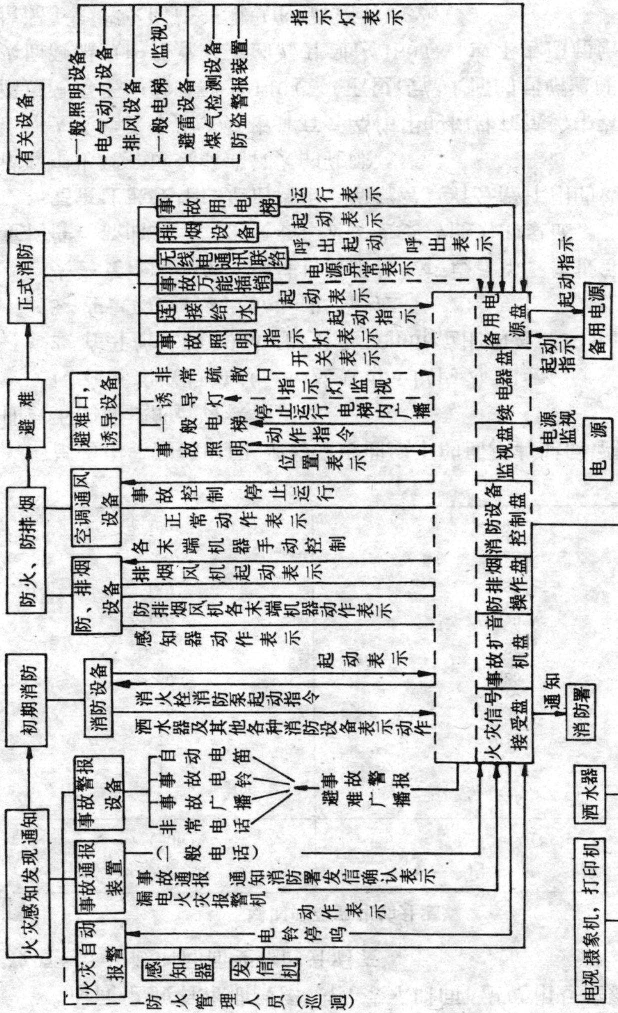

图 10.3.4 日本消防控制中心的功能（以大型建筑为例）

附录一 部分名词解释

一、耐火极限

本条是根据公安部部颁标准《梁、板和非承重建筑构件耐火试验方法》（GN15-82）修改的，使之更加接近国际标准。

构件试验标准升温。系指炉内温度的上升，它是随时间而变化，一般按下列关系式控制：

$$T-T_0=345\log(8t+1)$$

式中 t ——试验所经历的时间（min）；

T ——t 时间的炉内温度（℃）；

T_0——试验开始时的炉内温度（℃）。

若 T_0 与室内温度不相等时，其差值不应大于 20℃。

表示以上函数的曲线，即“时间-温度标准曲线”如下图 1 所示。

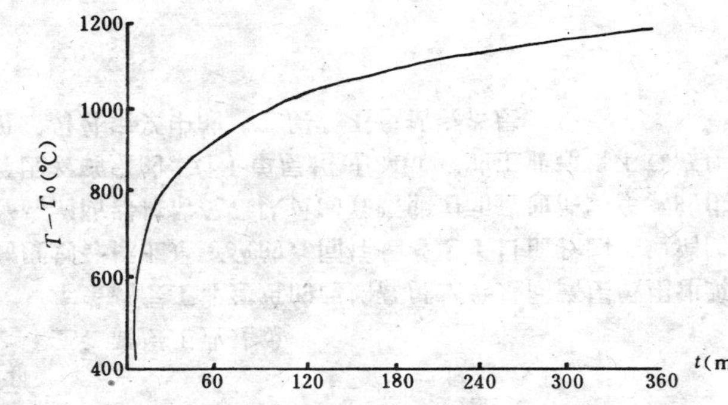

图 1 时间-温度标准曲线图

“时间-温度标准曲线图”中，表示时间、温度相互关系的代表数值列于“随时间而变化的升温表”。

随时间而变化的升温表

时间 t (min)	炉内温度 $T-T_0$ (℃)
5	556
10	659
15	718
30	821
60	925
90	986
120	1029
180	1090
240	1133
360	1193

试验中实测的时间-平均温度曲线下的面积与时间-温度标准曲线下的面积的允许误差：

1. 在开始试验的 10min 及 10min 以内为±15%；

2. 在开始试验 10min 以上至 30min 范围内为±10%；

3. 在试验进行到 30min 以后为±5%。

失去支持能力是指构件自身解体或垮塌；梁、楼板等受弯承重构件，挠曲速率发生突变，是失去支持能力的象征。

完整性被破坏：是指楼板、隔墙等具有分隔作用的构件，在试验中出现穿透裂缝或较大的孔隙。

失去隔火作用：是指具有分隔作用的构件在试验中背火面测温点测得平均温升到达 140℃ （不包括背火面的起始温度）；或背火面测温点中任意一点的温升到达 180℃；或不考虑起始温度的情况下，背火面任一测点的温度到达 220℃。

二、甲、乙、丙类液体

甲、乙、丙类液体系原规范中的易燃液体、可燃液体。这次修改是为了同国家标准《石油库设计规范》等协调一致，以利执行。

三、高层工业建筑

本条高层工业建筑的起始高度划分是同高层民用建筑的起始高度划分标准是一致的，同样是考虑了目前我国各地消防队伍的登高消防器材情况、队员的登高能力和普通消防车辆的供水能力等因素确定的。对于单层超过 24m 高的工业建筑不算高层工业建筑。另外定义中的“二层”不包括设备层。

附录二　建筑构件的燃烧性能和耐火极限

一、为了获得我国各种建筑构件的燃烧性能和耐火极限技术数据，为修订、制订建筑设计防火规范提供依据。公安部四川消防科研所从1972年以来，开展了建筑构件耐火性能试验研究工作。到1985年第一季度止，该所共提供了194种建筑构件的耐火极限数据中非承重墙68种，柱19种，梁13种，楼板和屋顶承重构件37种，吊顶29种，门28种)。这次修订就是根据四川消防科研所提供的试验数据而补充的。

二、建筑构件的燃烧性能系指非燃、难燃和燃烧三种。

附：四川消防科研所提供的“建筑构件耐火极限数据表”

建筑构件耐火极限数据表

序号	构件名称	材料规格（毫米）	保护层（毫米）	耐火极限（小时）	备注
一	非承重墙				
(一)	粘土砖墙				
1	普通粘土砖墙	墙厚60（不包括双面抹灰15）		1.50	
2	普通粘土砖墙	墙厚120（不包括双面抹灰15）		3.00	
3	普通粘土砖墙	墙厚180		5.00	
4	普通粘土砖墙	墙厚240		8.00	
5	七孔粘土砖墙	结构厚120（不包括墙中空120）		8.00	
6	双面抹灰七孔粘土砖墙	结构厚140（不包括墙中空120）		9.00	
(二)	条石墙				
7	青石墙	墙厚400		5.00	
(三)	硅酸盐砌块墙				
8	粉煤灰硅酸盐砌块墙	墙厚200		4.00	
(四)	轻质混凝土墙				
9	加气混凝土砌块墙	厚75（水泥、矿渣、砂）		2.50	北京
10	加气混凝土砌块墙	厚100（水泥、矿渣、砂）		3.75	北京
11	加气混凝土砌块墙	厚150（水泥、矿渣、砂）		5.75	北京
12	加气混凝土砌块墙	厚200（水泥、矿渣、砂）		8.00	北京
13	钢筋加气混凝土垂直墙板墙	厚150		3.00	北京
14	粉煤灰加气混凝土砌块墙	厚100（粉煤灰、水泥、石灰）		3.40	武汉
15	粉煤灰加气混凝土砌块墙	厚200（粉煤灰、水泥、石灰）		6.00	武汉
16	充气混凝土砌块墙	厚150（水泥、生石灰、砂）		7.50	丹东
17	充气混凝土砌块墙	厚150（水泥、生石灰、矿渣）		7.50	丹东
18	支云牌加气混凝土砌块墙	厚100（水泥、生石灰、粉煤灰、石膏）		6.00	南通
19	支云牌加气混凝土砌块墙	厚200（水泥、石灰、粉煤灰、石膏）		8.00	南通
(五)	木龙骨两面钉下列材料的隔墙				
20	钢丝（板）网抹灰	墙厚15+70（空）+15		0.85	
21	石棉水泥板	墙厚6+70（空）+6		0.05	
22	苇箔抹灰	墙厚15+70（空）+15		0.50	
23	板条抹灰	墙厚15+70（空）+15		0.85	
24	水泥刨花板	墙厚15+70（空）+15		0.30	
25	板条抹灰隔热灰浆	墙厚20+70（空）+20		1.25	1∶4水泥、石棉、灰浆
26	3mm厚纤维纸板	墙厚3+70（空）+3		0.12	
27	6mm厚纤维纸板	墙厚6+70（空）+6		0.20	
(六)	轻质复合隔墙				
28	石棉水泥板夹纸蜂窝隔墙	墙厚3+25（纸蜂窝）+3		0.20	
29	菱苦土板夹纸蜂窝隔墙	墙厚2.5+50（纸蜂窝）+25		0.33	

续表

序号	构件名称	材料规格（毫米）	保护层（毫米）	耐火极限（小时）	备注
30	水泥刨花复合板隔墙	墙厚 80（包括 60 厚中空层）		0.75	
31	水泥刨花龙骨水泥刨花板隔墙	墙厚 12+86（空）+12		0.50	
32	钢龙骨水泥刨花板隔墙	墙厚 12+76（空）+12		0.45	
33	钢龙骨 TK 板隔墙	墙厚 5+75（空）+6		0.30	
34	石棉水泥龙骨 TK 板隔墙	墙厚 5+80（空）+6		0.45	
35	钢质壁板隔墙	墙厚 1+48（填聚苯乙烯）+1		0.12	
36	玻璃丝布壁板隔墙	墙厚 7+46（空）+7		0.15	五层板上粘玻璃丝布
37	三聚氰胺壁板隔墙	墙厚 5.5+39（纸蜂窝）+5.5		0.15	三层板上粘三聚氰胺板
（七）	石膏板隔墙				
38	钢龙骨纸面石膏板隔墙	墙厚 12+46（空）+12		0.33	
39	钢龙骨纸面石膏板隔墙	墙厚 2×12+70(空)+3×12		1.25	
40	钢龙骨纸面石膏板隔墙	墙厚 2×12+70（填矿棉）+2×12		1.20	
41	钢龙骨双层普通石膏板隔墙	墙厚 2×12+75(空)+2×12		1.10	板内掺纸纤维
42	钢龙骨双层防火石膏板隔墙	墙厚 2×12+75(空)+2×12		1.50	板内掺玻璃纤维
43	钢龙骨双层防火石膏板填岩棉隔墙	墙厚 2×12+75（岩棉厚 40）+2×12		1.60	板内掺玻璃纤维
44	钢龙骨复合纸面石膏板隔墙	墙厚 15+75（空）+1.5+9.5		1.10	双层板受火
45	木龙骨无纸面纤维石膏板隔墙	墙厚 10+55（空）+10		0.60	
46	木龙骨有纸面纤维石膏板隔墙	墙厚 10+55（空）+10		0.63	
47	石膏龙骨纤维石膏板隔墙	墙厚 8.5+103(填矿纤)+8.5		1.00	

续表

序号	构件名称	材料规格（毫米）	保护层（毫米）	耐火极限（小时）	备注
48	石膏龙骨纤维石膏板隔墙	墙厚 10+64（空）+10		1.35	
49	石膏龙骨纸面石膏板隔墙	墙厚 11+68(填矿毡)+11		0.75	
50	石膏龙骨纸面石膏板隔墙	墙厚 11+28(空)+11+65（空）+11+28（空）+11		1.50	
51	石膏龙骨纸面石膏板隔墙	墙厚 9+12+128(空)+12+9		1.20	
52	石膏龙骨纸面石膏板隔墙	墙厚 25+134（空）+12+9		1.50	
53	石膏龙骨纸面石膏板隔墙	墙厚 12+80(空)+12+12+80（空）+12		1.00	
54	石膏龙骨纸面石膏板隔墙	墙厚 12+80（空）+12		0.33	
55	石膏珍珠岩空心条板隔墙	墙厚 60（膨胀珍珠岩容重 50～80kg/m³）		1.50	
56	石膏硅酸盐空心条板隔墙	墙厚 60		1.50	
57	石膏珍珠岩空心条板隔墙	墙厚 60（膨胀珍珠岩 60～120kg/m³）		1.20	
58	石膏珍珠岩塑料网空心条板隔墙	墙厚 60（膨胀珍珠岩 60～120kg/m²）		1.30	
59	石膏珍珠岩空心条板隔墙	墙厚 90		2.25	
60	石膏粉煤灰空心条板隔墙	墙厚 90		2.25	
61	石膏珍珠岩双层空心条板隔墙	墙厚 60+50（空）+60		3.75	膨胀珍珠岩 51～80kg/m³
62	石膏珍珠岩双层空心条板隔墙	墙厚 60+50（空）+60		3.25	膨胀珍珠岩 60～120kg/m³
（八）	新型空心条板隔墙				
63	碳化石灰圆孔空心条板隔墙	墙厚 90		1.75	
64	苦土珍珠岩圆孔空心条板隔墙	墙厚 80		1.30	
（九）	大板墙				

续表

序号	构件名称	材料规格（毫米）	保护层（毫米）	耐火极限（小时）	备注
65	钢筋混凝土大板墙	墙厚 60 200 号混凝土		1.00	
66	钢筋混凝土大板墙	墙厚 120 200 号混凝土		2.60	
67	钢筋混凝土填纸蜂窝大型保温墙	墙厚 25+90（纸蜂窝）+25		1.00	两面 25 厚为 300 号混凝土
68	CRC 复合板外墙	墙厚 10（玻纤增强水泥面层）+100（珍珠保温层）+10（面层）		4.40	
二	柱				
(一)	钢筋混凝土柱				
1	钢筋混凝土柱	200 号混凝土 180×180		1.20	
2	钢筋混凝土柱	200 号混凝土 200×200		1.40	
3	钢筋混凝土柱	200 号混凝土 240×240		2.00	
4	钢筋混凝土柱	200 号混凝土 300×300		3.00	
5	钢筋混凝土柱	200 号混凝土 200×400		2.70	
6	钢筋混凝土柱	200 号混凝土 200×500		3.25	
7	钢筋混凝土柱	200 号混凝土 300×500		4.70	
8	钢筋混凝土柱	200 号混凝土 370×370		4.30	
(二)	砖　柱				
9	普通粘土砖柱	370×370		5.00	
(三)	钢　柱				
10	无保护层的钢柱			0.25	
11	用金属网抹 50 号砂浆保护		25	0.80	
12	用金属网抹 50 号砂浆保护		50	1.35	
13	加气混凝土保护		40	1.00	
14	加气混凝土保护		50	1.40	
15	加气混凝土保护		70	2.00	
16	加气混凝土保护		80	2.33	
17	用 200 号混凝土保护		25	0.80	
18	用 200 号混凝土保护		50	2.00	
19	用 200 号混凝土保护		100	2.85	

续表

序号	构件名称	材料规格（毫米）	保护层（毫米）	耐火极限（小时）	备注
三	梁				
1	钢筋混凝土简支梁	非预应力钢筋	10	1.20	
2	钢筋混凝土简支梁	非预应力	20	1.75	
3	钢筋混凝土简支梁	非预应力钢筋	25	2.00	
4	钢筋混凝土简支梁	非预应力钢筋	30	2.30	
5	钢筋混凝土简支梁	非预应力钢筋	40	2.90	
6	钢筋混凝土简支梁	非预应力钢筋	50	3.50	
7	钢筋混凝土简支梁	非预应力钢筋	下 40 侧 20	2.60	
8	钢筋混凝土简支梁	非预应力钢筋	下 50 侧 30	3.30	
9	预应力钢筋混凝土简支梁	预应力钢筋或高强度钢丝	25	1.00	
10	预应力钢筋混凝土简支梁	预应力钢筋或高强度钢丝	30	1.20	
11	预应力钢筋混凝土简支梁	预应力钢筋或高强度钢丝	40	1.50	
12	预应力钢筋混凝土简支梁	预应力钢筋或高强度钢丝	50	2.00	
13	无保护层的钢梁			0.25	
四	楼板和屋顶承重构件				
(一)	预制空心楼板				
1	钢筋混凝土圆孔空心楼板	3300×600×180	10	0.90	
2	钢筋混凝土圆孔空心楼板	3300×600×190	20	1.25	
3	钢筋混凝土圆孔空心楼板	3300×600×200	30	1.50	
4	预应力钢筋混凝土圆孔楼板	3300×700×90	10	0.40	
5	预应力钢筋混凝土圆孔楼板	3300×700×100	20	0.70	
6	预应力钢筋混凝土圆孔楼板	3300×700×110	30	0.85	
7	钢筋混凝土单方孔楼板	3600×300×180	15	0.85	

续表

序号	构件名称	材料规格（毫米）	保护层（毫米）	耐火极限（小时）	备注
8	钢筋混凝土双方孔楼板	3300×600×100	10	0.90	
（二）	走道板				
9	钢筋混凝土走道板	1800×800×70	10	0.90	
10	预应力钢筋混凝土走道板	1800×700×50	8	0.50	
（三）	四面简支楼板				
11	四面简支钢筋混凝土楼板	板厚 70	10	1.40	
12	四面简支钢筋混凝土楼板	板厚 80	20	1.50	
13	四面简支钢筋混凝土楼板	板厚 90	30	1.85	
（四）	整体式梁板				
14	现浇钢筋混凝土整体式梁板	板厚 70	10	1.40	
15	现浇钢筋混凝土整体式梁板	板厚 80	20	1.50	
16	现浇钢筋混凝土整体式梁板	板厚 90	10	1.75	
17	现浇钢筋混凝土整体式梁板	板厚 90	20	1.85	
18	现浇钢筋混凝土整体式梁板	板厚 100	10	2.00	
19	现浇钢筋混凝土整体式梁板	板厚 100	20	2.10	
20	现浇钢筋混凝土整体式梁板	板厚 100	30	2.15	
21	现浇钢筋混凝土整体式梁板	板厚 110	10	2.25	
22	现浇钢筋混凝土整体式梁板	板厚 110	20	2.30	
23	现浇钢筋混凝土整体式梁板	板厚 110	30	2.40	
24	现浇钢筋混凝土整体式梁板	板厚 120	10	2.50	
25	现浇钢筋混凝土整体式梁板	板厚 120	20	2.65	
（五）	钢梁上铺非燃烧体楼板或屋面板				

续表

序号	构件名称	材料规格（毫米）	保护层（毫米）	耐火极限（小时）	备注
26	梁、桁架无保护层			0.25	
27	梁有钢丝网抹灰粉刷		10	0.50	
28	梁有钢丝网抹灰粉刷		20	1.00	
29	梁有钢丝网抹灰粉刷		30	1.25	
（六）	屋面板				
30	钢筋加气混凝土屋面板	3300×600×150	15	1.25	水泥、矿渣、砂等制成
31	钢筋加气混凝土屋面板	6000×600×150	15	1.25	水泥、矿渣、砂等制成
32	钢筋充气混凝土屋面板	3300×600×150	20	1.60	水泥、生石灰、砂等制成
33	钢筋充气混凝土屋面板	3300×600×150	20	1.65	水泥、生石灰、金尾矿等制成
34	钢筋混凝土方孔屋面板	5780×600×300	10	1.20	
35	预应力钢筋混凝土槽形屋面板	3600×700×180	10	0.50	
36	预应力钢筋混凝土槽瓦	3300×900×25	10	0.50	
37	轻型纤维石膏屋面板	3200×1500×45		0.60	
五	吊顶				
（一）	木吊顶搁栅				
1	钢丝网抹灰	灰厚 15		0.25	
2	板条抹灰	灰厚 15		0.25	
3	钉水泥刨花板	板厚 25		0.12	
4	钢丝抹 1∶4 水泥石棉灰	灰厚 20		0.50	
5	板条抹 1∶4 水泥石棉灰	灰厚 20		0.50	
6	苇箔抹灰	灰厚 15		0.15	
7	钉氧化镁锯末复合板	板厚 13		0.28	
8	钉纤维纸板	板厚 6		0.10	
9	钉石膏装饰板	板厚 10		0.25	
10	钉平面石膏装饰板	板厚 12		0.30	
11	钉纸面石膏板	板厚 9.5		0.25	
12	钉双层石膏板	板厚 8+8		0.45	
13	钉珍珠岩复合吸音板	板厚 15（穿孔板）+15（吸音板）		0.30	由珍珠岩、水泥制成

续表

序号	构件名称	材料规格（毫米）	保护层（毫米）	耐火极限（小时）	备注
14	钉矿棉吸音板	板厚 20		0.15	
15	钉三聚氰胺板	4.5（三合板）+40（聚苯乙烯保温）+4.5+1（三聚氰胺板）		0.05	
16	钉硬质木屑板	板厚 10		0.20	
17	钉铝箔纸板	8mm 厚波形纸板，两面粘以 16 微米厚铝箔		0.05	
18	钉双层铝箔纸板			0.10	
19	涂过氯乙烯防火涂料的纤维纸板	板厚 5		0.05	
20	钉湿法生产的石棉水泥板	板厚 6		0.40	
21	钉干法生产的石棉水泥板	板厚 6		0.03	
（二）	钢吊顶搁栅				
22	钢丝（板）网抹灰	灰厚 15		0.25	
23	钉石棉板	板厚 10		0.85	
24	钉石棉水泥板	板厚 6		0.03	
25	钉双层石膏板	板厚 10+10		0.30	
26	钉石膏板和石棉水泥板	板厚 3（日本产石棉水泥板）+10		0.30	
27	钉 TK 板	板厚 4		0.10	
28	挂石棉型硅酸钙板	板厚 10		0.30	
29	挂薄钢板中填陶瓷棉复合板	板厚 0.5+39（陶瓷棉）+0.5		0.40	
六	门				
（一）	经防火涂料处理的木质防火门				
1	门扇内填岩棉	0820　门扇厚 41		0.60	
2	门扇内填岩棉	0920　门扇厚 41		0.60	
3	门扇内填岩棉	1020　门扇厚 41		0.60	
4	门扇内填硅酸铝纤维	0820　门扇厚 41		0.60	
5	门扇内填硅酸盐铝纤维	0920　门扇厚 41		0.60	
6	门扇内填硅酸盐铝纤维	1020　门扇厚 41		0.60	

续表

序号	构件名称	材料规格（毫米）	保护层（毫米）	耐火极限（小时）	备注
7	门扇内填硅酸铝纤维	1521　门扇厚 47		0.90	
8	门扇内填硅酸铝纤维	1221　门扇厚 47		0.90	
9	门扇内填硅酸铝纤维	0921　门扇厚 47		0.90	
10	门扇内填硅酸铝纤维	1021　门扇厚 47		0.90	
11	门扇内填矿棉板	1521　门扇厚 47		0.90	
12	门扇内填矿棉板	0921　门扇厚 47		0.90	
13	门扇内填矿棉板	1021　门扇厚 47		0.90	
14	门扇内填矿棉板	1221　门扇厚 47		0.90	
15	门扇内填无机轻体板	0921　门扇厚 47		0.90	
16	门扇内填无机轻体板	1021　门扇厚 47		0.90	
（二）	金属防火门				
17	钢门框、门扇用 10 厚薄钢板	1521 门扇填硅酸铝纤维，总厚 47		0.60	
18	钢门框、门扇用 10 厚薄钢板	1221 门扇填硅酸铝纤维，总厚 47		0.60	
19	钢门框、门扇用 10 厚薄钢板	0921 门扇填硅酸铝纤维，总厚 47		0.60	
20	钢门框、门扇用 10 厚薄钢板	1021 门扇填硅酸铝纤维，总厚 47		0.60	
21	钢门框、门扇用 10 厚薄钢板	1521 门扇填岩棉，总厚 47		0.60	
22	钢门框、门扇用 10 厚薄钢板	1221 门扇填岩棉，总厚 47		0.60	
23	钢门框、门扇用 10 厚薄钢板	0921 门扇填岩棉，总厚 47		0.60	
24	钢门框、门扇用 10 厚薄钢板	1021 门扇填岩棉，总厚 47		0.60	
25	钢门框、门扇用 10 厚薄钢板	0920 门扇填硅酸铝纤维，总厚 45		0.60	
26	钢门框、门扇用 10 厚薄钢板	1021 门扇填硅酸钙板和硅酸铝纤维，厚 45		1.20	
27	钢门框、门扇用 10 厚薄钢板	1021 门扇填硅酸铝纤维，厚 45		0.90	
28	钢门框、门扇用 10 厚薄钢板	1021 门扇填硅酸铝纤维和岩棉，总厚 45		0.90	

（公安部四川消防科研所）

附录三　生产的火灾危险性分类举例

根据全国各地的工厂、企事业单位、设计和消防部门等来函和调查（包括走访、座谈收集到的意见），本稿对生产的火灾危险性分类举例中不合适的地方做了修改。去掉了国家已明文停止生产的举例，补充了一些必要的生产举例。

一、变动部分：

1. 根据各地反映的意见。举例中有许多例子是某某车间或某某工段，这样写是不完全确切的。因为有些车间或工段是按行政的车间、工段来划分的，不一定是专指厂房而言，况且有的一个车间就分成几个工段，一个工段又管几栋厂房。为较确切地划分出生产中火灾危险的部位，故本次修改尽量将比较有把握的“车间”或“工段”改写成“厂房”或“部位”。

2. 原规范“丁类”第3项的“树脂塑料的加工车间”不合适的，因为合成树脂塑料中有很多是可燃的，并非难燃物，故改写成“酚醛泡沫塑料的加工厂房”、“铝塑料加工厂房”、“自熄性塑料加工厂房”。

二、删去部分：

1. 经去有关医药部门调查，金霉素这种药国家已明文停止生产，故将举例“甲类”第1项中“金霉素车间粗晶及抽提工段”去掉。

2. 经去有关农药部门调查，“666”、“滴滴涕”这两种农药国家已在1983年明文停止生产，故将举例“甲类”第1项中“666车间光化及蒸馏工段”、“乙类”第1项中“滴滴涕车间”去掉。

3. 原规范中“甲类”第4项中的“敌百虫车间三氯化磷工段”较片面，为扩大范围，去掉“敌百虫车间”几个字，只写“三氯化磷厂房”。因为无论是生产或是使用“三氯化磷”的厂房，均属甲类生产。

三、补充的内容：

1. 医药的生产品种很多，具体写某厂某工序片面性较大，例子也举不全。写某一个单元反应，涉及面较宽。故可原则上掌握：原料药生产中大量使用汽油、乙醇等有机溶媒的厂房。如安乃近精制部位，维生素B_1精制部位，非纳西汀车间的烃化、回收及电感精馏部位，冰片精制厂房，皂素精制厂房等，均可划为“甲类”第1项。

抗菌素生产中大量使用乙醇、丙酮等有机溶媒的提炼厂房。如青霉素提炼厂房，强力霉素的提炼厂房，也应划在“甲类”第1项中。

例如，1982年3月某制药厂冰片车间粗晶工段，在结晶槽内用塑料管抽取120号汽油，产生静电起火，在救火中造成65人死亡，35人重伤的恶性事故。

2. 敌敌畏的合成厂房应划在“甲类”第1项。敌敌畏的生产过程中主要消耗的原料有敌百虫、碱、乳化剂、甲苯（或二甲苯）、纯苯。生产一吨80%的敌敌畏乳液，需消耗甲苯（或二甲苯）110～120kg，消耗纯苯约100多公斤。生产一吨50%的敌敌畏乳液，需消耗甲苯（或二甲苯）110～120kg，消耗纯苯约400多公斤。

甲苯、二甲苯、苯的物理数据表

物质名称	沸点（℃）	自燃点（℃）	闪点（℃）	爆炸极限体积百分比（%）
甲　苯	110.4	480	444	1.2～7
二甲苯	136.0	553	25	3.0～7.5
苯	80.1	555	−12	1.6～8

如1984年9月3日，某省农业生产资料公司北营七号库房存

放 49 吨敌敌畏。由于雷击起火，除敌敌畏几乎全部烧光以外，还烧毁库内其他物品，损失 66.3 万元。

3. 植物油加工厂的浸出厂房，应划在“甲类”第 1 项。植物油生产“浸出”过程中，按原粮食部的规定，油饼与溶剂油的重量比例一般为 1∶1，即一吨油饼需一吨溶剂油浸泡。溶剂油（6 号溶剂油）的闪点为－22℃，沸点为 75℃。气体比重是空气的 2.7 倍，爆炸极限为 1.25%～4.9%。

1972 年 12 月，某市油厂罐组内管道压力增大，考克芯子被顶开，混合油大量喷出，瞬间车间内充满溶剂油蒸汽，由于错按开关，配电盘闸刀开关保险丝烧断产生火花，引起燃烧爆炸，死 23 人，伤 31 人，15km 以外可以听到爆炸声，经济损失约 20 多万元，摧毁设备 60 余台。“浸出厂房”的事故多年来屡见不鲜，不可忽视。

4. 化肥厂的氢氮气压缩机厂房应划在甲类第 2 项中，氢气与氮气的混合比为 3∶1，氢气的比重（空气＝1）为 0.07，自燃点为 400℃，爆炸极限 4.1%～74.2%。

1981 年 5 月 15 日，某化工厂合成氨分厂氢氮气压缩机房，由于管道设计不合理，阀门关与开无明显标志，操作中工作人员不慎，误将氧气通入氢氮气管道中，由于静电火花（压缩机压力达 135 个大气压）引起爆炸（爆炸点有 8 处，起火点 15 处，爆炸声传出十几里）300m 以内的门窗玻璃全部碎裂，压缩机的一段缸炸坏，两个缓冲器被炸飞，铜洗塔的水泥保护层全部炸光。整个塔从 4m 高的平台上坠下，击穿 100mm 厚的钢筋混凝土地坪。冲入地下 1m，塔体的一些连接管道拉断，死亡 3 人，重伤 3 人，轻伤 16 人。设备、管道、仪表厂房的损失达 110 万元，抢修费 60 余万元。

5. 谷物筒仓工作间应划在“乙类”第 5 项中。“筒仓”是我国近年来新发展起来的一种新型建筑物，主要用于贮存粮食或煤粉等。筒仓在我国的港口分布较多。

1981 年 11 月 10 日，某港口谷物筒仓工作间，因用气焊维修设备，使管道内的悬浮状态的粉尘发生爆炸，又引起 21 个筒仓内的小麦粉尘相继爆炸。炸伤 7 人，损失 300 多万元。国外也常有筒仓爆炸的事故发生，如 1977 年 12 月 22 日，美国路易斯安那州，耸立在密西西比河沿岸的谷物筒仓发生激烈的粉尘爆炸，从提升塔向空中产生高达 30m 的火球，震动传出 16km 以外。一共有 73 座筒仓，其中 48 座被破坏，高 75m 的混凝土制的提升塔（工作间）半截崩溃。由于这次爆炸，包括 7 名谷物检查官在内，总共死 36 人，伤 9 人。过了两天，在被破坏的圆仓中，继续冒烟的谷物又燃烧起来，发生火灾，使损失加重。着火原因无法确定，据分析可能是运输带摩擦生热使粉尘着火爆炸的。

6. 从洁净厂房规范中充实的例子

（1）“甲类”第 1 项是“集成电路工厂的化学清洗间（使用闪点<28℃的液体）”。

（2）“甲类”第 2 项是“半导体材料厂使用氢气的拉晶间、硅烷热分解室”。

（3）“丙类”第 2 项中有“显像管厂装配工段烧枪间”、“磁带装配厂房”、“集成电路工厂的氧化扩散间、光刻间”，“计算机房已录数据的磁盘贮存间”。

附录四　贮存物品的火灾危险性分类举例

根据全国各地的企、事业单位，设计和消防部门来函和实地调查（包括走访、座谈收集到的意见），认为原规范贮存物品的火灾危险性分类举例基本上是合适的，本附录中予以保留。除个别的例子修改以外，又新补充一部分内容。同时补充一部分常用物质的有关物理数据。仅作为生产、贮存、设计时参考。

一、改动的内容：

“乙类”第2项中的“糠醛”，应划在“丙类”第1项。因为在有关资料中查到糠醛的闪点为60℃或66℃，符合“丙类”第1项。

二、补充的内容：

1. 硝酸铵（硝铵、铵硝石）应划在“甲类”第5项。从铁路“危险货物运输规则”中查到“硝酸铵”比重为1725，熔点为169.6℃，在210℃分解，与有机物、可燃物、亚硝酸钠、漂白粉、酸、铜、锌、铝、铅、硫等接触能引起爆炸或燃烧。符合“甲类”第5项条文。

2. “碳化铝”应划在“甲类”第2项中。由有关资料中查到“碳化铝”为绿灰色块状物，遇水即分解产生甲烷，而甲烷的沸点在−161℃，爆炸极限为5%～15%。符合“甲类”第2项条文。

三、贮存物品的火灾危险性分类补充举例，如表4-3。

贮存物品的火灾危险性分类补充　　表 4-3

类别	举　例
甲	2. 硅铝粉，氰氨化钙，磷化钙，硅化钙，硅钙，硅铁铝粉（矽铁铝），硅铁（矽铁），锌粉，磷化钾 3. 三异丁基铝，除氧催化剂，三乙基铝，白磷，三甲基铝，烷基氯化铝，纯烷基卤化铝，乙基锌，二甲基镁，二甲基锌，二氯乙基铝，烷基锂，二氨基镁，二苯基镁，三溴化三甲基铝，三氯化三甲基铝 4. 氢化铝粉、钯，金属钾合金 5. 硝酸钾，硝酸钠，过氧化氢，过氧化二苯甲酰，过氧化叔丁醇，高锰酸钾，高锰酸钠，过氯化锶，过氧化钡，过氧酸醋酐溶液，高氯酸钾，高氯酸钠，高氯酸钡，高氯酸锂，氯酸钯，氯酸锶，氯酸钡，漂粉精，硝酸钙，硝酸钡，硝酸脲，过氧化二叔丁酯，过苯甲酸叔丁酯，过苯二甲酸
乙	3. 铬酸（铬酸酐，三氧化铬，铬酐），重铬酸铵，重铬酸钡及其他重铬酸盐类，过硫酸铵，过硫酸钠，过硫酸钾，亚氯酸钠，五氧化二碘（碘酐），亚硝酸钠，亚硝酸钾，过硼酸钠，过氧化铅，过醋酸，过氧化环已酮浆，除蛔素 4. 干草（稻草、麦杆），环烷酸钴粉，树脂酸锰，四聚乙醛，亚硝基酚，硅粉，硫粉，联苯，邻苯二甲酸酐，金属锰粉及活性金属粉，火补胶，氢化铝锂，硼氢化锂，硼氢化钠，石灰氮（氰氨化钙，碳氮化钙），保险粉（低亚硫酸钠，二硫磺酸钠），金属钙（铜钙合金，钙），氢化铝，氢化钙，氢化钡，硼氢化钾，甲醇钠，安全火柴 5. 氧化亚氮气，氯气，高压压缩空气 6. 活性碳，连二亚硫酸钙，干椰子肉，潮湿或污染了的棉花，有油浸的废棉纱，含油的破布，无水或含结晶水在30%以下的硫化钠，植物油浸的棉、麻、毛、发、丝及野生纤维等，粉片柔软云母板

注：①上述举例主要参照“危险货物运输规则”和“国际海上危险货物运输规则”。

②值得说明的是，大于50度至小于60度的白酒，划为丙类，主要是白酒内含有水，其危险性不同于纯酒精，并考虑到实际情况，故未完全参照闪点来划分。

常用的甲、乙、丙类物品的性质

1	2	3	4	5	6	7	8	9				10
序号	物质名称	熔点	沸点	密 度	比重	闪点	自燃点	爆 炸 极 限				备 注
								下限	上限	下限	上限	
		℃	℃	克/立方厘米	—	℃	℃	体积(%)		克/立方米		
	乙醛	−123	20	0.78	1.52	<−20	140	4	57	73	1040	
	丙酮	−95	56	0.79	2.00	<−20	540	2.5	13.0	60	310	
	乙腈	−45	82	0.78	1.42	2	525	3.0		50		
	乙酰丙酮	−23		0.98	3.45	34	340					
	乙酰氯	−112	51	1.10	2.70	5	390					
	乙炔	−81	−84		0.90		305	1.5		16		
	丙烯醛	−88	52	0.84	1.94	<−20		2.8	31	65	730	
	丙烯腈	−82	77	0.80	1.83	−5	480					
	己二酸	151	265	1.37	5.04	196	420					
	己二腈	2	295	0.96	3.73							
	乙烷	−183	−89		1.04		515	3.2	15.5	40	195	
	乙醇胺	10	172	1.02	2.10	85						
	乙酸乙脂	−83	77	0.90	3.04	−4	460	2.1	11.5	75	420	
	丙烯酸乙脂	<−75	100	0.92	3.45	9	350	1.7		69		
	乙醚	−116	34.5	0.71	2.55	<−20	170	1.7	36	50	1100	
	乙醇	−114	78	0.79	1.59	12	425	3.5	15	67	290	
	乙胺	−81	17	0.68a	1.55			3.5	140	65	260	a 在 1.2 大气压
	乙基苯	−95	136	0.87	3.66	15	430	1.0	7.8	34	340	
	溴乙烷	−119	38	1.46	3.76		510	6.7	11.3	300	510	难燃烧
	氯乙烷	−136	12	0.89a	2.22		510	3.6	14.8	95	400	a 在 1.4 大气压
	乙烯	−169	−104	—	0.97		425	2.7	34	31	390	
	乙二胺	8	116	0.90	2.07	34	385					
	乙二醇	−16	197	1.11	2.14	111	410	32	53	80	1320	
	环氧乙烷	−112	11	0.88a	1.52		440	2.6	100b	47	1820b	a 在 1.5 大气压；b 自身分解
	氟乙烷	−143	−38	0.72a	1.66							a 在 7.2 大气压
	甲酸乙酯	−80	54	0.92	2.55	−20	440	2.7	13.5	80	410	
	乙基乙二醇		135	0.93	3.10	40	235	1.8	14.0	65	520	
	丙酸乙酯	−74	99	0.89	3.52	12	475	1.8	11	75	470	
	氯丙烯	−136	45	0.94	2.64	<−20	390	3.2	11.2	105	360	
	甲酸	8	101	1.22	1.59		520					
	氨	−78	−33	0.61	0.59		630	15	28	105	200	
	苯胺	−6	184	1.02	3.22	76	630	1.2	11	48	425	
	苯甲醚	−37	154	0.99	3.72	43	475					
	蒽	217	340	1.24	6.15	121		0.6		45		
	蒽醌	286	380	1.44	7.16	185						
	苯甲醛	−26	179	1.05	3.66	64	190	1.4		60		
	苯	6	80	0.88	2.70	−11	555	1.2	8.0	39	270	
	苯甲酸	122	250	1.27	4.21	121	570					
	苯甲醇	−15	206	1.04	3.72	101	435					
	四乙基铅	−136		1.65	11.1			1.8		240		

续表

1	2	3	4	5	6	7	8	9				10
序号	物质名称	熔点	沸点	密 度	比重	闪点	自燃点	爆 炸 极 限				备 注
								下限	上限	下限	上限	
		℃	℃	克/立方厘米	—	℃	℃	体积(%)		克/立方米		
	四甲基铅	−28	110	2.00	9.20	<21		1.8		200		
	邻苯二酚	105	245	1.34	3.79	127						
	溴苯	−31	156	1.50	5.41	65	565					
	丁二烯−13	−109	−4	0.62a	1.87		415	1.1	10	25	230	a 在 2.5 大气压
	正丁烷	−13.8	−1	0.58a	2.05		365	2.0	8.5	49	210	a 在 2.1 大气压
	异丁烷	−160	−12	0.56a	2.05			1.8	8.5	44	210	
	乙酸丁酯	−77	127	0.88	4.01	25	370	1.2	7.5	58	360	
	丙烯酸丁酯	−65	148	0.90	4.42							
	正丁醇	−89	118	0.81	2.55	29	340	1.4	10	43	310	
	异丁醇	−108	108	0.80	2.55	27	430	1.7		50		
	仲丁醇	−89	99	0.81	2.55	24	390					
	叔丁醇	26	83	0.79	2.55	11	470	2.3	8.0	70	250	
	1—丁烯	−185	−6	0.59a	1.94		440	1.6	10	35	235	a 在 2.6 大气压
	异丁烯	−140	−7	0.59a	1.94			1.8	8.8	40	210	a 在 2.6 大气压
	氯丁烯		72	0.93	3.31	<21		2.2	9.3	80	350	
	樟脑	179	209	1.00	5.24	66		0.6	−4.5	38	−280	
	正己酸	−4	206	0.93	4.01		380					
	氯苯	−45	132	1.11	3.88	28		1.5	11.0	70	520	
	氯乙酸	61	189	1.58	3.26	126		8		310		
	对硝基氯苯	83	242	1.37	5.44	127						
	2—氯丙烯	−135	23	0.93	2.63	<−20		4.5	16.0	140	510	
	环己烷	7	81	0.78	2.90	−18	260	1.2	8.3	40	290	
	环乙醇	24	161	0.95	3.45	68	300					
	环己酮	−26	156	0.95	3.38	43	430	1.3	9.3	380	430	
	环己烯	−104	83	0.81	2.83	<−20						
	环己胺	−18	134	0.86	3.42		200					
	顺萘	−43	196	0.90	4.77	61	260	0.7	4.9	40	280	
	二乙胺	−50	50	0.70	2.53	<−20		1.7	10.1	50	305	
	二乙二醇	−6.	244	1.12	3.66	124	225					
	对苯二甲酸二乙酯	44	296	1.12	7.66	117						
	氰	−28	−21	0.87a	1.80			6.0	43	130	930	a 在 5 个大气压
	苯二甲酸二甲酯		282	1.19	6.69	146	555					
	12—二硝基苯	118	318	1.57	5.79	150						
	二联苯	69	255	1.04	5.31	113	570	0.7	34	45	220	
	二苯胺	53	302	1.16	5.82	153	630					
	二苯醚	27	258	1.07	5.86	115	610	0.8	15	55	1060	
	乙酸	17	118	1.05	2.07	40	485	4.0	17	100	430	
	乙酐	−73	140	1.08	3.52	49	330	2.0	10.2	85	430	

续表

1	2	3	4	5	6	7	8	9				10
序号	物质名称	熔点	沸点	密 度	比重	闪点	自燃点	爆 炸 极 限				备 注
								下限	上限	下限	上限	
		℃	℃	克/立方厘米	—	℃	℃	体积(%)		克/立方米		
	甲醛	−117	−19	0.92a	1.03			7.0	73	87	910	a 近似5个大气压
	甲醛(水)				1.03	54	420					
	呋喃	−86	32	0.94	2.35	<−20	390	2.3	14.3	64	405	
	糠醛醇	−31	171	1.13	3.37	75	390	1.8	16.3	70	670	
	糠醛	−37	162	1.16	3.31	60	(315)	2.1	19.3	85	740	
	丙三醇	18	290	1.26	3.17	160	400					
	联氨	1	113	1.01	1.05			4.7	100a	60	1265a	a 自身分解
	对二苯酚	170	286	1.36	3.81	165	515					
	异戊二烯	−146	34	0.68	2.35	<−20	220	1	7	28	200	
	一氧化碳	−205	−191		0.97		605	12.5	74	145	870	
	顺丁烯二酐	53	202	0.93	3.38	103	380					
	甲基丙烯酸	15	161	1.02	2.97							
	甲烷	−182	−161		0.55			5.0	15.0	33	100	
	乙酸甲酯	−99	57	0.93	2.56	−10	475	3.1	16	95	500	
	甲醇	−98	65	0.79	1.10	11	455	5.5	44	73	590	
	甲胺	−92	−6	0.66a	1.07		430	5	20.7	60	270	a 在3.1大气压下
	溴甲烷	−94	4	1.68	3.27		535	8.6	20.0	335	790	a 在1.9大气压下
	氯甲烷	−98	−24	0.92a	1.78		625	7.1	18.5	150	400	a 在5大气压下
	二氯甲烷	−97	40	1.33	2.93		605	13	22	450	780	
	甲酸甲酯	−100	32	0.97	2.07	<−20	450	5.0	20	120	500	
	丙酸甲酯	−88	80	0.91	3.03	−2		2.4	13	85	500	
	异丙苯	−23	166	0.91	4.08		445	0.9	6.6	44	330	
	2—甲基四氢呋喃		80	0.85	2.97							
	一氯三氟乙烯	−158	−28	1.31	4.02			24	40.3	1150	1950	
	萘	80	218	1.14	4.42	80	540	0.9	5.9	45	320	
	硝基苯	6	211	1.20	4.25	88	480	1.8		90		
	正戊烷	−130	36	0.63	2.49	<−20	285	1.4	7.8	41	240	
	异戊烷	−160	28	0.62	2.49	<−20	420	1.3	7.6	38	420	
	苯酚	41	182	1.07	3.24	79	605					
	磷化氢	−134	−88	0.57a	1.17							a 在20大气压
	苯二甲酸	191a	289a	1.59	5.73	168						a 酐
	苯酐	131	285	1.53	5.11	152	580	1.7	10.5	100	650	
	丙烷	−188	−42	0.50a	1.56		470	2.1	9.5	39	180	
	丙炔	−103	−23	0.56a	1.38			1.7		28		a 在5.2大气压下
	丙醛	−81	49	0.81	2.00	<−20		2.3	21	55	510	
	正丙醇	−126	97	0.80	2.07		465	2.1	13.5	50	340	
	异丙醇	−88	82	0.78	2.07	12	425	2.0	12	50	300	
	正丙苯	−100	159	0.86	4.15	39		0.8	6.0	40	300	

续表

1	2	3	4	5	6	7	8	9				10
序号	物质名称	熔点	沸点	密 度	比重	闪点	自燃点	爆 炸 极 限				备 注
								下限	上限	下限	上限	
		℃	℃	克/立方厘米	—	℃	℃	体积(%)		克/立方米		
	异丙苯	−96	152	0.86	4.15	31	420	0.8	6.0	40	300	
	丙烯	−185	−48	0.51	1.49			2.0	11.7	35	210	
	吡啶	−42	115	0.98	2.73	17	550	1.7	10.6	56	350	
	间苯二酚	111	277	1.28	3.80	127						
	二硫化碳	−112	46	1.26	2.64	<−20	102	1.0	60	30	1900	
	硫化氢	−86	−60	0.79	1.19		270	4.3	45.5	60	650	
	苯乙烯	−31	145	0.91	3.59	32	490	1.1	8	45	350	
	四溴乙烷	−1	135	2.97	11.9							难燃
	四氢呋喃	−108	64	0.89	2.49	−20	230	2.0	12.4	60	370	
	噻吩	−38	84	1.06	2.90	−9	395	1.5	12.5	52	435	
	甲苯	−95	111	0.87	3.18	6	535	1.2	7.0	46	270	
	三乙基苯	<−70	218	0.87	5.60							
	三甘醇	−4	291	1.12	5.18	177	370	0.9	9.2	55	580	
	三氯乙烯	−86	87	1.46	4.53		410	7.9		430		
	氯乙烯	−154	−14	0.91a	2.16		413	3.8	29.3	95	770	a 在3.3大气压下
	氢	−259	−253		0.07		560	4.0	75.6	3.3	64	
	酒石酸	170		1.76	5.18		425					
	对二甲苯	18	138	0.86	3.66	25	525	1.1	7.0	48	310	
	天然气				0.52~1.5		550~750	4	16			
	水煤气				0.54			6.2	72			
	发生炉煤气				0.9		700	20.7	73.7			
	焦炉气							5.6	30.4			
	液化石油气			0.5	1.6		~400	2	15			
	石油醚		40~70		0.65	−50	246	1.1	6.0			
	汽油(航空等溶剂汽车汽油)		50~150		0.67~0.71	−58~+10	415~530	1.0	6.0			

注:以上数据主要参考了"可燃性气体、蒸气的安全技术参数手册"。

中华人民共和国国家标准

村镇建筑设计防火规范

GBJ 39—90

主编部门：中华人民共和国公安部
批准部门：中华人民共和国建设部
施行日期：1991年3月1日

关于发布国家标准《村镇建筑设计防火规范》的通知

(90)建标字第228号

根据国家计委计综〔1986〕2630号文通知的要求，由公安部会同有关部门共同修订的《村镇建筑设计防火规范》，已经有关部门会审。现批准《村镇建筑设计防火规范》GBJ39—90为国家标准，自一九九一年三月一日起施行。原《农村建筑设计防火规范》GBJ39—79同时废止。

本规范由公安部负责管理，其具体解释等工作由山西省公安厅负责。本规范的出版发行由建设部标准定额研究所负责组织。

中华人民共和国建设部
一九九〇年五月十日

修订说明

本规范是根据原国家计委计综（1986）2630号文的要求，由山西省公安厅会同山西省城乡建设环境保护厅、山西省建筑设计院、吉林省公安厅、广东省公安厅、公安部四川消防科学研究所六个单位共同修订的。

在修订过程中，规范组进行了广泛的调查研究，认真总结了原规范执行以来的经验，吸取了部分科研成果，广泛征求了全国有关单位的意见，最后由有关部门审查。

本规范共分七章、四个附录。其主要内容有：总则，建筑物的耐火等级和建筑构造，规划和建筑布局，厂（库）房、堆场、贮罐，民用建筑，消防给水，电气等。

在执行本规范过程中，如发现需要修改或补充之处，请将意见和有关资料寄交山西省公安厅消防处规范管理组，以便今后修订时参考。

中华人民共和国公安部

一九八九年七月

第一章　总　　则

第 1.0.1 条　为了在村镇规划和建筑设计中贯彻“预防为主，防消结合”的消防工作方针，防止和减少火灾危害，保卫农村社会主义经济建设和人民生命、财产的安全，制定本规范。

第 1.0.2 条　村镇规划和建筑设计，必须根据农村经济发展的需要，从实际出发，采取消防安全措施，做到安全可靠，经济合理，节约用地，有利生产，方便生活。

第 1.0.3 条　本规范适用于村镇的规划和生产与民用建筑新建、扩建和改建的工程设计。

本规范不适用于炸药、花炮厂（库）。

第 1.0.4 条　凡属下列情况之一的生产与民用建筑，应符合现行国家标准《建筑设计防火规范》的有关规定：

一、层数和一栋占地面积超过本规范第 4.1.1 条规定的生产建筑；

二、超过五层的民用建筑；

三、超过 800 个座位的影剧院、礼堂等人员密集的公共建筑。

第 1.0.5 条　村镇规划和建筑设计，除应执行本规范外，尚应符合国家现行的有关标准、规范的规定。

第二章　建筑物的耐火等级和建筑构造

第 2.0.1 条　建筑物的耐火等级分为四级，其主要构件材料应符合表 2.0.1 的规定。

第 2.0.2 条　防火墙的设置应符合下列规定:

一、防火墙应从基础砌起，截断可燃或难燃屋顶结构。

二、防火墙顶应高出可燃或难燃屋面层 50cm；高出非燃屋面层 40cm。当屋顶为混凝土或砖拱时，可砌至混凝土屋面板或砖拱下面。

三、防火墙应突出可燃或难燃墙体 40cm。

第 2.0.3 条　防火墙不宜开设门窗洞口。当必须开设时，防火墙上应安装甲级防火门窗。

紧靠防火墙两侧外墙上的门窗洞口之间的水平距离，不应小于 2m；当防火墙设在转角处时，内转角两侧墙上的门窗洞口之间的水平距离，不应小于 4m。

第 2.0.4 条　观众厅与舞台之间的隔墙，宜采用非燃烧体实体墙。舞台口上部与观众厅闷顶之间，应采用厚度不小于 12cm 的非燃烧体墙隔开，隔墙上的门应采用乙级防火门。

舞台的灯光控制室应采用非燃烧体墙与可燃物贮藏室隔开。

舞台的屋顶或侧墙上应设便于开启的排烟气窗，其面积不宜小于舞台地面积的 5%。

建筑物耐火等级及构件的材料　　表 2.0.1

构件名称 \ 材料 \ 耐火等级		一级	二级	三级	四级
墙	外墙	砖、石、混凝土、钢筋混凝土	砖、石、混凝土、钢筋混凝土	砖、石、土	砖、石、土、木、竹
墙	内墙	砖、石、混凝土、钢筋混凝土	砖、石、轻质混凝土、钢筋混凝土	砖、石、土、轻质混凝土、木、竹	木、竹
墙	防火墙	砖、石、混凝土、钢筋混凝土（厚度不小于 22cm）	砖、石、混凝土、钢筋混凝土（厚度不小于 22cm）	砖、石、混凝土、土（厚度不小于 22cm）	砖、石、混凝土、土（厚度不小于 22cm）
柱		砖、石、混凝土、钢筋混凝土	砖、石、混凝土、钢筋混凝土、钢（设防护层）	砖、石、混凝土、钢、木（设防护层）	木、竹
楼层承重构件	梁	钢筋混凝土	钢筋混凝土	型钢、钢筋混凝土、石	钢、钢木、木
楼层承重构件	楼板	钢筋混凝土、砖（石）拱	钢筋混凝土、砖（石）拱	钢筋混凝土、砖（石）拱、石	木
楼梯		钢筋混凝土、砖、石	钢筋混凝土、砖、石、钢	钢筋混凝土、砖、石、钢	木、竹
屋顶承重构件	梁、屋架、屋面板	钢筋混凝土	钢、钢筋混凝土	钢、钢木、木	钢、钢木、木、竹
屋顶承重构件	檩条次梁	钢筋混凝土	钢、钢筋混凝土	钢筋混凝土、石、钢、钢木、木	钢、木、竹
屋顶承重构件	椽条	—	—	木、竹	木、竹

续表

耐火等级 材料 构件名称	一级	二级	三级	四级
吊顶	轻钢龙骨吊石膏板、钢丝网抹灰	经防火处理木龙骨吊石膏板、钢丝网抹灰	可燃龙骨吊苇箔、板条、纤维板、席、塑料制品	可燃龙骨吊席纸、塑料制品
屋面层	石板、瓦、瓦楞铁、油毡撒豆砂	石板、瓦、瓦楞铁、油毡撒豆砂	石板、瓦、瓦楞铁、炉渣、三合土、草泥灰	玻璃钢、油毡、草、席、树皮

注：观众厅内的吊顶耐火等级不宜低于二级；三级耐火等级的住宅和单层办公用房可采用纸吊顶。

第 2.0.5 条 电影放映室（含卷片室）、硅整流室应采用非燃烧体墙与其它部分隔开。观察孔和放映孔应设阻火闸门。

第 2.0.6 条 炉灶不应靠可燃墙壁砌筑。

烟囱内壁至可燃构件的距离，不应小于 24cm。烟囱穿过可燃屋顶时，排烟口应高出屋面不小于 50cm；在吊顶至屋面层范围内应用非燃烧材料砌抹严密，如图 2.0.6。

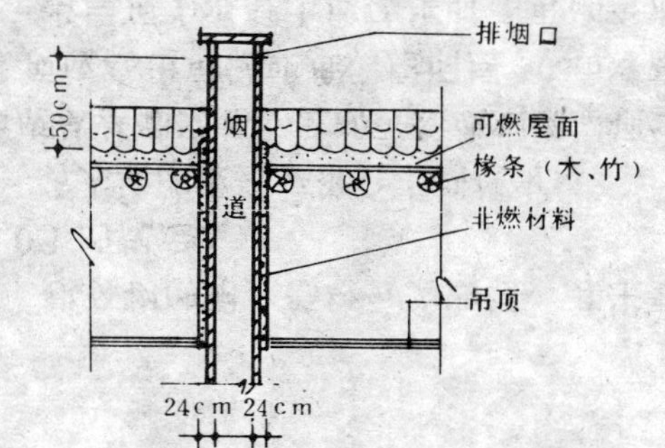

图 2.0.6 烟囱穿过可燃构件吊顶、屋顶的防火要求

第三章 规划和建筑布局

第 3.0.1 条 村镇的消防站、消防给水、消防车通道和消防通讯等公共消防设施，应纳入村镇的总体和建设规划。

第 3.0.2 条 村镇规划应按用地功能合理布局。居住区用地宜选择在生产区常年主导风向的上风或侧风向；生产区用地宜选择在村镇的一侧或边缘。

第 3.0.3 条 生产和贮存有爆炸危险物品的甲、乙类厂（库）房，应在村镇边缘以外单独布置。

甲、乙、丙类液体贮罐或罐区，应单独布置在村镇常年主导风向的下风或侧风方向及地势较低的地带，当采取防止液体流散等安全措施时，也可布置在地势较高的地带。

第 3.0.4 条 打谷场和易燃、可燃材料堆场，宜布置在村镇的边缘并靠近水源的地方。

打谷场的面积不宜大于 $2000m^2$，打谷场之间及其与建筑物（看场房除外）的防火间距，不应小于 25m。

第 3.0.5 条 汽车、大型拖拉机车库宜集中布置，并宜单独建在村镇的边缘。

第 3.0.6 条 林区的村（镇）和企、事业单位，距成片林边缘的防火安全距离，不宜小于 300m。

第 3.0.7 条 村镇内消防车通道之间的距离，不宜超过 160m。消防车通道可利用交通道路，并应与其它公路相连通，其路面宽度不应小于 3.5m，转弯半径不应小于 8m。当管架、栈桥等障碍物跨越道路时，其净高不应小于 4m。

第 3.0.8 条 村镇的农贸市场，不宜布置在影剧院、学校、医院、幼儿园等场所的主要出入口处和影响消防车通行的地段，并与甲、乙类生产建筑的防火间距不宜小于 50m。

第四章 厂（库）房、堆场、贮罐

第一节 厂（库）房的耐火等级、允许层数和允许占地面积

第 4.1.1 条 厂（库）房的耐火等级、允许层数和允许占地面积应符合表 4.1.1 的规定。

厂（库）房的耐火等级、允许层数和允许占地面积　　表 4.1.1

火灾危险性分类	耐火等级	允许层数	一栋建筑的允许占地面积 (m^2)
甲、乙	一、二级	2	300
丙	一、二级	3	1000
	三　级	2	500
丁、戊	一、二级	5	不限
	三　级	3	1000
	四　级	1	500

注：①甲、乙类厂房和乙类库房宜采用单层建筑；甲类库房应采用单层建筑。

②单层乙类库房，占地面积不超过 $150m^2$ 时，可采用三级耐火等级的建筑。

③火灾危险性分类，应符合本规范附录二、三的规定。

第 4.1.2 条 贵重的机器、仪器、仪表间和变电所、发电机房应采用一、二级耐火等级的建筑。

第 4.1.3 条 汽车、大型拖拉机车库的耐火等级不应低于三级，但超过 20 辆的车库，其耐火等级不应低于二级。

第二节 防火间距

第 4.2.1 条 厂（库）房之间的防火间距，不宜小于表 4.2.1 的规定。

厂（库）房之间的防火间距　　表 4.2.1

防火间距(m) 耐火等级 / 耐火等级	一、二级	三　级	四　级
一、二级	8	9	10
三　级	9	10	12
四　级	10	12	14

注：①防火间距应按相邻建筑物外墙的最近距离计算，如外墙有凸出的燃烧构件，则应从其凸出部分外缘算起。

②散发可燃气体、可燃蒸汽的甲类厂房之间或与其它厂（库）房之间的防火间距，应按本表增加 2m，与民用建筑的防火间距不应小于 25m。

③甲类物品库房之间以及与一、二、三级耐火等级的厂（库）房之间的防火间距不应小于 12m，甲、乙类物品库房与民用建筑之间的防火间距不应小于 25m。

第 4.2.2 条 厂（库）房与民用建筑之间的防火间距，可按本规范第 4.2.1 条的规定执行。

第 4.2.3 条 两座厂（库）房相邻较高一面外墙为防火墙或两相邻外墙均为非燃烧体实体墙，且无可燃屋檐时，其防火间距不限。但甲类厂房之间不宜小于 4m。

第 4.2.4 条 厂房附设有化学易燃物品的室外设备时，其外壁与相邻厂房室外设备外壁之间的防火间距，不应小于 8m。室外设备外壁与相邻厂房外墙之间的防火间距，不宜小于本规范表 4.2.1 的规定。

注：室外设备应按一、二级耐火等级的建筑确定。

第 4.2.5 条 一、二、三级耐火等级的数栋厂房占地面积总和不超过本规范第 4.1.1 条规定的一栋建筑允许占地面积时，可成组布置。组内厂房之间的距离不应小于 4m，组与组或组与相邻建筑之间的防火间距，宜符合本规范第 4.2.1 条的规定。

第 4.2.6 条 甲、乙、丙类液体贮罐区和乙、丙类液体桶装露天堆场与建筑物的防火间距，不应小于表 4.2.6 的规定。

液体贮罐、堆场与建筑物的防火间距　　表 4.2.6

	总贮量(m^3)	防火间距(m) 耐火等级 / 火灾危险性分类	一、二级	三　级	四　级
贮罐区或堆场	1～50	甲、乙	12	15	20
		丙	10	12	18
	51～100	甲、乙	15	20	25
		丙	12	18	20

注：①贮罐区或堆场的防火间距应从最近的罐壁或桶壁算起。

②一、二、三级耐火等级的建筑，当相邻外墙无门窗洞口，且无外露的可燃屋檐时，乙、丙类液体贮罐或堆场与建筑物的防火间距，可按本表防火间距，减少 20%。

③甲类桶装液体不应露天堆放。

④火灾危险性分类应符合本规范附录三的规定。

第 4.2.7 条 甲、乙类液体储罐和乙类液体桶装露天堆场，距明火或散发火花地点的防火间距不宜小于 30m；距民用建筑不宜小于 25m；距主要交通道路边沟外沿不宜小于 20m。

第 4.2.8 条 易燃、可燃材料堆场与建筑物的防火间距，不宜小于表 4.2.8 的规定。

易燃、可燃材料堆场与建筑物的防火间距　　表 4.2.8

堆场名称	堆场总储量＼防火间距（m）＼耐火等级	一、二级	三级	四级
粮食土圆仓、席茓囤	30～500(t)	8	10	15
	501～5000(t)	10	12	18
棉、麻、毛、化纤、百货等	10～100(t)	8	10	15
	101～500(t)	10	12	18
稻草、麦秸、芦苇等	50～500(t)	10	12	18
	501～5000(t)	12	15	20
木材等	50～500m³	8	10	15
	501～5000m³	10	12	18

第 4.2.9 条　易燃、可燃材料堆场与甲、乙类液体贮罐和甲、乙类可燃气体贮罐的防火间距，不宜小于 25m；与丙类液体贮罐和乙类助燃气体贮罐的防火间距，不宜小于 20m。

第 4.2.10 条　室外电力变压器与甲、乙类液体贮罐和易燃、可燃材料堆场的防火间距，不宜小于 25m；与丙类液体贮罐的防火间距不宜小于 20m。

第三节　防火分隔和安全疏散

第 4.3.1 条　喷漆等易燃、易爆生产部位应设防火墙与其它部位隔开，并应有直通室外或楼梯间的安全出口。

第 4.3.2 条　存放超过 3 台的汽车库或大型拖拉机库，每 3 台宜设防火墙分隔。库房与修理间、值班室相连时，应设防火墙分隔。

库内不应采用明火取暖。

第 4.3.3 条　发电机房宜单独建造。发电机房不应与甲、乙类厂（库）房毗连建造，当与其它建筑毗连时，应设防火墙分隔，并宜设有直通室外的出口。

第 4.3.4 条　粮、棉、麻仓库宜单独建造。当与其它建筑毗连或库房面积超过 $250m^2$ 时，应设防火墙分隔。

第 4.3.5 条　牲畜棚宜单独建造。当其建筑面积超过 $150m^2$ 时，应设非燃烧体实体墙分隔。

牲畜棚应设直接对外出口，门应向外开启。铡草、饲料间及饲养员宿舍与牲畜棚相连时，应设防火墙分隔。

第 4.3.6 条　厂房内有爆炸危险的生产部位，宜设在单层厂房靠外墙处或多层厂房的最上一层靠外墙处。

有爆炸危险的厂房应设置泄压设施。泄压面积（m^2）与厂房体积（m^3）的比值，宜采用 0.05～0.22。

第 4.3.7 条　厂房安全出口不应少于两个。但符合下列条件之一的可设一个：

一、甲类厂房的每层面积不超过 $50m^2$，且同一时间的生产人数不超过 5 人；

二、乙类厂房的每层面积不超过 $100m^2$，且同一时间的生产人数不超过 10 人；

三、丙类厂房的每层面积不超过 $200m^2$，且同一时间的生产人数不超过 20 人；

四、丁、戊类厂房的每层面积不超过 $300m^2$，且同一时间的生产人数不超过 30 人。但每层面积不超过 $500m^2$ 时，可采用钢楼梯作为第二个安全出口，其倾斜度不宜大于 45°，踏步宽度不应小于 0.28m。

第 4.3.8 条　厂房的疏散楼梯、门各自的总宽度和每层走道的净宽度，应按每百人 0.8m 计算。但楼梯的最小净宽不宜小于 1.1m；疏散门的最小净宽不宜小于 0.9m；疏散走道净宽不宜小于 1.4m。

第 4.3.9 条 库房和每个防火隔间的安全出口不宜少于两个，但建筑面积不超过 80m² 的防火隔间，可设一个门；一栋多层库房的占地面积不超过 200m² 时，可设一个疏散楼梯。

库房的门应向外开启。甲类物品库房不应采用推拉门和卷帘门。

第五章 民用建筑

第 5.0.1 条 民用建筑的耐火等级、允许层数、允许占地面积、允许长度，应符合表 5.0.1 的规定。

民用建筑的耐火等级、允许层数、允许占地面积、允许长度 表 5.0.1

耐火等级	允许层数	防火分区占地面积（m²）	防火分区允许长度（m）
一、二级	五层	2000	100
三级	三层	1200	80
四级	一层	500	40
	二层	300	20

注：体育馆、剧院、商场的长度可适当放宽。

第 5.0.2 条 托儿所、幼儿园的儿童用房和养老院的宿舍应设在一、二层。

第 5.0.3 条 公共建筑的耐火等级不宜低于三级、三级耐火等级的电影院、剧院、礼堂、食堂建筑的层数不应超过二层。

第 5.0.4 条 民用建筑的防火间距，不宜小于表 5.0.4 的规定。

民用建筑的防火间距 表 5.0.4

防火间距（m） 耐火等级 / 耐火等级	一、二级	三级	四级
一、二级	6	7	9
三 级	7	8	10
四 级	9	10	12

第 5.0.5 条 两栋建筑相邻较高一面的外墙应为防火墙或两相邻外墙均为非燃烧体实体墙，且无外露可燃屋檐时，其防火间距不限。

第 5.0.6 条 数座住宅建筑的占地面积总和不超过本规范第 5.0.1 条规定的防火分区允许占地面积时，可成组布置。组内建筑之间的距离不应小于 4m。

组与组或组与相邻民用建筑之间的防火间距不应小于本规范第 5.0.4 条的规定。

第 5.0.7 条 公共建筑的安全出口数目不应少于两个，但符合下列条件之一的可设一个：

一、一个房间的面积不超过 60m²，且人数不超过 50 人；

二、除托儿所、幼儿园、学校的教室外，位于走道尽端的房间，室内最远的一点到房门口的直线距离不超过 14m，且人数不超过 80 人时，可设一个门，其净宽不应小于 1.4m；

三、除医院、托儿所、幼儿院、学校教学楼以外的二、三层公共建筑，当符合表 5.0.7 规定的条件时，可设一个疏散楼梯，其净宽不应小于 1.1m。

设置一个疏散楼梯的条件 **表 5.0.7**

耐火等级	层数	每层最大建筑面积（m²）	人数
一、二级	二、三层	400	二、三层人数之和不超过 80 人
三级	二层	200	第二层人数不超过 20 人

第 5.0.8 条 民用建筑的安全疏散距离不应大于表 5.0.8 的规定。

安全疏散距离 **表 5.0.8**

疏散距离（m） 类别 / 名称	房门至外部出口的距离（m）					
	位于两个外部出口或楼梯间之间的房间			位于袋形走道两侧或尽端的房间		
	耐火等级			耐火等级		
	一、二	三	四	一、二	三	四
托儿所、幼儿园	20	15	–	18	13	–
医院、养老院	30	25	–	18	13	–
学校	30	25	–	20	18	–
其它民用建筑	35	30	20	20	18	13

注：敞开式外廊建筑的房间门至外部出口或楼梯间的安全疏散距离可按本表增加 5m。

第 5.0.9 条 剧院、电影院、礼堂的安全疏散应符合下列要求：

一、观众厅安全出口数目不应少于两个，每个出口平均疏散人数不超过 250 人；

二、观众厅内的疏散走道总宽度，应按其通过人数每 100 人不小于 0.6m 计算。其走道的最小净宽不应小于 1m，边走道的净宽不宜小于 0.8m；

三、观众厅的疏散门必须向外开，并不应设门槛；紧靠门口处 2m 内不应设置踏步；疏散门的宽度不应小于 1.4m；疏散楼梯的净宽不应小于 1.1m；

四、在布置疏散走道时，横走道之间的座位排数不宜超过 20 排；纵走道之间的座位数，每排不宜超过 22 个。

第 5.0.10 条 学校、商店、办公楼等民用建筑的楼梯、底层疏散外门的各自总宽度和每层疏散走道的净宽度，应按表 5.0.10 的规定计算。但每个疏散楼梯、走道和底层疏散外门的最小净宽，不应小于 1.1m。

楼梯、走道疏散外门的宽度指标　　表 5.0.10

宽度指标（m／百人）/ 耐火等级 / 层数	一、二级	三　级	四　级
一　层	0.65	0.75	1.00
二、三层	0.75	1.00	—
四、五层	1.00	—	—

注：①底层外门的总宽度应按该层或该层以上人数最多的一层计算。
②每层疏散楼梯的总宽度应按本表规定计算；当每层人数不等时其总宽度可分层计算；下层楼梯的总宽度应按其上层人数最多的一层计算。

第 5.0.11 条　封闭式农贸市场的疏散出口不应少于两个。每个疏散口的净宽度不应小于 3.5m。场地面积超过 1000m^2 时，每增加 500m^2 应增设一个疏散出口。

场内主要疏散通道的净宽不应小于 3.5m。

第六章　消防给水

第 6.0.1 条　编制村镇规划时应同时规划消防给水和消防设施。并宜采用消防、生产、生活合一的给水系统。

第 6.0.2 条　无给水管网的村镇，其消防给水应充分利用江河、湖泊、堰塘、水渠等天然水源，并应设置通向水源地的消防车通道和可靠的取水设施。利用天然水源时，应保证枯水期最低水位和冬季消防用水的可靠性。

第 6.0.3 条　设有给水管网的村镇及其工厂、仓库、易燃、可燃材料堆场，宜设置室外消防给水。村镇的消防给水管网，其末端最小管径不应小于 100mm。无天然水源或给水管网不能满足消防用水时，宜设置消防水池，寒冷地区的消防水池应采取防冻措施。

建筑物的室外消防用水量　　表 6.0.4

建筑物的耐火等级	建筑物名称及类别		消防用水量（l／s）/ 建筑物体积（m^3）<1500	1501～3000	3001～5000	>5000
一、二级	厂房	甲、乙	10	15	20	25
		丙	10	15	20	25
		丁、戊	10	10	10	15
	库房	甲、乙	15	15	25	—
		丙	15	15	25	25
		丁、戊	10	10	10	15
	民用建筑		10	15	15	20

续表

建筑物的耐火等级	消防用水量（l/s）建筑物体积（m^3）建筑物名称及类别		<1500	1501～3000	3001～5000	>5000
三级	厂房或库房	丙	15	20	30	40
		丁、戊	10	10	15	20
	民用建筑		10	15	20	25
四级	丁、戊类厂（库）房		10	15	20	—
	民用建筑		10	15	20	—

第 6.0.4 条 室外消防用水量，应按需水量最大的一座建筑物计算，且不宜小于表 6.0.4 的规定。

第 6.0.5 条 易燃、可燃材料堆场的室外消防用水量，不宜小于表 6.0.5 的规定。

易燃、可燃材料堆场的室外消防用水量 **表 6.0.5**

堆场名称	一个堆场总储量	消防用水量（l/s）
粮食土圆仓、席茓囤	30～500 (t)	20
	501～5000 (t)	25
棉、麻、毛、化纤、百货等	10～100 (t)	20
	101～500 (t)	35
稻草、麦秸、芦苇等	50～500 (t)	20
	501～5000 (t)	35
木材等	50～500 (m^3)	20
	501～5000 (m^3)	35

第 6.0.6 条 室外消火栓应沿道路设置，并宜靠近十字路口，其间距不宜大于 120m。消火栓与房屋外墙的距离不宜小于 5m，当有困难时可适当减少，但不应小于 1.5m。

第 6.0.7 条 消防水池的容量应满足在火灾延续时间内消防用水量的要求。甲、乙、丙类液体贮罐和易燃、可燃材料堆场的火灾延续时间，不应小于 4h，其它建筑不应小于 2h。

第 6.0.8 条 供消防车或消防机动泵取水的消防水池应设取水口，水池池底距设计地面的高度不应超过 5m。

第 6.0.9 条 缺水源的村镇应从实际出发，因地制宜、就地取材，可采用多种形式的灭火设施。

第七章 电 气

第 7.0.1 条 架空电力线路距下列场所的最近水平距离不应小于电杆（塔）高度的 1.5 倍。

一、甲、乙类厂（库）房；

二、易燃、可燃材料堆垛，可燃、助燃气体贮罐；

三、甲、乙类液体贮罐。

但丙类液体贮罐可为 1.2 倍。

第 7.0.2 条 1kV 及 1kV 以上的架空电力线路不应跨越可燃屋面建筑。

第 7.0.3 条 1kV 以下的架空电力线路与建筑物、地面、树木等的最小垂直距离（最大驰度时）和最小水平距离（最大风偏时），不应小于表 7.0.3 的规定。

低压接户线在最大驰度时与交通道路的垂直距离不应小于 6m，与人行道不应小于 3.5m。

低压架空电力线路与建筑物等的最小距离　　表 7.0.3

距离（m）类别 / 型式	建筑物	地面	树木	行车道路
垂直	2.5	6	1	6
水平	1	—	1	—

第 7.0.4 条 电力电缆不应和输送甲、乙、丙类液体和可燃气体管道敷设在同一管沟内。

第 7.0.5 条 打谷场的电力、照明线路宜采用埋地穿管敷设，其管材不应采用竹管和塑料管。

打谷场的每台电动机应设单独的操作开关，并应设置在开关箱内。开关箱至电力设备之间的线路，严禁采用插头连接。

打谷场内的照明灯具与可燃物距离不应小于 1m。

第 7.0.6 条 甲、乙类厂（库）房内的配电线路，应穿水煤气钢管敷设，并宜采用铜芯导线。

公共建筑吊顶为可燃材料或吊顶内有可燃物时，吊顶内的导线应穿非燃材料管道敷设。

第 7.0.7 条 爆炸危险场所，应采用相应的防爆电气设备及部件。

可燃物品库房内不应设置卤钨灯等高温照明灯具。

第 7.0.8 条 甲、乙、丙类液体贮罐及其附属设备，应设接地装置，接地电阻不应大于 10Ω。

第 7.0.9 条 有雷击危险地区的下列建筑应设置防雷保护设施：

一、甲、乙类厂（库）房，其接地电阻不应大于 10Ω；

二、影剧院、体育馆等，其接地电阻不应大于 30Ω；

三、高度超过 15m 的其它民用建筑和丙、丁、戊类生产建筑，其接地电阻不应大于 30Ω。

注：年平均雷暴日不超过 40 的地区，当建筑物高度大于和等于 20m 时，可设置防雷保护设施。

附录一　名词解释

本规范使用名词	曾用名词	说　明
生产建筑		指粮、棉、油、铁、木加工厂、农机修配厂、纺织厂、印染厂、造纸厂、小型机械厂、轧钢厂、食品加工厂、铸造厂、化工厂、仓库、小电站、扬水站、农机站、配电室、烘烤房、耕畜棚、打谷场等
民用建筑		指公共建筑和居住建筑
公共建筑		指影剧院、俱乐部、供销社、医院、办公楼、文化中心、养老院、学校、托儿所等
居住建筑		指住宅、宿舍等
封闭式农贸市场		四周用建筑物或墙体围护，用于商品交易的市场
甲级防火门		耐火极限不低于1.2h的防火门
乙级防火门		耐火极限不低于0.9h的防火门
非燃构件		用非燃材料做成的构件。非燃材料系指在空气中受到火烧或高温作用时不起火、不微燃、不炭化的材料
难燃构件		用难燃材料做成的构件或用可燃材料做成而用非燃材料做保护层的构件。难燃材料系指在空气中受到火烧或高温作用时难起火、难微燃、难炭化，当火源移走后燃烧或微燃立即停止的材料。如经过防火处理的木材和刨花板
可燃构件		用可燃材料做成的构件。可燃材料系指在空气中受到火烧或高温作用时立即起火或微燃，且火源移走后仍继续燃烧或微燃的材料
明火地点		室内外有外露火焰或赤热表面的固定地点
散发火花地　点		有飞火的烟囱或室外的砂轮、电焊、气焊（割）、非防爆的电气开关等固定地点

附录二　厂房的火灾危险性分类和举例

类别	火灾危险性分类	举　例
甲	闪点<28℃的液体	闪点<28℃的油品和有机溶剂的提炼、回收或泵房，甲醇、乙醇、丙酮、丁酮等的合成或精制厂房，植物油加工厂的浸出厂房
	爆炸下限<10%的气体	乙炔站、氢气站、天然气、石油伴生气、矿井气等厂房压缩机室及鼓风机室，液化石油气罐瓶间，电解水或电解盐厂房，化肥厂的氢、氮压缩厂房
	常温下能自行分解或在空气中氧化即能导致迅速自燃或爆炸的物质	硝化棉厂房及其应用部位，赛璐珞厂房，黄磷制备厂房及其应用部位，甲胺厂房，丙烯腈厂房
	常温下受到水或空气中水蒸气的作用，能产生可燃气体并引起燃烧或爆炸的物质	金属钠、钾加工厂房及其应用部位，三氯化磷厂房，多晶硅车间三氯氢硅部位，五氧化磷厂房
	遇酸、受热、撞击、摩擦、催化以及遇有机物或硫磺等易燃的无机物，极易引起燃烧或爆炸的强氧化剂	氯酸钠、氯酸钾厂房及其应用部位，过氧化钠、过氧化钾厂房，次氯酸钙厂房
	受撞击、摩擦或与氧化剂、有机物接触时能引起燃烧或爆炸的物质	赤磷制备厂房及其应用部位，五硫化二磷厂房及其应用部位
	在密闭设备内操作温度等于或超过物质本身自燃点的生产	洗涤剂厂房，石蜡裂解部位，冰醋酸裂解厂房

续表

类别	火灾危险性分类	举例
乙	闪点>28℃至<60℃的液体	闪点>28℃至<60℃的油品和有机溶剂的提炼、回收和其泵房，樟脑油提取部位，环氧氯丙烷厂房，松节油精制部位，煤油罐桶间
	爆炸下限>10%的气体	一氧化碳压缩机室及其净化部位,发生炉煤气或鼓风炉煤气净化部位，氨压缩机房
	不属于甲类的氧化剂	发烟硫酸或发烟硝酸浓缩部位，高锰酸钾厂房
	不属于甲类的化学易燃危险固体	樟脑或松香提炼厂房、硫磺回收厂房
	助燃气体	氧气站空分厂房
	能与空气形成爆炸性混合物的浮游状态的粉尘、纤维或丙类液体的雾滴	铝粉或镁粉厂房，金属制品抛光部位，煤粉厂房，面粉厂的碾磨部位，活性炭制造及再生厂房
丙	闪点>60℃的液体	闪点>60℃的油品和有机液体的提炼、回收部位及其抽送泵房，甘油、桐油的制备厂房，油浸变压器室，机器油或变压器油罐桶间，柴油罐桶间，配电室(每台装油量>60kg 的设备)
	可燃固体	木工厂房，竹、藤加工厂房，针织品厂房，织布厂房，染整厂房，服装加工厂房，棉花加工及打包厂房，造纸厂备料、干燥厂房，麻纺厂粗加工厂房，谷场加工厂房，毛涤厂选毛厂房，蜜饯厂房
丁	对非燃烧物质进行加工，并在高温或熔化状态下经常产生强辐射热、火花或火焰的生产	金属冶炼、锻造、铆焊、热轧、铸造、热处理厂房
	利用气体、液体、固体作为原料或将气体、液体进行燃烧作其它用的各种生产	锅炉房，玻璃原料溶化厂房，保温瓶胆厂房，陶瓷制品的烘干厂房，柴油机房，汽车库，石灰熔烧厂房，配电室（每台装油量<60kg 的设备）
	常温下使用或加工难燃烧物质的生产	铝塑材料的加工厂房,酚醛泡沫塑料的加工厂房，化纤厂后加工润湿部位
戊	常温下使用或加工非燃烧物质的生产	制砖厂房，石棉加工车间，金属（镁合金除外）冷加工车间，仪表、器械或车辆装配厂房

附录三　库房、堆场、贮罐的火灾危险性分类和举例

类别	火灾危险性分类	举例
甲	闪点<28℃的液体	苯、甲苯、甲醇、乙醇、乙醚、醋酸钾、汽油、丙酮、丙烯、60 度以上的白酒
	爆炸下限<10%的气体以及受到水或空气中水蒸气的作用，能产生爆炸下限<10%气体的固体物质	乙炔、氢、甲烷、乙烯、丙烯、硫化氢、液化石油气、电石、碳化铝
	常温下能自行分解或在空气中氧化即能导致迅速自燃或爆炸的物质	硝化棉、硝化纤维胶片、喷漆棉、火胶棉、赛璐珞棉、黄磷
	常温下受到水或空气中水蒸气的作用能产生可燃气体并引起燃烧或爆炸的物质	金属钾、钠、氢化锂、四氢化锂铝、氢化钠
	当遇酸、受热、撞击、摩擦、催化以及遇有机物或硫磺等极易分解引起燃烧、爆炸的强氧化剂	氯酸钾、氯酸钠、过氧化钠、硝酸铵
	受撞击、摩擦或与氧化剂、有机物接触时能引起燃烧或爆炸的物质	赤磷、五硫化磷、三硫化磷
乙	闪点>28℃至<60℃的液体	煤油、松节油、溶剂油、冰醋酸、樟脑油、蚁酸
	爆炸下限>10%的气体	氨气
	不属于甲类的氧化剂	重铬酸钠、铬酸钾、硝酸，硝酸苯、发烟硫酸、漂白粉
	不属于甲类的化学易燃危险固体	硫磺、铝粉、赛璐珞板(片)、樟脑、松香、萘
	助燃气体	氧气、氟气
	常温下与空气接触能缓慢氧化，积热不散引起自燃的物品	桐油漆布及其制品，油布及其制品，油纸及其制品

续表

类别	火灾危险性分类	举　　例
丙	闪点≥60℃的液体	动物油、植物油、沥青、石蜡、润滑油、机油、重油，闪点≥60℃的油，糠醛
	可燃固体	化学、人造纤维及其织物，纸张、棉、毛、丝、麻及其织物，谷物、面粉、竹、木及其制品，中药材，电视机，收录机等电子产品
丁	难燃烧物品	自熄性塑料及其制品，酚醛泡沫塑料及其制品，水泥刨花板
戊	非燃烧物品	钢材、铝材、玻璃及其制品，搪瓷制品，陶瓷制品，岩棉、陶瓷棉、矿棉、石膏及其无纸制品，水泥

附录四　本规范用词说明

（一）执行本规范条文时，要求严格程度的用词，说明如下，以便在执行中区别对待。

1、表示很严格，非这样作不可的用词：

正面词采用“必须”，

反面词采用“严禁”。

2、表示严格，在正常情况下均应这样作的用词：

正面词采用“应”，

反面词采用“不应”。

3、表示允许稍有选择，在条件许可时首先应这样作的用词：

正面词采用“宜”或“可”，

反面词采用“不宜”。

（二）条文中必须按指定的标准、规范或其它有关规定执行的写法为“应按……执行”或“应符合……要求”。非必须按所指的标准、规范或其它规定执行的写法为“可参照……执行”。

附加说明

本规范主编单位、参编单位和主要起草人名单

主编单位：山西省公安厅

参编单位：山西省城乡建设环境保护厅
山西省建筑设计院
吉林省公安厅
广东省公安厅
公安部四川消防科学研究所

主要起草人：王根堂　张树伟　虢西安　郑明福
李永昌　严殿贵　龙德平　程文挺
蒋永琨　吴礼龙

中华人民共和国国家标准

高层民用建筑设计防火规范

Code for fire protection design of tall buildings

GB 50045-95

(1997 年版)

主编部门：中华人民共和国公安部
批准部门：中华人民共和国建设部
施行日期：1 9 9 5 年 1 1 月 1 日

工程建设国家标准局部修订公告

第 8 号

国家标准《高层民用建筑设计防火规范》GB50045－95，由公安部四川消防科研所会同有关单位进行了局部修订，已经有关部门会审，现批准局部修订的条文，自 1997 年 9 月 1 日起施行，该规范中相应的条文规定同时废止。现予公告。

中华人民共和国建设部
1997 年 6 月 24 日

关于发布国家标准《高层民用建筑设计防火规范》的通知

建标〔1995〕265号

根据国家计委计综〔1987〕2390号文的要求，由公安部会同有关部门共同修订的《高层民用建筑设计防火规范》，已经有关部门会审。现批准《高层民用建筑设计防火规范》GB 50045—95为强制性国家标准，自1995年11月1日起施行。原《高层民用建筑设计防火规范》GBJ45—82同时废止。

在执行本规范个别规定如确有困难时，应在地方建设主管部门的主持下，由建设单位、设计单位和当地消防监督机构协商解决。

本规范由公安部负责管理，其具体解释等工作由公安部消防局负责，出版发行由建设部标准定额研究所负责组织。

中华人民共和国建设部

一九九五年五月三日

1 总 则

1.0.1 为了防止和减少高层民用建筑（以下简称高层建筑）火灾的危害，保护人身和财产的安全，制定本规范。

1.0.2 高层建筑的防火设计，必须遵循“预防为主，防消结合”的消防工作方针，针对高层建筑发生火灾的特点，立足自防自救，采用可靠的防火措施，做到安全适用、技术先进、经济合理。

1.0.3 本规范适用于下列新建、扩建和改建的高层建筑及其裙房：

1.0.3.1 十层及十层以上的居住建筑（包括首层设置商业服务网点的住宅）；

1.0.3.2 建筑高度超过24m的公共建筑。

1.0.4 本规范不适用于单层主体建筑高度超过24m的体育馆、会堂、剧院等公共建筑以及高层建筑中的人民防空地下室。

1.0.5 当高层建筑的建筑高度超过250m时，建筑设计采取的特殊的防火措施，应提交国家消防主管部门组织专题研究、论证。

1.0.6 高层建筑的防火设计，除执行本规范的规定外，尚应符合现行的有关国家标准的规定。

2 术　语

2.0.1 裙房　skirt building

与高层建筑相连的建筑高度不超过 24m 的附属建筑。

2.0.2 建筑高度　building altitude

建筑物室外地面到其檐口或屋面面层的高度，屋顶上的水箱间、电梯机房、排烟机房和楼梯出口小间等不计入建筑高度。

2.0.3 耐火极限　duration of fire resistance

建筑构件按时间—温度标准曲线进行耐火试验，从受到火的作用时起，到失去支持能力或完整性被破坏或失去隔火作用时止的这段时间，用小时表示。

2.0.4 不燃烧体　non-combustible component

用不燃烧材料做成的建筑构件。

2.0.5 难燃烧体　hard-combustible component

用难燃烧材料做成的建筑构件或用燃烧材料做成而用不燃烧材料做保护层的建筑构件。

2.0.6 燃烧体　combustible component

用燃烧材料做成的建筑构件。

2.0.7 综合楼　multiple-use building

由二种及二种以上用途的楼层组成的公共建筑。

2.0.8 商住楼　business-living building

底部商业营业厅与住宅组成的高层建筑。

2.0.9 网局级电力调度楼　large-scale power dispatcher's building

可调度若干个省（区）电力业务的工作楼。

2.0.10 高级旅馆　high-grade hotel

具备星级条件的且设有空气调节系统的旅馆。

2.0.11 高级住宅　high-grade residence

建筑装修标准高和设有空气调节系统的住宅。

2.0.12 重要的办公楼、科研楼、档案楼　important office building、laboratory、archive

性质重要，建筑装修标准高，设备、资料贵重，火灾危险性大、发生火灾后损失大、影响大的办公楼、科研楼、档案楼。

2.0.13 半地下室　semi-basement

房间地平面低于室外地平面的高度超过该房间净高 1／3，且不超过 1／2 者。

2.0.14 地下室　basement

房间地平面低于室外地平面的高度超过该房间净高一半者。

2.0.15 安全出口　safety exit

保证人员安全疏散的楼梯或直通室外地平面的出口。

2.0.16 挡烟垂壁　hang wall

用不燃烧材料制成，从顶棚下垂不小于 500mm 的固定或活动的挡烟设施。活动挡烟垂壁系指火灾时因感温、感烟或其它控制设备的作用，自动下垂的挡烟垂壁。

3 建筑分类和耐火等级

3.0.1 高层建筑应根据其使用性质、火灾危险性、疏散和扑救难度等进行分类。并宜符合表3.0.1的规定。

建筑分类 表3.0.1

名称	一类	二类
居住建筑	高级住宅 十九层及十九层以上的普通住宅	十层至十八层的普通住宅
公共建筑	1. 医院 2. 高级旅馆 3. 建筑高度超过50m或每层建筑面积超过1000m^{2}的商业楼、展览楼、综合楼、电信楼、财贸金融楼 4. 建筑高度超过50m或每层建筑面积超过1500m^{2}的商住楼 5. 中央级和省级（含计划单列市）广播电视楼 6. 网局级和省级（含计划单列市）电力调度楼 7. 省级（含计划单列市）邮政楼、防灾指挥调度楼 8. 藏书超过100万册的图书馆、书库 9. 重要的办公楼、科研楼、档案楼 10. 建筑高度超过50m的教学楼和普通的旅馆、办公楼、科研楼、档案楼等	1. 除一类建筑以外的商业楼、展览楼、综合楼、电信楼、财贸金融楼、商住楼、图书馆、书库 2. 省级以下的邮政楼、防灾指挥调度楼、广播电视楼、电力调度楼 3. 建筑高度不超过50m的教学楼和普通的旅馆、办公楼、科研楼、档案楼等

3.0.2 高层建筑的耐火等级应分为一、二两级，其建筑构件的燃烧性能和耐火极限不应低于表3.0.2的规定。各类建筑构件的燃烧性能和耐火极限可按附录A确定。

建筑构件的燃烧性能和耐火极限 表3.0.2

构件名称 \ 燃烧性能和耐火极限(h)		耐火等级 一级	耐火等级 二级
墙	防火墙	不燃烧体 3.00	不燃烧体 3.00
墙	承重墙、楼梯间、电梯井和住宅单元之间的墙	不燃烧体 2.00	不燃烧体 2.00
墙	非承重外墙、疏散走道两侧的隔墙	不燃烧体 1.00	不燃烧体 1.00
墙	房间隔墙	不燃烧体 0.75	不燃烧体 0.50
柱		不燃烧体 3.00	不燃烧体 2.50
梁		不燃烧体 2.00	不燃烧体 1.50
楼板、疏散楼梯、屋顶承重构件		不燃烧体 1.50	不燃烧体 1.00
吊顶		不燃烧体 0.25	难燃烧体 0.25

3.0.3 预制钢筋混凝土构件的节点缝隙或金属承重构件节点的外露部位，必须加设防火保护层，其耐火极限不应低于本规范表3.0.2相应建筑构件的耐火极限。

3.0.4 一类高层建筑的耐火等级应为一级，二类高层建筑的耐火等级不应低于二级。

裙房的耐火等级不应低于二级。高层建筑地下室的耐火等级应为一级。

3.0.5 二级耐火等级的高层建筑中，面积不超过100m^{2}的房间隔墙，可采用耐火极限不低于 0.50h 的难燃烧体或耐火极限不低于 0.30h 的不燃烧体。

3.0.6 二级耐火等级高层建筑的裙房，当屋顶不上人时，屋顶的承重构件可采用耐火极限不低于 0.50h 的不燃烧体。

3.0.7 高层建筑内存放可燃物的平均重量超过 200kg／m^2 的房间，当不设自动灭火系统时，其柱、梁、楼板和墙的耐火极限应按本规范第 3.0.2 条的规定提高 0.50h。

3.0.8 玻璃幕墙的设置应符合下列规定：

3.0.8.1 窗间墙、窗槛墙的填充材料应采用不燃烧材料。当其外墙面采用耐火极限不低于 1.00h 的不燃烧体时，其墙内填充材料可采用难燃烧材料。

3.0.8.2 无窗间墙和窗槛墙的玻璃幕墙，应在每层楼板外沿设置耐火极限不低于 1.00h、高度不低于 0.80m 的不燃烧实体裙墙。

3.0.8.3 玻璃幕墙与每层楼板、隔墙处的缝隙，应采用不燃烧材料严密填实。

3.0.9 高层建筑的室内装修，应按现行国家标准《建筑内部装修设计防火规范》的有关规定执行。

4 总平面布局和平面布置

4.1 一 般 规 定

4.1.1 在进行总平面设计时，应根据城市规划，合理确定高层建筑的位置、防火间距、消防车道和消防水源等。

高层建筑不宜布置在火灾危险性为甲、乙类厂（库）房，甲、乙、丙类液体和可燃气体储罐以及可燃材料堆场附近。

注：厂房、库房的火灾危险性分类和甲、乙、丙类液体的划分，应按现行的国家标准《建筑设计防火规范》的有关规定执行。

4.1.2 燃油、燃气的锅炉，可燃油油浸电力变压器，充有可燃油的高压电容器和多油开关等宜设置在高层建筑外的专用房间内。

除液化石油气作燃料的锅炉外，当上述设备受条件限制必须布置在高层建筑或裙房内时，其锅炉的总蒸发量不应超过 6.00t／h，且单台锅炉蒸发量不应超过 2.00t／h；可燃油油浸电力变压器总容量不应超过 1260kVA，单台容量不应超过 630kVA，并应符合下列规定：

4.1.2.1 不应布置在人员密集场所的上一层、下一层或贴邻，并采用无门窗洞口的耐火极限不低于 2.00h 的隔墙和 1.50h 的楼板与其它部位隔开。当必须开门时，应设甲级防火门。

4.1.2.2 锅炉房、变压器室，应布置在首层或地下一层靠外墙部位，并应设直接对外的安全出口。外墙开口部位的上方，应设置宽度不小于 1.00m 不燃烧体的防火挑檐。

4.1.2.3 变压器下面应设有储存变压器全部油量的事故储油设施；变压器、多油开关室、高压电容器室，应设置防止油品流散的设施。

4.1.2.4 应设置火灾自动报警系统和自动灭火系统。

4.1.3 柴油发电机房可布置在高层建筑、裙房的首层或地下一层，并应符合下列规定：

4.1.3.1 柴油发电机房应采用耐火极限不低于2.00h的隔墙和1.50h的楼板与其它部位隔开。

4.1.3.2 柴油发电机房内应设置储油间，其总储存量不应超过8.00h的需要量，储油间应采用防火墙与发电机间隔开；当必须在防火墙上开门时，应设置能自行关闭的甲级防火门。

4.1.3.3 应设置火灾自动报警系统和自动灭火系统。

4.1.4 消防控制室宜设在高层建筑的首层或地下一层，且应采用耐火极限不低于2.00h的隔墙和1.50h的楼板与其它部位隔开，并应设直通室外的安全出口。

4.1.5 高层建筑内的观众厅、会议厅、多功能厅等人员密集场所，应设在首层或二、三层；当必须设在其它楼层时，除本规范另有规定外，尚应符合下列规定：

4.1.5.1 一个厅、室的建筑面积不宜超过$400m^2$。

4.1.5.2 一个厅、室的安全出口不应少于两个。

4.1.5.3 必须设置火灾自动报警系统和自动喷水灭火系统。

4.1.5.4 幕布和窗帘应采用经阻燃处理的织物。

4.1.6 当高层建筑内设托儿所、幼儿园时，应设置在建筑物的首层或二、三层，并宜设置单独出入口。

4.1.7 高层建筑的底边至少有一个长边或周边长度的1／4且不小于一个长边长度，不应布置高度大于5.00m、进深大于4.00m的裙房，且在此范围内必须设有直通室外的楼梯或直通楼梯间的出口。

4.1.8 设在高层建筑内的汽车停车库，其设计应符合现行国家标准《汽车库设计防火规范》的规定。

4.1.9 高层建筑内使用可燃气体作燃料时，应采用管道供气。使用可燃气体的房间或部位宜靠外墙设置。

4.1.10 高层建筑使用丙类液体作燃料时，应符合下列规定：

4.1.10.1 液体储罐总储量不应超过$15m^3$，当直埋于高层建筑或裙房附近，面向油罐一面4.00m范围内的建筑物外墙为防火墙时，其防火间距可不限。

4.1.10.2 中间罐的容积不应大于$1.00m^3$，并应设在耐火等级不低于二级的单独房间内，该房间的门应采用甲级防火门。

4.1.11 当高层建筑采用瓶装液化石油气作燃料时，应设集中瓶装液化石油气间，并应符合下列规定：

4.1.11.1 液化石油气总储量不超过$1.00m^3$的瓶装液化石油气间，可与裙房贴邻建造。

4.1.11.2 总储量超过$1.00m^3$、而不超过$3.00m^3$的瓶装液化石油气间，应独立建造，且与高层建筑和裙房的防火间距不应小于10m。

4.1.11.3 在总进气管道、总出气管道上应设有紧急事故自动切断阀。

4.1.11.4 应设有可燃气体浓度报警装置。

4.1.11.5 电气设计应按现行的国家标准《爆炸和火灾危险环境电力装置设计规范》的有关规定执行。

4.1.11.6 其它要求应按现行的国家标准《建筑设计防火规范》的有关规定执行。

4.2 防 火 间 距

4.2.1 高层建筑之间及高层建筑与其它民用建筑之间的防火间距，不应小于表4.2.1的规定。

4.2.2 两座高层建筑相邻较高一面外墙为防火墙或比相邻较低一座建筑屋面高15m及以下范围内的墙为不开设门、窗洞口的防火墙时，其防火间距可不限。

高层建筑之间及高层建筑与其它民用建筑之间的防火间距(m)　　表 4.2.1

建筑类别	高层建筑	裙房	其它民用建筑		
			耐火等级		
			一、二级	三级	四级
高层建筑	13	9	9	11	14
裙　房	9	6	6	7	9

注：防火间距应按相邻建筑外墙的最近距离计算；当外墙有突出可燃构件时，应从其突出的部分外缘算起。

4.2.3 相邻的两座高层建筑，较低一座的屋顶不设天窗、屋顶承重构件的耐火极限不低于 1.00h，且相邻较低一面外墙为防火墙时，其防火间距可适当减小，但不宜小于 4.00m。

4.2.4 相邻的两座高层建筑，当相邻较高一面外墙耐火极限不低于 2.00h，墙上开口部位设有甲级防火门、窗或防火卷帘时，其防火间距可适当减小，但不宜小于 4.00m。

4.2.5 高层建筑与小型甲、乙、丙类液体储罐、可燃气体储罐和化学易燃物品库房的防火间距，不应小于表 4.2.5 的规定。

高层建筑与小型甲、乙、丙类液体储罐、可燃气体储罐和化学易燃物品库房的防火间距　　表 4.2.5

名称和储量		防火间距(m)	
		高层建筑	裙　房
小型甲、乙类	$<30m^3$	35	30
液体储罐	$30\sim60m^3$	40	35

续表 4.2.5

名称和储量		防火间距(m)	
		高层建筑	裙　房
小型丙类	$<150m^3$	35	30
液体储罐	$150\sim200m^3$	40	35
可燃气体	$<100m^3$	30	25
储　罐	$100\sim500m^3$	35	30
化学易燃	$<1t$	30	25
物品库房	$1\sim5t$	35	30

注：①储罐的防火间距应从距建筑物最近的储罐外壁算起；

②当甲、乙、丙类液体储罐直埋时，本表的防火间距可减少50%。

4.2.6 高层医院等的液氧储罐总容量不超过 $3.00m^3$ 时，储罐间可一面贴邻所属高层建筑外墙建造，但应采用防火墙隔开，并应设直通室外的出口。

4.2.7 高层建筑与厂（库）房、煤气调压站、液化石油气气化站、混气站和城市液化石油气供应站瓶库的防火间距，不应小于表 4.2.7 的规定，且液化石油气气化站、混气站储罐的单罐容积不宜超过 $10m^3$。

高层建筑与厂(库)房、煤气调压站等的防火间距　　表 4.2.7

名称 ＼ 防火间距(m)			一类		二类	
			高层建筑	裙房	高层建筑	裙房
丙类厂(库)房	耐火等级	一、二级	20	15	15	13
		三、四级	25	20	20	15

续表 4.2.7

名称		防火间距（m）	一类 高层建筑	一类 裙房	二类 高层建筑	二类 裙房
丁、戊类厂(库)房	耐火等级	一、二级	15	10	13	10
		三、四级	18	12	15	10
煤气调压站	进口压力(MPa)	0.005~<0.15	20	15	15	13
		0.15~≤0.30	25	20	20	15
煤气调压箱	进口压力(MPa)	0.005~<0.15	15	13	13	6
		0.15~≤0.30	20	15	15	13
液化石油气气化站、混气站	总储量(m^3)	<30	45	40	40	35
		30~50	50	45	45	40
城市液化石油气供应站瓶库		≤15	30	25	25	20
		≤10	25	20	20	15

4.3 消防车道

4.3.1 高层建筑的周围，应设环形消防车道。当设环形车道有困难时，可沿高层建筑的两个长边设置消防车道。当高层建筑的沿街长度超过150m或总长度超过220m时，应在适中位置设置穿过高层建筑的消防车道。

高层建筑应设有连通街道和内院的人行通道，通道之间的距离不宜超过80m。

4.3.2 高层建筑的内院或天井，当其短边长度超过24m时，宜设有进入内院或天井的消防车道。

4.3.3 供消防车取水的天然水源和消防水池，应设消防车道。

4.3.4 消防车道的宽度不应小于4.00m。消防车道距高层建筑外墙宜大于5.00m，消防车道上空4.00m以下范围内不应有障碍物。

4.3.5 尽头式消防车道应设有回车道或回车场，回车场不宜小于15m×15m。大型消防车的回车场不宜小于18m×18m。

消防车道下的管道和暗沟等，应能承受消防车辆的压力。

4.3.6 穿过高层建筑的消防车道，其净宽和净空高度均不应小于4.00m。

4.3.7 消防车道与高层建筑之间，不应设置妨碍登高消防车操作的树木、架空管线等。

5 防火、防烟分区和建筑构造

5.1 防火和防烟分区

5.1.1 高层建筑内应采用防火墙等划分防火分区，每个防火分区允许最大建筑面积，不应超过表 5.1.1 的规定。

每个防火分区的允许最大建筑面积 **表 5.1.1**

建筑类别	每个防火分区建筑面积(m^2)
一类建筑	1000
二类建筑	1500
地 下 室	500

注：①设有自动灭火系统的防火分区，其允许最大建筑面积可按本表增加1.00倍；当局部设置自动灭火系统时，增加面积可按该局部面积的 1.00 倍计算。
②一类建筑的电信楼，其防火分区允许最大建筑面积可按本表增加50%。

5.1.2 高层建筑内的商业营业厅、展览厅等，当设有火灾自动报警系统和自动灭火系统，且采用不燃烧或难燃烧材料装修时，地上部分防火分区的允许最大建筑面积为 $4000m^2$；地下部分防火分区的允许最大建筑面积为 $2000m^2$。

5.1.3 当高层建筑与其裙房之间设有防火墙等防火分隔设施时，其裙房的防火分区允许最大建筑面积不应大于 $2500m^2$，当设有自动喷水灭火系统时，防火分区允许最大建筑面积可增加 1.00 倍。

5.1.4 高层建筑内设有上下层相连通的走廊、敞开楼梯、自动扶梯、传送带等开口部位时，应按上下连通层作为一个防火分区，其允许最大建筑面积之和不应超过本规范第 5.1.1 条的规定。当上下开口部位设有耐火极限大于 3.00h 的防火卷帘或水幕等分隔设施时，其面积可不叠加计算。

5.1.5 高层建筑中庭防火分区面积应按上、下层连通的面积叠加计算，当超过一个防火分区面积时，应符合下列规定:

5.1.5.1 房间与中庭回廊相通的门、窗，应设自行关闭的乙级防火门、窗。

5.1.5.2 与中庭相通的过厅、通道等，应设乙级防火门或耐火极限大于 3.00h 的防火卷帘分隔。

5.1.5.3 中庭每层回廊应设有自动喷水灭火系统。

5.1.5.4 中庭每层回廊应设火灾自动报警系统。

5.1.6 设置排烟设施的走道、净高不超过 6.00m 的房间，应采用挡烟垂壁、隔墙或从顶棚下突出不小于 0.50m 的梁划分防烟分区。

每个防烟分区的建筑面积不宜超过 $500m^2$，且防烟分区不应跨越防火分区。

5.2 防火墙、隔墙和楼板

5.2.1 防火墙不宜设在 U、L 形等高层建筑的内转角处。当设在转角附近时，内转角两侧墙上的门、窗、洞口之间最近边缘的水平距离不应小于 4.00m；当相邻一侧装有固定乙级防火窗时，距离可不限。

5.2.2 紧靠防火墙两侧的门、窗、洞口之间最近边缘的水平距离不应小于 2.00m；当水平间距小于 2.00m 时，应设置固定乙级防火门、窗。

5.2.3 防火墙上不应开设门、窗、洞口，当必须开设时，应设置能自行关闭的甲级防火门、窗。

5.2.4 输送可燃气体和甲、乙、丙类液体的管道，严禁穿过防火墙。其它管道不宜穿过防火墙，当必须穿过时，应采用不燃烧材料将其周围的空隙填塞密实。

穿过防火墙处的管道保温材料，应采用不燃烧材料。

5.2.5 管道穿过隔墙、楼板时，应采用不燃烧材料将其周围的缝隙填塞密实。

5.2.6 高层建筑内的隔墙应砌至梁板底部，且不宜留有缝隙。

5.2.7 设在高层建筑内的自动灭火系统的设备室，应采用耐火极限不低于 2.00h 的隔墙，1.50h 的楼板和甲级防火门与其它部位隔开。

5.2.8 地下室内存放可燃物平均重量超过 30kg／m^2 的房间隔墙，其耐火极限不应低于 2.00h，房间的门应采用甲级防火门。

5.3 电梯井和管道井

5.3.1 电梯井应独立设置，井内严禁敷设可燃气体和甲、乙、丙类液体管道，并不应敷设与电梯无关的电缆、电线等。电梯井井壁除开设电梯门洞和通气孔洞外，不应开设其它洞口。电梯门不应采用栅栏门。

5.3.2 电缆井、管道井、排烟道、排气道、垃圾道等竖向管道井，应分别独立设置；其井壁应为耐火极限不低于 1.00h 的不燃烧体；井壁上的检查门应采用丙级防火门。

5.3.3 建筑高度不超过 100m 的高层建筑，其电缆井、管道井应每隔 2～3 层在楼板处用相当于楼板耐火极限的不燃烧体作防火分隔；建筑高度超过 100m 的高层建筑，应在每层楼板处用相当于楼板耐火极限的不燃烧体作防火分隔。

电缆井、管道井与房间、走道等相连通的孔洞，其空隙应采用不燃烧材料填塞密实。

5.3.4 垃圾道宜靠外墙设置，不应设在楼梯间内。垃圾道的排气口应直接开向室外。垃圾斗宜设在垃圾道前室内，该前室应采用丙级防火门。垃圾斗应采用不燃烧材料制作，并能自行关闭。

5.4 防火门、防火窗和防火卷帘

5.4.1 防火门、防火窗应划分为甲、乙、丙三级，其耐火极限：甲级应为 1.20h；乙级应为 0.90h；丙级应为 0.60h。

5.4.2 防火门应为向疏散方向开启的平开门，并在关闭后应能从任何一侧手动开启。

用于疏散的走道、楼梯间和前室的防火门，应具有自行关闭的功能。双扇和多扇防火门，还应具有按顺序关闭的功能。

常开的防火门，当发生火灾时，应具有自行关闭和信号反馈的功能。

5.4.3 设在变形缝处附近的防火门，应设在楼层数较多的一侧，且门开启后不应跨越变形缝。

5.4.4 采用防火卷帘代替防火墙时，其防火卷帘应符合防火墙耐火极限的判定条件或在其两侧设闭式自动喷水灭火系统，其喷头间距不应小于 2.00m。

5.4.5 设在疏散走道上的防火卷帘应在卷帘的两侧设置启闭装置，并应具有自动、手动和机械控制的功能。

5.5 屋顶金属承重构件和变形缝

5.5.1 屋顶采用金属承重结构时，其吊顶、望板、保温材料等均应采用不燃烧材料，屋顶金属承重构件应采用外包敷不燃烧材料或喷涂防火涂料等措施，并应符合本规范第 3.0.2 条规定的耐火极限，或设置自动喷水灭火系统。

5.5.2 高层建筑的中庭屋顶承重构件采用金属结构时，应采取外包敷不燃烧材料、喷涂防火涂料等措施，其耐火极限不应小于 1.00h，或设置自动喷水灭火系统。

5.5.3 变形缝构造基层应采用不燃烧材料。

电缆、可燃气体管道和甲、乙、丙类液体管道，不应敷设在变形缝内。当其穿过变形缝时，应在穿过处加设不燃烧材料套管，并应采用不燃烧材料将套管空隙填塞密实。

6 安全疏散和消防电梯

6.1 一 般 规 定

6.1.1 高层建筑每个防火分区的安全出口不应少于两个。但符合下列条件之一的，可设一个安全出口：

6.1.1.1 十八层及十八层以下，每层不超过 8 户、建筑面积不超过 650m^2，且设有一座防烟楼梯间和消防电梯的塔式住宅。

6.1.1.2 每个单元设有一座通向屋顶的疏散楼梯，且从第十层起每层相邻单元设有连通阳台或凹廊的单元式住宅。

6.1.1.3 除地下室外的相邻两个防火分区，当防火墙上有防火门连通，且两个防火分区的建筑面积之和不超过本规范第 5.1.1 条规定的一个防火分区面积的 1.40 倍的公共建筑。

6.1.2 塔式高层建筑，两座疏散楼梯宜独立设置，当确有困难时，可设置剪刀楼梯，并应符合下列规定：

6.1.2.1 剪刀楼梯间应为防烟楼梯间。

6.1.2.2 剪刀楼梯的梯段之间，应设置耐火极限不低于 1.00h 的实体墙分隔。

6.1.2.3 剪刀楼梯应分别设置前室。塔式住宅确有困难时可设置一个前室，但两座楼梯应分别设加压送风系统。

6.1.3 高层居住建筑的户门不应直接开向前室，当确有困难时，部分开向前室的户门均应为乙级防火门。

6.1.4 高层公共建筑的大空间设计，必须符合双向疏散或袋形走道的规定。

6.1.5 高层建筑的安全出口应分散布置，两个安全出口之间的距离不应小于 5.00m。安全疏散距离应符合表 6.1.5 的规定。

安 全 疏 散 距 离 表 6.1.5

高 层 建 筑		房间门或住宅户门至最近的外部出口或楼梯间的最大距离(m)	
		位于两个安全出口之间的房间	位于袋形走道两侧或尽端的房间
医院	病房部分	24	12
	其它部分	30	15
旅馆、展览楼、教学楼		30	15
其　它		40	20

6.1.6 跃廊式住宅的安全疏散距离，应从户门算起，小楼梯的一段距离按其 1.50 倍水平投影计算。

6.1.7 高层建筑内的观众厅、展览厅、多功能厅、餐厅、营业厅和阅览室等，其室内任何一点至最近的疏散出口的直线距离，不宜超过 30m；其它房间内最远一点至房门的直线距离不宜超过 15m。

6.1.8 位于两个安全出口之间的房间，当面积不超过 60m^2 时，可设置一个门，门的净宽不应小于 0.90m。位于走道尽端的房间，当面积不超过 75m^2 时，可设置一个门，门的净宽不应小于 1.40m。

6.1.9 高层建筑内走道的净宽，应按通过人数每 100 人不小于 1.00m 计算；高层建筑首层疏散外门的总宽度，应按人数最多的一层每 100 人不小于 1.00m 计算。首层疏散外门和走道的净宽不应小于表 6.1.9 的规定。

6.1.10 疏散楼梯间及其前室的门的净宽应按通过人数每 100 人不小于 1.00m 计算，但最小净宽不应小于 0.90m。单面布置房间的住宅，其走道出垛处的最小净宽不应小于 0.90m。

首层疏散外门和走道的净宽(m)　　表 6.1.9

高层建筑	每个外门的净宽	走道净宽	
		单面布房	双面布房
医　院	1.30	1.40	1.50
居住建筑	1.10	1.20	1.30
其　它	1.20	1.30	1.40

6.1.11 高层建筑内设有固定座位的观众厅、会议厅等人员密集场所，其疏散走道、出口等应符合下列规定:

6.1.11.1 厅内的疏散走道的净宽应按通过人数每 100 人不小于 0.80m 计算，且不宜小于 1.00m；边走道的最小净宽不宜小于 0.80m。

6.1.11.2 厅的疏散出口和厅外疏散走道的总宽度，平坡地面应分别按通过人数每 100 人不小于 0.65m 计算，阶梯地面应分别按通过人数每 100 人不小于 0.80m 计算。疏散出口和疏散走道的最小净宽均不应小于 1.40m。

6.1.11.3 疏散出口的门内、门外 1.40m 范围内不应设踏步，且门必须向外开，并不应设置门槛。

6.1.11.4 观众厅座位的布置，横走道之间的排数不宜超过 20 排，纵走道之间每排座位不宜超过 22 个；当前后排座位的排距不小于 0.90m 时，每排座位可为 44 个；只一侧有纵走道时，其座位数应减半。

6.1.11.5 观众厅每个疏散出口的平均疏散人数不应超过 250 人。

6.1.11.6 观众厅的疏散外门，宜采用推闩式外开门。

6.1.12 高层建筑地下室、半地下室的安全疏散应符合下列规定:

6.1.12.1 每个防火分区的安全出口不应少于两个。当有两个或两个以上防火分区，且相邻防火分区之间的防火墙上设有防火门时，每个防火分区可分别设一个直通室外的安全出口。

6.1.12.2 房间面积不超过 $50m^2$，且经常停留人数不超过 15 人的房间，可设一个门。

6.1.12.3 人员密集的厅、室疏散出口总宽度，应按其通过人数每 100 人不小于 1.00m 计算。

6.1.13 建筑高度超过 100m 的公共建筑，应设置避难层（间），并应符合下列规定:

6.1.13.1 避难层的设置，自高层建筑首层至第一个避难层或两个避难层之间，不宜超过 15 层。

6.1.13.2 通向避难层的防烟楼梯应在避难层分隔、同层错位或上下层断开，但人员均必须经避难层方能上下。

6.1.13.3 避难层的净面积应能满足设计避难人员避难的要求，并宜按 5.00 人／m^2 计算。

6.1.13.4 避难层可兼作设备层，但设备管道宜集中布置。

6.1.13.5 避难层应设消防电梯出口。

6.1.13.6 避难层应设消防专线电话，并应设有消火栓和消防卷盘。

6.1.13.7 封闭式避难层应设独立的防烟设施。

6.1.13.8 避难层应设有应急广播和应急照明，其供电时间不应小于 1.00h，照度不应低于 1.00lx。

6.1.14 建筑高度超过 100m，且标准层建筑面积超过 $1000m^2$ 的公共建筑，宜设置屋顶直升机停机坪或供直升机救助的设施，并应符合下列规定:

6.1.14.1 设在屋顶平台上的停机坪，距设备机房、电梯机房、水箱间、共用天线等突出物的距离，不应小于 5.00m。

6.1.14.2 出口不应少于两个，每个出口宽度不宜小于 0.90m。

6.1.14.3 在停机坪的适当位置应设置消火栓。

6.1.14.4 停机坪四周应设置航空障碍灯，并应设置应急照明。

6.1.15 除设有排烟设施和应急照明者外，高层建筑内的走道长度超过 20m 时，应设置直接天然采光和自然通风的设施。

6.1.16 高层建筑的公共疏散门均应向疏散方向开启，且不应采用侧拉门、吊门和转门。自动启闭的门应有手动开启装置。

6.1.17 建筑物直通室外的安全出口上方，应设置宽度不小于 1.00m 的防火挑檐。

6.2 疏散楼梯间和楼梯

6.2.1 一类建筑和除单元式和通廊式住宅外的建筑高度超过 32m 的二类建筑以及塔式住宅，均应设防烟楼梯间。防烟楼梯间的设置应符合下列规定:

6.2.1.1 楼梯间入口处应设前室、阳台或凹廊。

6.2.1.2 前室的面积，公共建筑不应小于 $6.00m^2$，居住建筑不应小于 $4.50m^2$。

6.2.1.3 前室和楼梯间的门均应为乙级防火门，并应向疏散方向开启。

6.2.2 裙房和除单元式和通廊式住宅外的建筑高度不超过 32m 的二类建筑应设封闭楼梯间。封闭楼梯间的设置应符合下列规定:

6.2.2.1 楼梯间应靠外墙，并应直接天然采光和自然通风，当不能直接天然采光和自然通风时，应按防烟楼梯间规定设置。

6.2.2.2 楼梯间应设乙级防火门，并应向疏散方向开启。

6.2.2.3 楼梯间的首层紧接主要出口时，可将走道和门厅等包括在楼梯间内，形成扩大的封闭楼梯间，但应采用乙级防火门等防火措施与其它走道和房间隔开。

6.2.3 单元式住宅每个单元的疏散楼梯均应通至屋顶，其疏散楼梯间的设置应符合下列规定:

6.2.3.1 十一层及十一层以下的单元式住宅可不设封闭楼梯间，但开向楼梯间的户门应为乙级防火门，且楼梯间应靠外墙，并应直接天然采光和自然通风。

6.2.3.2 十二层及十八层的单元式住宅应设封闭楼梯间。

6.2.3.3 十九层及十九层以上的单元式住宅应设防烟楼梯间。

6.2.4 十一层及十一层以下的通廊式住宅应设封闭楼梯间；超过十一层的通廊式住宅应设防烟楼梯间。

6.2.5 楼梯间及防烟楼梯间前室应符合下列规定:

6.2.5.1 楼梯间及防烟楼梯间前室的内墙上，除开设通向公共走道的疏散门和本规范第 6.1.3 条规定的户门外，不应开设其它门、窗、洞口。

6.2.5.2 楼梯间及防烟楼梯间前室内不应敷设可燃气体管道和甲、乙、丙类液体管道，并不应有影响疏散的突出物。

6.2.5.3 居住建筑内的煤气管道不应穿过楼梯间，当必须局部水平穿过楼梯间时，应穿钢套管保护，并应符合现行国家标准《城镇燃气设计规范》的有关规定。

6.2.6 除通向避难层错位的楼梯外，疏散楼梯间在各层的位置不应改变，首层应有直通室外的出口。

疏散楼梯和走道上的阶梯不应采用螺旋楼梯和扇形踏步，但踏步上下两级所形成的平面角不超过 10°，且每级离扶手 0.25m 处的踏步宽度超过 0.22m 时，可不受此限。

6.2.7 除本规范第 6.1.1 条第 6.1.1.1 款的规定以及顶层为外通廊式住宅外的高层建筑，通向屋顶的疏散楼梯不宜少于两座，且不应穿越其它房间，通向屋顶的门应向屋顶方向开启。

6.2.8 地下室、半地下室的楼梯间，在首层应采用耐火极限不低于 2.00h 的隔墙与其它部位隔开并宜直通室外，当必须在隔墙上开门时，应采用乙级防火门。

地下室或半地下室与地上层不宜共用楼梯间，当必须共用楼梯间时，宜在首层与地下或半地下层的入口处，设置耐火极限不低于 2.00h 的隔墙和乙级防火门隔开，并应有明显标志。

6.2.9 每层疏散楼梯总宽度应按其通过人数每 100 人不小于 1.00m 计算，各层人数不相等时，其总宽度可分段计算，下层疏散楼梯总宽度应按其上层人数最多的一层计算。疏散楼梯的最小净宽不应小于表 6.2.9 的规定。

疏散楼梯的最小净宽度 **表 6.2.9**

高层建筑	疏散楼梯的最小净宽度(m)
医院病房楼	1.30
居住建筑	1.10
其它建筑	1.20

6.2.10 室外楼梯可作为辅助的防烟楼梯，其最小净宽不应小于 0.90m。当倾斜角度不大于 45°，栏杆扶手的高度不小于 1.10m 时，室外楼梯宽度可计入疏散楼梯总宽度内。

室外楼梯和每层出口处平台，应采用不燃材料制作。平台的耐火极限不应低于 1.00h。在楼梯周围 2.00m 内的墙面上，除设疏散门外，不应开设其它门、窗、洞口。疏散门应采用乙级防火门、且不应正对梯段。

6.2.11 公共建筑内袋形走道尽端的阳台、凹廊，宜设上下层连通的辅助疏散设施。

6.3 消防电梯

6.3.1 下列高层建筑应设消防电梯：

6.3.1.1 一类公共建筑。

6.3.1.2 塔式住宅。

6.3.1.3 十二层及十二层以上的单元式住宅和通廊式住宅。

6.3.1.4 高度超过 32m 的其它二类公共建筑。

6.3.2 高层建筑消防电梯的设置数量应符合下列规定：

6.3.2.1 当每层建筑面积不大于 $1500m^2$ 时，应设 1 台。

6.3.2.2 当大于 $1500m^2$ 但不大于 $4500m^2$ 时，应设 2 台。

6.3.2.3 当大于 $4500m^2$ 时，应设 3 台。

6.3.2.4 消防电梯可与客梯或工作电梯兼用，但应符合消防电梯的要求。

6.3.3 消防电梯的设置应符合下列规定：

6.3.3.1 消防电梯宜分别设在不同的防火分区内。

6.3.3.2 消防电梯间应设前室，其面积：居住建筑不应小于 $4.50m^2$；公共建筑不应小于 $6.00m^2$。当与防烟楼梯间合用前室时，其面积：居住建筑不应小于 $6.00m^2$；公共建筑不应小于 $10m^2$。

6.3.3.3 消防电梯间前室宜靠外墙设置，在首层应设直通室外的出口或经过长度不超过 30m 的通道通向室外。

6.3.3.4 消防电梯间前室的门，应采用乙级防火门或具有停滞功能的防火卷帘。

6.3.3.5 消防电梯的载重量不应小于 800kg。

6.3.3.6 消防电梯井、机房与相邻其它电梯井、机房之间，应采用耐火极限不低于 2.00h 的隔墙隔开，当在隔墙上开门时，应设甲级防火门。

6.3.3.7 消防电梯的行驶速度，应按从首层到顶层的运行时间不超过 60s 计算确定。

6.3.3.8 消防电梯轿厢的内装修应采用不燃烧材料。

6.3.3.9 动力与控制电缆、电线应采取防水措施。

6.3.3.10 消防电梯轿厢内应设专用电话；并应在首层设供消防队员专用的操作按钮。

6.3.3.11 消防电梯间前室门口宜设挡水设施。

消防电梯的井底应设排水设施，排水井容量不应小于 $2.00m^3$，排水泵的排水量不应小于 10L／s。

7 消防给水和灭火设备

7.1 一般规定

7.1.1 高层建筑必须设置室内、室外消火栓给水系统。

7.1.2 消防用水可由给水管网、消防水池或天然水源供给。利用天然水源应确保枯水期最低水位时的消防用水量，并应设置可靠的取水设施。

7.1.3 室内消防给水应采用高压或临时高压给水系统。当室内消防用水量达到最大时，其水压应满足室内最不利点灭火设施的要求。

室外低压给水管道的水压，当生活、生产和消防用水量达到最大时，不应小于 0.10MPa（从室外地面算起）。

注：生活、生产用水量应按最大小时流量计算，消防用水量应按最大秒流量计算。

7.2 消防用水量

7.2.1 高层建筑的消防用水总量应按室内、外消防用水量之和计算。

高层建筑内设有消火栓、自动喷水、水幕、泡沫等灭火系统时，其室内消防用水量应按需要同时开启的灭火系统用水量之和计算。

7.2.2 高层建筑室内、外消火栓给水系统的用水量，不应小于表 7.2.2 的规定。

7.2.3 高层建筑室内自动喷水灭火系统的用水量，应按现行的国家标准《自动喷水灭火系统设计规范》的规定执行。

消火栓给水系统的用水量 表 7.2.2

高层建筑类别	建筑高度 (m)	消火栓用水量 (L/s) 室外	消火栓用水量 (L/s) 室内	每根竖管最小流量 (L/s)	每支水枪最小流量 (L/s)
普通住宅	<50	15	10	10	5
	>50	15	20	10	5
1. 高级住宅 2. 医院 3. 二类建筑的商业楼、展览楼、综合楼、财贸金融楼、电信楼、商住楼、图书馆、书库	<50	20	20	10	5
4. 省级以下的邮政楼、防灾指挥调度楼、广播电视楼、电力调度楼 5. 建筑高度不超过50m的教学楼和普通的旅馆、办公楼、科研楼、档案楼等	>50	20	30	15	5
1. 高级旅馆 2. 建筑高度超过50m或每层建筑面积超过 $1000m^2$ 的商业楼、展览楼、综合楼、财贸金融楼、电信楼 3. 建筑高度超过50m或每层建筑面积超过 $1500m^2$ 的商住楼 4. 中央和省级（含计划单列市）广播电视楼	<50	30	30	15	5
5. 网局级和省级（含计划单列市）电力调度楼 6. 省级（含计划单列市）邮政楼、防灾指挥调度楼 7. 藏书超过100万册的图书馆、书库 8. 重要的办公楼、科研楼、档案楼 9. 建筑高度超过50m的教学楼和普通的旅馆、办公楼、科研楼、档案楼等	>50	30	40	15	5

注：建筑高度不超过50m，室内消火栓用水量超过20L／s，且设有自动喷水灭火系统的建筑物，其室内、外消防用水量可按本表减少5L／s。

7.2.4 高级旅馆、重要的办公楼、一类建筑的商业楼、展览楼、综合楼等和建筑高度超过100m的其它高层建筑，应设消防卷盘，其用水量可不计入消防用水总量。

7.3 室外消防给水管道、消防水池和室外消火栓

7.3.1 室外消防给水管道应布置成环状，其进水管不宜少于两条，并宜从两条市政给水管道引入，当其中一条进水管发生故障时，其余进水管应仍能保证全部用水量。

7.3.2 符合下列条件之一时，高层建筑应设消防水池：

7.3.2.1 市政给水管道和进水管或天然水源不能满足消防用水量。

7.3.2.2 市政给水管道为枝状或只有一条进水管（二类居住建筑除外）。

7.3.3 当室外给水管网能保证室外消防用水量时，消防水池的有效容量应满足在火灾延续时间内室内消防用水量的要求；当室外给水管网不能保证室外消防用水量时，消防水池的有效容量应满足火灾延续时间内室内消防用水量和室外消防用水量不足部分之和的要求。

消防水池的补水时间不宜超过48h。

商业楼、展览楼、综合楼、一类建筑的财贸金融楼、图书馆、书库，重要的档案楼、科研楼和高级旅馆的火灾延续时间应按3.00h计算，其它高层建筑可按2.00h计算。自动喷水灭火系统可按火灾延续时间1.00h计算。

消防水池的总容量超过500m^{3}时，应分成两个能独立使用的消防水池。

7.3.4 供消防车取水的消防水池应设取水口或取水井，其水深应保证消防车的消防水泵吸水高度不超过6.00m。取水口或取水井与被保护高层建筑的外墙距离不宜小于5.00m，并不宜大于100m。

消防用水与其它用水共用的水池，应采取确保消防用水量不作他用的技术措施。

寒冷地区的消防水池应采取防冻措施。

7.3.5 高层建筑群可共用消防水池和消防泵房。消防水池的容量应按消防用水量最大的一幢高层建筑计算。

7.3.6 室外消火栓的数量应按本规范第7.2.2条规定的室外消火栓用水量经计算确定，每个消火栓的用水量应为10～15L／s。

室外消火栓应沿高层建筑均匀布置，消火栓距高层建筑外墙的距离不宜小于5.00m，并不宜大于40m；距路边的距离不宜大于2.00m。在该范围内的市政消火栓可计入室外消火栓的数量。

7.3.7 室外消火栓宜采用地上式，当采用地下式消火栓时，应有明显标志。

7.4 室内消防给水管道、室内消火栓和消防水箱

7.4.1 室内消防给水系统应与生活、生产给水系统分开独立设置。室内消防给水管道应布置成环状。室内消防给水环状管网的进水管和区域高压或临时高压给水系统的引入管不应少于两根，当其中一根发生故障时，其余的进水管或引入管应能保证消防用水量和水压的要求。

7.4.2 消防竖管的布置，应保证同层相邻两个消火栓的水枪的充实水柱同时达到被保护范围内的任何部位。每根消防竖管的直径应按通过的流量经计算确定，但不应小于100mm。

十八层及十八层以下，每层不超过8户、建筑面积不超过650m^{2}的塔式住宅，当设两根消防竖管有困难时，可设一根竖管，但必须采用双阀双出口型消火栓。

7.4.3 室内消火栓给水系统应与自动喷水灭火系统分开设置，

有困难时，可合用消防泵，但在自动喷水灭火系统的报警阀前（沿水流方向）必须分开设置。

7.4.4 室内消防给水管道应采用阀门分成若干独立段。阀门的布置，应保证检修管道时关闭停用的竖管不超过一根。当竖管超过4根时，可关闭不相邻的两根。

裙房内消防给水管道的阀门布置可按现行的国家标准《建筑设计防火规范》的有关规定执行。

阀门应有明显的启闭标志。

7.4.5 室内消火栓给水系统和自动喷水灭火系统应设水泵接合器，并应符合下列规定：

7.4.5.1 水泵接合器的数量应按室内消防用水量经计算确定。每个水泵接合器的流量应按10～15L／s计算。

7.4.5.2 消防给水为竖向分区供水时，在消防车供水压力范围内的分区，应分别设置水泵接合器。

7.4.5.3 水泵接合器应设在室外便于消防车使用的地点，距室外消火栓或消防水池的距离宜为15～40m。

7.4.5.4 水泵接合器宜采用地上式；当采用地下式水泵接合器时，应有明显标志。

7.4.6 除无可燃物的设备层外，高层建筑和裙房的各层均应设室内消火栓，并应符合下列规定：

7.4.6.1 消火栓应设在走道、楼梯附近等明显易于取用的地点，消火栓的间距应保证同层任何部位有两个消火栓的水枪充实水柱同时到达。

7.4.6.2 消火栓的水枪充实水柱应通过水力计算确定，且建筑高度不超过100m的高层建筑不应小于10m；建筑高度超过100m的高层建筑不应小于13m。

7.4.6.3 消火栓的间距应由计算确定，且高层建筑不应大于30m，裙房不应大于50m。

7.4.6.4 消火栓栓口离地面高度宜为1.10m，栓口出水方向宜向下或与设置消火栓的墙面相垂直。

7.4.6.5 消火栓栓口的静水压力不应大于0.80MPa，当大于0.80MPa时，应采取分区给水系统。消火栓栓口的出水压力大于0.50MPa时，消火栓处应设减压装置。

7.4.6.6 消火栓应采用同一型号规格。消火栓的栓口直径应为65mm，水带长度不应超过25m，水枪喷嘴口径不应小于19mm。

7.4.6.7 临时高压给水系统的每个消火栓处应设直接启动消防水泵的按钮，并应设有保护按钮的设施。

7.4.6.8 消防电梯间前室应设消火栓。

7.4.6.9 高层建筑的屋顶应设一个装有压力显示装置的检查用的消火栓，采暖地区可设在顶层出口处或水箱间内。

7.4.7 采用高压给水系统时，可不设高位消防水箱。当采用临时高压给水系统时，应设高位消防水箱，并应符合下列规定：

7.4.7.1 高位消防水箱的消防储水量，一类公共建筑不应小于18m^3；二类公共建筑和一类居住建筑不应小于12m^3；二类居住建筑不应小于6.00m^3。

7.4.7.2 高位消防水箱的设置高度应保证最不利点消火栓静水压力。当建筑高度不超过100m时，高层建筑最不利点消火栓静水压力不应低于0.07MPa；当建筑高度超过100m时，高层建筑最不利点消火栓静水压力不应低于0.15MPa。当高位消防水箱不能满足上述静压要求时，应设增压设施。

7.4.7.3 并联给水方式的分区消防水箱容量应与高位消防水箱相同。

7.4.7.4 消防用水与其它用水合用的水箱，应采取确保消防用水不作他用的技术措施。

7.4.7.5 除串联消防给水系统外，发生火灾时由消防水泵供给的消防用水不应进入高位消防水箱。

7.4.8 设有高位消防水箱的消防给水系统，其增压设施应符合下列规定：

7.4.8.1 增压水泵的出水量，对消火栓给水系统不应大于5L／s；对自动喷水灭火系统不应大于1L／s。

7.4.8.2 气压水罐的调节水容量宜为450L。

7.4.9 消防卷盘的间距应保证有一股水流能到达室内地面任何部位，消防卷盘的安装高度应便于取用。

注：消防卷盘的栓口直径宜为25mm；配备的胶带内径不小于19mm；消防卷盘喷嘴口径不小于6.00mm。

7.5 消防水泵房和消防水泵

7.5.1 独立设置的消防水泵房，其耐火等级不应低于二级。在高层建筑内设置消防水泵房时，应采用耐火极限不低于2.00h的隔墙和1.50h的楼板与其它部位隔开，并应设甲级防火门。

7.5.2 当消防水泵房设在首层时，其出口宜直通室外。当设在地下室或其它楼层时，其出口应直通安全出口。

7.5.3 消防给水系统应设置备用消防水泵，其工作能力不应小于其中最大一台消防工作泵。

7.5.4 一组消防水泵，吸水管不应少于两条，当其中一条损坏或检修时，其余吸水管应仍能通过全部水量。

消防水泵房应设不少于两条的供水管与环状管网连接。

消防水泵应采用自灌式吸水，其吸水管应设阀门。供水管上应装设试验和检查用压力表和65mm的放水阀门。

7.5.5 当市政给水环形干管允许直接吸水时，消防水泵应直接从室外给水管网吸水。直接吸水时，水泵扬程计算应考虑室外给水管网的最低水压，并以室外给水管网的最高水压校核水泵的工作情况。

7.5.6 高层建筑消防给水系统应采取防超压措施。

7.6 灭火设备

7.6.1 建筑高度超过100m的高层建筑，除面积小于5.00m²的卫生间、厕所和不宜用水扑救的部位外，均应设自动喷水灭火系统。

7.6.2 建筑高度不超过100m的一类高层建筑及其裙房的下列部位，除普通住宅和高层建筑中不宜用水扑救的部位外，应设自动喷水灭火系统：

7.6.2.1 公共活动用房。

7.6.2.2 走道、办公室和旅馆的客房。

7.6.2.3 可燃物品库房。

7.6.2.4 高级住宅的居住用房。

7.6.2.5 自动扶梯底部和垃圾道顶部。

7.6.3 二类高层建筑中的商业营业厅、展览厅等公共活动用房和建筑面积超过200m²的可燃物品库房，应设自动喷水灭火系统。

7.6.4 高层建筑中经常有人停留或可燃物较多的地下室房间，应设自动喷水灭火系统。

7.6.5 超过800个座位的剧院、礼堂的舞台口宜设防火幕或水幕分隔。

7.6.6 高层建筑内的下列房间应设置水喷雾灭火系统：

7.6.6.1 燃油、燃气的锅炉房；

7.6.6.2 可燃油油浸电力变压器室；

7.6.6.3 充可燃油的高压电容器和多油开关室；

7.6.6.4 自备发电机房。

7.6.7 高层建筑的下列房间，应设置气体灭火系统：

7.6.7.1 主机房建筑面积不小于140m²的电子计算机房中的主机房和基本工作间的已记录磁、纸介质库；

7.6.7.2 省级或超过100万人口的城市，其广播电视发射塔楼内的微波机房、分米波机房、米波机房、变、配电室和不间断电源（UPS）室；

7.6.7.3 国际电信局、大区中心，省中心和一万路以上的地区中心的长途通讯机房、控制室和信令转接点室；

7.6.7.4 二万线以上的市话汇接局和六万门以上的市话端局程控交换机房、控制室和信令转接点室；

7.6.7.5 中央及省级治安、防灾和网、局级及以上的电力等调度指挥中心的通信机房和控制室；

7.6.7.6 其它特殊重要设备室。

注：当有备用主机和备用已记录磁、纸介质且设置在不同建筑中，或同一建筑中的不同防火分区内时，7.6.7.1 条中指定的房间内可采用预作用自动喷水灭火系统。

7.6.8 高层建筑的下列房间应设置气体灭火系统，但不得采用卤代烷 1211、1301 灭火系统：

7.6.8.1 国家、省级或藏书量超过 100 万册的图书馆的特藏库；

7.6.8.2 中央和省级档案馆中的珍藏库和非纸质档案库；

7.6.8.3 大、中型博物馆中的珍品库房；

7.6.8.4 一级纸、绢质文物的陈列室；

7.6.8.5 中央和省级广播电视中心内，面积不小于 $120m^2$ 的音、像制品库房。

7.6.9 高层建筑的灭火器配置应按现行国家标准《建筑灭火器配置设计规范》的有关规定执行。

8 防烟、排烟和通风、空气调节

8.1 一 般 规 定

8.1.1 高层建筑的防烟设施应分为机械加压送风的防烟设施和可开启外窗的自然排烟设施。

8.1.2 高层建筑的排烟设施应分为机械排烟设施和可开启外窗的自然排烟设施。

8.1.3 一类高层建筑和建筑高度超过 32m 的二类高层建筑的下列部位应设排烟设施：

8.1.3.1 长度超过 20m 的内走道。

8.1.3.2 面积超过 $100m^2$，且经常有人停留或可燃物较多的房间。

8.1.3.3 高层建筑的中庭和经常有人停留或可燃物较多的地下室。

8.1.4 通风、空气调节系统应采取防火、防烟措施。

8.1.5 机械加压送风和机械排烟的风速，应符合下列规定：

8.1.5.1 采用金属风道时，不应大于 20m／s。

8.1.5.2 采用内表面光滑的混凝土等非金属材料风道时，不应大于 15m／s。

8.1.5.3 送风口的风速不宜大于 7m／s；排烟口的风速不宜大于 10m／s。

8.2 自 然 排 烟

8.2.1 除建筑高度超过 50m 的一类公共建筑和建筑高度超过 100m 的居住建筑外，靠外墙的防烟楼梯间及其前室、消防电梯间前室和合用前室，宜采用自然排烟方式。

8.2.2 采用自然排烟的开窗面积应符合下列规定：

8.2.2.1 防烟楼梯间前室、消防电梯间前室可开启外窗面积不应小于 $2.00m^2$，合用前室不应小于 $3.00m^2$。

8.2.2.2 靠外墙的防烟楼梯间每五层内可开启外窗总面积之和不应小于 $2.00m^2$。

8.2.2.3 长度不超过 60m 的内走道可开启外窗面积不应小于走道面积的 2%。

8.2.2.4 需要排烟的房间可开启外窗面积不应小于该房间面积的 2%。

8.2.2.5 净空高度小于 12m 的中庭可开启的天窗或高侧窗的面积不应小于该中庭地面积的 5%。

8.2.3 防烟楼梯间前室或合用前室，利用敞开的阳台、凹廊或前室内有不同朝向的可开启外窗自然排烟时，该楼梯间可不设防烟设施。

8.2.4 排烟窗宜设置在上方，并应有方便开启的装置。

8.3 机 械 防 烟

8.3.1 下列部位应设置独立的机械加压送风的防烟设施：

8.3.1.1 不具备自然排烟条件的防烟楼梯间、消防电梯间前室或合用前室。

8.3.1.2 采用自然排烟措施的防烟楼梯间，其不具备自然排烟条件的前室。

8.3.1.3 封闭避难层（间）。

8.3.2 高层建筑防烟楼梯间及其前室、合用前室和消防电梯间前室的机械加压送风量应由计算确定，或按表 8.3.2-1 至表 8.3.2-4 的规定确定。当计算值和本表不一致时，应按两者中较大值确定。

防烟楼梯间(前室不送风)的加压送风量　　表 8.3.2-1

系统负担层数	加压送风量(m^3/h)
<20 层	25000～30000
20 层～32 层	35000～40000

防烟楼梯间及其合用前室的分别加压送风量　　表 8.3.2-2

系统负担层数	送风部位	加压送风量(m^3/h)
<20 层	防烟楼梯间	16000～20000
	合用前室	12000～16000
20 层～32 层	防烟楼梯间	20000～25000
	合用前室	18000～22000

消防电梯间前室的加压送风量　　表 8.3.2-3

系统负担层数	加压送风量(m^3/h)
<20 层	15000～20000
20 层～32 层	22000～27000

防烟楼梯间采用自然排烟，前室或合用前室不具备自然排烟条件时的送风量　　表 8.3.2-4

系统负担层数	加压送风量(m^3/h)
<20 层	22000～27000
20 层～32 层	28000～32000

注：①表8.3.2-1至表8.3.2-4的风量按开启2.00m×1.60m的双扇门确定。当采用单扇门时，其风量可乘以 0.75 系数计算；当有两个或两个以上出入口时，其风量应乘以 1.50～1.75 系数计算。开启门时，通过门的风速不宜小于 0.70m/s。

②风量上下限选取应按层数、风道材料、防火门漏风量等因素综合比较确定。

8.3.3 层数超过三十二层的高层建筑，其送风系统及送风量应分段设计。

8.3.4 剪刀楼梯间可合用一个风道，其风量应按二个楼梯间风量计算，送风口应分别设置。

8.3.5 封闭避难层（间）的机械加压送风量应按避难层净面积每平方米不小于 $30m^3$／h 计算。

8.3.6 机械加压送风的防烟楼梯间和合用前室，宜分别独立设置送风系统，当必须共用一个系统时，应在通向合用前室的支风管上设置压差自动调节装置。

8.3.7 机械加压送风机的全压，除计算最不利环管道压头损失外，尚应有余压。其余压值应符合下列要求：

8.3.7.1 防烟楼梯间为 50Pa。

8.3.7.2 前室、合用前室、消防电梯间前室、封闭避难层（间）为 25Pa。

8.3.8 楼梯间宜每隔二至三层设一个加压送风口；前室的加压送风口应每层设一个。

8.3.9 机械加压送风机可采用轴流风机或中、低压离心风机，风机位置应根据供电条件、风量分配均衡、新风入口不受火、烟威胁等因素确定。

8.4 机 械 排 烟

8.4.1 一类高层建筑和建筑高度超过 32m 的二类高层建筑的下列部位，应设置机械排烟设施：

8.4.1.1 无直接自然通风，且长度超过 20m 的内走道或虽有直接自然通风，但长度超过 60m 的内走道。

8.4.1.2 面积超过 $100m^2$，且经常有人停留或可燃物较多的地上无窗房间或设固定窗的房间。

8.4.1.3 不具备自然排烟条件或净空高度超过 12m 的中庭。

8.4.1.4 除利用窗井等开窗进行自然排烟的房间外，各房间总面积超过 $200m^2$ 或一个房间面积超过 $50m^2$，且经常有人停留或可燃物较多的地下室。

8.4.2 设置机械排烟设施的部位，其排烟风机的风量应符合下列规定：

8.4.2.1 担负一个防烟分区排烟或净空高度大于 6.00m 的不划防烟分区的房间时，应按每平方米面积不小于 $60m^3$／h 计算（单台风机最小排烟量不应小于 $7200m^3$／h）。

8.4.2.2 担负两个或两个以上防烟分区排烟时，应按最大防烟分区面积每平方米不小于 $120m^3$／h 计算。

8.4.2.3 中庭体积小于 $17000m^3$ 时，其排烟量按其体积的 6 次／h 换气计算；中庭体积大于 $17000m^3$ 时，其排烟量按其体积的 4 次／h 换气计算；但最小排烟量不应小于 $102000m^3$／h。

8.4.3 带裙房的高层建筑防烟楼梯间及其前室，消防电梯间前室或合用前室，当裙房以上部分利用可开启外窗进行自然排烟，裙房部分不具备自然排烟条件时，其前室或合用前室应设置局部机械排烟设施，其排烟量按前室每平方米不小于 $60m^3$／h 计算。

8.4.4 排烟口应设在顶棚上或靠近顶棚的墙面上。设在顶棚上的排烟口，距可燃构件或可燃物的距离不应小于 1.00m。排烟口平时应关闭，并应设有手动和自动开启装置。

8.4.5 防烟分区内的排烟口距最远点的水平距离不应超过 30m。在排烟支管上应设有当烟气温度超过 280℃时能自行关闭的排烟防火阀。

8.4.6 走道的机械排烟系统宜竖向设置；房间的机械排烟系统宜按防烟分区设置。

8.4.7 排烟风机可采用离心风机或采用排烟轴流风机，并应在其机房入口处设有当烟气温度超过 280℃时能自动关闭的排烟防火阀。排烟风机应保证在 280℃时能连续工作 30min。

8.4.8 机械排烟系统中，当任一排烟口或排烟阀开启时，排烟风机应能自行启动。

8.4.9 排烟管道必须采用不燃材料制作。安装在吊顶内的排烟管道，其隔热层应采用不燃烧材料制作，并应与可燃物保持不小于 150mm 的距离。

8.4.10 机械排烟系统与通风、空气调节系统宜分开设置。若合用时，必须采取可靠的防火安全措施，并应符合排烟系统要求。

8.4.11 设置机械排烟的地下室，应同时设置送风系统，且送风量不宜小于排烟量的 50%。

8.4.12 排烟风机的全压应按排烟系统最不利环管道进行计算，其排烟量应增加漏风系数。

8.5 通风和空气调节

8.5.1 空气中含有易燃、易爆物质的房间，其送、排风系统应采用相应的防爆型通风设备；当送风机设在单独隔开的通风机房内且送风干管上设有止回阀时，可采用普通型通风设备，其空气不应循环使用。

8.5.2 通风、空气调节系统，横向应按每个防火分区设置，竖向不宜超过五层，当排风管道设有防止回流设施且各层设有自动喷水灭火系统时，其进风和排风管道可不受此限制。垂直风管应设在管井内。

8.5.3 下列情况之一的通风、空气调节系统的风管道应设防火阀:

8.5.3.1 管道穿越防火分区的隔墙处。

8.5.3.2 穿越通风、空气调节机房及重要的或火灾危险性大的房间隔墙和楼板处。

8.5.3.3 垂直风管与每层水平风管交接处的水平管段上。

8.5.3.4 穿越变形缝处的两侧。

8.5.4 防火阀的动作温度宜为 70℃。

8.5.5 厨房、浴室、厕所等的垂直排风管道，应采取防止回流的措施或在支管上设置防火阀。

8.5.6 通风、空气调节系统的管道等，应采用不燃烧材料制作，但接触腐蚀性介质的风管和柔性接头，可采用难燃烧材料制作。

8.5.7 管道和设备的保温材料、消声材料和粘结剂应为不燃烧材料或难燃烧材料。

穿过防火墙和变形缝的风管两侧各 2.00m 范围内应采用不燃烧材料及其粘结剂。

8.5.8 风管内设有电加热器时，风机应与电加热器联锁。电加热器前后各 800mm 范围内的风管和穿过设有火源等容易起火部位的管道，均必须采用不燃保温材料。

9 电 气

9.1 消防电源及其配电

9.1.1 高层建筑的消防控制室、消防水泵、消防电梯、防烟排烟设施、火灾自动报警、自动灭火系统、应急照明、疏散指示标志和电动的防火门、窗、卷帘、阀门等消防用电，应按现行的国家标准《工业与民用供电系统设计规范》的规定进行设计，一类高层建筑应按一级负荷要求供电，二类高层建筑应按二级负荷要求供电。

9.1.2 高层建筑的消防控制室、消防水泵、消防电梯、防烟排烟风机等的供电，应在最末一级配电箱处设置自动切换装置。

一类高层建筑自备发电设备，应设有自动启动装置，并能在30s内供电。二类高层建筑自备发电设备，当采用自动启动有困难时，可采用手动启动装置。

9.1.3 消防用电设备应采用专用的供电回路，其配电设备应设有明显标志。其配电线路和控制回路宜按防火分区划分。

9.1.4 消防用电设备的配电线路应符合下列规定：

9.1.4.1 当采用暗敷设时，应敷设在不燃烧体结构内，且保护层厚度不宜小于30mm。

9.1.4.2 当采用明敷设时，应采用金属管或金属线槽上涂防火涂料保护。

9.1.4.3 当采用绝缘和护套为不延燃材料的电缆时，可不穿金属管保护，但应敷设在电缆井内。

9.2 火灾应急照明和疏散指示标志

9.2.1 高层建筑的下列部位应设置应急照明：

9.2.1.1 楼梯间、防烟楼梯间前室、消防电梯间及其前室、合用前室和避难层（间）。

9.2.1.2 配电室、消防控制室、消防水泵房、防烟排烟机房、供消防用电的蓄电池室、自备发电机房、电话总机房以及发生火灾时仍需坚持工作的其它房间。

9.2.1.3 观众厅、展览厅、多功能厅、餐厅和商业营业厅等人员密集的场所。

9.2.1.4 公共建筑内的疏散走道和居住建筑内走道长度超过20m的内走道。

9.2.2 疏散用的应急照明，其地面最低照度不应低于0.5lx。

消防控制室、消防水泵房、防烟排烟机房、配电室和自备发电机房、电话总机房以及发生火灾时仍需坚持工作的其它房间的应急照明，仍应保证正常照明的照度。

9.2.3 除二类居住建筑外，高层建筑的疏散走道和安全出口处应设灯光疏散指示标志。

9.2.4 疏散应急照明灯宜设在墙面上或顶棚上。安全出口标志宜设在出口的顶部；疏散走道的指示标志宜设在疏散走道及其转角处距地面1.00m以下的墙面上。走道疏散标志灯的间距不应大于20m。

9.2.5 应急照明灯和灯光疏散指示标志，应设玻璃或其它不燃烧材料制作的保护罩。

9.2.6 应急照明和疏散指示标志，可采用蓄电池作备用电源，且连续供电时间不应少于20min；高度超过100m的高层建筑连续供电时间不应少于30min。

9.3 灯 具

9.3.1 开关、插座和照明器靠近可燃物时，应采取隔热、散热等保护措施。

卤钨灯和超过100W的白炽灯泡的吸顶灯、槽灯、嵌入式灯的引入线应采取保护措施。

9.3.2 白炽灯、卤钨灯、荧光高压汞灯、镇流器等不应直接设置在可燃装修材料或可燃构件上。

可燃物品库房不应设置卤钨灯等高温照明灯具。

9.4 火灾自动报警系统、火灾应急广播和消防控制室

9.4.1 建筑高度超过 100m 的高层建筑，除面积小于 5.00m^2 的厕所、卫生间外，均应设火灾自动报警系统。

9.4.2 除普通住宅外，建筑高度不超过 100m 的一类高层建筑的下列部位应设置火灾自动报警系统：

9.4.2.1 医院病房楼的病房、贵重医疗设备室、病历档案室、药品库。

9.4.2.2 高级旅馆的客房和公共活动用房。

9.4.2.3 商业楼、商住楼的营业厅，展览楼的展览厅。

9.4.2.4 电信楼、邮政楼的重要机房和重要房间。

9.4.2.5 财贸金融楼的办公室、营业厅、票证库。

9.4.2.6 广播电视楼的演播室、播音室、录音室、节目播出技术用房、道具布景。

9.4.2.7 电力调度楼、防灾指挥调度楼等的微波机房、计算机房、控制机房、动力机房。

9.4.2.8 图书馆的阅览室、办公室、书库。

9.4.2.9 档案楼的档案库、阅览室、办公室。

9.4.2.10 办公楼的办公室、会议室、档案室。

9.4.2.11 走道、门厅、可燃物品库房、空调机房、配电室、自备发电机房。

9.4.2.12 净高超过 2.60m 且可燃物较多的技术夹层。

9.4.2.13 贵重设备间和火灾危险性较大的房间。

9.4.2.14 经常有人停留或可燃物较多的地下室。

9.4.2.15 电子计算机房的主机房、控制室、纸库、磁带库。

9.4.3 二类高层建筑的下列部位应设火灾自动报警系统：

9.4.3.1 财贸金融楼的办公室、营业厅、票证库。

9.4.3.2 电子计算机房的主机房、控制室、纸库、磁带库。

9.4.3.3 面积大于 50m^2 的可燃物品库房。

9.4.3.4 面积大于 500m^2 的营业厅。

9.4.3.5 经常有人停留或可燃物较多的地下室。

9.4.3.6 性质重要或有贵重物品的房间。

注：旅馆、办公楼、综合楼的门厅、观众厅，设有自动喷水灭火系统时，可不设火灾自动报警系统。

9.4.4 应急广播的设计应按现行的国家标准《火灾自动报警系统设计规范》的有关规定执行。

9.4.5 设有火灾自动报警系统和自动灭火系统或设有火灾自动报警系统和机械防烟、排烟设施的高层建筑，应按现行国家标准《火灾自动报警系统设计规范》的要求设置消防控制室。

附录A　各类建筑构件的燃烧性能和耐火极限

各类建筑构件的燃烧性能和耐火极限　　表A

构件名称	结构厚度或截面最小尺寸(cm)	耐火极限(h)	燃烧性能
承重墙			
普通粘土砖、混凝土、钢筋混凝土实体墙	12	2.50	不燃烧体
	18	3.50	不燃烧体
	24	5.50	不燃烧体
	37	10.50	不燃烧体
加气混凝土砌块墙	10	2.00	不燃烧体
轻质混凝土砌块墙	12	1.50	不燃烧体
	24	3.50	不燃烧体
	37	5.50	不燃烧体
非承重墙			
普通粘土砖墙(不包括双面抹灰厚)	6	1.50	不燃烧体
	12	3.00	不燃烧体
普通粘土砖墙(包括双面抹灰1.5cm厚)	15	4.50	不燃烧体
	18	5.00	不燃烧体
	24	8.00	不燃烧体
七孔粘土砖墙(不包括墙中空12cm厚)	12	8.00	不燃烧体

续表A

构件名称	结构厚度或截面最小尺寸(cm)	耐火极限(h)	燃烧性能
双面抹灰七孔粘土砖墙(不包括墙中空12cm厚)	14	9.00	不燃烧体
粉煤灰硅酸盐砌块砖	20	4.00	不燃烧体
加气混凝土构件(未抹灰粉刷)			
(1)砌块墙	7.5	2.50	不燃烧体
	10	3.75	不燃烧体
	15	5.75	不燃烧体
	20	8.00	不燃烧体
(2)隔板墙	7.5	2.00	不燃烧体
(3)垂直墙板	15	3.00	不燃烧体
(4)水平墙板	15	5.00	不燃烧体
粉煤灰加气混凝土砌块墙(粉煤灰、水泥、石灰)	10	3.40	不燃烧体
充气混凝土砌块墙	15	7.00	不燃烧体
碳化石灰圆孔板隔墙	9	1.75	不燃烧体
木龙骨两面钉下列材料:			
(1)钢丝网抹灰,其构造、厚度(cm)为:1.5+5(空)+1.5	—	0.85	难燃烧体
(2)石膏板,其构造、厚度(cm)为:1.2+5(空)+1.2	—	0.30	难燃烧体
(3)板条抹灰,其构造、厚度(cm)为:1.5+5(空)+1.5	—	0.85	难燃烧体

续表 A

构件名称	结构厚度或截面最小尺寸(cm)	耐火极限(h)	燃烧性能
(4)水泥刨花板,其构造厚度(cm)为:			
1.5+5(空)+1.5	—	0.30	难燃烧体
(5)板条抹1：4石棉水泥、隔热灰浆,其构造、厚度(cm)为:			
2+5(空)+2	—	1.25	难燃烧体
(1)木龙骨纸面玻璃纤维石膏板隔墙,其构造、厚度(cm)为:			
1.0+5.5(空)+1.0	—	0.60	难燃烧体
(2)木龙骨纸面纤维石膏板隔墙,其构造、厚度(cm)为:			
1.0+5.5(空)+1.0	—	0.60	难燃烧体
石膏空心条板隔墙:			
(1)石膏珍珠岩空心条板(膨胀珍珠岩容重 50～80kg／m³)	6.0	1.50	不燃烧体
(2)石膏珍珠岩空心条板(膨胀珍珠岩 60～120kg／m³)	6.0	1.20	不燃烧体
(3)石膏硅酸盐空心条板	6.0	1.50	不燃烧体
(4)石膏珍珠岩塑料网空心条板(膨胀珍珠岩 60～120kg／m³)	6.0	1.30	不燃烧体
(5)石膏粉煤灰空心条板	9.0	2.25	不燃烧体
(6)石膏珍珠岩双层空心条板,其构造、厚度(cm)为:			
6.0+5(空)+6.0(膨胀珍珠岩 50～80kg／m³)	—	3.75	不燃烧体
6.0+5(空)+6.0(膨胀珍珠岩 60～120kg／m³)	—	3.25	不燃烧体

续表 A

构件名称	结构厚度或截面最小尺寸(cm)	耐火极限(h)	燃烧性能
石膏龙骨两面钉下列材料:			
(1)纤维石膏板,其构造厚度(cm)为:			
0.85+10.3(填矿棉)+0.85	—	1.00	不燃烧体
1.0+6.4(空)+1.0	—	1.35	不燃烧体
1.0+9(填矿棉)+1.0	—	1.00	不燃烧体
(2)纸面石膏板,其构造厚度(cm)为:			
1.1+6.8(填矿棉)+1.1	—	0.75	不燃烧体
1.1+2.8(空)+1.1+6.5(空)+1.1+2.8(空)+1.1	—	1.50	不燃烧体
0.9+1.2+12.8(空)+1.2+0.9	—	1.20	不燃烧体
2.5+13.4(空)+1.2+0.9	—	1.50	不燃烧体
1.2+8(空)+1.2+1.2+8(空)+1.2	—	1.00	不燃烧体
1.2+8(空)+1.2	—	0.33	不燃烧体
钢龙骨两面钉下列材料:			
(1)水泥刨花板,其构造、厚度(cm)为:			
1.2+7.6(空)+1.2	—	0.45	难燃烧体
(2)纸面石膏板,其构造、厚度(cm)为:			
1.2+4.6(空)+1.2	—	0.33	不燃烧体
2×1.2+7(空)+3×1.2	—	1.25	不燃烧体
2×1.2+7(填矿棉)+2×1.2	—	1.20	不燃烧体
(3)双层普通石膏板,板内掺纸纤维,其构造、厚度(cm)为:			
2×1.2+7.5(空)+2×1.2	—	1.10	不燃烧体

续表 A

构 件 名 称	结构厚度或截面最小尺寸(cm)	耐火极限(h)	燃烧性能
(4)双层防火石膏板,板内掺玻璃纤维,其构造、厚度(cm)为:			
2×1.2+7.5(空)+2×1.2	—	1.35	不燃烧体
2×1.2+7.5(岩棉厚4cm)+2×1.2	—	1.60	不燃烧体
(5)复合纸面石膏板,其构造、厚度(cm)为:			
1.5+7.5(空)+0.15+0.95(双层板受火)	—	1.10	不燃烧体
(6)双层石膏板,其构造、厚度(cm)为:			
2×1.2+7.5(填岩棉)+2×1.2	—	2.10	不燃烧体
2×1.2+7.5(空)+2×1.2	—	1.35	不燃烧体
(7)单层石膏板,其构造、厚度(cm)为:			
1.2+7.5(填5cm厚岩棉)+1.2	—	1.20	不燃烧体
1.2+7.5(空)+1.2	—	0.50	不燃烧体
碳化石灰圆孔空心条板隔墙	9	1.75	不燃烧体
菱苦土珍珠岩圆孔空心条板隔墙	8	1.30	不燃烧体
钢筋混凝土大板墙(C20 混凝土)	6.00	1.00	不燃烧体
	12.00	2.60	不燃烧体
钢框架间用墙、混凝土砌筑的墙,当钢框架为:			
(1)金属网抹灰的厚度为 2.5cm	—	0.75	不燃烧体
(2)用砖砌面或混凝土保护,其厚度为:			
6cm	—	2.00	不燃烧体
12cm	—	4.00	不燃烧体

续表 A

构 件 名 称	结构厚度或截面最小尺寸(cm)	耐火极限(h)	燃烧性能
柱			
钢筋混凝土柱	20×20	1.40	不燃烧体
	20×30	2.50	不燃烧体
	20×40	2.70	不燃烧体
	20×50	3.00	不燃烧体
	24×24	2.00	不燃烧体
	30×30	3.00	不燃烧体
	30×50	3.50	不燃烧体
	37×37	5.00	不燃烧体
钢筋混凝土圆柱	直径 30	3.00	不燃烧体
	直径 45	4.00	不燃烧体
无保护层的钢柱	—	0.25	不燃烧体
有保护层的钢柱:			
(1)用普通粘土砖作保护层,其厚度为:12cm	—	2.85	不燃烧体
(2)用陶粒混凝土作保护层,其厚度为:10cm	—	3.00	不燃烧体
(3)用 C20 混凝土作保护层,其厚度为:			
10cm	—	2.85	不燃烧体
5cm	—	2.00	不燃烧体
2.5cm	—	0.80	不燃烧体

续表 A

构 件 名 称	结构厚度或截面最小尺寸(cm)	耐火极限(h)	燃烧性能
(4)用加气混凝土作保护层，其厚度为:			
4cm	—	1.00	不燃烧体
5cm	—	1.40	不燃烧体
7cm	—	2.00	不燃烧体
8cm	—	2.30	不燃烧体
(5)用金属网抹M5砂浆作保护层,其厚度为:			
2.5cm	—	0.80	不燃烧体
5cm	—	1.30	不燃烧体
(6)用薄涂型钢结构防火涂料作保护层，其厚度为:			
0.55cm	—	1.00	不燃烧体
0.70cm	—	1.50	不燃烧体
(7)用厚涂型钢结构防火涂料作保护层，其厚度为:			
1.5cm	—	1.00	不燃烧体
2cm	—	1.50	不燃烧体
3cm	—	2.00	不燃烧体
4cm	—	2.50	不燃烧体
5cm	—	3.00	不燃烧体

续表 A

构 件 名 称	结构厚度或截面最小尺寸(cm)	耐火极限(h)	燃烧性能
梁			
简支的钢筋混凝土梁:			
(1)非预应力钢筋,保护层厚度为:			
1cm	—	1.20	不燃烧体
2cm	—	1.75	不燃烧体
2.5cm	—	2.00	不燃烧体
3cm	—	2.30	不燃烧体
4cm	—	2.90	不燃烧体
5cm	—	3.50	不燃烧体
(2)预应力钢筋或高强度钢丝,保护层厚度为:			
2.5cm	—	1.00	不燃烧体
3.0cm	—	1.20	不燃烧体
4cm	—	1.50	不燃烧体
5cm	—	2.00	不燃烧体
无保护层的钢梁、楼梯	—	0.25	不燃烧体
(1)用厚涂型钢结构防火涂料保护的钢梁,其保护层厚度为:			
1.5cm	—	1.00	不燃烧体
2cm	—	1.50	不燃烧体
3cm	—	2.00	不燃烧体
4cm	—	2.50	不燃烧体
5cm	—	3.00	不燃烧体

续表 A

构 件 名 称	结构厚度或截面最小尺寸(cm)	耐火极限(h)	燃烧性能
(2)用薄涂型钢结构防火涂料保护的钢梁,其保护层厚度为:			
0.55cm	—	1.00	不燃烧体
0.70cm	—	1.50	不燃烧体
楼板和屋顶承重构件			
简支的钢筋混凝土楼板:			
(1)非预应力钢筋,保护层厚度为:			
1cm	—	1.00	不燃烧体
2cm	—	1.25	不燃烧体
3cm	—	1.50	不燃烧体
(2)预应力钢筋或高强度钢丝,保护层厚度为:			
1cm	—	0.50	不燃烧体
2cm	—	0.75	不燃烧体
3cm	—	1.00	不燃烧体
四边简支的钢筋混凝土楼板,保护层厚度为:			
1cm	7	1.40	不燃烧体
1.5cm	8	1.45	不燃烧体
2cm	8	1.50	不燃烧体
3cm	9	1.80	不燃烧体

续表 A

构 件 名 称	结构厚度或截面最小尺寸(cm)	耐火极限(h)	燃烧性能
现浇的整体式梁板,保护层厚度为:			
1cm	8	1.40	不燃烧体
1.5cm	8	1.45	不燃烧体
2cm	8	1.50	不燃烧体
1cm	9	1.75	不燃烧体
2cm	9	1.85	不燃烧体
1cm	10	2.00	不燃烧体
1.5cm	10	2.00	不燃烧体
2cm	10	2.10	不燃烧体
3cm	10	2.15	不燃烧体
1cm	11	2.25	不燃烧体
1.5cm	11	2.30	不燃烧体
2cm	11	2.30	不燃烧体
3cm	11	2.40	不燃烧体
1cm	12	2.50	不燃烧体
2cm	12	2.65	不燃烧体
简支钢筋混凝土圆孔空心楼板:			
(1)非预应力钢筋,保护层厚度为:			
1cm	—	0.90	不燃烧体
2cm	—	1.25	不燃烧体
3cm	—	1.50	不燃烧体

续表 A

构件名称	结构厚度或截面最小尺寸(cm)	耐火极限(h)	燃烧性能
(2)预应力钢筋混凝土圆孔楼板加保护层,其厚度为:			
1cm	—	0.40	不燃烧体
2cm	—	0.70	不燃烧体
3cm	—	0.85	不燃烧体
钢梁上铺不燃烧体楼板与屋面板时,梁、桁架无保护层	—	0.25	不燃烧体
钢梁上铺不燃烧体楼板与屋面板时,梁、桁架用混凝土保护层，其厚度为:			
2cm	—	2.00	不燃烧体
3cm	—	3.00	不燃烧体
梁、桁架用钢丝抹灰粉刷作保护层,其厚度为:			
1cm	—	0.50	不燃烧体
2cm	—	1.00	不燃烧体
3cm	—	1.25	不燃烧体
屋面板:			
(1)加气钢筋混凝土屋面板,保护层厚度为：1.5cm		1.25	不燃烧体
(2)充气钢筋混凝土屋面板,保护层厚度为：1cm		1.60	不燃烧体

续表 A

构件名称	结构厚度或截面最小尺寸(cm)	耐火极限(h)	燃烧性能
(3)钢筋混凝土方孔屋面板,保护层厚度为：1cm		1.20	不燃烧体
(4)预应力钢筋混凝土槽形屋面板,保护层厚度为：1cm		0.50	不燃烧体
(5)预应力钢筋混凝土槽瓦,保护层厚度为：1cm		0.50	不燃烧体
(6)轻型纤维石膏屋面板		0.60	不燃烧体
木吊顶搁栅:			
(1)钢丝网抹灰(厚 1.5cm)		0.25	难燃烧体
(2)板条抹灰(厚 1.5cm)		0.25	难燃烧体
(3)钢丝网抹灰(1∶4水泥石棉灰浆,厚2cm)		0.50	难燃烧体
(4)板条抹灰(1∶4水泥石棉灰浆,厚2cm)		0.50	难燃烧体
(5)钉氧化镁锯末复合板(厚1.3cm)		0.25	难燃烧体
(6)钉石膏装饰板(厚 1cm)		0.25	难燃烧体
(7)钉平面石膏板(厚 1.2cm)		0.30	难燃烧体
(8)钉纸面石膏板(厚 0.95cm)		0.25	难燃烧体
(9)钉双面石膏板(各厚 0.8cm)	—	0.45	难燃烧体
(10)钉珍珠岩复合石膏板(穿孔板和吸音板各厚 1.5cm)	—	0.30	难燃烧体
(11)钉矿棉吸音板(厚 2cm)	—	0.15	难燃烧体
(12)钉硬质木屑板(厚 1cm)	—	0.20	难燃烧体

续表 A

构件名称	结构厚度或截面最小尺寸(cm)	耐火极限(h)	燃烧性能
钢吊顶搁栅:			
(1)钢丝网(板)抹灰(厚 1.5cm)	—	0.25	不燃烧体
(2)钉石棉板(厚 1cm)	—	0.85	不燃烧体
(3)钉双面石膏板(厚 1cm)	—	0.30	不燃烧体
(4)挂石棉型硅酸钙板(厚 1cm)	—	0.30	不燃烧体
(5)挂薄钢板(内填陶瓷棉复合板)，其构造、厚度为：0.05+3.9（陶瓷棉）+0.05	—	0.40	不燃烧体

注：①本表耐火极限数据必须符合相应建筑构、配件通用技术条件；

②确定墙的耐火极限不考虑墙上有无洞孔；

③墙的总厚度包括抹灰粉刷层；

④中间尺寸的构件，其耐火极限可按插入法计算；

⑤计算保护层时，应包括抹灰粉刷层在内；

⑥现浇的无梁楼板按简支板数据采用；

⑦人孔盖板的耐火极限可按防火门确定。

附录 B 本规范用词说明

B.0.1 为便于在执行本规范条文时区别对待，对要求严格程度不同的用词说明如下：

(1) 表示很严格，非这样作不可的：

正面词采用“必须”；

反面词采用“严禁”。

(2) 表示严格，在正常情况下均应这样作的：

正面词采用“应”；

反面词采用“不应”或“不得”。

(3) 表示允许稍有选择，在条件许可时，首先应这样作的：

正面词采用“宜”或“可”；

反面词采用“不宜”。

B.0.2 条文中指定应按其他有关标准、规范执行时，写法为“应符合……的规定”或“应符合……要求（或规定）”。

附加说明

本规范主编单位、参加单位和主要起草人名单

主编单位： 中华人民共和国公安部消防局

参加单位： 中国建筑科学研究院
北京市建筑设计研究院
上海市民用建筑设计院
天津市建筑设计院
中国建筑东北设计院
华东建筑设计院
北京市消防局
公安部天津消防科学研究所
公安部四川消防科学研究所

主要起草人： 蒋永琨　马　恒　吴礼龙　李贵文
孙东远　姜文源　潘渊清　房家声
贺新年　黄天德　马玉杰　饶文德
纪祥安　黄德祥　李春镐

中华人民共和国国家标准

高层民用建筑设计防火规范

GB 50045－95

条　文　说　明

修订说明

根据国家计委计综〔1987〕2390号文的要求，由我部消防局会同中国建筑科学研究院、北京市建筑设计研究院、上海市民用建筑设计院、天津市建筑设计院、中国建筑东北设计院、华东建筑设计院、北京市消防局、公安部天津、四川消防科研所共同修订了《高层民用建筑设计防火规范》。

在规范修订过程中，修订组遵照国家有关基本建设的方针和“预防为主、防消结合”的消防工作方针，进行了深入细致地调查研究，总结了国内高层建筑防火设计的实践经验，参考了国外有关标准规范，并广泛征求了有关部门、单位的意见。经反复讨论修改，最后经有关部门会审定稿。

本规范共有九章和两个附录。其内容包括：总则，术语，建筑分类和耐火等级，总平面布局和平面布置，防火、防烟分区和建筑构造，安全疏散和消防电梯，消防给水和自动灭火系统，防烟、排烟和通风、空气调节，电气等。

鉴于本规范是综合性的防火技术规范，政策性和技术性强，涉及面广，希望各单位在执行过程中，请结合工程实际，注意总结经验、积累资料。如发现有需要修改和补充之处，请将意见和有关资料寄给我部消防局（邮编100741），以便今后修订时参考。

中华人民共和国公安部

一九九五年五月

目 次

1 总 则

1.0.1 本条是对原规范第 1.0.1 条的部分修改。本条主要是讲制定、修订本规范的目的。随着国家经济建设的迅速发展，改革、开放的深入，人民生活水平的不断提高，其它各项事业的兴旺发达，城市用地日益紧张，因而促进了高层建筑的发展。根据调查，截至 1991 年底止，全国已经建成的高层建筑共有 13000 余幢，其中高度超过 100m 的高层建筑近 70 幢，可以预料，在今后将会建造更多的高层建筑。

原规范从 1982 年颁布以来，对各种高层民用建筑防火设计起到了很好的指导作用。在 10 年多的时间中，我国高层建筑发展十分迅速，防火设计已积累了较丰富的经验；国外也有不少新经验，值得我们借鉴，同时有不少教训值得认真吸取。国内外许多高层建筑火灾的经验教训告诉我们，如果在高层建筑设计中，对防火设计缺乏考虑或考虑不周密，一旦发生火灾，会造成严重的伤亡事故和经济损失，有的还会带来严重的政治影响。1980 年，美国 27 层的米高饭店火灾，烧死 84 人，烧伤 679 人。1988 年元旦，泰国曼谷第一酒店发生火灾，大火延烧了 3h，熊熊烈火吞噬了整个大楼内的可燃装修、家具、陈设等物，经济损失十分惨重，烧死 13 人，烧伤 81 人。

我国有不少城市建造的高层建筑，由于防火设计考虑不周，存在许多潜在隐患，大火时有发生。1985 年 4 月 19 日，哈尔滨市天鹅饭店第十一层楼发生火灾，烧毁 6 间客房，烧坏 12 间，走道吊灯大部分被烧毁，家具、陈设也被大火吞噬，死亡 10 人，受伤 7 人，经济损失 25 万余元；1990 年 1 月 10 日，新疆奎屯市商贸大厦发生火灾，大火延烧了 6h，全大楼的百货商品化为灰烬，经济损失达 700 万元；1991 年 5 月 28 日，大连市的大连饭店，因其走廊聚氨酯泡沫板被灯泡表面高温烤着起火，烧死 5 人（其中 1 名为外宾），烧伤 19 人（其中外宾 3 人），烧毁建筑面积为 $2200m^2$，经济损失 62 万余元；1992 年 3 月 21 日，沈阳市 21 层（高 80m）的金三角大厦起火，烧毁各种灯具和装饰材料，直接经济损失约 43 万余元。

由此可见，根据高层建筑防火设计的多年实践，以及发生火灾的经验教训，适时修改完善原规范内容，并在高层建筑设计中贯彻这些防火要求，对于防止和减少高层民用建筑火灾的危害，保护人身和财产的安全，是十分必要的、及时的。

1.0.2 本条是对原规范第 1.0.2 条部分内容的修改。本条主要是规定在高层民用建筑设计中，必须遵守国家的有关方针、政策和“预防为主，防消结合”的方针，针对高层建筑的火灾特点，从全局出发，结合实际情况，积极采用可靠的防火措施，保障消防安全。

高层建筑的火灾危险性：

一、火势蔓延快。高层建筑的楼梯间、电梯井、管道井、风道、电缆井、排气道等竖向井道，如果防火分隔或防火处理不好，发生火灾时好像一座座高耸的烟囱，成为火势迅速蔓延的途径。尤其是高级旅馆、综合楼以及重要的图书楼、档案楼、办公楼、科研楼等高层建筑，一般室内可燃物较多，有的高层建筑还有可燃物品库房，一旦起火，燃烧猛烈，容易蔓延。据测定，在火灾初起阶段，因空气对流，在水平方向造成的烟气扩散速度为 0.3m／s，在火灾燃烧猛烈阶段，由于高温状态下的热对流而造成的水平方向烟气扩散速度为 0.5～3m／s；烟气沿楼梯间或其它竖向管井扩散速度为 3～4m／s。如一座高度为 100m 的高层建筑，在无阻挡的情况下，半分钟左右，烟气就能顺竖向管井扩散到顶层。例如，韩国汉城 22 层的“大然阁”旅馆，二楼咖啡间的液化石油气瓶爆炸起火，烟火很快蔓延到整个咖啡间和休息厅，并相继通过楼梯和其它竖向管井迅速向上蔓延，顷刻之间全楼变成一座“火塔”。大火烧了约 9h，烧死 163 人，烧伤 60 人，烧毁大楼内全部家具、装修等，造成了严重损失。助长火势蔓延的因素较多，其中风对高层建筑火灾就有较大的影响。因为风速是随着建筑物的高度增加而相应加大的。据测定，在建筑物 10m 高的风速为 5m／s 时，在 30m 高处的风速为 8.7m／s，在 60m 高处的风速为 12.3m／s，在 90m 高处的风速为 15.0m／s。由于风速增大，势必会加速火势的蔓延扩大。

二、疏散困难。高层建筑的特点：一是层数多，垂直距离长，疏散到地面或其它安全场所的时间也会长些；二是人员集中；三是发生火灾时由于各种竖井拔气力大，火势和烟雾向上蔓延快，增加了疏散的困难。有些城市从国外购置了为数很有限的登高消防车，而大多数建有高层建筑的城市尚无登高消防车；即使有，高度也不高，不能满足高层建筑安全疏散和扑救的需要。普通电梯在火灾时由于切断电源等原因往往停止运转，因此，多数高层建筑安全疏散主要是靠楼梯，而楼梯间内一旦窜入烟气，就会严重影响疏散。这些，都是高层建筑的不利条件。

三、扑救难度大。高层建筑高达几十米，甚至超过二三百米，发生火灾时从室外进行扑救相当困难，一般要立足于自救，即主要靠室内消防设施。但由于目前我国经济技术条件所限，高层建筑内部的消防设施还不可能很完善，尤其是二类高层建筑仍以消火栓系统扑救为主，因此，扑救高层建筑火灾往往遇到较大困难。例如：热辐射强，烟雾浓，火势向上蔓延的速度快和途径多，消防人员难以堵截火势蔓延；扑救高层建筑火灾缺乏实战经验，指挥水平不高；高层建筑的消防用水量是根据我国目前的技术经济水平，按一般的火灾规模考虑的，当形成大面积火灾时，其消防用水量显然不足，需要利用消防车向高楼供水，建筑物内如果没有安装消防电梯，消防队员因攀登高楼体力不够，不能及时到达起火层进行扑救，消防器材也不能随时补充，均会影响扑救。

四、火险隐患多。一些高层综合性的建筑，功能复杂，可燃物多，消防安全管理不严，火险隐患多。如有的建筑设有商业营业厅，可燃物仓库，人员密集的礼堂、餐厅等；有的办公建筑，出租给十几家或几十家单位使用，安全管理不统一，潜在火险隐患多，一旦起火，容易造成大面积火灾。火灾实例证明，这类建筑发生火灾，火势蔓延更快，扑救疏散更为困难，容易造成更大的损失。

1.0.3 本条是对原规范第 1.0.3 条部分内容的修改。

一、本条规定删除了不适用于建筑高度超过 100m 的规定。原规范自 1982 年公布之前，国内建造 100m 以上的高层建筑为数甚少（一幢是广州的白云宾馆，另一幢是正在施工中的南京金陵饭店），缺乏这方面的实际防火设计经验。从 1985 年以后，建筑高度超过 100m 的高层建筑逐渐增多，截至 1991 年底止，全国已经建成和正在施工的建筑高度超过 100m 的高层建筑已在 70 幢以上。现举例如表 1。

超高层建筑举例 **表 1**

序号	建筑名称	层数	高度 (m)	用途
1	北京京广大厦	52	208	旅馆、办公、公寓
2	北京京城大厦	51	183.5	旅馆、办公、公寓
3	北京国际贸易中心大厦	39	156.4	旅馆、办公、公寓
4	广州花园饭店主楼	32	124	旅馆、办公等
5	广州华侨大厦扩建楼	39	130.3	旅馆等
6	广州国际大厦	62	197.2	办公、旅馆等
7	深圳国际贸易中心	50	160	办公等
8	深圳亚洲大酒店	37	114	旅馆、办公等

续表 1

序号	建筑名称	层数	高度 (m)	用途
9	广州珠江商业大厦	33	112	商业、旅馆、办公等
10	深圳发展中心大厦	42	165	商业、旅馆、办公等
11	上海瑞金饭店	29	107	办公、旅馆等
12	上海联谊大厦	30	107	办公、旅馆等
13	上海静安希尔顿饭店	43	140	旅馆、办公等
14	上海锦江宾馆	43	153	旅馆等
15	深圳航空大厦	41	133	办公、旅馆等
16	北京国际饭店	29	102	旅馆等
17	南京金陵饭店	37	109	旅馆等
18	上海虹桥宾馆	31	110	旅馆
19	上海电讯大楼	20	125	电讯通讯
20	沈阳科技文化活动中心	32	130	综合用途
21	深圳外贸中心	88	310	综合用途
22	华鲁创律国际大厦	68	245	综合用途
23	深圳贤成大厦	55	227	综合用途

二、本条删除了不适用于建筑高度超过 100m 的限制，其依据是：

1. 国内已经建成或正在施工的建筑高度超过 100m 的高层建筑（包括国外设计的工程），在防火设计上，除了符合新修订的《高层民用建筑设计防火规范》要求外，没有更高的措施。

2. 总结了国内高层建筑实际防火设计经验，如表 1 中列出的高层建筑都分别作了较深入的了解，将其合理部分、行之有效的内容吸收到本规范中来。

3. 日本、美国、英国、新加坡和香港等国家和地区的防火规范没有封顶，我们认为是符合实际需要，是合理的。

4. 吸收了国外有关建筑高度超过 100m 的高层建筑（美国的希尔顿大厦，高 443m，109 层；世界贸易中心，高 442.8m，110 层；日本的阳光大厦高 240m，60 层；香港的中银大厦高 370m，75 层）防火设计的合理内容。

三、将电信、广播、邮政、电力调度楼，防灾指挥调度楼和科研楼等包括在本规范的适用范围内，其理由是：

1. 据调查，电信、广播、邮政、电力调度楼，防灾指挥调度楼和科研楼等这一类高层建筑，虽然其内部设备与其它民用建筑有所不同，但在防火设计要求方面相同的比较多，如总图布置、耐火等级、防火分区、安全疏散、灭火设施、通风空气调节以及防、排烟和消防用电等防火设计要求上大体相同，对某些要求不同的部分，在本规范中则区别情况，分别作了规定。

2. 上述高层建筑内虽然不少设备比较精密，价值高，但大多属于一般火灾危险性，与其它民用建筑基本相同。为确保重点部位和设备的安全，在防火设计要求上要严一些，在本规范中则区别对待。

四、本条规定的高层民用建筑的起始高度或层数是根据下列情况提出的：

1. 登高消防器材。我国目前不少城市尚无登高消防车，只有部分城市配备了登高消防车。从火灾扑救实践来看，登高消防车扑救 24m 左右高度以下的建筑火灾最为有效，再高一些的建筑就不能满足需要了。

2. 消防车供水能力。目前一些大城市的消防装备虽然有所改善，从国外购进了登高消防车，但为数有限，而大多数城市消防装备特别是扑救高层建筑的消防装备没有多大改善。大多数的通用消防车在最不利情况下直接吸水扑救火灾的最大高度约为 24m 左右。

3. 住宅建筑定为十层及十层以上的原因，除了考虑上述因素以外，还考虑它占的数量，约占全部高层建筑的 40%～50%，不论是塔式或板式高层住宅，每个单元间防火分区面积均不大，并有较好的防火分离，火灾发生时蔓延扩大受到一定限制，危害性较少，故做了区别对待。

4. 首层设置商业服务网点，必须符合规定的服务网点，如超出规定或第二层也设置商业网点，应视为商住楼对待，不应以商业服务网点对待。

5. 参考了国外对高层建筑起始高度的划分。

国外对高层建筑起始高度的划分不尽相同，这主要是根据本国的经济条件和消防装备等情况来确定的。

中、美、日等几个国家对高层建筑起始高度的划分如表 2。

高层建筑起始高度划分界线表 **表 2**

国别	起始高度
中国(本规范)	住宅：10 层及 10 层以上,其它建筑：＞24m
德国	＞22m(至底层室内地板面)
法国	住宅：＞50m,其它建筑：＞28m
日本	31m(11 层)
比利时	25m(至室外地面)
英国	24.3m
原苏联	住宅：10 层及 10 层以上,其它建筑：7 层
美国	22～25m 或 7 层以上

1.0.4 本规范不适用范围的说明：

1. 单层主体建筑高度超过 24m 的体育馆、会堂、剧院等公共建筑。这是因为这类建筑空间大，容纳人数多，防火要求不同，故本规范未包括在内。

2. 附建和单建的人民防空工程地下室的设计及其防火设计，可分别按照现行的国家标准《人民防空工程地下室设计规范》（GBJ88－79）及《人民防空工程设计防火规范》(GBJ98–87) 进行设计，本规范未包括在内是适当的。

3. 高层工业建筑（指高层厂房和库房），新修订的《建筑设计防火规范》已补充了高层工业建筑防火设计的内容，在设计中应按《建筑设计防火规范》(以下简称《建规》) 执行。

1.0.5 随着建筑技术的发展和建设规模的不断扩大，高层建筑有日益增多的趋势。目前，我国建筑高度超过 250m 的民用建筑，数量还不多，在防火措施方面缺乏实践经验。尽管本规范总结了国内高层建筑设计防火经验和借鉴了国外的先进经验，对高层建筑防火应采取的措施做出了相应的规定，但是，由于缺乏经验，对于建筑高度超过 250m 的民用建筑，需要对消防给水、安全疏散和消防的装备水平等进行专题研究，提出适当的防火措施。因此，为了保证高层建筑设计的防火安全，加强宏观控制，本条规定，凡是建筑高度超过 250m 的民用建筑，在建筑设计中采取的特殊的防火措施，要提交国家消防主管部门组织专题研究、论证。

本条所称"特殊的防火措施"是指设计中采取了本规范未作规定的或突破了本规范规定的防火措施。

2 术　语

2.0.1 裙房。与高层建筑相连的建筑高度超过 24m 的附属建筑，一律按高层建筑对待，本规范另有规定的除外。

2.0.2 建筑高度。建筑高度系指高层建筑室外地面到其檐口或屋面面层的高度。屋顶上的瞭望塔、水箱间、电梯机房、排烟机房和楼梯出口小间等不计入建筑高度和层数内。

2.0.3 耐火极限。建筑构件耐火极限系指对一建筑构件按时间–温度标准曲线进行耐火试验，从受到火的作用时起，到失去支持能力或完整性被破坏或失去隔火作用时止的这段时间，以小时计。

一、标准升温。试验时炉内温度的上升随时间而变化，如图1及表3。

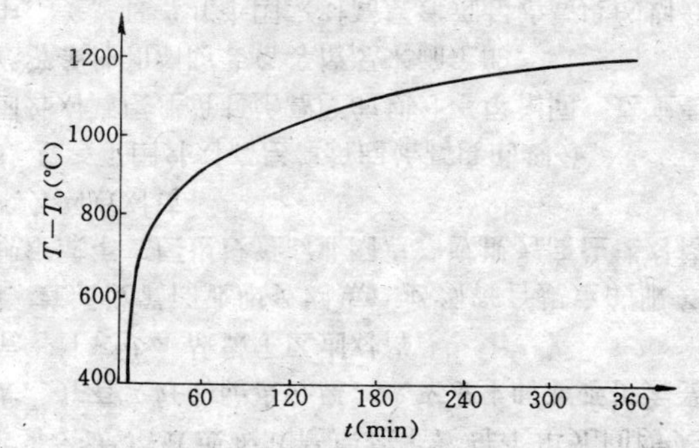

图 1　时间–温度标准曲线图

“时间–温度标准曲线图”中，表示时间、温度相互关系的代表数值列于“随时间而变化的升温表”。

随时间而变化的升温表 **表3**

时间 t (min)	炉内温度 $T-T_0$ (℃)
5	556
10	659
15	718
30	821
60	925
90	986
120	1029
180	1090
240	1133
360	1193

试验中实测的时间–平均温度曲线下的面积与时间–温度标准曲线下的面积的允许误差：

1. 在开始试验的10min及10min以内为±15%。

2. 开始试验10min以上至30min范围内为±10%；试验进行到30min以后为±5%。

3. 当试验进行到10min以后的任何时间内，任何一个测温点的炉内温度与相应时间的标准温度之差不应大于±100℃。

二、压力条件。试验开始10min以后，炉内应保持正压，即按规定的布点（测试点），测得炉内压力应高于室内气压1.0±0.5mm水柱。

三、判定构件耐火条件。在通常情况下，试验的持续时间从试件受到火作用时起，直到失去支持能力或完整性被破坏或失去隔火作用等任一条件出现，即到了耐火极限。具体判定条件如下：

1. 失去支持能力——非承重构件失去支持能力的表现为自身解体或垮塌；梁、楼板等受弯承重构件，挠曲率发生突变，为失去支持能力的情况，当简支钢筋混凝土梁、楼板和预应力钢筋混凝土楼板跨度总挠度值分别达到试件计算长度的2%、3.5%和5%时，则表明试件失去支持能力。

2. 完整性——楼板、隔墙等具有分隔作用的构件，在试验中，当出现穿透裂缝或穿火的孔隙时，表明试件的完整性被破坏。

3. 隔火作用——具有防火分隔作用的构件，试验中背火面测点测得的平均温度升到140℃（不包括背火面的起始温度）；或背火面测温点任一测点的温度到达220℃时，则表明试件失去隔火作用。

2.0.4～2.0.6

一、本规范一直沿用《建规》对建筑材料燃烧性能的叫法，即非燃烧体、难燃烧体、燃烧体一词。为了与现行国家标准一致，将“非燃烧体”改为“不燃烧体”。

二、只要按照GB5464、GB8625、GB8626规定标准试验材料燃烧性能，均分别适用于本规范中的不燃、难燃和燃烧材料（亦可称可燃材料）及其制作的建筑构件。

三、塑料建筑材料燃烧性能的分级可按GB8624–88的规定原则，确定其燃烧性能级别。

2.0.7 综合楼。

一、民用综合楼种类较多，形式各异，使用功能均在两种及两种以上。

二、综合楼组合形式多种多样，常见的形式为：若干层作商场，若干层作写字楼层（办公用），若干层作高级公寓；若干层作办公室、若干层作旅馆，若干层作车间、仓库；若干层作银行，经营金融业务，若干层作旅馆，若干层作办公室，等等。

2.0.8 商住楼。商住楼目前发展较快，如广东深圳特区在临街的高层建筑中，有不少为商住楼；其它沿海、内地城市也较多。

商住楼的形式，一般是下面若干层为商业营业厅，其上面为塔式普通或高级住宅。

2.0.9 网局级电力调度楼。网局级电力调度楼，可调度若干个省（区）电力业务工作楼，如中南电力调度楼、华北电力调度楼、东北电力调度楼等。

2.0.10、2.0.11

一、高级旅馆，指建筑标准高、功能复杂，火灾危险性较大和设有空气调节系统的，具有星级条件的旅馆。

二、高级住宅，指建筑装修标准高和设有空气调节系统的住宅。如何掌握这些原则呢？一是看装修复杂程度，二是看是否有满铺地毯，三是看家具、陈设高档与否，四是设有空调系统。四者均具备，应视为高级住宅，如北京京广大厦中的公寓、广州的中国大酒店公寓楼等。

2.0.12 重要的办公楼、科研楼、档案楼。对于评定重要的办公楼、科研楼、档案楼，总的原则是性质重要（有关国防、国计民生的重要科研楼等）、建筑装修标准高（与普通建筑相比，造价相差悬殊），设备、资料贵重（主要指高、精、尖的设备，重要资料主要是指机密性大、价值高的资料）。

火灾危险性大，发生火灾后损失大、影响大。一般来说，可燃物多，火源或电源多，发生火灾后也容易造成损失大、影响大的后果，因此，必须作为重点保护。

2.0.16 挡烟垂壁。

一、此条亦是沿用原规范名词解释内容，实践表明，该解释较正确，是可行的，故保留了此项内容。

二、挡烟垂壁目前国内有厂家在试制，但尚未批量生产和推广应用。

三、国内合资工程或独资工程有采用的，如北京市的长富宫饭店，采用铝丝玻璃作挡烟垂壁。国外，日本的东京、大阪、横滨的高层公共建筑中，有些采用铝丝玻璃、不锈钢薄板等作挡烟垂壁。

四、挡烟垂壁的自动控制，主要指平时固定在吊顶平面上，与火灾自动报警系统联动，当发生火灾时，感温、感烟或其它控制设备的作用，就自动下垂，起阻挡烟气作用，为安全疏散创造有利条件。

3 建筑分类和耐火等级

3.0.1 本条是对原条文的修改补充。本条是根据各种高层民用建筑的使用性质、火灾危险性、疏散和扑救难易程度等将高层民用建筑分为两类，其分类的目的是为了针对不同高层建筑类别在耐火等级、防火间距、防火分区、安全疏散、消防给水、防烟排烟等方面分别提出不同的要求，以达到既保障各种高层建筑的消防安全，又能节约投资的目的。

对高层民用建筑进行分类是一个较为复杂的问题。从消防的角度将性质重要、火灾危险性大、疏散和扑救难度大的高层民用建筑定为一类。这类高层建筑有的同时具备上述几方面的因素，有的则具有较为突出的一二个方面的因素。例如医院病房楼不计高度皆划为一类，这是根据病人行动不便、疏散困难的特点来决定的。

在实践过程中，普遍感到原规范不分面积大小，一律将高度大于 24m 的商业楼、展览楼、财贸金融楼、电信楼等划分成一类，特别是在一些中、小城市建造这些高层民用建筑，其建筑高度虽超过 24m，但每层建筑面积却不大，加上经济条件所限，就难以行得通。因此，在这次修改中，作了适当的调整。

在原规范中，有些高层民用建筑未予明确，例如：电力调度楼、综合楼、商住楼、防灾指挥调度楼等，有的高层民用建筑已经制定了行业等级标准，在这次修改中作了补充。已有行业标准的（如广播电视建筑等），参照其标准进行了协调纳入分类中来，以利本规范的统一要求。例如中央级、省级、计划单列市级广播电视楼，网局级、省级、计划单列市级电力调度楼等划为一类，余下的为二类等。

本条使用了“高级旅馆”，“高级住宅”，“网局级和省级电力调度楼”，中央级、省级、计划单列市级“邮政楼”、“广播电视楼”、“防灾指挥调度楼”，以及“重要的办公楼”、“科研楼”、“综合楼”、“商住楼”等名词，主要是与有关规范协调，以利贯彻执行。对本条未列出的高层建筑，可参照本条划分类别的基本标准确定其相应类别。

3.0.2 本条是对原条文的修改补充。对高层民用建筑的耐火等级和各主要建筑构件的燃烧性能和耐火极限作了规定。

这次修改仍将高层民用建筑的耐火等级分为两级。主要是根据原规范十几年的实践和执行情况，高层建筑消防安全的需要和高层民用建筑结构的现实情况，并参照现行的国家标准《建规》和当前以及将来国内外发展的现实状况确定的。

一、据对北京、上海、大连、广州、南京、成都、福州、厦门、武汉、深圳等市的调查研究，目前已建成和正在设计、施工的高层民用建筑，1980 年以前，其主体结构均为钢筋混凝土框架结构，框架–剪力墙结构、剪力墙结构，或称为三大常规结构体系。高层住宅采用剪力墙结构居多；高层公共建筑则采用框架和剪力墙结构居多；而旅馆（包括宾馆、饭店、酒店等）采用剪力墙结构、框架结构，框架结构–剪力墙结构三者兼而有之。进入 80 年代以后，由于建筑功能、高度和层数等要求均在不断提高以及抗震设计的要求，三大常规结构体系难以满足高层建筑发展的更高要求，从而以结构整体性更好、空间受力为特征的筒体结构体系为主体结构的高层建筑应运而生，如圆筒体、矩形筒体、筒中筒结构，并得到了广泛的应用和发展，其特点是比三大常规结构体系性更好，可建高度更高、受力性能更好。

上述几种结构类型，绝大多数仍采用钢筋混凝土结构，其主要承重构件均能满足一、二级耐火等级建筑的要求，故将高层民用建筑耐火等级划分为一、二级，是符合我国当前实际情况的。

二、要求高层民用建筑的耐火等级，应为一、二级是抵抗火灾的需要。国内外高层建筑火灾案例说明，只要高层建筑主体承重构件耐火能力高，即使着火后其室内装修、物品、陈设、家具等被烧毁，其建筑主体也不致垮塌。表 4 为高层建筑火灾案例。

高层建筑火灾实例举例 **表 4**

序号	建筑名称	层数	起火年月	燃烧时间	主体结构承重类别	燃烧情况（主体结构）
1	美国　纽约第一商场	50	1970 年 8 月	5h 以上	钢筋混凝土结构	柱、梁、楼板、层面板局部被烧坏
2	哥伦比亚　阿维安卡大楼	36	1973 年 7 月	12h 以上	钢筋混凝土结构	部分承重构件被烧坏
3	巴西　焦马大楼	25	1974 年 2 月	10h 以上	钢筋混凝土结构	部分承重构件被烧坏
4	韩国　釜山一旅馆	10	1984 年 1 月	3h 左右	钢筋混凝土框架结构	个别承重构件被烧坏
5	日本　大洋百货商店	7	1973 年 11 月	2.5h 左右	钢筋混凝土框架结构	少数承重构件被烧坏
6	加拿大　诺托达田医院	12	1989 年 2 月	3h 以上	钢筋混凝土框架结构	部分承重构件被烧损
7	巴西　安得拉斯大楼	31	1972 年 2 月	12h 左右	钢筋混凝土结构	部分承重构件被烧损
8	香港　大重工业楼	16	1984 年 9 月	68h 左右	钢筋混凝土结构	相当部分承重构件烧损较严重
9	杭州　西泠宾馆	7	1981 年 8 月	9h 左右	钢筋混凝土结构	少数承重构件烧损

续表 4

序号	建筑名称	层数	起火年月	燃烧时间	主体结构承重类别	燃烧情况（主体结构）
10	广州　南方大厦	11	1983 年	90h 左右	钢筋混凝土框架结构	部分承重构件烧损严重
11	东北　某旅社大楼	7	1969 年 2 月		钢筋混凝土结构	局部烧损较严重

从表 4 所列举的高层建筑火灾案例和其它高层建筑火灾实例都可以说明：只要高层建筑的主体结构的耐火性高，即使其室内装修、物品、陈设、家具等，乃至局部构件被烧损，高层建筑并未倒塌。同时还说明：被烧高层建筑在修复过程中，只要对火烧较严重的承重柱、梁、楼板等承重构件进行修复补强，即可全部修复使用。

三、本条所规定的各种建筑构件的燃烧性能和耐火极限是结合原规范十多年的实践以及目前已建和在建的高层民用建筑结构的实际情况而制定的，是可行的。高层民用建筑目前常用的柱、梁、墙、楼板等主要承重构件的燃烧性能、耐火极限均达到一、二级耐火等级的要求，有的大大的超过了本条所规定的要求，见表 5。

从表 5 可以看出，墙、柱、梁的耐火极限均能达到一、二级高层民用建筑的要求，非预应力梁、板尚能满足或接近本规范的要求。预应力楼板的耐火极限达不到规定的要求，而且差距较大，但这种构件由于省材料，经济效益很大，目前在高层住宅和一些公共高层建筑中广泛采用，考虑到防火安全的需要，预应力钢筋混凝土楼板等构件如达不到本规范表 3.0.2 规定的耐火极限时，必须采取增加主筋（受力筋）的保护层厚度、采取喷涂防火材料或其它防火措施，提高其耐火能力，使其达到本规定的要求的耐火极限。事实证明，只要建筑、材料部门和施工部门重视这个问题，加强耐火实验研究工作，使这种构件的耐火极限达到规定要求是不难做到的，甚至可以超过本规定的要求。

建筑构件的实际耐火极限与本规范规定的耐火极限对比 **表5**

构件名称		结构厚度或截面最小尺寸(cm^2)	实际耐火极限(h)	本规范规定的耐火极限(h) 一级	二级
承重墙	普通粘土砖墙、混凝土墙、钢筋混凝土实心墙	24～27	5.50～10.50	2.00	2.00
承重墙	轻质混凝土砌砖墙	37	5.50		
钢筋混凝土柱		30×30 20×50 30×50	3.00 3.00 3.50	3.00	2.50
钢筋混凝土梁		主筋保护层厚度2.5cm	2.00	2.00	1.50
四边简支的钢筋混凝土楼板或现浇整体式梁板		主筋保护层厚度为1～2cm	1.00～1.50 (板厚8cm时)	1.50	1.00
隔墙	非承重外墙,疏散走道两侧的隔墙	10cm厚的加气混凝土砌块墙	3.75	1.00	1.00
隔墙	房间隔墙	1+9(空气层填矿棉)+1的石膏龙骨纤维石膏板	1.00	0.75	0.50

续表5

构件名称	结构厚度或截面最小尺寸(cm^2)	实际耐火极限(h)	本规范规定的耐火极限(h) 一级	二级
钢筋混凝土屋顶承重构件	其主筋保护层厚为2.5cm	2.00	1.50	1.00

四、本规范表3.0.2中规定的某些建筑构件的耐火极限比原规范的耐火极限有所降低，防火墙降低了1h，承重墙、楼梯间、电梯井和住宅单元之间的墙的耐火极限均相应降低了0.5h，其依据如下：

1. 经分析，24起高层建筑火灾中，在一个防火分区内连续延烧为1～2h的占起火总数的91%；在一个防火分区内连续延烧2～3h的占5%。

2. 楼房建筑从耐火要求来说，因为该构件是承重人或物的，是建筑构件最基本的耐火构件，其耐火极限没有降低，能够基本保证安全的条件，故根据高层建筑结构种类的发展，降低些要求是可行的。

3. 在既保障消防安全，又满足高层钢结构建筑发展需要的基础上，对部分建筑构件的耐火极限，作了相应调整。

五、吊顶与其它承重构件有所区别。因为它不是火灾发生时直接危及建筑物的主要构件，所以对吊顶耐火极限要求，主要是考虑在火灾发生时能保证一定的疏散时间。从高层建筑发生火灾的经验教训看，其吊顶应当比单层或多层建筑的吊顶要求要严些。目前我国已能够生产作吊顶的、耐火性能好的不燃烧材料，如：石膏板、石棉板、岩棉板、硅酸铝板、硅酸钠板、陶瓷复合棉板等。这些不燃烧材料板材配以轻钢龙骨就是不燃烧材料吊顶，在目前兴建的高层民用建筑中得到了广泛的应用，是非常可喜的，在今后的高层民用建筑设计、施工中应予以大力推广应用。

目前，我国各地仍有一部分已建、新建的高层民用建筑（尤其在公共高层民用建筑）采用木吊顶搁栅、木板吊顶等可燃装修材料，这是不符合本规范的规定的，一旦发生火灾，容易造成伤亡事故，应尽量避免采用可燃装修材料作吊顶。由于有些高层建筑近期内难以做到全部使用不燃材料，如必须采用可燃材料时，为了改善和提高建筑物的防火性能，减少火灾损失，对木、竹等可燃装修材料必须进行防火处理。处理的一般方法是在木材等表面涂刷防火涂料或在加工时浸渍防火浸剂，提高其防火耐火能力，以达到本规范规定的要求。

六、目前我国已研制了许多种防火涂料、浸剂等，有的已经用于工程实际，经历了火灾的考验，证明了其良好的防火效果。

3.0.3 本条是原规范中的注释，这次改为正式条文。

3.0.4 本条是在原条文基础上修改补充的。

本条对不同类别的高层民用建筑及其与高层主体建筑相连的裙房应采用的耐火等级作了具体规定。

一、一类高层民用建筑。例如：医院病房楼，大型的商业楼、展览楼、综合楼、电信楼、财贸金融楼、网局级和省级电力调度楼、中央级和省广播电视楼、省级邮政楼和防灾指挥调度楼、高级旅馆、大型的藏书楼等一类高层民用建筑，不仅规模大，而且性质重要、设备贵重、功能复杂，还有风道、空调等竖向管井多，有的还要使用大量的可燃装修材料。防火分隔处理不好，往往成为火灾蔓延的途径；有的住有行动不便的老人、小孩和病人等，紧急疏散十分困难。一旦发生火灾，火势蔓延快，疏散和扑救都很困难，容易造成重大损失或伤亡事故。因此，对此类建筑物的耐火等级应比二类建筑物高一些，故仍规定一类高层民用建筑的耐火等级为一级，二类高层民用建筑的耐火等级不应低于二级。

二、考虑到高层主体建筑及与其相连的裙房，在重要性和扑救、疏散难度等方面有所差别，对其耐火要求不应一刀切。但是与主体建筑相连的裙房耐火能力也不能太低，结合当前的实际情况和执行原规范十多年的实践，以及目前的常规做法，故仍规定与高层民用建筑主体相连的裙房的耐火等级不应低于二级。

三、地下室空气流通不像在地上那样可以直接排到室外，发生火灾时，热量不易散失，温度高，烟雾大，疏散和扑救都非常困难。为了有利于防止火灾向地面以上部分和其它部位蔓延，本规范仍规定其耐火等级应为一级，是符合我国高层民用建筑地下室发展建设实际情况的，是可行的。

3.0.5、**3.0.6** 此两条是原规范的注释，这次改为正式条文。

3.0.7 本条保留了原条文。本条对高层民用建筑内存放可燃物，如：图书馆的书库，棉花、麻、化学纤维及其织物，毛、丝及其织物，如房间存放可燃物的平均重量超过 200kg／m^2，则其梁、楼板、隔墙等组成构件的耐火极限应提高要求。这是因为：

一、根据调查，有些高层民用建筑，例如：商业楼除了营业大厅外，附设有周转用仓库，存放大量的可燃物品，如衣服、棉、毛、麻、丝及其织物，纸张，布匹以及其它日用百货物品。且所存放的可燃物重量一般在 200～500kg／m^2；一些藏书楼、档案楼等，可燃物品重量一般在 400～600kg／m^2。火灾实例说明，这类建筑物或房间发生火灾时，抢救物资和扑救火灾非常困难，而且楼板、梁是直接承受可燃物品和被烧的构件，被烧垮的可能性较大些，同样，其四周隔墙、柱等也是受火烧构件，也容易被火烧坏，从而导致火灾很快蔓延到相邻房间和部位，甚至整个建筑物被烧毁，扩大灾情，所以要求其耐火极限提高 0.50h 是必要的，也是可行的。

二、根据每平方米地板面积的可燃物愈多（即火灾荷载愈多），则燃烧时间就愈长的道理，也需要适当的提高其构件的耐火极限，以满足实际的需要。可燃物多少与时间的关系见表 6。

火灾荷载与燃烧的时间关系　　表 6

可燃物数量 (磅/英尺^2)(kg/m^2)	热　量 (英热量单位/英尺^2)	燃烧时间相当标准温度曲线的时间(h)
5(24)	40000	0.50
10(49)	80000	1.00
15(73)	120000	1.50
20(98)	160000	2.00
30(147)	240000	3.00
40(195)	320000	4.50
50(244)	380000	7.00
60(293)	432000	8.00
70(342)	500000	9.00

注：一个英热量单位＝252卡。

从表 6 可以看出，根据不同可燃物数量的多少，对建筑结构构件分别提出不同耐火极限要求是合理的。但是考虑到这些建筑物房间内的可燃物的数量不是固定的；目前国内又缺乏这方面的统计数据和资料，故本规范中规定可燃物超过 200kg/m^2 的房间，其梁、楼板、隔墙等构件的耐火极限应在本规范第 3.0.2 条规定的基础上相应提高 0.50h。安装有自动灭火系统的房间，消防保护能力有提高，对扑灭初起火灾有明显的效果，不容易酿成大火，所以对其组成构件的耐火极限可以不提高。

3.0.8　本条对高层民用建筑采用玻璃幕墙应采取的相应防火措施作了规定，是新增条文。

玻璃幕墙当受到火烧或受热时，易破碎，甚至造成大面积的破碎事故，造成火势迅速蔓延，酿成大火灾，危害人身和财产的安全，出现所谓的“引火风道”，这是一个较严重的问题。故本规范对采用玻璃幕墙作出了相应的规定是必要的。表 7 是国内外高层民用建筑采用玻璃幕墙实例。

高层民用建筑采用玻璃幕墙实例　　表 7

建筑物名称	层数	用　途	外墙特征
北京京广大厦	52	办公、旅馆、公寓等	有窗间墙、窗槛墙的玻璃幕墙
北京国际贸易中心	39	办公、展览等	有窗间墙、窗槛墙的玻璃幕墙
北京长富大厦	24	办公、旅馆等	有窗间墙、窗槛墙的玻璃幕墙
北京华威大厦	18	办公、公寓、商店等	有窗间墙、窗槛墙的玻璃幕墙
昆明百货大楼	6	百货商店	无窗间墙、窗槛墙的玻璃幕墙
武汉桥口百货楼	6	百货商店	无窗间墙、窗槛墙的玻璃幕墙
美国亚特兰大海特摄政旅馆	23	旅　馆	黑色玻璃幕墙
香港交易所大楼	50	公共交易所、旅馆等	金黄色玻璃幕墙
香港新鸿碁大厦	50	办公、商店、旅馆等	茶色玻璃幕墙

针对目前国内外高层民用建筑玻璃幕墙的实际做法和发生火灾的经验教训，本规范规定玻璃幕墙的窗间墙、窗槛墙的填充材料采用岩棉、矿棉、玻璃棉、硅酸铝棉等不燃烧材料，是合理的。当其外墙面采用耐火极限不低于 1.00h 的墙体（如轻质混凝土墙面）时，填充材料也可采用阻燃泡沫塑料等难燃材料。

为了防止火灾在垂直方向上迅速蔓延，故本规范规定：对不设窗间墙和窗槛墙的玻璃幕墙，必须在每层楼板外沿玻璃幕墙内侧设置高度不低于 0.80m 实体裙墙，其耐火极限不低于 1.00h，应为不燃烧材料制成，这样做有利于阻止和限制火灾垂直方向蔓延。

我国广州、福州、厦门、重庆、昆明等市的高层民用建筑，采用玻璃幕墙既无窗间墙也无窗槛墙。这些高层民用建筑的玻璃幕墙与每层楼板、房间隔墙（水平方向上）之间的缝隙相当大，有的甚至大到 15～20cm，一旦火灾发生就会成了“引火风道”。为此本规范规定玻璃幕墙每层楼板、隔墙处的缝隙，必须用不燃烧材料严密填实，阻止火势蔓延。

3.0.9 本条是新增条文。本条规定高层民用建筑的公用房间或部位的室内装修材料，应按现行的国家标准《建筑内部装修设计防火规范》的规定执行。

4 总平面布局和平面布置

4.1 一 般 规 定

4.1.1 本条基本上保留了原条文。本条对高层民用建筑位置、防火间距、消防车道、消防水源等作出了原则规定，这是针对高层建筑发生火灾时容易蔓延和疏散、扑灭难度大，往往造成严重损失和重大伤亡事故及易燃易爆厂房、仓库发生火灾时对高层建筑的威胁等因素确定的。如某化肥厂因液化石油气槽车连接管被拉破，大量液化气泄漏，遇明火发生爆炸，死伤数十人，在爆炸贮罐 70m 范围内的一座三层楼房全部震塌，200m 外的房屋也受到程度不同的损坏，3km 外的百货公司的窗玻璃被破坏；又如某市煤气厂液化石油气罐爆炸，大火持续 20 多个小时，燃烧面积达 420000m^2（附近苗圃被烧坏，高压线被烧断，造成 48 个工厂停电 26h），经济损失近 500 万元；北京某化工厂苯酚丙酮车间反应罐爆炸，厂房和设备被炸坏，数千平方米内烈火熊熊，死 27 人，伤 8 人。青岛市黄岛油库火灾波及范围数百米，死伤数十人，经济损失 4000 余万元，等等。为了保障高层民用建筑消防安全，吸取上述火灾教训，并考虑目前各地高层建筑设置的实际情况，本条提出必须注意合理布置总平面，选择安全地点，特别要避免在甲、乙类厂（库）房，易燃、可燃液体和可燃气体贮罐以及易燃、可燃材料堆场的附近布置高层民用建筑，以防止和减少火灾对高层民用建筑的危害。

4.1.2 本条对布置在高层民用建筑或裙房中的燃油、燃气锅炉房，可燃油油浸电力变压器，充有可燃油的高压电容器、多油开关等保留了原条文的规定，其理由是：

一、我国目前生产的快装锅炉，其工作压力一般为 0.1～

1.3MPa，其蒸发量为1～30t／h。如果产品质量差、安全保护设备失灵或操作不慎等都有导致发生爆炸的可能，特别是燃油、燃气的锅炉，容易发生爆炸事故，故不宜在高层建筑内安装使用。但考虑目前建筑用地日趋紧张，尤其旧城区改造，脱开高层建筑单独设置锅炉房困难较大，目前国产锅炉本体材料、生产质量与国外不相上下，有差距之处是控制设备，根据劳动部新颁布的《热水锅炉安全技术监督规定》的要求，并参考了国外的一些做法，本条对锅炉房的设置部位作了规定。即如受条件限制，锅炉房不能与高层建筑脱开布置时，允许将其布置在高层建筑内。但对燃油、燃气锅炉的单台蒸发量和锅炉房的总蒸发量作了限制。这样规定是为尽量减少一旦发生火灾所带来的危险性和发生爆炸的几率。同时也考虑了一般规模的高层建筑对锅炉发热量的需求（1台蒸发量为2t／h的锅炉，其发热量为1200000kcal／h，每平方米采暖面积所需发热量为100kcal／h，也就是说一台蒸发量为2t／h的锅炉可供12000m^{2}的房间采暖），另外还须符合本条4.1.2.1、4.1.2.2、4.1.2.4款的规定，采取相应的防火措施。

二、可燃油油浸电力变压器发生故障产生电弧时，将使变压器内的绝缘油迅速发生热分解，析出氢气、甲烷、乙烯等可燃气体，压力骤增，造成外壳爆裂大量喷油，或者析出的可燃气体与空气混合形成爆炸混合物，在电弧或火花的作用下引起燃烧爆炸。变压器爆裂后，高温的变压器油流到哪里就会烧到哪里，致使火势蔓延。如某水电站的变压器爆炸，将厂房炸坏，油火顺过道、管沟、电缆架蔓延，从一楼烧到地下室，又从地下室烧到二楼主控制室，将控制室全部烧毁，造成重大损失。充有可燃油的高压电容器、多油开关等，也有较大的火灾危险性，故规定可燃油油浸电力变压器和充有可燃油的高压电容器、多油开关等不宜布置在高层民用建筑裙房内。对干式或不燃液体的变压器，因其火灾危险性小，不易发生爆炸，故本条未作限制。

三、由于受到规划要求、用地紧张、基建投资等条件的限制，如必须将可燃油油浸变压器等布置在高层建筑内时，应采取符合本条要求的防火措施。

4.1.3 由于城市用地日趋紧张，自备柴油发电机房离开高层建筑单独修建比较困难，同时考虑柴油燃点较低，发生火灾危险性较小，故在采取相应的防火措施时，也可布置在高层主体建筑相连的裙房的首层或地下一层。并应设置火灾自动报警系统和固定灭火装置。

4.1.4 消防控制室是建筑物内防火、灭火设施的显示控制中心，是火灾的扑救指挥中心，是保障建筑物安全的要害部位之一，应设在交通方便和发生火灾时不易延烧的部位。故本条对消防控制室位置、防火分离和安全出口作了规定。

我国目前已建成的高层建筑中，不少建筑都设有消防控制室，但也有的把消防控制室设于地下层交通极不方便的部位，这样一旦发生大的火灾，在消防控制室坚持工作的人员就很难撤出大楼。故本条规定消防控制室应设直通室外的安全出口。

4.1.5 保留原条文。据调查，有些已建成的高层民用建筑内附设有观众厅、会议厅等人员密集的厅、室，有的设在接近首层或低层部位，有的设在顶层（如上海某百货公司顶层就设有一个能容纳千人的礼堂兼电影厅，广州某大厦顶层设有能容纳二三百人的餐厅等）。一旦建筑物内发生火灾，将给安全疏散带来很大困难。因此，本条规定上述人员密集的厅、室最好设在首层或二、三层，这样就能比较经济、方便地在局部增设疏散楼梯，使大量人流能在短时间内安全疏散。如果设在其它层，必须采取本条规定的4条防火措施。

4.1.6 据调查，有些单位将托儿所、幼儿园设在高层建筑的七八层以上。由于小孩缺乏自理能力，也不懂安全疏散知识，火灾时，年龄小的孩子还要人背着、领着疏散，行动缓慢，容易造成大的伤亡事故。为了有利于安全疏散，故规定托儿所、幼儿园应设在高层民用建筑首层或二、三层靠近安全出口的部位。

4.1.7 对原条文的部分修改。

一、据北京、上海、广州等大、中城市的实践经验，在发生火灾时，消防车辆要迅速靠近起火建筑，消防人员要尽快到达着火层（火场），一般是通过直通室外的楼梯间或出入口，从楼梯间进入起火层，开展对该层及其上、下层的扑救作业。

登高消防车功能试验证明，高度在 5m、进深在 4m 的附属建筑，不会影响扑救作业，故本条对其未加限制。

二、国内外不少火灾案例从正反两个方面证明了本条规定的必要性。1991 年 5 月 28 日，大连饭店（高层建筑）发生火灾，云梯车救出无法逃生的人员；1993 年 5 月 13 日，南昌万寿宫商城（高层建筑）发生火灾，云梯车发挥了很大作用，在这座建筑倒塌之前 6min，云梯车把楼内所有人员疏散完毕；1979 年 7 月 29 日，肯尼亚内罗毕市市中心一座 17 层的办公楼发生火灾，由于该大楼平面布置较为合理，为使用登高消防车创造了条件，减少了火灾损失；1970 年 7 月 23 日，美国新奥尔良市路易斯安纳旅馆发生火灾，1973 年 11 月 28 日，日本熊本县太洋百货商店大火，1985 年 4 月 19 日，我国哈尔滨市天鹅饭店火灾，都是由于平面布置比较合理，登高消防车能够靠近高层主体建筑，而救出了不少火场被困人员。反之，1984 年 1 月 4 日，韩国釜山市一家旅馆发生火灾，由于大楼总平面不合理，周围都有裙房，街道又狭窄，交通拥挤，尽管消防队出动数十辆各种消防车，也无法靠近火场，只能进入狭窄的街道和旅馆大楼背面，进行人员抢救和灭火行动。云梯车虽说能伸至楼顶，但没有适当位置供它停靠，消防队员只得从楼顶放下救生绳和绳梯，让直升飞机发挥营救人员的作用。

三、由 1／3 周边改为 1／4 周边的理由是：

目前有些高层建筑、特别是商住楼的住宅部分平面布置为方形，还有些高层办公楼、旅馆等也是这样的平面布置，因此，根据基本满足扑救需要，也照顾到这些实际情况，故改为 1／4 周边不应布置相连的大裙房。

无论是建筑物底部留一长边或 1／4 周边长度，其目的要使登高消防车能展开工作，所以在布置时要考虑这一基本要求。

4.1.8 不少建筑物在地下室或其它层设有汽车停车库，如深圳国贸中心、北京长城饭店、西苑饭店等，均在地下层设有汽车库。为了节约用地和方便管理使用，与高层民用建筑结合在一起修建的停车库将会逐渐增加。

根据实践经验和参考国外有关资料，对附设在高层民用建筑内的汽车停车库作了防火规定：

一、为了使停车库火灾限制在一定范围，一旦发生火灾，不致威胁到高层其它部位的安全，要求采用耐火极限不低于 2.00h 的墙和 1.50h 的楼板与其它部位隔开。

二、汽车库的出口应与建筑物的其它出口分开布置，以避免发生火灾时造成混乱，影响疏散和扑救。

设在高层建筑内的汽车库，其防火设计，应符合现行的国家标准《汽车库设计防火规范》的有关规定。

4.1.9 液化石油气是一种容易燃烧爆炸的可燃气体，其爆炸下限约 2%以下，比重为空气的 1.5～2 倍，火灾危险性大。它通常以液态方式贮存在受压容器内，当容器、管道、阀门等设备破损而泄漏时，将迅速气化，遇到明火就会燃烧爆炸。如某厂家属宿舍一住户的液化石油气灶具阀门未关，液化气外漏，点火时发生爆炸，数人伤亡，建筑起火；某住户的液化石油气瓶角阀破坏，发生火灾，烧毁了一个单元房屋，并烧伤一人；上海某住宅火灾，抢出来的液化气瓶因未注意及时关闭阀门，跑出的液化气遇明火发生爆炸，死伤几十人。

在国外，高层建筑中使用瓶装液化石油气也有不少惨痛的教训。如韩国的大然阁饭店因二楼咖啡馆液化石油气瓶爆炸，将 21 层的大楼全部烧毁，死亡 164 人、伤 60 人；巴西圣保罗市 31

层的安得拉斯大楼火灾，由于液化石油气助长火势，火焰窜出窗口十几米，楼内装修全部烧毁，死伤340多人。

鉴于液化石油气火灾的危险性大和高层建筑运输不便，如用电梯运输气瓶，一旦液化气漏入电梯井，容易发生严重爆炸事故等因素，为了保障高层建筑的防火安全，故本条规定凡使用可燃气体的高层民用建筑，在设计时，必须考虑设置管道煤气或管道液化石油气。其具体设计要求应按现行的国家标准《城镇燃气设计规范》的有关规定执行。

燃气灶、开水器等燃气或其它一些可燃气体用具，当设备管道损坏或操作有误时，往往漏出大量可燃气体，达到爆炸浓度时，遇到明火就会引起燃烧爆炸事故。开水器爆炸事故时有发生。如某饭店15楼和某办公楼煤气开水器，因管理人员操作不慎，点火时产生燃爆，把本大楼的一些窗户玻璃震碎。故作本条规定。

4.1.10 在没有管道煤气的高层宾馆、饭店等，若使用丙类液体作燃料时，其储罐设置的位置又无法满足本规范4.2.5条所规定的防火间距，在采取必要的防火安全措施后，也可直埋于高层主体建筑与其相连的附属建筑附近。其防火间距可以减少或不限。本条中所说的"面向油罐一面4.00m范围内的建筑物外墙为防火墙时"，4.00m范围是指储罐两端和上、下部各4.00m范围，见图2。

4.1.11 本条为新增条文。据调查，目前全国470余个城市，约有1/3左右的城市使用可燃气体作为燃料，其中有一些是瓶装液化石油气。当其使用于高层建筑时，必须采用集中的瓶装液化石油气间，而后利用管道将燃气送至楼内。

一、我国近几年来，有不少城市如广东省的广州、深圳、佛山、中山等市，浙江省的杭州、宁波、温州等市，江苏省的无锡、常州、南通、苏州等市，有不少宾馆、饭店、综合建筑等，设有液化石油气气化间，其容量少则10瓶以上，多则三四十瓶(50kg/瓶)。

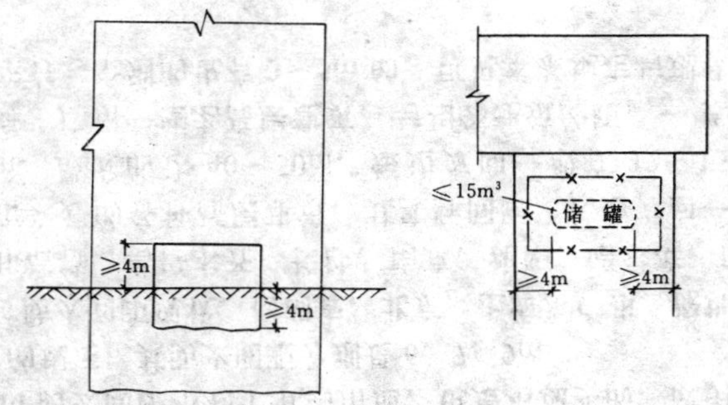

图2 油罐面4m范围外墙设防火墙示意图

二、过去几年，国家虽没有对液化石油气气化间在防火要求上作出规定，但各地公安消防部门参考了国外有关规定或安全资料，作了大量工作，在防火上积累了一些有益的安全做法，值得借鉴。

三、在总结各地实践经验和参考国外资料、规定的基础上，本条作了以下规定：

1. 为了安全，并与现行的国家标准《城镇燃气设计规范》的规定取得一致，规定总储量不超过$1.00m^3$的瓶装液化石油气气化间，可与高层建筑直接相连的裙房贴邻建造，但不能与高层建筑主体贴邻建造。

2. 总储量超过$1.00m^3$且不超过$3.00m^3$的瓶装液化石油气间，一定要独立建造，且与高层主体建筑和直接相连的裙房保持10m以上的防火间距。

3. 瓶装液化石油气气化间的耐火等级不应低于二级，这与高层主体建筑和高层主体建筑直接相连的裙房的耐火等级相吻合。

4. 为防止事故扩大，减少损失，应在总进、出气管上设有紧急事故自动切断阀。

5. 为了迅速而有效地扑灭液化石油气火灾，在气化间内必须设有自动灭火系统，如1211或1301、CO_2等灭火系统。

6. 液化石油气如接头、阀门密封不严，容易漏气，达到爆炸浓度，遇火源或高温作用，容易发生爆炸起火，因此应设有可燃气体浓度检漏报警装置。

7. 为了防止因电气火花而引起的液化石油气火灾爆炸，造成不应有的损失，因此安装在气化间的灯具、开关等，必须采用防爆型的，导线应穿金属管或采用耐火电线。

8. 液化石油气比空气重，一旦漏气，容易积聚达到爆炸浓度，发生爆炸，为防止类似事故发生，故作此规定。

9. 为了稀散可燃气体，使之不能达到爆炸浓度，气化间应根据条件，采取人工或自然通风措施。

4.2 防火间距

4.2.1 基本保留了原条文。本条规定的防火间距，主要是综合考虑满足消防扑救需要和防止火势向邻近建筑蔓延以及节约用地等几个因素，并参照已建高层民用建筑防火间距的现状确定的。

一、满足消防扑救需要。扑救高层建筑火灾需要使用消防水罐车、曲臂车、云梯登高消防车等车辆。消防车辆停靠、通行、操作，结合火灾实践经验，满足高层建筑火灾扑救，本条规定高层主体建筑之间的防火间距不应小于13m；与其它三、四级的低层民用建筑之间的防火间距，因耐火等级低，火势蔓延威胁大，故防火间距较一、二级建筑相应提高为11m与14m。

二、防止火势蔓延。造成火势蔓延，主要有“飞火”（与风力有关）、“热辐射”和“热对流”等几个因素。火灾实例证明，在大风的情况下，从火场飞出的“火团”可达数十米、数百米，甚至更远些。显然，如按这个因素确定防火间距，势必与节约用地精神不符。至于“热对流”，对相邻建筑蔓延威胁比“热辐射”要小些，因为热气流喷出门窗洞口后就向上升腾，对相邻建筑的影响比“热辐射”小，所以考虑这个因素的实际意义不大。由此可见，考虑防火间距的因素主要是“热辐射”强度。

影响热辐射强度的因素较多。诸如：发现和扑救火灾时间的长短、建筑的长度和高度、气象条件等。但国内目前还缺乏这方面的科学试验数据，国外虽有按“热辐射”强度理论计算防火间距的公式，但都没有把影响“热辐射”的一些主要因素（如发现和扑救火灾早晚、火灾持续时间）考虑进去，因而计算出来的数据往往偏大，在实际中难于行得通。因此，对热辐射也只能是结合一些火灾实例，视其对传播火灾的作用予以粗略考虑。

三、节约用地。从某种意义上讲，修建高层建筑是要达到多占空间少占地的目的，解决城市用地紧张问题。据调查，北京、上海、广州等一些城市兴建高层建筑是结合城市改造进行的，一般都是拆迁旧房原地建起新高层建筑，用地比较紧张，本条规定的防火间距考虑了这个因素。

据调查，有不少高层民用建筑底层周围，常常布置一些附属建筑，如附设商店、邮电、营业厅、餐厅、休息厅以及办公、修理服务用房等。这些附属建筑和高层主体建筑不区别对待，一律要求13m防火间距不利于节约用地，也是不现实的，故引用了《建规》的规定，其防火间距分别是6、7、9m。

四、防火间距现状。据调查，北京、上海、广州、深圳、武汉、呼和浩特、乌鲁木齐、长沙、南京、沈阳、哈尔滨、厦门、福州等市兴建的各种高层建筑，其实际间距，长边方向一般为20～30m，最大的达40～50m；短边方向一般在12～15m之间。上海、广州一些老高层建筑，与相邻建筑的距离一般为10～12m左右，个别的也有3～5m的。可见本条规定与现状大体相符。

现举一个火灾案例，供设计者参考。1972年2月24日，巴西圣保罗市安德拉斯大楼发生火灾。下午4时，发现起火，4时

26分，消防队员到达时火焰正席卷大楼正面，向屋顶延伸。火焰达40m宽、100m高，伸向街道至少有15m远。强烈的热辐射和外伸的火舌，使街对面30m远处的两幢公寓楼被卷人，受到严重损害。

4.2.2～4.2.4 这三条是原规范第3.2.1条的注③、④、⑤的改写。针对注与表关系不太密切，改为条更为明确，便于执行。

4.2.5 本条基本保留原条文。对储量在本条规定范围内的甲、乙、丙类液体储罐，可燃气体储罐和化学易燃品库房的防火间距作了规定。

据调查，有些高层建筑的锅炉房，使用燃油（原油、柴油等）锅炉，并根据锅炉燃料每日的用量、来源的远近和运输条件等情况，设置燃料储罐，一般容量为几十至几百立方米。如广州某宾馆的燃料储罐总储量为200m^3，距高层主体建筑在100m以上。

另外，有些科研楼、医院、通讯楼和多功能的高层建筑，需用一些化学易燃物品、可燃气体等。

为了保障高层建筑的防火安全，本条借鉴火灾爆炸事故的经验教训，参照《建规》有关规定，并根据高层建筑应比低层建筑要求严一些的精神，作了本条防火间距的规定。

4.2.6 液氧储罐如若操作使用不当，极易发生强烈燃烧，危害很大，所以本条对高层医院液氧储罐库房的总容量作了限制，并对设置部位、采取的防火措施也作了规定。

4.2.7 本条表4.2.7规定的防火间距也是依据第4.2.1条说明中阐明的几个因素和下述情况确定的。

一、高层建筑不宜布置在甲、乙类厂房附近，如丙、丁、戊类的厂房、库房等必须布置时，其防火间距应符合表4.2.7的规定。

对丙、丁、戊类的厂房、库房，目前设在大、中城市市区的还比较多，需要规定其与高层民用建筑之间的防火间距。本条参照《建规》的有关规定和消防实践以及高层民用建筑的重要性等在表4.2.7中作了具体规定。

二、煤气调压站的防火间距是根据现行的国家标准《城镇燃气设计规范》的有关规定提出的，但考虑到二类高层建筑与一类高层建筑要有所区别，故前者比后者相应地减少。

三、液化石油气的气化站、混气站的总储量和防火间距是根据多次液化石油气火灾的经验教训提出的。火灾实例说明，液化石油气储罐一旦发生爆炸起火，燃烧快，火势猛烈，危及范围广（一般为40～50m，有的达100～200m）。本着既保障安全，又节约用地的原则，规定为35～50m，液化石油气瓶库为15～25m。

从火灾实例看，单罐容积的大小，将直接影响火灾燃烧范围的大小。根据液化石油气的爆炸极限和一般情况下的扩散范围等因素，在规范4.2.7条中规定了单罐容积不宜超过10m^3。

鉴于一类高层民用建筑发生火灾后易造成更大的损失，因此，在防火间距上要求比二类建筑大些，故在表4.2.7规定中予以区别对待。

煤气调压站（箱）的进口压力，是根据现行的国家标准《城镇燃气设计规范》而修改的，亦可参照上述规范的规定执行。

4.3 消 防 车 道

4.3.1 高层建筑的平面布置和使用功能往往复杂多样，给消防扑救带来一些不利因素。有的底部附建有相连的各种附属建筑，如在设计中对消防车道考虑不周，火灾时消防车无法靠近建筑物，往往延误灭火战机，造成重大损失。如某厂大楼，由于其背面没有设置消防车道，发生火灾时延误了战机，致使大火燃烧了3个多小时，扩大了灾情。为了给消防扑救工作创造方便条件，保障建筑物的安全，并根据各地消防部门的经验，对高层建筑作了在其周围设置环形车道的规定。但不论建筑物规模大小，一律要求环形消防车道会有困难，为此作了放宽。

据调查，高层建筑的长度一般为 80～150m，但也有少数高层建筑由于使用功能广、面积大，其长度超过 200m。这种建筑也会给扑救带来不便。为了便于扑救，故规定了总长度超过 220m 的建筑，要设置穿越建筑物的消防车道。

高层建筑如没有连通街道和内院的人行通道，发生火灾时不仅影响人员疏散，还会妨碍消防扑救工作，参照《建规》的有关规定，故在本条中作了相应的规定。人行通道也可利用前后穿通的楼梯间。

4.3.2 有些高层建筑由于通风采光或庭院布置、绿化等需要，常常设有面积较大的内院或天井，这种内院或天井一旦发生火灾，如果消防车进不去就难于扑救。

为了便于消防车迅速进入内院或天井，及时控制火势和车辆在天井或内院内有回旋余地，故规定了短边长度超过 24m 的内院或天井宜加设消防车道的要求。短边 24m 以上的要求，主要考虑消防车进得去，且易掉头出来。

4.3.3 为了在发生火灾时，能保证消防车迅速开到天然水源（如江、河、湖、海、水库、沟渠等）和消防水池取水灭火，故本条规定凡是供消防车取水的天然水源和消防水池，均应设有消防车道。

4.3.4 本条规定的消防车道宽度是按单行线考虑的。消防车道距地面上部障碍物之间的净空是参照《建规》的要求拟定的，一般能满足目前通用的消防车辆尺寸的要求，如有特殊大型消防车辆通过，应与当地消防监督部门协商解决。

4.3.5 规定回车场面积一般不小于 15m× 15m（如图 3 所示），主要是根据目前使用较广泛的几种大型消防车而提出的。如曲臂登高消防车最小转弯半径为 12m；CFP2／2 型干粉泡沫联合消防车最小转弯半径为 11.5m。个别大型车辆，如进口的“火鸟”曲臂登高消防车，车身全长达 15.7m，15m×15m 的回车场还不够用，遇有这种情况其回车场应按当地实际配置的大型消防车确定。

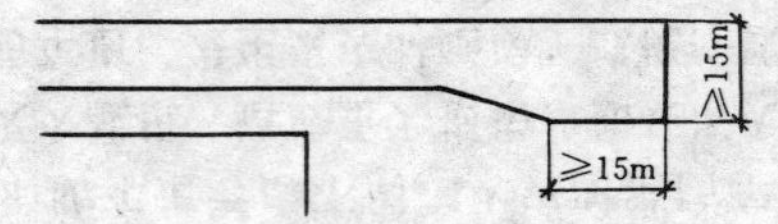

图 3 回车场面积示意图

根据地形，回车场也可作成 Y、T 形的回车道。

据调查，有的消防车道下的管道和沟渠的侧墙和盖板由于承载能力过小，不能满足大型消防车行驶的需要，故本条作出了原则规定。

4.3.6 本条规定的尺寸是根据目前我国各城市使用的消防车外形尺寸（如图 4 所示），并参照《建规》要求制定的。所规定的尺寸基本与《建规》尺寸一致，其目的在于发生火灾时便于消防车无阻挡地通过，迅速到达火场，顺利开展扑救工作。

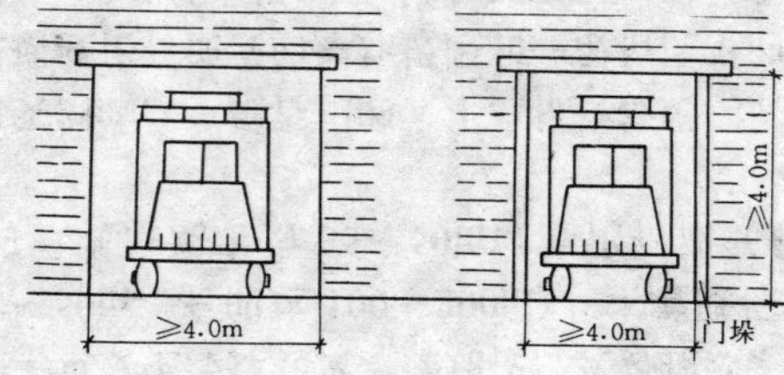

图 4 消防车道净宽和净空高度示意图

4.3.7 本条规定是针对有些高层建筑，常常在消防车道靠近建筑物一侧有树木、架空管线等障碍物。这些障碍物有可能阻碍消防车的通行和扑救工作。故要求在设计总平面时，应充分考虑这个问题，合理布置上述设施，以确保消防车扑救工作的顺利进行。

5　防火、防烟分区和建筑构造

5.1　防火和防烟分区

5.1.1～5.1.4　这几条基本上保留了原规范该条的内容。

一、在高层建筑设计时，防火和防烟分区的划分是极其重要的。有的高层建筑规模大、空间大，尤其是商业楼、展览楼、综合大楼，用途广，可燃物量大，一旦起火，火势蔓延迅速、温度高，烟气也会迅速扩散，必然造成重大的经济损失和人身伤亡。因此，除应减少建筑物内部可燃物数量，对装修陈设尽量采用不燃或难燃材料以及设置自动灭火系统之外，最有效的办法是划分防火和防烟分区。

例如某医院大楼，每层建筑面积 2700m^2，没有设防火墙分隔，也无其它防火安全措施。三楼着火，将该楼层全部烧毁，由于楼板是钢筋混凝土板，火才未向下蔓延。而某学校一座耐火等级为三级的学生宿舍楼，占地面积为 1312m^2，由于设了三道防火墙，起火时，防火墙阻止了火势蔓延，使 2／3 的房间未被烧掉。又如美国二十六层的米高梅饭店，内部设有 2076 套客房、4600m^2 的赌场、1200 个座位的剧场，可供 11000 人就餐的 8 个餐厅以及百货商场等。该饭店设备豪华、装修精致，是一个富丽堂皇的现代旅馆。但是，设计时忽略了建筑物的防火安全，致使建筑物内存在许多不安全因素。主要问题是：采用了大量的可燃建筑装修材料，家具和陈设大多数是木质等可燃材料，致使室内火灾荷载大；大楼又缺少必需的防火分隔，甚至 4600m^2 的赌场内，没有采取任何防火分隔和防烟措施。防火墙上开的一些大洞孔，穿过楼板的各种管道缝隙没有堵塞。因此，当 1980 年 11 月 21 日一楼餐厅发生火灾时，由于发现较晚，扑救不奏效，火势迅速蔓延（餐厅内有大量的可燃物），顿时，餐厅变成了一片火海。由于没有设防火分隔门，火很快通过门洞扩大到邻接的赌场。这场火灾导致 84 人死亡和 679 人受伤的惨重恶果。

巴西圣保罗三十一层的安得拉斯大楼和二十五层的焦马大楼，前者室内为大统间，没有采用不燃烧材料作隔断，加之窗间墙（多数为落地窗）；而后者结构是耐火的，但其内部没有采取防火分隔措施，而且只有一座敞开式楼梯间。在起火后，烟气迅速扩散，火势迅猛异常，由于不能及时使大量人员撤离大楼，造成了 179 人死亡、300 人受伤的惨痛火灾事故。

二、防火分区的划分，既要从限制火势蔓延、减少损失方面考虑，又要顾及到便于平时使用管理，以节省投资。目前我国高层建筑防火分区的划分，由于用途、性能的不同，分区面积大小亦不同。如北京中医医院标准层面积为 1662m^2，按东西区病房划分为两个防火分区，每个防火分区面积为 831m^2；又如北京饭店新楼，标准层面积为 2080m^2，用防火墙划分为三个面积不等的防火分区，如图 5。

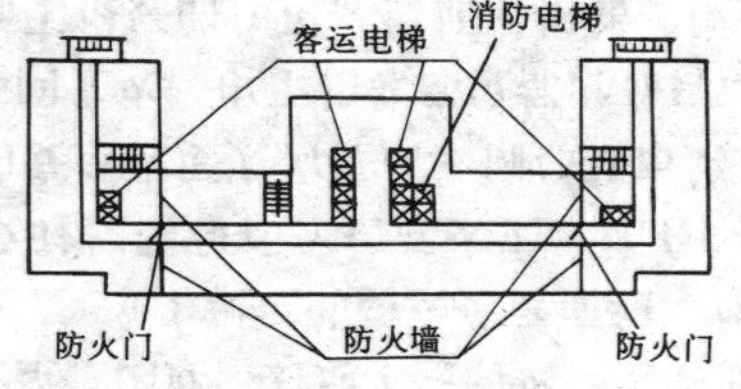

图 5　北京饭店新楼防火分区划分示意图

三、比较可靠的防火分区应包括楼板的水平防火分区和垂直防火分区两部分，所谓水平防火分区，就是用防火墙或防火门、防火卷帘等将各楼层在水平方向分隔为两个或几个防火分区；所谓垂直防火分区，就是将具有 1.5h 或 1.0h 耐火极限的楼板和窗间墙（两上、下窗之间的距离不小于1.2m）将上下层隔开。当上下层设有走廊、自动扶梯、传送带等开口部位时，应将相连通的各层作为一个防火分区考虑。

防火分区的作用在于发生火灾时，可将火势控制在一定的范围内，以有利于消防扑救、减少火灾损失。

以美国芝加哥的John Hancock大厦为例，在这幢高300m的塔式建筑物中，在上部楼层套间内，至少发生过20次火灾。但没有一次火灾蔓延到套间以外，其主要原因，就是防火分隔设计得当，又有较好的防火安全设备。

国外有关标准、规范中，也规定了高层建筑防火分区最大允许面积。例如法国的规范规定，每个防火分区最大允许面积为2500m^2；德国规定高层住宅每隔30m设一道防火墙，一般高层建筑每隔40m设一道防火墙；日本规定每个防火分区最大允许面积：10层以下部分1500m^2，11层以上部分，根据其吊顶、墙体材料的燃烧性能及防火门情况，分别规定为100、200、500m^2；美国规定每个防火分区面积为1400m^2；原苏联规定非单元式住宅的每个防火分区面积为500m^2（地下室与此相同）。虽然各国划定防火分区面积各异，但其目的都是要求在设计中将建筑物的平面和空间以防火墙和防火门、窗等以及楼板分成若干防火分区，以便一旦发生火灾时，将火势控制在一定范围内，阻止火势蔓延扩大，减少损失。

规范5.1.1条根据我国一些高层建筑对防火分区划分的实际做法，并参照国外有关标准、规范资料，将防火分区的面积规定为表5.1.1中所列的三种数字。对一类高层建筑，如高级旅馆、商业楼、展览楼、图书情报楼等以及高度超过50m的普通旅馆、办公楼等，其内部装修、陈设等可燃物多，且有贵重设备，并且设有空调系统等，一旦失火，容易蔓延，危险性比二类建筑大。因此，将一类高层建筑每个防火分区最大允许建筑面积规定为1000m^2。二类高层建筑，如普通旅馆、住宅和办公楼等建筑，内部装修、陈设等相对少些，火灾危险性也会比一类建筑相对少些。其防火分区最大允许建筑面积规定为1500m^2。这样规定是根据我国目前经济水平以及消防扑救能力提出的。地下室规定建筑面积500m^{2}为一个防火分区。因为地下室一般是无窗房间，其出口的楼梯既是疏散口，又是排烟口，同时又是消防扑救口。火灾时，人员交叉混乱，不仅造成疏散扑救困难，而且威胁地上建筑物的安全。因此，对地下室防火分区的面积要求严是必要的、合理的。表5.1.1规定的防火分区面积，如设有自动喷水灭火设备，能及时控制和扑灭初起火灾，能有效地控制火势蔓延，使建筑物的安全程度大为提高。例如某市第一百货商店，8楼的静电植绒车间失火，由于相邻部位都设有自动喷水头，对阻止火势蔓延起到了很好的作用，保证了相邻部位的安全。因此，对设有自动喷水灭火系统的防火分区，其最大允许建筑面积可增加1倍；当局部设置自动喷水灭火系统时，则该局部面积可增加1倍。

四、与高层建筑相连的裙房建筑高度较低，火灾时疏散较快，且扑救难度也比较小，易于控制火势蔓延。当高层主体建筑与裙房之间用防火墙等防火分隔设施分开时，其裙房的最大允许建筑面积可按《建规》的规定执行。

目前有些商业营业厅、展览厅附设在高层建筑下部，面积往往超过规范较多，还有些商业高层建筑每层面积较大，经过对20多个建筑的调查，4000m^{2}能满足使用要求，故调整为4000m^2，以利执行。

五、据调查，有些高层公共建筑，在门厅等处设有贯通2～3层或更多的各种开口，如走廊、开敞楼梯、自动扶梯、传送带等开口部位。为了既照顾实际需要，又能保障防火安全，应把连通部位作为一个整体看待，其建筑总面积不得超过本规范表5.1.1的规定，如果总面积超过规定，应在开口部位采取防火分隔设施，使其满足表5.1.1的要求。已有一些高层建筑是这样做的，例如北京国际贸易中心，北京长富宫饭店和北京亮马河大厦等。

5.1.5 本条是新增的。建筑物中的中庭这个概念由来已久。希腊人最早在建筑物中利用露天庭院（天井）这个概念。后来罗马人加以改进，在天井上盖屋顶，便形成了受到屋顶限制的大空间——中庭。今天的“中庭”还没有确切的定义，也有称“四季庭”或“共享空间”的。

中庭的高度不等，有的与建筑物同高，有的则只是在旅馆的上面或下部几层。例如美国 1975 年亚特兰大兴建的七十层桃树中心广场旅馆，中庭布置在底部六层，周围环境天窗采光，底层大厅有 30m 长的瀑布、花坛、盆景等物，这些景物与建筑物交映生辉。

国内外高层建筑设有中庭的举例见表 8。

国内外设有中庭的高层建筑举例　　表 8

序号	建筑名称	层数	中庭设置特点及消防设施
1	北京京广大厦	52	中庭 12 层高，回廊设有自动报警、自动喷水和水幕系统
2	广州白天鹅宾馆	31	中庭开度为 70m×11.5m，高 10.8m
3	上海宾馆	26	中庭高 13m，回廊设有自动喷水灭火设备
4	北京长城饭店	18	中庭 6 层高，回廊设有自动报警、自动喷水系统，设有排烟系统、防火门
5	厦门假日酒店	6	中庭 6 层高，回廊设有自动报警、自动喷水系统，设有排烟系统、防火门
6	厦门海景大酒店	26	中庭 6 层高，回廊设有自动报警、自动喷水系统，设有排烟系统、防火门
7	西安(阿房宫)凯悦饭店	13	中庭 10 层高(36.9m)，回廊设有自动报警、自动喷水系统和防火卷帘
8	厦门水仙大厦	18	中庭 3 层高，设有自动报警和自动喷水灭火设备
9	厦门闽南贸易大厦	33	中庭设在裙房紧靠主体建筑旁的连接处，设有自动报警和自动喷水灭火设备
10	深圳发展中心大厦	42	中庭设在大厦中间，回廊设有火灾自动报警系统和加密自动喷水灭火系统，房间通向走向走道为乙级防火门
11	上海国际贸易中心	41	中庭设在底下，高 16m，设有自动报警和自动喷水灭火设备，中庭 25 层高，设有自动报警和自动喷水设备
12	美国田纳西州海厄特旅馆	25	中庭 25 层高，设有自动报警和自动喷水设备
13	美国旧金山海厄特摄政旅馆	22	中庭 22 层高，各种小空间与大空间相配合，信息交融
14	美国亚特兰大桃树广场旅馆	70	中庭 6 层高，设有自动报警、自动喷水水幕设备
15	新加坡泛太平洋酒店	37	中庭 35 层高，设有自动报警喷水和排烟设备
16	北京艺苑中心	10	中庭 10 层高，回廊设有自动报警和自动喷水设备
17	日本新宿 NS 大楼	30	贯通 30 层，防火重点是一、二层楼店铺火灾。用防火门和卷帘分隔。3 楼设 2 台 ITV 摄影机，探测器

以上举出的只是部分高层建筑设有中庭的例子。进入本世纪90年代以来，我国各地有不少高层建筑仿效中庭的设计。仅以厦门市1980年实行经济特区以来，已经建成和还在施工设计的60余幢高层建筑，设有中庭建筑的就有10多幢。在防火设计方面，给我们提出了许多新课题。在设计中庭时碰到的最大问题是发生火灾时，如何保证室内人员的安全。一般建筑物防火处理的方法是设置防火分区，或是设法把局部发生的火灾限制在其发生的范围内，即设置防火隔断。然而中庭建筑，其防火分区被上下贯通的大空间所破坏。因此，中庭防火设计不合理时，其火灾危害性大。

1973年3月2日，美国芝加哥海厄特里金西奥黑尔旅馆夜总会中庭发生火灾，造成30多万美元的损失；1977年5月13日，美国华盛顿国际货币基金组织大厦火灾是由办公室烧到中庭的，造成30多万美元的损失；1967年5月22日，比利时布鲁塞尔伊诺巴施格百货大楼发生火灾，由于中庭与其它楼层未进行防火分隔，致使二层起火后很快蔓延到中庭，中庭玻璃屋顶倒塌，造成325人死亡，损失惨重。

美国、英国、澳大利亚等国对中庭防火作了严格规定。结合国外情况本规范作出了如下规定：

1. 房间与中庭回廊相通的门、窗应设自行关闭的乙级防火门、窗。

2. 与中庭相连的过厅、通道等相通处应设乙级防火门或复合型防火卷帘，主要起防火、防烟分隔作用，不论是中庭或是过厅等部位起火都能起到阻火、阻烟作用。

3. 中庭每层回廊应设置自动喷水灭火系统，喷头间距不应小于2.0m，但也不应大于2.8m。

4. 中庭每层回廊应设火灾自动报警系统。

5. 设置排烟设施，在本规范第八章作了具体规定。

5.1.6 本条基本上保留原条文的内容。为了着火时将烟气控制在一定范围内，本规范要求设置排烟的走道、房间（但不包括净高超过6m的大空间房间如观众厅）等场所，应采用挡烟垂壁、隔墙或从顶棚下突出不小于0.50m的梁划分防烟分区。

高层建筑多用垂直排烟道（竖井）排烟，一般是在每个防烟区设一个垂直烟道。如防烟区面积过小，使垂直排烟道数量增多，会占用较大的有效空间，提高建筑造价。如防烟分区的面积过大，使高温的烟气波及面积加大，会使受灾面积增加，不利于安全疏散和扑救。本条对防烟分区的建筑面积作了规定。防烟分区的划分如下：

1. 不设排烟设施的房间（包括地下室）和走道，不划分防烟分区。

2. 走道和房间（包括地下室）按规定都设置排烟设施时，可根据具体情况分设或合设排烟设施，并按分设或合设的情况划分防烟分区。

3. 一座建筑物的某几层需设排烟设施，且采用垂直排烟道（竖井）进行排烟时，其余各层（按规定不需要设排烟设施的楼层），如增加投资不多，可考虑扩大设置范围，各层也宜划分防烟分区，设置排烟设施。

5.2 防火墙、隔墙和楼板

5.2.1、5.2.2 防火墙是阻止火势蔓延的有效措施，在设计中我们应注意和重视。许多火灾实例说明，防火墙设在建筑物转角处，不能有效防止火势蔓延。为了防止火势从防火墙的内转角或防火墙两侧的门窗洞口蔓延，要求门、窗之间必须保持一定的距离，其具体数据采用了《建规》第7.1.5条的规定。从火灾实例说明，如相邻两窗之间一侧装有耐火极限不低于0.9h的不燃烧固定窗扇的采光窗，也可以防止火势蔓延，故可不受距离限制。

5.2.3 本条对在防火墙上开门、窗提出了要求。在建筑物内发生火灾时，浓烟和火焰通常穿过门、窗、洞口蔓延扩散。为此，规定了防火墙上不应开设门、窗、洞口，如必须开设时，应在开口部位设置防火门、窗。实践证明，耐火极限为1.20h的甲级防火门，基本能满足控制一般火灾所需要的时间。当然防火门的耐火极限再高些对防火就更好，但因目前经济技术条件所限，采用耐火极限为1.20h的防火门较为适宜。

5.2.4 经过近10年的实践，证明本条规定是十分必要的。本次修订时仍保留了本条。防火墙是阻止火势蔓延的重要分隔物，应有严格的要求，才能保证在火灾时充分发挥防火墙的作用。故规定输送煤气、氢气、汽油、乙醚、柴油等可燃气体或甲、乙、丙类液体的管道，严禁穿过防火墙。其它管道必须穿过防火墙时，为了防止通过空隙传播火焰，故要求用不燃烧材料紧密填塞。

为防止穿过防火墙处的管道保温材料扩大火势蔓延，要求管道外面的保温、隔热材料采用耐火性能好的材料，并对穿墙处的缝隙要用不燃烧材料仔细堵塞好。

5.2.5 本条根据原规范第4.2.5条的内容修改。管道穿过隔墙和楼板时，若留有缝隙或堵塞不严，一旦室内发生火灾，是非常危险的。燃烧产物，如烟气和其它有毒气体会很快穿过缝隙和孔洞而扩散到相邻房间和上部楼层，影响楼内人员疏散，甚至危及生命安全。如西班牙萨拉戈市中心科拉纳旅馆地下餐厅厨房着火，火势很快蔓延扩大，通过吊顶上没有堵死的管道洞口蔓延到上面一层直到十一层的办公室，造成火灾迅速蔓延，扩大了灾情。国内高层建筑这样的教训也不少，故作此条规定。

5.2.6 经实践证明，原规范本条的规定是必要的。根据某些现有高层建筑发生的问题和火灾的经验教训，要求走道两侧的隔墙、面积超过100m^{2}的房间隔墙、贵重设备房间隔墙、火灾危险性较大的房间隔墙以及病房等房间隔墙，均应砌至梁板的底部，不留缝隙，以阻止烟火流窜蔓延，不致使灾情扩大。

据调查，目前有些高层建筑设计或施工中对此未引起注意，仍有不少装有吊顶的高层建筑，在房间与走廊之间的分隔墙，只做到吊顶底皮，没有做到梁板结构底部，一旦起火，容易在吊顶内蔓延，且难以及时发现，导致火灾蔓延扩大。就是没有吊顶，走道墙壁如不砌到结构底部，留有洞孔缝隙，也会成为火灾蔓延和烟气扩散的途径。对此，在设计和施工中，应特别注意。

5.2.7 附设在高层民用建筑内的固定灭火装置设备室，是固定灭火装置系统的"心脏"，建筑物发生火灾时，必须保证该装置不受火势威胁，确保灭火工作的顺利进行。所以本条规定应用耐火极限不低于2.00h的隔墙和1.50h的楼板与其它部位隔开，隔墙上的门应采用甲级防火门。

5.2.8 本条基本上保留了原规范第4.2.7条的内容，只是在文字上做了个别改动。

原4.2.7条中"经常有人停留或可燃物较多"这一定性用语改为"可燃物平均重量超过30kg／m^2"的定量用语，以便于设计和建审人员掌握执行。地下室发生火灾时，高温烟气会很快充满整个地下室，给疏散和扑救工作带来更大的困难。故本条作了较严格的规定，其根据是日本某大楼防火设计中，火灾荷载不大于30kg／m^2。

5.3 电梯井和管道井

5.3.1 发生火灾时，电梯井往往成为火势蔓延的通道，如与其它管井连通，一旦起火，容易通过电梯井威胁其它管井，扩大灾情，因此应独立设置。

电梯井一般都与梯厅及其它房间相连接，所处的位置重要，若在梯井内敷设可燃气体和易燃、可燃液体管道或敷设与电梯无关的电缆、电线是不安全的。据调查，有些单位忽视这一点，将无关的电缆混设在梯井。如某通信楼将其它通信电缆都敷设在梯井内，这不仅增加了火灾危险性，而且一旦失火，容易蔓延扩大，所以本条对此作了规定。

电梯是重要的垂直交通工具，其梯井是火灾蔓延的通道之一，一旦发生火灾，电梯井就很容易成为拔烟火的通道，所以规定电梯井井壁上除开设电梯门和底部及顶部的通气孔外，不应开设其它洞口。

5.3.2 高层建筑的各种竖向管井都是火灾蔓延的途径，为了防止火灾蔓延扩大，要求电缆井、管道井、排烟道、排气道、垃圾道等单独设置，不应混设。某宾馆的垃圾道与烟道连在一起，后因 20 层处的烟道破裂不能使用。这种设计不安全，所以应加以限制。

为了防止火灾时将管井烧毁，扩大灾情，规定上述管道井壁采用不燃烧材料制作，其耐火极限为 1.00h。

5.3.3 高层建筑的竖向管道井和电缆井，都是拔烟火的通道。若防火分隔不当或未作恰当的防火处理，当建筑物某层起火时竖井不仅会助长火势，而且还成为火与烟气迅速传播的途径，造成扑救困难，严重危及人身安全，使财产受到严重损失。北京、上海、沈阳等城市建成的许多高层建筑，其电缆井、管道井，在每层楼板处用相当于楼板耐火极限的不燃烧材料填堵密实。从实际出发，考虑到便于管子检修、更换，又要保证防火安全，有些竖井如果按层分隔确有困难，可每隔 2～3 层加以分隔。

100m 以上的超高层建筑，考虑到火灾扑救难度更大，垂直蔓延速度更快等不利情况，因此要求每层进行防火分隔。

5.3.4 垃圾道是容易起火的部位。因为经常堆积纸屑、棉纱、破布等可燃杂物，遇有烟头等火种极易引起火灾。这样的火灾事例不少。例如，日本东京都国际观光旅馆，1976 年 4 月，因旅客将未熄灭的烟头扔进垃圾道，底层垃圾着火，火焰由垃圾道蔓延，从上层垃圾门窜出，烧毁 7～10 层的客房；某候机楼，因烟头烧着垃圾道内的可燃物而起火，险些把放在垃圾道前室内的煤油烧着，因扑救及时而未造成重大火灾；某高层办公大楼，垃圾道设置在楼梯间的中央部位，曾多次起火。为此，本条要求垃圾道不得设在楼梯间内，宜设在靠外墙的安全部位；垃圾斗宜设在垃圾道前室，并应采用不燃烧材料制作。这样对防止烟、火的危害是必要的。

5.4 防火门、防火窗和防火卷帘

5.4.1 防火门、窗是建筑物防火分隔的措施之一，通常用在防火墙上、楼梯间出入口或管井开口部位，要求能隔烟、火。防火门、窗对防止烟、火的扩散和蔓延、减少损失起重要作用，因此，必须对其有严格要求。日本对防火门的规定是比较严格的，将防火门分为甲、乙种两类，甲种防火门的耐火极限为 1.50～2.00h；乙种防火门为 0.50～1.50h。根据我国的实际情况，本条将防火门、窗定为甲、乙、丙三级，并对其最低耐火极限作了规定，即甲级 1.20h，乙级 0.90h，丙级 0.60h。

5.4.2 为了充分发挥防火门的阻火防烟作用并便于使用，明确规定了防火门的开启方向，并根据其功能的不同，要求相应装设一些使门能自行关闭的装置，如设闭门器；双扇或多扇防火门还应增设顺序器；常开的防火门，再增设释放器和信号反馈等装置。

5.4.3 在高层主体建筑与配楼之间，一般留有变形缝（沉降缝、抗震缝、伸缩缝）。若将防火门设在变形缝中间，由于防火分区之间温度、地基等原因，发生火灾时，烟火易扩散蔓延成灾。因此，规定防火门设在楼层较多一侧，且向楼层较多一侧开启，以防止火焰通过变形缝蔓延而造成严重后果。

5.4.4 本条主要是针对建筑物内的敞开电梯厅以及一些公共建筑因面积过大，超过了防火分区最大允许面积规定（如百货楼的营业厅、展览楼的展览厅等），考虑到使用上的需要，可采取较为灵活的防火处理办法，规定如设置防火墙或防火门有困难时，可设防火卷帘。此种卷帘平时收拢，发生火灾时卷帘降下，将火势控制在较小的范围之内。

有些现代高层公共建筑，较多地使用防火卷帘代替防火墙，如大型商场、展览楼、综合楼等。为了确保其阻火的可靠性，必须在防火卷帘的两侧设自动喷水灭火系统保护，且为独立系统，火灾延续时间 3h，其用水量应符合现行的国家标准《自动喷水灭火系统设计规范》的要求。

5.4.5 发生火灾时，人们在紧急情况下进行疏散，常常是惊慌失措，一旦疏散路线被堵，更增加了人们的惊慌程度，很不利安全疏散。因此，用于疏散通道的防火卷帘，应在帘的两侧设有启闭装置，并有自动、手动和机械控制的功能。

5.5 屋顶金属承重构件和变形缝

5.5.1 本条是根据许多火灾事故教训提出的。有些体育馆、剧院、电影院、大礼堂的屋顶采用钢屋架，未作防火处理，耐火极限低，发生火灾时，很快塌架，造成严重损失和伤亡事故。如某市文化广场（6000 座位以上），采用钢屋架承重，起火后不到 20min 就塌架，造成重大损失；又如某市体育馆（5000 座位）的钢屋架，失火时，在十几分钟内就塌架，也造成重大损失。为了保证高层建筑的安全，在采用金属屋架时，应进行防火处理。1989 年 3 月 1 日凌晨，北京中国国际贸易大厦起火，造成直接经济损失达 10 万美元之巨。这次火灾使楼板表面的混凝土酥松、脱落，钢筋部分裸露。然而，在这长达 2h 的火灾中，大厅钢梁和钢柱等却未受到丝毫损坏，其原因在于钢柱、钢梁等承重钢结构喷涂了一层防火涂料。事后经鉴定，钢梁、钢柱的强度没有受到多大影响，可以继续使用。这说明防火涂料经受了实际火灾的考验，涂料的防火性能是有效的、可靠的。本条规定屋顶承重钢结构应采取外包不燃烧材料或喷涂防火涂料等措施，或设置自动喷水灭火系统保护，使其达到规定的耐火极限的要求。同时吊顶、望板、保温材料等应采用不燃烧材料，以减少发生火灾时对屋顶钢结构的威胁。

5.5.2 本条是新增加的。其理由同 5.5.1 条。

5.5.3 此条基本保留了原规范的内容。高层建筑的变形缝因抗震等需要留得较宽，发生火灾时，有很强的拔火作用。如某饭店一次地下室失火，大量浓烟通过变形缝等竖向结构缝隙扩散到全楼，特别是靠近变形缝附近的房间更为严重，因此要求变形缝构件基层应采用不燃烧材料。

据调查，有些高层建筑的变形缝内还敷设电缆，这是不妥当的。万一电缆发生火灾，必然影响全楼的安全。为了消除变形缝的火灾危险因素，保证建筑物的安全，本条规定变形缝内不应敷设电缆、可燃气体管道和甲、乙、丙类液体管道等。对穿越变形缝的上述管道要按规定作处理。

6 安全疏散和消防电梯

6.1 一 般 规 定

6.1.1 本条是对原条的修订。高层建筑的高度高、层数多，人员集中。发生火灾时，烟和火通过垂直通道或各种管井向上蔓延速度快。由于垂直疏散距离长、人流密集使疏散困难。因此，要求每个防火分区的安全出口不少于两个，能使起火层的人员尽快脱离火灾现场。处于两个楼梯之间或是外部出口之间的人员，当其中一个出口被烟火堵住时，可利用另一处楼梯间或出口达到疏散的目的。对不超过十八层的塔式住宅和单元式住宅，放宽要求的理由如下：

一、塔式住宅布置的主要特点是，以疏散楼梯为中心，向各个方向布置住户，因此其疏散路线较相同面积的通廊式住宅要短，疏散路线也较简捷。每层面积由原定 $500m^2$ 改为 $650m^2$ 的理由是，随着经济发展和居住条件的改善，增加了各个房型的面积。限定每层 $500m^2$，会给工程设计和使用带来不便，在修订过程中，北京、上海等设计单位，对此提出要求修改的意见。经修订组研究作了每层面积的调整。仍然限定每层为 8 个住户，这样可以控制每层的总人数，不会由此产生疏散上的不安全因素。

塔式住宅设一座防烟楼梯间和一部兼用的消防电梯，在高度不超过十八层时，遇有火灾，基本上可以满足人员疏散和消防队员对火灾扑救的需要。

二、单元式住宅，受平面设计和面积指标的限制，在一个单元内要求设两个安全出口是比较困难的事情。由此可规定设一座疏散楼梯。但放宽是有条件的，原条文中“且从第七层起每层相邻单元设有连通阳台或凹廊”的要求，从现阶段的国情、民情来看有难度。修订时调整为十层，并强调单元住宅的疏散楼梯必须出屋顶的要求。

三、为节省交通面积，又不影响人员的安全疏散，作了6.1.1.3 款的规定。

6.1.2 本条是新增加的。剪刀楼梯，有的称为叠合楼梯或是套梯。它是在同一楼梯间设置一对相互重叠、又互不相通的两个楼梯。在其楼层之间的梯段一般为单跑直梯段。剪刀楼梯最重要的特点是，在同一楼梯间里设置了两个楼梯，具有两条垂直方向疏散通道的功能。剪刀楼梯，在平面设计中可利用较为狭窄的空间，可起两个楼梯的作用，楼梯段应是完全分隔的。

国内外有相当数量的高层建筑，它的高层主体部分使用的是剪刀楼梯。

世界著名的美国芝加哥玛利娜双塔楼，是两座各为五十九层、高 177m 的塔楼，其下部十八层为汽车库，十九层是机房，再上面有四十层住宅，如图 6 所示。塔中心是剪刀楼梯。

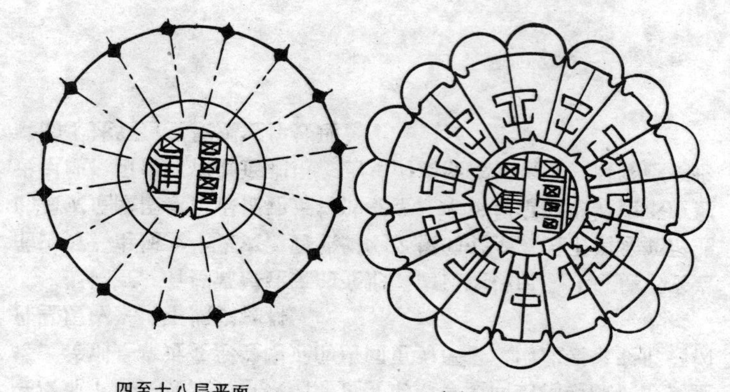

四至十八层平面　　　十九至五十九层平面

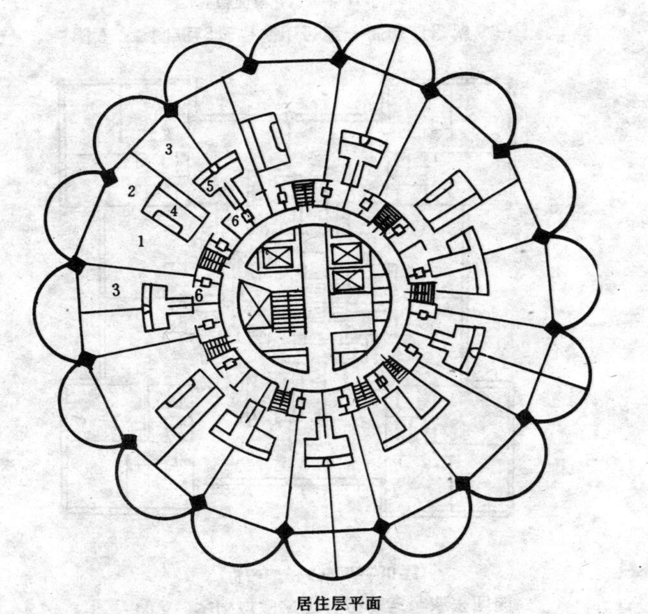

图 6　美国芝加哥玛利娜双塔楼平面

1——起居室；2——餐室；3——卧室；4——厨房；5——浴室；6——储存间

80 年代建成的美国纽约市特鲁姆普塔楼，塔楼高五十八层，底层是商场，上部是住宅，楼梯间设置剪刀楼梯，如图 7 所示。

原规范对这种楼梯的使用，没有必要的规定，给设计单位和消防部门带来诸多不便。因此，在修订过程中增加了剪刀楼梯应用范围的条款。

为使设计过程中的剪刀楼梯满足建筑防火的要求，做了以下具体规定。

1. 剪刀楼梯是垂直方向的两个疏散通道，两梯段之间如没有隔墙，则两条通道是处在同一空间内。若楼梯间的一个出口进

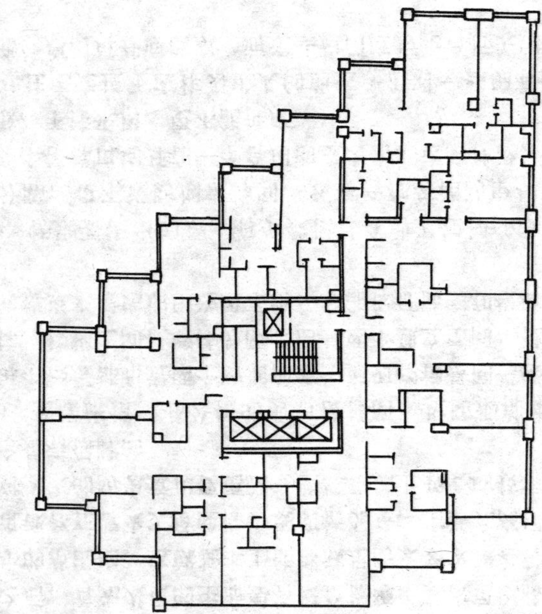

图 7　美国纽约市特鲁姆普塔楼平面

烟，会使整个楼梯间充斥烟雾。为防止出现这种情况，在两个楼段之间设分隔墙，使两条疏散通道成为各自独立的空间。即便有一个楼梯进烟，还能保证另一个楼梯是无烟区。作为一项技术措施，有利于安全度的提高，是必要的。

2. 高层住宅受面积指标限制，又要满足功能使用上的要求，平面设计上要求经过防烟前室，再进入楼梯间，有些情况下十分困难。编写规范过程中，收集到不少国内外采用剪刀楼梯的高层住宅实例，摘录一部分来说明这个问题。

美国纽约大学三十层的住宅，如图 8。美国福哈姆山公寓，高十六层，如图 9。

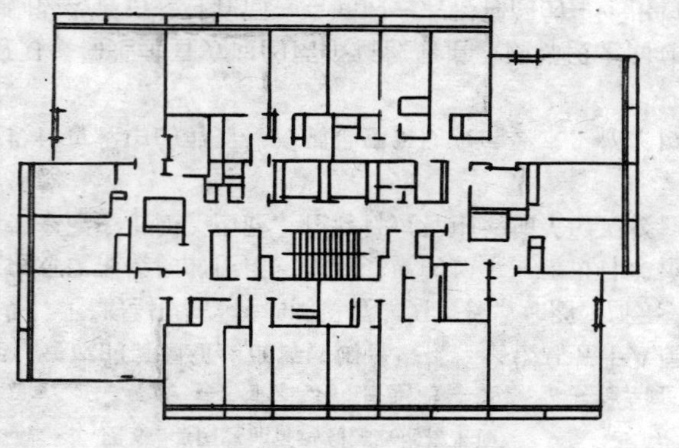

图 8　美国纽约大学高层住宅标准平面图
(每层面积 699.4m^2,30 层)

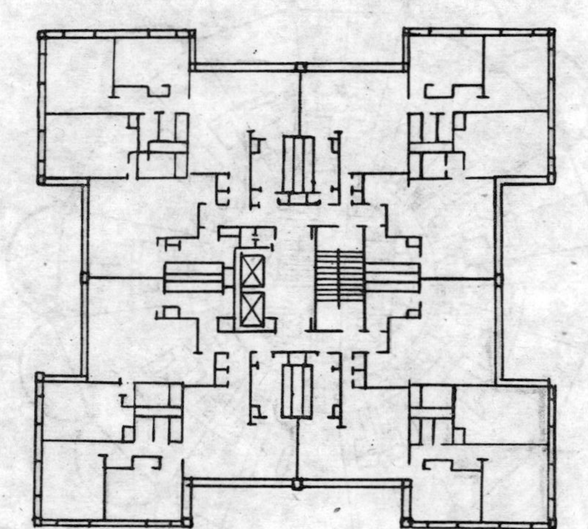

图 9　美国纽约福哈姆山公寓一部剪刀楼梯 8 户
(每层面积 727.9m^2,16 层)

采用了剪刀楼梯的高层住宅户门、主楼梯间的门一般开向共同使用的短过道内，使过道具有扩大前室的功能。采取相应的防火措施是:

所有的住户和过道、楼梯间、电梯井，相邻的墙都是有足够厚度的钢筋混凝土结构，具有防火墙的作用。

各住户之间的分户墙，有足够高的耐火极限。

各住户开向走道的户门，都采用防火门。防火门都设有闭门器。

遇有火灾，只要住户内的人走出门，就有了人身的安全。火灾损失也仅是个别住户的事情。火灾绝不会烧到同层的其它住户。

鉴于上述情况，楼内的住户发生火灾是不可避免的。但发生火灾之后，首先人员的生命要有安全保障，其次可以将火灾限制在最小的范围内。这就基本上能够满足防火要求。各种用途的高层建筑都存在着火灾危险性。现实情况是，生活在高层住宅的住户，对火灾的防患意识要更强一些，再加上必要的技术措施，基本安全是有保障的。

3. 高层旅馆、办公楼的剪刀楼梯间，设防烟前室的数量，要求每个楼层都布置两个防烟前室。剪刀楼梯是同一楼梯间的两个楼梯，楼梯之间设墙体分隔之后是两个独立空间，设计中应按这样的特点来考虑加压送风系统，才能保证前室和楼梯间是无烟区。

4. 特别要提出的是，有少数设计在剪刀楼梯梯段之间不加任何分隔，也不设防烟楼梯间，还有一种与消防电梯合用的前室，两个楼梯口均开在一个合用前室之内。这两种设计，都不利于疏散，不能采用，更不能推广。

6.1.3　住宅走道不应作为扩大的前室，但对一些确有困难的住宅，部分户门可开向前室，而这些户门应为能自行关闭的乙级防火门。

6.1.4 本条是新增加的。国外高层办公楼等公共建筑，搞大空间设计的不少，即楼层内不进行分隔，而由使用者按照需要，进行装饰与分隔。但从一些国内工程看，有的使用木质等可燃板进行分隔，有的没有考虑安全疏散距离，往往偏大，不利于安全疏散，因此作了本条的规定。

6.1.5 本条是在原条文的基础上进行修改的。要求高层建筑安全疏散出口分散布置，目的在于在同一建筑中楼梯出口距离不能太小，因为两个楼梯出口之间距离太近，安全出口集中，会使人流疏散不均匀而造成拥挤；还会因出口同时被烟堵住，使人员不能脱离危险地区而造成人员重大伤亡事故。故本规范规定两个安全出口之间的距离不应小于 5.00m。本规范表 6.1.5 规定的距离，是根据人员在允许疏散时间内，通过走道迅速疏散，并以能透过烟雾看到安全出口或疏散标志的距离确定。考虑到各类建筑的使用性质、容纳人数、室内可燃物数量不等，规定的安全疏散距离也有一定幅度的变化。在确定安全疏散距离时，还参考了国外及香港地区规范的同类条文，举例如下：

原苏联《十层和十层以上居住建筑防火要求暂行规定》CH295−64 第 2、4 条规定，从每户门口或宿舍门口到最近外部出口的最大距离为 40m，位于袋形走道的住户或宿舍房间疏散距离为 25m。

美国国家消防协会《出口规范》表 8−207，建议到出口的疏散距离为：医院、疗养院、休养所、老人院、旅馆、公寓、集体宿舍、商业等建筑从房门口到出口的距离为 30.48m；位于袋形走道两侧或尽端房间的疏散距离，医院为 9.15m，居住建筑为 10.60m。

英国大伦敦市政委员会规定：如果外廊或走道只服务一层楼梯间到最远一户不超过 30m，在此范围内适当安排住户。

香港《建筑条例》规定：居住和学校建筑或任一建筑作为公共集会场所使用时，其第一部分至楼梯通道或其它正常出口的距离不应大于 24.38m。

法国对住宅疏散距离的要求：每户的出口与最近楼梯间的距离不超过 20m，袋形走道长度不超过 10m。

新加坡防火法规对安全出口距离的规定：商店、办公室、学校和教学楼的最大疏散距离是 45m，有水喷淋设施时可增大到 60m。医院、旅馆、招待所的最大疏散距离是 30m，有水喷淋设施时可增大到 45m。尽端房间最大的疏散距离，商店、办公室、旅馆、招待所是 15m，医院、学校和教学楼是 13m。

美国、英国、法国规定的安全疏散距离一般在 30m 左右，火灾进入中期时人在烟雾中的可见距离，一般也在 30m 左右。本条对教学楼、旅馆、展览楼的安全疏散距离为 30m。因为这些建筑内的人员较集中或对疏散路线不太熟悉。以旅馆来讲，可燃物较多，来往人员不固定，对建筑内的情况和疏散路线不太熟悉，尤其是夜间起火会给疏散带来很大困难。高层建筑的教学楼人员密集较大，为减少疏散时间将安全疏散距离也定为 30m。高层医院的病房部分，使用对象主要是病人，大多行动不便，发生火灾时有的人需要手推车或担架等协助疏散，根据不利的疏散条件并结合一个护理单元的面积，将安全疏散距离定为 24m。

其它高层建筑，如办公楼、通讯楼、广播电视楼、邮政楼、电力调度楼、防灾指挥楼等，一般面积较大，但人员密度不大。通廊式住宅虽然人员密度较大，但固定的住户对环境熟悉，对疏散是有利因素，所以安全疏散距离定为不大于 40m。同时参照《建规》第 5.3.8 条，对耐火等级为一、二级其它民用建筑的疏散距离规定；原苏联《十层和十层以上居住建筑防火要求暂行规定》中要求的位于两个楼梯间或外部出口间的住房或宿舍间到安全出口的最大距离均为 40m 的规定。

袋形走道内最大安全距离的规定，考虑到火灾时该走道内房间里的人员疏散时，有可能在惊慌失措的情况下，会跑向走道的尽头，发现此路不通时掉转方向再找疏散楼梯口。由于这样的原因，有必要缩短安全疏散距离。从国外的规范来看，袋形走道内的安全疏散距离，大多是位于两个楼梯间或外部出口间的房门或户门到楼梯间或外部出口距离的一半左右。这个距离，原苏联规定 25m，大于最大距离的一半。美国根据不同的情况定为 9.15m、10.60m，小于最大安全距离 30.50m 的一半。综合上述种种情况，本规范将袋形走道两侧或尽端房间的安全疏散距离，规定为最大安全疏散距离的 1／2。

6.1.6 本条是原规范的一个注释，是对高层跃廊式住宅提出的。这类建筑除在各自走道层（公共层）设有主要疏散楼梯外，又在各跃层走廊内设若干通向上、下层住户的开敞式小楼梯或在各户内部设小楼梯。这些小楼梯因是开敞的，容易灌烟，发生火灾时，影响疏散时间和速度，所以楼段长度应计入安全疏散距离内，并要求楼段的距离按楼梯水平投影的 1.5 倍折算。

6.1.7 设在高层民用建筑里的观众厅、展览厅、多功能厅、餐厅、商场营业厅等，这类房间的面积比较大，人员集中，疏散距离必须有所限制。因此规定这类房间，由室内任何一点至最近的安全出口或楼梯间的安全疏散距离不宜大于 30m。由于近几年来火灾自动报警系统和灭火系统的日趋完善，建筑材料中不燃烧体和难燃烧体的普遍使用，建筑自身的安全性有不同程度的提高，因此这类建筑的安全疏散距离相应地放宽。故将原条文中“直线距离，不宜超过 20m”改为“不宜超过 30m”。如图 10 所示。

以图 10 为例，按正方形大厅来确定中心点到四个出口的距离都能达到 30m，这个厅的最大面积是 60m×60m＝3600m^2。与放宽的商业营业厅、展览厅的防火分区面积相一致，有利于贯彻执行。

本条中的“其它房间”，是指面积较小的一般房间，由房内最远一点到房间门或户门的距离，是参照《建规》第 5.3.1 条的有关规定制定的，目的在限制房间内最远点的疏散距离。相应地对

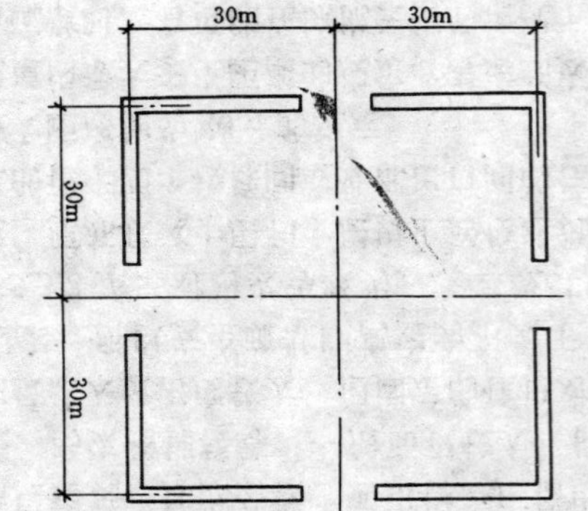

图 10 方形大厅平面示意图

房间面积也有一定的限制，以利于火灾时的疏散安全。

6.1.8 为保障高层建筑内发生火灾时人员的疏散安全，本条对房间面积和开门的数量作了规定。只规定疏散走道和楼梯的宽度，而不考虑房间开门的数量，即使门的总宽度能满足安全疏散的使用要求，也会延长疏散时间。假如面积较大而人员数量又比较多的房间，只有一个出口，发生火灾时，较多的人势必拥向一个出口，这会延长疏散时间，甚至还会造成人员伤亡等意外事故。因此本条规定房间面积不超过 60m^2 时，允许设一个门，门的净宽不应小于 0.90m。

位于走道尽端，面积在 75m^2 以内的房间，属于较大的房间。受平面布置的限制，有些情况下，如图 11 所示，不能开两个门。针对这样的具体情况，本条作了放宽，规定当门的宽度不小于 1.40m 时，允许设一个门。这可以使 2～3 股人流顺利疏散出来。

6.1.9 本条是对原条文的修改补充。本条规定高层建筑各层走道的总宽度按每 100 人不小于 1.00m 计算，是参照《建规》规定的数据编写的。规定首层疏散外门总宽度，应按该建筑人数最

多的楼层计算。可同第 6.2.9 条规定的楼梯总宽度计算相对应。避免外门总宽度小于楼梯总宽度，使人员疏散在首层出现堵塞。

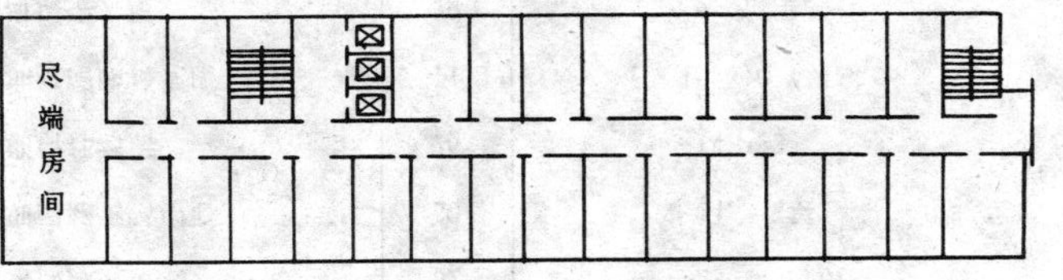

图 11　走道尽端房间示意图

对外门和走道的最小规定，是根据国内高层民用建筑走道和外门净宽度的实际情况，并参考国外的规定提出的。一般都不小于本规范表 6.1.9 所规定的数字。

6.1.10　根据实际使用的情况，作出楼梯间及其前室（包括合用前室）的门的最小宽度规定是必要的。

通廊式住宅中，由于结构需要，长外廊外墙每个开间要向走道出垛，但这里的宽度应至少保证两个人通过（其中一个人侧身），由此作出需要 0.90m 的规定。

6.1.11　参照《建规》第 5.3.9 条、第 5.3.10 条和 5.3.14 条编写，只在第四款作了些变动。

在建筑内常建有人员密集厅堂。厅堂设有固定座位是为了控制使用人数，没有人员限制，遇有火灾疏散极为困难。为有利于疏散，对座位布置纵横走道净宽度作了必要的规定。尤其强调疏散外门开启方向并均匀布置，缩短疏散时间。疏散外门还须采用推杠式门闩（只能从室内开启，借助人的推力，触动门闩将门打开），并与火灾自动报警系统联动，自动开启。

由于疏散外门的开启方向或启闭器件不当，国内外都有造成众多人员伤亡的火灾案例。因此，设计过程中，应十分重视人员密集的观众厅、会议厅等疏散外门的设计。

6.1.12　基本保留了原条文内容。高层民用建筑一般都有地下室或半地下室。在使用上往往安排各种机房、库房和工作间等。除半地下室可以解决一部分通风、采光外，地下室一般都属于无窗房间，发生火灾时烟雾弥漫，给安全疏散和消防扑救都造成极大困难。为此，对地下室、半地下室的防火设计，应该比地面以上部分的要求严格。

一、每个防火分区的安全出口数不应少于两个。考虑到相邻两个防火分区同时发生火灾的可能性较小，因此相邻分区之间防火墙上的防火门可用作第二个安全出口。但要求每个防火分区至少应有一个直通室外的安全出口，以保证安全疏散的可靠性。通过防火门进入相邻防火分区时，如果不是直通外部出口，而是经过其它房间时，也必须保证能由该房间安全疏散出去。

二、由于地下室部分的不安全因素较多，对房间的面积和使用人数的规定严于地上部分，目的是保证人员安全，缩短疏散时间。

三、较大空间的厅室及设在地下层的餐厅、商场等，是人员比较密集的场所，为保证疏散安全，出口应有足够的宽度。所以要求其疏散出口总宽度，按通过人数每 100 人不小于 1.00m 计算。

6.1.13　本条是新增加的。

一、高度 100m 以上的建筑物，一旦遇有火灾，要将建筑内的人员完全疏散到室外比较困难。加拿大有关研究部门提出以下数据，使用一座宽 1.10m 的楼梯，将高层建筑的人员疏散到室外，所用时间见表 9。

不同层数、人数的高层建筑，使用楼梯疏散需要的时间　　**表 9**

建筑层数	疏散时间 (min)		
	每层 240 人	每层 120 人	每层 60 人
50	131	66	33

续表 9

建筑层数	疏散时间 (min)		
	每层 240 人	每层 120 人	每层 60 人
40	105	52	26
30	78	39	20
20	51	25	13
10	38	19	9

除十八层及十八层以下的塔式高层住宅和单元式高层住宅之外的高层民用建筑，每个防火分区的疏散楼梯都不会少于两座，即便是采用剪刀楼梯的塔式高层建筑，其疏散楼梯也是两个。从表 9 中的数字可以看出，疏散时间可以减少 1／2。即使这样，当层数在三十层以上时，要将人员在尽短的时间里疏散到室外，仍然是不容易的事情。因此，本规范提出高度超过 100m 的公共建筑，应设避难层或避难间。

二、近几年国内高层建筑设置避难层或避难间的情况见表 10。

设置避难层(间)的高层建筑　　表 10

建筑名称	楼层数	设避难层(间)的层数
广东国际大厦	62	23、41、61
深圳国际贸易中心	50	24、顶层
深圳新都酒店	26	14、23
深圳罗湖联检大厦	11	5、10（层高 5m）
上海瑞金大厦	29	9、顶层
上海希尔顿饭店	42	5、22、顶层
北京国际贸易中心	39	20、38
北京京广大厦	52	23、42、51
北京京城大厦	51	28、29 层以上为公寓敞开式天井
沈阳科技文化活动中心	32	15、27

从表 10 可以看到，国内设计虽然无规范作依据，但参考了国外或是某一地区的规范或规定，设置了避难层或避难间，这是可取的技术措施。因此，本规范修订时，增加了设避难层的条款。避难层或避难间是发生火灾时，人员逃避火灾威胁的安全场所，应有较严格的要求。为此，对设置避难层的技术条件作了具体规定。这里对几个方面的问题，作简要说明。

1. 从首层到第一个避难层之间的楼层不宜超过十五层的原因是，发生火灾时集聚在第十五层左右的避难层人员，不能再经楼梯疏散，可由云梯车将人员疏散下来。目前国内有一部分城市配有 50m 高的云梯车，可满足十五层高度的需要。

还考虑到各种机电设备及管道等的布置需要，并能方便于建成后的使用管理，两个避难层之间的楼层，大致定在十五层左右。

2. 进入避难层的入口，如没有必要的引导标志，发生了火灾，处于极度紧张的人员不容易找到避难层。为此提出防烟楼梯间宜在避难层错动位置或上下层断开通过避难层，但均应通过避难层，使需要进入的人能尽早进入避难层。

3. 避难层的人员面积指标，是设计人员比较关心的事情。集聚在避难层的人员密度是要大一些，但又不致于过分地拥挤。考虑到我国人员的体型情况，就席地而坐来讲，平均每平方米容纳 5 个人还是可以的。

4. 其余条款在设计中应予满足，因为这些要求，是比较重要的、缺一不可的。

6.1.14 本条是新增加的。国外有不少层数较多的高层建筑，设有屋顶直升机停机坪。发生火灾时，将在楼顶部躲避火灾的人员，用直升机疏散到安全地区。对此，有过成功的事例。巴西圣保罗市高三十一层的安德拉斯大楼，设有直升机屋顶停机坪。1972 年 2 月 4 日，安德拉斯大楼发生火灾。当局出动 11 架直升机，经过 4 个多小时营救，从高三十一层的屋顶上，救出 400 多人。1973 年 7 月 23 日，哥伦比亚波哥大市高三十六层的航空楼发生火灾。当局出动 5 架直升机，经过 10 个多小时抢救，从屋顶救出 250 人。通过这两个案例，说明直升机用于高层建筑火灾时的人员疏散是可取的。

国内北京、上海等地的高层建筑，也有一些设置了屋顶直升机停机坪，见表 11。

国内直升机停机坪设置情况 **表 11**

建筑名称	用途	楼层数	停机坪位置情况
北京国际贸易中心	办公	39	顶部设停机坪
北京昆仑饭店	旅馆	28	顶部设停机坪
南京金陵饭店	旅馆	37	顶部设停机坪
深圳国际贸易中心	办公	50	顶部设停机坪
上海希尔顿饭店	旅馆	42	顶部设停机坪
北京急救中心	抢救病员		顶部设停机坪

根据国内外情况看，高层建筑设置直升机停机坪，发生火灾时对人员疏散有积极作用，是一种可行的安全技术措施。本规范修订过程中，增加了设置直升机停机坪的条款。

考虑到我国的国情、经济上的承受能力、消防装备等方面的具体问题，本规范对高层建筑屋顶直升机停机坪的设置，没有作强制性规定。但对其设置的技术要求作了具体规定。

6.1.15 高层建筑里的走道如果过长，采光不足，通风也不佳，发生火灾时就更增加疏散上的困难，以致延误疏散时间，造成伤亡事故。如某地一座综合性高层建筑，上部作居住使用，由于走道长又曲折，没有自然采光，白天也要在黑暗中摸索行走，居民虽然对楼内情况熟悉，却仍感不便。一旦发生火灾，不易排出烟气，更加重了疏散上的困难。为此作本条规定。

6.1.16 高层建筑的公共疏散门，主要是高层建筑公用门厅的外门，展览厅、多功能厅、餐厅、舞厅、商场营业厅、观众厅的门，其它面积较大房间的门。这些地方往往人员较密集，因此要求所设的公共疏散门必须向疏散方向开启。疏散人流的方向与门的开启方向不一致，遇有紧急情况时，会使出口堵塞造成人员伤亡事故。例如，国外某一夜总会发生了火灾，造成人员重大伤亡的原因是出口的转门卡住了，旁边的弹簧门是向内开启的。使拥挤的人流无法疏散到室外的安全地方。

在大量拥挤人流急待疏散的情况下，侧拉门、吊门和转门，都会使出口卡住，造成人流堵塞，因此这类门都不能用作疏散出口。

6.2 疏散楼梯间和楼梯

6.2.1 基本保留原条文。高层建筑发生火灾时，建筑内的人员不能靠一般电梯或云梯车等作为主要疏散和抢救手段。因为一般客用电梯无防烟、防水等措施，火灾时必须停止使用，云梯车也只能为消防队员扑救时专用。这时楼梯间是用于人员垂直疏散的唯一通道，因此楼梯间必须安全可靠。高层建筑中的敞开楼梯，火灾时犹如高耸的烟囱，既拔烟又抽火。垂直方向烟的流动速度可达每秒 3～4m，烟气在短时间里就能经过敞开楼梯向上部扩散，并充满整幢建筑物，严重地威胁疏散人员的安全。随着烟气的流动也大大地加快了火势的蔓延。例如，国内某个宾馆四号楼火灾，首层起火后，烟、火很快从敞开楼梯灌入各个楼层靠近楼梯的客房，顶层靠近楼梯的客房内有几位住客，无法通过楼梯疏散到楼门，被迫从窗口跳出而身亡。这个多层建筑的宾馆尚且如此，高层建筑就更可想而知了。又如，1974 年 2 月 1 日巴西圣保罗市焦马大楼火灾，损失惨重、伤亡众多的重要原因是，全楼唯一的一座楼梯，敞开在走道上，发生火灾之后烟、火迅速经过楼梯向上蔓延，从起火楼层第十二层到二十五层间的所有楼层，都充满了浓烟和烈火。起火层以上的人员，无法通过敞开楼梯疏散到室外安全地带。因此，对高层建筑楼梯间的安全可靠性需要严格要求。根据高层建筑的类别或不同高度，规定必须设置防烟楼梯间或是封闭楼梯间。

鉴于一类建筑可燃装修和陈设物较多，有些高级旅馆或办公室还设有空调系统，更增加了火灾的危险性。十八层及十八层以下的塔式住宅仅有一座楼梯。高度超过 32m 的二类建筑，垂直疏散距离较大。为了保障人员的安全疏散，应该防止烟气进入楼梯间。因此，本条规定一类建筑、塔式住宅和高度超过 32m 的二类建筑（单元式住宅和通廊式住宅除外），应设置防烟楼梯间。防烟楼梯间的平面布置是，必须先经过防烟前室再进入楼梯间。防烟前室应有可靠的防烟设施，这样的楼梯间比封闭楼梯间有更好的防烟、防火能力，可靠性强。具体要求作以下说明。

一、根据防烟楼梯间功能的需要，对平面布置提出了规定。

二、发生火灾时，起火层的前室不仅起防烟作用，还使不能同时进入楼梯间的人，在前室内作短暂的停留，以减缓楼梯间的拥挤程度。因此，前室应有与人数相适应的面积，来容纳停留疏散的人员。一般前室面积不应小于 $6m^2$。加上楼梯间的面积，人员不太密集的楼层大多可满足实际需要。按前室的人员密度每平方米为 5 人计算，可容纳 30 人。楼梯间的面积要比前室大得多，还能容纳更多的人。另外，除塔式住宅、单元式住宅之外的其它高层建筑，每个楼层都有两座疏散楼梯间，基本上可以达到安全疏散的要求。

高层住宅的面积指标控制较严，前室都按 $6m^2$，执行有困难，不少设计单位对此提出了意见。因此，本规范修订时作了放宽，高层住宅防烟楼梯间的前室面积，改为不应小于 $4.5m^2$。以塔式住宅为例，每层 8 户，按平均每户 4.5 人计算，总人数为 36 人。发生火灾时，若其中有一半人经过前室已进入楼梯间，那末 $4.5m^2$ 的前室容纳另一半人，并不会造成前室逃生人员的拥挤。

受平面布置的限制，前室不能靠外墙设置时，必须在前室和楼梯间采用机械加压送风设施，以保障防烟楼梯间的安全。

三、进入前室的门和前室到楼梯间的门，规定采用乙级防火门，是为了确保前室和楼梯间抵御火灾的能力，以保障人员疏散的安全可靠性。

6.2.2 基本保留原条文。建筑高度不超过 32m 的二类建筑（单元式住宅和通廊式住宅除外），规定应设封闭楼梯间。这是考虑到目前国家的经济情况提出的规定。因为高度超过 24m 的建筑，都要求一律设防烟楼梯间，执行上有一定困难。因此，根据不同情况予以区别对待。高度在 24m 以上、32m 以下的二类建筑（单元式住宅和通廊式住宅除外），由于标准较低，建筑装修和内部陈设等可燃物少一些，一般又没有空调系统的蔓延火灾途径，所以允许设封闭楼梯间。这样发生火灾时，在一定时间内仍有隔绝烟、火垂直方向传播的能力。设置封闭楼梯间的说明如下。

一、楼梯间必须靠外墙设置，是为有利于楼梯间的直接采光和自然通风。如果没有通风条件，进入楼梯间的烟气不容易排除，疏散人员无法进入；没有直接采光，紧急疏散时，即使是白天，使用也不方便。例如：某高层公寓的第二出口是暗设的封闭楼梯间，既无天然采光和自然通风又没有应急照明和机械通风。在 1977 年的一次火灾中，这个楼梯间灌满了烟，根本起不到疏散作用。为此，32m 以下的二类建筑，当楼梯间没有直接采光和自然通风时，就应设置防烟楼梯间。

二、为了防止火灾威胁楼梯间的安全使用，封闭楼梯间的门必须是乙级防火门，并应向疏散方向开启。

三、高层建筑楼梯间在首层和门厅及主要出口相连时，一般都要求将楼梯间开敞地设在门厅或靠近主要出口。在首层将楼梯间封闭起来不容易做到。为适应某些公共建筑的实际要求，又能保障疏散安全，本条允许将通向室外的走道、门厅包括在楼梯间范围内，形成扩大的封闭楼梯间。但这个范围应尽可能小一些。门厅和通向房间的走道之间，应用与楼梯间有相同耐火时间的墙体和防火门予以分隔。在扩大封闭空间内使用的装修材料宜用难燃或不燃材料，所有穿过管道的洞口要做阻燃处理。

四、裙房的楼梯间的做法，过去要求不明确，有的要求裙房部分的楼梯间同高层主体建筑，同样做防烟楼梯间，建筑设计时既难以执行又不经济。为此，有必要明确规定与高层主体相连的裙房楼梯间，允许采用封闭楼梯间，这样，既对安全疏散提供安全保障，又利于节约投资。

6.2.3 基本保留原条文。单元式住宅，由于每单元只有一座楼梯，若中间楼层发生火灾，楼梯间一旦进烟，楼层上部的人员大都宁愿上屋顶，而不敢向下疏散。因此，楼梯间有必要通向屋顶。在屋顶的人，可以从其它单元通向屋顶的楼梯间而疏散到室外。

一、十一层及十一层以下的单元式住宅，总高度不算太高，适当降低对楼梯间的要求，可不设封闭楼梯间。为防止房内火灾蔓延到楼梯间，要求开向楼梯间的户门，必须是乙级防火门。

二、十二层至十八层的单元式住宅，有必要提高疏散楼梯的安全度，必须设封闭楼梯间，使之具有一定阻挡烟、火的能力，保障疏散安全。

三、十九层及十九层以上的单元式住宅，高度达 50m 以上，人员比较集中，为保障疏散安全和满足消防扑救的需要，必须设置防烟楼梯间。

经过 10 来年的实践，证明上述规定是可行的，因此，作了保留。

6.2.4 基本保留原条文。通廊式住宅的平面布置和一般内走道两边布置房间的办公楼相似。横向单元分隔墙少，发生火灾时，不如单元式住宅那样能有效地阻止、控制火势的蔓延、扩大。火灾范围大，不利于安全疏散。因此，对通廊式住宅的要求严于单元式住宅，当超过十一层时，就必须设防烟楼梯间。

6.2.5 本条作了修改补充。为提高防烟楼梯间和封闭楼梯间的安全可靠性，本规范已作了一系列规定。建筑设计是一项综合性工作，涉及到各个专业的相互交叉和相互影响。为协调好各个方面的工作，对几个共性问题作了规定。

一、第 6.2.5.1 款规定的目的在于提高防烟楼梯间的安全度，保障火灾时人员疏散的安全。如果要求不明确，会使与之相邻房间的门直接开向楼梯间或前室。一旦这样的房间起火成灾，就会造成楼梯间或前室的堵塞，影响人员安全疏散。

二、可燃气体管道穿过楼梯间或前室，发生火灾时容易爆炸，形成更大的灾难。由此作出 6.2.5.2 款的规定。

三、高层住宅中煤气管道水平穿越楼梯间，时有出现。为保障楼梯的安全使用，经过楼梯间的煤气管道，规定必须另加钢套管保护。

6.2.6 本条对原条文作了修改补充。

一、疏散楼梯间，要上下直通，不应变动位置。因为楼梯间位置变更，遇有紧急情况时人员不易找到楼梯，耽误疏散时间。例如某宾馆的主楼梯，首层与上层不在同一位置，疏散使用很不方便。避难层有防烟防火设施，其错位对安全避难有利，故此避难层除外。

二、发生火灾时，为使人员尽快疏散到室外，楼梯间在首层应有直通室外的出口。允许在短距离内通过公用门厅，但不允许经其它房间再到达室外。因为被穿行的房间门，若被锁住，无法使人员疏散出去，设计上要避免出现这种情况。

三、螺旋形或扇形楼梯，因其踏步板宽度变化，人员疏散时的拥挤，容易使人摔倒，堵塞通行，因此不应采用。

据实测，扇形踏步板，其上下两级形成的平面角不大于10°，距扶手0.25m处踏步板宽度超过0.22m时，人员使用不易跌跤。具备上述条件的扇形踏步允许使用。

6.2.7 基本保留原条文。发生火灾时，下部起火楼层的烟、火向上蔓延，上部人员不敢经楼梯向下疏散。例如，上海某楼房火灾，烟火封住了楼梯，楼上的人无法向下疏散，只能经楼梯向上跑，由于屋顶没有出口而烧死在顶层。为使人员疏散到屋顶，及时摆脱火灾威胁，本条规定一幢建筑至少要有两座疏散楼梯通到屋顶上，以便于疏散到屋顶的人，经过另一座楼梯到达室外。楼梯间必须直通屋顶或有专用通道到达屋顶，不允许穿越其它房间再到屋顶。据调查，有的楼梯间在顶部，要经过电梯机房、水箱间等方能到达屋顶，这些房间的门又经常锁着，不利于紧急疏散。

6.2.8 基本保留原条文。为确保人员迅速地疏散，地下室、半地下室的楼梯间在首层应直通室外。为防止烟、火蔓延到其它部位，规定其在首层的楼梯间，应用耐火极限不低于2h的墙体与其它部位分隔。楼梯间的门应用乙级防火门。

据调查，高层建筑中地下室、半地下室与地面以上楼层，共用一个楼梯间的情况比较普遍。为防止火灾时，首层以上楼层的人员误入地下室、半地下室，强调这样的楼梯间，在首层应有分隔措施和明显标志。

6.2.9 基本保留原条文。

一、高层建筑的疏散楼梯总宽度，应按其通过人数每100人不小于1.00m计算。这是根据《建规》第5.3.12条规定的楼梯宽度指标提出的。

高层建筑中由于使用情况不同，每层人数往往不相等，如果按人数最多的一层计算楼梯的总宽度，除非人数最多的楼层在顶层时才合理，否则就不经济。因此，本条规定每层楼梯的总宽度，可按该层或该层以上，人数最多的一层计算。也就是楼梯总宽度可分段计算，即下层楼梯宽度，按其上层人数最多的一层计算。

举例:

一幢十五层楼的建筑。从首层到十层，人数最多的楼层第十层，有使用人数400人。从十层到十五层，人数最多的楼层在第十五层，使用人数是200人。计算该第十一层到第十五层的楼梯总宽度为2.00m。

二、实际工程中有些高层建筑的楼层面积较大，但人数并不多。如按每100人1.00m宽度指标计算，设计宽度可能会不足1.10m。出现这种情况时，楼梯宽度应按本规范表6.2.9的规定进行设计。这是因为《民用建筑设计通则》JGJ37–87第4.2.1条第二款规定“梯段净宽度除应符合防火规范的规定外……，并不应少于两股人流。”考虑到不同建筑功能要求上的差别，本规定作出不同最小宽度的规定。

6.2.10 基本保留原条文。室外楼梯具有防烟楼梯间等同的防烟、防火功能。由于设置在建筑的外墙面，发生火灾时，不易受到楼内烟火威胁，可供人员应急疏散或消防队员直接从室外进入起火楼层进行火灾扑救。室外楼梯的最小净宽度，按通过一个消防队员，携带消防器具所需要的尺寸为0.90m确定。为方便使用，对其坡度和扶手的高度做了必要的规定。

为防止火灾时火焰从门、窗窜出烧毁楼梯，规定了每层出口楼梯平台的耐火极限。并规定距楼梯2.00m范围内，除用于人员疏散门之外，不能设其它洞口。还要强调的一点是，室外楼梯的疏散门不允许正对梯段，已建高层建筑，有这种情况出现是不对的。

6.2.11 高层建筑的旅馆、办公楼等与走道相连的外墙上设阳台、凹廊较常见。遇有火灾，烟雾弥漫，在走道内摸不准楼梯位置的情况下，阳台、凹廊是让人有安全感的地方。在1985年哈尔滨天鹅饭店的十一层火灾中，一日本客人跑到走道西尽端阳台避难，经过阳台相连的垂直墙缝，冒着生命危险下到第十层阳台上，脱离了着火层，这说明了阳台上设应急疏散口的必要性。

本条要求设上下层连通的辅助疏散设施，是600mm×600mm的折叠式人孔梯箱，安装后箱体高出阳台地面3～5cm。使用时打开箱盖梯子自动落下。在阳台、凹廊上的人员，由此设施可很方便地到达安全地点，摆脱火灾的威胁。天鹅饭店火灾后在上述阳台上装了这样的梯子，当地消防部门反映很好。北京燕京饭店西阳台在十九、二十层装了这样的梯子，当时就受到外籍客人的欢迎。

6.3 消防电梯

6.3.1 普通电梯的平面布置，一般都敞开在走道或电梯厅。火灾时因电源切断而停止使用。因此，普通电梯无法供消防队员扑救火灾。若消防队员攀登楼梯扑救火灾，对其实际登高能力，又没有资料可参考。为此《高规》编制组和北京市消防总队，于1980年6月28日，在北京市长椿街203号楼进行实地消防队员攀登楼梯的能力测试。测试情况如下：

203号住宅楼共十二层，每层高2.90m，总高度为34.80m。当天气温32℃。

参加登高测试消防队员的体质为中等水平，共15人分为3组。身着战斗服装，脚穿战斗靴，手提两盘水带及19mm水枪一支。从首层楼梯口起跑，到规定楼层后铺设65mm水带两盘，并接上水枪成射水姿势（不出水）。

测试楼层为八层、九层、十一层，相应高分别为20.39m、23.20m、29m。每个组登一个层／次。这次测试的15人登高前后的实际心率、呼吸次数，与一般短跑运动员允许的正常心率（180次／min）、呼吸次数（40次／min）数值相比，简要情况如下：

攀登上八层的一组，其中有两名战士心率超过180次／min，一名战士的呼吸数超过40次／min。心率和呼吸次数分别有40%和20%超过允许值。两项平均则有30%的战士超过允许值，不能坚持正常的灭火战斗。

攀登上九层的一组，其中有两名战士心率超过180次／min，有3名战士的呼吸次数超过40次／min。心率和呼吸次数分别有40%和60%超过允许值。两项平均则有50%的战士超过允许值，不能坚持正常的灭火战斗。

攀登上十一层的一组，其中有4名战士心率超过180次／min，5名战士的呼吸次数全部超过40次／min，心率和呼吸次数分别有80%和100%超过允许值。徒步登上十一层的消防队员，都不能坚持正常的灭火战斗。

以上采用的是运动场竞技方式测试。实际火场的环境要恶劣得多，条件也会更复杂，消防队员的心理状态也会大不相同。即使被测试数据在允许数值以下的消防队员，如在高层建筑火灾现场，难以想象都能顺利地投入紧张的灭火战斗。目前还没有更科学的资料或测试方法比较参考。现场观察消防队员登上测试楼层的情况看，个个大汗淋漓、气喘嘘嘘，紧张地攀登，有的几乎是站立不住。

从实际测试来看，消防队员徒步登高能力有限。有50%的消防队员带着水带、水枪攀八层、九层还可以，对扑灭高层建筑火灾，这很不够。因此，高层建筑应设消防电梯。

具体规定是，高度超过24m的一类建筑、十层及十层以上的塔式住宅、十二层及十二层以上的其它类型住宅、高度超过32m的二类建筑，都必须设置消防电梯 。

6.3.2 基本保留原条文。设置消防电梯的台数，国内没有实际经验。本条主要参考日本有关规定编写。为满足火灾扑救需要，又节约投资，根据不同楼层的建筑面积，规定了应设置的消防电梯台数。

6.3.3 在原条文的基础上，作了修改补充。对设置消防电梯的具体要求，作如下说明。

一、设置过程中，要避免将两台或两台以上的消防电梯设置在同一防火分区内。这样在同一高层建筑，其它防火分区发生火灾，会给扑救带来不便和困难。因此，消防电梯要分别设在不同防火分区里。

二、发生火灾，为使消防队员在起火楼层有一个较为安全的地方，放置必要的消防器材，并能顺利地进行火灾扑救，因此，规定消防电梯应该设置前室。这个前室和防烟楼梯间的前室一样，具有相同的防烟功能。

为使平面布置紧凑，方便日常使用和管理，消防电梯和防烟楼梯可合用一个前室。为满足消防电梯的需要，规定了前室或合用前室必须有足够的面积。

对住宅建筑，在不影响使用的前提下，为节省投资和面积，对高层住宅消防电梯间前室的面积，本规范在修订过程中，作了适当地调整。

三、消防电梯的前室靠外墙设置，可利用直通室外的窗户进行自然排烟。火灾时，为使消防队员尽快由室外进入消防电梯前室，因此，强调它在首层应有直通室外的出入口。若受平面布置的限制，外墙出入口不能靠近消防电梯前室时，要设置不穿越其它任何房间的走道，以保证路线畅通。这段走道长度不应大于30m，是参考了日本有关的规定。

四、为保证消防电梯前室（也可能是日常使用的候梯厅）的安全可靠性，前室的门必须是防火门或防火卷帘。但合用前室的门不能采用防火卷帘。

五、高层建筑的火灾扑救，常常是以一个战斗班为一组，计有7～8名消防队员，携带灭火器具同时到达起火层。若消防电梯载重过小，会影响初期火灾扑救。因此，规定了消防电梯的载重量不应小于800kg。轿厢内净面积不小于1.4m^2，其作用在于满足必要时搬运大型消防器具和抢救伤员的需要。

六、实际工程中，为便于维修管理，几台电梯的梯井往往连通或设开口相连通，电梯机房也合并使用，在发生火灾时，对消防电梯的安全使用不利。因此，要求它的梯井、机房与其它电梯的梯井、机房之间，应该有具有一定耐火等级的墙体分隔开，必须连通的开口部位应设防火门。

七、高层建筑火灾的扑救，要尽快地将火灾扑灭在初起阶段。这就能大大减少火灾对人员安全的威胁，使火灾造成的损失大大减小。为此对消防电梯的行驶速度作了必要的规定。

八、消防电梯轿厢装修材料不燃化，有利于提高自身的安全性，相应的不燃材料用于轿厢内装修的规定是必要的。

九、起火层在灭火过程中，会有大量的水流入消防电梯井道，同时还会有水蒸气进入。为保证消防电梯在灭火过程中正常运行，对井道内的动力、控制线路有必要采取防水措施，如在电梯门口设高4～5cm的漫坡。

1977年11月，国内某高层公寓火灾，1989年3月，国内某宾馆火灾的扑救过程中，都碰到过同样的问题。因此作了规定。

十、专用操纵按钮是消防电梯特有的装置。它设在首层靠近电梯轿厢门的开锁装置内。火灾时，消防队员使用此钮的同时，常用的控制按钮失去效用。专用操纵按钮使电梯降到首层，以保证消防队员的使用。

十一、灭火过程中有大量的水流出。以一支水枪流量5L／s计算，10min就有3t水流出。一般灭火过程，大多要用两支水枪同时出水。随着灭火时间增加，水流量不断地增大。在起火楼层要控制水的流量和流向，使梯井不进水是不可能的。这么多的水，使之不进入前室或是由前室内部全部排掉，在技术上也不容易实现。

但是，在消防电梯井底设排水口非常必要，对此作了明确规定。将流入梯井底部的水直接排向室外，有两种方法：

消防电梯不到地下层，有条件的可将井底的水直接排向室外。为防雨季的倒灌，排水管在外墙位置可设单流阀。

不能直接将井底的水排出室外时，参考国外做法，井底下部或旁边设容量不小于 2.00m^3 的水池，排水量不小于 10L／s 的水泵，将流入水池的水抽向室外。

7　消防给水和灭火设备

7.1　一般规定

7.1.1　本条对高层民用建筑设置灭火设备作了原则规定。从目前我国经济、技术条件为出发点，强调以设置消火栓系统作为高层民用建筑最基本的灭火设备，就是说，不论何种类型的高层民用建筑，不论何种情况（不能用水扑救的部位除外）都必须设置室内和室外消火栓给水系统。

条文基于以下四个方面的情况：

一、高层民用建筑由于火势蔓延迅速、扑救难度大、火灾隐患多、事故后果严重等原因，因而有较大的火灾危险性，必须设置有效的灭火系统。

二、在用于灭火的灭火剂中，水和泡沫、卤代烷、二氧化碳、干粉等比较，具有使用方便、灭火效果好、价格便宜、器材简单等优点，目前水仍是国内外使用的主要灭火剂。

三、以水为灭火剂的消防系统，主要用消火栓给水系统和自动喷水灭火系统两类。自动喷水灭火系统尽管具有良好的灭火、控火效果，扑灭火灾迅速及时，但同消火栓灭火系统相比，工程造价高。因此从节省投资考虑，主要灭火系统采用消火栓给水系统。

7.1.2　基本保留了原条文内容。本条对消防给水的水源作出规定。为了节约投资，因地制宜，对消防用水规定由给水管网、消防水池或天然水源均可。消防给水系统的完善程度和能否确保消防给水水源，直接影响火灾扑救效果。而扑救失利的火灾案例中，根据上海、抚顺、武汉、株洲等市火灾统计，有 81.5%是由于缺乏消防用水而造成大火。

由于消防给水系统是目前国内外扑救高层建筑火灾的主要灭火设备，因此，周密地考虑消防给水设计，保证高层建筑灭火的需要，尤其是确保消防给水水源十分重要。

我国地域辽阔，许多地区有天然水源，而且与建筑距离较近，当条件许可时天然水源可作为消防用水的水源。天然水源包括存在于地壳表面暴露于大气的地表水（江、河、湖、泊、池、塘水等），也包括存在于地壳岩石裂缝或土壤空隙中的地下水(阴河、泉水等)。天然水源用作消防给水要保证水量和水质以及取水的方便。

一、水量。天然水源水量较大，采用天然水源作为消防用水时，应考虑枯水期最低水位时的消防用水量。消防用水具有以下特点：(1) 在计算时，无最高日和平均日，最大时和平均时的区分；(2) 消防用水量在火灾延续时间内必须保证；(3) 天然水源水量不足时，可以采取设置消防水池等措施来确保消防用水所需。因此本条对枯水流量的保证率未提要求，这与用地表水作为生活、生产用水水源时需考虑枯水流量保证率是不同的。

二、水质。消防用水对水质无特殊要求，当高层民用建筑设置自动喷水灭火系统时，应考虑水中的悬浮物杂质不致堵塞喷头出口，被油污染或含有其它易燃、可燃液体的天然水源也不能作消防用水使用。

三、取水。天然水源水位变化较大，为确保取水可靠性应采取必要的技术措施，如在天然水源地修建消防取水码头和回车场，使消防车能靠近水源取水，且在最低水位时能吸上水，即保证消防车水泵的吸水高度不大于 6m。

在寒冷地区（采暖地区），利用天然水源作为消防用水时，应有可靠的防冻措施，保证在冰期内仍能供应消防用水。

在城市改建、扩建过程中，用于消防的天然水源及其取水设施应有相应的保护设施。

7.1.3 本条基本保留了原条文。高层建筑的火灾扑救应立足于自救，且以室内消防给水系统为主，应保证室内消防给水管网有满足消防需要的流量和水压，并应始终处于临战状态。为此，高层民用建筑的室内消防给水系统，应采用高压或临时高压消防给水系统，以便及时和有效地供应灭火用水。

一、消防给水系统按压力分类有：

1. 高压消防给水系统指管网内经常保持满足灭火时所需的压力和流量，扑救火灾时，不需启动消防水泵加压而直接使用灭火设备进行灭火。

2. 临时高压消防给水系统指管网内最不利点周围平时水压和流量不满足灭火的需要，在水泵房（站）内设有消防水泵，在火灾时启动消防水泵，使管网内的压力和流量达到灭火时的要求。

3. 低压消防给水系统指管网内平时水压较低（但不小于0.10MPa），灭火时要求的水压由消防车或其它方式加压达到压力和流量的要求。

还有一种情况，目前较广泛应用于消防给水系统，即管网内经常保持足够的压力，压力由稳压泵或气压给水设备等增压设施来保证。在水泵房（站）内设有消防水泵，在火灾时启动消防水泵，使管网的压力满足消防水压的要求，此情况也叫临时高压消防给水系统。

二、消防给水系统按范围分类有：

1. 独立高压（或临时高压）消防给水系统，每幢高层建筑设置独立的消防给水系统。

2. 区域或集中高压（或临时高压）消防给水系统，即两幢或两幢以上高层建筑共用一个泵房的消防给水系统。例如，上海市漕溪北路高层建筑群中，有 6 幢十三层的住宅共用一个泵房，另外 3 幢十六层的住宅共用另一个泵房；又如，北京前三门几十幢高层建筑采用同一泵房的消防给水系统等。

过去建造的高层建筑采用临时高压消防给水系统较多，近年来建造的成组、成排的高层建筑，采用区域或集中高压（或临时高压）消防给水系统较多，这种系统具有管理方便、投资省等优点。

为保证高层建筑的灭火效果，特别是控制和扑灭初期火灾的需要，高层建筑设置的消防水箱，应满足室内最不利点灭火设备（消火栓、自动喷水灭火系统喷水喷头、水幕喷头等）的水压和水量要求，如不能满足，应设气压给水、稳压泵等增压设施。

生活用水、生产用水和消防用水合用的室外低压给水管管道，当生活用水和生产用水达到最大流量时（按最大小时流量计算），应仍能保证室内消防用水量和室外消防用水量（按最大秒流量计算），且此时给水管道的水压不应低于0.10MPa，以满足消防车利用水带从消火栓取水的要求。

消防车从低压给水管网消火栓取水，主要有以下两种形式：一是将消防车水泵的吸水管直接接在消火栓上吸水；另一种方式是将消火栓接上水带往消防车水罐内放水，消防车水泵从罐内吸水，供应火场用水。后一种取水方式，从水力条件来看最为不利，但由于消防队的取水习惯，常采用这种方式，也有由于某种情况下，消防车不能接近消火栓，需要采用此种方式供水。为及时扑灭火灾，在消防给水设计时应满足这种取水方式的水压要求。在火场上一辆消防车占用一个消火栓，一辆消防车平均两支水枪，每支水枪的平均流量为5L／s，两支水枪的出水量约为10L／s。当流量为10L／s、直径65mm麻制水带长度为20m时的水头损失为0.086MPa，消火栓与消防车水罐入口的标高差约为1.5m。两者合计约为0.10MPa。因此，最不利点消火栓的压力不应小于0.10MPa。

7.2 消防用水量

7.2.1 本条基本上保留了原条文的内容。对高层民用建筑的消防用水量作了规定。要求消防用水总量按室内消防给水系统（包括消火栓给水系统和与室内消火栓给水系统同时开放的其它灭火设备）的消防用水量和室外消防给水系统的消防用水量之和计算。

当建筑物内设有数种消防用水灭火设备时，其室内消防用水量的计算，一般可根据建筑物内可能同时开启的下列数种灭火设备的情况确定：

一、消火栓系统加上自动喷水灭火设备（按第7.2.3条的规定计算）。

二、消火栓给水系统加上水幕消防设备或泡沫灭火设备。

三、消火栓给水系统加上水幕消防设备、泡沫灭火设备。

四、消火栓给水系统加上自动喷水灭火设备、水幕消防设备或泡沫灭火设备。

五、消火栓给水系统加上自动喷水灭火设备、水幕消防设备、泡沫灭火设备。

如果遇到上述三、四、五三种组合情况时，而几种灭火设备又确实需要同时开启进行灭火时，则应按其用水量之和计算。例如：高层建筑的剧院舞台口设有水幕设备和营业厅内的自动喷水灭火设备再加上室内消火栓给水系统需要同时开启进行灭火时，其室内消防用水量按其三者之和计算；如不需同时开启时，可按消火栓给水系统与自动喷水灭火设备或水幕设备的用水量较大者计算。又如某高级旅馆，其楼内设有消火栓给水系统，在敞开电梯厅的开口部位设有水幕设备，在自备发电机房的贮油间内设有泡沫灭火设备，如只需同时开启两种灭火设备进行灭火，则按其中两者较大的计算，等等。

7.2.2 本条基本保留原条文内容。

高层建筑消火栓给水系统的用水量，是根据火场用水量统计资料、消防的供水能力和保证高层建筑的基本安全以及国民经济的发展水平等因素，综合考虑确定的。

一、不同用途的高层建筑的消防用水量与燃烧物数量及其基本特性、建筑物的可燃烧面积、空间大小、火灾蔓延的可能性、室内人员情况以及管理水平等有密切关系。高层住宅，一般有单元式、塔式和通廊式建筑等。单元式住宅的每个单元之间有耐火性能较好的分隔墙进行分隔，火灾在单元之间不易蔓延。每个单元的每层面积较小，一般为 200～300m^2，可燃物也较少。住户对建筑物内情况比较熟悉，且火源容易控制。因此，单元式住宅较少造成严重火灾，消防用水量可以小些。

塔式住宅每层住户约 8～9 户，每层面积一般为 500～650m^2，燃烧面积虽比单元住宅要大，但总的每层面积还是较小的。普通塔式住宅具有单元住宅同样的有利条件，因此，两者消防用水量要求相同。

通廊式住宅发生火灾时，火势蔓延危及面要大一些，因为通廊式住宅火灾的高温烟雾可能通过通廊扩大到其它房间。但考虑到一般住宅可燃装修少，走道没有可燃吊顶，有利于控制火势蔓延。因此，其水量与单元式、塔式住宅采用同一数值。而高级住宅常设有空调系统，可燃装修材料、家具、陈设也较多，火灾容易扩大蔓延。因此，应比普通住宅用水量要大。

医院、教学楼、普通旅馆、办公楼、科研楼、档案楼、图书馆，省级以下的邮政楼、广播电视楼，电力调度楼、防灾指挥调度楼等，其使用功能、室内设备、火灾危险虽然不同，但消防用水量则大体相同，故将这些建筑列为一栏。而高级旅馆，重要的办公楼、科研楼、档案楼、图书馆，中央级和省级的广播电视楼、网局级和省级电力调度楼、商住楼等一类高层建筑，其使用功能、室内设备价值、重要性、火灾危险等较前者复杂些、高档些，消防用水量大些等，故另列一档。

二、高层建筑的高度不同对消防用水量有不同的要求。建筑高度越高火势垂直蔓延的可能性也越大，消防扑救工作也就越困难。目前消防登高车最大工作高度一般为 30～48m，国产 0023 型曲臂登高消防车的最大工作高度为 23m。我国消防队较广泛使用解放牌消防车和麻质水带，在建筑高度不超过 50m 时，可以利用解放牌消防车通过水泵接合器向室内管网供水，仍可加强室内消防给水系统的供水能力。解放牌消防车通过水泵接合器的供水高度为：

$$H_p = H_b - H_g - H_h \tag{1}$$

式中 H_p——解放牌消防车通过水泵接合器向室内管网供水的最大高度（m）；

H_b——消防车水泵出口压力（一般采用0.8MPa）；

H_g——室内管网压力损失（MPa），建筑高度不超过50m的室内管网其压力损失一般不大于 0.08MPa；

H_h——室内最不利点处消火栓的压力（一般为 0.235MPa）。

因此，解放牌消防车可辅助高层建筑室内消防供水的高度为：

$$H_p = H_b - H_g - H_h$$
$$= 0.80 - 0.08 - 0.235$$
$$= 0.485\text{MPa}（接近50m水柱）$$

从计算可知，建筑高度不超过 50m 时，可获得解放牌消防车（解放牌消防车以及与解放牌消防车供水能力相当的其它消防车，约占我国目前消防供水车辆总数的一半以上）的协助。若建筑高度超过 50m 时，采用大功率消防车和高强度水带，仍能协助室内管网供水，例如黄河牌、交通牌消防车和耐压强度大的尼纶、绵纶水带，协助室内管网供水可达 70～80m。由于大功率消防车目前生产不多，城市消防队配备不普遍，因此，以解放牌消防车作为计算标准，以 50m 为界限是合适的。

建筑高度超过 50m 时，由于解放牌消防车已难以协助供水，云梯车也难以从室外供水。高层建筑消防给水试验证明：建筑高度不超过 50m 时，解放牌消防车还可以协助扑救高层建筑火灾；超过 50m 的建筑，必须进一步加强内部消防设施。因此，其室内消火栓给水系统应比不超过 50m 的供水能力要大。

可见，本规范第 7.2.2 条规定的消防用水量对不同高度的建筑物区别对待，并以 50m 作为不同用水量的分界线，是合理的。

国外也有类似的规定。比如，日本对超过 45m、法国对超过 50m、原苏联对超过十五层的高层建筑室内消防给水系统，均提出了较高的要求。

三、高层建筑消火栓给水系统用水量的确定。

1. 高层建筑消防用水上限值的确定。消防用水量的上限值指扑救火灾危险性大、可燃物多、火灾蔓延快（例如设有空调系统）、建筑高度大于 50m 的建筑火灾所需要的用水量。根据我国各大中城市最大火灾平均用水量的统计为 89L／s，以及我国目前技术、经济发展水平和消防装备情况，本规范以 70L／s 作为高层建筑消防用水量的上限值。考虑到以自救为主，有些高层建筑室内消防用水量需比室外消防用水量适当大些。

2. 消防用水量下限值的确定。消防用水量的下限值，系指扑救火灾危险性较小、可燃物较少、建筑高度较低（例如虽超过 24m 但不超过 50m）的建筑物火灾所需要的用水量。根据上海、无锡、天津、沈阳、武汉、广州、深圳、南宁、西安等城市火场用水量统计，有成效地扑救较大火灾平均用水量为 39.15L／s，扑救较大公共建筑火灾平均用水量为 38.7L／s。《建规》对容积在 10000～25000m^3 的建筑物规定为 25～35L／s（其中室外为 20～25L／s，室内为 5～10L／s）。对低标准的高层建筑消防用水量，参照低层民用建筑的下限消防用水量，采用 25L／s 作为高层民用建筑室内、外消防用水量的下限值。

3. 室外和室内消防用水量的分配。高层建筑火灾立足于自救，室内消防给水系统的消防用水量理应满足扑救建筑物火灾的实际需水量。但鉴于目前满足这一要求，尚有一定困难，因此将建筑物的消防用水量分成室外和室内消防用水量，既可基本满足消防用水量要求，又有利节约投资。

室外消防用水量，一方面，供消防车从室外管网取水，通过水泵接合器向室内管网供水，增补室内的用水量不足。另一方面，消防车从室外消火栓（或消防池）取水，供应消防车、曲臂车等的带架水枪用水，控制和扑救建筑物火灾；或用消防车从室外消火栓取水，铺水带接水枪，直接扑救或控制高层建筑较低部分或邻近建筑物的火灾。

室内消防用水量供室内消火栓扑救火灾使用。由于目前缺乏高层建筑系统消防用水量统计资料，下面介绍几起高层火灾消防用水量：上海某百货店顶层（第八层）起火，建筑高度 40 余米，燃烧面积约 200m^2，火场使用 8 支口径 19mm 的水枪（水压较低），在自动喷水灭火设备（自动喷头开放 4 个）的配合下，控制和扑灭了火灾，消防用水量约 45L／s。北京某饭店老楼第五层发生火灾，燃烧面积约 100m^2，火场使用 6 支口径 19mm 的水枪，扑灭了火灾，用水量约 50L／s。北京某公寓（塔式建筑，地上十六层）第六层发生火灾，燃烧面积约 60m^2，火场使用 4 支口径 13mm 的水枪，扑灭了火灾，用水量约 12L／s。这几次火灾扑救基本成功，未造成大面积的火灾，其消防用水量约在 12～45L／s 之间。本规范规定室内消防用水量为 10～40L／s，发生大火时，这样的水量可能是不够的。因此，在条件许可时，应采用较大的室内消防用水量。本条规定的室内消火栓给水系统的消防用水量，是扑救高层建筑物初中期火灾的用水量，是保证建筑物消防安全所必要的最低用水量。

四、消防竖管流量的确定。高层建筑内任何一部位发生火灾，需要同层相邻两个消火栓同时出水扑救，以防止火灾蔓延扩大。当相邻两根竖管有一根在检修时，另一根应仍能保证扑救初起火灾的需要。因此，每根竖管应供给一定的消防用水量，本规范表 7.2.2 作了具体规定：室内消防用水量小于或等于 20L／s

的建筑物内，每根竖管的流量不小于两支水枪的用水量（即不小于 10L／s）；室内消防用水量等于或大于 30L／s 的建筑物内，不小于 3 支水枪的用水量（即不小于 15L／s）。

五、每支水枪的流量。每支水枪的流量是根据火场实际用水量统计和水力试验资料确定的。消防水力试验得出，口径 19mm 的水枪，当充实水柱长度为 10～13m 时，每支水枪的流量为 4.6～5.7L／s，每支水枪的平均用水量约为 5L／s 左右。因此，本规范表 7.2.2 规定每支水枪的流量不小于 5L／s。

在留有余地方面，主要考虑建筑用途有可能变动，如办公楼可能改为仓库，服装工厂、旅馆有可能改为办公楼、科研楼，因此用水量方面应适当留有余地。

7.2.3 对原条文的修改。自动喷水灭火系统的消防用水量，在现行的国家标准《自动喷水灭火系统设计规范》GBJ84–85 中已有具体规定。

我国对设有自动喷水灭火系统的建筑物，其危险等级根据火灾危险性大小，可燃物数量、单位时间内放出的热量，火灾蔓延速度以及扑救难易程度等因素分为严重危险级、中危险级和轻危险级三级。各危险等级的建筑物，当设置湿式喷水灭火系统、干式喷水灭火系统、预作用喷水系统和雨淋喷水灭火系统时，其设计喷水强度、作用面积、喷头工作压力和系统设计秒流量等见表 12。

自动喷水灭火系统的基本设计数据级 **表 12**

建筑物的危险等级 ＼ 项目		设计喷水强度 (L／min·m²)	作用面积 (m²)	喷头工作压力 (Pa)	设计流量 Q_s(L／s)		相当于喷头开放数 (个)
					Q_L	$1.15\sim1.30Q_L$	
严重危险级	生产建筑物	10.0	300	9.8×10^4	50	57.50～65.0	43～49
	储存建筑物	15.0	300	9.8×10^4	75	86.25～97.5	65～73

续表 12

建筑物的危险等级 ＼ 项目	设计喷水强度 (L／min·m²)	作用面积 (m²)	喷头工作压力 (Pa)	设计流量 Q_s(L／s)		相当于喷头开放数 (个)
				Q_L	$1.15\sim1.30Q_L$	
中危险级	6.0	200	9.8×10^4	20	23.0～20.0	17～20
轻危险级	3.0	180	9.8×10^4	9	10.35～11.7	8～9

注：①最不利点处喷头最低工作压力，不应小于4.9×10^4Pa（0.5kg／cm²）。

②每个喷头出水量按

$$q=\sqrt{K\frac{P}{9.8\times10^4}}=\frac{80.1}{60}=1.33\text{L／s}\ (K=80,\ P=9.8\times10^4\text{Pa})$$

水幕系统的用水量为：

1. 当水幕仅起保护作用或配合防火幕和防火卷帘进行防火隔断时，其用水量不应小于 0.5L／s·m。

2. 舞台口和孔洞面积超过 3m² 的开口部位以及防火水幕带的水幕用水量，不宜小于 2L／s·m。

按照自动喷水系统的流量和与此相当的喷头开放数，其火灾总控制率分别达到 82.79%（轻危险级）、91.89%（中危险级）、97.75%（严重危险级的储存建筑物），见表 13。

7.2.4 本条是新增加的。消防卷盘叫法不一，有小口径自救式消火栓、自救水枪、消防水喉、消防软管卷盘、消防软管转轮、急救消火枪等叫法，本条称之为消防卷盘。

自动喷水灭火设备火灾控制率 **表 13**

开放喷头数 (个)	充水系统控制率 (%)	充气系统控制率 (%)	火灾累计数 (次)	总控制率 (%)
1	40.56	30.05	431	38.83
2	57.28	44.81	613	55.23

续表 13

开放喷头数(个)	充水系统控制率(%)	充气系统控制率(%)	火灾累计数(次)	总控制率(%)
3	65.52	55.74	710	63.96
4	71.52	58.47	770	69.37
5	74.65	62.30	786	72.61
6	77.99	65.57	843	75.95
7	80.91	67.76	874	78.74
8	82.85	71.58	899	80.99
9	84.79	73.77	921	82.79
10	85.65	74.32	930	83.78
11	86.73	75.96	943	84.95
12	88.35	79.78	965	86.94
13	88.78	80.33	970	87.39
14	89.97	81.42	983	88.56
15	90.29	84.15	991	89.28
16	90.72	85.80	998	89.91
17	91.04	87.43	1004	90.45
18	91.59	87.43	1009	90.90
19	92.02	87.98	1014	91.35
20	92.56	88.52	1020	91.89
25	93.64	91.80	1036	93.33
30	49.93	94.54	1053	94.86

续表 13

开放喷头数(个)	充水系统控制率(%)	充气系统控制率(%)	火灾累计数(次)	总控制率(%)
35	96.01	96.17	1060	96.04
40	96.96	97.27	1066	96.85
50	97.73	97.81	1075	97.75
75	98.71	99.45	1085	98.83
100	99.03	99.45	1097	99.10
100 以上	100	100	1110	100

消防卷盘由小口径室内消火栓（口径为 25mm 或 32mm）、输水胶管（内径 19mm）、小口径开关水枪（喷嘴口径为 6.8mm 或 9mm）和转盘配套组成，长度 20～40mm 的胶管卷绕在由摇臂支撑并可旋转的转盘上，胶管一头与小口径消火栓连接，另一头连接小口径水枪，整套消防卷盘与普通消火栓共放在组合型消防箱内或单独放置在专用消防箱内。

消防卷盘属于室内消防装置，适用于扑救碳水化合物引起的初起火灾。它构造简单、价格便宜、操作方便，未经专门训练的非专业消防人员也能使用，是消火栓给水系统中一种重要的辅助灭火设备，在近年来兴建的高层民用建筑已有应用，并受到欢迎。本规范推荐在有服务人员的高层高级旅馆、重要的办公楼、商业楼、展览楼和建筑高度超过 100m 的高层建筑采用。

消防卷盘与消防给水系统连接，也可与生活给水系统连接。由于用水量较少，消防队不使用这种设备进行灭火，只供本单位职工使用，因此在计算消防用水量时可不计入消防用水总量。

7.3 室外消防给水管道、消防水池和室外消火栓

7.3.1 本条是对原条文的修改。对消防给水管道的布置说明如下：

一、室外消防给水管网有环状和枝状两种。环状管网，管道纵横相互连通，局部管段检修或发生故障，仍能保证供水，可靠性好。枝状管网管道布置成树枝状，局部管段检修或发生故障，影响下游管道范围的供水。为保证火场供水要求，高层建筑的室外消防给水管道应布置成环状，如图 12 所示。

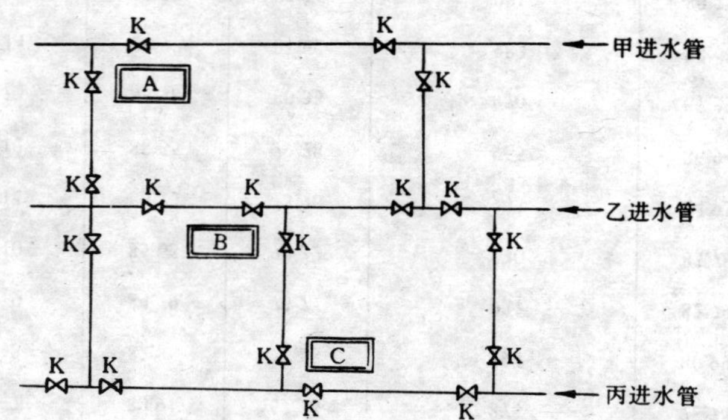

图 12 环状管网布置示意图

为确保环状给水管道的水源，规范规定从市政给水管网接至高层建筑室外给水管道的进水管数量不宜少于两条，并宜从两条市政给水管道引入，以提高供水安全度，其选择顺序如下：

1. 两条市政给水管道，分别由两个水厂供水。

2. 两条市政给水管道，在高层建筑的对向两侧，均由一个水厂供水。

3. 两条市政给水管道，在高层建筑的同向两侧，均由一个水厂供水。

4. 两条市政给水管道，在高层建筑的同向一侧，均由一个水厂供水。

5. 一条市政给水管道，允许设两条或两条以上进水管。

6. 一条市政给水管道，只允许设一条进水管。

二、当进水管数量不少于两条，而其中一条检修或发生故障时，其余进水管应仍能满足全部用水量，即满足生活、生产和消防的用水总量。保证措施为：

1. 合理确定进水管管径。进水管管径应按下式计算：

$$D = \sqrt{\frac{4Q}{\pi(n-1)V}} \tag{2}$$

式中 D——进水管管径；

Q——生活、生产和消防用水总量；

V——进水管水流速度；

n——进水管数量；

π——圆周率3.14。

2. 在环网的相应管段上设置必要的阀门，以控制水源和保证管网中某一管级维修或发生故障时，其余管段仍能通水并正常工作。

规范条文中的环状，首先应考虑室外消防给水管道与市政给水管道共同构成环状，环状平面形状不拘，矩形、方形、三角形、多边形均可。

7.3.2 本条是原条文的改写。高层民用建筑设置消防水池的条件，说明如下：

消防水池是用以贮存和供给消防用水的构筑物，在其它措施不能保证供给用量的情况时，都需设置消防水池来确保消防用水量。

一、市政给水管道（不论其为环状或枝状）、进水管（不论

其数量为多条或一条）或天然水源（不论其为地表水或地下水）的水量不能满足消防用水量时，如市政给水管道和进水管管径偏小，水压偏低不能满足消防用水量；天然水源水量偏少，水位偏低或在枯水期水量不能满足消防用水量。

二、市政给水管道为枝状管网或只有一条进水管，由于管道检修或发生故障，引起火场供水中断，影响扑救，这已为火场供水实际所证明，但考虑到条件所限，对二类建筑的住宅放宽了要求。

7.3.3 本条是对原条文的修改。

一、消防水池的功能有储水和吸水两个方面，储水指储存消防用水供扑救火灾用，吸水指便于消防水泵从池中取水，其中贮水是主功能。

消防水池的储水功能靠水池容积来保证，容积分总容积、有效容积和无效容积。有效容积指该部分储存的消防用水能被消防水泵取用并用于扑灭火灾，它不包括水池在溢流管以上被空气占有的容积，也不包括水池下部无法被取用的那部分容积，更不包括被柱、隔墙所占用的容积。

消防水池的有效容积，应按消防流量与火灾延续时间的乘积计算，而与消防水池位置无关。

$$V_X = Q_X \cdot t \tag{3}$$

式中 V_X——消防水池有效容积；

Q_X——消防流量；

t——火灾延续时间。

火灾延续时间，指消防车到火场开始出水时起至火灾基本被扑灭止的时间。一般是根据火灾延续时间统计资料，并考虑国民经济水平、消防能力、可燃物多少及建筑物的性质用途等综合因素确定的。我国还没有高层民用建筑火灾延续时间的统计资料。从已发生的高层建筑火灾来看，有的时间不长，有的延续时间较长，如东北某大厦火灾延续时间为2h，某旅社火灾延续时间达7h，某宾馆的火灾延续时间为9h等。北京市对1950～1957年8年中2353次一般火灾的延续时间作过统计，见表14。

北京市2353次火灾延续时间统计表 **表14**

火灾延续时间 (h)	次数 (次)	占总数的百分比 (%)	累计百分比 (%)
<0.50	1276	54.3	54.3
0.50～1.00	625	26.6	80.9
1.00～2.00	334	14.2	95.1
2.00～3.00	82	3.4	98.5
>3.00	36	1.5	100

参考一般火灾延续时间，从既能基本满足高层建筑物的消防用水量需要，又利于节约投资出发，本条规定高级旅馆，重要的档案楼、科研楼，一、二类建筑的商业楼、展览楼、综合楼，一类建筑的财贸金融楼、图书馆、书库的火灾延续时间采用3.00h；其它高层建筑的火灾延续时间按2.00h计算。当上述建筑物设有自动喷水灭火设备时，火灾延续时间可按1.00h计算，因为1.00h后未能将火扑灭，自动喷水灭火设备将被大火烧坏，不能再用或者灭火效果大减。

二、消防水池的有效容量，应根据室外给水管网能否保证室外消防用水量来确定。当室外给水管网能保证室外消防用水量时，消防水池只需保证室内消防用水量的要求；当室外给水管网不能保证室外消防用水量时，消防水池除所存室内消防用水量外，还需储存室外消防用水量的不足部分；当室外给水管网完全不能供室外消防用水量，则消防水池的有效容量应为在火灾延续时间内室内和室外消防用水总量除去连续补充的水量。

三、消防水池内的水一经动用，应尽快补充，以供在短时间内可能发生第二次火灾时使用，本条参考《建规》的要求，规定补水时间不超过48h。

为保证在清洗或检修消防水池时仍能供应消防用水，故要求总有效容积超过500m^{3}的消防水池应分成两个，以便一个水池检修时，另一个水池仍能供应消防用水。

每个消防水池的有效容积为总有效容积的1／2。水池为两个时应采取下列措施之一，以保证正常供水。

1. 水池间设连通管，连通管上设置控制阀门。

2. 消防水泵分别向水池设吸水管。

3. 设公用吸水井，消防水泵从公用吸水井取水。

消防水池除设专用水池外，在条件许可时，也可利用游泳池、喷泉池、水景池、循环冷却水池，但必须满足作消防水池用的全部功能要求；寒冷地区，在冬季不能因防冻而泄空。

7.3.4 新增条文。消防水池储水或供固定消防水泵或供消防车水泵取用。本条对供消防车取水的消防水池作了规定，说明如下：

一、为便于消防车取水灭火，消防水池应设取水口或取水井。取水口或取水井的尺寸应满足吸水管的布置、安装、检修和水泵正常工作的要求。

二、为使消防车水泵能吸上水，消防水池的水深应保证水泵的吸水高度不超过6m。

三、为便于扑救，也为了消防水池不受建筑物火灾的威胁，消防水池取水口或取水井的位置距建筑物，一般不宜小于5m，最好也不大于40m。但考虑到在区域或集中高压（或临时高压）给水系统的设计上这样做有一定困难。因此，本条规定消防水池取水口与被保护建筑物间的距离不宜超过100m。

当消防水池位于建筑物内时，取水口或取水井与建筑物的距离仍须按规范要求保证，而消防水池与取水口或取水井间用连通管连接，管径应能保证消防流量，取水井有效容积不得小于最大一台（组）水泵3min的出水量。

四、寒冷地区的消防水池应有防冻措施，如在水池上覆土保温，人孔和取水口设双层保温井盖等。

消防水池有独立设置或与其它共用水池，当共用时为保证消防时的消防用水，消防水池内的消防用水在平时不应作为他用，因此，消防用水与其它用水合用的消防水池，应采取措施，防止消防用水作为他用。一般可采取下列办法：

1. 其它用水的出水管置于共用水池的消防最高水位上。

2. 消防用水和其它用水在共用水池隔开，分别设置出水管。

3. 其它用水出水管采用虹吸管形式，在消防最高水位处留进气孔。

7.3.5 新增条文。同一建筑小区的高层民用建筑由于室外给水管网条件相仿，距离靠近，而且同一时间内只考虑1次火灾，为节约用地、节约投资，消防水池和消防水泵房均可以共用。共用消防水池的有效容量应按用水量最大的一幢建筑物计算，其服务范围为两幢或两幢以上高层民用建筑。共用水池的其它要求按本规范第7.3.3和第7.3.4条规定执行。

7.3.6 本条是对原文的修改。对室外消火栓的数量和位置提出要求。

室外消火栓的数量，应保证供应建筑物需要的灭火用水量。其中包括室外、室内两部分，室外部分需保证本规范第7.2.2条规定的消火栓给水系统室外消防用水量，以每台解放牌消防车出2支口径19mm的水枪，每台消防车用水量在10～15L／s之间。一台消防车需占用一个消火栓。因此，每个消火栓的供水量按10～15L／s计算。例如，室外消防用水量为30L／s，每个消火栓的出水量按其平均数13L／s计算，则该建筑物室外消火栓数量为30÷13＝2.3个。即需采用3个消火栓（一般情况下，应设备用消火栓)。

室内部分即消防车从室外消火栓取水通过消防车水泵接至水泵接合器，每个水泵接合器的流量按 10～15L／s 计算，每个水泵接合器占用一台消防车和一个室外消火栓，需供水的水泵接合器数按本规范第 7.2.2 条规定的消火栓给水系统室内消防用水量和自动喷水灭火系统用水量之和计算。

为便于消防车使用，消火栓应沿消防车道均匀布置。如能布置在路边靠高层民用建筑一侧，可避免灭火时消防车碾压水带引起水带爆裂的弊病。

为便于消防车直接从消火栓取水，故消火栓距路边的距离不宜大于 2.00m。

消火栓周围应留有消防队员的操作场地，故距建筑外墙不宜小于 5.00m。同时，为便于使用，规定了消火栓距被保护建筑物，不宜超过 40m。

为节约投资，同时也不影响灭火战斗，规定在上述范围内的市政消火栓可以计入建筑物室外需要设置消火栓的总数内。

7.3.7 本条基本保留原条文。室外消火栓种类有地上式、地下式和墙壁式。

地上式室外消火栓外露于地面之上，结构紧凑、标志明显、便于寻找，使用维修方便，但不利于防冻也影响美观。

地下式室外消火栓，可根据冻土层要求埋设于地下，进行、防冻，不影响美观，但不便寻找。

墙壁式室外消火栓安装在外墙。

本规范推荐采用地上式室外消火栓，有防冻或建筑美观要求时，可采用地下式。墙壁式由于不能保证消火栓与建筑物外墙的距离，在使用时会影响消防人员的安全和操作，因此在高层民用建筑中使用时，其上方应有防坠落物的措施。

7.4 室内消防给水管道、室内消火栓和消防水箱

7.4.1 本条基本保留原条文。高层民用建筑室内消防给水系统，由于水压与生活、生产给水系统有较大差别，消防给水系统中水体滞留变质对生活、生产给水系统也有不利影响，因此要求室内消防给水系统与生活、生产给水系统分开设置。

室内消防给水管道的布置更直接与消防供水的安全可靠性密切相关，因此要求布置成供水安全可靠性高的环状管网（如图 13)，以便在管网某段维修或发生故障时，仍能保证火场用水。室内环网有水平环网、垂直环网和立体环网，可根据建筑体型、消防给水管道和消火栓布置确定，但必须保证供水干管和每条消防竖管都能做到双向供水。

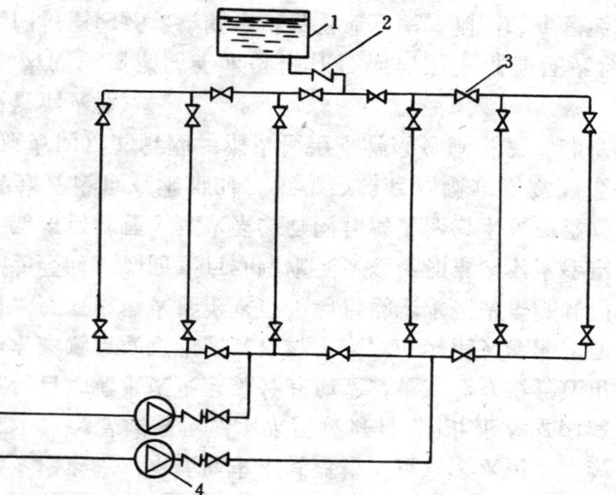

图 13 室内消防管网阀门布置图

1——消防水箱；2——止回阀；3——阀门；4——水泵

引入管是从室外给水管网接至建筑物，向建筑供水的管段。

向室内环状消防给管道供水的引入管，其数量不应少于两条，当其中一条发生故障时，其余引入管仍能保证消防用水量和水压的要求。

7.4.2 本条基本保留原条文。本条对消防竖管的布置、竖管的口径和数量作出了规定。确定消防竖管的直径首先应根据每根竖管最小流量值通过计算确定。

一、高层建筑发生火灾时，除了着火层的消火栓出水扑救外，其相邻上下两层均应出水堵截，以防火势扩大。因此，一根消防竖管上的上下相邻的消火栓，应能同时接出数支水枪灭火。为保证水枪的用水量，消防竖管的直径应按本规范第 7.2.2 条规定的流量计算。

竖管最小管径的规定是基于利用水泵接合器补充室内消防用水的需要，国外也有类似的规定，如波兰规定不小于 80mm，日本规定消防队专用竖管不小于 150mm，我国规定消防竖管的最小管径不应小于 100mm。

二、考虑到高度在 50m 以下，每层住户不多和建筑面积不太大的普通塔式住宅，消防竖管往往布置在唯一的公用面积——电梯和楼梯间的小厅处，此时设置两条消防竖管确有困难，容许只设一条竖管。但由于消火栓室内消防用水量和每根消防竖管最小流量仍需保证 10L／s，因此只能采用双阀双口消火栓来解决。禁止采用难以保证两支水枪同时有效使用的单阀双口消火栓。

7.4.3 基本保留原条文的内容。

一、室内消防给水系统分室内消火栓给水系统和自动喷水灭火系统两类，两类系统可以有以下几种组合形式:

1. 完全独立设置，这种作法较多，可靠性好。
2. 消防泵合用，在报警阀后管网分开，实际作法较少。
3. 系统（包括消防泵、管网）完全合并。不太好，不宜采用。

二、由于两种消防给水系统的作用时间不同（室内消火栓使用延续时间为 3h，自动喷水灭火装置为 1h)；压力要求不同(室内消火栓压力一般在 200kPa，自动喷水灭火系统喷头处工作压力一般为 100kPa、最不利点处允许降至 50kPa)；水质要求不同（消火栓系统对水质要求不甚严格，自动喷水灭火系统由于喷头孔较小，容易堵塞，要求水质较好），因此推荐室内消火栓给水系统与自动喷水灭火系统分开独立设置。独立设置还可防止消火栓用水影响自动喷水灭火系统用水，或因消火栓漏水而引起的误报警。如室内消火栓给水系统与自动喷水灭火系统共用消防泵房和消防泵时，为防止自动喷水灭火系统和室内消火栓用水相互影响，需将自动喷水灭火系统管网和消火栓给水系统管网分开设置。若分开设置有困难时，至少应将自动喷水系统的报警阀前(沿水流方向）的管网与消火栓给水管网分闸设置，即报警阀前不得设置消火栓。

7.4.4 为使室内消防给水管网在任何情况下都保证火场用水，应用阀门将室内环状管网分成若干独立段。阀门的布置要求高层主体建筑检修管道或检修阀门时，关闭的竖管不超过一条（当竖管为 4 条及 4 条以上时，可关闭不相邻的两条)，如图 14 所示。

与高层主体建筑相连的附属建筑，性质和多层建筑相似，阀门的布置按《建规》的有关规定执行。

室内消防管道上的阀门，应处于常开状态，当管段或阀门检修时，可以关闭相应的阀门。为防止检修后忘开阀门，要求阀门设有明显的启闭标志（例如采用明杆阀门)，以便检查，及时开启阀门，保证管网水流畅通。

7.4.5 本条是对原条文的修改。本条对水泵接合器的设置、数量、布置、型式等作出了规定。

一、水泵接合器的主要用途，是当室内消防水泵发生故障或遇大火室内消防用水不足时，供消防车从室外消火栓取水，通过水泵接合器将水送到室内消防给水管网，供灭火使用。因此室内消火栓给水系统和自动喷水灭火系统，均应分别设水泵接合器。

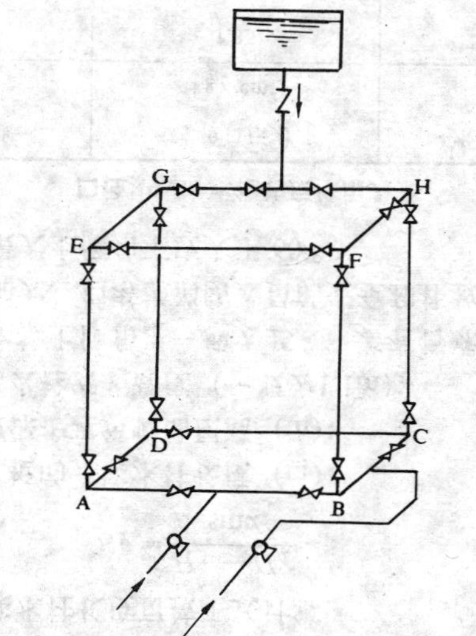

图 14　室内管网阀门布置图

二、消防水泵接合器的数量应根据本规范第 7.2.1 条、第 7.2.2 条和第 7.2.4 条规定的室内消防用水量确定。因为一个水泵接合器由一台消防车供水，则消防车的流量即为水泵接合器的流量，故每个水泵接合器的流量为 10～15L／s。

高层民用建筑内部给水一般采用竖向分区给水方式，分区时各分区消防给水管网各自独立，因此在消防车供水压力范围内的每个分区均需分别设置水泵接合器。只有采用串联给水方式时，上区用水从下区水箱抽水供给，可仅在下区设水泵接合器，供全楼使用。水泵接合器应与室内环网连接，连接应尽量远离固定消防水泵出水管与室内管网的接点。

三、水泵接合器由消防水泵从室外消火栓通过它向室内消防给水管网送水，其设置位置应考虑，连接消防车水泵的方便，即设置水泵接合器的地点：

1. 设在室外。

2. 便于消防车使用。

3. 不妨碍交通。

4. 与建筑物外墙应有一定距离，目前规定离水源（室外消火栓或消防水池）不宜过远。

5. 水泵接合器间距要考虑停放消防车的位置和消防车转弯半径的需要。

四、水泵接合器的种类有地上式、地下式和墙壁式三种，地上式栓身与接口高出地面，目标显著，使用方便，规范推荐采用。地下式安装在路面下，不占地方，特别适用于寒冷地区和有美观要求的地点。墙壁式安装在建筑物墙根处，墙面上只露两个接口的装饰标牌。各种类型的水泵接合器，其外型不应与消火栓相同，以免误用，而影响火灾的及时扑救。地下式水泵接合器的井盖与消火栓井盖亦应有所区别。特别要注意水泵接合器设置位置，不致由于建筑物上部掉东西而影响供水和人员安全。

水泵接合器的附件有止回阀、安全阀、闸阀的泄水阀等。止回阀用于室内消防给水管网压力过高，保障系统的安全。水泵接合器在工作时与室内消防给水管网沟通，因此，其工作压力应能满足室内消防给水管网的分区压力要求。

7.4.6　室内消火栓的合理设置直接关系到扑救火灾的效果。因此，高层建筑的各层包括和主体建筑相连的附属建筑各层，均应合理设置室内消火栓。以保证建筑物任何部位着火时，都能及时控制和扑救。据了解，有些高层住宅，仅在六层以上的消防竖管上设消火栓，这样做很不妥当。因为若六层以下的任一层着火，如不设消火栓，就不便迅速扑灭火灾；设了消火栓，就方便居民或消防队灭火时使用，可以起到快出水、早灭火的作用，而增加的投资是很少的，故规定在各层均应设消火栓。本条对消火栓还提出了以下具体要求：

一、消火栓的水压应保证水枪有一定长度的充实水柱。对充实水柱的长度要求，是根据消防实践经验确定的。我国扑救低层建筑火灾时，水枪的充实水柱长度一般在10～17m之间。火场实践证明，当口径19mm水枪的充实水柱长度小于10m时，由于火场烟雾大，辐射热高，扑救火灾有一定困难。当充实水柱长度增大时，水枪的反作用力也随之增大，如表15所示。经过训练的消防队员能承受的水枪最大反作用力不应超过20kg，一般不宜超过15kg。火场常用的充实水柱长度一般在10～15m。为节约投资和满足火场灭火的基本要求，规定消火栓的水枪充实水柱长度首先应通过水力计算确定，同时又规定建筑高度不超过100m的高层建筑的充实水柱的下限值不应小于10m。

水枪的充实水柱长度可按下式计算：

$$S_k = \frac{H_1 - H_2}{\sin\alpha} \tag{4}$$

式中 S_k——水枪的充实水柱长度（m）；

H_1——被保护建筑物的层高（m）；

H_2——消火栓安装高度（一般为1.1m）；

α——水枪上倾角，一般为45°，若有特殊困难，可适当加大，但考虑消防人员的安全和扑救效果，水枪的最大上倾角不应大于60°。

口径19mm水枪的反作用力 **表15**

充实水柱长度 (m)	水枪口压力 (kg/cm^2)	水枪反作用力 (kg)
10	1.35	7.65
11	1.50	8.51
12	1.70	9.63
13	2.05	11.62
14	2.45	13.80
15	2.70	15.31
16	3.25	18.42
17	3.55	20.13
18	4.33	24.38

二、消火栓的布置。规定消火栓应设在明显易于取用的地方，以便于用户和消防队及时找到和使用。消火栓应有明显的红色标志，且应标注"消火栓"的字样，不应隐蔽和伪装。

消火栓的出水方向应便于操作，并创造较好的水力条件，故规定消火栓出水方向宜与设置消火栓的墙面成90度角。栓口离地面高度宜为1.10m，便于操作。

关于消火栓的布置，最重要的是保证建筑物同层任何部位都有两个消火栓的水枪充实水柱同时到达。其原因是：初期火灾能否被及时地有效地控制和扑灭，关系到起火建筑物内人身和财产的安危。而火场供水实践说明，扑救初期火灾的水枪数量极为重要。统计资料表明，一支水枪扑救初期火灾的控制率仅40%左右，两支水枪扑救初期火灾的控制率达65%左右。因此，扑救初期火灾使用水枪数量不应小于两支。为及时控制和扑灭火灾，同层任何部分都应有两个消火栓的水枪充实水柱能够同时到达，以保证在正常情况下有两支水枪进行扑救，在不利情况下，也就是当其中一支水枪发生故障时，仍有一支水枪扑救初期火灾。同层消火栓的布置示意如图15所示。

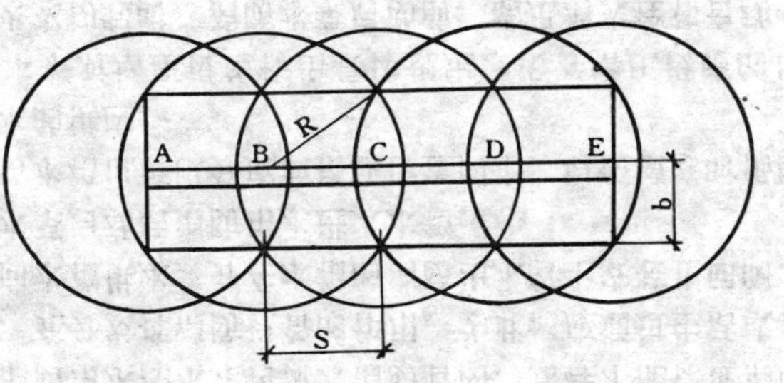

图 15　同层消火栓的布置示意图

A、B、C、D、E——为室内消火栓；R——消火栓的保护半径（m）；

S——消火栓间距（m）；b——消火栓实际保护最大宽度（m）

消火栓的设置数量和位置，应结合建筑物各层平面图布局。图 15 只是一个例子，消火栓的保护半径 R，也没有考虑房间的分隔情况。

对消火栓间距，规范还以不应大于 30m 的规定来控制和保证两支水枪充实水柱同时到达被保护部位。

三、消火栓栓口压力。火场实践说明，水枪的水压太大，一人难以握紧使用。同时水枪的流量也远远超过 5L／s，水箱内的消防用水可能在较短的时间内被用完，对扑救初期火灾极为不利。故本条规定消火栓的静水压力不应超过 0.80MPa（日本规定不超过 0.70MPa，原苏联规定不超过 0.90MPa）。当静水压超过 0.80MPa 时，应采用分区给水。而当栓口出水压力大于 0.50MPa 时，应设减压装置，减压装置一般采用减压孔板或减压阀，减压后消火栓处压力应仍能满足水枪充实水柱要求。

四、室内消火栓规格。室内消火栓是用户和消防人员灭火的主要工具。室内消火栓口直径应与消防队通用的直径为 65mm 的水带配套，故室内消火栓所配备的栓口直径应为 65mm。

在一幢建筑物内，如消火栓栓口、水带和水枪因规格、型号不一致，就无法配套使用，因此要求主体建筑和与主体建筑相连的附属建筑采用同一型号、规格的消火栓和与其配套的水带及水枪。

火场实践说明，室内消火栓配备的水带长度过长，不便于扑救室内初期火灾。消防队使用的水带长度一般为 20m，为节约投资同时考虑火场操作的可能性，要求室内消火栓所配备的水带长度不应超过 25m。

为适应扑救大火的需要，应采用较大口径的水枪，同时与消防队经常使用的水枪配合，以便火场使用，故规定室内消火栓配备水枪的喷嘴口径不应小于 19mm。

五、为及时启动消防水泵，在水箱内的消防用水尚未用完以前，消防水泵应进入正常运转。故本条规定在高层建筑物内每个消火栓处均应设置启动消防水泵的按钮，以便迅速远距离启动。为防止小孩玩弄或误启动，要求按钮应有保护设施，一般可放在消火栓箱内或带有玻璃的壁龛内。

六、消防电梯是消防人员进入高层建筑物内进行扑救的重要设施，为便于消防人员尽快使用消火栓扑救火灾并开辟通路，故规定在消防电梯间前室设有消火栓。

七、屋顶消火栓供本单位和消防队定期检查室内消火栓给水系统使用，一般设一个。

避难层、屋顶直升机停机坪及其它重要部位需设置消火栓的规定，详见本规范有关条文。

7.4.7　本条对原条文作了修改。

一、消防水箱的主要作用是供给高层建筑初期火灾时的消防用水水量，并保证相应的水压要求。对高压消防给水系统的高层建筑，如经常能保证室内最不利点消火栓和自动喷水灭火设备的水量和水压时，可以不设消防水箱。而对临时高压给水系统（独立设置或区域集中）的高层建筑物，均应设置消防水箱。

消防水箱指屋顶消防水箱，也包括垂直分区采用并联给水方式的各分区减压水箱。

二、我国早期的高层建筑物中水箱容量较大，一般在 30～$50m^3$ 左右，新建的广州白云宾馆水箱容量为 $210m^3$，广州宾馆的屋顶水箱容量为 $250m^3$。水箱容量太大，在建筑设计中有时处理比较困难，但若水箱容量太小，又势必影响初期火灾的扑救，水箱压力的高低对于扑救建筑物顶层或附近几层的火灾关系也很大，压力低可能出不了水或达不到要求的充实水柱，影响灭火效率。因此，本条对水箱容积、压力等作了必要的规定。

三、消防水箱的消防储水量。根据区别对待的原则，对不同性质的建筑规定了消防水箱的不同容量，住宅小些，公共建筑大些；当消火栓给水系统和自动喷水灭火系统分设水箱时，水箱容积应按系统分别保证。

一类建筑（住宅除外）的消防水箱，当不能满足最不利点消火栓静水压力 0.07MPa（建筑高度超过 100m 的高层建筑，静水压力不应低于 0.15MPa）时，要设增压设施，增压设施可采用气压水罐或稳压泵。这些产品必须采用国家检测部门检测合格的产品，以满足最不利点的水压要求。

四、为防止消防水箱内的水因长期不用而变质，并作到经济合理，故提出消防用水与其它用水共用水箱，但共用水箱要有消防用水不作他用的技术措施（技术措施可参考消防水池不作他用的办法），以确保及时供应必需的灭火用水量。

五、据调查，有的高层建筑水箱采用消防管道进水或消防泵启动后消防用水经水箱再流入消防管网，这样不能保证消防设备的水压，充分发挥消防设备的作用。为此，应通过生活或其它给水管道向水箱供水，并在水箱的消防出水管上安装止回阀，以阻止消防水泵启动后消防用水进入水箱。

消防水箱也可以分成两格或设置两个，以便检修时仍能保证消防用水的供应。

7.4.8 本条对增压设施作出具体规定。设置增压设施的目的主要是在火灾初起时，消防水泵启动前，满足消火栓和自动喷水灭火系统的水压要求。对增压水泵，其出水量应满足一个消火栓用水量或一个自动喷水灭火系统喷头的用水量。对气压给水设备的气压水罐其调节水容量为两支水枪和 5 个喷头 30s 的用水量，即 $2\times5\times30+5\times1\times30=450L$。

7.4.9 消防卷盘，用于扑灭在普通消火栓正式使用前的初期火灾，因此只要求室内地面任何部位有一股水流能够到达，而不要求到达室内任何部位，其安装高度应便于取用。

7.5 消防水泵房和消防水泵

7.5.1 本条基本保留原条文。消防水泵是消防给水系统的心脏。在火灾延续时间内人员和水泵机组都需要坚持工作。因此，独立设置的消防水泵房的耐火等级不应低于二级；设在高层建筑物内的消防水泵房层应用耐火极限不低于 2.00h 的隔墙和 1.50h 的楼板与其它部位隔开。

7.5.2 本条基本保留原条文。为保证在火灾延续时间内，人员的进出安全，消防水泵的正常运行，对消防水泵房的出口作了规定。

规定泵房当设在首层时，出口宜直通室外；设在楼层和地下室时，宜直通安全出口。

7.5.3 本条基本保留原条文。消防水泵是高层建筑消防给水系统的心脏，必须保证在扑救火灾时能坚持不间断地供水，设置备用水泵为措施之一。

固定消防水泵机组，不论工作泵台数多少，只设一台备用水泵，但备用水泵的工作能力不小于消防工作泵中最大一台工作泵的工作能力，以保证任何一台工作泵发生故障或需进行维修时备用水泵投入后的总工作能力不会降低。

7.5.4 本条保留原条文。为保证消防泵及时、可靠地运行，一组消防水泵的吸水管不应少于两条，以保证其中一条维修或发生故障时，仍能正常工作。

消防水泵房向环状管网送水的供水管不应少于两条，当其中一条检修或发生故障时，其余的出水管应仍能供应全部消防用水量。消防水泵为两台时，其出水管的布置如图 16 所示。

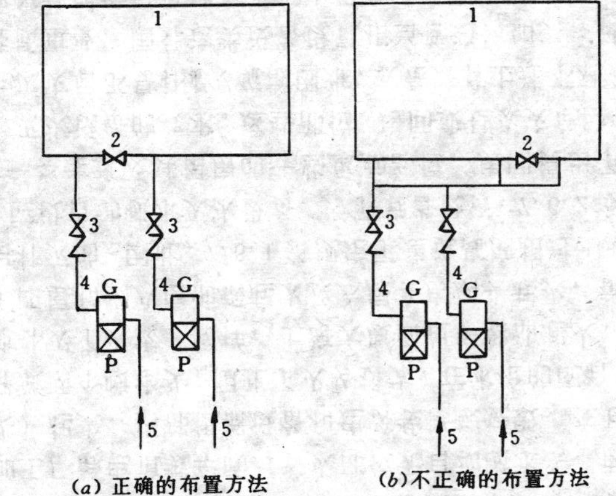

图 16　消防水泵与室内管网的联结方法图

P——电动机；G——消防水泵；1——室内管网；2——消防分隔阀门；

3——阀门和单向阀；4——出水管；5——吸水管

自灌式吸水的消防水泵比充水式水泵节省充水时间，启动迅速，运行可靠。因此，规定消防水泵应采用自灌式吸水。由于近年来自灌式吸水种类增多，而消防水泵又很少使用，因此规范推荐消防水池或消防水箱的工作水位高于消防水泵轴线标高的自灌式吸水方式。若采用自灌式有困难时，应有可靠迅速的充水设备。

为方便试验和检查消防水泵，规定在消防水泵的出水管上应装设压力表和放水阀门。为便于和水带连接，阀门的直径应为 65mm。

消防水泵应定期运转检查，以检验电控系统和水泵机组本身是否正常，能否迅速启动。检验时应测定水泵的流量和压力，试验用的水当来自消防水池时，可回归至水池。

7.5.5

一、当室外给水管网能满足消防用水量，且市政主管部门允许消防水泵直接从室外管网吸水时，应考虑消防水泵从室外给水管网直接吸水。直接吸水的优点是：

1. 充分利用室外给水管网水压。
2. 减少消防水池、吸水井等构筑物，节省投资，节约面积。
3. 可防止水在储水、取水构筑物的二次污染。
4. 水泵处于灌水状态，便于自动控制。

二、水泵直接从室外给水管网直接吸水，在吸水时会造成局部地区水压下降，一般说来，这是允许的。消防车在扑救火灾时，消防车水泵也直接从室外消火栓直接吸水，造成的后果与消防水泵房内消防水泵从室外给水管网直接吸水的后果和影响完全相同。

三、室外给水管网的水压有季节和昼夜的变化，直接吸水时，水泵扬程应按最不利情况考虑，即按室外给水管网的最低水压计算。而在室外给水管网为最高压力时，应防止遇水泵加压后而导致压力过高出现的各种弊病，如管道接口和附近件渗漏、水泵效率下降等，因此应以室外给水管网的最高水压来校核水泵的工作情况。

直接吸水时，由于吸水管内充满水，为考虑水泵检修，在吸水管上应设阀门。

7.5.6　高层建筑消防用水量较大，但在火灾初期消火栓的实际使用数和自动喷水灭火系统的喷头实际开放数要比规范规定的数量少，其实际消防用水量远小于水泵选定的流量值，而消防水泵在试验和检查时，水泵出水量也较少，此时，管网压力升高，有时超过管网允许压力而造成事故。这需在工程设计时引起注意并采取相应措施。一般有以下办法：(1) 多台水泵并联运行；(2) 选用流量—扬程曲线平的消防水泵；(3) 提高管道和附件承压能力；(4) 设置安全阀或其它泄压装置；(5) 设置回流管泄压；(6) 减小竖向分区给水压力值；(7) 合理布置消防给水系统。

7.6 灭火设备

7.6.1、7.6.2 国外经验证明，自动喷水灭火设备有良好的灭火效果，应积极推广采用，以保证高层建筑物的消防安全。我国现有的自动喷水灭火设备，其灭火效果也是好的，例如：1958 年，上海第一百货公司由于地下室油布雨伞自燃，一个自动喷水头开启将初期火灾扑灭；1965 年，该公司首层橱窗电动模型灯光将布景烤着起火，也是一个自动喷水头开启后扑灭的；1976 年，该公司楼顶层加工厂静电植绒车间（着火部位无自动喷水头，两侧有自动喷水头）起火，内部机器设备和建筑装修被烧毁，在起火部位两侧各开放两个喷水头，阻止了火势扩大，在水枪的配合扑救下，较顺利地扑灭了火灾。同样，上海大厦面包房熬油起火，上海国际饭店十四层和十八层油锅起火及六层客房烟头起火，都是一个喷头开启扑灭的。因此，7.6.1 条规定了建筑高度超过 100m 的高层建筑，应设自动喷水灭火设备。为了节省投资，7.6.2 条对低于 100m 的一类建筑及其裙房的一些重点部位、房间提出了应设置自动喷水灭火设备的要求。这些部位、房间或是火灾危险性较大，或是发生火灾后不易扑救、疏散困难，或是兼有上述不利条件，也有的是性质重要。国外这类设备设置相当普遍，如美、日等国要求高层建筑都要设置自动喷水灭火设备。

7.6.3、7.6.4 这两条是新增条文。

一、据调查，有的二类高层公共建筑，其裙房及部分主体高层建筑，设有大小不等的展览厅、营业厅等，但没有设自动喷水系统和火灾自动报警系统，只有消火栓系统，不利于消防安全保护，故作了 7.6.3 条规定。

二、根据国内有些二类高层建筑公共活动用房安装自动喷水系统和火灾自动报警系统的实践，效果较为明显，故参考一些工程实际作法和国外规范，规定此类公共用房均应设自动喷水系统。

三、地下室一旦发生火灾，疏散和扑救难度大，故应设自动喷水灭火系统。

7.6.5 本条基本保留原条文。实践证明，水幕与防火卷帘、防火幕等配合使用，阻火效果更好。

本条规定的水幕设置范围，其理由是：

一、剧院、礼堂的舞台，演戏时常有烟火效果，幕布、可燃道具、照明灯具多，容易引起火灾。故规定设在高层建筑内超过 800 个座位的剧院、礼堂，在舞台口宜设防火幕或水幕。

二、火灾实例证明，舞台起火后容易威胁观众的安全，如设有防火幕或水幕，能在一定时间内阻挡火势向观众厅蔓延，赢得疏散和扑救时间。

7.6.6 对原条文的补充。

高层建筑内的燃油、燃气锅炉房、可燃油油浸电力变压器室、多油开关室、充可燃油的高压电容器室、自备发电机房等，有较大的火灾危险性。考虑到其火灾特点，可以采用水喷雾灭火系统。

7.6.7 本条是对原条文的修改和增加。

一、条文各项所提及的房间，一旦发生火灾将会造成严重的经济损失或政治后果，必须加强防火保护和灭火设施。因此，除应设置室内消火栓给水系统外，尚应增设相应的气体或预作用自动喷水灭火系统。

考虑到上述房间内，经常有人停留或工作，以及国内目前尚无有关含氢氟烃（HFC）和惰性气体灭火系统设计与施工的国家标准等实际情况，所以本条未限制卤代烷 1211、1301 灭火系统的使用。

二、卤代烷 1211、1301、二氧化碳等气体灭火装置，对扑灭密闭的室内火灾有良好效果，不会造成水渍损失，但灭火效果受到周围环境和室内气流的影响较大。因此，计算灭火剂时需要考虑附加量。

三、具体技术要求，按卤代烷 1211、1301 灭火系统的有关规范执行。

四、电子计算机房，除其主机房和基本工作间的已记录磁、纸介质库之外，是可以采用预作用自动喷水灭火系统扑灭火灾的。当有备用主机和备用已记录磁、纸介质，且设置在其它建筑物中或在同一建筑物中的另一防火分区内，其主机房和基本工作间的已记录磁、纸介质库仍可采用预作用自动喷水灭火系统，故对 7.6.7.1 条专注说明。

五、“其它特殊重要设备室”是指装备有对生产或生活产生重要影响的设施的房间，这类设施一旦被毁将对生产、生活产生严重影响，所以亦需采取严格的防火灭火措施。

7.6.8 系新增条文。

本条文中所涉及到的房间内，存放的物品均系价值昂贵的文物或珍贵文史资料，且怕浸渍，故必需气体灭火。同时，这些房间大多无人停留或只有 1～2 名管理人员。他们熟悉本防护区的火灾疏散通道、出口和灭火设备的位置，能够处理意外情况或在火灾时迅速逃生。因此，可采用除卤代烷 1211、1301 以外的气体灭火系统。根据《中国消耗臭氧层物质淘汰国家方案》和《中国消防行业哈龙整体淘汰计划》的要求，对上述场所规定禁止使用卤代烷灭火系统。

7.6.9 系新增条文。

灭火器用于扑救初期火灾，既有效又经济，当发现火情时，首先考虑采用灭火器进行扑救。所以，应将灭火器配置的内容纳入本规范之中。具体设计应按《建筑灭火器配置设计规范》GBJ 140－90 的有关规定执行。

8 防烟、排烟和通风、空气调节

8.1 一 般 规 定

8.1.1、8.1.2 规定了高层建筑的防烟设施和排烟设施的组成部分。

一、设置防、排烟设施的理由：当高层建筑发生火灾时，防烟楼梯间是高层建筑内部人员唯一的垂直疏散通道，消防电梯是消防队员进行扑救的主要垂直运输工具（国外一般要求是当发生火灾后，普通客梯的轿厢全部迅速落到底层。电梯厅一般用防火卷帘或防火门封隔起来）。为了疏散和扑救的需要，必须确保在疏散和扑救过程中防烟楼梯间和消防电梯井内无烟，首先在建筑布局上按本规范第 6.2.1 条及第 6.3.3 条的规定，对防烟楼梯间及消防电梯设置独立的前室或两者合用前室。设置前室的作用：(1) 可作为着火时的临时避难场所；(2) 阻挡烟气直接进入防烟楼梯间或消防电梯井；(3) 作为消防队员到达着火层进行扑救工作的起始点和安全区；(4) 降低建筑本身由热压差产生的所谓“烟囱效应”。特别是在冬天北方地区，室内温度高于室外温度，由于空气的容量不同而产生很大的热压差，在建筑比较密封的情况下，中和面在建筑高度 1/2 处，室外空气经低于中和面的门、窗缝渗入室内，室内热空气经过高于中和面的门、窗缝漏出，这就是“烟囱效应”。由于设有前室，把楼梯间、电梯井与走道前室的两道门隔开，这样楼梯间及电梯的烟囱效应减弱，可以减缓火、烟垂直蔓延的速度；其次是按第 8.1.1 条、第 8.1.2 条的规定设置防、排烟设施，当发生火灾时，烟气水平方向流动速度为每秒 0.3～0.8m，垂直方向扩散速度为每秒 3～4m，即当烟气流动无阻挡时，只需 1min 左右就可以扩散到几十层高的大楼，烟气流动速度大大超过了人的疏散速度。楼梯间、电梯井又是高层建筑火灾时垂直方向蔓延的重要途径。因此，防烟楼梯间及其前室、消防电梯间前室和两者合用前室设置防排烟设施，是阻止烟气进入该部位或把进入该部位的烟气排出高层建筑外，从而保证人员安全疏散和扑救。

二、设置防、排烟设施的方式。对于防烟楼梯间及其前室、消防电梯间前室和两者合用前室设置防烟或排烟设施的方式很多，下面分别介绍几种。

自然排烟，有以下两种方式：

1. 利用建筑的阳台、凹廊或在外墙上设置便于开启的外窗或排烟窗进行无组织的自然排烟，如图 17 (*a*) ～ (*d*)。

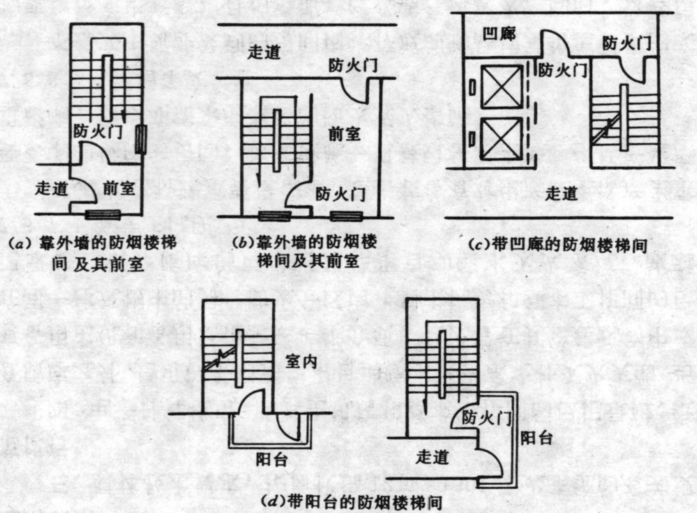

图 17　自然排烟方式示意图

其优点是：(1) 不需要专门的排烟设备；(2) 火灾时不受电源中断的影响；(3) 构造简单、经济；(4) 平时可兼作换气用。不足之处：因受室外风向、风速和建筑本身的密封性或热压作用的影响，排烟效果不太稳定。据调查情况表明，这种自然排烟的方式一直被广泛采用。根据我国目前的经济、技术条件及管理水平，此方式值得推广，并宜优先采用。

2. 竖井排烟。在防烟楼梯间前室、消防电梯前室或合用前室内设置专用的排烟竖井，依靠室内火灾时产生的热压和室外空气的风压形成“烟囱效应”，进行有组织的自然排烟。这种排烟当着火层所处的高度与烟气排放口的高度差越大，其排烟效果越好，反之越差。这种排烟的优点是不需要能源，设备简单，仅用排烟竖井（各层还应设有自动或手动控制的排烟口），缺点是竖井占地面积大。按日本建筑基准法规定：前室排烟竖井的面积不小于 $6m^2$（合用前室不小于 $9m^2$），排烟口开口面积不小于 $4m^2$（合用前室不小于 $6m^2$）；进风口竖井截面不小于 $2m^2$（合用前室不小于 $3m^2$）；进风口面积不小于 $1m^2$（合用前室不小于 $1.5m^2$）。在我国一些新建的高层建筑防烟楼梯间中有的采用了这种方式，如：无锡滨湖饭店，南京工艺美术大楼，郑州宾馆等。但无锡滨湖饭店等几座高层建筑设置的自然排烟竖井及排烟口，其截面积与日本的规定相比小很多。目前尚无法肯定国内采用的竖井和排烟口截面能否有良好的排烟效果。据日本有关资料介绍，由于采用这种方法的排烟井与进风井需要占有很大的有效空间，所以在一般情况下很难被设计人员接受。我国的设计人员认为，这种方式由于竖井需要两个很大的截面，给设计布置带来了很大的困难，同时也降低了建筑的使用面积。因此近年来已很少被采用了。

机械排烟，有以下两种方式：

1. 机械排烟与自然进风或机械进风。此方式是按照通风气流组织的理论，把侵入前室的烟气通过排烟风机和某种形式的进风（自然进风或机械进风）把烟气排出和形成透明的“避难气流”。排烟口设在前室的顶棚上或靠近顶棚的墙面上，进风口设在靠近地面的墙面上。日本“排烟量的标准”规定其前室：排烟风机的排烟量应为 $4m^3/s$($14400m^3/h$)，合用前室应为 $6m^3/s$($21600m^3/h$) 的排烟能力。进风靠自然进风时，应设截面积为 $2m^2$ 的进风竖井。进风靠机械进风时，其进风量为排烟量的70%～80%保持负压，这种方式前几年被广泛采用。如：天津内贸大厦、北京图书馆、上海宾馆等均为机械排烟、机械进风，北京昆仑饭店等均为机械排烟、自然进风。近几年来，随着国内外防、排烟的进一步发展，对这种排烟方式的采用提出异议，认为这种方式是在烟气或热空气已经侵入疏散通道的被动情况下再将它排除，没有从根本上达到疏散通道内无烟的目的，给疏散人员造成不安全感。设备投资、系统形式也比较复杂。另一方面，当前室处在人员拥挤的情况下，理想的气流组织受到破坏，使排烟效果受到影响。因此近几年高层建筑设计中也很少被采用。有些工程原设计为此方法，现在也在改造，如天津内贸大厦、深圳国贸中心等。

2. 机械加压送风。此方式是通过通风机所产生的气体流动和压力差来控制烟气的流动，即要求烟气不侵入的地区增加该地区的压力。机械加压送风方式早在第二次世界大战时期已出现，一些国家曾经利用它来防止敌人投放的化学毒气和细菌侵入军事防御作战部门的要害房间。在和平时期，又有人利用它在工厂里制造洁净车间，在医院里制造无菌手术室等，都取得明显的效果。如今，机械加压送风技术又广泛应用在高层建筑防烟方面，并已被广大的工程技术人员所承认，世界很多国家均设有研究中心和试验楼。如：美国的布鲁克弗研究所的十二层办公大厦、德国汉堡一座七层办公大楼等均被列为机械加压送风防烟方式的试验地或研究中心。我国近几年来高层建筑发展很快，对机械加压送风的防烟技术从研究到应用均取得了很大的进展。这种方式已广泛被设计人员接受并掌握，利用机械加压防烟技术的高层建筑在我国已有 2000 余幢。机械加压送风防烟达到了疏散通道无烟的目的，从而保证了人员疏散和扑救的需要。从建筑设备投资方面来说，均低于机械排烟的投资。因此，这种方式是值得推广采用的。

综合上述各种防烟方式的介绍与分析，结合目前国内外防、排烟技术发展情况，规定对防烟楼梯间及其前室、消防电梯前室和两者合用前室设置的防、排烟设施为机械加压送风的防烟设施或可开启外窗的自然排烟措施。除此之外，其它防、排烟方式均不宜采用。

8.1.3 本条是对原条文的修改。火灾产生大量的烟气和热量，如不排除，就不能保证人员的安全疏散和扑救工作的进行。根据日本、英国火灾统计资料中对火灾死亡人数的分析：由于被烟熏死的占比例较大，最高达 78.9%。在被火烧死的人数中，多数也是先中毒窒息晕倒后被火烧死的。例如：日本“千日”百货大楼火灾，死亡 118 人中就有 93 人是被烟熏死的。美国米高梅饭店火灾，死亡 84 人中有 67 人是被烟熏死的。因此排出火灾产生的烟气和热量，也是防、排烟设计的主要目的。据有关资料表明：一个设计优良的排烟系统在火灾时能排出 80%的热量，使火灾温度大大降低。本条对一类高层建筑和建筑高度超过 32m 的二类高层建筑中长度超过 20m 的内走道、面积超过 $100m^2$ 且经常有人停留或可燃物较多的房间应设置排烟设施作出规定，其理由及排烟方式分别说明如下。

一、设置排烟设施的理由。

1. 一类高层建筑的可燃装修材料多，陈设及贵重物品多，空调、通风等管道也多。塔式建筑仅仅一个楼梯间，疏散困难。建筑高度超过 32m 的二类高层建筑其垂直疏散距离大。因此设置排烟设施时以一类高层建筑和建筑高度超过 32m 的二类高层建筑为条件。

2. 走道的排烟：据火灾实地观测，人在浓烟中低头掩鼻最大通行的距离为 20～30m。根据原苏联的防火设计规定：内廊式住宅的走廊长度超过 15m 时，在走廊中间必须设置排烟设备。根据德国的防火设计规定：高层住宅建筑中的内廊每隔 15m 应用防烟门隔开，每个分隔段必须有直接通向楼梯间的通道，并应直接采光和自然通风。参考国外资料及火灾实地观测的结果，本条规定长度超过 20m 的内走道应设置排烟设施。

3. 房间的排烟：以尽量减少排烟系统设置范围为出发点，房间的排烟只规定“面积超过 $100m^2$，且经常有人停留或可燃物较多的房间”这句话只是定性的，人定量上如何确定，这个问题在过去的设计中给设计人员带来疑惑，考虑到建筑使用功能的复杂性等因素的限制，仍不宜按定量规定，只能列举一些例子供设计人员参考。例：多功能厅、餐厅、会议室、公共场所及书库、资料室、贵重物品陈列室、商品库、计算机房、电讯机房等。

4. 地下室的排烟见本说明第 8.4.1 条。

5. 中庭的排烟见本说明第 8.2.2 条和第 8.4.2 条。

二、设置排烟设施的方式。

1. 自然排烟：利用火灾时产生的热压，通过可开启的外窗或排烟窗（包括在火灾发生时破碎玻璃以打开外窗）把烟气排至室外。

2. 机械排烟：设置专用的排烟口、排烟管道及排烟风机把火灾产生的烟气与热量排至室外。

需要说明的是，设置专用的排烟竖井对走道与房间进行有组织的自然排烟方式，如唐山市唐山饭店等，由于竖井需要的截面很大，降低了建筑使用面积并漏风现象较严重等因素，故本条不推荐采用竖井的排烟方式。

8.1.4 新增条文。根据国内外高层建筑火灾案例经验教训，当高层建筑发生火灾时，由通风、空调系统的风管引起火灾迅速蔓延造成重大损失的案例是很多的。如韩国汉城“天然阁”饭店的火灾，从二层一直烧到顶层（二十一层），死伤 224 人，其中一条经验教训是，大火沿通风空调系统的管道迅速蔓延。又如，美国佐治亚州亚特兰大文考夫饭店的火灾，起火地点在三楼走道，建筑内的可燃装修物等几乎全部烧毁，死伤 220 多人，最主要的教训也是通风空调系统的竖向管道助长了火势的蔓延。我国杭州市一宾馆由于电焊时烧着了风管的可燃保温材料引起火灾，火势沿着风管和竖向孔洞蔓延，从一层一直烧到顶层，大火延烧了八九个小时，造成重大经济损失。由此可见，通风、空调系统风道是高层建筑发生火灾时使火灾蔓延的主要途径之一，为此本条规定对通风、空调系统应有防火、防烟措施。

8.1.5 基本保留原条文。一般机械通风钢质风管的风速控制在 14m／s 左右；建筑风道控制在 12m／s 左右。因不是常开的，对噪音影响可不予考虑，故允许比一般通风的风速稍大些。日本有关资料推荐钢质排烟风管的最大风速一般为 20m／s。本条规定：“采用金属风道时，不应大于 20m／s”；“采用内表面光滑的混凝土等非金属材料风道时，不应大于 15m／s”。一般排烟风管是设在竖井内或用竖井作为排烟风道（即非金属风道）。

据日本有关资料介绍，排烟口风速一般不大于 10m／s。并宜选用与烟的流型一致（如走道宜按走道宽度设长条型风口），阻力小的排烟口；送风口的风速不宜过大，否则造成吹大风的感觉，对人很不舒服。本条规定：“送风口的风速不宜大于 7m／s；排烟口的风速不宜大于 10m／s”。

金属排烟风道壁厚设计时可参考表 16。

金属排烟风道壁厚 **表 16**

风速 区分	长方形风管长边 (mm)	圆形风管直径(mm)		板厚 (mm)
		直管	管件	
低速风道 高速风道	＜450	＜500	—	0.5
	450～＜750	500～＜700	＜200	0.6

续表 16

风速区分	长方形风管长边(mm)	圆形风管直径(mm)		板厚(mm)
		直管	管件	
低速风道	750～<1500	700～<1000	200～<600	0.8
	1500～2200	1000～<1200	600～<800	1.0
	–	<1200	<800	1.2
高速风	<450	<450	–	0.8
	450～<1200	450～<700	<450	1.0
	1200～2000	>700	>450	1.2

8.2 自 然 排 烟

8.2.1 在原条文的基础上修改的。

一、由于利用可开启的外窗的自然排烟受自然条件（室外风带、风向，建筑所在地区北方或南方等）和建筑本身的密闭性或热压作用等因素的影响较大，有时使得自然排烟不但达不到排烟的目的，相反由于自然排烟系统会助长烟气的扩散，给建筑和居住人员带来更大的危害。所以，本条提出，只有靠外墙的防烟楼梯间及其前室、消防电梯间前室和合用前室，有条件要尽量采用自然排烟方式。

二、建筑内的防烟楼梯间及其前室、消防电梯间前室或合用前室都是建筑着火时最重要的疏散通道，一旦采用的自然排烟方式其效果受到影响时，对整个建筑的人员将受到严重威胁。对超过 50m 的一类建筑和超过 100m 的其它高层建筑不应采用这种自然排烟措施。

有关资料表明：在当今世界经济发达国家中，在高层建筑的防烟楼梯间仍保留着采用自然排烟的方式，其原因是认为自然排烟方式的确是一种经济、简单、易操作的排烟方式。结合我国目前的经济、技术管理水平，特别是在住宅工程中的维护管理方便、简单，这种方式仍应优先尽量采用 。

8.2.2 对原条文的修改补充。

一、采用自然排烟方式进行排烟的部位，首先需要有一定的可开启外窗的面积，本条对采用自然排烟的开窗面积提出要求。

由于我国在防、排烟试验研究方面尚无完整的资料，故本条对可开启外窗面积仍参考国外有关资料确定。

日本《建筑法规执行条例》规定：房间在顶棚下 80cm 高度的范围内，能开启窗户的净面积不小于房间地板面积的 1／50，且与室外大气直接相通，不能满足上述要求时，应该设置机械排烟设施。并规定：防烟楼梯间前室、消防电梯前室设自然排烟的竖井其截面积为 $2m^2$。合用前室为 $3m^2$。

德国《高层住宅设计规范》规定：楼梯间在 22m 和 22m 以上时，每隔四层应划分为一个防烟段。每段必须在最上部设排烟装置，其面积必须至少为楼梯间截面的 5%，但不小于 $0.5m^2$。美国《PROGVESSIVE AICHIRECTUYE》刊物介绍，按国家防火协会规定，排烟设备的规格和占有空间，要根据建筑散热分类来决定。国家防火协会编印的“排烟热装置指南”的文章中介绍：把用途不同的工业建筑物的散热性能分为低、中、高散热三类。其它的建筑类型，如会议厅、商业厅等可参考上述三类原则进行划分。国家防火协会推荐的排烟孔道顶部设置自动排烟装置。

走道与房间的开窗面积参考日本规范。考虑到把日本的规范内容直接搬到本规范中来，执行当中会有很大困难，因为距顶棚 80cm 高度的范围内，能开启的外窗面积不一定能满足房间地板面积 1／50 的要求，如按日本规定还必须设置机械排烟设施。日本规范还规定：距地板面高度超过 2m 的窗扇都要设手动开启装置，其手动操作手柄设在地板上 0.8～1.5m 的高度。这样一般的钢窗构造均要改动，还要设手动联杆机构，不仅改造比较困难，而且增加造价，这不适合我国当前的国情，所以未作这样的规定。考虑到在火灾时采取开窗或打碎玻璃的办法进行排烟是可以的，因此开窗面积按本条只计算可开启外窗的面积。

二、需要说明的几点。

1. 关于楼梯间的开窗面积：楼梯间是人员疏散的重要疏散通道，从原则上讲是不允许在火灾发生时有烟，但是从发生火灾的几个案例表明，当前室采用自然排烟时，虽能依靠前室的可开启外窗进行排烟，但由于楼梯间存在着热压差（即烟囱效应），烟气仍同时进入楼梯间造成楼梯间内被烟气笼罩，使人们无法疏散，直至火灾被扑灭后，楼梯间内的烟气也无法被排除。为此要求楼梯间也应有一定的开窗面积，开窗面积能在五层内任意调整，如：当某高层建筑下部有三层裙房时，其靠外墙的防烟楼梯间可以保证四、五层内有可开启外窗面积 $2m^2$ 时，其一至三层内可无外窗。这样可满足裙房且裙房高度不太高的建筑的要求。从防火角度分析也是合理的。

2. 室内中庭净空高度不超过 12m 的限制，是由于室内中庭高度超过 12m 时，就不能采取可开启的高侧窗进行自然排烟，其原因是烟气上升有“层化”现象。所谓“层化”现象是当建筑较高而火灾温度较低（一般火灾初期的烟气温度为 50～60℃），或在热烟气上升流动中过冷（如空调影响），部分烟气不再朝竖向上升，按照倒塔形的发展而半途改变方向并停留在水平方向，也就是烟气过冷后其密度加大，当它流到与其密度相等空气高度时，便折转成水平方向扩展而不再上升。上升到一定高度的烟气随着温度的降低又会下降，使得烟气无法从高窗排出室外。

由于自然排烟受到自然条件，建筑本身热压、密闭性等因素的影响而缺乏保证。因此，根据建筑的使用性质（如极为重要、豪华等）、投资条件许可等情况，虽具有可开启外窗的自然排烟条件，但仍可采用机械防烟措施。如：日本新宿、野村大厦，上海华亭宾馆。

8.2.3 新增条文。按本规范第 8.1.1 条规定，当防烟楼梯间及其前室采用自然排烟时，防烟楼梯间及其前室均应设有可开启的外窗，且其面积应符合本规范第 8.2.2 条规定。根据我国目前的经济技术管理水平，这对我国的一些工程（主要是高层住宅及二类高层建筑）在执行上有一定的困难，从前几年《高规》执行的情况以及从自然排烟的烟气流动的理论分析，当前室利用敞开的阳台、凹廊或前室内有两个不同朝向有可开启的外窗时，其排烟效果受风力、风向、热压的因素影响较小，能达到排烟的目的。因此本条规定，前室如利用阳台、凹廊或前室内有不同朝向的可开启外窗自然排烟时（如图 18（*a*）、（*b*）），该楼梯间可不设防烟设施。例如北京前三门高层住宅群等。

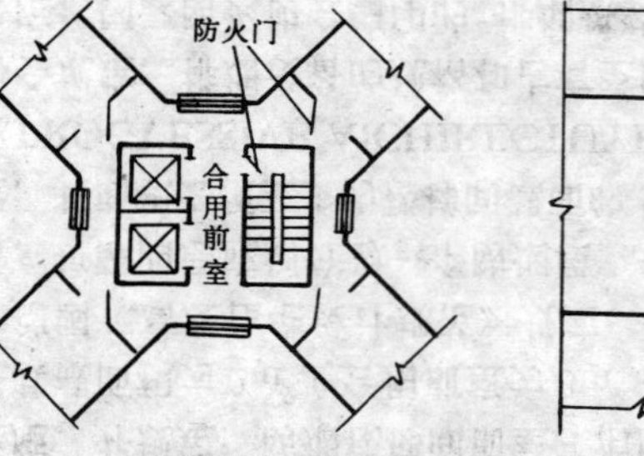

（*a*）四周有可开启外窗的前室　（*b*）两个不同朝向有开启外窗的前室

图 18　有可开启外窗的前室示意图

8.2.4 新增条文。火灾产生的烟气和热气（负带热量的空气），因其容重较一般空气轻，所以都上升到着火层上部，为此，排烟窗应设置在上方，以利于烟气和热气的排出。需要注意的是，设置在上方的排烟窗要求有方便开启的装置。这种能在下部手动开启的排烟窗，目前在国内已有厂方生产，故作出本条规定。

8.3 机 械 防 烟

8.3.1 新增条文。

一、从烟气控制的理论分析，对于一幢建筑，当某一部位发生火灾时，应迅速采取有效的防、排烟措施，对火灾区域应实行排烟控制，使火灾产生的烟气和热量能迅速排除，以利人员的疏散和消防扑救，故该部位的空气压力值为相对负压。对非火灾部位及疏散通道等应迅速采取机械加压送风的防烟措施，使该部位空气压力值为相对正压，以阻止烟气的侵入，控制火势蔓延。如：美国西雅图大楼的防、排烟方式，采用了计算机安全控制系统，当其收到烟（或热）感应发出讯号时，利用空调系统进入火警状态，火灾区域的风机立即自动停止运行，空调系统转而进入排烟，同时非火灾区域的空调系统继续送风，并停止回风与排风，对此造成正压状态阻止烟气侵入，这种防排烟系统对减少火灾的损失是很有保证的。但这种系统的控制和运行，需要有先进的技术管理水平。根据我国国情并征集了国内有关专家及工程技术人员的意见，本条规定了只对不具备自然排烟条件的垂直疏散通道（防烟楼梯间及其前室、消防电梯间前室或合用前室）和封闭式避难层采用机械加压送风的防烟措施。

二、由于本规范第 8.2.1 条与第 8.2.2 条规定当防烟楼梯间及其前室、消防电梯间前室或合用前室各部位当有可开启外窗时，能采用自然排烟方式，造成楼梯间与前室或合用前室在采用自然排烟方式与采用机械加压送风方式排列组合上的多样化，而这两种排烟方式不能共用。这种组合关系及防烟设施设置部位分别列于表 17。

垂直疏散通道防烟部位的设置表　　表 17

组　合　关　系	防烟部位
不具备自然排烟条件的楼梯间与其前室	楼梯间
采用自然排烟的前室或合用前室与不具备自然排烟条件的楼梯间	楼梯间
采用自然排烟的楼梯间与不具备自然排烟条件的前室或合用前室	前室或合用前室
不具备自然排烟条件的楼梯间与合用前室	楼梯间、合用前室
不具备自然排烟条件的消防电梯间前室	前室

三、需要说明的几点：

1. 关于消防电梯井是否设置防烟设施的问题。这个问题也是当前国内外有关专家正在研究的课题，至今尚无定论。据有关资料介绍，利用消防电梯井作为加压送风有一定的实用意义和经济意义，现在正在研究之中。国外也有实例。由于我国目前在这方面尚未开展系统的研究，因尚无足够的资料，所以本条不规定对消防电梯井采用机械加压送风。

另一方面，考虑到防、排烟技术的发展和需要，在有技术条件和足够技术资料的情况下，允许采用对消防电梯井设置加压送风，但前室或合用前室不送风，这也是有利于防、排烟技术在今后得到进一步发展。

2. 关于“对不具备自然排烟条件的防烟楼梯间进行加压送风时，其前室可不送风”的讨论。经调查，目前国内对不具备自然排烟条件的防烟楼梯间及其前室进行加压送风的做法有以下三种：(1) 只对防烟楼梯间进行加压送风，其前室不送风；(2) 防烟楼梯间及其前室分别设置两个独立的加压送风系统，进行加压送风；(3) 对防烟楼梯间设置一套加压送风系统的同时，又从该加压送风系统伸出一支管分别对各层前室进行加压送风。本条规定对不具备自然排烟条件的防烟楼梯间进行加压送风时，其前室可不送风理由是：

(1) 从防烟楼梯间加压送风后的排泄途径来分析，防烟楼梯间与其前室除中间隔开一道门外，其加压送风的防烟楼梯间的风量只能通过前室与走廊的门排泄，因此对排烟楼梯间加压送风的同时，也可以说对其前室进行间接的加压送风。两者可视为同一密封体，其不同之处是前室受到一道门的阻力影响，使其压力、风量受节流。国外某国家研究所对上述情况进行了试验（如图19所示），其结果说明这一点。

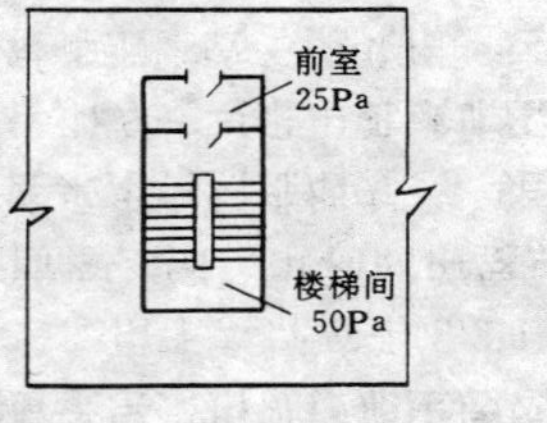

(a)当楼梯间及其前室门关闭时

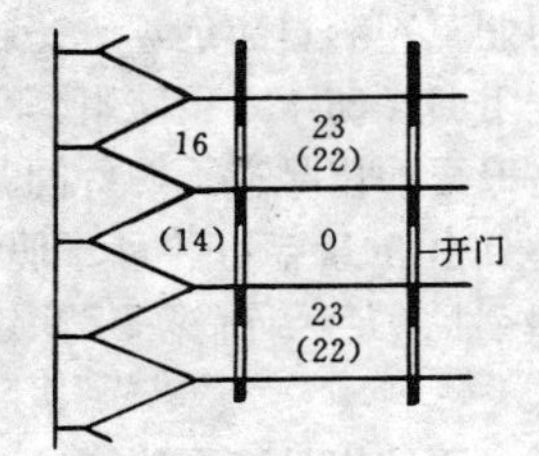

(b)开启前室与走道一樘门时(单位Pa)，括号内为五层处压力,括号外为十层压力

图 19　只对消防楼梯间加压送风、前室不送风的试验情况

(2) 从风量分配上分析：当不同楼层的防烟楼梯间与前室的门以及前室与走道之间的门同时开启时或部分开启时，气流风量分配与走向是十分复杂的，以致对防烟楼梯间及其前室的风量控制是很难实现的。

8.3.2　本条是新增加的。采用机械加压送风时，由于建筑有各种不同条件，如开门数量、风速不同，满足机械加压送风条件亦不同，宜首先进行计算，但计算结果的加压送风量不能小于本规范表 8.3.2-1～4 的要求。这样既可避免不能满足加压送风值，又有利于节省工时。

一、风量校核值的依据。资料表明，对防烟楼梯间及其前室、消防电梯间前室和合用前室的加压送风量的计算方法统计起来约有 20 多种，至今尚无统一。其原因主要是影响压力送风量计算的因素较复杂，且各种计算公式在研究加压送风量的计算时出发点不一致（如：有的从试验中得出，有的按维护加压部位的压力值求得，有的按开启门洞处的需要流速中求得……）等因素造成的。从理论上讲，每个公式的产生与其对应的研究背景是各有自己的理由，而当用某一公式去解决某一实际工程设计时，往往存在着一定的差别，这样就造成了即使同一条件的工程，因选择不同的计算公式，其结果差别也很大。另一方面，在加压送风量的设计计算中，由于某些计算公式缺乏系统的全面的介绍，特别是假设参数的选择不当，也容易造成设计计算的错误，即使在同一条件下，因使用公式不同，其结果差别很大。上述原因使当前在加压送风量的设计计算中存在着一定的盲目性、可变性。本规范在修订过程中，对加压送风量的计算问题作了较深入的调查研究及分析，考虑到我国目前在加压送风量的设计计算中存在的问题（如建筑构件的产生及建筑施工质量、设计资料不完整、设计参数不明确等）和对加压送风进行科学实验手段不完善等因素，为了避免计算发生误差太大，确立一个风量定值范围表，供设计人员对应设计中的条件进行计算考核是十分必要的 。

二、公式的选取：

基本公式的选取。根据各种计算公式的理论依据，在保持疏散通道需要有一定正压值以及开启着火层疏散通道时要相对保持该门洞处的风速。作为计算理论依据，应分别选择目前国内在高层建筑防烟设计计算中使用较普遍的两个公式为基本计算公式。

1. 按保持疏散通道需要有一定正压值（俗称压差法）公式：

$$l = 0.827 \times A \times \Delta P^{1/n \times 1.25} \tag{5}$$

式中　l——加压送风量（m^3/s）；

0.827——漏风系数；

A——总有效漏风面积（m^2）；

ΔP——压力差（Pa）；

n——指数（一般取2）；

1.25——不严密处附加系数。

2. 按开启着火层疏散通道时要相对保持该门洞处的风速（又称流速法）公式：

$$l=f、v、n\cdots\cdots(7.2) \quad (6)$$

式中 l——加压送风量（m^3/s）；

v——门洞断面风速（m/s）；

F——每档开启门的断面积（m^2）；

n——同时开启门的数量。

公式（5）、（6）均摘自《采暖通风设计手册》。

校核公式：除基本公式外的其它公式均作为计算校核使用。校核计算公式较多，不一一列举。

三、参数的确定：

1. 基本参数的确定。通过调研及与国内有关专家、工程技术人员座谈，对该参数基本认可和假设已定的条件参数等为基本参数：

a. 开启门的数量：20层以下 n 取2；20层以上 n 取3。

b. 正压值：楼梯间，$P=50Pa$；前室，$P=25Pa$。

c. 开启门面积：疏散门，2.0m×1.6m；电梯门，2.0m×1.8m。

2. 浮动参数的确定。通过调研及与国内有关专家、工程技术人员座谈，认为该参数有上、下限的可能以及受建筑构件的影响参数等为浮动参数。

a. 门洞断面风速：$v=0.7\sim1.2m/s$。

b. 门缝宽度：疏散门，0.002～0.004m；电梯门，0.005～0.006m。

c. 系数：按各公式要求浮动。

3. 计算方法。以基本参数为条件：分别选用基本公式与浮动参数定义组合进行计算，列出计算结果范围，再与各校核计算公式进行校核计算结果比较，确定公式计算结果的数值范围。

与国内外已建高层建筑正压送风量的比较，见表18。

国内外部分高层建筑正压送风量举例 **表18**

建筑物名称	层数	总送风量（m^3/h）	每层平均（m^3/h）	加压送风部位
美国波士顿附属医疗大楼	16	16128	1008	楼梯间
美国旧金山办公大楼	31	31608	1008	楼梯间
美国波士顿 CUAC 大楼	36	121320	3370	楼梯间前室
美国明尼亚波利斯 IDS 中心	50	54720	1094	楼梯间
美国佛罗里达州办公大楼	55	68000	1236	楼梯间
美国麦克格罗希办公大楼	52	85000	1634	楼梯间
美国波士顿商业联合保险公司	36	51000	1416	楼梯间
上海联谊大厦	29	32500	1120	楼梯间
上海宾馆	27	21600	800	楼梯间
北京图书馆书库	19	19500	1026	楼梯间
深圳晶都大酒店	30	31000	1033	楼梯间及前室
深圳某办公大楼	20	14700	735	电梯前室
大连国际饭店	26	36000	1384	楼梯间及前室
福州大酒店	20	15850	792	楼梯间
山东齐鲁大厦	22	25000	1136	前室

续表 18

建筑物名称	层数	总送风量 (m^3/h)	每层平均 (m^3/h)	加压送风部位
北京市某宾馆	30	46880	1536	楼梯间合用前室
南京金陵饭店	35	34500	985	楼梯间
北京某饭店	30	62170	2012	楼梯间
江苏省常州大厦	16	35000 47500	1920 2969	楼梯间合用前室
中国大酒店	18	9600 4200	533 233	楼梯间、前室
江苏省常州工贸大厦	24	18900	788	楼梯间、前室
上海华亭宾馆	29	34000	1172	消防电梯前室
上海市花园饭店	34	22500	662	消防电梯前室
日本新宿野村大楼	50	21200	424	前室

四、风量定值范围表的产生。通过一组假设条件下和各不同楼层的防烟楼梯间及其前室、消防电梯前室和合用前室利用公式法进行计算，并与国内外部分高层建筑加压送风量平衡比较，同时召开全国部分设计单位、有关专家及工程技术人员座谈会进一步征求意见，修改而成。

设计时还需注意的是，对于各表内风量上下限的选取，按层数范围、风道材料、防火门漏量等综合考虑选取。由于风量定值范围表的计算初始条件均为双扇门，当采用单扇门时，仍按上述步骤计算，其结果约为双扇门的 0.75%；当有两个出口时，风量按表中规定数值的 1.5～1.75 倍计算。

8.3.3、**8.3.4** 两条是新增加的。

一、本规范第 8.3.2 条的各表数值，最大在三十二层以下，如超过规定值时（即层数时），其送风系统及送风量要分段计算。

二、当疏散楼梯采用剪刀楼梯时，为保证其安全，规定按两个楼梯的风量计算并分别设置送风口。

8.3.5 新增条文。当发生火灾时，为了阻止烟气入侵，对封闭式避难层设置机械加压送风设施，不但可以保证避难层内的一定的正压值，而且也是为避难人员的呼吸需要提供室外新鲜空气，本条规定了对封闭避难层其机械加压送风量。其理由是参考我国人民防空地下室设计规范（GBJ38—79）人员掩蔽室清洁式通风量取每人每小时 6～7m^3 计。为了方便设计人员计算，本条以每平方米避难层（包括避难间）净面积需要 30m^3/h 计算（即按每 m^2 可容纳 5 人计算）。

8.3.6 新增条文。当防烟楼梯间及其合用前室需要加压送风时，由于两者要维持的正压值不同，以及当不同楼层的防烟楼梯间与合用前室之间的门和合用前室与走道之间的门同时开启或部分开启时，气流的走向和风量的分配较为复杂，为此本条规定这两部位的送风系统应分别独立设置。如共用一个系统时，应在通向合用前室的支风管上设置压差自动调节装置。

8.3.7 新增条文。本条规定不仅是对选择送风机提出要求，而且也是对加压送风的防烟楼梯间及其前室、消防电梯前室和合用前室、封闭避难层需要保持的正压值提出要求。

一、关于加压部位正压值的确定，是加压送风量的计算及工程竣工验收等需要的依据，它直接影响到加压送风系统的防烟效果。正压值的要求是：在相通加压部位的门关闭的条件下，其值应足以阻止着火层的烟气在热压、风压、浮压、膨胀力等力量联合作用下进入楼梯间、前室或封闭避难层。仅从防烟角度来说，这个数值越高越好，但是由于一般疏散门的方向是朝着疏散方向开启，而加压作用的力方向恰好与疏散方向相反，如果压力过高，可能会带来开启门的困难或者打不开门。另一方面，压力过高也会使风机、风道等送风系统的设备投资增多，如一座二十层楼的建筑，其正压送风系统所规定的正压值从 12.6Pa，提高到 25Pa 时，加压送风量增加 40%左右。如何选择合适的正压值是一个需要进一步研究的问题，由于我国目前在这方面无试验条件且无运行经验，因此设计均参照国外资料。据国外燃烧实验资料介绍，在多层建筑内，其正压值为 25Pa 的空气压力可以取得较为满意的防烟效果，对高层建筑来说需要增加到 50Pa 时才能满足防烟要求。目前美国、英国和加拿大均按 25～50Pa 范围内选取，我国在防烟设计中也基本上参照这一数值。

为了促使防烟楼梯间内的加压空气向走廊流动，提高对着火层烟气的排斥作用，因此要求在加压送风时防烟楼梯间的空气压力大于前室的空气压力，而前室的空气压力大于走廊的空气压力，即防烟楼梯间正压值为 50Pa，前室正压值为 25Pa，走廊的压力为相对是零。

二、鉴于我国目前对生产的防火门的门缝宽度尚无统一规定，各厂要求 3mm 以内，由于施工等原因，达到此要求尚有困难。加上施工质量，验收标准存在着一定的问题，遇到实际的门缝宽度较大或其它部位有较大的渗漏风现象时，要维持正压值为 50Pa 要比维持 25Pa 更为困难。

另一方面从理论上分析，当向加压部位进行加压送风时，其加压风量不但要满足当所有门都关闭时由门缝向非加压部位渗透的空气量及加压空间应具有的一定的空气正压值，而且加压送风的空气量还要满足一定数量的门在间歇性开启时，门口断面处流速的要求。为了防止当加压部位所有的门都关闭时，其内部压力超过某一数值时，给开启疏散门带来困难（有资料表明：正压值大约在 102Pa 时，疏散门就难以打开），因此对加压部位设置限压装置是理所当然的（一般限压值为正压值的 1.2 倍）。但通过对几个已建工程实例进行的加压送风测试表明：这种超压现象很少发生，测试时的正压值基本在 25～50Pa 范围内，鉴于这种情况，又考虑到我国目前生产、安装的防火门的实际情况，依靠从门缝泄压不会有困难，因此对设置余压阀等限压装置可以不予考虑。

8.3.8 新增条文。楼梯间采用每隔二三层设置一个加压送风口的目的是保持楼梯间的全高度内的均衡一致。据加拿大、美国等国采用电子计算机模拟试验表明，当只在楼梯间顶部送风时，楼梯间中间十层以上内外门压差超过 102Pa，使疏散门不易打开；如在楼梯间下部送风时，大量的空气从一层楼梯间门洞处流出。多点送风，则压力值可达到均衡。

8.4 机 械 排 烟

8.4.1 本条是对原条文的修改。

一、设置排烟设施的部位，包括机械排烟和自然排烟两种情况。如果本规范第 8.1.3 条规定的部位属于本条规定的范围，那么就不能采用自然排烟，只能采用机械排烟设施。

二、关于“总面积超过 $200m^2$ 或一个房间面积超过 $50m^2$，且经常有人停留或可燃物较多的地下室”，设置机械排烟设施的理由是，考虑到地下室发生火灾时，疏散扑救比地上建筑困难得多，因为火灾时，高温烟气会很快充满整个地下室。如某饭店地下室和某地下铁道发生火灾时，扑救人员在浓烟、高温的情况下，很难接近火源进行扑救，所以对地下室的防火要求应严格一些。对设有窗井等可采用开窗自然排烟措施的房间，其开窗面积仍应按本规范第 8.2.2 条的规定执行。

8.4.2 基本保留原条文。

一、本条规定了排烟风机的排烟量计算方法与原则，排烟风机的排烟量是采用日本规范规定的数据。日本规定：每分钟能排出 $120m^3$（$7200m^3/h$）以上，且满足防烟区每平方米地板面积排出 $1m^3/min$（$60m^3/h$）排烟量，当排烟风机担负两个及两个以上防烟区排烟时，按面积最大的防烟区每平方米地板面积排出 2m³／min（120m³／h）的排烟量。

二、走道排烟面积即为走道的地面积与连通走道的无窗房间或设固定窗的房间面积之和，不包括有开启外窗的房间面积。同一防火分区内连接走道的门可以是一般门，不规定是防火门。

三、当排烟风机担负两个以上防烟分区时，应按最大防烟分区面积每平方米不小于 120m³／h 计算，这里指的是选择排烟风机的风量，并不是把防烟分区排烟量加大一倍（对每个防烟分区的排烟量仍然按防烟分区面积每平方米不小于 60m³／h 计算），而是当排烟风机不论是水平方向或垂直方向担负两个或两个以上防烟分区排烟时，只按两个防烟分区同时排烟确定排烟风机的风量。每个排烟口排烟量的计算、排烟风管各管段风量分配见表 19，排烟系统见图 20。

排烟风管风量计算举例 **表 19**

管段间	负担防烟区	通过风量 (m^3／h)	备注
A_1～B_1	A_1	$QA_1\times60=22800$	
B_1～C_1	A_1,B_1	$QA_1\times120=45600$	
C_1～①	A_1～C_1	$QA_1\times120=45600$	一层最大 $QA_1\times120$
A_2～B_2	A_2	$QA_2\times60=28800$	
B_2～①	A_2,B_2	$QA_2\times120=57600$	二层最大 $QA_2\times120$
①～②	A_1～C_1,A_2,B_2	$QA_2\times120=57600$	一、二层最大 $QA_2\times120$
A_3～B_3	A_3	$QA_3\times60=13800$	
B_3～C_3	A_3,B_3	$QB_3\times120=30000$	
C_3～D_3	A_3～C_3	$QB_3\times120=30000$	
D_3～②	A_3～D_3	$QB_3\times120=30000$	三层最大 $QB_3\times120$
②～③	A_1～C_1,A_2,B_2,A_3～D_3	$QA_2\times120=57600$	一、二、三层最大$QA_2\times120$
A_4～B_4	A_4	$QA_4\times60=22800$	
B_4～C_4	A_4,B_4	$QA_4\times120=45600$	
C_4～③	A_4～C_4	$QA_4\times120=45600$	四层最大 $QA_4\times120$
③～④	A_1～C_1,A_2,B_2,A_3～D_3,A_4～C_4	$QA_2\times120=57600$	全体最大 $QA_2\times120$

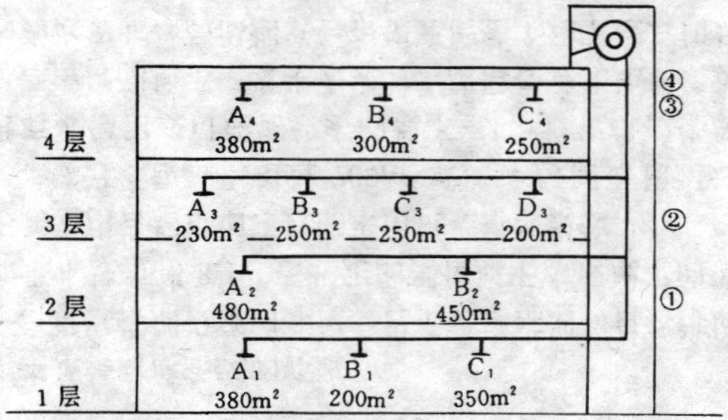

图 20 排烟系统示意图

四、关于室内中庭排烟量的计算问题，国内目前尚无实验数据及理论依据，参照了国外资料。据国外资料介绍：

1. 对容积不超过 600000ft³ 的室内中庭包括与其相连的同一防烟区各楼层的容积排烟量不得小于每小时 6 次换气量。

2. 对容积大于 600000ft³ 的室内中庭包括与其相连的同一防烟区各楼层的容积排烟量不得小于每小时 4 次换气量。

8.4.3 有裙房的高层建筑，有靠外墙的防烟楼梯间及其前室，消防电梯间前室和合用前室，其裙房以上部分能采用可开启外窗自然排烟；裙房以内部分在裙房的包围之中无外窗，不具备自然排烟条件，这种建筑形式目前比较多。对防、排烟设施应怎样设置，据调查，对这种形式的建筑其防、排烟设置分两种方式设置。一种方式不考虑裙房以上部分进行自然排烟的条件，按机械加压送风要求设置机械加压送风设施，但在风量的计算中应考虑由窗缝引起的渗漏量；另一种方式是凡符合自然排烟条件的部位仍采用自然排烟的方式，对不具备自然排烟条件的部位设置局部的机械排烟方式弥补。从防、排烟的角度来讲，第一种方式较第二种方式效果好，但从满足防、排烟要求以及尽量减少机械防、排烟系统设置等情况考虑，第二种方式也能满足要求，本条是由此作出相应的规定的。

本条排烟量的计算仍按本规范第 8.4.2 条规定执行。当各前室独立设置机械排烟风机时，按每平方米不小于 $60m^3/h$ 计算(不考虑风机最小排烟量)。当各前室共用一个风机进行排烟时，风机的风量按前室面积每平方米 $120m^3/h$ 计算。

8.4.4 基本保留原条文。烟气因受热而膨胀，其容重较轻，向上运动并贴附在顶棚上再向水平方向流动，因此对排烟口的设置位置，应尽量设在顶棚或靠近顶棚的墙面上，以有利于烟气的排出。

排烟口的操作，参照日本规定，当确定发生火灾后，用手动或消防控制室遥控开启排烟口，排烟口与排烟风机联锁启动，同时应立即关闭着火区的通风、空调系统。

目前国内生产的排烟口均设有手动和自动相结合的开启方式，自动开启就是由消防控制室遥控或与自动报警系统联动的方式，手动开启装置的位置要有明显的火警标志并方便火灾时的操作。

8.4.5 基本保留原条文。

一、本条规定排烟口到该防烟分区最远点的水平距离不应超过 30m，这里指水平距离是烟气流动路线的水平长度。房间与走道排烟口至防烟分区最远点的水平距离示意图见图 21。

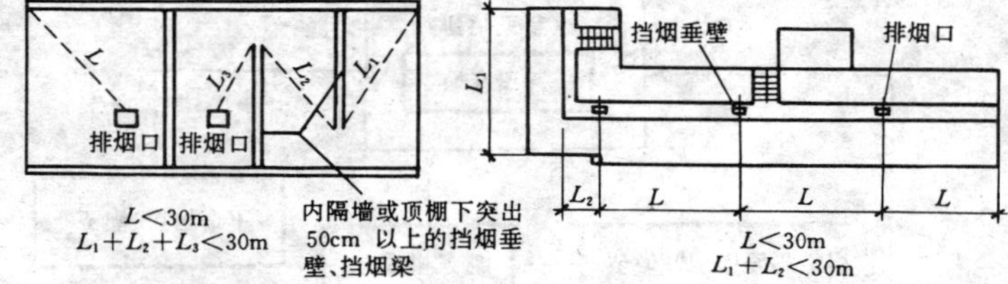

图 21 房间、走道排烟口至防烟分区最远水平距离示意图

走道的排烟口与防烟楼梯的疏散口的距离无关，但排烟口应尽量布置在与人流疏散方向相反的位置处，见图 22。

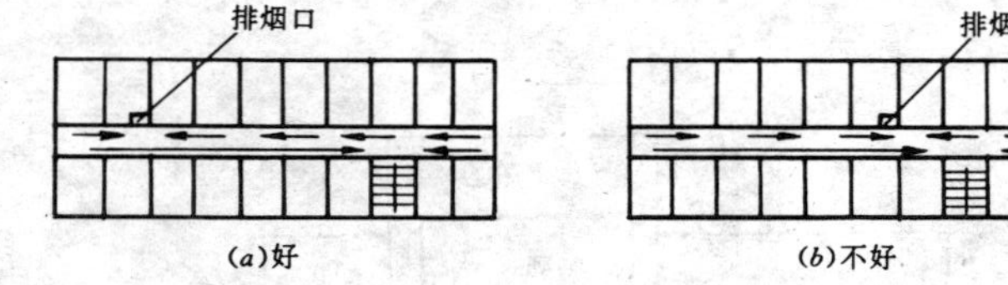

图 22 走道排烟口与疏散口的位置

→→ 烟气方向；—→人流方向

二、关于排烟系统要求设有当烟气温度超过 280℃时能自动关闭的装置问题。当房间发生火灾后，房间的排烟口开启，同时启动排烟风机排烟，人员进行疏散，当排烟道内的烟气温度达到 280℃时，在一般情况下，房间人员已疏散完毕，房间排烟管道内的自动关闭装置关闭停止排烟。烟气如继续扩散到走道，走道的排烟口打开，同时启动排烟风机排烟，火势进一步扩大到走道排烟道内的烟气温度达到 280℃时，走道排烟道内的自动关闭装置关闭停止排烟。当排烟气道内烟气温度达到或超过 280℃时，烟气中已带火，如不停止排烟，烟火就有扩大到上层的危险造成新的危害。因此本条规定应在排烟支管上安装 280℃时能自动关

闭的防火阀。

自动关闭是指易熔环温度或温感器联动的关闭装置。

8.4.6 本条从便于排烟系统的设置和保证防火安全以及防、排烟效率等因素综合考虑而规定的。

从调查的情况看，目前国内的高层建筑中，机械排烟系统的设置一般均为走道的机械排烟系统，为竖向布置；房间的机械排烟系统按房间分区水平布置。但也有的走道每层设风机分别排烟，这种排烟系统投资较大，供电系统复杂，同时烟气的排放也应考虑对周围环境的威胁，因此不推荐这种方法。

8.4.7 基本保留原条文。对于排烟风机的耐热性，可采用普通的离心风机和专用排烟的轴流风机。

据日本有关资料介绍，排烟风机要求能在 280℃ 时运行 30min 以上。

为了弄清普通离心风机的耐热问题，公安部四川消防科研所对普通中、低压离心风机（4−72NO45A、4−72NObc）进行了多次试验，其结果表明，完全可以满足本规定的要求。

随着防火设备的开发、生产，目前国内外均已生产出专用排烟轴流风机，可供不同的排烟要求选取。

需要说明的是，关闭排烟风机并不能阻止烟火的垂直蔓延，也起不到不使烟气蔓延到排烟风机所在层（通常在顶层）的作用，所以要在排烟风机入口管上装自动关闭的排烟防火阀。

8.4.8 基本保留原条文。排烟口、排烟阀应与排烟风机联动。

机械排烟系统的控制程序举例如下：

图 23 为不设消防控制室的房间机械排烟控制程序。

图 24 为设有消防控制室的房间机械排烟控制程序。

8.4.9 保留原条文。为了防止排烟口、排烟阀门、排烟道等本身和附近的可燃物被高温烤着起火，故本条规定，这些组件必须采用不燃烧材料制作，并与可燃物保持不小于 150mm 的距离。

8.4.10 机械排烟系统宜与通风、空气调节系统分开设置，是因为空调系统多为采用上送下回的送风方式，如利用空调系统作排烟时，一般是多用送风口代替排烟口，烟气又不允许通过空调器，并要把风管与风机联接位置改变，需要装旁通管和自动切换阀，平常运行时增大漏风量和阻力。另外，通风、空调系统的风口都是开口，而作为排烟口在火灾时，只有着火处防烟分区的排

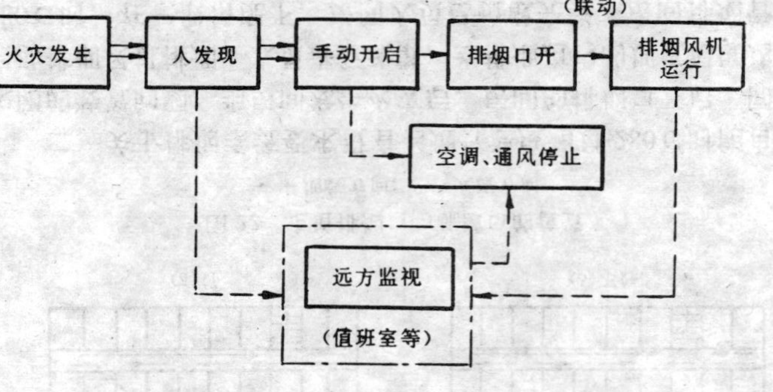

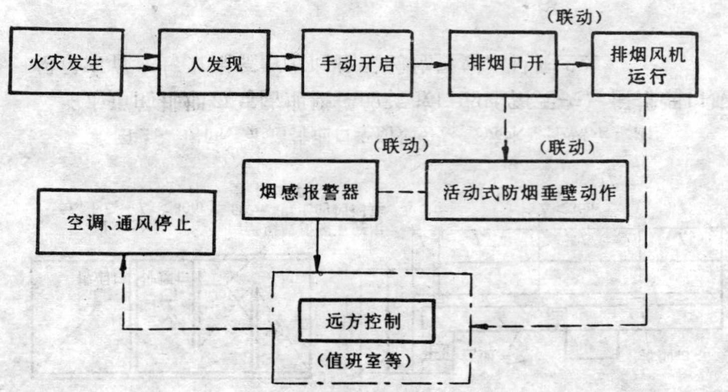

图 23　不设消防控制室的房间机械排烟控制程序

烟口才开启排烟，其它都要关闭。这就要求通风、空调系统每个风口上都要装设自动控制阀才能满足排烟要求，综合上述及根据我国目前设备生产情况等，故规定排烟系统宜与通风、空调系统分开设置。

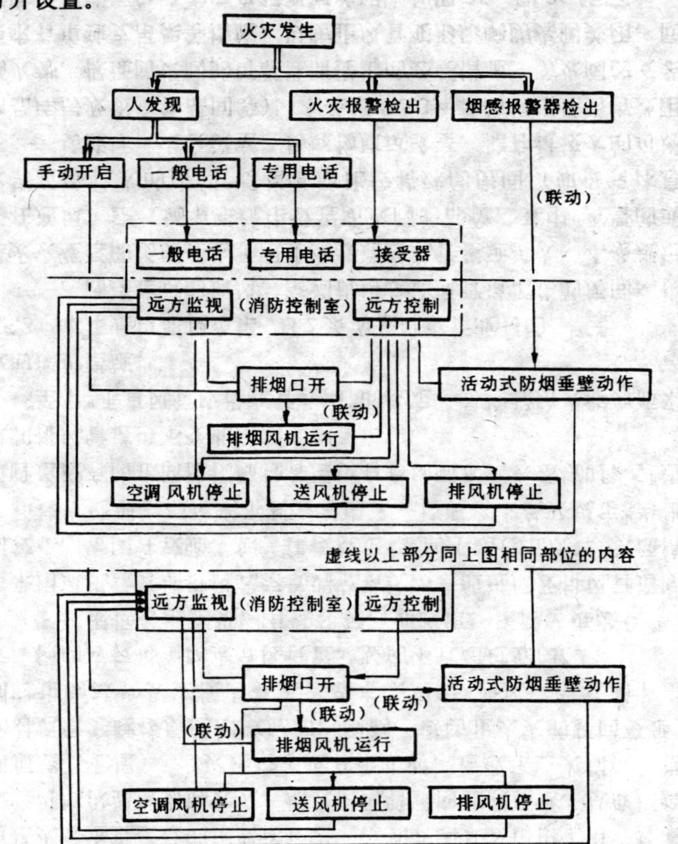

图 24 设有消防控制室的房间机械排烟控制程序

考虑到有些高层建筑，如有条件也可利用通风系统进行排烟。如地下室设置通风系统部位，利用通风系统作排烟更有利，它不但节约投资，而且对排烟系统的所有部件经常使用可保持良好的工作状态。因此如利用通风系统管道排烟时，应采取可靠的安全措施：(1) 系统风量应满足排烟量；(2) 烟气不能通过其它设备（如过滤器、加热器等）；(3) 排烟口应设有自动防火阀（作用温度 280℃）和遥控或自控切换的排烟阀；(4) 加厚钢质风管厚度，风管的保温材料必须用不燃材料。

独立的机械排烟系统完全可以作平时的通风排气使用。

8.4.11 根据空气流动的原理，需要排除某一区域的空气，同时也需要有另一部分的空气来补充。对地上的建筑物进行机械排烟时，因有其旁边的窗门洞口等缝隙的渗透，不需要进行补风就能有较好的效果；但对地下建筑来说，其周边处在封闭的条件下，如排烟时没有同时进行补充，烟是排不出去的。为此，本条规定，对地下室的排烟应设有送风系统，进风量不宜小于排烟量的50%。

8.5 通风和空气调节

8.5.1 基本保留原条文。空气中含有容易起火或爆炸的物质，当风机停机后，此种物质易从风管倒流，将这些物质带到风机内。因此，为防止风机发生火花引起燃烧爆炸事故，应采用防爆型的通风设备（即用有色金属制造的风机叶片和防爆的电动机）。

若送风机设在单独隔开的通风机房内，且在送风干管内设有防火阀及止回阀，能防止危险物质倒流到风机内，通风机房发生火灾后，不致蔓延到其它房间时，可采用普通型非防爆的通风设备，但通风设备应是不燃烧体。

8.5.2 本条是沿用原规范的内容。

一、烟气的垂直上升速度约为 3～4m／s。阻止高层建筑火灾向垂直方向蔓延，是防止火灾扩大的一项重要措施。根据国内外高层建筑的火灾实例，通风、空气调节系统穿越楼板的垂直风道是火势垂直蔓延的主要途径之一，如我国某宾馆由于电焊烧着风管可燃保温层引起火灾，烟火沿风管竖向孔洞蔓延，从底层烧到顶层（七层），大火延烧了近9个小时，造成了巨大损失。据此对风管穿越楼层的层数应加以限制，以防止火灾的竖向蔓延，同时也为减少火灾横向蔓延。故本条规定“通风、空气调节系统，横向应按每个防火分区设置，竖向不宜超过五层”。

二、根据各地意见，有些建筑，如旅馆、医院、办公楼等，多采用风机盘管加进风式空气调节系统，一般进风及排风管道断面较小，密闭性较强，如一律按规定“竖向不超过五层”，从经济上和技术处理上都带来不利。考虑这一情况，本条又规定“当排风管道设有防止回流设施且各层设有自动喷水灭火系统时，其进风和排风管道可不受此限制”。

至于“垂直风管应设在管井内”的规定，是增强防火能力而采取的保护措施。

8.5.3 本条是以原规范第7.3.2条为基础重新改写的。

一、高层建筑的通风、空调机房是通风管道汇集的房间，也是火灾蔓延的场所。为了阻止火势通过风管蔓延扩大，本条规定了在通风、空气调节系统中设置防火阀的部位。其中“重要的或火灾危险性大的房间”是指性质比较特殊的房间（如贵宾休息室、多功能厅、大会议室、易燃物质试验室、储存量较大的可燃物品库房及贵重物品间等）。本条第8.5.3.4款的规定是为有效阻隔火势、保证防火阀的可靠性而提出的必要措施。防火阀的安装要求有单独支吊架等措施，以防止风管变形影响防火阀关闭，同时防火阀能顺气流方向自行严密关闭。如图25、图26所示。

8.5.4 关于防火阀动作温度的规定，根据民用建筑火灾初始温度状态，并参照国际上此类防火阀的动作温度通常为68～72℃，本规范仍沿用原规范值定为70℃。此温度一般是按比通风、空调系统在正常工作时的最高温度约高25℃确定的，而民用建筑内的最高送风时的温度一般为45～50℃，所以定为70℃是适宜的。这一温度与国家标准图防火阀的动作温度以及自动喷水灭火系统的启动温度也是一致的。

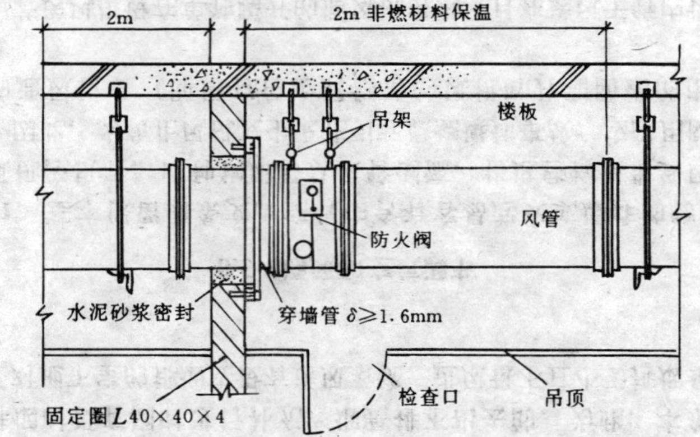

图25 防火墙处的防火阀示意图

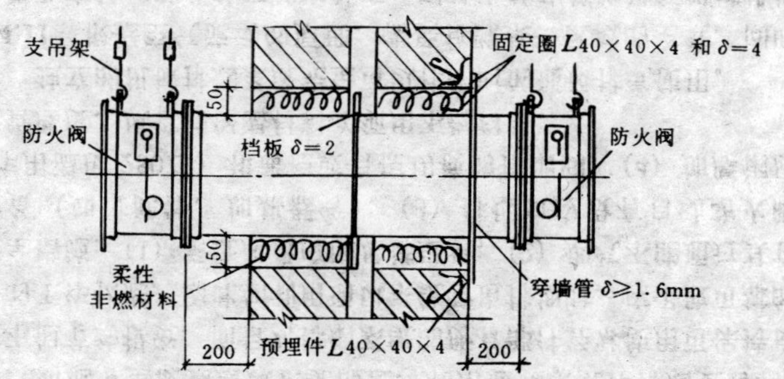

图26 变形缝处的防火阀示意图

8.5.5 本条是在原规范第 7.2.4 条的基础上改写的。为防止垂直排风管道扩散火势，本条规定“应采取防止回流的措施”。根据国内工程的实际作法，排风管道防止回流的措施有下列四种：

1. 加高各层垂直排风管的长度，使各层的排风管道穿过两层楼板，在第三层内接入总排风管道。如图 27 (*a*) 所示。

2. 将浴室、厕所、卫生间内的排风竖管分成大小两个管道，大管为总管，直通屋面；而每间浴室、厕所的排风小管，分别在本层上部接入总排风管，如图 27 (*b*) 所示。

3. 将支管顺气流方向插入排风竖管内，且使支管到支管出口的高度不小于 600mm，如图 27 (*c*) 所示；

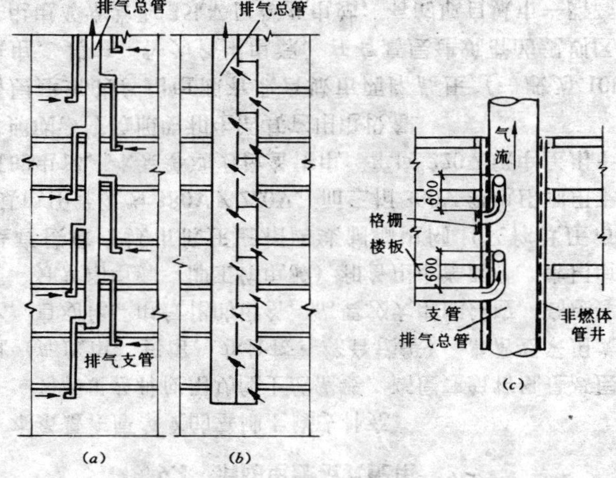

图 27 排气管防止回流构造示意图

4. 在排风支管上设置密闭性较强的止回阀。

8.5.6 本条是以原规范第 7.2.5 条为基础并参照《建规》有关条文改写的。首先明确了风机等设备和风管一样均应采用不燃材料制成。高层建筑中，通风、空气调节系统的管道是火灾蔓延的重要途径，国内外都有经通风管道蔓延火势的教训，尤其采用可燃材料的通风系统，扩大火灾的速度更快，危害更大。如东北某大厦厨房排风系统、排风罩、风管及通风机均采用阴燃型玻璃钢，因烧菜的油火引燃了排风罩，又经风管、风机一直烧到屋面。国外也有类似情况，造成过重大伤亡的火灾事故。为此本条对风管和风机等设备的选材提出了严格要求。

8.5.7 本条基本保留了原条文的内容。管道保温材料着火后，不仅蔓延快，而且扑救困难，如国内某建筑采用可燃泡沫塑料作风道保温材料，检修风道时由于焊接不慎烤着保温层起火，迅速蔓延，到处冒烟，却找不到起火部位，扑救困难。经试验，可燃泡沫塑料燃烧速度高达每分钟十几米。又如某饭店地下室失火，就是火种接触冷冻管道可燃泡沫塑料保温层而引起的。因此设计时对管道保温材料（包括粘结剂）应给予高度重视，一般首先考虑采用不燃保温材料，如超细玻璃棉、岩棉、矿渣棉、硅酸铝棉、膨胀珍珠岩等；但考虑到我国目前生产保温材料品种构成的实际情况，完全采用不燃材料尚有一定困难，因此管道和设备的保温材料、消声材料，也允许采用难燃材料。但粘结剂和保温层的外包材料仍应采用不燃烧材料，如玻璃布等。

对穿越变形缝两侧各 2m 范围，其保温材料及其粘结剂应要求严些，应当采用不燃烧材料。

8.5.8 本条基本保留原条文。

一、据调查，有的小型、中型通风、空调管道内，安装有电热装置，用于加温，如使用后忘记拔掉插销，导致发热，会引起火灾，造成较大损失。为了保证安全，作了此条规定。

二、电热器前后各 800mm 范围内的风管保温材料应采用不燃烧材料，主要根据国内工程实际作法和参考日本、美国等规范、资料而提出的。经十几年的实践，是行之有效的，故予以保留。

9 电 气

9.1 消防电源及其配电

9.1.1 本条是在原条文的基础上修改补充。

一、为满足各种使用功能上的需要，高层建筑特别是高层公共建筑（如旅馆、宾馆、办公楼、综合楼等），常常要采用大量机械化、自动化、电气化的设备，需要较大电能供应。高层建筑的电源，分常用电源（即工作电源）和备用电源两种。常用电源一般是直接取自城市低压三相四线制输电网（又称低压市电网），其电压等级为 380V／220V。而三相 380V 级电压则用于高层建筑的电梯、水泵等动力设备供电；单向 220V 级电压用于电气工作照明、应急照明和生活其它用电设备。

高层建筑的备用电源有取自城市两路高压（一般为 10kV 级）供电，其中一种为备用电源；在有高层建筑群的规划区域内，供电电源常常取 35kV 区域变电站；有的取自城市一路高压（10kV 级）供电，另一种取自备柴油发电机，等等。

二、备用电源的作用是当常用电源出现故障而发生停电事故时，能保证高层建筑的各种消防设备（如消防给水、消防电梯、防排烟设备、应急照明和疏散指示标志、应急广播、电动的防火门窗、卷帘、自动灭火装置）和消防控制室等仍能继续运行。

三、要求一类高层建筑采用一级负荷供电，二类高层建筑采用二级负荷供电，主要考虑以下因素：

1. 高层建筑发生火灾时，主要利用建筑物本身的消防设施进行灭火和疏散人员、物资。如没有可靠的电源，就不能及时报警、灭火，不能有效地疏散人员、物资和控制火势蔓延，势必造成重大的损失。因此，合理地确定负荷等级，保障高层建筑消防用电设备的供电可靠性是非常重要的。根据我国的具体情况，本条对一、二类建筑的消防用电的负荷等级分别作了规定：一类高层建筑应按一级负荷要求供电，二类高层建筑应按二级负荷要求供电。

2. 国内外高层建筑消防电源设置情况。

(1) 国内外新建的一些大型饭店、宾馆、综合建筑等高层建筑均设有双电源。举例如表 20。北京长城饭店消防用电设备供电线路如图 28 所示。

高层建筑设有备用电源举例　　表 20

序号	建 筑 名 称	城市电网电压等级 (kV)	自备发电机容量 (kW)
1	北京长城饭店	35kV 两个不同变电站	750
2	日本东京阳光大厦	6.6kV 双电源	2500 蓄电池 {400AH × 5 300AH × 7 250AH × 2
3	日本新宿中心大厦	22kV 双电源	1500 蓄电池 {100V × 1500AH 100V × 210AH 100V × 1500AH
4	深圳国际贸易中心	10kV 双回路电源	900
5	香港上海汇丰银行	6.6kV 双电源	900
6	日本新大谷饭店	22kV 双电源	415
7	南京金陵饭店	10kV 双回路电源	415
8	北京国际大厦	10kV 双回路电源	415
9	长富宫中心	10kV 双回路电源	1000
10	北京昆仑饭店	10kV 双回路电源	415
11	北京亮马河大厦	10kV 双回路电源	800

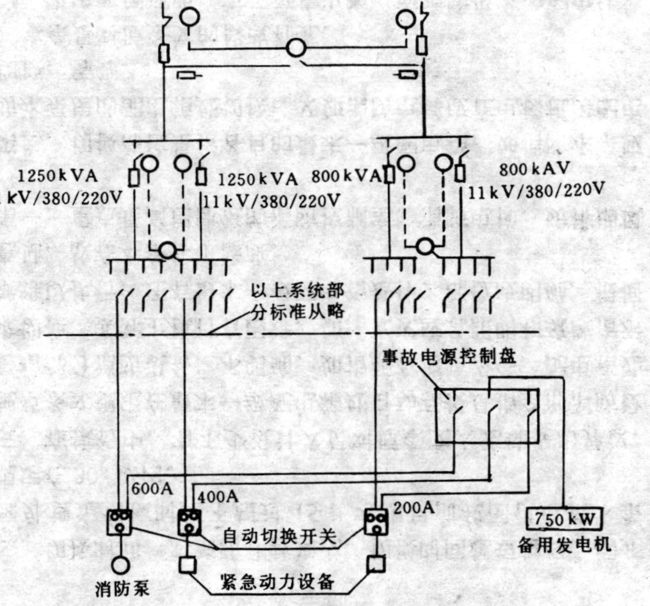

图 28 北京长城饭店消防用电设备供电线路示意图

(2) 据调查，上海、北京、天津、广州、南京、杭州、沈阳、深圳、大连、哈尔滨等地建成的电信楼、广播楼、电力调度楼、大型综合楼等高层公共建筑，一般除设有双电源以外，还设有自备发电机组，即设置了 3 个电源。

(3) 二类高层建筑和高层住宅或住宅群，设置电源情况如下:

据对北京、上海、广州、杭州、南京、天津、沈阳、哈尔滨、长春等城市居住小区的调查，均按两回线路要求供电，经过近 10 年的实践，对二类高层建筑和住宅小区要求两回路供电是可行的。

上海市城建、设计、供电部门规定，十二层以上的住宅建筑的消防水泵和电梯等应设有备用电源。

(4) 体现区别对待，确保重点，兼顾一般的原则。

为确保高层建筑消防用电，按一级负荷供电是很必要的。但考虑到我国目前的经济水平和城市供电水平有限，一律要求按一级负荷供电尚有困难，故本条对二类建筑作了适当放宽。据调查，通信、医院、大型商业和综合楼、高级旅馆、重要的科研楼等，一般都按一级负荷供电；高层住宅小区，有统一规划，供电问题也不难解决；困难的是零星建设的普通住宅，但从长远看，供电标准也不能再低，按二级负荷供电是需要的。

国外一般使用自备发电机设备和蓄电池作消防备用电源。如某些单位有条件，只要符合规定负荷等级和供电要求，也可采用上述电源作为消防用电设备的备用电源。

四、结合目前我国经济、技术条件和供电情况，凡符合下列条件之一的，均可视为一级负荷供电:

1. 电源来自两个不同发电厂，如图 29 (*a*)。

2. 电源来自两个区域变电站（电压在 35kV 及 35kV 以上），如图 29 (*b*)。

3. 电源来自一个区域变电站，另一个设有自备发电设备，如图 29 (*c*)。

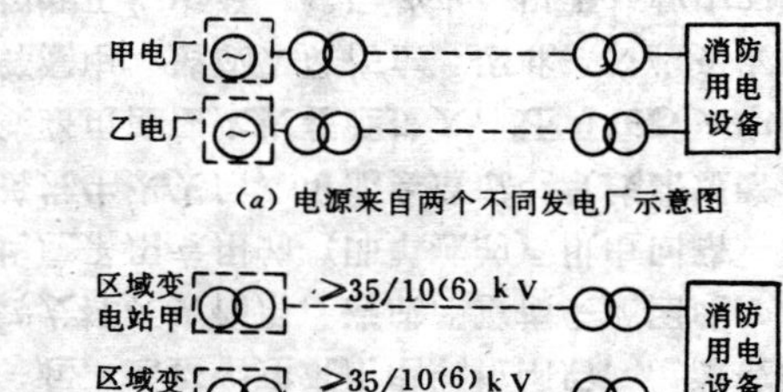

(*a*) 电源来自两个不同发电厂示意图

(*b*) 电源来自两区域变电站示意图

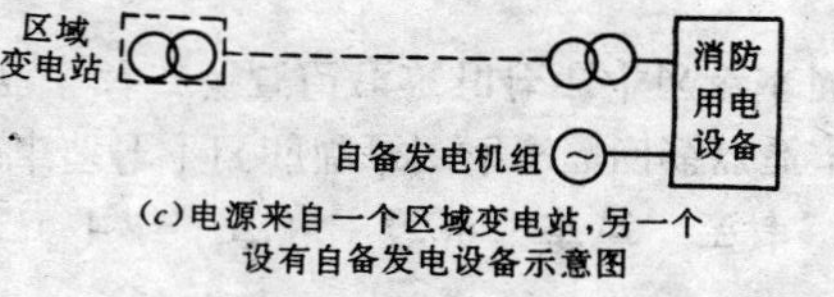

(c)电源来自一个区域变电站，另一个设有自备发电设备示意图

图 29 一级负荷供电示意图

9.1.2 本条是原条文的修改补充。

一、保证发生火灾时各项救灾工作顺利进行，有效地控制和扑灭火灾，是至关重要的。大量事实证明，扑救初起火灾是比较容易办到的，当小火酿成大火后，控制和扑救难度增大，常常会造成重大经济损失和人员伤亡事故。对此，本条对消防用电设备的两个电源的切换方式、切换点和自备发电设备的启动时间作了规定。

二、切换时间。对消防扑救来说，切换时间越短越好。据介绍，国外规定切换时间不超过 15s，考虑目前我国供电技术条件，规定在 30s 以内。

三、在执行中，有不少设计人员对原条文太笼统提出异议，即原规范条文规定在最末一级配电箱处自动互投是指全部消防设备还是指部分消防设备，不明确。如指所有消防设备，配电箱处均要求切换，实际上执行有困难，如：火灾应急照明和疏散指示标志就难以执行；还有最末一级配电箱是什么部位应明确。根据上述意见，故在本条作了修改。

第一，重点是高层建筑的消防控制室、消防电梯，防排烟风机等。

第二，切换部位是指各自的最末一级配电箱，如消防水泵应在消防水泵房的配电箱处切换；又如消防电梯应在电梯机房配电箱处切换，等等。

9.1.3 本条是对原条文的修改补充。

一、火灾实例证明，有了可靠电源，而消防设备的配电线路不可靠，仍不能保证消防用电设备的安全供电。如某高层建筑发生火灾，设有备用电源，由于消防用电设备的配电线路与一般配电线路合在一起，当整个建筑用电线拉闸后，电源被切断，消防设备不能运转发挥灭火作用，造成严重损失。因此，本条规定消防用电设备均应采用专用的（即单独的）供电回路。

二、建筑发生火灾后，可能会造成电气线路短路和其它设备事故，电气线路可能使火灾蔓延扩大，还可在救火中因触及带电设备或线路等漏电，造成人员伤亡。因此，发生火灾后，消防人员必须是先切断工作电源，然后救火，以策扑救中的安全。而消防用电设备，必须继续有电（不能停电），故消防用电必须采用单独回路，电源直接取自配电室的母线，当切断（停电）工作电源时，消防电源不受影响，保证扑救工作的正常进行。

三、本条所规定的供电回路，系指从低压总配电室（包括分配电室）至最末一级配电箱，与一般配电线路均应严格分开。

为防止火势沿电气线路蔓延扩大和预防触电事故等，消防人员在灭火时首先要切断起火部位的一般配电电源。如果高层建筑配电设计不区分火灾时哪些用电设备可以停电，哪些不能停电，一旦发生火灾只能切断全部电源，致使消防用电设备不能正常运行，这是不能允许的。发生火灾时消防电梯，消防水泵，事故照明，防、排烟等消防用电必须确保。因此，消防用电设备的配电线路不能与其它动力、照明共用回路，并且还应设有紧急情况下方便操作的明显标志，否则容易引起误操作，影响灭火战斗。

9.1.4 为保证消防用电气设备的配电线路可靠、安全供电，根据国内高层建筑对消防用电设备配电线路的实际作法、目前国内一些电缆电线厂家生产耐火电缆电线的水平和能力、国外对消防设备配线的防火要求等，本条对原规范消防用电设备的配电线路进行了修改。

一、据调查，目前国内许多高层建筑设计结合我国国情，消防用电设备配电线路多数是采用普通电缆电线而穿在金属管或阻燃塑料管内并埋设在不燃烧体结构内，这是一种比较经济、安全可靠的敷设方法。我们参照四川消防科研所对钢筋混凝土构件内钢筋温度与保护层的关系曲线（如图 30 和表 21），并考虑一般钢筋混凝土楼板、隔墙的具体情况，对穿管暗敷线路作了保护层厚度的规定。

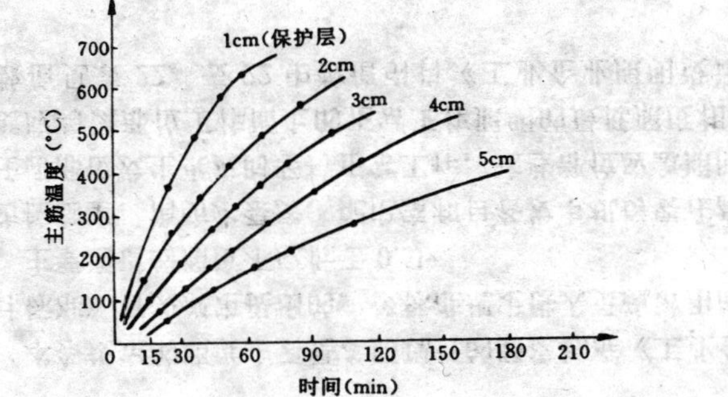

图 30　在火灾作用下梁内主筋温度与保护层厚度的关系曲线

大火灾温度作用下梁内主筋温度与保护层厚度的关系　　表 21

主筋保护层(cm) \ 主筋温度(℃) \ 升温时间(min)	15	30	45	60	75	90	105	140	175	210
1	245	390	480	540	590	620				
2	165	270	350	410	460	490	530			
3	135	210	290	350	400	440		510		
4	105	175	225	270	310	340			500	
5	70	130	175	215	260	290				480

当采用明敷时，要求做到：必须在金属管或金属线槽上涂防火涂料进行保护，以策安全。

二、当采用绝缘和护套为不延燃性材料的电缆电线时，因敷设在电缆井内，又用金属线槽密封保护了，根据实践能满足要求，故作了本款规定。

9.2　火灾应急照明和疏散指示标志

9.2.1　本条是对原条文的修改。

一、火灾实例证明，有的建筑火灾造成严重的人员伤亡事故，其原因固然是多方面的，但与有无应急照明和疏散指示标志也有一定关系。为防止触电和通过电气设备、线路扩大火势，需要在火灾时及时切断起火部位及其所在防火分区的电源，如无事故照明，人们在惊慌之中势必混乱，加上烟气作用，更易引起不必要的伤亡。如某部队礼堂在演出中突然发生火灾，灯光熄灭一片漆黑，全场观众处于危急之中。这时剧场工作人员及时用四个手电筒照射疏散出口，引导观众疏散，避免了大的混乱，礼堂虽然烧毁了，但人员未伤亡，如果没有应急照明，就很难避免伤亡事故。

二、高层建筑在安全疏散方面有许多不利因素。一是层数多，垂直疏散距离长，则疏散到地面或其它安全场所的时间要相应增长；二是规模大、人员多的高层建筑，由于有些高层建筑疏散通路设置不合理，拐弯多，宽窄不一，容易出现混乱拥挤情况，影响安全疏散；三是各种竖向管井未作防火分隔处理或处理不合要求，火灾时拔烟、拔火作用大，导致蔓延快，给安全疏散增加了困难；四是目前国内生产的消防登高车辆数量少，质量不高，最大工作高度有限，不利于高层建筑火灾的抢救等。针对以上不利因素，设置符合规定的应急照明和疏散指示标志是十分必要的。

三、本条除规定疏散楼梯间、走道和防烟楼梯间前室、消防电梯间及其前室及合用前室以及观众厅、展览厅、多功能厅、餐厅和商场营业厅等人员密集的场所需设应急照明外，并对火灾时不许停电、必须坚持工作的场所（如配电室、消防控制室、消防水泵房、自备发电机房、电话总机房等）也规定了应设应急照明。

四、根据目前我国高层建筑火灾应急照明设计的实际作法，一般都采用城市电网的电源作为应急照明供电。为满足使用需要，又利于安全，允许使用城市电网供电，对其电压未作具体规定，即可用 220V 的电压。

有的高层建筑如果有条件，也可采用蓄电池组作为火灾应急照明和疏散指示标志的电源。

9.2.2 本条是对原条文的修改。

一、本条原则上保留了原规范的内容，个别内容进行修改补充。如防（排）烟机房、电话总机房以及发生火灾时必须坚持工作的其它房间。根据一些高层建筑实际作法和取得的效果，作此规定。

二、本条规定的照度主要是参照现行的国家标准《工业企业照明设计标准》有关规定提出的。该标准规定供人员疏散用的事故照明，主要通道的照度不应低于 0.5lx。

消防控制室、消防水泵房、配电室和自备发电机房要在高层建筑内任何部位发生火灾时坚持正常工作，这些部位应急照明的最低照度应与该部位工作面上的正常工作照明的最低照度相同，其有关数值见表 22。表 22 中数值引自《工业企业照明设计标准》。

9.2.4 本条保留原条文的内容。

一、实践证明这样规定是符合实际情况的，执行中没有碰到什么困难。有些高层建筑结合工程实际，作了变动，有的变动较合理，有的不尽合理，在设计施工中应切实注意改进。

二、据调查，应急照明灯设置的位置，大致有如下几种：在楼梯间，一般设在墙面或休息平台板下；在走道，设在墙面或顶棚下；在厅、堂，设在顶棚或墙面上；在楼梯口、太平门，一般设在门口上部。

三、对应急照明灯和疏散指示标志的位置，本条中未作具体规定，主要考虑执行中有一定的灵活性。如对疏散指示标志规定设在距地面不超过 1.00m 的墙面上，具体设计时可结合实际情况在这个范围内选定安装位置。这个范围符合一般人行走时目视前方的习惯，容易发现标志。但疏散指示标志如设在吊顶上有被烟气遮挡的可能，故在设计中应予避免。

消防水泵房控制室、配电室等
工作面上的最低照明度值　　表 22

序号	车间和工作场所	视觉工作等级	最低照度(lx)		
			混合照明	混合照明中的一般规定	一般照明
1	动力站：				
	泵房	Ⅶ	—	—	20
	锅炉房、煤气站的操作层	Ⅶ	—	—	20
2	配、变电所				
	变压器室	Ⅶ	—	—	20
	高低压配电室	Ⅵ	—	—	30
3	控制室				
	一般控制室	Ⅳ乙	—	—	75
	主控制室	Ⅱ乙	—	—	150

9.2.5 为防止火灾时迅速烧毁应急照明灯和疏散指示标志，影响安全疏散，本条规定在应急照明灯具和疏散指示标志的外表面加设保护措施。由于我国尚未生产专用的应急照明灯和疏散指示标志，故仅考虑容易做到的简易办法。

9.2.6 本条保留了原规范第 8.1.1 条的注释。其供电时间是根据国内一些高层工程实际作法和参考日本等国的规范和资料而作出的规定，经近10年的实践证明是可行的，故保留了原条文内容。

9.3 灯　具

9.3.1 本条基本上保留了原条文的内容。

一、据调查，有些地方的高层旅馆、饭店、宾馆、办公楼、商业建筑、实验楼等的电气照明线路和设备安装位置不当，火灾时有发生。如某高层建筑，普通窗帘布搭在白炽灯泡上，经过较长时间烤燃起火，幸亏房间火灾报警设备准确及时报警，及时进行扑救，才未酿成重大火灾。又如某宾馆的白炽灯泡烤着可燃吊顶，引起火灾，不得不中断外事活动，造成了不良政治影响。为此，作了本条规定。

二、据了解，这些年来，在各种高层建筑的设计、安装中，基本上是按照本规定作的，实际中没有碰到什么困难，因此，保留了本条的内容。

为了有利于结合工程实际，充分发挥电气设计人员的积极性和创造性，对照明器表面的高温部位，应采取隔热、散热等防火保护措施，但未作具体规定，因为具体的保护措施较多，可根据实际情况处理。比如，将高温部位与可燃物之间垫设绝缘隔热物，隔绝高温；加强通风降温散热措施；与可燃物保持一定距离，使可燃物的温度不超过60～70℃等。

白炽灯泡：散热情况下的灯泡表面温度见表23，白炽灯泡使可燃物烤至起火的时间、温度见表24。

白炽灯泡在一般散热情况下的灯泡表面温度　　表23

灯泡功率（W）	灯泡表面温度（℃）
40	50～60
75	140～200
100	170～220
150	150～230
200	160～300

白炽灯泡将可燃物烤至起火的时间、温度　　表24

灯泡功率（W）	摆　放	可燃物	烤至起火的时间（min）	烤至起火的温度（℃）	备　注
75	卧　式	稻　草	2	360～367	埋　入
100	卧　式	稻　草	12	342～360	紧　贴
100	垂　式	稻　草	50	炭　化	紧　贴
100	卧　式	稻　草	2	360	埋　入
100	垂　式	棉絮被套	13	360～367	紧　贴
100	卧　式	乱　纸	8	333～360	埋　入
200	卧　式	稻　草	8	367	紧　贴
200	卧　式	乱稻草	4	342	紧　贴
200	卧　式	稻　草	1	360	埋　入
200	垂　式	玉米秸	15	365	埋　入
200	垂　式	纸　张	12	333	紧　贴
200	垂　式	多层报纸	125	333～360	紧　贴
200	垂　式	松木箱	57	398	紧　贴
200	垂　式	棉　被	5	367	紧　贴

三、对容易引起火灾的卤钨灯和不易散热、功率较大白炽灯泡的吸顶灯、嵌入式灯等提出了防火要求。由于卤钨灯灯管表面

温度达 700～800℃，必须使用耐热线。白炽灯泡的吸顶灯、嵌入式灯的灯罩内或灯泡附近的温度，大大超过一般绝缘导线运行时的周围环境温度（允许温度详见表 25），若灯头的引入电源线不采取措施，其导线绝缘极易损坏，引起短路，甚至酿成火灾。

确定电线电缆允许载流量，周围环境温度均取 25℃作标准。当敷设处的环境温度变化时，其载流量应乘以温度校正系数 K（见表 26），温度校正系数 K 由下式确定：

$$K=\sqrt{\frac{t_1-t_0}{t_1-25℃}} \tag{7}$$

式中 t_0——敷设处实际环境温度（℃）；

t_1——电线长期允许工作温度（℃）。

绝缘电线的线芯长期允许工作温度 **表 25**

电线名称	周围环境温度(℃)	线芯允许工作温度(℃)
铝芯或铜芯橡皮绝缘电线	25	65
铝芯或铜芯橡皮塑料电线	25	65

电线的温度校正系数 **表 26**

周围环境温度(℃)		5	10	15	20	25	30
线芯允许工作温度(℃)	+65	1.22	1.17	1.12	1.06	1	0.95
	+70	1.20	1.15	1.10	1.10	1	0.40
周围环境温度(℃)		35	40	45	50	55	
线芯允许工作温度(℃)	+65	0.865	0.79	0.706	0.61	0.5	
	+70	0.885	0.815	0.745	0.666	0.577	

9.3.2 本条基本保留了原条文内容。

一、火灾实例表明，白炽灯、卤钨灯、荧光高压汞灯和镇流器等直接安装在可燃构件或可燃装修上，容易发生火灾。

卤钨灯管表面温度高达 500～800℃，极易引起靠近的可燃物起火，如在可燃物品库内设置这类高温照明器更是危险。如北京某宾馆新楼，将一间客房作临时仓库，堆放枕头等可燃物，因紧压开关而发生故障起火成灾，由于自动喷水灭火系统起作用，才未酿成大祸。又如天桥宾馆，其空调设备开关装在墙面上，因开关质量差起火，烧着墙面的木装修和可燃防潮层，幸亏发现早，报警及时，扑救及时，才未酿成大灾。

二、据一些地方的同志反映，本条规定对实际设计、安装工作起到指导作用，目前有不少高层建筑是这样做的，没有遇到什么困难，是可行的。

9.4 火灾自动报警系统、火灾应急广播和消防控制室

9.4.1～9.4.4

一、火灾自动报警系统发展概况。火灾自动报警系统，由触发器件、火灾报警装置、火灾警报装置以及具有其它辅助功能的装置组成。它是人们为了及早发现和通报火灾，并及时采取有效措施控制和扑灭火灾，而设置在建筑物中或其它场所的一种自动消防设施，是人们同火灾作斗争的有力工具。在国外发达国家，如美国、英国、日本、德国、法国和瑞士等，火灾自动报警设备的生产、应用相当普遍，美、英、日等国火灾自动报警设备甚至普及到一般家庭。我国火灾自动报警设备的研究、生产和应用起步较晚，50～60 年代基本上是空白。70 年代开始创建，并逐步有所发展。进入 80 年代以来，特别是最近几年，随着我国四化建设的迅速发展和消防工作的不断加强，火灾自动报警设备的生产和应用有了较大发展，生产厂家、产品种类和产量以及应用单位，都不断有所增加。据不完全统计，目前国内生产火灾自动报警设备的厂家 60 多个，国外生产和应用的几种典型的火灾探测器产品我国都有，各种火灾探测器的年产量估计可达 15 万只以

上。产品的质量逐年有所提高，应用范围也不断扩大。特别是随着《高层民用建筑设计防火规范》、《建筑设计防火规范》等消防技术法规的贯彻执行，我国许多重要部门、重点单位和要害部位，如国家计委和一些省、市、自治区的电子计算中心，北京、上海、广州、深圳、大连、青岛等大城市和经济特区的许多高层建筑、高级旅馆、重要仓库、重点引进工程、重要的图书馆、档案馆、重要的公共建筑等，都装设了火灾自动报警系统。可以预料，随着我国四化建设的深入发展，各种建筑工程安装火灾自动报警系统会愈来愈广泛。

二、许多火灾、火警实例说明，火灾自动报警系统有着良好的作用，能够早期报告火灾，及时进行扑救，减少和避免重大火灾的发生。如北京某饭店，一位国外旅客吸烟，将未熄灭的烟头扔进塑料纸篓内就入睡了，烟头经过一段时间的阴燃起火，由于火灾自动报警系统准确地报了警，该饭店服务员打开房门，迅速扑灭了火苗，避免了一场火灾。

北京某饭店，安装在8楼的火灾自动报警装置，突然发出火警信号，火警灯发出了红光，指示灯一闪一闪，值班员见到87号探测器的楼道内烟雾弥漫，与此同时，电话间的火灾自动报警集中控制器也发出了火警信号，饭店安全部门也接到火警电话，这时值班员很快奔赴出事地点，经过一场紧张的灭火战斗，很快扑灭了火灾，避免了一场重大事故的发生。

三、据调查，原规范规定的安装部位不够全面、具体，执行中遇到困难。对此，本节根据各地工程实践，并考虑到目前我国的经济、技术水平，作了较详细的补充。

四、火灾自动报警系统的设计应按现行的国家标准《火灾自动报警系统设计规范》的规定执行。

五、据调查，原规范对安装火灾自动报警系统，较笼统，不便执行，根据各地安装的实际经验和国外有关规范、资料，本次修改时将需要安装的建筑、部位予以具体化，以便于执行。

9.4.5

一、设置消防控制中心的必要性。在现代化的高层建筑中，不仅着火时辐射热强、蔓延快，扑救难度大，而且起火的潜在因素增多，特别是电气设备增多，用电量增大，一旦发生火灾危害大。例如，日本东京东芝大厦，主机械室设于地下，其中有2台7500kVA的变压器和1台2000kVA的自备变压器；又如北京国际饭店（二十九层），设有4台1000kVA变压器，照明线和动力线纵横交错，电气火灾潜在危险大。

二、消防控制中心室应包含的功能。对消防控制室的控制功能，各国规范规定的繁简程度不同，国际上也无统一规定。日本规范对中央管理室的功能规定的比较细，主要包括以下四个方面：

1. 起到防火管理中心的作用。
2. 起到警卫管理中心的作用。
3. 起到设备管理中心的作用。
4. 起到信息情报咨询中心的作用。

根据当前我国经济技术水平和条件，消防控制设备的功能要求如下。

室内消火栓给水系统应有下列控制、显示功能：

1. 控制消防泵的启、停。
2. 显示启动按钮的工作状态。
3. 显示消防水泵的工作、故障状态。

自动喷水灭火系统应有下列控制、显示功能：

1. 控制系统的启、停。
2. 显示报警阀、闸阀及水流指示器的工作状态。
3. 显示消防水泵的工作、故障状态。

有管网的气体灭火系统应有下列控制、显示功能：

1. 控制系统的紧急启动与切断装置。
2. 由火灾自动报警系统与自动灭火系统联动的控制设备，

要有 30s 可调的延时装置。

3. 显示系统的手动、自动工作状态。

4. 在报警、喷射各阶段，控制室应有相应的声、光报警信号，并能手动切除声响信号。

5. 在延时阶段，应能自动关闭防火门，停止通风、空气调节系统。

6. 应能关闭防火卷帘。

火灾报警，消防控制设备对联动控制对象应有下列功能:

1. 停止有关部位的风机，关闭防火阀，并接收其反馈信号。

2. 启动有关部位防烟、排烟风机和排烟阀，并接收其反馈信号。

当火灾确认后，消防控制设备对联动控制对象应有下列功能:

1. 关闭有关部位的防火门、防火卷帘，并接收其反馈信号。

2. 发出控制信号，强制所有电梯停在首层，并接收其反馈信号。

3. 接通应急照明灯和疏散指示灯。

4. 切断有关部位的非应急电源。

中华人民共和国国家标准

《高层民用建筑设计防火规范》

GB50045—95

1999 年局部修订条文

工程建设标准局部修订公告

第 20 号

国家标准《高层民用建筑设计防火规范》GB50045—95，由公安部四川消防科学研究所会同有关单位进行了局部修订，已经有关部门会审，现批准局部修订的条文，自一九九九年五月一日起施行，该规范中相应条文的规定同时废止。现予公告。

中华人民共和国建设部

1999 年 3 月 8 日

5 防水、防烟分区和建筑构造

5.2 防火墙、隔墙和楼板

5.2.7 设在高层建筑内的自动灭火系统的设备室、通风、空调机房，应采用耐火极限不低于 2.00h 的隔墙、1.50h 的楼板和甲级防火门与其他部位隔开。

【说明】 附设在高层民用建筑内的固定灭火装置设备室，是固定灭火系统的“心脏”，建筑物发生火灾时，必须保证该装置不受火势威胁，确保灭火工作的顺利进行。本次局部修订时，考虑到通风、空调机房是通风、排烟管道汇集的房间，也是火势蔓延的重要部位，为阻止通风、空调机房内外失火时，相互蔓延扩大。所以本条规定对自动灭火系统设备室、通风、空调机房均采用耐火极限不低于 2.00h 的隔墙、1.50h 的楼板和甲级防火门与其他部位隔开。

5.4 防火门、防火窗和防火卷帘

5.4.4 在设置防火墙确有困难的场所，可采用防火卷帘作防火分区分隔。当采用包括背火面温升作耐火极限判定条件的防火卷帘时，其耐火极限不低于 3.00h；当采用不包括背火面温升作耐火极限判定条件的防火卷帘时，其卷帘两侧应设独立的闭式自动喷水系统保护，系统喷水延续时间不应小于 3.00h。

【说明】 本条主要是针对一些公共建筑物中（如百货楼的营业厅、展览楼的展览厅等），因面积过大，超过了防火分区最大允许面积

［注］局部修订条文中标有黑线的部分为修订的内容，以下同。

的规定，考虑到使用上的需要，若按规定设置防火墙确有困难时，可采取特殊的防火处理办法，设置作为划分防火分区分隔设施的防火卷帘，平时卷帘收拢，保持宽敞的场所，满足使用要求，发生火灾时，按控制程序下降，将火势控制在一个防火分区的范围之内，所以用于这种场合的防火卷帘，需要确保防火分隔作用。条文中规定了两种方法：一是防火卷帘按照现行国家标准GB7633《门和卷帘的耐火试验方法》进行耐火试验，包括背火面温升在内的各项判定条件判定，耐火极限不低于3.00h；二是同样按照GB7633进行耐火试验，根据该标准中关于“无隔热保护层的铁皮卷帘免测背火面温升”的规定和国家产品标准GB14102《钢质防火卷帘通用技术条件》的要求，只以距背火面一定距离的辐射热强度和帘面是否穿火来判定其耐火极限的卷帘。按照不包括背火面温升作耐火极限判定条件的非隔热防火卷帘，所得耐火极限数据，远比包括背火面温升作耐火极限判定条件的隔热型防火卷帘的耐火极限要长得多。所以不以背火面温升为判定条件，耐火极限不低于3.00h，能达到非隔热防火分隔的要求；而以背火面温升为判定条件，耐火极限不低于3.00h，则具有隔热功能，能达到防火分区分隔的要求。为便于区别，在国家防火卷帘新的分级标准出台之前，暂称后者，即包括背火面温升作耐火极限判定条件，且耐火极限不低于3.00h的防火卷帘为特级防火卷帘。而称前者为普通防火卷帘或简称防火卷帘。由于普通防火卷帘的隔火作用达不到防火分区分隔的要求，所以本条规定若采用这种卷帘，应在卷帘两侧设独立的闭式自动喷水系统保护，喷水延续时间不低于3.00h。喷头的喷水强度不应小于0.5L/s. m，喷头间距应为2.00m至2.50m，喷头距卷帘的距离宜为0.50m。以上喷水系统的技术参数详见《自动喷水灭火系统设计规范》有关条文规定。

本条这次修订首先删去原条文中“采用防火卷帘代替防火墙”的用语，避免不分场合都用防火卷帘代替防火墙的误解。现条文中用“在设置防火墙确有困难的场所，可采用防火卷帘作防火分区分隔”，避开了“代替”的词语，与5.1.1条相呼应，表明采用卷帘是在设防火墙有困难时的特殊处理方法。二是强调作防火分区分隔的防火卷帘，必须具备防火墙的防火分隔作用，原条文中要求：“其防火卷帘应符合防火墙耐火极限的判定条件”，执行中人们自然会理解这种用途的防火卷帘应按防火墙的耐火试验方法进行耐火试验，并按其判定条件确定耐火极限。既然防火卷帘有专门试验方法，怎么又要求按《建筑构件耐火试验方法》GB9978进行试验呢？原条文对试验方法的表述不确切。实际上《建筑构件耐火试验方法》GB9978与《门和卷帘的耐火试验方法》GB7633，虽然受火条件等基本内容是一致的，但构件结构形式，承载约束条件等是有差别的。GB7633中规定了无隔热保护的铁皮卷帘免测背火面温升，当然也不以背火面温升作为判定条件；但有隔热保护的铁皮卷帘或非铁皮卷帘不属于前述范围，当然应当作为判定条件。现条文表述与GB7633的规定一致，这种将背火面温升作耐火极限判定条件的防火卷帘，实际上满足了防火隔热要求，可称这种防火卷帘为特级防火卷帘，又与GB14102《钢质防火卷帘通用技术条件》的普通防火卷帘分级相区别。三是条文中规定两种方法供设计选用：近几年国内市场上涌现的汽雾式钢质防火卷帘、双轨双帘无机复合防火卷帘、蒸发式汽雾防火卷帘等均属特级防火卷帘，是本条顺利实施的物质条件；同时对普通防火卷帘采用喷水系统保护，也作了更明确的要求，增强了杂文的可行性。

8　防烟、排烟和通风、空气调节

8.3　机械防烟

8.3.7　机械加压送风机的全压，除计算最不利环管道压头损失外，尚应有余压。其余压值应符合下列要求：

8.3.7.1　防烟楼梯间为40Pa至50Pa。

8.3.7.2　前室、合用前室、消防电梯间前室、封闭避难层（间）为25Pa至30Pa。

【说明】　本条规定不仅是对选择送风机提出要求，更重要的是对加压送风的防烟楼梯间及前室、消防电梯前室和合用前室、封闭避难层需要保持的正压值提出要求。

关于加压部位正压值的确定，是加压送风量的计算及工程竣工验收等很重要的依据，它直接影响到加压送风系统的防烟效果。正压值的要求是：当相通加压部位的门关闭的条件下，其值应足以阻止着火层的烟气在热压、风压、浮压等力量联合作用下进入楼梯间、前室或封闭避难层。为了促使防烟楼梯间内的加压空气向走道流动，发挥对着火层烟气的排斥作用，因此要求在加压送风时防烟楼梯间的空气压力大于前室的空气压力，而前室的空气压力大于走道的空气压力。仅从防烟角度来说，送风正压值越高越好，但由于一般疏散门的方向是朝着疏散方向开启，而加压作用力的方向恰好与疏散方向相反，如果压力过高，可能会带来开门的困难，甚至使门不能开启。另一方面，压力过高也会使风机、风道等送风系统的设备投资增多。因此，正压值是正压送风的关键技术参数。

如何确定正压值，这是本规范第一个版本（GBJ45—82）和修订后的第二个版本（GB50045—95）都留待解决的问题。GBJ45—82 中第 7.1.5 条规定："采用机械加压送风的防烟楼梯间及其前室、消防电梯前室和合用前室，应保持正压，且楼梯间的压力应略高于前室的压力"。条文说明解释："如何保证楼梯间及其前室正压，风量和风压有何规定等，由于国内缺乏这方面的试验数据和实际设计经验，故本条仅提出了原则要求"。GB50045—95 中 8.3.7 条虽然规定了楼梯间前室、合用前室，消防电梯间前室、封闭避难层（间）正压送风的正压值。但条文说明中解释："如何选择合适的正压值是一个需要进一步研究的问题，由于我国目前在这方面无试验条件，且无运行经验，因此设计均参照国外资料"。参照国外资料当然也是一个依据，但国外资料产生的背景和试验条件是各不相同的，因此各国确定的正压值也不尽相同。所以只有我国通过自己进行试验后，才能对正压值有较深刻的认识。

针对规范的需要，"七五"末期，公安部四川消防科学研究所开展了"高层建筑楼梯间防排烟的研究"，接着又承担了国家"八五"科技攻关专题"高层建筑楼梯间正压送风机械排烟技术的研究"，系统地开展了高层建筑火灾烟气流动规律及防排烟实验室模拟试验研究、实体火灾试验研究和楼梯间防排烟技术参数等试验研究，得出了高层民用建筑楼梯间及前室或合用前室正压送风最佳安全压力的研究结论。经专题鉴定、验收，其研究成果被专家评定为属于国际领先水平，可提供给《高层民用建筑设计防火规范》使用。这次对本条的修订直接采用了国内"八五"期间取得的重大科技成果。这次修订，防烟楼梯间的正压值由 50Pa 改为 40Pa 至 50Pa；前室、合用前室、消防电梯间、封闭避难层（间）由 25Pa 改为 25Pa 至 30Pa。这些规定主要是以国内科学试验为依据，是在对正压送风机械排烟技术有较深刻的认识，在有自己的实验数据的前提下，也参考国外资料而确定的，所以虽然修订变化不大，但意义显然不同；正压值要求规定一个范围，更加符合工程设计的实际情况，更易于掌握与检测。但在设计中要注意两组数据的合理搭配，保持一高一低，或都取中间值，而不要都取高值或都取低值。例如，楼梯间若取 40Pa，前室或合用前室则取 30Pa；楼梯间若取 50Pa，前室或合用前室则取 25Pa。

8.4 机械排烟

8.4.3 带裙房的高层建筑防烟楼梯间及其前室，消防电梯间前室或合用前室，当裙房以上部分利用可开启外窗进行自然排烟，裙房部分不具备自然排烟条件时，<u>其前室或合用前室应设备局部正压送风系统，正压值应符合 8.3.7 条的规定。</u>

【说明】 带裙房的高层建筑，有靠外墙的防烟楼梯间及其前室，消防电梯前室和合用前室，其裙房以上部分能采用可开启外窗自然排烟，裙房以内部分在裙房的包围之中无外窗，不具备自然排烟条件，这种建筑形式目前比较多，其防排烟设施应怎样设置？据调查，对这种形式的建筑其防排烟设置可分两种方式：一种方式不考虑裙房以上部分进行自然排烟的条件，按机械加压送风要求设置机械加压送风设施，但在风量的计算中应考虑由窗缝引起的渗漏量；另一种方式是凡符合自然排烟条件的部位仍采用自然排烟的方式，对不具备自然排烟条件的部位设置局部的机械排烟方式弥补。从防排烟的角度来讲，第一种方式较第二种方式效果好。第二种方式的优点是充分地利用了自然排烟条件，上部未被裙房包围的前室或合用前室可以利用直接向外开启的窗户自然排烟，由走道内进入前室或合用前室的烟直接从前室排走，不一定进入楼梯间；问题是对下部不具备自然排烟条件的前室或合用前室，设置局部机械排烟设施，人为的在前室或合用前室造成负压区，不断地把走道内的烟气从门或门缝吸进前室或合用前室，一部分由机械排烟系统排至室外；一部分则进入楼梯间，由楼梯间上部直接通向室外的窗户，将烟排出室外，既降低了前室或合用前室的防烟效果，楼梯间内也成了烟气流经的路线，显然降低了安全性。当前室或合用前室设有局部正压送风系统时，在关门条件下，内部处于正压，仅从门缝向走道和楼梯间漏风；遇打开走道至前室或合用前室的门的瞬时，有少量的烟气带入前室或合用前室，则立即被排出，使前室或合用前室保持无烟安全区。以上的理论分析，已为科学实验所验证，国家"八·五"科技攻关专题"高层建筑楼梯间正压送风机械排烟技术的研究"结论之一，就是"防烟楼梯间的前室内不能设机械排烟系统"。近几年来，随着国内外防排烟技术的进一步发展，对前室或合用前室设置机械排烟设施的方式在高层建筑设计中很少被采用，甚至如本规范 8.1.1、8.1.2 条说明的那样："有些工程原设计为此方法，现在也在改造"。据调查，近几年来在高层建筑设计中，遇裙房所围部分不具备自然排烟条件的前室或合用前室，通常都采用局部正压送风系统。因此，总结工程设计的经验，采用国内最新科技成果，将本条原规定"设置局部机械排烟设施"改为了"设置局部正压送风系统"。本条规定的实施有利于充分发挥防排烟系统的作用，提高防烟楼梯间的安全性。

8.4.4 排烟口应设在顶棚上或靠近顶棚的墙面上，且与附近安全出口沿走道方向相邻边缘之间的最小水平距离不应小于 1.50m。设在顶棚上的排烟口，距可燃构件或可燃物的距离不应小于 1.00m。排烟口平时关闭，并应设置有手动和自动开启装置。

【说明】 排烟口是机械排烟系统分支管路的端头，排烟系统排出的烟，首先由排烟口进入分支管，再汇入系统干管和主管，最后由风机排出室外。烟气因受热而膨胀，其容重较轻，向上运动并贴附在顶棚上再向水平方向流动，因此排烟口应尽量设在顶棚或靠近顶棚的墙面上，以有利于烟气的排出，再者，当机械排烟系统启动运行时，排烟口处于负压状态，把火灾烟气不断地吸引至排烟口，通过排烟口不断排走，同时又不断从着火区涌来，所以排烟口周围始终聚集一团浓烟，若排烟口的位置不避开安全出口，这团浓烟正好堵住安全出口，当疏散人员通过安全出口时，都要受到浓烟的影响，同时浓烟遮挡安全出口，也影响疏散人员识别安全出口位置，不利于安全疏散。上述现象的描述，系国内最新科学试验中的发现。以往在设计走道中的机械排烟系统时，为了保证疏散的安全，往往把排烟口布置在疏散出口前的正上方顶棚上，忽略了排烟口下集聚烟雾的特性，反而不利于安全。这次局部修订，规定排烟口与附近安全出口沿走道方向相邻边缘之间的最小水平距离不应小于 1.50m，是要在通常情况下，遇火灾疏散时，疏散人员跨过排烟口下面的烟团，在 1.00m 的极限能见度的条件下，也能看清安全出口，使排烟系统充分发挥排烟防烟的作用。

8.5 通风与空气调节

8.5.3.1 管道穿越防火分区处。

【说明】 本款原文为"管道穿越防火分区的隔墙处"，因为防火分区处不仅有墙体，还可能有防火卷帘、水幕等特殊防火分隔设施，表述不全面。现在修订为"管道穿越防火分区处"，表达就完整确切了。

中华人民共和国国家标准

爆炸和火灾危险环境电力装置设计规范

GB 50058-92

主编部门：中华人民共和国化工部
批准部门：中华人民共和国建设部
施行日期：1992年12月1日

关于发布国家标准《爆炸和火灾危险环境电力装置设计规范》的通知

建标〔1992〕354号

根据国家计委计综〔1986〕250号文的要求，由化工部会同有关部门共同修订的《爆炸和火灾危险环境电力装置设计规范》，已经有关部门会审。现批准《爆炸和火灾危险环境电力装置设计规范》GB 50058-92为强制性国家标准，自一九九二年十二月一日起施行。原《爆炸和火灾危险场所电力装置设计规范》GBJ 58-83同时废止。

本规范由化工部负责管理，其具体解释等工作由中国寰球化学工程公司负责。出版发行由建设部标准定额研究所负责组织。

中华人民共和国建设部
一九九二年六月九日

修订说明

本规范是根据国家计划委员会计综〔1986〕250号文的要求，由化学工业部负责主编，具体由中国寰球化学工程公司会同有关单位，共同对《爆炸和火灾危险场所电力装置设计规范GBJ 58-83》修订而成。在修订过程中，规范组进行了广泛的调查研究，认真总结了规范执行以来的经验，吸取了部分科研成果，广泛征求了全国有关单位的意见，最后由我部会同有关部门审查定稿。

这次修订的主要内容有：爆炸性气体环境、爆炸性粉尘环境、火灾危险环境的危险区域划分，危险区域的范围，电气设备的选型等。

本规范在执行过程中，如发现需要修改或补充之处，请将意见和有关资料寄送中国寰球化学工程公司（北京市和平街北口，邮政编码100029），并抄送中华人民共和国化学工业部，以便今后修订时参考。

化学工业部

一九九一年九月

第一章 总 则

第1.0.1条 为了使爆炸和火灾危险环境电力装置设计贯彻预防为主的方针，保障人身和财产的安全，因地制宜地采取防范措施，做到技术先进，经济合理、安全适用，制定本规范。

第1.0.2条 本规范适用于在生产、加工、处理、转运或贮存过程中出现或可能出现爆炸和火灾危险环境的新建、扩建和改建工程的电力设计。

本规范不适用于下列环境：

一、矿井井下；

二、制造、使用或贮存火药、炸药和起爆药等的环境；

三、利用电能进行生产并与生产工艺过程直接关联的电解、电镀等电气装置区域；

四、蓄电池室；

五、使用强氧化剂以及不用外来点火源就能自行起火的物质的环境；

六、水、陆、空交通运输工具及海上油井平台。

第1.0.3条 爆炸和火灾危险环境的电力设计，除应符合本规范的规定外，尚应符合现行的有关国家标准和规范的规定。

第二章 爆炸性气体环境

第一节 一般规定

第2.1.1条 对于生产、加工、处理、转运或贮存过程中出现或可能出现下列爆炸性气体混合物环境之一时，应进行爆炸性气体环境的电力设计：

一、在大气条件下，易燃气体、易燃液体的蒸气或薄雾等易燃物质与空气混合形成爆炸性气体混合物；

二、闪点低于或等于环境温度的可燃液体的蒸气或薄雾与空气混合形成爆炸性气体混合物；

三、在物料操作温度高于可燃液体闪点的情况下，可燃液体有可能泄漏时，其蒸气与空气混合形成爆炸性气体混合物。

第2.1.2条 在爆炸性气体环境中产生爆炸必须同时存在下列条件：

一、存在易燃气体、易燃液体的蒸气或薄雾，其浓度在爆炸极限以内；

二、存在足以点燃爆炸性气体混合物的火花、电弧或高温。

第2.1.3条 在爆炸性气体环境中应采取下列防止爆炸的措施：

一、首先应使产生爆炸的条件同时出现的可能性减到最小程度。

二、工艺设计中应采取消除或减少易燃物质的产生及积聚的措施：

1．工艺流程中宜采取较低的压力和温度，将易燃物质限制在密闭容器内；

2．工艺布置应限制和缩小爆炸危险区域的范围，并宜将不同等级的爆炸危险区，或爆炸危险区与非爆炸危险区分隔在各自的厂房或界区内；

3．在设备内可采用以氮气或其它惰性气体覆盖的措施；

4．宜采取安全联锁或事故时加入聚合反应阻聚剂等化学药品的措施。

三、防止爆炸性气体混合物的形成，或缩短爆炸性气体混合物滞留时间，宜采取下列措施：

1．工艺装置宜采取露天或开敞式布置；

2．设置机械通风装置；

3．在爆炸危险环境内设置正压室；

4．对区域内易形成和积聚爆炸性气体混合物的地点设置自动测量仪器装置，当气体或蒸气浓度接近爆炸下限值的50%时，应能可靠地发出信号或切断电源。

四、在区域内应采取消除或控制电气设备线路产生火花、电弧或高温的措施。

第二节 爆炸性气体环境危险区域划分

第2.2.1条 爆炸性气体环境应根据爆炸性气体混合物出现的频繁程度和持续时间，按下列规定进行分区：

一、0区：连续出现或长期出现爆炸性气体混合物的环境；

二、1区：在正常运行时可能出现爆炸性气体混合物的环境；

三、2区：在正常运行时不可能出现爆炸性气体混合物的环境，或即使出现也仅是短时存在的爆炸性气体混合物的环境。

注：正常运行是指正常的开车、运转、停车，易燃物质产品的装卸，密闭容器盖的开闭，安全阀、排放阀以及所有工厂设备都在其设计参数范围内工作的状态。

第2.2.2条 符合下列条件之一时，可划为非爆炸危险区域：

一、没有释放源并不可能有易燃物质侵入的区域；

二、易燃物质可能出现的最高浓度不超过爆炸下限值的

10%；

三、在生产过程中使用明火的设备附近，或炽热部件的表面温度超过区域内易燃物质引燃温度的设备附近；

四、在生产装置区外，露天或开敞设置的输送易燃物质的架空管道地带，但其阀门处按具体情况定。

第2.2.3条 释放源应按易燃物质的释放频繁程度和持续时间长短分级，并应符合下列规定。

一、连续级释放源：预计长期释放或短时频繁释放的释放源。类似下列情况的，可划为连续级释放源：

1．没有用惰性气体覆盖的固定顶盖贮罐中的易燃液体的表面；

2．油、水分离器等直接与空间接触的易燃液体的表面；

3．经常或长期向空间释放易燃气体或易燃液体的蒸气经自由排气孔和其它孔口。

二、第一级释放源：预计正常运行时周期或偶尔释放的释放源。类似下列情况的，可划为第一级释放源：

1．在正常运行时会释放易燃物质的泵、压缩机和阀门等的密封处；

2．在正常运行时，会向空间释放易燃物质，安装在贮有易燃液体的容器上的排水系统；

3．正常运行时会向空间释放易燃物质的取样点。

三、第二级释放源：预计在正常运行下不会释放，即使释放也仅是偶尔短时释放的释放源。类似下列情况的，可划为第二级释放源：

1．正常运行时不能出现释放易燃物质的泵、压缩机和阀门的密封处；

2．正常运行时不能释放易燃物质的法兰、连接件和管道接头；

3．正常运行时不能向空间释放易燃物质的安全阀、排气孔和其它孔口处；

4．正常运行时不能向空间释放易燃物质的取样点。

四、多级释放源：由上述两种或三种级别释放源组成的释放源。

第2.2.4条 爆炸危险区域内的通风，其空气流量能使易燃物质很快稀释到爆炸下限值的25%以下时，可定为通风良好。

采用机械通风在下列情况之一时，可不计机械通风故障的影响；

1．对封闭式或半封闭式的建筑物应设置备用的独立通风系统；

2．在通风设备发生故障时，设置自动报警或停止工艺流程等确保能阻止易燃物质释放的预防措施，或使电气设备断电的预防措施。

第2.2.5条 爆炸危险区域的划分应按释放源级别和通风条件确定，并应符合下列规定。

一、首先应按下列释放源的级别划分区域：

1．存在连续级释放源的区域可划为0区；

2．存在第一级释放源的区域可划为1区；

3．存在第二级释放源的区域可划为2区。

二、其次应根据通风条件调整区域划分：

1．当通风良好时，应降低爆炸危险区域等级；当通风不良时应提高爆炸危险区域等级。

2．局部机械通风在降低爆炸性气体混合物浓度方面比自然通风和一般机械通风更为有效时，可采用局部机械通风降低爆炸危险区域等级。

3．在障碍物、凹坑和死角处，应局部提高爆炸危险区域等级。

4．利用堤或墙等障碍物，限制比空气重的爆炸性气体混合物的扩散，可缩小爆炸危险区域的范围。

第三节 爆炸性气体环境危险区域的范围

第2.3.1条 爆炸性气体环境危险区域的范围应按下列要求确定：

一、爆炸危险区域的范围应根据释放源的级别和位置、易燃物质的性质、通风条件、障碍物及生产条件、运行经验，经技术经济比较综合确定。

二、建筑物内部，宜以厂房为单位划定爆炸危险区域的范围。但也应根据生产的具体情况，当厂房内空间大，释放源释放的易燃物质量少时，可按厂房内部分空间划定爆炸危险的区域范围，并应符合下列规定：

1. 当厂房内具有比空气重的易燃物质时，厂房内通风换气次数不应少于2次/h，且换气不受阻碍；厂房地面上高度1m以内容积的空气与释放至厂房内的易燃物质所形成的爆炸性气体混合浓度应小于爆炸下限。

2. 当厂房内具有比空气轻的易燃物质时，厂房平屋顶平面以下1m高度内，或圆顶、斜顶的最高点以下2m高度内的容积的空气与释放至厂房内的易燃物质所形成的爆炸性气体混合物的浓度应小于爆炸下限。

注：①释放至厂房内的易燃物质的最大量应按1h释放量的3倍计算，但不包括由于灾难性事故引起破裂时的释放量。

②相对密度小于或等于0.75的爆炸性气体规定为轻于空气的气体；相对密度大于0.75的爆炸性气体规定为重于空气的气体。

三、当易燃物质可能大量释放并扩散到15m以外时，爆炸危险区域的范围应划分附加2区。

四、在物料操作温度高于可燃液体闪点的情况下，可燃液体可能泄漏时，其爆炸危险区域的范围可适当缩小。

第2.3.2条 确定爆炸危险区域的等级和范围宜符合第2.3.3条～第2.3.17条中典型示例的规定，并应根据易燃物质的释放量、释放速度、沸点、温度、闪点、相对密度、爆炸下限、障碍等条件，结合实践经验确定。但油气田及其管道工程、石油库的爆炸危险区域范围的确定除外。

第2.3.3条 对于易燃物质重于空气、通风良好且为第二级释放源的主要生产装置区，其爆炸危险区域的范围划分，宜符合下列规定（图2.3.3-1及图2.3.3-2）：

一、在爆炸危险区域内，地坪下的坑、沟划为1区；

二、以释放源为中心，半径为15m，地坪上的高度为7.5m及半径为7.5m，顶部与释放源的距离为7.5m的范围内划为2区；

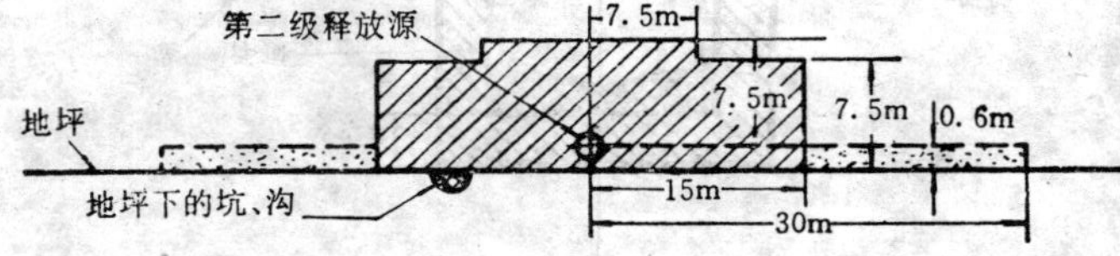

图 2.3.3-1 释放源接近地坪时易燃物质重于空气、通风良好的生产装置区

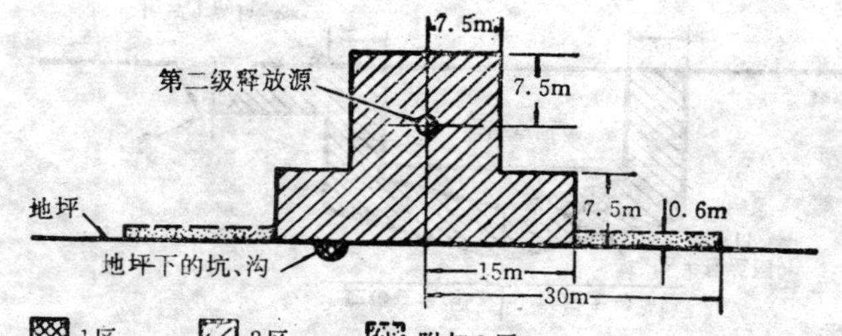

图 2.3.3-2 释放源在地坪以上时易燃物质重于空气、通风良好的生产装置区

三、以释放源为中心，总半径为30m，地坪上的高度为0.6m，且在2区以外的范围内划为附加2区。

第2.3.4条 易燃物质重于空气，释放源在封闭建筑物内，通风不良且为第二级释放源的主要生产装置区，其爆炸危险区域的范围划分，宜符合下列规定（图2.3.4）：

一、封闭建筑物内和在爆炸危险区域内地坪下的坑、沟划为1区；

二、以释放源为中心，半径为15m，高度为7.5m的范围内划为2区，但封闭建筑物的外墙和顶部距2区的界限不得小于3m，如为无孔洞实体墙，则墙外为非危险区；

三、以释放源为中心，总半径为30m，地坪上的高度为0.6m，且在2区以外的范围内划为附加2区。

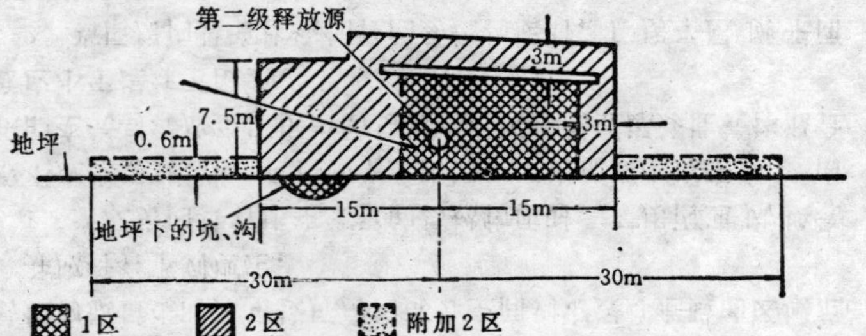

图2.3.4 易燃物质重于空气、释放源在封闭建筑物内通风不良的生产装置区

第2.3.5条 对于易燃物质重于空气的贮罐，其爆炸危险区域的范围划分，宜符合下列规定（图2.3.5-1及图2.3.5-2）：

一、固定式贮罐，在罐体内部未充隋性气体的液体表面以上的空间划为0区，浮顶式贮罐在浮顶移动范围内的空间划为1区；

二、以放空口为中心，半径为1.5m的空间和爆炸危险区域内地坪下的坑、沟划为1区；

三、距离贮罐的外壁和顶部3m的范围内划为2区；

四、当贮罐周围设围堤时，贮罐外壁至围堤，其高度为堤顶高度的范围内划为2区。

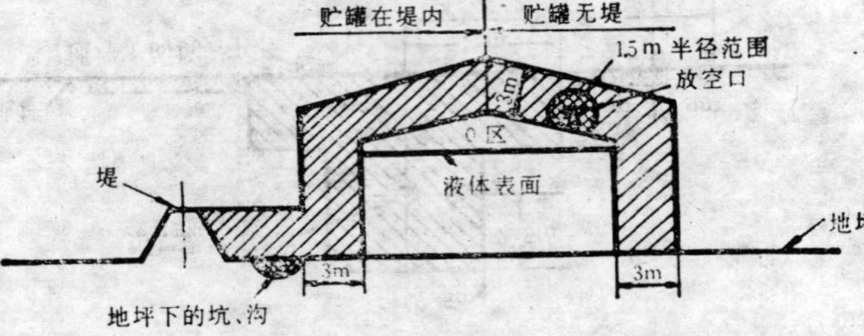

图2.3.5-1 易燃物质重于空气、设在户外地坪上的固定式贮罐

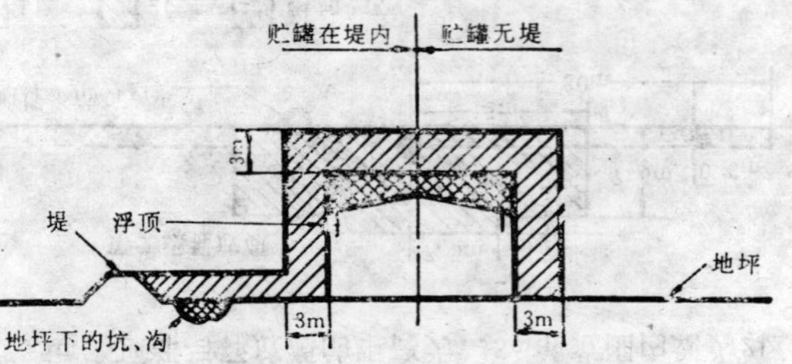

图2.3.5-2 易燃物质重于空气、设在户外地坪上的浮顶式贮罐

第2.3.6条 易燃液体、液化气、压缩气体、低温度液体装载槽车及槽车注送口处，其爆炸危险区域的范围划分，宜符合下列规定（图2.3.6）：

一、以槽车密闭式注送口为中心，半径为1.5m的空间或以非密闭式注送口为中心，半径为3m的空间和爆炸危险区域内地坪下的坑、沟划为1区；

二、以槽车密闭式注送口为中心，半径为4.5m的空间或以非密闭式注送口为中心，半径为7.5m的空间以及至地坪以上的范围内划为2区。

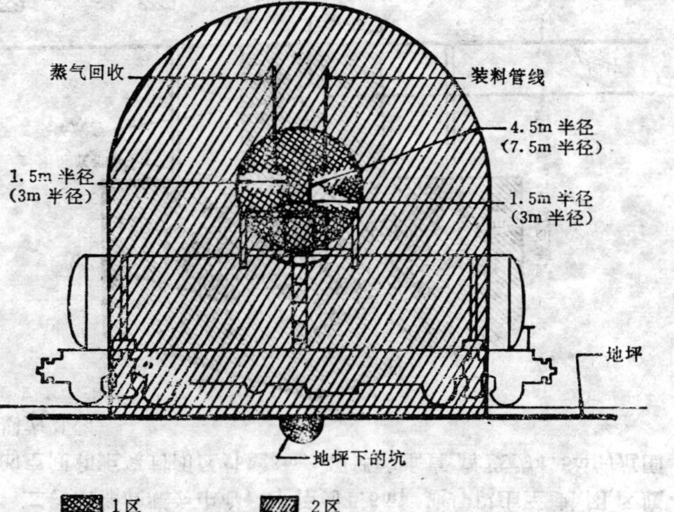

图 2.3.6　易燃液体、液化气、压缩气体等密闭注送系统的槽车

注：易燃液体为非密闭注送时采用括号内数值.

第2.3.7条　对于易燃物质轻于空气，通风良好且为第二级释放源的主要生产装置区，其爆炸危险区域的范围划分，宜符合下列规定（图2.3.7）：

当释放源距地坪的高度不超过4.5m时，以释放源为中心，半径为4.5m，顶部与释放源的距离为7.5m，及释放源至地坪以上的范围内划为2区。

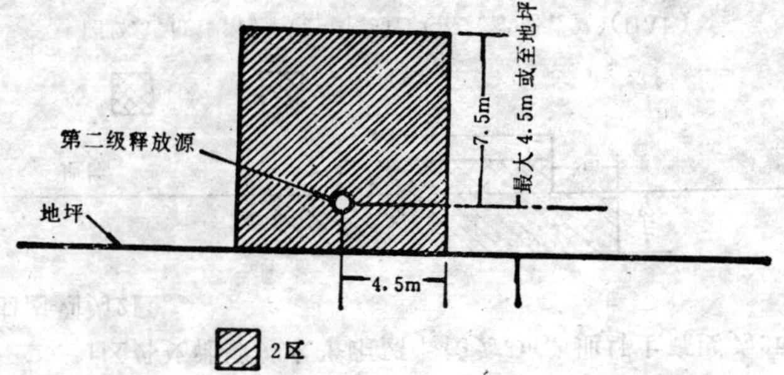

图 2.3.7　易燃物质轻于空气、通风良好的生产装置区

注：释放源距地坪的高度超过4.5m时，应根据实践经验确定.

第2.3.8条　对于易燃物质轻于空气，下部无侧墙，通风良好且为第二级释放源的压缩机厂房，其爆炸危险区域的范围划分，宜符合下列规定（图2.3.8）：

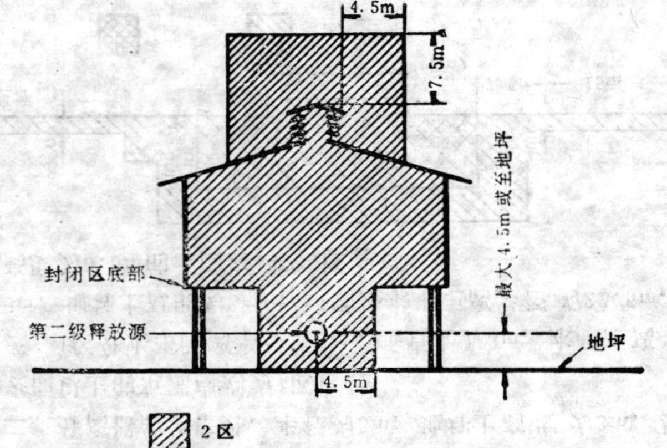

图2.3.8　易燃物质轻于空气、通风良好的压缩机厂房

注：释放源距地坪的高度超过4.5m时，应根据实践经验确定.

一、当释放源距地坪的高度不超过4.5m时，以释放源为中心，半径为4.5m，地坪以上至封闭区底部的空间和封闭区内部的范围内划为2区；

二、屋顶上方百页窗边外，半径为4.5m，百页窗顶部以上高度为7.5m的范围内划为2区。

第2.3.9条 对于易燃物质轻于空气，通风不良且为第二级释放源的压缩机厂房，其爆炸危险区域的范围划分，宜符合下列规定（图2.3.9）：

一、封闭区内部划分为1区；

二、以释放源为中心，半径为4.5m，地坪以上至封闭区底部的空间和距离封闭区外壁3m，顶部的垂直高度为4.5m的范围内划为2区。

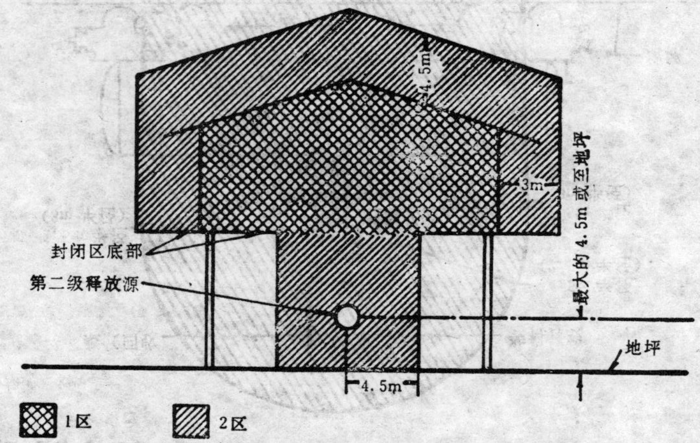

图 2.3.9 易燃物质轻于空气、通风不良的压缩机厂房

注：释放源距地坪的高度超过4.5m时，应根据实践经验确定。

第2.3.10条 对于开顶贮罐或池的单元分离器、预分离器和分离器液体表面为连续级释放源的，其爆炸危险区域的范围划分，宜符合下列规定（图2.3.10）：

一、单元分离器和预分离器的池壁外，半径为7.5m，地坪上高度为7.5m，及至液体表面以上的范围内划为1区；

二、分离器的池壁外，半径为3m，地坪上高度为3m，及至液体表面以上的范围内划为1区；

三、1区外水平距离半径为3m，垂直上方3m，水平距离半径为7.5m，地坪上高度为3m以及1区外水平距离半径为22.5m，地坪上高度为0.6m的范围内划为2区。

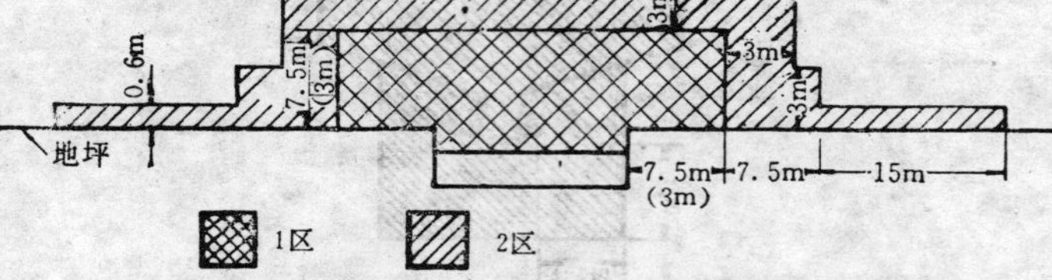

图 2.3.10 单元分离器、预分离器和分离器

第2.3.11条 对于开顶贮罐或池的溶解气游离装置（溶气浮选装置）液体表面处为连续级释放源的，其爆炸危险区域的范围划分，宜符合下列规定（图2.3.11）：

一、液体表面至地坪的范围划为1区；

二、1区外及池壁外水平距离半径为3m，地坪上高度为3m的范围内划为2区。

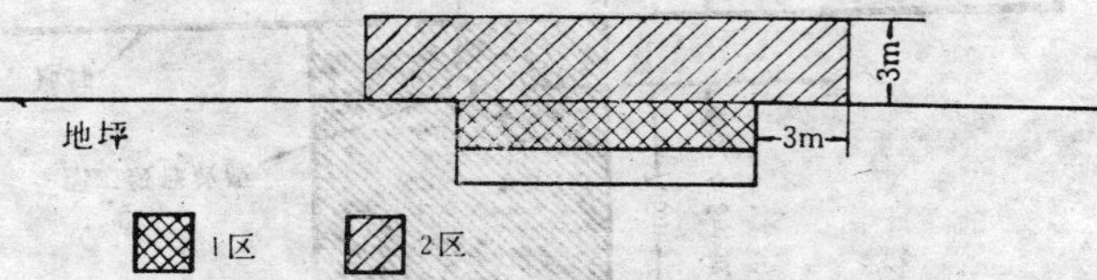

图 2.3.11 溶解气游离装置（溶气浮选装置）(DAF)

第2.3.12条 对于开顶贮罐或池的生物氧化装置，液体表面处为连续级释放源，其爆炸危险区域的范围划分，宜符合下列规

定（图2.3.12）：

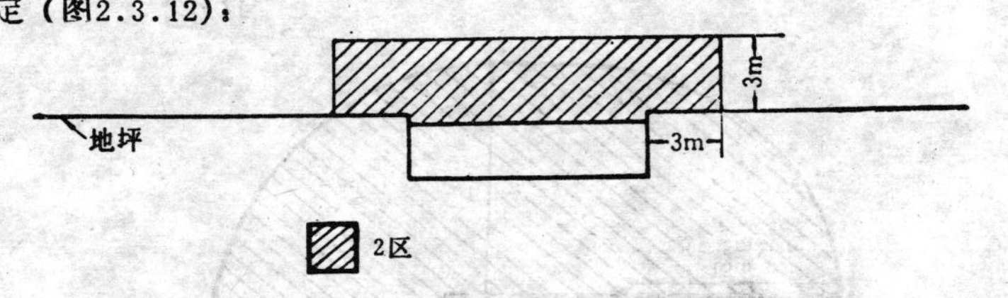

图 2.3.12 生物氧化装置(BIOX)

开顶贮罐或池壁外水平距离半径为3m，液体表面上方至地坪上高度为3m的范围内划为2区。

第2.3.13条 对于处理生产装置用冷却水的机械通风冷却塔，当划分为爆炸危险区域时，其爆炸危险区域的范围划分，宜符合下列规定（图2.3.13）：

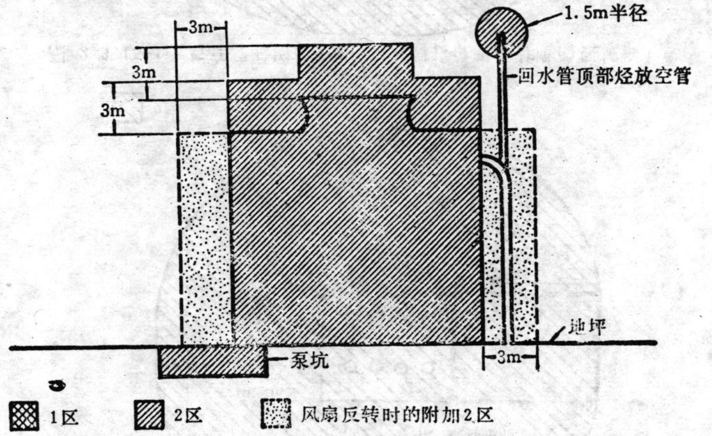

图 2.3.13 处理生产用冷却水的机械通风冷却塔

一、以回水管顶部烃放空管管口为中心，半径为1.5m，地坪下的泵、坑以及冷却塔及其上方高度为3m的范围内划为2区；

二、当冷却塔的风扇反转时，冷却塔侧壁外水平距离半径为3m，高度为冷却塔高度的范围内划为附加2区。

第2.3.14条 无释放源的生产装置区与通风不良的、且有第二级释放源的爆炸性气体环境相邻，并用非燃烧体的实体墙隔开，其爆炸危险区域的范围划分，宜符合下列规定（图2.3.14）：

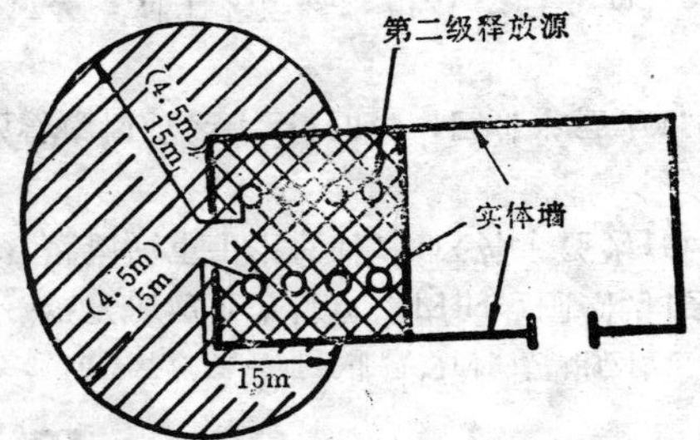

图 2.3.14 与通风不良的房间相邻

一、通风不良的、有第二级释放源的房间范围内划为1区；

二、当易燃物质重于空气时，以释放源为中心，半径为15m的范围内划为2区；

三、当易燃物质轻于空气时，以释放源为中心，半径为4.5m的范围内划分为2区。

第2.3.15条 无释放源的生产装置区与有顶无墙建筑物且有第二级释放源的爆炸性气体环境相邻，并用非燃烧体的实体墙隔开，其爆炸危险区域的范围划分，宜符合下列规定（图2.3.15-1及图2.3.15-2）：

一、当易燃物质重于空气时，以释放源为中心，半径为15m的范围内划为2区；

二、当易燃物质轻于空气时，以释放源为中心，半径为4.5m的范围内划为2区；

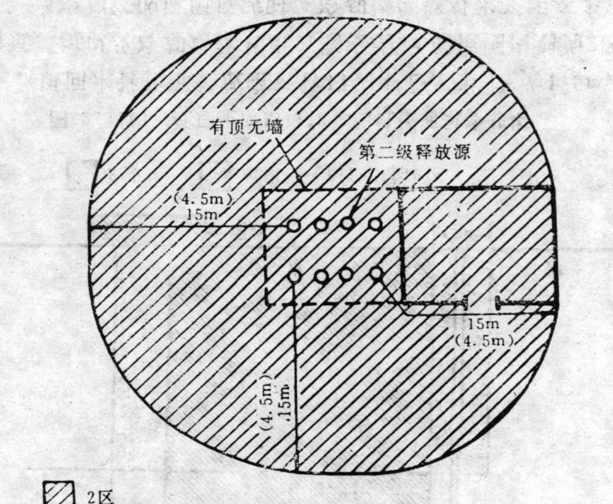

图 2.3.15-1　与有顶无墙建筑物相邻(门窗位于爆炸危险区域内)

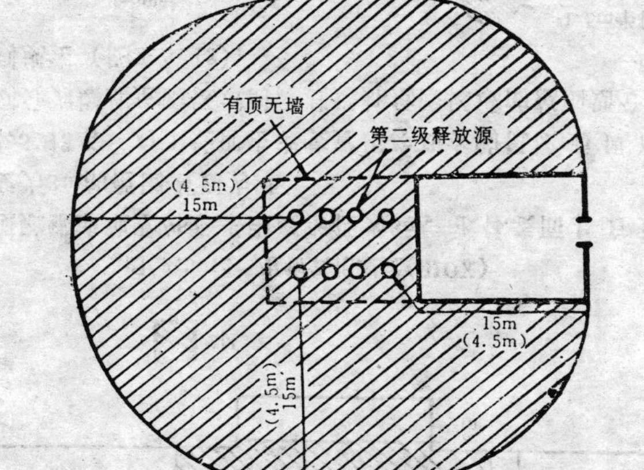

图 2.3.15-2　与有顶无墙建筑物相邻(门窗位于爆炸危险区域外)

三、与爆炸危险区域相邻，用非燃烧体的实体墙隔开的无释放源的生产装置区，门窗位于爆炸危险区域内时划为 2 区，门窗位于爆炸危险区域外时划为非危险区。

第2.3.16条　无释放源的生产装置区与通风不良的且有第一级释放源的爆炸性气体环境相邻，并用非燃烧体的实体墙隔开，其爆炸危险区域的范围划分，宜符合下列规定（图2.3.16）：

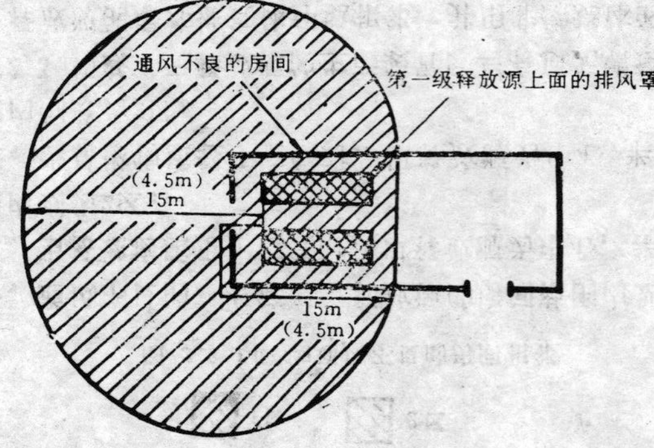

图 2.3.16　释放源上面有排风罩时的爆炸危险区域范围

一、第一级释放源上方排风罩内的范围划为1区；

二、当易燃物质重于空气时，1区外半径为15m的范围内划为2区；

三、当易燃物质轻于空气时，1区外半径为4.5m的范围内划为2区。

第2.3.17条　对工艺设备容积不大于95m³、压力不大于3.5MPa、流量不大于38l/s的生产装置，且为第二级释放源，按照生产的实践经验，其爆炸危险区域的范围划分，宜符合下列规定（图2.3.17）：

一、爆炸危险区域内，地坪下的坑、沟划为1区；

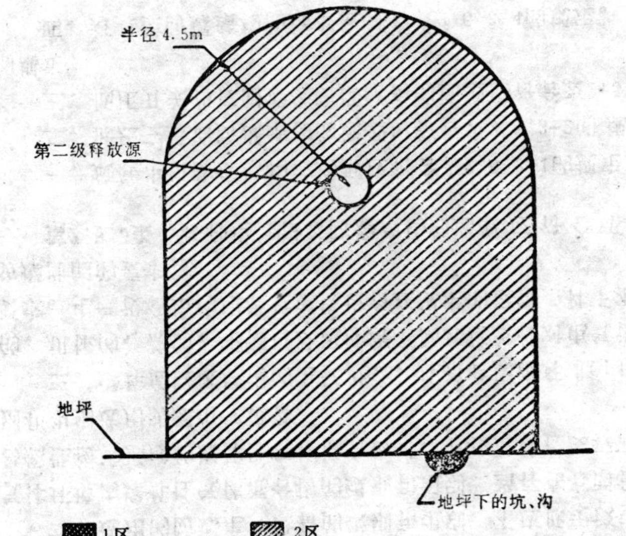

图 2.3.17 易燃液体、液化易燃气体、压缩易燃气体及低温液体释放源位于户外地坪上方

二、以释放源为中心，半径为4.5m，至地坪以上范围内划为2区。

第2.3.18条 爆炸性气体环境内的车间采用正压或连续通风稀释措施后，车间可降为非爆炸危险环境。

通风引入的气源应安全可靠，且必须是没有易燃物质、腐蚀介质及机械杂质。对重于空气的易燃物质，进气口应设在高出所划爆炸危险区范围的1.5m以上处。

第2.3.19条 爆炸性气体环境电力装置设计应有爆炸危险区域划分图，对于简单或小型厂房，可采用文字说明表达。

爆炸危险区域划分举例见附录二。

第四节 爆炸性气体混合物的分级、分组

第2.4.1条 爆炸性气体混合物，应按其最大试验安全间隙（MESG）或最小点燃电流（MIC）分级，并应符合表2.4.1的规定。

最大试验安全间隙（MESG）或最小点燃电流（MIC）分级 **表 2.4.1**

级别	最大试验安全间隙(MESG)(mm)	最小点燃电流比(MICR)
ⅡA	⩾0.9	>0.8
ⅡB	0.5<MESG<0.9	0.45⩽MICR⩽0.8
ⅡC	⩽0.5	<0.45

注：①分级的级别应符合现行国家标准《爆炸性环境用防爆电气设备通用要求》。
②最小点燃电流比(MICR)为各种易燃物质按照它们最小点燃电流值与实验室的甲烷的最小电流值之比。

第2.4.2条 爆炸性气体混合物应按引燃温度分组，并应符合表2.4.2的规定。

引燃温度分组 **表2.4.2**

组别	引燃温度 t（℃）
T1	450<t
T2	300<t⩽450
T3	200<t⩽300
T4	135<t⩽200
T5	100<t⩽135
T6	85<t⩽100

注：气体或蒸气爆炸性混合物分级分组举例应符合附录三的规定。

第五节　爆炸性气体环境的电气装置

第2.5.1条　爆炸性气体环境的电力设计应符合下列规定：

一、爆炸性气体环境的电力设计宜将正常运行时发生火花的电气设备，布置在爆炸危险性较小或没有爆炸危险的环境内。

二、在满足工艺生产及安全的前提下，应减少防爆电气设备的数量。

三、爆炸性气体环境内设置的防爆电气设备，必须是符合现行国家标准的产品。

四、不宜采用携带式电气设备。

第2.5.2条　爆炸性气体环境电气设备的选择应符合下列规定：

一、根据爆炸危险区域的分区、电气设备的种类和防爆结构的要求，应选择相应的电气设备。

二、选用的防爆电气设备的级别和组别，不应低于该爆炸性气体环境内爆炸性气体混合物的级别和组别。当存在有两种以上易燃性物质形成的爆炸性气体混合物时，应按危险程度较高的级别和组别选用防爆电气设备。

三、爆炸危险区域内的电气设备，应符合周围环境内化学的、机械的、热的、霉菌以及风沙等不同环境条件对电气设备的要求。电气设备结构应满足电气设备在规定的运行条件下不降低防爆性能的要求，

第2.5.3条　各种电气设备防爆结构的选型应符合下列规定：

一、旋转电机防爆结构的选型应符合表2.5.3-1的规定。

二、低压变压器防爆结构的选型应符合表2.5.3-2的规定。

三、低压开关和控制器类防爆结构的选型应符合表2.5.3-3的规定。

四、灯具类防爆结构的选型应符合表2.5.3-4的规定。

旋转电机防爆结构的选型　　表2.5.3-1

爆炸危险区域 / 防爆结构 / 电气设备	1区			2区			
	隔爆型 d	正压型 p	增安型 e	隔爆型 d	正压型 p	增安型 e	无火花型 n
鼠笼型感应电动机	○	○	△	○	○	○	○
绕线型感应电动机	△	△		○	○	○	X
同步电动机	○	○	X	○	○	○	
直流电动机	△	△		○	○		
电磁滑差离合器(无电刷)	○	△	X	○	○	○	△

注：①表中符号，○为适用，△为慎用，X为不适用(下同)。

②绕线型感应电动机及同步电动机采用增安型时，其主体是增安型防爆结构，发生电火花的部分是隔爆或正压型防爆结构。

③无火花型电动机在通风不良及户内具有比空气重的易燃物质区域内慎用。

低压变压器类防爆结构的选型　　表2.5.3-2

爆炸危险区域 / 防爆结构 / 电气设备	1区			2区			
	隔爆型 d	正压型 p	增安型 e	隔爆型 d	正压型 p	增安型 e	充油型 o
变压器(包括起动用)	△	△	X	○	○	○	○
电抗线圈(包括起动用)	△	△	X	○	○	○	○
仪表用互感器	△		X	○		○	○

低压开关和控制器类防爆结构的选型　　表 2.5.3-3

电气设备 \ 防爆结构 \ 爆炸危险区域	0 区	1 区					2 区				
	本质安全型 ia	本质安全型 ia,ib	隔爆型 d	正压型 p	充油型 o	增安型 c	本质安全型 ia,ib	隔爆型 d	正压型 p	充油型 o	增安型 e
刀开关、断路器			○					○			
熔断器			△					○			
控制开关及按钮	○	○	○		○		○	○		○	
电抗起动器和起动补偿器			△				○				○
起动用金属电阻器			△	△		X		○	○		○
电磁阀用电磁铁			○			X		○			○
电磁摩擦制动器			△			X		○			△
操作箱、柱			○	○				○	○		
控制盘			△	△				○	○		
配电盘			△					○			

注：①电抗起动器和起动补偿器采用增安型时，是指将隔爆结构的起动运转开关操作部件与增安型防爆结构的电抗线圈或单绕组变压器组成一体的结构。

②电磁摩擦制动器采用隔爆型时，是指将制动片、滚筒等机械部分也装入隔爆壳体内者。

③在1区内电气设备采用隔爆型时，是指除隔爆型外，也包括主要有火花部分为隔爆结构而其外壳为增安型的混合结构。

灯具类防爆结构的选型　　表 2.5.3-4

电气设备 \ 防爆结构 \ 爆炸危险区域	1 区		2 区	
	隔爆型 d	增安型 e	隔爆型 d	增安型 e
固定式灯	○	X	○	○
移动式灯	△		○	
携带式电池灯	○		○	
指示灯类	○	X	○	○
镇流器	○	△	○	○

五、信号报警装置等电气设备防爆结构的选型应符合表2.5.3-5的规定。

信号、报警装置等电气设备防爆结构的选型　　表 2.5.3-5

电气设备 \ 防爆结构 \ 爆炸危险区域	0 区	1 区				2 区			
	本质安全型 ia	本质安全型 ia,ib	隔爆型 d	正压型 p	增安型 e	本质安全型 ia,ib	隔爆型 d	正压型 p	增安型 e
信号、报警装置	○	○	○	○	X	○	○	○	○
插接装置			○				○		
接线箱(盒)			○		△		○		○
电气测量表计			○	○	X		○	○	○

第2.5.4条　当选用正压型电气设备及通风系统时，应符合下列要求：

一、通风系统必须用非燃性材料制成，其结构应坚固，连接应严密，并不得有产生气体滞留的死角；

二、电气设备应与通风系统联锁。运行前必须先通风，并应在通风量大于电气设备及其通风系统容积的5倍时，才能接通电气设备的主电源；

三、在运行中，进入电气设备及其通风系统内的气体，不应含有易燃物质或其它有害物质；

四、在电气设备及其通风系统运行中，其风压不应低于50Pa。当风压低于50Pa时，应自动断开电气设备的主电源或发出信号；

五、通风过程排出的气体，不宜排入爆炸危险环境；当采取有效地防止火花和炽热颗粒从电气设备及其通风系统吹出的措施时，可排入2区空间；

六、对于闭路通风的正压型电气设备及其通风系统，应供给清洁气体；

七、电气设备外壳及通风系统的小门或盖子应采取联锁装置或加警告标志等安全措施；

八、电气设备必须有一个或几个与通风系统相连的进、排气口。排气口在换气后须妥善密封。

第2.5.5条 充油型电气设备，应在没有振动、不会倾斜和固定安装的条件下采用。

第2.5.6条 在采用非防爆型电气设备作隔墙机械传动时，应符合下列要求：

一、安装电气设备的房间，应用非燃烧体的实体墙与爆炸危险区域隔开；

二、传动轴传动通过隔墙处应采用填料函密封或有同等效果的密封措施；

三、安装电气设备房间的出口，应通向非爆炸危险区域和无火灾危险的环境；当安装电气设备的房间必须与爆炸性气体环境相通时，应对爆炸性气体环境保持相对的正压。

第2.5.7条 变、配电所和控制室的设计应符合下列要求：

一、变电所、配电所（包括配电室，下同）和控制室应布置在爆炸危险区域范围以外，当为正压室时，可布置在1区、2区内。

二、对于易燃物质比空气重的爆炸性气体环境，位于1区、2区附近的变电所、配电所和控制室的室内地面，应高出室外地面0.6m。

第2.5.8条 爆炸性气体环境电气线路的设计和安装应符合下列要求：

一、电气线路应在爆炸危险性较小的环境或远离释放源的地方敷设。

1. 当易燃物质比空气重时，电气线路应在较高处敷设或直接埋地；架空敷设时宜采用电缆桥架；电缆沟敷设时沟内应充砂，并宜设置排水措施。

2. 当易燃物质比空气轻时，电气线路宜在较低处敷设或电缆沟敷设。

3. 电气线路宜在有爆炸危险的建、构筑物的墙外敷设。

二、敷设电气线路的沟道、电缆或钢管，所穿过的不同区域之间墙或楼板处的孔洞，应采用非燃性材料严密堵塞。

三、当电气线路沿输送易燃气体或液体的管道栈桥敷设时，应符合下列要求：

1. 沿危险程度较低的管道一侧；

2. 当易燃物质比空气重时，在管道上方；比空气轻时，在管道的下方。

四、敷设电气线路时宜避开可能受到机械损伤、振动、腐蚀以及可能受热的地方，不能避开时，应采取预防措施。

五、在爆炸性气体环境内，低压电力、照明线路用的绝缘导线和电缆的额定电压，必须不低于工作电压，且不应低于500V。工作中性线的绝缘的额定电压应与相线电压相等，并应在同一护套或管子内敷设。

六、在1区内单相网络中的相线及中性线均应装设短路保护，并使用双极开关同时切断相线及中性线。

七、在1区内应采用铜芯电缆；在2区内宜采用铜芯电缆，当采用铝芯电缆时，与电气设备的连接应有可靠的铜-铝过渡接头等措施。

八、选用电缆时应考虑环境腐蚀、鼠类和白蚁危害以及周围环境温度及用电设备进线盒方式等因素。在架空桥架敷设时宜采用阻燃电缆。

九、对3～10kV电缆线路，宜装设零序电流保护；在1区内保护装置宜动作于跳闸；在2区内宜作用于信号。

第2.5.9条 本质安全系统的电路应符合下列要求：

一、当本质安全系统电路的导体与其它非本质安全系统电路的导体接触时，应采取适当预防措施。不应使接触点处产生电弧或电流增大、产生静电或电磁感应。

二、连接导线当采用铜导线时，引燃温度为T1～T4组时，其导线截面与最大允许电流应符合表2.5.9的规定。

铜导线截面与最大允许电流（适用于T1～T4组） **表2.5.9**

导线截面 (mm²)	0.017	0.03	0.09	0.19	0.28	0.44
最大允许电流 (A)	1.0	1.65	3.3	5.0	6.6	8.3

三、导线绝缘的耐压强度应为2倍额定电压，最低为500V。

第2.5.10条 除本质安全系统的电路外，在爆炸性气体环境1区、2区内电缆配线的技术要求，应符合表2.5.10的规定。

明设塑料护套电缆，当其敷设方式采用能防止机械损伤的电缆槽板、托盘或桥架方式时，可采用非铠装电缆。

在易燃物质比空气轻且不存在会受鼠、虫等损害情形时，在2区电缆沟内敷设的电缆可采用非铠装电缆。

爆炸性气体环境电缆配线技术要求 **表2.5.10**

项目/技术要求/爆炸危险区域	电缆明设或在沟内敷设时的最小截面			接线盒	移动电缆
	电力	照明	控制		
1区	铜芯2.5mm²及以上	铜芯2.5mm²及以上	铜芯2.5mm²及以上	隔爆型	重型
2区	铜芯1.5mm²及以上，或铝芯4mm²及以上	铜芯1.5mm²及以上，或铝芯2.5mm²及以上	铜芯1.5mm²及以上	隔爆、增安型	中型

铝芯绝缘导线或电缆的连接与封端应采用压接、熔焊或钎焊，当与电气设备（照明灯具除外）连接时，应采用适当的过渡接头。

在1区内电缆线路严禁有中间接头，在2区内不应有中间接头。

第2.5.11条 除本质安全系统的电路外，在爆炸性气体环境1区、2区内电压为1000V以下的钢管配线的技术要求，应符合表2.5.11的规定。

爆炸危险环境钢管配线技术要求 **表2.5.11**

项目/技术要求/爆炸危险区域	钢管明配线路用绝缘导线的最小截面			接线盒分支盒挠性连接管	管子连接要求
	电力	照明	控制		
1区	铜芯2.5mm²及以上	铜芯2.5mm²及以上	铜芯2.5mm²及以上	隔爆型	对Dg25mm及以下的钢管螺纹旋合不应少于5扣，对Dg32mm及以上的不应少于6扣并有锁紧螺母
2区	铜芯1.5mm²及以上，铝芯4mm²及以上	铜芯1.5mm²及以上，铝芯2.5mm²及以上	铜芯1.5mm²及以上	隔爆、增安型	对Dg25mm及以下的螺纹旋合不应少于5扣，对Dg32mm及以上的不应少于6扣

钢管应采用低压流体输送用镀锌焊接钢管。

为了防腐蚀，钢管连接的螺纹部分应涂以铅油或磷化膏。

在可能凝结冷凝水的地方，管线上应装设排除冷凝水的密封接头。

与电气设备的连接处宜采用挠性连接管。

第2.5.12条 在爆炸性气体环境1区、2区内钢管配线的电气线路必须作好隔离密封，且应符合下列要求。

一、爆炸性气体环境1区、2区内，下列各处必须作隔离密封：

1．当电气设备本身的接头部件中无隔离密封时，导体引向电气设备接头部件前的管段处；

2．直径50mm以上钢管距引入的接线箱450mm以内处，以及直径50mm以上钢管每距15m处；

3．相邻的爆炸性气体环境1区、2区之间；爆炸性气体环境1区、2区与相邻的其它危险环境或正常环境之间。

进行密封时，密封内部应用纤维作填充层的底层或隔层，以防止密封混合物流出，填充层的有效厚度必须大于钢管的内径。

二、供隔离密封用的连接部件，不应作为导线的连接或分线用。

第2.5.13条 在爆炸性气体环境1区、2区内，绝缘导线和电缆截面的选择，应符合下列要求：

一、导体允许载流量，不应小于熔断器熔体额定电流的1.25倍，和自动开关长延时过电流脱扣器整定电流的1.25倍（本款2项情况除外）。

二、引向电压为1000V以下鼠笼型感应电动机支线的长期允许载流量，不应小于电动机额定电流的1.25倍。

第2.5.14条 10kV及以下架空线路严禁跨越爆炸性气体环境，架空线路与爆炸性气体环境的水平距离，不应小于杆塔高度的1.5倍。在特殊情况下，采取有效措施后，可适当减少距离。

第2.5.15条 爆炸性气体环境接地设计应符合下列要求。

一、按有关电力设备接地设计技术规程规定不需要接地的下列部分，在爆炸性气体环境内仍应进行接地：

1．在不良导电地面处，交流额定电压为380V及以下和直流额定电压为440V及以下的电气设备正常不带电的金属外壳；

2．在干燥环境，交流额定电压为127V及以下，直流电压为110V及以下的电气设备正常不带电的金属外壳；

3．安装在已接地的金属结构上的电气设备。

二、在爆炸危险环境内，电气设备的金属外壳应可靠接地。爆炸性气体环境1区内的所有电气设备以及爆炸性气体环境2区内除照明灯具以外的其它电气设备，应采用专门的接地线。该接地线若与相线敷设在同一保护管内时，应具有与相线相等的绝缘。此时爆炸性气体环境的金属管线，电缆的金属包皮等，只能作为辅助接地线。

爆炸性气体环境2区内的照明灯具，可利用有可靠电气连接的金属管线系统作为接地线，但不得利用输送易燃物质的管道。

三、接地干线应在爆炸危险区域不同方向不少于两处与接地体连接。

四、电气设备的接地装置与防止直接雷击的独立避雷针的接地装置应分开设置，与装设在建筑物上防止直接雷击的避雷针的接地装置可合并设置；与防雷电感应的接地装置亦可合并设置。接地电阻值应取其中最低值。

第三章　爆炸性粉尘环境

第一节　一般规定

第3.1.1条　对用于生产、加工、处理、转运或贮存过程中出现或可能出现爆炸性粉尘、可燃性导电粉尘、可燃性非导电粉尘和可燃纤维与空气形成的爆炸性粉尘混合物环境时，应进行爆炸性粉尘环境的电力设计。

第3.1.2条　在爆炸性粉尘环境中粉尘应分为下列四种。

一、爆炸性粉尘：这种粉尘即使在空气中氧气很少的环境中也能着火，呈悬浮状态时能产生剧烈的爆炸，如镁、铝、铝青铜等粉尘。

二、可燃性导电粉尘：与空气中的氧起发热反应而燃烧的导电性粉尘，如石墨、炭黑、焦炭、煤、铁、锌、钛等粉尘。

三、可燃性非导电粉尘：与空气中的氧起发热反应而燃烧的非导电性粉尘，如聚乙烯、苯酚树脂、小麦、玉米、砂糖、染料、可可、木质、米糠、硫磺等粉尘。

四、可燃纤维：与空气中的氧起发热反应而燃烧的纤维，如棉花纤维、麻纤维、丝纤维、毛纤维、木质纤维、人造纤维等。

第3.1.3条　在爆炸性粉尘环境中出现的粉尘应按引燃温度分组，并应符合表3.1.3的规定。

第3.1.4条　在爆炸性粉尘环境中，产生爆炸必须同时存在下列条件：

一、存在爆炸性粉尘混合物其浓度在爆炸极限以内；

二、存在足以点燃爆炸性粉尘混合物的火花、电弧或高温。

第3.1.5条　在爆炸性粉尘环境中应采取下列防止爆炸的措施：

引燃温度分组　　**表3.1.3**

温度组别	引燃温度（t）℃
T11	t>270
T12	200<t≤270
T13	150<t≤200

注：确定粉尘温度组别时，应取粉尘云的引燃温度和粉尘层的引燃温度两者中的低值。

一、防止产生爆炸的基本措施，应是使产生爆炸的条件同时出现的可能性减小到最小程度。

二、防止爆炸危险，应按照爆炸性粉尘混合物的特征，采取相应的措施。爆炸性粉尘混合物的爆炸下限随粉尘的分散度、湿度、挥发性物质的含量、灰分的含量、火源的性质和温度等而变化。

三、在工程设计中应先取下列消除或减少爆炸性粉尘混合物产生和积聚的措施：

1．工艺设备宜将危险物料密封在防止粉尘泄漏的容器内；

2．宜采用露天或开敞式布置，或采用机械除尘或通风措施；

3．宜限制和缩小爆炸危险区域的范围，并将可能释放爆炸性粉尘的设备单独集中布置；

4．提高自动化水平，可采用必要的安全联锁；

5．爆炸危险区域应设有两个以上出入口，其中至少有一个通向非爆炸危险区域，其出入口的门应向爆炸危险性较小的区域侧开启；

6．应定期清除沉积的粉尘；

7．应限制产生危险温度及火花，特别是由电气设备或线路

产生的过热及火花。应选用防爆或其它防护类型的电气设备及线路；

8．可增加物料的湿度，降低空气中粉尘的悬浮量。

第二节　爆炸性粉尘环境危险区域划分

第3.2.1条　爆炸性粉尘环境应根据爆炸性粉尘混合物出现的频繁程度和持续时间，按下列规定进行分区。

一、10区：连续出现或长期出现爆炸性粉尘环境；

二、11区：有时会将积留下的粉尘扬起而偶然出现爆炸性粉尘混合物的环境。

第3.2.2条　爆炸危险区域的划分应按爆炸性粉尘的量、爆炸极限和通风条件确定。

第3.2.3条　符合下列条件之一时，可划为非爆炸危险区域：

一、装有良好除尘效果的除尘装置，当该除尘装置停车时，工艺机组能联锁停车；

二、设有为爆炸性粉尘环境服务，并用墙隔绝的送风机室，其通向爆炸性粉尘环境的风道设有能防止爆炸性粉尘混合物侵入的安全装置，如单向流通风道及能阻火的安全装置；

三、区域内使用爆炸性粉尘的量不大，且在排风柜内或风罩下进行操作。

第3.2.4条　为爆炸性粉尘环境服务的排风机室，应与被排风区域的爆炸危险区域等级相同。

第三节　爆炸性粉尘环境危险区域的范围

第3.3.1条　爆炸性粉尘环境的范围，应根据爆炸性粉尘的量、释放率、浓度和物理特性，以及同类企业相似厂房的实践经验等确定。

第3.3.2条　爆炸性粉尘环境在建筑物内部，宜以厂房为单位确定范围。

第四节　爆炸性粉尘环境的电气装置

第3.4.1条　爆炸性粉尘环境的电力设计应符合下列规定：

一、爆炸性粉尘环境的电力设计，宜将电气设备和线路，特别是正常运行时能发生火花的电气设备，布置在爆炸性粉尘环境以外。当需设在爆炸性粉尘环境内时，应布置在爆炸危险性较小的地点。在爆炸性粉尘环境内，不宜采用携带式电气设备。

二、爆炸性粉尘环境内的电气设备和线路，应符合周围环境内化学的、机械的、热的、霉菌以及风沙等不同环境条件对电气设备的要求。

三、在爆炸性粉尘环境内，电气设备最高允许表面温度应符合表3.4.1的规定。

电气设备最高允许表面温度　　**表3.4.1**

引燃温度组别	无过负荷的设备	有过负荷的设备
T11	215℃	195℃
T12	160℃	145℃
T13	120℃	110℃

四、在爆炸性粉尘环境采用非防爆型电气设备进行隔墙机械传动时，应符合下列要求：

1．安装电气设备的房间，应采用非燃烧体的实体墙与爆炸性粉尘环境隔开；

2．应采用通过隔墙由填料函密封或同等效果密封措施的传动轴传动；

3．安装电气设备房间的出口，应通向非爆炸和无火灾危险的环境；当安装电气设备的房间必须与爆炸性粉尘环境相通时，应对爆炸性粉尘环境保持相对的正压。

五、爆炸性粉尘环境内，有可能过负荷的电气设备，应装设可靠的过负荷保护。

六、爆炸性粉尘环境内的事故排风用电动机，应在生产发生事故情况下便于操作的地方设置事故起动按钮等控制设备。

七、在爆炸性粉尘环境内，应少装插座和局部照明灯具。如必须采用时，插座宜布置在爆炸性粉尘不易积聚的地点，局部照明灯宜布置在事故时气流不易冲击的位置。

第3.4.2条 防爆电气设备选型。除可燃性非导电粉尘和可燃纤维的11区环境采用防尘结构（标志为DP）的粉尘防爆电气设备外，爆炸性粉尘环境10区及其它爆炸性粉尘环境11区均采用尘密结构（标志为DT）的粉尘防爆电气设备，并按照粉尘的不同引燃温度选择不同引燃温度组别的电气设备。

第3.4.3条 爆炸性粉尘环境电气线路的设计和安装应符合下列要求：

一、电气线路应在爆炸危险性较小的环境处敷设。

二、敷设电气线路的沟道、电缆或钢管，在穿过不同区域之间墙或楼板处的孔洞，应采用非燃性材料严密堵塞。

三、敷设电气线路时宜避开可能受到机械损伤、振动、腐蚀以及可能受热的地方，如不能避开时，应采取预防措施。

四、爆炸性粉尘环境10区内高压配线应采用铜芯电缆；爆炸性粉尘环境11区内高压配线除用电设备和线路有剧烈振动者外，可采用铝芯电缆。

爆炸性粉尘环境10区内全部的和爆炸性粉尘环境11区内有剧烈振动的，电压为1000V以下用电设备的线路，均应采用铜芯绝缘导线或电缆。

五、爆炸性粉尘环境10区内绝缘导线和电缆的选择应符合下列要求：

1．绝缘导线和电缆的导体允许载流量不应小于熔断器熔体额定电流的1.25倍，和自动开关长延时过电流脱扣器整定电流的1.25倍（本款第2项情况除外）；

2．引向电压为1000V以下鼠笼型感应电动机的支线的长期允许载流量，不应小于电动机额定电流的1.25倍；

3．电压为1000V以下的导线和电缆，应按短路电流进行热稳定校验。

六、在爆炸性粉尘环境内，低压电力、照明线路用的绝缘导线和电缆的额定电压，必须不低于网络的额定电压，且不应低于500V。工作中性线绝缘的额定电压应与相线的额定电压相等，并应在同一护套或管子内敷设。

七、在爆炸性粉尘环境10区内，单相网络中的相线及中性线均应装设短路保护，并使用双极开关同时切断相线和中性线。

八、爆炸性粉尘环境10区、11区内电缆线路不应有中间接头。

九、选用电缆时应考虑环境腐蚀、鼠类和白蚁危害以及周围环境温度及用电设备进线盒方式等因素。在架空桥架敷设时宜采用阻燃电缆。

十、对3～10kV电缆线路应装设零序电流保护；保护装置在爆炸性粉尘环境10区内宜动作于跳闸，在爆炸性粉尘环境11区内宜作用于信号。

第3.4.4条 电压为1000V以下的电缆配线技术要求，应符合表3.4.4规定。

第3.4.5条 在爆炸性粉尘环境内，严禁采用绝缘导线或塑料管明设。当采用钢管配线时，电压为1000V以下的钢管配线的技术要求，应符合表3.4.5规定。

钢管应采用低压流体输送用镀锌焊接钢管。为了防腐蚀，钢管连接的螺纹部分应涂以铅油或磷化膏。在可能凝结冷凝水的地方，管线上应装设排除冷凝水的密封接头。

第3.4.6条 在10区内敷设绝缘导线时，必须在导线引向电

爆炸性粉尘环境电缆配线技术要求　　表3.4.4

技术要求项目 / 爆炸危险区域	电缆的最小截面	移动电缆
10区	铜芯2.5mm²及以上	重　型
11区	铜芯1.5mm²及以上 铝芯2.5mm²及以上	中　型

注：铝芯绝缘导线或电缆的连接与封端应采用压接.

爆炸性粉尘环境钢管配线技术要求　　表3.4.5

技术要求项目 / 爆炸危险区域	绝缘导线的最小截面	接线盒、分支盒	管子连接要求
10区	铜芯2.5mm²及以上	尘密型	螺纹旋合应不少于5扣
11区	铜芯1.5mm²及以上 铝芯2.5mm²及以上	尘密型，也可采用防尘型	螺纹旋合应不少于5扣

注：尘密型是规定标志为DT的粉尘防爆类型；防尘型是规定标志为DP的粉尘防爆类型.

气设备接头部件，以及与相邻的其它区域之间作隔离密封。供隔离密封用的连接部件，不应作为导线的连接或分线用。

第3.4.7条　爆炸性粉尘环境接地设计应符合下列要求。

一、按有关电力设备接地设计技术规程，不需要接地的下列部分，在爆炸性粉尘环境内，仍应进行接地：

1．在不良导电地面处，交流额定电压为380V及以下和直流额定电压440V及以下的电气设备正常不带电的金属外壳；

2．在干燥环境，交流额定电压为127V及以下，直流额定电压为110V及以下的电气设备正常不带电的金属外壳；

3．安装在已接地的金属结构上的电气设备。

二、爆炸性粉尘环境内电气设备的金属外壳应可靠接地。爆炸性粉尘环境10区内的所有电气设备，应采用专门的接地线，该接地线若与相线敷设在同一保护管内时，应具有与相线相等的绝缘。电缆的金属外皮及金属管线等只作为辅助接地线。爆炸性粉尘环境11区内的所有电气设备，可利用有可靠电气连接的金属管线或金属构件作为接地线，但不得利用输送爆炸危险物质的管道。

三、为了提高接地的可靠性，接地干线宜在爆炸危险区域不同方向且不少于两处与接地体连接。

四、电气设备的接地装置与防止直接雷击的独立避雷针的接地装置应分开设置，与装设在建筑物上防止直接雷击的避雷针的接地装置可合并设置；与防雷电感应的接地装置亦可合并设置。接地电阻值应取其中最低值。

第四章　火灾危险环境

第一节　一 般 规 定

第4.1.1条　对于生产、加工、处理、转运或贮存过程中出现或可能出现下列火灾危险物质之一时，应进行火灾危险环境的电力设计。

一、闪点高于环境温度的可燃液体；在物料操作温度高于可燃液体闪点的情况下，有可能泄漏但不能形成爆炸性气体混合物的可燃液体。

二、不可能形成爆炸性粉尘混合物的悬浮状、堆积状可燃粉尘或可燃纤维以及其它固体状可燃物质。

第4.1.2条　在火灾危险环境中能引起火灾危险的可燃物质宜为下列四种：

一、可燃液体：如柴油、润滑油、变压器油等。

二、可燃粉尘：如铝粉、焦炭粉、煤粉、面粉、合成树脂粉等。

三、固体状可燃物质：如煤、焦炭、木等。

四、可燃纤维：如棉花纤维、麻纤维、丝纤维、毛纤维、木质纤维、合成纤维等。

第二节　火灾危险区域划分

第4.2.1条　火灾危险环境应根据火灾事故发生的可能性和后果，以及危险程度及物质状态的不同，按下列规定进行分区。

一、21区：具有闪点高于环境温度的可燃液体，在数量和配置上能引起火灾危险的环境。

二、22区：具有悬浮状、堆积状的可燃粉尘或可燃纤维，虽不可能形成爆炸混合物，但在数量和配置上能引起火灾危险的环境。

三、23区：具有固体状可燃物质，在数量和配置上能引起火灾危险的环境。

第三节　火灾危险环境的电气装置

第4.3.1条　火灾危险环境的电气设备和线路，应符合周围环境内化学的、机械的、热的、霉菌及风沙等环境条件对电气设备的要求。

第4.3.2条　在火灾危险环境内，正常运行时有火花的和外壳表面温度较高的电气设备，应远离可燃物质。

第4.3.3条　在火灾危险环境内，不宜使用电热器。当生产要求必须使用电热器时，应将其安装在非燃材料的底板上。

第4.3.4条　在火灾危险环境内，应根据区域等级和使用条件，按表4.3.4选择相应类型的电气设备。

电气设备防护结构的选型　　**表4.3.4**

电气设备 \ 防护结构 \ 火灾危险区域		21区	22区	23区
电　机	固定安装	IP44	IP54	IP21
	移动式、携带式	IP54		IP54
电器和仪表	固定安装	充油型、IP54、IP44	IP54	IP44
	移动式、携带式	IP54		IP44
照明灯具	固定安装	IP2X	IP5X	IP2X
	移动式、携带式	IP5X		
配电装置				
接线盒				

注：①在火灾危险环境21区内固定安装的正常运行时有滑环等火花部件的电机，不宜采用IP44结构。

②在火灾危险环境23区内固定安装的正常运行时有滑环等火花部件的电机，不应采用IP21型结构，而应采用IP44型。

③在火灾危险环境21区内固定安装的正常运行时有火花部件的电器和仪表，不宜采用IP44型。

④移动式和携带式照明灯具的玻璃罩，应有金属网保护。

⑤表中防护等级的标志应符合现行国家标准《外壳防护等级的分类》的规定。

第4.3.5条 电压为10kV及以下的变电所、配电所，不宜设在有火灾危险区域的正上面或正下面。若与火灾危险区域的建筑物毗连时，应符合下列要求：

一、电压为1～10kV配电所可通过走廊或套间与火灾危险环境的建筑物相通，通向走廊或套间的门应为难燃烧体的。

二、变电所与火灾危险环境建筑物共用的隔墙应是密实的非燃烧体。管道和沟道穿过墙和楼板处，应采用非燃烧性材料严密堵塞。

三、变压器室的门窗应通向非火灾危险环境。

第4.3.6条 在易沉积可燃粉尘或可燃纤维的露天环境，设置变压器或配电装置时应采用密闭型的。

第4.3.7条 露天安装的变压器或配电装置的外廓距火灾危险环境建筑物的外墙在10m以内时，应符合下列要求：

一、火灾危险环境靠变压器或配电装置一侧的墙应为非燃烧体的；

二、在变压器或配电装置高度加3m的水平线以上，其宽度为变压器或配电装置外廓两侧各加3m的墙上，可安装非燃烧体的装有铁丝玻璃的固定窗。

第4.3.8条 火灾危险环境电气线路的设计和安装应符合下列要求：

一、在火灾危险环境内，可采用非铠装电缆或钢管配线明敷设。在火灾危险环境21区或23区内，可采用硬塑料管配线。在火灾危险环境23区内，当远离可燃物质时，可采用绝缘导线在针式或鼓形瓷绝缘子上敷设。

沿未抹灰的木质吊顶和木质墙壁敷设的以及木质闷顶内的电气线路应穿钢管明设。

二、在火灾危险环境内，电力、照明线路的绝缘导线和电缆的额定电压，不应低于线路的额定电压，且不低于500V。

三、在火灾危险环境内，当采用铝芯绝缘导线和电缆时，应有可靠的连接和封端。

四、在火灾危险环境21区或22区内，电动起重机不应采用滑触线供电；在火灾危险环境23区内，电动起重机可采用滑触线供电，但在滑触线下方不应堆置可燃物质。

五、移动式和携带式电气设备的线路，应采用移动电缆或橡套软线。

六、在火灾危险环境内，当需采用裸铝、裸铜母线时，应符合下列要求：

1．不需拆卸检修的母线连接处，应采用熔焊或钎焊；

2．母线与电气设备的螺栓连接应可靠，并应防止自动松脱；

3．在火灾危险环境21区和23区内，母线宜装设保护罩，当采用金属网保护罩时，应采用IP2X结构；在火灾危险环境22区内母线应有IP5X结构的外罩；

4．当露天安装时，应有防雨、雪措施。

七、10kV及以下架空线路严禁跨越火灾危险区域。

第4.3.9条 火灾危险环境接地设计应符合下列要求：

一、在火灾危险环境内的电气设备的金属外壳应可靠接地。

二、接地干线应有不少于两处与接地体连接。

附录一 名词解释

本规范用词	解释
闪点(flash-point)	标准条件下能使液体释放出足够的蒸气而形成能发生闪燃的爆炸性气体混合物的液体最低温度
引燃温度 (ignition temperature)	按照标准试验方法，引燃爆炸性混合物的最低温度
环境温度(ambient temperature)	指所划区域内历年最热月平均最高温度
易燃物质(flammable material)	指易燃气体、蒸气、液体或薄雾
易燃气体(flammable gas)	以一定比例与空气混合后而形成的爆炸性气体混合物的气体
易燃液体(flammable liquid)	在可预见的使用条件下能产生易燃蒸气或薄雾，闪点低于45℃的液体
易燃薄雾(flammable mist)	弥散在空气中的易燃液体的微滴
爆炸性气体混合物(explosive gas mixture)	大气条件下气体、蒸气、薄雾状的易燃物质与空气的混合物，点燃后燃烧将在全范围内传播
爆炸性气体环境(explosive gas atmosphere)	含有爆炸性气体混合物的环境

续表

本规范用词	解释
爆炸极限(explosive limits) 1. 爆炸下限(lower explosive limit) 2. 爆炸上限(upper explosive limit)	 易燃气体、蒸气或薄雾在空气中形成爆炸性气体混合物的最低浓度 易燃气体、蒸气或薄雾在空气中形成爆炸性气体混合物的最高浓度
爆炸危险区域(hazardous area)	爆炸性混合物出现的或预期可能出现的数量达到足以要求对电气设备的结构、安装和使用采取预防措施的区域
非爆炸危险区域(non-hazardous area)	爆炸性混合物预期出现的数量不足以要求对电气设备的结构、安装和使用采取预防措施的区域
区(zone)	爆炸危险区域的全部或部分 注：按照爆炸性混合物出现的频繁程度和持续时间，可分为不同危险程度的若干区
释放源(source of release)	可释放出能形成爆炸性混合物的物质所在的位置或地点 注：在确定释放源时，不应考虑工艺容器、大型管道或贮罐等的毁坏性事故，如炸裂等
自然通风环境(natural ventilation atmosphere)	由于天然风力或温差的作用能使新鲜空气置换原有混合物的区域
机械通风环境(artificial ventilation atmosphere)	用风扇、排风机等装置使新鲜空气置换原有混合物的区域
爆炸性粉尘混合物(explosive dust mixture)	大气条件下粉尘或纤维状易燃物质与空气的混合物，点燃后燃烧将在全范围内传播
爆炸性粉尘环境(explosive dust atmosphere)	含有爆炸性粉尘混合物的环境
火灾危险环境(fire hazardous atmosphere)	存在火灾危险物质以致有火灾危险的区

附录二 爆炸危险区域划分示例图及

爆炸危险区域划分条件表

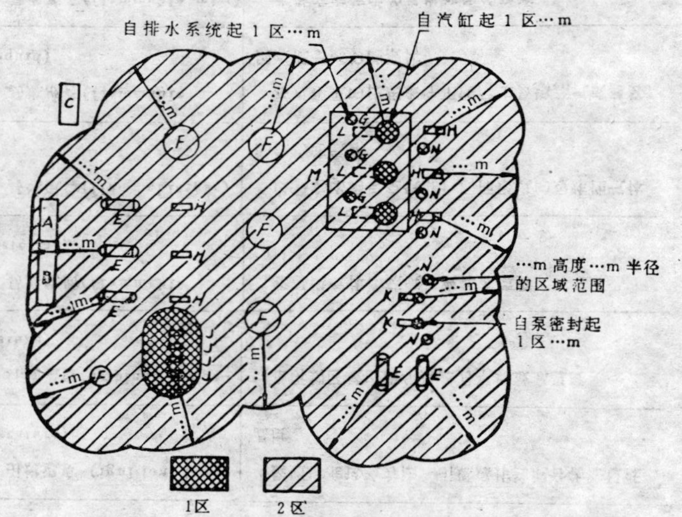

A——正压控制室　　H——泵（正常运行时不可能释放的密封）

B——正压配电室　　J——泵（正常运行时有可能释放的密封）

C——车　间　　K——泵（正常运行时有可能释放的密封）

E——容　器　　L——往复式压缩机

F——蒸 馏 塔　　M——压缩机房（开敞式建筑）

C——分析室（正压或吹净）　　N——放空口（高处或低处）

平面图

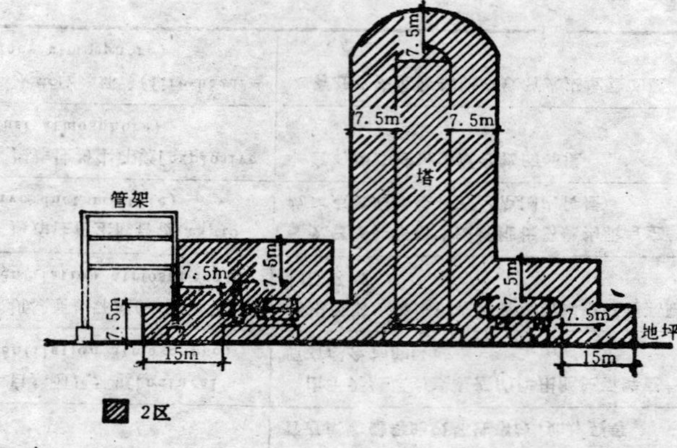

立面图

附图2·1　爆炸危险区域划分示例图

附表 2.1

爆炸危险区域划分条件表

编号	种类	地点	易燃物质	工艺温度和压力	易燃物质容器的说明	通风	释放源 说明	释放源 级别	水平距离从释放源至:* 0区的界限	1区的界限	2区的界限	根据	备注
E52	氨容器	户外	氨	30℃ 2200kPa	具有阀门和向外放空阀的密闭系统	自然(开敞式)	法兰和阀密封(见备注栏)	第二级			—m		由于法兰密封垫或阀门密封故障引起的释放(不正常)
J29	二甲苯泵	户外	二甲苯	60℃ 300kPa	具有阀门和排水设备的密闭系统，机械密封和节流阀	自然(开敞式)	法兰和阀密封(见备注栏)	第二级			—m		由于法兰密封垫或阀门密封故障引起的释放(不正常)
							机械密封(见备注栏)	第一级/第二级(多级别)		—m	—m		正常运行时少量的释放，密封故障造成较大的释放(不正常)
J94	乙烯压缩机(往复式)	开敞式建筑物	乙烯	70℃ 2000kPa	具有密封压盖和冷却排水点的放空口的密闭系统	自然(相当于开敞式)	法兰、密封压盖和阀密封(见备注栏)	第二级			—m	××规定第×条	由于法兰密封垫，密封压盖或阀门密封故障造成的释放(不正常)
							放空口和排水点(见备注栏)	第一级/第二级(多级别)		—m	—m		正常运行时少量的释放，由于不正确操作可能出现的大量释放(不正常)
132	固定顶盖罐	户外	汽油	周围环境	除用于真空压力阀外的密闭系统	自然(开敞式)	罐的放空口(见备注栏)	连续级/第一级/第二级(多级别)	在蒸气空间内为0区	—m	—m		正常加料时放空的蒸气，可能在不正常情况下加过物料

注：*垂直距离也应记录。

附录三 气体或蒸气爆炸性混合物分级分组举例

附表 3.1

序号	物质名称	分子式	组别
	IIA级		
	一、烃类		
	链烷类		
1	甲烷	CH_4	T1
2	乙烷	C_2H_6	T1
3	丙烷	C_3H_8	T1
4	丁烷	C_4H_{10}	T2
5	戊烷	C_5H_{12}	T3
6	己烷	C_6H_{14}	T3
7	庚烷	C_7H_{16}	T3
8	辛烷	C_8H_{18}	T3
9	壬烷	C_9H_{20}	T3
10	癸烷	$C_{10}H_{22}$	T3
11	环丁烷	$CH_2(CH_2)_2CH_2$	—
12	环戊烷	$CH_2(CH_2)_3CH_2$	T3
13	环己烷	$CH_2(CH_2)_4CH_2$	T3
14	环庚烷	$CH_2(CH_2)_5CH_2$	—
15	甲基环丁烷	$CH_3CH(CH_2)_2CH_2$	—
16	甲基环戊烷	$CH_3CH(CH_2)_3CH_2$	T2
17	甲基环己烷	$CH_3CH(CH_2)_4CH_2$	T3
18	乙基环丁烷	$C_2H_5CH(CH_2)_2CH_2$	T3
19	乙基环戊烷	$C_2H_5CH(CH_2)_3CH_2$	T3
20	乙基环己烷	$C_2H_5CH(CH_2)_4CH_2$	T3

续附表 3.1

序 号	物质名称	分子式	组 别
	IIA级		
21	萘烷(十氢化萘)	$CH_2(CH_2)_3CHCH(CH_2)_3CH_2$	T3
	链烯类		
22	丙 烯	$CH_3CH=CH_2$	T2
	芳烃类		
23	苯乙烯	$C_6H_5CH=CH_2$	T1
24	异丙烯基苯(甲基苯乙烯)	$C_6H_5C(CH_3)=CH_2$	T1
	苯 类		
25	苯	C_6H_6	T1
26	甲 苯	$C_6H_5CH_3$	T1
27	二甲苯	$C_6H_4(CH_3)_2$	T1
28	乙 苯	$C_6H_5C_2H_5$	T2
29	三甲苯	$C_6H_3(CH_3)_3$	T1
30	萘	$C_{10}H_3$	T1
31	异丙苯(异丙基苯)	$C_6H_5CH(CH_3)_2$	T2
32	甲基·异丙基苯	$(CH_3)_2CHC_6H_4CH_3$	T2
	混合烃类		
33	甲烷(工业用)*		T1
34	松节油		T3
35	石脑油		T3
36	煤焦油石脑油		T3
37	石油(包括车用汽油)		T3
38	洗涤汽油		T3
39	燃料油		T3
40	煤 油		T3
41	柴 油		T3
42	动力苯		T1
	二、含氧化合物		
	氧化物(包括醚)		
43	一氧化碳**	CO	T1
44	二丙醚	$(C_3H_7)_2O$	

注，*甲烷(工业用)包括含15%以下(按体积计)氢气的甲烷混合气。
**一氧化碳在异常环境温度下可以含有使它与空气的混合物饱和的水分。

续附表 3.1

序 号	物质名称	分子式	组 别
	IIA级		
	醇类和酚类		
45	甲 醇	CH_3OH	T2
46	乙 醇	C_2H_5OH	T2
47	丙 醇	C_3H_7OH	T2
48	丁 醇	C_4H_9OH	T2
49	戊 醇	$C_5H_{11}OH$	T3
50	己 醇	$C_6H_{13}OH$	T3
51	庚 醇	$C_7H_{15}OH$	—
52	辛 醇	$C_8H_{17}OH$	—
53	壬 醇	$C_9H_{19}OH$	—
54	环己醇	$CH_2(CH_2)_4CHOH$	T3
55	甲基环己醇	$CH_3CH(CH_2)_4CHOH$	T3
56	苯 酚	C_6H_5OH	T1
57	甲 酚	$CH_3C_6H_4OH$	T1
58	4-羟基-4-甲基戊酮(双丙酮醇)	$(CH_3)_2C(OH)CH_2COCH_3$	T1
	醛 类		
59	乙 醛	CH_3CHO	T4
60	聚乙醛	$(CH_3CHO)n$	—
	酮 类		
61	丙 酮	$(CH_3)_2CO$	T1
62	2-丁酮(乙基甲基酮	$C_2H_5COCH_3$	T1
63	2-戊酮(甲基·丙基甲酮)	$C_3H_7COCH_3$	T1
64	2-己酮(甲基·丁基甲酮)	$C_4H_9COCH_3$	T1
65	戊基甲基甲酮	$C_5H_{11}COCH_3$	—
66	戊间二酮(乙酰丙酮)	$CH_3COCH_2COCH_3$	T2
67	环己酮	$CH_2(CH_2)_4CO$	T2
	酯 类		
68	甲酸甲酯	$HCOOCH_3$	T2
69	甲酸乙酯	$HCOOC_2H_5$	T2

续附表 3.1

序号	物质名称	分子式	组别
	IIA级		
70	醋酸甲酯	CH_3COOCH_3	T1
71	醋酸乙酯	$CH_3COOC_2H_5$	T2
72	醋酸丙酯	$CH_3COOC_3H_7$	T2
73	醋酸丁酯	$CH_3COOC_4H_9$	T2
74	醋酸戊酯	$CH_3COOC_5H_{11}$	T2
75	甲基丙烯酸甲酯（异丁烯酸甲酯）	$CH_2=C(HC_3)COOCH_3$	T2
76	甲基丙烯酸乙酯（异丁烯酸乙酯）	$CH_2=C(HC_3)COOC_2H_5$	—
77	醋酸乙烯酯	$CH_3COOCH=CH_2$	T2
78	乙酰基醋酸乙酯	$CH_3COCH_2COOC_2H_5$	T2
	酸 类		
79	醋 酸	CH_3COOH	T1
	三、含卤化合物		
	无氧化合物		
80	甲基氯	CH_3Cl	T1
81	氯乙烷	C_2H_5Cl	T1
82	溴乙烷	C_2H_5Br	T1
83	氯丙烷	C_3H_7Cl	T1
84	氯丁烷	C_4H_9Cl	T3
85	溴丁烷	C_4H_9Br	T3
86	二氯乙烷	$C_2H_4Cl_2$	T2
87	二氯丙烷	$C_3H_6Cl_2$	T1
88	氯 苯	C_6H_5Cl	T1
89	苄基氯	$C_6H_5CH_2Cl$	T1
90	二氯苯	$C_6H_4Cl_2$	T1
91	烯丙基氯	$CH_2=CHCH_2Cl$	T2
92	二氯乙烯	$CHCL=CHCl$	T1
93	氯乙烯	$CH_2=CHCl$	T2
94	三氟甲苯	$C_6H_5CF_3$	T1
95	二氯甲烷(甲叉二氯)	CH_2Cl_2	T1
	含氧化合物		
96	乙酰氯	CH_3COCl	T3

续附表 3.1

序号	物质名称	分子式	组别
	IIA级		
97	氯乙醇	CH_2ClCH_2OH	T2
	四、含硫化合物		
98	乙硫醇	C_2H_5SH	T3
99	丙硫醇-1	C_3H_7SH	—
100	噻 吩	$CH=CH\cdot CH=CHS$	T2
101	四氢噻吩	$CH_2=(CH_2)=2CH_2=S$	T3
	五、含氮化合物		
102	氨	NH_3	T1
103	乙 腈	CH_3CN	T1
104	亚硝酸乙酯	CH_3CH_2ONO	T6
105	硝基甲烷	CH_3NO_2	T2
106	硝基乙烷	$C_2H_5NO_2$	T2
	胺 类		
107	甲 胺	CH_3NH_2	T2
108	二甲胺	$(CH_3)_2NH$	T2
109	三甲胺	$(CH_3)_3N$	T4
110	二乙胺	$(C_2H_5)_2NH$	T2
111	三乙胺	$(C_2H_5)_3N$	T1
112	正丙胺	$C_3H_7NH_2$	T2
113	正丁胺	$C_4H_9NH_2$	T2
114	环已胺	$CH_2(CH_2)_4CHNH_2$	T3
115	2-乙醇胺	$NH_2CH_2CH_2OH$	—
116	2-二乙胺基乙醇	$(C_2H_5)NCH_2CH_2OH$	—
117	二氨基乙烷	$NH_2CH_2CH_3NH_2$	T2
118	苯 胺	$C_6H_5NH_2$	T1
119	NN-二甲基苯胺	$C_6H_5N(CH_3)_2$	T2
120	苯胺基丙烷	$C_6H_5CH_2CH(NH_2)CH_3$	—
121	甲苯胺	$CH_3C_6H_4NH_2$	T1
122	比啶〔氮(杂)苯〕	C_5H_5N	T1

续附表 3.1

序号	物质名称	分子式	组别
	IIB 级		
	一、烃类		
123	丙炔(甲基乙炔)	$CH_3C{\equiv}CH$	T1
124	乙烯	C_2H_4	T2
125	环丙烷	$CH_2CH_2CH_2$	T1
126	1,3-丁二烯	$CH_2{=}CHCH{=}CH_2$	T2
	二、含氮化合物		
127	丙烯腈	$CH_2{=}CHCN$	T1
128	异丙基硝酸盐	$(CH_3)_2CHONO_2$	—
129	氰化氢	HCN	T1
	三、含氧化合物		
130	二甲醚	$(CH_3)_2O$	T3
131	乙基甲基醚	$CH_3OC_2H_5$	T4
132	二乙醚	$(C_2H_5)_2O$	T4
133	二丁醚	$(C_4H_9)_2O$	T4
134	环氧乙烷	CH_2CH_2O	T2
135	1,2环氧丙烷	CH_3CHCH_2O	T2
136	1,3-二恶戊烷	$CH_2CH_2OCH_2O$	—
137	1,4-二恶烷	$CH_2CH_2OCH_2CH_2O$	T2
138	1,3,5-三恶烷	$CH_2OCH_2OCH_2O$	T2
139	羧基醋酸丁酯	$HOCH_2COOC_4H_9$	—
140	四氢糠醇	$CH_2CH_2CH_2OCHCH_2OH$	T3
141	丙烯酸甲酯	$CH_2{=}CHCOOCH_3$	T2
142	丙烯酸乙酯	$CH_2{=}CHCOOC_2H_5$	T2
143	呋喃	$CH{=}CHCH{=}CHO$	T2
144	丁烯醛(巴豆醛)	$CH_3CH{=}CHCHO$	T3
145	丙烯醛	$CH_2{=}CHCHO$	T3
146	四氢呋喃	$CH_2(CH_2)_2CH_2O$	T3
	四、混合气		
147	焦炉煤气		T1

续附表 3.1

序号	物质名称	分子式	组别
	IIB 级		
	五、含卤化合物		
148	四氟乙烯	C_2F_4	T4
149	1氯-2,3-环氧丙烷	OCH_2CHCH_2Cl	T2
150	硫化氢	H_2S	T3
	IIC 级		
151	氢	H_2	T1
152	乙炔	C_2H_2	T2
153	二硫化碳	CS_2	T5
154	硝酸乙酯	$C_2H_5ONO_2$	T6
155	水煤气		T1

附录四　爆炸性粉尘特性

爆炸性粉尘特性表　　　　**附表 4.1**

粉尘种类	粉尘名称	温度组别	高温表面堆积粉尘层(5mm)的引燃温度 ℃	粉尘云的引燃温度 ℃	爆炸下限浓度 g/m³	粉尘平均粒径 μm	危险性质
金属	铝（表面处理）	T11	320	590	37～50	10～15	爆
	铝(含脂)	T12	230	400	37～50	10～20	爆
	铁		240	430	153～204	100～150	可、导
	镁	T11	340	470	44～59	5～10	爆
	红　磷		305	360	48～64	30～50	可
	碳　黑	T12	535	>600	36～45	10～20	可、导
	钛		290	375			可、导
	锌		430	530	212～28·	10～15	可、导
	电　石		325	555		<200	可
	钙硅铝合金(8%钙-30%硅-55%铝)	T11	290	465			可、导
	硅铁合金(45%硅)		>450	640			可、导
	黄铁矿		445	555		<90	可、导
	锆　石		305	360	92～123	5～10	可、导
化学药品	硬脂酸锌		熔　融	315		8～15	可
	萘		熔　融	575	28～38	30～100	可
	蒽	T11	熔融升华	505	29～39	40～50	可
	己二酸		熔　融	580	65～90		可
	苯二（甲）酸		熔　融	650	61～83	80～100	可
	无水苯二(甲)酸(粗制品)		熔　融	605	52～71		可
化学药品	苯二甲酸腈		熔　融	>700	37～50		可
	无水马来酸(粗制品)		熔　融	500	82～113		可
	醋酸钠酯		熔　融	520	51～70	5～8	可
	结晶紫		熔　融	475	46～70	15～30	可
	四硝基咔唑	T11	熔　融	395	92～123		可
	二硝基甲酚		熔　融	340		40～60	可
	阿斯匹林		熔　融	405	31～41	60	可
	肥皂粉		熔　融	575		30～100	可
	青色染料		350	465		300～500	可
	萘酚染料		395	415	133～184		可
合成树脂	聚乙烯		熔　融	410	26～35	30～50	可
	聚丙烯		熔　融	430	25～35		可
	聚苯乙烯		熔　融	475	27～37	40～60	可
	苯乙烯(70%)与丁二烯(30%)粉状聚合物		熔　融	420	27～37		可
	聚乙烯醇		熔　融	450	42～55	5～10	可
	聚丙烯腈	T11	熔融炭化	505	35～55	5～7	可
	聚氨酯(类)		熔　融	425	46～63	50～100	可
	聚乙烯四酞		熔　融	480	52～71	<200	可
	聚乙烯氮戊环酮		熔　融	465	42～58	10～15	可
	聚氯乙烯		熔融炭化	595	63～86	4～5	可
	氯乙烯(70%)与苯乙烯(30%)粉状聚合物		熔融炭化	520	44～60	30～40	可

续附表 4.1

粉尘种类	粉尘名称	温度组别	高温表面堆积粉尘层(5mm)的引燃温度 ℃	粉尘云的引燃温度 ℃	爆炸下限浓度 g/m³	粉尘平均粒径 μm	危险性质
合成树脂	酚醛树脂(酚醛清漆)	T11	熔融炭化	520	36～40	0～20	可
	有机玻璃粉		熔融炭化	485			可
天然树脂	骨胶(虫胶)		沸腾	475		20～50	可
	硬质橡胶		沸腾	360	36～49	20～30	可
	软质橡胶	T11	沸腾	425		80～100	可
	天然树脂		溶融	370	38～52	20～30	可
	玷𤈥树脂		溶融	330	30～41	20～50	可
	松香		溶融	325		50～80	可
沥青蜡类	硬蜡		溶融	400	26～36	30～50	可
	绕组沥青	T11	溶融	620		50～80	可
	硬沥青		溶融	620		50～150	可
	煤焦油沥青		溶融	580			可
农产品	裸麦粉		325	415	67～93	30～50	可
	裸麦谷物粉(未处理)		305	430		50～100	可
	裸麦筛落粉(粉碎品)	T11	305	415		30～40	可
	小麦粉		炭化	410		20～40	可
	小麦谷物粉		290	420		15～30	可
	小麦筛落粉(粉碎品)		290	410		3～5	可
	乌麦、大麦谷物粉		270	440		50～150	可
	筛米糠		270	420		50～100	可
	玉米淀粉	T12	炭化	410		2～30	可
	马铃薯淀粉		炭化	430		60～80	可

续附表 4.1

粉尘种类	粉尘名称	温度组别	高温表面堆积粉尘层(5mm)的引燃温度 ℃	粉尘云的引燃温度 ℃	爆炸下限浓度 g/m³	粉尘平均粒径 μm	危险性质
农产品	布丁粉		炭化	395		10～20	可
	糊精粉	T12	炭化	400	71～99	20～30	可
	砂糖粉		熔融	360	77～107	20～40	可
	乳糖		熔融	450	83～115		
纤维鱼粉	可可子粉(脱脂品)	T12	245	460		30～40	可
	咖啡粉(精制品)		收缩	600		40～80	可
	啤酒麦芽粉		285	405		100～500	可
	紫苜蓿		280	480		200～500	可
	亚麻粕粉		285	470			可
	菜种渣粉	T11	炭化	465		400～600	可
	鱼粉		炭化	485		80～100	可
	烟草纤维		290	485		50～100	可
	木棉纤维		385				可
	人造短纤维		305				可
	亚硫酸盐纤维		380				可
	木质纤维	T12	250	445		40～80	可
	纸纤维		360				可
	椰子粉		280	450		100～200	可
	软木粉	T11	325	460	44～59	30～40	可
	针叶树(松)粉		325	440		70～150	可
	硬木(丁钠橡胶)粉		315	420		70～100	可
燃料	泥煤粉(堆积)	T12	260	450		60～90	可、导
	褐煤粉(生褐煤)		260		49～68	2～3	可

附续表 4.1

粉尘种类	粉尘名称	温度组别	高温表面堆积粉尘层(5mm)的引燃温度 ℃	粉尘云的引燃温度 ℃	爆炸下限浓度 g/m³	粉尘平均粒径 μm	危险性质
燃料	褐煤粉		230	185		3～7	可、导
	有烟煤粉	T12	235	595	41～57	5～11	可、导
	瓦斯煤粉		225	580	35～48	5～10	可、导
	焦炭用煤粉		280	610	33～45	5～10	可、导
	贫煤粉		285	680	34～45	5～7	可、导
	无烟煤粉	T11	>430	>600		100～130	可、导
	木炭粉(硬质)		340	595	39～52	1～2	可、导
	泥煤焦炭粉		360	615	40～54	1～2	可、导
	褐煤焦炭粉	T12	235			4～5	可、导
	煤焦炭粉	T11	430	>750	37～50	4～5	可、导

注：危险性质栏中：用"爆"表示爆炸性粉尘；用"可、导"表示可燃性导电粉尘，用"可"表示可燃性非导电粉尘。

附录五　本规范用词说明

一、为便于在执行本规范条文时区别对待，对要求严格程度不同的用词说明如下：

1．表示很严格，非这样作不可的：

正面词采用"必须"；

反面词采用"严禁"。

2．表示严格，在正常情况下均应这样作的：

正面词采用"应"；

反面词采用"不应"或"不得"。

3．表示允许稍有选择，在条件许可时首先这样作的：

正面词采用"宜"或"可"；

反面词采用"不宜"。

二、条文中指定应按其它有关标准、规范执行时，写法为"应符合……的规定"或"应按……执行"。

中华人民共和国国家标准

汽车库、修车库、停车场设计防火规范

Code for fire protection design of garage, motor－repair－shop and parking－area

GB 50067-97

主编部门：中华人民共和国公安部

批准部门：中华人民共和国建设部

施行日期：1 9 9 8 年 5 月 1 日

关于发布国家标准《汽车库、修车库、停车场设计防火规范》的通知

建标[1997]280 号

根据国家计委计综合[1991]290 号文的要求，由公安部会同有关部门共同修订的《汽车库、修车库、停车场设计防火规范》，已经有关部门会审。现批准《汽车库、修车库、停车场设计防火规范》GB 50067-97 为强制性国家标准，自一九九八年五月一日起施行。原《汽车库设计防火规范》(GBJ 67-84)同时废止。

本规范由公安部负责管理，其具体解释等工作由上海市消防局负责，出版发行由建设部标准定额研究所负责组织。

中华人民共和国建设部

一九九七年十月五日

1 总则

1.0.1 为了防止和减少火灾对汽车库、修车库、停车场的危害，保护人身和财产的安全，制定本规范。

1.0.2 本规范适用于新建、扩建和改建的汽车库、修车库、停车场（以下统称车库）防火设计，不适用于消防站的车库防火设计。

1.0.3 车库的防火设计，必须从全局出发，做到安全适用、技术先进、经济合理。

1.0.4 车库的防火设计除应执行本规范外，尚应符合国家现行的有关设计标准和规范的要求。

2 术语

2.0.1 汽车库 garage

停放由内燃机驱动且无轨道的客车、货车、工程车等汽车的建筑物。

2.0.2 修车库 motor repair shop

保养、修理由内燃机驱动且无轨道的客车、货车、工程车等汽车的建（构）筑物。

2.0.3 停车场 parking area

停放由内燃机驱动且无轨道的客车、货车、工程车等汽车的露天场地和构筑物。

2.0.4 地下汽车库 under ground garage

室内地坪面低于室外地坪面高度超过该层车库净高一半的汽车库。

2.0.5 高层汽车库 high-rise garage

建筑高度超过 24 m 的汽车库或设在高层建筑内地面以上楼层的汽车库。

2.0.6 机械式立体汽车库 mechanical and stereoscopic garage

室内无车道且无人员停留的、采用机械设备进行垂直或水平移动等形式停放汽车的汽车库。

2.0.7 复式汽车库 compound garage

室内有车道、有人员停留的，同时采用机械设备传送，在一个建筑层里叠 2～3 层存放车辆的汽车库。

2.0.8 敞开式汽车库 open garage

每层车库外墙敞开面积超过该层四周墙体总面积的 25%的汽车库。

3 防火分类和耐火等级

3.0.1 车库的防火分类应分为四类，并应符合表 3.0.1 的规定。

车库的防火分类 表 3.0.1

名称 \ 类别 / 数量	Ⅰ	Ⅱ	Ⅲ	Ⅳ
汽车库	>300 辆	151～300 辆	51～150 辆	≤50 辆
修车库	>15 车位	6～15 车位	3～5 车位	≤2 车位
停车场	>400 辆	251～400 辆	101～250 辆	≤100 辆

注：汽车库的屋面亦停放汽车时，其停车数量应计算在汽车库的总车辆数内。

3.0.2 汽车库、修车库的耐火等级应分为三级。各级耐火等级建筑物构件的燃烧性能和耐火极限均不应低于表 3.0.2 的规定。

3.0.3 地下汽车库的耐火等级应为一级。

甲、乙类物品运输车的汽车库、修车库和Ⅰ、Ⅱ、Ⅲ类的汽车库、修车库的耐火等级不应低于二级。

Ⅳ类汽车库、修车库的耐火等级不应低于三级。

注：甲、乙类物品的火灾危险性分类应按现行的国家标准《建筑设计防火规范》的规定执行。

各级耐火等级建筑物构件的燃烧性能和耐火极限 表 3.0.2

构件名称 \ 燃烧性能和耐火极限(h)		耐火等级 一级	耐火等级 二级	耐火等级 三级
墙	防火墙	不燃烧体 3.00	不燃烧体 3.00	不燃烧体 3.00
墙	承重墙、楼梯间的墙、防火隔墙	不燃烧体 2.00	不燃烧体 2.00	不燃烧体 2.00
墙	隔墙、框架填充墙	不燃烧体 0.75	不燃烧体 0.50	不燃烧体 0.50
柱	支承多层的柱	不燃烧体 3.00	不燃烧体 2.50	不燃烧体 2.50
柱	支承单层的柱	不燃烧体 2.50	不燃烧体 2.00	不燃烧体 2.00
梁		不燃烧体 2.00	不燃烧体 1.50	不燃烧体 1.00
楼板		不燃烧体 1.50	不燃烧体 1.00	不燃烧体 0.50
疏散楼梯、坡道		不燃烧体 1.50	不燃烧体 1.00	不燃烧体 1.00
屋顶承重构件		不燃烧体 1.50	不燃烧体 0.50	燃烧体
吊顶(包括吊顶搁栅)		不燃烧体 0.25	不燃烧体 0.25	难燃烧体 0.15

注：预制钢筋混凝土构件的节点缝隙或金属承重构件的外露部位应加设防火保护层，其耐火极限不应低于本表相应构件的规定。

4 总平面布局和平面布置

4.1 一般规定

4.1.1 车库不应布置在易燃、可燃液体或可燃气体的生产装置区和贮存区内。

4.1.2 汽车库不应与甲、乙类生产厂房、库房以及托儿所、幼儿园、养老院组合建造；当病房楼与汽车库有完全的防火分隔时，病房楼的地下可设置汽车库。

4.1.3 甲、乙类物品运输车的汽车库、修车库应为单层、独立建造。当停车数量不超过3辆时，可与一、二级耐火等级的Ⅳ类汽车库贴邻建造，但应采用防火墙隔开。

4.1.4 Ⅰ类修车库应单独建造；Ⅱ、Ⅲ、Ⅳ类修车库可设置在一、二级耐火等级的建筑物的首层或与其贴邻建造，但不得与甲、乙类生产厂房、库房、明火作业的车间或托儿所、幼儿园、养老院、病房楼及人员密集的公共活动场所组合或贴邻建造。

4.1.5 为车库服务的下列附属建筑，可与汽车库、修车库贴邻建造，但应采用防火墙隔开，并应设置直通室外的安全出口：

4.1.5.1 贮存量不超过1.0 t的甲类物品库房；

4.1.5.2 总安装容量不超过5.0 m^3/h的乙炔发生器间和贮存量不超过5个标准钢瓶的乙炔气瓶库；

4.1.5.3 一个车位的喷漆间；

4.1.5.4 面积不超过50 m^2的充电间和其他甲类生产的房间。

4.1.6 地下汽车库内不应设置修理车位、喷漆间、充电间、乙炔间和甲、乙类物品贮存室。

4.1.7 汽车库和修车库内不应设置汽油罐、加油机。

4.1.8 停放易燃液体、液化石油气罐车的汽车库内，严禁设置地下室和地沟。

4.1.9 Ⅰ、Ⅱ类汽车库、停车场宜设置耐火等级不低于二级的消防器材间。

4.1.10 车库区内的加油站、甲类危险物品仓库、乙炔发生器间不应布置在架空电力线的下面。

4.2 防火间距

4.2.1 车库之间以及车库与除甲类物品库房外的其他建筑物之间的防火间距不应小于表4.2.1的规定。

车库之间以及车库与除甲类物品的库房外的其他建筑物之间的防火间距 表4.2.1

车库名称和耐火等级 \ 防火间距(m)		汽车库、修车库、厂房、库房、民用建筑耐火等级		
		一、二级	三 级	四 级
汽车库 修车库	一、二级	10	12	14
	三级	12	14	16
停 车 场		6	8	10

注：① 防火间距应按相邻建筑物外墙的最近距离算起，如外墙有凸出的可燃物构件时，则应从其凸出部分外缘算起，停车场从靠近建筑物的最近停车位置边缘算起。

② 高层汽车库与其他建筑物之间，汽车库、修车库与高层工业、民用建筑之间的防火间距应按本表规定值增加3 m。

③ 汽车库、修车库与甲类厂房之间的防火间距应按本表规定值增加2 m。

4.2.2 两座建筑物相邻较高一面外墙为不开设门、窗、洞口的防火墙或当较高一面外墙比较低建筑高15 m及以下范围内的墙为不开门、窗、洞口的防火墙时，其防火间距可不限。

当较高一面外墙上，同较低建筑等高的以下范围内的墙为不开设门、窗、洞口的防火墙时，其防火间距可按本规范表4.2.1的规定值减小 50%。

4.2.3 相邻的两座一、二级耐火等级建筑，当较高一面外墙耐火极限不低于 2.00 h，墙上开口部位设有甲级防火门、窗或防火卷帘、水幕等防火设施时，其防火间距可减小，但不宜小于 4 m。

4.2.4 相邻的两座一、二级耐火等级建筑，当较低一座的屋顶不设天窗，屋顶承重构件的耐火极限不低于 1.00 h，且较低一面外墙为防火墙时，其防火间距可减小，但不宜小于 4 m。

4.2.5 甲、乙类物品运输车的车库与民用建筑之间的防火间距不应小于 25 m，与重要公共建筑的防火间距不应小于 50 m。甲类物品运输车的车库与明火或散发火花地点的防火间距不应小于 30 m，与厂房、库房的防火间距应按本规范表 4.2.1 的规定值增加 2 m。

4.2.6 车库与易燃、可燃液体储罐，可燃气体储罐，液化石油气储罐的防火间距，不应小于表 4.2.6 的规定。

车库与易燃、可燃液体储罐，可燃气体储罐，液化石油气储罐的防火间距 表 4.2.6

名称	总贮量（m^3） / 防火间距(m)	汽车库、修车库		停车场
		一、二级	三级	
易燃液体储罐	1～50	12	15	12
	51～200	15	20	15
	201～1000	20	25	20
	1001～5000	25	30	25
可燃液体储罐	5～250	12	15	12
	251～1000	15	20	15
	1001～5000	20	25	20
	5001～25000	25	30	25
水槽式可燃气体储罐	≤1000	12	15	12
	1001～10000	15	20	15
	>10000	20	25	20
液化石油气储罐	1～30	18	20	18
	31～200	20	25	20
	201～500	25	30	25
	>500	30	40	30

注：① 防火间距应从距车库最近的储罐外壁算起，但设有防火堤的储罐，其防火堤外侧基脚线距车库的距离不应小于 10 m。

② 计算易燃、可燃液体储罐区总贮量时，1 m^3 的易燃液体按 5 m^3 的可燃液体计算。

③ 干式可燃气体储罐与车库的防火间距按本表规定值增加 25%。

4.2.7 小于 1 m^3 的易燃液体储罐或小于 5 m^3 的可燃液体储罐与车库之间的防火间距，当采用防火墙隔开时，其间距可不限。

4.2.8 车库与甲类物品库房的防火间距不应小于表 4.2.8 的规定。

车库与甲类物品库房的防火间距 表 4.2.8

名称		总容量（t） / 防火间距(m)	汽车库、修车库		停车场
			一、二级	三级	
甲类物品库房	3、4 项	≤5	15	20	15
		>5	20	25	20
	1、2、5、6 项	≤10	12	15	12
		>10	15	20	15

注：甲类物品的分项应按现行的国家标准《建筑设计防火规范》的规定执行。

4.2.9 车库与可燃材料露天、半露天堆场的防火间距不应小于表 4.2.9 的规定。

汽车库与可燃材料露天、半露天堆场的防火间距　表 4.2.9

名称		总贮量(t) / 防火间距(m)	汽车库、修车库		停车场
			一、二级	三级	
稻草、麦秸、芦苇等		10～5000	15	20	15
		5001～10000	20	25	20
		10001～20000	25	30	25
棉麻、毛、化纤、百货		10～500	10	15	10
		501～1000	15	20	15
		1001～5000	20	25	20
煤和焦炭		1000～5000	6	8	6
		>5000	8	10	8
粮食	筒仓	10～5000	10	15	10
		5001～20000	15	20	15
	席穴囤	10～5000	15	20	15
		5001～20000	20	25	20
木材等可燃材料		50～1000 m^3	10	15	10
		1001～10000 m^3	15	20	15

4.2.10　车库与煤气调压站之间，车库与液化石油气的瓶装供应站之间的防火间距，应按现行的国家标准《城镇燃气设计规范》的规定执行。

4.2.11　车库与石油库、小型石油库、汽车加油站的防火间距应按现行国家标准《石油库设计规范》、《小型石油库及汽车加油站设计规范》的规定执行。

4.2.12　停车场的汽车宜分组停放，每组停车的数量不宜超过 50 辆，组与组之间的防火间距不应小于 6 m。

4.3　消防车道

4.3.1　汽车库、修车库周围应设环形车道，当设环形车道有困难时，可沿建筑物的一个长边和另一边设置消防车道，消防车道宜利用交通道路。

4.3.2　消防车道的宽度不应小于 4 m，尽头式消防车道应设回车道或回车场．回车场不宜小于 12 m×12 m。

4.3.3　穿过车库的消防车道，其净空高度和净宽均不应小于 4 m；当消防车道上空遇有障碍物时，路面与障碍物之间的净空不应小于 4 m。

5 防火分隔和建筑构造

5.1 防火分隔

5.1.1 汽车库应设防火墙划分防火分区。每个防火分区的最大允许建筑面积应符合表5.1.1的规定。

汽车库防火分区最大允许建筑面积（m²） 表5.1.1

耐火等级	单层汽车库	多层汽车库	地下汽车库或高层汽车库
一、二级	3000	2500	2000
三级	1000		

注：① 敞开式、错层式、斜楼板式的汽车库的上下连通层面积应叠加计算，其防火分区最大允许建筑面积可按本表规定值增加一倍。

② 室内地坪低于室外地坪面高度超过该层汽车库净高1/3且不超过净高1/2的汽车库，或设在建筑物首层的汽车库的防火分区最大允许建筑面积不应超过2500 m²。

③ 复式汽车库的防火分区最大允许建筑面积应按本表规定值减少35%。

5.1.2 汽车库内设有自动灭火系统时，其防火分区的最大允许建筑面积可按本规范表5.1.1的规定增加一倍。

5.1.3 机械式立体汽车库的停车数超过50辆时，应设防火墙或防火隔墙进行分隔。

5.1.4 甲、乙类物品运输车的汽车库、修车库，其防火分区最大允许建筑面积不应超过500 m²。

5.1.5 修车库防火分区最大允许建筑面积不应超过2000 m²，当修车部位与相邻的使用有机溶剂的清洗和喷漆工段采用防火墙分隔时，其防火分区最大允许建筑面积不应超过4000 m²。

设有自动灭火系统的修车库，其防火分区最大允许建筑面积可增加1倍。

5.1.6 汽车库、修车库贴邻其他建筑物时，必须采用防火墙隔开。设在其他建筑物内的汽车库（包括屋顶的汽车库）、修车库与其他部分应采用耐火极限不低于3.00 h的不燃烧体隔墙和2.00 h的不燃烧体楼板分隔，汽车库、修车库的外墙门、窗、洞口的上方应设置不燃烧体的防火挑檐。外墙的上、下窗间墙高度不应小于1.2 m。

防火挑檐的宽度不应小于1 m，耐火极限不应低于1.00 h。

5.1.7 汽车库内设置修理车位时，停车部位与修车部位之间应设耐火极限不低于3.00 h的不燃烧体隔墙和2.00 h的不燃烧体楼板分隔。

5.1.8 修车库内，其使用有机溶剂清洗和喷漆的工段，当超过3个车位时，均应采取防火分隔措施。

5.1.9 燃油、燃气锅炉、可燃油油浸电力变压器，充有可燃油的高压电容器和多油开关不宜设置在汽车库、修车库内。当受条件限制时，除液化石油气作燃料的锅炉以外的上述设备，需要布置在汽车库、修车库内时，应符合下列规定：

5.1.9.1 锅炉的总蒸发量不应超过6 t/h，且单台锅炉蒸发量不应超过2 t/h；油浸电力变压器不应超过1260 kV·A，且单台容量不应超过630 kV·A；

5.1.9.2 锅炉房、变压器室应布置在首层或地下一层靠外墙部位，并设有直接对外的安全出口，外墙开口部位的上方应设置宽度不小于1 m且耐火极限不低于1.00 h的不燃烧体防火挑檐；

5.1.9.3 变压器室、高压电容器室、多油开关室、锅炉房应采用防火隔墙和耐火极限不低于1.50 h的楼板与其他部位隔开；

5.1.9.4 变压器下面应设有储存变压器全部油量的事故储油设施，变压器室、多油开关室、高压电容器室、燃油锅炉房的日用油箱室应设置防止油品流散的设施。

5.1.10 自动灭火系统的设备室、消防水泵房应采用防火隔墙和耐火极限不低于1.50 h的不燃烧体楼板与相邻部位分隔。

5.2 防火墙和防火隔墙

5.2.1 防火墙应直接砌在汽车库、修车库的基础或钢筋混凝土的框架上。防火隔墙可砌筑在不燃烧体地面或钢筋混凝土梁上，防火墙、防火隔墙均应砌至梁、板的底部。

5.2.2 当汽车库、修车库的屋盖为耐火极限不低于 0.50 h 的不燃烧体时，防火墙、防火隔墙可砌至屋面基层的底部。

5.2.3 防火墙、防火隔墙应截断三级耐火等级的汽车库、修车库的屋顶结构，并应高出其不燃烧体屋面且不应小于 0.4 m；高出燃烧体或难燃烧体屋面不应小于 0.5 m。

5.2.4 防火墙不宜设在汽车库、修车库的内转角处。当设在转角处时，内转角处两侧墙上的门、窗、洞口之间的水平距离不应小于 4 m。

防火墙两侧的门、窗、洞口之间的水平距离不应小于2 m。当防火墙两侧的采光窗装有耐火极限不低于 0.90 h 的不燃烧体固定窗扇时，可不受距离的限制。

5.2.5 防火墙或防火隔墙上不应设置通风孔道，也不宜穿过其他管道(线)；当管道(线)穿过防火墙时，应采用不燃烧材料将孔洞周围的空隙紧密填塞。

5.2.6 防火墙或防火隔墙上不宜开设门、窗、洞口，当必须开设时，应设置甲级防火门、窗或耐火极限不低于 3.00 h 的防火卷帘。

5.3 电梯井、管道井和其他防火构造

5.3.1 电梯井、管道井、电缆井和楼梯间应分开设置。管道井、电缆井的井壁应采用耐火极限不低于 1.00 h 的不燃烧体。电梯井的井壁应采用耐火极限不低于 2.50 h 的不燃烧体。

5.3.2 电缆井、管道井应每隔 2～3 层在楼板处采用相当于楼板耐火极限的不燃烧体作防火分隔，井壁上的检查门应采用丙级防火门。

5.3.3 除敞开式汽车库、斜楼板式汽车库以外的多层、高层、地下汽车库，汽车坡道两侧应用防火墙与停车区隔开，坡道的出入口应采用水幕、防火卷帘或设置甲级防火门等措施与停车区隔开。当汽车库和汽车坡道上均设有自动灭火系统时，可不受此限。

6 安全疏散

6.0.1 汽车库、修车库的人员安全出口和汽车疏散出口应分开设置。设在工业与民用建筑内的汽车库，其车辆疏散出口应与其他部分的人员安全出口分开设置。

6.0.2 汽车库、修车库的每个防火分区内，其人员安全出口不应少于两个，但符合下列条件之一的可设一个：

6.0.2.1 同一时间的人数不超过 25 人；

6.0.2.2 Ⅳ类汽车库。

6.0.3 汽车库、修车库的室内疏散楼梯应设置封闭楼梯间。建筑高度超过 32 m 的高层汽车库的室内疏散楼梯应设置防烟楼梯间，楼梯间和前室的门应向疏散方向开启。地下汽车库和高层汽车库以及设在高层建筑裙房内的汽车库，其楼梯间、前室的门应采用乙级防火门。

疏散楼梯的宽度不应小于 1.1 m。

6.0.4 室外的疏散楼梯可采用金属楼梯。室外楼梯的倾斜角度不应大于 45°，栏杆扶手的高度不应小于 1.1 m，每层楼梯平台均应采用不低于 1.00 h 耐火极限的不燃烧材料制作。在室外楼梯周围 2 m 范围内的墙面上，除设置疏散门外，不应开设其他的门、窗、洞口。高层汽车库的室外楼梯，其疏散门应采用乙级防火门。

6.0.5 汽车库室内最远工作地点至楼梯间的距离不应超过 45 m，当设有自动灭火系统时，其距离不应超过 60 m。单层或设在建筑物首层的汽车库，室内最远工作地点至室外出口的距离不应超过 60 m。

6.0.6 汽车库、修车库的汽车疏散出口不应少于两个，但符合下列条件之一的可设一个：

6.0.6.1 Ⅳ类汽车库；

6.0.6.2 汽车疏散坡道为双车道的Ⅲ类地上汽车库和停车数少于 100 辆的地下汽车库；

6.0.6.3 Ⅱ、Ⅲ、Ⅳ类修车库。

6.0.7 Ⅰ、Ⅱ类地上汽车库和停车数大于 100 辆的地下汽车库，当采用错层或斜楼板式且车道、坡道为双车道时，其首层或地下一层至室外的汽车疏散出口不应少于两个，汽车库内的其他楼层汽车疏散坡道可设一个。

6.0.8 除机械式立体汽车库外，Ⅳ类的汽车库在设置汽车坡道有困难时，可采用垂直升降梯作汽车疏散出口，其升降梯的数量不应少于两台，停车数少于 10 辆的可设一台。

6.0.9 汽车疏散坡道的宽度不应小于 4 m，双车道不宜小于7 m。

6.0.10 两个汽车疏散出口之间的间距不应小于 10 m；两个汽车坡道毗邻设置时应采用防火隔墙隔开。

6.0.11 停车场的汽车疏散出口不应少于两个。停车数量不超过 50 辆的停车场可设一个疏散出口。

6.0.12 汽车库的车道应满足一次出车的要求，汽车与汽车之间以及汽车与墙、柱之间的间距，不应小于表 6.0.12 的规定。

注：一次出车系指汽车在启动后不需要调头、倒车而直接驶出汽车库。

汽车与汽车之间以及汽车与墙、柱之间的间距　表 6.0.12

项目 \ 间距(m) \ 汽车尺寸(m)	车长≤6 或 车宽≤1.8	6<车长≤8 或 1.8<车宽≤2.2	8<车长≤12 或 2.2<车宽≤2.5	车长>12 或 车宽>2.5
汽车与汽车	0.5	0.7	0.8	0.9
汽车与墙	0.5	0.5	0.5	0.5
汽车与柱	0.3	0.3	0.4	0.4

注：当墙、柱外有暖气片等突出物时，汽车与墙、柱的间距应从其凸出部分外缘算起。

7 消防给水和固定灭火系统

7.1 消防给水

7.1.1 车库应设置消防给水系统。消防给水可由市政给水管道、消防水池或天然水源供给。利用天然水源时，应设有可靠的取水设施和通向天然水源的道路，并应在枯水期最低水位时，确保消防用水量。

7.1.2 符合下列条件之一的车库可不设消防给水系统：

7.1.2.1 耐火等级为一、二级且停车数不超过5辆的汽车库；

7.1.2.2 Ⅳ类修车库；

7.1.2.3 停车数不超过5辆的停车场。

7.1.3 当室外消防给水采用高压或临时高压给水系统时，车库的消防给水管道的压力应保证在消防用水量达到最大时，最不利点水枪充实水柱不应小于10 m；当室外消防给水采用低压给水系统时，管道内的压力应保证灭火时最不利点消火栓的水压不小于0.1 MPa（从室外地面算起）。

7.1.4 车库的消防用水量应按室内、外消防用水量之和计算。

车库内设有消火栓、自动喷水、泡沫等灭火系统时，其室内消防用水量应按需要同时开启的灭火系统用水量之和计算。

7.1.5 车库应设室外消火栓给水系统，其室外消防用水量应按消防用水量最大的一座汽车库、修车库、停车场计算，并不应小于下列规定：

7.1.5.1 Ⅰ、Ⅱ类车库　20 L/s；

7.1.5.2 Ⅲ类车库　15 L/s；

7.1.5.3 Ⅳ类车库　10 L/s。

7.1.6 车库室外消防给水管道、室外消火栓、消防泵房的设置应按现行的国家标准《建筑设计防火规范》的规定执行。

停车场的室外消火栓宜沿停车场周边设置，且距离最近一排汽车不宜小于7 m，距加油站或油库不宜小于15 m。

7.1.7 室外消火栓的保护半径不应超过150 m，在市政消火栓保护半径150 m及以内的车库，可不设置室外消火栓。

7.1.8 汽车库、修车库应设室内消火栓给水系统，其消防用水量不应小于下列要求：

7.1.8.1 Ⅰ、Ⅱ、Ⅲ类汽车库及Ⅰ、Ⅱ类修车库的用水量不应小于10 L/s，且应保证相邻两个消火栓的水枪充实水柱同时达到室内任何部位。

7.1.8.2 Ⅳ类汽车库及Ⅲ、Ⅳ类修车库的用水量不应小于5 L/s，且应保证一个消火栓的水枪充实水柱到达室内任何部位。

7.1.9 室内消火栓水枪的充实水柱不应小于10 m，消火栓口径应为65 mm，水枪口径应为19 mm，保护半径不应超过25 m。同层相邻室内消火栓的间距不应大于50 m，但高层汽车库和地下汽车库的室内消火栓的间距不应大于30 m。

室内消火栓应设在明显易于取用的地点，栓口离地面高度宜为1.1 m，其出水方向宜与设置消火栓的墙面相垂直。

7.1.10 汽车库、修车库室内消火栓超过10个时，室内消防管道应布置成环状，并应有两条进水管与室外管道相连接。

7.1.11 室内消防管道应采用阀门分段，如某段损坏时，停止使用的消火栓在同一层内不应超过5个。高层汽车库内管道阀门的布置，应保证检修管道时关闭的竖管不超过1根，当竖管超过4根时，可关闭不相邻的2根。

7.1.12 四层以上多层汽车库和高层汽车库及地下汽车库，其室内消防给水管网应设水泵接合器。水泵接合器的数量应按室内消防用水量计算确定，每个水泵接合器的流量应按10～15 L/s计算。

水泵接合器应有明显的标志，并设在便于消防车停靠使用的地点，其周围 15～40 m 范围内应设室外消火栓或消防水池。

7.1.13 设置高压给水系统的汽车库、修车库，当能保证最不利点消火栓和自动喷水灭火系统等的水量和水压时，可不设消防水箱。

设置临时高压消防给水系统的汽车库、修车库，应设屋顶消防水箱，其水箱容量应能储存 10 min 的室内消防用水量，当计算消防用水量超过 18 m^3 时仍可按 18 m^3 确定。消防用水量与其他用水合并的水箱，应采取保证消防用水不作它用的技术措施。

7.1.14 临时高压消防给水系统的汽车库、修车库的每个消火栓处应设直接启动消防水泵的按钮，并应设有保护按扭的设施。

7.1.15 采用消防水池作为消防水源时，其容量应满足 2.00 h 火灾延续时间内室内外消防用水量总量的要求，但自动喷水灭火系统可按火灾延续时间 1.00 h 计算，泡沫灭火系统可按火灾延续时间 0.50 h 计算；当室外给水管网能确保连续补水时，消防水池的有效容量可减去火灾延续时间内连续补充的水量。

消防水池的补水时间不宜超过 48 h，保护半径不宜大于 150 m。

7.1.16 供消防车取水的消防水池应设取水口或取水井，其水深应保证消防车的消防水泵吸水高度不得超过 6 m。

消防用水与其他用水共用的水池，应采取保证消防用水不作它用的技术措施。

寒冷地区的消防水池应采取防冻措施。

7.2 自动喷水灭火系统

7.2.1 Ⅰ、Ⅱ、Ⅲ类地上汽车库、停车数超过 10 辆的地下汽车库、机械式立体汽车库或复式汽车库以及采用垂直升降梯作汽车疏散出口的汽车库、Ⅰ类修车库，均应设置自动喷水灭火系统。

7.2.2 汽车库、修车库自动喷水灭火系统的危险等级可按中危险级确定。

7.2.3 汽车库、修车库自动喷水灭火系统的设计除应按现行国家标准《自动喷水灭火系统设计规范》的规定执行外，其喷头布置还应符合下列要求：

7.2.3.1 应设置在汽车库停车位的上方；

7.2.3.2 机械式立体汽车库、复式汽车库的喷头除在屋面板或楼板下按停车位的上方布置外，还应按停车的托板位置分层布置，且应在喷头的上方设置集热板。

7.2.3.3 错层式、斜楼板式的汽车库的车道、坡道上方均应设置喷头。

7.3 其他固定灭火系统

7.3.1 Ⅰ类地下汽车库、Ⅰ类修车库宜设置泡沫喷淋灭火系统。

7.3.2 泡沫喷淋系统的设计、泡沫液的选用应按现行国家标准《低倍数泡沫灭火系统设计规范》的规定执行。

7.3.3 地下汽车库可采用高倍数泡沫灭火系统。机械式立体汽车库可采用二氧化碳等气体灭火系统。

7.3.4 设置泡沫喷淋、高倍数泡沫、二氧化碳等灭火系统的汽车库、修车库可不设自动喷水灭火系统。

8 采暖通风和排烟

8.1 采暖和通风

8.1.1 车库内严禁明火采暖。

8.1.2 下列汽车库或修车库需要采暖时应设集中采暖：

8.1.2.1 甲、乙类物品运输车的汽车库；

8.1.2.2 Ⅰ、Ⅱ、Ⅲ类汽车库；

8.1.2.3 Ⅰ、Ⅱ类修车库。

8.1.3 Ⅳ类汽车库、Ⅲ、Ⅳ类修车库，当采用集中采暖有困难时，可采用火墙采暖，但其炉门、节风门、除灰门严禁设在汽车库、修车库内。

汽车库采暖的火墙不应贴邻甲、乙类生产厂房、库房布置。

8.1.4 喷漆间、电瓶间均应设置独立的排气系统，乙炔站的通风系统设计应按现行国家标准《乙炔站设计规范》的规定执行。

8.1.5 设有通风系统的汽车库，其通风系统宜独立设置。

8.1.6 风管应采用不燃烧材料制作，并不应穿过防火墙、防火隔墙，当必须穿过时，除应满足本规范第5.2.5条的要求外，还应在穿过处设置防火阀。

防火阀的动作温度宜为70℃。

风管的保温材料应采用不燃烧或难燃烧材料；穿过防火墙的风管，其位于防火墙两侧各2 m范围内的保温材料应为不燃烧材料。

8.2 排　烟

8.2.1 面积超过2000 m² 的地下汽车库应设置机械排烟系统。机械排烟系统可与人防、卫生等排气、通风系统合用。

8.2.2 设有机械排烟系统的汽车库，其每个防烟分区的建筑面积不宜超过2000 m²，且防烟分区不应跨越防火分区。

防烟分区可采用挡烟垂壁、隔墙或从顶棚下突出不小于0.5 m的梁划分。

8.2.3 每个防烟分区应设置排烟口，排烟口宜设在顶棚或靠近顶棚的墙面上；排烟口距该防烟分区内最远点的水平距离不应超过30 m。

8.2.4 排烟风机的排烟量应按换气次数不小于6次/h计算确定。

8.2.5 排烟风机可采用离心风机或排烟轴流风机，并应在排烟支管上设有烟气温度超过280℃时能自动关闭的排烟防火阀。排烟风机应保证280℃时能连续工作30 min。

排烟防火阀应联锁关闭相应的排烟风机。

8.2.6 机械排烟管道风速，采用金属管道时不应大于20 m/s；采用内表面光滑的非金属材料风道时，不应大于15 m/s。排烟口的风速不宜超过10 m/s。

8.2.7 汽车库内无直接通向室外的汽车疏散出口的防火分区，当设置机械排烟系统时，应同时设置进风系统，且送风量不宜小于排烟量的50%。

9 电 气

9.0.1 消防水泵、火灾自动报警、自动灭火、排烟设备、火灾应急照明、疏散指示标志等消防用电和机械停车设备以及采用升降梯作车辆疏散出口的升降梯用电应符合下列要求：

9.0.1.1 Ⅰ类汽车库、机械停车设备以及采用升降梯作车辆疏散出口的升降梯用电应按一级负荷供电；

9.0.1.2 Ⅱ、Ⅲ类汽车库和Ⅰ类修车库应按二级负荷供电。

9.0.2 消防用电设备的两个电源或两个回路应在最末一级配电箱处自动切换。消防用电的配电线路，必须与其他动力、照明等配电线路分开设置。

9.0.3 消防用电的配电线路，应穿金属管保护并敷设在不燃烧体结构内。当采用防火电缆时，应敷设在耐火极限不小于 1.00 h 的防火线槽内。

9.0.4 除机械式立体汽车库外，汽车库内应设火灾应急照明和疏散指示标志。火灾应急照明和疏散指示标志，可采用蓄电池作备用电源，但其连续供电时间不应少于 20 min。

9.0.5 火灾应急照明灯宜设在墙面或顶棚上，其地面最低照度不应低于 0.5 lx。

疏散指示标志宜设在疏散出口的顶部或疏散通道及其转角处，且距地面高度 1 m 以下的墙面上。通道上的指示标志，其间距不宜大于 20 m。

9.0.6 甲、乙类物品运输车的汽车库、修车库，以及修车库内的喷漆间、电瓶间、乙炔间等室内的电气设备均应按现行国家标准《爆炸和危险环境电力装置设计规范》的规定执行。

9.0.7 除敞开式汽车库以外的Ⅰ类汽车库、Ⅱ类地下汽车库和高层汽车库以及机械式立体汽车库、复式汽车库、采用升降梯作汽车疏散出口的汽车库，应设置火灾自动报警系统。

9.0.8 火灾自动报警系统的设计应按现行国家标准《火灾自动报警系统设计规范》的规定执行。

采用气体灭火系统、开式泡沫喷淋灭火系统以及设有防火卷帘、排烟设施的汽车库、修车库应设置与火灾报警系统联动的设施。

9.0.9 设有火灾自动报警系统和自动灭火系统的汽车库、修车库应设置消防控制室，消防控制室宜独立设置，也可与其他控制室、值班室组合设置。

附录A　本规范用词说明

A.0.1　为便于在执行本规范条文时区别对待，对要求严格程度不同的用词说明如下：

(1)表示很严格，非这样做不可的用词：

正面词采用“必须”；

反面词采用“严禁”。

(2)表示严格，在正常情况均应这样做的用词：

正面词采用“应”；

反面词采用“不应”或“不得”。

(3)表示允许稍有选择，在条件许可时首先应这样做的用词：

正面词采用“宜”或“可”；

反面词采用“不宜”。

A.0.2　条文中指定按其他有关标准、规范执行时，写法为“应符合……的规定”或“应按……执行”。

附加说明

本规范主编单位、参加单位和主要起草人名单

主编单位：上海市消防局

参编单位：上海市建筑设计研究院

上海市公共交通总公司建筑设计院

主要起草人：徐耀标　张永杰　纪武功　曾　杰　潘　丽　徐武歆　周秋琴　华清梅　南江林

中华人民共和国国家标准

汽车库、修车库、停车场设计防火规范

GB 50067—97

条 文 说 明

目 次

1 总　　则

1.0.1 本条阐明了制定规范的目的和意义。本规范是我国工程防火设计规范的一个组成部分，其目的是为我国汽车库建设的建筑防火设计提供依据，防止和减少火灾对汽车库的危害，保障社会主义经济建设的顺利进行和人民生命财产的安全。

近几年来，随着我国改革开放形势的不断深入发展，城市汽车的拥有量成倍增长，据上海市公安交通部门统计：1979 年全市共有机动车 7.3 万余辆，到 1989 年全市机动车增加到 19 万辆，平均每年增加 1 万余辆，从 1990 年以后，每年增加 2 万辆，1992 年后的每年增加近 4 万辆。1993 年底上海共有机动车达 30 万辆，至 1995 年底，上海市已有机动车 42 万辆。根据汽车向居民家庭发展的趋势，汽车的增长将更加迅猛，经对北京、沈阳、西安、重庆、广州、深圳、厦门、福州、上海等大中城市和沿海、沿江城市的调查，近几年来，大型汽车库的建设也在成倍增长，许多城市的政府部门都把建设配套汽车库作为工程项目审批的必备条件，并制订了相应的地方性行政法规予以保证。特别是近几年来随着房地产开发经营增多，在新建大楼中都配套建设与大楼停车要求相适应的汽车库，由于城市用地紧张、地价昂贵，近几年来新的汽车库均向高层和地下空间发展。目前国内已建成 24 m 以上，停车 300 至近千辆的七八层汽车库 10 多个；地下二、三层，停车数在 500 辆以上的亦有近百个。而且目前汽车库的建设在沿海沿江开放城市发展更快。

大量汽车库的建设，是城市解决停车难的根本途径，由于新建的汽车库大都为多层和地下汽车库，其投资费用都较大，如果设计中缺乏防火设计或者防火设计考虑不周，一旦发生火灾，往往会造成严重的经济损失和人员伤亡事故。另外，原来的《汽车库设计防火规范》(GBJ67-84)对多层和地下汽车库的组合建造规定的条文较严，对防排烟、消防设施和安全疏散等规定的条文较少，与建设的实际要求差距较大，更没有对新兴的机械式汽车库提出防火要求，与国外先进国家的有关规范、规定也有一定的差距。由此可见，修订编制本规范对汽车库设计中贯彻预防为主，防消结合的消防工作方针、防止和减少火灾危害，促进改革开放、保卫社会主义经济建设和公民的生命财产安全是十分必要的。

1.0.2 本规范包括汽车库、修车库、停车场(以下统称为车库)的防火设计。根据国家规范的管理要求，将原规范(GBJ67-84)的汽车库的定义，现统一为车库，将原停车库的定义，现统一为汽车库。

本条在原规范的基础上适当扩大了适用范围，其内容包括了高层民用建筑所属的汽车库和人防地下车库及农村乡、村的车库，这是因为《高层民用建筑设计防火规范》、《人民防空工程设计防火规范》中已明确规定，其汽车库按《汽车库设计防火规范》的规定执行。由于国内目前新建的人防地下车库，基本上都是平战两用的汽车库，这类车库除了应满足战时防护的要求，其他均与一般汽车库的要求一样；农村乡、村汽车库过去较少，而且要求也不高，考虑到近几年来农村发展较快，许多乡、村都配备、购买了不少较好的小轿车和运输车辆，需要建设较正规的汽车库，对于有条件购买小汽车并建造汽车库的乡村，按照本规范执行是能够办到的，但对一些边远农村建造的拖拉机库可按《村镇建筑设计防火规范》的有关规定执行。

对于消防站的汽车库，由于在平面布置和建筑构造等要求上都有一些特殊要求，而且公安部已制订颁发了《消防站建筑设计标准》，所以仍列入了本规范不适用的范围。

1.0.3 本条主要规定了车库建筑防火设计必须遵循的基本原则。随着改革开放不断深入，沿海城市大量新建了与大楼配套的汽车库，不少汽车库内停放了豪华的进口小轿车，这类小汽车价格昂贵，且大都为地下汽车库。而北方内陆地区大都为地上汽车库，停放的车辆普通车较多，因此在车库的防火设计中，应从国家经济建设的全局出发，结合车库的实际情况，积极采用先进的防火与灭火技术，做到确保安全、方便使用、技术先进、经济合理。

1.0.4 车库建筑的防火设计，涉及的面较广，与国家现行的《建筑设计防火规范》、《高层民用建筑设计防火规范》、《乙炔站设计规范》、《人民防空工程设计防火规范》等规范均有联系。本规范不可能，也没有必要全部把它们包括进来，为了车库的设计兼顾有关规范的规定，故制订了本条文。

2 术　　语

本章是根据1991年国家技术监督局、建设部关于《工程建设国家标准发布程序问题的商谈纪要》的精神和《工程建设技术标准编写暂行办法》中的有关规定编写的。

主要拟定原则是列入本标准的术语是本规范专用的，在其他规范标准中未出现过的；对于本规范中出现较多，其他定义不统一或不全面，容易造成误解，有必要列出的，也择重考虑列出。

2.0.1 本术语在《汽车库设计防火规范》(GBJ67-84)中，定义为停车库，而将汽车库定义为停车库、修车库、停车场的总称。本规范在修订时，根据建设部的统一协调，为与《汽车库设计规范》的名词相统一，将停车库的名词改为汽车库，原汽车库的名词改为车库。

2.0.2、2.0.3 修车库、停车场的名词定义仍基本延用原标准GBJ67-84的名词解释。

2.0.4～2.0.8 主要是指按各种标准分类来确定的汽车库，由于分析角度不同，汽车库的分类有很多，通常主要有以下几种方法：

(1)按照数量来划分，本规范第3章对汽车库的防火分类即按照其数量来划分。

(2)按照高度来划分，一般可划分为：

地下汽车库(即术语的2.0.4)；

单层汽车库；

多层汽车库；

高层汽车库(即术语的2.0.5)。

高层汽车库的定义包括两个类型：一种是汽车库自身高度已超过24 m的，另一种是汽车库自身高度虽未到24 m，但与高层工业或民用建筑在地面以上组合建造的。这两种类型在防火设计上的要求基本相同，故定义在同一名称上。

汽车库与建筑物组合建造在地面以下的以及独立在地面以下建造的汽车库都称为地下汽车库，并按照地下汽车库的有关防火设计要求予以考虑。

(3)按照停车方式的机械化程度可分为：

机械式立体汽车库（即术语的 2.0.6）；

复式汽车库（即术语 2.0.7）；

普通车道式汽车库。

机械式立体停车与复式汽车库都属于机械式汽车库。机械式汽车库是近年来新发展起来的一种利用机械设备提高单位面积停车数量的停车形式，主要分为两大类：一类是室内无车道、且无人员停留的机械立体汽车库，类似高架仓库，根据机械设备运转方式又可分为：垂直循环式（汽车上、下移动）、电梯提升式（汽车上、下、左、右移动）、高架仓储式（汽车上、下、左、右、前、后移动）等；另一类是室内有车道、且有人员停留的复式汽车库，机械设备只是类似于普通仓库的货架，根据机械设备的不同又可分为二层杠杆式、三层升降式、二/三层升降横移式等。

(4)按照汽车坡道形式可分为：

楼层式汽车库；

斜楼板式汽车库（即车道坡道与停车区同在一个斜面）；

错层式汽车库（即汽车坡道只跨越半层车库）；

交错式汽车库（即汽车坡道跨越二层车库）；

采用垂直升降机作为汽车疏散的汽车库。

(5)按照组合形成可分为：

独立式汽车库；

组合式汽车库。

(6)按照围封形式可分为：

敞开式汽车库（即术语的 2.0.8）；

有窗的汽车库；

无窗的汽车库。

对不同类型、不同构造的汽车库，其汽车疏散、火灾扑救、经济价值的情况是不一样的，在进行设计时，既要满足其自身停车功能的要求，也要合适地提出防火设计要求。

3　防火分类和耐火等级

3.0.1　汽车库的防火分类原规范参照了前苏联的《汽车库设计标准和技术规范》(H113-54)的有关条文以及70年代我国汽车库的实际情况确定的分类标准。

随着改革开放的不断发展，原汽车库分类规定已远远不适应目前汽车库建设的要求，甚至起了阻碍作用。这次修改，调查了全国14个大城市汽车库的建设情况，对防火分类的停车数量在原规范的基础上调整放大了近一倍。其主要依据，一是汽车库的火灾案例较少，在调查的14个城市的34个汽车库均没有发生过大的火灾；二是目前新建汽车库的停车数量，一般单位内部使用的为30～50辆，与高层宾馆、大厦配套建造的汽车库为100～200辆，而供社会停车用的公共汽车库的停车库为200～300辆，有的还超过300辆；三是鉴于目前城市汽车数量增加迅猛。据上海公安交通部门统计，1970～1984年上海每年车辆增长5000辆，全市只有9万辆。1985年以后，每年增加近2万辆，90年代以后，每年增加3万辆，1993年增加数超过了4万辆。至1995年底上海全市的机动车辆已达42万辆。近年来上海、广州等一些大城市在市中心实行禁止非机动车通行的规定，进一步促进了机动车的发展。鉴于上述原因，汽车库的防火分类中停车数量的放大是符合我国汽车库的实际的。另外，车库的防火分类仍然按停车的数量多少来划分类别也是符合我国国情的。这是因为车库建筑发生火灾后确定车库损失的大小，也是按烧毁车库中车辆的多少来确定的。按停车数量划分的车库类别，可便于按类提出车库的耐火等级、防火间距、防火分隔、消防给水、火灾报警等建筑防火要求。

表3.0.1的注是指一些楼层的汽车库，为了充分利用停车面积，在停车库的屋面露天停放车辆。这一部分的车辆也应计算在内，这是因为屋顶车辆与下面车库内的车辆是共用一个上下的车道，共用一套消防设施，屋顶车辆发生火灾对下面的车库同样也会影响，应作为车库的整体来考虑。如在其他建筑的屋顶上单独停车的，可按停车场来考虑。

3.0.2　根据1992年规范修订组对南方、东北、西北等地14个城市的调查，原规范对汽车库和修车库的耐火等级规定是符合国情的。本条耐火等级以现行《建筑设计防火规范》、《高层民用建筑设计防火规范》的规定为基准，结合汽车库的特点，增加了"防火隔墙"一项，防火隔墙比防火墙的耐火时间低，比一般分隔墙的耐火时间要高，且不必按防火墙的要求必须砌筑在梁或基础上，只须从楼板砌筑至顶板，这样分隔也较自由。这些都是鉴于汽车库内的火灾负载较少而提出的防火分隔措施，具体执行证明还是可行的。

3.0.3　本条对各类车库的耐火等级分别作了相应的规定。地下汽车库发生火灾时，因缺乏自然通风和采光，扑救难度大，火势易蔓延，同时由于结构、防火等需要，地下车库通常为钢筋混凝土结构，可达一级耐火等级要求，所以不论其停车数量多少，其耐火等级不应低于一级是可行的。

Ⅰ、Ⅱ、Ⅲ类汽车库其停车数量较多，车库一旦遭受火灾，损失较大；Ⅰ、Ⅱ、Ⅲ类修车库有修理车位3个以上，并配设各种辅助工间，起火因素较多，如耐火等级偏低，属三级耐火等级建筑，一旦起火，火势冲向屋顶木结构，容易延烧扩大，着火物落到下面汽车上又会将其引燃，导致大面积火灾，因此这些车库均应采用不低于二级耐火等级的建筑。

甲、乙类物品运输车由于槽罐内有残存物品，危险性高，所以要求车库的耐火等级不应低于二级。

本条修改中将"重要停车库"删去了，所谓重要停车库是指车内装有贵重仪器设备或经济价值较大的汽车停车库。从当前形势和发展趋势看，现代科学技术不断发展，贵重仪器在各大城市及地区使用很普通，因此载运也广泛，很难确定和划分哪些是属贵重设备，哪些经济价值较大。为了使条文更严密，便于执行，删除了重要停车库一词。

近年来在北京、深圳、上海等地发展机械式立体汽车库，这类车库占地面积小，采用机械化升降停放车辆，充分利用空间面积。目前国内建造的这类车库停车数量都在 50 辆以下，属Ⅳ类汽车库，车库建筑的结构都为钢筋混凝土，内部的停车支架、托架均为钢结构，从国外的一些资料介绍，这类车库的结构采用全钢结构的较多，但由于停车数量少，内部的消防设施全，火灾危险性较小。为了适应新型车库的发展，我们对这类车库的耐火等级未作特殊要求，但如采用全钢结构，其梁、柱等承重构件均应进行防火处理，满足三级耐火等级的要求。同时我们也希望生产厂家能对设备主要承受支撑能力的构件作防火处理，提高自身的耐火性能。

4 总平面布局和平面布置

4.1 一般规定

4.1.1 规范修订组对北京、广州、成都等 14 个城市的汽车库、修车库和公共交通、运输部门的停车场、保养场进行了调查研究，从汽车库火灾实例来看，由于汽车是用汽油或柴油作燃料，特别是汽油闪点低，易燃易爆，在修车时往往由于违反操作规程或缺乏防火知识引起火灾，造成严重的财产损失。因此，汽车库与其他建筑应保持一定的防火间距，并需设置必要的消防通道和消防水源，以满足防火与灭火的需要。

本条还规定不应将汽车库布置在易燃、可燃液体和可燃气体的生产装置区和贮存区内，这对保证防火安全是非常必要的。国内外石油装置的火灾是不少的。如某市化工厂丁二烯气体漏气，汽车驶入该区域引起爆燃，造成了重大伤亡事故。据化工部设计院对 10 个大型石油化工厂的调查，他们的汽车库都是设在生产辅助区或生活区内。

4.1.2 原规范对汽车库不能组合建造的限制过于严格，已不适应汽车库的发展。根据修订组的调查，国内许多高层建筑和商场、影剧院等公共民用建筑的地下都已建造了大型的汽车库，这在国外也非常普遍。为了适应当前汽车库建设发展的需要，本条对汽车库与一般工业、民用建筑的组合或贴邻不作限制规定，只对与甲、乙类易燃易爆危险品生产车间、储存仓库和民用建筑中的托儿所、幼儿园、养老院和病房楼等较特殊建筑的组合建造作了限制。这是因为哺乳室、托儿所、幼儿园的孩子、养老院的老人和病房中的病人，行动不方便，如直接在汽车库的上、下面组合建造，由于孩子、老人和病人等疏散困难，一旦发生火灾，对扑救火灾极为不利，且平时汽车噪声、废气对孩子、老人和病人的健康也不利。为此，规定在以上这些部位限制组合建造汽车库是必要的。当汽车库与病房楼有完全的防火分隔，汽车的进出口和病房楼人员的出入口完全分开、不会相互干扰时，可考虑在病房楼的地下设置汽车库。

4.1.3 甲、乙类物品运输车在停放或修理时有时有残留的易燃液体和可燃气体，散发在室内并漂浮在地面上，遇到明火就会燃烧、爆炸。这些车库如与其他建筑组合建造或附建在其他建筑物底层，一旦发生爆燃，就会影响上层结构安全，扩大灾情。所以，对甲、乙类物品运输车的汽车库、修车库强调单层独立建造。但考虑到一些较小修车库的实际情况，对停车数不超过3辆的车库，在有防火墙隔开的条件下，允许与一、二级耐火等级的Ⅵ类汽车库贴邻建造。

4.1.4 Ⅰ类修车库的特点是车位多、维修任务量大，为了保养和修理车辆方便，在一幢建筑内往往包括很多工种，并经常需要进行明火作业和使用易燃物品。如用汽油清洗零件、喷漆时使用有机溶剂等，火灾危险性大。为保障安全起见，本条规定Ⅰ类修车库宜单独建造。

从目前国内已有的大中型修车库中来看，一般都是单独建造的。但本规范如不考虑修车库类别，不加区别的一律要求单独建造也不符合节约用地、节省投资的精神，故本条对Ⅱ、Ⅲ、Ⅳ类修车库允许有所机动，可与没有明火作业的丙、丁、戊类危险性生产厂房、库房及一、二级耐火等级的一般民用建筑(除托儿所、幼儿园、养老院、病房楼及人员密集的公共活动场所，如商场、展览、餐饮、娱乐场所等)贴邻建造或附设在建筑底层。但必须用防火墙、楼板、防火挑檐措施进行分隔，以保证安全。

4.1.5 根据甲类危险品库及乙炔发生间、喷漆间、充电间以及其他甲类生产工间的火灾危险性的特点，这类房间应该与其他建筑保持一定的防火间距。调查中发现有不少汽车库为了适应汽车保养、修理、生产工艺的需要，将上述生产工间贴邻建造在汽车库的一侧。由于过去没有统一的规定，所以有的将规模较大的生产工间与汽车库贴邻建造而没有任何防火分隔措施，有的又将规模很小的甲类生产工间单独建造，占了大片土地，很不合理。为了保障安全，有利生产，并考虑节约用地，根据《建筑设计防火规范》有关条文的精神，对为修理、保养车辆服务，且规模较小的生产工间，作了可以贴邻建造的规定。

根据目前国内乙炔发生器逐步淘汰而以瓶装乙炔气代替的状况，条文中增设了乙炔气瓶库。每标准钢瓶乙炔气贮量相当于0.9 m^3的乙炔气，故按5瓶相当于5 m^3 计算，对一些地区目前仍用乙炔发生器的，短期内还要予以照顾，故仍保留“乙炔发生器间”一词。

4.1.6 汽车的修理车位，不可避免的要有明火作业和使用易燃物品，火灾危险性较大。而地下汽车库一般通风条件较差，散发的可燃气体或蒸气不易排除，遇火源极易引起燃烧爆炸，一旦失火，难于疏散扑救。喷漆间容易产生有机溶剂的挥发蒸气，电瓶充电时容易产生氢气，乙炔气是很危险的可燃气体，它的爆炸下限(体积比)为2.5%，上限为81%，汽油的爆炸下限为1.2%～1.4%，上限为6%，喷漆中的二甲苯爆炸(体积比)下限为0.9%，上限为7%，上述均为易燃易爆的气体。为了确保地下汽车库的消防安全，进行限制是必须的。

4.1.7 由于汽油罐、加油机容易挥发出可燃蒸气和达到爆炸浓度而引发火灾、爆炸事故，如某市出租汽车公司有一个遗留下来的加油站，该站设在一个汽车库内，职工反映：平日加油时要采取紧急措施，实行三停，即停止库内用电，停止库内食堂用火，停止库内汽车出入。该站曾经因为加油时大量可燃蒸气扩散在室内，遇到明火、电气火花发生燃烧事故。因此，从安全考虑，本条规定汽油罐、加油机不应设在汽车库和修车库内是合适的。

4.1.8 许多火灾爆炸实例证明，比重大于空气的可燃气体、可燃蒸气，火灾、爆炸的危险性要比一般的液体、气体大得多。其主要特点是由于这类可燃气体、可燃蒸气泄漏在空气中后，浮沉在地面或地沟、地坑等低洼处，当浓度达到爆炸极限后，一遇明火就会发生燃烧和爆炸。《石油化工企业设计防火规范》和《城镇燃气设计规范》中都明确规定了石油液化气管道严禁设在管沟内，就是防止气体泄出后引起管沟爆炸。如某市一幢办公用房设有地下室，上面存放桶装汽油，因漏油后地下室积聚了油蒸气，从楼梯间散发出来，适逢办公室人员抽烟，结果发生爆炸，上层局部倒塌，死伤10余人。

4.1.9 在车库内，一般都配备各种消防器材，对预防和扑救火灾起到了很好的作用。我们在调查中，发现有不少大型停车场、汽车库内的消防器材没有专门的存放、管理和维护的房间，不但平时维护保养困难，更新用的消防器材也无处存放，一旦发生火灾，将贻误灭火时机。因此本条根据消防安全需要，规定了停车数量较多的Ⅰ、Ⅱ类汽车库、停车场要设置专门的消防器材间，此消防器材间是消防员的工作室和对灭火器等消防器材进行定期保养、换药检修的场所。

4.1.10 加油站、甲类危险品库房、乙炔间等是火灾危险性很大的场所，如果在其上空有架空输（配）电线跨越，一旦这些场所发生火灾，危及到架空输（配）电线路后，轻则造成输（配）电线路短路停电，酿成电气火灾，重则造成区域性断电事故。

若跨越加油站等场所的输（配）电线路发生断线、短路等事故，也易引起上述场所发生火灾或爆炸事故，所以规定输（配）电线路均不应从这些场所上空跨越。

4.2 防火间距

4.2.1 造成火灾蔓延的因素很多，诸如飞火、热对流、热辐射等。确定防火间距，主要以防热辐射为主，即在着火后，不应由于间距过小，火从一幢建筑物向另一幢建筑物蔓延，并且不影响消防人员正常的扑救活动。

根据汽车使用易燃可燃液体为燃料容易引起火灾的特点，结合多年贯彻《建筑设计防火规范》和消防灭火战斗的实际经验，车库按一般厂房的防火要求考虑，汽车库、修车库与一、二级耐火等级建筑物之间，在火灾初期有10 m左右的间距，一般能满足扑救的需要和防止火势的蔓延。高度超过24 m的汽车库发生火灾时需使用登高车灭火抢救，间距需大些。露天停车场由于自然条件好，汽油蒸气不易积聚，遇明火发生事故的机会要少一些，发生火灾时进行扑救和车辆疏散条件较室内有利，对建筑物的威胁亦较小。所以，停车场与其他建筑物的防火间距作了相应减少。

4.2.2～4.2.4 本三条是原《汽车库设计防火规范》的注，根据现行的《高层民用建筑设计防火规范》进行了改写，由注改为条文更加明确，便于执行。条文中的两座建筑物是指相邻的车库与车库或车库与相邻的其他建筑物。

4.2.5 确定甲、乙类物品运输车的车库与相邻厂房、库房的防火间距，主要根据这类车库一旦发生火灾，燃烧、爆炸的危险性较大，因此，适当加大防火间距是必要的。修订组研究了一些火灾实例后，认为甲、乙类物品运输车的车库与民用建筑和有明火或散发火花地点的防火间距采用25～30 m，与重要公共建筑的防火间距采用50 m是适当的，与《建筑设计防火规范》也是相吻合的。

4.2.6 本条根据《建筑设计防火规范》有关易燃液体储罐、可燃液体储罐、可燃气体储罐、液化石油气储罐与建筑物的防火间距作出相应规定。

4.2.7 本条系原《汽车库设计防火规范》的注，针对注与表的关系是主从关系，且注又提出一些新的防火分隔要求，改为条文更为明确，便于操作。

4.2.8 本条是参照现行《建筑设计防火规范》的有关规定条文提出的。在汽车发动和行驶过程中，都可能产生火花，过去由于这些火花引起的甲、乙类物品库房等发生火灾事故是不少的。例如，某市在一次扑救火灾事故中，由于一辆消防车误入生产装置泄漏出的丁二烯气体区域，引起了一场大爆炸，当场烧伤10名消防员，烧死1名驾驶员。因此，规定车库与火灾危险性较大的甲类物品库房之间留出一定的防火间距是很有必要的。

4.2.9 本条主要规定了车库可燃材料堆场的防火间距。由于可燃材料是露天堆放的，火灾危险性大，汽车使用的燃料也有较大危险，因此，本条将车库与可燃材料堆场的防火间距参照《建筑设计防火规范》有关内容作了相应规定。

4.2.10 由于煤气调压站、液化气的瓶装供应站有其特殊的要求，在《城镇燃气设计规范》中已作了明确的规定，该规定也适合汽车库、修车库的情况，因此不另行规定。汽车库参照规范中民用建筑的标准来要求防火间距，修车库参照明火、散发火花地点来要求。

4.2.11 石油库、小型石油库、汽车加油站与建筑物的防火间距，在国家标准《石油库设计规范》、《小型石油库及汽车加油站设计规范》的规定中都明确这些条文也适用于汽车库，所以本条不另作规定。停车库参照规范中民用建筑的标准来要求防火间距，修车库按照明火或散发火花的地点来要求。

4.2.12 国内大、中城市公交运输部门和工矿企业，都新建了规模不等的露天停车场，但停车场很少考虑消防扑救、车辆疏散等安全措施。编制组在调查中了解到绝大部分停车场停放车辆混乱，既不分组也不分区，车与车前后间距很小，甚至有些在行车道上也停满了车辆，如果发生火灾，车辆疏散和扑救火灾十分困难。本条本着既保障安全生产又便于扑救火灾的精神，对停车场的停车要求作了规定。

4.3 消防车道

4.3.1 在车库设计中对消防车道考虑不周，发生火灾时消防车无法靠近建筑物往往延误灭火时机，造成重大损失。为了给消防扑救工作创造方便条件，保障建筑物的安全，规定了汽车库、修车库周围应设环形车道，对设环形车道有困难的，作了适当的技术处理。

4.3.2 本条是根据《建筑设计防火规范》关于消防车通道的有关规定制订的，目前我国消防车的宽度大都为2.4～2.6 m，消防车道的宽度不小于4 m是按单行线考虑的，许多火灾实践证明，设置宽度不小于4 m的消防车道，对消防车能够顺利迅速到达火场扑救起着十分重要的作用。规定回车道或回车场是根据消防车回转需要而要求的，各地也可根据当地消防车的实际需要而确定回转的半径。

4.3.3 国内现有消防车的外形尺寸，一般高度为2.4～3.5 m，宽度在2.4～2.6 m之间，因此本条对消防车道穿过建筑物和上空遇其他障碍物时规定的所需净高、净宽尺寸是符合消防车行驶实际需要的。但各地可根据本地消防车的实际情况予以确定。

5 防火分隔和建筑构造

5.1 防火分隔

5.1.1 本条是根据目前国内汽车库建造的情况和发展趋势以及参照日本、美国的有关规定，并参照《建筑设计防火规范》丁类库房防火隔间的规定制订的。目前国内新建的汽车库一般耐火等级均为一、二级，且都在车库内安装了自动喷水灭火系统，这类汽车库发生大火的事故较少。本条文制订立足于提高汽车库的耐火等级，增强车库的自救能力，根据不同的汽车库的形式，不同的耐火等级分别作了防火分区面积的规定。单层的一、二级耐火等级的汽车库，其疏散条件和火灾扑救都比其他形式的汽车库有利方便，其防火分区的面积大些，而三级耐火等级的汽车库，由于建筑物燃烧容易蔓延扩大火灾，其防火分区控制得小些。多层汽车库较单层汽车库疏散和扑救困难些，其防火分区的面积相应减少些；地下和高层汽车库疏散和扑救条件更困难些，其防火分区的面积要再减少些。这都是根据汽车库火灾的特点而规定的。这样规定既确保了消防安全的有关要求，又能适应汽车库建设的要求。一般一辆小汽车的停车面积为30 m^2 左右，一般大汽车的停车面积为40 m^2 左右。根据这一停车面积计算，一个防火分区内最多停车数为80～100辆，最少的停车数为30辆。这样的分区在使用上较为经济合理。

半地下室车库即室内地坪低于室外地坪面，高度超过该层车库的净高1/3且不超过1/2的汽车库，和设在建筑首层的汽车库（不论是否是高层汽车库）按照多层汽车库对待。

复式汽车库与一般的汽车库相比由于其设备能叠放停车，相同的面积内可多停30%～50%的小汽车，故其防火分区面积应适当减少，以保证安全。

5.1.2 是原《汽车库设计防火规范》的一条注，针对注与表关系不太密切，改为条文更为明确，便于执行。

5.1.3 鉴于目前北京、深圳、上海等地陆续开始新建机械式立体汽车库，归纳其机械立体停车的形式，主要有竖直循环式（汽车停放上、下移动）、电梯提升式（汽车停放上、下、左、右移动）、货架仓储式（汽车停放上、下、左 右、前、后移动），这些停车设备一般都在50辆以下为一组。由于这类车库的特点是立体机械化停车，一旦发生火灾上下蔓延迅速，容易扩大成灾。对这类新型停车库国内尚缺乏经验，为了推广新型停车设备的应用，在满足使用要求的前提下，对其防火分隔作了相应的限制，这一限制符合国内目前机械立体停车库的实际情况。

5.1.4 甲、乙类危险物品运输车的汽车库、修车库，其火灾危险性较一般的汽车库大，若不控制防火分区的面积，一旦发生火灾事故，造成的火灾损失和危害都较大。如首都机场和上海虹桥国际机场的油槽车库、氧气瓶车库，都按3～6辆车进行分隔，面积都在300～500 m^2。参照《建筑设计防火规范》乙类危险品库防火隔间的面积为500 m^2 的规定，本条规定此类汽车库的防火分区为500 m^2。

5.1.5 本条为新增内容，修车库是类似厂房的建筑，由于其工艺上需使用有机溶剂，如汽油等清洗和喷漆工段，火灾危险性可按甲类危险性对待。参照《建筑设计防火规范》甲类厂房的要求，防火分区面积控制在2000 m^2 以内是合适的，对于危险性较大的工段已进行完全分隔的修车库，参照乙类厂房的防火分区面积和实际情况的需要适当调整至4000 m^2。

5.1.6 由于汽车库的燃料为汽油，一辆高级小汽车的价值又较高，为确保车库的安全，当车库与其他建筑贴邻建造时，其相邻的墙应为防火墙。当车库组合在办公楼、宾馆、电信大楼及公共建筑物时，其水平分隔主要靠楼板，而一般预应力楼板的耐火极限较低，火灾后容易被破坏，将影响上、下层人员和物资的安全。由于上述原因，本条对汽车库与其他建筑组合在一起的建筑楼板和隔墙提出了较高的耐火极限要求。如楼板比一级耐火等级的建筑物提高了 0.5 h，隔墙需 3 h 耐火时间。这一规定与国外一些规范的规定也是相类同的，如美国国家防火协会 NFPA《停车构筑物标准》第 3.1.2 条规定的设于其他用途的建筑物中，或与之相连的地下停车构筑物，应用耐火极限 2 h 以上的墙、隔墙、楼板或带平顶的楼板来隔开。

同时为了防止火灾通过门窗洞口蔓延扩大，本条还规定汽车库门窗洞口上方应挑出宽度不小于 1 m 的防雨棚，作为阻止火焰从门窗洞口向上蔓延的措施。对一些多层、高层建筑，若采用防火挑檐可能会影响建筑物外型立面的美观，亦可采用提高上、下层窗坎墙的高度达到阻止火焰蔓延的目的。窗坎墙的高度规定 1.2 m 在建筑上是能够做到的。英国《防火建筑物指南》论述墙壁的防火功能时用实物作了火灾从一层扩散至另一层的实验，结果证明：当上下层窗坎墙高度为 0.9 m(其在楼板以上的部分墙高不小于 0.6 m)时，可延缓上层结构和家具的着火时间达 15 min。突出墙 0.6 m的防火挑板不足以防止火灾向上下扩散，因此本条规定窗坎墙的高度为 1.2 m，防火挑檐的宽度 1 m 是能达到阻止火灾蔓延作用的。

5.1.7 因为修车的火灾危险性比较大，停车与修车部位之间如不设防火隔墙，在修理时一旦失火容易烧着停放的汽车，造成重大损失。如某市医院汽车库，司机在车库内检修摩托车，不慎将油箱汽油点着，很快烧着了附近一辆价值很高的进口医用车；又如某市造船厂，司机在停车库内的一辆汽车底下用行灯检修车辆，由于行灯碰碎，冒出火花遇到汽油着火，烧毁了其他 3 台车。因此，本条规定汽车库内停车与修车车位之间，必须设置防火隔墙和耐火极限较高的楼板，确保汽车库的安全。

5.1.8 使用有机溶剂清洗和喷涂的工段，其火灾危险性较大，为防止发生火灾时向相邻的危险场所蔓延，采取防火分隔措施是十分必要的，也是符合实际情况的。

5.1.9 本条是根据现行国家标准《高层民用建筑设计防火规范》的有关要求制订的。当锅炉安全保护设备失灵或操作不慎时，将有可能发生爆炸，故不宜在汽车库内安装使用，但如受条件限制、必须设置时，对燃油、燃气锅炉(不含液化石油气作燃料的锅炉)的单台蒸发量和锅炉房的总蒸发量作了限制。这样规定是为了尽量减少发生火灾爆炸带来的危险性和发生事故的几率。可燃油油浸变压器发生故障产生电弧时，将使变压器内的绝缘油迅速发生热分解，析出氢气、甲烷、乙烯等可燃气体，压力剧增，造成外壳爆炸、大量喷油或者析出的可燃气体与空气混合形成爆炸混合物，在电弧或火花的作用下引起燃烧爆炸。变压器爆炸后，高温的变压器油流到哪里就会燃烧到哪里。充有可燃油的高压电容器、多油开关等，也有较大火灾危险性，故对可燃油油浸变压器等也作了相应的限制。对干式的或不燃液体的变压器，因其火灾危险性小，不易发生火灾，故本条未作限制。

5.1.10 自动灭火系统的设备室，消防水泵房是灭火系统的“心脏”，汽车库发生火灾时，必须保证该装置不受火势威胁，确保灭火工作的顺利进行。因此本条规定，应采用防火墙和楼板将其与相邻部位分隔开。

5.2 防火墙和防火隔墙

5.2.1 本条沿用《建筑设计防火规范》的规定，对防火墙的砌筑作了较为明确的规定。

5.2.2 因为防火墙的耐火极限 3 h，防火隔墙的耐火时间为 2 h，故防火墙和防火隔墙上部的屋盖也应有一定的耐火极限要求，当屋面达到 0.5 h、已达到二级耐火等级的要求时，防火墙和防火隔墙砌至屋面基层的底部就可以了，不必高出屋面也能满足防火分隔的要求。

5.2.3 本条对三级耐火等级的车库屋顶结构、防火墙必须高出屋面 0.4 m 和 0.5 m 的规定，是沿用《建筑设计防火规范》的规定。

5.2.4 火灾实例说明，防火墙设在转角处不能阻止火势蔓延，如确有困难需设在转角附近时，转角两侧门、窗、洞口之间最近的水平距离不应小于 4 m。不在转角处的防火墙两侧门、窗、洞口的最近水平距离可为 2 m，这一间距就能控制一定的火势蔓延。当装有角铁加固的铅丝玻璃或防火玻璃的固定窗等耐火极限为 0.9 h 的钢窗时，其间距不受限制。

5.2.5 为了确保防火墙耐火极限，防止火灾时火势从孔洞的缝隙中蔓延，本条作了这一规定。这一点往往在施工中被人们忽视，特别在管道敷设结束后，必须用不燃烧材料将孔洞周围的缝隙紧密填塞，应引起设计、施工单位和公安消防部门高度重视。

5.2.6 本条对防火隔墙开设门、窗、洞口提出了严格要求。在建筑物内发生火灾，烟火必然穿过孔洞向另一处扩散，墙上洞口多了，就会失去防火墙、防火隔墙应有的作用。为此，规定了这些墙上不应开设门、窗、洞口，如必须开设时，应在开口部位设置耐火极限为 1.2 h 的防火门、窗。实践证明，这样处理，基本上能满足控制或扑救一般火灾所需的时间。

5.3 电梯井、管道井和其他防火构造

5.3.1 建筑物内各种竖向管井，是火灾蔓延的途径之一。为了防止火势向上蔓延，要求多层汽车库、地下汽车库以及与其他建筑物组合在一起的底层、多层、地下汽车库的电梯井、管道井、电缆井以及楼梯间应各自独立分开设置。为防止火灾时竖管井烧毁并扩大灾情，规定了管道井井壁耐火极限为 1.00 h，电梯井壁的耐火极限不低于 2.50 h 的不燃烧体结构。

5.3.2 电缆井、管道井应作竖向防火分隔，在每层楼板处用相当于楼板耐火极限的不燃烧材料封堵。考虑到便于检修更换，有些竖井按层分隔确有困难，可每隔 2～3 层分隔，且各层的检查门必须采用丙级防火门封闭，防止火势蔓延。

5.3.3 非敞开式的多层、高层、地下汽车库的自然通风条件较差，一旦发生火灾，火焰和烟气很快地向上、下、左、右蔓延扩散，若车库与汽车疏散坡道无防火分隔设施，对车辆疏散和扑救是很不利的。为保证车辆疏散坡道的安全，本条规定，汽车库的汽车坡道与停车区之间用防火墙分隔，开口的部位设耐火极限为 1.2 h 的防火门、防火卷帘、防火水幕进行分隔。

车库内和坡道上均设有自动灭火设备的汽车库的消防安全度较高；敞开式的多层停车库，通风条件较好；另外不少非敞开式的汽车库采用斜楼板式停车的设计，车道和停车区之间不易分隔，故条文对于设有自动灭火设备的多层、高层、地下汽车库和敞开式汽车库、斜楼板式汽车库作了另行处理的规定，也是与国外规范相统一的。美国防火协会《停车构筑物标准》规定，封闭式停车的构筑物、贮存汽车库以及地下室和地下停车构筑物中的斜楼板不需要封闭，但需要具备下述安全措施：第一，经认可的自动灭火系统；第二，经认可的监视性自动火警探测系统；第三，一种能够排烟的机械通风系统。

6 安全疏散

6.0.1 制定本条的目的，主要是为了确保人员的安全，不管平时还是在火灾情况下，都应做到人车分流、各行其道，避免造成交通事故，发生火灾时不影响人员的安全疏散。某地卫生局的一个汽车库和宿舍合建在一起，宿舍内人员的进出没有单独的出口，进出都要经过停车库。有一次车辆失火后，宿舍的出口被烟火封死，宿舍内3人因无路可逃而被烟熏死在房间内。所以汽车库、修车库与办公、宿舍、休息用房组合的建筑，其人员出口和车辆的出口应分开设置。

条文中设在工业与民用建筑内的汽车库是指汽车库与其他建筑平面贴邻或上下组合的建筑，如上海南泰大楼下面一至七层为停车库，八至二十层为办公和电话机房；又如深圳发展中心前侧为超高层建筑，后侧为六层停车库；也有单层建筑，前面为停车，后面为办公、休息用房。这一类建筑均称为组合式汽车库。国内外也有一些高层建筑，如上海海仑宾馆底层为汽车库，二层以上为宾馆的大堂、客房；新加坡的不少高层住宅底层均为汽车库，二层以上为住宅。这一类底层停车的汽车库也是组合式汽车库的一种类型。对这些组合式汽车库应做到车辆的疏散出口和人员的安全出口分开设置，这样设置既方便平时的使用管理，又有确保火灾时安全疏散的可靠性。

6.0.2 汽车库、修车库人员安全疏散出口的数量，一般都应设置两个。目的是可以进行双向疏散，一旦一个出口被火灾封死时，另一个出口还可进行疏散。但多设出口会增加车库的建筑面积和投资，不加区别地一律要求设置两个出口，在实际执行中有困难，因此，对车库内人员较少、停车数量在50辆以下的Ⅳ类汽车库作了适当调整处理的规定。

6.0.3 多层、高层地下的汽车库、修车库内的人员疏散主要依靠楼梯进行。因此要求室内的楼梯必须安全可靠。敞开楼梯间犹如垂直的风井，是火灾蔓延的重要途径。为了确保楼梯间在火灾情况下不被烟气侵入，避免因“烟囱效应”而使火灾蔓延，所以在楼梯间入口处应设置封闭门使之形成封闭楼梯间。对地下汽车库和高层汽车库以及设在高层建筑裙房内的汽车库，由于楼层高以及地下疏散困难，为了提高封闭楼梯间的安全性，其楼梯间的封闭门应采用耐火时间为0.90 h的乙级防火门。

6.0.4 室外楼梯烟气的扩散效果好，所以在设计时尽可能把楼梯布置在室外，这对人员疏散和灭火扑救都有利。室外楼梯大都采用钢扶梯，由于钢楼梯耐火性能较差，所以条文中对设置室外楼梯作了较为详细的规定，当满足条文规定的室外钢楼梯技术要求时，可代替室内的封闭疏散楼梯或防烟楼梯间。

6.0.5 汽车库的火灾危险性按照《建筑设计防火规范》划分为丁类，但毕竟汽车还有许多可燃物，如车内的座垫、轮胎和汽油箱均为可燃和易燃材料，一旦发生火灾燃烧比较迅速，因此在确定安全疏散距离时，参考了国外资料的规定和《建筑设计防火规范》对丁类生产厂房的规定，定为45 m。装有自动喷淋灭火设备的汽车库安全性较高，所以距离也可适当放大，定为60 m。对底层汽车库和单层汽车库因都能直接疏散到室外，要比楼层停车库疏散方便，所以在楼层汽车库的基础上又作了相应的调整规定。这是因为汽车库的特点空间大、人员少，按照自由疏散的速度1 m/s计算，一般在1 min左右都能到达安全出口。

6.0.6 车库发生火灾，车辆能不能疏散、要不要疏散，这是大家争论激烈的一个问题。不少同志认为汽车经济价值较高，它和其他物资一样发生火灾后应尽力组织疏散抢救。修订组在调研中了解到，一些单位车库内汽车着火后，也有组织人员将着火汽车的邻近汽车推出车库、抢救出来的。当然也有一些同志认为汽车停到车库后，一般司机都关好车门到外面去休息，一旦汽车着火，司机找不到车辆，无法从车库内疏散出来。在实际执行中，在一些主要干道上的汽车库，由于受到交通干道上开口的限制，出口的布置难度较大，特别是一些地下汽车库，设置出口的难度更大。在这次修改时，规范修订组在作了大量调查研究的基础上，对出口的指标作了较大的修改。这次确定车辆疏散出口的主要原则是，在汽车库满足平时使用要求的基础上，适当考虑火灾时车辆的安全疏散要求。对大型的汽车库，平时使用也需要设置两个以上的出口，所以原则规定出口不应少于两个，但对设置一个出口的汽车库停车数条件比原条文放大了一倍左右。如设置的是单车道时，停车数控制在 50 辆以下，这样与公安交通管理部门的规定还是一致的。

地下汽车库，由于设置出口不仅占用的面积大，而且难度大，这次修改比原规范放宽了 4 倍，即 100 辆以下双车道的地下汽车库也可设一个出口。这些汽车库按要求设置自动喷淋灭火系统，最大的防火分区可为 4000 m^2，按每辆车平均需建筑面积 40 m^2 计，差不多是一个防火分区。在平时，对于地下多层汽车库，在计算每层设置汽车疏散出口数量时，应尽量按总数量予以考虑，即总数在 100 辆以上的应不少于两个，总数在 100 辆以下的可为一个双车道出口，但在确有困难，当车道上设有自动喷淋灭火系统时，可按本层地下车库所担负的车辆疏散数量是否超过 50 或 100 辆，来确定汽车出口数。例如三层停车库，地下一层为 54 辆，地下二层为 38 辆，地下三层为 34 辆，在设置汽车出口有困难时，地下三层至地下二层因汽车疏散数小于 50 辆，可设一个单车道的出口，地下二层至地下一层，因汽车疏散为 38＋34＝72 辆，大于 50 辆，小于 100 辆，可设一个双车道的出口，地下一层至室外，因汽车疏散数为 54＋38＋34＝126 辆，大于 100 辆，应设两个汽车疏散出口。

6.0.7 错层式、斜楼板式汽车库内，一般汽车疏散是螺旋单向式、同一时针方向行驶的，楼层内难以设置两个疏散车道，但一般都为双车道，当车道上设置自动喷淋灭火系统时，楼层内可允许只设一个出口，但到了地面及地下至室外时，Ⅰ、Ⅱ类地上汽车库和超过 100 辆的地下汽车库应设两个出口，这样也便于平时汽车的出入管理。

6.0.8 在一些城市的闹市中心，由于基地面积小，车库建筑的周围毗邻马路，使楼层或地下汽车库的汽车坡道无法设置，为了解决少量停车的需要，新增了设置机械升降出口的条文。目前国内上海、北京等地已有类似的停车库，但停车的数量都比较少。因此条文规定了Ⅳ类汽车库方能适用。控制 50 辆以下，主要根据目前国内已建的使用升降梯的汽车库和正在发展使用的机械式立体汽车库的停车数提出的。国内已建成的升降机汽车库都在 30 辆左右，而机械式立体汽车库一般一组都在 40 辆左右。条文中讲的升降梯是指采用液压升降梯或设有备用电源的电梯。升降梯应尽量做到分开布置。对停车数少于 10 辆的，可只设一台升降梯。

6.0.9 由于楼层和地下汽车库车道转弯太多、宽度太小不利于车辆疏散，更容易出交通事故，本条规定车道宽度是依据交通管理部门的规定制定的。

6.0.10 为了确保坡道出口的安全，对两个出口之间的距离作了限制，10 m 的间距是考虑平时确保车辆安全转弯进出的需要，一旦发生火灾也为消防灭火双向扑救创造基本的条件。当两个车道相毗邻时，如剪刀式等，为保证车道的安全，要求车道之间应设防火墙予以分隔。

6.0.11 停车场的疏散出口实际是指停车场开设的大门，据对许多大型停车场的调查，基本都设有两个以上的大门，但也有一些停车数量少，受到周围环境的限制，设置两个出口有困难，本条规定不超过 50 辆的停车场允许设置一个出口。

6.0.12 留出必要的疏散通道，是为了在火灾情况下车辆能顺利疏散，减少损失。室内外汽车停放情况大致有这样几种：库内有车行道的汽车停放大多采用单行尽头式，如图 1(a)，库内无车行道的汽车停放采用单行尽头式，如图 1(b)，也有采用双行或多行尽头式，如图1(c)，露天停车有采用上述停车方式。图1(a)、(b)的停车形式，对消防有利，任何一辆汽车起火。其他车辆能不受影响较顺利的疏散。图1(c)的停车形式，其特点是中间车辆行动受前列汽车的限制。只有当第一辆车疏散后，其后的汽车才能一辆接一辆地疏散。不论采取何种停放形式，也不论停放何种型号的车辆，为达到迅速疏散的目的，疏散通道的宽度必须满足一次出车的要求，同时不能小于6 m，这两个条件应同时满足。

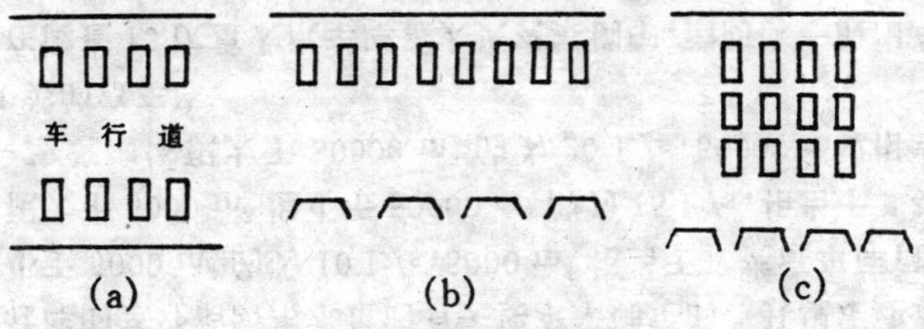

车行道

(a) (b) (c)

图1 汽车停放形式

此外，汽车之间以及汽车与墙、柱之间的距离也应考虑消防安全要求。有些单位只考虑停车，不顾安全，如某大学在一幢2000 m^2的大礼堂内杂乱地停放了39辆汽车；某市公交汽车一场，停放车辆数比原来增加了3倍多，车辆停放拥挤，大型铰接车之间的间距仅0.4 m。在这种情况下，中间的汽车失火，人员无法进入抢救。国外有的资料提到英国对于通常采用的停车距离为0.5～1 m；前苏联《汽车库设计标准的技术规范》，根据汽车不同宽度和长度分别规定了汽车之间的距离为0.5～0.7 m，汽车与墙、柱之间的距离为0.3～0.5 m。本条综合研究了各方面的意见，考虑到中间车辆起火，在未疏散前，人员难侧身携带灭火器进入扑救，所以汽车之间以及汽车与墙、柱之间的距离作了不小于0.3～0.9 m的规定。

7 消防给水和固定灭火系统

7.1 消防给水

7.1.1 汽车库发生火灾，开始时大多是由汽车着火而引起的，但当汽车库着火后，往往汽油燃烧很快结束，接着是汽车本身的可燃材料，如木材、皮革、塑料、棉布、橡胶等继续燃烧。从目前的情况来看，扑灭这些可燃材料的火灾最有效、最经济、最方便的灭火剂，还是用水比较适宜。

在调查国内15次汽车库重大火灾案例中，有些汽车库发生火灾初期，职工群众虽然使用了各种小型灭火器，但当汽车库火烧大了以后，都是消防队用泵浦车或水罐泵浦车出水扑救的。在国外汽车库设计中，不少国家在汽车库内设置消防给水系统，将其作为重要的灭火手段。

根据上述情况，本规范对汽车库消防给水作了必要的规定。

7.1.2 本条规定耐火等级为一、二级的Ⅳ类修车库和停放车辆不超过5辆的Ⅰ、Ⅱ级耐火等级的汽车库、停车场，可不设室内、外消防用水。因为这种车库建筑物不燃烧，停放车辆又较少，配备一些灭火器就行了。

7.1.3 本条按《建筑设计防火规范》的规定，车库区域内的室外消防给水，采用高压、低压两种给水方式，多数是能够办到的。在城市消防力量较强或企业设有专职消防队时，一般消防队能及时到达火灾现场，故采用低压给水系统是比较经济合理的，它只要敷设一些消防给水管道和根据需要安装一些室外消火栓就行了；高压制消防给水系统主要是在一些距离城市消防队较远和市政给水管网供水压力不足情况下才采用的。高压制时，还要增加一套加压设施，以满足灭火所需的压力要求，这样，相应地要增加一些投资，所以在一般情况下是很少采用的。本条对车库区域室外消防给水系统，规定低压制或高压制均可采用，这样可以根据每个车库的具体要求和条件灵活选用。

7.1.4 本条对车库的消防用水量作了规定。要求消防用水总量按室内消防给水系统(包括室内消火栓系统和与其同时开放的其他灭火系统，如喷淋或泡沫等)的消防用水量和室外消防给水系统用水量之和计算。在Ⅰ、Ⅱ类多层、地下汽车库内，由于建筑体积大，停车数量多，扑救火灾困难，有时要同时设置室内消火栓和室内自动喷淋等几种灭火设备。在计算消防用水量时，一般应将上述几种需要同时开启的设备按水量最大一处叠加计算。这与联合扑救的实际火场情况是相符合的。自动喷水灭火设备，无需人去操作，一遇火灾，首先是它起到灭火作用。室内消防给水主要是供本单位职工用来扑救火灾的；室外消防给水是为公安消防队扑救火灾提供必须的水源，所以它们各有需求，缺一不可。

7.1.5 车库消防室外用水量，主要是参照《建筑设计防火规范》对丁类仓库的室外消防用水量的有关要求来确定的。其规定建筑物体积小于 5000 m^3 的为 10 L/s，5000 m^3 相当于Ⅳ类汽车库；建筑物体积大于 5000 m^3 但小于 50000 m^3 的为 15 L/s，相当于Ⅲ类汽车库；建筑物体积大于 50000 m^3 的为 20 L/s，50000 m^3，相当于Ⅰ、Ⅱ类的汽车库。

在调查 15 次重大汽车库重大火灾案例中，消防队一般出车是 2～4 辆，使用水枪 3～6 支，某市招待所三级耐火等级的汽车库着火，市消防支队出动消防车 4 辆，使用 4 支水枪(每支水枪出水量约 5 L/s)就将火扑灭。某造船厂一座四级耐火等级的汽车库着火，火场面积 237 m^2，当时有 3 辆消防车参加了灭火。用 4 支水枪扑救汽车库火灾，用 2 支水枪保护汽车库附近的总变电所，扑救 20 min 就将火灾扑灭，这次水量约 30 L/s。根据汽车库的规模大小，对汽车库室外用水量确定为 10～20 L/s，这与实际情况比较接近。

7.1.6 对车库室外消防管道、消火栓、消防水泵房的设置，没有特殊要求，因此可按照《建筑设计防火规范》的有关规定执行。对停车场室外消火栓的位置，本规范规定要沿停车场周边设置。这是因为在停车中间设置地上式消火栓，容易被汽车撞坏，所以作了本条规定。

本条还根据实践经验，规定了室外消火栓距最近一排汽车不应小于 7 m，是考虑到一旦遇有火情，消防车靠消火栓吸水时，还能留出 3～4 m 的通道，可以供其他车辆通行，不至影响场内车辆出入。消火栓距离油库或加油站不小于 15 m 是考虑油库火灾产生的辐射，不至影响到消防车的安全。

7.1.7 本条是参照《建筑设计防火规范》的有关规定制订的。

在市政消火栓保护半径 150 m 以内，可以不设室外消火栓，因为这个范围，一旦发生火灾，消防车可以依靠市政消火栓进行扑救。

7.1.8 汽车库、修车库的室内消防用水量是参照《建筑设计防火规范》对性质相类似的工业厂房、仓库消防用水量的规定而确定的，这与目前国内的汽车库实际情况基本相符。另外，有些大型汽车库设置移动式空气泡沫设备，这种设备的用水量本规范未作另外规定，因为移动式空气泡沫设备是利用室内消火栓供水的，使用泡沫灭火设备时，室内消火栓就不用了，所以用水量也不另作规定。

7.1.9 本条对车库室内消火栓设计的技术要求作了一些规定，如室内消火栓间距、口径、保护半径、充实水柱等，都采用了《建筑设计防火规范》、《高层民用建筑设计防火规范》、《人民防空工程设计防火规范》等规定的数据，这些要求是长期灭火实践形成的经验总结，对有效补救车库火灾是必要的。

规定室内消火栓应设置在明显易于取用的地方，以便于用户和消防队及时找到和使用，消火栓应有明显的红色标志，且应标注“消火栓”字样，不应隐蔽和伪装。

室内消火栓的出水方向应便于操作，并创造较好的水力条件，故规定室内消火栓宜与设置消火栓的墙成90°角，栓口离地面高度应为1.1 m。

7.1.10 本条是对车库室内消防管道的设计提出的技术要求，它是保障火灾时消防用水正常供给不可缺少的措施。本条内容是按照《建筑设计防火规范》、《高层民用建筑设计防火规范》的有关规定提出来的。超过10个以上室内消火栓的车库，一般规模都比较大，消防用水量也大，如果采用环状给水管道供水，安全性高。因此，要求室内采用环状管道，并有两条进水管与室外管道相接，是为了保证供水可靠性。

7.1.11 为了确保汽车库内消火栓的正常使用，提出了设置阀门的具体要求，保证在管道检修时仍应有部分消火栓能正常使用。

7.1.12 本条规定了多层汽车库及地下汽车库要设置水泵接合器的要求，包括室内消火栓系统的水泵接合器和自动喷淋灭火系统的水泵接合器，地下汽车库主要是设喷淋用水泵接合器。水泵接合器的主要作用是：一、一旦火场断电，消防泵不能工作时，由消防车向室内消防管道加压，代替固定泵工作；二、万一出现大面积火灾，利用消防车抽吸室外管道或水池的水，补充室内消防用水量。增加这种设备投资不大，但对扑灭汽车库火灾却很有利，具体要求是按照《建筑设计防火规范》的有关规定制定的。目前国内公安消防队配备的车辆供水能力完全可以直接扑救四层以下多层汽车库的火灾。因此，规定四层以下汽车库可不设消防水泵接合器。

7.1.13 室内消防给水，有时由于市政管网压力和水量不足，需要设置加压设施，并在车库屋顶上设置消防水箱，储存一部分消防用水，作为扑救初期火灾使用。按照《建筑设计防火规范》的规定，汽车库屋顶消防水箱的容量确定为能储存10 min的消防用水量，因为城市的消防队一般能在10 min内到达起火点扑救火灾。并且考虑到水箱容量太大，在建筑设计中有时处理比较困难，但若太小又势必影响初期火灾的扑救，因此本条对水箱容积作了必要的规定。

7.1.14 为及时启动消防水泵，在水箱内的消防用水尚未用完以前，消防水泵应正常运行。故本条规定在汽车库、修车库内的每个消火栓处均应设置启动消防水泵的按钮，以便迅速远距离启动。为防止小孩等玩弄或误启动，要求按钮应有保护设施，一般可放在消火栓箱内或带有玻璃的壁龛内。

7.1.15 在缺少市政给水管网和其他天然水源的情况下，车库可采用消防水池作为消防水源。水池的容量与一次灭火的时间有关，在调查的15次汽车库重大火灾中，绝大部分灭火时间都是在2 h。本条规定消防水池的容量为2 h之内，与《建筑设计防火规范》的规定和实际灭火需要是相符的。

保护半径规定为150 m，是根据我国目前普遍装备的消防泵浦车的供水能力而定的。补水时间也是参照《建筑设计防火规范》的规定而定的。

为了减少消防水池的容量，节省投资造价，在不影响消防供水的情况下，水池的容量可以考虑减去火灾延续时间内补充的水量。

7.1.16 消防水池贮水可供固定消防水泵或供消防车水泵取用，为便于消防车取水灭火，消防水池应设取水口或取水井，取水口或取水井的尺寸应满足吸水管的布置、安装、检修和水泵正常工作的要求，为使消防车消防水泵能吸上水，消防水池的水深，应保证水泵的吸水高度不超过6 m。

消防水池有独立设置或与其他共用水池，当共用时，为保证消防用水量，消防水池内的消防用水在平时应不作它用，因此，消防用水与其他用水合用的消防水池应采取措施，防止消防用水移作它用，一般可采用下列办法：

1. 其他用水的出水管置于共用水池的消防最高水位上；
2. 消防用水和其他用水在共用水池隔开，分别设置出水管；
3. 其他用水出水管采用虹吸管形式，在消防最高水位处留进气孔。

寒冷地区的消防水池应有防冻措施，如在水池上覆土保温，人孔和取水口设双层保温井盖等。

7.2 自动喷水灭火系统

7.2.1 本条规定，Ⅰ、Ⅱ、Ⅲ类汽车库、机械式立体汽车库、复式汽车库和超过10辆的Ⅳ类地下汽车库均要设置自动喷水灭火设备。这几种类型的汽车库有的规模大，停车数量多，有的没有车行道，车辆进出靠机械传送，有的设在地下一、二层，疏散极为困难。根据调查，目前国内多层汽车库已建成九层（广州），停车数达800余辆；地下汽车库停车规模已达800余辆（北京）；大型公共高层建筑的地下一、二层大部分都设了汽车库，规模也很大，停车200～300辆已很多。这些车库都设置了自动喷水灭火设备，是十分必要的，这是及时扑灭火灾、防止火灾蔓延扩大、减少财产损失的有效措施。国外的汽车库设置自动喷水灭火设备已很普遍，我国近年来建造的大型汽车库都设置了自动喷水灭火设备。本条规定需要安装自动喷水灭火设备的汽车库，主要依据停车规模和汽车库的形式来确定的，这是符合我国国情和实际情况的。

7.2.2 本条规定汽车库的火灾危险等级为中危险级，这是按照我国《自动喷水灭火系统设计规范》中有关规定和要求制定的。在我国《建筑设计防火规范》仓库火灾危险性分类举例中，将汽车库划为丁类，这与中危险级也是相似的。从汽车本身的结构等特点来看，它是一个综合性的甲、丙、丁、戊类的火灾危险性的物品，燃料汽油为甲类（但数量很少），轮胎、坐垫为丙类（数量也不多），车身的金属、塑料材料为丁、戊类。如果将汽车划为甲、丙类火灾危险性，显然是高了，划为戊类则低了，不合理，所以将汽车火灾危险划为丁类和中危险级比较适宜。

7.2.3 水喷淋灭火系统的设计在现行国家标准《自动喷水灭火系统设计规范》中已有具体规定，在设计汽车库、修车库的自动喷水灭火系统时，对喷水强度、作用面积、喷头的工作压力、最大保护面积、最大水平距离等以及自动喷水的用水量都应按《自动喷水灭火系统设计规范》的有关规定执行。除此之外，根据汽车库自身的特点，本条制定了喷头布置的一些特殊要求。绝大多数汽车库的停车位置是固定的，在调查中我们发现绝大部分的汽车库设置的喷头是按照一般常规做法，以面积多少和喷头之间的距离均匀布置，结果汽车停放部位不在喷头的直接保护下部，汽车发生火灾，喷头保护不到，灭火效果差。所以本条规定要将喷头布置在停车位上。机械式立体汽车库、复式汽车库的停车位置既固定又是上、下、左、右、前、后移动的，而且库房很高，所以本条规定了既要有下喷头又要有侧喷头的布置要求，这是保证机械式立体汽车库、复式汽车库自动喷水灭火系统有效灭火所必须做到的。错层式、斜板式的汽车库，由于防火分区较难分隔，停车区与车道之间也难分隔，在防火分区做了一些适当调整处理，但为了保证这些车库的安全，防止火灾的蔓延扩大，在车道、坡道上加设喷头是十分必要的一种补救措施。

7.3 其他固定灭火系统

7.3.1 本条规定了Ⅰ类地下汽车库、Ⅰ类修车库设置固定泡沫灭火系统的要求。本规范在1975年制订时，曾经设想过要制定这一规定，由于当时国内的技术条件不成熟，只提了设置移动式泡沫灭火的条款。现在，国内固定泡沫灭火的技术条件已成熟，上海震旦消防器材厂已从美国引进技术，生产既可以喷射泡沫、又可以喷水的开式固定泡沫喷淋灭火设备，而且已在室内卧式油罐群安装使用。国外设备中也有闭式泡沫喷淋灭火设备，这些设备在一些石油化工企业以及燃油锅炉房等工程中得到应用，反映良好。鉴于上述原因，并适应大型汽车库建设发展的要求，在本次规范修订中增设了固定泡沫灭火设备的条文。

7.3.2 泡沫喷淋的设计在现行国家标准《低倍数泡沫灭火系统设计规范》中已有要求，可以按照执行。对其条文尚未明确要求的可根据泡沫喷淋生产单位的一些技术指标参照执行。

7.3.3 随着灭火系统的发展，高倍数泡沫灭火系统、CO_2气体灭火系统也有国家标准颁布，对机械式立体汽车库，由于是一个无人的封闭空间，采取 CO_2 灭火系统灭火效果很好，国内外不少工程已经采用了。故本条文对这些新技术也作了一些规定，在具体设计时，可按照现行国家标准《高倍数、中倍数泡沫灭火系统设计规范》、《CO_2 灭火系统设计规范》中的有关规定执行。

7.3.4 在一个汽车库内，如果安装了固定泡沫喷淋、高倍数泡沫、CO_2 灭火系统，就可以不装自动喷淋灭火设备，二者选一，都可以用于灭火，泡沫喷淋比自动水喷淋更有效，并且从经济上来说，固定泡沫喷淋与自动喷水灭火设备相比，只是固定泡沫喷淋灭火系统的喷头、泵房价格比较高一些，其他设备价格差不多。

8 采暖通风和排烟

8.1 采暖和通风

8.1.1、8.1.2 在我国北方，为了保持冬季汽车库、修车库的室内温度不影响汽车的发动，不少车库内设置了采暖系统。据调查，有相当一部分汽车库火灾，是由于车库采暖方式不当引起的。如某市某厂的车库，采用火炉采暖，因汽车油箱漏油，室内温度较高，油蒸气挥发较快，与空气混合成一定比例，遇明火引起火灾；又如某大学的砖木结构汽车库与司机休息室毗邻建造，用火炉采暖，司机捅炉子飞出火星遇汽油蒸气引起火灾。

鉴于上述情况，为防止这些事故发生，从消防安全考虑，本条规定在汽车库和甲、乙类物品运输车的车库内，应设置热水、蒸汽或热风等采暖设备，不应用火炉或者其他明火采暖方式，以策安全。

8.1.3 考虑到寒冷地区的车库，不论其规模大小，全部要求蒸汽或热水等采暖，可能会有困难，因此，允许Ⅳ类汽车库和Ⅲ、Ⅳ类修车库可采用火墙采暖，但必须采取相应的安全措施。对容易暴露明火的部位，如炉门、节风门、除灰门，必须设置在车库外，并要求用一定耐火极限的不燃烧体墙与汽车库、修车库隔开。

在汽车库的设计中，往往附有修理车间的工种，在修理汽车中，进行甲、乙类火灾危险性生产还是不少的，如汽车喷漆、充电作业等。在北方寒冷地区冬季都要采暖，火墙的温度较高，如这些车间贴邻火墙布置，有的火墙年久失修，一旦产生裂缝，可燃气体碰到火墙内的明火就会引起燃烧、爆炸，所以本条规定，甲、乙类火灾危险性的生产作业不允许贴近火墙布置。

8.1.4 修车库中，因维修、保养车辆的需要，生产过程中常常会产生一些可燃气体，火灾危险性较大。如乙炔气，修理蓄电池组重新充电时放出的氢气以及喷漆使用的易燃液体等等，这些易燃液体的蒸气和可燃气体与空气混合达到一定浓度时，遇明火就能爆炸。如汽油蒸气爆炸下限为1.2%～1.4%，乙炔气的爆炸下限为2.3%～2.5%，氢气爆炸下限为4.1%，尤以乙炔气和氢气爆炸范围幅度大，其危险性也大。所以，这些工间的排风系统应各自单独设置，不能与其他用途房间的排风系统混设，防止相互影响，其系统的风机应按防爆要求处理，乙炔间的通风要求还应按照《乙炔站设计规范》的规定执行。

8.1.5 汽车库如通风不良，容易积聚油蒸气而引起爆炸，还会使车辆发动机启动时产生一氧化碳，影响库内工作人员的健康。因此，从某种意义上讲，汽车库内有无良好的通风，是预防火灾发生的一个重要条件。

从调查了解到的汽车库现状来看，绝大多数是利用自然通风，这对节约能源和投资都是有利的。地下汽车库和严寒地区的非敞开式汽车库，因受自然通风条件的限制，必须采取机械通风方式。卫生部门要求车库每小时换气次数为6～10次，根据国外资料介绍，一般情况每小时换气6次，足以避免由于油蒸气挥发而引起的火灾或爆炸的危险。因此，如达到卫生标准，消防安全也有了基本保证。

组合建筑内的汽车库和地下汽车库的通风系统应独立设置，不应和其他建筑的通风系统混设。

8.1.6 通风管道是火灾蔓延的重要途径，国内外都有这方面的严重教训。如某手表厂、某饭店等单位，都有因风道为可燃烧材料使火灾蔓延扩大的教训。因此，为堵塞火灾蔓延途径，规定风管应采用不燃烧材料制作。

防火墙、防火隔墙是建筑防火分区的主要手段，它阻止火势蔓延扩大的作用已为无数次火灾实例所证实。所以，防火墙、防火隔墙，除允许开设防火门外，不应在其墙面上开洞留孔，降低其防火作用。因考虑设有机械通风的车库里，风管可能穿越防火墙、防火隔墙，为保证它们应有的防火作用，故规定风管穿越这些墙体时，其四周空隙应用不燃烧材料填实，并在穿过防火墙、防火隔墙处设防火阀。风管的保温材料，同样是十分重要的，为了减少火灾蔓延的途径，同样也规定风管保温材料应采用不燃烧材料或难燃烧材料，并要求在穿过防火墙两侧各2 m范围内的保温材料应采用不燃烧材料。由于地下车库通风排烟困难的特点，如果地下车库的通风、空调系统的风管需保温，保温材料不得使用泡沫塑料等会产生有毒气体的高分子材料。

8.2 排 烟

8.2.1 地下汽车库一旦发生火灾，会产生大量的烟气，而且有些烟气含有一定的毒性，如果不能迅速排出室外，极易造成人员伤亡事故，也给消防员进入地下扑救带来困难。根据国内20多座地下汽车库的调查，一些规模较大的汽车库，都设有独立的排烟系统，而一些中、小型汽车库，一般均与地下车库内的通风系统组合设置。平时作为排风排气使用，一旦发生火灾时，转换为排烟使用。当采用排烟、排风组合系统时，其风机应采用离心风机或耐高温的轴流风机，确保风机能在280℃时连续工作30 min，并具有在超过280℃时风机能自行停止的技术措施。排风风管的材料应为不燃烧材料制作。由于排气口要求设置在建筑的下部，而排烟口应设置在上部，因此各自的风口应上、下分开设置，确保火灾时能及时进行排烟。

8.2.2 本条规定了防烟分区的建筑面积。防烟分区太小，增设了平面内的排烟系统的数量，不易控制；防烟分区面积太大，风机增大，风管加宽，不利于设计。规范修订组召集了上海市华东建筑设计院、上海市建筑设计院的部分专家进行了研讨，结合具体工程，按层高为3 m，换气次数为6次/h·m^3计算，2000 m^2的排烟量3.6万m^3，是比较合适的，符合实际情况。

8.2.3 地下汽车库发生火灾时产生的烟气，开始绝大多数积聚在车库的上部，将排烟口设在车库的顶棚上或靠近顶棚的墙面上，排烟效果更好，排烟口与防烟分区最远地点的距离是关系到排烟效果好坏的重要问题，排烟口与最远排烟地点太远了，就会直接影响排烟速度，太近了要多设排烟管道，不经济。

8.2.4 地下汽车库汽车发生火灾，可燃物较少，发烟量不大，且人员较少，基本无人停留，设置排烟系统，其目的一方面是为了人员疏散，另一方面便于扑救火灾。鉴于地下车库的特点，经专家们研讨，认为 6 次/h 的换气次数的排烟量是基本符合汽车库火灾的实际情况和需要的。参照了美国 NFPA88A 有关规定，其要求汽车库的排烟量也是 6 次/h，因此规范修订组将风机的排烟量定量为 6 次/h。

8.2.5 据测试，一般可燃物发生燃烧时火场中心温度高达 800～1000 ℃。火灾现场的烟气温度也是很高的，特别是地下汽车库火灾时产生的高温散发条件较差，温度比地上建筑要高，排烟风机能否在较高气温下正常工作，是直接关系到火场排烟很重要的技术问题。排烟风机一般设在屋顶上或机房内，与排烟地点有相当一段距离，烟气经过一段时间方能扩散到风机，温度要比火场中心温度低很多。据国外有关资料介绍，排烟风机能在 280℃时连续工作 30 min，就能满足要求，本条的规定，与《高层民用建筑设计防火规范》、《人民防空工程设计防火规范》的有关规定是一致的。

排烟风机、排烟防火阀、排烟管道、排烟口，是一个排烟系统的主要组成部分，它们缺一不可，排烟防火阀关闭后，光是排烟风机启动也不能排烟，并可能造成设备损坏。所以，它们之间一定要做到相互联锁，目前国内的技术已经完全做到了，而且都能做到自动和手动两用。

此外，还要求排烟口平时宜处于关闭状态，发生火灾时做到自动和手动都能打开。目前，国内多数是采用自动和手动控制的，并与消防控制中心联动起来，一旦遇有火警需要排烟时，由控制中心指令打开排烟阀或排烟风机进行排烟。因此凡设置消防控制室的车库排烟系统应用联动控制的排烟口或排烟风机。

8.2.6 本条规定了排烟管道内最大允许风速的数据，金属管道内壁比较光滑，风速允许大一些。混凝土等非金属管道内壁比较粗糙，风速要求小一些，内壁光滑、风速阻力要小，内壁粗糙阻力要大一些，在风机、排烟口等相同条件下，阻力越大，排烟效果越差，阻力越小，排烟效果越好。这些数据的规定，都是与《高层民用建筑设计防火规范》的有关规定相一致的。

8.2.7 根据空气流动的原理，需要排除某一区域的空气，同时也需要有另一部分的空气补充。地下车库由于防火分区的防火墙分隔和楼层的楼板分隔，使有的防火分区内无直接通向室外的汽车疏散出口，也就无自然进风条件，对这些区域，因是周边处于封闭的条件，如排烟时没有同时进行补风，烟是排不出去的。因此，本条规定应在这些区域内的防烟分区增设进风系统，进风量不宜小于排烟量的 50%，在设计中，应尽量做到送风口在下，排烟口在上，这样能使火灾发生时产生的浓烟和热气顺利排除。

9 电 气

9.0.1 消防水泵、火灾自动报警、自动灭火、排烟设备、火灾应急照明、疏散指示标志等都是火灾时的主要消防设施。为了确保其用电可靠性，根据汽车库的类别分别作一级、二级负荷供电的规定，采用一级、二级负荷供电与《建筑设计防火规范》和《高层民用建筑设计防火规范》的规定相一致。但有的地区受供电条件的限制不能做到时，应自备柴油发电机来确保消防用电。

机械停车设备需要电源操作控制，一旦停电、断电，停车架上的车辆无法进出，平时会影响车辆的使用，发生火灾时车辆无法疏散。一些停车数量较少的汽车库采用升降梯作车辆的疏散出口，当采用电梯时，一旦断电会影响车辆的疏散，因此应有可靠的供电电源。本条对上述设备用电作了较严格的规定。

9.0.2 本条规定主要是为了保证在火灾时能立即用得上备用电源，使扑救火灾工作迅速进行，使其在一定时间内不被火灾烧毁，保证安全疏散和灭火工作的顺利进行。

9.0.3 本条对配电线路的敷设作了必要的规定。据调查，目前国内许多建筑设计结合我国国情，消防用电设备线路多数采用普通电缆电线穿在金属管内并埋设在不燃烧结构内，这是一种比较经济、安全可靠的敷设方法。根据火灾实践，采用防火电缆并敷设在耐火极限不小于1.00 h的防火线槽内也能满足防火要求。

9.0.4 地下汽车库的环境条件较差，无自然采光，或虽有自然采光，但光线暗弱，多层以及高层汽车库因为停放车辆多，占地面积大，一般工作照明线路在发生火灾时要切断，为了保证库内人员、车辆的安全疏散和扑救火灾的顺利进行，需要设置火灾应急照明和安全疏散指示标志。

火灾应急照明、疏散指示标志如采用蓄电池作为电源时，为满足一定疏散时间的要求，规定连续供电时间不应少于20 min。

9.0.5 本条对火灾应急照明灯和疏散指示标志分别作了规定。本条规定的火灾应急照明灯的照度是参照《工业企业照明设计规范》有关规定提出的。该规范规定，供人员疏散的事故照明，主要通道照度不应低于0.5 lx。

为防止被积聚在天花板下的烟雾遮住疏散指示标志的照度，对疏散指示灯设置位置规定为距地面1 m以下的高度。并根据调查，驾驶员坐在驾驶室的位置时，指示标志的高度应与人眼差不多等高，不致被汽车遮挡。20 m范围内的疏散指示标志是容易被驾驶员辨识的，所以本条规定，指示标志的间距20 m是合适的。

9.0.6 危险场所的电气设备，现行国家标准《爆炸和危险环境电力装置设计规范》已有明确的要求，同样也适用于汽车库的危险场所，所以本条不另作规定。

9.0.7 根据对国内14个城市汽车库进行的调查，目前较大型的汽车库都安装了火灾自动报警设施。但由于汽车库内通风不良，又受车辆尾气的影响，不少安装了烟感报警的设备经常发生故障。因此，在汽车库安装何种自动报警设备应根据汽车库的通风条件而定。在通风条件较好的车库内可采用烟感报警设施，一般的汽车库内可采用温感报警设施。但鉴于汽车库火灾危险性的实际情况，本次修改时对安装火灾自动报警设施作了适当调整的规定，这样规定确保了重点，又节省了建设投资，是符合我国国情的。

9.0.8 火灾自动报警系统的设计，现行国家标准《火灾自动报警系统设计规范》已有明确的规定，同样也适用于汽车库的设计，所以本条不另作规定。

CO_2灭火系统、泡沫灭火系统、防火卷帘、排烟系统的动作都必须有探测联动装置，故设置这些设备时，报警系统的探头应与它们联动。

9.0.9 设置火灾报警和自动灭火装置的汽车库，都是规模较大的汽车库，为了确保火灾报警和灭火设施的正常运行，应设置消防控制室，并有专人值班管理。由于汽车库内工作管理人员较少，如设置独立的消防控制室并由专人值班有困难时，可与车库内的设备控制室、值班室组合设置，控制室、值班室的值班人员可兼作消防控制的值班，这样可减少车库的工作人员。

中华人民共和国国家标准

自动喷水灭火系统设计规范

GBJ 84—85

主编部门：中华人民共和国公安部

批准部门：中华人民共和国国家计划委员会

施行日期：1986年7月1日

关于发布《自动喷水灭火系统设计规范》的通知

计标[1985] 2033号

根据国家计委计标发[1984]10号文的通知要求，由公安部负责主编的《自动喷水灭火系统设计规范》，已经有关部门会审。现批准《自动喷水灭火系统设计规范》GBJ84—85为国家标准，自1986年7月1日起施行。

本规范由公安部管理，其具体解释等工作由公安部四川消防科学研究所负责。

国家计划委员会

1985年12月6日

编制说明

本规范是根据国家计委计标发[1984]10号文的通知，由四川省公安厅会同北京市建筑设计院、城乡建设环境保护部建筑设计院、中国建筑西南设计院、四川省建筑勘测设计院以及公安部四川、天津消防科研所等七个单位派员组成的编制组共同编制的。

本规范共分七章和三个附录，其内容包括总则，建筑物、构筑物危险等级和自动喷水灭火系统设计数据的基本规定，消防给水，喷头布置，系统组件，系统类型和水力计算等。

在编制过程中，我们遵照国家基本建设的有关方针、政策和“预防为主，防消结合”的消防工作方针，进行了调查研究，总结了自动喷水灭火系统设计的实践经验，吸取了有关科研成果，参考了英、美、日、联邦德国、苏联等国家的自动喷水灭火系统设计、安装标准和资料，并征求了有关省、自治区、直辖市和一些部、委所属设计、科研、高等院校以及公安消防等单位的意见，反复讨论修改，最后会同有关部门审查定稿。

各单位在施行过程中，请结合工程实践，注意总结经验，积累资料，如发现需要修改和补充之处，请将有关资料和意见寄公安部四川消防科学研究所（四川省灌县），以便今后进一步修订。

公安部

1985年11日

第一章 总 则

第 1.0.1 条 为了保卫社会主义建设和公民生命财产的安全，贯彻“预防为主，防消结合”的方针，合理设计自动喷水灭火系统，减少火灾危害，特制定本规范。

第 1.0.2 条 自动喷水灭火系统设计，应根据建筑物、构筑物的功能，火灾危险性以及当地气候条件等特点，合理选择喷水灭火系统类型，做到保障安全、经济合理、技术先进。

第 1.0.3 条 本规范适用于建筑物、构筑物中设置的自动喷水灭火系统。

本规范不适用于火药、炸药、弹药、火工品工厂等有特殊要求的建筑物、构筑物中设置的自动喷水灭火系统。

第 1.0.4 条 自动喷水灭火系统的设计，除执行本规范的规定外，尚应符合国家现行的有关设计标准和规范的要求。

第二章　建筑物、构筑物危险等级和自动喷水灭火系统设计数据的基本规定

第 2.0.1 条　设有自动喷水灭火系统的建筑物、构筑物，其危险等级应根据火灾危险性大小、可燃物数量、单位时间内放出的热量、火灾蔓延速度以及扑救难易程度等因素，划分以下三级：

一、严重危险级：火灾危险性大，可燃物多、发热量大、燃烧猛烈和蔓延迅速的建筑物、构筑物；

二、中危险级：火灾危险性较大，可燃物较多、发热量中等、火灾初期不会引起迅速燃烧的建筑物、构筑物；

三、轻危险级：火灾危险性较小，可燃物量少、发热量较小的建筑物、构筑物。

三种自动喷水灭火系统设计的基本数据　　表 2.0.2

建、构筑物的危险等级 \ 项目		设计喷水强度（升/分·米²）	作用面积（米²）	喷头工作压力（帕斯卡）
严重危险级	生产建筑物	10.0	300	9.8×10^4
	储存建筑物	15.0	300	9.8×10^4
中危险级		6.0	200	9.8×10^4
轻危险级		3.0	180	9.8×10^4

注：最不利点处喷头最低工作压力均不应小于 4.9×10^4 帕斯卡（0.5公斤/厘米²）。

危险等级举例见附录二。

第 2.0.2 条　各危险等级的建筑物、构筑物其自动喷水灭火系统的设计喷水强度、作用面积和喷头工作压力等应符合下列规定：

湿式喷水灭火系统、干式喷水灭火系统和预作用喷水灭火系统设计的基本数据不应小于表2.0.2的规定。

第 2.0.3 条　水幕系统的用水量，宜符合下列要求：

一、当水幕作为保护作用或配合防火幕和防火卷帘进行防火隔断时，其用水量不应小于0.5升/秒·米；

二、舞台口、面积超过 3 平方米的洞口以及防火水幕带的水幕用水量不宜小于2升/秒·米。

第三章 消防给水

第一节 一般规定

第 3.1.1 条 自动喷水灭火系统的用水，可由室外给水管网、消防水池或天然水源供给。当利用天然水源时，应确保枯水期最低水位的消防用水量。当采用河、塘等地表水做水源时，应采取防止杂质堵塞系统的措施。

第 3.1.2 条 自动喷水灭火系统应采取防止因冻结而中断供水的措施。

第 3.1.3 条 自动喷水灭火系统应设置水泵接合器，其数量应根据自动喷水灭火系统用水量确定，但不宜少于两个。每个水泵接合器的流量宜按10～15升/秒计算。

水泵接合器应设在便于同消防车连接的地点，其周围15～40米内应设室外消火栓或消防水池。

第二节 消防水池和消防水箱

第 3.2.1 条 装有自动喷水灭火系统的建筑物、构筑物，有下列情况之一时应设消防水池：

一、室外给水管道和天然水源不能满足消防用水量；

二、室外给水管道为枝状或只有一条进水管道。

第 3.2.2 条 自动喷水灭火系统的消防水池容量应按火灾延续时间不小于1小时计算，但在发生火灾时能保证水源连续补水的条件下，水池容量可减去火灾延续时间内连续补充的水量。

当消防用水与其它用水合用水池或水箱时，应采取确保消防用水的技术措施。

第 3.2.3 条 自动喷水灭火系统采用临时高压给水系统时，应设消防水箱，其容量应按10分钟室内消防用水量计算，但可不大于18立方米。

第 3.2.4 条 自动喷水灭火系统有下列情况之一时，可不设消防水箱：

一、水源能保证系统的水量和水压要求；

二、轻危险级和中危险级的建筑物、构筑物中设有稳压水泵或气压给水装置。

第四章　喷　头　布　置

第一节　一　般　规　定

第 4.1.1 条　各危险等级建筑物、构筑物的自动喷水灭火系统，每只标准喷头的保护面积、喷头间距，以及喷头与墙、柱面的间距，应符合表4.1.1的规定。

标准喷头的保护面积和间距　　表 4.1.1

建、构筑物危险等级分类		每只喷头最大保护面积（米²）	喷头最大水平间距（米）	喷头与墙、柱面最大间距（米）
严重危险级	生产建筑物	8.0	2.8	1.4
	储存建筑物	5.4	2.3	1.1
中危险级		12.5	3.6	1.8
轻危险级		21.0	4.6	2.3

第 4.1.2 条　喷头溅水盘与吊顶、楼板、屋面板的距离，不宜小于7.5厘米，并不宜大于15厘米，当楼板、屋面板为耐火极限等于或大于0.50小时的非燃烧体时，其距离不宜大于30厘米。

注：吊顶型喷头可不受上述距离的限制。

第 4.1.3 条　布置在有坡度的屋面板、吊顶下面的喷头应垂直于斜面，其间距按水平投影计算。

当屋面板坡度大于1:3并且在距屋脊75厘米范围内无喷头时，应在屋脊处增设一排喷头。

第 4.1.4 条　喷头溅水盘布置在梁侧附近时，喷头与梁边的距离，应按不影响喷洒面积的要求确定。

第 4.1.5 条　在门窗洞口处设置喷头时，喷头距洞口上表面的距离不应大于15厘米；距墙面的距离不宜小于7.5厘米，并不宜大于15厘米。

第二节　仓库的喷头布置

第 4.2.1 条　喷头溅水盘与其下方被保护物的垂直距离，应符合下列要求：

一、距可燃物品的堆垛，不应小于90厘米；

二、距难燃物品的堆垛，不应小于45厘米。

第 4.2.2 条　在可燃物品或难燃物品堆垛之间应设一排喷头，且堆垛边与喷头的垂线水平距离不应小于30厘米。

第 4.2.3 条　高架仓库的喷头布置除应符合本规范第4.2.1条和第4.2.2条的要求外，尚应符合下列要求：

一、设置在屋面板下的喷头，间距不应大于 2 米；

二、货架内应分层布置喷头。分层布置喷头的垂直高度，当储存可燃物品时，不应大于 4 米；当储存难燃物品时，不应大于 6 米；

三、分层板上如有孔洞、缝隙，应在该处喷头上方设置集热板。

第三节　舞台、闷顶等部位的喷头布置

第 4.3.1 条　舞台的喷头布置应符合下列要求：

一、舞台的葡萄棚下部，宜布置雨淋喷水灭火系统；

二、葡萄棚以上如为金属承重构件时，应在屋面板下面

布置闭式喷头；

三、舞台口和舞台与侧台、后台的隔墙上的洞口处，应设水幕系统。

第 4.3.2 条 室内净空高度超过 8 米的大空间建筑物，在其顶板或吊顶下可不设喷头。

第 4.3.3 条 装有自动喷水灭火系统的建筑物，其吊顶至楼板或屋面板的净距大于80厘米的闷顶和技术夹层，当其内有可燃物或装设电缆、电线时，应在闷顶或技术夹层内设置喷头。

第 4.3.4 条 在自动扶梯、螺旋梯穿过楼板的部位，应设置喷头或采用水幕分隔。

第 4.3.5 条 装有自动喷水灭火系统的建筑物、构筑物，与其相连的下列部位应布置喷头：

一、存放、装卸可燃物品的货棚；

二、运送可燃物品的通廊。

第 4.3.6 条 装有自动喷水灭火系统的建筑物、构筑物内，有下列情况的部位应布置喷头：

一、宽度大于80厘米的挑廊下面；

二、宽度大于80厘米的矩形风道或直径大于 1 米的圆形风道下面。

第四节 边墙型喷头布置

第 4.4.1 条 在吊顶、屋面板、楼板下安装边墙型喷头时，其两侧 1 米范围内和墙面垂直方向 2 米范围内，均不应设有障碍物。

第 4.4.2 条 喷头距吊顶、楼板、屋面板的距离，不应小于10厘米，并不应大于15厘米，距边墙的距离不应小于5厘米，并不应大于10厘米。

第 4.4.3 条 沿墙布置喷头时，其保护面积和间距应符合表4.4.3的规定。

边墙型喷头的保护面积和间距　　表 4.4.3

建、构筑物危险等级	每个喷头最大保护面积（米²）	喷头最大间距（米）
中危险级	8	3.6
轻危险级	14	4.6

注：喷头与端墙的距离，应为本表规定间距的一半。

第 4.4.4 条 边墙型喷头的布置，应符合下列要求：

一、宽度不大于3.6米的房间，可沿房间长向布置一排喷头；

二、宽度介于3.6米至7.2米的房间，应沿房间长向的两侧各布置一排边墙型喷头，宽度大于7.2米的房间，除两侧各布置一排边墙型喷头外，还应按本规范表4.1.1的规定在房间中间布置标准喷头。

第五章　系　统　组　件

第一节　喷　　头

第5.1.1条　在不同的环境温度场所内设置喷头时，喷头公称动作温度宜比环境最高温度高30°C。

第5.1.2条　建筑物、构筑物设有自动喷水灭火系统时，应库存备用喷头，其数量不应少于总安装个数的1%，且每种类型和不同温标的备用喷头数均不应少于10个。

第5.1.3条　在有腐蚀气体的环境场所内设置喷头时，应进行防腐处理，并应采取不影响喷头感温元件功能的措施。

第5.1.4条　每个喷头出水量应按下式计算。

$$q = K\sqrt{\frac{P}{9.8 \times 10^4}} \quad (5\text{-}1\text{-}4)$$

式中　q——喷头出水量（升/分）；

P——喷头工作压力（帕斯卡）；

K——喷头流量特性系数。

注：当喷头公称直径为15毫米，$K = 80$

第二节　阀门与检验、报警装置

第5.2.1条　每个自动喷水灭火系统应设有报警阀、控制阀、水力警铃、系统检验装置和压力表。控制阀应设有启闭指示装置。

自动喷水灭火系统，宜设水流指示器、安全信号阀、压力开关等辅助电动报警装置。

第5.2.2条　报警阀宜设在明显地点，且便于操作，距地面高度宜为1.2米。报警阀处的地面应有排水措施。

第5.2.3条　水力警铃宜装在报警阀附近，其与报警阀的连接管道应采用镀锌钢管，长度小于或等于6米时，管径为15毫米；长度大于6米时，管径为20毫米，但最大长度不应大于20米。水力警铃的启动压力不应小于4.9×10^4帕斯卡（0.5公斤/厘米^2）。

第5.2.4条　采用闭式喷头的自动喷水灭火系统应设有延迟器等防止误报警的装置。

第5.2.5条　采用闭式喷头的自动喷水灭火系统的每个报警阀控制喷头数不宜超过下列规定：

一、湿式和预作用喷水灭火系统为800个；

二、有排气装置的干式喷水灭火系统为500个；无排气装置的干式喷水灭火系统为250个。

第三节　监　测　装　置

第5.3.1条　对自动喷水灭火系统的下列工作状态宜能监测：

一、系统的控制阀开启状态；

二、消防水泵电源供应和工作情况；

三、水池、水箱的水位；

四、干式喷水灭火系统的最高和最低气压；

五、预作用喷水灭火系统的最低气压；

六、报警阀、水流指示器和安全信号阀的动作情况。

第5.3.2条　设有消防控制室的建筑物、构筑物，其监测装置信号宜集中控制。

自动监测装置，应设有备用电源。

第四节 管 道

第5.4.1条 自动喷水灭火系统报警阀后的管道上不应设置其他用水设施，并应采用镀锌钢管或镀锌无缝钢管。

第5.4.2条 每根配水支管或配水管的直径不应小于25毫米。

第5.4.3条 每侧、每根配水支管设置的喷头数应符合下列要求：

一、轻危险级、中危险级建筑物、构筑物均不应多于8个。当同一配水支管在吊顶上下布置喷头时，其上下侧的喷头数各不多于8个；

二、严重危险级建筑物、构筑物不应多于6个。

第5.4.4条 自动喷水灭火系统应设泄水装置。

第5.4.5条 自动喷水灭火系统管网内的工作压力不应大于117.7×10^4帕斯卡（12公斤/厘米^2）。

第六章 系 统 类 型

第一节 湿式喷水灭火系统

第6.1.1条 室内温度不低于4℃且不高于70℃的建筑物、构筑物，宜采用湿式喷水灭火系统。

第6.1.2条 湿式喷水灭火系统的喷头在易被碰撞或损坏的场所应向上布置。

第二节 干式喷水灭火系统

第6.2.1条 室内温度低于4℃或高于70℃的建筑物、构筑物，宜采用干式喷水灭火系统。

第6.2.2条 干式喷水灭火系统的喷头应向上布置（干式悬吊型喷头除外）。

第6.2.3条 干式喷水灭火系统管网容积不宜超过1500升，当设有排气装置时，不宜超过3000升。

第三节 预作用喷水灭火系统

第6.3.1条 不允许有水渍损失的建筑物、构筑物，宜采用预作用喷水灭火系统。

第6.3.2条 预作用喷水灭火系统应符合下列要求：

一、在同一保护区域内应设置相应的火灾探测装置；

二、在预作用阀门之后的管道内充有压力气体时，宜先注入少量清水封闭阀口，再充入压缩空气或氮气，其气压不宜大于2.9×10^4帕斯卡（0.3公斤/厘米^2）；

三、发生火灾时，探测器的动作应先于喷头的动作；

四、当火灾探测系统发生故障时，应采取保证自动喷水灭火系统正常工作的措施；

五、系统应设有手动操作装置。

第6.3.3条 预作用喷水灭火系统管线的充水时间不宜大于3分钟。

第四节 雨淋喷水灭火系统

第6.4.1条 严重危险级的建筑物、构筑物，宜采用雨淋喷水灭火系统。

第6.4.2条 雨淋喷水灭火系统应符合下列要求：

一、在同一保护区域内应设置相应的火灾探测装置；

二、喷水区域边界的喷头布置应能有效地扑灭分界区的火灾；

三、当设置易熔锁封装置时，应设在两排喷头中间，且距吊顶的距离不应大于40厘米。

第6.4.3条 雨淋喷水灭火系统可设自动或手动开启雨淋阀的装置；但采用自动开启雨淋阀装置时，应同时设有手动开启装置。

自动开启雨淋阀装置，可采用下列传动设备：

一、带易熔锁封的钢索绳装置；

二、带闭式喷头的传动管装置，其管径，湿式为25毫米，干式为15毫米。湿式传动管的静水压不应超过雨淋阀前水压的1/4；

三、带火灾探测器的电动控制装置。

第五节 水幕系统

第6.5.1条 需要进行水幕保护或防火隔断的部位，宜设置水幕系统。

第6.5.2条 水幕系统可采用自动或手动开启装置；采用自动开启装置时，应符合本规范第6.4.3条的规定。

第6.5.3条 水幕喷头应均匀布置，并应符合下列要求：

一、水幕作为保护使用时，喷头成单排布置，并喷向被保护对象；

二、舞台口和面积大于3平方米的洞口部位，宜布置双排水幕喷头；

三、每组水幕系统的安装喷头数不宜超过72个；

四、在同一配水支管上应布置相同口径的水幕喷头。

第七章 水 力 计 算

第一节 设计流量和管道水力计算

第7.1.1条 自动喷水灭火系统设计流量计算，宜符合下列规定：

一、自动喷水灭火系统流量宜按最不利位置作用面积喷水强度计算。作用面积宜采用正方形或长方形。当采用长方形布置时，其长边应平行于配水支管，边长宜为作用面积值平方根的1.2倍。

注：①走道内仅布置一排喷头时，计算动作喷头数每层不宜超过5个。

②雨淋喷水灭火系统和水幕系统应按每个设计喷水区域内的全部喷头同时开启喷水计算。

二、对轻危险级和中危险级建筑物、构筑物的自动喷水灭火系统进行水力计算时，应保证作用面积内的平均喷水强度不小于本规范表2.0.2的规定，但其中任意四个喷头组成的保护面积内的平均喷水强度不应大于也不应小于上表规定数值的20%；

三、对严重危险级建筑物、构筑物的自动喷水灭火系统进行水力计算时，应保证作用面积内任意四个喷头的实际保护面积内的平均喷水强度不应小于本规范表2.0.2的规定；

四、自动喷水灭火系统设计秒流量宜按下式计算：

$$Q_S = 1.15 \sim 1.30 Q_L \qquad (7\text{-}1\text{-}1)$$

式中 Q_S——系统设计秒流量（升/秒）；

Q_L——喷水强度与作用面积的乘积（升/秒）。

第7.1.2条 高层建筑物内的自动喷水灭火系统应采用减压孔板或节流管等技术措施。

第7.1.3条 自动喷水灭火系统管道内的水流速度不宜超过5米/秒，但配水支管内的水流速度在个别情况下可不大于10米/秒。

第7.1.4条 自动喷水灭火系统管道单位长度的水头损失按下式计算：

$$i = 0.00107 \frac{v^2}{d_j^{1.3}} \text{（米水柱/米）} \qquad (7\text{-}1\text{-}4)$$

式中 i——管道单位长度的水头损失（米水柱/米）；

v——管道内的平均水流速度（米/秒）；

d_j——管道计算内径（米）。

注：局部水头损失可采用当量管道长度法计算或按管网沿程水头损失值的20%计算。

第7.1.5条 给水管或消防水泵的计算压力按下式计算：

$$H = \Sigma h + h_0 + h_r + z \qquad (7\text{-}1\text{-}5)$$

式中 H——给水管或消防水泵的计算压力（米水柱）；

Σh——自动喷水灭火系统管道沿程水头损失和局部水头损失的总和（米水柱）；

h_0——最不利喷头的工作压力（米水柱）；

h_r——报警阀的局部水头损失（米水柱）；

z——最不利点处喷头与给水管或消防水泵的中心线之间的静水压（米水柱）。

第二节 减压孔板和节流管

第7.2.1条 减压孔板应符合下列要求：

一、应设置在直径不小于50毫米的水平管段上；

二、孔口直径不应小于设置安装管段直径的50%；

三、孔板应安装在水流转弯处下游一侧的直管段上，与弯管的距离不应小于设置管段直径的两倍。

第7.2.2条 节流管内流速不应大于20米/秒。节流管的长度不宜小于1米。节流管的直径宜按表7.2.2的规定选用。

节流管的直径 **表7.2.2**

干管(毫米)	50	70	80	100	125	150	200	250
节流管(毫米)	25	32	40	50	70	80	100	125

附录一 名词解释

名词	说明
作用面积	一次火灾喷水保护的最大面积
湿式喷水灭火系统	由湿式报警装置、闭式喷头和管道等组成。该系统在报警阀的上下管道内均经常充满压力水
干式喷水灭火系统	由干式报警装置、闭式喷头、管道和充气设备等组成。该系统在报警阀的上部管道内充以有压气体
预作用喷水灭火系统	由火灾探测系统、闭式喷头、预作用阀和充以有压或无压气体的管道组成。该系统的管道内平时无水，发生火灾时，管道内给水是通过火灾探测系统控制预作用阀来实现，并设有手动开启阀门装置
雨淋喷水灭火系统	由火灾探测系统、开式喷头、雨淋阀和管道等组成。发生火灾时，管道内给水是通过火灾探测系统控制雨淋阀来实现，并设有手动开启阀门装置
水幕系统	由水幕喷头、管道和控制阀等组成的阻火、隔火喷水系统。该系统宜与防火卷帘或防火幕配合使用，起防火隔断作用，还可单独用来保护建筑物门窗洞口等部位
配水支管	直接安装喷头的管道
配水管	向配水支管供水的管道
配水干管	向配水管供水的主管道
标准喷头	公称直径为15毫米的喷头

附录二　建筑物、构筑物危险等级举例

危险等级	举　例
严重危险级建筑物、构筑物	氯酸钾压碾厂房，生产和使用硝化棉、喷漆棉、火胶棉、赛璐珞胶片、硝化纤维的厂房 硝化棉、喷漆棉、火胶棉、赛璐珞胶片、硝化纤维库房 可燃物品的高架库房、地下库房 液化石油气贮配站的灌瓶间、实瓶库 演播室、电影摄影棚 剧院、会堂、礼堂的舞台葡萄架下部 乒乓球厂的轧坯、切片、磨球、分球、检验部位，赛璐珞制品加工厂等
中危险级建筑物、构筑物	双排停车的地下停车库、多层停车库和底层停车库 一类高层民用建筑的观众厅、营业厅、展览厅、多功能厅、餐厅、厨房以及办公室、走道、每层无服务台的客房和可燃物品库房 录音室和电视塔的塔楼餐厅、了望层、公共用房、无窗厂房、地下建筑 国家级文物保护单位的重点砖木结构或木结构建筑 飞机发动机试验台准备间 设有空气调节系统的旅馆和综合办公楼的走道、办公室、餐厅、商店、库房和每层无服务台的客房 省级邮政楼的信函和包裹分检房、邮袋库,综合商场，百货楼 棉纺厂的开包、清花厂房，麻纺厂的开包、梳麻厂房，服装、针织厂房，木器制作厂房，火柴厂的烤梗和筛选部位，泡沫塑料的预发、成型、切片、压花部位 棉、毛、丝、麻、化纤、毛皮以其制品库房，香烟库房，火柴库房，难燃物品高架库房、多层库房
轻危险级建筑物、构筑物	单排停车的地下停车库、多层停车库和底层停车库 剧院、会堂、礼堂(舞台部分除外)和电影院 医院、疗养院 体育馆、博物馆 旅馆、办公楼、教学楼

注：①未列入本附录的建筑物、构筑物，可比照本附录举例，按本规范第2.0.1条的划分原则确定。

②一类高层民用建筑划分范围按照《高层民用建筑设计防火规范》的有关规定执行。

附录三　本规范用词说明

一、执行本规范条文时，要求严格程度的用词，说明如下，以便在执行中区别对待。

1.表示很严格，非这样作不可的用词：

正面词采用“必须”；

反面词采用“严禁”。

2.表示严格，在正常情况下均应这样作的用词：

正面词采用“应”；

反面词采用“不应”或“不得”。

3.表示允许稍有选择，在条件许可时首先应这样作的用词：

正面词采用“宜”或“可”；

反面词采用“不宜”。

二、本文中必须按规定的标准、规范或其他有关规定执行的写法为“应按现行……执行”或“应符合……要求或规定”。非必须按所指定的标准、规范执行的写法为“可参照……执行”。

附加说明

本规范主编单位，参加单位
和主要起草人名单

主 编 单 位：四川省公安厅

参 加 单 位：北京市建筑设计院

中国建筑西南设计院

城乡建设环境保护部建筑设计院

四川省建筑勘测设计院

公安部四川消防科学研究所

公安部天津消防科学研究所

主要起草人：梁吉陆　郝凤德　陈正昌　朱　江

邬汝明　独国法　吴　华　徐小军

中华人民共和国国家标准

民用爆破器材工厂设计安全规范

Safety code for design of industrial explosive materials manufacturing plants

GB 50089－98

主编部门：中国兵器工业总公司
批准部门：中华人民共和国建设部
施行日期：1998 年 11 月 1 日

关于发布国家标准《民用爆破器材工厂设计安全规范》的通知

建标［1998］53 号

根据建设部建标［1996］4 号文的要求，由中国兵器工业总公司会同有关部门共同修订的《民用爆破器材工厂设计安全规范》，已经有关部门会审。现批准《民用爆破器材工厂设计安全规范》GB50089－98 为强制性国家标准，自 1998 年 11 月 1 日起施行。原《民用爆破器材工厂设计安全规范》GBJ89－85 同时废止。

本规范由中国兵器工业总公司负责管理，具体解释等工作由五洲工程设计研究院（中国兵器工业第五设计研究院）负责，出版发行由建设部标准定额研究所负责组织。

中华人民共和国建设部
1998 年 3 月 24 日

前　言

本规范是根据建设部建标［1996］4 号文的要求，由五洲工程设计研究院（中国兵器工业第五设计研究院）会同有关单位共同修订而成。

在本规范的修订过程中，遵照国家基本建设的有关政策，贯彻“安全第一，预防为主”的方针，针对民爆产品的特点，调查了全国民爆行业工厂设计及安全工作现状，总结了近十余年来工厂设计方面的经验教训和安全科研成果，吸收国外符合我国实际情况的先进安全技术，广泛征求了全国有关单位的意见，最后，由中国兵器工业总公司会同有关部门审查定稿。

本规范就建筑物危险等级、工厂规划、内外距离、工艺、贮运、建筑、消防、废水处理、采暖通风、电气、试验场地等章节进行了全面修订，并新增加了对现场混装炸药车地面制备厂和自动控制的设计规定。

本规范由五洲工程设计研究院（中国兵器工业第五设计研究院）负责解释。本规范在执行过程中如发现需要修改和补充之处，请将意见和有关资料寄送五洲工程设计研究院（北京市 55 号信箱，宣武区西便门内大街 85 号，邮编 100053）。

主编单位：五洲工程设计研究院（中国兵器工业第五设计研究院）

参编单位：北方设计研究院，云南安宁化工厂，云南包装厂，煤炭部沈阳设计研究院，国营秦川机械厂，山东招远 761 厂，山西金恒化工股份有限公司，云南玉溪化工厂，中国兵器工业规划研究院。

主要起草人：杨家福、居慧宝、陈晓文、魏新熙、张利洪、王爱风、王泽溥、刘　烈、华瑞龙、张春风、林怡川。

1　总　　则

1.0.1　为在民用爆破器材工厂设计中，贯彻“安全第一，预防为主”的方针，采用技术手段，保障安全生产，防止发生爆炸和燃烧事故，保护国家和人民的生命财产，减少事故损失，促进生产建设的发展，制订本规范。

1.0.2　本规范适用于民用爆破器材工厂的新建、改建、扩建和技术改造工程。

1.0.3　民用爆破器材工厂的设计除应符合本规范外，尚应符合国家现行的有关强制性标准的规定。

2 术　语

2.0.1 民用爆破器材 industrial explosive materials

用于矿山、工程爆破等的各种民用火药、炸药及其制品和点火、起爆器材。

2.0.2 危险品 hazardous materials

本规范范围内的火药、炸药、起爆器材和列入危险等级的氧化剂的总称。

2.0.3 整体爆炸 mass detonation or explosive of total content。

全部危险品同时发生爆炸。

2.0.4 存药量 explosive quantity

能同时爆炸或燃烧的危险品药量

2.0.5 设计药量 design quantity of explosives

一次可能同时爆炸折合成梯恩梯当量的危险品药量。

2.0.6 抗爆间室 blast resistant chamber

具有承受爆炸破坏作用的间室。当其内部发生爆炸事故时，对相邻间室结构及其内部结构不造成破坏。

2.0.7 抗爆屏院 blast resistant shield yard

当抗爆间室内发生爆炸事故时，为控制经泄压面飞出的飞散物和减小空气冲击波对邻近建筑物的破坏作用而设置的具有一定抗爆能力的结构。

2.0.8 抑爆间室 blast suppression chamber

具有承受爆炸破坏作用的间室。当其内部发生爆炸事故时，爆炸冲击波可通过能控制其泄出强度的墙体泄出间室之外，对相邻间室结构及其内部结构不造成破坏。

2.0.9 钢板防护 protection plate

点火、起爆器材生产中为保护人体不受爆炸燃烧危害，或阻隔传爆而设置的钢板或钢板所建成的小室。

2.0.10 联建 building associations

两个或两个以上工序（厂房）设置在一个建筑物内。

2.0.11 危险性建筑物 hazardous building

生产或贮存危险品的建筑物，包括危险品生产厂房和危险品仓库。

2.0.12 非危险性建筑物 inhazardous building

本规范未列入危险等级的建筑物

2.0.13 辅助用室 supplementary room

根据生产特点、实际需要和使用方便的原则，而需设置的浴室、存衣室、盥洗室、洗衣房等生产卫生用室，休息室、厕所等生活用室及妇女卫生用室。

2.0.14 抗爆门 blast resistant door

设置于抗爆间室墙上的、具有抵抗爆炸空气冲击波整体作用和破片穿透的门。

2.0.15 塑性透光材料 plastic light - passing material

在空气冲击波作用下具有一定塑性，不易破碎或破碎后不致造成人身伤害的透光材料。如塑性玻璃，透明塑料板等。

2.0.16 直接接地 direct - earthing

将金属设备与接地系统直接用导体进行可靠联接。

2.0.17 间接接地 indirect - earthing

将人体、金属设备等通过防静电材料及其制品或通过一定电阻值的电阻与接地系统进行可靠联接。

3 建筑物的危险等级和存药量

3.1 建筑物的危险等级

3.1.1 建筑物的危险等级，应根据建筑物内危险品生产工序的危险等级或危险品仓库危险等级确定。

3.1.2 当建筑物内各生产工序为同一危险等级时，其生产工序的危险等级即为该建筑物的危险等级。

当建筑物内有不同危险等级的生产工序或仓库内贮存有不同危险等级的危险品时，应根据其所含的不同危险等级，按最高者确定该建筑物的危险等级。

3.1.3 建筑物的危险等级应划分为 A、B、D 级。

3.1.4 当建筑物内制造、加工、贮存的危险品具有整体爆炸危险时，该建筑物危险等级应为 A 级。A 级建筑物又可分为 A_1、A_2、A_3 级。

3.1.5 A_1 级建筑物应符合下列规定之一：

1 当建筑物内制造、加工、贮存的危险品发生事故时，其破坏能力大于梯恩梯者。

2 当建筑物内制造、加工、贮存的危险品发生事故时，其破坏能力虽小于梯恩梯，但因其感度较高，易发生事故者。

3.1.6 A_2 级建筑物应符合下列规定之一：

1 当建筑物内制造、加工、贮存的危险品发生事故时，其破坏能力与梯恩梯相当者。

2 建筑物内制造、加工、贮存内装起爆药、炸药，外有有效防护件（雷管外壳、导爆索包缠物）的产品者。

3.1.7 A_3 级建筑物应为建筑物内制造、加工、贮存的危险品发生事故时，其破坏能力小于梯恩梯者。

3.1.8 B 级建筑物应符合下列规定之一：

1 当建筑物内制造、加工的危险品具有整体爆炸危险时，但危险作业是在抗爆间室或钢板防护下进行，且建筑物内总存药量不超过 200kg 者。

2 建筑物内制造、加工的危险品很不敏感，不能用单发 8 号雷管直接引爆者。

3 建筑物内制造、加工的起爆药为湿态，使生产危险性显著降低者。

3.1.9 D 级建筑物应符合下列规定之一：

1 建筑物内制造、加工、贮存的危险品具有燃烧或爆炸危险，但必需在外界强大的引爆条件下才能爆炸者。

2 建筑物内制造、加工、贮存危险品具有燃烧危险，但存药量小者。

3.1.10 危险品生产工序的危险等级应符合表 3.1.10－1 的规定；危险品仓库的危险等级应符合表 3.1.10－2 的规定。

表 3.1.10－1 危险品生产工序的危险等级

危险品分类	危险等级	生产工序名称	技术要求
粉状铵梯炸药，粉状铵梯油炸药	A_2	梯恩梯粉碎，梯恩梯称量	—
	A_3	混药、筛药、凉药、装药、包装	—
	D	硝酸铵粉碎、干燥	—
铵油炸药，铵松蜡炸药，铵沥蜡炸药	A_3	混药、筛药、凉药、装药、包装	—
	B	混药、筛药、凉药、装药、包装	产品无雷管感度，且厂房内存药量不应大于 5t
	D	硝酸铵粉碎、干燥	
多孔粒状铵油炸药	B	混药、包装	产品无雷管感度，且厂房内存药量不应大于 5t

续表 3.1.10－1

危险品分类	危险等级	生产工序名称	技术要求
粒状粘性炸药	B	混药、包装	产品无雷管感度，且厂房内存药量不应大于5t
	D	硝酸铵粉碎、干燥	—
水胶炸药	A_3	硝酸甲胺的制造和浓缩、混药、凉药、装药、包装	—
	D	硝酸铵粉碎、筛选	—
浆状炸药	A_3	熔药、混药、凉药、包装	—
	A_2	梯恩梯粉碎	—
	D	硝酸铵粉碎	—
乳化炸药	A_3	乳化、乳胶基质冷却、乳胶基质贮存 敏化、敏化后的保温（或凉药）、贮存、装药、包装	—
	B	乳化、乳胶基质冷却、乳胶基质贮存	乳胶基质无雷管感度，且厂房内存药量不应大于2t
		乳化、乳胶基质冷却、乳胶基质贮存、敏化、敏化后保温(或凉药)、贮存、装药、包装	乳胶基质和乳化炸药产品无雷管感度，且厂房内存药量不应大于5t
	D	硝酸铵粉碎、硝酸钠粉碎	—
传爆药柱 黑梯药柱	A_1	熔药、装药、凉药、检验、包装	—
传爆药柱 梯恩梯药柱	B	压制	应在抗爆间室内进行
		检验、包装	—

续表 3.1.10－1

危险品分类	危险等级	生产工序名称	技术要求
铵梯黑炸药	A_1	铵梯黑三成份混药、筛选、凉药、装药、包装	—
	A_2	铵梯二成份轮碾机混合	—
太乳炸药	A_2	制片、干燥、检验、包装	—
导火索	A_3	黑火药三成份混药、干燥、凉药、筛选、包装，导火索生产中黑火药准备	—
	D	导火索制索，导火索的盘索、烘干、普检、包装	—
		硝酸钾干燥、粉碎	—
导爆索	A_1	黑索金或太安的筛选、混合、干燥	—
	A_2	导爆索的包塑、涂索、烘索、盘索、普检、组批、包装	—
	B	导爆索制索	应在抗爆间室内进行
		黑索金或太安的筛选、混合、干燥	应在抗爆间室内进行
雷管（包括火雷管、电雷管、导爆管雷管）	A_1	黑索金或太安的造粒、干燥、筛选、包装	—
	A_2	雷管干燥、雷管烘干	—
	B	二硝基重氮酚制造（包括中和、还原、重氮、过滤）	二硝基重氮酚应为湿药
		二硝基重氮酚的干燥、凉药、筛选，黑索金或太安的造粒、干燥、筛选	应在抗爆间室内进行
		火雷管装药、压药	应在抗爆间室内进行

续表 3.1.10－1

危险品分类	危险等级	生产工序名称	技术要求
雷管（包括火雷管、电雷管、导爆管雷管）	B	电雷管和导爆管雷管装配	应在钢板防护下进行
		雷管检验、包装、装箱	雷管检验应在钢板防护下进行
		雷管试验站	—
		引火药剂制造（包括引火药头用的引火药剂和延期药用的引火药）	—
	D	引火药头制造	—
		延期药的混合、造粒、干燥、筛选、装药、延期体制造	—
		二硝基重氮酚废水处理	—
塑料导爆管	B	奥克托金或黑索金的粉碎、干燥、筛选、混合	应在抗爆间室内或钢板防护下进行
		塑料导爆管制造	—
继爆管	A_2	装配、包装	—
射孔器材（包括射孔弹、穿孔弹等）	B	炸药暂存、烘干、称量	应在抗爆间室内或钢板防护下进行
		压药、装配	应在抗爆间室内进行
		包装	应在钢板防护下进行
		射孔弹试验室或试验塔	—
震源药柱 高密度	A_2	炸药准备、熔混药、装药、压药、凉药、装配、检验、装箱	—
震源药柱 中低密度	A_3	炸药准备、震源药柱检验和装箱	—
	B	装药、压药	应在抗爆间室内进行

续表 3.1.10－1

危险品分类	危险等级	生产工序名称	技术要求
震源药柱 中低密度	B	钻孔	应在单独小室内进行
		装传爆药柱	—
震源药柱 低密度	A_3	炸药准备、装药、装传爆药柱、检验、装箱	—
爆裂管	A_2	切索、包装	—
	B	装药	应在抗爆间室内进行
理化试验室	D	黑火药、炸药、起爆药的理化试验室	—
	—	黑火药、炸药、起爆药的理化试验室	药量不大于 300g 时，可为防火甲级

注：1 表中乳化炸药的乳胶基质为乳化炸药制造过程中，氧化剂水溶液和油相材料在乳化剂作用下形成的均匀物质。

2 在雷管制造中所用药剂（单组份药剂或多组份药剂），其作用和起爆药类似者，此类药剂制造工序的危险等级应按照表内二硝基重氮酚确定。

表 3.1.10－2 危险品仓库的危险等级

危险品仓库名称	危险品生产区内的危险品中转库	危险品总仓库区内的危险品仓库
黑索金、太安、奥克托金、黑梯药柱、铵梯黑炸药	A_1	A_1
干或湿的二硝基重氮酚	A_1	—
梯恩梯、苦味酸、雷管（包括火雷管、电雷管、导爆管雷管）、导爆索、梯恩梯药柱、继爆管、爆裂管、太乳炸药、震源药柱（高密度）	A_2	A_2

续表 3.1.10－2

危险品仓库名称	危险品生产区内的危险品中转库	危险品总仓库区内的危险品仓库
粉状铵梯炸药、粉状铵梯油炸药、铵油炸药、铵松蜡炸药、铵沥蜡炸药、多孔粒状铵油炸药、粒状粘性炸药、水胶炸药、浆状炸药、乳化炸药、震源药柱（中、低密度）、黑火药	A_3	A_3
射孔弹	A_3	A_3
延期药	D	—
导火索	D	D
硝酸铵、硝酸钠	D	D
硝酸钾、高氯酸钾	D	—

注：在雷管制造中所用药剂（单组份药剂或多组份药剂），其作用和起爆药类似者，此类药剂制造工序和危险等级应按照表内二硝基重氮酚确定。

3.2 存 药 量

3.2.1 建筑物的存药量应包括建筑物内的生产设备、运输设备、运输工具中能形成同时爆炸的药量和暂存的原料、半成品、成品中能形成同时爆炸的药量。

3.2.2 位于厂房外防护屏障内的危险品，应计算在厂房的存药量内。

3.2.3 当炸药生产厂房内的硝酸铵与炸药存放在同一工作间内时，应计算在该厂房的存药量内，硝酸铵可按其存量的一半计算。当硝酸铵为水溶液时，不应计算在该厂房的存药量内。当炸药生产厂房内的硝酸铵与存有炸药的工作间之间有隔墙相隔，并符合表 3.2.3 要求时，可不计算在该厂房的存药量内。

表 3.2.3 炸药生产厂房内、硝酸铵存放间与炸药的间隔距离及隔墙厚度

厂房内存放的总炸药量（kg）	硝酸铵存放间与炸药的间隔距离（m）	硝酸铵存放间与炸药工作间的隔墙厚度（m）
≤500	2	0.37
＞500 ≤1000	2.5	0.37
＞1000 ≤2000	3	0.37
＞2000 ≤3000	3.5	0.37
＞3000 ≤4000	4	0.49
＞4000 ≤5000	4.5	0.49

注：1 表中硝酸铵存放间与炸药的间隔距离为硝酸铵存放间的隔墙至炸药工作间内最近的炸药存放点的距离。
2 表中隔墙为实心砖墙砌体。
3 硝酸铵存放间与炸药工作间之间不宜有门相通。当生产必需有门相通时，不应在门相通处存放硝酸铵或炸药。

3.2.4 起爆器材的药量应按其产品中各种装填药的总量计算。

3.2.5 有抗爆间室的厂房，其抗爆间室中的药量可不计算在该厂房的存药量内。

3.2.6 当计算抗爆间室结构时，抗爆间室内的存药量应按间室内的全部药量计算。

4 工厂规划和外部距离

4.1 工厂规划

4.1.1 民用爆破器材工厂，应根据生产品种、生产特性、危险程度等因素进行分区规划。工厂一般应设危险品生产区（包括辅助生产部分）、危险品总仓库区、殉爆试验场、销毁场及生活区。

4.1.2 工厂各区的规划，应符合下列要求：

1 根据工厂生产、生活、运输和管理等因素确定各区相互位置。危险品生产区宜设在适中位置，危险品总仓库区和殉爆试验场、销毁场宜设在偏僻地带或边缘地带。

2 当工厂位于山区时，不应将危险品生产区布置在山坡陡峻的狭窄沟谷中。

3 辅助生产部分宜靠近生活区的方向布置。

4 无关的人流和物流不应通过危险品生产区和危险品总仓库区。危险品的运输不宜通过生活区。

4.2 危险品生产区外部距离

4.2.1 危险品生产区内的危险性建筑物与其周围村庄、公路、铁路、城镇和本厂生活区等的外部距离，应分别根据建筑物的危险等级和存药量计算后取其最大值。

外部距离应自危险性建筑物的外墙算起。

4.2.2 危险品生产区内，A 级建筑物的外部距离，不应小于表 4.2.2 的规定。

4.2.3 危险品生产区内，B 级建筑物的外部距离应符合下列规定：

1 生产无雷管感度铵油类炸药、粒状粘性炸药、乳化炸药、乳胶基质等 B 级建筑物其外部距离，应按表 4.2.2 中相应药量的外部距离确定；

2 除 1 款指出者外的 B 级建筑物，其外部距离应按表 4.2.2 中存药量大于 100kg 及小于等于 200kg 对应的外部距离确定。

4.2.4 危险品生产区内，D 级建筑物的外部距离应符合下列规定：

1 硝酸铵仓库的外部距离，不应小于 200m。

2 除 1 款指出者外的 D 级建筑物，其外部距离不应小于 50m。

4.3 危险品总仓库区外部距离

4.3.1 危险品总仓库区与其周围村庄、公路、铁路、城镇和本厂生活区等的外部距离，应分别根据危险品仓库的危险等级和存药量计算后取其最大值。

外部距离应自危险品仓库的外墙算起。

4.3.2 危险品总仓库区 A 级仓库的外部距离，不应小于表 4.3.2 的规定。

4.3.3 危险品总仓库区 D 级仓库的外部距离，不应小于 100m。但硝酸铵仓库的外部距离，不应小于 200m。

表 4.2.2 危险品生产区 A 级建筑物的外部距离（m）

项目 \ 单个建筑物存药量（kg）		>18000 ≤20000	>16000 ≤18000	>14000 ≤16000	>12000 ≤14000	>10000 ≤12000	>9000 ≤10000	>8000 ≤9000	>7000 ≤8000	>6000 ≤7000	>5000 ≤6000	>4000 ≤5000	>3000 ≤4000	>2000 ≤3000	>1000 ≤2000	>500 ≤1000	>300 ≤500	>200 ≤300	>100 ≤200	≤100
本厂生活区建筑物边缘，村庄边缘，铁路车站边缘，35、110kV 区域变电站的围墙和小型工厂企业的围墙		580	560	540	520	490	460	450	430	410	390	370	340	310	280	250	220	200	180	140
本厂危险品总仓库建筑物边缘，零散住户边缘（一般≤10 户或≤50 人）		380	360	350	340	320	300	290	280	270	260	250	240	230	210	180	160	150	140	130
三级、四级公路，通航汽轮的河流航道，非本厂的铁路专用线		260	250	240	230	220	210	200	190	180	170	160	150	140	120	100	80	70	60	50
高压输电线路	220kV 及以上输电线路以及其区域变电站的围墙	880	860	830	800	750	700	680	660	630	600	560	520	480	420	330	270	250	230	200
	110kV 输电线路	380	360	350	340	320	300	290	280	270	260	240	220	200	180	140	110	100	90	80
	35kV 输电线路	205	195	190	180	170	160	155	150	145	135	130	120	110	95	80	60	55	50	45
国家铁路，二级及二级以上公路		440	420	410	390	370	350	340	320	310	290	280	260	230	200	160	130	110	100	90
人口≤10 万人的城镇规划边缘及大、中型工厂企业的围墙		1040	1010	970	940	880	830	810	770	740	700	670	610	560	490	390	310	300	290	280
人口＞10 万人的城市规划边缘		2030	1960	1890	1820	1720	1610	1580	1510	1440	1370	1300	1190	1090	950	750	600	500	400	300

注：本表中的距离适用于平坦地形。当危险性建筑物紧靠山脚布置，山高为 20～30m，坡度为 15°～20°时，该危险性建筑物与山背后建筑物的距离，可按表中距离减少 25%～30%。

表 4.3.2　危险品总仓库区A级仓库的外部距离（m）

项目 \ 单个建筑物存药量（kg）		>180000 ≤200000	>160000 ≤180000	>140000 ≤160000	>120000 ≤140000	>100000 ≤120000	>90000 ≤100000	>80000 ≤90000	>70000 ≤80000	>60000 ≤70000	>50000 ≤60000	>45000 ≤50000	>40000 ≤45000	>35000 ≤40000	>30000 ≤35000
本厂生活区建筑物边缘，村庄边缘，铁路车站边缘，35、110kV区域变电站的围墙和小型工厂企业的围墙		1110	1070	1030	980	930	880	850	820	780	740	700	670	650	620
本厂危险品生产区建筑物边缘，零散住户边缘（一般≤10户或≤50人）		720	700	670	640	610	570	550	530	510	480	460	440	420	400
三级、四级公路，通航汽轮的河流航道，非本厂的铁路专用线		500	490	470	450	420	400	390	370	360	340	320	310	300	280
高压输电线路	220kV及以上输电线路以及其区域变电站的围墙	1900	1860	1800	1710	1600	1510	1480	1420	1360	1300	1200	1170	1110	1080
	110kV输电线路	720	700	670	640	610	570	550	530	510	480	460	440	420	400
	35kV输电线路	390	380	360	340	330	310	300	290	270	260	250	240	230	220
国家铁路，二级及二级以上公路		830	800	770	740	700	660	640	620	590	560	530	500	490	470
人口≤10万人的城镇规划边缘及大、中型工厂企业的围墙		2000	1930	1850	1760	1680	1580	1530	1480	1400	1330	1260	1210	1170	1120
人口>10万人的城市规划边缘		3890	3750	3610	3430	3260	3080	2980	2870	2730	2590	2450	2350	2280	2170

续表4.3.2

项目 \ 单个建筑物存药量(kg)		>25000 ≤30000	>20000 ≤25000	>18000 ≤20000	>16000 ≤18000	>14000 ≤16000	>12000 ≤14000	>10000 ≤12000	>9000 ≤10000	>8000 ≤9000	>7000 ≤8000	>6000 ≤7000	>5000 ≤6000	>2000 ≤5000	>1000 ≤2000	≤1000
本厂生活区建筑物边缘，村庄边缘，铁路车站边缘，35、110kV区域变电站的围墙和小型工厂企业的围墙		590	550	520	500	480	460	430	410	400	380	360	350	330	250	220
本厂危险品生产区建筑物边缘，零散住户边缘（一般≤10户或≤50人）		380	360	340	330	310	300	280	270	260	250	240	230	220	200	180
三级、四级公路，通航汽轮的河流航道，非本厂的铁路专用线		270	250	240	230	220	210	200	190	180	170	160	150	140	110	100
高压输电线路	220kV及以上输电线路以及其区域变电站的围墙	1010	960	880	860	830	800	750	700	680	660	640	620	590	430	380
	110kV输电线路	380	360	340	330	310	300	280	270	260	250	240	230	220	160	140
	35kV输电线路	210	190	180	175	170	160	150	145	140	135	130	120	115	100	90
国家铁路，二级及二级以上公路		440	410	390	380	360	350	320	310	300	290	270	260	250	180	170
人口≤10万人的城镇规划边缘及大、中型工厂企业的围墙		1060	990	940	900	860	830	770	740	720	680	650	630	590	430	400
人口>10万人的城市规划边缘		2070	1930	1820	1750	1680	1610	1510	1440	1400	1330	1260	1230	1160	830	770

注：本表中的距离适用于平坦地形，当仓库紧靠山脚布置，与山背后建筑物之间的距离符合下列条件时，表中距离可按下列规定减少：

1 当存药量小于20000kg，山高20～30m，山的坡度15°～25°时，可减少25%～30%；

2 当存药量在20000～50000kg时，山高30～50m，山的坡度25°～30°时，可减少20%～25%；

3 当存药量大于50000kg，山高大于50m，山的坡度大于30°时，可减少15%～20%。

5 总平面布置和内部最小允许距离

5.1 总平面布置

5.1.1 危险品生产区和总仓库区的总平面布置，应符合下列要求：

1 总平面布置应将危险性建筑物与非危险性建筑物分开布置。危险性或存药量较大的建筑物，宜布置在边缘地带或其它有利于安全的地带，不宜布置在出入口附近。

2 危险性建筑物不宜长面相对布置。

3 危险性生产厂房靠山布置时，距山坡脚不宜太近。

4 运输车辆不应在其它危险性建筑物的防护屏障内通过。非危险生产部分的人流、物流不宜通过危险生产地带。

5 危险品生产区和总仓库区应分别设置围墙。围墙高度不应低于2m，围墙与危险性建筑物的距离不宜小于15m。

6 未经铺砌的场地，均宜进行绿化，并以种植阔叶树为主。在危险性建筑物周围25m范围内，不应种植针叶树或竹林。

5.1.2 危险品生产区的总平面布置应符合工艺生产流程和建筑物之间最小允许距离的要求，并应避免危险品的往返和交叉运输。

5.1.3 危险品生产厂房抗爆间室的轻型面，不宜面向主干道和主要厂房。

5.1.4 在危险品生产区内，当有几种不同性质产品的生产线时，应分开布置。雷管生产线宜布置在独立的场地上。

5.2 危险品生产区内最小允许距离

5.2.1 危险品生产区内各建筑物之间的最小允许距离，应分别根据建筑物的危险等级及存药量所计算的距离和本节有关条款所规定的距离，取其最大值。

最小允许距离应自危险性建筑物的外墙轴线算起。

5.2.2 危险品生产区A级建筑物应设置防护屏障。A级建筑物与其邻近建筑物的最小允许距离，应分别符合下列规定：

1 A级建筑物与其邻近建筑物的最小允许距离，应按表5.2.2确定，且不应小于35m。

表5.2.2 A级建筑物与其邻近建筑物的最小允许距离（m）

建筑物危险等级 \ 有无防护屏障	两个建筑物均无防护屏障	两个建筑物中一个有防护屏障	两个建筑物均有防护屏障
A_1	$2.40R_A$	$1.20R_A$	$0.72R_A$
A_2	$2.00R_A$	$1.00R_A$	$0.60R_A$
A_3	$1.80R_A$	$0.90R_A$	$0.54R_A$

注：1 R_A系指有防护屏障的，不同存药量的A_2级建筑物与相邻无防护屏障的建筑物所需的最小允许距离值。R_A值应符合附录A的规定。

2 当厂房的防护屏障高出爆炸物顶面1m，低于屋檐高度时，在计算该厂房与其邻近建筑物的距离时，该厂房应按有防护屏障计算；在计算邻近建筑物与该厂房的距离时，该厂房应按无防护屏障计算。

3 仅为A级装药包装厂房服务的包装箱中转库与该厂房的最小允许距离，可不按第5.22条1款确定，但不应小于现行国家标准《建筑设计防火规范》（GBJ16－87）的规定。

4 抑爆间室等特殊结构建筑物与邻近建筑物的最小允许距离不受5.2.2条限制，可由抗爆计算确定。

2 A级建筑物与公用建筑物、构筑物的最小允许距离应按表5.2.2中“两个建筑物中一个有防护屏障”的要求确定，并应符合下列规定：

1）与烟囱不产生火星的锅炉房的距离，应按表5.2.2要求的计算值再增加50%，且不应小于50m；与烟囱产生火星的锅炉房的距离，应按表5.2.2要求的计算值再增加50%，且不应小于100m；

2）与35kV总降压变电所、总配电所的距离，应按表

5.2.2 要求的计算值再增加一倍，且不应小于 100m；

3）与 10kV 及以下的单建变电所的距离，应按表 5.2.2 要求进行计算，且不应小于 50m；仅为一个 A 级厂房服务的无固定值班员的单建变电所，与该厂房的距离不宜小于 35m；

4）与钢筋混凝土结构水塔的距离，应按表 5.2.2 要求的计算值再增加 50%，且不宜小于 100m；

5）与地下或半地下高位水池的距离，不应小于 50m；

6）与厂部办公室、食堂、汽车库、消防车库的距离，应按表 5.2.2 要求的计算值再增加 50%，且不应小于 150m；

7）与有明火或散发火星的建筑物的距离，按表 5.2.2 的要求计算，且不应小于 50m；

8）与车间办公室、车间食堂（无明火）、辅助生产部分建筑物的距离，应按表 5.2.2 要求的计算值再增加 50%，且不应小于 50m。

3 在改建、扩建和技术改造工作中，A 级建筑物与公用建筑物的最小允许距离，可按表 5.2.2 中“两个建筑物均有防护屏障”的要求确定，并应符合第 5.2.2 条 2 款的有关要求。

4 嵌入在 A 级厂房防护屏障外侧的非危险性建筑物，与邻近各危险性建筑物的距离，应分别按其邻近各危险性建筑物的要求确定。

5.2.3 危险品生产区 B 级建筑物可不设置防护屏障。与其邻近建筑物的最小允许距离，应分别符合下列规定：

1 B 级建筑物与其邻近建筑物的最小允许距离，不应小于 35m。但生产无雷管感度铵油类炸药、粒状粘性炸药、乳化炸药、乳胶基质等建筑物与邻近建筑物的最小允许距离，不应小于 50m。

2 B 级建筑物与公用建筑物、构筑物的最小允许距离，应符合下列规定：

1）与锅炉房的距离，不应小于 50m；

2）与 35kV 总降压变电所、总配电所、钢筋混凝土结构的水塔的距离，不应小于 50m；

3）与地下或半地下高位水池的距离，不宜小于 50m；

4）与厂部办公室、食堂、汽车库、消防车库、车间办公室、车间食堂（无明火）、有明火或散发火星的建筑物、辅助生产部分建筑物的距离，不应小于 50m；但生产无雷管感度铵油类炸药、粒状粘性炸药、乳化炸药、乳胶基质等建筑物与上述各建筑物的距离，不应小于 75m；

5）仅为 B 级装药包装厂房服务的包装箱中转库与该 B 级装药包装厂房的距离，不应小于现行国家标准《建筑设计防火规范》（GBJ16－87）的规定。

5.2.4 危险品生产区 D 级建筑物可不设防护屏障，与其邻近建筑物的最小允许距离，应分别符合下列规定：

1 D 级建筑物与邻近建筑物的最小允许距离，不应小于 25m。硝酸铵仓库与任何建筑物的最小允许距离，不应小于 50m。

2 D 级建筑物与公用建筑物、构筑物的最小允许距离，应符合下列规定：

1）与锅炉房、厂部办公室、食堂、汽车库、消防车库、有明火或散发火星的建筑物及场地等的距离，不应小于 50m；

2）与 35kV 总降压变电所、总配电所、钢筋混凝土结构的水塔、地下或半地下高位水池的距离，不宜小于 50m；

3）与车间办公室、车间食堂（无明火）、辅助生产部分建筑物的距离，不应小于 35m。

5.3 危险品总仓库区内最小允许距离

5.3.1 危险品总仓库区内各建筑物之间的最小允许距离，应根据各仓库的危险等级和存药量分别计算，并取其计算结果的最大值。

最小允许距离应自危险性建筑物的外墙轴线算起。

5.3.2 危险品总仓库区 A 级仓库应设置防护屏障。A 级仓库与其邻近建筑物的最小允许距离，应符合下列规定：

1 A_1、A_2、A_3 级仓库与邻近仓库的最小允许距离，应分别符合表 5.3.2－1、表 5.3.2－2、表 5.3.2－3 的规定。

表 5.3.2－1　A_1 级仓库与其邻近危险品仓库的最小允许距离（m）

单个仓库存药量(kg) 名称	>30000 ≤50000	>20000 ≤30000	>10000 ≤20000	>5000 ≤10000	>2000 ≤5000	>1000 ≤2000	≤1000
黑索金、铵梯黑炸药、黑梯药柱、太安、奥克托金	80	70	60	50	40	35	30

表 5.3.2－2　A_2 级仓库与其邻近危险品仓库的最小允许距离（m）

单个仓库存药量(kg) 名称	>100000 ≤150000	>50000 ≤100000	>30000 ≤50000	>10000 ≤30000	>5000 ≤10000	>2000 ≤5000	>1000 ≤2000	≤1000
梯恩梯、苦味酸、梯恩梯药柱、太乳炸药、震源药柱(高密度)	50	45	35	30	20	20	20	20
雷管（包括火雷管、电雷管、导爆管雷管）、导爆索、继爆管、爆裂管	—	—	—	70	50	40	35	30
注：当采用最小距离 20m，两仓库之间各自设置防护屏障满足构造要求有困难时，可设置一道防护屏障。								

表 5.3.2－3　A_3 级仓库与其邻近危险品仓库的最小允许距离（m）

单个仓库存药量(kg) 名称	>150000 ≤200000	>100000 ≤150000	>50000 ≤100000	>30000 ≤50000	>10000 ≤30000	≤10000
粉状铵梯炸药、粉状铵梯油炸药、铵油炸药、多孔粒状铵油炸药、铵松蜡炸药、铵沥蜡炸药、水胶炸药、浆状炸药、粒状粘性炸药、乳化炸药、震源药柱(中、低密度)、射孔弹、黑火药	50	45	40	30	25	20
注：当采用最小距离 20m，两仓库之间各自设置防护屏障满足构造要求有困难时，可设置一道防护屏障。						

2　A 级仓库与 10kV 及以下变电所的最小允许距离，不应小于 50m。

5.3.3　危险品总仓库区内，D 级仓库之间的最小允许距离不应小于 20m，但硝酸铵仓库之间的最小允许距离不应小于 50m。D 级仓库可不设置防护屏障。D 级仓库与 A 级仓库邻近时，其与 A 级仓库相对面的一侧应设置防护屏障，其最小允许距离除应符合 D 级仓库要求外，还应计算 A 级仓库的要求，并取其大值。

D 级仓库与 10kV 及以下变电所的最小允许距离，不应小于 50m。

5.3.4　危险品总仓库区值班室，宜结合地形布置在有自然屏障处。当值班室为砖混结构时，与 A 级仓库的最小允许距离，应符合表 5.3.4 的规定：

表 5.3.4　A 级仓库与库区值班室的最小允许距离（m）

A 级仓库存药量(kg)	值班室设置防护屏障情况	
	有防护屏障	无防护屏障
<30000	150	200
≥30000 <50000	170	250
≥50000 <100000	200	300
≥100000 ≤200000	220	350

5.3.5　D 级仓库距库区值班室的最小允许距离，不应小于 50m。

5.3.6　当总仓库区设置岗哨时，岗哨距危险品仓库的距离，可不受本规范第 5.3.4 条和第 5.3.5 条的要求限制。

5.4　防 护 屏 障

5.4.1　防护屏障的形式，应根据总平面布置、运输方式、地形条件等因素确定。

防护屏障可采用防护土堤、钢筋混凝土挡墙等形式。

防护屏障的设置，应能对本建筑物及周围建筑物起到防护作用。防护屏障中，防护土堤的防护范围举例见附录B。

5.4.2 防护屏障的高度，应符合下列规定：

1 当防护屏障内为单层建筑物时，不应小于屋檐高度；当防护屏障内建筑物为单坡屋面时，不应小于低屋檐高度。

2 当防护屏障内建筑物较高，设置到檐口高度有困难时，防护屏障的高度可高出爆炸物顶面1m。

5.4.3 防护屏障的宽度，应符合下列规定：

1 防护土堤的顶宽，不应小于1m，底宽应根据土质条件确定，但不应小于高度的1.5倍。

2 钢筋混凝土防护屏障的顶宽，应根据设计药量确定。

5.4.4 防护屏障的边坡应稳定，其坡度应根据不同材料确定。当利用开挖的边坡兼做防护屏障时，其表面应平整，边坡应稳定，遇有风化危岩等应采取措施。

5.4.5 防护屏障内坡脚与建筑物外墙之间的水平距离不宜大于3m。

在有运输或特殊要求的地段，其距离应按最小使用要求确定，但不宜大于15m。

5.4.6 防护屏障的设置应满足生产运输及安全疏散的要求，并应符合下列规定：

1 当防护屏障采用防护土堤构造时，应设置运输通道或运输隧道。运输通道的端部需设挡土墙时，其结构宜为钢筋混凝土结构。

运输通道和运输隧道应满足运输要求，并应使其防护土堤的无作用区为最小。运输通道净宽度不宜大于5m。汽车运输隧道净宽度宜为3.5m；净高度不宜小于3m。

2 当在危险品生产厂房的防护土堤内设置安全疏散隧道时，应符合下列规定：

1）安全疏散隧道应设置在危险品生产厂房安全出口附近；

2）安全疏散隧道不得兼做运输用；

3）安全疏散隧道的净高，不宜小于2.2m，净宽宜为1.5m；

4）安全疏散隧道平面形式宜将内端的一半与土堤垂直，外端的一半呈35°角，举例见附录B。

3 当防护屏障采用其他形式时，其生产运输和安全疏散要求，由抗爆设计确定。

5.4.7 在取土困难地区，可在防护土堤内坡脚处砌筑高度不大于1m的挡土墙，外坡脚外砌筑高度不大于2m的挡土墙。防护土堤的最小底宽应符合第5.4.3条的规定。防护土堤开口处尽端挡土墙的高度可根据需要确定。在特殊困难情况下，允许在防护土堤底部1m高度以下填筑块状材料。

5.4.8 当危险品生产区两个危险品仓库（火药、炸药除外）的存药量总和不超过本规范第7.1.1条的各自允许最大存药量规定时，两个仓库可组建在有防护土堤相隔的联合防护土堤内。

联合防护土堤内建筑物的外部距离和最小允许距离，应按联合防护土堤内各建筑物存药量的总和确定。

当联合防护土堤内任何一个建筑物中的危险品发生爆炸不会引起该联合防护土堤内另一建筑物中的危险品殉爆时，其外部距离和最小允许距离，可分别按各个建筑物的危险等级和存药量计算，取其计算结果的最大值。

6 工艺与布置

6.0.1 危险品生产工艺设计应在满足安全的前提下，采用行之有效的隔离操作、自动控制和计算机管理等先进技术，并应减少厂房存药量和操作人员。

6.0.2 危险品生产厂房的工艺布置和危险品仓库布置应符合下列规定：

1 危险品生产厂房的平面宜为矩形。不应采用封闭的□字形、冂字形。起爆器材的生产厂房宜为单

2 危险品生产厂房内的生产设备、管道、运输装置和操作岗位的布置宜使任何地点的操作人员均能迅速疏散。

3 A、B级厂房的底层应根据疏散需要设置安全窗。

4 起爆器材生产厂房，宜设计成一边为工作间，另一边为走道。当设计成中间为走道，两边为工作间时，工作间应有直通室外的安全出口，工作间通向中间走道的门或门洞不应相对布置。

5 厂房内危险品暂存间宜布置在建筑物的端部，并不宜靠近厂房出入口和生活间。起爆器材生产厂房中暂存的起爆药、炸药和火工品宜贮存在抗爆间室或可靠的防护装置内。当生产工艺需要时，也可贮存在沿厂房外墙布置成凸出的贮存间，但贮存间不应靠近厂房的出入口。

6 A、B、D级生产厂房内与生产无直接联系的辅助间（如通风室、配电室、泵室等）宜和生产工作间隔开，并宜设直接通向室外的出入口。

7 危险品仓库应为单层建筑，平面布置宜为矩形。

6.0.3 运输危险品的通廊应符合下列规定：

1 运输危险品的通廊宜采用敞开式或半敞开式，不宜采用地下通廊。当采用封闭式通廊时，屋盖和墙体应为能泄爆的轻质屋盖和轻质墙。

2 在通廊内采用机械传送危险品时，所传送的危险品之间相隔的距离应保证危险品之间不能发生殉爆。

3 在总平面设计时，通廊不宜布置成直线。

4 危险品成品中转库与危险品生产厂房之间不应设置封闭式通廊。

6.0.4 起爆器材生产中易发生事故的工序应采用抗爆间室或钢板防护。当采用抗爆间室时应符合下列要求.

1 抗爆间室之间或抗爆间室与相邻工作间之间严禁设地沟相通。

2 输送有燃烧爆炸危险物料的管道，在未设隔火隔爆措施的条件下，严禁通过或进出抗爆间室。

当输送没有燃烧爆炸危险物料的管道进入抗爆间室时，应在穿墙处采取密封措施。

3 抗爆间室的门、操作口、观察孔、传递窗，其结构应能满足抗爆及不传爆的要求。

4 抗爆间室门的开启应与室内设备的关闭进行联锁。

6.0.5 危险品库房或危险品生产厂房各工序间的联建应符合下列规定：

1 危险品中转库和危险品成品库应单独设置。

2 有固定操作人员的非危险性生产厂房不应和危险性生产厂房联建。

3 炸药制造中的机制卷纸管工序可与采用自动装药机的装药工序联建，联建时两工序之间应设置隔墙。

4 粉状铵梯炸药（包括铵梯油炸药）生产中的梯恩梯粉碎工序、混药工序和铵油炸药热加工法生产中的混药工序应独立设置厂房。其装药、包装工序也宜独立设置厂房，但可和筛药、凉

药工序联建。

5 炸药的装药与包装宜有隔墙相隔，其装药间至包装间的运药通道不宜与装药间的人工包装直接相对。

6 水胶炸药制造中的硝酸甲胺制造与浓缩应单独设置厂房。

7 当乳化炸药采用连续化生产工艺，装药包装为全自动连续装药机时，自乳化至包装工序可以联建，但前面的工序与装药包装工序间宜有隔墙相隔。

当乳化炸药采用间断生产工艺时，自乳化至敏化工序可以联建，宜有隔墙相隔，且不应与装药包装工序联建。当乳化至敏化联建后厂房内存药量超过 3t 时，具有雷管感度的乳胶基质的冷却宜独立设置冷却厂房。

敏化后需保温成熟或凉药的乳化炸药，保温成熟或凉药工序宜独立设置厂房。

当乳化炸药生产厂房内有几组生产设备时，每组设备宜设置在单独工作间内或有隔墙相隔。

8 制造炸药或起爆器材所用原材料应按其不同燃烧爆炸性质分库或分间存放。

6.0.6 粉状铵梯炸药的轮碾机混药厂房，每栋厂房内轮碾机设置台数不应超过 2 台。

6.0.7 导火索制索机应隔墙设置，每个隔间内设置台数不宜超过 4 台，制索厂房内不应设黑火药暂存间。

6.0.8 危险品生产或输送用的设备和装置应符合下列要求：

1 制造炸药的设备在满足产品质量要求的前提下，应选择低转速、低压力、低噪音的设备。当温度、压力、液位等工艺参数超标时，会引起燃烧爆炸的设备应设自动控制和报警装置。

2 与物料接触的设备零部件应光滑无毛刺，其材质应与制造危险品的原材料、半成品、成品不起化学反应，零部件之间摩擦撞击不应产生火花。

3 设备的结构选型，不应有积存物料的死角，应有防止润滑油进入物料和防止物料进入保温夹套、空心轴或其他转动部分的措施。

4 有搅拌装置或碾砣的设备，当有检修人员在机内作业时，应设有防止他人启动设备的安全技术措施。

5 在连续或半连续生产中，易发生事故的设备与其他设备之间宜设有防止传爆的措施。

6 输送危险品的管道不应埋地敷设。当采用架空敷设时，应便于检查。当 2 个厂房之间采用管道或运输装置输送危险品时，应采取防止传爆的措施。

7 生产或输送危险品的设备、装置和管道应设有导出静电的措施。

6.0.9 制造炸药的加热介质宜采用热水或低压蒸汽。但起爆药和黑索金、太安等较敏感的炸药的干燥应采用热水。

6.0.10 与防护屏障内危险品生产厂房生产联系密切的非危险性建筑物，可嵌设在防护屏障外侧，但该嵌设的建筑物不应以隧道形式直通防护屏障内侧的生产厂房。

7 危险品贮存和运输

7.1 危险品贮存

7.1.1 危险品生产区内应减少危险品贮存，生产区内单个危险品中转库的允许最大存药量应符合表7.1.1的规定。

表7.1.1 危险品生产区内单个危险品中转库中允许最大存药量（kg）

危险品名称	允许最大存药量
黑索金、太安、太乳炸药	3000
铵梯黑炸药、黑梯药柱	3000
二硝基重氮酚、作用和起爆药类似的药剂	500
奥克托金	500
梯恩梯	5000
苦味酸	2000
雷管、导爆管雷管	800
导爆索、继爆管	3000
黑火药、导火索	3000
延期药	500
粉状铵梯炸药、粉状铵梯油炸药、铵油（包括铵松蜡、铵沥蜡）炸药、乳化炸药、水胶炸药、浆状炸药、多孔粒状铵油炸药、粒状粘性炸药	20000
射孔弹	1500
震源药柱	20000
爆裂管	10000

7.1.2 危险品生产区内炸药的总存药量，应符合下列规定：

1 梯恩梯中转库的总存药量不应大于3d的生产需用量。

2 炸药成品中转库的总存药量不应大于1d的炸药生产量。当炸药日产量小于5t时，炸药成品中转库的总存药量不应大于5t。

7.1.3 危险品总仓库区内单个危险品仓库中允许最大存药量应符合表7.1.3的规定。

表7.1.3 危险品总仓库区内单个危险品仓库中允许最大存药量（kg）

危险品名称	允许最大存药量
黑索金、太安、太乳炸药	50000
铵梯黑炸药、黑梯药柱	50000
梯恩梯	150000
苦味酸	30000
导爆索、继爆管	30000
导火索	40000
雷管、导爆管雷管	10000
粉状铵梯炸药、粉状铵梯油炸药、铵油（包括铵松蜡、铵沥蜡）炸药、乳化炸药、水胶炸药、浆状炸药、多孔粒状铵油炸药、粒状粘性炸药、震源药柱	200000
射孔弹、奥克托金	3000
爆裂管	15000
黑火药	10000
硝酸铵	500000

7.1.4 硝酸铵仓库可设在危险品生产区内，单个硝酸铵仓库允许最大存药量应符合表7.1.3的规定。

7.1.5 不同品种危险品同库存放应符合下列规定：

1 危险品宜单独品种专库存放。当受条件限制时，不同品种的危险品可同库存放，各种包装完整无损的危险品成品同库存放应符合表 7.1.5 的规定。

表 7.1.5 危险品同库存放表

危险品名称	雷管类	黑火药	导火索	硝铵类炸药	属 A_1 级单质炸药类	属 A_2 级单质炸药类	射孔弹类	导爆索类
雷管类	○	×	×	×	×	×	×	×
黑火药	×	○	×	×	×	×	×	×
导火索	×	×	○	○	○	○	○	○
硝铵类炸药	×	×	○	○	○	○	○	○
属 A_1 级单质炸药类	×	×	○	○	○	○	○	○
属 A_2 级单质炸药类	×	×	○	○	○	○	○	○
射孔弹类	×	×	○	○	○	○	○	○
导爆索类	×	×	○	○	○	○	○	○

注：1 ○表示可同库存放，×表示不得同库存放。
2 雷管类包括火雷管、电雷管、导爆管雷管。
3 硝铵类炸药指以硝酸铵为主要成份的炸药，包括粉状铵梯炸药、铵油炸药、铵松蜡炸药、铵沥蜡炸药、乳化炸药、水胶炸药、浆状炸药、多孔粒状铵油炸药、粒状粘性炸药、震源药柱等。
4 属 A_1 级单质炸药类为黑索金、太安、奥克托金和以上述单质炸药为主要成份的混合炸药或炸药柱（块）。
5 属 A_2 级单质炸药类为梯恩梯和苦味酸及以梯恩梯为主要成份的炸药或炸药柱（块）。
6 导爆索类包括各种导爆索和以导爆索为主要成份的产品，包括继爆管和爆裂管。

2 当不同品种的危险品同库存放时，单库允许最大存药量仍应符合表 7.1.1、表 7.1.3 的规定。当危险级别相同的危险品同库存放时，同库存放的总药量不应超过其中一个品种的单库允许最大存药量；当危险级别不同的危险品同库存放时，同库存放的总药量不应超过其中危险级别最高品种的单库允许最大存药量，且库房的危险等级应以危险级别最高品种的等级确定。

7.1.6 总仓库区和生产区的硝酸铵总仓库不应和任何物品同库存放。

7.1.7 任何废品不应和成品同库存放。

7.1.8 当符合同库存放的不同品种的危险品同库贮存在危险品生产区的中转库内时，应以隔墙互相隔开。

7.1.9 仓库内危险品的堆放应符合下列规定：

1 危险品应成垛堆放，堆垛间应留有检查、清点和装运的通道。

2 堆放炸药类、索类危险品堆垛的总高度不应大于 1.8m，堆放雷管类危险品的总高度不应大于 1.6m。

7.2 危险品运输

7.2.1 危险品运输宜采用汽车运输，不宜采用三轮汽车和畜力车运输。严禁采用翻斗车和各种挂车运输。

7.2.2 危险品生产区运输危险品的主干道中心线，与各类建筑物的距离，应符合下列规定：

1 距 A 级建筑物不宜小于 20m。

2 距 B 级、D 级建筑物不宜小于 15m。

3 距有明火或散发火星地点不宜小于 30m。

7.2.3 危险品生产区及危险品总仓库区内运输危险品的主干道，纵坡不宜大于 6%，以运输硝酸铵为主的道路纵坡不宜大于 8%。用手推车运输危险品的道路纵坡不宜大于 2%。

7.2.4 机动车不应直接进入 A、B、D 级建筑物内，宜在建筑物门前不小于 2.5m 处进行装卸作业。

7.2.5 人工提送起爆药时，应设专用人行道，纵坡不宜大于

6%，路面应平整，且不应设有台阶，不宜与机动车行驶的道路交叉。

7.2.6　当采用铁路运输危险品时，宜将铁路通到仓库旁边。当条件困难时，可在危险品总仓库区设置转运站台。站台上允许最大存药量（包括车箱内的存药量）以及站台与其周围建筑物的最小允许距离及站台的外部距离，均应按所转运产品同一危险等级的仓库要求确定。

当在危险品总仓库区以外的地方设置危险品转运站台，站台上的危险品可在24h内全部运走时，其外部距离可按危险品总仓库区同一危险等级的仓库要求相应减少20%～30%。

当站台上的危险品可在48h内全部运走时，其外部距离可按危险品总仓库区同一危险等级的仓库要求相应减少10%～20%。

8　建筑与结构

8.1　一 般 规 定

8.1.1　A、B、D级厂房和仓库的耐火等级不应低于现行国家标准《建筑设计防火规范》（GBJ16－87）中规定的建筑物二级耐火等级的各项要求。轻质易碎屋盖的易碎部分，可采用难燃烧体。

8.1.2　A、B、D级厂房内辅助用室的设置，应符合下列规定：

1　A级厂房内不应设置办公用室、辅助用室。除黑火药和二硝基重氮酚（含作用与起爆药类似的药剂）生产中的A级厂房外，可设置带洗手盆的水冲厕所。

A级厂房的办公用室、辅助用室应集中单建或布置在非危险性建筑物内。

2　B、D级厂房内不宜设置办公用室。当B、D级厂房设置办公用室、辅助用室时，应将办公用室、辅助用室布置在厂房较安全的一端，并应设抗震缝及用不小于370mm厚的砖墙与危险性工作间隔开。层数不应超过2层。

在危险性工作间的上面或下面，不应设置办公用室、辅助用室。

3　办公用室、辅助用室的门窗，不宜直对邻近危险性工作间的轻型面。

8.1.3　危险品生产工序的卫生特征分级可按附录C确定。其卫生设施应按现行国家标准《工业企业设计卫生标准》（TJ36－79）相应的级别设置。

8.2　危险品生产厂房的结构选型

8.2.1　A、B、D级多层厂房应采用钢筋混凝土柱、梁或钢筋混凝土框架承重结构。

8.2.2 A、B级单层厂房宜采用钢筋混凝土柱、梁承重结构，当符合下列条件之一者，可采用砖墙承重结构：

1 厂房跨度不大于7.5m，长度不大于30m，室内净高不大于5m，且操作人员少的A、B级厂房。

2 危险品生产工序全部布置在抗爆间室内，且抗爆间室外不存放危险品的B级厂房。

3 承重墙密，存药量小又分散的B级试验站等。

4 粉状铵梯炸药生产线的梯恩梯球磨机粉碎厂房，轮碾机混药厂房。

5 无人操作的厂房。

8.2.3 D级单层厂房跨度不大于12m，长度不大于30m，室内净高不大于6m时，可采用砖墙承重结构，也可采用钢柱承重的排架结构。钢柱应采取防火措施。

8.2.4 A、B、D级厂房的屋盖选型，应符合下列规定：

1 A级多层厂房宜采用现浇钢筋混凝土屋盖。

2 A级单层厂房及B、D级厂房宜采用钢筋混凝土屋盖，但下列A级单层厂房应采用轻质易碎屋盖。

1）黑火药生产厂房；

2）粉状铵梯炸药生产线的轮碾机混药厂房；

3）梯恩梯球磨机粉碎厂房。

8.2.5 当确有可靠试验资料并经国家主管部门批准可作为危险性建筑物的承重结构时，可采用新型轻质高强结构或构件。

8.3 危险品生产厂房的结构构造

8.3.1 有易燃、易爆粉尘的厂房，宜采用外形平整不易积尘的结构构件和构造。

8.3.2 A、B、D级厂房的结构构造，应符合下列规定：

1 各级危险品生产厂房不应采用独立砖柱承重，厂房砖墙厚度不应小于240mm，不应采用空斗墙、毛石墙。

2 钢筋混凝土柱承重的厂房，围护砖墙与柱宜加强拉结，砖墙墙体之间宜加强联结。

3 装配式钢筋混凝土屋盖宜在梁底或板底标高处，沿外墙及内纵、横墙设置现浇钢筋混凝土闭合圈梁。

4 轻质易碎屋盖宜在梁底标高处，沿外墙和内横墙设置现浇钢筋混凝土闭合圈梁。

5 屋盖的钢筋混凝土梁宜与墙或柱锚固，或与圈梁联成整体。

6 门窗洞口宜采用钢筋混凝土过梁，过梁的支承长度不应小于250mm。

8.4 抗爆间室和抗爆屏院

8.4.1 抗爆间室的墙应采用现浇钢筋混凝土，墙厚不宜小于300mm。当设计药量小于1kg时，墙厚不应小于200mm。

8.4.2 抗爆间室的屋盖宜采用现浇钢筋混凝土。当设计药量小于1kg时，可采用装配整体式的屋盖。

当抗爆间室内发生爆炸，对毗邻工作间不致造成破坏时，可采用轻质易碎屋盖。

8.4.3 抗爆间室的墙和屋盖（不包括轻型窗和轻质易碎屋盖），应符合下列规定：

1 在设计药量爆炸空气冲击波和破片的局部作用下，不应产生震塌、飞散和穿透。

2 在设计药量爆炸空气冲击波的整体作用下，抗爆间室结构应按弹性或弹塑性理论设计。

8.4.4 抗爆门、抗爆传递窗和观察孔上的玻璃，应符合下列规定：

1 在破片作用下，不应穿透。

2 当抗爆间室发生爆炸时，应能防止火焰及空气冲击波泄出。

3 抗爆门宜为单扇平开门或推拉门，门的开启方向在空气冲击波作用下应能转向关闭状态。

4 抗爆传递窗的内、外窗扇不应同时开启，并应有联锁装置。

8.4.5 抗爆间室朝向室外的一面应设轻型面。

8.4.6 抗爆间室与主厂房构造处理应符合下列规定：

1 当抗爆间室采用轻质易碎屋盖时，与抗爆间室毗邻的主厂房屋盖不应高出抗爆间室屋盖；当高出时，抗爆间室应采用钢筋混凝土屋盖。

2 当抗爆间室采用轻质易碎屋盖时，应在钢筋混凝土墙顶设置钢筋混凝土女儿墙与其相毗邻的主厂房屋盖隔开。女儿墙高度不应小于500mm，厚度可为抗爆间室墙厚的1/2，但不应小于150mm。

3 抗爆间室与相毗邻的主厂房之间的连接应符合下列规定：

1）抗爆间室与主厂房间宜设置抗震缝；

2）当抗爆间室屋盖为钢筋混凝土，室内设计药量小于5kg时，或抗爆间室屋盖为轻质易碎，室内设计药量小于3kg时，可不设抗震缝，但应加强结构构件的锚固；

3）当抗爆间室屋盖为钢筋混凝土，室内设计药量为5～20kg时，或抗爆间室屋盖为轻质易碎，室内设计药量为3～5kg时，可不设抗震缝，主体厂房的结构可采用可动连结的方式支承于间室的墙上；

4）当抗爆间室屋盖为钢筋混凝土，室内设计药量大于20kg时，或抗爆间室屋盖为轻质易碎，室内设计药量大于5kg时，应设抗震缝，主体厂房结构不允许支承在间室的墙上。

8.4.7 在抗爆间室轻型面的外面，应设置抗爆屏院，并应符合下列规定：

1 抗爆屏院结构应根据间室内的设计药量，符合下列规定：

1）当抗爆间室内设计药量小于1kg时，可采用厚度为370mm MU7.5砖（MU20块石）与M5砂浆砌筑的砖（石）结构冂或厂形屏院，其最小进深不应小于3m；

2）当抗爆间室内设计药量大于或等于1kg且小于或等于3kg时，可采用预制钢筋混凝土板和现浇整体连接的冂或厂形屏院，其最小进深不应小于3m；

3）当抗爆间室内设计药量大于3kg且小于15kg时，应采用现浇钢筋混凝土的冂或厂形屏院，其最小进深不应小于4m；

4）当抗爆间室内设计药量大于或等于15kg且小于30kg时，应采用现浇钢筋混凝土冂形屏院，其最小进深不应小于5m。

2 抗爆屏院高度不应低于抗爆间室的檐口。当屏院进深超过4m时，其中墙的高度应增加，增加高度应为进深增加量的1/2，边墙由抗爆间室檐口高度逐渐增至屏院中墙处高度。

8.5 安全疏散

8.5.1 A、B、D级厂房每个危险性工作间安全出口的数目不应少于2个；当每层或每个危险性工作间的面积不超过65m²，且同一时间的生产人数不超过3人时，可设1个安全出口。

A、B、D级厂房内的非危险性工作间的安全出口，应根据各工作间的生产类别按现行国家标准《建筑设计防火规范》（GBJ16－87）的有关规定执行。

8.5.2 危险品生产厂房每一危险性工作间内，由最远工作点到外部出口或楼梯间的距离，对A、B级厂房不应超过15m，对D级厂房不应超过20m。

8.5.3 安全窗可作为安全出口，但不应计入安全出口的数目中。

穿过危险性工作间而到达外部的出口或楼梯不应算作安全出口。

有防护屏障厂房的安全出口，应布置在防护屏障开口方向或安全疏散隧道附近。

8.6 危险品生产厂房的建筑构造

8.6.1 A、B、D级厂房应采用平开门，不应设置门槛。供安全疏散用的封闭楼梯间，可采用向疏散方向开启的单向弹簧门。

8.6.2 黑火药生产厂房应采用木门窗，门窗配件在相互碰撞或摩擦时不得产生火花。

8.6.3 门的设置应符合下列规定：

1 疏散用门应向外开启，危险性工作间的门不应与其它房间的门直对设置。

2 设置门斗时，应采用外门斗，门的开启方向应和疏散用门一致。

3 危险性工作间的外门口应做防滑坡道，不应设台阶。

8.6.4 安全窗应符合下列规定：

1 窗口宽度不应小于1.0m。

2 窗扇高度不应小于1.5m。

3 窗台距室内地面高度不应大于0.5m。

4 窗扇应向外平开，不宜设置中挺。

5 双层安全窗的窗扇应能同时向外开启。

8.6.5 有易燃易爆粉尘的A、B级厂房不应设置天窗。

8.6.6 危险性工作间的地面，应符合下列规定：

1 当工作间内的危险品遇火花能引起燃烧、爆炸时，应采用不发生火花的地面。

2 当工作间内的危险品对撞击、摩擦作用特别敏感时，应采用不发生火花的柔性地面。

3 当工作间内的危险品对静电作用特别敏感时，应采用导静电地面。

8.6.7 危险性工作间的内墙装修，应符合下列规定：

1 危险性工作间应抹灰。

2 有易燃易爆粉尘工作间的内墙表面应平整、光滑，所有凹角宜抹成圆弧。

3 经常冲洗和设有消防雨淋工作间的顶棚及内墙面应刷油漆，油漆颜色应与危险品颜色相区别。

8.6.8 危险性工作间不宜设置吊顶。当需设置时，吊顶应平整，无缝隙，不易脱落；吊顶上的孔洞应有密封措施；不同工作间吊顶间的隔墙应砌至屋面板或梁的底部。

8.7 嵌入式建筑物

8.7.1 嵌入式建筑物应采用钢筋混凝土结构。不覆土一面的墙体由抗爆设计确定。

8.7.2 嵌入式建筑物的覆土厚度，对墙顶外侧不应小于1.5m，对屋盖上部不应小于0.5m。

8.7.3 嵌入式建筑物的构造，应符合下列规定：

1 覆土部分的墙应采用现浇钢筋混凝土，墙厚不应小于250mm。

2 屋盖应采用现浇钢筋混凝土结构。

3 未覆土一面的墙应减少开窗面积。当按抗爆计算采用钢筋混凝土墙时，墙厚不应小于200mm；当按抗爆计算采用砖墙时，墙厚不应小于370mm，并应与顶盖、侧墙柱牢固连接。

8.7.4 嵌入式建筑物的门窗采光部分宜采用塑性透光材料。

8.8 通廊和隧道

8.8.1 危险品运送通廊的设计，应符合下列规定：

1 通廊的承重及围护结构宜采用非燃烧体。

2 通廊宜采用钢筋混凝土柱、钢柱承重。

3 封闭式的通廊，应采用轻质易碎屋盖和墙体，且应设置安全出口，安全出口间距不宜大于30m。

4 运输中有可能撒落炸药的通廊，应采用不发生火花的地面，通廊内不应设置台阶。

8.8.2　防护土堤的隧道，应采用钢筋混凝土结构，运输中有可能撒落炸药的隧道地面，应采用不发生火花的地面，隧道内不应设置台阶。

8.9　危险品仓库的建筑结构

8.9.1　危险品仓库应为单层建筑，可采用砖墙承重，屋盖宜为钢筋混凝土结构，但黑火药总仓库应采用轻质易碎屋盖。

8.9.2　危险品仓库安全出口不应少于2个。仓库面积小于$220m^2$时，可设1个。

仓库内任一点到安全出口的距离不应大于30m。

8.9.3　危险品仓库的门应向外平开，门洞宽度不宜小于1.5m，不应设置门槛。

总仓库的门宜为双层，内层门应为通风用门，外层门应为防火门，两层门均应向外开启。

设置门斗时，应采用外门斗，内外两层门均应向外开启。

8.9.4　危险品总仓库的窗，应设置铁栅、金属网和能开启的窗扇，在勒脚处宜设置百页窗，并应装设金属网。

8.9.5　危险品仓库应采用不发生火花的地面。当危险品以包装箱方式存放且不在仓库内开箱时，可采用一般地面。

9　消防给水

9.0.1　民用爆破器材工厂必须设置能供足够消防用水的消防给水系统。

9.0.2　民用爆破器材工厂的消防给水设计，除执行本章要求外，尚应符合现行国家标准《建筑设计防火规范》（GBJ16－87）和《自动喷水灭火系统设计规范》（GBJ84－85）等的有关规定。

9.0.3　危险品生产区的消防给水管网或生产与消防联合给水管网应设计成环状管网。当受地形限制不能设置环状管网，且在生产无不间断供水要求，并设有对置高位水池等具有满足水量、水压要求的消防储备水时，可设计为枝状管网。

9.0.4　危险品生产区的消防储备水量应按下列情况计算：

1　当危险品生产区内不设置消防雨淋系统时，消防储备水量应为室内、室外消火栓系统2h的用水量。

2　当危险品生产区内设置消防雨淋系统时，消防储备水量应为最大一组雨淋系统1h用水量与室内、室外消火栓系统2h用水量之和。

注：消防储备水应采取平时不被动用的措施。

9.0.5　危险品生产区内应设置室外消火栓，并应符合下列要求：

1　消火栓距路边不应大于2m。

2　当建筑物有防护屏障时，室外消火栓应设置在防护屏障的防护范围内。

3　室外消火栓之间的距离不应大于120m。

4　室外消防给水管管径不应小于100mm。

5　室外消火栓应有1个100mm或150mm的栓口和1～2个65mm的栓口。

9.0.6 室外消防用水量应按现行国家标准《建筑设计防火规范》(GBJ16－87)的规定计算，但不应小于20L/s。消防延续时间应按2h计算。

9.0.7 设置有消防雨淋系统的生产区宜采用常高压给水系统。当采用临时高压给水系统时，应设置水塔或气压给水设备等。

9.0.8 危险品生产厂房均应设置室内消火栓，并应符合下列要求：

1 室内消火栓应布置在厂房出口附近明显易于取用的地点。

2 室内消火栓之间的距离不应超过30m。

3 当易燃烧的危险品生产厂房开间较小，水带不易展开时，室内消火栓可安装在室外墙面上，但应采取防冻措施。

9.0.9 生产过程易引起燃烧而导致爆炸的工序，应设成组作用的消防雨淋系统，并应符合下列要求：

1 雨淋系统应设感温或感光探测自动控制启动设施，同时还应设置手动控制启动设施。当生产工序中药量很少，燃烧时不足以促动感温探测器时，可只设手动控制的雨淋系统。此时手动设施应设在便于操作的地点和靠近疏散出口。

2 雨淋管网中最不利点的喷头出口水压宜按5m水柱计算，最低不得小于3m水柱。

设有雨淋系统的厂房所需进口水压应按计算确定，但不应小于20m水柱。

3 雨淋系统消防作用延续时间应按1h计算。

9.0.10 下列生产工序应设置消防雨淋系统：

1 粉状铵梯炸药、铵油炸药生产的混药、筛药、凉药、装药、包装、梯恩梯粉碎。

2 铵梯黑炸药生产的二成份轮碾机混合、三成份混药、筛选、凉药、装药、包装。

3 传爆药柱生产的熔药、装药。

4 导火索生产的黑火药三成份混药、干燥、凉药、筛选、准备及制索。

5 导爆索生产的黑索金或太安的筛选、混合、干燥。

6 震源药柱生产的炸药熔混药、装药。

9.0.11 下列设备的上面或设备内应设置雨淋喷头或闭式喷头或水幕管等消防设施：

1 粉状铵梯炸药、铵油炸药生产的轮碾机、凉药机、梯恩梯球磨机。

2 铵梯黑炸药生产的轮辗机。

3 导火索生产的三成份球磨机。

注：当上述设备操作在抗爆间室内进行时，可不设雨淋系统。

9.0.12 当火焰有可能通过工作间的门、窗和洞口蔓延至相邻工作间时，应在该工作间的门、窗和洞口设置阻火水幕，并与该工作间的雨淋系统同时动作。当相邻工作间与该工作间设置的为同一组淋水管网，或同时动作的雨淋系统时，中间隔墙的门、窗和洞口上可不设阻火水幕。

9.0.13 储存易燃、可燃液体的仓库，桶装堆场、泵房除应设置消火栓外，还应设置泡沫灭火设备等其他灭火设施。

9.0.14 危险品总仓库区应根据当地消防供水条件，设置高位水池、消防蓄水池或室外消火栓，并应符合下列要求：

1 消防用水量应按20L/s计算，消防延续时间按3h计算。

2 高位水池或消防蓄水池中储水使用后的补水时间不应超过48h。

3 供消防车使用的消防蓄水池，保护范围半径不应大于150m。

10 废水处理

10.0.1 民用爆破器材工厂的废水排放，应与清水分流。有害废水应采取治理措施，并应符合现行国家标准《污水综合排放标准》(GB8978)、《梯恩梯工业水污染物排放标准》(GB4274)、《黑索金工业水污染物排放标准》(GB4275)、《叠氮化铅、三硝基间苯二酚铅、D·S共晶工业水污染物排放标准》(GB4279)、《二硝基重氮酚工业水污染物排放标准》(GB4278)等的有关规定。

10.0.2 民用爆破器材工厂废水处理的设计，应重复或循环使用废水，达到少排和不排出废水。

10.0.3 含有起爆药的废水，应采取消除其爆炸危险性的措施。几种能相互发生化学反应而生成易爆物的废水在进行销爆处理前，严禁排入同一管网。

10.0.4 在含有起爆药的工房中，当采用拖布拖洗地面时，其洗拖布的桶装废水，应送废水处理工房处理。

10.0.5 在有火药、炸药粉尘散落的工作间内，应使用拖布拖洗地面，并应设置洗拖布用水池。

11 采暖、通风和空气调节

11.1 采　暖

11.1.1 A、B、D级厂房应采用热风或散热器采暖，严禁用明火采暖。

当采用散热器采暖时，其热媒应采用不高于110℃的热水或压力等于或小于0.05MPa的饱和蒸汽。但对下列厂房采用散热器采暖时，其热媒应采用不高于90℃的热水：

1 导火索生产中的黑火药三成份混药、干燥、凉药、筛选、黑火药准备、包装厂房。

2 导爆索生产中的黑索金或太安的筛选、混合、干燥厂房。

3 塑料导爆管生产中的奥克托金或黑索金粉碎、干燥、筛选、混合厂房。

4 雷管制造中：

1) 二硝基重氮酚（含作用和起爆药类似的药剂）的干燥、凉药、筛选厂房；

2) 黑索金或太安的造粒、干燥、筛选、包装厂房；

3) 雷管的装药、压药厂房。

11.1.2 A、B、D级厂房采暖系统的设计，应符合下列规定：

1 散热器应采用光面管或其它易于擦洗的散热器，不应采用带肋片的或柱型散热器。

2 散热器和采暖管道的外表面应涂以易于识别爆炸危险性粉尘颜色的油漆。

3 散热器的外表面与墙内表面的距离不应小于60mm，与地面的距离不应小于100mm。散热器不应设在壁龛内。

4 抗爆间室的散热器，不应设在轻型面的一面。采暖干管不应穿过抗爆间室的墙，抗爆间室内的散热器支管上的阀门，应设在操作走廊内。

5 采暖管道不应设在地沟内。当在过门地沟内设置采暖管道时，应采用有密闭措施的暗沟。

6 蒸汽、高温水管道的入口装置和换热装置不应设在危险工作间内。

11.2 通风和空气调节

11.2.1 A、B、D 级厂房中，散发燃烧爆炸危险性粉尘或气体的设备和操作岗位应设局部排风。

11.2.2 空气中含有燃烧爆炸危险性粉尘的厂房中，机械排风系统设计应符合下列规定：

1 排风口位置和入口风速的确定应能有效地排除燃烧爆炸性粉尘或气体。

2 含有燃烧爆炸危险性粉尘的空气应经过净化处理后再排至大气中。

3 散发有火药、炸药粉尘的生产设备或生产岗位的局部排风除尘，应采用湿法方式处理，且应置于排风系统的负压段上。

4 水平风管内的风速应按燃烧爆炸危险性粉尘不在风管内沉积的原则确定，风管应设有坡度。

5 排除含有燃烧爆炸性粉尘或气体的局部排风系统，应按每个危险品生产间分别设置。排风管道不宜穿过与本排风系统无关的房间。排尘系统不应与排气系统合为一个系统。对于危险性大的生产设备的局部排风应按每台生产设备单独设置。

6 排风管道不宜设在地沟或闷顶内，也不应利用建筑物构件作排风道。

7 排风管道或设备内有可能沉积燃烧爆炸性粉尘时，应设置清扫孔、冲洗接管等清理装置，需要冲洗的风管应设有大于1%的坡度。

11.2.3 散发燃烧爆炸危险性粉尘或气体的厂房的通风和空气调节系统，应采用直流式，其送风机和空气调节机的出口应装止回阀，并应符合下列规定：

1 雷管装配、包装厂房的空气调节系统可以回风。

2 雷管装药、压药厂房的空气调节系统，当采用喷水式空气处理装置时可以回风。

3 黑火药生产厂房内，不应设计机械通风。

11.2.4 对有防静电积聚要求的生产间，其室内空气的相对湿度不宜小于 65%。

11.2.5 散发燃烧爆炸危险性粉尘或气体的厂房的通风设备及阀门的选型应符合下列规定：

1 进风系统的风管上设置止回阀时，通风机可采用非防爆型。

2 排除燃烧爆炸危险性粉尘或气体的排风系统，风机及电机应采用防爆型，且电机和风机应直联。

3 置于湿式除尘器后的排风机应采用防爆型。

4 散发燃烧爆炸危险性粉尘的厂房，其通风、空气调节风管上的调节阀应采用防爆型。

11.2.6 A、B、D 级厂房均应设置单独的通风机室及空气调节机室，该室不应有门、窗和危险性工作间相通，应设置单独的外门。

11.2.7 各抗爆间室之间及抗爆间室与其它工作间及操作走廊之间不应有风管、风口相连通。

11.2.8 散发有燃烧爆炸危险性粉尘或气体的 A、B、D 级危险性厂房的通风和空气调节系统的风管宜采用圆形风管，并架空敷设。

风管涂漆颜色应与燃烧爆炸性粉尘易于识别。

12 电 气

12.1 危险场所的区域划分

12.1.1 电气危险场所的区域应按工作间或库房划分，并应符合下列规定：

1 F0 区为经常或长期存在能形成爆炸危险的火药、炸药及其粉尘的工作间或库房。

2 F1 区为在正常运行时可能形成爆炸危险的火药、炸药及其粉尘的工作间或库房。

3 F2 区为存在能形成火灾危险而爆炸危险性极小的火药、炸药、氧化剂及其粉尘的工作间或库房。

4 工作间危险区域和防雷类别应符合表 12.1.1－1 的规定；库房危险区域和防雷类别应符合表 12.1.1－2 的规定。

表 12.1.1－1 工作间危险区域和防雷类别

危险品分类		工作间名称	危险区域	防雷类别
粉状铵梯炸药、粉状铵梯油炸药		梯恩梯粉碎，梯恩梯称量	F1 区	Ⅰ
		混药、筛药、凉药、装药、包装	F1 区	Ⅰ
		硝酸铵粉碎、干燥	F2 区	Ⅱ
		运送炸药的敞开或半敞开式廊道	F2 区	Ⅱ
		运送炸药的封闭式廊道	F1 区	Ⅰ
铵油炸药、铵松蜡炸药、铵沥蜡炸药		混药、筛药、凉药、装药、包装	F1 区	Ⅰ
		硝酸铵粉碎、干燥	F2 区	Ⅱ
多孔粒状铵油炸药		混药、包装	F1 区	Ⅰ
粒状粘性炸药		混药、包装	F1 区	Ⅰ
		硝酸铵粉碎、干燥	F2 区	Ⅱ
水胶炸药		硝酸甲胺的制造和浓缩、混药、凉药、装药、包装	F1 区	Ⅰ
		硝酸铵粉碎、筛选	F2 区	Ⅱ
浆状炸药		熔药、混药、凉药、包装	F1 区	Ⅰ
		梯恩梯粉碎	F1 区	Ⅰ
		硝酸铵粉碎	F2 区	Ⅱ
乳化炸药		乳化，乳胶基质冷却，乳胶基质贮存、敏化、敏化后保温（或凉药）、贮存、装药、包装	F1 区	Ⅰ
		硝酸铵粉碎、硝酸钠粉碎	F2 区	Ⅱ
传爆药柱	黑梯药柱	熔药、装药、凉药、检验、包装	F1 区	Ⅰ
	梯恩梯药柱	压制、检验、包装	F1 区	Ⅰ
铵梯黑炸药		铵梯黑三成份混药、筛选、凉药、装药、包装	F1 区	Ⅰ
		铵梯二成份轮碾机混合	F1 区	Ⅰ
太乳炸药		制片、干燥、检验、包装	F1 区	Ⅰ
导火索		黑火药三成份混药、干燥、凉药、筛选、包装，导火索生产中黑火药准备	F0 区	Ⅰ
		导火索制索、盘索、烘干、普检、包装	F2 区	Ⅱ
		硝酸钾粉碎、干燥	F2 区	Ⅱ

续表 12.1.1-1

危险品分类	工作间名称	危险区域	防雷类别
导爆索	黑索金或太安的筛选、混合、干燥导爆索的包塑、涂索、烘索、盘索、普检、组批、包装	F1 区	Ⅰ
	导爆索制索	F1 区	Ⅰ
	黑索金或太安的筛选、混合、干燥	F1 区	Ⅰ
雷管（包括火雷管、电雷管、导爆管雷管）	黑索金或太安的造粒、干燥、筛选、包装	F1 区	Ⅰ
	雷管干燥，雷管烘干	F1 区	Ⅰ
	二硝基重氮酚制造（包括中和、还原、重氮、过滤）	F1 区	Ⅰ
	二硝基重氮酚的干燥、凉药、筛选，黑索金或太安的造粒、干燥、筛选	F1 区	Ⅰ
	火雷管装药、压药，电雷管和导爆管雷管装配	F1 区	Ⅰ
	雷管检验、包装、装箱	F1 区	Ⅰ
	引火药剂制造（包括引火药头用的引火药剂和延期药用的引火药）	F1 区	Ⅰ
	引火药头制造	F1 区	Ⅰ
	延期药的混合、造粒、干燥、筛选、装药、延期体制造	F1 区	Ⅰ
	雷管试验站	F2 区	Ⅱ
	二硝基重氮酚废水处理	F2 区	Ⅱ
塑料导爆管	奥克托金或黑索金的粉碎、干燥、筛选、混合	F1 区	Ⅰ
	塑料导爆管制造	F1 区	Ⅰ

续表 12.1.1-1

危险品分类		工作间名称	危险区域	防雷类别
继爆管		装配、包装	F1 区	Ⅰ
射孔器材（包括射孔弹、穿孔弹等）		炸药暂存	F1 区	Ⅰ
		烘干、称量、压药、装配、包装	F1 区	Ⅰ
		射孔弹试验室或试验塔	F2 区	Ⅰ
震源药柱	高密度	炸药准备、熔混药、装药、压药、凉药、装配、检验、装箱	F1 区	Ⅰ
	中低密度	炸药准备、震源药柱检验和装箱	F1 区	Ⅰ
		装药、压药、钻孔、装传爆药柱	F1 区	Ⅰ
爆裂管		切索、装药、包装	F1 区	Ⅰ
理化试验室		黑火药、炸药、起爆药的理化试验室	F2 区	Ⅱ

注：在雷管制造中所用药剂（包括单组份药剂或多组份药剂），其作用和起爆药类似者，此类药剂制造的工作间危险区域，应按表内二硝基重氮酚确定。

表 12.1.1-2　库房危险区域和防雷类别

危险品库房名称	危险区域	防雷类别
黑索金、太安、奥克托金、黑梯药柱、铵梯黑炸药	F0 区	Ⅰ
干或湿的二硝基重氮酚	F0 区	Ⅰ
梯恩梯、苦味酸、雷管（包括火雷管、电雷管、导爆管雷管）、导爆索、梯恩梯药柱、继爆管、爆裂管、太乳炸药、震源药柱（高密度）	F0 区	Ⅰ
粉状铵梯炸药、粉状铵梯油炸药、铵油炸药、铵松蜡炸药、铵沥蜡炸药、多孔粒状铵油炸药、粒状粘性炸药、水胶炸药、浆状炸药、乳化炸药、震源药柱（中、低密度）、黑火药	F0 区	Ⅰ
射孔弹	F0 区	Ⅰ

续表 12.1.1－2

危险品库房名称	危险区域	防雷类别
延期药	F0 区	Ⅰ
导火索	F0 区	Ⅰ
硝酸铵、硝酸钠	F2 区	Ⅱ
硝酸钾、高氯酸钾	F2 区	Ⅱ
塑料导爆管	—	—
注：在雷管制造中所用药剂（包括单组份药剂或多组份药剂），其作用和起爆药类似者，此类药剂制造的工作间危险区域，应按表内二硝基重氮酚确定。		

12.1.2　当工作间既存在易燃溶剂及油料，又存在火药、炸药时，根据介质的危险性，危险区域划分应符合本规范和现行国家标准《爆炸和火灾危险环境电力装置设计规范》（GB50058－92）的有关规定。

12.1.3　对与爆炸危险区域毗邻，并有门相通的工作间，当隔墙是密实墙，门经常处于关闭状态时，该工作间的危险区域应按表12.1.3确定。当门经常处于敞开状态时，该工作间应与爆炸危险区域划为相同的危险区域。

表 12.1.3　与爆炸危险区域毗邻工作间的危险区域

危险区域	用有门的密实墙隔开的区域	用有二道门的密实墙隔开的区域
F0 区	F1 区	非危险区域
F1 区	F2 区	
F2 区	非危险区域	
注：本表不适用于与危险区域毗邻的配电室及变电所。		

12.1.4　排风室危险区域的确定应符合下列规定：

1　为F1区、F2区服务的排风室应与所服务的危险区域相同。

2　当采用湿式净化装置时，排风室可划为F1区。

12.2　电气设备

12.2.1　在危险区域安装的电气设备必须是符合国家现行标准的产品。对正常运行和操作时能发生电火花的电气设备，应安装在危险区域以外。

12.2.2　危险区域的电气设备选型应符合下列规定：

1　F0区不应装设电气设备。

2　F1区的电气设备应选择尘密结构（标志为DT）型、Ⅱ类B级隔爆型及适用于火药、炸药危险区域的本质安全型。灯具及控制按钮可选择增安型。各种防爆电气设备外壳表面允许温度应符合表12.2.2的规定。

表 12.2.2　防爆电气设备外壳允许表面温度

危险区域的火药、炸药种类	表面温度（℃）有过负荷可能的设备	表面温度（℃）无过负荷可能的设备
梯恩梯、黑火药、粉状铵梯炸药、奥克托金、铵油炸药、水胶炸药、浆状炸药、乳化炸药等	t≤140	140＜t≤160
黑索金、二硝基重氮酚、毫秒延期药	t≤100	100＜t≤110

3　F2区电气设备应选择防尘型或IP54级防水防尘型，鼠笼型感应电动机可选择封闭型。

4　F1区的接线盒，应采用与电气设备相应的防爆型。

5　安装在各危险区域的门灯及外墙上的开关，应选择IP54级防水防尘型。生产黑火药的F0区的门灯及安装在外墙外侧的开关可选择增安型。

6　F0区的电气照明应采用安装在外墙外侧的IP54级防水防尘型灯具或室外固定式投光灯。生产黑火药的F0区应采用安装在室外固定式的投光灯，固定投光灯与危险区域的距离不宜小于 3m。

外墙外侧灯具的透光窗，宜采用双层玻璃的固定窗。

12.2.3 危险区域电气设备的保护，除应执行本章规定外，尚应符合现行国家标准《通用用电设备配电设计规范》（GB50055－93）的有关规定。

12.2.4 在危险区域采用非防爆电气设备进行隔墙传动时，应符合下列规定：

1 安装电气设备的工作间，应采用非燃烧体的密实墙与危险区域隔开。

2 应采用通过隔墙由填料函密封或同等效果密封措施的传动轴传动。

3 安装电气设备工作间出口，应通向非危险区域。

12.2.5 生产时严禁工作人员进入的工作间，其生产用电设备的控制按钮应装在门外，并应与门联锁。

12.3 室内线路

12.3.1 危险区域电气线路的选择，应符合下列规定：

1 危险区域的电气线路，应采用绝缘电线穿钢管敷设或采用电缆。电线和电缆的绝缘强度，不应低于该网路的额定电压，且不应低于 500V，控制及通信线路绝缘电线和电缆绝缘强度不应低于工作电压，且其绝缘耐压试验电压不应低于 500V。

2 F0 区不应敷设电力和照明线路。灯具安装在外墙外侧的电气线路，应采用截面为 $2.5mm^2$ 及以上的铜芯绝缘导线穿钢管沿建筑物外墙敷设。

12.3.2 F1 区、F2 区的导线截面选择和配电线路保护，应符合下列规定：

1 各危险区域电压为 1000V 以下导线最小截面应符合表 12.3.2 的规定。

表 12.3.2 危险区域钢管配线导线最小截面（mm^2）

危险区域 \ 项目	电力	照明	控制
F1 区	铜芯 2.5	铜芯 2.5	铜芯 1.5
F2 区	铜芯 1.5	铜芯 1.5	铜芯 1.5

2 危险区域配电线路的短路保护、过负载保护和接地故障保护，应符合现行国家标准《低压配电设计规范》（GB50054－95）的有关规定。

3 引向鼠笼型感应电动机的线路，当电压为 500V 以下时，其长期允许载流量，不应小于电动机额定电流的 1.25 倍。

12.3.3 当采用电线穿钢管敷设时，应符合下列规定：

1 穿电线的钢管，应采用低压流体输送钢管，壁厚不应小于 2.5mm。

2 穿电线的钢管应对该危险区域密封，并应符合下列要求：

1）防爆电气设备的防爆接线盒，应采用电线穿钢管引入的型式；

2）穿电线的钢管在引入非密封的防爆电气设备前，应装设隔离密封装置，当电气设备的接线盒自带密封装置时，可不必另加隔离密封装置；

3）钢管应采用螺纹连接，螺纹应完整连接，且不应小于 6 扣，钢管与防爆电机连接处，应有防松装置或采取挠性连接；

4）管线分支处应采用防爆接线盒。

12.3.4 当采用电缆敷设时，应符合下列规定：

1 敷设在 F1 区和 F2 区的电缆可采用有阻燃型护套的电缆。F1 区、F2 区可采用移动式带保护线的电缆，F1 区为重型，F2 区为中型。电缆芯线截面均应按本规范表 12.3.2 确定。

2 电缆宜明敷，在易受意外损伤处的线段应穿钢管保护。

当需在电缆沟内敷设时，应采取防止水及有爆炸危险物质侵入沟内的措施，并应将电缆沟过墙洞密封。

3 除照明线路外，电缆不应有分支接头。照明线路的分支点应设在接线盒内。

4 防爆电气设备的防爆接线盒，应采用电缆引入的型式。

12.4 应急照明

12.4.1 在有爆炸危险的主要工作间和主要通道，应设应急照明装置。

12.4.2 工作区域应急照明的照度应不低于该区域正常照明照度的10%。

12.5 10kV 及以下的变电所和厂房配电室

12.5.1 在危险品生产区和危险品总仓库区的10kV及以下的变电所，宜采用户内式。

12.5.2 10kV及以下的变电所不应设于A级建筑物内。当变电所与B级或D级建筑物毗邻建造时，应符合下列规定：

1 与危险区域毗邻的墙，不应设门、窗。

2 变电所内不应通过与其无关的管线。

12.5.3 配电室与F0区、F1区和F2区的工作间相毗邻时，其隔墙应采用非燃烧体密实墙，隔墙不应设门或窗。

12.6 室外线路

12.6.1 35kV及以上的室外架空线路，严禁穿越危险品生产区和危险品总仓库区。

12.6.2 1～10kV的室外架空线路，不应跨越A、B、D级建筑物。其轴线与危险性建筑物的距离，应符合下列规定：

1 距A、B级建筑物不应小于电杆档距的2/3，且不应小于35m，距生产黑火药的A级建筑物不应小于50m。

2 距D级建筑物不应小于杆高的1.5倍。

12.6.3 220/380V及以下的室外架空线路，不应跨越A、B、D级建筑物。

在危险品生产区和危险品总仓库区架设的220/380V及以下的室外架空线路，其轴线与危险性建筑物的距离应符合下列规定：

1 距A、B级建筑物不应小于杆高的1.5倍。

2 距生产黑火药的A级建筑物不宜小于50m。

12.6.4 引入A、B、D级建筑物1kV及以下的低压线路，从配电端到受电端宜全长采用电缆埋地敷设。在入户端应将电缆的金属外皮、钢管接到防雷电感应的接地装置上。当全长采用电缆有困难时，可采用钢筋混凝土杆和铁横担的架空线，并应使用一段金属铠装电缆或护套电缆穿钢管直接埋地引入，其埋地长度应符合下列表达式的要求，但不应小于15m：

$$L \geqslant 2\sqrt{\rho} \tag{12.6.4}$$

式中 L——金属铠装电缆或护套电缆穿钢管埋于地中的长度（m）；

ρ——埋电缆处的土壤电阻率（Ω·m）。

在电缆与架空线连接处，尚应装设避雷器。避雷器、电缆金属外皮、钢管和绝缘子铁脚、金具等应连在一起接地，其冲击接地电阻不应大于10Ω。

12.6.5 引入生产黑火药厂房的1kV及以下的低压线路，从配电端到受电端应全长采用金属铠装电缆埋地敷设。

12.7 防雷与接地

12.7.1 危险性建筑物的防雷措施应符合现行国家标准《建筑防雷设计规范》（GB50057－94）的规定。各类建筑物的防雷类别均应符合本规范表12.1.1－1、表12.1.1－2的规定。

12.7.2 输送危险物质的各种室外架空金属管道，应每隔20～

25m 接地一次，每处冲击接地电阻不应大于 20Ω。平行敷设的管道，当净距小于 100mm 时，在接地处管道之间应设跨接线。当管道引入危险性建筑物时，还应与建筑物的防雷电感应接地装置相连接。

12.7.3 危险区域应采取相应的防静电措施。凡在生产、加工或贮存危险品的过程中，有可能积聚静电电荷的金属设备、金属管道等导电物体，均应直接接地，接地电阻不应大于 100Ω，接地装置可利用防雷电感应的接地装置；对 F0 区和 F1 区，不能或不宜直接接地的金属设备、装置等，应通过防静电材料或制品间接接地；地面和工作台宜采用防静电材料。

操作和接触易燃易爆物品的人员宜配备防静电着装和用品。

12.7.4 低压配电系统的接地应采用 TN—S 系统或 TN—C—S 系统，且应符合下列规定：

1 引入建筑物的电源线路，中性线应重复接地，接地电阻不应大于 10Ω。

2 保护线截面应符合热稳定要求，当保护线与相线材质相同时，其最小截面应符合表 12.7.4 的规定。

表 12.7.4 保护线的最小截面（mm^2）

装置的相线截面 S	保护线的最小截面
$S \leqslant 16$	S
$16 < S \leqslant 35$	16
$S > 35$	$S/2$

3 控制按钮、灯具及其开关，可利用有可靠电气通路的穿电线钢管作为保护线。

4 防雷电感应的接地线，可利用兼作保护线。

5 在 F1 区、F2 区除控制按钮、灯具及其开关外，各种用电设备必须采用专用的保护线。

注：1. TN—S 系统：电力系统有一点直接接地，受电设备的外露可导电部分通过保护线与接地点连接，整个系统的中性线（N）与保护线（PE）是分开的。

2. TN—C—S 系统：电力系统有一点直接接地，受电设备的外露可导电部分通过保护线与接地点连接，系统中前一部分线路的中性线与保护线是合一的。

12.7.5 危险区域的防雷电感应接地装置、防静电积聚接地装置和电气设备保护接地装置，可采用共用的接地系统，接地电阻值应取其中最低值。对接地有特殊要求的设备，应符合有关规范的规定。

当需要接地的电气设备多且分散时，应在室内装设构成闭合回路的接地干线。接地体宜沿建筑物墙外埋地构成闭合回路，每隔 20～30m 与室内接地干线连接一次，并不应少于 2 处。

12.8 通　信

12.8.1 民用爆破器材工厂宜设置小型程控电话交换机。

12.8.2 危险品生产区可采用行政电话兼作火灾报警信号。在易发生火灾的工作间宜设置手动火灾报警装置。

12.8.3 危险品总仓库区应设火灾报警专用电话，并宜设防盗报警系统。

12.8.4 通信设备及线路，应符合本章有关条款的规定。

13 危险品殉爆试验场和销毁场

13.1 危险品殉爆试验场

13.1.1 危险品殉爆试验场，宜布置在工厂的偏僻地带，并宜设置铁刺网围墙。试验场围墙距居民点、村庄等建筑物的距离，不宜小于200m，距本厂生产厂房不应小于100m。当危险品殉爆试验采用封闭式爆炸试验塔（罐）时，可布置在厂区内有利于安全的边缘地带。该试验塔（罐）距其他建筑物的最小允许距离应按表13.1.1确定。

表13.1.1 试验塔（罐）距其他建筑物的最小允许距离

爆炸药量(kg)	最小允许距离(m)
<0.5	20
1~2	25

13.1.2 当受条件限制时，危险品殉爆试验场可和危险品销毁场设置在同一场地内进行轮换作业，且应符合危险品销毁场的外部距离规定。作业地点之间应设置防护屏障，防护屏障的高度不应低于3m。

13.1.3 一次最大殉爆药量不应大于1kg。殉爆试验场准备间距试验场作业地点边缘不应小于35m。

13.2 危险品销毁场

13.2.1 当采用炸毁法或烧毁法销毁危险品时，应设置危险品销毁场。销毁场应布置在厂区以外有利于安全的偏僻地带。

13.2.2 当采用炸毁法时，引爆一次最大药量不应超过2kg；采用烧毁法时，一次最大销毁量不应超过200kg。用炸毁法时，应在销毁坑中进行。当场地周围没有自然屏障时，炸毁地点周围宜设高度不低于3m的防护屏障。

13.2.3 当采用炸毁法或烧毁法时，销毁场边缘距周围建筑物的距离不应小于200m，距公路、铁路等不应小于150m。

13.2.4 销毁场不应设待销毁的危险品贮存库，可设置为销毁时使用的点火件或起爆件掩体。销毁场应设人身掩体，其位置应布置在销毁作业场常年主导风向的上风方向，掩体出入口应背向销毁作业地点，与作业地点边缘距离不应小于50m。掩体之间距离不应小于30m。

13.2.5 销毁场宜设围墙，围墙距作业地点边缘不宜小于50m。

13.2.6 当销毁火工品及其药剂采用销毁塔炸毁时，该塔可布置在厂区有利于安全的边缘地带，与危险品生产厂房的最小允许距离，应按危险品生产厂房最大存药量计算确定，且不应小于本规范表13.1.1的规定。根据其所在的环境，还应符合现行国家标准《工业企业噪声控制设计规范》（GBJ87－85）、《中华人民共和国城市区域环境噪声标准》和《中华人民共和国工业企业厂界噪声标准》的规定。

14 现场混装炸药车地面制备厂

14.0.1 为现场混装炸药车而进行的原材料贮存，和氧化剂溶液、油相、乳化液（乳胶体）等的制备及装车作业，应建立地面制备厂。

14.0.2 当制备厂内不附建有起爆器材和炸药仓库时，该制备厂的设计可执行现行国家标准《建筑设计防火规范》（GBJ16－87）的有关规定。

14.0.3 当制备厂内附建有起爆器材和炸药仓库时，该制备厂的设计应执行本规范相应的有关规定。

硝酸铵贮存、破碎，氧化剂溶液、油相、乳化液（乳胶体）的制备，装车作业等生产工序危险等级应为D级。电气危险区域应为F2区。防雷类别应为Ⅱ类。应设室外消火栓。

14.0.4 硝酸铵破碎，氧化剂溶液、油相、乳化液（乳胶体）等的制备厂房可联建。硝酸铵破碎与其他工房之间应有隔墙。

14.0.5 混装车可进入D级工房进行装车作业。

14.0.6 宜设混装车车库。该车库可与维修工房联建，应有隔墙。

14.0.7 乳化剂、敏化剂库房和柴油库房可联建，应有隔墙。

14.0.8 硝酸铵仓库应独立设置，单库最大贮量应为600t。

14.0.9 危险品仓库区内应设置独立的危险品发放间，距邻近库房不宜小于50m。

15 自动控制

15.1 一般规定

15.1.1 民用爆破器材工厂的自动控制设计除执行本规范外，还应符合现行国家标准《工业自动化仪表工程施工及验收规范》（GBJ93－86）和《爆炸和火灾危险环境电力装置设计规范》（GB50058－92）等的有关规定。

15.1.2 电气危险场所的区域划分应按本规范第12.1节的要求确定。

15.2 检测、控制和联锁装置

15.2.1 在危险品生产过程中，当工艺参数超过某一界限，能引起燃烧爆炸危险时，应根据要求，设置反映该参数变化的信号报警系统、自动停机、消防雨淋等安全联锁装置。安全联锁控制系统除有自动工作制外，还应有手动工作制。

15.2.2 对开停车有顺序要求的生产过程应设联锁控制装置。

15.2.3 自动控制用的气源、电源发生停气、停电故障时，安全联锁系统的最终状态，必须保证使工艺操作和运转设备处于安全状态。

15.2.4 自动控制系统中执行机构的动作形式及调节器正反作用的选择，应使组成的自动控制系统在突然停电或停气时，能满足安全的要求。

15.3 仪表设备及线路

15.3.1 在危险区域安装电动仪表设备时，应按本规范第12.2节的有关规定执行。

15.3.2 敷设在各类危险区域内的控制或检测信号电缆（线）线路及本质安全线路，应符合本规范第12.3节及现行国家标准《工业自动化仪表工程施工及验收规范》（GBJ93－86）第7.1节的有关规定。

15.3.3 对装有非防爆型电子仪表或其他电子设备的仪表箱、变送器箱等，当必须安装于F1区、F2区时，应向箱内送入洁净的空气，箱内压力应保持不低于50Pa。当压力下降或中断时，应能及时发出报警信号，并自动切断仪表电源。在仪表投入运行前应先向箱体内通入5倍容积的气体进行清扫。

15.3.4 为保证自动控制系统正常运行和电气仪表设备及人身的安全，必须进行正确的接地设计。

15.4 控 制 室

15.4.1 对危险等级为A级的厂房所设置的有人值班的控制室，宜嵌入防护土堤外侧。对危险等级为B级、D级厂房设置的控制室，宜以密实墙与工作间隔开。

15.4.2 安装有非防爆自控设备的无人值班仪表室，可附建于危险性建筑物，但应符合下列要求：

1 仪表室与危险区域相毗邻的隔墙应为非燃烧性的密实墙，当其门窗设在建筑物外墙时，门应向室外开。

2 仪表室的墙上不应设门直接与危险区域相通。当需相通时，可使仪表室通过走廊或套间，经过两道除在通行时打开外，平时经常关闭的门与F1区相通；也可使仪表室经过一道除在通行时打开外，平时经常关闭的门与F2区相通。

15.4.3 控制室应远离振动源和具有强电磁干扰的场所，无关的管线不得通过控制室。

附录A 存药量与R_A值

表A 存药量与R_A值表

存药量 (kg)	R_A (m)	存药量 (kg)	R_A (m)	存药量 (kg)	R_A (m)	存药量 (kg)	R_A (m)
50	9	1150	41	2800	63	5000	85
100	12	1200	42	2900	64	5100	86
150	15	1250	43	3000	65	5200	87
200	17	1300	44	3100	66	5300	88
250	19	1350	45	3200	67	5400	89
300	21	1400	46	3300	68	5500	90
350	23	1450	47	3400	69	5600	91
400	25	1500	48	3500	70	5800	92
450	27	1550	49	3600	71	5900	93
500	28	1600	50	3700	72	6100	94
550	29	1650	51	3800	73	6250	95
600	30	1700	52	3900	74	6400	96
650	31	1800	53	4000	75	6550	97
700	32	1900	54	4100	76	6700	98
750	33	2000	55	4200	77	6850	99
800	34	2100	56	4300	78	7000	100
850	35	2200	57	4400	79	7150	101
900	36	2300	58	4500	80	7300	102
950	37	2400	59	4600	81	7450	103
1000	38	2500	60	4700	82	7600	104
1050	39	2600	61	4800	83	7800	105
1100	40	2700	62	4900	84	8000	106

续表 A

存药量 (kg)	R_A (m)	存药量 (kg)	R_A (m)	存药量 (kg)	R_A (m)	存药量 (kg)	R_A (m)
8200	107	10800	120	14000	133	17300	146
8400	108	11000	121	14250	134	17600	147
8600	109	11250	122	14500	135	17900	148
8800	110	11500	123	14750	136	18200	149
9000	111	11750	124	15000	137	18500	150
9200	112	12000	125	15250	138	18800	151
9400	113	12250	126	15500	139	19100	152
9600	114	12500	127	15750	140	19400	153
9800	115	12750	128	16000	141	19700	154
10000	116	13000	129	16250	142	20000	155
10200	117	13250	130	16500	143		
10400	118	13500	131	16750	144		
10600	119	13750	132	17000	145		

附录 B　防护土堤的防护范围举例

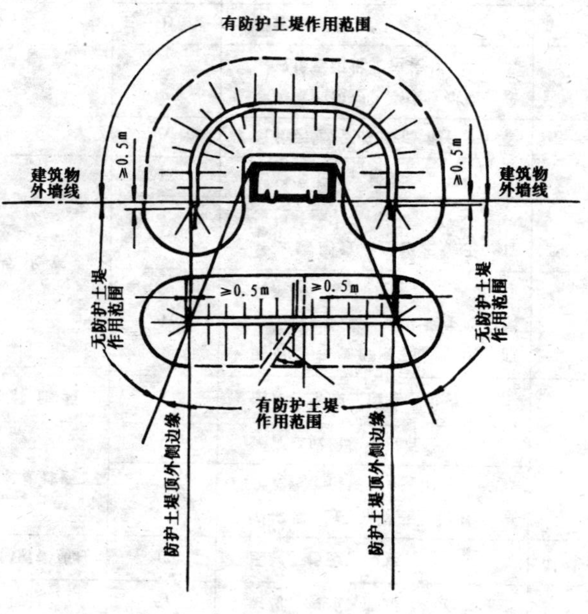

图 B　防护土堤的防护范围

附录C　危险品生产工序的卫生特征分级

表C　危险品生产工序的卫生特征分级

危险品分类	危险等级	生产工序名称	卫生特征分级
粉状铵梯炸药、粉状铵梯油炸药	A_2	梯恩梯粉碎，梯恩梯称量	1
	A_3	混药、筛药、凉药、装药、包装	1
	D	硝酸铵粉碎、干燥	2
铵油炸药、铵松蜡炸药、铵沥蜡炸药	A_3	混药、筛药、凉药、装药、包装	2
	B	混药、筛药、凉药、装药、包装	2
	D	硝酸铵粉碎、干燥	2
多孔粒状铵油炸药	B	混药、包装	2
粒状粘性炸药	B	混药、包装	2
	D	硝酸铵粉碎、干燥	2
水胶炸药	A_3	硝酸甲胺的制造和浓缩、混药、凉药、装药、包装	2
	D	硝酸铵粉碎、筛选	2
浆状炸药	A_3	熔药、混药、凉药、包装	1
	A_2	梯恩梯粉碎	1
	D	硝酸铵粉碎	2
乳化炸药	A_3	乳化、乳胶基质冷却、乳胶基质贮存	2
	B	乳化、乳胶基质冷却、乳胶基质贮存、敏化、敏化后保温（或凉药）、贮存、装药、包装	2

续表C

危险品分类		危险等级	生产工序名称	卫生特征分级
乳化炸药		A_3	敏化、敏化后的保温（或凉药）、贮存、装药、包装	2
		D	硝酸铵粉碎，硝酸钠粉碎	2
传爆药柱	黑梯药柱	A_1	熔药、装药、凉药、检验、包装	1
	梯恩梯药柱	B	压制、检验、包装	1
铵梯黑炸药		A_1	铵梯黑三成份混药、筛选、凉药、装药、包装	1
		A_2	铵梯二成份轮碾机混合	1
太乳炸药		A_2	制片、干燥、检验、包装	2
导火索		A_3	黑火药三成份混药、干燥、凉药、筛选、包装，导火索生产中黑火药准备	2
		D	导火索制索、盘索、烘干、普检、包装	2
		D	硝酸钾干燥、粉碎	2
导爆索		A_1	黑索金或太安的筛选、混合、干燥	2
		A_2	导爆索的包塑、涂索、烘索、盘索、普检、组批、包装	2
		B	导爆索制索	2
		B	黑索金或太安的筛选、混合、干燥	2
雷管（包括火雷管、电雷管、导爆管雷管）		A_1	黑索金或太安的造粒、干燥、筛选、包装	2
		A_2	雷管干燥，雷管烘干	—
		B	二硝基重氮酚制造（包括中和、还原、重氮、过滤）	1

续表C

危险品分类	危险等级	生产工序名称	卫生特征分级
雷管（包括火雷管、电雷管、导爆管雷管）	B	二硝基重氮酚的干燥、凉药、筛选黑索金或太安的造粒、干燥、筛选	2
	B	火雷管装药、压药，电雷管和导爆管雷管装配	2
	B	雷管检验、包装、装箱	2
	B	引火药剂制造（包括引火药头用的引火药剂和延期药用的引火药）	2
	D	引火药头制造	2
	D	延期药的混合、造粒、干燥、筛选、装药，延期体制造	2
	B	雷管试验站	3
塑料导爆管	B	奥克托金或黑索金的粉碎、干燥、筛选、混合	2
	B	塑料导爆管制造	3
继爆管	A_2	装配、包装	2
射孔器材（包括射孔弹、穿孔弹等）	B	炸药暂存、烘干、称量	2
	B	压药、装配、包装	2
	B	射孔弹试验室或试验塔	2
震源药柱 高密度	A_2	炸药准备、熔混药、装药、压药、凉药、装配、检验、装箱	1
震源药柱 中低密度	A_3	炸药准备，震源药柱检验和装箱	1
	B	装药、压药、钻孔、装传爆药柱	1
爆裂管	A_2	切索、包装	1
	B	装药	1
理化试验室	D	黑火药、炸药、起爆药的理化试验室	2
注：在雷管制造中所用药剂（包括单组份药剂或多组份药剂），其作用和起爆药类似者，此类药剂生产工序的卫生特征分级应参照表内二硝基重氮酚确定。			

规范用词用语说明

1. 为便于在执行本规范条文时区别对待，对要求严格程度不同的用词说明如下：

(1) 表示很严格，非这样做不可的用词
正面词采用“必须”，反面词采用“严禁”；

(2) 表示严格，在正常情况下均应这样做的用词
正面词采用“应”，反面词采用“不应”或“不得”；

(3) 表示允许稍有选择，在条件许可时首先应这样做的用词
正面词采用“宜”，反面词采用“不宜”；

表示有选择，在一定条件下可以这样做的，采用“可”。

2. 规范中指定应按其他有关标准、规范执行时，写法为：“应符合……的规定”或“应按……执行”。

中华人民共和国国家标准

民用爆破器材工厂设计安全规范

GB 50089—98

条文说明

修订说明

按照中华人民共和国建设部关于对《民用爆破器材工厂设计安全规范》（GBJ89－85）进行修订的要求，由主编单位五洲工程设计研究院（中国兵器工业第五设计研究院）会同参编单位北方设计研究院、云南安宁化工厂、云南包装厂、煤炭部沈阳设计研究院、国营秦川机械厂、山东招远761厂、山西金恒化工股份有限公司、云南玉溪化工厂、中国兵器工业规划研究院等单位完成了对该规范的全面修订。

为便于广大设计、施工、科研、学校、公安、消防、规划、环保等部门和有关人员在使用本规范时的正确理解和执行条文规定，修订编制组根据建设部关于编制标准规范条文说明的要求，按规范的章、节、条顺序，编制了《条文说明》供有关人员参考。在使用中如发现有欠妥之处，请将意见直接函寄北京宣武区西便门内大街85号五洲工程设计研究院。通讯处为：北京市55号信箱，邮编：100053。

目 录

1 总 则

1.0.1 本条主要说明制定本规范的目的。民用爆破器材属易燃易爆品，在生产和贮存中，一旦发生火灾或爆炸事故，往往造成人员伤亡和经济的重大损失。在民用爆破器材工厂设计中，应周密考虑，贯彻执行安全标准和法规，以便使新建工厂符合安全要求，预防事故，尽量减少事故损失，保障人民生命和国家财产的安全。

1.0.2 本规范的适用范围。

对在本规范修订本颁行前已建成的老厂，如不符合本规范要求的，可根据实际情况创造条件，逐步进行安全技术改造。

1.0.3 工厂设计涉及范围极广，需要遵守的规范、标准、法规等也较多。本规范突出民用爆破器材工厂设计在安全方面的特有要求，设计中除执行本规范外，尚应遵守其他现行国家标准。主要有：《建筑设计防火规范》、《自动喷水灭火系统设计规范》、《污水综合排放标准》、《梯恩梯工业水污染物排放标准》、《黑索金工业水污染物排放标准》、《叠氮化铅、三硝基间苯二酚铅、D、S共晶工业水污染物排放标准》、《二硝基重氮酚工业水污染物排放标准》、《爆炸和火灾危险环境电力装置设计规范》、《建筑防雷设计规范》、《工业企业噪声卫生标准》、《工业自动化仪表工程施工及验收规范》等。

值得提起注意的是，国家民爆行业主管部门曾明确要求，承担民用爆破器材工厂设计的必须是经审批的有民用爆破器材工厂设计资格的设计研究院所。这些设计研究院所应正确理解和执行本规范和相关现行国家标准。本规范在修订过程中对原民爆规范执行十余年来行之有效的条款予以保留，同时增补和修改了有关条文。对国家有关规范明确适用于火药、炸药工厂设计的，本规范规定应予遵守；对国家规范明确不适用于火药、炸药工厂设计的，本规范指出其适应于民用爆破器材工厂设计的部分，并给予适当的剪裁，使之成为本规范的组成部分。

3 建筑物的危险等级和存药量

3.1 建筑物的危险等级

3.1.1 对制造、加工或贮存危险品的建筑物划分危险等级的目的，主要是为了确定建筑物的内、外部距离和建筑物的结构形式，以及其他各种安全技术措施。

建筑物的危险等级是根据建筑物内所含的生产工序或建筑物内所贮存危险品的危险等级决定的。危险品生产工序的危险等级或贮存的危险品的危险等级的划分，主要是根据危险品发生爆炸事故时所产生的破坏能力，其次是危险品的感度、生产工艺等影响事故概率因素，以及建筑物本身抗爆泄爆措施等综合因素确定。

危险品发生爆炸事故时所具有的破坏能力，本规范是以危险品爆炸时的空气冲击波梯恩梯压力当量作为衡量标准。

危险品的感度也影响到危险品的危险等级，例如起爆药类药剂，其破坏能力比黑索金等炸药的破坏能力低，但由于其冲击、摩擦、撞击等感度比较高，在受到外界影响时易发生燃烧、爆炸事故，故危险等级就划分得高些。

不同的生产工艺，其事故发生概率是不同的，例如起爆药剂生产过程中，当危险品的水份含量很高，其危险程度大为降低时，其危险等级也划分得较低。

建筑物本身的抗爆泄爆措施也是影响建筑物危险等级的因素，例如，当危险性作业在抗爆间室内进行时，由于抗爆间室能够将爆炸所产生的破坏效应控制在一定的范围内，而对其周围建筑物的影响大大缩小，故其危险等级也相应降低。

根据上述危险等级划分原则，将建筑物的危险等级划分为A、B、D级。

3.1.4 本次修订对本条做了较大修改。随着技术的发展，新产品、新技术不断涌现，对于规范中未规定的产品，在设计时就感觉依据不充分。本次修订提出了分级的原则和依据，这样，若有规范中未记载的新产品问世，即可依据建筑物危险等级的划分原则确定之。

A级建筑物为建筑物内制造、加工、贮存的危险品具有整体爆炸危险，同时，所采用的工艺又不能将爆炸事故的破坏控制在较小的范围内（例如控制在抗爆间室内）。这类建筑物内的危险品一旦发生爆炸事故，不仅本建筑物将遭到严重破坏或完全摧毁，而且对其周围建筑物也可能造成严重破坏。这类建筑物周围应设防护屏障，与相邻建筑物之间的距离应随药量的变化而变化。

又根据建筑物内危险品发生爆炸时的破坏能力，将A级建筑物划分为A_1、A_2、A_3三个危险等级。

3.1.5 根据建筑物危险等级划分原则，有下列二种特征之一的A级建筑物应为A_1级：

1 建筑物内危险品的梯恩梯冲击波压力当量值大于梯恩梯，例如太安、黑索金、奥克托金的加工、贮存厂房。

2 起爆药剂生产、贮存的某些厂房，由于起爆药剂的感度较高，虽然梯恩梯空气冲击波压力当量值比梯恩梯低，也应列入A_1级。

3.1.6 有下列二种特征之一的A级建筑物应为A_2级：

1 建筑物内危险品的梯恩梯冲击波压力当量值与梯恩梯相当。例如高密度震源药柱加工，苦味酸的贮存等。

2 某些危险品虽然内装炸药的梯恩梯冲击波压力当量值和黑索金相当或者感度较高，但经过加工后，因装在防护件内，有外壳保护，使其感度降低。一旦发生爆炸，破坏能力有一部分消耗于破坏外壳，相应减弱了对周围建筑物的破坏能力。例如导爆索的包塑厂房，雷管贮存库等。

3.1.7 A_3级建筑物内危险品的梯恩梯冲击波压力当量值比梯恩梯低，例如粉状铵梯炸药、水胶炸药等。

3.1.8 B级建筑物具有下列特征：

1 建筑物内的危险品具有整体爆炸危险，但危险作业是在抗爆间室或钢板防护下进行，且建筑物内总存药量不应超过200kg。例如雷管制造厂房，由于雷管的装药、压药皆在抗爆间室内进行，当危险品在抗爆间室内发生爆炸时，爆炸破坏效应完全被限制在抗爆间室以内，对抗爆间室外的影响很小，同时，整个建筑物的总存药量不超过200kg，即使全部爆炸，其破坏范围亦不会很大。

2 原规范中提及建筑物内制造、加工的危险品很不敏感，这类炸药实质上是指不能被单发8号雷管直接起爆，如多孔粒状铵油炸药。这次修改时参照现行国家标准《危险货物运输爆炸品分级程序》（GB14371－93）和《危险货物运输爆炸品分级试验方法和判据》（GB14372－93）的一些规定，明确提出建筑物内制造、加工的危险品不能被单发8号雷管直接引爆者可列入B级，这类产品（如铵油炸药、多孔粒状铵油炸药、粒状粘性炸药）使用时需用一定量的起爆体才能起爆，生产时一般为冷加工，没有热介质介入，发生爆炸的概率很少，对于此类建筑物内的存药量本规范作一定限量。与相邻建筑物的最小允许距离不按药量计算，但规定了一定的距离（见本规范5.2.3条的规定）。这类危险品仍有整体爆炸危险，如万一发生爆炸事故，对其周围将造成严重破坏。

另外，关于雷管感度试验，过去装药直径和高度很不统一，结果差异较大，这次借用国标危险货物运输规定的对雷管试验要求，试验温度为室温，装药直径为80mm，长度为160mm，外壳为牛皮纸。详见现行国家标准《危险货物运输爆炸品分级试验方法和判据》（GB14372－93）中第5组试验的5（a）雷管感度试验规定，其中8.1.4.1款d、e对炸药存放温度和时间以及湿度的要求可不予要求。

3 起爆药剂生产过程中在水中的危险品，由于含水份较多，使其感度显著下降。

B级建筑物一般不设防护屏障，但其存药量以及与其邻近建筑物的最小允许距离必须遵守本规范规定。

3.1.9 D级建筑物内生产或贮存的危险品，在一般情况下只发生燃烧危险，如果有外界强大的引爆条件也可能发生爆炸。D级建筑物可分为两大类：

1 加工、贮存氧化剂的厂房、库房。例如硝酸铵、硝酸钾、硝酸钠加工厂房及其贮存库。在国家防火规范中为防火甲类，但考虑到这些建筑物周围有较多的炸药生产厂房，相应地增加了其危险等级。所以，在爆破器材生产厂贮存、加工氧化剂的库房，厂房的危险等级定为D级，而不以防火规范中的甲类考虑。但在本规范表3.1.10－1中未列入危险等级的氧化剂（如亚硝酸钠等），仍可按防火规范规定确定等级。

2 建筑物内的危险品虽有爆炸危险，但是由于药量分散且存药量少，一般不会发生爆炸，只能发生燃烧危险。例如导火索制索厂房，每个制索机的药斗内的黑火药不超过2kg。在有的工厂，当一台制索机上黑火药爆燃时，其相邻的制索机均未发生爆炸。所以本次修订将导火索制索厂房及雷管生产中的延期药制造工房由原来的B级降为现在的D级，同时对导火索制索厂房也提出了一些新的规定。

3.1.10 表3.1.10－1和表3.1.10－2是对各危险品生产、加工厂房和危险品库房危险等级的具体规定。

1 粉状铵梯炸药生产中高温重砣的轮碾机热混制药给予取消，这是根据技术的发展及国家主管部门的有关规定制定的。

2 含有单质炸药组份的乳化炸药，国内已无生产，故本次修订未纳人规范。

随着对乳化炸药认识加深和几次事故的经验，部分乳胶基质具有雷管感度已成为共识，本次修订，将具有雷管感度的乳胶基质生产的危险等级升为 A_3 级。

这次修订中，我们又对几个厂的乳胶基质进行了测定，证明有雷管感度，近年来设计的乳化炸药生产线，也大都已将其等级升为 A_3 级。但考虑到有一些厂的乳胶基质无雷管感度，故将无雷管感度的乳胶基质的乳化、冷却、贮存仍定为 B 级，并限制厂房内药量不应大于 2t。有的厂生产的乳化炸药无雷管感度，使用时需用起爆体起爆，故将无雷管感度的乳化炸药生产厂房定为 B 级，限制厂房内药量不应大于 5t。

3　导火索生产中的制索厂房，由于目前工厂均不允许送药小车进入厂房内，厂房内也不贮存大量黑火药，厂房内药量少而分散，根据以往的经验不会发生爆炸危险，所以本次将制索厂房的 B 级改为 D 级，同时要求制索厂房应采取隔间操作的措施。

黑火药生产中的硫碳二成份混合，建筑物内的物品，不会发生爆炸危险，故规范未予纳入危险等级，设计时可执行防火规范有关规定。

导火索秒量试验室只进行导火索的燃烧速度测量，该建筑物在本次未纳入危险等级。可视为一般性的建筑物。

4　雷管生产包括火雷管、电雷管、塑料导爆管雷管及俗称的无起爆药雷管的生产。目前，国内科研机构和工厂企业在雷管的安全生产方面做了大量工作，取得了可喜的技术进步，尤其在起爆药的研究开发方面，除常用的二硝基重氮酚外，还应用其他的起爆药。在无起爆药雷管所用药剂方面，各种配方不断涌现，生产工艺也略有差别，但这些药剂的生产和在雷管中的使用时间尚不长，再加上保密等原因，所以本次修订未将各种与二硝基重氮酚作用相似的药剂的生产工序危险等级在规范中列出，而只是列出起爆药剂的典型代表二硝基重氮酚的各生产工序的危险等级，其他起爆药剂的各生产工序的危险等级可参照执行，见表 3.1.10－1 的注。

原规范中延期药生产的混合、造粒、干燥、筛选及装药为 B 级，考虑到延期药生产中发生爆炸事故的可能性较小，且延期药所发生的事故多为燃烧，所以将原 B 级降为 D 级。

原规范中引火药头制造的危险等级为 B 级，本次修订将该工序分为两部份，即引火药剂制造和引火药头制造，引火药剂制造的危险等级为 B 级，引火药头制造不会发生爆炸事故，所以降为 D 级。

对二硝基重氮酚的干燥、凉药和筛选，原规范有两种情况，如果是在抗爆间室内进行，则列为 B 级，如不在抗爆间室内进行则列为 A 级。考虑到二硝基重氮酚的用量少，完全可以用真空干燥在抗爆间室内进行，故取消了 A 级的级别。能列为 B 级的尽量不列 A 级。但目前已建成的 A 级干燥厂房不必改建。

5　原规范中“非电导爆系统”这一说法不很确切，故本次修订去掉这一术语。原“非电导爆系统”生产各工序的危险等级执行雷管生产和塑料导爆管生产的有关规定。

6　震源药柱主要有高密度、中密度和低密度三大系列产品，虽然主装药皆为铵梯炸药，但各系列装药的爆速和密度不尽相同，其中高密度系列震源药柱的主装药密度大于 1.4g/cm^3，爆速大于 5000m/s，该两参数值和梯恩梯的对应参数值相近，因此，高密度系列生产中的危险工序的危险等级为 A_2 级，而中、低密度系列生产中的相应工序的危险等级为 A_3 级。

目前震源药柱的生产，有些厂是利用已有的 B 级军用弹药的装药厂房，这是因为有现成的抗爆间室可利用。但震源药柱的炸药准备和后工序的检验和装箱，药量较大，人员较多，与前工序在一个厂房内生产，对安全不利，故将其列为 A_3 级。低密度震源药柱的装药成份与粉状铵梯炸药相似，有的民用厂不在抗爆间室内装药，故列为 A_3 级。

7　理化试验室包括黑火药、炸药和起爆药剂的理化试验室。

该建筑物内存药量较少，且操作时间用药量更少，本次修改将原来的D级降为防火甲级，但限制室内药量不应超过300g，超过时则仍为D级。

8 表3.1.10－2中需说明的问题：

多孔粒状铵油炸药，粒状粘性炸药的中转库和总仓库列为A_3级，但生产工序却为B级，又如射孔弹中转库和总仓库为A_3级，生产工序也为B级。这是考虑仓库内由于存药量大，中转库有时多达20t，总仓库药量更大，故等级提高。这与国外的情况也相同，美国国防部标准规定，在运输时作为1.5级的产品（有整体爆炸危险但很不敏感的物质），在贮存时仍应按1.1级（具有整体爆炸危险的物质）考虑，即按一般的猛炸药对待。

3.2 存 药 量

3.2.3 已有的技术资料和国内外燃烧爆炸事故，都证明硝酸铵在外界一定激发条件下可以发生爆炸。在炸药生产厂房内，当硝酸铵与炸药同在一个工作间时，硝酸铵重量的一半与爆炸物重量之和作为本建筑物的存药量。例如计算粉状铵梯炸药混药厂房内的药量时，其药量等于正在混制的炸药量加上混制完成的炸药量，再加上备料物中的梯恩梯药量及硝酸铵重量的一半。又如多孔粒状铵油炸药生产厂房内的存药量，等于正在混制及混制完成的药量之和，再加上贮存的硝酸铵重量的一半。并要求整个厂房存药量不应大于5t。

硝酸铵的水溶液在炸药生产厂房内时，不计算在该厂房存药量内。

国内爆炸事故资料表明，在炸药生产厂房内，当硝酸铵贮存在单独的隔间内时，炸药发生爆炸时，硝酸铵未发生殉爆。

70年代末国内某厂粉状铵梯炸药爆炸事故中，硝酸铵即未殉爆。该厂房为连续化生产的联合生产厂房，自硝酸铵粉碎至成品包装均在一个厂房内。当混药部分发生爆炸时，厂房内其他部分的炸药均殉爆，爆炸药量为700kg。但与炸药工作间有隔墙相隔的1400kg硝酸铵未殉爆。

原规范中对隔离的要求比较含糊，不便使用。这次修订中，将厂房内存放的总炸药量、硝酸铵存放间与炸药的间隔距离、硝酸铵存放间与炸药工作间的隔墙厚度三者的关系列于表3.2.3中。此规定主要是参考了美国的几项试验数据。该试验的目的，本身就是寻求炸药混制处与硝酸铵存放处之间的安全距离，和已混制好的炸药贮存与硝酸铵存放处之间的安全距离。试验采用圆柱形药包，分ϕ20×20（in），ϕ40×40（in）（1600 lb 药量），ϕ60×60（in）（5400 lb 药量）。试验规模很大，分二阶段进行，每阶段放炮五六十发，总共用去铵油炸药和胶质炸药等炸药322600 lb，硝酸铵164600 lb。试验中将硝酸铵当作被爆药看待，主爆药采用铵油炸药或胶质炸药，主爆药包和被爆药包采用完全相同的尺寸。从试验结果可以看出，当炸药与硝酸铵之间有一定厚度的挡墙时，可大大缩小不殉爆距离。试验的主爆药包分两种：一种为端面有金属片，爆炸后可射出破片；另一种端面无金属片。从试验结果可看出，有金属片的主爆药与被爆药之间的不殉爆距离，要比无金属片主爆药与被爆药之间的不殉爆距离大数倍，设立挡墙可挡住破片，使距离缩小。这些数据现已形成美国安全距离的规范。修订本规范时，就是利用美国规范中与我国情况相近的几组数据，找出表3.2.3中三者的关系，经调整后得到表中数据。该试验规模大，试验方法合理，试验手段先进，所归纳的数据（如殉爆系数）与国内相比偏于安全，故应用于本规范当是适宜的。

表中规定炸药量最大为5t，已适用目前生产状况，大于5t时用计算确定。

必须指出，硝酸铵符合表3.2.3情况，虽然可以不计算在药量内，但不等于硝酸铵可大量贮存在厂房内，硝酸铵在厂房内的贮量仍应以满足班产或日产的需要量为宜，不宜过多贮存。

还应指出，硝酸铵贮存间与炸药工作间相隔，是指二者平面布置而言，目前山区建厂，利用地形位差，将硝酸铵贮存间布置在炸药工作间的侧上方是允许的，但不能将硝酸铵贮存间直接布置在炸药工作间楼板的上面。

当炸药生产厂房内的硝酸铵贮存条件满足该表之规定条件时，硝酸铵的重量可不计算在该厂房的存药量内。该表中规定的隔墙厚度，无论是硝酸铵贮存间与炸药存放直接相邻，还是他们之间另有其他工作间（不存放炸药）相隔，均指硝酸铵贮存间靠近炸药一侧的墙厚。

4 工厂规划和外部距离

4.1 工厂规划

4.1.1 根据民用爆破器材工厂多年生产实践和事故教训，本条明确规定了在工厂规划时，要从整体布局上将组成工厂的各区分开布置，其目的是有利于安全，同时也便于工厂管理。

与原规范相比，根据工厂实际情况，增加殉爆试验场一项。

4.1.2 本条具体规定了在进行工厂各区规划时，应遵循的基本原则和应考虑的主要问题。

1 本款强调在确定各区相互位置时，必须全面考虑工厂生产、生活、运输和管理等多方面的因素。根据实践经验，在总体布置上首先应将危险品生产区的位置安排好，因为危险品生产区是工厂的主要部分，它与各区都有密切的联系，将它布置在工厂的适中位置，有助于合理组织生产和便利生活。危险品总仓库区，是工厂集中存放危险品的地方，从安全和保卫上考虑，宜设在有自然屏障遮挡或其他有利于安全的地带。殉爆试验场和销毁场，为满足国家噪声的有关标准要求以及从安全角度考虑，亦宜设在工厂的偏僻地带或边缘地带。

与原规范相比，除增加殉爆试验场一项外，其他无改变。

2 从试验和事故教训中得知，在山坡陡峻的狭窄沟谷中，山体对爆炸空气冲击波反射的影响要比开阔地形大很多，一旦发生爆炸事故，将会增大危害程度。同时，此种地形也不利于人员的安全疏散和有害气体的扩散。

3 辅助生产部分是为危险品生产区服务的，而其作业均系非危险性的。在满足生产要求的原则下，应尽量缩短职工上下班的行走距离，为此，宜将辅助生产部分靠近生活区方向布置。

4 本款主要考虑为了安全和防患于未然。生活区是人员密集的地方，特别是老人和小孩较多，因此规定危险品的运输不宜通过生活区。

4.2 危险品生产区外部距离

4.2.1 危险品生产区内的各危险性建筑物与其周围村庄、公路、铁路、城镇、本厂生活区等之间的距离，均属外部距离。

由于各危险性建筑物的危险等级及其存药量不尽相同，因而所需外部距离也不一样，因此在确定外部距离时，应根据危险品生产区内A级、B级、D级建筑物的各自要求，经分别计算后，取其最大值。

4.2.2 本条中所指A级建筑物，系A_1级、A_2级和A_3级建筑物的总称。试验表明，不同性质的炸药（指A_1、A_2、A_3级）爆炸后所形成的空气冲击波峰值超压，在远区的差别程度不大，而本规范中A_1级建筑物数量不多，其存药量也相对较少，为此，根据试验资料及事故调查并参考国外有关资料后，确定A_1、A_2、A_3级建筑物的外部距离不再区分，而统由A级建筑物外部距离表确定。

表中外部距离系按爆心设有防护屏障，而被保护对象不设防护屏障，且建筑物以砖混结构为标准确定的。外部距离只考虑爆炸空气冲击波的破坏效应，不能防止少数飞散物的影响。

现将各项外部距离可能产生的破坏情况简要说明如下：

1 对本厂生活区、村庄、铁路车站、35kV和110kV区域变电站、小型工厂企业等项目，考虑到生活区、村庄和铁路车站是人员较多的地方，区域变电站一般属于地区性的，因此对以上各项外部距离均按次轻度破坏的标准考虑。即玻璃少部分到大部分呈大块、条状或小块破碎；木门窗的窗扇少量破坏；板条内墙抹灰少量掉落；顶棚抹灰少量掉落；瓦屋面少量移动；其他砖外墙、木屋盖、钢筋混凝土屋盖均无破坏。

2 对本厂危险品总仓库区和零散住户，由于此两部分的人员相对少些，而且危险品总仓库区的事故频率极低，因此对这两项的外部距离，均按比本厂生活区破坏标准略重一点的轻度破坏标准考虑。即玻璃大部分呈小块破坏到粉碎；木门窗的窗扇大量破坏，窗框和门扇破坏；砖外墙出现较小裂缝，其最大宽度不大于5mm并稍有倾斜；木屋盖的屋面板变形并偶然折裂，瓦屋面大量移动；室内顶棚抹灰大量掉落；内墙的板条墙抹灰大量掉落；钢筋混凝土屋盖和钢筋混凝土柱无损坏。另外，由于个别震落物及玻璃破碎对人员的偶然伤害，是不可避免的。

3 本规范将原规范中的县以上公路，根据我国目前的公路情况和有关规范的划分，改为一至四级公路。本款列出的是三、四级公路，以及通航汽轮的河流航道和非本厂的铁路专用线，考虑到这些项目系活动目标，工厂一旦发生事故恰遇有车辆和汽轮通过，有一定的偶然性，虽然如此仍采用轻度破坏标准，不会因爆炸空气冲击波的峰值超压而使正常行驶的车辆或航行中的汽轮发生事故，但偶然飞散物的伤害有可能发生，因其有很大的随机性，无法准确计算。

4 原规范中只列出35kV和110kV两种高压输电线路，考虑到我国近年来电力事业的迅速发展的实际情况，在本款中新增加220kV及以上输电线路及其区域变电站一项。由于三种不同的输电线路，其重要程度、服务范围、经济效益以及一旦遭受破坏所造成的损失大不相同，因此规范中采用了不同的破坏标准。

对220kV及以上输电线路及其区域变电站，考虑其一旦遭受破坏影响范围广，经济损失严重，因此采用次轻度破坏标准，尽管如此，仍不能避免个别飞散物的影响，但机率将是很低的。

对110kV和35kV输电线路，考虑其服务范围有一定局限性，一旦遭受破坏其影响面不大的特点，因此规范中采用了轻度破坏标准。一般情况下由于架空线路呈细圆形截面，有利于冲击波的绕流，但对于个别飞散物的破坏影响，由于有很大的随机性，则很难防范。

5 对国家铁路和二级及二级以上公路，根据我国的具体情况，铁路运输是国家运输的大动脉，一般情况下不允许发生干扰和妨碍铁路运输干线正常运行的事件。同样，二级及二级以上公路也是昼夜行车量很大的运输系统，特别是改革开放以来，道路系统有很大发展，因此其重要性也是很大的。据此，本款规定了这两个项目的外部距离，采用相当于次轻度破坏标准，考虑到无论铁路列车或汽车，都是行进状态，在较短时间内即可通过危险区，发生事故的可能有一定的偶然性，因此，这样的破坏标准是可以接受的，也是可行的，否则要求距离很远，在实际执行中是有困难的。

6 距人口小于或等于 10 万人的城镇规划边缘及大、中型工厂企业围墙的距离，由于居住和活动的人员都较多，各种设施也多，为此外部距离采用次轻度破坏标准，比本厂生活区的破坏情况轻些。

7 对人口大于 10 万人的城市，其外部距离是按基本无破坏的标准考虑的，但偶然也会有少量的玻璃破坏。

8 本条在表 4.2.2 中所确定的外部距离，系指平坦地形条件，而从爆炸事故和试验资料中都说明，当危险性建筑物紧靠山脚布置，与山背后建筑物由于有山相隔，其距离可比平坦地形有所缩小，故根据试验资料进行分析整理后，在表注中提出了在特定的山高和坡度的范围内，距离可以减少的百分数。

9 与原规范相比有如下的改变：

1）原县以上公路的提法，根据国家现在的公路等级区分方法，改为一、二、三、四级公路，并分别就三、四级和二级及二级以上公路规定了不同的外部距离；

2）架空输电线路根据国家电力事业的实际发展情况，新增加 220kV 及以上输电线路及其区域变电站一项，同时相应地将原区域变电站改为 35kV 和 110kV 区域变电站；

3）原规范规定最小药量为小于或等于 300kg，根据近 10 年来的实际情况，将最小药量降至小于或等于 100kg。

4.2.3 B 级建筑物中的生产类别比较繁杂，其中无雷管感度铵油类炸药、粒状粘性炸药、乳化炸药、无雷管感度的乳胶基质等，与 A_3 级的上述产品的差别，只在于用 8 号雷管能否起爆，也就是说敏感度方面有差别，而爆炸效应方面并无太大差别，因此，本条规定将上述产品的外部距离，仍按表 4.2.2 根据相应药量确定其外部距离。

除上述指出的生产品种外，对其余所有生产类别的 B 级建筑物的存药量进行分析后，得出其存药量均不大于 200kg 的情况，为此，在 4.2.3 条 2 款中规定了这些 B 级建筑物的外部距离，按表 4.2.2 中存药量大于 100kg 或小于等于 200kg 的一挡距离确定。

值得指出的是，由于 B 级建筑物可以不设防护屏障，因此一旦发生事故，在某些情况下，对周围的影响有可能产生超过所规定的破坏标准。

与原规范相比，B 级建筑物中的生产类别有所增加，如无雷管感度的乳胶基质、用 8 号雷管不能起爆的粒状粘性炸药等。破坏标准与原规范无改变。

4.2.4 D 级建筑物的外部距离，主要是根据建筑物内的危险品能燃烧和在外界强大的引爆条件下也可能爆炸的特点而制定的。

1 硝酸铵仓库最大允许存药量可达 500t，而且又允许布置在危险品生产区内，如果一旦发生爆炸事故，对周围的影响后果是极其严重的。为此，曾访问和调查过现有的硝酸铵生产厂及其库房的布置情况，基本上是采用现行防火规范的有关规定，又考虑原规范执行 10 年来在这个问题上尚未发生严重后果，在照顾到各有关生产厂 10 年来执行原规范的实际情况，本条在修改规范时，仍保留了原规范的各项规定。

2 D级建筑物中，除硝酸铵仓库外，其余D级建筑物的外部距离，也保留了原规范的不应小于50m的规定。

4.3 危险品总仓库区外部距离

4.3.1 危险品总仓库区与其周围的村庄、公路、铁路、城镇和本厂生活区等距离，均属外部距离。由于总仓库区内各危险品仓库的危险等级和存药量不尽相同，所要求的外部距离也不一样，为此，在确定总仓库区的外部距离时，应分别按总仓库区内各个仓库的危险等级和存药量计算，然后取其最大值。

4.3.2 本条要说明的问题与第4.2.2条基本相同。鉴于危险品总仓库区发生爆炸事故的机率很低，又考虑到少迁民和节省投资等因素，A级总仓库距各类项目的外部距离，采用比危险品生产区A级建筑物的要求略小，也就是破坏程度稍重一点的标准，总的比较相差半级左右。考虑到事故频率低的特点，并考虑我们国家的具体情况，这样的标准还是可行的。原规范经过10年的实践，在这个问题上证明也是可行的。

与原规范相比，在项目方面与4.2.2条有相同的改变，在最小药量方面由小于或等于2000kg降至小于或等于1000kg。

4.3.3 根据D级总仓库内所贮存的危险品品种，一类为只起燃烧作用，一类为氧化剂，故采用原有规范的标准，对只是燃烧而不会爆炸者，确定其外部距离不应小于100m，而对硝酸铵仓库，由于存量较大，采用与危险品生产区相同的外部距离标准，即不应小于200m。

5 总平面布置和内部最小允许距离

5.1 总平面布置

5.1.1 总结多年来的设计经验，特别是原规范执行10多年来的实际情况和事故教训，本条提出了对危险品生产区和总仓库区总平面布置的一般原则和基本要求。

1 本款着重要求总平面布置，应该将危险性生产建筑物相对集中布置，以与非危险性建筑物分开，这样有利于安全。同样，对危险性较大或存药量较大建筑物布置要求，亦是从有利于安全考虑的。

2 根据试验和爆炸事故证明，建筑物的长面方向比山墙方向，在一定范围内，其破坏力要大，因此规定了不宜长面相对布置的要求。

3 当危险性生产厂房靠山体布置太近时，由于山体对爆炸空气冲击波的反射作用，使邻近工序产生次生灾害，工厂的爆炸事故证明了这点。但具体在多少药量情况下距山体多少距离为宜，应视药量的大小和品种情况，山的坡度及植被分布而定。

4 从有利于安全考虑，规定了运输车辆不应在其他危险性建筑物的防护屏障内通过。非危险生产部分的人流、物流不宜通过危险生产地带。

5 围墙与危险性建筑物的距离，根据我国近10年来的可耕地的具体减少情况和考虑国家发出的尽最大可能减少占用土地的指示精神，并考虑了公安部有关防火隔离带的规定和林业部强调生物防火距离的要求，以及参考国外若干国家对危险性建筑物周围防火隔离带的具体规定等，本条将危险性建筑物与围墙的距离确定为15m。与原规范相比减少10m。

6 无论危险品生产区和危险品总仓库区内，凡未经铺砌的场地，均宜种植阔叶树，特别是在危险性建筑物周围25m范围内，不应种植针叶树或竹林。

本条与原规范相比，增加了强调危险性与非危险性建筑物分开布置的原则。另外，在围墙与危险性建筑物之间的距离由25m改为15m。还明确增加规定了运输车辆不应在其它危险性建筑物的防护屏障内通过的内容。

5.1.2 本条所提出的建筑物之间要满足最小允许距离的要求，系指危险性建筑物一旦发生意外爆炸事故后，对周围建筑物的影响不应超过所允许的破坏标准。

5.1.3 由于危险品生产厂房抗爆间室的轻型面，实际上是爆炸时的泄压面，为了安全起见，在总平面布置时，应注意避免将抗爆间室的泄爆方向面对人多、车辆多的主干道和主要厂房。

5.1.4 要求不同生产性质的生产线分开布置，目的在于减少不必要的破坏损失，以免不同生产性质生产线同时遭受破坏。

对于雷管生产线而言，不仅因其敏感度大，而且又是提供爆炸的起爆器材，故在条文中特别提出了雷管生产线宜布置在独立的场地上。

5.2 危险品生产区内最小允许距离

5.2.1 危险品生产区内各建筑物之间的距离为内部最小允许距离。由于危险品生产区内不仅有 A_1 级、A_2 级、A_3 级、B级、D级等建筑物，还有为生产服务的公用建、构筑物，如锅炉房、变电所、水池、水塔等等。对这些不同危险等级和不同用途的公用建、构筑物，都规定有各自不同的最小允许距离要求。在确定各建筑物之间的距离时，要全面考虑到彼此各方的要求，从中取其最大值，即为所确定的符合要求的距离。

5.2.2 本条所说的A级建筑物，系指危险品生产区内任何一个 A_1、A_2、A_3 级建筑物的总称。

根据生产实践和事故资料并经试验证实，A级建筑物设置防护屏障是有利于安全的，特别是对阻挡爆炸建筑物所产生的低角度飞散物，其作用尤为明显。

1 根据本款计算出的距离，系指 A_1、A_2、A_3 级建筑物一旦发生爆炸事故，对相邻砖混结构建筑物的破坏，将产生次严重破坏程度的标准，即玻璃粉碎并被吹走；木门窗的门扇、窗扇等被摧毁，门窗框掉落；砖外墙出现严重裂缝，最大宽度可大于50mm并严重倾斜，砖垛出现较大裂缝；木屋盖的木檩条折断，木屋架杆架偶然折裂，支座错位；钢筋混凝土屋盖出现明显裂缝，最大宽度在1～2mm，修理后能继续使用；顶棚塌落；砖内墙出现较大裂缝；钢筋混凝土柱无损坏。总之，相邻的砖混建筑物将遭受严重破坏，但不致于倒塌，同时由于爆炸飞散物和震落物所造成的伤害和损失将是无法避免的。

本款还规定了不管按表5.2.2计算结果如何，A级建筑物与其邻近建筑物必须保持不应小于35m的规定，这是一方面考虑到A级建筑物设置不同构造的防护屏障的占地需要，另一方面事故和试验表明，在距爆心较近距离范围内，飞散物是较密集的，破坏性和危害性均较大，对相邻建筑物和人身安全均不利，因此作出最小允许距离的规定。

在表5.2.2的注3中的规定，系考虑到方便运输，有利生产，并考虑包装箱中转库除搬运工作时间外，并没有固定值班人员，因此确定仅为A级装药包装工房服务的包装箱中转库，与该厂房的最小允许距离，可按现行国家标准《建筑设计防火规范》有关要求确定。必须指出，当所服务的A级厂房一旦发生爆炸事故时，包装箱中转库将遭到与该A级厂房相同的破坏程度。

在表5.2.2的注4中，对抑爆间室等特殊结构建筑物与邻近建筑物的最小允许距离，规定了由抗爆计算确定，不受5.2.2条限制。这为应用新型特种结构，在符合安全允许条件的前提下，减少内部最小允许距离创造了条件。

2 本款专门规定了A级建筑物与各类公用建、构筑物之间的最小允许距离。鉴于公用建筑物的功能不同，服务范围也不同，因此针对不同的公用建、构筑物，分别确定了不同的允许破坏标准。

1）锅炉房是全厂的热力供应中心，一旦遭到破坏将直接影响到全厂的生产，而且锅炉房本身一旦遭受破坏，复建周期长，恢复生产困难，因此，锅炉房的破坏以越轻越好，但锅炉房的热力管加长后，热损失将增大．技术经济均不大合理。经全面考虑后，本款规定锅炉房的破坏标准以不超过中等破坏为准，即玻璃粉碎；木门窗窗扇掉落、内倒，窗框、门扇大量破坏；砖外墙出现较大裂缝，最大宽度在5～50mm，明显倾斜，砖垛出现较小裂缝；木屋盖的木屋面板、木檩条折裂，木屋架支座松动；钢筋混凝土屋盖出现微小裂缝，最大宽度大于1mm，修理后能继续使用；瓦屋面大量移动至全部掀掉，顶棚木龙骨部分破坏、下垂，砖内墙出现小裂缝；钢筋混凝土柱无损坏。本项规定的A级建筑物与锅炉房的距离除按计算外，且不应小于100m，系考虑烟囱的火星和灰尘对A级建筑物的影响。另外，锅炉房的距离分为有火星和无火星产生两种情况考虑，无火星系指锅炉有可靠的除尘装置。

2）总降压变电所、总配电所是全厂的供电中心，一旦遭到破坏影响全厂，甚至产生相应的次生灾害，因此采用轻度破坏标准。

3）10kV及以下单建变电所服务范围有限，与所服务的对象距离太远，不仅线路长，管理亦不便，为此采用次严重破坏标准。

4）钢筋混凝土水塔是全厂的供水主要来源，一旦遭受破坏不仅直接影响生产，还有可能影响消防用水的来源，因此颇为重要。本项规定的破坏标准为中等破坏标准。

5）地下半地下高位水池覆土后，抗冲击波荷载的能力提高，且多数高位水池为圆型结构，其刚度大，较为有利。但地下半地下高位水池要求承受来自于爆炸源的地震波应力。鉴于工厂的爆炸源均产生于地面以上，经地表再经地下传至高位水池，其能量远比地下爆炸源减少许多，而且高位水池所在地由于地质条件不同也有很大差别。根据原规范10年来的执行情况，在这方面尚未发现有何问题，因此仍维持原规范的标准。但危险品生产区内A级建筑物的存药量变化幅度很大，原规范所规定的距离仅能保持在小药量情况下，高位水池不裂，药量大到一定程度，高位水池仍会出现裂缝等破坏情况。

6）全厂性公共建筑物，如厂部办公室是工厂的指挥中心，也是机要所在。食堂是工人集中的场所，消防车库是保护工厂安全的组成部分，从保护人身安全和减少事故损失考虑，其距离不宜太远，因此本项确定为轻度破坏标准。原规范要求最小允许距离不得小于200m，因150m已满足轻度破坏标准，故由原200m改为150m。

7）火花在风的吹动下影响范围较大，在这范围内散落的裸露易燃易爆品有可能因火花而引发事故，故确定为不应小于50mm。

8）考虑到车间办公室、辅助生产建筑物等距生产车间不宜太远，但也不宜一旦发生事故遭受与生产工房一样的次严重破坏标准，因此本项采用中等破坏标准。

本款与原规范相比，有较多的改变，如总降压变电所等，原规定最小不宜小于200m，现改为最低不应小于100m；与厂部办公室等全厂性公共设施原规定最低不宜小于200m，现改为最低不应小于150m等。

5.2.3 B级建筑物与其邻近建筑物的最小允许距离，系按下列原则确定：

1 根据对B级建筑物中的生产类别的分析，其中无雷管感度铵油类炸药、粒状粘性炸药、乳化炸药、乳胶基质等，与相同产品A_3级的差别，只在于无雷管感度，说明这些产品比较钝感，但爆炸效应并无多少区别，而且药量又可高达5t，一旦发生事故后果是严重的。根据生产要求又不设防护屏障，这就更增加了其破坏威力。根据原规范的规定，又考虑执行10年来并无重大恶性事故的发生，因此仍对这部分B级建筑物采用最小允许距离不应小于50m的规定，必须指出的是，这些工房一旦发生爆炸事故，对邻近建筑物的破坏将会超过所允许的次严重级破坏标准。

B级建筑物中，除上述以外的产品，经分析其药量均不超过200kg，为此按原规范的规定，其最小允许距离采用35m，可以满足次严重级破坏标准的要求。

2 B级建筑物与公共建、构筑物的距离，其确定原则基本与A级建筑物相同。只是或由于危险作业在抗爆间室，或由于某些产品没有雷管感度，因而定为B级，其发生事故的机率低，或爆炸危险性作业在抗爆间室内，有破坏影响范围小的具体情况，因此，在确定其与公共建、构筑物的距离时，比A级略小。但必须指出的是，由于某些生产品种其存药量最大可达5t，一旦发生事故，相邻建筑物有超过所允许的破坏标准的可能。

5.2.4 D级建筑物与其邻近建筑物的最小允许距离，系按下列原则确定：

1 危险品生产区内D级建筑物中的产品有燃烧危险，在一定条件下也可能产生爆炸，故根据D级建筑物中危险品存量的多少和周围建筑物的重要程度，分别规定了不同的距离。

D级建筑物中，需要指出的是硝酸铵仓库，其允许存量最大可达500t至600t，按原规范规定仍确定了其与任何建筑物的距离均不应小于50m，这是考虑10余年来既无重大事故又无新的可供依据的数据，不好轻易变动。

由于硝酸铵仓库存量很大，当硝酸铵仓库一旦发生事故时，其对周围建筑物的破坏，将会大大超过所允许的次严重破坏标准。

2 D级建筑物与公共建、构筑物的距离，其确定原则基本与A、B级建筑物相同，只是在多数情况下可能产生的是燃烧危险，在一定条件下也可能产生爆炸。据此，制定了与公共建、构筑物的距离。必须指出的是，万一发生爆炸事故，对周围建筑物的破坏将是严重的，但机率是很低的。

5.3 危险品总仓库区内最小允许距离

5.3.1 危险品总仓库区内各建筑物之间的距离，属于内部最小允许距离。由于危险品总仓库区只有A级和D级危险品仓库，为了便于使用，已将A_1级、A_2级、A_3级仓库与其邻近建筑物的最小允许距离，分列于表5.3.2－1、表5.3.2－2和表5.3.2－3中，使用时可直接查出。必须指出的是，使用时应将相互间的距离均查出，然后取其最大值作为建筑物间的最小允许距离。

5.3.2 A级仓库与其邻近建筑物的最小允许距离，其破坏标准是，当某个A级仓库一旦发生爆炸事故时，对邻近仓库内的危险品不产生殉爆而建筑物却全部倒塌。不仅相邻仓库倒塌，就是再远一点的仓库，也将随着爆炸事故仓库药量及距离的大小，会产生不同的破坏后果。

5.3.3 由于D级仓库在一定条件下也会爆炸，为减少产生事故的可能性，本条提出，D级仓库分一般D级和硝酸铵仓库两种办法处理其最小允许距离。当具有爆炸危险的D级仓库与A级仓库邻近时，其与A级仓库相对面的一侧，应设置防护屏障。

除上述与原规范相比有补充外，其余无改变。

5.3.4 总仓库区的值班室是仓库管理人员和保卫人员值班的地方。为有利于值班人员的安全，本条强调宜结合地形将其布置在有自然屏障的地方。考虑到值班室与A级仓库的距离远了，管理上不方便，近了又不利于安全。为此，值班室与A级仓库的距离，基本是按次严重破坏标准考虑的，并根据值班室是否设有防护屏障而分成几个档次确定。由于总仓库区内的库房存药量差别很大，当大药量仓库一旦发生爆炸事故，对值班室有可能产生超过次严重破坏标准的情况。

5.3.6 当危险品总仓库区设置岗哨时，岗哨与仓库的距离，在条文中未提出明确要求，因为岗哨是为仓库警卫的，将根据保卫需要设置岗哨位置。因此，一旦仓库发生事故，岗哨上的警卫人员将不可避免的产生伤亡。

5.4 防护屏障

5.4.1 防护屏障可以有多种形式，例如钢筋混凝土挡墙、防护土堤等。不论采用何种形式，都应能起到防护作用。本条以防护土堤为示例，绘出防护土堤的有作用范围和无作用范围。

5.4.2 本条所规定的防护屏障的高度是最低要求高度，如有条件能做到高出屋檐高度，则对削弱爆炸空气冲击波和阻挡低角度飞散物将更有好处。当防护屏障内建筑物较高，例如高度大于6m时，本条内亦规定了防护屏障高度可高出爆炸物顶面1m。但是，建筑物之间的最小允许距离计算应符合表5.2.2注2的规定。

5.4.3 本条分别对钢筋混凝土挡墙和防护土堤的防护屏障顶宽提出要求，其他防护屏障可按此原则处理。

5.4.4 防护屏障的边坡应稳定（主要指土堤），否则易塌落，将达不到规范标准，减弱了防护安全的作用。

5.4.5 建筑物的外墙与防护屏障内坡脚的水平距离越小，防护作用越好。但从生产、运输、采光和地面排水等多方面要求，两者必须保持一定距离。本条规定除运输或工艺方面有特殊要求的地段外，应尽量减少该段距离，以使防护屏障起到防护作用。

5.4.6 本条主要是对生产运输通道或运输隧道在穿越或通过防护屏障时的一些技术要求。同时对通过防护屏障的安全疏散隧道也提出了一些具体技术要求。

5.4.7 当防护屏障采用防护土堤构造而又取土较为困难时，本条提出各种减少土方量的具体技术措施。

5.4.8 根据我国的具体情况，应尽最大可能减少占地面积，而又能保证安全，为此本条提出在危险品生产区，对两个危险品仓库（火药、炸药除外），可以组合在联合的防护土堤内的具体技术要求。

6 工艺与布置

6.0.1 目前，国内民用爆破器材生产工艺技术是比较落后的。近年来发生的几起特大爆炸伤亡事故，其中工艺落后、工房内贮存药量大及操作人员多是重要的原因。另一方面，很多企业、科研机构也在不断地探索新的生产工艺，尤其是在工业炸药生产中使用了高温、高速设备，而对其潜在危险因素尚未完全清楚。基于以上两原因，在危险品生产工艺设计中应采用行之有效的先进技术，隔离操作，使用自动控制和计算机技术，在满足生产工艺情况下应尽量减少厂房存药量及操作人员。同时强调了采用的新技术应能满足安全上的要求。

6.0.2 危险品生产厂房的工艺布置和危险品仓库布置的规定。

1 本款规定是为在进行危险品生产厂房平面设计时应有利于人员的疏散。

□字形、冂字形厂房都不利于人员的疏散，并且当厂房的一面发生爆炸时会影响到其他面。但因山体地形原因而设计为乚形厂房，如内部布置合理，亦可以这样设计。

2 本款规定在布置工艺设备、管道及操作岗位时应有利于人员的疏散。例如在调查中发现有的传输皮带挡住操作者的疏散道路；也有的操作者被操作桌台所围，几乎没有疏散通道；还有的工作面积太小，人员交错布置。这些都不利于人员在发生事故时的迅速疏散。

3 A、B级厂房的底层，除了门做为疏散出口外，对距门较远或不能迅速到达疏散口的固定工位，应根据需要设置安全窗，安全窗应符合有关规定。在调查中发现有的安全窗不符合安全要求，也有的为了便于管理在厂房安全窗外又设了围墙，使从安全窗出来的人无疏散通道，失去了安全窗的作用。

4 起爆器材生产厂房宜设计成一边为工作间，另一侧为通道，尤其是雷管生产中装药、压药工序，在条件允许的条件下首先应该这样设计。当设计中间为通道，两侧为工作间时（例如电雷管的装配工序）若发生偶然事故，人员需经过中间通道才能向厂房外疏散，在人员多的工序会拖延疏散时间，甚至发生人员相互碰撞的现象，所以规定工作间应有直通室外的安全出口，在固定工位设直通室外的安全出口可以是门，也可以是安全窗。

工作间通向中间通道的门或门洞不应相对布置，是为了防止相互传爆，以及保护对面的操作人员而提出的。

5 厂房内危险品暂存间存药量相对集中，若发生爆炸事故，爆源附近遭受的破坏更加严重，所以危险品暂存间宜布置在厂房的端部，并不宜靠近厂房出入口和生活间，以减少事故损失。

雷管等起爆器材生产厂房中人员较多，提倡炸药、起爆药和火工品宜暂存在抗爆间室或可靠的防护装甲（如防爆箱）内，以达到不能发生殉爆的目的。但有时因工艺流程的需要，危险品暂存间布置在端部对组织生产不便时，也可沿外墙布置成凸出的贮存间，但贮存间不应靠近人员的出口，使危险品与人流交叉，万一发生事故，会造成很多人员的伤亡。本条均是总结以前的事故经验而制定的。

6 A、B、D级危险性建筑物不可避免存在火药、炸药粉尘，所以在设计本厂房的辅助间（例如通风室、配电室、泵房等）时，若辅助间内的操作不必和生产厂房保持随时联系，则辅助间和生产工作间之间宜设隔墙，隔墙上没有门相通，辅助间的出入口不宜经过危险性生产工作间，而宜直接通向室外。

6.0.3 危险品运输通廊的规定。

1 本款是总结过去的事故经验而提出的，某厂乳化炸药生产线发生严重爆炸事故，从事故中可以看出，如果运输通廊设计合理，可以减少事故损失。该厂事故爆源是从装药包装工房开始，装药工房与卷纸管工房之间有密封式通廊相连，通廊结构为预制板重型屋盖，两侧为石头砌的墙，有窗，但窗的面积很小，通廊又为直线形，故冲击波沿着通廊，直至卷纸管工房，使该工房遭到严重破坏，工房内一名工人被炸死亡。如果通廊为敞开式，或通廊为密封式但为易泄爆的轻型结构，则损失不会这样严重。

从安全角度出发，运输通廊以敞开式或半敞开式为好，在发生爆炸事故时，爆炸空气冲击波能迅速逸散。对顶盖无特别规定，可视工厂的具体情况酌情处理。

对我国多风雷多风沙的地区，为了安全生产和保证炸药质量，可以采用半侧封闭或全封闭形式的廊道，采用全封闭形式廊道时，其顶盖和墙体应采用轻质材料。

地下通廊连接两个厂房时，若有燃烧爆炸事故的发生将给相邻厂房造成更严重的破坏，同时处于通廊内的人员也不易疏散，所以不提倡采用地下通廊。但有些厂房之间的通廊需穿过局部山体时，该通廊不视为地下通廊。

2　还是以某厂乳化炸药生产线爆炸事故为例，该厂装药厂房与乳化厂房之间也为重型的密闭式通廊，从乳化厂房用悬挂式输送机输送药坯，每个药坯重20kg，药坯间距离为500mm（原设计时经过殉爆试验，设计的药坯重2.7kg，间距为900mm）。装药厂房爆炸后，沿着输药坯的运输机一直殉爆至乳化厂房的制坯部分，使乳化厂房严重破坏，死亡多人。

采用机械化连续输送危险品，输送设备上的危险品间隔距离应能保证不发生殉爆。危险品殉爆距离应有可靠数据，殉爆距离也可以模拟生产实际由试验确定。

3　在条件允许的情况下，与危险性建筑物相连的通廊宜设计为折线形式。实践证明，在危险性建筑物内危险品发生偶然爆炸事故时，与直线形式廊道相比，折线形式的廊道可减少爆炸冲击波的破坏范围，降低相邻厂房的损失。折线的角度要适当，并保证廊道内人员运输的安全与方便。

4　危险品中转库存药量较大，发生事故影响范围大且严重，所以危险品生产厂房与成品转手库之间的通廊不应采用封闭式。

6.0.4　雷管、导爆索等起爆器材生产中，操作人员较多，有些工序（例如雷管装药、压药）易发生事故，这些工序一般药量比较少，因此可把事故破坏限制在抗爆间室内，以减少事故的损失。也可采用钢板作防护，以防止传爆。

除原规范对抗爆间室提出的三项要求完全保留外，增加了6.0.4条4款，即抗爆间室门的开启与室内电动设备的关闭进行联锁。本条是重复强调，因为调查中的确发现抗爆间室内的设备运转时，人可以随时出入，这样的抗爆间室不符合要求。

6.0.5　关于工序间联建问题，各工序在同一厂房内，对生产、运输都是有利的，对减少用地更有利。如美国乳化炸药生产，自原料开始至成品均组合在一个厂房内，因其自动化连续化水平高，操作人员少，存药量也少。而我国的民爆器材生产大部分为间断的，人员多，存药量大，为安全起见，不得不限制一些易发生事故的工序不能与其他工序联建。近年来我国的乳化炸药生产逐渐连续化，有的炸药装药机自动化水平也比较高，对此则限制较少，目的是促进改进工艺，向自动化连续化迈进。

1　为一般原则规定。

2　有固定操作人员的非危险性生产厂房，是指粉状铵梯炸药生产和乳化炸药生产中的卷纸管厂房、导火索的缠线等操作中无危险的厂房。

3　原规范指的是粉状铵梯炸药、铵油、铵沥蜡、铵松蜡炸药，本规范改为炸药，指凡是采用自动装药机的炸药均可这样做，也包括乳化炸药等新型炸药。

4～6　为一般原则规定。其中装药与包装间的隔墙系指钢筋混凝土墙。

7　乳化炸药连续化生产工艺趋于成熟，对于乳化、冷却、敏化凉药及自动装药机的全过程连续化的生产工艺，自原材料准备（硝酸铵溶化、油相制备等）至装药包装工序可以联建，但装药包装工序应设在单独的工作间内并和前面的工序有隔墙相隔。至于装药与包装工序能否在一个工作间内，应视装药机的情况而定，在生产工艺允许条件下，装药与包装分开更安全。包装间的允许存放量，规范中不作规定。该厂房内控制室的布置应遵守本规范第 15 章的有关规定。

当乳化炸药采用间断生产工艺时，自原材料准备至敏化工序可以联建，乳化工序和敏化工序之间宜设隔墙。装药包装工序应独立设置。

修改规范的调查中，看到由于乳胶基质冷却过程较长，故厂房内积存的乳胶基质数量很大，一般均超过原设计的存药量，甚至超过数倍，这里潜在着极大的危险，一旦乳化工序发生爆炸，破坏将很严重。故提出建筑物内存药量超过 3t 时，具有雷管感度的乳胶基质的冷却宜独立设置冷却厂房。如为无雷管感度的乳胶基质，因厂房已列为 B 级，故仍应遵守表 3.1.10－1 中乳胶基质的存药量不应大于 2t 的规定。

当乳化炸药的敏化采用化学敏化剂时，一般敏化后尚需一较长的成熟阶段，暂存药量较大，所以保温成熟厂房宜单独设置。当采用珍珠岩等物理敏化时，敏化后凉药工序也宜独立设置厂房。

近几年来，乳化炸药生产事故不断出现，而事故源点多在乳化罐附近，为减少事故损失和人员伤亡，在采用多组间断生产工艺时，每组设备宜设置必要的防护措施，例如设置隔墙或单独设立工作间等。

从某厂乳化炸药生产线事故中也可看出，隔墙有时可以起到一定的防护作用。该厂乳化厂房内有多台乳化机，但均用隔墙隔开，当厂房内制坯部分由于受到运输通廊内药块的殉爆而爆炸时，乳化机部分因每台乳化机均有隔墙相隔，故未受到严重破坏。

近年来，某些厂应用的一种乳化生产工艺，用乳化罐作为初乳化，经螺杆泵输送至高速的胶体磨作为后乳化，从胶体磨出来的乳胶基质再人工接料至小车内送至下一工序去敏化。此组设备如果发生爆炸，因无防护措施，操作工人均暴露在设备面前，必将危及操作工人，如为多组设备，也必将危及邻近设备组。此工艺中所用螺杆泵在某厂已发生过爆炸事故（因当时厂房内无人幸未伤人）。此类机组应考虑采取一定防护措施，如为多组设备，则应设置在相互隔离的工作间内。

6.0.6　粉状铵梯炸药生产的轮碾机混药工房内轮碾机的设置台数不应超过 2 台，本次未对原规范条文进行改动，但根据国家民爆行业主管部门有关安全技术规定，轮碾机的砣重不应超过 500kg，混药时的药温不应超过 70℃，此两项技术指标应同时满足。而非铵梯类炸药生产不受此二项规定的约束。

6.0.7　导火索生产多年来，制索工序曾出现过燃烧事故，但未发生爆炸事故，根据多数制索厂家的意见，本次规范修改将原制索厂房的 B 级降为 D 级。为了保证安全，本条特规定导火索制索机应采取隔离措施，每隔间内的制索机不应超过 4 台，并规定制索厂房不应设置黑火药暂存间。

6.0.8　危险品生产或输送用的设备和装置的基本原则要求。

1～4　这几款是对设备提出的原则规定。在火、炸药生产中，由于工艺配方等多种原因，愈来愈多的工艺设备采用高温，高运转速度，而处于高温、高速搅拌下的爆炸物质的感度会有所提高，会增加生产过程的不稳定性，导致增加事故的可能性。高噪音设备也对工人生产不利，故作此规定。随着生产的连续化、自动化，工艺参数必须限制在一定范围内，故除必需有参数的显示外，还应设自动控制和报警装置。

设备的材质和选型直接影响到生产的安全，过去有些事故，均由于设备不良而引起，故作此原则规定。

有搅拌装置或碾砣的设备，过去曾发生过当有人在设备内操作时，被设备外的人员误开动，引起设备内人员伤亡事故。故要求此类设备在设备上就设有防止他人启动的装置，从设备本质上保障安全。

5 提倡技术进步，实现连续化自动化生产。在连续化或半连续化生产中，在易发生事故的设备与其他设备之间宜设置防止传爆的装置，以阻止在偶然事故中爆轰的传播与事故损失的扩大。

6.0.10 本条中所指的非危险性建筑物是指为屏障（如土堤）内厂房服务，且操作人员较少的控制室、压空站、冷冻站等非危险性建筑物，可嵌设在防护屏障外侧。嵌设在防护屏障外侧的非危险性建筑物，不应再以隧道或通廊形成直接穿过防护屏障与屏障内建筑物相通，以防止防护屏障内发生爆炸事故时冲击波直接影响到嵌入的建筑物。

7 危险品贮存和运输

7.1 危险品贮存

7.1.1 危险品生产区内单个危险品中转库允许的最大存药量应符合表 7.1.1 的规定，当中转库需贮存的药量超过表 7.1.1 规定的数量时，可以增加库房的个数。

与原规范相比，本表数据有的增加了，例如雷管中转库的存药量由原来的 400kg 增加到 800kg，导爆索及黑火药等中转库的存药量也有增加，而延期药中转库的存药量却由原来的 1000kg 降为 500kg，这些数据的变更是根据工厂实际生产情况和有利于生产安全制定的。

7.1.2 关于危险品生产区内炸药的总存药量的规定。

1 危险品生产区内梯恩梯中转库的存药量除应符合 7.1.1 条的规定外，其总存量不应超过 3d 的生产需要量，例如对于每天需要梯恩梯为 4t 的工厂，梯恩梯中转库总存量不应超过 12t，可设计 5t 的梯恩梯中转库房 2 幢。在满足生产的前提下，生产区的危险品存量应尽量减少。

2 对于炸药成品中转库，除应符合 7.1.1 条规定外，还不应大于 1d 的炸药生产量，例如日产铵梯炸药 40t 的工厂，其中转库总存药量不应超过 40t，如设计为存药量 20t 的库房，则库房不应超过 2 幢。但对于生产量较小的工厂，例如当炸药日产量为 3t 时，其存药量允许稍大于一天的生产量，其中转库的总存量可为 5t，这样规定可避免频繁运输，既保证生产安全，又便于组织生产。

7.1.3 本条是对危险品总仓库区内单个危险品仓库允许最大存药量的规定。与原规范相比，此表的数值有些做了变更，例如苦味酸库房原规范定为50000kg，根据国内目前生产实际需要量改为30000kg。

本次修订对原规范中未列入的产品给予补充，例如太乳炸药、粒状粘性炸药、震源药柱、射孔弹等，其允许最大存药量的规定是根据工厂实际产量及参照相近产品的贮存量而确定。

根据生产企业的意见和现行国家标准《建筑设计防火规范》（GBJ16－87）有关规定，对单个硝酸铵库房的存药量做了修改，将硝酸铵仓库分为二类，一类为一般炸药生产厂的仓库，其单库允许最大存药量由原来的400t增到500t，二类为现场炸药混装车地面制备厂的仓库，其允许最大存药量为600t。

这次为修订规范所作的调查中，一些企业反映因炸药生产量不断增大，硝酸铵单库允许最大存药量原规范规定的400t偏小，希望增大。调查中，大部分工厂未超过400t，但也有工厂所建仓库面积很大，可贮1000t。这次修改中对硝酸铵仓库贮存量作了调整。

国内民爆工厂中未发生过硝酸铵库的燃烧爆炸事故，说明硝酸铵在管理好的情况下，是比较安定的，在无外界影响下，一般不易产生事故。但1993年深圳清水河化学危险品仓库大爆炸中，是硝酸铵发生爆炸，因硝酸铵与其他多种化学品混放在一个库内，硝酸铵的爆炸可能是由其他化学品燃烧着火而引起的，其爆炸后果也是相当严重的。以其中4号库为例，硝酸铵约数十吨，其爆炸后的爆坑直径23m，深7m，因仓库是互相连接的，并均存有易燃易爆物品，故引起邻近几百米范围内的大火。在国外文献的报导中，在美国俄克拉荷马州皮罗尔的一个散装硝酸铵库发生着火，着火25min后，发生了爆炸。在弗吉尼亚州，一座混合工房内有铵油炸药30t，硝酸铵20t，在燃烧30min后，发生强烈的爆炸。上述这些事故说明，硝酸铵在特定条件下是会燃烧爆炸的。

美国防火协会规定的硝酸铵贮量比较大，可达2268t。超过此量时必须配备完整的强大的自动防火系统。

虽然硝酸铵在平时只是一种肥料，并无多大危险，但考虑到硝酸铵库设在生产区或库区，其周围有A、B级危险厂房，贮量不宜太大，故作了上述规定。

表7.1.3是对单个库房允许最大存药量的规定，当需要贮存量超过表中规定值时，可增加库房的幢数。

7.1.4　由于硝酸铵用量大，为便于生产和减少运输，硝酸铵仓库可以设在危险品生产区，其单库允许最大存药量应符合表7.1.3之规定。众所周知，硝酸铵在一定强度的外部作用下是可以发生燃烧爆炸的，所以在消防和建筑结构上应采取相应措施。一旦硝酸铵库发生爆炸事故，对生产区的破坏将是严重的。同样，根据生产需要，可在生产区设置多个硝酸铵库房。

7.1.5　危险品单品种专库存放有利于安全和管理，当受条件限制时，在不增大事故可能性的前提下，不同品种包装完好的危险品可以同库存放，但应强调的是，危险品必须包装完整无损、无泄漏，分堆存放，避免互相混淆，并应符合表7.1.5的规定。

为便于掌握危险品同库存放的原则，将危险品分成八大类，危险品分类的原则和说明详见表7.1.5的注释。对于未列入规范的危险品，可参照分类和共存原则研究确定。

关于不同品种危险品同库存放的存药量的规定举例如下：如总仓库的梯恩梯和苦味酸同库存放，二者为同一危险等级，苦味酸不应超过表7.1.3中的30t，梯恩梯和苦味酸存放的总药量不应超过表7.1.3中梯恩梯允许最大存药量150t。又如梯恩梯和黑索金同库存放，二者为不同危险等级，梯恩梯和黑索金存放总药量不应超过表7.1.3中黑索金存药量50t，且库房应作为A_1级考虑。再如硝酸铵类炸药与梯恩梯，因是不同危险等级，同库存放总药量不是200t，而应是150t，且库房应按梯恩梯A_2级考虑。

7.1.6　硝酸铵仓库贮量大，且在一定条件下硝酸铵有燃烧爆炸危险，所以硝酸铵应专库存放，不应与任何物品同库存放。

7.1.7　危险品的废品和不合格品，由于其安定性较差，且不会有良好的包装，所以不应与成品同库贮存。

7.1.8　符合同库存放的危险品贮存在危险品生产区中的中转库内时，应存放在以隔墙互相隔开的贮存间内。这是由于中转库人员、物品出入频繁，危险品撒落的可能性大，为避免危险品相互混淆，作此规定。所以中转库除应遵守同库存放的规定外，还应遵守本条规定。

7.1.9　仓库内危险品堆放过密，会造成通风不良，堆垛过高也会对危险品存放和操作人员的安全产生不安全因素，所以特别制定危险品堆放二项规定。

7.2　危险品运输

7.2.1　为满足危险品运输的要求，本条规定宜用汽车运输。由于翻斗车的车箱型式不利于装载危险品，万一翻斗机构失灵就更加危险。挂车因刹车等因素易产生车辆碰撞，故禁止使用。用三轮车和畜力车运输危险品也有不安全因素，因此不宜使用。

7.2.2　本条第1、2两款的规定是考虑到有可能在生产和运输过程中，在A、B、D级建筑物附近撒落危险品及其粉尘，所以要求车辆与建筑物保持一定距离，以避免行驶的车辆碾压危险品而发生意外事故。另外，在危险品生产建筑物靠近处，汽车经常往返行驶对建筑物内的生产会产生干扰和不利于生产。因此，要求必须有一定的距离。

第3款的规定是防止有火星飞散到运输危险品的车上而造成意外事故。

7.2.3　根据现行国家标准《厂矿道路设计规范》(GBJ22－87)中提出的经常运输易燃、易爆危险品专用道路的最大纵坡不得大于6%的规定，以及参照其他相应规定，提出本条的各项要求。

7.2.4　本条的规定，主要考虑机动车如果在紧靠危险性建筑物门前进行装卸作业，一旦建筑物内发生危险情况，不利于建筑物内的人员疏散，从而增加不必要的事故损失。

7.2.5　起爆药是比较敏感的，为了防止人工提送中与其他行人或车辆碰撞而出现事故，为此作出用人工提送起爆药时，应设专用人行道。

7.2.6　为提高装卸效率，减少危险品的倒运，并有利于安全，在有条件时应尽量将铁路通到每个仓库旁边。

对必须在危险品总仓库区以外的地方设置危险品转运站台时，本条提出了两种情况，即站台上的危险品，可在24h内全部运走时，和在48h内全部运走时的外部距离折减系数。目的在于鼓励尽快运走。

8 建筑与结构

8.1 一 般 规 定

8.1.1 根据民用爆破器材工厂各类危险品的生产厂房性质分析，A、B级厂房是炸药、起爆药的制造、加工厂房，都具有爆炸、燃烧的危险；D级基本是氧化剂、燃烧剂一类的生产厂房，且厂房周围多有爆炸源，也具有燃烧、爆炸危险。所以，A、B、D级生产厂房的危险程度要比现行国家标准《建筑设计防火规范》(GBJ16－87）中甲类生产厂房大得多。现行国家标准《建筑设计防火规范》（GBJ16－87）厂房、库房的耐火等级规定，甲类厂房、库房的耐火等级为一、二级，所以本规范提出A、B、D级厂房和库房的耐火等级应符合现行国家标准《建筑设计防火规范》(GBJ16－87）二级耐火等级的规定。

8.1.2 民用爆破器材工厂中的办公用室，辅助用室的设置是一个很重要的问题，与其他性质的工厂不同，有安全问题。因为在这种工厂中，危险生产厂房有爆炸的危险，因此在生产中除了不能离开操作人员的岗位外，其他人员都应尽量远离危险品生产厂房，避免发生事故时造成不必要的伤亡，确保人员的安全是设计办公用室和辅助用室的主要指导思想。

A级厂房是具有爆炸危险的厂房，发生爆炸时威力比较大，影响面也比较宽，从安全上考虑，规定不允许在这类厂房内设置办公用室和辅助用室，而应将它们布置在远离危险品生产厂房的安全地带，这样，在发生事故时人员的安全更能得到保证。但考虑到生活上的方便和生产上的需要，不允许操作人员长时间离开工作岗位，因此允许在厂房内设置厕所，但对于敏感度特别高的黑火药、二硝基重氮酚等，极易发生事故的生产，连厕所也不允许设置。

A级厂房的办公用室、辅助用室，应单建或设在附近其他非危险性的建筑物中。办公室与厂房之间的联系不是很频繁，可布置远一些，辅助用室可近一些，但应符合安全要求。

B级厂房，原则上不宜设置办公用室、辅助用室，尤其是火药、炸药生产厂房。对存药量比较小，危险生产工序都设在抗爆间室内或用钢板防护装置隔开，一旦发生事故，一般只局限于抗爆间室内的B级厂房，危险程度大大降低，事故的影响面比较小。在这种火工品生产厂房内，如果必须设置，应符合条文中规定的要求。

8.1.3 为了设计使用的方便，将现行各类生产中的各类危险品生产工序按现行国家标准《工业企业设计卫生标准》（TJ36－79）的车间卫生特征分级的原则，做了分级。主要考虑的原则是，凡生产或使用的药物极易经皮肤吸收引起中毒的物质，都是1级，如：梯恩梯，二硝基重氮酚。其它按情况定为2级。

卫生特征分级为1级的应设通过式淋浴。

8.2 危险品生产厂房的结构选型

8.2.1 多层的A、B级厂房一般指2～3层厂房，应采用钢筋混凝土柱、梁或钢筋混凝土框架结构承重，这主要考虑到多层厂房为避免其中某一部分发生事故时，因承重结构整体性或承载能力不足倒塌，导致楼板或屋盖倒塌，使整个多层厂房受到严重破坏，造成更多人员的不必要伤亡和设备的不必要损坏。钢筋混凝土结构较砖混结构抵抗外部空气冲击波破坏作用的性能强。钢筋混凝土框架结构，由于柱、梁连接成为一个空间的整体，因而具有较强的抗爆能力。当厂房发生局部爆炸时，整个厂房全部倒塌的可能性小。所以在规范条文中，对A、B级多层厂房承重结构，提出做混凝土柱、梁或框架结构的要求。

多层的D级厂房，为避免一旦发生事故，致使整个多层厂房严重破坏，所以也要求采用钢筋混凝土柱、梁或框架结构。

8.2.2　A、B级厂房是具有爆炸危险的厂房，这类厂房的爆炸事故频率高。为避免厂房内局部发生爆炸时，承重结构遭到破坏，而使整个屋盖倒塌，增大事故损失，所以本规范条文中，对单层A、B级厂房的承重结构，提出采用钢筋混凝土柱、梁的要求。

考虑到民爆厂实际生产情况，在符合特定条件下，可采用砖墙承重，其理由分述如下：

1　对于单层的A、B级厂房，当其厂房面积小，层高低，操作人员较少的条件下允许采用砖墙承重。这主要考虑到这类厂房面积小，操作人员距爆炸中心一般都比较近，一旦发生事故，势必房毁人亡。故本规范对这类厂房提出了跨度、长度和高度以及人员的限制，凡符合条件的，可采用砖墙承重。

2　对于危险品生产工序全部布置在抗爆间室内，且间室外不存放危险品，或危险品很少，一旦发生爆炸，不会影响主体厂房，所以砖墙承重部分不存在因本厂房局部爆炸而倒塌的危险，允许采用砖墙承重。

3　承重横隔墙较密的厂房，刚度大，厂房存药量小，且又分散，当厂房内局部发生爆炸时，对相邻工作间的影响小，所以可采用砖墙承重。

4　梯恩梯球磨机粉碎厂房，轮碾机混药厂房的存药量较大，且药量又集中，操作人员距爆心近，厂房面积小，一旦爆炸事故发生，不论是否采用钢筋混凝土结构，都势必是房毁人亡，所以对这种厂房提出可采用砖墙承重。

5　对无人操作的厂房，由于不存在操作人员的伤亡问题，采用砖墙承重就可以满足要求。

8.2.3　单层的D级建筑物，主要是氧化剂、燃烧剂的再加工生产。危险性主要是燃烧，只有在特定的条件下才发生爆炸。D级厂房内加工的危险品也是十分钝感的。因而此类厂房，在具有一定的整体刚度前提下，可采用砖墙承重，或钢柱承重的排架结构。

8.2.4　本条为危险厂房的屋盖选型规定。

A级厂房当厂房内药量较大时，一旦燃爆或爆炸，不论选用轻盖或重盖，都会全部炸毁，轻型屋盖虽能起到一定泄压作用，减轻事故时屋盖下塌而造成的伤亡，但厂房刚度差，构造复杂，易损坏。一旦邻近厂房发生爆炸，轻盖的防护能力差，易被砸坏。为此，除厂房面积小，事故频率多的粉状铵梯炸药生产的单层轮碾机混药厂房，和本身有泄压要求的黑火药生产厂房，及梯恩梯球磨机粉碎的单层厂房，条文中规定应采用轻盖外，对药量大，操作人员多，面积大，事故少的A级厂房宜选用钢筋混凝土屋盖。

对B级厂房主要考虑到生产危险性有所降低；D级厂房在制造生产中本身危险性很低。因此，从厂房整体刚度和一定防护能力出发，宜采用钢筋混凝土屋盖。

8.3　危险品生产厂房的结构构造

8.3.1　易燃易爆粉尘系指各种爆炸物，如粉状铵梯炸药，黑火药，起爆药等粉尘，这些粉尘的积聚，不但增加了日常清扫工作，而且可能引起自燃，导致事故。所以，对危险性生产厂房的构件要求采用外形平整，不易积尘，易于清扫的结构构件和构造措施。特别是屋盖的选型，首先要考虑采用无檩、平板体系，不宜采用有檩体系，更不宜采用易于积尘的构件。如果必须采用易积尘的结构构件，就要设置吊顶，但设置吊顶也易积尘，这较之不设吊顶，在一定程度上也增加了不安全的因素。

8.3.2　从事故调查和一些国内外试验资料来看，对具有爆炸危险的A、B、D级厂房，当采取一定的构造措施后，对提高建筑物的抗爆能力是有一定的效果。

本规范提出了几项主要的构造措施，着重在墙体方面、构件和墙体连接方面加强，以增强工房的整体性。

8.4 抗爆间室和抗爆屏院

8.4.1～8.4.2 这二条主要对抗爆间室的结构作了规定。

抗爆间室，一般情况下应采用钢筋混凝土结构。目前国内广泛采用矩形钢筋混凝土抗爆间室，使用效果较好。钢筋混凝土系弹塑性材料，具有一定的延性，可经受爆炸荷载的多次反复作用，又具有抵抗破片穿透和爆炸震塌的局部破坏的性能。

抗爆间室的屋盖做成现浇钢筋混凝土的较好，其整体性强，可使间室的空气冲击波和破片对相邻部分不产生破坏作用，与轻质易碎屋盖相比，在爆炸事故后具有不须修理即可继续使用的优点，所以，在一般情况下，抗爆间室宜做成现浇钢筋混凝土屋盖。

8.4.3 本条是对抗爆间室提出具体的设防标准和要求，对原条文进行了修改，明确了在设计药量爆炸的局部作用下，不能震塌、飞散和穿透。

根据可能发生爆炸事故的多少，分别采用不同的控制延性比，达到控制抗爆间室的残余变形，可以与结构的计算联系起来，使概念清楚。

8.4.5 抗爆间室朝向室外的一面应设置轻型面（窗、墙），这是为了保证抗爆间室至少有一个泄爆面，以减少冲击波反射产生的荷载。

8.4.6 本条提出了抗爆间室与相邻主厂房的构造处理。

抗爆间室采用轻质易碎屋盖时，一旦发生事故，大部分冲击波和破片将从屋盖泄出。为了尽可能减少对相邻屋盖的影响以及构造上的需要，当与间室相邻的主厂房的屋盖低于间室屋盖或与间室屋盖等高时，可采用轻质易碎屋盖，应按第二款采取措施；当与间室相邻的主厂房的屋盖高出间室屋盖时，应采用钢筋混凝土屋盖。

抗爆间室与相邻主厂房间设缝。主要是从生产实践和事故中总结出来的。以往抗爆间室与主厂房之间不设缝，当间室内爆炸后，发现由于间室墙体产生变位，连结松动，造成裂缝等不利于结构的影响。条文中针对药量较小时，爆炸荷载作用下变位不大的特点，确定可不设缝，这是根据一定的实践经验和理论计算而决定的。规定轻盖设计药量小于5kg，重盖小于20kg时可不设缝，为使间室顶部的相对变位控制在较小范围以内。

8.4.7 抗爆间室轻型面的外面设置抗爆屏院，这主要是从安全要求提出来的。抗爆屏院是为了承受抗爆间室内爆炸后泄出的空气冲击波和爆炸飞散物所产生的两类破坏作用，一是空气冲击波对屏院墙面的整体破坏作用，二是飞散物对屏院墙面造成的震塌和穿透的局部破坏作用。一般情况要求从屏院泄出的冲击波和飞散物，不致对周围建筑物产生较大的破坏，因此，必须确保在空气冲击波作用下，屏院不致倒塌或成碎块飞出。当抗爆间室是多室时，屏院还应阻挡经间室轻型窗泄出空气冲击波传至相邻的另一间室，导致发生殉爆的可能，为了更好的保证抗爆屏院的作用，提出了抗爆屏院的高度要求。本次修改，还增加了抗爆屏院的构造、平面形式和最小进深要求。

8.5 安 全 疏 散

8.5.1 本条对安全出口的数量作了规定。安全出口对厂房里人员的疏散起到重要的作用，规定安全出口数量，是为了一旦发生事故，能确保操作人员迅速离开，减少人员伤亡。对面积小、人员少的厂房，一个安全出口可以满足疏散需要的，条文中作了适当的放宽。

8.5.2 厂房疏散以安全到达安全出口为前提。安全出口包括直接通向室外的出口和安全疏散楼梯间外楼梯。规定厂房安全疏散距离，是为了当发生事故时，人员能以极快的速度，用最短的时间跑出，到达安全地带。

8.5.3 安全窗是根据危险品生产要求设置的，主要是布置在操作岗位旁，平时和普通窗一样。当发生事故时，这种安全窗可作为靠近该窗口操作人员的辅助安全出口，它不同于一般疏散用门可供人自由出入，所以，不能列入安全出口的数目中。

爆炸的传播非常快，当某个工作间发生事故时，相邻的危险工作间也有可能同时或相继发生事故，因此要想通过相邻危险工作间进行疏散，有时是不可能的，所以条文中规定经相邻危险工作间而通往外部出口或楼梯间的门，不应作为安全出口。

防护屏障内厂房的安全出口，应布置在防护屏障的开口方向或防护屏障内安全疏散隧道的附近，其目的是便于操作人员能够迅速跑出危险区，而不会出了厂房又被困在防护屏障内受到伤害。

8.6 危险品生产厂房的建筑构造

8.6.1 各级危险品生产厂房都有不同程度的危险性，为了在发生事故时，操作人员能够迅速离开，防止堵塞或绊倒，所以危险品生产厂房的门应平开，不允许设置门槛，不应采用侧拉门、吊门。

弹簧门在危险品生产厂房的来往运输中，容易发生碰撞而造成事故，所以不允许采用弹簧门。但对疏散用的封闭楼梯间可以采用弹簧门，是为了防止事故时烟雾进入，影响疏散。

8.6.2 黑火药对机械碰撞和摩擦起火特别敏感，生产时药粉粉尘较大，事故频率比较高，所以，规定了黑火药生产厂房的门窗应采用木质的，门窗配件应采用不发生火花的材料，对其余的厂房的门窗材质和门窗配件材料，规范中未作限制性的规定。

8.6.3 疏散用门均应向外开启，室内的门应向疏散方向开启，主要是有利于疏散。

危险性工作间的门不应与其他工作间的门直对设置，主要从安全上考虑，尽量避免当一个工作间发生事故时，波及对面的工作间。

设置门斗时，一定要设计成外门斗，因为内门斗突出室内，对疏散不利，门斗的门应与厂房门的朝向一致，也是为了方便疏散。

8.6.4 本条是对安全窗的要求。安全窗的设置是为了发生事故时，操作人员能够利用靠近操作岗位的窗迅速跑出去，因此，窗洞口不能太小，否则人员不易疏散；窗口不能太低，以免碰着人的头部；窗台不能太高，否则人员迈不过去；双层安全窗应能同时向外开启，是为了开启方便，达到迅速疏散的目的。

8.6.5 有危险品粉尘的A、B级生产厂房不应设置天窗，主要是从安全角度考虑的。天窗的构造比较复杂，易于积聚药粉，不易清扫，存在隐患。另外，现在民用爆破器材厂的生产厂房的规模也没有必要设置天窗。

8.6.6 本条是对危险性工作间的地面进行规定。

1 不发生火花地面，主要防止撞击产生火花而引起事故。

塑料类材料地面，大多为不良导体，经摩擦易产生高压静电，易产生火花，所以这类材料不应作为不发生火花的地面使用。

2 柔性地面，一般指橡胶地面，沥青地面。橡胶地面不应浮铺，应铺贴平整，接缝严密。防止缝中积存药粉，或橡胶滑动，确保安全。

3 近几年来，在一些生产中，静电已成为一个特别值得注意的问题。从分析许多事故资料来看，由于静电而引起的事故是很多的，人在走动或工作时的动作，使人体、衣服带有很高的静电荷，通过采用导静电地面，可以将人体上的静电荷导走。

8.6.7 有危险品粉尘的工作间，墙面、顶棚一般都要抹灰、粉刷。对经常需用水冲洗和设有雨淋装置的工作间，一般都应刷油漆，是为了便于冲洗。油漆颜色应区别于危险品的颜色，这样易于发现粉尘，便于彻底清洗。

8.6.8 在易燃、易爆粉尘的工作间，规定不宜设置吊顶，是由于普通吊顶它的密闭性一般不易保证，有可能积聚粉尘，在一定程度上增加了不安全的因素。

当必须设置吊顶，吊顶设置孔洞时要有密封措施，主要是为了防止粉尘从这些薄弱环节进入吊顶，形成隐患。有吊顶的危险品工作间，要求隔墙至屋面板（梁）底部，是防止事故从吊顶上蔓延到另一个工作间，产生新的事故。

8.7 嵌入式建筑物

8.7.1～8.7.2 嵌入式建筑物是指非危险性建筑物嵌在A级厂房防护土堤的外侧。这类建筑物，既要考虑A级厂房事故爆炸时空气冲击波对它的影响，也要考虑室内的防水、防潮问题。所以，对埋入土中的墙和顶盖应采用钢筋混凝土。未覆土一面的墙，以往多采用砖砌结构。在爆炸事故中，破坏比较严重，有倒塌现象，所以，应根据A级厂房内计算药量，按抗爆设计确定采用钢筋混凝土，或砖墙结构。当采用砖墙围护时，承重结构应采用钢筋混凝土。

8.7.3 本条是嵌入式建筑物的构造要求。

未覆土一面墙应尽量减少开窗面积，是防止在药量较大的情况下，土堤内爆炸所形成的空气冲击波经过土堤顶部绕流，有可能透过门窗洞口进入室内，从而对室内人员造成伤害。

8.7.4 采用塑性玻璃是为了减少玻璃片对人员的伤害。

8.8 通廊和隧道

8.8.1 室外通廊与厂房相比，属于次要建筑物，但通廊与生产厂房又直接连接，为了防止火灾通过通廊蔓延，故对通廊建筑物结构的材料提出要求，考虑到施工、安装的方便、快速，以及工厂现状，规定通廊的承重及围护结构的防火性能不应低于非燃烧体。

本次规范修改，取消了独立砖柱承重，主要是考虑砖柱整体性和强度差，碰撞、事故时容易倒塌、伤人。

当通廊采用封闭式，考虑到通廊一端的厂房一旦发生爆炸，进入通廊的冲击波如果没有足够的泄爆面积，促使通廊形成冲击波的传播渠道以致危及通廊另一端厂房的安全，这是不允许的，为此，要求其屋盖与墙应采用轻质易碎屋盖，以便泄压。

8.8.2 本条是对穿过防护土堤的疏散隧道、运输隧道结构的具体规定。

8.9 危险品仓库的建筑结构

8.9.1 危险品的仓库包括工序的转手库、车间转手库、返工品库、废品库、样品库。

危险品仓库不要求钢筋混凝土柱，允许采用砖墙承重，主要是考虑到仓库较厂房重要性低，且因仓库面积小，存药量集中，药量一般较大，一旦出事仓库很难保全。

屋盖宜为钢筋混凝土结构，主要是从防外爆影响而提出的。黑火药总仓库基于其爆炸事故常是由燃烧转成爆轰，为了减少事故的破坏，使屋盖具有一定的泄爆能力，因此规定为轻质易碎屋盖是必要的。

8.9.2 本条对安全出口的数量作了规定。确定足够的安全出口数量，对保证安全疏散将起到重要的作用。

8.9.3 总仓库的门宜用双层门，内层为格栅门，这样做的目的，首先是考虑库房的通风，其次是考虑了管理上的方便。

8.9.4 总仓库的窗要求配铁栏杆和金属网，并在勒脚处设置进风窗。这样做的目的，加铁栏杆是考虑安全，加金属网是防止虫、鸟、鼠进入库内，进风窗为了满足自然通风的需要，对于严寒地区，进风窗最好能启闭。

9 消防给水

9.0.1 民用爆破器材工厂极易发生燃烧事故，无论在起火时或爆炸后引起火灾时，都需要有足够的水用来进行扑救，以防小火烧成大火，燃烧导致爆炸。这里强调能供给足够消防用水的消防给水系统。是指不但要有足够水量的消防水源，还应有能够供给足够用水的管网和供水设备。

9.0.2 本规范针对民用爆破器材工厂的危险品生产区和危险品生产厂房的特点，规定了消防给水的一些特殊要求，而对工厂设计的一般消防要求，如非危险性建筑物以及总体设计方面的消防给水水量、水力计算、耐火等级、生产危险性分类、泵房布置等，不可能详细阐述。因此在进行民用爆破器材工厂设计时，还应遵守现行国家标准《建筑设计防火规范》(GBJ16－87)、《自动喷水灭火系统设计规范》(GBJ84－85) 等的有关规定。

9.0.3 根据现行国家标准《建筑设计防火规范》(GBJ16－87) 的要求，室外消防给水管网应采用环状管网。但是结合民用爆破器材工厂的具体情况，有的厂房沿山沟设置，受地形限制，不易敷设成环状管网。为保证工厂消防给水不中断，提出在生产上无不间断供水要求，且设有对置高位水池，可由两个相对方向向生产区供水的情况下，采用枝状管网。

9.0.4 本条规定了危险品生产区两种不同情况下的消防储备水量的计算方法。根据某些工厂发生火灾时，发现消防贮水池中的水因平时被动用而无水，故在附注中注明：消防贮备水应采取平时不被动用的措施。

9.0.5 根据目前一些民用爆破器材工厂的消防设备和其设置不符合防火要求的现状，提出对室外消火栓设置的一些具体规定。

为在发生事故时便于使用，减少对使用人员和设备的伤害，规定室外消火栓不得设在防护屏障围绕的范围内和防护屏障的开口处。应设在有防护屏障防护的范围内。

9.0.6 本条规定了室外消防用水量的下限不小于 20L/s，系根据民用爆破器材工厂生产厂房的体积比较小，并考虑到一辆消防车的供水能力等。对体积大的厂房仍应按现行国家标准《建筑设计防火规范》(GBJ16－87) 计算确定，不受 20L/s 的限制。

9.0.7 消防雨淋系统任何时候都需要处于准工作状态，也就是平时一直都需要保持有足够的压力，一旦发生火情，就能立即喷水，扑灭火灾，因此消防给水管网宜为常高压给水系统。同时，室内、外消火栓也可不需要使用消防车或消防水泵加压，可以直接由消火栓接出水带、水枪灭火。在有可能利用地势设置高位水池时，应尽可能这样做。

在地形不具备设置高位水池的条件时，消防给水的水量和压力需要由固定设置的消防水泵来加压供给，这是临时高压给水系统。这时，在消防加压设备启动供水前的头 10min 灭火用水，应当设置水塔或气压给水设备来保持。

9.0.8 根据一些民用爆破器材工厂未设室内消火栓或消火栓设置不当的现状，本条提出在危险品生产厂房中应设置室内消火栓的要求和一些具体规定。考虑到消防水带有一定长度，并且必须伸展开，不能打褶，才能顺利通水，因此提出在室内开间较小的厂房可将室内消火栓安装在室外墙面上。使用时，在室外展开水带，通水后，通过门、窗，向室内或拉进室内喷射。但在寒冷地区，有结冰可能时，应采取防冻措施。

9.0.9 成组作用的消防雨淋系统是扑救易燃、易爆危险物品火灾的有效手段，本条对设置雨淋系统的要求作了明确的规定。

鉴于紫外感光探测技术在我国已经成熟，并有定型产品供应，在经济条件允许的情况下，应当采用。由于人的肉眼也是起一种感光探测作用，并且为了防止自控失灵，在设置感温或感光探测自动控制启动雨淋系统的设施时，还应设置手动控制启动雨淋系统的设施。

在有的场所存药量很少，起火燃烧时散发出的热量不足以促动感温探测设施，而工作人员操作手动开关方便时，也可设只有手动控制的雨淋系统。

本条中对雨淋管网要求的压力和作用延续时间也作了规定，提出了最低压力的要求。必须指出，雨淋管网应按计算确定厂房给水管道入口处所需的压力，如经计算所需压力低于20m水柱时，应按20m水柱设计；如经计算高于20m水柱时，必须按计算值供给消防用水。

9.0.10 本条中所列应设置消防雨淋系统的生产工序，仅为当前生产民用爆破器材的品种和工艺，将来有新的品种和工序增加时，应参照所列生产工序的燃烧、爆炸特性，设置自动喷水雨淋灭火系统。

9.0.12 本条对工作间、生产工序间的门洞有可能导致火灾蔓延的处所提出了应设置阻火水幕，并强调了应与厂房中的雨淋系统同时动作。为了合理地减少消防用水量，对相邻工作间为同时动作的雨淋系统时，其中间的门窗、洞口可不设阻火水幕。

9.0.13 本条是对易燃、可燃液体的一般规定。

9.0.14 本条是针对民用爆破器材工厂危险品总仓库区消防给水所提出的要求。条文中的数据是参照现行国家标准《建筑设计防火规范》（GBJ16－87）等有关资料而确定的。

库区水池的补水水源，可为生产区接来的管道，或利用就近的天然水源（山溪、蓄水塘、库等）。在没有就近的、经济的水源可利用时，也可利用水槽车等运水供给。

10 废水处理

10.0.1 民用爆破器材工厂的生产废水中，有的含有害、有毒物质，必须采取必要的治理措施，达到国家规定的排放标准后排放。由于这部分含有害、有毒物质的废水在全厂的废水中所占的比重不一定很大，为了避免将不需要处理的近似清洁废水混人，增加废水处理量，甚至溶入更多的有害、有毒物质，使处理过程复杂化，有必要强调工厂排水应做到清污分流。

10.0.2～10.0.3 本条规定含有起爆药的废水，应采取有效的方法消除其爆炸危险性后才能排出，而不应不经处理直接排入下水道内，造成隐患。不同废水中含有能相互发生化学反应而生成易爆物质的废水，也不应排入同一下水道，以防相互作用形成隐患，例如氮化钠废水和硝酸铅废水。

10.0.5 有的工厂用水冲洗地面，用水量很大，带出的有害、有毒物质也多，而有的工厂为加强操作管理，及时清除洒落在地面上的药粒粉尘，改冲洗为拖布擦洗地面，水量减少很多，带出有害、有毒物质量也大为降低。因此应尽量不用大量水冲洗地面，并规定在设计中应考虑设置有洗拖布的水池。

11 采暖、通风和空气调节

11.1 采 暖

11.1.1 火药、炸药对火焰的敏感度都比较高，如与明火接触便会剧烈燃烧或爆炸，因此，在A、B、D级厂房中严禁用明火采暖。

火药、炸药除了对火焰的敏感度较高以外，对温度的敏感度也较高，它与高温物体接触也能引起燃烧、爆炸事故。火药、炸药发生燃烧、爆炸危险性的大小与接触物体表面温度的高低成正比。温度愈高，发生燃烧、爆炸危险的可能性愈大；温度愈低，发生燃烧、爆炸的可能性愈小。

火药、炸药的品种不同，对火焰、温度的敏感程度也不一样。即使是同一种火药、炸药，由于其状态和所处生产工段的不同，以及厂房中存药量多少的不同，发生燃烧、爆炸危险性的大小也不相同。

根据上述情况，为确保安全，贯彻国家有关节能政策，故在本规范中对各生产厂房中各工段的采暖方式、热媒及其温度作了必要的规定。

11.1.2 本条是A、B、D级厂房采暖系统设计的有关规定。

1 在火药、炸药生产厂房内，生产过程中散发的燃烧、爆炸危险性粉尘会沉积于散热器的表面上，因此，需要将它经常擦洗干净，以免引起事故。采用光面管散热器或其他易于擦洗的散热器，是为了方便清扫和擦洗。凡是带肋片的散热器或柱型散热器，由于不便擦洗，不应采用。

2 在火药、炸药生产厂房中，为了易于发现散热器和采暖管道表面所积存的燃烧、爆炸危险性粉尘，以便及时擦洗，规定了散热器和管道外表面涂漆的颜色应与燃烧、爆炸危险性粉尘的颜色相区别。

3 规定散热器外表面距墙内表面的距离不应小于60mm，距地面不应小于100mm，散热器不应安装在壁龛内，这些规定都是为了留出必要的操作空间，以便能将散热器和采暖管道上积存的燃烧、爆炸危险性粉尘擦洗干净。

4 抗爆间室的轻型面是用轻质材料做成的，它是作为泄压用的。不应将散热器安装在轻型面的一面，正是为了当发生爆炸事故时，避免散热器被气浪掀出，以防止事故的扩大。

采暖干管不应穿过抗爆间室的墙，是避免当抗爆间室炸毁时，采暖干管受到破坏而可能引起的传爆。

把散热器支管上的阀门装在操作走廊内，是考虑当抗爆间室内发生爆炸，散热器及其管道受到破坏时，能及时将阀门关闭。

5 散发火药、炸药粉尘的厂房内，由于冲洗地面，燃烧、爆炸危险性粉尘会被冲入地沟内，地面冲洗是很频繁的，时间长了，这些危险性粉尘就会在地沟内积存起来，造成隐患，所以采暖管道不应设在地沟内。

6 蒸汽管道、高温水管道的入口装置和换热装置所使用的热媒压力和温度都比较高，超过了11.1.1条关于危险品厂房采暖热媒及其参数的规定，为了避免发生事故，规定了蒸汽管道、高温水管道的入口装置及换热装置不应设在危险工作间内。

11.2 通风和空气调节

11.2.1 在A、B、D级厂房中，有一些生产设备或操作岗位散发有大量的火药、炸药粉尘或气体，如不及时处理，不仅危害人们的身体健康，更重要的是增加了发生事故的可能性。为了避免或减少事故的发生，规定了在这些设备或操作岗位处，必须设计局部排风，将粉尘排走。

11.2.2 本条是机械排风系统设计时的一些具体规定，设计中应遵守。

1 确定合适的排风口位置和风速是为了提高排风效果，以有效地排除危险性粉尘。

2 含有火药、炸药粉尘的空气，如果没有经过净化处理而直接排至室外，火药、炸药粉尘将会不断地沉降下来，日积月累，在工房的屋面上及周围地面上会形成一个小火药、炸药堆，一旦发生事故时，将会造成严重的后果。因此规定了含有火药、炸药粉尘的空气必须经过净化装置处理才允许排至大气。

3 考虑到往日的爆炸事故，对于含有火药、炸药粉尘的排风系统，应采用湿式除尘器除尘。目前常用的湿式除尘器为水浴除尘器，因为水浴除尘器使药粉处于水中，不易发生爆炸。同时将除尘器置于排风机的负压段上，其目的是为使粉尘经过净化后，再进入排风机，减少事故的发生。

4 如果水平风管内风速过低，火药、炸药粉尘就会沉积在管壁上，一旦发生事故时，它就像导火索、导爆索一样起着传火导爆的作用。

5 总结事故的经验和教训，提出了排风系统的布置要符合“小、专、短”的原则。

排除含有燃烧、爆炸性粉尘的局部排风系统，应按每个危险品生产间分别设置。主要是考虑到生产的安全和减少事故的蔓延扩大，把危害程度减少到最低限度。

排风管道不宜穿过与本系统无关的房间，是为了避免发生事故时，火焰及冲击波通过风管而扩大到无关的房间。

排气系统主要是指排除沥青、蜡蒸汽的系统，如果排气系统与排尘系统合为一个系统，会使炸药粉尘和沥青、蜡蒸汽一起凝固在风管内壁，不易清除，增加了发生事故的可能性。

对于易发生事故的生产设备，局部排风应按每台生产设备单独设置，主要是考虑因风管的传爆而引起事故的扩大。如粉状铵梯炸药混药厂房内的每台轮碾机应单独设置排风系统。

6 排风管道不宜设在地沟内或闷顶内，也不宜利用建筑构件做排风道，主要是从安全角度出发，减少事故的危害程度。

7 设置风管清扫孔及冲洗接管等也是从安全角度出发，及时将留在风管内的火药、炸药粉尘清理干净。

11.2.3 凡散发燃烧、爆炸危险性粉尘和气体的厂房，原则上规定了这类厂房的通风和空气调节系统只能用直流式，不允许回风。若将其含有火药、炸药粉尘的空气循环使用，会使粉尘浓度逐渐增高，当遇到火花时就会发生燃烧、爆炸，因此，空气不应再循环。

其送风机和空气调节机的出口处安装止回阀是防止当风机停止运转时，含有火药、炸药粉尘的空气会倒流入通风机或空气调节机内。

考虑到各工段（工作间）散发的燃烧、爆炸危险性粉尘的量是不相同的，有的工段（工作间）散发的量多，有的工段（工作间）散发的量少，有的工段（工作间）只散发微量粉尘。根据不同情况分别对待的原则，又规定了雷管装配、包装厂房可以回风；雷管装药、压药厂房在本规范规定的条件下，可以回风。

黑火药的摩擦感度和火焰感度都比较高。特别是含有黑火药粉尘的空气在风管内流动时，会产生电压很高的静电火花，引起事故。为安全起见，规定了黑火药生产厂房内不应设计机械通风。

11.2.4 采用空气增湿的方法防止静电积聚，在工厂生产中早有采用。用提高空气相对湿度消除静电危害，仍然是目前生产中比较普遍采用的一种有效的方法。关于相对湿度的范围，则需视生产的具体要求和产品技术条件确定，一般在60%～80%较为适宜。考虑到工厂的实际使用情况及防止静电积聚，空气相对湿度宜大于65%。

11.2.5 通风设备的选型主要是考虑安全。

1 因进风系统的风机是布置在单独隔开的送风机室内，由于所输送的空气比较清洁，送内机室内的空气质量也比较好，所以规定了当通风系统的风管上设有止回阀时，通风机可采用非防爆型。

2 排除含有火药、炸药粉尘或气体的排风系统，由于系统内外的空气中均含有火药、炸药粉尘或气体，遇火花即可能引起燃烧或爆炸，为此，规定了其排风机及电机均为防爆型。通风机和电机应为直联，因为采用三角胶带传动会由于摩擦产生静电而发生爆炸。

3 经过净化处理后的空气中，仍会含有少量的火药、炸药粉尘，所以置于湿式除尘器后的风机仍应采用防爆型。

4 散发燃烧、爆炸危险性粉尘的厂房，其通风、空气调节风管上的调节阀采用防爆阀门，是因为防爆阀门在调节风量、转动阀板时不会产生火花。

11.2.6 A、B、D级厂房均应设置单独的通风机室及空气调节机室，且不应有门、窗和危险性工作间相通，而应设置单独的外门。其目的是为了当工房发生事故时，通风机室和空气调节机室内的人员和设备免遭伤害和损坏。

11.2.7 抗爆间室发生的爆炸事故比较多，发生事故时，风管将成为传爆管道。为了避免一个抗爆间室发生爆炸时波及到另一个抗爆间室或操作走廊而引起连锁爆炸，因此规定了抗爆间室之间或抗爆间室与操作走廊之间不允许有风管、风口相连通。

11.2.8 风管采用圆形风管主要是为了减少火药、炸药粉尘在其外表面的聚集，且便于清洗。规定风管架空敷设的目的，是为了防止一旦风管爆炸时减少对建筑物的危害程度，并便于检修。

风管涂漆颜色应与燃烧、爆炸性危险粉尘易于识别，其目的是在火药、炸药生产厂房中，易于发现风管外表面所积存的燃烧、爆炸危险性粉尘，便于及时擦洗。

12 电　气

12.1 危险场所的区域划分

12.1.1 本条主要是为了防止由于电气设备和线路在运行中产生电火花及高温而引起爆炸或燃烧事故。民用爆破器材工厂中的产品不同，目前工艺生产状况、贮存情况、发生事故的可能性和后果，以及多年来工厂运行经验，更重要的是考虑危险场所的环境特征，划分危险场所的区域时，考虑了以下几个方面：

1 危险品电火花感度及热感度。

电气设备的电火花及高温是引燃引爆火药、炸药的主要危险因素。在划分区域时首先考虑这些因素，如黑火药的电火花感度很高，危险区域就划得较高。

2 危险品的粉尘浓度及存药量。

火药、炸药粉尘的浓度与危险气体、蒸汽或一般工业粉尘浓度的性质不同，因为这些气体和粉尘浓度与空气混合后形成爆炸上限值和下限值，当浓度不在爆炸极限范围内就不能爆炸，而火药、炸药及其粉尘的爆炸不需要依赖空气中的氧，危险区域划分时要考虑到火药、炸药的粉尘浓度及存药量。有两个因素需考虑：一是发生事故的机率与火药、炸药粉尘的浓度与存药量有关，二是发生事故时破坏力与火药、炸药存量有关。

3 危险品的干湿程度。

火药、炸药的干湿程度与危险性关系很大，如起爆药，虽是很敏感的，但处在水中危险性就减小了。

本条所列各种危险场所的区域划分原则，不可能概括得很全面。划分区域的各种因素，如生产过程中火药、炸药的散露程度、存药量、空气中散发的粉尘浓度及积聚程度、干湿程度等，都与生产工艺、卫生通风和生产管理有密切关系，所以危险场所的区域划分，是按照目前的生产工艺、通风条件和生产管理水平来确定的，当上述情况改变时，区域的划分相应改变。

有一点要特别说明，本章的危险场所区域与建筑物危险等级不同，前者以工作间为单位，后者以整个建筑物为单位。

12.1.2 工作间内既存在酒精、汽油，又存在火药、炸药及其粉尘时，如果二者标准不一致时，应以其中安全措施较高者为准。

12.1.3 本条考虑到要防止爆炸危险性物质进入相毗邻场所，所以隔墙应是密实的，墙上不允许有孔洞，通行的门除出入时外，应经常关闭。如果不能满足这些要求，两相邻的工作间的危险区域应相同，而且以最高者为准。

12.2 电 气 设 备

12.2.1 目前我国虽有比较适合火药、炸药危险区域使用的电气设备的生产标准，但产品尚未广泛生产，从安全可靠要求出发，应首先考虑将电气设备安装在危险区域之外。

12.2.2 关于危险场所应采用什么样的防爆电气设备的问题，说明如下：

1 F0 区不应安装任何电气设备及电气线路，不致因电气设备及电气线路造成危险事故，采取这种办法的主要原因是：

1）F0 区危险程度很大，或者发生事故的后果严重，必须采取最安全的措施；

2）火药、炸药场所专用的防爆电气设备没有完全解决，目前生产的防爆电气设备不是为火药、炸药危险区域设计制造的。

灯具安装在建筑物的外墙外侧上，主要是考虑在发生爆炸事故时不致于通过安装灯具的窗波及相邻的工作间。

2 根据火药、炸药的特点，F1 区首先应采用尘密结构的防爆型电气设备，我国尚未广泛生产这种设备。国际电工委员会对可燃性粉尘及火药、炸药粉尘场所使用的防爆电气设备，还未制定标准，各国也不一致。

根据火药、炸药的特点，采用尘密防爆型电气设备，其性能应满足：

1）尘密结构，一般不宜低于 IP6X（电机、低压电器外壳防护等级）标准；

2）外壳表面温度不超过允许值；

3）其他电气、机械性能高于普通型。

若我国正式生产这种防爆电气设备时，应首先选用尘密型防爆电气设备，其次可采用Ⅱ类 B 级隔爆型，其外壳表面温度范围应满足表 12.2.2 要求的本质安全型等。

12.2.3 电动机等旋转机械有过负荷的可能，目前可靠的过负载保护一般采用热继电器、断路器的长延时过电流脱扣器或继电器保护系统。电热、电灯等静止电气设备，过负荷的可能性很小。

12.2.4 一般交待。

12.2.5 这一条是指生产时不允许工作人员入内的危险工作间，如雷管装药、压药工作间。设置电源与门的联锁，可以避免有人入内后，外面的人因疏忽而开动电力驱动机器设备。

12.3 室 内 线 路

12.3.1 危险区域电气线路选择的具体规定。

1 为了留有安全裕度，电气与控制线路的电线和电缆额定电压均规定为不小于 500V。

2 为了安全，F0 区不允许敷设电气线路。铜芯线在电气物理性能和机械强度方面比铝线好，在危险区域为了安全和提高可靠性，防止因线路事故中断供电，或引起燃爆事故，故应采用铜芯线。

12.3.2 F1 区、F2 区的导线截面选择与保护的具体规定：

1 F1 区和 F2 区导线最小允许截面的具体规定。

2 民用爆破器材工厂的电气设计，除执行本章外，尚应符合现行国家标准《低压配电设计规范》（GB50054－95）中的有关条款的规定。

3 鼠笼型感应电动机的启动电流为额定电流的5～7倍，为避免电动机的频繁启动而造成电动机支线过热，规定其支线的长期允许载流量。

12.3.3 电线穿管敷设的具体规定。

1 属一般规定。

2 隔离密封装置的装设问题。

1）属一般要求。

2）隔爆型电气设备本身不密封，为避免危险物质或燃爆火焰通过隔爆型电气设备侵入电线管，再从电线管扩散到另外的区域或其他电气设备，所以规定穿电线钢管在引入隔爆型电气设备前，要设置隔离密封装置。

管线从一个危险区域通过另一个危险区域（或非危险区域）时，可不装隔离密封装置。

隔离密封装置一般为铁壳，内部填充非燃性填料，密封盒填料有密封水泥和粉剂填料。

3）危险性物质通过6扣螺纹连接后，侵入管内的可能性极小。

12.3.4 民爆器材工厂的室内线路一般很少采用电缆，若采用电缆时，要符合本条的要求。

建议电缆沿墙或沿支架敷设，不提倡敷在电缆沟中，其原因是，这些场所地面上的火药、炸药粉尘需要经常用水冲洗，很容易在电缆沟内积聚而又不易清除。

12.5 10kV及以下的变电所和厂房配电室

12.5.1 为了避免意外事故，设在危险品生产区和危险品总仓库区的10kV及以下的变电所，宜是户内式。若电网供电质量太差，可设自备电源。电源装置可与变电所联建。

12.5.2 危险性建筑物发生燃爆事故时，对周围建筑物及设施有一定的破坏力，为了保证不中断供电，10kV及以下的变电所与危险性建筑物要有一定距离，其距离要求应按本规范第5章的规定。必要时，为危险品生产线服务的变电所，允许附建于B级及D级建筑物内，但要符合本条的规定。

12.5.3 与危险场所相毗邻的配电室，如要安排非防爆电气设备，必须保证具有正常介质的环境。非燃烧体密实墙为砖、钢筋混凝土、块石等。

12.6 室外线路

12.6.1 35kV及以上的线路一般为区域性电源线路，如受到破坏而中断供电，影响太大，所以与危险性建筑物的距离，要求较远，并严禁穿越危险品生产区和危险品总仓库区。属于区域性的35kV及以上的线路与危险性建筑物的允许最小距离，按本规范第5章的规定。

12.6.2～12.6.3 厂区室外线路最好采用电缆，因其安全可靠，维护方便。有些工厂地形复杂，允许采用架空线路，但必须满足与危险建筑物的允许最小距离，其理由如下：

1 防止由于危险性建筑物发生爆炸事故时，供电中断。

2 防止架空线路由于倒杆、断线等事故时，影响危险性建筑物的安全。

3 由于生产黑火药厂房的粉尘较大，黑火药的电火花感度又很高，所以要求严些。

12.6.4 为了防止雷击线路时，高电位侵入有爆炸危险性建筑物，造成事故。低压线路宜全长采用电缆埋地引入。如果有困难时，也不得将架空线路直接引入建筑物内，允许从架空线路转换一段金属铠装电缆，直接埋地引入危险性建筑物。换接电缆的长度及其安全措施应严格遵守本条文的规定。这样，电缆进户端的高电位可大大降低，起到了保护作用。

12.6.5 黑火药的生产过程中，粉尘较多，容易发生事故，电气线路在不正常情况下，是引起事故的因素，所以低压线路应全长采用电缆。

12.7 防雷与接地

12.7.1 属一般规定。

12.7.2 现行国家标准《建筑物防雷设计规范》（GB50057－94）中，未明确输送各种危险物质的室外架空金属管道的防雷措施，本条作出了规定。

12.7.3 在生产过程中，由于物体间的摩擦撞击和互相接触等，容易产生静电，这种现象是不允许的。消除静电积聚的方法比较多，本规范采用比较简单而且行之有效的直接和间接接地装置，接地装置单独设置时其接地电阻不应大于100Ω，本规范规定与防雷电感应接地装置共用。不能或不宜直接接地的金属设备装置、管道等，应通过防静电材料或制品间接接地。

直接接地是将金属设备与接地系统直接用导体进行可靠连接。

间接接地是将人体、金属设备等通过防静电材料及其制品或通过一定阻值的电阻与接地系统连接。

12.7.4 根据IEC国际标准及国家标准，低压配电系统的接地分为三种型式，即：TN型、TT型和IT型，而TN型又分为TN—S、TN—C和TN—C—S型，本条采用TN—S或TN—C—S型。当采用TN—C—S型时电源线路中用PEN线，进入建筑物后分为PE线和N线。这种系统电源线路简单，投资比较省，又可保证安全。若采用TN—S型时，整个系统的中性线（N）与保护线（PE）是分开的。

1～4 一般规定。

5 为了提高安全度，在F1区、F2区，除控制按钮、灯具及其开关外，各种用电设备必须采用专用的保护线，穿电线的钢管及电缆金属外皮应与接地线连接，并作为辅助保护线。

12.7.5 若三种接地装置分开设置，有可能在接地装置之间存在电位差，产生电火花，而引起不安全因素。

12.8 通　信

12.8.1 属一般性交待。

12.8.2 手动火灾报警装置的设置位置，根据给排水专业的要求确定，一般设在防护屏障外操作方便的地方。

12.8.3 危险品总仓库区除设行政业务电话外，还应设火灾专用的报警电话。防盗报警系统的一次仪表应选择适用于火药、炸药危险场所的本质安全型。

13 危险品殉爆试验场和销毁场

13.1 危险品殉爆试验场

13.1.1 殉爆试验场是工厂经常做产品殉爆试验的地方，由于试验噪声较大，因此希望能布置在偏僻地带，如厂区后面丘陵洼谷中。为了节省土地，节约资金，便于保卫管理及使用方便，国内已有部分工厂采用封闭式爆炸塔（罐）来做殉爆试验，其可布置在厂区内有利于安全的边缘地带。

13.1.2 当受条件限制时，可以将危险品殉爆试验场与销毁场设置在同一场地内，两个作业地点之间需设置不低于 3m 高度的防护屏障，重要的一点是，为了安全，这两个作业地点不能同时使用。

13.2 危险品销毁场

13.2.1 销毁场是工厂不定期销毁危险品的地方，为了不影响工厂安全，故规定销毁场应布置在厂区以外有利于安全的偏僻地带。

13.2.2 为了有利于安全，当用炸毁法销毁炸药时，最好是在有自然屏障遮挡处进行，当无自然屏障可利用时，宜在炸毁点周围设置防护屏障。一次最大销毁量不应超过 2kg，系指每次一炮的最大药量。

13.2.3 为防止在销毁作业中发生意外爆炸事故对周围的影响，特规定销毁场边缘与周围建筑物、公路、铁路等应保持一定的距离。

13.2.4 根据生产实践，销毁场一般无人值班，故本条规定销毁场不应设待销毁的危险品贮存库。但由于供销毁时使用的点火件或起爆件放在露天不利于安全，所以允许设为销毁时使用的点火件或起爆件掩体。考虑到销毁人员的安全，规定设人身掩体，掩体应具有一定的防护强度，如采用钢筋混凝土等结构。

13.2.5 根据以往的事故教训，销毁场宜设围墙，以防无关人员进入，造成意外事故。

13.2.6 为了节省土地，节约资金，便于管理及使用方便，可以采用销毁塔来炸毁处理火工品及其药剂，该销毁塔可布置在厂区内有利于安全的边缘地带。根据试验数据，确定不同炸毁药量的销毁塔采用不同的最小允许距离，以利安全。

14 现场混装炸药车地面制备厂

本章是专为现场混装炸药车地面制备厂而写的。明确了当制备厂内附建有起爆器材和炸药仓库时，应执行本规范有关的要求。实践中，不少的制备厂不附建起爆器材和炸药仓库，而仅有原材料贮存及氧化剂溶液、油相、乳化液（乳胶体）等制备工作。对这样的制备厂，不必执行本规范，而执行现行国家标准《建筑设计防火规范》（GBJ16－87）即可。这样做的目的，是使制备厂设计更符合实际。

本章对附建有起爆器材和炸药仓库的制备厂，确定了硝酸铵贮存、破碎、氧化剂溶液、油相、乳化液（乳胶体）等制备工序和装车作业的危险等级、电气、防雷、消防等要求。有关内外部距离、起爆器材和炸药仓库的要求等，则应遵从本规范相应规定。

条文中提出的联建原则为指导性要求，条件许可时，还是单建为宜。硝酸铵溶解、油相配制危险性不大，如单独设置厂房，则可不列入危险等级。

危险品发放间的设立为避免在库房开箱作业，以保安全。

15 自动控制

15.1 一般规定

自动控制设计中所采用的电气仪表和控制装置均属电气设备，因此，自动控制设计除应符合本专业技术要求外，对于本章内未作规定部分，应符合本规范第12章电气的有关规定，同时也应符合现行国家标准《工业自动化仪表工程施工及验收规范》（GBJ93－86）中第7章“电气防爆和接地”的有关规定，和《爆炸和火灾危险环境电力装置设计规范》（GB50058－92）的有关规定。

15.2 检测、控制和联锁装置

15.2.3 本条是根据《火药、炸药、弹药、引信及火工品工厂设计安全规范》第13.2.5条编写的，是联锁控制设计的基本要求。化工部设计标准《化工自控设计技术规定》中有类似的规定，即“重要的执行机构应有安全措施，一旦能源中断，执行机构的最终位置可以保证使工艺过程和设备处于安全状态”。

15.2.4 本条是自动控制系统安全设计的基本要求，规定在确定调节系统中执行机构和调节器的选型时应满足本条的要求。例如，有一用于物料烘干的温度调节系统，加热介质蒸汽或热风，即调节系统通过改变蒸汽或热风量来保证物料烘干温度在规定范围内。对于这样的温度调节系统，其调节器应选用“反作用”形式的，调节阀的执行机构应选用“气（电）开”式的，当突然停气或停电时阀门关闭，即切断蒸汽或热风，保证温度不升高，不会发生危险事故。

15.3 仪表设备及线路

为了避免本规范条文的重复并简化内容，本节制定了电动仪表的选型及线路敷设设计中应遵守的有关规定。

从控制室到现场仪表的信号线，具有一定的分布电容和分布电感，储有一定的能量。对于本质安全线路，为了限制它们的储能，确保整个回路的安全火花性能，因而本安仪表制造厂对信号线的分布电容和分布电感有一定的限制，一般在其仪表使用说明书中提出它们的最大允许值。因此在进行工程设计时，为使线路的分布电容和分布电感不超过仪表使用说明书中规定的数值，应从本质安全线路的敷设长度上来满足其规定。

由于我国电线、电缆生产厂家尚没有给出其分布电感 L、分布电容 C 的数值，现引用日本电气学会技术报告推荐的公式及南阳防爆电气研究所 1977 年 10 月在《安全火花电路计算与分析方法讨论》一文中所提出的计算公式供参考。

日本电气学会技术报告推荐的公式：

$$L = 0.2\ln\frac{2S}{d} + 0.05(\mathrm{mH/km}) \quad (1)$$

$$C = \frac{0.02413\varepsilon}{\lg\dfrac{d}{D}}(\mu\mathrm{F/km}) \quad (2)$$

式中 S——导体间中心距（mm）；

d——导体外径（mm）；

D——绝缘层外径（mm）；

ε——绝缘导体介电常数。

《安全火花电路计算与分析方法讨论》中的计算公式：

$$L = 4\times10^{-7}l\ \ln\frac{a}{r_0}(\mathrm{H}) \quad (3)$$

$$C = \frac{\pi l\varepsilon}{\ln\dfrac{a}{r_0}}(\mathrm{F}) \quad (4)$$

式中 l——导线长度（m）；

a——导线间的距离（cm）；

r_0——导线半径（cm）；

ε——绝缘材料介电常数（C/Vm）。

上述计算比较麻烦，美国 NFPA1978 版《用于一类场所的本安设备》附录中指出：在电缆制造厂未提供分布参数的情况下，一般电线的分布电容和电感可按照以下的数据进行计算，很少电缆超过这两个数据，这两个数据是：

$$L < 0.2\mu\mathrm{H/ft}(约\ 0.66\mu\mathrm{H/m})$$

$$C < 60\mathrm{PF/ft}(约\ 197\mathrm{PF/m})$$

15.4 控 制 室

本节的内容主要是参照《火药、炸药、弹药、引信及火工品工厂设计安全规范》编写的，关于“控制室应远离振动源和具有强电磁干扰场所”是原则要求，虽然仪表制造厂有仪表正常工作的环境要求，即振动限制在振幅为 0.1mm，频率为 25Hz 的振动和电磁干扰不大于 50e，但是对于上述规定目前还缺乏实际经验数据，故本规定只提出远离振动源和电磁干扰的原则要求。

中华人民共和国国家标准

人民防空工程设计防火规范

Code for fire protection design of civil air defence works

GB 50098-98

主编部门：国家人民防空办公室
中华人民共和国公安部
批准部门：中华人民共和国建设部
施行日期：1 9 9 9 年 5 月 1 日

关于发布国家标准《人民防空工程设计防火规范》的通知

建标[1998]247 号

根据我部《关于印发一九九七年工程建设国家标准制订、修订计划的通知》(建标[1997]108 号)要求，由国家人民防空办公室、公安部会同有关部门共同修订的《人民防空工程设计防火规范》，经有关部门会审，批准为强制性国家标准，编号为 GB 50098-98，自一九九九年五月一日起施行。原《人民防空工程设计防火规范》GBJ 98-87 同时废止。

本规范由国家人民防空办公室、公安部共同负责管理，由总参工程兵第四设计研究院负责具体解释工作，由建设部标准定额研究所组织中国计划出版社出版发行。

中华人民共和国建设部
一九九八年十二月七日

前　　言

本规范是根据建设部建标[1997]108号《关于印发一九九七年工程建设国家标准制订、修订计划的通知》要求，对《人民防空工程设计防火规范》(GBJ 98-87)进行全面修订。

本规范共分八章，其主要内容有：总则，术语，总平面布局和平面布置，防火、防烟分区和建筑构造，安全疏散，防烟、排烟和通风、空气调节，消防给水、排水和灭火设备，电气等。

本规范主要修订的内容有：

一、增加了术语一章。

二、规定了可以在人防工程内设置避难走道，解决人员安全疏散的问题。

三、规定了人防工程内商场的疏散人数计算，但如工程所在地有可靠的实测数据，也可按工程所在地的人员密度指标来计算。

四、规定了人防工程地下街的疏散走道最小净宽的确定方法。

五、对人防改建工程，在各条款中作了相应规定，既考虑到了改建工程的具体情况，又要确保一旦发生火灾时的人员安全疏散。

六、针对避难走道的设置，相应在通风排烟、消防给排水和电气等方面作了补充和修改。

本规范在执行过程中，如发现需要修改和补充之处，请将意见和有关资料寄送本规范具体解释单位——总参工程兵第四设计研究院（地址：北京市太平路24号；邮政编码：100850），以便今后修订时参考。

本规范主编单位：总参工程兵第四设计研究院

参编单位：北京市消防局

江苏省第二建筑设计研究院

主要起草人：朱林华　叶思辉　李树田　潘　丽　胡世超　华建民　徐剑苗　黄沫邦

1 总　　则

1.0.1　为了防止和减少人民防空工程(以下简称人防工程)的火灾危害,保护人身和财产的安全,制定本规范。

1.0.2　本规范适用于新建、扩建和改建供下列平时使用的人防工程:

1　商场、医院、旅馆、餐厅、展览厅、公共娱乐场所、小型体育场所和其它适用的民用场所等;

2　按火灾危险性分类属于丙、丁、戊类的生产车间和物品库房等。

1.0.3　人防工程的防火设计,必须遵循国家的有关方针、政策,针对人防工程发生火灾时的特点,立足自防自救,采用可靠的防火措施,做到安全适用,技术先进,经济合理。

1.0.4　人防工程的防火设计,除应符合本规范外,尚应符合国家现行的有关强制性标准的规定。

2 术　　语

2.0.1　人民防空工程　civil air defence works

为保障人民防空指挥、通信、掩蔽等需要而建造的防护建筑。人防工程分为单建掘开式工程、坑道工程、地道工程和人民防空地下室等。

2.0.2　单建掘开式工程　cut-and-cover works

单独建设的采用明挖法施工,且大部分结构处于原地表以下的工程。

2.0.3　坑道工程　undermined works with low exit

大部分主体地坪高于最低出入口地面的暗挖工程。多建于山地或丘陵地带。

2.0.4　地道工程　undermined works without low exit

大部分主体地坪低于最低出入口地面的暗挖工程。多建于平地。

2.0.5　人民防空地下室　civil air defence basement

为保障人民防空指挥、通信、掩蔽等需要,具有预定防护功能的地下室。

2.0.6　地下街　underground street

人防工程的防火分区中有一条疏散走道,且在其一侧或两侧设置有商业等公用设施的场所。

2.0.7　防护单元　protective unit

人防工程中在防护和内部设施方面独立自成体系的空间。

2.0.8　疏散出口　evacuation exit

用于人员离开某一区域至另一区域的出口。

2.0.9　安全出口　safe exit

通向避难走道、防烟楼梯间和室外的疏散出口。

2.0.10 疏散走道　evacuation walk

用于人员疏散通行至安全出口或相邻防火分区的走道。

2.0.11 避难走道　fire-protection evacuation walk

设置有防烟等设施，用于人员安全通行至室外出口的疏散走道。

2.0.12 防烟楼梯间　smoke prevention staircase

在每层楼梯间和主体建筑之间设置有专用防烟设施，能达到防烟目的的楼梯间。

2.0.13 火灾疏散照明　lighting for fire evacuation

当人防工程内发生火灾时，用以确保疏散出口和疏散走道能被有效地辨认和使用，使人员安全撤离危险区的照明。它由火灾疏散照明灯和火灾疏散标志灯组成。

2.0.14 火灾疏散照明灯　light for fire evacuation

当人防工程内发生火灾时，用以确保疏散走道能被有效地辨认和使用的照明灯具。

2.0.15 火灾疏散标志灯　marking lamp for fire evacuation

当人防工程内发生火灾时，用以确保疏散出口或疏散方向标志能被有效地辨认的照明灯具。

2.0.16 火灾备用照明　reserve lighting for fire risk

当人防工程内发生火灾时，用以确保火灾时仍要坚持工作场所的照明，该照明由备用电源供电。

3　总平面布局和平面布置

3.1　一般规定

3.1.1 人防工程的总平面设计应根据人防工程建设规划、规模、用途等因素，合理确定其位置、防火间距、消防水源和消防车道等。

3.1.2 人防工程内严禁存放液化石油气钢瓶，并不得使用液化石油气和闪点小于 60℃的液体作燃料。

3.1.3 人防工程内不宜设置哺乳室、幼儿园、托儿所和残疾人员活动场所。

3.1.4 电影院、礼堂等人员密集的公共场所和医院病房宜设置在地下一层，当需要设置在地下二层时，楼梯间的设置应符合本规范第 5.2.1 条的规定。

消防控制室应设置在地下一层，并应邻近直接通向（以下简称直通）地面的安全出口；消防控制室可设置在值班室、变配电室等房间内；当地面建筑设置有消防控制室时，可与地面建筑消防控制室合用。

3.1.5 消防控制室、消防水泵房、排烟机房、灭火剂储瓶室、变配电室、通信机房、通风和空调机房、可燃物存放量平均值超过 30kg/m^2 火灾荷载密度的房间等，应采用耐火极限不低于 2.00h 的墙和楼板与其它部位隔开。隔墙上的门应采用常闭的甲级防火门。

3.1.6 柴油发电机房、直燃机房和锅炉房的设置应符合下列规定：

1 防火分区的划分应符合本规范第 4.1.1 条的规定；

2 宜布置在地下一层，且靠人防工程外侧的部位；

3 储油间的储油量不宜大于 1.00m³ 或 8.00h 的需要量。

3.1.7 人防工程内不得设置油浸电力变压器和其它油浸电气设备。

3.1.8 当人防工程设置直通室外的安全出口的数量和位置受条件限制时，可设置避难走道。

3.1.9 设在人防工程内的汽车库、修车库，其防火设计应按现行国家标准《汽车库、修车库、停车场设计防火规范》的有关规定执行。

3.2 防火间距

3.2.1 人防工程的出入口地面建筑物与周围建筑物之间的防火间距，应按现行国家标准《建筑设计防火规范》的有关规定执行。

3.2.2 人防工程的采光窗井与相邻地面建筑物的最小防火间距，应符合表 3.2.2 的规定。

表 3.2.2 采光窗井与相邻地面建筑物的最小防火间距（m）

防火间距 / 地面建筑类别和耐火等级 / 人防工程类别	民用建筑			丙、丁、戊类厂房、库房			高层民用建筑		甲、乙类厂房、库房
	一、二级	三级	四级	一、二级	三级	四级	主体	附属	
丙、丁、戊类生产车间物品库房	10	12	14	10	12	14	13	6	25
其它人防工程	6	7	9	10	12	14	13	6	25

注：1. 防火间距按人防工程有窗外墙与相邻地面建筑物外墙的最近距离计算；
2. 当相邻的地面建筑物外墙为防火墙时，其防火间距不限。

4 防火、防烟分区和建筑构造

4.1 防火和防烟分区

4.1.1 人防工程内应采用防火墙划分防火分区。防火分区划分应符合下列要求：

1 防火分区应在各出入口处的甲级防火门或管理门范围内划分；

2 水泵房、污水泵房、水库、厕所、盥洗间等无可燃物的房间，其面积可不计入防火分区的面积之内；

3 柴油发电机房、直燃机房、锅炉房以及各自配套的储油间、水泵间、风机房等，应独立划分防火分区；

4 避难走道不应划分防火分区；

5 防火分区的划分宜与防护单元相结合。

4.1.2 每个防火分区的允许最大建筑面积，除本规范另有规定者外，不应大于 500m²。当设置有自动灭火系统时，允许最大建筑面积可增加一倍；局部设置时，增加的面积可按该局部面积的一倍计算。

4.1.3 商业营业厅、展览厅、电影院和礼堂的观众厅、溜冰馆、游泳馆、射击馆、保龄球馆等防火分区划分应符合下列规定：

1 商业营业厅、展览厅等，当设置有火灾自动报警系统和自动灭火系统，且采用 A 级装修材料装修时，防火分区允许最大建筑面积不应大于 2000m²；

2 电影院、礼堂的观众厅，防火分区允许最大建筑面积不应大于 1000m²。当设置有火灾自动报警系统和自动灭火系统时，其允许最大建筑面积也不得增加；

3 溜冰馆的冰场、游泳馆的游泳池、射击馆的靶道区、保龄球馆的球道区等，其面积可不计入溜冰馆、游泳馆、射击馆、保龄球馆的防火分区面积。溜冰馆的冰场、游泳馆的游泳池、射击馆的靶道区等，其装修材料应采用A级。

4.1.4 丙、丁、戊类物品库房的防火分区允许最大建筑面积应符合表4.1.4的规定。当设置有火灾自动报警系统和自动灭火系统时，允许最大建筑面积可增加一倍；局部设置时，增加的面积可按该局部面积的一倍计算。

表 4.1.4 丙、丁、戊类物品库房防火分区允许最大建筑面积（m^2）

贮存物品类别		防火分区最大允许建筑面积
丙	闪点≥60℃的可燃液体	150
丙	可燃固体	300
丁		500
戊		1000

4.1.5 人防工程内设有内挑台、走马廊、开敞楼梯、自动扶梯等的上下连通层，应作为一个防火分区，其建筑面积之和应符合本规范的有关规定，且连通的层数不宜大于两层。

4.1.6 需设置排烟设施的部位，应划分防烟分区，并应符合下列要求：

1 每个防烟分区的建筑面积不应大于500m^2。但当从室内地坪至顶棚或顶板的高度在6m以上时，可不受此限；

2 防烟分区不得跨越防火分区。

4.1.7 需设置排烟设施的走道、净高不大于6m的房间，应采用挡烟垂壁、隔墙或从顶棚突出不小于0.5m的梁划分防烟分区。

4.2 防火墙和隔墙

4.2.1 防火墙应直接设置在基础上或耐火极限不低于3.00h的承重构件上。

4.2.2 防火墙上不宜开设门、窗、洞口，当需要开设时，应设置能自行关闭的甲级防火门、窗。

4.2.3 电影院、礼堂的观众厅与舞台之间的墙，耐火极限不应低于2.50h，观众厅与舞台之间的台口应符合本规范第7.3.2条的规定；电影院放映室（卷片室）应采用耐火极限不低于1.00h的隔墙与其它部位隔开，观察窗和放映孔应设置阻火闸门。

4.3 装修和构造

4.3.1 人防工程的内部装修应按现行国家标准《建筑内部装修设计防火规范》的有关规定执行。

4.3.2 人防工程的耐火等级应为一级。其出入口地面建筑物的耐火等级不应低于二级。

4.3.3 可燃气体和丙类液体管道不应穿过防火分区之间的防火墙；当其它管道需要穿过时，应采用不燃材料将管道周围的空隙紧密填塞，通风和空气调节系统的风管还应符合本规范第6.7.6条的规定。

4.3.4 通过防火墙或防火门下的管线沟，应采用不燃材料将通过处的管线沟空隙紧密填塞。

4.3.5 变形缝的基层应采用不燃材料，表面层不应采用可燃或易燃材料。

4.4 防火门、窗和防火卷帘

4.4.1 防火门、防火窗应划分为甲、乙、丙三级。其耐火极限：甲级应为1.20h；乙级应为0.90h；丙级应为0.60h。

4.4.2 防火门应为向疏散方向开启的平开门，并在关闭后能从任何一侧手动开启。

用于疏散走道、楼梯间和前室的防火门，应采用常闭的防火门。

常开的防火门，当发生火灾时，应具有自行关闭和信号反馈的功能。

4.4.3 当人防工程中设置防火墙或防火门有困难时，可采用防火卷帘代替，其防火卷帘应符合防火墙耐火极限的判定条件。

5 安全疏散

5.1 一般规定

5.1.1 每个防火分区安全出口设置的数量，应符合下列规定之一：

1 每个防火分区的安全出口数量不应少于两个；

2 当有两个或两个以上防火分区，相邻防火分区之间的防火墙上设有防火门时，每个防火分区可只设置一个直通室外的安全出口；

3 建筑面积不大于 $500m^2$，且室内地坪与室外出入口地面高差不大于 10m，容纳人数不大于 30 人的防火分区，当设置有竖井，且竖井内有金属梯直通地面时，可只设置一个安全出口或一个与相邻防火分区相通的防火门；

4 建筑面积不大于 $200m^2$，且经常停留人数不大于 3 人的防火分区，可只设置一个通向相邻防火分区的防火门；

5 改建工程的防火分区，可设置不少于两个通向相邻防火分区的防火门，但应设置在不同的方向，且相邻防火分区必须符合本条第 1 款或第 2 款的规定。

5.1.2 建筑面积不大于 $50m^2$，且经常停留的人数不大于 15 人的房间，可设置一个疏散出口。

5.1.3 每个防火分区安全出口之间或安全出口与相邻防火分区之间防火墙上的防火门，宜按不同方向分散设置；当受条件限制需要同方向设置时，两个出口之间的距离不应小于 5m。

5.1.4 安全疏散距离应满足下列规定：

1 房间内最远点至该房间门的距离不应大于 15m；

2 房间门至最近安全出口或至相邻防火分区之间防火墙上防火门的最大距离：医院应为 24m；旅馆应为 30m；其它工程应为 40m。位于袋形走道两侧或尽端的房间，其最大距离应为上述相应距离的一半。

5.1.5 每个防火分区安全出口和相邻防火分区之间防火墙上防火门的总宽度，应按该防火分区设计容纳总人数乘以疏散宽度指标计算确定。室内地坪与室外出入口地面高差不大于 10m 的防火分区，其疏散宽度指标应为每 100 人不小于 0.75m，室内地坪与室外出入口地面高差大于 10m 的防火分区，其疏散宽度指标应为每 100 人不小于1.00m；楼梯的宽度不应小于对应的出口宽度。

每个防火分区的安全出口和相邻防火分区之间防火墙上的防火门，其疏散人数平均每个不应大于 250 人；改建工程可不大于 350 人，但其出口应设置在不同方向。

安全出口、相邻防火分区之间防火墙上的防火门、楼梯和疏散走道的最小净宽应符合表 5.1.5 的规定。

表 5.1.5 安全出口、相邻防火分区之间防火墙上的防火门、楼梯和疏散走道的最小净宽（m）

工程名称	安全出口、相邻防火分区之间防火墙上的防火门和楼梯的净宽	疏散走道净宽	
		单面布置房间	双面布置房间
商场、公共娱乐场所、小型体育场所	1.40	1.50	1.60
医院	1.30	1.40	1.50
旅馆、餐厅	1.00	1.20	1.30
车间	1.00	1.20	1.50
其它民用工程	1.00	1.20	1.40

5.1.6 设有固定座位的电影院、礼堂等的观众厅，其疏散走道、疏

散出口等应符合下列规定：

1 厅内的疏散走道净宽应按通过人数每 100 人不小于 0.80m 计算，且不宜小于 1.00m；边走道的净宽不应小于 0.80m；

2 厅的疏散出口和厅外疏散走道的总宽度，平坡地面应分别按通过人数每 100 人不小于 0.65m 计算，阶梯地面应分别按通过人数每 100 人不小于 0.80m 计算；疏散出口和疏散走道的净宽均不应小于 1.40m；

3 观众厅座位的布置，横走道之间的排数不宜大于 20 排，纵走道之间每排座位不宜大于 22 个；当前后排座位的排距不小于 0.9m 时，每排座位可为 44 个；只一侧有纵走道时，其座位数应减半；

4 观众厅每个疏散出口的疏散人数平均不应大于 250 人；

5 观众厅的疏散门，宜采用推闩式外开门。

5.1.7 公共疏散出口处内、外 1.40m 范围内不应设置踏步，门必须向疏散方向开启，且不应设置门槛。

5.1.8 地下商店营业部分疏散人数，可按每层营业厅和为顾客服务用房的使用面积之和乘以人员密度指标来计算，其人员密度指标应按下列规定确定：

1 地下第一层，人员密度指标为 0.85 人/m^2；

2 地下第二层，人员密度指标为 0.80 人/m^2。

5.2 楼梯、走道

5.2.1 人防工程的下列公共活动场所，当底层室内地坪与室外出入口地面高差大于 10m 时，应设置防烟楼梯间；当地下为两层，且地下第二层的地坪与室外出入口地面高差不大于 10m 时，应设置封闭楼梯间。

1 电影院、礼堂；

2 建筑面积大于 500m^2 的医院、旅馆；

3 建筑面积大于 1000m^2 的商场、餐厅、展览厅、公共娱乐场所、小型体育场所。

5.2.2 人民防空地下室的疏散楼梯间，在主体建筑地面首层应采用耐火极限不低于 2.00h 的隔墙与其它部位隔开并宜直通室外，当需要在隔墙上开门时，应采用耐火极限不低于乙级的防火门。

人民防空地下室与地上层不宜共用楼梯间；当需要共用楼梯间时，宜在地面首层与人民防空地下室的入口处，设置耐火极限不低于 2.00h 的隔墙和耐火极限不低于乙级的防火门隔开，并应有明显标志。

5.2.3 防火分区至防烟楼梯间或避难走道入口处应设置前室，前室面积不应小于 6m^2；当与消防电梯间合用前室时，其面积不应小于 10m^2；前室的门应为甲级防火门。

5.2.4 避难走道的设置应符合下列规定：

1 避难走道直通地面的出口不应少于两个，并应设置在不同方向，出口的疏散人数不限；

2 通向避难走道的各防火分区人数不等时，避难走道的净宽不应小于设计容纳人数最多的一个防火分区通向避难走道各安全出口最小净宽之和；

3 避难走道的装修材料燃烧性能等级必须为 A 级；

4 避难走道的防烟应符合本规范第 6.2 节的规定；

5 避难走道的消火栓设置应符合本规范第 7.3.1 条的规定；

6 避难走道的火灾应急照明应符合本规范第 8.2 节的规定；

7 避难走道应设置应急广播和消防专线电话。

5.2.5 地下街防火分区内疏散走道的最小净宽应符合下列规定之一：

1 疏散走道最小净宽应为通过人数乘以疏散宽度指标，疏散宽度指标和通过人数应符合下列规定：

1)室内地坪与室外出入口地面高差不大于 10m 的防火分区，其疏散宽度指标应为每 100 人不小于 0.75m；室内地坪与室外出入口地面高差大于 10m 的防火分区，其疏散宽度指标应为每 100 人不小于 1.00m；

2)相邻两个疏散出口之间的疏散走道通过人数，宜为相邻两个疏散出口之间设计容纳人数；袋形走道末端至相邻疏散出口之间的疏散走道通过人数，应为袋形走道末端与相邻疏散出口之间设计容纳人数；

2 疏散走道最小净宽应为疏散走道两端的疏散出口最小净宽之和的较大者。

5.2.6 疏散走道、疏散楼梯和前室，不应有影响疏散的突出物；疏散走道应减少曲折，走道内不宜设置门槛、阶梯；

疏散楼梯的阶梯不宜采用螺旋楼梯和扇形踏步，但踏步上下两级所形成的平面角小于 10°，且每级离扶手 0.25m 处的踏步宽度大于 0.22m 时，可不受此限。

5.2.7 疏散楼梯间在各层的位置不应改变；各层人数不等时，其宽度应按该层及以下层中通过人数最多的一层计算。

6 防烟、排烟和通风、空气调节

6.1 一般规定

6.1.1 人防工程下列部位应设置机械加压送风防烟设施：

1 防烟楼梯间及其前室或合用前室；

2 避难走道的前室。

6.1.2 人防工程下列部位应设置机械排烟设施：

1 建筑面积大于 $50m^2$，且经常有人停留或可燃物较多的房间、大厅和丙、丁类生产车间；

2 总长度大于 20m 的疏散走道；

3 电影放映间、舞台等。

6.1.3 丙、丁、戊类物品库宜采用密闭防烟措施。

6.1.4 自然排烟口的总面积大于该防烟分区面积的 2%时，宜采用自然排烟；自然排烟口底部距室内地坪不应小于 2m，并应常开或发生火灾时能自动开启。

6.2 机械加压送风防烟及送风量

6.2.1 防烟楼梯间送风余压值不应小于 50Pa，前室或合用前室送风余压值不应小于 25Pa。防烟楼梯间的机械加压送风量不应小于 $25000m^3/h$。当防烟楼梯间与前室或合用前室分别送风时，防烟楼梯间的送风量不应小于 $16000m^3/h$，前室或合用前室的送风量不应小于 $12000m^3/h$。

注：楼梯间及其前室或合用前室的门按 1.5m×2.1m 计算，当采用其它尺寸的门时，送风量应根据门的面积按比例修正。

6.2.2 避难走道的前室送风余压值应与本规范第 6.2.1 条的防

烟楼梯间前室的要求相同，机械加压送风量应按前室入口门洞风速不小于 1.2m/s 计算确定。

避难走道的前室送风口应正对前室入口门，且宽度应大于门洞宽度。

6.2.3 避难走道的前室、防烟楼梯间及其前室或合用前室的机械加压送风系统宜分别独立设置。当需要共用系统时，应在支风管上设置压差自动调节装置。

6.2.4 避难走道的前室、防烟楼梯间及其前室或合用前室的排风应设置余压阀，并应按本规范第 6.2.1 条的规定值整定。

6.2.5 机械加压送风机可采用普通离心式、轴流式或斜流式风机。风机的全压值除应计算最不利环管路的压头损失外，其余压值应符合本规范第 6.2.1 条的规定。

6.2.6 机械加压送风系统送风口的风速不宜大于 7m/s。

6.2.7 机械加压送风系统的采风口与排烟口的水平距离宜大于 15m，并宜低于排烟口。

6.3 机械排烟及排烟风量

6.3.1 机械排烟时，排烟风机和风管的风量计算应符合下列要求：

1 担负一个或两个防烟分区排烟时，应按该部分总面积每平方米不小于 $60m^3/h$ 计算，但排烟风机的最小排烟风量不应小于 $7200m^3/h$；

2 担负三个或三个以上防烟分区排烟时，应按其中最大防烟分区面积每平方米不小于 $120m^3/h$ 计算。

6.3.2 排烟区应有补风措施，并应符合下列要求：

1 当补风通路的空气阻力不大于 50Pa 时，可自然补风；

2 当补风通路的空气阻力大于 50Pa 时，应设置火灾时可转换成补风的机械送风系统或单独的机械补风系统，补风量不应小于排烟风量的 50%。

6.3.3 机械排烟系统宜单独设置或与工程排风系统合并设置。当合并设置时，必须采取在火灾发生时能将排风系统自动转换为排烟系统的措施。

6.4 排 烟 口

6.4.1 每个防烟分区内必须设置排烟口，排烟口应设置在顶棚或墙面的上部。

6.4.2 排烟口宜设置于该防烟分区的居中位置，并应与疏散出口的水平距离在 2m 以上，且与该分区内最远点的水平距离不应大于 30m。

6.4.3 排烟口可单独设置，也可与排风口合并设置；排烟口的总排烟量应按该防烟分区面积每平方米不小于 $60m^3/h$ 计算。

6.4.4 排烟口的开闭状态和控制应符合下列要求：

1 单独设置的排烟口，平时应处于关闭状态，其控制方式可采用自动或手动开启方式；手动开启装置的位置应便于操作；

2 排风口和排烟口合并设置时，应在排风口或排风口所在支管设置自动阀门，该阀门必须具有防火功能，并应与火灾自动报警系统联动；火灾时，着火防烟分区内的阀门仍应处于开启状态，其它防烟分区内的阀门应全部关闭。

6.4.5 排烟口的风速不宜大于 10m/s。

6.5 机械加压送风防烟、排烟管道

6.5.1 机械加压送风防烟、排烟管道内的风速，当采用金属风道或内表面光滑的其它材料风道时，不宜大于 20m/s；当采用内表面抹光的混凝土或砖砌风道时，不宜大于 15m/s。

6.5.2 机械加压送风防烟管道、排烟管道、排烟口和排烟阀等必须采用不燃材料制作。

排烟管道与可燃物的距离不应小于 0.15m。

6.5.3 当金属风道为钢制风道时，钢板厚度不应小于 1.0mm。

6.5.4 机械加压送风防烟、排烟管道不宜穿过防火墙。当需要穿过时，过墙处应设置烟气温度大于 280℃时能自动关闭的防火阀。

6.6 排 烟 风 机

6.6.1 排烟风机可采用普通离心式风机或排烟轴流风机；排烟风机应在烟气温度 280℃时能连续工作 30min。排烟风机必须采用不燃材料制作。

6.6.2 排烟风机可单独设置或与排风机合并设置；当排烟风机与排风机合并设置时，宜采用变速风机。

6.6.3 排烟风机的余压应按排烟系统最不利环路进行计算，排烟量应增加 10%。

6.6.4 排烟风机的安装位置，宜处于排烟区的同层或上层。排烟管道宜顺气流方向向上或水平敷设。

6.6.5 排烟风机应与排烟口联动，当任何一个排烟口、排烟阀开启或排风口转为排烟口时，系统应转为排烟工作状态，排烟风机应自动转换为排烟工况；当烟气温度大于 280℃时，排烟风机应随设置于风机入口处防火阀的关闭而自动关闭。

6.7 通风、空气调节

6.7.1 电影院的放映机室宜设置独立的排风系统。当需要合并设置时，通向放映机室的风管应设置防火阀。

6.7.2 设置气体灭火系统的房间，应设置有排除废气的排风装置；与该房间连通的风管应设置自动阀门，火灾发生时，阀门应自动关闭。

6.7.3 通风、空气调节系统的管道宜按防火分区设置。当需要穿过防火分区时，应符合本规范第 6.7.6 条的规定。

6.7.4 通风、空气调节系统的风机及风管应采用不燃材料制作，但接触腐蚀性气体的风管及柔性接头可采用难燃材料制作。

6.7.5 风管和设备的保温材料应采用不燃材料；消声、过滤材料及粘结剂应采用不燃材料或难燃材料。

6.7.6 通风、空气调节系统的风管，当出现下列情况之一时，应设置防火阀：

1 穿过防火墙或防火楼板处；

2 穿过设有防火门的房间隔墙或楼板处；

3 每层水平干管同垂直总管的交接处；

4 穿越变形缝处的两侧。

6.7.7 火灾发生时，防火阀的温度熔断器或与火灾探测器等联动的自动关闭装置一经动作，防火阀应能自动关闭。温度熔断器的动作温度宜为 70℃。

6.7.8 防火阀应设单独的支、吊架。当防火阀暗装时，应在防火阀安装部位的吊顶或隔墙上设置检修口，检修口不宜小于 0.45m×0.45m。

6.7.9 当通风系统中设置电加热器时，通风机应与电加热器联锁；电加热器前、后 0.8m 范围内，不应设置消声器、过滤器等设备。

7 消防给水、排水和灭火设备

7.1 一 般 规 定

7.1.1 消防用水可由市政给水管网、水源井、消防水池或天然水源供给。利用天然水源时，应确保枯水期最低水位时的消防用水量，并应设置可靠的取水设施。

7.1.2 采用市政给水管网直接供水，当消防用水量达到最大时，其水压应满足室内最不利点灭火设备的要求。

7.2 消防用水量

7.2.1 设置室内消火栓、自动喷水等灭火设备的人防工程，其消防用水量应按需要同时开启的上述设备用水量之和计算。

7.2.2 室内消火栓用水量，应符合表 7.2.2 的规定。

表 7.2.2 室内消火栓最小用水量

工 程 类 别	体积或座位数	同时使用水枪数量（支）	每支水枪最小流量（L/s）	消火栓用水量（L/s）
商场、展览厅、医院、旅馆、公共娱乐场所（电影院、礼堂除外）、小型体育场所	$<1500m^3$ $\geqslant1500m^3$	1 2	5.0 5.0	5.0 10.0
丙、丁、戊类生产车间、自行车库	$\leqslant2500m^3$ $>2500m^3$	1 2	5.0 5.0	5.0 10.0
丙、丁、戊类物品库房、图书资料档案库	$\leqslant3000m^3$ $>3000m^3$	1 2	5.0 5.0	5.0 10.0
餐厅	不限	1	5.0	5.0
电影院、礼堂	$\geqslant$800 座	2	5.0	10.0

注：增设的消防水喉设备，其用水量可不计入消防用水量。

7.2.3 人防工程内自动喷水灭火系统的用水量，应按现行国家标准《自动喷水灭火系统设计规范》的有关规定执行。

7.3 灭火设备的设置范围

7.3.1 下列人防工程和部位应设置室内消火栓：

1 建筑面积大于 $300m^2$ 的人防工程；

2 电影院、礼堂、消防电梯间前室和避难走道。

7.3.2 下列人防工程和部位应设置自动喷水灭火系统：

1 建筑面积大于 $1000m^2$ 的人防工程；

2 大于 800 个座位的电影院和礼堂的观众厅，且吊顶下表面至观众席地坪高度不大于 8m 时；舞台使用面积大于 $200m^2$ 时；观众厅与舞台之间的台口宜设置防火幕或水幕分隔；

3 采用防火卷帘代替防火墙或防火门，当防火卷帘不符合防火墙耐火极限的判定条件时，应在防火卷帘的两侧设置闭式自动喷水灭火系统，其喷头间距应为 2.0m，喷头与卷帘距离应为 0.5m；有条件时，也可设置水幕保护。

7.3.3 柴油发电机房、直燃机房、锅炉房、变配电室和图书、资料、档案等特藏库房，宜设置二氧化碳等气体灭火系统，但不应采用卤代烷 1211、1301 灭火系统；或按现行国家标准《建筑灭火器配置设计规范》的规定设置灭火器。

重要通信机房和电子计算机机房应设置气体灭火系统。

7.3.4 人防工程的灭火器配置应按现行国家标准《建筑灭火器配置设计规范》的有关规定执行。

7.4 消 防 水 池

7.4.1 具有下列情况之一者应设置消防水池：

1 市政给水管网、水源井或天然水源不能满足消防用水量；

2 市政给水管网为枝状或人防工程只有一条进水管。

注：当室内消防用水总量不大于 10L/s 时，可以不设置消防水池。

7.4.2 消防水池的设置应符合下列要求：

1 消防水池的有效容积应满足在火灾延续时间内室内消防用水总量的要求；

建筑面积小于 $3000m^2$ 的单建掘开式、坑道、地道人防工程消火栓灭火系统火灾延续时间应按 1.00h 计算；

建筑面积大于或等于 $3000m^2$ 的单建掘开式、坑道、地道人防工程消火栓灭火系统火灾延续时间应按 2.00h 计算；改建人防工程当有困难时，可按 1.00h 计算；

自动喷水灭火系统火灾延续时间应按 1.00h 计算；

2 在火灾情况下能保证连续向消防水池补水时，消防水池的容量可减去火灾延续时间内补充的水量；

3 消防水池的补水时间不应大于 48h；

4 消防用水与其它用水合用的水池，应有确保消防用水量的措施；

5 消防水池可设置在工程内，也可设置在工程外，寒冷地区的室外消防水池应有防冻措施。

7.5 水泵结合器和室外消火栓

7.5.1 当消防用水总量大于 10L/s 时，应在人防工程外设置水泵结合器，并应设置室外消火栓。

7.5.2 水泵结合器和室外消火栓的数量，应按人防工程内消防用水总量确定，每个水泵结合器和室外消火栓的流量应按 10～15L/s 计算。

7.5.3 水泵结合器和室外消火栓应设置在便于消防车使用的地点，距人防工程出入口不宜小于 5m，室外消火栓距路边不宜大于 2m，水泵结合器与室外消火栓的距离不应大于 40m。

水泵结合器和室外消火栓应有明显的标志。

7.6 室内消防给水管道、室内消火栓和消防水箱

7.6.1 室内消防给水管道的设置应符合下列要求：

1 室内消防给水管道宜与其它用水管道分开设置；当有困难时，消火栓给水管道可与其它给水管道合用，但当其它用水达到最大小时流量时，应仍能供应全部消火栓的消防用水量；

2 当室内消火栓总数大于 10 个时，其给水管道应布置成环状，环状管网的进水管宜设置两条，当其中一条进水管发生故障时，另一条应仍能供应全部消火栓的消防用水量；

3 在同层的室内消防给水管道，应采用阀门分成若干独立段，当某段损坏时，停止使用的消火栓数不应大于 5 个；

阀门应有明显的启闭标志；

4 室内消火栓给水管道应与自动喷水灭火系统的给水管道分开独立设置；有困难时，可合用消防泵，但消火栓给水管道必须在自动喷水灭火系统的报警阀前(沿水流方向)分开设置。

7.6.2 室内消火栓的设置应符合下列规定：

1 室内消火栓的水枪充实水柱应通过水力计算确定，且不应小于 10m；

2 室内消火栓栓口的静水压力不应大于 0.8MPa，当大于 0.8MPa 时，应采用分区给水系统；消火栓栓口的出水压力大于 0.5MPa 时，应设置减压装置；

3 室内消火栓的间距应由计算确定；当保证同层相邻有两支水枪的充实水柱同时到达被保护范围内的任何部位时，消火栓的间距不应大于 30m；当保证有一支水枪的充实水柱到达室内任何部位时，不应大于 50m；

4 室内消火栓应设置在明显易于取用的地点；消火栓的出水方向宜与设置消火栓的墙面相垂直；栓口离地坪高度宜为 1.10m；同一工程内应采用统一规格的消火栓、水枪和水带，每根水带长度不应大于 25m；

5 设有消防水泵给水系统的每个消火栓处，应设置直接启动消防水泵的按钮，并应有保护措施。

7.6.3 单建掘开式、坑道、地道人防工程可不设置消防水箱。

7.7 消 防 水 泵

7.7.1 消防水泵应设置备用泵，其工作能力不应小于最大一台消防工作泵。

7.7.2 每台消防水泵应设置独立的吸水管，并宜采用自灌式吸水，其吸水管上应设置阀门，出水管上应设置试验和检查用的压力表和放水阀门。

7.8 消 防 排 水

7.8.1 设有消防给水的人防工程，必须设置消防排水设施。

7.8.2 消防排水设施宜与生活排水设施合并设置，兼作消防排水的生活污水泵（含备用泵），总排水量应满足消防排水量的要求。

8 电 气

8.1 消防电源及其配电

8.1.1 建筑面积大于 5000m^2 的人防工程，其消防用电应按一级负荷要求供电；建筑面积小于或等于 5000m^2 的人防工程可按二级负荷要求供电。

火灾疏散照明和火灾备用照明可采用蓄电池作备用电源，其连续供电时间不应少于 30min。

8.1.2 消防控制室、消防水泵、消防电梯、防烟风机、排烟风机等消防用电设备应采用两路电源或两回路供电线路供电，并应在最末一级配电箱处自动切换。

当采用柴油发电机组做备用电源时，应设置自动启动装置，并能在 30s 内供电。

8.1.3 消防用电设备的供电回路应引自变压器低压侧设置的专用消防配电柜或专用供电回路。其配电和控制线路宜按防火分区划分。

8.1.4 消防配电设备宜采用防潮、防霉型产品；电缆、电线应采用铜芯线；蓄电池应采用封闭型产品。

8.1.5 消防用电设备的配电线路应符合下列规定：

1 当采用暗敷设时，应穿在金属管中，并应敷设在不燃结构内，且保护层厚度不宜小于 30mm；

2 当采用明敷设时，应敷设在金属管或金属线槽内，并应在金属管或金属线槽表面涂防火涂料；

3 当采用绝缘和护套为不延燃材料的电缆，且敷设在电缆沟、槽、井内时，可不穿金属管保护。

8.1.6 消防用电设备、消防配电柜、消防控制箱等应设有明显标志。

8.2 火灾疏散照明和火灾备用照明

8.2.1 人防工程的火灾疏散照明应由火灾疏散照明灯和火灾疏散标志灯组成，其设置应符合下列规定：

1 火灾疏散照明灯应设置在疏散走道、楼梯间、防烟前室、公共活动场所等部位；其最低照度值不应低于 5 lx；其设置位置宜在墙面上或顶棚下；

2 火灾疏散标志灯应由疏散方向标志灯和安全出口标志灯组成；疏散方向标志灯应设置在疏散走道、楼梯间及其转角处等部位，并宜距室内地坪 1.00m 以下的墙面上，其间距不宜大于 15m；安全出口标志灯应设置在安全出口处，其位置宜在出口上部的顶棚下或墙面上。

8.2.2 人防工程的火灾备用照明设置应符合下列规定：

1 火灾备用照明应设置在避难走道、消防控制室、消防水泵房、柴油发电机室、配电室、通风空调室、排烟机房、电话总机房以及发生火灾时仍需坚持工作的其它房间；

2 建筑面积大于 $5000m^2$ 的人防工程，其火灾备用照明照度值宜保持正常照明的照度值；建筑面积不大于 $5000m^2$ 的人防工程，其火灾备用照明的照度值不宜低于正常照明照度值的 50%。

8.2.3 火灾疏散照明和火灾备用照明在工作电源断电后，应能自动投合备用电源。

8.3 灯　　具

8.3.1 人防工程内的潮湿场所应采用防潮型灯具；柴油发电机房的贮油间、蓄电池室等房间应采用密闭型灯具；可燃物品库房不应设置卤钨灯等高温照明灯具。

8.3.2 卤钨灯、高压汞灯、白炽灯、镇流器等不应直接安装在可燃装修材料或可燃构件上。

8.3.3 卤钨灯和大于 100W 的白炽灯泡的吸顶灯、槽灯、嵌入式灯的引入线应采用瓷管、石棉等不燃材料作隔热保护措施。

开关、插座和照明灯具靠近可燃物时，应采用隔热、散热等保护措施。

8.4 火灾自动报警系统、火灾应急广播和消防控制室

8.4.1 下列人防工程或部位应设置火灾自动报警系统：

1 建筑面积大于 $500m^2$ 的公共娱乐场所和小型体育场所；

2 建筑面积大于 $1000m^2$ 的丙、丁类生产车间和丙、丁类物品库房；

3 重要的通信机房和电子计算机机房，柴油发电机房和变配电室，重要的实验室和图书、资料、档案库房等。

8.4.2 火灾自动报警系统和火灾应急广播的设计应按现行国家标准《火灾自动报警系统设计规范》的规定执行。

8.4.3 设有火灾自动报警系统、自动喷水灭火系统、机械防烟排烟设施等的人防工程，应设置消防控制室，并应符合本规范第 3.1.4 条的规定。

规范用词和用语说明

一、为便于在执行本规范条文时区别对待，对要求严格程度不同的用词说明如下：

1. 表示很严格，非这样做不可的用词：

正面词采用“必须”，反面词采用“严禁”；

2. 表示严格，在正常情况均应这样做的用词：

正面词采用“应”，反面词采用“不应”或“不得”；

3. 表示允许稍有选择，在条件许可时首先应这样做的用词：

正面词采用“宜”，反面词采用“不宜”；

表示有选择，在一定条件下可以这样做的，采用“可”。

二、本规范条文中，指明应按其它有关标准、规范执行时，写法为“应符合……的规定”或“应按……执行”。

中华人民共和国国家标准

人民防空工程设计防火规范

GB 50098-98

条 文 说 明

目　次

1 总　　则

1.0.1 本条规定了制定本规范的目的。

原规范从1987年颁布以来，对人防工程的防火设计起到了很好的指导作用，近十年来，我国人防工程发展十分迅速，大量大、中型人防工程相继在全国各地建成，并投入使用。防火设计已积累了较丰富的经验，相关的防火规范均相继进行了修改，故适时修改完善原规范内容，并在人防工程设计中贯彻这些防火要求，对于防止和减少人防工程火灾的危害，保护人身和财产的安全，是十分必要、及时的。

1.0.2 规定了本规范的适用范围。

根据调查统计和当前的实际情况，规定了适用于新建、扩建、改建人防工程平时的使用用途。公共娱乐场所一般指：电影院、录像厅、礼堂、舞厅、卡拉OK厅、夜总会、音乐茶座、电子游艺厅、多功能厅等；小型体育场所一般指：溜冰馆、游泳馆、体育馆、保龄球馆等。

为了确保人防工程的安全，人防工程不能用作甲、乙类生产车间和物品库房，只适用于丙、丁、戊类生产车间和物品库房，物品库房包括图书资料档案库和自行车库。

其它地下建筑可参照本规范的规定。

1.0.3 本条规定在工程防火设计中，除了要执行本规范所规定的消防技术要求外，还要遵循国家有关方针、政策。要根据人防工程的火灾特点，采取可靠的防火措施。

人防工程火灾的特点：

1 人防工程空间封闭，结构厚，着火后，烟气大，温度高。

2 疏散困难。主要有以下几点：

1)人防工程不像地面建筑有窗户，无法从窗户疏散出去，只能从安全疏散出口疏散出去；

2)工程内全部采用人工照明，无法利用自然光照明；

3)烟气从两方面影响疏散，一是烟雾遮挡光线，影响视线，使人看不清道路；二是烟气中的一氧化碳等有毒气体，直接威胁到人身安全。

3 扑救困难。地下火灾比地面火灾在扑救上要困难得多，主要有以下几方面：

1)指挥员决策困难。地面火灾，指挥员到达现场，对建筑物的结构、形状、着火部位等一目了然，经过简单勘察，就能作出灭火方案，发出灭火作战命令；而地下火场情况复杂，又不能直观看到，需要经过详细的询问、调查后才能作出决策，时间长，难度大。

2)通讯指挥困难。地面上有线、无线等通讯器材均可使用，有时打个手势也能解决问题，地下火场就困难得多。

3)进入火场困难。地面火场消防队员可以从四面八方进入，地下火场只有出入口一条道，特别是在有人员疏散的情况下，消防队员进入火场受到疏散人员的阻挡。

4)烟雾和高温影响灭火工作。地下火场的高温和浓烟，消防人员不戴氧气呼吸器是无法工作的，戴上又负担太重。

5)灭火设备和灭火场地受限制。地面火灾，消防队的大型设备、车辆均可调用，靠近火场能充分发挥作用；地下火场可调用的设备受到很多限制。

根据人防工程的平时使用情况和火灾特点，在新建、扩建、改建时要作好防火设计，采取可靠措施，利用先进技术，预防火灾发生。一旦发生火灾，做到立足自救，即由工程内部人员利用火灾自动报警系统、室内消火栓系统、自动喷水灭火系统、消防水源、防排烟设施、火灾应急照明等条件，完成疏散和灭火的任务，把火灾扑灭在初期阶段。

1.0.4 规定了与相关规范的关系。

人防工程的防火设计涉及面较广，强制性的国家标准如《人民防空工程设计规范》、《人民防空地下室设计规范》、《建筑内部装修设计防火规范》、《汽车库、修车库、停车场设计防火规范》等等都是必须遵照的。本规范不可能把这些规范内容全部包括进去，故作了本条规定。

3 总平面布局和平面布置

3.1 一般规定

3.1.1 本条对人防工程的总平面设计提出了原则的规定。强调了人防工程与城市建设的结合，特别是与消防有关的地面出入口建筑、防火间距、消防水源、消防车道等问题，应充分考虑，以便合理确定人防工程主体及出入口地面建筑的位置。

3.1.2 闪点小于 60℃的液体和液化石油气是属甲、乙类危险物品，火灾危险性较大，一旦漏液、漏气是极为危险的。有的气体比重比空气重，漏出后容易积聚在室内地面，不易排出工程外，为了保障人身和财产的安全，所以作出此规定。

3.1.3 哺乳室、幼儿园和托儿所中的婴幼儿，因年龄小，缺少自理能力，他们和残疾人一样，都不能依靠自己的能力在火灾中迅速疏散，因此规定不宜设在人防工程内。

3.1.4 电影院、礼堂等公共场所，座位排列紧密，在满员时，人员密集，一旦发生火灾，人员疏散比较困难，所以对设置层数有所限制；医院病房里的病人疏散也比较困难，所以对设置层数也作了限制。

消防控制室是工程防火、灭火设施的控制中心，也是发生火灾时的指挥中心，值班人员需要在工程内人员基本疏散完后，才能最后离开，所以需要设置在方便离开的地方。

3.1.5 工程内的消防控制室、消防水泵房等与消防有关的房间是保障工程内防火、灭火的关键部位，必须提高隔墙和楼板的耐火极限，以便在火灾时发挥它们应有的作用；安装有不燃材料制作的设备房间，由于房间内人员很少，故将其与防火分区隔开。

存放可燃物的房间，在一般情况下，可燃物越多，火灾时燃烧得越猛烈，燃烧的时间越长。如相同耐火等级的建筑物则可燃物越多，其构件被火烧坏的可能性越大。因此，对可燃物较多的房间，提高其隔墙和楼板的耐火极限是理所当然的。本条根据《高层民用建筑设计防火规范》的规定，作了相应修改。

3.1.6 柴油发电机、空调直燃机和锅炉的燃料是柴油、重油、煤气等，在采取相应的防火措施，并设置火灾自动报警系统和自动灭火装置后是可行的。

3.1.7 油浸电力变压器和油浸电气设备一旦发生故障而造成火灾，危险性极大。这是因为发生故障时会产生电弧，绝缘油在电弧和高温的作用下迅速分解，析出氢气、甲烷和乙烯等可燃气体，压力增加，造成设备外壳破裂，绝缘油流出，析出的可燃气体与空气混合，形成爆炸混合物，在电弧和火花的作用下引起燃烧和爆炸；电力设备外壳破裂后，高温的绝缘油，流到哪里就烧到哪里，致使火灾扩大蔓延，所以本规范规定不得设置。

3.1.8 大型单建掘开式人防工程和人民防空地下室在城市繁华地区或广场下，由于受地面规划的限制，直接通向（简称为“直通”）室外（室外指的是露天的地面，所以室外也包括下沉式广场的地面）的安全出口数量受到限制，根据已有工程的试设计经验，并参考《高层民用建筑设计防火规范》有关“避难层”和“防烟楼梯间”的做法，在工程内设置避难走道。在避难走道内，采取有效的技术措施，解决安全疏散问题；坑道和地道工程，由于受工程性质的限制，也采用上述的办法来加以解决。

3.1.9 汽车库和修车库的防火设计，按照现行国家标准《汽车库、修车库、停车场设计防火规范》的规定执行。因为平时使用的人防工程汽车库和修车库，其防火要求与地下汽车库的防火要求是一致的。

3.2 防火间距

3.2.1 本条与相关规范协调一致，所以规定执行《建筑设计防火规范》。

3.2.2 有采光窗井的人防工程其防火间距是按耐火等级为一级的相应地面建筑所要求的防火间距来考虑的。由于人防工程设置在地下，所以无论人防工程对周围建筑物的影响，还是周围建筑物对人防工程的影响，比起地面建筑相互之间的影响来说都要小，因此按此规定是偏于安全的。

关于排烟竖井，从平时环境保护角度来要求，如较靠近相邻地面建筑物，则排烟竖井应紧贴地面建筑物外墙一直至建筑物的房顶，所以在修订条文中将“排烟竖井”删除。

4 防火、防烟分区和建筑构造

4.1 防火和防烟分区

4.1.1、4.1.2 为了防止火灾的扩大和蔓延，使火灾控制在一定的范围内，减少火灾所带来的损失，人防工程必须划分防火分区。从许多地面建筑的火灾实例来看，建筑物采用防火墙划分防火分区后比不划分防火分区的建筑物，在火灾时的损失要小得多。例如某学校的一座教学大楼是每层建筑面积为 2600m² 的三层楼建筑物，因为没有用防火墙划分防火分区，也无防火安全措施，在三层起火后，将该层全部烧毁。而占地为 1312m²、耐火等级为三级的某宿舍，用三道防火墙划分了防火分区。火灾后，由于防火墙有效地防止了火灾的蔓延，使此宿舍 2/3 的房间没有被火烧毁。由此可见，用防火墙划分防火分区是必要的。

日本东京都防火规范规定，地下设施和地下道，必须用耐火构造的楼板、墙壁和甲种防火门进行分隔，这也就是划分防火分区。日本建筑法则关于地下街防火分区的划分规定是：当墙和顶棚的内表面装修材料用非燃材料，且基层也用非燃材料时，防火分区的地面面积为 500m² 以内；当墙和顶棚的内表面装修材料用“非燃材料”或“准非燃材料”，且基层也用“非燃材料”或“准非燃材料”时，每个防火分区的地面面积在 200m² 以内；其它情况每个防火分区的地面面积为 100m² 以内。原苏联规范规定，地下室的防火分区面积为 500m²，我国《高层民用建筑设计防火规范》(GB 50045-95)规定，地下室每个防火分区的最大允许建筑面积为 500m²。

防火分区的划分，既要从限制火灾的蔓延和减少经济损失，又要结合工程的具体情况来考虑。在人防工程中，一个防护单元的最大规模是按掩蔽 800 人设置的，所以，一个防护单元的人员掩蔽面积最大为 800m²，占主体建筑面积的 80%左右，即使用面积 800m² 时，建筑面积大致为 1000m²。而工程内的水泵房、水库、厕所、盥洗间等因无可燃物或可燃物甚少，不易产生火灾危险，在划分防火分区时，可将此类房间的面积不计入防火分区的面积之内。因此，参照日本、原苏联和我国《高层民用建筑设计防火规范》(GB 50045-95)对防火分区面积的规定，结合人防工程的实际情况，本规范规定一个防火分区的最大建筑面积为 500m²。

火灾实例证明，自动灭火系统可以及时控制和扑灭建筑物的初期火灾，有效地防止火灾的蔓延，从而使建筑物的安全性大为提高。例如某市一建筑物，八楼的静电植绒车间烘烤部位失火，由于装有自动喷水灭火系统，起到了很好的阻火作用，未使火灾扩大，保障了相邻部位的安全。故对设有自动灭火系统的工程，防火分区面积规定可增加一倍。当局部设置时，增加的面积可按该局部面积的一倍计算。

当工程口部地面没有管理房时，工程内可不设防火门，只设管理门；当工程口部地面有管理房时，工程内应设甲级防火门。本条原文的“密闭门”改为“甲级防火门”，是由于有些工程的建设和使用部门，为了美观，把密闭门伪装起来，也有的密闭门没有安装，造成该门在火灾发生时不能使用，如果安装有密闭门，且能灵活地在火灾发生时自动关闭，是可以代替甲级防火门的。

柴油发电机房、直燃机房、锅炉房以及各自配套的储油间、水泵间、风机房等，它们均使用液体或气体燃料，所以规定应独立划分防火分区。

避难走道由于采取了一系列具体的技术措施，所以它是属于安全区域，不划分防火分区。

4.1.3 人防工程内的商业营业厅、展览厅等，从当前实际需要看，面积控制在 2000m² 较为合适。考虑到人防工程内的消防设施都很完善,《高层民用建筑设计防火规范》(GB 50045-95)的地下室也是这样规定的,所以调整为 2000m²,与《高层民用建筑设计防火规范》(GB 50045-95)协调一致。

电影院、礼堂等的观众厅,一方面因功能上的要求,不宜设置防火墙划分防火分区,另一方面,对人防工程来说,像电影院、礼堂这种大厅式工程,规模过大,无论从防火安全上讲,还是从防护上、经济上讲都是不合适的,从这种情况考虑,对工程的规模加以限制是完全必要的。因此,规定电影院、礼堂的观众厅作为一个防火分区最大建筑面积不超过 1000m²,其固定座位在 1500 个以内。

溜冰馆的冰场、游泳馆的游泳池、射击馆的靶道区和保龄球馆的球道区等因无可燃物或无人员停留,故可不计入防火分区面积之内。

4.1.4 《建筑设计防火规范》(GBJ 16-87)修订本,对地下室耐火等级一、二级的丙、丁、戊类物品库所规定的防火分区,其最大允许建筑面积分别是:丙类 1 项 150m²,丙类 2 项 300m²;丁类 500m²;戊类为 1000m²。直接引入本规范。理由是:发生火灾时,地下出口既是疏散出口,又是扑救的进入口,也是排烟、排热口。由于火灾时温度高、浓度大,烟气毒性大,因此要求严些。

人防工程内的自行车库属于戊类物品库,摩托车库属于丁类物品库。

甲、乙类物品库不准许设置在人防工程内,因为该类物品火灾危险性太大。

4.1.5 本条文未作修改。在工程中,有时因功能上的需要,可能在两层间留出各种开口,如内挑台、走马廊、开敞楼梯、自动扶梯等。火灾时这些开口部位是燃烧蔓延的通道,故本条规定将有开口的上下连通层,作为一个防火分区对待。

4.1.6、4.1.7 本两条基本保留原条文的内容。需要设排烟设施的走道、净高不超过 6m 的房间,应用挡烟垂壁划分防烟分区。划分防烟分区的目的有两条:一是为了在火灾时,将烟气控制在一定范围内;二是为了提高排烟口的排烟效果。防烟分区用从顶棚下突出不小于 0.5m 的梁和挡烟垂壁、隔墙来划分。

《高层民用建筑设计防火规范》(GB 50045-95)规定地下室每个防烟分区的建筑面积不应超过 500m²。日本建筑法规规定,最大防烟分区的地板面积,地面建筑为 500m²,地下建筑为 300m²。参考上述规定,又要为设计工作创造较为方便的条件,使防烟分区与防火分区、防护单元尽量统一,所以本规范规定一个防烟分区的最大建筑面积为 500m²。

当顶棚(或顶板)高度为 6m 时,根据标准发烟量试验得出,在无排烟设施的 500m² 防烟分区内,着火三分钟后,从地板到烟层下端的距离为 4m,这就可以看出,在规定的疏散时间里,由于顶棚较高,顶棚下积聚了烟层后,室内的空间仍在比较安全的范围内,对人员的疏散影响不大。因此,大空间的房间只设一个防烟分区,可不再划分。所以本条规定,当工程的顶棚(或顶板)高度不超过 6m 时要划分防烟分区。

4.2 防火墙和隔墙

4.2.2 工程内发生火灾,烟和火必然通过各种洞口向其它部位蔓延,所以,防火墙上如开设门、窗、洞口,且防火处理不好,防火墙就失去了防火分隔作用,因此,在防火墙上不宜开设门、窗、洞口。但因功能上需要而必须开设时,应设甲级防火门或窗,并应能自行关闭阻火。当然,防火门的耐火极限如能高些,则与防火墙所要求的耐火极限更能匹配些。但因目前经济技术条件所限,尚不易做到,而实践证明,耐火极限为 1.2h 的甲级防火门,基本上可满足控制或扑救一般火灾所需要的时间。因此,规定采用甲级防火门、窗。

4.2.3 本条修订前对舞台与观众厅之间的舞台口未作出规定,这次修订参照了《建筑设计防火规范》的规定,提出了设防火幕或水幕分隔,详细要求见本规范第 7.3.2 条。

4.3 装修和构造

4.3.1 现行国家标准《建筑内部装修设计防火规范》(GB 50222-95)对地下建筑的装修材料有具体的规定，因此，人防工程内部装修应按此规范执行。

4.3.2 地下建筑一旦发生火灾，与地面建筑相比，烟和热的排出都比较困难，高温和浓烟将很快充满整个地下空间，且火灾燃烧持续时间较长。由于这个原因，在《高层民用建筑设计防火规范》(GB 50045-95)第3.0.4条中规定“高层建筑地下室的耐火等级应为一级”。人防工程与一般地下室相类似，在火灾时对烟和热气的排出较为困难，同时人防工程因有战时使用功能的要求，结构都是较厚的钢筋混凝土，它完全可以满足耐火等级一级的要求。鉴于安全上的需要和实际情况，因此将人防工程的耐火等级定为一级。

人防工程的出入口地面建筑物是工程的一个组成部分，它是人员出入工程的咽喉要地，其防火上的安全性，将直接影响工程主体内人员疏散的安全。如果按地面建筑的耐火等级来划分，则三、四级耐火等级的出入口地面建筑均有燃烧体构件，一旦着火，对工程内的人员安全疏散，会造成威胁。出入口数量越少，这种威胁就越大。为了保证人防工程内人员的安全疏散，本规范规定出入口地面建筑物的耐火等级不应低于二级。

4.3.3、4.3.4 楼板是划分垂直方向防火分区的分隔物，设有防火门、窗的防火墙，是划分水平方向防火分区的分隔物。它们是阻止火灾蔓延的重要分隔物。必须有严格的要求，才能确保在火灾时充分发挥它的阻火作用。管道如穿越防火墙，管道和墙之间的缝隙是防火的薄弱处，因此，穿越防火墙的管道应用不燃材料制作，管道周围的空隙应紧密填塞。其保温材料应用不燃材料。

可燃气体和丙类液体管道只允许在一个防火分区内敷设，不允许穿过防火墙进入另一个防火分区，这是为了确保一旦发生事故，使事故只局限在一个防火分区内。

4.3.5 《高层民用建筑设计防火规范》(GB 50045-95)第5.5.3条规定“变形缝构造基础应采用不燃烧材料。表面装饰层不应采用可燃材料”。这是因为比较宽的变形缝，在火灾时有很强的拔火作用。一般地下室的变形缝是与它上面的建筑物的变形缝相通的，所以一旦着火，烟气会通过变形缝等竖向缝隙向地面建筑蔓延。如新北京饭店的一次地下室失火，大量的浓烟经过变形缝蔓延到全楼，尤其是靠近变形缝附近的房间更为严重。多层人防工程，其变形缝也是上下层相贯通的，它虽没有像地下室与地面建筑中的变形缝那样有很强的拔火作用，但是烟气也会蔓延的。过去对变形缝的构造作法没有考虑防火，这是不安全的，有使火灾经过变形缝而蔓延的可能性。因此，变形缝的表面装饰层不应采用可燃材料或易燃材料，变形缝（包括沉降缝和伸缩缝）的基层应采用不燃材料。

4.4 防火门、窗和防火卷帘

4.4.1 防火门、防火窗是进行防火分隔的措施之一，要求能隔绝烟火，它对防止火灾蔓延，减少火灾损失关系很大。根据我国的实际情况，将防火门定为甲、乙、丙三级，其最低的耐火极限相应为1.20h、0.90h、0.60h。

4.4.2 防火门在关闭后能从任何一侧手动开启，是考虑在关闭后可能仍有个别人员未能在关闭前疏散，及外部人员进入着火区进行扑救的要求。用于疏散楼梯和主要通道上的防火门，为达到迅速安全疏散的目的，必须使防火门向疏散方向开启。许多火灾实例说明，由于门不向疏散方向开启，在紧急疏散时，使人员堵塞在门前，以致造成重大伤亡。防火门根据其功能不同，要求相应装一些能自行关闭的装置，如设闭门器，双扇或多扇防火门应增设顺序器；常开的防火门，再增设释放器和信号反馈等装置。

4.4.3 本条主要是针对一些大型公共人防工程，因其面积较大，考虑到使用上的需要，可采取较为灵活的防火处理措施，即用防火卷帘代替防火墙或防火门，但当防火卷帘不符合防火墙耐火极限的判定条件时，本规范第 7.3.2 条另有规定。

5 安全疏散

5.1 一般规定

5.1.1 人防工程安全疏散是十分重要的问题。人防工程处在地下，发生火灾时，产生高温浓烟，人员疏散方向与烟的扩散方向相同，人员疏散较为困难。地下工程由于自然排烟与进风条件差，小火灾也会产生大量的烟，而排除火灾时产生大量热、烟和有毒气体，比有外门、窗、廊的地面建筑要困难得多。因此，本规范规定，每个防火分区安全出口数量不应少于两个。这样当其中一个出口被烟火堵住时，人员还可由另一个出口疏散出去。当工程的规模超过两个或两个以上的防火分区时，由于人防工程受环境及其它条件限制，不能满足一个防火分区有两个出口都能是直通室外(室外指的是露天，因此也包括下沉式广场)，根据人防工程的实际情况，规定每个防火分区应有一个直通室外的安全出口，相邻防火分区上设有防火门的门洞，可作为第二安全出口。

竖井爬梯疏散比较困难，且疏散的人员数量也有限，第 3 款对此作了规定，该规定与《建筑设计防火规范》(GBJ 16-87)相协调一致。

通风和空调机室、排风排烟室、变配电室、库房等建筑面积不超过 $200m^2$ 的房间，如设置为独立的防火分区，考虑到房间内的操作人员很少，一般不会超过 3 人，而且他们都很熟悉内部疏散环境，设置一个通向相邻防火分区的防火门，对人员的疏散是不会有问题的，同时也符合当前工程的实际情况。

考虑到改建人防工程防火分区的实际情况，允许只设置不少于两个通向相邻防火分区的防火门，但为了保证人员的疏散安全，又对相邻防火分区作了严格规定。在实际操作时，由于相邻防火分区有严格的规定，所以这种情况仅是个别的。

5.1.2 对于房间面积较小，经常停留人数较少的房间，由于疏散比较方便，所以规定可只设一个疏散出口。

5.1.3 规定安全出口宜按不同方向分散设置，目的是为了避免因为安全出口之间距离太近会使人员疏散不均匀，造成疏散拥挤，还可能出口同时被烟火堵住，使人员不能脱离危险地区造成重大伤亡事故。故本条新增加规定两个安全出口之间的距离不应小于5m。

5.1.4 本条基本上保留了原条文的内容。疏散距离是根据人员疏散速度，在允许疏散时间内，通过疏散走道迅速疏散，并能透过烟雾看到安全出口或疏散标志灯的可见距离确定的。由于工程中人员密度不同、疏散人员类型不同、工程类型不同及照明条件不同等，因此，所规定的安全疏散距离也有一定幅度的变化。确定安全疏散距离时，参考了国内外规范和资料。

日本建筑法规执行条例第128条之三规定"由地下街各部分的居室至地下道出口的步行距离必须在30m以内"。

原苏联规范规定：每户门到最近外部出口的最大距离为40m。

英国规定：楼梯间到最远一户不超过30m。

本规范在确定安全疏散距离时，还参照了《高层民用建筑设计防火规范》(GB 50045-95)的要求。

人防工程的疏散条件比地面高层民用建筑的条件还要差，其标准以不应低于高层民用建筑要求为原则，特作了本条的规定。房间内最远点至房间门口的距离不应超过15m，这一条是限制房间面积的。平时使用的人防医院，由于病人行动不便，发生火灾时，部分病人需要担架或手推车等协助疏散，故将安全疏散距离定为24m。人防旅馆，可燃物较多，使用人员不固定，而且使用人员进入工程后，一般分不清方位，不易找到安全出口，白天和黑夜都一样。尤其在睡觉以后发生火灾，疏散迟缓，所以安全疏散距离定为30m。其它工程，如商业营业厅、餐厅、展览厅、生产车间等，均为人们白天活动场所，如商业营业厅人员密度比较大，可燃物较多，安全疏散距离定为40m，标准偏宽。但考虑到人防工程由于战时功能的要求，尤其是坑道和地道工程，一般出口距离较长，根据平战结合的要求，除医院、旅馆外，安全疏散距离适当放宽为40m。袋形走道两侧或尽端房间的最大距离定为上述距离的一半，这一条主要针对人民防空地下室规定的，袋形走道安全疏散距离示意图见图1。

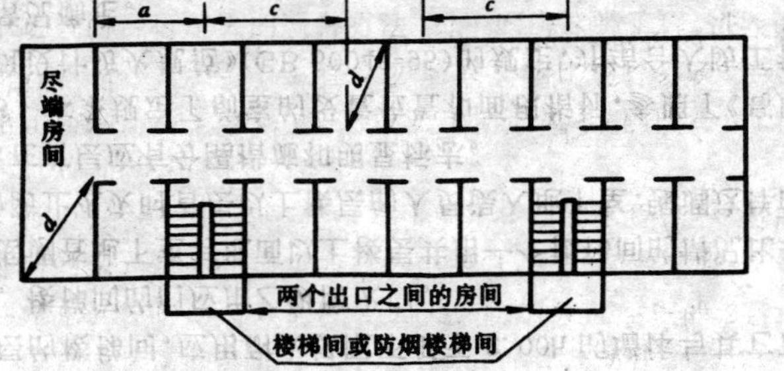

图1 袋形走道安全疏散距离示意

a——房门至最近楼梯间的距离；

c——位于两个出口或楼梯间之间的房间，其房间门至楼梯间的最大距离；

d——房间内最远一点至门口的距离。

5.1.5 根据日本的资料和我国人防工程的实际情况，原规范规定：人员从着火的防火分区全部疏散出该防火分区的时间为3min。参照《建筑设计防火规范》(GBJ 16-87)修订本第5.3.4条的条文说明，阶梯地面每股人流每分钟通过能力为37人，单股人流的疏散宽度为550mm，则每股人流3min可疏散111人。人防工程均按最不利条件考虑，即均按阶梯地面来计算，其疏散宽度指标为0.55m/1.11百人=0.5m/百人，为了确保人员的疏散安全，增加50%的安全系数，则一般情况下的疏散宽度指标为0.75m/百人；对室内地坪与室外出入口地面高差超过10m的防火分区，参照

《建筑设计防火规范》(GBJ 16-87)第 5.3.12 条的规定，再加大安全系数，安全系数取 100%，则疏散宽度指标为 1.00m/百人。总的来讲，人防工程的疏散宽度指标略比地面建筑的指标严一些。

对于人员密集的人防工程，每个安全出口的人数不应太多，过于集中很不安全，所以规定每樘门的疏散人数不应超过 250 人；对于改建工程，由于改建工程增加出口可能非常困难，所以适当放宽至 350 人，但对出口的设置位置作了较严格的规定。

5.1.6 本条是参照《建筑设计防火规范》(GBJ 16-87)修订本和《高层民用建筑设计防火规范》(GB 50045-95)制定的。

在人防工程内也有作电影院、礼堂用的，设有固定座位是为了控制使用人数。遇有火灾时，由于人员较多，疏散较为困难，为有利于疏散，对座位之间的纵横走道净宽作了必要的规定。

5.1.7 为了保证疏散时的畅通，防止人员跌倒，造成堵塞疏散出口。

5.1.8 本条是参照《商店建筑设计规范》(JGJ 48-88)第 4.2.5 条规定，并结合人防工程的实际情况规定的。当前地面商业网点增加很多，商业网点的密度较高，商店内的客流量有减少的趋势，本条确定的数据是偏向安全的。本条规范用词是“可”，所以当地如有可靠的实测“人员密度指标”数据，可按当地的“人员密度指标”计算疏散人数。

5.2 楼梯、走道

5.2.1 人防工程发生火灾时，工程内的人员不可能像地面建筑那样还可以通过阳台或外墙上的门窗，依靠云梯等手段救生，只能通过疏散楼梯垂直向上疏散，因此楼梯间必须安全可靠，故疏散楼梯间需要设置封闭楼梯间或防烟楼梯间。

本条规定了设置防烟楼梯间的范围，是参照日本建筑法规执行条例第 122 条的标准结合人防工程的实际情况编写的。表 1 是日本疏散楼梯的设置标准。

表 1 日本疏散楼梯的设置标准

用 途	规 模	楼梯种类	疏散楼梯面积	设置数量
电影院、演出厅、展览厅、会场、公共食堂	地下二层	疏散楼梯	无限制	2 个以上
	地下三层	紧急疏散楼梯		
商店（包括加工修理业）≥1500m²	地下二层	疏散楼梯	无限制	2 个以上
	地下二层以上	紧急疏散楼梯		2 个以上
诊疗所、医院	地下二层	疏散楼梯	50m² 以上	1 个以上
	地下二层以上	紧急疏散楼梯	50m² 以下	1 个以上
饭店、旅馆	地下二层	疏散楼梯	100m² 以下	1 个以上
	地下三层	紧急疏散楼梯		

注：紧急疏散楼梯即防烟楼梯。

5.2.2 为确保人员迅速地疏散，防空地下室的疏散楼梯间，在主体建筑地面首层宜直通室外，为防止烟、火蔓延到其它部位，规定其首层的楼梯间，应用耐火极限不低于 2.00h 的墙体与其它部位分隔。楼梯间的门应用乙级防火门。

据调查地下室与地面以上楼层共用一个楼梯间的情况比较普遍。为防止火灾时首层以上楼层的人员误入地下室，强调这样的楼梯间，在首层应有分隔措施和明显标志。

5.2.3 本条规定了前室的设置位置和面积指标，参照了《高层民用建筑设计防火规范》(GB 50045-95)的规定，并结合人防工程的实际情况确定。

根据防烟楼梯间的功能要求，规定了前室的面积不小于 $6m^2$，合用前室面积不小于 $10m^2$。

为了确保安全，规定了前室的门应采用甲级防火门。

防烟楼梯间、避难走道和前室等的防排烟要求，本规范第 6 章有具体规定。

5.2.4 避难走道是本规范新规定的一个名词，在第 2.0.11 条中已有解释。

随着平战结合人防工程的不断增多，坑、地道工程也有不少经改建而为平时所利用。经东北、西南、华东等地调查，坑、地道工程中房间至地面出口距离一般都较远，建造一个出口耗资十分可观，有些工程，由于地面地形等条件限制，甚至没有地方修建出口，因此规定了避难走道的设置要求。设计时主要是利用防火分区的划分，将防火分区与避难走道之间进行防火分隔，保证避难走道的安全，见图 2。

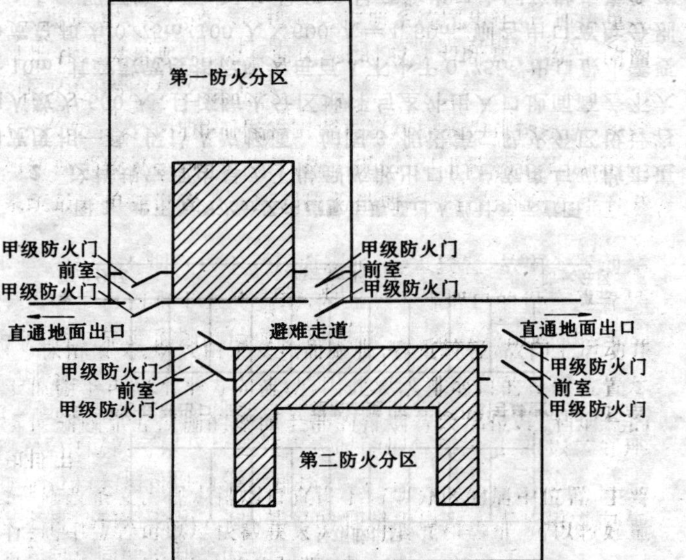

图 2　避难走道的设置示意图

这是采用了《高层民用建筑设计防火规范》中有关避难层、防烟楼梯间等的概念。人防工程的疏散走道，为了确保人员的安全疏散，需要采用可靠的技术措施，来确保人员进入避难走道就是进入了安全地区，就能安全疏散。

1　避难走道在人防工程内可能较长，为确保人员安全地疏散，规定了不应少于两个直通地面的出口，并应设置在不同的方向。

2　通向避难走道的防火分区有若干个，人数也不相等，由于只考虑一个防火分区着火，所以避难走道的净宽不应小于设计容纳人数最多的一个防火分区通向避难走道安全出口净宽之和。另外考虑到各安全出口为了平时使用上的需要，往往净宽超过最小疏散宽度的要求，这样会造成避难走道宽度过宽，所以加了限制性用语，即"各安全出口最小净宽之和"。如假设图 2 中第一防火分区设计容纳人数最多，为 400 人，该防火分区通向避难走道共有两个安全出口，最小需要净宽总和为 0.75m/100 人×400 人＝3m，两个安全出口的宽度分别为 1.5m 就可满足最小净宽的要求，则避难走道的宽度为 3m 就可满足最小净宽的要求，但如果该防火分区的安全出口，为了平时使用上的需要，加大了出口宽度，例如分别为 2m，此时避难走道宽度仍按 3m 设计，也就是仍按该防火分区通向安全出口最小需要净宽之和计算。

3　为了确保避难走道的安全，所以规定装修材料燃烧性能等级必须为 A 级，即不燃材料。

4　防烟要求为了前后呼应，故作为一款，详见本规范第 6.2 节。

5　消火栓的设置也是为了前后呼应，详见本规范第 7.3.1 条。

6　火灾应急照明也是为了前后呼应，详见本规范第 8.2 节。

7　为了便于联系，故要求设置应急广播和消防专线电话。

5.2.5　地下街的名词已在本规范第 2.0.6 条中定义了。

为了便于在工程实际中执行，所以提出了只要符合两个规定之一者即可。

1　相邻两个疏散出口之间的疏散走道通过人数，按该两个疏散出口之间设计容纳人数，见图 3，这样规定是很偏于安全的；袋形走道末端至相邻疏散出口之间的疏散走道通过人数作了较严的规定，即用词是“应”，见图3，如3号出口没有设置，则2号出口至疏散走道末端（即3号口的位置）的疏散走道通过人数，仍按上述方法计算，但用词是“应”，是较严格的规定。

通过人数确定后，通过人数乘以疏散宽度指标，即可得到疏散走道的最小净宽。

图3　地下街防火分区内疏散走道通过人数计算示意图

2　这样规定理由是为了做到疏散出口的总宽度与疏散走道的宽度相一致，保持人流畅通。如图3，假设第二防火分区设计容纳人数为600人，且该防火分区地坪与室外出入口地面高差不大于10m，其疏散宽度指标应为每百人不小于0.75m，出口最小需要净宽总和为0.75m/100人×600人＝4.50m，则各出口宽度分别为1.5m，即可符合要求。1号和2号疏散出口之间疏散走道的疏散方向有两个，一个向1号出口，另一个向2号和3号出口，则1号和2号疏散出口之间疏散走道的宽度为2号和3号出口宽度的总和，即为3m。但如果该防火分区的疏散出口，为了平时使用上的需要，加大了出口宽度，例如分别为2m，此时疏散走道最小宽度仍按3m设计，也就是仍按该防火分区疏散出口最小净宽之和计算。

5.2.6　为了保证疏散走道、疏散楼梯和前室畅通无阻，防止前室兼作他用，故作此条规定。

螺旋形或扇形踏步由于踏步宽度变化，在紧急疏散时人流密集拥挤，容易使人摔倒，堵塞楼梯，故不宜采用。已建的人防工程，设螺旋形或扇形踏步的较多。有些较大型公共工程，都设有螺旋形或扇形踏步，而且是作主要疏散通道，是不安全的。

对于螺旋形楼梯和扇形踏步，其踏步上下两级所形成的平面角不大于10°，而且每级离扶手0.25m的地方，其宽度大于0.22m时不易发生人员跌跤情况，故不加限制。

5.2.7　疏散楼梯间各层的位置不应改变，要上下直通，否则，上下层楼梯位置错动，紧急情况下人员就会找不到楼梯，特别是地下照明条件较差，更会延误疏散时间。二层以上的人防工程，由于使用情况不同，每层人数往往不会相等，所以，其宽度按该层及以下层中通过人数最多的一层来计算。

6 防烟、排烟和通风、空气调节

6.1 一般规定

6.1.1 修改条文。主要修改之处有三：一是考虑到人防工程处于地下，与地面的连通道较少，发生火灾时人员疏散及消防扑救十分困难，故不规定设置防、排烟设施的起始面积；二是增加了“避难走道”的防烟要求，与第5.2.4条所述相对应；三是具体规定设置机械加压送风防烟设施的部位。

由于防烟楼梯间、避难走道及其前室或合用前室在工程一旦发生火灾时，是人员撤离的生命通道和消防人员进行扑救的通行走道，必须确保其各方面的安全。以往的工程实践经验证明，设置机械加压送风，是防止烟气侵入，确保空气质量的最为有效的方法。

应当指出，设置机械加压送风不仅初投资可观，且系统管线及采风口配置等均有一定难度，如果能在工程的建筑总平面和竖向设计时，创造合适的条件，避免设置防烟楼梯间及其前室或合用前室、避难走道，是最好不过的。

6.1.2 修改条文。具体规定设置机械排烟设施的部位。

发生火灾时，产生大量的烟气和热量，如不及时排除，就不能保证人员的安全撤离和消防人员扑救工作的进行，故需要设置机械排烟设施，将烟气和热量很快排除。据资料介绍，一个优良的排烟系统在火灾时能排出80%的热量及绝大部分烟气，是消防救灾必不可少的设施。

“经常有人停留或可燃物较多的房间、大厅”这句话不是定量语言，可能引起设计人员的疑惑和不确定感。但实际情况十分复杂，又很难予以定量规定。在此列举一些例子供设计人员参考：商场、医院、旅馆、餐厅、公共娱乐场所、会议室、书库、资料库、档案库、贵重物品库、计算机房等。

规定总长度大于20m的疏散走道需设排烟设施的根据来源于火灾现场的实地观测：在浓烟中，正常人以低头、掩鼻的姿态和方法最远可通行20～30m。

6.1.3 保留条文。“密闭防烟”是指火灾发生时采取关闭设于通道上（或房间）的门和管道上的阀门等措施，达到火区内外隔断，让火情由于缺氧而自行熄灭的一种方法。对于库房这类工程，进入的人员较少，又不长时间停留，发生火灾时人员能比较容易疏散出去。采取密闭防烟这种方法，可不另设防排烟通风系统，既经济简便，又行之有效，故保留此条。

6.1.4 改写条文。设有采光窗井和采光亮顶的工程，应尽可能利用可开启的采光窗和亮顶作为自然排烟口，采用自然排烟。这里要强调的是采光窗口的有效面积要大于该防烟分区面积的2%和排烟口的位置应在房间或大厅的上部，并设置有自动开启的装置。

6.2 机械加压送风防烟及送风量

6.2.1 新增条文。防烟楼梯间及其前室或合用前室的机械加压送风防烟设计的要领是同时保证送风风量和维持正压值。很显然，正压值维持过低不利于防烟，但正压值过高又可能妨碍门的开启而影响使用。本条50Pa和25Pa的取值参考了国内外有关规范。

送风风量的确定通常用“压差法”或“风速法”进行计算，并取其中之大者为准进行确定。

采用压差法计算送风量 L_y（m^3/h）时，计算公式如下：

$$L_y = 0.827\, f\, \Delta P^{1/b} \times 3600 \times 1.25 \quad (1)$$

式中 0.827——计算常数；

ΔP——门、窗两侧的压差值；根据加压方式及部位取25～50Pa；

b——指数，对于门缝取 2，对窗缝取 1.6；

1.25——不严密附加系数；

f——门、窗缝隙的计算漏风总面积(m^2)。

0.8m×2.1m 单扇门，$f=0.02m^2$；

1.5m×2.1m 双扇门，$f=0.03m^2$；

2m×2m 电梯门，$f=0.06m^2$。

由于人防工程的层数不多，门、窗缝隙的计算漏风总面积不大，按风压法计算的送风量较小，故实际工程设计时，应按风速法进行计算。

采用风速法计算送风量 L_v(m^3/h)时，计算公式如下：

$$L_v=\frac{nFV(1+b)}{a}\times 3600 \quad (2)$$

式中 F——每个门的开启面积(m^2)；

V——开启门洞处的平均风速，在 0.6～1.0m/s 间选择，通常取 0.7～0.8m/s；

a——背压系数，按密封程度在 0.6～1.0 间选择，人防工程取 0.9～1.0；

b——漏风附加率，取 0.1；

n——同时开启的门数，人防工程按最少门数(即一进一出)$n=2$计算。

本条所列送风量即为按风速法计算结果并参考相关规范的取值。当门的尺寸非 1.5m×2.1m 时，应按比例进行修正。

6.2.2 新增条文。避难走道是人员疏散至地面的安全通路，其前室是确保避难走道安全的重要组成部分。前室的送风量和送风口设置要求是根据上海消防部门的试验结果确定的。

6.2.3 改写条文。提倡设置独立的送风系统，同时也指出设共用系统时应采取的技术措施。

6.2.4 新增条文。加压送风空气的排出问题必须考虑，没有排就没有进。排风口或排风管设余压阀是必需的，其作用是在条件变化情况下维持稳定的正压值，以防止烟气倒流侵入。

6.2.5 新增条文。规定加压送风机可以选用的型式及其在风压计算中应注意的问题。

6.2.6 保留条文。送风口风速太大，在送风口附近的人员会感到很不舒服。

6.2.7 新增条文。强调新风质量，因为如果新风混有烟气，后果将不堪设想。采风口与排烟口之间的水平距离是参照了国家标准《人民防空工程设计规范》的规定，与该规范协调一致。

6.3 机械排烟及排烟风量

6.3.1 修改条文。补充了排烟风管的风量计算方法，同时调整了排烟风机的风量计算方法。

排烟通风的核心是保证发生火灾的分区每平方米面积的排风量不小于 $60m^3/h$。对于担负三个或三个以上防烟分区的排烟系统按最大防烟分区面积每平方米不小于 $120m^3/h$ 计算，是考虑这个排烟系统连接的防烟分区多，系统大、管线长、漏风点多，为确保着火防烟分区的排烟量(仍为每平方米 $60m^3/h$)而特意在选择风机和风管时加大计算风量的一种保险措施。

对于担负一个或二个防烟分区的排烟系统，由于系统小，漏风少，故可不予加大仍按实际风量选择计算。按照调整后的新方法计算排烟风量，在保证排烟需要的前提下，具有以下特点：

1 当两个防烟分区面积大小相等时，排风量与原计算方法相等；当两个防烟分区面积大小不等时，排烟风量较小，更为经济合理。例如两个面积分别为 $400m^2$ 和 $200m^2$ 的防烟分区，排烟风机的排风量按原方法计算应为 $400\times 120m^3/h=48000m^3/h$，而按调整后的新方法计算，仅为 $(400+200)\times 60m^3/h=36000m^3/h$ 即可。

2 由于人防工程的通风系统(包括防排烟通风系统)通常按防护单元划分的区域布置，大多数包括两个防烟分区，此时如按新方法计算排烟风量，即可不考虑两个防烟分区之间的系统转换，简化通风和控制设施，同时也更为安全。

6.3.2 新增条文。人防工程是一个相对封闭的空间，能否顺畅补风是能否有效排烟的重要条件。北京某住宅区地下室排烟试验时，就曾发生因补风不畅而严重影响排烟效果的事例。

通常，机械补风系统可由平时空调或通风的送风系统转换而成，不需要单独设置。但此时的空调或送风系统设计时应注意以下几点：空调或通风系统的送风机应与排烟系统同步运行；通风量应满足排烟补风风量要求；如有回风，此时应立即断开；系统上的阀门（包括防火阀）应与之相适应。

6.3.3 修改条文。利用工程的空调系统转换成为排烟系统，系统设置和转换都较复杂，可靠性差，故不提倡。对于特别重要的部位，排烟系统最好单独设置。一般部位的排烟系统宜与排风系统合并设置。

6.4 排 烟 口

6.4.1 保留条文。烟气由于受热而膨胀，容重较轻，故向上运动并贴附于顶棚下再向水平方向流动，因此要求排烟口的设置位置尽量设于顶棚或靠近顶棚的墙面上部的排烟有效部位，以利烟气的收集和排出。

6.4.2 修改条文。规定排烟口宜设于防烟分区的居中位置，主要考虑有：居中位置可以尽快截获火灾时的烟气和热量；可以较好地布置排烟口和利用排风口兼作排烟口。

规定排烟口避开出入口，其目的是避免出现人流疏散方向与烟气流方向相同的不利局面。

规定排烟口与该排烟分区内最远点的水平距离不应大于30m，这里的“水平距离”是指烟气流动路线的水平长度。

6.4.3 新增条文。指出排烟口设置中的各种方式。单独设置的排烟口，平时处于闲置无用状态，且体形较大，很难与顶棚上的其它设施匹配，故很多工程设计采用排风口兼作排烟口的方法予以协调解决。

6.4.4 修改条文。规定排烟口特别是由排风口兼作排烟口时的开闭和控制要求。

6.4.5 保留条文。排烟口的风速不宜过大，过大会过多吸入周围空气，使排出气体中空气所占比例过大，而影响排烟量。

6.5 机械加压送风防烟、排烟管道

6.5.1 修改条文。不少非金属材料的风道内表面也很光滑，按“金属”和“非金属”来分别划分风管风速的规定不尽合理，故予修改。此外，风道风速是经济流速，可以按情况选取，所以条文中“应”改为“宜”。

6.5.2 保留条文。由于排烟系统需要输送280℃的高温烟气，为防止管道等本身及附近的可燃物因高温烤着起火，故规定这些组件要采用不燃材料制作，并与可燃物保持一定距离。

6.5.3 新增条文。钢制排烟风道的钢板厚度不应小于1mm的规定，根据源于《人民防空工程设计规范》。

6.5.4 修改条文。要求穿过防火墙的所有防火阀都与排烟风机联锁，不仅没有必要，有时反而会妨碍排烟，故修改。通常认为，烟气温度达到280℃，即有可能已出现明火。为隔断明火传播，必须配置防火阀。

6.6 排 烟 风 机

6.6.1 修改条文。消防排烟轴流风机已进入工程实用阶段，故予补充。普通离心风机用作排烟风机是根据公安部四川消防科研所对普通中、低压离心风机进行多次试验得出的结论。至于排烟屋顶风机，由于人防工程中绝少使用，故不列出。

6.6.2 新增条文。规定了排烟风机单独设置或与排风机合并设置的要求。

6.6.3 新增条文。规定了排烟风机的风量和风压计算。

6.6.4 新增条文。对排烟风机的安装位置、排烟管的敷设等提出要求。

6.6.5 保留条文。当任何一个排烟口开启，说明火灾已经发生，为使火灾区迅速形成负压，防止烟气蔓延，排烟风机应自动启动。当烟气温度大于 280℃时，火灾区可能已出现明火，人员已撤离，风机的运行也已达温度极限，故随防火阀的关闭风机也随之关闭，消防排烟系统的工作即告结束。

6.7 通风、空气调节

6.7.1 修改条文。电影放映机室的排风量很小，独立设置排风系统很不经济，故补充合并设置系统的要求。

6.7.2 设置气体灭火系统的房间，因灭火后产生大量气体，人员进入之前需将这些气体排出，故需设置排除废气的排风装置。同时，为了不使灭火气体扩散到其它房间，故规定与该房间连通的风管应设置自动阀门，并与气体灭火系统联锁，以便火灾发生时，能及时关闭阀门。

6.7.3 通风、空调系统按防火分区设置是最为理想的，不仅避免了管道穿越防火墙或楼板，减少火灾的蔓延途径，同时对火灾时通风、空调系统的控制也提供了方便。由于人防工程通风、空调系统的进、排风管道按防火分区设置有时难以做到，故适当放宽此要求，但同时又规定了管道穿越防火墙时的要求。

6.7.4 保留条文。人防工程多数设置有机械通风系统，管道四通八达，因为管道是火灾蔓延的重要渠道，国内外都有因风管引发火灾蔓延的教训，因此对通风机及管道材料做了非燃化的限制。考虑到特殊地点的需要，规定了有特殊需要的场所，可采用难燃材料制作。

6.7.5 保留条文。火灾由保温材料引起和通过保温材料蔓延的实例很多。保温材料着火后不仅蔓延快，而且扑救困难，因此对保温材料（包括粘结剂）做了非燃化的限制。

6.7.6 保留条文。通风、空调风管是火灾蔓延的渠道，防火墙、楼板是阻止火灾蔓延和划分防火分区的重要分隔设施，为了确保防火墙的作用，故规定风管穿过防火墙和楼板处要设置防火阀，以防止火势蔓延。垂直风管是火灾蔓延的主要途径，对多层工程，要求每层水平干管与垂直总管的交接处设置防火阀，目的是防止火灾向相邻层扩大。穿越变形缝处的风管两侧设置防火阀是为了有效阻隔火势，保证防火阀可靠的必要措施。设置有防火门的房间，本规范第 3.1.5 条已有具体规定。

6.7.7 保留条文。目前研制的防火阀，具备本条要求的功能，温度熔断器的动作温度与其它防火规范协调一致。

6.7.8 保留条文。由于火灾时风管会变形，规定防火阀设置单独的支、吊架，是为防止风管变形而影响防火阀的正常动作。

防火阀暗装时，在顶棚或墙面上设置检修口，其目的是便于观察阀的启、闭状态和进行手动复位。

6.7.9 新增条文。通风系统中的电加热器是高温发热设备，电加热器如在不通风条件下使用，有可能引起火灾，故规定要与风机联锁。电加热器前、后 0.8m 范围内不设置消声器、过滤器等设备，该规定与国内外的有关规范相一致。

7 消防给水、排水和灭火设备

7.1 一 般 规 定

7.1.1 本条基本保留了原规范第 6.2.1 条和第 6.2.2 条内容，对消防给水的水源作出规定。人防工程消防水源的选择，要本着因地制宜、经济合理、安全可靠的原则，采用市政给水管网、人防工程水源井、消防水池或天然水源均可，并首先考虑直接利用市政给水管网供水。本条又特别强调了利用天然水源时，应确保枯水期最低水位时的消防用水量。在我国许多地区有天然水源，即江、河、湖、泊、池、塘以及暗河、泉水等可利用。但应选择那些离工程较近，水量较大，水质较好，取水方便的天然水源。

在寒冷地区(采暖地区)，利用天然水源时，要保证在冰冻期内仍能供应消防用水。

为了战时供水需要，有些工程设置了战备水源井，也可利用其作为平时消防用水水源。

当市政给水管网、人防工程水源井和天然水源均不能满足工程消防用水量要求时，就需要在工程内或工程外设置消防水池，以保证工程的消防用水。

7.1.2 本条保留原规范第 6.2.2 条的前半部分。人防工程的火灾扑救应立足于自救，消防给水利用市政给水管网直接供水，保证室内消防给水系统的水量和水压十分重要。因此，一定要经过计算，当消防用水量达到最大时，看市政给水管网能否满足室内最不利点消防设备的水压要求，否则就需要采取必要的技术措施。

7.2 消防用水量

7.2.1 本条保留了原规范第 6.3.3 条的基本内容，对人防工程的消防用水量作了规定。要求消防用水总量按室内消火栓和自动喷水及其它用水灭火的设备需要同时开启的上述设备用水量之和计算。

人防工程内设置有数种消防用水灭火设备，一般情况下，根据工程内可能开启的下列数种灭火设备的设置情况确定：

1 消火栓加自动喷水灭火系统。

2 消火栓加自动喷水、水幕消防设备或泡沫灭火设备。

3 消火栓加自动喷水、水幕和泡沫灭火设备。

设计中遇到上述几种组合情况，且几种灭火设备又确实需要同时开启进行灭火时，就要按其用水量之和确定消防用水总量。

人防工程消防用水总量确定，没有规定包括室外消火栓用水量，理由是发生火灾时用室外消火栓扑救室内火灾十分困难。火灾案例证明，没有一次人防工程的火灾用室外消火栓灭火是成功的。人防工程灭火主要立足于室内灭火设备进行自救。人防工程设置室外消火栓只考虑火灾时作为向工程内消防管道临时加压的补水设施。日本在消防法施行令第 19 条规定中，关于室外消火栓的设置范围，就把地下街删掉了，对室外消火栓的设置没有特殊要求。所以，在计算人防工程消防用水总量时，不需要加上室外消火栓用水量，只按室内消防用水总量计算即可。

7.2.2 本条保留了原规范第 6.3.1 条规定，但对表 6.3.1 作了局部修改。

人防工程室内消火栓用水量，由于缺乏火场统计资料，主要是参照《建筑设计防火规范》(GBJ 16-87)的有关标准，并根据人防工程特点以及其它因素综合考虑确定的。

室内消火栓是扑救初期火灾的主要灭火设备。根据地面建筑火灾统计资料，在火场出一支水枪，火灾的控制率为 40%，同时出两支水枪，火灾控制率可达65%。因此，对规模较大，可燃物较多，人员密集和疏散困难的工程，同时使用的水枪数规定为2支，其水量应按两支水枪的用水量计算；对于工程规模较小，人员较少的工程规定使用一支水枪。工程类别主要是依据平战结合人防工程平时使用功能的大量统计资料划分的。

人防工程按建筑体积和座位数所规定的消火栓用水量比普通地面建筑规定的标准稍高些，主要是由于人防工程一旦发生火灾，温升快，人员疏散和扑救十分困难，需增强扑救初期火灾的能力。

这次修改中，把原规范表6.3.1中规定的每支水枪的最小流量2.5L/s，一律改为5.0L/s。理由一是为了增强人防工程消火栓灭火能力；二是经全国100多项大中型平战结合人防工程验收统计资料，安装水枪喷嘴口径为13mm消火栓的工程极少，而安装口径为19mm的较普遍，如果消火栓最小流量选2.5L/s，而实际安装的消火栓最小流量是4.6～5.7L/s，使消防水池容量相差较多，保证不了在火灾延续时间内的消防用水量。

本条又规定了"增设的消防水喉设备，其用水量可不计入消防用水量"。消防水喉属于室内消防装置，构造简单、价格便宜、操作方便，是消火栓给水系统中一种重要的辅助灭火设备。它可与消防给水系统连接，也可与生活给水系统连接。由于用水量较少，仅供本单位职工使用，因此，在计算消防用水量时可不计入消防用水总量。

7.2.3 本条保留了原规范第6.3.2条内容。自动喷水灭火系统的消防用水量，在现行的国家标准《自动喷水灭火系统设计规范》(GBJ 84-85)中已有具体规定。

人防工程的危险等级为中危险级，其设计喷水强度为6.0L/min·m²，作用面积为200m²，喷头工作压力为9.8×10⁴Pa，最不利点处喷头最低工作压力不小于4.9×10⁴Pa(0.5kg/cm²)，设计流量约为23.0～26.0L/s，相当于喷头开启数为17～20个。按此设计，中危险级人防工程的火灾总控制率可达91.89%。

7.3 灭火设备的设置范围

7.3.1 本条是对原规范第6.1.1条的修改，规定了室内消火栓的设置范围。

室内消火栓是我国目前室内的主要灭火设备，消火栓设置合理与否，将直接影响灭火效果。由于我国没有关于地下建筑灭火设备的设置标准，在确定消火栓设置范围时，一方面考虑我国人防工程发展现状和经济技术水平，同时参照国外有关地下建筑防火设计标准和规定，吸取了他们的经验。例如，日本对地下街消火栓设置规定，当地板面积(外墙中心线以内的面积)为150m²时，应设室内消火栓。同时日本规范对地下室或地下街消火栓设置要求又有所区别。对可燃物较多，人员密度大的地下商业营业厅、餐馆、展览厅、游艺厅、办公室、诊所等要求较严，一般地板面积大于150m²时，应设室内消火栓。难燃材料装修的地板面积大于300m²，非燃材料装修的地板面积大于450m²，应设室内消火栓。根据我国近十年来人防工程发展现状，规模扩大，功能增多，地下商场、文体娱乐场所增加，因此对消火栓的设置标准应提出比较严格的要求。为使设计人员便于掌握标准，修改中将原规范第6.1.1条的第一、二款合并，统一用建筑面积300m²界定设置范围是可行的。对电影院、礼堂、消防电梯间前室和避难走道等也明确规定设置消火栓。

7.3.2 本条是对原规范第6.1.2条的修改，规定了人防工程设置自动喷水灭火系统的范围。

国内外经验都证明，自动喷水灭火系统具有良好的灭火效果。我国自1987年颁布了《人民防空工程设计防火规范》以来，大、中型平战结合人防工程都设置了自动喷水灭火系统，对预防和扑救人防工程火灾起到了良好的作用。

美国规范规定，地下建筑(包括地下街、地下室、地铁)必须全部设自动喷水灭火系统。

原苏联规定，仓库设在地下时，大于700m²应设自动喷水灭火系统，地下车库要求全部设自动喷水灭火系统。

日本消防法规实施条令第 12 条规定，地下街地板面积大于 1000m² 都要设自动喷水灭火系统。

我国《高层民用建筑设计防火规范》规定，经常有人停留或可燃物较多的地下室房间，应设自动喷水灭火系统。

我国《建筑设计防火规范》规定建筑面积大于 500m² 的可燃物品地下库房应设置闭式自动喷水灭火系统。

根据上述国内外有关设计防火规范、法规、条令的规定，本条作了第一款规定。由于人防工程平时使用功能是综合性质的，一个工程内既有商业街、文体娱乐设施，又可能有丙、丁类库房、旅馆或医疗设施等，只要整个工程的建筑面积大于 1000m²，就应设置自动喷水灭火系统。原规范规定的是使用面积，现修改为建筑面积，理由是与相关规范的表示方法相一致。

人防工程的旅馆、医院均设有集中空调设备，并是人员经常停留的地下工程。因此，旅馆的客房、库房、餐厅、厨房、走道等，医院的病房、库房、餐厅、厨房等均应设自动喷水灭火系统。医院的 X 光室、血库、产房、手术室、外科病房等不能设自动喷水灭火系统。

电影院和礼堂的观众厅，由于建筑装修限制严格，不允许用可燃材料装修，因此，只规定吊顶高度小于 8m 时设置自动喷水灭火系统。

采用防火卷帘代替防火墙或防火门用水保护问题，规定了两条技术措施，一是在防火卷帘两侧设闭式自动喷水加密喷头保护，二是设水幕保护。

参照《高层民用建筑设计防火规范》第 5.4.4 条规定，作了在防火卷帘两侧设闭式自动喷水加密喷头保护的规定。加密喷头可与室内其它闭式自动喷水灭火系统连接，水量可不计。防火卷帘的水幕保护系统可独立设置，也可与消火栓给水系统合用，其用水量可按工程内某一防火分区设置防火卷帘总宽度最大的计算，每米用水量不应小于 0.5L/s。

7.3.3 柴油发电机房是人防工程平时和战时自备的应急发电设施，在机房的贮油间内又贮存着一定数量的柴油，一旦发生火灾，对人防工程的平时消防应急供电或战时供电都会产生严重影响，造成重大经济损失和政治后果。

直燃机房和锅炉房在防火要求上与柴油发电机房相类似。

变配电室是人防工程供配电系统中的重要设施。人防工程设计规范已明确规定：不采用油浸电力变压器和其它油浸电气设备，要求采用无油的电气设备。因此，干式变压器和配电设备可以设置在同一个房间内，该房间称变配电室。

图书、资料、档案等特藏库房，是指存放价值昂贵的图书、珍贵的历史文献资料和重要的档案材料等库房，一般的图书、资料、档案等库房不属本条规定范围。

上述房间或部位，有的设置电气设备，有的存放价值昂贵品、珍贵的纸质品、绢质品或胶片（带），且通常无人或只有少数管理人员，他们熟悉工程内的情况，发生火灾时能及时处置火情并能迅速逃生，因此采用二氧化碳、惰性气体、含氢氟烃（HFC）和卤代烷 1211、1301 等气体灭火系统保护是安全可靠的。但是，因为卤代烷 1211、1301 灭火剂耗损大气臭氧层，必须在非必要场所停止配置，故在本条规定，上述部位或房间不再采用卤代烷 1211、1301 灭火系统。有的柴油发电站规模较小，设置二氧化碳等自动灭火系统不经济，也可配置建筑灭火器。

重要通信机房是指人防指挥通信工程中的指挥室、通信值班监控室、空情接收与标图室、程控电话交换室、终端室等等。由于此类工程数量不多，且上述各房间均有人员坚守岗位，设计时不排除采用卤代烷 1301 灭火系统。

人防工程中的电子计算机房与工业、民用建筑中的大中型电子计算机房不同，它的重要性难以用建筑面积大小、计算机的运算速度或价格等因素来评估，它是人防工程指挥通信的核心部位，因此更需要加强防火和灭火措施，特别是计算机的主机房以及基本工作间，如终端室、数据录入室、已记录磁介质库、已记录纸介质库等完成信息处理过程和必要技术作业的场所，采用二氧化碳、惰性气体、含氢氟烃(HFC)和卤代烷1301等气体灭火系统是安全可靠的。设计中也暂不限制使用卤代烷1301气体灭火系统。随着技术不断发展，逐渐采用可靠的替代系统。

7.3.4 本条系新增条文。灭火器用于扑救人防工程中的初起火灾，既有效，又经济。当人员发现火情时，一般首先考虑采用灭火器进行扑救。对于不同物质的火灾，不同场所工作人员的特点，需要配置不同类型的灭火器。具体设计时，按现行国家标准《建筑灭火器配置设计规范》的有关规定执行。

7.4 消防水池

7.4.1 本条对原规范第6.4.1条作了文字修订。规定了人防工程设置消防水池的条件。消防水池是用以贮存和供给消防用水的构筑物，当其它技术措施不能保证消防用水量时，均需设消防水池。

当市政给水管网，不论是枝状还是环状，工程进水管不论是多条或一条，或天然水源，不管是地表水或地下水，只要水量不满足消防用水量时，如市政给水管道和进水管偏小，水压偏低，天然水源水量少，枯水期水量不足等，凡属上述情况，均需设消防水池。

当市政给水管网为枝状或工程只有一条进水管，由于检修或发生故障，引起火场供水中断，影响火灾扑救，所以也需设消防水池。但考虑到当室内消防用水量较少，如不超过10L/s时，虽然市政给水管道为枝状或工程只有一条进水管，只要能满足消防用水量要求，为了节省投资，简化消防给水系统，在安全可靠的情况下，可以不设消防水池。

7.4.2 本条是对原规范第6.4.2条的修改。

消防水池主要功能是贮水，其贮水功能应靠水池的容积来保证，容积分总容积、有效容积和无效容积。有效容积是指贮存能被消防水泵取用并用于灭火的消防用水的实际容积，它不包括水池在溢流管以上被空气占用的容积，也不包括水池下部无法被取用的那部分容积，更不包括被墙、柱所占用的容积，即不包括无效容积。

1 消防水池的有效容积应按室内消防流量与火灾延续时间的乘积计算。所谓火灾延续时间，是指消防车到火场开始出水时起至火灾基本被扑灭时止的时间。我国目前尚无人防工程火灾延续时间的统计资料。但从1987年以前我国地下工程发生的30次火灾案例分析，由于基本无防火设计，工程本身无扑救火灾的能力，消防车到达后很难进入地下进行扑救工作，火灾燃烧时间较长。北京地铁一次火灾历时6h；某地下洞库火灾历时41h；某地下人防商场，由于消防设备不完善，消防人员无法扑救，只好采取关闭着火部位，氧气耗尽，火灭了。十年来，人防工程建设发展很快，规模大，功能复杂，可燃物多，人流多。火灾延续时间，原规范规定为1h，修订后将消火栓灭火系统火灾延续时间分为两种情况，分别为1h和2h，自动喷水灭火系统火灾延续时间仍为1h，其理由是：

1)现在人防工程消防设备比较完善，除设置室内消火栓外，大部分工程还设置自动喷水灭火系统，气体灭火装置、灭火器等，自救能力增强。但工程内温度高，排烟困难，可见度差，扑救人员难以坚持较长时间，所以，室内消火栓用水的贮水时间无需太长。因此，对建筑面积小于3000m²的人防工程和改建人防工程，其消火栓灭火系统火灾延续时间仍按1h计算。

2)根据人防工程平战结合实际情况，从建设规模看，一般都在3000～20000m²；从使用功能看，多数为地下商场、文体娱乐场所、物品仓库、汽车库等；从存放物质看，可燃物大量增加；在地下滞留人数也大大增多。因此人防工程消火栓消防用水贮存时间又不能太短，同时，也应与同类设计防火规范的规定相协调。所以，对建筑面积大于或等于3000m²的人防工程，其消火栓灭火系统的火灾延续时间提高到2h是合理的，是安全可行的。

防空地下室消火栓灭火系统的火灾延续时间，由于它的消防水池一般不单独修建，而是与地面建筑的消防水池合并设置，并设置在室外，故可参照地面建筑有关规范确定。

2 人防工程消防水池有效容积的确定，应考虑以下情况：

1）当人防工程为单建式工程时，室外消火栓基本无室外建筑的灭火任务，只起向工程内补水作用，此时消防水池有效容积只考虑室内消防用水量的总和。

2）人防工程为附建式工程，室外消火栓有扑救地面建筑火灾任务，当室外市政给水管网不能保证室外消防用水量，地面和地下建筑合用消防水池时，消防水池有效容积应包括室外消火栓用水量不足部分。室外消火栓用水量标准按同类地面建筑设计防火规范规定选用。

3 在保证火灾时能连续向消防水池补水的条件下，消防水池有效容积可减去在火灾延续时间内的补充水量。

4 消防水池内的水一经动用，应尽快补充，以供在短时间内可能发生第二次火灾时使用，故规定补水时间不应超过48h。

5 本条又新增加一款规定，即消防水池可建在工程内，也可建在工程外。主要理由：附建式人防工程，一般与地面建筑合用消防水池，容量较大，建在造价很高的人防工程内不经济，经过技术经济比较，有条件时可建在室外，并不考虑抗力等级问题。单建式人防工程，如果室外有位置，也可建在室外。如果用消防水池兼作战时人员生活饮用水贮水池，则应建在人防工程的清洁区内。

7.5 水泵结合器和室外消火栓

7.5.1 本条是对原规范第6.5.1条的修改。设置水泵结合器的主要目的是消防车向室内消防给水管道临时补水。设置相应的室外消火栓是保证消防车快速投入灭火供水工作。

7.5.2 本条是对原规范第6.5.2条的修改。人防工程水泵结合器和室外消火栓的数量，应根据室内消火栓和自动喷水灭火系统用水量总和计算确定。因为一个水泵结合器由一台消防车供水，一台消防车又要从一个室外消火栓取水，因此，设水泵结合器时需要设相同数量的室外消火栓。每台消防车的输水量约为10～15L/s，故每个水泵结合器和室外消火栓的流量也应按10～15L/s计算。

7.5.3 本条是对原规范第6.5.3条的修改。为了便于消防车使用，本条规定了水泵结合器和室外消火栓距人防工程出入口不宜小于5m，目的是便于操作和出入口人员疏散。规定消火栓距路边不宜大于2m，水泵结合器与室外消火栓间距不大于40m，主要是便于消防车取水。规定水泵结合器和室外消火栓应有明显标志，便于消防队员在火场操作，避免出现差错。

7.6 室内消防给水管道、室内消火栓和消防水箱

7.6.1 本条是对原规范第6.6.1条的修改。室内消防管道是室内消防给水系统的重要组成部分，为有效地供给消防用水，应采取必要的技术措施：

1 室内消防给水管道宜与其它用水管道分开设置，特别是对于大中型人防工程，其它用水如空调冷却水、柴油机发电站冷却水及生活用水较多时，宜与消防给水管道分开设置，以保证消防用水供水安全。当分开设置有困难时，可与消火栓管道合用，但其它用水量达到最大小时流量时，仍要保证能供给全部消防用水量。在管网计算时，要充分考虑这种情况。

2 环状管网供水比较安全，当某段损坏时，仍能供应必要的水量，本条规定主要指当消火栓超过10个的消火栓给水管道设环状管网。为了保证消防供水安全可靠，规定环状管网宜设两条进水管，使进水管有充分的供水能力，即任一进水管损坏时，其余进水管仍能供应全部消火栓的用水量。若室外给水管网为枝状或引入两条进水管有困难，可设一条进水管，但消防泵房的供水管仍要有两条供水管与消火栓环状管网连接。

人防工程一般生活、生产用水量较小，消防进水管可以单独设置，并不设水表，以免影响进水管供水能力，若设置水表时，按消防流量选表。

3 环状管网上设置阀门分成若干独立段，是为了保证管网检修或某段损坏时，仍能供给必要的消防用水，两个阀门之间停止使用的消火栓数量不应超过 5 个，主要是控制停水范围。

4 规定消火栓给水管道和自动喷水灭火系统给水管道应分开独立设置，主要是防止消火栓或其它用水设备漏水或用水时，引起自动喷水灭火系统的水力报警阀误报；如两个系统合用水泵，需将两个系统管网分开设置，有困难时，至少应将自动喷水灭火系统报警阀前（沿水流方向）的管网与消火栓给水管网分开设置。

7.6.2 本条是对原规范第 6.6.2 条的修改。规定了室内消火栓的设置要求。

1 消火栓的水压应保证水枪有一定长度的充实水柱。充实水柱的长度要求是根据消防实践经验确定的。我国扑救低层建筑火灾的水枪充实水柱长度一般在 10～17m 之间。火场实践证明，当口径 19mm 水枪的充实水柱长度小于 10m 时，由于火场烟雾较大、辐射热高，尤其是地下建筑，排烟困难，温升又快，很难扑救火灾。当充实水柱增大，水枪的反作用力也随之增大，如表 2 所示。经过训练的消防队员能承受的水枪最大反作用力不大于 20kg，一般人员不大于 15kg。火场常用的充实水柱长度一般在 10～15m。为了节省投资和满足火场灭火的基本要求，规定人防工程室内消火栓充实水柱长度不应小于 10m，并应经过水力计算确定。

水枪的充实水柱长度可按下式计算：

$$S_k=\frac{H_1-H_2}{\sin\alpha} \qquad (3)$$

式中 S_k ——水枪的充实水柱长度（m）；

H_1——被保护建筑物的层高（m）；

H_2——消火栓安装高度（一般距地面 1.1m）；

α——水枪上倾角，一般为 45°，若有特殊困难可适当加大，但不应大于 60°。

表 2 口径 19mm 水枪的反作用力

充实水柱长度 (m)	水枪口压力 (kg/cm²)	水枪反作用力 (kg)
10	1.35	7.65
11	1.50	8.51
12	1.70	9.63
13	2.05	11.62
14	2.45	13.80
15	2.70	15.31
16	3.25	18.42
17	3.55	20.13
18	4.33	24.38

2 消火栓栓口的压力，火场实践证明，水枪的水压过大，开闭时容易产生水锤作用，造成给水系统中的设备损坏；一人难以握紧使用；同时水枪流量也大大超过 5L/s，易在短时间内用完消防水贮水量，对扑救初期火灾极为不利。本条规定消火栓的静水压力不应超过 0.80MPa（日本规定不超过 0.70MPa，原苏联规定不超过 0.90MPa）。当静水压力超过 0.80MPa 时，应采用分区供水，而当栓口出水压力大于 0.50MPa 时，应设减压装置，减压装置一般采用减压孔板或减压阀，减压后消火栓处压力应仍能满足水枪充实水柱要求。

3 消火栓的间距十分重要。它关系到初期火灾能否被及时地有效地控制和扑灭；关系到起火建筑物内人身和财产安危。统计资料表明，一支水枪扑救初期火灾的控制率仅 40%左右，两支水枪扑救初期火灾的控制率达 65%左右。因此，本条规定当同时使用水枪数量为 2 支时，应保证同层相邻有两支水枪（不是双出口消火栓）的充实水柱同时到达被保护范围内的任何部位，其消火栓的间距不应大于 30m，如图 4。

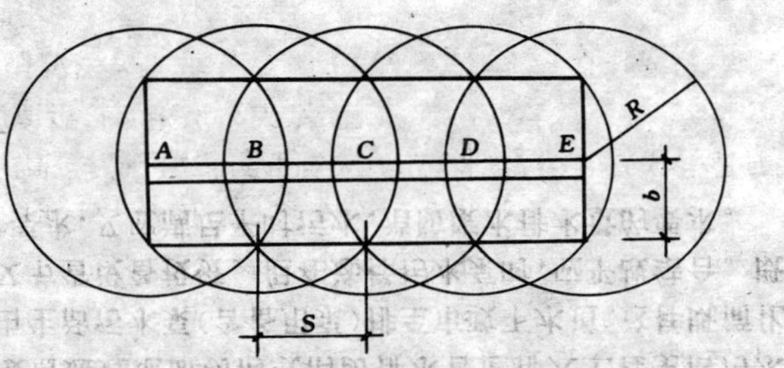

图 4　同层消火栓的布置示意图

A、B、C、D、E——为室内消火栓；R——消火栓的保护半径(m)；

S——消火栓间距(m)；b——消火栓实际保护最大宽度(m)

消火栓的间距可按下式计算：

$$S=\sqrt{R^2-b^2} \qquad (4)$$

当同时使用水枪数量为一支时，保证有一支水枪的充实水柱到达室内任何部位，其间距不应大于 50m，消火栓的布置如图 5。

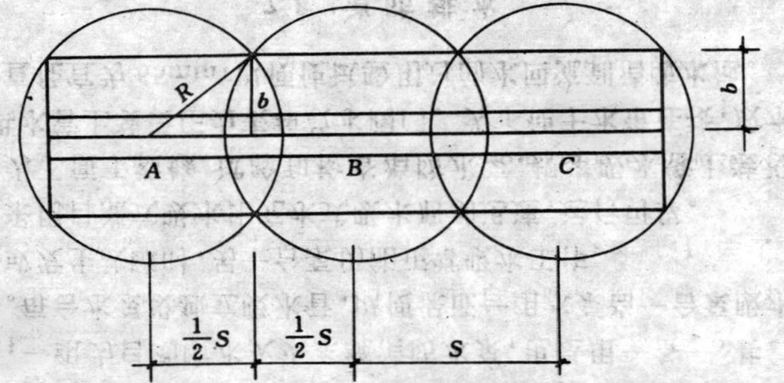

图 5　一股水柱到达任何一点的消火栓布置

A、B、C——为室内消火栓；R——消火栓的保护半径(m)；

S——消火栓间距(m)；b——消火栓实际保护最大宽度(m)

消火栓的间距可按下式计算：

$$S=2\sqrt{R^2-b^2} \qquad (5)$$

4　消火栓应设在工程内明显而便于灭火时取用的地方。为了使人员能及时发现和使用，消火栓应有明显的标志，消火栓应涂红色，并不应伪装成其它东西。

为了减少局部水压损失，消火栓的出口宜与设置消火栓的墙面成 90°角。

在同一工程内，如果消火栓栓口、水带和水枪的规格、型号不同，就无法配套使用，因此规定同一工程内应用统一规格的消火栓、水枪和水带。火场实践证明，室内消火栓配备的水带过长，不便于补救室内初期火灾。消防队使用的水带长度一般为 20m，为节省投资，同时考虑火场操作的可能性，要求水带长度不应大于 25m。

5　为及时启动消防水泵，本条又规定设有消防水泵给水系统的每个消火栓处应设直接启动消防水泵的按钮，以便迅速远距离启动。为了防止小孩玩弄或误启动，要求按钮应有保护措施，一般可放在消火栓箱内或装有玻璃罩的壁龛内。

7.6.3　本条系新增条文。规定单建式人防工程不设消防水箱，其主要依据是：现行国家标准《自动喷水灭火系统设计规范》第3.2.4条的规定。同时，人防工程与地面建筑不同，地下一层的消火栓一般处在地面以下 5m，市政给水管网水的余压一般均大于 10m 水柱，保证初期灭火的水压是没有问题的；人防工程属中、轻危险级的建筑物，其消防给水系统都设置了稳压水泵或气压给水装置，一旦初期火灾发生，这些装置可以保证及时供水。鉴于上述理由，单建式人防工程可以不设消防水箱。

防空地下室可以与地面建筑的消防水箱合用，本规范不再提出具体要求。

7.7　消防水泵

7.7.1　本条是对原规范第 6.7.1 条的修改。为了保证不间断地供应火场用水，消防水泵应设备用泵。备用泵的工作能力不应小于消防工作泵中最大一台工作泵的工作能力，以保证任何一台工作泵发生故障或需进行维修时备用水泵投入后的总工作能力不会降低。

7.7.2 本条是对原规范第6.7.2条的修改。为保证消防水泵及时、可靠地运行，规定每台消防水泵设独立吸水管。人防工程消防水泵一般分两组，一组为消火栓系统消防水泵，用一备一，共二台水泵；一组为自动喷水灭火系统消防水泵，也是用一备一，共二台水泵。每台水泵设独立吸水管，以便保证一组水泵当一台泵吸水管维修或发生故障时，另一台泵仍能正常吸水工作。

采用自灌式吸水比充水式吸水启动迅速，运行可靠。

为了便于检修、试验和检查消防水泵，规定吸水管上装设阀门，供水管上装设压力表和放水阀门。为了便于水带连接，放水阀门的直径宜为65mm，以便使试验用过的水回流到消防水池。

7.8 消防排水

7.8.1 本条保留原规范第6.8.1条条文。设有消防给水的人防工程，必须设消防排水设施。因为人防工程与地面建筑不同，除少数坑道工程外，均不能自流排水，需设机械排水设施，否则会造成二次灾害。消防排水设施可以结合不同类型工程的实际情况，因地制宜地设计。

7.8.2 本条是对原规范第6.8.2条的修改。人防工程消防废水的排除，一般可通过地面明沟或消防排水管道排入工程生活污水集水池，再由生活污水泵（含备用泵）排至市政下水道。这样既简化排水系统，又节省设备投资。但在选择污水泵时，应平战结合。既应满足战时要求，又应满足平时污水、消防废水排水量的要求。

8 电　气

8.1 消防电源及其配电

8.1.1 本条对消防电源及其负荷的等级作了规定。

消防电源是指人防工程的消防设备（如消防水泵、防烟排烟设施、火灾应急照明、电动防火门、防火卷帘、自动灭火设备、自动报警装置和消防控制室等）所用的电源。

在发生火灾后，有消防电源才能保证消防设备进行工作和疏散人员、物资。因此，合理地确定消防电源的负荷等级，是非常重要的。

本条消防用电设备的负荷等级是按照国家《电力技术设计规范》对用户用电负荷规定的负荷等级要求确定的。

确定本条时，主要考虑有以下几个方面：

1　国外对消防电源的设置是有规定的，如日本法规规定，地下建筑和地下街都必须设置紧急备用电源。紧急备用电源的种类及工作时间见表3。

表3 日本紧急备用电源用电种类和工作时间

消防设备的名称	紧急备用电源的种类	工作时间
室内消火栓设备 自动喷水灭火设备 泡沫灭火设备 排烟设备	专用发电设备 蓄电池	30min 以上
消防电梯	专用发电设备 蓄电池	60min 以上

续表 3

消防设备的名称	紧急备用电源的种类	工作时间
二氧化碳灭火设备 干粉灭火设备 卤代烷灭火设备	专用发电设备 蓄电池	60min 以上
火灾自动报警装置		10min 以上
报警设备		10min 以上
事故照明疏散标志		20min 以上

2 国内较大型的地下室，同地面建筑物一样，都按一级负荷供电，如北京长城饭店、北京饭店等均为两路高压电源加自备发电机，自备发电机容量分别为 750kVA 和 500kVA。

3 《人民防空地下室设计规范》(GB 50038-94) 及《人民防空工程设计规范》(GB 50225-95) 对备用电源已有规定，很多工程已设有发电机房，对平战结合的人防工程，把消防电源列入一级和二级也是可以做到的。

4 本条规定要求供电部门对地下人防消防电源按照一级或二级负荷的两路线路供电。如果只有一路电源，工程内应设自备发电机组。对于一些较小的工程，消防用电设备少，如火灾报警装置、火灾应急照明、消防水泵、排烟风机等，也可用蓄电池作备用电源。采用蓄电池作备用电源时应注意两个问题：一是蓄电池的容量，在正常电源断电后，对火灾应急照明、排烟风机、火灾报警装置等，应能连续供电 30min 以上；对消防水泵，应与消火栓灭火系统和自动喷水灭火系统的火灾延续时间相一致；二是注意蓄电池平时保养及充电，使其能起到备用电源的作用。

8.1.2 本条对消防设备的两路电源的切换方式、切换点及自备发电设备的启动方式作了规定。这是消防设备工作的性质决定的，只有在末级配电盘(箱)上自动切换，才能保证消防用电设备有可靠的电源。

由于一般自动转换开关的转换时间能满足消防的需要，故对切换时间未作具体规定。

8.1.3 为了保证消防用电设备供电安全可靠，本条规定了消防用电设备供电设计，应采用专用的供电回路，以便把消防用电与其它一般用电严格分开。

为了防止火灾从电气线路蔓延和发生触电事故，在灭火前，首先要切断起火部位的电源。如果不把消防电源同一般电源分开，火灾时将会把全部电源切断(包括消防电源)，消防用电设备就会断电，这是不允许的。发生火灾时，消防水泵、火灾应急照明、防排烟设备等要保证工作。因此，消防用电线路同普通用电线路必须严格分开。

8.1.4 本条规定在电气设计和设备、电缆、电线选型时宜选用防潮、防霉型。因为一般人防工程内的湿度比较大。普通型号的电气设备在潮湿的条件下长期工作，会使其绝缘降低，引起事故，发生火灾。人防工程内的电气火灾占的比例较大。某地下会场，因电气起火引燃了吊顶，仅 0.5h 就将观众厅，舞台 $400m^2$ 的钙壁板吊顶及吊顶上的电气设备全部烧毁。成都某商场，由于日光灯整流器故障也发生过火灾。北京某宾馆的剧场，因为电铃故障，发生火灾使整个剧场付之一炬，损失数千万元。为了保证工程安全，特作此规定。在《人民防空工程设计规范》(GB 50225-95)、《人民防空地下室设计规范》(GB 50038-94)及《电力技术设计规范》中，对此也有规定。

根据使用的经验，一般铝芯线可安全使用 6～8 年，而在潮湿场所有的只用 2～3 年就出了问题。为了保证安全，减少浪费，对人防工程内电气线路作了选用铜芯线的规定。

人防工程内使用蓄电池比较多，一般的蓄电池在工作过程中要放出氢气，容易造成事故。所以，人防工程内使用的蓄电池应选用封闭型产品。

8.1.5 为了保证消防用电设备正常工作，本条对消防用电设备配电线路的敷设方式和部位作了具体的规定。

对消防用电设备电源配线的防火问题，国外比较重视。如日本对消防用电设备的线路就有耐火、耐热和防止延烧的具体规定。见表4。

表4　日本紧急备用电源配电线路耐火、耐热要求

法令名称	耐火、耐热性能	
建筑基准法(昭和45年即1970年布告1830号)	在耐火构造的主要构筑物内埋设。底衬都是不燃材料的天花板的金属管工程，或是有以上同等构造者	
消防法昭和48年(1973年)布告3.4	耐火配线(非常电源)(强电)	JIS耐火试验30min，耐840℃
	耐热配线(控制回路)(弱电)	用JIS耐火试验的1/2曲线15min后，耐380℃

根据四川消防科学研究所提供的在火灾温度作用下梁内主筋温度与保护层厚度的关系(见表5)，对金属管暗设线路外面保护层的厚度作了不小于30mm的规定。

表5　火灾温度作用下梁内主筋温度与保护层厚度的关系

主筋保护层(mm) ＼ 主筋温度(℃) ＼ 升温时间(min)	15	30	45	60	70	90	105	140	175	210
10	245	289	480	540	590	620				
20	165	270	350	410	460	490	530			
30	135	210	290	350	400	440		510		
40	105	175	225	270	310	340			500	
50	75	130	175	215	260	290				480

当使用绝缘护套为非延燃材料的电缆时，因为这些材料不燃或不蔓延燃烧，可不穿金属管。但考虑消防扑救和人员疏散时的安全，可设在符合《电力工程电缆设计规范》的沟、井、槽内。

8.1.6　由于消防用电设备都是在火灾时启用的，人们是在紧急情况下进行操作，如没有明显的标志，往往造成误操作。为了避免误操作，同时也便于平时维修管理，特作此规定。

8.2　火灾疏散照明和火灾备用照明

8.2.1、8.2.2　对设置火灾疏散照明和火灾备用照明的范围作了原则规定。

人防工程火灾造成人员伤亡的原因是多方面的，但与火灾疏散照明和火灾备用照明有直接关系。工程内一旦发生火灾，为了防止人员触电和通过电气设备、电气线路扩大火灾，必须切断火灾部位的电源，如无火灾疏散照明和火灾备用照明，工程内将一片漆黑，人员在火灾时不知所措，加上烟气熏烤，势必造成人员伤亡。同时，火灾备用照明和火灾疏散照明对消防人员进入工程扑救火灾也是十分必要的。很多地下工程的火灾，消防队员不能及时扑救，其中一个原因，就是看不见道路，摸不着方向。在人防工程内，为了保障安全疏散，便于扑救，火灾备用照明和火灾疏散照明是不可缺少的。尤其是在一些人员集中、疏散通道复杂的情况下，火灾疏散照明必须保证。

此外，对于在火灾时必须坚持工作的场所，如配电室、消防控制室、消防水泵房、自备发电机房等作了必须设火灾备用照明的规定。

对火灾疏散照明灯的照度及火灾时必须坚持工作房间的备用照明照度作了规定。本规定对火灾疏散照明灯的照度确定为最低照度不低于5 lx。这是根据火场的需要和国内的实际情况确定的。

日本的建筑法和消防法对地下建筑疏散的照度，规定不应低于10 lx。参照这个标准，对火灾疏散照明的照度，可以规定高于5 lx。但是考虑到我国的经济水平和实际情况能保持5 lx就可以了。

确定火灾疏散照明灯的照度，主要考虑烟雾对照度的影响。根据国外资料介绍，在有烟雾的情况下，地面照度在1～2 lx时疏散人员就难以辨别方位，低于0.3 lx辨别方位就不可能了。所以定为5 lx。5 lx比日本地下事故照明低一个照度级。实际上，相当于地面上公共场所走道、楼梯、厕所、杂物贮藏室的照度。试验证明，在有烟雾的情况下，5 lx作疏散用尚可。

关于消防控制室、消防水泵房等消防工作房间维持事故条件下最低工作照明，这是工作性质决定的。

规定了疏散标志灯的主要设置部位，因为这些部位是人员疏散的必经之路。人们在火灾时，情况紧急，如果在这些部位没有疏散标志灯，就不能安全疏散。

对疏散标志灯的间距、安装高度作了规定，主要参照日本标准和人们在行走时平视的习惯，使标志容易被人们发现，定为距地面1.00m以下。

疏散照明灯安装比较高，在火灾初期，疏散人员多的情况下起作用。当火灾发生后，烟气上升，往往先被遮挡。这时，只能靠疏散标志灯，所以标志灯安装得较低，两者作用的时间、效果不完全一样，不能代替，更不能只取其一。

根据人防工程内照明的需要，疏散指示标志必须设“灯”，不能设置标志牌或荧光反射板等。

8.2.3 火灾疏散照明和火灾备用照明关系到人员安全疏散和人身安全，不容间断。因此规定工程内的火灾疏散照明和火灾备用照明，当其工作电源断电后，应能自动投合。

8.3 灯 具

8.3.1 所谓“潮湿”场所，是指室内温度为27℃时，相对湿度大于75%的场所。这里是指工程内湿度较大的水泵房、厨房、洗漱间等房间。

8.3.2 卤钨灯、高压汞灯这类灯具的表面温度一般高达500～800℃，极易引起可燃物品起火。把这类灯具直接安装在可燃材料上，是很危险的。为保障安全，作此规定。

8.3.3 本条对卤钨灯及用白炽灯泡制作的吸顶灯、槽灯、嵌入式灯具的防火措施作了规定。本规范虽然对建筑构件，装修材料作了“应采用不燃材料”的规定，大面积使用可燃材料是不允许的，但是可能局部地方出现可燃装修材料，特别是目前工程内部装修日趋豪华，各类灯具如吸顶，嵌入式灯具在工程里使用越来越多。灯具周围的龙骨、支架及电线等材料，一般采用的是可燃材料或难燃材料。由于这些灯具的功率都比较大，温度高，散热条件差，灯具电线或周围可燃物被烤着、失火的事故时有发生，所以对容易引起火灾的卤钨灯和散热条件差的吸顶灯，嵌入式灯具提出防火要求是必要的。卤钨灯灯管本身温度就高达700～800℃，其电源引入线必须使用耐火线或采取可靠的防火措施。本条是根据灯泡的表面温度、导线绝缘允许工作温度及灯泡能烤着可燃物品的起火时间规定的。白炽灯在一般散热条件下灯泡表面温度见表6，白炽灯灯泡将可燃物烤至起火的时间、温度见表7。低压电线和电缆允许的工作温度见表8。电缆、电线的温度校正系数 K 值见表9。

表6 白炽灯在一般散热条件下灯泡表面温度

灯泡的功率(W)	灯泡表面温度(℃)
40	50～60
75	140～200
100	170～220
150	150～280
200	160～300

注：以上摘自《电气防火》一书。

表7 白炽灯灯泡将可燃物烤至起火的时间、温度

灯泡功率/摆放形式(W)	可燃物	烤至起火的时间(min)	烤至起火的温度(℃)	备注
75/卧式	稻草	3	360～367	埋入
100/卧式	稻草	12	342～360	紧贴

续表 7

灯泡功率/摆放形式(W)	可燃物	烤至起火的时间(min)	烤至起火的温度(℃)	备注
100/垂式	稻草	50	碳化	紧贴
100/卧式	稻草	2	360	埋入
100/垂式	棉絮被套	18	360~367	紧贴
100/卧式	乱纸	8	333~360	埋入
200/卧式	稻草	8	367	紧贴
200/卧式	乱稻草	4	342	紧贴
200/卧式	稻草	1	360	埋入
200/垂式	玉米秸	15	365	埋入
200/垂式	纸张	12	333	紧贴
200/垂式	多层报纸	125	333~360	紧贴
200/垂式	松木箱	57	398	紧贴
200/垂式	棉被	5	367	紧贴

注:以上摘自《电气防火》一书。

表 8 低压电线和电缆长期工作允许温度(℃)

电线名称	周围环境温度	线芯允许工作温度
铝芯或铜芯橡皮绝缘线	25	65
铝芯或铜芯塑料绝缘线	25	70

注:此表系原一机部电缆研究所资料。

表 9 电缆、电线的温度校正系数 K 值

周围环境温度(℃)		5	10	15	20	25	30	35	40	45	50	55
线芯允许工作温度(℃)	+65	1.22	1.17	1.12	1.06	1	0.935	0.865	0.779	0.706	0.61	0.5
	+70	1.20	1.15	1.10	1.05	1	0.94	0.885	0.875	0.745	0.666	0.557

注:此表系原一机部电缆研究所资料。

由于导线允许的载流量是在25℃的标准下确定的,所以当环境温度变化时,其载流量应乘温度校正系数 K,温度校正系数 K 由下式确定:

$$K=\sqrt{\frac{t_2-t_0}{t_2-25}} \tag{6}$$

式中 t_0 ——实际环境温度(℃);

t_2 ——电缆、电线长期允许工作温度(℃)。

消防部门曾对北京一些用户吸顶灯周围局部的环境温度进行过测量。在没有防火措施及散热条件时,灯具四周的温度可达80~90℃,最高温度达102℃。

根据以上资料及防火的要求,对灯具的高温部位及电源引入线的防火措施作了本条规定。

8.4 火灾自动报警系统、火灾应急广播和消防控制室

8.4.1 为了对火灾能做到早期发现,早期报警,及时扑救,减少国家和人民生命财产的损失,保障人防工程的安全,参照国内外资料,原则地规定了人防工程设置火灾自动报警装置的范围。

许多火灾实例说明,火灾报警装置的作用是十分明显的。国外资料介绍,火灾自动报警装置在许多建筑物内发挥了作用,保证了建筑物的安全。国内的北京饭店、北京友谊医院、北京建筑设计院等单位安装了火灾报警器,曾多次正确地发出了火灾报警,使火灾能早期发现,及时扑救,减少了损失。

我国70年代初,开始研制、生产火灾自动报警器,到现在已有20多年的历史。目前,生产火灾探测器及报警装置的厂家很多,凡是获得生产许可证的产品,在工程设计中均可采用。

8.4.2 火灾自动报警系统和火灾应急广播的设计应与相关规范相一致,故规定了应按现行国家标准《火灾自动报警系统设计规范》的有关规定执行。

8.4.3 在一些技术发达国家(如美、日、英),对地下建筑的消防技

术都很重视，把消防管理摆在重要位置上，将火灾自动报警系统、自动灭火设备、防排烟设施、火灾应急照明及电源管理等，组成一个防灾系统，设置消防中心控制室，通过电子计算机和闭路电视实行自动化管理。

消防控制中心，一般由火灾自动报警装置、确认判断机构、自动灭火控制系统、火灾备用照明、火灾疏散照明、防烟排烟等控制系统组成。这些系统，在火灾时要迅速准确地完成各种复杂的功能。靠人工一个一个操作，或分散在几个地方，由几个人来控制是不行的。为了便于管理人员能在一个地方进行管理和指挥灭火，建立消防控制室，实行统一管理，统一指挥是十分必要的。当然，对于小型工程，消防控制室和配电室、值班室合为一室，也是允许的。消防控制中心的设备繁简不一，在《火灾自动报警系统设计规范》中有详细规定。

中华人民共和国国家标准

卤代烷1211灭火系统设计规范

GBJ 110—87

主编部门：中华人民共和国公安部
批准部门：中华人民共和国国家计划委员会
施行日期：1988年5月1日

关于发布《卤代烷1211灭火系统设计规范》的通知

计标[1987]1607号

根据国家计委计综[1984]305号文的要求，由公安部会同有关单位共同编制的《卤代烷1211灭火系统设计规范》已经有关部门会审。现批准《卤代烷1211灭火系统设计规范》GBJ110—87为国家标准，自1988年5月1日起施行。

本规范由公安部管理，其具体解释等工作由公安部天津消防科学研究所负责。出版发行由我委基本建设标准定额研究所负责组织。

国家计划委员会
1987年9月16日

编制说明

本规范是根据国家计委计综[1984]305号文的通知，由公安部天津消防科学研究所会同冶金工业部武汉钢铁设计研究院等五个单位共同编制的。

在编制过程中，编制组按照国家基本建设的有关方针政策和“预防为主、防消结合”的消防工作方针，对我国卤代烷灭火系统的研究、设计、生产和使用情况进行了较全面的调查研究，开展了部分试验验证工作，在总结已有科研成果和工程实践的基础上，参考了国际上有关的标准和国外先进标准进行编制，并广泛征求了有关单位的意见，经反复讨论修改，最后经有关部门会审定稿。

本规范共有七章和六个附录。包括总则、防护区设置、灭火剂用量计算、设计计算、系统的组件、操作和控制、安全要求等内容。

各单位在执行过程中，请注意总结经验、积累资料，发现需要修改和补充之处，请将意见和有关资料寄交公安部天津消防科学研究所，以便今后修改时参考。

中华人民共和国公安部

1987年9月

第一章　总　　则

第 1.0.1 条　为了合理地设计卤代烷1211灭火系统，保护公共财产和个人生命财产的安全，特制定本规范。

第 1.0.2 条　卤代烷1211灭火系统的设计，应遵循国家基本建设的有关方针政策，针对防护区的具体情况，做到安全可靠、技术先进、经济合理。

第 1.0.3 条　本规范适用于工业和民用建筑中设置的卤代烷1211全淹没灭火系统，不适用于卤代烷1211抑爆系统的设计。

第 1.0.4 条　卤代烷1211灭火系统可用于扑救下列物质的火灾：

一、可燃气体火灾；

二、甲、乙、丙类液体火灾；

三、可燃固体的表面火灾；

四、电气火灾。

第 1.0.5 条　卤代烷1211灭火系统不得用于扑救下列物质的火灾：

一、无空气仍能迅速氧化的化学物质，如硝酸纤维、火药等；

二、活泼金属，如钾、钠、镁、钛、锆、铀、钚等；

三、金属的氢化物，如氢化钾、氢化钠等；

四、能自行分解的化学物质，如某些过氧化物、联氨等；

五、能自燃的物质，如磷等；

六、强氧化剂，如氧化氮、氟等。

第 1.0.6 条 卤代烷1211灭火系统的设计，除执行本规范的规定外，尚应符合国家现行的有关标准、规范的要求。

第二章 防护区设置

第 2.0.1 条 防护区的划分，应符合下列规定：

一、防护区应以固定的封闭空间来划分；

二、当采用管网灭火系统时，一个防护区的面积不宜大于$500m^2$，容积不宜大于$2000m^3$；

三、当采用无管网灭火装置时，一个防护区的面积不宜大于$100m^2$，容积不宜大于$300m^3$，且设置的无管网灭火装置数不应超过8个。

第 2.0.2 条 防护区的最低环境温度不应低于0℃。

第 2.0.3 条 保护区的隔墙和门的耐火极限均不应低于0.60h；吊顶的耐火极限不应低于0.25h。

第 2.0.4 条 防护区的门窗及围护构件的允许压强，均不宜低于1200Pa。

第 2.0.5 条 防护区不宜开口。如必须开口时，宜设置自动关闭装置；当设置自动关闭装置确有困难时，应按本规范第3.3.1条的规定执行。

第 2.0.6 条 在喷射灭火剂前，防护区的通风机和通风管道的防火阀应自动关闭，影响灭火效果的生产操作应停止进行。

第 2.0.7 条 防护区内应有泄压口，宜设在外墙上，其位置应距地面2/3以上的室内净高处。

当防护区设有防爆泄压孔或门窗缝隙没设密封条的，可不设置泄压口。

第 2.0.8 条 泄压口的面积，应按下式计算：

$$S = 7.65 \times 10^{-2} \frac{q_{mar}}{\sqrt{P}} \quad (2.0.8)$$

式中 S——泄压口面积（m^2）；

P——防护区围护构件〈包括门窗〉的允许压强（Pa）；

q_{mar}——灭火剂的平均设计质量流量（kg/s）。

第三章 灭火剂用量计算

第一节 灭火剂总用量

第 3.1.1 条 灭火剂总用量应为设计用量与备用量之和。设计用量应包括设计灭火用量、流失补偿量、管网内的剩余量和贮存容器内的剩余量。

第 3.1.2 条 组合分配系统灭火剂的设计用量不应小于需要灭火剂量最多的一个防护区的设计用量。

第 3.1.3 条 重点保护对象的防护区或超过八个防护区的组合分配系统应有备用量，并不应小于设计用量。

备用量的贮存容器应能与主贮存容器切换使用。

第二节 设计灭火用量

第 3.2.1 条 设计灭火用量应按下式计算：

$$M = K_c \cdot \frac{\varphi}{1-\varphi} \cdot \frac{V}{\mu} \quad (3.2.1)$$

式中 M——设计灭火用量（kg）；

K_c——海拔高度修正系数，应按附录五的规定采用；

φ——灭火剂设计浓度；

V——防护区的最大净容积（m^3）；

μ——防护区在101.325kPa大气压和最低环境温度下灭火剂的比容积（m^3/kg），应按附录二的规定计算。

第 3.2.2 条 灭火剂设计浓度不应小于灭火浓度的1.2倍或惰化浓度的1.2倍，且不应小于5%。

灭火浓度和惰化浓度应通过试验确定。

第 3.2.3 条 有爆炸危险的防护区应采用惰化浓度；无爆炸危险的防护区可采用灭火浓度。

第 3.2.4 条 由几种不同的可燃气体或甲、乙、丙类液体组成的混合物，其灭火浓度或惰化浓度如未经试验测定，应按浓度最大者确定。

有关可燃气体和甲、乙、丙类液体的灭火浓度、惰化浓度和最小设计浓度可按附录四采用。

第 3.2.5 条 图书、档案和文物资料库等，其设计浓度宜采用7.5%。

第 3.2.6 条 变配电室、通讯机房、电子计算机房等场所，其设计浓度宜采用5%。

第 3.2.7 条 灭火剂的浸渍时间应符合下列规定：

一、可燃固体表面火灾，不应小于10min。

二、可燃气体火灾，甲、乙、丙类液体火灾和电气火灾，不应小于1min。

第三节 开口流失补偿

第 3.3.1 条 开口流失补偿应根据分界面下降到设计高度的时间确定，当大于规定的灭火剂浸渍时间时，可不补偿；当小于规定的浸渍时间时，应予补偿。

分界面的设计高度应大于防护区内被保护物的高度，且不应小于防护区净高的1/2。

第 3.3.2 条 当一个保护区墙上有一个开口或几个底标高相同、高度相等的开口，分界面下降到设计高度的时间可按下式计算

$$t = 1.2\frac{H_t - H_d}{H_t} \cdot \frac{V}{Kb\sqrt{2g_n h^3}} \cdot \left\{\frac{[1+(1+4.7\varphi)^{\frac{1}{3}}]^3}{4.7\varphi}\right\}^{\frac{1}{2}} \tag{3.3.2}$$

式中 t ——分界面下降到设计高度的时间（s）；

H_t——防护区净高（m）；

H_d——设计高度（m）；

V ——防护区净容积（m^3）；

K ——开口流量系数，对圆形和矩形开口可取0.66；

b ——开口总宽度（m）；

g_n——重力加速度（$9.81m/s^2$）；

h ——开口高度（m）；

φ——灭火剂设计浓度。

第四章 设计计算

第一节 一般规定

第 4.1.1 条 设计计算管网灭火系统时，环境温度可采用20℃。

第 4.1.2 条 贮压式系统灭火剂的贮存压力，宜选用10.5×10^5Pa或25.0×10^5Pa。

注：（1）贮存压力指表压。本章其他条文中的压力如未注明均指表压。

（2）法定计量单位1Pa可换算成习用非法定计量单位1.02×10^{-5}kgf/cm²。

第 4.1.3 条 贮压式系统贮存容器内的灭火剂应采用氮气增压，氮气的含水量不应大于0.005％的体积比。

第 4.1.4 条 贮压式系统灭火剂的最大充装密度和充装比应根据计算确定，且不宜大于表4.1.4的规定。

最大充装密度和充装比 **表 4.1.4**

贮存压力(Pa)	充装密度(kg/m³)	充装比
10.5×10^5	1100	0.60
25.0×10^5	1470	0.80

第 4.1.5 条 喷嘴的最低设计工作压力（绝对压力），不应小于3.1×10^5Pa。

第 4.1.6 条 灭火剂的喷射时间，应符合下列规定：

一、可燃气体火灾和甲、乙、丙类液体火灾，不应大于10s；

二、国家级、省级文物资料库、档案库、图书馆的珍藏库等，不宜大于10s；

三、其他防护区不宜大于15s。

第 4.1.7 条 灭火剂从容器阀流出到充满管道的时间，不宜大于10s。

第二节 管网灭火系统

第 4.2.1 条 管网灭火系统的管径和喷嘴的孔口面积，应根据喷嘴所喷出的灭火剂量和喷射时间确定。

第 4.2.2 条 初选管径可按管道内灭火剂的平均设计质量流量计算，单位长度管道的阻力损失宜采用3×10^2至12×10^2Pa/m。

初选喷嘴孔口面积，宜按灭火剂喷出50％时贮存容器内的压力和以平均设计质量流量为该瞬时的质量流量进行计算。

平均设计质量流量应按下式计算：

$$q_{mar}=\frac{M_{ad}}{t_d} \tag{4.2.2}$$

式中 q_{mar}——灭火剂的平均设计质量流量（kg/s）；

M_{ad}——设计灭火量和流失补偿量之和（kg）；

t_d——灭火剂的喷射时间（s）。

第 4.2.3 条 喷嘴的孔口面积，应按下式计算：

$$A=\frac{10^6 q_m}{C_d\sqrt{2\rho P_n}} \tag{4.2.3}$$

式中 A——喷嘴的孔口面积（mm²）；

q_m——灭火剂的质量流量（kg/s）；

C_d——喷嘴的流量系数；

ρ——液态灭火剂的密度（kg/m^3）；

P_n——喷嘴的工作压力（Pa）。

第 4.2.4 条 喷嘴的工作压力应按下式计算：

$$P_n = P_t - P_p - P_1 \pm P_h \qquad (4.2.4)$$

式中 P_n——喷嘴的工作压力（Pa）；

P_t——在施放灭火剂的过程中贮存容器内的压力（Pa）；

P_g——管道沿程阻力损失（Pa）；

P_1——管道局部阻力损失（Pa）；

P_h——高程压差（Pa）。

第 4.2.5 条 在施放灭火剂的过程中，贮存容器内的压力宜按下式计算：

$$P_{ta} = \frac{P_{oa} V_0}{V_0 + V_t} \qquad (4.2.5)$$

式中 P_{ta}——在施放灭火剂的过程中贮存容器内的压力（绝对压力，Pa）；

P_{oa}——灭火剂的贮存压力（绝对压力，Pa）；

V_0——施放灭火剂前容器内的气相容积（m^3）；

V_t——施放灭火剂时气相容积增量（m^3）。

第 4.2.6 条 镀锌钢管内的阻力损失宜按下式计算，或按图4.2.6确定。

$$\frac{P_q}{L} = \left[12.0 + 0.82D + 37.7\left(\frac{D}{q_{mp}}\right)^{0.25}\right] \times \frac{q_{mp}^2}{D^5} \times 10^3 \qquad (4.2.6)$$

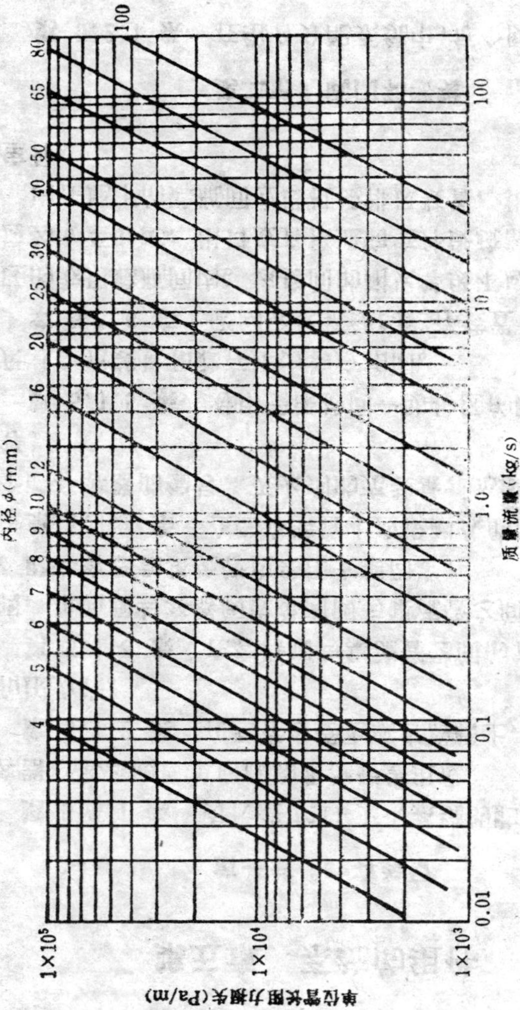

图 4.2.6 镀锌钢管内灭火剂的质量流量与阻力损失的关系

式中 $\frac{P_p}{L}$——单位长度管道的阻力损失（Pa/m）；

D——管道内径（mm）；

q_{mp}——管道内灭火剂的质量流量（kg/s）。

注：局部阻力损失宜采用当量长度法计算。

第 4.2.7 条 高程压差应按下式计算：

$$P_h=\rho\cdot H_h\cdot g_n \tag{4.2.7}$$

式中 P_h——高程压差（Pa）；

ρ——液态灭火剂的密度（kg/m³）；

H_h——高程变化值（m）；

g_n——重力加速度（9.81m/s²）。

第五章 系统的组件

第一节 贮存装置

第 5.1.1 条 卤代烷 1211 灭火系统的贮存装置宜由贮存容器、容器阀、单向阀和集流管等组成。

第 5.1.2 条 在贮存容器上或容器阀上，应设泄压装置和压力表。

第 5.1.3 条 在容器阀与集流管之间的管道上应设单向阀；单向阀与容器阀或单向阀与集流管之间应采用软管连接；贮存容器和集流管应采用支架固定。

第 5.1.4 条 在贮存装置上应设耐久的固定标牌，标明每个贮存容器的编号、灭火剂的充装量、充装日期和贮存压力等。

第 5.1.5 条 对用于保护同一防护区的贮存容量，其规格尺寸、充装量和贮存压力均应相同。

第 5.1.6 条 管网灭火系统的贮存装置宜设在靠近防护区的专用贮瓶间内。该房间的耐火等级不应低于二级，室温应为 0 至50°C，出口应直接通向室外或疏散走道。

设在地下的贮瓶间应设机械排风装置，排风口应直接通向室外。

第二节 阀门和喷嘴

第 5.2.1 条 在组合分配系统中，每个防护区应设一个选择阀，其公称直径应与主管道的公称直径相等。

选择阀的位置应靠近贮存容器且便于手动操作。选择阀应设有标明防护区的金属牌。

第 5.2.2 条 喷嘴的布置应确保灭火剂均匀分布。设置在有粉尘的防护区内的喷嘴，应增设不影响喷射效果的防尘罩。

第三节 管道及其附件

第 5.3.1 条 管道及其附件应能承受最高环境温度下的贮存压力，并应符合下列规定：

一、贮存压力为10.5×10^5Pa的系统，宜采用符合现行国家标准《低压流体输送用镀锌焊接钢管》中规定的加厚管。

贮存压力为25.0×10^5Pa的系统，应采用符合现行国家标准《冷拔或冷轧精密无缝钢管》等中规定的无缝钢管。

钢管应内外镀锌。

二、在有腐蚀镀锌层的气体、蒸汽场所内，应采用符合现行国家标准《不锈钢无缝钢管》、《拉制铜管》或《挤制铜管》中规定的不锈钢管或铜管。

三、输送启动气体的管道，宜采用符合现行国家标准《拉制铜管》或《挤制铜管》中规定的铜管。

第 5.3.2 条 公称直径等于或小于80mm的管道附件，宜采用螺纹连接；公称直径大于80mm的管道附件，应采用法兰连接。

钢制管道附件应内外镀锌。在有腐蚀镀锌层的气体、蒸汽场所内，应采用铜合金或不锈钢的管道附件。

第 5.3.3 条 管网宜布置成均衡系统。均衡系统应符合下列规定：

一、从贮存容器到每个喷嘴的管道长度，应大于最长管道长度的90%；

二、从贮存容器到每个喷嘴的管道当量长度，应大于最长管道当量长度的90%；

三、每个喷嘴的平均设计质量流量均应相等。

第 5.3.4 条 阀门之间的封闭管段应设置泄压装置。在通向每个防护区的主管道上，应设压力讯号器或流量讯号器。

第 5.3.5 条 设置在有爆炸危险的可燃气体、蒸气或粉尘场所内的管网系统，应设防静电接地装置。

第六章 操作和控制

第 6.0.1 条 管网灭火系统应有自动控制、手动控制和机械应急操作三种启动方式；无管网灭火装置应有自动控制和手动控制两种启动方式。

第 6.0.2 条 自动控制应在接到两个独立的火灾信号后才能启动；手动控制装置应设在防护区外便于操作的地方；机械应急操作装置应设在贮瓶间或防护区外便于操作的地方，并能在一个地点完成施放灭火剂的全部动作。

第 6.0.3 条 卤代烷1211灭火系统的供电，应符合有关规范的规定。采用气动动力源时，应保证施放灭火剂时所需要的压力和用气量。

第 6.0.4 条 卤代烷1211灭火系统的防护区，应设置火灾自动报警系统。

第七章 安 全 要 求

第 7.0.1 条 防护区内应设有能在30s内使该区人员疏散完毕的通道与出口。

在疏散通道与出口处，应设置事故照明和疏散指示标志。

第 7.0.2 条 防护区内应设置火灾和灭火剂施放的声报警器，在防护区的每个入口处，应设置光报警器和采用卤代烷1211灭火系统的防护标志。

第 7.0.3 条 在经常有人的防护区内设置的无管网灭火装置应有切断自动控制系统的手动装置。

第 7.0.4 条 防护区的门应能自行关闭，并应保证在任何情况下均能从防护区内打开。

第 7.0.5 条 灭火后的防护区应通风换气。

无窗或固定窗扇的地上防护区和地下防护区，应设置机械排风装置。

第 7.0.6 条 凡设有卤代烷1211灭火系统的建筑物，应配置专用的空气呼吸器或氧气呼吸器。

附录一　名词解释

名　词	说　明
卤代烷1211	卤代烷 1211 即二氟一氯一溴甲烷，化学分子式为CF_2ClBr。四位阿拉伯数字1211依次代表化合物分子中所含碳、氟、氯、溴原子的数目
全淹没系统	全淹没系统是由一套贮存装置在规定的时间内，向防护区喷射一定浓度的灭火剂，并使其均匀地充满整个防护区空间的系统
灭火浓度	灭火浓度是指在101.325kPa大气压和规定的温度条件下，扑灭某种可燃物质火灾所需灭火剂在空气中的最小体积百分比
惰化浓度	惰化浓度是指在101.325kPa大气压和规定的温度条件下，不管可燃气体或蒸汽与空气处在何种配比下，均能抑制燃烧或爆炸所需灭火剂在空气中的最小体积百分比
设计浓度	设计浓度是指将灭火浓度或惰化浓度乘以安全系数后得到的浓度
充装密度	充装密度为贮存容器内灭火剂的质量与容器容积之比，单位为kg/m^3
充装比	充装比是指20℃时贮存容器内液态灭火剂的体积与容器容积之比
防护区	防护区是人为规定的一个区域，它可包括一个或几个相连的封闭空间
分界面	分界面是指通过开口进入防护区的空气和防护区内含有灭火剂的混合气体之间所形成的水平面
单元独立系统	单元独立系统是保护一个保护区的灭火系统
组合分配系统	组合分配系统是指用一套灭火剂贮存装置保护多个防护区的灭火系统
无管网灭火装置	无管网灭火装置是将灭火剂贮存容器、阀门和喷嘴等组合在一起的灭火装置
灭火剂喷射时间	灭火剂喷射时间为全部喷嘴开始喷射液态灭火剂到其中任何一个喷嘴开始喷射气体的时间
灭火剂浸渍时间	灭火剂浸渍时间是指防护区内的被保护物完全浸没在保持着灭火剂设计浓度的混合气体中的时间
可燃固体表面火灾	可燃固体表面火灾是指由于可燃固体表面受热、分解或氧化而引起的有焰燃烧或无焰燃烧所形成的火灾

附录二　卤代烷1211蒸汽的比容积

在101.325kPa大气压下，卤代烷1211蒸汽的比容积可采用下式计算，也可由附图2.1确定。

$$\mu = 0.1287 + 0.000551\theta \cdots\cdots（附2.1）$$

式中　μ——卤代烷1211在101.325kPa大气压下的蒸汽的比容积（m^3/kg）；

θ——防护区环境的温度（℃）。

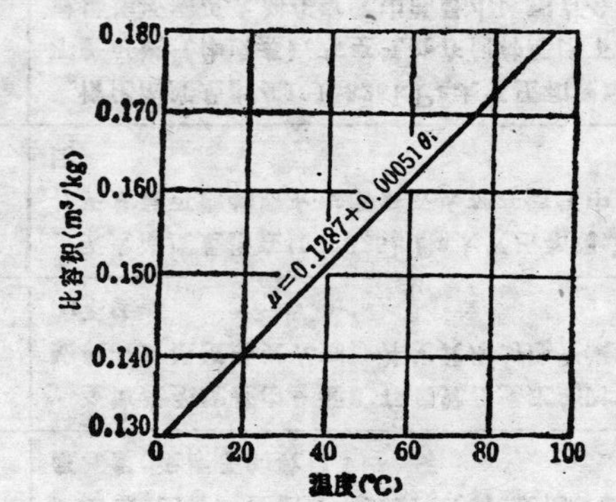

附图 2.1　卤代烷1211蒸汽的比容积

附录三　卤代烷1211蒸汽压力

卤代烷1211蒸汽压力可采用下式计算，也可由附图3.1确定。

$$\lg P_{va} = 9.038 - \frac{964.6}{\theta_i + 243.3} \cdots\cdots（附3.1）$$

式中　$\lg P_{va}$——以10为底P_{va}的对数；

P_{va}——卤代烷1211蒸汽压力（绝对压力，Pa）；

θ_i——卤代烷1211蒸汽温度（℃）。

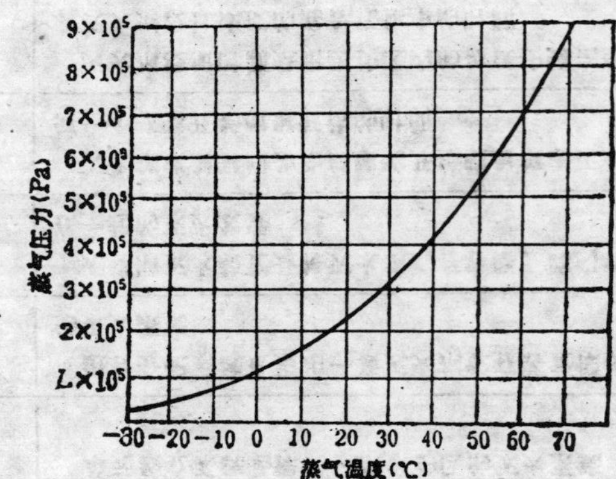

附图 3.1　卤代烷1211蒸汽压力（绝对压力）

附录四　卤代烷1211设计浓度

一、在101.325kPa大气压和25°C的空气中的灭火浓度及设计浓度

物质名称	在25°C测定的灭火浓度(%)	最小设计浓度(%)
甲烷	2.8	5.0
乙烷	5.0	6.0
丙烷	4.5	5.4
丁烷	4.0	5.0
异丁烷	3.8	5.0
乙烯	6.8	8.2
丙烯	5.2	6.2
甲醇	8.2	9.8
乙醇	4.5	5.4
丙醇	4.3	5.2
异丙醇	3.8	5.0
丁醇	4.4	5.3
二甲基丙醇	4.3	5.2
异丁醇	3.8	5.0
戊醇	4.2	5.0
已醇	4.5	5.4
戊烷	3.7	5.0
庚烷	3.8	5.0
已烷	3.7	5.0
2.2.5—三甲基已烷	3.3	5.0
乙二醇	3.0	5.0

续表

物质名称	在25°C测定的灭火浓度(%)	最小设计浓度(%)
丙酮	3.8	5.0
戊二酮—(2.4)	4.1	5.0
丁酮	3.9	5.0
醋酸乙酯	3.3	5.0
乙酰醋酸乙酯	3.6	5.0
甲基醋酸乙酯	3.3	5.0
二乙醚	4.4	5.3
苯	2.9	5.0
甲苯	2.2	5.0
乙苯	3.1	5.0
混合二甲苯	2.5	5.0
氯苯	0.9	5.0
苯甲醇	2.9	5.0
乙腈	3.0	5.0
丙烯腈	4.7	5.6
1—氯—2.3—环氧丙烷	5.5	6.6
硝基甲烷	4.9	5.9
N·N—二甲基甲酰胺	3.6	5.0
二硫化碳	1.6	5.0
变质(含甲醇)酒精	4.2	5.0
石油溶剂(油漆用)	3.6	5.0
航空涡轮用汽油	4.0	5.0
航空汽油	3.5	5.0
航空涡轮用煤油	3.7	5.0
航空用重煤油	3.5	5.0
石油醚	3.7	5.0
汽油(辛烷值98)	3.9	5.0

续表

物质名称	在25°C测定的灭火浓度（%）	最小设计浓度（%）
环已烷	3.9	5.0
萘烷	2.9	5.0
异丙基硝酸酯	7.5	9.0

二、在101.325kPa大气压和25°C的空气中的惰化浓度及设计浓度

物质名称	在25°C测定的惰化浓度（%）	最小设计浓度（%）
甲烷	6.1	7.3
丙烷	8.4	10.1
氢	37.0	44.4
正已烷	7.4	8.9
乙烯	11.6	13.9
丙酮	6.9	8.3

附录五　海拔高度修正系数

海拔高度高于海平面的防护区，海拔高度修正系数K_c等于本规范附表5.1中的修正系数K_o；

修正系数　　附表5.1

海拔高度（m）	大气压力（Pa）	修正系数（K_o）
0	1.013×10^5	1.000
300	0.978×10^5	0.964
600	0.943×10^5	0.930
900	0.910×10^5	0.896
1200	0.877×10^5	0.864
1500	0.845×10^5	0.830
1800	0.815×10^5	0.802
2100	0.785×10^5	0.772
2400	0.756×10^5	0.744
2700	0.728×10^5	0.715
3000	0.702×10^5	0.689
3300	0.675×10^5	0.663
3600	0.650×10^5	0.639
3900	0.626×10^5	0.615
4200	0.601×10^5	0.592
4500	0.578×10^5	0.572

海拔高度低于海平面的防护区，海拔高度修正系数K_o等于本规范附表5.1中的修正系数K_o的倒数。

修正系数K_o也可由下式计算

$$K_0 = 5.3788 \times 10^{-9} \cdot H^2 - 1.1975 \times 10^{-4} \cdot H + 1 \quad (附5.1)$$

式中 K_0——修正系数；

H——海拔高度（m）。

附录六　用词说明

一、本规范条文中，对要求的严格程度采用了不同用词，说明如下，以便在执行中区别对待。

1.表示很严格，非这样做不可的用词：

正面词采用“必须”；

反面词采用“严禁”。

2.表示严格，在正常情况下均应这样做的用词：

正面词采用“应”；

反面词采用“不应”或“不得”。

3.表示允许稍有选择，在条件许可时首先应这样做的用词：

正面词采用“宜”或“可”；

反面词采用“不宜”。

二、本规范中应按规定的标准、规范或其他有关规定的写法为“应按现行……执行”或“应符合……要求或规定”。

附加说明

本规范主编单位、参加单位及主要起草人名单

主编单位： 公安部天津消防科学研究所

参加单位： 冶金工业部武汉钢铁设计研究院
教育部天津大学
中国建筑西南设计院
中国船舶检验局上海海船规范研究所

主要起草人： 甘家林　熊湘伟　罗　晓　徐晓军
廉吟芳　韩鸿钧　祝鸿钧　周宗仪
冯修远

中华人民共和国国家标准

火灾自动报警系统设计规范

Code for design of automatic fire alarm system

GB 50116—98

主编部门：中华人民共和国公安部

批准部门：中华人民共和国建设部

施行日期：1 9 9 9 年 6 月 1 日

关于发布国家标准《火灾自动报警系统设计规范》的通知

建标［1998］245 号

根据国家计委《一九九四年工程建设标准定额制订修订计划》（计综合［1994］240 号文附件九）的要求，由公安部会同有关部门共同修订的《火灾自动报警系统设计规范》，经有关部门会审。批准《火灾自动报警系统设计规范》GB 50116—98 为强制性国家标准，自一九九九年六月一日起施行。原《火灾自动报警系统设计规范》GBJ 116—88 同时废止。

本规范由公安部负责管理，由公安部沈阳消防科学研究所负责具体解释工作，由建设部标准定额研究所负责组织中国计划出版社出版发行。

中华人民共和国建设部

一九九八年十二月七日

1 总　　则

1.0.1 为了合理设计火灾自动报警系统，防止和减少火灾危害，保护人身和财产安全，制定本规范。

1.0.2 本规范适用于工业与民用建筑内设置的火灾自动报警系统，不适用于生产和贮存火药、炸药、弹药、火工品等场所设置的火灾自动报警系统。

1.0.3 火灾自动报警系统的设计，必须遵循国家有关方针、政策，针对保护对象的特点，做到安全适用、技术先进、经济合理。

1.0.4 火灾自动报警系统的设计，除执行本规范外，尚应符合现行的有关强制性国家标准、规范的规定。

2 术　　语

2.0.1 报警区域　Alarm Zone

将火灾自动报警系统的警戒范围按防火分区或楼层划分的单元。

2.0.2 探测区域　Detection Zone

将报警区域按探测火灾的部位划分的单元。

2.0.3 保护面积　Monitoring Area

一只火灾探测器能有效探测的面积。

2.0.4 安装间距　Spacing

两个相邻火灾探测器中心之间的水平距离。

2.0.5 保护半径　Monitoring Radius

一只火灾探测器能有效探测的单向最大水平距离。

2.0.6 区域报警系统　Local Alarm System

由区域火灾报警控制器和火灾探测器等组成，或由火灾报警控制器和火灾探测器等组成，功能简单的火灾自动报警系统。

2.0.7 集中报警系统　Remote Alarm System

由集中火灾报警控制器、区域火灾报警控制器和火灾探测器等组成，或由火灾报警控制器、区域显示器和火灾探测器等组成，功能较复杂的火灾自动报警系统。

2.0.8 控制中心报警系统　Control Center Alarm System

由消防控制室的消防控制设备、集中火灾报警控制器、区域火灾报警控制器和火灾探测器等组成，或由消防控制室的消防控制设备、火灾报警控制器、区域显示器和火灾探测器等组成，功能复杂的火灾自动报警系统。

3 系统保护对象分级及火灾探测器设置部位

3.1 系统保护对象分级

3.1.1 火灾自动报警系统的保护对象应根据其使用性质、火灾危险性、疏散和扑救难度等分为特级、一级和二级，并宜符合表3.1.1的规定。

火灾自动报警系统保护对象分级　　表 3.1.1

等级	保护对象	
特级	建筑高度超过100 m的高层民用建筑	
一级	建筑高度不超过100 m的高层民用建筑	一类建筑
	建筑高度不超过24 m的民用建筑及建筑高度超过24 m的单层公共建筑	1. 200床及以上的病房楼，每层建筑面积1 000 m²及以上的门诊楼； 2. 每层建筑面积超过3 000 m²的百货楼、商场、展览楼、高级旅馆、财贸金融楼、电信楼、高级办公楼； 3. 藏书超过100万册的图书馆、书库； 4. 超过3 000座位的体育馆； 5. 重要的科研楼、资料档案楼； 6. 省级（含计划单列市）的邮政楼、广播电视楼、电力调度楼、防灾指挥调度楼； 7. 重点文物保护场所； 8. 大型以上的影剧院、会堂、礼堂
	工业建筑	1. 甲、乙类生产厂房； 2. 甲、乙类物品库房； 3. 占地面积或总建筑面积超过1 000 m²的丙类物品库房； 4. 总建筑面积超过1 000 m²的地下丙、丁类生产车间及物品库房
	地下民用建筑	1. 地下铁道、车站； 2. 地下电影院、礼堂； 3. 使用面积超过1 000 m²的地下商场、医院、旅馆、展览厅及其他商业或公共活动场所； 4. 重要的实验室，图书、资料、档案库
二级	建筑高度不超过100 m的高层民用建筑	二类建筑
	建筑高度不超过24 m的民用建筑	1. 设有空气调节系统的或每层建筑面积超过2 000 m²、但不超过3 000 m²的商业楼、财贸金融楼、电信楼、展览楼、旅馆、办公楼，车站、海河客运站、航空港等公共建筑及其他商业或公共活动场所； 2. 市、县级的邮政楼、广播电视楼、电力调度楼、防灾指挥调度楼； 3. 中型以下的影剧院； 4. 高级住宅； 5. 图书馆、书库、档案楼

续表 3.1.1

等级	保护对象	
二级	工业建筑	1. 丙类生产厂房； 2. 建筑面积大于 50 m^2，但不超过 1 000 m^2 的丙类物品库房； 3. 总建筑面积大于 50 m^2，但不超过 1 000 m^2的地下丙、丁类生产车间及地下物品库房
	地下民用建筑	1. 长度超过 500 m 的城市隧道； 2. 使用面积不超过 1 000 m^2 的地下商场、医院、旅馆、展览厅及其他商业或公共活动场所

注：① 一类建筑、二类建筑的划分，应符合现行国家标准《高层民用建筑设计防火规范》GB 50045 的规定；工业厂房、仓库的火灾危险性分类，应符合现行国家标准《建筑设计防火规范》GBJ 16 的规定。
② 本表未列出的建筑的等级可按同类建筑的类比原则确定。

3.2 火灾探测器设置部位

3.2.1 火灾探测器的设置部位应与保护对象的等级相适应。

3.2.2 火灾探测器的设置应符合国家现行有关标准、规范的规定，具体部位可按本规范建议性附录 D 采用。

4 报警区域和探测区域的划分

4.1 报警区域的划分

4.1.1 报警区域应根据防火分区或楼层划分。一个报警区域宜由一个或同层相邻几个防火分区组成。

4.2 探测区域的划分

4.2.1 探测区域的划分应符合下列规定：

4.2.1.1 探测区域应按独立房（套）间划分。一个探测区域的面积不宜超过500 m^2；从主要入口能看清其内部，且面积不超过1 000 m^2的房间，也可划为一个探测区域。

4.2.1.2 红外光束线型感烟火灾探测器的探测区域长度不宜超过100 m；缆式感温火灾探测器的探测区域长度不宜超过200 m；空气管差温火灾探测器的探测区域长度宜在 20～100 m 之间。

4.2.2 符合下列条件之一的二级保护对象，可将几个房间划为一个探测区域。

4.2.2.1 相邻房间不超过 5 间，总面积不超过 400 m^2，并在门口设有灯光显示装置。

4.2.2.2 相邻房间不超过 10 间，总面积不超过1 000 m^2，在每个房间门口均能看清其内部，并在门口设有灯光显示装置。

4.2.3 下列场所应分别单独划分探测区域：

4.2.3.1 敞开或封闭楼梯间；

4.2.3.2 防烟楼梯间前室、消防电梯前室、消防电梯与防烟楼梯间合用的前室；

4.2.3.3 走道、坡道、管道井、电缆隧道；

4.2.3.4 建筑物闷顶、夹层。

5 系统设计

5.1 一般规定

5.1.1 火灾自动报警系统应设有自动和手动两种触发装置。

5.1.2 火灾报警控制器容量和每一总线回路所连接的火灾探测器和控制模块或信号模块的地址编码总数，宜留有一定余量。

5.1.3 火灾自动报警系统的设备，应采用经国家有关产品质量监督检测单位检验合格的产品。

5.2 系统形式的选择和设计要求

5.2.1 火灾自动报警系统形式的选择应符合下列规定：

5.2.1.1 区域报警系统，宜用于二级保护对象；

5.2.1.2 集中报警系统，宜用于一级和二级保护对象；

5.2.1.3 控制中心报警系统，宜用于特级和一级保护对象。

5.2.2 区域报警系统的设计，应符合下列要求：

5.2.2.1 一个报警区域宜设置一台区域火灾报警控制器或一台火灾报警控制器，系统中区域火灾报警控制器或火灾报警控制器不应超过两台。

5.2.2.2 区域火灾报警控制器或火灾报警控制器应设置在有人值班的房间或场所。

5.2.2.3 系统中可设置消防联动控制设备。

5.2.2.4 当用一台区域火灾报警控制器或一台火灾报警控制器警戒多个楼层时，应在每个楼层的楼梯口或消防电梯前室等明显部位，设置识别着火楼层的灯光显示装置。

5.2.2.5 区域火灾报警控制器或火灾报警控制器安装在墙上时，其底边距地面高度宜为1.3～1.5 m，其靠近门轴的侧面距墙不应小于0.5 m，正面操作距离不应小于1.2 m。

5.2.3 集中报警系统的设计，应符合下列要求：

5.2.3.1 系统中应设置一台集中火灾报警控制器和两台及以上区域火灾报警控制器，或设置一台火灾报警控制器和两台及以上区域显示器。

5.2.3.2 系统中应设置消防联动控制设备。

5.2.3.3 集中火灾报警控制器或火灾报警控制器，应能显示火灾报警部位信号和控制信号，亦可进行联动控制。

5.2.3.4 集中火灾报警控制器或火灾报警控制器，应设置在有专人值班的消防控制室或值班室内。

5.2.3.5 集中火灾报警控制器或火灾报警控制器、消防联动控制设备等在消防控制室或值班室内的布置，应符合本规范第6.2.5条的规定。

5.2.4 控制中心报警系统的设计，应符合下列要求：

5.2.4.1 系统中至少应设置一台集中火灾报警控制器、一台专用消防联动控制设备和两台及以上区域火灾报警控制器；或至少设置一台火灾报警控制器、一台消防联动控制设备和两台及以上区域显示器。

5.2.4.2 系统应能集中显示火灾报警部位信号和联动控制状态信号。

5.2.4.3 系统中设置的集中火灾报警控制器或火灾报警控制器和消防联动控制设备在消防控制室内的布置，应符合本规范第6.2.5条的规定。

5.3 消防联动控制设计要求

5.3.1 当消防联动控制设备的控制信号和火灾探测器的报警信号在同一总线回路上传输时，其传输总线的敷设应符合本规范第10.2.2条规定。

5.3.2 消防水泵、防烟和排烟风机的控制设备当采用总线编码模块控制时，还应在消防控制室设置手动直接控制装置。

5.3.3 设置在消防控制室以外的消防联动控制设备的动作状态信号，均应在消防控制室显示。

5.4 火灾应急广播

5.4.1 控制中心报警系统应设置火灾应急广播，集中报警系统宜设置火灾应急广播。

5.4.2 火灾应急广播扬声器的设置，应符合下列要求：

5.4.2.1 民用建筑内扬声器应设置在走道和大厅等公共场所。每个扬声器的额定功率不应小于 3 W，其数量应能保证从一个防火分区内的任何部位到最近一个扬声器的距离不大于 25 m。走道内最后一个扬声器至走道末端的距离不应大于 12.5 m。

5.4.2.2 在环境噪声大于 60 dB 的场所设置的扬声器，在其播放范围内最远点的播放声压级应高于背景噪声 15 dB。

5.4.2.3 客房设置专用扬声器时，其功率不宜小于 1.0 W。

5.4.3 火灾应急广播与公共广播合用时，应符合下列要求：

5.4.3.1 火灾时应能在消防控制室将火灾疏散层的扬声器和公共广播扩音机强制转入火灾应急广播状态。

5.4.3.2 消防控制室应能监控用于火灾应急广播时的扩音机的工作状态，并应具有遥控开启扩音机和采用传声器播音的功能。

5.4.3.3 床头控制柜内设有服务性音乐广播扬声器时，应有火灾应急广播功能。

5.4.3.4 应设置火灾应急广播备用扩音机，其容量不应小于火灾时需同时广播的范围内火灾应急广播扬声器最大容量总和的 1.5 倍。

5.5 火灾警报装置

5.5.1 未设置火灾应急广播的火灾自动报警系统，应设置火灾警报装置。

5.5.2 每个防火分区至少应设一个火灾警报装置，其位置宜设在各楼层走道靠近楼梯出口处。警报装置宜采用手动或自动控制方式。

5.5.3 在环境噪声大于 60 dB 的场所设置火灾警报装置时，其声警报器的声压级应高于背景噪声 15 dB。

5.6 消防专用电话

5.6.1 消防专用电话网络应为独立的消防通信系统。

5.6.2 消防控制室应设置消防专用电话总机，且宜选择共电式电话总机或对讲通信电话设备。

5.6.3 电话分机或电话塞孔的设置，应符合下列要求：

5.6.3.1 下列部位应设置消防专用电话分机：

（1）消防水泵房、备用发电机房、配变电室、主要通风和空调机房、排烟机房、消防电梯机房及其他与消防联动控制有关的且经常有人值班的机房。

（2）灭火控制系统操作装置处或控制室。

（3）企业消防站、消防值班室、总调度室。

5.6.3.2 设有手动火灾报警按钮、消火栓按钮等处宜设置电话塞孔。电话塞孔在墙上安装时，其底边距地面高度宜为 1.3～1.5 m。

5.6.3.3 特级保护对象的各避难层应每隔 20 m 设置一个消防专用电话分机或电话塞孔。

5.6.4 消防控制室、消防值班室或企业消防站等处，应设置可直接报警的外线电话。

5.7 系统接地

5.7.1 火灾自动报警系统接地装置的接地电阻值应符合下列要求：

5.7.1.1 采用专用接地装置时，接地电阻值不应大于 4 Ω；

5.7.1.2 采用共用接地装置时，接地电阻值不应大于 1 Ω。

5.7.2 火灾自动报警系统应设专用接地干线，并应在消防控制室设置专用接地板。专用接地干线应从消防控制室专用接地板引至接地体。

5.7.3 专用接地干线应采用铜芯绝缘导线，其线芯截面面积不应小于 25 mm^2。专用接地干线宜穿硬质塑料管埋设至接地体。

5.7.4 由消防控制室接地板引至各消防电子设备的专用接地线应选用铜芯绝缘导线，其线芯截面面积不应小于 4 mm^2。

5.7.5 消防电子设备凡采用交流供电时，设备金属外壳和金属支架等应作保护接地，接地线应与电气保护接地干线（PE 线）相连接。

6 消防控制室和消防联动控制

6.1 一 般 规 定

6.1.1 消防控制设备应由下列部分或全部控制装置组成：

6.1.1.1 火灾报警控制器；

6.1.1.2 自动灭火系统的控制装置；

6.1.1.3 室内消火栓系统的控制装置；

6.1.1.4 防烟、排烟系统及空调通风系统的控制装置；

6.1.1.5 常开防火门、防火卷帘的控制装置；

6.1.1.6 电梯回降控制装置；

6.1.1.7 火灾应急广播的控制装置；

6.1.1.8 火灾警报装置的控制装置；

6.1.1.9 火灾应急照明与疏散指示标志的控制装置。

6.1.2 消防控制设备的控制方式应根据建筑的形式、工程规模、管理体制及功能要求综合确定，并应符合下列规定：

6.1.2.1 单体建筑宜集中控制；

6.1.2.2 大型建筑群宜采用分散与集中相结合控制。

6.1.3 消防控制设备的控制电源及信号回路电压宜采用直流 24 V。

6.2 消防控制室

6.2.1 消防控制室的门应向疏散方向开启，且入口处应设置明显的标志。

6.2.2 消防控制室的送、回风管在其穿墙处应设防火阀。

6.2.3 消防控制室内严禁与其无关的电气线路及管路穿过。

6.2.4 消防控制室周围不应布置电磁场干扰较强及其他影响消

防控制设备工作的设备用房。

6.2.5 消防控制室内设备的布置应符合下列要求：

6.2.5.1 设备面盘前的操作距离：单列布置时不应小于1.5 m；双列布置时不应小于2 m。

6.2.5.2 在值班人员经常工作的一面，设备面盘至墙的距离不应小于3 m。

6.2.5.3 设备面盘后的维修距离不宜小于1 m。

6.2.5.4 设备面盘的排列长度大于4 m时，其两端应设置宽度不小于1 m的通道。

6.2.5.5 集中火灾报警控制器或火灾报警控制器安装在墙上时，其底边距地面高度宜为1.3～1.5 m，其靠近门轴的侧面距墙不应小于0.5 m，正面操作距离不应小于1.2 m。

6.3 消防控制设备的功能

6.3.1 消防控制室的控制设备应有下列控制及显示功能：

6.3.1.1 控制消防设备的启、停，并应显示其工作状态；

6.3.1.2 消防水泵、防烟和排烟风机的启、停，除自动控制外，还应能手动直接控制；

6.3.1.3 显示火灾报警、故障报警部位；

6.3.1.4 显示保护对象的重点部位、疏散通道及消防设备所在位置的平面图或模拟图等；

6.3.1.5 显示系统供电电源的工作状态；

6.3.1.6 消防控制室应设置火灾警报装置与应急广播的控制装置，其控制程序应符合下列要求：

（1）二层及以上的楼房发生火灾，应先接通着火层及其相邻的上、下层；

（2）首层发生火灾，应先接通本层、二层及地下各层；

（3）地下室发生火灾，应先接通地下各层及首层；

（4）含多个防火分区的单层建筑，应先接通着火的防火分区及其相邻的防火分区；

6.3.1.7 消防控制室的消防通信设备，应符合本规范5.6.2～5.6.4条的规定；

6.3.1.8 消防控制室在确认火灾后，应能切断有关部位的非消防电源，并接通警报装置及火灾应急照明灯和疏散标志灯；

6.3.1.9 消防控制室在确认火灾后，应能控制电梯全部停于首层，并接收其反馈信号。

6.3.2 消防控制设备对室内消火栓系统应有下列控制、显示功能：

6.3.2.1 控制消防水泵的启、停；

6.3.2.2 显示消防水泵的工作、故障状态；

6.3.2.3 显示启泵按钮的位置。

6.3.3 消防控制设备对自动喷水和水喷雾灭火系统应有下列控制、显示功能：

6.3.3.1 控制系统的启、停；

6.3.3.2 显示消防水泵的工作、故障状态；

6.3.3.3 显示水流指示器、报警阀、安全信号阀的工作状态。

6.3.4 消防控制设备对管网气体灭火系统应有下列控制、显示功能：

6.3.4.1 显示系统的手动、自动工作状态；

6.3.4.2 在报警、喷射各阶段，控制室应有相应的声、光警报信号，并能手动切除声响信号；

6.3.4.3 在延时阶段，应自动关闭防火门、窗，停止通风空调系统，关闭有关部位防火阀；

6.3.4.4 显示气体灭火系统防护区的报警、喷放及防火门(帘)、通风空调等设备的状态。

6.3.5 消防控制设备对泡沫灭火系统应有下列控制、显示功能：

6.3.5.1 控制泡沫泵及消防水泵的启、停；

6.3.5.2 显示系统的工作状态。

6.3.6 消防控制设备对干粉灭火系统应有下列控制、显示功能：

6.3.6.1 控制系统的启、停；

6.3.6.2 显示系统的工作状态。

6.3.7 消防控制设备对常开防火门的控制，应符合下列要求：

6.3.7.1 门任一侧的火灾探测器报警后，防火门应自动关闭；

6.3.7.2 防火门关闭信号应送到消防控制室。

6.3.8 消防控制设备对防火卷帘的控制，应符合下列要求：

6.3.8.1 疏散通道上的防火卷帘两侧，应设置火灾探测器组及其警报装置，且两侧应设置手动控制按钮；

6.3.8.2 疏散通道上的防火卷帘，应按下列程序自动控制下降：

（1）感烟探测器动作后，卷帘下降至距地（楼）面 1.8 m；

（2）感温探测器动作后，卷帘下降到底；

6.3.8.3 用作防火分隔的防火卷帘，火灾探测器动作后，卷帘应下降到底；

6.3.8.4 感烟、感温火灾探测器的报警信号及防火卷帘的关闭信号应送至消防控制室。

6.3.9 火灾报警后，消防控制设备对防烟、排烟设施应有下列控制、显示功能：

6.3.9.1 停止有关部位的空调送风，关闭电动防火阀，并接收其反馈信号；

6.3.9.2 启动有关部位的防烟和排烟风机、排烟阀等，并接收其反馈信号；

6.3.9.3 控制挡烟垂壁等防烟设施。

7 火灾探测器的选择

7.1 一 般 规 定

7.1.1 火灾探测器的选择，应符合下列要求：

7.1.1.1 对火灾初期有阴燃阶段，产生大量的烟和少量的热，很少或没有火焰辐射的场所，应选择感烟探测器。

7.1.1.2 对火灾发展迅速，可产生大量热、烟和火焰辐射的场所，可选择感温探测器、感烟探测器、火焰探测器或其组合。

7.1.1.3 对火灾发展迅速，有强烈的火焰辐射和少量的烟、热的场所，应选择火焰探测器。

7.1.1.4 对火灾形成特征不可预料的场所，可根据模拟试验的结果选择探测器。

7.1.1.5 对使用、生产或聚集可燃气体或可燃液体蒸气的场所，应选择可燃气体探测器。

7.2 点型火灾探测器的选择

7.2.1 对不同高度的房间，可按表 7.2.1 选择点型火灾探测器。

对不同高度的房间点型火灾探测器的选择 表 7.2.1

房间高度 h (m)	感烟探测器	感温探测器			火焰探测器
		一级	二级	三级	
$12<h\leqslant 20$	不适合	不适合	不适合	不适合	适合
$8<h\leqslant 12$	适合	不适合	不适合	不适合	适合
$6<h\leqslant 8$	适合	适合	不适合	不适合	适合
$4<h\leqslant 6$	适合	适合	适合	不适合	适合
$h\leqslant 4$	适合	适合	适合	适合	适合

7.2.2 下列场所宜选择点型感烟探测器：

7.2.2.1 饭店、旅馆、教学楼、办公楼的厅堂、卧室、办公室等；

7.2.2.2 电子计算机房、通讯机房、电影或电视放映室等；

7.2.2.3 楼梯、走道、电梯机房等；

7.2.2.4 书库、档案库等；

7.2.2.5 有电气火灾危险的场所。

7.2.3 符合下列条件之一的场所，不宜选择离子感烟探测器：

7.2.3.1 相对湿度经常大于95%；

7.2.3.2 气流速度大于5 m/s；

7.2.3.3 有大量粉尘、水雾滞留；

7.2.3.4 可能产生腐蚀性气体；

7.2.3.5 在正常情况下有烟滞留；

7.2.3.6 产生醇类、醚类、酮类等有机物质。

7.2.4 符合下列条件之一的场所，不宜选择光电感烟探测器：

7.2.4.1 可能产生黑烟；

7.2.4.2 有大量粉尘、水雾滞留；

7.2.4.3 可能产生蒸气和油雾；

7.2.4.4 在正常情况下有烟滞留。

7.2.5 符合下列条件之一的场所，宜选择感温探测器：

7.2.5.1 相对湿度经常大于95%；

7.2.5.2 无烟火灾；

7.2.5.3 有大量粉尘；

7.2.5.4 在正常情况下有烟和蒸气滞留；

7.2.5.5 厨房、锅炉房、发电机房、烘干车间等；

7.2.5.6 吸烟室等；

7.2.5.7 其他不宜安装感烟探测器的厅堂和公共场所。

7.2.6 可能产生阴燃火或发生火灾不及时报警将造成重大损失的场所，不宜选择感温探测器；温度在0℃以下的场所，不宜选择定温探测器；温度变化较大的场所，不宜选择差温探测器。

7.2.7 符合下列条件之一的场所，宜选择火焰探测器：

7.2.7.1 火灾时有强烈的火焰辐射；

7.2.7.2 液体燃烧火灾等无阴燃阶段的火灾；

7.2.7.3 需要对火焰做出快速反应。

7.2.8 符合下列条件之一的场所，不宜选择火焰探测器：

7.2.8.1 可能发生无焰火灾；

7.2.8.2 在火焰出现前有浓烟扩散；

7.2.8.3 探测器的镜头易被污染；

7.2.8.4 探测器的“视线”易被遮挡；

7.2.8.5 探测器易受阳光或其他光源直接或间接照射；

7.2.8.6 在正常情况下有明火作业以及X射线、弧光等影响。

7.2.9 下列场所宜选择可燃气体探测器：

7.2.9.1 使用管道煤气或天然气的场所；

7.2.9.2 煤气站和煤气表房以及存储液化石油气罐的场所；

7.2.9.3 其他散发可燃气体和可燃蒸气的场所；

7.2.9.4 有可能产生一氧化碳气体的场所，宜选择一氧化碳气体探测器。

7.2.10 装有联动装置、自动灭火系统以及用单一探测器不能有效确认火灾的场合，宜采用感烟探测器、感温探测器、火焰探测器（同类型或不同类型）的组合。

7.3 线型火灾探测器的选择

7.3.1 无遮挡大空间或有特殊要求的场所，宜选择红外光束感烟探测器。

7.3.2 下列场所或部位，宜选择缆式线型定温探测器：

7.3.2.1 电缆隧道、电缆竖井、电缆夹层、电缆桥架等；

7.3.2.2 配电装置、开关设备、变压器等；

7.3.2.3 各种皮带输送装置；

7.3.2.4 控制室、计算机室的闷顶内、地板下及重要设施隐蔽处等；

7.3.2.5 其他环境恶劣不适合点型探测器安装的危险场所。

7.3.3 下列场所宜选择空气管式线型差温探测器：

7.3.3.1 可能产生油类火灾且环境恶劣的场所；

7.3.3.2 不易安装点型探测器的夹层、闷顶。

8 火灾探测器和手动火灾报警按钮的设置

8.1 点型火灾探测器的设置数量和布置

8.1.1 探测区域内的每个房间至少应设置一只火灾探测器。

8.1.2 感烟探测器、感温探测器的保护面积和保护半径，应按表8.1.2确定。

感烟探测器、感温探测器的保护面积和保护半径　　表 8.1.2

火灾探测器的种类	地面面积 S (m^2)	房间高度 h (m)	一只探测器的保护面积 A 和保护半径 R					
			屋顶坡度 θ					
			$\theta \leq 15°$		$15° < \theta \leq 30°$		$\theta > 30°$	
			A (m^2)	R (m)	A (m^2)	R (m)	A (m^2)	R (m)
感烟探测器	$S \leq 80$	$h \leq 12$	80	6.7	80	7.2	80	8.0
	$S > 80$	$6 < h \leq 12$	80	6.7	100	8.0	120	9.9
		$h \leq 6$	60	5.8	80	7.2	100	9.0
感温探测器	$S \leq 30$	$h \leq 8$	30	4.4	30	4.9	30	5.5
	$S > 30$	$h \leq 8$	20	3.6	30	4.9	40	6.3

8.1.3 感烟探测器、感温探测器的安装间距，应根据探测器的保护面积 A 和保护半径 R 确定，并不应超过本规范附录 A 探测器安装间距的极限曲线 $D_1 \sim D_{11}$（含 D_9'）所规定的范围。

8.1.4 一个探测区域内所需设置的探测器数量，不应小于下式的计算值：

$$N = \frac{S}{K \cdot A} \tag{8.1.4}$$

式中 N——探测器数量（只），N 应取整数；

S——该探测区域面积（m^2）；

A——探测器的保护面积（m^2）；

K——修正系数，特级保护对象宜取 0.7～0.8，一级保护对象宜取 0.8～0.9，二级保护对象宜取 0.9～1.0。

8.1.5 在有梁的顶棚上设置感烟探测器、感温探测器时，应符合下列规定：

8.1.5.1 当梁突出顶棚的高度小于 200 mm 时，可不计梁对探测器保护面积的影响。

8.1.5.2 当梁突出顶棚的高度为 200～600 mm 时，应按本规范附录 B、附录 C 确定梁对探测器保护面积的影响和一只探测器能够保护的梁间区域的个数。

8.1.5.3 当梁突出顶棚的高度超过 600 mm 时，被梁隔断的每个梁间区域至少应设置一只探测器。

8.1.5.4 当被梁隔断的区域面积超过一只探测器的保护面积时，被隔断的区域应按本规范 8.1.4 条规定计算探测器的设置数量。

8.1.5.5 当梁间净距小于 1 m 时，可不计梁对探测器保护面积的影响。

8.1.6 在宽度小于 3 m 的内走道顶棚上设置探测器时，宜居中布置。感温探测器的安装间距不应超过 10 m；感烟探测器的安装间距不应超过 15 m；探测器至端墙的距离，不应大于探测器安装间距的一半。

8.1.7 探测器至墙壁、梁边的水平距离，不应小于 0.5 m。

8.1.8 探测器周围 0.5 m 内，不应有遮挡物。

8.1.9 房间被书架、设备或隔断等分隔，其顶部至顶棚或梁的距离小于房间净高的 5%时，每个被隔开的部分至少应安装一只探测器。

8.1.10 探测器至空调送风口边的水平距离不应小于 1.5 m，并宜接近回风口安装。探测器至多孔送风顶棚孔口的水平距离不应小于 0.5 m。

8.1.11 当屋顶有热屏障时，感烟探测器下表面至顶棚或屋顶的距离，应符合表 8.1.11 的规定。

感烟探测器下表面至顶棚或屋顶的距离　　表 8.1.11

探测器的安装高度 h (m)	感烟探测器下表面至顶棚或屋顶的距离 d (mm)					
	顶棚或屋顶坡度 θ					
	$\theta \leqslant 15°$		$15° < \theta \leqslant 30°$		$\theta > 30°$	
	最小	最大	最小	最大	最小	最大
$h \leqslant 6$	30	200	200	300	300	500
$6 < h \leqslant 8$	70	250	250	400	400	600
$8 < h \leqslant 10$	100	300	300	500	500	700
$10 < h \leqslant 12$	150	350	350	600	600	800

8.1.12 锯齿型屋顶和坡度大于 15°的人字型屋顶，应在每个屋脊处设置一排探测器，探测器下表面至屋顶最高处的距离，应符合本规范 8.1.11 的规定。

8.1.13 探测器宜水平安装。当倾斜安装时，倾斜角不应大于 45°。

8.1.14 在电梯井、升降机井设置探测器时，其位置宜在井道上方的机房顶棚上。

8.2 线型火灾探测器的设置

8.2.1 红外光束感烟探测器的光束轴线至顶棚的垂直距离宜为

0.3～1.0 m，距地高度不宜超过 20 m。

8.2.2 相邻两组红外光束感烟探测器的水平距离不应大于 14 m。探测器至侧墙水平距离不应大于 7 m，且不应小于 0.5 m。探测器的发射器和接收器之间的距离不宜超过 100 m。

8.2.3 缆式线型定温探测器在电缆桥架或支架上设置时，宜采用接触式布置；在各种皮带输送装置上设置时，宜设置在装置的过热点附近。

8.2.4 设置在顶棚下方的空气管式线型差温探测器，至顶棚的距离宜为 0.1 m。相邻管路之间的水平距离不宜大于 5 m；管路至墙壁的距离宜为 1～1.5 m。

8.3 手动火灾报警按钮的设置

8.3.1 每个防火分区应至少设置一个手动火灾报警按钮。从一个防火分区内的任何位置到最邻近的一个手动火灾报警按钮的距离不应大于 30 m。手动火灾报警按钮宜设置在公共活动场所的出入口处。

8.3.2 手动火灾报警按钮应设置在明显的和便于操作的部位。当安装在墙上时，其底边距地高度宜为 1.3～1.5 m，且应有明显的标志。

9 系统供电

9.0.1 火灾自动报警系统应设有主电源和直流备用电源。

9.0.2 火灾自动报警系统的主电源应采用消防电源，直流备用电源宜采用火灾报警控制器的专用蓄电池或集中设置的蓄电池。当直流备用电源采用消防系统集中设置的蓄电池时，火灾报警控制器应采用单独的供电回路，并应保证在消防系统处于最大负载状态下不影响报警控制器的正常工作。

9.0.3 火灾自动报警系统中的 CRT 显示器、消防通讯设备等的电源，宜由 UPS 装置供电。

9.0.4 火灾自动报警系统主电源的保护开关不应采用漏电保护开关。

10 布　线

10.1 一般规定

10.1.1 火灾自动报警系统的传输线路和 50 V 以下供电的控制线路，应采用电压等级不低于交流 250 V 的铜芯绝缘导线或铜芯电缆。采用交流 220/380 V 的供电和控制线路应采用电压等级不低于交流 500 V 的铜芯绝缘导线或铜芯电缆。

10.1.2 火灾自动报警系统的传输线路的线芯截面选择，除应满足自动报警装置技术条件的要求外，还应满足机械强度的要求。铜芯绝缘导线、铜芯电缆线芯的最小截面面积不应小于表 10.1.2 的规定。

铜芯绝缘导线和铜芯电缆的线芯最小截面面积　　表 10.1.2

序　号	类　　别	线芯的最小截面面积（mm^2）
1	穿管敷设的绝缘导线	1.00
2	线槽内敷设的绝缘导线	0.75
3	多芯电缆	0.50

10.2 屋内布线

10.2.1 火灾自动报警系统的传输线路应采用穿金属管、经阻燃处理的硬质塑料管或封闭式线槽保护方式布线。

10.2.2 消防控制、通信和警报线路采用暗敷设时，宜采用金属管或经阻燃处理的硬质塑料管保护，并应敷设在不燃烧体的结构层内，且保护层厚度不宜小于 30 mm。当采用明敷设时，应采用金属管或金属线槽保护，并应在金属管或金属线槽上采取防火保护措施。

采用经阻燃处理的电缆时，可不穿金属管保护，但应敷设在电缆竖井或吊顶内有防火保护措施的封闭式线槽内。

10.2.3 火灾自动报警系统用的电缆竖井，宜与电力、照明用的低压配电线路电缆竖井分别设置。如受条件限制必须合用时，两种电缆应分别布置在竖井的两侧。

10.2.4 从接线盒、线槽等处引到探测器底座盒、控制设备盒、扬声器箱的线路均应加金属软管保护。

10.2.5 火灾探测器的传输线路，宜选择不同颜色的绝缘导线或电缆。正极“＋”线应为红色，负极“－”线应为蓝色。同一工程中相同用途导线的颜色应一致，接线端子应有标号。

10.2.6 接线端子箱内的端子宜选择压接或带锡焊接点的端子板，其接线端子上应有相应的标号。

10.2.7 火灾自动报警系统的传输网络不应与其他系统的传输网络合用。

附录 A 探测器安装间距的极限曲线

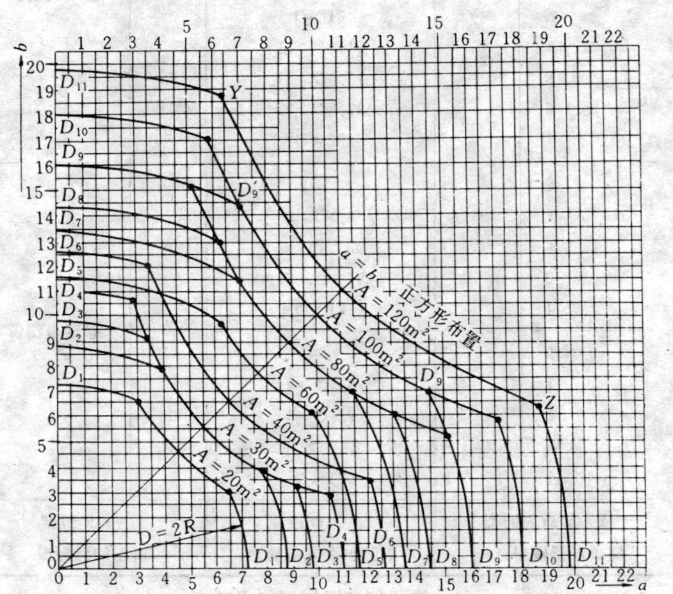

图 A 探测器安装间距的极限曲线

注：A—探测器的保护面积（m^2）；

a、b—探测器的安装间距（m）；

$D_1 \sim D_{11}$（含 D_9'）—在不同保护面积 A 和保护半径 R 下确定探测器安装间距 a、b 的极限曲线；

Y、Z—极限曲线的端点（在 Y 和 Z 两点间的曲线范围内，保护面积可得到充分利用）。

附录 B 不同高度的房间梁对探测器设置的影响

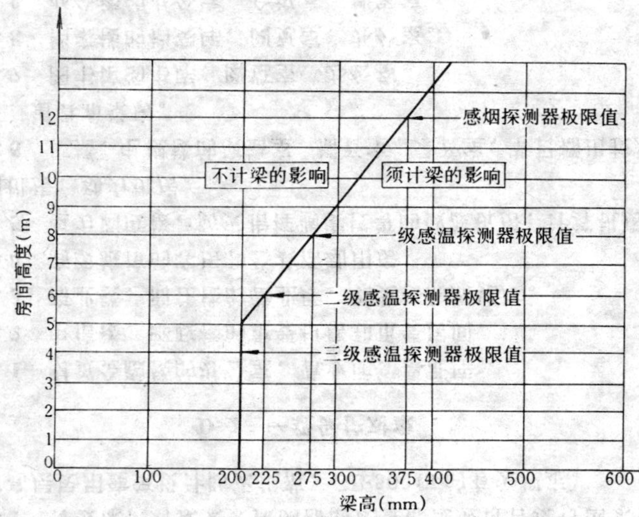

图 B 不同高度的房间梁对探测器设置的影响

附录C 按梁间区域面积确定一只探测器保护的梁间区域的个数

按梁间区域面积确定一只探测器保护的梁间区域的个数　　表C

探测器的保护面积 A (m^2)		梁隔断的梁间区域面积 Q (m^2)	一只探测器保护的梁间区域的个数
感温探测器	20	$Q>12$	1
		$8<Q\leqslant12$	2
		$6<Q\leqslant8$	3
		$4<Q\leqslant6$	4
		$Q\leqslant4$	5
	30	$Q>18$	1
		$12<Q\leqslant18$	2
		$9<Q\leqslant12$	3
		$6<Q\leqslant9$	4
		$Q\leqslant6$	5
感烟探测器	60	$Q>36$	1
		$24<Q\leqslant36$	2
		$18<Q\leqslant24$	3
		$12<Q\leqslant18$	4
		$Q\leqslant12$	5
	80	$Q>48$	1
		$32<Q\leqslant48$	2
		$24<Q\leqslant32$	3
		$16<Q\leqslant24$	4
		$Q\leqslant16$	5

附录D 火灾探测器的具体设置部位（建议性）

D.1 特级保护对象

D.1.1 特级保护对象火灾探测器的设置部位应符合现行国家标准《高层民用建筑设计防火规范》GB 50045的有关规定。

D.2 一级保护对象

D.2.1 财贸金融楼的办公室、营业厅、票证库。

D.2.2 电信楼、邮政楼的重要机房和重要房间。

D.2.3 商业楼、商住楼的营业厅，展览楼的展览厅。

D.2.4 高级旅馆的客房和公共活动用房。

D.2.5 电力调度楼、防灾指挥调度楼等的微波机房、计算机房、控制机房、动力机房。

D.2.6 广播、电视楼的演播室、播音室、录音室、节目播出技术用房、道具布景房。

D.2.7 图书馆的书库、阅览室、办公室。

D.2.8 档案楼的档案库、阅览室、办公室。

D.2.9 办公楼的办公室、会议室、档案室。

D.2.10 医院病房楼的病房、贵重医疗设备室、病历档案室、药品库。

D.2.11 科研楼的资料室、贵重设备室、可燃物较多的和火灾危险性较大的实验室。

D.2.12 教学楼的电化教室、理化演示和实验室、贵重设备和仪器室。

D.2.13 高级住宅（公寓）的卧房、书房、起居室（前厅）、厨房。

D.2.14 甲、乙类生产厂房及其控制室。

D.2.15 甲、乙、丙类物品库房。

D.2.16 设在地下室的丙、丁类生产车间。

D.2.17 设在地下室的丙、丁类物品库房。

D.2.18 地下铁道的地铁站厅、行人通道。

D.2.19 体育馆、影剧院、会堂、礼堂的舞台、化妆室、道具室、放映室、观众厅、休息厅及其附设的一切娱乐场所。

D.2.20 高级办公室、会议室、陈列室、展览室、商场营业厅。

D.2.21 消防电梯、防烟楼梯的前室及合用前室，除普通住宅外的走道、门厅。

D.2.22 可燃物品库房、空调机房、配电室（间）、变压器室、自备发电机房、电梯机房。

D.2.23 净高超过 2.6 m 且可燃物较多的技术夹层。

D.2.24 敷设具有可延燃绝缘层和外护层电缆的电缆竖井、电缆夹层、电缆隧道、电缆配线桥架。

D.2.25 贵重设备间和火灾危险性较大的房间。

D.2.26 电子计算机的主机房、控制室、纸库、光或磁记录材料库。

D.2.27 经常有人停留或可燃物较多的地下室。

D.2.28 餐厅、娱乐场所、卡拉 OK 厅（房）、歌舞厅、多功能表演厅、电子游戏机房等。

D.2.29 高层汽车库、Ⅰ类汽车库，Ⅰ、Ⅱ类地下汽车库，机械立体汽车库、复式汽车库、采用升降梯作汽车疏散出口的汽车库（敞开车库可不设）。

D.2.30 污衣道前室、垃圾道前室、净高超过 0.8 m 的具有可燃物的闷顶、商业用或公共厨房。

D.2.31 以可燃气为燃料的商业和企、事业单位的公共厨房及燃气表房。

D.2.32 需要设置火灾探测器的其他场所。

D.3 二级保护对象

D.3.1 财贸金融楼的办公室、营业厅、票证库。

D.3.2 广播、电视、电信楼的演播室、播音室、录音室、节目播出技术用房、微波机房、通讯机房。

D.3.3 指挥、调度楼的微波机房、通讯机房。

D.3.4 图书馆、档案楼的书库、档案室。

D.3.5 影剧院的舞台、布景道具房。

D.3.6 高级住宅（公寓）的卧房、书房、起居室（前厅）、厨房。

D.3.7 丙类生产厂房、丙类物品库房。

D.3.8 设在地下室的丙、丁类生产车间，丙、丁类物品库房。

D.3.9 高层汽车库、Ⅰ类汽车库，Ⅰ、Ⅱ类地下汽车库，机械立体汽车库、复式汽车库、采用升降梯作汽车疏散出口的汽车库（敞开车库可不设）。

D.3.10 长度超过 500 m 的城市地下车道、隧道。

D.3.11 商业餐厅，面积大于 500 m^2 的营业厅、观众厅、展览厅等公共活动用房，高级办公室，旅馆的客房。

D.3.12 消防电梯、防烟楼梯的前室及合用前室，除普通住宅外的走道、门厅，商业用厨房。

D.3.13 净高超过 0.8 m 的具有可燃物的闷顶，可燃物较多的技术夹层。

D.3.14 敷设具有可延燃绝缘层和外护层电缆的电缆竖井、电缆夹层、电缆隧道、电缆配线桥架。

D.3.15 以可燃气体为燃料的商业和企、事业单位的公共厨房及其燃气表房。

D.3.16 歌舞厅、卡拉 OK 厅（房）、夜总会。

D.3.17 经常有人停留或可燃物较多的地下室。

D.3.18 电子计算机的主机房、控制室、纸库、光或磁记录材料库，重要机房、贵重仪器房和设备房、空调机房、配电房、变压器房、自备发电机房、电梯机房、面积大于50 m^2 的可燃物品库房。

D.3.19 性质重要或有贵重物品的房间和需要设置火灾探测器的其他场所。

附录E 本规范用词说明

E.0.1 执行本规范条文时，对于要求严格程度的用词说明如下，以便在执行中区别对待。

E.0.1.1 表示很严格，非这样做不可的用词：

正面词采用“必须”；

反面词采用“严禁”。

E.0.1.2 表示严格，在正常情况下均应这样做的用词：

正面词采用“应”；

反面词采用“不应”或“不得”。

E.0.1.3 表示允许稍有选择，在条件许可时首先应这样做的词：

正面词采用“宜”或“可”；

反面词采用“不宜”。

E.0.2 条文中指定应按其他有关标准、规范的规定执行时，写法为“应按……执行”或“应符合……的要求或规定”。

附加说明

本规范主编单位、参加单位和主要起草人名单

主 编 单 位： 公安部沈阳消防科学研究所

参 加 单 位： 北京市消防局
中国建筑西南设计研究院
广东省建筑设计研究院
华东建筑设计研究院
中国核工业总公司国营二六二厂
上海市松江电子仪器厂

主要起草人： 徐宝林　焦兴国　丁宏军　胡世超　周修华
袁乃忠　丁文达　罗崇嵩　骆传武　李　涛
冯修远　沈　纹

中华人民共和国国家标准

火灾自动报警系统设计规范

GB 50116—98

条 文 说 明

编制说明

本规范的修订是根据国家计委计综合［1994］240号文的要求，由公安部下达修订任务，具体由公安部沈阳消防科学研究所会同北京市消防局、中国建筑西南设计研究院、华东建筑设计研究院、广东省建筑设计研究院、中国核工业总公司国营二六二厂、上海市松江电子仪器厂等七个单位共同编制的。

在编制过程中，规范编制组遵照国家的有关方针、政策和“预防为主、防消结合”的消防工作方针，进行了调查研究，认真总结了我国火灾自动报警系统工程设计和应用的实践经验，吸取了这方面行之有效的科研成果，参考了国外有关标准规范，并征求了全国各省、自治区、直辖市和有关部、委所属设计、科研、高等院校、生产、使用和公安消防等单位的意见，最后经有关部门会审定稿。

本规范共分十章和五个附录，其主要内容包括：总则、术语、系统保护对象分级及火灾探测器设置部位、报警区域和探测区域的划分、系统设计、消防控制室和消防联动控制、火灾探测器的选择、火灾探测器和手动火灾报警按钮的设置、系统供电、布线等。

为便于广大设计、施工、科研、教学、生产、使用和公安消防监督等有关单位人员在使用本规范时能正确理解和执行条文规定，本规范编制组根据建设部关于《工程建设技术标准编写暂行办法》及《工程建设技术标准编写细则》的要求，按本规范的章、节、条、款顺序，编写了本规范条文说明，供有关部门和单位的有关人员参考。

各单位在执行本规范过程中，请注意总结经验，积累资料。如发现有需要修改和补充之处，请将意见和有关资料寄给公安部沈阳消防科学研究所（沈阳市皇姑区蒲河街7号，邮政编码：110031），供今后修订时考虑。

中华人民共和国公安部

一九九七年七月

目　次

1 总 则

1.0.1 本条说明制订本规范的目的。

火灾自动报警系统是由触发器件、火灾报警装置、火灾警报装置，以及具有其他辅助功能的装置组成的火灾报警系统。它是人们为了早期发现和通报火灾，并及时采取有效措施，控制和扑灭火灾，而设置在建筑中或其他场所的一种自动消防设施，是人们同火灾作斗争的有力工具。在国外，许多发达国家，如美、英、日、德、法、俄和瑞士等国，火灾自动报警设备的生产、应用相当普遍，美、英、日等国，火灾自动报警设备甚至普及到一般家庭。在我国，火灾自动报警设备的研究、生产和应用起步较晚，50～60年代基本上是空白。70年代开始创建，并逐步有所发展。进入80年代以来，随着我国四化建设的迅速发展和消防工作的不断加强，火灾自动报警设备的生产和应用有了较大发展，生产厂家、产品种类和产量，以及应用单位，都不断有所增加。特别是随着《高层民用建筑设计防火规范》、《建筑设计防火规范》等消防技术法规的深入贯彻执行，全国各地许多重要部门、重点单位和要害部位，都装设了火灾自动报警系统。据调查，绝大多数都发挥了重要作用。

本规范的制订适应了消防工作的实际需要，不仅为广大工程设计人员设计火灾自动报警系统提供了一个全国统一的、较为科学合理的技术标准，也为公安消防监督管理部门提供了监督管理的技术依据。这对更好地发挥火灾自动报警系统在建筑防火中的重要作用，防止和减少火灾危害，保护人身和财产安全，保卫社会主义现代化建设，具有十分重要的意义。

1.0.2 本条规定了本规范的适用范围和不适用范围。

工业与民用建筑是火灾自动报警系统最基本的保护对象，最普遍的应用场合。本规范的制订主要是针对工业与民用建筑中设置的火灾自动报警系统，而未涉及其他对象和场合，例如船舶、飞机、火车等。因此本条规定："本规范适用于工业与民用建筑内设置的火灾自动报警系统"。国外同类规范的范围规定，大体上也都类似，主要针对建筑中设置的火灾自动报警系统。例如，英国规范BS5839《建筑内部安装的火灾探测和报警系统》第一部分"安装和使用的实用规程"中规定："本实用规程对建筑内部及其周围安装的火灾探测和报警系统的设计、安装和使用几个方面作了规定"。德国保险商协会（VdS）规范《火灾自动报警装置设计安装规范》规定："本规范适用于由点型火灾探测器组成的火灾自动报警装置在建筑中的安装"。

本规范不适用于生产和贮存火药、炸药、弹药、火工品等场所设置的火灾自动报警系统。这是因为生产和贮存火药、炸药、弹药、火工品等场所属于有爆炸危险的特殊场所，这种场合安装火灾自动报警装置有其特殊要求，应由有关规范另行规定。

1.0.3 本条规定了火灾自动报警系统的设计工作必须遵循的基本原则和应达到的基本要求。

火灾自动报警系统的设计是一项专业性很强的技术工作，同时也具有很强的政策性，在设计工作中必须认真贯彻执行国家有关方针、政策，如必须认真贯彻执行《中华人民共和国消防法》，认真贯彻执行"预防为主，防消结合"的消防工作方针，还有可能涉及到有关基本建设、技术引进、投资、能源等方面的方针政策，都必须认真贯彻执行，不得违反和抵触。

针对保护对象的特点，也是火灾自动报警设计必须遵循的一条重要原则。火灾自动报警系统的保护对象是建筑物（或建筑物的一部分）。不同的建筑物，其使用性质、重要程度、火灾危险性、建筑结构形式、耐火等级、分布状况、环境条件，以及管理形式等等各不相同。作为技术标准，本规范主要是针对各种保护对象的共同特点，提出基本的技术要求，作出原则规定。从总体上说，本规范对各种保护对象具有普遍的指导意义。但是，具体到某一对象如何应用规范，则需要设计人员首先认真分析对象的具体特点，然后根据本规范的原则规定和基本精神，提出具体而切实可行的设计方案，必要时还应通过调查研究，与有关方面协商，并征得当地公安消防监督部门的同意。

必须做到安全适用，技术先进、经济合理，这是对火灾自动报警系统设计的基本要求。这些要求既有区别，又相互联系，不可分割。“安全适用”是对系统设计的首要要求，必须保证系统本身是安全可靠的，设备是适用的，这样才能有效地发挥其对建筑物的保护作用。“技术先进”是要求系统设计时，尽可能采用新的比较成熟的先进技术、先进设备和科学的设计、计算方法。“经济合理”是要求系统设计时，在满足使用要求的前提下，力求简单实用、节省投资、避免浪费。

1.0.4 本条规定了本规范与其他有关规范的关系。条文中规定：“火灾自动报警系统的设计，除执行本规范外，尚应符合现行的有关强制性国家标准、规范的规定”。

本规范是一本专业技术规范，其内容涉及范围较广。在设计火灾自动报警系统时，除本专业范围的技术要求应执行本规范规定外，还有一些属于本专业范围以外的涉及其他有关标准、规范的要求，应当执行有关标准、规范，而不能与之相抵触。这就保证了各相关标准、规范之间的协调一致性。条文中所提到的“现行的有关强制性国家标准、规范”，主要有《高层民用建筑设计防火规范》、《建筑设计防火规范》、《人民防空工程设计防火规范》、《汽车库、修车库、停车场设计防火规范》、《供配电系统设计规范》以及《自动喷水灭火系统设计规范》、《低倍数泡沫灭火系统设计规范》、《高倍数、中倍数泡沫灭火系统设计规范》、《二氧化碳灭火系统设计规范》、《水喷雾灭火系统设计规范》等。

2 术 语

本章所列术语是理解和执行本规范所应掌握的几个最基本的术语。解释或定义注重实用性，即着重从系统设计方面给出基本含义的说明，而不涉及更多的技术特征和概念。

2.0.1、2.0.2 报警区域和探测区域划分的实际意义在于便于系统设计和管理。一个报警区域内一般设置一台区域火灾报警控制器（或火灾报警控制器）。一个探测区域的火灾探测器组成一个报警回路，对应于火灾报警控制器上的一个部位号。

2.0.3 本条给出了火灾探测器保护面积的一般定义。

2.0.6～2.0.8 “区域报警系统”、“集中报警系统”、“控制中心报警系统”这三个术语在原规范中已有定义。本次修订时，考虑到随着技术的发展，近年来编码传输总线制火灾探测报警系统产品在自动火灾探测报警系统工程中逐渐应用，原术语的解释已不能确切地表达其实际含义，因此对其释义作了必要的修改补充。但仍保留了这三个术语名称。这主要是考虑到现实情况，传统的火灾探测报警系统和编码传输总线制火灾探测报警系统并存，各有其存在的需要，不可互相取代，也不可互相排斥。规范编制组经过反复认真研究，认为继续沿用这三个术语名称（即继续保留这三个系统基本形式），同时赋予其新的释义，既可以反映出技术的发展，又照顾到当前的现实，并保持了规范的连续性。因此，这三个术语仍具有其合理性和现实性，而不必建立新的概念。

3 系统保护对象分级及火灾探测器设置部位

3.1 系统保护对象分级

《建筑设计防火规范》、《高层民用建筑设计防火规范》、《人民防空工程设计防火规范》、《汽车库、修车库、停车场设计防火规范》对火灾自动报警系统的设置规定仅列出有代表性的部位。经多年实践，有较多的设计及监管部门认为规定不够具体、明确，随意性大，难以贯彻执行，要求具体规定设置部位。因此《火灾自动报警系统设计规范》编制组，在修订中增加了设置部位的内容。由于各类防火规范在建筑物分类问题上表述各有不同的侧重，如《建筑设计防火规范》侧重于建筑物的耐火等级、防火分区、层数、面积、火灾危险性；《高层民用建筑设计防火规范》侧重于建筑物的高度、疏散和扑救难度、使用性质。各种防火规范对火灾自动报警装置设置的阐述不多，仅列举出设置的个别部位，对未列出的，在执行上只能按性质类比参照。本规范力求与有关各种防火规范衔接，采取视建筑物为保护对象，按火灾自动报警系统设计的特点和要求，将各种建筑物归类分级，并对各级保护对象火灾探测器设置部位作出相应规定的办法，使之既与有关各种防火规范协调一致，又起到充实互补的作用。

表 3.1.1 将建筑物视为保护对象，并划分为三级。特级保护对象是建筑高度超过 100 m 的高层民用建筑。它属于严重危险级，本表列为特级保护对象。超过 100 m 高度的建筑不包括构架式电视塔、纪念性或标志性的构架或塔类，以及工业厂房的烟囱、高炉、冷却塔、化学反应塔、石油裂解塔等构筑物。

一级保护对象包括《高层民用建筑设计防火规范》范围的建筑高度不超过 100 m 的一类建筑；《建筑设计防火规范》范围的甲、乙类生产厂房和物品库房，以及面积1 000 m^2 及以上的丙类物品库房。在《建筑设计防火规范》中仅规定散发可燃气体、可燃蒸气的甲类厂房和场所，应设置可燃气体检漏报警装置。我们知道闪点低于或等于环境温度的可燃气体、可燃蒸气达到一定浓度与空气混合就形成爆炸性气体混合物。故有部分乙类生产厂房和库房也属该范畴，因而也列入本规范。因工业厂房、库房类名称太多，也会不断发展，而且生产工艺、布局、管理、环境温度、地域气象等因素也是变化的，不可能用同一模式处理，故本表亦不列出具体名称，若遇到难于辨别的工程，需在设计时协同有关部门具体商定。另从此类厂房、库房属严重危险级出发，其附属的或与其有一定防火分隔的房、室也需充分考虑设置火灾探测器。对于丙类物品库房面积问题以《建筑设计防火规范》为准，因《建筑设计防火规范》规定有些是占地面积超过1 000 m^2（棉、麻、丝、毛、化纤及其织物库房），有些是总建筑面积超过1 000 m^2（卷烟库房）。表列一级保护对象的还有属《建筑设计防火规范》范围的重要民用建筑，属《人民防空工程设计防火规范》的重要的地下工业建筑和地下民用建筑。以其重要性、火灾危险性、疏散和扑救难度等方面综合比较，均较《高层民用建筑设计防火规范》二类建筑高，故与《高层民用建筑设计防火规范》一类建筑同列为一级保护对象。200 床的病房楼，可为 3～4 万人的区域服务，病人行动不便，需人照料，假若发生火灾是很难疏散的。建筑面积1 000 m^2 的门诊楼每日门诊病人约 400～500 人次，可为 2.5～3.5 万人的区域服务；每层1 000 m^2三层高的门诊楼每日门诊病人约1 200～1 500人次，可为 7.5～10 万人的区域服务；每层1 000 m^2六层高的门诊楼每日门诊病人约2 400～3 000人次，可为 15～21 万人的区域服务；如此规模的门诊楼内随时有数百人在看病和工作。重要的科研楼、资料档案楼、省级（含计划单列市）的邮政楼、广播电视楼、电力调度楼、防灾指挥楼，该类建筑特点是性质重要，设备、资料贵重，建筑装修标准高，火灾危险性大。电影院 801～1 200座为大型，1 201座以上为特大型；剧院1 201～1 600座为大型，1601 座以上为特大型。大型以上的电影院、剧院、会堂、礼堂人员密集，可燃物多、疏散难度大。以上均列入一级保护对象。

二级保护对象以《高层民用建筑设计防火规范》的二类建筑为主。由于我国经济发展的步伐加快了，人民生活水平提高了，绝大部分的公共建筑装修豪华，可燃物品多，装了空调设备的也为数不少，用电量猛增，火灾危险性普遍增大，故本规范将《建筑设计防火规范》或《人民防空工程设计防火规范》中未有明确要求设置火灾自动报警装置的某些公共建筑或场所列入二级保护对象。列入二级保护对象的建筑高度不超过 24 m 的民用建筑基本是每层建筑面积2 000～3 000 m^2 的公共建筑及有空调系统的公共建筑。二级保护对象的火灾探测器设置要求也比较宽松，很多情况下设有自动喷水灭火系统的可以不装探测器，具体见附录 D 的内容。

表列保护对象分为三级，分属各级内的建筑侧重于难以定性定量判别危险等级的民用建筑，但也不可能包罗万象。未列入的应类比参照性质相同的建筑要求处理。保护对象分级中，较低级别列出需设置火灾探测器的部位，如出现在较高级别的建筑中时，当然必须设置火灾探测器。各级保护对象火灾探测器的设置部位有所不同。特级保护对象基本全面设置，一级保护对象大部分设置，二级保护对象局部设置。对于工业建筑和库房火灾危险等级分类，按《建筑设计防火规范》附录三生产的火灾危险性分类举例和附录四储存物品的火灾危险性分类举例，甲、乙类属严重危险级，丙类属中危险级，丁、戊类属轻危险级。在有爆炸性、可燃性气体和粉尘的场所，其选用的探测报警设备及线路敷设必须符合《爆炸和火灾危险环境电力装置设计规范》的相应要求。地下建筑因其疏散、扑救难度比地面建筑难度大，因而按基本提高一级考虑。

3.2 火灾探测器设置部位

火灾探测器的设置部位应与保护对象的等级相适应，并应符合国家现行有关标准、规范的规定。具体部位可按本规范建议性附录 D 采用。

4 报警区域和探测区域的划分

4.1 报警区域的划分

4.1.1 本条主要是给出报警区域的划分依据。在火灾自动报警系统的工程设计中，只有按照保护对象的保护等级、耐火等级，合理正确地划分报警区域，才能在火灾初期及早地发现火灾发生的部位，尽快扑灭火灾。

目前，国内、外设置火灾自动报警系统的建筑中，较大规模的高层、多层、单层民用建筑及工业建筑等，在实际工程设计中，一般都是将整个保护对象划分为若干个报警区域，并设置相应的报警系统。在国外一些发达国家，如英国、美国、日本、德国等，为了使报警区域划分得比较合理，都在本国的规范中作了明确而具体的规定。如德国 VdS 标准 1992 年版《火灾自动报警装置设计与安装规范》第四章中规定："安全防护区域必须划分为若干报警区域，而报警区域的划分应以能迅速确定报警及火灾发生部位为原则"。在本条中，我们吸收了国外一些先进国家规范中的合理部分，同时考虑到我国目前建筑和产品的实际状况及发展趋势，作了明确规定，且考虑了《高层民用建筑设计防火规范》和《建筑设计防火规范》有关防火分区和防烟分区的规定，及建筑物的用途、设计不同，有的按防火分区划分比较合理，有的则需按楼层划分。因此本条一开始明确规定："报警区域应根据防火分区或楼层划分"。在报警区域的划分中既可将一个防火分区划分为一个报警区域，也可将同层的几个防火分区划为一个报警区域，但这种情况下，不得跨越楼层。

4.2 探测区域的划分

4.2.1 本条主要给出了探测区域的划分依据。为了迅速而准确地探测出被保护区内发生火灾的部位，需将被保护区按顺序划分成若干探测区域。在国内外的工程中都是这样做的。在一些先进国家的规范中，如英国的 BS5839 规范 1988 年版和德国 VdS 规范 1992 年版中都详细地规定了探测区域的划分方法。本条参考国外先进国家规范，结合我国的具体情况，作了规定。

线型光束感烟火灾探测器的探测区域长度，是根据产品标准《线型光束感烟火灾探测器技术要求及试验方法》GB 14003—92 中的该探测器的相对部件间的光路长度为 1～100 m 而规定的。

缆式感温火灾探测器的探测区域的长度不宜超过 200 m，是参考《电力工程电缆设计规范》GB 50217—94 第七章中关于"长距离沟道中相隔约 200 m 或通风区段处"宜设置防火墙的规定，并结合工程实践经验而定的。

空气管差温火灾探测器的探测区域长度是参照日本规范，并根据该产品的特性而定的。由于产品的特性要求，其暴露长度为 20～100 m 之间，才能充分发挥作用。

4.2.2 本条是对二级保护对象而定的。特级、一级保护对象，不适用于本条。本条规定参考了德国 VdS 标准 1992 年版的有关部分。

4.2.3 采用原规范条文。条文中给出的场所都是比较特殊或重要的公共部位。为了保证发生火灾时能使人员安全疏散，就必须确保这些部位所发生的火灾能够及早而准确地发现，并尽快扑灭。所以这些部位应分别单独划分其探测区域，而不能与同楼层的房间（或其他部位）混合。多年来的实际应用也证明了这一规定是必要的、可行的。

5 系统设计

5.1 一般规定

5.1.1 本条对火灾自动报警系统中的手动和自动两种触发装置作了规定。条文指出设计火灾自动报警系统时，自动和手动两套触发装置应同时设置。也就是说在火灾自动报警系统中设置火灾探测器的同时，还应设置一定数量的手动火灾报警按钮。

本条规定的目的是为了进一步提高火灾自动报警系统的可靠性和报警的准确性。

5.1.2 生产火灾报警控制器的厂家，都规定了报警控制器的额定容量或各输出总线回路的地址编码总数量。这一规定应是产品的基本要求，在消防工程中选择火灾报警控制器容量时，宜考虑留有一定余量，以便今后的系统发展和有利于维护工作。该余量可根据工程规模大小和重要程度而定，一般可按火灾报警控制器额定容量或总线回路地址编码总数额定值的 80%～85%来选择。即：

$$KQ \geqslant N \quad (1)$$

式中 N——设计时统计火灾探测器数量或探测器编码底座和控制模块或信号模块等的地址编码数量总和；

K——容量备用系数，一般取 0.8～0.85；

Q——实际选用火灾报警控制器的额定容量或地址编码总数量。

5.1.3 本条根据公安部、国家标准局、建设部（86）公发 39 号文件精神，对火灾自动报警系统设备规定应采用经国家有关产品质量监督检测单位检验合格产品。这一规定主要是指经国家消防电子产品质量监督检验中心检验合格的产品。

5.2 系统形式的选择和设计要求

5.2.1 随着电子技术迅速发展和计算机软件技术在现代消防技术中的大量应用，火灾自动报警系统的结构、形式越来越灵活多样，很难精确划分成几种固定的模式。火灾自动报警技术的发展趋向是智能化系统，这种系统可组合成任何形式的火灾自动报警网络结构，它既可以是区域报警系统，也可以是集中报警系统和控制中心报警系统形式，它们无绝对明显的区别，设计人员可任意组合设计成自己需要的系统形式。但在当前，本条列出的三种基本形式，应该说依然是适用的，对设计人员来说，也是必要的。这三种形式在设计中具体要求有所不同。特别是对联动功能要求有简单、较复杂和复杂之分，对报警系统的保护范围要求有小、中、大之分。条文中还规定了设置区域、集中、控制中心等三种报警系统的适用范围。

区域报警系统、集中报警系统、控制中心报警系统的系统结构、形式如图 1～5 所示。

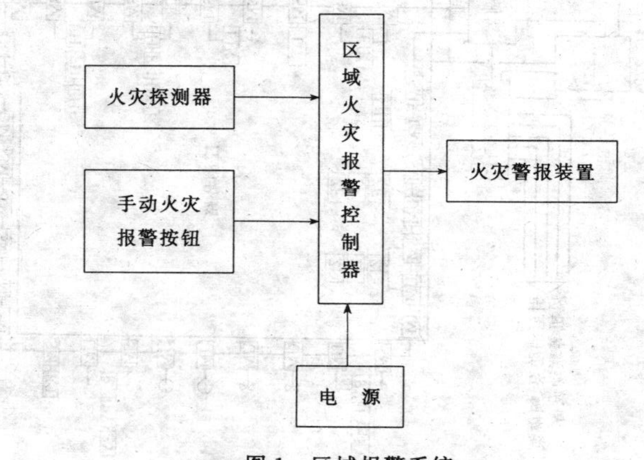

图 1 区域报警系统

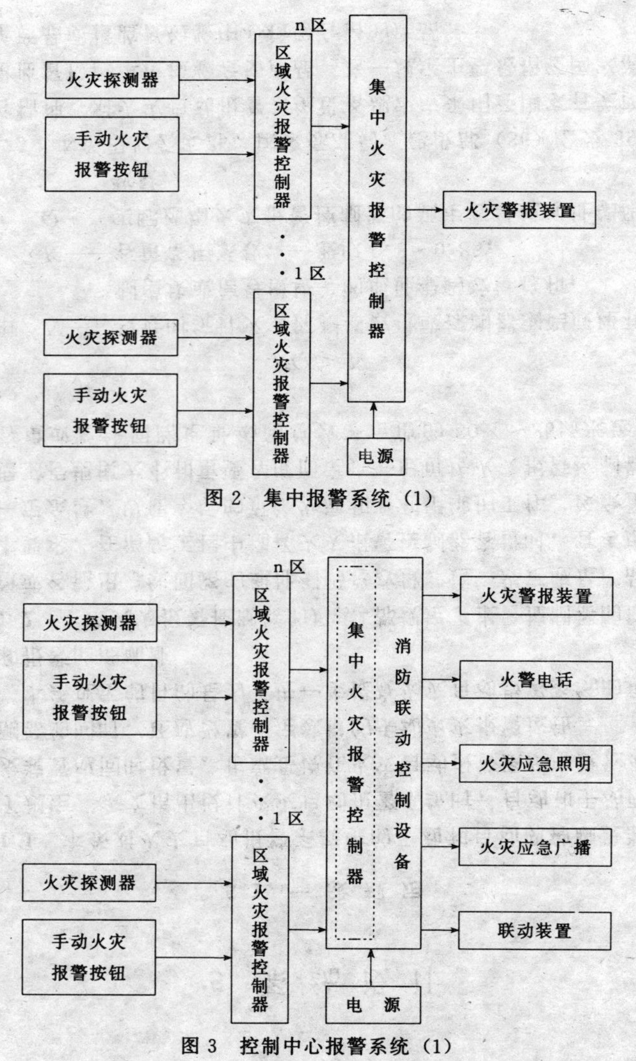

图 2 集中报警系统（1）

图 3 控制中心报警系统（1）

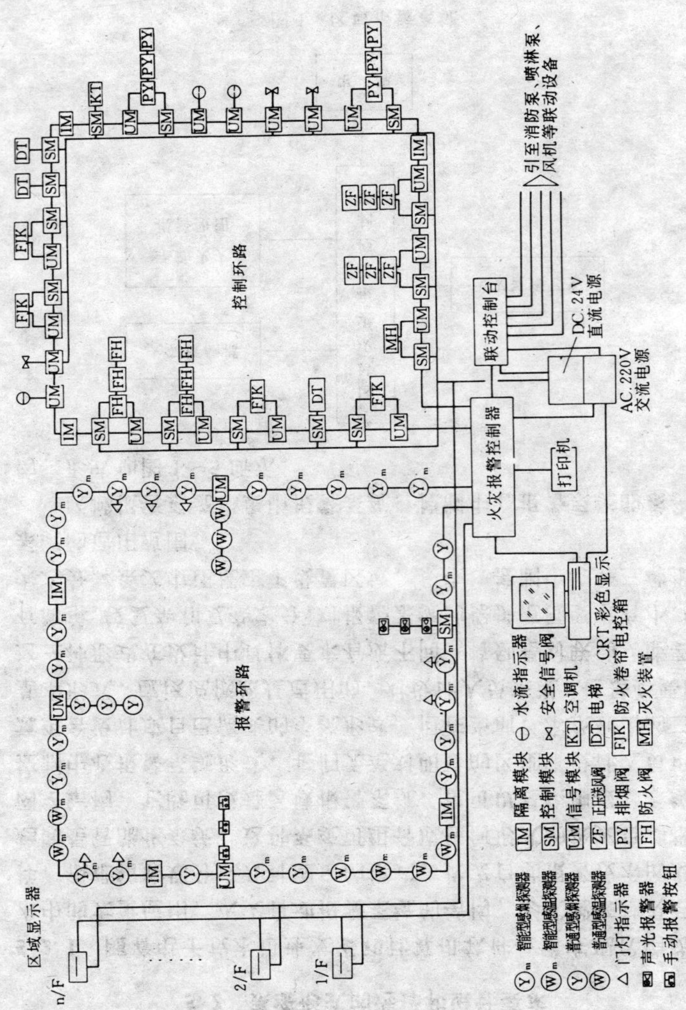

图 4 集中报警系统(2)

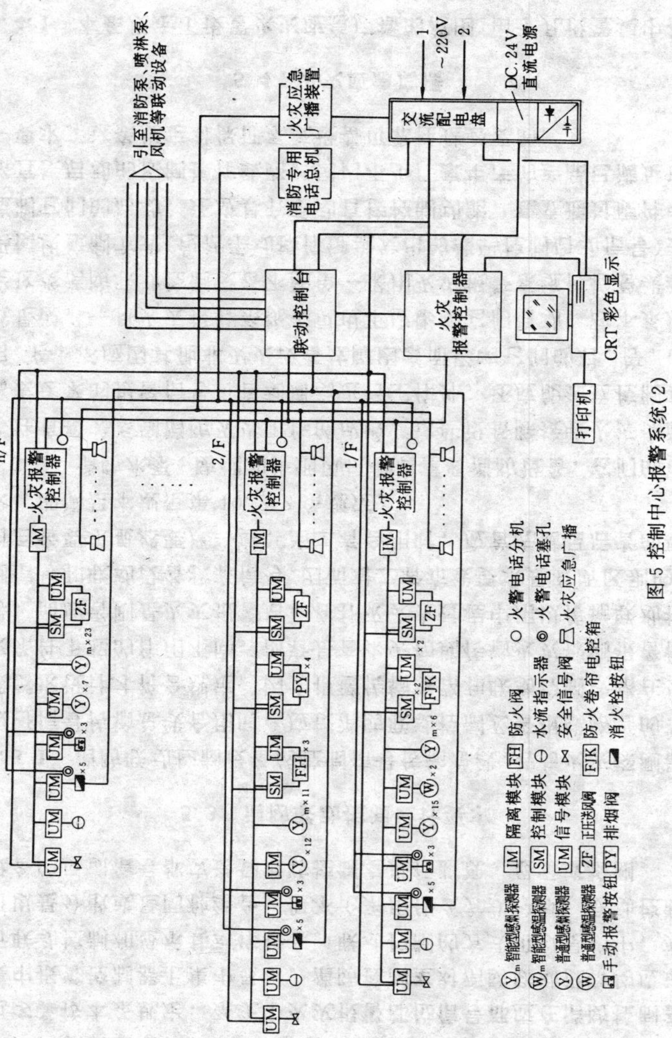

图 5 控制中心报警系统(2)

5.2.2 本条规定采用区域报警系统时，设置火灾报警控制器的总数不应超过两台，这主要是为了限制区域报警系统的规模，以便于管理。一般设置区域报警系统的建筑规模较小，火灾探测区域不多且保护范围不大，多为局部性保护的报警区域，故火灾报警控制器的台数不应设置过多。

区域火灾报警控制器的设置，若受建筑用房面积的限制，可以不专门设置消防值班室，而由有人值班的房间（如保卫部门值班室、配电室、传达室等）代管，但该值班室应昼夜有人值班，并且应由消防、保卫部门直接领导管理。

当用一台区域火灾报警控制器或火灾报警控制器警戒多个楼层时，每个楼层各楼梯口或消防电梯前室等明显部位，都应装设识别火灾楼层的灯光显示装置，即火警显示灯。这是为了火灾时能明确显示火灾楼层位置，以便于扑救火灾时，能正确引导有关人员寻找着火楼层。

关于区域火灾报警控制器或火灾报警控制器的安装高度，根据实践经验，1.3～1.5 m 便于工作人员操作使用。

5.2.3 近几年来随着编码传输总线制火灾报警系统的出现，一种新型的火灾报警系统已发展起来了，即由火灾报警控制器配合区域显示器（楼层复示器）和声、光警报装置以及各种类型火灾探测器、控制模块、消防联动控制设备等组成编码传输总线制集中报警系统。在实际工程中，不论选择新型集中报警系统还是传统的集中报警系统（即由火灾探测器、区域火灾报警控制器和集中火灾报警控制器等组成的火灾报警系统），二者都符合本规范的规定。设计人员可以根据具体情况选择。

集中报警控制器应设在专用的消防控制室或消防值班室内，不能安装在其他值班室内由其他值班人员代管，或用其他值班室兼作集中报警控制器值班室，这主要是为了加强管理，保证系统可靠运行。

5.2.4 控制中心报警系统一般适用于规模大的一级以上保护对

象，因该类型建筑规模大，建筑防火等级高，消防联动控制功能也多。按本条规定，系统中火灾报警部位信号都应在消防控制室集中报警控制器上集中显示。消防控制室对消防联动设备均应进行联动控制和显示其动作状态。联动控制的方式可以是集中，亦可以是分散或是两种组合。但不论采用什么方式控制，联动控制设备的反馈信号都应送到消防控制室进行监视、显示或检测。

5.3 消防联动控制设计要求

5.3.1 消防联动控制设备的控制信号传输总线，若与火灾探测器报警信号传输总线合用时，应按消防联动控制及警报线路等的布线要求设计才符合规定。因为报警传输线路和联动控制线路在火灾条件下起的作用不同，前者是在火灾初期传输火灾探测报警信号，而后者则是火灾报警后，在扑灭火灾过程中用以传输联动控制信号和联动设备状态信号。因而对二者布线要求是有所区别的，对后者要求显然要严一些。当二者合用时，应首先满足后者的要求，即满足本规范第 10.2.2 条规定。

5.3.2 消防水泵、防烟和排烟风机等属重要消防设备，它们的可靠性直接关系到消防灭火工作的成败。这些设备除接收火灾探测器发送来的报警信号可自动启动进行工作外，还应能独立控制其启、停，不应因其他非灭火设备故障因素而影响它们的启、停。也就是说，一旦火灾报警系统失灵也不应影响它们启动。故本条规定这类消防联动控制设备不能单一采用火灾报警系统传输总线编码模块控制方式(包括手动操作键盘发出的编码控制启动信号)去控制它们的启动，还应具有手动直接控制功能，建立通过硬件电路直接启动的控制操作线路。国内不少厂家生产的产品已满足这一要求。这条规定对保证系统设备可靠性是必要的。

5.4 火灾应急广播

5.4.1 本条规定了设置火灾应急广播的范围。由于凡设置集中报警系统和控制中心报警系统的建筑，一般都属高层建筑或大型民用建筑，这些建筑物内人员集中又较多，火灾时影响面大，为了便于火灾疏散，统一指挥，故作本条规定。

5.4.2 本条对扬声器容量和安装距离的规定主要参考了日本火灾报警规程中的有关条文。

在环境噪声大的场所，如工业建筑内，设置火灾应急广播扬声器时，考虑到背景噪声大、环境情况复杂，故提出了声压级要求。

客房内如设火灾应急广播专用扬声器，一般都装于床头柜后面墙上，距离客人很近，容量无须过大，故规定为 1 W 即可。这一规定亦应适用于与床头控制柜内客房音响广播合用扬声器时，对其要求的最小功率规定。

5.4.3 本条规定了火灾应急广播与公共广播合用时的技术要求。

火灾时，将公共广播系统扩音机强制转入火灾事故广播状态的控制切换方式一般有二种：

(1) 火灾应急广播系统仅利用公共广播系统的扬声器和馈电线路，而火灾应急广播系统的扩音机等装置是专用的。当火灾发生时，由消防控制室切换输出线路，使公共广播系统按照规定的疏散广播顺序的相应层次播送火灾应急广播。

(2) 火灾应急广播系统全部利用公共广播系统的扩音机、馈电线路和扬声器等装置，在消防控制室只设紧急播送装置，当发生火灾时可遥控公共广播系统紧急开启，强制投入火灾应急广播。

以上二种控制方式，都应该注意使扬声器不管处于关闭或播放状态时，都应能紧急开启火灾应急广播。特别应注意在扬声器设有开关或音量调节器的公共广播系统中的紧急广播方式，应将扬声器用继电器强制切换到火灾应急广播线路上。

与公共广播系统合用的火灾应急广播系统，如果广播扩音装置不是装在消防控制室内，不论采用哪种遥控播音方式，都应能使消防控制室用话筒直接播音和遥控扩音机的开、关，自动或手动控制相应分区，播送火灾应急广播，并且扩音机的工作状态应能在消防控制室进行监视。

在客房内设有床头控制柜音乐广播时，不论床头控制柜内扬声器在火灾时处于何种工作状态（开、关），都应能紧急切换到火灾应急广播线路上，播放火灾疏散广播。

本条规定的火灾应急广播备用扩音机容量计算方法，是以火灾时，需同时广播的范围内扬声器容量总和ΣP_i来计算的容量。这里所说的需同时广播的范围内是指火灾应急广播接通疏散楼层时的控制程序规定范围，如本层着火时则先接通本层和上、下各一层（指首层以上各楼层）。首层着火时先接通本层、二层和地下各层的扬声器。很明显，需同时广播的范围有不同的组合方式，故在选用ΣP_i值时（P_i为某个扬声器容量），应选取需同时广播的范围内，看哪一组合方式楼层内扬声器数量为最多即ΣP_i值最大，则取其为计算依据，计算公式$P=K_1 \cdot K_2 \cdot \Sigma P_i$，其中，$K_1 \cdot K2$取1.2×1.3=1.56，取近似值1.5即可。

还需说明，若设置专用火灾应急广播系统时，主用扩音机容量是否考虑一齐播放容量（即全部楼层扬声器容量总和），本规范未作具体规定，也就是说主用扩音机与备用扩音机容量相同亦可。如条件允许时，主用扩音机宜考虑一齐播放所需容量为最佳。

5.5 火灾警报装置

5.5.1 采用区域报警系统的建筑，本规范中未规定其设置火灾应急广播，故对这类保护对象，本条规定“应设置火灾警报装置”，以满足火灾时的火灾警报信号的发送需要。而采用集中报警系统和控制中心报警系统的建筑中，按本规范第5.4.1条规定，都设置有火灾应急广播，故对这类保护对象，设置火灾警报装置与否未作规定。因为这类建筑物在火灾时可用火灾应急广播发送火灾警报信号。

5.5.2 本条规定了在建筑中设置火灾警报装置的数量要求及各楼层装设警报装置时的安装位置。这主要是考虑便于在各楼层楼梯间和走道上都能听到警报信号声，以满足火灾时疏散要求。

5.6 消防专用电话

5.6.1 消防专用电话线路的可靠性关系到火灾时消防通信指挥系统是否灵活畅通，故本条规定消防专用电话网络应为独立的消防通信系统，就是说不能利用一般电话线路或综合布线网络（PDS系统）代替消防专用电话线路，应独立布线。

5.6.2 本条规定了设置消防专用电话总机的要求。消防专用电话总机与电话分机或塞孔之间呼叫方式应该是直通的，中间不应有交换或转接程序，即应选用共电式直通电话机或对讲电话机为宜。

5.6.3 本条规定了消防专用电话分机和电话塞孔的设置要求。火灾时，条文所列部位是消防作业的主要场所，与这些部位的通信一定要畅通无阻，以确保消防作业的正常进行。

5.6.4 消防控制室应设“119”专用电话分机。

5.7 系统接地

5.7.1 本条规定了对火灾自动报警系统接地装置的接地电阻值的要求。

当采用专用接地装置时，接地电阻值不应大于4Ω，这一取值是与计算机接地要求有关规范一致的。

当采用共用接地装置时，电阻值不应大于1Ω，这也是与国家有关接地规范中对与电气防雷接地系统共用接地装置时，接地电阻值的要求一致的。

对于接地装置是专用还是共用（原规范条文中用“联合接地”名称）要依新建工程的情况而定，一般尽量采用专用为好，若无法达到专用亦可共用（见图6、7）。

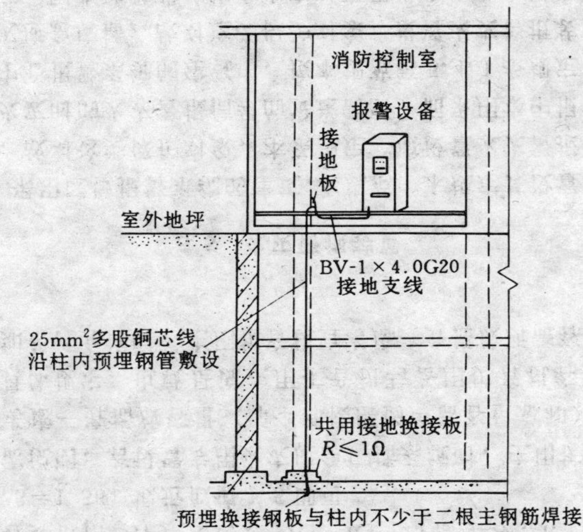

图 6　共用接地装置示意图

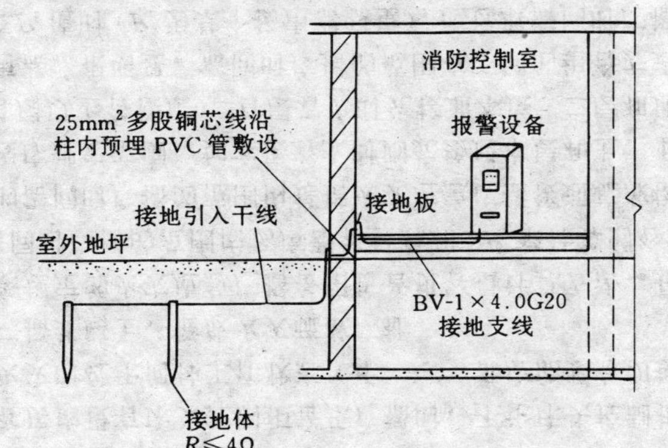

图 7　专用接地装置示意图

5.7.2、5.7.3　规定火灾自动报警系统应在消防控制室设置专用的接地板是必要的，这有利于保证系统正常工作。专用接地干线，是从消防控制室接地板引至接地体这一段，若设专用接地体则是指从接地板引至室外这一段接地干线。计算机及电子设备接地干线的引入段一般不能采用扁钢或裸铜排等方式，主要是为了与防雷接地（建筑构件防雷接地、钢筋混凝土墙体等）分开，需有一定绝缘，以免直接接触，影响消防电子设备接地效果。为此 5.7.3 条规定专用接地干线应采用铜芯绝缘导线，其线芯截面面积不应小于 25 mm^2。此规定是参考“IEC”标准，这主要是为提高可靠性和尽量减小导线电阻。

采用共用接地装置时，一般接地板引至最底层地下室相应钢筋混凝土柱基础作共用接地点，不宜从消防控制室内柱子上直接焊接钢筋引出，作为专用接地板。

5.7.4　本条规定从接地板引至各消防电子设备的专用接地线线芯截面面积不应小于 4 mm^2，是引用原规范条文规定。

5.7.5　本条规定在消防控制室内，消防电子设备凡采用交流供电时，都应将金属支架作保护接地，接地线是用电气保护地线（PE 线），即供电线路应采用单相三线制供电。

6 消防控制室和消防联动控制

6.1 一般规定

6.1.1 本条根据《建筑设计防火规范》以及《高层民用建筑设计防火规范》和《人民防空工程设计防火规范》等规范对消防控制室规定的主要功能，对消防控制室内所应包括的主要控制设备及其功能作了规定。由于每个建筑的使用性质和功能不完全一样，其消防控制设备所包括的控制装置也不尽相同。但作为消防控制室一般应把该建筑内的火灾报警及其他联动控制装置都集中于消防控制室，即使控制设备分散在其他房间，各种设备的操作信号也应反馈到消防控制室。为完成规范所要求的功能，控制设备按其类别分为火灾报警、自动灭火、通风排烟、应急广播、消防电梯等九类控制装置，这样便于生产制造和设计施工。

对于消防控制室控制功能，各国规范规定的繁简程度不同，国际上也无统一规定。日本规范对中央管理室的功能规定得比较细，德国、加拿大等国家规范对控制功能都有明确要求，本规范根据中国的国情作出规定是必要的。

6.1.2 随着国家经济建设的发展，国力不断增强，建筑业迅猛增长。建筑工程形式多样化，情况各异，控制功能繁简不同，设计单位在满足功能的前提下，可按本条所确定的原则，根据建筑的形式、工程规模及管理体制，综合确定消防系统控制方式。对于单体建筑宜采用集中控制方式，即要求在消防控制室集中显示报警点、控制消防设备及设施。而对于占地面积大、较分散的建筑群，由于距离较大、管理单位多等等原因，若采用集中管理方式将会造成系统大、不易使用和管理等诸多不便，因此本条规定可根据实际情况，采取分散与集中相结合的控制方式。信号及控制需集中的，可由消防控制室集中显示和控制；不需集中的，设置在分控室就近显示和控制。

6.1.3 随着火灾自动报警设备及消防控制设备的发展，使消防系统的操作电源及信号回路的电压值趋于统一，国际上在电子技术和工程应用中，操作电源及信号采用直流 24 V，因此本规范将操作电源和信号电压规定为直流 24 V。

6.2 消防控制室

6.2.1 消防控制室是火灾扑救时的信息、指挥中心。为了便于消防人员扑救时联系工作，消防控制室门上应设置明显标志。如果消防控制室设在建筑的首层，消防控制室门的上方应设标志牌或标志灯，地下的消防控制室门上的标志必须是带灯光的装置。设标志灯的电源应从消防电源上接入，以保证标志灯电源可靠。

为了防止烟、火危及消防控制室工作人员的安全，对控制室门的开启方向作了规定，同时要求门应有一定的耐火能力。

6.2.2 为了保证消防控制室的安全，控制室的通风管道上设置防火阀是十分必要的。在火灾发生后，烟、火通过空调系统的送、排风管扩大蔓延的实例很多。如 1979 年，某火车站空调机发生火灾，由于通风管道上没有防火措施，烟火沿通风管蔓延到贵宾室及其他候车室，造成了不良的政治影响。又如某宾馆礼堂着火后，由于通风管上没有安装防火阀门，火灾沿通风管道蔓延，烧毁了通风机房、餐厅及地下仓库。为了确保消防控制室在火灾时免受火灾影响，在通风管道上应设置防火阀门。

我国《高层民用建筑设计防火规范》等建筑设计防火规范对这方面有类似规定。为此，根据消防控制室实际工作的需要，特作此条规定。

6.2.3 根据消防控制室的功能要求，火灾自动报警、固定灭火装置、电动防火门、防火卷帘及消防专用电话、火灾应急广播等系统的信号传输线、控制线路等均必须进入消防控制室，控制室内

（包括吊顶上、地板下）的线路管道已经很多，大型工程更多，为保证消防控制设备安全运行，便于检查维修，其他无关电气线路和管网不得穿过消防控制室，以免互相干扰造成混乱或事故。

6.2.4 电磁场干扰对火灾报警控制器及联动控制设备的正常工作影响较大。为保证报警设备正常运行，要求控制室周围不布置干扰场强超过消防控制室设备承受能力的其他设备用房。

6.2.5 本条从使用的角度对消防控制室的设备布置作出了原则规定。根据对重点城市、重点工程消防控制室设置情况的调查，不同地区、不同工程消防控制室的规模差别很大，控制室面积有的大到60～80 m²，有的小到10 m²。面积大了造成一定的浪费，面积小了又影响消防值班人员的工作。为满足消防控制室值班维修人员工作的需要，便于设计部门各专业协调工作，参照建筑电气设计的有关规程，对建筑内消防控制设备的布置及操作、维修所必须的空间作了原则性规定，以便使建设、设计、规划等有关部门有章可循，使消防控制室的设计既满足工作的需要，又避免浪费。

对消防控制室规模大小，各国都是根据自己的国情作规定。本条规定是为了满足消防值班人员的实际工作需要，保证消防值班人员有一个应有的工作场所。在设计中根据实际需要还需考虑到值班人员休息和维修活动的面积。

6.3 消防控制设备的功能

6.3.1 作为消防控制室对消防设备的工作状态、报警情况及被保护建筑的重点部位、消防通道和消防器材放置与位置要全面掌握。要掌握这些情况，可以绘图列表，也可以用模拟盘显示及电视屏幕显示。采用什么方法显示上述情况，可根据消防控制室设备的具体情况来确定，如果消防控制室的总控台上有电视屏幕或模拟盘显示，可不另设置显示装置。

本条规定消防控制室的消防控制设备除自动控制外，还应能手动直接控制消防水泵、防烟和排烟风机的启、停。

根据国外资料和我国实际情况，为了便于消防值班人员工作，对消防控制室应具备的基本资料作了规定。控制室内的图表及显示的图像要简明扼要，一目了然。

火灾发生后，及时向着火区发出火灾警报，有秩序地组织人员疏散，是保证人身安全的重要方面。

本条规定了火灾警报装置与应急广播控制装置的控制程序。按照人员所在位置距火场的远近依顺序发出警报，组织人员有秩序地进行疏散。一般是着火本层和上层的人员危险较大，单层建筑多个防火分区，着火的防火分区和相邻的防火分区危险性较大，也有的是向着火层及上、下层同时发出警报进行广播，组织疏散的。为了避免人为的紧张，造成混乱，影响疏散，应先在最小范围内发出警报信号进行应急广播。除了紧急情况外都应顺序疏散。对于多层建筑中每层有多个防火分区的疏散，除按6.3.1.6款(1)、(2)、(3)项执行外，还应执行第(4)项，即本着火层的相邻防火分区外，还加上着火层上、下层的相邻防火分区。

根据国内情况，一般工程内的火灾警报信号和应急广播的范围都是在消防控制室手动操作。只有在自动化程度比较高的场所是按程序自动进行的。本条规定可作为手动操作的程序或自动控制的程序。

消防控制室设置对内联系、对外报警的电话是我国目前阶段的主要通信手段。消防人员常说："报警早、损失小"，要作到报警早，在目前条件下还是用电话好。我国北方某市某饭店火灾发生后，由于没有设消防控制室，没有可供工作人员向消防机关报警的外线电话，结果报警不及时，贻误了扑救火灾时间，造成重大伤亡和损失。可见，在消防控制室设置一部向119报警的外线电话是消防工作所必需的。为了保证消防控制室同有关设备间的工作联系，规定消防控制室与单位的值班室、消防水泵房等有关房间应设固定的对讲电话，有些技术、经济条件好，管理严的单位可设对讲录音电话。国外，在一些发达和比较发达国家，消防报警和内部联系也还是以电话和对讲电话为主。无线对讲机可作为消防值班人员辅助的通讯设备。

应急照明、疏散标志灯是火灾时人员疏散必备的设备。为了扑救方便，火灾时切断非消防电源是必要的。但是切断非消防电源时应该控制在一定范围之内。有关部位是指着火的那个防火分区或楼层，一旦着火应切断本防火分区或楼层的非消防电源。切断方式可以人工切断，也可以自动切断，切断顺序应考虑按楼层或防火分区的范围，逐个实施，以减少断电带来的不必要的惊慌。

对电梯的控制有两种方式：一种是将电梯的控制显示盘设在消防控制室，消防值班人员在必要时可直接操作。另一种是在人工确认真正是火灾后，消防控制室向电梯控制室发出火灾信号及强制电梯下降的指令，所有电梯下行停位于首层。电梯是纵向通道的主要交通工具，联动控制一定要安全可靠。在对自动化程度要求较高的建筑内，可用消防电梯前室的烟探测器联动控制电梯。

6.3.2 室内消火栓是建筑内最基本的消防设备。消火栓启泵装置及消防水泵等都是室内消火栓必须配套的设备。在消防控制室的控制设备上设置消防水泵的启、停装置，显示消防水泵启动按钮启泵的位置及消防水泵的工作状态，使控制室的值班人员在发生火灾时，对什么地方需要使用消火栓、消防水泵启动没启动都一目了然，这样有利于火灾扑救和平时维修调试工作。

消防水泵的故障，一般是指水泵电机断电、过载及短路。由于消火栓系统都是由主泵和备用泵组成，只有当两台泵都不能启动时，才显示故障。一般按钮启动后，先启动1"泵，1"泵启动失灵，自动转启2"泵，当1"和2"泵均不能启动时，控制盘上显示故障。

6.3.3 自动喷水灭火系统是目前最经济的室内固定灭火设备，使用的面比较广。按照《自动喷水灭火系统设计规范》的要求，最好显示监测以下六方面：

一、系统的控制阀开启状态；

二、消防水泵电源供应和工作情况；

三、水池、水箱的水位；

四、干式喷水灭火系统的最高和最低气温；

五、预作用喷水灭火系统的最低气压；

六、报警阀和水流指示器的动作情况。

同时，要求在消防控制室实行集中监控。按照《自动喷水灭火系统设计规范》所规定的内容，规定消防控制室的控制设备应设置自动喷水灭火系统启、停装置（包括消防水泵等）。并显示管道阀、水流报警阀及水流指示器的工作状态，显示水泵的工作及故障。消防水泵显示故障的内容及显示方法与消火栓系统消防水泵的故障显示相同。

6.3.4 《建筑设计防火规范》以及《高层民用建筑设计防火规范》、《人民防空工程设计防火规范》对建筑物应设置卤代烷、二氧化碳等固定灭火装置的部位或房间作了明确规定。《卤代烷1211灭火系统设计规范》和《卤代烷1301灭火系统设计规范》等对如何设卤代烷、二氧化碳等灭火系统作出了规定。本条对消防控制设备控制卤代烷、二氧化碳等管网气体灭火系统的功能作出了规定。

为了保证卤代烷等固定灭火装置安全可靠运行，应具有手动和自动两种启动方式。而且是在火灾报警后经过设备确认或人工确认方可启动灭火系统。设备确认一般作法是两组探测器同时发出报警后可确认为真正的灭火信号。当第一组探测器发出报警，值班人员应立即赶到现场进行人工确认。人工确认后，由值班人员在现场决定是否启动固定灭火系统。在设计上虽然有自动和手动两种启动方式，有人值班时应以手动启动方式为主。对有管网卤代烷、二氧化碳等灭火系统，为了准确可靠，应以保护区现场的手动启动为主，因为设置灭火系统的场所，都一定设置了火灾报警系统，消防中心的值班人员不可能在未去保护区进行火灾确认的情况下，就在控制室强制手动放气。因此，本条没有要求消防控制室必须控制灭火系统的紧急启动。

管网气体自动灭火装置原理见图 8。

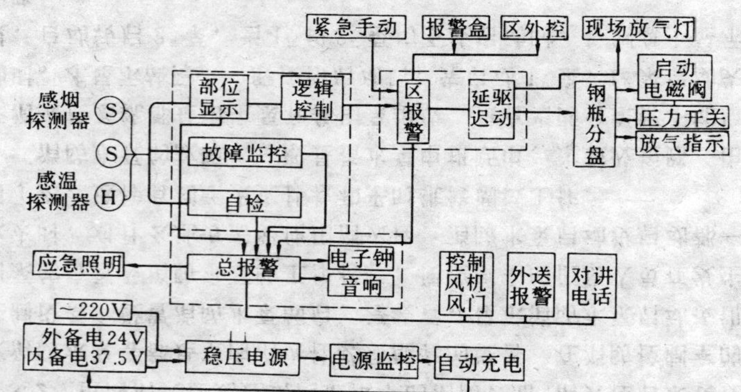

图 8　管网气体自动灭火装置原理图

6.3.5、6.3.6　在设置泡沫、干粉灭火系统的工程内，消防控制设备有系统的启、停装置，并显示系统的工作状态（包括故障状态）是必要的。

6.3.7　对常开防火门，要求在火灾时应能自动关闭，以起到防火分隔作用，因此常开防火门两侧应设置火灾探测器，任何一侧报警后，防火门应能自动联动关闭，且关闭后应有信号送到消防控制室。

6.3.8　对防火卷帘，一般都以两个探测器的“与”门信号作为控制信号比较安全。

6.3.9　火灾发生后，空调系统对火灾发展影响大，而防排烟设备有利于防止火灾蔓延和人员疏散，因此本条规定了火灾探测器报警后消防控制设备对防排烟设施的控制、显示功能。

7　火灾探测器的选择

7.1　一　般　规　定

7.1.1　本条提出了选择火灾探测器种类的基本原则。在选择火灾探测器种类时，要根据探测区域内可能发生的初期火灾的形成和发展特征、房间高度、环境条件以及可能引起误报的原因等因素来决定。本条依据目前先进国家的有关火警设计安装规范，并根据近几年来我国设计安装火灾自动报警系统的实际情况和经验教训，以及从初期火灾形成和发展过程产生的物理化学现象，提出对火灾探测器选择的原则性要求。

7.2　点型火灾探测器的选择

7.2.1　本条是参考德国（VdS）《火灾自动报警装置设计与安装规范》制定的。在执行中应注意这仅仅是按房间高度对探测器选择的大致划分，具体选择时尚需结合系统的危险度和探测器本身的灵敏度来进行设计。如果判定不准确时，仍需按 7.1.1.4 款作模拟燃烧试验后最终确定。

7.2.2～7.2.4　规定了宜选择和不宜选择点型离子感烟探测器或点型光电感烟探测器的场所。事实上，感烟探测器的响应行为基本上是由它的工作原理决定的。不同烟粒径、烟的颜色和不同可燃物产生的烟对两种探测器适用性是不一样的。从理论上讲，离子感烟探测器可以探测任何一种烟，对粒子尺寸无特殊限制，只存在响应行为的数值差异。而光电感烟探测器对粒径小于 0.4 μm 的粒子的响应较差。三种感烟探测器对不同烟粒径的响应特性如图 9 所示。图 10 给出了两种点型感烟探测器对不同颜色的烟的响应。

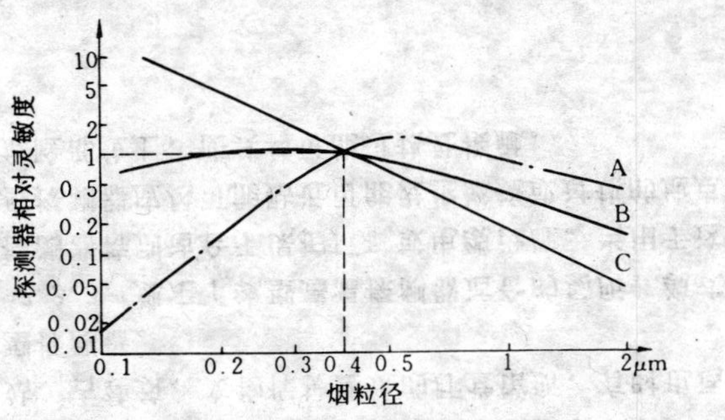

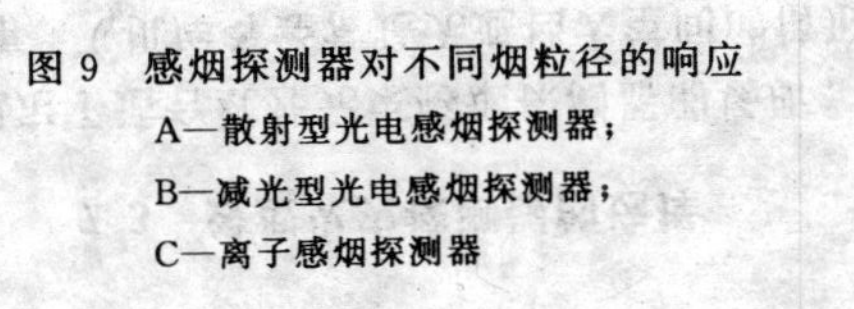

图 9　感烟探测器对不同烟粒径的响应

A—散射型光电感烟探测器；

B—减光型光电感烟探测器；

C—离子感烟探测器

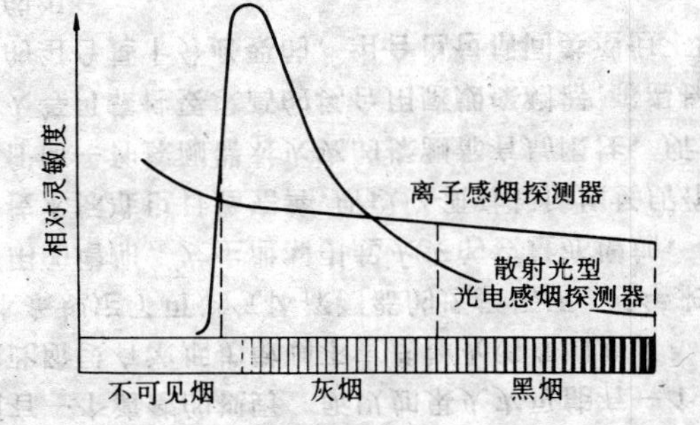

图 10　两种点型感烟探测器对不同颜色烟的响应

图 11 给出了点型离子感烟探测器和点型散射型光电感烟探测器在标准燃烧实验中，燃烧不同的物质使探测器报警所需的物料消耗。可以看出，对油毡、棉绳、山毛榉等阴燃火，安装光电感烟探测器比离子感烟探测器更合适。而对于石蜡、乙醇、木材等明火，则用离子感烟探测器比光电感烟探测器更合适。

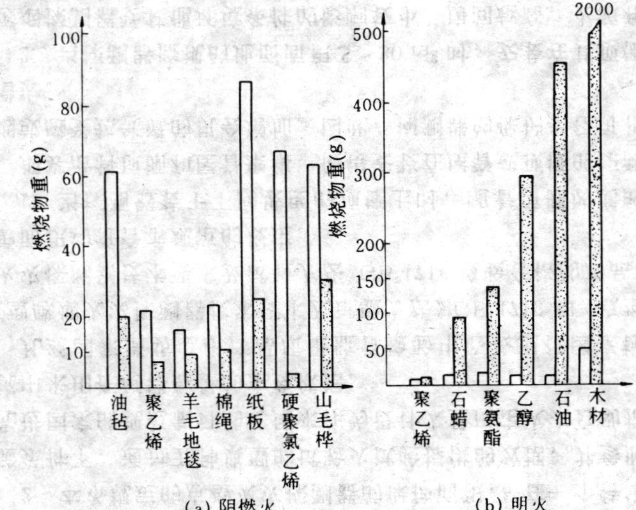

图 11　感烟探测器报警时所耗不同燃烧物质重量

7.2.5、7.2.6　规定了感温探测器宜选择和不宜选择的场所。一般说来，感温探测器对火灾的探测不如感烟探测器灵敏，它们对阴燃火不可能响应。并且根据经验，只有当火焰高度达到至顶棚的距离为 1/3 房间净高时，感温探测器才能响应。因此感温探测器不适宜保护可能由小火造成不能允许损失的场所，例如计算机房等。在最后选定探测器类型之前，必须对感温探测器动作前火灾可能造成的损失作出评估。

7.2.7、7.2.8　规定了宜选择和不宜选择火焰探测器的场所。由于火焰探测器不能探测阴燃火，因此火焰探测器只能在特殊的场所使用，或者作为感烟或感温探测器的一种辅助手段，不作为通用型火灾探测器。火焰探测器只靠火焰的辐射就能响应，而无需燃烧产物的对流传输，对明火的响应也比感温和感烟探测器快得多，且又无须安装在顶棚上。所以火焰探测器特别适合仓库和储木场等大的开阔空间或者明火的蔓延可能造成重大危险的场所，如可燃气体的泵站、阀门和管道等。因为从火焰探测器到被探测区域必须有一个清楚的视野，所以如果火灾可能有一个初期阴燃阶段，在此阶段有浓烟扩散则不宜选择火焰探测器。

7.2.9 本条规定了可燃气体探测器的选择场所。近年来，随着可燃气体使用的增加，发生泄漏引起火灾的数量亦增加，国内这方面产品和技术标准也日趋完善，所以必须对其使用场所作出规定。

7.2.10 任何一种探测器对火灾的探测都有局限性，所以对联动或自动灭火等可靠性要求高的场合用感烟探测器、感温探测器、火焰探测器的组合是十分必要的，组合也包括同类型但不同灵敏度的探测器的组合。

7.3 线型火灾探测器的选择

7.3.1 本条规定了适合红外光束感烟探测器的场所。大型库房、博物馆、档案馆、飞机库等经常是无遮挡大空间的情形，发电厂、变配电站、古建筑、文物保护建筑的厅堂馆所，有时也适合安装这种类型探测器。

7.3.2、7.3.3 规定了线型感温探测器适合的场所。缆式线型定温火灾探测器特别适合于保护厂矿或电缆设施。当用于这些场所时，线型探测器应尽可能贴近可能发生燃烧或过热的地点，或者安装在危险部位上，使其与可能过热处接触。

8 火灾探测器和手动火灾报警按钮的设置

8.1 点型火灾探测器的设置数量和布置

8.1.1 本条规定“探测区域内的每个房间至少应设置一只火灾探测器”。这里提到的“每个房间”是指一个探测区域中可相对独立的房间，即使该房间的面积比一只探测器的保护面积小得多，也应设置一只探测器保护。此条规定可避免在探测区域中几个独立房间共用一只探测器。这一条参考了国外先进国家的规范中类似的规定。

8.1.2 本条规定的点型火灾探测器的保护面积，是在一个特定的试验条件下，通过五种典型的试验火试验提供的数据，并参照国外先进国家的规范制订的，用来作为设计人员确定火灾自动报警系统中采用探测器数量的主要依据。

凡经国家消防电子产品质量监督检验中心按现行国家标准《点型感烟火灾探测器技术要求及试验方法》GB 4715 和《点型感温火灾探测器技术要求及试验方法》GB 4716 检验合格的产品，其保护面积均符合本规范的规定。

1. 当探测器装于不同坡度的顶棚上时，随着顶棚坡度的增大，烟雾沿斜顶棚和屋脊聚集，使得安装在屋脊或顶棚的探测器进烟或感受热气流的机会增加。因此，探测器的保护半径可相应地增大。

2. 当探测器监视的地面面积 $S>80\ m^2$ 时，安装在其顶棚上的感烟探测器受其他环境条件的影响较小。房间越高，火源和顶棚之间的距离越大，则烟均匀扩散的区域越大。因此，随着房间高度增加，探测器保护的地面面积也增大。

3. 随着房间顶棚高度增加，使感温探测器能响应的火灾规模相应增大。因此，探测器需按不同的顶棚高度划分三个灵敏度级别。较灵敏的探测器（例如一级探测器）宜使用于较大的顶棚高度上。参见本规范 7.2.1 条规定。

4. 感烟探测器对各种不同类型火灾的灵敏度有所不同，因此难以规定灵敏度与房间高度的对应关系。但考虑到房间越高烟越稀薄的情况，当房间高度增加时，可将探测器的灵敏度档次相应地调高。

8.1.3 感烟探测器、感温探测器的安装间距 a、b 是指本条文说明图 12 中 1# 探测器和 2#～5# 相邻探测器之间的距离，不是 1# 探测器与 6#～9# 探测器之间的距离。

一、本规范附录 A 由探测器的保护面积 A 和保护半径 R 确定探测器的安装间距 a、b 的极限曲线 D_1～D_{11}（含 D_9'）是按照下列方程

$$\begin{aligned} a \cdot b &= A \\ a^2 + b^2 &= (2R)^2 \end{aligned} \tag{2}$$

绘制的，这些极限曲线端点 Y_i 和 Z_i 坐标值（a_i、b_i），即安装间距 a、b 在极限曲线端点的一组数值。如下表所示。

极限曲线端点 Y_i 和 Z_i 坐标值（a_i，b_i）　　表 1

极限曲线	Y_i（a_i，b_i）点	Z_i（a_i，b_i）点
D_1	Y_1（3.1，6.5）	Z_1（6.5，3.1）
D_2	Y_2（3.8，7.9）	Z_2（7.9，3.8）
D_3	Y_3（3.2，9.2）	Z_3（9.2，3.2）
D_4	Y_4（2.8，10.6）	Z_4（10.6，2.8）
D_5	Y_5（6.1，9.9）	Z_5（9.9，6.1）
D_6	Y_6（3.3，12.2）	Z_6（12.2，3.3）

续表 1

极限曲线	Y_i（a_i，b_i）点	Z_i（a_i，b_i）点
D_7	Y_7（7.0，11.4）	Z_7（11.4，7.0）
D_8	Y_8（6.1，13.0）	Z_8（13.0，6.1）
D_9	Y_9（5.3，15.1）	Z_9（15.1，5.3）
D_9'	Y_9'（6.9，14.4）	Z_9'（14.4，6.9）
D_{10}	Y_{10}（5.9，17.0）	Z_{10}（17.0，5.9）
D_{11}	Y_{11}（6.4，18.7）	Z_{11}（18.7，6.4）

二、极限曲线 D_1～D_4 和 D_6 适宜于保护面积 A 等于 20 m²、30 m² 和 40 m² 及其保护半径 R 等于 3.6 m、4.4 m、4.9 m、5.5 m、6.3 m 的感温探测器；极限曲线 D_5 和 D_7～D_{11}（含 D_9'）适宜于保护面积 A 等于 60 m²、80 m²、100 m² 和 120 m² 及其保护半径 R 等于 5.8 m、6.7 m、7.2 m、8.0 m、9.0 m 和 9.9 m 的感烟探测器。

8.1.4 一个探测区域内所需设置的探测器数量，按本条规定不应小于 $\frac{S}{K \cdot A}$ 的计算值。式中给出的修正系数 K，特级保护对象宜取 0.7～0.8，一级保护对象宜取 0.8～0.9，二级保护对象宜取 0.9～1.0。如果考虑一旦发生火灾，对人身和财产的损失程度、火灾危险度、疏散及扑救火灾的难易程度，以及火灾对社会的影响面大小等多种因素，修正系数可适当严些。

为说明表 8.1.2、附录 A 图 A 及公式（8.1.4）的工程应用，下面给出一个例子。

例：一个地面面积为 30 m×40 m 的生产车间，其屋顶坡度为 15°，房间高度为 8 m，使用感烟探测器保护。试问，应设多少只感烟探测器？应如何布置这些探测器？

解：（1）确定感烟探测器的保护面积 A 和保护半径 R。查表 8.1.2，得感烟探测器保护面积为 A=80 m²，保护半径 R=6.7 m。

（2）计算所需探测器设置数量。

选取 $K=1.0$，按公式（8.1.4）有 $N=\frac{S}{K\cdot A}=\frac{1\ 200}{1.0\times 80}=15$（只）。

（3）确定探测器的安装间距 a、b。

由保护半径 R，确定保护直径 $D=2R=2\times 6.7=13.4$(m)，由附录 A 图 A 可确定 $D_i=D_7$，应利用 D_7 极限曲线确定 a 和 b 值。根据现场实际，选取 $a=8$ m（极限曲线两端点间值），得 $b=10$ m。其布置方式见图 12。

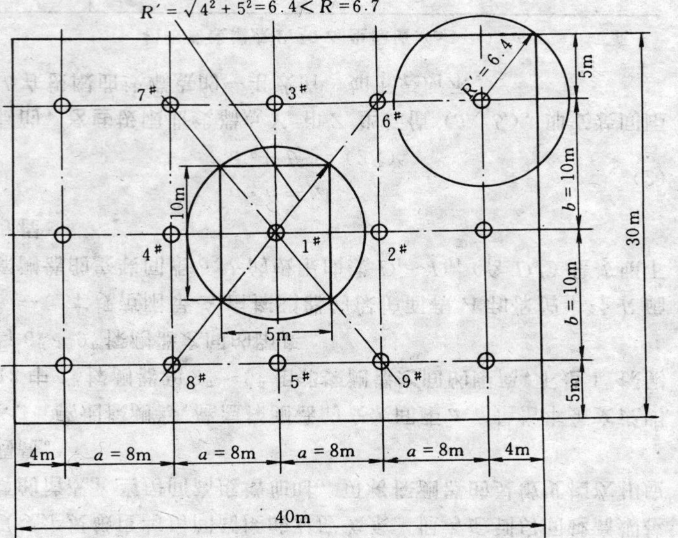

图 12 探测器布置示例

（4）校核按安装间距 $a=8$ m、$b=10$ m 布置后，探测器到最远点水平距离 R' 是否符合保护半径要求。参考图 12，按式

$$R'=\sqrt{(\frac{a}{2})^2+(\frac{b}{2})^2}=6.4(\mathrm{m})。$$

即 $R'=6.4$ m$<R=6.7$ m，在保护半径之内。

8.1.5 本条主要是对顶棚有梁时安装探测器的原则规定。由于梁对烟的蔓延会产生阻碍，因而使探测器的保护面积受到梁的影响。如果梁间区域（指高度在 200 mm 至 600 mm 之间的梁所包围的区域）的面积较小，梁对热气流（或烟气流）形成障碍，并吸收一部分热量，因而探测器的保护面积必然下降。探测器保护面积验证试验表明，梁对热气流（或烟气流）的影响还与房间高度有关。本条规定参考了德国规范的内容。

1. 当梁突出顶棚的高度小于 200 mm 时，在顶棚上设置感烟、感温探测器，可不计梁对探测器保护面积的影响。

2. 当梁突出顶棚的高度在 200～600 mm 时，应按附录 B、附录 C 确定梁的影响和一只探测器能够保护的梁间区域的个数。

由附录 B 图 B 可以看出，房间高度在 5 m 以上，梁高大于 200 mm 时，探测器的保护面积受梁高的影响按房间高度与梁高之间的线性关系考虑。还可看出，三级感温探测器房高极限值为 4 m，梁高限度为 200 mm；二级感温探测器房高极限值为 6 m，梁高限度为 225 mm；一级感温探测器房高极限值为 8 m，梁高限度为 275 mm；感烟探测器（各灵敏度档次）均按房高极限值为 12 m，梁高限度为 375 mm。若梁高超过上述限度，即线性曲线右边部分，均须计梁的影响。

3. 当梁突出顶棚的高度超过 600 mm 时，被梁隔断的每个梁间区域应至少设置一只探测器（参考日本规范规定）。

4. 当被梁隔断的区域面积超过一只探测器的保护面积时，则应将被隔断的区域视为一个探测区域，并应按 8.1.4 条规定计算探测器的设置数量。

5. 当梁间净距小于 1 m 时，可视为平顶棚，不计梁对探测器保护面积的影响。

8.1.6 本条规定参考德国标准制订。

8.1.7 本条规定参考德国标准和英国规范规定。探测器至墙壁、梁边的水平距离，不应小于 0.5 m。

8.1.8、**8.1.9** 参考德国标准制订。

8.1.10 在设有空调的房间内，探测器不应安装在靠近空调送风口处。这是因为气流阻碍极小的燃烧粒子扩散到探测器中去，使探测器探测不到烟雾。此外，通过电离室的气流在某种程度上改变电离模型，可能使探测器更灵敏（易误报）。本条规定参考日本规范和英国规范制订。

8.1.11 当屋顶有热屏障时，感烟探测器下表面至顶棚或屋顶的距离，应符合表 8.1.11 的规定。本条规定参考德国标准制订。

由于屋顶受辐射热作用或因其他因素影响，在顶棚附近可能产生空气滞留层，从而形成热屏障。火灾时，该热屏障将在烟雾和气流通向探测器的道路上形成障碍作用，影响探测器探测烟雾。同样，带有金属屋顶的仓库，夏天，屋顶下边的空气可能被加热而形成热屏障，使得烟在热屏障下边开始分层。而冬天，降温作用也会妨碍烟的扩散。这些都将影响探测器的灵敏度，而这些影响通常还与顶棚或屋顶形状以及安装高度有关。为此，按表 8.1.11 规定感烟探测器下表面至顶棚或屋顶的必要距离安装探测器，以减少上述影响。

在人字型屋顶和锯齿型屋顶情况下，热屏障的作用特别明显。图 13 给出探测器在不同形状顶棚或屋顶下，其下表面至顶棚或屋顶的距离 d 的示意图。

感温探测器通常受这种热屏障的影响较小，所以感温探测器总是直接安装在顶棚上（吸顶安装）。

8.1.12 本条参考德国规范制订。在房屋为人字型屋顶的情况下，如果屋顶坡度大于 15°，在屋脊（房屋最高部位）的垂直面安装一排探测器有利于烟的探测，因为房屋各处的烟易于集中在屋脊处。在锯齿型屋顶的情况下，按探测器下表面至屋顶或顶棚的距离 d（见第 8.1.11 条和图 13）在每个锯齿型屋顶上安装一排探测器。这是因为，在坡度大于 15°的锯齿型屋顶情况下，屋顶有几米高，烟不容易从一个屋顶扩散到另一个屋顶，所以对于这种锯齿型厂房，须按分隔间处理。

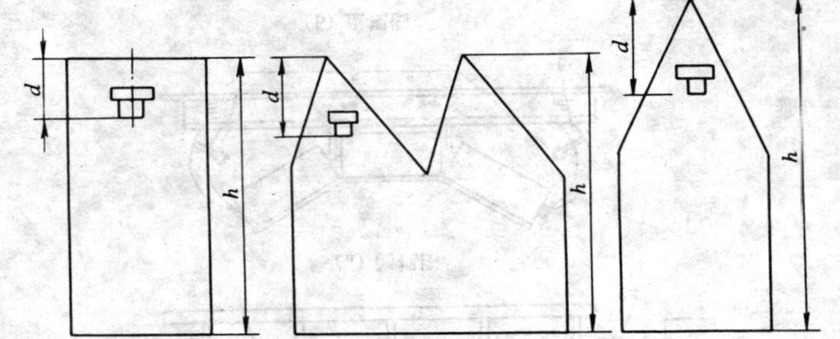

图 13 感烟探测器在不同形状顶棚或屋顶下，其下表面至顶棚或屋顶的距离 d

8.1.13 本条参考日本规范制订。探测器在顶棚上宜水平安装。当倾斜安装时，倾斜角 θ 不应大于 45°。当倾斜角 θ 大于 45°时，应加木台安装探测器。如图 14 所示。

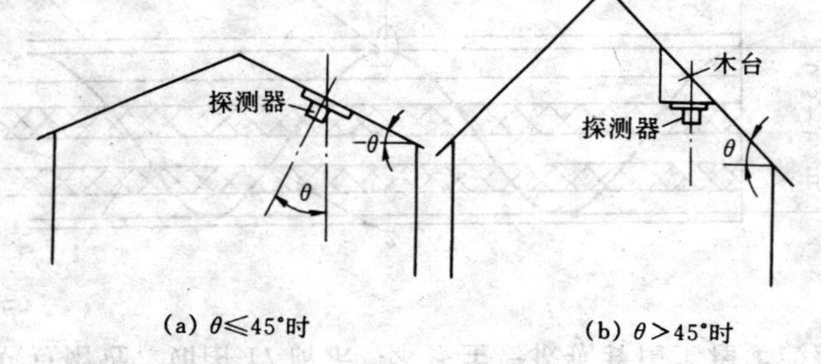

(a) $\theta \leqslant 45°$时 (b) $\theta > 45°$时

图 14 探测器的安装角度

θ—屋顶的法线与垂直方向的交角

8.1.14 本条规定有利于探测器探测井道中发生的火灾，且便于平时检修工作进行。

8.2 线型火灾探测器的设置

8.2.1 此条规定根据我国工程实践经验制订。一般情况下，当顶棚高度不大于 5 m 时，探测器的红外光束轴线至顶棚的垂直距离为 0.3 m；当顶棚高度为 10～20 m 时，光束轴线至顶棚的垂直距离可为 1.0 m。

8.2.2 相邻两组红外光束感烟探测器的水平距离不应大于 14 m。探测器至侧墙水平距离不应大于 7 m 且不应小于 0.5 m。超过规定距离探测烟的效果很差。为有利于探测烟雾，探测器的发射器和接收器之间的距离不宜超过 100 m，见图 15。

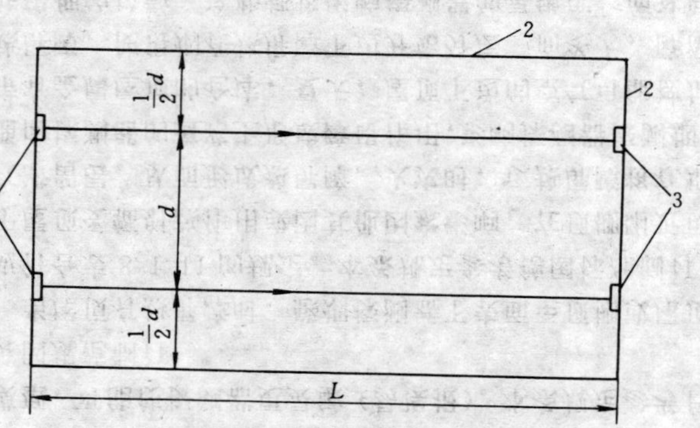

图 15 红外光束感烟探测器在相对两面墙壁上安装平面示意图

1—发射器；2—墙壁；3—接收器

8.2.3 缆式线型定温探测器在电缆桥架或支架上设置时，宜采用接触式布置，即敷设于被保护电缆（表层电缆）外护套上面，如图 16 所示。在各种皮带输送装置上设置时，在不影响平时运行和维护的情况下，应根据现场情况而定，宜将探测器设置在装置的过热点附近，如图 17 所示。本条主要依据我国工程实践经验规定。

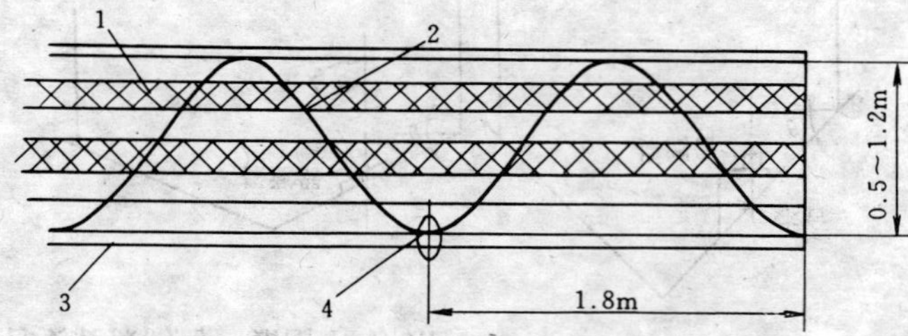

图 16 缆式线型定温探测器在电缆桥架或支架上接触式布置示意图

1—动力电缆；2—探测器热敏电缆；3—电缆桥架；4—固定卡具

注：固定卡具宜选用阻燃塑料卡具。

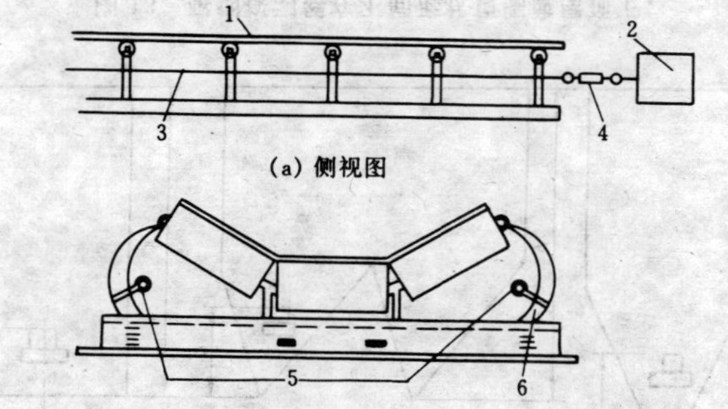

图 17 缆式线型定温探测器在皮带输送装置上设置示意图

1—传送带；2—探测器终端电阻；3、5—探测器热敏电缆；4—拉线螺旋；6—电缆支撑件

8.2.4 本条参考日本规范规定，如图 18 所示。

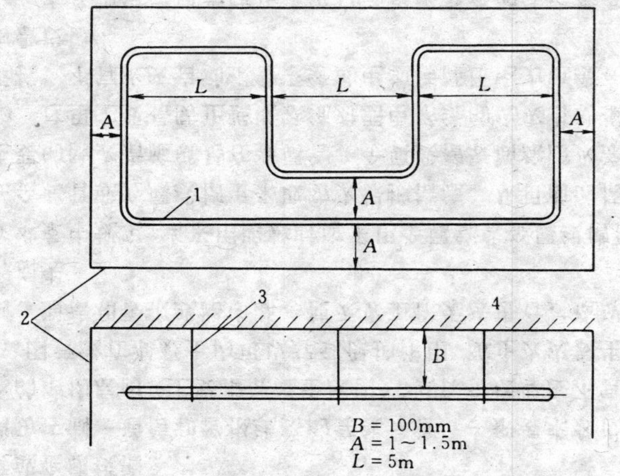

图 18　空气管式线型差温探测器在顶棚下方设置示意图

1—空气管；2—墙壁；3—固定点；4—顶棚

8.3　手动火灾报警按钮的设置

8.3.1　本条主要参考英国规范制订。英国规范规定："手动报警按钮的位置，应使场所内任何人去报警均不需走 30 m 以上距离"。手动火灾报警按钮设置在公共活动场所的出入口处有利于及时报出火警。

8.3.2　手动报警按钮应设置在明显的和便于操作的部位，参考国外先进国家规范。当安装在墙上时，其底边距地高度宜为 1.3～1.5 m，且应有明显的标志，以便于识别。

9　系统供电

9.0.1、9.0.2　火灾自动报警系统的主电源宜按一级或二级负荷来考虑。因为安装火灾自动报警系统的场所均为重要的建筑或场所，火灾报警装置如能及时、正确报警，可以使人民的生命、财产得到保护或少受损失。所以要求其主电源的可靠性高，有二个或二个以上电源供电，在消防控制室进行自动切换。同时，还要有直流备用电源，来确保其供电的切实可靠。

9.0.3　火灾自动报警系统有 CRT 显示器、计算机主机、消防通信设备、应急广播等装置时，其主电源宜采用 UPS 电源。这一要求是为了防止突然断电造成以上装置不能正常工作。

9.0.4　火灾自动报警系统主电源不应采用漏电保护开关进行保护。其原因是，漏电与保证装置供电可靠性来比较，后者为第一位。

10 布 线

10.2 屋内布线

10.2.1 火灾自动报警系统的传输线路穿线导管与低压配电系统的穿线导管相同，应采用金属管、经阻燃处理的硬质塑料管或封闭式线槽等几种，敷设方式采用暗敷或明敷。

当采用硬质塑料管时，就应用阻燃型，其氧指数要求不小于30。如采用线槽配线时，要求用封闭式防火线槽。如采用普通型线槽，其线槽内的电缆为干线系统时，此电缆宜选用防火型。

10.2.2 消防控制、通信和警报线路与火灾自动报警系统传输线路相比较，更加重要，所以这部分的穿线导管选择要求更高，只有在暗敷时才允许采用阻燃型硬质塑料管，其他情况下只能采用金属管或金属线槽。

消防控制、通信和警报线路的穿线导管，一般要求敷设在非燃烧体的结构层内（主要指混凝土层内），其保护层厚度不宜小于30 mm。因管线在混凝土内可以起到保护作用，防止火灾发生时消防控制、通信和警报线路中断，使灭火工作无法进行，造成更大的经济损失。

在本条中规定，当采用明敷时应采用金属管或金属线槽保护，并应在金属管或金属线槽上采取防火保护措施。从目前的情况来看，主要的防火措施就是在金属管、金属线槽表面涂防火涂料。

10.2.3 这里主要是防止强电系统对弱电系统的火灾自动报警设备的干扰。不宜火灾自动报警系统的电缆与高压电力电缆在同一竖井内敷设。

10.2.4 本条规定主要为防止火灾自动报警系统的线路被老鼠等动物咬断。

10.2.5 本条规定主要为便于接线和维修。

10.2.6 目前施工中压接技术已被广泛应用，采用压接可以提高运行的可靠性。

10.2.7 本条按我国目前的实际情况而定。

附录D 火灾探测器的具体设置部位（建议性）

D.1 特级保护对象

D.1.1 本节对列为特级保护对象的建筑提出火灾探测器设置部位的建议性意见。按现行国家标准《高层民用建筑设计防火规范》的有关规定，特级保护对象除面积小于5.00 m^{2}的厕所、卫生间外，均应设火灾探测器。

D.2 一级保护对象

D.2.1～D.2.32 本节对列为一级保护对象的建筑提出火灾探测器设置部位的建议性意见。1～19条是单指所列建筑的部位，20～32条是共性的，适用于一级保护对象的所有建筑的部位。29条引自《汽车库、修车库、停车场设计防火规范》，它适用于独立的汽车库，也适用于附属在建筑内的汽车库。本节1～10条、23条、25～27条全部引自《高层民用建筑设计防火规范》；21、22条基本转引《高层民用建筑设计防火规范》，其中21条增加了防烟楼梯、消防电梯的前室及合用前室，火灾发生时，它是人员逃生和消防扑救的主要竖向通道和出入口，为确保安全，需设置探测器。22条增加了变压器室，它的火灾危险不比配电室低。11、12、14、15条引自《建筑设计防火规范》。16、17条引自《人民防空工程设计防火规范》。13条高级住宅指建筑装修标准高，有中央空调系统的住宅或公寓。在欧美防火标准都有保护人身安全的条款，火灾报警设施已开始进入家庭。我国国情不同，经济能力、生活水平与发达国家相比尚有较大差距，住宅单元量大面广，普遍设置火灾报警设施承受不了；但对高级住宅或高级公寓来说，设置火灾探测器是必要的。18条地铁站、厅、行人通道同欧、美、香港地区等的做法一致。19条是针对一些火灾危险性大和较难疏散的部位而定的。20条高级办公室、会议室、陈列室、展览室、商场营业厅是指属一级保护对象的所有建筑，属此功能的部位均需装设探测器。24条可延燃绝缘和外护层电缆常是引起火灾的根源，其通道应设探测器。28条基本是特别易发多发火灾的商业活动场所。30条污衣道前室、垃圾道前室、净高超过0.8 m的具有可燃物的闷顶，部位隐蔽加强防范是必要的，如同易发火灾的商业用或公共厨房，若设有自动喷水灭火系统的可不装探测器。

D.3 二级保护对象

D.3.1～D.3.19 本节对列为二级保护对象的建筑提出火灾探测器设置部位的建议性意见。1～8条是单指所列建筑的场所，9～19条是共性的、适用于二级保护对象的所有建筑的场所，9条适用于独立的汽车库，也适用于附属在建筑内的汽车库。

中华人民共和国国家标准

建筑灭火器配置设计规范

GBJ 140—90

主编部门：中华人民共和国公安部
批准部门：中华人民共和国建设部
施行日期：1991年8月1日

关于发布国家标准《建筑灭火器配置设计规范》的通知

(90)建标字第666号

根据原国家计委计综〔1986〕2630号通知要求，由公安部会同各有关部门共同编制的《建筑灭火器配置设计规范》已经有关部门会审。现批准《建筑灭火器配置设计规范》GBJ 140—90为国家标准，自1991年8月1日起施行。

本规范由公安部负责管理，其具体解释工作由公安部上海消防科研所负责。出版发行由建设部标准定额研究所负责组织。

建设部
1990年12月20日

编制说明

本规范是根据原国家计委计综〔1986〕2630号通知要求，由公安部上海消防科学研究所会同有关设计、公安部门和生产厂等单位组成的规范编制组共同编制的。

本规范在编制过程中，遵照国家基本建设的有关方针、政策和“预防为主，防消结合”的消防工作方针，对工业与民用建筑灭火器的配置现状作了较广泛的调查研究；总结了国内多年来的实践经验；吸收了对卤代烷、干粉、二氧化碳、泡沫等各类灭火器的灭火级别进行验证灭火试验的成果；借鉴了美、英和澳大利亚等国的有关标准规范资料；并征求了部分省、自治区、直辖市和一些部、委所属设计、科研、院校、公安消防以及使用单位的意见；经多次讨论修改，最后会同有关部门审查定稿。

本规范共分六章和六个附录。其主要内容有：总则、灭火器配置场所的危险等级和灭火器的灭火级别、灭火器的选择、灭火器的配置、灭火器的设置、灭火器配置的设计计算等。

鉴于本规范是初次制定，在执行本规范的过程中，请各单位结合工程实践和科学研究，认真总结经验，积累有关资料和数据，连同对本规范的意见和建议，寄交公安部上海消防科学研究所(地址：上海市中山南二路601号，邮政编码：200032)，以供修订时参考。

公安部

1990年10月

第一章 总则

第 1.0.1 条 为了合理配置灭火器，有效地扑救工业与民用建筑初起火灾，减少火灾损失，保护人身和财产的安全，特制定本规范。

第 1.0.2 条 本规范适用于新建、扩建、改建的生产、使用和贮存可燃物的工业与民用建筑工程。

本规范不适用于生产、贮存火药、炸药、弹药、火工品、花炮的厂(库)房，以及九层及九层以下的普通住宅。

第 1.0.3 条 配置的灭火器类型、规格、数量以及设置位置应作为建筑设计内容，并在工程设计图纸上标明。

第 1.0.4 条 建筑灭火器的配置设计，除执行本规范的规定外，尚应符合国家现行的有关标准、规范的要求。

第二章　灭火器配置场所的危险等级和灭火器的灭火级别

第 2.0.1 条　工业建筑灭火器配置场所的危险等级，应根据其生产、使用、贮存物品的火灾危险性、可燃物数量、火灾蔓延速度以及扑救难易程度等因素，划分为以下三级：

一、严重危险级：火灾危险性大、可燃物多、起火后蔓延迅速或容易造成重大火灾损失的场所；

二、中危险级：火灾危险性较大、可燃物较多、起火后蔓延较迅速的场所；

三、轻危险级：火灾危险性较小、可燃物较少、起火后蔓延较缓慢的场所。

工业建筑灭火器配置场所的危险等级举例见本规范附录二。

第 2.0.2 条　民用建筑灭火器配置场所的危险等级，应根据其使用性质、火灾危险性、可燃物数量、火灾蔓延速度以及扑救难易程度等因素，划分为以下三级：

一、严重危险级：功能复杂、用电用火多、设备贵重、火灾危险性大、可燃物多、起火后蔓延迅速或容易造成重大火灾损失的场所；

二、中危险级：用电用火较多、火灾危险性较大、可燃物较多、起火后蔓延较迅速的场所；

三、轻危险级：用电用火较少、火灾危险性较小、可燃物较少、起火后蔓延较缓慢的场所。

民用建筑灭火器配置场所的危险等级举例见本规范附录三。

第 2.0.3 条　火灾种类应根据物质及其燃烧特性划分为以下几类：

一、A类火灾：指含碳固体可燃物，如木材、棉、毛、麻、纸张等燃烧的火灾；

二、B类火灾：指甲、乙、丙类液体，如汽油、煤油、柴油、甲醇、乙醚、丙酮等燃烧的火灾；

三、C类火灾：指可燃气体，如煤气、天然气、甲烷、丙烷、乙炔、氢气等燃烧的火灾；

四、D类火灾：指可燃金属，如钾、钠、镁、钛、锆、锂、铝镁合金等燃烧的火灾；

五、带电火灾：指带电物体燃烧的火灾。

第 2.0.4 条　灭火器的灭火级别应由数字和字母组成，数字应表示灭火级别的大小，字母(A或B)应表示灭火级别的单位及适用扑救火灾的种类。

第三章　灭火器的选择

第 3.0.1 条　灭火器应按下列因素选择：

一、灭火器配置场所的火灾种类；

二、灭火有效程度；

三、对保护物品的污损程度；

四、设置点的环境温度；

五、使用灭火器人员的素质。

第 3.0.2 条　灭火器类型的选择应符合下列规定：

一、扑救A类火灾应选用水型、泡沫、磷酸铵盐干粉、卤代烷型灭火器；

二、扑救B委火灾应选用干粉、泡沫、卤代烷、二氧化碳型灭火器，扑救极性溶剂B类火灾不得选用化学泡沫灭火器；

三、扑救C类火灾应选用干粉、卤代烷、二氧化碳型灭火器；

四、扑救带电火灾应选用卤代烷、二氧化碳、干粉型灭火器；

五、扑救A、B、C类火灾和带电火灾应选用磷酸铵盐干粉、卤代烷型灭火器；

六、扑救D类火灾的灭火器材应由设计单位和当地公安消防监督部门协商解决。

第 3.0.3 条　在同一灭火器配置场所，当选用同一类型灭火器时，宜选用操作方法相同的灭火器。

第 3.0.4 条　在同一灭火器配置场所，当选用两种或两种以上类型灭火器时，应采用灭火剂相容的灭火器。不相容的灭火剂见本规范附录四的规定。

第四章 灭火器的配置

第 4.0.1 条 A类火灾配置场所灭火器的配置基准，应符合表4.0.1的规定。

A类火灾配置场所灭火器的配置基准 表4.0.1

危险等级	严重危险级	中危险级	轻危险级
每具灭火器最小配置灭火级别	5A	5A	3A
最大保护面积（m^2/A）	10	15	20

第 4.0.2 条 B类火灾配置场所灭火器的配置基准，应符合表4.0.2的规定。

B类火灾配置场所灭火器的配置基准 表4.0.2

危险等级	严重危险级	中危险级	轻危险级
每具灭火器最小配置灭火级别	8B	4B	1B
最大保护面积（m^2/B）	5	7.5	10

第 4.0.3 条 C类火灾配置场所灭火器的配置基准，应按B类火灾配置场所的规定执行。

第 4.0.4 条 地下建筑灭火器的配置数量应按其相应的地面建筑的规定增加30%。

第 4.0.5 条 设有消火栓，灭火系统的灭火器配置场所，可按下列规定减少灭火器配置数量：

一、设有消火栓的，可相应减少30%；

二、设有灭火系统的，可相应减少50%；

三、设有消火栓和灭火系统的，可相应减少70%。

第 4.0.6 条 可燃物露天堆垛，甲、乙、丙类液体贮罐，可燃气体贮罐的灭火器配置场所，灭火器的配置数量可相应减少70%。

第 4.0.7 条 一个灭火器配置场所内的灭火器不应少于2具。每个设置点的灭火器不宜多于5具。

第五章　灭火器的设置

第一节　灭火器的设置要求

第 5.1.1 条　灭火器应设置在明显和便于取用的地点，且不得影响安全疏散。

第 5.1.2 条　灭火器应设置稳固，其铭牌必须朝外。

第 5.1.3 条　手提式灭火器宜设置在挂钩、托架上或灭火器箱内，其顶部离地面高度应小于1.50m；底部离地面高度不宜小于0.15m。

第 5.1.4 条　灭火器不应设置在潮湿或强腐蚀性的地点，当必须设置时，应有相应的保护措施。

设置在室外的灭火器，应有保护措施。

第 5.1.5 条　灭火器不得设置在超出其使用温度范围的地点。

灭火器的使用温度范围应符合本规范附录五的规定。

第二节　灭火器的保护距离

第 5.2.1 条　设置在A类火灾配置场所的灭火器，其最大保护距离应符合表5.2.1的规定。

第 5.2.2 条　设置在B类火灾配置场所的灭火器，其最大保护距离应符合表5.2.2的规定。

第 5.2.3 条　设置在C类火灾配置场所的灭火器，其最大保护距离应按本规范第5.2.2条规定执行。

A类火灾配置场所灭火器最大保护距离(m)　　表5.2.1

灭火器类型 / 危险等级	手提式灭火器	推车式灭火器
严重危险级	15	30
中危险级	20	40
轻危险级	25	50

B类火灾配置场所灭火器最大保护距离(m)　　表5.2.2

灭火器类型 / 危险等级	手提式灭火器	推车式灭火器
严重危险级	9	18
中危险级	12	24
轻危险级	15	30

第 5.2.4 条　设置在可燃物露天堆垛，甲、乙、丙类液体贮罐，可燃气体贮罐的灭火器配置场所的灭火器，其最大保护距离应按国家现行有关标准、规范的规定执行。

第六章　灭火器配置的设计计算

第 6.0.1 条　灭火器配置场所的计算单元应按下列规定划分：

一、灭火器配置场所的危险等级和火灾种类均相同的相邻场所，可将一个楼层或一个防火分区作为一个计算单元；

二、灭火器配置场所的危险等级或火灾种类不相同的场所，应分别作为一个计算单元。

第 6.0.2 条　灭火器配置场所的保护面积计算应符合下列规定：

一、建筑工程按使用面积计算；

二、可燃物露天堆垛，甲、乙、丙类液体贮罐，可燃气体贮罐按堆垛，贮罐占地面积计算。

第 6.0.3 条　灭火器配置场所所需的灭火级别应按下式计算：

$$Q=K\frac{S}{U} \tag{6.0.3}$$

式中　Q——灭火器配置场所的灭火级别，A或B；

S——灭火器配置场所的保护面积，m^2；

U——A类火灾或B类火灾的灭火器配置场所相应危险等级的灭火器配置基准，m^2/A或m^2/B；

K——修正系数。

无消火栓和灭火系统的，$K=1.0$；

设有消火栓的，$K=0.7$；

设有灭火系统的，$K=0.5$；

设有消火栓和灭火系统的或为可燃物露天堆垛，

甲、乙、丙类液体贮罐，可燃气体贮罐的，$K=0.3$。

第 6.0.4 条　地下建筑灭火器配置场所所需的灭火级别应按下式计算：

$$Q=1.3K\frac{S}{U} \tag{6.0.4}$$

第 6.0.5 条　灭火器配置场所每个设置点的灭火级别应按下式计算：

$$Q_e=\frac{Q}{N} \tag{6.0.5}$$

式中　Q_e——灭火器配置场所每个设置点的灭火级别，A或B；

N——灭火器配置场所中设置点的数量。

第 6.0.6 条　灭火器配置场所和设置点实际配置的所有灭火器的灭火级别均不得小于计算值。

第 6.0.7 条　灭火器配置的设计计算应按下述程序进行：

一、确定各灭火器配置场所的危险等级；

二、确定各灭火器配置场所的火灾种类；

三、划分灭火器配置场所的计算单元；

四、测算各单元的保护面积；

五、计算各单元所需灭火级别；

六、确定各单元的灭火器设置点；

七、计算每个灭火器设置点的灭火级别；

八、确定每个设置点灭火器的类型、规格与数量；

九、验算各设置点和各单元实际配置的所有灭火器的灭火级别；

十、确定每具灭火器的设置方式和要求，在设计图上标明其类型、规格、数量与设置位置。

附录一　名词解释

附表 1.1

名　词	曾用名词	说　　明
灭火器配置场所		指要求配置灭火器的场所，如油漆间、配电间仪表控制室、办公室、实验室、厂房、库房、观众厅、舞台、堆垛等
保护距离		灭火器配置场所内任一着火点到最近灭火器设置点的行走距离
计算单元		指将建筑中若干相邻且危险等级和火灾种类均相同的灭火器配置场所作为一个总的灭火器配置场所进行灭火器配置设计计算的组合部分。其保护面积、保护距离和灭火器的配置数量等均按该计算单元所包括的总的灭火器配置场所考虑

附录二　工业建筑灭火器配置场所的危险等级举例

附表 2.1

危险等级	举例：厂房和露天、半露天生产装置区	举例：库房和露天、半露天堆场
严重危险级	1.闪点<60°C的油品和有机溶剂的提炼、回收；洗涤部位及其泵房、罐桶间 2.橡胶制品的涂胶和胶浆部位 3.二硫化碳的粗馏、精馏工段及其应用部位 4.甲醇、乙醇、丙酮、丁酮、异丙醇、醋酸乙酯、苯等的合成或精制厂房 5.植物油加工厂的浸出厂房 6.洗涤剂厂房石蜡裂解部位、冰醋酸裂解厂房 7.环氧氢丙烷、苯乙烯厂房或装置区 8.液化石油气罐瓶间 9.天然气、石油伴生气、水煤气或焦炉煤气的净化（如脱硫）厂房压缩机室及鼓风机室	1.化学危险物品库房 2.装卸原油或化学危险物品的车站、码头 3.甲、乙类液体贮罐、桶装堆场 4.液化石油气贮罐区、桶装堆场 5.散装棉花堆场 6.稻草、芦苇、麦秸等堆场 7.赛璐珞及其制品、漆布、油布、油纸及其制品，油绸及其制品库房 8.60度以上的白酒库房

续表

危险等级	举例：厂房和露天、半露天生产装置区	举例：库房和露天、半露天堆场
严重危险级	10.乙炔站、氢气站、煤气站、氧气站 11.硝化棉、赛璐珞厂房及其应用部位 12.黄磷、赤磷制备厂房及其应用部位 13.樟脑或松香提炼厂房，焦化厂精萘厂房 14.煤粉厂房和面粉厂房的碾磨部位 15.谷物筒仓工作塔、亚麻厂的除尘器和过滤器室 16.氯酸钾厂房及其应用部位 17.发烟硫酸或发烟硝酸浓缩部位 18.高锰酸钾、重铬酸钠厂房 19.过氧化钠、过氧化钾、次氯酸钙厂房 20.各工厂的总控制室、分控制室 21.可燃材料工棚	
中危险级	1.闪点≥60°C的油品和有机溶剂的提炼、回收工段及其抽送泵房	1.闪点≥60°C的油品和其他丙类液体贮罐、桶装库房或堆场

续表

危险等级	举例	
	厂房和露天、半露天生产装置区	库房和露天、半露天堆场
中危险级	2.柴油、机器油或变压器油罐桶间 3.润滑油再生部位或沥青加工厂房 4.植物油加工精炼部位 5.油浸变压器室和高、低压配电室 6.工业用燃油、燃气锅炉房 7.各种电缆廊道 8.油淬火处理车间 9.橡胶制品压延、成型和硫化厂房 10.木工厂房和竹、藤加工厂房 11.针织品厂房和纺织、印染、化纤生产的干燥部位 12.服装加工厂房和印染厂成品厂房 13.麻纺厂粗加工厂房和毛涤厂选毛厂房 14.谷物加工厂房 15.卷烟厂的切丝、卷制、包装厂房 16.印刷厂的印刷厂房 17.电视机、收录机装配厂房 18.显像管厂装配工段烧枪间	2.化学、人造纤维及其织物、棉、毛、丝、麻及其织物的库房 3.纸张、竹、木及其制品的库房或堆场 4.火柴、香烟、糖、茶叶库房 5.中药材库房 6.橡胶、塑料及其制品的库房 7.粮食、食品库房及粮食堆场 8.电视机、收录机等电子产品及其他家用电气产品的库房 9.汽车、大型拖拉机停车库 10.<60度的白酒库房 11.低温冷库

续表

危险等级	举例	
	厂房和露天、半露天生产装置区	库房和露天、半露天堆场
中危险级	19.磁带装配厂房 20.泡沫塑料厂的发泡、成型、印片、压花部位 21.饲料加工厂房 22.汽车加油站	
轻危险级	1.金属冶炼、铸造、铆焊、热轧、锻造、热处理厂房 2.玻璃原料熔化厂房 3.陶瓷制品的烘干、烧成厂房 4.酚醛泡沫塑料的加工厂房 5.印染厂的漂炼部位 6.化纤厂后加工润湿部位 7.造纸厂或化纤厂的浆粕蒸煮工段 8.仪表、器械或车辆装配车间 9.不燃液体的泵房和阀门室 10.金属（镁合金除外）冷加工车间 11.氟里昂厂房	1.钢材库房及堆场 2.水泥库房 3.搪瓷、陶瓷制品库房 4.难燃烧或非燃烧的建筑房饰材料库房 5.原木堆场

注：① 未列入本表内的工业建筑灭火器配置场所，可按照本规范第2.0.1条的规定确定危险等级。

② 本表中的甲、乙、丙类液体的范围，应符合现行国家标准《建筑设计防火规范》的规定。

附录三　民用建筑灭火器配置场所的危险等级举例

附表 3.1

危险等级	举例
严重危险级	1.重要的资料室、档案室 2.设备贵重或可燃物多的实验室 3.广播电视演播室、道具间 4.电子计算机房及数据库 5.重要的电信机房 6.高级旅馆的公共活动用房及大厨房 7.电影院、剧院、会堂、礼堂的舞台及后台部位 8.医院的手术室、药房和病历室 9.博物馆、图书馆的珍藏室、复印室 10.电影、电视摄影棚
中危险级	1.设有空调设备、电子计算机、复印机等的办公室 2.学校或科研单位的理化实验室 3.广播、电视的录音室、播音室 4.高级旅馆的其他部位 5.电影院、剧院、会堂、礼堂、体育馆的放映室 6.百货楼、营业厅、综合商场 7.图书馆、书库 8.多功能厅、餐厅及厨房 9.展览厅 10.医院的理疗室、透视室、心电图室 11.重点文物保护场所 12.邮政信函和包裹分捡房、邮袋库 13.高级住宅 14.燃油、燃气锅炉房 15.民用的油浸变压器室和高、低压配电室
轻危险级	1.电影院、剧院、会堂、礼堂、体育馆的观众厅 2.医院门诊部、住院部 3.学校教学楼、幼儿园与托儿所的活动室 4.办公楼 5.车站、码头、机场的候车、候船、候机厅 6.普通旅馆 7.商店 8.十层及十层以上的普通住宅

续表

注：未列入本表内的民用建筑灭火器配置场所，可按照本规范第2.0.2条的规定确定危险等级。

附录四　不相容的灭火剂

附表 4.1

类　型	不相容的灭火剂	
干粉与干粉	磷酸铵盐	碳酸氢钠、碳酸氢钾
干粉与泡沫	碳酸氢钾、碳酸氢钠	蛋白泡沫
	碳酸氢钾、碳酸氢钠	化学泡沫

附录五　灭火器的使用温度范围

附表 5.1

灭火器类型		使用温度范围(°C)
清水灭火器		+4～+55
酸碱灭火器		+4～+55
化学泡沫灭火器		+4～+55
干粉灭火器	贮气瓶式	−10～+55
	贮压式	−20～+55
卤代烷灭火器		−20～+55
二氧化碳灭火器		−10～+55

附录六　本规范用词说明

一、执行本规范条文时，要求严格程度的用词说明如下，以便在执行中区别对待。

1.表示很严格，非这样作不可的用词：

正面词采用“必须”；

反面词采用“严禁”。

2.表示严格，在通常情况下均应这样作的用词：

正面词采用“应”；

反面词采用“不应”或“不得”。

3.表示允许稍有选择，在条件许可时首先应这样作的用词：

正面词采用“宜”或“可”；

反面词采用“不宜”。

二、条文中指明必须按指定的标准、规范或其他有关规定执行的写法为“应按……执行”或“应符合……要求或规定”。

附加说明

本规范主编单位、参加单位和主要起草人名单

主编单位：公安部上海消防科学研究所

参加单位：建设部建筑设计院
航空航天工业部第四规划设计研究院
浙江省公安厅消防局
河南省公安厅消防局
浙江消防器材厂

主要起草人：周永魁　唐祝华　厉声钧　冯巧娣　诸　容
吴以仁　谭孝良　高根妙　张新根　蒋永琨
吴礼龙　陈学海　杨保生

中华人民共和国国家标准

《建筑灭火器配置设计规范》

GBJ140—90

1997年局部修订条文

工程建设国家标准局部修订公告

第10号

国家标准《建筑灭火器配置设计规范》GBJ140—90由公安部上海消防科研所会同有关单位进行了局部修订，已经有关部门会审，现批准局部修订的条文，自1997年9月1日起施行，该规范中相应条文的规定同时废止。现予公告。

中华人民共和国建设部

1997年6月24日

第三章　灭火器的选择

第 3.0.5 条　在非必要配置卤代烷灭火器的场所不得选用卤代烷灭火器，宜选用磷酸铵盐干粉灭火器或轻水泡沫灭火器等其它类型灭火器。

非必要配置卤代烷灭火器的场所的确定应按国家消防主管部门和国家环保主管部门的有关规定执行。

非必要配置卤代烷灭火器的场所举例见本规范附录七。

注：卤代烷灭火器系指卤代烷 1211、1301 灭火器，下同。

【说明】　本条系新增条文。

1. 为保护大气臭氧层，目前国际上比较统一的做法是在非必要场所限制使用卤代烷灭火器。在我国，已有部分灭火器厂停止生产卤代烷灭火器，有的工厂已转产磷酸铵盐干粉灭火器或（和）轻水泡沫灭火器。这两类灭火器具有能扑救 A 类火灾和 B 类火灾的功能，与卤代烷灭火器类同，而且国内已有生产。

2. 本条规定依据公安部和国家环保局公通字［1994］第 94 号文"关于在非必要场所停止再配置卤代烷灭火器的通知"及公安部消防局公消［1996］第 169 号文"卤代烷替代品推广应用的规定"。NFPA10—1994 美国规范及 ISO/CD11602 国际标准也作出了类同本条条文的规定。在目前联合国环境署和我国政府尚未对必要应用卤代烷灭火器的场所做出确切定论和具体规定的情况下，则非必要场所之外的场所可按必要场所处理。

第四章　灭火器的配置

第 4.0.8 条　已配置在工业与民用建筑及人防工程内的所有卤代烷灭火器，除用于扑灭火灾外，不得随意向大气中排放。

［注］本局部修订条文中标有黑线部分为修订的内容。

【说明】　本条系新增条文。

本条规定旨在限制卤代烷灭火剂不必要地向大气中排放。NFPA10-1994 美国规范和 ISO/CD11602 国际标准亦作出类同的规定。

第 4.0.9 条　在卤代烷灭火器定期维修、水压试验或作报废处理时，必须使用经国家认可的卤代烷回收装置来回收卤代烷灭火剂。

【说明】　本条系新增条文。

1. 本条规定旨在限制卤代烷灭火剂向大气中的泄漏。现今我国和世界发达国家均已有经国家认可的密闭式卤代烷回收装置的合格产品供应，该装置能将回收的卤代烷灭火剂密闭在封闭系统中，以尽量减少卤代烷灭火剂向大气中的泄漏。

2. NFPA10—1994 美国规范及 ISO/CD11602 国际标准均有类同本条的规定和详细说明。

第 4.0.10 条　在非必要配置卤代烷灭火器的场所已配置的卤代烷灭火器，当其超过规定的使用年限或达不到产品质量标准要求时，应将其撤换，并应作报废处理。

【说明】　本条系新增条文。

1. 近三十年来，在我国的工业与民用建筑及人防工程内已配置使用了大量的卤代烷灭火器。对这些灭火器的处理难度较大，应依据公安部和国家环保局公通字［1994］第 94 号文"关于在非必要场所停止再配置卤代烷灭火器的通知"，采取逐步淘汰的方法。因此本条规定当该类灭火器超过规定的使用年限，或当其因损伤、腐蚀等而达不到产品质量标准要求时，需将其撤出配置场所，并作报废处理，但在该场所则不能再配置卤代烷灭火器。

2. NFPA10—1994 美国规范及 ISO/CD11602 国际标准均有类同本条条文的相应规定与说明。

第 4.0.11 条　凡已确定撤换卤代烷灭火器的非必要配置场所，应在其原设置位置重新配置其它类型灭火器。重新配置的灭火器应按等效替代的原则和本规范第四章、第六章的规定进行配置设计计算。

卤代烷灭火器等效替代举例见本规范附录八。

附录八　卤代烷灭火器等效替代举例

类型	卤代烷1211灭火器			磷酸铵盐干粉灭火器		
	灭火剂充装量千克（kg）	灭火级别		灭火剂充装量千克（kg）	灭火级别	
		灭A类火	灭B类火		灭A类火	灭B类火
手提式灭火器	0.5	—	1B	1	3A	2B
	1	—	2B	1	3A	2B
	2	3A	4B	2	5A	5B
	3	3A	6B	3	5A	7B
	4	5A	8B	4	8A	10B
	6	8A	12B	5	8A	12B
推车式灭火器	20	—	24B	25	21A	35B
	25	—	30B	35	27A	45B
	40	—	35B	50	34A	65B

注：①本附录规定的等效替代用磷酸铵盐干粉灭火器为替代相应卤代烷1211灭火器的最小规格。
②替代用的各种类型灭火器的灭火级别应至少等于原配卤代烷灭火器的相应值。

【说明】　本条系新增条文。

本条规定旨在保护大气臭氧层的同时亦能确保在防护场所内仍具备足够的第一线灭火装备。NF—PA10—1994美国规范对此也有明确的规定。

附录七　非必要配置卤代烷灭火器的场所举例

一、民用建筑类：

1. 电影院、剧院、会堂、礼堂、体育馆的观众厅
2. 医院门诊部、住院部
3. 学校教学楼、幼儿园与托儿所的活动室
4. 办公楼
5. 车站、码头、机场的候车、候船、候机厅
6. 高级旅馆的公共场所，走廊、客房
7. 普通旅馆
8. 商店
9. 百货楼、营业厅、综合商场
10. 图书馆一般书库
11. 展览厅
12. 高级住宅
13. 普通住宅
14. 燃油、燃气锅炉房

二、工业建筑类

1. 橡胶制品的涂胶和胶浆部位；压延成型和硫化厂房
2. 像胶、塑料及其制品库房
3. 植物油加工厂的浸出厂房；植物油加工精炼部位
4. 黄磷、赤磷制备厂房及其应用部位
5. 樟脑或松香提炼厂房、焦化厂精萘厂房
6. 煤粉厂房和面粉厂房的碾磨部位
7. 谷物筒仓工作塔、亚麻厂的除尘器和过滤器室
8. 散装棉花堆场
9. 稻草、芦苇、麦秸等堆场
10. 谷物加工厂房
11. 饲料加工厂房
12. 粮食、食品库房及其粮食堆场
13. 高锰酸钾、重铬酸钠厂房
14. 过氧化钠、过氧化钾、次氯酸钙厂房

15. 可燃材料工棚
16. 甲、乙类液体贮罐、桶装堆场
17. 柴油、机器油或变压器油灌桶间
18. 润滑油再生部位或沥青加工厂房
19. 闪点>60℃的油品和其它丙类液体贮罐、桶装库房或堆场
20. 泡沫塑料厂的发泡、成型、印片、压花部位
21. 化学、人造纤维及其织物和棉、毛、丝、麻及其织物的库房
22. 酚醛泡沫塑料的加工厂房
23. 化纤厂后加工润湿部位；印染厂的漂炼部位
24. 木工厂房和竹、藤加工厂房
25. 纸张、竹、木及其制品的库房或堆场
26. 造纸厂或化纤厂的浆粕蒸煮工段
27. 玻璃原料熔化厂房
28. 陶瓷制品的烘干、烧成厂房
29. 金属（镁合金除外）冷加工车间
30. 钢材库房及堆场
31. 水泥库房
32. 搪瓷、陶瓷制品库房
33. 难燃烧或非燃烧的建筑装饰材料库房
34. 原木堆场

中华人民共和国国家标准

低倍数泡沫灭火系统设计规范

GB 50151—92

主编部门：中华人民共和国公安部
批准部门：中华人民共和国建设部
施行日期：1 9 9 2 年 7 月 1 日

关于发布国家标准《低倍数泡沫灭火系统设计规范》的通知

建标[1992]30 号

根据国家计委计综[1986]2630 号文的要求，由公安部会同有关部门共同编制的《低倍数泡沫灭火系统设计规范》，已经有关部门会审。现批准《低倍数泡沫灭火系统设计规范》GB50151—92 为国家标准，自 1992 年 7 月 1 日起施行。

本规范由公安部负责管理，由公安部天津消防科学研究所负责解释，由建设部标准定额研究所负责组织出版发行。

中华人民共和国建设部
1992 年 1 月 10 日

编制说明

本规范是根据国家计委计综[1986]2630号文的通知，由公安部天津消防科学研究所会同中国石化总公司北京设计院、洛阳石油化工工程公司、石油天然气总公司大庆石油勘察设计研究院和天津市公安局消防总队等五个单位共同编制而成。

在编制过程中，规范编制组的同志遵照国家的有关方针、政策和“预防为主，防消结合”的消防工作方针，对我国低倍数泡沫灭火系统的科学研究、设计和使用现状进行了广泛的调查和研究，结合国内历次大型及中日石油灭火试验，对泡沫混合液的供给强度等进行验证，并专门为环泵式比例混合流程在自灌条件下适用情况进行了验证，在吸收现有科研成果和工程设计的实践经验基础上，参考了美国、日本、德国、苏联以及国际标准化组织(ISO)等低倍数泡沫灭火系统设计、安装、验收规范和资料，并征求了部分省、市和有关部、委所属的科研、设计、高等院校、大型石油化工企业以及公安消防监督机关等部门的意见，最后经有关部门共同审查定稿。

本规范共分四章和二个附录。其主要内容有：总则，泡沫液和系统型式的选择，系统设计，系统组件等。

鉴于本规范系初次编制，希望各单位在执行过程中，注意积累资料，总结经验，如发现需要修改和补充之处，请将意见和有关资料寄交公安部天津消防科学研究所(地址：天津市李七庄，邮政编码：300381)，以便今后修改时参考。

中华人民共和国公安部

1991年10月

第一章 总 则

第1.0.1条 为了合理地设计低倍数空气泡沫灭火系统(以下简称泡沫灭火系统),减少火灾损失,保障人身和财产安全,制订本规范。

第1.0.2条 泡沫灭火系统的设计,必须遵循国家的有关方针、政策,做到安全可靠,技术先进,经济合理,管理方便。

第1.0.3条 本规范适用于加工、储存、装卸、使用甲(液化烃除外)、乙、丙类液体场所的泡沫灭火系统设计。

本规范不适用于船舶、海上石油平台等的泡沫灭火系统设计。

第1.0.4条 泡沫灭火系统的设计,除执行本规范的规定外,尚应符合国家现行的有关标准、规范的要求。

第二章 泡沫液和系统型式的选择

第一节 泡沫液的选择、储存和配制

第2.1.1条 对非水溶性甲、乙、丙类液体,当采用液上喷射泡沫灭火时,宜选用蛋白泡沫液、氟蛋白泡沫液或水成膜泡沫液;当采用液下喷射泡沫灭火时,必须选用氟蛋白泡沫液或水成膜泡沫液。

第2.1.2条 对水溶性甲、乙、丙类液体,必须选用抗溶性泡沫液。

第2.1.3条 泡沫液的储存温度,应为0～40℃,且宜储存在通风干燥的房间或敞棚内。

第2.1.4条 泡沫液配制成泡沫混合液,应符合下列要求:

一、蛋白、氟蛋白、抗溶氟蛋白型泡沫液,配制成泡沫混合液,可使用淡水或海水;

二、凝胶型、金属皂型泡沫液,配制成泡沫混合液,应使用淡水;

三、所有类型的泡沫液,配制成泡沫混合液,严禁使用影响泡沫灭火性能的水;

四、泡沫液配制成泡沫混合液用水的温度宜为4～35℃。

第二节　系统型式的选择

第 2.2.1 条　系统型式的选择，应根据保护对象的规模、火灾危险性、总体布置、扑救难易程度、消防站的设置情况等因素综合确定。

第 2.2.2 条　下列场所之一，宜选用固定式泡沫灭火系统：

一、总储量大于、等于 500m³ 独立的非水溶性甲、乙、丙类液体储罐区；

二、总储量大于、等于 200m³ 水溶性甲、乙、丙类液体立式储罐区；

三、机动消防设施不足的企业附属非水溶性甲、乙、丙类液体储罐区。

第 2.2.3 条　下列场所之一，宜选用半固定式泡沫灭火系统：

一、机动消防设施较强的企业附属甲、乙、丙类液体储罐区；

二、石油化工生产装置区火灾危险性大的场所。

第 2.2.4 条　下列场所之一，宜选用移动式泡沫灭火系统：

一、总储量不大于 500m³、单罐容量不大于 200m³，且罐壁高度不大于 7m 的地上非水溶性甲、乙、丙类液体立式储罐；

二、总储量小于 200m³、单罐容量不大于 100m³，且罐壁高度不大于 5m 的地上水溶性甲、乙、丙类液体立式储罐；

三、卧式储罐；

四、甲、乙、丙类液体装卸区易泄漏的场所。

第三章　系统设计

第一节　储罐区泡沫灭火系统设计的一般规定

第 3.1.1 条　储罐区的泡沫灭火系统设计，其泡沫混合液量，应满足扑救储罐区内泡沫混合液最大用量的单罐火灾和扑救该储罐流散液体火灾所设辅助泡沫枪的混合液用量之和的要求。

第 3.1.2 条　储罐区泡沫液的总储量除按规定的泡沫混合液供给强度、泡沫枪数量和连续供给时间计算外，尚应增加充满管道的需要量。

第 3.1.3 条　采用固定式泡沫灭火系统时，除设置固定式泡沫灭火设备外，同时还应设置泡沫钩管、泡沫枪和泡沫消防车等移动泡沫灭火设备。

第 3.1.4 条　扑救甲、乙、丙类液体流散火灾，需用的辅助泡沫枪数量，应按罐区内泡沫混合液最大用量的储罐直径确定，其数量和泡沫混合液连续供给时间不应小于表 3.1.4 的规定。

泡沫枪数量和连续供给时间　　**表 3.1.4**

储罐直径(m)	配备 PQ8 型泡沫枪数(支)	连续供给时间(min)
<23	1	10

续表

储罐直径(m)	配备 PQ8 型泡沫枪数(支)	连续供给时间(min)
23～33	2	20
>33	3	30

第二节　储罐区液上喷射泡沫灭火系统的设计

第3.2.1条　固定顶储罐液上喷射泡沫灭火系统的燃烧面积，应按储罐横截面面积计算。泡沫混合液供给强度及连续供给时间，应符合下列规定：

一、非水溶性的甲、乙、丙类液体，不应小于表3.2.1-1的规定。

泡沫混合液供给强度和连续供给时间　　表3.2.1-1

液体类别	供给强度(L/min·m²)		连续供给时间(min)
	固定式、半固定式	移动式	
甲、乙类	6.0	8.0	40
丙类	6.0	8.0	30

二、水溶性的甲、乙、丙类液体，不应小于表3.2.1-2的规定。

第3.2.2条　外浮顶储罐的泡沫灭火系统，应符合下列规定：

泡沫混合液供给强度和连续供给时间　　表3.2.1-2

液体类别	供给强度(L/min·m²)	连续供给时间(min)
	固定式、半固定式	
丙酮、丁醇	12	30
甲醇、乙醇、丁酮、丙烯腈、醋酸乙酯	12	25

注：本表未列出的水溶性液体，其泡沫混合液供给强度和连续供给时间由试验确定。

一、泡沫混合液流量，应按罐壁与泡沫堰板之间的环形面积计算，其泡沫混合液的最小供给强度、泡沫产生器的最大保护周长和连续供给时间，均应符合表3.2.2的规定；

二、泡沫堰板距离罐壁不应小于1.0m。当采用机械密封时，泡沫堰板高度不应小于0.25m；当采用软密封时，泡沫堰板高度不应小于0.9m。在泡沫堰板最下部还应设置排水孔，其开孔面积宜按每平方米环形面积设两个12mm×8mm的长方形孔计算。

泡沫混合液供给强度、泡沫产生器保护周长和连续供给时间　　表3.2.2

泡沫产生器		供给强度	保护周长	连续供给时间
型号	混合液流量(L/min)	(L/min·m²)	(m)	(min)
PC4	240	12.5	18	30
PC8	480	12.5	36	30

第 3.2.3 条　内浮顶储罐的泡沫灭火系统，应符合下列规定：

一、浅盘式和浮盘采用易熔材料制作的内浮顶储罐的燃烧面积、泡沫混合液的供给强度和连续供给时间，均应按本规范第 3.2.1 条的规定执行；

二、单、双盘式内浮顶储罐的燃烧面积、泡沫混合液的供给强度和连续供给时间，均应按本规范第 3.2.2 条的第一款规定执行，泡沫堰板距罐壁不应小于 0.55m，其高度不应小于 0.5m。

第 3.2.4 条　液上喷射泡沫灭火系统泡沫产生器的设置，应符合下列规定：

一、固定顶储罐、浅盘式和浮盘采用易熔材料制作的内浮顶储罐的泡沫产生器型号及数量，应根据计算所需的泡沫混合液流量确定，且设置数量不应小于表 3.2.4 的规定。

泡沫产生器设置数量　　**表 3.2.4**

储罐直径(m)	泡沫产生器设置数量(个)
<10	1
10～20	2
21～25	3
26～35	4

二、外浮顶储罐和单、双盘式内浮顶储罐的泡沫产生器，其型号和数量应根据本规范第 3.2.2 条的要求确定；

三、泡沫产生器的进口压力，应为 0.3～0.6MPa，其对应泡沫混合液流量，应按下式计算：

$$Q = K_1 \sqrt{P} \qquad (3.2.4)$$

式中　Q——泡沫混合液流量(L/s)；

K_1——泡沫产生器流量特性系数；

P——泡沫产生器进口压力(MPa)。

第 3.2.5 条　储罐上泡沫混合液管道的设置，应符合下列规定：

一、固定顶储罐、浅盘式和浮盘采用易熔材料制作的内浮顶储罐，每个泡沫产生器应用独立的混合液管道引至防火堤外；

二、外浮顶储罐和单、双盘式内浮顶储罐泡沫产生器，可每两个一组在泡沫混合液立管下端合用一根管道引至防火堤外。当三个或三个以上泡沫产生器在泡沫混合液立管下端合用一根管道引至防火堤外时，宜在每个泡沫混合液立管上设控制阀。半固定式泡沫灭火系统引出防火堤外的每根泡沫混合液管道所需混合液流量不应大于一辆消防车的供给量；

三、连接泡沫产生器的泡沫混合液立管应用管卡固定在罐壁上，其间距不宜大于 3m，泡沫混合液的立管下端，应设锈渣清扫口。泡沫混合液的立管宜用金属软管与水平管道连接。外浮顶储罐可不设金属软管；

四、外浮顶储罐的梯子平台上，应设置带闷盖的管牙接口，此接口用管道沿罐壁引至距地面 0.7m 处或防火堤外，且应设置相应的管牙接口。

第 3.2.6 条　防火堤内的泡沫混合液管道的设置，应符合下列规定：

一、泡沫混合液的水平管道，宜敷设在管墩或管架上，但不应与管墩、管架固定；

二、泡沫混合液的管道，应有3‰坡度坡向防火堤。

第3.2.7条 防火堤外的泡沫混合液管道的设置，应符合下列规定：

一、泡沫混合液管道上，宜设置消火栓，其设置数量应按本规范第3.1.4条规定的泡沫枪数量及其保护半径综合确定；

二、泡沫混合液的管道，应有2‰的坡度坡向放空阀，管道上的控制阀，应设置在防火堤外，并应有明显标志；

三、泡沫混合液管道上的高处，应设排气阀。

第3.2.8条 泡沫混合液管道的设计流速，不宜大于3m/s，其水力计算可按现行的国家标准《自动喷水灭火系统设计规范》水力计算确定。

第三节 储罐区液下喷射泡沫灭火系统的设计

第3.3.1条 液下喷射泡沫灭火系统，不应用于水溶性甲、乙、丙类液体储罐，也不宜用于外浮顶和内浮顶储罐。

第3.3.2条 地上固定顶储罐，当采用液下喷射泡沫灭火系统，选用氟蛋白泡沫液时，应符合下列规定：

一、泡沫混合液的供给强度不应小于6L/min·m²，泡沫发泡倍数宜按3倍计算；

当贮存温度超过50℃或粘度大于40mm²/s时，其泡沫混合液供给强度应由试验确定；

二、泡沫混合液的连续供给时间，宜为30min；

三、泡沫进入油品的速度，不宜大于3m/s；

四、泡沫喷射口宜采用向上斜的口型，其斜口角度宜为45°，喷射管伸入罐内的长度不得小于喷射管直径的10倍。当只有一个喷射口时，喷射口宜设在储罐中心；当设有一个以上喷射口时，其应均匀设置，且各喷射口的流量应大致相同；

五、泡沫喷射口的安装高度，应在储罐积水层之上。泡沫喷射口的设置数量不应小于表3.3.2的规定。

喷射口设置数量 **表3.3.2**

储罐直径(m)	喷射口数量(个)
<23	1
23～33	2
>33	3

第3.3.3条 液下喷射泡沫灭火系统高背压泡沫产生器的设置，应符合下列规定：

一、设置数量，应按本规范第3.3.2条计算的泡沫混合液流量确定；

二、出口压力应大于泡沫管道的阻力和罐内液体静压力之和；

三、进口的压力应为0.6～1.0MPa，其对应的泡沫混合液流量，可按下式计算：

$$Q = K_2 \sqrt{P} \quad (3.3.3)$$

式中 Q——泡沫混合液流量(L/min)；

K_2——高背压泡沫产生器流量特性系数；

P——高背压泡沫产生器的进口压力(MPa)。

第3.3.4条 液下喷射泡沫灭火系统，泡沫管线的设置，应符合下列规定：

一、防火堤内的泡沫管线，应按本规范第3.2.6条确定；

二、防火堤外的泡沫管线，应设置放空阀，并宜有2‰的坡度坡向放空阀；不应设置消火栓、排气阀。

第3.3.5条 泡沫管道的水力计算，应符合下列规定：

一、水力计算可按下式计算：

$$h = CQ^{1.72} \tag{3.3.5}$$

式中 h——泡沫管道单位长度阻力损失(Pa/10m)；

C——管道阻力损失系数；

Q——泡沫流量(L/s)。

二、管道阻力损失系数可按表3.3.5-1取值。

管道阻力损失系数　表3.3.5-1

管径(mm)	管道阻力损失系数
100	12.920
150	2.140
200	0.555
250	0.210
300	0.111
350	0.070

三、泡沫管道上的阀门和部分管件的当量长度，可按表3.3.5-2确定。

泡沫管道上的阀门和部分管件的当量长度　表3.3.5-2

管件种类 \ 公称直径(mm)	150	200	250	300
闸　阀	1.25	1.50	1.75	2.00
90°弯头	4.25	5.00	6.75	8.00
旋启式逆止阀	12.00	15.25	20.50	24.50

第3.3.6条 液下喷射泡沫灭火系统，泡沫混合液管道的设置和水力计算，应按本规范第3.2.7条和第3.2.8条确定。

第3.3.7条 液下喷射泡沫灭火系统，防火堤内的泡沫管道上，应设钢质控制阀和单向阀；防火堤外，应设钢质控制阀。

第四节　泡沫喷淋系统

第3.4.1条 泡沫喷淋系统适用于保护甲、乙、丙类液体可能泄漏和机动消防设施不足的场所。

第3.4.2条 泡沫喷淋系统当采用吸气型泡沫喷头时，应选用蛋白泡沫液、氟蛋白泡沫液、水成膜泡沫液或抗溶性泡沫液；当采用非吸气型泡沫喷头时，必须选用水成膜泡沫液。

第3.4.3条 当采用蛋白泡沫液或氟蛋白泡沫液保护非水溶性甲、乙、丙类液体时，其泡沫混合液供给强度不应小于8L/min·m²。连续供给泡沫混合液时间，不应小于10min。

当采用水成膜泡沫液保护非水溶性甲、乙、丙类液体或采用抗溶性泡沫液保护水溶性甲、乙、丙类液体时，其泡沫混合液供给强度和连续供给泡沫混合液时间，宜由试验确定。

第3.4.4条 顶喷式泡沫喷头的设置高度，距保护对象最低部位宜为3～10m；超出此范围时，宜由试验确定。

第3.4.5条 泡沫喷淋系统，应设火灾自动报警装置。且宜采用自动控制方式，但必须同时设手动控制装置。

第五节　泡沫泵站

第3.5.1条 泡沫泵站宜与消防水泵房合建，其建筑耐火等级不应低于二级。泡沫泵站与保护对象的距离不宜小于

30m，且应满足在泡沫消防泵启动后，将泡沫混合液或泡沫输送到最远保护对象的时间不宜大于 5min。

第 3.5.2 条 泡沫消防泵宜采用自灌引水启动。一组泡沫消防泵的吸水管不应少于两条，当其中一条损坏时，其余的吸水管应能通过全部用水量。

第 3.5.3 条 泡沫消防泵站内或站外附近泡沫混合液管道上，宜设置消火栓；泡沫泵站内，宜配置泡沫枪。

第 3.5.4 条 泡沫消防泵，应设置备用泵，其工作能力不应小于最大一台泵的能力。当符合下列条件之一时，可不设置备用泵；

一、非水溶性甲、乙、丙类液体总储量小于 $2500m^3$，且单罐容量小于 $500m^3$；

二、水溶性甲、乙、丙类液体总储量小于 $1000m^3$，且单罐容量小于 $100m^3$。

第 3.5.5 条 泡沫泵站，应设置备用动力，当采用双电源或双回路供电有困难时，可采用内燃机作动力。

不设置备用泵的泡沫泵站，可不设置备用动力。

第 3.5.6 条 泡沫泵站内，应设水池水位指示装置。泡沫泵站应设有与本单位消防站或消防保卫部门直接联络的通讯设备。

第四章 系统组件

第一节 一般规定

第 4.1.1 条 泡沫消防泵、泡沫比例混合器、泡沫液压力储罐、泡沫产生器、阀门、管道等系统组件，必须采用通过国家级消防产品质量监督检测中心检验合格的产品。

第 4.1.2 条 系统主要组件的涂色，应符合下列规定：

一、泡沫混合液管道、泡沫管道、泡沫液储罐、泡沫比例混合器、泡沫产生器涂红色；

二、泡沫消防泵、给水管道涂绿色。

注：当管道较多与工艺管道涂色有矛盾时，也可涂相应的色带或色环。

第二节 泡沫消防泵和泡沫比例混合器

第 4.2.1 条 泡沫消防泵宜选用特性曲线平缓的离心泵，当采用环泵式比例混合器时，泵 的设计流量应为计算流量的 1.1 倍。

第 4.2.2 条 泡沫消防泵进水管上，应设置真空压力表或真空表。

泡沫消防泵的出水管上，应设置压力表、单向阀和带控制阀的回流管。

第 4.2.3 条 当采用环泵式泡沫比例混合器时，应符合下列规定：

一、出口背压宜为零或负压，当进口压力为 0.7～0.9

MPa 时，其出口背压可为 0.02～0.03MPa；

二、吸液口不应高于泡沫液储罐最低液面 1m；

三、比例混合器的出口背压大于零时，其吸液管上应设有防止水倒流泡沫液储罐的措施；

四、安装比例混合器宜设有不少于一个的备用量。

第 4.2.4 条 当采用压力式泡沫比例混合器时，应符合下列规定：

一、进口压力应为 0.6～1.2MPa；

二、压力损失可按 0.1MPa 计算。

第 4.2.5 条 当采用平衡压力式泡沫比例混合器时，应符合下列规定：

一、水的进口压力应为 0.5～1.0MPa；

二、泡沫液的进口压力，应大于水的进口压力，但其压差不应大于 0.2MPa。

第 4.2.6 条 当采用管线式泡沫比例混合器时，应将其串接在消防水带上，其出口压力应满足泡沫设备进口压力的要求。

第三节 泡沫液储罐

第 4.3.1 条 当采用环泵或平衡压力式泡沫比例混合流程时，泡沫液储罐应选用常压储罐；当采用压力式泡沫比例混合流程时，泡沫液储罐应选用压力储罐。

第 4.3.2 条 泡沫液储罐宜采用耐腐蚀材料制作；当采用钢罐时，其内壁应作防腐处理。

第 4.3.3 条 常压储罐宜采用卧式或立式圆柱形储罐，其上应设置液面计、排渣孔、进料孔、入孔、取样口、呼吸阀或带控制阀的通气管。

压力储罐上应设安全阀、排渣孔、进料孔、入孔和取样孔。

第四节 泡沫产生器

第 4.4.1 条 液上喷射泡沫产生器，宜沿储罐周边均匀布置。

第 4.4.2 条 高背压泡沫产生器应设置在防火堤外，其出口管道应设置取样口。

第五节 阀门和管道

第 4.5.1 条 当泡沫消防泵出口管道口径大于 300mm 时，宜采用电动、气动或液动阀门。

阀门应有明显的启闭标志。

第 4.5.2 条 泡沫和泡沫混合液的管道，应采用钢管。

管道外壁应进行防腐处理，其法兰连接处应采用石棉橡胶垫片。

附录一　名词解释

名 词 解 释　　　　附表 1.1

名　词	曾用名	解　释
低倍数空气泡沫		泡沫混合液吸入空气后，体积膨胀小于 20 倍的泡沫
甲类液体	易燃液体	闪点＜28℃的液体
乙类液体	易(可)燃液体	闪点≥28℃至＜60℃的液体
丙类液体	可燃液体	闪点≥60℃的液体
液上喷射泡沫灭火系统		泡沫从液面上喷入罐内的灭火系统
液下喷射泡沫灭火系统		泡沫从液面下喷入罐内的灭火系统
泡沫混合液		泡沫液和水按一定比例混合后，形成的水溶液
固定式泡沫灭火系统		由固定的泡沫消防泵、泡沫比例混合器、泡沫产生装置和管道组成的灭火系统
半固定式泡沫灭火系统		由固定的泡沫产生装置，泡沫消防车或机动泵，用水带连接组成的灭火系统；或者由固定的泡沫消防泵、相应的管道和移动的泡沫产生装置，用水带连接组成的灭火系统

续表

名　词	曾用名	解　释
移动式泡沫灭火系统		由消防车或机动消防泵、泡沫比例混合器、移动式泡沫产生装置，用水带连接组成的灭火系统
固定顶储罐		立式圆柱形的储罐上，有一个固定顶的储罐
外浮顶储罐		储罐的顶漂浮在液面上，且可以随着液面上下浮动
内浮顶储罐		固定顶储罐，罐内还有一个随着液面上下浮动的顶
双盘式内浮顶		浮顶为浮仓式，浮仓由多个隔板隔开
单盘式内浮顶		浮顶局部为浮仓式的浮顶
浅盘式内浮顶		浮顶是盘状无仓式的浮顶
泡沫喷淋系统		用喷头喷洒泡沫的固定式灭火系统
高背压泡沫产生器	液下喷射泡沫产生器	泡沫混合液通过此装置能吸入空气、产生低倍数泡沫，其出口具有一定的压力(表压)

附录二　本规范用词说明

一、为便于在执行本规范条文时区别对待，对要求严格程度不同的用词说明如下：

1. 表示很严格，非这样作不可的用词：

正面词采用“必须”；

反面词采用“严禁”。

2. 表示严格，在正常情况下均应这样作的用词：

正面词采用“应”；

反面词采用“不应”或“不得”。

3. 表示允许稍有选择，在条件许可时首先应这样作的用词：

正面词采用“宜”或“可”；

反面词采用“不宜”。

二、条文中指定应按其它有关标准、规范执行时，写法为“应按……执行”或“应符合……的规定”。

附加说明

本规范主编单位、参加单位和主要起草人名单

主 编 单 位：公安部天津消防科学研究所

参 加 单 位：中国石油化工总公司北京设计院
中国石油化工总公司洛阳石油化工工程公司
中国石油天然气总公司大庆石油勘察设计研究院
天津市公安局消防处

主要起草人：甘家林　原继增　汤晓林　秘义行　石守文
贾宜普　李　生　孟祥平　张凤和　蒋永琨
吴礼龙　关明俊　侯建萍

中华人民共和国国家标准

地下及覆土火药炸药仓库设计安全规范

GB 50154—92

主编部门：中国兵器工业总公司
中华人民共和国物资部
批准部门：中华人民共和国建设部
施行日期：1992年10月1日

关于发布国家标准《地下及覆土火药炸药仓库设计安全规范》的通知

建标（1992）183号

根据国家计委计综（1984）305号文的要求，由中国兵器工业总公司和物资部会同有关部门共同编制的《地下及覆土火药炸药仓库设计安全规范》，已经有关部门会审。现批准《地下及覆土火药炸药仓库设计安全规范》GB50154-92为强制性国家标准，自1992年10月1日起施行。

本规范由中国兵器工业总公司和物资部共同管理。其具体解释等工作，涉及物资储备仓库时由物资部国家物资储备局负责；不涉及物资储备仓库时由中国兵器工业第五设计研究院负责。出版发行由建设部标准定额研究所负责组织。

建设部
1992年4月2日

编制说明

本规范是根据国家计委计综〔1984〕305号文的要求，由中国兵器工业第五设计研究院、物资部国家物资储备局共同主编而成的。

在本规范的编制过程中，认真进行了大规模试验，取得了编制本规范必需的数据；广泛调查总结了我国地下及覆土火药、炸药仓库建设和使用的实践经验；参考了有关国外标准和资料，并广泛征求了全国有关单位的意见，最后由中国兵器工业总公司、物资部会同有关部门审查定稿。

鉴于本规范系初次编制，在执行过程中，希望各单位结合工程实践和科学研究，认真总结经验，注意积累资料。如发现需要修改和补充之处，请将意见和有关资料寄交中国兵器工业第五设计研究院（北京55号信箱，邮政编码100053）《地下及覆土火药炸药仓库设计安全规范》管理组，并抄送物资部国家物资储备局（北京2140信箱，邮政编码100037），以供今后修订时参考。

中国兵器工业第五设计研究院
物资部国家物资储备局
1991年1月

第一章　总　　则

第1.0.1条　为做好地下及覆土火药、炸药仓库设计，贯彻“安全第一，预防为主”的方针，防止事故发生，减少事故损失，保障国家和人民的生命财产安全，特制定本规范。

第1.0.2条　本规范适用于储存火药、炸药的地下及覆土仓库及其转运站、站台库的新建、扩建工程设计。

本规范不适用于储存火药、炸药的天然洞库、地面仓库及火药制造厂生产线内覆土工序转手库的工程设计。

第1.0.3条　地下及覆土火药、炸药仓库的设计，除执行本规范规定外，尚应符合国家现行有关标准、规范的要求。

第二章　火药、炸药存放规定

第2.0.1条　地下及覆土火药、炸药仓库的单库存放量以梯恩梯为标准，其他火药、炸药应按附录二梯恩梯当量值进行换算。

第2.0.2条　各种火药、炸药均宜按单独品种专库存放。但当条件受限制时，可按下列火药、炸药分组存放：

一、黑索今、奥克托今、特屈儿、太安、高能混合炸药；

二、4号炸药；

三、胶质炸药；

四、梯恩梯、梯萘炸药、粉状铵梯炸药、二硝基萘、地恩梯；

五、黑火药；

六、单基火药、双基火药；

七、乳化炸药、水胶炸药。

第2.0.3条　地下仓库的存药条件，宜符合下列规定：

一、装药与主洞室横截面积比（K_s）宜小于等于0.26，K_s应按下式计算：

$$K_s=\frac{S_y}{S_d}$$

式中　S_y——装药实测横截面积（m^2）；

S_d——主洞室实测横截面积（m^2）。

二、装药长径比（K_L）宜小于等于18，K_L应按下式计算：

$$K_L=\frac{L}{D};\qquad D=1.6\sqrt{S_y}$$

式中　L——装药长度（m）；

D——装药等效直径（m）。

三、库房内垛位的间隔不应小于0.1m，库房内运输道的宽度不应小于1.2m，沿墙的检查道宽度不应小于0.7m。

四、各种火药、炸药的堆垛高度，不应大于表2.0.3的规定。

各种火药、炸药堆垛高度限值　　表2.0.3

名　　称	堆垛高度限制（m）
梯恩梯、二硝基萘、黑索今、奥克托今、太安、特屈儿、4号炸药	2.2
单基火药、双基火药	2.8
胶质炸药、高能混合炸药、黑火药、梯萘炸药、粉状铵梯炸药、乳化炸药、水胶炸药	2.0

第2.0.4条　覆土库药垛的垛位间隔、运输道宽度及堆垛高度，应符合本规范第2.0.3条三、四款的规定。

第2.0.5条　库房内的温度最高不宜高于30℃，最低不宜低于-10℃。存放双基火药的仓库最低温度不宜低于-4℃。库房内的相对湿度宜保持在50%～80%之间。

第三章 总体布置

第一节 库址选择

第3.1.1条 选择岩石洞库的库址时，在地形地质方面宜符合下列要求：

一、洞库所在山体宜山高体厚，山形完整，无大的地质构造；

二、地下水少，岩体中无有害气体和放射性物质。

第3.1.2条 选择黄土洞库的库址时，在地形地质方面宜符合下列要求：

一、所选山谷宜稳定，土体完整且无地下水；

二、进洞土层宜为晚更新世(Q_3)马兰黄土和中更新世(Q_2)离石黄土；

三、库址上游的雨水汇水面积宜小，避免在暴雨季节产生突发性洪流危害。

第3.1.3条 选择覆土库的库址时，在地形地质方面宜符合下列要求：

一、库址宜为浅山区或深丘地带；

二、库址不应选在防治措施困难的滑坡地带及有泥石流通过的沟谷地带。

第二节 布置原则

第3.2.1条 储存火药、炸药的库区、转运站和销毁场均为危险区。总体布置时，危险区与非危险区必须严格分开，不应混杂布置。

第3.2.2条 总体布置时，不应使本库区的生活区和附近居民点的人流通过危险区；不宜使运送火药、炸药的道路通过生活区。

第三节 外部安全允许距离

第3.3.1条 地下及覆土火药、炸药仓库的外部安全允许距离，应按下列条件确定：

一、缓坡地形的岩石洞库，应按爆破飞石、爆炸空气冲击波、爆炸地震波三种安全允许距离中的最大值确定；

二、陡坡地形的岩石洞库和黄土洞库，应按爆炸空气冲击波、爆炸地震波两种安全允许距离中的最大值确定；

三、覆土库应按爆炸空气冲击波安全允许距离确定。

第3.3.2条 缓坡地形条件下的岩石洞库，当其存药条件符合本规范第2.0.3条规定时，其爆炸飞石外部安全允许距离，应符合下列规定：

一、当被保护对象位置在洞轴线两侧小于等于50°角时，不应小于表3.3.2-1的规定；

二、当被保护对象位置在洞轴线两侧大于50°角并小于90°角时，不应小于表3.3.2-1的规定并乘以表3.3.2-2相应折减系数；

三、当被保护对象位置偏离洞轴线90°角以上时，不考虑爆炸飞石外部安全允许距离；

四、根据洞库的地质条件，相应乘以表3.3.2-3的折减系数。

缓坡地形岩石洞库爆炸飞石外部安全允许距离 表 3.3.2-1

装药等效直径(m)	1.40	1.76	2.01	2.22	2.39	3.01	3.44	3.79	4.08	4.34	4.57	4.78	4.97	5.14
外部安全允许距离(m) 存药量(t) 被保护对象	10	20	30	40	50	100	150	200	250	300	350	400	450	500
少于等于10户并少于等于50人的零散住户，警卫小队居住用建筑物的边缘	270	350	400	450	480	620	710	790	860	920	980	1020	1060	1100
大于10户并少于或等于50户的零散住户的边缘	310	400	450	500	550	700	800	890	960	1040	1100	1140	1190	1240
大于50户并少于或等于100户的村庄，警卫大队和中队居住用建筑物的边缘	340	440	500	560	610	780	890	990	1070	1150	1220	1270	1330	1380
大于100户并少于或等于200户的村庄，本库区的行政区、生活区边缘和小型工厂企业的围墙	410	530	610	670	730	930	1070	1190	1280	1380	1460	1520	1590	1660
乡、镇的规划边缘	680	880	1010	1120	1210	1550	1780	1980	2140	2300	2440	2540	2650	2760
县城的规划边缘，大、中型工厂企业的围墙	1020	1320	1520	1680	1820	2330	2670	2970	3210	3450	3660	3810	3980	4140

续表

装药等效直径(m)	1.40	1.76	2.01	2.22	2.39	3.01	3.44	3.79	4.08	4.34	4.57	4.78	4.97	5.14
外部安全允许距离(m) 存药量(t) 被保护对象	10	20	30	40	50	100	150	200	250	300	350	400	450	500
人口大于10万人的城市规划边缘	1360	1760	2020	2240	2420	3100	3560	3960	4280	4600	4880	5080	5300	5520
国家铁路线及其车站														
Ⅰ级铁路线	410	530	610	670	730	930	1070	1190	1280	1380	1460	1520	1590	1660
Ⅱ级铁路线	340	440	500	560	610	780	890	990	1070	1150	1220	1270	1330	1380
Ⅲ级铁路线	270	350	400	450	480	620	710	790	860	920	980	1020	1060	1100
公路														
Ⅰ级公路	380	490	560	320	670	850	980	1090	1180	1270	1340	1400	1460	1520
Ⅱ、Ⅲ级公路	310	400	460	500	550	700	800	890	960	1040	1100	1140	1190	1240
Ⅳ级公路	240	310	350	390	420	540	620	690	750	810	850	890	930	970
通航汽轮的河流航道	310	400	460	500	550	700	800	890	960	1040	1100	1140	1190	1240
高压输电线路														
35kV 输电线路	270	350	400	450	480	620	710	790	860	920	980	1020	1060	1100
110kV 输电线路	476	616	707	784	847	1085	1246	1386	1498	1610	1708	1778	1855	1932
220kV及以上输电线路	816	1056	1212	1344	1452	1860	2136	2376	2568	2760	2928	3048	3180	3312

注：①表中存药量和装药等效直径系指梯恩梯炸药，当为其他炸药时，应按本规范附录二中的相应当量值换算；②当地下仓库存药条件中横截面积比小于0.23时，其外部安全允许距离，应按表中距离乘以0.85；③采取表中距离时，应以装药等效直径为依据确定。当装药等效直径已定，实际存药量小于表中相应存药量时，可直接采用表中距离；实际存药量大于表中存药量并不超过1倍时，应按表中距离乘以1.30；④实际装药等效直径为中间值时，其相应存药量和外部安全允许距离应采用线性插入法确定；⑤表中的大、中、小型工厂企业的划分标准，应按国家现行规定执行；⑥表中距离应自洞口的中心点算起。

被保护对象偏离洞轴线时飞石安全允许距离的折减系数　　表 3.3.2-2

被保护对象偏离洞轴线角度（°）	折 减 系 数
洞轴线两侧各≥0°，并≤50°	1.00
洞轴线两侧各>50°，并≤60°	0.70
洞轴线两侧各>60°，并≤70°	0.60
洞轴线两侧各>70°，并≤80°	0.50
洞轴线两侧各>80°，并≤90°	0.40

各类岩石洞库飞石安全允许距离的折减系数　　表 3.3.2-3

岩石类别	抗压强度 (kPa)	代 表 性 岩 石	折减系数
极硬岩	>60000	花岗岩、玄武岩、安山岩、闪长岩等	1.C
硬质岩	30000~60000	钙质胶结的砾岩、砂岩、灰岩等	0.8
软质岩	5000~30000	泥质胶结的砾岩、页岩、泥灰岩等	0.7

第3.3.3条　缓坡地形条件下的极硬岩石和硬质岩石洞库，当其存药条件符合本规范第 2.0.3 条规定时，其爆炸空气冲击波外部安全允许距离，应符合下列规定：

一、当被保护对象位置在洞轴线上时，不应小于表 3.3.3-1 的规定；

二、当被保护对象位置偏离洞轴线时，根据其偏离角度，不应小于表3.3.3-1的规定，并应乘以表3.3.3-2相应折减系数。

缓坡地形极硬岩石和硬质岩石洞库爆炸空气冲击波外部安全允许距离　　表 3.3.3 1

装药等效直径(m)	1.40	1.76	2.01	2.22	2.39	3.01	3.44	3.79	4.08	4.34	4.57	4.78	4.97	5.14
外部安全允许距离(m)　存药量(t) 被保护对象	10	20	30	40	50	100	150	200	250	300	350	400	450	500
少于等于10户并少于等于50人的零散住户，警卫小队居住用建筑物的边缘	85	105	120	135	145	180	210	230	250	260	270	290	300	310
大于10户并少于或等于50户的零散住户的边缘	100	130	145	160	170	220	250	270	290	310	330	340	360	370
大于50户并少于或等于100户的村庄，警卫大队和中队居住用建筑物的边缘	130	165	190	210	225	280	320	350	380	400	430	450	460	480
大于100户并少于或等于200户的村庄，本库区的行政区、生活区边缘和小型工厂企业的围墙	165	210	240	265	285	360	410	450	490	520	540	570	590	610
乡、镇的规划边缘	210	270	300	340	360	450	520	570	620	660	690	720	750	780
县城的规划边缘，大、中型工厂企业的围墙	310	390	450	490	530	660	760	840	900	960	1010	1050	1100	1140

续表

外部安全允许距离(m) 被保护对象 \ 装药等效直径(m) / 存药量(t)	1.40	1.76	2.01	2.22	2.39	3.01	3.44	3.79	4.08	4.34	4.57	4.78	4.97	5.14
存药量(t)	10	20	30	40	50	100	150	200	250	300	350	400	450	500
人口大于10万人的城市规划边缘	420	540	600	680	720	900	1040	1140	1240	1320	1380	1440	1500	1560
国家铁路线及其车站														
Ⅰ级铁路线	130	165	190	210	225	280	320	350	380	400	430	450	460	480
Ⅱ级铁路线	110	130	145	160	170	220	250	270	290	310	330	340	360	370
Ⅲ级铁路线	85	105	120	135	145	180	210	230	250	260	270	290	300	310
公　路														
Ⅰ级公路	110	130	145	160	170	220	250	270	290	310	330	340	360	370
Ⅱ、Ⅲ级公路	85	105	120	135	145	180	210	230	250	260	270	290	300	310
Ⅳ级公路	65	85	95	105	115	140	160	180	190	200	220	225	230	240
通航汽轮的河流航道	85	105	120	135	145	180	210	230	250	260	270	290	300	310
高压输电线路														
35kV　输电线路	65	85	95	105	115	140	160	180	190	200	220	225	230	240
110kV　输电线路	85	105	120	135	145	180	210	230	250	260	270	290	300	310
220kV及以上输电线路	310	390	450	490	530	660	760	840	900	960	1010	1050	1100	1140

注：同表3.3.2-1。

缓坡地形极硬岩石和硬质岩石洞库被保护对象偏离洞轴线时空气冲击波安全允许距离折减系数　　表 3.3.3-2

被保护对象偏离洞轴线角度（°）	折　减　系　数
洞轴线两侧各＞5°，并≤15°	1.00
洞轴线两侧各＞15°，并≤30°	0.87
洞轴线两侧各＞30°，并≤45°	0.71
洞轴线两侧各＞45°，并≤60°	0.63
洞轴线两侧各＞60°，并≤90°	0.56

第 3.3.4 条　缓坡地形条件下的软质岩石洞库，当其存药条件符合本规范第 2.0.3 条规定时，其爆炸空气冲击波外部安全允许距离，应符合下列规定：

一、当被保护对象位置在洞轴线上时，不应小于 表 3.3.4-1 的规定；

二、当被保护对象位置偏离洞轴线时，根据其偏离角度，不应小于表3.3.4-1的规定，并应乘以表3.3.4-2相应折减系数。

缓坡地形软质岩石洞库爆炸空气冲击波外部安全允许距离 **表 3.3.4-1**

外部安全允许距离(m) / 被保护对象 \ 装药等效直径(m)	1.40	1.76	2.01	2.22	2.39	3.01	3.44	3.79	4.08	4.34	4.57	4.78	4.97	5.14
存药量(t)	10	20	30	40	50	100	150	200	250	300	350	400	450	500
少于等于10户并少于等于50人的零散住户，警卫小队居住用建筑物的边缘	110	135	155	170	180	230	260	290	310	330	350	360	370	390
大于10户并少于或等于50户的零散住户的边缘	130	165	190	210	225	285	325	360	385	410	430	450	470	490
大于50户并少于或等于100户的村庄，警卫大队和中队居住用建筑物的边缘	180	230	260	290	310	390	450	490	530	560	590	620	650	670
大于100户并少于或等于200户的村庄，本库区的行政区、生活区边缘和小型工厂企业的围墙	245	310	350	390	420	525	600	660	715	760	800	840	870	900
乡、镇的规划边缘	330	410	470	520	560	700	800	890	955	1010	1070	1120	1160	1200
县城的规划边缘，大、中型工厂企业的围墙	515	650	740	820	880	1110	1270	1400	1500	1600	1700	1760	1840	1900

续表

外部安全允许距离(m) / 被保护对象 \ 装药等效直径(m)	1.40	1.76	2.01	2.22	2.39	3.01	3.44	3.79	4.08	4.34	4.57	4.78	4.97	5.14
存药量(t)	10	20	30	40	50	100	150	200	250	300	350	400	450	500
人口大于10万人的城市规划边缘	660	820	940	1040	1120	1400	1600	1780	1910	2020	2140	2240	2320	2400
国家铁路线及其车站														
Ⅰ级铁路线	180	230	260	290	310	390	450	490	530	560	590	620	650	670
Ⅱ级铁路线	130	165	190	210	225	285	325	360	385	410	430	450	470	490
Ⅲ级铁路线	110	135	155	170	180	230	260	290	310	330	350	360	370	390
公路														
Ⅰ级公路	130	165	190	210	225	285	320	360	385	410	430	450	470	490
Ⅱ、Ⅲ级公路	110	135	155	170	180	230	260	290	310	330	350	360	370	390
Ⅳ级公路	80	100	115	125	135	170	195	215	230	245	260	270	280	290
通航汽轮的河流航道	110	135	155	170	180	230	260	290	310	330	350	360	370	390
高压输电线路														
35kV 输电线路	80	100	115	125	135	170	195	215	230	245	260	270	280	290
110kV 输电线路	110	135	155	170	180	230	260	290	310	330	350	360	370	390
220kV 及以上输电线路	515	650	740	820	880	1110	1270	1400	1500	1600	1700	1760	1840	1900

注：同表3.3.2-1。

缓坡地形软质岩石洞库被保护对象偏离洞轴线时空气冲击波安全允许距离折减系数　表3.3.4-2

被保护对象偏离洞轴线角度（°）	折减系数
洞轴线两侧各≥0°，并≤15°	1.00
洞轴线两侧各>15°，并≤30°	0.94
洞轴线两侧各>30°，并≤45°	0.90
洞轴线两侧各>45°，并≤60°	0.84
洞轴线两侧各>60°，并≤90	0.65

第3.3.5条　陡坡地形条件下的软质岩石洞库，当其存药条件符合本规范第2.0.3条规定时，其爆炸空气冲击波外部安全允许距离，应符合下列规定：

一、当被保护对象位置在洞轴线上时，不应小于表3.3.5-1的规定；

二、当被保护对象位置偏离洞轴线时，根据其偏离角度，不应小于表3.3.5-1的规定，并应乘以表3.3.5-2相应折减系数。

陡坡地形软质岩石洞库爆炸空气冲击波外部安全允许距离　表3.3.5-1

装药等效直径(m)	1.40	1.76	2.01	2.22	2.39	3.01	3.44	3.79	4.08	4.34	4.57	4.78	4.97	5.14
存药量(t) 外部安全允许距离(m) 被保护对象	10	20	30	40	50	100	150	200	250	300	350	400	450	500
少于等于10户并少于等于50人的零散住户，警卫小队居住用建筑物的边缘	155	195	220	250	265	335	380	420	450	480	510	530	550	570
大于10户并少于或等于50户的零散住户的边缘	195	250	280	310	340	420	480	530	570	610	640	670	700	720
大于50户并少于或等于100户的村庄，警卫大队和中队居住用建筑物的边缘	280	350	400	440	480	600	685	750	810	860	910	950	990	1020
大于100户并少于或等于200户的村庄，本库区的行政区、生活区边缘和小型工厂企业的围墙	380	480	550	610	650	820	940	1030	1110	1180	1250	1300	1360	1400
乡、镇的规划边缘	520	650	750	820	885	1120	1280	1400	1510	1610	1690	1770	1840	1910
县城的规划边缘，大、中型工厂企业的围墙	840	1050	1200	1330	1430	1800	2060	2270	2440	2600	2730	2860	2970	3080

续表

外部安全允许距离(m) \ 被保护对象 \ 存药量(t) \ 装药等效直径(m)	1.40	1.76	2.01	2.22	2.39	3.01	3.44	3.79	4.08	4.34	4.57	4.78	4.97	5.14
存药量(t)	10	20	30	40	50	100	150	200	250	300	350	400	450	500
人口大于10万人的城市规划边缘	1040	1300	1500	1640	1770	2240	2560	2800	3020	3220	3380	3540	3680	3820
国家铁路线及其车站														
Ⅰ级铁路线	280	350	400	440	480	600	685	750	810	860	910	950	990	1020
Ⅱ级铁路线	195	250	280	310	340	420	480	530	570	610	640	670	700	720
Ⅲ级铁路线	155	195	220	250	265	335	380	420	450	480	510	530	550	570
公路														
Ⅰ级公路	195	250	280	310	340	420	480	530	570	610	640	670	700	720
Ⅱ、Ⅲ级公路	155	195	220	250	265	335	380	420	450	480	510	530	550	570
Ⅳ级公路	110	140	160	180	190	240	280	310	330	350	370	385	400	420
通航汽轮的河流航道	155	195	220	250	265	335	380	420	450	480	510	530	550	570
高压输电线路														
35kV 输电线路	110	140	160	180	190	240	280	310	330	350	370	385	400	420
110kV 输电线路	155	195	220	250	265	335	380	420	450	480	510	530	550	570
220kV及以上输电线路	840	1050	1200	1330	1430	1800	2060	2270	2440	2600	2730	2860	2970	3080

注：同表3.3.2-1。

陡坡地形软质岩石洞库被保护对象偏离洞轴线时空气冲击波安全允许距离折减系数　表3.3.5-2

被保护对象偏离洞轴线角度(°)	折减系数
洞轴线两侧各≥0°，并≤15°	1.00
洞轴线两侧各>15°，并≤30°	0.90
洞轴线两侧各>30°，并≤45°	0.85
洞轴线两侧各>45°，并≤60°	0.65
洞轴线两侧各>60°，并≤90°	0.52

第3.3.6条　黄土洞库当其存药条件符合本规范第2.0.3条规定时，其爆炸空气冲击波外部安全允许距离，应符合下列规定：

一、当被保护对象位置在洞轴线上时，不应小于表3.3.6-1的规定；

二、当被保护对象位置偏离洞轴线时，根据其偏离角度，不应小于表3.3.6-1的规定，并应乘以表3.3.6-2相应折减系数。

黄土洞库爆炸空气冲击波外部安全允许距离 表 3.3.6-1

装药等效直径(m)	1.28	1.60	1.82	2.00	2.14	2.68	3.05	3.34	3.59	3.83
外部安全允许距离(m) 存药量(t) 被保护对象	10	20	30	40	50	100	150	200	250	300
少于等于10户并少于等于50人的零散住户，警卫小队居住用建筑物的边缘	50	60	70	75	80	100	120	130	140	150
大于10户并少于或等于50户的零散住户的边缘	55	70	80	90	95	120	140	150	160	170
大于50户并少于或等于100户的村庄，警卫大队和中队居住用建筑物的边缘	70	90	100	110	120	150	175	190	210	220
大于100户并少于或等于200户的村庄，本库区的行政区、生活区边缘和小型工厂企业的围墙	90	110	130	140	150	190	220	240	260	270
乡、镇的规划边缘	110	140	160	180	190	240	270	300	320	340
县城的规划边缘，大、中型工厂企业的围墙	160	200	225	250	270	340	385	425	460	490

续表

装药等效直径(m)	1.28	1.60	1.82	2.00	2.14	2.68	3.05	3.34	3.59	3.83
外部安全允许距离(m) 存药量(t) 被保护对象	10	20	30	40	50	100	150	200	250	300
人口大于10万人的城市规划边缘	220	280	320	360	380	480	540	600	640	680
国家铁路线及其车站										
Ⅰ级铁路线	70	90	100	110	120	150	175	190	210	220
Ⅱ级铁路线	55	70	80	90	95	120	140	150	160	170
Ⅲ级铁路线	50	60	70	75	80	100	120	130	140	150
公　路										
Ⅰ级公路	55	70	80	90	95	120	140	150	160	170
Ⅱ、Ⅲ级公路	50	60	70	75	80	100	120	130	140	150
Ⅳ级公路	40	50	55	60	65	80	95	105	110	120
通航汽轮的河流航道	50	60	70	75	80	100	120	130	140	150
高压输电线路										
35kV 输电线路	40	50	55	60	65	80	95	105	110	120
110kV 输电线路	50	60	70	75	80	100	120	130	140	150
220kV 及以上输电线路	160	200	225	250	270	340	385	425	460	490

注：同表3.3.2-1。

黄土洞库被保护对象偏离洞轴线时空气冲击波安全允许距离折减系数 表3.3.6-2

被保护对象偏离洞轴线角度（°）	折减系数
洞轴线两侧各≥0°，并≤15°	1.00
洞轴线两侧各>15°，并≤30°	0.94
洞轴线两侧各>30°，并≤45°	0.91
洞轴线两侧各>45°，并≤60°	0.86
洞轴线两侧各>60°，并≤90°	0.80

第3.3.7条 覆土库的爆炸空气冲击波外部安全允许距离，不应小于表3.3.7的规定。

覆土库爆炸空气冲击波外部安全允许距离 表3.3.7

外部安全允许距离(m) / 存药量(t) / 被保护对象	10	20	30	40	50	100	150	200
少于等于10户并少于等于50人的零散住户，警卫小队居住用建筑物的边缘	150	200	230	250	270	340	390	430
大于10户并少于或等于50户的零散住户的边缘	195	245	280	310	330	420	480	530
大于50户并少于或等于100户的村庄，警卫大队和中队居住用建筑物的边缘	265	330	380	420	450	570	650	720
大于100户并少于或等于200户的村庄，本库区的行政区、生活区边缘和小型工厂企业的围墙	350	440	500	550	590	750	860	940
乡、镇的规划边缘	455	570	660	720	780	980	1120	1230
县城的规划边缘，大、中型工厂企业的围墙	700	880	1010	1110	1200	1510	1730	1900
人口大于10万人的城市规划边缘	910	1140	1320	1440	1560	1960	2240	2460

续表

外部安全允许距离(m) 存药量(t) 被保护对象	10	20	30	40	50	100	150	200
国家铁路线及其车站								
Ⅰ级铁路线	265	330	380	420	450	570	650	720
Ⅱ级铁路线	195	245	280	310	330	420	480	530
Ⅲ级铁路线	180	200	230	250	270	340	390	430
公　路								
Ⅰ级公路	195	245	280	310	330	420	480	530
Ⅱ、Ⅲ级公路	160	200	230	250	270	340	390	430
Ⅳ级公路	120	150	175	190	210	260	300	330
通航汽轮的河流航道	160	200	230	250	270	340	390	430
高压输电线路								
35kV　输电线路	120	150	175	190	210	260	300	330
110kV　输电线路	160	200	230	250	270	340	390	430
220kV及以上输电线路	700	880	1010	1110	1200	1510	1730	1900

注：①表中存药量系指梯恩梯炸药，当为其他炸药时，应按本规范附录二中的相应当量值换算；

②存药量为中间值时，其外部安全允许距离应采用线性插入法确定；

③表中距离应自建筑物外墙算起。

第3.3.8条　极硬岩石和硬质岩石洞库，其爆炸地震波外部安全允许距离，不应小于表3.3.8的规定。

极硬岩石和硬质岩石洞库爆炸地震波外部安全允许距离　表3.3.8

外部安全允许距离(m) 存药量(t) 建筑物结构类别	砖混结构	砖木结构	夯土墙木结构	土坯墙木结构
10	85	94	127	162
20	106	118	160	204
30	122	136	183	233
40	134	149	202	257
50	145	161	217	276
100	182	203	274	348
150	208	232	314	399
200	229	256	345	439
250	247	275	372	473
300	263	292	395	502
350	276	308	416	529
400	289	322	435	553
450	301	335	452	575
500	311	347	469	595

注：①表中存药量系指梯恩梯炸药，当为其他炸药时，应按本规范附录二中的相应当量值换算；

②存药量为中间值时，其外部安全允许距离应采用线性插入法确定；

③表中距离系指被保护建筑物地基为基岩或硬土的情况，如地基为软土时，表中距离应乘以1.15；

④表中距离应自库内存药之中心点算起。

第3.3.9条 软质岩石洞库，其爆炸地震波外部安全允许距离，不应小于表3.3.9的规定。

软质岩石洞库爆炸地震波外部安全允许距离 表3.3.9

外部安全允许距离(m) 建筑物结构类别 / 存药量(t)	砖混结构	砖木结构	夯土墙木结构	土坯墙木结构
10	99	106	132	156
20	124	134	166	197
30	142	154	190	226
40	157	169	210	248
50	169	182	226	268
100	212	229	284	337
150	243	263	326	386
200	268	289	358	425
250	288	311	386	458
300	307	331	410	486
350	323	348	432	512
400	337	364	451	535
450	351	379	469	557
500	363	392	486	576

注：同表3.3.8。

第3.3.10条 黄土洞库，其爆炸地震波外部安全允许距离，不应小于表3.3.10的规定。

黄土洞库爆炸地震波外部安全允许距离 表3.3.10

外部安全允许距离(m) 建筑物结构类别 / 存药量(t)	砖混结构	砖木结构	夯土墙木结构	土坯墙木结构
10	54	62	92	126
20	68	78	116	159
30	78	90	133	182
40	86	99	146	200
50	92	106	158	215
100	116	134	199	271
150	133	153	227	311
200	147	168	250	342
250	158	182	269	368
300	168	193	286	391

注：①表中存药量系指梯恩梯炸药，当为其他炸药时，应按本规范附录二中的相应当量值换算；

②存药数量为中间值时，其外部安全允许距离应采用线性插入法确定；

③表中距离应自库内存药之中心点算起。

第四章 库区内部布置

第一节 一 般 规 定

第4.1.1条 地下及覆土火药、炸药仓库的布置应根据地形、地质、防洪、道路及相互之间的库间安全允许距离确定。在布局上应安全、紧凑、合理。

第4.1.2条 当同一库区有地下仓库和覆土库时，应分区布置。

第4.1.3条 库区内的主干道宜布置成环形或局部环形。

第4.1.4条 地下及覆土火药、炸药仓库的室内地面标高，不应低于库区50年一遇洪水水位的高程。

第4.1.5条 覆土库出入口面对其他覆土库出入口时，在出入口前应分别设置防护挡墙。

第4.1.6条 地下及覆土火药、炸药仓库区的周围，宜设置围墙。围墙距地下仓库洞口的距离不宜小于35m，距覆土库外墙的距离不宜小于25m。

第二节 库间安全允许距离

第4.2.1条 岩石洞库、黄土洞库、覆土库相邻库之间的最小水平距离，应符合各自的库间安全允许距离的规定。

第4.2.2条 缓坡地形岩石洞库和黄土洞库，相邻库的库间安全允许距离，不应小于表4.2.2-1和4.2.2-2的规定，并应乘以表4.2.2-3的影响系数。

第4.2.3条 陡坡地形岩石洞库相邻库的库间安全允许距离不应小于表4.2.3的规定，并应乘以表4.2.2-3的影响系数。

第4.2.4条 两个岩石洞库相对布置时，其库间安全允许距

缓坡地形岩石洞库库间安全允许距离 表4.2.2-1

安全允许距离(m) / 装药等效直径(m)	岩体结构分类 / 火药、炸药分类 / 存药量(t)	整体状结构		块状结构		碎块状结构	
		梯恩梯当量值		梯恩梯当量值		梯恩梯当量值	
		>1	≤1	>1	≤1	>1	≤1
1.40	10	24	14	27	16	30	18
1.76	20	31	18	34	20	37	22
2.01	30	35	20	39	23	42	25
2.22	40	39	22	43	25	47	28
2.39	50	42	24	46	27	50	30
3.01	100	52	30	58	34	63	38
3.44	150	60	35	66	39	72	43
3.79	200	66	38	73	43	79	47
4.08	250	71	41	79	46	85	51
4.34	300	76	44	84	49	90	54
4.57	350	80	46	88	51	95	57
4.78	400	83	48	92	54	100	60
4.97	450	87	50	96	56	104	62
5.14	500	90	52	99	58	107	64

注：①岩体结构的分类应按本规范附录三确定；
②火药、炸药的分类应按本规范附录二确定；
③当相邻两库存放不同类别的火药、炸药时，其库间安全允许距离应分别查本表所规定的距离，并应取其最大值；
④采用表中距离时，应以装药等效直径为依据确定，当装药等效直径已定，实际存药量小于表中存药量时，可直接采用表中距离；当实际存药量小于等于表中存药量50%时，表中距离应乘以0.8；当实际存药量大于表中存药量并不超过1倍时，表中距离应乘以1.2；
⑤表中距离指水平投影距离，由洞库外壁算起。

离不应小于表4.2.4的规定。

黄土洞库库间安全允许距离 表4.2.2-2

装药等效直径(m) \ 安全允许距离(m) \ 存药量(t)	火药、炸药分类	梯恩梯当量值 >1	梯恩梯当量值 ≤1
1.28	10	29	21
1.60	20	36	26
1.82	30	41	30
2.00	40	46	33
2.14	50	49	36
2.68	100	62	45
3.05	150	71	52
3.34	200	78	57
3.59	250	84	61
3.83	300	89	65

注：同表4.2.2-1注②至⑤。

洞库布置影响系数 表4.2.2-3

洞库类别 \ 影响系数 \ 布置形式	平行布置	内八字布置	外八字布置	交错布置	相背布置
岩石洞库	1.3	1.3	1.2	1.0	0.9
黄土洞库	1.2	1.2	1.1	1.0	0.9

陡坡地形岩石洞库库间安全允许距离 表4.2.3

装药等效直径(m) \ 安全允许距离(m) \ 存药量(t)	火药、炸药分类 \ 岩体结构分类	整体状结构 梯恩梯当量值 >1	整体状结构 梯恩梯当量值 ≤1	块状结构 梯恩梯当量值 >1	块状结构 梯恩梯当量值 ≤1
1.40	10	19	11	21	13
1.76	20	24	14	26	17
2.01	30	27	16	30	19
2.22	40	30	18	33	21
2.39	50	32	19	36	23
3.01	100	41	23	45	28
3.44	150	47	27	52	32
3.79	200	52	29	57	36
4.08	250	55	32	61	38
4.34	300	59	34	65	41
4.57	350	62	35	68	43
4.78	400	65	37	72	45
4.97	450	67	38	74	47
5.14	500	70	40	77	48

注：同表4.2.2-1。

岩石洞库相对布置库间安全允许距离　　表4.2.4

装药等效直径（m） \ 安全允许距离(m)	存药量(t) \ 洞库类别 \ 偏离洞轴线角度	洞轴线两侧各15°以外 陡坡地形洞库	洞轴线两侧各15°以外 缓坡地形洞库	洞轴线两侧各15°以内 陡坡地形洞库	洞轴线两侧各15°以内 缓坡地形洞库
1.40	10	32	22	47	43
1.76	20	40	28	50	54
2.01	30	45	32	68	62
2.22	40	50	35	75	68
2.39	50	54	38	81	74
3.01	100	68	48	101	93
3.44	150	78	55	117	106
3.79	200	86	60	129	117
4.08	250	92	65	139	126
4.34	300	98	69	147	134
4.57	350	103	73	155	141
4.78	400	108	76	162	147
4.97	450	112	79	168	153
5.14	500	116	82	175	159

注：同表4.2.2-1注②至⑤。

第4.2.5条　两个黄土洞库相对布置时，其库间安全允许距离不应小于表4.2.5的规定。

黄土洞库相对布置库间安全允许距离　　表4.2.5

装药等效直径(m) \ 安全允许距离（m）	存药量(t) \ 偏离洞轴线角度	洞轴线两侧15°以外	洞轴线两侧15°以内
1.28	10	16	32
1.60	20	20	41
1.82	30	23	47
2.00	40	25	51
2.14	50	27	55
2.68	100	34	59
3.05	150	39	80
3.34	200	43	88
3.59	250	46	95
3.83	300	49	100

注：同表4.2.2-1注②至⑤。

第4.2.6条　两个岩石洞库上下布置时，库间安全允许距离不应小于表4.2.6的规定。

岩石洞库上下布置库间安全允许距离　　表4.2.6

装药等效直径(m) \ 存药量(t) \ 安全允许距离(m) \ 火药、炸药分类		梯恩梯当量值	
		>1	≤1
1.40	10	27	19
1.76	20	34	24
2.01	30	39	27
2.22	40	43	30
2.39	50	46	32
3.01	100	58	41
3.44	150	66	47
3.79	200	73	52
4.08	250	79	55
4.34	300	84	59
4.57	350	88	62
4.78	400	92	65
4.97	450	96	67
5.14	500	99	70

注：同表4.2.2-1注②至⑤。

第4.2.7条　两个黄土洞库上下布置时，库间安全允许距离不应小于表4.2.7的规定。

黄土洞库上下布置库间安全允许距离　　表4.2.7

装药等效直径(m) \ 存药量(t) \ 安全允许距离(m) \ 火药、炸药分类		梯恩梯当量值	
		>1	≤1
1.28	10	30	22
1.60	20	37	28
1.82	30	42	32
2.00	40	46	35
2.14	50	50	38
2.68	100	63	48
3.05	150	72	55
3.34	200	79	60
3.59	250	85	65
3.83	300	90	69

注：同表4.2.2-1注②至⑤。

第4.2.8条　覆土库的库间安全允许距离不应小于表4.2.8的规定。

表 4.2.8

覆土库库间安全允许距离

安全允许距离(m) / 覆土形式、相互关系、火药、炸药分类 / 存药量(t)	两侧山墙设出入口，后墙靠山丘，顶部及前墙覆土的覆土库				前墙设出入口，顶部及两侧墙和后墙均覆土的覆土库					
	前墙对前墙		前墙对山墙 山墙对山墙		后墙对后墙 侧墙对侧墙 后墙对侧墙		前墙对后墙		前墙对侧墙	
	梯恩梯当量值		梯恩梯当量值		梯恩梯当量值		梯恩梯当量值		梯恩梯当量值	
	>1	≤1	>1	≤1	>1	≤1	>1	≤1	>1	≤1
10	41	19	50	24	41	13	43	17	50	24
20	52	24	63	30	52	16	54	22	63	30
30	59	28	72	35	59	19	62	25	72	35
40	65	31	79	38	65	20	68	27	79	38
50	70	33	85	41	70	22	74	30	85	41
100	88	42	107	52	88	28	93	37	107	52
150		48		59		32		43		59
200		53		65		35		47		65

注：同表4.2.2-1注②至⑤。

第三节　辅助建筑物的布置

第4.3.1条　库区的取样间，宜布置在有利地形的单独地段。取样间与火药、炸药库房之间的距离，不宜小于50m；与非危险建筑物之间的距离，不宜小于100m。取样间内的存药量，不应大于200kg。

第4.3.2条　库区的变电所与火药、炸药库房的距离，不应小于50m。

第四节　警卫用建筑物的布置

第4.4.1条　岩石洞库区，对警卫大队、中队、小队建筑物的布置，应避开任一洞库的洞轴线前方两侧各50°角以内范围，宜布置在洞轴线两侧60°角以外范围。其与洞库之间的距离，应根据洞库所在地形、岩类条件分别满足本规范第3.3.2条至第3.3.5条和第3.3.8条、第3.3.9条的有关规定。

第4.4.2条　黄土洞库区，对警卫大队、中队、小队建筑物的布置，应避开洞库的洞轴线前方两侧各50°角以内范围，宜布置在洞轴线两侧60°角以外范围。其与洞库之间的距离，应分别满足本规范第3.3.6条和第3.3.10条的有关规定。

第4.4.3条　覆土库区，对警卫大队、中队、小队建筑物的布置，应避开任一仓库的正前方；宜布置在仓库的后方或侧后方。其与库房之间的距离，应满足本规范第3.3.7条的有关规定。

第4.4.4条　警卫班建筑物与各类火药、炸药库之间的距离，应符合下列规定：

一、岩石洞库区宜布置在洞轴线两侧70°角以外范围，其与洞库之间的距离，不应小于表4.4.4-1的规定；

二、当布置在洞轴线两侧70°角以外有困难时，其与洞库之间的距离，不应小于表4.4.4-2的规定：

岩石洞库与位于洞轴线70°角以外的警卫班

建筑物安全允许距离　　表4.4.4-1

存药量(t)	10	20	30	40	50	100	150	200	250	300	350	400	450	500
距离(m)	60	76	87	96	103	130	149	164	176	187	197	206	215	222

注：同表3.3.2-1。

岩石洞库与位于洞轴线70°以内的警卫班

建筑物安全允许距离　　表4.4.4-2

装药等效直径(m)	存药量(t)	缓坡地形岩石洞库	陡坡地形岩石洞库
1.40	10	129	110
1.76	20	162	140
2.01	30	186	160
2.22	40	205	180
2.39	50	221	190
3.01	100	278	240
3.44	150	319	280
3.79	200	351	310
4.08	250	378	330
4.34	300	402	350
4.57	350	423	370
4.78	400	442	385
4.97	450	460	400
5.14	500	476	420

(表头：安全允许距离(m)、洞库类别)

注：同表3.3.2-1注①、②、③、④、⑥。

三、黄土洞库区宜布置在洞轴线两侧90°角以外范围，其与洞库之间的距离，不应小于表4.4.4-3的规定；

黄土洞库与位于洞轴线90°角以外的警卫班

建筑物安全允许距离　　表4.4.4-3

存药量(t)	10	20	30	40	50	100	150	200	250	300
距离(m)	32	40	44	48	52	64	76	84	88	96

四、当布置在洞轴线两侧90°角以外有困难时，其与洞库之间的距离，不应小于表4.4.4-4的规定；

黄土洞库与位于洞轴线90°角以内的警卫班

建筑物安全允许距离　　表4.4.4-4

装药等效直径(m)	1.28	1.60	1.82	2.00	2.14	2.68	3.05	3.34	3.59	3.83
存药量(t)	10	20	30	40	50	100	150	200	250	300
距离(m)	40	50	55	60	65	80	95	105	110	120

注：同表3.3.2-1注①、②、③、④、⑥。

五、警卫班建筑物与覆土库之间的安全允许距离，不应小于表4.4.4-5的规定。

覆土库与警卫班建筑物安全允许距离　　表4.4.4-5

存药量(t)	10	20	30	40	50	100	150	200
距离(m)	119	149	171	188	203	255	292	322

第4.4.5条　各类仓库区警卫哨所的位置，应根据警卫任务和要求，结合具体地形条件布置。

第五章 建筑结构

第一节 一般规定

第5.1.1条 地下仓库的建筑形式宜为直通式，一般由引洞、主洞和排风竖井三部分组成，每一个地下仓库可设一个出入口，并应符合下列规定：

一、引洞前应设装卸站台，其进深不宜小于3.5m，宽度不宜小于6m；

二、引洞净跨不应小于2.5m，拱顶处净高宜为3～3.5m；

三、主洞净跨应根据使用和地质情况确定；

四、地下仓库的覆盖层厚度应符合防护要求。

第5.1.2条 地下仓库门的设置应符合下列规定：

一、引洞内从引洞口起应依次向内设钢网门、保温密闭门、防护密闭门，防护密闭门的防护等级应由主管部门确定；厂矿生产用的地下火药、炸药仓库的引洞内可设钢网门和密闭门；

二、离壁式衬砌的岩石洞库，靠近引洞末端的侧墙应设密闭检查门；

三、主洞前墙应设密闭门，离壁式衬砌岩石洞库和后排风贴壁式洞库的主洞后墙应设密闭通风门；

四、各类门除钢网门外均应向外开启。

第5.1.3条 覆土库的门窗设置应符合下列规定：

一、覆土库宜在两端山墙上设出入口，并设门斗，门斗外端起从外向内应依次设防护密闭门、钢网门和密闭门；

二、双跨结构的覆土库，不设出入口的一跨山墙宜设通风窗，通风窗由内向外依次设能开启的密闭玻璃窗、铁丝网和能开启的防护密闭板窗；

三、一端山墙设出入口的覆土库，不设出入口的另一端山墙应设通风窗；

四、前墙设出入口，两侧墙和后墙三面覆土的覆土库，在不设出入口的后墙上应设通风口。

第5.1.4条 覆土库的出入口外侧应设进深不小于2.5m的装卸站台。山墙至出入口前防护挡墙之间的距离不宜大于6m。防护挡墙不应低于山墙高度，顶宽不应小于1m。

第5.1.5条 洞库的进风设施应符合下列规定：

一、离壁式岩石洞库，可从引洞入口或引洞外侧预埋进风管进风；

二、贴壁式衬砌岩石洞库、黄土洞库采用后排风时，其进风方式与离壁式岩石洞库相同；采用前排风时，宜在洞库地面下设进风地沟，地沟通至主洞末端，并在地面上设进风口；

三、进风管或进风地沟室外入口处，应有防鸟与其他防护措施。

第5.1.6条 洞库应设排风竖井，其位置根据地形确定，并应符合下列规定：

一、排风竖井与主洞后墙或侧墙间，应设一段水平通风道，其净跨不应小于2m，拱顶净高不应小于2.5m，长度不宜小于5m；

二、水平通风道内，应设防护密闭通风门，向竖井方向开启；

三、水平通风道地面应比主洞地面高1m或1m以上，竖井底并应设防爆坑，当岩石洞库排风竖井有裂隙水时，应有排水措施；

四、排风竖井应高出山体表面2.5m，竖井地面以上部分宜采用钢筋混凝土，出风口处与井内应有保卫措施。

第5.1.7条 地下及覆土火药、炸药仓库各类门的尺寸应符合表5.1.7的规定。

各类门的尺寸 **表5.1.7**

类别	钢网门、防护密闭门、保温密闭门、密闭门	防护密闭通风门、密闭通风门、通风门	检查门
宽(m)	≥1.5	≥1.0	≥0.6
高(m)	1.8～2.2	≥1.5	≥1.5

第5.1.8条 地下及覆土火药、炸药仓库的地面可采用普通水泥地面。当需要在库内开箱取药时，宜作不发火花水泥地面。

第5.1.9条 地下及覆土火药、炸药仓库结构的计算应符合下列规定：

一、洞库围岩应进行抗爆炸地震波稳定性计算，离壁式衬砌结构应进行抗爆炸地震波动力计算；

二、覆土库结构应进行抗爆炸空气冲击波动力计算；

三、截面计算时对动载作用下材料的设计强度和弹性模量应取静载作用下的设计强度和弹性模量分别乘以表5.1.9中的材料强度提高系数K_c和弹性模量提高系数K_E；

提高系数 K_c、K_E **表5.1.9**

提高系数	钢筋				混凝土	砖石砌体
	Ⅰ级	Ⅱ级	Ⅲ级	5号钢		
K_c	1.3	1.15	1.10	1.25	1.25	1.20
K_E	1.0				1.10	1.10

四、按概率极限设计方法计算时，荷载分项系数、抗力分项系数、荷载组合值系数、结构重要性系数均应取1.0。

第二节 岩石洞库建筑结构

第5.2.1条 岩石洞库围岩抗爆炸地震波稳定性计算应符合本规范附录四规定。

第5.2.2条 围岩支护的型式应根据洞库地面上爆炸地震波垂向振速V_v与围岩无破坏临界振速〔V_1〕、轻微破坏临界振速〔V_2〕、中等破坏临界振速〔V_3〕、严重破坏临界振速〔V_4〕的关系，按下列要求确定：

一、当$V_v \leqslant$〔V_1〕时应采用C20厚50mm的素喷混凝土；

二、当〔V_1〕$< V_v \leqslant$〔V_2〕时应采用C20厚80mm的素喷混凝土；

三、当〔V_2〕$< V_v \leqslant$〔V_3〕时应采用网喷混凝土，围岩表面设置ϕ8间距250mm×250mm钢筋网、喷射80～100mm厚的C20混凝土；

四、当〔V_3〕$< V_v \leqslant$〔V_4〕时应采用锚网喷混凝土，围岩表面设置ϕ8间距250mm×250mm钢筋网、喷射80～100mm厚的C20混凝土；并设置ϕ16长2000mm的砂浆锚杆，杆距2m×2m，砂浆标号为M20。

第5.2.3条 围岩局部出现断层和破碎带时，宜采用长锚索锚网喷混凝土支护。长锚索锚网喷混凝土支护除应符合本规范第5.2.2条中锚网喷混凝土的规定外，尚应设置间距3m×3m、伸入稳定岩层不小于2m的长锚索，长锚索由6股钢绞线组成，每股为7ϕ4mm钢丝。

第5.2.4条 岩石洞库的主洞室宜设置离壁式衬砌，有条件时引洞也可设置离壁式衬砌。当围岩内表面散湿量小于0.3g/m²·h时，可不设置离壁式衬砌。

第5.2.5条 离壁式衬砌可采用下列结构型式：

一、直墙拱顶式，即钢筋混凝土柱和砖墙承重，钢筋混凝土拱板或薄壳作屋盖；

二、落地式钢筋混凝土拱。

第5.2.6条 离壁式衬砌抗爆炸地震波动力计算应符合本规范附录五的规定。

第5.2.7条 离壁式衬砌的抗震构造措施应符合下列规定：

一、直墙拱顶式离壁式衬砌采用柱、墙承重时，柱和承重墙的顶部必须设置钢筋混凝土圈梁，圈梁应封闭，断面不小于240mm×240mm，钢筋配置不少于4ϕ16mm，圈梁与承重柱、砖墙，拱板与圈梁均应加强连接；

二、直墙拱顶离壁式衬砌应在拱脚处设置钢筋混凝土斜撑，斜撑间距宜为3m，断面不应小于300mm×300mm，钢筋配置不小于4ϕ16，斜撑的一端应与圈梁连成整体，另一端以1:6坡度向下伸入围岩内且不应小于0.5m；

三、钢筋混凝土柱与砖墙以及砖墙转角处均应加强连接；

四、承重柱、墙、拱的基础应伸入基岩不小于0.35m。

第5.2.8条 离壁式衬砌应采用非燃烧材料，并应符合下列规定：

一、离壁式衬砌拱顶外表面至围岩表面的距离不应小于0.6m；

二、直墙拱顶离壁式衬砌的屋顶两侧均应作挑檐板，挑檐长度不应小于0.35m，挑檐板应坡向围岩，坡度不应小于1:6；

三、离壁式衬砌外排水沟起点处标高，宜低于洞内地面0.4m，当洞库地面不作滤水层时，可为0.2m；

四、排水沟应坡向洞外，坡度不应小于0.8%。

第5.2.9条 洞库范围内山体表面有积水时，应采取排除措施，探坑和与洞库内相通的洞穴应填平。洞库围岩上的泉眼、大股裂隙水，应排至离壁式衬砌侧墙外的排水沟中。

第5.2.10条 凡有裂隙水的洞库，地面应作滤水层，滤水层底可采用砂浆或混凝土作坡度，坡向离壁式衬砌侧墙外排水沟，侧墙底应预埋排水短管或预留洞孔。

第5.2.11条 离壁式衬砌拱顶和地面应防水和防潮，当拱顶采用柔性防水层时，可不增设防潮层。地面应采用柔性防水层。墙应防潮，拱顶防水和墙的防潮应设在衬砌外侧。

第5.2.12条 离壁式衬砌上的灯光洞孔及伸缩缝等均应有密闭措施。

第三节 黄土洞库建筑结构

第5.3.1条 黄土洞库设于Q_1和Q_2黄土层时，宜采用网喷混凝土支护，洞库的内表面应设置ϕ8间距250mm×250mm钢筋网，喷射100mm厚C20混凝土。

黄土洞库设于Q_3黄土层时，宜采用锚网喷混凝土支护，除应设置上述钢筋网外，洞库内表面尚应设置ϕ16长1500mm的砂浆锚杆，杆距1.5m×1.5m，砂浆标号应为M20，喷射100mm厚C20混凝土。

第5.3.2条 黄土洞库采用网喷混凝土支护和锚网喷混凝土支护时，钢筋网应做整体连接。搭接长度不应小于30倍钢筋直径。

第5.3.3条 黄土洞库范围内山体表面的探坑及与洞库相通的洞穴应填实，并应高出周围表土。

第5.3.4条 黄土洞库的主洞、引洞、排风竖井前的水平通风道、通风地沟的地面及内表面均应做防潮层。

第5.3.5条 当黄土洞库内表面的散湿量小于0.30g/m²·h时，黄土洞库的主洞可不设置离壁式衬砌。当散湿量大于0.30g/m²·h时，可设置简易离壁式衬砌。

第四节 覆土库建筑结构

第5.4.1条 覆土库的承重构件可采用下列结构型式：

一、波纹钢板或钢筋混凝土落地拱；

二、钢筋混凝土梁板式框架结构；

三、钢筋混凝土屋盖、砖墙承重的混合结构。

第5.4.2条 覆土库的屋面覆土厚度不得小于0.50m，覆土墙顶部水平覆土厚度不得小于1m，并应以1:1至1:1.5的坡度坡向地面或外侧挡墙。

第5.4.3条 覆土库结构抗爆炸空气冲击波动力计算应符合本规范附录六的规定。

第5.4.4条 采用钢筋混凝土梁板式框架结构的覆土库的抗震构造措施应符合下列规定：

一、钢筋混凝土屋面构件之间、屋面构件与柱及圈梁之间均应加强连接；

二、覆土库墙的顶部应设置封闭式圈梁，圈梁的高度不得小于180mm，并应配置不小于4ϕ12的钢筋；

三、钢筋混凝土墙体的覆土库，可不设置圈梁。

第5.4.5条 覆土库的墙体严禁采用毛石或块石砌筑，山墙宜采用钢筋混凝土结构。

第5.4.6条 覆土库埋入土内的墙或拱的外侧应作柔性防水层。屋顶宜作柔性防水层，防水层上必须作一层整体现浇混凝土，并应有滤水层。

第5.4.7条 覆土库前、后墙或落地拱的内侧可设离壁式隔潮墙，墙外侧应作排水沟，沟底宜低于室内地面0.50m以上，并应将积水引出库外。

第5.4.8条 覆土库的地面及墙面、屋顶内表面均应作防潮层。

第五节 警卫建筑物结构

第5.5.1条 设在洞库区的警卫建筑物应采用砖混结构，墙厚度不得小于370mm，并应按本规范第5.4.4条采取抗震构造措施。

第5.5.2条 设在洞库前方0°～90°范围的警卫哨所宜采用钢筋混凝土筒形结构，屋顶宜为球形。直径不宜小于2m，截面厚度不得小于300mm，内外面均配置不得小于ϕ16间距200mm的钢筋网。有条件时，屋顶及哨所墙体周围宜覆土，其厚度不宜小于0.5m。

第六章 电气及通讯

第一节 电源及室外线路

第6.1.1条 库区、转运站除应设有地区电网供电的电源外，尚宜备有移动式小型发电机组，发电机的单台容量以能满足一个库房的照明用电为宜。使用时停放位置距洞口的距离不应小于15m。当有特殊需要时可设固定式备用发电机组。

第6.1.2条 设在库区和转运站的6～10kV变电所宜为户内式。

第6.1.3条 与本库区或转运站无关的电气线路不应穿越库区或转运站。

第6.1.4条 在库区或转运站内的10kV及以下的电力、照明线路宜采用电缆埋地敷设。

当采用电缆埋地敷设有困难时，可采用架空线路，但必须符合下列规定：

一、引至火药、炸药库房的线路必须采取有效防雷措施；

二、在各危险区域内架设的1～10kV线路的轴线与地下仓库的口部、覆土库、转运站站台和站台库边缘的距离不应小于电杆档距的2/3，且不应小于35m；当采取减小档距、提高电杆强度采用强度较大的导线等措施后，可适当减小距离，但不得小于1.5倍杆高；

三、在各危险区域内架设的1kV以下的线路的轴线与地下仓库口部、覆土库及转运站站台和站台库边缘的距离不应小于电杆高度的1.5倍。

第二节 电气设备及室内线路

第6.2.1条 地下仓库的主洞室内、覆土库内、转运站站台和站台库内，严禁安装和使用电气设备和敷设电气线路。

第6.2.2条 离壁式衬砌的地下仓库，宜在主洞室衬砌外侧安装表面温度不超过120℃的防爆安全型或不低于ⅡBT2级隔爆型防爆灯，通过双层玻璃密封腰窗对主洞室照明。也可采用设在单独投光灯室内的投光灯隔窗照明。

第6.2.3条 贴壁式衬砌的地下仓库，主洞室照明应采用设在单独投光灯室内的投光灯隔窗照明。

第6.2.4条 投光灯室应符合下列规定：

一、投光灯室和引洞、主洞间应有密实墙隔开，通向引洞的门应采用密闭门，且应设自动关闭装置；

二、投光灯窗应为双层玻璃密封窗，并至少有一层为高强度玻璃；

三、投光灯可采用密闭型或防水防尘型，灯泡容量不宜大于500W。

第6.2.5条 当地下仓库引洞和主洞间用密闭门隔开时，引洞内可采用电气照明，但应采用表面温度不超过120℃的防爆安全型或不低于ⅡBT2级隔爆型防爆灯具。当引洞和主洞无密闭门隔开时，引洞内不应安装电气照明灯具。

第6.2.6条 覆土库宜采用自然采光，当需要人工照明时，可采用装在山墙外侧的密闭型投光灯通过双层玻璃密封腰窗对库内照明。

第6.2.7条 转运站的站台库宜采用装在墙壁外侧的防爆安全型或不低于ⅡBT2级隔爆型防爆灯具或用密闭型投光灯通过双层玻璃密封腰窗对库内照明。

第6.2.8条 转运站的站台、转运站内铁路专用线，宜采用设在杆塔上的投光灯照明，杆塔至站台和火药、炸药车辆停靠位置间的距离不应小于杆塔高度的1.5倍。

第6.2.9条 在地下仓库、覆土库和转运站站台库敷设的电气线路应符合下列规定：

一、在有离壁式衬砌的地下仓库、覆土库和转运站站台库安装的线路应沿墙壁外侧敷设；

二、应采用绝缘导线穿钢管明敷或采用电缆明敷，电线电缆的绝缘强度不应低于该网络额定电压，且不应低于500V；

三、敷设的线路应采用铜芯的导线或铠装电缆，其截面不应小于$2.5mm^2$；

四、配线钢管宜采用壁厚不小于2.5mm的镀锌钢管，钢管应采用螺纹连接，螺纹的啮合应严密，且不得少于6扣。

第6.2.10条 每个库房应单独安装防尘型铁制配电箱，地下仓库、覆土库的配电箱宜安装在库房入口钢网门和第一道密闭门之间；转运站的站台库宜安装于山墙外侧。

第6.2.11条 配电箱内开关应有明显的断开标志，且宜设联锁装置或明显的合闸警告信号。

第三节 防雷接地

第6.3.1条 覆土库、转运站的站台及站台库均属一类防雷建筑物，应设置独立避雷针或架空避雷线。地下仓库伸到库外的排风竖井及其他突出物体也应有防雷措施。接地装置的接地电阻不应大于10Ω。

第6.3.2条 引至地下仓库、覆土库、转运站站台库的电气线路，应符合下列规定：

一、宜全线采用铠装电缆直接埋地敷设，在引入端应将电缆金属外皮进行防雷电感应接地；

二、当全线采用电缆有困难时，可采用钢筋混凝土电杆铁横担架空线，但必须换接长度不少于50m的金属外铠装电缆埋地引入，其引入端电缆金属外皮应进行接地；

三、在电缆与架空线的换接杆上应装设阀型避雷器并与电缆金属外皮、绝缘子铁脚等连接在一起进行接地；

四、在雷电频繁地区，电缆与架空线的换接处应装设平时处于断开状态的隔离刀闸；

五、接地电阻均不应大于10Ω。

第6.3.3条 覆土库、转运站站台库的金属管线、金属门窗、钢屋架及其他金属装置以及突出在外面的金属物体均应做防雷电感应接地，其接地电阻不应大于10Ω。

第四节 通 讯

第6.4.1条 库区警卫哨所、警卫人员驻地及库区、行政区转运站间应有通讯设施，当兼作事故报警时，应具备报警的功能。

第七章 通 风

第7.0.1条 地下仓库应以自然通风为主，当采用自然通风不能满足要求时，也可采用机械通风。当采用机械通风时，通风系统应采用直流式，通风设备应设在单独的通风机室内，设备及管道应采用非燃烧材料。

第7.0.2条 从地下仓库外引入的进风管应在防护密闭门前进入引洞，进风系统的风机出口应装止回阀。

第7.0.3条 地下仓库内的通风管道宜采用圆形截面，并应采取措施防止火药、炸药及其粉尘进入通风地沟。

第7.0.4条 排风系统的通风机、电动机及调节阀等，均应采用防爆型。

第八章 消 防

第8.0.1条 地下仓库的洞口及覆土库的周围应设不小于15m宽的隔火带。隔火带范围内应清除杂草树木。

第8.0.2条 库区、转运站应设泡沫灭火机、风力灭火机、消防水桶等移动式消防器材，并应采取防冻措施。

第8.0.3条 覆土库区、转运站应设有消防给水管网或消防水池、高位水池。消防水量不应小于20L/s，延续时间应为3h，消防水平时不得动用。

第8.0.4条 有取水条件的地下仓库的库区宜设消防水源。消防用水源可利用河、塘、水库储水，或结合生活用水设消防水池。

第8.0.5条 设有消防水源的库区应根据需要设机动消防泵或消防车。

第九章 运输及转运站

第一节 铁路运输

第9.1.1条 运送火药、炸药的铁路专用线距有明火或散发火星的建筑物和地点边缘的距离不应小于35m。

第9.1.2条 转运站内的装卸站台处可设置尽头式铁路装卸线，其有效长度应能满足同时装卸4节50t的棚车的停放长度。

第9.1.3条 在铁路专用线上运输火药、炸药的车辆与机车之间应有隔离车辆，其数量应符合下列规定：

一、火药、炸药车辆与蒸汽机车、电力机车之间，应有不少于2辆的隔离车；

二、火药、炸药车辆与内燃机车之间，应有不少于1辆的隔离车。

机车与火药、炸药装卸站台之间的距离，应根据上述需要的隔离车数计算。

第二节 公路运输

第9.2.1条 在公路上运输火药、炸药时，应采用汽车，不宜采用三轮汽车和畜力车。严禁采用翻斗车、拖拉机和各种挂车。

第9.2.2条 库区内运输火药、炸药的道路干线纵坡不宜大于6%，库房装卸站台处宜用平坡，并应设回车场。

第三节 转运站

第9.3.1条 当铁路专用线能直接进入库区时，可在库区内设置转运站台。站台的最大允许存药量，包括停放在站台旁车箱内的药量，站台或站台库至火药、炸药仓库之间的安全允许距离以及站台的外部安全允许距离，均应按覆土库要求确定。

第9.3.2条 当库区与接轨站距离较远时，可在库区以外设立独立的转运站，并应符合下列要求：

一、转运站内仅有独立的火药、炸药转运站台，允许在站台上设置站台库，当火药、炸药暂存时间不超过48h，其外部安全允许距离可根据周围的具体情况，按覆土库的要求相应减少20%～40%确定；

二、火药、炸药年转运量不大于2000t，且每次转运可在24h内完成者，转运站台的外部安全允许距离，可按覆土库的要求相应减少50%；

三、转运站应设置高度不小于2.5m的密砌围墙，围墙距站台和仓库的距离不应小于25m。

第9.3.3条 转运站和站台库应符合下列规定：

一、站台库的耐火等级，不应低于二级，宜采用非燃烧体的轻质围护结构和轻质屋盖；

二、站台库结构计算时只考虑静载的作用；

三、站台库的出入口不应少于2个，可采用普通门窗，门应外开，并不得设置门槛，门洞宽不应小于1.5m；

四、转运站台及站台库宜为普通水泥地面。

第十章 销毁场

第10.0.1条 当需要销毁少量火药、炸药时，应设置销毁场，采用烧毁法销毁。销毁场应布置在库区以外的山沟、丘陵、盆地、河滩地等有利于安全的单独场地。

第10.0.2条 销毁场的作业面短边长度不宜小于25m，场地的表面应为不带石块的土质地。销毁场地边缘30m以内为防火带，其间不应有树木杂草及其他易燃物。

第10.0.3条 销毁场内应设有掩体，距作业场地边缘不应小于50m并应位于常年主导风向的上风向。出入口应背向销毁作业场地。

第10.0.4条 火药、炸药应当天销毁，不应在销毁场地设火药、炸药暂存库。

第10.0.5条 销毁场宜设围墙，距作业场地和掩体边缘不宜小于20m。

第10.0.6条 各种火药、炸药的一次最大销毁量和销毁场外部安全允许距离不应小于表10.0.6的规定。

销毁场火药、炸药一次最大销毁量和外部安全允许距离 **表10.0.6**

火药、炸药品种	一次最大销毁量 (kg)	销毁场外部安全允许距离 (m)
单、双基火药	500	200
梯恩梯当量等于或小于1的炸药	200	200
梯恩梯当量大于1的炸药	100	200

附录一 名词解释

名词解释 附表1.1

名词	曾用名	解释
地下仓库	洞库	地下仓库亦称洞库，由引洞、主洞室及通风竖井三部分组成。由地表到存放火药、炸药洞室的一段地下通道称为引洞；存放火药、炸药的洞室称为主洞室；在主洞室前端或后端至山体表面的垂直竖井称为通风竖井
覆土库	浅埋式仓库 半地下仓库	覆土库有两种形式：一种是仓库后侧长边紧贴山丘，顶部覆土，在前侧长边覆土至地面，两侧山墙为库房出入口及装卸站台，这类形式的仓库当结构形式采用钢筋混凝土梁板结构的称为梁板式覆土库，采用钢筋混凝土拱形结构的称为拱形覆土库 另一种是其顶部覆土至两侧及背后，前墙设有库房出入口及装卸站台，这类形式的仓库一般为钢筋混凝土或波纹钢板制作的落地拱形覆土库
梯恩梯当量值		某种火药、炸药与梯恩梯炸药（$\rho=0.85g/cm^3$）在相同距离上产生同等破坏效应（爆炸空气冲击波超压、地震波质点振动速度及爆坑）时的药量之比称为梯恩梯当量值。其换算公式为： 等效梯恩梯药量＝某炸药药量×梯恩梯当量值
装药等效直径		将实际装药截面换算成相同截面积的半圆形装药，此半圆形装药的直径称为装药等效直径
洞轴线（0°线）		洞体纵向中心线为洞轴线，即为0°线
缓坡地形		洞体爆炸后，洞体所在山体上部地表面产生掀顶者，或洞库覆盖层厚度小于50倍装药等效直径者
陡坡地形		洞体爆炸后，洞体所在山体上部地表面不产生掀顶者，或洞库覆盖层厚度大于50倍装药等效直径者

续表

名词	曾用名	解释
外部安全允许距离		各种火药、炸药仓库对外部各种目标允许产生不同破坏程度（或损失）的距离
库间安全允许距离		按允许的破坏标准确定的火药、炸药仓库之间的最小直线距离
防护挡墙		指覆土库出入口对面设置的防护墙或土堤
洞库平行布置		邻近两个独立洞库处在一个山体的同一侧面，两主洞室侧壁之间的距离基本相等
外八字布置		邻近两个独立洞库处在一个山体的同一侧面，两主洞室侧壁之间的距离由洞口到洞底逐渐减小
内八字布置		邻近两个独立洞库处在一个山体的同一侧面，两主洞室侧壁之间的距离由洞口到洞底逐渐增大
交错布置		邻近两个独立洞库处在一个山体的两个侧面，洞口分别朝向不同侧面；两主洞室中的一个主洞室后端与另一主洞室的侧壁相对
相背布置		邻近两个独立洞库处在一个山体的相反侧面，洞口方向相反，两主洞室后端相对
相对布置		两独立洞库分别处在沟内两侧山体，洞口相对
上下布置		两独立洞库处在山体一个坡面，呈上下台阶布置
覆盖层厚度		洞库主洞室顶部到山体表面的最小距离
比例距离		距存药中心的距离与存药量立方根的比值

附录二　各种火药、炸药的梯恩梯当量值换算

各种火药、炸药的梯恩梯当量值　　附表 2.1

火药、炸药名称	梯恩梯	太安	特屈儿	黑索今	8321炸药	4号炸药	乳化炸药
梯恩梯当量值	1.00	1.28	1.20	1.20	1.14	1.10	0.76

火药、炸药名称	水胶炸药	粉状梯炸铵药	双基火药	单基火药	二硝基萘	黑火药
梯恩梯当量值	0.73	0.70	0.70	0.65	0.43	0.40

注：本表未包括的火药、炸药梯恩梯当量值应由试验确定，

附录三　岩土体结构分类

岩土体结构分类　　附表 3.1

岩土体结构分类	结构特征	岩石抗压强度($\times 10^5$Pa)	岩体纵波弹性波速(m/sec)	n
整体状结构	岩体呈整体或巨厚层状，节理极不发育，无控制性结构面；B_0为1～2，M<0.5	>300	>4000	>0.85
块状结构	岩体呈块状或厚层状，节理不发育，结构面以节理为主,多呈闭合(如砾岩等)；B_0为2～3，M为0.5～2	>200	3000～4500	0.85～0.6
碎块状结构	岩体呈中厚层或块状结构，节理发育，结构面以节理劈理为主，相互穿插切割成块（如花岗岩等），B_0为3～4，M为2～5	>100	2000～3500	0.6～0.3
散体状结构	土体呈均质巨厚层状（如黄土等）	—	<1000	—

注：B_0为节理数据，M为节理量每米节理条数，$n=(C_v/C_e)^2$，C_v为岩体纵波波速（m/sec），C_e为岩块纵波波速(m/sec)。

附录四 岩石洞库围岩稳定性计算

（一）爆炸地震波作用下岩石洞库围岩的稳定性应按作用于岩石洞库地面上的爆炸地震波垂向振速V_v小于或等于岩石洞库围岩无破坏临界振速〔V_1〕、轻微破坏临界振速〔V_2〕、中等破坏临界振速〔V_3〕、严重破坏临界振速〔V_4〕进行计算。

（二）岩石洞库围岩的临界振速可按附表4.1确定。

岩石洞库围岩临界振速〔V_1〕、〔V_2〕、〔V_3〕、〔V_4〕　　附表 4.1

岩石类别	容重 (t/m³)	抗压强度 (×10⁵Pa)	抗拉强度 (×10⁵Pa)	岩洞不同破坏程度的临界振速 (cm/sec)			
				[V_1]	[V_2]	[V_3]	[V_4]
极硬岩和硬质岩	2.60～2.70	750～1100	21～34	27	54	82	153
	2.70～2.90	1100～1800	34～51	31	62	96	178
	2.70～2.90	1800～2000	51～57	36	72	111	209
软质岩	2.00～2.50	400～1000	11～34	29	58	90	167
	2.00～2.50	1000～1600	34～45	35	70	107	199

注：①本表适用于缓坡地形条件下的岩石洞库，如为陡坡地形，表中[V_1]、[V_2]、[V_3]、[V_4]应乘以2；

②当岩石洞库与相邻的岩石洞库相平行、斜交和垂直时，该相邻的岩石洞库围岩的临界振速[V_1]、[V_2]、[V_3]、[V_4]应分别乘以1.0、1.2和1.4；

③本表适用于岩体为整体状结构的情况，当岩体为块状结构或碎块状结构时，表中[V_1]、[V_2]、[V_3]、[V_4]应分别乘以0.9或0.8。

（三）岩石洞库地面上的爆炸地震波垂向振动速度V_v应由试验确定，几种常用的岩石的爆炸地震波垂向振速可按附表4.2确定。

岩石洞库地面上的爆炸地震波垂向振动速度V_v(cm/sec)　　附表 4.2

比例距离 $\overline{R}=R/Q^{\frac{1}{3}}$ (m/kg$^{\frac{1}{3}}$) / 垂向振动速度 V_v(cm/sec) / 岩石类别	0.5	0.6	0.7	0.8	0.9	1.0	1.2	1.4	1.6	1.8	2.0	2.5	3.0
块状结构的极硬岩和硬质岩	393	289	223	178	146	122	90	69	56	45	38	26	19
整体状结构的软质岩	470	336	253	197	158	135	93	70	55	44	36	24	17

注：①本表块状结构的极硬岩和硬质岩以花岗岩为代表，整体状结构的软质岩以泥质胶结的砾岩为代表；

②本表适用于缓坡地形条件下岩石洞库爆炸时所产生的爆炸地震波垂向振速，当岩石洞库为陡坡地形，则爆炸时所产生的爆炸地震波垂向振速V_v应为附表4.2的数字乘2。

附录五 离壁式衬砌抗爆炸地震波动力计算

（一）离壁式衬砌在横向水平爆炸地震荷载作用下的结构底部剪力（即总水平地震荷载）应按下式计算：

$$Q_0=\xi\beta\eta\sum_{i=1}^{n}W_i \qquad (附5.1)$$

式中 Q_0——结构底部剪力（10kN）；

ξ——结构影响系数，砖柱为0.45，钢筋混凝土柱、钢筋混凝土拱为0.35；

η——综合影响系数，砖柱为1/3；钢筋混凝土柱、框架、拱为1/4；

β——爆炸地震影响系数，应按附图5.2确定；

W_i——集中于质点i的质量(t)；

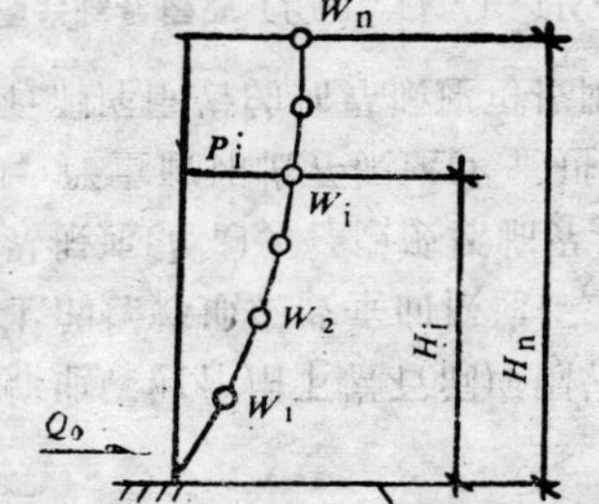

附图 5.1 结构计算图

对于质点i的水平地震荷载应按下式计算：

$$P_i=\frac{W_iH_i}{\sum_{i=1}^{n}W_iH_i} \qquad (附5.2)$$

H_i——质点i的高度(m)。

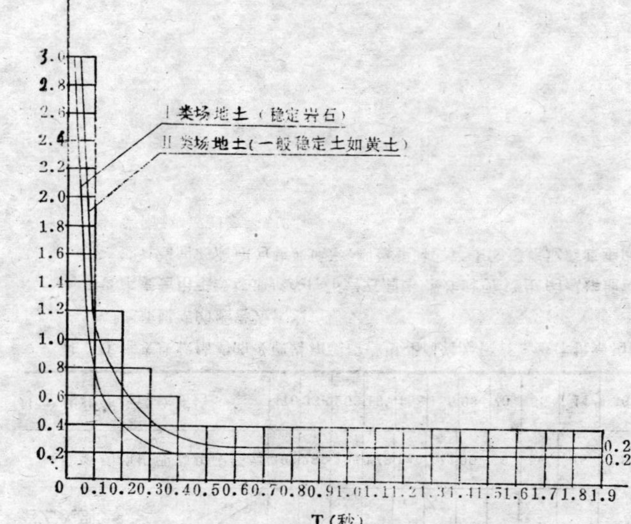

附图 5.2 爆炸地震影响系数β

（二）离壁式衬砌在水平爆炸地震荷载作用下计算结构底部剪力时不考虑衬砌的空间作用。

（三）按公式附5.1计算出的Q_0作为静荷载对衬砌进行结构内力分析，在进行截面计算时应符合本规范第5.1.9条的规定。

附录六　背面为山体的覆土库结构抗爆炸空气冲击波动力计算

(一) 爆炸空气冲击波荷载计算：

1. 覆土库承受的爆炸空气冲击波入射超压ΔP应按附表6.1计算；

覆土库在0°、45°、90°方向上的空气冲击波入射超压ΔP　附表6.1

比例距离 $\overline{R}\left(\frac{m}{kg^{\frac{1}{3}}}\right)$		0.5	0.6	0.7	0.8	0.9	1.0	1.1	1.2	1.3
ΔP	0°	15.23	11.28	8.75	7.02	5.78	4.86	4.15	3.60	3.15
	45°	8.33	6.47	5.22	4.33	3.68	3.18	2.78	2.46	2.21
	90°	11.05	8.39	6.64	5.43	4.54	3.87	3.35	2.94	2.60

比例距离 $\overline{R}\left(\frac{m}{kg^{\frac{1}{3}}}\right)$		1.4	1.5	1.6	1.7	1.8	1.9	2	2.5	3
ΔP	0°	2.79	2.45	2.40	2.03	1.85	1.69	1.55	1.07	0.79
	45°	1.99	1.81	1.65	1.51	1.40	1.30	1.21	0.89	0.69
	90°	2.33	2.10	1.90	1.74	1.59	1.47	1.36	0.97	0.74

比例距离 $\overline{R}\left(\frac{m}{kg^{\frac{1}{3}}}\right)$		3.5	4	4.5	5	6	7	8	9	10	15
ΔP	0°	0.62	0.5	0.41	0.35	0.26	0.20	0.16	0.15	0.13	0.07
	45°	0.56	0.46	0.39	0.37	0.25	0.20	0.16	0.15	0.13	0.07
	90°	0.58	0.47	0.40	0.39	0.26	0.20	0.16	0.15	0.13	0.07

注：①ΔP的数值等于表中数字乘10^5，单位为Pa。

②覆土库各方向的示意图如下

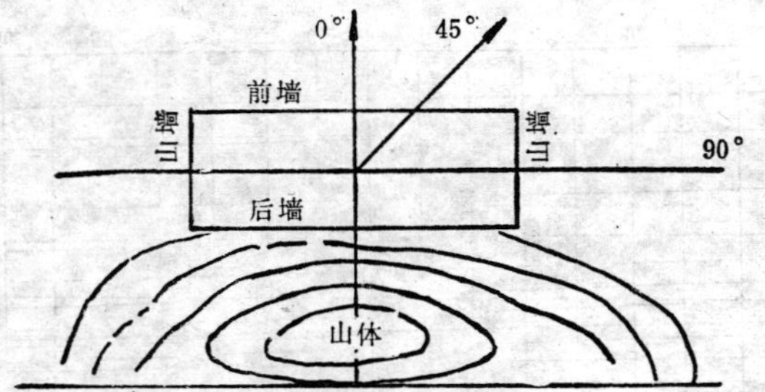

③当计算任意角度上的空气冲击波入射超压时，可按表中数字采用线性插入法确定。

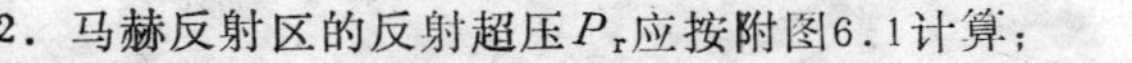

2. 马赫反射区的反射超压P_r应按附图6.1计算；

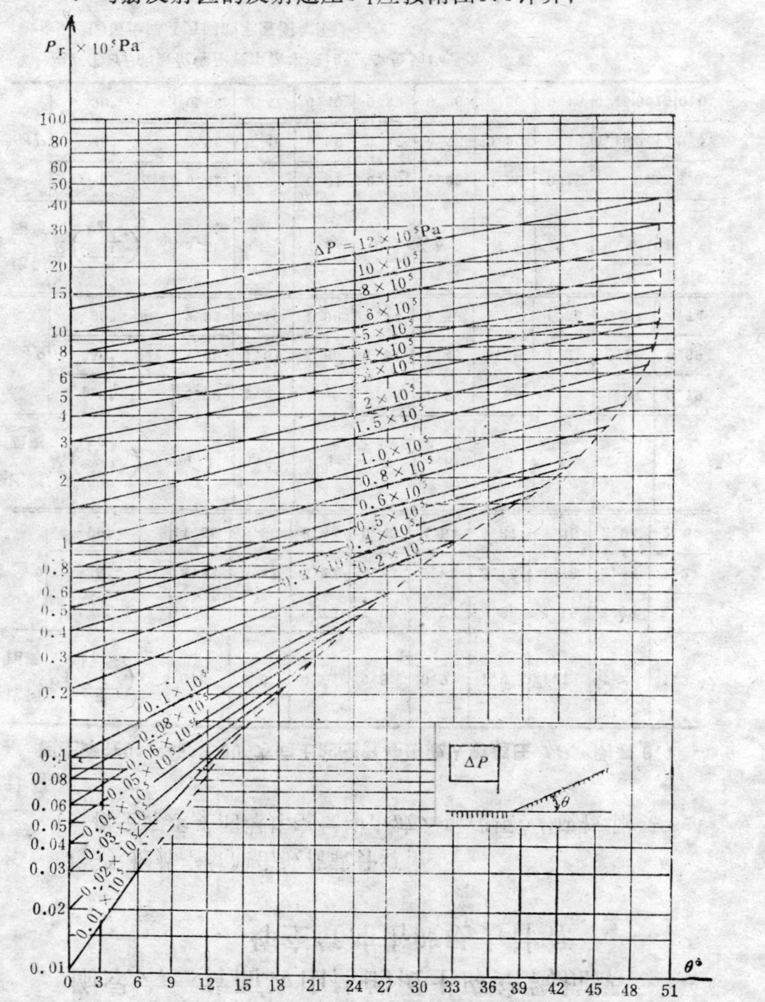

附图 6.1　马赫反射区的反射超压P_r与入射超压ΔP和坡角θ的关系曲线图

3．规则反射区的反射超压P_r应按附图6.2计算；

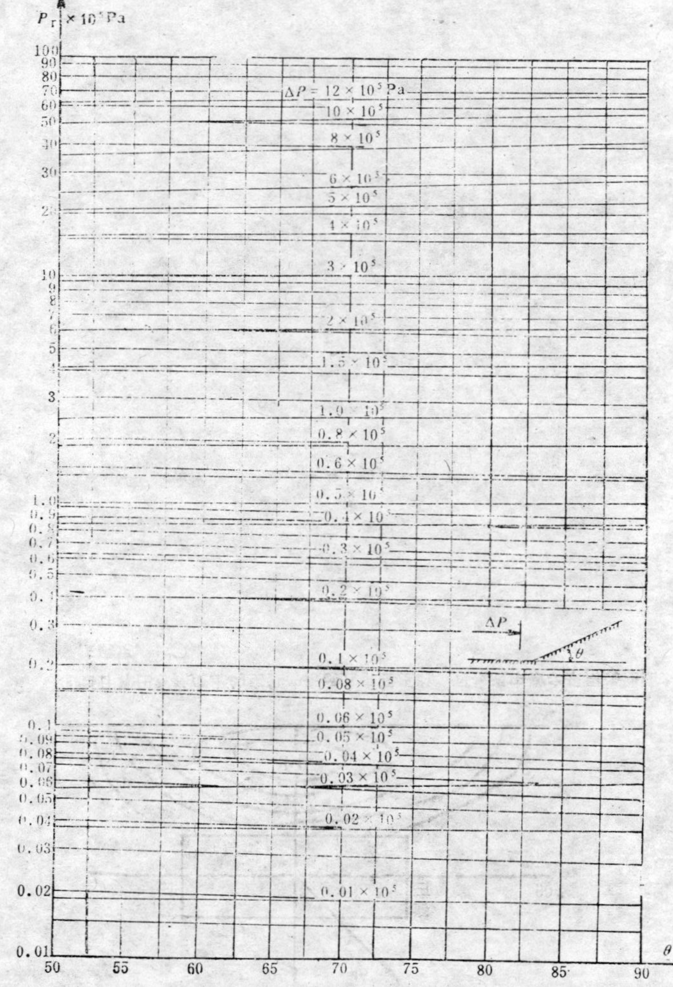

附图 6.2　规则反射区的反射超压P_r与入射超压ΔP和坡角θ的关系曲线图

4. 覆土库表面承受的爆炸空气冲击波有效正压作用时间τ应按附表6.2计算；

覆土库在0°～90°方向的空气冲击波有效正压作用时间τ　附表 6.2

τ(ms) Q(kg) / $\overline{R}\left(\frac{m}{kg^{\frac{1}{3}}}\right)$	10000	50000	100000	150000	200000
0.5	7.15	12.20	15.75	17.60	19.35
0.6	8.25	14.10	17.80	20.35	22.50
0.7	9.35	16.06	20.15	23.10	25.40
0.8	10.45	17.80	22.50	25.70	28.30
0.9	11.50	19.60	24.70	28.30	31.15
1.0	12.50	21.35	26.90	30.80	33.90
1.1	13.50	23.10	29.10	33.30	36.60
1.2	14.50	24.70	31.20	35.70	39.30
1.3	15.50	26.40	33.30	38.10	41.90
1.4	16.50	28.00	35.35	40.45	44.50
1.5	17.50	29.70	37.35	42.80	47.10
1.6	18.30	31.25	39.40	45.10	49.60
1.7	19.20	32.80	41.25	47.35	52.10
1.8	20.10	34.40	43.30	49.60	54.60
1.9	21.00	35.90	45.25	51.80	57.00
2.0	21.90	37.40	47.20	54.00	59.50
2.5	26.25	44.85	56.50	64.70	71.20
3.0	30.40	52.00	65.50	75.00	82.50
3.5	34.50	58.90	74.25	84.95	93.50

续表

τ(ms) Q(kg) / $\overline{R}\left(\frac{m}{k^{\frac{1}{3}}}\right)$	10000	50000	100000	150000	200000
4.0	38.40	65.60	82.70	94.65	104.20
4.5	42.20	72.20	91.00	104.15	114.65
5.0	46.00	78.60	99.10	113.45	124.85
6.0	53.30	91.20	114.85	131.50	144.70
7.0	60.40	103.30	130.15	149.00	163.95
8.0	67.40	115.20	144.50	166.20	182.70
9.0	74.00	126.60	159.50	182.60	201.00
10.0	80.60	137.90	173.72	198.90	218.90

注：①表中Q为覆土库内存药量（kg）；

②表中$\overline{R}$为爆炸覆土库药垛中心至计算点的比例距离($m/kg^{\frac{1}{3}}$)。

5. 爆炸空气冲击波超压经土层作用于结构表面的有效正压作用时间应按下式计算：

$$t=\tau+\frac{2h}{c_0} \qquad (附6.1)$$

式中　t——经覆土层作用于结构表面的爆炸空气冲击波的有效正压作用时间(sec)；

τ——爆炸空气冲击波的有效正压作用时间(sec)；

h——土层厚度(m)；

c_0——土壤纵波波速，亚粘土c_0为150～300m/sec，粘土c_0为250～500m/sec。

6. 爆炸空气冲击波超压经覆土层衰减后作用于结构表面的压力应按下式计算：

$$P_{sh}=K_D K_r P_0 \qquad (附6.2)$$

式中 P_{sh}——经覆土层衰减后爆炸空气冲击波作用于结构表面的压力(10^5Pa)；

P_0——作用于覆土表面的爆炸空气冲击波入射超压或反射超压(10^5Pa)；

K_r——反射系数，土层厚度$h \leqslant 0.50$m，K_r为1.0；土层厚度$h=7.00$m，K_r为1.30；土层厚度在0.50～7.00m之间时K_r可采取线性插入法确定；

K_D——爆炸空气冲击波超压通过土层的衰减系数，可按附表6.3采用。

衰减系数 K_D **附表6.3**

土壤类别	土层厚度 h (m)											
	0.50	1.00	1.50	2.00	2.50	3.00	3.50	4.00	4.50	5.00	6.00	7.00
粘土、亚粘土	0.95	0.90	0.86	0.82	0.78	0.74	0.70	0.67	0.63	0.60	0.55	0.50
砂	0.94	0.88	0.84	0.78	0.74	0.70	0.65	0.62	0.58	0.55	0.49	0.43

（二）覆土库屋盖、墙体上的等效静载应按下式计算：

1．有覆土时：

$$P_z=K_p P_{sh} \qquad (附6.3)$$

2．无覆土时：

$$P_z=K_p P_0 \qquad (附6.4)$$

式中 P_z——等效静载(10^5Pa)；

P_{sh}、P_0——同（附6.2）式；

K_p——结构动力系数，对于突加线性衰减荷载P_0应根据允许延性比μ及作用于覆土库表面的爆炸空气冲击波有效正压作用时间τ与结构基本自振周期T的比值由附图6.3查得；对于线性升压、线性衰减的荷载，尚须将附图6.3查得的K_p乘以修正系数$K_z=\left(1-\frac{1}{2\mu}\right)$，构件的允许延性比$\mu$可按附表6.4的规定。

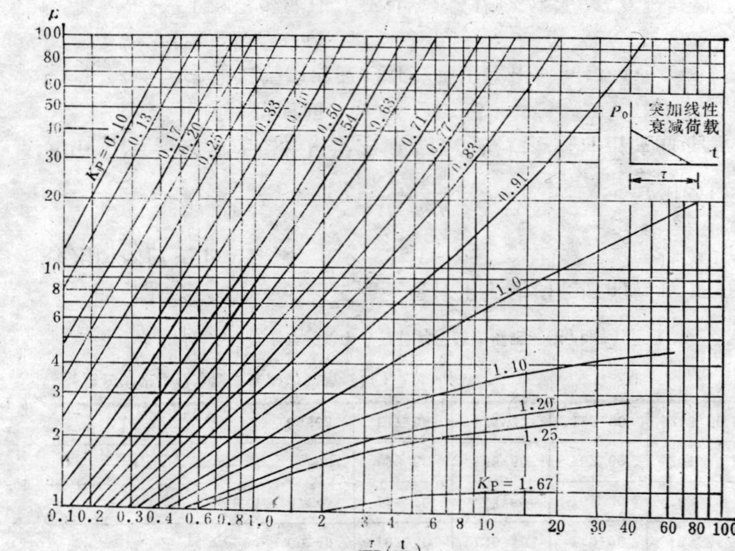

附图 6.3 结构动力系数K_p

允许延性比 μ **附表6.4**

构件受力状态	受弯构件		偏心受压构件		轴心受压构件
	梁	板	大偏心受压	小偏心受压	
允许延性比	5～10	10～15	3～5	2～3	1.5～2.0

注：对于覆土结构的延性比取表中大值，对于未覆土结构的延性比取表中小值。

（三）结构构件的刚度应按下式计算：

$$B=\psi EJ \qquad (附6.5)$$

式中 B——结构构件刚度($kg \cdot m^2$)；

E——动荷作用下的弹性模量($kg \cdot m^2$)，应按本规范第5.1.9条计算；

J——截面惯性矩(m^4)；

ψ——刚度折算系数，可按附表6.5采用。

刚度折算系数 ψ　　附表 6.5

均质材料构件（如钢材等）	钢筋混凝土构件		
	未出现裂缝	裂缝开展后	
		偏心受压构件	受弯构件
1	0.85	0.65	0.45

（四）矩形、T形、工字形截面的钢筋混凝土受弯构件和偏心受压构件的抗剪强度应按下式计算：

$$Q_0=0.07K_Q bh_0 R_a+1.5K_c\frac{A_k}{S}R_g+0.8K_c A_w R_g \sin\alpha \quad (附6.6)$$

式中 Q_0——剪力(10N)；

b——矩形截面的宽度、T形、工字形截面的肋宽(cm)；

h_0——矩形、T形、工字形截面的有效高度(cm)；

A_k——配置在同一截面内箍筋各肢的全部截面面积，$A_k=na_k$(cm^2)；

a_k——单支箍筋截面面积(cm^2)；

n——同一截面内箍筋的支数；

S——沿构件长度方向上箍筋间距(cm)；

A_w——配置在同一弯起平面内弯起钢筋的截面积(cm^2)；

R_a——混凝土的轴心抗压设计强度；

R_g——受拉钢筋的设计强度(10^5Pa)；

K_c——材料强度提高系数，应按本规范第5.1.9条计算；

K_Q——抗剪修正系数，C20混凝土为0.80，C30混凝土为1.0；

α——弯起钢筋与构件纵向轴线的夹角(°)。

（五）以等效静载作为静荷载对覆土库结构进行结构内力分析，在进行截面计算时应符合本规范第5.1.9条的规定。

附录七　本规范用词说明

（一）执行本规范条文时，对要求严格程度的用词说明如下，以便在执行中区别对待：

1．表示很严格，非这样作不可的用词：

正面词采用“必须”；

反面词采用“严禁”。

2．表示严格，在正常情况下均应这样作的用词：

正面词采用“应”；

反面词采用“不应”或“不得”。

3．表示允许稍有选择，在条件许可时首先应这样作的用词：

正面词采用“宜”或“可”；

反面词采用“不宜”。

（二）条文中指明必须按其他有关标准和规范执行的写法为“应按……执行”或“应符合……要求或规定”。

附加说明

本规范主编单位和主要起草人名单

主编单位：中国兵器工业第五设计研究院
物资部国家物资储备局

主要起草人：王川　王泽溥　（以下按姓氏笔划为序）
王玉光　刘　才　刘　烈　李　铮　李永美
李可则　严可吉　张日明　陆永年　易永安
徐淑明　殷亘令　虞培德

中华人民共和国国家标准

石油化工企业设计防火规范

GB 50160—92

主编部门：中国石油化工总公司
批准部门：中华人民共和国建设部
施行日期：1992年12月1日

关于发布国家标准《石油化工企业设计防火规范》的通知

建标[1992]517号

根据国家计委计综[1986]2630号文的要求，由中国石油化工总公司会同有关部门共同制订的《石油化工企业设计防火规范》，已经有关部门会审，现批准《石油化工企业设计防火规范》GB 50160－92为强制性国家标准，自一九九二年十二月一日起施行。

本规范由中国石油化工总公司负责管理，具体解释等工作由中国石油化工总公司洛阳石油化工工程公司负责，出版发行由建设部标准定额研究所负责组织。

建设部
一九九二年八月十日

编 制 说 明

本规范是根据国家计委计综〔1986〕2630号文的通知精神，由中国石油化工总公司洛阳石油化工工程公司会同兰州石油化工设计院、化工部第八设计院、上海金山石油化工总厂设计院、公安部天津消防科研所、中国石油化工总公司北京设计院等六个单位编制的。

在编制过程中，遵照国家基本建设的有关安全防火的政策法令和“预防为主，防消结合”的消防工作方针，调查了几十个炼油厂、石油化工厂的防火设计现状，与公安部、化工部、设计院（所）等有关单位座谈讨论，研究分析建国以来一些典型火灾案例，总结石油化工企业防火设计方面的经验，搜集了国外有关标准、规范，并赴日本进行实地考察，吸收符合我国实际情况的国外石化企业的防火先进技术成果，并征求了全国有关单位的意见，最后经有关部门审查定稿。

本规范共分八章和七个附录，其主要内容有：总则，可燃物质的火灾危险性分类，区域规划与工厂总体布置，工艺装置，储运设施，含可燃液体的生产污水管道、污水处理场与循环水场，消防，电气等。

本规范在执行过程中，如发现需要修改和补充之处，请将意见和有关资料寄送中国石油化工总公司洛阳石油化工工程公司（地址：河南省洛阳市七里河063信箱，邮编：471003），以便修订时参考。

中国石油化工总公司
一九九二年七月

第一章 总 则

第1.0.1条 为了保障人身和财产的安全，在石油化工企业设计中，贯彻“预防为主，防消结合”的方针，采取防火措施，防止和减少火灾危害，特制定本规范。

第1.0.2条 本规范适用于以石油或天然气为原料的石油化工企业新建、扩建或改建工程的防火设计。

第1.0.3条 石油化工企业的防火设计应按本规范执行；本规范未作规定者，应符合有关现行国家标准规范的要求或规定。

第二章　可燃物质的火灾危险性分类

第 2.0.1 条　可燃气体的火灾危险性，应按表 2.0.1 分类。可燃气体的火灾危险性分类举例见本规范附录二。

可燃气体的火灾危险性分类　　**表 2.0.1**

类　别	可燃气体与空气混合物的爆炸下限
甲	<10%（体积）
乙	≥10%（体积）

第 2.0.2 条　液化烃、可燃液体的火灾危险性分类，应符合下列规定：

一、液化烃、可燃液体的火灾危险性，应按表 2.0.2 分类；

二、操作温度超过其闪点的乙类液体，应视为$甲_B$类液体；

三、操作温度超过其闪点的丙类液体，应视为$乙_A$类液体。

液化烃、可燃液体的火灾危险性分类　　**表 2.0.2**

类别		名　称	特　征
甲	A	液化烃	15℃时的蒸汽压力>0.1MPa 的烃类液体及其他类似的液体
	B	可燃液体	$甲_A$类以外，闪点<28℃
乙	A		闪点≥28℃至≤45℃
	B		闪点>45℃至<60℃
丙	A		闪点≥60℃至≤120℃
	B		闪点>120℃

液化烃、可燃液体的火灾危险性分类举例，见本规范附录三。

第 2.0.3 条　固体的火灾危险性分类，应按现行国家标准《建筑设计防火规范》的有关规定执行。

甲、乙、丙类固体的火灾危险性分类举例，见本规范附录四。

第三章　区域规划与工厂总体布置

第一节　区域规划

第 3.1.1 条　在进行区域规划时，应根据石油化工企业及其相邻的工厂或设施的特点和火灾危险性，结合地形、风向等条件，合理布置。

第 3.1.2 条　石油化工企业的生产区，宜位于邻近城镇或居住区全年最小频率风向的上风侧。

第 3.1.3 条　在山区或丘陵地区，石油化工企业的生产区应避免布置在窝风地带。

第 3.1.4 条　石油化工企业的生产区沿江河岸布置时，宜位于邻近江河的城镇、重要桥梁、大型锚地、船厂等重要建筑物或构筑物的下游。

第 3.1.5 条　石油化工企业的液化烃或可燃液体的罐区邻近江河、海岸布置时，应采取防止泄漏的可燃液体流入水域的措施。

第 3.1.6 条　公路和地区架空电力线路，严禁穿越生产区。区域排洪沟不宜通过厂区。

第 3.1.7 条　石油化工企业与相邻工厂或设施的防火间距，不应小于表 3.1.7 的规定。

防火间距的起止点，应符合本规范附录六的规定。

高架火炬的防火距离，应经辐射热计算确定；对可能携带可燃液体的高架火炬的防火距离，并不应小于表 3.1.7 规定。

石油化工企业与相邻工厂或设施的防火间距　　表 3.1.7

防火间距（m）／石油化工企业生产区／相邻工厂或设施	除液化烃罐组、可能携带可燃液体的高架火炬外的工艺装置或设施	液化烃罐组	可能携带可燃液体的高架火炬
居住区、公共福利设施、村庄	100	120	120
相邻工厂（围墙）	50	120	120
国家铁路线（中心线）	45	55	80
厂外企业铁路线（中心线）	35	45	80
国家或工业区铁路编组站（铁路中心线或建筑物）	45	55	80
厂外公路（路边）	20	25	60
变配电站（围墙）	50	80	120
架空电力线路（中心线）	1.5 倍塔杆高度		80
Ⅰ、Ⅱ级国家架空通信线路（中心线）	40	50	80
通航江河岸边	20	25	80

注：①括号内指防火间距起止点。

②当相邻设施为港区陆域、重要物品仓库和堆场、军事设施、机场等，对石油化工企业的安全距离有特殊要求时，应按有关规定执行。

第二节　工厂总平面布置

第 3.2.1 条　工厂总平面，应根据工厂的生产流程及各组成部分的生产特点和火灾危险性，结合地形、风向等条件，按功能分区集中布置。

第 3.2.2 条 可能散发可燃气体的工艺装置、罐组、装卸区或全厂性污水处理场等设施，宜布置在人员集中场所，及明火或散发火花地点的全年最小频率风向的上风侧；在山区或丘陵地区，并应避免布置在窝风地带。

第 3.2.3 条 液化烃罐组或可燃液体罐组，不应毗邻布置在高于工艺装置、全厂性重要设施或人员集中场所的阶梯上。但受条件限制或有工艺要求时，可燃液体原料储罐可毗邻布置在高于工艺装置的阶梯上。

第 3.2.4 条 当厂区采用阶梯式布置时，阶梯间应有防止泄漏的可燃液体漫流的措施。

第 3.2.5 条 液化烃罐组或可燃液体罐组，不宜紧靠排洪沟布置。

第 3.2.6 条 空气分离装置，应布置在空气清洁地段并位于散发乙炔、其他烃类气体、粉尘等场所的全年最小频率风向的下风侧。

第 3.2.7 条 全厂性的高架火炬，宜位于生产区全年最小频率风向的上风侧。

第 3.2.8 条 汽车装卸站、液化烃灌装站、甲类物品仓库等机动车辆频繁进出的设施，应布置在厂区边缘或厂区外，并宜设围墙独立成区。

第 3.2.9 条 采用架空电力线路进出厂区的总变配电所，应布置在厂区边缘。

第 3.2.10 条 厂区的绿化，应符合下列规定：

一、生产区不应种植含油脂较多的树木，宜选择含水分较多的树种；

二、工艺装置或可燃气体、液化烃、可燃液体的罐组与周围消防车道之间，不宜种植绿篱或茂密的灌木丛；

三、在可燃液体罐组防火堤内，可种植生长高度不超过 15cm、含水分多的四季常青的草皮；

四、液化烃罐组防火堤内严禁绿化；

五、厂区的绿化不应妨碍消防操作。

第 3.2.11 条 石油化工企业总平面布置的防火间距，除另有规定外，不应小于表 3.2.11 的规定。工艺装置或设施（罐组除外）之间的防火距离，应按相邻最近的设备、建筑物或构筑物确定，其防火间距起止点应符合本规范附录六的规定。

高架火炬的防火距离，应经辐射热计算确定；对可能携带可燃液体的高架火炬的防火距离，并不应小于表 3.2.11 的规定。

第三节　厂内道路

第 3.3.1 条 工厂主要出入口不应少于两个，并宜位于不同方位。

第 3.3.2 条 两条或两条以上的工厂主要出入口的道路，应避免与同一条铁路平交；若必须平交时，其中至少有两条道路的间距不应小于所通过的最长列车的长度；若小于所通过的最长列车的长度，应另设消防车道。

第 3.3.3 条 主干道及其厂外延伸部分，应避免与调车频繁的厂内铁路或邻近厂区的厂外铁路平交。

第 3.3.4 条 生产区的道路宜采用双车道；若为单车道应满足错车要求。

第 3.3.5 条 工艺装置区、罐区、可燃物料装卸区及其仓库区，应设环形消防车道；当受地形条件限制时，可设有回车场的尽头式消防车道。

第 3.3.6 条 液化烃、可燃液体的罐区内的储罐与消防车道的距离，应符合下列规定：

一、任何储罐的中心至不同方向的两条消防车道的距离，均不应大于 120m；

石油化工企业总平面布置的防火间距

表 3.2.11

项目 \ 防火间距（m）	工艺装置 甲	工艺装置 乙	工艺装置 丙	全厂性重要设施	明火及散发火花地点	地上可燃液体储罐 甲B、乙类固定顶 >5000m³	甲B、乙类固定顶 >1000m³至5000m³	甲B、乙类固定顶 >500m³至1000m³	甲B、乙类固定顶 ≤500m³或卧式罐	浮顶或丙类固定顶 >5000m³	浮顶或丙类固定顶 >1000m³至5000m³	浮顶或丙类固定顶 >500m³至1000m³	浮顶或丙类固定顶 ≤500m³或卧式罐	液化烃储罐 >1000m³	液化烃储罐 >100m³至1000m³	液化烃储罐 ≤100m³	可燃气体储罐 >1000m³至50000m³	液化烃及甲B、乙类液体 码头装卸区	液化烃及甲B、乙类液体 汽车装卸站	液化烃及甲B、乙类液体 铁路装卸设施、槽车洗罐站	灌装站 液化烃	灌装站 甲B、乙类液体及可燃气体	甲类物品库（棚）或堆场	罐区甲、乙类泵房（包括加铅、添加剂设施及其专用变配电室）	污水处理场	铁路走行线段（中心线）	车行主干道（路面边）	附注
工艺装置 甲	30/25	—	—																									②
工艺装置 乙	25/20	20/15	—																									③
工艺装置 丙	20/15	15/10	10																									④
全厂性重要设施	35	30	25																									⑤
明火及散发火花地点	30	25	20																									
地上可燃液体储罐 甲B、乙类固定顶 >5000m³	50	40	35	50	40																							
甲B、乙类固定顶 >1000m³ 至 5000m³	40	35	30	40	35																							
甲B、乙类固定顶 >500m³ 至 1000m³	30	25	20	35	30																							
甲B、乙类固定顶 ≤500m³ 或卧式罐	25	20	15	30	25																							
浮顶或丙类固定顶 >5000m³	35	30	25	35	30																							①④
浮顶或丙类固定顶 >1000M³ 至 5000m³	30	25	20	30	25	储罐间距见本规范第五章																						
浮顶或丙类固定顶 >500m³ 至 1000m³	25	20	15	25	20																							
浮顶或丙类固定顶 ≤500m³ 或卧式罐	20	15	10	20	15																							
液化烃储罐 >1000m³	60	55	50	70	60	50	40	35	30	40	35	30	25															
液化烃储罐 >100m³ 至 1000m³	50	45	40	60	50	45	35	30	25	35	25	20	15															
液化烃储罐 ≤100m³	40	35	30	45	40	40	30	25	20	30	20	15	10															
可燃气体储罐>1000m³ 至 50000m³	25	20	15	30	30	30	25	20	15	20	15	10	8	40	30	25												④⑥
液化烃及甲B、乙类液体 码头装卸油区	35	30	25	40	35	50	40	35	30	40	35	30	25	55	45	40	25	—										
液化烃及甲B、乙类液体 汽车装卸站	25	20	15	30	25	25	20	15	10	20	15	12	10	45	35	30	15	20	—									
液化烃及甲B、乙类液体 铁路装卸设施、槽车洗罐站	30	25	20	35	30	25	20	15	10	20	15	12	10	50	40	35	20	25	15	10								④⑦
灌装站 液化烃	30	25	20	35	30	35	30	25	20	25	20	17	15	45	40	35	20	30	20	25	—							
灌装站 甲B、乙类液体及可燃与助燃气体	25	20	15	30	25	30	25	20	15	20	15	12	10	40	35	30	15	25	15	20	—	—						
甲类物品库（棚）或堆场	30	25	20	35	30	35	30	25	20	25	20	15	10	60	50	40	20	35	25	30	30	25	—					④⑧
罐区甲、乙类泵房（包括加铅、添加剂设施及其专用变配电室）	20	15	10	20	15	20	15	12	10	15	12	10	8	35	30	25	15	15	10	12	25	20	20	—				④⑨
污水处理场	30	25	20	35	30	30	25	20	20	25	20	20	20	40	35	30	25	40	25	30	30	25	30	20	—			④⑩
铁路走行线（中心线）	20	15	10	—	—	25	20	20	15	20	15	15	10	35	30	25	15	25	15	15	20	15	25	12	10	—		⑪
车行主干道（路面边）	15	10	8	—	—	20	15	12	10	15	12	10	8	25	20	15	10	10	6	8	10	8	10	8	8	—	—	
可能携带可燃液体的高架火炬	90	90	90	90	60	90	90	90	90	90	90	90	90	90	90	90	90	90	90	90	90	90	90	60	90	50	50	⑫
厂围墙（中心线）	10	8	6	—	—	10	10	10	10	10	10	10	10	10	10	10	10	10	6	8	10	10	10	8	10	—	—	

注：①罐组与其他设施的防火间距按相邻最大罐容积确定。

②分子适用于石油化工装置，其防火间距按相邻面单元的火灾危险性类别确定；分母适用于炼油装置。

③当一个装置的成品直接进入另一个装置时，两个装置的防火间距可减小，但不应小于15m，丙类之间不应小于10m。联合装置视同一个装置，其设备、建筑物的防火间距应按本规范第4.2.1条有关规定执行。工艺装置或装置内单元的火灾危险性分类举例见附录五。

④工艺装置或可能散发可燃气体的设施与工艺装置的明火加热炉相邻布置时，其防火间距应按与明火的防火间距确定。

⑤独立的分变配电所、车间办公室等，可减少25%（火炬除外）。

⑥单罐容积等于或小于1000m³，可减少25%；大于50000m³，应增加25%（火炬除外）。

⑦丙类液体，可减少25%（火炬除外）。

⑧本项包括可燃气体、助燃气体的实瓶库。乙、丙类物品库（棚）和堆场可减少25%；丙类可燃固体堆场可减少50%（火炬除外）。

⑨罐组的专用泵房与其罐组的防火间距：甲$_A$类不应小于15m；甲$_B$、乙类不应小于12m；浮顶、丙类不应小于10m（对小于或等于500m³的储罐不应小于8m）。

⑩事故存液池的防火距离，可按污水处理场的规定执行。

⑪表中间距只适用于内燃机车，对蒸气机车，应增加25%（火炬除外）。

⑫见本条文字部分。

二、当仅一侧有消防车道时，车道至任何储罐的中心，不应大于 80m。

第 3.3.7 条 在液化烃、可燃液体的铁路装卸区，应设与铁路股道平行的消防车道，并符合下列规定：

一、若一侧设消防车道，车道至最远的铁路股道的距离，不应大于 80m；

二、若两侧设消防车道，车道之间的距离，不应大于 200m，超过 200m 时，其间尚应增设消防车道。

第 3.3.8 条 当道路路面高出附近地面 2.5m 以上、且在距道路边缘 15m 范围内，有工艺装置或可燃气体、液化烃、可燃液体的储罐及管道时，应在该段道路的边缘设护墩、矮墙等防护设施。

第四节　厂 内 铁 路

第 3.4.1 条 厂内铁路宜集中布置在厂区边缘。

第 3.4.2 条 工艺装置的固体产品铁路装卸线，可布置在该装置的仓库或贮存场（池）的边缘。

第 3.4.3 条 当液化烃装卸栈台与可燃液体装卸栈台布置在同一装卸区时，液化烃栈台应布置在装卸区的一侧。

第 3.4.4 条 在液化烃、可燃液体的铁路装卸区内，内燃机车至另一栈台的鹤管的距离应符合下列规定：

一、对甲、乙类液体鹤管，不应小于 12m；

二、对丙类液体鹤管，不应小于 8m。

第 3.4.5 条 当液化烃、可燃液体或甲、乙类固体的铁路装卸线为尽头线时，其车挡至最后车位的距离，不应小于 20m。

第 3.4.6 条 液化烃、可燃液体的铁路装卸线，不得兼作走行线。

第 3.4.7 条 液化烃、可燃液体或甲、乙类固体的铁路装卸线停放车辆的线段，应为平直段。当受地形条件限制时，可设在半径不小于 500m 的平坡曲线上。

第 3.4.8 条 在甲、乙、丙类液体的铁路装卸区内，两相邻栈台鹤管之间的距离，不应小于 10m；但装卸丙类液体的两相邻栈台鹤管之间的距离，可不小于 7m。

第五节　厂内管线综合

第 3.5.1 条 沿地面或低支架敷设的管道，不应环绕工艺装置或罐组四周布置。

第 3.5.2 条 管道及其桁架跨越厂内铁路的净空高度，不应小于 5.5m；跨越厂内道路的净空高度，不应小于 5m。

第 3.5.3 条 可燃气体、液化烃、可燃液体的管道横穿铁路或道路时，应敷设在管涵或套管内。

第 3.5.4 条 可燃气体、液化烃、可燃液体的管道，不得穿越或跨越与其无关的炼油工艺装置、化工生产单元或设施；但可跨越罐区泵房（棚）。在跨越泵房（棚）的管道上，不应设置阀门、法兰、螺纹接头和补偿器等。

第 3.5.5 条 距散发比空气重的可燃气体设备 30m 以内的管沟、电缆沟、电缆隧道，应采取防止可燃气体窜入和积聚的措施。

第 3.5.6 条 各种工艺管道或含可燃液体的污水管道，不应沿道路敷设在路面或路肩上下。

第 3.5.7 条 布置在公路型道路路肩上的管架支柱、照明电杆、行道树或标志杆等，应符合下列规定：

一、至双车道路面边缘不应小于 0.5m；

二、至单车道中心线不应小于 3m。

第四章　工 艺 装 置

第一节　一 般 规 定

第 4.1.1 条　工艺设备(以下简称设备)、管道和构件的材料，应符合下列规定：

一、设备本体（不含衬里）及其基础，管道（不含衬里）及其支、吊架和基础，应采用非燃烧材料，但油罐底板垫层可采用沥青砂；

二、设备和管道的保温层，应采用非燃烧材料，当设备和管道的保冷层采用泡沫塑料制品时，应为阻燃材料，其氧指数不应小于 30；

三、建筑物、构筑物的构件，应采用非燃烧材料，其耐火极限应符合现行国家标准《建筑设计防火规范》的有关规定。

第 4.1.2 条　设备和管道应根据其内部物料的火灾危险性和操作条件，设置相应的仪表、报警讯号、自动联锁保护系统或紧急停车措施。

第 4.1.3 条　厂房的防火设计，本章未作规定者，应按现行国家标准《建筑设计防火规范》的有关规定执行。

第二节　装置内布置

第 4.2.1 条　设备、建筑物平面布置的防火间距，除本规范另有规定外，不应小于表 4.2.1 的规定。

第 4.2.2 条　为防止结焦、堵塞，控制温降、压降，避免发生副反应等有工艺要求的相关设备，可靠近布置。

第 4.2.3 条　分馏塔顶冷凝器、塔底重沸器与分馏塔，压缩机的分液罐、缓冲罐、中间冷却器与压缩机，以及其他与主体设备密切相关的设备，可直接连接或靠近布置。

第 4.2.4 条　酮苯脱蜡、脱油装置的惰性气体发生炉与其煤油储罐的间距，可按工艺需要确定，但不应小于 6m。

第 4.2.5 条　明火加热炉附属的燃料气分液罐、燃料气加热器等与炉体的防火间距，不应小于 6m。

第 4.2.6 条　以甲$_B$、乙$_A$类液体为溶剂的溶液法聚合液所用的总容积大于 800m^3 的掺合储罐与相邻的设备、建筑物的防火间距，不宜小于 7.5m；总容积小于或等于 800m^3 时，其防火间距不限。

第 4.2.7 条　可燃气体、液化烃、可燃液体的在线分析一次仪表间与工艺设备的防火间距不限。

第 4.2.8 条　布置在爆炸危险区内非防爆型在线分析一次仪表间（箱），应正压通风。

第 4.2.9 条　联合装置视同一个装置，其设备、建筑物的防火间距，应按相邻设备、建筑物的防火间距确定，其防火间距应符合表 4.2.1 的规定。

第 4.2.10 条　设备宜露天或半露天布置，并宜缩小爆炸危险场所范围。爆炸危险场所的范围，应按现行国家标准《爆炸和火灾危险环境电力装置设计规范》的规定执行。

受工艺特点或自然条件限制的设备，可布置在建筑物内。

第 4.2.11 条　在装置内部，应用道路将装置分隔成为占地面积不大于 10000m^2 的设备、建筑物区。

当合成纤维装置的酯化聚合、抽丝与后加工厂房的占地面积大于 10000m^2 时，应在其两侧设置道路。

第 4.2.12 条　可供消防车通行的装置内道路的设置，应符

设备、建筑物平面布置的防火间距（m） **表 4.2.1**

项目		液化烃和可燃液体类别	可燃气体类别	控制室、变配电室、化验室、办公室、生活间	明火设备	介质温度低于自燃点的工艺设备								介质温度等于或高于自燃点的工艺设备	
						可燃气体压缩机或压缩机房		中间储罐、电脱盐脱水罐			其他工艺设备或其房间			内隔热衬里反应设备	其他工艺设备或其房间
		液化烃和可燃液体类别		—	—	—	—	甲$_A$	甲$_B$、乙$_A$	乙$_B$、丙$_A$	甲$_A$	甲$_B$、乙$_A$	乙$_B$、丙$_A$	—	—
			可燃气体类别	—		甲	乙	—	甲		乙	—	甲	乙	—	—
控制室、变配电室、化验室办公室、生活间		—	—	—											
明火设备		—	—	15	—										
介质温度低于自燃点的工艺设备①	可燃气体压缩机或压缩机房②	—	甲	15	22.5	—									
		—	乙	9	9	—	—								
	中间储罐、电脱盐脱水罐③	甲$_A$	—	22.5	22.5	15	9	—	—	—					
		甲$_B$、乙$_A$	甲	15	15	9	7.5	—	—	—					
		乙$_B$、丙$_A$	乙	9	9	7.5	7.5	—	—	—					
	其他工艺设备或其房间	甲$_A$	—	15	22.5	9	7.5	9	9	7.5	—	—	—		
		甲$_B$、乙$_A$	甲	15	15	9	—	9	9	7.5	—	—	—		
		乙$_B$、丙$_A$	乙	9	9	7.5	—	7.5	7.5	—	—	—	—		
介质温度等于或高于自燃点的工艺设备	内隔热衬里反应设备	—	—	15	4.5	9	7.5	22.5	15	9	9	7.5	4.5	—	
	其他工艺设备或房间	—	—	15	4.5	9	4.5	15	9	9	7.5	4.5	—	7.5	—

注：①查不到自燃点时，可取 250℃。

②单机驱动功率小于 150kW 的可燃气体压缩机，可按介质温度低于自燃点的“其他工艺设备”确定其防火间距。

③中间储罐的最大容积，应符合本规范第 4.2.28 条的规定。当单个液化烃储罐的容积小于 50m³、可燃液体储罐小于 100m³、可燃气体储罐小于 200m³ 时，可按介质温度低于自燃点的“其他工艺设备”确定其防火间距。中间储罐与电脱盐脱水罐之间的防火距离，不应小于 9m。中间储罐之间的防火距离，应符合本规范第五章的有关规定。

④含可燃液体的水池、隔油池等，可按介质温度低于自燃点的“其他工艺设备”确定其防火间距。

⑤对丙$_B$类液体设备的防火间距不限。

⑥设备的火灾危险类别，应按其处理、储存或输送物质的火灾危险性类别确定；房间的火灾危险性类别，应按房间内火灾危险性类别最高的设备确定。

合下列规定：

一、装置内应设贯通式道路。当装置宽度小于或等于60m、且装置外两侧设有消防车道时，可不设贯通式道路；

二、道路的宽度不应小于4m，路面上的净空高度不应小于4.5m。

第4.2.13条 设备、建筑物、构筑物，宜布置在同一地平面上；当受地形限制时，应将控制室、变配电室、化验室、生活间等布置在较高的地平面上； 中间储罐， 宜布置在较低的地平面上。

第4.2.14条 明火加热炉，宜集中布置在装置的边缘，且位于可燃气体、液化烃、甲$_B$类液体设备的全年最小频率风向的下风侧。

第4.2.15条 当在明火加热炉与露天布置的液化烃设备之间，设置非燃烧材料的实体墙时，其防火间距可小于表4.2.1的规定，但不得小于15m。实体墙的高度不宜小于3m，距加热炉不宜大于5m，并应能防止可燃气体窜入炉体。

当液化烃设备的厂房或甲类气体压缩机房朝向明火加热炉一面为封闭墙时，加热炉与厂房的防火间距可小于表4.2.1的规定，但不得小于15m。

第4.2.16条 当同一房间内，布置有不同火灾危险性类别的设备时，房间的火灾危险性类别，应按其中火灾危险性类别最高的设备确定。但当火灾危险性大的设备所占面积的比例小于5%，且发生事故时，不足以蔓延到其他部位或采取防火措施能防止火灾蔓延时，可按火灾危险性类别较低的设备确定。

第4.2.17条 当同一建筑物内，布置有不同火灾危险性类别的房间时，其中间隔墙应为防火墙。

第4.2.18条 同一建筑物内，应将人员集中的房间布置在火灾危险性较小的一端。

第4.2.19条 甲、乙$_A$类房间与可能产生火花的房间相邻时，其门窗之间的距离应按现行国家标准《爆炸和火灾危险环境电力装置设计规范》的有关规定执行。

第4.2.20条 装置的控制室、变配电室、化验室、办公室和生活间等，应布置在装置的一侧，并位于爆炸危险区范围以外，并宜位于甲类设备全年最小频率风向的下风侧。

第4.2.21条 装置的控制室、变配电室、化验室的布置，应符合下列规定：

一、控制室、变配电室宜设在建筑物的底层，若生产需要或受其他条件限制时，可将控制室、变配电室布置在第二层或更高层；

二、在可能散发比空气重的可燃气体的装置内，控制室、变配电室、化验室的室内地面，应比室外地坪高0.6m以上；

三、当控制室、变配电室、化验室朝向甲$_A$类中间储罐一面的墙壁为封闭墙时，其防火间距可小于表4.2.1的规定，但不得小于15m；

四、控制室或化验室的室内，不得安装可燃气体、液化烃、可燃液体的在线分析一次仪表。当上述仪表安装在控制室、化验室的相邻房间内时，中间隔墙应为防火墙。

第4.2.22条 压缩机或泵等的专用控制室或不大于10kV的专用配电室，可与该压缩机房、泵房等共用一幢建筑物，但专用控制室、配电室的门窗应位于爆炸危险区范围之外。

第4.2.23条 两个及两个以上联合装置或装置共用的控制室，距甲、乙$_A$类或明火设备不应小于30m。

第4.2.24条 可燃气体压缩机的布置及其厂房的设计，应符合下列规定：

一、可燃气体压缩机，宜布置在敞开或半敞开式厂房内；

二、单机驱动功率等于或大于150kW的甲类气体压缩机厂房，不宜与其他甲、乙、丙类房间共用一幢建筑物；压缩机的上方，不得布置甲、乙、丙类设备，但自用的高位润滑油箱不受此限；

三、比空气轻的可燃气体压缩机半敞开式或封闭式厂房的顶部，应采取通风措施；

四、比空气轻的可燃气体压缩机厂房的楼板，宜部分采用箅子板；

五、比空气重的可燃气体压缩机厂房的地面，不应有地坑或地沟，若有地坑或地沟，应有防止气体积聚的措施。侧墙下部宜有通风措施。

第 4.2.25 条 液化烃泵、可燃液体泵，宜露天或半露天布置。若在封闭式泵房内，液化烃泵、可燃液体泵的布置及其泵房的设计，应符合下列规定：

一、液化烃泵、操作温度等于或高于自燃点的可燃液体泵，操作温度低于自燃点的可燃液体泵，应分别布置在不同房间内，各房间之间的隔墙应为防火墙；

二、操作温度等于或高于自燃点的可燃液体泵房的门窗与操作温度低于自燃点的甲$_B$、乙$_A$类可燃液体泵房的门窗或液化烃泵房的门窗的距离，不应小于 4.5m；

三、甲、乙$_A$类液体泵房的地面，不应有地坑或地沟，并宜在侧墙下部采取通风措施；

四、在液化烃泵房、等于或高于自燃点的可燃液体泵房的上方，不应布置甲、乙、丙类缓冲罐等容器。

第 4.2.26 条 操作压力超过 3.5MPa 的压力设备，宜布置在装置的一端或一侧；高压、超高压有爆炸危险的反应设备，宜布置在防爆构筑物内。

第 4.2.27 条 空气冷却器不宜布置在操作温度等于或高于自燃点的可燃液体设备上方；若布置在其上方，应用非燃烧材料的隔板隔离保护。

第 4.2.28 条 装置内液化烃中间储罐的总容积，不宜大于 100m^3；可燃气体或可燃液体中间储罐的总容积，不宜大于 1000m^3。

装置内中间储罐的防火要求，应符合本规范第五章的有关规定。

第 4.2.29 条 装置内烷基金属化合物、有机过氧化物等甲类化学危险品的装卸设施、储存室等，应布置在装置的边缘。

第 4.2.30 条 可燃气体、助燃气体的钢瓶（含实瓶和空瓶），应分别存放在位于装置边缘的敞棚内，并应远离明火或操作温度等于或高于自燃点的设备。

第 4.2.31 条 建筑物的安全疏散门，应向外开启。甲、乙、丙类房间的安全疏散门，不应少于两个；但面积小于 60m^2 的乙$_B$、丙类液体设备的房间，可只设 1 个。

第 4.2.32 条 设备的框架或平台的安全疏散通道，应符合下列规定：

一、可燃气体、液化烃、可燃液体的塔区平台或其他设备的框架平台，应设置不少于两个通往地面的梯子，作为安全疏散通道，但长度不大于 8m 的甲类气体或甲、乙$_A$类液体设备的平台或长度不大于 15m 的乙$_B$、丙类液体设备的平台，可只设一个梯子；

二、相邻的框架、平台宜用走桥连通，与相邻平台连通的走桥可作为一个安全疏散通道；

三、相邻安全疏散通道之间的距离，不应大于 50m。

第 4.2.33 条 凡在开停工、检修过程中，可能有可燃液体泄漏、漫流的设备区周围，应设置不低于 150mm 的围堰和导液设施。

第三节 工 艺 管 道

第 4.3.1 条 可燃气体、液化烃、可燃液体的金属管道除需要采用法兰连接外，均应采用焊接连接。公称直径等于或小于 25mm 的上述管道和阀门采用锥管螺纹连接时，除含氢氟酸等产生缝隙的腐蚀性介质管道外，应在螺纹处采用密封焊。

第 4.3.2 条 可燃气体、液化烃、可燃液体的管道，不得穿过与其无关的建筑物。

第 4.3.3 条 可燃气体、液化烃、可燃液体的采样管道，不应引入化验室。

第 4.3.4 条 可燃气体、液化烃、可燃液体的管道，应架空或沿地敷设。必须采用管沟敷设时，应采取防止气液在管沟内积聚的措施，并在进、出装置及厂房处密封隔断；管沟内的污水，应经水封井排入生产污水管道。

第 4.3.5 条 工艺和公用工程管道共架多层敷设时，宜将介质温度等于或高于 250℃的管道布置在上层；液化烃及腐蚀性介质管道布置在下层；必须布置在下层的介质温度等于或高于 250℃的管道，可布置在外侧，但不应与液化烃管道相邻。

第 4.3.6 条 氧气管道与可燃气体、液化烃、可燃液体的管道共架敷设时，氧气管道应布置在一侧，与上述管道之间宜用公用工程管道隔开，或保持不小于 250mm 的净距。

第 4.3.7 条 公用工程管道与可燃气体、液化烃、可燃液体的管道或设备连接时，应满足下列要求：

一、在连续使用的公用工程管道上应设止回阀，并在其根部设切断阀；

二、在间歇使用的公用工程管道上应设两道切断阀，并在两阀间设检查阀。

第 4.3.8 条 连续操作的可燃气体管道的低点，应设两道排液阀，排出的液体应排放至密闭系统；仅在开停工时使用的排液阀，可设一道阀门并加螺纹堵头或盲板。

第 4.3.9 条 可燃气体压缩机、离心式可燃液体泵在停电、停汽或操作不正常情况下，介质倒流可能造成事故时，应在其出口管道上安装止回阀。

第 4.3.10 条 加热炉燃料气调节阀前的管道压力等于或小于 0.4MPa（表），且无低压自动保护仪表时，应在每个燃料气调节阀与加热炉之间设置阻火器。

第 4.3.11 条 加热炉燃料气管道上的分液罐的凝液，不应敞开排放。

第 4.3.12 条 进、出装置的可燃气体、液化烃、可燃液体的管道，在装置的边界处应设隔断阀 和 8 字盲板，在隔断阀处应设平台，长度等于或大于 8m 的平台，应在两个方向设梯。

第四节 泄 压 排 放

第 4.4.1 条 在不正常条件下，可能超压的下列设备应设安全阀：

一、顶部操作压力大于 0.07MPa 的压力容器；

二、顶部操作压力大于 0.03MPa 的蒸馏塔、蒸发塔和汽提塔（汽提塔顶蒸汽通入另一蒸馏塔者除外）；

三、往复式压缩机各段出口或电动往复泵、齿轮泵、螺杆泵等容积式泵的出口（设备本身已有安全阀者除外）；

四、凡与鼓风机、离心式压缩机、离心泵或蒸汽往复泵出口连接的设备不能承受其最高压力时，上述机泵的出口；

五、可燃的气体或液体受热膨胀，可能超过设计压力的设备。

第 4.4.2 条 安全阀的开启压力（定压），不应高于设备的设计压力。

第 4.4.3 条 下列的工艺设备，不宜设安全阀：

一、加热炉炉管；

二、在同一压力系统中，压力来源处已有安全阀，则其余设备可不设安全阀。对扫线蒸汽不宜作为压力来源。

第 4.4.4 条 甲、乙、丙类设备的安全阀出口的连接，应符合下列规定：

一、可燃液体设备的安全阀出口泄放管，应接入储罐或其他容器；泵的安全阀出口泄放管，宜接至泵的入口管道、塔或其他容器；

二、可燃气体设备的安全阀出口泄放管，应接至火炬系统或其他安全泄放设施；

三、泄放后可能立即燃烧的可燃气体或可燃液体，应经冷却后接至放空设施；

四、泄放可能携带腐蚀性液滴的可燃气体，应经分液罐后接至火炬系统。

第 4.4.5 条 有可能被物料堵塞或腐蚀的安全阀，应在其入口前设爆破片或在其出入口管道上采取吹扫、加热或保温等防堵措施。

第 4.4.6 条 甲、乙、丙类的设备，应有事故紧急排放设施，并应符合下列规定：

一、对液化烃或可燃液体设备，应能将设备内的液化烃或可燃液体抽送至储罐，剩余的液化烃应排入火炬系统；

二、对可燃气体设备，应能将设备内的可燃气体排入火炬或安全放空系统。

第 4.4.7 条 焦化装置的加热炉，应设置炉内可燃液体事故紧急放空冷却处理设施。

第 4.4.8 条 常减压蒸馏装置的初馏塔顶、常压塔顶、减压塔顶的不凝气，不应直接排入大气。

第 4.4.9 条 可燃气体排气筒、放空管的高度，应符合下列规定：

一、连续排放的可燃气体排气筒顶或放空管口，应高出 20m 范围内的平台或建筑物顶 3.5m 以上。位于 20m 以外的平台或建筑物，应满足图 4.4.9 的要求。

二、间歇排放的可燃气体排气筒顶或放空管口，应高出 10m 范围内的平台或建筑物顶 3.5m 以上。位于 10m 以外的平台或建筑物顶，应满足图 4.4.9 的要求。

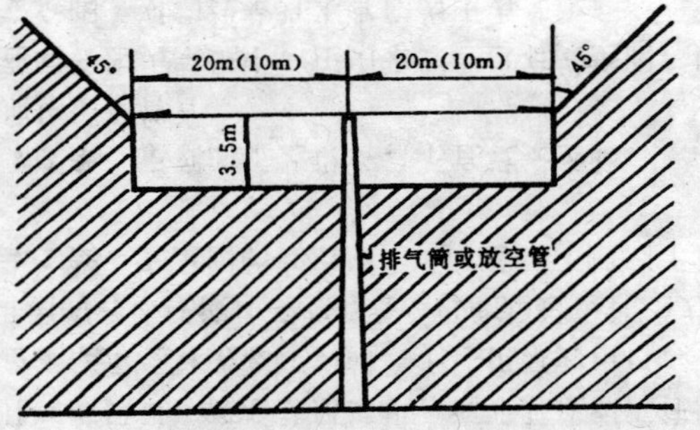

图 4.4.9 可燃气体排气筒或放空管高度示意图

注：阴影部分为平台或建筑物的设置范围。

第 4.4.10 条 有突然超压或发生瞬时分解爆炸危险物料的反应设备，如设安全阀不能满足要求时，应装爆破片或爆破片和导爆管，导爆管口必须朝向无火源的安全方向；必要时应采取防止二次爆炸、火灾的措施。

第 4.4.11 条 因物料爆聚、分解造成超温、超压，可能引起火灾、爆炸的反应设备，应设报警信号和泄压排放设施，以及自动或手动遥控的紧急切断进料设施。

第 4.4.12 条 严禁将混合后可能发生化学反应并形成爆炸性混合气体的几种气体混合排放。

第 4.4.13 条 装置内火炬的设置，应满足下列要求：

一、严禁排入火炬的可燃气体携带可燃液体；

二、火炬的高度，应使火焰的辐射热不致影响人身及设备的安全；

三、火炬的顶部，应设常明灯或其他可靠的点火设施；

四、距火炬筒 30m 范围内，严禁可燃气体放空。

第五节 耐火保护

第 4.5.1 条 下列承重钢框架、支架、裙座、管架，应覆盖耐火层：

一、单个容积等于或大于 $5m^3$ 的甲、$乙_A$ 类液体设备的承重钢框架、支架、裙座；

二、介质温度等于或高于自燃点的单个容积等于或大于 $5m^3$ 的可燃液体设备承重钢框架、支架、裙座；

三、加热炉的钢支架；

四、在爆炸危险区范围内的主管廊的钢管架。

第 4.5.2 条 承重钢框架、支架、裙座、管架覆盖耐火层的部位，应符合下列规定：

一、设备承重钢框架：单层框架 4.5m 以下的梁、柱，多层框架 10m 以下的梁、柱；

二、设备承重钢支架或加热炉钢支架：全部梁、柱；

三、钢裙座外侧未保温部分及直径大于 1.2m 的裙座内侧；

四、钢管架：4.5m 以下的柱，当最下层横梁高度超过 4.5m 时，可覆盖至该横梁以下 300mm 处，但不宜低于 4.5m，上部设有空气冷却器的管架的斜撑亦应覆盖耐火层。

第 4.5.3 条 耐火层的耐火极限，不应低于 1.5h。

第六节 其他要求

第 4.6.1 条 甲、乙类设备或有爆炸危险性的粉尘、可燃纤维的封闭式厂房的采暖、通风和空调设计，应符合现行国家标准《建筑设计防火规范》和《采暖通风和空气调节设计规范》中的有关规定。

第 4.6.2 条 散发爆炸危险性粉尘或可燃纤维的场所，其火灾危险性类别和爆炸危险区范围的划分，应按现行国家标准《建筑设计防火规范》和《爆炸和火灾危险环境电力装置设计规范》的规定执行。

第 4.6.3 条 散发爆炸危险性粉尘或可燃纤维的场所，应采取防止粉尘和纤维扩散和飞扬的措施。

第 4.6.4 条 散发比空气重的甲类气体、有爆炸危险性粉尘或可燃纤维的厂房，应采用不发生火花的地面；有爆炸危险性粉尘或可燃纤维的厂房内表面应平整、光滑。

第 4.6.5 条 有可燃液体设备的多层建筑物，应采取防止可燃液体渗漏至下层的措施。

第 4.6.6 条 生产或储存不稳定的烯烃、二烯烃等物质时，应采取防止生成过氧化物、自聚物的措施。

第 4.6.7 条 甲、$乙_A$ 类设备和管道，应有惰性气体置换设施。

第 4.6.8 条 可燃气体压缩机的吸入管道，应有防止产生负压的措施。

第 4.6.9 条 在爆炸危险区范围内的转动设备若必须使用皮带传动，应采用防静电皮带。

第 4.6.10 条 当可燃液体容器内可能存在空气时，其入口管应从容器下部接入；若必须从上部接入，应延伸至距容器底 200mm 处。

第 4.6.11 条 在使用或产生甲类气体或甲、$乙_A$ 类液体的装置内，宜按区域控制和重点控制相结合的原则，设置可燃气体报警器探头。

第 4.6.12 条 烧燃料气的加热炉应设长明灯并宜设置火焰监测器。

第 4.6.13 条 凡有隔热衬里的设备（加热炉除外），其外壁应涂刷超温显示剂或设置测温点。

第 4.6.14 条 在可能散发比空气重的甲类气体装置内的电

缆，宜架空敷设，并应采用阻燃型。

第 4.6.15 条 装置内的电缆沟，应有防止可燃气体积聚或含有可燃液体的污水进入沟内的措施。电缆沟通入变配电室、控制室的墙洞处，应填实、密封。

第 4.6.16 条 可燃气体的电除尘、电除雾等电滤器系统，应有防止产生负压和控制含氧量超过规定指标的设施。

第 4.6.17 条 正压通风设施的取风口，宜位于甲、乙$_A$类设备的全年最小频率风向的下风侧，并应高出地面 9m 以上或爆炸危险区 1.5m 以上，两者中取较大值。

第五章 储运设施

第一节 一般规定

第 5.1.1 条 液化烃、可燃液体和可燃气体、助燃气体的储罐的基础、防火堤、隔堤、液化烃及可燃液体和可燃气体、助燃气体的码头及管架、管墩等，均应采用非燃烧材料。

第 5.1.2 条 液化烃、可燃液体的储罐的隔热层，宜采用非燃烧材料。当采用阻燃型泡沫塑料制品时，其氧指数不应小于 30。

第 5.1.3 条 在可燃气体、助燃气体、液化烃和可燃液体的罐组内，不应布置与其无关的管道。

第 5.1.4 条 在可能泄漏液化烃的场所内，宜设可燃气体报警器探头。

第二节 可燃液体的地上储罐

第 5.2.1 条 储罐应采用钢罐。

第 5.2.2 条 储存甲$_B$、乙$_A$类的液体，宜选用浮顶或浮舱式内浮顶罐（以下简称内浮顶罐），不应选用浅盘式内浮顶罐。

储存沸点低于 45℃的甲$_B$类液体，应选用压力储罐。

第 5.2.3 条 甲$_B$类液体固定顶罐或压力储罐除有保温层的原油罐外，应设防日晒的固定式冷却水喷淋系统或其他设施。

第 5.2.4 条 储罐应成组布置并符合下列规定：

一、在同一罐组内，宜布置火灾危险性类别相同或相近的储罐；

二、沸溢性液体的储罐，不应与非沸溢性液体储罐同组布置；

三、液化烃的储罐，不应与可燃液体储罐同组布置。

第 5.2.5 条 罐组的总容积，应符合下列规定：

一、固定顶罐组的总容积，不应大于 120000m³；

二、浮顶、内浮顶罐组的总容积，不应大于 200000m³。

第 5.2.6 条 罐组内的储罐个数，不应多于 12 个；但单罐的容积均小于 1000m³ 的储罐，以及丙$_B$类液体储罐的个数不受此限。

第 5.2.7 条 罐组内相邻可燃液体地上储罐的防火间距，不应小于表 5.2.7 的规定。

罐组内相邻可燃液体地上储罐的防火间距 **表 5.2.7**

防火间距 / 储罐型式 / 液体类别	固定顶罐		浮顶罐、内浮顶罐	卧　罐
	≤1000m³	>1000m³		
甲$_B$、乙类	0.6D（固定式消防冷却） 0.75D（移动式消防冷却）	0.6D，但不宜大于 20m	0.4D，但不宜大于 20m	0.8m
丙$_A$类	0.4D，但不宜大于 15m		—	
丙$_B$类	2m	5m	—	

注：①表中 D 为相邻较大罐的直径。

②储存不同类别液体的或不同型式的相邻储罐的防火间距，应采用本表规定的较大值。

③高架罐的防火间距，不应小于 0.6m。

④现有浅盘式内浮顶罐的防火间距同固定顶罐。

第 5.2.8 条 罐组内的储罐，不应超过两排；但单罐容积小于或等于 1000m³ 的丙$_B$类的储罐，不应超过 4 排，其中润滑油罐的单罐容积和排数不限。

第 5.2.9 条 两排立式储罐的间距，应符合表 5.2.7 的规定，且不应小于 5m；两排卧式储罐的间距，不应小于 3m。

第 5.2.10 条 罐组应设防火堤，但位于丘陵地区的罐组，可利用地形设事故存液池，而不设防火堤。

第 5.2.11 条 防火堤内的有效容积，应符合下列规定：

一、固定顶罐，不应小于罐组内 1 个最大储罐的容积；

二、浮顶罐、内浮顶罐，不应小于罐组内 1 个最大储罐容积的一半；

三、当固定顶罐与浮顶罐或内浮顶罐同组布置时，应取上述一、二款规定的较大值。

第 5.2.12 条 立式储罐至防火堤内堤脚线的距离，不应小于罐壁高度的一半；卧式储罐至防火堤内堤脚线的距离，不应小于 3m。

第 5.2.13 条 相邻罐组防火堤的外堤脚线之间，应留有宽度不小于 7m 的消防空地。设有事故存液池的罐组与相邻罐组储罐间的距离，不应小于 25m，且其间应留有宽度不小于 7m 的消防空地。

第 5.2.14 条 设有防火堤的罐组内，应按下列要求设置隔堤：

一、单罐容积小于或等于 5000m³ 时，隔堤所分隔的储罐容积之和不应大于 20000m³；

二、单罐容积大于 5000m³ 至小于 20000m³ 时，可每 4 个一隔；

三、单罐容积 20000m³ 至 50000m³ 时，可每 2 个一隔；

四、单罐容积大于 50000m³ 时，应每 1 个一隔；

五、隔堤所分隔的沸溢性液体储罐，不应超过两个。

第 5.2.15 条 多品种的液体罐组内，应按下列要求设置隔堤：

一、甲$_B$、乙$_A$类液体与其他类可燃液体储罐之间；

二、水溶性与非水溶性可燃液体储罐之间；

三、相互接触能引起化学反应的可燃液体储罐之间；

四、助燃剂、强氧化剂及具有腐蚀性液体储罐与可燃液体储罐之间。

第 5.2.16 条 防火堤及隔堤，应符合下列规定：

一、防火堤及隔堤应能承受所容纳液体的静压，且不应渗漏；

二、立式储罐防火堤的高度，应为计算高度加 0.2m，且不宜低于 1m；卧式储罐防火堤的高度，不应低于 0.5m；

三、隔堤顶应比防火堤顶低 0.2m 至 0.3m；

四、管道穿堤处应采用非燃烧材料严密封闭；

五、在防火堤内雨水沟穿堤处，应设防止可燃液体流出堤外的措施；

六、应在防火堤的不同方位上设置两个以上人行台阶或坡道，隔堤均应设置人行台阶。

第 5.2.17 条 事故存液池的设置，应符合下列规定：

一、设有事故存液池的罐组四周，应设导液沟，使溢漏液体能顺利地流出罐组并自流入存液池内；

二、事故存液池距储罐不应小于 30m；

三、事故存液池和导液沟距明火地点不应小于 30m；

四、事故存液池应有排水措施；

五、事故存液池的容积，应符合本规范第 5.2.11 条的规定。

第 5.2.18 条 甲$_B$、乙类液体的固定顶罐，应设阻火器和呼吸阀。

第 5.2.19 条 固定顶罐顶板与包边角钢之间的连接，应采用弱顶结构。

第 5.2.20 条 储存温度高于 100℃的丙$_B$类液体储罐，应设专用扫线罐。

第 5.2.21 条 设有蒸汽加热器的储罐，应采取防止液体超温的措施。

第 5.2.22 条 可燃液体的储罐，应设液位计和高位报警器，必要时可设自动联锁切断进液装置。

第 5.2.23 条 储罐的进料管，应从罐体下部接入；若必须从上部接入，应延伸至距罐底 200mm 处。

第 5.2.24 条 储罐在使用过程中，基础有可能继续下沉时，其进出口管道应采用金属软管连接或其他柔性连接。

第三节 液化烃、可燃气体、助燃气体的地上储罐

第 5.3.1 条 液化烃储罐、可燃气体储罐和助燃气体储罐，应分别成组布置。

第 5.3.2 条 液化烃储罐成组布置时，应符合下列规定：

一、组内储罐不应超过两排，若罐组周围无环形消防车道时，应单排布置；

二、每组储罐总容积不限，但个数不应多于 12 个；

三、储罐总容积大于 6000m³ 时，应设隔堤。隔堤内各储罐总容积之和不宜大于 6000m³。单罐容积等于或大于 5000m³ 时，应每 1 个一隔。

第 5.3.3 条 液化烃、可燃气体、助燃气体的罐组内，储罐的防火间距不应小于表 5.3.3 的规定。

液化烃、可燃气体、助燃气体的罐组内储罐的防火间距　表 5.3.3

类别 \ 防火间距 \ 储罐型式		球罐	卧罐	水槽式罐
液化烃	有事故排放至火炬的措施	0.5D	1.0D 但不宜大于 1.5m	—
	无事故排放至火炬的措施	1.0D		
可燃气体 助燃气体		0.5D	0.65D 但不宜大于 1.5m	0.5D

注：①D 为相邻较大储罐的直径。
②不同型式储罐之间的防火距离，应采用较大值。
③液氨、液氧储罐的防火间距同液化烃储罐。

第 5.3.4 条 两排卧罐的间距，不应小于 3m。

第 5.3.5 条 相邻液化烃罐组储罐间的距离，不应小于 16m。

第 5.3.6 条 液化烃压力储罐宜设不高于 0.6m 的防火堤，防火堤距储罐不应小于 3m，堤内应采用现浇混凝土地面，并宜坡向四周。防火堤内的隔堤不宜高于 0.3m。

第 5.3.7 条 低温的液氨储罐、液化烃储罐应设防火堤，堤内有效容积应为一个最大储罐容积的 60%。

第 5.3.8 条 液化烃、液氨等储罐的储存系数不应大于 0.9。

第 5.3.9 条 液化烃储罐的承重钢支柱应覆盖耐火层，其耐火极限不应低于 1.5h。

第 5.3.10 条 液氨的储罐，应设液位计、压力表和安全阀；低温液氨储罐尚应设温度指示仪。

第 5.3.11 条 液化烃的储罐，应设液位计、温度计、压力表、安全阀，以及高液位报警装置或高液位自动联锁切断进料装置。

第 5.3.12 条 可燃气体、助燃气体的水槽式储罐，应设上、下限位报警装置，并宜设进出管道自动联锁切断装置。

第 5.3.13 条 液化烃储罐的安全阀出口管，应接至火炬系统。确有困难时，可就地放空，但其排气管口应高出相邻最高储罐罐顶平台 3m 以上。

第 5.3.14 条 液化石油气的储罐，宜采用有防冻措施的二次脱水系统。

第 5.3.15 条 液化石油气蒸发器的气相部分，应设压力表和安全阀。

第 5.3.16 条 液化烃储罐的开口接管法兰的垫片和阀门压盖的密封填料，应采用非燃烧材料。

第四节 可燃液体、液化烃的装卸设施

第 5.4.1 条 可燃液体的铁路装卸设施，应符合下列规定：

一、装卸栈台两端和沿栈台每隔 60m 左右，应设安全梯；

二、甲$_B$、乙、丙$_A$ 类的液体，严禁采用沟槽卸车系统；

三、顶部敞口装车的甲$_B$、乙、丙$_A$ 类的液体，应采用液下装车鹤管；

四、装卸泵房至罐车装卸线的距离，不应小于 8m；

五、在距装车栈台边缘 10m 以外的可燃液体输入管道上，应设便于操作的紧急切断阀；

六、丙$_B$ 类液体装卸栈台宜单独设置；

七、零位罐至罐车装卸线不应小于 6m。

第 5.4.2 条 洗罐站的防火设计，可按同类可燃液体装卸设施的有关规定执行。

第 5.4.3 条 可燃液体的汽车装卸站，应符合下列规定：

一、装卸站的进、出口，宜分开设置；当进、出口合用时，站内应设回车场；

二、装卸车场应采用现浇混凝土地面；

三、装卸车鹤位之间的距离，不应小于 4m；装卸车鹤位与缓冲罐之间的距离，不应小于 5m；

四、甲$_B$、乙$_A$ 类液体装卸车鹤位与泵的距离，不应小于 8m；

五、站内无缓冲罐时，在距装卸车鹤位 10m 以外的装卸管道上，应设便于操作的紧急切断阀；

六、甲$_B$、乙$_A$ 类液体的装卸车，应采用液下装卸车鹤管。

第 5.4.4 条 液化烃铁路和汽车的装卸设施，应符合下列规定：

一、液化烃的铁路装卸栈台，宜单独设置；

二、液化烃严禁就地排放；

三、液化烃汽车装卸车鹤位之间的距离，不应小于4m；

四、液化烃的汽车装卸车场，应采用现浇混凝土地面；

五、液化烃的铁路装卸设施，尚应符合本规范第5.4.1条第一、五款的规定。

第5.4.5条 可燃液体码头、液化烃码头，应符合下列规定：

一、码头相邻泊位的船舶间的最小距离，应根据设计船型按表5.4.5的规定执行；

码头相邻泊位的船舶间的最小距离（m） **表5.4.5**

船长（L）	279～236	235～183	182～151	150～110	<110
最小距离	55	50	40	35	25

注：船舶在码头内外档停靠时，不受此限。

二、液化烃码头宜单独设置，当不同时作业时，可与其他小宗甲$_B$类液体共用一个码头；

三、可燃液体和液化烃的码头与其他码头或建筑物、构筑物的安全距离，应按现行的《装卸油品码头防火设计规范》的有关规定执行；

四、在距泊位20m以外或岸边处的装卸船管道上，应设便于操作的紧急切断阀；

五、液化烃的装卸管道，应采用装油臂或金属软管，并应采取安全放空措施。

第五节 灌 装 站

第5.5.1条 液化石油气的灌装站，应符合下列规定：

一、液化石油气的灌瓶间和储瓶库，宜为敞开式或半敞开式建筑物，半敞开式建筑物下部应设通风设施；

二、液化石油气的残液，应密闭回收，严禁就地排放；

三、灌装站应设非燃烧材料高度不低于2.5m的实体围墙，厂区内灌装站的围墙下部应设通风口；

四、灌瓶间和储瓶库的地面，应采用不发生火花的表层；

五、液化石油气缓冲罐与灌瓶间的距离，不应小于10m；

六、灌瓶间与储瓶库的室内地面，应比室外地坪高0.6m以上。

第5.5.2条 氢气灌瓶间的顶部，应采取通风措施。

第5.5.3条 液氨和液氯等的灌装间，宜为敞开式建筑物。

第5.5.4条 实瓶（桶）库与灌装间可设在同一建筑物内，但宜用实体墙隔开，并各设出入口。

第5.5.5条 液化石油气、液氨或液氯等的实瓶，不应露天堆放。

第六节 火 炬 系 统

第5.6.1条 液体、低热值可燃气体、空气、惰性气、酸性气及其他腐蚀性气体，不得排入火炬系统。

第5.6.2条 可燃气体放空管道在接入火炬前，应设置分液和阻火等设备。

第5.6.3条 可燃气体放空管道内的凝结液，应密闭回收，不得随地排放。

第5.6.4条 火炬应设可靠的点火系统。

第七节 泵和压缩机

第5.7.1条 可燃气体压缩机的布置及其厂房的设计，应按本规范第4.2.24条规定执行。

第5.7.2条 可燃液体泵的布置及其泵房的设计，应按本规范第4.2.25条的有关规定执行。当液化烃泵不多于2台时，可与可燃液体泵同房间布置。

第5.7.3条 可燃气体压缩机房、液化烃泵房或可燃液体泵房安全疏散门的设置，应按本规范第4.2.31条的规定执行。

第5.7.4条 甲、$乙_A$类液体泵房、可燃气体压缩机房与变配电室或控制室相邻布置时，变配电室或控制室的门、窗，应位于爆炸危险区范围之外。

第5.7.5条 在电动往复泵、齿轮泵或螺杆泵的出口管道上，应设安全阀；安全阀的放空管，应接至泵的入口管道上，并宜设事故停车联锁装置。

第5.7.6条 在可燃气体往复式压缩机的各段出口上，应设安全阀，安全阀的放空管，应接至压缩机一段入口管道上。

第八节 全厂性工艺及热力管道

第5.8.1条 全厂性工艺及热力管道，宜地上敷设。

第5.8.2条 在跨越铁路或道路的工艺管道上，不应设阀门、波纹管或套筒补偿器，并不得采用法兰或螺纹连接。

第5.8.3条 多层管架的管道布置，应按本规范第4.3.5条规定执行。

第5.8.4条 工艺管道的连接，应符合下列规定：

一、与阀门、设备开口连接，除要求法兰或螺纹连接外，应焊接连接；

二、输送高粘、易凝介质的管道，必要时可采用法兰连接。

第5.8.5条 在无隔热层，不排空的地上甲、乙类液体管道的每对切断阀之间，应采取泄压措施。

第5.8.6条 罐组之间的管道布置， 不应妨碍消防车的通行。

第九节 厂内仓库

第5.9.1条 甲、乙、丙类的物品库房，应符合下列规定：

一、甲类物品的储量，不应超过30t，当储量小于3t时，可与乙、丙类物品库房共用一栋建筑物，但应用实体墙与乙、丙类隔开，并各设出入口；

二、乙、丙类物品的储量，不宜超过500t；

三、物品应按其化学物理特性分类储存，当物料性质不允许同库储存时，应用实体墙隔开，并各设出入口；

四、库房应通风良好；

五、库房的地面， 应采用不发生火花的表层， 并应有防水层。

第5.9.2条 合成纤维、合成橡胶、合成树脂、塑料及尿素等产品的库房，其耐火等级不低于二级时，单间面积不限。

第5.9.3条 合成纤维、合成橡胶、合成树脂及塑料等包装产品的高架仓库，应符合下列规定：

一、仓库的耐火等级，不宜低于二级；

二、货架应采用非燃烧材料；

三、宜设火灾报警器和固定式水喷淋（雾）灭火系统。

第5.9.4条 在空气中能形成粉尘、纤维爆炸性混合物的物料库房，应通风良好，并宜设火灾报警器和灭火系统。

第5.9.5条 袋装硝酸铵库房的耐火等级，不应低于二级。库房内严禁存放其他物品。

第5.9.6条 甲、乙类液体的轻便容器（如瓶、桶）存放在室外时，应设防晒棚或水喷淋（雾）设施。

第5.9.7条 二硫化碳的存放，应符合下列规定：

一、库房温度宜保持在5～20℃之间；

二、空桶与实桶均不得露天堆放；

三、实桶应单层立放；

四、桶装库房下部应通风良好；

五、当库房采暖介质的设计温度高于100℃时，应对采暖管道、暖气片采取隔离措施；

六、二硫化碳的储罐，不应露天布置，罐内应有水封，并应防冻。

第六章　含可燃液体的生产污水管道、污水处理场与循环水场

第一节　含可燃液体的生产污水管道

第 6.1.1 条　含可燃液体的污水及被可燃液体严重污染的雨水，应排入生产污水管道。但可燃气体的凝结液和下列水不得直接排入生产污水管道：

一、与排水点管道中的污水混合后，温度超过 40℃的水；

二、混合时产生化学反应能引起火灾或爆炸的污水。

第 6.1.2 条　生产污水管道应采用暗管或覆土厚度不小于 200mm 的暗沟。设施内部若必须采用明沟排水时，应设水封将明沟隔为数段，每段长度不宜超过 20m。

第 6.1.3 条　全厂性生产污水管道，不得穿越工艺装置、罐组和其他设施或居住区。

第 6.1.4 条　生产污水管道的下列部位应设水封，水封高度不得小于 250mm。

一、工艺装置内的塔、炉、泵、冷换设备等区围堰的排水出口；

二、工艺装置、罐组或其他设施及建筑物、构筑物、管沟等的排水出口；

三、全厂性的支干管与干管交汇处的支干管上；

四、全厂性支干管、干管的管段长度超过 300m 时，应用水封井隔开。

第 6.1.5 条　重力流循环回水管道在工艺装置总出口处，应设水封，水封高度不得小于 250mm。

第 6.1.6 条　一幢建筑物用防火墙分隔成多个房间时，每个房间的生产污水管道，应有独立的排出口并设水封。

第 6.1.7 条　罐组内的生产污水管道应有独立的排出口，并在防火堤外设置水封。

第 6.1.8 条　甲、乙类工艺装置内生产污水管道的下列部位，宜设排气管：

一、干管的水封井及最高处的检查井；

二、出装置处的水封井。

第 6.1.9 条　排气管的设置，应符合下列规定：

一、管径不宜小于 100mm；

二、排气管的出口，应高出地面 2.5m 以上，并应高出距排气管 3m 范围内的操作平台、空气冷却器 2.5m 以上；

三、距明火、散发火花地点15m半径范围内，不应设排气管。

第 6.1.10 条　甲、乙类工艺装置内，生产污水管道的下水井井盖与盖座接缝处，应密封，且井盖不得有孔洞。

第 6.1.11 条　工艺装置内生产污水系统的可燃液体分离池，必须设非燃烧材料的盖板。

第二节　污水处理场与循环水场

第 6.2.1 条　隔油池的保护高度，不应小于 400mm。

隔油池应设非燃烧材料的盖板，并应设蒸汽灭火设施。

第 6.2.2 条　隔油池的进出水管道，应设水封。距隔油池池壁 5m 以内的水封井、检查井的井盖与盖座接缝处，应密封，且井盖不得有孔洞。

第 6.2.3 条　污水处理场内的设备、建筑物、构筑物平面布置防火间距，不应小于表 6.2.3 的规定。

第 6.2.4 条　循环水场冷却塔的填料、收水器，当采用聚氯乙烯、玻璃钢等材质时，应采用阻燃型，其氧指数不应小于 30。

污水处理场内设备、建筑物、构筑物平面布置防火间距（m） **表 6.2.3**

项目 \ 防火间距 \ 项目	隔油池	集中布置的水泵房	污油罐	焚烧炉	变配电室、化验室、办公室等
集中布置的水泵房	15				
污油罐	15	15			
焚烧炉	20	—	15		
变配电室、化验室、办公室等	15	—	15	15	
污油泵房	—	—	—	15	15

注：可燃液体较多的其他水池的防火距离与隔油池相同。

第七章 消　防

第一节 一般规定

第 7.1.1 条 石油化工企业应设置与生产、储存、运输的物料相适应的消防设施，供专职消防人员和岗位操作人员使用。

第二节 消防站

第 7.2.1 条 石油化工企业应设消防站。消防站的规模，应根据工厂的规模、火灾危险性、固定消防设施的设置情况，以及邻近单位消防协作条件等因素确定。

第 7.2.2 条 消防站的服务范围，应按行车路程计，行车路程不宜大于 2.5km；并且接到火警后消防车到达火场的时间不宜超过 5min。

对丁、戊类的局部场所，消防站的服务范围可加大到 4km。

第 7.2.3 条 消防站的位置，应满足下列要求：

一、应便于消防车迅速通往工艺装置区和罐区；

二、宜避开工厂主要人流道路；

三、宜远离噪声场所；

四、宜位于生产区全年最小频率风向的下风侧。

第 7.2.4 条 消防站车辆的配置数量，应根据灭火系统设置情况满足扑救最大火灾的要求。

第 7.2.5 条 消防站宜至少配置 1 台大型干粉车或干粉泡沫联用车。

第 7.2.6 条 消防站必须设置接受火灾报警的设施和通讯系统。

第 7.2.7 条 一、二级消防站内储存泡沫液量较多时，宜设置向消防车快速灌装泡沫液的设施。

第 7.2.8 条 消防总站应由车库、通讯室、办公室、值勤宿舍、药剂库、器材库、蓄电池室、干燥室（寒冷或多雨地区）、培训学习室及训练场、训练塔，以及其他必要的生活设施等组成。消防分站的组成，可根据实际需要确定。

第 7.2.9 条 消防车库的耐火等级不应低于二级；车库室内温度不宜低于 12℃。一、二级消防站的车库宜设机械排风设施。

第 7.2.10 条 车库、值勤宿舍必须设置警铃，并应在车库前场地一侧安装车辆出动的警灯和警铃。通讯室、车库、值勤宿舍以及通往车库走道等处应设事故照明。

第 7.2.11 条 车库大门应面向道路，距道路边不应小于 15m。车库前场地应采用混凝土或沥青地面，并应有不小于 2%的坡度坡向道路。

第三节 消防给水系统

（Ⅰ）消防水源

第 7.3.1 条 在消防用水由工厂水源直接供给时，工厂给水管网的进水管不应少于两条。当其中一条发生事故时，另一条应能通过 100%的消防用水和 70%的生产、生活用水的总量。

在消防用水由消防水池供给时，工厂给水管网的进水管，应能通过消防水池的补充水和 100%的生产、生活用水的总量。

第 7.3.2 条 石油化工企业宜建消防水池，并应符合下列规定：

一、水池的容量，应满足火灾延续时间内消防用水总量的要求。当发生火灾能保证向水池连续补水时，其容量可减去火灾延续时间内的补充水量；

二、水池的容量小于或等于 1000m^3 时，可不分隔，大于 1000m^3 时，应分隔成两个，并设带阀门的连通管；

三、水池的补水时间，不宜超过 48h；

四、当消防水池与全厂性生活或生产安全水池合建时，应有消防用水不作他用的技术措施；

五、寒冷地区应设防冻措施。

（Ⅱ）消防用水量

第 7.3.3 条 厂区和居住区的消防用水量，应按同一时间内的火灾处数和相应处的一次灭火用水量确定。

第 7.3.4 条 厂区和居住区同一时间内的火灾处数，应按表 7.3.4 确定。

厂区和居住区同一时间内的火灾处数 **表 7.3.4**

厂区占地面积（m^2）	厂居住区人数（人）	同一时间内火灾处数
≤1000000	≤15000	1 处：厂区消防用水量最大处
	>15000	2 处：一处为厂区消防用水量最大处，另一处为居住区
>1000000	不 限	2 处：一处为厂区消防用水量最大处，另一处为居住区、厂区辅助生产设施两处中的消防用水量的较大处

第 7.3.5 条 联合企业内的各分厂、罐区、居住区等，如有各自独立的消防给水系统，其消防用水量应分别进行计算。

第 7.3.6 条 一次灭火的用水量，应符合下列规定：

一、居住区及建筑物的室外消防用水量的计算，应按现行国家标准《建筑设计防火规范》的有关规定执行；

二、工艺装置的消防用水量，应根据其规模、火灾危险性类别及固定消防设施的设置情况等综合考虑确定。亦可按表 7.3.6 选定。火灾延续供水时间不宜小于 3h。

工艺装置的消防用水量 表 7.3.6

消防用水量（L/s）＼装置规模／装置类型	中型	大型
石油化工	100～200	200～300
炼油	100～150	150～200
合成氨及氨加工	60～80	80～100

注：化纤厂房的消防用水量，可按现行国家标准《建筑设计防火规范》的有关规定执行。

三、辅助生产设施的消防用水量，可按 30L/s 计算。火灾延续供水时间，不宜小于 2h。

第 7.3.7 条 可燃液体罐组的消防用水量计算，应符合下列规定：

一、应按火灾时消防用水量最大的罐组计算，其水量应为配置泡沫用水及着火罐和邻近罐的冷却用水量之和；

二、当邻近立式罐超过 3 个时，冷却水量可按 3 个罐的用水量计算；当着火罐为浮顶或浮舱式内浮顶罐（浮盖用易熔材料制作的储罐除外）时，其邻近罐可不考虑冷却；

三、当着火罐为立式罐时，邻近罐为 1.5 倍着火罐直径范围内的地上罐；当着火罐为卧式罐时，邻近罐为着火罐直径和长度之和的一半范围内的地上罐。

第 7.3.8 条 可燃液体地上立式罐消防冷却水的供水范围和供水强度，不应小于表 7.3.8 的规定。

消防冷却水的供水范围和供水强度 表 7.3.8

储罐型式			供水范围	供水强度 ϕ16mm 水枪	供水强度 ϕ19mm 水枪	附注
移动式水枪冷却	着火罐	固定顶罐	罐周全长	0.6 L/s·m	0.8 L/s·m	
		浮顶罐、内浮顶罐	罐周全长	0.45 L/s·m	0.6 L/s·m	浮盖用易熔材料制作的内浮顶罐按固定顶罐计算
	邻近罐	不保温	罐周半长	0.35 L/s·m	0.7 L/s·m	
		保温		0.2 L/s·m		
固定式冷却	着火罐	固定顶罐	罐壁表面积	2.5L/min·m^2		
		浮顶罐、内浮顶罐	罐壁表面积	2.0L/min·m^2		浮盖用易熔材料制作的内浮顶罐按固定顶罐计算
	邻近罐		罐壁表面积的 1/2	1.0L/min·m^2		按实际冷却面积计算，但不得小于罐壁表面积的 1/2

注：①浅盘式内浮顶罐按固定顶罐计算。

②罐壁高于 17m 的储罐，不宜采用移动式水枪冷却。

第 7.3.9 条 可燃液体地上卧式罐宜采用移动式水枪冷却。冷却面积应按投影面积计算。供水强度：着火罐不应小于 6L/min·m^2；邻近罐不应小于 3L/min·m^2。

第 7.3.10 条 可燃液体储罐消防冷却用水的延续时间：直径大于 20m 的固定顶罐和浮盖用易熔材料制作的浮舱式内浮顶罐，应为 6h；其他储罐可为 4h。

（Ⅲ）消防给水管道及消火栓

第 7.3.11 条 工艺装置区或罐区，在技术经济合理的前提下，宜设独立的高压消防给水系统，其压力宜为 0.7～1.2MPa。其他场所宜设与生产或生活合用的低压消防给水系统，其压力应确保灭火时最不利点消火栓的水压，不低于 0.15MPa（自地面算起）。低压消防给水系统不应与循环冷却水系统合并。

第 7.3.12 条 消防给水管道应环状布置，并符合下列规定：

一、环状管道的进水管，不应少于两条；

二、环状管道应用阀门分成若干独立管段，每段消火栓的数量不宜超过 5 个；

三、当某个环段发生事故时，独立的消防给水管道的其余环段，应能通过 100%的消防用水量；与生产、生活合用的消防给水管道，应能通过 100%的消防用水和 70%的生产、生活用水的总量；

四、生产、生活用水量应按 70%最大小时用水的秒流量计算；消防用水量应按最大秒流量计算。

第 7.3.13 条 地下独立的消防给水管道，应埋设在冰冻线以下，距冰冻线不应小于 150mm。

第 7.3.14 条 工艺装置区或罐区的消防给水干管的管径，应经计算确定，但不宜小于 200mm。

独立的消防给水管道的流速，不宜大于 5m/s。

第 7.3.15 条 消火栓的设置，应符合下列规定：

一、宜选用地上式消火栓；

二、消火栓应沿道路敷设；

三、消火栓距路面边不宜大于5m；距建筑物外墙不宜小于5m；

四、地上式消火栓距城市型道路路面边不得小于 0.5m；距公路型双车道路肩边不得小于 0.5m；距单车道中心线不得小于 3m；

五、地上式消火栓的大口径出水口，应面向道路；

六、地下式消火栓应有明显标志。

第 7.3.16 条 消火栓的数量及位置，应按其保护半径及被保护对象的消防用水量等综合计算确定，并符合下列规定：

一、消火栓的保护半径，不应超过 120m；

二、高压消防给水管道上的消火栓的出水量，应根据管道内的水压及消火栓出口要求的水压经计算确定，低压消防给水管道上公称直径为 100mm、150mm 消火栓的出水量，可分别取 15L/s、30L/s；

三、工艺装置区、罐区，宜设公称直径 150mm 的消火栓。

第 7.3.17 条 工艺装置区的消火栓应在工艺装置四周设置，消火栓的间距不宜超过 60m。当装置宽度超过 120m 时，宜在装置内的道路路边增设消火栓。

可燃液体罐区、液化烃罐区距罐壁 15m 以内的消火栓，不应计算在该储罐可使用的数量之内。

第 7.3.18 条 与生产或生活合用的消防给水管道上设置的消火栓，应设切断阀。当检修消火栓允许停水时，可不设。

第 7.3.19 条 建筑物内消防给水管道及消火栓的设置，应根据建筑物的火灾危险性、物料的性质、建筑体积及其他消防设施等的设置情况，综合考虑确定。

（Ⅳ）箱式消火栓、消防水炮、水喷淋和水喷雾

第 7.3.20 条 工艺装置内甲类气体压缩机、加热炉等需要重点保护的设备附近，宜设箱式消火栓，其保护半径宜为 30m。

第 7.3.21 条 甲、乙类工艺装置内，高于 15m 的框架平台、塔区联合平台，无消防水炮保护时，宜沿梯子敷设消防给水竖管。并应符合下列规定：

一、按各层需要设置带阀门的管牙接口；

二、平台面积小于或等于 50m^2 时，管径不宜小于 80mm；大

于 50m² 时，管径不宜小于 100mm；

三、框架平台、塔区联合平台长度大于 25m 时，宜在另一侧梯子处增设消防给水竖管。

第 7.3.22 条 工艺装置内距地面高度为 20m 至 40m 的甲类设备，宜在设备的两侧设置消防水炮，其与被保护的设备之间不得有影响水流喷射的障碍物。

第 7.3.23 条 工艺装置内距地面 40m 以上，受热后可能产生爆炸的设备，当机动消防设备不能对其进行保护时，可设置固定式、半固定式的水喷雾或水喷淋冷却系统。喷淋强度不宜小于 8L/min·m²，冷却面积应按设备的表面积计算。

第 7.3.24 条 对在寒冷地区设置的箱式消火栓、消防水炮、水喷淋或水喷雾等固定式消防设备，应采取防冻措施。

（V）消防水泵房

第 7.3.25 条 消防水泵房宜与生活或生产的水泵房合建，其耐火等级不应低于二级。

第 7.3.26 条 消防水泵应采用自灌式引水系统。当消防水池处于低液位不能保证自灌引水时，宜设辅助引水系统。

第 7.3.27 条 消防水泵的吸水管、出水管应符合下列规定：

一、每台消防水泵宜有独立的吸水管；两台以上成组布置时，其吸水管不应少于两条，当其中一条检修时，其余吸水管应能确保吸取全部消防用水量；

二、成组布置的水泵，至少应有两条出水管与环状消防水管道连接，两连接点间应设阀门。当一条出水管检修时，其余出水管应能输送全部消防用水量；

三、泵的出水管道应设防止超压的安全设施；

四、出水管道上，直径大于 300mm 的阀门，宜采用电动阀门、液动阀门或气动阀门。阀门的启闭应有明显标志。

第 7.3.28 条 消防水泵应设备用泵。备用泵的能力不得小于最大一台泵的能力。

第 7.3.29 条 消防水泵宜在接到报警后 2min 以内投入运行。

第 7.3.30 条 消防水泵房应设双动力源；当采用内燃机作为备用动力源时，内燃机的油料储备量应能满足机组连续运转 6h 的要求。

第四节 低倍数泡沫灭火系统

第 7.4.1 条 可燃液体火灾宜采用低倍数泡沫灭火系统。

第 7.4.2 条 厂区内的罐区及工艺装置内火灾危险性大的局部场所，宜采用半固定式泡沫灭火系统。

第 7.4.3 条 远离厂区的独立罐区，当地形复杂或单罐容积大，使用消防车扑救有困难时，宜采用固定式泡沫灭火系统。

第 7.4.4 条 扑救可燃液体泄漏火灾，油池火灾，容积不大于 200m³、罐壁高度小于 7m 的立式储罐或卧式储罐的火灾宜采用移动式泡沫灭火系统。移动式泡沫灭火系统亦可用于罐区的固定式、半固定式泡沫灭火系统的辅助灭火系统。

第 7.4.5 条 泡沫灭火系统的设计应按现行国家标准《低倍数泡沫灭火系统设计规范》的有关规定执行。

第五节 干粉灭火系统

第 7.5.1 条 扑救可燃气体、可燃液体和电器设备及烷基金属化合物等的火灾，宜选用钠盐干粉。当干粉与氟蛋白泡沫灭火系统联用时，应选用硅化钠盐干粉。

第 7.5.2 条 下列火灾场所宜采用干粉灭火系统：

一、封闭空间宜采用固定式干粉灭火系统，并应确保 30s 内喷射的干粉量达到设计干粉浓度；

二、局部危险性较大的场所宜采用半固定式干粉灭火系统；

三、扑救液化烃罐区和工艺装置内可燃气体、液化烃、可燃液体的泄漏火灾，宜采用干粉车。

第六节　蒸汽灭火系统

第 7.6.1 条　工艺装置宜设固定式或半固定式蒸汽灭火系统。但在使用蒸汽可能造成事故的部位不得采用蒸汽灭火。

第 7.6.2 条　灭火蒸汽管应从主管上方引出，蒸汽压力不宜大于 1MPa。

第 7.6.3 条　半固定式灭火蒸汽快速接头（简称半固定式接头）的公称直径应为 20mm；与其连接的耐热胶管长度宜为 15～20m。

第 7.6.4 条　灭火蒸汽管道的布置，应符合下列规定：

一、加热炉的炉膛及输送腐蚀性介质或带堵头的回弯头箱内，应设固定式灭火蒸汽筛孔管（简称固定式筛孔管）。每条筛孔管的蒸汽管道，应从“蒸汽分配管”引出。“蒸汽分配管”距加热炉，不宜小于 7.5m，并至少应预留两个半固定式接头；

二、室内空间小于 500m^3 的封闭式甲、乙、丙类泵房或甲类气体压缩机房内，应沿一侧墙壁高出地面 150～200mm 处，设固定式筛孔管，并沿另一侧墙壁适当设置半固定式接头，在其他甲、乙、丙类泵房或可燃气体压缩机房内，应设半固定式接头；

三、在甲、乙、丙类设备区附近，宜设半固定式接头，在操作温度等于或高于自燃点的气体或液体设备附近，应设半固定式接头；

四、在甲、乙、丙类设备的多层框架或塔类联合平台的每层或隔一层，宜设半固定式接头；

五、当工艺装置内管廊下设置软管站时，布置在管廊下或管廊两侧的甲、乙、丙类设备附近，可不另设半固定式接头；

六、固定式筛孔管或半固定式接头的阀门，应安装在明显、安全和开启方便的地点。

第 7.6.5 条　固定式筛孔管灭火系统的蒸汽供给强度，宜符合下列规定：

一、封闭式厂房或加热炉炉膛为 0.003kg/s·m^3；

二、加热炉管回弯头箱为 0.0015kg/s·m^3。

第七节　灭火器设置

第 7.7.1 条　生产区内宜设置干粉型或泡沫型灭火器，但仪表控制室、计算机室、电信站、化验室等宜设置卤代烷型或二氧化碳型灭火器。

第 7.7.2 条　生产区内设置的单个灭火器的规格，宜按表 7.7.2 选用。

单个灭火器的规格　　**表 7.7.2**

灭火器类型		干粉型（碳酸氢钠）		卤代烷型（1211）	泡沫型（化学泡沫）		二氧化碳
		手提式	推车式	手提式	手提式	推车式	手提式
灭火剂充装量	容量(L)				9	65	
	重量(kg)	8	35 50	4 6			7

第 7.7.3 条　工艺装置内手提式干粉型灭火器的配置，应符合下列规定：

一、甲类装置灭火器的最大保护距离，不宜超过 9m，乙、丙类装置不宜超过 12m；

二、每一配置点的灭火器数量不应少于两个，多层框架应分层配置；

三、危险的重要场所，宜增设推车式灭火器。

第 7.7.4 条　可燃气体、液化烃、可燃液体的铁路装卸栈台，应沿栈台每 12m 处上下分别设置一个手提式干粉型灭火器。

第 7.7.5 条　可燃气体、液化烃、可燃液体的地上罐组，宜按防火堤内面积每 400m^2 配置一个手提式灭火器，但每个储罐配置的数量不宜超过 3 个。

第 7.7.6 条　灭火器的配置，除本章已有规定者外，其他有关要求，应按现行国家标准《建筑物灭火器配置规范》的有关规定执行。

第八节　火灾报警系统

第 7.8.1 条　石油化工企业必须设置火灾报警系统。消防站内应设接受火灾报警的设施。

第 7.8.2 条　电话报警系统，应符合下列规定：

一、一、二级消防站，应设不少于两处火灾同时报警的录音受警电话；

二、消防分站、工厂生产调度中心、消防水泵房，宜设受警监听电话。

第 7.8.3 条　消防站与消防水泵房，应设直通电话。一、二级消防站，还宜设置无线电通讯设备。

第九节　液化烃罐区消防

第 7.9.1 条　液化烃罐区应设置消防冷却水系统，并应配置移动式的干粉等灭火设施。

第 7.9.2 条　液化烃储罐容积大于 $100m^3$ 时，应设置固定式消防冷却水系统和移动式消防冷却供水系统。当储罐容积小于或等于 $100m^3$ 或储罐设有隔热层时，可不设固定式消防冷却水系统。移动式消防冷却供水系统应能满足消防冷却总用水量的要求。

第 7.9.3 条　液化烃罐区的消防冷却总用水量，应按储罐固定式消防冷却用水量和移动式消防冷却用水量之和计算。

若不设固定式消防冷却水系统，移动式消防冷却供水系统的供水量，应能满足消防冷却总用水量的要求。

第 7.9.4 条　固定式消防冷却水系统的用水量计算，应符合下列规定：

一、着火罐冷却水供给强度，不应小于 $9L/min \cdot m^2$；

二、距着火罐 1.5 倍着火罐直径范围内的邻近罐冷却水供给强度，不应小于 $4.5L/min \cdot m^2$；

三、着火罐和邻近罐的冷却面积，应按其表面积计算。

第 7.9.5 条　移动式消防冷却用水量，应按罐区内最大一个储罐用水量确定，并应符合下列规定：

一、储罐容积小于 $400m^3$ 时，不应小于 30L/s，大于或等于 $400m^3$ 时，不应小于 45L/s；

二、当罐区只有一个储罐时，计算用水量可减半；

三、当设有可供消防车取水的消防循环水池时，移动式冷却用水量可不计入消防冷却总用水量中。

第 7.9.6 条　消防用水的延续时间，应按火灾时储罐安全放空所需的时间计算；当其安全放空时间超过 6h 时，按 6h 计算。

第 7.9.7 条　固定式消防冷却水系统可采用水喷雾、多孔管式水喷淋或多齿堰式淋水等型式；但当储罐储存的物料燃烧，在罐壁可能生成碳沉积时，应设水喷雾。

第 7.9.8 条　储罐采用固定式消防冷却水系统时，储罐的支撑点、阀门、液面计、安全阀等，均宜设辅助喷头保护。

第 7.9.9 条　固定式消防冷却水管道的设置，应符合下列规定：

一、储罐容积大于 $400m^3$ 时，供水竖管宜采用两条，并对称布置；

二、消防冷却水系统的控制阀，宜设于距罐壁 15m 以外的地点；

三、控制阀至储罐的管道，应采用镀锌管，是否设置阀后过滤器，可根据冷却水的介质及喷头性能确定。

第 7.9.10 条　移动式消防冷却水系统，可采用水枪或消防水炮。

当采用固定水炮时，水炮位置应满足服务半径和操作距离的要求。

第 7.9.11 条　消防循环水池距最近储罐不宜小于 30m，并应设防止漂浮物和油类等进入水池的措施。

第十节　装卸油码头消防

第 7.10.1 条　油码头的消防设施，应能满足扑救码头装卸区的油品泄漏火灾，或当设计中停泊的油船无消防设施时，扑救该船最大一个油舱火灾的消防能力的要求。

油码头的消防设施，应按上述两者中消防能力较大者设置。

第 7.10.2 条　扑救码头装卸区油品泄漏火灾的消防能力及设施，应符合下列规定：

一、停泊 1000t 及其以上船型的河港油码头或停泊 3000t 及其以上船型的海港油码头，应设固定式或半固定式泡沫灭火系统；

二、停泊 5000t 及其以上船型的河港油码头或停泊 10000t 及其以上船型的海港油码头，宜设置不少于两个固定塔架式泡沫—水两用炮，其保护半径为 40m，混合液的喷射速率不宜小于 30L/s；

三、消防用水量：河港油码头不宜小于 30L/s，海港油码头不宜小于 45L/s。消防供水延续时间，不应小于 2h。

第 7.10.3 条　扑救油舱火灾的消防能力，应符合下列规定：

一、油舱灭火的泡沫混合液供给强度，不应小于 6L/min·m²，灭火面积，应按最大油舱的投影面积计算；

二、泡沫混合液连续供给时间，不应小于 30min；

三、消防冷却水供给强度，不应小于 3.4L/min·m²，冷却面积，应按不小于与着火油舱邻近的 3 个油舱的投影面积计算；

四、冷却水供给时间：当着火油舱面积小于或等于 300m² 时为 4h，大于 300m² 时为 6h。

第 7.10.4 条　当邻近无消防艇提供协作时，停泊 1000t 及其以上船型的河港油码头或停泊 3000t 及其以上船型的海港油码头，宜配备消防兼拖轮的两用船。

第八章　电　　气

第一节　消防电源及配电

第 8.1.1 条　石油化工企业生产区消防水泵房用电设备的电源，应满足现行国家标准《工业与民用供电系统设计规范》所规定的一级负荷供电要求。

第 8.1.2 条　消防水泵房及其配电室应设事故照明，事故照明可采用蓄电池作备用电源，其连续供电时间不应少于 20min。

第二节　防　　雷

第 8.2.1 条　工艺装置内塔类、建筑物、构筑物的防雷分类及防雷措施，应按现行国家标准《建筑防雷设计规范》的有关规定执行。

第 8.2.2 条　工艺装置内露天布置的塔、容器等，当顶板厚度等于或大于 4mm 时，可不设避雷针保护，但必须设防雷接地。

第 8.2.3 条　可燃气体、液化烃、可燃液体的钢罐，必须设防雷接地，并应符合下列规定：

一、避雷针（线）的保护范围，应包括整个储罐；

二、装有阻火器的甲$_B$、乙类可燃液体地上固定顶罐，当顶板厚度等于或大于 4mm 时，可不设避雷针（线）；

三、丙类液体储罐，可不设避雷针（线），但必须设防感应雷接地；

四、浮顶罐可不设避雷针（线），但应将浮顶与罐体用两根截面不小于 25mm² 的软铜线作电气连接；

五、压力储罐不设避雷针（线），但应作接地。

第 8.2.4 条 可燃液体储罐的温度、液位等测量装置，应采用铠装电缆或钢管配线，电缆外皮或配线钢管与罐体应作电气连接。

第 8.2.5 条 防雷接地装置的电阻要求，应按现行国家标准《石油库设计规范》的有关规定执行。

第三节 静 电 接 地

第 8.3.1 条 对爆炸、火灾危险场所内可能产生静电危险的设备和管道，均应采取静电接地措施。

第 8.3.2 条 可燃气体、液化烃、可燃液体、可燃固体的管道在下列部位，应设静电接地设施：

一、进出装置或设施处；

二、爆炸危险场所的边界；

三、管道泵及其过滤器、缓冲器等。

第 8.3.3 条 可燃液体、液化烃的装卸栈台和码头的管道、设备、建筑物、构筑物的金属构件和铁路钢轨等（作阴极保护者除外），均应作电气连接并接地。

第 8.3.4 条 汽车罐车、铁路罐车和装卸栈台，应设静电专用接地线。

第 8.3.5 条 每组专设的静电接地体的接地电阻值，宜小于 100Ω。

第 8.3.6 条 除第一类防雷系统的独立避雷针装置的接地体外，其他用途的接地体，均可用于静电接地。

附录一 名词解释

名 词	说 明
石油化工企业	以石油、天然气为原料的工厂如炼油厂、石油化工厂、石油化纤厂等或由上述工厂联合组成的企业
厂区	由工艺装置、储运设施、公用设施及其他辅助生产设施和行政福利设施等组成的区域
生产区	工厂围墙内，由工艺装置、罐组、装卸设施、灌装站、泵房、仓库、循环水场、污水处理场、火炬等可能散发可燃气体及使用、产生可燃物质的工艺装置和设施组成的区域；或由罐组、灌装站、污水处理场等设施独立形成的区域
液化烃、液化石油气	液化烃指 15℃时，蒸汽压大于 0.1MPa 的烃类液体及其他类似的液体。其中，包括液化石油气。液化石油气指包括丙烷、丁烷及其密度约为空气密度的 1.5 至 2.0 倍的液化的烃类混合气体
全厂性重要设施	全厂性锅炉房和自备电站（排灰场除外）总变配电所，电信站，液化烃、可燃液体的储运集中控制室，全厂性空压站，消防站，消防水泵房，中心化验室，厂部办公楼，急救站，哺乳站等发生火灾时，影响全厂生产或可能造成重大人身伤亡的设施
明火或散发火花地点	室内外有外露火焰、赤热表面或有飞火的烟囱及室外的砂轮电焊、气焊（割）、非防爆的电气开关等固定地点
石油化工装置内单元	石油化工装置的组成部分，即按生产流程完成一个或几个化工操作过程的设备、管道、仪表等的组合体。如乙烯装置的裂解单元、急冷油洗单元、压缩单元、分离单元、裂解汽油加氢单元等
高压	表压 10MPa 至 100MPa
超高压	表压>100MPa
工艺设备（简称设备）	炼油装置和石油化工装置内为实现工艺过程（反应、换热、分离、储存）所需的容器、加热炉、机、泵及有关机械等的总称
罐组	用同一个防火堤围起的 1 个或多个集中布置的储罐
罐区	由 1 个或多个罐组集中布置的区域
火炬系统	由管道及阻火设备、分液设备、火炬筒等组成的泄压排放设施
比空气重的可燃气体	指在标准状态下，密度等于或大于 0.97kg/m^3 的可燃气体

续表

名词	说明
沸溢性液体	在储罐着火情况下，由于热波作用，使罐底水层急速汽化，而会发生沸溢现象的粘性烃类混合物，如原油
一、二级消防站	配备消防车6辆及以上者为一级消防站，4～5辆为二级消防站
水喷淋系统	由喷头或穿孔管、管道及控制阀等组成的喷水系统
水喷雾系统	组成基本同水喷淋，但要求喷出水滴的直径为200～400μm，喷出水滴有一定动能，喷到设备表面或空间，能阻隔热辐射，达到控制火势或灭火的效果
箱式消火栓	由消火栓、消防水带及多用雾化水枪和箱体等组成的室外消火栓
泡沫混合液	泡沫液与水按一定比例混合后形成的水溶液
低倍数泡沫	泡沫混合液通过产生器吸入空气后，体积膨胀在20倍以内的泡沫，常用的体积膨胀为6倍
水溶性可燃液体	能与水相溶解的可燃液体，如醇、醚、醛、酮等
非水溶性可燃液体	不能与水相溶解的可燃液体，如原油及石油产品等
固定式泡沫灭火系统	由固定的泡沫站、固定的混合液管道及固定的产生器组成的泡沫灭火系统
半固定式泡沫灭火系统	由消防车及消防水带与固定的泡沫产生器相连接组成的泡沫灭火系统，或由固定的泡沫站及消防水带、泡沫管枪或勾管等组成的泡沫灭火系统
移动式泡沫灭火系统	由消防车、消防水带及泡沫管枪或泡沫勾管等组成的泡沫灭火系统
液上喷射系统	泡沫从储罐液面以上喷入罐内的系统
液下喷射系统	泡沫从储罐下部喷入罐内液体中，泡沫通过液体上升到液面达到覆盖液面的系统

附录二　可燃气体的火灾危险性分类举例

附表 2.1

类别	名称
甲	乙炔，环氧乙烷，氢气，合成气，硫化氢，乙烯，氰化氢，丙烯，丁烯，丁二烯，顺丁烯，反丁烯，甲烷，乙烷，丙烷，丁烷，丙二烯，环丙烷，甲胺，环丁烷，甲醛，甲醚，氯甲烷，氯乙烯，异丁烷
乙	一氧化碳，氨，溴甲烷

附录三 液化烃、可燃液体的火灾危险性分类举例

附表 3.1

类别		名称
甲	A	液化甲烷，液化天然气，液化氯甲烷，液化顺式－2丁烯，液化乙烯，液化乙烷，液化反式－2丁烯，液化环丙烷，液化丙烯，液化丙烷，液化环丁烷，液化新戊烷，液化丁烯，液化丁烷，液化氯乙烯，液化环氧乙烷，液化丁二烯，液化异丁烷，液化石油气
	B	异戊二烯，异戊烷，汽油，戊烷，二硫化碳，异己烷，己烷，石油醚，异庚烷，环己烷，辛烷，异辛烷，苯，庚烷，石脑油，原油，甲苯，乙苯，邻二甲苯，间、对二甲苯，异丁醇，乙醚，乙醛，环氧丙烷，甲酸甲酯，乙胺，二乙胺，丙酮，丁醛，二氯甲烷，三乙胺，醋酸乙烯，甲乙酮，丙烯腈，醋酸乙酯，醋酸异丙酯，二氯乙烯，甲醇，异丙醇，乙醇，醋酸丙酯，丙醇，醋酸异丁酯，甲酸丁酯，吡啶，二氯乙烷，醋酸丁酯，醋酸异戊酯，甲酸戊酯
乙	A	丙苯，环氧氯丙烷，苯乙烯，喷气燃料，煤油，丁醇，氯苯，乙二胺，戊醇，环己酮，冰醋酸，异戊醇
	B	－35号轻柴油，环戊烷，硅酸乙酯，氯乙醇，丁醇，氯丙醇
丙	A	轻柴油，重柴油，苯胺，锭子油，酚，甲酚，糠醛，20号重油，苯甲醛，环己醇，甲基丙烯酸，甲酸，环己醇，乙二醇丁醚，甲醛，糠醇，辛醇，乙醇胺，丙二醇，乙二醇
	B	蜡油，100号重油，渣油，变压器油，润滑油，二乙二醇醚，三乙二醇醚，邻苯二甲酸二丁酯，甘油

附录四 甲、乙、丙类固体的火灾危险性分类举例

附表 4.1

类别	名称
甲	黄磷，硝化棉，硝化纤维胶片，喷漆棉，火胶棉，赛璐珞棉，锂，钠，钾，钙，锶，铷，铯，氢化锂，氢化钾，氢化钠，磷化钙，碳化钙，四氢化锂铝，钠汞齐，碳化铝，过氧化钾，过氧化钠，过氧化钡，过氧化锶，过氧化钙，高氯酸钾，高氯酸钠，高氯酸钡，高氯酸铵，高氯酸镁，高锰酸钾，高锰酸钠，硝酸钾，硝酸钠，硝酸铵，硝酸钡，氯酸钾，氯酸钠，氯酸铵，次亚氯酸钙，过氧化二乙酰，过氧化二苯甲酰，过氧化二异丙苯，过氧化氢苯甲酰，(邻、间、对）二硝基苯，2—二硝基苯酚，二硝甲苯，二硝基萘，三硫化四磷，五硫化二磷，赤磷，氨基化钠
乙	硝酸镁，硝酸钙，亚硝酸钾，过硫酸钾，过硫酸钠，过硫酸铵，过硼酸钠，重铬酸钾，重铬酸钠，高锰酸钙，高氯酸银，高碘酸钾，溴酸钠，碘酸钠，亚氯酸钠，五氧化二碘，三氧化铬，五氧化二磷，萘，蒽，菲，樟脑，硫磺，铁粉，铝粉，锰粉，钛粉，咔唑，三聚甲醛，松香，均四甲苯，聚合甲醛偶氮二异丁腈，赛璐珞片，联苯胺，噻吩，苯磺酸钠，聚苯乙烯，聚乙烯，聚丙烯，环氧树脂，酚醛树脂，聚丙烯腈，季戊四醇，尼龙，己二酸，炭黑，聚氨酯，聚氯乙烯
丙	石蜡，沥青，苯二甲酸，聚酯，有机玻璃，橡胶及其制品，玻璃钢，聚乙烯醇，ABS 塑料，SAN 塑料，乙烯树脂，聚碳酸酯，聚丙烯酰胺，己内酰胺，尼龙 6，尼龙 66，丙纶纤维，蒽醌，(邻、间、对）苯二酚

附录五 工艺装置或装置内单元的火灾危险性分类举例

一、炼油部分

附表 5.1

类别	装置（单元）名称
甲	加氢裂化，加氢精制，制氢，催化重整，催化裂化，气体分馏，烷基化，叠合，丙烷脱沥青，气体脱硫，液化石油气硫醇氧化，液化石油气化学精制，喷雾蜡脱油，延迟焦化，热裂化，常减压蒸馏，汽油再蒸馏，汽油电化学精制，酮苯脱蜡脱油，汽油硫醇氧化，减粘裂化，硫磺回收
乙	酚精制，糠醛精制，煤油电化学精制，煤油硫醇氧化，空气分离，煤油尿素脱蜡，煤油分子筛脱蜡
丙	轻柴油电化学精制，润滑油和蜡的白土精制，轻柴油分子筛脱蜡，蜡成型，石蜡氧化，沥青氧化

二、石油化工部分

附表 5.2

类别	装置（单元）名称
	I 基本有机化工原料及产品
甲	管式炉（含卧式、立式，毫秒炉等各型炉）蒸汽裂解制乙烯、丙烯装置 裂解汽油加氢装置 芳烃抽提装置 对二甲苯装置 对二甲苯二甲脂装置 环氧乙烷装置 石脑油催化重整装置 制氢装置 环己烷装置 丙烯腈装置 苯乙烯装置 碳四抽提丁二烯装置 丁烯氧化脱氢制丁二烯装置 甲烷部分氧化制乙炔装置 乙烯直接法制乙醛装置 苯酚丙酮装置 乙烯氧氯化法制氯乙烯装置 乙烯直接水合法制乙醇装置

续附表 5.2

类别	装置（单元）名称
甲	合成甲醇装置 乙醛氧化制乙酸（醋酸）装置的乙醛储罐、乙醛氧化单元 环氧氯丙烷装置的丙烯储罐组和丙烯压缩、氯化、精馏、次氯酸化单元 羰基合成制丁醇装置的一氧化碳、氢气、丙烯储罐组和压缩、合成、蒸馏缩合、丁醛加氢单元 羰基合成制异辛醇装置的一氧化碳、氢气、丙烯储罐组和压缩、合成丁醛、缩合脱水、2—乙基已烯醛加氢单元 烷基苯装置的煤油加氢、分子筛脱蜡（正戊烷、异辛烷、对二甲苯脱附）、正构烷烃（$C_10\sim C_13$）催化脱氢、单烯烃（$C_10\sim C_13$）与苯用 HF 催化烷基化和苯、氢、脱附剂、液化石油气、轻质油等储运单元 合成洗衣粉装置的硫磺储运单元
乙	乙醛氧化制乙酸（醋酸）装置的乙酸精馏单元和乙酸、氧气储罐组 乙酸裂解制醋酐装置 环氧氯丙烷装置的中和环化单元、环氧氯丙烷储罐组 羰基合成制丁醇装置的蒸馏精制单元和丁醇储罐组 烷基苯装置的原料煤油、脱蜡煤油、轻蜡、燃料油储运单元 合成洗衣粉装置的烷基苯与 SO_3 磺化单元
丙	乙二醇装置的乙二醇蒸发脱水精制单元和乙二醇储罐组 羰基合成制异辛醇装置的异辛醇蒸馏精制单元和异辛醇储罐组 烷基苯装置的热油（联苯＋联苯醚）系统、含 HF 物质中和处理系统单元 合成洗衣粉装置的烷基苯硫酸与苛性钠中和、烷基苯硫酸钠与添加剂（羰甲基纤维素、三聚磷酸钠等）合成单元
	I 合成橡胶
甲	丁苯橡胶和丁腈橡胶装置的单体、化学品储存、聚合、单体回收单元 乙丙橡胶、异戊橡胶和顺丁橡胶装置的单体、催化剂、化学品储存和配制、聚合、胶乳储存混合、凝聚、单体与溶剂回收单元 氯丁橡胶装置的乙炔催化合成乙烯基乙炔、催化加成或丁二烯氯化成氯丁二烯、聚合、胶乳储存混合、凝聚单元
丙	丁苯橡胶和丁腈橡胶装置的化学品配制、胶乳混合、后处理（凝聚、干燥、包装）、储运单元 乙丙橡胶、顺丁橡胶、氯丁橡胶和异戊橡胶装置的后处理（脱水、干燥、包装）、储运单元

续附表 5.2

类别	装置（单元）名称
	Ⅲ 合成树脂及塑料
甲	高压聚乙烯装置的乙烯储罐、乙烯压缩、催化剂配制、聚合、造粒单元 低密度聚乙烯装置的丁二烯、H_2、丁基铝储运、净化、催化剂配制、聚合、溶剂回收单元 低压聚乙烯装置的乙烯、化学品储运、配料、聚合、醇解、过滤、溶剂回收单元 聚氯乙烯装置的氯乙烯储运、聚合单元 聚乙烯醇装置的乙炔、甲醇储运、配料、合成醋酸乙烯、聚合、精馏、回收单元 本体法连续制聚苯乙烯装置的通用型聚苯乙烯的乙苯储运、脱氢、配料、聚合、脱气及高抗冲聚苯乙烯的橡胶溶解配料、其余单元同通用型 ABS 塑料装置的丙烯腈、丁二烯、苯乙烯储运、预处理、配料、聚合、凝聚单元 SAN 塑料装置的苯乙烯、丙烯腈储运、配料、聚合脱气、凝聚单元 聚丙烯装置的本体法连续聚合的丙烯储运、催化剂配制、聚合、闪蒸、干燥、单体精制与回收及溶剂法的丙烯储运、催化剂配制、聚合、醇解、洗涤、过滤、溶剂回收单元
乙	聚乙烯醇装置的醋酸储运单元
丙	高压聚乙烯装置的掺和、包装、储运单元 低密度聚乙烯装置的后处理（挤压造粒、包装）、储运单元 低压聚乙烯装置的后处理（干燥、包装）、储运单元 聚氯乙烯装置的过滤、干燥、包装、储运单元 聚乙烯醇装置的干燥、包装、储运单元 本体法连续制聚苯乙烯装置的造粒、包装、储运单元 ABS 塑料和 SAN 塑料装置的干燥、造粒、包装、储运单元 聚苯乙烯装置的本体法连续聚合的造粒、料仓、包装、储运及溶剂法的干燥、掺和、包装、储运单元
	Ⅳ 合成氨及氨加工产品
甲	合成氨装置的烃类蒸汽转化或部分氧化法制合成气（N_2+H_2+CO）、脱硫、变换、脱 CO_2、铜洗、甲烷化、压缩、合成、原料烃类单元和煤气储罐组 硝酸铵装置的结晶或造粒、输送、包装、储运单元
乙	合成氨装置的氨冷冻、吸收单元和液氨储罐 合成尿素装置的氨储罐组和尿素合成、气提、分解、吸收、液氨泵、甲胺泵单元 硝酸装置 硝酸铵装置的中和、浓缩、氨储运单元
丙	合成尿素装置的蒸发、造粒、包装、储运单元

三、石油化纤部分

附表 5.3

类别	装置（单元）名称
甲	涤纶装置（DMT 法）的催化剂、助剂的储存、配制、对苯二甲酸二甲酯与乙二醇的酯交换、甲醇回收单元 锦纶装置（尼龙 6）的环己烷氧化、环己醇与环己酮分馏、环己醇脱氢、己内酰胺用苯萃取精制、环己烷储运单元 尼纶装置（尼龙 66）的环己烷储运、环己烷氧化、环己醇与环己酮氧化制己二酸、己二腈加氢制己胺单元 腈纶装置的丙烯腈、丙烯酸甲酯、异丙醚、异丙醇储运和聚合、回收、萃取单元 维尼纶装置的原料中间产品储罐组和乙炔或乙烯与乙酸催化合成乙酸乙烯、甲醇醇解生产聚乙烯醇、甲醇氧化生产甲醛、缩合为聚乙烯醇缩甲醛单元
乙	锦纶装置（尼龙 6）的环己酮肟化，贝克曼重排单元 尼纶装置（尼龙 66）的己二酸氨化，脱水制己二腈单元 煤油、次氯酸钠库
丙	涤纶装置（DMT 法）的对苯二甲酸乙二酯缩聚，造粒、熔融、纺丝、长丝加工、料仓、中间库、成品库单元 涤纶装置（PTA 法）的酯化、聚合单元 锦纶装置（尼龙 6）的聚合、切片、料仓、熔融、纺丝、长丝加工、储运单元 尼纶装置（尼龙 66）的成盐（己二胺己二酸盐）、结晶、料仓、熔融、纺丝、长丝加工、包装、储运单元 腈纶装置的纺丝、长丝加工、毛条、打包、储运单元 维尼纶装置的聚乙烯醇熔融抽丝、长丝加工、包装储运单元

附录六　防火间距起止点

区域规划、工厂总平面布置，以及工艺装置或设施内平面布置的防火间距起止点为：

设备—设备外缘

铁路—中心线

道路—路边

码头—装油臂中心及泊位

铁路、汽车装卸鹤管—鹤管中心

储罐或罐组—罐外壁

火炬—火炬筒中心

架空通信、电力线—线路中心线

工艺装置—最外侧的设备外缘或建筑物、构筑物的最外轴线

附录七　本规范用词说明

一、执行本规范条文时，对要求严格程度的用词说明如下，以便在执行中区别对待：

1. 表示很严格，非这样作不可的用词：

正面词采用“必须”；

反面词采用“严禁”。

2. 表示严格，在正常情况下均应这样作的用词：

正面词采用“应”；

反面词采用“不应”或“不得”。

3. 表示允许稍有选择，在条件许可时首先应这样作的用词：

正面词采用“宜”或“可”；

反面词采用“不宜”。

二、条文中指明必须按其他有关的标准和规范执行的写法为“应按……执行”或“应符合……要求或规定”。

附加说明

本规范主编单位、参编单位和主要起草人名单

主编单位： 中国石油化工总公司洛阳石油化工工程公司

参编单位： 中国石油化工总公司兰州石油化工设计院
化工部第八设计院
中国石油化工总公司上海金山石化总厂设计院
公安部天津消防科研所
中国石油化工总公司北京设计院

主要起草人： 汪景砺　安定宇　张温煜　傅友义　王怀义
王士敏　李　生　白　瀚　侯建萍　胡景沧
方华星　关明俊　倪嘉贤　郑国汉　刘学成
茅烟桥　杨宗浩　原继增　唐学勤

中华人民共和国国家标准

石油化工企业设计防火规范

GB 50160—92

条文说明

前言

根据国家计委计综〔1986〕2630号文的要求，由中国石油化工总公司洛阳石化工程公司会同有关单位共同制订的《石油化工企业设计防火规范》GB 50160—92，经建设部1992年8月10日以建标〔1992〕517号批准发布。

为便于广大设计、施工、科研、学校等有关单位人员在使用本标准时能正确理解和执行条文规定，《石油化工企业设计防火规范》编制组根据国家计委关于编制标准、规范条文说明的统一要求，按《石油化工企业设计防火规范》的章、节、条的顺序，编制了《石油化工企业设计防火规范条文说明》，供国内各有关部门和单位参考。在使用中如发现本条文说明有欠妥之处，请将意见函寄河南省洛阳市中国石化总公司洛阳石化工程公司《石油化工企业设计防火规范》国标管理组。

本《石油化工企业设计防火规范条文说明》仅供有关部门和单位执行本标准时使用。

一九九二年八月

目录

第一章　总　　则

第1.0.1条　本规范主要是针对石油化工企业加工和生产的物料特性和操作条件制订的。所以，新建、扩建、改建设计都应遵守。

第二章　可燃物质的火灾危险性分类

第 2.0.1 条　与国家标准《建筑设计防火规范》对可燃气体的分类（分级）方法相协调，本规范对可燃气体也采用以爆炸下限作为分类指标，将其分为甲、乙两类。

第 2.0.2 条

一、规定可燃液体的火灾危险性的最直接的指标是蒸气压。蒸气压越高，危险性越大。但是，低蒸气压很难测量，所以，世界各国都是根据可燃液体的闪点确定其危险性。闪点越低，危险性越大。

在具体分类方面与《石油库设计规范》、《建筑设计防火规范》是协调的。

考虑到应用于石油化工企业时，需要确定可能释放出形成爆炸性混合物的可燃气体所在的位置或点（释放源），以便据之确定火灾和爆炸危险场所的范围，故将乙类又细分为乙$_A$（闪点 28℃至 45℃）、乙$_B$（闪点＞45℃至＜60℃）两小类。

将丙类又细分为丙$_A$（闪点 60℃至 120℃）、丙$_B$（闪点＞120℃）两小类，与《石油库设计规范》是协调一致的。

关于将甲类又细分为甲$_A$（液化烃）、甲$_B$（除甲$_A$类以外，闪点＜28℃）两小类的问题，在第二款中予以说明。

二、关于液化烃的火灾危险性分类问题。

液化烃在石油化工企业中是主要的加工和储存的物料之一。因其蒸气压大于“闪点＜28℃的可燃液体”，故其火灾危险性大于“闪点＜28℃”的其他可燃液体。

因液化烃泄漏而引起的火灾、爆炸事故，在我国石油化工企业的火灾、爆炸事故中所占的比例也较大。

法国、荷兰及英国的有关标准和《欧洲典型安全规范》等在其可燃液体的火灾危险性分类中，都将液化烃列为第Ⅰ类，美国、德国、意大利等国都另行制订液化烃储存和运输规范。

结合我国《石油库设计规范》、《建筑设计防火规范》对油品生产的火灾危险性分类的具体情况，本规范将液化烃和其他可燃液体合并在一起统一进行分类，将甲类又细分为甲$_A$（液化烃）、甲$_B$（除甲$_A$类以外，闪点＜28℃）两小类。

三、操作温度对乙、丙类可燃液体火灾危险性的影响问题。

各国在其可燃液体的危险性分类中，或在其有关石油化工企业的安全防火规范中，或在其爆炸危险场所划分的规范中，都有关于操作温度对乙、丙类液体的火灾危险性的影响的规定。我国的生产管理人员对此也有明确的意见和要求。因为乙、丙类液体的操作温度高于其闪点时，气体挥发量增加，危险性也随之而增加。故本规范在这方面也做了类似的、相应的规定。

四、关于“液化烃”、“可燃液体”的名称问题。

1. 因为液化石油气专指以C_3、C_4为主所组成的混合物，不包括单组分液化烃类。而本规范所涉及的不仅是液化石油气，还涉及乙烯、乙烷、丙烯等单组分液化烃类，故统称为“液化烃”。

2. 在国内、外的有关规范中，对烃类液体和醇、醚、醛、酮、酸、酯类及氮、硫、卤素化合物的称谓有两种：有的称为“易燃液体和可燃液体”；有的称为“可燃液体”。本规范采用后者，统称为“可燃液体”。

第三章 区域规划与工厂总体布置

第一节 区 域 规 划

第 3.1.1 条 石油化工企业生产区应避免布置在通风不良的地段，以防止可燃气体积聚，增加火灾爆炸危险。如某厂重整装置位于山凹，投产后石油气大量积聚，生产极不安全，曾想开山通风，但因工程量大，投资高未能实施。此类教训应予记取。

第 3.1.4 条 江河内通航的船只大小不一，尤其是民用船、水上人家，经常在船上使用明火，生产区泄漏的可燃液体一旦流入水域，很可能与上述明火接触而发生火灾爆炸事故，从而可能对下游的重要设施或建筑物、构筑物带来威胁。因此，当生产区靠近江河岸边时，应严格遵守此条规定。

第 3.1.5 条 本条所提供采用的措施不含罐组应设的防火堤。为了防止泄漏的可燃液体流入水域，需另外增设有效措施。例如，在江河海岸与罐区之间设置道路，并使其路面高出邻近地面，作为第二道防火堤；或设事故存液池，以及充分利用地形的有利条件等。因厂址条件各有不同，不便硬性规定，设计时可根据实地情况综合分析，再决定采用既可靠又比较经济合理的安全措施。

第 3.1.6 条 公路系指国家、地区、城市以及除厂内道路以外的公用道路，这些公路均有公共车辆通行，甚至工厂专用的厂外道路，也会有厂外的汽车、拖拉机、马车等通行。如果公路穿行生产区，必给防火、安全管理、保卫工作带来很大困难。如某总厂内分厂之间的公用道路穿行于某分厂的生产区，为了安全现已禁止通行。

地区架空电力线电压等级一般为 35kV 以上，若穿越生产区一旦发生倒杆、断线或导线打火等意外事故，便有可能引燃泄漏的可燃气体。反之，生产区内一旦发生火灾或爆炸事故，对架空电力线也有威胁。

建在山区的石油化工企业，由于受地形限制，区域性排洪沟往往可能通过厂区，甚至贯穿生产区，而生产区内的工艺装置、罐区及辅助生产设施等的排水沟必然通向排洪沟，因此排洪沟也必是厂区的排雨水明沟。若发生事故，可燃气体和液体流入排洪沟内，一旦遇明火即可能被引燃，燃烧的水面顺流而下，必对下游邻近设施带来威胁。例如，某厂排水沟（实际是排洪沟）因沟内积聚大量油气，遇检修明火而燃烧，致使长达 200 多米的排洪沟起火。所以在条件允许时，应尽量使排洪沟避开生产区，若确有困难，亦可穿越生产区，因此规定为“不宜”。

第 3.1.7 条

一、高架火炬的防火距离主要应根据人或设备允许的最大辐射热强度计算确定，但在排放可燃气体中可能携带可燃液体，因燃烧不完全可能产生火雨。据调查，火炬火雨洒落范围约为 60m 至 90m。因此，即使经辐射热计算所需的防火距离比上述落火雨的范围小，为了确保安全，确定此类高架火炬的防火距离仍不得小于表中规定的可能携带可燃液体的高架火炬的防火距离。

二、居住区、公共福利设施及村庄都是人员集中的场所，为了确保人身安全和减少与石油化工企业相互间的影响，规定了较大的防火间距。其中，液化烃罐组至居住区、公共福利设施及村庄的防火间距采用《建筑设计防火规范》（以下简称“建规”）的规定。

三、至相邻工厂。

1. 相邻工厂的类型繁多，不便分门别类一一制定防火间距。在满足防火要求前提下，为了便于执行，无论与何类工厂相邻均规定 1 个数字。

2. 防火间距是从石油化工企业内与相邻工厂最近的设备、建（构）筑物至相邻工厂围墙止。至相邻工厂围墙的理由是：

（1）当相邻工厂处于规划阶段时，其围墙内设施具体位置难以明确。

（2）若相邻工厂是老厂，有可能在围墙内增设新的设施，对此，石油化工企业无权限制。

四、与厂外企业铁路线、厂外公路、变配电站的防火间距，采用《建规》的规定。为了确保国家铁路线及国家或工业编组站的安全，对此适当增 加防火间距。

第二节　工厂总平面布置

第 3.2.1 条　石油化工企业的生产特点：

1. 工厂的原料、成品或半成品大多是可燃气体、液化烃和可燃液体。

2. 生产大多是在高温、高压条件下进行的，可燃物质可能泄漏的几率多，火灾危险性较大。

3. 工艺装置和全厂储运设施占地面积较大，可燃气体散发较多，是全厂防火的重点；水、电、蒸气、压缩空气等公用设施，需靠近工艺装置；工厂管理及生活福利设施是全厂生产指挥中心，人员集中，要求安静、污染少等。

根据上述石化企业的生产特点，为了安全生产，满足各类设施的不同要求，防止或减少火灾的发生及相互间的影响，在总平面布置时，应结合地形、风向等条件，将上述工艺装置、各类设施等划分为不同的功能区，既有利于安全防火，也便于操作和管理。

第 3.2.3 条　在山丘地区建厂，由于地形起伏较大，为减少土石方工程量，厂区大多采用阶梯式竖向布置。为防止可能泄漏的可燃气体或液体漫流到下一个阶梯，若下一个阶梯布置有工艺装置或有明火、人员集中等场所，则会造成更大事故，因此，储存液化烃或可燃液体的储罐应尽量布置在较低的阶梯上。如因受地形限制或有工艺要求时，原料罐也可布置在比受油装置较高的阶梯上，但为了确保安全，必须严格执行第 3.2.4 条“阶梯间应有防止泄漏的可燃液体漫流的措施”的规定。

第 3.2.4 条　“阶梯间应有防止泄漏的可燃液体漫流的措施”并不要求所有阶梯间均需这样做，而只是对工艺装置、油罐、装卸油设施等所处在阶梯与下一个 阶梯间要求这样做。

第 3.2.5 条　在山区建厂，若将液化烃或可燃液体储罐紧靠排洪沟布置，储罐一旦泄漏，很难防止泄漏的可燃气体或液体进入排洪沟；而排洪沟顺厂区延伸，难免会因明火或火花落入沟内，引起火灾。因此，规定对储存大量液化烃或可燃液体的储罐不能紧靠排洪沟布置，但允许在储罐与排洪沟之间布置其他设施。

第 3.2.6 条　空分装置要求吸入的空气应洁净，若空气中含有乙炔、碳氢化合物等气体，一旦被吸入空分装置，则有可能引起设备爆炸等事故。因此应将空分装置布置在不受上述气体污染的地段，若确有困难，亦可将吸风口用管道延伸到空气较清洁的地段。

第 3.2.7 条　全厂性高架火炬有的在事故排放时可能产生“火雨”，且在燃烧过程中，还会产生大量的热、烟雾、噪声和有害气体等。尤其在风的作用下，如吹向生产区，对生产区的安全有很大威胁。为了安全生产，布置时应选择火炬对生产区影响较小的地段，故规定全厂性高架火炬宜位于生产区全年最小频率风向的上风侧。

第 3.2.8 条　经常使用汽车运输的液化石油气灌装站、可燃液体汽车装卸站和全厂性仓库等，由于汽车来往频繁，汽车排气管可能喷出火花，若穿行生产区极不安全，而且随车人员大多是外单位的，情况比较复杂。为了厂区的安全与防火，上述设施应靠厂区边缘布置，设围墙与厂区隔开，并设独立出入口直接对外，或远离厂区独立设置。

第 3.2.9 条 由厂外引入的架空电力线路的电压一般在35kV 以上，若架空伸入厂区，一是需留有高压走廊占地大，二是一旦发生火灾损坏高压架空电力线，影响全厂生产。若采用埋地敷设，技术比较复杂也不经济。为了既有利于安全防火，又比较经济合理，故规定总变配电所应布置在厂区边缘，但应尽量靠近负荷中心。距负荷中心过远，由总变配电所向各用电设施引线过多过长也不经济。

第 3.2.10 条 绿化是工厂的重要组成部分，合理的绿化设计，既可美化环境，改善小气候，又可防止火灾蔓延，减少空气污染。但绿化设计必须紧密结合各功能区的生产特点，在火灾危险性较大的生产区，应选择含水分较多的树种，以利防火。如某厂在道路一侧的油罐起火，道路另一侧的油罐未加水喷淋冷却保护，只因有行道树隔离，仅树被大火烤黄烤焦但未起火，油罐未受威胁。可见绿化的防火作用。假若行道树是含油脂较多的针叶树等，其效果就会完全相反，不仅不能起隔离保护作用，甚至会引燃树木而扩大火势。因此，选择有利防火的树种是非常重要的。但在人员集中的生产管理和生活福利设施区，进行绿化设计则以美化环境、净化空气为主。

在绿化布置形式上还应注意，在可能散发可燃气体的工艺装置、罐组、装卸油台等周围地段，不得种植绿篱或茂密的连续式的绿化带，以免可燃气体积聚，且不利于消防。

可燃液体罐组内植草皮是南方某些厂多年实践经验的结果，由于罐组内植草皮，可减少可燃气体挥发损失，有利于防火。但生长高度不得超过 15cm，而且应能保持一年四季常绿，否则，冬季枯黄反而对防火不利。

液化烃罐组一般需设喷淋水对储罐降温，其地面应利于排水。另外，因管道、阀门破损或切水时，液化烃可能有少量泄漏，应避免泄漏的气体就地积聚。因此，液化烃罐组内严格禁止任何绿化，否则，泄漏的可燃气体越积越多，一旦遇明火引燃，便危及储罐。

第 3.2.11 条 石油化工企业总平面布置防火间距的确定。

一、制定防火间距的原则和依据：

1. 防止或减少火灾的发生及工艺装置或设施间的相互影响。参考国外有关火灾爆炸危险范围的标准或规定，将可燃液体敞口设备的危险范围定为 22.5m，对密闭设备定为 15m。

2. 辐射热影响范围。根据天津消防科研所有关油罐灭火试验资料：5000m^3 油罐火灾，距罐壁 D（22.86m）、距地面 H（13.63m），测点的辐射热最大值为 17710kJ/m^2·h，平均值为 11556kJ/m^2·h；100m^3 油罐火灾，距罐壁 D（5.42m）、距地面 H（5.51m），测点的辐射热最大值为 46055kJ/m^2·h，平均值为 29810kJ/m^2·h。

3. 重要设施重点保护。凡是一旦发生火灾可能造成全厂停产或重大人身伤亡的设施，均应重点保护，即使本设施火灾危险性较小，也需远离火灾危险性较大的场所，以确保其安全。如全厂性锅炉房、空压站、总变配电所、消防站、厂部办公楼、哺乳站、急救站等均需制定较大的防火间距。

4. 火灾几率及其影响范围。根据对 1954～1984 年炼油厂较大火灾事例的统计分析，各类设施的火灾比例：工艺装置为 69%，储罐为 10%，铁路装卸栈台为 5%，隔油池为 3%，其他为 13%。其中火灾比例较大的装置火灾一般影响范围约 10m，而火灾比例较小的油罐、油池火灾影响范围较大，但邻罐被引燃者只有一例，且是在极特殊情况下发生的。详见表 3.2.11－1 工艺装置火灾实例和表 3.2.11－2 油罐火灾实例。

工艺装置火灾实例 **表 3.2.11—1**

序号	装置名称	火灾原因及情况	影响范围
1	减粘	减粘塔清焦，错开邻塔阀门，塔内 450℃ 油流出起火，着火 20min	相距 6.5m 的常压蒸馏装置被迫打循环
2	常减压	操作不当造成容—1 放空管排气体带油，落到未保温的减压渣油热管上起火	靠近的塔—1 上部油漆烤坏
3	热裂化	分馏塔至开工循环泵的管道腐蚀，爆开，裂口 30cm，喷油起火，火焰高 30m 以上，着火 20min	周围无损失
4	联合装置（常减压）	①炉南：蒸气排污放空带油落高温管上起火 10min ②炉东：仪表油管线烧坏，油喷出，泵未停，火势扩大 ③炉北：管道保温的电伴热线打火花，引起着火 3 次，连续火灾共 40min	常减压被迫打循环
5	联合装置（焦化）	焦化炉 501/1 北弯头漏油着火，蒸气灭火时，蒸气带油，加大了火势	焦化停工，常减压打循环
6	联合装置（常减压）	常压塔、减压塔之间的容 003 液面计失灵，放空管喷油，遇热渣油管道起火 15min	周围无损失
7	西蒸馏	常压炉管破裂，炉膛起火，油排不出，炉管内 12t 油在炉内全部烧完，3h 炉毁	相距 18.5m 的重柴油罐未波及
8	白土精制	处理变压器油的板框过滤机漏油，遇高温蒸气管道起火，板框烧毁，屋顶混凝土板烧裂	室外无影响
9	裂化	塔—3 的开口与阀门之间有裂缝，热油喷出起火，1h	周围影响不大

油罐火灾实例 **表 3.2.11—2**

序号	油品	油罐型式	罐容 (m^3)	火焰高度 (m)	影响范围
1	原油	半地下砖罐	15000	50～60	距 8m 邻罐被烤热，未引燃（有水冷却）
2	重油	地上	500		距 3m 邻罐没影响（共 2 起）
3	原油	地上	400	13	下风向 10m 邻罐被烤热，未燃
4	重油	地上	300	很高	距 2m 邻罐无影响
5	汽油	地上	300	13	距 4m 轻柴油罐无影响
6	轻污油	地上	300	罐旁油沟起火 60m 高	距 4m 轻污油罐 7～8min 被烤爆，引燃
7	轻柴油	地上	5000	23	距 20m5000m^3 罐无影响（有防护墙）
8	轻柴油	地上	300	12	距 2.8m300m^3 轻柴油罐无影响
9	原油	地下混凝土罐	2000	15	距 10m 水泵房烤着火，距 14.6m5 台槽车烧变形，距 26.4m 轻柴油罐未引燃，距 45～50m 板房及危险品库无影响

本规范与国外标准规范的对比表

表 3.2.11-3

方格内数字表示：上——美国飞马公司；左——法国国家标准；中——日本标准；右——英国碧壳公司；下——美国API标准；本——本规范

防火间距(m) 项目 \ 项目	工艺装置 甲	工艺装置 乙	工艺装置 丙	全厂性重要设施	明火或散发火花地点	地上可燃液体储罐 甲乙类固定顶 ≤1000 m^3	甲乙类固定顶 >1000~5000 m^3	甲乙类固定顶 >5000 m^3	浮顶或丙类固定顶 ≤1000 m^3	浮顶或丙类固定顶 >1000~5000 m^3	浮顶或丙类固定顶 >5000 m^3	液化烃储罐 <1000 m^3	液化烃储罐 ≥1000 m^3	附注
工艺装置 甲	上20/30①；左15/30①；中8/15③；右30/60①；下②；本25/30													
工艺装置 乙	上20/30①；左15/30①；中8/15；右30/30①；下②；本20/25	上20/30①；左15/30①；中8/15③；右30/30①；下②；本15/20												
工艺装置 丙	上20/30；左15/30；中8/15；右30/30；下②；本15/20	上20/30；左15/30；中8/15；右30/30；下②；本10/15	上20/30①；左15/30；中8/15；右15/15；下②；本10											
全厂性重要设施	上30/60④；左30/40④；中30；右30/60；下30；本35	上30/60④；左30/40④；中30；右30/60；下30；本30	上30/60④；左30/40④；中30；右30/45；下30；本25	上30；本■										
明火或散发火花地点	上30；中③；右15/75⑤；下23/60⑥；本30	上30；中③；右15/75⑤；下23/60⑥；本25	上30；中③；右15/75⑤；下23/60⑥；本20	中③；右30/-①；本■	本—									
地上可燃液体储罐 甲乙类固定顶 ≤1000 m^3	上60；左30；右60/75 60⑦；下30；本30	上60；左30；右60/75 60⑦；下30；本25(20)	上60；左30；右60/75⑦；下30；本20(15)	上60/75；左40；右60/75⑦；下15/30；本35(30)	右60/75⑦；下15/60⑨；本30									
甲乙类固定顶 >1000~5000 m^3	上60；左30；右60/75 60⑦；下30；本40	上60；左30；右60/75⑦；下30；本35	上60；左30；右60/75⑦；下30；本30	上60/75；左40；右60/75；下15/30；本40	右60/75；下15/60⑨；本35									
甲乙类固定顶 >5000 m^3	上60；左30；右60/75 60⑦；下30；本50	上60；左30；右60/75⑦；下30；本40	上60；左30；右60/75；下30；本35	上60/75；左40；下15/30；本50	右60/75；下15/60⑨；本40									
浮顶或丙类固定顶 ≤1000 m^3	上60；左20；右60/75⑦；下15/45；本25(20)	上60；左20；右60/75⑦；下15/30；本20(15)	上60；右60/75；下15；本15(10)	上60/75④；左25；右60/75；下15/30；本25	右75；下15/30⑨；本20									
浮顶或丙类固定顶 >1000~5000 m^3	上60；左20；右⑦；下15/45；本30	上60；左20；右60/75；下15/30；本25	上60；右60/75；下15；本20	上60/75④；左25；右60/75；下15/30；本30	右75；下15/30⑨；本25									
浮顶或丙类固定顶 >5000 m^3	上60；左20；右⑦；下15/45⑨；本35	上60；左20；右60/75；下15/30⑨；本30	上60；右60/75；下15/15⑨；本25	上60/75④；左25；右60/75；下15/30；本35	右75；下15/30⑨；本30									
液化烃储罐 <1000 m^3	上60；左60；本50(40)	上60；左60；本45(35)	上60；左60；本40(30)	上60/75；左60；右60；下15/30⑨；本60(45)	右75；下15/60；本50(40)	上D且>30；左40；右D/2；本30(25)	上D且>30；左40；右D/2；本35	上D且>30；左40；右D/2；本45	上D且>30；左40；右D/2；本20(15)	上D且>30；左40；右D/2；本25	上D且>30；左40；右D/2；本35			
液化烃储罐 ≥1000 m^3	左60；本60	上60；左60；本55	左60；本50	上60/75；左60；右60；下15/30；本70	右75；下15/60；本60	上D且>30；左40；右D/2；本35(30)	上D且>30；左40；右D/2；本40	上D且>30；左40；右D/2；本50	上D且>30；左40；右D/2；本30(25)	上D且>30；左40；右D/2；本35	上D且>30；左40；右D/2；本40			
液化烃或甲乙类可燃液体装卸设施 码头装卸油臂	上60/75⑦；右60；下30；本35	上60/75⑦；右60；下30；本30	上60/75⑦；右60；下30；本25	上75⑦；本40	上75⑦；下30；本35	上75⑦；右75；下30；本35(30)	上75；右75；下30；本40	上75；右75；下30；本50	上75；右75；下30；本30(25)	上75；右75；下30；本35	上75；右75；下30；本40	上75；右75；下30；本45(40)	上75；右75；下30；本55	
汽车装卸鹤管	上45；左30/60⑧；右60；下30；本25	上45；左30/60⑧；右60；下30；本20	上45；左30/60⑧；右60；下30；本15	上60；本30	本25	上45；右75；下75；本15(10)	上45；右75；下7.5；本20	上45；右75；下7.5；本25	上45；右75；下7.5；本12(10)	上45；右75；下7.5；本15	上45；右75；下7.5；本20	上45；右75；下7.5；本35(30)	上40；右75；下7.3；本45	
铁路装卸鹤管	上60/75；左30/60⑧；右60；下30；本30	上60/75；左30/60⑧；右60；下30；本25	上60/75；左30/60⑧；右60；下30；本20	上60；本35	本30	上45/60⑧；左40；右75；下15；本15(10)	上45/60⑧；左40；右75；下15；本20	上45/60；左40；右25；下15；本25	上45/60⑧；左30；右75；下15；本12(10)	上45/60；左30；右75；下15；本15	上45/60；左30；右75；下15；本20	上45/60；左60；右75；下15；本40(35)	上45/60；左60；右75；下15；本50	
储运泵房	上30；右30；下15；本20	上30；右30；下15；本15	上30；右30；下15；本10	本20	上45；下60；本15	左20；右60/75⑧；下15；本12(10)	左20；右60/75⑧；下15；本15	左20；右60/75；下15；本20	左20；右60/75⑧；下15；本10(8)	左20；右60/75；下15；本12	左20；右60/75；下15；本15	左20；右60/75；下15；本30(25)	左20；右60/75；下15；本30	
高架火炬	上60；左60；右61/91；下30.5；本90	上60；左60；右61/91；下30.5；本90	上60；左60；右61/91；下30.5；本90	左60；右61/91；本90	左60；右61/91；下不限；本60	上60；左60；右61/91；下60.9；本90	上60；左60；右61/91；下60.9；本90	上60；左60；右61/91；下60.9；本90	上60；左60；右61/91；下60.9；本30	上60；左60；右61/91；下60.9；本90	上60；左60；右61/91；下60.9；本90	上60；左60；右61/91；下60.9；本90	上60；左60；右61/91；下60.9；本90	

附注：

方格内数字表示

法国国家标准（左）	上：美国飞马公司；中：日本标准；下：美国API标准	英国碧壳公司（右） ‖ 本规范

① 分子为炼油装置，分母为化工装置

② 按同类或不同类装置分为 7.6, 15.2, 22.9, 30.5, 45.0五档。

③ 高压可燃气体设备与明火的间距为8m，与控制室、变配电间的间距为15m。面积小于7000m²的保安分区用5m宽道路相隔

工艺装置区面积不应大于8000m²，相邻保安区，高压气体设备之间不小于30m。

④ 分子为公用设施，分母为管理及福利设施。

⑤ 15m适用于与明火加热炉的间距 75m适用于与明火泵的间距。

⑥ 按不同类装置分为23, 30, 45, 60m。

⑦ 60m指危险性小的储罐

75m指危险性大的储罐

⑧ 分子代表可燃液体的间距。

分母代表液化烃的间距。

⑨ 按容积不同分为15, 30, 45, 60m。不等

⑩ 括号内数字为≤500m³的防火间距

5. 消防能力及水平。石化企业在长期生产实践过程中，总结了丰富的与火灾斗争的经验，尤其对灭油罐火灾比较成熟。扑救工艺装置火灾也有得力措施。在设计上也提高了消防的能力和水平，因此，防火间距的制定可根据消防能力的提高而适当减小。

6. 扑救火灾的难易程度。一般情况下，油罐、油池、油码头对火灾扑救较困难，其他设施（除工艺装置重大火灾爆炸事故外）的火灾比较容易扑救。

7. 尽量节约用地。我国农业用地日趋减少，是当前极为突出的矛盾，因此，在满足防火要求的前提下，力争减少工厂占地是今后工厂建设的基本因素。

8. 尽量靠近国外有关标准的水平。参考国外有关标准，吸取先进经验，在结合我国国情、满足安全生产要求基础上，使本标准尽量靠近国外有关标准的水平。

二、制定防火间距的基本方法。组成石化企业的设施很多，并各有其特点，若对表中所列的设施逐一分析制定防火间距，问题复杂工作量大。因此，采用了根据上述原则和参考有关资料，首先对主要设施（如工艺装置、储罐、明火及重要设施）之间，进行分析研究确定其防火间距，然后，以此为基础对其他设施进行对照，再上下左右综合分析比较，逐一制定防火间距。其中，对建筑物之间的防火距离，本规范未作规定的均按《建规》执行。

三、与国外有关标准的对比（见表 3.2.11—3)。

本规范的防火间距与国外有关标准规定的防火间距大致相同或相近。其中，略小者占 40%，相同者占 47%，大者占 13%（主要是高架火炬)。

四、本规范的防火间距使用本规范表 3.2.11 时，值得注意的问题：

1. 表内防火间距只适用于工厂内工艺装置或设施之间，设施内平面布置防火间距不按此表执行。

2. 工艺装置或设施之间的防火距离，均以两装置或设施相邻最近的设备或建（构）筑物确定。对有围墙的设施，也不按围墙确定防火距离，其防火间距起止点按本规范附录六规定执行。

3. 石油化工工艺装置无全装置的火灾危险性类别，而装置内各生产单元均有火灾危险性类别。因此，在确定石油化工工艺装置防火距离时，应按与其他装置或设施相邻最近的生产单元的火灾危险性类别确定。

五、与液化烃、可燃气体或可燃液体罐组的防火间距，均以相邻最近的最大单罐容积确定。因罐组内火灾的影响范围取决于单罐容积的大小，大者影响范围大，小者影响范围小。国外标准亦以单罐为准。

六、与码头装卸设施（即水域部分）的防火间距，均以相邻最近的装卸油臂或油轮停靠的泊位确定。

七、与液化烃或可燃液体铁路装卸设施的防火间距，均以相邻最近的铁路装卸线、泵房或零位罐等确定。

八、与液化烃或可燃液体汽车装卸台的防火间距，均以相邻最近的装卸鹤管、泵房或计量罐等确定，若有围墙者亦不考虑至围墙。

九、与高架火炬的防火间距，均以火炬筒中心确定，即使火炬筒附近设有分液罐等，仍以火炬筒中心为准。

第三节 厂内道路

第 3.3.2 条 最长列车长度，是根据走行线在该区间的牵引定数和调车线或装卸线上允许的最大装卸车的数量确定的。

第 3.3.3 条 工厂主干道是通过人流、车流最多的道路，因此应避免与铁路平交，尤其不应与工厂主要出入口附近的铁路平交。如某厂主干道在工厂主要出入口前与四股通往油品装卸栈台的铁路相平交，经常被铁路调车作业隔绝；又如某厂渣油、柴油铁路装车线与工厂主干道在厂内平交，多次发生撞车事故。

第 3.3.4 条 生产区发生火灾时，动用消防车数量较多，为了便于调度、避免交通堵塞，生产区的道路宜采用双车道。若采用单车道，应选用路基宽度大于 6m 的公路型单车道；若采用城市型单车道，应设错车道或改变道牙铺设方式满足错车要求。在可燃液体储罐区周围宜采用公路型道路，既可减少路面宽度，又可起到第二道防火堤作用。

第 3.3.5 条 环形道路便于消防车从不同方向迅速接近火场，并有利于消防车的调度。但当受地形条件限制，全部做到环行需开挖大量土石方很不经济时，也可设带有回车场的尽头式道路。

第 3.3.6 条 当扑救油罐火灾时，利用水带对着火罐和邻罐进行喷水冷却保护，水带连接的最大长度一般为 180m，水枪需有 10m 机动水带，水带铺设系数为 0.9，故消火栓至灭火地点不宜超过：(180—10) ×0.9＝153m。据工厂消防等有关人员建议，以不超过 120m 为宜。故规定，从任何储罐中心至不同方向道路的距离不应超过 120m；只有一侧有道路时，为了满足消防用水量的要求，需有较多消火栓，因此规定任何储罐中心至道路不应大于 80m。

第四节 厂 内 铁 路

第 3.4.1 条 铁路机车或列车在启动、走行或刹车时，均可能从排气筒、钢轨与车轮摩擦或闸瓦处散发明火或火花，若厂内铁路线穿行于散发可燃气体较多的地段，有可能被上述明火或火花引燃，因此，铁路线应尽量靠厂区边缘集中布置。这样布置也利于减少与道路的平交，缩短铁路，减少占地。

第 3.4.2 条 下列铁路装卸线可以靠近有关装置的边缘布置，其原因是：

一、生产过程要求装卸线必须靠近。

二、装卸的固体物料火灾危险性相对较小，多年来从未发生过由于机车靠近而引起的火灾事故。

第 3.4.3 条 液化烃和可燃液体的装卸栈台，都是火灾危险性较大的场所，但性质不尽相同。液化烃火灾危险性较大，但如均采用密闭装车，亦较安全，因此，可与可燃液体装卸栈台同区布置。但由于液化烃一旦泄漏被引燃，比可燃液体对周围影响更大，故应将液化烃装卸栈台布置在装卸区的一侧。

第 3.4.5 条 对尽头式线路规定停车车位至车档应有 20m 是因为：

一、当某车辆发生火灾时，便于将其他车辆与着火车辆分离，减少火灾影响及损失；

二、作为列车进行调车作业时的缓冲段，有利于安全。

第 3.4.6 条 液化烃和可燃液体在装卸过程中，经常散发可燃气体，在装卸作业完成后，可能仍有可燃气体积聚在装卸栈台附近或装卸鹤管内，若机车利用装卸线走行，机车一旦散发火花，是很危险的。

第 3.4.7 条 液化烃、可燃液体和甲、乙类固体的铁路装卸线停放车辆的线段为平直段时，其优点为：①有利于调车时司机的了望、引导列车进出栈台和调对鹤位，不易发生事故。②在平直段对罐车内油品的计量较准确，卸油较净。③不致发生溜车事故。

某公司工业站，有一货车停在 2.5‰ 纵坡的站线上，由于风大和制动器失灵而发生溜车。

当在地形复杂地区建厂时，若满足上述要求，可能需开挖大量土石方，很不经济。在这种情况下，亦可将装卸线放在半径不小于 500m 的平坡曲线上。但若设在半径小于 300m 的线路上，则列车无法自动挂钩、脱钩。

第五节 厂内管线综合

第 3.5.1 条 沿地面或低支架敷设的管带，对消防有较大影响，因此规定此类管带不应四周环绕工艺装置或罐组四周布置。尤其在老厂改扩建时，应予足够重视。

第 3.5.2 条 采用有关铁路建筑限界和《工业企业运输安全规程》的有关规定。

第 3.5.4 条 外部管道通过工艺装置或罐组，操作、检修相互影响，管理不便，因此，凡与工艺装置或罐组无关的管道均不得穿越装置或罐组。

第 3.5.5 条 比空气重的可燃气体一般扩散的范围在 30m 以内，这类气体少量泄漏扩散被稀释后无大危险，一旦积聚与空气混合易达到爆炸极限浓度，遇明火即可引起燃烧或爆炸，增加火灾危险性。所以，应有防止可燃气体窜入积聚的措施。一般采用填砂，在电缆沟进入配电室前设沉砂井，井内黄砂下沉后再补充新砂，效果较好。

第 3.5.6 条 各种工艺管道或含可燃液体的污水管道内输送的大多是可燃物料，检修更换较多，为此而开挖道路必然影响车辆正常通行，尤其发生火灾时，影响消防车通行，危害更大。公路型道路路肩也是可行车部分，因此，也不允许敷设上述管道。

第四章 工 艺 装 置

第一节 一 般 规 定

第 4.1.1 条 设备、管道的保冷层材料，目前尚无合适的非燃烧材料可选用，故允许用阻燃型泡沫塑料制品，但其氧指数不应低于 30。

第 4.1.2 条 本条是为保证设备和管道的工艺安全，根据实际情况而提出的几项原则要求。

第二节 装置内布置

第 4.2.1 条 本条规定了设备、建筑物平面布置的防火间距，除本节其他条款有规定外，不应小于本规范表 4.2.1 的规定。

确定规范表 4.2.1 的项目和防火间距的主要原则和依据如下：

一、与本规范第二章“可燃物质的火灾危险性分类”相协调。

二、与我国有关爆炸危险场所电力设计规范的下列规定相协调：

1. 释放源，即可能释放出形成爆炸性混合物所在的位置或点。

2. 爆炸危险场所范围为 15m。

三、吸取国外有关标准的适用部分。在规范表 4.2.1 的项目和防火间距方面，与大部分国外工程公司的有关防火和布置规定基本一致。

四、充分考虑通过调查或有关实验确定的装置内火灾的影响距离和可燃气体的扩散范围。

注：可燃气体的扩散范围指可能形成爆炸气体混合物的范围。

1. 装置内火灾的影响距离约 10m。

2. 可燃气体的扩散范围：

(1) 正常操作时，甲、$乙_A$ 类工艺设备周围 3m 左右。

(2) 液化烃泄漏后，可燃气体的扩散范围一般为 10～30m。

(3) $甲_B$、$乙_A$ 类液体泄漏后，可燃气体的扩散范围为 10～15m。

(4) 介质温度等于或高于其闪点的$乙_B$、丙类液体泄漏后，可燃气体的扩散范围一般不超过 10m。

(5) 氢气的水平扩散距离一般不超过 10m。

3.《英国石油工业防火规范的报告》：汽油风洞试验，油气向下风侧的扩散距离为 12m。

五、确定项目的依据：

1. 点火源。根据燃烧三要素，结合石油化工企业工艺装置的实际情况，必须控制点火源。点火源主要有明火、高温表面、电气火花、静电火花、冲击和摩擦、绝热压缩、化学反应及自燃发热等。在确定规范表 4.2.1 的项目时，主要考虑明火、高温表面和电气火花，故将下列设备或建筑物分别列项。

(1) 明火设备。

(2) 控制室、变配电室、化验室。考虑到办公室和生活间既是建筑物，又是人员集中场所，与控制室、变配电室、化验室等的防火要求相同，故合并为一项。

(3) 介质温度等于或高于自燃点的设备。考虑到内隔热衬里反应设备，不正常时，局部外表面温度有可能高达 250℃以上，与介质温度等于或高于自燃点的其他设备的防火要求不同，故又将这一项分成了内隔热衬里反应设备和其他两小项。

2. 释放源。根据有关爆炸危险场所电力设计规范关于出现爆炸性气体混合物场所（释放源）的规定，结合石油化工企业工艺装置的实际情况，根据不同的防火要求，将释放源即介质温度低于自燃点的工艺设备，分成了三项：

(1) 可燃气体压缩机或压缩机房。

(2) 中间储罐、电脱盐脱水罐。

(3) 其他。

六、对可燃物质类别和防火间距的补充说明。对规范表 4.2.1 的防火间距，补充说明如下：

1. $甲_B$、$乙_A$ 类液体和甲类气体及介质温度等于或高于其闪点的乙、丙类液体为可形成爆炸性气体混合物场所的释放源，其与明火或与有电气火花的地点的最小防火间距，与爆炸危险场所范围相协调，定为 15m。

2. $甲_A$ 类液体，即液化烃，其蒸气压高于$甲_B$、$乙_A$ 类液体，事故分析也证明，其危险性也较$甲_B$、$乙_A$ 类液体为大，其与明火设备的最小防火间距定为 22.5m（15m 的 1.5 倍）。

3. $乙_B$、$丙_A$ 类液体和乙类气体，不是释放源，但因轻柴油、重柴油、芥子油、氯乙醇、苯甲醛、甲酸等大宗物质的闪点都在 60℃上下，易受外界影响而形成释放源，故也规定了其与明火或有电火花的地点的最小防火间距为 9m。

4. $丙_B$ 类液体，闪点高于 120℃，既不是释放源，也不易受外界影响而超过其闪点，故未规定这类设备的防火间距。在设计上，可只考虑其他方面的间距要求。

5. 介质温度等于或高于自燃点的工艺设备，不是释放源，不形成爆炸危险场所，一旦泄漏，立即燃烧，故其与明火设备的间距可只考虑消防的要求，本规范规定其与明火设备的最小间距为 4.5m。

七、本规范表 4.2.1 规定的防火间距与《炼油化工企业设计防火规定》和国外有关标准的比较见表 4.2.1。

工艺装置内设备、建筑物平面布置的防火间距（m）比较表 表 4.2.1

起点	止点	《炼油化工企业设计防火规定》		国外标准	本规范
		炼油篇	石油化工篇		
可燃气体压缩机或压缩机房	明火设备	甲：25 乙：10	甲：18 乙：10	15 30　12 8　15 15	甲：22.5 乙：9
中间储罐，电脱盐水罐	明火设备	甲$_A$：40　甲$_B$：30 乙、丙：15	甲$_A$：35　甲$_B$：20 气体：18	15 15　— 8　— —	甲$_A$：22.5 甲$_B$、乙$_A$：15 乙$_B$、丙$_A$：9
介质温度低于自燃点的其他设备	明火设备	甲$_A$：25　甲$_B$：15 乙、丙：10	甲：18　乙：10 丙：6	15 15　7.5 8　— 15	甲：22.5 甲$_B$、乙$_A$：15 乙$_B$、丙$_A$：9
介质温度等于或高于自燃点的工艺设备	明火设备	10	—	3 —　4.5/7.5 8　— NM / 12	4.5
控制室、变配电室	明火设备	甲类装置：15 乙、丙类装置：10	—	15 15　15 —　15 15	15
可燃气体压缩机或压缩机房	控制室 变配电室	甲$_A$：15 乙、丙：10	甲：15 乙：10	15 15　15 —　15 15	甲：15 乙：9
中间储罐，电脱盐脱水罐	控制室 变配电室	甲$_A$：25　甲$_B$：15 乙、丙：10	甲$_A$：25 甲$_B$：18 气体：15	15 9　15 —　15 15	甲：22.5 甲$_B$、乙$_A$：15 乙$_B$、丙$_A$ 9
介质温度低于自燃点的其他设备	控制室 变配电室	甲$_A$：15　甲$_B$：10 乙、丙：8	甲：15 乙：10	15 15　15 —　15 15	甲：15 甲$_B$、乙$_A$：15 乙$_B$、丙$_A$：9
介质温度等于或高于自燃点的工艺设备	控制室 变配电室	—	—	15 15　15 —　15 —	15
可燃气体压缩机或压缩机房	介质温度等于或高于自燃点的工艺设备	甲$_A$：10	—	9 —　— 5　— —	甲：9 乙：7.5、4.5
可燃气体压缩机或压缩机房	介质温度低于自燃点的其他设备	—	—	7.5，9 9　— 5　— —	甲：9、7.5 乙：—

注：①国外标准栏中各分区所引用的标准：

3	1 / 5	2 / 6	4

1——OSHA（《美国劳动安全卫生法》）；OIA（美国石油保险协会）；美国柏克德公司标准 L－511。

2——美国 Caltex 公司（加德士）标准，GPS—R1，GPS—A5。

3——美国 Mobil 公司（飞马）标准，S—622。美国 Snam、Exxson、Aramco、Fluor 等公司的标准与飞马大致相同。

4——美国 M. W. Kellogg 公司标准，10—1D—83M。

5——日本《高压气体法》（通产省法规）。

6——日本《化工厂安全规程》。

②国外标准栏中各数值符号表示：分数的分子用于与明火设备密切相关、连系紧密的设备，分母用于与明火设备无关的设备；并列的两个数分别用于不同设备；NM 表示不规定最小间距。

第 4.2.2 条 主要指与明火设备密切相关、连系紧密的设备。例如：

一、催化裂化的反应器与再生器及其辅助燃烧室，可靠近布置。反应器是正压密闭的，再生器及其辅助燃烧室都是在内部燃烧，没有外露火焰，同时辅助燃烧室只在开工初期点火，当时反应设备还没有进油，此影响不大，所以防火间距可不限。

二、减压蒸馏塔与其加热炉的防火间距，应按转油线的工艺设计的最小长度确定；该线生产要求散热少、压降小，管道过长或过短都对蒸馏效果不利，故不受防火间距限制。

三、加氢裂化、加氢精制等的反应器与加热炉，因其加热炉的转油线是用抗氢和耐硫化氢腐蚀的合金钢管，不仅价格昂贵并且生产要求温降和压降应尽量小，所以炉与反应器的防火间距不限。

四、硫磺回收的燃烧炉属于明火设备，在正常情况下没有外露火焰。液体硫磺的凝点约为 117℃，在生产过程中，硫磺不断转化，需要几次冷凝、捕集。为防止设备间的管道被硫磺堵塞，要求燃烧炉与其相关设备布置紧凑，故对燃烧炉与其相关设备之间的防火距离，可不加限制。

第 4.2.4 条 酮苯脱蜡的惰性气体发生炉属于明火设备，在正常情况下没有外露火焰，火灾危险性较小，其燃料一般由煤油罐靠位差自流供给，距离不宜过远。煤油罐一般容积较小，但考虑煤油是可燃液体，为了防止不正常情况下煤油泄漏遇炉体可能着火，所以对两者的间距略加限制。

第 4.2.5 条 加热炉附属的设备可视为加热炉的群体，但又存在火灾危险，故规定了 6m 的最小间距。

第 4.2.6 条 以甲$_B$、乙$_A$类液体为溶剂的溶液法聚合液，如以加氢汽油为溶剂的溶液法聚合工艺的顺丁橡胶的胶液，含胶浓度为 20%，有 80%左右是加氢汽油或抽余油，虽火灾危险性较大，但因粘度大，易堵塞管道，输送过程中压降大。因此，既要求有较小的间距，又要满足消防的需要。溶液法聚合胶液的掺和罐、储存罐与相邻设备应有一定间距。当掺和罐、储存罐总容积大于 $800m^3$ 时，防火间距 7.5m；小于、等于 $800m^3$ 的不作规定，可根据实际情况确定。

第 4.2.9 条 组成联合装置的必要条件是"同开同停"，因此联合装置内各区或各单元之间的距离是以相邻设备间的防火间距而定，不是按装置与装置之间的防火间距确定的。这样，既保证安全又节约了占地。

第 4.2.10 条 露天或半露天布置设备，不仅是为了节省投资，更重要的是为了安全。因为露天或半露天，可燃气体便于扩散。"受自然条件限制"系指建厂地区是属于严寒地区。按《采暖通风与空气调节设计规范》规定：累年最冷月平均温度即冬季通风室外计算温度低于或等于－10℃的地区，或风沙大、雨雪多的地区，工艺装置的转动机械、设备，例如套管结晶机、真空过滤机、压缩机、泵等因受自然条件限制的设备，可布置在室内。

"工艺特点"系指生产过程的需要，例如化纤设备不能露天半露天布置。

第 4.2.11 条、第 4.2.12 条 各种工艺装置占地面积有很大不同，由数千平方米到数万平方米。例如某联合装置占地 $31000m^2$，某化肥厂占地 $29500m^2$。在小型装置中，消防车救火时一般不进入装置内；在大型联合装置中，应考虑消防车在必要时可进入装置进行扑救。

《炼油化工企业设计防火规定》炼油篇第 74 条"工艺装置内部应设置贯通式消防车道，将装置隔开成为面积不大于 $8000m^2$ 的设备、建筑物区"，即一次火灾危险面积为 $8000m^2$。经过十多年的实践，加上工艺装置的规模不断扩大，一些装置占地面积约 $9000m^2$ 左右。如按第 74 条加设 1 条消防车道，则不仅增加了设备布置设计的困难又增加了占地面积，本规范将 $8000m^2$ 增大至 $10000m^2$。即 90m 宽×110m 长或 100m×100m，在现在的消防技术条件下是可行的。

对装置宽度小于或等于 60m，且在装置的外部两侧有消防车道的，占地面积不超过 $10000m^2$ 的装置内不必再设贯通式消防车道，在这样宽度比较窄的装置内即使设消防车道，一旦着火，消防车也不会进入装置进行扑救。

消防车道要求两端贯通，是考虑消防车进入装置后不必倒车，比较安全。

消防车道及两侧空地宽度可为 6m，是考虑两台消防车错车或同时可通过消防车和救护车的宽度。

第 4.2.13 条 工艺装置（含联合装置）内的地坪在通常情况下标高差不大，仅 5‰左右。但是在山区建厂，当工程土石方量过大，经技术经济核算比较，必须阶梯式布置即整个装置布置在两阶或两阶以上的平面时，应将控制室、变配电室、化验室、办公室、生活间等布置在较高一阶平面上，以减少可燃气体侵入或可燃液体漫流的可能性。

为避免可燃液体漫流，宜将中间储罐布置在较低的地平面上。

第 4.2.14 条 一般加热炉属于明火设备，在正常情况下火焰不外露，烟囱不冒火，加热炉的火焰不可能被风吹走。但是，可燃气体或可燃液体设备如大量泄漏，可燃气体有可能扩散至加热炉而引起火灾或爆炸。因此，明火加热炉应布置在可燃气体、可燃液体设备的全年最小频率风向的下风侧。明火加热炉在不正常情况下可能向炉外喷射火焰，也可能发生爆炸和火灾，所以宜将加热炉集中布置在装置的边缘。

第 4.2.15 条 "非燃烧材料的实体墙"、"厂房的封闭墙"一般皆指无孔洞的砖墙。

无孔洞的砖墙可以有效地阻隔比空气重的可燃气体或火焰，故当明火加热炉与露天液化烃设备之间，若设置非燃烧材料的实体墙、或当液化烃设备的厂房、甲类可燃气体压缩机房朝向明火加热炉一面为封闭墙时，其防火间距可小于表 4.2.1 的规定，但明火加热炉仍必须位于爆炸危险场所范围之外，故其防火间距仍不得小于 15m。

第 4.2.16 条 设备的火灾危险类别是以设备的操作介质的火灾危险类别确定的。例如汽油为甲$_B$类，汽油泵的火灾危险类别为甲$_B$。厂房的火灾危险类别是以布置在厂房内设备的火灾危险类别确定。例如布置汽油泵的厂房，其火灾危险类别为甲类（确切的说为甲$_B$类，但《建规》统定为甲类）。

当同一厂房或房间内布置不同火灾危险类别的设备时，按爆炸危险场所的范围划分规定，有甲、乙$_A$类设备的封闭式厂房内一般属于二区，故其火灾危险类别一般应按其中火灾危险类别最高的设备确定。特殊情况，见条文。

第 4.2.17 条 在同一幢建筑物内当房间的火灾危险类别不同时，其着火或爆炸的危险性就有差异，为了减少损失，避免相互影响，其中间隔墙应为防火墙。

第 4.2.21 条 第二款规定的“高 0.6m”是爆炸危险场所附加二区的高度范围，附加二区的水平距离是 15m 至 30m。

对第三款可参见第 4.2.15 条。

第四款是为了防止引入可燃液体设备和管道而规定的。

第 4.2.22 条 本条规定与《建规》基本一致。《建规》规定，“变配电所不应设在有爆炸危险的甲乙类厂房内或贴邻建造，但供上述甲乙类专用的 10kV 以下的变配电所，当采用无门窗、洞口的防火墙隔开时，可一面贴邻建造”。本条规定专用控制室、配电室的门窗应位于爆炸危险区之外，是为了保证控制室、配电室位于爆炸危险场所范围之外。

第 4.2.23 条 本条所指的两个或两个以上装置及两个或两个以上联合装置共用的控制室，相当于中央控制室。

第 4.2.24 条

一、可燃气体压缩机是容易泄漏的旋转设备，为避免可燃气体积聚，故推荐布置在敞开或半敞开厂房内。

二、单机驱动功率等于或大于 150kW 的甲类气体压缩机是贵重设备，其压缩机房是危险性较大的厂房，为便于重点保护，也为了避免相互影响，减少损失，故推荐单独布置，并规定在其上方不得布置甲、乙、丙类设备。

三、四、五款均为防止可燃气体积聚的措施。

第 4.2.25 条

第一款：介质温度等于或高于自燃点的可燃液体泵液体泄漏后自燃，是“潜在的点火源”；液化烃泵泄漏的可能性及泄漏后挥发的可燃气体量都大于介质温度低于自燃点的可燃液体泵，故规定应分别布置在不同房间内。

第 4.2.26 条 尽可能将高压设备布置在装置的一端或一侧，是为了减小可能发生事故的波及范围，以减少损失。

有爆炸危险的高压和超高压甲、乙类反应设备，尤其是放热反应设备和反应物料有可能分解、爆炸的反应设备，推荐布置在防爆构筑物内，就可与前或后过程的设备、建筑物、构筑物联合集中布置，有利于安全生产，节约占地，减少管道投资。

防爆构筑物是由三面以上耐爆炸冲击波的钢筋混凝土结构组成的。上部全敞开和有一面敞开，爆炸冲击波沿敞开的方向朝天空和一定方向冲击，其他三面受阻挡而不受爆炸冲击波的破坏。

引进的高压聚乙烯装置的釜式或管式聚合反应器，环氧乙烷/乙二醇装置的乙烯氧化剂环氧乙烷反应器，均布置在防爆构筑物内，并与后处理过程的设备或与前过程和后过程的设备联合集中布置。

第 4.2.27 条 空气冷却器是比较脆弱的设备，等于或大于自燃点的可燃液体设备，是潜在的火源。为了保护空冷器，避免影响冷却效果，故规定此条。

第 4.2.28 条 工艺装置是炼油厂、石油化工厂生产的核心，生产条件苛刻，危险性较大。为尽可能地减少影响装置生产的不安全因素，减小灾害程度，故即使是为平衡生产而需要在装置内设置装置的原料或产品的中间储罐，其储量也不应过大。

本条规定装置内液化烃中间储罐的总容积，不宜大于 $100m^3$，可燃气体或可燃液体中间储罐的总容积，不宜大于 $1000m^3$，是沿用《炼油化工企业设计防火规定》（石油化工篇）的规定。

美国飞马公司规定：装置边界线内的常压易燃液体储罐的总容积，应小于 $800m^3$。因我国的可燃液体储罐系列没有 $800m^3$ 这一档，故仍沿用“石油化工篇”的规定。

第 4.2.29 条 条文中的“装置内，……有火灾危险性的化学危险品的装卸设施及储存室”，系指与装置生产有关，但不一定是必需的，为减少影响装置生产的不安全因素，故若布置在装置内，应位于装置的边缘。

第 4.2.31 条 危险性较大的房间只设一个门是不安全的。例如某厂常减压装置油泵房（9m×12m）有 3 个门，1963 年油品泄漏着火，北侧两个门被大火封住，南门因检修临时不通，司泵员越窗才幸免伤亡。因此规定长度大于 9m 的房间至少应设两个门。

第 4.2.32 条 各装置的平台一般都有两个以上的梯子通往地面。有的平台虽只有一个梯子通往地面，但另一端与邻近平台用走桥连通，实际上仍有两个安全出口。一般来说，只有一个梯子是不安全的。例如某厂热裂化柴油气提塔着火，起火时就封住下塔的直梯，造成 3 人伤亡。事后，增设了 1 米长的走桥使气提塔与邻近的分馏塔连接起来。

第三节　工 艺 管 道

第 4.3.1 条 本条规定应采用法兰连接的地方为：

一、与设备管嘴法兰的连接、与法兰阀门的连接等；

二、高粘度、易粘结的聚合淤浆液和悬浮液等易堵塞的管道；

三、凝固点高的液体石蜡、沥青、硫磺等管道；

四、停工检修需拆卸的管道等。

管道采用焊接连接，不论从强度上、密封性能上都是好的，但是，等于或小于 DN25 的管道，其焊接强度不佳且易将焊渣落入管内引起管道堵塞。因此多采用承插焊管件连接，也可采用锥管螺纹连接。当采用锥管螺纹连接时，有强腐蚀性介质，尤其像含 HF 等易产生缝隙腐蚀性的介质，不得在螺纹连接处施以密封焊，否则一旦泄漏，后果严重。

第 4.3.3 条 化验室内有非防爆电气设备，还有电烘箱、电炉等明火设备，所以不应将可燃气体，甲、乙类可燃液体的人工取样管引入化验室内，以防止因泄漏而发生火灾事故。某厂将合成氨反应后的气体引入化验室内，因泄漏发生了爆炸。

第 4.3.4 条 自 60 年代起，新建的工艺装置，采用管沟和埋地敷设管道已越来越少。因为架空敷设的管道在施工、日常检查、检修各方面都比较方便，而管沟和埋地敷设恰好相反，破损不易被及时发现。例如某厂循环氢压缩机入口埋地管道破裂，没有检查出来，引起一场大爆炸。管沟敷设管道，在沟内容易积存污油和可燃气体，成为火灾和爆炸事故的隐患。例如某厂蜡油管沟曾四次自燃着火。一些老厂的管沟和下水道合在一起，事故也很多。现在管沟和埋地敷设的工艺管道主要是泵的入口管道，必须按本条规定采取安全措施。

管沟在进出厂房及装置处应妥善隔断，是为了阻止火灾蔓延和可燃气体或可燃液体流窜。

第 4.3.5 条 当塔底泵布置在管廊（桥）下部时，为尽可能降低塔的液面高度，并能满足提供有效气蚀余量的要求，本条规定其管道可布置在管廊下层外侧。

第 4.3.7 条 止回阀是重要的安全设施，但只能防止大量气体、液体倒流，不能阻止小量泄漏。本条主要是使用经验的综合。

公用工程管道在工艺装置中是经常与可燃气体、可燃液体、液化烃的设备和管道相连接的。当公用工程管道压力因故降低时，大量可燃液体倒流入蒸汽管道内，灭火时起了“火上添油”的作用。防止的方法有以下两种：连续使用时，应在公用工程管道上设止回阀，并在其根部设切断阀，两阀次序不得颠倒，否则一旦止回阀坏了无法更换或检修；间歇使用（例如停工吹扫）时，一般 在公用工程管道上设两道闸阀，并在两阀中间设常开的检查阀。

第 4.3.8 条 连续操作的可燃气体管道的低点设两道排液阀，第一道（靠近管道侧）阀门为常开阀，第二道阀门为经常操作阀。当发现第二道阀门泄漏时，关闭第一道阀门，更换第二道阀门。

第 4.3.9 条 机、泵出口管道上由于未装止回阀或止回阀失灵，曾发生过一些火灾、爆炸事故。例如，某厂加氢裂化原料油泵氢气倒流引起大爆炸；某厂催化裂化的高温待生催化剂倒流入主风机，烧坏了主风机及邻近设备。

第 4.3.10 条 加热炉低压（等于或小于 0.4MPa）燃料气管道如不设低压自动保护仪表（压力降低到 0.05MPa，发出声光警报；降低到 0.03MPa，调节阀自动关闭），则应设阻火器。

某厂常减压加热炉点火，因燃料气体管道空气未排净，发生回火爆炸。

阻火器中的金属网能够降低回火温度，起冷却作用；同时金属网的窄小通道能够减少燃烧反应自由基的产生，使火焰迅速熄灭。阻火器的结构并不复杂，是通用的安全措施。

燃料气管道压力大于 0.4MPa（表），而且比较稳定，不波动，没有回火危险，可不设阻火器。

第 4.3.11 条 燃料气中往往携带少量烃类液滴及冷凝水，当操作不 正常时，还可能从某些回流油罐带来较多的烃类液体，使加热炉火嘴熄灭。例如 ，某厂加氢裂化燃料气管道窜油，从火嘴喷洒到圆筒炉底部，引起一场火灾。因此加热炉的燃料气管道应有加热设施或分液罐。

分液罐的冷凝液，不得任意敞开排放，以防火灾发生。例如，某厂催化裂化加热炉分液罐的冷凝液排至附近下水道，因油气回至加热炉，引起一场大火。

第 4.3.12 条 长度等于或大于 8m 的平台应从两个方面设梯，以利迅速关闭阀门。

根据安全需要，除工艺管道在装置的边界处应设隔断阀和 8 字盲板外，公用工程管道也应在装置边界处设隔断阀，但因不属于本规范范围，故本条未列入。

第四节 泄 压 排 放

第 4.4.1 条～第 4.4.4 条、第 4.4.6 条～第 4.4.8 条 关于安全阀设置等有关问题，说明如下：

一、需要设置安全阀的设备。

1. 汽液传质的塔绝大部分是有安全阀的，因为停电、停水、停回流、气提量过大、原料带水（或轻组分）过多等原因，都可能促使汽相负荷突增，引起设备超压，所以塔顶操作压力大于 0.03MPa（表）者，都应设安全阀。

但有一些塔顶全冷凝的蒸馏塔，其回流罐直通大气，塔顶压力一般小于或等于 0.03MPa，可不设置安全阀，例如芳烃分离的苯、甲苯、二甲苯精馏塔。

2. 条文中所列压缩机和泵的出口都设安全阀，有的安全阀附设在机体上，有的则安装在管道上。因为机泵出口管道可能因故堵塞，出口阀可能因误操作而关闭。

3. 顶部操作压力大于 0.07MPa（表）者，即认为是压力容器，应设置安全阀。

二、一般不需要设置安全阀的设备。

1. 加热炉出口管道如设置安全阀容易被结焦堵塞，而且热油一旦泄放出来也不好处理。入口管道如设置安全阀则泄放时可能造成炉管进料中断，引起其他事故。关于预防加热炉超压事故一般采用加强责任制来解决。

2. 条文中所列压缩机和泵的出口压力有限制时，一般可不设安全阀。如果考虑经济上的原因准备降低出口设备和管道的公称压力等级，也可以设安全阀。

三、不设备用安全阀，如果安全阀确实非常重要，一般可采用下列方法：

1. 除安全阀外，还有压力调节仪表，例如铂重整和加氢精制的氢气压缩机。

2. 采取措施防止安全阀堵塞，例如催化裂化反应器的安全阀入口有清扫蒸汽。

四、安全阀出口流体的放空。

1. 应密闭泄放。安全阀起跳后，若就地排放，易引起火灾事故。例如：某厂常减压初馏塔顶安全阀起跳后，轻汽油随油气冲出并喷洒落下，在塔周围引起火灾。

2. 应安全放空。安全放空应满足本规范第 4.4.9 条的规定。

五、安全阀出口接入管道或容器的理由如下：

1. 可燃气体不得放入邻近地漏，这样既不安全，又污染周围环境。

2. 高温可燃流体泄放后可能立即燃烧的有热裂化的反应塔、高压蒸发塔、重油塔和延迟焦化的焦炭塔、减粘裂化的反应塔等，因此，泄放时需要紧急冷却。

3. 氢气在室内泄放可能发生爆炸事故，所以应接出到压缩机厂房上空，以便于气体扩散。

4. 安全阀出口的放空管不必设阻火器。

5. 可燃气体安全阀泄放如果可能携带一些可燃液体，一般不必增加气液分离设施（如旋风分离器）。

第 4.4.5 条 有压力的聚合反应器或类似压力设备内的液体物料中，有的含有固体淤积液或悬浮液，有的是高粘度和易凝固的可燃液体，在正常情况下会堵塞安全阀，使在超压事故时安全阀超过定压而不能开启。根据调查，有些引进的装置的设备，在安全阀进口管段上安装爆破片或用惰性气体或蒸气吹扫。对于易凝物料设备上的安全阀应采取保温措施或带有保温套的安全阀。

第 4.4.9 条 本条是参照美国 M.W 凯洛格公司标准 10—1D—83M 编制的。

第 4.4.10 条 有突然超压的反应设备，设备内的可燃液体因温度升高而压力急剧升高；放热反应的反应设备，因在事故时不能全部撤出反应热，突然超压；反应物料有分解爆炸危险的反应设备，在高温、高压下因催化剂存在会发生分解放热，压力突然升高不可控制。上述这些设备仅设有安全阀是不可能安全泄压排放的，还应装设爆破片并装导爆筒来解决突然超压或分解爆炸超压事故时的安全泄压排放。

据调查，引进的高压聚乙烯装置的各式反应器，其内物料有分解爆炸危险，装设了爆破片和导爆筒。导爆筒朝向天空或 45°角朝向安全空地。为了防止二次爆炸发生火灾，导爆筒内装有碳酸氢钠，有的导爆管接入排气筒，设有自动喷水系统。但这种导爆泄压排放系统，必须耐冲击波的最大压力，才是安全的。某些烃类氧化反应制乙炔、环氧乙烷等装置的氧化反应器装有爆破片。爆破片的材质根据物料的腐蚀性和压力大小选定。其厚度、泄压面积、爆破压力的试验，应按现行《压力容器安全监察规程》的有关规定执行。

第 4.4.13 条 据调查，引进的石油化工装置设置内火炬的情况是：兰化石油化工厂砂子裂解炉制乙烯装置的裂解反应系统，内火炬高出框架上部砂子储斗 10m 以上；上海石化总厂乙醛装置的内火炬高出最高设备 5m 以上；辽阳石油化纤公司悬浮法聚乙烯装置的内火炬设在厂房上部，高出厂房 10m 以上。这些装置内火炬燃烧可燃气体量较小，有足够高度，辐射热对人身及设备无影响。内火炬系统应有气液分离设备、“常明灯”或可靠的电点火措施。在内火炬 30m 范围内，严禁有可燃气体放空。

据调查，曾有一个内火炬因“下火雨”而引起火灾事故，因此，内火炬必须有非常可靠的分液设施。

第五节　耐火保护

无耐火保护层的钢柱，其耐火极限只有0.25h左右，在火灾中很容易因丧失强度而坍塌。因此，为避免产生二次灾害，使承重钢结构能在一般火灾事故中，在一定时间内，仍保持必需的强度，故规定应覆盖耐火层。对耐火层的覆盖范围和耐火极限，说明如下：

一、覆盖范围。本节所规定的覆盖范围是根据我国的生产实践和耐火涂料的生产等具体情况，结合美国M.W凯洛格公司标准Spec.P41—1D69《耐火设计规范》，经多方面、多次讨论后确定的。与国外有关标准相比，本节所规定的覆盖范围较小。

二、耐火极限。耐火层的耐火极限，国内、外有关标准都规定为1.5h，本规范也采用这个数值。

第六节　其他要求

第4.6.6条　二烯烃，如丁二烯、异戊二烯、氯丁二烯等在有空气、氧气或其他催化剂的存在下能发生有分解爆炸危险的聚合过氧化物。苯乙烯、丙烯、氰氢酸等也是不稳定的化合物，在有空气或氧气的存在下，贮存时间过长，易自聚放出热量，造成超压而爆破设备。在丁二烯生产中，为防止生成过氧化物而采取的措施有：

一、生产丁二烯的精馏、贮存过程中加入抗氧剂如叔丁基邻苯二酚（TBC）、对苯二酚等。

二、回收丁二烯宜有除氧过程。为防止精馏塔底部积聚和聚合过氧化物，宜加芳烃油稀释。

三、用大于或等于20%的苛性钠溶液与丁二烯单体混合，在高于49℃温度下能破坏过氧化物及聚合过氧化物。

四、丁二烯贮存温度要低于27℃，贮存时间不宜过长。现国内丁二烯贮罐一般采用硫酸亚铁蒸煮后再清洗，大约每周清洗1次。

五、生产、贮存过程中严禁与空气、氧化氮和含氧的氮气长时间接触。一般控制丁二烯气相中含氧量小于0.3%。例如，某厂丁苯橡胶生产、贮存过程中，发生过几次丁二烯氧化物的分解爆炸事故。

总之，对于烯烃和二烯烃等生产和贮存，应控制氧含量和加相应的抗氧化剂、阻聚剂，防止因生成过氧化物或自聚物而发生爆炸、火灾事故。

第4.6.8条　可燃气体压缩机，要特别注意防止产生负压，以免渗进空气形成爆炸性混合气体。多级压缩的可燃气体压缩机各段间应设冷却和气液分离设备，防止气体带液体进气缸内而发生超压爆炸事故。当由高压段的气液分离器减压排液至低压段的分离器内或排油水到低压油水槽时，应有防止串压、超压爆破的安全措施。

据调查，有些厂因安全技术措施不当或误操作而发生爆炸事故。例如：(1) 某厂石油气车间，由于裂解气浮顶气柜的滑轨卡住了，浮顶落不下来，抽成负压进入空气，裂解气四段出口发生爆鸣。(2) 某厂冷冻车间，氨压缩机段间冷却分离不好，大量液氨带进气缸，发生气缸爆破。(3) 某厂氯丁橡胶车间，乙烯基乙炔合成工段，用水环式压缩机压缩乙炔气，吸入管阻力大，造成负压渗入空气形成爆炸性混合物，因过氧化物分解或静电火花引起出口管爆炸。

第4.6.9条　平皮带传动可能积聚足够的静电压发出几厘米长的火花，在石油化工机械上一般不采用。据北京劳动保护研究所在某厂测定，三角皮带传动积聚的静电压可达2500～7000V，也是很危险的，所以本条规定可燃气体压缩机、液化烃、可燃液体泵不得使用。如果个别机械因特殊理由需要采用时，应采用防静电皮带。空气冷却器安装在空中，又有强制通风，可采用三角皮带传动。

第 4.6.10 条 见本规范第 5.2.23 条的条文说明。

从容器上部向下喷射输入液体可能形成很高的静电压，据北京劳动保护研究所测定，汽油和航空煤油喷射输入形成的静电压高达数千伏，甚至在万伏以上，灯用煤油稍低，但都是很危险的。因为带电荷的液体被喷射输入其他容器时，液体内同符号的电荷将互相排斥而趋向液体的表面，这种电荷称为“表面电荷”。表面电荷与器壁接触，并与吸引在器壁上的异符号电荷再结合，电荷即逐渐消失，所需时间称为“中和时间”。中和时间主要决定于液体的电阻，可能是几分之一秒至几分种。当液体表面与金属器壁的电压差达到相当高并足以使空气电离时，就可能产生电击穿，并有火花跳向器壁，这就是火源。容器的任何接地都不能迅速消除这种液体内部的电荷。若必须从上部接入，应将入口管延伸至容器底部 200mm 处。

第 4.6.15 条 某厂石油气车间压缩厂房内的电缆沟未填砂，裂解气通过电缆沟串进配电室遇电火花而引起配电室爆炸。事故后在电缆沟内填满了砂，并且将电缆沟通向配电室的孔洞密封住，这类事故没有再发生过。某厂由于管沟内管道腐蚀穿孔泄漏，沟里有油气积聚，检修动火时在 130m 管沟燃成大 火。某氮肥厂合成车间发生爆炸事故时，与厂房相邻的地区总变电所墙被炸倒，因通向变电所的地沟未填砂，爆炸发生时，气浪由地沟串进变压器室，将地沟盖板炸翻，站在盖板上的 3 人受伤。某化工厂氮氢压缩机厂房外有盖的电缆沟，沟最低点排水管接到污水下水井内，因压缩机段间分油罐的油水也排入污水井内，氢气串进电缆沟内由电火花引起电缆沟爆炸。所以要求有防止可燃气体沉积和污水流渗沟内的措施。一般做法是：电缆沟填满砂，沟盖用水泥抹死，管沟设有高出地坪的防水台以及加水封设施，防止污水井可燃气体串进电缆沟内等。

第 4.6.16 条 可燃气体的电除尘、电除雾一类电滤器是释放源与火源处于同一设备中，危险性比较大，一旦空气渗入达到可燃气体爆炸极限就有爆炸的危险。有几个化肥厂都发生过电除尘爆炸。设计时应根据各生产工艺的要求来确定允许含氧量，设置防止负压和氧含量超过指标都能自动切断电源、并能放空的安全措施。

第 4.6.17 条 本条规定的取风口高度系参照美国凯洛格公司标准的规定：“正压通风建筑物的空气吸入管口的高度取以下两者中较大值：(1) 在地面以上的高度 9m 以上；(2) 在爆炸危险区范围垂直向上的高度 1.5m 以上。”

第五章 储运设施

第一节 一般规定

第 5.1.2 条 在调研中各处反映，可燃液体储罐和管道的外隔热层，由于采用了可燃的或不合格的阻燃型材料如聚胺酯泡沫材料而引起火灾事故。如某厂在厂房内电焊作业中引燃管道及设备的隔热层，造成了一场火灾和人身伤亡。所以规定外隔热层应采用非燃烧材料。

第 5.1.4 条 本条是根据国外经验和国内近十年来的石油化工企业的事故教训制订的。某厂催化车间气分装置，因丙烷抽出线焊口开裂，造成特大爆炸火灾事故，某厂液化石油气罐区管道泄漏出大量液化石油气，直到天亮才被发觉，幸亏附近无明火，故未酿成火灾爆炸事故，某厂液化石油气球罐区因 914 号罐脱水违反操作规程，造成大量液化石油气进入污水池而酿成火灾爆炸和人身伤亡事故。

这些事故（包括未遂事故）若能早期发觉报警，及时采取措施，就可能避免火灾和爆炸或减小事故的危害程度和范围。因此，规定在可能泄放可燃气体的设备区，设置一定数量的可燃气体检测报警装置，以便及时得到危险信号，及时采取措施防止发生火灾。

第二节 可燃液体的地上储罐

第 5.2.1 条 根据我国石化企业实践经验，采用地上钢罐是合理的。地上钢罐造价低，施工快，检修方便，寿命长。

第 5.2.2 条 浮顶罐或内浮顶罐储存甲$_B$、乙$_A$类液体可减少储罐火灾危险几率和火灾危害程度。罐内基本没有气体空间，一旦起火，也只在浮顶与罐壁间的密封装置处燃烧，火势不大，易于扑救，且可大大减低油气损耗和对大气的污染。

第 5.2.3 条 采用小容量的固定顶罐储存甲$_B$类液体时，为了防止油气大量挥发和改善储罐安全状况，应设防日晒的固定式冷却水喷淋（雾）系统、气体冷凝回流设施，或采用氮封的固定顶罐。

第 5.2.5 条 罐组的总容量是根据我国目前炼油厂和石油化工厂实际情况确定的，采用《石油库设计规范》的有关规定。

第 5.2.6 条 一组储罐的个数愈多，发生火灾的机会就会愈多。为了控制一定的火灾范围和火灾损失，本条限制在一个罐组内可燃液体储罐个数不应多于 12 座。但单罐容量小于 1000m^3 的储罐，发生火灾时较易扑救，丙$_B$类液体储罐不易发生火灾，所以，对这两种储罐不加限制。

第 5.2.7 条 储罐的间距主要根据下列因素确定。

一、储罐区占地大，管道长，故罐间距宜尽可能减小，以节约占地和投资。

二、确定罐间距的因素：

1. 储罐着火几率。根据过去油罐火灾的统计资料，建国后至 1976 年 8 月，储罐年火灾几率仅为 0.47‰。1982 年 2 月调查统计的油罐年火灾几率 0.448‰。多数火灾事故是在操作中不遵守安全防火规定或违反操作规程造成的。因此，只要提高管理水平，严格执行各项安全制度和操作规程，油罐或其他可燃液体储罐的火灾事故是可以避免的，不能因为曾发生过若干次油罐火灾事故而将储罐间距增大。

2. 一个储罐起火后，能否引燃相邻储罐爆炸起火，是由该罐破裂和液体溢出或淌出情况而定的。一种情况是储罐顶盖掀开，罐体完好，可燃液体未流出罐外。这种火灾，是不会引燃邻罐的。如：东北某厂一个轻柴油罐着火历时 5h 才扑灭，相距约 2m 的邻罐并未被引燃；上海某厂一个油罐起火后烧了 20min，与其相距 2.3m 的油罐也未被引燃。实践证明，只要有冷却保护，由于辐射热烤爆或引燃邻罐是不大可能的。

3. 消防操作要求：尽管引燃邻罐的可能性很小或不大可能，也不能将相邻罐靠得很近，因为还要考虑对着火罐的扑救，和对着火罐或邻罐的冷却保护等消防操作场地要求：一是消防人员用水枪冷却油罐时，水枪喷射仰角一般为 50°～60°，冷却保护范围为 8～10m；二要考虑泡沫发生器破坏时，消防人员需往着火罐上挂泡沫钩管。上述所需操作距离，对炼厂或石油化工厂中常用的 1000～5000m³ 钢罐，0.4D 以上的距离均能满足要求。

4. 目前我国炼厂和石油化工厂在布置扩建储罐时采用的罐间距为罐直径的 0.5～0.7 倍，对中间罐区的储罐，只留 2～4m 的间距，经过多年实践证明，现行间距是可行的。

5. 浮顶罐罐内几乎不存在油气空间，散发出的可燃气体很少，很少发生火灾，相对比较安全。即使着火，也只在浮顶周围密封圈处燃烧，火势小，威胁范围也小，较易扑灭，无需冷却相邻储罐，场地可以小一些。某厂一个 5000m³ 和一个 10000m³ 浮顶罐着火，都是工人用手提泡沫灭火器扑灭的。国内的消防实验也证明，浮顶罐引燃后火焰不大，热辐射强度不高，对扑救人员在罐平台上的操作基本无威胁，所以浮顶罐的防火间距比固定顶罐小是合理的。

国内外油罐的间距对比见表 5.2.7。

第 5.2.8 条 可燃液体储罐的布置不允许超过两排，主要是考虑在储罐起火时便于扑救。如超过两排，中间一个罐起火，由于四周都有储罐，会给灭火操作和对相邻储罐的冷却保护带来一些困难。但根据炼油厂或石油化工厂中间罐区储存的可燃液体品种多，单罐容积小，总容积并不大的特点，在布置上放宽要求是可行的；丙$_B$类液体 储罐不易起火，且扑救容易，尤其是润滑油储罐从未发生过火灾，如把 60 多个润滑油罐集中布置成多排亦无危险。为了节约占地和投资，上述两种情况的储罐可布置成两排以上。某厂苯酚丙酮车间中间罐区储罐布置成 3 排，总储量为 1500m³，共 22 个储罐，投产后从未发生过火灾。

第 5.2.10 条 地上可燃液体罐一旦发生爆炸破罐事故，可燃液体便会流到储罐外，若无防火堤，流出的液体即会漫流。为避免此类事故，故规定储罐应设防火堤。

在罐组外设事故存液池，其作用与设防火堤是一样的。但把流出的液体引出到罐组以外集存或燃烧比之滞留在防火堤内有更突出的优点。罐附近残存油品愈少，着火罐及相邻罐受威胁就愈小，对灭火和掩护相邻储罐就愈容易。但应注意，设存液池需有一定的地形条件，不是任何情况下均可采用。

第 5.2.11 条 防火堤 有效容积的规定主要根据是：油罐破裂存油全部流出的情况是罕见的。一般固定顶罐爆炸只掀开强度最弱的罐顶，而罐壁和罐底均不破坏。例如，某厂油罐爆炸，把罐顶掀掉，某厂一个罐爆炸，也是罐顶被炸开；某厂一个罐爆炸，只把罐顶掀开 2m 长的裂口。以上情况，油品均未流出。所以只要储罐设计采用弱顶结构，爆炸时罐顶部分或全部掀开，油品就不会流到罐外。

一、发生爆炸事故的罐内液面高度在 2/3 罐高以下时，易发生爆炸事故，因此，即使罐底拉裂油品全部流出也不大于 1 个罐的容量，所以规定防火堤内有效容积不小于 1 个最大罐容积是安全的。

二、对浮顶罐或内浮顶罐，因为基本上没有可燃气体空间，不易发生爆炸。在国内外爆炸火灾事例中，尚未出现过浮顶罐罐底炸裂的事故，故规定不小于最大浮顶罐容积的一半也是安全的。

国内外油罐间距对比 **表 5.2.7**

规范名称	闪点划分和罐容		固定顶罐			浮顶罐	卧　罐	备　注
			地上	半地下	地下			
本规范	甲$_B$、乙类		0.6D 且不大于 20m	—	—	0.4D 且不大于 20m	0.8m	D 为较大罐直径（下同）
	丙$_A$类		0.4D 且不大于 15m	—	—	—		
	丙$_B$类	>1000m^3	5m	—	—			
		≤1000m^3	2m					
石油库设计规范	甲$_B$、乙类≥1000m^3		0.6D 且不大于 20m	0.5D 且不大于 20m	0.4D 且不大于 15m	0.4D 且不大于 20m	0.8m	
	甲$_B$、乙类≤1000m^3		有固定冷却时为 0.6D；移动冷却时为 0.75D					
	丙$_A$类		0.4D 且不大于 15m	—	—	—		
	丙$_B$类	>1000m^3	5m	—	—	—		
		≤1000m^3	2m					
建筑设计防火规范	甲$_B$、乙类	≤1000m^3	0.75D	0.5D	0.4D	0.4D	不小于 0.8m	
		>1000m^3	0.6D					
	丙类，各种容量		0.4D	不限	不限	—		

续表 5.2.7

规范名称	闪点划分和罐容	固定顶罐	浮顶罐	卧罐	备注
美国国家防火协会规范（NFPA－30）1984 年	Ⅰ类（<37.8℃）或 Ⅱ类（37.8～<60℃） 当 D<45m 当 D>45m ①在堤内存油 ②有事故存油池	 1/6 (D_1+D_2) 1/3 (D_1+D_2) 1/4 (D_1+D_2)	1/6 (D_1+D_2) 1/4 (D_1+D_2) 1/6 (D_1+D_2)	卧罐间距同固定顶罐	D_1、D_2 为相邻两罐直径
	Ⅲ$_A$类（60～<93℃） D>45m 在堤内存油 有事故存油池	 1/4 (D_1+D_2) 1/6 (D_1+D_2)	1/4 (D_1+D_2) 1/6 (D_1+D_2)		
苏联《石油和石油制品仓库设计标准》	≤45℃	≮0.75D 并 ≯30m	≮0.55～0.65D 并 ≯20～30m		
	>45℃	≮0.5D 并 ≯20m			
日本消防法《危险物安全规则》（1988 年）	<21℃ 21～70℃ >70℃	1.0D 2/3D 1/2D			不分罐型
英国石油化学公司《工程实用规范》（CP3）	D≯10m D>10m D<48m D≥48m	不限 1/2D — —	不限 — 0.3D 但不小于 10m，不大于 15m 0.5D 但不小于 10m，不大于 15m		
法国第 1305 号公报《石油及其衍生物和渣油加工厂的布置与管理》（1971 年）	<55℃ 55～<100℃	0.5D 0.2D 最小 2m			不分罐型
	≥100℃	≥1.5m			

第 5.2.12 条 立式储罐至防火堤内堤脚线的距离采用罐高度的一半的理由是：

一、当油罐罐壁某处破裂或穿孔时，其最大喷散水平距离等于 1/2h（罐高），所以留出 1/2h 空地，可使储罐破损时，不致将罐内液体喷散到防火堤以外。

二、1/2h 的空地可满足灭火操作要求。

三、日本对小罐要求放宽，规定 1/3h，所以我们取 1/2h 还是较安全的。

第 5.2.13 条 设有事故存液池的罐组没有防火堤。为避免一个储罐着火，影响相邻罐组的储罐，故规定设有事故存液池的储罐与相邻罐组储罐之间的距离不应小于 25m，且应留有不小于 7m 的消防空地。

第 5.2.14 条 虽然油罐破裂极为罕见，但冒罐、管道破裂泄漏难免发生，为了将溢漏油品控制在较小范围内，以减小事故影响，增设隔堤是有利的。容量每 20000m³ 一隔是根据我国炼厂油罐多以中型罐为主，1000m³ 至 5000m³ 的罐约占总数的 60%，而汽、柴油罐大多在 3000m³ 至 10000m³ 之间，故每 4 至 6 个罐用隔堤隔开是较合适的。

单罐容积等于或大于 20000m³ 的罐基本上是浮顶罐，破裂和溢漏机会比固定顶罐少得多，虽总容积大，但每 2 个一隔，还是合理的。大于 50000m³ 的储罐，由于街区布置和灭火操作上要求，应每 1 个一隔。

沸溢性可燃液体储罐，在着火时可能向罐外沸溢出泡沫状油品，为了限制其影响范围，不管储罐容量大小，规定每隔不超过 2 个。

第 5.2.15 条 本条是根据石油化工厂内各装置的原料、中间产品和成品储罐布置情况而制订的。石油化工厂中间罐区和成品罐区内原料、产品品种较多而容积较小，故可将不同火灾危险性的可燃液体储罐共设在一个防火堤内，这样可节约占地并易于管理。为了防止泄漏的水溶性液体、相互接触能起化学反应的液体或腐蚀性液体流入其他储罐附近而发生意外事故，故对设置隔堤作出规定。

第 5.2.16 条 为了节约占地，防火堤及隔堤宜多采用砖（石）结构。以防火堤高 1m 为例，砖（石）防火堤占地可比土堤占地减少 71%～93%。

第 5.2.19 条 固定顶罐不论何种原因发生爆炸起火或突沸，应使罐顶先被炸开，以确保罐体不被破坏。所以规定凡使用固定顶罐，均应采用弱顶结构。

第 5.2.20 条 本条规定是为了防止将水（水蒸气凝结液）扫入热油内而造成突沸事故。

第 5.2.21 条 设有加热器的储罐，若加热温度超过罐内液体的闪点或 100℃时，便会产生火灾危险或冒罐事故。如，某厂蜡油罐长期加温，使油温达 115℃造成冒罐事故；有两个厂的蜡油罐加温后，不检查油温，致使油温达到 113～130℃而发生突沸，造成油罐撕裂跑油事故。故规定应设置防止油温超过规定储存温度的措施。

第 5.2.23 条 储罐进油管要求从储罐下部接入，主要是为了安全和减少损耗。可燃液体从上部进入储罐，如不采取有效措施，会使油品喷溅，这样除增加油品损耗外，同时增加了液流和空气摩擦，产生大量静电，达到一定电位，便会放电而发生爆炸起火。例如，某厂一个罐从上部进油而发生爆炸起火；某厂的一个 500m³ 的柴油罐，因为油品从扫线管进入油罐，落差 5m，产生静电引起爆炸；某厂添加剂车间 400m³ 的煤油罐，也是因进油管从上部接入，油品落差 6.1m，进油时产生静电引起爆炸，并引燃周围油罐，造成较大损失。所以要求进油管从油罐下部接入。当工艺要求需从上部接入时，应将其延伸到储罐下部。

第三节 液化烃、可燃气体、助燃气体的地上储罐

第 5.3.2 条 对液化烃罐组内储罐个数限制的根据：

一、罐组内液化烃泄漏的几率，主要取决于储罐个数，个数越多，泄漏的可能性越大，与单罐容积大小无关，故需限制个数；

二、根据我国多年生产实践，石化企业各厂液化烃罐尚未发生过火灾爆炸事故；

三、国内引进的大型石化工厂内液化烃罐组内储罐个数均在10个以上，如某石化公司液化烃罐组内为 $1000m^3$ 罐共12个、乙烯装置中间储罐组为13个；

四、国外所有有关标准规范对液化烃罐组容量及个数无限制；

五、节约占地，便于管理；

六、单罐容积逐渐向大型发展，目前国内已有 $5000m^3$ 罐，因此，不宜限制罐组总容积。故规定，不论单罐容积大小，罐组内储罐个数均不应多于12个。

第 5.3.3 条 液化烃压力储罐比常压甲$_B$类液体储罐安全，因为罐内为正压，一般泄漏即使回火燃烧，也只在破口处烧，不会引入罐内，空气也不会进入罐内。例如，某厂液化乙烯卧罐的接管管件不严，漏出的液化乙烯，气化后，扩散至加热炉而燃烧并回火在泄漏部位燃烧，经打开放空火炬阀后，虽然燃烧一直持续到罐内乙烯全部烧光为止，但相邻1.5m处的储罐在水喷淋保护下却安全无事。某厂动火检修液化石油气罐安全阀，由于切断阀不严，漏出液化石油气被引燃，火焰2m多高，只在漏口处燃烧，没有引起储罐爆炸。可见：(1) 液化石油气罐因漏气而着火的火焰并不大；(2) 罐内为正压，空气不能进入，火焰不会窜入罐内而引起爆炸；(3) 对邻罐只要有冷却水保护就不会使事故扩大。故规定：当设有火炬系统时，罐间距为0.5D；在无火炬系统时，罐间距为1D。

国内外液化烃储罐的间距对比见表5.3.3。

国内外液化烃储罐间距对比 **表 5.3.3**

名称	最小间距		卧罐
	球罐	立式冷罐	
本规范	D，在有火炬时为1/2D	—	1D且不大于1.5m
《建筑设计防火规范》	D，在有火炬时为1/2D	—	
美国国家防火协会规范（NFPA59－84）	1/4 (D_1+D_2)	1/4 (D_1+D_2)	
法国第1305号公报	3/4D	D	2m
日本通产省令52号《液化石油气安全规则》(1981年版)	大于1m或较大罐直径的1/4，如装有固定喷淋可减少至0.8m	D	
英，1967年有关资料	1/4 (D_1+D_2)	1/2 (D_1+D_2)	
德国石油化学公司规范	1/2D～D		

第 5.3.5 条 液化烃罐组的间距主要用于扑救由于储罐泄漏（主要是管道、阀门泄漏）而引起的火灾和对邻罐进行喷水冷却保护对操作场地的要求。考虑到防火堤之间应有不小于9m的消防通道，故本规范规定为16m。

美国国家防火规范规定为7.7m，原苏联规定20m。日本规定只要求有消防车道。

第 5.3.6 条 液化烃罐组设置防火堤的目的是：(1) 作为限界防止无关人员进入罐组；(2) 防火堤较低，对少量泄漏的液化烃气体便于扩散；(3) 一旦泄漏量较多，堤内必有部分液化烃积聚，可由堤内设置的可燃气体浓度报警器报警，有利于及时发现，及时处理。

第 5.3.7 条 石油化工厂引进合成氨厂低温液氨储罐的防火堤内容积，按美国凯洛格公司规定为储罐容积的60%。经十多年

的实践，认为没有必要再加大防火堤容积，所以本规范规定其有效容积为储罐容积的60%。

第5.3.8条 "储存系数不应大于0.9"，是为了避免在储存过程中，因环境温度上升、膨胀、升压而危及储罐安全所采取的必要措施。

第5.3.9条 本条是为防止液化烃储罐在火灾中倒塌而规定的。耐火层耐火极限，国内外有关标准都采用不小于1.5h，故本规范定为"不应低于1.5h"。

第5.3.11条 我国液化石油气储罐，70年代以来发生了一些严重事故。例如，某化工厂的1000m³球罐在一次接收进料时，超压长达29h，致使储罐产生3处裂缝，漏出大量液化石油气，扩散到100m以外；某液化石油气储罐站的一个400m³球罐产生13m多长裂缝，喷出大量液化石油气，遇明火发生爆炸火灾。这类事故的原因之一，是超装超压。所以规定储罐应装设高液位报警装置，以便及时得到报警或装设高液位报警自动联锁切断进料阀的装置，以避免此类事故发生。

第5.3.13条 液化烃安全排放到火炬（高架火炬、地面火炬、燃烧池或简单火把）或低压气体回收系统，主要为了在液化烃储罐发生火灾时，可以泄压放空到安全处理系统，不致因高温烘烤使储罐超压破裂而造成更大灾害。若有条件，也可将受火灾威胁的储罐倒空，以减少损失和防止事故扩大。

若液化烃罐组离厂区较远，无共用的火炬系统可利用，一般不单独设置火炬。在正常情况下，偶然超压致使安全阀放空，其排放量极少，因远离厂区，其他火灾对此影响较小，故对此类罐组规定可不排放至火炬而就地排放。

第5.3.14条 液化石油气储罐脱水跑气（和可燃液体脱水跑油一样）时有发生。根据目前国内情况，规定采用二次脱水系统，即另设一个脱水容器，将储罐内底部的水先放至脱水容器内，再把罐上脱水阀关闭，待气水分离后，再打开脱水容器的排水阀把水放掉。

第四节 可燃液体、液化烃的装卸设施

第5.4.1条

第二款，采用明沟卸油易引起火灾事故。例如，某厂采用明沟卸原油，由于电火花而引起着火，沿明沟烧至2000m³的混凝土零位罐，造成油罐爆炸起火，并烧毁距罐壁10m远的泵房和油罐车5辆；又如，某厂采用有盖板明沟卸原油，一次动火检修栈台，焊渣落入沟内发生爆炸起火。以上两例说明，明沟卸原油极不安全。丙$_B$类油品不易着火，较安全。如电厂等企业所用燃料油多采用明沟卸车，实践多年，未发生过重大事故。

第三款，我国目前装车鹤管有三种：喷溅式、液下式（浸没式）和密闭式。对于轻质油品或原油，应采用液下式（浸没式）装车鹤管。这是为了降低液面静电位，减少油气损耗，以达到避免静电引燃油气事故和节约能源，减少大气污染。

第五款，为了防止和控制油罐车火灾的蔓延与扩大，当油罐车起火时，立即切断油进料非常重要。如，某厂装车时着火，由于未能及时关闭操作台上切断阀，致使大量汽油溢出车外，加大了火势；直到关闭紧急切断阀、切断油源，才控制了火势。紧急切断阀设在地上较好，如放在阀井中，井内易积存油水，不利于紧急操作。

第5.4.4条 第二款，液化烃罐车装车过程中，其排气管应采用气相平衡式或接至低压燃料气或火炬放空系统，若就地向大气排放极不安全。如，某厂液化石油气装车台在装1个25t罐车时，将排空阀打开直排大气，排出的大量液化石油气沉滞于罐车附近并向四周扩散。在离站台装车点15m处的更衣室内，一女工点火吸烟，将火柴杆扔到地上时，地面燃起100mm厚蓝色火苗。她慌忙推门外跑，造成室外空间爆炸，罐车排空阀处立即着火，同时引燃在站台堆放的航空润滑油桶及附近房屋和沥青堆场。又如，

某厂在充装汽车罐车时，也因就地排放的液化烃气被另一辆罐车起动时打火引燃，将两台罐车烧坏。所以规定液化烃装卸应采用密闭系统，不得向大气直接排放。

第 5.4.5 条 第三款，液化烃码头火灾危险性较大，若与其他可燃液体码头合用，易增加相互影响和火灾危险，故宜单独设置。但如液化烃类产品品种多、数量小，其他可燃液体产品数量也不多，二者可交替作业，为提高码头利用率，二者也可共用一个码头。国内的液化烃码头也有类似做法。如，某石化公司 9 号和 10 号码头，可装液化石油气、丁二烯、乙二醇、二乙二醇、裂解碳五和加氢汽油等 7 种物料；某厂的海上化工码头，可以装卸 C_3、C_4、C_5、C_{10}馏分和轻石脑油、纯苯、乙二醇、对二甲苯、轻柴油及抽余油等。

第五节 灌 装 站

第 5.5.1 条

第一款，为了安全操作，有利于油气扩散，推荐在敞开式或半敞开式建筑物内进行灌装作业。但半敞开式建筑四周下部有墙，故要求下部应设通风设施，即自然通风或机械排风。

第二款，液化石油气钢瓶内残液随便就地倾倒所造成的灾害时有发生。如，某厂灌瓶站曾发生两次火灾事故，都是对残液处理不当引起的。一次是残液窜入下水井，油气散到托儿所内，遇明火引燃；一次是残液顺下水管排至河内，因小孩玩火引燃。又如，某厂装瓶站投用时，残液回收设备暂未投用，而把几百瓶残液倒入厂内一个坑里，造成液化石油气四处扩散至 20m 左右的工棚内；由于有人吸烟引燃草棚，火焰很快烧回坑内，大火冲天，结果把其中 29 个钢瓶烧爆，烧毁高压线并烧伤 11 名民工。因此，规定灌装站残液应密闭回收。

第六节 火炬系统

第 5.6.1 条 低热值可燃气体或惰性气体排入火炬系统会破坏稳定燃烧状态或导致火炬熄火；空气窜入火炬系统会使放空管道和火炬设施内形成爆炸性气体，易导致回火引起爆炸，损坏管道或设备；酸性气体会造成管道和设备的腐蚀。上述物质均会造成火炬系统发生事故，故作此规定。

第七节 泵和压缩机

第 5.7.2 条 全厂性油品贮运一般都采用冷油泵，油温低于油品自燃点，倘有渗漏不致自燃，故可与液化烃泵同房布置。但有高于 100℃的泵时，应采取隔离措施。

第 5.7.5 条 往复泵、齿轮泵、螺杆泵等容积式泵出口设置安全阀是保护性措施，因为出口管道可能因堵塞，或出口阀可能因误操作被关闭。

第八节 全厂性工艺及热力管道

第 5.8.1 条 工艺管沟是火灾隐患，易渗水、积油，不好清扫，不便检修，沟内充有油气，一遇明火则爆炸起火，沿沟蔓延，且不好扑救。例如，某厂管沟曾发生过多次重大火灾爆炸事故。有一次一个小油罐着火，油垢飞溅引燃 14m 外积有柴油的管沟，火焰高达 60m，使消防队无法冷却邻罐，致使邻罐被烤爆起火，造成重大火灾事故。如果附近没有管沟，事故就不会这么严重。又如，某厂装油栈台附近管沟内管道腐蚀漏油，沟内积存大量油气，检修动火时被引燃，使 130m 长管沟着火，形成火龙，对周围威胁极大。该厂有许多埋地工艺管道，腐蚀渗漏不易查找，形成火灾隐患。因此，管道应尽量避免管沟或埋地敷设，若非采用管沟不可，则在管沟进入泵房、罐组处应妥善封闭，防止油或油气窜入，一旦管沟起火也可起隔火作用。

第 5.8.5 条 在液体封闭状态下，由于液体温度的上升其压力随之增加。

就石油和石油产品讲，热胀率随介质密度增大而逐渐变小；而体积弹性系数（率）则随介质密度增大而变大；对轻质油品而言，一般封闭管段的液体每上升 1℃，则压力增加 0.7～0.8MPa 以上。所以，对不排空、无隔热层的液化石油气、汽油、煤油等管道均需考虑停用后的泄压措施。

第九节 厂内仓库

第 5.9.2 条 石油化工厂的三大基本产品，即合成树脂塑料、合成橡胶、合成纤维，以及化肥尿素等的仓库占地面积最大。这些产品生产量大（年产量几万到几十万吨）库房内必须设机械化运输和机械化堆垛，所以生产上要求大库房才能满足需要。该类产品的火灾危险性属于可燃固体丙类物质，即受到高温或火源起火后，移走高热源或火源后仍能继续燃烧，但不像甲、乙类物质那样猛烈和旺盛。因此，国外规范对这类产品仓库无面积限制。本规范对此也不作限制。

第 5.9.3 条 为了节省占地面积，石化企业三大合成材料可采用高架仓库。例如，上海某厂的合成纤维长丝仓库，共 6 排，每排为 12 格（长）×10 格（高），每格可自动存放装卸约 280kg 重的一包产品。货架为钢结构，并设有火灾报警与固定式喷淋灭火装置，投产多年来操作安全。考虑我国石化工业的发展需要，故作本规定。

第 5.9.4 条 在空气中能形成爆炸性混合物的粉尘、纤维的包装间和库房，具有火灾爆炸危险。如哈尔滨某厂的爆炸事故，损失严重。为避免类似事故发生，所以规定这类建筑物应通风良好，及时排除可燃粉尘纤维，并宜设置可靠的火灾报警器和有效的固定式水喷淋（雾）系统，便于及时发现，尽早处理。

第 5.9.5 条 1965 年化工部、铁道部、全国合作总社组织各有关单位对硝铵性能作了有关试验，试验项目有高空坠落、车辆轧压、碰撞、明火点燃及雷管引爆等。试验结果证明纯硝铵并不易燃易爆。各大型化肥厂 30 多年来的生产实践也证明，硝铵仓库储量可大。例如，某化肥厂的硝铵储量最大时达 1500t 以上，从未发生过火灾事故；其他几个化肥厂储量均在 1000t 以上，均未发生过火灾爆炸事故。但在硝铵中若掺入其他物质，则极易引起火灾爆炸事故。因此，只要确保库房内无其他物品混放是安全的，其总储量可不限。

第 5.9.7 条 二硫化碳沸点为 40℃，闪点为 -34℃，自燃点为 102℃，爆炸极限为 1%～60%，是一种易燃、易爆、有毒的液体。为确保桶内水封不致结冰和避免温度过高，致使超压而引起实桶破裂事故，有必要规定实桶的贮存温度。规定的温度范围是根据目前各厂普遍采用的温度范围而制定的。

空桶（其中多少存有残液）如果露天存放，受阳光曝晒桶内蒸气压逐渐升高，可能将桶爆裂，引起火灾或中毒事故。炼厂曾发生过此类火灾。故空桶和实桶不宜露天堆放。

在堆放二硫化碳实桶时，如果互相撞击打出火花，遇渗漏的二硫化碳会引起燃烧或爆炸。某炼厂和某石化总厂都发生过卸桶时，撞击硬物液体漏出而起火的事故。故实桶应单层立放。

如果二硫化碳库房采暖介质的温度高于二硫化碳的自燃点(102℃)，一旦二硫化碳接触采暖设备或管道就会引起火灾。例如，某厂清扫二硫化碳储罐，放残液时，不慎将二硫化碳甩到蒸气管道上引起火灾。特别是二硫化碳添加室，二硫化碳用量较大，倒桶入罐操作频繁，出现渗漏机会多，潜在火灾危险更大。

第六章　含可燃液体的生产污水管道、污水处理场与循环水场

第一节　含可燃液体的生产污水管道

第 6.1.1 条　从防止环境污染考虑，对排放含有可燃液体的雨水比防火的要求严格得多，故此条只是对被严重污染场地的雨水作了规定。

严重污染的雨水指工艺装置内的塔、泵、冷换设备围堰内及可燃液体装卸栈台区等的初期降雨水。

一、高温污水和蒸汽排入下水道，造成污水温度升高油气蒸发，增加了火灾危险。例如，某公司合成橡胶厂的厂外排水管道爆炸，11 个下水井盖飞起，分析原因是排水中带有可燃液体，遇食堂排出的热水，油气加速挥发遇明火（可能是烟头）引起爆炸。某石化公司也曾多次发生过因井盖小孔排出油气遇明火而爆炸。例如，在下水道井盖上修汽车，发动机尾气把下水道引爆；小孩在井盖小孔上放爆竹，引爆了下水道。事故多发生于冬季，分析其原因是由于蒸汽及冷凝水排入，污水温度升高促使产生大量油气，故从防火角度对排水温度提出了限制的要求。

二、可燃气体凝结液，例如加热炉区设置的燃料气凝结液罐脱出的凝结液及液化烃罐的脱出水都含 C_4、C_5 烃类，排出后极易挥发，遇明火会造成火灾。某石化公司炼油厂由于液化烃脱出水带大量液化烃类，排入下水道挥发为可燃气体向外蔓延，结果造成大爆炸。本条规定“不得直接排入下水道”，要求排出的凝结液再进行二次脱水，从而可使脱出水在最大限度地减少液化烃类后，再排入下水道，以减少发生火灾的危险。

三、石油化工厂中，有时会遇到由于排放的多种污水含有两种或多种能够产生化学反应而引起爆炸及着火的物质。例如某化工厂、某电化厂都曾多次发生过乙炔气和次氯酸钠在下水道中起化学反应引起爆炸事故。所以本条要求含有上述物质的污水，在未消除引起爆炸、火灾的危险性之前，不得直接混合排到同一生产污水系统中。

第 6.1.2 条　明沟或只有盖板而无覆土的沟槽（盖板经常被搬开且易被破坏），受外来因素的影响容易与火源接触，起火的机会多，且着火时火势大，蔓延快，火灾的破坏性大，扑救困难；当有盖板时由于火灾爆炸，盖板崩开易造成二次破坏。

某炼油厂南蒸馏车间检修，距排水沟 3m 处切割槽钢，火星落入排水沟引燃油气，使 960m 排水沟相继起火，600m 地沟盖不同程度破坏，着火历时 4h。

某炼油厂检修时，火星落入明沟沟内油气被点燃，并串到污油池燃烧了两个多小时。

某石化公司炼油厂重整原料罐放水，所带汽油放入排水沟，并被下游施工人员点火引燃，200m 排水沟相继起火。

调查表明很多石油化工厂都先后多次发生排水沟起火，盖的盖板有不同程度地翻开或破坏。上述事例都说明用明沟或带盖板而无覆土的沟槽排放生产污水，不但发生火灾的次数多，且蔓延快，燃烧时间长，所以要求生产污水管道应采用暗管或暗沟。

暗沟指有覆土的沟槽，密封性能好，可防止可燃气体窜出，且又保证了盖板不会被搬动或破坏，从而减少外来因素的影响。

设施内部往往还需要在局部采用明沟，因此，当物料泄漏发生火灾时，可能导致沿沟蔓延。为了控制着火蔓延范围，提出限制每段设置长度的要求。

第 6.1.3 条　此种情况新设计不会发生，但在一些老厂扩建中会出现。如下水道早已建成使用，扩建时将其夹在中间，未进行改线。此种作法比较危险，一旦下水道发生爆炸，易造成火灾

蔓延。

第 6.1.4 条

一、水封高度，我国过去采用 250mm，美、法、德等国都采用 150mm。考虑施工误差，且不增加较多工程量，却增加了安全度，故本条文仍定为 250mm。

二、生产污水管道的火灾事故各厂都曾多次发生，有的沿下水道蔓延几百米甚至 1000m，数个井盖崩起，且难于扑救。所以对设置水封要求较严。过去对不太重要的地方，如管沟或一般的建筑物等往往忽视，由于下水道出口不设水封，曾发生过几次事故。例如，某炼厂在工艺阀井中进行管道补焊，阀井的排水管无水封，火星自阀井的排水管串入下水道，400 多米管道相继起火，多个井盖被崩开。又如有多个石油化工厂发生过由于厕所的排水排至生产污水管道，在其出口处没有设置水封，可燃气体自外部下水道串入厕所内，遇有人吸烟，而引起爆炸。

三、排水管道在各区之间用水封隔开，确保某区的排水管道发生火灾爆炸事故后，不致串入另一区。

第 6.1.5 条 对重力流循环热水排水管道，由于热水中含微量可燃液体，长时间积聚遇火源也曾发生过爆炸事故。国外有关标准也有类似规定，故提出在装置排出口设置水封，将装置与系统管道隔开。

第 6.1.8 条 本条对生产污水管道提出设排气管的新要求。

一、过去标准无此要求，故设计中都不设排气管，为了防止火灾蔓延，排水管道中多处设置了水封，使污水中挥发出的可燃气体无法排出，只能通过井盖处外溢，导致外溢可燃气体遇火源引起排水管道爆炸着火的可能。可燃气体无组织排放是引起排水管道着火的重要因素之一。设了排气管使可燃气体有组织排放稀释，能避免或减少可燃气体与明火相遇，从而减少火灾事故。

二、近年来引进的石油化工装置中，生产污水管道中设了排气管。多年来的生产实践表明，这种管道很少发生火灾爆炸事故，起到了防火作用。

三、国外有关标准，如美、法、原苏联、日等，对此内容都作了明确规定。

第 6.1.9 条 参考国外的有关标准，对排气管的设计作出了具体规定。

第 6.1.10 条 本条是参考国外标准制定的。与第 6.1.8 条、6.1.9 条配合使用，前两条解决排水管道中挥发出的可燃气体的出路，本条是限制从下水井盖处溢出，可以有效的减少排水管道的火灾爆炸事故。经在某化纤厂实施，效果较好。

第 6.1.11 条 加盖板可以防止可燃气体大量蒸发减少火灾危险。

第二节 污水处理场与循环水场

第 6.2.1 条

一、保护高度与设置盖板的规定是为了防止隔油池超负荷运行时污油外溢，导致发生火灾或造成环境污染。例如，某石油化工厂由于下大雨致使隔油池负荷过大，油品自顶溢出，遇蒸汽管道油气大量挥发，又遇电火花引起大火，蔓延 1500m²，火灾持续 2h。

二、隔油池应设置盖板的说明见第 6.1.11 条。

三、带盖板的隔油池要求设有蒸汽消防。据某炼厂隔油池火灾扑救经验，有盖板不便于用泡沫扑救，因池内有机械设备，阻碍泡沫流动不能覆盖全部池面。考虑隔油池一般均有蒸汽加温油面的设施，故提出宜增设蒸汽消防的要求。

第 6.2.2 条 要求距隔油池 5m 以内的水封井，检查井的井盖密封，是防止排水管道着火不致蔓延至隔油池，隔油池着火也不致蔓延到排水管道。

第 6.2.3 条 污水处理场内设备、建筑物、构筑物平面布置防火间距的确定依据是：

一、需要经常操作和维修的“集中布置的水泵房”；有明火或火花的“焚烧炉、变配电室、化验室”及人员集中场所的“办公室”应位于爆炸危险区范围之外。

二、根据现行国家标准《爆炸和火灾危险场所电力装置设计规范》的规定，爆炸危险场所范围为15m。故本规范规定上述设备和建筑物距隔油池、污油罐的最小距离为15m。

三、考虑到隔油池不能全封闭，故将焚烧炉与隔油池的最小间距适当加大为20m。

第6.2.4条 循环水场的冷却塔填料等近年来大量采用聚氯乙烯、玻璃钢等材料制造。有不少厂在施工安装过程中在塔顶上动火，由于焊渣掉入塔内，引起火灾。由于这些部件都很薄，表面积大，遇赤热焊渣很易引起燃烧，故制订本条规定。此外，石化企业也要加强安全动火措施的管理，避免同类事故发生。

第七章 消 防

第一节 一般规定

第7.1.1条 设置消防设施时，既要设置大型消防设备，又要配备扑灭初期火灾用的小型灭火器材。岗位操作人员使用的小型灭火器，在扑救初起火灾上起着十分重要的作用，具有便于群众掌握、灵活机动、及时扑救的特点。据统计，14个炼油厂从1954～1976年共发生装置火灾事故167起，从扑救手段分析，使用蒸汽灭火占31%，切断油源自灭16%，消防车出动灭火13%，小型灭火器灭火40%。又据某石化公司统计1974～1975年69起火灾事故中，使用小型灭火器成功扑救的16起，约占23%。由此可见小型灭火器的作用。

“设置与生产储存、运输的物料相适应的消防设施”，是指石化企业中，生产和储存、运输具有不同特点和性质的物料，如物理、化学性质的不同，气态、液态、固态的不同，储存方式及露天或室内的场合不同等等，必须采用不同的灭火手段和不同的灭火药剂。

第二节 消防站

第7.2.1条 本条提出设计中确定消防站的规模时，应考虑的几个主要因素：

一、工厂消防站的规模除与工厂的大小、火灾危险性等有关外，还与企业内固定消防设施的设置情况密切相关，当固定消防设施比较完善时，消防站的规模可减小。当前我国石油化工厂固定消防设施还不够完善，相应消防站的规模一般较大。

二、消防站的设置规模还应考虑邻近有关单位有无消防协作条件，主要的协作条件指：

1. 协作单位能提供适用于扑救石油化工火灾的消防车。

2. 赶到火场的行车时间不超过10～20min（其中，装置火灾按10min、罐区火灾按20min）。装置火灾应尽快扑救，以防蔓延。罐区灭火一般先进行控制冷却，然后组织进行扑灭。据介绍，钢结构、钢储罐的一般抗烧能力约在8min左右，因此只要控制冷却及时，在10～20min内协作单位到达是可以的。

石油化工厂火灾以本厂自救为主，协作为辅。

第7.2.2条 消防站服务半径以行车距离和行车时间表示，对丁、戊类火灾危险性较小的场所则放宽要求，以便区别对待。

行车车速按每小时30km考虑，5min的行车距离即为2.5km。当前我国石油化工厂主要依靠机动消防设备扑救火灾，故要求消防车的行车时间比较严格，若主要依靠固定消防设施灭火，行车时间可适当放宽。故执行本条时，尚应考虑固定消防设施的设置情况。

第7.2.3条 为使消防站能满足迅速、安全、及时扑救火灾的要求，故对消防站的位置做出具体规定。

第7.2.4条 条文规定主要考虑石油化工厂火灾以本厂自救能力为主。

第7.2.5条 干粉消防车对扑救气体火灾是行之有效的。

第7.2.7条 消防站内储存泡沫液多时，不宜用桶装。桶装泡沫液向消防车灌装时间长且劳动量大，往往不能满足火场要求。宜将泡沫液储存于高位罐中，依靠重力直接装入消防车或设低位罐用泡沫泵将泡沫液提升到消防车内，保证消防车连续灭火。

第7.2.8条 消防站的组成，应视消防站的车辆多少、规模大小以及当地的具体情况考虑确定。各部分的具体要求，可参照公安部标准《消防站建筑设计标准》的有关规定进行设计。

第7.2.9条 车库室内温度不低于12℃，有利于消防车迅速发动。车库在冬季时门窗关闭，为使消防车每天试车时排出的大量烟气迅速排出室外，故提出一、二级消防站宜设机械排风设施。

第7.2.11条 车库大门面向道路便于消防车出动。距路边15m，比城镇消防站要求高，是因为石油化工厂多设置大型消防车，车身长。车库前的场地要求铺砌并有坡度，是为便于消防车迅速出车。

第三节　消防给水系统

（Ⅱ）消防用水量

第7.3.4条 对厂区占地面积小于或等于$100\times10^4m^2$的规定与《建规》同。关于大于$100\times10^4m^2$的规定，通过对7个大型厂调查，只有某炼油厂曾发生过由于雷击同时引燃非金属的$15000m^3$地下罐及相邻$5000m^3$半地下罐，且二者发生于同一地点，可以认为是一处火灾。但两处同时发生大火尚无实例。所以本条规定按两处计算时，一处考虑发生于消防用水量最大的地点，另一处按火灾发生于辅助生产设施或居住区考虑，选二者中消防用水量较大的一处。

第7.3.6条

第二款，工艺装置的消防用水量影响因素很多，除与生产装置的规模、火灾危险性、占地面积的大小等有关外，尚与消防供水设备有很大关系。一般设固定消防设施的用水量较大（如水幕、高压水炮等），我国固定的消防水设备用得不多，各厂多采用移动式、半固定式的消防系统，故设计中应根据具体情况综合考虑制定。

根据调查统计的平均每次参加灭火消防车一线供水台数，推算出消防用水量。1978年前工艺装置较大火灾消防用水情况见表7.3.6—1、7.3.6—2。

石油化工工艺装置较大火灾的消防用水量及火灾延续时间

表 7.3.6—1

序号	厂名	火灾地点	一线使用消防车数（台）	水量（L/s）	灭火时间（min）	冷却时间（h）
1	某石油化工厂	苯酚丙酮车间爆炸	8	110	60	4
2	某石油化工厂	200m³ 胶液罐视镜压裂，胶液喷出	10	150～160	45	1
3	某石油化工厂	塑料车间天然气爆炸	8	<120	180	—
4	某石油化工厂	码头、桶装抽余油起火	4	60	45	—
5	某石油化工厂	乙烯罐漏乙烯气，引燃	5～6	<90	60	—

炼油工艺装置较大火灾消防用水量及火灾延续时间

表 7.3.6—2

序号	厂　名	火灾地点	一线使用消防车数	水量（L/s）	灭火时间（min）
1	某炼油厂	苯烃化装置	4～5 台	<80	45
		凉水塔	5 台	<80	55
2	某炼油厂	联合装置加热炉弯头爆炸	6 台	100	30
		四号装油台	12 支 Φ19mm 水枪	90	75
3	某炼油厂	热裂化车间	6 台	<90	60
4	某炼油厂	酮苯脱蜡①	30 支水枪 2 台黄河炮	300	80
5	某炼油厂	常减压	4 台	<100	46

注：①扑救不利，用水过多而造成蔓延。

石油化工装置的两起大火扑救时耗水量为：

1. 某石油化工厂乙烯、丙烯机房火灾，出动消防车 28 辆，使用水枪 36 支，估算消防水量为 200～250L/s，主要用于冷却。燃烧面积约 200m²，火灾燃烧时间长达 6. 5h。

2. 某炼厂加氢裂化热油泵火灾，使用了 6 个固定高压水炮，6 个消火栓，估算水量约达 200L/s。

国外有关资料：美国：190L/s，法国：56～389L/s，德国：220L/s。

本条提出的消防水量是在总结国内实践经验的基础上，参考了国外的有关资料，并考虑我国炼油、石油化工装置向大型化发展，且消防供水系统日趋完善等因素提出的，比过去标准的规定有所提高。条文中只给定了范围，设计人员可根据具体情况考虑。

第 7.3.7 条

一、着火储罐的罐壁直接受到火焰威胁，据有关资料介绍对于地上的钢罐火灾，一般情况下 5min 内可以使罐壁温度达到 500℃，使钢板强度降低一半，8～10min 以后钢板将失去支持能力。为控制火灾 蔓延、降低火焰辐射热，保证邻近罐的安全，应对着火罐进行冷却。

二、根据天津消防科研所对油罐火灾进行灭火试验和辐射热的测试，当着火罐为固定顶罐时，辐射热强度与着火罐直径有关，且距罐壁 1. 5D 处辐射热强度是较大的，达 8596kJ/m²·h，辐射温度为 40～60℃，故需考虑冷却；而浮顶罐着火，火势较小，如某石化总厂发生的两起浮顶罐火灾，其中 10000m³ 轻柴油浮顶罐着火，15min 后扑灭，而密封圈只着了 3 处，最大 1 处仅为 7m 长，因此不需要考虑对邻罐冷却。

第 7.3.8 条　本条基本与现行国家标准《石油库设计规范》的有关条款相同，仅作部分修改。

一、移动式水枪冷却系按手持消防水枪考虑的，根据操作要求每支水枪能保护罐壁周长 8～10m，其冷却水强度是根据操作需要给出的，故采用不同口径的水枪则冷却水强度也不同。采用ϕ19mm 水枪在水枪进口压力为 0.35MPa 时，一个体力好的人操作水枪已感吃力，此时可满足罐壁高 17m 的冷却要求；若再增高水枪进口压力，加大水枪射高操作有困难，故采用手持水枪冷却应注意操作的要求。

二、固定式冷却系统中，冷却水强度以单位罐壁表面积计算。在移动式系统中由于水枪保护罐壁周长从操作上有一定限度，以此推出的冷却水强度对小的储罐，冷却水沿储罐流到下部罐壁处水量过多，故以罐壁表面积计算冷却水强度较为合理。

三、条文中固定式冷却水强度是根据过去天津消防所 5000m^3 罐壁高度 13m 的固定顶罐灭火试验反算推出的。冷却水强度以周长计算时为 0.5L/s·m，此时单位罐壁表面积的冷却水强度为：0.5×60÷13=2.3L/min·m^2，条文中取 2.5L/min·m^2，对邻罐计算出的冷却水强度为：0.2×60÷13=0.92L/min·m^2，条文中取 1.0L/min·m^2。

四、对邻罐冷却水量的计算，应注意安装管道的实际保护的罐壁表面积，如管道按保护 3/4 罐壁面积，则计算水量时也相应按 3/4 罐壁面积计算。

第 7.3.10 条 储罐火灾冷却水供给时间，应从开始对储罐冷却算起到罐壁冷却到不会复燃为止，这个时间与灭火所用时间有直接关系。据 17 例地上钢罐火灾统计，燃烧时间最长的 3 次分别为 4.5h、1.5h、1h，其余均小于 40min。燃烧 4.5h 的是储罐爆炸将泡沫液管道拉断，又因有防护墙使扑救及冷却较困难，以致最后烧光。此为特例。据统计，一般燃烧时间均不大于 1h。

本条规定直径大于 20m 的固定顶罐冷却水供给时间，按 6h 计，对直径小于 20m 的罐，沿用过去的规定，按 4h 计。浅盘式内浮顶罐及浮盖用铝等易熔材料制造的浮舱式内浮顶罐，着火时浮盖易被破坏，故应按固定顶储罐考虑。其他型浮顶罐着火时，火势小易于扑救，国内扑救实践表明一般不超过 1h，故冷却水供给时间也规定为 4h。

(Ⅲ) 消防给水管道及消火栓

第 7.3.11 条 低压消防给水系统的压力，本条规定不低于 0.15MPa，主要考虑石油化工企业的消防供水管道压力均较高，提高压力是有保证的，从而使消火栓的出水量可相应加大，满足供水量的要求，减少消火栓的设置数量。

近年来大型石油化工企业相继建成投产，工艺装置、储罐也向大型化发展，要求消防用水量加大。若采用低压消防给水系统用消防车加压供水，需车辆及消防人员增多。另外，大型现代化工艺装置也相应增加了一些固定式的消防设备，如消防水炮、水喷淋等，也需设置高压消防给水系统。因此，在工艺装置区、罐区可考虑采用独立的高压消防给水系统，但对中小型的则不一定经济，需经技术经济比较后确定。

消防给水管道若与循环水管道合并，一旦发生火灾大量用水，引起水压下降可能导致发生二次灾害，况且循环水系统中的总储量不能保证消防用水总量。

第 7.3.12 条 关于对与生产、生活合用的消防水管网的要求。为了管网发生事故时，供水总量除能满足 100%的消防水量外，还要满足 70%的生产、生活用水量，即要求发生火灾时，全厂仍能维持生产运行，避免由于全厂紧急停产而再次发生火灾事故造成更大损失，故根据石油化工厂的生产特点，提出比《建规》更严格的要求。

第 7.3.14 条 关于消防给水管道的流速可以提高，是考虑消防给水管道与生产、生活给水管道不同，生产、生活给水管道的流速一般采用经济流速，以使管道的基建投资与经常性的运行能耗得到优化匹配。而消防给水管道只是在火灾时极短时间运行，不同于生产、生活给水管道始终处于运行状态，故可以提高流速，减小管径以降低基建投资，这同样是经济的。

第 7.3.15 条

一、国内制造厂已生产适合不同冻土深度的地上式消火栓的系列产品，而且操作比较方便，故推荐使用地上式消火栓。

二、一般工厂采用地上式消火栓时，由于工厂的供水管网压力较高，大多采用水带向消防车内灌水，此种情况下消火栓距路边可适当加大；用地下式消火栓时，有的工厂在消火栓井内抽水，这就要求消火栓距路边要近。故对消火栓距路边的要求比较灵活。

对地上式消火栓的布置，增加了距路面边的最小距离要求，主要防止消火栓不被车撞坏。

第 7.3.16 条 消火栓的保护半径，本条定为不宜超过 120m。根据石油化工企业生产特点，火灾事故多且蔓延快，要求扑救及时，出水带以不多于 7 根为好。若以 7 根为计算依据，则：(20m×7－10m) ×0.9＝117m，规定保护长度为 120m。上式的计算中，10m 为消防队员使用的自由长度；0.9 为敷设水带长度系数。

第 7.3.19 条 初起火灾大多不能直接用水扑救，着火时操作人员首先用小型灭火器、蒸汽等扑救，同时向消防队报警；当操作人员扑灭不了时，消防队已到火灾地点，使用外部消火栓进行扑救。在火灾危险性大的厂房设有蒸汽灭火设施，故厂房内是否设置消火栓，应根据具体情况而定。

（Ⅳ）箱式消火栓、消防水炮、水喷淋及水喷雾

第 7.3.20 条 设置箱式消火栓是为了岗位人员及时对设备进行冷却保护，适合在加热炉、可燃气体压缩机、操作温度高于自燃点的可燃液体泵等设备的附近设置，并要求配以多用雾化水枪（即可喷水雾或直流水柱），以免高温设备遇水急冷导致设备破裂。

第 7.3.21 条 扑救火灾常用 ϕ19mm 手持水枪，其进口水压一般控制在 0.35MPa 左右，水枪喷出充实水柱高度在 17m 左右，再高则有困难。因此，对高于 15m 的框架和塔群联合平台，需根据其火灾危险性设置消防给水竖管。若装置供水为低压系统可设置为半固定式，采用消防车加压供水；当框架、塔群联合平台附近有固定消防水炮保护或消防车水炮能保护，则可不设消防给水竖管。

设消防给水竖管是有利的。某厂催化裂化两器框架着火，由于地面喷射水柱高度不够，采用消防车加大马力提高供水压力扑救，致使消防车受到破坏；而某厂的砂子炉裂解框架装有消防水竖管，据反映使用方便。

消防竖管的管径，应根据所需供给的水量计算，使用 ϕ19mm 的水枪每支水枪控制面积可按 50m² 考虑。

第 7.3.22 条 消防水炮喷水量及射高，远大于手持水枪，一般多用于保护地面以上 20～40m 高范围内的火灾危险性大的塔、大型联合框架等。操作简单，单人即可操作，但必须与高压消防给水系统配合使用。

第 7.3.23 条 设备过高的部位，水炮不能提供冷却水保护，且该设备受热后可能产生热爆危险，可设置固定式或半固定式水喷淋或水喷雾，喷淋强度是参考国外有关标准制定的。

（Ⅴ）消防水泵房

第 7.3.25 条 消防水泵房与生产或生活水泵房合建主要是能减少操作人员，并能保证消防水泵经常处于完好状态，火灾时能及时投入运转。据调查，一些厂的独立消防水泵房虽有专人值班，但由于水泵经常不投用，操作不熟练，致使投用时出现问题。

第 7.3.26 条 为了保证启动快，要求水泵采用自灌式引水。在灭火过程中有时停泵后还需再启动，此情况下若无辅助引水系统则水泵将不能启动。

第 7.3.27 条 为了防止消防水泵启动后，因消火栓投用的少，水压过高，造成管道破裂，一般在泵出口管道增加回流管或设置其他防止超压的安全设施。

泵出口管道直径大于 300mm 的阀门单人操作比较费力，宜采用本条所列的阀门。手动蝶阀比普通闸阀操作省力、灵活，为

节约投资也可采用。

第四节　低倍数泡沫灭火系统

第 7.4.3 条　如地形复杂，消防道路的布置往往不能满足使用半固定式或移动式灭火的要求。单罐容量大，指 $10000m^3$ 及其以上的固定顶罐、$50000m^3$ 及其以上的浮顶罐，若采用半固定式灭火系统，则所需配备的车辆较多，灭火操作亦较复杂。故远离厂区的罐区，当地形复杂或单罐容量大时，应采用固定式系统。

第 7.4.4 条　移动式系统作为固定式、半固定式的辅助灭火系统，其作用有二：一是扑救储罐火灾时，由于喷溅，防火堤内可能有小火；二是当储罐火灾伴有爆炸时，可能导致泡沫产生器被破坏，致使固定式系统不能发挥作用，附有移动式设备可作为后备扑救措施。

容量不大于 $200m^3$、壁高小于 7m 的储罐着火时，燃烧面积不大，7m 壁高可以将泡沫勾管与消防拉梯二者配合使用进行扑救，操作亦比较简单，故其泡沫灭火系统可以采用移动式灭火系统。

第五节　干粉灭火系统

干粉灭火剂对扑救石油化工厂的初期火灾，尤其是用于气体火灾是一种灭火效果好、速度快的有效灭火剂，但扑救后易于复燃，故宜与氟蛋白泡沫灭火系统联用。大型干粉灭火设备普遍设置为移动式系统的干粉车，用于扑救工艺装置的初期火灾及液化烃罐区火灾效果较好。固定式系统一般用于某些物质的储存、装卸等的封闭场所及室外需重点保护的场所。例如，石化企业引进的装置中使用烷基铝作为催化剂，该物料遇空气着火、遇水爆炸，故设有自动干粉站以保护储存及装卸的场所。半固定式系统可用于火灾危险大的气体加工装置易发生火灾部位，如国内某石化企业在装置内设置了固定的干粉炮。

第六节　蒸汽灭火系统

工艺装置设置固定式蒸汽灭火系统简单易行，灭火效果好。例如，某炼厂裂化车间泵房着火，利用固定式灭火蒸汽，迅速将火扑灭；又如某炼油厂液化石油气泵房着火也用蒸汽灭掉。

固定式灭火管道的穿孔管，长期不用，可能生锈堵塞，故亦可按照范围大小，设置若干半固定式灭火接头。

第七节　灭火器设置

第 7.7.2 条　国内灭火器系列产品种类较多，结合石油化工企业火灾危险性大的特点，经归类分析，对石化企业配置的灭火器类型、灭火能力提出了推荐性要求，以方便选用。维护和检修。

第 7.7.3 条　石化企业的工艺装置都设有固定的灭火蒸汽管道，同时在一些火灾危险性大的部位一般还要求设箱式消火栓、消防水炮等灭火设施，所以装置内灭火和冷却保护设施比较强。对扑救初期火灾使用蒸汽比灭火器更方便有效，本规范对灭火蒸汽管道的设置作了具体规定。根据以上情况将灭火器按最大保护距离配置，并要求每一配置点的数量不少于 2 个。这样做，既方便设计，也实用，且按此要求设置并不低于《工业与民用建筑灭火器配置设计规范》的要求。以 8kg 干粉灭火器设置为例。

按本条文规定计算，其对甲类装置的保护面积为：

按方形面积计：

$$(18\times18)\div2=162m^2$$

按圆形面积计：

$$(9\times9\times3.1416)\div2=127m^2$$

式中　18——最大保护距离；

2——每个配置点灭火器最少数量。

按《工业与民用建筑灭火器配置设计规范》计算，其对最严重危险性的保护面积为：

$$(18B \times 5m^2/B) \div 50\% = 180m^2$$

式中 18B——8kg 干粉灭火器灭火级别；

50%——设有固定灭火系统的修正系数。

第 7.7.4 条 铁路装卸栈台易起火部位是装卸口，尤其是在装车时产生静电，槽车罐口起火曾多次发生。灭火方法可用干粉或盖上罐口。槽车长度一般为 12m，故提出每隔 12m 栈台上下各设置一个手提式干粉型灭火器。

第 7.7.5 条 储罐区很少发生小的火灾，现各厂大多不配置灭火器，或配置数量很少。在停工检修管道时有可能发生小火，一般只在检修地点临时配置灭火器。考虑罐区泄漏点多发生于阀组附近，故提出灭火器的配置总量还应按储罐个数进行核算，每个储罐配置灭火器的数量不宜超过 3 个。

第八节 火灾报警系统

第 7.8.2 条 电话报警的受警中心均设于消防站内，本条提出在生产调度中心、消防分站等处宜设监听受警电话。当发生火灾时，往往要从生产角度采取某些措施，尤其是工艺装置火灾，必须有岗位操作人员与消防人员配合，采取切断物料等措施，才能进行有效灭火。为此，生产调度中心宜设监听。消防分站收到监听报警电话后，若火灾发生在自己管区，可及时发出火警信号，消防车能尽快赶到火场。

第九节 液化烃罐区消防

第 7.9.2 条 石油化工企业都设置有一定数量消防车，对容量小于或等于 $100m^3$ 的液化烃储罐可以提供消防冷却水保护，故可不设固定冷却水系统。对有隔热层的储罐，受火焰烘烤后被破坏的危险性明显降低，有了隔热层一般也不需再设防日晒喷淋水系统，故当工厂机动消防设备可按要求提供对储罐进行保护的冷却水量时，也可不设固定系统以减少基建投资。

第 7.9.3 条～第 7.9.6 条

一、消防冷却水的作用。

液化烃储罐火灾的根本灭火措施是切断气源。在气源无法切断时，要维持其稳定燃烧，同时对储罐进行水冷却，确保罐壁温度不致过高，从而使罐壁强度不降低，罐内压力也不升高，可使事故不扩大。

二、火焰烘烤下的储罐的罐壁受热状态。

1. 对湿罐壁（即储罐内液面以下罐壁部分）的影响：湿壁受热后，热量可通过罐壁传到罐内液体，使液体蒸发带走传入的热量，液体温度将维持在与其压力相对应的饱和温度。湿壁本身只有较小的温升，一般不会导致金属强度的降低而造成储罐被破坏。

2. 对干罐壁（罐内液面以上罐壁部分）的影响：干壁受热后罐内为气体，不能及时将热量传出，将导致罐壁温度升高、金属强度降低而使储罐遭到破坏。火焰烘烤下，干壁被破坏的危险性比湿壁更大。

三、国内对液化烃储罐火灾受热喷水保护试验的结论。

1. 储罐火灾喷水冷却，对应喷水强度 5.5～10L/min·m^2 湿壁热通量可比不喷水降低约 70%～85%。

2. 储罐被火焰包围，喷水冷却干壁强度在 6L/min·m^2 时，可以控制壁温不超过 100℃。

3. 喷水强度取 10L/min·m^2 较为稳妥可靠。

四、国外有关标准的规定。

从表 7.9.4 可以得出国外液化烃储罐固定消防冷却水的设置情况一般为：

1. 冷却水供给强度除法国标准规定较低外，其余均在 6～10L/min·m^2。美国某工程公司规定，有辅助水枪供水，其强度可降低到 4.07L/min·m^2。

2. 关于连续供水时间。美国规定要持续几小时，日本规定至少 20min，其他无明确规定。日本之所以规定 20min，是考虑 20min

后消防队已到火场，有消防供水可用。

3. 对着火邻罐的冷却及冷却范围除法国有所规定外，其他国家多未述及。

五、本规范规定的冷却水供给强度的编制依据。

1. 我国石化企业消防设施设置与国外的差异：

(1) 国外石化企业消防设施的设置，较多采用固定式，机动消防车及专职消防人员配备与编制均比较少。火灾扑救多以固定为主，机动为辅。而在我国的石化企业中，一般都设有一定规模的消防站，车辆配备及专职消防人员的编制远比国外多，固定的消防设施设置的比较少，扑救火灾多是靠机动消防车及专职消防人员。

(2) 固定式与机动消防系统相比，各有特点。固定系统投资往往比较高，维修工作量大，启动迅速，同时可以减少消防人员，但要求维修必须得到保障。

国外液化烃储罐固定消防冷却水的设置　　表 7.9.4

序号	国家	标准名称	规定内容
1	美	NFPA—15	固定式水雾喷淋强度 10L/min・m²，能连续工作几小时
2	英	《卧式压力容器喷水保护装置》	固定式喷水强度 10L/min・m²；喷头距保护表面不大于 0.6m
3	日	《液化石油气设施防火设备规程》	固定喷雾强度 7L/min・m²；固定洒水强度 10L/min・m²；持续工作时间不小于 20min
4	法	《处理原油及衍生物和残留物工厂的设备和运行导则》	≤200m³ 着火罐及 10m 内储罐，>200m³ 着火罐及 30m 内储罐，供水强度 3L/min・m²
5	美	某公司工程标准《防火—固定水喷淋》	压力球形储罐无隔热层保护时喷淋水冷却和水雾冷却：最小强度 6.1L/min・m²；当可迅速得到辅助水枪消防冷却供水时，可降低到 1.07L/min・m²

机动系统需消防车及消防人员多，灵活性大，可以确保在可能着火区域能得到高度集中的有效消防水。国外也有这种观点，认为“如果提供了一个设计很好的消防水系统，同时配以足够的机动消防设备。通常认为固定水喷淋是不需要的。”

2. 条文规定消防冷却用水量包括固定消防冷却用水量和移动消防冷却用水量两部分，即强调消防冷却供水采用固定式供水与机动供水相结合的方式。机动供水的水量可以高度集中提供又能有效使用，这部分水量可以比同样大的固定冷却水起到更大的作用，可以认为比国外有关标准的规定更为可靠。但消防总用水量比较大。从国外有关资料介绍及国内某市液化烃储罐火灾扑救经验，认为液化烃储罐消防冷却用后水，可以收集起来循环使用。为了保证储罐着火后不被破坏，同时又能节约消防冷却水量，降低基建投资，条文提出设置消防冷却用后水收集系统可供循环使用时，移动式消防冷却的用水量在消防用水总量中可不再考虑。

六、关于消防冷却水的延续供水时间，条文规定“按火灾时储罐安全放空所需的时间计算；当其安全放空时间超过 6h 时，按 6h 计算”。若统一规定为 6h，对小型储罐则是不必要的。

液化烃储罐火灾若不能切断气源，只能是在消防冷却的条件下将物料泄放或烧完，故延续冷却供水时间要求按泄放时间考虑。按国家劳动总局《压力容器安全监察规程》附件三公式计算的储罐的安全泄放时间见表 7.9.6。

储罐的安全泄放时间　　表 7.9.6

储罐容量 (m³)	200	400	1000
计算的安全泄放时间 (h)	3.69	6.47	11.12

第 7.9.7 条

一、国内液化烃储罐消防冷却水系统，多设置为多孔管式或堰式淋水，并常与夏季防日晒淋水系统相结合，一套系统两用。引进装置多为水雾喷淋，也有上部为堰式淋水下部为水喷雾的，某化纤公司就有该设置型式的储罐。

二、国外某工程公司标准提出：当储存丁二烯或比丁烷分子量高的碳氢化合物，或者由外部来的这些物料在附近燃烧，在钢的表面会产生抗湿的碳沉积，应使用冲击冷却喷淋水来冷却储罐；储存物料燃烧时不产生碳沉积的碳氢化合物（丁烷或更轻组分），其附近不可能有较高分子量的物质，燃烧火焰烘烤时可用堰式淋水。

第 7.9.9 条

一、储罐容量大于 400m^3 使用水喷雾时，供水竖管宜采用两根对称布置，以保证水压均衡，罐表面积的冷却水强度相同。

二、要求阀门设于距罐壁 15m 以外的地点，考虑火灾时可及时开阀供冷却水。

三、控制阀后的管道长期不充水，易受到腐蚀。通过调查若用普通钢管，多年后管内部锈蚀成片脱落堵塞管道，故要求用镀锌管。阀后设过滤器使用比较可靠，但国内目前还未普遍采用，故提出根据使用水质及喷头类型等因素决定要否设置。

第十节　装卸油码头消防

第 7.10.1 条　油码头消防设施的主要保护对象是装卸区，即用于扑救装卸区的油品泄漏火灾。考虑在内河运输使用油驳较多，其自身无消防设施，在装卸过程中一旦发生火灾，也需用码头上的消防设施进行扑救，故码头上的消防设施设置能力，尚应能扑救油驳最大一个油舱火灾。

第 7.10.2 条　目前国内工厂河港油码头的泡沫灭火系统多采用移动式，主要靠消防车，较大型的码头采用半固定式，设有部分固定管道，也多由消防车提供泡沫。海港油码头栈桥一般比河港码头要长，规模也大，故提出对大、中型油码头泡沫灭火系统宜设固定式或半固定式系统。参考交通部《装卸油品码头防火设计规范》及国外有关企业油码头设计标准，对工厂大型油码头提出设置固定塔架式泡沫一水两用炮的要求，码头消防水往往难于计算，故提出最小消防水量的要求，以保安全。

第 7.10.3 条　是参考交通部标准《装卸油品码头防火设计规范》的有关内容编制的。

中华人民共和国国家标准

《石油化工企业设计防火规范》

GB50160—92

1999年局部修订条文

工程建设标准局部修订公告

第21号

国家标准《石油化工企业设计防火规范》GB50160—92由中国石化集团洛阳石油化工工程公司会同有关单位进行了局部修订，已经有关部门会审，现批准局部修订的条文，自一九九九年六月一日起施行，该规范中相应条文的规定同时废止。

中华人民共和国建设部

1999年3月17日

第一章　总　　则

第 1.0.2 条　本规范适用于以石油、天然气及其产品为原料的石油化工新建、扩建或改建工程的防火设计。

第三章　区域规划与工厂总体布置

第一节　区域规划

第 3.1.7 条　石油化工企业与相邻工厂或设施的防火间距，不应小于表 3.1.7 的规定。

防火间距的起止点，应符合本规范附录六的规定。

高架火炬的防火距离，应经辐射热计算确定；对可能携带可燃液体的高架火炬的防火距离，并不应小于表 3.1.7 的规定。

石油化工企业与相邻工厂或设施的防火间距　表 3.1.7

防火间距（m）　石油化工企业生产区 / 相邻工厂或设施	液化烃罐组	可能携带可燃液体的高架火炬	甲、乙类工艺装置或设施
居住区、公共福利设施、村庄	120	120	100
相邻工厂（围墙）	120	120	50
国家铁路线（中心线）	55	80	45
厂外企业铁路线（中心线）	45	80	35
国家或工业区铁路编组站（铁路中心线或建筑物）	55	80	45
厂外公路（路边）	25	60	20
变配电站（围墙）	80	120	50
架空电力线路（中心线）	1.5 倍塔杆高度	80	1.5 倍塔杆高度
Ⅰ、Ⅱ级国家架空通信线路（中心线）	50	80	40
通航江、河、海岸边	25	80	20

注：①括号内指防火间距起止点。
②当相邻设施为港区陆域、重要物品仓库和堆场、军事设施、机场等，对石油化工企业的安全距离有特殊要求时，应按有关规定执行。
③丙类工艺装置或设施的防火距离，可按甲、乙类工艺装置或设施的规定减少 25%。

[注] 局部修订条文中标有黑线的部分为修订的内容，以下同。

【说明】　一、高架火炬的防火距离一般根据人或设备允许的最大辐射热强度计算确定，但排放的可燃气体中如果携带可燃液体，则可能因不完全燃烧而产生火雨。据调查，火炬火雨洒落范围约为 60m 至 90m，而经辐射热计算确定的防火距离比此范围小，因此，为了确保安全，对此类高架火炬的防火距离作特别规定。

二、居住区、公共福利设施及村庄都是人员集中的场所，为了确保人身安全和减少与石油化工企业相互间的影响，规定了较大的防火间距，其中液化烃罐组至居住区、公共福利设施及村庄的防火间距采用了《建筑设计防火规范》（以下简称“建规”）的规定。

三、至相邻工厂：由于相邻工厂围墙内的规划与实施不可预见，故防火间距的计算从石油化工企业内距相邻工厂最近的设备、建（构）筑物起至相邻工厂围墙止。

四、与厂外企业铁路线、厂外公路、变配电站的防火间距，采用《建规》的规定。为了确保国家铁路线及国家或工业区编组站的安全，对此适当增加防火间距。

第二节　工厂总平面布置

第 3.2.11 条　石油化工企业总平面布置的防火间距，除另有规定外，不应小于表 3.2.11 的规定。工艺装置或设施（罐组除外）之间的防火距离，应按相邻最近的设备、建筑物或构筑物确定，其防火间距起止点应符合本规范附录六的规定。

高架火炬的防火距离，应经辐射热计算确定；对可能携带可燃液体的高架火炬的防火距离，并不应小于表 3.2.11 的规定。

【说明】　一、制定防火间距的原则和依据：

1. 防止或减少火灾的发生及发生火灾时工艺装置或设施间的相互影响。参考国外有关火灾爆炸危险范围的规定，将可燃液体敞口设备的危险范围定为22.5m，密闭设备定为15m。

2. 辐射热影响范围。根据天津消防科研所有关油罐灭火试验资料：5000m^{3}油罐火灾，距罐壁D（22.86m）、距地面H（13.63m）的测点，辐射热最大值为17710kJ/m^2.h，平均值为11556kJ/m^2.h；100m^{3}油罐火灾，距罐壁D（5.42m）、距地面H（5.51m）的测点，辐射热最大值为46055kJ/m^2.h，平均值为29810kJ/m^2.h。

3. 重要设施重点保护。对发生火灾可能造成全厂停产或重大人身伤亡的设施，均应重点保护，即使该设施火灾危险性较小，也需远离火灾危险性较大的场所，以确保其安全。如全厂性锅炉房、空压站、总变配电所、消防站、厂部办公楼、哺乳站、急救站等均需制定较大的防火间距。

4. 火灾几率及其影响范围。根据1954～1984年炼油厂较大火灾事例的统计分析，各类设施的火灾比例：工艺装置为69%、储罐为10%、铁路装卸栈台为5%、隔油池为3%、其他为13%。其中火灾比例较大的装置火灾一般影响范围约10m，而火灾比例较小的油罐、油池火灾影响范围较大，但邻罐被引燃者只有一例，且是在极特殊情况下发生的。详见表3.2.11-1工艺装置火灾实例和表3.2.11-2油罐火灾实例。

5. 消防能力及水平。石化企业在长期生产实践过程中，总结了丰富的消防经验，扑救工艺装置火灾有得力措施，尤其是油罐消防技术比较成熟，在设计上也提高了企业的整体消防能力和水平。因此，防火间距可根据消防能力的提高而适当减小。

6. 扑救火灾的难易程度。一般情况下，油罐、油池、油码头的火灾、工艺装置重大火灾爆炸事故扑救较困难，其他设施的火灾比较容易扑救。

7. 节约用地。我国农业用地日趋减少，是当前极为突出的矛盾，因此，在满足防火要求的前提下，减少占地是工程建设的基本要求之一。

8. 与国际接轨。在结合我国国情、满足安全生产要求的基础上，参考国外有关标准，吸取先进技术和成功经验。

二、制定防火间距的基本方法。组成石化企业的设施种类繁多，各有其特点，因此，在制定防火间距时，首先对主要设施（如工艺装置、储罐、明火及重要设施）之间进行分析研究，确定其防火间距，然后以此为基础对其他设施进行对照，再综合分析比较，逐一制定防火间距。其中，对建筑物之间的防火距离，本规范未作规定的均按《建规》执行。

三、与国外有关标准的对比：本规范的防火间距与国外有关标准规定的防火间距大致相同或近似，略小者约占40%，相同者约占47%，大者约占13%（主要是高架火炬）。

四、执行本规范表3.2.11时，需注意以下问题：

1. 表内防火间距只适用于工厂内工艺装置或设施之间，工艺装置或设施内平面布置防火间距不按此表执行。

2. 工艺装置或设施之间的防火距离，无论相互间有无围墙，均以装置或设施相邻最近的设备或建（构）筑物作为起止点。防火间距起止点的规定见本规范附录六。

3. 工艺装置（设备、生产厂房、库房）防火间距的含义：

（1）工艺装置的火灾危险性类别是指装置内设备、生产厂房或库房的火灾危险性类别。

（2）装置之间或装置与设施之间的防火间距，均以相邻最近的装置内设备、生产厂房或库房的火灾危险性类别确定其防火间距。附录五中工艺装置或装置内生产单元的火灾危险性分类举例，仅适用于总体设计阶段、装置平面布置尚未确定之前。

五、与液化烃、可燃气体或可燃液体罐组的防火间距，均以相邻最近的最大单罐容积确定。因罐组内火灾的影响范围取决于单罐容积的大小，大者影响范围大，小者影响范围小。国外标准也以单罐为准。

六、与码头装卸设施的防火间距，均以相邻最近的装卸油臂或油轮停靠的泊位确定。

七、与液化烃或可燃液体铁路装卸设施的防火间距，均以相邻最近的铁路装卸线（中心线）、泵房或零位罐等确定。

八、与液化烃或可燃液体汽车装卸台的防火间距，无论相互间有无围墙，均以相邻最近的装卸鹤管、泵房或计量罐等确定。

九、与高架火炬的防火间距，即使火炬筒附近设有分液罐等，均以火炬筒中心确定。火炬之间无防火间距要求，只要考虑风向、火焰长度等合理布置，不影响火炬检修即可。

十、与污水处理场（无盖隔油池）的防火间距，指与污水处理场内距无盖隔油池的防火间距，与污水处理场内其他设备或建（构）筑物的防火间距，在表 3.2.11 注⑩中有说明。

工艺装置火灾实例 **表 3.2.11-1**

序号	装置名称	火灾原因及情况	影响范围
1	减粘	减粘塔清焦，错开邻塔阀门，塔内 450℃油流出起火，着火时间为 20min	相距 6.5m 的常压蒸馏装置打循环
2	常减压	操作不当造成一容器放空管排带油气体，落到未保温的减压渣油热管上起火	邻近塔的上部油漆烤坏
3	热裂化	分馏塔至开工循环泵的管道腐蚀、爆开、裂口 30cm，喷油起火，火焰高 30m 以上，着火时间 20min	周围无损失
4	焦化联合装置	焦化炉一弯头漏油着火，蒸汽灭火时因蒸汽带油，火势加大	焦化装置停工，常减压装置打循环
5	常减压联合装置	常压塔、减压塔之间的容器液面计失灵，放空管喷油，遇热渣油管道起火，时间为 15min	周围无损失
6	西蒸馏	常压炉管破裂，炉膛起火，油排不出，炉管内 12t 油在炉内全部烧完，着火 3h 后炉毁	相距 18.5m 的重柴油罐未波及
7	白土精制	处理变压器油的板框过滤机漏油，遇高温蒸汽管道起火，板框烧毁，屋顶混凝土板烧裂	室外无影响
8	裂化	塔的开口与阀门之间有裂缝，热油喷出起火，着火时间为 1h	周围影响不大

油罐火灾实例 **表 3.2.11-2**

序号	油品	油罐型式	罐容（m^3）	火焰高度（m）	影响范围
1	原油	半地下砖罐	15000	50～60	距 8m 邻罐被烤热，未引燃（有水冷却）
2	重油	地上	500		距 3m 邻罐无影响
3	原油	地上	400	13	下风向 10m 处邻罐被烤热，未引燃
4	重油	地上	300	很高	距 2m 邻罐无影响
5	汽油	地上	300	13	距 4m 轻柴油罐无影响
6	轻污油	地上	300	罐旁油沟起火 60m 高	距 4m 轻污油罐 7～8min 内被烤燃
7	轻柴油	地上	5000	23	距 20m 的 5000m^3 罐无影响（有防护墙）
8	轻柴油	地上	300	12	距 2.8m 的 300m^3 轻柴油罐无影响
9	原油	地下混凝土罐	2000	15	距 10m 的水泵房被烤热后着火，距 14.6m 的 5 台槽车变形，距 26.4m 的轻柴油罐未引燃，距 45～50m 的板房及危险品库无影响

石油化工企业总平面布置的防火间距　　表 3.2.11

项目 \ 防火间距（m） \ 项目	工艺装置（设备、生产厂房、库房）甲	工艺装置 乙	工艺装置 丙	全厂性重要设施	明火及散发火花地点	地上可燃液体储罐 甲$_B$、乙类固定顶 >5000m³	甲$_B$、乙类固定顶 >1000m³至5000m³	甲$_B$、乙类固定顶 >500m³至1000m³	甲$_B$、乙类固定顶 ≤500m³或卧式罐	浮顶或丙类固定顶 >5000m³	浮顶或丙类固定顶 >1000m³至5000m³	浮顶或丙类固定顶 >500m³至1000m³	浮顶或丙类固定顶 ≤500m³或卧式罐	液化烃储罐 全压力式储存 >1000m³	全压力式储存 >100m³至1000m³	全压力式储存 ≤100m³	液化烃储罐 全冷冻式储存	可燃气体储罐>1000m³至50000m³	液化烃及甲$_B$、乙类液体 码头装卸油区	汽车装卸站	铁路装卸设施 槽车洗罐站	灌装站 液化烃	灌装站 甲$_B$、乙类液体及可燃与助燃气体	甲类物品库（棚）或堆场	罐区甲、乙类泵或泵房（包括加铅、添加剂设施及其专用变配电室）	污水处理厂（无盖隔油池）	铁路走行线（中心线）、道路（路面边）及产品原料运输	附注
工艺装置（设备、生产厂房、库房） 甲	30/25	—	—																									②③④
工艺装置（设备、生产厂房、库房） 乙	25/20	20/15	—																									
工艺装置（设备、生产厂房、库房） 丙	20/15	15/10	10																									
全厂性重要设施	35	30	25																									⑤
明火及散发火花地点	30	25	20																									
地上可燃液体储罐 甲$_B$、乙类固定顶 >5000m³	50	40	35	50	40	见表 5.2.7																						
地上可燃液体储罐 甲$_B$、乙类固定顶 >1000m³ 至 5000m³	40	35	30	40	35																							
地上可燃液体储罐 甲$_B$、乙类固定顶 >500m³ 至 1000m³	30	25	20	35	30																							
地上可燃液体储罐 甲$_B$、乙类固定顶 ≤500m³ 或卧式罐	25	20	15	30	25																							
地上可燃液体储罐 浮顶或丙类固定顶 >5000m³	35	30	25	35	30																							①④
地上可燃液体储罐 浮顶或丙类固定顶 >1000m³ 至 5000m³	30	25	20	30	25																							
地上可燃液体储罐 浮顶或丙类固定顶 >500m³ 至 1000m³	25	20	15	25	20																							
地上可燃液体储罐 浮顶或丙类固定顶 ≤500m³ 或卧式罐	20	15	10	20	15																							
液化烃储罐 全压力式储存 >1000m³	60	55	50	70	60	50	40	35	30	40	35	30	25	见表 5.3.3														
液化烃储罐 全压力式储存 >100m³ 至 1000m³	50	45	40	60	50	45	35	30	25	35	25	20	15															
液化烃储罐 全压力式储存 ≤100m³	40	35	30	45	40	40	30	25	20	30	20	15	10															
液化烃储罐 全冷冻式储存	60	55	50	70	60	30	30	30	30	30	30	30	30	30	30	30												
可燃气体储罐 >1000m³ 至 50000m³	25	20	15	30	30	30	25	20	15	20	15	10	8	40	30	25	40											④⑥

项目 \ 防火间距（m） \ 项目		工艺装置（设备、生产厂房、库房）甲	工艺装置（设备、生产厂房、库房）乙	工艺装置（设备、生产厂房、库房）丙	全厂性重要设施	明火及散发火花地点	地上可燃液体储罐 甲B、乙类固定顶 >5000 m^3	甲B、乙类固定顶 >1000 m^3 至 5000 m^3	甲B、乙类固定顶 >500 m^3 至 1000 m^3	甲B、乙类固定顶 ≤500 m^3 或卧式罐	浮顶或丙类固定顶 >5000 m^3	浮顶或丙类固定顶 >1000 m^3 至 5000 m^3	浮顶或丙类固定顶 >500 m^3 至 1000 m^3	浮顶或丙类固定顶 ≤500 m^3 或卧式罐	液化烃储罐 全压力式储存 >1000 m^3	全压力式储存 >100 m^3 至 1000 m^3	全压力式储存 ≤100 m^3	全冷冻式储存	可燃气体储罐 >1000 m^3 至 50000 m^3	液化烃及甲B、乙类液体 码头装卸油区	汽车装卸站	铁路装卸设施槽车洗罐站	灌装站 液化烃	灌装站 甲B、乙类液体及可燃与助燃气体	甲类物品库（棚）或堆场	罐区甲、乙类泵或泵房（包括加铅、添加剂设施及其专用变配电室）	污水处理厂（无盖隔油池）	铁路走行线（中心线）及产品运输道路（路面边）、原料	附注
液化烃及甲B、乙类液体	码头装卸油区	35	30	25	40	35	50	40	35	30	40	35	30	25	55	45	40	55	25	—									
	汽车装卸站	25	20	15	30	25	25	20	15	10	20	15	12	10	45	35	30	45	15	20	—								
	铁路装卸设施、槽车洗罐站	30	25	20	35	30	25	20	15	10	20	15	12	10	50	40	35	50	20	25	15	10							④⑦
灌装站	液化烃	30	25	20	35	30	35	30	25	20	25	20	17	15	45	40	35	45	20	30	20	25	—						
	甲B、乙类液体及可燃与助燃气体	25	20	15	30	25	30	25	20	15	20	15	12	10	40	35	30	40	15	25	15	20	—	—					
甲类物品库（棚）或堆场		30	25	20	35	30	35	30	25	20	25	20	15	10	60	50	40	60	20	35	25	30	30	25	—				④⑧
罐区甲、乙类泵或泵房（包括加铅、添加剂设施及其专用变配电室）		20	15	10	20	15	20	15	12	10	15	12	10	8	35	30	25	35	15	15	10	12	25	20	20	—			④⑨
污水处理场（无盖隔油池）		30	25	20	35	30	30	25	20	20	25	20	20	20	40	35	30	40	25	40	25	30	30	25	30	20	—		④⑩
铁路走行线（中心线）、原料及产品运输道路（路面边）		15	10	10	—	—	20	15	12	10	15	12	10	10	25	20	15	25	10	10	10	15（10）	10	10	10	10	10		⑪
可能携带可燃液体的高架火炬		90	90	90	90	60	90	90	90	90	90	90	90	90	90	90	90	90	90	90	90	90	90	90	90	60	90	50	⑫
厂围墙（中心线）		10	8	6	—	—	10	10	10	10	10	10	10	10	10	10	10	10	10	10	6	8	10	10	10	8	10	—	

注：①罐组与其他设施的防火间距按相邻最大罐容积确定。

②防火间距应按相邻设备、建筑物的火灾危险性类别确定，分子适用于石油化工装置，分母适用于炼油装置。

③当一个装置的成品直接进入另一个装置时，两个装置的防火间距可减小，但不应小于 15m，丙类之间不应小于 10m。联合装置视同一个装置，其设备、建筑物的防火间距应按本规范第 4.2.1 条有关规定执行。工艺装置或装置内单元的火灾危险性分类举例见附录五。

④工艺装置或可能散发可燃气体的设施与工艺装置的明火加热炉相邻布置时，其防火间距应按与明火的防火间距确定。

⑤独立的分变电所、车间办公室等，可减少 25%（火炬除外）。

⑥单罐容积等于或小于 1000m^3，可减少 25%；大于 50000m^3，应增加 25%（火炬除外）。

⑦丙类液体，可减少 25%（火炬除外）。

⑧本项包括可燃气体、助燃气体的实瓶库。乙、丙类物品库（棚）和堆场可减少 25%；丙类可燃固体堆场可减少 50%（火炬除外）。

⑨罐组的专用泵（或泵房）均应布置在防火堤外，其与罐组的防火间距：甲$_A$类不应小于 15m；甲$_B$、乙类不应小于 12m；浮项、丙类不应小于 10m（对小于或等于 500m^3 的储罐不应小于 8m）。

⑩事故存液池的防火距离，可按污水处理场（无盖隔油池）的规定执行。污水处理场内污油罐的防火距离可减少 25%；污水处理场内污油泵（或泵房）的防火距离可减少 50%（火炬除外）；其他设备或构筑物防火距离不限。

⑪铁路走行线和原料及产品运输道路应布置在火灾爆炸危险区域之外。括号内数字适用于原料及产品运输道路。

⑫高架火炬的防火距离见第 3.2.11 条文字部分。

第 3.2.11A 条 采取以下防火措施时，防火距离可在表 3.2.11 规定的基础上适当减少：

一、当甲$_B$、乙类液体铁路装卸采用密闭装卸时，装卸设施的防火距离可减少 25%，但不应小于 10m；

二、当液化烃汽车装卸采取能防止液化烃就地排放的措施时，装卸设施的防火距离可减少 25%，但不应小于 10m；

三、当固定顶可燃液体储罐采用氮气密封时，其防火距离可按浮顶罐处理；

四、污水处理场的隔油池加盖，且设有半固定式灭火蒸汽系统时，其防火距离可减少 25%；

五、在加热炉等明火设备周围，若设有可燃气体浓度报警与蒸汽幕联锁设施时，其防火距离可减少 25%。

【说明】 铁路油品采用密闭装卸，设油气密闭回收系统，可防止或减少油气就地散发，极大地减少火灾爆炸事故发生的可能性。

液化烃汽车装卸采取氮气吹扫、连接软管两端设阀的措施，可防止或减少液化烃的就地排放，避免或减少此类火灾事故的发生。

可燃液体储罐采用氮气密封，既能防止油气与空气接触，又能避免油气向外扩散，对安全防火极为有利，其效果类似浮顶罐。

隔油池加盖后，可防止或减少油气的大量散发，隔油池内一旦起火，对周围影响较小，而且采用蒸汽灭火较为有效，这种情况下，其防火距离可以比无盖隔油池减小。

在明火设备周围设可燃气体浓度报警与蒸汽幕联锁设施，在第一次浓度报警时，可立即处理；若未及时处理，蒸汽幕会在可燃气体达到一定浓度后自动打开，能有效地防止火灾事故的发生。

第三节 厂内道路

第 3.3.5 条 工艺装置区、液化烃储罐区应设环形消防车道。可燃液体的储罐区、装卸区及化学危险品仓库区应设环形消防车道；当受地形条件限制时，也可设有回车场的尽头式消防车道。消防道路的路面宽度不应小于 6m，路面内缘转弯半径不宜小于 12m，路面上净空高度不应低于 5m。

【说明】 环形道路便于消防车从不同方向迅速接近火场，并有利于消防车的调度。但对于布置在山丘地区的可燃液体的储罐区、装卸区及化学危险品仓库区，因受地形条件限制，全部设置环形道路需开挖大量土石方，很不经济。因此，在局部困难地段，也可设能满足厂内最大消防车辆回车用场地的尽头式消防车道。

第四节 厂内铁路

第 3.4.4 条 在液化烃、可燃液体的铁路装卸区内，内燃机车至另一栈台的鹤管的距离应符合下列规定：

一、对甲、乙类液体鹤管，不应小于 12m；

二、对丙类液体鹤管，不应小于 8m。

可燃液体采用密闭装卸时，其防火距离可减少 25%。

第 3.4.8 条 在甲、乙、丙类液体的铁路装卸区内，两相邻栈台鹤管之间的距离，不应小于 10m；但装卸丙类液体的两相邻栈台鹤管之间的距离，不应小于 7m。

可燃液体采用密闭装卸时，其防火距离可减少 25%。

第四章 工艺装置

第二节 装置内布置

第 4.2.1 条 设备、建筑物平面布置的防火间距，除本规范另有规定外，不应小于表 **4.2.1** 的规定。

【说明】 确定本规范表 4.2.1 的项目和防火间距的主要原则和依据如下：

一、与本规范第二章“可燃物质的火灾危险性分类”相协调。

二、与我国有关爆炸危险场所电力设计规范的下列规定相协调：

设备、建筑物平面布置的防火间距（m）

表 4.2.1

项目		液化烃和可燃液体类别	可燃气体类别	控制室、变配电室、化验室、办公室、生活间	明火设备	介质温度低于自燃点的工艺设备：可燃气体压缩机或压缩机房		装置储罐			其他工艺设备或其房间			介质温度等于或高于自燃点的工艺设备：内隔热衬里反应设备	其他工艺设备或其房间
液化烃和可燃液体类别				—	—	—	—	甲$_A$	甲$_B$、乙$_A$	乙$_B$、丙$_A$	甲$_A$	甲$_B$、乙$_A$	乙$_B$、丙$_A$	—	—
可燃气体类别				—	—	甲	乙	—	甲	乙	—	甲	乙	—	—
控制室、变配电室、化验室、办公室、生活间		—	—	—											
明火设备		—	—	15	—										
介质温度低于自燃点的工艺设备①	可燃气体压缩机或压缩机房②	—	甲	15	22.5	—									
		—	乙	9	9	—	—								
	装置储罐③	甲$_A$	—	22.5	22.5	15	9	—	—	—					
		甲$_B$、乙$_A$	甲	15	15	9	7.5	—	—	—					
		乙$_B$ 丙$_A$	乙	9	9	7.5	7.5	—	—	—					
	其他工艺设备或其房间	甲$_A$	—	15	22.5	9	7.5	9	9	7.5	—	—	—		
		甲$_B$、乙$_A$	甲	15	15	9	—	9	9	7.5	—	—	—		
		乙$_B$、丙$_A$	乙	9	9	7.5	—	7.5	7.5	—	—	—	—		
介质温度等于或高于自燃点的工艺设备	内隔热衬里反应设备	—	—	15	4.5	9	7.5	22.5	15	9	9	7.5	4.5	—	
	其他工艺设备或其房间	—	—	15	4.5	9	4.5	15	9	9	7.5	4.5	—	7.5	—

注：①查不到自燃点时，可取250℃。

②单机驱动功率小于150kW的可燃气体压缩机，可按介质温度低于自燃点的“其他工艺设备”确定其防火间距。

③装置储罐的最大容积，应符合本规范第4.2.28条的规定。当单个液化烃储罐的容积小于50m³、可燃液体储罐小于100m³、可燃气体储罐小于200m³时，可按介质温度低于自燃点的“其他工艺设备”确定其防火间距。

④含可燃液体的水池、隔油池等，可按介质温度低于自燃点的“其他工艺设备”确定其防火间距。

⑤对丙$_B$类液体设备的防火间距不限。

⑥设备的火灾危险类别，应按其处理、储存或输送物质的火灾危险性类别确定；房间的火灾危险性类别，应按房间内火灾危险性类别最高的设备确定。

1. 释放源，即可能释放出形成爆炸性混合物所在的位置或点。

2. 爆炸危险场所范围为15m。

三、吸取国外有关标准的适用部分。本规范表4.2.1的项目和防火间距，与大部分国外工程公司的有关防火和布置规定基本一致。

四、充分考虑装置内火灾的影响距离和可燃气体的扩散范围（可能形成爆炸性气体混合物的范围）。

1. 装置内火灾的影响距离约10m。

2. 可燃气体的扩散范围：

(1) 正常操作时，甲、乙$_A$类工艺设备周围3m左右。

(2) 液化烃泄漏后，可燃气体的扩散范围一般为10～30m。

(3) 甲$_B$、乙$_A$类液体泄漏后，可燃气体的扩散范围为10～15m。

(4) 介质温度等于或高于其闪点的乙$_B$、丙类液体泄漏后，可燃气体的扩散范围一般不超过10m。

(5) 氢气的水平扩散距离一般不超过10m。

3.《英国石油工业防火规范的报告》：汽油风洞试验，油气向下风侧的扩散距离为12m。

五、确定项目的依据：

1. 点火源。点火源主要有明火、高温表面、电气火花、静电火花、冲击和摩擦、绝热压缩、化学反应及发热自燃等。根据石油化工企业工艺装置的实际情况，在确定规范表4.2.1的项目时，主要考虑明火、高温表面和电气火花，故在表中列入下列设备或建筑物：

(1) 明火设备。

(2) 控制室、变配电室、化验室，办公室和生活间既是建筑物，又是人员集中场所，与控制室、变配电室、化验室等的防火要求相同，故合并为一项。

(3) 介质温度等于或高于自燃点的设备。内隔热衬里反应设备不正常运行时，局部外表面温度可能高达250℃以上，与介质温度等于或高于自燃点的其他设备的防火要求不同，故又将这一项分成了两小项。

2. 释放源。根据有关爆炸危险场所电力设计规范中对于释放源的规定，结合石油化工企业工艺装置的实际情况，根据不同的防火要求，将可能形成释放源的介质温度低于自燃点的设备分成了三类。

六、表4.2.1的可燃物质类别和防火间距补充说明如下：

1. 甲$_B$、乙$_A$类液体和甲类气体及介质温度等于或高于其闪点的乙、丙类液体为释放源，其与明火或与有电气火花的地点的最小防火间距，与爆炸危险场所范围相协调，定为15m。

2. 甲$_A$类液体，即液化烃，其蒸汽压高于甲$_B$、乙$_A$类液体，事故分析也证明，其危险性也较甲$_B$、乙$_A$类液体大，其与明火设备的最小防火间距定为22.5m（15m的1.5倍）。

3. 乙$_B$、丙$_A$类液体和乙类气体，不是释放源，但因轻柴油、重柴油、芥子油、氯乙醇、苯甲醛、甲酸等大宗物质的闪点都在60℃上下，易受外界影响而形成释放源，故也规定了其与明火或有电火花的地点的最小防火间距为9m。

4. 丙$_B$类液体，闪点高于120℃，既不是释放源，也不易受外界影响而超过其闪点，故未规定这类设备的防火间距。在设计上，可只考虑其他方面的间距要求。

5. 介质温度等于或高于自燃点的工艺设备，一旦泄漏，立即燃烧，故不作为释放源，其与明火设备的间距只考虑消防的要求。

第4.2.4条 本条删除

第4.2.10条 设备宜露天或半露天布置，并宜缩小爆炸危险区域的范围。爆炸危险区域的范围，应按现行国家标准《爆炸和火灾危险环境电力装置设计规范》的规定执行。

受工艺特点或自然条件限制的设备，可布置在建筑物内。

【说明】 露天或半露天布置设备，不仅是为了节省投资，更重要的是为了安全。因为露天或半露天，可燃气体便于扩散。"受自然条件限制"系指建厂地区是属于严寒地区。《采暖通风与空气调节设计规范》GBJ19—87中规定：累年最冷月平均温度即冬季通风室外计算温度低于或等于－10℃的地区，或风沙大、雨雪多的地区，工艺装置的转动机械、设备，例如套管结晶机、真空过滤机、压缩机、泵等因受自然条件限制的设备，可布置在室内。

“工艺特点”系指生产过程的需要，例如化纤设备不能露天或半露天布置。

第 4.2.19 条 装置的控制室不得与设有甲、$乙_A$类设备的房间布置在同一建筑物内；若必须布置在同一建筑物内时，控制室应用防火墙与上述房间隔开，防火墙的耐火等级应为一级。其他可能产生火花的房间与上述房间相邻时，其门窗之间的距离应按现行国家标准《爆炸和火灾危险环境电力装置设计规范》的有关规定执行。

第 4.2.21 条 装置的控制室、变配电室、化验室的布置，应符合下列规定：

一、控制室、变配电室宜设在建筑物的底层，若生产需要或受其他条件限制时，可将控制室、变配电室布置在第二层或更高层；

二、在可能散发比空气重的可燃气体的装置内，控制室、变配电室、化验室的室内地面，应至少比室外地坪高 0.6m；

三、控制室朝向具有火灾危险性的设备侧的外墙，应为无门窗、洞口的非燃烧材料实体墙；

四、控制室或化验室的室内，不得安装可燃气体、液化烃、可燃液体的在线分析一次仪表。当上述仪表安装在控制室、化验室的相邻房间内时，中间隔墙应为防火墙。

【说明】 第二款规定的“高 0.6m”是爆炸危险场所附加二区的高度范围，附加二区的水平范围是 15m 至 30m。

第 4.2.23 条 两个及两个以上联合装置或装置共用的控制室，距甲、乙类或明火设备不应小于25m；距丙类设备不应小于 15m。

第 4.2.24 条 可燃气体压缩机的布置及其厂房的设计，应符合下列规定：

一、可燃气体压缩机，宜布置在敞开或半敞开式厂房内；

二、单机驱动功率等于或大于 150kW 的甲类气体压缩机厂房，不宜与其他甲、乙、丙类房间共用一幢建筑物；压缩机的上方，不得布置甲、乙、丙类设备，但自用的高位润滑油箱不受此限；

三、比空气轻的可燃气体压缩机半敞开式或封闭式厂房的顶部，应采取通风措施；

四、比空气轻的可燃气体压缩机厂房的楼板，宜部分采用箅子板；

五、比空气重的可燃气体压缩机厂房的地面，不宜设地坑或地沟。厂房内应有防止气体积聚的措施。

【说明】 一、可燃气体压缩机是容易泄漏的旋转设备，为避免可燃气体积聚，故推荐布置在敞开或半敞开厂房内。

二、单机驱动功率等于或大于 150kW 的甲类气体压缩机是贵重设备，其压缩机房是危险性较大的厂房，单独布置可便于重点保护并避免相互影响，减少损失。

第 4.2.25 条 液化烃泵、可燃液体泵，宜露天或半露天布置。若在室内布置时，液化烃泵、可燃液体泵的布置及其泵房的设计，应符合下列规定：

一、液化烃泵、操作温度等于或高于自燃点的可燃液体泵、操作温度低于自燃点的可燃液体泵，应分别布置在不同房间内，各房间之间的隔墙应为防火墙；

二、操作温度等于或高于自燃点的可燃液体泵房的门窗与操作温度低于自燃点的$甲_B$、$乙_A$类可燃液体泵房的门窗或液化烃泵房的门窗的距离，不应小于 4.5m；

三、甲、乙$_A$类液体泵房的地面，不宜设地坑或地沟。泵房内应有防止可燃气体积聚的措施；

四、在液化烃泵房、等于或高于自燃点的可燃液体泵房的上方，不应布置甲、乙、丙类缓冲罐等容器；

五、液化烃泵不超过两台时，可与操作温度低于自燃点的可燃液体泵同房间布置。

【说明】 介质温度等于或高于自燃点的可燃液体泵液体泄漏后即自燃，是潜在的点火源。液化烃泵泄漏的可能性及泄漏后挥发的可燃气体量都大于介质温度低于自燃点的可燃液体泵，故需布置在不同房间内。

第 4.2.28 条 在装置正常生产过程中，不直接参加工艺过程，但又需要紧靠装置设置的某些原料或成品等装置储罐，当其总容积：液化烃罐不大于 100m^3、可燃气体或可燃液体罐不大于 1000m^3 时，其与设备、建筑物的防火间距应按表 4.2.1 确定；当其总容积：液化烃罐大于 100m^3 且小于 300m^3、可燃液体罐大于 1000m^3 且小于 3000m^3、可燃气体罐大于 1000m^3 且小于 5000m^3 时，可在装置附近集中布置，其与装置的防火间距不应小于表 4.2.28 的规定。装置储罐之间的防火间距，应符合本规范第五章的有关规定。

装置储罐与装置的防火间距（m）　表 4.2.28

储罐类别 / 装置类别	液化烃	可燃液体		可燃气体
	甲$_A$	甲$_B$、乙	丙	甲、乙
甲	30	25	20	
乙	25	20	15	15
丙	20	15	15	

【说明】 工艺装置是石油化工企业生产的核心，生产条件苛刻，危险性较大。装置储罐是为了平衡生产、产品质量检测或一次投入而需要在装置内设置的原料、产品或其他专用储罐。为尽可能地减少影响装置生产的不安全因素，减少灾害程度，装置储罐的储量不宜过大。

第四节　泄压排放

第 4.4.4 条 可燃气体、可燃液体设备的安全阀出口的连接，应符合下列规定：

一、可燃液体设备的安全阀出口泄放管，应接入储罐或其他容器；泵的安全阀出口泄放管，宜接至泵的入口管道、塔或其他容器；

二、可燃气体设备的安全阀出口泄放管，应接至火炬系统或其他安全泄放设施；

三、泄放后可能立即燃烧的可燃气体或可燃液体，应经冷却后接至放空设施；

四、泄放可能携带腐蚀性液滴的可燃气体，应经分液罐后接至火炬系统。

第五节　耐火保护

第 4.5.1 条 下列承重钢框架、支架、裙座、管架，应覆盖耐火层：

一、单个容积等于或大于 5m^3 的甲、乙$_A$类液体设备的承重钢框架、支架、裙座；

二、介质温度等于或高于自燃点的单个容积等于或大于 5m^3 的乙$_B$、丙类液体设备承重钢框架、支架、裙座；

三、加热炉的钢支架；

四、在爆炸危险区范围内的主管廊的钢管架；

五、在爆炸危险区范围内的高径比等于或大于 8，且总重量等于或大于 25t 的非可燃介质设备的承重钢框架、支架和裙座。

第 4.5.2 条 承重钢框架、支架、裙座、管架的下列部位，应覆盖耐火层：

一、设备承重钢框架：单层框架的梁、柱；多层框架的楼板为透空的蓖子板时，地面以上 10m 范围的梁、柱；多层框架的楼板为封闭式楼板时，该层楼板面以上的梁、柱；

二、设备承重钢支架或加热炉钢支架：全部梁、柱；

三、钢裙座外侧未保温部分及直径大于 1.2m 的裙座内侧；

四、钢管架：底层主管带的梁、柱，且不宜低于 4.5m；上部设有空气冷却器的管架，其全部梁柱及斜撑均应覆盖耐火层。

第 4.5.3 条 涂有耐火层的构件，其耐火极限不应低于 1.5h。当耐火层选用防火涂料时，应采用厚型无机并能适用于烃类火灾的防火涂料。

【说明】 无耐火保护层的钢柱，其耐火极限只有 0.25h 左右，在火灾中很容易因强度降低而坍塌。承重钢结构覆盖耐火层后，在一般火灾事故中其强度保持时间能得到有效延长，可避免产生二次灾害。对耐火层的覆盖范围和耐火极限，说明如下：

一、覆盖范围。本节所规定的覆盖范围是根据我国的生产实践和防火涂料的性能等具体情况，参考国外标准确定的。

二、耐火极限。耐火层的耐火极限，国内、外有关标准一般规定为 1.5h，本规范也采用这个数值。

三、薄型有机防火涂料用于室外耐候性差，易老化、起皮，在高温火焰烧烤发泡过程中易产生烟雾和有害气体，并且在潮湿环境中不易发泡，故规定采用厚型无机防火涂料。

标准火灾（即建筑火灾）与烃类火灾的主要区别是升温曲线不同，标准火灾的升温曲线，在 30min 时的火焰温度约 700～800℃；而烃类火灾的升温曲线，在 10min 时的火焰温度便达到 1000℃。石化企业的火灾绝大多数是烃类火灾，因此，选用的防火涂料应能适用于烃类火灾。

第六节 其他要求

第 4.6.5 条 有可燃液体设备的多层建筑物或构筑物的楼板，应采取防止可燃液体渗漏至下层的措施。

第五章 储运设施

第一节 一般规定

第 5.1.4 条 在可能泄漏甲类气体和液体的场所内，应设可燃气体报警器。

【说明】 本条是根据国外经验和国内近十年来的石油化工企业的事故教训制订的。例如某厂催化车间气分装置的丙烷抽出线焊口开裂，造成特大爆炸火灾事故；某厂液化石油气罐区管道泄漏出大量液化石油气，直到天亮才被发觉，因附近无明火，未酿成更大事故；某厂液化石油气球罐区因在脱水时违反操作规程，造成大量液化石油气进入污水池而酿成火灾爆炸和人身伤亡事故。这些事故若能及早发现并采取措施，就可能避免火灾和爆炸，减小事故的危害程度。因此，在可能泄放可燃气体的设备区，设置一定数量的可燃气体检测报警装置，可及时得到危险信号并采取措施，以防止火灾爆炸事故的发生。

第二节 可燃液体的地上储罐

第 5.2.5 条 罐组的总容积，应符合下列规定：

一、固定顶罐组的总容积，不应大于 $120000m^3$；

二、浮顶、内浮顶罐组的总容积，不应大于 $600000m^3$。

【说明】 罐组的总容积是根据我国目前石化企业实际情况确定的，随着企业规模的扩大及原油进口量的增加，由 $50000m^3$ 和 $100000m^3$ 储罐组成的罐组已有建成使用，且罐组自动控制水平及消防设施近年来亦有很大提高。《石油库设计规范》GBJ74—84（修订本）第 4.1.1 条规定：单罐容量大于 50000m³ 浮顶或内浮顶储罐，一个罐组内的总容积不应大于 500000m³。若采用单罐容积为 100000m³ 的储罐时，仅能选用五台，其罐组平面布置不对称，占地不尽合理，空罐罐位的面积也不利使用，故规定不应大于 600000m³。

第 5.2.6 条 罐组内单罐容积大于或等于 10000m³ 的储罐个数不应多于 12 个；单罐容积小于 10000m³ 的储罐个数不应多于 16 个；但单罐的容积均小于 1000m³ 储罐，以及丙$_B$ 类液体储罐的个数不受此限。

【说明】 储罐组内的储罐个数愈多，发生火灾的几率愈大。为了控制火灾范围和火灾损失，本条对储罐组内的储罐个数作了限制，但容积小于 1000m³ 的储罐在发生火灾时较易扑救，丙$_B$ 类液体储罐不易发生火灾，所以，对这两种情况不加限制。

第 5.2.7 条 罐组内相邻可燃液体地上储罐的防火间距，不应小于表 5.2.7 的规定。

罐组内相邻可燃液体地上储罐的防火间距　　表 5.2.7

防火间距 \ 储罐型式 液体类别	固定顶罐 ≤1000m³	固定顶罐 >1000m³	浮顶罐、内浮顶罐	卧罐
甲$_B$、乙类	0.6D(固定式消防冷却) 0.75D(移动式消防冷却)	0.6D	0.4D	0.8m
丙$_A$ 类	0.4D，但不宜大于 15m		—	
丙$_B$ 类	2m	5m	—	

注：①表中 D 为相邻较大罐的直径，单罐容积大于 1000m³ 的储罐取直径或高度的较大值。
②储存不同类别液体的或不同型式的相邻储罐的防火间距，应采用本表规定的较大值。
③高架罐的防火间距，不应小于 0.6m。
④现有浅盘式内浮顶罐的防火间距同固定顶罐。

【说明】 储罐区占地大，管道长，故在保证安全的前提下罐间距宜尽可能小，以节约占地和投资。储罐的间距主要根据下列因素确定：

一、储罐着火几率。根据过去油罐火灾的统计资料，建国后至 1976 年 8 月，储罐年火灾几率仅为 0.47‰。1982 年 2 月调查统计的油罐年火灾几率 0.448‰。多数火灾事故是在操作中不遵守安全规定或违反操作规程造成的。因此，只要提高管理水平，严格遵守各项安全制度和操作规程，就可以避免事故的发生，不能因为曾发生过若干次油罐火灾事故而将储罐间距增大。

二、储罐起火后，能否引燃相邻储罐爆炸起火，是由该罐破裂和液体溢出或淌出情况而定的。如果火灾中储罐顶盖掀开但罐体完好，且可燃液体未流出罐外，则一般不会引燃邻罐。如：东北某厂一个轻柴油罐着火历时 5h 才扑灭，相距约 2m 的邻罐并未被引燃；上海某厂一个油罐起火后烧了 20min，与其相距 2.3m 的油罐也未被引燃。实践证明，只要有冷却保护，因辐射热而烤爆或引燃邻罐的可能性不大。

三、消防操作要求：考虑对着火罐的扑救和对着火罐或邻罐的冷却保护等消防操作场地要求，不能将相邻罐靠得很近。消防人员用水枪冷却油罐时，水枪喷射仰角一般为 50～60°，冷却保护范围为 8～10m。泡沫发生器破坏时，消防人员需往着火罐上挂泡沫钩管。上述所需操作距离，0.4D 以上的距离均能满足要求。

四、0.4～0.6D 的罐间距要求在国内石化企业中已执行多年，证明是安全经济的。

五、储罐类型。浮顶罐罐内几乎不存在油气空间，散发出的可燃气体很少，火灾几率小，国内的生产实践和消防实验均证明，浮顶罐引燃后火焰不大，一般只在浮顶周围密封圈处燃烧，热辐射强度不高，无需冷却相邻储罐，对扑救人员在罐平台上的操作基本无威胁。例如：某厂曾有一个 5000m³ 和一个 10000m³ 浮顶罐着火，都是工人用手提泡沫灭火器扑灭的。所以，浮顶罐的防火间距可比固定顶罐适当缩小。

六、甲$_B$、乙类可燃液体一栏中取消“不宜大于 20m”，其理由是单罐向大容积发展，浮顶储罐 100000m³、50000m³ 已是新建原油罐组的常见的储罐，拱顶储罐也已向容积 30000m³ 以上发展，再限制 20m

上限已不合适。另外，在黄岛油库火灾中单罐容积较大时，储罐间距限定在 20m 已显示出偏小。

七、近年来，某些企业在改、扩建工程中，为了减少占地，储罐采用了细高的罐型，占地虽然有所减少，但不利于消防，为此提出用罐高与直径的较大值确定其防火间距。日本防火法规中也有类似的规定。

第 5.2.16 条 防火堤及隔堤，应符合下列规定：

一、防火堤及隔堤应能承受所容纳液体的静压，且不应渗漏；

二、立式储罐防火堤的高度，应为计算高度加 0.2m，其高度应为 1.0m 至 2.2m；卧式储罐防火堤的高度，不应低于 0.5m；

三、隔堤顶应比防火堤顶低 0.2m 至 0.3m；

四、管道穿堤处应采用非燃烧材料严密封闭；

五、在防火堤内雨水沟穿堤处，应设防止可燃液体流出堤外的措施；

六、应在防火堤的不同方位上设置两个以上的人行台阶或坡道，隔堤均应设置人行台阶。

【说明】 一、为了节约占地，防火堤及隔堤宜采用砖、石或混凝土结构。以防火堤高 1m 为例，砖、石防火堤占地可比土堤占地减少 71%～93%。

二、防火堤过高对操作、检修以及消防十分不利，若因地形限制，防火堤高于 2.2m 时，可做台阶形便于消防及操作。

三、与现行国家标准《石油库设计规范》的有关规定一致。

第 5.2.22 条 可燃液体的储罐宜设自动脱水器，并应设液位计和高液位报警器，必要时可设自动联锁切断进料装置。

【说明】 自动脱水器是近年来经生产实践证明比较成熟的新产品，能防止和减少油罐脱水时的油品损失和油气散发，有利于安全防火、节能、环保，减少操作人员的劳动强度。

第三节 液化烃、可燃气体、助燃气体地上储罐

第 5.3.2 条 液化烃储罐成组布置时，应符合下列规定：

一、全压力式或全冷冻式罐组内的储罐不应超过两排；罐组周围应设环形消防车道；

二、每组全压力式储罐的个数不应多于 12 个；全冷冻式储罐的个数不宜多于 2 个；

三、全压力式储罐组的总容积大于 $6000m^3$ 时，罐组内应设隔堤，隔堤内各储罐容积之和不宜大于 $6000m^3$。单罐容积等于或大于 $5000m^3$ 时，应每一个一隔。全冷冻式储罐组的储罐，应每一个一隔。隔堤应低于防火堤 0.2m；

四、不同储存方式的储罐不得布置在一个罐组内。

【说明】 一、《城镇燃气设计规范》GB50028 中将低温常压储罐命名为“全冷冻式储罐”，压力储罐命名为“全压力式储罐”，降温降压储罐命名为“半冷冻式储罐”。本规范液化烃的不同储存方式采用以上命名。

二、对全压力式储罐个数限制的根据：

1. 罐组内液化烃泄漏的几率，主要取决于储罐数量，数量越多，泄漏的可能性越大，与单罐容积大小无关，故需限制。

2. 国内引进的大型石化工厂内液化烃罐组的储罐个数均在 10 个以上，如某石化公司液化烃罐组内 $1000m^3$ 罐有 12 个 乙烯装置中间储罐组内有 13 个储罐。某石油化工厂新建液化烃罐组内设有 9 个 $2000m^3$ 储罐。

三、对全冷冻式储罐个数限制的根据：

《Design and Construction of LPG Installations》（API Std2510

1995 年版）(以下简称 API2510）第 9.3.5.3 条规定："两个具有相同基本结构的储罐可置于同一围堤内。在两个储罐间设隔堤，隔堤的高度应比周围的围堤低 1ft。围堤内的容积应考虑该围堤内和除其他容器或储罐占有的容积后，至少为最大储罐容积的 100%"。

四、NFPA58（1992 年版）第 9.3.4 条规定"低温液化石油气储罐不能与易燃液体储罐一起安装在封闭的围堤内，或与不需低温储存的液化石油气压力储罐安装在一起"。API2510（1995 年版）第 9.3.2 条规定："低温液化石油气储罐不应布置在建筑物内，不应在 NFPA30 规定的其他易燃或可燃液体储罐流出物防护区域内，且不应在压力储罐的流出物防护区域内。

第 5.3.3 条 液化烃、可燃气体、助燃气体的罐组内，储罐的防火间距不应小于表 5.3.3 的规定。

液化烃、可燃气体、助燃气体的罐组内储罐的防火间距　表 5.3.3

类别 \ 防火间距 \ 储罐型式		球罐	全冷冻式储罐	卧罐	水槽式气柜	干式气柜
液化烃 全压力式储罐	有事故排放至火炬的措施	0.5D		1.0D 且不宜大于 1.5m		
	无事故排放至火炬的措施	1.0D				
液化烃	全冷冻式储罐		0.5D			
助燃气体		0.5D		0.65D 且不宜大于 1.5m		
可燃气体	水槽式气柜				0.5D	
	干式气柜					0.65D
	球罐	0.5D				

注：①D 为相邻较大储罐的直径。
②同一罐组内球罐与卧罐的防火间距，应采用较大值。
③液氨储罐间的防火间距要求应与液化烃储罐相同；液氧储罐间的防火间距应按现行国家标准《建筑设计防火规范》的要求执行。
④半冷冻式液化烃储罐的防火间距可按全压力式液化烃储罐的防火间距要求执行。

【说明】 一、液化烃压力储罐比常压甲$_B$类液体储罐安全。例如，某厂液化乙烯卧罐的接管管件不严，漏出的液化乙烯气化后，扩散至加热炉而燃烧并回火在泄漏部位燃烧。经打开放空火炬阀后，虽然燃烧一直持续到罐内乙烯全部烧光为止，但相邻 1.5m 处的储罐在水喷淋保护下却安全无事。又如，某厂动火检修液化石油气罐安全阀，由于切断阀不严，漏出液化石油气被引燃，火焰 2m 多高，只在泄漏处燃烧，没有引起储罐爆炸。可见：(1) 液化石油气罐因漏气而着火的火焰并不大；(2) 罐内为正压，空气不能进入，火焰不会窜入罐内而引起爆炸；(3) 对邻罐只要有冷却水保护就不会使事故扩大。

二、全冷冻式储罐防火间距参照 NFPA58（1992 年版）第9.3.6 条："若容积大于或等于 265m^3，其储罐间的间距至少为大罐直径的一半"；API2510 第 9.3.1.2 条规定："低温储罐间距取较大罐直径的1/2"。

三、可燃气体干式气柜的防火间距，与现行国家标准（建筑设计防火规范》第 4.5.2 条相协调。

第 5.3.7 条 低温液氨储罐应设防火堤，堤内有效容积应为一个最大储罐容积 60%。

【说明】 参考美国凯洛格公司标准的规定。石油化工企业引进合成氨厂低温液氨储罐的防火堤内容积取最大储罐容积的 60%，经十多年的实践，已证明此规定是安全经济的。

第 5.3.7A 条 成组布置的全冷冻式液化烃储罐应设防火堤，并应符合下列规定：

一、全冷冻式液化烃储罐至防火堤内堤脚线的距离，应为储罐最高液位高度与防火堤高度之差；防火堤内的有效容积应为一个最大储罐的容积；

二、防火堤应设置人行台阶或梯子；

三、防火堤及隔堤应为非燃烧实体防护结构，能承受所容纳液体的静压及温度变化的影响，且不渗漏。

【说明】 API2510 第 9.3.5.3 条规定："低温常压储罐应设单独的围堤，围堤内的容积应至少为储罐容积的 100%"。

API2510 第 9.3.5.4 条规定："围堤最低高度为 1.5ft，且应从堤内测量；当围堤高 6ft 时，应设置平时和紧急出入围堤的设施；当围堤必须高于 12ft 或利用围堤限制通风时，应设不需要进入围堤即可对阀门进行一般操作和接近罐顶的设施。所有堤顶的宽度至少为 2ft。"

第 5.3.11 条 液化烃的储罐，应设液位计、温度计、压力表、安全阀、以及高液位报警装置或高液位自动联锁切断进料装置。对于全冷冻式液化烃储罐还应设真空泄放设施。

【说明】 API2510 第 9.5.1.2 条规定："全冷冻式液化烃储罐需设置真空泄放装置。"

第 5.3.16 条 液化烃储罐开口接管的阀门及管件的管道等级不应低于 2.0MPa，其垫片应采用缠绕式垫片。阀门压盖的密封填料，应采用非燃烧材料。全压力式储罐，应安装为储罐注水用的管道及阀门。

【说明】 一、由储罐站及石油化工企业液化烃罐区引出液化烃时，因阀门，法兰、垫片选用不当而引发的事故常有发生。例如，某液化烃储灌站的管道上因为垫片选用不当，引起较大火灾事故。

二、生产实践证明：当全压力式储罐发生泄漏时，向储罐注水使液化烃液面升高，将破损点置于水面以下，可减少液化烃泄漏。

第四节 可燃液体、液化烃的装卸设施

第 5.4.4 条 液化烃铁路和汽车的装卸设施，应符合下列规定：

一、液化烃的铁路装卸栈台，宜单独设置；当不同时作业时，也可与可燃液体装卸共台设置；

二、液化烃严禁就地排放；

三、液化烃汽车装卸车鹤位之间的距离，不应小于 4m；

四、液化烃的汽车装卸车场，应采用现浇混凝土地面；

五、液化烃的铁路装卸设施，尚应符合本规范第 5.4.1 条第一、五款的规定。

【说明】 液化烃装卸作业已有成熟操作管理经验，当与可燃液体装卸共台布置而不同时作业时，对安全防火无影响。

液化烃罐车装车过程中，其排气管应采用气相平衡式或接至低压燃料气或火炬放空系统，若就地排放极不安全。例如，某厂液化石油气装车台在装 1 辆 25t 罐车时，将排空阀打开直排大气，排出的大量液化石油气沉滞于罐车附近并向四周扩散，在离装车点 15m 处的更衣室内，一女工点火吸烟，将火柴杆扔到地上时，地面燃起 100mm 厚蓝色火苗，她慌忙推门外跑，造成室外空间爆炸，罐车排空阀处立即着火，同时引燃在站台堆放的航空润滑油桶及附近房屋和沥青堆场。又如，某厂在充装汽车罐车时，因就地排放的液化烃气被另一辆罐车起动时打火引燃，将两台罐车烧坏。所以规定液化烃装卸应采用密闭系统，不得向大气直接排放。

第 5.4.5 条 可燃液体码头、液化烃码头，应符合下列规定：

一、码头相邻泊位的船舶间的最小距离，应根据设计船型按表 5.4.5 的规定执行：

码头相邻泊位的船舶间的最小距离（m） 表 5.4.5

船　长	279～236	235～183	182～151	150～100	<100
最小距离	55	50	40	35	25

注：船舶在泊位内外档停靠时，不受此限。

二、液化烃泊位宜单独设置，当与其他可燃液体不同时作业时，可共用一个泊位；

三、可燃液体和液化烃的码头与其他码头或建筑物、构筑物的安全距离，应按现行的《装卸油品码头防火设计规范》的有关规定执行；

四、在距泊位 20m 以外或岸边处的装卸船管道上，应设便于操作的紧急切断阀；

五、液化烃的装卸管道，应采用装油臂或金属软管，并

应采取安全放空措施。

【说明】 液化烃泊位火灾危险性较大，若与其他可燃液体泊位合用，会因相互影响而增加火灾危险性，故有条件时宜单独设置。近年来沿海、沿河建设了不少液化石油气基地和石油化工厂的液化石油气装卸泊位，有先进成熟的工艺及设备，管理水平及自动控制水平也较高。为节约水域资源和充分利用泊位的吞吐能力，共用一个泊位在国内已有实践，但对不能同时作业有严格要求。日本水岛气体加工厂也是多种危险品共用一个泊位，但严格控制不能同时作业。

第七节　泵和压缩机

第 5.7.1A 条　全冷冻式液化烃储存设施内，泵和压缩机等旋转设备与储罐的防火间距不应小于 15m，其他设备之间及非旋转设备与储罐的防火间距应按本规范第四章的有关规定执行。

【说明】 API2510 第 3.1.2.5 条规定旋转设备与储罐的防火间距为 50ft。

第九节　厂内仓库

第 5.9.1 条　甲、乙、丙类的物品库房，应符合下列规定：

一、甲类物品的库房宜单独设置，其储量不应超过 30t；当储量小于 3t 时，可与乙、丙类物品库房共用一栋建筑物，但应设独立的防火分区；

二、乙、丙类物品的储量，应按装置 2 至 15 天的产量计算确定；

三、物品应按其化学物理特性分类储存，当物料性质不允许同库储存时，应用实体墙隔开，并各设出入口；

四、库房应通风良好；

五、对于可能产生爆炸性混合气体或在空气中能形成粉尘、纤维等爆炸性混合物的库房内地面，应采用不发生火花的面层，需要时应设防水层。

第六章　含可燃液体的生产污水管道、污水处理场与循环水场

第一节　含可燃液体的生产污水管道

第 6.1.2 条　生产污水排放应采用暗管或覆土厚度不小于 200mm 的暗沟。设施内部若必须采用明沟排水时，应分段设置，每段长度不宜超过 30m，相邻两段之间的距离不宜小于 2m。

【说明】 明沟或只有盖板而无覆土的沟槽（盖板经常被搬开而易被破坏），受外来因素的影响容易与火源接触，起火的机会多，且着火时火势大，蔓延快，火灾的破坏性大，扑救困难，且常因火灾爆炸而使盖板崩开，造成二次破坏。

某炼油厂蒸馏车间检修，在距排水沟 3m 处切割槽钢，火星溶入排水沟引燃油气，使 960m 排水沟相继起火，600m 地沟盖不同程度破坏，着火历时 4h。

某炼油厂检修时，火星落入明沟，沟内油气被点燃，串到污油池燃烧了两个多小时。

某石化公司炼油厂重整原料罐放水，所带油气放入排水沟，被下游施工人员点火引燃，200m 排水沟相继起火。

上述事例都说明了用明沟或带盖板而无覆土的沟槽排放生产污水有较高的火灾危险性。

暗沟指有覆土的沟槽，密封性能好，可防止可燃气体窜出，又能保证盖板不会被搬动或破坏，从而减少外来因素的影响。

设施内部往往还需要在局部采用明沟，当物料泄漏发生火灾时，可能导致沿沟蔓延。为了控制着火蔓延范围，要求限制每段的长度，各

段分别排入生产污水管道。

第 6.1.7 条 罐组内的生产污水管道应有独立的排出口，且应在防火堤外设置水封，并宜在防火堤与水封之间的管道上设置易开关的隔断阀。

第 6.1.8 条 甲、乙类工艺装置内生产污水管道的支干管、干管的最高处检查井宜设排气管。

【说明】 为了防止火灾蔓延，排水管道中多处设置了水封，若不设排气管，污水中挥发出的可燃气体无法排出，只能通过井盖处外溢，遇火源可能引起爆炸着火。可燃气体无组织排放是引起排水管道着火的重要因素之一，支干管、干管均设排气管，可使水封井隔开的每一管段中的可燃气体都能得到有组织排放，从而避免或减少可燃气体与明火接触，减少火灾事故。

美、法、原苏联、日等国的有关标准，均有此规定。近年来引进的石油化工装置中，生产污水管道中设了排气管。实践表明，这种措施的防火效果非常有效。

第七章 消 防

第二节 消防站

第 7.2.5 条 石油化工企业消防车辆的车型配备，应以大型泡沫消防车为主，且应配备干粉或干粉—泡沫联用车；大型石油化工企业尚宜配备高喷车和通讯指挥车。

【说明】 大型泡沫车是指灭火泡沫的供给能力约 300L/s、压力约 1MPa 的消防车辆，相当于目前黄河卡车底盘改造的泡沫消防车的能力。

特种车辆的配备，需根据企业规模、生产性质、火灾危险性等因素综合考虑。关于大型石化企业的划分，可参考国经贸企［1992］176 号文《大中小型工业企业划分标准》的有关规定。

第 7.2.6 条 消防站必须设置接受火灾报警的设施和通讯系统，其设置应满足下列要求：

一、电话报警系统的受警电话应为录音电话；

二、当设有自动报警、手动报警按钮系统时，宜设置报警信号显示盘；

三、当企业设有电视安全监视系统时，消防站宜设置显示屏幕；

四、当企业设有自动灭火系统时，其反馈信号在消防站宜有显示

第 7.2.7 条 消防站内储存泡沫液量较多时，宜设置向消防车快速灌装泡沫液的设施。一级消防站尚宜设置泡沫液罐拖车或运输车，且车上应配备向消防车输送泡沫液的设施。

［说明］ 消防站内储存泡沫液多时，不宜用桶装。桶装泡沫液向消防车灌装时间长且劳动量大，往往不能满足火场灭火要求，宜将泡沫液储存于高位罐中，依靠重力直接装入消防车，或从低位罐中用泡沫泵将泡沫液提升到消防车内，保证消防车连续灭火。

在泡沫液车的协助下，消防车无需回站装泡沫液，可在火场更有效地发挥作用。输送泡沫液设施方法有多种，其中储压法相对简单，不需动力，可通过车上的氮气瓶将泡沫液罐中的泡沫液压出。

第三节 消防给水系统

（Ⅱ）消防用水量

第 7.3.6 条 一次灭火的用水量，应符合下列规定：

一、居住区及建筑物的室外消防水量的计算，应按现行国家标准《建筑设计防火规范》的有关规定执行；

二、工艺装置的消防用水量，应根据其规模、火灾危险类别及固定消防设施的设置情况等综合考虑确定。当确定有困难时，可按表 7.3.6 选定。火灾延续供水时间不应小于 3h；

三、辅助生产设施的消防用水量，可按 30L/s 计算。火灾延续供水时间，不宜小于 2h。

工艺装置的消防用水量　　表 7.3.6

装置类型 \ 消防用水量(L/s) \ 装置规模	中　型	大　型
石油化工	150～300	300～450
炼　油	150～230	230～300
合成氨及氨加工	90～120	120～150

注：化纤厂房的消防用水量，可按现行国家标准《建筑设计防火规范》的有关规定执行。

［说明］ 工艺装置的消防用水量影响因素很多，除与生产装置的规模、火灾危险性、占地面积的大小等有关外，尚与消防供水设备有很大关系。水幕、高压水炮等固定消防设施的用水量一般较大，故设计中应根据具体情况综合考虑确定。

1990 年前调查石油化工装置的两起大火扑救时耗水量为：

1. 某石油化工厂乙烯、丙烯机房火灾，出动消防车 28 辆，使用水枪 36 支，估算消防水量为 200～250L/s，主要用于冷却。燃烧面积约 $200m^2$，火灾燃烧时间长达 6.5h。

2. 某炼厂加氢裂化装置热油泵火灾，使用了 6 个固定高压水炮，6 个消火栓，估算消防水量为 200L/s。

通过国内调研，近年来，石化装置向大型化、合理化集中布置发展，而且设置了比较完善的固定消防设施，一些企业要求提高消防用水量。在国外考察中发现，装置消防水量设计值可相差数倍，国外工程公司一般根据用户意见确定消防水量。

石油化工装置种类甚多，火灾危险性相差甚大，本条给出了消防用水量范围，设计人员可根据具体情况确定。例如，化纤装置虽为大型装置，但火灾危险性与乙烯裂解装置相差甚大，所以消防水量就不宜用大值。

第 7.3.7 条　可燃液体罐组的消防水量计算，应符合下列规定：

一、应按火灾时消防用水量最大的罐组计算，其水量应为配置泡沫用水及着火罐和邻近罐的冷却用水量之和；

二、当着火罐为立式罐时，距着火罐罐壁 1.5 倍着火罐直径范围内的相邻罐应进行冷却；当着火罐为卧式罐时，着火罐直径与长度之和的一半范围内的邻近地上罐应进行冷却；

三、当邻近立式罐超过 3 个时，冷却水量可按 3 个罐的用水量计算；当着火罐为浮顶或浮舱式内浮顶罐（浮盖用易熔材料制作的储罐除外）时，其邻近罐可不考虑冷却。

［说明］ 着火储罐的罐壁直接受到火焰威胁，对于地上的钢罐火灾，一般情况下 5min 内可以使罐壁温度达到 500℃，使钢板强度降低一半，8～10min 以后钢板将失去支持能力。为控制火灾蔓延、降低火焰辐射热，保证邻近罐的安全，应对着火罐进行冷却。

根据天津消防科研所对油罐火灾进行灭火实验和辐射热的测试，当着火罐为固定顶罐时，辐射热强度与着火罐直径有关，且距罐壁 1.5D 处辐射热强度是较大的，达 $8596kj/m^2 \cdot h$，温度为 40～60℃，故需考虑冷却；而浮顶罐着火，火势较小，如某石化总厂发生的两起浮顶罐火灾，其中 $10000m^3$ 轻柴油浮顶罐着火，15min 后扑灭，而密封圈只着了 3 处，最大处仅为 7m 长，因此不需要考虑对邻近罐冷却。

第 7.3.8 条　可燃液体地上立式罐应设固定或移动式消防冷却水系统，其供水范围、供水强度和设置方式应满足下列要求：

一、供水范围、供水强度不应小于表 7.3.8 的规定；

二、罐壁高于 17m 或储罐容量大于、等于 $10000m^3$ 的非保温罐应设置固定式消防冷却水系统，但润滑油罐可采用移动式消防冷却水系统；

消防冷却水的供水范围和供水强度 表 7.3.8

	储罐型式		供水范围	供水强度		附注
				ϕ16mm 水枪	ϕ19mm 水枪	
移动式水枪冷却	着火罐	固定顶罐	罐周全长	0.6L/s·m	0.8L/s·m	
		浮顶罐、内浮顶罐	罐周全长	0.45L/s·m	0.6L/s·m	浮盖用易熔材料制作的内浮顶罐按固定顶罐计算
	邻近罐	不保温	罐周半长	0.35L/s·m	0.7L/s·m	
		保　温		0.2L/s·m		
固定式冷却	着火罐	固定顶罐	罐壁表面积	2.5L/min·m^2		
		浮顶罐、内浮顶罐	罐壁表面积	2.0L/min·m^2		浮盖用易熔材料制作的内浮顶罐按固定顶罐计算
	邻近罐		罐壁表面积的 1/2	2.0L/min·m^2		按实际冷却面积计算，但不得小于罐壁表面积的 1/2

注：浅盘式内浮顶罐按固定顶罐计算。

三、储罐固定式冷却水系统应有确保达到冷却水强度的调节设施。

［说明］　一、移动式水枪冷却系统按手持消防水枪考虑，每支水枪按操作要求能保护罐壁周长 8～10m，其冷却水强度是根据操作需要给出的，采用不同口径的水枪冷却水强度也不同。采用 ϕ19mm 水枪进口压力为 0.35MPa 时，一个体力好的人操作水枪已感吃力，此时可满足罐壁高 17m 的冷却要求，若再增高水枪进口压力，加大水枪射高操作有困难。大容量罐采用移动式冷却需要人员多，润滑油罐火灾我国尚未发生过，故条文作出了相应规定。

二、固定式冷却系统中，冷却水强度以单位罐壁表面积计算。在移动式系统中由于水枪保护罐壁周长从操作上有一定限度，以此计算出的冷却水强度对于小的储罐，冷却水沿储罐流到下部罐壁处水量过多，故以罐壁表面积计算冷却水强度较为合理。

三、条文中固定式冷却水强度是根据过去天津消防科研所 5000m^3 罐壁高度 13m 的固定顶罐灭火实验反算推出的。冷却水强度以周长计算为 0.5L/s·m，此时单位罐壁表面积的冷却水强度为：0.5×60÷13=2.3L/min·m^2，条文中取 2.5L/min·m^2，对邻罐计算出的冷却水强度为：0.2×60÷13=0.92L/min·m^2，但用此值冷却系统无法操作，故按实际固定式冷却系统进行校核后，规定为 2 L/min·m^2。

四、邻罐冷却水量按实际需要保护的罐壁表面积计算。

五、冷却水强度的调节设施在设计中应予考虑。比较简易的方法是在罐的供水总管的防火堤外控制阀后装设压力表，系统调试标定时辅以超声波流量计，调节阀门开启度，分别标出着火罐及邻罐冷却时压力表的刻度，作出永久标记，以确保火灾时调节阀门达到冷却水的供水强度。

（Ⅲ）消防给水管道及消火栓

第 7.3.11 条　大型石油化工企业的工艺装置区、罐区等，应设独立的稳高压消防给水系统，其压力宜为 0.7～1.2MPa。其他场所采用低压消防给水系统时，其压力应确保灭火时最不利点消火栓的水压，不低于 0.15MPa（自地面算起）。低压消防给水系统不应与循环冷却水系统合并。

［说明］　低压消防给水系统的压力，本条规定不低于 0.15MPa，主要考虑石油化工企业的消防供水管道压力均较高，压力

是有保证的，从而使消火栓的出水量可相应加大，满足供水量的要求，减少消火栓的设置数量。

近年来大型石油化工企业相继建成投产，工艺装置、储罐也向大型化发展，要求消防用水量加大。若低压消防给水系统采用消防车加压供水，需车辆及消防人员较多。另外，大型现代化工艺装置也相应增加了固定式的消防设备，如消防水炮、水喷淋等，也要求设置稳高压消防给水系统。

消防给水管道若与循环水管道合并，大量消防用水时，将引起水压下降而导致二次灾害，且循环水系统中的总储量不能保证消防用水总量。

稳高压消防给水系统，平时采用稳压设施维持管网的消防水压力，但不能满足消防水量，火灾时管网向外供水系统压力下降，靠压力自动启动消防水泵。设置稳高压消防给水系统，能提高固定式消防设施的消防防护能力及应急防护水平，稳高压消防给水系统比临时高压系统供水速度快，依靠管网压力自动启动消防水泵，能够及时向火场供水，尽快地将火灾在初期阶段扑灭或有效控制。

第 7.3.15 条 消火栓的设置，应符合下列规定：

一、宜选用地上式消火栓；

二、消火栓宜沿道路敷设；

三、消火栓距路面边不宜大于 5m；距建筑物外墙不宜小于 5m；

四、地上式消火栓距城市型道路路面边不得小于 0.5m；距公路型双车道路肩边不得小于 0.5m；距单车道中心线不得小于 3m；

五、地上式消火栓的大口径出水口，应面向道路。当其设置场所有可能受到车辆冲撞时，应在其周围设置防护设施；

六、地下式消火栓应有明显标志。

[说明] 一、国内制造厂已生产适合不同冻土深度的地上式消火栓的系列产品，而且操作比较方便，故推荐使用地上式消火栓。

二、一般工厂采用地上式消火栓时，由于工厂的供水管网压力较高，大多采用水带向消防车内灌水，此种情况下消火栓距路边可适当加大；用地下式消火栓时，有的工厂在消火栓井内抽水，要求消火栓距路边要近。故对消火栓距路边的要求比较灵活。

对地上式消火栓的布置，增加了距路边的最小距离要求，主要防止消火栓不被车撞坏。

三、地上式消火栓被车辆撞毁时有发生，尤其在施工和检修中，常常将消火栓撞坏，可在消火栓周围设置三根短桩，形成三角形的保护围栏。

第 7.3.17 条 工艺装置区的消火栓应在工艺装置四周设置，消火栓的间距不宜超过 60m。当装置内设有消防通道时，亦应在通道边设置消火栓。

可燃液体罐区、液化烃罐区距罐壁 15m 以内的消火栓，不应计算在该储罐可使用的数量之内。

[说明] 随装置大型化、联合化，一套装置的占地面积大大增加，装置内有时布置多个消防通道，装置火灾时消防车需进入装置扑救，故要求在消防通道边也设置消火栓。

第 7.3.19 条 **本条删除**

（Ⅳ）箱式消火栓、消防水炮、水喷淋和水喷雾

第 7.3.20 条 工艺装置内加热炉、甲类气体压缩机、介质温度超过自燃点的热油泵及热油换热设备、长度小于 30m 的油泵房附近和管廊下部等宜设箱式消火栓，其保护半径宜为 30m。

[说明] 箱式消火栓可由一人操作用于控制局部小火，辅以工艺操作进行应急处理，能够扑灭小泄漏的初期火灾或达到控火目的，

国外装置中设置比较多。设置于泄漏、火灾多发的危险场所，能提高应急防护能力。箱式消火栓配以多用雾化水枪，可喷射直流或雾化水流，以免高温设备遇水急冷导致设备破坏。

第 7.3.21 条 工艺装置内的甲、乙类设备的框架平台高于 15m 时宜沿梯子敷设半固定式消防给水竖管，并应符合下列规定：

一、按各层需要设置带阀门的管牙接口；

二、平台面积小于或等于 $50m^2$ 时，管径不宜小于 80mm；大于 $50m^2$ 时，管径不宜小于 100mm；

三、框架平台长度大于 25m 时，宜在另一侧梯子处增设消防给水竖管，且消防给水竖管的间距不宜大于 50m。

[说明] 扑救火灾常用 ϕ19mm 手持水枪，水枪进口压力一般控制在 0.35MPa 左右，可由一人操作，若水压再高则操作困难。在 0.35MPa 水压下水枪充实水柱射高约为 17m，故要求火灾危险性大的框架高于 15m 时，需设置半固定式消防竖管。竖管一般供专职消防人员使用，由消防车供水或供泡沫混合液，设置简单、便于使用，可加快控火、灭火速度。

水枪与竖管的保护范围有所不同，竖管接水带枪可对水枪作用不到的地方进行保护。

消防竖管的管径，应根据所需供给的水量计算，ϕ19mm 的水枪每支水枪控制面积可按 $50m^2$ 考虑。

第 7.3.22 条 可燃气体、可燃液体量大的甲、乙类设备的高大框架和设备群宜设置水炮保护，其设置位置距保护对象不宜小于 15m，水炮的出水量宜为 30～40L/s，喷嘴应为直流-水雾两用喷嘴。

[说明] 固定消防水炮亦属岗位应急消防设施，一人可操作，能够及时向火场提供较大量的消防水，达到对初期火灾控火、灭火的目的。要求水炮可按两种工况使用：喷雾状水，覆盖面积大、射程短，用于保护地面上的危险设备群；喷直流水，射程远，可用于保护高的危险设备。水炮的出水能力是参考国外有关资料确定的，国内已有此类产品。

第 7.3.23 条 工艺装置内固定水炮不能有效保护的特殊危险设备及场所，宜设水喷淋或水喷雾系统，其设计应符合下列规定：

一、系统供水的持续时间、响应时间及控制方式等，宜根据被保护对象的性质、操作需要确定；

二、系统的雨淋阀靠近被保护对象设置时，宜有防火设施保护；

三、系统的报警信号及雨淋阀工作状态应在控制室火警控制盘上显示；

四、其他要求应按现行国家标准《水喷雾灭火系统设计规范》的有关规定执行。

[说明] 特殊的危险设备、场所一般指着火后若不能及时给予水冷却保护会造成大的事故、大的损失。例如，无隔热层的可燃气体设备，因自身无安全泄压，受到火灾烘烤时，可能因内压升高、设备金属强度降低而造成设备爆炸，导致灾害扩大。水喷淋或水喷雾还用于封闭的危险场所，火灾时人员难以扑救、难以靠近的场所。

固定水炮能有效保护时，一般不推荐设置水喷淋或水喷雾系统。因其投资高，维修难，常因管道堵塞而不能有效发挥作用。

(V) 消防水泵房

第 7.3.28 条 消防水泵、稳压泵应分别设置备用泵。备用泵的能力不得小于最大一台泵的能力。

第 7.3.29 条 消防水泵应在接到报警后 2min 以内投入运行。稳高压消防给水系统的消防水泵应为自动控制。

第四节 低倍数泡沫灭火系统

第 7.4.2 条 下列场所应采用固定式泡沫灭火系统。

一、单罐容积大于或等于 10000m^3 的非水溶性和单罐容积大于或等于 500m^3 水溶性甲、乙类可燃液体的固定顶罐及浮盖为易熔材料的内浮顶罐；

二、单罐容积大于或等于 50000m^3 的可燃液体浮顶罐；

三、机动消防设施不能进行有效保护的可燃液体罐区；

四、地形复杂消防车扑救困难的可燃液体罐区。

［说明］ 机动消防设施不能进行有效保护系统指消防站距罐区远或消防车配备不足等，需注意后者是针对装储保护对象所用灭火剂的车辆，例如，有水溶性可燃液体储罐时，应注意核算装储抗溶性泡沫灭火剂的车辆灭火能力。地形复杂指建于山坡区，消防道路环行设置有困难的罐区。

第 7.4.3 条 下列场所可采用移动式泡沫灭火系统：

一、罐壁高度小于 7m 或容积等于或小于 200m^3 的非水溶性可燃液体储罐；

二、润滑油储罐；

三、可燃液体地面流淌火灾、油池火灾。

［说明］ 国外及国内有关标准均有相似的规定。润滑油罐火灾危险性小，国内尚未发生过润滑油罐火灾。而可燃液体储罐的容量小于 200m^3、壁高小于 7m 时，燃烧面积不大，7m 壁高可以将泡沫钩管与消防拉梯二者配合使用进行扑救，操作亦比较简单，故其泡沫灭火系统可以采用移动式灭火系统。

第 7.4.4 条 下列场所宜采用半固定式泡沫灭火系统：

一、厂区内除第 7.4.2 条及第 7.4.3 条规定外的可燃液体罐区；

二、工艺装置及单元内的火灾危险性大的局部场所。

第 7.4.5 条 储罐区采用固定式泡沫灭火系统，手动操作难于保证 5min 内将灭火泡沫送入着火罐时，储罐区混合液管道设置的控制阀宜采用遥控或程控。

［说明］ 储罐区设置固定式泡沫灭火系统时，工作人员值班地点在泡沫泵站，服务面积较大，着火时必须到着火罐的防火堤外开启阀门，由于行进距离长，难于在 5min 内完成操作，故规定罐区阀门宜采用遥控或程控。

第 7.4.6 条 大于或等于 50000m^3 的浮顶罐应采用火灾自动报警系统，泡沫灭火系统可采用手动或遥控控制。大于或等于 100000m^3 的浮顶罐，泡沫灭火系统应采用程序控制。

［说明］ 浮顶罐初期火灾不大，尤其低液面时难于及时发现。要求设自动报警系统，能尽快准确探知火情。对容量大的储罐，若火灾蔓延则损失巨大，故要求设程控的泡沫灭火系统，能够在初期尽快地将火扑灭。

第 7.4.7 条 泡沫灭火系统的设计应按现行国家标准《低倍数泡沫灭火系统设计规范》的有关规定执行。

第六节 蒸汽灭火系统

第 7.6.1 条 工艺装置有蒸汽供给系统时，宜设固定式或半固定式蒸汽灭火系统。但在使用蒸汽可能造成事故的部位不得采用蒸汽灭火。

第 7.6.4 条 灭火蒸汽管道的布置，应符合下列规定：

一、加热炉的炉膛及输送腐蚀性介质或带堵头的回弯头箱内，应设固定式蒸汽灭火筛孔管（简称固定式筛孔管）。每条筛孔管的蒸汽管道，应从“蒸汽分配管”引出。“蒸汽分配管”距加热炉，不宜小于 7.5m，并至少应预留两个半固定式接头；

二、室内空间小于 500m^3 的封闭式甲、乙、丙类泵房或甲类气体压缩机房内，应沿一侧墙高出地面 150～200mm 处，设固定式筛孔管，并沿另一侧墙壁适当设置半固定式接头，在其他甲、乙、丙类泵房或可燃气体压缩机房内，应设半固定式接头；

三、在甲、乙、丙类设备区附近，宜设半固定式接头。在操作温度等于或高于自燃点的气体或液体设备附近，宜设固定式蒸汽筛孔管，其阀门距设备不宜小于 7.5m；

四、在甲、乙、丙类设备的多层框架或塔类联合平台的每层或隔一层，宜设半固定式接头；

五、当工艺装置内管廊下设置软管站时，布置在管廊下或管廊两侧的甲、乙、丙类设备附近，可不另设半固定式接头；

六、固定式筛孔管或半固定式接头的阀门，应安装在明显、安全和开启方便的地点。

第七节　灭火器设置

第 7.7.1 条　生产区内宜设置干粉型或泡沫型灭火器，但仪表控制室、计算机室、电信站、化验室等宜设置二氧化碳型灭火器。

第 7.7.2 条　生产区内设置的单个灭火器的规格，宜按表 7.7.2 选用。

灭火器的规格　　**表 7.7.2**

灭火器类型		干粉型（碳酸氢钠）		泡沫型（化学泡沫）		二氧化碳	
		手提式	推车式	手提式	推车式	手提式	推车式
灭火剂	容量（L）			9	65		
充装量	重量（kg）	8	35，50			7	25

［说明］　一、国内灭火器系列产品较多，结合石油化工企业火灾危险性大的特点，经归类分析，对石化企业配置的灭火器类型、灭火能力提出了推荐性要求，以方便选用、维护和检修。

二、为保护大气臭氧层，《中国消防行业哈龙整体淘汰计划》中要求，我国将于 2005 年停止生产卤代烷 1211 灭火剂；公安部和国家环保局公通字［1994］第 94 号文《关于非必要场所停止再配置卤代烷灭火器的通知》中亦要求，非必要场所今后不再使用卤代烷 1211 灭火器。

第八节　火灾报警系统

第 7.8.2 条　电话报警系统，应符合下列规定：

一、一、二级消防站，应设不少于两处火灾同时报警的录音受警电话；

二、消防分站、工厂生产调度中心、消防水泵房，宜设受警监听电话；

三、工艺装置、储运设施的控制室应设火灾报警专用电话。

［说明］　电话报警的受警中心均设于消防站内，本条提出在生产调度中心、消防分站等处宜设受警监听电话。当发生火灾时，往往要从生产角度采取某些措施，尤其是工艺装置火灾，必须由岗位操作人员与消防人员配合，采取切断物料等措施，才能进行有效灭火。为此，生产调度中心宜设监听电话。消防分站收到报警电话后，若火灾发生在自己管区，可及时发出火警信号，消防车能尽快赶到火场。

第 7.8.4 条　大型石化企业的甲、乙类装置区及罐区四周应设置手动报警按扭。

［说明］　装置及储运设施多已采用计算机控制，且控制室距所控制的装置、单元比较远，现场值班的人员很少，为发现火灾时能及时报警，要求在装置、罐区四周等危险场所增设手动报警按钮。

第 7.8.5 条　感烟、感温、火焰等自动报警器的信号盘应设置在其保护区的控制室或操作室内。

第九节　液化烃罐区消防

第7.9.2条　液化烃储罐容积大于100m^3时，应设置固定式消防冷却水系统或固定式水炮和移动式消防冷却供水系统。当储罐容积小于或等于100m^3时，可不设固定式消防冷却水系统或固定式水炮。移动式消防冷却供水系统应能满足消防冷却总用水量的要求。

［**说明**］　石油化工企业都设置有一定数量的消防车，可以满足容量小于或等于100m^3液化烃储罐的消防冷却要求。

第7.9.4A条　全冷冻式液化烃储罐的固定消防冷却供水系统的设置，应满足下列要求：

一、罐顶冷却宜设置固定淋水设施，罐壁冷却宜设置固定水炮冷却；

二、着火罐及邻罐的罐顶冷却水供给强度不宜小于4L/min·m^2，冷却面积按罐顶全表面积计算；

三、着火罐及邻罐罐壁的冷却水供给强度不宜小于2L/min·m^2，着火罐冷却面积按全表面积计算，邻罐按半个罐表面积计算。

［**说明**］　全冷冻式液化烃储罐一般为立式双壁罐，有比较厚的隔热层，安全设施齐全，在某些方面讲比汽油罐安全，即使发生泄漏，泄漏后初始闪蒸汽化，可能在20～30s的短时间会产生大量蒸汽形成膜式沸腾状态，扩散比较远的距离，其后蒸发速度降低达到稳定状态，可燃性混合气体被限制在泄漏点附近。稳定状态时的燃烧速度和辐射热输出，与相同燃烧面积下的汽油燃烧相似。因此，此类罐的消防冷却水供给强度按一般立式油罐考虑，根据API2510A标准，当受到暴露辐射而无火焰接触时，冷却水强度为0～4.07L/min·m^2。本条按大值考虑。

美国《石油化工厂防火手册》曾介绍一例储罐火灾：A罐装丙烷8000m^3，B罐装丙烷8900m^3，C罐装丁烷4400m^3，A罐超压，顶壁结合处开裂180°，大量蒸汽外溢，5秒后遇火点燃。A罐烧了35.5h后损坏；B、C罐顶部阀件烧坏，造成气体泄漏燃烧，B罐切断阀无法关闭烧6天，C罐充N_2并抽料，3天后关闭切断阀火灭。B、C罐罐壁损坏较小，隔热层损坏大。该案例中仅由消防车供水冷却即控制了火灾，推算供水量小于200L/s. 通过此案例可以看出，设置固定水炮比较有效。

第7.9.7条　固定式消防冷却水系统可采用水喷淋或水喷雾等型式；但当储罐储存的物料燃烧，在罐壁可能生成碳沉积时，应设水喷雾。水喷淋可采用喷头、穿孔管或罐顶多齿堰式等淋水型式。

固定式水炮的喷嘴应为直流-水雾喷嘴，距罐壁宜为15～40m。固定式水炮冷却的用水量应在第7.9.4条计算用水量的基础上予以加大，且不宜小于计算值的1.15倍。

［**说明**］　一、国内液化烃储罐消防冷却水系统，早期多设置为多孔管式或多齿堰式淋水，并常与夏季防日晒淋水系统相结合，一套系统两用。近年来多为水喷雾，也有上部为堰式淋水、下部为水喷雾的。根据API2510介绍，液化石油气储罐消防冷却水的设置方式按可靠性排序为固定淋水→固定水炮→水喷雾，水喷雾系统在发生火灾爆炸时，易遭破坏，且使用中维修复杂，易堵塞。

国外的工厂液化烃储罐消防冷却的设置方式少数采用水喷雾，多数采用固定淋水、固定水炮，而国内水喷雾使用比较广泛。本条将三种方式并列提出，设计中均可使用，固定水炮系统为新规定内容，亦属固定式设置的一种。

二、丁二烯或比丁烷分子量高的碳氢化合物燃烧时，会在钢的表面形成抗湿的碳沉积，应使用冲击水-水喷雾冷却储罐。

第7.9.8条　储罐的阀门、液位计、安全阀等，当储罐固定式消防冷却水系统采用水喷雾时，均宜设喷头保护；当采用水喷淋时，均宜设喷头、移动式消防冷却水系统等辅助保护。

第7.9.9条 固定式消防冷却水管道的设置，应符合下列规定：

一、储罐容积大于 400m^3 时，供水竖管宜采用两条，并对称布置，罐顶多齿堰式淋水可为一条；

二、消防冷却水系统的控制阀，应设于防火堤外，且距罐壁不宜小于 15m，阀门控制可采用手动或遥控，阀后宜设置带旁通阀的过滤器；

三、控制阀后及储罐上设置的管道，应采用镀锌管。

［**说明**］ 一、供水竖管采用两条对称布置，以保证水压均衡，罐表面积的冷却水强度相同。多齿堰式为顶部集中淋水，一条竖管可满足要求。

二、阀门设于防火堤外距罐壁 15m 以外的地点，火灾时可及时开阀供冷却水，罐区面积大或罐多，手动操作阀门需时间长，此种情况下可采用遥控。

三、控制阀后的管道长期不充水，易受腐蚀。若用普通钢管，多年后管内部锈蚀成片脱落堵塞管道，故要求用镀锌管。

第7.9.10条 移动式消防冷却水系统，可采用水枪或移动式消防水炮。

第十节 装卸油码头消防

第7.10.1条 油码头的消防设施，应能满足扑救码头装卸区的油品泄漏火灾、对装卸区生产设施提供防热辐射保护和对停靠的船只提供消防帮助的要求。

［**说明**］ 油码头消防设施的主要保护对象是码头的装卸区，即用于扑救装卸区油品泄漏火灾，同时考虑对停靠船只的火灾热辐射进行防护，保护码头的装卸设施。热辐射防护可以用水枪、水炮对装卸设施进行喷水冷却或设置防热辐射水幕。

对停靠船只提供消防帮助，指码头上的消防设施可以将水或泡沫喷射到靠码头的船甲板上，为船只提供辅助灭火。因船只自身设有消防设施，且发生大火需离开码头，故码头上的消防设施设置能力及消防供水时间不按船只的全部消防需求考虑。

第7.10.2条 甲、乙类油品码头的消防设施设置，应符合下列规定：

一、停泊 1000 吨级及其以上船型的河港油码头或停泊 5000 吨级及其以上船型的海港油码头，应设固定或半固定式泡沫灭火系统，其混合液供给速率不宜小于 30L/s；

二、停泊 5000 吨级及其以上船型的河港油码头或停泊 20000 吨级及其以上船型的海港油码头，应设固定式泡沫灭火系统，其混合液供给速率不宜小于 60L/s；并宜设置两个固定式水-泡沫两用炮，每个炮喷射速率不宜小于 30L/s；当海港油码头停泊 50000 吨级及其以上船型时，两用炮宜采用高架遥控炮；

三、混合液的延续供给时间不宜小于 0.5h，但消防水的供给时间不宜小于 2h，当设置水幕时，消防用水尚应考虑水幕用水量。

第7.10.3条 甲、乙类油品海港码头，当停泊 35000 吨级及其以上船型时，宜设置防热辐射水幕，并应符合下列规定：

一、水幕应设置于码头前沿，其设置长度宜在装卸设施两端各延伸 5m；

二、水幕喷射高度宜高出被保护对象 1.5m；

三、当水幕喷射高度不超过 10m 时，其每米水幕长度用水量不宜小于 100L/min；当水幕射高超过 10m 时，每增加 1m 射高其用水量应增加 10L/min。

第 7.10.4 条 35000 吨级及其以上船型的甲、乙类油品海港码头在油船靠泊作业期间，应有消防船或拖消两用船进行监护。

第十一节 建筑物内消防

第 7.11.1 条 建筑物内消防系统的设置应根据其火灾危险性、操作条件、物料性质、建筑物体积及其外部消防设施设置情况等，综合考虑确定。

［**说明**］ 可燃液体初期火灾大多不能直接用水扑救，着火时操作人员首先用小型灭火器、蒸汽等扑救，同时向消防队报警。当操作人员扑灭不了时，消防队可使用外部消火栓进行扑救。在火灾危险性大的厂房均设有蒸汽灭火设施，厂房空间较小时，即使设了消火栓，火灾时人员难以进入操作，故建筑物内消防系统的设置需根据具体情况而定。

第 7.11.2 条 可燃液体、气体厂房室内消火栓的设置，应满足下列要求：

一、多层厂房及单层厂房长度大于或等于 30m 时，应设置消火栓；

二、多层甲、乙类的厂房宜在楼梯间增设半固定式消防竖管，各层设置水带接口，竖管入口设于室外便于操作的地点；

三、消火栓配置的水枪应为直流-水雾两用枪。

［**说明**］ 可燃液体、气体一旦发生泄漏火灾，火势猛烈，厂房小无法用室内消火栓扑救，故不要求设置。水枪要求可调，具有喷雾化水流功能，防止热设备受到直流水柱冲击后急冷，加大泄漏。

第 7.11.3 条 工艺装置、单元及电气系统采用计算机控制的控制室消防应满足下列要求：

一、建筑物的耐火等级、内部装修及空调系统设计等应符合现行国家标准《建筑设计防火规范》、《建筑内部装修设计防火规范》等的有关规定；

二、控制室与其他建筑物合建时，应单独设防火分区；

三、应设置火灾自动报警系统，报警信号盘设于操作间；

四、电缆沟进口处，有可能形成可燃气体积聚时，应设可燃气体报警器探头；

五、应设置手提式及推车式气体灭火器。

［**说明**］ 工业控制用计算机房（控制室）与一般计算机房使用运行上有很大不同，前者始终有人值班，出现火警值班人员能立即发现，若是机柜、线路发生火灾事故，计算机亦会显示故障报警，而且机房内无大量可燃材料，不会立即蔓延大火，发现火警后，值班人员可用灭火器及时扑灭。另外，在设计上要求控制室内尽可能减少可燃介质的使用，如建筑装修材料、电缆配线等都有相应规定。所以，控制室内不要求设置固定自动气体消防。若使用自动气体消防，一旦发生火灾，气体即自动释放，人员必需撤离，但控制室中工作人员需要坚守岗位，否则可能造成更大事故。因此，控制室内设置固定自动气体消防不利于安全生产。

第 7.11.4 条 合成纤维、合成橡胶、合成树脂及塑料、硫磺、尿素等单层仓库，建筑面积超过现行国标《建筑设计防火规范》的有关规定时，应设火灾自动报警或电视监视系统及室内消火栓系统；但醋酸纤维、粘胶纤维、锦纶、涤纶、腈纶纤维等易燃或燃烧猛烈的合成纤维库房宜同时设置电视监视系统和火灾自动报警系统；当其库房的跨度超过 30m 时，可增设高架式水炮。

［**说明**］ 此类库房一般与成品包装建在一起，构成成品包装及仓库，边包装成品边运入仓库堆放，经常有人值班，能够及时发现火

情及时扑救。随着装置的大型化，致使库房相应加大，有的库房跨度达60m，设置水幕、水喷淋等有一定困难。另外石化企业自身机动消防能力比较强，可通过加强火警监测和自动报警，尽快将火灾扑灭在初期阶段。

在特大型仓库增设水炮，可加强岗位应急消防设施。机械化堆放成品库堆高一般2～3m，堆顶到库房屋架下弦至少有3m净空，高架水炮可有效使用。

第八章 电 气

第一节 消防电源及配电

第8.1.1条 消防水泵房用电设备的电源，应满足现行国家标准《供配电系统设计规范》所规定的一级负荷供电要求。

第8.1.3条 重要消防用电设备的供电，应在最末一级配电装置或配电箱处实现自动切换。其配电线路宜采用耐火电缆。

第二节 防 雷

第8.2.1条 工艺装置内建筑物、构筑物的防雷分类及防雷措施，应按现行国家标准《建筑物防雷设计规范》的有关规定执行。

第8.2.3条 可燃气体、液化烃、可燃液体的钢罐，必须设防雷接地，并应符合下列规定：

一、避雷针、线的保护范围，应包括整个储罐；

二、装有阻火器的甲$_B$、乙类可燃液体地上固定顶罐，当顶板厚度等于或大于4mm时，可不设避雷针、线；当顶板厚度小于4mm时，应装设避雷针、线；

三、丙类液体储罐，可不设避雷针、线，但必须设防感应雷接地；

四、浮顶罐(含内浮顶罐）可不设避雷针、线，但应将浮顶与罐体用两根截面不小于25mm^{2}软铜线作电气连接；

五、压力储罐不设避雷针、线，但应作接地。

第8.2.5条 防雷接地装置的电阻要求，应按现行国家标准《石油库设计规范》、《建筑物防雷设计规范》的有关规定执行。

第三节 静电接地

第8.3.7条 本规范未作规定者，尚应符合现行有关标准、规范的规定。

附录一　名词解释

附表 1

名　　词	说　　明
石油化工企业	以石油、天然气及其产品为原料的工厂如炼油厂、石油化工厂、石油化纤厂等或由上述工厂联合组成的企业
厂　　区	由工艺装置、储运设施、公用设施及其他辅助生产设施和行政福利设施等组成的区域
生产区	工厂围墙内，由工艺装置、罐组、装卸设施、灌装站、泵或泵房、仓库、循环水场、污水处理场、火炬等可能散发可燃气体及使用、产生可燃物质的工艺装置和设施组成的区域；或由罐组、灌装站、污水处理场等设施独立形成的区域
液化烃，液化石油气	液化烃指 15℃时，蒸汽压大于 0.1MPa 的烃类液体及其他类似的液体。其中，包括液化石油气。液化石油气指包括丙烷、丁烷及其密度约为空气密度的 1.5 至 2.0 倍的液化的烃类混合气体
全厂性重要设施	全厂性中央控制室，全厂性锅炉房和自备电站（排灰场除外），总变配电所，电信站，液化烃和可燃液体的储运集中控制室，全厂性空压站，消防站，消防水泵房，中心化验室，厂部办公楼，急救站，哺乳站等发生火灾时，影响全厂生产或可能造成重大人身伤亡的设施
明火或散发火花地点	室内外有外露火焰、赤热表面或有飞火的烟囱及室外的砂轮、电焊、气焊（割）、非防爆的电气开关等固定地点
联合装置	联合装置的必要条件是“同开同停”，即由两个或两个以上的独立装置集中紧凑布置，且装置间直接进料，无供大修设置的中间原料储罐；其开工或停工检修等均同步进行。在工厂总平面布置时，视为一套装置。
石油化工装置内单元	石油化工装置的组成部分，即按生产流程完成一个或几个化工操作过程的设备、管道、仪表等的组合体。如乙烯装置的裂解单元、急冷油洗单元、压缩单元、分离单元、裂解汽油加氢单元等
高　　压	表压为 10MPa 至 100MPa
超高压	表压大于 100MPa
工艺设备（简称设备）	炼油装置和石油化工装置内，为实现工艺过程（反应、换热、分离、储存）所需的容器、加热炉、机、泵及有关机械等的总称
罐　　组	用同一个防火堤围起的一个或多个集中布置的储罐
罐　　区	由两个或两个以上罐组集中布置的区域
火炬系统	由管道及阻火设备、分液设备、火炬筒等组成的泄压排放设施
比空气重的可燃气体	指在标准状态下，密度等于或大于 0.97kg/m^3 的可燃气体
沸溢性液体	在储罐着火情况下，由于热波作用，使罐底水层急速汽化，而会发生沸溢现象的粘性烃类混合物，原油、渣油等
一、二级消防站	配备消防车 6 辆及以上者为一级消防站，4～5 辆为二级消防站
水喷淋系统	由喷头或穿孔管、管道及控制阀等组成的喷水系统
水喷雾系统	组成基本同水喷淋，但要求喷出水滴的直径为 200～400μm，喷出水滴有一定动能，喷到设备表面或空间，能阻隔热辐射，达到控制火势或灭火的效果
箱式消火栓	由消火栓、消防水带及多用雾化水枪和箱体等组成的室外消火栓
泡沫混合液	泡沫液与水按一定比例混合后形成的水溶液

续表

名　词	说　明
低倍数泡沫	泡沫混合液通过产生器吸入空气后，体积膨胀在20倍以内的泡沫，常用的体积膨胀为6倍
水溶性可燃液体	能与水相溶解的可燃液体，如醇、醚、醛、酮等
非水溶性可燃液体	不能与水相溶解的可燃液体，如原油、石油成品等
固定式泡沫灭火系统	由固定的泡沫站，固定的混合液管道及固定的产生器组成的泡沫灭火系统
半固定式泡沫灭火系统	由消防车及消防水带与固定的泡沫产生器相连接组成的泡沫灭火系统，或由固定的泡沫站及消防水带、泡沫管枪或钩管等组成的泡沫灭火系统
移动式泡沫灭火系统	由消防车、消防水带及泡沫管枪或泡沫钩管等组成的泡沫灭火系统
液上喷射系统	泡沫从储罐液面以上喷入罐内的系统
液下喷射系统	泡沫从储罐下部喷入罐内的液体中，泡沫通过液体上升到液面达到覆盖液面的系统

附录三　液化烃、可燃液体的火灾危险性分类举例

附表 3.1

类别		名　称
甲	A	液化甲烷，液化天然气，液化氯甲烷，液化顺式-2丁烯，液化乙烯，液化乙烷，液化反式-2丁烯，液化环丙烷，液化丙烯，液化丙烷，液化环丁烷，液化新戊烷，液化丁烯，液化丁烷，液化氯乙烯，液化环氧乙烷，液化丁二烯，液化异丁烷，液化石油气，二甲胺
	B	异戊二烯，异戊烷，汽油，戊烷，二硫化碳，异己烷，己烷，石油醚，异庚烷，环己烷，辛烷，异辛烷，苯，庚烷，石脑油，原油，甲苯，乙苯，邻二甲苯，间、对二甲苯，异丁醇，乙醚，乙醛，环氧丙烷，甲酸甲酯，乙胺，二乙胺，丙酮，丁醛，二氯甲烷，三乙胺，醋酸乙烯，甲乙酮，丙烯腈，醋酸乙酯，醋酸异丙酯，二氯乙烯，甲醇，异丙醇，乙醇，醋酸丙酯，丙醇，醋酸异丁酯，甲酸丁酯，吡啶，二氯乙烷，醋酸丁酯，醋酸异戊酯，甲酯戊酯，丙烯酸甲脂
乙	A	丙苯，环氧氯丙烷，苯乙烯，喷气燃料，煤油，丁醇，氯苯，乙二胺，戊醇，环己酮，冰醋酸，异戊醇
	B	—35号轻柴油，环戊烷，硅酸乙酯，氯乙醇，丁醇，氯丙醇，二甲基甲酰胺
丙	A	轻柴油，重柴油，苯胺，锭子油，酚，甲酚，糠醛，20号重油，苯甲醛，环己醇，甲基丙烯酸，甲酸，环己醇，乙二醇丁醚，甲醛，糠醇，辛醇，乙醇胺，丙二醇，乙二醇，二甲基乙酰胺
	B	蜡油，100号重油，渣油，变压器油，润滑油，二乙二醇醚，三乙二醇醚，邻苯二甲酸二丁酯，甘油，联苯-联苯醚混合物

附录四　甲、乙、丙类固体的火灾危险性分类举例

附表 4.1

类别	名　　称
甲	黄磷，硝化棉，硝化纤维胶片，喷漆棉，火胶棉，赛璐珞棉，锂，钠，钾，钙，锶，铷，铯，氢化锂，氢化钾，氢化钠，磷化钙，碳化钙，四氢化锂铝，钠汞齐，碳化铝，过氧化钾，过氧化钠，过氧化钡，过氧化锶，过氧化钙，高氯酸钾，高氯酸钠，高氯酸钡，高氯酸铵，高氯酸镁，高锰酸钾，高锰酸钠，硝酸钾，销酸钠，硝酸铵，硝酸钡，氯酸钾，氯酸钠，氯酸铵，次亚氯酸钙，过氧化二乙酰，过氧化二苯甲酰，过氧化二异丙苯，过氧化氢苯甲酰，(邻、间、对）二硝基苯，2-二硝基苯酚，二硝基甲苯，二硝基萘，三硫化四磷，五硫化二磷，赤磷，氨基化钠
乙	硝酸镁，硝酸钙，亚硝酸钾，过硫酸钾，过硫酸钠，过硫酸铵，过硼酸钠，重铬酸钾，重铬酸钠，高锰酸钙，高氯酸银，高碘酸钾，溴酸钠，碘酸钠，亚氯酸钠，五氧化二碘，三氧化铬，五氧化二磷，萘，蒽，菲，樟脑，硫磺，铁粉，铝粉，锰粉，钛粉，咔唑，三聚甲醛，松香，均四甲苯，聚合甲醛偶氮二异丁腈，赛璐珞片，联苯胺，噻吩，苯磺酸钠，环氧树脂，酚醛树脂，聚丙烯腈，季戊四醇，尼龙，己二酸，炭黑，聚氨酯，精对苯二甲酸
丙	石蜡，沥青，苯二甲酸，聚酯，有机玻璃，橡胶及其制品，玻璃钢，聚乙烯醇，ABS 塑料，SAN 塑料，乙烯树脂，聚碳酸酯，聚丙烯酰胺，己内酰胺，尼龙 6，尼龙 66，丙纶纤维，蒽醌，(邻、间、对）苯二酚，聚苯乙烯，聚乙烯，聚丙烯，聚氯乙烯

附录五　工艺装置或装置内单元的火灾危险性分类举例

二、石油化工部分

附表 5.2

类别	装置（单元）名称
	Ⅰ　基本有机化工原料及产品
甲	管式炉（含卧式、立式，毫秒炉等各型炉）蒸汽裂解制乙烯、丙烯装置；裂解汽油加氢装置；芳烃抽提装置；对二甲苯装置；对二甲苯二甲酯装置；环氧乙烷装置；石脑油催化重整装置；制氢装置；环己烷装置；丙烯睛装置；苯乙烯装置；碳四抽提丁二烯装置；丁烯氧化脱氢制丁二烯装置；甲烷部分氧化制乙炔装置；乙烯直接法制乙醛装置；苯酚丙酮装置；乙烯氧氯化法制氯乙烯装置；乙烯直接水合法制乙醇装置；对苯二甲酸装置（精对苯二甲酸装置)；合成甲醇装置；乙醛氧化制乙酸（醋酸）装置的乙醛储罐、乙醛氧化单元；环氧氯丙烷装置的丙烯储罐组和丙烯压缩、氯化、精馏、次氯酸化单元；羰基合成制丁醇装置的一氧化碳、氢气、丙烯储罐组和压缩、合成、蒸馏缩合，丁醛加氢单元；羰基合成制异辛醇装置的一氧化碳、氢气、丙烯储罐组和压缩、合成丁醛、缩合脱水、2-乙基己烯醛加氢单元；烷基苯装置的煤油加氢、分子筛脱蜡（正戊烷，异辛烷，对二甲苯脱附）、正构烷径（C_{10}～C_{13}）催化脱氢、单烯烃（C_{10}～C_{13}）与苯用 HF 催化烷基化和苯、氢、脱附剂、液化石油气，轻质油等储运单元；合成洗衣粉装置的硫磺储运单元。
乙	乙醛氧化制乙酸（醋酸）装置的乙酸精馏单元和乙酸、氧气储罐组；乙酸裂解制醋酐装置；环氧氯丙烷装置的中和环化单元、环氧氯丙烷储罐组；羰基合成制丁醇装置的蒸馏精制单元和丁醇储罐组；烷基苯装置的原料煤油、脱蜡煤油、轻蜡、燃料油储运单元；合成洗衣粉装置的烷基苯与 SO_3 磺化单元。
乙	乙二醇装置的乙二醇蒸发脱水精制单元和乙二醇储罐组；羰基合成制异辛醇装置的异辛醇蒸馏精制单元和异辛醇储罐组；烷基苯装置的热油（联苯十联苯醚）系统、含 HF 物质中和处理系统单元；合成洗衣粉装置的烷基苯硫酸与苛性钠中和、烷基苯硫酸钠与添加剂（羰甲基纤维素，三聚磷酸钠等）合成单元。

续表

类别	装置（单元）名称
	Ⅱ　合成橡胶
甲	丁苯橡胶和丁腈橡胶装置的单体、化学品储存、聚合、单体回收单元；乙丙橡胶、异戊橡胶和顺丁橡胶装置的单体、催化剂、化学品储存和配制、聚合，胶乳储存混合，凝聚、单体与溶剂回收单元：氯丁橡胶装置的乙炔催化合成乙烯基乙炔、催化加成或丁二烯氯化成氯丁二烯，聚合，胶乳储存混合、凝聚单元。
丙	丁苯橡胶和丁腈橡胶装置的化学品配制、胶乳混合、后处理（凝聚、干燥、包装）储运单元；乙丙橡胶、顺丁橡胶、氯丁橡胶和异戊橡胶装置的后处理（胶水、干燥、包装）、储运单元。
	Ⅲ　合成树脂及塑料
甲	高压聚乙烯装置的乙烯储罐、乙烯压缩、催化剂配制、聚合、造粒单元；低密度聚乙烯装置的丁二烯、H_2、丁基铝储运、净化、催化剂配制、聚合、溶剂回收单元；低压聚乙烯装置的乙烯、化学品储运、配料、聚合、醇解、过滤、溶剂回收单元；聚氯乙烯装置的氯乙烯储运、聚合单元；聚乙烯醇装置的乙炔、甲醇储运、配料、合成醋酸乙烯、聚合、精馏、回收单元；本体法连续制聚苯乙烯装置的通用型聚苯乙烯的乙苯储运、脱氢、配料、聚合、脱气及高抗冲聚苯乙烯的橡胶溶解配料、其余单元同通用型 ABS 塑料装置的丙烯腈，丁二烯、苯乙烯储运、预处理、配料、聚合、凝聚单元；SAN 塑料装置的苯乙烯，丙烯腈储运、配料、聚合脱气、凝聚单元：聚丙烯装置的本体法连续聚合的丙烯储运、催化剂配制、聚合，闪蒸、干燥、单体精制与回收及溶剂法的丙烯储运、催化剂配制、聚合、醇解、洗涤、过滤、溶剂回收单元。
乙	聚乙烯醇装置的醋酸储运单元
丙	高压聚乙烯装置的掺和、包装、储运单元 低密度聚乙烯装置的后处理（挤压造粒、包装）、储运单元 低压聚乙烯装置的后处理（干燥、包装）、储运单元 聚氯乙烯装置的过滤、干燥、包装、储运单元 聚乙烯醇装置的干燥，包装，储运单元 本体法连续制聚苯乙烯装置的造粒、包装、储运单元 ABS 塑料和 SAN 塑料装置的干燥、造粒、包装、储运单元 聚苯乙烯装置的本体法连续聚合的造粒、料仓、包装、储运及溶剂法的干燥、掺和、包装、储运单元
	Ⅳ　合成氨及氨加工产品
甲	合成氨装置的烃类蒸汽转化或部分氧化法制合成气（N_2+H_2+CO）、脱硫、变换、脱 CO_2、铜洗、甲烷化、压缩、合成、原料烃类单元和煤气储罐组 硝酸铵装置的结晶或造粒、输送、包装、储运单元
乙	合成氨装置的氨冷冻、吸收单元和液氨储罐 合成尿素装置的氨储罐组和尿素合成、气提、分解、吸收、液氨泵、甲胺泵单元硝酸装置 硝酸铵装置的中和、浓缩、氨储运单元
丙	合成尿素装置的蒸发、造粒、包装、储运单元

三、石油化纤部分

附表 5.3

类别	装置（单元）名称
甲	涤纶装置（DMT 法）的催化剂、助剂的储存、配制、对苯二甲酸二甲酯与乙二醇的酯交换、甲醇回收单元；锦纶装置（尼龙 6）的环己烷氧化、环己醇与环己酮分馏、环己醇脱氢、己内酰胺用苯萃取精制、环己烷储运单元；尼纶装置（尼龙 66）的环己烷储运、环己烷氧化、环己醇与环己酮氧化制己二酸、己二腈加氢制己胺单元；腈纶装置的丙烯腈、丙烯酸甲酯、醋酸乙烯、二甲胺、异丙醚、异丙醇储运和聚合单元；硫氰酸钠（NaSCN）回收的萃取单元，二甲基乙酰胺（DMAC）的制造单元；维尼纶装置的原料中间产品储罐组和乙炔或乙烯与乙酸催化合成乙酸乙烯、甲醇醇解生产聚乙烯醇、甲醇氧化生产甲醛、缩合为聚乙烯醇缩甲醛单元；聚酯装置的催化剂、助剂的储存、配制、己二腈加氢制己二胺单元
乙	锦纶装置（尼龙 6）的环己酮肟化，贝克曼重排单元 尼纶装置（尼龙 66）的己二酸氨化，脱水制己二腈单元 煤油、次氯酸钠库
丙	涤纶装置（DMT 法）的对苯二甲酸乙二酯缩聚，造粒、熔融、纺丝、长丝加工、料仓、中间库、成品库单元；涤纶装置（PTA 法）的酯化、聚合单元；锦纶装置（尼龙 6）的聚合、切片、料仓、熔融、纺丝、长丝加工、储运单元； 尼纶装置（尼龙 66）的成盐（己二胺己二酸盐）　结晶、料仓、熔融、纺丝、长线加工、包装、储运单元腈纶装置的纺丝(NaSCN 为溶剂除外)、后干燥、长丝加工、毛条、打包、储运单元 维尼纶装置的聚乙烯醇熔融抽丝、长丝加工、包装、储运单元 维纶装置的丝束干燥及干热拉伸、长丝加工、包装、储运单元 聚酯装置的酯化、缩聚、造粒、纺丝、长丝加工、料仓、中间库、成品库单元

中华人民共和国国家标准

烟花爆竹工厂设计安全规范

GB 50161—92

主编部门：中华人民共和国轻工业部
批准部门：中华人民共和国建设部
施行日期：1993年5月1日

关于发布国家标准《烟花爆竹工厂设计安全规范》的通知

建标[1992]666号

根据原国家计委计综[1987]2390号文的要求，由轻工部江西烟花爆竹质量监督检验站与机电部安全技术研究所共同制订的《烟花爆竹工厂设计安全规范》，已经有关部门会审，现批准《烟花爆竹工厂设计安全规范》GB50161—92为强制性国家标准，自一九九三年五月一日起施行。

本标准由轻工部负责管理，具体解释等工作由中国兵器工业总公司第二一七研究所负责，出版发行由建设部标准定额研究所负责组织。

中华人民共和国建设部
一九九二年九月二十九日

编 制 说 明

本规范是根据原国家计委计综[1987]2390号文的要求，由我部江西烟花爆竹质量监督检验站与机电部安全技术研究所共同编制而成。

在本规范的编制过程中，规范编制组进行了广泛的调查研究，认真总结我国烟花爆竹生产的实践经验，参考了有关国际标准和国外先进标准，针对主要技术问题开展了科学研究与试验验证工作，并广泛征求了全国有关单位的意见。最后，由我部会同有关部门审查定稿。

鉴于本规范系初次编制，在执行过程中，希望各单位结合生产、建设实践和科学研究，认真总结经验，注意积累资料，如发现需要修改和补充之处，请将意见和有关资料寄交中国兵器工业总公司第二一七研究所（北京市55号信箱），以供今后修订时参考。

轻工业部

一九九二年八月

第一章 总 则

第1.0.1条 为了在烟花爆竹工厂设计中，贯彻“安全第一、预防为主”的方针，防止爆炸和燃烧事故的发生，减少事故损失，保障公民生命和国家财产安全，特制定本规范。

第1.0.2条 本规范适用于烟花爆竹工厂的新建、改建和扩建工程。

本规范不适用于零售烟花爆竹的贮存，以及军用烟火的制造、运输和贮存。

第1.0.3条 烟花爆竹工厂的设计，除执行本规范规定外，尚应执行国家现行的有关标准规范的规定。

第二章　建筑物危险等级分类和计算药量

第一节　建筑物危险等级分类

第 2.1.1 条　建筑物的危险等级，应按下列规定划分为 A、C 两级：

一、A 级建筑物为建筑物内的危险品在制造、贮存、运输中会发生爆炸事故，在发生事故时，其破坏效应将波及到周围。根据其破坏能力应划分为 A_2、A_3 级。

1. A_2 级建筑物为建筑物内的危险品发生爆炸事故时，其破坏能力相当于梯恩梯的厂房和仓库；

2. A_3 级建筑物为建筑物内的危险品发生爆炸事故时，其破坏能力相当于黑火药的厂房和仓库。

二、C 级建筑物为建筑物内的危险品在制造、贮存、运输中主要发生燃烧事故或偶尔有轻微爆炸，但其破坏效应只局限于本建筑物内的厂房和仓库。

第 2.1.2 条　厂房的危险等级应由其中最危险的生产工序确定。仓库的危险等级应由其中所贮存最危险的物品确定。

第 2.1.3 条　危险品生产厂房的危险等级分类，应符合表 2.1.3-1 的规定。危险品仓库的危险等级分类，应符合表 2.1.3-2 的规定。

生产厂房危险等级分类　　**表 2.1.3-1**

危险品名称	生产工序	危险等级
黑火药	三成分混合，造粒，干燥，凉药，筛选，包装	A_3
	硫炭二成分混合，硝酸钾干燥、粉碎和筛选，硫、炭粉碎和筛选	C
烟火药	含氯酸盐或高氯酸盐的烟火药、摩擦类药剂、爆炸音剂、笛音剂等的混合或配制、造粒、干燥、凉药	A_2
	不含氯酸盐或高氯酸盐的烟火药的混合或配制、造粒、干燥、凉药	A_3
	称原料，氧化剂粉碎和筛选	C
爆竹	含氯酸盐或高氯酸盐的爆竹药的混合或配制、装药	A_2
	已装药的钻孔、切引，不含氯酸盐或高氯酸盐的爆竹药的混合或配制、装药、机械压药	A_3
	称原料，不含氯酸盐或高氯酸盐的爆竹药的筑药、插引，挤引，结鞭，包装	C
烟花	筒子并装药装珠，上引药，干燥	A_2
	筒子单发装药，筑药，机械压药，已装药的钻孔，切引	A_3
	蘸药，按引，组装，包装	C
礼花弹	称量，装药装珠，晒球，干燥	A_2
	上发射药，上引线	A_3
	油球，打皮，皮色，包装	C
引火线	含氯酸盐的引药的混合、干燥、凉药、制引、浆引、凉干、包装	A_2
	黑药的三成分混合、干燥、凉药、制引、浆引、凉干、包装	A_3
	硫、碳二成分混合，硝酸钾干燥、粉碎和筛选，硫、碳粉碎和筛选，氯酸钾粉碎和筛选	C

注：①表中未列品种、加工工序，其危险等级可对照本表确定。
②晒场的危险等级，应与各危险品干燥的危险等级相同。

仓库危险等级分类　　表 2.1.3-2

贮存的危险品名称	危险等级
引火线，含氯酸盐或高氯酸盐的烟火药、爆竹药，爆炸音剂，笛音剂	A_2
黑火药，不含氯酸盐或高氯酸盐的烟火药，爆竹药、大爆竹，单个产品装药在 40g 及以上的烟花或礼花弹，已装药的半成品，黑药引火线	A_3
中、小爆竹，单个产品装药在 40g 以下的烟花或礼花弹	C

第 2.1.4 条　贮存氧化剂的火灾危险性分类，应符合现行国家标准《建筑设计防火规范》的规定。

第二节　计算药量

第 2.2.1 条　危险性建筑物的计算药量，应为该建筑物内的生产设备、运输设备、运输工具中能形成同时爆炸的药量和所存放的原料、半成品、成品中能形成同时爆炸的药量之和。

第 2.2.2 条　防护屏障内的危险品药量，应计入该屏障内的危险性建筑物的计算药量。

第 2.2.3 条　抗爆间室及装甲防护装置内的存药量，应按间室内或装置内的全部药量计算。该药量可不计入厂房的计算药量。

第 2.2.4 条　厂房内采取了分隔防护措施，相互间不会引起同时爆炸或燃烧的药量可分别计算，取其最大值。

第三章　工厂规划和外部距离

第一节　工厂规划

第 3.1.1 条　烟花爆竹工厂的选址应符合城镇规划的要求。并应避开居民点、学校、工业区、旅游区重点建筑物、铁路和公路运输线、高压输电线等。

在危险品生产区、总仓库区、燃放试验场的外部距离范围内，严禁设置建筑物。

第 3.1.2 条　烟花爆竹工厂应根据生产品种、生产特性、危险程度进行分区规划，分别设置非危险品生产区、危险品生产区、危险品总仓库区、销毁场或燃放试验场及行政区。

第 3.1.3 条　工厂规划应符合下列要求：

一、根据生产、生活、运输、管理和气象等因素确定各区相互位置。危险品生产区和危险品总仓库区宜设在安全地带；销毁场和燃放试验场宜单独设在偏僻地带。

二、非危险品生产区可靠近住宅区布置。

三、不应使无关人员和货流通过危险品生产区和危险品总仓库区。危险品货物运输不宜通过住宅区。

第 3.1.4 条　当工厂建在山区时，应合理利用地形，将危险品生产区、危险品总仓库区、销毁场或燃放试验场布置在有自然屏障的偏僻地带。不应将危险品生产区布置在山坡陡峭的狭窄沟谷中。

第二节　危险品生产区的外部距离

第3.2.1条　危险品生产区内的危险性建筑物与其周围村庄、公路、铁路、城镇和本厂住宅区等外部距离，应分别按建筑物的危险等级和计算药量计算后取其最大值。

注：外部距离自危险性建筑物的外墙算起。

第3.2.2条　危险品生产区内，A级建筑物的外部距离，不应小于表3.2.2的规定。

第3.2.3条　危险品生产区内，C级建筑物的外部距离，不应小于表3.2.3的规定。

第三节　危险品总仓库区的外部距离

第3.3.1条　危险品总仓库区与其周围村庄、公路、铁路、城镇和本厂住宅区等外部距离，应分别按建筑物的危险等级和计算药量计算后取其最大值。

第3.3.2条　危险品总仓库区，A级仓库的外部距离，不应小于表3.3.2的规定。

第3.3.3条　危险品总仓库区，C级仓库的外部距离，不应小于表3.3.3的规定。

第四节　销毁场和燃放试验场的外部距离

第3.4.1条　燃放试验场的外部距离，不应小于表3.4.1的规定。

第3.4.2条　危险品的销毁采用烧毁法时，一次烧毁药量不应超过20kg，危险品销毁场距场外建筑物的外部距离不应小于65m。

燃放试验场的外部距离(m)　　**表3.4.1**

项　目	燃放试验场类别				
	小试验	地面烟花	升空烟花	大火箭类或直径≤10cm礼花弹	直径>10cm礼花弹
危险品生产区及危险品仓库、易燃易爆液体库	50	100	200	500	1000
居民住宅	30	50	100	300	500

危险品生产区 A 级建筑物的外部距离(m)　　表 3.2.2

项　　目	计　算　药　量　(kg)								
	≤20	>20 ≤25	>25 ≤30	>30 ≤40	>40 ≤50	>50 ≤80	>80 ≤100	>100 ≤300	>300 ≤500
本厂住宅区边缘,村庄边缘,学校,职工人数在50人及以上的工厂企业围墙,有摘挂作业的铁路车站站界及建筑物边缘,区域变电站边缘,220kV 架空输电线路	70	75	80	90	95	115	120	175	205
10户或50人以下零散住户,50人以下的工厂企业围墙,本厂独立的总仓库区建筑物边缘,无摘挂作业铁道中间站界及建筑物边缘,110kV 架空输电线路	65	65	65	65	65	75	80	115	135
国家铁路线、二级及以上公路、通航的河流航道边缘,35kV 架空输电线路	65	65	65	65	65	65	70	100	115
城镇规划边缘	130	135	145	160	170	210	220	315	370

危险品生产区 C 级建筑物的外部距离(m)　　表 3.2.3

项　　目	计　算　药　量　(kg)					
	≤500	>500 ≤600	>600 ≤700	>700 ≤800	>800 ≤900	>900 ≤1000
本厂住宅区边缘,村庄边缘,学校,职工人数在50人及以上的工厂企业围墙,有摘挂作业的铁路车站站界及建筑物边缘,区域变电站边缘,220kV 架空输电线路	40	42	44	46	48	50
10户或50人以下零散住户,50人以下的工厂企业围路,本厂独立的总仓库区建筑物边缘,无摘挂作业铁路中间站界及建筑物边缘,110kV 架空输电线路	35	35	35	35	35	35
国家铁路线	40	40	40	40	40	40
二级及以上公路、通航的河流航道边缘,35kV 架空输电线路	35	35	35	35	35	35
城镇规划边缘	65	70	75	80	85	90

危险品总仓库区 A 级仓库的外部距离(m) 表 3.3.2

项目	计算药量 (kg)											
	≤500	>500 ≤1000	>1000 ≤2000	>2000 ≤3000	>3000 ≤4000	>4000 ≤5000	>5000 ≤6000	>6000 ≤7000	>7000 ≤8000	>8000 ≤9000	>9000 ≤10000	>10000 ≤20000
本厂住宅区边缘,村庄边缘,学校,职工人数在50人及以上的工厂企业围墙,有摘挂作业的铁路车站站界及建筑物边缘,区域变电站边缘,220kV架空输电线路	175	220	280	320	350	380	400	420	440	460	475	600
10户或50人以下零散住户,50人以下的工厂企业围墙,本厂危险品生产区建筑物边缘,无摘挂作业铁路中间站界及建筑物边缘,110kV架空输电线路	115	145	185	210	230	250	260	275	290	300	310	390
国家铁路线、二级及以上公路、通航的河流航道边缘,35kV架空输电线路	100	125	155	180	195	210	220	235	245	255	265	330
城镇规划边缘	315	400	505	580	630	685	720	760	800	830	855	1080

危险品总仓库区 C 级仓库的外部距离(m) 表 3.3.3

项目	计算药量 (kg)									
	≤2000	>2000 ≤3000	>3000 ≤4000	>4000 ≤5000	>5000 ≤6000	>6000 ≤7000	>7000 ≤8000	>8000 ≤9000	>9000 ≤10000	>10000 ≤20000
本厂住宅区边缘,村庄边缘,学校,职工人数在50人及以上的工厂企业围墙,有摘挂作业的铁路车站站界及建筑物边缘,区域变电站边缘,220kV架空输电线路	65	75	80	85	90	95	100	105	110	140
10户或50人以下零散住户,50人以下的工厂企业围墙,本厂危险品生产区建筑物边缘,无摘挂作业铁路中间站界及建筑物边缘,110kV架空输电线路	40	45	48	50	55	57	60	65	78	85
国家铁路线	50	50	50	50	50	50	50	53	55	70
二级及以上公路、通航的河流航道边缘,35kV架空输电线路	35	38	40	43	45	48	50	53	55	70
城镇规划边缘	110	120	130	140	150	160	170	180	190	250

第四章　总平面布置和内部距离

第一节　总平面布置

第 4.1.1 条　危险品生产区的总平面布置，应符合下列要求。

一、同时生产烟花和爆竹的工厂，应根据生产的品种，分别建立生产线，做到分小区布置。

二、应符合工艺流程和建筑物之间内部距离的要求，避免危险品的往返和交叉运输。

三、同一危险等级的厂房和仓库，应集中布置；计算药量大或危险性大的厂房和仓库，宜布置在危险品生产区的边缘或其它有利于安全的地形处；粉尘污染比较大的厂房，应布置在厂区的边缘。

四、危险品生产厂房宜小型、分散。

五、危险性建筑物应错开布置，不宜长面相对。

六、危险品生产厂房靠山布置时，距山脚不宜太近。当危险品生产厂房布置在山凹中时，应考虑人员的安全疏散和有害气体的扩散。

第 4.1.2 条　危险品总仓库区的总平面布置，应符合下列要求：

一、应根据仓库的危险等级和计算药量结合地形布置；

二、比较危险的或计算药量较大的危险品仓库，不宜布置在库区出入口的附近；

三、危险品仓库不宜长面相对布置；

四、运输危险品的车辆，不应在其他的防护屏障内通过。

第 4.1.3 条　危险品生产区和总仓库区应分别设置密砌围墙，其高度不应低于 2m；围墙与危险性建筑物的距离，不宜小于 5m。

第 4.1.4 条　厂区和危险品总仓库区的绿化，宜种植阔叶树。

第二节　危险品生产区的内部距离

第 4.2.1 条　危险品生产区内各建筑物之间的内部距离，应分别按照各危险性建筑物的危险等级及其计算药量所确定的距离和本节各条所规定的距离，取其最大值。并应符合现行国家标准《建筑设计防火规范》中有关厂房防火间距的规定：

注：内部距离均自建筑物的外墙算起。

第 4.2.2 条　危险品生产区 A 级建筑物与邻近建筑物的内部距离，应符合下列规定：

一、A_2 级建筑物与邻近建筑物的内部距离，应按表 4.2.2-1确定。

A_2级建筑物与邻近建筑物的内部距离(m)　表4.2.2-1

计算药量(kg)	无　屏　障	单有屏障	双有屏障
1	14	7	7
5	14	7	7
10	16	8	7
20	20	10	7
30	24	12	7
40	28	14	8

续表

计算药量(kg)	无 屏 障	单有屏障	双有屏障
60	30	15	9
80	32	16	10
100	36	18	12
200	44	22	13
300	50	25	15
400	55	28	18
500	60	30	20

二、A_3 级建筑物与邻近建筑物的内部距离，应按表4.2.2-2确定。

A_3级建筑物与邻近建筑物的内部距离(m) 表 4.2.2-2

计算药量(kg)	无 屏 障	单有屏障	双有屏障
1	14	7	7
5	14	7	7
10	14	7	7
20	16	8	7
30	19	10	7
40	22	11	7
60	24	12	7
80	26	13	8
100	30	15	10
200	35	18	12
300	40	20	13
400	45	23	14
500	50	25	15

第 4.2.3 条 危险品生产区 A 级建筑物与公用建、构筑物的内部距离，应符合下列规定：

一、与锅炉房的内部距离，应按表4.2.2-1或表4.2.2-2的要求计算后再增加 50%，并不应小于 100m，2t 以下锅炉房不应小于 50m；

二、与单建变电所、水塔、地下或半地下高位水池，有明火或散发火星的建筑物的内部距离，应按表 4.2.2-1 或表 4.2.2-2 的要求计算后再增加 50%，并不应小于 50m；

三、与厂区内办公室、食堂、汽车库的内部距离，应按表 4.2.2-1 或表4.2.2-2的要求计算后再增加 50%，并不应小于 65m。

第 4.2.4 条 危险品生产区 C 级建筑物可不设防护屏障，C 级建筑物与邻近建筑物的内部距离，应符合表 4.2.4 的规定。

C 级建筑物与邻近建筑物的内部距离(m) 表 4.2.4

计算药量(kg)	内部距离
200	12
400	14
600	16
800	18
1000	20

第 4.2.5 条 危险品生产区 C 级建筑物与锅炉房、水塔、地下或半地下高位水池、变电所、配电所，有明火或散发火星的建筑物、厂区办公室、食堂、汽车库的距离，不应小于 50m。

第三节　危险品总仓库区的内部距离

第 4.3.1 条　危险品总仓库区内各建筑物之间的内部距离，应按各仓库的危险等级和计算药量分别计算后取其最大值。

第 4.3.2 条　危险品总仓库区 A_2 级仓库与邻近危险品仓库的内部距离，应符合表 4.3.2 的规定。

第 4.3.3 条　危险品总仓库区 A_3 级仓库与邻近危险品仓库的内部距离，应符合表 4.3.3 的规定。

第 4.3.4 条　危险品总仓库区 C 级仓库与邻近危险品仓库的内部距离，应符合表 4.3.4 的规定。

A_2 级仓库与邻近危险品仓库的内部距离(m)　表 4.3.2

单库计算药量(kg)	单有屏障	双有屏障
≤500	25	15
>500 ≤1000	30	20
>1000 ≤3000	40	25
>3000 ≤5000	50	30
>5000 ≤7000	55	33
>7000 ≤9000	58	35
>9000 ≤10000	60	40

A_2 级仓库与邻近危险品仓库的内部距离(m)　表 4.3.3

单库计算药量(kg)	单有屏障	双有屏障
≤500	20	15
>500 ≤1000	25	15
>1000 ≤3000	35	20
>3000 ≤5000	40	25
>5000 ≤7000	45	27
>7000 ≤9000	50	30
>9000 ≤10000	55	35
>10000 ≤20000	60	40

C 级仓库与邻近危险品仓库的内部距离(m)　表 4.3.4

单库计算药量(kg)	内部距离
≤1000	16
>1000 ≤3000	20
>3000 ≤5000	25
>5000 ≤10000	30
>10000 ≤15000	35
>15000 ≤20000	40

第 4.3.5 条 危险品总仓库区值班室，宜结合地形布置在有自然屏障处，与 A_2 级仓库的内部距离应符合表 4.3.5 的规定。

A_2 级仓库与库区值班室的内部距离(m) 表 4.3.5

计算药量(kg)	值班室无防护屏障	值班室有防护屏障
≤500	55	40
>500 ≤1000	70	50
>1000 ≤5000	120	85
>5000 ≤10000	150	100

第 4.3.6 条 库区值班室与 A_3 级仓库的内部距离，应符合表 4.3.6 的规定。

A_3 级仓库与库区值班室的内部距离(m) 表 4.3.6

计算药量(kg)	值班室无防护屏障	值班室有防护屏障
≤500	45	35
>500 ≤1000	55	40
>1000 ≤5000	100	70
>5000 ≤10000	120	85
>10000 ≤20000	150	100

第 4.3.7 条 库区值班室与 C 级仓库的内部距离，应符合表 4.3.4 规定，并不应小于 25m。

第四节 防 护 屏 障

第 4.4.1 条 危险品生产区和总仓库区防护屏障的设置，应符合下列规定：

一、A 级建筑物应设置防护屏障；

二、A_2 级和 A_3 级建筑物内计算药量分别小于 50kg 和 60kg，设置屏障有困难时，可以不设防护屏障。

第 4.4.2 条 防护屏障的形式，应根据总平面布置，运输方式、地形条件等因素确定。防护屏障可采用防护土堤、钢筋混凝土防护挡墙或夯土防护墙等形式。

第 4.4.3 条 危险品生产区和总仓库区 A_2 级和 A_3 级建筑物内计算药量分别小于 400kg 和 550kg 时，可采用夯土防护墙。

第 4.4.4 条 防护屏障内坡脚与建筑物外墙之间的水平距离，应符合下列规定：

一、有运输或特殊要求的地段，其距离应按最小使用要求确定；

二、无运输或特殊要求时，其距离不应大于 3m。

第 4.4.5 条 防护屏障的高度，不应低于屋檐高度。

第 4.4.6 条 防护土堤，顶宽不应小于 1.0m，底宽不应小于高度的 1.5 倍。防护土堤边坡应稳定，其坡度应根据不同土质材料确定。

第 4.4.7 条 夯土防护挡墙应采用灰土为填料，边坡度宜为 1：0.2～1：0.25；墙高不应大于 4.5m；墙顶宽不应小于 0.7m；地面至地面以上 0.5m 范围内墙体应采用砖或石砌护墙。

第 4.4.8 条 钢筋混凝土防护挡墙应按计算确定。

第五章　工 艺 布 置

第5.0.1条　烟花爆竹的生产工艺，宜采用先进技术，做到隔离操作。并应减少厂房内存药量和操作人员，做到小型分散。

第5.0.2条　危险品生产区内应减少危险品储存，单个危险品中转库允许最大存药量，不应超过两天生产需要量。

第5.0.3条　A级、C级厂房和仓库应为单层建筑，其平面宜为矩形。

第5.0.4条　A级厂房应单机单间、独立设置。当需联建时，应采用防护墙隔离，或设置在抗爆间室内。当机器生产黑药引火线时，每个生产间不应超过二台机组。

C级厂房中称原料、氧化剂和可燃剂的粉碎和筛选厂房，应独立建设。

第5.0.5条　不同危险等级的中转库，应独立设置，不得和生产厂房联建。

第5.0.6条　有固定操作人员的非危险品厂房，不得和危险品厂房联建。

第5.0.7条　厂房内的工艺布置，应便于及时处理事故和操作人员疏散。

第5.0.8条　A级、C级厂房的人均使用面积，不得少于$3.5m^2$。

第5.0.9条　烟花爆竹成品、半成品和药剂的干燥，宜利用日光或采用热水和低压蒸汽烘干。烘干厂房内的温度，应符合产品工艺安全要求，并应设置感温报警装置。严禁采用明火烘干。

第5.0.10条　烘干厂房内产品的堆垛高度，不应大于1.2m，堆垛离地面不应小于0.2m，堆垛离热源不应小于0.3m。

第六章　危险品的储存和运输

第一节　危险品的储存

第6.1.1条　危险品的储存，应遵守现行国家标准《烟花爆竹劳动安全技术规程》的规定，并应分类分级专库存放。

第6.1.2条　仓库内危险品的堆放，应符合下列规定：

一、危险品堆垛间应留有检查、清点、装运的通道。堆垛之间的距离不宜小于0.7m；运输通道的宽度不宜小于1.5m。

二、成品、半成品堆垛的高度，不宜超过1.5m；成箱成品不宜超过2.5m。

第二节　危险品的运输

第6.2.1条　危险品的运输，应采用带有防火罩的汽车运输。不宜采用三轮车，严禁用畜力车、翻斗车和各种挂斗车运输。

第6.2.2条　危险品生产区运输危险品的主干道中心线，与各类建筑物的距离应符合下列规定。

一、距A级建筑物不宜小于20m；

二、距C级建筑物不宜小于15m；

三、运输散露危险品的道路中心线距有明火或散发火星的地点，不应小于35m。

第6.2.3条　危险品生产区和危险品总仓库区内汽车运输危险品的主干道纵坡，不宜大于6%；用手推车运输危险品的道路纵坡，不宜大于2%。

第6.2.4条　机动车在A、C级建筑物门前装卸作业时，宜在2.5m以外处进行。

第七章　危险性建筑物的建筑结构

第一节　一般规定

第7.1.1条　各级危险性建筑物的耐火等级不应低于现行国家标准《建筑设计防火规范》中二级耐火等级的规定；面积小于20m²的A级建筑物或面积不超过300m²的C级建筑物的耐火等级可为三级。

第7.1.2条　危险品生产区内，应设有供A、C级建筑物内操作人员使用的洗涤、淋浴、更衣、卫生间等辅助用室和办公用室。

第7.1.3条　危险品生产区的办公用室和辅助用室，宜独立建设。当附建时，应符合下列规定：

一、A级厂房不应附设除更衣室外的辅助用室和办公用室；

二、C级厂房可附设辅助用室和办公用室，并应布置在厂房较安全的一端，并采用防火墙与生产工作间隔开。

办公用室和辅助用室应为单层建筑，其门窗不宜面向相邻厂房危险性工作间的泄爆面。

第二节　危险品厂房的结构选型和构造

第7.2.1条　A级厂房宜采用钢筋混凝土框架结构。当符合下列条件之一者，可采用砖墙承重结构：

一、面积小于20m²，且操作人员不超过二人的A级厂房；

二、室内无人操作的厂房。

第7.2.2条　A、C级厂房不应采用独立砖柱承重。厂房砖墙厚度不应小于24cm，并不宜采用空斗墙和毛石墙。

第7.2.3条　A、C级厂房屋盖宜采用轻质易碎屋盖。

第7.2.4条　有易燃、易爆粉尘的厂房，宜采用外形平整、不易积尘的结构构件和构造。

第7.2.5条　A、C级厂房结构构造，应符合下列规定：

一、在梁底标高处，沿外墙和内横墙设置现浇钢筋混凝土闭合圈梁；

二、梁与墙或柱锚固，或与圈梁联成整体。

三、围护砖墙和柱，或纵横砖墙体之间加强联结；

四、门窗洞口应采用钢筋混凝土过梁，过梁的支承长度不应小于24cm。

第三节　危险品厂房的安全疏散

第7.3.1条　A、C级厂房每一危险性工作间的安全出口不应少于二个；当面积小于9m²。且同一时间内的生产人员不超过二人时，可设一个；当面积小于18m²，且同一时间内的生产人员不超过四人时，也可设一个，但必须设安全窗。

第7.3.2条　须穿过另一危险性工作间才能到达室外的出口，不应作为本工作间的安全出口。

防护土堤内厂房的安全出口，应布置在防护土堤的开口方向。

第7.3.3条　A、C级厂房外墙上宜设置安全窗。安全窗可作为安全出口，但不得计入安全出口的数目。

第7.3.4条　A、C级厂房每一危险工作间内，由最远工作点至外部出口的距离，应符合下列规定：

一、A 级厂房不应超过 5m；

二、C 级厂房不应超过 8m。

第 7.3.5 条 厂房内的主通道宽度，不应小于 1.2m；每排操作岗位间的通道宽度，不应小于 1.0m；工作间内的通道宽度，不应小于 1.0m。

第 7.3.6 条 疏散门的设置，应符合下列规定：

一、向外开启，室内不得装插销；

二、设置门斗时，应采用外门斗，门的开启方向应与疏散门一致；

三、危险性工作间的外门口不应设置台阶，应作成防滑坡道。

第四节 危险品厂房的建筑构造

第 7.4.1 条 A、C 级厂房的门，应采用向外开启的平开门；门宽不应小于 1.2m。危险性工作间的门不应与其他房间的门直对设置；门宽不应小于 1.0m。并不得设置门槛。

第 7.4.2 条 黑火药和烟火药生产厂房应采用木门窗。门窗的小五金，应采用在相互碰撞或摩擦时，不产生火花的材料。

第 7.4.3 条 安全窗应符合下列规定：

一、窗洞口的宽度，不应小于 1.0m；

二、窗扇的高度，不应小于 1.5m；

三、窗台的高度，不应高出室内地面 0.5m；

四、窗扇应向外平开，不得设置中挺；

五、窗扇不宜设插销，应利于快速开启；

六、双层安全窗的窗扇，应能同时向外开启。

第 7.4.4 条 危险性工作间的地面，应符合下列规定：

一、对火花能引起危险品燃烧、爆炸的工作间，应采用不发生火花的地面；

二、当工作间内的危险品对撞击、摩擦特别敏感时，应采用不发生火花的柔性地面；

三、当工作间内的危险品对静电作用特别敏感时，应采用不发生火花的导静电地面。

第 7.4.5 条 有易燃易爆粉尘的工作间，不宜设置吊顶，当设置吊顶时，应符合下列规定：

一、吊顶上不应有孔洞；

二、墙体应砌至屋面板或梁的底部。

第 7.4.6 条 危险性工作间的内墙应抹灰。有易燃易爆粉尘的工作间，其地面、内墙面、顶棚面应平整、光滑，不得有裂缝，所有凹角宜抹面圆弧。

易燃易爆粉尘较少的工作间宜用湿布擦洗，内墙面应刷 1.5～2.0m 高油漆墙裙；经常冲洗的工作间，其顶棚及内墙面应刷油漆，油漆颜色与危险品颜色应有所区别。

第五节 危险品仓库的建筑结构

第 7.5.1 条 危险品仓库应根据当地气候和存放物品的要求，采取防潮、隔热、通风、防小动物等措施。

第 7.5.2 条 危险品仓库可采用砖墙承重，屋盖宜采用轻质易碎结构。黑火药总仓库应采用轻质易碎屋盖。

第 7.5.3 条 危险品仓库的安全出口，不应少于二个；当仓库面积小于 $150m^2$，且长度小于 18m 时，可设一个。

仓库内任一点至安全出口的距离，不应大于 15m。

第 7.5.4 条 危险品仓库的门应向外平开，不得设门槛；

门洞的宽度不宜小于1.2m。

贮存期较长的总仓库的门宜为双层，内层门为通风用门，两层门均应向外开启。

第7.5.5条 危险品总仓库的窗应能开启，宜配置铁栅和金属网。在勒脚处宜设置进风窗。

第7.5.6条 危险品仓库的地面，应符合本规范第7.4.4条的规定。当危险品已装箱并不在库内开箱时，可采用一般地面。

第八章 消 防

第8.0.1条 烟花爆竹工厂必须设置消防设施。根据工厂规模大小、厂房布置分散密集程度、建筑物耐火等级以及市镇消防车到达时间长短等采用消火栓系统、固定式灭火装置、手抬机动泵或其他消防器材。

第8.0.2条 消防供水的水源，必须充足可靠。当利用天然水源时，在枯水期，应有可靠的取水设施；当采用市政给水管网或自备水源井，而厂区内无消防蓄水设备时，消防给水管网宜设计成环状，并有两条输水干管接自市政给水管网或自备水源井。

第8.0.3条 当厂区内设置蓄水池、水塔或有天然河、湖、池塘可利用时，宜设有固定式消防泵组或手抬机动泵。

第8.0.4条 室外消防用水量，应按现行国家标准《建筑设计防火规范》的规定执行。当每个建筑物的体积均不超过300m^3，可按10L/s、消防延续时间可按1.5h计算。

第8.0.5条 易发生燃烧事故的厂房，宜设置自动喷水灭火设施，并应符合下列规定：

一、单人操作的工作间内，在工作台的上方宜设置手动控制的水喷淋系统或翻斗水箱。

二、操作人员超过四人，面积超过24m^{2}的工作间内，宜设手动控制的水喷淋系统及水塔或气压水罐供水设备，消防延续时间应按30min计算；

三、操作人员多于六人，面积超过60m^{2}或存药量大于

30kg 时，宜设自动控制的水喷淋系统，其消防延续时间按 1h 计算。

第 8.0.6 条 在产品或原料与水接触能引起燃烧、爆炸或助长火势蔓延的厂房内，不应设置用水灭火的设备，应采用干粉、干砂或其他扑灭金属火灾的灭火器材。

第 8.0.7 条 危险品总仓库区根据当地消防供水条件，可设消防蓄水池、高位水池、室外消火栓或利用天然河、塘。消防用水量应按 15L/s，消防延续时间应按 2h 计算。消防蓄水池的保护半径，不应大于 150m。

第 8.0.8 条 消防储备水应有平时不被动用的措施。使用后的补给恢复时间不应超过 48h。

第九章 废水处理

第 9.0.1 条 烟花爆竹工厂的废水，应做到清污分流，达到少排或不排出有害废水。排出的有害废水应采取必要的治理措施。达到国家现行的有关排放标准后，方能排出。

第 9.0.2 条 有易燃易爆粉尘散落的工作间，应用拖布拖洗，当需用水冲洗时，宜用管道排放，集中处理。

含药废水应先经室内或室外污水池沉淀或过滤，方可排出。沉淀及过滤的沉渣应定期挖出销毁。

第十章 危险性建筑物的采暖通风

第一节 采 暖

第 10.1.1 条 当 A、C 级厂房需采暖时，严禁用火炉或其他明火采暖，并应符合下列规定：

一、当采用散热器时，黑火药、烟火药生产厂房其热媒应采用不高于 90℃的热水；

二、黑火药制品和烟花药制品的装药生产厂房，其热媒宜采用不高于 110℃的热水或压力不大于 0.07MPa 的低压蒸汽。

第 10.1.2 条 A、C 级厂房采暖系统的设计，应符合下列规定：

一、散热器应采用易于擦洗的散热器，散热器和采暖管道外表面应涂以易于识别爆炸危险性粉尘颜色的油漆；

二、散热器外表面距墙内表面不应小于 60mm，距地面不应小于 100mm，散热器不应设在壁龛内；

三、采暖管道不应设在地沟内，当必须设在过门地沟内时，应采用有密闭措施的暗沟；

四、蒸汽或高温水管道的入口装置和换热装置，不应设在危险工作间内。

第二节 通 风

第 10.2.1 条 散发燃烧爆炸危险性粉尘的厂房的送风系统，应采用直流式；风管上的调节阀，应采用防爆阀门。黑火药生产厂房内，不应设计机械通风。

第 10.2.2 条 A、C 级厂房内，散发燃烧爆炸危险性粉尘或气体的设备和操作岗位宜设局部排风，并应分别单独设置。

第 10.2.3 条 在空气中含有燃烧爆炸危险性粉尘的厂房内，机械排风系统的设计，应符合下列要求：

一、风口位置和入口风速的确定，应能有效地排除燃烧爆炸危险性粉尘。

二、含有燃烧爆炸危险性粉尘的空气，应经过净化处理后再排入大气，净化装置宜采用湿法除尘；当粉尘与水接触能形成爆炸或燃烧时，不应采用湿式除尘器，风机应采用防爆型并置于净化装置之后。

三、水平风管内的风速，应按燃烧爆炸危险性粉尘不在风管内沉积的原则确定。水平风管应设有不小于 1%坡度。

四、排风管道不宜穿过与本排风系统无关的房间。

五、排风管道宜采用圆形截面风管，风管上应设置检查孔。

第 10.2.4 条 A、C 级厂房的通风机室应单独设置，不应与危险性工作间相通。

第 10.2.5 条 A、C 级厂房的送风系统，其送风机的出口应装止回阀。

第十一章　危险场所的电气

第一节　危险场所类别的划分

第 11.1.1 条　工作间和仓库的危险场所类别，应按下列规定划分，并应符合表 11.1.1 的规定。

一、Ⅰ类危险场所为经常存在大量能形成爆炸危险的烟火药、黑火药及其粉尘的工作间；

二、Ⅱ类危险场所为经常存在少量能形成燃爆危险的烟火药、黑火药及其粉尘的工作间；

三、Ⅲ类危险场所为经常存在能形成火灾危险而爆炸危险性小的危险品及粉尘的工作间。

工作间和仓库的危险场所类别　　表 11.1.1

名称	危险等级	工作间和仓库名称	危险场所类别	防雷等级
黑火药	A_3	三成分混合，造粒，干燥，凉药，筛选，包装	Ⅰ	一
黑火药	C	硫炭二成分混合，硝酸钾干燥、粉碎和筛选，硫、炭粉碎和筛选	Ⅲ	三
烟火药	A_2	含氯酸盐或高氯酸盐的烟火药、摩擦类药剂、爆炸音剂、笛音剂等的混合或配制、造粒、干燥、凉药	Ⅰ	一
烟火药	A_3	不含氯酸盐或高氯酸盐的烟火药的混合或配制、造粒、干燥、凉药	Ⅰ	一
烟火药	C	称原料、氯酸钾和过氯酸钾粉碎、筛选	Ⅱ	三
爆竹	A_2	含氯酸盐或高氯酸盐的爆竹药的混合或配制、装药	Ⅰ	一
爆竹	A_3	不含氯酸盐或高氯酸盐的爆竹药的混合、装药	Ⅰ	一
爆竹	A_3	已装药的钻孔、切引、机械压药	Ⅱ	二
爆竹	C	称原料，不含氯酸盐或高氯酸盐的爆竹药的筑药，插引，挤引，结鞭，包装	Ⅲ	三
烟花	A_2	筒子并装药装珠，上引线，干燥	Ⅰ	一
烟花	A_3	筒子单发装药，筑药，机械压药，钻孔，切引	Ⅱ	二
烟花	C	蘸药，按引，组装，包装	Ⅲ	三
礼花弹	A_2	称量，装药，装珠，晒球，干燥	Ⅰ	一
礼花弹	A_3	上发射药，上引线	Ⅱ	二
礼花弹	C	油球，打皮，皮色，包装	Ⅲ	三
引火线	A_2	含氯酸盐的引药的混合，干燥，凉药、制引、浆引、凉干、包装	Ⅰ	一
引火线	A_3	黑药的三成分混合、干燥、凉药、制引、浆引、凉干、包装	Ⅰ	一
引火线	C	硫、碳二成分混合，硝酸钾干燥、粉碎和筛选，硫、碳粉碎和筛选	Ⅲ	三
引火线	C	氯酸钾粉碎和筛选	Ⅱ	二

续表

名称	危险等级	工作间和仓库名称	危险场所类别	防雷等级
仓库	A_2	引火线，含氯酸盐或高氯酸盐的烟花药、爆竹药、爆炸音剂，笛音剂	Ⅰ	一
	A_3	黑火药，不含氯酸盐或高氯酸盐的烟火药、爆竹药，大爆竹，单个产品装药在40g以上的烟花或礼花弹，已装药的半成品，黑药引火线		
	C	中、小爆竹，单个产品装药在40g以下的烟花或礼花弹	Ⅱ	二

第11.1.2条 与爆炸危险场所毗邻，并有门相通的工作间，当隔墙为密封墙，门经常处于关闭状态时，该工作间的危险类别可按表11.1.2确定。当门经常处于敞开状态时，该工作间应与爆炸危险场所的危险类别相同。

与爆炸危险场所毗邻的场所的危险类别划分 表11.1.2

危险场所类别	用有门的密封墙隔开的相邻场所类别	
	一道隔墙	二道隔墙
Ⅰ	Ⅱ	非危险场所
Ⅱ	Ⅲ	
Ⅲ	非危险场所	

注：本表不适用于与危险场所毗邻的配电室及变电所。

第11.1.3条 排风室危险场所类别的确定，应符合下列规定：

一、为Ⅰ类危险场所服务的排风室，可划为Ⅱ类危险场所；

二、为Ⅱ、Ⅲ类危险场所服务的排风室与所服务的危险场所类别相同；

三、当采用湿式净化装置时，各类危险场所的排风室可划为Ⅲ类危险场所。

第二节 电气设备

第11.2.1条 在危险场所安装的电气设备，均应按国家产品标准生产，并经国家审定合格的定型产品。

第11.2.2条 对正常运行和操作时可能发生电火花或产生高温的电气设备，应安装在危险场所以外。

第11.2.3条 危险场所的电气设备的选型，应符合下列规定：

一、Ⅰ类危险场所，除仪表外，不应装设电气设备。仪表应选择适用于烟火药、黑火药危险场所的本质安全型。

二、Ⅱ类危险场所的电气设备应选择密封防爆型、增安型（只限于灯具及控制按钮）及适用于烟火药、黑火药危险场所的本质安全型。各种防爆电气设备外壳的表面温度，应符合表11.2.3的规定。插座的选择，还应满足在断电后插销才能插入和拔出的要求。

三、Ⅲ类危险场所电气设备应选择密封型、防水防尘型，鼠笼型感应电动机可选择封闭型。

四、Ⅱ类、Ⅲ类危险场所的接线盒，应采用与电气设备相应的防爆型。

第11.2.4条 危险场所电气照明的选型，应符合下列规定：

一、安装在各类危险场所门灯及外墙上的开关，应选择防水防尘型；

二、Ⅰ类危险场所的电气照明，应选用壁龛灯或装在室外的投光灯。

Ⅱ、Ⅲ类危险场所的电气照明，应选用密封防爆型灯。

壁龛灯的透光玻璃对室内应密封，玻璃的机械强度应符合国家有关防爆电气设备标准的要求；壁龛灯室外一侧应设置散热孔或通风百页窗，并应防止雨水侵入；壁龛灯室内一侧的表面温度，应符合表 11.2.3 的规定。

电气设备外壳的允许表面温度　　表 11.2.3

场所内危险品种类	允许表面温度（℃）	
	有过负荷可能的设备	无过负荷可能的设备
黑火药、烟火药	140	160

第 11.2.5 条　危险场所内，当电气设备有过负荷可能时，应设可靠的过负荷保护。

第 11.2.6 条　生产时严禁工作人员进入的工作间，其生产用电气设备的控制按钮应装在门外，并应与门联锁，使该工作间的门关好后，用电设备才能启动。

第三节　室内线路

第 11.3.1 条　危险场所内电气线路的选择，应符合下列规定：

一、各类危险场所内电气线路，应采用绝缘电线穿钢管敷设或采用电缆。电线和电缆的绝缘强度，不应低于该网路的额定电压，并不应低于 500V；通讯导线的绝缘强度，不应低于 250V。

二、Ⅰ类危险场所除仪表线路外，不应敷设电力和照明线路。壁龛灯线路应沿建筑物外墙穿钢管敷设。

三、Ⅰ类危险场所的电气线路，应采用铜芯电线或电缆。Ⅱ、Ⅲ类危险场所的线路，可采用铝芯电线或电缆。Ⅱ、Ⅲ类危险场所使用的移动式电缆，应采用铜芯电缆。

第 11.3.2 条　导线的连接，应符合下列规定：

一、应采用压接或焊接；

二、截面在 $6mm^2$ 及以下的单股铜线或铝线，与电器或仪表的接线端子连接时，可不用导线端子或其他终端附件；

三、当截面超过 $6mm^2$ 时，应设导线端子或其他终端附件。

第 11.3.3 条　Ⅰ、Ⅱ类危险场所的导线截面选择和保护，应符合下列规定：

一、穿管敷设的电力及照明导线最小允许截面铜芯导线为 $1.5mm^2$，沿危险场所外墙穿管敷设的铝芯导线为 $2.5mm^2$；

二、采用熔断器或自动开关作为导线过负荷保护的线路，其长期允许载流量不应小于熔断器熔体额定电流或自动开关的长延时动作过电流脱扣器整定电流的 1.25 倍。

三、引向鼠笼型感应电动机的线路，当电压为 500V 以下时，其长期允许载流量，不应小于电动机额定电流的 1.25 倍。

第 11.3.4 条　当采用电线穿钢管时，应符合下列规定：

一、Ⅰ、Ⅱ类危险场所穿电线的钢管，应采用水煤气管，壁厚不应小于 2.5mm。

二、穿电线的钢管在该场所内应密封，并应符合下列规定：

1. 穿电线的钢管在引入非密封的防爆电气设备前，应装设隔离密封装置，如电气设备的接线盒已自带密封装置，则不必别加隔离密封装置；

2. 钢管宜采用螺纹连接，螺纹应完整连接并不应小于 6

扣,在有振动的场所,还应有防松动装置;

3. 管线的分支处,应采用相应级别的接线盒。

第 11.3.5 条 当采用电缆时,应符合下列规定:

一、敷设在各类危险场所的电缆,应采用有难燃护套的电缆;Ⅱ、Ⅲ类危险场所可以采用移动式铜芯电缆,其机械强度不应低于中型橡套电缆。

二、电缆宜明敷,在易受损伤的线段应穿钢管保护。必须在电缆沟内敷设时,应有防止水及有燃爆危险的物质侵入沟内的措施,并应将电缆过墙处的墙洞密封。

三、除照明线路外,电缆不应有分支接头、照明线路的分支点应设在接线盒内。

第四节 10kV 及以下变电所和厂房配电室

第 11.4.1 条 在危险品生产区和危险品总仓库区内的 10kV 及以下变电所,应采用户内式。

第 11.4.2 条 10kV 及以下的变电所,不应设在 A 级建筑物内。当变电所建在 C 级建筑物内时,应符合下列规定:

一、与危险场所毗邻的墙上,不应设门、窗;

二、变电所内不应通过与其无关的管线。

第 11.4.3 条 与危险场所毗邻的配电室(包括电动机室)符合下列规定时,可不设置防爆电气设备。

一、配电室与危险场所毗邻的墙为密封墙;

二、配电室与Ⅰ类危险场所毗邻的隔墙无门窗。配电室与Ⅱ、Ⅲ类危险场所之间有非危险的工作间或通廊相隔且通向配电室和危险场所的二道门经常关闭。

第五节 室外线路

第 11.5.1 条 35kV 的室外架空线路,严禁穿越各级危险品生产区和危险品总仓库区。

第 11.5.2 条 1kV 至 10kV 的室外架空线路,严禁跨越 A、C 级建筑物。

在 A、C 级建筑物区架设的 1kV 至 10kV 的架空线路,其轴线与危险建筑物的距离,应符合下列规定:

一、距 A 级建筑物不应小于 50m;

二、距 C 级建筑物不应小于电杆高度的 1.5 倍。

第 11.5.3 条 380/220V 及以下的室外架空线路,不应跨越 A、C 级建筑物。在危险品生产区和危险品总仓库区内架设时,其轴线距生产贮存烟火药和黑火药的 A 级建筑物不宜小于 50m,距其他 A、C 级建筑物不应小于电杆高度的 1.5 倍。

第六节 防雷与接地

第 11.6.1 条 危险性建筑物,必须按《建筑物防雷设计规范》的规定,采取防雷措施。各建筑物的防雷等级,可按表 11.1.1 的规定。

第 11.6.2 条 在危险场所中,有可能积聚静电的金属设备、管道及其他导电物体,均应接地,接地电阻不宜大于 100Ω。有可能积聚静电的非金属设备、管道应间接接地,接地电阻不宜大于 1MΩ。

第 11.6.3 条 当低压配电系统采用接零保护时,应符合下列规定:

一、引入建筑物的电源线,零线应重复接地,接地电阻不应大于10Ω，接地装置可与防雷电感应接地装置共用。

二、电气设备正常时不带电的金属部分，应与零线连接。接零设备较多而且分散的场所，宜设构成封闭回路的接零干线，接零干线与电源零线的连接点不应少于2处。

三、接零线截面的选择，应使在单相短路故障时产生足够的短路电流，并应符合下列规定：

1. 在Ⅰ、Ⅱ类危险场所，此短路电流不应小于保护线段的熔断体额定电流的5倍，或自动开关瞬时或短延时过电流脱扣器整定电流的1.5倍；

2. 在Ⅲ类危险场所，此短路电流不应小于熔断体额定电流的4倍，或自动开关瞬时或短延时过电流脱扣器整定电流的1.25倍。

四、照明灯具的工作零钱，可作为接零线。

五、控制按钮、灯具及其开关，可利用有可靠电气通路的穿电线钢管作为接零线。

六、在Ⅰ、Ⅱ类危险场所内，除控制按钮、照明灯具及其开关外，各种用电设备必须采用专用的接零线。

第11.6.4条 当低压配电系统采用接地保护时，应符合下列规定：

一、电气设备正常时不带电的金属部分，均应接地，接地装置的接地电阻不应大于4Ω；

二、低压配电系统应设自动切断电源的检漏装置，断电范围应尽量缩小，当有电工值班时，可只装设发出声、光信号的检漏指示装置。

第11.6.5条 危险场所的防雷电感应接地装置、防静电积聚接地装置和电气设备保护接地装置，可采用共用的接地系统，接地电阻不应大于上述三种接地装置中规定的最小值。对接地有特殊要求的设备，尚应符合有关规范的规定。

当需要接地的电气设备较多，而且分散时，则应在室内装设构成闭合回路的接地干线。接地体宜沿建筑物外墙埋地构成闭合回路，每隔20～30m与室内接地干线连接一次，并不应少于2处。

第11.6.6条 危险工作间的出入口处，应设置消除人体静电的装置，其接地电阻值不得大于100Ω。

第七节　通　　讯

第11.7.1条 危险品生产区和危险品总仓库区，应有通讯或信号设施。采用普通电话系统作火灾报警时，应能及时向消防部门报警。

第11.7.2条 危险场所的通讯设备及线路，应符合本章第二节、第三节和第五节有关条款的规定。

附录一　名词解释

名词解释　　附表 1.1

名词	曾用词	解　释
烟花爆竹企业		指生产烟花爆竹及生产用于烟花、爆竹产品的黑火药、烟花药、引火线的工厂
危险品		指本规范范围内的烟火药、黑火药、爆竹药、引火线和氧化剂等，以及用以上物品制成的烟花、爆竹成品和已装药的半成品
厂房	工房	具有生产制造加工作业的建筑物
称原料工序		仅有称量作业，且所称物质没有爆炸或自燃性质，不进行混合操作的工序
中转库		在生产过程中准备进入加工的物品及成品进总仓库前，在厂区内集中暂存的库房
计算药量		建筑物内能形成同时爆炸或燃烧的药量
大爆竹		装黑火药 0.4g 及以上或装其他药剂在 0.13g 及以上的爆竹
摩擦类药剂		含氯酸钾、硫化锑等药剂，经摩擦起引燃(爆)作用
笛音剂		含高氯酸钾、苯甲酸氢钾、苯二甲酸氢钾等药剂，能产生哨音效果。
爆炸音剂		含氯酸钾、硫磺、硫化锑、铝粉等药剂，能产生爆炸音响效果
人均使用面积		厂房内净面积按生产工人平均，每工人所占有的面积

续表

名词	曾用词	解　释
安全窗		除窗的作用外，尚供附近生产工人在发生爆炸燃烧事故时逃离现场使用
抗爆间室		具有抵抗爆炸作用的间室，当发生爆炸事故时，将爆炸作用仅限于间室内，对毗邻生产间不造成破坏，对间室外的人员不造成伤亡
装甲防护装置		装于特定场所或设于单个特定设备或操作岗位周围的屏障，以防止人员、物资或设备受到可能发生的局部火灾或爆炸侵害的金属防护体
防护墙		具有抵抗爆炸作用的能力，能防止、控制或延迟爆炸在墙两边药量间传播
防护土堤		用土筑的防护墙，能遮挡高速低角度爆炸破片传播的危险
轻质易碎屋盖		指屋面覆盖部分，不包括檩条、梁、屋架等由轻质材料构成的，当建筑物内部发生爆炸事故时，易于破碎成小块飞散的屋盖。小青瓦、粘土瓦屋面不属于轻质易碎屋盖

附录二　本规范用词说明

一、为便于在执行本规范条文时区别对待，对要求严格程度不同的用词说明如下：

1. 表示很严格，非这样做不可的：

正面词采用“必须”；

反面词采用“严禁”。

2. 表示严格，在正常情况下均应这样做的：

正面词采用“应”；

反面词采用“不应”或“不得”。

3. 对表示允许稍有选择，在条件许可时首先应这样做的：

正面词采用“宜”或“可”；

反面词采用“不宜”。

二、条文中指定应按其它有关标准、规范执行时，写法为“应符合……的规定”。

附加说明

本规范主编单位及主要起草人名单

主 编 单 位： 中国兵器工业总公司第二一七研究所
江西烟花爆竹质量监督检验站

主要起草人： 郑志良　李后生　魏新熙　蒋君平
王爱凤　华瑞龙

中华人民共和国国家标准

卤代烷 1301 灭火系统设计规范

GB 50163—92

主编部门：中华人民共和国公安部
批准部门：中华人民共和国建设部
施行日期：1 9 9 3 年 5 月 1 日

关于发布国家标准《卤代烷 1301 灭火系统设计规范》的通知

建标[1992]665 号

根据原国家计委计综[1986]2630 号文的要求，由公安部会同有关部门共同编制的《卤代烷 1301 灭火系统设计规范》，已经有关部门会审。现批准《卤代烷 1301 灭火系统设计规范》GB50163－92 为强制性国家标准，自一九九三年五月一日起施行。

本规范由公安部负责管理。其具体解释等工作由公安部天津消防科学研究所负责。出版发行由建设部标准定额研究所负责组织。

中华人民共和国建设部
一九九二年九月二十九日

编 制 说 明

本规范是根据原国家计委计综[1986]2630号文件通知，由公安部天津消防科学研究所会同机械电子工业部第十设计研究院、北京市建筑设计研究院、武警学院、上海市崇明县建设局五个单位共同编制的。

编制组遵照国家基本建设的有关方针政策和“预防为主，防消结合”的消防工作方针，对我国卤代烷1301灭火系统的研究、设计、生产和使用情况进行了较全面的调查研究，开展了部分试验验证工作，在总结已有科研成果和工程实践的基础上，参考国际标准和美、法、英、日等国外标准，并广泛征求了有关单位的意见，经反复讨论修改，编制出本规范，最后由有关部门会审定稿。

本规范共有七章和六个附录。包括总则、防护区、卤代烷1301用量计算、管网设计计算、系统组件、操作和控制、安全要求等内容。

各单位在执行本规范过程中，注意总结经验，积累资料，发现需要修改和补充之处，请将意见和有关资料寄交公安部天津消防科学研究所（地址：天津市南开区津淄公路92号，邮政编码300381），以便今后修改时参考。

中华人民共和国公安部

一九九二年三月

第一章 总 则

第1.0.1条 为了合理地设计卤代烷1301灭火系统，减少火灾危害，保护人身和财产安全，制定本规范。

第1.0.2条 卤代烷1301灭火系统的设计应遵循国家基本建设的有关方针政策，针对保护对象的特点，做到安全可靠、技术先进、经济合理。

第1.0.3条 本规范适用于工业和民用建筑中设置的卤代烷1301全淹没灭火系统。

第1.0.4条 卤代烷1301灭火系统可用于扑救下列火灾：

一、煤气、甲烷、乙烯等可燃气体火灾；

二、甲醇、乙醇、丙酮、苯、煤油、汽油、柴油等甲、乙、丙类液体火灾；

三、木材、纸张等固体火灾；

四、变配电设备、发电机组、电缆等带电的设备及电气线路火灾。

第1.0.5条 卤代烷1301灭火系统不得用于扑救含有下列物质的火灾：

一、硝化纤维、炸药、氧化氮、氟等无空气仍能迅速氧化的化学物质与强氧化剂；

二、钾、钠、镁、钛、锆、铀、钚、氢化钾、氢化钠等活泼金属及其氢化物；

三、某些过氧化物、联氨等能自行分解的化学物质；

四、磷等易自燃的物质。

第 1.0.6 条 国家有关建筑设计防火规范中凡规定应设置卤代烷或二氧化碳灭火系统的场所，当经常有人工作时，宜设卤代烷 1301 灭火系统。

第 1.0.7 条 在卤代烷 1301 灭火系统设计中，应选用符合国家标准要求的材料和设备。

第 1.0.8 条 卤代烷 1301 灭火系统的设计，除执行本规范的规定外，尚应符合现行的国家有关标准、规范的要求。

第二章 防 护 区

第 2.0.1 条 防护区的划分，应符合下列规定：

一、防护区应以固定的封闭空间划分；

二、当采用管网灭火系统时，一个防护区的面积不宜大于 $500m^2$，容积不宜大于 $2000m^3$；

三、当采用预制灭火装置时，一个防护区的面积不宜大于 $100m^2$，容积不宜大于 $300m^3$。

第 2.0.2 条 防护区的隔墙和门的耐火极限均不应低于 0.50h；吊顶的耐火极限不应低于 0.25h。

第 2.0.3 条 防护区的围护构件的允许压强，均不宜低于 1.2kPa（防护区内外气体的压力差）。

第 2.0.4 条 防护区的围护构件上不宜设置敞开孔洞。当必须设置敞开孔洞时，应设置能手动和自动的关闭装置。

第 2.0.5 条 完全密闭的防护区应设泄压口。泄压口宜设在外墙上，其底部距室内地面高度不应小于室内净高的 2/3。

对设有防爆泄压设施或门窗缝隙未设密封条的防护区，可不设泄压口。

第 2.0.6 条 泄压口的面积，应按下式计算：

$$S=\frac{0.0262\cdot\mu_1\cdot\overline{Q}_M}{\sqrt{\mu_m\cdot P_B}} \qquad (2.0.6)$$

式中 S——泄压口面积（m^2）；

μ_1——卤代烷 1301 蒸气比容，取 $0.15915m^3/kg$；

μ_m——在 101.3kPa 和 20℃时，防护区内含有卤代烷 1301 的混合气体比容(m^3/kg)，应按本规范附录二的规定计算；

$\overline{Q}_M$——一个防护区内全部喷嘴的平均设计流量之和(以重量计，下同，kg/s)；

P_B——防护区的围护构件的允许压强(kPa)，取其中的最小值。

第 2.0.7 条 两个或两个以上邻近的防护区，宜采用组合分配系统。

第三章 卤代烷 1301 用量计算

第一节 卤代烷 1301 设计用量与备用量

第 3.1.1 条 卤代烷 1301 的设计用量，应包括设计灭火用量或设计惰化用量、剩余量。

第 3.1.2 条 组合分配系统卤代烷 1301 的设计用量，应按该组合中需卤代烷 1301 量最多的一个防护区的设计用量计算。

第 3.1.3 条 用于重点防护对象防护区的卤代烷 1301 灭火系统与超过八个防护区的一个组合分配系统，应设备用量。备用量不应小于设计用量。

注：重点防护对象系指中央及省级电视发射塔微波室，超过 100 万人口城市的通讯机房，大型电子计算机房或贵重设备室，省级或藏书超过 200 万册的图书馆的珍藏室，中央及省级的重要文物、资料、档案库。

第二节 设计灭火用量与设计惰化用量

第 3.2.1 条 设计灭火用量或设计惰化用量应按下式计算：

$$M_d = \frac{\varphi}{(100-\varphi)} \cdot \frac{V}{\mu_{min}} \qquad (3.2.1)$$

式中 M_d——设计灭火用量或设计惰化用量(kg)；

φ——卤代烷 1301 的设计灭火浓度或设计惰化浓度(%)；

V——防护区的净容积(m^3)；

μ_{min}——防护区最低环境温度下卤代烷 1301 蒸气比容（m^3/kg），应按本规范附录二的规定计算。

第 3.2.2 条 生产、使用或贮存可燃气体和甲、乙、丙类液体的防护区，卤代烷 1301 的设计灭火浓度与设计惰化浓度，应符合下列规定；

一、有爆炸危险的防护区应采用设计惰化浓度；无爆炸危险的防护区可采用设计灭火浓度。

二、设计灭火浓度或设计惰化浓度不应小于最小灭火浓度或惰化浓度的 1.2 倍，并不应小于 5.0%。

三、几种可燃物共存或混合时，卤代烷 1301 的设计灭火浓度或设计惰化浓度应按其最大者确定。

四、有关可燃气体和甲、乙、丙类液体防护区的卤代烷 1301 设计灭火浓度和设计惰化浓度可按表 3.2.2 确定。表中未给出的，应经试验确定。

可燃气体和甲、乙、丙类液体防护区的卤代烷 1301 设计灭火浓度和设计惰化浓度 表 3.2.2

物质名称	设计灭火浓度（%）	设计惰化浓度（%）
丙酮	5.0	7.6
苯	5.0	5.0
乙醇	5.0	11.1
乙烯	8.2	13.2
正己酮	5.0	
正庚烷	5.0	6.9
甲烷	5.0	7.7
甲醇	9.4	
硝基甲烷	7.6	
丙烷	5.0	6.7
异丙醇	5.0	
甲苯	5.0	
混合二甲苯	5.0	
氢		31.4

第 3.2.3 条 图书、档案和文物资料库等防护区，卤代烷 1301 设计灭火浓度宜采用 7.5%。

第 3.2.4 条 变配电室、通讯机房、电子计算机房等防护区，卤代烷 1301 设计灭火浓度宜采用 5.0%。

第 3.2.5 条 卤代烷 1301 的浸渍时间，应符合下列规定：

一、固体火灾时，不应小于 10min；

二、可燃气体火灾和甲、乙、丙类液体火灾时，必须大于 1min。

第三节 剩余量

第 3.3.1 条 卤代烷 1301 的剩余量，应包括贮存容器内的剩余量和管网内的剩余量。

第 3.3.2 条 贮存容器内的剩余量，可按导液管开口以下容器容积计算。

第3.3.3条 均衡管网内和布置在只含一个封闭空间的防护区中的非均衡管网内的卤代烷1301剩余量，可不计。布置在含有二个或二个以上封闭空间的防护区中的非均衡管网内的卤代烷1301剩余量可按下式计算：

$$M_r = \sum_{i=1}^{m} V_i \cdot \overline{\rho_i} \tag{3.3.3}$$

式中 M_r——管网内卤代烷1301的剩余量(kg)；

V_i——卤代烷1301喷射结束时，管网中气相与气、液两相分界点下游第i管段的容积(m^3)；

$\overline{\rho_i}$——卤代烷1301喷射结束时，管网中气相与气、液两相分界点下游第i管段内卤代烷1301的平均密度(kg/m^3)。卤代烷1301的平均密度可按本规范第4.2.13条确定。管道内的压力可取中期容器压力的50%，且不得高于卤代烷1301在20℃时的饱和蒸气压。

第四章 管网设计计算

第一节 一般规定

第4.1.1条 管网设计计算的环境温度，可采用20℃。

第4.1.2条 贮压式系统卤代烷1301的贮存压力的选取，应符合下列规定；

一、贮存压力等级应通过管网流体计算确定；

二、防护区面积较小，且从贮瓶间到防护区的距离较近时，宜选用2.50MPa(表压，以下未加注明的压力均为绝对压力)；

三、防护区面积较大或从贮瓶间到防护区的距离较远时，可选用4.20MPa(表压)。

第4.1.3条 贮压式系统贮存容器内的卤代烷1301，应采用氮气增压，氮气的含水量不应大于0.005%的体积比。

第4.1.4条 贮压式系统卤代烷1301的充装密度，不宜大于1125kg/m^3。

第4.1.5条 卤代烷1301的喷射时间，应符合下列规定：

一、气体和液体火灾的防护区，不应大于10s；

二、文物资料库、档案库、图书馆的珍藏库等防护区，不宜大于10s；

三、其他防护区，不宜大于15s。

第4.1.6条 管网计算应根据中期容器压力和该压力下

的瞬时流量进行。该瞬时流量可采用平均设计流量。管网流体计算应符合下列规定：

一、喷嘴的设计压力不应小于中期容器压力的 50%；

二、管网内灭火剂百分比不应大于 80%。

第 4.1.7 条 管网宜均衡布置。均衡管网应符合下列规定：

一、从贮存容器到每个喷嘴的管道长度与管道当量长度应分别大于最长管道长度与管道当量长度的 90%；

二、每个喷嘴的平均设计流量均应相等。

第 4.1.8 条 管网不应采用四通管件分流。当采用三通管件分流时，其分流出口应水平布置。三通出口支管的设计分流流量，宜符合下述规定：

一、当采用分流三通分流方式(图 4.1.8-1)时，其任一分流支管的设计分流流量不应大于进口总流量的 60%；

二、当采用直流三通分流方式(图 4.1.8-2)时，其直流支管的设计分流流量不应小于进口总流量的 60%。

当各支管的设计分流流量不符合上述规定时，应对分流流量进行校正。

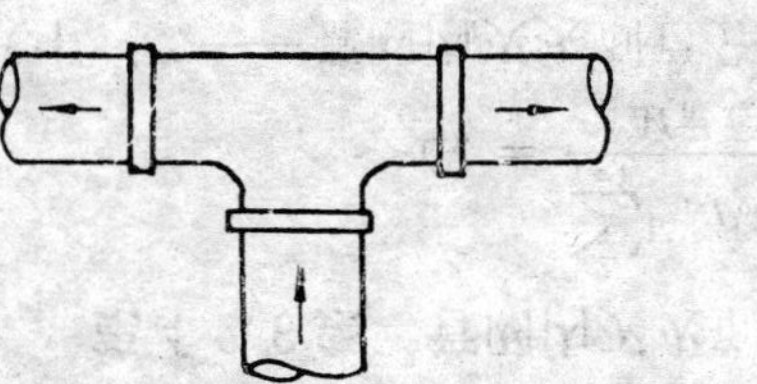

图 4.1.8-1 分流三通分流方式示意图

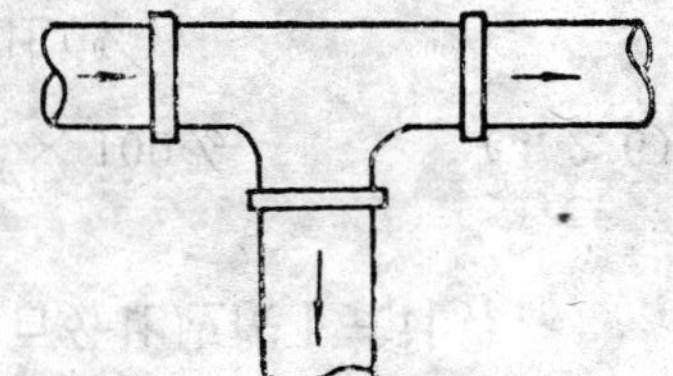

图 4.1.8-2 直流三通分流方式示意图

第二节 管网流体计算

第 4.2.1 条 管网中各管段的管径和喷嘴的孔口面积，应根据每个喷嘴所需喷出的卤代烷 1301 量和喷射时间，并经计算后选定。

第 4.2.2 条 管道内气、液两相流体应保持紊流状态，初选管径可按 4.2.2-1 式计算，经计算后选定的最大管径，应符合 4.2.2-2 式的要求：

$$D = 15\sqrt{\bar{q}_m} \tag{4.2.2-1}$$

$$D_{max} \leqslant 21.5\bar{q}_m^{0.475} \tag{4.2.2-2}$$

式中 D——管道内径(mm)；

$\bar{q}_m$——管道内卤代烷 1301 平均设计流量(kg/s)；

D_{max}——保持紊流状态的最大管径(mm)。

第 4.2.3 条 单个喷嘴的平均设计流量，应按下式计算：

$$\bar{q}_{sm} = \frac{M_{sd}}{t_d} \tag{4.2.3}$$

式中 $\bar{q}_{sm}$——单个喷嘴的平均设计流量(kg/s)；

M_{sd}——单个喷嘴所需喷出的卤代烷 1301(kg)；

t_d——灭火剂喷射时间(s)。

第 4.2.4 条 单个喷嘴孔口面积应按下式计算选定：

$$A_s = \frac{\bar{q}_{sm}}{R} \tag{4.2.4}$$

式中 A_s——单个喷嘴孔口面积(m^2)；

R——喷嘴设计压力下的实际比流量($kg/s \cdot m^2$)。

第 4.2.5 条 喷嘴的设计压力，应按下式计算：

$$P_n = P_c - P_l - P_h \tag{4.2.5}$$

式中 P_n——喷嘴的设计压力(kPa，表压)；

P_c——中期容器压力(kPa,表压);

P_1——管道沿程压力损失和局部压力损失之和(kPa);

P_h——高程压差(kPa)。

第4.2.6条 管网内灭火剂百分比应按下式计算:

$$C_o = \frac{\sum_{i=1}^{n} V_{pi}\bar{\rho}_{pi}}{M_0} \times 100\% \qquad (4.2.6)$$

式中 C_o——管网内灭火剂百分比(%);

V_{pi}——管段的内容积(m^3);

ρ_{pi}——管段内卤代烷1301的平均密度(kg/m^3),按本规范第4.2.13条确定;

M_0——卤代烷1301的设计用量(kg)。

第4.2.7条 初定管网内灭火剂百分比,可按下列公式估算:

一、2.50MPa贮存压力

$$C'_e = \frac{1229 - 0.07\rho_0}{\frac{M_0}{\sum_{i=1}^{n} V_{pi}} + 32 + 0.3\rho_0} \times 100\% \qquad (4.2.7\text{-}1)$$

二、4.20MPa贮存压力

$$C'_e = \frac{1123 - 0.04\rho_0}{\frac{M_0}{\sum_{i=1}^{n} V_{pi}} + 80 + 0.3\rho_0} \times 100\% \qquad (4.2.7\text{-}2)$$

式中 C'_e——管网内灭火剂百分比估算值(%);

ρ_0——卤代烷1301的充装密度(kg/m^3);

$\sum_{i=1}^{n} V_{pi}$——管网中各管段的容积之和(m^3)。

第4.2.8条 按本规范第4.2.7条估算的管网内灭火剂百分比,应按本规范第4.2.6条进行核算。核算与估算结果的差值或前后两次核算结果的差值,应在±3%的范围内。

第4.2.9条 卤代烷1301的中期容器压力应根据下式计算确定:

$$P_c = K_1 - K_2 C_e + K_3 C_e^2 \qquad (4.2.9)$$

式中 P_c——中期容器压力(MPa,表压);

K_1、K_2、K_3——系数,取表4.2.9中的数。

K_1、K_2、K_3数值表 **表4.2.9**

贮存压力(MPa,表压)	充装密度(kg/m^3)	K_1	K_2	K_3
4.20	600	3.505	1.3313	0.2656
4.20	800	3.250	1.5125	0.2815
4.20	1000	3.010	1.6563	0.3281
4.20	1200	2.765	1.7125	0.3438
2.50	600	2.205	0.6375	−0.1250
2.50	800	2.115	0.7438	−0.1094
2.50	1000	2.010	0.8438	−0.0781
2.50	1200	1.920	0.9313	−0.0781

第4.2.10条 管道的沿程压分损失和局部压力损失,可根据管道内各点的压力确定。

均衡管网和非均衡管网管道内任一点的压力,均可按本规范第 4.2.11 条至第 4.2.13 条的规定计算。

第 4.2.11 条 管道内卤代烷 1301 的平均设计流量与压力系数 Y、密度系数 Z 的关系，应按 4.2.11-1 式确定。

管道内任一点的压力系数 Y、密度系数 Z 与该点的压力、卤代烷 1301 密度的关系，应按 4.2.11-2 式和 4.2.11-3 式确定。也可按本规范附录三确定。

$$\overline{q}_m^2 = \frac{2.424 \times 10^{-8} D^{5.25} Y}{L + 0.0432 D^{1.25} Z} \qquad (4.2.11\text{-}1)$$

$$Y = -\int_{\overline{p}_s}^{p} \rho \, d p \qquad (4.2.11\text{-}2)$$

$$Z = -\ln \frac{\rho_s}{\rho} \qquad (4.2.11\text{-}3)$$

式中 L——从贮存容器到计算点的管道计算长度(m)；

Y——压力系数(MPa·kg/m³)；

Z——密度系数；

$\overline{P}_s$——容器平均压力(MPa)；

p——管道内任一点的压力(MPa)；

ρ_s——压力为 P_s 处的卤代烷 1301 密度(kg/m³)；

ρ——压力为 p 处的卤代烷 1301 密度(kg/m³)。

第 4.2.12 条 任一管段末端的压力系数，应按下式计算。

$$Y_2 = Y_1 + \frac{l q_{pm}^2}{K_t} + K_t q_{pm}^2 (Z_2 - Z_1) \qquad (4.2.12)$$

式中 q_{pm}^2——管段内卤代烷 1301 的平均设计流量(kg/s)；

l——管段的长度(m)；

Y_1——管段始端的 Y 系数(MPa·kg/m³)；

Y_2——管段末端的 Y 系数(MPa·kg/m³)；

Z_1——管段始端的 Z 系数；

Z_2——管段末端的 Z 系数；

K_i——系数，对于钢管：$K_i = 2.424 \times 10^{-8} D^{5.25}$；

K_t——系数，对于钢管：$K_t = \frac{1.782 \times 10^6}{D^4}$。

第 4.2.13 条 管网内卤代烷 1301 的密度，应根据表 4.2.13确定。

管道内卤代烷 1301 的密度 **表 4.2.13**

密度(kg/m³) / 充装密度(kg/m³) / 管道内压力(MPa，表压)	2.50MPa 系统				4.20MPa 系统			
	600	800	1000	1200	600	800	1000	1200
0.60					125	135	145	155
0.65					145	160	170	180
0.70					165	180	190	200
0.75	220	230	240	255	185	200	210	220
0.80	250	260	270	280	210	230	240	250
0.85	275	295	305	320	230	250	260	280
0.90	310	330	340	350	255	275	290	305
0.95	345	360	380	395	275	300	310	330
1.00	380	400	420	440	300	325	340	360
1.05	420	445	460	485	325	350	365	390
1.10	460	490	510	535	350	375	395	420
1.15	510	535	560	590	375	400	425	450
1.20	550	580	610	640	400	430	460	490

续表

密度 (kg/m³) 充装密度 (kg/m³) 管道内压力 (MPa，表压)	2.50MPa 系统				4.20MPa 系统			
	600	800	1000	1200	600	800	1000	1200
1.25	600	635	665	700	425	455	490	520
1.30	645	685	725	765	450	485	520	550
1.35	695	735	775	825	475	510	550	590
1.40	745	795	835	885	500	540	580	620
1.45	795	845	895	900	530	570	615	660
1.50	845	900	955	1015	555	600	645	695
1.55	895	955	1020	1085	580	625	675	730
1.60	950	1015	1085	1150	610	660	710	770
1.65	1005	1075	1150	1220	640	690	750	815
1.70	1060	1135	1215	1290	665	720	780	850
1.75	1115	1195	1275	1350	695	755	820	895
1.80	1165	1250	1335	1400	720	780	850	930
1.85	1220	1305	1390	1470	750	820	890	975
1.90	1265	1355	1445	1525	780	840	920	1005
1.95	1310	1405	1500		810	875	955	1040
2.00	1355	1455			840	900	985	1075
2.05	1400	1505			875	940	1030	1115
2.10	1445	1545			895	960	1055	1145
2.15	1485				925	990	1085	1175

续表

密度 (kg/m³) 充装密度 (kg/m³) 管道内压力 (MPa，表压)	2.50MPa 系统				4.20MPa 系统			
	600	800	1000	1200	600	800	1000	1200
2.20	1530				955	1020	1120	1210
2.25					990	1050	1150	1245
2.30					1010	1070	1180	1270
2.35					1040	1100	1210	1300
2.40					1070	1130	1240	1330
2.45					1095	1160	1270	1365
2.50					1115	1180	1295	1390
2.55					1140	1210	1325	1420
2.60					1160	1230	1355	1450
2.65					1190	1260	1375	1480
2.70					1210	1285	1405	1505
2.75					1235	1315	1435	1535
2.80					1250	1335	1455	
2.85					1280	1360	1475	
2.90					1290	1380	1495	
2.95					1315	1400	1515	
3.00					1330	1425	1580	
3.05					1350	1445		
3.10					1365	1465		

续表

密度 (kg/m³) 充装密度 (kg/m³) 管道内压力 (MPa,表压)	2.50MPa 系统				4.20MPa 系统			
	600	800	1000	1200	600	800	1000	1200
3.15					1385	1485		
3.20					1405	1500		
3.25					1425	1520		
3.30					1445	1540		
3.35					1465			
3.40					1480			
3.45					1495			
3.50					1515			
3.55					1535			
3.60					1550			

第 4.2.14 条 均衡管网中各管段的压力损失，可按本规范附录四附图 4.1 和附图 4.2 的单位管道长度压力损失（未经修正值）乘以压力损失的修正系数计算。压力损失的修正系数，可按本规范附录四附图 4.3 和附图 4.4 确定。

第 4.2.15 条 高程的压差，应按下式计算：

$$P_h = 10^{-3}\rho_0 \cdot \triangle H \cdot g_n \quad (4.2.15)$$

式中 ρ_0——管段高程变化始端处卤代烷 1301 的密度（kg/m³）；

$\triangle H$——高程变化值（m），向上取正值，向下取负值。

第五章 系统组件

第一节 贮存装置

第 5.1.1 条 管网灭火系统的贮存装置，应由贮存容器、容器阀、单向阀和集流管等组成。

预制灭火装置的贮存装置，应由贮存容器、容器阀组成。

第 5.1.2 条 在贮存容器上或容器阀上，应设泄压装置和压力表。

组合分配系统的集流管，应设泄压装置。泄压装置的动作压力，应符合下列规定：

一、贮存压力为 2.50MPa 时，应为 6.8±0.34MPa；

二、贮存压力为 4.20MPa 时，应为 8.8±0.44MPa。

第 5.1.3 条 在容器阀与集流管之间的管道上应设单向阀。单向阀与容器阀或单向阀与集流管之间应采用软管连接。贮存容器和集流管应采用支架固定。

第 5.1.4 条 在贮存装置上应设耐久的固定标牌，标明每个贮存容器的编号、皮重、容积、灭火剂的名称、充装量、充装日期和贮存压力等。

第 5.1.5 条 保护同一防护区的贮存容器，其规格尺寸、充装量和贮存压力，均应相同。

第 5.1.6 条 贮存装置应布置在不易受机械、化学损伤的场所内，其环境温度宜为－20～55℃。

管网灭火系统的贮存装置，宜设在靠近防护区的专用贮瓶间内。该房间的耐火等级不应低于二级，并应有直接通向室外或疏散走道的出口。

第5.1.7条 贮存装置的布置，应便于操作和维修。操作面距墙面或相对操作面之间的距离，不宜小于1m。

第二节 选择阀和喷嘴

第5.2.1条 在组合分配系统中，应设置与每个防护区相对应的选择阀，其公称直径应与主管道的公称直径相等。

选择阀的位置应靠近贮存容器且便于操作。选择阀应设有标明防护区的耐久性固定标牌。

第5.2.2条 喷嘴的布置，应满足卤代烷1301均匀分布的要求。

设置在有粉尘的防护区内的喷嘴，应增设喷射能自行脱落的防尘罩。

喷嘴应有表示其型号、规格的永久性标志。

第三节 管道及其附件

第5.3.1条 管道及其附件应能承受最高环境温度下的工作压力，并应符合下列规定：

一、输送卤代烷1301的管道，应采用无缝钢管，其质量应符合现行国家标准《冷拔或冷轧精密无缝钢管》和《无缝钢管》等的规定。无缝钢管内外应镀锌。

二、贮存压力为2.50MPa的系统，当输送卤代烷1301的管道的公称直径不大于50mm时，可采用低压流体输送用镀锌焊接钢管中的加厚管，其质量应符合现行国家标准《低压流体输送用镀锌焊接钢管》的规定。

三、在有腐蚀镀锌层的气体、蒸气场所内，输送卤代烷1301的管道应采用不锈钢管或铜管，其质量应符合现行国家标准《不锈钢无缝钢管》、《拉制铜管》、《挤制铜管》《拉制黄铜管》或《挤制黄铜管》的规定。

四、输送启动气体的管道，宜采用铜管，其质量应符合现行国家标准的规定。

第5.3.2条 管道的连接，当公称直径小于或等于80mm时，宜采用螺纹连接；大于80mm时，宜采用法兰连接。

第5.3.3条 钢制管道附件应内外镀锌。在有腐蚀镀锌层介质的场所，应采用铜合金或不锈钢的管道附件。

第5.3.4条 在通向每个防护区的主管道上，应设压力讯号装置或流量讯号装置。

第六章 操作和控制

第6.0.1条 管网灭火系统应设有自动控制、手动控制和机械应急操作三种启动方式。

在防护区内的预制灭火装置应有自动控制和手动控制二种启动方式。

第6.0.2条 自动控制装置应在接到两个独立的火灾信号后才能启动；手动控制装置应设在防护区外便于操作的地方；机械应急操作装置应设在钢瓶间内或防护区外便于操作的地方。机械应急操作应能在一个地点完成施放卤代烷1301的全部动作。

手动操作点均应设明显的永久性标志。

第6.0.3条 卤代烷1301灭火系统的操作和控制，应包括与该系统联动的开口自动关闭装置、通风机械和防火阀等设备的操作和控制。

第6.0.4条 卤代烷1301灭火系统的供电，应符合现行国家防火标准的规定。采用气动动力源时，应保证系统操作和控制所需要的压力和用气量。

第6.0.5条 卤代烷1301灭火系统的防护区内，应按现行国家标准《火灾自动报警系统设计规范》的规定设置火灾自动报警系统。

第6.0.6条 备用贮存容器与主贮存容器，应联接于同一集流管上，并应设置能切换使用的装置。

第七章 安全要求

第7.0.1条 防护区应设有疏散通道与出口，并宜使人员在30s内撤出防护区。

第7.0.2条 经常有人工作的防护区，当人员不能在1min内撤出时，施放的卤代烷1301的最大浓度不应大于10%。

第7.0.3条 防护区内卤代烷1301的最大浓度，应按下式计算：

$$\varphi_{max}=\frac{M_{ec}\cdot\mu_{max}}{V_{min}}\times 100\% \qquad (7.0.3)$$

式中 φ_{max}——防护区内卤代烷1301灭火剂的最大浓度（%）；

M_{ec}——设计灭火用量或设计惰化用量(kg)；

μ_{max}——防护区内最高环境温度下卤代烷1301蒸气比容(m^3/kg)，应按本规范附录二的规定计算。

V_{min}——防护区的最小净容积(m^3)。

第7.0.4条 防护区内的疏散通道与出口，应设置应急照明装置和疏散灯光指示标志。防护区内应设置火灾和灭火剂施放的声报警器，并在每个入口处设置光报警器和采用卤代烷1301灭火系统的防护标志。

第7.0.5条 设置在经常有人的防护区内的预制灭火装置，应有切断自动控制系统的手动装置。

第7.0.6条 防护区的门应向外开启并能自行关闭，疏散出口的门必须能从防护区内打开。

第7.0.7条 灭火后的防护区应通风换气，地下防护区和无窗或固定窗扇的地上防护区，应设置机械排风装置，排风口宜设在防护区的下部并应直通室外。

第7.0.8条 地下贮瓶间应设机械排风装置，排风口应直通室外。

第7.0.9条 卤代烷1301灭火系统的组件与带电部件之间的最小间距，应符合表7.0.9的规定。

系统组件与带电部件之间的最小间距　表7.0.9

标称线路电压(kV)	最小间距(m)
≤10	0.18
35	0.34
110	0.94
220	1.90
330	2.90
500	3.60

注：海拔高度高于1000m的防护区，高度每增加100m，表中的最小间距应增加1%。

第7.0.10条 设置在有爆炸危险场所内的管网系统，应设防静电接地装置。

第7.0.11条 设有卤代烷1301灭火系统的建筑物，宜配置专用的空气呼吸器或氧气呼吸器。

附录一　名词解释

名词解释　附表1.1

名　词	说　　明
卤代烷1301	三氟一溴甲烷，化学分子式为CF_3Br。1301依次代表化合物分子中所含碳、氟、氯、溴原子的数目
防护区	能满足卤代烷全淹没灭火系统要求的一个有限空间
全淹没灭火系统	在规定时间内，向防护区喷射一定浓度的灭火剂，并使其均匀地充满整个防护区的灭火系统
预制灭火装置	即无管网灭火装置。按一定的应用条件，将灭火剂贮存装置和喷嘴等部件预先组装起来的成套灭火装置
组合分配系统	指用一套灭火剂贮存装置，通过选择阀等控制组件来保护多个防护区的灭火系统
灭火浓度	在101.3kPa压力和规定的温度条件下，扑灭某种可燃物质火灾所需灭火剂与该灭火剂和空气混合气体的体积百分比
惰化浓度	在101.3kPa压力和规定的温度条件下，不管可燃气体或蒸气与空气处在何种配比下，均能抑制燃烧或爆炸所需灭火剂与该灭火剂和空气混合气体的体积百分比
灭火剂浸渍时间	防护区内的被保护物全部浸没在保持灭火剂灭火浓度或惰化浓度的混合气体中的时间
分界面	通过开口进入防护区的空气和防护区内含有灭火剂的混合气体之间所形成的界面

续表

名　词	说　明
充装密度	贮存容器内灭火剂的重量与容器容积之比，单位为 kg/m^3
中期容器压力	从喷嘴喷出卤代烷 1301 设计用量的 50%时，贮存容器内的压力
灭火剂喷射时间	从全部喷嘴开始喷射以液态为主的灭火剂到其中任何一个喷嘴开始喷射气体的时间
管网内灭火剂百分比	按从喷嘴喷出卤代烷 1301 设计用量的 50%时的压力计算，管网内灭火剂的质量与灭火剂设计用量的百分比
容器平均压力	从贮存容器内排出卤代烷 1301 设计用量的 50%时，贮存容器内的压力

附录二　卤代烷 1301 蒸气比容和防护区内含有卤代烷 1301 的混合气体比容

一、卤代烷 1301 蒸气比容应按下式计算：

$$\mu = (5.3788 \times 10^{-9} H^2 - 1.1975 \times 10^{-4} H + 1)^n \times (0.14781 + 0.000567\theta) \qquad (附 2.1)$$

式中　μ——卤代烷 1301 蒸气比容(m^3/kg)；

θ——防护区的环境温度(℃)；

H——防护区海拔高度的绝对值(m)；

n——海拔高度指数

海拔高度低于海平面 300m 的防护区：n＝－1，

海拔高度高于海平面 300m 的防护区：n＝1，

海拔高度在－300～300m 的防护区：可取 n＝0。

二、在 101.3kPa 压力和 20℃温度下，防护区内含有卤代烷 1301 的混合气体比容可采用下式计算：

$$\mu_m = \frac{0.83\mu_1}{0.0083\varphi + \mu_1(100 - \varphi)} \qquad (附 2.2)$$

式中　μ_m——在 101.3kPa 压力与 20℃温度下，防护区内含有卤代烷 1301 的混合气体比容(m^3/kg)；

μ_1——卤代烷 1301 蒸气比容，取 0.1591m^3/kg。

附录三 压力系数 Y 和密度系数 Z

压力系数 Y 和密度系数 Z 应根据卤代烷 1301 的贮存压力、充装密度和管道内的压力按附表 3.1～3.8 确定。

在 2.5MPa 贮存压力、600～699kg/m³ 充装密度下的

压力系数 Y 和密度系数 Z 值　　附表 3.1

管道内的压力(MPa,表压)	Y(MPa·kg/m³)										Z
	0.00	0.01	0.02	0.03	0.04	0.05	0.06	0.07	0.08	0.09	
2.1	138.2	123.2	108.2	93.2	78.0	62.7	47.3	31.9	16.4	0.7	0.051
2.0	282.2	268.2	254.1	240.0	225.7	211.3	196.9	182.3	167.7	153.0	0.116
1.9	416.7	403.7	390.6	377.4	364.1	350.7	337.2	323.6	309.9	296.1	0.190
1.8	541.1	529.1	517.0	504.8	492.6	480.2	467.7	455.1	442.4	429.6	0.273
1.7	654.9	644.0	633.0	621.9	610.7	599.3	587.9	576.3	564.7	552.9	0.367
1.6	757.9	748.1	738.2	728.1	718.0	707.8	697.4	686.9	676.4	665.7	0.473

续表

管道内的压力(MPa,表压)	Y(MPa·kg/m³)										Z
	0.00	0.01	0.02	0.03	0.04	0.05	0.06	0.07	0.08	0.09	
1.5	849.9	841.2	832.4	823.4	814.4	805.3	796.0	786.6	777.2	767.6	0.592
1.4	931.2	923.5	915.8	907.9	899.9	891.9	883.7	875.4	867.0	858.5	0.723
1.3	1002.0	995.3	988.6	981.8	974.9	967.8	960.7	953.5	946.1	938.7	0.867
1.2	1062.9	1057.3	1051.5	1045.6	1039.7	1033.6	1027.5	1021.3	1014.9	1008.5	1.024
1.1	1114.8	1110.0	1105.1	1100.1	1095.1	1090.0	1084.7	1079.4	1074.0	1068.5	1.192
1.0	1158.3	1154.3	1150.2	1146.1	1141.9	1137.5	1133.1	1128.7	1124.1	1119.5	1.372
0.9	1194.4	1191.1	1187.8	1184.3	1180.8	1177.3	1173.6	1169.9	1166.1	1162.3	1.565
0.8	1224.0	1221.3	1218.6	1215.8	1212.9	1210.0	1207.0	1204.0	1200.9	1197.7	1.772
0.7	1247.9	1245.7	1243.5	1241.3	1239.0	1236.6	1234.2	1231.7	1229.2	1226.7	1.995
0.6	1266.8	1265.1	1263.4	1261.6	1259.8	1257.9	1256.0	1254.1	1252.0	1250.0	2.239
0.5	1281.5	1280.2	1278.9	1277.5	1276.1	1274.7	1273.2	1271.6	1270.1	1268.5	2.507

在 2.5MPa 贮存压力、700～849kg/m³ 充装密度下的

压力系数 Y 和密度系数 Z 值

附表 3.2

管道内的压力 (MPa,表压)	Y(MPa·kg/m³)										Z
	0.00	0.01	0.02	0.03	0.04	0.05	0.06	0.07	0.08	0.09	
2.1	22.9	7.2	0.0	0.0	0.0	0.0	0.0	0.0	0.0	0.0	0.008
2.0	173.9	159.2	144.5	129.6	114.6	99.6	84.4	69.2	53.8	38.4	0.072
1.9	314.9	301.3	287.5	273.7	259.7	245.7	231.5	217.2	202.9	188.4	0.145
1.8	445.5	432.9	420.2	407.4	394.5	381.5	368.4	355.2	341.9	328.4	0.228
1.7	565.0	553.6	542.0	530.3	518.5	506.6	494.6	482.5	470.3	457.9	0.322
1.6	673.1	662.9	652.4	641.9	631.3	620.5	609.6	598.7	587.6	576.3	0.428
1.5	769.7	760.6	751.3	742.0	732.5	722.9	713.2	703.3	693.4	683.3	0.548
1.4	854.8	846.8	838.7	830.5	822.1	813.7	805.1	796.4	787.6	778.7	0.681
1.3	928.8	921.9	914.9	907.7	900.5	893.2	885.7	878.2	870.5	862.7	0.828
1.2	992.3	986.4	980.4	974.3	968.1	961.8	955.4	948.9	942.3	935.6	0.988
1.1	1046.1	1041.2	1036.1	1030.9	1025.7	1020.4	1014.9	1009.4	1003.8	998.1	1.160
1.0	1091.2	1087.0	1082.8	1078.5	1074.2	1069.7	1065.1	1060.5	1055.8	1051.0	1.344
0.9	1128.4	1125.0	1121.6	1118.0	1114.4	1110.7	1107.0	1103.1	1099.2	1095.2	1.540
0.8	1158.9	1156.1	1153.3	1150.4	1147.5	1144.5	1141.4	1138.2	1135.0	1131.8	1.750
0.7	1183.3	1181.1	1178.9	1176.6	1174.2	1171.8	1169.3	1166.8	1164.2	1161.6	1.976
0.6	1202.6	1200.9	1199.2	1197.3	1195.5	1193.6	1191.6	1189.6	1187.6	1185.5	2.223
0.5	1217.5	1216.2	1214.9	1213.5	1212.1	1210.6	1209.1	1207.5	1205.9	1204.3	2.497

在 2.5MPa 贮存压力、850～999kg/m³ 充装密度下的

压力系数 Y 和密度系数 Z 值

附表 3.3

管道内的压力 (MPa,表压)	Y(MPa·kg/m³)										Z
	0.00	0.01	0.02	0.03	0.04	0.05	0.06	0.07	0.08	0.09	
2.0	60.4	45.0	29.4	13.8	0.0	0.0	0.0	0.0	0.0	0.0	0.025
1.9	208.8	194.5	180.0	165.4	150.8	136.0	121.1	106.1	90.9	75.7	0.097
1.8	346.3	333.1	319.7	306.3	292.7	279.0	265.2	251.3	237.2	223.1	0.179
1.7	472.3	460.2	448.1	435.8	423.3	410.8	398.1	385.4	372.5	359.5	0.273
1.6	586.3	575.4	564.5	553.4	542.1	530.8	519.4	507.8	496.1	484.2	0.380
1.5	687.9	678.3	668.6	658.7	648.7	638.6	628.4	618.1	607.6	597.0	0.502
1.4	777.4	769.0	760.4	751.8	743.0	734.2	725.2	716.0	706.8	697.4	0.637
1.3	854.9	847.7	840.3	832.8	825.3	817.6	809.8	801.8	793.8	785.6	0.787
1.2	921.2	915.1	908.8	902.4	896.0	889.4	882.7	875.9	869.0	862.0	0.950
1.1	977.2	972.0	966.8	961.4	956.0	950.4	944.8	939.1	933.2	927.3	1.126
1.0	1023.9	1019.6	1015.3	1010.8	1006.3	1001.7	996.9	992.1	987.3	982.3	1.314
0.9	1062.4	1058.9	1055.3	1051.7	1047.9	1044.1	1040.2	1036.3	1032.2	1028.1	1.514
0.8	1093.7	1090.6	1088.0	1085.0	1082.0	1078.9	1075.7	1072.5	1069.2	1065.8	1.727
0.7	1118.8	1116.6	1114.3	1111.9	1109.5	1107.0	1104.5	1101.9	1099.2	1096.5	1.957
0.6	1138.6	1136.8	1135.0	1133.2	1131.3	1129.3	1127.3	1125.3	1123.2	1121.0	2.206
0.5	1153.8	1152.5	1151.1	1149.7	1148.2	1146.7	1145.2	1143.6	1142.0	1140.3	2.480

在 2.5MPa 贮存压力、1000～1125kg/m³ 充装密度下的
压力系数 Y 和密度系数 Z 值

附表 3.4

管道内的压力 (MPa,表压)	Y(MPa·kg/m³)										Z
	0.00	0.01	0.02	0.03	0.04	0.05	0.06	0.07	0.08	0.09	
1.9	97.2	82.1	66.8	51.4	36.0	20.4	4.6	0.0	0.0	0.0	0.04
1.8	242.2	228.3	214.2	200.0	185.6	171.2	156.6	141.9	127.1	112.2	0.127
1.7	375.2	362.4	349.6	336.6	323.5	310.3	296.9	283.4	269.8	256.1	0.220
1.6	495.5	484.0	472.5	460.8	448.9	436.9	424.9	412.6	400.3	387.8	0.327
1.5	602.8	592.6	582.4	572.0	561.4	550.8	540.0	529.1	518.0	506.8	0.449
1.4	697.0	638.2	679.2	670.1	660.9	651.5	642.0	632.4	622.7	612.8	0.587
1.3	778.5	770.9	763.2	755.4	747.4	739.3	731.1	722.8	714.3	705.7	0.740
1.2	848.1	841.6	835.1	828.4	821.6	814.7	807.7	800.6	793.4	786.0	0.907
1.1	906.5	901.1	895.6	890.1	884.4	878.6	872.7	866.7	860.6	854.4	1.086
1.0	955.0	950.6	946.1	941.4	936.7	931.9	927.0	922.0	917.0	911.8	1.273
0.9	994.9	991.2	987.5	983.8	979.9	976.0	971.9	967.8	963.7	959.4	1.482
0.8	1027.2	1024.2	1021.2	1018.2	1015.1	1011.9	1008.6	1005.3	1001.9	998.4	1.698
0.7	1053.0	1050.6	1048.3	1045.8	1043.4	1040.8	1038.2	1035.5	1032.8	1030.0	1.931
0.6	1073.3	1071.4	1069.6	1067.7	1065.7	1063.7	1061.7	1059.6	1057.4	1055.2	2.183
0.5	1088.9	1087.5	1086.1	1084.6	1083.1	1081.6	1080.0	1078.4	1076.7	1075.0	2.460

在 4.2MPa 贮存压力、600～699kg/m³ 充装密度下的
压力系数 Y 和密度系数 Z 值

附表 3.5

管道内的压力 (MPa,表压)	Y(MPa·kg/m³)										Z
	0.00	0.01	0.02	0.03	0.04	0.05	0.06	0.07	0.08	0.09	
3.4	68.9	53.7	38.6	23.3	8.1	0.0	0.0	0.0	0.0	0.0	0.011
3.3	218.3	203.5	188.7	173.8	158.9	144.0	129.1	114.1	99.0	84.0	0.034
3.2	364.2	349.8	335.3	320.8	306.3	291.7	277.1	262.5	247.8	233.1	0.059
3.1	506.3	492.3	478.2	464.1	449.9	435.8	421.5	407.2	392.9	378.6	0.086
3.0	644.5	630.9	617.2	603.5	589.7	575.9	562.1	548.2	534.3	520.3	0.115
2.9	778.6	765.4	752.1	738.8	725.5	712.1	698.6	685.2	671.7	658.1	0.146
2.8	908.3	895.5	882.7	869.9	856.9	844.0	831.0	818.0	804.9	791.7	0.180
2.7	1033.6	1021.3	1008.9	996.5	984.0	971.5	959.0	946.4	933.7	921.0	0.217
2.6	1154.1	1142.3	1130.4	1118.5	1106.5	1094.5	1082.4	1070.2	1058.1	1045.8	0.257
2.5	1269.8	1258.5	1247.1	1235.7	1224.2	1212.6	1201.0	1189.4	1177.7	1165.9	0.300
2.4	1380.5	1369.6	1358.8	1347.8	1336.8	1325.8	1314.7	1303.6	1292.4	1281.1	0.347
2.3	1485.9	1475.6	1465.2	1454.8	1444.4	1433.8	1423.3	1412.7	1402.0	1391.3	0.397
2.2	1585.9	1576.1	1566.3	1556.5	1546.5	1536.6	1526.5	1516.5	1506.3	1496.1	0.452
2.1	1680.3	1671.1	1661.9	1652.6	1643.2	1633.8	1624.3	1614.8	1605.2	1595.6	0.511

续表

管道内的压力 (MPa,表压)	Y(MPa·kg/m³)										Z
	0.00	0.01	0.02	0.03	0.04	0.05	0.06	0.07	0.08	0.09	
2.0	1769.0	1760.4	1751.8	1743.0	1734.2	1725.4	1716.5	1707.5	1698.5	1689.4	0.576
1.9	1852.0	1843.9	1835.9	1827.7	1819.5	1811.2	1802.9	1794.5	1786.1	1777.6	0.646
1.8	1929.0	1921.6	1914.1	1906.5	1898.9	1891.2	1883.5	1875.7	1867.9	1859.9	0.723
1.7	2000.2	1993.3	1986.4	1979.4	1972.4	1965.3	1958.2	1951.0	1943.7	1936.4	0.807
1.6	2065.4	2059.1	2052.8	2046.4	2040.0	2033.5	2027.0	2020.3	2013.7	2006.9	0.897
1.5	2124.7	2119.1	2113.3	2107.5	2101.7	2095.8	2089.8	2083.8	2077.7	2071.6	0.996
1.4	2178.3	2173.2	2168.0	2162.8	2157.6	2152.2	2146.8	2141.4	2135.9	2130.3	1.103
1.3	2226.2	2221.7	2217.1	2212.4	2207.7	2203.0	2198.1	2193.3	2188.3	2183.3	1.219
1.2	2268.7	2264.7	2260.6	2256.5	2252.4	2248.1	2243.9	2239.5	2235.2	2230.7	1.345
1.1	2306.0	2302.5	2298.9	2295.3	2291.7	2288.0	2284.2	2280.4	2276.6	2272.7	1.481
1.0	2338.3	2335.3	2332.2	2329.1	2325.9	2322.7	2319.5	2316.2	2312.8	2309.4	1.629
0.9	2365.9	2363.4	2360.8	2358.1	2355.4	2352.7	2349.9	2347.0	2344.2	2341.2	1.791
0.8	2389.3	2387.2	2385.0	2382.7	2380.5	2378.1	2375.8	2373.4	2370.9	2368.5	1.969
0.7	2408.7	2406.9	2405.1	2403.3	2401.4	2399.5	2397.5	2395.5	2393.5	2391.4	2.165
0.6	2424.5	2423.1	2421.6	2420.1	2418.6	2417.1	2415.5	2413.8	2412.2	2410.5	2.383
0.5	2437.1	2436.0	2434.8	2433.6	2432.4	2431.2	2429.9	2428.6	2427.3	2425.9	2.629

在4.2MPa贮存压力、700～849kg/m³充装密度下的压力系数Y和密度系数Z值

附表3.6

管道内的压力 (MPa,表压)	Y(MPa·kg/m³)										Z
	0.00	0.01	0.02	0.03	0.04	0.05	0.06	0.07	0.08	0.09	
3.2	79.7	64.5	49.3	34.1	18.8	3.4	0.0	0.0	0.0	0.0	0.013
3.1	229.4	214.6	199.8	184.9	170.0	155.0	140.0	125.0	109.9	94.8	0.039
3.0	375.1	360.7	346.3	331.8	317.3	302.8	288.2	273.5	258.9	244.2	0.067
2.9	516.7	502.7	488.7	474.6	460.6	446.4	432.3	418.0	403.8	389.5	0.098
2.8	653.8	640.3	626.7	613.1	599.5	585.8	572.0	558.3	544.4	530.6	0.131
2.7	786.3	773.2	760.1	747.0	733.8	720.6	707.3	694.0	680.6	667.2	0.166
2.6	913.9	901.4	888.8	876.1	863.4	850.7	837.9	825.1	812.2	799.2	0.205
2.5	1036.5	1024.5	1012.4	1000.3	988.1	975.9	963.6	951.2	938.8	926.4	0.247
2.4	1153.9	1142.4	1130.8	1119.2	1107.6	1095.9	1084.1	1072.3	1060.4	1048.5	0.293
2.3	1265.7	1254.8	1243.8	1232.8	1221.7	1210.5	1199.3	1188.0	1176.7	1165.3	0.343
2.2	1372.0	1361.6	1351.2	1340.7	1330.2	1319.6	1308.9	1298.2	1287.4	1276.6	0.397
2.1	1472.3	1462.6	1452.7	1442.8	1432.9	1422.9	1412.8	1402.7	1392.5	1382.3	0.456
2.0	1566.7	1557.5	1548.3	1539.0	1529.7	1520.3	1510.8	1501.3	1491.7	1482.0	0.520

续表

管道内的压力 (MPa,表压)	Y(MPa・kg/m³)										Z
	0.00	0.01	0.02	0.03	0.04	0.05	0.06	0.07	0.08	0.09	
1.9	1654.9	1646.4	1637.8	1629.1	1620.4	1611.6	1602.7	1593.8	1584.4	1575.8	0.590
1.8	1736.9	1729.0	1721.0	1713.0	1704.9	1696.7	1688.5	1680.2	1671.8	1663.4	0.667
1.7	1812.6	1805.3	1797.9	1790.5	1783.0	1775.5	1767.9	1760.2	1752.5	1744.7	0.751
1.6	1881.9	1875.2	1868.5	1861.8	1854.9	1848.0	1841.0	1834.0	1826.9	1819.8	0.842
1.5	1944.9	1938.9	1932.8	1926.7	1920.5	1914.2	1907.9	1901.5	1895.0	1888.5	0.942
1.4	2001.8	1996.4	1990.9	1985.4	1979.8	1974.1	1968.4	1962.6	1956.8	1950.9	1.050
1.3	2052.6	2047.7	2042.9	2037.9	2033.0	2027.9	2022.8	2017.6	2012.4	2007.1	1.168
1.2	2097.5	2093.2	2088.9	2084.6	2080.2	2075.7	2071.2	2966.6	2062.0	2057.3	1.296
1.1	2136.8	2133.1	2129.4	2125.6	2121.7	2117.8	2113.8	2109.8	2105.8	2101.6	1.435
1.0	2170.8	2167.6	2164.4	2161.1	2157.8	2154.4	2151.0	2147.5	2144.0	2140.4	1.585
0.9	2199.8	2197.1	2194.4	2191.6	2188.8	2185.9	2183.0	2180.0	2177.0	2173.0	1.750
0.8	2224.3	2222.0	2219.7	2217.4	2215.0	2212.6	2210.1	2207.6	2205.1	2202.5	1.930
0.7	2244.5	2242.7	2240.8	2238.9	2236.9	2234.9	2232.9	2230.8	2228.7	2226.5	2.128
0.6	2261.0	2259.5	2258.0	2256.4	2254.9	2253.2	2251.6	2249.9	2248.1	2246.4	2.348
0.5	2274.0	2272.9	2271.7	2270.5	2269.2	2267.9	2266.6	2265.3	2263.9	2262.5	2.594

在4.2MPa贮存压力、850～999kg/m³充装密度下的压力系数Y和密度系数Z值

附表3.7

管道内的压力 (MPa,表压)	Y(MPa・kg/m³)										Z
	0.00	0.01	0.02	0.03	0.04	0.05	0.06	0.07	0.08	0.09	
3.0	101.2	86.0	70.8	55.5	40.2	24.8	9.4	0.0	0.0	0.0	0.019
2.9	250.8	236.0	221.2	206.4	191.5	176.5	161.6	146.5	131.5	116.4	0.048
2.8	395.8	381.5	367.2	352.8	338.3	323.9	309.3	294.8	280.1	265.5	0.079
2.7	536.1	522.3	508.4	494.5	480.6	466.6	452.5	438.4	424.2	410.1	0.114
2.6	671.4	658.1	644.7	631.3	617.9	604.4	590.8	577.2	563.6	549.8	0.151
2.5	801.5	788.7	775.9	763.0	750.1	737.1	724.1	711.0	697.8	684.6	0.193
2.4	926.1	913.8	901.6	889.3	876.9	864.5	852.0	839.4	826.8	814.2	0.238
2.3	1045.0	1033.3	1021.6	1009.9	998.1	986.2	974.3	962.3	950.3	938.2	0.287
2.2	1157.9	1146.9	1135.8	1124.7	1113.5	1102.2	1090.9	1079.5	1068.0	1056.5	0.341
2.1	1264.7	1254.3	1243.9	1233.3	1222.8	1212.1	1201.4	1190.6	1179.8	1168.9	0.400
2.0	1365.2	1355.4	1345.6	1335.7	1325.8	1315.8	1305.7	1295.5	1285.3	1275.1	0.464
1.9	1459.1	1450.0	1440.8	1431.6	1422.3	1413.0	1403.5	1394.0	1384.5	1374.9	0.534
1.8	1546.3	1537.9	1529.4	1520.9	1512.2	1503.6	1494.8	1486.0	1477.1	1468.1	0.610

续表

管道内的压力 (MPa，表压)	Y(MPa·kg/m³)										Z
	0.00	0.01	0.02	0.03	0.04	0.05	0.06	0.07	0.08	0.09	
1.7	1626.8	1619.1	1611.3	1603.4	1595.5	1587.4	1579.4	1571.2	1563.0	1554.7	0.695
1.6	1700.5	1693.5	1686.3	1679.1	1671.9	1664.5	1657.1	1649.7	1642.1	1634.5	0.787
1.5	1767.5	1761.1	1754.6	1748.1	1741.5	1734.8	1728.1	1721.3	1714.5	1707.5	0.888
1.4	1827.7	1822.0	1816.2	1810.3	1804.4	1798.4	1792.3	1786.2	1780.0	1773.8	0.999
1.3	1881.4	1876.3	1871.1	1865.9	1860.7	1855.3	1849.9	1844.5	1838.9	1833.3	1.119
1.2	1928.8	1924.3	1919.8	1915.2	1910.5	1905.8	1901.1	1896.2	1891.3	1886.4	1.249
1.1	1970.1	1966.2	1962.3	1958.3	1954.3	1950.2	1946.0	1941.8	1937.5	1933.2	1.391
1.0	2005.8	2002.4	1999.1	1995.6	1992.1	1988.6	1985.0	1981.4	1977.7	1973.9	1.545
0.9	2036.1	2033.3	2030.4	2037.5	2024.6	2021.6	2018.5	2015.4	2012.2	2009.0	1.713
0.8	2061.6	2059.2	2056.9	2054.4	2052.0	2049.4	2046.9	2044.2	2041.6	2038.9	1.896
0.7	2082.6	2080.7	2078.7	2076.8	2074.7	2072.6	2070.5	2068.3	2066.1	2063.9	2.098
0.6	2099.6	2098.1	2096.5	2094.9	2093.3	2091.6	2089.9	2088.1	2086.3	2084.5	2.325
0.5	2112.9	2111.8	2110.5	2109.3	2108.0	2106.7	2105.4	2104.0	2102.6	2101.1	2.583

在4.2MPa贮存压力、1000～1125kg/m³充装密度下的压力系数Y和密度系数Z值

附表3.8

管道内的压力 (MPa，表压)	Y(MPa·kg/m³)										Z
	0.00	0.01	0.02	0.03	0.04	0.05	0.06	0.07	0.08	0.09	
2.8	122.7	107.5	92.3	77.0	61.7	46.3	30.9	15.4	0.0	0.0	0.026
2.7	271.7	257.1	242.3	227.5	212.7	197.8	182.9	167.9	152.9	137.8	0.057
2.6	415.6	401.5	387.3	373.0	358.7	344.3	329.9	315.5	300.9	286.4	0.094
2.5	554.1	540.5	526.8	513.1	499.4	485.5	471.7	457.7	443.8	429.7	0.135
2.4	686.8	673.8	660.7	647.6	634.4	621.2	607.9	594.5	581.1	567.6	0.180
2.3	813.6	801.2	788.7	776.2	763.6	751.0	738.3	725.5	712.7	699.8	0.229
2.2	934.1	922.3	910.5	898.6	886.7	874.6	862.6	850.4	838.2	825.9	0.282
2.1	1048.1	1037.0	1025.8	1014.6	1003.3	991.9	980.5	969.0	957.4	945.8	0.340
2.0	1153.3	1144.9	1134.4	1123.9	1113.3	1102.6	1091.8	1081.0	1070.1	1059.1	0.403
1.9	1255.6	1245.9	1236.1	1226.2	1216.3	1206.3	1196.3	1186.1	1175.9	1165.7	0.473
1.8	1348.7	1339.7	1330.6	1321.5	1312.3	1303.0	1293.7	1284.3	1274.8	1265.2	0.551
1.7	1434.5	1426.2	1417.9	1409.5	1401.0	1392.5	1383.9	1375.2	1366.4	1357.6	0.628
1.6	1513.0	1505.4	1497.9	1490.2	1482.5	1474.6	1466.8	1458.8	1450.8	1442.7	0.731

续表

管道内的压力 (MPa,表压)	Y(MPa·kg/m³)										Z
	0.00	0.01	0.02	0.03	0.04	0.05	0.06	0.07	0.08	0.09	
1.5	1584.1	1577.3	1570.4	1563.5	1556.5	1540.4	1542.3	1535.1	1527.8	1520.4	0.834
1.4	1647.9	1641.9	1635.7	1629.5	1623.3	1616.9	1610.5	1604.0	1597.4	1590.3	0.944
1.3	1704.7	1699.3	1693.9	1688.4	1682.8	1677.2	1671.5	1665.7	1659.9	1653.9	1.072
1.2	1754.6	1749.9	1745.2	1740.3	1735.4	1730.5	1725.5	1720.4	1715.2	1710.0	1.205
1.1	1798.0	1793.9	1789.8	1785.6	1781.4	1777.1	1772.7	1768.3	1763.8	1759.2	1.351
1.0	1835.2	1831.8	1828.2	1824.7	1821.0	1817.3	1813.6	1809.8	1805.9	1802.0	1.509
0.9	1866.8	1863.9	1860.9	1857.9	1854.8	1851.7	1848.5	1845.3	1842.0	1838.6	1.681
0.8	1893.2	1890.7	1888.3	1885.8	1883.2	1880.6	1877.9	1875.2	1872.5	1869.6	1.865
0.7	1914.8	1912.9	1910.8	1908.8	1906.7	1904.5	1902.4	1900.1	1897.8	1895.5	2.071
0.6	1932.3	1930.7	1929.1	1927.5	1925.8	1924.1	1922.3	1920.5	1918.6	1916.3	2.309
0.5	1945.9	1944.7	1943.5	1942.2	1940.9	1939.6	1938.2	1936.8	1935.5	1933.8	2.570

附录四　压力损失和压力损失修正系数

一、钢管内单位管道长度的压力损失(未经修正值)可按附图 4.1 确定。

二、铜管内单位管道长度的压力损失(未经修正值)可按附图 4.2 确定。

钢管的外径和壁厚　　附表 4.1

公称通径 (mm)	公称通径 (in)	第一种壁厚系列 外径×壁厚 (mm×mm)	第二种壁厚系列 外径×壁厚 (mm×mm)
8	1/4	14×2	14×3
10	3/8	17×2.5	17×3
15	1/2	22×3	22×4
20	3/4	27×3	27×4
25	1	34×3.5	34×4.5
32	$1\frac{1}{4}$	42×3.5	42×4.5
40	$1\frac{1}{2}$	48×3.5	48×5
50	2	60×4	60×5.5
65	$2\frac{1}{2}$	76×5	76×6.5
80	3	89×5.5	89×7.5
90	$3\frac{1}{2}$	102×6	102×8
100	4	114×6	114×8
125	5	140×6	140×9
150	6	168×7	168×11

三、压力损失修正系数按附图 4.3 和附图 4.4 确定。

四、第一种和第二种壁厚系列的钢管的外径和壁厚见附表 4.1。

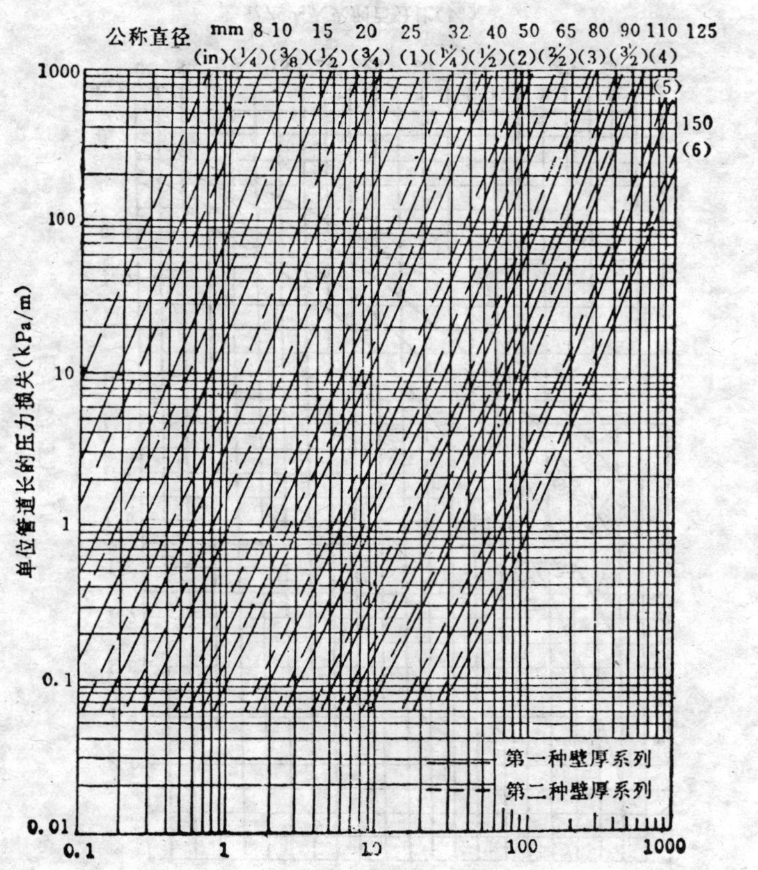

附图 4.1 钢管内卤代烷 1301 的压力损失

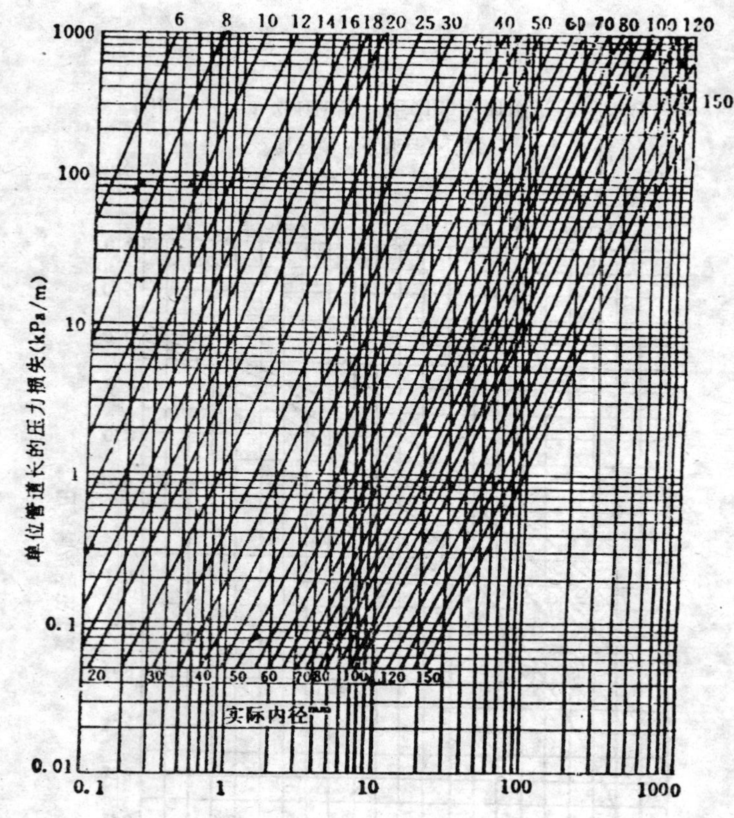

附图 4.2 钢管内卤代烷 1301 的压力损失

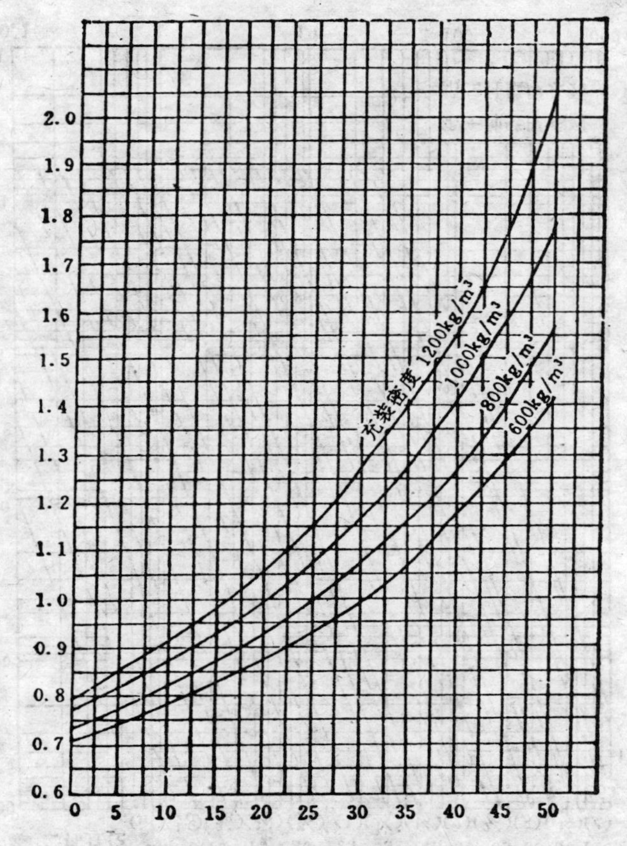

附图 4.3　2.5MPa 贮存压力的压力损失修正系数

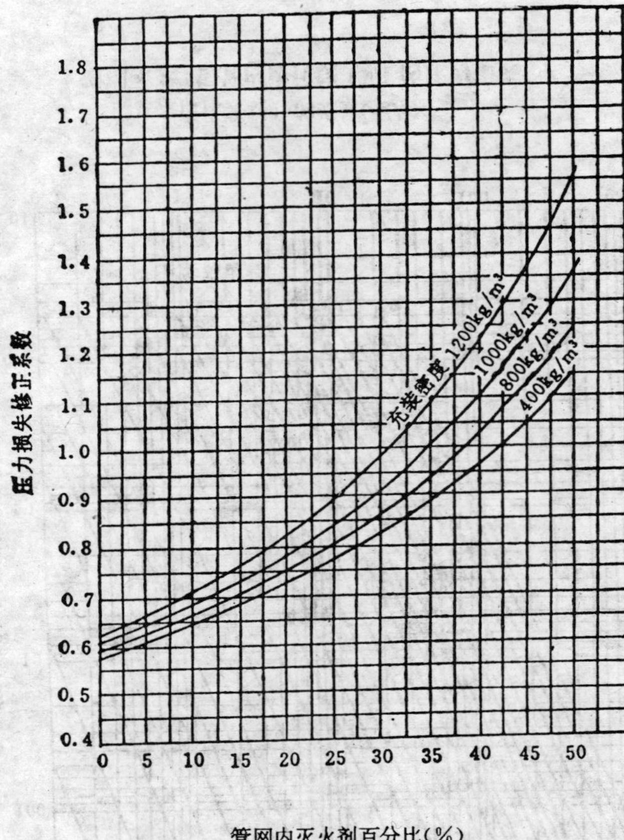

附图 4.4　4.2MPa 贮存压力的压力损失修正系数

附录五　管网压力损失计算举例

一、非均衡管网压力损失计算举例。

贮存了 90kg 卤代烷 1301 的灭火系统，由附图 5.1 所示的非均衡管网喷出，贮存压力为 4.20MPa、充装密度为 800kg/m³，管网末端的喷嘴(5)、(6)、(7)在 10s 内需喷出的卤代烷 1301 分别为 40kg、30kg 和 20kg，求管网末端压力。

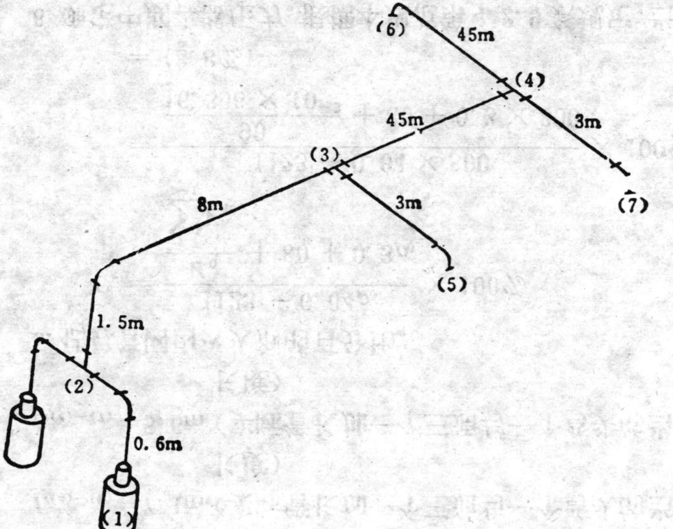

附图 5.1　非均衡管网图

1. 计算各管段的平均设计流量：

$q_{(1)-(2)}=4.5\text{kg/s}$

$q_{(2)-(3)}=9.0\text{kg/s}$

$q_{(3)-(5)}=4.0\text{kg/s}$

$q_{(3)-(4)}=5.0\text{kg/s}$

$q_{(4)-(6)}=3.0\text{kg/s}$

$q_{(4)-(7)}=2.0\text{kg/s}$

2. 初定管径，按本规范第 4.2.1 条规定初选。

$D_{(3)-(4)}$：选公称通径 25mm，第一种壁厚系列的钢管

$D_{(2)-(3)}$：选公称通径 32mm，第一种壁厚系列的钢管

$D_{(3)-(5)}$：选公称通径 25mm，第一种壁厚系列的钢管

$D_{(3)-(4)}$：选公称通径 25mm，第一种壁厚系列的钢管

$D_{(4)-(6)}$：选公称通径 20mm，第一种壁厚系列的钢管

$D_{(4)-(7)}$：选公称通径 20mm，第一种壁厚系列的钢管

3. 计算管网总容积。

$V_{(1)-(2)}=2\times0.5\times0.556\times10^{-3}=0.556\times10^{-3}\text{m}^3$

$V_{(2)-(3)}=9.5\times0.968\times10^{-3}=9.196\times10^{-3}\text{m}^3$

$V_{(3)-(5)}=3.0\times0.556\times10^{-3}=1.668\times10^{-3}\text{m}^3$

$V_{(3)-(4)}=4.5\times0.556\times10^{-3}=2.502\times10^{-3}\text{m}^3$

$V_{(4)-(6)}=4.5\times0.343\times10^{-3}=1.544\times10^{-3}\text{m}^3$

$V_{(4)-(7)}=3.0\times0.343\times10^{-3}=1.029\times10^{-3}\text{m}^3$

$V_p=16.495\times10^{-3}\text{m}^3$

4. 计算各管段的当量长度。

$L_{(1)-(2)}=6.8\text{m}$（实际管长加一个容器阀与软管的当量长度）

$L_{(2)-(3)}=12.7\text{m}$（实际管长加一个三通与一个弯头的当

量长度）

$L_{(3)-(5)}=5.5\text{m}$（实际管长加一个三通与一个弯头的当量长度）

$L_{(3)-(4)}=4.5\text{m}$（实际管长加一个三通的当量长度）

$L_{(4)-(6)}=7.1\text{m}$（实际管长加一个三通与一个弯头的当量长度）

$L_{(4)-(7)}=5.6\text{m}$（实际管长加一个三通与一个弯头的当量长度）

5. 估算管网内灭火剂的百分比。

$$C_e=\frac{1123-0.04\rho_0}{\dfrac{M_0}{\sum\limits_{i=1}^{n}V_{pi}}+80+0.3\rho_0}\times 100\%$$

$$=\frac{1123-0.04\times 800}{\dfrac{90}{16.396\times 10^{-3}}+80+0.3\times 800}\times 100\%$$

$$=18.8\%$$

6. 确定中期容器压力。根据本规范第 4.2.9 条规定，当贮存压力为 4.20MPa，充装密度为 800kg/m³，管网内灭火剂的百分比为 18.8%时，中期容器压力为 2.98MPa。

7. 求管段(1)—(2)的终端压力 $P_{i(2)}$。

已知：$q_{(1)-(2)}=4.5\text{kg/s}$

$L_{(1)-(2)}=6.8\text{m}$

当此管段始端压力为 2.98MPa，充装密度为 800kg/m³时，根据本规范第 4.2.13 条表 4.2.13 $\rho_{(1)}$为 1415kg/m³。

高程压力损失为

$$P_h=10^{-3}\rho\cdot H_h\cdot g_n$$

$$=10^{-3}\times 1415\times 0.5\times 9.81$$

$$=10\text{kPa}$$

管段(1)—(2)的始端压力、密度系数 Y_1、Z_1

$$P_{1(1)}=2.98-0.01$$

$$=2.97\text{MPa}$$

根据本规范附录三中附表 3.6 得

$$Y_1=418\qquad Z_1=0.098$$

$$Y_2=Y_1+Lq^2/K_1+K_2q^2(Z_2-Z_1)$$

$$=418+6.8\times 4.5^2/73.3\times 10^{-2}\text{(末项忽略不计)}$$

$$=605.9$$

根据本规范附录三中附表 3.6 得

$$P_{i(2)}=2.84\text{MPa}$$

$$Z_2=0.131$$

重新计算 Y_2

$$Y_2=Y_1+Lq^2/K_1+K_2q^2(Z_2-Z_1)$$

$$=418+6.8\times 4.5^2/73.3\times 10^{-2}+3.56\times 4.5^2\times(0.131-0.098)$$

$$=608.3$$

$$P_{i(2)}=2.83\text{MPa}$$

8. 求管段(2)—(3)的末端压力 $P_{i(3)}$。

已知：$q_{(2)-(3)}=9.0\text{kg/s}$　　$L_{(2)-(3)}=12.7\text{m}$

查得：$\rho_{(2)-(3)}=1345\text{kg/m}^3$

高程压力损失为

$$P_h=10^{-3}\times 1345\times 1.5\times 9.81$$

$$=20\text{kPa}$$

高程压力修正后

$$P_{i(2)}=2.83-0.02=2.81\text{MPa}$$

$Y_2=640.3$

$Z_2=0.131$

$Y_3=Y_2+12.7\times9.0^2/314.3\times10^{-2}$

$=967.6$

得：$P_{i(3)}=2.56\text{MPa}$　　$Z_3=0.247$

重新计算 $P_{i(3)}$

$Y_3=967.6+1.17\times(0.247-0.131)\times9.0^2$

$=978.6$

得：$P_{i(3)}=2.55\text{MPa}$

9. 求管段(3)－(5)的末端压力 $P_{i(5)}$。

已知：$q_{(3)-(5)}=4\text{kg/s}$　　$L_{(3)-(5)}=5.5\text{m}$

$Y_5\approx Y_3+5.5\times4.0^2/73.3\times10^{-2}$

$\approx978.7+120.1$

$=1098.8$

得：$P_{i(5)}=2.45\text{MPa}$　　$Z_5=0.293$

重新计算 $P_{i(5)}$

$Y_5=1099+3.6\times(0.293-0.247)\times4.0^2$

$=1101.6$

得：$P_{i(5)}=2.44\text{MPa}$

10. 求管段(3)－(4)的末端压力 $P_{i(4)}$。

已知：$q_{(3)-(4)}=5.0\text{kg/s}$　　$L_{(3)-(4)}=4.5\text{m}$

$Y_4\approx Y_3+4.5\times5.0^2/73.3\times10^{-2}$

$\approx978.6+153.5$

$=1132.1$

得：$P_{i(4)}=2.42\text{MPa}$　　$Z_4=0.293$

重新计算 $P_{i(4)}$

$Y_4=1132.1+3.6\times(0.293-0.247)\times5.0^2$

$=1136.2$

得：$P_{i(4)}=2.42\text{MPa}$

11. 求管段(4)－(6)的末端压力 $P_{i(6)}$。

已知：$q_{(4)-(6)}=3.0\text{kg/s}$　　$L_{(4)-(6)}=7.1\text{m}$

$Y_6\approx Y_4+7.1\times3.0^2/20.66\times10^2$

$\approx1136.2+309.3$

$=1445.5$

得：$P_{i(6)}=2.13\text{MPa}$　　$Z_6=0.452$

重新计算 $P_{i(6)}$

$Y_6=1445.5+9.3\times3.0^2\times(0.452-0.293)$

$=1458.8$

得：$P_{i(6)}=2.11\text{MPa}$

12. 求管段(4)－(7)的末端压力 $P_{i(7)}$。

已知：$q_{(4)-(7)}=2.0\text{kg/s}$　　$L_{(4)-(7)}=5.6\text{m}$

$Y_7\approx Y_4+5.6\times2.0^2/20.66\times10^{-2}$

$\approx1136.2+108.4$

$=1244.6$

得：$P_{i(7)}=2.32\text{MPa}$　　$Z_7=0.343$

重新计算 $P_{i(7)}$

$Y_7=1244.6+9.3\times2.0^2\times(0.343-0.293)$

$=1246.5$

得：$P_{i(7)}=2.32\text{MPa}$

将主要计算结果归纳于下表。

管网压力损失计算结果 **附表 5.1**

管段号	管段公称通径 (mm)	长度 (m)	当量长度 (m)	高程 (m)	质量流量 (kg/s)	压力(MPa,表压)	
						始端	末端
(1)－(2)	25	0.5	6.8	0.5	4.5	2.98	2.83
(2)－(3)	32	9.5	12.7	1.5	9.0	2.83	2.55
(3)－(5)	25	3	5.5	0	4.0	2.55	2.44
(3)－(4)	25	4.5	4.5	0	5.0	2.55	2.42
(4)－(6)	20	4.5	7.1	0	3.0	2.42	2.11
(4)－(7)	20	3	5.6	0	2.0	2.42	2.32

从以上计算结果可以看出，所计算的各管段的压力损失均很小，管网末端压力大大高于中期容器压力的一半，这是不经济的，故各管段的直径可以选择更小一些，也可以选用较低的贮存压力，只有通过对管网内灭火剂百分比进行验算和反复调整计算，才能得到一个较为经济合理的计算结果。

二、均衡管网压力损失计算举例。

贮存了 35kg 卤代烷 1301 的灭火系统，由附图 5.2 所示的均衡管网喷出，卤代烷 1301 的贮存压力为 2.50MPa，充装密度为 1000kg/m³，末端喷嘴(3)和(4)在 10s 内喷放量相等，试用图表法计算管网末端压力。

1. 计算各管段的平均设计流量。

$q_{(1)-(2)}=3.5$kg/s

$q_{(2)-(3)}=1.75$kg/s

$q_{(2)-(4)}=1.75$kg/s

2. 初定管径，按本规范第 4.2.1 条规定初选。

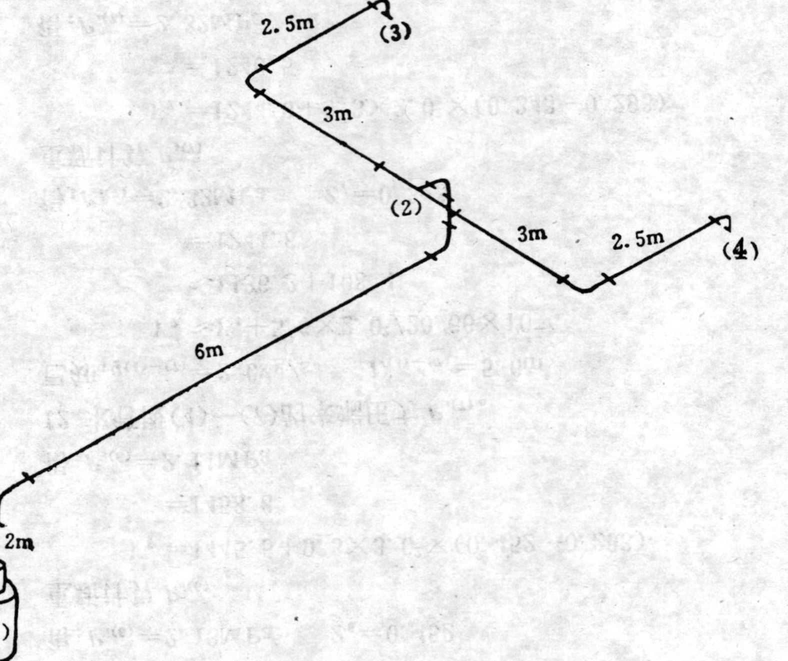

附图 5.2 均衡管网图

$D_{(1)-(2)}$：选公称通径 25mm，第一种壁厚系列的钢管

$D_{(2)-(3)}$ 和 $D_{(2)-(4)}$：选公称通径 25mm，第一种壁厚系列的钢管

3. 计算管网总容积 $V_{p总}$。

$$V_{p总}=8\times0.556\times10^{-3}+2\times5.5\times0.343\times10^{-3}$$
$$=8.22\times10^{-3}\text{m}^3$$

4. 计算各管段的当量长度。

$L_{(1)-(2)}=22.5$m（包括实际管长加容器阀、三个弯头和一个三通的当量长度）

$L_{(2)-(3)}=L_{(2)-(4)}$

$=6.8$m（包括实际管长加二个弯头的当量长度）

5. 计算管网内灭火剂的百分比。

$$C'_c=\frac{1229-0.07\times1000}{\frac{35}{8.22\times10^{-3}}+32+0.3\times1000}\times100\%$$

$$=25\%$$

6. 确定中期容器压力。根据管网内灭火剂的百分比25%，贮存压力2.50MPa和充装密度1000kg/m³，从本规范第4.2.9条表4.2.9中计算出中期容器压力为1.79MPa。

7. 求单位管长的压力降。根据平均设计流量和管径从本规范附录四中附图4.1查得未修正的单位管长的压力降为：

$$P'_{(1)-(2)}=0.0165\text{MPa/m}$$

$$P'_{(2)-(3)}=P_{(2)-(4)}$$

$$=0.014\text{MPa/m}$$

根据充装密度和管网内灭火剂的百分比，从本规范附录四中附图4.3查得压力损失修正系数为：1.08，则修正后的单位管长的压力降为：

$$P'_{(1)-(2)}=0.0165\times1.08=0.0178\text{MPa/m}$$

$$P'_{(2)-(3)}=P_{(2)-(4)}$$

$$=0.014\times1.08=0.0151\text{MPa/m}$$

8. 计算管段(1)－(2)的末端压力$P_{i(2)}$。

管段(1)－(2)的压力降为

$$P_{(1)-(2)}=L_{(1)-(2)}\cdot P'_{(1)-(2)}$$

$$=22.5\times0.0178$$

$$=0.40\text{MPa}$$

根据本规范第4.2.13条表4.2.13，在压力为1.79MPa、充装密度为1000kg/m³时，管道内卤代烷1301的密度为1310kg/m³，而H_h为2m，故高程压力损失为

$$P_h=10^{-3}\rho\cdot H_h\cdot g_n$$

$$=10^{-3}\times1310\times2\times9.81$$

$$=25.7\text{kPa}$$

故得：

$$P_{i(2)}=1.79-0.4-0.0257$$

$$=1.36\text{MPa}$$

9. 计算管段(2)－(3)与(2)－(4)的末端压力$P_{i(3)}$或$P_{i(4)}$。

$$P_{i(3)}=P_{i(4)}$$

$$=P_{i(2)}-L_{(2)-(3)}\cdot P'_{(2)-(3)}$$

$$=1.36-6.8\times0.0151$$

$$=1.26\text{MPa}$$

将主要计算结果归纳于下表：

管网压力损失计算结果 附表5.2

管段号	管段公称通径 (mm)	长度 (m)	当量长度 (m)	高程 (m)	质量流量 (kg/s)	压力(MPa，表压)	
						始端	末端
(1)－(2)	25	8.0	22.5	2	3.50	1.79	1.36
(2)－(3)	25	5.5	6.8	0	1.75	1.36	1.26
(2)－(4)	25	5.5	6.8	0	1.75	1.36	1.26

所计算的结果表明，管道末端压力达 1.26MPa，超过中期容器压力 1.79MPa 的 50%，故所选的各管段的管径可以满足设计要求，只有通过对管网内灭火剂百分比进行验算和反复调整计算后，才能得到一个较为经济合理的计算结果。

附录六　本规范用词说明

一、为便于在执行本规范条文时区别对待，对要求严格程度不同的用词说明如下：

1. 表示很严格，非这样做不可的用词：

正面词采用“必须”；

反面词采用“严禁”。

2. 表示严格，在正常情况下均应这样做的用词：

正面词采用“应”；

反面词采用“不应”或“不得”。

3. 表示允许稍有选择，在条件许可时首先应这样做的用词：

正面词采用“宜”或“可”；

反面词采用“不宜”。

二、条文中指定应按其它有关标准、规范执行时，写法为“应按……执行”或“应符合……的规定”。

附加说明

本规范主编单位，参加单位和主要起草人名单

主 编 单 位：公安部天津消防科学研究所

参 加 单 位：机械电子工业部第十设计研究院
北京市建筑设计研究院
武警学院
上海市崇明县建设局

主要起草人：金洪斌　熊湘伟　徐才林　袁俊荣
倪照鹏　冯修远　张学魁　刘锡发
刘文镔　马　恒

中华人民共和国国家标准

原油和天然气工程设计防火规范

GB 50183-93

主编部门： 中国石油天然气总公司
批准部门： 中华人民共和国建设部
施行日期： 1 9 9 4 年 2 月 1 日

关于发布国家标准《原油和天然气工程设计防火规范》的通知

建标〔1993〕540 号

根据国家计委计综〔1987〕2390 号文和建设部〔1991〕建标第 727 号文的要求，由中国石油天然气总公司规划设计总院负责主编，会同有关单位共同编制的国家标准《原油和天然气工程设计防火规范》，已经有关部门会审。现批准《原油和天然气工程设计防火规范》GB50183-93 为强制性国家标准，自一九九四年二月一日起施行。

本规范由中国石油天然气总公司管理，具体解释等工作由中国石油天然气总公司规划设计总院负责，出版发行由建设部标准定额研究所负责组织。

中华人民共和国建设部
一九九三年七月十六日

编制说明

本规范是根据建设部〔1991〕建标第727号文的通知，调整为国家标准，由中国石油天然气总公司规划设计总院会同大庆、华北、四川石油管理局勘察设计研究院和石油管道局勘察设计院及大庆市公安消防支队编制的。

在编制过程中，遵照国家基本建设的有关方针、政策和“预防为主，防消结合”的消防工作方针，系统调查和总结了有关油气田、管道系统的厂、站、库及井场的防火设计、生产管理方面的经验教训；采纳了原石油工业部标准《油田建设设计防火规范》和《气田建设设计防火规定》的合理部分；吸收了国内外防火规范标准的有关内容和适用于油气田、管道工程防火的先进技术成果。经多次征求各方面的意见，最后由有关部门共同定稿。

鉴于本规范是综合性的防火技术规范，政策性和技术性强，涉及面广，希望各单位在执行过程中，结合工程和生产实践,认真总结经验，注意积累资料。如发现需要修改和补充之处，请将意见和有关资料寄给我公司规划设计总院标准处（北京学院路938信箱，邮政编码100083），以便今后修订时参考。

本规范发布实施后，代替原《油田建设设计防火规范》（SYJ1-85）和《气田建设设计防火规定》（SYJ2-79）。

中国石油天然气总公司
1992年7月

第一章　总　　则

第1.0.1条　为了在油气田及管道工程设计中贯彻“预防为主，防消结合”的方针，统一设计要求，防止和减少火灾损失，保障生产建设和公民生命财产的安全，制订本规范。

第1.0.2条　本规范适用于新建、扩建和改建的油气田和管道工程的油气生产、储运工程的设计。

不适用于地下和半地下油气厂、站、库工程和海洋石油工程。

第1.0.3条　油气田及管道工程的防火设计，必须遵守国家的有关方针政策，结合实际，正确处理生产和安全的关系。积极采用先进的防火和灭火技术，做到保障安全生产，经济实用。

第1.0.4条　油气田及管道工程设计除执行本规范外，尚应符合国家现行的有关标准、规范的规定。

第二章　火灾危险性分类

第 2.0.1 条　生产的火灾危险性应按表 2.0.1 分为五类。

生产的火灾危险性分类　　表 2.0.1

生产类别	火灾危险性的特征
甲	使用或产生下列物质的生产 1. 闪点＜28℃的液体 2. 爆炸下限＜10%（体积百分比）的气体
乙	使用或产生下列物质的生产 1. 闪点≥28℃至＜60℃的液体 2. 爆炸下限≥10%（体积百分比）的气体 3. 不属于甲类的化学易燃危险固体，能与空气形成爆炸性混合物的浮游状态粉尘
丙	使用或产生闪点≥60℃的液体
丁	具有下列情况的生产 1. 对非燃烧物质进行加工，并在高温或在熔化状态下经常产生辐射热、火花或火焰的生产 2. 利用气体、液体、固体作为燃料或将气体、液体进行燃烧作其他用的各种生产
戊	常温下使用或加工非燃烧物质的生产

注：①本表采用现行国家标准《建筑设计防火规范》规定的部分内容。
②生产的火灾危险性分类举例见附录三。

第 2.0.2 条　油气生产厂房内或防火分区内有不同性质的生产时，其分类应按火灾危险性较大的部分确定，当火灾危险性较大的部分占本层或本防火分区面积的比例小于 5%，且发生事故时不足以蔓延到其他部位，或采取防火措施能防止火灾蔓延时，可按火灾危险性较小的部分确定。

第 2.0.3 条　储存物品的火灾危险性分类应按现行国家标准《建筑设计防火规范》分为五类，油气田和管道常用储存物品的火灾危险性分类及举例按附录四执行。

第三章 区域布置

第 3.0.1 条 区域总平面布置应根据油气厂、站、库、相邻企业和设施的火灾危险性，地形与风向等因素，进行综合经济比较，合理确定。

第 3.0.2 条 油气厂、站、库宜布置在城镇和居民区的全年最小频率风向的上风侧。在山区、丘陵地区，宜避开在窝风地段建厂、站、库。

第 3.0.3 条 油气厂、站、库的等级划分，根据储存原油和液化石油气、天然气凝液的储罐总容量，应按表 3.0.3 的规定执行。并应符合下列规定:

一、当油气厂、站、库内同时布置有原油和液化石油气、天然气凝液两类以上储罐时，应分别计算储罐的总容量，并应按其中等级较高者确定；

二、生产规模大于或等于 $100\times10^4m^3/d$ 的天然气处理厂和压气站，当储罐容量小于三级厂、站的储存总容量时，仍应定为三级厂、站；

三、生产规模小于 $100\times10^4m^3/d$，大于或等于 $50\times10^4m^3/d$ 的天然气处理厂、压气站，当储罐容量小于四级厂、站的储存总容量时，仍应定为四级厂、站；

四、生产规模小于 $50\times10^4m^3/d$ 的天然气处理厂、压气站，以及任何生产规模的集气、输气工程的其他站仍应为五级站。

油气厂、站、库分级　　表 3.0.3

等级	储存总容量(m^3)	
	原油储罐	液化石油气、天然气凝液储罐
一	＞50000	＞5000
二	10001～50000	2501～5000
三	2501～10000	1001～2500
四	201～2500	201～1000
五	＜200	＜200

第 3.0.4 条 甲、乙类油气厂、站、库外部区域布置防火间距，应按表 3.0.4 的规定执行。

第 3.0.5 条 油气井与周围建（构）筑物、设施的防火间距应按表 3.0.5 的规定执行，自喷油井应在厂、站、库围墙以外。

油气井与周围建（构）筑物、设施的防火间距（m）　表 3.0.5

名称		自喷油、气井,单井拉油井	机械采油井
一、二、三、四级厂、站、库储罐及甲、乙类容器		40	20
100 人以上的居民区、村镇、公共福利设施		45	25
相邻厂矿企业		40	20
铁路	国家线	40	20
	企业专用线	30	15
公路		15	10
架空通信线	国家 I、II 级	40	20
	其他通信线	15	10
35kV 及以上独立变电所		40	20
架空电力线	35kV 以下	1.5 倍杆高	
	35kV 及以上		

注：当气井关井压力超过25MPa时，与100人以上的居民区、村镇、公共福利设施和相邻厂矿企业的防火间距，应按本表规定的数值增加 50%。

甲、乙类油气厂、站、库外部区域布置防火间距(m)　　表 3.0.4

名称		100人以上的居民区、村镇、公共福利设施	相邻厂矿企业	铁路		公路	架空通信线		35kV及以上独立变电所	架空电力线	
				国家线	企业专用线		国家Ⅰ、Ⅱ级	其他通信线		35kV以下	35kV及以上
原油厂、站、库	一级	100	70	50	40	25	40	1.5倍杆高	60	1.5倍杆高	
	二级	80	60	45	35	20			50		
	三级	60	50	40	30	15			40		
	四级	40	40	35	25	15	1.5倍杆高		40		
	五级	30	30	30	20	10			30		
液化石油气、天然气凝液厂、站、库	一级	120	120	60	55	30	40	1.5倍杆高	80	1.5倍杆高	40
	二级	100	100	60	50	30			80		
	三级	80	80	50	45	25			70		
	四级	60	60	50	40	25			60		1.5倍杆高
	五级	50	50	40	35	20			50		
火炬		120	120	80	80	60	80	60	120	80	80

注：①防火间距的起算点应按本规范附录二执行。但油气厂、站、库与相邻厂矿企业一栏的防火间距系指厂、站、库内的甲、乙类储罐外壁与区域相关设施的防火间距；丙类设备、容器、厂房与区域相关设施的防火间距可按本表减少25%。

②表中35kV及以上独立变电所，系指35kV及以上变电所单台变压器容量在10000kVA及以上的变电所，小于10000kVA的35kV变电所防火间距可按本表减少25%。

③当火炬按本表防火间距布置有困难时，其有效防火间距应经计算确定。放空管按表中火炬间距减少50%。

④35kV及以上的架空线路，防火间距除应满足1.5倍杆塔高度要求外，且应不小于30m。

第 3.0.6 条　为钻井和采输服务的机修厂、管子站、供应站、运输站、仓库等辅助生产厂、站，应按相邻企业确定防火间距。

第 3.0.7 条　通往一、二级油气厂、站、库的外部道路路面宽度不应小于5.5m，三、四、五级油气厂、站、库外部道路路面宽度不应小于3.5m。

第 3.0.8 条　火炬及可燃气体放空管宜位于厂、站、库生产区最小频率风向的上风侧；并宜布置在油气厂、站、库外的地势较高处。火炬和放空管与厂、站的间距：火炬由计算确定；放空管放空量等于或小于 $1.2\times10^4m^3/h$ 时，不应小于10m；放空量 $1.2\times10^4\sim4\times10^4m^3/h$ 时，不应小于40m。

第四章　油气厂、站、库内部平面布置

第一节　一 般 规 定

第 4.1.1 条　油气厂、站、库内部平面布置应根据其火灾危险性等级、工艺特点、功能要求等因素进行综合经济比较，合理确定。

第 4.1.2 条　油气厂、站、库的内部平面布置应符合下列规定：

一、有油气散发的场所，宜布置在有明火或散发火花地点的全年最小频率风向的上风侧；

二、甲、乙类液体储罐宜布置在地势较低处。当布置在地势较高处时，应采取防止液体流散的措施。

第 4.1.3 条　油气厂、站、库内的锅炉房、35kV 及以上变（配）电所、有明火或散发火花的加热炉和水套炉宜布置在油气生产区场地边缘部位。油气生产阀组，不应设在加热炉烧火间内。

第 4.1.4 条　汽车运输原油、天然气凝液、液化石油气和硫磺的装车场及硫磺仓库，应布置在油气厂、站、库区的边缘部位，并宜设单独的出入口。

第 4.1.5 条　厂、站、库内原油、天然气、液化石油气和天然气凝液的管道，宜在地面以上敷设。

第 4.1.6 条　10kV 及以下架空电力线路，与爆炸危险场所的水平距离不应小于杆塔高度的 1.5 倍，并严禁跨越爆炸危险场所。

第 4.1.7 条　油气厂、站、库的围墙（栏），应采用非燃烧材料。

道路与围墙（栏）的间距不应小于 1.5m；一、二级油气厂、站、库内甲类和乙类设备、容器及生产建（构）筑物至围墙（栏）的间距，不应小于 5m。

第 4.1.8 条　甲、乙、丙类液体储罐防火堤（或防护墙）内，严禁绿化和耕种，防火堤或防护墙与消防车道之间不应种植树木。

第 4.1.9 条　一、二、三、四级油气厂、站、库的甲、乙类液体厂房及油气密闭工艺设备距主要道路不应小于 10m，距次要道路不应小于 5m。

第 4.1.10 条　在公路型单车道路面（不包括路肩）外 1m 宽的范围内，不宜布置电杆及消火栓。

第二节　厂、站、库内部道路

第 4.2.1 条　一、二、三、四级油气厂、站、库，至少应有两个通向外部公路的出入口。

第 4.2.2 条　油气厂、站、库内消防车道布置应符合下列要求：

一、一、二、三级油气厂、站、库储罐区宜设环形消防车道。四、五级油气厂、站、库或受地形等条件限制的一、二、三级油气厂、站、库，可设有回车场的尽头式消防车道，回车场的面积不宜小于 15m×15m；

二、储罐区消防车道与防火堤坡脚线之间的距离，不应小于 3m；

三、铁路装卸区应设消防车道，消防车道应与油气厂、站、库内道路构成环形道，或设有回车场的尽头式道路；

四、消防车道的净空高度不应小于 4.5m；一、二、三级油气厂、站、库的道路转弯半径不应小于 12m，道路纵向坡度不宜大于 8%；

五、消防车道与油气厂、站、库内铁路平面相交时，交叉点应在铁路机车停车限界之外；

六、储罐中心至不同周边的两条消防车道的距离不应大于120m。

第三节 建（构）筑 物

第 4.3.1 条 甲、乙类生产和储存物品的建（构）筑物耐火等级不宜低于二级；丙类生产和储存物品的建（构）筑物耐火等级不宜低于三级。当甲、乙类火灾危险性的厂房采用轻型钢结构时，应符合下列要求：

一、建筑构件必须采用非燃烧材料；

二、除天然气压缩机厂房外，宜为单层建筑；

三、与其他厂房的防火间距应按现行国家标准《建筑设计防火规范》中的三级耐火等级的建筑确定。

第 4.3.2 条 有爆炸危险的甲、乙类厂房宜为敞开式或半敞开式建筑，当采用封闭式的厂房时，应有良好的通风设施。甲、乙类厂房泄压面积、泄压设施应按现行国家标准《建筑设计防火规范》的有关规定执行。

第 4.3.3 条 当在一栋建筑物内布置不同火灾危险性类别的房间时，其隔墙应采用非燃烧材料的实体墙。天然气压缩机房或油泵房宜布置在建筑物的一端。

第 4.3.4 条 变、配电所不应与有爆炸危险的甲、乙类厂房毗邻布置。但供上述甲、乙类生产专用的10kV及以下的变、配电间，当采用无门窗洞口防火墙隔开时，可毗邻布置。当必须在防火墙上开窗时，应设非燃烧材料的密封固定窗。

变压器与配电间之间应设防火墙。

第 4.3.5 条 生产区的安全疏散应符合下列要求：

一、建筑物的门应向外开启，面积大于100m^{2}的甲、乙类生产厂房出入口不得少于两个；

二、甲、乙类工艺设备平台、操作平台，宜设两个通向地面的梯子。长度小于8m的甲类工艺设备平台和长度小于15m的乙类工艺设备平台，可设一个梯子。相邻的平台和框架可根据疏散要求，设走桥连通。

第 4.3.6 条 立式圆筒油品加热炉和液化石油气、天然气凝液球罐的钢立柱，宜设保护层，其耐火极限不应小于2h。

第 4.3.7 条 火车、汽车装卸油栈台、操作平台均应采用非燃烧材料。

第五章　油气厂、站、库防火设计

第一节　一 般 规 定

第 5.1.1 条　集中控制室当设置非防爆仪表及电气设备时，应符合下列要求：

一、应在爆炸危险区范围以外设置，室内地坪宜比室外地坪高 0.6m；

二、含有甲、乙类液体、可燃气体的仪表引线不得直接引入室内。

第 5.1.2 条　仪表控制间当设置非防爆仪表及电气设备时，应符合下列要求：

一、在使用或生产液化石油气和天然气凝液的场所的仪表控制间，室内地坪宜比室外地坪高 0.6m；

二、可燃气体和含有甲、乙类液体的仪表引线不宜直接引入仪表控制间内；

三、当与甲、乙类生产厂房毗邻时，应采取无门窗洞口防火墙隔开；当必须在防火墙上开窗时，应设非燃烧材料的密封固定窗。

第 5.1.3 条　液化石油气厂房、可燃气体压缩机厂房和建筑面积大于或等于 150m^2 的甲类火灾危险性厂房内，应设可燃气体浓度检漏报警装置。

第 5.1.4 条　甲、乙类液体储罐、容器、工艺设备和甲、乙类地面管道当需要保温时，应采用非燃烧材料；低温保冷可采用泡沫塑料，但其保护层外壳应采用非燃烧材料。

第 5.1.5 条　当使用有凝液析出的天然气作燃料时，其管线上应设置气液分离器。加热炉炉膛内宜设“常明灯”，其气源可从燃料气调节阀前的管道上引向炉膛。

第 5.1.6 条　加热炉或锅炉燃料油的供油系统应符合下列要求：

一、燃料油泵和被加热的油气进、出口阀不应布置在烧火间内；当燃料油泵房与烧火间毗邻布置时，应设防火墙；

二、当燃料油储罐总容量不大于 20m^3 时，与加热炉的防火间距不应小于 8m；燃料油罐与燃料油泵的间距不限。

加热炉的烧火口或防爆门不应直接朝向燃料油储罐。

第 5.1.7 条　输送甲、乙类液体的泵、可燃气体压缩机不得与空气压缩机同室布置。且空气管道不得与可燃气体、甲、乙类液体管道固定相联。

第 5.1.8 条　甲、乙类液体常压储罐、容器通向大气的开口处应设阻火器。

第 5.1.9 条　油气厂、站、库内，当使用内燃机驱动泵和天然气压缩机时，应符合下列要求：

一、内燃机排气管应有隔热层；其出口处应设防火罩。当排气管穿过屋顶时，其管口应高出屋顶 2m；当穿过侧墙时，排气方向应避开散发油气或有爆炸危险的场所；

二、内燃机的燃料油储罐宜露天设置；内燃机供油管线不应架空引至内燃机油箱；在靠近燃料油储罐出口和内燃机油箱进口处应分别设切断阀。

第 5.1.10 条　含油污水应排入含油污水管道或工业下水道，其连接处应设水封井，并应采取防冻措施。

第 5.1.11 条　机械采油井场当采用非防爆启动器时，距井口的水平距离不得小于 5m。

第 5.1.12 条　甲、乙类厂房、工艺设备、装卸油栈台、储罐和管线等的防雷、防爆和防静电措施，应符合国家现行有关标准的规定。

第二节 厂、站、库内部防火间距

第 5.2.1 条 一、二、三、四级油气厂、站、库内部的防火间距应符合表 5.2.1 的要求。

第 5.2.2 条 油气厂、站内的甲、乙类工艺装置、联合工艺装置的防火间距，应符合下列规定：

一、装置与其外部的防火间距应按本规范表 5.2.1 中甲、乙类厂房和密闭工艺设备的规定执行；

二、装置间的防火间距应符合表 5.2.2-1 的规定；

三、装置内部的设备、建（构）筑物间的防火间距，应符合表 5.2.2-2 的规定；

四、当装置内的各工艺部分不能同时停工检修时，各工艺部分的油气设备之间的间距不应小于 7m。

装置间的防火间距（m） 表 5.2.2-1

火灾危险类别	甲类	乙类
甲类	20	15
乙类	15	10

注：表中数字为装置间相邻面工艺设备或建（构）筑物的净距。

装置内部的防火间距（m） 表 5.2.2-2

名 称	明火或散发火花的设备或场所	仪表控制间、10kV 及以下变配电间	可燃气体压缩机、膨胀机或其厂房
甲类密闭工艺设备	15	15	
可燃气体压缩机、膨胀机或其厂房	15	12	
油泵或油泵房	15	10	
中间储罐	20	15	15

注：①表中数据为甲类装置内部防火间距，对乙类装置其防火间距可按本表规定减少 25%。

②正压燃烧炉的防火间距按密闭工艺设备对待。

③表中中间储罐的总容量：液化石油气、在压力下储存的天然气凝液储罐应小于或等于 $40m^3$，甲、乙类液体储罐应小于或等于 $100m^3$。

第 5.2.3 条 五级油、气站场平面布置防火间距应符合表 5.2.3 的要求。

五级油、气站场防火间距（m） 表 5.2.3

名 称	油气井	水套炉	加热炉锅炉房发电房	10kV 及以下户外变压器、配电间	＜$200m^3$ 油罐及装车鹤管	计量仪表间或控制间
油气井		9	20	15	15	9
露天油气密闭设备及阀组	5	5	10	10	10	5
可燃气体压缩机及压缩机房	20	15	15	12	15	10
油泵及油泵房、阀组间	20	10	10	10	10	10
含油污水计量池隔油池	20	15	15	15	15	15
＜$200m^3$ 油罐及装车鹤管	15	15	20	15		15
计量仪表间或控制间	9	10	10			
值班室、配水间、清蜡房	9				15	

注：①油罐与装车鹤管之间的防火间距，当采用自流装车时不受本表限制，当采用压力装车时不应小于 15m。

②水套炉与分离器组成的合一设备、三甘醇火焰加热再生釜、溶液脱硫的直接火焰加热重沸器等带有直接火焰加热的设备，应按水套炉性质确定防火间距。

③克劳斯硫磺回收工艺的燃烧炉、再热炉、在线燃烧器等正压燃烧炉，其防火间距可按露天油气密闭设备确定。

④35kV及以上的变配电所应按本规范表5.2.1的规定执行。

一、二、三、四级油气厂、站、库内部的防火间距(m) **表 5.2.1**

名称		原油储罐单罐容量(m^3)				液化石油气、天然气凝液储罐单罐容量(m^3)					甲乙类厂房和密闭工艺设备	有明火的密闭工艺设备	有明火或散发火花地点(含锅炉房、加热炉)	敞口容器和除油池	全厂性重要设施	10kV及以下户外变压器	液化石油气灌装站	火车装卸鹤管	汽车装卸鹤管	辅助性生产厂房
		≤200	≤1000	＜10000	≥10000	≤50	≤100	≤400	≤1000	＞1000										
甲、乙类厂房和密闭工艺设备		15／12	15	20	25	35	40	45	50	60										
有明火的密闭工艺设备		25	30	35	40	45	55	65	75	85	20									
有明火或散发火花地点（含锅炉房、加热炉)		30	35	40	45	50	60	70	80	120	30	25								
敞口容器和除油池		20	25	30	35	35	40	45	50	55	20	30	35							
全厂性重要设施		25	30	35	40	45	55	65	75	85	25	25	30	30						
10kV 及以下户外变压器		15	20	25	30	40	50	60	70	85	15／10	15	12	30						
液化石油气灌装站		20	25	30	35	20	25	30	40	50	25	45	50	30	50	35				
火车装卸鹤管		15	20	25	30	25	30	35	40	45	20	30	30	25	30	30	30			
汽车装卸鹤管		15	15	20	25	20	25	30	35	40	15	20	20	20	25	20	25	20		
辅助性生产厂房		15	20	25	30	25	30	40	50	60	15	25	20	20	25	12	30	25	15	
仓库	甲乙类	20	25	30	35	30	30	40	50	60	20	25	30	25	25	25	35	30	20	20
仓库	丙类	15	20	25	30	25	25	30	40	50	15	20	25	20	20	20	30	20	15	15

注：①电脱水器当未采取防电火花措施时，应按有明火的密闭工艺设备确定间距；当采取防电火花措施时，则应按甲、乙类密闭工艺设备确定间距。

②缓冲罐与泵、零位罐与泵、除油池与污油提升泵、塔与塔底泵、压缩机与其直接相关的附属设备的防火间距可不受本表限制。

③污油泵房与敞口容器、除油池、消防泵房、其他厂房的防火间距不应小于 10m。

④天然气灌装设施的防火间距，当利用油气生产分离器的压力灌装时，按汽车装卸鹤管确定；当采用加压灌装时，按液化石油气灌装站确定。

⑤表中分数：分子系指甲类可燃气体，分母系指甲类液体。

⑥有明火的密闭工艺设备系指在同一密闭容器内可完成加热与分离、缓冲、沉降、脱水等一个或几个过程的设备和工艺过程中的加热炉。当采取有效防火措施时，其防火间距可与油气密闭工艺设备要求相同。

⑦敞口容器和除油池系指含油污水处理过程中的隔油池、除油罐，含油污水回收池和其他敞口容器。

⑧全厂性重要设施系指集中控制室、消防泵房、35kV及以上的变电所、中心化验室、总机室和厂部办公室。

⑨液化石油气灌装站系指进行液化石油气灌瓶、加压及其有关的附属生产设施；灌装站内部防火间距应按本规范表 5.4.7 执行；灌装站防火间距起算点，按灌装站内相邻面的设备、容器、建（构）筑物外缘算起。

⑩辅助性生产厂房系指维修间、化验间、车间办公室、工具间、供注水泵房、排涝泵房、深井泵房、仪表控制间等使用非防爆电气设备的厂房。

⑪厂房之间的防火间距应符合现行的《建筑设计防火规范》的规定。

第 5.2.4 条 天然气密闭隔氧水罐和天然气放空管排放口与明火或散发火花地点的防火间距不应小于 25m，与非防爆厂房之间的防火间距不应小于 12m。

第三节 储 存 设 施

第 5.3.1 条 甲类、乙类液体储罐组内储罐的布置，应符合下列要求：

一、固定顶储罐组总容量不应大于 120000m^3；

二、浮顶储罐组总容量不应大于 200000m^3；

三、储罐组内储罐的布置不应超过两排，且储罐个数不应超过 12 个。当单罐容量大于或等于 50000m^3 时，应单排布置。

第 5.3.2 条 甲、乙类液体常压储罐之间的防火间距不应小于表 5.3.2 的要求。

甲、乙类液体常压储罐之间的防火间距　　表 5.3.2

储罐形式	间　距
固定顶储罐	0.6D
浮顶储罐	0.4D

注：①表中D为相邻储罐中较大储罐的直径，当计算出的防火间距大于20m时，可按 20m 确定。

②单罐容量小于或等于200m^3，且总容量不大于1000m^3时，储罐防火间距可根据生产操作要求确定。

第 5.3.3 条 甲、乙类液体储罐组的四周应设防火堤，当储罐组的总容量大于 20000m^3，且储罐多于两个时，防火堤内储罐之间应设隔堤，其高度应比防火堤低 0.2m。

第 5.3.4 条 甲、乙类液体储罐组防火堤的设置应符合下列规定：

一、防火堤应是闭合的；

二、防火堤应为土堤。土源有困难时，可用砖石、钢筋混凝土等非燃烧材料，但内侧宜培土；

三、防火堤实际高度应比计算高度高出 0.2m，防火堤高度宜为 1.0～2.0m；

四、防火堤及隔堤应能承受所容纳液体的设计静液柱压力；

五、管线穿过防火堤处应用非燃烧材料填实密封；

六、应在防火堤不同周边上设置不少于两处的人行台阶；

七、防火堤内侧基脚线至储罐的净距，不应小于储罐高度的一半；

八、设在防火堤下部的雨水排出口，应设置可启闭的截流设施。

第 5.3.5 条 相邻储罐组防火堤外侧基脚线之间的净距，不应小于 7m。

第 5.3.6 条 容量小于或等于 200m^3，且单独布置的污油罐可不设防火堤。

第 5.3.7 条 防火堤内的有效容量的确定，应符合下列要求：

一、对固定顶储罐组，不应小于储罐组内一个最大储罐的有效容量；

二、对浮顶储罐组，不应小于储罐组内一个最大储罐有效容量的一半；

三、当固定顶储罐与浮顶储罐布置在同一油罐组内时，防火堤内的有效容量应取上两款规定的较大值。

第 5.3.8 条 储罐的进油管管口应接至储罐底部。

第 5.3.9 条 液化石油气、天然气凝液储罐不得与甲、乙类液体储罐同组布置，其防火间距应按现行国家标准《建筑设计防火规范》的有关液化石油气罐的规定执行。液化石油气罐可与压力储存的稳定轻烃储罐同组布置，其防火间距不应小于其中较大罐直径。

第 5.3.10 条 液化石油气储罐或天然气凝液储罐的防护墙

内应设置可燃气体浓度报警装置。

第 5.3.11 条 液化石油气或天然气凝液储罐应设安全阀、温度计、压力计、液位计、高液位报警器。

第 5.3.12 条 液化石油气或天然气凝液储罐容积大于或等于 $50m^3$ 时，其液相出口管线上宜设远程操纵阀和自动关闭阀，液相进口管道宜设单向阀。罐底宜预留给水管道接头。

第 5.3.13 条 液化石油气、天然气凝液储罐液相进、出口阀的所有密封垫应选用螺旋型金属缠绕垫片或金属包石棉垫片。

第 5.3.14 条 液体石油气、天然气凝液储罐当采用冷却喷淋水时，应与消防冷却水系统相结合设置。

第 5.3.15 条 液体硫磺储罐四周应设闭合的防护墙，墙高应为 1m，应用非燃烧材料建造。墙内容积不应小于一个最大的液硫储罐的容量；墙内侧至罐的净距不应小于 2m。

第 5.3.16 条 液体硫磺储罐与硫磺成型厂房之间应设有消防通道。

第 5.3.17 条 固体硫磺仓库的设计应符合下列要求：

一、宜为单层建筑；

二、每座仓库的总面积不应超过 $2000m^2$，且仓库内应设防火隔墙，防火隔墙间的面积不应超过 $500m^2$；

三、仓库可与硫磺成型厂房毗邻布置，但必须设置防火墙。

第四节 装 卸 设 施

第 5.4.1 条 装油管道应设方便操作的紧急切断阀，阀与火车装卸油栈台的间距不应小于 10m。

第 5.4.2 条 在火车装卸油栈台的一侧应设与站台平行的消防车道，站台与消防车道间距不应大于 80m，且不应小于 15m。

第 5.4.3 条 火车装卸油栈台段铁路应采用非燃烧材料的轨枕。

第 5.4.4 条 火车装卸油栈台至站、库内其他铁路、道路的间距，应符合下列要求：

一、至其他铁路线不应小于 20m；

二、至主要道路不应小于 15m；

三、至次要道路不应小于 10m。

第 5.4.5 条 零位油罐不应采用敞口容器；受油口与油罐之间不应采用明沟（槽）连接；零位油罐排气孔与卸油鹤管的距离不应小于 10m。

第 5.4.6 条 汽车装卸油鹤管与其装卸油泵房的防火间距不应小于 8m；与液化石油气、天然气生产厂房及密闭工艺设备的防火间距不应小于 25m；与其他甲、乙类生产厂房及密闭工艺设备的防火间距不应小于 15m；与丙类厂房及密闭工艺设备的防火间距不应小于 10m。

第 5.4.7 条 液化石油气灌装站内储罐与有关设施的间距，不应小于表 5.4.7 的规定。

灌装站内储罐与有关设施的间距(m)　　表 5.4.7

单罐容量 (m^3) / 间距 / 设施名称	<50	<100	<400	<1000	>1000
压缩机房、灌瓶间、倒残液间	20	25	30	40	50
汽车槽车装卸接头	20	25	30	30	35
仪表控制间、10kV及以下变配电间	20	25	30	40	45

注：液化石油气储罐与其泵房的防火间距不应小于15m，露天及半露天设置的泵不受此限制。

第 5.4.8 条 液化石油气厂房与其所属的配电间、仪表控制间的防火间距不宜小于 15m。若毗邻布置时，应采取无门窗洞口防火墙隔开；当必须在防火墙上开窗时，应设非燃烧材料的密封固定窗。

第 5.4.9 条 液化石油气灌装站的灌装间和瓶库，应符合下列规定：

一、灌装间和瓶库宜为敞开式或半敞开式建筑物；当为封闭式建筑物时，应采取通风措施；

二、灌瓶间、倒瓶间、泵房的地沟不应与其他房间连通；其通风管道应单独设置；

三、灌瓶间的地面应铺设防止碰撞引起火花的面层；

四、装有气的气瓶不得露天存放；

五、气瓶库的液化石油气瓶装总容量不宜超过 $10m^3$；

六、残液必须密闭回收。

第 5.4.10 条 液化石油气、天然气凝液储罐和汽车装卸台，宜布置在油气厂、站、库的边缘部位。灌瓶咀与装卸台距离不应小于 10m。

第 5.4.11 条 液化石油气灌装站应设高度不低于 2m 的、用非燃烧材料建造的实体围墙，下部应设通风口。

第五节 放空和火炬

第 5.5.1 条 进出厂、站的天然气总管应设紧急切断阀；当厂、站内有两套及以上的天然气处理装置时，每套装置的天然气进出口管上均应设置紧急切断阀；在紧急切断阀之前，均应设置越站旁路或设安全阀和放空阀。

紧急切断阀应设在操作方便的地方。

第 5.5.2 条 放空管必须保持畅通，并应符合下列要求：

一、高压、低压放空管宜分别设置，并应直接与火炬或放空总管连通；

二、高压、低压放空管同时接入一个放空总管时，应使不同压力的放空点能同时安全排放。

第 5.5.3 条 火炬设置应符合下列要求：

一、火炬筒中心至油气厂、站内各部位的安全距离，应经过计算确定；

二、进入火炬的可燃气体应先经凝液分离罐处理，分出气体中直径大于 300μm 的液滴；

三、分离器分出的凝液应回收或引入焚烧坑焚烧；

四、火炬应有可靠的点火设施。

第 5.5.4 条 安全阀泄放的小量可燃气体可排入大气。泄放管宜垂直向上，管口高出设备的最高平台，且不应小于 2m，并应高出所在地面 5m。

厂房内的安全阀其泄放管应引出厂房外，管口应高出厂房 2m 以上。

安全阀泄放系统应采取防止冰冻、防堵塞的措施。

第 5.5.5 条 液化石油气、天然气凝液储罐上应设安全阀，容量大于 $100m^3$ 的储罐宜设置两个安全阀，每个安全阀均应承担全部泄放能力。

第 5.5.6 条 安全阀入口管上可装设与安全阀进口直径相同的阀，但不应采取截止阀；并应采取使其经常保持处于全开状态的措施。

第 5.5.7 条 甲、乙类液体排放应符合下列要求：

一、当排放时可能释放出大量气体或蒸气时，应引入分离设备，分出的气体引入气体放空系统，液体引入有关储罐或污油系统。不得直接排入大气；

二、设备或容器内残存的甲、乙类液体，不得排入边沟或下水道，可集中排入有关储罐或污油系统。

第 5.5.8 条 对有硫化铁可能引起排放气体自燃的排污口应设喷水冷却设施。

第 5.5.9 条 原油管道清管器收发筒的污油排放，应符合下列要求：

一、清管器收发筒应设清扫系统和污油接受系统；

二、污油池的污油应引入污油系统。

第 5.5.10 条 天然气管道清管器收发筒的排污，应符合下列要求：

一、当排放物中不含甲、乙类液体时，排污管应引出厂、站外，并避开道路；在管口正前方 50m 沿中心线两侧各 12m 内不得有建（构）筑物；

二、当排放物中含有甲、乙类液体时，应引入分离设备，分出并回收凝液，并应在安全位置设置凝液焚烧坑；对分出的气体应排放至安全地点。

第六章 油气田内部集输管道

第 6.0.1 条 油气田内部的埋地原油集输管道与建（构）筑物的防火间距，应符合表 6.0.1-1 的规定；埋地天然气集输管道与建（构）筑物的防火间距，应符合表 6.0.1-2 的规定。

埋地原油集输管道与建(构)筑物的防火间距(m) 表 6.0.1-1

公称压力(MPa)	管径(mm)	100人以上居民区、村镇、公共福利设施、工矿企业、重要水工建筑、物资仓库	非燃烧材料堆场、库房，建筑面积在 500m² 以下的非居住建筑物	铁路	公路	
					国家干线	矿区公路
PN≤2.5	DN≤200	10	5	10	5	3
	DN>200	15				
PN>2.5	DN≤200	20				
	DN>200	25				

注：①原油与油田气混输管道应按原油管线执行。

②当受线路走向或特殊条件的限制、防火间距无法满足时，原油管道可埋设在矿区公路路肩下。当管道压力在 1.6MPa 以上时，应采取保护措施。

③管道局部管段与不同人数的居民区、村镇及公共福利设施、工矿企业、重要水工建筑物、物资仓库（不包括易燃易爆仓库）的防火间距，当环境条件不能达到本表的规定时，可采取降低设计系数增加管道壁厚的措施，其计算公式应符合本规范附录五的规定。

通过100人以上居民区的管段当设计系数取0.6时，可按本表的规定减少 50%。

通过100人以下零散居民点的管段可按本表的规定减少50%。

埋地天然气集输管道与建（构）筑物的防火间距（m）　　表 6.0.1-2

公称压力(MPa)	管　径(mm)	100人以上居民区、村镇、公共福利设施、工矿企业、重要水工建筑、物资仓库	非燃烧材料堆场,库房,建筑面积 500m² 以下的非居住建筑物	铁　路	公路		与管线平行的35kV及以上架空电力线路和Ⅰ级架空通信线路	与管线平行的10kV架空电力线路	与管线平行的非同沟埋地电缆、通信电缆和其他埋地管线(技术上可以同沟的除外)
					国家干线	矿区公路			
PN≤1.6	DN<200	15	5	5	5	3	10	8	5
	200<DN≤400	30							
	DN>400	40							
1.6<PN<4.0	DN<200	20	8	10	8	5	15	10	8
	200<DN≤400	40							
	DN>400	60							
PN>4.0	DN<200	25	10	15	10	8	20	15	10
	200<DN≤400	50							
	DN>400	75							

注：①天然气与凝析油混输管道可按天然气管道执行；液化石油气和天然气凝液管道均按天然气管道对待。
②当受线路走向或特殊条件的限制，防火间距无法满足时，天然气管道可埋设在矿区公路路肩内，当管道压力在1.6MPa以下时，设计系数应取0.6；当压力在1.6MPa以上时，设计系数应取0.5。
③当受环境条件限制，管道局部管段或埋在路肩内的局部管段与不同人数的居民区、村镇及公共福利设施、工矿企业、重要水工建（构）筑物、物资仓库（不包括易燃易爆仓库）的防火间距不能达到本表的规定要求时，可按照现行国家标准《输气管道工程设计规范》的规定采取降低设计系数，增加管线壁厚的措施。

第 6.0.2 条　油气管道当在铁路桥、公路桥、码头、渡口、锚区等的下游地段穿越时，其间距不宜小于管道穿越段中的加重层长度的 1／2；当在上游地段穿越时，其间距不宜小于管道穿越段中的加重层长度。

第 6.0.3 条　当油气管道跨越河流时，与铁路桥、公路桥、码头、渡口的间距不宜小于 100m。

第 6.0.4 条　当油气管道跨越公路时，净空高度不应小于 5.5m。当跨越矿区公路时净空高度不应小于 5m。

第 6.0.5 条　当油气管道穿、跨铁路时，应位于火车站进站信号机以外。

第 6.0.6 条　油气田外部输油和输气管道工程的干线及支线与建（构）筑物的安全距离，应按现行国家标准《输油管道工程设计规范》和《输气管道工程设计规范》执行。

第 6.0.7 条　在地面上敷设的原油管道，宜按本规范表 6.0.1-1 的规定增加 50%；在地面上敷设的天然气管道，宜按本规范表 6.0.1-2 的规定增加 50%。

第七章　消 防 设 施

第一节　一 般 规 定

第 7.1.1 条　油气厂、站、库消防设施的设置，应根据厂、站、库的规模、油品性质、储存方式、储罐容量、火灾危险性及邻近消防协作条件等综合因素确定。

第 7.1.2 条　甲、乙、丙类液体储罐宜采用低倍数泡沫灭火系统。储罐消防冷却给水系统和低倍数泡沫灭火系统的设置可按表 7.1.2 的规定执行。

储罐消防设置标准　　表 7.1.2

单罐容量(m^3)		消防冷却给水系统	低倍数泡沫灭火系统
固定顶罐	＞10000	固定式	固定式
	＜10000～1000	半固定式	半固定式
	＜1000～200	移动式	半固定式
	＜200	移动式	移动式
卧式罐		移动式	移动式
浮顶罐	＞50000	固定式	固定式
	＜50000	半固定式	半固定式

第 7.1.3 条　储罐低倍数泡沫灭火系统的设计应按现行国家标准《低倍数泡沫灭火系统设计规范》执行。

第 7.1.4 条　无移动消防设施的油田站场，当油罐直径小于或等于 12m 时，可采用烟雾灭火装置。

第 7.1.5 条　单罐容量大于或等于 200m^3 的污油罐，应按原油罐的消防标准设置消防设施。

单罐容量 200m^3 以上的含油污水除油罐和独立设置的事故油罐，宜采用移动式灭火设备。

第 7.1.6 条　单罐容量大于或等于 100000m^3 的浮顶油罐，应设火灾自动报警装置。

第 7.1.7 条　火车装卸油栈台每 120m 应设置一个消火栓，每 12m 应设一个手提式干粉型灭火器。

第 7.1.8 条　油、气井场、计量站、集气站、配气站可不设消防给水设施。

第 7.1.9 条　有关液化石油气储罐及设施的消防系统设置，应符合现行国家标准《建筑设计防火规范》的规定。

第 7.1.10 条　甲、乙类生产厂房采用轻型钢结构时，依其重要性和可行性，可在厂房内部设火灾自动报警和固定灭火系统，其设置标准按现行的国家有关规范执行。

第 7.1.11 条　液硫储罐应设置固定式蒸汽灭火系统；灭火蒸汽应从饱和蒸汽压力不大于 1MPa 的蒸汽主管顶部引出。

第二节　消 防 站

第 7.2.1 条　消防站的布局应符合下列要求：

一、应根据油、气田和输气输油管道地面建设的总体规划设置消防站，并应结合油气厂、站、库火灾危险性大小，邻近的消防协作条件和所处地理环境划分责任区；

二、当油气厂、站、库内设置固定式消防系统时，可不建消防站；

三、一、二级油气厂、站、库集中地区和人口超过 5 万的居民区，宜设加强消防站。

第 7.2.2 条　消防站的位置选择应符合下列要求：

一、应选择在交通方便，且靠近主要公路，有利于消防车迅速出动的地段；

二、距油气厂、站、库的甲、乙类储罐区的距离不宜小于

200m；

三、距甲、乙类生产厂房、库房的距离不宜小于 50m；

四、距学校、医院、幼儿园、商场、娱乐场所等人员密集的公共场所的距离不应小于 50m。

第 7.2.3 条 消防站的规模及消防车辆、通信设备的配置，应根据被保护对象的实际需要计算确定，按表 7.2.3 配置。

消防站规模、消防车辆、通信设备配置　　表 7.2.3

消防站级		一级	二级	三级	加强消防站
车辆配备数(辆)		6～7	4～5	3	8～9
消防车种类	重型泡沫消防车	✓			✓
	重型泡沫液罐车	✓			✓
	重型水罐消防车	✓			✓
	泡沫干粉联用消防车		✓		
	举高喷射消防车	✓			✓
	登高平台消防车				✓
	中型泡沫消防车		✓	✓	
	中型干粉消防车	✓	✓	✓	✓
	中型水罐消防车		✓	✓	
	泵浦消防车	✓			
	火场照明车				✓
	轻型消防通信指挥车	✓	✓		✓
有线通信设备	火警受理台(调度机)(台)	✓ 1			✓ 1
	火警专用电话	✓ 1	✓ 1	✓ 1	✓ 1
	普通电话	✓ 2	✓ 2	✓ 1	✓ 3
无线通信设备	基　地　台	✓ 1	✓ 1	✓ 1	✓ 1
	车　载　台	✓ 1	✓ 1	✓ 1	✓ 1
	对讲机(便携、袖珍)	✓ 每车一对	✓ 每车一对	✓ 每车一对	✓ 每车一对

注：表中"✓"表示可选配的设备。

第 7.2.4 条 油、气田区域内设有两座及两座以上消防站时，其中一座宜设为消防总站，其规模应按加强消防站配置。

第三节　消 防 给 水

第 7.3.1 条 消防用水可由给水管道或天然水源供给。当利用天然水源时，应确保枯水期最低水位时消防用水量的要求，并应设有可靠的取水设施。

第 7.3.2 条 消防用水可与生产、生活给水合用一个给水系统，并应以消防时最大用水量校核管径；当生产用水（不允许停产的生产用水）达到最大秒流量时，应采取确保全部消防用水量不作他用的技术措施。

第 7.3.3 条 储罐区的消防用水量应按灭火用水量和冷却用水量之和计算。并应符合下列规定：

一、灭火用水量应根据罐区泡沫混合液用量最大的储罐一次火灾配置泡沫混合液的用水量、流散火灾配置泡沫混合液用水量和混合液充满管道所需水量之和确定。

二、冷却用水量按一次火灾最大冷却用水量计算。

1. 着火罐均按罐壁表面积计算。距着火罐 1.5 倍直径范围内的相邻罐按罐壁表面积的一半计算。着火罐为浮顶罐时，相邻罐不计算冷却水用量。

2. 冷却水供给强度和连续供给时间不应小于表 7.3.3 的规定。

冷却水供给强度和连续供给时间　　表 7.3.3

冷却形式	冷却强度($L/min \cdot m^2$)				连续供给时间（h）		
	着火罐		相邻罐		固定顶罐		浮顶罐
					储罐直径（m）		
	固定顶罐	浮顶罐	罐壁无保温	罐壁有保温	>20	<20	
固 定 式	2.5	2.0	1.5	1.0	6	4	4
半固定式或移动式	3.0	2.0	2.0	1.0			

第 7.3.4 条 当采用固定冷却给水系统时，储罐上的环形冷却水管宜分割成两个或两个以上且不连通的圆弧形管，其立管下部宜设过滤器；在防火堤外应设置能识别启闭状态的控制阀。

设有抗风圈的储罐，当采用固定式冷却系统时，每道抗风圈下应设置固定冷却水管。

第 7.3.5 条 储罐区和天然气处理厂装置区的消防给水管网应布置成环状，并应采用能识别启闭状态的阀分成若干独立段，每段内消火栓的数量不宜超过 5 个。寒冷地区的消火栓井、阀池和管道等应有可靠的防冻措施。

其他部位可设置枝状管道。

第 7.3.6 条 消防水池（罐）的设置应符合下列要求：

一、水池（罐）的容量应满足本规范第 7.3.3 条要求；

在火灾情况下能保证连续补充水时，消防水池（罐）的容量可减去火灾延续时间内补充的水量；

二、当水池（罐）和生产、生活用水水池（罐）合并时，应采取确保消防用水不作他用的技术措施，在寒冷地区专用的消防水池（罐）应采取防冻措施；

三、当水池（罐）容量超过 $1000m^3$ 时应分设成两座，水池（罐）的补充水时间，不应超过 96h；

四、供消防车取水的消防水池（罐）距消防对象的保护半径不应大于 150m。

第 7.3.7 条 消火栓的设置应符合下列要求：

一、当采用高压制消防给水时，消火栓的出口水压应满足最不利点消防给水压力要求；当采用低压制消防给水时，消火栓的出口水压不应小于 0.1MPa；

二、消火栓应沿道路布置，油罐区的消火栓应设在防火堤与消防道路之间，距路边宜为 2～5m，并应有明显的标志；

三、消火栓的设置数量应根据消防方式和消防用水量计算确定。每个消火栓的出水量按 10～15L／s 计算。当油罐采用固定式冷却系统时，在罐区四周应设置备用消火栓，其数量不应少于 4 个，间距不应大于 75m。当采用半固定式冷却系统时，消火栓的使用量数应由计算确定，但距储罐壁 15m 以内的消火栓不应计算在该储罐可使用的数量内；

四、消火栓的栓口应符合下列要求：

1. 高压制消防给水：室外地上式消火栓应有一个直径 150mm 或 100mm 和两个直径为 65mm 的栓口；室外地下式消火栓应有两个直径 65mm 的栓口；

2. 低压制消防给水：室外地上式消火栓的设置与高压制消防给水相同；室外地下式消火栓应有直径 100mm 和 65mm 的栓口各一个；

五、采用高压制消防给水时，消火栓旁应设水带箱，箱内应配备 2～5 盘直径 65mm、长度 20m 的带快速接口的水带和 2 支口径 65mm×19mm 水枪及一把消火栓钥匙。水带箱距消火栓不宜大于 5m；

六、采用固定式泡沫灭火时，泡沫栓旁应设泡沫栓水带箱，箱内应配备 2～5 盘直径 65mm，长度 20m 的带快速接口的水带和 PQ8 型泡沫管枪 1 支及一把泡沫栓钥匙。水带箱距泡沫栓不宜大于 5m。

第 7.3.8 条 天然气生产装置区的消防用水量应根据油气厂、站设计规模计算确定，但不宜少于 30L／s；连续供给时间为 3h。消防水压由计算决定。

第 7.3.9 条 设有给水管道的油气厂、站、库内的建筑物消防，应符合现行国家标准《建筑设计防火规范》的规定。

第四节 消 防 泵 房

第 7.4.1 条 消防给水泵房和消防泡沫泵房应合建，其规模应满足所在厂、站、库一次最大火灾的需要。泵房内应设有能满足输送混合液和冷却水两种流程需要的最大的泵作备用泵。

第 7.4.2 条 消防泵房可与给水泵房合建，如在技术上可能时，消防水泵可兼作给水泵。

第 7.4.3 条 消防泵房的位置和泡沫混合液管线、冷却水管线的布置应综合考虑，采取技术措施，使启泵后 5min 内，将泡沫混合液和冷却水送到任何一个着火点。

第 7.4.4 条 消防泵房的位置宜设在油罐区全年最小频率风向的上风侧，其地坪宜高于油罐区地坪标高，并应避开油罐可能破裂、波及到的部位。消防泵房与各建（构）筑物的距离应符合本规范表 5.2.1 的规定。

第 7.4.5 条 消防泵房应采用耐火等级不低于二级的建筑，并应设直通室外的出口。

第 7.4.6 条 消防泵设置应符合下列要求：

一、一组水泵的吸水管和出水管不宜少于两条，当其中一条发生故障时，其余的应能通过全部水量；

二、消防泵宜采用自灌式引水，当采用负压上水时，每台消防泵应有单独的吸水管；

三、消防泵应设置回流管；

四、泵房内经常启闭的阀门，当管径大于 300mm 时，宜采用电动阀或气动阀，并能手动。

第 7.4.7 条 消防泵房应设双电源或双回路供电，如有困难，可采用内燃机作备用动力。

第 7.4.8 条 消防泵房应设置对外联系的通信设施。

第五节 灭火器的配置

第 7.5.1 条 油气厂、站、库内建（构）筑物应配置灭火器，其配置类型和数量按现行国家标准《建筑灭火器配置设计规范》确定。

第 7.5.2 条 甲、乙类储罐区及露天生产装置灭火器配置，应符合下列规定：

一、油气厂、站、库的甲、乙类液体储罐区当设有固定式或半固定式消防系统时，固定顶罐配置灭火器可按应配置数量的 10%设置，浮顶罐按应配置数量的 5%设置。当储罐组内储罐数量超过两座时，灭火器配置数量应按其中两个较大储罐计算确定；但每个储罐配置的数量不宜多于 3 个，少于 1 个手提式灭火器，所配灭火器应分散布置；

二、露天生产装置当设有固定式或半固定式消防系统时，应按应配置数量的 30%设置。手提式灭火器的保护距离不宜大于 9m。

附录一　名词解释

名词解释　　附表 1.1

名　词	解　释
明火地点	室内外有外露火焰或赤热表面的固定地点
散发火花地点	有飞火的烟囱或室外砂轮、电焊、气焊（割）、非防爆的电气开关等固定地点
主要道路	站场内主要出入口道路
次要道路	站场内各区、装卸油场、仓库之间的道路
站场	油气生产站场的简称。包括油气生产过程中的各种“站”和“场”，如油气井场、计量站、接转站、集气站、配气站、压气站、集中处理站、火车与汽车装卸油场等
集中控制室	系指一、二、三、四级油气厂、站、库和联合装置的中心仪表控制室
仪表控制间	系指五级油气站场和装置的仪表控制间或联合装置的分散在各单体（装置）的仪表控制间
储罐组	用同一个防火堤围起来的一组储罐
储罐区	由一个或若干个储罐组构成的区域
固定式消防冷却给水系统	由消防水池（罐）、消防水泵、消防给水管网及储罐上设置的固定冷却水喷淋装置组成的消防冷却给水系统
半固定式消防冷却给水系统	储罐区设置消防给水管网和消火栓；火灾时由消防车或消防泵加压，通过水龙带、水枪对储罐进行冷却

续附表 1.1

名　词	解　释
移动式消防冷却给水系统	储罐区不设消防冷却给水设施；火灾时消防车由其他水源取水，通过水龙带、水枪对储罐进行冷却
固定式泡沫灭火系统	由泡沫液罐、泡沫消防泵、比例混合器、泡沫混合液管道及储罐上设置的固定空气泡沫产生器组成的泡沫灭火系统
半固定式泡沫灭火系统	储罐上设置固定的空气泡沫产生器；灭火时由泡沫消防车或机动泵通过水龙带供给泡沫混合液的泡沫灭火系统
移动式泡沫灭火系统	灭火时由泡沫消防车通过水龙带，由移动式泡沫产生装置向油罐供应泡沫的灭火系统

附录二　防火间距起算点的规定

1. 公路从路边算起。
2. 铁路从中心算起。
3. 建（构）筑物从外墙壁算起。
4. 油罐及各种容器从外壁算起。
5. 管道从管壁外缘算起。
6. 各种机泵、变压器等设备从外缘算起。
7. 火车、汽车装卸油鹤管从中心线算起。
8. 火炬、放空管从中心算起。
9. 架空电力线、架空通信线从杆、塔的中心线算起。
10. 加热炉、水套炉、锅炉从烧火口或烟囱算起。
11. 油气井从井口中心算起。

附录三　生产的火灾危险性分类举例

生产的火灾危险性分类举例　　**附表 3.1**

生产类别	举　　例
甲	集油集气、输油输气、油气分离、原油初加工，液化石油气、天然气凝液生产的设备、容器、厂房，天然气脱硫、脱水的设备、容器、厂房，火车及汽车装卸原油设施
乙	集油集气、输油输气、油气分离、原油初加工，氨制冷的设备、容器、厂房，硫磺回收、成型、包装的设备、容器、厂房，火车和汽车装卸油设施，含油污水处理的部分设备、容器、厂房
丙	柴油、渣油泵房、柴油灌桶间、油浸变压器室、沥青加工厂房，含油污水处理的部分设备、容器、厂房
丁	油气厂、站、库内的维修间、锅炉房、内燃机水泵房、内燃机发电房、配电间（单台装油量小于 60kg 的设备）
戊	供水、注水和循环水泵房及其他非燃烧气体的净化、压缩、装瓶厂房

附录四　油气田和管道常用储存物品的火灾危险性分类举例

油气田和管道常用储存物品的火灾危险性分类举例　附表 4.1

储存物品类别	火灾危险性特征	举例
甲	1. 37.8℃的蒸气压 >200kPa 的液体	液化石油气、天然气凝液
	2. 闪点<28℃的液体	汽油、苯、甲苯、甲醇、乙醚、石脑油、乙硫醇、丙酮、吡啶、丙烯、己烷、戊烷、环戊烷、原油
	3. 爆炸下限<10%的气体	甲烷、乙烷、丙烷、丁烷、氢、乙炔、硫化氢、乙烯、丙烯、丁二烯、水煤气
	4. 受到水或空气中水蒸气的作用能产生爆炸下限<10%气体的固体物质	电石、碳化铝
乙	1. 闪点≥28℃至<60℃的液体	煤油、丁醇、溶剂油、戊醇、丙苯、苯乙烯、氯苯、乙二胺
	2. 爆炸下限≥10%的气体	氨
	3. 不属于甲类的化学易燃危险固体	硫磺、镁粉、铝粉
	4. 助燃气体	氧
丙	1. 闪点≥60℃的液体	乙二醇、二甘醇、三甘醇、一乙醇胺、二乙醇胺、二异丙醇胺、环丁砜、二甲基亚砜、机油、轻柴油、沥青、润滑油
	2. 可燃固体	硫胺

附录五　增加管道壁厚的计算公式

采取降低设计系数，增加管道壁厚，其计算公式如下：

$$\delta=\frac{PD}{2[\sigma]} \tag{附5.1}$$

$$[\sigma]=X\sigma_s\varphi$$

式中　δ——管子的计算壁厚（cm）；

P——管线的设计内压力（MPa）；

D——管子外径（cm）；

$[\sigma]$——管子的许用应力（MPa）；

σ_s——管子的屈服极限（MPa）；

X——设计系数，原油管线取0.6，天然气管线取0.5；

φ——焊缝系数。

无缝钢管和符合 API 5L 的钢管 φ 值取 1，符合现行《承压流体输送用螺旋埋弧焊钢管标准》钢管 φ 值取 0.9。

附录六　本规范用词说明

一、为便于在执行本规范条文时区别对待，对要求严格程度不同的用词说明如下：

1. 表示很严格，非这样做不可的用词：

   正面词采用“必须”；

   反面词采用“严禁”

2. 表示严格，在正常情况下均应这样做的用词：

   正面词采用“应”；

   反面词采用“不应”或“不得”。

3. 表示允许稍有选择，在条件许可时首先应这样做的用词：

   正面词采用“宜”或“可”；

   反面词采用“不宜”。

二、条文中指明应按其他有关标准、规范执行时，写法为“应符合……的规定”或“应按……执行”。

附加说明

本规范主编单位、参加单位和主要起草人名单

主 编 单 位： 中国石油天然气总公司规划设计总院

参 加 单 位： 华北石油管理局勘察设计研究院

四川石油管理局勘察设计研究院

石油管道局勘察设计院

大庆石油管理局勘察设计研究院

大庆市公安消防支队

主要起草人： 马步尧　高秀芝　刘正规　黄存继

边恕修　龙怀祖　成从廉　甘湘怀

陈辉壁　郭建筑　张顺兴　孟祥平

付国明

中华人民共和国国家标准

原油和天然气工程设计防火规范

GB 50183–93

条 文 说 明

前 言

本规范根据建设部〔1991〕建标第727号文的通知，调整为国家标准。经建设部以建标〔1993〕540号文批准发布，标准编号GB50183–93。

为了便于从事设计、生产、施工、消防安全等有关单位人员在使用本规范时，能正确理解和执行本规范条文，规范编制组按规范的章、节、条顺序，编制了《原油和天然气工程设计防火规范条文说明》，供有关单位人员参考。在使用时，如发现本条文说明有欠妥之处，请将意见寄中国石油天然气总公司规划设计总院标准处（北京学院路938信箱，邮政编码100083）。

1993年7月

目　录

第一章　总　则

第 1.0.1 条　油气田生产的原油、天然气、液化石油气、天然气凝液等，都是易燃易爆产品，生产、储运过程中处理不当，就会造成灾害。因此在工程设计时，首先要分析各种不安全的因素，对其采取经济、合理、可靠、先进的预防和灭火的技术措施，以防止火灾的发生和蔓延扩大，减少火灾发生时造成的损失。

多年来，油田按《油田建设设计防火规范》、气田按《气田建设设计防火规定》、管道工程按《原油长输管道工艺及输油站设计规范》等行业标准进行油气厂、站、库的防火安全设计，同是石油、天然气工程，因标准不一致，作法相差很大，不利于相互间的技术交流和设计工作。为了使油气田和管道工程防火设计采取同一的标准，本规范在以上三部规范的基础上，进行补充和完善，对有关内容做了统一规定。

本规范在编制中，参考了国外先进防火标准规范的内容，调查了日本、美国、加拿大的油气厂、站、库的防火安全设施情况，吸取了国外的先进作法，取得了与国际上的一致性，接近了国际水平。

本条中“油气田及管道工程”系指油田、气田为满足原油及天然气生产和管道输送要求，而建设的原油、天然气及其附属产品的集输、分离、计量、净化、初加工，储运设施及为其服务的相应辅助设施。

第 1.0.2 条　本规范中强调适用于油气田和管道建设的新建工程，对于已建工程仅适用于扩建和改建的那一部分的设计。若由于扩建和改建使原有设施部分增加不安全因素，则应作相应改动。例如，扩建储罐后，原有消防设施已不能满足扩建后的要求或能力不够时，则相应消防设施需要做必要的改建，增加消防能力。由于海上油田与陆上油田差别很大，根据陆上油田的情况制定的防火和灭火规定，不一定能适应于海上油田的需要，故本规范规定不适用海洋石油工程。但海洋石油工程的陆地部分可以参考使用。考虑到地下站场，地下储罐、半地下储罐和隐蔽储罐等地下建筑物，一方面目前油田已不再建设，原有的已逐渐被淘汰，另一方面实践证明地下储罐防感应雷技术尚不成熟，而且一旦着火很难扑救，故本规范不适用于地下站场工程，也不适用地下、半地下和隐蔽储油罐。

第 1.0.3 条 从调查中了解，有些油田的油气厂、站、库建（构）筑物间距过大、占地过多；有的消防设施和消防手段落后；有的在厂、站、库内塞进与生产无直接关系的设施；这些问题必须在设计中引起重视、予以避免。因此在油气田、管道工程的防火设计时，还应遵守国家有关土地占用、工程投资、环境保护等有关方针政策，对有关因素综合考虑，合理规划，既满足生产要求，又保证安全。

第 1.0.4 条 本规范是在《油田建设设计防火规范》和《气田建设设计防火规定》施行多年的基础上，保留了其适用的部分。在编制过程中，先后调查了多个油气田和管道厂、站、库的现状，总结了工程设计和生产管理方面的经验教训，分析了油气火灾典型事例；调查吸收了美国、日本、加拿大等国家油气厂、站、库设计规范中先进的技术和成果；与国内有关建筑、石油库、石油化工、燃气等设计规范进行了协调。由于本规范是在以上基础上编制成的，体现了油气田、管道工程的防火设计实践和生产特点，符合油气田和管道工程的具体情况，故本规范已做了规定的问题，应按本规范执行。但防火安全问题涉及面广，包括的专业较多，随着油气田、管道工程设计和生产技术的发展，也会带来一些新问题，因此对于其他本规范未做规定的部分和问题，如油气田内民用建筑、机械厂、汽修厂等辅助生产企业和生活福利设施的工程防火设计，仍应执行国家现行的有关标准、规范。

第二章 火灾危险性分类

第 2.0.1 条 本条根据油气田内原油、天然气、液化石油气、天然气凝液生产过程火灾危险性的不同，参照有关标准、规范的规定，将其划分为五类。

一、原油是一种多组分物质，由于组分不同其闪点变化范围较大，据不完全统计，闭口闪点在−30～34℃之间。已掌握的闭口闪点资料不全，表 2.0.1 中把原油既划入甲类也划入乙类，具体设计时要以实测闭口闪点来确定火灾危险性分类。

二、油气田近几年生产和使用液化石油气和天然气凝液比较普遍。按其特点：第一，相对密度接近或大于 1，泄漏后可以形成大面积的火灾爆炸危险区；第二,爆炸极限值有宽有窄；第三，爆炸时破坏性较大。通过对火灾实例的分析总结，根据天然气凝液和液化石油气破坏性大和事故后波及面积较广的特点，在确定防火间距和防火措施时，应更严格一些。

三、原油在采集、初加工和储运过程中因加热、加药和混输等因素，原油性质有所改变，仍应执行表 2.0.1 火灾危险性分类。

第 2.0.3 条 将生产和储存的火灾危险性分类分别列出，是因为生产和储存的火灾危险性有相同之处，也有不同之处。如甲、乙类液体在高温高压下进行生产时，其温度往往超过其自燃点，当设备损坏液体喷出就会起火，而储存这类物品就不存在此种情况。

储存物品的分类方法，主要是根据物品本身的火灾危险性，分类储存便于区别物品危险性质和采用不同的消防手段和管理办法，做到安全储存，以减少火灾事故的发生。

为使用方便，将油气田和管道工程常用的储存物品，按其火灾危险性分成甲、乙、丙类，列在本规范附录四中。其中对液化石油气和天然气凝液以蒸气压（38℃）200kPa划界的理由是：

1. 按照稳定轻烃产品标准，蒸气压最高的是200kPa（指#1稳定轻烃）。

2. 从油气中回收的产品的危险程度看。任何液化石油气的蒸气压都高于200kPa，且在泄出后基本上都能气化，危险较大。混合凝液（指乙烷或丙烷及更重组份的混合液体），虽不可能全部气化，但外泄后气化率也很高，其蒸气压一般也超过200kPa很多。戊烷，石油醚等较轻的液体产品的蒸气压一般都在200kPa以下，且泄出后不会大量气化，危险性明显要小得多。

3. 压力大于100kPa（表压）的压力容器才属于监察范围。液化石油气必须要用压力容器储存（上面所说的蒸气压是绝压）。

附录四中未列出的储存物品的火灾危险性分类，可仍按《建筑设计防火规范》的有关规定执行。

第三章 区 域 布 置

第3.0.1条 区域总平面布置系指油气厂、站、库区与所处地段其他企业、建（构）筑物、居民区、线路等之间的相互关系，处理好这方面的关系，是确保油气厂、站、库安全的一个重要因素。因为原油、天然气生产散发的易燃、易爆物质，对周围环境存在着易发生火灾的威胁，而其周围环境的其他企业、居民区等火源种类杂而多，对其带来不安全的因素。因此，在确定区域总平面布置时，应根据其周围相邻的外部关系，合理选择厂、站、库址，满足安全距离的要求，防止和减少火灾的发生和相互影响。

合理利用地形、风向等自然条件，是消除和减少火灾危险的重要一环。当一旦发生火灾事故时，可免于大幅度地蔓延以及便于消防人员作业。

第3.0.2条 原油、天然气集输厂、站、库在生产运行和维修过程中，常有油气散发随风向下风向扩散，遇到明火可引燃油气逆向回火，引起火灾或爆炸。居民区及城镇常有明火存在。因此，前者宜布置在后者的最小频率风向上风侧。其他产生明火的地方也应按此原则布置。

关于风向的提法，建国后一直沿用原苏联“主导风向”的原则，进行工业企业布置。即把某地常年最大风向频率的风向定为“主导风向”，然后在其上风安排居民区和嫌忌烟污的建筑物，下风安排工业区和有火灾、爆炸危险的建（构）筑物。实践证明，按“主导风向”的概念进行区域布置不符合我国的实际，在某些情况下它不但未消除火灾影响，还加大了火灾危险。

通过调查，了解到城市规划中如何考虑风向问题也有研究。

电力、卫生等部门在制定标准时，亦较详细地论述了关于“风向”的问题。现将其理论作一简要介绍：

我国位于低中纬度的欧亚大陆东岸，特别是行星系的西风带被西部高原和山地阻隔，因而季风环流十分典型，成为我国东南大半壁的主要风系。我国气象工作者认为东亚季风主要由海陆热力差异形成，行星风带的季节位移也对其有影响，加之我国幅员广大，地形复杂，在不同地理位置气象不同、地形不同，因而各地季风现象亦各有地区特征，各地区表现的风向玫瑰图亦不相同。一般同时存在偏南和偏北两个盛行风向，往往两风向风频相近，方向相反。一个在暖季起控制作用，一个在冷季起控制作用，但均不可能在全年各季起主导作用。在此场合，冬季盛行风的上风侧正是夏季盛行风的下风侧，反之亦然。如果笼统用主导风向原则规划布局，不可避免地产生严重污染和火灾危险。鉴于此，在规划设计中以盛行风向或最小风频的概念代替主导风向，更切合我国实际。

盛行风向是指当地风向频率最多的风向，如出现两个或两个以上方向不同，但风频均较大的风向，都可视为盛行风向（原苏联和西方国家采用的主导风向，是只有单一优势风向的盛行风向，是盛行风向的特例）。在此情况下，需找出两个盛行风向（对应风向）的轴线。在总体布局中，应将厂区和居民区分别设在轴线两侧，这样，工业区对居民区的污染和干扰才能较小。

最小风频是指盛行风向对应轴的两侧、风向频率最小的方向。因而，可将散发有害气体以及有火灾、爆炸危险的建筑物，布置在最小风频的上风侧，这样对其他建筑物的不利影响可减少到最小程度。

对于四面环山，封闭的盆地等窝风地带，全年静风频率超过30%的地区，在总体规划设计中，可将工业用地尽量集中布置，以减少污染范围；适当加大厂区与居民区的间距，并用净化地带隔开，同时要考虑到除静风外的相对盛行风向或相对最小风频。

另外，对于其他更复杂的情况，在总体规划设计时，则须对当地风玫瑰图作具体的分析。

根据上述理论，在考虑风向时本规范屏弃了“主导风向”的提法，采用最小频率风向原则决定油气厂、站、库与居民点、城镇的位置关系。

第 3.0.3 条 油、气厂、站、库的分级，根据原油、天然气的生产规模和储存原油、液化石油气、天然气凝液的储罐容量大小而定。因为储罐容量大小不同，发生火灾后，爆炸威力、热辐射强度、波及的范围、动用的消防力量、造成的经济损失大小差别很大。因此油气厂、站、库的分级，从宏观上说，根据原油储罐、液化石油气、天然气凝液储罐总容量来确定等级是合适的，如规范表 3.0.3 所示。

一、厂、站、库依其储罐总容量（m^3）共分五级，是参照现行的国家有关规范，并根据对油、气田、输油管道现状的调查划分的。目前油气田和管道工程的厂、站、库中单罐容量已达 100000m^3，为此将一级站定为大于 50000m^3；二、三级厂、站、库油罐总容量基本与现行国家标准《石油库设计规范》中所列二、三级一致；因为油气田和管道现在大量存在储罐总容量在 201～2500m^3 的厂、站、库，故将四级厂、站、库储罐总容量定为 201～2500m^3；储罐总容量为 200m^3 及以下的储罐，在油气田、管道生产站场还大量使用，故将 200m^3 及以下储罐总容量的厂、站、库划为五级。

二、液化石油气和天然气凝液储罐总容量级别的划分，参照现行国家标准《建筑设计防火规范》中有关规定，并通过对 6 个油田 18 座气体处理站、轻烃储存站的统计：

储罐总容量在 5000m^3 以上，3 座，占 16.7%；使用单罐容量(m^3)有 150、200、700、1000。

2501～5000m^3，5 座，占 27.8%；使用单罐容量(m^3)有

200、400、1000。

$1001\sim2500m^3$，1 座，占 5.6%；使用单罐容量(m^3)规格有 200、400、928。

$201\sim1000m^3$，8 座，占 44.4%；使用单罐容量(m^3)有 50、200。

$200m^3$ 以下，1 座，占 5.6%；使用单罐容量(m^3)有 30。

以上数字说明，按五个档次确定罐容量和厂、站、库等级，可满足要求。

本规范表 3.0.3 按油气厂、站、库储罐容量分别划分五级，其中未包括天然气处理厂、压气站、集气、输气系统的其他厂、站的分级，对于本表未包括的天然气集输和天然气处理厂的分级，确定按其回收的天然气凝液储罐总容量，并考虑天然气处理厂工艺的繁简程度不同具体划分等级。生产规模大于或等于 $100\times10^4m^3/d$ 的天然气处理厂和压气站，当回收天然气凝液储罐容量小于规范表 3.0.3 中的三级厂、站的总容量时，也必须按三级厂、站确定等级。工艺过程比较简单或生产规范小于 $50\times10^4m^3/d$ 的天然气处理厂以及集气、输气系统的任何生产规模其他厂、站可按五级厂、站确定等级。

第 3.0.4 条、第 3.0.5 条 为了减少油气厂、站、库与周围居民区、厂矿企业、交通运输及电力、通信线路在火灾事故时的相互影响，规定了其安全防火距离。现对规范表 3.0.4、表 3.0.5 作如下说明：

一、防火间距的起算点。

1. 油气生产厂、站、库，从甲、乙类设备外缘，容器外壁，厂房外墙算起。如脱水器、分离器、换热器、合一设备、油罐等从外壁算起；油泵房、压缩机房、烧火间、阀组间等从外墙算起。这种计算方法比较实际，在安全的前提下，可以节省部分占地。

有些厂、站、库，往往采用分期设计分期施工的办法，预留出第二期工程的位置。在这种情况下，若以现有设备、容器和厂房考虑相邻建筑的防火间距，当第二期工程实施后，势必达不到防火间距的要求。因此，当站场内有预留区时，防火间距则应从站场预留区边界线算起。站场至国家铁路线与公路的间距从站场围墙算起。

2. 对相邻厂矿企业以其围墙为准；对居民区、村镇、公共福利设施以最外侧建筑的墙壁为准。调查中发现不少站场在初建时与周围建筑物防火间距符合要求，但由于后来相邻企业或居民区等向外逐步扩展，致使防火间距不符合要求。如某油田某站，1976 年初建时与周围民房的距离基本符合规定。随后，新建民房逐步增多，1988 年 9 月当我们调查时，站南侧围墙距民房仅有 10～30m。因此，为了保障安全防火，选址时必须与相邻企业或当地政府签订协议，不得在防火间距范围内设置建（构）筑物。

二、确定防火间距的依据。确定防火间距应根据油气厂、站、库内储罐容量、类型，设备、容器、厂房内油气扩散的距离，有明火和散发火花地点火花飞溅距离，建筑物耐火等级，火灾发生后火焰辐射热的影响，消防设施的完善程度等因素确定，以确保发生火灾时，不致引燃、引爆邻近建（构）筑物，阻碍必要的消防通道。

防火间距的确定根据以下调查资料：

1. 油气井与居民区、相邻厂矿企业。油气井与站场比较，火灾危险性大于计量站，小于处理站，首先定出其防火间距，作为其他厂、站、库防火间距的基数。在与某油田消防支队座谈讨论中，大家认为：

(1) 油气井在一般事故状况下，泄漏出的气体，沿地面扩散到 40m 以外浓度低于爆炸下限。

(2) 消防队在进行救火时，由于辐射热的影响，一般距井口 40m 以内消防人员无法进入。

（3）油气井在修井过程中容易发生井喷，一旦着火，火势不易控制。如某油田某井，在修井时发生井喷，油柱高度达30m，喷油半径35m，消防人员站在上风向灭火，由于辐射热的影响，40m以内无法进入。某油田职工医院附近一口油井，因距医院楼房防火距离不够，修井发生井喷，原油喷射到医院楼房上。

根据上述情况，考虑到居民区、村镇、公共福利设施人员集中，经常有明火，火灾危险性大，其防火间距定为45m；相邻企业的火灾危险性小于居民区，防火间距定为40m。

2. 五级站与居民区、相邻厂矿企业。五级站如计量站、集气站，将多口油气井生产的油气集中计量，多数站有明火存在，火灾危险性较大。但计量站、接转站着火时，可使油气不进站，直接进集油管线。火势较油井着火易于控制，因而防火间距比油气井应相应缩小。故规定五级站至居民区和相邻厂矿企业防火间距不小于30m。

3. 厂、站、库与居民区、相邻厂矿企业、铁路、公路等。

（1）与居民区、相邻企业的距离，由于油气厂、站、库种类多、规模大，设备多，站内泄漏油气的几率也大，一旦发生火灾爆炸事故，影响面大，故确定一级油气厂、站、库距居民区防火间距为100m，距相邻企业70m。其他等的厂、站、库在此基础上相应缩小。

（2）与铁路的距离，铁道部《铁路工程技术规范》的规定如表3.1：

铁路与易燃液体储罐防火间距 **表3.1**

名　称	储罐容量（m^3）	防火间距（m）	
		正线	其他线
易燃液体储罐	100	40	30
	101～1000	50	40
	1001～5000	60	50

参照上述《规范》的规定，确定油气生产厂、站、库与铁路线的防火间距。

（3）与公路的距离，根据有关资料介绍：汽车和拖拉机等由排气管内飞出火星的最大距离，一般在10m左右。油气厂、站、库散发出来的爆炸性气体，如遇到公路上的明火，就会发生爆炸。所以规定一级厂、站、库与公路防火间距为25m。

（4）与通信线的距离，主要根据通信线的重要性来确定。考虑到厂、站、库发生火灾事故时，不致影响通信业务的正常进行。参照国内现行的有关规范，确定了一、二、三级厂、站、库与国家一、二级通信线防火间距为40m；与其他通信线为1.5倍杆高。

（5）与35kV及以上独立变电所的距离，变电所系重要动力设施，一旦发生火灾影响面大，油气厂、站、库在生产过程中，特别是在发生事故时，大量散发油气，若这些油气扩散到变电所是很危险的。参照有关规范的规定，确定一级油气厂、站、库至35kV及以上的独立变电所最小防火间距为60m；二级厂、站、库至独立变电所为50m。其他三、四、五级站相应缩小。独立变电所是指110kV及以上的区域变电所或不与站场合建的35kV变电所。

（6）与架空电力线的距离，根据《架空送电线路设计技术规程》的有关规定，“送电路线与甲类火灾危险性的生产厂房、甲类物品库房、易燃、易爆材料堆场以及可燃或易燃、易爆液（气）体储罐的防火间距，不应小于杆塔高度的1.5倍”。上述规程中1.5倍杆高的距离，主要考虑倒杆、断线时电线偏移的距离及其危害的范围而定。有关资料介绍，据15次倒杆、断线事故统计，起因主要是刮大风时倒杆、断线，倒杆后电线偏移距离在1m以内的6起，2～3m的4起，半杆高的2起，一杆高的2起，一倍半杆高的1起。为保证安全生产，确定油气集输处理站（油气井）与电力架空线防火间距为杆塔高度的1.5倍。

另外，杆上变压器亦按架空电力线对待。

4. 铁路、公路、架空通信线、35kV 及以上的独立变电所与油气井和五级厂、站、库的距离，按其与油气厂、站、库间距相应缩小定出。

5. 火炬在燃烧时，释放大量的热、烟雾和有害气体，威胁安全生产。

据调查，火炬高度 30～40m，风力 1～2 级时，在火炬下风方向“火雨”波及范围为 100m，上风方向为 30m，宽度为 30m。

据炼厂调查资料：火炬高度 30～40m，“火雨”影响半径一般为 50m。

据化工调查资料：当火炬高度在 45m 左右时，在下风侧，“火雨”的波及范围为火炬高的 1.5～3.5 倍。

调查某油田联合站放空火炬：高度 4m，日放气量 60000～70000m^3，火炬周围 10m 以内的土地被烧成橙色焦土，30m 以内寸草不生，50m 以内的小树全部被烧死。

“火雨”的影响范围与火炬气体的排放量、气液分离状况、火炬竖管高度、气压和风速有关。根据调查，各油田的火炬高度普遍较低，一般多在 4～7m 之间，无气液分离设备，火炬头结构非常简单，生产分离器操作不稳定，经常产生“火雨”，甚至有原油流出。火炬产生的辐射热对人和建筑物都有影响，故表 3.0.4 中规定火炬与居住区、相邻厂矿企业的防火间距为 120m。与其他建筑物的间距相应缩小。

三、液化石油气的厂、站、库，主要采用了现行国家标准《建筑设计防火规范》和《城镇燃气设计规范》的有关规定，只是在该规范的基础上增加了大于 5000m^3 的一级，这一级的区域布置防火间距也相应增加到本规范表 3.0.4 所规定的间距。

自喷油、气井至各级厂、站、库的防火间距，根据生产操作、道路通行及一旦火灾事故发生时的消防操作等因素，本规范确定其对一、二、三、四级油气厂、站、库内储罐、容器的防火距离均为 40m，并要求设计时，将油气井置于油气厂、站、库的围墙以外，避免互相干扰和产生火灾危险。机械采油井压力较低，火灾危险性比自喷井小，故其与厂、站、库的防火间距可减至 20m。

第四章 油气厂、站、库内部平面布置

第一节 一 般 规 定

第 4.1.2 条

一、主要为防止事故情况下，大量泄漏的可燃气体扩散至明火地点，遇明火引起爆燃，特别是在人员较集中的场所，其火源极不易控制，故提出以引起重视。风向对可燃气体的扩散影响很大，如对液化石油气扩散的实测：

1. 某石油厂液化石油气罐放空管（10m 高）排气，风速 2～3 级，气体扩散至下风向处 40m 远的地方。

2. 某炼油厂的丙烷泵密封盘根泄漏，气体扩散至 22m 处。

二、本款主要针对地处山丘地区的厂、站、库，为节约土石方工程量及投资，结合地形条件，多布置成阶梯式，一般情况下，应将储罐区布置在地势较低处，若必须布置在相对较高的地段或呈台阶式布置时，应设置有效的截流措施，因为这种布置方式潜在危险性极大。根据调查，在油气田，炼油厂内部的一些油罐，均有过由于油罐泄漏油品流入低处，或下面的台阶上，引起火灾事故的事例，故必须引起重视。

第 4.1.3 条 油气厂、站、库内全厂性锅炉房、35kV 及以上的总变配电所是厂、站、库的动力中心，又属于有明火的地点，遇有泄漏的可燃气体就会引起爆炸和火灾事故，为减少事故的发生，将其布置在厂、站、库的边部。

第 4.1.4 条 布置在油气厂、站、库的边缘部位的原因是：

一、当机动车辆来往频繁，行车过程中在道路上因摩擦而有可能产生静电时，若穿行于生产区域是不安全的。

二、外运产品机动车辆及驾驶人员多来自外单位，对厂、站、库内防火制度及要求不熟悉，故将该类单元布置在边缘地带是较为安全的。设置单独的出入口，也是从安全角度出发的。

第 4.1.5 条 为安全生产，输送原油、天然气、液化石油气、天然气凝液的管道，宜在地面以上敷设，一旦有泄漏等情况，便于及时发现和检修。

第 4.1.6 条 由于电力架空线路在其他机械力的作用下，可能导致断线，一旦断线，电线落在油泵房等爆炸和火灾危险场所内，并有可能在接触瞬间产生电弧，引起爆炸火灾事故。故本条规定电力架空线路不得跨越爆炸危险场所。考虑到电力架空线路倒杆时，电杆可能偏移，为了确保安全，规定架空线路的中心线与爆炸危险场所的水平距离不应小于杆高的 1.5 倍。

第 4.1.7 条 设置围墙系从安全防护出发，至围墙的距离主要考虑围墙以外非本单位管辖，对其明火很难控制，应有距离要求，对内亦应有安全通道，在规模较大的厂、站、库，应满足消防车辆通过。在小型的站场，应满足发生事故时，生产人员能尽快离开危险区，迅速到达控制室进行事故处理。站场的最小通道，其宽度尚应满足移动式消防设备通过。

根据调查，在四川气田的集输站场中，有些站场，由于多次扩建或新建时设计考虑不周，在靠围墙一侧未考虑安全通道，有的只有 1m 宽的通道，由于有的管线出围墙后埋地，就切断了通道。诸如此类情况，当遇到事故时对消防及工作人员及时离开危险区，到达控制室进行事故处理，均为不利，故提出本条要求。

第 4.1.8 条 储罐区防火堤内不应绿化，主要考虑冬季枯草、落叶易引起火灾。因此而引起的火灾有多例。防火堤和消防道路之间种树后，影响空气流通和妨碍消防操作，故提出要求严禁绿化和耕种。

第 4.1.10 条 在一些厂、站、库内考虑充分利用路肩，节约用地，将跨越道路的桁架支柱、照明电杆、消火栓和树等设置在路肩上的情况不少，但从行车安全出发，规定在道路路面外

1m宽的范围内，不宜布置照明电杆及消火栓等。

第二节　厂、站、库内部道路

第4.2.1条　本条主要从安全出发制定的。因铺设管道、装置检修，车辆及人员来往较多，或因事故切断了通道，如另有出入口，遇上述情况时，消防车辆、生产用车及工作人员出入，均可通过另一出入口进出。

第4.2.2条

一、一、二、三级厂、站、库的生产区和储油罐区是火灾危险性最大的场所，其周围设环形道路。

在山区的储罐区和生产区或四级以下的小站、库，如因地形或面积的限制，建环形道确有困难者，可以设有回车场的尽头式道路。

回车场的面积是根据消防车的外型尺寸，车辆回转轨迹的各项半径而确定的。

二、消防车道与防火堤之间的距离定为3m，是考虑到除去路肩、排水沟的宽度，消防车道到防火堤坡脚尚有1m左右的距离，若需敷设管线，可按需要放大。

三、铁路装卸作业区着火的几率虽小，着火后仍需要进行扑救，故规定应设有消防车道，并与库内道路构成环形道，以利于消防车的通行。考虑到有的站、库由于受地形、面积的限制，也可设有回车场的尽头式道路。

四、路面上的净空高度，主要根据所能采用的最大型消防车，高度不超过3.8m，且考虑道路不平所引起的颠簸，并留有一定裕量，故定为4.5m是合适的。

有关规范关于跨越道路管道至路面距离的规定，如《厂矿道路设计规范》、《城镇燃气设计规范》、《石油化工企业设计防火规范》等，以及《气田建设设计防火规定》、《油田建设设计防火规范》，均为4.5m。

转弯半径主要根据消防车的外形长度，按照《厂矿道路设计规范》有关规定而制定的。

限制道路的纵向坡度不应大于8%，主要是为了行车及进行灭火作战时的安全要求，道路纵向坡度过大，不利于消防车的停车平稳。

五、第六款是为满足消防作战要求而规定的。储罐发生火灾，由消火栓取水扑救；消火栓和消防车的保护半径为120～150m，故规定储罐中心至消防车道的距离不应大于120m。

第三节　建（构）筑物

第4.3.1条　根据不同的生产火灾危险性类别，正确选择建（构）筑物的耐火等级，是防止火灾发生和蔓延扩大的有效措施之一。从火灾实例调查中可以看到，由于建筑物的耐火等级与生产火灾危险性类别不相适应而造成的火灾事故，是比较多的。

当甲、乙类火灾危险性的厂房采用轻型钢结构时，对其提出了要求。从火灾实例说明，钢结构着火之后，钢虽不燃，但一烧就垮，500℃时应力折减一半，相当于三级耐火等级建筑。采用单层建筑主要从安全出发，宜加强防护，当一旦发生火灾事故时，可及时扑灭初期的火灾，防止其蔓延。

第4.3.2条　天然气压缩机厂房，属甲类生产火灾危险性厂房，属有防爆要求的厂房。为便于油气扩散，该类厂房宜为敞开式或半敞开式建筑，若为封闭式的厂房，则应按现行《建筑设计防火规范》和《油气田和管道工程建筑设计规范》的规定设置必要的泄压面积，在泄压设施方面亦应有相应的措施，如采用轻质屋盖、轻质墙体及易于泄压的门、窗等。

事实说明，具有爆炸危险的厂房，设置足够的泄压面积，一旦发生爆炸事故时，易于通过泄压面积泄压，减少对支承结构的作用力，保护主体结构，并能减少人员伤亡和设备破坏。

第4.3.3条　对隔墙的耐火要求，主要是为了防止甲、乙类厂房的可燃气体通过孔洞、沟道侵入不同火灾危险性的房间内，引起火灾事故。

天然气压缩机房及油泵房均属甲、乙类厂房，在布置时，应根据风向、防火要求等条件布置在一端，其目的在于一旦发生火灾、爆炸事故，减少其对其他生产建筑物的影响。

第 4.3.4 条 设置防火墙是为了防止甲、乙类厂房内的可燃气体通过孔洞、沟道侵入变配电所（室），以减少事故的发生。

配电所在防火墙上所开的窗，要求采用固定式并加以密封，同样也是为了防止可燃气体侵入的措施之一。

第 4.3.5 条 门向外开启和厂房门不得少于两个的规定，是为了确保发生火灾事故时，操作人员能迅速撤离火灾危险区，以便更有效地进行扑救。

露天装置设备的框架平台设两个梯子及平台间用走桥连通，是防止当一个梯子被火封住或烧毁时，另一个梯子或走桥仍可使操作人员安全疏散。

第 4.3.6 条 一般钢立柱耐火极限只有 0.25h 左右，容易被火烧毁坍塌。为了使承重的钢立柱能在一定时间内保持完好，以便扑救，故规定钢立柱上宜设耐火极限不小于 2h 的保护层。

第五章 油气厂、站、库防火设计

第一节 一 般 规 定

第 5.1.1 条、第 5.1.2 条 集中控制室和联合装置控制室是指一、二、三、四级厂、站、库内的集中控制中心，仪表控制间是指五级站、场或装置配套的仪表操作间。两者既有相同之处，也有其规模大小、重要程度不同之别，故分两条提出要求。

集中控制室要求独立设置在爆炸危险区以外，主要原因是仪表设备数量大，又是非防爆仪表，操作人员比较集中，属于重点保护建筑。独立设置可减少不必要的灾害和损失。

油气生产厂站经常散发油气，尤其油气中所含液化石油气成分危险性更大，它的相对密度大，爆炸危险范围宽，当其泄漏时，蒸气可在很大范围接近地面之处积聚成一层雾状物，为防止或减少这类蒸气侵入集中控制室和仪表间，参照现行国家标准《爆炸和火灾危险场所电力装置设计规范》要求，故本条规定了集中控制室、仪表间室内地坪高于室外地坪 0.6m。

为造成一个安全可靠的非爆炸危险场所，保证集中控制室和仪表间内的非防爆仪表设备正常运行，本条中还规定了含有甲、乙类液体，易燃、可燃气体的仪表引线严禁直接引入集中控制室和不得引入仪表间的内容。但在特殊情况下，小型站场的小型仪表控制间，仅有少量的仪表，且又符合防爆场所的要求时，方可引入。

第 5.1.3 条 非敞开式天然气压缩机房、建筑面积 $150m^2$ 及以上的甲类生产厂房和液化石油气泵房、灌瓶间等在生产或维修过程中，泄漏的气体聚集危险性大，通风设备也可能失灵。如某油田压气站曾因检修时漏气，又无检测和报警装置，参观人员抽烟引起爆炸着火事故，故提出在这些生产厂房内设置报警装置的要求。

第 5.1.5 条 没有净化处理过的天然气，往往有凝液析出容易使燃料气管线堵塞或冻结，使燃料气供给中断，炉火熄灭。有时由于管线暂时堵塞，使管线压力憋高，将堵塞物排除，供气又开始，向炉膛内充气，甚至蔓延到炉外，容易引起火灾。如某油田某集油站加热炉燃料气管线因无“气液分离器”，气管线带轻油，曾先后两次引起着火。这类事故和事故隐患在别的油田也曾发生，故作本条规定。还应指出，安装了气液分离器还须加强管理，定期排放凝液才能真正起到作用。以原油、天然气为燃料的加热炉，由于油气压力不稳，有时断油、断气后，又重新点火，极易引起爆炸着火。在炉膛内设立“常明灯”和光敏电阻，就可防止这类火灾事故发生。气源应从调节阀前接引出是避免调节阀关闭时断气。

第 5.1.6 条 油气集输过程中所用的加热炉、锅炉与其附属设备、燃料油罐应属于同一单元，同类性质的防火间距其内部应有别于外部。厂、站、库内不同单元的明火与油罐，由于储油罐容量比加热炉的燃料油罐容量大，作用也不相同，所以应有防火距离。而加热炉、锅炉与其燃料油罐之间的防火间距如按明火与原油储罐对待，就要加大距离，使工艺流程不合理。

从国外资料（烧油设备装置标准）中来看，燃料油罐是单独论述的，其防火间距随着罐容量增大而增加，见表 5.1。

地上燃料油罐的最小距离（m） **表 5.1**

罐容量			距可建筑之地界线的最小距离(包括公路对面的用地)		距公路边及建筑物的最小距离	
美 制 (加仑)	英 制 (加仑)(约数)	m^3 (约数)	英尺	(m)	(英尺)	(m)
≤275	≤250	≤1.042	5	1.5	5	1.5
276～750	251～625	1.043～28.4	10	3	5	1.5
751～12000	626～10000	28.5～45.4	15	4.5	5	1.5
12001～30000	10001～25000	45.5～113.5	20	6	5	1.5
30001～50000	25001～40000	113.6～189.34	30	9.0	10	3.0

注：以上资料摘自“国外标准规范参考资料之一”，此资料原摘译NFPA，NO31—1969。

第 5.1.8 条 站场内所有储罐、常压容器、零位罐的开口处，经常散发大量可燃气体，为防止与飞火、火星相遇发生火灾，故要求在开口处单独设置阻火器。采用气体密封的天然气压缩机、膨胀机之轴封排气除应引至室外排放外，也应在排气口设置阻火器。

第 5.1.9 条 柴油机排出烟气的温度可达几百度，有时排出火星或灼热积炭，容易引起着火事故。如某油田某注水站，因柴油机排烟管出口水封破漏不能存水，风吹火星落在泵房屋顶（木板泵房，屋面用油毡纸挂瓦），引起大火；又如某输油管线加压泵站，采用柴油机直接带输油泵，发生刺漏，油气溅到柴油机排烟管上引起着火。由这些事故可看出本条规定是必要的。

第 5.1.10 条 含油污水是要挥发可燃气的。明沟或有盖板而无覆土的沟槽（无覆土时盖板经常被搬走，且易被破坏，密封性也不好），易受外来因素的影响，容易与火源接触，起火的机会多，着火后火势大，蔓延快，火灾的破坏性大，扑救也困难。所以本条规定应排入含油污水管道或工业下水道，连接处应设置有效的水封井，并采取防冻措施。

第 5.1.11 条 本条内容是多年来油田实践经验的总结，多次征求意见，均未提出异议，通过到各油田调查也未发现因启动器电弧引燃致使油井发生火灾事故的事例，故仍规定启动器距井口水平距离为5m。

第二节　厂、站、库内部防火间距

第5.2.1条　本条是通过对油气厂、站、库的调查，参照国内外有关防火安全规范制定的。在执行本条时，需明确以下几点：

一、首先采用了分门别类、简化层次的方法。归类包括名称归类，火灾危险性、重要性相同的建、构筑物归类。

1. 名称归类：考虑生产工艺的不断发展，必然出现新设备、新名称，各油气田的习惯叫法也不尽一致，同一设备有各种名称。为简化层次，规范表5.2.1不设具体名称和具体厂房的名称，只分甲、乙类别的密闭工艺设备和厂房，同时将同类的设备、厂房归并为一类。

2. 性质归类：火灾危险性相同的厂房归并为同一项目名称之中，如维修间、化验室、总机室与供注水泵房、深井泵房等使用非防爆电机的厂房，均有产生火花的可能，表5.2.1将它们归为一类。就其重要性来分，如集中控制室、消防泵房、总机室、供电系统中35kV及以上变电所等，均属于在火灾情况下也要运行的全厂性重要设施，表5.2.1将它们归并为另一类。

二、确定防火间距考虑的几个方面。

1. 避免或减少发生火灾的可能性。故散发可燃气体的设备（或厂房）与明火的防火间距，应大于油气在正常生产和正常维修情况下扩散的距离。

（1）油气扩散情况：对17次液化石油气泄漏扩散范围的统计如下：10～30m的11次，占64%；30～50m的3次，占18%；大于50m的3次，占18%。油气扩散距离，室外生产区一般来说是自然通风比较好的地方，在正常生产情况下能测出浓度的范围是很小的，根据资料介绍，在有危险源的地方即表示设备在平常运行时也散发危险气体之处，可燃气体扩散，能形成危险场所的范围在8～15m。油罐油气扩散距离较远，在检修清罐或正常进油时，可扩散到21～24m。

（2）关于烟囱飞火距离，烟囱飞火距离与烟囱高度有关，站内锅炉及加热炉烟囱高度一般在10～20m，飞火距离一般在30m左右。

2. 为了减少火灾造成的影响和损失，防止火灾蔓延，就需要满足消防扑救时的作战场地。针对不同的消防对象，不同火情，能方便靠近火场的距离是不同的，只能满足一般情况下火灾初期时的消防扑救需要，根据资料介绍这一距离有10m左右就可以了。

3. 在确定间距时，在分门别类的基础上，采用了区别对待的方法。同类之间间距适当缩小，甚至不设间距，减少占地；类与类间可适当加大间距，避免相互干扰，减少灾害发生时的损失，重点保护对象间距适当加大；危险性大的建筑远离无关的建筑。

如对于在火灾情况下也应运行的全厂性重要设施，集中控制室、消防泵房，35kV以上的变电所是重点保护对象，其防火间距适当增加。

如对于火灾危险性相近，散发油气的设备容器，各类工艺设备、油罐、除油池都可散发油气，但无火源。故其防火间距可适当缩小。

又如由于液化石油气具有相对密度大、爆炸极限宽、危险性大的特点，一旦着火很难扑救，蔓延范围很大，所以与其有关的防火间距适当增大。让其远离与其无关的建筑物。

4. 在确定防火间距时既要保证适当的防火距离和消防作战的需要，但也不能单纯以加大距离作保证，要注意节约用地。在规定防火间距时，既要重视当前的技术水平和实践经验，又要考虑技术发展，如工艺流程密闭程度的提高；火炬消除“火雨”、烟囱熄灭火星装置、烧火口防回火措施、散发可燃气体的排放管加阻火器、消防装备水平提高、消防技术的发展，这些都是有利因素。这里要说明一点，油气田产生火灾的原因绝大部分是由于制度不严，管理不善，施工动火等引起的，因此必须加强管理。

在以上原则基础上，对于国内外有关参考数据，我们选用了适中的数据或在允许情况下适当偏小的数据为本表推荐数据。如丙类仓库与 200m³ 油罐和辅助性生产厂房，因仓库无油气散发，且无明火，故间距缩小为 15m。

另外为了便于记忆和使用，避免繁琐，防火间距的数值，除个别的外，简化为 5m 一档。防火间距的数值是一个基本要求，是一个保持相对安全的数值，但不是绝对的。

5. 有关表注的说明：天然气灌装点在国内还刚刚兴起，缺乏实践经验。考虑天然气高压灌瓶均需加压至 10MPa、甚至 35MPa 灌瓶，其站内系高压设备容器，爆炸危险涉及的范围不亚于液化石油气，故按液化石油气灌装点对待；而油田内部汽车背气包的天然气灌装点，一般利用分离器的操作压力减压后灌装，气包承受压力仅在 3kPa 左右，油气扩散情况与原油拉油鹤管处相差不大，故规定这类情况按原油拉油鹤管对待。

第 5.2.2 条 根据石油工业和石油炼厂的事故统计，工艺生产装置或加工过程中的火灾发生几率，远远大于油品储存设施的火灾几率。然而因工艺生产装置发生的火灾，而波及全装置的也不多见，多因及时扑救而消灭于火灾初起之时。其所以如此，一是因为装置内有较为完备的消防设备，另外也因为在明火和散发火花的设备、场所与油气工艺设备之间有较大的、而且是必要的防火间距。

装置内部工艺设备和建（构）筑物的防火间距是参照《气田建设设计防火规定》和美国石油保险协会、美国防火工程师协会有关烃加工装置和石油化工装置的防火间距标准而制定的：各标准均将明火设备与油气工艺设备间的防火间距规定为不小于 15m（50 英尺）。

本条规定比《气田建设设计防火规定》的 8～12m 稍有增加，是因为随着厂、站规模的扩大，对防火安全方面的要求也应提高。

以上的调整，会不会过大的增加工厂用地。简单地从调整后的数字来看是会导致装置占地面积的增加。然而，装置的占地从国外统计数字来看，对石油化工厂、气体加工装置或炼油厂一般占全厂占地的 10%～15%；国内天然气净化厂由于地形条件，总图布置等方面的原因，统计数据约为 8%～10%。可见装置用地在全厂中不占主要地位。而适当的加大装置内明火设备与其他工艺设备间的防火间距对安全是必要的。

第 5.2.3 条 本条的适用范围是油罐总容量小于或等于 200m³ 的采油井场、分井计量站、接转站，气井井场装置、集气站以及小型天然气处理站；输油管道工程中油罐总容量小于或等于 200m³ 的各类站、场，输气管道的小型站场等。这类站场在油气田、管道工程中数量多、站小、工艺流程较简单，火灾危险性小；从统计资料来看，火灾次数较少，损失也较小。由于这类站场遍布油气田，防火间距扩大，将增加占地。规范表 5.2.3 中的间距是《气田建设设计防火规定》和《油田建设设计防火规范》多年使用的，没有发生过问题，故本规范仍采用。

第 5.2.4 条 油田注水储水罐天然气密闭隔氧是当前国内一些油田水罐隔氧最有效的措施，已有许多油气田内使用这种方法隔氧。但其调压室防火间距及放空管作法尚无统一规定。本条是在调查的基础上，根据各油田实际使用情况而确定的。

第三节 储 存 设 施

第 5.3.1 条 甲、乙类液体罐区分组布置，其目的在于一旦发生火灾并发生了延烧，使其能控制在一定范围内，免除更大损失。关于罐组内储罐容量的规定，是基于近年来，油气田的联合站、集中处理站，管道工程的首末站都兼具油库的功能，储罐容量越来越大，单罐容量达 100000m^3，总容量也增加的实际情况，综合考虑储罐区安全、方便消防操作、方便管理、节省占地等因素，参考《石油库设计规范》、《石油化工企业设计防火规范》而制定的。

一个罐组内油罐座数越多，着火几率就越大，为了减小火灾几率和控制火灾范围减少损失，故规定一个油罐组内油罐座数不超过 12 座。

第 5.3.2 条 关于甲、乙类液体常压储罐之间防火间距的确定，是从以下五个方面考虑的：

一、油罐的年火灾几率很低，根据有关资料介绍，全国平均在万分之五以下（据对交通部、原石油部和物资储备局等 90 多个油库的调查，油罐的年着火几率为万分之四；15 个炼厂油罐年着火几率为万分之四点五）。据调查，油田油罐火灾次数也是较少的，较大油罐着火后形成的火灾，如：某油田某站半地下 3000m^3 油罐，因动火施工引燃油罐并将罐烧毁；某油库 3000m^3 半地下罐因雷击引起火灾，罐被烧毁。其他还有 8 次油罐火警，其原因是动火施工，使用明火，雷击引燃放空管等，都因抢救及时，措施得当未形成火灾。由此可知，油田油罐年火灾几率是较低的，油罐防火间距延用现行作法为好。

二、着火油罐引燃邻罐的可能性，尽管油罐火灾几率很低，一旦着火对周围的威胁是比较大的，尤其对相邻油罐威胁更大。因此，在确定罐间距离时，应把不引燃邻罐做为主要考虑因素。

三、考虑消防作战的要求，需要考虑对着火罐的扑救以及对着火罐和邻罐的冷却保护，消防作战场地的要求考虑两个因素：其一，水枪喷射仰角，一般为 50°～60°，故需考虑水枪操作人员至被冷却油罐距离的要求；其二，要考虑当泡沫产生器混合液管线破坏时，挂钩枪灭火的场地要求，本规定可满足以上两种操作要求。

四、浮顶油罐因基本不存在油气空间，罐内不存在爆炸危险，相对比较安全。即使着火，也只在密封圈外，火势小，威胁范围也小，较易扑灭，比固定顶罐安全得多。如某石化总厂一个 5000m^3 和 10000m^3 浮顶罐着火，都是工人用手提泡沫灭火机灭掉的。可见浮顶罐防火间距可比固定顶罐小，故定为 0.4D。

五、根据《石油库设计规范》和《油田建设设计防火规范》，采用这个间距设计的油气厂、站、库储罐区，至今没有出现过安全问题。并根据收集到的国内外资料（见表 5.2）对比来看，本条所规定的油罐间距并不是最小的，而是介于各规范之间。

第 5.3.3 条 虽然油罐破裂事故是极少的，但是在使用过程中发生冒罐、漏油等事故还是时有发生。为了将溢漏的甲、乙类液体控制在较小范围内，以减小事故影响，所以油罐组四周设防火堤。堤内把一定数量的油罐用隔堤分开是非常必要的，以缩小漫油面积，便于采取措施。

第 5.3.4 条 关于防火堤高度由《油田建设设计防火规范》的 1.6m 提高到 2.0m，其目的是为增加防火堤内容积，在满足第 5.3.7 条防火堤内有效容积的要求之下，可缩小占地面积。确定 2.0m 高，是参考国外有关资料及出国考察人员总结而定的。如果防火堤太高，影响视线，防火堤内外不能通视，不利于防火及消防。另外，防火堤的高度，不一定是同一高度，可以根据地形建造成阶梯式的，特别是当油罐布置在山坡地带时，就需要在地势较低的一侧，建造较高的防火堤。推荐用土建造防火堤，这是一种习惯作法，因砖、石防火堤在火焰高温烘烤下，易发生崩裂而失去防火隔油作用。

防火堤的强度应能承受所容纳液体的设计静液柱压力，不考虑油罐破裂时，射流作用于防火堤上的冲击力。

第 5.3.5 条 关于相邻罐组防火堤之间留有 7m 消防空地，这一距离不是防火间距，而是一个消防通道，为消防作战创造较

国内外油罐间距对比表 **表 5.2**

规范名称	油罐性质及罐容量		地上罐 固定顶	地上罐 浮顶	半地下罐	地下罐	备注
本规范	甲 乙类液体	≤$200m^3$	不限	0.4D			
		>$200m^3$	0.6D(可不大于20m)	(可不大于20m)			
《炼油化工企业设计防火规定》	<60℃		0.6D(可不大于30m)	0.4D		5m	
	60~120℃		0.4D(可不大于20m)	(可不大于20m)		5m	
	<120℃	>$1000m^3$	5m				
	>120℃	≤$1000m^3$	不限				
《建筑设计防火规定》	甲、乙类液体		≤$1000m^3$ 0.75D >$1000m^3$ 0.60D	0.4D	0.5D	0.4D	
《气田建设设计防火规定》	可燃液体		0.75D		0.5D	0.4D	
《石油库设计规范》	甲、乙类		>$1000m^3$的罐为0.6D，可不大于20m ≤$1000m^3$的罐，当消防采用固定冷却方式不应小于0.6D，采用移动冷却方式为0.75D	0.4D 宜不大于20m	0.5D 宜不大于20m	0.4D 宜不大于15m	D为较大油罐直径
	丙	闪点60~120℃	0.4D，不大于15m		不限	不限	
		闪点>120℃	>$1000m^3$的罐为5m ≤$1000m^3$的罐为2m				

续表 5.2

规范名称	油罐性质及罐容量	地上罐 固定顶	地上罐 浮顶	半地下罐	地下罐	备注
原苏联1970年批准,1974年修改	≤45℃ >45℃	0.75D并≮30m 0.5D并≯20m	≮0.55~0.65D 并≯20~30m			同上
英国《销售安全规范》1978年版	<21℃	$0.5D_1$;D_2或15m三者取最小值,但不小于10m	对D_1<45m的罐,10m 对D_1>45m的罐,15m			D_1为相邻大罐直径 D_2为相邻小罐直径
	≥21℃	不限	不限			
法国《安全规范和劳动保护规范》1967年批准	<55℃	≮0.5D	≮0.5D			D为相邻大罐直径 储存温度高于闪点的油品：按闪点<55℃者对待
	55~100℃	0.2D；并≮2m				
	≥100℃	≮1.5m				
日本有关危险器法令	<21℃；>$400m^3$	≮D/3 或≮H/3 或5m				D为相邻大罐直径 H为相邻大罐高度，当容量小于规定值时为3~5m
	21~70℃;>$2000m^3$					
	>70℃;>$800m^3$					
比利时资料	原油和闪点<65.5℃	≮0.5D;或≮35英尺				D为相邻大罐直径
	闪点≥65.5℃	≮0.5D;或≮10英尺				

好条件，消防人员在着火罐组的防火堤外四面都可以活动，消防车辆和手推式消防设备、器械，可以从四面向着火罐进攻。这一地带不一定铺筑正规路面。当然这 7m 空地形成了罐组的隔火带，也可提高防火安全的作用。

第 5.3.7 条 在一个罐组内同时发生一个以上的油罐破裂事故的几率很小。分析油罐爆炸的破裂情况，一般来说，只掀开强度最弱的罐顶，壁板和罐底保持完好；非常严重时，才撕裂罐底与壁板联接处。根据资料介绍，在 19 起油罐火灾导致油罐破坏的事故中，有 18 起是爆坏罐项，只有一起是爆炸后撕裂罐底(撕裂原因与罐内中心柱同罐底板焊在一起有关)。因此，本条一款规定不应小于油罐组内一个最大油罐的容量是合适的。

从生产实践看，为防止冒罐、管线破裂等事故时油的蔓流，防火堤是起作用的，这类事故发生后应及时采取措施，减少原油流出，这是不难作到的。防火堤内容积有一座最大罐的容量也就可以了。

对于浮顶油罐，因油罐内基本上没有气体空间，不易发生爆炸，火灾时一般在密封圈上面燃烧，基本上不存在罐底破裂的可能性，故本条第二款提出的要求是可行的。

第 5.3.8 条 本条规定是为了防止进油时,油流与油罐上部存在的气体发生相对运动，产生静电引起火灾，这类事故是发生过的。

第 5.3.9 条 液化石油气和原油为两种不同性质的可燃物。它们的燃烧速度、热值不一样；火灾发生后使用的消防器材也不相同，而且储罐形式也不相同。为了避免发生火灾时相互影响，有利于及时扑救火灾、减少损失，也便于日常的操作管理，所以两者不能同组布置。

天然气处理过程中，或多或少都有天然气凝液产出，饱和蒸气压 74～200kPa 的稳定轻烃与液化石油气同属压力储罐储存；且不稳定的天然气凝液中也含有液化石油气，两者性质类同，故液化石油气储罐与常温下压力储存的稳定轻烃储罐可同组布置。

第 5.3.10 条 关于液化石油气储罐区防护墙的设置应执行现行国家标准《建筑设计防火规范》的有关规定。储罐区四周设的防护墙由于是实体墙，不透风，因此易使油气在墙内聚集不易扩散，在防护墙内装设可燃气体浓度报警器，可以预防火灾事故的发生。现在已有油田在厂、站、库液化石油气储罐防护墙内采用了这种办法。

第 5.3.12 条 安装远程操纵阀和自动关闭阀可防止管路发生破裂事故时泄漏大量液化石油气。罐底预留给水管接头是为向罐底内部充水，以预防因罐长时期使用后，罐底板、焊缝因腐蚀穿孔泄漏时，不使液化石油气先泄漏出来。

第 5.3.14 条 冷却喷淋水设施与消防冷却水系统结合设置，可以节省管道、设备和建设投资。

第 5.3.15 条 本条规定是根据《气田天然气净化厂设计规范》(SYJ11-85) 第 5.1.6 条规定编制的。其主要目的是防止一旦液硫储罐发生火灾或因其他原因造成储罐破裂时，将液体硫磺限制在一定的范围内，以便于火灾扑救和防止烫伤。

第 5.3.17 条

一、固体硫磺仓库宜为单层建筑，是根据液体硫磺成型的工艺需要和便于固体硫磺装车外运提出的，目前各天然气净化厂的固体硫磺仓库均为单层建筑。如采用多层建筑，一时发生火灾，固体硫磺熔化，四处流淌，会增加火灾扑救的难度。

二、每座固体硫磺仓库的面积限制和仓库内防火墙的设置，是根据《建筑设计防火规范》有关规定确定的。

第四节 装 卸 设 施

第 5.4.1 条 在《油田建设设计防火规范》及其他一些规定中，都有类似的内容，实践证明是很有必要的。例如，某炼油厂大鹤管装油时着火，由于未能及时关闭操作台上的切断阀，大量汽油溢出槽车，酿成地面火灾，火势不断扩大。后来工人奋力摸至被消防水淹没的阀井，将紧急切断阀关闭，切断油源，才控制火势。据工人们反映紧急切断阀装设在地面上较好，不要设在阀井中，因井内容易积油、积水甚至被淹没，影响紧急操作，耽误及早切断油源。故本条特别强调“方便操作”这一要求。

第 5.4.2 条 装卸油栈台与消防车道之间的距离，规定为不大于 80m，这是考虑到沿消防车道要敷设消防水管线和消火栓。在一般情况下，消火栓的保护半径可取 120m。但在仅有一条消防车道的情况下，因为栈台附近铺设水带障碍较多，水带铺设系数较小，着火时很可能将受到火灾威胁的槽车拉离火场，扑救条件较差，所以适当缩小这一距离是必要的，故规定不大于 80m。不小于 15m 是考虑消防作业的需要。

第 5.4.3 条 规定本条的目的在于栈台或油罐车着火的情况下，不致于引燃轨枕，能把罐车调离火场，有利于消防灭火。

第 5.4.4 条 考虑到在栈台附近，除消防车道外还有可能布置别的道路，故提出本条要求，其距离的要求是从避免汽车排气管偶尔排出的火星，引燃装油场的油气为出发点提出来的。

第 5.4.5 条 卸油时要产生油气，若用敞口容器和明沟（槽）的卸油系统，散发的油气就更为严重，而且是经常不断地散发，这很不安全。另外火星也容易落入敞口容器和明沟（槽）内，引起火灾。本条规定就为了消除这一火灾危险因素。

规定零位罐排气孔距鹤管不应小于 10m。是为了避免汽车排气管可能排出的火星，把从零位罐排气孔排出的油气引燃。

第 5.4.6 条 汽车装卸油鹤管与甲、乙类生产厂房及密闭工艺设备之间的防火间距是参照现行国家标准《建筑设计防火规范》第 4.4.10 条制定的。因为本规范规定甲、乙类厂房耐火等级不低于一、二级；汽车装油鹤管与其装油泵房属同一操作单元，其间距可缩小，故参照《建筑设计防火规范》第 4.4.9 条注④将其间距定为 8m；汽车装油鹤管与液化石油气、天然气生产厂房及密闭工艺设备之间的防火间距是参照 NFPA59—84 有关条文编写的。

第 5.4.7 条 本条主要规定了液化石油气灌装站内储罐与有关设施的防火间距。灌装站内储罐与泵房、压缩机房、灌瓶间等有直接关系，若储罐太大，发生火灾，损失也大。为尽量减少损失、安全起见，应按罐容量大小分别规定防火间距，具体数据的确定：

一、储罐与压缩机房、灌瓶间、倒残液间的防火间距与现行国家标准《建筑设计防火规范》表 4.6.2 中一、二级其他建筑一致，且与《城镇燃气设计规范》一致。

二、汽车槽车装卸接头与储罐的防火间距。《建筑设计防火规范》与美国 API2510、NFPA59—84 均规定为 15m，《城镇燃气规范》与本规范表 5.2.1 均按罐容量大小分别提出要求。以实际生产管理和设备质量来看，我国的管道接头、汽车排气管上的防火帽，仍不十分安全可靠。如带上防火帽进站，行车途中防火帽丢失的现象仍然存在。从安全考虑，本表按储罐容量大小确定间距，其数值与燃气规范一致。

三、仪表控制间、变配电间与储罐的间距，是参照《城镇燃气设计规范》的规定确定的。

第 5.4.9 条

一、液化石油气灌装站的生产操作间主要指灌瓶、倒瓶升压操作间，在这些地方不管是人工操作或自动控制操作都不可避免液化石油气泄漏。由于敞开式和半敞开式建筑自然通风良好，产生的可燃气体扩散快，不易聚集，故推荐采用敞开式或半敞开式的建筑物。在集中采暖地区的非敞开式建筑物内，若通风条件不好可能达到爆炸极限。如某站灌瓶间，在冬季测定时曾达到过爆炸极限。可见在封闭式灌瓶间必须设置效果较好的通风设施。又由于液化石油气密度大于空气，易聚积在室内底层，故通风口主要应设在下部。原苏联规范规定下部排出风量为 2／3、上部排出风量为 1／3。《城镇燃气设计规范》规定除设置机械排风外，还要设置机械送热风系统或辐射采暖系统。这样就可保证达到较好的通风效果。

二、在液化石油气灌瓶间，泵房等的暖气地沟和电缆沟是一种潜在的危险场所和火灾爆炸事故的传布通道。如某油田压气站曾因液化石油气泵房泄漏的液化石油气沿电缆沟窜入配电间，引起火灾。在其他城市液化气站也发生过类似事故。为消除事故隐患，特提出本款要求。

根据 1988 年 4 月某市某液化石油气灌瓶站火灾情况，是工业灌瓶间发生火灾，因通风系统串通，故火焰由通风管道窜至民用灌瓶间，致使 4000 多个小瓶爆炸着火，进而蔓延至储罐区，造成了上百万元损失的严重教训。又根据“供热通风空调制冷设计技术措施”的规定，空气中含有容易起火或有爆炸危险物质的房间，空气不应循环使用，并应设置独立的通风系统，通风设备也应符合防火防爆的要求。从防止火灾蔓延角度出发，本款规定了关于通风管道的要求。

三、在经常泄漏液化石油气的灌瓶间，应铺设不发生火花的地面，以避免因工具掉落，搬运气瓶与地面摩擦、撞击，产生火花引起火灾的危险。

四、装有液化石油气的气瓶不得在露天存放的主要原因是：液化石油气饱和蒸气压力随温度上升而急剧增大，在阳光下曝晒很容易使气瓶内液体气化，压力超过一般气瓶工作压力，引起爆炸事故。如某石油工业公司就因气瓶在室外曝晒 5 个多小时，气瓶爆炸引起火灾。

五、瓶库的总容量不宜超过 10m^3，是根据《城镇燃气设计规范》而定。

六、目前各炼厂生产的液化石油气，残液含量较少的为 5%～7%，较多的达 15%～20%，平均残液量在 8%～10%左右。油田生产的液化石油气残液量也是不少的，另外非密闭回收残液曾在油田引起火灾事故。故必须强调密闭回收残液。

第 5.4.11 条　设围墙是为了安全防护，墙下设通风口是为了排泄聚集在墙内的油气。

第五节　放空和火炬

第 5.5.1 条　对于天然气处理厂或其他站场由气体而引起的火灾，扑救或灭火的最重要的最基本的措施是迅速切断气源。为此，在进出厂、站或装置的天然气总管上设置紧急切断阀，是确保能迅速切断气源的重要措施。为确保原料天然气系统的安全和超压泄放，在装置或厂、站的天然气总管上的紧急切断阀之前，应设置越站旁路或设安全阀和紧急放空阀。

切断阀的位置应放在安全可靠和方便操作的地方，是为当厂、站或装置发生火灾或泄漏事故时，能及时关闭而不受火灾等事故的影响。《美国飞马石油公司工程标准》防火-采油设施（S621-1977）规定：紧急切断阀距工厂的任何部分不小于 76.2m（250 英尺），也不大于 152.4m（500 英尺）。本规范对与切断阀生产装置的距离未作具体规定，但该阀门无论如何也不应布置在装置区内或靠近装置区的边缘。

紧急切断阀应尽量设置自动操作和远程控制系统，以便在事故发生时能迅速关闭。

第 5.5.2 条　为保持放空管线的通畅，其一，不得在放空系统的主管上设阀或其他截断设施。其二，对放空系统可能形成或存在的积液，或由于高压气体放空时压力骤减或环境温度变化而造成的冰堵，均应采取防止或消除措施。

一、高、低压放空管线分别设置，可以防止在泄放时的相互干扰。高、低压放空同时排入同一条管线，若处置不当则可能发生事故。例如：威远脱硫二厂的高压原料气紧急放空管线，原设计为直径 DN100，又有酸性气体的紧急放空管线与之相连并放至 40m 高的火炬。有一次正好是原料气和酸性气体同时放空，由于原料气放空量大，压力高（4MPa），使紧急放空管线压力迅速升高，回压至酸性气体管线，致使酸性气体水封罐的防爆孔憋爆，防爆膜飞至天空，高约 20m。这说明不同压力的紧急放空管线（特别是压力差大的）不能合用，须分别设置并直接与火炬连通。这样就可防止高、低压相串，低压无法放空甚至超压造成事故。

高、低压放空管线分别设置亦可以减少放空系统的建设费用，故大型厂、站宜首先选择这样的放空系统。

二、在中小型厂、站内，由于高压放空气量不大，或由于高、低压放空气流的压力相差不大，例如其压力差为 0.5～1.0MPa，可设置一个放空系统以简化操作。此系统设计的核心是要对可能同时排放放空点作压力降的核算，使放空系统的压降减少到互不干扰的程度，以保证各排放点的安全排放。

第 5.5.3 条 火炬筒中心至油气厂、站各部位的安全距离可计算确定，现将美国石油学会标准《泄压和放空系统》（API RP521）中的“火炬安全距离计算”摘录如下，供参考。

一、本计算包括确定火炬筒高度；并根据火炬的允许辐射热强度，确定火炬筒中心到必须限制辐射热强度的受热点之间的安全距离。至于火炬对环境的影响，如噪声、烟雾、光度以及可燃气体焚烧后对大气的污染，均不包括在本计算方法的范围内。

二、工艺条件。

1. 排放气体视为理想气体；

2. 火炬筒出口处的排放气体压力取当地大气压值；

3. 火炬出口处排放气体的允许线速度与声波在该气体中的传播速度的比值——马赫数，取值可按下述规定：

在满足系统压降、噪声等要求时，对厂、站发生事故造成停工，原料或产品气体需要全部排放时，应按最大排放量计算，此时马赫数可取 0.5；

单个装置开停工或事故泄放，应按需要排放的最大气体量计算，此时马赫数可取 0.2。

4. 计算火炬筒高度时，允许辐射热强度 q 的取值，应按表 5.3-1 规定值，并考虑太阳辐射热的影响。

太阳的辐射热强度值为 0.79～1.04kW／m^2。

火炬设计允许辐射热强度（未计太阳辐射热）　　表 5.3-1

允许设计热强度 q（kW／m^2）	条　件
1.58	操作人员需要长期暴露的任何地区
3.16	原油、液化石油气、天然气凝液储罐或其他挥发性物料储罐
4.73	没有遮蔽物，但操作人员穿有合适的工作服，在紧急关头需要停留几分钟的地区
6.31	没有遮蔽物，但操作人员穿有合适的工作服，在紧要关头需要停留 1min 的地区
9.46	有人通行，但暴露时间必须限制在几秒钟之内能安全撤离的任何地区，如火炬附近塔或设备的操作平台。除挥发性物料储罐而外的设备和设施

注：当q值大于6.3kW／m^{2}时，对操作人员不能迅速撤离的塔上或其他高架结构平台，必须在背离火炬的一侧设置梯子或设置遮蔽物。

5. 火焰中心在火焰长度的 1／2 处。

三、计算。

1. 火炬筒直径。火炬筒出口直径按下列公式计算：

$$d=[11.61\times10^{-2}\frac{W}{P\cdot Mach}(\frac{T_j}{K\cdot M})^{0.5}]^{0.5}$$

式中　d ——火炬筒出口直径（m）；

W——排放气体的质量流率（kg／s）；

P ——火炬筒出口处的排放气体压力（kPa）；

Mach——马赫数；

T_j——操作条件下的排放气体温度（K）；

K ——排放气体的比热比（C_p / C_v）；

M——排放气体的平均分子量。

2. 火焰长度和火焰中心的确定。火焰长度随着火炬释放的总热量而变化，按图 5.3-1 确定。火炬释放总热量按下式计算：

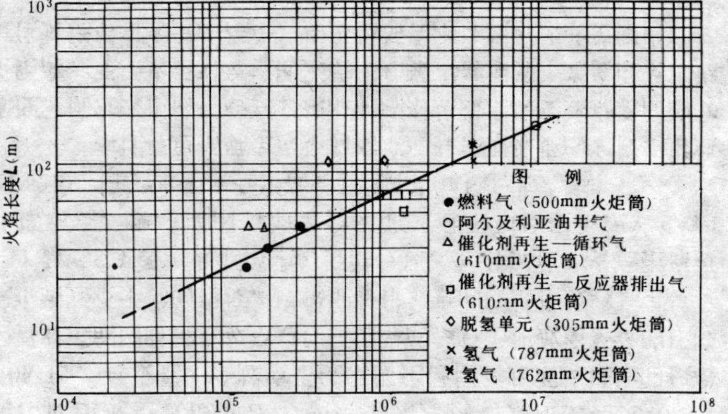

图 5.3-1　火焰长度与释放总热量的关系

$$Q = H_L \cdot W$$

式中　*Q* ——火炬释放总热量（kW）；

H_L——排放气体的低发热值（kJ / kg）；

W——排放气体的质量流率（kg / s）。

风会使火焰倾斜，并改变火焰中心的位置。风对火焰在水平和垂直方向的偏移影响，可根据火炬筒顶部风速与火炬出口处排放气体流速之比，按图 5.3-2 确定。

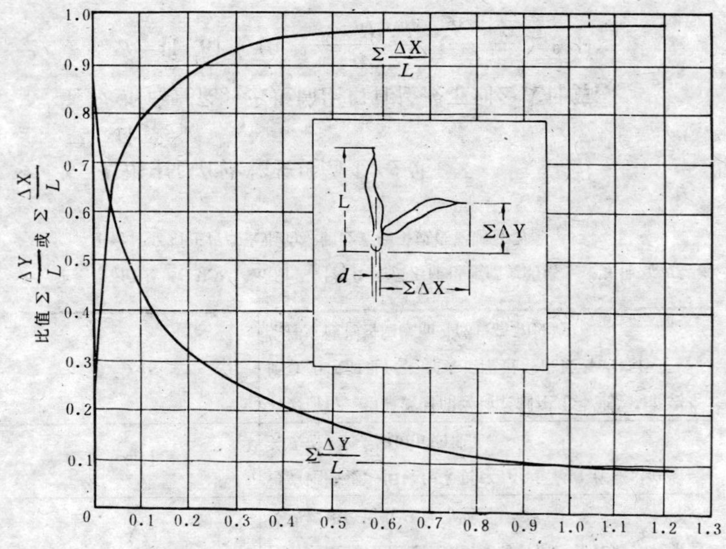

图 5.3-2　侧向风速引起的火焰倾斜

3. 火炬筒高度。火炬筒高度参照图 5.3-3 并按下列公式计算：

$$H = [\frac{\tau FQ}{4\pi q} - (R - \frac{1}{2}\sum \Delta X)^2]^{0.5} - \frac{1}{2}\sum \Delta Y + h$$

式中　*H*——火炬筒高度（m）；

Q ——火炬释放总热量（kW）；

F ——火炬辐射率，依照排放气体中的主要介质，按表 5.3-2 的规定取值；

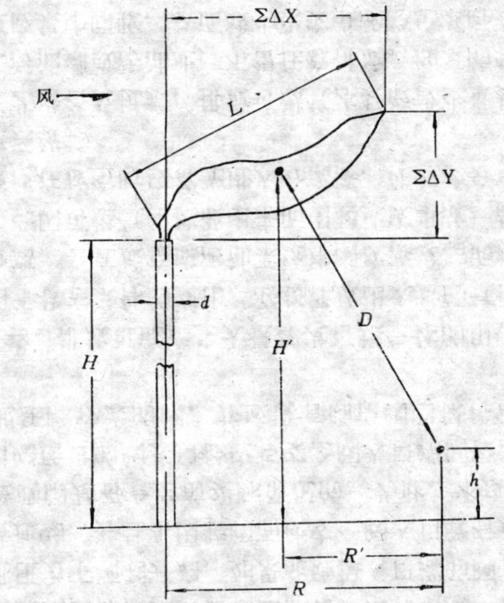

图 5.3-3　火炬示意图

q ——允许辐射热强度(kW／m^2)，按表5.3-1的规定取值；

R ——从火炬筒中心到受热点距离(m)；

$\sum\Delta X$、$\sum\Delta Y$——由于风的影响火焰长度分别在水平或垂直方向有效长度的变化值（参见图5.3-2)；

h ——受热点到地面的垂直高度(m)；

τ ——辐射热传递系数，该系数与火焰中心至受热点间的距离和大气相对湿度有关，按下式计算：

$$\tau = 0.79\left(\frac{100}{r}\right)^{1/16} \cdot \left(\frac{30.5}{D}\right)^{1/16}$$

式中　r ——大气相对湿度(%)；

D——火焰中心到受热点的距离(参见图 5.3-3) (m)。

烃类气体的辐射系数　　　　**表 5.3-2**

介质	辐射率 F
甲烷	1.92
天然气	2.30
液化石油气	3.00

第 5.5.4 条　天然气和油蒸气的安全阀泄放气排入大气，由于简单、可靠和经济性，较之放入密闭系统或其他处理方法有明显的优点。在早期的天然气净化厂，安全阀排放气特别是位于塔器设备顶部的安全阀排放气均直接排入大气。近来由于卫生和环保要求多将含硫天然气的排放引入火炬，[美]APIRP520 第 4.8 节认为：排入大气的气体或蒸气应该在当地最低气温下该气体不含大量冷凝液，并应避开可能引起着火危害的地点。APIRP521 第 4.2 节关于大气排放中强调指出：烃类蒸气或其他可燃气体排入大气中时，要注意以下几方面的问题，以保证不造成潜在危险和产生其他问题。

1. 在地面或高架结构上有可燃混合物形成。
2. 在逸出点泄放气流可能燃烧。
3. 对人有毒害或腐蚀性的化学品。
4. 空气污染。

提高气体的排放速度，从气流的消能而产生湍流使排放气体迅速分散，并将烃类泄放气流被稀释到低于燃烧界限，这是应该特别注意的。对排出管管口的高度要求，是参照《气田建设设计防火规定》第 28 条及有关规范确定的。

第 5.5.5 条　大于 100m^3 的每个液化石油气储罐上宜设两个

安全阀，每个安全阀阀芯面积，应能满足火灾事故时所需的泄放量。其目的是预防一个安全阀失灵或检修时仍有一个安全阀正常工作，以确保安全系统仍处于正常工作状态。

第 5.5.6 条 安全阀入口管上能否装设阀的问题，长期以来各类规范标准看法不同。从确保安全阀畅通，避免因误操作而不能使安全阀及时泄压的观点来看，当然是以不装阀为好。然而，由于安全阀制造水平，材质要求尚难于确保在一个开工运行周期内不经检修调试而能正常工作。特别是对含硫介质而言更是如此。因之目前在含硫油气设备上所装设的安全阀，多在入口端设阀，以保证在运行过程中对安全阀的检修和更换。

安全阀入口端是否设阀，主要是看装阀后是否会使安全阀入口端的压降增大或误操作或其他原因而将其入口堵塞，使其失去在规定的起跳压力下顺利开启，如果能确保入口端的阀在任何情况下均能保持通畅，并且不因装阀而使安全阀入口管有过大的压降，无疑装设阀门是符合当前实际情况的。为此，本规范规定，在安全阀入口端所设的阀其口径应与安全阀入口端同径，不得装截止阀或其他压降较大的阀，并应设有确保阀门保持常开的设施。

第 5.5.7 条 排放可能产生大量挥发可燃气体的甲、乙类可燃液体时，由于状态条件的变化，必将释放出大量的气体。这些气体如不经分离，会在放空或污油系统中渐次蒸发，而污油系统又多不密闭，会因可燃气体扩散出来而引起火灾事故。故本条规定，对这类液体在放空时应首先进入分离器，使气液分离后再分别引入各放空系统。

站内的工艺设备及机泵，排放可燃气体凝液或少量易燃可燃残液，应排入污油罐或污油池，不得任意排放。油泵的轴封漏油和凝液罐排液应集中回收，从而减少火灾事故隐患。卧龙河一号站泵房因检修油泵时油管存油溢出，流至 30m 外的小河内，后被引燃返回泵房，将泵房全部烧毁，故规定设备的残液应排至油罐或污油池，不得直接排入工业下水道、边沟或就地排放。

第 5.5.8 条 积存于管线和分离设备中的硫化铁粉末，在排放入大气中时易自燃。这类情况曾在巴渝输气管线末站分离器放空管管口发生过。故规定应在排污口设喷水冷却设施。

第 5.5.10 条

一、不含烃类凝液的输气管线，清管时所排放出的污物主要为不燃的固体、液体杂质和可燃气体，气体易于扩散而固体或液体（主要为水）均不可燃。只要控制排放口与建（构）筑物的安全距离，一般不易发生火灾。本款规定排放口与建（构）筑物的距离是参照《气田建设设计防火规定》第 33 条的数值。

二、对可能含有烃类凝析物的输送管线，其清管设备的排污应作好排出液的回收和处理。由于这些凝液除少量水外，大部分为天然气油或部分的液化石油气，绝对不能任意排放而必须用储罐回收，无论回收后是否应用。把排放的凝液储存于罐内，从安全防火上看是必要的。由于对所需储存容积难于确定，有可能在实际操作中因污液量太大而使设置储罐容纳不下，因此应设燃烧坑将多余的污液焚烧掉，以免发生类似某油田至某地输气管线德州站清管时所发生的火灾事故。

第六章 油气田内部集输管道

第 6.0.1 条 本条是参照《油田建设设计防火规范》、《气田建设设计防火规定》有关规定编制的，上述规范在执行十多年来，没有发生过事故。

本条与以下各条只适用于油气田区域内部原油、天然气集输管线，不包括油气田外部的长距离输油、输气管道的干线和支线。其干线和支线与建（构）筑物的安全距离应按《输油管道工程设计规范》和《输气管道工程设计规范》执行。

矿区公路是为矿区生产服务的，与油气管道的防火间距可适当减少。

第 6.0.2 条、第 6.0.3 条 这两条规定了油气管道穿越、跨越河流时，与其附近的铁路桥、公路桥、码头、渡口、锚区的安全距离要求。铁路桥、公路桥均指的是中桥、大桥、特大桥，不包括油气田区域内小河溪、干沟、小桥。码头、渡口不分等级。铁路桥其等级分类应符合《铁路桥涵设计规范》；公路桥其等级分类应符合《公路工程技术标准》。

第 6.0.5 条 管道穿、跨铁路应位于各级火车站进站信号机以外，由于该处对铁路运行至关重要，为此管道穿越铁路深度及跨越铁路净空高度的要求，应与铁路有关部门协商确定和按《原油、天然气长输管道与铁路相互关系的若干规定》执行。

第七章 消 防 设 施

第一节 一 般 规 定

第 7.1.1 条 油气生产厂、站、库的消防设施，应根据站场规模、重要程度、油品性质、储存方式、火灾危险程度及邻近有关单位的消防协作条件等综合因素，通过技术经济比较确定。对于容量大、火灾危险性大、站场重要性大和所处地理位置重要、地形复杂的站场，应适当提高消防设施的标准；反之，应从降低基建投资出发，适当降低消防设施的标准。但这一切，必须因地制宜，结合国情，通过技术经济比较来确定，使节省投资和安全生产这一对立的矛盾得到有机的统一。

第 7.1.2 条 目前各油田在油罐区消防设施的设置标准上差别大，很不统一。从事油田消防的人员在执行规范时无所依循，为此本规范增加了油罐区消防设施设置标准这一内容。

一、油罐区消防技术是多种多样的，而且在不断发展中。低倍数空气泡沫因其来源方便，价格较低，操作简便，技术成熟，能较快地组织油罐火灾的扑救，是目前国内各油田普遍采用的灭火方式，若采用其他灭火方式时，可参照有关的技术规定。

二、目前有关规范对消防方式的提法，一般仅就泡沫灭火设施设置方式，分为固定式、半固定式和移动式三类；对冷却给水这一重要消防内容规定的不太明确，造成在冷却给水方式上各行其是，不易掌握尺度。为了统一概念，将油罐消防冷却给水和空气泡沫灭火设施均分为固定式、半固定式和移动式三种，其意义在本规范正文附录中作了明确规定。

三、本条规定消防设施的设置标准，以单罐容量大小来划分，这是因为就同类型储罐来说，罐容量大，火势也大，需要的消防力量就大，作战方案就较复杂。通过计算，10000m^{3}固定顶油罐发生火灾，需要6台解放牌水罐消防车，13支水枪冷却；需要5台解放牌泡沫车供给泡沫灭火。相邻罐需要3～4台水罐消防车冷却，需3台泡沫车扑救流散火焰。采用半固定式灭火方式，集中如此多的消防车是有困难的，故应用固定式冷却给水和固定式泡沫供给系统为宜。

罐容小于200m^{3}的储罐，燃烧面积小，罐高度小，便于泡沫钩管、管枪等移动式灭火器具扑救，故考虑用移动式冷却、灭火方式。

浮顶储罐容量虽然大，但火灾是发生在泡沫档板与罐壁的环形面积内，油气较小，火势也较小，故小于50000m^{3}的浮顶罐，通常采用半固定式的冷却给水和半固定式的泡沫灭火设施已能满足要求。

但本条的规定也不是绝对的，而应具体情况具体对待，应根据油气厂、站、库所在地区的实际情况，对各种消防方式进行比较，选择技术经济最好的一种。如厂、站、库所在地区水源充足、供水方便，附近没有机动消防力量时，5000m^{3}储罐也可采用固定式消防设施。

第 7.1.3 条　低倍数空气泡沫灭火是目前油气厂、站、库甲、乙、丙类液体储罐常用的灭火方式。由于已有国家标准《低倍数泡沫灭火系统设计规范》，根据规范编制要求，本规范中取消了这一部分的内容。消防设计时，可执行《低倍数泡沫灭火系统设计规范》的有关规定。

第 7.1.4 条　油气田有些站场距离消防站较远，使用消防车扑救有困难。若这些站场建固定消防设施，投资大，经济上是不合理的，故必须考虑一套经济技术合理的消防方案。由天津消防研究所研制，长沙消防器材厂生产的烟雾自动灭火器，经国家有关部门进行了技术鉴定。这种装置的特点是自动灭火，灭火速度快，设备简单，投资少，上马快，不用水，不用电，可节省人力、物力。此装置应用也较普遍，据有关部门资料统计，1985年底，约有1000余套装置陆续安装于油罐中，一般油罐容量小于1000m^3，油品为柴油、原油、重油等。从使用情况看，效果也较好，1977年10月佛山陶瓷厂及1981年11月天津搪瓷厂的油罐火灾均在烟雾自动灭火器作用下，很快将火熄灭。

1981年长沙消防器材厂对此灭火器的安装方式作了改进，用三翼板自身定心，浮漂能拼装拆卸。1985年又研制成功了罐外式烟雾灭火器，给使用单位带来方便。在采用烟雾灭火装置时，应注意油温不能超过使用要求。

对于油田内部的中小型站场，如技术经济合理，也可采用烟雾灭火装置。

第 7.1.5 条　对于其他性质的储罐，原则上应按油品闪点设置相应的消防设施。但考虑到建站前一般很难取得各种储罐油品闪点，为便于执行本规范，故对常用的污油罐、除油罐、事故油罐作了具体规定。

污油闪点虽比原油稍高，但本条仍按原油同等对待；除油罐也有火灾危险，但其存油较少，轻质油较少，油品闪点高，火灾引起的损失相对为小，故消防设施较简单。考虑到各油田的习惯做法和多年来的生产实践，规定200m^{3}以上的除油罐采用移动式灭火设备；事故油罐只在油站事故情况下才储油，平时是空罐，大多数事故油罐自建罐后就未曾进油，一般说，事故油罐的火灾可能性较少，即使事故罐发生火灾，影响面积较小，故规定不与其他油罐毗邻的事故罐，可只设泡沫产生器，或采用移动式灭火设备扑救。

第 7.1.6 条　我国各油、气厂、站、库内油罐以前很少设置过火灾探测器和自动报警装置。因此，也没有这方面的设计经验。近几年我国引进了日本100000m^{3}油罐，考虑到该油罐高度大、直径大，一旦发生火灾不易立即发现，且扑救困难，为安全计应设置火灾探测和自动报警装置。大庆油田对日本进行消防技术考查后，在 100000m^3 油罐上设计了火灾自动报警装置。由于火灾自动报警装置需要较高的技术和较多的投资，应根据国情量力而行，故规定仅在 100000m^3 及以上油罐上设置。

第 7.1.7 条 装卸油栈台的特点是罐容小，长度大；火灾特点是火势小，波及面小，故一般可用手提式灭火器扑救。但考虑到特殊情况时，如油罐车着火数量较多，火势已大而人难以接近时，可用推车式灭火器或泡沫消防车来扑救，故规定沿线每 120m 设消火栓一个；每 12m 应设一个手提式干粉型灭火器。

据调查，大部分油罐车着火，均在罐车的人孔处，火势小，影响范围不大。尚未发现油罐车爆破之例。油罐车火灾的扑救，大都是先切断油源，然后盖住人孔盖灭掉的；也有利用石棉被覆盖住人孔或用手提式与推车式灭火器灭掉的。例如 1980 年 8 月 4 日，某铁路装卸区两个正在准备卸油的汽油罐车，一个被雷击中起火，发现着火后，两名工人用 8kg 的灭火器冲上栈台，另有三名工人迅速拖着一个 65kg 的推车式灭火器跑到油罐车附近，都对准燃烧的油罐车人孔喷射，约 9s 就将火灭掉，与其相邻的另一个油罐车未受一点影响。从发现着火到灭火前后历时 8min。待消防车和其他人员赶到现场时，火早已灭掉了。

第 7.1.8 条 采油、采气井场、计量站、集气站、配气站等小型站场，其特点是数量多，分布广，单罐容量小，若都建一套消防给水设施，总投资甚大；再说在量多分散情况下不易造成重大损失，火灾的影响面也小，故这些小型井站可不设专门的消防设施，而设置一定数量的小型移动式消防器材。

第 7.1.9 条 液化石油气设施和罐区消防：

一、液化石油气的火灾特点是蔓延速度快，热值大，温度高，扑救气体火灾的根本措施是迅速关阀、堵漏，切断气源、制止燃烧。在没有切断气源的情况下，盲目地把火扑灭，是十分危险的，因为可燃气体大量泄出与扩散，遇火源会引起第二次爆炸燃烧，反而使灾情扩大，不如先进行冷却保护，制止连续爆炸，这样更安全些。

二、有关问题见《建筑设计防火规范》的条文说明。

第 7.1.10 条 当甲、乙类火灾危险性的厂房，如全厂集中控制室、联合装置控制室、压缩机房、油泵房等采用轻型钢结构时，起火 5min 左右，钢构件温度就上升为 500℃，碳钢强度将降低一半；起火 10min，温度将达到 700℃，碳钢强度将降低 90%以上，钢结构失去承重能力，引起建筑物倒塌和破坏。为了保证安全生产，可在这些建筑物内设火灾报警器和设置卤代烷、二氧化碳等灭火设施，当发生火灾时自行扑救。若有条件时，外部可设水幕保护，以隔绝其他地方发生火灾时辐射热的影响，保护建筑物的安全。卤代烷、二氧化碳、水幕等灭火系统的设计，可参考有关的国家标准规范。

第二节 消 防 站

第 7.2.1 条 通过对国内油田、气田及管道局消防站的实地调查认为，有些油气田消防站的布局不合理，区域内油气厂、站、库发生火警时不能及时扑救，使国家财产和公民生命财产受到损失，所以本条提出了消防站的设置原则。本条中第一款提出了根据油气田及长输管道建设的总体规划设置消防站和划分责任区的要求。通过征求设计部门、消防监督部门以及生产单位等各方面的意见，并结合大量的火灾案例，说明了油气田消防站的布局不同于其他城镇以及工业区，主要原因是油、气生产设施布置较分散，虽然有的油气田所辖区域内站、库较集中，但生产性质不同，规模大小不一，火灾危险性也大不相同。所以全面地、宏观地对消防站的布局采取同油气田及长输管道总体规划相结合的方法是比较切合实际的；同时可根据总体规划按区域内厂、站、库火灾危险性大小，火灾种类，区域消防协作条件和所处地理环境划分责任区，这对相应地设置消防站和确定消防站规模提供了可靠的依据。

另外，第二、三款的内容强调了要按照国家《城镇消防站布局与技术装备配备标准》进行布置的基本原则，来指导消防站与被保护单位的关系。随着各油、气田的开发建设以及长输管道转输规模的扩大，形成了一些厂、站集中、人口密集的居民村镇，为了确保这些区域的消防安全，宜设加强消防站。根据我国的国情，考虑到重点油气厂、站、库内有固定消防设施等较强的消防手段时，可缩小建站规模或不再设消防站。

第 7.2.2 条 本条对消防站设置的位置提出了要求。首先要确保消防站安全，以便发生火灾时能迅速出车，尽量缩短行车时间，将火灾在初期阶段扑灭。

第 7.2.3 条 经调查，油、气田和管道局系统消防站的布局，技术装备标准很不统一。有的站建筑标准低，有的站管辖范围消防车要跑二三小时，有的技术装备落后，没有按照火灾特点配备消防车辆和通信器材。为了使有关部门有据可依，参照国内、外有关标准规定，制成表 7.2.3。

第 7.2.4 条 通过调查了解，有的油、气田设有两座以上的消防站，由于行政管理上的问题和条块分割，没有将这些消防站统一管理起来，没有一座消防总站，所以使消防工作和灭火作战不能统一指挥和调动，发挥所有消防站的作用。为了解决这个问题，故提出应设消防总站，以加强领导。对于较分散的油、气田，且相距较远，可独立设置消防站，但该消防站应有独立灭火作战能力。

第三节 消 防 给 水

第 7.3.1 条 根据各油气田的实际情况，本条做了较具体的规定和要求。若油气田内的天然水源较充足，可以就地取用；另外对寒冷地区利用天然水源时也提出了要求，做到在任何情况下，都要保证消防用水量。

第 7.3.2 条 目前油气田内的消防给水管道有两种类型，一是敷设专用的消防给水管，另一种是消防给水管道与生产、生活给水管道合并。经过调查，专用消防给水管道由于长期不使用，管道内的水质被污染；另外由于管理工作不健全，特别是寒冷地区，有的专用消防给水管道被冻坏，阀门被冻裂，如采用合并式管道时，上述问题即可得到解决。

第 7.3.3 条 本条是参照国内外有关规范，根据我国油、气田的实际情况制定的。

我国现行国家标准《建筑设计防火规范》第 8.2.5 条规定：灭火用水量应按……和扑灭流散液体火焰泡沫管枪配置泡沫的用水量之和确定。日本消防法规定：灭火用水量按灭火用水量、辅助灭火用水量和混合液充满管道用水量之和计算。如大庆油田某油库充满混合液管道需水量约 200m^3，因此在计算水量时应把充满混合液管道内的水量也计算在内。

冷却范围及连续给水时间与《建筑设计防火规范》相同。

冷却水供给强度《建筑设计防火规范》第 8.2.5 条规定卧式罐及地下立式罐，半地下和地下卧式罐，设计流量单位均按 L／s · m^2；立式罐，浮顶罐（包括保温罐）则按 L／s · m 流量单位。日本消防法规（JFSL）规定，设计流量单位均按 L／s · m^2 计算。我国各油田内已建的固定立式油罐容量为 100、200、300、400、500、700、1000、2000、3000、5000 和 10000m^3 十一种类型；浮顶油罐容量为 10000、20000、50000 和 100000 四种类型，浮顶油罐均设有抗风圈，一般为 2～6 道。如设计流量单位按 L／s · m 计算时存在以下不合理现象：

1. 设有抗风圈的水量很难确定。有的罐抗风圈之间高度在 1.8～2.0m 之间。如按规范规定的 L／s · m 计算，则每道抗风圈之间的水量均应供给 0.5L／s · m 的流量进行冷却。设有六道抗风圈的罐冷却水量就比不设抗风圈的罐增加 6 倍用水量，是不合理的。

2. 供水强度按 L／s · m 计算，和油罐的高度无任何关系。

100m³ 油罐高 4.73m，1000m³ 油罐高 10.58m，100000m³ 油罐高 21.97m。100m³ 油罐和 10000m³ 油罐，罐周每米供水强度均相等也是不合理的。这样在实际冷却中会造成不良后果。如按 0.5L／s·m，小型油罐由于罐较低，罐壁单位面积上供水强度偏大（按单位面积流量折算为：5.77L／min·m²），冷却水很快就可流淌到地面上，且浪费水。而大型油罐由于罐较高，单位面积上供水强度就偏小(按单位面积流量折算为 1.37L／min·m²)，就会形成供水强度不足。特别是在油罐低液位时，冷却水还未流淌到罐底部，水已经被汽化完了。1987 年中日天津灭火试验时(浮顶罐低液位试验)，在油罐下风向一侧罐壁就曾出现过上述问题。

按 L／min·m² 单位流量计算，即考虑了罐的周长，又考虑了罐的高度，这样确定较全面，上述问题也可得到解决。

不同油罐按 L／s·m 计算，折算成 L／min·m²，或按 L／min·m² 折算成 L／s·m，计算结果见表 7.1。

采用固定式冷却水供给系统时，相邻罐可以冷却与着火罐相对的那部分罐壁，故冷却水供给强度可比着火罐的供给强度小些。

第 7.3.4 条 储罐罐壁上的固定环形冷却水管，各国均分成两个或两个以上独立的圆弧形管，其目的主要是考虑到分段供水安全可靠，着火罐及相邻罐可根据火势进行局部或全部罐壁冷却。相邻罐进行冷却水量计算时，应根据分段圆弧管实际保护的罐壁表面积计算，如圆弧形管保护 3／4 罐壁面积，则计算水量也应按 3／4 罐壁面积计算。

立管下部设过滤器是为过滤水中的杂物（特别是采用天然水源时），防止喷头被堵塞。

采用能识别启闭状态的阀门是便于消防操作人员辨认阀的开闭情况。

在油罐的每道抗风圈下设冷却水管，是保证罐壁所有部位均

冷却水供给强度比较表

表 7.1

类别	立式油罐					冷却水供给强度						
	容积 (m³)	直径 (m)	高度 (m)	罐周长 (m)	罐壁表面积 (m²)	按周长计算 L／s·m	折合面积计算 L／min·m²	按面积计算 L／min·m²			折合周长计算 L／s·m		
						0.50		2.0	2.5	3.0			
固定顶罐	100	5.406	4.73	16.98	88.32		5.77				0.17	0.22	0.26
	200	6.612	5.90	20.77	122.54		5.09				0.20	0.25	0.30
	300	7.750	7.07	24.35	172.15		4.24				0.24	0.30	0.35
	400	8.288	8.24	26.04	214.57		3.64				0.27	0.35	0.42
	500	8.600	9.40	27.02	253.99		3.19				0.31	0.40	0.48
	700	10.256	9.40	33.20	312.08		3.19				0.31	0.40	0.48
	1000	11.568	10.58	36.34	384.48		2.84				0.35	0.44	0.52
	2000	15.368	11.746	48.28	567.10		2.55				0.39	0.49	0.58
	3000	18.830	11.73	59.16	693.95		2.56				0.39	0.49	0.58
	5000	22.399	12.58	70.37	885.25		2.38				0.42	0.53	0.63
	10000	32.574	13.23	102.33	1353.83		2.27				0.44	0.56	0.66
浮顶罐	10000	28.500	15.83	89.54	1419.21		1.89				0.53	0.67	0.79
	20000	40.500	15.83	127.23	2016.60		1.89				0.53	0.67	0.79
	50000	60.000	19.35	188.50	3647.50		1.55				0.65	0.81	0.97
	100000	80.000	21.97	251.33	5521.72		1.37				0.73	0.92	1.10

能冷却到。

第 7.3.5 条 环状管网彼此相通，多方供水安全可靠。油罐区是油气厂、站、库危险性、火势最大的区域；天然气处理厂的生产装置区是全厂生产的关键部位，根据多年生产经验应采用环状给水管网，可保证给水的安全。其他区域可根据具体情况采用环网或枝状给水管道。

为了保证火场用水，避免因个别管段损坏而导致管网中断供水，故环状管网应用阀门分割成若干独立段，两阀门之间的消火栓数量不宜超过 5 个。

对寒冷地区的消火栓井、阀门井及管道必须有可靠的防冻、保温措施，如大庆油田由于地下水位较高，消火栓井、阀门井内进水，每到冬季常有消火栓、阀门、管道被冻结，有的被冻坏，不能使用。

第 7.3.6 条 当没有消防给水管道或消防给水管道不能满足消防用水的水量和水压要求时，应设置消防水池储存消防用水。

消防水池的容量应为灭火连续供给时间和消防用水量的乘积。若能保证连续供水时，其容量可以减去灭火延续时间内补充的水量。

当消防水池（罐）和给水或注水池（罐）合用时，为了保证消防用水不被给水或注水使用，应在池（罐）内设技术措施。如，将给水、注水用水水泵的吸水管置于消防水位以上；或将给水、注水用水水泵的吸水管在消防水位上打孔等，以确保消防用水的可靠性。

较大的消防用水应设两座水池（罐），以便在检修、清池时能确保应急用水。补水时间不超过 96h 是从油田的具体情况，从安全和经济相结合考虑的。

消防车从消防水池取水，距消防保护对象的距离是根据消防车供水压力来确定的。

第 7.3.7 条 本条对消火栓的设置提出了要求。

一、油气厂、站、库当采用高压消防给水时，其水源无论是由油气田给水干管供给，还是由厂、站、库内部消防泵房供给，消防给水管网最不利点消火栓出水口水压和水量，应满足在用各种消防设备扑救最高储罐或最高建、构筑物火灾时的要求。采用低压制消防给水时，火场由消防车或其他移动式消防水泵供给灭火需要的压力，为保证管道内的水能进入消防车水罐，低压制消防给水管道最不利点消火栓出水口水压应保证不小于 0.1MPa（10m 水柱）。

二、储罐区的消火栓设在防火堤和消防道路之间，是考虑消防实际操作的需要及水带敷设不会阻碍消防车在消防道路上的行驶。消防栓距离路边 2～5m，是为使用方便和安全。

三、通常一个消火栓供一辆消防车或 2 支口径 19mm 水枪用水，其用水量为 10～13L／s，加上漏损，故消火栓出水量按 10～15L／s 计算。当罐区采用固定式冷却给水系统时，在罐区四周应设消火栓，以供泡沫管枪扑救流散液体火焰或在储罐爆炸时，罐上的固定冷却水管有可能被破坏，这时必须用罐区周围设置的消火栓供给移动式灭火设备的用水。

四、对消火栓的栓口做了具体规定，是因为油田内已建的消火栓基本上是 SX100 型，即出水口直径 100mm、65mm 各一个。对高压制消防给水，直径 100mm 出水口基本上用不上，而 65mm 出水口又只有一个，不够用。这次规定高压制消防给水，消火栓应有两个直径 65mm 出水口。

五、设置水龙带箱是参照国外规范制定的，该箱用途很大，特别是对高压制消防给水系统，自救工具必须设在取水地点，箱内的水带及水枪数量是根据消火栓的布置要求配置的。

第 7.3.8 条 天然气处理厂、站的消防用水量与生产装置的规模、火灾危险性、占地面积等有关。四川某气田由日本设计的卧龙河引进“天然气处理装置成套设备”的天然气处理量为 400 万标 m^3／d，消防用水量为 70L／s，连续供给时间按 30min 计算。通过多年生产考察，消防水量可减少。根据我国国情及设计经验，天然气生产装置区的消防用水量可依据其生产规模、火灾危险性、占地面积等因素计算确定，但不宜少于 30L／s，以供 4 支口径 19mm 的水枪用水。

第 7.3.9 条 有许多油气厂、站、库内仅储罐区设有消防给水管道及消火栓，而装置区、生产区未设消火栓。为保证上述区域建（构）筑物及生产设施的安全，也应设消防给水管道和消火栓，其消防用水量和消防设施的设置标准按《建筑设计防火规范》的有关规定执行。

第四节 消 防 泵 房

第 7.4.1 条 消防泵房分消防给水泵房和消防泡沫泵房两种。中小型站场一般只设消防给水泵房不设消防泡沫泵房，大型站场通常设消防给水泵房和消防泡沫泵房两种，这时应将两种消防泵房合建，以便统一管理。

对消防泵房规模要求：凡泡沫泵和冷却水泵均应满足扑救站场可能的最大火灾时的流量和压力要求。当采用环泵式比例混合器时，泡沫混合液泵的流量还应增加动力水的回流损耗，消耗水量可根据有关公式计算。当采用压力比例混合器时，进口压力应满足产品使用说明书的要求。

为确保消防时泵能正常运转，提出一个消防泵房内应有一台相当于最大排量的泵作备用且要求混合液泵与冷却水泵在流程上可互为备用，以提高设备的消防能力。

第 7.4.2 条 本条是根据油田消防的具体情况制定的。一般大中型站场，均有供水泵房，从节省基建投资、减少值班岗位、提高设备互换性和设备维护保养角度考虑，消防泵房宜与供水泵房合建。根据调查资料，独立的消防泵房原设有专人值班，由于长期不发生火灾，加上人员紧张，往往把值班人员调离消防岗位，故本条提出消防泵房尽量与供水泵房合建为好。

第 7.4.3 条 本条提出了消防泵房位置选择的距离要求。太靠近储罐区，罐区火灾将威胁消防泵房；离储罐区太远，将会延迟冷却水和泡沫混合液抵达着火点的时间，增加占地面积。

据资料介绍，油罐一旦发生火灾，其辐射热对罐的影响很大，如地下钢罐在火烧的情况下，5min 内就可使罐壁温度升高到 500℃，致使油罐钢板的强度降低 50%；10min 内可使油罐壁温度升到 700℃，油罐钢板的强度降低 90%以上，此时油罐将发生变形或破裂，所以应在最短时间内进行冷却或灭火。一般认为地下钢罐的抗烧能力约为 8min 左右，故消防灭火，贵在神速，将火灾扑灭在初期。本条规定启泵后 5min 内将泡沫混合液和冷却水送到任何一个着火点。根据这一明确要求，采取可能的技术措施，来综合考虑消防泵房位置和消防管道的布置。

第 7.4.4 条 油罐一旦起火爆炸、储油外溢，将会向低洼处流淌，尤其在山区，若消防泵房地势比储罐区低，流淌火焰将会直接威胁消防泵房。另外油罐火灾的下风侧受火灾的威胁最大，从消防泵房的安全考虑，本条规定消防泵房的地势不应低于储罐区，且在储罐区全年最小风频风向的上风侧。

第 7.4.5 条 为确保火场消防和人员安全而设。

第 7.4.6 条 消防泵房的安装旨在安全、可靠、启动迅速。

一、消防管线长时间不用会被腐蚀破裂，如吸水和出水均为双管线时，就能保证消防时有一条可正常工作。

二、为了争取灭火时间，消防泵一般应采用自灌式启泵，若没有特殊原因，本规范不提倡消防泵采用负压上水。

三、消防泵设回流管，为便于定期对消防泵作试车检查。

四、对于经常启闭，口径大于 300mm 的阀件，为了便于操作，宜采用电动或气动。为防止停电、断气时影响启闭，故又提出要同时可手动操作。

第 7.4.7 条 为确保火场断电时，仍能使消防泵正常运转，故提出消防泵应设双电源或双回路供电的安全措施。

第 7.4.8 条 为确保火场及时进行通信联络，故设可靠的通信设施。

第五节 灭火器的配置

第 7.5.1 条 灭火器轻便灵活机动，易于掌握使用，适于扑救初起火灾，防止火灾蔓延，因此油气厂、站、库的建（构）筑物内应配置灭火器。灭火器的配置标准可按国家标准《建筑灭火器配置设计规范》执行，所以本规范不再单独做出规定。

第 7.5.2 条 现行国家标准《建筑灭火器配置设计规范》第 4.0.6 条规定：甲、乙、丙类液体储罐，可燃气体储罐的灭火器配置场所，灭火器的配置数量可相应减少 70%。但从调查了解，油罐区很少发生火灾，以往油气厂、站、库油罐区都没有配置过灭火器；并且灭火器只能用来扑救零星的初起火灾，一旦酿成大火，就不起作用了，而需依靠固定式、半固定式或移动式泡沫灭火设施来扑灭火灾。灭火器的配置经认真计算，并与公安部消防局进行协商后，确定了一个符合大型油罐防火实际的数值，同时根据固定顶油罐和浮顶油罐火灾时，由于燃烧面积的大小不同，分别作出了 10%和 5%的规定，减少了配置数量。考虑到阀组滴漏、油罐冒顶，在罐区内、浮盘上可能发生零星火灾，因此可根据储罐大小不同，每个罐可配置 1～3 个灭火器，用于扑救初起火灾。

随着油、气田开发及深加工处理能力的扩大，油气生产厂、站内出现了露天生产装置区，如原油稳定和天然气深冷、浅冷装置等，而这些装置占地面积也较大，而且设有消防给水、蒸汽灭火系统等，结合这种情况，根据国家标准对配置数量也做了适当的调整。

中华人民共和国国家标准

二氧化碳灭火系统设计规范

Code of design for carbon dioxide fire extinguishing systems

GB 50193－93

主编部门： 中华人民共和国公安部
批准部门： 中华人民共和国建设部
实施日期： 1994年8月1日

关于发布国家标准《二氧化碳灭火系统设计规范》的通知

建标[1993]899号

根据国家计委计综[1987]2390号文的要求，由公安部会同有关部门共同制订的《二氧化碳灭火系统设计规范》，已经有关部门会审。现批准《二氧化碳灭火系统设计规范》GB 50193－93为强制性国家标准，自一九九四年八月一日起施行。

本规范由公安部负责管理，其具体解释等工作由公安部天津消防科学研究所负责。出版发行由建设部标准定额研究所负责组织。

建设部
一九九三年十二月二十一日

1 总 则

1.0.1 为了合理地设计二氧化碳灭火系统，减少火灾危害，保护人身和财产安全，制定本规范。

1.0.2 本规范适用于新建、改建、扩建工程及生产和储存装置中设置的二氧化碳灭火系统的设计。

1.0.3 二氧化碳灭火系统的设计，应积极采用新技术、新工艺、新设备，做到安全适用，技术先进，经济合理。

1.0.4 二氧化碳灭火系统可用于扑救下列火灾：

1.0.4.1 灭火前可切断气源的气体火灾。

1.0.4.2 液体火灾或石蜡、沥青等可熔化的固体火灾。

1.0.4.3 固体表面火灾及棉毛、织物、纸张等部分固体深位火灾。

1.0.4.4 电气火灾。

1.0.5 二氧化碳灭火系统不得用于扑救下列火灾：

1.0.5.1 硝化纤维、火药等含氧化剂的化学制品火灾。

1.0.5.2 钾、钠、镁、钛、锆等活泼金属火灾。

1.0.5.3 氢化钾、氢化钠等金属氢化物火灾。

1.0.6 二氧化碳灭火系统的设计，除执行本规范的规定外，尚应符合现行的有关国家标准的规定。

2 术语、符号

2.1 术 语

2.1.1 全淹没灭火系统 total flooding extinguishing system

在规定的时间内，向防护区喷射一定浓度的二氧化碳，并使其均匀地充满整个防护区的灭火系统。

2.1.2 局部应用灭火系统 local application extinguishing system

向保护对象以设计喷射率直接喷射二氧化碳，并持续一定时间的灭火系统。

2.1.3 防护区 protected area

能满足二氧化碳全淹没灭火系统要求的有限封闭空间。

2.1.4 组合分配系统 combined distribution systems

用一套二氧化碳储存装置保护两个或两个以上防护区或保护对象的灭火系统。

2.1.5 灭火浓度 flame extinguishing concentration

在 101kPa 大气压和规定的温度条件下，扑灭某种火灾所需二氧化碳在空气中的最小体积百分比。

2.1.6 抑制时间 inhibition time

维持设计规定的二氧化碳浓度使固体深位火灾完全熄灭所需的时间。

2.1.7 泄压口 pressure relief opening

设在防护区外墙或顶部用以泄放防护区内部超压的开口。

2.1.8 等效孔口面积 equivalent orifice area

与水流量系数为 0.98 的标准喷头孔口面积进行换算后的喷

头孔口面积。

2.1.9 充装率 filiting ratio

储存容器中二氧化碳的质量与该容器容积之比。

2.1.10 物质系数 material factor

可燃物的二氧化碳设计浓度对34%的二氧化碳浓度的折算系数。

2.2 符　　号

符　　号　　表 2.2

编　号	符　号	单　位	涵　义
2.2.1	A	m^2	折算面积
2.2.2	A_0	m^2	开口总面积
2.2.3	A_p	m^2	在假定的封闭罩中存在的实体墙等实际围封面的面积
2.2.4	A_t	m^2	假定的封闭罩侧面围封面积
2.2.5	A_v	m^2	防护区的内侧面、底面、顶面(包括其中的开口)的总面积
2.2.6	A_x	m^2	泄压口面积
2.2.7	c_p	kJ/(kg·℃)	管道金属材料的比热
2.2.8	D	mm	管道内径
2.2.9	F	mm^2	喷头等效孔口面积
2.2.10	H	kJ/kg	二氧化碳蒸发潜热
2.2.11	K_1	kg/m^2	面积系数
2.2.12	K_2	kg/m^3	体积系数
2.2.13	K_b	—	物质系数
2.2.14	L	m	管道计算长度
2.2.15	L_b	m	单个喷头正方形保护面积的边长
2.2.16	L_p	m	瞄准点偏离喷头保护面积中心的距离

续表 2.2

编　号	符　号	单　位	涵　义
2.2.17	M	kg	二氧化碳设计用量
2.2.18	M_c	kg	储存量
2.2.19	M_g	kg	受热管网的管道质量
2.2.20	M_v	kg	二氧化碳在管道中的蒸发量
2.2.21	N	—	喷头数量
2.2.22	N_g	—	安装在计算支管流程下游的喷头数量
2.2.23	N_p	—	储存容器数
2.2.24	P_t	Pa	围护结构的允许压强
2.2.25	Q	kg/min	管道的设计流量
2.2.26	Q_i	kg/min	单个喷头的设计流量
2.2.27	Q_t	kg/min	二氧化碳喷射率
2.2.28	q_0	kg/(min·mm^2)	等效孔口单位面积的喷射率
2.2.29	q_v	kg/(min·m^3)	单位体积的喷射率
2.2.30	T_1	℃	二氧化碳喷射前管道的平均温度
2.2.31	T_2	℃	二氧化碳平均温度
2.2.32	t	min	喷射时间
2.2.33	V	m^3	防护区的净容积
2.2.34	V_1	m^3	保护对象的计算体积
2.2.35	V_0	L	单个储存容器的容积
2.2.36	V_g	m^3	防护区内非燃烧体和难燃烧体的总体积
2.2.37	V_v	m^3	防护区的容积
2.2.38	Y	MPa·kg/m^3	压力系数
2.2.39	Z	—	密度系数
2.2.40	α	kg/L	充装率
2.2.41	φ	(°)	喷头安装角

3 系统设计

3.1 一般规定

3.1.1 二氧化碳灭火系统可分为全淹没灭火系统和局部应用灭火系统。全淹没灭火系统应用于扑救封闭空间内的火灾；局部应用灭火系统应用于扑救不需封闭空间条件的具体保护对象的非深位火灾。

3.1.2 采用全淹没灭火系统的防护区，应符合下列规定：

3.1.2.1 对气体、液体、电气火灾和固体表面火灾，在喷放二氧化碳前不能自动关闭的开口，其面积不应大于防护区总内表面积的3%，且开口不应设在底面。

3.1.2.2 对固体深位火灾，除泄压口以外的开口，在喷放二氧化碳前应自动关闭。

3.1.2.3 防护区的围护结构及门、窗的耐火极限不应低于0.50h，吊顶的耐火极限不应低于0.25h；围护结构及门窗的允许压强不宜小于1200Pa。

3.1.2.4 防护区用的通风机和通风管道中的防火阀，在喷放二氧化碳前应自动关闭。

3.1.3 采用局部应用灭火系统的保护对象，应符合下列规定：

3.1.3.1 保护对象周围的空气流动速度不宜大于3m/s。必要时，应采取挡风措施。

3.1.3.2 在喷头与保护对象之间，喷头喷射角范围内不应有遮挡物。

3.1.3.3 当保护对象为可燃液体时，液面至容器缘口的距离不得小于150mm。

3.1.4 启动释放二氧化碳之前或同时，必须切断可燃、助燃气体的气源。

3.1.5 当组合分配系统保护5个及以上的防护区或保护对象时，二氧化碳应有备用量，备用量不应小于系统设计的储存量。备用量的储存容器应与系统管网相连，宜能与主储存容器切换使用。

3.2 全淹没灭火系统

3.2.1 二氧化碳设计浓度不应小于灭火浓度的1.7倍，并不得低于34%。可燃物的二氧化碳设计浓度可按本规范附录A的规定采用。

3.2.2 当防护区内存有两种及两种以上可燃物时，防护区的二氧化碳设计浓度应采用可燃物中最大的二氧化碳设计浓度。

3.2.3 二氧化碳的设计用量应按下式计算：

$$M=K_b(K_1A+K_2V) \quad (3.2.3\text{—}1)$$

$$A=A_v+30A_0 \quad (3.2.3\text{—}2)$$

$$V=V_v-V_g \quad (3.2.3\text{—}3)$$

式中 M ——二氧化碳设计用量(kg)；

K_b ——物质系数；

K_1 ——面积系数(kg/m²)，取0.2kg/m²；

K_2 ——体积系数(kg/m³)，取0.7kg/m³；

A ——折算面积(m²)；

A_v ——防护区的内侧面、底面、顶面(包括其中的开口)的总面积(m²)；

A_0 ——开口总面积(m²)；

V ——防护区的净容积(m³)；

V_v ——防护区容积(m³)；

V_g ——防护区内非燃烧体和难燃烧体的总体积(m³)。

3.2.4 当防护区的环境温度超过100℃时，二氧化碳的设计用量应在本规范第3.2.3条计算值的基础上每超过5℃增加2%。

3.2.5 当防护区的环境温度低于—20℃时，二氧化碳的设计用量应在本规范第 3.2.3 条计算值的基础上每降低 1℃ 增加 2%。

3.2.6 防护区应设置泄压口，并宜设在外墙上，其高度应大于防护区净高的 2/3。当防护区设有防爆泄压孔时，可不单独设置泄压口。

3.2.7 泄压口的面积可按下式计算：

$$A_x = 0.0076 \frac{Q_t}{\sqrt{P_t}} \tag{3.2.7}$$

式中 A_x——泄压口面积(m^2)；

Q_t——二氧化碳喷射率(kg/min)；

P_t——围护结构的允许压强(Pa)。

3.2.8 全淹没灭火系统二氧化碳的喷放时间不应大于 1min。当扑救固体深位火灾时，喷放时间不应大于 7min，并应在前 2min 内使二氧化碳的浓度达到 30%。

3.2.9 二氧化碳扑救固体深位火灾的抑制时间应按本规范附录 A 的规定采用。

3.2.10 二氧化碳的储存量应为设计用量与残余量之和。残余量可按设计用量的 8%计算。组合分配系统的二氧化碳储存量，不应小于所需储存量最大的一个防护区的储存量。

3.3 局部应用灭火系统

3.3.1 局部应用灭火系统的设计可采用面积法或体积法。当保护对象的着火部位是比较平直的表面时，宜采用面积法；当着火对象为不规则物体时，应采用体积法。

3.3.2 局部应用灭火系统的二氧化碳喷射时间不应小于 0.5min。对于燃点温度低于沸点温度的液体和可熔化固体的火灾，二氧化碳的喷射时间不应小于 1.5min。

3.3.3 当采用面积法设计时，应符合下列规定：

3.3.3.1 保护对象计算面积应取被保护表面整体的垂直投影面积。

3.3.3.2 架空型喷头应以喷头的出口至保护对象表面的距离确定设计流量和相应的正方形保护面积；槽边型喷头保护面积应由设计选定的喷头设计流量确定。

3.3.3.3 架空型喷头的布置宜垂直于保护对象的表面，其瞄准点应是喷头保护面积的中心。当确需非垂直布置时，喷头的安装角不应小于 45°。其瞄准点应偏向喷头安装位置的一方(图 3.3.3)，喷头偏离保护面积中心的距离可按表 3.3.3 确定。

喷头偏离保护面积中心的距离 　　**表 3.3.3**

喷头安装角	喷头偏离保护面积中心的距离(m)
45°～60°	$0.25L_b$
60°～75°	$0.25L_b$～$0.125L_b$
75°～90°	$0.125L_b$～0

注：L_b 为单个喷头正方形保护面积的边长。

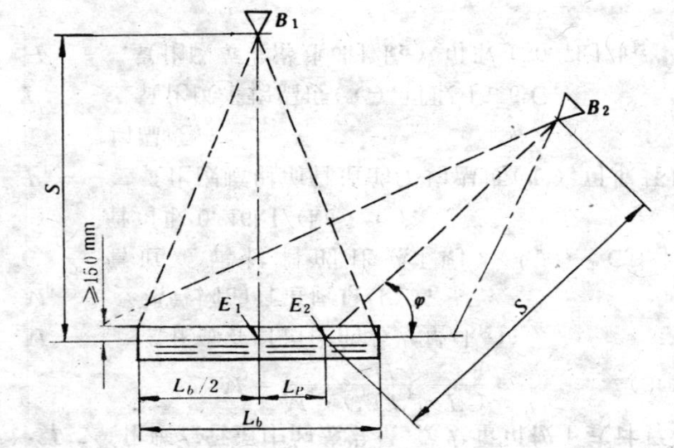

图 3.3.3 架空型喷头布置方法

B_1、B_2——喷头布置位置

E_1、E_2——喷头瞄准点；

S ——喷头出口至瞄准点的距离(m)；

L_b ——单个喷头正方形保护面积的边长(m)；

L_p ——瞄准点偏离喷头保护面积中心的距离(m)；

φ ——喷头安装角(°)。

3.3.3.4 喷头非垂直布置时的设计流量和保护面积应与垂直布置的相同。

3.3.3.5 喷头宜等距布置，以喷头正方形保护面积组合排列，并应完全覆盖保护对象。

3.3.3.6 二氧化碳的设计用量应按下式计算：

$$M=N\cdot Q_i\cdot t \tag{3.3.3}$$

式中 M ——二氧化碳设计用量(kg)；

N ——喷头数量；

Q_i ——单个喷头的设计流量(kg/min)；

t ——喷射时间(min)。

3.3.4 当采用体积法设计时，应符合下列规定：

3.3.4.1 保护对象的计算体积应采用假定的封闭罩的体积。封闭罩的底应是保护对象的实际底面；封闭罩的侧面及顶部当无实际围封结构时，它们至保护对象外缘的距离不应小于0.6m。

3.3.4.2 二氧化碳的单位体积的喷射率应按下式计算：

$$q_v=K_b\left(16-\frac{12A_p}{A_t}\right) \tag{3.3.4-1}$$

式中 q_v——单位体积的喷射率[kg/(min·m³)]；

A_t——假定的封闭罩侧面围封面面积(m²)；

A_p——在假定的封闭罩中存在的实体墙等实际围封面的面积(m²)。

3.3.4.3 二氧化碳设计用量应按下式计算：

$$M=V_1\cdot q_v\cdot t \tag{3.3.4-2}$$

式中 V_1——保护对象的计算体积(m³)。

3.3.4.4 喷头的布置与数量应使喷射的二氧化碳分布均匀，并满足单位体积的喷射率和设计用量的要求。

3.3.5 二氧化碳储存量，应取设计用量的1.4倍与管道蒸发量之和。组合分配系统的二氧化碳储存量，不应小于所需储存量最大的一个保护对象的储存量。

3.3.6 当管道敷设在环境温度超过45℃的场所且无绝热层保护时，应计算二氧化碳在管道中的蒸发量，蒸发量可按下式计算：

$$M_v=\frac{M_g\cdot C_p(T_1-T_2)}{H} \tag{3.3.6}$$

式中 M_v——二氧化碳在管道中的蒸发量(kg)；

M_g——受热管网的管道质量(kg)；

C_p——管道金属材料的比热[kJ/(kg·°C)]，钢管可取0.46kJ/(kg·℃)；

T_1——二氧化碳喷射前管道的平均温度(℃)，可取环境平均温度；

T_2——二氧化碳平均温度(℃)，可取15.6℃；

H——二氧化碳蒸发潜热(kJ/kg)，可取150.7kJ/kg。

4 管网计算

4.0.1 输送二氧化碳管网的管道内径应根据管道设计流量和喷头入口压力通过计算确定。

4.0.2 管网中干管的设计流量应按下式计算：

$$Q=M/t \tag{4.0.2}$$

式中 Q——管道的设计流量(kg/min)。

4.0.3 管网中支管的设计流量应按下式计算：

$$Q=\sum_{1}^{N_g} Q_1 \tag{4.0.3}$$

式中 N_g——安装在计算支管流程下游的喷头数量

Q_i——单个喷头的设计流量(kg/min)。

4.0.4 管段的计算长度应为管道的实际长度与管道附件当量长度之和。管道附件的当量长度可按本规范附录B采用。

4.0.5 管道压力降可按下式换算或按本规范附录C采用。

$$Q^2=\frac{0.8725\cdot 10^{-4}\cdot D^{5.25}\cdot Y}{L+(0.04319\cdot D^{1.25}\cdot Z)} \tag{4.0.5}$$

式中 D——管道内径(mm)；

L——管段计算长度(m)；

Y——压力系数(MPa·kg/m³)，应按本规范附录D采用；

Z——密度系数，应按本规范附录D采用。

4.0.6 管道内流程高度所引起的压力校正值，可按本规范附录E采用，并应计入该管段的终点压力。终点高度低于起点的取正值，终点高度高于起点的取负值。

4.0.7 喷头入口压力计算值不应小于1.4MPa(绝对压力)。

4.0.8 喷头等效孔口面积应按下式计算：

$$F=Q_i/q_0 \tag{4.0.8}$$

式中 F——喷头等效孔口面积(mm²)；

q_0——等效孔口单位面积的喷射率[kg/(min·mm²)]，按本规范附录F选取。

4.0.9 喷头规格应根据等效孔口面积确定。

4.0.10 储存容器的数量可按下式计算：

$$N_p=M_c/(\alpha\cdot V_0) \tag{4.0.10}$$

式中 N_p——储存容器数；

M_c——储存量(kg)；

α——充装率(kg/L)；

V_0——单个储存容器的容积(L)。

5 系统组件

5.1 储存装置

5.1.1 储存装置宜由储存容器、容器阀、单向阀和集流管等组成。

5.1.2 储存容器中充装的二氧化碳应符合现行国家标准《二氧化碳灭火剂》的规定。

5.1.3 储存容器中二氧化碳的充装率应为0.6～0.67kg/L；当储存容器工作压力不小于20MPa时，其充装率可为0.75kg/L。

5.1.4 储存装置应设称重检漏装置。当储存容器中充装的二氧化碳量损失10%时，应及时补充。

5.1.5 储存容器的工作压力不应小于15MPa。储存容器阀上应设泄压装置，其泄压动作压力应为19±0.95MPa。

5.1.6 储存装置的布置应方便检查和维护，并应避免阳光直射。

5.1.7 储存装置宜设在专用的储存容器间内。局部应用灭火系统的储存装置可设置在固定的安全围栏内。专用的储存容器间的设置应符合下列规定：

5.1.7.1 应靠近防护区，出口应直接通向室外或疏散走道。

5.1.7.2 耐火等级不应低于二级。

5.1.7.3 室内温度应为0～49℃，并应保持干燥和良好通风。

5.1.7.4 设在地下的储存容器间应设机械排风装置，排风口应通向室外。

5.2 选择阀与喷头

5.2.1 在组合分配系统中，每个防护区或保护对象应设一个选择阀。选择阀的位置宜靠近储存容器，并应便于手动操作，方便检查维护。选择阀上应设有标明防护区的铭牌。

5.2.2 选择阀可采用电动、气动或机械操作方式。阀的工作压力不应小于12MPa。

5.2.3 系统启动时，选择阀应在容器阀动作之前或同时打开。

5.2.4 设置在粉尘场所的喷头应增设不影响喷射效果的防尘罩。

5.3 管道及其附件

5.3.1 管道及其附件应能承受最高环境温度下二氧化碳的储存压力，并应符合下列规定：

5.3.1.1 管道应采用符合现行国家标准《冷拔或冷轧精密无缝钢管》中规定的无缝钢管，并应内外镀锌。

5.3.1.2 对镀锌层有腐蚀的环境，管道可采用不锈钢管、铜管或其它抗腐蚀的材料。

5.3.1.3 挠性连接的软管必须能承受系统的工作压力，并宜采用符合现行国家标准《不锈钢软管》中规定的不锈钢软管。

5.3.2 管道可采用螺纹连接、法兰连接或焊接。公称直径等于或小于80mm的管道，宜采用螺纹连接；公称直径大于80mm的管道，宜采用法兰连接。

5.3.3 集流管的工作压力不应小于12MPa，并应设置泄压装置，其泄压动作压力应为15±0.75MPa。

6 控制与操作

6.0.1 二氧化碳灭火系统应设有自动控制、手动控制和机械应急操作三种启动方式；当局部应用灭火系统用于经常有人的保护场所时可不设自动控制。

6.0.2 当采用火灾探测器时，灭火系统的自动控制应在接收到两个独立的火灾信号后才能启动。根据人员疏散要求，宜延迟启动，但延迟时间不应大于 30s。

6.0.3 手动操作装置应设在防护区外便于操作的地方，并应能在一处完成系统启动的全部操作。局部应用灭火系统手动操作装置应设在保护对象附近。

6.0.4 二氧化碳灭火系统的供电与自动控制应符合现行国家标准《火灾自动报警系统设计规范》的有关规定。当采用气动动力源时，应保证系统操作与控制所需要的压力和用气量。

7 安全要求

7.0.1 防护区内应设火灾声报警器，必要时，可增设光报警器。防护区的入口处应设光报警器。报警时间不宜小于灭火过程所需的时间，并应能手动切除报警信号。

7.0.2 防护区应有能在 30s 内使该区人员疏散完毕的走道与出口。在疏散走道与出口处，应设火灾事故照明和疏散指示标志。

7.0.3 防护区入口处应设灭火系统防护标志和二氧化碳喷放指示灯。

7.0.4 当系统管道设置在可燃气体、蒸气或有爆炸危险粉尘的场所时，应设防静电接地。

7.0.5 地下防护区和无窗或固定窗扇的地上防护区，应设机械排风装置。

7.0.6 防护区的门应向疏散方向开启，并能自动关闭；在任何情况下均应能从防护区内打开。

7.0.7 设置灭火系统的场所应配备专用的空气呼吸器或氧气呼吸器。

附录A 可燃物的二氧化碳设计浓度和抑制时间

可燃物的二氧化碳设计浓度和抑制时间 附表A

可燃物	物质系数 K_b	设计浓度（%）	抑制时间（min）
丙酮	1.00	34	—
乙炔	2.57	66	—
航空燃料115#/145#	1.05	36	—
粗苯（安息油、偏苏油）、苯	1.10	37	—
丁二烯	1.26	41	—
丁烷	1.00	34	—
丁烯－1	1.10	37	—
二硫化碳	3.03	72	—
一氧化碳	2.43	64	—
煤气或天然气	1.10	37	—
环丙烷	1.10	37	—
柴油	1.00	34	—
二乙基醚	1.22	40	—
二甲醚	1.22	40	—
二苯与其氧化物的混合物	1.47	46	—
乙烷	1.22	40	—
乙醇（酒精）	1.34	43	—
乙醚	1.47	46	—
乙烯	1.60	49	—
二氯乙烯	1.00	34	—
环氧乙烷	1.80	53	—
汽油	1.00	34	—
己烷	1.03	35	—
正庚烷	1.03	35	—
正辛烷	1.03	35	—
氢	3.30	75	—
硫化氢	1.06	36	—
异丁烷	1.06	36	—
异丁烯	1.00	34	—
甲酸异丁酯	1.00	34	—

续附表A

可燃物	物质系数 K_b	设计浓度（%）	抑制时间（min）
航空煤油JP－4	1.06	36	—
煤油	1.00	34	—
甲烷	1.00	34	—
醋酸甲酯	1.03	35	—
甲醇	1.22	40	—
甲基丁烯－1	1.06	36	—
甲基乙基酮（丁酮）	1.22	40	—
甲酸甲酯	1.18	39	—
戊烷	1.03	35	—
石脑油	1.00	34	—
丙烷	1.06	36	—
丙烯	1.06	36	—
淬火油（灭弧油）、润滑油	1.00	34	—
纤维材料	2.25	62	20
棉花	2.00	58	20
纸张	2.25	62	20
塑料（颗粒）	2.00	58	20
聚苯乙烯	1.00	34	—
聚氨基甲酸甲酯（硬）	1.00	34	—
电缆间和电缆沟	1.50	47	10
数据储存间	2.25	62	20
电子计算机房	1.50	47	10
电气开关和配电室	1.20	40	10
带冷却系统的发电机	2.00	58	至停转止
油浸变压器	2.00	58	—
数据打印设备间	2.25	62	20
油漆间和干燥设备	1.20	40	—
纺织机	2.00	58	—
电气绝缘材料	1.50	47	10
皮毛储存间	3.30	75	20
吸尘装置	3.30	75	20

注：附表A中未列出的可燃物，其灭火浓度应通过试验确定。

附录B　管道附件的当量长度

管道附件的当量长度　　附表B

管道公称直径(mm)	螺纹连接			焊接		
	90°弯头(m)	三通的直通部分(m)	三通的侧通部分(m)	90°弯头(m)	三通的直通部分(m)	三通的侧通部分(m)
15	0.52	0.3	1.04	0.24	0.21	0.64
20	0.67	0.43	1.37	0.33	0.27	0.85
25	0.85	0.55	1.74	0.43	0.34	1.07
32	1.13	0.7	2.29	0.55	0.46	1.4
40	1.31	0.82	2.65	0.64	0.52	1.65
50	1.68	1.07	3.42	0.85	0.67	2.1
65	2.01	1.25	4.09	1.01	0.82	2.5
80	2.50	1.56	5.06	1.25	1.01	3.11
100	—	—	—	1.65	1.34	4.09
125	—	—	—	2.04	1.68	5.12
150	—	—	—	2.47	2.01	6.16

附录C　管道压力降

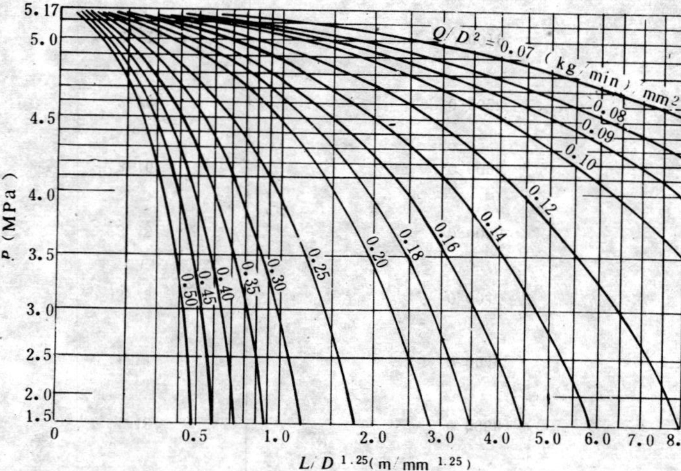

附图C　管道压力降

注：管网起始压力取设计额定储存压力(5.17MPa)，后段管道的起点压力取前段管道的终点压力。

附录 D　二氧化碳的压力系数和密度系数

二氧化碳的压力系数和密度系数　　附表 D

压力(MPa)	Y (MPa·kg/m³)	Z
5.17	0	0
5.10	55.4	0.0035
5.05	97.2	0.0600
5.00	132.5	0.0825
4.75	303.7	0.210
4.50	461.6	0.330
4.25	612.9	0.427
4.00	725.6	0.570
3.75	828.3	0.700
3.50	927.7	0.830
3.25	1005.0	0.950
3.00	1082.3	1.086
2.75	1150.7	1.240
2.50	1219.3	1.430
2.25	1250.2	1.620
2.00	1285.5	1.840
1.75	1318.7	2.140
1.40	1340.8	2.590

附录 E　流程高度所引起的压力校正值

流程高度所引起的压力校正值　　附表 E

管道平均压力(MPa)	流程高度所引起的压力校正值(MPa/m)
5.17	0.0080
4.83	0.0068
4.48	0.0058
4.14	0.0049
3.79	0.0040
3.45	0.0036
3.10	0.0028
2.76	0.0024
2.41	0.0019
2.07	0.0016
1.72	0.0012
1.40	0.0010

附录F 喷头入口压力与单位面积的喷射率

喷头入口压力与单位面积的喷射率 **附表 F**

喷头入口压力(MPa)	喷射率〔kg/(min·mm²)〕
5.17	3.255
5.00	2.703
4.83	2.401
4.65	2.172
4.48	1.993
4.31	1.839
4.14	1.705
3.96	1.589
3.79	1.487
3.62	1.396
3.45	1.308
3.28	1.223
3.10	1.139
2.93	1.062
2.76	0.9843
2.59	0.9070
2.41	0.8296
2.24	0.7593
2.07	0.6890
1.72	0.5484
1.40	0.4833

附录G 本规范用词说明

G.0.1 执行本规范条文时，对要求严格程度的用词作如下规定，以便执行时区别对待。

(1)表示很严格，非这样做不可的用词：

正面词采用“必须”；

反面词采用“严禁”。

(2)表示严格，在正常情况下均应这样做的用词：

正面词采用“应”；

反面词采用“不应”或“不得”。

(3)表示允许稍有选择，在条件许可时首先应这样做的用词：

正面词采用“宜”或“可”；

反面词采用“不宜”。

G.0.2 条文中应按指定的标准、规范执行时，写法为“应符合……的规定”或“应按……执行”。

附加说明

本规范主编单位、参加单位和主要起草人名单

主 编 单 位： 公安部天津消防科学研究所

参 加 单 位： 机械工业部设计研究院

上海船舶设计研究院

江苏省公安厅

主要起草人： 徐炳耀　谢德隆　宋旭东　刘俐娜　冯修远　刘天牧　钱国泰　罗德安　马少奎　马　恒

中华人民共和国国家标准

二氧化碳灭火系统设计规范

GB 50193-93

条 文 说 明

制订说明

本规范是根据原国家计委计综[1987]2390号文下达的编制《二氧化碳灭火系统设计规范》的任务，由公安部天津消防科学研究所会同机械工业部设计研究院等单位共同编制的。

在编制过程中，编制组遵照国家基本建设的有关方针政策和“预防为主、防消结合”的消防工作方针，对我国二氧化碳灭火系统的研究、设计、生产和使用情况进行了较全面的调查研究，开展了试验验证工作，尤其对局部应用灭火方式进行了系统的专项试验，论证了各项设计参数数据，在总结已有科研成果和工程实践经验的基础上，参考了国际有关标准和国外先进标准而编制的；并广泛征求了有关单位和专家的意见，经反复讨论修改，最后经有关部门会审定稿。

本规范共有七章和七个附录，包括总则、术语、符号、系统设计、管网计算、系统组件、控制与操作、安全要求等内容。

各单位在执行过程中，请结合工程实践注意总结经验、积累资料，发现需要修改和补充之处，请将意见和有关资料寄公安部天津消防科学研究所，以便今后修订时参考。

中华人民共和国公安部

1993年9月

目录

1 总 则

1.0.1 本条阐明了编制本规范的目的，即为了合理地设计二氧化碳灭火系统，使之有效地保护人身和财产的安全。

二氧化碳是一种能够用于扑救多种类型火灾的灭火剂。它的灭火作用主要是相对地减少空气中的氧气含量，降低燃烧物的温度，使火焰熄灭。

二氧化碳是一种惰性气体，对绝大多数物质没有破坏作用，灭火后能很快散逸，不留痕迹，又没有毒害。它适用于扑救各种可燃、易燃液体和那些受到水、泡沫、干粉灭火剂的沾污而容易损坏的固体物质的火灾。另外，二氧化碳是一种不导电的物质，可用于扑救带电设备的火灾。目前，在国际上已广泛地应用于许多具有火灾危险的重要场所。国际标准化组织和美国、英国、日本、前苏联等工业发达国家都已制定了有关二氧化碳灭火系统的设计规范或标准。使用二氧化碳灭火系统可保护图书、档案、美术、文物等珍贵资料库房，散装液体库房，电子计算机房，通讯机房，变配电室等场所。也可用于保护贵重仪器、设备。

我国从50年代即开始应用二氧化碳灭火系统。80年代以来，根据我国社会主义建设发展的需要，在现行国家标准《建筑设计防火规范》和《高层民用建筑设计防火规范》中对于应设置二氧化碳灭火系统的场所作出了明确规定，这对我国二氧化碳灭火系统的推广应用起到了积极的促进作用。

近年来，随着国际上对卤代烷的使用限制越来越严，二氧化碳灭火系统的应用将会不断增加。二氧化碳灭火系统能否有效地保护防护区内人员生命和财产的安全，首要条件是系统的设计是否合理。因此，建立一个统一的设计标准是至关重要的。

本规范的编制，是在对国外先进标准和国内研究成果进行综合分析并在广泛征求专家意见的基础上完成的。它为二氧化碳灭火系统的设计提供了一个统一的技术要求，使系统的设计做到正确、合理、有效地达到预期的保护目的。本规范也可以作为消防管理部门对二氧化碳灭火系统工程设计进行监督审查的依据

1.0.2 本条规定了本规范的适用范围。

本规范所涉及的二氧化碳灭火系统，既包括全淹没灭火系统，也包括局部应用灭火系统，主要适用于新建、改建、扩建工程及生产和储存装置的火灾防护。

本规范的主要任务是解决工程建设中的消防问题。国家标准《高层民用建筑设计防火规范》和《建筑设计防火规范》及其它有关标准规范对设置二氧化碳灭火系统的场所都作出了相应规定。

1.0.3 本条系根据我国的具体情况规定了二氧化碳灭火系统工程设计所应遵守的基本原则和应达到的要求。

二氧化碳灭火系统的工程设计，必须根据防护区或保护对象的具体情况，选择合理的设计方案。首先，应根据工程的防火要求和二氧化碳灭火系统的应用特点，合理地划分防护区，制定合理的总体设计方案。在制定总体方案时，要把防护区及其所处的同一建筑物或建筑物的消防问题作为一个整体考虑，要考虑到其它各种消防力量和辅助消防设施的配置情况，正确处理局部和全局的关系。第二，应根据防护区或保护对象的具体情况，如防护区或保护对象的位置、大小、几何形状，防护区内可燃物质的种类、性质、数量和分布等情况，可能发生火灾的类型、起火源和起火部位以及防护区内人员的分布，针对上述情况合理地选择采用不同结构形式的灭火系统，进而确定设计灭火剂用量、系统组件的型号和布置以及系统的操作控制形式。

二氧化碳灭火系统设计上应达到的总要求是"安全适用、技术先进、经济合理"。"安全适用"是要求所设计的灭火系统在平时应处于良好的运行状态，无火灾时不得发生误动作，且不得妨碍防护

区内人员的正常活动与生产的进行；在需要灭火时，系统应能立即启动并施放出必需量的灭火剂，把火灾扑灭在初期。灭火系统本身做到便于维护、保养和操作。“技术先进”则要求系统设计时尽可能采用新的成熟的先进设备和科学的设计、计算方法。“经济合理”则要求在保证安全可靠、技术先进的前提下，尽可能考虑到节省工程的投资费用。

1.0.4 本条规定了二氧化碳灭火系统可用来扑救的火灾种类：气体火灾，液体或可熔化的固体火灾，固体表面火灾及部分固体深位火灾，电气火灾。

制定本条的依据：

(1)二氧化碳灭火系统在我国已应用一段时间并做过一些专项试验。其结果表明，二氧化碳灭火系统扑救上述几类火灾是有效的。

(2)参照或沿用了国际和国外先进标准。

①国际标准 ISO 6183 规定：“二氧化碳适合扑救以下类型的火灾：液体或可熔化的固体火灾；气体火灾，但如灭火后由于继续逸出气体而可能引起爆炸情况的除外；某些条件下的固体物质火灾，它们通常可能是正常燃烧产生炽热余烬的有机物质；带电设备的火灾。”

②英国标准 BS 5306 规定：“二氧化碳可扑救 BS 4547 标准中所定义的 A 类火灾和 B 类火灾；并且也可扑救 C 类火灾，但灭火后存在爆炸危险的应慎重考虑。此外，二氧化碳还适用于扑救包含日常电器在内的电气火灾。”

③美国标准 NFPA 12 规定：“适用于二氧化碳保护的火灾危险和设备有：可燃液体(因为用二氧化碳扑救室内气体火灾有产生爆炸的危险，故不予推荐。如果用来扑救气体火灾时，要注意使用方法，通常应切断气源……)；电气火灾，如变压器、油开关与断路器、旋转设备、电子设备；使用汽油或其它液体燃料的内燃机；普通易燃物，如纸张、木材、纤维制品；易燃固体。”

需要说明的两点是：

(1)对扑救气体火灾的限制。本条文规定：二氧化碳灭火系统可用于扑救灭火之前能切断气源的气体火灾。这一规定同样见于ISO、BS 及 NFPA 标准。这样规定的原因是：尽管二氧化碳灭气体火灾是有效的，但由于二氧化碳的冷却作用较小，火虽然能扑灭，但难于在短时间内使火场环境温度包括其中设置物的温度降至燃气的燃点以下。如果气源不能关闭，则气体会继续逸出，当逸出量在空间里达到或高过燃烧下限浓度，即有产生爆炸的危险。故强调灭火前必须能切断气源，否则不能采用。

(2)对扑救固体深位火灾的限制。条文规定：可用于扑救 棉毛、织物、纸张等部分固体深位火灾。其中所指“部分”的含义，即是本规范附录 A 中可燃物项所列举出的有关内容。换言之，凡未列出者，未经试验认定之前不应作为“部分”之内。如遇有“部分”之外的情况，则需要做专项试验，明确它的可行性以及可供应用的设计数据。

1.0.5 本条规定了不可用二氧化碳灭火系统扑救的物质对象，概括为三大类：含氧化剂的化学制品，活泼金属，金属氢化物。

制定本条内容的依据，主要是参照了国际和国外先进标准。

(1)国际标准 ISO 6183 规定：“二氧化碳不适合扑救下列物质的火灾：自身供氧的化学制品，如硝化纤维，活泼金属和它们的氢化物(如钠、钾、镁、钛、锆等)。”

(2)英国标准 BS 5306 规定：“二氧化碳对金属氢化物，钾、钠、镁、钛、锆之类的活泼金属，以及化学制品含氧能助燃的纤维素等物质的灭火无效。”

(3)美国标准 NFPA 12 规定：“在燃烧过程中，有下列物质的则不能用二氧化碳灭火：

①自身含氧的化学制品，如硝化纤维；

②活泼金属，如钠、钾、镁、钛、锆；

③金属氢化物。”

1.0.6 本条规定中所指的“现行的国家有关标准”，除在本规范中已指明的以外，还包括以下几个方面的标准：

(1)防火基础标准与有关的安全基础标准；

(2)有关的工业与民用建筑防火标准、规范；

(3)有关的火灾自动报警系统标准、规范；

(4)有关的二氧化碳灭火剂标准；

(5)其它有关的标准。

3 系统设计

3.1 一般规定

3.1.1 本条包含两部分内容，其一是规定二氧化碳灭火系统分两种类型，即全淹没灭火系统和局部应用灭火系统；其二是规定两种系统的不同应用条件(范围)，全淹没灭火系统只能应用在封闭的空间里，而局部应用灭火系统可以应用在开敞的空间。

关于全淹没灭火系统、局部应用灭火系统的应用条件，BS 5306 规定的非常清楚：“全淹没灭火系统有一个固定的二氧化碳供给源永久地连向装有喷头的管道，用喷头将二氧化碳喷放到封闭的空间里，使得封闭空间内产生足以灭火的二氧化碳浓度”；“局部应用灭火系统……喷头的布置应是直接向指定区域内发生的火灾喷射二氧化碳，这指定区域是无封闭物包围的，或仅有部分被包围着，无需在整个存放被保护物的容积内形成灭火浓度”。此外，ISO 6183 和 NFPA 12 中都有与上述内容大致相同的规定。

3.1.2 本条规定了全淹没灭火系统的应用条件。

3.1.2.1 本款参照 ISO 6183、BS 5306 和 NFPA 12 等标准，规定了全淹没系统防护区的封闭条件。

条文中规定对于表面火灾在灭火过程中不能自行关闭的开口面积不应大于防护区总表面积的 3%，而且 3%的开口不能开在底面。

开口面积的大小，等效采用 ISO 6183 规定：“当比值 A_0/A_v 大于 0.03 时，系统应设计成局部应用灭火系统；但并不是说，比值小于 0.03 时就不能应用局部应用灭火系统”。提出开口不能开在底部的原因是：二氧化碳的密度比空气的密度约大 50%，即二氧化碳比空气重，最容易在底面扩散流失，影响灭火效果。

3.1.2.2 在本款中规定，对深位火灾，除泄压口外，在灭火过程中不能存在不能自动关闭的开口，是根据以下情况确定的。

采用全淹没方式灭深位火灾时，必须是封闭的空间才能建立起规定的设计浓度，并能保持住一定的抑制时间，使燃烧彻底熄灭，不再复燃。否则，就无法达到这一目的。

关于深位火灾防护区开口的规定，参考了下述国际和国外先进标准：

ISO 6183 规定："当需要一定抑制时间时，不允许存在开口，除非在规定的抑制时间内，另行增加二氧化碳供给量，以维持所要求的浓度"。NFPA 12 规定："对于深位火灾要求二氧化碳喷放空间是封闭的。在设计浓度达到之后，其浓度必须维持不小于 20min 的时间"。BS 5306 规定："深位火灾的系统设计以适度的不透气的封闭物为基础，就是说应安装能自行关闭的挡板和门，这些挡板和门平时可以开着，但发生火灾时应自行关闭。这种系统和围护物应设计成使二氧化碳设计浓度保持时间不小于 20min。"

3.1.2.3 本款规定的全淹没灭火系统防护区的建筑构件最低耐火极限，是参照国家标准《建筑设计防火规范》对非燃烧体及吊顶的耐火极限要求，并考虑下述情况提出的：

(1)为了保证采用二氧化碳全淹没灭火系统能完全将建筑物内的火灾扑灭，防护区的建筑构件应该有足够的耐火极限，以保证完全灭火所需时间。完全灭火所需要的时间一般包括火灾探测时间、探测出火灾后到施放二氧化碳之前的延时时间、施放二氧化碳时间和二氧化碳的抑制时间。这几段时间中二氧化碳的抑制时间是最长的一段，固体深位火灾的抑制时间一般需 20min 左右。若防护区的建筑构件的耐火极限低于上述时间要求，则有可能在火灾尚未完全熄灭之前就被烧坏，使防护区的封闭性受到破坏，造成二氧化碳大量流失而导致复燃。

(2)二氧化碳全淹没灭火系统适用于封闭空间的防护区，也就是只能扑救围护结构内部的可燃物火灾。对围护结构本身的火灾是难以起到保护作用的。为了防止防护区外发生的火灾蔓延到防护区内，因此要求防护区的围护构件、门、窗、吊顶等，应有一定的耐火极限。

关于防护区围护结构耐火极限的规定，同时也参考了国际和国外先进标准的有关规定，如：ISO 6183 规定："利用全淹没二氧化碳灭火系统保护的建筑结构应使二氧化碳不易流散出去。房屋的墙和门窗应该有足够的耐火时间，使得在抑制时间内，二氧化碳能维持在预定的浓度。"BS 5306 规定："被保护容积应该用耐火构件封闭，该耐火构件按 BS 476 第八部分进行试验，耐火时间不小于 30min。"

3.1.2.4 本款规定防护区的通风系统在喷放二氧化碳之前应自动关闭，是根据下述情况提出的：

向一个正在通风的防护区施放二氧化碳，二氧化碳随着排出的空气很快流出室外，使防护区内达不到二氧化碳设计浓度，影响灭火；另外，火灾有可能通过风道蔓延。

本款的提出参考了国际和国外先进标准规定：

ISO 6183 规定："开口和通风系统，在喷放二氧化碳之前，至少在喷放的同时，能够自动断电并关闭"。BS 5306 规定："在有强制通风系统的地方，在开始喷射二氧化碳之前或喷射的同时，应该把通风系统的电源断掉，或把通风孔关闭"。NFPA 12 规定："在装有空调系统的地方，在喷放二氧化碳之前或同时，把空调系统切断或关闭，或既切断又关闭，或提供附加的补偿气体。"

3.1.3 本条规定了局部应用灭火系统的应用条件。

3.1.3.1 二氧化碳灭火剂属于气体灭火剂，易受风的影响，为了保证灭火效果，必须把风的因素考虑进去。为此，曾经在室外做过喷射试验，发现在风速小于 3m/s 时，喷射效果较好，风对灭火效果影响不大，仍然满足设计要求。依此，规定了保护对象周围的空气流动速度不宜大于 3m/s 的要求。为了对环境风速条件不宜限制过死，有利于设计和应用，故又规定了当风速大于 3m/s 时，可考虑采取挡风措施的做法。

国外有关标准也提到了风的影响，但对风速规定不具体。如 BS 5306 规定："喷射二氧化碳一定不能让强风或空气流吹跑。"

3.1.3.2 局部应用系统是将二氧化碳直接喷射到被保护对象表面而灭火的，所以在射流的沿程是不允许有障碍物的，否则会影响灭火效果。

3.1.3.3 当被保护对象为可燃液体时，流速很高的液态二氧化碳具有很大的动能，当二氧化碳射流喷到可燃液体表面时，可能引起可燃液体的飞溅，造成流淌火或更大的火灾危险。为了避免这种飞溅的出现，可以在射流速度方面作出限制，同时对容器缘口到液面的距离作出规定。为了和局部应用喷头设计数据的试验条件相一致，故作出液面到容器缘口的距离不得小于 150mm 的规定。

国际标准和国外先进标准也都是这样规定的。如 ISO 6183 规定：对于深层可燃液体火灾，其容器缘口至少应高于液面 150mm；NFPA 12 中规定：当保护深层可燃液体灭火时，必须保证油盘缘口要高出液面至少 6in(150mm)。

3.1.4 喷射二氧化碳前切断可燃、助燃气体气源的目的是防止引起爆炸。同时，也为防止淡化二氧化碳浓度，影响灭火。

3.1.5 本条规定了备用量的设置条件、数量和方法。

(1)备用量的设置条件。组合分配系统中各防护区或保护对象虽然不会同时发生火灾，但保护对象数目增多，发生火灾的概率就增大，可能发生火灾的时间间隔就缩短。为防备主设备因检修、泄漏或喷射释放等原因造成保护中断期间发生火灾，所以要考虑设置备用量。至于多少个保护对象的组合分配系统应设备用量，在国际标准和国外先进标准中规定也未明确。仅前联邦德国在 DIN 14492 中规定："如果灭火装置保护多达 5 个保护区(保护对象)时，则必须按其中最大灭火剂用量考虑 100%备用量。"工程实际中，二氧化碳灭火系统多用于生产作业的火灾危险场所，并且超过一个保护对象或防护区的组合分配系统也不多，故本规范规定 4 个以上的就应设备用量。

(2)备用量的数量。备用量是为了保证系统保护的连续性，同时也包含了扑救 2 次火灾的考虑。因此备用量不应小于设计用量关于备用量的数量。ISO 6183 规定："在有些情况下，二氧化碳灭火系统保护一个或多个区域的地方，要求有 100%的备用量"。

(3)备用量的设置方法。本条规定备用量的储存容器应与主储存容器切换使用，其目的是为了起到连续保护作用。无论是主储存容器已释放或发生泄漏或是其它原因造成主储存容器不能使用时，备用储存容器则应能立即投入使用。关于备用量的设置方法，ISO 6183 规定："备用量的供给永久地与系统相连"；BS 5306 也规定："每一组备用附加钢瓶应与最初储备的相等，并预先连到固定管网"；NFPA 12 规定："固定储存系统的基本瓶组与备用瓶组应永久地接向管网。"

3.2 全淹没灭火系统

3.2.1 本条中"二氧化碳设计浓度不应小于灭火浓度的 1.7 倍"的规定是等效采用国际和国外先进标准。ISO 6183 规定："设计浓度取 1.7 倍的灭火浓度值"。其它一些国家标准也有相同的规定。

本条还规定了设计浓度不得低于 34%，这是说，实验得出的灭火浓度乘以 1.7 以后的值，若小于 34%时，也应取 34%为设计浓度。这与国际、国外先进标准规定相同。ISO 6183、NFPA 12、BS 5306 标准都有此规定。

在本规范附录 A 中已经给出多种可燃物的二氧化碳设计浓度。附录 A 中没有给出的可燃物的设计浓度，应通过试验确定。

3.2.2 本条规定了在一个防护区内，如果同时存放着几种不同物质，在选取该防护区二氧化碳设计浓度时，应选各种物质当中设计浓度最大的作为该防护区的设计浓度。只有这样，才能保证灭火条件。在国际标准和国外先进标准中也有同样的规定。

3.2.3 本条给出了设计用量的计算公式。该公式等效采用 ISO 6183 中的二氧化碳设计用量公式。其中常数 30 是考虑到开口流失的补偿系数。

该式计算示例：

侧墙上有 2m×1m 开口(不关闭)的散装乙醇储存库(查附录 A，$K_b=1.3$)，实际尺寸：长=16m，宽=10m，高=3.5m。

防护区容积：$V_v=16\times10\times3.5=560m^3$

可扣除体积：$V_g=0m^3$

防护区的净容积：$V=V_v-V_g=560-0=560m^3$

总表面积：

$$A_v=(16\times10\times2)+(16\times3.5\times2)+(10\times3.5\times2)$$
$$=502m^2$$

所有开口的总面积：

$$A_0=2\times1=2m^2$$

折算面积：

$$A=A_v+30A_0=502+60=562m^2$$

设计用量：

$$M=K_b(0.2A+0.7V)$$
$$=1.3(0.2\times562+0.7\times560)$$
$$=655.7kg$$

3.2.4、3.2.5 这两条规定了当防护区环境温度超出所规定温度时，二氧化碳设计用量的补偿方法。

当防护区的环境温度在－20～100℃之间时，无须进行二氧化碳用量的补偿。当上限超出 100℃时，如 105℃时，对超出的 5℃就需要增加 2%的二氧化碳设计用量。一般能超出 100℃以上的异常环境温度的防护区，如烘漆间。当环境温度低于－20℃时，对其低于的部分，每 1℃需增加 2%的二氧化碳设计用量。如－22℃时，对低于的 2℃需增加 4%的二氧化碳设计用量。

本条等效采用了国外先进标准的规定：BS 5306 规定："(1)围护物常态温度在 100℃以上的地方，对 100℃以上的部分，每 5℃增加 2%的二氧化碳设计用量；(2)围护物常态温度低于－20℃的地方，对－20℃以下的部分，每 1℃增加 2%的二氧化碳设计用量"。NFPA 12 也有相同的规定。

3.2.6 本条规定泄压口宜设在外墙上，其位置应距室内地面 2/3 以上的净高处。因为二氧化碳比空气重，容易在空气下面扩散。所以为了防止防护区因设置泄压口而造成过多的二氧化碳流失，泄压口的位置应开在防护区的上部。

国际和国外先进标准对防护区内的泄压口也作了类似规定。例如，ISO 6183 规定："对封闭的房屋，必须在其最高点设置自动泄压口，否则当放进二氧化碳时将会导致增加压力的危险"。BS 5306 规定："封闭空间可燃蒸气的泄放和由于喷射二氧化碳引起的超压的泄放，应该予以考虑，在必要的地方，应作泄放口。"

在执行本条规定时应注意：采用全淹没灭火系统保护的大多数防护区，都不是完全封闭的，有门、窗的防护区一般都有缝隙存在；通过门窗四周缝隙所泄漏的二氧化碳，可防止空间内压力过量升高，这种防护区一般不需要再开泄压口。此外，已设有防爆泄压口的防护区，也不需要再设泄压口。

3.2.7 本条规定的计算泄压口面积公式由 ISO 6183 中的公式经单位变换得到。公式中最低允许压强值的确定，可参照美国 NFPA 12 标准给出的数据(见表 1)：

建筑物的最低允许压强 **表 1**

类型	最低允许压强(Pa)
高层建筑	1200
一般建筑	2400
地下建筑	4800

3.2.8 本条对二氧化碳设计用量的喷射时间作了具体规定。该规定等效采用了国际和国外先进标准。ISO 6183 规定："二氧化碳设计用量的喷射时间应在 1min 以内。对于要求抑制时间的固体物

质火灾，其设计用量的喷射时间应在 7min 以内。但是，其喷放速率要求不得小于在 2min 内达到 30%的体积浓度”。BS 5306 也作了同样规定。

3.2.9 本条规定的扑救固体深位火灾的抑制时间，等效采用了 ISO 6183 的规定。

3.2.10 本条规定了二氧化碳储存量应包括设计用量与残余量两部分。同时又规定了组合分配系统储存量的确定原则。

（1）残余量的规定是根据我国现行采用的 40 L 二氧化碳储存容器试验结果得出的。40 L 钢瓶充装量为 25kg，喷放后测得残余量为 1.5～2kg，占充装量的 6%～8%，故选取残余量为设计用量的 8%。

（2）组合分配系统是由一套二氧化碳储存装置同时保护多个防护区或保护对象的灭火系统。各防护区同时着火的概率很小，不需考虑同时向各个防护区释放二氧化碳灭火剂。在同一组合分配系统中，每个防护区的容积大小、所需设计浓度、开口情况各不相同，其中必定有一个设计用量最多的防护区，应将该防护区的设计用量及所需残余量作为组合分配系统的二氧化碳储存量。因为在某些情况下，容积最大的防护区，其设计用量不一定最大，设计时一定要按设计用量最大的考虑。

3.3 局部应用灭火系统

3.3.1 局部应用灭火系统的设计方法分为面积法和体积法，这是国际标准和国外先进标准比较一致的分类法。前者适用于着火部位为比较平直的表面情况，后者适用于着火对象是不规则物体情况。凡当着火对象形状不规则，用面积法不能做到所有表面被完全覆盖时，都可采用体积法进行设计。当着火部位比较平直，用面积法容易做到所有表面被完全覆盖时，则首先可考虑用面积法进行设计。为使设计人员有所选择，故对面积法采用了“宜”这一要求程度的用词。

3.3.2 本条是根据试验数据和参考国际标准和国外先进标准制定的。BS 5306 规定：“二氧化碳总用量的有效液体喷射时间应为 30s”。ISO 6183、NFPA 12、日本和前苏联有关标准也都规定喷射时间为 30s。为了与上述标准一致起来，故本规范规定喷射时间为 0.5min。

燃点温度低于沸点温度的可燃液体和可熔化的固体的喷射时间，BS 5306 规定为 1.5min，国际标准未规定具体数据，故取英国标准 BS 5306 的数据。

3.3.3 本条说明设计局部应用灭火系统的面积法。

3.3.3.1 由于单个喷头的保护面积是按被保护面的垂直投影方向确定的，所以计算保护面积也需取整体保护表面垂直投影的面积。

3.3.3.2 架空型喷头设计流量和相应保护面积的试验方法是参照美国标准 NFPA 12 确定的。该试验方法是：把喷头安装在盛有 70# 汽油的正方形油盘上方，使其轴线与液面垂直。液面到油盘缘口的距离为 150mm，喷射二氧化碳使其产生临界飞溅的流量，该流量称为临界飞溅流量（也称最大允许流量）。以 75%临界飞溅流量在 20s 以内灭火的油盘面积定义为喷头的保护面积，以 90%临界飞溅流量定义为对应保护面积的喷头设计流量。试验表明：保护面积和设计流量都是安装高度（即喷头到油盘液面的距离）的函数，所以在工程设计时也需根据喷头到保护对象表面的距离确定喷头的保护面积和相应的设计流量。只有这样，才能使预定的流量不产生飞溅，预定的保护面积内能可靠地灭火。

槽边型喷头的保护面积是其喷射宽度与射程的函数，喷射宽度和射程是喷头设计流量的函数，所以槽边型喷头的保护面积需根据选定的喷头设计流量确定。

3.3.3.3、3.3.3.4 这两款等效采用了国际标准和国外先进标准。ISO 6183、NFPA 12 和 BS 5306 都作了同样规定。

图 3.3.3 表示了喷头轴线与液面垂直和喷头轴线与液面成

45°锐角两种安装方式。其中油盘缘口至液面距离为150mm，喷头出口至瞄准点的距离为 S。喷头轴线与液面垂直安装时（B_1 喷头），瞄准点 E_1 在喷头正方形保护面积的中心。喷头轴线与液面成45°锐角安装时（B_2 喷头），瞄准点 E_2 偏离喷头正方形保护面积中心，其距离为 $0.25L_b$（L_b 是正方形面积的边长）；并且，喷头的设计流量和保护面积与垂直布置的相等。

3.3.3.5 喷头的保护面积，对架空型喷头为正方形面积，对槽边型喷头为矩形（或正方形）面积。为了保证可靠灭火，喷头的布置必须使保护面积被完全覆盖，即按不留空白原则布置喷头。至于等距布置原则，这是从安全可靠、经济合理的观点提出的。

3.3.3.6 二氧化碳设计用量等于把全部被保护表面完全覆盖所用喷头的设计流量数之和与喷射时间的乘积，即：

$$M=t\sum Q_i \tag{1}$$

当所用喷头设计流量相同时，则：

$$\sum Q_i=N\cdot Q_i \tag{2}$$

把公式(2)代入公式(1)即得出公式(3.3.3)。

上述确定喷头数量和设计用量的方法，也是ISO 6183、NFPA 12和BS 5306等规定的方法。

除此之外，还有以灭火强度为依据确定灭火剂设计用量的计算方法。

$$M=A_1\cdot q \tag{3}$$

式中 q——灭火强度（kg/m^2）。

这时，喷头数量按下式计算：

$$N=M/(t\cdot Q_i) \tag{4}$$

日本采用了这种方法，规定灭火强度取 $13kg/m^2$。

我们的试验表明：喷头安装高度不同，灭火强度不同，灭火强度随喷头安装高度的增加而增加。为了安全可靠、经济合理起见，本规范不采用这种方法。

3.3.4 本条说明设计局部应用系统的体积法。

(1)本条等效采用国际标准和国外先进标准。

ISO 6183规定："系统的总喷放速率以假想的围绕火灾危险区的完全封闭罩的容积为基础。这种假想的封闭罩的墙和天花板距火险至少0.6m远，除非采用了实际的隔墙，而且这墙能封闭一切可能的泄漏、飞溅或外溢。该容积内的物体所占体积不能被扣除。"

ISO 6183又规定："一个基本系统的总喷放强度不应小于 $16kg/min\cdot m^3$；如果假想封闭罩有一个封闭的底，并且已分别为高出火险物至少0.6m的永久连续的墙所限定（这种墙通常不是火险物的一部分），那么，对于存在这种为实际墙完全包围的封闭罩，其喷放速率可以成比例地减少，但不得低于 $4kg/min\cdot m^3$。"

NFPA 12和BS 5306也作了类似规定。

(2)本条经过了试验验证。

①用火灾模型进行试验验证。火灾模型为0.8m×0.8m×1.4m的钢架，用∅18圆钢焊制，钢架分为三层，距底分别为0.4m、0.9m和1.4m。各层分别放5个油盘，油盘里放入 K_b 等于1的70#汽油。火灾模型放在外部尺寸为2.08m×2.08m×0.3m的水槽中间，水槽外围竖放高为2.08m，宽为1.04m的钢制屏封。把水槽四周全部围起来共需8块屏封，试验时根据预定 A_p/A_t 值决定放置屏风块数。二氧化碳喷头布置在模型上方，灭火时间控制在20s以内，求出不同 A_p/A_t 值下的二氧化碳流量，计算出不同 A_p/A_t 值时的二氧化碳单位体积的喷射率 q_v 值。

首先作了同一 A_p/A_t 值下，不同开口方位的试验。试验表明：单位体积的喷射率与开口方位无关。

接着作了7种不同 A_p/A_t 值的灭火实验，每种重复3次，经数据处理得：

$$q_v=15.95-11.92\times(A_p/A_t) \tag{5}$$

该结果与公式(3.3.4－1)非常接近。

②用中间试验进行工程实际验证。中间试验的灭火对象为3150kVA 油浸变压器，其外部尺寸为 2.5m×2.3m×2.6m，灭火系统设计采用体积法，计算保护体积为：

$$V_1=(2.5+0.6\times2)(2.3+0.6\times2)(2.6+0.6)=41.44\text{m}^3$$

环绕变压器四周，沿假想封闭罩分两层设置环状支管。支管上布置喷头，封闭罩无真实墙，取 A_p/A_t 值等于零，单位体积喷射率 q_v 取 16kg/min·m³，设计喷射时间取 0.5min，计算灭火剂设计用量。试验用汽油引燃变压器油，预燃时间 30s，试验结果，实际灭火时间为 15s。由此可见，按本条规定的体积法进行局部应用灭火系统设计是安全可靠的。

(3)需要进一步说明的问题。一般设备的布置，从方便维护讲，都会留出离真实墙 0.5m 以上的距离，就是说实体墙距火险危险物的距离都会接近 0.6m 或大于 0.6m，这时到底利用实体墙与否应通过计算决定。利用了真实墙，体积喷射率 q_v 值变小了，但计算保护体积 V_1 值增大了，如果最终灭火剂设计用量增加了许多，那么就没必要利用真实墙。

3.3.5 局部应用灭火系统是将二氧化碳直接喷射到保护对象表面而灭火。试验表明：只有液态的二氧化碳才能有效地灭火，按正常充装密度充装的高压储瓶，以液态形式喷出的二氧化碳量仅为充装量的 70%～75%。根据试验结果，并参照国际标准和国外先进标准取储存量为设计量的 1.4 倍。

ISO 6183 规定："对于高压储存系统，二氧化碳的设计用量应增加 40%，以确定容器的名义储存能力。这是因为，只有喷出的液体部分才是有效的。"

NFPA 12 和 BS 5306 也作了同样规定。

3.3.6 本条等效采用国际标准和国外先进标准。ISO 6 183、NFPA 12 和 BS 5306 都作了同样规定。需要指出的是：有绝热层保护的管敷在环境温度超过 45℃的场所时，如果做到管壁的温度不超过 45℃，那么可以不计算二氧化碳管道蒸发量。对实际的环境温度超过 45℃的场所，到底采用绝热技术还是追补管道蒸发量，应由经济性决定。

4 管网计算

4.0.1 本条规定了管网计算的总原则：管道直径应满足输送设计流量要求，同时，管道最终端压力也应满足喷头入口压力不低于喷头最低工作压力的要求。这是水力计算中的一般要求。二氧化碳流属随机二相流，其水力计算较复杂，所以本规定不限制具体的计算方法，只从原则上作规定，只要满足这两条基本原则即可。

4.0.2、4.0.3 这两条规定了计算管道流量的方法，为管网计算提供管道流量的数据。

仍需指出：计算流量的方法应灵活使用，如对局部应用的面积法，也可先求出支管流量，然后由支管流量相加得干管流量。又如全淹没系统的管网，可按总流量的比例分配支管流量，如对称分配的支管流量即为总流量的 1/2。

4.0.4 这是一般水力计算中确定管段计算长度的常规原则。

4.0.5 本条等效采用了国际标准和国外先进标准。ISO 6183、NFPA 12 和 BS 5306 都作了同样规定。

我国通过灭油浸变压器火中间试验验证了这种方法，故等效采用。

4.0.6 正常敷管坡度引起的管段两端的水头差是可以忽略的，但对管段两端显著高程差所引起的水头是不能忽略的，应计入管段终点压力。水头是高度和密度的函数，二氧化碳的密度是随压力变化的，在计算水头时，应取管段两端压力的平均值。水头是重力作用的结果，方向永远向下，所以当二氧化碳向上流动时应减去该水头，当向下流动时应加上该水头。

本条规定是参照国际标准和国外先进标准制定，其中附录 E 系等效采用了 ISO 6183 中的表 B6。

执行这一条时应注意两点：管段平均压力是管段两端压力的平均值；高程是管段两端的高度差（位差），不是管段的长度。

4.0.7 本规定等效采用国际标准规定，并经试验验证。

ISO 6183 规定：对高压系统，喷嘴入口最低压力取 1.4MPa。

试验表明：对高压储存系统，只要喷头入口压力不低于 MPa，就能保证液相喷射，无论对全淹没灭火系统还是对局部应用灭火系统均能保证灭火效果。

4.0.8、4.0.9 这两条规定系参考国际标准和国外先进标准制定。

ISO 6183 规定："喷嘴开口的截面积计算应按附录 B 进行。" ISO 6183 中附录 B6 中指出："对高压系统，通过等效孔口的喷射强度应以表 B8 中给出的值为依据。"

NFPA 12 规定："喷嘴所要求的当量孔口面积等于总流量除以喷射率"。BS 5306 中也作了同样规定。

本规范附录 F 系等效采用 ISO 6183 中表 B8。

4.0.10 目前我国使用的二氧化碳钢瓶容积为 40 L，充装量为 25 kg，但考虑到以后的发展，储存容器的规格还会增多，所以提出用公式(4.0.10)来计算不同规格储存容器的个数。

执行这一条规定时应注意，钢瓶充装率必须根据各种规格产品的充装率确定。

5 系统组件

5.1 储存装置

5.1.1 本条规定了二氧化碳灭火系统储存装置的组成。储存容器是用以贮存二氧化碳灭火剂的，容器阀是用以控制灭火剂的施放的，单向阀起防止灭火剂回流的作用，集流管是汇集从各储存容器放出的灭火剂再送入管网的。

5.1.2 本条规定了灭火剂的质量应符合国家标准的规定。

5.1.3 本条中规定的充装率是根据我国《气瓶安全监查规程》中有关条款确定的。

5.1.4 设置称重检漏装置是为了检查储存容器内灭火剂的泄漏情况，避免因泄漏过多在火灾发生时影响灭火效果。并规定了储存容器内灭火剂泄漏量达到10%时应及时补充或更换。

NFPA 12 规定："如果在某个时候，容器内灭火剂损失超过净重的10%，必须重新灌装或替换。"

5.1.5 在储存容器或容器阀上设置安全泄压装置，是为了防止由于意外情况出现时，储存容器的压力超过允许的最高压力而引起事故，以确保设备和人身安全。

目前应用的储瓶设计压力为15MPa，强度试验压力为22.5MPa，因此规定泄压装置的动作压力应为19±0.95MPa。

5.1.6 储存容器避免阳光直射，是为了防止容器温度过高，以确保容器安全。

5.1.7 储存装置设置在专用的储存容器间内，是为了便于管理及安全。局部应用系统的储存装置往往就设置在保护对象的附近，为了安全也应将储存装置设置在固定的围栏内，围栏应是防火材料制成。

5.1.7.1 储存间靠近防护区，可减少管道长度、减少压力损失。为了值班人员、工作人员的安全，要求出口应直接通向室外或疏散通道。

5.1.7.2 储存间的耐火等级不应低于二级的防火要求，与《建筑设计防火规范》对消防水泵房的要求等同。

5.1.7.3 储存间的温度范围系参照国外同类标准的有关规定制定的。ISO 6183 规定："高压储存温度范围从0～50℃，在这中间对变化的流速不需特殊的补偿方法"。储存容积间保持干燥，可避免容器、管道及电气仪表等因潮湿而锈蚀。通风良好则可避免因检修或灭火剂泄漏造成储存间内浓度过高而对人身造成危害。

5.1.7.4 对只能设在地下室的储存间，只有设置机械排风装置才能达到上述要求。

5.2 选择阀与喷头

5.2.1 在组合分配系统中，每个防护区或保护对象的管道上应设一个选择阀。在火灾发生时，可以有选择地打开出现火情的防护区或保护对象的管道上的选择阀喷射灭火剂灭火。选择阀上设标明防护区或保护对象的铭牌是防止操作时出现差错。

5.2.2 选择阀的工作压力不应小于12MPa，与集流管的工作压力一致。

5.2.3 在灭火系统动作时，如果选择阀滞后打开就会引起选择阀和集流管承受水锤作用而出现超压，所以明确规定选择阀在容器阀动作前或同时打开。

5.2.4 在国外同类标准中也有类似的规定。如 ISO 6183 规定："必要时针对影响喷头功能的外部污染，对喷头加以保护。"

5.3 管道及其附件

5.3.1 二氧化碳在储存容器中的压力随温度升高而增加。为了安全，本条规定了管道及其附件应能承受最高环境温度下的储存压力。

5.3.1.1 符合国家标准 GB 3639《冷拔和冷轧精密无缝钢管》中的无缝钢管可以承受设计要求的压力。为了减缓管道的锈蚀，要求管道内外镀锌。

5.3.1.2 当防护区内有腐蚀锌层的气体、蒸气或粉尘时，应采取抗腐蚀的材料，如《不锈钢管》、《挤压铜管》、《拉制铜管》中的不锈钢管或铜管。

5.3.1.3 软管采用不锈钢软管免于锈蚀，可保证软管安全承受要求的压力。

5.3.2 本条规定了管道的连接方式，对于公称直径不大于 80mm 的管道，可采用螺纹连接；对于公称直径超过 80mm 的管道可采用法兰连接，这主要是考虑强度要求和安装与维修的方便。

对于法兰连接，其法兰可按《对焊钢法兰》的标准执行。

采用不锈钢管或铜管并用焊接连接时，可按国家标准《现场设备工业管道焊接工程施工及验收规范》的要求施工。

5.3.3 本条系参照国际和国外先进标准制定的。ISO 6183 规定："在系统中，在阀的布置导致封闭管段的地方，应设置压力泄放装置"。BS 5306 规定："在管道中有可能积聚二氧化碳液体的地方，如阀门之间，应加装适宜的超压泄放装置。……对高压系统，这样的装置应设计成在 15±0.75MPa 时动作"。故本条规定集流管工作压力不应小于 12MPa，泄压动作压力为 15±0.75MPa。

6 控制与操作

6.0.1、6.0.3 二氧化碳灭火系统的防护区或保护对象大多是消防保卫的重点要害部位或是有可能无人在场的部位。即使经常有人，但不易发现大型密闭空间深位处的火灾。所以一般应有自动控制，以保证一旦失火便能迅速将其扑灭。但自动控制有可能失灵，故要求系统同时应有手动控制。手动控制应不受火灾影响，一般在防护区外面或远离保护对象的地方进行。为了能迅速启动灭火系统，要求以一个控制动作就能使整个系统动作。考虑到自动控制和手动控制万一同时失灵（包括停电），系统应有应急手动启动方式。应急操作装置通常是机械的，如储存容器瓶头阀上的按钮或操作杆等。应急操作可以是直接手动操作，也可以利用系统压力或钢索装置等进行操作。手动操作的推、拉力不应大于 178N。

考虑到二氧化碳对人体可能产生的危害。在设有自动控制的全淹没防护区外面，必须设有自动/手动转换开关。有人进入防护区时，转换开关处于手动位置，防止灭火剂自动喷放，只有当所有人都离开防护区时，转换开关才转换到自动位置，系统恢复自动控制状态。局部应用灭火系统保护场所情况多种多样。所谓"经常有人"，系指人员不间断的情况，这种情况不宜也不需要设置自动控制。对于"不常有人"的场所，可视火灾危险情况来决定是否需要设自动控制。

6.0.2 本条规定了二氧化碳灭火系统采用火灾探测器进行自动控制时的具体要求。

不论哪种类型的探测器，由于本身的质量和环境的影响，在长期工作中不可避免地将出现误报动作的可能。系统的误动作不仅会损失灭火剂，而且会造成停工、停产，带来不必要的经济损失。为了尽可能减少甚至避免探测器误报引起系统的误动作，通常设置两种类型或两组同一类型的探测器进行复合探测。本条规定的“应接收两个独立的火灾信号后才能启动”，是指只有当两种不同类型或两组同一类型的火灾探测器均检测出保护场所存在火灾时，才能发出施放灭火剂的指令。

6.0.4 二氧化碳灭火系统的施放机构可以是电动、气动、机械或它们的复合形式，要保证系统在正常时处于良好的工作状态，在火灾时能迅速可靠地启动，首先必须保证可靠的动力源。电源应符合《火灾自动报警系统设计规范》中的有关规定。当采用气动动力源时，气源除了保证足够的设计压力以外，还必须保证用气量，必要时，控制气瓶的数量不少于2只。

7 安全要求

7.0.1 本条规定在每个防护区内设置火灾报警信号，其目的在于提醒防护区的人员迅速撤离防护区，以免受到火灾或灭火剂的危害。

二氧化碳灭火系统施放灭火剂有一个延时时间，在火灾报警信号和灭火系统施放之间一般有20～30s的时间间隔，这给防护区内的人员提供了撤离的时间以及判断防护区的火灾是否可以用手提式灭火器扑灭，而不必启动二氧化碳灭火系统。如果防护区内的人员发现火灾很小，就没有必要启动灭火系统，可将灭火系统启动控制部分切断。

在特殊场所增设光报警器，如环境噪音在80dB以上，人们不易分辨出报警声信号的场所。

本条规定必须有手动切除报警信号的操作机构，是为了防止误报，也是为了在人们已获知火灾信号或已投入扑救火灾时，无需报警信号，特别是声报警信号的情况下应能手动切除。

7.0.2 本条是从保证人员的安全角度出发而制定的。规定了人员撤离防护区的时间和迅速撤离的安全措施。

实际上，全淹没灭火系统所使用的二氧化碳设计浓度应为34%或更高一些，在局部灭火系统喷嘴处也可能遇到这样高的浓度。这种浓度对人是非常危险的。

一般来讲，采用二氧化碳灭火系统的防护区一旦发生火灾报警讯号，人员应立即开始撤离，到发出施放灭火剂的报警时，人员应全部撤出。这一段预报警时间也就是人员疏散时间，与防护区面积大小、人员疏散距离有关。防护区面积大，人员疏散距离远，则预报警时间应长。反之则预报警时间可短。这一时间是人为规定的，可根据防护区的具体情况确定，但不应大于30s。当防护区内经常无人时，应取消预报警时间。

疏散通道与出入口处设置事故照明及疏散路线标志是为了给疏散人员指示疏散方向，所用照明电源应为火灾时专用电源。

7.0.3 防护区入口设置二氧化碳喷射指示灯，目的在于提醒人们注意防护区内已施放灭火剂，不要进入里面去，以免受到火灾或灭火剂的危害。也有提醒防护区的人员迅速撤离防护区的作用。

7.0.4 本条规定是为了防止由于静电而引起爆炸事故。

《工业安全技术手册》中对气态物料的静电有如下的论述：纯净的气体是几乎不带静电的，这主要是因为气体分子的间距比液体或固体大得多。但如在气体中含有少量液滴或固体颗粒就会明显带电，这是在管道和喷嘴上摩擦而产生的。通常的高压气体、水蒸气、液化气以及气流输送和滤尘系统都能产生静电。

接地是消除导体上静电的最简单有效的方法，但不能消除绝缘体上的静电。在原理上即使1MΩ的接地电阻，静电仍容易很快泄漏，在实用上接地导线和接地极的总电阻在100Ω以下即可，接地线必须连接可靠，并有足够的强度。因而，设置在有爆炸危险的可燃气体、蒸气或粉尘场所内的管道系统应设防静电接地装置。

《灭火剂》(前东德H.M.施莱别尔、P.鲍尔斯特著)一书，对静电荷也有如下论述：如果二氧化碳以很高的速度通过管道，就会发生静电放电现象。可以确定，1kg二氧化碳的电荷可达0.01～30μV就有形成着火甚至爆炸的危险。作为安全措施，建议把所有喷头的金属部件互相连接起来并接地。这时要特别注意不能让连接处断开。

7.0.5 一旦发生火灾，防护区内施放了二氧化碳灭火剂，这时人员是不能进入防护区的。为了尽快排出防护区内的有害气体，使人员能进入里面清扫和整理火灾现场，恢复正常工作条件，本条规定防护区应进行通风换气。

由于二氧化碳比空气重，往往聚集在防护区低处，无窗和固定窗扇的地上防护区以及地下防护区难以采用自然通风的方法将二氧化碳排走。因此，应采用机械排风装置，并且排风扇的入口应设在防护区的下部。建议参照NFPA 12标准要求排风扇入口设在离地面高度46cm以内。排风量应使防护区每小时换气4次以上。

7.0.6 防护区出口处应设置向疏散方向开启，且能自动关闭的门。其目的是防止门打不开，影响人员疏散。人员疏散后要求门自动关闭，以利于防护区二氧化碳灭火剂保持设计浓度，并防止二氧化碳流向防护区以外地区，污染其它环境。自动关闭门应设计成关闭后在任何情况下都能从防护区内打开，以防因某种原因，有个别人员未能脱离防护区，而门从内部打不开，造成人身伤亡事故发生。

7.0.7 当防护区内一旦发生火灾而施放二氧化碳灭火剂，防护区内的二氧化碳会对人员产生危害。此时人员不应留在或进入防护区。但是，由于各种特殊原因，人员必须进去抢救被困在里面的人员或去查看灭火情况，因此，为了保证人员安全，本条关于设置专用的空气呼吸器或氧气呼吸器是完全必要的。

中华人民共和国国家标准

高倍数、中倍数泡沫灭火系统设计规范

Code for design of high & medium expansion foam systems

GB 50196-93

主编部门：中华人民共和国公安部
批准部门：中华人民共和国建设部
施行日期：1994年8月1日

关于发布国家标准《高倍数、中倍数泡沫灭火系统设计规范》的通知

建标[1994]23号

根据国家计委计综[1989]30号文的要求，由公安部天津消防科学研究所负责主编，会同有关单位共同编制的国家标准《高倍数、中倍数泡沫灭火系统设计规范》，已经有关部门会审。现批准《高倍数、中倍数泡沫灭火系统设计规范》GB50196-93为强制性国家标准，自1994年8月1日起施行。

本规范由公安部负责管理，其具体解释等工作由公安部天津消防科学研究所负责，出版发行由建设部标准定额研究所负责组织。

中华人民共和国建设部
1993年12月30日

1 总 则

1.0.1 为合理地设计高倍数、中倍数泡沫灭火系统，减少火灾危害，保护人身和财产的安全，制定本规范。

1.0.2 高倍数、中倍数泡沫灭火系统的设计应遵循国家的有关方针政策，针对防护区的实际情况，做到安全可靠，技术先进，经济合理。

1.0.3 本规范适用于新建、改建或扩建工程中设置的高倍数、中倍数泡沫灭火系统的设计。

1.0.4 高倍数、中倍数泡沫灭火系统可用于扑救下列火灾：

1.0.4.1 汽油、煤油、柴油、工业苯等B类火灾。

1.0.4.2 木材、纸张、橡胶、纺织品等A类火灾。

1.0.4.3 封闭的带电设备场所的火灾。

1.0.4.4 控制液化石油气、液化天然气的流淌火灾。

1.0.5 高倍数、中倍数泡沫灭火系统不得用于扑救含有下列物质的火灾：

1.0.5.1 硝化纤维、炸药等在无空气的环境中仍能迅速氧化的化学物质与强氧化剂。

1.0.5.2 钾、钠、镁、钛和五氧化二磷等活泼性的金属和化学物质。

1.0.5.3 未封闭的带电设备。

1.0.6 高倍数、中倍数泡沫灭火系统的设计，除执行本规范的规定外，尚应符合国家现行有关标准、规范的规定。

2 术语、符号

2.1 术 语

2.1.1 发泡倍数 expansion

泡沫的体积与产生这些泡沫的泡沫混合液的体积之比。

2.1.2 高倍数泡沫 high expansion foam

发泡倍数为201～1000的泡沫。

2.1.3 中倍数泡沫 medium expansion foam

发泡倍数为21～200的泡沫。

2.1.4 混合比 concentration

泡沫液在泡沫混合液中所占的体积百分比。

2.1.5 泡沫供给速率 rate of foam application

每分钟供给泡沫的总体积。

2.1.6 封闭空间 enclosure

由难燃烧体或非燃烧体所包容的空间。

2.1.7 导泡筒 foam transit tube

由泡沫发生器出口向防护区输送高倍数泡沫的导筒。

2.1.8 全淹没式高倍数泡沫灭火系统 total flooding of high expansion foam extinguishing system

由固定式高倍数泡沫发生装置将高倍数泡沫喷放到封闭或被围挡的防护区内，并在规定的时间内达到一定泡沫淹没深度的灭火系统。

2.1.9 局部应用式高倍数、中倍数泡沫灭火系统 local application of high & medium expansion foam extinguishing system

由固定或半固定的高倍数或中倍数泡沫发生装置直接或通过导泡筒将泡沫喷放到火灾部位的灭火系统。

2.1.10 移动式高倍数、中倍数泡沫灭火系统　mobile of high & medium expansion foam extinguishing system

由移动式高倍数、中倍数泡沫发生装置直接或通过导泡筒将泡沫喷放到火灾部位的灭火系统。

2.2 符　号

条　号	符　号	涵　　义
2.2.1	V	淹没体积
2.2.2	S	防护区地面面积
2.2.3	H	泡沫淹没深度
2.2.4	V_g	固定的机器设备等不燃烧物体所占的体积
2.2.5	R	泡沫最小供给速率
2.2.6	T	淹没时间
2.2.7	C_N	泡沫破裂补偿系数
2.2.8	C_L	泡沫泄漏补偿系数
2.2.9	R_s	泡沫破泡率
2.2.10	L_s	泡沫破泡率与水喷头排放速率之比
2.2.11	Q_y	预计动作的最大水喷头数目总流量
2.2.12	N	防护区泡沫发生器设置的计算数量
2.2.13	r	每台泡沫发生器在设定的平均进口压力下的发泡量
2.2.14	Q_h	防护区的泡沫混合液流量
2.2.15	q_h	每台泡沫发生器在设定的平均进口压力下的泡沫混合液流量
2.2.16	Q_p	防护区发泡用泡沫液流量
2.2.17	K	混合比
2.2.18	Q_s	防护区发泡用水流量
2.2.19	Z	泡沫增高速率
2.2.20	W_Z	油罐用泡沫液的最小贮备量
2.2.21	R_Z	泡沫混合液的供给强度
2.2.22	S_Z	油罐防护面积
2.2.23	T_Z	泡沫的最小喷放时间
2.2.24	W	系统用泡沫液的最小贮备量
2.2.25	W_D	最大一个油罐用泡沫液的贮备量
2.2.26	W_G	泡沫液储罐至最远一个油罐泡沫发生器之间管路中的泡沫液量
2.2.27	W_s	系统用水的最小贮备量

3 基 本 规 定

3.1 系统型式的选择

3.1.1 系统型式的选择应根据防护区的总体布局、火灾的危害程度、火灾的种类和扑救条件等因素，经综合技术经济比较后确定。

3.1.2 高倍数泡沫灭火系统可分为全淹没式高倍数泡沫灭火系统、局部应用式高倍数泡沫灭火系统和移动式高倍数泡沫灭火系统；中倍数泡沫灭火系统可分为局部应用式中倍数泡沫灭火系统和移动式中倍数泡沫灭火系统。

3.1.3 下列场所可选择全淹没式高倍数泡沫灭火系统：

3.1.3.1 大范围的封闭空间。

3.1.3.2 大范围的设有阻止泡沫流失的固定围墙或其它围挡设施的场所。

3.1.4 下列场所可选择局部应用式高倍数泡沫灭火系统：

3.1.4.1 大范围内的局部封闭空间。

3.1.4.2 大范围内的局部设有阻止泡沫流失的围挡设施的场所。

3.1.5 下列场所可选择移动式高倍数泡沫灭火系统：

3.1.5.1 发生火灾的部位难以确定或人员难以接近的火灾场所。

3.1.5.2 流淌的B类火灾场所。

3.1.5.3 发生火灾时需要排烟、降温或排除有害气体的封闭空间。

3.1.6 下列场所可选择局部应用式中倍数泡沫灭火系统：

3.1.6.1 大范围内的局部封闭空间。

3.1.6.2 大范围内的局部设有阻止泡沫流失的围挡设施的场所。

3.1.6.3 流散的B类火灾场所。

3.1.6.4 不超过100m^{2}流淌的B类火灾场所。

3.1.7 下列场所可选择移动式中倍数泡沫灭火系统：

3.1.7.1 发生火灾的部位难以确定或人员难以接近的较小火灾场所。

3.1.7.2 流散的B类火灾场所。

3.1.7.3 不超过100m^{2}流淌的B类火灾场所。

3.2 泡沫液的选择、贮存和泡沫混合液的配制

3.2.1 高倍数泡沫灭火系统的泡沫液的选择应符合下列规定：

3.2.1.1 当利用新鲜空气发泡时，应根据系统所采用的水源，选择淡水型或耐海水型高倍数泡沫液。

3.2.1.2 当利用热烟气发泡时，应采用耐温耐烟型高倍数泡沫液。

3.2.1.3 系统宜选用混合比为3%型的泡沫液。

3.2.2 中倍数泡沫灭火系统的泡沫液的选择应符合下列规定：

3.2.2.1 应根据系统所采用的水源，选择淡水型或耐海水型高倍数泡沫液，亦可选用淡水海水通用型中倍数泡沫液。

3.2.2.2 选用中倍数泡沫液时，宜选用混合比为6%型的泡沫液。

3.2.3 泡沫液应密封贮存在专用的储罐内；储罐应设置在阴凉、干燥处；贮存的环境温度应符合泡沫液的使用温度。

3.2.4 配制泡沫混合液不得采用含有油品等影响泡沫的产生和泡沫稳定性的水。

3.2.5 配制泡沫混合液的水温宜为5～38℃。

3.2.6 泡沫液必须符合国家现行标准《高倍数泡沫灭火剂》的有关规定。

3.3 系统组件

3.3.1 系统组件的涂色宜符合下列规定：

3.3.1.1 泡沫发生器、比例混合器、泡沫液储罐、压力开关、泡沫混合液管道、泡沫液管道、管道过滤器宜涂红色。

3.3.1.2 水泵、泡沫液泵、给水管道宜涂绿色。

3.3.2 当选用贮水设备时，贮水设备的有效容积应超过该灭火系统计算用水贮备量的1.15倍，且宜设水位指示装置。

3.3.3 固定式常压泡沫液储罐，应设置液面计、排渣孔、出液孔、取样孔、吸气阀及人孔或手孔等，并应标明泡沫液的名称及型号。

3.3.4 泡沫液储罐宜采用耐腐蚀材料制作，当采用普通碳素钢板制作时，其内表面应作防腐处理。

3.3.5 防护区内固定设置泡沫发生器时，其发泡网应采用耐腐蚀的金属材料。

3.3.6 集中控制不同流量的多个防护区的全淹没式高倍数泡沫灭火系统或局部应用式高倍数、中倍数泡沫灭火系统，宜采用平衡压力比例混合器。

3.3.7 集中控制流量基本不变的防护区的全淹没式高倍数泡沫灭火系统或局部应用式高倍数泡沫灭火系统，宜采用压力比例混合器。

3.3.8 流量较小的局部应用式高倍数泡沫灭火系统或移动式高倍数泡沫灭火系统，宜采用负压比例混合器。

3.3.9 集中控制流量基本不变的防护区的局部应用式中倍数泡沫灭火系统，宜采用环泵式比例混合器；移动式中倍数泡沫灭火系统，宜采用负压比例混合器。

3.3.10 系统管道的工作压力不宜超过1.2MPa。

3.3.11 泡沫液、水和泡沫混合液在主管道内的流速不宜超过5m/s；在支管道内的流速不应超过10m/s。

3.3.12 泡沫发生器或比例混合器中与泡沫液或泡沫混合液接触的部件，应采用耐腐蚀材料。

3.3.13 固定安装的消防水泵和泡沫液泵或泡沫混合液泵应设置备用泵。泡沫液泵宜选耐腐蚀泵。

3.3.14 高倍数泡沫灭火系统的干式管道，可采用镀锌钢管；中倍数泡沫灭火系统的干式管道，可采用无缝钢管，并均应配备清洗管道的装置。

高倍数、中倍数泡沫灭火系统的湿式管道，可采用不锈钢管或内、外部进行防腐处理的碳素钢管。在寒冷季节有冰冻的地区，并应采取防冻设施。

3.3.15 泡沫发生器前应设控制阀、压力表和管道过滤器。

3.3.16 当泡沫发生器在室外或坑道应用时，应采取防止风对泡沫的发生和分布影响的措施。

3.3.17 当防护区的管道采用法兰联接时，其垫片应采用石棉橡胶垫片。

3.3.18 当采用集中控制消防泵房(站)时，泵房内宜设置泡沫混合液泵或水泵和泡沫液泵、泡沫液储罐、比例混合器、控制箱、管道过滤器等。

3.3.19 消防泵房内应设备用动力。

3.3.20 消防泵房内应设置对外联络的通讯设备。

3.3.21 防护区内应设置排水设施。

3.3.22 管道上的操作阀门应设在防护区以外。

3.3.23 在比例混合器前的管道过滤器两端宜设压力表。

4 高倍数泡沫灭火系统

4.1 一般规定

4.1.1 利用防护区外部空气发泡的封闭空间，应设置排气口。排气口在灭火系统工作时应自动、手动开启，其排气速度不宜超过5m/s。

4.1.2 A类火灾单独使用高倍数泡沫灭火系统时，淹没体积的保持时间应大于60min；高倍数泡沫灭火系统与自动喷水灭火系统联合使用时，淹没体积的保持时间应大于30min。

4.1.3 控制液化石油气和液化天然气的流淌火灾应符合下列规定：

4.1.3.1 宜采用发泡倍数为300～500倍的泡沫发生器。

4.1.3.2 泡沫混合液的供给强度应大于7.2L/min·m²。

4.1.4 水、泡沫液和泡沫混合液管道的水力计算应符合现行国家标准《建筑给水排水设计规范》的有关规定。

4.2 系统设计

4.2.1 泡沫淹没深度的确定应符合下列规定：

4.2.1.1 当用于扑救A类火灾时，泡沫淹没深度不应小于最高保护对象高度的1.1倍，且应高于最高保护对象最高点以上0.6m。

4.2.1.2 当用于扑救B类火灾时，汽油、煤油、柴油或苯类火灾的泡沫淹没深度应高于起火部位2m；其他B类火灾的泡沫淹没深度应由试验确定。

4.2.2 淹没体积应按下式计算：

$$V=S\times H-V_g \tag{4.2.2}$$

式中 V ——淹没体积(m^3)；

S ——防护区地面面积(m^2)；

H ——泡沫淹没深度(m)；

V_g ——固定的机器设备等不燃烧物体所占的体积(m^3)。

4.2.3 淹没时间应符合下列规定：

4.2.3.1 全淹没式高倍数泡沫灭火系统和局部应用式高倍数泡沫灭火系统的淹没时间不宜超过表4.2.3的规定。

4.2.3.2 水溶性液体的淹没时间应由试验确定。

4.2.3.3 移动式高倍数泡沫灭火系统的淹没时间应根据现场情况确定。

淹没时间（min） 表4.2.3

可燃物	高倍数泡沫灭火系统单独使用	高倍数泡沫灭火系统与自动喷水灭火系统联合使用
闪点不超过40℃的液体	2	3
闪点超过40℃的液体	3	4
发泡橡胶、发泡塑料、成卷的织物或皱纹纸等低密度可燃物	3	4
成卷的纸、压制牛皮纸、涂料纸、纸板箱、纤维圆筒、橡胶轮胎等高密度可燃物	5	7

4.2.4 泡沫最小供给速率应按下式计算：

$$R=(\frac{V}{T}+R_s)\cdot C_N\cdot C_L \tag{4.2.4-1}$$

$$R_s=L_s\times Q_y \tag{4.2.4-2}$$

式中 R ——泡沫最小供给速率(m^3/min)；

T ——淹没时间(min)；

C_N ——泡沫破裂补偿系数，宜取1.15；

C_L ——泡沫泄漏补偿系数，宜取1.05～1.2；

R_s ——喷水造成的泡沫破泡率(m^3/min)，当高倍数泡沫灭火系统单独使用时取零，当高倍数泡沫灭火系统与自动喷水灭火系统联合使用时；可按式(4.2.4-2)计算；

L_s ——泡沫破泡率与水喷头排放速率之比，应取 0.0748 $(m^3/min)/(L/min)$；

Q_y ——预计动作的最大水喷头数目总流量(L/min)。

4.2.5 防护区泡沫发生器的设置数量不得小于下式计算的数量：

$$N=\frac{R}{r} \tag{4.2.5}$$

式中 N ——防护区泡沫发生器设置的计算数量(台)；

r ——每台泡沫发生器在设定的平均进口压力下的发泡量 (m^3/min)。

4.2.6 防护区的泡沫混合液流量应按下式计算：

$$Q_h=N\cdot q_h \tag{4.2.6}$$

式中 Q_h ——防护区的泡沫混合液流量(L/min)；

q_h ——每台泡沫发生器在设定的平均进口压力下的泡沫混合液流量(L/min)。

4.2.7 防护区发泡用泡沫液流量应按下式计算：

$$Q_p=K\cdot Q_h \tag{4.2.7}$$

式中 Q_p ——防护区发泡用泡沫液流量(L/min)；

K ——混合比，当系统选用混合比为 3%型泡沫液时，应取 0.03，当系统选用混合比为 6%型泡沫液时，应取 0.06。

4.2.8 防护区发泡用水流量应按下式计算：

$$Q_s=(1-K)Q_h \tag{4.2.8}$$

式中 Q_s ——防护区发泡用水流量(L/min)。

4.2.9 泡沫液和水的贮备量应符合下列规定：

4.2.9.1 全淹没式高倍数泡沫灭火系统

(1)当用于扑救 A 类火灾时，系统泡沫液和水的连续供应时间应超过 25min；

(2)当用于扑救 B 类火灾时，系统泡沫液和水的连续供应时间应超过 15min。

4.2.9.2 局部应用式高倍数泡沫灭火系统

(1)当用于扑救 A 类和 B 类火灾时，系统泡沫液和水的连续供应时间应超过 12min；

(2)当控制液化石油气和液化天然气流淌火灾时，系统泡沫液和水的连续供应时间应超过 40min。

4.2.9.3 移动式高倍数泡沫灭火系统

(1)当移动式高倍数泡沫灭火系统与全淹没式高倍数泡沫灭火系统或局部应用式高倍数泡沫灭火系统配合使用时，泡沫液和水的贮备量可在全淹没式高倍数泡沫灭火系统或局部应用式高倍数泡沫灭火系统中的泡沫液和水的贮备量上增加 5%～10%；

(2)当在消防车上配备时，每套系统的泡沫液贮存量不宜小于 0.5T；

(3)当用于扑救煤矿火灾时，每个矿山救护大队应贮存大于 2T 的泡沫液。

4.2.10 当系统保护几个防护区时，泡沫液和水的贮备量应按最大一个防护区的连续供应时间计算。

4.2.11 移动式高倍数泡沫灭火系统的供水压力可根据泡沫发生器和比例混合器的进口工作压力及比例混合器和水带的压力损失确定。

4.2.12 移动式高倍数泡沫灭火系统用于扑救煤矿井下火灾时，泡沫发生器的驱动风压、发泡倍数应满足矿井的特殊需要。

4.3 系统组件

4.3.1 全淹没式高倍数泡沫灭火系统或固定设置的局部应用式高倍数泡沫灭火系统宜由全部或部分下列组件组成：水泵、泡沫液泵、贮水设备、泡沫液储罐、比例混合器、压力开关、管道过滤器、控制箱、泡沫发生器、阀门、导泡筒、管道及其附件等。

4.3.2 半固定设置的局部应用式高倍数泡沫灭火系统宜由全部或部分下列组件组成：泡沫发生器、压力开关、导泡筒、控制箱、管道过滤器、阀门、比例混合器、水罐消防车或泡沫消防车、管道、水带及附件等。

4.3.3 移动式高倍数泡沫灭火系统宜由手提式泡沫发生器或车载式泡沫发生器、比例混合器、泡沫液桶、水带、导泡筒、分水器、水罐消防车或手抬机动消防泵等组成。

4.3.4 泡沫发生器的选择应符合下列规定：

4.3.4.1 在防护区内设置并利用热烟气发泡时，应选用水力驱动式泡沫发生器。

4.3.4.2 在有爆炸危险环境使用电动式泡沫发生器时，其电器设备选择的供电设计，应符合现行国家标准《爆炸和火灾危险环境电力装置设计规范》的要求。

4.3.5 泡沫发生器的设置应符合下列规定：

4.3.5.1 全淹没式高倍数泡沫灭火系统和局部应用式高倍数泡沫灭火系统

(1)高度应在泡沫淹没深度以上；

(2)位置应免受爆炸或火焰损坏；

(3)宜接近保护对象；

(4)能使防护区形成比较均匀的泡沫覆盖层。

4.3.5.2 移动式高倍数泡沫灭火系统

(1)当采用导泡筒输送泡沫时，泡沫发生器可设置在防护区以外的安全位置，但导泡筒的泡沫出口位置应符合本规范第4.3.5.1款的规定。

(2)当泡沫发生器直接向防护区喷放泡沫时，其位置应符合本规范第4.3.5.1款的规定。

4.3.6 系统采用平衡压力比例混合器时，应符合下列规定：

4.3.6.1 按水流量选择规格型号。

4.3.6.2 水进口压力范围为0.5～1.0MPa。

4.3.6.3 泡沫液进口压力宜超过水进口压力0.1MPa，但不应超过0.2MPa。

4.3.6.4 确定选用3%或6%的混合比。

4.3.7 系统采用压力比例混合器时，应符合下列规定：

4.3.7.1 按水流量选择规格型号。

4.3.7.2 水进口压力范围为0.5～1.0MPa。

4.3.7.3 泡沫液进口压力应超过水进口压力，其超过数值宜为0.1MPa。

4.3.7.4 确定选用3%或6%的混合比。

4.3.8 系统采用负压比例混合器时，应符合下列规定：

4.3.8.1 水进口压力范围应为0.6～1.2MPa。

4.3.8.2 水流量范围应为150～900L/min。

4.3.8.3 负压比例混合器的压力损失可按水进口压力的35%计算。

4.3.9 在压力比例混合器或平衡压力比例混合器的水和泡沫液入口前，应设压力开关、压力表、单向阀、控制阀和管道过滤器。

4.3.10 泡沫发生器前的管道过滤器与泡沫发生器之间的管道宜选择不锈钢管材。

4.3.11 干式水平管道最低点应设排液阀；坡向排液阀的管道坡度不得小于3‰。

4.3.12 泡沫发生器的出口如设置导泡筒时，其横截面积宜为泡沫发生器出口横截面积的1.05～1.10倍。

4.3.13 防护区内采用自带比例混合器的泡沫发生器时，泡沫液桶应采取防火隔热措施。

4.4 探测、报警与控制

4.4.1 全淹没式高倍数泡沫灭火系统或局部应用式高倍数泡沫灭火系统，宜设置火灾自动报警系统。

4.4.2 消防控制中心(室)和防护区应设置声光报警装置。

4.4.3 消防自动控制设备宜与防护区内的门窗的关闭装置、排气口的开启装置以及生产、照明电源的切断装置等联动。

4.4.4 探测、报警系统的设计应符合现行国家标准《火灾自动报警系统设计规范》的规定。

5　中倍数泡沫灭火系统

5.1　系统设计

5.1.1 除油罐区以外的防护区,系统设计时,可按泡沫供给速率计算;油罐区系统设计时,可按泡沫混合液的供给强度计算。

5.1.2 泡沫供给速率或泡沫混合液的供给强度应符合下列规定:

5.1.2.1 泡沫最小供给速率应按下式计算:

$$R=Z\cdot S \tag{5.1.2}$$

式中　Z——泡沫增高速率(m/min),宜取0.3。

5.1.2.2 泡沫混合液的供给强度应大于4L/min·m²。

5.1.2.3 水溶性B类火灾的泡沫供给速率或泡沫混合液的供给强度应由试验确定。

5.1.3 泡沫的最小喷放时间应符合下列规定:

5.1.3.1 当按泡沫供给速率计算时,泡沫的最小喷放时间应大于12min。

5.1.3.2 当按泡沫混合液的供给强度计算时,泡沫的最小喷放时间可按表5.1.3确定。

泡沫的最小喷放时间　　**表5.1.3**

火灾类别	时间(min)
流散的B类火灾,不超过100m² 流淌的B类火灾	10
油罐火灾	15

注:水溶性B类火灾,泡沫的最小喷放时间应经试验确定。

5.1.4 泡沫液的最小贮备量应符合下列规定:

5.1.4.1 当按泡沫供给速率计算时,应满足在泡沫的最小喷放时间内泡沫液的使用量。

5.1.4.2 当按泡沫混合液的供给强度计算时，系统用泡沫液的最小贮备量应符合下列规定：

(1)当用于油罐时，其泡沫液的最小贮备量应按下式计算：

$$W_Z=R_Z\cdot S_Z\cdot K\cdot T_Z \qquad (5.1.4-1)$$

式中 W_Z——油罐用泡沫液的最小贮备量(L)；

R_Z——泡沫混合液的供给强度(L/min·m²)；

S_Z——油罐防护面积(m²)，拱顶油罐、钢制浅盘和铝合金双盘内浮顶油罐的防护面积可按油罐截面面积计算；外浮顶油罐和钢制单、双盘内浮顶油罐的防护面积可按环形面积计算；

K——混合比，当采用混合比为6%型中倍数泡沫液时，取0.08；

T_Z——泡沫的最小喷放时间(min)。

(2)系统用泡沫液的最小贮备量应按下式计算：

$$W=W_D+W_G \qquad (5.1.4-2)$$

式中 W——系统用泡沫液的最小贮备量(L)；

W_D——最大一个油罐用泡沫液的贮备量(L)；

W_G——泡沫液储罐至最远一个油罐泡沫发生器之间管道中的泡沫液量(L)。

5.1.5 系统用水的最小贮备量应按下式计算：

$$W_s=\frac{1-K}{K}\cdot W \qquad (5.1.5)$$

式中 W_s——系统用水的最小贮备量(L)。

5.2 系统组件

5.2.1 局部应用式中倍数泡沫灭火系统宜由固定的泡沫发生器、比例混合器、泡沫混合液泵或水泵及泡沫液泵、管道过滤器、阀门、管道及其附件等组成。

5.2.2 移动式中倍数泡沫灭火系统宜由水罐消防车或手抬机动泵、比例混合器或泡沫消防车、手提式或车载式泡沫发生器、泡沫液桶、水带及其附件等组成。

5.2.3 固定设置的比例混合器入口前的管道应设置管道过滤器。

5.2.4 固定设置的比例混合器的水和泡沫液入口处应设置压力表，且应在泡沫液入口处设置单向阀。

附录A　本规范用词说明

A.0.1　为便于在执行本规范条文时区别对待，对要求严格程度不同的用词说明如下：

(1)表示很严格，非这样作不可的：

正面词采用“必须”；

反面词采用“严禁”。

(2)表示严格，在正常情况下均应这样作的：

正面词采用“应”；

反面词采用“不应”或“不得”。

(3)表示允许稍有选择，在条件许可时首先应这样作的：

正面词采用“宜”或“可”；

反面词采用“不宜”。

A.0.2　条文中指定应按其它有关标准、规范执行时，写法为“应符合……的规定”或“应按……执行”。

附加说明

本规范主编单位、参加单位及主要起草人名单

主 编 单 位：公安部天津消防科学研究所

参 加 单 位：商业部设计院

化学工业部第一设计院

煤炭部河南平顶山矿务局

中国船舶工业总公司上海船舶设计研究院

冶金工业部武汉钢铁设计研究院

浙江乐清消防器材厂

主要起草人：孙　伦　栾　培　马桐臣　张连城　王万钢　潘　丽　魏金甫　陆连甲　曹建毅　王宏进　糜吟芳

中华人民共和国国家标准

高倍数、中倍数泡沫灭火系统设计规范

GB 50196－93

条文说明

制订说明

本规范是根据国家计划委员会计综〔1989〕30号文的要求，由公安部负责主编，具体由公安部天津消防科学研究所会同商业部设计院、化学工业部第一设计院、煤炭部河南平顶山矿务局、中国船舶工业总公司上海船舶设计研究院、冶金工业部武汉钢铁设计研究院、浙江乐清消防器材厂等7个单位共同编制而成的，经建设部1993年12月30日以建标〔1994〕23号文批准，并会同国家技术监督局联合发布。

在编制过程中，规范编制组遵照国家的有关方针、政策和“预防为主、防消结合”的消防工作方针，对我国高倍数、中倍数泡沫灭火系统的科学研究、设计和使用现状进行了调查和研究，在吸收现有科研成果和工程设计的实践经验基础上，参考了国外有关标准规范，并征求了部分省、市和有关部、委所属的科研、设计、高等院校、生产、使用和公安消防等单位的意见，最后经我部会同有关部门共同审查定稿。

本规范共分五章和一个附录，主要内容包括：总则、术语、符号、基本规定、高倍数泡沫灭火系统、中倍数泡沫灭火系统等。

鉴于本规范系初次编制，请各单位在执行过程中，注意总结经验，积累资料，如发现有需要修改和补充之处，请将意见和有关资料寄给公安部天津消防科学研究所（天津市津淄公路92号，邮政编码：300381），以供今后修订时参考。

中华人民共和国公安部

1993年12月

目　录

1　总　则

1.0.1　本条提出了编制本规范的目的和意义，即为了合理地设计高倍数泡沫灭火系统、中倍数泡沫灭火系统，使其有效地发挥作用，减少火灾损失，保护人民的生命财产安全。

高倍数泡沫灭火系统、中倍数泡沫灭火系统与低倍数泡沫灭火系统相比，具有发泡倍数高、灭火速度快、水渍损失小的特点。它可以全淹没和覆盖的方式扑灭 A 类和 B 类火灾，可以有效地控制液化石油气、液化天然气的流淌火灾。

高倍数、中倍数泡沫灭火系统是近年来发展较快的泡沫灭火技术。自 50 年代初期开始应用以来，在国外已得到越来越广泛的应用。

国外一些工业发达的国家，如美国、德国、英国、日本、丹麦、瑞典、荷兰等国家已普遍应用，其系统中主要装置的种类和规格越来越多，并已经形成标准化、系列化。国际标准化组织消防设备委员会拟定了《低倍数、中倍数和高倍数泡沫灭火系统标准》，美国消防协会制定了《高倍数和中倍数泡沫灭火系统标准》，德国制定了《低、中、高倍数泡沫灭火系统标准》。

我国自 60 年代应用高倍数、中倍数泡沫灭火技术以来，随着社会主义现代化建设的不断发展，近年来应用范围越来越广泛。

高倍数泡沫液（又称高倍数泡沫灭火剂）、中倍数泡沫液（又称中倍数泡沫灭火剂）、高倍数泡沫发生器、中倍数泡沫发生器、各种配套的比例混合器等产品都是高倍数、中倍数泡沫灭火系统中的主要产品，其品种规格越来越多，已逐渐形成标准化、系列化。

我国不但在煤矿的矿井广泛、普遍地应用高倍数泡沫灭火技术，在大型飞机库、汽车库、地下油库、地下工程、仓库、船舶、工业厂房、油库储油罐等主要场所也应用了高倍数、中倍数泡沫灭火系统。

从我国消防事业的发展看，随着祖国四个现代化建设不断前进，高倍数、中倍数泡沫灭火系统将在我国得到更进一步的推广应用。

从实际消防工程中可以看出，采用高倍数、中倍数泡沫灭火系统的优越性越来越明显。但是，由于高倍数泡沫、中倍数泡沫灭火系统在国内应用起步较晚，有些单位对采用该系统的特点和优越性尚不十分明确，对该系统的设计也不十分清楚，有些消防工程中虽然采用了该系统，但是设计上还不够统一。

本规范的编制，将为设计高倍数、中倍数泡沫灭火系统提供统一合理的技术要求，它将进一步推动该灭火系统在国内的广泛应用，进一步促进我国消防事业的发展，为消防监督管理部门对该灭火系统工程设计进行监督审查提供可靠的依据。

1.0.2 本条根据国内的实际情况，规定了该灭火系统工程设计时所应遵守的原则和达到的要求。

高倍数、中倍数泡沫灭火系统的应用范围较广泛，而且多用于重点要害部位的防护，系统的工程设计势必涉及到许多重要的经济技术问题，所以系统的设计必须遵循国家有关方针政策，严格执行《中华人民共和国消防条例》和其它有关工程建设方针政策的规定。

防护区采用高倍数、中倍数泡沫灭火系统进行保护时，应根据其防火要求、消防设施配置情况以及防护区的结构特点、危险品的种类、火灾类型等的不同，合理地选择全淹没式、局部应用式、移动式灭火系统三种类型，正确地确定泡沫灭火剂、泡沫发生器、配套的比例混合器等主要装置的品种型号，降低灭火系统的成本。

本条规定了系统设计要达到总的要求为“安全可靠、技术先进、经济合理”。这三个方面是互相联系的统一原则。“安全可靠”，要求所设计的系统能确保人员安全，在需要灭火时能立即启动并能及时的喷放泡沫，淹没或覆盖火源，迅速地将火灾完全扑灭；“技术先进”要求系统设计时尽可能采用新的成熟的先进技术、先进设备和科学的设计；“经济合理”要求系统设计时，选用的系统类型及其系统组件，在符合本规范的各项要求的前提下，尽可能简单、可靠，以达到节省投资的目的。

1.0.3 本条规定了本规范的适用范围，即适用于新建、改建、扩建工程中设置的高倍数、中倍数泡沫灭火系统的设计。

高倍数、中倍数泡沫灭火系统作为一种较新的灭火技术，与气体灭火系统、自动喷水灭火系统相比，具有如下优点：

（1）高倍数泡沫能迅速地充满大面积的火灾区域，以淹没或覆盖方式扑灭 A 类和 B 类火灾。它不像气体灭火系统那样受到保护面积和空间大小的限制。它适用于扑救发生在各种不同高度的火灾。在高倍数泡沫的保持时间内，它还可以消除任何高度上的固体阴燃火灾，这一特点是其它灭火系统所无法比拟的。

（2）高倍数泡沫对 A 类火灾具有良好的“渗透性”；对难于接近或难以找到火源的火灾也非常有效。如：堆置了大量的物资、器材和设备的仓库发生了火灾，库内充满了烟雾，找不到火源，这种情况用其它方法灭火是较困难的，既使火灾被扑灭，也会带来较大的经济损失，如使用全淹没式高倍数泡沫灭火系统，则灭火快，损失小。

（3）水渍损失小，灭火效率高，灭火后高倍数泡沫容易清除。对于扑灭同一种火灾，高倍数泡沫灭火剂用量和用水量仅为低倍数泡沫灭火用量的$\frac{1}{20}$。

（4）灭火时被保护区域重量负荷增加极小。由于高倍数泡沫灭火时用水量和灭火剂用量很少，使被保护对象增重很小，故可用于船舶甲板下的机舱、泵舱和锅炉房等处，不致使船舶因灭火时的增重造成倾覆或沉没。国际海事组织对于高倍数泡沫灭火装置在海船上应用已做出了规定。

(5)高倍数泡沫可以隔绝火焰，防止火势蔓延到邻近区域，这对于容易引起爆炸和燃烧等连锁反应的场所尤为合适。如工厂中一个车间(区域)发生火灾，用高倍数泡沫可以隔绝火灾向其它车间(区域)蔓延。

(6)高倍数泡沫绝热性能好，它能保护人员使之避免陷入炽热的火焰包围中。因高倍数泡沫是无毒的，对于为避免火灾危难而躲入其中的人员及现场灭火人员没有伤害作用。故可为火场中的人员提供避难场所。

(7)高倍数泡沫可以排除烟气和有毒气体。需要扑救产生有毒气体和烟气、危及人们生命安全的火灾时(如地下建筑)，向其中输入高倍数泡沫，置换掉室内的烟气和有毒气体是很有效的。

中倍数泡沫灭火机理和灭火特点基本与高倍数泡沫相似。

由于高倍数、中倍数泡沫灭火技术具有上述优点，因此在国内该系统已在一些新建、改建、扩建工程中得到应用，同时，由于它的优越性逐步为人们所认识，因此它的推广应用前景是远大的。但是该系统在国内毕竟是一种新技术，设计人员缺乏经验和数据，对一些技术问题又缺乏统一的认识。针对上述问题，在总结国内大量试验数据及应用实例的基础上，参考国外先进国家相关标准及国际标准、规范，制定出本规范，在本条中规定了高倍数、中倍数泡沫灭火系统的适用范围。

1.0.4 本条规定了高倍数、中倍数泡沫灭火系统适用扑救火灾的类型。采用高倍数、中倍数泡沫扑救火灾时，泡沫具有封闭效应、蒸汽效应和冷却效应。其中封闭效应是指大量的高倍数、中倍数泡沫以密集状态封闭了火灾区域，防止新鲜空气流入，使火焰窒息。蒸汽效应是指火焰的辐射热使其附近的高倍数、中倍数泡沫中水分蒸发，变成水蒸气，从而吸收了大量的热量，而且使蒸汽与空气混合体中含氧量降低到7.5%左右，这个数值大大低于维持燃烧所需氧的含量。冷却效应是指燃烧物体附近的高倍数、中倍数泡沫破裂后的水溶液汇集滴落到该物体爆热的表面上，由于这种水溶液的表面张力相当低，使其对燃烧物体的冷却深度远超过了同体积普通水的作用。

国内一些实验已充分证明，高倍数、中倍数泡沫扑救A类和B类火灾、封闭的带电设备火灾及控制液化石油气、液化天然气的流淌火灾是十分有效的。

本条还参照了国外同类标准的有关规定。国际标准化组织ISO/DIS7076—1990《低倍数、中倍数和高倍数泡沫灭火系统标准》(以下简称ISO/DIS7076—1990)第33.2条认为，在扑救某种特定火灾时，尽管高倍数泡沫的发泡倍数对泡沫效能会有影响，但是它对于扑救各种A类、B类火灾都是适宜的，对低温的或有正常沸点的水溶性和非水溶性可燃液体火灾都是有效的。该标准第8.3条还规定：高倍数泡沫可用于扑救固体和液体火灾，其覆盖层的高度大于中倍数泡沫。第33.1条规定：高倍数泡沫用于仓库、家俱储存库以及其它类似的大空间内。这种系统还可用于人进入会有危险的场所，如冷藏库、矿井、电缆隧道等地下封闭空间。该条文中又列举了一些应用场所，如半地下室、地下室、地板下的空间、发动机试验室、封闭的发电机组等处，在这些地方进行火灾扑救时，难以接近火场，而用高倍数泡沫充满这个空间是有效的灭火方法。第8.1条中规定：高倍数泡沫可用于控制液化气体火灾，由于这类火灾存在着潜在的爆炸危险，故不希望将它完全扑灭。第8.2条规定：中倍数泡沫可用于扑救固体和液体火灾。第32.1条：中倍数低速泡沫流既可以防护A类火灾，又可以防护混合火灾(A类和B类火灾)。美国NFPA11A—1983标准《高倍数和中倍数泡沫灭火系统》(以下简称NFPA11A—1983)、英国BS5306—1989标准《室内灭火装置与设备实施规范》(以下简称BS5306—1989)等对高倍数、中倍数泡沫适宜扑救的火灾种类都有相同的规定。

在上述各国的标准中都列举了高倍数、中倍数泡沫灭火系统的应用场所，结合我国目前已应用的实例，归纳如下：

(1)固体物资仓库。电器设备材料库、高架物资仓库、汽车库、纺织品库、橡胶仓库、烟草及纸张仓库、棉花仓库、飞机库、冷藏库等。

(2)易燃液体仓库。各种油库、苯贮存库等。

(3)有火灾危险的工业厂房(或车间)。如石油化工生产车间、飞机发动机试验车间、锅炉房、电缆夹层、油泵房和油码头等。

(4)地下建筑工程。地下汽车库、地下仓库、地下铁道、人防隧道、地下商场、煤矿矿井、电缆沟和地下液压油泵站等。

(5)各种船舶的机舱、泵舱等处所。

(6)贵重仪器设备和物品。如计算机房、图书档案库、大型邮政楼、贵重仪器设备仓库等。

(7)可燃、易燃液体和液化石油气、液化天然气的流淌火灾。

(8)中倍数泡沫可用于立式钢制储油罐内火灾。

在执行本条文时应注意:由于高倍数、中倍数泡沫是导体,所以不能直接应用于裸露的电器设备,而应对其进行封闭,使泡沫不直接与带电部位接触,否则必须在断电后,才可喷放泡沫。

1.0.5 本条规定了高倍数、中倍数泡沫灭火系统不适用于下述物质的火灾:

第一类是物质本身能释放出氧气及其它强氧化剂而维持燃烧的化学物品,如硝化纤维素、火药等。高倍数、中倍数泡沫即使覆盖、淹没隔绝了空气,也不能扑灭这类物质的火灾。

第二类物质主要是指化学作用活泼的金属和氧化合物,如钠、钾、镁、钛、锆、铀和五氧化二磷等,这些物质非常活泼,遇水起反应,高倍数、中倍数泡沫破裂后是水溶液,所以不能扑灭此类物质火灾。

第三类未封闭的带电设备,是指电气设备的接点或触点暴露于空气中,易与高倍数、中倍数泡沫接触,因高倍数、中倍数泡沫是导体,进入未封闭的带电设备后,会形成短路,击毁电气设备或造成其它事故。

本条文的规定与国际标准化组织 ISO/DIS7076—1990 标准、美国 NFPA11A—1983 标准、英国 BS5306—1989 标准中的规定是一致的。

1.0.6 本规范属于专业性的技术法规,主要说明采用该灭火系统工程设计时应根据本规范规定进行设计。

本条所指的"现行有关国家标准、规范"主要是指《建筑设计防火规范》、《高层建筑防火规范》、《火灾自动报警系统设计规范》等。

3 基本规定

3.1 系统型式的选择

3.1.1 该条规定了设计者确定系统型式的设计原则。首先，设计人员应掌握整个工程的特点、防火要求和各种消防力量、消防设施的配备情况，制定合理的设计方案，正确处理局部和全局的关系；其次，还应考虑防护区的具体情况，包括防护区的位置、大小、形状、开口、通风及围挡或封闭状态等情况；以及防护区内可燃物品的性质、数量、分布情况；可能发生的火灾类型和起火源、起火部位等情况。只有全面分析防护区本身及其内部的各种特点、扑救条件、投资大小等综合因素，才能合理地选择采用何种灭火系统型式。

3.1.2 本条规定高倍数泡沫灭火系统分为全淹没式灭火系统、局部应用式灭火系统和移动式灭火系统三种类型。中倍数泡沫灭火系统分为局部应用式灭火系统和移动式灭火系统两种类型。系统类型之所以如此划分，主要是基于防护区的大小和火灾发生的各种不同形式，即有大型封闭空间的、较小封闭空间的、火灾危险场合变化的、流淌的或非流淌的形式。但无论哪种灭火系统，其灭火机理是相同的。

用泡沫将燃烧物或燃烧区域空间全淹没是高倍数泡沫灭火系统与中倍数泡沫灭火系统的各种系统类型的灭火方式的共同点。

系统类型的划分，还考虑到我国的规范应与国际上有关国家和国际标准化组织 ISO/DIS7076－1990 标准中灭火系统类型划分型式的一致性。

(1)美国 NFPA11A－1983 标准第 1－6.4 条中规定灭火系统有如下几种类型：

①全淹没式系统；

②局部应用式系统；

③便携式“泡沫发生装置”。

(2)英国 BS5306－1989 标准第 19.1 条中规定，高倍数泡沫系统要求适用于全淹没式系统、局部应用式系统以及作为固定系统的补充由系统供给泡沫液的手提式或移动装置。

该标准对中倍数泡沫灭火系统规定，中倍数泡沫能够用在高度可达 3m 左右的可燃固体上，进行直接喷射或进行全淹没，适用于室内外。

(3)国际标准化组织 ISO/DIS7076－1990 标准第 33.1 条规定，高倍数泡沫灭火系统可以概略地分为下列三种类型：

①全淹没式系统；

②局部应用式系统；

③手提式或便携式装置，这些装置由固定系统供应泡沫液。

该标准对中倍数泡沫灭火系统规定，中倍数泡沫可以有效地抑制溢流易燃液体迅速蒸发，宜以全淹没方式在小的封闭空间内及室外使用，并且能在近距离内喷射泡沫。

英国和国际标准中对中倍数泡沫灭火系统类型的划分，不是十分明确。美国标准中虽然规定了中倍数泡沫灭火系统与高倍数泡沫灭火系统一样分为三种类型，但该标准中对全淹没式中倍数泡沫灭火系统的泡沫淹没深度的设计参数规定：泡沫淹没深度应由试验确定。另外，由于我国目前实际应用中仅用了局部应用式中倍数泡沫灭火系统和移动式中倍数泡沫灭火系统，而全淹没式中倍数泡沫灭火系统无应用场所，也未进行过任何试验，因此鉴于国内外皆无泡沫淹没深度参数的数值，故在本条文中只规定中倍数泡沫灭火系统有两种型式，即中倍数泡沫灭火系统可分为局部应用式中倍数泡沫灭火系统和移动式中倍数泡沫灭火系统。

3.1.3 本条提出了可选择全淹没式高倍数泡沫灭火系统的应用场所。

(1)采用全淹没式高倍数泡沫灭火系统进行控火和灭火，就是将高倍数泡沫按规定的高度充满被保护区域，并将泡沫保持到所需要的时间。在保护区内的高倍数泡沫以全淹没的方式封闭火灾区域，阻止连续燃烧所必须的新鲜空气接近火焰，使火焰窒息、冷却，达到控制和扑灭火灾的目的。因此，要使高倍数泡沫在被保护区域内以一定的速度进行有效的堆积，并使其在规定的时间内堆积一定的高度，这就要求保护区域是用难燃烧体或非燃烧体封闭的空间。这个封闭空间愈大，相对于其它灭火手段，高倍数泡沫灭火效能高和成本低等特点愈显著。故全淹没式高倍数泡沫灭火系统最适用于大面积有限空间的A类和B类火灾的防护。

(2)有些被保护区域不可能是全封闭空间，只要被保护对象是用难燃烧体或非燃烧体围挡起来，且可阻止泡沫流失的有限空间即可。墙或围挡设施的高度应大于该保护区域所需要的高倍数泡沫淹没深度。如油储罐区的防火堤是用砖砌成的，当油罐或液化气储罐爆炸起火后罐体破裂，燃油或液化气流淌在防火堤内，立即喷放高倍数泡沫能迅速地控火和灭火。有些易燃固体仓库等场所，如果采用高倍数泡沫灭火系统作为灭火手段，可用钢丝网将被保护对象围起来，一般钢丝网网孔规格在6目/英寸以上即可将高倍数泡沫围住；钢丝网还可将大型物资仓库分隔成若干防护区，可分区进行防护，使消防设施成本降低。又如，某化工厂生产厂房平时需开窗通风，若采用高倍数泡沫灭火系统时，要求在泡沫覆盖深度以下的窗户装上钢丝制纱窗，基本可挡住喷放的高倍数泡沫流出。如不能采用固定围挡设施，可采用阻燃蓬布临时将防护区的未被围挡的部分挡住，使高倍数泡沫能迅速堆积至规定的泡沫淹没深度。

(3)对于全淹没式灭火系统的应用场所，美国NFPA11A—1983标准第1～4条规定，高倍数泡沫灭火系统特别适用于有限空间的室内火灾。另外又规定，还可以用于扑灭可能有人处于危险境地的围墙内的火灾。该标准第2.1.1条规定，全淹没系统可把泡沫喷放到一个将火场围住的空间或围墙内，在围墙内聚集起所需数量的泡沫，并能将它保持所需要的时间，以保证将特定的可燃材料或所波及材料的火灾予以控制和扑灭。

国际标准化组织ISO/DIS7076—1990标准中第33.1条规定，全淹没系统可用于仓库、家俱储存库以及其它类似的大空间内，这种系统还可用于冷藏库、矿井、电缆隧道等地下封闭空间。

日本消防法第十七条规定。采用全区域喷射方式的高倍数泡沫灭火系统进行防护，是指按照用不燃材料制造的墙壁、梁柱、地板和天棚(没有天棚时为房梁、屋顶)来划分的部分。

英国标准BS5306—1989中也规定了全淹没式高倍数泡沫灭火适用于仓库、飞机库、家俱库以及其它类似的大型空间，还可用于派遣人员有危险的场合，例如地下封闭空间、矿井或电缆通道等。

根据高倍数泡沫灭火机理以及参照国际标准和其它国家相关标准，本条确定了可选择全淹没式高倍数泡沫灭火系统进行防护的场所，即大范围的封闭空间；大范围的设有阻止泡沫流失的固定围墙或其它围挡设施的场所。

3.1.4 本条提出了局部应用式高倍数泡沫灭火系统的应用场所。局部应用式高倍数泡沫灭火系统是高倍数泡沫灭火系统的第二种型式，它的灭火机理完全与全淹没式高倍数泡沫灭火系统相同，只是该灭火系统的应用场所和方式以及系统组件的安装方法有所不同。它主要应用于大范围内的局部场所。

对于高倍数泡沫灭火而言，在灭火过程中都是要用高倍数泡沫把保护对象或起火部位“覆盖”(或淹没)，才能达到灭火和保护着火邻近部位不被引燃的目的。在这个意义上讲，无论全淹没式、局部应用式以及移动式高倍数泡沫灭火系统都可广义地称为“淹没式高倍数泡沫灭火系统”。移动式灭火系统有它的独特之处，而前两种灭火系统的差别主要在于一个是将防护区全部淹没，另一个是将这种“淹没式灭火系统”在一个大防护区内进行局部应用。

局部应用有两种情况，一种是指在一个大的区域或范围内有一个或几个相对独立的封闭空间，需要用高倍数泡沫灭火系统进行保护，而其它部分则不需进行保护或采用其它的防护系统（如消火栓给水系统或自动喷水灭火系统等）。这一个或几个相对独立的封闭空间就是条文中所称的“局部的封闭空间”。例如需要特殊保护某一个大厂房内的火灾危险性较大的试验间、高层建筑下层的汽车库及地下仓库等场所。另一种是指在大范围内没有完全被封闭的空间，此“空间”是用围墙或其它不燃材料围住的防护区，其围挡高度应大于该防护区所需要的泡沫淹没深度。

对于上表面基本平整的防护对象，采用该种灭火系统，将高倍数泡沫直接喷放到上面是最适宜的，如有限的易燃液体的流淌火灾、敞口罐、油罐防护堤、矿井、沟槽内火灾等。

局部应用式高倍数泡沫灭火系统的组件可采用固定或半固定安装方式，后者可简化系统，因此降低了灭火系统的造价，更利于应用。

美国 NFPA11A－1983 标准第 3.1.2 条中规定，凡是没有完全被围住的火险区，可使用局部应用系统扑灭或控制可燃或易燃液体、液化天然气（LNG）以及普通 A 类可燃物的火灾。这种系统最适合于防护区基本平整的表面。例如有限的溢流火灾，敞口罐、围拦区域、矿井、沟槽等。对于多层次或三维火灾，如果不能够实现使整个建筑淹没，就应对各个危险区分别采取封闭措施，予以保护。

国际标准化组织 ISO/DIS7076－1990 标准和英国 BS5306－1989 标准中规定，局部应用系统适用于大范围内的较小封闭空间，如地下室、发动机试验室、封闭的发电机组等场所。

本条文的规定是参照上述国外标准提出的。

3.1.5 本条提出了可选择移动式高倍数泡沫灭火系统的应用场所。移动式高倍数泡沫灭火系统是高倍数泡沫灭火系统的第三种类型，该灭火系统的组件可以是车载式，也可以是便携式，也就是说系统全部组件可以移动，所以该灭火系统使用灵活、方便，而且随机应变性强，因此可用来扑救发生火灾的部位难以确定的场所。如地下工程、矿井等场所，一旦发生火灾，其内充满烟雾或危及人们生命的有毒气体，扑救这种类型的火灾，人员无法靠近，火源难以找到，可使用移动式高倍数泡沫灭火系统，泡沫通过导泡筒从远离火场的安全位置被输送到火灾区域扑灭火灾。1982 年 10 月山西某煤矿运输大巷发生火灾，大火燃烧 30 多个小时，整个矿井充满浓烟，采用高倍数泡沫灭火，二次发泡共用 70min，将明火压住，控制住火势发展，在泡沫排烟降温的条件下，救护人员进入火灾区，直接灭火和封闭火区，保护了所有采面及上百万元的设备。

移动式高倍数泡沫灭火系统对可燃液体泄漏引起的流淌火灾是非常有效的。如油罐防火堤内，没有设置固定式或半固定式高倍数泡沫灭火系统，发生了流淌火灾，可使用移动式高倍数泡沫灭火系统，能迅速有效地实施灭火。河南某汽车运输公司中心站油库发生火灾，库房崩塌，油罐内油流淌，$500m^2$ 的油库形成一片火海，采用移动式高倍数泡沫灭火系统，发射泡沫 10min，即将油库大火扑灭。

对于一些封闭空间的火场，其内烟雾及有毒气体无法排出，火场温度持续上升，会造成更大的损失。如果使用移动式高倍数泡沫灭火系统，发泡后，泡沫置换出封闭空间内的有害气体，也降低了火场的温度，而后可用其它灭火手段扑救火灾。

移动式高倍数泡沫灭火系统，还可作为固定式灭火系统的补充使用。全淹没式或局部应用式灭火系统在使用中出现意外情况时，或为了更快地扑救防护区内火灾，可利用移动式高倍数泡沫灭火装置向防护区喷放高倍数泡沫，弥补或增加高倍数泡沫供给速率，达到更迅速扑救防护区内火灾的目的。

移动式高倍数泡沫灭火系统在世界上工业发达的国家如美国的专业队伍均备有此种装置。目前我国各专业消防队伍均有水罐消防车或泡沫消防车，如配备移动式高倍数泡沫灭火装置，无需增加太大的投资即可办到。典型移动式高倍数泡沫灭火系统工作原理见图 1。

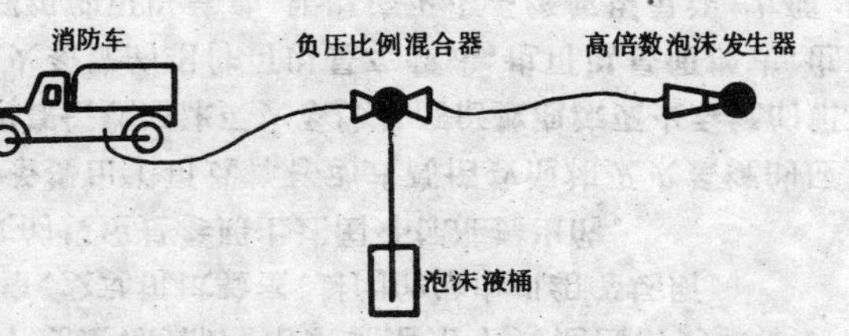

图1 典型移动式高倍数泡沫灭火系统原理

目前，我国煤矿系统各矿山救护队都普遍配置了移动式高倍数泡沫灭火装置，对扑救矿井火灾、抢险、降温、排烟和清除瓦斯等都起到了很大作用。移动式高倍数泡沫灭火系统用于扑救其它场所的火灾实例也很多，如轮船、橡胶仓库和油库等场所的火灾，灭火效果都很好。

移动式高倍数泡沫灭火系统与全淹没式或局部应用式高倍数泡沫灭火系统的灭火原理相同，即都是以"淹没方式"扑灭火灾。虽然移动式高倍数泡沫灭火系统的组件可以移动，但在任何火灾场所扑救火灾之前，都要求火灾场所有固定的或临时用不燃或难燃材料设置的能阻止泡沫流失的围挡措施，使高倍数泡沫能迅速形成覆盖层，淹没防护区，扑救和控制火灾。

本条的规定是与美国、英国和国际标准一致的。

3.1.6 本条提出可选择局部应用式中倍数泡沫灭火系统的应用场所。

(1)本条规定和国外同类标准的有关规定是一致的。国际标准化组织ISO/DIS7076—1990中规定，中倍数泡沫可以有效地抑制溢流易燃液体迅速蒸发，并且能在近距离内喷放泡沫。它宜以全淹没方式在小的封闭空间内使用。美国NFPA11A—1983标准中规定，小部分或局部封闭空间可以用中倍数泡沫扑灭固体燃料和液体燃料火灾，可对易燃溢流火灾或某些有毒液体迅速提供有效的泡沫覆盖层。英国标准BS5306—1989中规定，中倍数泡沫能够用在高度可达3m左右的可燃固体上面，或直接喷洒在固体表面，或进行全淹没。泡沫可以逐渐铺在火的表面上或以射流形式喷射。另外，原苏联石油和石油制品仓库设计标准CHNⅡⅡ—Π3—70中对中倍数泡沫用于储油罐也作了规定。储油罐就是油罐区内的较小封闭空间，而油罐的防火堤就是局部设有阻止泡沫流失的围挡设施的场所。

(2)局部应用式中倍数泡沫灭火系统在我国已有十几年的试验和应用实例。从1974年起一些研究单位曾用中倍数泡沫对不同燃烧面积的油池进行了许多次灭火试验，灭火效果良好，初步得出了泡沫混合液供给强度与灭火时间的关系。80年代，又对中倍数泡沫液的配方和中倍数泡沫发生器的结构进行了多次改进，促进了中倍数泡沫灭火技术的发展和在油罐上的应用。该阶段的试验结果：

当泡沫混合液供给强度为4.4L/min·m²时，灭火时间为2min左右；当泡沫混合液供给强度为6L/min·m²时，灭火时间为1min左右；发泡倍数为25倍左右。

中倍数泡沫灭火系统自1976年以后，已在部分省市的部分单位的油库中应用。这种固定式或半固定式中倍数泡沫灭火系统可节约基建投资，又能提高灭火的可靠性。

中倍数泡沫用于油罐上，在国家标准《石油库设计规范》GBJ74—84第9.5.1条中也作了相应的规定。

(3)执行本条时应注意以下几点：

①向较小的封闭空间喷放中倍数泡沫时，也要保证该封闭空间内被泡沫置换了的空气能顺利地排出，即封闭空间要设置排风口，以避免封闭空间内产生过高的压力，影响泡沫的正常喷放。

②大范围内局部设有阻止泡沫流失的围挡设施的场所是指防护区四周用不燃或难燃烧材料围住的防护区，在其内泡沫能迅速形成覆盖层，使之覆盖或淹没燃烧物。如果不能保证在燃烧物上按规定的时间形成一定厚度的泡沫覆盖层，该系统就不能达到扑救

火灾的目的。

③油罐区选用中倍数泡沫灭火系统时，如果防火堤内发生油类的流散火灾，可利用固定的中倍数泡沫灭火系统的管网，使用手提式中倍数泡沫发生器扑救，发生器需用数量，由防火堤的规模及火灾的危险程度决定。这就是半固定的局部应用式中倍数泡沫灭火系统。

参照国外一些国家同类标准和国际标准以及国内的试验结果，本条规定了局部应用式中倍数泡沫灭火系统的应用场所。

3.1.7 本条提出了可选择移动式中倍数泡沫灭火系统的应用场所。移动式中倍数泡沫灭火系统工作原理与局部应用式中倍数泡沫灭火系统相同，区别是它的发生器可以手提移动，机动灵活。另外，手提式中倍数泡沫发生器具有一定的射程，一般射程为10～20m，这样，此系统就特别适用于发生火灾的部位难以确定的场所，也就是说，防护区内，发生火灾前无法确定具体哪一处会发生火灾，配备的手提式中倍数泡沫发生器只有在起火部位确定后，迅速移到现场，喷射泡沫灭火。

移动式中倍数泡沫灭火系统除中倍数泡沫发生器和移动式高倍数泡沫灭火系统的发生器不同外，其余组件基本相同。因此可以这样认为，移动式高倍数泡沫灭火系统可以应用的灭火场所，移动式中倍数泡沫灭火系统原则上均可应用。但是要指出，由于中倍数泡沫发生器和中倍数泡沫液的自身特点，即发泡量和发泡倍数远小于高倍数泡沫，因此，移动式中倍数泡沫灭火系统只能应用于较小火灾场所。

本条规定与国际标准和国外一些国家标准是一致的。

3.2 泡沫液的选择、贮存和泡沫混合液的配制

3.2.1 本条规定了高倍数泡沫灭火系统用泡沫液的选用原则。高倍数泡沫液按系统采用水源的不同，可划分为淡水型泡沫液和耐海水型泡沫液。淡水型适用于江、河、湖和自来水，耐海水型适用于海水，上述两种类型的泡沫液需用新鲜空气发泡。由于火场内热烟气对上述两种类型泡沫液发出的泡有破坏作用，也就是发泡倍数低，所以在封闭空间利用火场热烟气发泡时，应使用耐温耐烟型泡沫液。

泡沫液的混合比有3%型和6%型两种。按泡沫液的性能、灭火系统的要求以及经济指标等因素选择泡沫液的类型后，灭火系统的混合比即泡沫液与水的比例关系即确定了。如选用3%型泡沫液时，其系统混合比为3%(泡沫液：水＝3：97)；如选用6%型泡沫液时，其系统混合比为6%(泡沫液：水＝6：94)。这个3%或6%参数是个公称值，它们的变化范围与泡沫液的性能有关。表1和表2是某科研单位通过试验得出的泡沫液性能与混合比的关系(在标准试验条件下)。

混合比与灭火时间的关系 **表1**

混合比(%)	气　温(℃)	发泡倍数(倍)	70#车用汽油灭火时间	25%析液时　间
1.5	20±2℃	518	26″	8′34″
3.0	20±2℃	810	47″	11′0″
6.0	20±2℃	1094	60″	17′42″
1.5	20±2℃	678	30″	3′46″
3.0	20±2℃	915	38″	5′30″

混合比与灭火时间的关系 **表2**

混合比(%)	使用水质	预混液温度(℃)	气　温(℃)	发泡倍数(倍)	灭火时间(s)
1.0	人工海水	20±2℃	18	333	98
1.5	人工海水	20±2℃	18	746	23
2.0	人工海水	20±2℃	20	722	30
3.0	人工海水	20±2℃	20	743	23

续表 2

混合比（%）	使用水质	预混液温度（℃）	气　温（℃）	发泡倍数（倍）	灭火时间（s）
4.0	人工海水	20±2℃	20	827	43
5.0	人工海水	20±2℃	22	953	39
6.0	人工海水	20±2℃	24	840	49

对表 1 和表 2 进行分析：

(1)发泡倍数随混合比的升高而增加。

(2)25%析液时间随混合比的升高而增加。析液时间长可延长泡沫的覆盖时间及增强泡沫的抗烧性能。

(3)混合比在 1.5%以上时对灭火时间影响不大。从泡沫液性能等因素考虑，3%型泡沫液的混合比范围为 1.5%～3%；6%型泡沫液的混合比范围为 4%～6%之间。这里应特别指出的是混合比的下限不能低于 1.5%或 4%，如果低于下限时，产生的泡沫直径大，泡沫稳定性差或成泡率低，泡沫性能会明显改变；如果超过上限，虽然泡沫稳定性变好，但泡沫直径变小，泡沫粘度增大，泡沫液消耗量增高，不经济。

国外一些工业发达国家和目前我国高倍数泡沫灭火系统应用中，基本上都使用混合比为 3%型的高倍数泡沫液，这样可降低灭火系统的造价，所以本条推荐选用混合比为 3%型的高倍数泡沫液。

3.2.2 本条规定了中倍数泡沫灭火系统用泡沫液的选用原则。大量的试验证明，高倍数泡沫液可以作为中倍数泡沫灭火系统的泡沫液使用，而且灭火效果很理想。目前我国也研制出了中倍数泡沫液，为了提高泡沫的稳定性，减少泡沫的表面涨力，增强灭火效果，中倍数泡沫液的混合比宜大一些。试验证明，当选用中倍数泡沫液的混合比为 4%时，灭火效果不佳；当混合比为 6%时，灭火效果良好；当混合比为 8%时，灭火效果最佳。

3.2.3 本条主要是根据高倍数和中倍数泡沫液的技术性能及确保泡沫液在灭火系统中安全正确的使用提出的。

在各种泡沫液的组成成分中有一部分有机溶剂，如泡沫液不进行密封贮存，其中的有机溶剂会挥发掉，因而影响泡沫液的物理性能和灭火性能。故要求密封贮存。

在《高倍数泡沫灭火剂》GA31－92 标准第 6.3.2 条中规定，高倍数泡沫灭火剂应存放在阴凉、干燥的库房内，防止暴晒，贮存的环境温度应在规定的使用温度范围之内。按 GA31－92 标准的要求进行存放，泡沫液的各种性能要求可以达到规定的各项指标。

美国 NFPA11A－1983 标准中第 1－10.7 条规定：现用或备用的泡沫原液应当储存在原液注册时注明的温度范围内。储存泡沫液容器应当密封，并保持在清洁、干燥的场所，以防止污染或变质。

3.2.4 配制高倍数、中倍数泡沫混合液对使用水质之所以有一定要求，是因为泡沫的产生和泡沫的稳定性受水质影响。如果水中含有油品等杂质性化学组分，将与灭火剂中的某些成分发生化学反应，使灭火剂中有效组分发生变化。因此本条提出了配制泡沫混合液用水的水质应对泡沫的产生和稳定性无有害影响。

ISO/DIS7076－1990 标准中规定了对水质的要求，只要对泡沫的产生和稳定性无有害影响，无论是硬水或软水、淡水或海水皆可。

美国 NFPA11A－1983 标准中对水质也作了规定，为发生中倍数和高倍数泡沫，应考虑水的适应性。使用盐水、硬质水或水中混有防腐剂、抗凝剂、海洋生物、油或其它杂质，就可能引起泡沫体积或其稳定性降低。

3.2.5 本条对水温指标提出宜为 5～38℃，是因为水温能直接影响混合液的温度，而混合液的温度对发泡倍数和灭火时间都有一定的影响。某研究单位对高倍数泡沫液做了在不同泡沫混合液温度下的灭火试验，结果见表 3。

泡沫混合液在不同温度下的灭火试验　　表 3

混合比（%）	水质	混合液温度（℃）	气温（℃）	发生器工作压力（MPa）	发泡倍数（倍）	灭火时间
3	人工海水	5	20	0.1	550	1′51″
3	人工海水	8	21	0.1	649	35″
3	人工海水	11	22	0.1	726	30″
6	人工海水	5.5	22	0.1	660	2′45″
6	人工海水	8	23	0.1	780	1′25″
6	人工海水	11	24	0.1	840	49″

从表中可以看出水温在 5℃时的灭火时间是 11℃时灭火时间的 2.7～3.3 倍，显然水温 11℃时的灭火时间优于水温 5℃时的灭火时间。

国际标准化组织 ISO/DIS7076－1990 标准中规定，建议发泡用水的温度在 5～38℃之间。超过这个范围，发泡性能会变坏。

美国 NFPA11A－1983 标准中规定，泡沫灭火剂应贮存在温度为 2～38℃之间的地点。

我国《高倍数泡沫灭火剂》GA31－92 标准中规定，灭火剂使用温度最大不超过 40℃。

参照国外及国家专业技术标准对发泡用水或泡沫灭火剂贮存温度的要求，在本条中对配制高倍数、中倍数泡沫混合液的水温提出了要求。这个规定是与国际标准化组织 ISO/DIS7076－1990 标准一致的。

3.2.6　本条是为了在火灾发生后，灭火系统能迅速有效地扑灭火灾而提出的。

3.3　系统组件

3.3.1　为了在工厂企业，特别是化工企业中的厂区或车间内明显标示消防管道布置及走向，又为了发生火灾时和日常维修管理方便，则需将消防系统的各组件进行明显的涂色标记。如将消防系统的重要部件如发生器、比例混合器等涂上消防产品的专用红色。水泵、给水管道一般涂绿色。

3.3.2　本条对贮水设备的有效容积提出了具体参数要求，是设计者在进行储水池（罐）设计时要考虑的最少裕量。

如不设置水位指示装置，一旦出现火警时，储水池（罐）不易发现水位不足，易造成误操作。设立了水位指示装置对战时或平常的安全检查，易于观察贮水设备的完好状态，而且对灭火时水位变化状况也能清晰的了解，可及时补充水源。

3.3.3、3.3.4　选用固定式常压泡沫液储罐，大多用于固定安装的高倍数、中倍数泡沫灭火系统，由于此类灭火系统的泡沫液贮备量较多，而且放置的时间可能较长，因此对泡沫液储罐提出了开口的工艺要求。

这两条的规定与国外相关标准中的规定是一致的，国际标准化组织 ISO/DIS7076－1990 标准中规定，制造储罐或容器材料应使泡沫液长期贮存而不腐蚀，或不会使泡沫液变质，在储罐上必须清楚地标明泡沫液的型号和混合比；罐上必须有检查和清洗内表面用的开口、泡沫液出口和试验管线以及加料、导淋和取样装置。同时还规定常压泡沫液储罐应设有吸气阀或真空阀。设吸气阀是为了当泡沫液泵吸出泡沫液后罐内形成真空时，该阀门开启，泡沫液储罐与大气相通，可使系统保持正常工作状态。吸气阀门还应具有自动关闭的功能，以确保泡沫液罐平时保持密封状态。

美国 NFPA11A－1983 标准中第 1－10.8 条中规定，此罐应当由防腐材料制成，其结构应适合于泡沫原液的贮存。罐的设计应考虑到减少原液的蒸发。

这两条规定是参照国外标准和高、中倍数泡沫灭火系统实际情况提出的。

3.3.5　发泡网是发生器的主要部件之一，它的作用是泡沫混合液喷向发泡网的内表面，并在其上形成一层薄膜，由风叶产生具有一定风压的气流，通过发泡网的小孔，将泡沫混合液的薄膜吹胀成大量的气泡(即泡沫群)。根据上述发泡网的作用，国内外发泡网的型式有数种，但其材质只有金属型和棉线(或尼龙)编织型两种，棉线编织的发泡网一般多用于移动式或小型发生器上，而固定安装在防护区域内的发生器，由于受火焰热气流的影响，应采用金属型发泡网，目前国内水力驱动型发生器均采用金属型发泡网。为提高其使用寿命，应用耐腐蚀金属材质制作。

3.3.6 本条规定了平衡压力比例混合器的应用特点。集中控制的多个防护区是指数个防护区需要同时进行防护，而且这些防护区不存在同时起火的可能性。为了节约投资，就没有必要为每个防护区同时都单独设置一整套独立的灭火系统，只需设置一套可共同使用的提供压力水和泡沫液以及比例混合器的装置，当某防护区发生火灾时，可为其提供所需的泡沫混合液，供泡沫发生器发泡灭火。

平衡压力比例混合器的水进口流量有一个流量范围，如果几个防护区域所需的水流量均在此范围内，完全可以集中共同使用同一个型号的平衡压力比例混合器，而混合比精度不变。当某个防护区内发生火灾时，该种比例混合器可以自动地将水和泡沫液按规定的混合比(3%或6%)进行混合形成混合液，经管路送至某防护区内的发生器发泡灭火。这个特点是其它种类的比例混合器无法比拟的，该种比例混合器在自动灭火系统中使用更能发挥它的优越性。平衡压力比例混合器在工业发达国家，如美国、德国和日本等国家已广泛应用。

该种比例混合器也适用于一个防护区和低倍数泡沫灭火系统。

3.3.7 本条规定了压力比例混合器的应用特点。压力比例混合器是根据文丘利原理进行设计的，当压力水通过比例混合器的喷嘴时，在喷嘴出口端面与扩散管进口端面之间形成一个低压区，因此，不需要较高的泡沫液进口压力即可使泡沫液进入其间与水混合。水流量大小由喷嘴直径大小控制，泡沫液流量大小由孔板直径大小控制。该种比例混合器的喷嘴和孔板的尺寸确定后，它的流量和混合比就决定了。如果混合比可在一个适用的范围内变化，那么水流量也可以有些变化，所以本条中“集中控制流量基本不变的防护区”是根据该种比例混合器的结构特点提出的。它也适用于低倍数泡沫灭火系统。

3.3.8 本条规定了负压比例混合器在高倍数泡沫灭火系统中的应用范围。

负压比例混合器又称管线式比例混合器，是一种可移动使用的便携式比例混合装置。在国际标准化组织ISO/DIS7076—1990标准中称为“管道吸入式比例混合器”。

该种比例混合器安装于水带或管道上，其位置在消防泵和泡沫发生器之间，一般距后者有一定的距离。因此，可以在距火区有一定距离的地方吸入泡沫液。它的使用流量范围比较小，重量轻，进出口均有管牙式消防水带接口连接，故用于移动式高倍数泡沫灭火系统或较小流量的局部应用式高倍数泡沫灭火系统比较合适。使用负压比例混合器应注意：它必须与相应的泡沫发生器配套使用，而且泡沫发生器放置的高度及与负压比例混合器之间的水带或管道的长度会影响混合比的精度。

3.3.9 目前局部应用式中倍数泡沫灭火系统在我国主要应用于油库中，该灭火系统的比例混合器多采用环泵式比例混合器。它适用于集中控制流量基本不变的一个或多个防护区。

负压比例混合器也可用于移动式中倍数泡沫灭火系统，但它必须与中倍数泡沫发生器配套使用，否则影响混合比或不能发泡灭火。

3.3.10 对本条文中规定系统管网工作压力不宜超过1.2MPa，说明如下：

(1)泡沫液、泡沫混合液的粘度与水相近，在工程应用中可按水的参数进行阻力损失计算。

(2)高倍数泡沫发生器的工作压力范围为0.3～1.0MPa，系统多台使用时，常用工作压力范围为0.5～0.7MPa；各种类型的比例混合器的工作压力范围为0.5～1.0MPa；再考虑系统中管路沿程和局部阻力损失，系统管网的工作压力是不会超过1.2MPa的。

(3)美国NFPA13A《自动喷水系统安装标准》和我国现行国家标准《自动喷水灭火系统设计规范》中规定，自动喷水灭火系统管网内工作压力不应大于1.17MPa。

因此，参照国内外相关标准和高倍数泡沫灭火系统组件的工作压力范围，本条文的规定是合理的。

3.3.11 泡沫液、泡沫混合液和水在管道内的流速是参考下述资料确定的：

我国《给排水设计手册》中建议，管道内允许流速钢管一般不大于5m/s；

德国相关标准中规定，水流速度在管道内不超过5m/s，在配管内不超过10m/s；

我国现行的《自动喷水灭火系统设计规范》中规定，管道内的水流速度不宜超过5m/s。配水支管内的水流速度在个别情况下不应大于10m/s。

综合上述资料，又因泡沫液、泡沫混合液与水的粘度相近，所以作本条规定。

3.3.12 高倍数泡沫液有一定腐蚀率，经测试其腐蚀率$\triangle g<3mg/日\cdot 20cm^2$。高倍数、中倍数泡沫灭火系统是危险场所的重要保护手段，由于系统安装验收后，可能几年甚至更长时间不发生火灾，这就要求设备自身的防止锈蚀能力要比较强，以备在万一使用时不会因设备本身锈蚀而影响灭火系统投入使用，另外铁锈较多亦会影响泡沫液的发泡性能。选用耐腐蚀材料，如不锈钢、铜合金和尼龙等材料制作与泡沫液或泡沫混合液接触的零部件，可满足上述两个要求。

3.3.13 固定安装的消防水泵和泡沫液泵或泡沫混合液泵，应设置备用泵，这是为了保证火灾发生时能及时不间断地供水和供泡沫液或供泡沫混合液，使灭火系统能正常投入使用。

国际标准化组织ISO/DIS7076－1990标准中第16.3条规定，通常择优采用双重水泵装置，以增加工作可靠性，对于单泵装置，应有一个合适的替代水源。该标准第17.3条中还规定，泵的材料应与泡沫液种类和牌号相适应，不应产生腐蚀、起泡和胶结现象。应特别注意密封材料的种类。

参考国外标准，本条提出泡沫液泵宜由耐腐蚀材料制作；如选择普通泵时，其叶轮及泵轴等与泡沫液接触的部件，应选择耐腐蚀材料制作。

3.3.14 此条规定是根据国内高倍数泡沫灭火系统工程的实际情况和参照国际标准化组织ISO/DIS7076－1990和美国NFPA11A－1983标准及英国BS5306－1989标准制定的。

国际标准化组织ISO/DIS7076－1990标准第18.4条规定，干式系统的管道可用镀锌钢管，并且应配有清洗装置，供系统工作之后使用，也可在管道内壁覆以适当的涂层。由于泡沫液和泡沫混合液的腐蚀作用，湿式系统管道不宜使用镀锌钢管，可以使用某些塑料或不锈钢等耐腐蚀材料管道。除非对湿式系统进行定期冲洗，否则不能使用无防腐涂层的管线或铸铁管。

美国NFPA11A－1983标准中规定，与泡沫原液接触的管道和配件应由适合于所使用的泡沫原液的防腐材料制成。英国标准BS5306－1989对此也有相同的规定。

我国某钢铁公司一米七轧机工程中27个地下液压油泵站采用的全淹没式高倍数泡沫灭火系统的管道、管件等设计安装，就是遵循上述规定完成的。

这里需要说明的是，所谓干式管道，即在平时无火警时，发生器经比例混合器到水泵、泡沫液泵的这段系统中全部是无液体介质的管路，也就是空管路。

所谓湿式管道，是在发生器前较近处的管路上设置一个液压球阀或电动阀，该阀到发生器之间的管道为干式管道。而液压球阀或电动阀至比例混合器到水泵之间有液体存在，且有一定的静压，静压值的大小，由液压球阀的开启与关闭技术条件确定。如选用电动阀，发生火警后，报警系统启动水泵的同时，电动阀打开，系统立即投入运行，在很短的时间内发生器喷放泡沫，迅速扑救火灾。

在有季节冰冻的地区，为了保证灭火系统在寒冷的气候条件下也能正常发泡灭火，因此要求管道必须采取防冻措施。

国际标准 ISO/DIS7076－1990 中规定，在结冰地区，充满液体的储罐和管道应采取防冻措施。英国 BS5306－1989 标准中规定，通常是湿式管道，可能遭遇 5℃以下的环境温度的地方，必须加以保护，防止管内液体冻结。

3.3.15 在泡沫发生器前设控制阀，是为了系统试验和维修时将该阀关闭，平时该阀处于常开状态。设压力表是为了在系统进行调试或试验时，观察泡沫发生器的进口工作压力是否在规定值的范围内。设管道过滤器是为了防止杂物堵塞泡沫发生器的喷嘴。

3.3.16 高倍数泡沫是发泡倍数为 201～1000 倍的空气泡沫。它的泡沫群体质量很轻，每立方米的高倍数泡沫大约重 1.5～3.5kg，因此容易受风的作用而飞散，造成堆积和流动困难，使泡沫不能尽快地覆盖和淹没着火物质，影响了灭火性能，严重时会使灭火失败。

中倍数泡沫虽然比高倍数泡沫重些，试验证明，风速和风向对泡沫发生器产生泡沫和泡沫的分布同样有不利影响。

故要求发生器在室外或坑道应用时，应采取防风措施。并应注意以下几点：

(1)如在泡沫发生器的发泡网周围增设挡风装置时，其档板应距发泡网有一定的距离，使之不影响泡沫的发生或损坏泡沫。

(2)如在矿井使用泡沫发生器时，由于发生火灾的部位千变万化，无论是竖井或斜井，发生火灾后，火的风压很大，泡沫较难达到起火物体的根部，因此可在泡沫发生器前增设导泡筒，让泡沫沿导泡筒输送到火灾部位，达到扑灭火灾的目的。河南省某县一个矿井发生火灾后，竖井的火风压很大，在井口安装的移动式高倍数泡沫发生装置向井内发泡，泡沫被“火风压”吹掉，而不能灌进矿井中，后来救护人员使用了用阻燃材料制作的导泡筒，将泡沫由导泡筒顺利地导入矿井中，将火扑灭。

美国、英国和国际标准中都有相同的规定。

3.3.17 本条对防护区内管道用密封垫片提出了材质的要求。如果防护区发生火灾，气温很快上升，管道法兰的垫片，必须由不燃材料制作，否则，法兰垫片会烧坏，造成管道泄漏，使灭火系统达不到设计要求，延长了灭火时间，造成更大的损失，甚至可能造成灭火系统完全失去应有的效能。

国际标准化组织 ISO/DIS7076－1990 及英国、美国标准对防护区内管道垫片的材质也有同样的要求。

3.3.18 本条对采用集中控制的消防泵房内宜设置的系统组件提出了要求，该条主要是根据多年的实际经验提出来的。集中控制的消防泵房有两种情况：

(1)一个防护区域的专用消防泵房；

(2)几个防护区域共用的消防泵房。

这两种情况都可将泡沫混合液泵或水泵和泡沫液泵、泡沫液储罐、比例混合器、控制箱、压力开关、管道过滤器以及阀门等组件安装在消防泵房内，一旦某个防护区域内发生火灾，可分区域控制和扑灭火灾，采用这种集中控制的消防泵房可以节约投资，而且操作和管理都比较方便。

3.3.19 本条规定消防泵房内应设备用动力的目的是为了确保高倍数、中倍数泡沫灭火系统随时都处于正常工作状态。

两台消防水泵的驱动可采用一台水泵由柴油机驱动，一台水泵由电动机驱动；如两台水泵或泡沫液泵都是采用电动机驱动时，应采用双电源供电。

美国、英国、日本等国家有关标准也有相同的规定。

3.3.20 集中控制的消防泵房距防护区及消防控制中心都有一定的距离，在泵房中设置对外联络的通讯设备，当发生火灾时，值班人员可以与消防控制中心、消防队等处取得联系。

3.3.21 防护区内安装高、中倍数泡沫灭火系统后，因为系统调试、喷水试验或定期检修试验而造成防护区内有积水，这些少量的积水会影响防护区的正常工作环境，因此要求设立排水设施，如地漏、排水沟等，可将积水顺利地排走，以维持防护区内的正常工作环境。

3.3.22 本条的规定是为确保灭火系统能安全可靠地投入扑救工作。操作阀门有电动或手动操作阀，电动阀门如设在防护区域内，一旦发生火灾时，电动阀门本身安全不能保障，而手动阀门又无法进行操作，所以要求操作阀门应当安装在防护区域以外安全而且操作方便的位置，以确保灭火系统正常工作。

3.3.23 在管道过滤器的进口和出口端设置压力表的目的是，当灭火系统进行系统调试时，记录两端压力表的数值，以确定其压力损失，核对压力损失是否在产品规定的数值范围内。该灭火系统平时需定期进行喷水或喷泡沫试验，在试验时如发现管道过滤器两端压力差即压力损失超过了规定值时，说明其中已有许多杂物，减少了管道过滤器的过流面积，增加了阻力损失。出现这种情况时，应及时清除过滤器中的杂物，使其恢复正常状态。

4 高倍数泡沫灭火系统

4.1 一般规定

4.1.1 高倍数泡沫发生器利用防护区域外部的空气往封闭的防护区域发泡时，向其内输入了大量的高倍数泡沫和空气，如不采取排风措施，被高倍数泡沫置换了的气体无法排出被保护区域，会造成该区域内气压升高，高倍数泡沫发生器无法正常发泡，亦能使门、窗、玻璃等薄弱环节破坏，影响灭火效果，甚至达不到灭火要求。因此，本条规定，利用防护区外部空气发泡的封闭空间，应设排风口，其排风速度不宜超过 5m/s。

关于设置通风口的要求，国际上有关标准规定如下：

美国 NFPA11A—1983 标准第 2—2.1.2 条规定，如用外界空气发生泡沫，要提供强力通风，以便排除被泡沫替换出的空气，通风速度不应超过 305m/min。

国际标准化组织 ISO/DIS7076—1990 标准第 13.5 条规定，当向有限的空间喷放泡沫时，重要的是要保证被泡沫置换了的空气能顺畅地排出，以避免产生过高的压力。

德国工业标准 DIN14493 第四部分第五条规定，封闭空间必须注意，要有充分的通风。

英国 BS5306—1989 标准中第 19.2 条规定：

(1)利用被保护的封闭空间以外的空气产生泡沫时，对于喷放泡沫后从封闭空间排出的气体，必须采取措施。

(2)通气口必须是敞口，如果平时关闭，当灭火系统启动时，必须自动打开。通风口的通风速度不大于 300m/min。

(3)用来产生泡沫的空气是来自封闭空间内部时，一般不需要设通风口。

国内的实践也证实了被保护区域是封闭空间时，采用高倍数泡沫灭火系统必须设置通风口。如某飞机检修机库采用了全淹没式高倍数泡沫灭火系统，建筑设计未设计通风口，在机库验收时进行了冷态发泡，当发泡约 3min 后，这时高倍数泡沫已在 $7200m^2$ 的地面上堆积了约 4m 以上，室内气压较高，已经关闭的两扇门被打开(门已用细钢丝栓好)，大量的高倍数泡沫流出防护区外面。

该条中的排风速度是参考美国和英国标准中的数值确定的。

通风口的结构型式视防护区的性质决定，通风口可以是常开的，也可以是常闭的，但当发生火灾时应自动开启或手动开启。

执行本条文时应注意：

(1)排风口的设置高度要在设计的泡沫淹没深度以上，避免泡沫流失。

(2)排风口的位置不能影响泡沫的排放和泡沫的堆集，避免延长淹没体积的淹没时间，影响灭火效能。

4.1.2 本条规定防护区内的高倍数泡沫的淹没体积应该保持的时间，是根据以下情况确定的：

(1)高倍数泡沫适用于对 A 类和 B 类火灾的防护。全淹没式高倍数泡沫灭火系统特别适用于有限范围大面积三维空间火灾和可燃、易燃固体的阴燃火灾的扑救，这点是其它灭火系统无法比拟的。

当防护区域发生火灾后，高倍数泡沫灭火系统的发生装置向火灾区域喷放大量的高倍数泡沫，以密集状态封闭火灾区域，并达到规定的淹没体积。当火灾被控制或扑灭后，有一定厚度的泡沫仍留在防护区域的被保护物上面，这部分泡沫需要一定的时间才能消失，这个泡沫覆盖层对燃烧体有抗复燃的能力，另外它还对可燃、易燃固体的深部阴燃火灾有明显的扑救能力。为了有效地控制火势和扑救火灾，防止复燃，必须将高倍数泡沫的全淹没状态保持一定的时间。

国际标准化组织 ISO/DIS7076—1990 标准第 33.6 条规定，对于可能发生深位火灾的 A 类火灾，最终灭火可能要用几个小时，这种情况下，可以间断地供给泡沫，以维持泡沫淹没深度，直至不再发烟。该标准中未明确规定泡沫淹没深度(即淹没体积)的保持时间，而在美国 NFPA11A—1983 标准第 2—4 条中规定，为了保证适当地控制或扑灭火灾，对于无水喷淋设备的场所，应当将淹没体积至少保持 60min。

本条规定 A 类火灾单独使用高倍数泡沫灭火系统时，淹没体积的保持时间应大于 60min，是与美国 NFPA11A—1983 标准中的规定相一致的。

(2)防护区域的火灾危险程度大，需要对建筑物进行保护时，如采用高倍数泡沫灭火系统与自动喷水灭火系统联用，可缩短淹没体积的保持时间(即一定厚度的泡沫覆盖层的封闭时间)，其原因是因为自动喷水系统喷水动作比高倍数泡沫灭火系统喷放泡沫时间早，这样可使火灾的危险程度比仅用高倍数泡沫灭火系统时小些；另外由于喷水系统部分水被汽化变成水蒸汽，因此加速了对火焰的冷却和窒息的作用，降低了火灾危险程度，故在防护区域内高倍数泡沫淹没体积的保持时间可减少。

本条规定高倍数泡沫灭火系统与自动喷水灭火系统联合应用时，淹没体积的保持时间应大于 30min，是与美国 NFPA11A—1983 标准中的规定相一致的。

(3)高倍数泡沫控制和扑灭可燃、易燃液体火灾后，对淹没状态在防护区域内的保持时间未作具体规定，其原因说明如下：

①国内对汽油、煤油、柴油、重油和苯等一类易燃液体进行了大量的灭火试验，当高倍数泡沫将燃烧的液面全部覆盖以后，火焰立即熄灭，每次灭火试验后一般继续供给泡沫的时间都不大于 30s，有时甚至继续供给泡沫只有几秒钟的时间，灭火后都不存在复燃现象。

②公安部天津消防科研所在 1990 年冬季用标准高倍数泡沫发生装置，对闪点较低的液化石油气做了多次控火和灭火试验，试

验证明，高倍数泡沫可以很快地控制住液化石油气火灾，再继续供给一定时间的泡沫后，火焰被扑灭，但从泡沫覆盖层上面的许多处冒出“白烟”(即液化石油气的蒸汽)。有几次试验，当火焰被控制和扑灭后，不再继续供给泡沫时，火焰又从泡沫层上出现，即复燃。试验结论：利用高倍数泡沫控制和扑灭液化石油气流淌火灾是很有效的，但为控制住火灾，需要继续供给一段时间的泡沫。

从上面的试验证明，不同闪点的易燃、可燃液体的火灾，在防护区域内对泡沫的淹没体积的保持时间要求不同，故在本条款中未作具体规定。

大量的试验证明，高倍数泡沫冷态发泡或灭火后在保护对象上面的泡沫覆盖层，经一段时间后逐步消泡变成水溶液，消泡时间的长短与当时的气温、气压、湿度等有一定的关系。如某飞机库在春季作冷态发泡时，堆积了约 4m 高的高倍数泡沫，平均每小时消泡约有 0.5m。泡沫既然可以自然消失，如需在一定的时间内，保持规定的淹没体积，必须在扑灭火灾后的一段时间，连续或间断地由一个、几个或全部高倍数泡沫发生装置，向防护区域手动或自动地喷放高倍数泡沫，保持封闭状态。

4.1.3 本条对高倍数泡沫控制液化石油气和液化天然气火灾的设计参数作了规定。

随着工业的发展，液化石油气和液化天然气的应用已日益增加，因此液化气火灾事故增多，而且火灾的危险性和危害性都很大，国内外都发生过多起特大火灾事故。故对液化气火灾的扑救都很重视。

液化气火灾多是由于储罐、管道或其它连接处破裂、损坏，使液化气喷出或外溢引起的。

液化气发生火灾有三种因素：

①液化气体在破口处喷出时产生静电，自身引火酿成火灾，形成喷火现象。液化气的燃烧热值很高，辐射热大，特别是当球罐发生火灾时，由于其内液体受热，内压上升，有可能导致储罐破坏，引起更大的灾害。这种火灾的案例很多，有关规范规定用水冷却的方法保护储罐，使之不致于导致罐体破坏，造成更大的灾害。

②液化气因其蒸汽压较高，泄漏后会立即变成蒸汽，这些蒸汽可以扩散到很远的地方。况且这些蒸汽的比重都比空气重，它们很容易被积留在流动时所经过的低凹处，使之随时都存在着火灾和爆炸的危险。

③液化气蒸汽与空气的混合气体，在受热而温度上升时会自动着火或发生爆炸。

在 70 年代以前，国外一些工业发达国家对于控制和扑救液化石油气和液化天然气的流淌火灾有两种观点，一种认为是以干粉灭火剂为主，而另外一种认为是以高倍数泡沫为主。到了 70 年代，美国和日本等国家对液化石油气和液化天然气的流淌火灾的控制和扑救，都进行了大量的试验研究，并取得了较完整的数据与资料，而且结论是一致的，即认为高倍数泡沫对液化石油气和液化天然气火灾的控制和扑救是有效的。如美国在“关于液化石油气的控火和灭火的技术研究报告”中指出，只要供给强度足够，即泡沫混合液供给强度为 4.1～6.1L/min·m²，发泡倍数为 500 倍以下时，在几分钟内就可以控制住液化石油气火灾。另外，又对液化石油气和液化天然气用上面数据进行了对比试验，控火效果大致相同。日本一些企业及研究单位的资料报导，也与上述参数相近。鉴于一些工业发达国家对控制和扑灭液化气火灾的研究结论，所以国际标准化组织 ISO/DIS7076－1990 标准中规定，高倍数泡沫可用于控制液化气火灾，由于这种火灾存在着潜在的爆炸危险，故不希望将它扑灭。另外，美国 NFPA11A－1983 标准中也规定，高倍数泡沫还可以用来控制液化天然气和液化石油气火灾。

我国对液化石油气和液化天然气火灾的控制和扑救，尚未进行全面研究，虽然国内也发生过多起重大液化气火灾，但从没有利用干粉灭火剂或高倍数泡沫控火和灭火的例子。公安部天津消防科研所为了验证国际标准和美国等国家标准规定的可控制液化气火灾及推荐的泡沫混合液供给强度和发泡倍数参数的可行性，于1990年2月，用民用液化石油气做燃料，进行了对0.7m²燃烧盘的控火和灭火的多次试验，试验时是用标准高倍数泡沫试验装置和YEGZ型高倍数泡沫液，发泡倍数为400～500倍，泡沫混合液供给强度为7.14L/min·m²。试验结果，90%控制时间是40～45s，灭火时间为100～200s。

参考国外一些工业发达国家对液化石油气和液化天然气的灭火试验时的泡沫混合液供给强度和发泡倍数的数据，并结合我国的试验结果，本条规定泡沫混合液供给强度应大于7.2L/min·m²，发泡倍数宜为300～500倍。

4.1.4 泡沫混合液与水的比重、粘度几乎相同，高倍数泡沫液的比重与水相近，粘度比水的粘度稍大些，但为了简化系统设计计算，本条中规定系统中水、泡沫液和泡沫混合液管道的水力计算，应符合《建筑给水排水设计规范》等国家标准的规定。

4.2 系统设计

4.2.1 高倍数泡沫灭火系统的计算是系统设计的重要环节。它直接影响系统设计的成功与系统投资的多少。本条对高倍数泡沫灭火系统设计计算的重要参数——泡沫淹没深度提出了具体要求。

防护区设计采用高倍数泡沫灭火系统，就是用高倍数泡沫将被保护物全部淹没，且在最高保护物或液面上面有一定的泡沫高度，只有这样才能将火灾危险区域的空气与火焰完全隔绝，充分发挥高倍数泡沫灭火机理的全部效能，达到控火和灭火的目的。

各国有关标准对泡沫淹没深度的规定如下：

美国NFPA11A—1983标准第2—3.2.1条中规定，泡沫的最低淹没深度不应小于最高危险物高度的1.1倍，但是决不能小于此危险物以上2ft(0.6m)。对于可燃或易燃液体，所需要的危险物以上的泡沫淹没深度应更高些，并应通过试验确定。

国际标准化组织ISO/DIS7076—1990标准第33.4.1条中规定，在被保护的整个面积上泡沫淹没深度未必均匀，故应有裕量，这个深度一般不应小于最高危险物高度的1.1倍，或者在最高危险物以上不小于1m，以其中较大者为准。涉及易燃液体的地方要求的泡沫淹没深度可能更大，应通过试验确定。

英国BS5306—1989标准第19.3条中规定，对于不燃结构的封闭空间里的可燃固体，泡沫淹没深度应足以覆盖最高危险物以上1m或最高危险物高度的1.1倍的泡沫，取其中较大者。对于易燃液体的泡沫淹没深度由试验确定，它可能大大超过可燃固体的泡沫淹没深度。

日本消防法第十七条规定，泡沫深度是在最高危险物以上0.5m。

参照美国等先进工业发达国家的有关泡沫深度的规定，又考虑到"泡沫淹没深度"这一参数对灭火系统投资影响较大，并结合我国的国情，本条对泡沫淹没深度从两方面提出了要求：

(1)对于A类火灾，灭火的泡沫淹没深度采用了美国NFPA11A—1983标准中规定的数据。本条规定了泡沫淹没深度不应小于最高保护对象高度的1.1倍，且应高于最高保护对象以上0.6m。这个数值是比较先进的，因此可以节约灭火系统的造价。

(2)美国、英国和国际标准中对可燃、易燃液体火灾所需的泡沫淹没深度未作具体数值的规定，但却明确要求，可燃或易燃液体火灾的泡沫淹没深度都需超过A类火灾的泡沫淹没深度，而且其值应通过试验确定。

鉴于我国十几年来对高倍数泡沫灭火剂和设备的研制以及在高倍数泡沫灭火系统的应用中曾对汽油、柴油、煤油和苯等作过大量的试验，积累了灭火试验数据，见表4。

对表4中试验数据进行分析，每次试验是在不同面积的油池中进行的，而且每种易燃液体的种类和标号以及试验条件也不完全相同。考虑到各种因素和全淹没式高倍数泡沫灭火系统在工程应用中可能在更大面积的防护区域使用，本条对汽油、煤油、柴油和苯的泡沫淹没深度规定的数值应大于表4中的最大值。因此，在灭火试验数据的基础上，对于B类火灾灭火的泡沫淹没深度提出了两种规定，说明如下：

①对于汽油、煤油、柴油和苯等类型的火灾，用于灭火的泡沫淹没深度应超过起火部位以上2m。这个数据在国外标准中未作具体规定，皆要求通过试验确定。

汽油、煤油、柴油、苯灭火试验数据 **表4**

可燃、易燃液体的种类	可燃、易燃液体的用量(kg)	灭火时间(s)	油池面积(m²)	液面以上的泡沫高度(m)	试验地点	备注
汽油	1200	41	105	1.10	天津	未复燃
汽油	1200	42.5	105	1.13	天津	未复燃
汽油	800	40	105	1.10	天津	未复燃
汽油	480	27	63	1.25	乐清	未复燃
汽油	300	18	25	0.88	常州	未复燃
航空煤油	1000	49	105	1.56	天津	未复燃
航空煤油	1000	54	105	1.71	天津	未复燃
航空煤油	1000	42	105	1.33	天津	未复燃
柴油加汽油	360+40	34	50	1.88	江都	未复燃
工业苯	300	25	36	1.71	乐清	未复燃
工业苯	540	34	55	1.23	鞍山	未复燃
工业苯	450	30	63	1.30	乐清	未复燃
工业苯	450	29	63	1.30	乐清	未复燃

②汽油、煤油、柴油和苯等类型以外的可燃、易燃液体（包括水溶性液体）有数百种，不可能用大量的经费，通过试验规定它们的泡沫淹没深度。因此，本条文采用了美国、英国、德国和国际标准化组织ISO/DIS7076—1990标准中对可燃或易燃液体（包括水溶性液体）的泡沫淹没深度应由试验确定的规定。

本条是参考了国外标准，同时采用了我国大量的灭火试验数据制定的。

4.2.2 防护区域内采用高倍数泡沫灭火系统时，泡沫的淹没体积就是保护区域的地面至泡沫淹没深度之间的空间体积，在这个空间内充满的高倍数泡沫可以扑救被保护对象的火灾。淹没体积是高倍数泡沫灭火系统设计时的重要性能参数，为使这个参数经济、合理，应对淹没体积作些具体分析。在淹没体积内如有许多由不能燃烧的材料制成的固定机器、设备或其它固定结构，计算淹没体积时应减去这部分体积，这样可以降低全淹没灭火系统的成本。如果在泡沫的淹没空间内，有临时放置的或可移动的由不燃材料制成的设备及由可燃材料制作的物品或堆放的可燃材料所占的体积，均不应由淹没体积中减去，这是为了有效地达到高倍数泡沫灭火效能。

美国NFPA11A—1983标准第2—3.3条规定，淹没体积按下列情况确定：

(1)规定的泡沫淹没深度乘以被防护空间的地面面积；

(2)对于内部有可燃结构或装饰物的，安装水喷淋头的房间，整个体积应包括隐蔽空间。确定淹没体积时，可以减去由容器、机器设备或其它永久固定设备所占有的体积。在确定淹没体积时，不应减去贮存材料所占据的体积，除非得到有管辖权机构的同意。

德国工业标准DIN14493第四部分对淹没体积是这样规定的，防护区总的底面积乘以高度，可扣除不受火灾损害的，固定内部构件的体积。

国际标准化组织ISO/DIS7076—1990中规定，淹没体积即被保护空间的地面面积与泡沫淹没深度相乘得到的体积。如果封闭空间是无喷淋头的可燃结构，即为封闭空间的总体积。从这个体积中可以扣除永久性安装的设备、容器或机器的体积，但不能扣除可移性储存物及等效物的体积。

英国 BS5306－1989 标准第 19.4 条中规定，计算淹没体积时，容器、机器或其它永久性放置设备的体积，需从被保护的总体积中扣除。贮备材料所占的体积不能从被保护区的体积中扣除。

参照国外标准，本条规定，淹没体积的计算应为防护区的地面面积乘以泡沫淹没深度，减去由不燃材料制成的固定设备或其它固定物所占的体积。

4.2.3 本条对高倍数泡沫灭火系统淹没时间的选择作了规定。

（1）淹没时间是指从高倍数泡沫发生器开始喷放泡沫至充满各类防护区域内规定的淹没体积所需要的时间，本条规定了淹没时间的最大值。

高倍数泡沫充满防护区域的淹没体积的时间长或短，对高倍数泡沫灭火系统的灭火效能及被保护对象的损失程度有直接关系。如同一种被保护对象，泡沫充满相同的淹没体积的时间越长，扑救火灾的速度越慢，危险物损失程度越大，但高倍数泡沫灭火系统的成本就越低。反之，淹没时间短、灭火迅速、火灾损失程度小而系统成本提高了。确定这个淹没时间的长与短，应该是在发生火灾后，防护区域内的被保护对象未出现不允许的损失程度之前，将高倍数泡沫充满淹没体积，扑灭火灾。

高倍数泡沫可以扑救 A 类和 B 类火灾，其燃烧体可以是可燃、易燃液体和固体，它们的燃烧特性各不相同，因此所要求的淹没时间也不相同。

（2）国外有关标准中对淹没时间的规定大致相同。现将国际标准化组织 ISO/DIS7076－1990 标准、英国 BS5306－1989 标准、美国 NFPA11A－1983 标准和德国工业标准 DIN14493 第四部分对淹没时间的规定列在表 5、表 6 和表 7 中。

淹没时间(ISO/DIS7076－1990
BS5306－1989)

表 5

保护区域	最大淹没时间(min)	
	高倍数泡沫单独使用	用喷水配合高倍数泡沫
闪点低于 40℃的易燃液体	2	3
闪点高于 40℃的易燃液体	3	4
低密度可燃物质，如发泡橡胶、发泡塑料、成卷的织物或皱纹纸等	3	4
高密度可燃物质，如成卷的纸、橡胶轮胎等	5	7

最大淹没时间(min)
(NFPA11A－1983)

表 6

危险物	轻质或未加防护的钢结构		重型或加防护的或耐火的结构	
	有喷淋头	无喷淋头	有喷淋头	无喷淋头
可燃液体〔闪点在 100°F (38℃)〕以下 蒸汽压力不超过 40PSi (276kPa)	3	2	5	3
易燃液体〔闪点在 100°F (38℃)和在此温度以上〕	4	3	5	3
低密度可燃物：泡沫橡胶、泡沫塑料、压制薄纸或皱纹纸	4	3	6	4

续表 6

危险物	轻质或未加防护的钢结构		重型或加防护的或耐火的结构	
	有喷淋头	无喷淋头	有喷淋头	无喷淋头
高密度可燃物：压制牛皮纸或有条纹涂料纸	7	5	8	6
高密度可燃物：压制牛皮纸或无条纹涂料纸	5	4	6	5
橡胶轮胎	7	5	8	6
可燃物、纸板箱、纤维圆筒	7	5	8	6

额定泡沫淹没时间(DIN14493) **表 7**

可燃物质	淹没时间(min)
A 类火灾：	
低密度物质，如泡沫橡胶、泡沫塑料、纸纤维、皱纹纸	4
高密度物质，如纸卷、非结合的纸胶板、多层纸材料	5
汽车轮胎、疏松物质	6
装在纸箱中的物质	6
B 类火灾：	
闪点 55℃以下的液体	3
闪点 55℃以上的液体	4

对上述各表中规定的淹没时间分析如下：

①各表中所给出的时间均指各类防护区域内充满泡沫淹没体积所需的最大淹没时间，即在此时间内，被保护区域的各部位都必须达到最小泡沫淹没深度。

②表中所指的可燃、易燃液体均不包括水溶性液体。如需使用高倍数泡沫对水溶性液体进行控火和灭火时，其淹没时间应由试验确定。

③各表中对防护区域或危险物的分类大致相同。可燃、易燃液体按闪点高低划分所需淹没时间的等级，大量的国内外试验证明，闪点高的液体比闪点低的液体，发生火灾后，火灾危险性稍小些，所以闪点高的可燃、易燃液体比闪点低的液体的淹没时间可规定稍长些。对于可燃固体是按物质密度的高低划分淹没时间的等级，高密度可燃物质，如成卷的纸、纸板箱、橡胶轮胎、装在纸箱中的物质、捆装物、塑料箱以及胶合板等，比低密度的可燃物质，如发泡橡胶、泡沫塑料、成卷的纺织物、皱纹纸等，发生火灾后，用相同的淹没时间去扑救，火灾损失程度稍小些，因此高密度的可燃物质的淹没时间比低密度的可燃物质的淹没时间可规定得稍长些。

④表 5 和表 6 中都规定在防护区域内高倍数泡沫灭火系统与喷水系统联合应用时的淹没时间。喷淋水除对建筑物起保护作用外还加速了对火焰的冷却和窒息作用，因此由于火灾产生的危害达到不能允许的程度的时间延长了，故可延长高倍数泡沫的淹没时间。

⑤各表中对易燃液体按闪点大小划分淹没时间等级的具体数据有些区别，如美国 NFPA11A—1983 标准中规定按高于或低于 38℃、德国 DIN14493 标准中规定按高于或低于 55℃、国际标准化组织 ISO/DIS7076—1990 标准中规定按高于或低于 40℃来划分。我国对可燃液体的分类，在《建筑设计防火规范》中规定：按闪点小于 28℃，大于 28℃至小于 60℃，等于和大于 60℃划分为甲、乙、丙类可燃液体。美国、德国、日本和国际标准中规定的参数是在大量试验和应用的基础上确定的。如按照《建筑设计防火规范》中规定的甲、乙、丙类可燃液体的分类标准，则必须进行大量的试验，鉴于我国目前经济状况，做这些大量的试验投资很大，是不现实的。因此，目前我国在无试验数据的情况下，本条等效采用国际标准中规定可燃液体的分类方法和数据，即采用闪点 40℃时为划分界线。

(3)本条规定水溶性可燃液体的淹没时间由试验决定。公安部天津消防科研所于 1990 年 9 月对丙酮、酒精和白酒水溶性可燃液体做了小型控火和灭火试验，试验数据见表 8。

丙酮、酒精、白酒灭火试验数据　　表 8

燃料＼数据＼项目	次数	燃料用量(L)	燃料浓度(%)	发泡倍数(倍)	预燃时间(s)	灭火时间(s)
丙酮 闪点(−20℃)	1	25	97.5	770	40	280
	2		51	770	40	15
	3	25	97.5	400	40	190
	4		49	400	40	10
工业酒精 闪点(12℃)	1	20	95.4	770	10	300
	2	30	95.4	770	30	420
	3		42.7	770	30	36
	4		36.9	770	30	30
	5		35.7	770		20
	6	30	95.4	400	45	330
	7		42.9	400	70	25
	8		42.3	400	35	15
	9		40.3	400	30	10
	10	50	95.6	400	35	540
	11		46.2	400	40	30
	12		43.6	400	30	10
白酒	1	20	62.8	400	30	120
	2		47.6	400	40	15
	3	20	62.8	770	40	120
	4		44	770	50	20

①对表 8 说明如下：

1)用标准高倍数泡沫发生装置在 $1m^2$ 的油盘内进行灭火试验，泡沫灭火剂的型号为 YEGZ3 型，泡沫混合液供给强度为 $5L/min \cdot m^2$，混合比为 3%。

2)表内凡未注明燃料用量的，均是上一次灭火后剩余燃料。

3)为了检验不同发泡倍数的高倍数泡沫对灭火性能的影响，试验时使用相同的燃料，选择相等的浓度和重量，用 400 倍和 770 倍的高倍数泡沫做对比灭火试验。试验结果如下：

工业酒精和丙酮。当浓度大(95%左右)而发泡倍数偏高时，灭火时间长；发泡倍数偏低时，灭火时间短，主要是因为泡沫倍数低时，泡沫较重，容易"压住"火焰，使高倍数泡沫充分发挥它的窒息作用。

浓度较低时，火势很容易控制和扑灭，即所需要的灭火时间较短。发泡倍数相同时，如浓度偏大的燃料重量增大，控火和灭火时间就长。这主要是因为所需稀释重量大的燃料时间增大。对于浓度为 60%左右的白酒，发泡倍数对其灭火时间的影响不大。

②综合对水溶性易燃液体的典型试验，总结如下：

1)高倍数泡沫可以对水溶性易燃液体进行控火和灭火。燃料的浓度较低时火势容易控制和扑救。

2)高倍数泡沫控制和扑救水溶性易燃液体时，国内外的试验都证明，选择发泡倍数在 500 倍以下的高倍数泡沫为宜。

3)高倍数泡沫对水溶性液体的火灾，主要作用是对燃料的稀释及逐步形成泡沫覆盖层使火焰冷却和窒息。

(4)移动式高倍数泡沫灭火系统一般是与水罐消防车配套使用，火灾发生后该系统随消防车到现场进行扑救，火灾区域危险品的类别及火势大小等因素难以预测，另外该灭火系统扑救火灾的效果还取决于操作者的个人智能和技能，因此对于移动式高倍数泡沫灭火系统的淹没时间未做具体规定，而由火灾现场实际情况决定。

综上所述，本条内容是参考美国、英国、德国等国家的有关标准及分析国内的试验，将国际标准化组织 ISO/DIS7076—1990 标准规定的淹没时间的最大值确定为最大淹没时间。

4.2.4　对本条规定的泡沫最小供给速率的计算公式，说明如下：

(1)某防护区域内高倍数泡沫的供给速率，是指考虑由于高倍数泡沫破裂、析液、燃烧、干燥表面的浸润等引起的泡沫消失以及封闭空间的泡沫漏损，在淹没时间内充满淹没体积所需的泡沫喷放强度。也可以说是防护区内全部高倍数泡沫发生器在单位时间内喷放高倍数泡沫的总体积。

泡沫供给速率取决于下面几个因素：水喷淋头的供给强度；危险物的性能、排列方式；建筑物以及内部物质的火灾危险性；一旦发生火灾后，对生命、财产损害程度；高倍数泡沫的特性，如发泡倍数、析水性、抗烧性以及水的温度和水中污染物对发泡的影响等。

泡沫供给速率的计算原则是在火灾产生的危害达到不能允许的程度之前，被保护的空间应充满规定深度的高倍数泡沫。由于泡沫胶粘不易流动，在被保护的整个面积上堆集的高倍数泡沫深度未必均匀，故供给速率应当有裕量。

（2）本条规定的泡沫最小供给速率的计算公式与国际标准化组织 ISO/DIS7076－1990 标准和美国 NFPA11A－1983 标准完全相同，与英国 BS5306－1989 标准及德国 DIN14493 标准基本相同。现分析如下：

①美国和国际标准中规定的泡沫供给速率计算公式完全相同，其参数的含义、代号都一致，如供给速率(R)、淹没体积(V)、淹没时间(T)、洒水喷头造成的破泡率(R_S)、泡沫破裂补偿系数(G_N)和泡沫泄漏补偿系数(C_L)。泡沫破裂补偿系数(C_N)是个经验值，是因溶液排出、火灾性质、表面的湿润、库存品的吸收能力等造成泡沫减少的平均值。泡沫泄漏补偿系数(C_L)是补偿由于门、窗户和不能关闭的开口泄漏引起的泡沫损耗的系数，应由设计人员对结构进行合理估算之后确定。很明显此系数不能小于 1.0，即使是对设计的泡沫淹没深度以下完全密封的结构也是一样。

公式中的主参数，淹没时间和淹没体积可按标准中规定的数值选用和计算，而 R_S 和 C_N 两个系数已给了定值。对于泡沫泄漏系数(C_L)，以上两个标准均未有明确规定。但都注明，泄漏补偿系数应由设计工程师对防护区域的结构进行分析后确定。美国标准中除上述说明外，又对 C_L 系数作了进一步叙述，即“泄漏系数 C_L 不能小于 1.0，……可高达 1.2”。鉴于目前高倍数泡沫灭火系统在我国尚未得到广泛应用，设计人员尚无经验确定泄漏补偿系数的数值，因此本条参考美国标准中推荐的泡沫泄漏系数的范围，确定泡沫泄漏补偿系数一般取 1.05～1.20。

高倍数泡沫灭火系统与喷水系统联合应用时，由于水滴对泡沫有一定的破坏作用，所以美国和国际标准规定的供给速率公式中已将洒水喷头造成的破泡率(R_S)加在公式中，增加其供给强度。

②英国标准中规定的泡沫供给速率的计算公式的意义与美国和国际标准中的供给速率计算公式的意义是相同的，如该公式中淹没体积是用泡沫深度(D)与被保护空间的地面面积(A)的乘积来表示；公式中 C_N 和 C_L 的含义与美国、国际标准公式中该系数的含义也是一样的，而且给出的经验数值也基本相同。

公式中的泡沫供给速率(F)也是指最小值，实际应用时应大于其计算值。

③德国标准规定的泡沫供给速率公式的主参数淹没时间和淹没体积的含义与美国、英国和国际标准一致。公式中的 f_b 系数，对 A 类和 B 类火灾各规定一个定值，它是将泡沫破坏和泡沫泄漏等因素综合考虑经过大量试验确定的。

曾用前两种形式的公式对同一个防护区域计算其泡沫供给速率，计算结果基本相同。

（3）分析了国外有关标准，确定等效采用国际标准化组织 ISO/DIS7076－1990 标准和美国 NFPA11A－1983 标准中规定的泡沫供给速率的计算公式和各参数的含义及符号。

在第 4.2.2 条文中对防护区的淹没体积的规定和计算都作了说明。对最大淹没时间的选择在第 4.2.3 条文中也作了叙述，因此按照规定的公式可以计算出防护区域的泡沫供给速率。因为这个公式中的淹没体积是计算出的最小值，而泡沫淹没时间是选择推荐的最大值，故由公式计算的泡沫供给速率应是计算的最小值，实际泡沫供给速率应大于计算值，因此这个泡沫供给速率的计算公式可称为泡沫最小供给速率的计算公式。

(4)执行本条规定时应注意，移动式高倍数泡沫灭火系统与消防车到火灾现场扑救时，因火场形势千变万化，故公式中的各个计算参数难以确定，此公式仅作估算供给速率使用。

4.2.5 本条给出了防护区域需要高倍数泡沫发生器最少台数的计算公式。运用公式的要求说明如下：

(1)按第4.2.4条中的公式计算泡沫最小供给速率。某危险场所可能有一个或几个防护区域都需采用高倍数泡沫灭火系统，在系统设计时首先对每个防护区域分别计算出泡沫最小供给速率，也就是各防护区域内需要高倍数泡沫发生器的总发泡能力的最小值。

(2)选择高倍数泡沫发生器的类型及规格型号：

①目前我国已有电动式和水轮式两种类型的高倍数泡沫发生器。电动式高倍数泡沫发生器的发泡量较大，一般用于被保护区域容积较大的固定式灭火系统，发泡时用的气流是从火灾区域以外引入新鲜空气，否则如使用火灾区域以内的热烟气发泡，会损坏电动机，使之不能正常发泡灭火。如某飞机检修机库，地面面积为7200m^2，选用18台每分钟发泡量为1000m^3的大型电动式高倍数泡沫发生器，放置在建筑物的墙上10m高的位置，利用室外新鲜空气发泡。水轮式高倍数泡沫发生器的规格比较齐全，有大、中、小型，而且发泡倍数范围较大。对于不同类型的被保护物可选择不同发泡倍数的发生器，扑救户外或闪点较低的易燃液体火灾，如液化气流淌火灾等可以选择发泡倍数较低的发生器，水轮式发生器在室内应用时，不但可以引进室外新鲜空气发泡，而且还可以利用室内热烟气发泡灭火。使用该种发生器需要水源压力较高。如某钢铁公司27个地下润滑油泵站已于1984年应用该种发生器。

②高倍数泡沫发生器类型确定后，可以按防护区域的地面和高度大小、被保护对象的排列形式等因素按产品样本选择发生器的规格型号。

电动式高倍数泡沫发生器每种规格仅有一个标定的压力、发泡量和泡沫混合液流量。而水轮式高倍数泡沫发生器各种规格都有一个压力范围，所以每种规格的泡沫发生器都有在不同压力下的发泡量和泡沫混合液流量等参数。

选择水轮式发生器时应首先设定防护区域内发生器的平均进口压力，由发生器的性能决定这个压力下的发泡量、泡沫混合液流量等参数。

按本条规定的计算公式可计算出一个防护区域需要高倍数泡沫发生器的最少值，实际选用发生器的台数应大于计算值。

4.2.6 对本条规定的防护区的泡沫混合液流量的计算公式说明如下：

按本规范第4.2.5条的计算公式，计算防护区需要的泡沫发生器的最少台数过程中，已选定了泡沫发生器的规格型号，因此，可按产品样本或有关资料查出单台泡沫发生器的泡沫混合液流量。防护区内所需发泡用泡沫混合液流量即是该区内全部泡沫发生器的泡沫混合液流量的总和。

执行本条规定时应注意，多数规格型号的高倍数泡沫发生器的性能指标中给出的是泡沫混合液流量。也有些规格型号是自带比例混合器的泡沫发生器，进入其入口的是压力水，所以性能指标中给出的是水流量，可按选定的混合比计算出泡沫混合液的流量。

4.2.7、4.2.8 对防护区内发泡用泡沫液流量和水流量的计算公式说明如下：

高倍数泡沫灭火系统选择3%型或6%型的泡沫液后，其系统的混合比即是3%(水：泡沫液=97：3)或6%(水：泡沫液=94：6)，这个比例关系是计算泡沫液流量和水流量的基础。当防护区的泡沫混合液按本规范第4.2.6条的公式计算出来后，即可根据混合比按第4.2.7条和第4.2.8条的计算公式计算防护区内的泡沫液流量和水流量。

值得说明的是，计算出来的泡沫液流量和水流量均是满足防护区内最小泡沫供给速率的用量，即是该防护区每分钟内最少泡沫液量和水量。

4.2.9 对本条中对高倍数泡沫灭火系统中泡沫液和水的储备量提出的要求说明如下：

高倍数泡沫灭火系统分三种型式，其应用范围和条件均不相同，所以泡沫液和水的储备量也应不同。

(1)全淹没式高倍数泡沫灭火系统：

①国际标准化组织 ISO/DIS7076 — 1990 标准中规定：对于 A 类火灾，必须至少在 25min 内保证连续供应足够的泡沫液。对于 B 类火灾，必须至少在 15min 内保证连续供应足够的泡沫液。

②美国 NFPA11A — 1983 标准规定：应当提供充足的高倍数泡沫原液和水，使整个系统能连续操作 25min，或者是能够产生 4 倍淹没体积，可取其中较小的一个值，但决不能低于为使系统完全操作 15min 所需要的量。

③英国 BS5306 — 1989 标准中规定，系统中泡沫液储备量，对于可燃固体至少使系统运行 25min，对于易燃液体允许至少使系统运行 15min。

我国应用高倍数泡沫灭火系统虽然已有 20 余年，但 70 年代以前仅将移动式高倍数泡沫灭火系统应用于煤 矿，其它两种系统型式尚未广泛推广应用，因此，对系统的泡沫液和水的储备量还未积累经验和数据。因此，对于全淹没式高倍数泡沫灭火系统的泡沫液和水的储备量采用了国际标准化组织 ISO/DIS7076 — 1990 标准和英国 BS5306 — 1989 标准中的数据，而且也与美国 NFPA11A — 1983 标准中的数据基本一致。

(2)局部应用式高倍数泡沫灭火系统：

①国际标准化组织 ISO/DIS7076 — 1990 标准和英国 BS5306 — 1989 标准中规定局部应用式高倍数泡沫灭火系统的泡沫液和水的储备量与全淹没式高倍数泡沫灭火系统中规定的数据完全相同；而美国 NFPA11A — 1983 标准规定：所提供的泡沫原液的数量，应足够整个系统至少连续操作 12min。

本规范中规定的局部应用式高倍数泡沫灭火系统的应用场所与全淹没式高倍数泡沫灭火系统相比，都是较小的防护区域，因此考虑既能保证灭火的实际需要，又能减少系统平时不使用时的经常性投资，故确定泡沫液和水的储备量可少于全淹没式灭火系统的储备量。本条文中确定采用美国 NFPA11A — 1983 标准中规定的泡沫液和水储备量的参数，即：当用于扑救 A 类和 B 类火灾时，系统泡沫液和水的连续供应时间应超过 12min。

②国内外试验证明，高倍数泡沫可以有效地扑灭液化天然气和液化石油气流淌火灾，但由于其流淌火灾的特点，一般不要求将火焰很快扑灭，而要求用高倍数泡沫达到迅速控火的目的，然后采用适当的措施达到最后扑灭火灾。这段控火时间可能较长，高倍数泡沫会逐渐消失，因此需要不断地喷放高倍数泡沫控制住火势，所以要求泡沫液的储备量应大些，使液化气液面上的泡沫覆盖层足以有效地降低未燃烧的液化气溢出气体的浓度，并控制其蒸气的挥发，从而使液化气火灾得到充分地控制。故本条规定，当控制液化石油气和液化天然气流淌火灾时，系统泡沫液和水的连续供应时间应超过 40min。

(3)移动式高倍数泡沫灭火系统：

①移动式高倍数泡沫发生装置与水罐消防车配套使用时，可组成移动式高倍数泡沫灭火系统，到火灾现场独立地扑灭火灾时，每套系统需要的泡沫液储备量是按每台泡沫发生器发泡 1h 需要约 0.5t 的泡沫液提出来的。这个 1h 是按本规范 4.1.2 条中规定淹没体积的保持时间应大于 60min 而计算的。

一套移动式高倍数泡沫灭火系统是指一套高倍数泡沫发生装置，与消防车配套，如果还有另外一套高倍数泡沫发生装置与同一辆消防车配套使用，应算两套移动式高倍数泡沫灭火系统，需储备 1t 以上的泡沫液，以此类推。

②煤矿系统使用移动式高倍数泡沫灭火系统扑救矿井火灾已积累了许多经验。1987 年煤炭部在《煤矿救护规程》中规定，扑救

矿井火灾时，每个矿山救护大队泡沫液的储备量应超过 2t，本条规定的扑救煤矿火灾时的泡沫液储备量是参考上述规定提出来的。

4.2.10 对本条说明如下：

(1)当危险场所内有几个不同时出现火情的被保护区，都采用高倍数泡沫灭火系统保护时，可利用一个集中控制的消防给水系统，并将最大一个被保护区的泡沫液和水的贮备量确定为灭火系统的泡沫液和水的贮备量，这样既可以节约投资，又可以对每一个防护区提供可靠的防护。

(2)有较大火灾危险的防护区，而且其它防护区的火势又容易蔓延到该火灾危险区域内，设计时应对这个火灾危险区域与火灾区域同时喷放高倍数泡沫，当火势蔓延到该区时，危险物已被高倍数泡沫全部覆盖，起到保护作用。这种情况，如两个(或几个)防护区的泡沫液和水的贮备量之和超过最大一个防护区的泡沫液和水的贮备量时，该量应定为灭火系统的泡沫液和水的贮备量。

美国 NFPA11A — 1983 标准中也有相同的规定。

4.2.11 该条文主要是指水罐消防车与比例混合器及高倍数泡沫发生器组成移动式高倍数泡沫灭火系统时，消防车供水压力的设定原则。其系统工作原理见图 1。

由图 1 可知，为了求出系统供水压力，就必须已知泡沫发生器和比例混合器的进口压力(可从产品样本中查出)以及比例混合器和水带的压力损失。上述参数确定后，可确定出消防车的供水压力。

即：

$$P=P_1+P_2+P_3 \tag{1}$$

式中 P ——水罐消防车的供水压力(MPa)；

P_1 ——泡沫发生器进口压力(MPa)；

P_2 ——比例混合器的压力损失，即进口与出口压力差(MPa)；

P_3 ——水带的压力损失(MPa)。

本条中的比例混合器是指负压比例混合器，本规范中第 4.3.8 条对其压力损失已有规定，即按负压比例混合器进口压力的 35%计算。如果负压比例混合器与水罐消防车出口直接连接时，消防车出口压力即是负压比例混合器的进口压力，这样设置是最佳方案。

水轮机驱动式高倍数泡沫发生器的进口工作压力有一个范围，一般为 0.3～1.0MPa，所以水罐消防车的供水压力也有一个范围；而电动式高倍数泡沫发生器的进口工作压力，一般为一定值，因此水罐消防车的供水压力变化不大。

4.2.12 使用移动式高倍数泡沫灭火系统扑救煤矿井下火灾案例很多，积累了许多经验。由于矿井中巷道分布情况复杂，而且通风状况、巷道内瓦斯聚集浓度等均无法预测，因此在矿井使用移动式高倍数泡沫灭火系统扑救火灾时，需考虑矿井的特殊性。目前煤矿使用的可拆且可以移动的电动式高倍数泡沫发生装置，可满足驱动风压大和发泡倍数的要求。在矿井扑救火灾，灭火经验和战训是决定扑救火灾成功的关键。

4.3 系统组件

4.3.1 本条提出了构成全淹没式高倍数泡沫灭火系统及固定安装的局部应用式高倍数泡沫灭火系统在各种工况下所需要的设备与装置。应根据防护区的具体情况选用全部或一部分本条中规定的组件。如某防护区需选用湿式管路系统时，可在高倍数泡沫发生器入口前，采用电动控制阀，无火警时该阀门关闭，使管路中保存液体，当有火警时该阀门立即打开，泡沫发生器很快发泡灭火。如果防护区不允许有电流讯号线引到泡沫发生器附近时，则需要液动控制阀门控制泡沫发生器的启闭。干式管路系统的泡沫发生器前，可取消电动或液动阀门。某钢铁公司的 27 个液压泵站的全淹没式高倍数泡沫灭火系统的管路采用湿式管路，在泡沫发生器前采用了电磁阀来控制泡沫发生器的开关。

高倍数泡沫发生器或泡沫比例混合器都要求具有一定压力的水和泡沫液进入其内，为了达到此目的，灭火系统需设置水泵或泡沫液泵，将水或泡沫液加压到一定值，而为了保证水泵或泡沫液泵正常运行，需设置贮水设备和常压泡沫液储罐。

比例混合器是将水和泡沫液按一定比例进行混合的装置，它是灭火系统的重要组件之一。它的种类和工作原理以及适用场所已在本规范第 3.3.6～3.3.8 条的说明中作了说明。另外，低倍数泡沫灭火系统使用的带胶囊式的压力比例混合器亦适用于本系统。

压力开关是一种将水、泡沫液或泡沫混合液的压力信号转变为电讯号的装置。在高倍数泡沫灭火系统中将它安装在水管线、泡沫液管线或泡沫混合液管线上，当系统动作产生压力时，由它发出电讯号传到控制室，使系统达到自动控制和显示系统的工作状态。

管道过滤器一般装设在比例混合器以前的供水管道和泡沫液管道上，在发生器前的管道上装设管道过滤器，可防止杂质颗粒进入比例混合器和发生器。管道过滤器与比例混合器或发生器配套使用时，管道过滤器与两者的距离越短越好。

控制箱是自动或手动高倍数泡沫灭火系统的组件之一，对于自动灭火系统，当防护区域内火灾探测器发出讯号传至控制箱后，自动开启水泵、泡沫液泵及自动阀门等组件，使系统发泡灭火。对于手动控制系统，当火灾讯号传至控制箱后，值班人员视具体情况，启动系统发泡灭火。

高倍数泡沫发生器是高倍数泡沫灭火系统的关键设备。其工作原理如图 2 所示。

水和高倍数泡沫液按所要求的比例混合后，以一定的压力进入发生器，通过喷嘴以雾化形式均匀喷向发泡网，在网的内表面上形成一层混合液薄膜，由风叶送来的气流将混合液薄膜吹胀成大量的气泡（泡沫聚集体）。

目前，国内水轮机驱动式高倍数泡沫发生器已有 5 种规格的

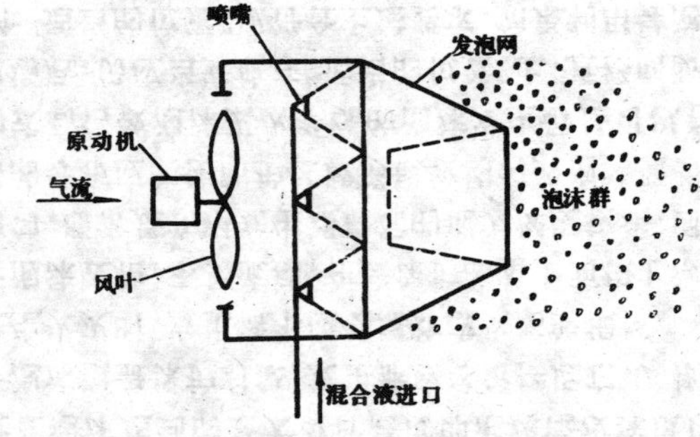

图 2　高倍数泡沫发生器工作原理图

系列产品，可按其发泡量、发泡倍数和外形尺寸进行选择；而电动机驱动式高倍数泡沫发生器只有可用于大范围内的大型泡沫发生器（$1000m^3/min$）和用于煤矿的可移动的高倍数泡沫发生装置。

某防护区发生火灾后，由于某种原因发生器不能直接向其内喷放高倍数泡沫时，可利用一定长度的导泡筒输送高倍数泡沫到火灾区域，如煤矿用移动式高倍数泡沫发生器扑救巷道火灾时，都采用导泡筒输送高倍数泡沫。

系统中的阀门是为了启闭系统、试验、维修及排放液体等用途设置的。

高倍数泡沫灭火系统各种组件之间，如水泵、泡沫液泵、比例混合器、泡沫发生器、阀门等都需要由一定管径的管道及其附件连接，组成一套完整的高倍数泡沫灭火系统。

高倍数泡沫灭火系统组件组成的系统典型方块图，如图 3 所示。

4.3.2　半固定设置的局部应用式高倍数泡沫灭火系统是指灭火系统的组件一部分固定而另一部分组件不需要固定。需要固定设置的组件种类视防护区的具体情况决定，但无论何种情况，泡沫发生器必须固定设置，而比例混合器可固定设置或临时组装后使用。

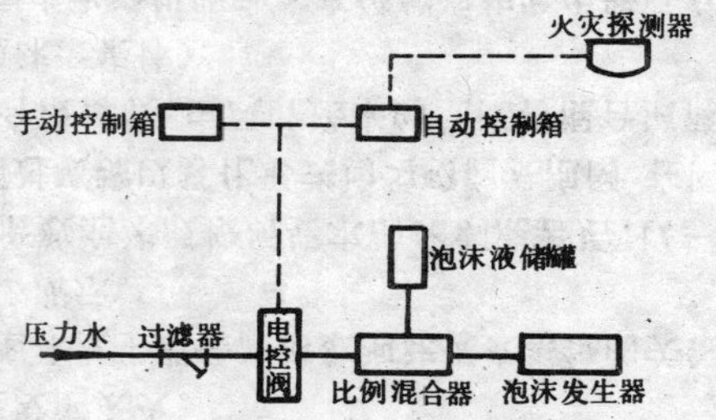

图 3 高倍数泡沫灭火系统典型方块图

不需要固定的组件主要是指水和泡沫液的加压装置，即水泵、泡沫液泵、泡沫液储罐以及贮水设备，这部分组件可用水罐消防车或泡沫消防车及其附件代替。

除上述以外的组件，如压力开关、控制箱及导泡筒等视防护区的具体情况确定。当已设置了专业消防队或有一定压力的给水管线时，可不建立专用消防泵房，而灭火系统的泡沫发生器、管道、管道过滤器、电动或手动操作阀门等应固定安装。如发生火警时，将水罐消防车或专用高倍数泡沫消防车开赴防护区域附近，与设计预留的水带接口连接，即可供压力水或泡沫混合液，发泡灭火。

4.3.3 移动式高倍数泡沫灭火系统的全部组件都是可以移动的，水轮式高倍数泡沫发生器，目前已有几种产品可用于该系统，它的体积小、重量轻，可以一个人或两个人抬赴火灾现场。而煤矿使用的电动式高倍数泡沫发生器，尺寸大，重量较重，需拆卸后随车到火场。

系统使用的压力水可由水罐消防车或手抬机动消防泵供给，水源可由其它水罐消防车或贮水池供应。

4.3.4 本条对防护区内选择泡沫发生器的种类提出了要求。高倍数泡沫发生器的特点是由驱动的原动机带动风叶旋转鼓风发泡，即利用“强风”进行发泡，从而提高泡沫的发泡倍数。水轮机驱动式高倍数泡沫发生器是利用压力水驱动水轮机旋转，因此不受气源温度的限制，所以它的适用范围广泛，不但可以利用新鲜空气发泡，而且还可以利用防护区内热烟气发泡。而电动机驱动式高倍数泡沫发生器，因电动机本身要求环境工作温度有一定限制，所以在防护区内部设置泡沫发生器时，不能利用火场热烟气发泡。故本条规定，在防护区内利用热烟气发泡时，应选用水力驱动式泡沫发生器。如果防护区内的泡沫发生器是利用防护区外部新鲜空气发泡，可选用电动机驱动式泡沫发生器或水力驱动式泡沫发生器，如选用电动式泡沫发生器时，应避免火焰对电动机的损坏，确保其正常运转。

泡沫发生器利用火场热烟气发泡时，需选用耐温耐烟型高倍数泡沫液，该种泡沫液的发泡倍数较普通型泡沫液偏低，而且热烟气的温度越高越明显，因此，要求从系统设计的角度考虑尽量利用防护区外部新鲜空气发泡灭火。

4.3.5 本条对泡沫发生器的设置原则提出了要求。全淹没式高倍数泡沫灭火系统和局部应用式高倍数泡沫灭火系统中的泡沫发生器都需要固定在一定的位置上，使其有效地达到灭火系统的设计要求。

高倍数泡沫发生器在一定的泡沫背压下不能有效地进行发泡，所以为使防护区在淹没时间内达到规定的泡沫淹没深度，发生器必须设在泡沫达到的最大设计高度即泡沫淹没深度以上；为了更有利于泡沫覆盖保护对象，发生器应尽量接近它，其接近的程度要考虑发生火灾时，发生器不应受爆炸或火焰的损坏。

由于泡沫胶粘，不易流动，在被保护的整个面积上泡沫淹没深度未必均匀，通常是在距发生器最远的地方深度较浅，因此防护区内发生器的分布应能使防护区域形成较均匀的泡沫覆盖层。

移动式高倍数泡沫灭火系统的泡沫发生器是可以移动的，但到火灾现场后，仍应当安放在“适当的位置”上，直接向防护区喷放泡沫，这个“适当的位置”应符合上述要求。如果利用导泡筒的出口向防护区喷放泡沫，这个导泡筒的出口位置也要符合上述的规定。

执行本条规定时应注意，利用导泡筒输送高倍数泡沫的高度和距离是由高倍数泡沫发生器的性能决定的，所以不同规格的泡沫发生器与导泡筒在配合使用前应由试验确定其具体输送泡沫的数据，使操作人员能更好地进行扑救。

4.3.6 本条根据国内大量的试验研究数据和实际工程应用的效果，规定了选用平衡压力比例混合器的原则。

平衡压力比例混合器是由平衡压力调节阀和比例混合器两部分组成。当在一定流量范围内变化的压力水进入比例混合器后，平衡压力调节阀能自动地使泡沫液进入混合器的流量随水的流量增减，使混合比基本保持不变。

液体在管道中的流速在本规范第3.3.11条中作了规定，系统的管道直径和水的压力决定后，其水的流量范围即已确定了。因此本条中规定了按水流量选用该种比例混合器的规格型号。

计算和试验证明，只要泡沫液进入比例混合器的压力大于水的进口压力，即可达到规定的混合比关系。但考虑泡沫液的压力过高，会增加泡沫液泵的扬程及其它不利因素，因此本条又规定泡沫液进口压力不应超过水进口压力0.2MPa。一般系统设计计算时，按泡沫液进口压力大于水进口压力0.1MPa比较恰当，即使水泵与泡沫液泵的压力差有波动，亦可保证系统混合比的要求。

这种结构先进的、可实现灭火系统自动控制的比例混合器，目前国内已有适用3种管径的产品，每种规格的比例混合器各有3%或6%的混合比，应按系统用泡沫液的型号确定平衡压力比例混合器的混合比。

4.3.7 本条根据国内大量的试验研究数据和实际工程应用的经验，规定了压力比例混合器的选用原则。

该种比例混合器是根据文丘理原理设计的正压式比例混合器，故称压力比例混合器，当水通过比例混合器时，在喷嘴出口与扩散管之间形成一个低压区，因此不需要较高的泡沫液进口压力即可使泡沫液进入其间并与水进行混合。试验证明，当泡沫液进口压力大于、等于或稍小于水进口压力时，各种规格的压力比例混合器，只要喷嘴与孔板相匹配，均可以满足混合比的精度要求。因此本条规定，泡沫液进口压力应超过水进口压力，超过数值宜为0.1MPa。

目前国内已有适用3种管道直径的压力比例混合器，它具有结构简单、安全可靠、压降小的特点，而且每种规格的压力比例混合器又有两种（3%或6%）混合比，应按系统用泡沫液型号选用。该种压力比例混合器与带胶囊式泡沫液压力储罐配合使用，可构成置换式泡沫压力比例混合器，在灭火系统中应用时，可以省掉两台泡沫液泵，此种比例混合器国外应用较多，国内也有些应用场所。

4.3.8 按照国际标准化组织ISO/DIS7076—1990标准中推荐的负压比例混合器的结构，我国研制了4种规格的负压比例混合器，并参考国外先进国家同类产品的性能参数，经过大量的试验，确定了本条中规定的负压比例混合器的性能指标。

本条中规定的水流量范围是150～900L/min，在此范围内有4种规格的负压比例混合器，按使用的水流量即配套的高倍数泡沫发生器的数量，选择一种规格的负压比例混合器，与之配套使用。

该种比例混合器的压力损失为水进口压力的35%，与之配套的高倍数泡沫发生器的工作压力范围为0.3～1.0MPa，为了使泡沫发生器能在规定的压力范围内工作，因此将该种比例混合器的水进口压力规定得大些，即0.6～1.2MPa。

每种规格的负压比例混合器都有混合比的调节手柄，混合比的范围是从零至6%，使用时可根据使用泡沫液的型号，将手柄指针指到所需混合比的位置，即可正常工作。

本条规定的压力损失指标，是符合国际标准中的推荐数值的，该种比例混合器的特点是轻便、灵活、便于携带，但压力损失较大。它是移动式高倍数泡沫灭火系统的关键组件，必须与相应的泡沫发生器配套使用。

4.3.9 本条是根据工程应用实践经验提出的。在比例混合器的水和泡沫液入口前设压力开关的目的，是便于操作人员在消防泵房的控制箱上直接了解压力水和泡沫液是否已进入比例混合器内进行混合。设置压力表是为了观看比例混合器入口前水和泡沫液的压力值是否满足比例混合器的性能要求，如使用平衡压力比例混合器时，泡沫液进口压力应大于水进口压力，而不应超过 0.2MPa。设单向阀是为了防止系统正常工作和调试时，水通过比例混合器进入泡沫液储罐；泡沫液进入储水装置，尤其是大量水进入泡沫液储罐内，时间稍长会导致泡沫液变质。设管道过滤器是防止流体中杂质堵塞比例混合器的孔板和喷嘴，造成全系统不能正常工作或失效。

设控制阀有两种形式：在比例混合器前需选用湿式管路时，可在比例混合器前设电动阀门；反之可装手动阀门，该阀检修和更换比例混合器时关闭，平时为常开状态。

4.3.10 根据实际经验提出本条内容。管道过滤器与发生器之间的管道最好选用不锈钢管材，可避免普通钢管因长期不使用，管内产生氧化皮，脱落后堵塞发生器喷嘴以及其它零件，导致发生器不能正常发泡。管道过滤器最好距发生器较近。

4.3.11 本条提出了对系统选用干式管道的要求。干式管道平时管路内应没有液体存在，所以应在水平管道最低处装排液阀门，将管道内全部液体排除。由于该阀仅在系统使用后开启排液，因此排除全部液体后应立即关闭，而且要求它不应有漏失液体现象，故应当采用适当措施，确保排液阀安全可靠，还应将它安装在容易使操作人员便于操作和发现的位置。

4.3.12 本条规定了导泡筒横截面积的尺寸范围。导泡筒的截面积参数是考虑泡沫进入导泡筒后，避免与筒壁大量撞击而过多地破坏，使破泡率增加而提出的截面积尺寸系数。此参数国外也有相类似的报导，一般推荐导泡筒的横截面积尺寸是相互联接的发生器横截面积尺寸的 1.05～1.1 倍。

4.3.13 为确保自带比例混合器的发生器在防护区内正常工作，提出此条。自带比例混合器的高倍数泡沫发生器的结构是由自吸式微型比例混合器和泡沫发生器组成一个整体的水轮机驱动式高倍数泡沫发生器。其工作原理是，进入高倍数泡沫发生器的压力水，大部分流入水轮机，而另一小部分进入自吸式微型比例混合器与从水轮机出口流出的水按 3%的混合比进行混合后经管路送至喷嘴发泡灭火。系统工作原理见图 4。

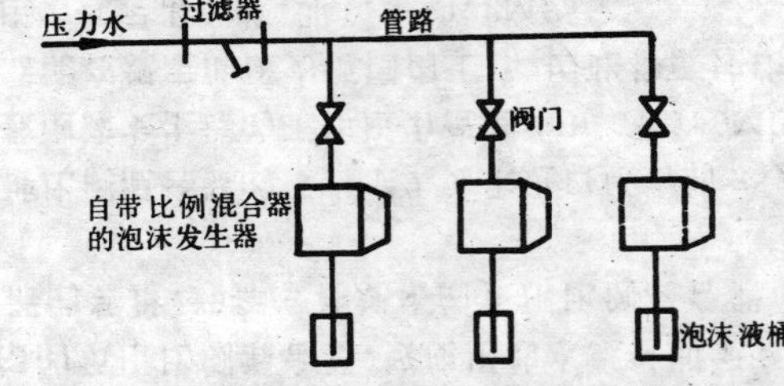

图 4 自带比例混合器的泡沫发生器系统工作原理

在该种泡沫发生器的下面需设置一个具有一定容积的泡沫液储存桶，一旦发生火灾，大于 0.3MPa 的压力水进入泡沫发生器后，泡沫液被吸入，泡沫发生器即可发泡灭火。泡沫液储存桶，一般是采用聚乙烯塑料桶或用不锈钢制作。一般泡沫液的贮存温度不应超过 40℃，所以要求在防护区内放置该种泡沫发生器时，应对泡沫液桶采取防火隔热措施，使泡沫液的温度经常或发生火灾时保持在规定的使用温度范围内。

4.4 探测、报警与控制

4.4.1 防护区采用全淹没式高倍数泡沫灭火系统或局部应用式高倍数泡沫灭火系统时，可根据防护区的重要程度、被保护对象的性质、发生火灾的特性、使用情况以及人员安全等因素，尽量设置自动探测报警系统，以更有效地对防护区进行监控及尽快地使灭火系统投入工作，扑灭火灾。

防护区选用自动探测、报警系统时，可与灭火系统组成自动控制灭火系统。如某防护区发生火灾时，该区域的火灾探测器发出讯号传送至自动控制装置，使报警器发出报警信号，并启动水泵和泡沫液泵，同时打开该防护区的电控阀门，使有一定压力的水和泡沫液进入比例混合器，并在其内按要求的混合比（3%或6%）进行混合后，经管道将一定压力的泡沫混合液送至高倍数泡沫发生器，产生泡沫，淹没火灾区域，扑灭火灾。

4.4.2 本条规定在消防控制中心（室）和防护区应设置声光报警装置的目的，是为了在火灾发生后，立即通过声和光两种信号向防护区内工作人员报警，提示他们立即撤离，同时使控制中心人员采取相应措施喷放泡沫扑救火灾。

国际标准化组织ISO/DIS7076－1990标准和美国NFPA11A－1983标准中都有相同的要求。

4.4.3 在防护区内采用自动控制高倍数泡沫灭火系统时，为了保证在规定的喷放时间内达到要求的泡沫淹没深度，防止在喷放泡沫的时间内泡沫的流失，要求在泡沫淹没深度以下的门、窗的关闭机构与自动控制装置联动，即在开始喷放泡沫的同时将门、窗等自动关闭。为了使喷放的泡沫不受干扰，在封闭空间设置的排气口的开启机构应与灭火系统的自动控制部分联动。

由于高倍数泡沫含有水分，具有导电性，因此当高倍数泡沫进入非封闭的未断电的电气设备时，会造成电器短路而烧毁，甚至引起明火，所以规定在喷放高倍数泡沫时，应将生产和照明电源切断，故要求断电机构的操作与灭火系统的控制部分同步进行。

国际标准和美国标准中也对此条的内容提出了相同的要求。

4.4.4 制定本条是为了保证灭火系统的探测、报警部分在火灾发生时能可靠地投入工作，扑灭火灾。

5 中倍数泡沫灭火系统

5.1 系统设计

5.1.1 本条规定中倍数泡沫灭火系统可采用两种计算方法进行设计，是根据以下情况确定的：

（1）我国对中倍数泡沫灭火系统的研究已有近20年的历史，经过上百次的灭火试验都取得了成功，并已在许多油库中推广应用。在油库中应用中倍数泡沫灭火系统都是按系统用泡沫混合液的供给强度计算的，即油罐中每平方米面积上，在单位时间内所需要的泡沫混合液的容积量。所以本条规定了油罐区采用中倍数泡沫灭火系统可按泡沫混合液的供给强度计算，其单位为$L/min \cdot m^2$。

（2）对于除油罐区以外的防护区，如果采用中倍数泡沫灭火系统进行防护时，按泡沫供给速率的计算方法进行系统设计，是参照美国NFPA11A－1983标准中的规定提出来的。

5.1.2 本条对泡沫最小供给速率和泡沫混合液的供给强度的数值作了规定，说明如下：

（1）美国NFPA11A－1983标准中规定，局部应用式中倍数泡沫灭火系统的泡沫供给速度应能在2min内控制住至少0.6m的火险区深度。根据这个规定，本条在泡沫最小供给速率计算公式中提出了泡沫增高速率的概念，即在防护区内每分钟泡沫至少增高0.3m，用此数值再乘上防护区面积，就是该防护区所需泡沫最小供给速率，即$R=Z \cdot S$。

（2）泡沫混合液的供给强度的最小值是根据国际标准ISO/DIS7076－1990、现行国家标准《石油库设计规范》的规定及我国有关部门的大量试验提出来的。如国际标准中规定，除水溶性易燃液体以外的溢流烃类火灾的供给强度最小值为 4L/min・m²。《石油库设计规范》规定，储存汽油、煤油、柴油的固定顶油罐采用中倍数泡沫时，泡沫混合液的供给强度不应小于 4L/min・m²。

国内有关中倍数泡沫灭火系统的试验数据见表 9。

灭火试验数据 **表 9**

项目＼次数	1	2	3	4	5	6
油罐或油池面积(m^2)	472*	472*	396*	396*	45	75
油层厚度(mm)	69	74	51	48	40	48
泡沫混合液的供给强度(L/min・m²)	2.5	2.5	4.4	4.4	4	3.3
发泡倍数	35	35	25	25	25	70
发泡量(m^3/min)	41.3	41.3	43.6	43.6	4.5	17.3
灭火时间(s)	230	334	71	90	76	55
油品	66# 汽油	66# 汽油	70# 汽油	70# 汽油	70# 汽油	70# 汽油

注：* 号为油罐。

从表 9 中可得出，当泡沫混合液的供给强度大于 4L/min・m² 时，其灭火时间均小于本规范第 4.2.3 条中规定的 2min 的淹没时间，所以本条规定除水溶性易燃液体火灾以外的油罐区火灾的泡沫混合液的供给强度应大于 4L/min・m²。

中倍数泡沫灭火系统是可以扑救水溶性易燃液体火灾的，但其泡沫供给速率和泡沫混合液的供给强度应由试验决定，这个规定与国际标准、美国等国外标准中的规定是一致的。

5.1.3 本条对泡沫的最小喷放时间的规定，是根据以下情况确定的：

（1）当按泡沫供给速率计算时，本规范是依据美国 NFPA11A—1983 标准作出的规定。该标准规定，所提供的泡沫原液和水应足够整个系统至少连续操作 12min。故本规范对中倍数泡沫灭火系统按泡沫供给速率计算时的最小喷放时间应大于 12min。

（2）当按泡沫混合液的供给强度计算时，最小喷放时间是依据国际标准和英国标准制定的。

国际标准 ISO/DIS7076－1990 规定，当按供给强度为 4L/min・m² 计算时，中倍数泡沫最小喷放时间：当用于 100m² 及以下室内外溢流的易燃液体火灾时，最小喷放时间为 10min；当用于其它室内防护区域及室外防护时，最小喷放时间为 15min。英国标准 BS5306—1989 对此也有相同的规定。由于本规范第 5.1.1 条规定，用于油罐区系统设计时，按泡沫混合液的供给强度计算。故本条将国际标准中"其它室内防护区域以及室外防护"更加具体地归纳为"油罐火灾"，因为它是"室内防护区域"的一个典型特例。

我国有关部门对油罐上采用中倍数泡沫灭火系统做了大量试验，由灭火试验得出了灭火时间与最小泡沫混合液供给强度的关系。试验证明，当泡沫混合液供给强度小时，其灭火时间长，当泡沫混合液供给强度大时，其灭火时间就短。当供给强度为 4L/min・m² 时，其灭火时间小于 2min。由于一般情况下泡沫连续喷放时间为灭火时间的 3～6 倍，而本条规定的最小喷放时间为 15min，为灭火时间的 7.5 倍，因此是可靠的。

本条文是参照美、英及国际标准，并在我国大量灭火试验基础上制定的。

5.1.4 本条对泡沫液的最小储备量的规定，是根据以下情况确定的：

（1）按泡沫供给速率计算时，灭火系统用泡沫液的最小储备量是中倍数泡沫灭火系统连续在最小的喷放时间内所使用的泡沫液量。这个规定与美国 NFPA11A－1983 标准中的规定是一致的。

(2)按泡沫混合液的供给强度计算油罐区泡沫液的最小储备量时，可分两步进行设计，首先计算油罐区内最大一个油罐的泡沫液最小储备量；然后再计算泡沫液储罐至防护区内距泡沫液储罐最远一个油罐上泡沫发生器之间管道内需要的泡沫液量。这两个泡沫液储备量之和即是油罐区使用中倍数泡沫灭火系统需要的泡沫液最小储备量。

油罐区的消防泵房一般距各油罐距离较远，而泡沫液储罐在消防泵房内，因此泡沫液储罐距最远一个油罐之间的管道较长，而且目前油罐区使用的中倍数泡沫液的混合比为 6%，因此在这段管道内的泡沫液的容量也不能忽视，故本条规定计算泡沫液的储备量时，应将该段管道内的泡沫液量计算在内。这个规定与国际标准化组织 ISO/DIS7076－1990 标准中的规定一致。

执行本条时应注意的问题：

(1)油罐区应用中倍数泡沫灭火系统时，都是采用 6%型的中倍数泡沫液，目前该种泡沫液在实际灭火试验中，混合比为 8%时，灭火效果最佳，故在中倍数泡沫灭火系统设计计算时，可按 8%混合比计算(泡沫液：水＝8：92)。

(2)除油罐区外，按泡沫供给速率对灭火系统进行设计计算时，目前皆采用高倍数泡沫液，计算泡沫液储备量时，3%型或 6%型的高倍数泡沫液，其混合比按 3%或 6%计算，不需另外计算管道内的泡沫液量，按最大一个防护区计算的泡沫液最小储备量即是系统用泡沫液的最小储备量。

5.1.5 本条中给出了系统用水最小储备量的计算公式。在已知灭火系统用的泡沫液最小储备量和泡沫液的混合比的条件下，即可计算出系统用水的最小储备量。公式推导如下：

混合比 K 的物理意义是，泡沫液在泡沫混合液中所占的体积百分比，而泡沫混合液是由水和泡沫液组成的，所以

$$K=\frac{W}{W_s+W} \quad (2)$$

式中 K——混合比；

W——系统用泡沫液最小储备量(L)；

W_s——系统用水最小储备量(L)。

将公式(2)展开：

$$K(W_s+W)=W$$

$$KW_s+KW=W$$

$$W_s=\frac{(1-K)}{K}W$$

5.2 系统组件

5.2.1 除油罐区以外的防护区采用局部应用式中倍数泡沫灭火系统与局部应用式高倍数泡沫灭火系统工作原理相似，其系统组件除泡沫发生器不同外，其余系统组件在系统中的作用相同。由这些组件可组成固定安装的局部应用式中倍数泡沫灭火系统和只固定安装一部分组件，而另一部分组件可不固定安装的半固定的局部应用式中倍数泡沫灭火系统。而油罐灭火采用中倍数泡沫灭火系统时，其流程基本与低倍数泡沫灭火系统相似。

该系统的关键设备是中倍数泡沫发生器，它与高倍数泡沫发生器的工作原理不同，后者是吹气型泡沫发生器，而前者是吸气型泡沫发生器，这种发生器可以是固定式或移动式(或称便携式)。它主要由喷嘴、发泡网及筒体等组成，其工作原理见图 5。具有一定压力的泡沫混合液进入中倍数泡沫发生器的喷嘴后，均匀地喷向发泡网表面，在其上形成一层薄膜，同时吸入足够量的空气，将液膜吹膨成 21～200 倍的泡沫群。

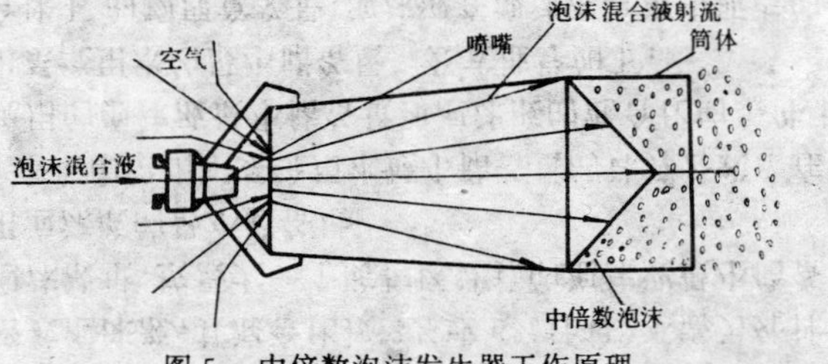

图 5　中倍数泡沫发生器工作原理

除高倍数泡沫灭火系统使用的比例混合器可适用于中倍数泡沫灭火系统外，目前在油罐区采用的中倍数泡沫灭火系统，大多数使用环泵式比例混合器，其流程见图 6。

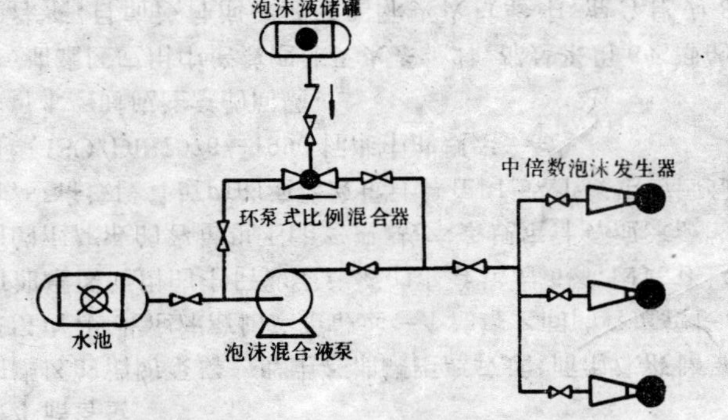

图 6　环泵式比例混合器流程图

5. 2. 2　本条规定了移动式中倍数泡沫灭火系统的主要组件。该系统的中倍数泡沫发生器的工作原理与局部应用式中倍数泡沫灭火系统的泡沫发生器相同，区别是它轻便、灵活，可以移动。

移动式中倍数泡沫灭火系统的组件除泡沫发生器外，其它组件在系统中的作用与移动式高倍数泡沫灭火系统相同。

5. 2. 3　在固定设置的平衡压力比例混合器、环泵式比例混合器前的管道上设置管道过滤器的目的，是为了过滤管道中的水和泡沫液中的杂质，避免堵塞比例混合器中的孔板和喷嘴，造成灭火系统不能正常工作。

5. 2. 4　在固定设置的比例混合器的水和泡沫液入口处设置压力表的目的，是为了指示水和泡沫液的进口压力，在系统试验、调试时，可判断比例混合器的水和泡沫液的进口压力是否在规定的范围内。如系统选用平衡压力比例混合器时，通过压力表可检查水和泡沫液压力是否符合本规范第 4. 3. 6. 2 和 4. 3. 6. 3 款的规定。

在泡沫液进入比例混合器前的管道上设置单向阀的目的，是为了防止水进入泡沫液储罐中。

中华人民共和国国家标准

水喷雾灭火系统设计规范

Code of design for water spray extinguishing systems

GB 50219－95

主编部门：中华人民共和国公安部
批准部门：中华人民共和国建设部
施行日期：1 9 9 5 年 9 月 1 日

关于发布国家标准《水喷雾灭火系统设计规范》的通知

建标[1994]807 号

根据国家计委计综[1987]2390 号文的要求，由公安部会同有关部门共同编制的《水喷雾灭火系统设计规范》，已经有关部门会审。现批准《水喷雾灭火系统设计规范》GB50219－95 为强制性国家标准。自 1995 年 9 月 1 日起施行。

本标准由公安部负责管理，其具体解释等工作由公安部天津消防科学研究所负责，出版发行由建设部标准定额研究所负责组织。

中华人民共和国建设部
一九九五年一月十四日

1 总　则

1.0.1 为了合理地设计水喷雾灭火系统，减少火灾危害，保护人身和财产安全，制定本规范。

1.0.2 本规范适用于新建、扩建、改建工程中生产、储存装置或装卸设施设置的水喷雾灭火系统的设计；本规范不适用于运输工具或移动式水喷雾灭火装置的设计。

1.0.3 水喷雾灭火系统可用于扑救固体火灾，闪点高于 60℃的液体火灾和电气火灾。并可用于可燃气体和甲、乙、丙类液体的生产、储存装置或装卸设施的防护冷却。

1.0.4 水喷雾灭火系统不得用于扑救遇水发生化学反应造成燃烧、爆炸的火灾，以及水雾对保护对象造成严重破坏的火灾。

1.0.5 水喷雾灭火系统的设计，除应执行本规范的规定外，尚应符合国家现行有关标准、规范的规定。

2 术语、符号

2.1 术　语

2.1.1 水喷雾灭火系统　water spray extinguishing system

由水源、供水设备、管道、雨淋阀组、过滤器和水雾喷头等组成，向保护对象喷射水雾灭火或防护冷却的灭火系统。

2.1.2 传动管　transfer pipe

利用闭式喷头探测火灾，并利用气压或水压的变化传输信号的管道。

2.1.3 响应时间　response time

由火灾自动报警系统发出火警信号起，至系统中最不利点水雾喷头喷出水雾的时间。

2.1.4 水雾喷头　spray nozzle

在一定水压下，利用离心或撞击原理将水分解成细小水滴的喷头。

2.1.5 水雾喷头的有效射程　effective range of spray nozzle

水雾喷头水平喷射时，水雾达到的最高点与喷口之间的距离。

2.1.6 水雾锥　water spray cone

在水雾喷头有效射程内水雾形成的圆锥体。

2.1.7 雨淋阀组　deluge valves unit

由雨淋阀、电磁阀、压力开关、水力警铃、压力表以及配套的通用阀门组成的阀组。

2.2 符　　号

符　　号　　表 2.2

编号	符号	单　位	涵　　义
2.2.1	R	m	水雾锥底圆半径
2.2.2	B	m	水雾喷头的喷口与保护对象之间的距离
2.2.3	θ	°	水雾喷头的雾化角
2.2.4	q	L/min	水雾喷头的流量
2.2.5	p	MPa	水雾喷头的工作压力
2.2.6	K	——	水雾喷头的流量系数
2.2.7	N	——	保护对象的水雾喷头的计算数量
2.2.8	S	m²	保护对象的保护面积
2.2.9	W	L/min·m²	保护对象的设计喷雾强度
2.2.10	Q_j	L/s	系统的计算流量
2.2.11	n	——	系统启动后同时喷雾的水雾喷头数量
2.2.12	q_i	L/min	水雾喷头的实际流量
2.2.13	p_i	MPa	水雾喷头的实际工作压力
2.2.14	k	——	安全系数
2.2.15	i	MPa/m	管道的沿程水头损失
2.2.16	v	m/s	管道内水的流速
2.2.17	D_j	m	管道的计算内径
2.2.18	h_r	MPa	雨淋阀的局部水头损失
2.2.19	B_R	——	雨淋阀的比阻值
2.2.20	Q	L/s	雨淋阀的流量
2.2.21	H	MPa	系统管道入口或消防水泵的计算压力
2.2.22	Σh	MPa	系统管道沿程水头损失与局部水头损失之和
2.2.23	h_0	MPa	最不利点水雾喷头的实际工作压力
2.2.24	Z	m	最不利点水雾喷头与系统管道入口或消防水池最低水位之间的高程差

3 设计基本参数和喷头布置

3.1 设计基本参数

3.1.1 水喷雾灭火系统的设计基本参数应根据防护目的和保护对象确定。

3.1.2 设计喷雾强度和持续喷雾时间不应小于表 3.1.2 的规定：

设计喷雾强度与持续喷雾时间　　表 3.1.2

<table>
<tr><th>防护目的</th><th colspan="2">保　护　对　象</th><th>设计喷雾强度 (L/min·m²)</th><th>持续喷雾时间(h)</th></tr>
<tr><td rowspan="6">灭火</td><td colspan="2">固体火灾</td><td>15</td><td>1</td></tr>
<tr><td rowspan="2">液体火灾</td><td>闪点 60～120℃的液体</td><td>20</td><td rowspan="2">0.5</td></tr>
<tr><td>闪点高于 120℃的液体</td><td>13</td></tr>
<tr><td rowspan="3">电气火灾</td><td>油浸式电力变压器、油开关</td><td>20</td><td rowspan="3">0.4</td></tr>
<tr><td>油浸式电力变压器的集油坑</td><td>6</td></tr>
<tr><td>电　缆</td><td>13</td></tr>
<tr><td rowspan="4">防护冷却</td><td colspan="2">甲乙丙类液体生产、储存、装卸设施</td><td>6</td><td>4</td></tr>
<tr><td rowspan="2">甲乙丙类液体储罐</td><td>直径 20m 以下</td><td rowspan="2">6</td><td>4</td></tr>
<tr><td>直径 20m 及以上</td><td>6</td></tr>
<tr><td colspan="2">可燃气体生产、输送、装卸、储存设施和灌瓶间、瓶库</td><td>9</td><td>6</td></tr>
</table>

3.1.3 水雾喷头的工作压力，当用于灭火时不应小于 0.35MPa；用于防护冷却时不应小于 0.2MPa。

3.1.4 水喷雾灭火系统的响应时间，当用于灭火时不应大于 45s；当用于液化气生产、储存装置或装卸设施防护冷却时不应大于 60s；用于其他设施防护冷却时不应大于 300s。

3.1.5 采用水喷雾灭火系统的保护对象，其保护面积应按其外表面面积确定，并应符合下列规定：

3.1.5.1 当保护对象外形不规则时，应按包容保护对象的最小规则形体的外表面面积确定；

3.1.5.2 变压器的保护面积除应按扣除底面面积以外的变压器外表面面积确定外，尚应包括油枕、冷却器的外表面面积和集油坑的投影面积；

3.1.5.3 分层敷设的电缆的保护面积应按整体包容的最小规则形体的外表面面积确定。

3.1.6 可燃气体和甲、乙、丙类液体的灌装间、装卸台、泵房、压缩机房等的保护面积应按使用面积确定。

3.1.7 输送机皮带的保护面积应按上行皮带的上表面面积确定。

3.1.8 开口容器的保护面积应按液面面积确定。

3.2 喷 头 布 置

3.2.1 保护对象的水雾喷头数量应根据设计喷雾强度、保护面积和水雾喷头特性按本规范式 7.1.1 和式 7.1.2 计算确定，其布置应使水雾直接喷射和覆盖保护对象，当不能满足要求时应增加水雾喷头的数量。

3.2.2 水雾喷头、管道与电气设备带电（裸露）部分的安全净距应符合国家现行有关标准的规定。

3.2.3 水雾喷头与保护对象之间的距离不得大于水雾喷头的有效射程。

3.2.4 水雾喷头的平面布置方式可为矩形或菱形。当按矩形布置时，水雾喷头之间的距离不应大于 1.4 倍水雾喷头的水雾锥底圆半径；当按菱形布置时，水雾喷头之间的距离不应大于 1.7 倍水雾喷头的水雾锥底圆半径。水雾锥底圆半径应按下式计算：

$$R = B \cdot \mathrm{tg}\frac{\theta}{2} \tag{3.2.4}$$

式中 R——水雾锥底圆半径（m）；

B——水雾喷头的喷口与保护对象之间的距离（m）；

θ——水雾喷头的雾化角（°）。θ 的取值范围为 30、45、60、90、120。

3.2.5 当保护对象为油浸式电力变压器时，水雾喷头布置应符合下列规定：

3.2.5.1 水雾喷头应布置在变压器的周围，不宜布置在变压器顶部；

3.2.5.2 保护变压器顶部的水雾不应直接喷向高压套管；

3.2.5.3 水雾喷头之间的水平距离与垂直距离应满足水雾锥相交的要求；

3.2.5.4 油枕、冷却器、集油坑应设水雾喷头保护。

3.2.6 当保护对象为可燃气体和甲、乙、丙类液体储罐时，水雾喷头与储罐外壁之间的距离不应大于 0.7m。

3.2.7 当保护对象为球罐时，水雾喷头布置尚应符合下列规定：

3.2.7.1 水雾喷头的喷口应面向球心；

3.2.7.2 水雾锥沿纬线方向应相交，沿经线方向应相接；

3.2.7.3 当球罐的容积等于或大于 $1000m^3$ 时，水雾锥沿纬线方向应相交，沿经线方向宜相接，但赤道以上环管之间的距离不应大于 3.6m；

3.2.7.4 无防护层的球罐钢支柱和罐体液位计、阀门等处应设水雾喷头保护。

3.2.8 当保护对象为电缆时，喷雾应完全包围电缆。

3.2.9 当保护对象为输送机皮带时，喷雾应完全包围输送机的机头、机尾和上、下行皮带。

4 系统组件

4.0.1 水雾喷头、雨淋阀组等必须采用经国家消防产品质量监督检测中心检测，并符合现行的有关国家标准的产品。

4.0.2 水雾喷头的选型应符合下列要求：

4.0.2.1 扑救电气火灾应选用离心雾化型水雾喷头；

4.0.2.2 腐蚀性环境应选用防腐型水雾喷头；

4.0.2.3 粉尘场所设置的水雾喷头应有防尘罩。

4.0.3 雨淋阀组的功能应符合下列要求：

4.0.3.1 接通或关断水喷雾灭火系统的供水；

4.0.3.2 接收电控信号可电动开启雨淋阀，接收传动管信号可液动或气动开启雨淋阀；

4.0.3.3 具有手动应急操作阀；

4.0.3.4 显示雨淋阀启、闭状态；

4.0.3.5 驱动水力警铃；

4.0.3.6 监测供水压力；

4.0.3.7 电磁阀前应设过滤器。

4.0.4 雨淋阀组应设在环境温度不低于4℃、并有排水设施的室内，其安装位置宜在靠近保护对象并便于操作的地点。

4.0.5 雨淋阀前的管道应设置过滤器，当水雾喷头无滤网时，雨淋阀后的管道亦应设过滤器。过滤器滤网应采用耐腐蚀金属材料，滤网的孔径应为4.0～4.7目/cm^2。

4.0.6 给水管道应符合下列要求：

4.0.6.1 过滤器后的管道，应采用内外镀锌钢管，且宜采用丝扣连接；

4.0.6.2 雨淋阀后的管道上不应设置其他用水设施；

4.0.6.3 应设泄水阀、排污口。

5 给　水

5.0.1 水喷雾灭火系统的用水可由市政给水管网、工厂消防给水管网、消防水池或天然水源供给，并应确保用水量。

5.0.2 水喷雾灭火系统的取水设施应采取防止被杂物堵塞的措施，严寒和寒冷地区的水喷雾灭火系统的给水设施应采取防冻措施。

6 操作与控制

6.0.1 水喷雾灭火系统应设有自动控制、手动控制和应急操作三种控制方式。当响应时间大于60s时，可采用手动控制和应急操作两种控制方式。

6.0.2 火灾探测与报警应按现行的国家标准《火灾自动报警系统设计规范》的有关规定执行。

6.0.3 火灾探测器可采用缆式线型定温火灾探测器、空气管式感温火灾探测器或闭式喷头。当采用闭式喷头时，应采用传动管传输火灾信号。

6.0.4 传动管的长度不宜大于300m，公称直径宜为15～25mm。传动管上闭式喷头之间的距离不宜大于2.5m。

6.0.5 当保护对象的保护面积较大或保护对象的数量较多时，水喷雾灭火系统宜设置多台雨淋阀，并利用雨淋阀控制同时喷雾的水雾喷头数量。

6.0.6 保护液化气储罐的水喷雾灭火系统的控制，除应能启动直接受火罐的雨淋阀外，尚应能启动距离直接受火罐1.5倍罐径范围内邻近罐的雨淋阀。

6.0.7 分段保护皮带输送机的水喷雾灭火系统，除应能启动起火区段的雨淋阀外，尚应能启动起火区段下游相邻区段的雨淋阀，并应能同时切断皮带输送机的电源。

6.0.8 水喷雾灭火系统的控制设备应具有下列功能：

6.0.8.1 选择控制方式；

6.0.8.2 重复显示保护对象状态；

6.0.8.3 监控消防水泵启、停状态；

6.0.8.4 监控雨淋阀启、闭状态；

6.0.8.5 监控主、备用电源自动切换。

7 水力计算

7.1 系统的设计流量

7.1.1 水雾喷头的流量应按下式计算：

$$q = K\sqrt{10P} \tag{7.1.1}$$

式中 q——水雾喷头的流量(L/min)；

P——水雾喷头的工作压力(MPa)；

K——水雾喷头的流量系数，取值由生产厂提供。

7.1.2 保护对象的水雾喷头的计算数量应按下式计算：

$$N = \frac{S \cdot W}{q} \tag{7.1.2}$$

式中 N——保护对象的水雾喷头的计算数量；

S——保护对象的保护面积(m^2)；

W——保护对象的设计喷雾强度($L/min \cdot m^2$)。

7.1.3 系统的计算流量应按下式计算：

$$Q_j = 1/60\sum_{i=1}^{n} q_i \tag{7.1.3}$$

式中 Q_j——系统的计算流量(L/s)；

n——系统启动后同时喷雾的水雾喷头的数量；

q_i——水雾喷头的实际流量(L/min)，应按水雾喷头的实际工作压力 p_i(MPa)计算。

7.1.4 当采用雨淋阀控制同时喷雾的水雾喷头数量时，水喷雾灭火系统的计算流量应按系统中同时喷雾的水雾喷头的最大用水量确定。

7.1.5 系统的设计流量应按下式计算：

$$Q_s = k \cdot Q_j \tag{7.1.5}$$

式中 Q_s——系统的设计流量(L/s)；

k ——安全系数，应取1.05～1.10。

7.2 管道水力计算

7.2.1 钢管管道的沿程水头损失应按下式计算：

$$i = 0.0000107\frac{v^2}{D_j^{1.3}} \quad (7.2.1)$$

式中 i ——管道的沿程水头损失(MPa/m)；

v ——管道内水的流速(m/s)，宜取$v \leqslant 5$m/s；

D_j ——管道的计算内径(m)。

7.2.2 管道的局部水头损失宜采用当量长度法计算，或按管道沿程水头损失的20%～30%计算。

7.2.3 雨淋阀的局部水头损失应按下式计算：

$$h_r = B_R Q^2 \quad (7.2.3)$$

式中 h_r ——雨淋阀的局部水头损失(MPa)；

B_R ——雨淋阀的比阻值，取值由生产厂提供；

Q ——雨淋阀的流量(L/s)。

7.2.4 系统管道入口或消防水泵的计算压力应按下式计算：

$$H = \Sigma h + h_0 + Z/100 \quad (7.2.4)$$

式中 H ——系统管道入口或消防水泵的计算压力(MPa)；

Σh ——系统管道沿程水头损失与局部水头损失之和(MPa)；

h_0 ——最不利点水雾喷头的实际工作压力(MPa)；

Z ——最不利点水雾喷头与系统管道入口或消防水池最低水位之间的高程差，当系统管道入口或消防水池最低水位高于最不利点水雾喷头时，Z应取负值(m)。

7.3 管道减压措施

7.3.1 管道采用减压孔板时宜采用圆缺型孔板。减压孔板的圆缺孔应位于管道底部，减压孔板前水平直管段的长度不应小于该段管道公称直径的2倍。

7.3.2 管道采用节流管时，节流管内水的流速不应大于20m/s，长度不宜小于1.0m，其公称直径宜按表7.3.2的规定确定。

节流管公称直径(mm) **表7.3.2**

管道	50	65	80	100	125	150	200	250
节流管	40	50	65	80	100	125	150	200
	32	40	50	65	80	100	125	150
	25	32	40	50	65	80	100	125

附录 A　本规范用词说明

A.0.1　为便于在执行本规范条文时区别对待，对要求严格程度不同的用词说明如下：

(1)表示很严格，非这样做不可的：

正面词采用“必须”；

反面词采用“严禁”。

(2)表示严格，在正常情况下均应这样做的：

正面词采用“应”；

反面词采用“不应”或“不得”。

(3)表示允许稍有选择，在条件许可时首先应这样做的：

正面词采用“宜”或“可”；

反面词采用“不宜”。

A.0.2　条文中指定应按其它有关标准、规范执行时，写法为“应符合……的规定”或“应按……执行”。

附加说明

本规范主编单位、参加单位和主要起草人名单

主 编 单 位：公安部天津消防科学研究所

参 加 单 位：中国石油化工总公司北京设计院

水利部电力部西北勘测设计院

中国市政工程华北设计院

大连市消防支队

主要起草人：甘家林　何以申　张建国　王永新　李婉芳

李国生　张兴权　穆桐林　冯修远　马　恒

中华人民共和国国家标准

水喷雾灭火系统设计规范

GB 50219—95

条 文 说 明

制 订 说 明

本规范是根据 国家计委计综〔1987〕2390 号文的通知，由公安部天津消防科学研究所会同中国石油化工总公司北京设计院、水利部电力部西北勘测设计院、中国市政工程华北设计院和大连市消防支队等五个单位共同编制的。

编制过程中，规范编制组遵照国家的有关方针、政策和“预防为主、防消结合”的消防工作方针，在全面总结我国水喷雾灭火系统科研与工程实践经验，参考美国、日本、英国等发达国家相关技术标准与文献资料的基础上，针对我国工程应用的现状，并广泛征求科研、设计、生产单位和消防监督机构及院校等部门的意见，最后经有关部门共同审查定稿。

本规范共分七章和一个附录。内容包括：总则，术语、符号，设计基本参数和喷头布置，系统组件，给水，操作与控制，水力计算等。

鉴于本规范系初次编制，希望各单位在执行过程中注意积累资料，总结经验，如发现需要修改和补充之处，请将意见和有关资料寄交公安部天津消防科学研究所（地址：天津市南开区津淄公路92 号，邮政编码：300381），以便今后修改时参考。

目　　次

1　总　　则

1.0.1　本条提出了制定本规范的目的，即合理地设计水喷雾灭火系统。

水喷雾灭火系统是利用水雾喷头在一定水压下将水流分解成细小水雾滴进行灭火或防护冷却的一种固定式灭火系统。该系统是在自动喷水系统的基础上发展起来的，不仅安全可靠，经济实用，而且具有适用范围广，灭火效率高的优点。

水喷雾系统与自动喷水系统相比较具有以下几方面的特点：

一、保护对象：系统的保护对象主要为火灾危险性大，火灾扑救难度大的专用设施或设备。

二、适用范围：该系统不仅能够扑救固体火灾，尚可扑救液体火灾和电气火灾。

三、水喷雾不仅可用于灭火而且可用于控火和防护冷却。

由于具备以上特点，水喷雾系统在工业发达国家的应用很普遍，尤其在工业领域中的石化、交通和电力部门获得了十分广泛的应用。近年来我国引进的大型成套石化、电力设备均配置了水喷雾系统，充分说明了该系统的应用已经很普及。我国从60年代开始研究水喷雾系统，并于70年代将研究成果应用在变压器的保护等方面。为进一步推动水喷雾系统的应用，针对应用中存在缺乏配套产品和工程应用技术薄弱这两个环节，公安部天津消防科研所与有关单位协作，按照公安部下达的科研计划，从1982年开始对水喷雾系统进行了全面深入的研究，先后完成了“自动喷水雨淋系统的研究”、“液化石油气贮罐火灾受热时喷水冷却试验的研究”和“液化石油气贮罐区固定式水喷雾消防系统工程应用技术的研究”三个部级重点课题的研究任务，实现了系统产品的配套和工程应用技术的基本完善，使水喷雾系统的应用出现欣欣向荣的局面。我国现行的《建筑设计防火规范》、《高层民用建筑设计防火规范》以及石化、电力部门的有关规范均对应设置水喷雾系统的场所作出了明确规定，为水喷雾系统的应用提供了依据。十几年来，我国各省市均已有不同行业的单位设置了水喷雾系统，保护对象包括油浸式电力变压器、液化石油气储罐、输煤装置等，其应用范围和数量正在逐步扩大。由于我国目前尚无水喷雾系统的配套规范，在已经投入运行和正在设计施工的系统均存在较多问题，其中包括产品质量、施工质量和管理不善等问题，但更突出的问题仍集中在设计方面，设计上的无章可循，使一些工程设计不尽合理完善，造成直接影响水喷雾系统的正常工作，制定本规范的目的就是为了解决这些问题，为水喷雾系统的设计提供依据，同时也为消防监督管理部门提供监督和审查的依据。

1.0.2 本条规定了本规范的适用范围和不适用范围。

一、适用范围。

本规范属于固定灭火系统工程建设国家规范，其主要任务是提出解决工程建设中设计水喷雾灭火系统的技术要求，国家标准《建筑设计防火规范》、《高层民用建筑设计防火规范》及石化、电力部门的有关规范均对应设置水喷雾系统的场所做出了明确的规定，本规范与上述国家标准配套并衔接，因此适用于各类新建、扩建、改建工程中的生产、储存装置或装卸设施设置的水喷雾系统。

二、不适用范围。

由于在车、船等运输工具中设置的水喷雾装置及移动式水喷雾装置均执行其本行业规范或一些相关的规定，而且这些水喷雾装置通常不属于一个完整的系统，因此对于本规范是不适用的。

1.0.3 本条规定了采用水喷雾系统灭火和防护冷却的适用范围。

规定水喷雾系统用于灭火的适用范围的依据如下：

一、水喷雾的灭火机理。

根据国内外多年来对水喷雾灭火机理的研究，一致的结论是当水以细小的水雾滴喷射到正在燃烧的物质表面时会产生以下作用：

（一）表面冷却。相同体积的水以水雾滴形态喷出时比直射流形态喷出时的表面积要大几百倍，当水雾滴喷射到燃烧表面时，因换热面积大而会吸收大量的热迅速汽化，使燃烧物质表面温度迅速降到物质热分解所需要的温度以下，使热分解中断，燃烧即中止。表面冷却的效果不仅取决于喷雾液滴的表面积，同时还取决于灭火用水的温度与可燃物闪点的温度差，闪点愈高，与喷雾用水两者之间温差愈大，冷却效果亦愈好。对于气体和闪点低于灭火所使用的水的温度的液体火灾，表面冷却是无效的，大量的试验证明闪点低于 60℃的液体火灾通过表面冷却来实现灭火的效果是不理想的。

（二）窒息。水雾滴受热后汽化形成原体积 1680 倍的水蒸气，可使燃烧物质周围空气中的氧含量降低，燃烧将会因缺氧而受抑或中断，实现窒息灭火的效果取决于能否在瞬间生成足够的水蒸气并完全覆盖整个着火面。

（三）乳化。乳化只适用于不溶于水的可燃液体，当水雾滴喷射到正在燃烧的液体表面时，由于水雾滴的冲击，在液体表层造成搅拌作用，从而造成液体表层的乳化，由于乳化层的不燃性使燃烧中断。对于某些轻质油类，乳化层只在连续喷射水雾的条件下存在，但对粘度大的重质油类，乳化层在喷射停止后仍能保持相当长的时间，这一点对防止复燃是十分有利的。

（四）稀释。对于水溶性液体火灾，可利用水雾稀释液体，使液体的燃烧速度降低而较易扑灭。灭火的效果取决于水雾的冷却、窒息和稀释的综合效应。

以上四种作用在水雾喷射到燃烧物质表面时通常以几种作用同时发生，并实现灭火的。

由于水喷雾所具备的上述灭火机理，使水喷雾具有适用范围广的优点，不仅在扑灭固体可燃物火灾中提高了水的灭火效率，同时由于它细小水雾滴的形式所具有的不会造成液体火飞溅、电气绝缘度高的特点，在扑灭可燃液体火灾和电气火灾中得到广泛的应用。

二、国内进行水喷雾灭火适用范围的研究。

我国从1982年由公安部天津消防科研所对水喷雾系统的应用和适用范围进行了全面深入的研究，不仅对各种固体火灾如木材、纸张等进行了各种灭火实验，而且着重对扑灭液体火灾和电气火灾进行了一系列试验。

水喷雾可以可靠地扑灭闪点高于60℃的液体火灾，试验数据见表1：

试验数据表 **表1**

燃烧	闪点（℃）	油盘面积（m²）	油层厚度（mm）	预燃时间（s）	喷头数量	喷头间距（m）	安装高度（m）	平均密度（L/m²·min）	灭火时间（s）
0#柴油	>38	1.5	10	60	4	2.5	3.5	12.8	5～34
煤油	>38	1.5	10	60	4	2.5	3.5	12.8	80～105
变压器油	140	1.5	10	60	4	2.5	3.5	12.8	3～8

为了对国内自行研制的水雾喷头的电气绝缘性能进行评价，公安部天津消防科研所委托天津电力试验所对该所研制的水雾喷头进行了电绝缘性能试验。试验布置如图1。

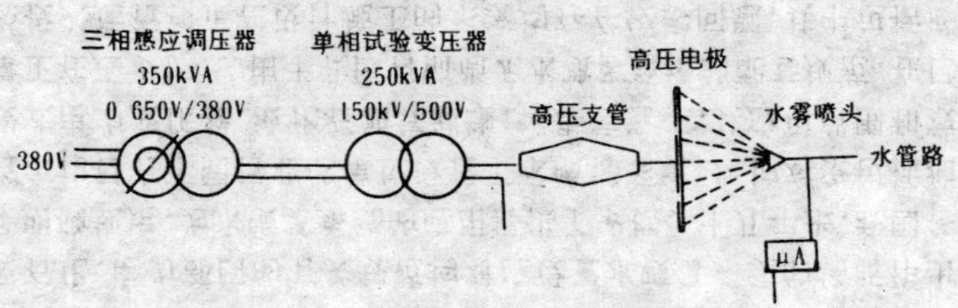

图1 电绝缘性能试验布置图

试验在高压雾室进行，高压电极为2m×2m的镀锌钢板，水喷雾灭火系统包括水雾喷头、管路、水泵、水箱，全部用10mm厚的环氧布板与地面绝缘，试验时高压电极上施加交流工频电压146kV，水雾喷头距离高压电极1m，在不同水压下向高压电极喷射水雾，此时通过微安表测得的电流数值如表2。

微安表测得的电流数值 **表2**

喷头种类 \ 电流（μA） \ 水压	0.2MPa		0.35MPa		0.45MPa		0.6MPa		不喷水时分布电容感应的电流
	总电流	泄漏电流	总电流	泄漏电流	总电流	泄漏电流	总电流	泄漏电流	
ZSTWA—80	227	80	208	61	197	50	190	43	147
ZSTWA—50	183	59	176	52	173	49	173	49	124
ZSTWA—30	133	18	125	10	120	5	117	2	115
ZSTWB—80	173	53	164	44	148	28	146	26	120
ZSTWB—50	193	47	174	28	176	30	178	32	146
ZSTWB—30	190	34	173	17	175	19	168	12	156

试验条件：水电阻率，2500Ωcm；室温28～30℃；湿度，85%；气压，0.1MPa。

试验结果说明，水雾喷头工作压力愈高，水雾滴直径愈小，泄漏电流也愈小；在工作压力相同的条件下，流量规格小的水雾喷头的泄漏电流小，同时也说明研制的两种型号水雾喷头用于电气火灾的扑救是安全的。

上述试验充分证明了水喷雾系统用于电气火灾的扑救是十分安全的。

三、国外有关规范的规定。

（一）美国NFPA—15“固定式防火水喷雾系统规范”中有关规定如下：

1—4 适用范围。

1—4.1 水雾系统可用于防护特定事故和设备，可以单独使用，也可以作为其他防火安全系统或设备的一部分。

1—4.2　水喷雾系统可用于下列事故的防护：

(a)气体和易燃液体火灾；

(b)诸如变压器、油开关、电机、电缆盘和电缆隧道等电气设施发生的火灾事故；

(c)普通可燃物如纸张、木材和纺织品火灾；

(d)某些固体危险物火灾。

1—5　用途：水喷雾能有效地用于下列目的中的一种或几种：

(a)灭火；

(b)控制燃烧；

(c)暴露防护；

(d)预防火灾。

在附录中对上述四种目的的解释如下：

(a)利用水雾冷却和产生的水蒸气窒息，以及使有些易燃液体乳化和稀释等手段均可实现灭火，在有些情况下这些手段是同时发生作用来实现灭火的。

(b)控制燃烧是通过对燃烧物喷射水雾的方法来实现的，凡是利用水雾进行彻底灭火效果不理想的燃烧物或不需要彻底灭火的情况下均可采用控制燃烧。

(c)暴露防护是利用向暴露在火灾中的建筑或设备直接喷射水雾从而驱除或减少火焰传递的热量来实现的，水雾屏障比直接向燃烧物喷水雾的效果差，但在合适的情况下，可利用其将着火区分割。但同时应考虑风阻、热气流等不利因素的影响。

(d)预防火灾，利用水雾溶解、稀释、驱散或冷却易燃物或将易燃物蒸气浓度降到燃烧极限以下来实现。

(二)日本《消火设备概论》将水雾的防护目的划分为四类：

①灭火；②抑制和控制火势；③防止火灾蔓延；④预防火灾。

并解释如下：

抑制和控制火势。

对于低闪点的油品，水喷雾虽不能彻底灭火，但可抑制燃烧，对可燃气体火，为防止灭火后的二次爆炸，可用水喷雾使燃烧在受控条件下进行。

防止蔓延。

对于应重点保护的电气设施、可燃液体储罐和输送机皮带等，使用水喷雾覆盖和冷却，可防止火灾的蔓延或扩大。

预防火灾。

当装有可燃液体或气体的装置的温度超过某一值时可能发生着火或爆炸危险，利用具有冷却效果的水雾可控制装置的温度。

(三)英国消防委员会《关于中速和高速水喷雾系统的临时规则》将水喷雾系统的防护目的划分为两类，即高速水喷雾系统用于闪点高于 66℃液体火灾的灭火，中速水喷雾系统用于闪点低于 66℃液体火灾的控制和冷却。

水喷雾系统可用于防护冷却目的，其适用范围的依据如下：

防护冷却是水喷雾系统的重要用途，对于发生火灾时不宜灭火的保护对象或采用水喷雾不能灭火的场所，水喷雾系统可以向保护对象提供安全的保护措施，使保护对象在火灾条件下或在受到火灾威胁时免遭破坏，为采取其他灭火手段和事故处理措施争取时间。

如液化气储罐发生火灾时，储罐内尚有剩余可燃气体时就将火扑灭，残余的可燃气体泄漏出来与空气混合到一定浓度，遇明火就会发生爆炸，产生更大的危害。因此当这种火灾发生时，应先将可燃气体的气源切断，同时维持残余气体继续燃烧，直到切断可燃气体的泄漏后，才可将火扑灭。当残余气体继续燃烧时，应对着火罐及相邻罐进行喷水冷却保护，使储罐不会因受热发生损坏。事实证明这种事故处理方法是行之有效的，并且在国外及国内得到了广泛的应用。

美国和日本的规范将防护目的划分为四类，但按其效果仍可归纳为两类，其后三类的概念均可由防护冷却来表达。我国水喷雾系统的应用起步较晚，应用主要集中在两类保护对象，一是变压器的灭火，二是液化气储罐的防护冷却，今后随着水喷雾系统的应用普及，将会有更多的场所和保护对象采用，但其防护目的仍不外灭火和防护冷却两大类，或者二者兼有。因此本规范综合国外和国内应用的具体情况将水喷雾系统的防护目的划分为两类。

另外美国和日本基本是以具体的保护对象来规定适用范围的。本规范是采用我国消防规范标准对火灾类型的划分方式来规定水喷雾系统的适用范围的。

因此本条规定是综合了国外有关规范的内容和国内多年来开展水喷雾灭火及防护冷却试验研究成果的基础上制订的。

水喷雾系统防护目的与雾滴粒径举例见表 3。

水喷雾系统防护目的与雾滴粒径举例　　**表 3**

防护对象		灭火		抑制火灾		防止蔓延		预防着火	
		粗	微	粗	微	粗	微	粗	微
航空工业	发动机试验室		0		0				
	喷气喷射试验室		0		0				
化学工业	蒸馏塔			0	0	0		0	
	热交换器			0	0	0		0	
	蒸压器			0	0	0		0	
	油加热装置	0		0	0			0	
	贮罐			0	0			0	
	各种装置及支柱台架			0	0			0	
	各种阀			0	0			0	
	泵类			0	0			0	
	集合管			0	0			0	
	高架油罐冷却塔			0	0			0	
	压力过滤机	0		0	0	0		0	
	离心式分离器		0	0	0	0		0	
	硝化纤维素制品								
电气机械	变压器	0	0	0	0	0	0	0	0
	油浸断路器	0	0			0	0	0	0
	电动机	0	0			0			
	发电机	0	0			0			
	液压系统	0	0	0	0	0		0	0
制粉	滚筒	0	0			0	0	0	0
	机械设备	0	0			0	0	0	0
	压力机	0	0			0	0	0	0
	干燥机	0	0			0	0	0	0
	挤压机	0	0			0	0	0	0
	一般机器	0	0			0	0	0	0
	分离塔	0	0			0	0	0	0
精炼工厂	装车场			0	0	0		0	
	配管系统			0	0	0		0	
	泵房			0	0	0		0	
	槽			0	0	0		0	
	分离罐			0	0	0		0	
	贮罐			0	0	0		0	
船舶	机械室一般舱室	0	0	0	0	0	0	0	0
	火药库	0	0					0	0
	起重塔	0	0					0	0
其他工业	硫磺仓库	0	0	0	0	0		0	
	干燥炉	0	0						
	肥皂干燥炉	0							
	铝轧机	0	0						
	空调过滤材料	0	0						
	大豆挤榨机	0	0						
	延展机、拨摸机			0	0	0		0	
	搅拌混合装置	0	0						
	粉尘收集器	0	0						
	淬火油槽	0	0						
	地下仓库	0	0						
	大豆、亚麻油调合装置	0	0						

1.0.4 本条规定了水喷雾系统的不适用范围，包括两部分内容。

第一部分是不适宜用水扑救的物质，可划分为两类，第一类为过氧化物，如过氧化钾、过氧化钠、过氧化钡、过氧化镁，这些物质遇水后会发生剧烈分解反应，放出反应热并生成氧气。当与某些有机物、易燃物、可燃物、轻金属及其盐类化合物接触能引起剧烈的分解反应，由于反应速度过快可能引起爆炸或燃烧。

第二类为遇水燃烧物质，这类物质遇水能使水分解，夺取水中的氧与之化合，并放出热量和产生可燃气体造成燃烧或爆炸的恶果。这类物质主要有：金属钾、金属钠、金属钙、碳化钙（电石）、碳化铝、碳化钠、碳化钾等。

第二部分为使用水雾会造成爆炸或破坏的场所，这里主要指以下几种情况：

一、高温密闭的容器内或空间内，当水雾喷入时，由于水雾的急剧汽化使容器或空间内的压力急剧升高，造成破坏或爆炸的危险。

二、对于表面温度经常处于高温状态的可燃液体，当水雾喷射至其表面时会造成可燃液体的飞溅，致使火灾蔓延。

3 设计基本参数和喷头布置

3.1 设计基本参数

3.1.1 设计基本参数包括设计喷雾强度、持续喷雾时间、水雾喷头的工作压力和系统响应时间，并根据水喷雾系统的防护目的与保护对象的类别选取。

3.1.2 本条规定了水喷雾灭火系统的喷雾强度和持续喷雾时间。喷雾强度是系统在单位时间内向每平方米保护面积提供的最低限度的喷雾量。喷雾强度和持续喷雾时间是保证灭火或防护冷却效果的基本设计参数。本条按防护目的，针对不同保护对象规定了各自的喷雾强度和持续喷雾时间。其主要依据如下：

一、国外同类数据的规定。

喷雾强度：

1. 按防护目的的规定。

美国 NFPA—15 中对不同防护目的规定的喷雾强度如下：

防护目的	喷雾强度（L/min·m²）
灭　火	8～30
控　火	10～20
防止火灾蔓延	8～10

日本保险协会对不同防护目的规定的喷雾强度如下：

防护目的	喷雾强度（L/min·m²）
灭　火	30
控　火	20
防　火	10

2. 按保护对象的规定。

美国 NFPA—15 的规定：

保护对象	喷雾强度（L/min・m²）
普通可燃物灭火	8～20
可燃液体灭火	20
电缆灭火	6～30
可燃气体、液体容器与钢结构防护冷却	10.2
变压器表面	10.2
变压器周围地面	6
皮带输送机（传动装置及皮带）	10.2

日本有关法规的规定：

保护对象	喷雾强度（L/min・m²）
通讯机房	4
汽车库、停车场	20
液化石油气储罐及设备	7
变压器表面	10
变压器周围地面	6

英国有关法规的规定：

保护对象	喷雾强度（L/min・m²）
液化石油气储罐	10.2
室外变压器	24

持续喷雾时间：

美国 NFPA—15 对水喷雾系统的持续喷雾时间作为一个工程判断问题处理。对防护冷却要求系统能持续喷雾数小时不中断。

日本保险协会规定水喷雾系统的持续喷雾时间不应小于90min。日本消防法、日本液化石油气保安规则对具体保护对象的持续喷雾规定如下：通讯机房和贮存可燃物的场所，汽车库和停车场要求水源保证不小于持续喷雾 20min 的水量。

二、国内规范的规定。

1. 固体火灾。《自动喷水灭火系统设计规范》中规定严重危险级建构筑物的设计喷水强度：

生产建筑物	10L/min・m²
储存建筑物	15L/min・m²

消防水量按火灾延续时间不小于 1h 计算。

2. 电气火灾。油浸式电力变压器、电缆等的喷雾强度的依据来源于《变电站设计防火规范》。

3. 防护冷却。《建筑设计防火规范》规定液化石油气储罐防护冷却的用水供给强度不应小于 0.15L/s・m²，火灾延续时间按 6h 计算；规定甲、乙、丙类液体贮罐冷却水延续时间，直径不超过 20m 的按 4h 计算，直径超过 20m 的按 6h 计算。

三、国内外有关试验数据。

（一）英国消防研究所皮・内斯发表的论文"水喷雾应用于易燃液体火灾时的性能"，对试验数据介绍如下：

1. 高闪点油火，灭火要求的喷雾强度为 9.6～60L/min・m²；

2. 水溶性易燃液体火，灭火要求的喷雾强度为 9.6～18L/min・m²；

3. 变压器火灾，喷雾强度为 9.6～60L/min・m²；

4. 液化石油气储罐，9.6L/min・m²；

（二）英国消防协会 G・布雷发表的论文"液化气储罐的水喷雾保护"中指出：只有以 10L/min・m² 的喷雾强度向储罐喷射水雾才能为火焰包围的储罐提供安全保护。

（三）美国石油协会（API）和日本工业技术院资源技术试验所分别在本世纪 50 年代和 60 年代进行了液化气储罐水喷雾保护的试验，结果均表明对液化石油气储罐的喷雾强度大于 6L/min・m² 即是安全的，采用 10L/min・m² 的喷雾强度是可靠的。

（四）公安部天津消防科研所 1982 年至 1984 年进行了液化石油气贮罐受火灾加热时喷雾冷却试验，对一个被火焰包围的球面罐壁进行喷雾冷却，获得与美、英、日等国同类试验数据基本一致的结论，即 6L/min·m^2 喷雾强度是接近控制壁温，防止储罐干壁强度下降的临界值；10L/min·m^2 喷雾强度可获得露天有风条件下保护储罐干壁的满意效果。

3.1.3 此条规定的主要依据。

一、防护目的。

水雾喷头均须在一定工作压力下才能使出水形成喷雾状态。一般来说，对一种水雾喷头而言，工作压力愈高其出水的雾化效果愈好。此外，相同喷雾强度下，雾化效果好有助于提高灭火效率。灭火时，要求喷雾的动量较大，雾滴粒径较小，因此需要向水雾喷头提供较高的水压；防护冷却时，要求喷雾的动量较小，雾滴粒径较大，需要提供给喷头的水压不宜太高。

二、国外同类规范。

美国防火协会与日本损害保险料率算定会规则规定，用于灭火时水雾喷头的最低工作压力为 0.35MPa。

日本《水喷雾灭火设备》按照不同的防护目的给出的喷头工作压力如下：

灭火：0.25～0.7MPa；

防护：0.15～0.5MPa。

三、国产水雾喷头性能。

虽然水雾喷头的种类很多，但通常其喷雾工作压力均不低于 0.2MPa。目前我国生产的水雾喷头，多数在压力大于或等于 0.2MPa 时，能获得良好的水量分布和雾化要求，满足防护冷却的要求；压力大于或等于 0.35MPa 时，能获得良好的雾化效果，满足灭火的要求。

综合以上三个方面，尤其是根据我国水雾喷头产品现状和水平，确定了喷头最低工作压力。

3.1.4 水喷雾系统应用于火灾危险性大、火灾蔓延速度快、灭火难度大的保护对象。当发生火灾时如不及时灭火或防护冷却将造成较大的损失或严重后果，因此水喷雾系统不仅要保证足够的喷雾强度和持续喷雾时间，而且要保证系统能迅速启动喷雾。响应时间是评价水喷雾系统启动快慢的性能指标，也是系统设计必须考虑的基本参数之一，其他固定灭火系统均对此项性能有类似的规定。

本条针对不同防护目的和保护对象规定了水喷雾系统的响应时间。

美国 NFPA－15 中 4－4.3.1(b)规定用于暴露防护的自动水喷雾系统设计应达到在被保护表面产生积炭以前和由于高温可能使盛放易燃液体或气体的容器损坏前马上操作的要求，所以，要求在监视系统工作后 30s 内水喷雾系统应立即工作，从喷嘴喷出有效的水雾。

此外，某些外国标准与规范推荐水喷雾系统与火灾自动报警系统联网自动控制，系统组成中采用雨淋阀控制水流，并使其能自动或手动开启的作法均是为了保证系统响应火灾而启动的时间。

3.1.5 不论是平面的还是立体的保护对象，在设计水喷雾系统时，按设计喷雾强度向保护对象表面直接喷雾，并使水雾覆盖或包围保护对象是保证灭火或防护冷却效果的关键。保护对象的保护面积是直接影响布置水雾喷头，确定系统流量和系统操作的重要因素，因此是不可忽略的系统设计参数。

3.1.5.1 将保护对象的外表面面积确定为保护面积是本条规定的基本原则。对于外形不规则的保护对象，则规定为首先将其圆整成能够包容保护对象的规则体或规则体的组合体，然后按规则体或组合体的外表面面积确定保护面积。

上述确定保护面积的基本原则是国际上的习惯作法：在决定不规则保护对象的保护面积时，首先将其归纳为简单的几何图形，圆筒形或长方体等，这便是设计的初步。

3.1.5.2 本款规定了油浸式电力变压器保护面积的确定方法，对此各国均有类似的规定。

美国 NFPA－15：对变压器的防护应考虑它整个外表面的喷

雾，包括变压器和附属设备的外壳，贮油箱和散热器等。

美国 VIKING 公司：外形凹凸不平而且有许多突出物的变压器，在决定面积时可以作为一个整体圆整为简化的图形。

日本消防法中对变压器保护面积的确定方法如图 2。

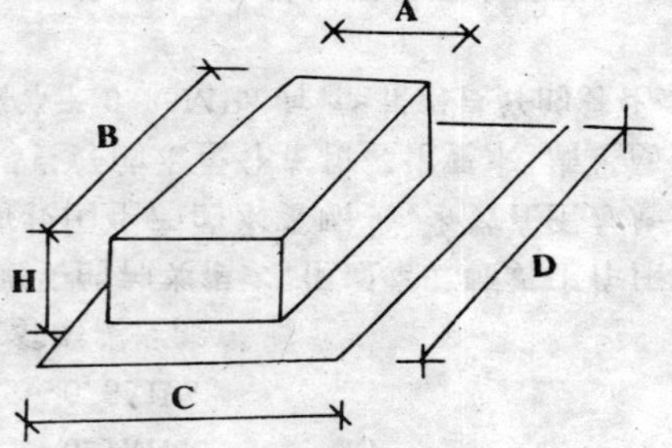

图 2 变压器保护面积的确定方法

A——变压器宽度；B——变压器长度；C——集油坑宽度；
D——集油坑长度；H——变压器高度

保护面积 $S=(CD-AB)+2(A+B)H+AB$

3.1.5.3 本款根据 3.1.5.1 款的规定，要求分层敷设的多层电缆，在计算保护面积时按包容多层电缆及其托架总体的规则体的外表面面积确定；对于单层敷设的电缆，保护面积按其所占空间的上表面面积确定。

3.1.6 本条的适用范围：

1. 液化气灌装间、实瓶库和火灾危险品生产车间、散装库房等以保护建筑物为目的而设置的水喷雾灭火系统；

2. 以灭火或防护冷却为主要目的，但建筑物内部容纳的可燃物品或设备的高度较低，占据的空间较小，如泵房、压缩机房等。

为此本条规定将保护面积按平面处理并以建筑物的使用面积确定。

3.1.7 本条规定出于以下考虑：

1. 皮带及输送物占据其包容体的空间较小，按包容体确定保护面积将使水雾喷头的布置数量和系统的流量偏大；

2. 按上行皮带上表面面积确定保护面积仍能作到使上下二层皮带置于喷雾的包围之中，且下行返回皮带仍能被由上行皮带淌下来的水灭火。

3.1.8 对用于扑救贮罐、容器内部液体火灾的水喷雾系统，则要求喷雾覆盖整个液面。因此本条规定按贮罐、容器的液面面积确定其保护面积。

3.2 喷 头 布 置

3.2.1 合理地布置水雾喷头，可以使喷雾均匀地完全覆盖保护对象，确保喷雾强度。因此，水雾喷头的布置是保证系统有效工作的一项重要措施，也是系统设计的一个重要环节。本条规定了确定喷头的布置数量和布置喷头的原则性要求。

水雾喷头的布置数量按保护对象的保护面积，喷雾强度和选用喷头的流量特性经计算确定；水雾喷头的位置根据喷头的雾化角、有效射程按满足喷雾直接喷射并完全覆盖保护对象表面布置。当计算确定的布置数量不能满足上述要求时，适当增设喷头直至喷雾能够满足直接喷射并完全覆盖保护对象表面的要求。

各国对布置水雾喷头的要求均有类似的规定：

美国 NFPA－15 中 4－8・2 规定：喷头的位置应能将保护区用喷雾覆盖住，喷头的布置应根据其特性确定，应注意使水打到目标表面。喷头布置不当将降低喷雾强度和系统的效率。

日本《水喷雾消防设备规则》规定：喷头应根据保护对象的整个表面、有效空间、水雾喷头的喷雾形状和有效射程进行配置。水雾喷头的安装，要保证喷雾能包围保护对象（平面的、立体的），要求水雾喷头能直接向燃烧表面或冷却的部位喷雾，任何障碍物不得影响喷雾。

3.2.2 由于水雾喷头喷射的雾状水滴是不连续的间断水滴，所以具有良好的电绝缘性能，因此水喷雾系统可用于扑灭电气设备火灾。但是，水雾喷头和管道，均要与带电的电器部件保持一定的距离。

鉴于上述原因，水雾喷头、管道与高压电气设备带电（裸露）部分的最小安全净距是设计中不可忽略的问题，各国相应的规范、标准均作了具体规定。

美国 NFPA－15 中 1－9：水喷雾系统的设备与带电无绝缘电气元件的间距规定见表 4。

水雾设备与带电无绝缘电气元件的间距　　表 4

标称线电压 (kV)	最高线电压 (kV)	设计 BIL (kV)	最小间距	
			(ch)	(mm)
13.8	14.5	110	7	178
23	24.3	150	10	254
34.5	36.5	200	13	330
46	48.3	250	17	432
69	72.5	350	25	635
115	121	550	42	1067
138	145	650	50	1270
161	169	750	58	1473
230	242	900	76	1930
		1050	84	2134
345	362	1050	84	2134
		1300	104	2642
500	550	1500	124	3150
		1800	144	3685
765	800	2050	167	4242

注：当电压高至 161kV 时，应根据 NFPA70 即国家电气规程选取间距值。当电压等于或大于 230kV 时，应根据国家电气安全规程 ANS1 C－2 中表 124 选取间距。

日本对水雾喷头与不同电压的带电部件之间最小间距的有关规定见表 5。

水雾喷头与不同电压的带电部件之间的最小间距　　表 5

公称电压 (kV)	损保规则 (mm)	东京电力标准 (mm)
3		150
6	150	150
10	300	200
20	430	300
30	610	400
40	810	
50		
60	1120	700
70		800
80	1320	
100	1630	1100
120	1960	
140	2260	1500
170	2700	
200	3150	2100
250		2600

喷头、管道与高压电气设备带电（裸露）部分的最小安全净距本规范采用我国现行的国家标准或行业标准中的有关规定。

3.2.3　本条根据水雾喷头的水力特性规定了喷头与保护对象之间的距离。在水雾喷头的有效射程内，喷雾的粒径小且均匀，灭火和防护冷却的效率高，超出有效射程后喷雾性能明显下降，且可能出现漂移现象。因此限制水雾喷头与保护对象之间的距离是十分必要的。

3.2.4　对 **3.1.6** 条适用的保护对象，当保护面积按平面处理时，其水雾喷头的布置方式通常为矩形或菱形。为使水雾完全覆盖，不出现空白，必须保证矩形布置时的喷头间距不大于 1.4R，菱形布置时的喷头间距不大于 1.7R，如图 3 所示。

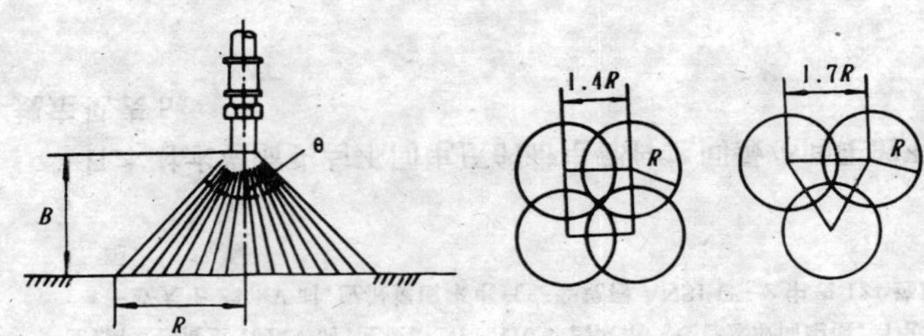

(1)水雾喷头的喷雾半径　　(2)水雾喷头间距及布置形式

图 3　水雾喷头的平面布置方式

R——水雾锥底圆半径(m)；B——喷头与保护对象的间距(mm)；

θ——喷头雾化角

本条规定的依据出自日本《液化石油气保安规则》。

对立体保护对象，其表面为平面的部分亦可按上述方法布置水雾喷头。

3.2.5　本条规定油浸式电力变压器布置水雾喷头的要求。

油浸式电力变压器是水喷雾灭火系统重要的应用对象，其不规则的外形使水雾喷头的布置较为困难。美国 VIKING 公司在《水喷雾灭火系统的应用与设计》中对变压器的水雾喷头布置作了较详细的介绍。

设计一套变压器的水喷雾灭火系统是比较困难的。最主要原因是它的不规则形状和要照顾到保持对高压电器的距离。总的来说，变压器的表面对于喷出来的水雾干扰极大，比保护油罐的设计更为复杂，为了这个缘故，必须采用多一点的水雾喷头予以补充。通常实际喷水量要比计算中的喷水量为高，因为必须要照顾到整个变压器都会被水雾覆盖。在系统设计前，最好取得变压器的顶部、侧面和底部的详图，决定不同形状的变压器面积，最好将变压器的形状归纳为简单的几何图形。如果变压器的形状凹凸不平，而且有很多突出物，也可以将图形略为放大。简化的变压器图形，除了底部外，所有露出来的面积都要计算，然后将管道包围着这个几何图形。

变压器通常被一圈一圈的管道包围，而喷头就均匀地和适当地安装于管道上。所有喷咀必须安装在适当位置上，以便符合设计要求。布置的准则是要达到足够的喷雾强度和完全覆盖，但又不会过量，通常最顶一层的管道是安装于变压器最顶部附近。

在设计过程中，最重要而必须考虑的事情，就是喷头及管道与电器设备之间的安全距离，所有喷咀及管道与非绝缘的电力部件或带电部分必须符合要求。

通常最好避免管道横越变压器的顶部，所以大部分顶部喷头的设计都是从旁边安装的，但是横越散热器之间的管道是允许的。水雾最好避免直接喷在带电高压套管上。

水雾喷在平滑而垂直的表面是最理想的，但变压器有很多配件或形状是突出的，可能会影响喷雾不能完全覆盖，这时便须加装喷头，以补充因突出的地方布水的不足。

最初的设计面积和喷水量往往比布置水雾喷头后的喷水量少。如果水量过多或过少，可以将喷头的口径或压力调整，便可得出一个最理想的设计水量。因为变压器的不规则形状，可能使喷头的数目比预期的多，同时为了要照顾到喷头与 管道对带电设备的安全距离，可能喷头的数量是不能减少的，这时，实际需要的流量会比最初设计的多。变压器水雾喷头布置见图 4。

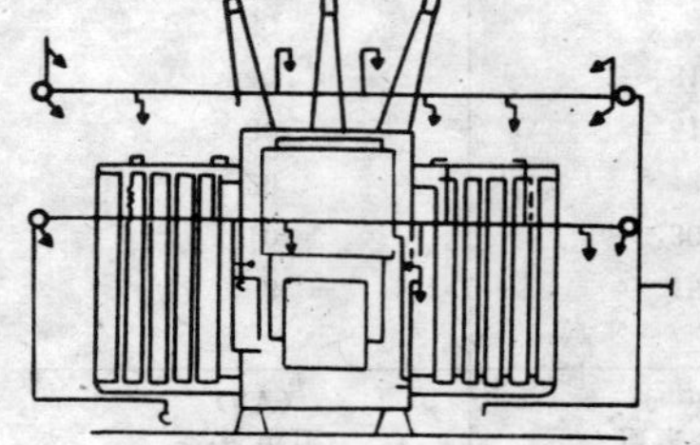

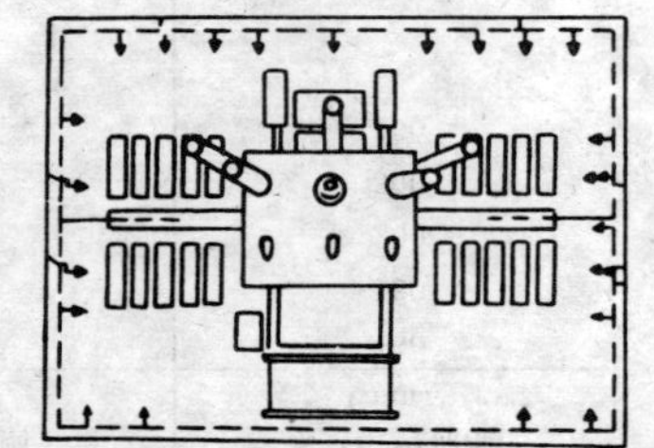

图 4　变压器水雾喷头布置示意图

3.2.6 喷头布置要求以规定的喷雾强度完全覆盖整个罐体表面，以达到利用水雾的直接喷射罐壁的冲击冷却效果。水对罐壁的冲击能使罐壁迅速降温，并可去除罐壁表面的含油积炭，有利于水膜的形成。在保证喷射水雾在罐壁表面成膜效果的前提下，尽量使喷头靠近被保护表面，以减少火焰的热气流与风对水雾的影响，减少水雾在穿越被火焰加热的空间时的汽化损失。根据国内进行的喷水成膜性能试验并参照国外的有关规定，本规范要求喷头与储罐外壁之间的距离不大于0.7m。

3.2.7 球罐的喷头布置规定了喷头喷口的方向和水雾锥之间的相对位置，使喷雾在罐壁均匀分布形成完整连续的水膜。容积等于或大于1000m^3的球罐布置喷头的要求放宽，主要考虑了水在罐壁沿经线方向的流淌作用。

喷头布置除考虑罐体外，对附件，尤其是液位计、阀门等容易发生泄漏的部位应同时设置喷头保护，对有防护层的钢结构支柱可不设置喷头。

本条规定主要依据于国外有关规范，如美国NFPA－15等。各国规范对液化气贮罐水雾喷头布置均有类似规定：

喷头的位置应仔细考虑，以保证在着火时整个罐体表面有足够的水量，喷咀的定位分布应能使喷雾覆盖住容器和可能发生泄漏的地方，如法兰、活接头、泵、阀门等等。

当设计一套喷雾装置时，对于风的影响必须加以考虑，通常喷头与罐壁的距离不得超过600mm，特别是可能被某些附属装置如安全阀等遮挡的地方，喷头与罐壁的距离更小一些为好。

3.2.8、3.2.9 电缆和输送机皮带的外形虽然是规则的，但细长比很大，由于多层布置的电缆和上行皮带对喷雾的阻挡作用，本条规定水雾喷头按使水雾直接喷射包容多层电缆和上行及下行皮带整体的规则形体表面，且能使水雾包围电缆和上行及下行皮带的要求布置。

规定本条的依据是美国NFPA－15：

当用水雾防护电缆托盘和电缆敷设线路，并安排喷咀时，要使电缆管道或管子、支架和托板所在的水平或垂直面区域内均能喷射到12.2L/min·m^2密度的水而受到保护。

输送机皮带安装喷咀后，可以自动喷湿皮带上部皮带和其输送物及下部返回皮带。喷咀的排列和喷雾方式应是包围式的。

4 系统组件

4.0.1 本条规定了设计水喷雾灭火系统时选用组件的要求。

一、水喷雾灭火系统属于消防专用的给水系统，与生产、生活给水系统相比，对其组件有很多特殊的要求，例如产品的耐压等级，工作的可靠性，自动控制操作时的动作时间等，都有更为严格的规定。因此本条规定水喷雾灭火系统中的关键部件——水雾喷头和雨淋阀组，均要采用经过国家消防产品质量监督检测中心检测合格的产品。国外有关规范以及我国其他固定灭火系统设计规范均对此作出了相同的规定。

二、我国 80 年代初开始研制和生产水喷雾灭火系统组件产品，目前已有若干个厂家生产多种规格、不同结构的组件，水雾喷头、雨淋阀、压力开关等组件的国家标准或已经颁布执行或正在制订中。国家消防产品质量监督检测中心也已经开展检测工作，这样就完全可以满足水喷雾灭火系统对产品的需求，也为本规范的制订打下了物质基础。

4.0.2 离心雾化型水雾喷头喷射出的雾状水滴是不连续的间断水滴，故具有良好的电绝缘性能。它不仅可以有效扑救电气火灾，而且不导电，适合在保护电气设施的水喷雾灭火系统中使用。撞击型水雾喷头是利用撞击原理分解水流的，水的雾化程度较差，不能保证雾状水的电绝缘性能，因此不适用于扑救电气火灾。

本条规定了含有腐蚀性介质的场所和粉尘场所对水雾喷头选型的要求。

众所周知，消防系统一旦安装调试完毕，开通使用后就长期处于备用状态。不难设想，不符合防腐要求的水雾喷头如果长期暴露在腐蚀性环境中就会很容易被腐蚀，当发生火灾时必然影响水雾喷头的使用效率。

水雾喷头内部装有雾化芯的居绝大多数。装有雾化芯的水雾喷头，其内部的有效水流通道的截面积较小，如长期暴露在粉尘场所内，其内部水流通道很容易被堵塞，所以本条规定要配带防尘罩。对防尘罩的要求是：平时防尘罩罩在水雾喷头的喷口上，发生火灾时防尘罩在系统给水的水压作用下打开或脱落，不影响水雾喷头的正常工作。

4.0.3 水喷雾灭火系统是典型的固定灭火系统，其标准的组成要求采用雨淋阀组。对此，国内外规范的要求是一致的。雨淋阀是一种消防专用的水力快开阀，具有既可远程遥控、又可就地人为操作两种开启阀门的操作方式，因此能够满足水喷雾灭火系统的自动控制、手动控制和应急操作三种控制方式的要求。此外，雨淋阀一旦开启，可使水流在瞬间达到额定流量状态。以上特性是通用的自控阀门所不具备的，当水喷雾灭火系统远程遥控开启雨淋阀时，除电控开阀外尚可利用传动管液动或气动开阀。

除雨淋阀外，阀组尚要求配套设置压力表，水力警铃和压力开关，水流控制阀和检查阀等，以满足监测水喷雾灭火系统的供水压力，显示雨淋阀启闭状态和便于维护检查等要求。

4.0.4 本条规定了雨淋阀组设置地点的要求。

1. 为防止冬季冻坏充水管道，对设置地点的环境温度提出了要求；

2. 为保护雨淋阀组免受日晒雨淋的损伤，以及非专业人员的误操作，要求其设在室内或专用阀室内；

3. 为了便于调试和维护检查，要求设置地点有排水设施；

4. 为使人员迅速实施应急操作及时启动系统和保障人员安全，要求将雨淋阀组设在既靠近保护对象，又便于操作的地点。

4.0.5 过滤器是水喷雾灭火系统必不可少的组件，在系统供水管道上选择适当位置设置过滤器是为了保障水流的畅通和防止杂物破坏雨淋阀的严密性，以及堵塞电磁阀、水雾喷头内部的水流通道。

各国均规定水喷雾灭火系统必须设置过滤器。

美国 NFPA—15：

水喷雾系统应装主管滤净器。如需安装单个喷咀滤净器时，滤净器的类型应能将水中足以堵住喷咀孔的颗粒物滤除。选择滤净器时要小心，尤其对喷咀水通路狭小时更得谨慎。要考虑滤网的穿孔尺寸、容积合理，无积聚物形成又无过多的摩擦损耗，还要考虑检查和清洗是否方便。

日本《水喷雾灭火设备规则》：

过滤器是用以防止尘埃等杂物进入管道和阀门，使之不致影响正常的放水状态。应在管或阀门部位设置过滤器。过滤器网目（网孔）的大小即过水孔的大小应小于水雾喷头或通水设备最小过水口径的$\frac{1}{2}$。过滤器过水孔的总面积应为与过滤器相连接的水管内径面积的 4 倍以上。过滤器的结构应便于杂物的清除，选用过滤器的材质应考虑防锈和强度。

规定的滤网孔径是结合目前国产水雾喷头内部水流通道的口径确定的。4.0～4.7 目/cm^2 过滤网不仅可以保证水雾喷头不被堵塞，而且过滤网的局部水头损失较小。

4.0.6 本条规定了水喷雾灭火系统管道的要求。水喷雾灭火系统具有工作压力高、流量大、灭火与防护冷却喷雾强度高，水雾喷头易堵塞等特点，因此要合理地选择管道材料。为了保证过滤器后的管道不再有影响雨淋阀、水雾喷头正常工作的锈渣生成，本条规定过滤器后的管道采用内外镀锌钢管。管道“宜采用丝扣连接”的含意在于：公称直径小于或等于 100mm 的管道采用丝扣连接；公称直径大于 100mm 的管道，当采用丝扣连接有困难或无法采用丝扣连接的管道用法兰连接。

无论是用于灭火或是防护冷却的水喷雾系统，必须有可靠的供水保障，因此为系统设置独立的供水管道是十分必要的。当在雨淋阀后设置其他用水设施时将可能发生由于水量分配的不均匀而影响水喷雾系统的正常工作，甚至使系统的供水压力和供水量无法满足设计工作压力和设计流量的要求。

为了防止管道内因积水结冰而造成管道的损伤，在管道的最低点和容易形成积水的部位设置泄水阀及相应的排水设施，使可能结冰的积水排尽。

设置管道排污口的目的是为了便于清除管道内的杂物，其位置设在使杂物易于聚积且便于排出的部位。

5 给　　水

5.0.1 水喷雾灭火系统属于水消防系统范畴，其对水源的要求与消火栓、自动喷水灭火系统相同，即：可由市政给水管网、消防水池或天然水源供给；对大型企业中设置的水喷雾灭火系统，本条规定其用水可由企业内部独立的消防给水管网供给。无论采用哪种水源，本条规定均要求能够确保水喷雾灭火系统持续喷雾时间内所需的用水量。

5.0.2 本条规定当水喷雾灭火系统采用消防水池或天然水源时，要采取防止杂草、树叶和其他杂物堵塞取水设施、管道或损伤水泵的措施。如在取水口处设置护栏、设过滤网、沉淀池等。

我国南北地区的温差很大，在东北、华北和西北的严寒和寒冷地区，设置水喷雾灭火系统时，要求对给水设施和管道采取防冻措施，如保温、伴热、采暖和泄水等，具体方式要根据当地的条件确定。

6 操作与控制

6.0.1 本条规定的水喷雾灭火系统的控制要求，是根据系统应具备快速启动功能并针对凡是自动灭火系统应同时具备应急操作功能的要求规定的。国外同类规范均有类似规定。

美国 NFPA—15：

水喷雾系统的设计应能使其在许可的时间内将火扑灭。自动监测装置应能很快地感测出阴燃或慢起的燃火。自动水喷雾系统的设计应在监测系统工作后的 30s 以内从水雾喷头喷出有效的水雾。

美国 VIKING 公司《水喷雾灭火系统的应用和设计》：

整个水喷雾灭火系统可由人工、定温式感应器、差定温式感应器、红外线感应器或紫外光感应器、烟雾感应器、危险气体感应器、压力开关等启动。而威景水喷雾控制系统可由手动、水动、气动、电动或任何以上几种的组合操作，发动水雾控制阀及水泵等，并通过水雾喷咀喷出水雾。同时在现场附近安装有一紧急手动操作装置，可以在紧急时刻，手动启动阀门。此外，在控制室内也可透过水雾控制屏启动水喷雾系统。

日本《水喷雾灭火设备规则》：

水喷雾灭火设备可手动或通过报警设备自动操作。采用手动还是自动，取决于防火对象的危险性质和要求。一般情况下采用自动方式。

自动控制方式和其他一般自动灭火设备一样，使用闭式喷头或与火灾报警设备联锁进行启动。由火灾报警器发出火灾信号，并将信号输入控制盘，由控制盘再将信号分别传送给自动阀，加压送水设备，并自动喷水雾。

水喷雾灭火设备的控制阀门的开闭，除自动外，还必须能手动操作。这里所说的手动操作，不是用人力，而是用机械、空气压力、水压力或电气等。

三种控制方式：

自动控制：指水喷雾灭火系统的火灾探测、报警部分与供水设备、雨淋阀组等部件自动联锁操作的控制方式；

手动控制：指人为远距离操纵供水设备、雨淋阀组等系统组件的控制方式。

应急操作：指人为现场操纵供水设备、雨淋阀组等系统组件的控制方式。

对 3.1.4 条规定响应时间大于 60s 的水喷雾系统，本条规定可以仅采用手动控制和应急操作两种控制方式。

6.0.2 本条规定自动控制的水喷雾灭火系统，其配套设置的火灾自动报警系统按《火灾自动报警系统设计规范》的规定执行。

6.0.3 在条件恶劣的场所设置水喷雾灭火系统时，要因地制宜地选择火灾探测器。除通用型火灾探测器外可选用感温电缆式、空气管式感温探测器，或采用闭式喷头探测火情。当采用闭式喷头作火灾探测器时，要求与传动管配合使用。

传动管直接启动系统：传动管和雨淋阀的控制腔直接连接，雨淋阀控制腔与传动管同时降压，雨淋阀在其入口水压作用下开启，并联锁启动系统。

传动管间接启动系统：传动管的压降信号通过压力开关传输至报警控制器启动系统。

6.0.4 传动管的长度限制援引自美国防火协会 NFPA—15《水喷雾固定防火系统标准》，闭式喷头布置间距的限制援引自英国。

6.0.5 由于水喷雾灭火系统可以扑救多种类型的火灾，而且当用于严重危险类场所或保护对象时，不仅灭火与防护冷却效果好而且用水量较少，所以应用范围很广泛。当用于工业场所时，往往系统防范的面积很大或对象很多，在这种情况下，为了使系统的用水量不致过大，要求设计在确保灭火或防护冷却效果的前提下，采取用雨淋阀控制同时喷雾的水雾喷头数量的方法控制系统的喷雾区域，达到控制系统流量的目的。遇到上述情况时，需将保护场所内布置的水雾喷头按灭火或防护冷却时的实际需求划分成若干组，并设置若干个雨淋阀分别控制各组水雾喷头。

6.0.6 根据《建筑设计防火规范》第 8.2.7 条规定：液化气贮罐区应安装固定冷却水设备，着火罐及其 1.5 倍罐径范围内相邻罐应防护冷却。本规范 3.1.4 条规定用于液化气设施的水喷雾灭火系统的响应时间不应大于 60s。

鉴于上述要求，当罐区内设有多座液化气贮罐时，采取将罐区内贮罐划分为若干个喷雾区域，设置若干个雨淋阀的形式组成水喷雾灭火系统，并能在任何一个贮罐发生火灾时，按着火罐及其 1.5 倍罐径范围内相邻罐同时喷雾防护冷却的方式操作与控制雨淋阀的设计是合理的。

6.0.7 本条规定了用于皮带输送机的水喷雾灭火系统的操作与控制要求。

水喷雾灭火系统分段喷雾保护输送距离较长的皮带输送机，将有利于控制系统用水量和降低水渍损失。

皮带输送机发生火灾时，起火区域的火灾自动探测装置应动作。在输送机传动机构停机前，引燃的皮带或输送物将继续前移并可能移至起火区域下游一段距离，因此用于保护皮带输送机的水喷雾系统，其控制装置应在切断输送机电源的同时，开启起火点和其下游相邻区域的雨淋阀，同时向两个喷水区喷水。

美国 NFPA—15 中 4—4.3.5(b)规定了保护皮带输送机的水喷雾系统的防护范围应扩展到相邻区域的皮带或设备，系统的控制装置应能自动启动下游相邻区域的防护系统。

因此，本条规定与美国防火协会 NFPA—15 标准的有关规定是一致的。

6.0.8 本条规定了水喷雾灭火系统控制设备的功能要求。

根据系统应有三种控制方式的规定，要求控制设备具有选择控制方式的功能。

控制设备在接收火灾报警器的火警信号后动作，重复显示保护对象状态有利于操作人员确认火灾和火警部位，以便于手动遥控。

监控消防水泵、雨淋阀状态将便于操作人员判断系统工作的可靠性及系统的备用状态是否正常。

7 水力计算

7.1 系统的设计流量

7.1.1 $q=K\sqrt{10P}$为通用算式。不同型号的水雾喷头具有不同的K值。设计时按生产厂给出的K值计算水雾喷头的流量。

7.1.2 本条规定了保护对象确定水雾喷头用量的计算公式，水雾喷头的流量q按公式(7.1.1)计算，水雾喷头工作压力取值按防护目的和水雾喷头特性确定。

7.1.3 本条规定了确定水喷雾灭火系统计算流量的要求。

当保护对象发生火灾时，水喷雾灭火系统通过水雾喷头实施喷雾灭火或防护冷却，因此本规范规定系统的计算流量按系统启动后同时喷雾的水雾喷头流量之和确定，而不是按保护对象的保护面积和设计喷雾强度的乘积确定。

针对该系统保护对象火灾危险性大、蔓延迅速、扑救困难的特点，本条采用与《自动喷水灭火系统设计规范》中第7.1.1条规定中要求雨淋、水幕和严重危险级系统水力计算按最不利处作用面积内每个洒水喷头实际流量确定系统流量相同的作法，规定水喷雾灭火系统的计算流量，从最不利点水雾喷头开始，沿程按同时喷雾的每个水雾喷头实际工作压力逐个计算其流量，然后累计同时喷雾的水雾喷头总流量确定为系统流量。

美国标准NFPA—15对水喷雾灭火系统的水力计算有相同的规定：从最不利点水雾喷头开始，沿程向系统供水点推进，并按实际压力逐个计算水雾喷头流量，并以所有同时喷雾水雾喷头的总流量确定系统流量。计算应包括管道、阀门、过滤器和所有改变水流方向的接头的水压损失和标高的改变等因素对流量的影响。

7.1.4 本条规定了当水喷雾灭火系统利用雨淋阀控制喷雾范围

时确定系统计算流量的要求。

可燃气体和甲、乙、丙类液体贮罐区，输送机皮带，油浸式电力变压器，电缆隧道以及车间、库房等，具有保护对象数量多、保护面积大或其细长比大的特点。因此，根据保护对象及其火灾的特点，按保护对象数量或保护面积划分一次火灾的喷雾区域，合理地控制水喷雾系统的喷雾范围，对降低系统造价、节约用水以及减少水害有利。设计按保护对象或保护面积划分区域局部喷雾的水喷雾系统，其系统的计算流量按各局部喷雾区域中同时喷雾的最大用水量确定。

7.1.5 本条规定水喷雾灭火系统的设计流量按计算流量的1.05～1.10倍确定。鉴于水喷雾灭火系统按同时喷雾水雾喷头实际流量确定的系统计算流量接近设计流量，故系统计算流量的安全系数取较小数值。

7.2 管道水力计算

7.2.1 《自动喷水灭火系统设计规范》在确定管道沿程水头损失计算公式时，综合考虑了以下因素：

1. 自动喷水灭火系统管道计算与室内给水系统管道计算的一致性；

2. 据《美国工业防火手册》介绍，“经过实测，自动喷水灭火系统管道在使用20～25年后，其水头损失接近设计值”。在我国30年代安装于工业、民用建筑中的自动喷水灭火系统管道，至今已有50年以上的历史，有的因锈蚀而堵塞，更多的仍在继续使用，所以管道沿程水头损失的计算公式宜偏于安全。

为了与包括《自动喷水灭火系统设计规范》和《建筑给水排水设计规范》在内的我国有关规范相协调，使各规范消防管道沿程水头损失计算具有一致性，本规范仍采用苏联 ф·A·舍维列夫计算公式。

沿程水头损失的不同公式计算结果比较见表6。

不同公式计算结果比较表 　　**表6**

流量		管径	流速	管道沿程水头损失(mH_2O/m)		
L/min	L/s	(mm)	(m/s)	公式Ⅰ	公式Ⅱ	公式Ⅲ
80	1.33	25	2.3	0.776	0.513	0.292
160	2.67	32	2.66	0.667	0.438	0.274
400	6.67	50	3.02	0.492	0.319	0.225
800	13.33	70	3.67	0.514	0.331	0.230
1200	20.00	80	3.93	0.467	0.299	0.222
1600	26.67	100	3.02	0.190	0.121	0.104
2400	40.00	150	2.25	0.0543	0.034	0.0328
公式选用的国家				中国	前苏联	美、英、德、日

注：公式Ⅰ——舍维列夫计算公式；
公式Ⅱ——满宁计算公式；
公式Ⅲ——海登—威廉计算公式。

7.2.2 本条规定了水喷雾灭火系统管道局部水头损失的确定要求。

消防管道局部水头损失的确定，国内外有关规范均采用当量长度法计算或沿程水头损失百分比计算的方法。本规范要求系统计算流量按同时喷雾水雾喷头的工作压力和流量实际计算，因此管道局部水头损失采用当量长度法较为合理。

美、英、日等国的规范均采用当量长度法计算。

当采用当量长度法计算时，可参考表7。

局部水头损失当量长度表(管材系数C=120) 　　**表7**

名称	管件直径(mm)											
	25	32	40	50	70	80	100	125	150	200	250	300
45°弯头	0.3	0.3	0.6	0.6	0.9	0.9	1.2	1.5	2.1	2.7	3.3	4.0
90°弯头	0.6	0.9	1.2	1.5	1.8	2.1	3.1	3.7	4.3	5.5	6.7	8.2

续表 7

名称	管件直径(mm)											
	25	32	40	50	70	80	100	125	150	200	250	300
90°长弯头	0.6	0.6	0.6	0.9	1.2	1.5	1.8	2.4	2.7	4.0	4.9	5.5
三通、四通	1.5	1.8	2.4	3.1	3.7	4.6	6.1	7.6	9.2	10.7	15.3	18.3
蝶阀				1.8	2.1	3.1	3.7	2.7	3.1	3.7	5.8	6.4
闸阀				0.3	0.3	0.3	0.6	0.6	0.9	1.2	1.5	1.8
止回阀	1.5	2.1	2.7	3.4	4.3	4.9	6.7	8.3	9.8	13.7	16.8	19.8
U 型过滤器	12.3	15.4	18.5	24.5	30.8	36.8	49	61.2	73.5	98	122.5	
Y 型过滤器	11.2	14	16.8	22.4	28	33.6	46.2	57.4	68.6	91	113.4	

注：本表根据美国 NFPA—15 表 A—7—2(d)等值长度表综合编制，过滤器部分是根据日本资料 C=100 的数值经换算成 C=120 的数据列入。

尽管采用当量长度法较按沿程水头损失百分比计算的精度要高，但仍然属于估算的方法。

由于管道局部水头损失占沿程水头损失的比例较小，我国有关规范都规定局部水头损失可采用沿程水头损失百分比计算：

《自动喷水灭火系统设计规范》第 7.1.4 条指出：局部水头损失可采用当量管道长度法计算或按管网沿程水头损失的 20%计算；

《建筑给水排水设计规范》第 2.6.1 条指出：当生活、生产、消防共用给水管网时，局部水头损失为 20%；当为消火栓系统消防给水管网时，局部水头损失为 10%；当为生产、消防共用给水管网时，局部水头损失为 15%。

《给水排水设计手册》第 2 册“闭式自动喷水灭火系统”要求估算局部水头损失时，按沿程管道水头损失的 20%计算。

鉴于水喷雾灭火系统采用雨淋阀，且设置过滤器等因素，本规范规定当局部水头损失采用沿程水头损失百分比计算时，按沿程水头损失的 20%～30%计算。

7.2.3 雨淋阀的比阻值(B_R)或局部水头损失的数据由生产厂提供。

7.2.4 本条规定了设计水喷雾灭火系统时确定消防水泵扬程的要求和确定市政给水管网、工厂消防给水管网给水压力的要求。当按公式(7.2.4)计算时，h_0 的选取要符合 3.1.3 条的规定，Σh 的计算要包括雨淋阀的局部水头损失。

7.3 管道减压措施

7.3.1 圆缺型减压孔板按下式计算：

$$X=\frac{G}{0.01D_0\sqrt[2]{\Delta P\cdot r}} \tag{1}$$

式中 G ——重量流量(kg/h)；

D_0 ——管道内径(mm)；

ΔP ——差压(mmH_2O)；

r ——操作状态下重度(kg/m^3)。

计算步骤：

先按上式算出 X 值，由 X 值查表 8 得 n。

根据 $n=\frac{h}{D_0}$求出 h(圆缺高度)。

由 n 在表 8 中查出 α，在表 9 中查出 m，代入下式进行验算：

$$G=0.01252\cdot\alpha\cdot\varepsilon\cdot m\cdot D_0\sqrt[2]{\Delta P\cdot r} \tag{2}$$

式中 ε——按 1 考虑。

流量系数及函数 X 与圆缺孔板相对高度的关系 **表 8**

n	α	X	n	α	X
0.00	0.6100	0.00000	0.06	0.6106	0.01866
0.01	0.6100	0.00130	0.07	0.6108	0.02348
0.02	0.6101	0.00359	0.08	0.6110	0.02861
0.03	0.6101	0.00657	0.09	0.6113	0.03406
0.04	0.6102	0.01016	0.10	0.6116	0.03982
0.05	0.6104	0.01422	0.11	0.6119	0.04575

续表 8

n	α	X	n	α	X
0.12	0.6122	0.05206	0.38	0.6413	0.2800
0.13	0.6127	0.05853	0.39	0.6437	0.2911
0.14	0.6131	0.06526	0.40	0.6462	0.3023
0.15	0.6136	0.07222	0.41	0.6488	0.3136
0.16	0.6140	0.07944	0.42	0.6516	0.3552
0.17	0.6147	0.08682	0.43	0.6546	0.3369
0.18	0.6153	0.09438	0.44	0.6577	0.3496
0.19	0.6159	0.10212	0.45	0.6609	0.3613
0.20	0.6166	0.11003	0.46	0.6643	0.3737
0.21	0.6174	0.1181	0.47	0.6678	0.3863
0.22	0.6182	0.1261	0.48	0.6714	0.3990
0.23	0.6191	0.1349	0.49	0.6752	0.4120
0.24	0.6200	0.1435	0.50	0.6790	0.4251
0.25	0.6209	0.1522	0.51	0.6830	0.4385
0.26	0.6220	0.1610	0.52	0.6870	0.4520
0.27	0.6231	0.1701	0.53	0.6912	0.4651
0.28	0.6242	0.1792	0.54	0.6944	0.4789
0.29	0.6254	0.1883	0.55	0.7000	0.4939
0.30	0.6267	0.1981	0.56	0.7046	0.5084
0.31	0.6281	0.2077	0.57	0.7093	0.5231
0.32	0.6996	0.2175	0.58	0.7142	0.5379
0.33	0.6313	0.2275	0.59	0.7192	0.5529
0.34	0.6331	0.2377	0.60	0.7243	0.5681
0.35	0.6349	0.2480	0.61	0.7296	0.5838
0.36	0.6370	0.2585	0.62	0.7350	0.5994
0.37	0.6390	0.2671	0.63	0.7405	0.6153

续表 8

n	α	X	n	α	X
0.64	0.7463	0.6317	0.80	0.8635	0.9325
0.65	0.7522	0.6481	0.81	0.8789	0.9549
0.66	0.7583	0.6648	0.82	0.8897	0.9776
0.67	0.7645	0.6818	0.83	0.9009	1.0009
0.68	0.7709	0.6990	0.84	0.9119	1.0239
0.69	0.7774	0.7164	0.85	0.9244	1.0488
0.70	0.7841	0.7340	0.86	0.9360	1.0725
0.71	0.7905	0.7515	0.87	0.9496	1.0983
0.72	0.7977	0.7698	0.88	0.9628	1.1237
0.73	0.8052	0.7886	0.89	0.9764	1.1495
0.74	0.8131	0.8075	0.90	0.9904	1.176
0.75	0.8214	0.8273	0.91	1.0051	1.023
0.76	0.8300	0.8473	0.92	1.0198	1.299
0.77	0.8391	0.8679	0.93	1.0357	1.257
0.78	0.8486	0.8891	0.94	1.0511	1.284
0.79	0.8584	0.9106	0.95	1.0675	1.312

圆缺相对高度与圆缺截面比的关系 **表 9**

n	m	n	m	n	m	n	m
0.00	0.0000	0.07	0.0307	0.14	0.0850	0.21	0.1528
0.01	0.0011	0.08	0.0379	0.15	0.0940	0.22	0.1633
0.02	0.0047	0.09	0.0445	0.16	0.1033	0.23	0.1740
0.03	0.0086	0.10	0.0520	0.17	0.1128	0.24	0.1848
0.04	0.0133	0.11	0.0598	0.18	0.1225	0.25	0.1957
0.05	0.0186	0.12	0.0679	0.19	0.1324	0.26	0.2067
0.06	0.0244	0.13	0.0763	0.20	0.1425	0.27	0.2179

续表 9

n	m	n	m	n	m	n	m
0.28	0.2293	0.44	0.4238	0.60	0.6264	0.75	0.8043
0.29	0.2408	0.45	0.4365	0.61	0.6388	0.76	0.8152
0.30	0.2524	0.46	0.4492	0.62	0.6512	0.77	0.8260
0.31	0.2641	0.47	0.4619	0.63	0.6636	0.78	0.8367
0.32	0.2751	0.48	0.4746	0.64	0.6759	0.79	0.8472
0.33	0.2818	0.49	0.4873	0.65	0.6881	0.80	0.8575
0.34	0.2998	0.50	0.5000	0.66	0.7002	0.81	0.8676
0.35	0.3119	0.51	0.5127	0.67	0.7122	0.82	0.8775
0.36	0.3241	0.52	0.5254	0.68	0.7241	0.83	0.8872
0.37	0.3364	0.53	0.5381	0.69	0.7359	0.84	0.8967
0.38	0.3488	0.54	0.5508	0.70	0.7476	0.85	0.9060
0.39	0.3612	0.55	0.5635	0.71	0.7592	0.86	0.9150
0.40	0.3736	0.56	0.5762	0.72	0.7707	0.87	0.9237
0.41	0.3860	0.57	0.5889	0.73	0.7821	0.88	0.9321
0.42	0.3985	0.58	0.6015	0.74	0.7933	0.89	0.9402
0.43	0.4111	0.59	0.6160				

7.3.2 节流管如图 5 所示，设置在水平管段上，节流管管径可比干管管径缩小 1～3 号规格，节流管两侧大小头局部水头损失，可按表 10 的当量长度进行计算。图 5 中要求 $L_1=D_1$、$L_3=D_3$。

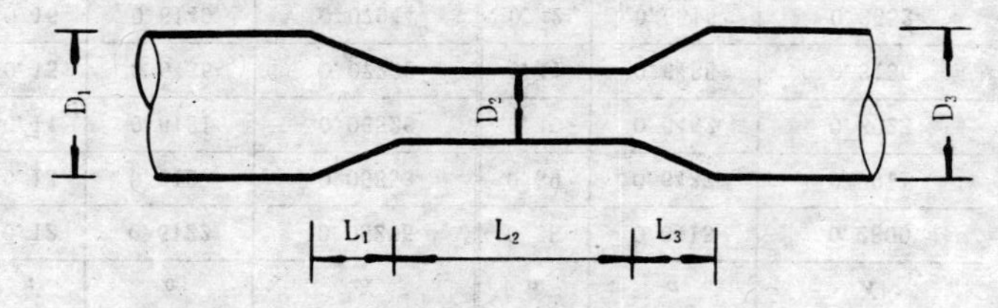

图 5　节流管示意图

节流管大小头损失当量长度表　　表 10

$D_1=D_3$ 干管(mm)	50	70	80	100	125	150	200	250
D_2 节流管(mm)	40	50	70	80	100	125	150	200
当量长度(m)	0.6	1.0	1.0	1.3	1.7	1.5	4.5	4.0
D_2 节流管(mm)	32	40	50	70	80	100	125	150
当量长度(m)	2.1	3.5	3.5	5.3	6.0	5.3	15.8	14
D_2 节流量(mm)	25	32	40	50	70	80	100	125
当量长度(m)	5.7	9.5	9.5	12.4	16.2	14.3	42.8	38

中华人民共和国国家标准

建筑内部装修设计防火规范

Code for Fire Prevention in
Design of Interior Decoration of Buildings

GB 50222—95

主编部门：中华人民共和国公安部
批准部门：中华人民共和国建设部
施行日期：1995年10月1日

关于发布国家标准《建筑内部装修设计防火规范》的通知

建标［1995］181号

根据国家计委计综合［1990］160号文的要求，由公安部会同有关部门共同编制的《建筑内部装修设计防火规范》，已经有关部门会审。现批准《建筑内部装修设计防火规范》GB 50222—95为强制性国家标准，自1995年10月1日起施行。

本规范由公安部负责管理，其具体解释等工作由中国建筑科学研究院负责，出版发行由建设部标准定额研究所负责组织。

中华人民共和国建设部
1995年3月29日

1 总　　则

1.0.1 为保障建筑内部装修的消防安全，贯彻“预防为主、防消结合”的消防工作方针，防止和减少建筑物火灾的危害，特制定本规范。

1.0.2 本规范适用于民用建筑和工业厂房的内部装修设计。本规范不适用于古建筑和木结构建筑的内部装修设计。

1.0.3 建筑内部装修设计应妥善处理装修效果和使用安全的矛盾，积极采用不燃性材料和难燃性材料，尽量避免采用在燃烧时产生大量浓烟或有毒气体的材料，做到安全适用，技术先进，经济合理。

1.0.4 本规范规定的建筑内部装修设计，在民用建筑中包括顶棚、墙面、地面、隔断的装修，以及固定家具、窗帘、帷幕、床罩、家具包布、固定饰物等；在工业厂房中包括顶棚、墙面、地面和隔断的装修。

注：(1) 隔断系指不到顶的隔断。到顶的固定隔断装修应与墙面规定相同；

(2) 柱面的装修应与墙面的规定相同。

1.0.5 建筑内部装修设计，除执行本规范的规定外，尚应符合现行的有关国家标准、规范的规定。

2 装修材料的分类和分级

2.0.1 装修材料按其使用部位和功能，可划分为顶棚装修材料、墙面装修材料、地面装修材料、隔断装修材料、固定家具、装饰织物、其他装饰材料七类。

注：(1) 装饰织物系指窗帘、帷幕、床罩、家具包布等；

(2) 其他装饰材料系指楼梯扶手、挂镜线、踢脚板、窗帘盒、暖气罩等。

2.0.2 装修材料按其燃烧性能应划分为四级，并应符合表2.0.2的规定：

装修材料燃烧性能等级　　表 2.0.2

等　级	装修材料燃烧性能
A	不燃性
B_1	难燃性
B_2	可燃性
B_3	易燃性

2.0.3 装修材料的燃烧性能等级，应按本规范附录A的规定，由专业检测机构检测确定。B_3级装修材料可不进行检测。

2.0.4 安装在钢龙骨上的纸面石膏板，可做为A级装修材料使用。

2.0.5 当胶合板表面涂覆一级饰面型防火涂料时，可做为B_1级装修材料使用。

注：饰面型防火涂料的等级应符合现行国家标准《防火涂料防火性能试验方法及分级标准》的有关规定。

2.0.6 单位重量小于300g/m²的纸质、布质壁纸，当直接粘贴在A级基材上时，可做为B_1级装修材料使用。

2.0.7 施涂于 A 级基材上的无机装饰涂料，可做为 A 级装修材料使用；施涂于 A 级基材上，湿涂覆比小于 1.5kg/m² 的有机装饰涂料，可做为 B_1 级装修材料使用。涂料施涂于 B_1、B_2 级基材上时，应将涂料连同基材一起按本规范附录 A 的规定确定其燃烧性能等级。

2.0.8 当采用不同装修材料进行分层装修时，各层装修材料的燃烧性能等级均应符合本规范的规定。复合型装修材料应由专业检测机构进行整体测试并划分其燃烧性能等级。

2.0.9 常用建筑内部装修材料燃烧性能等级划分，可按本规范附录 B 的举例确定。

3 民用建筑

3.1 一般规定

3.1.1 当顶棚或墙面表面局部采用多孔或泡沫状塑料时，其厚度不应大于 15mm，面积不得超过该房间顶棚或墙面积的 10%。

3.1.2 除地下建筑外，无窗房间的内部装修材料的燃烧性能等级，除 A 级外，应在本章规定的基础上提高一级。

3.1.3 图书室、资料室、档案室和存放文物的房间，其顶棚、墙面应采用 A 级装修材料，地面应采用不低于 B_1 级的装修材料。

3.1.4 大中型电子计算机房、中央控制室、电话总机房等放置特殊贵重设备的房间，其顶棚和墙面应采用 A 级装修材料，地面及其他装修应采用不低于 B_1 级的装修材料。

3.1.5 消防水泵房、排烟机房、固定灭火系统钢瓶间、配电室、变压器室、通风和空调机房等，其内部所有装修均应采用 A 级装修材料。

3.1.6 无自然采光楼梯间、封闭楼梯间、防烟楼梯间的顶棚、墙面和地面均应采用 A 级装修材料。

3.1.7 建筑物内设有上下层相连通的中庭、走马廊、开敞楼梯、自动扶梯时，其连通部位的顶棚、墙面应采用 A 级装修材料，其他部位应采用不低于 B_1 级的装修材料。

3.1.8 防烟分区的挡烟垂壁，其装修材料应采用 A 级装修材料。

3.1.9 建筑内部的变形缝（包括沉降缝、伸缩缝、抗震缝等）两侧的基层应采用 A 级材料，表面装修应采用不低于 B_1 级的装修材料。

3.1.10 建筑内部的配电箱不应直接安装在低于 B_1 级的装

修材料上。

3.1.11 照明灯具的高温部位，当靠近非A级装修材料时，应采取隔热、散热等防火保护措施。灯饰所用材料的燃烧性能等级不应低于B_1级。

3.1.12 公共建筑内部不宜设置采用B_3级装饰材料制成的壁挂、雕塑、模型、标本，当需要设置时，不应靠近火源或热源。

3.1.13 地上建筑的水平疏散走道和安全出口的门厅，其顶棚装饰材料应采用A级装修材料，其他部位应采用不低于B_1级的装修材料。

3.1.14 建筑内部消火栓的门不应被装饰物遮掩，消火栓门四周的装修材料颜色应与消火栓门的颜色有明显区别。

3.1.15 建筑内部装修不应遮挡消防设施和疏散指示标志及出口，并且不应妨碍消防设施和疏散走道的正常使用。

3.1.16 建筑物内的厨房，其顶棚、墙面、地面均应采用A级装修材料。

3.1.17 经常使用明火器具的餐厅、科研试验室，装修材料的燃烧性能等级，除A级外，应在本章规定的基础上提高一级。

3.2 单层、多层民用建筑

3.2.1 单层、多层民用建筑内部各部位装修材料的燃烧性能等级，不应低于表3.2.1的规定。

3.2.2 单层、多层民用建筑内面积小于$100m^2$的房间，当采用防火墙和耐火极限不低于1.2h的防火门窗与其他部位分隔时，其装修材料的燃烧性能等级可在表3.2.1的基础上降低一级。

3.2.3 当单层、多层民用建筑内装有自动灭火系统时，除顶棚外，其内部装修材料的燃烧性能等级可在表3.2.1规定的基础上降低一级；当同时装有火灾自动报警装置和自动灭火系统时，其顶棚装修材料的燃烧性能等级可在表3.2.1规定的基础上降低一级，其他装修材料的燃烧性能等级可不限制。

表3.2.1

单层、多层民用建筑内部各部位装修材料的燃烧性能等级

建筑物及场所	建筑规模、性质	装修材料燃烧性能等级							
		顶棚	墙面	地面	隔断	固定家具	装饰织物		其他装饰材料
							窗帘	帷幕	
候机楼的候机大厅、商店、餐厅、贵宾候机室、售票厅等	建筑面积>$10000m^2$的候机楼	A	A	B_1	B_1	B_1	B_1		B_1
	建筑面积≤$10000m^2$的候机楼	A	B_1	B_1	B_1	B_2	B_2		B_2
汽车站、火车站、轮船客运站的候车（船）室、餐厅、商场等	建筑面积>$10000m^2$的车站、码头	A	A	B_1	B_1	B_2	B_2		B_1
	建筑面积≤$10000m^2$的车站、码头	B_1	B_1	B_1	B_2	B_2	B_2		B_2
影院、会堂、礼堂、剧院、音乐厅	>800座位	A	A	B_1	B_1	B_1	B_1	B_1	B_1
	≤800座位	A	B_1	B_1	B_1	B_2	B_1	B_1	B_2
体育馆	>3000座位	A	A	B_1	B_1	B_1	B_1	B_1	B_2
	≤3000座位	A	B_1	B_1	B_1	B_2	B_2	B_1	B_2
商场营业厅	每层建筑面积>$3000m^2$或总建筑面积>$9000m^2$的营业厅	A	B_1	A	A	B_1	B_1		B_2
	每层建筑面积$1000\sim3000m^2$或总建筑面积为$3000\sim9000m^2$的营业厅	A	B_1	B_1	B_1	B_2	B_1		
	每层建筑面积<$1000m^2$或总建筑面积<$3000m^2$营业厅	B_1	B_1	B_1	B_2	B_2	B_2		

续表

建筑物及场所	建筑规模、性质	装修材料燃烧性能等级							
		顶棚	墙面	地面	隔断	固定家具	装饰织物：窗帘	装饰织物：帷幕	其他装饰材料
饭店、旅馆的客房及公共活动用房等	设有中央空调系统的饭店、旅馆	A	B_1	B_1	B_1	B_2	B_2		B_2
	其他饭店、旅馆	B_1	B_1	B_2	B_2	B_2	B_2		
歌舞厅、餐馆等娱乐、餐饮建筑	营业面积>100m²	A	B_1	B_1	B_1	B_2	B_1		B_2
	营业面积≤100m²	B_1	B_1	B_1	B_2	B_2	B_2		B_2
幼儿园、托儿所、医院病房楼、疗养院、养老院		A	B_1	B_1	B_1	B_2	B_1		B_2
纪念馆、展览馆、博物馆、图书馆、档案馆、资料馆等	国家级、省级	A	B_1	B_1	B_1	B_2	B_1		B_2
	省级以下	B_1	B_1	B_2	B_2	B_2	B_2		B_2
办公楼、综合楼	设有中央空调系统的办公楼、综合楼	A	B_1	B_1	B_1	B_2	B_2		B_2
	其他办公楼、综合楼	B_1	B_1	B_2	B_2	B_2			
住宅	高级住宅	B_1	B_1	B_1	B_1	B_2	B_2		B_2
	普通住宅	B_1	B_2	B_2	B_2	B_2			

3.3 高层民用建筑

3.3.1 高层民用建筑内部各部位装修材料的燃烧性能等级，不应低于表 3.3.1 的规定。

3.3.2 除 100m 以上的高层民用建筑及大于 800 座位的观众厅、会议厅，顶层餐厅外，当设有火灾自动报警装置和自动灭火系统时，除顶棚外，其内部装修材料的燃烧性能等级可在表 3.3.1 规定的基础上降低一级。

3.3.3 电视塔等特殊高层建筑的内部装修，均应采用 A 级装修材料。

3.4 地下民用建筑

3.4.1 地下民用建筑内部各部位装修材料的燃烧性能等级，不应低于表 3.4.1 的规定。

注：地下民用建筑系指单层、多层、高层民用建筑的地下部分，单独建造在地下的民用建筑以及平战结合的地下人防工程。

3.4.2 地下民用建筑的疏散走道和安全出口的门厅，其顶棚、墙面和地面的装修材料应采用 A 级装修材料。

地下民用建筑内部各部位装修材料的燃烧性能等级 表 3.4.1

建筑物及场所	装修材料燃烧性能等级						
	顶棚	墙面	地面	隔断	固定家具	装饰织物	其他装饰材料
休息室和办公室等 旅馆的客房及公共活动用房等	A	B_1	B_1	B_1	B_1	B_1	B_2
娱乐场所、旱冰场等 舞厅、展览厅等 医院的病房、医疗用房等	A	A	B_1	B_1	B_1	B_1	B_2
电影院的观众厅 商场的营业厅	A	A	A	B_1	B_1	B_1	B_2
停车库 人行通道 图书资料库、档案库	A	A	A	A	A		

高层民用建筑内部各部位装修材料的燃烧性能等级　　表 3.3.1

建筑物	建筑规模、性质	装修材料燃烧性能等级									
		顶棚	墙面	地面	隔断	固定家具	装饰织物				其他装饰材料
							窗帘	帷幕	床罩	家具包布	
高级旅馆	>800 座位的观众厅、会议厅；顶层餐厅	A	B_1	B_1	B_1	B_1	B_1	B_1		B_1	B_1
	≤800 座位的观众厅、会议厅	A	B_1	B_1	B_1	B_2	B_1	B_1		B_2	B_1
	其他部位	A	B_1	B_1	B_2	B_2	B_1	B_2	B_1	B_2	B_1
商业楼、展览楼、综合楼、商住楼、医院病房楼	一类建筑	A	B_1	B_1	B_1	B_2	B_1	B_1		B_2	B_1
	二类建筑	B_1	B_1	B_2	B_2	B_2	B_2	B_2		B_2	B_2
电信楼、财贸金融楼、邮政楼、广播电视楼、电力调度楼、防灾指挥调度楼	一类建筑	A	A	B_1	B_1	B_1	B_1	B_1		B_2	B_1
	二类建筑	B_1	B_1	B_2	B_2	B_2	B_1	B_2		B_2	B_2

续表

建筑物	建筑规模、性质	装修材料燃烧性能等级									
		顶棚	墙面	地面	隔断	固定家具	装饰织物				其他装饰材料
							窗帘	帷幕	床罩	家具包布	
教学楼、办公楼、科研楼、档案楼、图书馆	一类建筑	A	B_1	B_1	B_1	B_2	B_1	B_1		B_1	B_1
	二类建筑	B_1	B_1	B_2	B_1	B_2	B_1	B_2		B_2	B_2
住宅、普通旅馆	一类普通旅馆 高级住宅	A	B_1	B_2	B_1	B_2	B_1		B_1	B_2	B_1
	二类普通旅馆 普通住宅	B_1	B_1	B_2	B_2	B_2	B_2		B_2	B_2	B_2

注：①“顶层餐厅”包括设在高空的餐厅、观光厅等；

②建筑物的类别、规模、性质应符合国家现行标准《高层民用建筑设计防火规范》的有关规定。

3.4.3 单独建造的地下民用建筑的地上部分，其门厅、休息室、办公室等内部装修材料的燃烧性能等级可在表 3.4.1 的基础上降低一级要求。

3.4.4 地下商场、地下展览厅的售货柜台、固定货架、展览台等，应采用 A 级装修材料。

4 工业厂房

4.0.1 厂房内部各部位装修材料的燃烧性能等级，不应低于表 4.0.1 的规定。

4.0.2 当厂房的地面为架空地板时，其地面装修材料的燃烧性能等级，除 A 级外，应在本章规定的基础上提高一级。

4.0.3 计算机房、中央控制室等装有贵重机器、仪表、仪器的厂房，其顶棚和墙面应采用 A 级装修材料；地面和其他部位应采用不低于 B_1 级的装修材料。

4.0.4 厂房附设的办公室、休息室等的内部装修材料的燃烧性能等级，应符合表 4.0.1 的规定。

工业厂房内部各部位装修材料的燃烧性能等级　　表 4.0.1

工业厂房分类	建筑规模	装修材料燃烧性能等级			
		顶棚	墙面	地面	隔断
甲、乙类厂房 有明火的丁类厂房		A	A	A	A
丙类厂房	地下厂房	A	A	A	B_1
	高层厂房	A	B_1	B_1	B_2
	高度＞24m 的单层厂房 高度≤24m 的单层、多层厂房	B_1	B_1	B_2	B_2
无明火的丁类厂房 戊类厂房	地下厂房	A	A	B_1	B_1
	高层厂房	B_1	B_1	B_2	B_2
	高度＞24m 的单层厂房 高度≤24m 的单层、多层厂房	B_1	B_2	B_2	B_2

附录A　装修材料燃烧性能等级划分

A.1　试验方法

A.1.1　A级装修材料的试验方法，应符合现行国家标准《建筑材料不燃性试验方法》的规定。

A.1.2　B_1级顶棚、墙面、隔断装修材料的试验方法，应符合现行国家标准《建筑材料难燃性试验方法》的规定；B_2级顶棚、墙面、隔断装修材料的试验方法，应符合现行国家标准《建筑材料可燃性试验方法》的规定。

A.1.3　B_1级和B_2地面装修材料的试验方法，应符合现行国家标准《铺地材料临界辐射通量的测定　辐射热源法》的规定。

A.1.4　装饰织物的试验方法，应符合现行国家标准《纺织织物　阻燃性能测试　垂直法》的规定。

A.1.5　塑料装修材料的试验方法，应符合现行国家标准《塑料燃烧性能试验方法　氧指数法》、《塑料燃烧性能试验方法　垂直燃烧法》、《塑料燃烧性能试验方法　水平燃烧法》的规定。

A.2　等级的判定

A.2.1　在进行不燃性试验时，同时符合下列条件的材料，其燃烧性能等级应定为A级：

A.2.1.1　炉内平均温度不超过50℃；

A.2.1.2　试样表面平均温升不超过50℃；

A.2.1.3　试样中心平均温升不超过50℃；

A.2.1.4　试样平均持续燃烧时间不超过20s；

A.2.1.5　试样平均失重率不超过50%。

A.2.2　顶棚、墙面、隔断装修材料，经难燃性试验，同时符合下列条件，应定为B_1级：

A.2.2.1　试件燃烧的剩余长度平均值≥150mm。其中没有一个试件的燃烧剩余长度为零；

A.2.2.2　没有一组试验的平均烟气温度超过200℃；

A.2.2.3　经过可燃性试验，且能满足可燃性试验的条件。

A.2.3　顶棚、墙面、隔断装修材料，经可燃性试验，同时符合下列条件，应定为B_2级：

A.2.3.1　对下边缘无保护的试件，在底边缘点火开始后20s内，五个试件火焰尖头均未到达刻度线；

A.2.3.2　对下边缘有保护的试件，除符合以上条件外，应附加一组表面点火，点火开始后的20s内，五个试件火焰尖头均未到达刻度线。

A.2.4　地面装修材料，经辐射热源法试验，当最小辐射通量大于或等于0.45W/cm²时，应定为B_1级；当最小辐射通量大于或等于0.22W/cm²时，应定为B_2级。

A.2.5　装饰织物，经垂直法试验，并符合表A.2.5中的条件，应分别定为B_1和B_2级。

装饰织物燃烧性能等级判定　　表A.2.5

级　别	损毁长度（mm）	续燃时间（s）	阻燃时间（s）
B_1	≤150	≤5	≤5
B_2	≤200	≤15	≤10

A.2.6　塑料装饰材料，经氧指数、水平和垂直法试验，并符合表A.2.6中的条件，应分别定为B_1和B_2。

塑料燃烧性能判定　　表A.2.6

级　别	氧指数法	水平燃烧法	垂直燃烧法
B_1	≥32	1级	0级
B_2	≥27	1级	1级

A.2.7　固定家具及其他装饰材料的燃烧性能等级，其试验方法和判定条件应根据材料的材质，按本附录的有关规定确定。

附录B 常用建筑内部装修材料燃烧性能等级划分举例

表B

材料类别	级别	材料举例
各部位材料	A	花岗石、大理石、水磨石、水泥制品、混凝土制品、石膏板、石灰制品、粘土制品、玻璃、瓷砖、马赛克、钢铁、铝、铜合金等
顶棚材料	B_1	纸面石膏板、纤维石膏板、水泥刨花板、矿棉装饰吸声板、玻璃棉装饰吸声板、珍珠岩装饰吸声板、难燃胶合板、难燃中密度纤维板、岩棉装饰板、难燃木材、铝箔复合材料、难燃酚醛胶合板、铝箔玻璃钢复合材料等
墙面材料	B_1	纸面石膏板、纤维石膏板、水泥刨花板、矿棉板、玻璃棉板、珍珠岩板、难燃胶合板、难燃中密度纤维板、防火塑料装饰板、难燃双面刨花板、多彩涂料、难燃墙纸、难燃墙布、难燃仿花岗岩装饰板、氯氧镁水泥装配式墙板、难燃玻璃钢平板、PVC塑料护墙板、轻质高强复合墙板、阻燃模压木质复合板材、彩色阻燃人造板、难燃玻璃钢等
	B_2	各类天然木材、木制人造板、竹材、纸制装饰板、装饰微薄木贴面板、印刷木纹人造板、塑料贴面装饰板、聚脂装饰板、复塑装饰板、塑纤板、胶合板、塑料壁纸、无纺贴墙布、墙布、复合壁纸、天然材料壁纸、人造革等
地面材料	B_1	硬PVC塑料地板，水泥刨花板、水泥木丝板、氯丁橡胶地板等
	B_2	半硬质PVC塑料地板、PVC卷材地板、木地板氯纶地毯等
装饰织物	B_1	经阻燃处理的各类难燃织物等
	B_2	纯毛装饰布、纯麻装饰布、经阻燃处理的其他织物等
其他装饰材料	B_1	聚氯乙烯塑料，酚醛塑料，聚碳酸酯塑料、聚四氟乙烯塑料。三聚氰胺、脲醛塑料、硅树脂塑料装饰型材、经阻燃处理的各类织物等。另见顶棚材料和墙面材料内中的有关材料
	B_2	经阻燃处理的聚乙烯、聚丙烯、聚氨酯、聚苯乙烯、玻璃钢、化纤织物、木制品等

附录C 本标准用词说明

C.0.1 为便于在执行本标准条文时区别对待，对要求严格程度不同的用词说明如下：

（1）表示很严格，非这样作不可的：

正面词采用“必须”，

反面词采用“严禁”。

（2）表示严格，在正常情况均应这样作的：

正面词采用“应”，

反面词采用“不应”或“不得”。

（3）表示允许稍有选择，在条件许可时首先应这样作的：

正面词采用“宜”或“可”，

反面词采用“不宜”。

C.0.2 条文中指定应按其他有关标准，规范执行时，写法为“应符合……的规定”或“应按……执行”。

附加说明

本规范主编单位、参加单位和主要起草人名单

主编单位： 中国建筑科学研究院

参加单位： 建设部建筑设计院

北京市消防局

上海市消防局

吉林省建筑设计院

轻工业部上海轻工业设计院

主要起草人： 陈嘉桢　李引擎　孟小平

马道贞　潘　丽　黄德龄

李庆民　许志祥　蔡守仁

王仁信

中华人民共和国国家标准

建筑内部装修设计防火规范

GB 50222—95

条　文　说　明

编 制 说 明

本规范是根据国家计委计综合［1990］160号文的要求，由中国建筑科学研究院会同建设部建筑设计院、北京市消防局、上海市消防局、吉林省建筑设计院、轻工业部上海轻工业设计院等单位共同编制的。

在编制过程中，规范编制组遵照国家的有关建设工作方针、政策和“以防为主、防消结合”的消防工作方针，在总结我国建筑内部装修设计经验的基础上，根据具体的火灾教训并参考国外发达国家相关的标准与文献资料，提出了本规范的征求意见稿，广泛征求了国内有关的科研、设计单位和消防监督机构以及大专院校等方面的意见，最后经有关部门共同审查定稿。

本规范共分四章和三个附录。内容包括：总则、装修材料的分类和分级、民用建筑、工业建筑、装修材料燃烧性能等级划分、常用建筑内部装修材料燃烧性能等级划分举例等。

鉴于本规范系初次编制，希望各单位在执行过程中注意积累资料，总结经验，如发现需要修改和补充之处，请将意见和有关资料寄交中国建筑科学研究院（地址：北京安外小黄庄；邮政编码：100013），以便今后修改时参考。

目 次

1 总 则

1.0.1 本条规定了制定《建筑内部装修设计防火规范》的目的和依据。本规范的制定是为了保障建筑内部装修的消防安全，防止和减少建筑物火灾的危害。条文规定，在建筑内部装修设计中要认真贯彻“预防为主，防消结合”这一主动积极的消防工作方针，要求设计、建设和消防监督部门的人员密切配合，在装修设计中，认真、合理的使用各种装修材料，并积极采用先进的防火技术，做到“防患于未然”从积极的方面预防火灾的发生和蔓延。这对减少火灾损失，保障人民生命财产安全，保卫四化建设的顺利进行，具有极其重要的意义。

本规范是依照现行的国家标准《建筑设计防火规范》GBJ16（以下简称《建规》）、《高层民用建筑设计防火规范》GBJ45（以下简称《高规》）、《人民防空工程设计防火规范》GBJ98 等的有关规定和对近年来我国新建的中、高档饭店、宾馆、影剧院、体育馆、综合性大楼等实际情况进行调查总结，结合建筑内部装修设计的特点和要求，并参考了一些先进国家有关建筑物设计防火规范中对内装修防火要求的内容，结合国情而编制的。

1.0.2 本条规定了规范的适用范围和不适用范围。

本规范适用于民用建筑和工业厂房的内部装修设计。

随着人民生活水平的提高，室内装修发展很快，其中住宅量大面广，装修水平相差甚远；其中一部分住宅的装修是由专业装修单位设计和施工完成的。为了保障居民的生命财产安全，凡由专业装修单位设计和施工的室内装修，均应执行本规范。

1.0.3 根据中国消防协会编辑出版的《火灾案例分析》，许多火灾都是起因于装修材料的燃烧，有的是烟头点燃了床上织物；有的是窗帘、帷幕着火后引起了火灾；还有的是由于吊顶、隔断采用木制品，着火后很快就被烧穿。因此，要求正确处理装修效果和使用安全的矛盾，积极选用不燃材料和难燃材料，做到安全适用、技术先进、经济合理。

近年来，建筑火灾中由于烟雾和毒气致死的人数迅速增加。如英国在 1956 年死于烟毒窒息的人数占火灾死亡总数的 20%，1966 年上升为 40%，至 1976 年则高达 50%。日本“千日”百货大楼火灾死亡 118 人，其中因烟毒致死的为 93 人，占死亡人数的 78.8%。1986 年 4 月天津市某居民楼火灾中，有 4 户 13 人全部遇难。其实大火并没有烧到他们的家，甚至其中一户门外 2m 处放置的一只满装的石油气瓶，事后仍安然无恙。夺去这 13 条生命的不是火，而是烟雾和毒气。

1993 年 2 月 14 日河北省唐山市某商场发生特大火灾，死亡的 80 人全部都是因有毒气体窒息而死。

人们逐渐认识到火灾中烟雾和毒气的危害性，有关部门已进行了一些模拟试验的研究，在火灾中产生烟雾和毒气的室内装修材料主要是有机高分子材料和木材。常见的有毒有害气体包括一氧化碳、二氧化碳，二氧化硫、硫化氢、氯化氢、氰化氢、光气等。由于内部装修材料品种繁多，它们燃烧时产生的烟雾毒气数量种类各不相同，目前要对烟密度、能见度和毒性进行定量控制还有一定的困难，但随着社会各方面工作的进一步开展，此问题会得到很好的解决。为了从现在起就引起设计人员和消防监督部门对烟雾毒气危害的重视，在此条中对产生大量浓烟或有毒气体的内部装修材料提出尽量“避免使用”这一基本原则。

1.0.4 本条规定了内部装修设计涉及的范围，包括装修部位及使用的装修材料与制品。顶棚、墙面、地面、隔断等的装修部位是最基本的部位；窗帘、帷幕、床罩、家具包布均属于装饰织物，容易引起火灾；固定家具一般系指大型、笨重的家具。它们或是与建筑结构永久地固定在一起，或是因其大、重而轻易不被改变位置。例如壁橱、酒吧台、陈列柜、大型货架、档案柜等。

目前工业厂房中的内装修量相对较小且装修的内容也相对比

较简单，所以在本规范中，对工业厂房仅对顶棚、墙面、地面和隔断提出了装修要求。

1.0.5 建筑内部装修设计是建筑设计工作中的一部分，各类建筑物首先应符合有关设计防火规范规定的防火要求，内部装修设计防火要求应与之相配合。同时，由于建筑内部装修设计涉及的范围较广，有些本规范不能全部包括进来。故规定除执行本规范的规定外，尚应符合现行的有关国家设计标准、规范的要求。

2 装修材料的分类和分级

2.0.1 建筑用途、场所、部位不同，所使用装修材料的火灾危险性不同，对装修材料的燃烧性能要求也不同。为了便于对材料的燃烧性能进行测试和分级，安全合理地根据建筑的规模、用途、场所、部位等规定去选用装修材料，按照装修材料在内部装修中的部位和功能将装修材料分为七类。

2.0.2 按现行国家标准《建筑材料燃烧性能分级方法》，将内部装修材料的燃烧性能分为四级。以利于装修材料的检测和本规范的实施。

2.0.3 选定材料的燃烧性能测试方法和建立材料燃烧性能分级标准，是编制有关设计防火规范性能指数的依据和基础。建筑内部装修材料种类繁多，各类材料的测试方法和分级标准也不尽相同，有些只有测试方法标准而没有制定燃烧性能等级标准，有些测试方法还未形成国家标准或测试方法不完善、不系统。鉴于我国目前已颁布的建筑材料和其他材料燃烧性能测试方法标准和分级标准，本着尽可能选用已有标准的原则，同时参考国外的一些标准，为了简便、明了、统一、合理，根据材料的分类，在附录 A 中规定了相应的测试方法，并分别根据各类材料测试的结果，将材料划分为相应的燃烧性能等级。

任何两种测试方法之间获得的结果很难取得完全一致地对应关系。本规范划分的材料燃烧性能等级虽然代号相同，但测试方法是按材料类别分别规定的，不同的测试方法获得的燃烧性能等级之间不存在完全对应的关系，因此应按材料的分类规定的测试方法由专业检测机构进行检测和确认燃烧性能等级。

2.0.4 纸面石膏板按我国现行建材防火检测方法检测，不能列入 A 级材料。但是如果认定它只能作为 B_1 级材料，则又有些不尽合理，尚且目前还没有更好的材料可替代它。

考虑到纸面石膏板用量极大这一客观实际，以及建筑设计防火规范中，认定贴在钢龙骨上的纸面石膏板为非燃材料这一事实，特规定如纸面石膏板安装在钢龙骨上，可将其做为A级材料使用。

2.0.5 在装修工程中，胶合板的用量很大，根据国家防火建筑材料质量监督检测中心提供的数据，涂刷一级饰面型防火涂料的胶合板能达到B_1级。为了便于使用，避免重复检测，特制定本条。

2.0.6 纸质、布质壁纸的材质主要是纸和布，这类材料热分解产生的可燃气体少、发烟小。尤其是被直接粘贴在A级基材上且质量≤300g/m²时，在试验过程中，几乎不出现火焰蔓延的现象，为此确定这类直接贴在A级基材上的壁纸可作为B_1级装修材料来使用。

2.0.7 涂料在室内装修中量大面广，一般室内涂料涂覆比小，涂料中的颜料、填料多，火灾危险性不大。法国规范中规定，油漆或有机涂料的湿涂覆比在0.5～1.5kg/m²之间，施涂于不燃烧性基材上时可划为难燃性材料。一般室内涂料湿涂覆比不会超过1.5kg/m²，故规定施涂于不燃性基材上的有机涂料均可做为B_1级材料。

2.0.8 当采用不同装修材料分几层装修同一部位时，各层的装修材料只有贴在等于或高于其耐燃等级的材料上，这些装修材料燃烧性能等级的确认才是有效的。但有时会出现一些特殊的情况，如一些隔音、保温材料与其他不燃、难燃材料复合形成一个整体的复合材料时，对此不宜简单地认定这种组合做法的耐燃等级，应进行整体的试验，合理验证。

3 民用建筑

3.1 一般规定

3.1.1 规定此条的理由是为了减少火灾中的烟雾和毒气危害。多孔和泡沫塑料比较易燃烧，而且燃烧时产生的烟气对人体危害较大。但在实际工程中，有时因功能需要，必须在顶棚和墙的表面，局部采用一些多孔或泡沫塑料，对此特从使用面积和厚度两方面加以限制。在规定面积和厚度时，参考了美国的NFPA—101《生命安全规程》。

需要说明两点：

（1）多孔或泡沫状塑料用于顶棚表面时，不得超过该房间顶棚面积的10%；用于墙表面时，不得超过该房间墙面积的10%。不应把顶棚和墙面合在一起计算。

（2）本条所说面积指展开面积，墙面面积包括门窗面积。

3.1.2 无窗房间发生火灾时有几个特点：(1) 火灾初起阶段不易被发觉，发现起火时，火势往往已经较大。(2) 室内的烟雾和毒气不能及时排出。(3) 消防人员进行火情侦察和施救比较困难。因此，将无窗房间室内装修的要求提高一级。

3.1.3 本条专门针对各类建筑中用于存放图书、资料和文物的房间。图书、资料、档案等本身为易燃物，一旦发生火灾，火势发展迅速。有些图书、资料、档案文物的保存价值很高，一旦被焚，不可重得，损失更大。故要求顶棚、墙面均使用A级材料装修，地面应使用不低于B_1级的材料装修。

3.1.4 本条“特殊贵重”一词沿用《建规》3.2.2条的提法，其含义见该说明。此类设备或本身价格昂贵，或影响面大，失火后会造成重大损失。有些设备不仅怕火，也怕高温和水渍，既使火势不大，也会造成很大的经济损失。如1985年5月某大学微电子研究所火灾，烧毁IBM计算机22台，苹果计算机60台，红宝石激光器一台，直接经济损失58万余元。此外还烧毁大量资料，使多年的研究成果毁于一旦。

3.1.5 本条主要考虑建筑物内各类动力设备用房。这些设备的正常运转，对火灾的监控和扑救是非常重要的，故要求全部使用A级材料装修。

3.1.6 本条主要考虑建筑物内纵向疏散通道在火灾中的安全。火灾发生时，各楼层人员都需要经过纵向疏散通道。尤其是高层建筑，如果纵向通道被火封住，对受灾人员的逃生和消防人员的救援都极为不利。另外对高层建筑的楼梯间，一般无美观装修的要求。

3.1.7 本条主要考虑建筑物内上下层相连通部位的装修。这些部位空间高度很大，有的上下贯通几层甚至十几层。万一发生火灾时，能起到烟囱一样的作用，使火势无阻挡地向上蔓延，很快充满整幢建筑物，给人员疏散造成很大困难。

3.1.8 挡烟垂壁的作用是减慢烟气扩散的速度，提高防烟分区排烟口的吸烟效果。发生火灾时，烟气的温度可以高达200℃以上，如与可燃材料接触，会生成更多的烟气甚至引起燃烧。为保证挡烟垂壁在火灾中起到应有的作用，特规定本条。

3.1.9 规定本条的理由与3.1.7条相同。变形缝上下贯通整个建筑物，嵌缝材料也具有一定的燃烧性，为防止火势纵向蔓延，要求变形缝两侧的基层使用A级材料，表面允许使用B_1级材料。这主要是考虑到墙面装修的整体效果，如要求全部用A级材料有时难以做到。

3.1.10 进入80年代以来，由电气设备引发的火灾占各类火灾的比例日趋上升。1976年电气火灾仅占全国火灾总次数的4.9%；1980年为7.3%；1985年为14.9%；到1988年上升到38.6%。电气火灾日益严重的原因是多方面的：(1)电线陈旧老化；(2)违反用电安全规定；(3)电器设计或安装不当；(4)家用电器设备大幅度增加。另外，由于室内装修采用的可燃材料越来越多，增加了电气设备引发火灾的危险性。为防止配电箱产生的火花或高温熔珠引燃周围的可燃物和避免箱体传热引燃墙面装修材料，规定其不应直接安装在低于B_1级的装修材料上。

3.1.11 由照明灯具引发火灾的案例很多。如1985年5月某研究所微波暗室发生火灾。该暗室的内墙和顶棚均贴有一层可燃的吸波材料，由于长期与照明用的白炽灯泡相接触，引起吸波材料过热，阴燃起火。又如1986年10月某市塑料工业公司经营部发生火灾。其主要原因是日光灯的镇流器长时间通电过热，引燃四周紧靠的可燃物，并延烧到胶合板木龙骨的顶棚。

本条没有具体规定高温部位与非A级装修材料之间的距离。因为各种照明灯具在使用时散发出的热量大小、连续工作时间的长短，装修材料的燃烧性能，以及不同防火保护措施的效果，都各不相同，难以做出具体的规定。可由设计人员本着“保障安全、经济合理、美观实用”的原则根据具体情况采取措施。由于室内装修逐渐向高档化发展，各种类型的灯具应运而生，灯饰更是花样繁多。制作灯饰的材料包括金属、玻璃等不燃材料，但更多的是硬质塑料、塑料薄膜、棉织品、丝织品、竹木、纸类等可燃材料。灯饰往往靠近热源，故对B_2级和B_3级材料加以限制。如果由于装饰效果的要求必须使用B_2、B_3级材料，应进行阻燃处理使其达到B_1级。

3.1.12 在公共建筑中，经常将壁挂、雕塑、模型、标本等作为内装修设计的内容之一。为了避免这些饰物引发的火灾，特制定本条。

3.1.13 建筑物各层的水平疏散走道和安全出口门厅是火灾中人员逃生的主要通道，因而对装修材料的燃烧性能要求较高。

3.1.14 建筑内部设置的消火栓门一般都设在比较显眼的位置，颜色也比较醒目。但有的单位单纯追求装修效果，把消火栓门罩在木柜里面；还有的单位把消火栓门装修得几乎与墙面一样，不到近处看不出来。这些做法给消火栓的及时取用造成了障碍。为了充分发挥消火栓在火灾扑救中的作用，特制定本条规定。

3.1.15 建筑物内部消防设施是根据国家现行有关规范的要求设计安装的，平时应加强维修管理，以便一旦需要使用时，操作起来迅速、安全、可靠。但是，有些单位为了追求装修效果，擅自改变消防设施的位置。还有的任意增加隔墙，影响了消防设施的有效保护范围。进行室内装修设计时要保证疏散指示标志和安全出口易于辨认，以免人员在紧急情况下发生疑问和误解。例如，疏散走道和安全出口附近应避免采用镜面玻璃、壁画等进行装饰。为保证消防设施和疏散指示标志的使用功能，特制定本条规定。

3.1.16 厨房内火源较多，对装修材料的燃烧性能应严格要求。一般来说，厨房的装修以易于清洗为主要目的，多采用瓷砖、石材、涂料等材料，对本条的要求是可以做到的。

3.1.17 随着我国旅游业的发展，各地兴建了许多高档宾馆和风味餐馆。有的餐馆经营各式火锅，有的风味餐馆使用带有燃气灶的流动餐车。宾馆、餐馆人员流动大，管理不便，使用明火增加了引发火灾的危险性，因而在室内装修材料上比同类建筑物的要求高一级。

3.2 单层、多层民用建筑

3.2.1 表 3.2.1 中给出的装修材料燃烧性能等级是允许使用材料的基准级制。

根据建筑面积将候机楼划为两大类，以 10000m² 为界线。候机楼的主要部位是候机大厅、商店、餐厅、贵宾候机室等。第一类性质所要求的装修材料燃烧性能等级为第一档。第二类性质所要求的装修材料燃烧性能等级为第二档。

汽车站、火车站和轮船码头这类建筑数量较多，本规范根据其规模大小分为两类。由于汽车站、火车站和轮船码头有相同的功能，所以把它列为同一类别。

建筑面积大于 10000m² 的，一般指大城市的车站、码头，如上海站、北京站、上海十六铺码头等。

建筑面积等于和小于 10000m² 的，一般指中、小城市及县城的车站、码头。

上述两类建筑物基本上按装修材料燃烧性能两个等级要求作出规定。

影院、会堂、礼堂、剧院、音乐厅，属人员密集场所，内装修要求相对较高，随着人民生活水平不断提高，影剧院的功能也逐步增加，如深圳大剧院就是一个多功能的剧院，其规模为亚洲第一，舞台面积近 3000m²。影剧院火灾危险性大，如上海某剧院在演出时因碘钨灯距幕布太近，引燃成火灾。另一电影院因吊顶内电线短路打出火花引燃可燃吊顶起火。

根据这些建筑物的座位数将它们分为两类。考虑到这类建筑物的窗帘和幕布火灾危险性较大，均要求采用 B_1 级材料的窗帘和幕布，比其他建筑物要求略高一些。

体育馆亦属人员密集场所，根据规模将其划分为两类。

百货商场的主要部位是营业厅，该部位货物集中，人员密集，且人员流动性大。全国各类百货商场数不胜数，百货商场三个类别的划分也是参照《建规》。

上海 90 年曾发生某百货商场火灾事故，该商场建筑面积为 14000m²，电器火灾引燃了大量商品，损失达数百万元。顶棚是个重要部位，故要求选用 A 级和 B_1 级材料。

国内多层饭店、旅馆数量大，情况比较复杂，这里将其划为两类。设有中央空调系统的一般装修要求高、危险性大。旅馆部位较多，这里主要指两个部分，即客房、公共场所。

歌舞厅、餐馆等娱乐、餐饮建筑，虽然一般建筑面积并不是很大，但因它们一般处于繁华的市区临街地段，且内容人员的密度较大，情况比较复杂，加之设有明火操作间和很强的灯光设备，因此引发火灾的危险概率高，火灾造成的后果严重，故对它们提出了较高的要求。

幼儿园、托儿所为儿童用房，儿童尚缺乏独立疏散能力；医院、疗养院、养老院一般为病人、老年人居住，疏散能力亦很差，因此，须提高装修材料的燃烧性能等级。考虑到这些场所高档装修少，一般顶棚、墙面和地面都能达到规范要求，故特别着重提高窗帘等织物的燃烧性能等级。对窗帘等织物有较高的要求，这是此类建筑的重点所在。

将纪念馆、展览馆等建筑物按其重要性划分为两类。国家级和省级的建筑物装修材料燃烧性能等级要求较高，其余的要求低一些。

对办公楼和综合楼的要求基本上与饭店、旅馆相同。

3.2.2 本条主要考虑到一些建筑物大部分房间的装修材料均可满足规范的要求，而在某一局部或某一房间因特殊要求，要采用的可燃装修不能满足规定，并且该部位又无法设立自动报警和自动灭火系统时，所做的适当放宽要求。但必须控制面积不得超过100m²，并采用防火墙，防火门窗与其他部位隔开，既使发生火灾，也不至于波及到其他部位。

3.2.3 考虑到一些建筑物标准较高，要采用较多的可燃材料进行装修，但又不符合本规范表3.2.1中的要求，这就必须从加强消防措施着手，给设计部门，建设单位一些余地，也是一种弥补措施。美国标准NFPA101《人身安全规范》中规定，如采取自动灭火措施，所用装修材料的燃烧性能等级可降低一级。日本《建筑基准法》有关规定，“如采取水喷淋等自动灭火措施和排烟措施，内装修材料可不限”。本条是参照上述二国规定制定的。

3.3 高层民用建筑

3.3.1 表中建筑物类别、场所及建筑规模是根据《高规》有关内容结合室内设计情况划分的。

对高级旅馆的其他部位定为同一的装修要求，而对其中内含的观众厅、会议厅、顶层餐厅等又按照座位的数量划分成两类。这都是基于《高规》对此类房间、场所的限制规定的。其中将顶层餐厅同时加以限制，虽性质有不同，但因部位特殊，也划为同一等级。

综合楼是《高规》中的概念，即除内部设有旅馆以外的综合楼。商业楼，展览楼，综合楼，商住楼具有相同的功能，在《高规》中同以面积概念提出，故划作一类。

电信、财贸、金融等建筑均为国家和地方政府政治经济要害部门，以其重要特性划为一类。

教学、办公等建筑其内部功能相近，均属国家重要文化、科技、资料、档案等范畴，装修材料的燃烧性能等级可取得一致。

普通旅馆和住宅，使用功能相近，参照《高规》对普通旅馆的划分，将其分为两类。

3.3.2 100m以上的高层建筑与高层建筑内大于800座的观众厅、会议厅、顶层餐厅均属特殊范围。观众厅等不仅人员密集，采光条件也较差，万一发生火灾，人员伤亡会比较严重，对人的心理影响也要超过物质因素，所以在任何条件下都不应降低内装修材料的燃烧性能等级。

3.3.3 电视塔等特殊高耸建筑物，其建筑高度越来越大，且允许公众在高空中观赏和进餐。由于建筑型式所限，人员在危险情况下的疏散十分困难，所以特对此类建筑做出十分严格的要求。

3.4 地下民用建筑

3.4.1 本条结合地下民用建筑的特点，按建筑类别、场所和装修部位分别规定了装修材料的燃烧性能等级。人员比较密集的商场营业厅、电影院观众厅，以及各类库房选用装修材料燃烧性能等级应严，旅馆客房、医院病房，以及各类建筑的办公室等房间使用面积较小且经常有管理人员值班，选用装修材料燃烧性能等级可稍宽。

装修部位不同，如顶棚，墙面，地面等，火灾危险性也不同，因而分别对装修材料燃烧性能等级提出不同要求。表中娱乐场是指建在地下的体育及娱乐建筑，如篮球、排球、乒乓球、武术、体操、棋类等的比赛练习场馆。餐馆是指餐馆餐厅、食堂餐厅等地下饮食建筑。

本条的注解说明了地下民用建筑的范围。地下民用建筑也包括半地下民用建筑，半地下民用建筑的定义按有关防火规范执行。

3.4.2 本条特别提出公共疏散走道各部位装修材料的燃烧性能等级要求，是由于地下民用建筑的火灾特点及疏散走道部位在火灾疏散时的重要性决定的。

3.4.3 本条是指单独建造的地下民用建筑的地上部分。单层、多层民用建筑地上部分的装修材料燃烧性能等级在本规范3.2中已有明确规定。单独建造的地下民用建筑的地上部分，相对使用面积小且建在地上，火灾危险性和疏散扑救比地下建筑部分容易，故本条可按3.4.2条有关规定降低一级。

4 工业厂房

4.0.1 在对工业厂房进行分类时，主要参考了《建规》第三章，该规范第3.1.1条根据生产的火灾危险性特征将厂房分为甲、乙、丙、丁、戊五类。我们根据厂房内部装修的特点将甲类、乙类及有明火的丁类厂房归入序号1，将丙类厂房归入序号2，把无明火的丁类厂房和戊类厂房归入序号3。

4.0.2 从火灾的发展过程考虑，一般来说，对顶棚的防火性能要求最高，其次是墙面，地面要求最低。但如果地面为架空地板时，情况有所不同，万一失火，沿架空地板蔓延较快，受到的损失也大。故要求其地面装修材料的燃烧性能提高一级。

4.0.3 本条“贵重”一词是指：

一、设备价格昂贵，火灾损失大。

二、影响工厂或地区生产全局的关键设施，如发电厂、化工厂的中心控制设备等。

4.0.4 本条规定有两层意思，一是不要因办公室、休息室的装修失火而波及厂房；二是为了保障办公室，休息室内人员的生命安全。所以要求厂房附设的办公室、休息室等的内装修材料的燃烧性能等级，应与厂房的要求相同。

附录A　装修材料燃烧性能等级划分

不论材料属于哪一类，只要符合不燃性试验方法规定的条件，均定为A级材料。

对顶棚、墙面、隔断等材料按现行的有关建筑材料燃烧性能国家标准进行测试和分级。一般情况应将饰面层连同基材一并制取试样进行试验，以作出整体综合评价。

我国目前尚未制订地面材料的燃烧性能分级标准，但测试方法基本上与ASTME648—78标准，ISO/DISN114等标准相同，德国规定最小临界辐射通量≥0.45W/cm² 的地面材料才可应用，美国则规定了两级，即最小辐射通量≥0.22W/cm²。本规范参照美国的分级对地面材料燃烧性能进行分级。

我国已制订了一些有关纺织物燃烧性能测试的国家标准，经过调研和对比试验分析，对室内装饰织物采用垂直测试比较合理，由于国内尚未制订织物的燃烧性能分级标准，在参考国外资料和其他行业（如HB5875—85《民用飞机机舱内部非金属材料阻燃要求和试验方法》）的有关规定。规定了这类材料的燃烧性能分级指标。

室内装饰织物是指窗帘、幕布、床罩、沙发罩等物品。对墙上贴的织物类不属于此类，对其应按墙面材料的方法进行测试和分级。

其他装饰材料和固定家具应按材质分别进行测试。塑料按目前国内常用的三个塑料燃烧测试标准综合考虑，织物按织物的测试方法测试和分级，其他材质的材料按GB8625—88或GB6826—88方法测试。对这一类装饰制品，一般难以从制品上截取试样达到有关的制样要求，应设法按与制品相同的材料制样进行测试。

中华人民共和国国家标准

《建筑内部装修设计防火规范》

GB50222—95

1999年局部修订条文

工程建设标准局部修订公告

第 22 号

国家标准《建筑内部装修设计防火规范》GB50222—95由中国建筑科学研究院会同有关单位进行了局部修订，已经有关部门会审，现批准局部修订的条文，自一九九九年六月一日起施行，该规范中相应条文的规定同时废止。

中华人民共和国建设部

1999 年 4 月 13 日

第 1.0.4 条 本规范规定的建筑内部装修设计，在民用建筑中包括顶棚、墙面、地面、隔断的装修，以及固定家具、窗帘、帷幕、床罩、家具包布、固定饰物等；在工业厂房中包括顶棚、墙面、地面和隔断的装修。

注：(1) 隔断系指不到顶的隔断，到顶的固定隔断装修应与墙面规定相同。

(2) 柱面的装修应与墙面的规定相同。

(3) 兼有空间分隔功能的到顶橱柜应认定为固定家具。

【说明】 本条规定了内部装修设计涉及的范围，包括装修部位及使用的装修材料与制品。顶棚、墙面、地面、隔断等的装修部位是最基本的部位；窗帘、帷幕、床罩、家具包布均属于装饰织物，容易引起火灾；固定家具一般系指大型、笨重的家具。它们或是与建筑结构永久地固定在一起，或是因其大、重而轻易不被改变位置。例如壁橱、酒吧台、陈列柜、大型货架、档案柜、有空间分隔功能的到顶柜橱等。

目前工业厂房中的内装修量相对较小且装修的内容也相对比较简单，所以在本规范中，对工业厂房仅对顶棚、墙面、地面和隔断提出了装修要求。

第 2.0.4 条 安装在钢龙骨上燃烧性能达到 B_1 级的纸面石膏板、矿棉吸声板，可作为 A 级装修材料使用。

【说明】 纸面石膏板、矿棉吸声板按我国现行建材防火检测方法检测，大部分不能列入 A 级材料。但是如果认定它们只能作为 B_1 级材料，则又有些不尽合理，尚且目前还没有更好的材料可替代它。考虑到纸面石膏板、矿棉吸声板用量极大这一客观实际，以及建筑设计防火规范中，认定贴在钢龙骨上的纸面石膏板为非燃材料这一事实，特规定如纸面石膏板、矿棉吸声板安装在钢龙骨上，可将其作为 A 级材料使用。但矿棉装饰吸声板的燃烧性能与粘结剂有关，只有达到 B_1 级时才可执行本条。

[注] 局部修订条文中标有黑线的部分为修订的内容，以下同。

第 2.0.5 条 当胶合板表面涂覆一级饰面型防火涂料时，可作为 B_1 级装修材料使用。当胶合板用于顶棚和墙面装修并且不内含电器、电线等物体时，宜仅在胶合板外表面涂覆防火涂料；当胶合板用于顶棚和墙面装修并且内含有电器、电线等物体时，胶合板的内、外表面以及相应的木龙骨应涂覆防火涂料，或采用阻燃浸渍处理达到 B_1 级。

【说明】 在装修工程中，胶合板的用量很大，根据国家防火建筑材料质量监督检测中心提供的数据，涂刷一级饰面型防火涂料的胶合板能达到 B_1 级。为了便于使用，避免重复检测，特制定本条。但应根据实际工程情况采用单面涂刷或双面涂刷防火涂料。条文中的电线包括穿管和不穿管等情况。

第 3.1.1 条 当顶棚或墙面表面局部采用多孔或泡沫状塑料时，其厚度不应大于 15mm，且面积不得超过该房间顶棚或墙面积的 10%。

【说明】 规定此条的理由是为了减少火灾中的烟雾和毒气危害。多孔和泡沫塑料比较易燃烧，而且燃烧时产生的烟气对人体危害较大。但在实际工程中，有时因功能需要，必须在顶棚和墙的表面，局部采用一些多孔或泡沫塑料，对此特从使用面积和厚度两方面加以限制。在规定面积和厚度时，参考了美国的 NFPA-101《生命安全规程》。

需要说明三点：

(1) 多孔或泡沫状塑料用于顶棚表面时，不得超过该房间顶棚面积的 10%；用于墙表面时，不得超过该房间墙面积的 10%。不应把顶棚和墙面合在一起计算。

(2) 本条所说面积指展开面积，墙面面积包括门窗面积。

(3) 本条是指局部采用多孔或泡沫塑料装修，这不同于墙面或吊顶的“软包”装修情况。

第 3.1.6 条 无自然采光楼梯间、封闭楼梯间、防烟楼梯间及其前室的顶棚，墙面和地面均应采用 A 级装修材料。

【说明】 本条主要考虑建筑物内纵向疏散通道在火灾中的安全。火灾发生时，各楼层人员都需要经过纵向疏散通道。尤其是高层建筑，如果纵向通道被火封住，对受灾人员的逃生和消防人员的救援都极为不利。另外对高层建筑的楼梯间，一般无美观装修的要求。

第 3.1.15 条 建筑内部装修不应遮挡消防设施、疏散指示标志及安全出口，并且不应妨碍消防设施和疏散走道的正常使用。因特殊要求做改动时，应符合国家有关消防规范和法规的规定。

【说明】 建筑物内部消防设施是根据国家现行有关规范的要求设计安装的，平时应加强维修管理，一旦需要使用时，操作起来迅速、安全、可靠。但是，有些单位为了追求装修效果，擅自改变消防设施的位置。还有的任意增加隔墙，影响了消防设施的有效保护范围。进行室内装修设计时要保证疏散指示标志和安全出口易于辨认，以免人员在紧急情况下发生疑问和误解。例如，疏散走道和安全出口附近应避免采用镜面玻璃、壁画等进行装饰。为保证消防设施和疏散指示标志的使用功能，特制定本条规定。

第 3.2.1 条 单层、多层民用建筑内部各部位装修材料的燃烧性能等级，不应低于表 3.2.1 的规定。

【说明】 表 3.2.1 中给出的装修材料燃烧性能等级是允许使用材料的基准级制。

根据建筑面积将候机楼划为两大类，以 $10000m^2$ 为界线。候机楼的主要部位是候机大厅、商店、餐厅、贵宾候机室等。第一类性质所要求的装修材料燃烧性能等级为第一档。第二类性质所要求的装修材料燃烧性能等级为第二档。

汽车站、火车站和轮船码头这类建筑数量较多，本规范根据其规模大小分为两类。由于汽车站、火车站和轮船码头有相同的功能，所以把它列为同一类别。

建筑面积大于 $10000m^2$ 的，一般指在城市的车站、码头，如上海站、北京站、上海十六铺码头等。

建筑面积等于和小于 10000m² 的，一般指中、小城市及县城的车站、码头。

上述两类建筑物基本上按装修材料燃烧性能两个等级要求作出规定。

影院、会堂、礼堂、剧院、音乐厅属人员密集场所，内装修要求相对较高，随着人民生活水平不断提高，影剧院的功能也逐步增加，如深圳大剧院就是一个多功能的剧院，其规模为亚洲第一，舞台面积近 3000m²。影剧院火灾危险性大，如上海某剧院在演出时因碘钨灯距幕布太近，引燃成火灾。另一电影院因吊顶内电线短路打出火花引燃可燃吊顶起火。

根据这些建筑物的座位数将它们分为两类。考虑到这类建筑物的窗帘和幕布火灾危险性较大，均要求采用 B_1 级材料的窗帘和幕布，比其他建筑物要求略高一些。

体育馆亦属人员密集场所，根据规模将其划分为两类。

百货商场的主要部位是营业厅，该部位货物集中，人员密集，且人员流动性大。全国各类百货商场数不胜数，百货商场三个类别的划分也是参照《建规》。

上海 90 年曾发生某百货商场火灾事故，该商场建筑面积为 14000m²，电器火灾引燃了大量商品，损失达数百万元。顶棚是个重要部位，故要求选用 A 级和 B_1 级材料。

单层、多层民用建筑内部各部位装修材料的燃烧性能等级 表 3.2.1

建筑物及场所	建筑规模、性质	装修材料燃烧性能等级							
		顶棚	墙面	地面	隔断	固定家具	装饰织物		其他装饰材料
							窗帘	帷幕	
候机楼的候机大厅、商店、餐厅、贵宾候机室、售票厅等	建筑面积>10000m² 的候机楼	A	A	B_1	B_1	B_1	B_1		B_1
	建筑面积≤10000m² 的候机楼	A	B_1	B_1	B_1	B_2	B_2		B_2
汽车站、火车站、轮船客运站的候车（船）室、餐厅，商场等	建筑面积>10000m² 的车站、码头	A	A	B_1	B_1	B_2	B_2		B_2
	建筑面积≤10000m² 的车站、码头	B_1	B_1	B_1	B_2	B_2	B_2		B_2
影院、会堂、礼堂、剧院、音乐厅	>800 座位	A	A	B_1	B_1	B_1	B_1	B_1	B_1
	≤800 座位	A	B_1	B_1	B_1	B_2	B_1	B_1	B_2
体育馆	>3000 座位	A	A	B_1	B_1	B_1	B_1	B_1	B_2
	≤3000 座位	A	B_1	B_1	B_1	B_2	B_2	B_1	B_2
商场营业厅	每层建筑面积>3000m² 或总建筑面积>9000m² 的营业厅	A	B_1	A	A	B_1	B_1		B_2
	每层建筑面积 1000～3000m² 或总建筑面积为 3000～9000m² 的营业厅	A	B_1	B_1	B_1	B_2	B_1		
	每层建筑面积<1000m² 或总建筑面积<3000m² 营业厅	B_1	B_1	B_1	B_2	B_2	B_2		

续表

建筑物及场所	建筑规模、性质	装修材料燃烧性能等级							
		顶棚	墙面	地面	隔断	固定家具	装饰织物		其他装饰材料
							窗帘	帷幕	
饭店、旅馆的客房及公共活动用房等	设有中央空调系统的饭店、旅馆	A	B_1	B_1	B_1	B_2	B_2		B_2
	其他饭店、旅馆	B_1	B_1	B_2	B_2	B_2	B_2		
歌舞厅、餐馆等娱乐、餐饮建筑	营业面积＞100m²	A	B_1	B_1	B_1	B_2	B_1		B_2
	营业面积≤100m²	B_1	B_1	B_1	B_2	B_2	B_2		B_2
幼儿园、托儿所、中、小学、医院病房楼、疗养院、养老院		A	B_1	B_2	B_1	B_2	B_1		B_2
纪念馆、展览馆、博物馆、图书馆、档案馆、资料馆等	国家级、省级	A	B_1	B_1	B_1	B_2	B_1		B_2
	省级以下	B_1	B_1	B_2	B_2	B_2	B_2		B_2
办公楼、综合楼	设有中央空调系统的办公楼、综合楼	A	B_1	B_1	B_1	B_2	B_2		B_2
	其他办公楼、综合楼	B_1	B_1	B_2	B_2	B_2			
住宅	高级住宅	B_1	B_1	B_1	B_1	B_2	B_2		B_2
	普通住宅	B_1	B_2	B_2	B_2	B_2			

国内多层饭店、旅馆数量大，情况比较复杂，这里将其划为两类。设有中央空调系统的一般装修要求高、危险性大。旅馆部位较多，这里主要指两个部分，即客房、公共场所。

歌舞厅、餐馆等娱乐、餐饮建筑，虽然一般建筑面积并不是很大，但因它们一般处于繁华的市区临街地段，且内容人员的密度较大，情况比较复杂，加之设有明火操作间和很强的灯光设备，因此引发火灾的危险概率高，火灾造成的后果严重，故对它们提出了较高的要求。

幼儿园，托儿所，中、小学为儿童或少年用房，他们尚缺乏独立疏散能力；医院、疗养院、养老院一般为病人、老年人居住，疏散能力亦很差，因此，须提高装修材料的燃烧性能等级。考虑到这些场所高档装修少，一般顶棚、墙面和地面都能达到规范要求，故特别着重提高窗帘等织物的燃烧性能等级。对窗帘等织物有较高的要求，这是此类建筑的重点所在。

将纪念馆、展览馆等建筑物按其重要性划分为两类。国家级和省级的建筑物装修材料燃烧性能等级要求较高，其余的要求低一些。

对办公楼和综合楼的要求基本上与饭店、旅馆相同。

第 3.2.2 条 单层、多层民用建筑内面积小于 100m² 的房间，当采用防火墙和甲级防火门窗与其他部位分隔时，其装修材料的燃烧性能等级可在表 3.2.1 的基础上降低一级。

【说明】 本条主要考虑到一些建筑物大部分房间的装修材料均可满足规范的要求，而在某一局部或某一房间因特殊要求，要采用的可燃装修不能满足规定，并且该部位又无法设立自动报警和自动灭火系统时，所做的适当放宽要求。但必须控制面积不得超过 100m²，并采用防火墙，防火门窗与其他部位隔开，即使发生火灾，也不至于波及到其他部位。

第 3.2.3 条 当单层、多层民用建筑需做内部装修的空间内装有自动灭火系统时，除顶棚外，其内部装修材料的燃烧性能等级可在表 3.2.1 规定的基础上降低一级；当同时装有火灾自动报警装置和自动灭火系统时，其顶棚装修材料的燃烧性能等级可在表 3.2.1 规定的基础上降低一级，其他装修材料的燃烧性能等级可不限制。

【说明】 考虑到一些建筑物标准较高，要采用较多的可燃材料进行装修，但又不符合本规范表 3.2.1 中的要求，这就必须从加强消防措施着手，给设计部门、建设单位一些余地，也是一种弥补措施。美国标准 NFPA101《人身安全规范》中规定，如采取自动灭火措施，所用装修材料的燃烧性能等级可降低一级。日本《建筑基准法》规定，"如采取水喷淋等自动灭火措施和排烟措施，内装修材料可不限"。本条是参照上述二国规定制定的。该条放松装修燃烧等级的前题是有附加的消防设施加以保护。

第 3.3.3 条 高层民用建筑的裙房内面积小于 500m² 的房间，当设有自动灭火系统，并且采用耐火等级不低于 2h 的隔墙、甲级防火门、窗与其他部位分隔时，顶棚、墙面、地面的装修材料的燃烧性能等级可在表 3.3.1 规定的基础上降低一级。

【说明】 新增加的条文，高层建筑裙房的使用功能比较复杂，其内装修与整栋高层取同为一个水平，在实际操作中有一定的困难。考虑到裙房与主体高层之间有防火分隔并且裙房的层数有限，所以特增加了此条。

第 3.3.4 条 电视塔等特殊高层建筑的内部装修，装饰织物应不低于 B_1 级，其他均应采用 A 级装修。

【说明】 该条文系规范的原第 3.3.3 条。现正在使用中的电视塔内均不同程度地存在一些装饰织物，对它们要求 A 级，显然不可能。从现实可能出发，将此条作出现在的修改。

第 3.4.1 条 地下民用建筑内部各部位装修材料的燃烧性能等级，不应低于表 3.4.1 的规定。

注：地下民用建筑系指单层、多层、高层民用建筑的地下部分，单独建造在地下的民用建筑以及平战结合的地下人防工程。

【说明】 本条结合地下民用建筑的特点，按建筑类别、场所和装修部位分别规定了装修材料的燃烧性能等级。人员比较密集的商场营业厅、电影院观众厅，以及各类库房选用装修材料燃烧性能等级应严，旅馆客房、医院病房，以及各类建筑的办公室等房间使用面积较小且经常有管理人员值班，选用装修材料燃烧性能等级可稍宽。

装修部位不同，如顶棚，墙面，地面等，火灾危险性也不同，因而分别对装修材料燃烧性能等级提出不同要求。表中娱乐场是指建在地下的体育及娱乐建筑，如篮球、排球、乒乓球、武术、体操、棋类等的比赛练习场馆。餐馆是指餐馆餐厅、食堂餐厅等地下饮食建筑。

本条的注解说明了地下民用建筑的范围。地下民用建筑也包括半地下民用建筑，半地下民用建筑的定义按有关防火规范执行。

第 4.0.2 条 当厂房中房间的地面为架空地板时，其地面装修材料的燃烧性能等级不应低于 B_1 级。

【说明】 从火灾的发展过程考虑，一般来说，对顶棚的防火性能要求最高，其次是墙面，地面要求最低。但如果地面为架空地板时，情况有所不同，万一失火，沿架空地板蔓延较快，受到的损失也大。故要求其地面装修材料的燃烧性能不低于 B_1 级。

第 4.0.3 条 装有贵重机器、仪器的厂房或房间，其顶棚和墙面应采用 A 级装修材料；地面和其他部位应采用不低于 B_1 级的装修材料。

【说明】 本条“贵重”一词是指：

一、设备价格昂贵，火灾损失大。

二、影响工厂或地区生产全局的关键设施，如发电厂、化工厂的中心控制设备等。

第 A.2.1 条 在进行不燃性试验时，同时符合下列条件的材料，其燃烧性能等级应定为 A 级：

A2.1.1 炉内平均温度不超过 50℃；

A2.1.2 试样平均持续燃烧时间不超过 20s；

A2.1.3 试样平均失重率不超过 50%。

地下民用建筑内部各部位装修材料的燃烧性能等级 **表 3.4.1**

建筑物及场所	装修材料燃烧性能等级						
	顶棚	墙面	地面	隔断	固定家具	装饰织物	其他装饰材料
休息室和办公室等 旅馆和客房及公共活动用房等	A	B_1	B_1	B_1	B_1	$\underline{B_2}$	B_2
娱乐场所、旱冰场等 舞厅、展览厅等 医院的病房、医疗用房等	A	A	B_1	B_1	B_1	B_1	B_2
电影院的观众厅 商场的营业厅	A	A	A	B_1	B_1	B_1	B_2
停车库 人行通道 图书资料库、档案库	A	A	A	A	A		

中华人民共和国国家标准

火力发电厂与变电所设计防火规范

Code for fire-protection design power plant and substation

GB 50229-96

主编部门：中华人民共和国电力工业部
批准部门：中华人民共和国建设部
施行日期：1997年1月1日

关于发布国家标准《火力发电厂与变电所设计防火规范》的通知

建标[1996]429号

根据国家计委计综合[1990]160号文的要求，由电力工业部会同有关部门共同制订的《火力发电厂与变电所设计防火规范》，已经有关部门会审。现批准《火力发电厂与变电所设计防火规范》GB50229-96为强制性国家标准，自1997年1月1日起施行。

本规范由电力工业部负责管理，具体解释等工作由电力工业部东北电力设计院负责，出版发行由建设部标准定额研究所负责组织。

中华人民共和国建设部
一九九六年七月二十二日

1 总　　则

1.0.1 为确保火力发电厂(以下简称发电厂)和变电所运行中的安全,贯彻"预防为主,防消结合"的消防工作方针,防止或减少火灾危害,保障人身和财产安全,制订本规范。

1.0.2 本规范适用于燃煤的3～600MW机组的新建、扩建发电厂以及电压为35～500kV、单台变压器容量为5000kVA及以上的新建地上变电所。

1.0.3 发电厂和变电所的防火设计应结合工程具体情况,积极采用新技术、新工艺、新材料和新设备,做到安全适用,技术先进,经济合理。

1.0.4 发电厂和变电所的防火设计,除应执行本规范的规定外,尚应符合国家现行的有关标准、规范的要求。

2 发电厂建(构)筑物的火灾危险性分类及其耐火等级

2.0.1 建(构)筑物的火灾危险性分类及其耐火等级应符合表2.0.1的规定。

建(构)筑物的火灾危险性分类及其耐火等级　　表2.0.1

建(构)筑物名称	火灾危险性分类	耐火等级
主厂房(汽机房、除氧间、煤仓间、锅炉房、集中控制楼或集中控制室)	丁	二级
吸风机室	丁	二级
除尘构筑物	丁	二级
烟　囱	丁	二级
屋内卸煤装置、翻车机室	丙	二级
碎煤机室、转运站及配煤楼	丙	二级
封闭式运煤栈桥、运煤隧道	丙	二级
干煤棚、解冻室	丙	二级
点火油罐和供、卸油泵房及栈台(柴油、重油、渣油)	丙	二级
油处理室、露天油库	丙	二级
电气控制楼(主控制楼、网络控制楼)、微波楼、继电器室	戊	二级
屋内配电装置楼(内有每台充油量>60kg的设备)	丙	二级
屋内配电装置楼(内有每台充油量≤60kg的设备)	丁	二级
屋外配电装置	丙	二级
变压器室	丙	一级
岸边水泵房、中央水泵房	戊	二级
灰浆、灰渣泵房、沉灰池	戊	二级

续表 2.0.1

建(构)筑物名称	火灾危险性分类	耐火等级
生活、消防水泵房	戊	二级
稳定剂室、加药设备室	戊	二级
进水建筑物	戊	二级
冷却塔	戊	三级
化学水处理室、循环水处理室	戊	三级
乙炔站、制氢站、贮氢罐	甲	二级
制氧站、贮氧罐	乙	二级
启动锅炉房	丁	二级
空气压缩机室(无润滑油或不喷油螺杆式)	戊	二级
空气压缩机室(有润滑油)	丁	二级
锻工、铆焊、热处理	丁	二级
金工车间	戊	三级
热工、电气、金属试验室	丁	二级
天　桥	戊	二级
天桥(下面设置电缆夹层时)	丙	二级
变压器检修间	丙	二级
排水、污水泵房	戊	二级
各分场维修间	戊	二级
污水处理构筑物	戊	二级
电缆隧道	丙	二级
柴油发电机房	丙	二级
材料库	丙	二级
材料棚库	戊	三级
机车库	丁	二级
汽车库、推煤机库	丁	二级
消防车库	丁	二级

注:① 除本表规定的建(构)筑物外,其他建(构)筑物的火灾危险性及耐火等级应符合现行的国家标准《建筑设计防火规范》的有关规定。

② 电气控制楼(主控制楼、网络控制楼)、微波楼、继电器室,当不采取防止电缆着火后延燃的措施时,火灾危险性应为丙类。

2.0.2 建(构)筑物构件的燃烧性能和耐火极限,应符合现行的国家标准《建筑设计防火规范》的有关规定。

2.0.3 承重构件为不燃烧体的主厂房及运煤栈桥,其非承重外墙为不燃烧体时,其耐火极限不应小于 0.25h;为难燃烧体时,其耐火极限不应小于 0.5h。

2.0.4 汽轮机头部油箱及油管道附近的钢质构件应采取防火保护措施。非承重构件的耐火极限应为 0.5h,承重构件的耐火极限应为 1h。当汽轮发电机为岛式布置或运转层楼板开孔较大时,其对应钢屋架的耐火极限应为 0.5h。

2.0.5 集中控制室、主控制室、网络控制室、汽机控制室、锅炉控制室和计算机房的室内装修应采用不燃烧材料。

2.0.6 集中控制楼内的集中控制室、计算机室与其他房间的隔墙应采用不燃烧体,其耐火极限不应小于 1h。

2.0.7 主厂房中电缆夹层的外墙及隔墙应采用耐火极限不小于 1h 的不燃烧体。电缆夹层的顶棚为外露钢梁时,其耐火极限不应小于 1h。

2.0.8 主厂房的地上部分,防火分区的允许建筑面积不宜大于 6 台机组的建筑面积;其地下部分不应大于 1 台机组的建筑面积。

2.0.9 当屋内卸煤装置的地下部分与地下转运站或运煤地道连通时,其防火分区的允许建筑面积不应大于 $3000m^2$。

2.0.10 其他厂房的层数和防火分区的允许建筑面积应符合现行的国家标准《建筑设计防火规范》的有关规定。

2.0.11 汽机房、除氧间与锅炉房、煤仓间或合并的除氧煤仓间之间的隔墙应采用不燃烧体。运转层以下纵向隔墙的耐火极限不应小于 4h,运转层以上隔墙的耐火极限不应小于 1h。

3 发电厂厂区总平面布置

3.0.1 厂区应划分重点防火区域。重点防火区域的划分及区域内的主要建(构)筑物宜符合表 3.0.1 的规定。

重点防火区域的划分及区域内主要建(构)筑物　表 3.0.1

重点防火区域	区域内主要建(构)筑物
主厂房区	汽机房、除氧间、煤斗间、锅炉房、单元控制室、除尘器、吸风机室、烟囱及靠近汽机房的各类油浸变压器
配电装置区	配电装置的带油电器设备及网络控制楼
点火油罐区	卸油铁路、栈台(或卸油码头)供卸油泵房、贮油罐、含油污水处理站
贮煤场区	贮煤场、转运站、卸煤装置、运煤地道、栈桥
制氢站区	制氢站、贮氢罐
乙炔站区	乙炔站、贮乙炔罐
制氧站区	制氧站、贮氧气罐
消防水泵房区	消防水泵房、蓄水池
材料库区	材料库、材料棚库

3.0.2 重点防火区域之间、重点防火区域与其他建(构)筑物之间应满足防火间距的要求，并宜设置消防车道。

3.0.3 重点防火区域之间、重点防火区域与其他建(构)筑物之间的电缆沟、运煤栈桥、运煤地道及油管沟应采用防火墙或水幕等防火分隔措施。

3.0.4 厂区的出入口不应少于两个，其位置应便于消防车出入。

3.0.5 厂区内的消防车道可利用交通道路。主厂房、点火油罐区及贮煤场周围应设置环形消防车道。当山区发电厂的主厂房、点火油罐区及贮煤场周围设置环行道路有困难时，可沿长边设置尽端式消防车道，并应设回车道或回车场。

3.0.6 消防车道的净空高度及回车道或回车场的面积，应符合现行的国家标准《建筑设计防火规范》的有关规定。

3.0.7 厂区围墙内建(构)筑物与围墙外其他企业或民用建(构)筑物的间距，应符合现行的国家标准《建筑设计防火规范》的有关规定。

3.0.8 消防车库的布置应符合下列要求：

3.0.8.1 消防车库宜单独布置；当与汽车库毗连布置时，消防车库的出入口与汽车库的出入口应分设，并宜保持一定的距离。

3.0.8.2 消防车库出入口的布置应使消防车驶出时不与主要车流、人流交叉，并便于进入厂区主要干道；消防车库的出入口，距道路边沿线不宜小于 10m。

3.0.9 汽机房、屋内配电装置楼、主控制楼及网络控制楼与油浸变压器的间距不宜小于 10m；当其间距小于 10m 时，汽机房、屋内配电装置楼、主控制楼及网络控制楼面向油浸变压器的外墙不应开设门窗、洞口或采取其他防火措施。

3.0.10 点火油罐区的布置应符合下列要求：

3.0.10.1 宜单独布置。

3.0.10.2 宜布置在厂区地势较低的边缘地带，当设置安全防护设施时，也可布置在地形较高的边缘地带。

3.0.10.3 布置在厂区内的点火油罐区，应设置 1.5m 高的围栅；当利用厂区围墙作为点火油罐区的围栅时，厂区围墙应设置为 2.5m 高的实体围墙。

3.0.10.4 总容量大于或等于 $500m^3$ 的点火油罐区的设计，应符合现行的国家标准《石油库设计规范》的有关规定。

3.0.10.5 总容量小于 $500m^3$ 的点火油罐区的设计，应符合现行的国家标准《小型石油库及汽车加油站设计规范》的有关规定。

3.0.11 制氢站、乙炔站及制氧站的布置，应分别符合现行的国家标准《氢氧站设计规范》、《乙炔站设计规范》及《氧气站设计规范》

各建(构)筑物之间的防火间距(m)　　表3.0.12

<table>
<tr><th colspan="3" rowspan="2">建(构)筑物名称</th><th colspan="2">丙丁戊类建筑耐火等级</th><th rowspan="2">屋外配电装置</th><th colspan="2" rowspan="2">露天卸煤装置或贮煤场</th><th rowspan="2">锻工铆焊车间</th><th rowspan="2">制氢站、乙炔站</th><th rowspan="2">贮氢罐</th><th rowspan="2">露天油库</th><th colspan="2">行政生活福利建筑</th><th colspan="2">铁路中心线</th><th rowspan="2">厂外道路(路边)</th><th colspan="2">厂内道路(路边)</th></tr>
<tr><th>一、二级</th><th>三级</th><th>一、二级</th><th>三级</th><th>厂外</th><th>厂内</th><th>主要</th><th>次要</th></tr>
<tr><td colspan="2" rowspan="2">丙、丁、戊类生产建筑</td><td>一、二级</td><td>10</td><td>12</td><td>10</td><td colspan="2">8</td><td>10</td><td>12</td><td>12</td><td>12</td><td>10</td><td>12</td><td colspan="2" rowspan="2">—</td><td colspan="3" rowspan="2">—</td></tr>
<tr><td>三级</td><td>12</td><td>14</td><td>12</td><td colspan="2">10</td><td>12</td><td>14</td><td>15</td><td>15</td><td>12</td><td>14</td></tr>
<tr><td colspan="3">屋外配电装置</td><td>10</td><td>12</td><td>—</td><td rowspan="4">12</td><td rowspan="4">贮存褐煤时25</td><td>10</td><td rowspan="4">25</td><td rowspan="4">25</td><td>25</td><td>10</td><td>20</td><td>—</td><td>—</td><td colspan="3">—</td></tr>
<tr><td rowspan="3">主变压器或屋外厂用变压器</td><td rowspan="3">油量(t/台)</td><td><10</td><td>12</td><td>15</td><td rowspan="3">—</td><td>12</td><td rowspan="3">30</td><td>15</td><td>20</td><td>—</td><td>—</td><td>—</td><td>—</td><td>—</td></tr>
<tr><td>10～50</td><td>15</td><td>20</td><td>15</td><td>20</td><td>25</td><td>—</td><td>—</td><td>—</td><td>—</td><td>—</td></tr>
<tr><td>>50</td><td>20</td><td>25</td><td>20</td><td>25</td><td>30</td><td>—</td><td>—</td><td>—</td><td>—</td><td>—</td></tr>
<tr><td colspan="3" rowspan="2">露天卸煤装置或贮煤场</td><td rowspan="2">8</td><td rowspan="2">12</td><td rowspan="2">12
贮存褐煤时25</td><td colspan="2" rowspan="2">—</td><td rowspan="2">8</td><td colspan="3">12</td><td>8</td><td>10</td><td rowspan="2">—</td><td rowspan="2">—</td><td rowspan="2">—</td><td rowspan="2">—</td><td rowspan="2">—</td></tr>
<tr><td colspan="5">贮存褐煤时 25</td></tr>
<tr><td colspan="3">制氢站、乙炔站</td><td>12</td><td>14</td><td>25</td><td rowspan="3">12</td><td rowspan="5">贮存褐煤时25</td><td rowspan="2">25</td><td>12</td><td>12</td><td>15</td><td colspan="2">25</td><td>30</td><td>20</td><td>15</td><td>10</td><td>5</td></tr>
<tr><td colspan="3">贮氢罐</td><td>12</td><td>15</td><td>25</td><td>12</td><td colspan="4">25</td><td>25</td><td>20</td><td>15</td><td>10</td><td>5</td></tr>
<tr><td colspan="3">露天油库</td><td>12</td><td>15</td><td>25</td><td colspan="2">15</td><td></td><td>—</td><td>15</td><td>20</td><td>30</td><td>20</td><td>15</td><td>10</td><td>5</td></tr>
<tr><td colspan="2" rowspan="2">行政生活福利建筑</td><td>一、二级</td><td>10</td><td>12</td><td>10</td><td>8</td><td>10</td><td rowspan="2">25</td><td rowspan="2">25</td><td>15</td><td>6</td><td>7</td><td colspan="2" rowspan="2">—</td><td colspan="3" rowspan="2">—</td></tr>
<tr><td>三级</td><td>12</td><td>14</td><td>12</td><td>10</td><td>12</td><td>20</td><td>7</td><td>8</td></tr>
</table>

注：① 防火间距应按相邻两建(构)筑物外墙的最近距离计算，当外墙有凸出的燃烧构件时，应从其凸出部分外缘算起；建(构)筑物与屋外配电装置的最小间距应从构架算起；屋外油浸变压器之间的距离由工艺确定。

② 表中油浸变压器同丙、丁、戊类建(构)筑物的防火间距，不包括汽机房、屋内配电装置楼、主控制楼及网络控制楼。

③ 贮氢罐之间的距离应为相邻较大贮氢罐的直径。

④ 一组露天油库区的总贮油量不大于 $1000m^3$，且可按数个贮油罐分两行成组布置，其贮油罐之间的间距不宜小于 1.5m。

⑤ 本表中未规定的有关防火间距，应符合现行的国家标准《建筑设计防火规范》的有关规定。

的有关规定。

3.0.12 厂区内建(构)筑物之间的防火间距不应小于表 3.0.12 的规定。

3.0.13 高层厂房、高层库房之间及与其他厂房之间的防火间距，应在表 3.0.12 规定的基础上增加 3m。

3.0.14 火灾危险性为甲、乙类的厂房与重要的公共建筑的防火间距不宜小于 50m。

4 发电厂建(构)筑物的安全疏散和建筑构造

4.1 主厂房的安全疏散

4.1.1 主厂房内每个车间的安全出口均不应少于两个。车间的安全出口可利用通向相邻车间的门作为第二安全出口，但每个车间必须有一个直通室外的出口。

4.1.2 主厂房的集中控制室应设两个安全出口。

4.1.3 主厂房内最远工作地点到外部出口或楼梯的距离不应超过 50m。

4.1.4 主厂房疏散楼梯净宽不宜小于 1.1m，疏散走道的净宽不宜小于 1.4m，疏散门的净宽不宜小于 0.9m。

4.1.5 主厂房的疏散楼梯，不应少于两个，其中应有一个楼梯直接通向室外出入口，另一个可为室外楼梯。上述楼梯应能通至主厂房各层和屋面。其他工作梯可为钢梯，其净宽不应小于 0.8m、坡度不应大于 45°。

4.1.6 单机容量为 200MW 及以上的发电厂，其集中控制楼应设置一个通至各层的封闭楼梯间。

4.1.7 主厂房的运煤胶带层应设置通向汽机房、除氧间屋面或锅炉房的安全出口，且最远工作地点到安全出口的距离不应大于 50m。

4.2 其他厂房的安全疏散

4.2.1 多层碎煤机室、转运站及筒形煤仓胶带机可设置一个钢梯作为安全出口。钢梯的净宽不应小于 0.8m、坡度不应大于 45°。与其相连的运煤栈桥不应作为安全出口，当运煤栈桥长度超过200m时，应加设中间安全出口。

4.2.2 主控制楼、屋内配电装置楼各层及集中控制室、电缆夹层不应少于两个安全出口。其中一个安全出口可通往室外楼梯平台。当屋内配电装置楼长度超过60m时，应设中间安全出口。

4.2.3 电缆隧道两端均应设通往地面的安全出口；当电缆隧道长度超过100m时，中间应加设安全出口，其间距不应超过75m。

4.2.4 当配电装置室长度超过7m时，应设两个安全出口。

4.2.5 卸煤装置和翻车机室地下室两端均应设置通至地面的安全出口。

4.2.6 运煤系统的地下构筑物尽端，应设置通至地面的安全出口，其长度超过200m时，应加设中间安全出口。

4.2.7 其他建筑物的安全疏散，应符合现行国家标准《建筑设计防火规范》的有关规定。

4.3 建筑构造

4.3.1 主厂房电梯井和电梯机房的墙应采用不燃烧体。其室内部分的耐火极限不应小于1h，室外部分的耐火极限不应小于0.25h。

4.3.2 主厂房室外疏散楼梯和每层出口平台，均应采用不燃烧材料制作，其耐火极限不应小于0.25h。在楼梯周围2m范围内的墙面上，除疏散门外，不应开设其他门窗洞口。

4.3.3 主厂房室外疏散楼梯的净宽不应小于0.8m，楼梯坡度不应大于45°，楼梯栏杆高度不应低于1.1m。

4.3.4 变压器室、配电装置室、发电机出线小室、电缆夹层、电缆竖井以及主厂房各车间隔墙上的门均应采用丙级防火门。

4.3.5 主厂房及其他建(构)筑物疏散门应向疏散方向开启。配电装置室中间隔墙上的门应采用双向弹簧门。

4.3.6 主厂房与天桥连接处的门应采用不燃烧材料制作。

4.3.7 蓄电池室、通风机室、充电机室以及蓄电池室前套间通向走廊的门，均应采用向外开启的丙级防火门。

4.3.8 当汽机房侧墙外5m以内布置有变压器时，在变压器外轮廓投影范围外侧各3m内的汽机房外墙上不应设置门、窗和通风孔；当汽机房侧墙外5～10m范围内布置有变压器时，在上述外墙上可设甲级防火门。变压器高度以上可设防火窗。其耐火极限不应小于0.90h。

4.3.9 电缆沟及电缆隧道在进出主厂房、主控制楼、配电装置室时，在建筑物外墙处应设置防火墙。电缆隧道的防火墙上应采用甲级防火门。

4.3.10 当管道穿过防火墙时，管道与防火墙之间的缝隙应采用不燃烧材料填塞。

4.3.11 当柴油发电机布置在其他建筑物内时，应采用防火墙与其他房间隔开，并应设置单独出口。

4.3.12 运送褐煤或易自燃的高挥发分煤种的栈桥，其内部的外露承重钢结构应采取防火措施，其耐火极限不应小于1h。

4.3.13 材料库中特种材料库与一般材料库之间应设置防火墙。

5 发电厂工艺系统

5.1 运煤系统

5.1.1 贮煤场配置的大型煤场堆取料机设备，应配置手提式灭火器。

5.1.2 贮存褐煤或易自燃的高挥发分煤种的露天堆放煤场，应符合下列要求：

5.1.2.1 褐煤、高挥发分烟煤及低质烟煤应分类堆放。煤堆之间应留有5～10m的距离。

5.1.2.2 煤场机械在选型或布置上宜提高堆取料机的回取率。

5.1.2.3 按不同煤种的特性，应采取分层压实、喷水或洒石灰水等方式堆放。

5.1.2.4 应设置定期监测煤堆温升设施。当温度高于60℃时，应采取降温措施。

5.1.3 卸煤装置、筒仓以及主厂房煤斗斗形的设计，应符合下列要求：

5.1.3.1 斗壁光滑耐磨、交角呈圆角状，避免有突出或凹陷部位。

5.1.3.2 壁面与水平面的交角不小于60°，料口部位为等截面收缩或双曲线斗型。

5.1.3.3 按煤的流动性确定卸料口直径。必要时设置助流设施。

5.1.4 运煤系统中的金属煤斗及落煤管的转运部位，应采取防撒和防积措施。

5.1.5 装有煤气红外线的解冻库，解冻车辆的轴承和制动系统，应采用不燃烧材料防护。

5.1.6 对治理易燃煤尘而设置的室内除尘装备，其电气设备的防护，应符合现行国家标准《外壳保护等级的分类》的有关规定。

5.1.7 运煤系统的各转运站、碎煤机室、翻车机室、卸煤装置和煤仓间应设通风、除尘装置。当煤质可燃质挥发分等于或大于46%时，不应采用高压静电除尘器。

5.1.8 运煤系统中除尘系统的风道及部件均应采用不燃烧材料制作。

5.1.9 运煤系统的带式输送机应设置速度信号，防偏、防堵和紧急拉绳开关等安全防护设施。

5.1.10 燃用褐煤或易自燃的高挥发分煤种的发电厂应采用难燃胶带。

5.1.11 运煤系统的室内机械设备，其电动机外壳防护等级宜采用IP54级。

5.1.12 运煤系统的消防通信设备，宜与运煤系统配置的通信设备共用。

5.1.13 对贮存褐煤或易自燃的高挥发分煤种的筒仓或封闭式室内贮煤设施，应采取下列防火措施：

5.1.13.1 温度监测设施和喷水降温设施。

5.1.13.2 防爆门和通风设施。

5.2 锅炉煤粉系统

5.2.1 原煤仓和煤粉仓的设计应符合下列要求：

5.2.1.1 原煤仓和煤粉仓的斗形设计应符合本规范第5.1.3条的规定。

5.2.1.2 对金属煤粉仓外壁应采取保温措施。严寒地区靠近厂房外墙或外露的原煤仓和煤粉仓，应采取防冻保温措施。

注：严寒地区是指按最寒冷月平均温度低于－15℃或全年的冻融循环次数不低于50次。

5.2.1.3 煤粉仓及其顶盖应具有整体坚固性和严密性。煤粉仓应按承受 9.8kPa 的爆炸内压设计。

5.2.1.4 煤粉仓应设置测量煤粉温度、粉位位置和灭火、吸潮、放粉及防爆设施。

5.2.2 煤粉系统管道的设计应符合下列要求：

5.2.2.1 煤粉烟风混合物管道内的流速应大于防止煤粉沉积的最小流速。

5.2.2.2 除必须用法兰与设备和部件连接外，煤粉系统的管道应采用焊接连接。

5.2.3 煤粉系统的设备、管道以及在制煤粉间穿过的汽、水、油管道的保温材料应采用不燃烧材料。

5.2.4 磨制高挥发分煤种的煤粉系统，不宜设置系统之间的输送煤粉机械。

5.2.5 锅炉及煤粉系统的维护平台和扶梯踏步，应采用网眼或栅格钢板制作。位于煤粉系统、炉膛及烟道处的防爆门排出口之上及油喷嘴之下的维护平台，应采用花纹钢板制作。

5.2.6 煤粉系统设备和其他部件按小于最大爆炸压力作设计时，应设置防爆门。

磨制无烟煤的煤粉系统，以及在惰性气氛下运行的风扇磨煤机煤粉系统，可不设置防爆门。

防爆门动作时喷出的气流，不应危及附近的电缆、油气管道和经常有人通行的部位。

5.2.7 除无烟煤外的所有煤种，煤粉系统应设置通入蒸汽或其他惰性气体的固定灭火设施。

5.2.8 磨煤机出口的气粉混合物温度，不应大于表 5.2.8 的规定；当采用中速磨煤机直吹式系统，分离器后，干燥无灰基挥发分为 12%～40%时，磨煤机出口的气粉混合物温度宜为 70～120℃。

5.2.9 磨制混合品种燃料时，磨煤机出口的气粉混合物的温度，应按其中最易爆的煤种确定。

磨煤机出口的气粉混合物温度（℃） **表 5.2.8**

类别	空气干燥		烟气空气混合干燥	
	煤种	温度（℃）	煤种	温度（℃）
风扇磨煤机直吹式系统，分离器后	贫煤	150	烟煤、褐煤、页岩	180
	烟煤	130		
	褐煤	100		
钢球磨煤机，中间贮仓式系统，磨煤机后	无烟煤	不受限制	褐煤	90
	贫煤	130	烟煤	120
	烟煤、褐煤	70		

5.2.10 采用热风送粉时，对干燥无灰基挥发分 15%及以上的烟煤及贫煤，热风温度的确定，应使燃烧器前的气粉混合物的温度不超过 160℃；对无烟煤和干燥无灰基挥发分 15%以下的烟煤及贫煤，其热风温度可不受限制。

5.3 点火及助燃油系统

5.3.1 锅炉点火及助燃用油品火灾危险性分类应符合现行的国家标准《石油库设计规范》的有关规定。

5.3.2 从下部接卸铁路油罐车的卸油系统，应采用密闭式管道系统。

5.3.3 加热燃油的蒸汽温度，应低于油品的自燃点，且不应超过 250℃。

5.3.4 地上布置的钢制油罐，当高度超过 15m 时，宜设置固定式喷水冷却装置。

5.3.5 储存丙类油品的固定顶油罐应设置通气管。

5.3.6 油罐的进、出口管道，在靠近油罐处和防火堤外面应各设置一道防火阀。

丙类流体和可燃、助燃气体管道穿越防火墙时，应在两侧设置防火阀。

5.3.7 油罐的进油管宜从油罐的下部接入，当工艺布置需要从油罐的顶部接入时，进油管宜延伸到油罐的下部。

5.3.8 当管道穿过防火堤时，必须采用不燃烧材料封堵。

5.3.9 容积式油泵安全阀的排出管，应接至油泵与油罐之间的回油管道上。

5.3.10 油管道宜架空敷设。当油管道与热力管道敷设在同一地沟时，油管道应布置在热力管道的下方。

5.3.11 油管道及阀门应采用钢质材料。除必须用法兰与设备和其他部件相连接外，油管道管段应采用焊接连接。严禁采用填函式补偿器。

5.3.12 燃烧器油枪接口与固定油管道之间，宜采用带金属编织网套的波纹管连接。

5.3.13 在每台锅炉的供油总管上，应设置快速切断阀和手动关断阀。

5.3.14 油系统的设备及管道的保温材料，应采用不燃烧材料。

5.3.15 油系统的卸油、贮油及输油的防雷、防静电设施，应符合现行的国家标准《石油库设计规范》的有关规定。

5.4 汽轮发电机

5.4.1 汽轮机油系统的设计应符合下列规定：

5.4.1.1 汽轮机主油箱应设置排油烟机，排油烟管道应引至厂房外无火源处。

5.4.1.2 汽轮机主油箱、油泵及冷油器设备，宜集中布置在汽机房底层靠外墙一侧。

5.4.1.3 在汽机房外，应设密封的事故排油箱（坑），其布置高程和排油管道的设计，应满足事故发生时排油畅通的需要。

事故排油箱（坑）的容积，不应小于一台最大机组油系统的油量。

5.4.1.4 压力油管道应采用无缝钢管及钢制阀门，并应按高一级压力选用。除必须用法兰与设备和部件连接外，宜采用焊接连接。

5.4.1.5 200MW 及以上容量的机组宜采用组合油箱及套装油管，并宜设单元组装式油净化装置。

5.4.1.6 油管道应避开高温蒸汽管道，或将其布置在蒸气管道的下方。

5.4.1.7 在油管道与汽轮机前轴封箱的法兰连接处，应设置防护槽，并应设置排油管道，将漏油引至安全处。

5.4.1.8 在油系统管道的阀门、法兰及其他可能漏油处敷设有热管道或其他载热体时，载热体管道外面应包敷严密的保温层，保温层外面应采用镀锌铁皮做保护层。

5.4.1.9 油管道法兰接合面应采用质密、耐油和耐热的垫料，不应采用塑料或橡胶垫料。

5.4.1.10 在油箱的事故排油管上，应设置两个钢制阀门。其中一个应靠近油箱布置，另一个应距油箱 5m 以外布置，并应有两个以上的通道可到达。

5.4.1.11 油管道及其附件的水压试验压力应符合下列要求：

（1）调节油系统试验压力为工作压力的 1.5～2 倍；

（2）润滑油系统的试验压力为 0.5MPa；

（3）回油系统的试验压力为 0.2MPa。

5.4.1.12 300MW 及以上容量的汽轮机调节油系统，宜采用抗燃油品。

5.4.2 发电机氢系统的设计应符合下列规定：

5.4.2.1 汽机房内的氢管道，应布置在通风良好的区域。

5.4.2.2 发电机的排氢阀和气体控制站（氢置换设施），应布置在能使氢气直接排往厂房外部的安全处。

排氢管必须接至厂房外安全处。排氢管的排氢能力应与汽轮机破坏真空停机的惰走时间相配合。

5.4.2.3 与发电机相接的氢管道，应采用带法兰的短管连接。

5.4.2.4 氢管道应有防静电的接地设施。

5.5 辅助设备

5.5.1 在电气除尘器的进、出口烟道上，应设置烟温测量和超温报警装置。

5.5.2 柴油发电机系统的设计应符合下列规定：

5.5.2.1 柴油机的油箱，应设置快速切断阀。油箱不应布置在柴油机的上方。

5.5.2.2 柴油机排气管的室内部分，应采用不燃烧材料保温。

5.5.2.3 柴油机曲轴箱宜采用正压排气或离心排气；当采用负压排气时，连接通风管的导管应设置钢丝网阻火器。

5.6 变压器及其他带油电气设备

5.6.1 屋外油浸变压器及屋外配电装置与各建(构)筑物的防火间距应符合本规范第3.0.9条及第3.0.12条的规定。

5.6.2 油量为2500kg及以上的屋外油浸变压器之间的最小间距应符合表5.6.2的规定。

屋外油浸变压器之间的最小间距　　表5.6.2

电压等级	最小间距（m）
35kV及以下	5
66kV	6
110kV	8
220kV及以上	10

5.6.3 当油量为2500kg及以上的屋外油浸变压器之间的防火间距不能满足表5.6.2的要求时，应设置防火墙；防火墙的耐火极限不宜小于4h。

防火墙的高度应高于变压器油枕，其长度不应小于变压器的贮油池两侧各1m。

5.6.4 油量为2500kg及以上的屋外油浸变压器或电抗器与本回路油量为600kg以上的带油电气设备之间的防火间距不应小于5m。

5.6.5 3～35kV双母线布置的屋内配电装置，其母线与母线隔离开关之间应设置防火隔板。

5.6.6 35kV及以下屋内断路器，油浸电流互感器和电压互感器，应设置在开关柜或两侧有防火隔墙(板)的间隔内；35kV以上应安装在有防火隔墙的间隔内。

总油量超过100kg的屋内油浸变压器，应设置单独的变压器室。

5.6.7 屋内单台总油量为100kg以上的电气设备，应设置贮油或挡油设施。

挡油设施的容积宜按油量的20%设计，并应设置将事故油排至安全处的设施。当不能满足上述要求时，应设置能容纳全部油量的贮油设施。

5.6.8 屋外单台油量为1000kg以上的电气设备，应设置贮油或挡油设施。

当设置容纳油量的20%贮油或挡油设施时，应设置将油排至安全处的设施。当不能满足上述要求时，应设置能容纳全部油量的贮油或挡油设施。

当设置有油水分离措施的总事故贮油池时，其容量宜按最大一个油箱容量的60%确定。

贮油或挡油设施应大于变压器外廓每边各1m。

5.6.9 贮油设施内应铺设卵石层，其厚度不应小于250mm，卵石直径宜为50～80mm。

5.7 电缆及电缆敷设

5.7.1 在通向控制室、继电保护室电缆夹层的竖井或墙洞及盘柜底部开孔处应采用电缆防火堵料、填料或防火包等材料封堵，其耐火极限不应小于1h。

5.7.2 在电缆隧道或重要回路电缆沟中的下列部位，应设置防火墙：

5.7.2.1 单机容量为100MW及以上的发电厂，对应于厂用母线分段处；

5.7.2.2 单机容量为100MW以下的发电厂，对应于全厂一半容量的厂用配电装置划分处；

5.7.2.3 公用主隧道或沟内引接的分支处；

5.7.2.4 通向控制室、配电装置室的入口处和厂区围墙处；

5.7.2.5 电缆沟内每间距100m处。

5.7.3 防火墙上的电缆孔洞应采用电缆防火堵料封堵，并应采取防止火焰窜燃的措施。

5.7.4 主厂房到网络控制楼或主控制楼的每条电缆隧道或沟道所容纳的电缆回路，应满足下列要求：

5.7.4.1 单机容量为200MW及以上时，不应超过1台机组的电缆；

5.7.4.2 单机容量为100MW、125MW时，不宜超过2台机组的电缆；

5.7.4.3 单机容量为100MW以下时，不宜超过3台机组的电缆。

当不能满足上述要求时，应采取防火分隔措施。

5.7.5 对直流电源、消防报警、应急照明、双重化保护装置、水泵房、化学水处理及输煤系统等公用重要回路的双回路电缆，宜将双回路分别布置在两个相互独立或有防火分隔的通道中。当不能满足上述要求时，应对其中一回路采取防火措施。

5.7.6 对主厂房内易受外部火灾影响的汽轮机头部、锅炉防爆门、排渣孔朝向的邻近部位的电缆区段，应采取在电缆上施加防火涂料、防火包带或防火槽盒措施。

5.7.7 当电缆明敷时，在电缆接头两侧各2～3m长的区段，以及沿该电缆并行敷设的其他电缆同一长度范围内，应采取防火涂料或防火包带措施。

5.7.8 靠近带油设备的电缆沟盖板应密封。

5.7.9 对明敷的35kV以上的高压电缆，应采取防止着火延燃的措施，并应符合下列要求：

5.7.9.1 单机容量大于200MW的发电厂，全部主电源回路的电缆不宜明敷在同一条电缆通道中。当不能满足上述要求时，应对部分主电源回路的电缆采取防火措施。

5.7.9.2 充油电缆的供油系统，宜设置火灾自动报警和闭锁装置。

5.7.10 在电缆隧道中，严禁有可燃气、油管路穿越。

5.8 火灾探测报警与灭火系统

5.8.1 50MW机组以下的发电厂应设置消火栓灭火系统。

5.8.2 在50～125MW机组的发电厂的电缆夹层、控制室、电缆隧道的电缆交叉密集处、电缆竖井及屋内配电装置处宜设置火灾探测报警装置和移动式灭火器具。

5.8.3 200MW机组及以上容量的发电厂应在下列部位设置火灾报警区域：

5.8.3.1 每台机组为一个火灾报警区域；包括单元控制室、汽机房、锅炉房、煤仓间以及主变压器、启动变压器、联络变压器、厂用变压器、柴油发电机火灾探测区域。

5.8.3.2 网络控制楼、微波楼和通信楼火灾报警区域；包括控制室、电子计算机房及电缆夹层火灾探测区域。

5.8.3.3 运煤系统火灾报警区域；包括控制室与配电间、转运站、碎煤机室及运煤栈桥火灾探测区域。

5.8.3.4 点火油罐火灾报警区域；包括油罐火灾探测区域。

5.8.4 火灾探测器的选择，应根据发电厂安装部位的特点采用不同类型的感烟、感温及火焰探测器。

5.8.5 单台容量200MW机组的发电厂主要建(构)筑物和设备

火灾探测报警系统应符合表 5.8.5 的规定。其灭火设施宜采用移动式灭火器及消火栓（运煤系统应设置水幕），并采用自动报警的报警方式。

主要建(构)筑物和设备火灾探测报警系统　　表 5.8.5

建(构)筑物和设备	火灾探测器类型
一、单元控制室(集中控制楼)、电气控制楼(主控制楼、网络控制楼)	
1. 电缆夹层	线型感温型或感烟型
2. 电子设备间	感烟型
3. 控制室	感烟型
4. 计算机房	感烟型
5. 继电器室	感烟型
二、微波楼和通信楼	感烟型或感温型
三、汽机房	
1. 汽轮机油箱	感温型或感光型
2. 电液装置	感温型或感光型
3. 氢密封油装置	感温型或感光型
4. 汽机轴承	感温型或感光型
5. 汽机运转层下及中间层油管道	感温型
6. 给水泵油箱	感温型
四、锅炉房及煤仓间	
1. 锅炉本体燃烧器区	感温型
2. 磨煤机润滑油箱	感温型
五、运煤系统	
1. 控制室与配电间	感烟型
2. 转运站	线型感温型
3. 碎煤机室	线型感温型
4. 运煤栈桥	线型感温型
5. 筒仓及煤仓层	线型感温型
六、其　他	
1. 柴油发电机室	感烟型
2. 点火油罐	线型感温型
3. 汽机房架空电缆处	线型定温型
4. 锅炉房零米以上架空电缆处	线型定温型
5. 汽机房至主控制楼电缆通道	线型定温型
6. 电缆交叉、密集及中间接头部位	线型定温型
7. 主厂房内主蒸汽管道与油管道交叉处	感温型

5.8.6　单台容量 300MW 机组及以上容量的发电厂主要建(构)筑物和设备火灾探测报警与灭火系统应符合表 5.8.6 的规定。

主要建(构)筑物和设备火灾探测报警与灭火系统　表 5.8.6

建(构)筑物和设备	火灾探测器类型	报警控制方式	灭火介质及系统型式
一、单元控制室(集中控制楼)、电气控制楼(主控制楼、网络控制楼)			
1. 电缆夹层	线型感温型和感烟型组合	自动报警，自动灭火	自动喷水
2. 电子设备间	感烟型和感烟型组合	自动报警，自动灭火或人工确认后手动灭火	固定式卤代烷
3. 控制室	感烟型和感烟型组合	自动报警，自动灭火或人工确认后手动灭火	固定式卤代烷

续表 5.8.6

建(构)筑物和设备	火灾探测器类型	报警控制方式	灭火介质及系统型式
4. 计算机房	感烟型和感烟型组合	自动报警,自动灭火或人工确认后手动灭火	固定式卤代烷
5. 继电器室	感烟型和感烟型组合	自动报警,自动灭火或人工确认后手动灭火	固定式卤代烷
二、微波楼和通信楼	感烟型或感温型	自动报警	
三、汽机房			
1. 汽轮机油箱	感温型或感光型	自动报警,自动灭火或人工确认后手动灭火	水喷雾
2. 电液装置	感温型或感光型	自动报警,自动灭火或人工确认后手动灭火	水喷雾(抗燃油除外)
3. 氢密封油装置	感温型或感光型	自动报警,自动灭火或人工确认后手动灭火	水喷雾
4. 汽机轴承	感温型或感光型	自动报警,人工确认后手动灭火	
5. 汽机运转层下及中间层油管道	感温型	自动报警,自动灭火	雨淋喷水
6. 给水泵油箱	感温型	自动报警,自动灭火	雨淋喷水(抗燃油除外)
四、锅炉房及煤仓间			
1. 锅炉本体燃烧器区	感温型	自动报警,人工确认后手动灭火	雨淋喷水
2. 磨煤机润滑油箱	感温型	自动报警,人工确认后手动灭火	水喷雾
3. 回转式空气预热器	感温型(设备温度自检)	自动报警,人工确认后手动灭火	提供设备内雨淋喷水水源

续表 5.8.6

建(构)筑物和设备	火灾探测器类型	报警控制方式	灭火介质及系统型式
五、变压器			
1. 主变压器	感温型	自动报警,自动灭火或人工确认后手动灭火	水喷雾或其他灭火设施
2. 启动变压器	感温型	自动报警,自动灭火或人工确认后手动灭火	水喷雾或其他灭火设施
3. 联络变压器	感温型	自动报警,自动灭火或人工确认后手动灭火	水喷雾或其他灭火设施
4. 厂用高压工作变压器	感温型	自动报警,自动灭火或人工确认后手动灭火	水喷雾或其他灭火设施
六、运煤系统			
1. 控制室与配电间	感烟型或感温型	自动报警,人工确认后手动灭火	
2. 转运站及筒仓	线型感温型	自动报警,人工确认后手动灭火	消火栓、水幕
3. 碎煤机室	线型感温型	自动报警,人工确认后手动灭火	消火栓、水幕
4. 运煤栈桥(燃用褐煤或易自燃高挥发分煤种的电厂,长度大于200m的栈桥)	线型感温型	自动报警,人工确认后手动灭火	水幕、消火栓、自动喷水
5. 煤仓层	线型感温型	自动报警,人工确认后手动灭火	自动喷水、水幕、消火栓
七、其　他			
1. 柴油发电机室	感烟型和感温型组合	自动报警,自动灭火	自动喷水
2. 点火油罐	线型感温型	自动报警	泡沫灭火
3. 汽机房架空电缆处	线型定温型	自动报警	消火栓

续表 5.8.6

建(构)筑物和设备	火灾探测器类型	报警控制方式	灭火介质及系统型式
4. 锅炉房零m以上架空电缆处	线型定温型	自动报警	消火栓
5. 汽机房至主控制楼电缆通道	线型定温型	自动报警	
6. 电缆交叉、密集及中间接头部位	线型定温型	自动报警,自动灭火	悬挂卤代烷灭火
7. 主厂房内主蒸汽管道与油管道交叉处	感温型	自动报警,自动灭火	悬挂卤代烷灭火
8. 电缆隧道	线型感温型	自动报警	

5.8.7 厂区内升压站 90000kVA 及以上油浸变压器应设置火灾探测报警及水喷雾灭火系统或其他灭火设施。

5.8.8 水喷雾灭火设施与高压电气设备的最小安全净距宜符合现行的国家标准《水喷雾灭火系统设计规范》的有关规定。

6 发电厂消防给水和灭火装置

6.1 一般规定

6.1.1 发电厂的规划和设计,必须同时设计消防给水系统。消防用水应与全厂用水统一规划,水源应有可靠的保证。

6.1.2 100MW 机组及以下的发电厂消防给水宜采用与生活用水合并的给水系统;125MW 机组及以上的发电厂消防给水应采用独立的给水系统,并严禁与其他用水系统相连。

6.1.3 当采用高压消防给水系统时,管道的压力应保证用水总量达到最大,且水枪在任何建筑物的最高处时,水枪的充实水柱不应小于 13m;当采用低压给水系统时,管道的压力应保证灭火时最不利点消火栓的水压不小于 10m 水柱。

6.1.4 厂区内消防给水水量应按发生火灾时的一次最大消防用水量,即室内和室外消防用水量之和计算。

6.2 厂区室外消防给水

6.2.1 厂区内同一时间内的火灾次数应按一次确定。

6.2.2 发电厂室外消防用水量的计算应符合下列要求:

6.2.2.1 建(构)筑物室外消防一次用水量不应小于表 6.2.2 的规定。

6.2.2.2 点火油区的消防用水量应符合现行的国家标准《低倍数泡沫灭火系统设计规范》、《石油库设计规范》和《小型石油库及汽车加油站设计规范》的有关规定。

6.2.2.3 贮煤场的总贮量为 100～5000t 时,消防用水量应为 15l/s;总贮量大于 5000t 时,消防用水量应为 20l/s。

建(构)筑物室外消防一次用水量(l/s)　　表 6.2.2

耐火等级	建筑物名称及火灾危险性类别 ＼ 一次火灾用水量(l/s) ＼ 建(构)筑物体积(m^3)		1501~3000	3001~5000	5001~20000	20000~50000	>50000
二级	主厂房		15	20	25	30	40
二级	材料库	丙	15	25	25	35	—
二级	其他建筑		15	15	20	25	30
三级	其他厂房或库房(材料棚库)	戊	10	15	20	25	35
三级	其他建筑		15	20	25	30	—

注：① 消防用水量应按消防需水量最大的一座建筑物或防火墙间最大的一段计算,成组布置的建筑物应按消防需水量较大的相邻两座计算。

② 甲、乙类建(构)筑物的消防用水量应符合现行的国家标准《建筑设计防火规范》的有关规定。

6.2.2.4　水喷雾灭火系统的消防用水量应符合现行的国家标准《水喷雾灭火系统设计规范》的有关规定。

6.2.3　消防用水与生活用水合并的给水系统,在生活用水达到最大小时用水时,应确保消防用水量(消防时淋浴用水可按计算淋浴用水量的 15%计算)。

6.2.4　室外消防给水管道和消火栓的布置应符合现行的国家标准《建筑设计防火规范》的有关规定。

6.2.5　生活、消防用水合并的给水系统或独立的消防给水系统,当给水管道所供水源不能满足室内、室外消防用水量要求时,应设消防水池。消防水池应符合现行的国家标准《建筑设计防火规范》的有关规定。

6.3　室内消防给水

6.3.1　在建(构)筑物内的下列部位应设置室内消火栓：

6.3.1.1　主厂房,包括汽机房和锅炉房的底层、运转层;煤仓间各层;除氧间层;电梯前室各层平台和集中控制楼楼梯间等。

室内消火栓用水量　　表 6.3.2

建筑物名称	高度、层数、体积	消火栓用水量(l/s)	同时使用水枪数量(支)	每支水枪最小流量(l/s)	每根竖管最小流量(l/s)
主厂房	高度≤24m,体积≤10000m^3	5	2	2.5	5
主厂房	高度≤24m,体积>10000m^3	10	2	5	10
主厂房	高度>24~50m	25	5	5	15
主厂房	高度>50m	30	6	5	15
控制楼、办公楼	高度≤24m,体积≤10000m^3	10	2	5	15
控制楼、办公楼	高度≤24m,体积>10000m^3	15	3	5	10
材料库、修配厂	高度≤24m,体积≤5000m^3	5	1	5	5
材料库、修配厂	高度≤24m,体积>5000m^3	10	2	5	10
其他建筑	高度≥6 层或体积≥10000m^3	15	3	5	10

注:增设消防水喉设备,可不计入消防用水量。

6.3.1.2 运煤建筑系统；材料库各层；修配厂；生产、行政办公楼各层。

6.3.1.3 其他建(构)筑物室内消火栓的设置应符合现行的国家标准《建筑设计防火规范》的有关规定。

6.3.2 室内消火栓的用水量应根据同时使用水枪数量和充实水柱长度，由计算确定，但不应小于表6.3.2的规定。

6.4 室内消防给水管道、消火栓和消防水箱

6.4.1 室内消防给水管道设计应符合下列要求：

6.4.1.1 室内消火栓超过10个且室外消防水量大于15L/s时，室内消防给水管道应有两条进水管与室外管网连接，并应将室内管道连接成环状管网，与室外管网连接的进水管道，每条应按满足全部用水量设计。

6.4.1.2 主厂房室内消防竖管应在底层或运转层由水平干管构成环状，管道直径应经计算确定，但不应小于100mm。

6.4.1.3 室内消防给水管道应采用阀门分段，当某段损坏时，停止使用的消火栓一层中不应超过5个。发电厂主厂房内消防给水管道上阀门的布置，当超过3条竖管时，可按关闭2条设计。

6.4.1.4 消防用水与其他用水合并的室内管道，当其他用水达到最大流量时，应仍能供全部消防用水量。洗刷用水量可不计算在内；合并的管网上应设置水泵接合器。

6.4.1.5 室内消火栓给水管网与自动喷水灭火设备的管网宜分开设置，当设计有困难时，应在报警阀前分开设置。

6.4.2 室内消火栓布置应符合下列要求：

6.4.2.1 室内消火栓的布置应保证有两支水枪的充实水柱同时到达室内任何部位。

6.4.2.2 室内消火栓栓口处的静水压力不应超过800kPa。当超过800kPa时，应采用分压给水系统。消火栓栓口处的出水压力超过600kPa时，应设置减压设施。

6.4.2.3 室内消火栓应设在明显易于取用的地点，栓口距地面高度宜为1.1m，其出水方向宜向下或与设置消火栓的墙面成90°角。

6.4.2.4 室内消火栓的间距应由计算确定。发电厂主厂房内消火栓的间距不应超过30m，其他建筑物室内消火栓的间距不应超过50m。

6.4.2.5 主厂房内消火栓，在消防系统为高压系统时，应在底层及运转层上的消火栓处或主要通道入口处设置直接启动消防水泵的按钮，并应设置保护设施。

6.4.2.6 主厂房的顶层最高处应设检验用的消火栓。

6.4.3 高压消防给水系统应设置消防水箱。消防水箱的设置应符合下列要求：

6.4.3.1 设在建(构)筑物的高处，且为重力自流水箱。

6.4.3.2 消防水箱应储存10min的消防用水量。当室内消防用水量不超过25L/s时，经计算消防储水量超过12m³时，可采用12m³；当室内消防用水量超过25L/s，经计算水箱消防储量超过18m³时，可采用18m³。

6.4.3.3 消防用水与其他用水合并的水箱，应采取消防用水不作他用的技术措施。

6.4.3.4 火灾发生时由消防水泵供给的消防用水，不应进入消防水箱。

6.4.4 采用高压供水装置的消防给水系统，当能保证最不利点消火栓和自动喷水灭火设备的水量和水压时，可不设消防水箱。

6.5 固定灭火装置

6.5.1 500m³及以上的油罐宜采用低倍数泡沫灭火系统，其设计应符合现行的国家标准《低倍数泡沫灭火系统设计规范》的有关规定。500m³以下的油罐应符合现行的国家标准《小型石油库及汽车加油站设计规范》的有关规定。

6.5.2 水喷雾灭火系统与自动喷水灭火系统的供水强度和设计要求应符合现行的国家标准《水喷雾灭火系统设计规范》和《自动喷水灭火系统设计规范》的有关规定。

6.5.3 固定式气体灭火系统的设计应符合现行的国家标准《卤代烷1211灭火系统设计规范》、《卤代烷1301灭火系统设计规范》或《二氧化碳灭火系统设计规范》的有关规定。

6.6 消防水泵房

6.6.1 消防水泵房应设直通室外的安全出口。

6.6.2 一组消防水泵的吸水管不应少于两条；当其中一条损坏时，其余的吸水管应能满足全部用水量。

高压消防和生活、消防合并的给水系统，其每台工作消防水泵应有独立的吸水管。

6.6.3 消防水泵宜采用自灌式引水。

6.6.4 消防水泵房应有不少于两条出水管与环状管网连接，当其中一条出水管检修时，其余的出水管应能满足全部用水量。出水管上宜设检查用的放水阀门。

6.6.5 消防水泵应设置备用泵。备用泵的流量和扬程不应小于最大一台消防泵的流量和扬程。

高压消防系统宜设置稳压泵。

6.6.6 消防水泵房应设置与本单位消防队直接联络的通信设备。

6.7 消 防 车

6.7.1 消防车的配置应符合下列规定：

6.7.1.1 单机容量为50MW及以上机组：

（1）总容量大于1200MW时不少于2辆；

（2）总容量为600～1200MW时为2辆；

（3）总容量小于600MW时为1辆。

6.7.1.2 单机容量为25MW及以下的机组，当地消防部门的消防车在5min不能到达火场时为1辆。

6.7.2 设有消防车的发电厂，应设置消防车库。

6.8 消 防 排 水

6.8.1 消防排水、电梯井排水可与生产、生活排水统一设计。

6.8.2 变压器、油系统等设施的消防排水，除应按消防流量设计外，在排水设施上应设置油水分隔装置。

7 发电厂采暖、通风和空气调节

7.1 采　暖

7.1.1 运煤建筑采暖,应选用光滑易清扫的散热器。散热器表面温度不应超过160℃。

7.1.2 蓄电池室、制氢站、油泵房、油处理室、乙炔站、汽车库及运煤、煤粉系统建(构)筑物严禁采用明火取暖。

7.1.3 蓄电池室的采暖散热器应采用焊接排管散热器,室内不应设置法兰、丝扣接头和阀门,采暖管道不宜穿过蓄电池室楼板。

7.1.4 采暖管道不应穿过变压器室,不宜穿过配电装置等电气设备间。

7.1.5 室内采暖管道、保温材料应采用不燃烧材料。

7.2 空 气 调 节

7.2.1 电子计算机室、集中控制室、电子设备间应设置排烟设施,其空气调节系统设计应设置防火设施。

7.2.2 空气调节系统的送、回风道,在下列情况时应设置防火阀:

7.2.2.1 送、回风主风道穿过空调机房的隔墙或楼板处;

7.2.2.2 每层送、回风水平风道同垂直总风道的交接处的水平风道上。

7.2.3 防火阀的选择及其安装应符合现行的国家标准《建筑设计防火规范》的有关规定。

7.2.4 空气调节风道不宜穿过防火墙和楼板,当必须穿过时,应在穿过处风道内设置防火阀。穿过防火墙两侧各2m范围内的风道应采用不燃烧材料保温,穿过处的空隙应采用不燃烧材料封堵。

7.2.5 空气调节系统的送风机、回风机宜与消防系统联锁,当出现火警时,应立即停运。

7.2.6 空调机宜布置在单独的机房内,并应避免与电缆布置在一起。

7.2.7 空气调节系统的新风口应远离废气口和其他火灾危险区的烟气排气口。

7.2.8 空气调节系统的电加热器应与送风机联锁,并应设置超温断电保护信号。

7.2.9 空气调节系统的风道及其附件应采用不燃烧材料制作。

7.2.10 空气调节系统的风道、冷水管道的保温材料、消声材料及其粘结剂,应采用不燃烧材料或难燃烧材料。

7.3 电气设备间通风

7.3.1 屋内配电装置通风系统的排风机可兼作排烟机。火灾时,应切断通风机的电源。

7.3.2 当几个屋内配电装置室共设一个送风系统时,应在每个房间的送风支风道上设置防火阀。

7.3.3 变压器室的通风系统应与其他通风系统分开,变压器室之间的通风系统不应合并。火灾时,应切断通风机的电源。

7.3.4 当蓄电池室采用机械通风时,室内空气不应再循环,室内应保持负压。

7.3.5 蓄电池室送风设备和排风设备不应布置在同一风机室内;当采用新风机组,送风设备在密闭箱体内时,可与排风设备布置在同一个房间。

7.3.6 防酸防爆蓄电池室应采用防爆型通风设备,风机应与电机直接连接。当送风道上设置逆止阀时,可采用普通型送风设备。

7.3.7 采用机械通风系统的电缆隧道,当发生火灾时应立即切断通风机电源。通风系统的风机应与火灾探测器联锁。

7.4 油系统通风

7.4.1 当油系统采用机械通风时，室内空气不应再循环，通风设备应采用防爆型，风机应与电机直接连接。当在送风管道上设置逆止阀时，送风机可采用普通型。

7.4.2 油泵房应设置机械通风系统，其排风道不应设在墙体内，并不宜穿过防火墙；当穿过防火墙时，应在穿墙处设置防火阀。

7.4.3 通行和半通行的油管沟应设置通风设施。

7.4.4 含油污水处理站应设置通风设施。

7.4.5 油系统的通风管道及其部件均应采用不燃烧材料。

7.5 其他建筑通风

7.5.1 氢冷式发电机组双坡屋面的汽机房，当采用高侧窗排风时，发电机组上方应设置排氢风帽。

7.5.2 联氨间、制氢站的电解间及贮氢罐间应设置排风装置。当采用机械排风时，通风设备应采用防爆型，风机应与电机直接连接。

7.5.3 柴油机房应设置排风装置。

8 发电厂消防供电及照明

8.1 消防供电

8.1.1 自动灭火系统、电动卷帘门、与消防有关的电动阀门及交流控制负荷，当单机容量为200MW及以上时应按保安负荷供电；当单机容量为200MW以下时应按Ⅰ级负荷供电。

注：保安负荷供电是为保证电厂安全运行和不发生重大人身伤亡事故的供电。

8.1.2 单机容量为25MW以上的发电厂，消防水泵应按Ⅰ级负荷供电。当采用双电源或双回路供电有困难时，宜采用内燃机作动力。

单机容量为25MW及以下的发电厂，消防水泵应按不低于Ⅱ级负荷供电。

8.1.3 发电厂内的火灾自动报警系统，当本身带有不停电电源装置时，应由厂用电源供电。当本身不带有不停电电源装置时，应由厂内不停电电源装置供电。

8.1.4 单机容量为200MW及以上发电厂的单元控制室、网络控制室及柴油发电机房的应急照明，应采用蓄电池直流系统供电。主厂房出入口、通道、楼梯间及远离主厂房的重要工作场所的应急照明，宜采用应急灯。

其他场所的应急照明，应按保安负荷供电。

8.1.5 单机容量为200MW以下发电厂的应急照明，应采用蓄电池直流系统供电。应急照明与正常照明可同时运行，正常时由厂用电源供电，事故时应能自动切换到蓄电池直流母线供电；主控制室的应急照明，正常时可不运行。远离主厂房的重要工作场所的应急照明，可采用应急灯。

8.1.6 当消防用电设备采用双电源供电时，应在最末一级配电箱处切换。

8.2 照 明

8.2.1 当正常照明因故障熄灭时，应按表8.2.1中所列的工作场所，装设继续工作或人员疏散用的应急照明。

发电厂装设应急照明的工作场所 表8.2.1

工作场所		应急照明	
		继续工作	人员疏散
锅炉房及其辅助车间	锅炉房运转层	√	
	锅炉房底层的磨煤机、送风机处	√	
	除灰间		√
	引风机室	√	
	燃油泵房	√	
	给粉机平台	√	
	锅炉本体楼梯	√	
	司水平台		√
	回转式预热器处	√	
	燃油控制台	√	
	给煤机处	√	
	煤仓胶带层		√
汽机房及其辅助车间	汽机房运转层	√	
	汽机房底层的凝汽器、凝结水泵、给水泵、循环水泵、备用励磁机等处	√	
	加热器平台	√	
	发电机出线小室	√	
	除氧间除氧层	√	
	除氧间管道层	√	
运煤系统	碎煤机室	√	
	转运站		√
	运煤栈桥		√
	运煤隧道		√
	运煤控制室	√	
	翻车机室	√	
供水系统	循环水泵房、消防泵房	√	
化学水处理室	化学水处理控制室	√	
电气车间	主控制室	√	
	网络控制室	√	
	集中控制室	√	
	单元控制室	√	
	继电器室	√	
	屋内配电装置	√	
	主厂房厂用配电装置(动力中心)	√	
	蓄电池室	√	
	计算机主机室	√	
	通讯转接台室、交换机室、载波机室、微波机室、特高频室、电源室	√	
	保安电源，不停电电源、柴油发电机房及其配电室	√	
	直流配电室	√	
通道楼梯及其他	控制楼至主厂房天桥		√
	生产办公楼至主厂房天桥		√
	运行总负责人值班室	√	
	汽车库、消防车库	√	

8.2.2 本规范表 8.2.1 中所列工作场所的通道出入口应装设应急照明。

8.2.3 锅炉汽包水位计、就地热力控制屏、测量仪表屏及除氧器水位计处应装设局部应急照明。

8.2.4 继续工作用的应急照明，其工作面上的照度值，不应低于正常照明照度值的 10%。

人员疏散用的应急照明，在主要通道上的照度值，不应低于 0.5lx。

8.2.5 当照明灯具表面的高温部位靠近可燃物时，应采取隔热、散热等防火保护措施。

卤钨灯和额定功率为 100W 及以上的白炽灯炮的吸顶灯、槽灯、嵌入式灯的引入线应采用瓷管、玻璃丝等不燃烧材料作隔热保护。

8.2.6 超过 60W 的白炽灯、卤钨灯、荧光高压汞灯（包括镇流器）不应直接设置在可燃装修或可燃构件上。

可燃物品库房不应设置卤钨灯等高温照明灯具。

8.3 消防控制

8.3.1 集中控制室或单元控制室内应设置消防监测屏，并应有消防设施的启动控制和各区域火灾报警的显示。

8.3.2 各单元控制室宜设置分别向运行值班负责人所在的控制室发出火灾报警信号的装置。

8.3.3 火灾报警系统的音响应与其他系统的音响区别。

8.3.4 当火灾确认后，火灾报警系统应具有将发电厂的广播切换到火灾事故广播的功能。

8.3.5 消防设施的就地启动、停止控制设备应具有明显标志，并应有防误操作保护措施。

8.3.6 火灾报警系统的设计和消防控制设备及其功能应符合现行的国家标准《火灾自动报警系统设计规范》的有关规定。

9 变电所

9.1 变电所建（构）筑物火灾危险性分类、耐火等级、防火间距及消防道路

9.1.1 建（构）筑物的火灾危险性分类及其耐火等级应符合表 9.1.1 的规定。

建（构）筑物的火灾危险性分类及其耐火等级　　表 9.1.1

建（构）筑物名称		火灾危险性分类	耐火等级
主控制楼		戊	二级
通信楼		戊	二级
电缆夹层		丙	二级
屋内配电装置楼（室）	单台设备油量 60kg 以上	丙	二级
	单台设备油量 60kg 及以下	丁	二级
屋外配电装置		丙	二级
油浸变压器室		丙	一级
有可燃介质的电容器室		丙	二级
油处理室		丙	二级
总事故贮油池		丙	一级
检修间		丁	二级
调相机厂房		丁	二级
汽车库		丁	二级
材料库、工具间（有可燃物）		丙	二级
材料棚库		戊	三级

续表 9.1.1

建(构)筑物名称		火灾危险性分类	耐火等级
天桥	下面设置电缆夹层时	丙	二级
	下面不设置电缆夹层时	戊	二级
锅炉房		丁	二级
水泵房、水处理室、水塔、水池		戊	二级
制氢站、贮氢罐		甲	二级
空气压缩机室(无润滑油或不喷油螺杆式)		戊	二级

注:主控制楼、通信楼当不采取防止电缆着火后延燃的措施时,火灾危险性应为丙类。

9.1.2 建(构)筑物构件的燃烧性能和耐火极限,应符合现行的国家标准《建筑设计防火规范》的有关规定。

9.1.3 变电所内的建(构)筑物与变电所外的民用建(构)筑物及各类厂房、库房、堆场、储罐之间的防火间距应符合现行的国家标准《建筑设计防火规范》的有关规定。

9.1.4 变电所内各建(构)筑物及设备的防火间距不应小于表 9.1.4 的规定。

变电所内建(构)筑物及设备的防火间距(m) 表 9.1.4

名称	火灾危险性为丙、丁、戊类生产建(构)筑物(一、二级耐火等级)	生活建筑物(一、二级耐火等级)	屋外配电装置	屋外可燃介质电容器	总事故贮油池
火灾危险性为丙、丁、戊类生产建(构)筑物(一、二级耐火等级)	10	10	10	10	5
生活建筑物(一、二级耐火等级)	10	6	10	15	10
屋外配电装置	10	10	—	10	5
屋外可燃介质电容器	10	15	10	—	5
总事故贮油池	5	10	5	5	—

注:两建筑物相邻,其较高一边外墙为防火墙时,防火间距可不限。但两座建筑物门窗之间的净距不应小于 5m。

9.1.5 屋外油浸变压器之间的防火间距及变压器与本回路带油电气设备之间的防火间距应符合本规范第 5.6 节的有关规定。

9.1.6 屋外油浸变压器与变电所内生产建(构)筑物之间的防火间距应符合下列规定:

9.1.6.1 屋外油浸变压器与生产建(构)筑物之间的防火间距为 10m。

9.1.6.2 屋外油浸变压器或可燃介质电容器等电气设备与生产建(构)筑物无孔洞和门窗的防火墙之间的间距不受限制。

9.1.6.3 屋外油浸变压器或可燃介质电容器等电气设备与生产建(构)筑物设有甲级防火门的防火墙之间的间距不小于 5m。

9.1.7 当屋外油浸变压器的电压为 125000kV 时,其与生活建筑物之间的防火间距应符合下列规定:

9.1.7.1 最大单台设备的油量为 5~10t 时,防火间距不应小于 15m。

9.1.7.2 最大单台设备的油量为 11~50t 时,防火间距不应小于 20m。

9.1.7.3 最大单台设备的油量大于 50t 时,防火间距不应小于 25m。

9.1.8 屋外油浸变压器与可燃介质电容器的防火间距不应小于 10m;与总事故贮油池的防火间距不应小于 5m。

9.1.9 变电所、配电站的设计应符合下列规定:

9.1.9.1 设备不应设置在火灾危险性为甲、乙类的厂房内。

9.1.9.2 火灾危险性为甲、乙类厂房用的变电所或配电站,当采用防火墙与厂房隔开时,可一面贴邻建造。

9.1.9.3 乙类厂房的配电所当防火墙上设置门、窗时,应采用甲级防火门、窗。

9.1.10 市区内变电所的油浸变压器、可燃介质电容器、多油开关等带油电气设备应设置在耐火等级为一级的建(构)筑物内;设置带油电气设备的建(构)筑物与贴邻或靠近该建(构)筑物的其他建

(构)筑物之间应设置防火墙。

9.1.11 变电所内的消防车道宜布置成环形；当为尽端式车道时，应设回车场地。

9.2 变压器及其他带油电气设备

9.2.1 220kV、330kV、500kV 独立变电所，单台容量为 125000kVA 及以上的主变压器应设置水喷雾灭火系统，并应具备定期试喷的条件。当采用水喷雾灭火系统有困难时，可采用其他灭火设施。其他带油电气设备，宜采用干粉或卤代烷灭火器。

9.2.2 当油浸变压器采用固定灭火系统时，应设置火灾探测报警系统。

9.2.3 带油电气设备的防火、防爆、挡油、排油等设计，应符合本规范第 5.6 节的有关规定。

9.3 电缆及电缆敷设

9.3.1 电缆从室外进入室内的入口处、电缆竖井的出入口处、电缆接头处、主控制室与电缆夹层之间以及长度超过 100m 的电缆沟或电缆隧道，均应采取防止电缆火灾蔓延的阻燃或分隔措施，并应根据变电所的规模及重要性采取下列一种或数种措施：

9.3.1.1 采用防火隔墙或隔板，并用防火堵料封堵电缆通过的孔洞。

9.3.1.2 电缆局部涂防火涂料或局部采用防火带、防火槽盒。

9.3.2 220kV 及以上变电所，当电力电缆与控制电缆或通信电缆敷设在同一电缆沟或电缆隧道内时，宜采取防火分隔措施。

9.3.3 电缆夹层及电缆竖井宜设置悬挂式气体自动灭火装置。

9.4 主要生产建(构)筑物

9.4.1 主控制楼(室)、通信楼(室)、屋内配电装置楼(室)、变压器室、电容器、蓄电池室、油处理室、电缆夹层、汽车库以及其他贮有较多可燃或易燃物的房间应设置移动式灭火设施。

9.4.2 市区内无人值班的变电所，宜设置火灾探测报警装置，并应将火警信号传至有关单位。重要的无人值班的变电所，宜设置悬挂式气体自动灭火装置。

9.4.3 变压器室、电容器室、蓄电池室、油处理室、电缆夹层、配电装置室的门应向疏散方向开启；当门外为公共走道或其他房间时，该门应采用钢质门或丙级防火门。配电装置室的中间门应采用双向开启门。

9.4.4 面积超过 $250m^2$ 的主控制室、载波机室、微波机室、配电装置室、电容器室、电缆夹层的安全出口不宜少于两个，楼层的第二个出口可设在固定楼梯的室外平台处。当配电装置室的长度超过 60m 时，应增设一个中间安全出口。

9.5 消 防 给 水

9.5.1 220～500kV 变电所，单台容量为 125000kVA 及以上的变压器，当设置火灾探测报警及水喷雾灭火系统时，应同时设计消防给水系统。

9.5.2 设置消火栓灭火系统的变电所，消防水泵房、室内外消防给水管道及消火栓的设计，应符合本规范第 6 章的有关规定。

9.5.3 水喷雾灭火系统的设计，应符合现行的国家标准《水喷雾灭火系统设计规范》的有关规定。

9.5.4 变电所消防给水量应按火灾时一次最大消防用水量的室内和室外消防用水量之和计算。

9.6 消防供电及照明

9.6.1 消防供电应符合下列规定：

9.6.1.1 消防水泵、电动阀门、火灾探测报警与灭火系统、火灾应急照明应按二级负荷供电。

9.6.1.2 消防用电设备采用双电源或双回路供电时，应在最末一级配电箱处自动切换。

9.6.1.3 火灾应急照明可采用蓄电池作备用电源，其连续供电时间不应少于 20min。

9.6.1.4 消防用电设备应采用单独的供电回路，当发生火灾切断生产、生活用电时，仍应保证消防用电，其配电设备应设置明显标志。

9.6.1.5 消防用电设备的配电线路应穿管保护；当暗敷时，应敷设在不燃烧体结构内，其保护层厚度不应小于 30mm；当明敷时，必须穿金属管，并采取防火保护措施。采用难燃电缆时，可不采取穿金属管保护，但应敷设在电缆井或电缆沟内。

9.6.2 火灾应急照明标志应符合下列规定：

9.6.2.1 配电室、消防水泵房和疏散通道应设置火灾应急照明。

9.6.2.2 人员疏散用的应急照明的照度不应低于 0.5lx，消防水泵房的应急照明，应符合正常照明照度的标准。

9.6.2.3 应急照明灯宜设置在墙面或顶棚上。

附录A 本规范用词说明

A.0.1 为便于在执行本规范条文时区别对待，对要求严格程度不同的用词说明如下：

(1)表示很严格，非这样做不可的：

正面词采用“必须”；

反面词采用“严禁”。

(2)表示严格，在正常情况下均应这样做的：

正面词采用“应”；

反面词采用“不应”或“不得”。

(3)表示允许稍有选择，在条件许可时首先应这样做的：

正面词采用“宜”或“可”；

反面词采用“不宜”。

A.0.2 条文中指定应按其他有关标准、规范执行时，写法为“应符合……的规定”或“应按……执行”。

附加说明

主编单位、参加单位和主要起草人名单

主编单位： 电力工业部东北电力设计院

参加单位： 电力工业部华东电力设计院
公安部天津消防科学研究所

主要起草人： 刘汝义　王恩惠　张焕荣　张新亚
杨趣贤　胡　杰　李春晖　李善化
石守文　裴　跃　王泽义　何永吉
王　琳

中华人民共和国国家标准

火力发电厂与变电所设计防火规范

GB 50229—96

条文说明

制订说明

本规范是根据国家计委计综合[1990]160号文的要求，由电力工业部负责主编，具体由电力工业部东北电力设计院会同电力工业部华东电力设计院、公安部天津消防科学研究所等单位共同编制而成，经建设部1996年7月22日以建标[1996]429号文批准，并会同国家技术监督局联合发布。

在本规范的编制过程中，规范编制组进行了广泛的调查研究，认真总结了我国火电厂和变电所防火的实践经验，同时参考了有关国际标准和国外先进标准，并广泛征求了全国有关单位的意见。最后由我部会同有关部门审查定稿。

鉴于本规范系初次编制，在执行过程中，希望各单位结合工程实践和科学研究，认真总结经验，注意积累资料，如发现需要修改和补充之处，请将意见和有关资料寄交电力工业部东北电力设计院（长春市人民大街118号，邮政编码130021），并抄送电力工业部建设协调司，以供今后修订时参考。

电力工业部

1996年7月

目　次

1 总 则

1.0.1 本条规定了本规范制订的目的、方针、原则和指导思想。

我国的发电厂与变电所火灾事故自1969年11月至1985年6月的15年间，在比较大的多起火灾中，发电厂的火灾占87.9%，变电所的火灾占12.1%。发电厂的火灾事故率在整个电力系统中占主要地位。而发电厂和变电所发生火灾后，直接损失和间接损失都很大，直接影响了工农业生产和人民生活。因此，为了确保发电厂和变电所的建设和安全运行，防止或减少火灾危害，保障人民生命财产的安全，做好发电厂和变电所的防火设计是必要的。

在发电厂和变电所的防火设计中，必须贯彻"预防为主，防消结合"的消防工作方针，从全局出发，针对不同机组发电厂和不同电压等级及变压器容量的特点，结合实际情况，做好发电厂和变电所的防火设计。

1.0.2 本条规定了本规范的适用范围。发电厂从3MW至600MW机组的范围较大，变电所从35kV至500kV的电压范围也较大，发电厂发生火灾的主要部位是在电气设备、电缆和油系统，变电所发生火灾的主要部位是在变压器等地方。因此，做好以上部位的防火设计对保障发电厂和变电所的安全生产至关重要。但对于不同发电机组的发电厂和不同电压等级的变电所需根据其容量大小，所处环境的重要程度和一旦发生火灾所造成的损失等情况综合分析，做出适当的防火设施设计标准。做到既技术先进，又经济合理。

本条规定了本规范适用于新建、扩建的发电厂的防火设计和新建地上变电所的防火设计。对于发电厂的改建工程和变电所的扩建、改建工程，由于情况比较复杂，应进行综合分析后确定是否参照新建、扩建的发电厂和新建的变电所进行防火设计。

1.0.3 本条规定了发电厂和变电所有关消防方面新技术、新工艺、新材料和新设备的采用原则。防火设计涉及法律，在采用新技术、新工艺、新材料和新设备时一定要慎重而积极，必须具备实践总结和科学试验的基础。

在发电厂和变电所的防火设计中，要求设计、建设和消防监督部门的人员密切配合，在工程设计中采用先进的防火技术，做到防患于未然，从积极的方面预防火灾的发生和蔓延。这对减少火灾损失、保障人民生命财产的安全具有重大意义。

发电厂的防火设计标准应从技术、经济两方面出发，正确处理生产和安全、重点和一般的关系，积极采用行之有效的先进防火技术。切实做到既促进生产，保障安全，又方便使用，经济合理。

1.0.4 发电厂和变电所的防火设计涉及面较广，本规范还不能将其各类建筑、设备的防火防爆等技术全部内容包括进来。因此，在进行发电厂和变电所的防火设计时，除应执行本规范外，还要符合国家现行的《城市煤气设计规范》、《氧气站设计规范》、《汽车库设计防火规范》等有关标准、规范的要求。

2 发电厂建(构)筑物的火灾危险性分类及其耐火等级

2.0.1 厂区内各车间的火灾危险性基本上按现行的国家标准《建筑设计防火规范》第3.1.1条分类。建(构)筑物的最低耐火等级按国内外火力发电厂设计和运行的经验确定。现将发电厂有关车间的火灾危险性说明如下：

主厂房内各车间(汽机房、除氧间、煤仓间、锅炉房、集中控制楼或集中控制室)为一整体，其火灾危险性绝大部分属丁类，仅煤仓间的运煤皮带层，其生产的火灾危险性属丙类。运煤皮带层均布置在煤仓间的顶层，其宽度与煤仓间宽度相同，一般为13.50m左右，长度与煤仓间相同。运煤皮带层的面积不超过主厂房总面积的5%，故将主厂房的火灾危险性定为丁类。

主厂房的集中控制楼内一般都布置有蓄电池室。蓄电池在生产过程中可能有氢气漏出，故其火灾危险性应属甲类。近年来，有些电厂采用不产生氢气的蓄电池，在蓄电池室中都有良好的通风设备，蓄电池室与其他房间之间有防火墙分隔。蓄电池室所占面积不到主厂房面积的1%，故不影响主厂房的火灾危险性。

材料库中可能存放部分润滑油，故属丙类。

材料棚库中主要存放钢材、水泥、大型阀门等，故属戊类。

2.0.2 厂区内建(构)筑物的构件的燃烧性能和耐火极限与一般建筑物的性质一样，《建筑设计防火规范》已对这些性能作了明确规定，故按《建筑设计防火规范》执行。

2.0.3 近几年来，随着大机组的出现，厂房体积也随之增大，采用金属墙板围护结构日益增多，故提出本条。

2.0.4 主厂房跨度较大，工期紧，一般均采用钢屋架，从过去发电厂火灾情况调查中可以看出，汽轮机头部油箱、油管路火灾较多，但除西北某电厂外，其他火灾直接影响面较小，没有烧到屋架。如某电厂汽轮机头部油系统着火，影响半径 5m 左右。目前 200MW 以上机组汽机房柱距一般为 9m 和 12m，考虑火灾对两、三榀屋架可能有影响，因此在汽轮机头部油箱及油管道附近的金属构件上刷涂料，以提高其耐火极限，以便有时间灭火，减少火灾造成的损失。

在主厂房的夹层往往采用钢柱、钢梁现浇板，为了安全，在上述范围内的钢梁、钢柱应采取保护措施，多年来的生产实践证明，没有因火灾造成钢梁、钢柱的破坏。故其耐火极限有所放宽。

2.0.5 集中控制室、主控制室、网络控制室、汽机控制室、锅炉控制室、计算机房等是发电厂的核心，是人员比较集中的地方，限制上述房间的可燃物放烟量，以减少火灾损失。

2.0.6 集中控制室和计算机室等集中控制楼内的隔墙，是疏散走道两侧的隔墙或房间隔墙，考虑控制楼是电厂的核心部分，使墙的耐火极限达到 1h 又没有什么困难，因此较《建筑设计防火规范》的要求适当提高，以减少火灾损失。

2.0.7 调查资料表明，发电厂的火灾事故中，电缆火灾占的比例较大。电缆夹层又是电缆比较集中的地方，因此适当提高了隔墙的耐火极限。

发电厂电缆夹层一般位于控制室下边，常常采用钢梁浇制板，如发生火灾将直接影响控制室地面。某电厂电缆夹层发生火灾，因钢梁刷了防火涂料，因此钢梁没有破坏，只发生一些变形。很快就修复了。因此要求钢梁进行防火处理，以减少火灾造成的损失。

2.0.8～2.0.10 屋内卸煤装置的地下室常常与地下转运站或运煤地道相连，地下室面积较大，且无法作防火墙分隔，考虑生产工艺的实际情况，又地下室正常情况下只有一二个人在工作，所以地下室最大允许占地面积有所放宽。

对东北地区近几年新建的几个发电厂的卸煤装置地上、地下建筑面积的统计如表 1：

部分发电厂卸煤装置地上、地下建筑面积 **表 1**

序号	建　筑　物	地下建筑面积 (m^2)	地上建筑面积 (m^2)
1	双鸭山电厂卸煤装置	1743	2823
2	双鸭山电厂 1 号地道	292	
3	哈尔滨第三发电厂卸煤装置	2223	3127
4	铁岭电厂卸煤装置	1899	3167
5	铁岭电厂 1 号地道	234	
6	铁岭电厂 2 号地道	510	
7	大庆自备电站卸煤装置	2142	3659
8	大庆自备电站地下转运站	242	

从表 1 中可以看出，卸煤装置本身，地下部分面积只有 $2000m^2$ 左右，但电厂的卸煤装置往往与 1 号转运站、1 号地道连接，两者之间又不能设隔墙，为满足生产需要，故提出丙类厂房地下室面积为 $3000m^2$。

主厂房面积较大，根据生产工艺要求，常常是将汽机房和除氧间看作一个防火分区，目前大型电厂一期工程就是 4×300MW，其占地面积多达 $10000m^2$ 以上，由于工艺要求不能再分隔。主厂房高度虽然较高，但一般汽机房只有 3 层，除氧间、煤仓间也只有 5～6 层，在正常运行情况下，有些层没有人，运转层也只有十多个人。况且汽机房、锅炉房里各处都有工作梯，可供疏散用。建国 40 多年还没有因主厂房没有防火隔墙而造成火灾蔓延的案例。根据电厂建设的实践经验，一般不超过 6 台机组。

汽机房往往设地下室，根据工艺要求，一般每台机之间可设置一个防火隔墙。在地下室中有各种管道，电缆、废油箱（闪点大于 60℃）等，正常运行情况下地下室无人值班，因此地下室占地面积有所放宽。

2.0.11 根据发电厂生产工艺要求，一般汽机房与除氧间管道联系较多，看作一个防火分区；锅炉房和煤仓间工艺联系密切，二者又都有较多的灰尘，划为一个防火分区；集中控制室是电厂的核心，有控制设备、计算机房等，一般都有相对独立性，可与汽机房、锅炉房用防火隔墙分开。但煤斗层无法用防火墙，故在条文中没提防火分区，只提出用不燃烧材料作隔墙。

主厂房各车间应看成防火分区，隔墙应是防火墙。故要求运转层以下纵向隔墙耐火极限为4h。上部有些地方无法满足4h要求，且运转层的火灾较少，故没有提耐火极限要求，在工程有条件的地方应尽可能作防火墙。

3 发电厂厂区总平面布置

3.0.1 发电厂厂区的用地面积较大，建(构)筑物的数量较多，而且建(构)筑物的重要程度、生产操作方式、火灾危险性等方面的差别也较大，因此根据上述几方面划分厂区内的重点防火区域。这样就突出了防火重点，做到火灾时能有效控制火灾范围，有效控制易燃、易爆建筑物，保证电厂正常发电的关键部位的建(构)筑物及设备和工作人员的安全，相应减少电厂的综合性损坏。所谓“重点防火区域”是指在设计、建设、生产过程中应特别注意防火问题的区域。提出“重点防火区域”的概念的另一目的，也是为了增强总图专业设计人员从厂区整体着眼的防火设计观念，便于厂区防火分区的划分。

美国的《火力发电厂防火设计规范(NFPA850)》(1990年版)第3章“电厂防火设计”中也对防火区域的划分做了若干规定。

按贵重程度划分，主厂房是电厂生产的核心，围绕主厂房划分为一个重点防火区域。

屋外配电装置区内多为带油电器设备，且母线与隔离开关处时常闪火花。其安全运行是电厂及电网安全运行的重要保证，应划分为一个重点防火区域。

点火油罐区一般贮存可燃油品，包括卸油、贮油、输油和含油污水处理设施，火灾几率较大，应划分为一个重点防火区域。

按生产过程中的火灾危险性划分，乙炔站、制氢站为甲类，制氧站为乙类，其应各划分为一个重点防火区域。

据调查，电厂的贮煤场常有自燃现象，尤其是褐煤，自燃现象较严重，应划分为一个重点防火区域。

消防水泵房是全厂的消防中枢，其重要性不容忽视，应划分为一个重点防火区域。据调查，由于工艺要求，有些电厂将消防水泵同生活水泵或循环水泵布置在一个泵房内，这也是可行的。

电厂的材料库及棚库是贮存物品的场所，同生产车间有所区别，应将其划分为一个重点防火区域。

重点防火区域的划分是由我国现阶段的技术经济政策、设备及工艺的发展水平、生产的管理水平及火灾扑救能力等因素决定的，它不是一成不变的，随着上述各方面的发展，也将相应变化。

3.0.2 重点防火区域之间的间距，指两区域边缘建(构)筑物之间的距离。区域之间设置消防车道或消防通道，便于消防车通过或停靠，发生火灾时能够有效地控制火灾区域。

3.0.4 厂区内一旦着火，则邻近城镇、企业的消防车必前来支援、营救。那时出入厂的车辆、人员较多，如厂区只有一个出入口，则显紧张，可能延长营救时间，增加损失。

当厂区的二个出入口均与铁路平交时，可执行《建筑设计防火规范》中的规定："消防车道应尽量短捷，并宜避免与铁路平交。如必须平交，应设备用车道，两车道之间的间距不应小于一列火车的长度"。

3.0.5 火力发电行业多年的设计实践是在主厂房、贮煤场和点火油罐区周围设置环形道路或消防车道。山区发电厂的主厂房、点火油罐区和贮煤场设环形道路确有困难时，其四周应设置尽端式道路或通道，并应增设回车道或回车场。

《建筑设计防火规范》及《石油库设计规范》中对环形消防车道设置也作了规定，综合上述情况，作此条规定。

3.0.8 本条是根据火力发电行业多年的设计实践编制的。企业所属的消防车库与为城市服务的公共消防站是有区别的。因此不能照搬消防站的有关规定。

3.0.9 汽机房、屋内配电装置楼、主控制楼及网络控制楼同油浸变压器有着紧密的工艺联系，这是发电厂的特点。如果拉大上述建筑同油浸变压器的间距，势必增加投资，增加用地及电能损失。根据发电行业多年的设计实践经验，将油浸变压器与汽机房、屋内配电装置楼、主控制楼及网络控制楼的间距，同油浸变压器与其它的火灾危险性为丙、丁、戊类建筑的间距要求(表 3.0.12)区别对待。因此，做此条规定。

3.0.10 本条的规定基于以下原因：

1. 点火油区贮存的油品多为渣油和重油，属可燃油品，该油品有流动性，着火后容易扩大蔓延。

2. 围在油区围栅(或围墙)内的建(构)筑物应有卸油铁路、栈台、供卸油泵房、贮油罐，含油污水处理站可在其内，也可在其外。围栅及围墙同建(构)筑物的间距，一般为 5m 左右。布置在厂区内的油区，应设置 1.5m 高的围栅(见图 1)；布置在厂区边缘上的油区，其外侧应设置 2.5m 高的实体围墙(见图 2)。

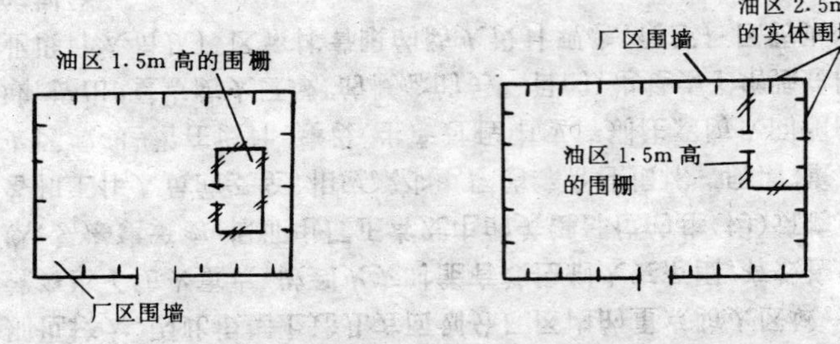

图 1 厂区内油区设置围栅示意 图 2 厂区边缘油区设置实体围墙示意

3.《石油库设计规范》附录一：名词解释中对"石油库"的定义是"收发和储存原油、汽油、煤油、柴油、喷气燃料、溶剂油、润滑油和重油等整装、散装油品的独立或企业附属的仓库或设施"。

《石油库设计规范》条文说明中第 1.0.2 条，"本条所指的石油库包括独立经营的石油库(如商业、转运、储备和军用等石油库)及工业、交通、农林等部门的企业附属石油库(如炼油厂、石油化工厂、油气田、长距离输油管线、发电厂、钢铁厂……等单位的附属石油库)。

《建筑设计防火规范》第4.4.9条,第4.4.5条,第4.4.2条的注中都写有"……防火间距,可按《石油库设计规范》有关规定执行"。

发电厂点火油罐区的设计,应符合现行的国家标准《石油库设计规范》的有关规定。

3.0.12 本条是根据现行的国家标准《建筑设计防火规范》的原则规定,结合发电厂设计的实践经验,依照发电行业设计人员已多年掌握的表格形式编制的。

条文中的发电厂各建(构)筑物之间的防火间距表是基本防火间距,现行的国家标准《建筑设计防火规范》中关于在某些特定条件下防火间距可以减小的规定对本表同样有效。本表中未规定的有关防火间距,应符合现行的国家标准《建筑设计防火规范》的有关规定。

4 发电厂建(构)筑物的安全疏散和建筑构造

4.1 主厂房的安全疏散

4.1.1 主厂房按汽机房、除氧间;锅炉房、煤仓间;集中控制楼三个车间分,每个车间面积都很大,为保证人员的安全疏散,故要求每个车间不应小于两个安全出口,在某些情况下,特别是地下室可能有一定困难,所以提出两个出口可有一个通至相邻车间。

4.1.2 主厂房集中控制室是电厂的生产运行指挥中心,又是人员比较集中的地方,为保证人员安全疏散,故要求有两个安全出口。

4.1.3 从运行人员工作地点到安全出口的距离,其长短将直接影响疏散所需时间,为了满足允许疏散时间的要求,所以计算求得由工作地点到安全出口允许的最大距离。

根据资料统计,在人员不太密集的情况下,人员的行动速度按60m/min,下楼的速度按15m/min计。300MW和600MW机组的司水平台标高约为60m,在正常运行情况下,运行人员到这里巡视,从司水平台下到底层,梯段长度约为60m,所需时间大约为4min。如果允许疏散时间按6min计,则在平面上的允许疏散时间还有2min,考虑从工作地点到楼梯口以及从底层楼梯口到室外出口两段距离,每段按一半计算,则从工作地点到楼梯的距离应为60m左右。为此,我们认为从工作地点到楼梯口的距离定为50m比较合理。在正常运行情况下,主厂房内的运行人员多数都在运转层的集中控制室内,从运转层下到底层最多需要1min,集中控制室的人员疏散到室外,共需2.5min左右,完全能满足安全疏散要求。

4.1.4 主厂房中人员较少,如按人流计算,门和走道都很窄。根据门窗标准图规定的模数，所以规定门和走道的净宽不宜小于0.9m和1.4m。

4.1.5 主厂房虽然较高，但一般也只有5～6层。在正常运行情况下人员很少，厂房内可燃的装修材料很少，厂房内除疏散楼梯外，还有很多工作梯，多年来都习惯作开敞式楼梯。在扩建端都布置有室外钢梯。但为保证人员的安全疏散和消防人员扑救，故要求至少应有一个楼梯间通至各层和屋面。其他楼梯可作成净宽不小于0.8m的钢梯。

4.1.6 当单机容量较大时，集中控制室不放在除氧煤仓间框架中，往往独立设置一栋集中控制楼。每层面积较大，且均形成一个独立体，因此，要求有一部楼梯通至各层，便于疏散。此外，集中控制室和电缆夹层也都和汽机房相连，汽机房空间较大，楼梯也较多，实际是集中控制楼的第二安全出口，完全可以满足疏散要求。

4.1.7 主厂房的运煤胶带层较长，一般在固定端和扩建端都有楼梯，中间楼梯往往不易通至胶带层，因此要求有通至锅炉房或除氧间、汽机房屋面的出口，以保证人员安全疏散。

4.2 其他厂房的安全疏散

4.2.1 碎煤机室和转运站每层面积都不大，过去工程中均设置0.8m宽钢梯。在正常运行情况下，也只有一两个人值班。况且还有栈桥也可以作为安全出口利用。所以设一个净宽不小于0.8m的钢梯是可以的。

4.2.2 屋内配电装置楼，当室内装有每台充油量大于60kg的设备时，其火灾危险性属于丙类，按《建筑设计防火规范》的要求，安全疏散距离，对一、二级建筑应为60m，故提出安全出口的间距不应大于60m。

4.2.3 电缆隧道火灾危险性属于丙类，安全疏散距离应为80m，但考虑隧道中疏散不便，因此提出间距不超过75m。

4.2.4 屋内配电装置室长度超过7m时，设两个安全出口是电气工艺设计的需要。

4.2.5 卸煤装置和翻车机室地下室火灾危险性属丙类，在正常运行情况下只有一两个人，为安全起见，所以提出两个安全出口通至地面。

4.2.6 运煤系统中地下构筑物有一端与地道相通，为保证人员安全疏散，所以要求在尽端设一通至地面的安全出口。

4.2.7 电厂中一般建筑物与工业厂房基本相同，因此按现行的国家标准《建筑设计防火规范》的有关规定执行。

4.3 建筑构造

4.3.1 主厂房的电梯是设在锅炉房内的独立主体，锅炉房是一个大空间。锅炉房火灾较少，如果发生火灾也不会象一般建筑物那样使电梯井变成火灾蔓延的通道。锅炉房又多是钢柱、钢梁，如果发生火灾，单独保护一个电梯也无用，况且在正常运行情况下锅炉房上部只有一两个人巡视。所以对电梯的围护结构放宽要求。

4.3.2 因主厂房比较高大，锅炉房很高，上部有天窗排热气，还有室内吸风口在吸风。因此主厂房总是处于负压状态，即使发生火灾，火焰也不会从门内窜出。所以对休息平台没作特殊要求。

4.3.3 主厂房室外楼梯是供疏散和消防人员从室外直接到达建筑物起火层扑救火灾而设置的。为防止楼梯坡度过大、楼梯宽度过窄或栏杆高度不够而影响安全，因此作此规定。

4.3.4 变压器室、屋内配电装置室、发电机出线小室火灾危险性属丙类，火灾危险性较大，因此要求用丙级防火门。

主厂房各车间的隔墙不完全是防火墙，为安全起见，要求用丙级防火门。

电缆夹层、电缆竖井火灾危险性属丙类，且火灾危险性较大，而里面又经常无人，为防止火灾蔓延，因此要求用丙级防火门。

4.3.5 为避免发生火灾时，由于人员惊慌拥挤而使内开门扇无法开启，造成不应有的伤亡，因此要求门向疏散方向开启。

屋内配电装置室中间隔墙，考虑两个房间都可能发生火灾，人员可能向两个方向疏散，作双向弹簧门便于疏散。

4.3.6 主厂房与控制楼、生产办公楼间常常有天桥联结，为防止火灾蔓延，所以设门，可以作钢门、铝合金门。

4.3.7 蓄电池室、通风机室及蓄电池室前套间均有残存氢气的可能，火灾危险性较大，应采用向外开启的防火门。

4.3.8 厂区中主变压器火灾较多，变压器本身又装有大量可燃油，一旦发生火灾，火势很大，又有爆炸的可能，所以，当变压器与主厂房较近时，汽机房外墙上不应设门窗，以免火灾蔓延到主厂房内。当变压器距主厂房较远时，火灾影响的可能性小些，可以设置防火门、防火窗，以减少火灾对主厂房的影响。

4.3.9 主厂房、控制楼等主要建筑物内的电缆隧道或电缆沟与厂区电缆沟相通。为防止火灾蔓延，在与外墙交叉处设防火墙及相应的防火门。实践证明这是防止火灾蔓延的有效措施。

4.3.10 汽机房和锅炉房间的墙上有很多管道相连，管道安装后孔洞往往不封或封堵不好，易使火灾通过孔洞蔓延，造成不应有的损失。因此规定当管道穿过防火墙时，管道与防火墙之间的缝隙应采用不燃烧材料将缝隙填塞。

4.3.11 柴油发电机室火灾危险性属丙类，且往往有油箱与其放在一个房间内，火灾危险性较大，为防止火灾蔓延，要求作防火墙与其他车间隔开。

4.3.12 褐煤和高挥发分煤种容易自燃，造成火灾。目前采用钢结构的栈桥在不断增加，近年曾有几次火灾造成栈桥塌落，因此要求采取防火措施。

4.3.13 材料库中的特种材料是指油漆、酒精、润滑油等，其存放量均较少，与一般材料同置一库中，为保证材料库的安全，所以规定用防火墙分隔。

5 发电厂工艺系统

5.1 运煤系统

5.1.1 贮煤场设备的防护。对于斗轮式堆取料机、运载桥等大型设备，应配备手提式灭火器。因为这些设备是沿轨道移动的，位置有其不确定性。火灾的隐患多半存在于设备配置的电气设备上，由于设备自身防护的要求和火灾突发性的特点，对灭火器的基本要求是：机动性强，有效性高（干粉或卤代烷）和具有一定的作用半径。

5.1.2 由于电厂燃用煤种不同，本条重点列出了对于燃用褐煤或高挥发分煤种堆放所采取的措施，对于燃用其他非自燃性的煤种可参照进行。贮煤场的贮煤在设计上应采取下列措施，以降低火灾的危险性。

1. 对于燃用褐煤或高挥发分易自燃煤种，由于其总贮量水平低（通常为10～15d锅炉耗煤量），翻烧的频率较高，为利于自燃煤的处理，推荐采用较高的回取率，应不低于70％。

2. 根据＜电力网和火力发电厂省煤节电工作条例＞总结的经验，化学性质不同的煤种应分别堆放，在贮煤场容量计算上，应按分堆堆放的条件确定贮煤场的面积。

3. 为减缓煤堆的氧化速度，视不同的煤种采用最有效的延迟氧化速度的建堆方式，可采用分层压实、喷水、洒石灰水等方式。

4. 煤堆内的温度60℃作为管理基准，当大于此温度时，应进行翻烧、燃用或喷水降温，喷水降温系统可以和煤场喷水抑尘系统共用，不另行增设。

5.1.3 本条是对运煤系统，承担煤流转运功能的各种型式的煤斗的设计，为使其活化率达到100%，避免煤的长期积存引起自燃而做出的规定。

5.1.4 运煤系统运输机落煤管转运部位，为减少燃煤撒落和积存的措施是：

1. 增大头部漏斗的包容范围。
2. 采用双级合金清扫器。
3. 设置导流挡板，增加物料的对中性。
4. 与导煤槽连接的落煤管采用矩形断面。
5. 采用拱型导料槽增大其空间利于粉尘的沉降。
6. 承载托辊间距加密并采用45°槽角托辊。
7. 必要时设置助流设施。

以往转运点的设计，由于运输机三类部件标准偏低，致使撒料、积料严重，特别是对于燃用易自燃煤种，沉积阴燃在运输机尾部，加之长时间得不到清理形成自燃。这是造成发电厂多起烧毁胶带重大火灾事故的主要原因。为杜绝此类事故的发生，制定重点反事故措施非常必要。

5.1.5 从电力安全生产出发，数十年来总结出的经验是："装有煤气红外线的解冻库，必须制定有关防火防爆的安全规程"。解冻库以北方严寒地区设置为主，发电厂早期解冻库的热源主要为蒸汽，近年来采用蒸汽与热风混合加热居多，采用煤气或红外线作为热源较少。冶金、焦化部门由于具备高炉煤气的条件，应用相对较多。煤气红外线解冻库加热特点是：在解冻车辆两侧面，煤气经无焰燃烧后产生的红外线被煤介质吸收，而车辆底部则采用煤气有焰燃烧。考虑到这些加热特点，对车辆的防护范围及材料做了规定。

5.1.6 运煤系统的转运站、碎煤机室以及地下部分转运站设置的除尘设备，其电气设备，主要指配电盘和操作箱，其外壳防护等级应符合现行的国家标准。

5.1.9 自身摩擦升温的设备是导致运煤系统发生火灾的隐患。近年来发电厂运煤系统的火灾事故中，不少是由于胶带改向滚筒被拉断，胶带与栈桥钢结构直接摩擦发热而升温，引起堆积煤粉的燃烧，酿成烧毁胶带及栈桥塌落的重大事故。鉴于此，对带式运输机安全防护设施做了规定。

5.1.10 高挥发分易自燃煤种，按国家煤炭分类，挥发分大于37%的长烟煤属高挥发分易自燃煤种。对于挥发分为28%～37%的烟煤，在实际使用中具有自燃性亦应视做高挥发分易自燃煤种，应采用难燃胶带。事实上难燃胶带也是可以燃烧的。只不过火源切断后能自行熄灭或延迟燃烧速度而已。对于难燃胶带国内目前有两种型式。其一为PVC型(聚氯乙烯织物整芯输送带)，另一种为PVC型(带有覆盖橡胶层的聚氯乙烯织物芯带)称为橡胶型难燃带，除具有与PVC型等同的安全防火性能外，且具有大运量、高强度、适用于长距离寒冷地区和输送倾角大的环境，能延长使用寿命。因此推荐采用橡胶型PVC难燃胶带。

5.1.11 运煤系统多灰尘且潮湿(指地下部分)，电气设备外壳必须达到防尘要求，应符合国家标准《电工产品外壳防护等级》的有关规定。我国标准是等效采用IEC529—76，其防护等级至少要达到IEC54级。但目前国产"Y"系列电动机外壳防护等级通常在IP44级以下，若采用IP54级需特殊订货且价格较高，因此本条未作硬性规定。对于燃用褐煤或高挥发分易自燃煤种宜采用IP54级。而对于其他煤种则可采用IP44级。

5.1.12 目前运煤系统配置的通信设备具有呼叫、对讲、传呼及会议功能。当发生火灾警报时，可用本系统报警及时下达处置命令，因此可不必单独设置防火用通信系统。

5.1.13 近年来筒仓的方案在发电厂的建设中占有一定的比重。单仓贮量由初期的500t发展建成10000t级的大型筒仓。特别是对于贮存褐煤及高挥发分易自燃煤种的筒仓，应对仓内温度、可燃气体及粉尘浓度等进行必要的监测并采取相应的措施，以利安全运行。国内已有筒仓爆炸事故的先例，充分说明制定一些安全措施十分必要。鉴于国内目前对可燃气体和粉尘浓度的监测，尚无足够的运行经验，暂未列入本规范，其余对温度的监测，设置喷水降温、防爆门和通风设施均做了规定。

5.2 锅炉煤粉系统

5.2.1 关于原煤仓和煤粉仓的设计规定：

1. 不间断而可控制的向磨煤机内供煤，是减少煤粉系统着火和爆炸的重要措施。本条对原煤仓和煤粉仓设计的要求主要是为避免由于设计的不合理，运行中发生堵煤、积粉而引起爆炸起火。

2. 经过细粉分离器分离下来，进入煤粉仓的煤粉，其颗粒尺寸绝大部分为0.2mm以下，是最易爆炸的煤粉。而粉仓内积粉阴燃、漏风以及有一定浓度的可燃混合物，是煤粉仓发生爆炸起火的重要因素。设计的煤粉仓内壁不平整、光滑，运行中会出现积粉的死角。粉仓受潮、受热其内壁会因结露而粘附煤粉，久之，这些积粉就会发生阴燃。若设计的粉仓结构不严密，运行中仓内有空气进入会加速已阴燃煤粉的燃烧，当遇有粉仓在低粉位进粉运行时，所形成的有爆炸浓度的粉尘空间，就会被高落差进粉所扬起的已燃烧的煤粉所点燃，而发生爆炸起火。

煤粉仓发生爆炸时，其顶盖及四角受到的冲击力最大，它是粉仓的薄弱部位，故要求顶盖与四角应有整体的坚固性。此外，为防止运行中有空气漏入，粉仓设计还要有很好的严密性。

5.2.2 本条从防火需要出发，要求煤粉管道的流速应等于或大于输送煤粉所要求的最低流速，以防止由于沉积煤粉的自燃而引起煤粉系统内的爆炸而酿成的火灾。

此外，由于煤粉管道设计不严密，特别是有法兰连接时，运行中会有煤粉外漏，当漏出的煤粉在制粉间或锅炉房内形成有爆炸浓度（$0.3\sim0.6kg/m^3$）的粉尘空间时，若遇有明火（如电焊火花、电火花、吸烟以及沉积在设备、管道和厂房建筑构件上的阴燃煤粉的飞扬）就会被点燃而引起爆炸起火。为此，本条对管道设计流速及严密性提出了要求。

5.2.4 用于本锅炉或相邻锅炉制粉系统之间转运煤粉的输送机，是非连续运转的机械，在其停运期间，里面剩余的煤粉一般都无法清扫干净，在其输送挥发分较高的粉状燃料时，特别是当其煤粉水分又较高时，会有部份煤粉粘附在输送机内的部件上，时间久了会产生阴燃，并被带进煤粉仓内。此外，在制粉系统其他设备发生积粉和阴燃的煤粉也会通过转运设备送进粉仓内，这些阴燃的煤粉若在粉仓内遇有高浓度的气粉混合物时，即会发生着火和爆炸，故做此规定。

在1990年第六次修订版的前苏联《燃料输送、粉状燃料制备和燃烧设备的防爆规程》中第2.41条规定："对新设计的制粉系统，在磨制气煤、长焰煤、褐煤时，禁止设置用于制粉系统间煤粉转送的螺旋输粉机"。我国电力部门的多年运行实践也证明，200MW及以上机组的锅炉，当采用易爆煤种时，可不设螺旋输粉机。

5.2.5 为防止防爆门爆破时排出物伤人或烧坏设备及抽出燃油枪时，油滴到其下方的人员或设备上造成损害，故做此规定。

5.2.6 煤粉系统爆炸而引起的火灾是燃煤电厂运行中常发生且具有很大危害的事故。为防止或限制爆炸性破坏可以从如下方面采取措施：

1. 煤粉系统设备、元件的强度按小于最大爆炸压力进行设计的煤粉系统设置防爆门。

2. 煤粉系统按惰性气氛设计，使其含氧量降到爆炸浓度之下。

3. 煤粉系统设备、元件的强度按承受最大爆炸压力设计，系统不设置防爆门。

关于防爆门的装设要求及煤粉系统抗爆设计强度计算的标准各国有所差异。前苏联较多利用防爆门来降低爆炸对设备和系统的破坏，1990年最新出版的《燃料输送、粉状燃料制备和燃烧设备的防爆规程》中，对防爆门装设的位置、数量以及面积选择原则等都有详细的规定。而美国、德国则多采用提高设备和部件的设计强度来防止爆炸产生的设备损坏，仅在个别系统的某些设备上才允许装设防爆门。

我国目前尚未正式颁布有关制煤粉系统防爆方面的设计规程或规定。以往工程设计中多是借用前苏联的标准。本条规定参考了前苏联1990年出版的《燃料输送、粉状燃料制备和燃烧设备的防爆规程》。

5.2.8 煤中的挥发分含量是区分煤的类别的主要指标。挥发分对制粉系统爆炸又起着决定因素。当干燥无灰基挥发分 $V_{daf}>19\%$ 时，就有可能引起煤粉系统的爆炸。而挥发分的析出与温度有关，温度愈高挥发分愈容易被析出，煤粉着火时间越短，越能引起煤粉混合物的爆炸。为此，本条根据磨煤机所磨制的不同煤种，参考了1992年发布的电力行业标准《电站磨煤机及制粉系统选型导则》及1980年出版的《电力工业技术管理法规》等有关资料，根据电厂实践，规定了磨煤机出口气粉混合物的温度值。

5.3 点火及助燃油系统

5.3.3 本条所指的加热燃油系统，主要有为铁路油罐车（或水运油船）的卸油加热，储油罐的保温加热以及锅炉燃油火嘴的供油加热等三部分用的加热蒸汽。重油在空气中的自燃着火点为250℃。而含硫石油与铁接触生成硫化铁，粘附在油罐壁或其他管壁上，在高温作用下会加速其氧化以致发生自燃。此外，加热燃油的加热器，一旦由于超压爆管，或者焊（胀）口渗漏，油品喷至遇有保温破损处的温度较高的蒸汽管上容易引发火灾。

我国《电力工业技术管理法规》中规定："加热燃油的蒸汽温度不超过250℃"；前苏联版《热工手册》中的重油设施有关规定中，用于加热油罐车（或油船），储油罐和燃油加热器的蒸汽参数：压力为784～1274kPa，温度为200～250℃。

根据我国的实践，参考了国内外有关标准，做了本条规定。

5.3.4 地上设置的钢油罐，设置固定式喷水冷却装置的主要目的，一是在油罐发生火灾时，起隔离防护和冷却降温作用，以防火势蔓延，其次，在气温较高的炎热季节，特别是我国南方一些电厂，地上设置的钢油罐，长时间受阳光照射，罐内油品容易超温引起火灾，尤其是当油罐内有大量锅炉热回油时都会引起罐内油品温度过高而引发火灾。当油罐高度超过15m时，消防人员用以扑救油罐火灾冷却用的移动式水枪，其喷水时的上倾角要超过45°，甚至大于60°，使消防人员难以进行操作。为此本条规定：地上设置的钢油罐其高度超过15m时，宜设置固定式喷水冷却装置。

5.3.5 油罐运行中罐内的气体空间压力是变化的，若罐顶不设置通向大气的通气管时，当供油泵向罐内注油或从油罐内抽油时，罐内的气体空间会被压缩或扩张，罐内压力也就随之变大或变小。如果罐内压力急骤下降，罐内形成真空，油罐壁就会被压瘪变形；若罐内压力急骤增大超过油罐结构所能承受的压力时，油罐就会爆裂油品外泄易引发火灾。如果油罐的顶部设有与大气相通的通气管，来平衡罐内外的压力，就会避免上述事故的发生。

5.3.7 为了供给电厂锅炉点火和助燃油品的安全和减少油品损耗，参照《石油库设计规范》第4.1.11条的规定而制定本条。这样，除会增加油品的呼吸损耗外，由于油流与空气的摩擦，会产生大量静电，当达到一定电位时就会放电而引起爆炸着火。根据《石油库设计规范》的条文说明介绍，1977年和1978年上海和大连某厂从上部进油的柴油罐，都因油罐在低油位，高落差的情况下进油，先后发生爆炸起火事故，故制定本条规定。

5.3.10 沿地面敷设的油管道，容易被碰撞而损坏发生爆管，造成油品外泄事故，不但影响机组的安全运行，而且遇明火还易发生火灾。为此，要求厂区燃油管道宜架空敷设。并对采用地沟内敷设时提出附加条件。

5.3.11 本条规定的"油管道及阀门应采用钢质材料。……"其中包括储油罐的进、出口油管上工作压力较低的阀门。主要从两方面考虑，一是考虑地处北方严寒地区的电厂储油罐的进出口阀门，在周围空气温度较低时，如发生保温结构不合理或保温层脱落破损，阀门体外露，会使阀门冻坏。此外，当油管停运需要蒸汽吹扫时，一般吹扫用蒸汽温度都在200℃以上。在此吹扫温度下，一般铸铁阀门难以承受。在高温蒸汽的作用下，铸铁阀门很容易被损坏。特别是在紧靠油罐外壁处的阀门，尤其当其罐内油位较高时，阀门一旦发生破损漏油，难以对其进行修复。为此，油罐出入口管上的阀门也应是钢质的。

5.3.13 在每台锅炉的进油总管上装设快速切断阀的主要目的是，当该炉发生火灾事故时，可以迅速的切断油源，防止炉内发生爆炸事故。手动关断阀的作用是，当速断阀失灵出现故障时，以手动关断阀来切断油源。

5.4 汽轮发电机

5.4.1 本条对汽轮机油系统的设计提出了有关要求：

1. 对汽轮机纵向布置的汽机房而言，因为纵向布置的汽机房零米靠外墙处，距汽轮机本体高温管道区较远，油系统的主油箱、油泵及冷油器等设备在该地区，对防止火灾比较有利。

2. 汽轮机机头的前轴封箱处，是高温蒸汽管道与汽机油管道布置较为集中的区域，也是最容易发生因漏油而引起火灾的地方。

3. 油管道的法兰结合面若采用塑料或橡胶垫时，遇火垫料会迅速烧毁，造成喷油酿成大火。同时，塑料或橡胶垫长期使用后还会发生老化碎裂、收缩，亦会发生上述事故。

4. 事故排油阀的安装位置，直接关系到汽轮机油系统火灾处理的速度，据发生过汽轮机油系统火灾事故的电厂反映，如果排油阀的位置设置不当，一旦油系统发生火灾，阀被火焰包围，运行人员无法靠近进行操作，致使火灾蔓延。所以设置两个事故排油阀，一个靠近油箱布置，运行中常开；另一个应远离油箱布置，运行中常关，事故时打开，并应有两个通道可以到达，以便发生火灾时，运行人员能迅速到达进行操作。

5. 本条所列的汽轮机油系统水压试验压力参考了《电力建设施工及验收技术规范汽轮机机组篇》，并结合我国电厂的运行实践而做出的规定。

6. 为防止汽轮机油系统火灾发生，提高机组运行的安全性，早在20多年前，国外大型汽轮机的调节油系统就广泛使用了抗燃油品，并积累了丰富的运行实践经验。

从70年代开始，我国陆续投产的，以及正在设计和施工的（包括国产和引进的）300MW及其以上容量的汽轮机调速系统，大部分也都采用了抗燃油。

抗燃油品与以往使用的普通矿物质透平油相比，其最突出的优点是：油的闪点和自燃点较高，闪点一般大于235℃，自燃点大于530℃（热板试验大于700℃），而透平油的自燃点只有300℃左右。同时，抗燃油的挥发性低，仅为同粘度透平油的1/10～1/5，所以使抗燃油的防火性能大大优于透平油，成为今后发展方向。为此，本条规定：300MW及以上容量的汽轮机调节油系统，宜采用抗燃油品。

5.4.2 本条对发电机的氢系统提出了有关要求：

1. 室内不准排放氢气是防止形成爆炸性气体混合物的重要措施之一。同时为了防止氢气爆炸，排氢管应远离明火作业点并高出附近地面、设备以及距屋顶有一定的距离。

2. 与发电机氢气管接口处加装法兰短管，以备发电机进行检修或进行电火焊时，用来隔绝氢气源，以防止发生氢气爆炸事故。

5.5 辅助设备

5.5.1 锅炉在启动、低负荷、变负荷或从燃油转到燃煤的过渡燃烧过程中，以及在正常运行中的不稳定燃烧时，均会有固态和液态的未燃尽的可燃物，这些不燃烧产物会随烟气被带入电气除尘器并聚积在极板表面上而被静电除尘器内电弧引燃起火损坏设备，为及时发现和扑灭火灾防止事态扩大，为此，规定在电气除尘器的进、出口烟道上装设烟温测量和超温报警装置。

5.5.2 本条对柴油发电机系统提出了有关要求：

1. 设置快速切断阀是为防止油系统漏油或柴油机发生火灾事故时能快速切断油源。

日用油箱不应设置在柴油机上方，以防止油品漏到机体或排气管上而发生火灾。

2. 柴油机排气管的表面温度高达 500～800℃，燃油、润滑油若喷滴在排气管上或其他可燃物贴在排气管上，就会引起火灾，因此排气管上应用不燃烧材料进行保温。

3. 四冲程柴油机曲轴箱内的油受热蒸发，易形成爆炸性气体，为了避免发生爆炸危险，一般采用正压排气或离心排气。但也有用负压排气的，即用一根金属导管，一头接曲轴箱，另一头接在进气管的头部，利用进风的抽力将曲轴箱里的油气抽出，但连接风管一头的导管应装置铜丝网阻火器，以防止回火发生爆燃。

5.6 变压器及其他带油电气设备

5.6.2 油浸变压器内部贮有大量绝缘油，其闪点在 130～140℃之间，与丙类液体贮罐相似，按照《建筑设计防火规范》的规定，丙类液体贮罐之间的防火间距不应小于 0.4D（D 为两相邻贮罐中较大罐的直径）。可设想变压器的长度为丙类液体罐的直径，通过对不同电压、不同容量的变压器之间的防火间距按 0.4D 计算得出：电压等级为 220kV，容量为 90～400MVA 的变压器之间的防火间距在 6.0～7.8m 范围内；电压为 110kV，容量为 31.5～150MVA 的变压器之间的防火间距在 4.00～5.80m 范围内；电压为 35kV 及以下，容量为 5.6～31.5MVA 的变压器之间的防火间距在 2.00～3.80m 范围内。

因为油浸变压器的火灾危险性比丙类液体贮罐大，而且是发电厂的核心设备，其重要性远大于丙类液体贮罐，所以变压器之间的防火间距就大于 0.4D 的计算数值。

根据变压器着火后，其四周对人的影响情况来看，当其着火后对地面最大辐射强度是在与地面大致成 45°的夹角范围内，要避开最大辐射温度，变压器之间的水平间距必须大于变压器的高度。

因此，将变压器之间的防火间距按电压等级分为 10m、8m、6m 及 5m 是适宜的。

日本“变电所防火措施导则”规定油浸设备间的防火间距标准如表 2 所示。

油浸设备间的防火间距 **表 2**

标称电压(kV)	防火距离 (m)	
	小型油浸设备	大型油浸设备
187	3.5	10.5
220、275	5.0	12.5
500	6.0	15.0

表中所列防火距离是指从受灾设备的中心到保护设备外侧的水平距离。经计算，间距与本条所规定的距离是比较接近的。

至于单相变压器之间的防火间距，因目前一般只有 500kV 变压器采用单相，虽然有些国家对单相及三相变压器之间防火间距采取不同数值，如加拿大某些水电局规定，单相之间的防火间距可较三相之间的防火间距减少 1/3，但单相之间不得小于 12.1m，考虑到变压器的重要性，为防止事故蔓延，单相之间的防火间距仍宜与三相之间距离一致。

高压并联电抗器亦属大型油浸设备，所以也应采用本条规定的防火间距。

5.6.3 变压器之间当防火间距不够时，要设置防火墙，防火墙除有足够的高度及长度外，还应有一定的耐火极限。根据几次变压器火灾事故的情况，防火墙的耐火极限不宜低于 4h。

由于变压器事故中，不少是高压套管爆炸喷油燃烧，一般火焰都是垂直上升，故防火墙不宜太低。日本“变电所防火措施导则”规定，在单相变压器组之间及变压器之间设置的防火墙，以变压器的最高部分的高度为准，对没有引出套管的变压器，比变压器的高度再加 0.5m；德国则规定防火墙的上缘需要超过变压器蓄油容器。考虑到目前 500kV 变压器高压套管离地高约 10m 左右，而国内 500kV 工程的变压器防火墙高度一般均低于高压套管顶部，但略高于油枕高度，所以规定防火墙高度不应低于油枕顶端高度。对电压较低、容量较小的变压器，套管离地高度不太高时，防火墙高度宜尽量与套管顶部取齐。

考虑到贮油池比变压器两侧各长 1m，为了防止贮油池中的热气流影响，防火墙长度应大于贮油池两侧各 1m，也就是比变压器外廓每侧大 2m。日本的防火规程也是这样规定的。

设置防火墙将影响变压器的通风及散热，考虑到变压器散热、运行维修方便及事故时灭火的需要，防火墙离变压器外廓距离，以不小于 2m 为宜。

5.6.4 为了保证变压器的安全运行，对油量超过 600kg 的消弧线圈及其他带油电气设备的布置间距，做了本条的规定。

5.6.5 本条是为防止事故范围扩大而采取的措施。

5.6.6 对于断路器、油浸电流互感器和电压互感器等带油电气设备，按电压等级来划分设防标准，既在一定程度上考虑到油量的多少，又比较直观，使用方便，能满足运行安全的要求。例如 20kV 及以下的少油断路器油量均在 60kg 以下，绝大部分只有 5～10kg，虽然火爆事故较多，爆炸时的破坏力也不小(能使房屋建筑受到一定损伤，两侧间隔隔板炸碎或变形，门窗炸出，危及操作人员安全等)，但爆炸时向上扩展的较多，事故损害基本局限在间隔范围内。因此，只要将两侧的隔板采用不燃烧材料的实体隔板或墙，从结构上进行加强处理(通常采用厚度 2～3mm 钢板，砖墙，混凝土墙均可，但不宜采用石棉水泥板等易碎材料)，是可以防止出现这类事故的。

35kV 油断路器，目前国内生产的屋内型，油量只有 15kg，一般工程安装于有防爆隔墙的间隔内，运行情况良好。至于 35kV 手车式成套开关柜，则因其两侧均有钢板隔离，不必再采取其他措施。屋外型 SW_2-35 及 DW_2-35 是采用较多的，前者油量为 100kg，后者为 380kg。据调查，35kV 屋内配电装置事故中，少油断路器事故为绝大多数，而屋内少油断路器事故均由 SW_2-35 断路器的环氧电流互感器的结构、工艺和材质等方面的问题，局部放电严重引起的。有些断路器在正常运行相电压下，局部放电不断发展导致对地永久性短路，在 35kV 系统单相接地运行时，其事故率更高。根据对 SW_2-35 型断路器爆炸事故的调查，240mm 厚的承重间隔墙粉刷层烧裂脱落，其结构未受任何损伤。最近，上海华通开关厂已对 SW_2-35 型断路器进行改进完善，降低了环氧电流互感器的局部放电量，使其质量有较大提高，同时运行单位亦加强了检测工作，故该型断路器在完善化以后，其事故率已降低到每千台 0.1 次(1982 年完善化以后的统计)。若将该型断路器布置在屋内并安装在有防爆隔墙的间隔内，是能满足运行要求的。至于屋外型多油断路器布置在屋内，目前采用得不多，但根据部分已投入运行工程的调查，未发生过爆炸事故，从防爆角度看，防火隔墙的设防标准是可行的。

110kV 屋内配电装置一般装少油断路器(极少数装空气断路器)，其总油量均在 600kg 以下，根据对全国 40 多个 110kV 屋内配电装置的调查，装在有防火隔墙的间隔内的油断路器未发生过火灾爆炸事故。因为空气断路器亦有爆炸的可能性，应按同样标准进行设防。

220kV 屋内配电装置投入运行的较少，其油量约 800kg，已投运的及正在设计的工程，其断路器均装在有防爆隔墙的间隔内，能满足安全运行要求。如山东的两座电厂，其 110kV 及 220kV 屋内配电装置中的少油断路器均装在有防爆隔墙的间隔内，运行巡视较方便。

至于油浸电流互感器和电压互感器，应与相同电压等级的断路器一样，安装于同等设防标准的间隔内。如某变电所 110kV 电压互感器爆炸时，370mm 厚承重间隔墙未有裂缝或倒塌，只有水泥粉刷层烧裂，面层脱落，间隔墙起到了防爆的作用。为了防止电压互感器等的爆炸，必要时可提请制造厂在设备上设置泄压阀。

发电厂的厂用变压器多数设置在厂房或配电装置室内，根据国内近年来几次变压器火灾事故教训及变压器的重要性，安装在单独的防火小间内是合适的。这样，配电装置的火灾事故不会影响变压器，变压器的火灾也不会影响其他设备。目前，除 10kV 容量的变压器外，一般均按此设防，运行情况良好。所以，本条规定油量超过 100kg 的变压器一般安装在单独的防火小间内（35kV 变压器和 10kV，80kVA 及以上的变压器油量均超过 100kg）。高压开关柜内变压器可不受本条限制。

5.6.7 目前投运及设计的屋内 35kV 少油断路器及电压互感器，其油量分别为 100kg 及 95kg，均未设置贮油或挡油设施，事故油外流的现象很少。所以将贮、挡油设施的界限提高到 100kg 以上（油断路器、互感器为三相总油量，变压器为单台含油量）。同时提出，设置挡油设施时，不论门是向建筑物内开或外开，都应将事故油排到安全处，以限制事故范围的扩大。

5.6.8 根据调查，主变压器发生火灾爆炸等事故后，真正流到总事故贮油池内的油量一般只为变压器总油量的 10%～30%，只在某一电厂曾发生 31500kVA 变压器事故，流入总事故贮油池的油量超过 50%。根据上述的调查总结，并参考国外的有关规定（如日本规定总事故贮油池容量按最大一个油罐的 50%油量考虑），本规范按最大一个油箱的 60%油量确定。

5.6.9 贮油池内铺设卵石，可起隔火降温作用，防止绝缘油燃烧扩散。卵石直径，根据国内的实践及参考国外规程可为 50～80mm，若当地无卵石，也可采用无孔碎石。

5.7 电缆及电缆敷设

5.7.1 采用不燃烧材料对通向控制室、继电保护室的墙洞及孔洞进行严密封堵，可以隔离或局限燃烧的范围，防止火势蔓延。否则，会使事故范围扩大造成严重后果。例如某发电厂一台 125MW 的汽轮发电机组，因油系统漏油着火，大火沿着汽轮机平台下面的电缆，迅速向集中控制室蔓延，不到半小时，控制室内已烟雾弥漫，对面不见人，整个控制室被大火烧毁。

电缆防火堵料是一种专用于充填缝隙的腻子状阻火固体材料，分有机与无机型，能有效地抑制电缆火灾窜过孔洞向邻室蔓延。近年已由公安部上海消防科研所会同浙江嵊县电缆防火附件厂开发出新产品，并通过省级鉴定。

5.7.2 本条是防止火灾蔓延，缩小事故损失的基本措施。

5.7.3 通道中的防火墙可用砖砌成，也可采用软质耐火材料构成，电缆穿墙孔应采用软质耐火材料封堵，如果存在小的孔隙，电缆着火时，火就会透过封堵层，破坏了封堵作用。采用软质材料构成的防火墙，便于对已敷设就位的电缆实施，又不致损伤电缆，还具有方便地可拆性，其中某些材料如选用、施工得当，在满足有效阻火前提下，还不致引起穿墙孔内电缆局部温升过高。

由于有防窜燃措施，且经过实体模拟燃烧试验验证，除必要设置的防火门外，不再要求对每一阻火墙部位均设防火门。这样，可以避免隧道内通风恶化。

5.7.5 公用重要回路或有保安要求回路的电缆着火后，不再维持通电，所造成极大的事故及损失已屡见不鲜，本条是基于事故教训所制定的对策。

5.7.6 按自 1960 年以来，全国电力系统统计到的发生电缆火灾事故分析，而由于外界火源引起电缆着火延燃的占总数 70%以上。

外界因素大致可分为以下几个方面：

1. 汽轮机油系统漏油，喷到高温热管道上起火，而将其附近的电缆引燃。

2. 制粉系统防爆门爆破，喷出火焰，冲到附近电缆层上，而使电缆着火。

3. 电缆上积煤粉，又靠近高温管道，引起煤粉自燃而使电缆着火。

4. 油浸电气设备故障喷油起火，油流入电缆隧道内而引起电缆着火。

5. 电缆沟盖板不严，电焊渣火花落入沟道内而使电缆着火。

6. 锅炉的热灰渣喷出，遇到附近电缆引燃着火。

因此，在发电厂主厂房内易受外部着火影响的区段，应重点防护，对电缆实施防火或阻止延燃的措施。

5.7.7 电缆本身故障引起火灾主要有绝缘老化、受潮，以及终端接头爆炸等原因，其中电缆接头的故障率较高。本条规定是针对性措施，以尽量少的投资来防范火灾几率高的关键部位，以避免大多数情况的电缆火灾事故。

5.7.8 含油设备因受潮等原因发生爆炸溢油，流入电缆沟引起火灾事故扩大的例子，已有多起，因此做本条规定。

5.7.9 本条对高压电缆敷设的要求与本规范第 5.7.4 条是一致的，其目的也是为了限制电缆着火延燃范围，减少事故损失。

充油电缆的漏油故障，国内外都曾发生过，有些属于外部原因难以避免，另一方面由于运行水平等因素，油压整定实际上可能与设计有较大出入，故对油压过低或过高的越限报警应实施监察。明敷充油电缆的火灾事故扩大，主要在于电缆内的油，在压力油箱作用下会喷涌出，不断提供燃烧质。为此，宜设置能反映喷油状态的防火自动报警和闭锁装置。

5.7.10 本条是基于事故教训所制定的对策。

5.8 火灾探测报警与灭火系统

5.8.1、5.8.2 小机组的发电厂的消防设计应以防为主。消防设施一般按常规设计。

根据我国 50 年来小机组发电厂的运行经验，全国对小型机组火力发电厂消防设计技术的设计总结及对火灾案例的分析，本规范作了 5.8.1 条、5.8.2 条的具体规定。

5.8.3 关于 200MW 机组及以上容量的发电厂的火灾报警及火灾探测区域的规定。

根据发电厂的特点，一般 200MW 机组及以上容量的发电厂的火灾报警区域的设置是：

每台机组为一个火灾报警区域；

网络控制楼、微波楼和通信楼为一个火灾报警区域；

运煤系统为一个火灾报警区域；

点火油罐区为一个火灾报警区域。

最近 10 年来，我国引进的 300～600MW 机组的发电厂以供货方国家的规范为基础所设置的火灾报警区域也基本如前所述。

总结我国电力系统多年来的设计经验，根据我国的技术、经济状况，作了本条的规定。

5.8.4 关于选择发电厂火灾探测器的规定。

发电厂的特点是高频电磁干扰、粉尘积聚和热湿等，因此在选择火灾探测器时，务必注意这些特点，以免在火灾发生时探测器拒报或平时误报。

5.8.5 关于 200MW 机组容量的发电厂主要建(构)筑物和设备火灾探测报警系统及灭火设施的原则规定。

近 10 年来，我国设计和投入运行的 200MW 机组容量的发电厂基本上采取了火灾探测报警系统和移动式灭火器控制初期火灾，实践证明这样做是可行的。

5.8.6 关于 300MW 机组及以上容量的发电厂主要建(构)筑物和设备火灾探测报警及灭火系统的具体规定。

鉴于发电厂单机容量的不断增大，火灾危险因素增加，1985 年开始，电力系统的领导和科技人员积极探索我国大机组发电厂的主要建筑物和设备的火灾探测报警与灭火系统。我国发电厂的消防技术在1985年之前同发达国家相比，差距很大。其原因，一是我国是发展中国家，在设计现代化消防设施时不能不考虑经济因素，二是电力系统的设计人员对现代消防还不太熟悉，三是我国的火灾探测报警产品还满足不了大型发电厂的特殊环境需要。因此，从1986年开始，电力系统的设计部门进行了一段较长时间的准备工作，包括编制有关技术规定，由东北电力设计院结合东北某电厂、华北电力设计院结合华北某电厂进行了2×200MW机组主厂房及电力变压器水消防通用设计工作。该通用设计总结了我国大机组发电厂的消防设计经验，对我国引进的美国、日本、英国及前苏联等国家的发电厂消防设计技术进行了消化。结合我国国情，使我国发电厂的消防设计上了一个新台阶。

本条内所规定的火灾探测报警与灭火系统中的设备、器材国内均已生产，质量已达到了国内所规定的标准。

本条中所规定的卤代烷灭火设施，主要是指“1211”、“1301”灭火设施。

“1211”、“1301”是世界上广泛应用的卤代烷灭火系统，尤其“1301”灭火系统在世界各国的电子计算机房、通信设备机房、图书档案库房及电子设备间等灭火方面应用最为广泛。

自从1971年美国科学家提出氯氟烃类释放后进入大气层，由于它的化学稳定性，会从对流层浮升进入平流层(距地球表面25～50km区)，并在平流层中破坏对地球起屏蔽紫外线辐射的臭氧层。

1987年9月联合国环境规划署在蒙特利尔会议上制订了限制对环境有害的五种氯氟烃类物质和三种卤代烷生产的《蒙特利尔议定书》。

根据《蒙特利尔议定书》修正案，技术发达国家到公元2000年将完全停止生产和使用氟里昂、卤代烷和氯氟烃类，人均消耗量低于0.3kg的发展中国家，这一限期可延迟至2010年。我国的人均消耗低于0.3kg，因此，卤代烷灭火系统可以使用至2010年。因此，本规范仍然规定了卤代烷灭火系统为发电厂所采用的灭火系统之一。

但设计时应予以考虑工程延续至2010年之后的卤代烷灭火系统的替代系统的可能性。例如CO_2灭火系统替代卤代烷灭火系统的可能性。

应当指出，变压器水喷雾灭火系统的设置使消防水系统有很大幅度的增值，例如，40MVA、63MVA、100MVA的变压器，其消防水量均在80L/s以上，120MVA、240MVA的变压器其用水量在120L/s左右，因此，变压器水喷雾灭火时，水泵的出水量在288～432m^3/h。这样，消防水泵容量、管道直径、泵站规模等都加大，投资相应增多。因此，在大型变压器选择灭火设施时，要进行技术经济比较。

根据调查，我国1965年到1979年间的1000多台变压器(大部分容量在31500kVA以上)，变压器的线圈短路事故率为0.0117次/年·台，其中发展成火灾事故的仅占总数的4.45%，即火灾事故率约为0.0005次/年·台。又根据水电部的资料，从50年代初到1986年底，水电部所属的35kV及以上的变电站在此期间调查到的变压器火灾事故共几十起，按这些数据来计算，火灾事故率为0.0002～0.0004次/年·台。这说明，我国电力部门的主变压器火灾事故率低于0.0005次/年·台，若今后按每5年全国投运变压器5400台计算，则这期间至多有7台变压器发生火灾，设备的损失费(按修复费用每台30万元计)仅为210万元。至于间接损失，实际上当变压器发生火灾之后变压器遭到损坏，不能继续运行，采用消防保护和不保护其损失是一样的，采用消防保护可以起到防止火灾蔓延的作用。

如前所述，如果变压器全部安装水喷雾灭火系统，则将耗资3～6亿元。最近几年来，保定变压器厂引进消化并研制的变压器“排油注氮”灭火装置在我国大型变压器开始使用(经国家固定灭火系统和耐火构件质量监督检验测试中心检测，其灭火时间为22s，注氮时间为30min，30min时瓶内尚有4.5MPa压力)，这种集火灾探测、报警与灭火系统为一身的灭火装置受到了用户的好评。这种灭火装置在国际上已经广泛采用，单是法国的瑟吉公司就已在20多个国家安装了“排油注氮”灭火设备5000多台。

变压器“排油注氮”灭火装置的应用可以解决水喷雾灭火系统的许多困难。

“排油注氮灭火系统”比起水喷雾灭火系统来是较为简单的，它将火灾探测报警、排油注氮灭火联系在一起，可将变压器火灾扑灭在初期阶段。而且其费用每套为10万元左右，技术上业已成熟。

因此，在对变压器的消防设施进行设计时可根据发电厂的具体情况——如缺水地区，寒冷地区，在设备供应可能并经当地消防监督部门及建设部门认可——可采用“排油注氮灭火系统”。

由于大机组电厂的不断出现，发电厂的消防系统也要求日趋完善，根据国家经济状况，如果按照本规范所编条文执行，那么单机容量200MW及以上发电厂的消防设施投资，据初估每kW将增加7～10元，如：200MW×2的电厂增加消防投资400万元左右，2×300MW电厂增加消防投资约600万元，按我国当前的经济状况是可以做到的。

5.8.7 关于发电厂90000kVA及以上油浸电力变压器设置火灾探测报警装置及灭火系统的规定。

变压器的灭火系统采用水喷雾灭火系统还是“排油注氮”灭火系统，要经过技术经济比较后确定。

6 发电厂消防给水和灭火装置

6.1 一般规定

6.1.1 在进行发电厂规划和设计时，必须同时设计消防给水。

灭火剂有水、泡沫、卤代烷、二氧化碳和干粉等。用水灭火，使用方便，器材简单，价格便宜，灭火效果好。因此，水是目前国内外主要的灭火剂。

为了保障发电厂的安全生产和保护发电厂工作人员的人身安全及财产免受损失或少受损失，在进行发电厂规划和设计时，必须同时设计消防给水。

消防用水的水源可由给水管道或其他水源供给(如发电厂的冷却塔集水池或循环水管沟)。

发电厂的天然水源其枯水期保证率一般都在97%以上。

6.1.2 我国60年代以前所设计建成的发电厂的消防系统大多数是生活、消防给水合并系统。由于那时的单机容量较小，主厂房的最高处在40m以下，因此，生活、消防给水合并系统既能满足生活用水又能保证消防用水。70年代之后，大容量机组相继出现，消防水压逐渐升高，如元宝山电厂一期锅炉房高达90m，消防水压达117.6×10^4Pa(120mH_2O)。另一方面，我国所生产的卫生器具部件在压能力在58.8×10^4Pa(60mH_2O)静水压力时就会遭受不同程度的损坏或漏水，如某发电厂，水泵压力达到70.56×10^4Pa(72mH_2O)左右时，给水龙头因压力过高而脱落。因此，根据我国国情，当消防给水计算压力超过68.6×10^4Pa(70mH_2O)时，宜设独立的消防给水系统。在设计发电厂消防系统时可参考表3的主厂房各层高度，确定生活、消防合并给水系统还是独立的高压消防给水系统。

主厂房各层高度(参考数值) 表 3

机组(MW)	汽机房屋顶(m)	锅炉房屋顶(m)	煤仓间屋顶(m)	运行层(m)	除氧层(m)	输煤皮带(m)
50	19	37	<30	8	20	23
100	22～24	45	30	8	20～23	32
200	30～34	55～64	43	10	20～23	32
300	33～39	57～80	56	12	23	40
600	36～39	80～89	58	14	36	45

6.1.3 高压消防给水系统通常设置消防主泵和维持压力的水泵，当发生火灾时消防水泵自动启动，使管网内水压力达到高压消防给水的要求。

在设计电厂消防给水系统时，应根据具体情况经过计算和技术经济比较后确定。

6.2 厂区室外消防给水

6.2.1 我国发电厂的厂区面积一般都小于 1.0km²，电厂所属居民区的人口都在 1.5 万人以下，而且电厂以燃煤为主。建国以来电厂的火灾案例表明，一般在同一时间内的火灾次数为一次。

6.2.2 电厂的主厂房体积较大，一般都超过 50000m³，其火灾的危险性基本属于丁、戊类。据公安部对我国百多次火灾灭火用水统计，有效扑灭火灾的室外消防用水量的起点流量为 10L/s，平均流量为 39.15L/s。

为了保证安全和节省投资，以 10L/s 为基数，45L/s 为上限，每支水枪平均用水量 5L/s 为递增单位，来确定电厂各类建筑物室外消火栓用水量是符合国情的。

6.2.5 火灾延续时间是按消防水泵开始出水至火灾被扑灭时的一段时间，这段时间是根据火灾统计资料、消防力量及经济水平综合确定的。公安部门对北京、上海、天津、沈阳等火灾的统计，城市、居住区、工厂的丁戊类厂房的火灾延续时间较短，绝大部分在 2h 之内(北京占 95.1%，上海占 92.9%，沈阳占 97.2%)，因此，电厂及居住区的火灾延续时间按 2h 计算；气体储罐、煤场起火后扑救较为困难，准备扑救时间也长，在灭火过程和准备过程中需要冷却，因此火灾延续时间为 3h；油罐起火后由于热容量大，扑救困难，因此根据不同情况做出了相应的规定。

6.3 室内消防给水

6.3.1 根据电厂的运行实践，总结 40 多年来的经验，规定了电厂建(构)筑物设置消火栓的部位。

6.4 室内消防给水管道、消火栓和消防水箱

6.4.2 消火栓是我国当前主要的室内灭火设备。因此，应考虑在任何情况下均可使用室内消火栓进行灭火。当相邻一个消火栓受到火灾威胁不能使用时，另一个消火栓仍能保护任何部位，故每个消火栓应按一支水枪计算，不应采用双口消火栓。为保证建筑物的安全，要求在布置消火栓时，保证相邻消火栓的水枪充实水柱同时到达室内任何部位。

6.4.4 设置高压消防给水系统不设消防水箱的规定。

高压消防给水系统中自动供水消防装置是自动化程度高的消防系统，因此，可不设置消防水箱。

6.5 固定灭火装置

6.5.2 喷水灭火的供水强度是决定喷水能否将火灾扑灭的关键数据。美国采用 10.6L/min·m²；1984 年第 30 届国际大电网会议的调查总结为 10～25L/min·m²；我国《给水排水设计手册》推荐灭火强度为 30L/min·m²，压制火灾强度为 20L/min·m²，防止火灾蔓延为 10L/min·m²；东北电力设计院的试验数据为 20～

40L/min·m^2。在选择供水强度时，应根据国家规范并结合发电厂的特点进行确定。

6.6 消防水泵房

6.6.1 消防水泵房是消防给水系统的核心，在火灾情况下应仍能坚持工作。为了在火灾情况下操作人员能坚持工作并利于安全疏散，消防水泵房应设直通室外的出口，设在楼上的消防水泵房应靠近安全出口。

6.6.2 为了保证消防水泵不间断供水，一组消防水泵（两台或两台以上）应有两条吸水管。当其中一条吸水管发生破坏或检修时，另一条吸水管应仍能通过100%的用水总量。

高压消防给水系统的消防水泵、生活消防合并的给水系统的消防水泵均应有独立的吸水管，从消防水池直接取水，保证供应火场用水。

6.6.3 消防水泵应设计成自灌式引水。

消防水泵应能及时启动，确保火场消防用水。因此消防水泵应经常充满水，以保证消防水泵及时启动供水。消防水泵宜设计成自灌式引水方式，如果采用自灌式引水方式有困难，应设有可靠的迅速的充水设备。

6.6.4 本条规定了消防水泵房应有两条以上的出水管与环状管网直接连接，主要是为了保证环状管网有可靠的水源。当采用两条出水管时，每条出水管均应能供应全部用水量。泵房出水管与环状管网连接时，应与环状管网的不同管段连接，以确保安全供水。

6.6.5 消防水泵应设置备用泵，高压消防给水系统应设稳压泵。

为了保证不间断地向火场供水，消防泵应设有备用泵。备用泵的流量和扬程不应小于最大一台消防泵的流量和扬程。

高压消防给水系统设置稳压泵的目的主要是为了维持管网压力和快速自动启动消防主泵。

6.6.6 消防水泵房需设置与本单位消防部门直接联络的通讯设备。这样做是为了调动人力、设备，利于火灾扑救工作。

6.7 消　防　车

6.7.1 关于电厂设置消防车的原则规定。

80年代以来，我国许多大型电厂由于水源、环境、交通运输以及占地等因素而建在远离城镇的地区，并且形成一个居民点及福利设施区域，这样，消防问题便较为突出。由于各地公安部门对电厂区域的消防提出要求，所以有些大厂设置了消防车和消防站。

应当指出，我国火力发电厂的消防设计原则一直是以发生火灾时立足自救为基点的。发电厂均有完善的消防供水系统，实践也证明只有依靠发电厂本身的消防系统才可控制和扑灭火灾。我国的消防车绝大多数是解放牌汽车的动力，其水泵流量和扬程很难满足发电厂主厂房发生火灾时的需要，加上没有相应的登高设备，所以，在发电厂主厂房发生火灾时，消防车不起作用。但考虑到发电厂厂区的其他建筑物和电厂区域内居民建筑的火灾防范，制订了本条的规定。本条文解释与电力工业部、公安部联合文件电电规[1994]486号文中"消防站设置方式与管理"的说明和本条文中设置消防车库是一致的。

6.8 消 防 排 水

6.8.1 消防排水、电梯井排水与生产、生活排水应统一设计。

消防排水是指消火栓消防时的排水。这种消防排水无污染，可进入生产、生活排水管网，在设计生产、生活排水管道时，要以消防排水量予以校核。

6.8.2 关于变压器、油系统等设施消防排水的规定。

变压器、油系统的消防给水流量很大，而且消防排水中含有油污，造成污染；此外变压器、油系统发生火灾时有燃油溢（喷）出，油火在水面上燃烧，因此，这种消防排水应单独排放。为了不使火灾蔓延，排水设施上还要加设水封分隔装置。

7　发电厂采暖、通风和空气调节

7.1　采　暖

7.1.1　运煤系统在运行过程中会产生煤粉，这些粉尘落在地面、设备、管道外表面上，煤尘积聚时间长，容易引起火灾，所以，地面、设备、管道外表面要经常进行清扫，并应选用容易清扫的光滑的散热器。

运煤系统散热器表面温度不应超过160℃。其理由如下：

1. 从运行经验来看，运煤系统采暖热媒一般采用0.4～0.5MPa蒸汽，其温度为160℃以下。

2. 运煤系统建筑围护结构保温性能差，渗透冷风量大，热媒温度太低了满足不了采暖的要求。

3. 煤尘最低燃点为270℃，所以热媒温度应低于煤粉最低燃点。

4. 美国防火规范中规定运煤系统散热器表面温度不超过165℃。

7.1.4　采暖管道不应穿过变压器室，不宜穿过配电装置等电气设备间。这些电气设备间装有各种电气设备、仪器、仪表和高压带电的各种电缆，所以在这些房间不允许管道漏水，并不允许采暖管道加热这些设备和电缆。因此，做了本条规定。

7.2　空气调节

7.2.1　电子计算机室、电子设备间和集中控制室等建筑物耐火等级属二级，又在室内设有贵重的仪器、仪表，室内无外窗，因此应考虑防火排烟。如发生火灾，必须排烟，让运行人员及时进入室内处理事故，故规定应有排烟措施。

7.2.2　为了防止空调机房的火灾通过风道蔓延到建筑物的其他房间内，因此在送、回风道穿过空调机房隔墙处，穿过空调机房的楼板处，均应设置防火阀。

主厂房集控楼和多层建筑物的楼板，一般可视为防火分隔物。为防止火灾在上下层蔓延扩大，因此每层送、回风水平风道与垂直总风道的交接处的水平管上，应设防火阀。

7.2.4　通风管道是火灾蔓延的道路，因此不应穿过防火墙和非燃烧体等防火分隔物，以免火灾蔓延和扩大。

在某些情况下，需要穿过防火墙和非燃烧体楼板时，则应在穿过防火分隔物处设置防火阀，当火灾烟雾通过防火分隔物处时，该防火阀就能立即关闭。

7.2.5　当发生火灾时，空气调节系统应立即停运，以免火灾蔓延，因此，空气调节的自动控制宜与消防系统联锁。

7.2.8　要求电加热器与送风机联锁，是一种保护控制措施。为了防止通风机已停而电加热器继续加热，引起过热而起火，必须做到欠风、超温时的断电保护，即风机停止，电加热器的电源亦应自动切断。近年来发生多次空调设备因电加热器过热而失火，主要原因是没设置保护控制。

设置工作状态信号是从安全角度提出来的，如果由于控制失灵，风机未启动，先开了电加热器，会造成火灾危险。设显示信号，可以协助管理人员进行监督，以便采取必要的措施。

7.3　电气设备间通风

7.3.1　当屋内配电装置发生火灾时，通风系统应立即停运，以免火灾蔓延。

7.3.2　当几个屋内配电装置室共设一个送风系统时，为了防止一个房间发生火灾时，火灾蔓延到另外一个房间，应在每个房间的送风支风道上设置防火阀。

7.3.3 变压器室的耐火等级为一级，因此变压器室通风系统不能与其他通风系统合并，各变压器室的通风系统也不应合并。

当变压器室发生火灾时，通风系统应立即停运，以免火灾蔓延。

7.3.5 《建筑设计防火规范》第9.1.2条规定：甲、乙类厂房用的送风设备和排风设备不应布置在同一通风机房内，且排风设备不应和其他房间的送、排风设备布置在同一通风机房内。蓄电池室火灾危险性属于甲类，所以送排风设备不应布置在同一通风机房内，但送风设备采用新风机组，送风设备设置在密闭箱体内时，可以看作另外一个房间，所以可与排风设备布置在同一个房间内。因此，制订本条文。

7.3.6 蓄电池室通风设备应采用防爆式，风机应与电机直接连接。但《建筑设计防火规范》第9.3.1条规定：送风机如设在单独隔开的通风机房内且送风干管上设有止回阀时，可采用普通型的通风设备。因此，当送风设备采用新风机组，风机设置在密闭的箱体内，可看作单独隔开的通风机房，又在送风道上设置止回阀时，送风设备可采用普通型的设备。

7.3.7 电缆隧道采用机械通风时，当电缆隧道发生火灾时应能立即切断通风机的电源，通风系统应立即停运，以免火灾蔓延，因此，通风系统的风机应与烟感器联锁。

7.4 油系统通风

7.4.1 油泵房属于甲、乙类厂房，根据《建筑设计防火规范》的规定，室内空气不应循环使用，通风设备应采用防爆式。

7.5 其他建筑通风

7.5.1 氢冷式发电机组的汽机房，当采用高侧窗排风，双坡屋面时，发电机组上方应设置排氢风帽，以免泄漏的氢气聚积在汽机房屋顶，发生爆炸事故。因此，制订本条文。

8 发电厂消防供电及照明

8.1 消防供电

8.1.1 电厂内部发生火灾时，必须靠电厂自身的消防设施指示人员安全疏散、扑救火灾和排烟等。根据东北电力设计院对1969年11月至1985年6月全国电厂比较大的火灾事故的调查，多数火灾造成机组停机，甚至厂用电消失，而消防控制电源，电动的防火卷帘、阀门、电梯等消防设备都离不开用电。火灾情况表明，如无可靠的电源，发生火灾时，上述消防设施由于断电将不能发挥作用。即，不能及时报警，及时指示人员安全疏散，有效地排除烟气和扑救火灾，势必造成重大设备损失或人身伤亡，因此做本条规定。

8.1.2 消防水泵是全厂消防水系统的核心，如果消防水泵因供电中断不能启动，对火灾扑救十分不利。例如，某热电厂电缆着火，用电中断，消防水泵因供电中断而无法启动。所以，消防水泵的动力必须得到保证，即使在全厂停电的情况下，也要保证消防水泵的运行。

因此，规定“当采用双电源或双回路供电有困难时，宜采用内燃机作动力”。

8.1.3 因消防自动报警系统内有微机，对供电质量要求较高，且中央消防盘、光字牌及火灾自动报警设备，一般都布置在单元控制室内可与热工控制装置联合供电。因此，做了本条规定。

8.1.4 造成许多火灾重大伤亡事故的原因虽然是多方面的，但与无应急照明有着密切关系，这是因为火灾时为防止电气线路和设备损失扩大，并为扑救火灾创造安全条件，常常需要立即切断电源，如果未设置应急照明，或者由于断电使应急照明不能发挥作用，在夜间发生火灾时往往是一片漆黑，加上大量烟气充塞，很容易引起混乱造成重大损失。因此，应急照明供电应绝对安全可靠。国外许多规程规范强调采用蓄电池作火灾应急照明的电源，考虑到目前我国电厂的实际情况，一律要求采用蓄电池供电有一定困难，而且也不尽经济合理。

单机容量为200MW及以上的发电厂，由于有交流事故保安电源，因此当发生交流厂用电停电事故时，除有蓄电池组对照明负荷供电外，还有条件利用交流事故保安电源供电，为了尽量减少事故照明回路对直流系统的影响，保证大机组的控制、保护、自动装置等回路安全可靠的运行，因此，对200MW及以上机组的应急照明，根据生产场所的重要性和供电的经济合理性，规定了不同的供电方式。

因蓄电池组一般都设置在主厂房或网控楼内，远离主厂房重要场所的应急照明若由主厂房的蓄电池组供电，不仅供电电压质量得不到保证而且增加了电缆费用，同时也增加了直流系统的故障几率。因此，规定其他场所的应急照明由保安段供电。

8.1.5 单机容量为200MW以下的发电厂，一般不设保安电源，当发生全厂停电事故时，只有蓄电池组可继续对照明负荷供电。因此，规定应急照明宜由蓄电池组供电。

目前，国内应急灯已有定型系列产品可供选用。应急灯是一种自带蓄电池的照明灯具，平时蓄电池处于长期浮充状态，当正常照明电源消失时，由蓄电池继续供电保持一段时间的照明。

因此，推荐远离主厂房重要车间的应急照明采用应急灯方式。

8.1.6 本条规定可以保证上一级电源某段母线发生故障时，消防用电设备仍能保持一路电源供电。

8.2 照　　明

8.2.1 在正常照明因故障熄灭后，供事故情况下暂时继续工作或安全疏散用的照明装置为应急照明，本条规定了发电厂应装设应急照明的场所。

8.2.3 事故发生时，锅炉汽包水位计、就地热力控制屏、测量仪表屏（如发电机氢冷装置、给水、热力网、循环水系统等）及除氧器水位计等处仍需监视或操作。因此，需装设局部事故照明。

8.2.4 火灾发生时，由于控制室、配电间、消防泵房、自备发电机房等场所，不能停电也不能离人，还必须坚持工作，因此，事故照明的照度应能满足运行人员操作要求。

人员疏散用的事故照明，为使人们能较清楚地看出疏散路线，避免相互碰撞，在主要通道上的照度值应尽量大一些，一般不低于0.5lx。

8.2.5 本条规定了照明器表面的高温部位，靠近可燃物时，应采取防火保护措施，其原因是：

1. 由于照明器设计、安装位置不当而引起过许多事故。

2. 卤灯的石英玻璃表面温度很高，如1000W的灯管温度高达500℃～800℃，当纸、布、干木构件靠近时，很容易被烤燃引起火灾。鉴于功率在100W及100W以上的白炽灯泡的吸顶灯、槽灯、嵌入式灯使用时间较长时，温度也会上升到100℃以上甚至更高的温度，因此，规定上述两类灯具的引入线，应采用瓷管、玻璃丝等不燃烧材料，进行隔热保护，以保证安全。因此，做了本条规定。

8.2.6 因为超过60W的白炽灯、卤钨灯、荧光高压汞灯等灯具表面温度高，如安装在木吊顶龙骨、木吊顶板、木墙裙以及其他木构件上，会造成这些可燃装修起火。有些电气火灾实例说明，由于安装不符合要求，火灾事故多有发生，为防止和减少这类事故，作了本条规定。

8.3 消防控制

8.3.1 在主控制室或单元控制室内设置专用的消防监测屏，以提高消防设施控制及火灾现象监测的重要地位。

对于设置火灾探测报警系统的小容量机组，采用主控制室方案的发电厂，在主控制室内设置消防监测屏，用以监测全厂各区域的火灾发生情况。

对于大容量机组，单元控制室方案的发电厂，如果是一机一控方式，则每台机组配自己的专用消防监测屏，用以监测本单元机组各区域的火灾发生情况。如果是两机一控方式，可每台机组配自己专用的消防监测屏；也可以两台机组统一设置消防监测屏，监测两台机组各区域的火灾发生情况。

8.3.2 当发电厂采用单元控制室控制方式时，消防的监测也是按单元制设置。为了及时正确地处理火灾情况，要求运行值班的负责人及时了解火灾发生情况以便指挥，调度人员进行处理。

8.3.3 由于火灾事故在发电厂中具有危害性大、不易控制且必须及时正确处理的特殊性，要求运行人员要正确判断火灾事故，消除麻痹思想，特规定消防报警的音响应区别于所在处的其他音响。

9 变电所

9.1 变电所建(构)筑物火灾危险性分类、耐火等级、防火间距及消防道路

9.1.1 根据《建筑设计防火规范》的有关规定，结合变电所的特点，在本条表9.1.1列出了各建(构)筑物的火灾危险性分类和耐火等级。主控制楼、通信楼等工业建筑面积超过建筑总面积的70%以上，因此按工业建筑考虑。

主控制楼、通信楼的火灾危险性确定为戊类，是按电缆具有防止火灾延燃措施的条件下确定的(如采用阻燃电缆、电缆表面涂防火涂料、局部用防火带包扎、用防火堵料封堵电缆通过的孔洞)，如电缆无防止火灾延燃措施则火灾危险性应为丙类。

蓄电池室是主控制楼的一部分，其面积一般约为主控制楼总面积的5%～10%，因此虽然蓄电池室的火灾危险性为甲类，但在对该室采取消防措施后整幢主控制楼仍可定为戊类。此外，从全国变电所数十年的运行情况来看，并未发生过蓄电池室氢气爆炸的先例，而且由于蓄电池设备本身也在不断改进更新，酸及氢的排放量相对逐年减少，因此消防维持在原有水平上已足够安全。

9.1.4～9.1.11 根据《建筑设计防火规范》的有关规定并结合变电所五十多年的运行经验进行了综合分析并参考了国外的有关技术和标准做了本规范第9.1.4～9.1.11的规定。

9.2 变压器及其他带油电气设备

9.2.1 变电所的火灾绝大部分是带油电气设备所引起，这类火灾用普通的水消防作用不明显，有时还会造成对未着火设备、仪表的

污损，而且设置水消防系统的费用对大量的中小型变电所而言占总投资的比例较高，因此，对中、小型变电所宜采用费用较低的化学灭火器。化学灭火器中干粉及卤代烷两种对油类火灾的灭火效能较高，而且允许存放的时间也较长，检查及维修工作较少，使用也较灵活方便，不需专业消防队伍，对初起火灾有可能在专业消防队来到之前扑灭或防止火灾扩大蔓延，投资较少，因此在变电所工程中被广泛采用。

对 220kV、330kV、500kV 独立变电所，单台容量在125000kVA 及以上的大型变压器，考虑其重要性，除设置防火隔墙（或满足最小防火间距）、事故排油系统并配备灭火器之外，还应设置火灾探测报警及水喷雾灭火系统或排油注氮灭火系统。对以上两种专用灭火装置作如下说明：

1. 水喷雾灭火系统和排油注氮灭火系统，都曾作过较长时间的研究、试验和试制工作，并在此基础上由有关部门对系统作了鉴定。所进行的模拟变压器的火灾及水喷雾灭火试验，实际上仅仅是一种普通的油盘火灾试验，与真实的变压器火灾有本质上的区别，模拟试验测试表明，燃烧时燃烧表面油层的热量向下传递的速度极慢，约为每小时 0.1m，即使燃烧时间相当长，整箱油的温度也达不到油的闪点，因此一经喷射水雾，火灾瞬即被扑灭。但实践中的短路火灾事故表明，一旦短路发生，油箱内在极短的时间内（有的不到 1s）便形成一个高温高压的空间并随即爆炸起火。例如，某220kV 变电所在变压器起火后约 20min 内有 9 个消防队赶到现场，用水及泡沫喷射变压器，外部明火在 99min 后方扑灭，油箱内的油在 8h 后才停止燃烧，由此可见，油温已远远超过变压器油的复燃温度 420～480℃。所以，迄今为止还没有在较短时间降温灭火后很快修复变压器的成功例子。因此，对变压器的严重火灾，即使是专用的水喷雾灭火系统也并无成功的把握。

2. 排油注氮灭火系统在搅拌之前首先要放掉油箱内的部分油以释放压力，这一措施如在爆炸起火之前进行，则火灾可能事先防止，关键是火灾探测报警要及时。因此，在经当地消防监督部门及建设单位认可的情况下，可采用排油注氮灭火系统。

3. 水喷雾灭火系统在设计中应考虑在适宜时间的试喷条件，否则较难保证灭火系统的有效性，因为露天的管道、阀门、喷头的锈蚀和寒冷地区的冰冻以及杂质进入水系统会影响喷雾的有效性。

9.3 电缆及电缆敷设

9.3.1 电缆的火灾事故率在变电所较低，考虑到电缆分布较广，如在变电所内设置固定的灭火设施，则投资太高为现实所不允许，又鉴于电缆火灾的蔓延速度很快，仅仅依靠化学灭火器不一定能及时防止火灾波及附近的设备及生产建筑物，为尽量缩小事故范围，缩短修复时间并节约投资，本规范规定在变电所应采用分隔及阻燃作为对付电缆火灾的主要措施。

9.3.3 电缆隧道及主控制楼的电缆夹层，由于发生火灾后人员极难进入，故除了应执行第 9.3.1 条的规定外，对重要的变电所可以分段分块设置悬挂式卤代烷自动灭火器。

9.4 主要生产建(构)筑物

9.4.1 对设有重要仪器、仪表的房间，一旦发生火灾，不宜采用水消防或泡沫灭火器等消防设施，因为它可能将未着火的仪器、仪表污损。因此，选用“1301”灭火器为好，这种灭火器灭火后不会引起仪器、仪表的污损。对于没有精密仪器、仪表的房间，可以采用灭火效率高的化学灭火器，如干粉、“1211”等灭火器。

9.4.2 本条中的悬挂式气体自动灭火装置是指悬挂式卤代烷自动灭火器，宜设置在重要的无人值班变电所易起火设备的房间内。

9.5 消 防 给 水

9.5.1 根据工程的实践，凡变压器设置水喷雾灭火系统的工程，均同时设计消防给水系统。

9.6 消防供电及照明

9.6.1、9.6.2 根据《建筑设计防火规范》的有关规定，结合变电所的实际情况，以及多年来的运行经验，制订了本规范第9.6.1条、第9.6.2条的规定。

中华人民共和国国家标准

飞机库设计防火规范

Code for fire protection design of aircraft hangar

GB 50284-98

主编部门：中华人民共和国公安部
中国民用航空总局
中国航空工业总公司
批准部门：中华人民共和国建设部
施行日期：1999年4月1日

关于发布国家标准《飞机库设计防火规范》的通知

建标[1998]186号

根据我部《关于印发一九九五年～一九九六年工程建设国家标准制订修订计划的通知》(建标[1996]4号)要求，由公安部、中国民用航空总局、中国航空工业总公司会同有关部门共同制订的《飞机库设计防火规范》，已经有关部门会审。现批准《飞机库设计防火规范》GB 50284-98为强制性国家标准，自一九九九年四月一日起施行。

本规范由公安部、中国民用航空总局、中国航空工业总公司共同负责管理，由中国航空工业规划设计研究院负责具体解释工作。本规范由建设部标准定额研究所组织中国计划出版社出版发行。

中华人民共和国建设部
一九九八年九月三十日

前　言

本规范是根据中华人民共和国建设部建标[1996]4号文《关于印发一九九五年～一九九六年工程建设国家标准制订修订计划的通知》要求编制的。

飞机库是维修飞机的工业建筑物，现代飞机是高科技产品、技术密集、价值昂贵，又因飞机载有燃油，火灾危险性大，在防火工程设计上有其特殊要求。

本规范共分九章，包括总则、防火分区和耐火等级、总平面布局和平面布置、建筑构造、安全疏散、采暖和通风、电气、消防给水和灭火设备等。针对飞机库的火灾是烃类火和飞机贵重的特点，按飞机库飞机停放和维修区的面积将飞机库划分为三类，有区别地采取不同的灭火措施。

经授权负责本规范具体解释的单位是中国航空工业规划设计研究院，院址为北京德外大街12号，邮编100011。

规范主编单位：中国航空工业规划设计研究院。

参编单位：中国民用航空总局、公安部天津消防科学研究所、公安部上海消防科学研究所、公安部上海震旦消防设备总厂、首都机场公安分局、湖南省公安消防总队。

主要起草人名单：孙瑛、韦润研、王厚余、陶极楦、阮培彦、付建勋、魏旗、原继增、佟常时、唐祝华、顾南平、张虎南、南江林。

1　总　则

1.0.1　为了防止和减少火灾对飞机库的危害，保护人身和财产的安全，制定本规范。

1.0.2　本规范适用于新建、扩建和改建的飞机库防火设计。

1.0.3　飞机库的防火设计，必须遵循“预防为主、防消结合”的消防工作方针，针对飞机库发生火灾的特点，采取可靠的消防措施，做到安全适用、技术先进、经济合理、确保质量。

1.0.4　飞机库的防火设计，除应符合本规范外，尚应符合国家现行的有关强制性标准的规定。

2 术　　语

2.0.1 飞机库　aircraft hangar

用于停放和维修飞机的建筑物。包括飞机停放和维修区及其贴邻建造的生产辅助用房。

2.0.2 飞机库大门　aircraft access door

为飞机进出飞机库专门设置的门。

2.0.3 飞机停放和维修区　aircraft storage and servicing area

飞机库内用于停放和维修一架或多架飞机的区域。不包括与其贴邻建造的生产辅助用房和其他建筑。

2.0.4 泡沫—水雨淋系统　foam -water deluge system

既能喷洒泡沫又能喷水的灭火系统。

2.0.5 翼下泡沫灭火系统　foam extinguishing system for area under wing

用来扑灭飞机机翼下流散火的泡沫灭火系统。

3 防火分区和耐火等级

3.0.1 飞机库应分为三类。其飞机停放和维修区的防火分区允许最大建筑面积应符合表3.0.1规定。

表3.0.1 防火分区允许最大建筑面积

类　别	防火分区允许最大建筑面积(m^2)
Ⅰ	30000
Ⅱ	5000
Ⅲ	3000

注：与飞机停放和维修区贴邻建造的生产辅助用房，其允许最多层数和防火分区允许最大建筑面积应符合现行国家标准《建筑设计防火规范》GBJ 16的有关规定。

3.0.2 飞机库的耐火等级应分为一、二两级。Ⅰ类飞机库的耐火等级应为一级。Ⅱ、Ⅲ类飞机库的耐火等级不应低于二级。飞机库地下室的耐火等级应为一级。

3.0.3 建筑构件的燃烧性能均应为不燃烧体，其耐火极限不应低于表3.0.3规定。

表3.0.3 建筑构件的耐火极限

构件名称 \ 耐火极限(h)		耐火等级 一级	耐火等级 二级
防火墙		3.00	3.00
墙	承重墙、楼梯间、电梯井的墙	2.00	2.00
墙	非承重墙、疏散走道两侧的隔墙	1.00	1.00
墙	房间隔墙	0.75	0.50
柱	支承多层的柱	3.00	2.50
柱	支承单层的柱	2.50	2.00
梁		2.00	1.50
楼板、疏散楼梯、屋顶承重构件、柱间支撑		1.50	1.00
吊顶		0.25	0.25

3.0.4 在飞机停放和维修区内，支承屋顶承重构件的钢柱和柱间钢支撑应采取防火隔热保护措施，并应符合本规范第3.0.3条规定的耐火极限。

3.0.5 Ⅰ类飞机库采用泡沫—水雨淋系统后，其屋顶金属承重构件可不采取外包防火隔热板或喷涂防火隔热涂料措施。

3.0.6 Ⅱ、Ⅲ类飞机库飞机停放和维修区屋顶金属承重构件应采取外包防火隔热板或喷涂防火隔热涂料等措施，或设置自动喷水灭火系统保护。

4 总平面布局和平面布置

4.1 一般规定

4.1.1 飞机库的总图位置、飞机库与其他建筑物的防火间距、消防车道和消防水源等应与航空港总体规划要求协调一致。

4.1.2 飞机停放和维修区与其贴邻建造的生产辅助用房之间的防火分隔措施，应根据生产辅助用房的使用性质和火灾危险性确定，并应符合下列规定：

1 多层办公楼、维修车间、航材库、配电室和动力站等生产辅助用房应采用防火墙与飞机停放和维修区隔开，防火墙上的门应采用甲级防火门。

2 飞机部件喷漆间和飞机座椅维修间应采用耐火极限不低于1.50h的隔墙与飞机停放和维修区隔开，隔墙上的门应采用甲级防火门。

3 单层维修工作间、办公室、资料室和库房等应采用耐火极限不低于1.00h的隔墙与飞机停放和维修区隔开，隔墙上的门应采用乙级防火门。

4.1.3 当飞机库内设置两个或两个以上相邻的飞机停放和维修区时，必须用防火墙隔开。防火墙上为车辆运输通行的门应采用由设置在门两侧的火灾探测器联动关闭的甲级防火门，并应具有手动和机械操作的功能。

4.1.4 甲、乙、丙类物品暂存库房应贴邻飞机库的外墙设置，且必须用防火墙和耐火极限不低于2.00h的不燃烧体楼板与其他部位隔开，并应设置直接通向室外的安全出口。甲、乙类物品暂存库房的建筑面积应按不超过一昼夜的生产用量设计。

4.1.5 甲、乙、丙类火灾危险性的作业场所和库房不得设在飞机库的地下室内。

4.1.6 附设在飞机库内的消防控制室、消防泵房应采用耐火极限不低于2.00h的隔墙和耐火极限不低于1.50h的楼板与其他部位隔开。隔墙上的门应采用甲级防火门，并应设置疏散走道直接通向安全出口。

4.1.7 危险品库房、锅炉房和装有油浸电力变压器的变电所不应设置在飞机库内或与飞机库贴邻建造。

4.1.8 飞机库应设置通向飞机停放和维修区屋面的室外消防梯，其数量不应少于两具。

4.2 防火间距

4.2.1 除下列情况外，两座相邻飞机库之间的防火间距不应小于15.0m。

1 两座飞机库，其相邻的较高一面的外墙为防火墙时，其防火间距不限。

2 两座飞机库，其相邻的较低一面外墙为防火墙，且较低一座飞机库屋面结构的耐火极限不低于1.00h时，其防火间距不应小于7.5m。

3 当两座相邻飞机库的跨度均小于72.0m或两座相邻飞机库均为Ⅲ类飞机库时，其防火间距不应小于12.0m。

4.2.2 飞机库与喷漆机库之间的防火间距不应小于18.0m；飞机库与高层航材库之间的防火间距不应小于13.0m；飞机库与耐火等级为一、二级的非甲、乙类生产火灾危险性厂房之间的防火间距不应小于10.0m；飞机库与甲类物品库之间的防火间距不应小于50.0m，与乙、丙类物品库之间的防火间距不应小于30.0m。

4.2.3 飞机库与其他民用建筑之间的防火间距不应小于25.0m，距重要的公共建筑之间的防火间距不应小于50.0m。

4.2.4 飞机库与机场油库之间的防火间距不应小于100.0m。

4.3 消防车道

4.3.1 飞机库周围应设环形消防车道，Ⅲ类飞机库可沿飞机库的两个长边设置消防车道。当设置尽端式消防车道时，尚应设置回车场。

4.3.2 当飞机库长边长度大于220.0m或跨度大于150.0m时，库内宜预留与长边平行的穿过飞机库的消防车道。

4.3.3 飞机库的长边长度大于220.0m时，应设置进出飞机停放和维修区的消防车出入口，其位置宜位于长边的中段。

4.3.4 消防车道出入飞机库门洞的净宽不应小于4.2m，净高不应小于4.0m。

4.3.5 消防车道的宽度不应小于6.0m，消防车道边线距飞机库外墙宜大于5.0m，消防车道上空4.0m以下范围内不应有障碍物。

4.3.6 供消防车取水的天然水源地或消防水池处，应设置消防车道和回车场。

4.3.7 消防车道与飞机库之间不应设置妨碍消防车操作的树木、架空管线等。消防车道下的管道和暗沟应能承受消防车辆的最大轮压。

5 建筑构造

5.0.1 防火墙应设置在基础上或相同耐火极限的承重构件上。

5.0.2 飞机库的外围结构、内部隔墙、飞机库大门、屋面保温隔热层和管道保温层均应采用不燃烧材料。

5.0.3 严寒地区的飞机库大门，其轨道处应采取融冰措施，并应设置排水系统。

5.0.4 飞机停放和维修区的地面标高应高于室外地坪、停机坪和道路路面的标高，并应低于与其相通房间地面的标高。

5.0.5 输送可燃气体和甲、乙、丙类液体的管道不应穿过防火墙。其他管道不宜穿过防火墙，当必须穿过时，应用防火堵料将空隙填塞密实。

5.0.6 飞机停放和维修区的地面应有不小于5‰的坡度坡向排水口。设计地面坡度时应符合飞机牵引、称重、平衡检查等操作要求。

5.0.7 飞机停放和维修区的工作间壁、工作台和物品柜等均应采用不燃烧材料制作。

5.0.8 飞机库地面下的沟、坑均应采用不渗透液体的不燃烧材料建造。

5.0.9 飞机停放和维修区的地面应为不发生火花地面。

5.0.10 飞机库内部装修应符合现行国家标准《建筑内部装修设计防火规范》GB 50222 的有关规定。

6 安全疏散

6.0.1 飞机停放和维修区的每个防火分区至少应有两个安全出口，其最远工作地点到安全出口的距离不应大于75.0m。当飞机库大门上设有供人员疏散用的小门时，小门的最小净宽不应小于0.9m。

6.0.2 飞机停放和维修区的疏散通道和疏散方向应在地面上设置永久性标线，并应标明疏散通道的宽度和通向安全出口的疏散方向，在安全出口处应设置明显指示标志。

6.0.3 飞机停放和维修区内的地下通行地沟应设有不少于两个通向室外的安全出口。

6.0.4 当飞机库内供疏散用的门和供消防车辆进出的门为自控启闭时，均应有可靠的手动开启装置。飞机库大门应设置使用拖车、卷扬机等辅助动力设备开启的装置。

7 采暖和通风

7.0.1 飞机停放和维修区及其贴邻建造的建筑物，其采暖用热媒应为高压蒸汽或热水。飞机停放和维修区内严禁使用明火采暖。

7.0.2 当飞机停放和维修区内发出火灾报警信号时，空气再循环采暖系统的风机应由消防控制室自动关闭，在飞机停放和维修区内应设有便于工作人员关闭风机的手动按钮。

7.0.3 飞机停放和维修区内，为综合管线设置的通行或半通行地沟，应设计每小时不少于5次换气的正压机械送风。当地沟内存在可燃蒸气时，应设计每小时不少于15次换气的机械排风，排风机应由可燃气体探测器自动启动。

7.0.4 除本章规定外，尚应符合现行国家标准《建筑设计防火规范》GBJ 16和《采暖通风与空气调节设计规范》GBJ 19的有关规定。

8 电　气

8.1 供 配 电

8.1.1 飞机库消防用电设备的供电电源应符合现行国家标准《供配电系统设计规范》GB 50052的规定。Ⅰ、Ⅱ类飞机库的消防电源负荷等级应为一级，Ⅲ类飞机库消防电源等级应为二级。

8.1.2 消防用电的正常电源宜单独引自变电所，当难以设置单独的电源线路时，应接自飞机库低压电源总开关的电源侧。

8.1.3 消防用电设备的两回电源线路应分开敷设。

8.1.4 电源总进线处的开关和倒换电源的开关，应采用能断开相线和中性线的开关。

8.1.5 飞机库低压线路应按下列规定设置接地故障保护：

1 飞机库的低压电源总进线处或库内变电所低压出线上应设置能延时发出信号的漏电保护器。

2 插座回路上应设置额定动作电流不大于30mA、瞬时切断电路的漏电保护器。

8.1.6 飞机库内应采用不延燃的铜芯电线、电缆。

8.1.7 飞机库内电源插座距地面安装高度应大于1.0m。

8.1.8 飞机库内爆炸危险区域的划分应符合下列规定：

1 1区：飞机停放和维修区地面以下与地面相通的地沟、地坑及与其相通的地下区域。

2 2区：

1)飞机停放和维修区及与其相通而无隔断的地面区域，其空间高度到地面上0.5m处；

2)飞机停放和维修区内距飞机发动机或飞机油箱水平距离1.5m，并从地面向上延伸到机翼和发动机外壳表面上方 1.5m 处。

8.1.9 1 区和 2 区的电气设备和电气线路的选用、安装应符合现行国家标准《爆炸和火灾危险环境电力装置设计规范》GB 50058 的有关规定。

8.1.10 消防配电设备应有明显标志。

8.2 电 气 照 明

8.2.1 飞机停放和维修区内疏散用应急照明的地面照度不应低于 0.5 lx。

8.2.2 当应急照明采用蓄电池作电源时，其连续供电时间不应少于 20min。

8.2.3 安全照明用的特低电压电源应为由降压隔离变压器供电的电源。特低电压回路导线和所接灯具金属外壳不得接保护地线。

8.3 防雷和接地

8.3.1 飞机库的防雷设计应符合现行国家标准《建筑物防雷设计规范》GB 50057 的有关规定。防直接雷击应满足第三类防雷建筑物要求，防感应雷击应满足第二类防雷建筑物要求。

8.3.2 在飞机停放和维修处应设置泄放飞机静电电荷的接地插座。插座的接地导线宜就近接通地下基础钢筋或金属管道。

8.3.3 飞机库低压电气装置应采用 TN—S 系统，应急发电机电源装置宜采用 IT 系统。

8.3.4 飞机库内电气装置应实施等电位联结。

8.4 火灾自动报警系统

8.4.1 飞机库应设火灾自动报警系统。

8.4.2 在飞机停放和维修区内设置的火灾探测器宜按下列要求选择：

1 屋顶承重构件区宜选用感温探测器。

2 在飞机维修工作区宜选用火焰探测器、红外光束感烟探测器。

3 在地面以下的地下室和地沟内有可燃蒸气聚集的空间宜选用可燃气体探测器。

8.4.3 除本节规定外，尚应符合现行国家标准《火灾自动报警系统设计规范》GBJ 116 的有关规定。

8.5 灭火设备的控制

8.5.1 消防泵的电气控制设备应具有手动和自动启动方式，并应防止两台或多台消防泵同时启动。内燃机驱动的消防泵宜多台同时启动。

8.5.2 稳压泵应按灭火设备的稳压要求自动启停。当灭火系统的压力达不到稳压要求时，控制设备应发出声、光信号。

8.5.3 泡沫—水雨淋系统应由感温探测器组合控制自动启动。

8.5.4 翼下泡沫灭火系统、远控泡沫炮灭火系统和高倍数泡沫灭火系统宜由火焰探测器或红外光束感烟探测器组合控制自动启动。

8.5.5 泡沫—水雨淋系统启动时，应能同时启动相关的翼下泡沫灭火系统。

8.5.6 泡沫枪、移动式高倍数泡沫发生器和消火栓旁应设置手动启动消防泵的按钮，并应将反馈信号引至消防控制室。

8.5.7 Ⅰ、Ⅱ类飞机库应设消防控制室，消防控制室应靠近飞机停放和维修区。Ⅰ类飞机库的消防控制室应设观察窗。

9 消防给水和灭火设备

9.1 消防给水和排水

9.1.1 消防水源必须满足本规范规定的连续供给时间内室内外消火栓和各类灭火设备同时供水的最大用水量。

9.1.2 消防给水必须采取可靠措施防止泡沫液回流污染公共水源和消防水池。

9.1.3 供给泡沫灭火设备的水质应符合有关泡沫液产品标准的技术要求。

9.1.4 在飞机停放和维修区内应设排水系统。排水系统宜采用排水沟。

9.1.5 排水系统采用地下管道时，进水口的连接管处应设水封。排水管应采用不燃烧材料。

9.1.6 排水系统的油水分离器应设置在飞机库室外，并应采取消防时跨越油水分离器的旁通排水措施。

9.2 灭火设备的选择

9.2.1 Ⅰ类飞机库飞机停放和维修区内必须设置泡沫—水雨淋系统、翼下泡沫灭火系统和泡沫枪。当飞机机翼面积小于 280m² 时，可不设翼下泡沫灭火系统。

9.2.2 Ⅱ类飞机库飞机停放和维修区内的灭火系统的设置应符合下列规定之一：

1 应设置远控泡沫炮灭火系统和泡沫枪。

2 应设置全淹没式高倍数泡沫灭火系统和移动式高倍数泡沫灭火系统。

9.2.3 Ⅲ类飞机库飞机停放和维修区内应设置泡沫枪。

9.2.4 当Ⅱ、Ⅲ类飞机库停放和维修区设置自动喷水灭火系统时，其设计喷水强度应大于 7.0L/min·m²，作用面积应大于 465m²，喷头公称动作温度宜采用 121℃。

9.2.5 在飞机停放和维修区内设置的消火栓宜与泡沫枪合用给水系统。消火栓的用水量应按同时使用两支水枪和充实水柱不小于 13.0m 的要求，经计算确定。

9.2.6 飞机停放和维修区贴邻建造的建筑物，其室内消防给水和灭火设备的配置以及飞机库室外消火栓的设计应符合现行国家标准《建筑设计防火规范》GBJ 16 和《建筑灭火器配置设计规范》GBJ 140 的有关规定。

9.3 泡沫—水雨淋系统

9.3.1 在飞机停放和维修区内，应分区设置泡沫—水雨淋系统，一个分区的最大保护地面面积不应大于 1400m²，每个分区应由一套雨淋阀组控制。

9.3.2 泡沫—水雨淋系统的喷头宜采用带溅水盘的开式喷头或吸气式泡沫喷头。

9.3.3 喷头应设置在靠近屋面处，每只喷头的保护面积不应大于 12.1m²，喷头的间距不应大于 3.7m。吸气式泡沫喷头的保护面积和喷头间距应根据试验确定。

9.3.4 当采用氟蛋白泡沫液和吸气式泡沫喷头时，泡沫混合液的设计供给强度不应小于 8.0L/min·m²。

9.3.5 当采用水成膜泡沫液和开式喷头时，泡沫混合液的设计供给强度不应小于 6.5L/min·m²。

9.3.6 经水力计算后的任意四个喷头的实际保护面积内的平均供给强度不应小于设计供给强度，也不宜大于设计供给强度的 1.2 倍。

9.3.7 泡沫—水雨淋系统的用水量必须满足以火源点为中心，30.0m 半径水平范围内所有分区系统的雨淋阀组同时启动时的最大用水量。

注：当屋面板最大高度小于 23.0m 时，半径可减为 22.0m。

9.3.8 泡沫—水雨淋系统的连续供水时间不应小于 45min。不设翼下泡沫灭火系统时，连续供水时间不应小于 60min。

9.3.9 泡沫液的连续供给时间不应小于 10min。

9.3.10 泡沫—水雨淋系统的设计，除执行本规范的规定外，尚应符合现行国家标准《自动喷水灭火系统设计规范》GBJ 84 和《低倍数泡沫灭火系统设计规范》GB 50151 的有关规定。

9.4 翼下泡沫灭火系统

9.4.1 翼下泡沫灭火系统宜采用固定式低位泡沫炮、地面弹射泡沫喷头或其他类型的泡沫释放装置。

9.4.2 当采用氟蛋白泡沫液时，泡沫混合液的设计供给强度不应小于 6.5L/min·m^2。

9.4.3 当采用水成膜泡沫液时，泡沫混合液的设计供给强度不应小于 4.1L/min·m^2。

9.4.4 泡沫混合液的连续供给时间不应小于 10min。

9.4.5 翼下泡沫灭火系统的泡沫释放装置，其数量和规格应根据飞机停放位置和飞机机翼下的地面面积由计算确定。

9.5 远控泡沫炮灭火系统

9.5.1 远控泡沫炮灭火系统应采用在消防控制室内人工操纵的电动或液动泡沫炮。

9.5.2 泡沫混合液的设计供给强度应符合本规范第 9.4.2 条或第 9.4.3 条的规定。

9.5.3 泡沫混合液的最小供给速率应为泡沫混合液的设计供给强度乘以最大一个防火分区的全部地面面积。

9.5.4 泡沫液的连续供给时间不应小于 10min，连续供水时间不应小于 30min。

9.5.5 泡沫炮的配置应使不少于两股泡沫射流同时到达飞机停放和维修区内任一部位。

9.6 泡　沫　枪

9.6.1 当采用氟蛋白泡沫液时，一支泡沫枪的泡沫混合液流量不应小于 8.0L/s。

9.6.2 当采用水成膜泡沫液时，一支消防水枪的泡沫混合液流量不应小于 4.0L/s。

9.6.3 飞机停放和维修区内任一点发生火灾时，必须使用两支泡沫枪同时灭火，连续供给时间不应小于 20min。

9.6.4 泡沫枪宜采用室内消火栓接口，公称直径应为 65mm，消防水带的长度不宜小于 40m。

9.7 高倍数泡沫灭火系统

9.7.1 全淹没式高倍数泡沫灭火系统的设置应符合下列规定：

1 泡沫的最小供给速率（m^3/min）应为泡沫增高速率（m/min）乘以最大一个防火分区的全部地面面积（m^2），泡沫增高速率应大于 0.9m/min。

2 泡沫液和水的连续供给时间应大于 15min。

3 高倍数泡沫发生器的数量和设置地点应满足均匀覆盖飞机停放和维修区地面的要求。

9.7.2 移动式高倍数泡沫灭火系统的设置应符合下列规定：

1 泡沫的最小供给速率应为泡沫增高速率乘以最大一架飞机的机翼面积，泡沫增高速率应大于 0.9m/min。

2 泡沫液和水的连续供给时间应大于 12min。

3 为每架飞机设置的移动式泡沫发生器不应少于 2 台。

9.7.3 系统的设计除执行本节的规定外，尚应符合现行国家标准《高倍数、中倍数泡沫灭火系统设计规范》GB 50196 的有关规定。

9.8 泡沫液泵、比例混合器、泡沫液储罐、管道和阀门

9.8.1 泡沫液泵必须设置备用泵，其性能应与工作泵相同。

9.8.2 当储罐中的泡沫液位达到最低液位时，泡沫液泵应能自动关闭。

9.8.3 泡沫液泵的轴承和密封件应符合泡沫液性能要求。

9.8.4 泡沫比例混合器应采用正压注入方式，将泡沫液注入灭火系统与水混合。正压型混合器应采用注入式混合器、压力平衡式混合器或压力比例式混合器。

9.8.5 泡沫灭火设备的泡沫液均应有备用量，备用量应与一次连续供给量相等，且必须为性能相同的泡沫液。

9.8.6 泡沫液备用储罐应与泡沫液供给系统的管道相接。

9.8.7 泡沫液储罐必须设在为泡沫液泵提供正压的位置上，泡沫液储罐应符合现行国家标准《低倍数泡沫灭火系统设计规范》GB 50151的有关规定。

9.8.8 泡沫液管宜采用不锈钢管或钢塑复合管。安装在泡沫液管上的控制阀宜采用衬胶蝶阀或不锈钢截止阀。

9.8.9 泡沫液储罐、泡沫液泵等宜设在靠近飞机停放和维修区的附属建筑内，其环境条件应符合所用泡沫液的技术要求。

9.8.10 控制阀、雨淋阀宜接近保护区，当设在飞机停放和维修区内时，应采取防火隔热措施。

9.8.11 常开或常闭的阀门应设锁定装置。控制阀和需要启闭的阀门均应设启闭指示器。

9.8.12 在泡沫液管和泡沫混合液管的适当位置，宜设冲洗接头和排空阀。

9.9 消防泵和消防泵房

9.9.1 消防水泵应采用自灌式引水方式。泵体最高处宜设自动排气阀。

9.9.2 消防水泵的吸水口处宜设置过滤网，并应采取防止吸入空气的措施。水泵吸水管上应设置明杆式闸阀，并严禁采用蝶阀。

9.9.3 消防泵出水管上的阀门应为明杆式闸阀或带指示标志的蝶阀。

9.9.4 消防泵的出水管上应设泄压阀和回流管。

9.9.5 消防水泵及泡沫液泵的出水管上应安装计量装置。

9.9.6 消防泵宜由内燃机直接驱动，当消防泵功率较小时，宜由应急柴油发电机供电的电动机驱动。

9.9.7 消防泵房内设置内燃机和油箱时，可设置自动喷水灭火系统。内燃机的排气管应引至室外，并应远离可燃物。

9.9.8 消防泵房应设置消防通讯设施。

规范用词用语说明

1 为便于在执行本规范条文时区别对待，对要求严格程度不同的用词说明如下：

(1) 表示很严格，非这样做不可的用词

正面词采用“必须”，反面词采用“严禁”；

(2) 表示严格，在正常情况均应这样做的用词

正面词采用“应”，反面词采用“不应”或“不得”；

(3) 表示允许稍有选择，在条件许可时首先应这样做的用词

正面词采用“宜”，反面词采用“不宜”。

表示有选择，在一定条件下可以这样做的，采用“可”。

2 条文中指定应按其他有关标准、规范执行时，写法为“应符合……的规定”或“应按……执行”。

中华人民共和国国家标准

飞机库设计防火规范

GB 50284-98

条文说明

目　次

1 总 则

1.0.1 本条说明制定本规范的目的。随着我国改革开放的深入，经济建设规模的扩大，人民生活水平的提高，航空运输业也保持持续、快速的发展。当前国内空中交通运输网络已基本形成，通航城市已达 120 余个，国际机场已有 10 多个，现役大型客机已达 350 架，总价值约 180 亿美元。“九五”期间，大型客机将增加到 400 架以上，预计 2014 年大中型飞机将增加到 1800 架。目前，全国民航执管大型客机的航空公司已达 30 家，都需要建设航线维修飞机库，以便完成特检和定检工作。在“七五”和“八五”期间已建成飞机库 15 座，在建 5 座，待建 2 座，可停放飞机机位 33 个。根据维修总量的需求测算，“九五”期间尚缺 100 个维修机位，且现有 30 家航空公司中尚有 13 家未建飞机库，预计今后还将建设更多的飞机库。

飞机库的火灾危险性：

1 燃油火灾：飞机进库维修时，飞机油箱和系统内带有航空煤油，载油量从几吨到上百吨不等，在维修过程中有可能发生燃油泄漏事故，出现易燃液体流散火灾。火灾面积和燃油泄漏量虽难以估计，但从美国工厂相互保险组织进行的相关实验说明，当流散火的面积为 85～120m²，泄漏量 2～3m³，平均油层厚度 2～3cm 时，将产生巨大的火舌卷流，上升气浪流速达到 22m/s，位于建筑物 18.5m 高处的屋顶温度在 3min 内达到 425～650℃以上。在易燃液体火灾的飞机受热面，飞机机身蒙皮在短时间内发生破坏。另一种火灾危险是发生燃油箱爆炸。据国外报道，一架正在维修的 DC-8 型飞机与其他 8 架飞机同时停放在一座大型钢屋架飞机库里，机械师正在拆换一台燃油箱的燃油增压泵，机翼油箱中的部分燃油已被抽出，但在油箱内仍留有约 11.3m³ 的燃油。当机械师接通电路，跨过增压泵的电火花点燃了油箱中的易燃气体，引起爆炸，摧毁了这架 DC-8 飞机，并在屋顶上炸开一个约 100m² 的洞，爆炸和大火破坏了另外两架 DC-8 飞机，燃烧持续 30min 以上。

目前国内大量使用的航空煤油 RP-1 和 RP-2 的闪点温度为 28℃，RP-3 的闪点温度为 38℃。为减少火灾的危险已逐步改用 RP-3 的航空煤油。

2 氧气系统火灾：1968 年 9 月 7 日在里约热内卢国际机场飞机库内，当机械师为一架波音 707 氧气系统充氧时，误用液压油软管进行充氧操作引发大火，整架飞机报废，飞机库也受到破坏。

3 清洗飞机座舱火灾：飞机机舱内部装修多采用塑料制品、化纤织物等易燃材料，虽经阻燃处理后可达到难燃材料的标准，但在清洗和维修机舱时，常使用溶剂、粘接剂和油漆等。1965 年 11 月 25 日，美国迈阿密国际机场的飞机库内正维修一架 DC-8 飞机，当清洗座舱时因使用可燃溶剂发生火灾，造成一人死亡。飞机库装有雨淋灭火系统，火被控制在飞机内部，而飞机油箱内的 30t 燃油安然无恙，灭火历时 3h，启用 168 个喷头，耗水 2293m³。

4 电气系统火灾：1996 年 3 月 12 日在美国堪萨斯州的一个国际机场飞机库内，当一架波音 707 飞机大修时，由于厨房的电气设备短路引发火灾。

5 人为的火灾：违反维修安全规程等。

现代飞机是高科技的产物，价值昂贵，表 1 列出各种机型的近似价格。

飞机库需要高大的空间，其屋顶承重构件除承受屋面荷载外，还要求承受吊车和悬挂维修机坞等附加荷载。因此，飞机库的建筑造价也很高。一座两机位波音 747 的飞机库及其配套设施的工程造价约 4 亿元人民币；一座四机位波音 747 的飞机库及其配套设施的工程造价约 6 亿元人民币。

表 1　各种机型的近似价格

机 型	基本价格（千万美元/架）	机 型	基本价格（千万美元/架）
B747-400	15	MD82	3.4
B747-200	12	BAe-146-100	2
B747-SP	10	BAe146-300	2.4
B767	9	FOKKER-100	2.6
B757	6	IL-86	1.6
B737-300	3.5	TY-154	2.4
MD-11	12	K-42	1
A310	7	B777	12
A300-600	9		

首都机场四机位维修机库可同时维修波音747四架、波音767二架、波音737四架，飞机总价值约75亿元人民币。飞机库一旦发生火灾，就可能引发易燃液体火灾，如不采取有效快速的灭火措施，造成的人员伤亡和财产损失是难以估计的。

1.0.2　进入飞机库的飞机，其油箱内载有燃油，在维修过程中可能发生燃油火灾，本规范的内容是针对飞机库的火灾特点制订的。执行时需要注意，喷漆机库是从事整架飞机喷漆作业的车间或厂房，与本规范所指的飞机库是两种不同性质的建筑物。喷漆机库已制定有行业标准，本规范不能用于喷漆机库。

1.0.3　本条是飞机库防火设计的指导思想。在设计中正确处理好生产与安全的关系，设计合理与经济的关系是落实本条内容的关键。设计部门、建设部门和消防建审部门应密切配合，使防火设计做到安全适用、技术先进、经济合理、确保质量。

2　术　　语

2.0.1　飞机库，我国习惯用语。用飞机库的功能定义，它应是从事飞机维修工艺的车间或厂房。日本称“格纳”库，有“储存”的意思，美国称“Hangar”，有“库”或“棚”的含义。本规范仍沿用飞机库这一习惯名称。与飞机库配套建设的独立建筑物或与飞机停放和维修区贴邻建造的建筑物，凡不具有飞机维修功能的，如公司办公楼、发动机维修车间、附件维修车间、特设维修车间、航材中心库等均不属本规范的范围。

2.0.3　飞机停放和维修区。一座飞机库可包括若干个飞机停放和维修区，一个飞机停放和维修区可以停放和维修一架或多架飞机。区和区之间必须用防火墙隔开，否则，应被视为一个飞机停放和维修区，与飞机停放和维修区直接相通又无防火隔断的维修工作间也应视为飞机停放和维修区。

2.0.4　泡沫—水雨淋系统。由水源、泡沫液储罐、消防泵、稳压泵、比例混合器、雨淋阀、开式喷头、管道及其配件、火灾自动报警和控制装置等组成。

2.0.5　翼下泡沫灭火系统是泡沫—水雨淋系统的辅助灭火系统。当飞机机翼面积大于或等于280m^2时，泡沫—水雨淋系统释放的泡沫被机翼遮挡，影响灭火效果，故设置翼下泡沫灭火系统。当飞机机翼面积小于280m^2时，可不设翼下泡沫灭火系统。系统的功能是将泡沫直接喷射到机翼和中央翼下部的地面，控制和扑灭泄漏燃油发生的流散火，同时对机身下部有冷却作用。系统的释放装置可采用自动摆动的泡沫炮或泡沫喷嘴。当条件允许时也可采用设在地面下的弹射泡沫喷头。机翼面积280m^2的界线是等效采用美国消防协会《飞机库防火标准》NFPA-409的有关规定。

3 防火分区和耐火等级

3.0.1 飞机库的防火分类是按飞机停放和维修区每个防火分区建筑面积的大小施行区别对待的原则制定的。在确保飞机库消防安全的前提下，适当减少消防设施的投资。

本规范将飞机库分为三类，凡在飞机停放和维修区内一个防火分区的建筑面积大于5000m²的飞机库均列为Ⅰ类飞机库。现行国家标准《建筑设计防火规范》第3.2.1条规定，乙类生产火灾危险性厂房，防火分区最大允许占地面积一级耐火等级为5000m²，二级耐火等级为4000m²。美国消防协会《飞机库防火标准》NFPA-409规定，飞机停放和维修区占地面积大于3716m²均列为Ⅰ类飞机库，与我国现行标准基本一致。

现行国家标准《建筑设计防火规范》规定“装有自动灭火设备时，防火分区最大允许占地面积可增加一倍”。而美国《飞机库防火标准》对Ⅰ类飞机库防火分区最大允许占地面积不加限制。根据我国的设计经验和国内外现有飞机库实际状况，采纳我国消防专家和消防队的意见，本规范对Ⅰ类飞机库一个防火分区允许最大建筑面积作出限制。

以当前世界上最大的运输商业飞机波音747一个机位所需要的维修面积约7500m²为基础，二个机位的面积为15000m²，四个机位的面积为30000m²。国内新建的上海东方航空公司飞机库和厦门太古飞机工程有限公司飞机库是按一个防火分区含二个波音747机位面积设计的。北京飞机维修工程有限公司是按一个防火分区含有四个波音747机位面积设计的。本规范对Ⅰ类飞机库设置了完善的自动灭火系统，能有效地扑灭初期火灾和保护飞机与飞机库建筑免受火灾损害。在此前提下，从飞机维修实际需要考虑，规定Ⅰ类飞机库一个防火分区允许最大建筑面积不应超过30000m²。

本规范限定Ⅱ类飞机库一个防火分区允许最大建筑面积等于或小于5000m²。此类飞机库仅能停放和维修1～2架中型飞机，火灾面积和火灾损失相对要小，根据现行国家标准《建筑设计防火规范》可以不设自动灭火系统。

Ⅲ类飞机库一个防火分区允许最大建筑面积等于或小于3000m²，只能停放和维修小型飞机，火灾面积和火灾损失相对更小，仅配置手持泡沫枪和消火栓。

3.0.2 建国以来所有设计和建设的飞机库其耐火等级均为一、二级，不存在三、四级，考虑飞机库的防火要求和建筑的特点，规范不规定采用三、四级耐火等级的建筑。Ⅰ类飞机库价值贵重，规定耐火等级为一级。Ⅱ、Ⅲ类飞机库可适当降低，但不应低于二级。

3.0.3 本条以现行国家标准《建筑设计防火规范》和《高层民用建筑设计防火规范》为依据，参考国外标准，结合飞机库防火设计的特点制定的。

3.0.4～3.0.6 根据现行国家标准《建筑设计防火规范》第2.0.5条的规定，结合飞机库屋顶承重构件多采用金属构件的特点制定的。支承屋顶承重构件的钢柱和柱间钢支撑可采用厚型防火隔热保护层。本规范对Ⅰ类飞机库规定采用泡沫—水雨淋系统，故不需要再采用防火隔热涂料等措施保护金属屋顶承重构件。Ⅱ、Ⅲ类飞机库对金属屋顶承重构件的保护可有两种选择，既可采用防火隔热涂料，也可采用自动喷水灭火系统。

4 总平面布局和平面布置

4.1 一般规定

4.1.1 飞机库的总图位置通常远离航站楼和候机楼，靠近滑行道或停机坪。飞机库的建筑高度从二十几米至三十几米不等，飞机库的高度会受到飞机进场净空需要的限制，也不能遮挡指挥塔台至整条跑道的视线。所以要符合航空港总体规划要求。飞机库可能设在飞机维修基地内，也可能是若干个飞机库组成的机库群。此外，飞机库的消防水池容量较大，是建在飞机库的地下室或靠近飞机库的地上水罐，还是几个飞机库合用，也需统筹安排。飞机库之间，飞机库与其他建筑物之间应有一定的防火间距和消防车道等，均需按消防要求合理布局。

4.1.2 为了节约用地和方便生产管理，有可能将生产管理办公大楼、各种维修车间(包括发动机、附件、特设等)、航材库、信息中心和变配电室、动力站等生产辅助用房与飞机维修大厅贴建，按防火分区的要求，要严格用防火墙将其隔开。

飞机部件喷漆和座椅维修间的火灾危险性较大，国外的飞机库将其视为飞机停放和维修区的一部分，一般不采取防火分隔，按照我国相关规范要求，本条采取了较为严格的防火分隔措施。

为飞机维修用的单层生产辅助用房，火灾危险性一般为丁、戊类，与飞机停放和维修区的非承重外墙贴建，在保证人员疏散的条件下，适当放宽防火分隔的要求。

4.1.3 飞机库用防火墙分隔为两个或两个以上飞机停放和维修区的做法在国内虽没有，但在国外并不少见。德国慕尼黑新机场2号飞机库(150m×2跨)用防火墙将飞机库一分为二。为了实现共用一台吊车的目的，在防火墙的上部开了一个可通过吊车的大洞，用垂直位移的防火门隔开，这样做增加了不少费用，且与我国《建筑设计防火规范》防火墙应将屋顶承重结构和屋面构造分隔开的规定相违背。因此本条规定的防火墙是将建筑完全分隔开的。两个维修区之间为车辆运输通行的门是比较大的门，需要专门设计的防火门。

4.1.4～4.1.6 按《建筑设计防火规范》有关规定，结合飞机库的特点制订的。

4.1.7 飞机库价值高，为避免火源，将火灾危险性大、或与飞机维修工作无直接关系的附属建筑分开建设。

4.1.8 消防梯是方便消防人员救援的固定设施，如消防人员需要到屋顶破拆屋面或开启排烟窗等。

4.2 防火间距

4.2.1 根据《建筑设计防火规范》对厂房的防火间距的规定，在防火间距10.0m的基础上，增加生产火灾危险性2.0m和高层厂房3.0m的要求。同时参考了国外对飞机库防火间距的规定。

4.2.2、4.2.3 根据《建筑设计防火规范》制定的。

4.2.4 本条参考行业标准《民用机场供油工程建设技术规范》MHJ 5008第4.1.3.7款“油库距航站楼等公共建筑物的距离不应小于100.0m”的规定。

4.3 消防车道

按《建筑设计防火规范》第6.0.1条的规定，消防车道中心线间距不宜超过160.0m，是因为室外消火栓的保护半径在150.0m左右。飞机库长边超过220.0m宜设置穿过飞机库或进入飞机库的消防车道。

机场的消防车大多使用国外的消防车。目前引进的奥地利辛巴14000型消防车其宽度为3.2m，高度为3.87m，长度为11.7m，重量38t。参考行业标准《民用航空运输机场安全保卫设施建设标准》MH 7003的规定，门的宽度大小为车宽加1.0m，高度不低于车高加0.3m。

5 建筑构造

5.0.1 强调防火墙的荷载落在承重构件上时，构件应有与防火墙相等的耐火极限。

5.0.2 飞机库是重要的工业建筑，不可以使用燃烧材料或难燃烧材料。

5.0.3 冬季地面结冰使轨道处阻塞，飞机库大门不能开启，影响疏散和救援，故需要融冰和排水。国外也采取此项措施。

5.0.4 根据《建筑设计防火规范》第4.2.5条的规定制定。相通房间地面高，燃油流散火不易波及。室外地面低，有利于燃油流向室外，同时消防用水也可排向室外。

5.0.5 强调用防火堵料将空隙填塞密实。

5.0.6 飞机维修工艺和地面坡度发生矛盾时应统筹安排。

5.0.7～5.0.9 目的是减少可燃物和防止引发火灾。

6 安全疏散

本章是遵照现行国家标准《建筑设计防火规范》第三章第五节“厂房的安全疏散”的要求，结合飞机库特点提出的具体规定。大型飞机库深度距飞机库大门约90～100m，最远工作地点到安全出口的距离不大于75.0m的规定是可行的。在设计时要尽可能将疏散距离缩短，从而保证人员的安全。飞机库大门上装有挂钩或其他技术措施，为使用拖车、卷扬机等拉开大门提供方便。

7 采暖和通风

7.0.1 飞机停放和维修区内一旦发生易燃液体泄漏，其蒸气达到一定浓度遇明火会发生爆燃，故禁止使用明火采暖。

7.0.2 考虑到飞机停放和维修区内有可能发生燃油泄漏，其蒸气比空气重，主要分布在飞机库停放和维修区的下部，因此回风口应尽量抬高布置。当火灾发生时，不允许使用空气再循环采暖系统，应就地手动按钮关闭风机，也可经消防控制室自动关闭风机。

7.0.3 飞机停放和维修区内的动力系统（压缩空气、电气、给水、排水和通风管等）接口地坑有可能不够严密，泄漏在地面的燃油会流入综合地沟内。为防止易燃气体的聚集，故设置机械送风换气，并将其排至飞机库外。当地沟内可燃气体探测器发出报警时，要求进行事故排风。

8 电　　气

8.1 供 配 电

8.1.1 本条为飞机库消防用电负荷分级的具体划分。消防用电设备包括机库大门传动机构、人员疏散照明、火灾报警和控制系统等。当不采用柴油机泵时，电动消防泵也属消防用电设备。关于电源的设置，《供配电系统设计规范》条文中已有较具体的说明。

8.1.2 消防用电的正常电源单独引自变电所或接自低压电源总开关的电源侧时，可在飞机库断开电源进行电气检修时仍能保证由正常电源供给消防用电。

8.1.3 两回电源线路经分开敷设可避免被同时烧断电源的危险。

8.1.4 电源线路发生接大地故障或其他某些故障可导致中性线对地电位带危险电位，当在飞机库内进行电气检修时，此电位可引起电击事故，也可因对地打火引起爆炸或火灾事故。因此电源总进线处和两个电源倒换处的开关应能断开相线和中性线，以实施电气隔离，消除电气检修时的电击和爆炸火灾事故。

8.1.5 接地故障可引起人身电击事故，也可因电弧、电火花和高温引起电气火灾。由于其故障电流较小，熔断器、断路器等过流保护电器往往不能有效及时地将其切断，故需设二级漏电保护器，以其高灵敏度的动作性能可靠和及时地切断接地故障。插座回路上30mA 瞬时漏电保护器用作防人身电击兼防电气火灾；电源进线上的带延时的漏电保护器主要用于防电气火灾。

8.1.6 铝导体极易氧化，氧化层具有高电阻率使连接处电阻增大，通过电流时易发热。铜、铝接头处容易形成局部电池而使铝表面腐蚀，增大接触电阻。加上其他一些原因，铝线连接如处理不当很易起火，而铜线的连接接头起火的危险小得多。电缆的绝缘材料不延燃，可减少火势蔓延危险。

8.1.7 燃油蒸气比重较空气大，易积聚在低处，而插座在接用电源时易产生火花，因此即便在1区和2区外的区域内，插座的安装高度也不宜小于1.0m，以策安全。

8.1.8 飞机库内的爆炸和火灾危险的性质见本规范总则的说明。由于现行国家标准《爆炸和火灾危险环境电力装置设计规范》内无飞机库类型的等级和范围划分的典型示例，故本规范等效采用《美国国家电气法规》(NFPA70)第513节飞机库的规定进行划分。

8.2 电 气 照 明

8.2.1、8.2.2 两条规定的应急照明用于人员疏散。发生火灾时需将存放的飞机拽出飞机库，这时另有专用的带照明灯的拖车将飞机拖出，不由飞机库内固定安装的照明光源来照明。

8.2.3 现行国家标准《工业与民用电力装置的接地设计规范》GBJ 65第2.0.7条关于安全特低电压的规定不符合国际电工标准的规定，在应用中也屡发生电气事故，在新修订的《交流电气装置接地设计规范》送审稿中已将此条删除。本条系按国际电工标准IEC 364-4-41第411.1条编写。按此条要求进行设计后，当220/380V线路 PE 线带故障电压和特低电压回路绝缘损坏时，都不会发生包括电气火灾在内的电气事故。

8.3 防雷和接地

8.3.1 飞机库内爆炸火灾危险区域仅属局部区域，根据《建筑物防雷设计规范》第3.5.2条规定，按第三类防雷建筑物防直接雷击，按第二类防雷建筑物防感应雷击。

8.3.2 泄放飞机机身所带静电电荷的接地极接地电阻不大于1000Ω 即可，本条规定就近接通地下基础钢筋和金属管道接地已满足要求。

8.3.3、8.3.4 两条系按国际电工标准《爆炸性气体环境（矿井除外)中的电气装置》IEC 79-14第6.2条、6.3条和现行国家标准《低压配电设计规范》GB 50054的有关规定制订。TN-S系统的PE线不通过工作电流，不产生电位差；等电位联结能使电气装置内的电位差减少或消除，它对一般环境内的电气装置也是基本的电气安全要求，它们都能在爆炸和火灾危险电气装置中有效地避免电火花的发生。总等电位联结可消除TN-C-S系统电源线路中PEN线电压降在飞机库内引起的电位差，因此飞机库内实施总等电位联结后也可采用TN-C-S系统，但PE线和N线必须在总配电箱内即开始分开。

关于飞机库应急发电机电源装置采用IT系统的规定系引用国际电工标准《保安电源》IEC 364-5-56的第561.1及561.2条，在短路故障中绝大多数为接地短路故障，而IT系统在发生第一次接地短路故障后仍能安全地继续供电，提高了消防应急电源持续供电的可靠性。由于我国一般工业与民用电气装置采用IT系统尚缺乏经验，因此条文采用了“宜”这一严格程度用词。

8.4 火灾自动报警系统

8.4.1 针对飞机载油进库维修和飞机价值昂贵的特点，本条规定Ⅰ、Ⅱ、Ⅲ类飞机库均应设置火灾自动报警系统。

8.4.2 屋顶承重构件区设感温探测器的目的主要是保护钢屋架。飞机维修工作区设火焰探测器的作用是快速发现燃油火。为了减少误报，一般选用红外—紫外火焰探测器。但目前国内外生产的探测航空煤油火焰的探测器，其探测距离均在20～40m范围内，由于飞机维修工作区内安装探测器的位置受到限制，仅安装红外—紫外火焰探测器必然有相当大范围内存在“盲区”。故补充设置红外光束线型感烟探测器。

8.5 灭火设备的控制

8.5.1 同时启动多台电动消防泵，使供电电压过低，消防泵电动机将无法启动，故规定逐台启动消防泵。如果需多台泵同时启动时，可采用内燃机直接驱动的消防泵。

8.5.2 灭火系统达不到稳定的压力，说明系统发生漏水事故，控制设备应发出信号通报值班人员进行检查找出原因及时维修，恢复灭火系统的正常工作压力。

8.5.3 Ⅰ类飞机库包括若干套泡沫—水雨淋系统，其保护区应和感温探测器的位置相对应，从而实现分区控制。

8.5.4 对飞机库的灭火设计要求是快速反应，快速灭火。美国消防协会NFPA-409飞机库防火标准要求30s内控制火灾，60s内扑灭火灾。所以要求自动灭火。

8.5.5 泡沫—水雨淋灭火系统喷出的泡沫被飞机机翼遮挡，所以要同时启动翼下泡沫灭火系统。单独启动翼下泡沫灭火系统时，不要求同时启动泡沫—水雨淋系统。

8.5.7 Ⅱ类飞机库需要在消防控制室内手动操纵远控泡沫炮，观察窗的位置要使消防值班人员能看到整个飞机停放和维修区，尽量避免飞机遮挡视线使值班人员无法看到泡沫炮转动的情况。

9 消防给水和灭火设备

9.1 消防给水和排水

9.1.1 飞机库的消防水源要满足火灾延续时间内所有泡沫灭火系统、自动喷水灭火系统和室内外消火栓系统同时供水的要求。为保证安全，通常要设专用消防水池。

9.1.2 飞机库消防所用的泡沫液为动、植物蛋白与填加剂混合的有机物和氟碳表面活性剂，如果设计不合理，维修使用不适当，泡沫液会回流入水源或消防水池造成环境污染。

9.1.3 氟蛋白泡沫液、水成膜泡沫液可使用淡水。某些型号也可使用海水或咸水。含有破乳剂、防腐剂和油类的水不适合配制泡沫混合液，因而要对消防用水的水质进行调查、化验。并向泡沫液生产厂商咨询。

9.1.4 飞机维修需要清洗飞机和地面，通常情况下飞机停放和维修区内设有排水沟。排水沟的排水能力宜按最大消防用水量设计。

9.1.5 当飞机停放和维修区排水系统采用管道时，冲洗飞机及地面的水带油进入管道。故管道内积油及产生油蒸气是难以避免的。在地面进水口处设置水封和排水管采用不燃烧材料等措施，有助于防止地面火沿管道传播。

9.1.6 设置油水分离器是为了减少油对环境的污染。为防止发生火灾事故，油水分离器应设置在飞机库的室外。油水分离器不能承受消防水量，故设跨越管。

9.2 灭火设备的选择

9.2.1 根据《建筑设计防火规范》设置自动灭火系统的要求和参照美国《飞机库防火标准》MFPA-409，经技术经济分析比较后确定Ⅰ类飞机库采用泡沫—水雨淋系统。将飞机停放和维修区内的灭火系统分成若干个分区，每个分区设置一个由雨淋阀组控制的灭火系统，通过火灾自动报警系统控制雨淋阀动作，使安装在屋面板下的开式喷头喷出泡沫灭火。该系统既可灭飞机库地面油火，冷却屋顶承重钢构件，又保护工作人员疏散和消防救援人员的安全。作为辅助功能的翼下泡沫灭火系统和泡沫枪用于扑灭机翼下和机身内的火，共同组成完整的灭火系统。

飞机机翼面积小于280m²是等效采用美国《飞机库防火标准》NFPA-409的数据。翼下泡沫灭火系统和泡沫枪还可以灭初期火灾。

9.2.2 本条为Ⅱ类飞机库的灭火系统提供了两种选择，设计时可以进行综合技术经济比较。

美国《飞机库防火标准》NFPA-409Ⅱ类飞机库采用的是低倍数或高倍数泡沫灭火系统与自动喷水灭火系统联用。编写本规范时考虑到我国用防火隔热涂料保护屋顶承重构件的技术措施已使用多年，也得到消防部门的认可，故本条不要求一定设自动喷水灭火系统，但可在防火隔热涂料和自动喷水二者中选其一。

9.2.3 Ⅲ类飞机库面积小，一般停放小型飞机，火灾损失相对比较小，故采用泡沫枪为主要灭火设施。但应注意在Ⅲ类飞机库内不应从事输油、焊接、切割和喷漆等作业，否则，宜按Ⅱ类飞机库选择灭火系统。Ⅲ类飞机库内如停放和维修特殊用途和价值昂贵的飞机，也可按Ⅱ类飞机库选用灭火系统。

9.2.4 Ⅰ、Ⅱ类飞机库对金属屋顶承重构件的保护有两种选择，既可采用防火隔热涂料，也可采用自动喷水灭火系统，本条规定的自动喷水灭火系统设计参数系等效采用美国《飞机库防火标准》NFPA-409第四章的有关内容。

9.2.5 在飞机停放和维修区内已经设置了泡沫枪，故相应减少消火栓的同时使用数量。

9.3 泡沫—水雨淋系统

9.3.1 本条等效采用美国《飞机库防火标准》NFPA-409 1995年版3-2节的规定。

9.3.2 泡沫—水雨淋系统的释放装置有两种：标准喷头和专用泡沫喷头。

标准喷头是非吸气的开式喷头，适用于水成膜(AFFF)，如图1。

专用泡沫喷头是开式空气吸入型喷头，在开式桶体泡沫发生器下端装有溅水盘，适用于各类泡沫液，如图2。

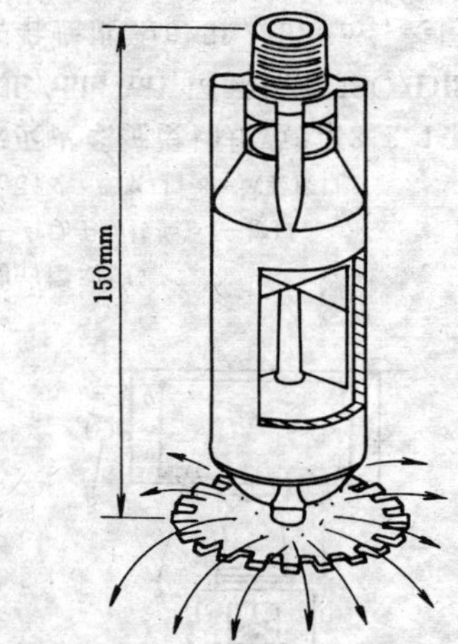

图1 标准喷头

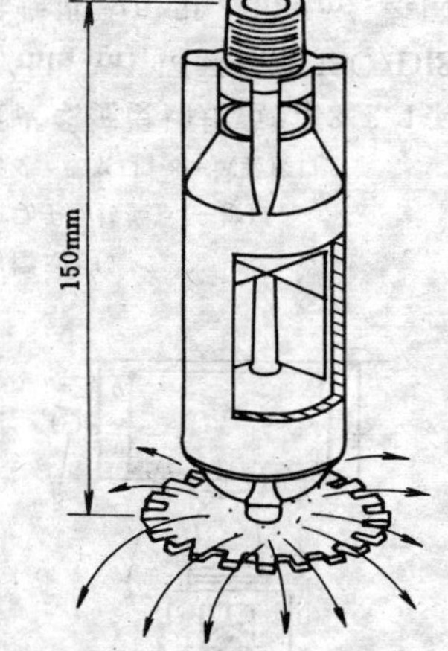

图2 专用泡沫喷头

9.3.3～9.3.5 设计参数均等效采用美国《飞机库防火规范》NFPA-409 1995年版第3-2.2.3，3-2.2.12和3-2.2.13款的内容。

国际标准《低倍数和高倍数泡沫灭火系统标准》ISO/DIS 7076-1990中对泡沫—水雨淋系统的供给强度规定如下：

表1 泡沫—水雨淋系统的供给强度

喷头型式	泡沫液	喷头在保护区安装高度(m)	
		<10m	>10m
		供给强度 L/min·m²	供给强度 L/min·m²
空气吸入型	蛋白泡沫(P) 合成泡沫(S)	6.5	8
	氟蛋白泡沫(FP) 水成膜泡沫(AFFF)	6.5	8
非空气吸入型	水成膜泡沫 (AFFF)	4	6.5

9.3.6 水力计算应按现行国家标准《自动喷水灭火系统设计规范》GBJ 84的规定和消防部门认可的电算程序进行优化后确定。标准喷头和空气吸入型喷头的出口压力可按泡沫混合液的设计供给强度由计算确定，并用生产厂商提供的喷头特性曲线校核。

9.3.7～9.3.9 泡沫—水雨淋系统的用水量、泡沫液和消防用水的连续供给时间均等效采用美国《飞机库防火标准》NFPA-409 1995年版第3-2.3.1、3-2.5.1、3-2.5.2、3-2.5.3款的规定。

9.4 翼下泡沫灭火系统

9.4.1 翼下泡沫灭火系统是泡沫—水雨淋系统的辅助灭火系统。其作用有三：

1 对飞机机翼和机身下部喷洒泡沫，弥补泡沫—水雨淋系统被大面积机翼遮挡之不足。

2 控制和扑灭飞机初期火灾和地面燃油流散火。

3 当飞机在停放和维修时发生燃油泄漏，可及时用泡沫覆盖，防止起火。

翼下泡沫灭火系统的释放装置有固定式低位自动摆动的泡沫炮。飞机库常用的是水力驱动的摆动炮，见图3。

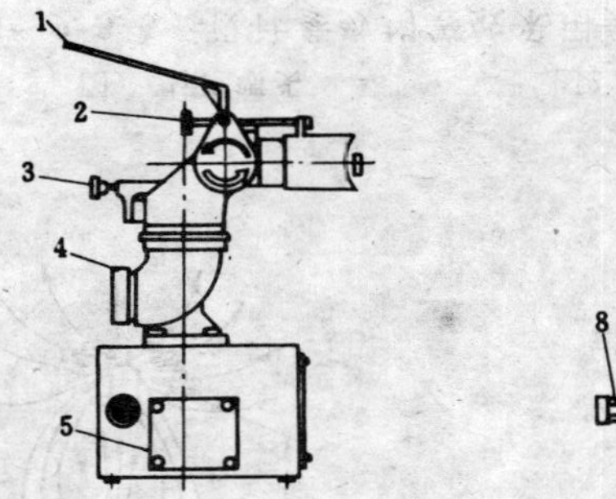

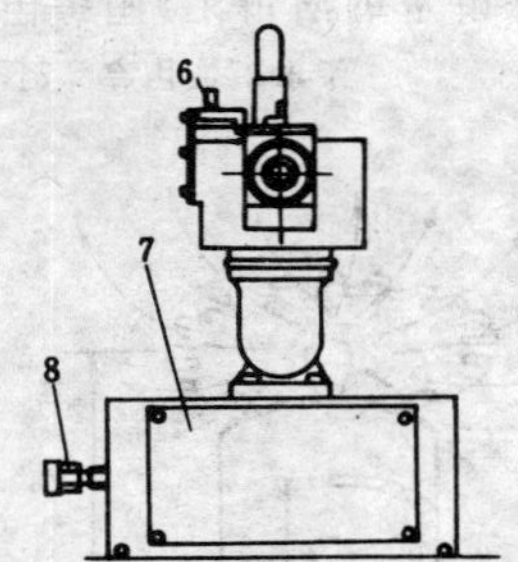

图3 水力驱动的摆动炮

1—操纵手柄；2—喷口调节；3—自动手动转换；4—接口；
5—过滤器检查口；6—水平位置锁定；7—观察口；8—试验接口

9.4.2 现行国家标准《低倍数泡沫灭火系统设计规范》第3.2.1条规定，泡沫混合液的供给强度为6.0L/min·m²；国际标准ISO/DIS 7076-1990中规定的泡沫混合液供给强度为6.5L/min·m²；美国《飞机库防火标准》NFPA-409 1995年版3-3.5.4款规定为6.5L/min·m²。

9.4.3、9.4.4 我国目前没有用水成膜泡沫液进行大型灭油类火的试验研究，因此，本规范等效采用了美国《飞机库防火标准》NFPA-409 1995年版3-3.5.4、3-3.5.5款的规定。

9.5 远控泡沫炮灭火系统

9.5.1 本条总结了我国现有飞机库的消防设备使用经验，将人工操作的泡沫炮发展为远控泡沫炮，随着我国消防科学技术的进步，我国自行研制和生产的远控泡沫炮已开始在码头上和飞机库中使用。此外，还吸收了德国飞机库的消防技术。

9.5.2～9.5.5 Ⅰ类飞机库采用低倍数泡沫灭火系统，释放装置是泡沫炮，它具有结构简单、射程远、喷射流量大、可直达火源、操作灵活的特点。

本节规定的泡沫混合液供给强度、泡沫液的供给量和供给时间等设计参数是等效采用美国《飞机库防火标准》NFPA-409 1995年版第4-4.2、4-4.3、4-4.5条的规定，也参考了国际标准ISO/DIS 7076-1990年版的相关规定。供水时间30min是既要保证泡沫混合液用水，又要供给冷却用水。泡沫炮有吸气型和非吸气型的，要根据所用的泡沫液来选用。泡沫炮的固定位置应保证两股泡沫射流到达被保护的飞机停放和维修区的任何部位。泡沫炮可设置在高位也可设置在低位，一般是高低位配合使用。

9.6 泡 沫 枪

9.6.1 本条是根据现行国家标准《低倍数泡沫灭火系统设计规范》第3.1.4条扑救甲、乙、丙类液体流散火时，采用氟蛋白泡沫液，配置PQ8型泡沫枪的规定制定的。

9.6.2 本条是根据国际标准ISO/DIS 7076-1990第2.3.4条和美国《飞机库防火标准》NFPA-409 1995年版3-4.3.7款的规定制定的。

9.6.3 根据现行国家标准《低倍数泡沫灭火系统设计规范》第3.1.4条和美国《飞机库防火标准》NFPA-409 1995年版3-4.3.7款的规定制定的。

9.6.4 接口与消火栓一致，有利于与消火栓系统合并使用。水带长度是因为飞机停放和维修区面积大，需要较长的水带。

9.7 高倍数泡沫灭火系统

9.7.1 本条是根据现行国家标准《高倍数、中倍数泡沫灭火系统设计规范》GB 50196的有关条文制定的。泡沫增高速率是参照美国《飞机库防火标准》NFPA-409 1995年版第3-3.6.2款的规定。

9.7.2 移动式泡沫发生器适用于初期火灾，用来扑灭地面流散火或覆盖泄漏的燃油。

9.8 泡沫液泵、比例混合器、泡沫液储罐、管道和阀门

9.8.1 泡沫液泵的流量小，只需一台工作泵。备用泵的型号一般与工作泵的型号相同。可选用一台电动泵和一台内燃机直接驱动的泵。

9.8.2 泡沫液的持续供应时间为10～20min，灭火时最先用完的是泡沫液，为避免泡沫液泵空转，所以要求自动关闭。

9.8.3 泡沫液具有一定的腐蚀性，美国3M 公司提供的“水成膜AFFF 泡沫液技术参考指南”，对泡沫液泵制造材料的选择为：壳体和叶轮可采用铸铁或青铜，传动轴用不锈钢，密封装置用乙丙橡胶或天然橡胶，填料用石棉等。3M 公司的试验资料证明，不锈钢对泡沫液的抗腐蚀性较好。

9.8.4 用正压注入的方法将泡沫液经供给管道引入系统是较好的方法。是利用动量平衡原理调节泡沫液供给量并按比例与水混合。正压型混合器使用安全可靠，能将泡沫液压入水系统的任何主管路中形成泡沫混合液，注入点能够靠近泡沫释放装置，减少了泡沫混合液在管路中的流动时间，有利于实现快速灭火的目的。正压型混合器连接管布置示意图见图4。

9.8.7 泡沫液泵为离心泵，正压位置可保证自吸。

9.8.8 泡沫液有一定的腐蚀性，选用管材和配件时应慎重。蝶阀的内部衬胶有防腐作用，用乙丙橡胶或天然橡胶防腐效果好。

9.8.9、9.8.10 为了尽快将泡沫混合液送至防护区，国外的飞机库也有将泡沫液储罐、泡沫液泵设在防护区内的，采取了水喷淋保护或用防火隔热板封闭等措施。

9.8.12 长期充有泡沫混合液的管道不允许采用镀锌钢管，但灭火后可及时用淡水清洗的泡沫混合液管道可以用镀锌钢管。

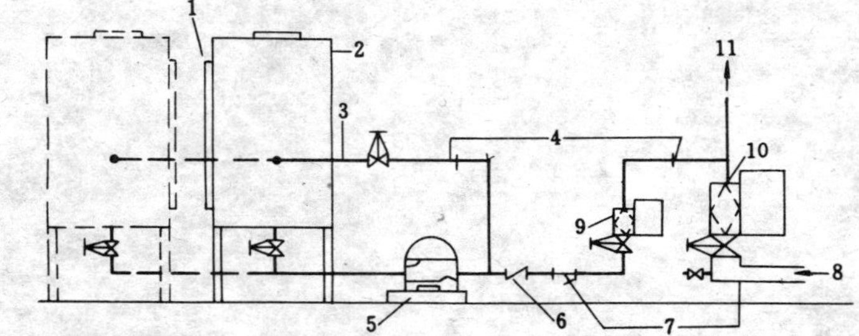

(a)泡沫液储罐、泡沫液泵

1—液位计；2—泡沫液罐；3—试验管；4—孔板；5—泡沫液泵；6—止回阀；7—过滤器；8—水；9、10—雨淋阀；11—到系统

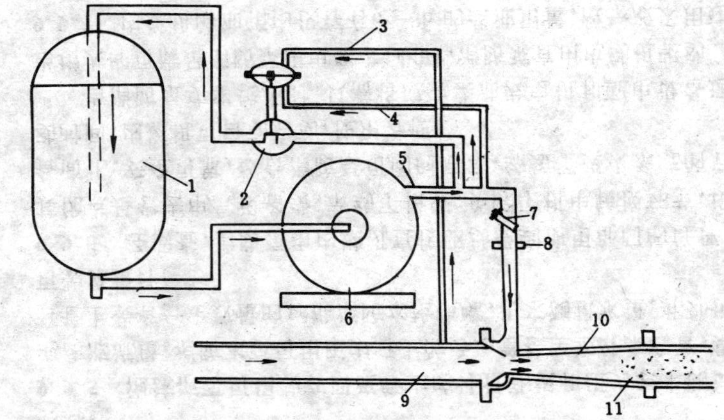

(b)平衡压力比例混合器系统

1—泡沫液；2—压力比例控制阀；3—水导管；4—泡沫液导管；5—回流管；6—泡沫液泵；7—过滤器；8—计量孔板；9—水；10—比例混合器；11—混合液

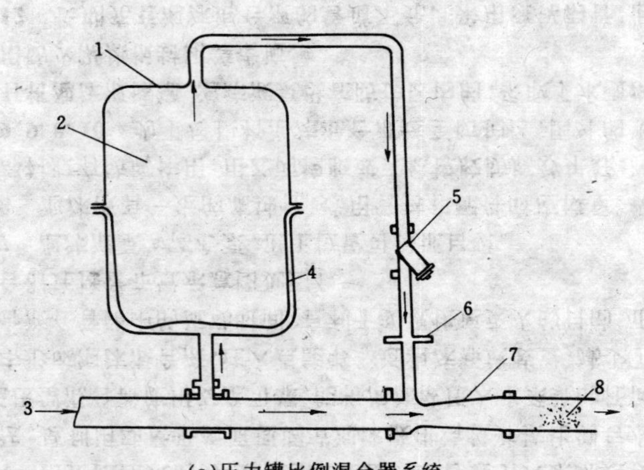

(c)压力罐比例混合器系统

1—泡沫液罐；2—泡沫液；3—水；4—柔性隔膜；
5—过滤器；6—计量孔板；7—比例混合器；8—混合液

图4 计量孔板注入式混合器和连接管布置

9.9 消防泵和消防泵房

9.9.1 当消防水泵工作一段时间后发生停泵，此时消防水池的水位已下降，不能自灌，消防水泵无法再启动，为了安全可将水泵位置尽量降低。设排气阀可防止水泵产生气蚀，吸水管直径小于200mm的水泵可不装排气阀。

9.9.2 水泵吸水管上不宜设过滤器，当从天然水源或开敞式水源取水时，为防止杂质堵塞水泵，在吸水口处要设过滤网，滤网要采用黄铜、紫铜或不锈钢等耐腐蚀材料。蝶阀增加吸水管的阻力，产生紊流，影响水泵性能，故严禁使用。

9.9.3 消防泵包括水泵和泡沫液泵。阀门和蝶阀的启闭状态要方便观察，防止误操作。

9.9.4 泄压阀是防止水泵超压的有效措施。泄压阀的回流管和试泵用的回流管可接至蓄水池，试泵用的回流管上的控制阀是常闭状态。

9.9.5 泡沫液泵可用装在回流管上的计量孔板和压力表来测试泡沫液流量。消防水泵可用压力管上的旁通管接至室外集合管，集合管上装有一定数量的标准消防水枪喷嘴，用来测量水量。此外也可装流量计。

9.9.6 经调查，消防泵由内燃机直接驱动受到使用部门的好评。其优点是省去电气设备费，节约了投资，免除了机电转换环节，设备简化、安全可靠，数台消防泵可同时启动，缩短了灭火系统的启动时间，内燃机可自动启动，使用方便。

当消防泵功率较小时，只需将应急柴油发电机和配电设备适当增大即可满足消防泵用电要求，此时，消防泵宜由电动机驱动。

9.9.7 内燃机的油箱内仅存有6～8h的柴油用量，故一般采用建筑灭火器灭火。美国《飞机库防火标准》NFPA-409规定设自动喷水灭火系统。

中国工程建设标准化协会标准

钢结构防火涂料应用技术规范

CECS 24：90

主编单位：公安部四川消防科学研究所
审查单位：全国工程防火防爆标准技术委员会
批准单位：中国工程建设标准化协会
批准日期：1990年9月10日

前　言

我国自80年代中期起，随着钢结构建筑业的发展而发展起来的钢结构防火涂料，在工程中推广应用，对于贯彻有关的建筑设计防火规范，提高钢结构的耐火极限，减少火灾损失，取得了显著效果。为了统一钢结构防火涂料涂层设计、施工方法和质量标准等应用技术要求，保证应用效果，确保防火安全，特制订本规范。

本规范的编制，遵照国家工程建设的有关方针政策和“预防为主、防消结合”的消防工作方针，调查研究了我国钢结构火灾的特点，总结了防火涂料保护钢结构的实践经验，并吸收国内外先进技术和钢结构防火涂料科研成果，反复征求有关科研设计、生产施工、高等院校、公安消防和建设等单位与专家的意见，经全国工程防火防爆标准技术委员会审查定稿。

现批准《钢结构防火涂料应用技术规范》为中国工程建设标准化协会标准，编号为CECS24：90，并推荐给各工程建设有关单位使用。在使用过程中如发现需要修改补充之处，请将意见及有关资料寄交四川省都江堰市公安部四川消防科学研究所转全国工程防火防爆标准技术委员会（邮政编码：611830）。

中国工程建设标准化协会
1990年9月10日

第一章 总 则

第 1.0.1 条 为贯彻实施国家的有关建筑防火规范，使用防火涂料保护钢结构，提高其耐火极限，做到安全可靠、技术先进、经济合理，特制订本规范。

第 1.0.2 条 本规范适用于建筑物及构筑物钢结构防火保护涂层的设计、施工和验收。

第 1.0.3 条 钢结构防火涂料的应用，除遵守本规范外，尚应遵守国家有关防火规范及其他现行规定。

第二章 防火涂料及涂层厚度

第 2.0.1 条 钢结构防火涂料分为薄涂型和厚涂型两类，其产品均应通过国家检测机构检测合格，方可选用。

第 2.0.2 条 薄涂型钢结构防火涂料的主要技术性能按附录二的有关方法试验，其技术指标应符合表 2.0.2 的规定。

薄涂型钢结构防火涂料性能 **表 2.0.2**

项目		指标		
粘结强度 (MPa)		≥0.15		
抗弯性		挠曲 $L/100$，涂层不起层、脱落		
抗振性		挠曲 $L/200$，涂层不起层、脱落		
耐水性 (h)		≥24		
耐冻融循环性 (次)		≥15		
耐火极限	涂层厚度 (mm)	3	5.5	7
	耐火时间不低于 (h)	0.5	1.0	1.5

第 2.0.3 条 厚涂型钢结构防火涂料的主要技术性能按附录二的有关方法试验，其技术指标应符合表 2.0.3 的规定。

厚涂型钢结构防火涂料性能 **表 2.0.3**

项目	指标
粘结强度 (MPa)	≥0.04
抗压强度 (MPa)	≥0.3
干密度 (kg/m^3)	≤500
热导率 〔W/(m·K)〕	≤0.1160 (0.1kcal/m·h·℃)
耐水性 (h)	≥24

续表

项目		指标
耐冻融循环性（次）		≥15
耐火极限	涂层厚度（mm）	15　20　30　40　50
	耐火时间不低于（h）	1.0　1.5　2.0　2.5　3.0

第 2.0.4 条　采用钢结构防火涂料时，应符合下列规定：

一、室内裸露钢结构、轻型屋盖钢结构及有装饰要求的钢结构，当规定其耐火极限在 1.5h 及以下时，宜选用薄涂型钢结构防火涂料。

二、室内隐蔽钢结构、高层全钢结构及多层厂房钢结构，当规定其耐火极限在 1.5h 以上时，应选用厚涂型钢结构防火涂料。

三、露天钢结构，应选用适合室外用的钢结构防火涂料。

第 2.0.5 条　用于保护钢结构的防火涂料应不含石棉，不用苯类溶剂，在施工干燥后应没有刺激性气味；不腐蚀钢材，在预定的使用期内须保持其性能。

第 2.0.6 条　钢结构防火涂料的涂层厚度，可按下列原则之一确定：

一、按照有关规范对钢结构不同构件耐火极限的要求，根据标准耐火试验数据选定相应的涂层厚度。

二、根据标准耐火试验数据，参照本规范附录三计算确定涂层的厚度。

第 2.0.7 条　施加给钢结构的涂层质量，应计算在结构荷载内，不得超过允许范围。

第 2.0.8 条　保护裸露钢结构以及露天钢结构的防火涂层，应规定出外观平整度和颜色装饰要求。

第 2.0.9 条　钢结构构件的防火喷涂保护方式，宜按图 2.0.9 选用。

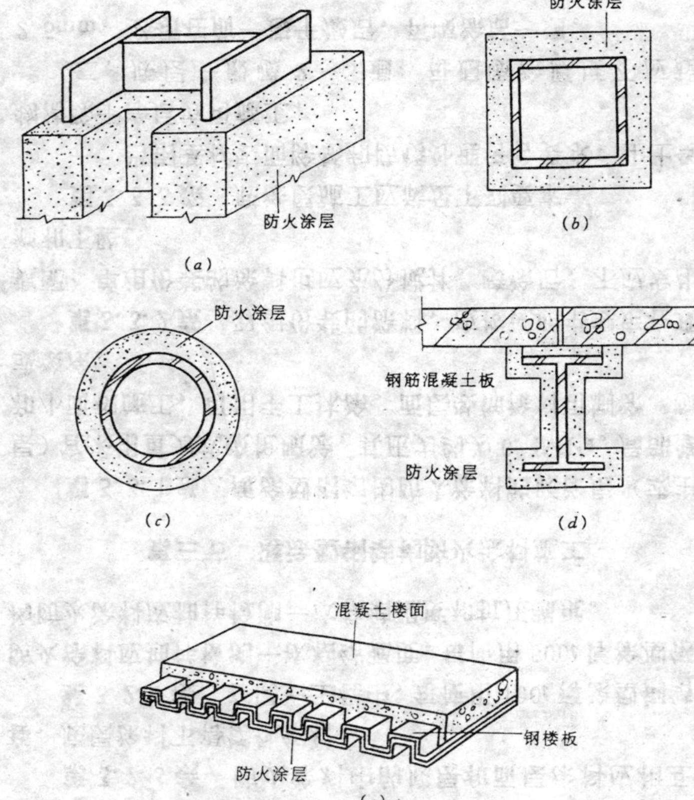

图 2.0.9　钢结构防火保护方式

(a) 工字型柱的保护；(b) 方型柱的保护；(c) 管型构件的保护；(d) 工字梁的保护；(e) 楼板的保护

第三章　钢结构防火涂料的施工

第一节　一般规定

第 3.1.1 条　钢结构防火喷涂保护应由经过培训合格的专业施工队施工。施工中的安全技术和劳动保护等要求，应按国家现行有关规定执行。

第 3.1.2 条　当钢结构安装就位，与其相连的吊杆、马道、管架及其他相关连的构件安装完毕，并经验收合格后，方可进行防火涂料施工。

第 3.1.3 条　施工前，钢结构表面应除锈，并根据使用要求确定防锈处理。除锈和防锈处理应符合现行《钢结构工程施工与验收规范》中有关规定。

第 3.1.4 条　钢结构表面的杂物应清除干净，其连接处的缝隙应用防火涂料或其他防火材料填补堵平后方可施工。

第 3.1.5 条　施工防火涂料应在室内装修之前和不被后继工程所损坏的条件下进行。施工时，对不需作防火保护的部位和其他物件应进行遮蔽保护，刚施工的涂层，应防止脏液污染和机械撞击。

第 3.1.6 条　施工过程中和涂层干燥固化前，环境温度宜保持在 5～38℃，相对湿度不宜大于 90%，空气应流通。当风速大于 5m/s，或雨天和构件表面有结露时，不宜作业。

第二节　质量要求

第 3.2.1 条　用于保护钢结构的防火涂料必须有国家检测机构的耐火极限检测报告和理化性能检测报告，必须有防火监督部门核发的生产许可证和生产厂方的产品合格证。

第 3.2.2 条　钢结构防火涂料出厂时，产品质量应符合有关标准的规定。并应附有涂料品种名称、技术性能、制造批号、贮存期限和使用说明。

第 3.2.3 条　防火涂料中的底层和面层涂料应相互配套，底层涂料不得锈蚀钢材。

第 3.2.4 条　在同一工程中，每使用 100t 薄涂型钢结构防火涂料应抽样检测一次粘结强度；每使用 500t 厚涂型钢结构防火涂料应抽样检测一次粘结强度和抗压强度。

第三节　薄涂型钢结构防火涂料施工

第 3.3.1 条　薄涂型钢结构防火涂料的底涂层（或主涂层）宜采用重力式喷枪喷涂，其压力约为 0.4MPa。局部修补和小面积施工，可用手工抹涂。面层装饰涂料可刷涂、喷涂或滚涂。

第 3.3.2 条　双组份装的涂料，应按说明书规定在现场调配；单组份装的涂料也应充分搅拌。喷涂后，不应发生流淌和下坠。

第 3.3.3 条　底涂层施工应满足下列要求：

一、当钢基材表面除锈和防锈处理符合要求，尘土等杂物清除干净后方可施工。

二、底层一般喷 2～3 遍，每遍喷涂厚度不应超过 2.5mm，必须在前一遍干燥后，再喷涂后一遍。

三、喷涂时应确保涂层完全闭合，轮廓清晰。

四、操作者要携带测厚针检测涂层厚度，并确保喷涂达到设计规定的厚度。

五、当设计要求涂层表面要平整光滑时，应对最后一遍涂层作抹平处理，确保外表面均匀平整。

第 3.3.4 条 面涂层施工应满足下列要求：

一、当底层厚度符合设计规定，并基本干燥后，方可施工面层。

二、面层一般涂饰 1～2 次，并应全部覆盖底层。涂料用量为 0.5～1kg/m²。

三、面层应颜色均匀，接槎平整。

第四节 厚涂型钢结构防火涂料施工

第 3.4.1 条 厚涂型钢结构防火涂料宜采用压送式喷涂机喷涂，空气压力为 0.4～0.6MPa，喷枪口直径宜为 6～10mm。

第 3.4.2 条 配料时应严格按配合比加料或加稀释剂，并使稠度适宜，边配边用。

第 3.4.3 条 喷涂施工应分遍完成，每遍喷涂厚度宜为 5～10mm，必须在前一遍基本干燥或固化后，再喷涂后一遍。喷涂保护方式、喷涂遍数与涂层厚度应根据施工设计要求确定。

第 3.4.4 条 施工过程中，操作者应采用测厚针检测涂层厚度，直到符合设计规定的厚度，方可停止喷涂。

第 3.4.5 条 喷涂后的涂层，应剔除乳突，确保均匀平整。

第 3.4.6 条 当防火涂层出现下列情况之一时，应重喷：

一、涂层干燥固化不好，粘结不牢或粉化、空鼓、脱落时。

二、钢结构的接头、转角处的涂层有明显凹陷时。

三、涂层表面有浮浆或裂缝宽度大于 1.0mm 时。

四、涂层厚度小于设计规定厚度的 85%时，或涂层厚度虽大于设计规定厚度的 85%，但未达到规定厚度的涂层之连续面积的长度超过 1m 时。

第四章 工程验收

第 4.0.1 条 钢结构防火保护工程竣工后，建设单位应组织包括消防监督部门在内的有关单位进行竣工验收。

第 4.0.2 条 竣工验收时，检测项目与方法如下：

一、用目视法检测涂料品种与颜色，与选用的样品相对比。

二、用目视法检测涂层颜色及漏涂和裂缝情况，用 0.75～1kg 榔头轻击涂层检测其强度等，用 1m 直尺检测涂层平整度。

三、按本规范附录四的规定检测涂层厚度。

第 4.0.3 条 薄涂型钢结构防火涂层应符合下列要求：

一、涂层厚度符合设计要求。

二、无漏涂、脱粉、明显裂缝等。如有个别裂缝，其宽度不大于 0.5mm。

三、涂层与钢基材之间和各涂层之间，应粘结牢固，无脱层、空鼓等情况。

四、颜色与外观符合设计规定，轮廓清晰，接槎平整。

第 4.0.4 条 厚涂型钢结构防火涂层应符合下列要求：

一、涂层厚度符合设计要求。如厚度低于原订标准，但必须大于原订标准的 85%，且厚度不足部位的连续面积的长度不大于 1m，并在 5m 范围内不再出现类似情况。

二、涂层应完全闭合，不应露底、漏涂。

三、涂层不宜出现裂缝。如有个别裂缝，其宽度不应大于 1mm。

四、涂层与钢基材之间和各涂层之间，应粘结牢固，无空鼓、脱层和松散等情况。

五、涂层表面应无乳突。有外观要求的部位，母线不直度和失圆度允许偏差不应大于 8mm。

第 4.0.5 条 验收钢结构防火工程时，施工单位应具备下列文件：

一、国家质量监督检测机构对所用产品的耐火极限和理化力学性能检测报告。

二、大中型工程中对所用产品抽检的粘结强度、抗压强度等检测报告。

三、工程中所使用的产品的合格证。

四、施工过程中，现场检查记录和重大问题处理意见与结果。

五、工程变更记录和材料代用通知单。

六、隐蔽工程中间验收记录。

七、工程竣工后的现场记录。

附录一 名词解释

名 词	说 明
钢结构防火涂料	施涂于建筑物和构筑物钢结构构件表面，能形成耐火隔热保护层，以提高钢结构耐火极限的涂料。按其涂层厚度及性能特点可分为薄涂型和厚涂型两类
薄涂型钢结构防火涂料（B类）	涂层厚度一般为2～7mm，有一定装饰效果，高温时膨胀增厚，耐火隔热，耐火极限可达0.5～1.5h。又称为钢结构膨胀防火涂料。
厚涂型钢结构防火涂料（H类）	涂层厚度一般为8～50mm，呈粒状面，密度较小，热导率低，耐火极限可达0.5～3.0h。又称为钢结构防火隔热涂料
裸露钢结构	建筑物或构筑物竣工后仍然露明的钢结构，如体育场馆、工业厂房等的钢结构
隐蔽钢结构	建筑物或构筑物竣工后，已经被围护、装修材料遮蔽、隔离的钢结构，如影剧院、百货楼、礼堂、办公大厦、宾馆等的钢结构
露天钢结构	建筑物或构筑物竣工后，仍露置于大气中，无屋盖防雨防风的钢结构，如石油化工厂、石油钻井平台、液化石油汽贮罐支柱钢结构等

附录二 钢结构防火涂料试验方法

一、钢结构防火涂料耐火极限试验方法：

将待测涂料按产品说明书规定的施工工艺施涂于标准钢构件（例如I_{36b}或I_{40a}工字钢）上，采用国家标准《建筑构件耐火试验方法》(GB9978－88)，试件平放在卧式炉上，燃烧时三面受火。试件支点内外非受火部分的长度不应超过300mm。按设计荷载加压，进行耐火试验，测定某一防火涂层厚度保护下的钢构件的耐火极限，单位为h。

二、钢结构防火涂料粘结强度试验方法：

参照《合成树脂乳液砂壁状建筑涂料》(GB9153－88) 6.12条粘结强度试验进行。

1. 试件准备：将待测涂料按说明书规定的施工工艺施涂于70mm×70mm×10mm的钢板上（见附图2.1）

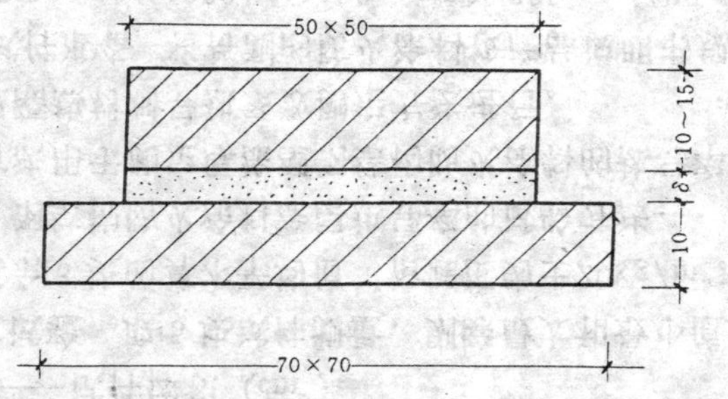

附图2.1 测粘结强度的试件

薄涂型膨胀防火涂料厚度δ为3～4mm，厚涂型防火涂料厚度δ为8～10mm。抹平，放在常温下干燥后将涂层修成50mm×50mm，再用环氧树脂将一块50mm×50mm×（10～

15）mm 的钢板粘结在涂层上，以便试验时装夹。

2. 试验步骤：将准备好的试件装在试验机上，均匀连续加荷至试件涂层破裂为止。

粘结强度按下式计算：

$$f_b=\frac{F}{A}$$

式中 f_b——粘结强度（MPa）；

F——破坏荷载（N）；

A——涂层与钢板的粘结面面积（mm^2）。

每次试验，取 5 块试件测量，剔除最大和最小值，其结果应取其余 3 块的算术平均值，精确度为 0.01MPa。

三、钢结构防火涂料涂层抗压强度试验方法：

参照 GBJ203—83 标准中附录二“砂浆试块的制作、养护及抗压强度取值”方法进行。

将拌好的防火涂料注入 70.7mm×70.7mm×70.7mm 试模捣实抹平，待基本干燥固化后脱模，将涂料试块放置在 60±5℃的烘箱中干燥至恒重，然后用压力机测试，按下式计算抗压强度：

$$R=\frac{P}{A}$$

式中 R——抗压强度（MPa）；

P——破坏荷载（N）；

A——受压面积（mm^2）。

每次试验的试件 5 块，剔除最大和最小值，其结果应取其余 3 块的算术平均值，计算精确度为 0.01MPa。

四、钢结构防火涂料涂层干密度试验方法：

采用准备做抗压强度的试块，在做抗压强度之前采用直尺和称量法测量试块的体积和质量。干密度按下式计算：

$$R=\frac{G}{V}\times 10^3$$

式中 R——防火涂料涂层干燥密度（kg/m^3）；

G——试件质量（kg）；

V——试件体积（cm^3）。

每次试验，取 5 块试件测量，剔除最大和最小值，其结果应取其余 3 块的算术平均值，精确度为±20kg/m^3。

五、钢结构防火涂料涂层热导率的试验方法：

本方法用于测定厚涂型钢结构防火涂料的热导率。参照有关保温隔热材料导热系数测定方法进行。

1. 试件准备：将待测的防火涂料按产品说明书规定的工艺施涂于 200mm×200mm×20mm 或 ϕ200mm×20mm 的试模内，捣实抹平，基本干燥固化后脱模，放入 60±5℃的烘箱内烘干至恒重，一组试样为 2 个。

2. 仪器：稳态法平板导热系数测定仪（型号 DRP—1）。

3. 试验步骤：

（1）试样须在干燥器内放置 24h。

（2）将试样置于测定仪冷热板之间，测量试样厚度，至少测量 4 点，精确到 0.1mm。

（3）热板温度为 35±0.1℃，冷板温度为 25±0.1℃，两板温差 10±0.1℃。

（4）仪器平衡后，计量一定时间内通过试样有效传热面积的热量，在相同的时间间隔内所传导的热量恒定之后，继续测量 2 次。

（5）试验完毕再测量厚度，精确到 0.1mm，取试验前后试样厚度的平均值。

4. 计算式：

$$\lambda=\frac{Q \cdot d}{s \cdot \Delta Z \cdot \Delta t}$$

式中 λ——热导率〔W/（m·K）〕；

Q——恒定时试样的导热量（J）；

s——试样有效传热面积（m^2）；

ΔZ——测定时间间隔（h）；

Δt——冷、热板间平均温度差（℃）。

六、钢结构防火涂料涂层抗振性试验方法：

本方法用于测定薄涂型钢结构防火涂料涂层的抗振性能。采用经防锈处理的无缝钢管（钢管长 1300mm，外径 48mm，壁厚 4mm），涂料喷涂厚度为 3～4mm，干燥后，将钢管一端以悬臂方式固定，使另一端初始变位达 $L/200$（见附图 2.2），以突然释放的方式让其自由振动。反复试验 3 次，试验停止后，观察试件上的涂层有无起层和脱落发生。记录变化情况，当起层、脱落的涂层面积超过 $1cm^2$ 即为不合格。

七、钢结构防火涂料涂层抗弯性试验：

本方法用于测定薄涂型钢结构防火涂料涂层的抗弯性能。试件与抗振性试验用的试件相同。试件干燥后，将其两端简支平放在压力机工作台上，在其中部加压至挠度达 $L/100$ 时（L 为支点间距离，长 1000mm），观察试件上的涂层有无起层、脱落发生。

八、钢结构防火涂料涂层耐水性试验方法：

参照《漆膜耐水性测定法》（GB1733）甲法进行。用 120mm×50mm×10mm 钢板，经防锈处理后，喷涂防火涂料（薄涂型涂料的厚度为 3～4mm，厚涂型涂料的厚度为 8～10mm），放入 60±5℃的烘箱内干燥至恒重，取出放入室温下

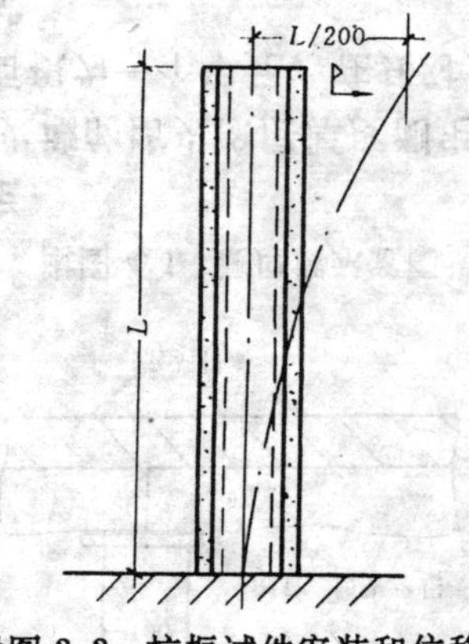

附图 2.2 抗振试件安装和位移

注：厚涂型钢结构防火涂料涂层的抗撞击性能可用一块 400mm×400mm×10mm 的钢板，喷涂 25mm 厚的防火涂层，干燥固化，并养护期满后，用 0.75～1kg 的榔头敲打或用其他钝器撞击试件中心部位，观察涂层凹陷情况，是否出现开裂、破碎或脱落现象。

的自来水中浸泡，观察有无起层、脱落等现象发生。

九、钢结构防火涂料涂层耐冻融性试验方法：

本方法参照《建筑涂料耐冻融循环性测定法》（GB9154—88）进行。

试件与耐水性试验相同。对于室内使用的钢结构防火涂料，将干燥后的试件，放置在 23±2℃的室内 18h，取出置于 −18～−20℃的低温箱内冷冻 3h，再从低温箱中取出放入 50±2℃的烘箱中恒温 3h，为一个循环。如此反复，记录循环次数，观察涂层开裂、起泡、剥落等异常现象。对于室外用的钢结构防火涂料，应将试件放置在 23±2℃的室内 18h 改为置于水温为 23±2℃的恒温水槽中浸泡 18h，其余条件不变。

附录三　钢结构防火涂料施用厚度计算方法

在设计防火保护涂层和喷涂施工时，根据标准试验得出的某一耐火极限的保护层厚度，确定不同规格钢构件达到相同耐火极限所需的同种防火涂料的保护层厚度，可参照下列经验公式计算：

$$T_1=\frac{W_2/D_2}{W_1/D_1}\times T_2\times K$$

式中　T_1——待喷防火涂层厚度（mm）；

T_2——标准试验时的涂层厚度（mm）；

W_1——待喷钢梁重量（kg/m）；

W_2——标准试验时的钢梁重量（kg/m）；

D_1——待喷钢梁防火涂层接触面周长（mm）；

D_2——标准试验时钢梁防火涂层接触面周长（mm）；

K——系数。对钢梁，$K=1$；对相应楼层钢柱的保护层厚度，宜乘以系数 K，设 $K=1.25$。

公式的限定条件为：$W/D\geqslant 22$，$T\geqslant 9$mm，耐火极限 $t\geqslant 1$h。

附录四　钢结构防火涂料涂层厚度测定方法

一、测针与测试图：

测针（厚度测量仪），由针杆和可滑动的圆盘组成，圆盘始终保持与针杆垂直，并在其上装有固定装置，圆盘直径不大于30mm，以保证完全接触被测试件的表面。如果厚度测量仪不易插入被插材料中，也可使用其他适宜的方法测试。

测试时，将测厚探针（见附图4.1）垂直插入防火涂层直至钢基材表面上，记录标尺读数。

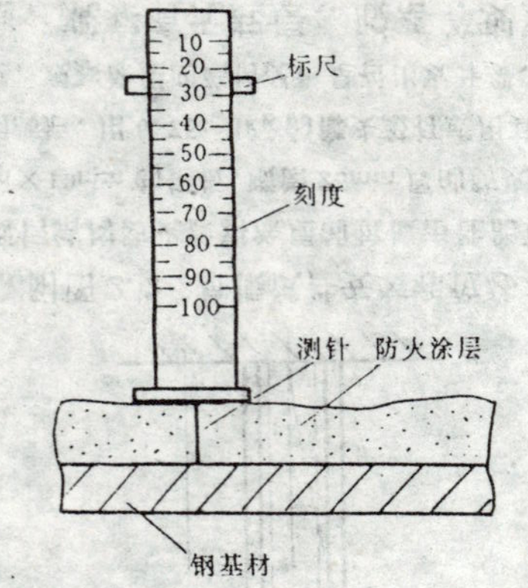

附图4.1　测厚度示意图

二、测点选定：

1. 楼板和防火墙的防火涂层厚度测定，可选两相邻纵、横轴线相交中的面积为一个单元；在其对角线上，按每米长度选一点进行测试。

2. 全钢框架结构的梁和柱的防火涂层厚度测定，在构件长度内每隔 3m 取一截面，按附图 4.2 所示位置测试。

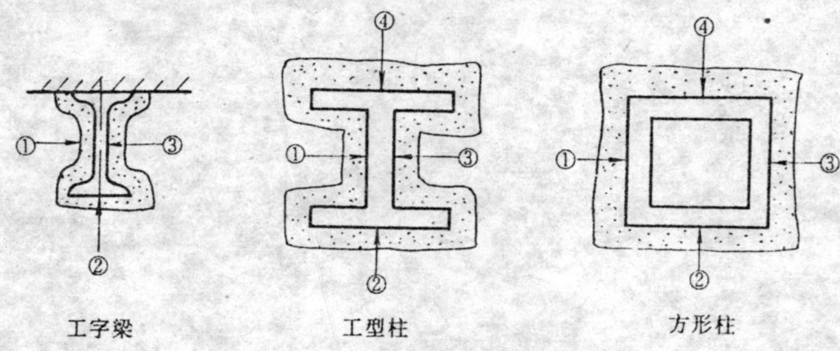

附图 4.2　测点示意图

3. 桁架结构，上弦和下弦按第二条的规定每隔 3m 取一截面检测，其他腹杆每根取一截面检测。

三、测量结果：

对于楼板和墙面，在所选择的面积中，至少测出 5 个点；对于梁和柱在所选择的位置中，分别测出 6 个和 8 个点。分别计算出它们的平均值，精确到 0.5mm。

附录五　本规范用词说明

一、执行本规范时，对要求严格程度的用词说明如下，以便在执行中区别对待。

1. 表示很严格，非这样作不可的用词：

正面词采用“必须”；反面词采用“严禁”。

2. 表示严格，在正常情况下均应这样作的用词：

正面词采用“应”；反面词采用“不应”或“不得”。

3. 表示允许稍有选择，在条件许可时首先应这样作的用词：

正面词采用“宜”或“可”；反面词采用“不宜”。

二、条文中必须按指定的标准、规范或其他有关规定执行的写法为“应按……执行”或“应符合……要求或规定”。非必须按所规定的标准、规范执行的写法为“可参照……执行”。

附加说明

本规范主编单位、参加单位和主要起草人名单

主 编 单 位：公安部四川消防科学研究所
参 加 单 位：北京市建筑设计研究院
北京建筑防火材料公司
主要起草人：赵宗治　孙东远　袁佑民　卿秀英
审 查 单 位：全国工程防火防爆标准技术委员会

中国工程建设标准化协会标准

钢结构防火涂料应用技术规范

CECS 24：90

条文说明

目　录

第一章　总　　则

第1.0.1条　本条是关于制定本规范的目的和遵循的有关方针政策，从下列几方面加以说明：

一、钢结构耐火性差，火灾教训深刻。80年代以来，我国的钢结构建筑发展较快，如商贸大厦、礼堂、影剧院、宾馆、饭店、图书馆、展览馆、体育馆、电视塔、工业厂房和仓库等大跨度建筑物和超高层建筑物，均广泛采用钢结构。用钢材制作骨架建造房屋，具有强度高、自重轻、吊装方便、施工迅速和节约木材等优点。但是，钢结构耐火性差，怕火烧，未加保护的钢结构在火灾温度作用下，只需15分钟，自身温度就可达540℃以上，钢材的力学性能，诸如屈服点、抗压强度、弹性模量以及载荷能力等，都迅速下降，在纵向压力和横向拉力作用下，钢结构不可避免地扭曲变型，垮塌毁坏。我国一些城市过去建造的钢结构建筑，由于缺乏有效的防火措施，防火设计不完善，留下不少火险隐患，有的发生了火灾。例如1973年5月3日天津市体育馆火灾，由烟头掉入通风管道引燃甘蔗渣板和木板等可燃物，迅速蔓延，320多名消防指战员赶赴现场扑救，由于可燃材料火势很猛，钢结构耐火能力差，仅烧了19分钟，3500平方米的主馆屋顶拱型钢屋架全部塌落，致使原订次日举行的全国体操表演比赛无法进行，直接经济损失160多万元。又如1960年2月重庆天原化工厂火灾，1969年12月上海文化广场火灾，1973年北京二七机车车辆厂纤维板车间火灾，1979年12月吉林省煤气公司液化气厂火灾，1981年4月长春卷烟厂火灾，1983年12月北京友谊宾馆剧场火灾，1986 年 1 月唐山市棉纺织厂火灾，1986 年 4 月北京高压气瓶厂装罐车间火灾；1987 年 4 月四川江油发电厂俱乐部火灾以及 1988 年中央党校火灾等，建筑物钢结构均在 20 分钟内就被烈火吞噬，变成了麻花状的废物。而且，变型后的钢结构是无法修复使用的。

二、建筑物中承重钢结构需作防火保护。国家标准《建筑设计防火规范》(GBJ16—87) 和《高层民用建筑设计防火规范》(GBJ45—82) 中对建筑物的耐火等级及相应的建筑构件应达到的耐火极限，作了具体规定，详见表 1.0.1。

建筑构件的耐火极限要求 表 1.0.1

耐火等级 \ 构件名称 \ 耐火极限 (h) \ 规范名称	高层民用建筑设计防火规范			建筑设计防火规范				
	柱	梁	楼板、屋顶承重构件	支承多层的柱	支承单层的柱	梁	楼板	屋顶承重构件
一 级	3.00	2.00	1.50	3.00	2.50	2.00	1.50	1.50
二 级	2.50	1.50	1.00	2.50	2.00	1.50	1.00	0.50
三 级				2.50	2.00	1.00	0.50	

当建筑物采用钢结构时，钢构件虽是不燃烧体，但由于耐火极限仅 0.25h，必须实施防火保护，提高其耐火极限，符合表 1.0.1 的有关规定才能满足防火规范要求。

三、防火保护措施与工程应用情况。钢结构的防火保护技术是一项综合性技术，它涉及到化工建材的生产、建筑防火设计和工程施工应用等诸多方面 。

随着钢结构建筑的迅速发展，随之而来的防火保护技术问题日趋突出。过去的传统方法是在钢结构表面浇铸混凝土、涂抹水泥砂浆或用不燃板材包覆等。自 70 年代以来，国外采用防火涂料喷涂保护钢结构，代替了传统措施，技术上大大前进一步。我国从 80 年代初期起，从国外引进了一些钢结构防火涂料使用，如北京体育馆综合训练馆、北京西苑饭店、北京友谊宾馆、京广中心、北京昆仑饭店、北京香格里拉饭店、上海锦江饭店、深圳发展中心等，分别应用了英国的 P20 防火涂料、美国 50# 钢结构膨胀防火涂料和日本的矿纤维喷涂材料等。

自 80 年代中期起，我国有关单位先后研究开发出厚涂型和薄涂型的两类钢结构防火涂料，在设计、生产、施工和消防监督部门的通力合作下，分别应用于第十一届亚运会体育馆、北京中国国际贸易中心、京城大厦、中央彩电中心、北京石景山发电厂、北京王府井百货大楼、新北京图书馆、天津大沽化工厂、辽沈战役纪念馆、上海易初摩托车厂、南京华飞公司等上百项国家建设工程，提高了钢结构耐火极限，达到了防火规范要求，有的还经受了实际火灾考验。具体例子是：北京中国国际贸易中心全钢结构建筑采用 LG 钢结构防火涂料喷涂保护，整个建筑物尚未竣工和投入使用前，1989 年 3 月 1 日凌晨该建筑物宴会厅内发生火灾，堆放在屋内的 1345 包玻璃纤维毡保温隔热材料包装纸箱着火，燃烧近三个小时，玻璃纤维被烧融成团块，顶上的现浇混凝土楼板被烧炸裂露出了钢筋，由于钢梁和钢柱上喷涂有 25mm 厚的 LG 防火涂层，尽管涂层表面被 1000℃左右的高温烧成了釉状，但涂层内部还无明显变化，仍牢固地附着在钢基材上，除掉涂层，防锈漆仍保持鲜红颜色，钢结构安然无恙。假如未经保护的钢结构遭遇到同样大小的火灾，不可避免地会受到损失，甚至变型垮塌毁坏了。国内外钢结构防火涂料在我国工程中应用，从防火设计、涂料开发与性能指标要求、喷涂施工与竣工验收等方面，积累了宝贵经验，为制定本规范奠定

中国工程建设标准化协会标准

钢结构防火涂料应用技术规范

CECS 24∶90

了基础。

四、工程建设急需统一的标准规范。目前，全国还没有一个统一的科学合理的标准规范，大家在贯彻国家有关防火规范并利用防火涂料保护钢结构时，无章可循，或只能参照企业标准执行，在涂料的选用与技术指标要求、耐火极限与涂层厚度的设计、施工技术和工程质量标准等方面，缺乏科学技术依据，甚至出现各行其是的现象。有的凭一些经验选用防火涂料，有的把木结构防火涂料或未经标准检测的防火涂料选用在钢结构上；有的不重视钢结构的防火保护，不按设计要求，随意买防火涂料涂刷；有的施工队未经培训，施工敷衍塞责，不是涂得过薄达不到耐火极限要求，就是涂得太厚浪费了材料，如此等等。为了更好地贯彻有关的防火规范，把采用钢结构防火涂料喷涂保护钢结构的工作做得更好，确保建筑物的安全，亟待制定钢结构防火涂料应用技术规范。

五、本规范的作用与意义。本规范的制定，适应了国家工程建设的急需，为广大工程设计、涂料生产和施工人员提供了科学合理的技术标准，为公安消防监督部门提供了监督管理的技术依据，对于贯彻国家有关的建筑设计防火规范，采用较先进的防火技术提高建筑物钢结构的耐火极限，有效地防止和减少火灾损失，保障生命财产，保卫社会主义建设，具有十分重要的意义。

六、遵循的有关方针政策。制定本规范遵循了国家有关的方针政策，如包括做到安全可靠、技术先进、经济合理等。安全可靠，是对钢结构实施防火保护时应做到的基本要求，防火保护做不到安全可靠就留下了火险隐患。技术先进，一方面是采用喷涂防火涂料保护钢结构，与传统的方法相比技术上是先进的；另一方面，对钢结构实施防火喷涂保护要根据钢结构类型、部位和耐火要求，挑选先进的防火涂料并采用先进的工艺技术施工。经济合理，要求做到安全可靠和技术先进的前提下，尽量节省涂料，避免浪费；在质量相同的情况下，优先用国货，施工与维修均方便，也可节省外汇。

第1.0.2条 本条规定了本规范的适用范围。工业与民用建筑物和构筑物中应用钢结构作为承重构件，需进行防火保护才能达到有关防火规范的耐火极限要求时，即可按照本规范的规定，进行防火保护涂层的设计、施工和验收。

第1.0.3条 本条表明了本规范与国家有关规范的关系。本规范是《建筑设计防火规范》(GBJ16—87)和《高层民用建筑设计防火规范》(GBJ45—82)等国家标准规范的配套性规范，属于工程建设中的一个推荐性标准。在应用防火涂料保护钢结构时，除遵循本规范外，还应遵守防火规范的有关规定。

第二章 防火涂料及涂层厚度

第 2.0.1 条 根据国内外钢结构防火涂料的构成、特点和应用范围，将其分为薄涂型和厚涂型两类，从而可作出不同的规定，有利于应用。该两类涂料的名词解释见本规范附录一。不论哪一类钢结构防火涂料，其产品都应通过国家指定的检测机构检测合格，才可以选用。按照国家技术监督局指定，防火涂料系由国家防火建材质检中心检测（地址：四川省都江堰市，邮编 611830）。性能指标不合格的钢结构防火涂料，或未经过标准检测的钢结构防火涂料以及一般饰面型防火涂料，不得选用在钢结构工程上。

第 2.0.2 条、第 2.0.3 条 这两条分别规定了薄涂型和厚涂型两类钢结构防火涂料的性能指标。其试验方法见本规范附录二。钢结构防火涂料耐火性能试验按《建筑构件耐火试验方法》（GB9978）进行，该标准等效采用国际标准ISO834。理化力学性能试验主要参照采用化工建材或建筑涂料的试验方法标准，其中抗振抗弯性能试验方法是在研究开发防火涂料新品种中，根据工程应用要求建立起来的。各项指标的确定及其试验方法，是吸收国外先进技术和依据近几年我国研究开发出的两类防火涂料 10 余个品种的实测数据和工程应用要求而规定的，比较科学合理，代表了先进水平（详见表 2.0.2 和表 2.0.3）。本规范规定的各项指标，均达到和略高于国外同类产品的水平。

两类防火涂料在性能上的共同要求是：首先要检测粘结

薄涂型钢结构防火涂料性能 表 2.0.2

项目 \ 指标 \ 品种		LB（四川、北京）	SG－1（广州）	SB－2（北京）	FCC50（美国）	本规范规定
粘结强度（MPa）		≥0.15	≥0.15	≥0.15		≥0.15
抗弯性能		≥L/50	≥L/50	≥L/100		≥L/100
抗振性能		≥L/100	≥L/100	≥L/200		≥L/200
耐水性能（h）		≥24	≥24	≥24		≥24
耐冻融循环（次）		≥15	≥15	≥15		≥15
耐火性能	涂层厚度（mm）	3 5 6	3 5.5 7	3 5.5 7	4.8	3 5.5 7
	耐火极限不低于（h）	0.5 1.0 1.5	0.5 1.0 1.5	0.5 1.0 1.5	1.0	0.5 1.0 1.5

表 2.0.3

厚涂型钢结构防火涂料性能

指标 \ 品种 \ 项目		LG (四川、北京)	STI-A (北京)	SB-1 (北京)	SJ-86 (北京)	JG276 (北京)	P20 (美国)	本规范规定
粘结强度 (MPa)		≥0.05	≥0.04	≥0.05	≥0.185			≥0.04
抗压强度 (MPa)		≥0.4	≥0.4	≥0.5	1.9	≥0.20	0.35～0.42	≥0.3
干密度 (kg/m³)		≤450	≤480	≤450			≤400	≤500
热导率 (W/m·K)		≤0.09	≤0.09	≤0.09		≤0.1105	≤0.09	≤0.116
耐水性 (h)		≥1000		≥1000	≥120			≥24
耐冻融循环 (次)		≥15		≥15	≥15	≥15		≥15
耐火性能	涂层厚度 (mm)	12 15 25 35	12 15 25 35	12 15 25 35	14	36	13 19 25	15 20 30 40 50
	耐火极限不低于 (h)	1.0 1.5 2 3	1.0 1.5 2 3	1.0 1.5 2 3	1.5	4	1 1.5 2	1.0 1.5 2.0 2.5 3.0

性能，粘结力差，防火涂层会随着时间的推移而龟裂脱落，导致防火性能降低甚至失去防火保护作用。耐水和耐冻融循环两项，用以表明涂层在不同气候条件下使用具有一定的耐久耐候性能。耐火极限的规定，是钢结构防火涂料最重要的性能指标，它与涂层厚度密切相关，对于同种防火涂料在相同条件下作试验，不同的涂层厚度有不同的耐火极限。不同种类的防火涂料，相同的涂层厚度有不同的耐火极限。

两类防火涂料在性能上的不同要求是：薄涂型钢结构防火涂料多用于体育馆和工业厂房裸露钢结构上，钢构件截面积较小，受到振动和挠曲变化机会较多，特规定了涂层的抗振抗弯性能，不得因建筑物受到一定振动和构件发生挠曲变化而脱落与开裂。厚涂型钢结构防火涂料多用于建筑物隐蔽钢结构上，涂层厚，要求干密度要小，不得给建筑物增加过多荷载，同时热导率也随干密度的减小而降低，热导率低，耐火隔热性好，但是干密度太小，涂层强度降低，易损坏。因此，规定了适宜的抗压强度、干密度和热导率等性能指标。此外，对于耐火极限与涂层厚度的规定，由于薄涂型钢结构防火涂层的炭质泡膜，在1000℃高温下，稳定性降低，并会逐渐灰化掉，国内外提供的耐火极限数据均未达到2.0h，涂层厚度不超过7mm。所以，本规范未规定耐火极限2h及其以上的相应涂层厚度。

第2.0.4条 钢结构防火涂料除现有10余个品种在国内推广外，有关单位还在不断研究开发新的品种。面对众多产品，根据几年来的工程实践经验，建筑设计师们可按本条的几点规定去选择采用钢结构防火涂料：

一、由于薄涂型钢结构防火涂料具有涂层较薄，可调配各种颜色满足装饰要求，涂层粘结力强，抗振抗弯性好，耐火极限一般为 0.5～1.5h。因此，对于耐火极限要求在 1.5h 及其以下的室内钢结构，特别是体育场馆、工业厂房的裸露的、有装饰要求的钢结构或轻型屋盖钢结构，宜采用薄涂型钢结构防火涂料。

二、室内隐蔽钢结构，如商贸大厦等超高层全钢结构以及宾馆、医院、礼堂、展览馆等建筑物的钢结构，在建筑物竣工之后，已被其他结构或装修材料遮蔽，防火保护层的外观要求不高，但其耐火极限往往要求在 2h 及其以上，因此，应采用厚涂型钢结构防火涂料。

三、露天钢结构，如石油化工厂、石油钻井平台、电缆栈桥及液化石油汽罐支柱等钢结构，应选用粘结力强、耐水、耐湿热、耐冻融性更好，适合室外用的钢结构防火涂料。必要时还可通过试验确定选择外用装饰涂料作为面层，与钢结构防火涂料配套使用。

第 2.0.5 条 本条对用于保护钢结构的防火涂料的成分加以限制，摒弃了有害健康的涂料。有的涂料含有石棉和苯类溶剂，会危害健康和污染环境，有的涂料在施工干燥后，仍散放出刺激性气味，有的涂料显酸性或涂层易吸潮，对钢材有腐蚀，如此等等均不在选用之列。防火涂层在预定的使用期限内须保持其耐火与理化机械性能不明显下降。目前对涂料的使用寿命尚可根据涂料的构成及涂层的老化性能数据进行分析评估，或从已在工程中使用的年限与变化情况作出推测判定。

第 2.0.6 条 本条规定，是确保防火喷涂保护做到"安全可靠"和"经济合理"的条件之一。对于不同规格和不同耐火极限要求的钢结构构件，应喷涂不同的涂层厚度，该施工厚度按下列原则之一确定：

一、当选用的防火涂料产品已经作过不同厚度涂层的耐火试验时，可以根据防火规范对钢结构构件耐火极限的规定，直接选用需要喷涂的涂层厚度。

二、当工程中待保护的钢结构与标准试验钢构件的规格尺寸差距较大，又不能对每种规格的钢构件都喷涂涂料作耐火试验时，可以根据已有试验数据，参照本规范附录三的经验公式进行计算，以确定出待喷涂的涂层厚度。该公式引用了美国 UL 试验室提出的计算公式，我们将该公式中英制单位换算成公制单位，并进行了简化处理，增设系数，从只能计算钢梁的保护层厚度扩大到可以计算钢柱的保护层厚度。美国 UL 换算公式为：

$$T_1=\frac{W_2/D_2+0.6}{W_1/D_1+0.6}\times T_2 \qquad (2.0.6\text{-}1)$$

式中 T_1——待喷防火涂层厚度（in）；

T_2——标准耐火试验时涂层厚度（in）；

D_1——待喷钢梁防火涂层接触面周长（in）；

D_2——标准耐火试验时，钢梁防火涂层接触面周长（in）；

W_1——待喷钢梁重量（lb/ft）；

W_2——标准试验时，钢梁重量（lb/ft）；

公式使用的限定条件为：$W/D\geqslant 0.37$，$T\geqslant 3/8$in，耐火时间 $h\geqslant 1$。

将 1ft＝0.3048m，1in＝25.4mm，1lb＝0.4538kg 代入①式，换算化简，并增设系数，得公制单位的公式：

$$T_1=\frac{W_2/D_2}{W_1/D_1}\times T_2\times K \qquad (2.0.6\text{-}2)$$

式中 T_1——待喷防火涂层厚度（mm）；

T_2——标准试验时防火涂层厚度（mm）；

W_1——待喷钢梁重量（kg/m）；

W_2——标准试验时，钢梁重量（kg/m）；

D_1——待喷钢梁防火涂层接触面周长（mm）；

D_2——标准试验时，钢梁防火涂层接触面周长（mm）；

K——系数。对钢梁，$K=1$；对相应楼层钢柱的保护层厚度，宜乘以系数 K，设 $K=1.25$。

公式 2.0.6-2 限定条件为：$W/D\geqslant 22$，$T\geqslant 9$mm，耐火时间 $t\geqslant 1$h。

在确定钢结构防火涂料涂层厚度时，根据标准试验得出的某一耐火极限的保护层厚度，便可计算出不同规格钢构件达到相同耐火极限所需的同种防火涂料的保护层厚度。未作过耐火试验，利用本公式计算不出防火涂层厚度。在实际工程中，如北京中国国际贸易中心和京城大厦等超高层全钢结构的防火保护中，应用本公式分别计算了 LG 和 STI—A 钢结构防火涂料的喷涂厚度；京广中心钢结构采用英国的 P20 钢结构防火涂料，其涂层厚度按欧洲的有关经验公式计算，所得数值与按本公式计算结果基本一致。

对于确定防火涂层厚度，应用本公式进行计算是较方便的。美国 UL 试验室还提出其他一些经验公式，也可用以计算防火涂层厚度。

第 2.0.7 条 本条规定防火涂层质量要计算在结构荷载内，其目的是确保钢结构的稳定性。对于轻钢屋架，采用厚涂型防火涂料保护时，有可能超过允许的荷载规定，而采用薄涂型防火涂料时，增加的荷载一般都在允许范围内。

第 2.0.8 条 对于裸露钢结构以及露天钢结构，设计防火保护涂层时，应规定出涂层的颜色与外观，以便订货和施工时加以保证并以此要求进行验收。

第 2.0.9 条 本条提供了常用钢结构构件的喷涂保护方式，如本规范图 2.0.9 所示。由于钢结构类型很多，未全部画出来，其他的结构型式均可参照本条图示进行喷涂保护。从图上可看出，各受火部位的钢结构，均应喷涂，且各个面的保护层应有相同的厚度。

第三章　钢结构防火涂料的施工

第一节　一般规定

第3.1.1条　钢结构防火涂料是一种消防安全材料，施工质量的好坏，直接影响使用效果和消防安全性能。根据国内外的经验明确规定，钢结构防火喷涂保护，应由经过培训合格的专业施工队施工，以确保工程质量。施工中安全技术、劳动保护等也要重视，按国家现行有关规定执行。

第3.1.2条　本条规定了钢结构防火涂料施工的前提，即要在钢结构安装就位，与其相连的吊杆、马道、管架及其他相关连的构件安装完毕，并经验收合格之后，才能进行喷涂施工。如若提前施工，既会影响安装与钢结构相连的管道、构件等，又不便于钢结构工程的验收，而且施涂的防火涂层还会被损坏。

第3.1.3条　施工前，钢结构表面的锈迹锈斑应彻底除掉，因为它影响涂层的粘结力；除锈之后要视具体情况进行防锈处理，对大多数钢结构而言，需要涂防锈底漆，所使用的防锈底漆与防火涂料应不发生化学反应。钢结构表面的除锈和防锈处理按《钢结构工程施工与验收规范》(GBJ205）有关规定执行。有的防火涂料具有一定防锈作用，用钢结构长期处于空调环境中，锈蚀速度相当慢，建设单位认为可以不涂防锈漆时，则可以不再作防锈处理。

第3.1.4条　有些钢结构在安装时已经作好了除锈和防锈处理，但到防火涂料喷涂施工时，钢结构表面被尘土、油漆或其他杂物弄脏了，也会影响涂料的粘结力，应当认真清除干净。钢结构连接处常常留下4～12mm宽的缝隙，需要采用防火涂料或其他防火材料（如硅酸铝棉、防火堵料等）填补堵平后才能喷涂防火涂料，否则留下缺陷，成为火灾的薄弱环节，降低了钢结构的耐火极限。

第3.1.5条　既要求施涂防火涂料不要影响和损坏其他工程，又要求施涂的防火涂层不要被其他工程污染与损坏。施工过程中，对不需喷涂的设备、管道、墙面和门窗等，要用塑料布进行遮蔽保护，否则被喷撒的涂料污染难以清洗干净。刚喷涂施工好的涂层强度较低，要注意维护，避免受到其他脏液污染和雨水冲刷，降低其涂层的粘结力，也要避免在施工过程中被其他机械撞击而导致涂层剥落。如果涂层被污染或损坏了，应予以认真修补处理。

第3.1.6条　本条规定了钢结构防火涂料施工的气候条件。在施工过程中和施工之后涂层干燥固化之前，环境温度宜为5～38℃，相对湿度不宜大于90%，空气应流通。若是温度过低，或湿度太大，或风速在5m/s（四级）以上，或钢结构构件表面有结露时，都不利于防火喷涂施工。特别是水性防火涂料的施工，低温高湿影响涂层干燥甚至不能成膜。风速大，会降低喷射出的涂料的压力，涂层粘结不牢。

第二节　质量要求

第3.2.1条　鉴于近几年推广应用防火涂料较混乱，有的防火涂料尚未作过耐火试验，也未检测理化力学性能，未经许可生产，就不负责任地推广应用到钢结构工程上，施涂很薄一层，甚至不久就龟裂脱落了，达不到防火保护目的，给国家造成了经济损失，也留下了火灾隐患。为此，特作出本条规定："用于保护钢结构的防火涂料必须有国家检测机构的耐火极限检测报告和理化性能检测报告，必须有防火监督部门核发的生产许可证和生产厂方的产品合格证"。不满足上述规定的防火涂料，不得用于喷涂钢结构。要把好涂料质量关，确保施工符合防火规范的要求，拒绝使用不合格的产品。

第 3.2.2 条 本条所规定的内容是需方检查验收防火涂料产品的依据。钢结构防火涂料生产厂家发运来的产品如没有品种名称、技术性能、颜色、制造批号、贮存期限和使用说明，不符合产品质量要求，与防火设计选用的涂料不一致时，不得验收存放，防止以假乱真和以次充好等不法行为出现。

第 3.2.3 条 有的钢结构防火涂料分为底层和面层涂料，要求底层和面层应相互配套，涂层间能牢固地粘结在一起，不出现理化变化，不降低涂层的性能指标。底层涂料不得锈蚀钢材，不会与防锈漆发生反应。如需用建筑装饰涂料作面层时，应通过试验确定适用的涂料，不能随意指定。

第 3.2.4 条 本条是关于重大钢结构工程在使用防火涂料的过程中进行抽检的规定。对于每个工程使用钢结构防火涂料时都进行全检或抽检是做不到的和不必要的。根据我国工程应用钢结构防火涂料情况和消防监督管理经验，除事先已经提供有全面的检测报告外，对于同一工程在施工过程中，每使用 100t 薄涂型钢结构防火涂料抽检一次粘结强度，每使用 500t 厚涂型钢结构防火涂料抽检一次粘结强度和抗压强度，既必要也能做到。检验方法按本规范附录二的有关方法进行。

第三节　薄涂型钢结构防火涂料施工

第 3.3.1 条 本条原则规定了薄涂型钢结构防火涂料的施工工具和施工方法。底层涂料一般都比较粗糙，宜采用重力式（或喷斗式）喷枪，配能自动调压的 0.6～0.9m^3/min 的空气压缩机，喷嘴直径 4～6mm，空气压力 0.4～0.6MPa，局部修补和小面积施工，不具备喷涂条件时，可用抹灰刀等工具进行手工抹涂。面层装饰涂料，可以刷涂、喷涂或滚涂，用其中一种或多种方法方便地施工；用于喷底层涂料的喷枪当喷嘴直径可以调至 1～3mm 时，也可用于喷涂面层涂料。

第 3.3.2 条 正式喷涂施工前，要对防火涂料产品作必要的调配和搅拌。有的防火涂料是双组份装，需要在施工现场按说明书规定的比例和方法调配；出厂时已经配制好的涂料，不论是面层或底层涂料，都应当搅拌均匀再用。施工现场一般是用便携式的电动搅拌器搅拌涂料。调配和搅拌好的涂料应稠度适宜，喷涂的涂层不应发生流淌和下坠现象。涂料太稠，喷涂时反弹损失大，涂料太稀易流淌和下坠。

第 3.3.3 条 本条规定了底涂层施工的操作要求与施工质量。

一、首先检查钢基材表面是否具备施工条件，只有当钢基材除锈和防锈处理符合要求，尘土等杂物清除干净后，才可进行施工。

二、一般喷涂 2～3 遍，每遍厚度不超过 2.5mm，每间隔 8～24h 喷涂一次，视天气情况而定，必须在前一遍基本干燥后，再喷涂后一遍。每喷 1mm 厚的涂层耗用湿涂料 1.0～1.5kg。

三、喷涂时手握喷斗要稳，喷嘴与钢基材面垂直，喷口到喷面距离为 40～60cm。要来回旋转喷涂，注意搭接处颜色一致，厚薄均匀，要防止漏喷、流淌，确保涂层完全闭合，轮廓清晰。

四、喷涂过程中，操作人员要随身携带测厚针（厚度检查器），按本规范附录四附图 4.1 的方法检测涂层厚度，直到达到规定厚度方可停止喷涂。

五、按本方法喷涂形成的涂层是粒状面，当防火设计要求涂层表面要平整光滑时，待喷完最后一遍应采用抹灰刀或适合的工具作抹平处理，使外表面均匀平整。

第 3.3.4 条 本条规定了面层涂料施工操作要求与施工质量。

一、由于防火涂层厚度是靠底涂层来保证，面涂层很薄，主要起外观装饰作用，因此，面涂层的施工必须在底涂层经检测符合设计规定厚度，并基本干燥之后，才能进行。

二、面层一般施涂 1～2 次，搭接处要注意颜色均匀一致，要全部覆盖住底涂层，用手摸不扎手感觉光滑。涂料耗量为 0.5～1kg/m²。

第四节 厚涂型钢结构防火涂料施工

第 3.4.1 条 本条根据工程实践经验规定了厚涂型钢结构防火涂料的施工工具和喷涂方法。采用压送式喷涂机具或挤压泵，配能自动调压的 0.6～0.9m³/min 的空气压缩机，喷枪口直径为 6～10mm，空气压力为 0.4～0.6MPa。一般来说，要使表面更平整，喷嘴宜小一些，喷压大一些。但喷嘴过小，粒状涂料出不去，空气压力过大，涂料反弹损耗多。

第 3.4.2 条 厚涂型钢结构防火涂料，不论是双组份还是单组份，均需在施工现场混合或加水及其他稀释剂调配，应严格按产品说明书规定配制，使稠度适宜。涂料过稠时，在管道中输送流动困难；涂料过稀时，喷出后在基材上易发生流淌或下坠。有的涂料是化学固化干燥，配好的涂料必须在一定时间内使用完，否则会在容器或管道中发生固化而堵塞，务必边配边用。配料和喷涂一定要协调好。

第 3.4.3 条 本条规定了施工操作要求。喷涂施工是分遍成活，喷涂遍数与涂层厚度根据防火设计而定，通常喷涂 2～5 遍，每遍喷涂厚度宜为 5～10mm，间隔 4～24h 喷涂一次。必须在前一遍基本干燥后再喷后一遍。喷涂遍数与涂层厚度根据设计要求和具体涂料而定。涂料耗量是每喷涂 10mm 厚的涂层需用 5～10kg 湿涂料。喷涂保护方式，是全保护还是部分保护，要按设计规定执行。

第 3.4.4 条 本条规定操作人员要随身携带测厚针检测喷涂的厚度，直到符合规定的厚度要求，方可停止喷涂。施工时不检测涂层厚度，更容易造成有的部位厚，有的部位薄，最后通不过验收。通过检测，使涂层厚度均匀，并可避免喷涂太厚，浪费材料。

第 3.4.5 条 为了确保涂层表面均匀平整，对喷涂的涂层要适当维护。涂层有时出现明显的乳突，应该采用抹灰刀等工具剔除乳突状。

第 3.4.6 条 施工单位对喷涂的防火涂层应进行自检，有下列情况之一者，应进行重喷或补喷：

一、由于涂料质量差，或现场调配不当，或施工操作不好，或者气候条件不宜，使得干燥固化不好、粘结不牢或粉化、空鼓、起层脱落的涂层，应该铲除重新喷涂。

二、由于钢结构连接处的缝隙未完全填补平，或喷涂施工不仔细，造成钢结构的接头、转角处的涂层有明显凹陷时，应补喷。

三、在喷涂过程中往往掉落一些涂料在低矮部位的涂层面上形成浮浆,这类浮浆应铲除掉重新喷涂到规定的厚度。有的涂料干燥之后出现裂缝，如果裂缝深度超过 1mm，则应针对裂缝补喷，避免出现更大的裂缝而引起涂层脱落或留下火灾时的薄弱环节。

四、依据规范附录四的方法检测涂层厚度，任一部位的厚度少于规定厚度的 85%时应继续喷涂。当喷涂厚度大于规定厚度的 85%，但不足规定厚度部位的连续面积的长度超过 1m 时，也要补喷直至达到规定的厚度要求。否则会留下薄弱环节，降低了耐火极限。

第四章　工程验收

第 4.0.1 条　本条是根据工程建设需要和钢结构防火保护工程验收经验而规定的。钢结构防火保护施工结束后，建设单位应组织和邀请当地公安消防监督部门、建筑防火设计部门、防火涂料生产与施工等单位的工程技术人员联合进行竣工验收。验收合格，防火保护工程才算正式完工。

第 4.0.2 条　验收时，检查项目与方法包括：

一、首先要检查运进现场并用于工程上的钢结构防火涂料的品种与颜色是否与防火设计选用及规定的相符。必要时，将样品进行目测对比。

二、用目视法检查涂层的颜色、漏涂和裂缝等；用 0.5～1kg 的榔头轻击涂层，检查是否粘结牢固，是否有空鼓、脱落等情况，如发出空响声，或成块状脱落，或有明显掉粉现象，表明不合格。

三、对于涂层厚度，要对照防火设计规定的厚度要求，按本规范附录四的方法进行抽检或全检，并作好记录和计算。检测记录格式参照表 4.0.2。

第 4.0.3 条、第 4.0.4 条　这两条分别规定了薄涂型钢结构防火涂料和厚涂型钢结构防火涂料的防火涂层的质量标准。涂层厚度的合格标准参照美国 ASTME605 和英国钢铁协会及结构防火协会手册的规定。各条规定均结合了国情，吸收了多种钢结构防火涂料在多项钢结构工程上喷涂施工与竣工验收的经验。由于两类涂料的性能与用途有区别，规定其涂层的质量标准也不一致。经检查各项质量都符合该类涂层的标准时，即为合格，通过验收。如有个别不符，应视缺陷程度，分析原因和责任，视具体情况，责令限期维修处理后再验收。

钢结构防火涂料施工质量检测记录　　表 4.0.2

施工单位：________工程名称：________施工部位：________

<table>
<tr><td rowspan="9">实测项目</td><td rowspan="6">喷涂厚度mm</td><td>构件编号</td><td>实测结果</td><td>构件编号</td><td>实测结果</td><td>构件编号</td><td>实测结果</td><td>构件编号</td><td>实测结果</td><td>构件编号</td><td>实测结果</td></tr>
<tr><td></td><td></td><td></td><td></td><td></td><td></td><td></td><td></td><td></td><td></td></tr>
<tr><td></td><td></td><td></td><td></td><td></td><td></td><td></td><td></td><td></td><td></td></tr>
<tr><td></td><td></td><td></td><td></td><td></td><td></td><td></td><td></td><td></td><td></td></tr>
<tr><td></td><td></td><td></td><td></td><td></td><td></td><td></td><td></td><td></td><td></td></tr>
<tr><td></td><td></td><td></td><td></td><td></td><td></td><td></td><td></td><td></td><td></td></tr>
<tr><td rowspan="3">表面质量</td><td colspan="3">平整度</td><td colspan="3">有无空鼓</td><td colspan="4">有无裂纹</td></tr>
<tr><td colspan="3">允差：1m 直尺 6mm</td><td colspan="3">标准：无 100cm³ 以上空鼓</td><td colspan="4">标准：无 0.5mm 以上裂纹</td></tr>
<tr><td colspan="3">实测：</td><td colspan="3">实测：</td><td colspan="4">实测：</td></tr>
<tr><td rowspan="3">综合记录</td><td colspan="3">测点部位</td><td colspan="3" rowspan="3">实测：梁根点
柱根点</td><td colspan="4" rowspan="2">合格　　点</td></tr>
<tr><td colspan="2" rowspan="2">梁</td><td rowspan="2">柱</td></tr>
<tr><td colspan="4">合格率　　%</td></tr>
</table>

工程负责人：______质量检验：______班组长：____年　月　日

第 4.0.5 条　本条规定了验收钢结构防火保护工程时，建设单位与施工单位应具备的主要技术文件。其中，耐火试验和理化力学性能试验报告及产品合格证等，施工前已由涂料生产或施工单位提供给了涂料使用单位，工程验收时，涂料使用单位应将该类技术文件资料向验收小组出示或提供。其余各项技术文件，视具体工程而定，凡施工过程中涉及到该项工作内容的，验收时施工单位必须提供有关的文件资料。上述主要文件资料不具备时，不宜验收。